Gesamtverzeichnis des deutschsprachigen Schrifttums (GV) 1700 – 1910

Bearbeitet unter der Leitung von
Hilmar Schmuck und Willi Gorzny
Bibliographische und redaktionelle Beratung:
Hans Popst und Rainer Schöller

20

Brav - Bruc

K · G · Saur München · New York · London · Paris 1980

Redaktion:

Monika Eichler, Ursula Geier, Robert Mittelstaedt, Sabine Nebinger, Hildegard Roßberg, Hermann Schrott, Brigitte Semmler, Eva von Troschke, Helga Werner, Gabriele Winter

CIP-Kurztitelaufnahme der Deutschen Bibliothek

Gesamtverzeichnis des deutschsprachigen Schrifttums :
(GV). - München, New York, London, Paris : Saur.
Bd. 1 - 6 bearb. unter d. Leitung von Peter Geils
u. Willi Gorzny.
ISBN 3-598-30000-X

1700 - 1910 / bearb. unter d. Leitung von Hilmar Schmuck u. Willi Gorzny. Bibliograph. u. red. Beratung: Hans Popst u. Rainer Schöller

NE: Schmuck, Hilmar [Bearb.]

20. Brav – Bruc. – 1980.

Techn. Realisierung und Druck: Norbert Gärtner, Mainz-Kastel
Binden: Karl Schaumann, Darmstadt
Printed in the Federal Republic of Germany
ISBN 3-598-30000-X (Gesamtwerk)

Bravais, Auguste

Bravais, A., Abhandlg. üb. d. Systeme v. regelmässig auf e. Ebene od. im Raum vertheilten Punkten, s.a. Ostwald's, W., Klassiker d. exakt. Wissenschaften.

Abhandlung über die Systeme von regelmässig auf einer Ebene oder im Raum vertheilten Punkten von A[uguste] Bravais, Lt. z. See u. Prof. an d. École Polytechn. '(1848.)' Uebs. u. hrsg. von C. & E[ugen] Blasius. M. 2 Taf. *Leipzig: W. Engelmann 1897.* (142 S., 2 Taf.) 1 Bd 8. = Klassiker, Ostwald's, der exakten Wissenschaften. No 90. [97.6495 [c

Bravais, A., Abhandlungen üb. symmetrische Polyeder, s.a. Ostwald's, W., Klassiker der exacten Wissenschaften.

Bravais' A, Abhandl. über symmetrische Polyeder. (Ostwald's Klass. 17) Leipzig 1890

Bravais, L. u. A., über d. geometr. Anordnung d. Blätter u. d. Blüthenstände. Mit e. zweifachen Anh.: Bericht üb d. Arbeiten d. Hrn. Schimper u. Braun üb. d. näml. Gegenstand, v. Ch. Martins u. A. Bravais, u. Beobachtn. üb d. Auflös. d. paarigen Blattstellung in die spiralige, v. Dutrochet. A. d. Franz. übers. v. W. G. Walpers. Mit e. Vorerinner. v. C. G. Nees v. Esenbeck. M. 9 Stnt Lex.-8. (17 B.) Breslau 839, Grass, Barth u. Comp.

Bravo, der, ernste Oper in 3 Aufz., a. d. Ital. f. d. deutsche Bühne bearb. v. J. D. Anton. Musik v. Marliani. gr. 8. (2¼ B.) Mainz 834, Schott's Söhne.

Bravo, der, Erzählung in Versen vom Verf. des Mauren u. des Renegaten. gr. 8. (4 B.) Breslau 842. (Graß, Barth u. Comp., Verl.) * —

Bravo! Da Capo! Couplet-Sammlung mit Beiträgen von A. Bahn, R. Genée, C. A. Görner, E. Helter rc. 16. (60 S.) Berlin 859, Lassar's Buchh.

Bravo, José, Korrespondenz f. Fabrik- u. Exportgeschäfte, s.: Meister, Emil.

BRAVOUREN, Erotische. (Novellen.) Rom u. Paris, gedruckt in diesem Jahr. (Neuer Druck, c. 1855.) Kl. 8°.
(4 Mk. Scheible u. A.) IV u. 198 SS. Inh.: 1—3. Italienische, fürstliche, gräfliche Tändeleien. 4. Weibertreue. Eine gewöhnliche Tändelei.) 5—6. Geistliche u. theatralische Tändeleien. 7. Gelegenheit macht Diebe. — Zuerst gedr. Rom und Paris (Leipzig, Rein) 1805. (Siehe Langbein, Innocenz.)

Bravourlieder der Preußen, s.a. Eckhardt.

Bravourlieder der Preussen beym Feldzug wider die Franzosen. Berlin 1793. V: *Eckhardt, Gottlieb Wilh.* (Ky) (MGT)

Bravour-Lieder der Preußen, (v. Gli. W. Eckhardt). 8. Berl. 793. Maurers B. 4 gl.

Brawe, s. Nagel v. Brawe, Hans.

Brawe, Ghrd. Math. Fr., († d. 25. Apr. 1787.) Beitr. z. Gesch. u. der Kur d. Kriebelkrankheit. 8. Bremen 772. Förster. 3 gl.

Brawe, Ghrd. Math. Fr., Sendschreiben v. d. Verdner Gesundbrunnen. gr. 8. Bremen 786. Müller. 8 gl.

— — zweytes Sendschreiben. gr. 8. Gött. Dieterich. 787.

Brawe, Joachim Wilhelm Frh. von

Brawe, JW v. s.: National-Litteratur, deut.

Der Freygeist ein Trsp. in 5. A., vom Hrn. v. Brawe. Berlin und Leipzig, 1767. 8°.

Brawe, Joachim Wilhelm von. Trauerspiele. Berlin 1768. H: *Lessing, Carl G. & Carl Wilhelm Ramler.* (Sauer, Brawe. Strassburg 1878, S. 54.)

Trauerspiele des Herrn Joachim Wilhelm von Brawe. Berlin, bey G. L. Winter. 1768. 8°. (Brutus, ein Trsp. in 5. A. Der Freygeist, ein Trsp. in Prosa und 5 A.)
Herausg. Karl Gotth. Lessing.

Brawe, Joh.Fr.Ernst v. (Hrsg.), s. Theaterjournal, Raisonnirendes, von der Leipziger Michaelmesse 1783.

Brawe, J. Fr. Ernst (Hrsg.), s. Wochenblatt für Erwachsene.

Brawer Abraham: Galizien wie es an Oesterreich kam. Diss.Wien, Univ.
D: Selbstverlag.
1909 PN 2710

Brawer, A. J., Galizien, wie es an Österreich kam. Eine historisch-statist. Studie üb. die inneren Verhältnisse des Landes im J. 1772. (107 S.) gr. 8. Leipzig 910. G. Freytag. — Wien, F. Tempsky. 4. —

Brawermann, Jewssey: Übersicht über die mit **Bakteriämie** einhergehenden Sepsisfälle der Leipziger medizin. **Klinik** aus dem Jahre 1908. Leipzig 1909: Lehmann. 38 S. 8°
Leipzig, Med. Diss. v. 23. Okt. 1900, Ref. Curschmann
[Geb. 15. März 84 Odessa; Wohnort: Leipzig; Staatsangeh.: Rußland; Vorbildung: Gymn. Ialta Reife 03; Studium: München 2, Leipzig 8 S.; Rig. 9. Nov. 09.]

Brawn: Die Schiffsdampfmaschine. s. Main

Braxator, Rudolphus Franciscus: Quid in conscribendo Ciceronis Laelio valuerint Aristotelis Ethicon Nicomachorum de amicitia libri. Halis (1871): Lipke. 30 S. 8°
Halle-Wittenberg, Phil. Diss. v. 14. Febr. 1871
Geb. Beuthen 7. 3. 1845. V.

Bray, Anna Eliza, Heinrich v. Pomeroy s.a. Bibliothek, europ.

Bray, Mrs., Eliza, Heinrich v. Pomeroy, oder der Johannisabend. Aus d. Engl. v. W. F. L. Petri. 3 Bde. 8. Grimma 846, Verlags-Compt. à n. ½ ♂

Bray, Anna Eliza, histor. Romane. N. d. 2. Aufl. a. d. Engl. übertr. v. G. N. Bärmann. 21 Bde. 8. Kiel, Universitäts-Buchh.
A. u. d. Titln.:
Bd. 1— 3. De Foix; od.: Französ. Leben im 14. Jahrh. Ein Zeit- u. Sitten-Gemälde. 3 Thle. (67¼ B.) 835. 4 Thlr.
» 4— 6. Die Weißkappen; od.: Anna v. Gent. Ein niederländ Gemälde. 3 Thle. (73¾ B.) 835. 4 Thlr.
» 7— 9. Der Protestant. Ein Nachtstück aus d. Regierung d „blutigen" Königin Maria. 3 Thle. (66¼ B.) 835. 4 Thlr
» 10—12. Fitz of Fitz-Ford. Eine Sage aus Süd-England, aus d Zeiten d. Königin Elisabeth. 3 Thle. (60¼ B.) 835. 4 Thlr
» 13—15. Der Talba v. Portugal; od. Schicksale d. Ines de Castro. Ein Bild aus d. spätern Maurenzeit. 3 Thle. (68 B.) 835. 4 Thlr.
Dieser 1—15. Bd. wurde auch als wohlf. Ausg., jeder Roman (in 3 Bdn.) à 1 Thlr. 12 Gr. zus. 7 Thlr. 12 Gr. in den Handel gebracht.
» 16—18. Warleigh, od.: Die verhängnißvolle Eiche. 3 Thle. (64 B.) 838. 2 Thlr.
» 19—21. Trelawny of Trelawne; od.: Die Prophezeihung. Eine Legende aus Cornwall. 3 Thle. (53¾ B.) 838. 2 Thlr. 12 Gr.

—— histor. Romane. N. d. 2. Aufl. a. d. Engl. v. Friedr. Wilh. Bruckbräu. 12 Bde. (od. 35 Lfgn.) 16. Augsburg, v. Jenisch u. Stage'sche Buchh. Zus. genommen
A. u. d. Titln.:
Bd. 1— 3. Die Weißkappen, od.: Anna v. Gent. Ein Zeit- u. Sittengemälde a. d. Niederlanden. 3 Bde. 838. 2 Thlr.
» 4— 6. De Foix, od.: Französ. Zustände im 14. Jahrh. Ein Zeit- u. Sittengemälde. 3 Bde. 838. 2 Thlr.
» 7— 9. Der Talba v. Portugal od. Schicksale der Ines de Castro. Ein Gemälde a. d. spätern Zeit d. Mauren. 3 Bde. 838. 2 Thlr.
» 10—12. Warleigh, od.: Die Schicksals-Eiche. Eine Sage aus Devonshire rc. 3 Bde. 839. 2 Thlr. 12 Gr.

—— Warleigh, od. d. Schicksalseiche, eine Sage aus Devonshire. A. d. Engl. übers. u. mit Anmerkn. vers. v. Vict. Friedr. Lebr. Petri. 3 Bde. 8. (63⅝ B.) Braunschweig 837. Lucius.

(**Bray**, François Gabriel, Graf von.) Ein zeitgenössischer Bericht über den Rastatter Gesandtenmord. (Aus:) „Die Grenzboten Zeitschrift für Politik, Litteratur und Kunst." 59. Jahrgang Nr. 12. 8. Leipzig 1900.

de Bray, Comte Frz. Gbr., Essai critique sur l'histoire de la Livonie, suivi d'un tableau de l'état actuel de cette province. III Tmes. gr. in 8. Dorpat 817. (Lpz., Kummer). 4 ₰ 12 gl

— an die botan. Gesellsch. zu Regensburg. Aus d. französ. Manuscript, v. A. C. Kaiser, 8. Regensb. 791.

Bray, Graf François Gabriel de, aus dem Leben e. Diplomaten alter Schule. Aufzeichnungen u. Denkwürdigkeiten. (1765—1832.) gr. 8. (VI, 287 S.) Leipzig 901. S. Hirzel. n. 5. —; geb. n. 6. —

— Mémoire sur la Livonie, s. Denkwürdigkeiten d. Acad. d. Wissenschaften in München, 4r Bd.

Bray, de. Hollands Staatsverfassung bis 1795. Aus dem Französischen. Hof 1796. Ü: *Kayser, Albr. Chph.* (Ky)

v. Bray, Ritter, .., Hollands Staatsverfassung bis 1795. Aus d. Französ. (von A. C. Kaiser). 8. Hof 796. Grau. 8 gl

— s. Gasp. de Sternberg, Essai.

Bray, *Franz Gabriel, Graf* von, Glanzpräsident der Regensburger Societät (Braya Sternb.), * Rouen 24. Dec. 1765 oder 1775, † Irlbach 2. Sept. 1832.
Martins, Akademische Denkrede auf *Franz Gabriel, Grafen von Bray*. Regensburg 1835. 8. 39 p.
Wissenschaftliches Vermächtniss an die Königl. botanische Gesellschaft zu Regensburg. Regensburg 1833. 4. 55 p. et effigies Comitis de *Bray*.
Cat. of sc. Papers I, 589.

— Voyage aux salines de Salzbourg et de Reichenhall, et dans une partie du Tyrol et de la haute Bavière. 8. Berl. 807. (Erschien 1825 in Paris als e. neues Werk u. d. T.: Voyages pittoresque dans le Tyrol. 6 Cah.)

Bray, William: Beiträge zur Kenntnis der Halogensauerstoffverbindungen. Mit einer Figur im Text. Leipzig: W. Engelmann 1906. 99 S. 8° (Aus: Zeitschrift f. physikal. Chemie Bd 54, H. 4—6, und: Zeitschrift f. anorg. Chemie Bd 48.)
Leipzig. Phil. Fak., Ref. Ostwald, Hantzsch, Diss. v. 5. April 1906
(Geb. 2. Sept. 79 Wingham, Canada; Wohnort: Toronto; Staatsangeh.: England; Vorbildung: Bachelor Univ. Toronto Juni 02; Studium: Leipzig 6 S.; Rig. 28. Juli 05.)

Graf Otto v. Bray-Steinburg. Denkwürdigkeiten aus seinem Leben. Mit e. Vorw. von Prof. Dr. K[arl] Th[eodor] v. Heigel in München. *München: S. Hirzel 1901.* (V, 208 S.) 8° [F.] [01, 6987

Bray, Graf v., Geschichte des 1. bad. Leib-Dragoner-Regiments Nr. 20 u. dessen Stammregiments des bad. Dragoner-Regiments v. Freystedt v. 1803 bis zur Gegenwart. Auf Befehl des Regiments bearb. Mit Bildnissen, Übersichtskarten, Skizzen u. Plänen. (VIII, 361 S.) gr. 8. Berlin 909. E. S. Mittler & Sohn. 5. 50

Geschichte des 1. Badischen Leib-Dragoner-Regiments Nr. 20 u. dessen Stammregiments, d. Badischen Dragoner-Regiments v. Freystedt von 1803 bis z. Gegenwart .. bearb. durch Graf [Otto] v. Bray[-Steinburg], Oberlt. Mit Bildn., Übersichtskt., Skizzen u. Pl. (2. Aufl.) Berlin: Mittler 1909. 360 S. 8° [09, 13372

Brazda Alois: Die Ausstellung für den modernen Zeichenunterricht in Wien. 11 Jägerndorf R. 05. Progr.

— Das Zeichnen als Lehr- und Lernbehelf am Gymnasium und an der Hochschule. 13. Mähr. Trübau 96. Progr.

Brázdil, Ondř., Hlás z Moravy o pravopisu všeslovanské řeči. gr. 8. (IV und 7 lith. S.) Brünn 851, (Buschak und Irrgang.) *

Brazier, Cagnard, ou les conspirateurs, s. Dumersan.

Brazier et Melesville, Catherine, ou la croix d'or, s. Répertoire du Théâtre fr. No. 154.

Brazier, ..., Catherine, ou la croix d'or, v. Théâtre franç. en vers par Schütz. II. Série. No. 6.

Brazis, Leo [pr. Arzt in Mülhausen i E.]: Über klinischen Verlauf und Behandlung der angeborenen Lymphangiome der Brustwandung ... (Aus: Beitr. z. klin. Chir., Bd XVIII Heft II.) Tübingen, H. Laupp, 1896; 3 Bl., 22 S. 8.
Strassburg, Med. Fak., Inaug.-Diss. v. 1896

Brazza, s.: Adriatisches Meer.

Brdiczka, Ign., die Aufstellung der Tabak- u. Stempel-Groß-Verschleiß-Plätze u. das gefällsämtl. Verfahren bei Durchsuchungen u. bei Erledigung dieser Verschleißplätze nebst einem Anh. betreff. den Kleinverschleiß. gr. 8. (VIII u. 140 S.) Prag 845. (Credner & Kleinbub.) n. 28 ngl

Brdiczka, Ign., Belehrung u. Anleitung für Finanz-Organe u. Gefälls-Commissionäre oder Verschleißbesorger zur Handhabung u. Durchführung des Tabak- u. Stempel-Verschleißwesens. Eine prakt. Anweisung durch Beispiele u. Muster anschaulich gemacht. Aus amtl. Quellen bearb. Prag 868. Hunger. gr. 8. (VI, 64 S. u. 52 Tabb. in 8. u. 4.) n. 1 ₰

Brdiczka, Ign., Belehrung und Anleitung für Finanz-Organe und Gefälls-Commissionäre oder Verschleißbesorger zur Handhabung und Durchführung des Tabak- und Stempel-Verschleißwesens. Eine prakt. Anweisung durch Beispiele und Muster anschaulich gemacht. Aus amtl. Quellen bearb. gr. 8. (VI, 64 S. mit 52 Tab. in 8. und 4.) Prag 868, (Satow.) *

—— das Tabak- und Stempel-Verschleiß- und Verrechnungswesen. gr. 8. (XII und 240 S.) Prag 851, (Credner und Kleinbub.) *

Brdlik, V., zur Phosphorfrage im Chlorophyll. (18 S.) gr. 8. Wien 908. (A. Hölder.) — 55
Sonderabdruck aus „Sitzungsber. d. k. Akad. d. Wiss."

Bré, Ruth (Pseud.), s.a. Bouness, Elisabeth

Bré, Ruth [d. i. Elisabeth Bouness]: Ecce Mater! ⟨Siehe, eine Mutter!⟩ Roman. — Leipzig: Dietrich 1905. 179 S. 8°

Bré, Ruth (Elisab. Bouness), s: Ehe?

Bré, Ruth (Frl. Elisab. Bouneß), keine Alimentationsklage mehr! Schutz den Müttern!, s.: Rechtsfragen. 2. Hft.

— das Recht auf die Mutterschaft, e. Forderg. zur Bekämpfung der Prostitution, der Frauen- u. Geschlechtskrankheiten. (84 S.) 8. Leipzig 903 Berlin, Verlag der „Frauen-Rundschau". n. — 75

— nochmals das Recht auf die Mutterschaft. Ruth Bré an Frau Loeper-Houselle. (24 S.) 12. Ebd. 908. n. — 80

Nochmals das Recht auf die Mutterschaft. Ruth Bré an Frau Loeper-Houselle. 2. Aufl. *Leipzig: Frauen-Rundschau 1903.* (24 S.) 8° [Umschlagt.] [03, 18813

— Staatskinder od. Mutterrecht? Versuche zur Erlösung aus dem sexuellen u. wirtschaftl. Elend. 1.—3. Taus. (XII, 184 S.) 8. Leipzig 904. Verlag der „Monatsschrift f. Harnkrankheiten". n. 2. —

Bread upon the waters, s. Collection of British authors.

Bread-Winners, the, s. Collection of British Authors.

Breaking a Butterfly, s. Collection of British Authors.

Bréal, Michel

Breal, M., Etymologies grecques. Gel. 1905. 7 S.

Breal, M., De Persicis nominibus apud scriptores Graecos. Gel. 1863. 50 S.

Breau, Frz. Xav., Andachten, enth. d. auserlesenen Gebete nebst Tageszeiten rc. 4. Wien 763. Trattner. 1 ₰

Brean, Frz. Xav., Andachtsbuch. 4. Wien, Trattner. 763.

Brean, Frz. Xav. Leich- und Lobrede des Kaisers Josephi I. fol. Wien 1711.

BREAN, FRANZ XAV.: LOB- und Dank-Predigt, als Ihre . . . Majestätten, dem Herrn deren Heer-Scharen, vor die eroberte Haupt-Vestung Belgrad den 28. August-Monats an des Heil. Kirchen-Lehrers Augustini Fest- . . . Tag . . . feyerlichen Dank erstatteten. Wienn 1789. Gedr. bey Andr. Heyinger. 18 S. - 4°

— Uebungen f. d. heil. Adventszeit. 8. Wien 770, (Gerold). 3 gl

— -- kurze, aus d. Uebungen d. h. Ignaz gezogene Sammlung. 8. Wien 755. (Gerold). 9 gl

— christl. Wahrheiten in **Predigten.** 3 Thle. 4. Wien. Gerold. 761.

Bréant, Henri, l'armée française au XIXe siècle. Nouvelles lectures militaires. gr. 8. (VII, 817 S.) Wien 900. L. W. Seidel & Sohn. n. 4. —

Bréant, Henri, **exercices** pratiques. Versions — narrations — reproductions. gr. 8. (51 S.) Wien 893. L. W. Seidel & Sohn. n. 1. 40

Bréant, Henri, lectures militaires. Narrations, batailles, biographies, stratégie, tactique, fortification, maximes de guerre, correspondance, traités, rapports militaires, droit des gens. Avec une planche explicative (lith.). gr. 8. (VII, 285 S.) Wien 879. Seydel & Sohn. n. 4. 80

Bréant, Henri. Lectures militaires. Narrations, batailles, biographies, stratégie, tactique, fortification, maximes de guerre, correspondance, traités, rapports militaires, droit des gens. Avec une planche explicative. 3. édit., revue, corrigée et augmentée. gr. 8. (VII, 313 S.) Wien 891, Seidel u. Sohn. * 4 —

Lectures militaires. Narrations — batailles — biographies — stratégie — tactique — fortification — maximes de guerre — correspondance — traités — rapports militaires — droit des gens. Par Henri Bréant. 4. édition revue et corrigée. Vienne. 1900. Seidel & fils. Gr.-8°. VI, 320 S. K 4.—

—— dass. — Organisation d'armée. — Tactique et stratégie. — Service d'état-major. — Histoire militaire. — Géographie. — Topographie. — Étude des armes. — Fortification. — Droit des gens. — Règlements. Cours supérieur. gr. 8. (IV, 286, 37 S.) Ebd. 892. * 4 —

— dass. Organisation d'armée. Tactique et stratégie. Service d'état-major. Histoire militaire. Géographie. Topographie. Étude des armes. Fortification. Droit des gens. Reglements, Cours supérieur. 8° (323) Ebd. 93. 4 —

Bréant et Fux, vocabulaire technique. Extrait des „Lectures militaires". gr. 8. (187 S.) Wien 896. L. W. Seidel & Sohn. n. 1. 60

Breard, de, la Base des sociétés civiles et des Gouvernements. 8. Augsb. Doll. 801.

A new chapter in the life of Thutmose III. By James Henry Breasted. *Leipzig: J. C. Hinrichs 1900.* (31 S.) 4°
= Untersuchungen z. Gesch. u. Altertumskunde Aegyptens. 2, 2. [ol. 1038

Breasted, J. H., Geschichte Ägyptens. Vom Verf. neu bearb. Ausg. Deutsch v. Herm. Ranke. 2 Halbbde. (XVI, 478 S. m. 200 Abbildgn., Karten u. Plänen.) gr. 8. Berlin 910. K. Curtius. 18.—; geb. 22.—; auch in 10 Heften à 1. 80

Breasted, JH: Gesch. Ägyptens. Deutsch v. Herm. Ranke. 2.Afl. 2 Halbbde. (16, 478 m. z.Tl farb. Abb., Ktn u. Pl.) gr8° Berl., K Curtius '11. 18 —; geb. 22 —

Breasted, I. Henricus [Americanus]: De hymnis in Solem sub rege Amenophide IV conceptis . . . (Soll vollst. erscheinen.) Berolini, typ. expr. B. Paul, *1894;* 2 Bl., 62 autogr. S., 1 Bl. 2.
Berlin, Phil. Fak., Inaug.-Diss. v. 15. Aug. 1894

Brebeck, Carl *Johann Peter Ludolf* [aus Kempen (Rheinl.)]: Über die Hydrometacumarsäure und ihre Spaltungsprodukte ... Münster, gedr. bei J. Krick, 1892; 2 Bl., 40 S. 8.
Münster, Phil. Fak., Inaug.-Diss. v. [15. Juli] 1892

Brebeck, Carl, zur Morphologie, Biologie u. Systematik der Kahmpilze etc., s.: **Fischer,** Bernh.

BREBISIUS, Friedrich Ch. (Nördlingen): De variola, vaccinatione et revaccinatione quaedam.- Monachii: Wolf 1838. 14 S. Diss. Ingolst.-Landsh.-Mchn.
26.8.1836 - Urk; F 62

Brebiz, Jeremias Daniel

— — Effectus salium sanguini inhaerentium tam naturales quam praeternaturales una cum medela generali horum effectuum praeternaturalium. Diss. med. Präs. Carl Friedr. Kaltschmied. Jena (Gg. Mich. Marggraf) 9. VI. 1757. 122 S. (6.—) 3873
Widm. v.: Präs., Jo. Fr. Fasel, Joh. Christoph Tannenberger, Franz Gottfr. Fischer (Kesmark/Ung.), Joh. Chph. Buch (Wertheim/M.), P. D. Loesch (Erbach), Jac. Paul Lang (Ötting.), C. J. Barth (dtsch.).

Brebiz, Jeremias Daniel (Rotenburg/Frk.), Resolutionem problematis num foetus in utero materno transpiret. Diss. med.-phys. Präs. Johann Friedrich Fasel. Jena (Marggraf) Okt. 1755. 40 S. (5.—) 3872
Widm. v.: Präs., Jo. Christian Fischer, Joh. Samuel Gesner (Rotenburg/T.), Christian Chernell (Saros/Ungarn), Samuel Schwarz (Leutschau/Ung.), Fried. Ludw. Rauch (Saarbrücken).

Brebner, Percy J. (Christian Lys), Prinzessin Mariza. Autoris. Übersetzg. aus dem Engl. v. Frz. Bachmann. (434 S.) 8. Jena 910. H. Costenoble. 5.—; geb. 6. —

Breccia, Evaristo: Iscrizioni greche e latine, s: Catalogue général des antiquités égyptiennes du musée d'Alexandrie.

Brech, Kreisbaumeister: Das neue Realprogymnasium zu Merzig. Merzig 1908: Ziegler. S. 3—8, 4 Taf. 4°
Merzig (Saar), st. RPG P 1908 (640)

Brechac. — s. Préchac.

Brechbühl-Mathys, A[rnold]. Güter-Tarif der Station Bern im Verkehr mit den Schweizerischen Eisenbahnstationen. 76 S. 8. Bern, Handels- und Industrie-Verlag A.-G., 1906. [cart. fr. 7. 50]

Brechenmacher, Frz. Moderne Kunstschmiedearbeiten. 1. Serie. (Gitter, Thore, Candelaber, Lüsters, Wandarme, Einzelheiten) u. 2. Serie. (Beleuchtungsgegenstände f. electr. Licht) à Serie 20 (Lichtdr.-) Taf. gr. Fol. Berl. 890,91, [Claesen u. Comp.] Hessling u. Spielmeyer. à Serie. In Mappe * 16 —; * 32. —

Brechenmacher, G. F.

— s. J. Hübner, enucleatus.

Brechenmacher, G. F., Silva distichor. moral. 8. Ulm 759. Bartholomäi. 4 gl

— **Johann Caspar** (Augsburg), Notitia Sueviae antiquae, ortum et progressum Suevorum ad tempora infelicis cum Francis ad Tolbiacum commissi proelii exhibens. Präs. Burcard Gotthelf Struve. Jena (Fickelscherr) 13. III. 1716. 195 S. (10.—) 3875

— — Dasselbe. Augsburg (Casp. Brechenmacher). (10.—) 1716 3876

Brechenmacher, Josef Karlmann: Einführung in d. dt. Literatur u. ihre Geschichte, s. Meyer, Johs.: Literaturwerk.

— Es ging e. Mann im Syrerland . . . — Friedrich d. Gr. u. d. Müller v. Sanssouci, s: Schulmann, Der schwäb.

Brechenmacher, Jos. Karlmann, s.: Führer durch d. Jugendlit.

Hartmann von Siebeneichen. Schürfungen auf d. Grenzgebiete von Geschichte u. Sage. Von Josef Karlmann **Brechenmacher**. Stuttgart: Magazin f. Pädag. 1909. 16 S. 4° [09. 11732

— Hartmann v. Siebeneichen. Schürfungen auf d. Grenzgebiete v. Geschichte u. Sage. (16 S.) Lex. 8. Stuttgart (Hallbergerstr. 2) 909. Selbstverlag. — 70

Brechenmacher, Jos. Karlmann: Aus d. deut. Lit. f. Schule u. Haus. — Einführg in d. deut. Lit. u. ihre Gesch., s: Meyer, Johs: Literaturwerk.

Brechenmacher, Jos. K., Friedrich Schiller. Sein Leben, s.a. Zu Lehr u. Wehr. 3.

Brechenmacher, JK: Friedrich Schiller. Sein Leben. Mit e. Anh.: Ausgew. Gedichte. (96 m. 1 Bildnis.) 8° Ravnsbg, F Alber '05. — 40 d

Brechensbauer, Josef

— u. EA **Prasse**: Erzgebirgs-Kammwegführer: Tetschen (Schneeberg)—Erzgeb.-Vogtl.—Asch (Hainberg). 1. u. 2. Afl. (34 bezw. 39 m. 1 Karte.) 8° Annabg, Graser's V. '07.09. — 80 d

— u. E. A. Prasse, Erzgebirgs-Kammwegführer. Tetschen (Schneeberg) — Erzgeb.-Vogtland — Asch (Hainberg). Mit e. Karte des Kammweges. Hrsg. m. Unterstützg. des nordwestböhm. Gebirgsvereins-Verbandes, des sächs Erzgebirgsvereines, des Verbandes vogtländ. Gebirgsvereine u. der Sektion Asch des deutschen u. öster. Alpenvereines. 2. Aufl. (IV, 39 S.) 8. Annaberg 909. Graser's Verl. — 80

Brechensbauer, Jos., kleiner Führer durch das böhmische Mittelgebirge, s.: **Berlet**, Br.

Brechensbauer, Jos.: Aus d. Vergangenh. d. Stadt Töplitz-Schönau u. ihrer Umgebg. (95 m. 8 Taf. u. 1 Pl.) 8° Töpl.-Sch., A Brader '12. 1.50 d

Brechensbauer, Jos.: Wegweiser durch d. Erzgebirge, s: Berlet, Bruno.

Brecher, A., die Psalmen, s. **Psalmen, die.**

Brecher, Adf. Darstellg. d. geschichtl. Entwickelg. d. Bayerischen Staatsgebietes. Chromolithogr. qu. gr. Fol. Berl. 890, D. Reimer. * 1 —

Brecher's, A., Darstellung der territorialen Entwickelung des brandenburg-preussischen Staates von 1415 bis jetzt. 1.—3. Aufl. 1868—73. * 60 Pf., und 4. verb. Aufl. Fol. Berlin 875, D. Reimer. *

Brecher, Adf., Darstellung der territorialen Entwickelung des brandenburgisch-preussischen Staates von 1415 bis jetzt. 5. verb. Aufl. Chromolithogr. gr. Fol. Berlin 876, D. Reimer. *

Brecher, Adf., Darstellung der territorialen Entwicklung des brandenburgisch-preussischen Staates vom Jahre 1415 bis jetzt. 8. verb. Aufl. Chromolith. qu. Fol. Berlin 882. D. Reimer. n. — 80

Brecher, Adf., Darstellung der territorialen Entwickelung des brandenburgisch-preussischen Staates von 1415 bis jetzt, mit besond. Berücksicht. der deutschen Geschichte. 6.—9. verb. Aufl. Chromolithogr. qu. gr. Fol. Berlin 884, D. Reimer. *

Brecher, Adf., **Darstellung** der territorialen Entwickelung des brandenburgisch-preussischen Staates von 1415 bis jetzt, mit besond. Berücksicht. der deutschen Geschichte. 10. und 11. verb. Aufl. Chromolithogr. qu. gr. Fol. Berlin 886,88, D. Reimer, *

—— Darstellung der territorialen Entwickelung d. brandenburgisch-preussischen Staates von 1415 bis jetzt, m. besond. Berücksicht. der deutschen Geschichte. 12. verb. Aufl. Farbendr. 38 × 46 cm. Ebd. 891. * — 80

Brecher, A, Darstellg d. territorialen Entwickelg d. brandenb.-preuss. Staates v. 1415 bis jetzt, m. bes. Berücks. d. deut. Geschichte. 13. Afl. 38×46 cm. Farbendr. Berl. 95. D Reimer. — 80

Darstellung der territorialen Entwickelung des Brandenburgisch-Preussischen Staates von 1415 bis jetzt, mit bes. Berücks. d. deutschen Gesch. Von Prof. Dr. A[dolf] **Brecher**. 16. verb. Aufl. *Berlin: D. Reimer (1900).* (1 Kartenbl. 38 × 46 cm.) 8° [Umschlagt.] [farbig] [01. 5597

Brecher, Adf., <u>Darstellung</u> der Gebietsveränderungen in den Ländern Sachsens und Thüringens von dem 12. Jahrh. bis heute. Chromolithogr. qu. Fol. Ebendas. 888. *

Brecher, Ad., bunter Kram. Humoristische Allotria in Versen. 8. (VII, 288 S.) Gera 888, Griesbach's Verlag. geb.

Brecher, Adf., Napoleon I. u. d. Überfall d. Lützowschen Freikorps b. Kitzen am 17. Juni 1813. E. Beitrag z Geschichte d. Befreiungskriege. M. e. Karte v. Kitzen u. Umgeg. 1813. gr. 8. (XV, 100 S.) Berlin 897. R. Gaertner. n. 3. —

Brecher, Adf. Im Schaukelstuhl. Heitere Gedichte. 12. (100 S.) Berl. 891, Bibliograph. Bureau. * 2 —; geb. * 3 —

Brecher, A, im Schaukelstuhl. Heitere Gedichte. 12° (100) Berl. 91. E Ebering. 2 —; geb. 3 —

[**Brecher**, Adolphus]: * De situ curiae Hostiliae, comitii, fori Romani. 17 Bl. 1 Plan. 2°

Halle-Wittenberg, Phil. Diss. v. 16. Febr. 1864

Geb. [Aken (Kr. Kalbe) 25. 6. 1836]

Ersch. in dtsch. Bearb. u. d. T.: Die Lage des Comitium und der Curia Hostilia im Verhältnis zum Forum. Berlin 1870: Krüger. 29 S., 1 Karte. 8° (4°) Städt. höh. Bürger-[Sophienreal-]schule. Progr.

Brecher, Adf., Sphinx. 300 neue Räthsel, Charaden, Logogryphe u. dgl. 2. (Titel-) Aufl. 16. (175 S.) Wien 879. Klinkhardt. n. 1. 20

— in müssigen Stunden. Heitere Gedichte. 16. (111 S.) Berlin 890. S. Fischer Verl. n. 1. —

—— historische Wandkarte von Preussen zur Uebersicht der territorialen Entwickelung des brandenburg-preussischen Staates von 1415 bis jetzt. 1 : 750,000. 9 Bl. Fol. Ebendas. 869. * M. 12.; aufgez. in Mappe * Mit Stäben * M. 22; lackirt *

—— historische Wandkarte von Preussen zur Uebersicht der territorialen Entwickelung des Brandenburg-Preussischen Staates von 1415 bis jetzt. Mit Zugrundelegung der H. Kiepert'schen Wandkarte von Deutschland bearb. 1 : 750,000. 2. bericht. Aufl. 9 Bl. Lithogr. und color. Imp.-Fol. Ebendas. 879. * M. 12.; auf Leinw. in Mappe ** Auf Leinw. mit Stäben **

—— historische <u>Wandkarte</u> von Preussen zur Uebersicht der territorialen Entwickelung des brandenburgisch-preussischen Staates von 1415 bis jetzt. 1 : 750,000. 9 Bl. 3. bericht. Aufl. Lithogr. und color. Imp.-Fol. Berlin 886, D. Reimer. * Auf Leinw. in Mappe * M 20.—.; mit Stäben *

— histor. Wandkarte v. Preussen z. Uebersicht d. territorialen Entwickelg d. Brandenb.-Preuss. Staates v. 1415 bis z. Gegenwart. Mit Zugrundelegg v. H Kiepert's Wandkarte d. Deut. Reiches bearb. 1 : 750,000. 4. Afl. 9 Bl. à 49×62 cm. Lith. u. kol. Ebd. 94. 12 —; auf Lnw. in Mappe 20 —; m. St. 22 —

— Histor. Wandk. v. Preussen z. Uebersicht d. territorialen Entwickelg d. brandenb.-preuss. Staates v. 1415 bis z. Gegenwart. Mit Zugrundelegg v. H Kiepert's Wandk. d. Deut. Reiches bearb. 5. Afl. 1 : 750,000. 9 Bl. je 49×62 cm. Farbdr. Ebd. ('02). 12 —

Brecher, Bernh., die Interessenconflicte bezüglich der Lebensversicherungssumme. (56 S.) gr. 8. Wien 902. Manz. n. 1. —

Sonderabdruck aus: „Allg. öst. Ger.-Ztg."

(F) **Brecher**, B., Die Interessenconflicte bezüglich der Lebensversicherungssumme. Separatabdr. a. d. Allg. österr. Gerichts-Zeitung. Gr.-8°. (55 S.) K 1.—
Wien: Huber & Lahme (E. Turba) 1903.

Brecher, Bernh.: Versicherg auf fremden Tod. [Aus: „Österr. Ztschr. f. öffentl. u. priv. Versicherg."] (147) gr8° Wien, Manz '12. 3 — d

Brecher, Fritz, aus Wiesbaden: Ueber die durch Anlagerung von Ammoniak an ungesättigte Säuren entstehenden β-Amidosäuren. *Straßburg i. E. 1902: C. & J. Goeller.* (60 S.) 8°
Straßburg, Math.-naturw. Diss. v. 1902

Brecher, G., aus dem Auen-Mittelwalde. Wirthschaftliche und taxator. Bemerkungen. gr. 8. (III, 72 S. mit 1 lithogr. Taf.) Berlin 886, Springer. *

Brecher, Gedalja, s. 1) Cosri. 2) Kusari, das Buch.

Brecher, Gideon, die Beschneidung d. Israeliten, v. der histor. praktisch-operativen u. ritualen Seite, zunächst f. den Selbstunterricht. Mit e. Approbationsschreiben v. Hrn. Rabb. H. B. Fassel u. einem Anh. über Beschneidung d. Muhamedaner, v. M. Steinschneider. 8. (7½ B.) Wien 845. (Leipzig, C. L. Fritzsche.) *

Brecher, Gideon, Concordantiae nominum propriorum, quae in libris continentur, inchoata et ad librum Jeremiae producta, finita demum a filio Adph. Brecher. Addenda et corrigenda e libro inedito Sefer-Ha-Azamim viri erud. W. Heidenheim selegit R. K. hoch 4. (79 S.) Frankfurt a. M. 876. Kauffmann. *

Brecher, Gideon, das Transcendentale, Magie und magische Heilarten im Talmud. gr. 8. (XII und 234 S.) Wien 850. (Berlin, Asher und Comp.) Thlr. *

Brecher, Gideon, die Unsterblichkeitslehre des israelitischen Volkes. 8. (VII und 127 S.) Leipzig 856(57,) Leiner.

Brecher, Gustav (Bearb.), s. Auber, Daniel François Esprit: Die Stumme von Portici

Hector Berlioz. 'Le carnaval romain' Konzertouvertüre (op. 9). Erl. von Gustav Brecher. *Leipzig: H. Seemann Nachf. [1901].* (16 S.) 8°
Musikführer. 175.

Mascagnis Cavalleria rusticana und die italiänische realistische Oper von Gustav Brecher. *Leipzig: H. Seemann Nachf. [1901].* (35 S.) 8° [F. u. Ant.]
— Opernführer. No 40.

— Richard Strauß. Eine monograph. Skizze. (Moderne Musiker.) schmal gr. 8. (67 S. m. 1 Bildnis.) Leipzig (900). H. Seemann Nachf. n. 1. —

Richard Strauss. Eine monograph. Skizze von Gustav Brecher. *Leipzig: H. Seemann Nachf. [1901].* (57 S.) 8° [F.]
(Moderne Musiker.)

Richard Strauss. Aus Italien. Symphon. Phantasie. (Op. 16.) Erl. von Gustav Brecher. *Leipzig: H. Seemann Nachf. [1901].* (32 S.) 8°
— Musikführer. No 180.

Brecher, Gust., Richard Strauß. 900. Jetzt: Berlin, Harmonie.

— s.: Strauss, Richard, Symphonien u. Tondichtungen.

Brechillet-Jourdain, Anselme Louis Bernard: (Traité des maladies et des opérations réellement chirurgicales de la bouche. Deutsch:) Abhandlung über die chirurgischen Krankheiten des Mundes u. der mit demselben in Verbindung stehenden Theile. Nebst e. Beschreibung der dabey vorkommenden chirurgischen Operationen. Aus d. Franz. Th. 1. 2. Nürnberg: Stein 1784. 8°.

Heimatliche Rechenaufgaben für Schüler in Quedlinburg. Erg.Heft zu d. Rechenheften f. d. Oberstufe von Volks- u. Mittelschulen, f. mittlere Klassen höherer Schulen u. f. d. gewerbl. Fortbildungsschule. Zsgest. von P[aul] Brechling, Mittelschull. Quedlinburg: P. Deter [1906]. (68 S.) 8° [Umschlagt. F.]

Brechling, [Paul]: Warum sollen unsere Kinder Wein, Bier und Branntwein nicht haben? (Auf Anordnung d. Städt. Schuldeputation.) *Quedlinburg 1900: Wendehake, Meyer & Stegmann.* (S. 6—8.) 4° [F.]
Quedlinburg, st. Knaben-Mittel-S, P 1900**

Brechmann, Friedrich, Gerichtsrefer. a. D.: Die staatsrechtlichen Anschauungen Widukinds von Corvey. Breslau 1909: Korn. IX, 59 S. 8°
Münster, Rechts- u. staatsw. Diss. v. 25. April 1910, Ref. His, Jacobi
[Geb. 28. April 84 Münster i. W.; Wohnort: Münster; Staatsangeh.: Preußen; Vorbildung: Paulin. Gymn. Münster Reife O. 04; Studium: Münster Phil. 2, Jura 5, Tübingen 1 S.; Rig. 28. Juli 09.]

BRECHNAGEL, H. (ps?), Neptunus Herkules oder: Das neueste Wunder der Wasserkünste. Ein (zahmes) Heldengedicht mit Moral vermischt, in 3 Gesängen und hochdeutschen Reimen. Augsburg 1822. 8°. (80 Pfg. A. Buchholz, München, 1906.)

Brecht, (Hrsg.), s. Korrespondenz, Kirchliche, für die deutsche Tagespresse.

Brecht (Hrsg.), s. Verzeichnis der Büchersammlung der Loge Leopold zur Treue im Or.

Brecht, Andr.

†Brechtdenberg, Andreas v., (Andr. Brecht,) Tausend u. Eine Grille, üb. verschied. Gegenstände. Als Seitenstück zu Weiße's satyr. Blättern, Cunov's Federstrichen u. Saphir's Papilloten. 8. (3¼ B.) Kaschau (850), (gedr. b. Ellinger.)

BRECHTENBERG, Andreas (d. i. *Andr. Brecht*), Tausend und eine Nacht. Eine Grille über verschiedene Gegenstände. Als Seitenstück zu Weisse's satrischen Blättern, Cunow's Federstreichen. (?) und Saphir's Papilloten. Kaschau, bei Ellinger 1830. 8°. 3¼ Bogen.
A. G. Schmidt, Gallerie etc.

Brecht, Andr., das Lied von der Pfarrerin. Parodie auf Schillers Lied v. d. Glocke u. Seitenstück zu Schillers Lied v. Pfarrer, u. zugleich e. didact. Scherz- u. Ernst-Liedlein f. erwachsene Pfarrers-Töchter u. ihres Gleichen. 8. (3 B.) Hermannstadt 835. (Pesth, Heckenast.)

Brecht, Arnold, Referendar a. Lübeck: Vom Verkauf einer fremden Sache. Ein Beitrag zur Unmöglichkeitslehre. Borna-Leipzig 1906: R. Noske. (VIII, 36 S.) 8° [F.]
Leipzig, Jur. Fak., Diss. v. 23. Juli 1906
[Geb. 26. Jan. 84 Lübeck; Wohnort: Lübeck; Staatsangeh.: Preußen und Lübeck; Vorbildung: Catharineum Lübeck Reife O. 02; Studium: Bonn 3, Berlin 1, Göttingen 2 S.; Rig. 20. Okt. 05.]

Brecht [C.], s. Adreßbuch der Gerichtsstellen im Deutschen Reiche.

Brecht, Adreßbuch der Gerichtsstellen im Deutschen Reiche. Ein Verzeichniß hauptsächlich aller größeren Orte des Deutschen Reichs mit Angabe ihrer Gerichtsstellen, der Amtsgerichte, Landesgerichte und Oberlandesgerichte, nebst einem Anhang, enthaltend: Alphabetisches Verzeichniß der Orte, in welchen Handelskammern und Strafkammern sich befinden. 4. Aufl. gr. 8. (109 S.) Berlin 880, Burmester und Stempell. cart. *

—— Adreßbuch der Rechtsanwälte des Deutschen Reiches. Verzeichniß der bei dem Reichsgericht in Leipzig, den Oberlandesgerichten, Landgerichten, Amtsgerichten und Handelskammern zur Praxis zugelassenen Anwälte. Nebst einem Anhang: Die Gebührenordnung für Rechtsanwälte. 1. Jahrg. gr. 8. (63 und Anhang 20 S.) Ebendas. 880. cart. *

Brecht, Ernst Aug., kurze Reden bei Tauf-, Einzugs-, Auszugs- und Begräbnißmahlzeiten. 2 Hefte. 8. (60 S.) Weida 857, (Huth.) à Heft * 3¾ Ngr.

Brecht, Erwin, Wolfram, die Tragödie d. Geistes. Ein dramat. Gedicht. 12. (184 S.) Leipzig 898. E. Avenarius. n. 2. 40

Brecht, F. Albert

— Die neue Braut- u. Ehestands-Lehre m. Kindererziehungs-System. Anschauung, Theorie u. Praxis. 5 Tle. (200 S. m. Bildnis u. 5 Taf.) graph. Darstellgn.) 8. Ebd. (909). 7. 50

— Lebens-Bemeisterung. Eine neue Lebens- u. Gesundungs-Methode f. Körper u. Geist. (120 S.) 8. Berlin 909. R. Halbeck. 5.—; erm. Pr. 3. —

Gründlicher, praktisch erprobter u. bewährter Lehrgang für höhere Lebensbildung, Denk-, freie Vortrags- und Redekunst. Anschauung, Theorie u. Praxis. Hrsg. von F. A[lbert] Brecht. Bd 1–7. Berlin: F. A. Brecht 1907. 7 Bde 8° [ℨ.] (08. 7163

Brecht's, F. A., Arbeits-System „Positiv" (Dreikräfte-System). (IV, 59 S. m. eingedr. Bildnis u. 2 Taf.) 8. Berlin (Oranienburgerstr. 12) 910. Selbstverlag. In Kasten 10. —

Brecht's, FA, Arbeits-System „Positiv" (Dreikräfte-System). (4, 59 m. Bildn. u. 2 Taf.) 8° Berl., R Halbeck ('10) in Kasten 10 —

Brecht, G: Neuere Bauarten von Wechselstrom-Lokomotiven. Berlin 1909

Brecht, G., die wirthschaftliche u. finanzielle Lage der Stadtgemeinden, od. woran liegt es, daß die Leistungsfähigkeit der Städte jetzt fast auf das Aeußerste erschöpft ist, u. welche Mittel sind anzuwenden, diesem Uebelstande abzuhelfen? gr. 8. (40 S. m. 2 Tab. in gr. 4.) Berlin 875. Exped. der deutschen Gemeindezeitg. n. 1. —

Brecht, (Paul.) Henr. (geb. Bottmersdorf bei Magdeburg 26. 3. 1838): De musculi agentis chemismo nonnulla. Berolini (1864). (31 S.) 8°
Berlin, Med. Diss. v. 9. Apr. 1864

Brecht, J. B. Das im Grossherzogtum Baden gelegene alte Bergschloss Rötelen, nebst e. histor.-topogr. Notiz. fol. M. Plan u. Taf. Basel 1829.

Brecht, Jh. Fr., ökonom. Bemerkk. z. Verbesser. d. Rindviehstandes 2c. 8. Stuttg. 805. (Sonnewald). 8 gl. (Lpz., Andrä). 10 gl.

Brecht, J. F., ökonom. Bemerk. z. Verbesser. d. Rindviehstandes 2c. 8. Stuttg. Magaz. f. Liter. 805.

Brecht, Joh. Reinhard: Histor. Bericht v. d. Relig.-Veränderg in Düttlenheim 1686, hrsg. v. Rud. Reuss, s: Beiträge z. Landes- u. Volkskde v. Elsass-L. usw.

Brecht, K.

Brecht, C., Die Familie von Blankenfelde. Berliner Chronik. 1872.

Brecht, C., Die Familie Boytin. Berliner Chronik. 1874.

Brecht, K.: Geschichte des Reserve-Landwehr-Bataillons Berlin (Nr. 35). Berlin 1872.

Brecht, C., Geschichte des Dorfes Friedrichsfelde bei Berlin. gr. 8. (47 S. m. 2 Holzschntaf.) Berlin 877. Weile. n. — 50

Brecht, C., Geschichte des 3. Brandenburgischen Landwehr-Regiments Nr. 20. gr. 8. (176 S.) Berlin 864, Hayn's Erben.

Brecht, C., Die Familie Grieben. Berliner Chronik. 1874.

Brecht, C., das Dorf Grünau bei Köpenick, s.: Schriften d. Vereins f. die Geschichte der Stadt Berlin.

Das Dorf Tempelhof v. C. **Brecht.** Berlin. 1878. 8°.
= Schriften des Vereins für die Geschichte Berlins. H. 15.

Brecht, K. Versuch einer Geschichte des preuß. Trains. Mit 1 Bld. Berlin 1858. 80 S.

***Brecht*, Karl Ldw., specimen heuristicae medicae ad pleuritidem adplicatae. 8 maj. Hamb. 770. Buchenröder. 3 gl.**

Brecht, Max (geb. Sangerhausen 10. 9. 1859): Die diagnostische Bedeutung der Diazo-Reaktion. Berlin (1883). (30 S.) 8°
Berlin, Med. Diss. v. 19. Juli 1883

Brecht, Ottilie: Der Hungerprotz. (Volksstück.) Schausp. (142) 8° Münch., Verl. d. Volksbühne ('11). 1.25 (Pp.) d

Brecht. Otto [aus Quedlinburg]: Bericht über 159 Cataractextractionen mit peripherer Kapselspaltung .... Berlin, gedr. bei L. Schumacher. 1888: 36 S. 8°
Berlin. Med. Fak., Inaug.-Diss. v. 8. Aug. 1888

Brecht. P. [Unterarzt im Feld-Art.-Reg. No. 31 u. am K. Charité-Krankenhause]: Ueber Prophylaxe und Therapie der Damm- und Scheidenrisse .... Berlin, Druck v. M. Driesner (1886); 31 S. 8°.
Berlin, Med. Fak., Inaug.-Diss. v. 12. Febr. 1886.

Brecht, P., über Prophylaxe und Therapie der Damm- und Scheidenrisse. Diss. Berlin 1886, Mayer & Müller. 8°. 31 S.

Brecht, Paul Rud., die innere Ausstattung der Kirchen. Entwürfe von Orgelprospecten, Altären, Kanzeln, Taufsteinen, Kirchenstühlen etc. Für Architecten, Baumeister, Bildhauer etc. 1. Heft. gr. Fol. (8 Stnt.) Halle 872, Knapp's Verlag. *

Brecht, P. R., die innere Ausstattung der Kirchen. 1. Heft. gr. Fol. Halle 872. Leipzig, Spohr.

Brecht, P. R., das Kloster Chorin. gr. Fol. (5 S. mit 7 in Stahl gest. und lithogr. Abbild.) Berlin 854, Ernst und Korn. *

Brecht, Theodor

—— s. Aktenstücke, kirchliche.

[ℨ.] Autorität und Gewissen. Vortr. geh. ... v. Stadtpfarrer Brecht, Gerabronn. *Leipzig: C. Braun 1896.* (40 S.) 8.
= Flugschriften d. Evangel. Bundes. [No] 128. (Reihe XI, 8.) 96. 7456

— u. R. Weltbrecht, protestantische Bücherschau. Ein Führer u. Ratgeber f. deutsche Protestanten, insbes. f. die Mitglieder d. Evangel. Bundes. Lex.-8. (102 S.) Stuttgart 889. [Süddeutsches Verlags-Institut.] Leipzig, Buchhandlung des evangel. Bundes von Carl Braun. n.n. — 50

Brecht, Thdr. Kirche u. Sklaverei. Ein Beitrag zur Lösg. d. Problems der Freiheit. gr. 8. (IV, 227 S.) Barmen 889, Klein. 3
geb. 4

Brecht, Th., die Klosterfrage in Württemberg. E. Antwort auf d. im Auftr. d. bischöfl. Ordinariats v. Domkapitular v. Linsenmann verf. „Denkschrift üb. d. Frage d. Männerorden in Württemberg". 8. (VI, 196 S.) Stuttgart 895. (Ch. Scheufele.) n. 1. 50

Brecht, Thdr., Papst Leo XIII. und der Protestantismus. 12. (157 S.) Barmen 887, Klein. *

—— Papst Leo XIII. u. der Protestantismus. 2. (Titel-)Aufl. 12. (157 S.) Ebd. 891. 1 —

Brecht, Thdr., Reform — nicht Revolution. Nüchterne Vorschläge e. Reform der Arbeiterverhältnisse. gr. 8. (III, 71 S.) Stuttgart 885. Kohlhammer. n. 1. 20

—— Schwarz weiß rot! Eine Ethik d. Patriotismus. 6 Hefte. 8. (554 S.) Halle 890, Strien. à Heft 1 ; 6 —

Wie erziehen wir unsere Kinder? Gedanken über christl. Kinderzucht, d. deutschprotestant. Volke dargeboten von Th[eodor] **Brecht**, Stadtpfarrer. Stuttgart: Scheufele in Komm. 1900. VII, 66 S. 8°
III, 6630

Brecht, W. A. J., Kalkulation (Kostenberechnung). Lehr- u. Uebungsbuch zum Gebrauch in Fachschulen, Fortbildungsschulen, Meisterkursen, zum Selbstunterricht für Meister u. Gesellen, sowie f. Prüfungskommissäre f. die gesetzl. Meisterprüfg. Ausg. A (Ausg. B f. prakt. Verwendg. im Betrieb). 2. Aufl. (69 S. m. 3 Taf. u. 1 Formular.) 8. Detmold (906). B. Meyentin. n. 2. —

Brecht, Walth.: Heinse u. d. ästhet. Immoralismus. Zur Gesch. d. italien. Renaissance in Deutschld. Nebst Mitteilgn a. Heinses Nachlass. (16, 195) gr8° Berl., Weidmann '11. 6 —

Brecht, Walth., die Verfasser der Epistolae obscurorum virorum, s.a. Quellen u. Forschungen zur Sprach- u. Culturgeschichte der germanischen Völker. 93. Hft.

Brecht, Walther, aus Berlin: **Die Verfasser der Epistolae obscurorum virorum.** Kap. 1: Die äußeren Zeugnisse. **Kap. 2:** Der Anteil d. Crotus. Abschn. 1. *Straßburg: K. J. Trübner 1903.* (80 S.) 8° (Erscheint vollst. als: Quellen u. Forschungen zur Sprach- u. Culturgesch. d. german. Völker, **H. 93.**)
Göttingen, Phil. Diss. v. [25. Juni] 1903

Brecht, Walter. Die Verfaffer der Epistolae obscurorum virorum. Straßburg 1904. (Quellen und Forfchungen zur Sprach- u. Kulturgefchichte, Heft 93.)

Brechtdenberg, Andr. v., ... Andr. Brecht.

Brechte. Westfälisches Provinzialgut. Münster [1907?]. 13 S. P.

Brechtefeldt, Waldemar, a. Hamburg: Der Bau des Nomens und Verbums in den Chansons de Geste Amis et Amiles und Jourdains de Blaivies. Ein Beitrag zur altfranzösischen Dialektkunde. Kiel 1904: H. H. Peters. (176 S.) 8°
Kiel, Phil. Fak., Ref. Körting, Diss. v. 7. Jan. 1905
[Geb. 28. Sept. 79 Hamburg; Wohnort: Hamburg; Staatsangeh.: Hamburg; Vorbildung: Realgymn. des Johanneum Hamburg Reife O. 00; Studium: Rostock 3, Kiel 6 S.; Rig. 23. Juli 04.]

Brechtel, Eug., Barfüßchens u. Pelzstiefelchens Weihnachtsabend. Eine Aufführg. f. Kinder zum hl. Christfest m. eingefügten Liedern. (Nebst einigen Anweisgn. zum einstudieren u. aufführen, zur Herstellg. der Costüme u. eigenen Anfertigg. der Requisiten.) 12. (23 S.) Marburg 893. O. Ehrhardt. — 30

Brechten, Marga (Klara Lötschert), im Sturme der Zeit, s.: Bibliothek, kleine.

Brechten, Marga (Klara Lötschert), Franz v. Wenden, s.: Dasbach's, G. Frdr., Novellenkranz.

[F.] Franz von Wenden. Nov. v. Marga Brechten [d. i. Clara Lötschert]. *Trier: Paulinus-Dr. 1897.* (189 S.) 1 Bd 8.
= Novellenkranz, Dasbach's. Bd 30.

Brechtenberg, Andreas (Pseud.), s. Brecht, Andreas

Brechter, G.A. (Hrsg.), s. Sonntagsblatt für die evangelische Jugend.

Brechter, Jh. Jak., († Aug. 772.) **Anmerkk. über d. Basedowsche Elementarwerk. 16, 25 Stck. 8. Zürich 772. Orell. 1 ℳ**

-- Briefe üb. d. Emil d. J. J. Rousseau. **8. Zürich 773. Orell. 1 ℳ**

— s. Briefe üb. d. Mönchswesen.

Brechter, Ludw., d'r Hannes vun Böhl in de erschde Mannemer Niewelunge-Uffihrung. E 4 Owend langes Kunschtplässir, in zarde pälzer Reiml'cher gefaßt. 8. (56 S.) Mannheim 886, Donecker. *

Brechter, L., d'r Hannes vun Böhl in de erschde Mannemer Niewelunge-Uffihrg. E 4 Owend langes Kunschtplässir, in zarde Reiml'cher gefasst 8. (56) Mannh. 86, Hasdenteufel. *n.* 1. —

Brechter, Ludw., Seeseblooſe. Heitere dialekt. Dichtgn. 8. (VII, 255 S.) Mannheim 900. E. Aletter. n. 2.80; geb. n. 3.50

Brechtfeldt, Friedrich (Kopenhagen), Falsum in persona. Die betriegliche Verstellung der Person /. Präs. Johann Eisenhart. Helmstedt (G. W. Hamm) 27. III. 1700. 54 S. (5.—) 3878

Breck, Eduard, fragment of Aelfric's translation of Aethelwold's de consuetudine monachorum and its relation to other Mss. critically edited from the Ms. Cotton. Tib. A. III. in the British Museum. Diss. Leipzig 1887, Gustav Fock. 8°. 38 S.

Brecke, A.: Davos, s. Davos.

Brecke, Albert, über Cysticerken im vierten Ventrikel. Diss. Berlin 1886, Mayer & Müller. 8°. 41 S.

Brecke. Albert [Unterarzt im 6. Brandenburgischen Infanterie-Regiment Nr. 52]: Ueber Cysticerken im vierten Ventrikel .... Schwerin (Mecklb.), Druck d. Sandmeyerschen Hofbuchdr. (1886): 41 + 3 S. 8°.
Berlin, Med. Fak., Inaug.-Diss. v. 18. März 1886.

Brecke-Hipp, Johanna

— (Einbd: Hipp): **Der Zeichen-Unterr. f. Mädchen. Lehrb. f. Volkssch., höh. Schulen u. Familien. 3. Afl. (4, 98 m. Fig. u. 32 z. Tl farb. Taf.) Lex8° Ebd. '12.** L 7 —

Breckel, J. A., Grab- u. Hochzeitreden für Schullehrer, s. Sammlung.

Breckel, J. A., zweite Sammlung von Grab- und Hochzeitreden für Schullehrer, s. Sammlung.

Breckheyde, C (A Neumann), im Durchgangszimmer, s.: Theater-Bibliothek f. Vereine.

Breckheyde, C. v., u. B. Waldow, vor dem Feste, s.: Volkstheater, schweizer.

P Breckheyde, C. v. [Aline Neumann]. Irren u. Finden, s. Bücherschatz, neuer, s. Daheim u. die Reise.

[F.] Lachtauben. Launige Novellen v. C. v. Breckheyde [d. i. Aline Neumann]. *Breslau: E. Peterson 1898.* (3 Bl., 279 S.) 1 Bd 8. [98. 2730

-- **u. B. Waldow, e. heißer Tag, s. Theater-Album, militärisches.**

Breckle, Albert Richard, appr. Arzt a. Stuttgart: Aus der Tübinger Universitäts-Augenklinik. Erfolgreiche Extraction von Kupfersplittern aus dem Auge. (Kasuistische Mitteilung aus dem Material der Klinik.) Tübingen: F. Pietzcker 1904. (23 S.) 8°
Tübingen, Med. Fak., Ref. Schleich, Diss. v. 22. Mai 1905
[Geb. 30. März 79 Stuttgart; Wohnort: Stuttgart; Staatsangeh.: Württemberg; Vorbildung: Gymn. Stuttgart Reife M. 98; Studium: Tübingen 10 S.; Coll. 17. Mai 05; Approb. 19. März 04.]

Breckling, F., Methodus, oder Anweis. z. Catechisiren. 12. Berl. 755.

Breckner, Andreas, a. Agnetheln in Siebenbürgen (Ungarn): Beiträge zur Kenntnis der koloniebildenden Radiolarien mit Nadeln (Sphaerozoida). Kiel 1906: A. F. Jensen. (48 S.) 8°
Kiel, Phil. Fak., Ref. Brandt, Diss. v. 26. Febr. 1906
[Geb. 11. Aug. 82 Agnetheln, Siebenbürgen; Wohnort: Agnetheln; Staatsangeh.: Ungarn; Vorbildung: Gymn. Schäßburg Reife Juni 01; Studium: Leipzig 2, Klausenburg 2, Budapest 1, Kiel 4 S.; Rig. 3. Febr. 06.]

Breckwoldt, JJ, s.: Buchführung f. d. Fischereibetrieb.

Breckwoldt, J. J., historische Nachrichten üb. die Elbinsel Altenwerder. Gesammelt u. bearb. unter Mitwirkg. v. Bosenick. gr. 8. (60 S. m. 8 Karten.) Harburg 894. Sandwerts. n. 1.50

Breckwoldt, Johs., die Elektrizität als Beherrscherin u. Schöpferin der Welt od. d. Urgrund alles Seins in seiner tatsächlichen Beziehung zur Gegenwart. Nebst e. darauf gebauten natürl. Sittenlehre. In allgemein verständl., voraussetzungsloser Darstellg. (223 S.) gr. 8. Blankenese (908). J. Breckwoldt. 3.60

Breda: Die Centurienverfassung des Servius Tullius. 22 S.
Progr. Bromberg 1848.

Breda: Friedrich d. Gr. als Erbe der Regierungs-Maximen Friedrich Wilhelms I. 28 S.
Progr. Bromberg 1860.

Breda, Alph. v., praktisches Schachbüchlein, oder deutl. Darstellung der Regeln des Schachspieles, anschaulich gemacht und erläutert durch die sinnreichsten Züge und Musterpartieen berühmter Schachspieler. 1. Aufl. (VIII und 117 S.) 1852., 2. Aufl. (VIII und 131 S.) 1853, und 3., verb. Aufl. gr. 16. (VIII und 136 S.) Quedlinburg 855, Ernst'sche Buchh.

Breda, Alph. v., praktisches Schachbüchlein, oder deutliche Darstellung der Regeln des Schachspieles, anschaulich gemacht und erläutert durch die sinnreichsten Züge und Musterpartieen berühmter Schachspieler. 4., verb. Aufl. Quedlinburg 864. Ernst. 16. (VIII, 136 S.) n. 10 ngr.

v. Breda, Alph., praktisches Schachbüchlein, oder deutliche Darstellung der Regeln des Schachspiels, anschaulich gemacht u. erläutert durch die sinnreichsten Züge u. Musterpartieen berühmter Schachspieler. 5. Aufl. 867. — 6. verb. Aufl. Quedlinburg 870. Ernst. 16. (VIII, 140 S.) n. 10 ngr.

Breda, Alphons v., praktisches Schachbüchlein oder deutl. Darstellung der Regeln des Schachspiels, anschaulich gemacht und erläutert durch die sinnreichsten Züge und Musterparthieen berühmter Schachspieler. 6. und 7. verb. Aufl. gr. 16. (VIII, 140 S.) Quedlinburg 870,73, Ernst'sche Buchh. *

Breda, Alph. v., praktisches Sprachbüchlein, oder Darstellung von 24 Regeln des Schachspieles, anschaulich gemacht und erläutert durch die sinnreichsten Züge und 15 Musterparthieen berühmter Schachspieler, wie auch allgemeine Schachspiel-Grundsätze. 8.—10. verb. Aufl. gr. 16. (VIII, 140 S.) Quedlinburg 876—79, Ernst'sche Buchh. *

Breda, Alph. v., praktisches Schachbüchlein oder Darstellung von 24 Regeln des Schachspieles, anschaulich gemacht und erläut. durch die sinnreichsten Züge und 15 Musterparthien berühmter Schachspieler, wie auch allgemeine Schachspiel-Grundsätze. 11. verb. Aufl. 8. (VIII, 140 S.) Quedlinburg 881, Ernst'sche Buchh. *

Breda, Alph. v., praktisches Schachbüchlein oder Darstellung von 24 Regeln des Schachspieles, anschaulich gemacht und erläutert durch die sinnreichsten Züge und 15 Musterparthien berühmter Schachspieler, wie auch allgemeine Schachspiel-Grundsätze. 12. verb. Aufl. 12. (VIII, 140 S.) Quedlinburg 888, Ernst'sche Buchh. *

Breda, Alph. v., praktisches Schachbuch od. Darstellg. v. 24 Regeln des Schachspieles, anschaulich gemacht u. erläutert durch die sinnreichsten Züge u. 15 Musterparthieen berühmter Schachspieler, wie auch allgemeine Schachspiel-Grundsätze. 13., verb. Aufl. 8. (VIII, 140 S.) Halberstadt 894. Ernst. n. 1. —

Breda, Alfons v., Prakt. Schachbuch, enth. d. wichtigst. Regeln d. Schachspieles, d. gebräuchlichsten Spiel-Eröffngn., sow. 20 Endspiele u. 20 Musterpartieen berühmter Schachspieler. 14., verb. Aufl. Durchges. u. neu bearb. v. Ferd. Rudolf, d. Herausgeber d. 2. Aufl. v. Hagemann, Anfangsgründe d. Schachspieles. 8 (VIII, 112 S. m. Diagr.) Leipzig 898. Ernst. n. 1. —

Breda, Alfons v., praktisches Schachbuch, enth. die wichtigsten Regeln des Schachspieles, die gebräuchlichsten Spiel-Eröffngn., sowie 20 Endspiele u. 20 Musterpartien berühmter Schachspieler. 15. verb. Aufl. Durchgesehen u. neu bearb. v. Ferd. Rudolf, dem Herausgeber der 3. Aufl. v. Hagemann, Anfangsgründe des Schachspieles. (VIII, 112 S. m Diagr.) 8. Leipzig (905). Ernst. n. 1. —

Breda, Alfons v.: Prakt. Schachb., enth. d. wichtigsten Regeln d. Schachspiels, d. gebräuchlichsten Spieleröffngn, sowie 20 Endspiele u. 20 Musterpartieen berühmter Schachspieler. 16. Afl. v. Ferd. Rudolf. (8, 112 m. Diagr.) 8° Lpzg, Ernst ('12). 1 — ℳ

Breda, Etienne, tabellarische Berechnung d. Amsterdamer, Bremer, Frankfurter, in 24 u. 20 Guld. Fuss, Augsburger, Wiener, Hamburger, Londoner, Pariser, Leipziger u. Petersburger Course im Vergleich mit d. preuss. Courant. (2 Abthln.) gr. 8. (49⅛ B.) Koblenz 838, Hölscher. Thlr.

Breda, Etienne, tabellar. Berechnung d. Amsterd., Bremer, Frankf., Augsb., Wiener, Hamb., Lond., Pariser, Petersb. u. Leipz. Course im Vergleich mit d. preuss. Courant. Neue wohlf. mit e. Gebrauchs-Anweis. verm. Ausg. in 2 Abthl. gr. 8. (49⅛ B.) Koblenz 838, Hölscher. *

Hieraus auch einzeln:

Dess., tabellar. Berechn. d. Bremer Cours. gr. 8. (5¼ B.) Ebds. 839. * 8 Gr.
— der Frankf., Wiener u. Augsb. Course. gr. 8. (10¾ B.) Ebds. 839. * 12 Gr.
— der Hamb. u. Lond. od. Engl. Course. gr. 8. (9⅛ B.) Ebds. 839. * 12 Gr.
— des Holländ. Cours. gr. 8. (8¼ B.) Ebds. 839. * 12 Gr.
— des Leipz. Cours. gr. 8. (5¼ B.) Ebds. 839. * 8 Gr.

Breda, Etienne, tabellar. Berechnung d. etc., Course.
Dess., des Pariser od. Französ. Cours. gr. 8. (5¼ B.) Ebds. 839. * 8 Gr.
— des Petersb. Cours. gr. 8. (5¾ B.) Ebds. 839. * 8 Gr.

Breda, Etienne, tabellarische Berechnung der Amsterdamer, Bremer, Frankfurter, Augsburger, Wiener, Hamburger, Londoner, Pariser, Petersburger u. Leipziger Course im Vergleich mit preussischem Courant. Neue wohlfeilere Ausg. in 2 Abthgn. Coblenz 862. Hölscher. 8. (783 S.) n. 1 ℛ 10 ngr.

Im Frey-Haus u. andere Novellen von Franz Breda. *Berlin: G. Grote 1903.* (238 S.) 8° [F.]

Breda, Frz., im Frey-Haus. Aus dem Buchhandel zurückgezogen.

Breda, Frz., aus den Papieren e. modernen Theologen. Stimmungsbilder. 8. (118 S.) Berlin 900. A. Duncker. n. 2. —; geb. in Leinw. n. 3. —

— Aus d. Pap. e. mod. Theologen. Jetzt: Berl., A Glaue.

Aus märkischem Sande. Bilder u. Töne eines Wanderers von Franz Breda. *Leipzig & Berlin: G. H. Meyer 1901.* (VIII, 208 S.) 8° [F.]

— aus märkischem Sande. Bilder u. Töne e. Wanderers. (Umschlag: Ein Wanderbuch.) 2. [Titel-]Ausg. (IV, 208 S.) 8. München [901] 904. G. Müller. n. 2. 50; geb. n. 3. 50

Breda, G. s.: Handbuch d. angewandten physikal. Chemie.

van Breda, J. G. S., s. H. *Kuhl.*

Breda, [Karl Friedr.], Geschichte des Königlichen Gymnasiums zu Bromberg während seines fünfzigjährigen Bestehens. Bromberg 1867. 8° (4°).
Bromberg, Kgl. Gymnas., P 1867.

Bredahl, Ernst Gotthelf (Zittau), De testiculorum in scrotum descensu adjecta nova de crypsorchide observatione. Diss. anat.-pathol. Präs. Chn. Gotthold Eschenbach. Lzp. (Glück) 13. II. 1824. 23 S. (4.50) 3880
Gew.: Chn. Friedr. Richter, Heinr. Adolf Taeschner, Joh. Gabr. Wittich.

— — Dasselbe. M. farb. Abb. (J. F. Schröter del. et sc.). (4.50) 3881

— — Dasselbe. Lpz. (Reclam). O. Präs., o. Widm. (4.50) 3882

Bredau, von, Besprechungen der Todesursachen von ausgeschiedenen Militärpersonen, deren Hinterbliebene aus der Centralkasse der Kaiser-Wilhelm-Stiftung für deutsche Invaliden bis ultimo 1876 laufende Unterstützungen erhalten haben. Berlin 1877. 8.

Bredau, v. Geschichte d. königl. preußischen Ulanen-Regiments v. Schmidt [1. Pommersches] Nr. 4. 1815—1890. Im Auftrage d. Regiments zur Feier d. 75jähr. Bestehens desselben dargestellt. gr. 8. (VIII, 148, 80 S. m. 7 Abbildgn. u. 2 Karten). Berl. 890, Mittler u. Sohn. * 10 —

Bredau, Friedr. De Callimacho verborum inventore. Diss. gr. 8. (98 S.) Vratislaviae 892. (Lpz., Fock.) * 1 80

Bredau, Fridericus *Guil. Leop.* [Gedanensis]: De Callimacho verborum inventore ... Vratislaviae, typ. soc. typogr. Vratisl., *1892:* 2 Bl., 98 S., 1 Bl. 8.
Breslau, Phil. Fak., Inaug.-Diss. v. 12. März 1892

Bredau, [Friedrich], Dr.: Was ist Schiller dem deutschen Volke geworden? Rede an Schillers hundertj. Todestage. Löbau Wpr. 1906: M. Hoffmann. (S. 3—9.) 4°
Löbau Wpr., k. PG P 1906 (38)

BREDAUER, Carl Georg (Cham): De hernia incarcerata.- Monachii: Huebschmann 1835. 15 S.
26.8.1853 - Urk; F 60

Diss. Ingolst.-Landsh.-Mchn.

BREDAUER, Vincenz (Riedenburg): Ueber die Behandlung von Aneurysmen mit Veröffentlichung einiger Fälle.- München: Wolf 1882. 46 S.
9.12.1882 - Urk (Titel: De aneurysmatum curatione.); Chr 1882/83,17

Diss. Ingolst.-Landsh.-Mchn.

Bredberg, Olow, s. **Cicero,** de officiis.

Breddin, G., Bedenken gegen Herodots asiatische Reise. Pr. 1857. 24 S. 4°.

Breddin, Gust., Beispielsammlung zur Einführung in das Studium der Etymologie des Neufranzösischen. 4. (31 S.) Leipzig 886, Fock. *

Breddin, G. **Beispielsammlung zur Einführung in das Studium der Etymologie des Neufranzösischen. Magdeburg, Rg., 1886. 31 S. 4.**

Hemiptera, gesammelt von Professor Kükenthal im Malayischen Archipel. Bearb. von G[ustav] **Breddin.** Mit 1 Taf. (Frankfurt a. M.: M. Diesterweg in Komm. 1900.) (S. 139–202.) 4°
= Ergebnisse e. zool. Forschungsreise in d. Molukken u. Borneo. T. 2, Bd 3, H. 1, [5.]
= **Abhandlungen** hrsg. v. d. Senckenbergischen naturforschenden Gesellschaft. Bd 25, H. 1, [5.] [07. 591

Breddin, Gust., **Hemiptera,** ges. v. Kükenthal. 900.
Jetzt: Frankf. a/M. (Viktoria-Allee 7), Senckenberg. naturforsch. Gesellsch. Erm. Pr. nn 2.

— **Hemiptera insulae Lombok in Museo Hamburgensi asservata adiectis speciebus nonnullis, quas continet collectio auctoris. Lex.-8. (40 S. m. 1 Taf.) Hamburg 899. (L. Gräfe & Sillem.) n. 1.50**
Sonderabdruck aus: „Mitth. a. d. naturhist. Museum."

Hemipteren bearb. von G[ustav] **Breddin.** Oberl. (Halle a. d. S.) Mit 1 Taf. *Hamburg: L. Friederichsen & Co. 1897.* (36 S.) 4°(8°)
= **Ergebnisse** d. Hamburger Magalhaens. Sammelreise. Lfg 2, 4. [00. 4.84

— die **Hemipteren v. Celebes. Ein Beitrag zur Faunistik der Insel. gr. 8. (215 S. m. 1 Taf. u. 1 Bl. Erklärgn.) Stuttgart 901. E. Schweizerbart. n. 6.—**
Sonderabdruck aus: „Abhandlgn. d. naturforsch. Gesellsch. zu Halle".

— **Nachahmungserscheingn. bei Rhynchoten. [Aus: „Zeitschr. f. Naturwiss."] gr. 8. (80 S. m. 1 farb. Taf. u. 1 Bl. Erklärgn.) Leipzig 896. C. E. M. Pfeffer. n. — 40**

Breddin, Gust., Rhynchota heteroptera aus Java, gesammelt von K. Kraepelin 1904. (S. 109—159 mit 23 Abbildgn.) Lex.-8. Hamburg 905. (L. Gräfe & Sillem.) n. 1.—

— **Versuch einer Rhynchotenfauna der malayischen Insel Banguey. (S. 201—226.) Lex.-8. Ebd. 905 n. — 80**
2 Sonderabdrucke aus: „Mittlgn. a. d. naturhist. Museum in Hamburg".

Brede, Albr., fünf Choral-Vorspiele für die Orgel zum Gebrauch beim öffentlichen Gottesdienst componirt. qu. 4. (9 S.) Fulda 868, Maier.

Frühling im Winter. Festspiel zu Kaisers Geburtstag f. mittlere u. höh. Mädchenschulen von Johanna Siedler. Comp. von A. **Brede.** (op. 45). Textbuch. *Kassel: O. Kuprions Nachf. 1899.* (16 S.) 8° [J.] [99. 5033 4

—— **drei Fugen für die Orgel. qu. 4. (7 S.) Fulda 868, Maier.**

Brede, Albr., Liederbuch f. deutsche Mädchen. Ausgewählte Lieder f. Schule u. Haus. 8. Aufl. 8. (VI, 178 u. Anh. IV, 68 S.) Cassel 893. O. Kuprion's Nachf. Kart. n. 1.60

Brede, Albr., Liederkranz für deutsche Mädchen. 175 ausgewählte Lieder für Schule und Haus. 8. (VI, 178 S.) Kassel 880, Augustin. cart. *

Brede, Albr., Liederkranz f. deutsche Mädchen. Ausgewählte Lieder f. Schule u. Haus. 10. Aufl. 12. (VI, 178 u. 68 S.) Kassel 899. O. Kuprion's Nachf. Kart. n. 1.60

Brede, Albr., Sonate für die Orgel [Fis moll]. qu. 4. (9 S.) Fulda 868, Maier.

Brede, Ferdinand Julius

Brede, Jul., Almanach f. Freunde vom Schachspiel. (Dies Buch verfolgt den König.) 16. (11 ⅛ B. u. 125 Figurentaf.) Altona 841, Hammerich.

BREDE [DE FIBRE], FERD. JUL.. Beschaffenheit der Erde. Hypothese. Altona. 1837. (U. B.).

Brede, F. J., Kein Zoll-Verband!!! (Gedicht.) gr. 8. (4 S.) (Altona 849, Lehmkuhl.) 1 ½ ngl

Brede, Jul. Die spanische ausgesetzte Schuld (deferred Debt). Ein Wink für Speculanten, enthaltend einen Nachweis zur augenblicklichen u. künftigen Schätzung dieser u. aller ähnlich basirten Staatspapiere, namentlich der Holländischen uitgesteldan Schuldbriefe. gr. 8°. Altona, Aue, 1836.

Brede, Ph. Fd.

—**Abendstunden, müßige, zweier Freunde, s. Abendstunden (v. J. K. A. Murhard u. Ph. F. Brede).**

Brede, Ph. Fd., († d. 1. März 1807.) Beschreibung e. Reise durch Deutschland, Frankreich u. Holland. 1r Bd. Mit 1 Kpf. 8. Götting. 807. Dieterich. 2 rß

Brede, Ph. Fd., Reise durch Deutschland, Frankreich u. Holland im Jahre 1806. 1. Bd. Mit Titelkpfr. Göttingen 1807. 8. . . . .

Brede, Rud., über die Handschriften der Chanson de Horn, —— **und E. Stengel, das anglonormannische Lied vom wackeren Ritter Horn,**	**s. Ausgaben und Abhandlungen aus dem Gebiete der romanischen Philologie.**

Brede, R. Ueber die Handschriften der Chanson de Horn. Diss. Marburg 1882. 52 S.

Kantate bei der feyerlichen Errichtung der Bildsäule Friedrichs des Einzigen, in Musik gesetzt von S. F. Brede. Stettin, Gedruckt bei Johann Samuel Leich 1793. fol.

Brede, *Maximilian* Wilhelm [aus Segeberg]: **Der Unterschied der Lehren Humes im Treatise und im Inquiry . . . Halle a. S., Druck v. E. Karras, 1896; 2 Bl., 32 S., 1 Bl. 8.**
Halle, Phil. Fak., Inaug.-Diss. v. [7. Febr.] 1896

Der Unterschied der Lehren Humes im Treatise und im Inquiry v. Wilhelm **Brede.** *Halle a. S.: M. Niemeyer 1896.* (3 Bl., 50 S.) 1 Bd 8.
= **Abhandlungen** z. Philosophie u. ihrer Geschichte. H. 7. [96. 2878

BREDEFELD, JOHS., Der zum Leben erschaffene, erlösete und beruffene aber sich selbst in Tod und Sterben stürtzende Mensch. Am 20. Sonnt. im Trin. 1721 in dem Hoch-Fürstl. Traventhalischen Hause vorgestellet. Ploen. 4. P.

[J.] Die administrative Zwangsvollstreckung im Bereiche der Justiz-Verwaltung u. die Beitreibg d. Geld- u. Ordngsstrafen. Von E[mil] **Bredel,** Mitgl. des Ver. rhein. Justiz-Subalternbeamten. Hrsg. v. Ver. rhein. Justiz-Subalternb. *Köln: Gedr. in d. Langen'schen Buchdr. (1895).* (88 S.) 1 Bd 8.
= **Zeitschrift** f. Rhein. Justiz-Subalternbeamte. Jg. VII. Beil. [96. 8885

Bredemann, Gustav, Assist. am bot. Inst.: Bacillus amylobacter A. M. et Bredemann in morphologischer, physiologischer und systematischer Beziehung, mit besonderer Berücksichtigung des Stickstoffbindungsvermögens dieser Spezies. Marburg 1909: (Frommann, Jena). 184 S. 8° ¶ (Ersch. m. Taf. in: Centralblatt f. Bakteriol. u. Parasitenkunde. Abt. 2, Bd 23.)
Marburg, Phil. Diss. v. 21. Juni 1909, Ref. Meyer
[Geb. 15. Juni 80 Königswartha; Wohnort: Marburg; Staatsangeh.: Preußen; Vorbildung: Gymn. Andreanum Hildesheim bis 97; Studium: Marburg 5 S.; Rig. 11. Nov. 08.]

Bredemann, Lor., s.: Kreuzweg, d. hl.

Breden, A., Leitfaden f. d. Obstbau. Im Auftr. d. allgem. österr. Gärtner-Verbandes zusammengest. 8. (IX, 78 S. m. 43 Abb.) Wien 898. (W. Frick.) Kart. n. 1. 60

Breden, Christiane von (Wirkl. Name), s. Christen, Ada (Pseud.)

Breden, Georg Christoph (Göttgn.), Morbi epileptici singularem quendam casum, ejus fontes et curam describens. Diss. med. Götting. (J. G. Rosenbusch) 20. II. 1799. 35 S. (4.80) 3887

1889. Die erste Erhebung der Bergarbeiter. Zur Erinnerung an d. großen Bergarbeiterstreik vor 20 Jahren von Anton Bredenbeck. Dortmund: Gerisch 1909. 32 S. 8° [10. 14534

Bredenbeck, A., Kritische Randbemerkungen zur Bergarbeiter-Novelle. Stuttgart, 1905. 8 S.

Bredenbruecker, Henr. Jos(eph.) Guil. (geb. Hopsten in Westf. 5. 7. 1828): De tussi, sputis et vomitu. Berolini (1853). (31 S.) 8°
Berlin, Med. Diss. v. 24. Aug. 1853

[F.] Crispin der Dorfbeglücker und andere Geschichten v. Richard Bredenbrücker. *Berlin: F. Fontane & C. 1898.* (5 Bl., 245 S.) 1 Bd 8. [98. 5246

Bredenbrücker, Rich., Crispin, d. Volksbeglücker. 898.
— Dörcherpack. 901. Jetzt: Stuttgart, A. Bonz & Co.

[F.] Dörcherpack. Blätter aus e. bescheidenen Menschensein v. Richard Bredenbrücker. *Berlin: Romanwelt 1896.* (3 Bl., 242 S.) 1 Bd 8. [96. 8710

— **Dörcherpack. Blätter a. e. bescheid. Menschensein. 8° (242) Berl. 96, Vita.** 2 —

Bredenbrücker, Rich., Dörcherpack. Blätter aus e. bescheidenen Menschensein. 2., durchgesch. Aufl. Mit Anh.: Erklärung einiger in Südtirol gebräuchl. Wörter. 8. (321 S.) Berlin 901. F. Fontane & Co. n. 3. 50

Bredenbrücker, R: Dörcherpack. Blätter a. e. bescheid. Menschensein. 2. Afl. Mit Anh.: Erklärg ein. in Südtirol gebräuchl. Wörter. (321) 8° Berl. '01. Stuttg., A Bonz & Co. 3.50; geb. 5 — d

Bredenbrücker, Rich., Dörcherpack. — Von der Lieb', dem Haß und was so dazwischen kriecht. — Unterm Liebesbaum. Neu: Verlag v. Eg. Fleischel & Co. in Berlin.

Bredenbrücker, Rich., die Flucht ins Paradies. Erzählung aus Südtirol. Illustriert v. Hugo Engl. (214 S.) 12. Stuttgart 904. A. Bonz & Co. n. 2. 40; geb. in Leinw. n. 3. 60

— Hartköpfe. Erzählungen aus Südtirol. Illustriert v. Hugo Engl. 1. u. 2. Aufl. (à V, 250 S.) kl. 8. Ebd. 904. n. 2. 40; geb. in Leinw. n. 3. 60

— „I bin a Lump u. bleib' a Lump" u. And. 8. (V, 221 S.) Berlin 898. Vita, Deutsches Verlagshaus. n. 2. 50; geb. n. 3. 50

— Kein Sommer ohne Wetter. — Warum d. Hauser d. Wabi nimmer zugeht, s. a. Veröffentlichungen des Vereins d. Bücherfreunde.

[F.] Kein Sommer ohne Wetter. Warum der Hauser der Wabi nimmer zugeht. Von Richard Bredenbrücker. *Berlin: Schall & Grund [1898].* (290 S.) 1 Bd 8.
= Verein d. Bücherfreunde. Jg. VII. [No] 4. [98. 2834

Bredenbrücker, Rich., die tote Kohle. Erzähl. a. Südtir. (499 S.) 8. Stuttgart 908. A. Bonz & Co. 5. —; geb. in Leinw. 6. —

Von der Lieb', dem Hass und was so dazwischen kriecht. Erzählungen aus Südtirol von Richard Bredenbrücker. *Berlin: F. Fontane & Co. 1900.* (231 S.) 8° [F.] [00. 5518

Unterm Liebesbann. Erzählung aus Südtirol von Richard Bredenbrücker. Bd 1. 2. *Berlin: F. Fontane & Co. 1901.* 2 Bde 8° [F.] [01. 1971

— Liebeswirren. Erzählungen aus Südtirol. Illustriert v. Curt Liebich. 1. u. 2. Aufl. (à VII, 328 S.) kl. 8. Ebd. 905. n. 4 —; geb. in Leinw. n. 5. —
Aus dem Verlage von F. Fontane & Co. bezw. E. Fleischel & Co. sind die übrigen Erzählungen desselben Verfassers an Bonz & Co. übergegangen.

[F.] Der ledige Stiefel. Von Richard Bredenbrücker. *Berlin: F. Fontane & C. 1897.* (4 Bl., 285 S.) 1 Bd 8. [97. 2717

[F.] Drei Teufel. E. Idylle v. d. Kehrseite v. Richard Bredenbrücker. *Berlin: F. Fontane & C. 1897.* (3 Bl., 214 S.) 1 Bd 8. [97. 7134

Bredendiek, K., u. B. Müller, Sprachübungen f. Fortbildungsschulen u. verwandte Lehranstalten. Für d. Hand der Schüler zusammengest. gr. 8. (II, 38 S.) Oldenburg 899. (Leipzig, F. J. Kleemeier.) n.n. — 35

Bredendiek, K., u. B. Müller, Sprachübungen f. Fortbildungsschulen u. verwandte Lehranstalten (Handels-, Gewerbe-, Baugewerkschulen u. s. w.) Für die Hand der Schüler zusammengestellt. 4. verb. Aufl. Neue Rechtschreibg. (38 S.) gr. 8. Leipzig 903. F. J. Kleemeier. n.n. — 35

Bredendiek, K., u. B. Müller, deutsche Sprachübgn. f. Fortbildungsschulen u. verwandte Lehranstalten (Handels-, Gewerbe-, Baugewerkschulen u. s. w.). Für die Hand der Schüler zusammengestellt. 13. verb. u. erweit. Aufl. Ausg. A. (II, 48 S.) 8. Leipzig 907. O. Borggold. — 40

Bredendiek, K, u. B Müller: Deut. Sprachübgn f. Fortbildgssch. u. verw. Lehranst. (Handels-, Gewerbe-, Bauewerksch. u.s.w.). 16. Afl. Ausg. A. (48) 8° Lpzg, O Borggold '10. — 40 d

— — deutsche Sprachübungen f. Handelslehranstalten. Für die Hand der Schüler zusammengestellt. 6. verb. Aufl. Neue Rechtschreibg. (38 S.) gr. 8. Jever (903). Leipzig, F. J. Kleemeier. n.n. — 35

— — dasselbe f. Handelslehranstalten. Für die Hand der Schüler zusammengestellt. 14. verb. u. erweit. Aufl. Ausg. B. (II, 48 S.) 8. Ebd. 907. — 40

— — dass. f. Handelslehranst. u. verwandte Lehranst. (Fortbildgs-, Gewerbe-, Baugewerksch. usw.). 19. Afl. Ausg. B. (48) 8° Ebd. '10. — 40 d

Bredendiek, K., u. B. Müller, deutsche Sprachübungen f. Unteroffiziere u Mannschaften, sowie für die Schulen des deutschen Heeres u. der Marine. Nach Begutachtg. des kgl. preuß. Kriegsministeriums hrsg. Neue Rechtschreibung. (V, 41 S.) gr. 8. Leipzig 903. F. J. Kleemeier. n.n. — 35

Bredenkamp, C. J., Gesetz und Propheten. Ein Beitrag zur alttestamentl. Kritik. gr. 8. (III, 204 S.) Erlangen 881, Deichert. *

Bredenkamp, C. J., der Prophet Jesaia, erläutert. 3 Lfgn. gr. 8. Erlangen, Deichert'sche Verlagsb. Nachf. [1. Lfg. (S. 1—84.) 886. *M 1.50.; 2. Lfg. (S. 85—222.) 887. *M 2.—; 3. Lfg. (VIII, 223—367.) 887. *M 3.50.] *

Bredenkamp, C. J., der Prophet Sacharja erklärt. gr. 8. (IV, 212 S.) Erlangen 879, Deichert. *

—— Vaticinium quod de Immanuele edidit Jesaias [VII, I—IX, 6] explicavit. gr. 8. (39 S.) Ebendas. 880. *

Bredenkamp, Herm., kurzer Abriß d. christl. Religionslehre zum Gebr. bei seinem häusl. Unterrichte d. Confirmanden. 5e Aufl. Bearbeit. u. erweitert von H. G. B. Franke. 8. Bremen 837. Heyse. 5 gr

Bredenkamp, Herm., Predigten üb. die Lehre von Gott, gehalten 1806 bis 1808. gr. 8. Bremen 809. Heyse. 2 gr

— s. Thucydides de bello.

Bredenoll, Laurentius Theod. (geb. Erwitte in Westf. 1815): De cura gravidarum puerperarumque diaetetica. Berolini (1840). (28 S.) 8°
Berlin, Med. Diss. v. 12. Febr. 1840

Breder, George F. 1855-1905. Goldenes Jub, Sept 16-19, Egg Harbor, NJ. Off Souv u Gesch d Ansiedlung. Egg Harbor City, 1905.

Brederek, Paul, Scheck-Gesetz, s.: **Krieger, Hans.**

Brederek, Emil, ausgewählte Festlieder. Hrsg. im Auftrage des Männer- u. Jünglingsvereins in Breklum. 2. Aufl. (32 S.) 8. Breklum 906. Christl. Buchh. n. — 10

Brederek, E., hymnologisches Hilfslexikon. (IX, 164 S.) gr. 8. Leipzig 910. A. Deichert Nachf. 2.70; geb. n 3. 50

Konkordanz zum Targum Onkelos hrsg. von Emil **Brederek,** Pastor. Gießen: A. Töpelmann 1906. (x, 193 S.) 8°
= **Zeitschrift** f. alttestamentl. Wissenschaft. Beiheft 9.

Brederek, Emil: Predigten üb. Texte d. alten Bundes. (133) gr8° Lpzg. A Deichert Nf. '12. 2.50; geb. 3.50 d

Brederis, A. Huber-, s. Huber-Brederis

Brederis, Ant. v., das Glöcklein v. Abendreute, s. a. Jugendbücherei.

(F) **Brederis, A. v.,** Das Glöcklein von Abendreute. [Jugendbücherei. Nr. 19/21.] 8°. (ill. 108 S) K —.60
Graz: Styria 1908.

Brederlow, v., kurze Geschichte des Garde-Füsilier-Regiments. Auf Befehl des Regiments zusammengestellt. Mit 2 Lichtdr.-Bildern, 1 farb. Uniformtaf., 4 Kartenskizzen im Text u. 2 Marschkarten auf 1 Anlage. (95 S.) kl. 8. Berlin 904. R. Eisenschmidt. Geb. n. — 75

Brederlow, C. G. F., die Dichtungsarten, s. J. W. H. Ziegenbein, Lesebuch 1r Bd.

Brederlow, C. G. Fr., der Harz. Zur Belehr. u. Unterhaltung f. Harzreisende. 4 Lfgn. 8. (30½ B. u. 1 Stahlst.) Braunschweig 845. Ramdohr's Hofkunsth. à * 1¼ Ngr.

Brederlow, C. G. Fr., der Harz. Zur Belehrung und Unterhaltung für Harzreisende. Ausg. mit 1 Stahlstiche in 4 Lief. 8. (Mit 2 Stahlst.) Braunschweig 845, 46, Ramdohr's Hof-Kunsth. n. 1½ ℳ

— dass. Ausg. mit 13 Stahlst. und 1 topogr. Karte in 4 Liefg. 8. (Mit 13 Stahlst.) Ebend. 845, 46 n. 2½ ℳ

Brederlow, C. G. Fr., der Harz. Zur Belehrung u. Unterhaltung f. Harzreisende. 2. Ausg. 8. (VIII u. 571 S. m. 13 Stahlst. u. 1 in Kpfr. gest. u. col. Karte in gr. Fol.) Braunschweig 851, Ramdohr. In Engl. Einb. u. Futteral. n. 1½ ℳ

— — Vorlesungen üb. die Geschichte d. deutschen Literatur. Ein Leseb. f. d. erwachsene Jugend. 2 Thle. gr. 8. (48½ B.) Leipzig 844, Brockhaus. *

Brederlow, Goswin Freih. von: „Geschichte des Handels und der gewerblichen Kultur der Ostsee-Reiche im Mittelalter bis zum Schlusse des sechzehnten Jahrhunderts; mit besonderem Bezug auf Danzig als Quartierstadt des Hansebundes, und der sich in dieser Zeit entwickelnden innern Staatsverhältnisse Preussens", Berlin 1820. — Vorh.: Bücherei der Industrie- u. Handelskammer Leipzig.

v. Brederlow, Gosw., Geschichte des Handels u. der gewerbl. Kultur d. Ostseereiche im Mittelalter bis zum Schlusse des 16ten Jahrh., mit besond. Bezug auf Danzig rc. gr. 8. Berl. 820. Dümmler. 1 ℳ 12 ℊ

— über Leben u. Verfassung in Kreisen u. Gemeinden, mit besond. Bezug auf Preußen. gr. 8. Berl. 820. Reimer. 14 ℊ

— s. Prüfung des Vorschlags: Alle Pfarrländereien.

— — Prüfung des Vorschlags: alle Pfarrländereien mit Ausschluß der Gärten und Naturalhebungen, der Pfarrer zu veräußern, rc. 8. 8. Berlin, Dümmler. 820.

Brederode. Drama in vier Aufzügen. Wien 1864. V: *Del Sotto, Isidor.* (EB)

Brederoode. Drama in 4 Aufzügen. (Von Js. del Sotto.) Als Mscr. gedr. gr. 8. (VIII, 100 S.) Wien 864, Gerold's Sohn. *

Bredetzky, Samuel. Historisch-statistischer Beytrag zum deutschen Kolonialwesen in Europa, nebst einer kurzen Beschreibung der deutschen Ansiedlungen in Galizien, in alphabetischer Ordnung. Mit 2 Plänen und einer Karte. 8. Brünn 1812.

Bredetzky, S., historisch-statistischer Beytrag zum deutschen Kolonialwesen in Europa. Mit 2 Plänen und 1 Karte. 2te unveränderte Aufl. 8. Leipzig, Hartmann. 818.

Bredetzky, Samuel: Historisch-statistischer Beytrag zum dt. Kolonialwesen in Europa, nebst einer kurzen Beschreibung der dt. Ansiedlungen in Galizien. 2. Aufl. — Lpg: Wienbrack 1818. 195 S. mit 2 Pl. und 1 Kt. [1. Aufl. Brünn: Trassler 1812.]

— neue Beitr. zur Topographie u. Statistik von Ungarn. Mit 2 Kpf. 8. Wien 807. Geistinger. 1 ℳ (Gerold) 820. Hbg. Pr. 16 ℊ (Daraus apart: 1) Reise in die Karpaten. 1 ℳ 2) Beschreib. d. äußerst merkwürd. Höhle Baradle, mit 2 Kpf. 16 ℊ)

— Beitr. z. Topographie d. Königreichs Ungarn. 1s—4s Bdchn. Mit Kpf. 8. Wien 803—805. (Volke). 5 ℳ 4 ℊ

Bredetzky, S., Beyträge z. Topographie d. Königreichs Ungarn. 4 Thle. m. K. 8. Wien, Camesina. 805. (1r u. 2r à 1 Thlr. 3r 1 Thlr. 12 gr. 4r 1 Thlr. 16 gr.)

Bredetzky, Sam., die Deutschen in Galizien. Ein hist.-statistischer Beitrag, zum deutschen Colonienwesen, mit 2 Planen u. 1 Charte. 8. Brünn, Traßler. (Leipz. Gräf.) 811.

— Elementarbüchlein, zum Gebr. beim öffentl. Unterricht. 8. Oedenburg 800.

— s. Jugendfreund, der Wiener.

Bredetzky, Samuel: Reisebemerkungen über Ungern und Galizien. Bdch. 1. 2. — Wien: Doll 1809. VIII, 336 und IV, 285 S., 2 Kupfer.

— Umriß d. bibl. Geschichte d. alten u. neuen Testaments rc. 8. Wien, Rehm. 809.

— kurzer Umriß der bibl. Geschichte des A. u. N. Testaments rc. Nebst e. Anh. 8. Wien 809. 5e Aufl. 829. Armbruster. 6 ℊ

Bredetzky, (S.,) kurzer Umriß d. biblischen Geschichte des alten u. neuen Testaments. Nebst e. Anhange d. vorzüglichsten Sprüche aus d. heil. Schrift. 8. Wien 822, Armbruster.

Bredetzky, Samuel: Vorschlag zur Emporbringung der Industrie und Landwirtschaft in Galizien. Eine gekrönte Preisschrift. Prag 1813. — (12)

Bredhauer, Joh. Heinrich (Siegen)
Disputatio medica inauguralis de asthmate convulsivo.
Gissae-Hassorum [17. Jan.] 1702: Joh. R. Vulpius. 32 S. 4°

Bredichin, Fedor Aleksandrovič

— sur quelques anomalies apparentes dans la structure des queues cométaires. gr. 8. (6 S.) Ebend. 883. n. — 80

Bredichin, Th., sur les anomalies apparentes dans la structure de la grande comète de 1744. gr. 8. (15 S. mit 1 Taf.) Moscou 884. (Leipzig, Voss' Sortiment.) *

Bredichin, Th., sur les anomalies apparentes dans la structure de la grande comète de 1844. gr. 8. (15 S. m. 1 Taf.) Moscou 884. (Leipzig, Voss' Sort.) n. 1. —

Bredichin, Th., sur la grande comète de 1811. gr. 8. (12 S. mit 1 lithogr. Plan.) Moscou 885. (Leipzig, Voss' Sortiment.) *

— sur la grande comète de 1887 I. [Aus: „Bulletin de la Soc. imp. des naturalistes de Moscou".] gr. 8. (8 u. Nachtrag 4 S. m. 1 Taf.) Ebd. 888. n. — 60

Bredichin, Th., sur les grandes comètes de 1886 [41; 42; 43]. 2 livrs. gr. 8. (8 u. 7 S. m. 1 Steintaf.) Moscou 886 et 87. (Leipzig, Voss' Sort.) n. 1. —

Études sur l'origine des météores cosmiques et la formation de leurs courants. Par le prof. Dr Th. Brédikhine ([Fedor Aleksandrovič] Bredichin). Avec 6 pl. *St.-Pétersbourg; Leipzig: Voß in Comm. 1903.* (364 S.) 4°(8°) [illegible]

— histoire de l'hypothèse des ondes cosmiques, composée pour l'explication des formes cométaires. Avec supplément. gr. 8. (27 u. 5 S. m. 2 Taf.) Ebend. 883. n. 2. —

Bredichin, Th. Sur l'origine des comètes périodiques. gr. 8. (21 S.) Moscou 889. (Lpz., Voss Sort.) * 1 —

— sur l'origine des étoiles filantes. Avec 1 planche [Aus: „Bulletin de la Société impér. des naturalistes de Moscou".] gr. 8. (60 S.) Ebd. 889. n. 2. 40

— sur les oscillations des jets d'émission dans les comètes. gr. 8. (26 S. m. 1 Steintaf.) Ebd. 885. n. 1. 20

—— Sur les phénomènes extraordinaires présentés par la grande comète de 1882. Lex.-8. (S. 67—78 m. 1 lithogr. Taf.) St.-Pétersbourg 891. (Lpz., Voss Sort.) * 1 —

— sur les propriétés importantes des courants météoriques. [Aus: „Bulletin de la Société impér. des naturalistes de Moscou".] gr. 8. (24 S. m. 2 Taf.) Ebd. 889 n. 1. 20

— s.: Publications de l'observatoire central Nicolas.

— quelques remarques concernant mes recherches sur les comètes. gr. 8. (20 S.) Ebend. 884. n. 1. —

—— révision des valeurs numériques de la force répulsive. gr. 8. (86 S.) (Ebendas.) 885. *

— sur les têtes des comètes. [Avec 2 figures.] gr. 8. (8 S.) Ebend. 885. n. — 50

Bredichin, Th., mechanische Untersuchungen üb. Cometenformen, s.: Jaegermann, R.

Bredig, Georg: I. Beiträge zur Stöchiometrie der Ionenbeweglichkeit. II. Über die Affinitätsgrössen der Basen ... (Aus: Zeitschr. f. physik. Chem., Bd XIII Heft 2. 1894.) Leipzig, W. Engelmann, 1894; 146 S., 1 Bl. 8.
Leipzig, Phil. Fak., Inaug.-Diss. v. [7. März] 1894

Bredig, Geo., s. Berichte üb. einzelne Gebiete der angewandten physikalischen Chemie.

Bredig, Geo., über die Chemie der extremen Temperaturen. Habilitationsvorlesung, geh. am 9. II. 1901. 8. (32 S.) Leipzig 901. S. Hirzel. n. — 60
Sonderabdruck aus: „Physikal. Zeitschrift".

Bredig, Geo., s.: Elektrizität u. Licht in der Medizin.

Bredig, Georg, Dr.: Anorganische Fermente. Darstellung kolloidaler Metalle auf elektr. Wege u. Untersuchung ihrer katalyt. Eigenschaften. *Leipzig: W. Engelmann 1901.* (99 S.) 8° ¶ (Zum Teil Auszug aus: Zeitschrift f. physik. Chemie. Bd 31 u. 37.)
Leipzig, Phil. Hab.-Schr. v. 9. Febr. 1901

— s.: Handbuch der angewandten physikalischen Chemie.

Brédikhine, Th., s. Bredichin, Fedor Aleksandrovič

Breding, Nikolaus (Hrsg.), s. Sitten-Freund, Der nordische.

Bredius, Abraham

Bredius, A., s.: Ausstellung, die Leidener, v. 1906.

Bredius, A, s: Gemälde-Gallerie, Die grossh., im Augusteum zu Oldenburg.

Bredius, A., s. Meisterwerke, die, der königl. Gemäldegallerie im Haag.

Bredius, A., Text, s. Meisterwerke, die, des Rijksmuseum zu Amsterdam.

Bredius, W. J, Agnes. Eine Erzählg. Aus dem Holl. übers. v. Dora Hagmann. (97 S.) 8. Elberfeld (903). Buchh. der ev. Gesellschaft. Geb. in Leinw. n. 1. —

Bredkrajcz, N., Mieczyskaw Pierwszy. Dramat w 5 actach. (Mieczyslaus der Erste. Schauspiel in 5 Acten.) gr. 8. (172 S.) Leipzig 858, Librairie étrangère.

Bredlow, Paul. Erinnerungen aus dem Leben und Wirken eines amerikanisch-lutherischen Pastors. Waterloo, Ia, 1904.

Bredouille, s. Ann'Quin, od. Tristram Shandy's Vetter.

Bredouille, Ann' Quin, oder Tristram Shandy's Vetter ... Aus dem Franz. Helmstädt 1793. V: *Gorjy, Jean Claude.* Ü: *Logan, Johann Zacharias.* (GGr) (MGT) (Ky)

Bredouille, An Quin, oder Tristram Shandy's Vetter rc m. K. 8. Helmstädt, Fleckeisen. 793.
Schreibp.

Bredow, A. Erzählungen aus der neueren Geschichte Mecklenburgs. 1. u. 2. (Titel-)Aufl. gr. 8. (V, 170 S.) Neustr. 890,92, Jacoby. 1. Aufl. * 2 50; geb. * 3 —; 2. Aufl. * 2 —; geb. * 3 —

Bredow, A., Erzählungen a. d. neueren Geschichte Mecklenburgs. 2. (Tit.-)Aufl. gr. 8. (V, 170 S.) Neustrelitz 892. [Jacoby.] Berlin, W. Süsserott. n. 1. —

Bredow, A.: Ponteac, d. Ottawa-Häuptling, s. Volksbücher, Neue.

Bredow, A, d. Tigreros od. d. Jagd auf d. Apachen, s. Volksbücher, neue.

Bredow, A, d. rote Wolf od. d. Ueberfall d. Goldsucher, s.: Volksbücher, neue.

Bredow, Adele Gräfin von, s. Bredow-Görne, Adele Gr. von

Der Fall von Fort Mackinaw. Eine Erzählung [illegible] Kanadas [illegible] Engländer [illegible] Adolf Bredow. [illegible] Druck und Verlag [illegible] [illegible] 1884 [illegible]

Bredow, Ad. Der Fall v. Fort Mackinaw. Eine Erzählg. aus der Zeit d. Eroberg. Kanadas durch die Engländer. Nach Major Richardson frei bearb. Neue Ster.-Ausg. 16. (62 S.) Reutl. 889, Enßlin u. Laiblin. * — 20

Bredow, Ad., auf deutscher Grenzwacht od. der Ueberfall der Mohawks, s.: Volksbücher, neue.

Bredow, Alfr., der Aufstand in Manila. Erzählg. aus der Zeit des Aufstandes auf den Philippinen. gr. 16. (32 S.) Reutlingen (900). R. Bardtenschlager. — 10

Bredow, Alfr., der graue Bär. Erzählung aus dem Westen Amerikas. (64 S.) kl. 8. Reutlingen (904). R. Bardtenschlager. — 25

Bredow, Alfr., bis in d. Wildnis, s.: Indianer-Erzählungen.

Bredow, Alfr., Conanchet, od. der Untergang der Naragansetts, s.: Unterhaltungsbibliothek.

Bredow, Alfr., Geronimo, d. Mestize, s.: Unterhaltungsbibliothek.

— in den Händen der Cherokees, } s.: Unterhaltungs-
— der Hirschtöter, } bibliothek.

Die Helden vom Modderfluß. Erzählung aus d. Transvaalkriege von Alfred Bredow. Mülheim a. d. Ruhr: J. Bagel [1902]. (63 S.) 8° [J.]

Bredow, A. s.: Indianer-Erzählungen. —

— Kriegspfeil. Eine Erzählg. aus dem Indianergebiet. gr. 16. (32 S.) Ebd. (900). — 10

— Rosarita. Erzählung aus den venezolan. Revolutionskriegen. (64 S.) kl. 8. Ebd. (904). — 25

— der Schatz Montezumas, s.: Volksbücher, neue.

— der Sturm auf die Hazienda. Ein Abenteuer aus der Jugendzeit des Präsidenten Porfirio Diaz. (64 S.) kl. 8. Ebd. (904). — 25

— Takannah, der Cherokesen-Häuptling, s.: Unterhaltungsbibliothek.

— der Überfall in der Prairie, s.: Volksbücher, neue.

— s.: Unterhaltungs-Bibliothek.

— s.: Unterhaltungsbücher f. die Jugend.

Bredow, Alfr., s. Volksbücher, neue. — Unterhaltungsbibliothek.

— s.: Volks-Erzählungen, kleine.

— vom Goldfieber erfaßt, s.: Volksbücher, neue.

Bredow, C. Hugo, Universal-Lohn-Buch. gr. 4. (46 u. 198 S.) Crefeld 893. (Hoffmann & van Acken.) Geb. n. 7. —

Bredow, Ferdinandus Iulius Caesar: Quaestionum Criticarum de dialecto Herodotea libri IV. 337 S. 2°

Halle-Wittenberg, Phil. Diss. v. 17. Dez. 1844

Geb. [Berlin 23. 5. 1817]

Ms. fehlt. Unter dem latinisierten Namen des Verf. (Bredovius) im Buchhandel Lipsiae: Teubner 1846. VI, 412 S. 8°.

Bredow: De Herodoti ratione theologica atque ethica. 19 S. Progr. Treptow a/R. 1862.

Bredow, Ferd.: De Herodoti ratione theologica atque ethica. P. II. 13 S. Progr. Treptow a. R. 1872.

Bredow, Franz

— s. Brettner, H. A., Leitfaden für den Unterricht in der Physik.

Bredow, F., Leitfaden für den Unterricht in der Arithmetik. 1. Heft. gr. 8. Oels 843. (Breslau, Graß, B. u. Co.) n. 1/3 ß — 2. Heft. Analysis. Algebra, Trigonometrie. Mit 1 Figurentaf. gr. 8. Ebend. 843. 1/6 ß

Bredow, F., Leitfaden f. den Unterricht in der Arithmetik. 1. u. 2. Hft. gr. 8. (11 B. u. 1 Figurent. in gr. 4.) Oels 843, Karfunkel. (Leipzig, Hartmann.)

Bredow, F., Leitfaden für den Unterricht in der Arithmetik. 1. Heft. 2. Aufl. Oels 861. Karfunkel. gr. 8. (99 S.) n. 10 ngr.

Bredow, F., Leitfaden für den Unterricht in der Arithmetik. 1. Heft. 3. Aufl. gr. 8. (102 S.) Breslau 869, Lichtenauer. [Morgenstern.]
2. Heft. [Ebendas.] 90 Pf.

— Leitfaden f. den Unterricht in d. Geometrie. I. Hft.: Planimetrie. gr. 8. (5 3/4 lith. B. mit viel. Vign.) Oels 842, Karfunkel. (Breslau, Grass, Barth u. Comp., Verl.)

Bredow: Von den Perioden der Dezimalbrüche. 12 S. Progr. Oels 1834.

Bredow: Von den Perioden der Kettenbrüche. 24 S. Progr. Oels 1846.

Bredow: Die Sadewitzer Petrefacten. Mit einer biographischen Skizze über F. Oswald. 19 S. Progr. Oels 1857.

Bredow, F., Physik für Elementar-, Mittel- und gewerbliche Fortbildungsschulen, nach der 19. Aufl. von Brettner's Leitfaden für den Unterricht in der Physik zusammengestellt. Mit vielen in den Text gedr. Holzschn. aus Brettner's Physik. gr. 8. (III, 46 S.) Stuttgart 875, Heitz.

Bredow, Frz., Joh. Ernst Plamann, Vorsteher e. Erziehungs-Anstalt zu Berlin, Dr. d. Philosophie, kgl. Prof. zc. A. sein. hinterlass. Papieren u. Briefen dargest. Mit Plamanns Portrait. 8. (5 1/2 B.) Breslau 836, (Max u. Comp.)

Bredow, Franciscus (Christophorus Felix) *(geb. Eutin 26. 9. 1803)*: De potestatibus sinuum et cosinuum quae secundum sinus aut cosinus multiplicium arcuum procedunt. Olsnae 1829. (40 S.) 4°

Breslau, Phil. Diss. v. 11. Juli 1829

Bredow: Ueber den mathem. Unterricht auf Gymn. 18 S. Progr. Oels 1838.

Bredow, Fritz, offener Brief an d. mecklenburgische Landeskirche. gr. 8. (46 S.) Leipzig 902. E. Diederichs. n. — 60

Bredow, Fritz, z. Z. Assistenzarzt d. Dr. Bockenheimerschen Klinik in Frankfurt a. M.-Sachsenhausen, gebürtig a. Vietz b. Landsberg a. W.: Über die agglutinierende Wirkung des Serums Tuberkulöser auf Typhusbakterien und Tuberkelbazillenemulsion. Erlangen 1907: Junge & Sohn. (29 S.) 8°

Würzburg, Med. Fak., Ref. Leube, Diss. v. 1. Dez. 1907

[Geb. 23. April 80 Vietz; Wohnort: Sachsenhausen; Staatsangeh.: Anhalt; Vorbildung: Gymn. Neuhaldensleben Reife M. 00; Studium: Königsberg 2, Leipzig 2, Halle 2, Freiburg i. B. 1, Heidelberg 1, Würzburg 2 S.; Coll. 30. Okt. 07; Approb. 13. März 07.]

Bredow, Gabriel Gottfried

Bredow, Gabr. Gf. († d. 5. Sept. 1814.) Anmerkk. zu Heilmanns Uebersetzung d. Thucydides, für d. Besitzer d. 1n Aufl. gr. 8. Lemgo 808. Meyer. 1 ß

— Aperçu des principaux évènemens de l'histoire universelle, à l'usage des écoles. Trad. de l'Allemagne. gr. 8. Tübing. 825. Osiander. 8 gl.

— Merkwürdige Begebenheiten aus der allgemeinen Weltgeschichte. Für den ersten Unterricht in der Geschichte, besonders für Bürger- und Landschulen. 2. aufs neue durchgesehene Aufl. Altona. 1804. (U. B.). — 3. aufs neue durchgesehene Aufl. Sm. St. 1805. — 4. aufs neue durchgesehene Aufl. Sm. St. 1808. — 7. verb. Aufl. Sm. St. 1813.

— merkw. Begebenheiten aus der allgem. Weltgeschichte f. d. ersten Unterricht in der Geschichte, besonders f. Bürger- u. Landschulen. 8. Ebend. 810.

Bredow, G. G. merkwürd. Begebenheiten aus d. allgem. Weltgeschichte, f. d. ersten Unterricht, besond. f. Bürger- u. Landschulen. 8te verb. Aufl. 8. Altona, Hammerich. 815.

Bredow, G. G., merkwürdige Begebenheiten aus der allgem. Weltgeschichte für den ersten Unterricht zc. 11te verb. Ausgabe. 8. Altona, Hammerich. 820.

— Merkwürdige Begebenheiten aus der allg. Weltgeschichte. Auflage 12. Altona 822. 8. 4 gr.

— merkwürd. Begebenheiten aus d. allgem. Weltgeschichte. 15e Aufl. 8. Altona 826, Hammerich.

Bredow, Gabr. Gtfr., merkwürd. Begebenheiten a. d. allgem. Weltgeschichte. Für d. erst. Unterr. in d. Gesch.; besond. f. Bürger- u. Landschulen. 16—18. verb. Aufl. (à 8 B.) 8. Altona 831, Hammerich. à

— merkw. Begebenheiten aus der allgem. Weltgeschichte. Verm. u. bis auf d. Jahr 1836 fortges. v. Wames. gr. 8. Reutlingen 836. Fischer. 1/4 ß

Bredow, Gabr. Gf., merkwürd. Begebenheiten aus der allgem. Weltgeschichte. Für den ersten Unterricht in der Geschichte; besond. für Bürger- u. Landschulen. 21e verb. Aufl. 8. Altona 838. Hammerich. 1/6 rℬ

Bredow, Gabr. Gf., merkwürdige Begebenheiten aus der allgemeinen Weltgeschichte. 24. verb. Aufl. 8. Altona 843, Hammerich. 1/6 rℬ

Bredow, G(abriel) G(ottfried), merkwürdige Begebenheiten aus der allgemeinen Weltgeschichte. Für den ersten Unterricht in der Geschichte; besonders für Bürger- und Landschulen. 26., verm. und bis Ende des J. 1852 fortgesetzte Aufl. 8. (VI und 145 S.) Altona 852, Hammerich.

Bredow, G. G., merkwürdige Begebenheiten aus der allgemeinen Weltgeschichte. Ausführlichere Bearbeitung. Bis auf die neueste Zeit fortgeführt u. für Bürger- u. Volksschulen hrsg. von Fr. Harder. 33. Aufl. Altona 868. Hammerich. gr. 8. (XIV, 279 S.) 12 ngr.

Bredow's, G. G., merkwürdige Begebenheiten aus der allgemeinen Weltgeschichte. Ausführlichere Bearbeitung. Bis auf die neueste Zeit fortgeführt und für Bürger- und Volksschulen hrsg. von Fr. Harder. 34. Aufl. gr. 8. (XIV, 296 S.) Altona 873, Hammerich.

Bredow, G. G., merkwürdige Begebenheiten aus der allgemeinen Weltgeschichte. Für den ersten Unterricht in der Geschichte besonders für Bürger- und Landschulen. 36. Aufl. gr. 8. (IV, 128 S.) Altona 876, Hammerich. *

Bredow, G. G., merkwürdige Begebenheiten aus der allgemeinen Weltgeschichte. Für den ersten Unterricht in der Geschichte besonders für Bürger- u. Landschulen. 37. verb. Aufl. [bis zum Jahre 1879 fortgesetzt]. gr. 8. (IV, 132 S.) Altona 880. Hammerich. n. — 50

— Chronik, s. Venturini.

— Chronik des 19n Jahrh. für d. J. 1801 bis 1825. 1r—22r Bd. (2r Bd. in 2 Abtheill.) 3r u. folg. fortges. von K. Venturini. gr. 8. Altona 808—828. Hammerich. 67 rℬ 16 gℬ Hbg. Pr. 48 rℬ 12 gℬ Neue Folge. 1r—3r Bd., d. Jahre 1826—28, von K. Venturini. gr. 8. Leipz. 828—30. Hinrichs. 9 rℬ 5 gℬ

— Chronik d. 19. Jahrh. 1r Bd. f. d. Jahre 1801. 2. u. 3. gr. 8. Altona, Hammerich. 808.

— — dasselbe 2r Bd. v. J. 1804. u. 5. gr. 8. Ebend. 806.

Bredow, G. G., Chronik d. 19. Jahrh. 3r Bd. v. J. 1806. mit einem Register uber die ersten 5 Jahre. gr. 8. Altona, Hammerich. 808. Rthlr.

— — 4r Bd. v. J. 1807. ausgearb. v. C. Venturini. gr. 8. Ebend. 809.

— — 5r Bd. v. J. 1808. ausgearb. v. Ebend. gr. 8. Ebend. 811.

— Chronik des 19ten Jahrhunderts. 6r—9r Bd. f. die Jahre 1808, 10, 11 u. 12 fortgesetzt v. K. Venturini. gr. 8, Ebend. 812,—15. (jeder Band 2 Rthlr. 16 gr.)

— — Chronik des neunzehnten Jahrhunderts. 12r 13r u. 14r Bd. (Jahr 815 816 817. (12r 3 Rthlr. 13r u. 14r. à 3 Rthlr. 8 Gr.) 817 — 20.

— Chronik d. 19. Jahrh: Fortges. v. Carl Venturini. 15r—21r Bd. Jahr 1818 — 24. gr. 8. Altona 822—27, Hammerich. à 3 Rthlr. 8 gr. 1r bis 20r Bd.

Bredow, Gabriel Gottfried, s. Eginhart: Vita Carol. M

Bredow, Gabriel Gottfried, s. Epistolae Parisiens.

Bredow, G. G., Epistolae Parisienses. Lips. 812. 8. 1 rthl. 6 gr.

— Umständliche Erzählung der wichtigeren Begebenheiten aus der Weltgeschichte. Altona. 1804. — 5. verm. u. verb. Aufl. Sm. St. 1814. — 6. verm. u. verb. Aufl. Sm. St. 1817. (U. B.). —

— Umständlichere Erzählungen der wichtigern Begebenheiten aus der allgem. Weltgeschichte. Altona 806. 8. 1 rthl. 12 gr.

— umständl. Erzählung d. merkw. Begebenheiten a. d. allgem. Weltgeschichte, für d. ersten Unterricht in der Geschichte, besonders für Bürger- u. Landschulen. gr. 8. Ebend. 810.

Umständlichere Erzählung der merkwürdigen Begebenheiten aus der allgemeinen Weltgeschichte. Für den ersten Unterricht in der Geschichte. Besonders für Bürger- und Landschulen. Von Gabriel Gottfried Bredow. 7. Aufl. Altona 1819. 8°.

— — umständlichere Erzählung d. merkwürdigsten Begebenheiten aus d. allgem. Weltgeschichte für den ersten Unterricht, besonders für Bürger- und Landschulen. 7te bis auf die neueste Zeit fortgesetzte und verb. Ausgabe. gr. 8. Ebendas. 820.

— umständl. Erzähl. d. merkw. Begebenhh. aus d. allgem. Weltgeschichte. gr. 8. 9e Aufl., verm. u. verb. (von G. A. G. Stenzel). 826.

— umständlichere Erzählung d. merkwürd. Begebenheiten a. d. allgem. Weltgesch. Für d. erst. Unterr. in d. Gesch. Besond. f. Bürger- u. Landschulen. 10., verm. u. verb. Aufl. (durchges. v. G. A. H. Stenzel. gr. 8. (41 B) Altona 829, Hammerich.

— umständl. Erzählung der merkwürd. Begebenheiten aus der allgem Weltgeschichte. Für den ersten Unterricht in d. Geschichte. Besond. für Bürger- u. Landschulen. 12e verm. u. verb. Aufl. gr. 8. Altona 840. Hammerich. 1 1/2 rℬ

Bredow, G(abriel) G(ottfried), umständlichere Erzählung der merkwürdigen Begebenheiten aus der allgemeinen Weltgeschichte. Für den ersten Unterricht in der Geschichte. Besonders für Bürger- und Landschulen. 12., mit einem vollständ. Register verseh. und bis auf die neueste Zeit fortgeführte Aufl. gr. 8. (VII und 672 S.) Altona 850, Hammerich.

Bredow, Gabr. Gottfried u. (Resp.) Heinr. Christ. Theod. Ukert (Eutin), Geographiae et Uranologiae Herodoteae. Helmstedt (Fleckeisen) 30. VI. 1804. 44 S. u. Landkarte (del. Hellwag, Eutin). (5.—) 3889
Gew.: Heinr. Phil. Conr. Henke.

— Diss. geographiae et uranologiae Herodoteae specimina, c. tab. 4. Helmst. 804. (Ind.-Cpt. in Weim.) 10 gℬ Schrbp. 12 gℬ

— Grundriß einer Geschichte der merkw. Welthändel von 1796 bis 1810, als Fortsetzung v. Busch Welthändel neuerer Zeit. gr. 8. Hamb. Bohn. 810.

— Grundriß e. Geschichte d. merkwürdigst. Welthändel, von 1796 bis 1810, als Fortsetzung v. Büsch, Welthändel neuerer Zeit. gr. 8. Hamb. 810. (Frommann in Jena, Fr. Fleischer in Leipz.) 1 rℬ 16 gℬ (Vergl. Bildungsbibliothek f. Nichtstudirte u. J. G. Büsch, Welthändel.)

— Handbuch d. alten Geschichte, Geographie u. Chronologie. gr. 8. Altona 799. 2e Aufl. 808. 3e (von J. G. Kunisch u. K. O. Müller) besorgte Aufl. 816. 4e Aufl. 820. 2 rℬ 5e Aufl. 825. Hammerich. 1 rℬ 18 gℬ

— Handbuch d. alten Geschichte, Geographie u. Chronologie. 6e verb. Aufl (v. J. G. Kunisch). gr. 8. Altona 837. Hammerich. 1 3/4 rℬ

— Handbuch der alten Geschichte, Geographie und Chronologie. 6. (Titel-)Ausg. gr. 8. (XVI und 191 S.) Altona 851, Hammerich.

— Hauptbegebenheiten der Weltgeschichte in drei Tabellen für den ersten Unterricht in der Geschichte. Altona. 1806. Fol. P.

— Hauptbegebenheiten der Weltgeschichte in 3 Tabellen, für den ersten Unterricht in der Geschichte. gr. Fol. Ebend. 808.

— Hauptbegebenheiten d. Weltgeschichte in 3 Tabell. f. den ersten Unterricht in d. Geschichte. gr. Fol. 4te Ausgabe. Ebend. 815.

Bredow, G[ottfried] G[abriel]. Hauptbegebenheiten der Weltgeschichte für den ersten Unterricht in derselben. 8. Luzern 1821.

— Hauptbegebenheiten der Weltgeschichte in drei Tabellen, f. d. ersten Unterricht. Altona
Ausgabe 5 von Stenzel. Eb. 822. f.

— Hauptbegebenheiten d. Weltgeschichte in 3 Tab. 6e v. A. G. Stenzel verb. Ausg. gr. Fol. Altona, Hammerich.

— Hauptbegebenheiten d. Weltgeschichte in 3 Tab. f. d. ersten Unterr. in d. Gesch. 7., von neuem (v. G. A. H. Stenzel.) durchges. Ausg. gr. Fol. (3 B.) Altona 829, Hammerich.

— Hauptbegebenheiten d. Weltgesch. in 3 Tabb f. d. ersten Unterricht d. Gesch. 8e Aufl. gr. Fol. Altona 839. Hammerich. 1/4 ₰

— Hauptbegebenheiten der Weltgeschichte in 3 Tabellen für den ersten Unterricht in der Geschichte. 9., von neuem durchgeseh. Ausg. gr. Fol. Altona 851, Hammerich.

Bredow, Gabr. Gf., ist Dienstbarkeit der Wissenschaft zur Erreichung des allgem. Staatszwecks nothwendig? 8. Bresl. 813. W. G. Korn. 4 ℊ

— Karl d. Große, wie Eginhardt ihn beschrieben, die Legende ihn darstellt u. Neuere ihn beurtheilt haben, bei der Feier seines tausendjährigen Gedächtnisses in Erinnerung gebracht. gr. 8. Alt. 814. Hammerich. 22 ℊ

— Lehrbuch der Weltgeschichte, oder umständlichere Erzählung der merkwürd. Begebenheiten aus der allgem. Weltgeschichte. Besonders für Bürger- und Landschulen, so wie auch für Töchterschulen und zum Selbstunterricht. 13., verm. und verb. Aufl. gr. 8. (VIII und 472 S.) Altona 852, Hammerich.

— Lehrbuch der Weltgeschichte oder umständlichere Erzählung der merkwürd. Begebenheiten aus der allgemeinen Weltgeschichte. Besonders für Bürger- und Landschulen, sowie auch für Töchterschulen und zum Selbstunterricht. 14. Aufl. 1868. 1 Thlr 15 Ngr. und 15., verm. und verb., bis auf die neueste Zeit fortgeführte Aufl. gr. 8. (VIII und 478 S.) Altona 866, Hammerich.

Bredow's, G. G. Leitfaden f. die Weltgeschichte. Ausg. A. Für preuß. Mittelschulen, sowie f. Präparanden-Anstalten. 38. völlig veränd. Aufl. Nach Maßgabe der „Allgemeinen Bestimmgn." bearb. v. A. K. van der Laan. gr. 8. (IV, 128 S.) Hannov. 889, Norddeutsche Verlagsanstalt. cart. * — 85
Ausg. B. Für preuß. Volksschulen (IV, 95 S.) cart. ** — 65

— Literärgeschichte in 3 Tabellen, (aus d. Weltgeschichte besond. abgedr.) gr. Fol. Altona 801. 3e A. 810. Hammerich. 12 ℊ

— Drei Tabellen zur Litterärgeschichte. Altona. 1801. Tvl. (U. B.). — 2. verbess. Aufl. Sm. St. 1804. Fol.

— rabbin. Mythen, Erzählungen u. Lügen. Nebst zwei Balladen d. christl. Mythologie im Mittelalter. 2. Ausg. 8. (9¼ B.) Weilburg 833, Lanz.

— Uebersetzung Plutarchs, s. Plutarch.

Bredow, Gabriel Gottfried, s. Reinecke de Voss.

— nachgelassene Schriften, biographisch-historischen u. schönwissenschaftl. Inhalts, mit d. Bildnisse u. dem Leben d. Verfass., herausg. von J. G. Kunisch. 8. Bresl. 816. Max u. Comp. 2 ₰ 12 ℊ Neue Ausg. 823. Hbg. Pr. 1 ₰

Bredow, Gabriel Gottfried, s. Tacitus: De situ.

— Untersuchung üb. einzelne Gegenstände d. alten Gesch., Chronologie u. Geographie. 1s u. 2s Stck. Mit 13 Karten. gr. 8. Altona 800—802. Hammerich. 5 ₰ 3 ℊ (A. u. d. T.: Gosselin, über d. Kenntniß d. Alten v. d. West- u. Ostküste Afrikas; Rannel's System d. Geographie Herodots; Vincent, üb. d. Handelsverk. d. Alten mit Indien ꝛc., im Ausz. übers. mit Anmerkk.)

— über d. Vortrag d. alten Geschichte auf Schulen, besonders über einige Erleichterungsmittel dabei für d. Gedächtniß. 8. Altona 799. Hammerich. 4 ℊ

— Weltgeschichte in Tabellen nebst einer tabellarischen Uebersicht der Litterärgeschichte. 2. verb. Ausg. Altona. 1804. Fol.

— Weltgeschichte in Tabellen. gr. Fol. Altona, Hammerich. 810.

— — Weltgeschichte in Tabellen. 4te verb. und zum Theil umgearb. Aufl., besorgt von Herrn Rector Manso. gr. Follo. Ebendas. 815.

Bredow, G. G., Weltgeschichte in Tabellen. Altona 810. f. 1 rthl. 16 gr. Ausg. 4. verb. von J. F. Manso. Eb. 816. f. 1 rthl. 16 gr.

— Weltgeschichte in Tabellen. 5e Aufl. besorgt v. d. Rect. Manso. gr. Fol. Altona 821, Hammerich.

Bredow, Georg v., Heinrich v. Braunschweig. Drama in 5 Aufzügen. 8. (8¼ B.) Leipzig 842, Brockhaus.

Bredow, Hans [aus Cöslin]: Beiträge zur Kenntniss der Chromatophoren.... (Aus: Jahrb. f. wiss. Bot. Bd. XXII, H. 3.) Berlin, Gebr. Borntraeger, 1890; 3 Bl., 66 S. 8°
Erlangen, Phil. Fak., Inaug.-Diss. v. 1890

Lieder eines Heimkehrenden. Von Heinrich Bredow [d. i. Ludwig Müller, Hamburg]. Hamburg: Kloss 1908. V, 168 S. 8° A 12.19685

Bredow, Heinr.: Sommerträume. Neue Gedichte. (10, 157) kl8° Hambg, O Bröcker & Co. '11. 2.50; L m. G 3.50 d

Bredow, Herm., über d. Verhältniss d. specif. Wärme zum chem. Mischungsgewichte u. die sich daraus ergeb. Folgerungen. 4. (4½ B.) Berlin 838, (A. Hirschwald.) *

Bredow, Justus (Guilelmus) *(geb. Dramburg in Pomm. 15. 10. 1822)*: De tumore tuberculoso in ponte Varolii et infiltratione tuberculosa ganglii Gasseri. Vratislaviae (1855). (32 S., 1 Taf.) 8°
Breslau, Med. Diss. v. 13. Febr. 1855

Bredow, Karl v. (Otto Stahl): Katholisch od. protestantisch? (63) gr8° Aach., (I Schweitzer) ('11). — 75 d

Bredow, Karl. Alb., über die Scrofelsucht u. die davon abhängigen Krankheitszustände. Eine prakt. Abhandlung. gr. 8. Berlin 843, Veit u. Co. 1⅓ ₰

Bredow, Klaus von

Bredow, v., Geschichte des 2. Rheinischen Husaren-Regiments Nr. 9. Im Auftrage dargestellt. Mit einem (phototyp.) Titelbilde u. 4 Karten in Steindr. gr. 8. (VIII, 291 S.) Berlin 881. Mittler & Sohn. n. 9. —; geb. n.n. 10. 50

Bredow, v. Geschichte d. 2. Rheinischen Husaren-Regiments Nr. 9. 2. Aufl. Mit e. Titelbilde u. 4 Karten in Steindr. gr. 8. (VIII, 302 S.) Berl. 889, Mittler u. Sohn. [* 9 —]; ** 10 —

Geschichte des 2. Rheinischen Husaren-Regiments Nr. 9. Im Auftr. dargest. von [Klaus] v. Bredow, Oberstleutnant. 1815 bis 1871. Fortges. von Böhmer, Lt. im Regiment. 1871 bis 1899. 3. Aufl. Mit Bildn., Abb. u. Karten. *Berlin: E. S. Mittler & Sohn 1899.* (XI, 366 S.) 4°(8°) [F.][oo.8653]

Bredow, Claus v., das Husaren-Buch. Geschichte der preuß. Husaren von ihrer Entstehg. bis auf die Gegenwart. Mit (farb.) Uniformbild v. R. Knötel. gr. 8. (176 S.) Köln 894. J. Büttmann. Kart. n. 1. 20

Bredow, K. v. Das Husaren-Buch. Geschichte der preuß. Husaren von ihrer Entstehung bis auf die Gegenwart. Mit 1 Bld. Köln 1895. 176 S.

Bredow, C. v., Kriegshelden, s.: Kolbe, Paul.

Bredow-Wedel, historische Rang- u. Stammliste des deutschen Heeres. Bearb. v. Claus v. Bredow. (XXI, 1444 S.) gr. 8. Berlin (906). A. Scherl. Geb. in Leinw. n. 12.—

— dasselbe. Sonderheft: XVIII. Armeekorps. (VI, 23 S. u. S. 737—797 m. 2 Bildnissen.) 8. Ebd. 906. n. — 50

Bredow, Claus v., [und] (Ernst v.) *Wedel*. Historische Rang- und Stammliste des deutschen Heeres. Bearb. von Claus v. *Bredow*. Berlin [1906]. 8°.

— Seydlitz, Preußens größten Reiterführers kurze Lebensbeschreibung. Mit 1 Bild u. 7 Gefechtsskizzen. (91 S.) gr. 8. Leipzig 908. F. Engelmann. 2.—

— **Ludwig** (Berlin), Disp. III. qua indifferentismum religionum, sub Erici Fridlibi larva impie defensum. Präs. Gottlieb Wernsdorf. Wittbg. (Chn. Gerdes) Okt. 1701 44 S. (5.—) 3890

Bredow, Maria v.

— u. Gertr. **Neitzke**: Deut. Grammatik f. höh. Mädchensch. Oberst. (Pensum f. d. Kl. 4—1 u. d. parallelen Kl. d. Studienanst.) (9, 149) gr8° Berl., O Salle '11. 1.50 d

Bredow, Maria v., Thom. Lenschau, Erich Meyer u. Ferd. Jak. Schmidt, Neuland. Deutsches Lesebuch f. höhere Mädchenschulen. Auf Grund der Bestimmgn. üb. die Neuordng. des höh. Mädchenschulwesens vom 18. VIII. u. 12. XII. 1908 bearb. 10 Tle. 8. Frankfurt a/M., M. Diesterweg. Geb. 18.60

I. Klasse 9. (2. Schulj.) (XII, 195 S.) 909. Geb. 1.40
II. Klasse 8. (3. Schulj.) (XI, 211 S.) 909. Geb. 1.40
III. Klasse 7. (4. Schulj.) (IX, 228 S.) 909. Geb. 1.60
IV. Klasse 6. (5. Schulj.) (X, 238 S.) 909. Geb. 1.60
V. Klasse 5. (6. Schulj.) (IX, 255 S.) 909. Geb. 1.80
VI. Klasse 4. (7. Schulj.) (X, 277 S.) 909. Geb. 1.80
VII. Klasse 3. (8. Schulj.) (VII, 244 S.) 909. Geb. 2.—
VIII. Klasse 2. (9. Schulj.) (VI, 293 S.) 909. Geb. 2.—
IX. Klasse 1. (10. Schulj.) (VIII, 438 S.) 909. Geb. 3.—
X. Klasse 3—1. Gedichte. (X, 200 S.) 909. Geb. 2.—

— — — — dasselbe. Ausg. f. Berlin u. d. Prov. Brandenburg. III—VIII. Tl. 8. Ebd. Geb. 10.80

III. Klasse 7. (4. Schulj.) (XI, 242 S.) 909. Geb. 1.60
IV. Klasse 6. (5. Schulj.) (XI, 258 S.) 909. Geb. 1.60
V. Klasse 5. (6. Schulj.) (XI, 271 S.) 909. Geb. 1.80
VI. Klasse 4. (7. Schulj.) (XI, 207 S.) 909. Geb. 1.80
VII. Klasse 3. (8. Schulj.) (IX, 267 S.) 909. Geb. 2.—
VIII. Klasse 2. (9. Schulj.) (VII, 328 S.) 909. Geb. 2.—

— — — — dasselbe. Ausg. f. Niedersachsen. III—VIII. Tl. 8. Ebd. Geb. 10.80

III. Klasse 7. (4. Schulj.) (XI, 259 S.) 909. Geb. 1.60
IV. Klasse 6. (5. Schulj.) (XI, 259 S.) 909. Geb. 1.60
V. Klasse 5. (6. Schulj.) (XI, 274 S.) 909. Geb. 1.80
VI. Klasse 4. (7. Schulj.) (XI, 291 S.) 909. Geb. 1.80
VII. Klasse 3. (8. Schulj.) (IX, 264 S.) 909. Geb. 2.—
VIII. Klasse 2. (9. Schulj.) (VII, 339 S.) 909. Geb. 2.—

— — — — dasselbe. Ausg. f. das Rheinland. III—VIII. Tl. 8. Ebd. Geb. 10.80

III. Klasse 7. (4. Schulj.) (XI, 246 S.) 909. Geb. 1.60
IV. Klasse 6. (5. Schulj.) (XI, 257 S.) 909. Geb. 1.60
V. Klasse 5. (6. Schulj.) (XI, 278 S.) 909. Geb. 1.80
VI. Klasse 4. (7. Schulj.) (XII, 297 S.) 909. Geb. 1.80
VII. Klasse 3. (8. Schulj.) (X, 271 S.) 909. Geb. 2.—
VIII. Klasse 2. (9. Schulj.) (VII, 318 S.) 909. Geb. 2.—

— — — — dasselbe. Ausg. f. Schlesien. III—VIII. Tl. 8. Ebd. Geb. 10.80

III. Klasse 7. (4. Schulj.) (XI, 248 S.) 909. Geb. 1.60
IV. Klasse 6. (5. Schulj.) (XI, 253 S.) 909. Geb. 1.60
V. Klasse 5. (6. Schulj.) (XI, 275 S.) 909. Geb. 1.80
VI. Klasse 4. (7. Schulj.) (XI, 304 S.) 909. Geb. 1.80
VII. Klasse 3. (8. Schulj.) (IX, 274 S.) 909. Geb. 2.—
VIII. Klasse 2. (9. Schulj.) (VIII, 340 S.) 909. Geb. 2.—
Von Tl. I, II, IX u. X erscheinen keine Sonderausgaben.

— — — — dasselbe. Ausg. B f. parität. Schulen, bearb. v. Elisab. Mießen. Ausg. f. Berlin u. d. Prov. Brandenburg. III—VIII. Tl. 8. Ebd. Geb. 10.80

III. Klasse 7. (4. Schulj.) (XI, 242 S.) 909. Geb. 1.60
IV. Klasse 6. (5. Schulj.) (XI, 258 S.) 909. Geb. 1.60
V. Klasse 5. (6. Schulj.) (XI, 271 S.) 909. Geb. 1.80
VI. Klasse 4. (7. Schulj.) (XI, 297 S.) 909. Geb. 1.80
VII. Klasse 3. (8. Schulj.) (IX, 267 S.) 909. Geb. 2.—
VIII. Klasse 2. (9. Schulj.) (VII, 328 S.) 909. Geb. 2.—

Bredow, O., moderne Plakat-Schriften. (22 S.) 23×30,5 cm. Berlin (910). F. Ashelm. —60

— **Oscar August Ludw.** (Dramburg/Pom.), De gastromalacia. Diss. med. Bln, (Nietack) 17. X. 1838. 32 Seiten. m. Biogr. (M.: W. Grieben.) (4.50) 3891
Oppon.: A. Nehse, H. Hesse, G. Ackermann.

Einer von sieben Jungen. Militär. Schwank mit Gesang in 1 Act von Otto **Bredow**. Landsberg a. W.: Volger & Klein [1906]. (20 S.) 8° [F.]
— **Theater-Album**, Militärisches. No 113. [07. 1973

Bredow, Wusso Graf v., der Goldschmied. Histor. Roman. 3 Bde. 8. (240; 261; 246 S.) Berlin 887, Janke. *

Bredow, Wusso Graf v., Junker Hans Achim v. Kerkow. Historischer Roman. 3 Bde. 8. (220, 222 u. 277 S.) Berlin 902. O. Janke. n. 10.—

Bredow, Wusso Graf v., die beiden Rittmeister. Historischer Roman. 8. (322 S.) Berlin 893. O. Janke. n. 4.—

Bredow-Görne, Gräfin Adele, Diana v. Lavergne. Trauerspiel in 5 Aufzügen. 8. (149 S.) Leipzig 875. Leiner. n. 3.—

Bredow-Goerne, Adele Gräfin v., **Ekkehard**. Nach dem Roman von Jos. Vict. Scheffel. gr. 16. (56 S.) Berlin 868, Kortkampf. cart. *

— ein Fenster beim Einzuge,
— gute Freunde,
s.: Wallner's allgem. Schaubühne.

Bredow, Gräfin Adele v., Hypatia. Ein Trauerspiel nach dem gleichnamigen Roman v. Kingsley. 8. (111 S.) Leipzig 878. Leiner. 3.—

—— s. Kinderscherz für's Kinderherz.

—— Kinderscherz für's Kinderherz, s. Thalheim, L.

—— e. Fenster b. Einzuge,
—— gute Freunde,
—— d. Lauf d. Welt,
s.: Wallner's allg. Schaubühne.

— ein verlorener Sohn. Trauerspiel in fünf Aufzügen u. e. Vorspiel. 8. (118 S.) Leipzig 874. Leiner. n. 3.—

Bredow-Goerne, Adele Gräfin v., ein flüchtiger Traum. (Gedichte.) Berlin 858. A. Duncker. 16. (3 Bl., 122 S.) 27 ngr

—— e. flücht. Traum. 16. (122) Berl. 58. Paetel. geb. — 27

—— freie Wahl. Drama in 5 Aufzügen. gr. 8. (V, 92 S.) Leipzig 872, Leiner. *

Bredschneider, C. A., historisch-geographischer Wand-Atlas. Nach Karl v. Spruner. Zehn Karten zur Geschichte Europa's im Mittelalter bis auf die neue Zeit. 2. Aufl. 5 Lfgn. Imp.-Fol. (10 lithogr. und color. Karten.) Nebst Begleitworten. gr. 8. (36 S.) Gotha 876,77, J. Perthes. à Lfg. * ℳ 11,20. *
Auf Leinw. in Mappe à Lfg. * ℳ 18. *

Bredschneider, Walther, Beiträge zur Kenntniss der Vorstufen des Harnstoffes und der Oxydation aromatischer Verbindungen im Thierkörper. Inaugural-Dissertation. gr. 8. (29 S.) Königsberg 876. (Leipzig, Kessler.) *

Bredschneider, W, Beitr. z. Kenntniss d. Vorstufen d. Harnstoffes u. d. Oxydation aromat. Verbindgn im Thierkörper. 8. (29) Königsb. 77. (Lpzg, Kessler.) n. 1. —

Bredsdorff, (J.H.,) de notione speciei in regno minerali. 8. Copenhag. 827, Gyldendal.

Bredt's Text-Ausgabe deutscher Klassiker. 4. Bd. 8. Leipzig, H. Bredt. Kart. n. — 50
Wilhelm Tell. Schauspiel. Von Frdr. v. Schiller. Mit Karte der Örtlichkeit. (122 S.) 903.
Die früheren Bände erschienen ohne Sammeltitel.

Bredt, Ernst W., zum Abbruch des Secessionsgebäudes i. München. E. off. Wort. gr. 8. (16 S.) München 896. E. W. Bredt. n n. — 30

Bredt, E[rnst] W[illy]. Die Alpen und ihre Maler. Mit 153 Abbildungen. VIII + 197 S. gr.-8. Leipzig, Theod. Thomas, [1910]. [geb. M. 7. 50]

— Moderne Bauten an alten Strassen? (25 S. m. 17 Abb.) gr. 8. München 906. Süddeutsche Verlags-Anstalt. 1. 20
Sonderabdruck aus „Süddeut. Bauzeitg."

Bredt, Ernst Wilh., der Handschriftenschmuck Augsburgs im XV. Jahrh., s.a.: Studien zur deutschen Kunstgeschichte. 25.

Bredt, Ernst Wilhelm: Der Handschriftenschmuck Augsburgs im xv. Jahrhundert. *Strassburg 1900: J. H. E. Heitz.* (94 S.) 8° ¶ [Erschien mit Taf. 1900 als: Studien zur deutschen Kunstgeschichte, H. 25.]
München, Phil. Diss. v. 1900

Katalog der mittelalterlichen Miniaturen des Germanischen Nationalmuseums. Im Auftr. d. Dir. verf. von Dr. E[rnst] W[ilhelm] Bredt, Assist. Mit Abb. *Nürnberg: German. Mus. 1903.* (150 S., 16 Taf.) 4° [04. 4380

— Sittl. od. unsittl. Kunst? 1. u. 2. Afl. (113 bezw. 129 m. Abb.) gr8° Münch., R Piper & Co. 09.10. 1.80; kart. 2.80

— Sittliche od. unsittliche Kunst? Eine histor. Revision. 6. Aufl. (VIII, 129 S. m. 60 Abbildgn.) gr. 8. München 910. R. Piper & Co. 1.80; geb. 2. 80
1. Aufl. (VIII, 113 S. m. 50 Abb.) 909.

Bredt, E. W.: Sittliche oder unsittliche Kunst? Historische Revision. Mit 60 Bildern. 8. Aufl. München: Piper & Co. 1910.

— Sittl. od. unsittl. Kunst? Eine histor. Revision. 15—24. Taus. (8, 122 m. Abb.) gr8° Münch., R Piper & Co. '11. 1.80; HL 2.80

— sogenannte Kunstkritik. schmal 12. (16 S.) München 899. (Seitz & Schauer). — 30

Deutsche Lande – Deutsche Maler. Von E[rnst] W[illy] Bredt. Mit 79 Vollbild., 61 Abb. u. 12 Taf. Leipzig: Thomas (1909). 271 S. 4° [11. 3350 5

München als Kunststadt von Dr. E[rnst] W[illy] Bredt. Mit 33 Vollbild. Berlin: Marquardt & Co. (1907). (150 S.) 8°
= Kunst, Die. Bd 61/62. [07. 11642

Bredt, Friedrich Wilhelm

Bredt, F. W., s.: Bauweise, bergische.

Bredt, F. W., aus der Burschenzeit. Bilder des deutschen Studentenlebens. gr. 8. (XI, 148 S.) Starnberg 900. K. Rügemer. n. 2. 50; geb. in Leinw. n. 4. —

Bredt, F. W., die Denkmalpflege u. ihre Gestaltung in Preussen. (VII, 64 S.) gr. 8. Köln 904. A. Ahn. n. — 80

— Denkmalschutz im Wege der Enteignung. Ein Beitrag zur Denkmalpflege unter besond. Berücksicht. des Reichslandes. (16 S.) Lex.-8. Strassburg 905. J. H. E. Heitz. n. — 80

Das Eigentum am Straßburger Münster und die Verwaltung des Frauenstiftes. Rechtswiss. Untersuchung. Von Dr. iur. F. W. Bredt, Ger.-Ass. *Straßburg: J. H. E. Heitz 1903.* (62 S.) 8° [F.] [03. 1680

Bredt, F. W., Die neue Gesetzgebung auf dem Gebiete der Denkmalpflege u. des Heimatschutzes. (22 S.) Gr. 8. München, G. D. W. Callwey. —. 20.
Flugschrift 53 d. Dürer-Bundes zur ästhet. Kultur. 1909

Das Corps Hansea zu Bonn. 50 Jahre seiner Gesch. erzählt von F(riedr.) W. Bredt. *Köln: A. Ahn 1899.* (XIV, 254 S.) 8° [F.] [00. 7130 5

— Die Heimatschutzgesetzgebg d. deut. Bundesstaaten. Erläut. u. vergleich. Darstellg d. einz. Fassgn n. d. Alter ihres Erlasses. (152) 8° Düsseld., L Schwann '12. 2 — d

[F.] Minne-, Wein- und Wanderklänge. Von F. W. Bredt. *Berlin, Köln, Leipzig: A. Ahn [1897].* (XI, 130 S.) 1 Bd 8. [99. 987

— s.: Mitteilungen des rheinischen Vereins f. Denkmalpflege u. Heimatschutz.

— u. R. Reiche, Mobiliar bergischer Bürgerhäuser aus der Zeit von 1700 bis 1830. Im Auftrage des Kunstvereins in Barmen hrsg. (31 Taf. m. 13 S. Text.) 30,5×24 cm. Düsseldorf (909). L. Schwann. 4. —

[F.] Der Rappoltsteiner. E. Erzählg aus d. Vergangenheit d. Elsass v. F. W. Bredt. *Berlin, Köln, Leipzig: A. Ahn (1898).* (VI S., 1 Bl., 250 S.) 1 Bd 8. [97. 988

Der Rappoltsteiner. Eine Erzählung aus d. Vergangenheit d. Elsass von F. W. Bredt. *Berlin, Köln, Leipzig: A. Ahn [1899].* (250 S.) 8° [F.] [00. 10474

— sein Vaterland. Roman aus dem Elsaß. Mit Umschlagzeichng. v. C. Spindler. (301 S.) 8. Köln 905. A. Ahn. n. 4. —

Bredt, H.

— u. M. v. Panitza, im Lebensschiff. 2 Erzählgn. f. Jungfrauen. (134 S.) 8. Lengerich 908. Bischof & Klein. Geb. in Leinw. 1. 50

Bredt, H., Mammon. Erzählung. 8. (363 S.) Schwerin 902. F. Bahn. n. 3. 80; geb. n. 4. 50

Bredt, J: Merkbüchl. f. Baumwärter. (66 m. Abb.) 8° Hermannst., W Krafft '11. nn — 68 d

Bredt, J: Studie über die räumliche Configuration des Kamphers und einiger seiner wichtigsten Derivate. Leipzig 1905

Bredt, J. Untersuchungen über die Constitution des Kamphers und seiner Derivate. Leipzig 1909

Bredt, Johann: Die Beziehungen zwischen Atomgewicht und Eigenschaften der chemischen Elemente. 34 S., 2 Taf. 4.
Progr. Ev. Gymn. A. B. u. verb. Realschule *Hermannstadt* 1901.

Bredt, J. Die Beziehungen zwischen Atomgewicht und Eigenschaften der chemischen Elemente. Hermannstadt, 1902. Diss.

Formular-Verzeichnis. 1903. Johannes Bredt, Münster i./W. *(Münster i./W.: J. Bredt) 1903.* (154 S.) 8° [F.] [03. 8404 6

Bredt, Joh., über das Leuchten der Pflanzen u. Tiere, s.a. Sammlung gemeinnütziger Vorträge. Nr. 297.

(F) Bredt, J., Ueber das Leuchten der Pflanzen und Tiere. [Sammlung gemeinnütziger Vorträge Nr. 297.] 8°. (pag. 68—78.) †
Prag: Calve 1903. K –.20

Bredt, Johannes, Ref. a. Barmen: Rücktritt und Wiederkauf nach dem Rechte des Bürgerlichen Gesetzbuches. Eine vergleichende Darstellung. Borna-Leipzig 1906: R. Noske. (VIII, 45 S.) 8°
Leipzig, Jur. Fak., Diss. v. 2. Mai 1906
[Geb. 23. Nov. 83 Barmen; Wohnort: Barmen; Staatsangeh.: Preußen; Vorbildung: Gymn. Barmen Reife O. 01; Studium: Halle 1, Lausanne 1, Bonn 4 S.; Rig. 30. Juli 04.]

Bredt, Johann Victor

Bredt, J. V., Das communale Bauverbot, s. Arbeiten z. Handels-, Gewerbe- u. Landwirtschaftsrecht, Nr. 2.

Bredt, Joh. Vict., das communale Bauverbot. s.: Plutti, H.

Bredt, Joh. Vict.: Die Besteuerg n. d. Leistgsfähigk. Beitrag z. Systematik u. Reform d. direkten Steuern in Preussen u. d. Reiche. (7, 240) gr8° Lpzg, A Deichert Nf. '12. 4.50; geb. 5.50 d

Bredt, Joh. Victor, Referendar aus Rhöndorf a. Rh.: **Die Gefahrtragung** beim Werkvertrag nach Römischem Recht **und** Bürgerlichem Gesetzbuch. *Elberfeld 1902: Baedeker.* (43 S.) 8° [F.]
Leipzig, Jur. Diss. v. 1902

Bredt, Joh. Vict., die Lohnindustrie, dargestellt an der Garn- u. Textilindustrie v. Barmen. (X, 202 S.) gr. 8. Berlin 905. Bruer & Co. n. 4. —

Bredt, Joh. Victor, Dr. juris., Regierungs-Referendar aus Coblenz: Die Lohnindustrie gekennzeichnet in einer Darstellung der Wuppertaler Lohnbleicherei. Berlin 1905: (J. Beltz in Langensalza. (43 S.) 8° [F.] ¶ (= Bredt, Joh. Victor, Die Lohnindustrie dargestellt an der Garn- und Textilindustrie von Barmen, Kap. 1. Berlin: Bruer & Co. 1905.)
Heidelberg, Phil. Fak., Ref. Gothein, Diss. v. 20. Dez. 1904
[Geb. 2. März 79 Barmen; Wohnort: Barmen; Staatsangeh.: Preußen; Vorbildung: Gymn Barmen Reife 97; Studium: Tübingen 1, Göttingen 2, Bonn 3 S.; Rig. 13. Juni 04.]

— Nationalökonomie des Bodens 1—3. Taus. (Je 141 S.) Lex. 8. Berlin 908. Bruer & Co. 2. 50

— Nationalökonomie d. Bodens. 1—3. Taus. (141) Lex8° Berl., K Reuschel '08. 2.50

— Die Polenfrage im Ruhrkohlengebiet. Eine wirtschaftspolit. Studie. (V, 139 S.) gr. 8. Leipzig 909. Duncker & Humblot. 8. —

— s.: Verwaltungsvorschriften f. preußische Gemeinde-, Polizei- u. Kreisbehörden.

— Der Wertzuwachs an Grundstücken u. s. Besteuerg in Preussen. (76) gr8° Berl., K Reuschel '07. 1.20

— Die Zonenenteignung u. ihre Zulässigkeit in Preussen. Zugleich e. Beitrag zur Lehre vom öffentl. Interesse. (XV, 254 S.) gr. 8. Leipzig 909. Duncker & Humblot. 5. 50.

Bredt, J[ulius]: Die Doctor-Promotion an technischen Hochschulen und die Bedeutung der wissenschaftlichen Arbeit für die organisch-chemische Technik. (Berlin: Springer 1900.) 5 Bl. 4° • Erg. aus: Zeitschrift f. angewandte Chemie. Jg. 14.

Bredt, Julius [aus Barmen]: Ueber das Lacton der Isocapronsäure und die Constitution der Lactone. Strassburg, Universitäts-Buchdruckerei von Johann Heinrich Eduard Heitz, 1880. 8. II, 34 S. **Diss. Strassburg**

Bredt, Paul, Untersuchungen üb. die Orthotoluylsäure u. einige Derivate derselben. Inaugural-Dissertation. 8. (26 S.) Tübingen 875. (Fues.) n. - - 40

Bredt, Pet., s.: Carlyle, Thom., vermischte Aufsätze.

Bredt, Rudolf, a. Barmen: Aus dem pathologischen Institute in Kiel. Beitrag zur Frage der akuten Herzinsuffizienz infolge von Überanstrengung. Kiel 1905: Schmidt & Klaunig. (23 S.) 8°
Kiel, Med. Fak., Ref. Heller, Diss. v. 21. Aug. 1905
[Geb. 17. Febr. 78 Barmen; Wohnort: Barmen; Staatsangeh.: Preußen; Vorbildung: Gymn. Gütersloh Reife M. 98; Studium: Halle 4, Kiel 5 S.; Coll. 3. Aug. 05; Approb. 25. April 05.]

Bredt, Titus Viktor [aus Köln]: I. Beiträge zur Kenntnis der Ketopentamethylendicarbonsäure und der beiden stereoisomeren Butantetracarbonsäuren. II. Ueber isomere Dithienyle ... Heidelberg, Univ.-Buchdr. v. J. Hörning, 1895; 49 S., 1 Bl. 8.
Heidelberg, Naturw.-math. Fak., Inaug.-Diss. v. [19. Juli] 1895

Bredt, V. R., die Parteien im deutschen Reich, was sie sondern u. was sie sammeln soll. gr. 8. (86 S.) Leipzig 878. O. Wigand. n. 1. —

Bredt, V. R., die Parteien im Reich und die Reichs-Parteien. Ein nationales Wort vor den Wahlen. gr. 8. (86 S.) Leipzig 881. O. Wigand. *

— Riviera di Ponente. Novellistische Culturbilder. 8. (165 S.) Ebend. 881. n. 2. —

Bredtmann, Hermann [aus Velbert]: Der sprachliche Ausdruck einiger der geläufigsten Gesten im Altfranzösischen Karlsepos. . . . Marburg. Georg Schirling, Buchdr., 1889: 70 S. + 1 Bl. 8°
Marburg, Phil. Fak., Inaug.-Diss. v. 27. Dez. 1889

Bredtmann, Herm., Hilfsbüchlein f. französische Sprechübungen in den unteren Klassen. Methodisch geordnete Uebungsstoffe zur Belebg. des französ. Unterrichts nebst e. kurzen Besprechg. der Hölzelschen Jahreszeitenbilder. (X, 120 S.) 8. Düsseldorf (906). A. Schneider. Geb. n. 1. 20

Bredtmann, Hermann: Oberlehrer Wilhelm Schauwienold [† 1. Dezember 1908]. S. 24—25. 4.
Progr. Realgymn. i. E. der Ämter *Wanne* und *Eickel* 1909

Bredtschneider, A., u. K. Thamm, die Abwasserreinigung in England, s.: Mitteilungen aus der königl. Prüfungsanstalt f. Wasserversorgung u. Abwässerbeseitigung zu Berlin. 8. Hft.

Das Trennsystem. Bearb. von A[ugust] Bredtschneider, Stadtbaurat in Charlottenburg. Mit 7 Abb. *Jena: G. Fischer 1902.* (S. 109–139.) 8° = Handbuch d. Hygiene. Suppl.Bd 2, Lfg 2. [02. 999

Bredull, Carl [pr. Arzt]: Ueber Osteosarcom ... Leipzig. Druck v. A. Edelmann, *1893;* 18 S., 1 Bl. 8.
Leipzig, Med. Fak., Inaug.-Diss. v. 10. Aug. 1893

Brée, A., s. Bibliothèque française à l'usage de la jeunesse.

Brée, A., petite bibliothèque française, s. Bibliothèque.

Brée, Mme. A. Nouvelles histoires à l'usage de la jeunesse, s. Bibliothèque française.

Bree, Johannes, zur Behandlung der Diphtherie mit Quecksilbercyan. Diss. Berlin 1886, Mayer & Müller. 8°. 30 S.

Bree. Johannes [prakt. Arzt aus Rhinow]: Zur Behandlung der Diphtherie mit Quecksilbercyan .... Berlin, Buchdr. v. Gustav Schade (Otto Francke) 1886): 30 + 2 S. 8°.
Berlin. Med. Fak.. Inaug.-Diss. v. 1. Jul. 1886.

Brée, M., das Eisenbad Pyrawarth in Nieder-Österreich. Führer für Curgäste. 8. (III, 33 S.) Wien 884, Braumüller. *

Brée, M. Wo die letzten Häuser stehen. Eine Geschichte vom Alltag. 8. (357 S.) Dresd. 891, Pierson. ℳ 3 —

Ⓑ **Brée, M., wo d. letzten Häuser stehn. 891. Jetzt: Berlin, Verlag Berlin-Wien.**

Brée, Malwine, die Grundlage der Methode Leschetizky. Mit Autoris. des Meisters hrsg. Mit 47 Abbildgn der Hand Leschetizkys. Aufgenommen von Charles Scolik. gr. 4. (IV, 98 S. m. 1 Bildnis.) Mainz 902. B. Schott's Söhne. Kart. n. 5. —

Brée, P., Faits et journées mémorables de la révolution franç., s. Faits.

Brée, P., Traité de correspondance commerciale contenant des modèles et des formules épistolaires pour tous les cas qui se présentent dans les opérations de commerce, avec des notions générales et particulières sur leur emploi. Suivi d'un recueil de termes les plus usités dans le commerce. Avec des notes allemandes par E. J. Hauschild. gr. 8. (XX u. 390 S.) Leipzig 850, Baumgärtner. 1 ℛ 6 ngr

Brée, P., Traité de correspondance commerciale cont. des modèles et des formules épistolaires pour tous les cas qui se présentent dans les opérations de commerce, avec des notions générales et particulières sur leur emploi. Suivi d'un recueil des termes français et allemands les plus usités dans le commerce. Avec des notes allemandes par E. J. Hauschild. 2. Edition, revue, corrigée et augmentée. gr. 8. (XX und 400 S.) Leipzig 854, Baumgärtners Buchh.

Brée, P., Traité de correspondance commerciale contenant des modèles et des formules épistolaires pour tous les cas qui se présentent dans les opérations de commerce, avec des notions générales et particulières pour leur emploi. Suivi d'un recueil des termes français et allemands les plus usités dans le commerce. Avec des notes allemandes par E. I. Hauschild. 3. Édit. 1857. et 4. Édit., revue avec soin. Augmentée de plusieurs modèles d'actes commerciaux et d'un chapitre contenant des annonces par Ch. Hapatzky. gr. 8. (XXI und 386 S.) Leipzig 860, Baumgärtner's Buchh.

Brée, P., Traité de correspondance commerciale contenant des modèles et des formules épistolaires pour tous les cas qui se présentent dans les opérations de commerce, avec des notions générales et particulières sur leur emploi. Suivi d'un recueil de termes français et allemands les plus usités dans le commerce. Avec des notes allemandes par Ch. Hapatzky. 5. Édit. revue et augmentée. gr. 8. (XXI und 386 S.) Leipzig 866, Baumgärtner's Buchh.

Brée, P., Traité de correspondance commerciale contenant des modèles et des formules épistolaires pour tous les cas qui se présentent dans les opérations de commerce, avec des notions générales et particulières sur leur emploi. Suivi d'un recueil des termes français et allemands les plus usités dans le commerce et accompagné de notes allemandes par M. Ch. Hapatzky. 6e édit. 1871, et 7e édit., revue par Thdr. Wohlfahrt. gr. 8. (XX, 389 S.) Leipzig 875, Baumgärtner's Buchh. (*M.* 3,60.) geb.

Brée, P., Traité de correspondance commerciale. Contenant des modèles et des formules épistolaires pour tous les cas qui se présentent dans les opérations de commerce, avec des notions générales et particulières sur leur emploi. Suivi de deux dictionnaires et accompagné de notes allemandes. 9e édit. soigneusement revue et beaucoup augmentée par F. H. Schneitler. gr. 8. (XX, 438 S.) Leipzig 884, Baumgärtner's Buchh. geb. 3 —

Brée, P., traité de correspondance commerciale. 9me édit. revue par F. H. Schneitler. gr. 8. Leipzig 884. Dresden, Kühtmann. geb.

Brée, P., traité de correspondance commerciale. Contenant des modèles et des formules épistolaires pour tous les cas, qui se présentent dans les opérations de commerce, avec des notions générales et particulières sur leur emploi. Suivi de deux dictionnaires et accompagné de notes allemandes. 10. éd. Soigneusement revue par F. H. Schneitler. En 2 parties. gr. 8. Dresden 895. G. Kühtmann. n. 3. 60; in 2 Leinw.-Bde. geb. n.n. 4. 40
1. Correspondance. (XXIII, 304 S.)
2. Dictionnaire et annotations. (181 S.)

—— Traité de correspondance générale contenant un choix de lettres puisées dans nos meilleurs auteurs, des billets d'invitation et de faire part, avec des notions sur les formes usitées dans leur emploi, des pétitions et formules d'actes civiles et commerciaux. Suivi d'instructions très-détaillées sur le cérémonial usité au 19. siècle, et de notices biograph. sur les auteurs cités dans cet ouvrage. Avec des notes allemandes par E. J. Hauschild. gr. 8. (XVI und 398 S.) Leipzig 851, Baumgärtners Buchh.

Bree, Robert: Praktische Untersuchung über krankhaftes Athemholen, besonders über das konvulsivische Asthma, seine eigenthümlichen Ursachen und Heilanzeigen. Aus d. Engl. mit Anm. übers. von K. F. A. S. Leipzig: Brockhaus (Gleditsch) 1800. VIII. 352 S.

Bree, Guil. Henr. van, de Hydrocephalo acuto infantum, cui accedit observatio. Dissert. 8maj. (6 B.) Lugduni Batav., 840, van Leeuwen. (Lipsiae, T. O. Weigel.) *

Breede, Ernst, Geschichte d. Begriffes der Katharsis. 1. u. 2. Thl. gr. 8. Riga, (Kymmel). n. 1. 40
1. (21 S.) 880. n. — 60. — 2. Die religiöse Katharsis der historischen Zeit. (41 S.) 883. n. — 80

Breede, Heinrich, ein Fall von tödtlicher Blutung aus Magenvaricen. Diss. Kiel 1887, Haeselersche Sort.-Buchh. 8°. 15 S.

Breede, Heinrich [approb. Arzt aus Kiel]: Ein Fall von tödtlicher Blutung aus Magenvaricen .... Kiel, Druck v. Schmidt & Klaunig, 1887; 15 S. + 2 Bl. 8°
Kiel, Med. Fak., Inaug.-Diss. v. 17. Aug. 1887

Breede, W(ilhelm), approb. Arzt aus Trittau ⟨Prov. Schlesw.-Holst.⟩: ⟨Aus d. med. Klinik d. Universität Jena.⟩ **Ein Fall von Pseudohypertrophie der Muskulatur mit ungewöhnlicher Lokalisation der Pseudohypertrophie.** *Jena 1903: G. Neuenhahn.* (24 S.) 8°
Jena, Med. Diss. v. (23. Jan.) 1903

Breem, G. Jul. E., Predigten. gr. 8. Schwerin 813.

Breemen, P. J. van, über das Vorkommen v. Oithona nana Giesbr. in der Nordsee, s.: Publications de circonstance du conseil permanent international pour l'exploration de la mer. No. 7.

Breen, Adriaan Gerhard, aus Goedereede: **Ueber die Verdaulichkeit und den Wert der Futtermittel des Schweines.** *Göttingen (1900): Dieterich.* (82 S.) 8°
Göttingen, Phil. Diss. v. [11. Sept.] 1900

Breen, Adriaan Gerh., über die Verdaulichkeit u. den Wert der Futtermittel des Schweines. Diss. Lex.-8. (82 S.) Göttingen 900. (Vandenhoeck & Ruprecht). n. 2.—

Breer, Hugo, Referendar in Hamburg: **Die Ehrverletzung nach dem Bürgerlichen Gesetzbuch.** *Hamburg 1902: Ackermann & Wulff Nachf.* (61 S.) 8°
Leipzig, Jur. Diss. v. 1902

Brees, Ernst, Gemeindebetriebe in der Schweiz, in Belgien und in Australien, s.: Großmann, Eug.

Les Régies et les Concessions Communales en Belgique par Ernest Brees. Bruxelles, Leipzig: Misch & Thron 1906. (XXVIII, 556 S.) 8°
= Inst. Solvay. Travaux de l'Institut de Sociologie. 2. Études sociales. No 3. [06. 7306

Brees, Robert, s. Bree, Robert

Breese, Gust., ein Beitrag zur Statistik und pathologischen Anatomie der Hirnblutung. Inaugural-Dissertation. gr. 8. (20 S.) Kiel 888, (Lipsius und Tischer.) *

Breese, Gustav [approb. Arzt aus Salzwedel]: **Aus d. patholog. Institute zu Kiel. Ein Beitrag zur Statistik und pathologischen Anatomie der Hirnblutung** .... Kiel, Druck v. Schmidt & Klaunig, 1888; 20 S. + 2 Bl. 8°
Kiel. Med. Fak., Inaug.-Diss. v. 28. Apr. 1888

Breest, Bertha, s.: Choix de nouvelles modernes.

Breest, Bertha, s: Prosateurs franç., Choix de nouvelles modernes.

Die Bibelversorgung Deutschlands seit der Reformation. Von Lic. Ernst Breest. Gütersloh: Bertelsmann 1909. 109 S. 8°
(Für Gottes Wort u. Luthers Lehr! Reihe 2. H. 8.) [09. 13313

Breest, Ernst. Die Entwickelung der preußischen Haupt-Bibelgesellschaft seit ihrem 50jährigen Jubiläum, 1864—1891. 8. (V, 151 S. m. 1 Bild.) Berl. 891, Preuß. Haupt-Bibelgesellschaft. geb. in Leinw. * — 80 u. * 1 —

Breest, Ernst, Handbuch zur Orientierg. in der hl. Schrift. Für die geistl. Bedürfnisse des Bibellesers dargeboten. Lex.-8. (IV, 275 S.) Leipzig 903. Deutsche Bibelgesellschaft. n. 3. —; geb. n. 4. 50; in Leinw. u. durchsch. n. 5. —

Breest, E: Hdb. z. Orientierg in d. hl. Schrift. (275) 8° Lpzg, JC Hinrichs' Verl. '08. 3 —; geb. 4.50; L. u. durchsch. 5 — d
Neue Tit.-Ausg. u. d. T.:

Breest, Ernst, suchet in der Schrift! Joh. 5, 39. Handreichung zum prakt. Gebrauch der Bibel nebst Erläuterg. wicht. bibl. Begriffe. (Neue [Titel-]Ausg. v.: „Handbuch zur Orientierg. in der hl. Schrift".) (IV, 275 S.) Lex.-8. Leipzig [903] 905. J. C. Hinrichs' Verl. n. 3. —; geb. in Leinw. n. 4. —: durchsch. n. 5. —

Breest, Ernst, Johannes der Täufer. Biblische Studie. 8. (V, 140 S.) Leipzig 881, Lehmann. * 2 —

— s.: Philotesia.

— Die Reformation in der Mark Brandenburg. Ihr Kampf u. ihr Sieg. Festschrift zum 350jährigen Gedächtnis des Uebertritts Joachims II. am 1. November 1539. 1.—8. Aufl. 16. (64 S.) Berl. 889, Fr. Schulze's Verlag. * — 20

— Das Wilsnacker Wunderblut, s. Für die Feste und Freunde des Gustav-Adolf-Vereins.

Breest, Fritz, a. Pieske, Prov. Posen: Zur Kenntnis der Acetylierung und Carbanilidbildung bei 1,3-Dicarbonylverbindungen und verwandten Körpern. München 1906: V. Höfling. (62 S.) 8°
München, Phil. Fak., Ref. v. Baeyer, Diss. v. 10. Juli 1906
[Geb. 13. Juli 79 Pieske; Wohnort: Naumburg a. S.; Staatsangeh.: Preußen; Vorbildung: Gymn. Frankfurt a. O. Reife O. 97; Studium: Lausanne 1, München 17 S.; Rig. 10. Juli 06.]

Breest, J: Eine Konfirmationsrede üb. Apostelgesch. 20, 31. 32. 8° (8) Lpzg 95, Akadem. Bh. — 20

Breest, Johs., eine Konfirmationsrede über Apostelgeschichte 20, 31, 32. Geh. i. d. evang.-luth. Kirchen z. Tschirma u. Nitschareuth a. Palmsonntag d. 7. Apr. 1895. gr. 8. (8 S.) Leipzig 895. F. A. Wilhelm. n. — 20

[J. u. Ant.] Lichtstrahlen. E. wahre Weihnachtsgeschichte. Dramat. bearb. v. Johannes Breest, ... luth. Hülfsprediger ... *Fürstenwalde (Spree): Christophorus-Verl. [1893].* (8 S.) 1 Bd 8. [96. 976

Svenskars bref och anteckningar från Italien. 1. Göteborg: Eranos; Leipzig: Harrassowitz 1909. 8° [09. 18274

Brefeld, Franz

Brefeld, Frz., die Apotheke. Schutz oder Freiheit? 2 Thle. Breslau 863, 64. Trewendt. gr. 8. (178; 113 S.) 1 ₰ 20 ngr.

Brefeld F. die Apotheke. Schutz oder Freiheit? Breslau 1863-65

Brefeld, Frz., die endliche Austilgung der asiatischen Cholera. gr. 8. (91 S.) Breslau 854, Grass, Barth und Comp. Verlag. *

Brefeld, Franz, Beiträge zur Reform des Sanitäts-Wesens aus Westfalen, s. Beiträge.

Brefeld, Frz., Dentitio difficilis, od. d. Zahnen als krankmachende Potenz, das verderblichste aller medizin. Vorurtheile. gr. 8. (15 B.) Hamm 840, Wickenkamp. *

Brefeld, Frz., neuere Erfahrungen zur Rinderpest, ihrer Natur, Diagnose, Tilgung und Abwehr. gr. 4. (78 S.) Breslau 857, (Gosohorsky's Buchh.) Thlr. *

Brefeld, Frz., der Fortschritt in der Sanitäts-Verfassung Preussens, auf der Basis d. Prinzips der Standes-Selbst-Regierung. Ein Beitrag zur Lösung der Reform-Frage. gr. 8. (VIII u. 235 S.) Münster 848, Theissing in Comm. n. 1⅓ ₰

Brefeld, Frz., Grundriß der Apothekenvisitation, zum Gebrauch für Medicinalbeamte, Apotheker 2c. Fol. Münster 841, Deiters. n. 5/12 ₰

Brefeld, Franz, Maturität in Bezug auf Freiheit u. Zurechnung, für Gesetzgeber, Criminalisten u. Staatsärzte. gr. 8. (12¼ B.) Münster 842, Deiters. *

— Schutzpockenimpfung oder Blattern-Inokulation? Ein Wort zur Verständigung in der Pockenfrage. gr. 8. (41 S.) Breslau 858, Gosohorsky's Buchh. *

— der Stockfisch-Leberthran in naturhistor.-chem.-pharmazeut. Hinsicht, besond. aber seine Heilwirkungen in rheumat. u. scrophulösen Krankheitsformen. gr. 8. (10½ B.) Hamm 835, Schulzische Buchh. *

Brefeld, Frz., einige Worte über den von neuern Criminalisten aufgestellten Grundsatz: daß d. Grad der Tödtlichkeit e. Verletzung für den That-Bestand beim Verbrechen der Tödtung irrelevant, für d. Zurechnung zur Schule aber wichtig sei. 8. Münster 825. (Regensberg). 4 gr.

Brefeld, Jh. Hnr., († d. 26. Dec. 1810.) Aufsätze üb. versch. Gegenstände d. Arzneilehre. gr. 8. Osnabr. 800. Blothe. 1 ₰ 4 gr.

— Beitr. zu d. Grundzügen der Heilkunde für die gegenwärtige Zeit. gr. 8. Münster 803. (Theissing). 16 gr.

— Beyträge z. d. Grundzügen d. Arzneyl, 2c. 8. Münster, Waldeck. 803.

Brefeld, Oskar

Brefeld O.: [To mykologiske Afhandlinger]. [Rostr. Saml.].
(Ueber die geschlechtlichen u. ungeschlechtlichen Fruchtformen bei den copulirenden Pilzen. 1900. — Ueber Pleomorphie u. Chlamydosporenbildung bei den Fadenpilzen. 1901.).

Brefeld O.: [Plantepatologiske Afhandlinger]. [Rostr. Saml.].
(Die Brandpilze u. die Brandkrankheiten. 1884. — Der Reisbrand u. der Setaria-Brand, die Entwicklungsglieder neuer Mutterkornpilze. 1896. — Ueber Brandpilze u. Brandkrankheiten. 1. 1899. — Neue Untersuchungen ... üb. die natürliche Infektion u. Verbreitung d. Brandkrankheiten d. Getreides. 1903).

Brefeld, Osc., s.: Beiträge zur Biologie der Pflanzen.

Brefeld, O., und W. Zopf: Bericht über Untersuchungen des Tegeler Wassers. Berlin 1879

Brefeld, Osc., Dictyostelium Mucoroides, ein neuer Organismus aus der Verwandtschaft der Myxomyceten. Eine Untersuchung aus dem botan. Laboratorium in Halle. gr. 4. (24 S. mit 3 lithogr. Taf.) Frankfurt a. M. 869, Winter. *
Aus: Abhandlungen der Senckenbergischen naturforschenden Gesellschaft, besonders abgedruckt.

Brefeld O.: Fäulniss u. Erhaltung d. Früchte. 1902. [Rostr. Saml.].

— Untersuchungen über die Entwicklung der Empusa Muscae und Empusa radicans und die durch sie verursachten Epidemien der Stubenfliegen und Raupen. gr. 4. (50 S. mit 4 Kpfrt.) Halle 871, Schmidt's Verlag. *
Aus: Abhandlungen der naturforschenden Gesellschaft zu Halle, besonders abgedruckt.

Untersuchungen aus dem Gesammtgebiete der Mykologie (1-4: Botan. Untersuchungen über Schimmelpilze; 5: ... über Hefenpilze) von Dr. Oskar Brefeld. Mit lith. Taf. H. 1-12. Leipzig: A. Felix (9 ff.: Münster: H. Schöningh in Comm.) 1872-95. 12 Bde 4°
1. Mucor Mucedo, Chaetocladium Jones'ii, Piptocephalis Freseniana. Zygomyceten. 1872.
2. Die Entwicklungsgesch. von Penicillium. 1874.
3. Basidiomyceten 1. 1877.
4. Culturmethoden z. Untersuchung d. Pilze ... 1881.
5. Die Brandpilze 1 (Ustilagineen) mit besond. Berücks. d. Brandkrankheiten d. Getreides ... 1883.
6. Botan. Untersuchungen über Myxomyceten u. Entomophthoreen. Polysphondylium violaceum u. Dictyostelium mucoroides. Conidiobolus utriculosus u. minor. 1884.
7. Basidiomyceten 2. Protobasidiomyceten. 1888.
8. Basidiomyceten 3. Autobasidiomyceten u. d. Begründung d. natürl. Systems d. Pilze ... 1889.
9. Die Hemiasci u. d. Ascomyceten ... 1891.
10. Ascomyceten 2. (Forts. d. 9. H.) 1891.
11. Die Brandpilze 2. (Forts. d. 5. H.) Die Brandkrankheiten d. Getreides ... 1895.
12. Hemibasidii. Brandpilze 3. (Forts. d. 5. u. 11. H.) 1895. [95. 11394

— botanische Untersuchungen über Schimmelpilze. 1. und 2. Heft. gr. 4. Leipzig, Felix. *
Inhalt:
Heft 1. Mucor Mucedo, Chandocladium Jones'ii, Pitocephalis Freseniana. Zygomyceten. (VIII, 64 S. mit 6 lithogr. Taf.) 872. *M. 11.
„ 2. Die Entwickelungsgeschichte von Penicillium. (IV, 98 S. mit 8 lithogr. Taf.) 874. *M. 15.

Brefeld, Osc., botanische Untersuchungen über Schimmelpilze. 3. Heft.: Basidiomyceten I. gr. 4. (V, 226 S. mit 11 lithogr. Taf. und 1 lithogr. Stammbaum.) Leipzig 877, Felix. *
1. und 2. Heft. Ebendas. 1872,74. *M. 26.

Brefeld, Osc., botanische Untersuchungen über Schimmelpilze. Untersuchungen aus dem Gesammtgebiete der Mykologie. 4. Heft: 1. Culturmethoden zur Untersuchung der Pilze. 2. Bacillus subtilis. 3. Chaetocladium Fresenianum. 4. Pilobolus. 5. Mortierella Rostafinskii. 6. Entomophthora radicans. 7. Peziza tuberosa und P. Sclerotiorum. 8. Picnis sclerotivora etc. gr. 4. (VII, 191 S. mit 10 lithogr. Taf.) Leipzig 881, Felix. 20 —
1.—3. Heft. Ebendas. 1872—77. *M. 50.

Brefeld, Osc., botanische Untersuchungen üb. Hefenpilze. Fortsetzung der Schimmelpilze. Untersuchungen aus dem Gesammtgebiete der Mykologie. 5. u. 6. Hft. gr. 4. Leipzig, Felix. n. 35.— (1—6.: n. 105.—)
5. Die Brandpilze 1 [Ustilagineen] m. bes. Berücksicht. der Brandkrankheiten d. Getreides. 1. Die künstl. Kultur parasit. Pilze. 2. Untersuchungen üb. die Brandpilze, Abhandlg. I—XXIII. 3. Der morpholog. Werth der Hefen. Mit 13 lith. Taf. (VII, 229 S.) 883. n. 25.—
6. Botanische Untersuchungen über Myxomyceten u. Entomophthoreen. Polysphondylium violaceum u. Dictyostelium mucoroides. Conidiobolus utriculosus u. minor. Mit 5 lith. Taf. (V, 78 S.) 884. n. 10.—

— Untersuchungen aus dem Gesamtgebiete der Mykologie. Fortsetzung der Schimmel- u. Hefenpilze. XIII. Heft: Brandpilze (Hemibasidii). IV. Fortsetzung des V., XI. u. XII. Heftes.) Lex.-8. Münster. (H. Schöningh.) 10. —
Die Blüteninfektion bei den Brandpilzen u. die natürliche Verbreitung der Brandkrankheiten. Von O. Brefeld u. R. Falck. Mit 2 Lichtdr.-Taf. (V, 75 S.) 905.

Brefeld, Osc., Untersuchungen aus dem Gesamtgebiete der Mykologie. XIV. Bd. Lex. 8 Münster 908. (H. Schöningh.) 16. —
Die Kultur d. Pilze u. die Anwendung d. Kulturmethod. f. die verschied. Formen der Pilze nebst Beiträgen z. vergleich. Morphologie der Pilze und der natürlichen Wertschätzung ihrer zugehör. Fruchtformen. (VIII, 256 S.)

Brefeld O.: Neue Untersuchungen üb. die Brandpilze u. die Brandkrankheiten. 2. Berl. 1888. (8) S. (Udklip). 4°.

Brefeld O.: Versuche üb. die Stickstoffaufnahme bei den Pflanzen. 1900. [Rostr. Saml.].

Brefin, Carl. Reden aus der Dorfkirche. Von K' B', Pfarrer. 130 S. 8. Basel, Schweiz. Verlags-Druckerei G. Böhm — *Aufdruck:* B', Komm. von Kober —, 1910. [fr. 2.50]

Brefin, Rud., zur Geschichte und Theorie der Beugungserscheinungen. gr. 4. (86 S.) Aarau 875, (Sauerländer's Verlagsh.) *

Bregeant, R. L., vollständ. Handbuch f. Lithographen. Nebst prakt. Anweis. bei verschied. Manieren in d. Steindruckerei etc. A. d. Franz. 2., verm. Ausg. M. 19 Abbild. gr. 16. (10 B.) Ulm 829, Ebner.

Bregenz am Bodensee. Bregenz [1890]. V: *Dennig, Carl.* (Hr)

Bregenz, s.: Deutschland. Kürschner-Peip.

Bregenz, s.: Europa. Liebenow.

Bregenz, s.: Woerl's Reisehandbücher.

Bregenz-München, s.: Automobilkarten. Automobil-Tourenkarte.

Bregenzer Wald, s.: Alpen. Brunn.

Bregenzer, G., malerische Hirngespinnste. Gedichte. 16. (VIII, 56 S.) Sigmaringen 885, Tappen. *

Tierisches Sittlichkeits- und Rechtsgefühl. Von Landger.R. [Ignaz] **Bregenzer** in Tübingen. Leipzig: H. Seemann Nachf. 1901. (41 S.) 8° [F.]
Aus: Deutscher Tierfreund. Jg. 1901, H. 5–6. 07. 6431

Bregenzer, Ign., Thier-Ethik. Darstellung der sittl. u. rechtl. Beziehgn. zwischen Mensch u. Thier. Preisschrift. Hrsg. v. dem Verbande der Thierschutzvereine des Deutschen Reichs. gr. 8. (X, 422 S.) Bamberg 894. C. C. Buchner, Verl. n. 4. —

Breger, Mera, aus Bobrouisk (Russland): II. Synthese des Apigenins. Versuche zur Darstellung des Resomorius. Bern 1907. 32 S. 8°. [4. VII. 07.]
Bern. Phil. Diss. 1907/08.

Bregha, Leop., praktisches Handbuch des gesammten Baumwoll-Zeugdruckes sammt Bleicherei und Appretur nach den neuesten Erfahrungen. — Manuel pratique de l'impression, du blanchiment et de l'apprêt pour toutes les manufactures de coton. — Mit 100 Kattunproben, deren 268 Farbentöne genau mit den gegebenen Vorschriften correspondiren. 5 Lfgn. gr. 8. (XXVIII, 291 S.) Leipzig 881, G. Weigel.
à Lfg. ℳ 5. 25 —

Bregler, Philipp Friedrich (Haussensis), De collaterali, qui a primo acquirente non descendit, aut investitura simultanea non gaudet, in feudo sive dato sive oblato haud succedente; vulgo: Von der nur auf gleiche Helm und Schild nicht gegründeten Lehens-Folge. Diss. jur. Präs. Adam Reizer, S. J. Bamberg (Ww. G. A. Gertner) 19. IX. 1753. 5 Bl., 80 S., 7 Bl. (5.50) 3892
Gew.: Franz Conrad Grf. v. u. zu Stadion. — Widm. v.: Rud. Schuberth (Bamb.), Michael Stubenrauch (Buchono-Schleydensis)

Bregman, L. E., Diagnostik der Nervenkrankheiten. Mit e. Geleitwort v. H. Obersteiner. (XVI, 585 S. m. 193 Abbildgn. m. 2 Tab.) Lex. 8. Berlin 911. S. Karger. 12. —; geb. 13. 60

Bregmann, Elias. Ein Beitrag zur Kenntniss der Angiosclerose. Diss. gr. 8. (126 S.) Dorpat 890, (Karow). * 2 —

Bregowsky, Samuel-Behr [aus Janowo (Russl.)]: Ueber einige Amidoketone ... Berlin, Buchdr. v. L. Wechselmann, *1897;* 35 S., 1 Bl. 8.
Berlin, Phil. Fak., Inaug.-Diss. v. 17. März 1897

Bregsen, Dr. Maximilian, Krankheits- und Behandlungslehre der Nasen-, Mund- und Rachenhöhle, sowie des Kehlkopfes und der Luftröhre. Mit zahlreichen Holzschnitten. 3. umgearbeitete und erweiterte Auflage. II. Hälfte. Gr.-8. (XII u. S. 321—636) 3.60
Wien: Urban & Schwarzenberg 1895.

Bréhat, Alfr. de, les jeunes amours. Moeurs Parisiennes. 12. (352 S.) Leipzig 861, A. Dürr. *

Das Burenmädchen. Erzählung v. Kap d. guten Hoffnung von Alfred v. **Bréhat** [d. i. Guézenec]. Berlin: E. Freyhoff 1904. (109 S.) 8° [F.]
— Bréhat: Die Menschenjäger [Les chasseurs d'hommes, deutsch]. Bd 2.
— **Bibliothek,** Illustrierte, d. Reisen u. Abenteuer. Bd 18. 04. 3869

Bréhat, A. de, le château de Kermaria. Edit. autorisée. Leipzig 857. A. Dürr. 32. (252 S.) 15 ngr

Bréhat, Alfr. de, les chemins de la vie. 4 Vols. (Bibliothèque choisie. Vols. 658—661.) 16. (624 S.) Naumburg 864, Pätz.

—— Séraphine Darispe. 16. (268 S.) Leipzig 857, A. Dürr.

—— un drame à Calcutta. 16. (213 S.) Leipzig 857, A. Dürr.

—— les filles du boer. Souvenirs du cap de Bonne-Espérance. 2 Vols. gr. 16. (427 S.) Leipzig 857, A. Dürr.

—— Histoires d'amour au Mexique, en Californie, dans la Nouvelle Grenade et dans l'Inde. 12. (335 S.) Leipzig 861, A. Dürr.

—— Léopold de Kernys, s. Kock, P. de, le millionaire.

Die Menschenjäger [Les chasseurs d'hommes]. Kämpfe, Abenteuer u. Jagden im Lande d. Buren von Alfred v. **Bréhat** [d. i. Guézenec]. T. [1.] 2. Berlin: E. Freyhoff [1904]. 2 Bde 8° [F.]
2 [u. d. T.:] Das Burenmädchen. Erzählung v. Kap d. guten Hoffnung von Bréhat.
— **Bibliothek,** Illustrierte, d. Reisen u. Abenteuer. Bd 17. 18. 04. 3868

Brehat, A. de, Vetter Gaspards Millionen. Roman. Deutsche Ausg. v. Fr. Falk. M. Ill. v. Charles Perl. 1.—6. Hft. 8. (1. Tl. S. 1—192.) München 898. A. Schupp. à n. - 20

Brehat, A. de, Vetter Gaspards Millionen. Roman. Deutsche Ausg. v. Fr. Falk. Mit Illustr. v. Charles Perl. 7.—15. (Schluß-)Hft. gr. 8. (S. 193—784.) München (900. 901). A. Schupp. à n. — 20

— Vetter Gaspards Millionen. Roman. Deutsch v. F Falk. 10—15. Heft. (289—784 m. Abb.) 8° Münch., A Schupp (1900.01). (Lpzg, F Förster.) Je — 20 (Vollst.: 3 —) d

—— les millions du cousin Gaspard. Scènes du cap de Bonne-Espérance. 6 Vols. (Bibliothèque choisie. Vols. 701—706.) 16. (952 S.) Naumburg 864, Päts.

Brehier, Frau J. D., der kleine Reisende nach Griechenland, od. Briefe d. jung. Euarist u. sein. Familie. A. d. Franz. v. H. G. Zehner. 3 Thle. M. 3 ill. Kpfr. 16. (28 B.) Hanau 828, Edler.

Brehier, Julie (Mädchenname), s. D e l a f a y e , Julie

Brehm, der humoristische. Auch e. Thierleben, dem vielgesuchten im J. 1817 v. Heinrich Wilhelm Rotermund hrsg. histor. Lesebuche entnommen u. auf's Neue hrsg. v. e. sach. Naturfreunde. gr. 8. (48 S.) Bremen 895. E. Hampe. n. — 90

Brehm, A. G. A., Fibel f. Stadt- u. Landschulen, z. Unterr. in d. Lautmethode. Mit Erzähln. N. Ausg. 8. ... Arnstadt 827, Mirus.

Brehm, A. G. A, tabellar. statist. Uebers. aller Länder Europas. Enthalt. die Namen d. Regenten u. ihrer Residenzen, d. geogr. Größe u. Einwohnerzahl, d. Religionsverfassung, Kriegsmacht u. Einkünfte der einzelnen Staaten, mit Angabe d. Flüße, Gebirge u. Grenzen. qu. 4. Arnstadt 829. (Leipz., Melzer.) 1/4 ₰

—— tabellar.-statist. Uebersicht aller Länder Europa's. N. d. best. u. neuest. Quellen z. Erleichterung f. Lehrer u. Schüler bearb. gr. 4. (2 B.) Arnstadt 829, Mirus.

Brehm, Alfred Edmund: Die B ä r e n , s. M e y e r ' s Volksbücher Nr. 757, 758.

Brehm, A. E., u. Th. F. Zimmermann, Bilder u. Skizzen aus dem zoologischen Garten zu Hamburg. Hamburg 865. Lühfirst. (Liegnitz, Krumbhaar.) Lex.-8. (VI, 283 S. mit Holzschn. im Text u. 9 Holzschntaff.) 2 ₰ 15 ngr.

Brehm, A. E., die Elefanten, s.: Meyer's Volksbücher.

Brehm, A. E., Ergebnisse einer Reise nach Habesch im Gefolge Sr. Hoheit des regierenden Herzogs v. Sachsen-Koburg-Gotha Ernst II. Hamburg 863. O. Meißner. gr. 8. (VIII, 440 S.) 2 ₰

Brehm, Alfred Edmund: Die F i s c h e , s. M e y e r ' s Volksbücher.

Die Fische. Von Dr. Alfred E[dmund] **Brehm.** Unter Mitw. von Dr. Wilh. Haacke neubearb. von Prof. Dr. [Eduard] Pechuel-Loesche. Mit 140 Abb., 1 Karte u. 11 Taf. (3. Aufl. Neuer Abdr.) Leipzig & Wien: Bibliogr. Inst. 1900. (XVIII, 517 S.) 4°(8°)
= **Brehm**: Tierleben. Bd 8. [07. 4798

Brehm, Alfred Edmund: Die H a u s h u n d e , s. M e y e r ' s Volksbücher Nr. 759, 760.

Brehm, Alfred Edmund: Die I n s e k t e n , s. M e y e r ' s Volksbücher.

Brehm, Alfred Edmund: K r i e c h t i e r e u. Lurche, s. M e y e r ' s Volksbücher.

Die Kriechtiere und Lurche. Von Dr. Alfred E[dmund] **Brehm.** Neubearb. von Prof. Dr. O[skar] Boettger u. Prof. Dr. [Eduard] Pechuel-Loesche. Mit 167 Abb., 1 Karte u. 16 Taf. (3. Aufl. Neuer Abdr.) Leipzig & Wien: Bibliogr. Inst. 1900. (XIV, 825 S.) 4°(8°)
= **Brehm**: Tierleben. Bd 7. [07. 4797

— das Leben der Vögel. Dargestellt für Haus u. Familie. Glogau 861. Flemming. gr. 8. (XX, 708 S. mit 24 Holzschntaf. u. 3 lith. Taf. in Farbendr.) 5 ₰ 15 ngr.

—— das Leben der Vögel. Dargestellt für Haus und Familie. 2. Aufl. 20 Lfgn. gr. 8. (XVI und 650 S. mit 3 Chromolithogr. und 21 Holzschntaf. in Tondr.) Glogau 867,68, Flemming. à Lfg. 6 Ngr.

Brehm, Alfred Edmund: L ö w e und Tiger, s. M e y e r ' s Volksbücher Nr. 756.

Brehm, Alfred Edmund: M e n s c h e n a f f e n , s. M e y e r ' s Volksbücher Nr. 754, 755.

Brehm, Alfr. E. (Hrsg.), s. M i t t h e i l u n g e n aus der Werkstätte der Natur.

Brehm, Alfred Edmund: Die P f e r d e u. Esel, s. M e y e r ' s Volksbücher.

Brehm, Alfr. (Hrsg.), s. R e i c h e n , Aus allen, der Natur.

Brehm, Alfr. Edm., Reiseskizzen aus Nord-Ost-Afrika oder den unter egypt. Herrschaft stehenden Ländern Egypten, Nubien, Sennahr, Rosseeres und Kordofahn gesammelt auf seinen in den J. 1847 bis 1852 unternommenen Reisen. 3 Thle. Jena 855. Mauke. gr. 8. (XII, 376; IV, 272; VIII, 358 S.) n. 4 ₰
Inhalt: 1. Thl.: Reise von Egypten nach Kordofahn und zurück. — 2. Thl.: Aufenthalt u. Reisen in Egypten. — 3. Thl.: Zweite Reise nach dem Sudahn, Reise nach dem Sinai und Heimkehr.

Brehm, die Rinder, s. a. Meyer's Volksbücher.

Die Rinder. [Ausz.] aus [Alfred Edmund] **Brehms** Tierleben. Leipzig & Wien: Bibliogr. Inst. (1897). 103 S. 8°
(Meyers Volksbücher. Nr 1189/90.) A 12. 6019

Brehm, Alfred Edmund: Die S ä u g e t i e r e , s. M e y e r ' s Volksbücher.

Die Säugetiere. Von Dr. Alfred E[dmund] **Brehm.** Unter Mitw. von Dr. Wilh. Haacke neubearb. von Prof. Dr. [Eduard] Pechuel-Loesche. Mit Abb., Taf. u. Karten. (3. Aufl. Neuer Abdr.) Bd 1—3 Leipzig & Wien: Bibliogr. Inst. 1900. 3 Bde 8°
1. Affen, Halbaffen, Flattertiere, Raubtiere.
2. Raubtiere, Robben oder Flossenfüßer, Kerfjäger, Nager, Zahnarme.
3. Rüsseltiere, Unpaarzeher, Paarzeher, Sirenen, Waltiere, Beuteltiere, Gabeltiere.
= **Brehm**: Tierleben. Bd 1—3. [07. 4792

—— meine Stellung zum zoologischen Garten in Hamburg und meine Entlassung. gr. 8. (28 S.) Hamburg 866, O. Meißner. *

Brehm, A. E., das Süßwasser-Aquarium, s. Roßmäßler, E. A.

Brehm's Tierbilder. (Zoologischer Atlas.) (55 T) fol Leipzig

Brehm, A. E. und E. A. Rossmässler. Die Thiere des Waldes. I. Bd. Die Wirbelthiere des Waldes. Mit 20 Kupferstichen und 71 Holzschn., gezeichnet von T. F. Zimmermann, gestochen von A. Krausse, Ad. Neumann und A. Schleich, geschnitten von Aarland, Illner und Wendt. II. Bd. Die wirbellosen Thiere des Waldes. Mit 3 Kupferstichen, gezeichnet von E. Heyn, gestochen von A. Krausse, und 97 Holzschn., gezeichnet von E. Schmidt, geschnitten von W. Aarland. (2 Bde.) gr. 8. Leipzig und Heidelberg 1864—1867.

Brehm, A. E., und E. A. Roßmäßler, die Thiere des Waldes. Mit Abbild. nach der Natur von T. F. Zimmermann. 1. Bd. 10 Lfgn. und 2. Bd. 6 Lfgn. Lex.-8. (1. Bd. XIV und 658 S. mit eingedr. Holzschn. und 20 Kpfrt., 2. Bd. XII und 482 S. mit eingedr. Holzschn. und 3 Kpfrt.) Leipzig 863—67, C. F. Winter'sche Verlagsh. à Lfg. * 24 Ngr. * 12 Thlr. 20 Ngr.; geb. *

Brehm, A. E. Illustrirtes Thierleben. Eine allgemeine Kunde des Thierreichs. Mit Abbildungen, ausgeführt unter Leitung von R. Kretschmer. I. Bd. 1. Abth. Die Säugethiere. 1. Hälfte. Affen und Halbaffen, Flatterthiere und Raubthiere. (Mit 1 Titelbild und 14 Separat-Taf.) II. Bd. 1. Abth. Die Säugethiere. 2. Hälfte. Beutelthiere und Nager. Zahnarme, Hufthiere und Seesäugethiere. (Mit 20 Taf.) III. Bd. 2. Abth. Die Vögel. 1. Hälfte. Knacker und Fänger. (Mit 19 Taf.) IV. Bd. 2. Abth. Die Vögel. 2. Hälfte. Späher, Läufer und Schwimmer. (Mit 21 Taf.) V. Bd. Kriechthiere, Lurche und Fische. Mit Abbild. ausgeführt unter der Leitung von R. Kretschmer und E. Schmidt. (Mit 17 Taf.) VI. Bd. Wirbellose Thiere. Von E. L. Taschenberg und Oscar Schmidt. Mit Abbild. ausgeführt unter der Leitung von R. Kretschmer und E. Schmidt. (Mit 23 Taf.) (6 Bde.)
4. Hildburghausen 1864—1869.

— illustrirtes Thierleben. Eine allgemeine Kunde des Thierreichs. Mit Abbild. nach der Natur von R. Kretschmer und E. Zimmermann. (1.—4. Bd.) 1.—75. Heft. gr. Lex.-8. (XL und 696, VIII und 901, 970, 1085 S. mit eingedr. Holzschn. und 76 Holzschntaf.) Hildburghausen 863—67, Bibliographisches Institut. à Heft 7½ Ngr. 1

— dass. — Mit Abbild. nach der Natur, ausgeführt unter Leitung von R. Kretschmer. 5. Bd. 1.—16. Lfg. (Des vollständigen Werks 76. 78. 80. 82. 85. 86. 88. 90. 93. 94. 96 97. 101. 102. 105. und 108. Heft. gr. Lex.-8. (S. 1—784 mit eingedr. Holzschn. und 16 Holzschntaf.) Ebendas. 867,68 à Heft 7½ Ngr.

— illustrirtes Thierleben. Eine allgemeine Kunde des Thierreichs. Mit Abbildungen nach der Natur, ausgeführt unter Leitung von E. Schmidt. 5. Bd. 17. Lfg. (Des vollständigen Werks 110. Heft.) gr. Lex.-8. (V, 785—841 S. mit eingedr. Holzschn.) Hildburghausen [Leipzig] 869, Bibliographisches Institut. *

(— dass. —) Abtheilung der wirbellosen Thiere von E. L. Taschenberg. Mit Abbild. nach der Natur, ausgeführt unter Leitung von E. Schmidt. 6. Bd. 1.—18. Lfg. (Des vollständigen Werks 77. 79. 81. 83. 84. 87. 89. 91. 92. 95. 98 99. 100. 103. 104. 106. 107. und 109. Heft.) gr. Lex.-8 (S. 1—864 mit eingedr. Holzschn. und 18 Holzschntaf.) Ebendas. 867,68. à Heft 7½ Ngr.

— dass. — Abtheilung der wirbellosen Thiere von E. L. Taschenberg und Osk. Schmidt. Mit Abbildungen nach der Natur, ausgeführt unter Leitung von E. Schmidt. 6. Bd. 19.—23. Lfg. (Des vollständigen Werks 111.—115. Heft.) gr. Lex.-8. III, S. 865—1109 mit eingedr. Holzschn. und 5 Holzschntaf.) Ebendas. 869. à Heft 75 Pf.
6 Bde. compl. ℳ 86,25; geb. in Leinen ℳ 99,75.; in Halbfrz. ℳ 104,25.

Brehm's, A. E., Thierleben. 2. Aufl. Mit Abbild. nach der Natur von R. Kretschmer, G. Mützel und E. Schmidt ꝛc. 120 Lfgn. 4 Abthlgn. in 10 Bdn. Lex.-8. Leipzig, Bibliographisches Institut. à Lfg. * ℳ 1.; à Bd. * ℳ 12. * 1
geb. in Bibliotheks-Einband à Bd. * ℳ 14. * 1
geb. in Halbfrzbd. à Bd. * ℳ 15. * 1
geb. in Kalbleder à Bd. * ℳ 16. * 1

Inhalt:

Bd. 1. Abthl. 1. Brehm, A. E., Säugethiere. 1. Bd.: Affen und Halbaffen, Flatterthiere, Raubthiere. Mit 157 Abbild. im Text und 19 Taf. von G. Mützel, L. Beckmann, C. F. Deiker und Rob. Kretschmer. (XIV, 36, 706 S.) 876.
„ 2. „ 1. — dass. — 2. Bd.: Raubthiere, Kerfjäger, Nager, Zahn-, Arm-, Beutel- und Gabelthiere. Mit 173 Abbild. im Text und 15 Taf. von G. Mützel, L. Beckmann, C. F. Deiker und Rob. Kretschmer. (XII, 628 S.) 877.
„ 3. „ 1. — dass. — 3. Bd.: Hufthiere, Seesäugethiere. Mit 121 Abbild. im Text und 21 Taf. von G. Mützel, L. Beckmann, W. Camphausen und Rob. Kretschmer. (XII, 756 S.) 877.
„ 4. „ 2. — Vögel. 1. Bd.: Papageien, Leichtschnäbler, Schwirrvögel, Specht- und Raubvögel. Mit 140 Abbild. im Text und 17 Taf. von G. Mützel, Rob. Kretschmer, und A. Göring. (XII, 754 S.) 878.
„ 5. „ 2. — dass. — 2. Bd.: Raubvögel, Sperlingsvögel und Girrvögel. Mit 206 Abbild. im Text und 20 Taf. von G. Mützel, Rob. Kretschmer und L. Beckmann. (XII, 699 S.) 879.

Brehm's, A. E., Thierleben ꝛc.

Bd. 6. Abthl. 2. Brehm, A. E., Vögel. 3. Bd.: Scharrvögel, Kurzflügler, Stelzvögel, Zahnschnäbler, Seeflieger, Ruderfüßler, Taucher. Mit 96 Abbild. im Text und 18 Taf. von G. Mützel, Rob. Kretschmer, L. Beckmann und C. Körner. (XVI, 671 S.) 879.
7. „ 3. — Kriechthiere, Lurche und Fische. Mit 158 Abbild. im Text und 16 Taf. von G. Mützel, Emil Schmidt und Rob. Kretschmer. (XIV, 673 S.) 878.
„ 8. „ 3. — die Fische. Mit 145 Abbild. im Text und 11 Taf. von G. Mützel, H. Braune und Rob. Kretschmer. (XVI, 426 S.) 879.
„ 9. „ 3. Taschenberg, E. L., wirbellose Thiere. 1. Bd.: Die Insekten, Tausendfüßler, Spinnen. Mit 277 Abbild. im Text und 21 Taf. von Emil Schmidt. (XXX, 710 S.) 877.
„ 10. „ 4. Schmidt, Osc., wirbellose Thiere. 2. Bd.: Die niedern Thiere. Krebse, Würmer, Weichthiere, Stachelhäuter, polypenartige Thiere, Urthiere. Mit 366 Abbild. im Text und 16 Taf. von Joh. Schmidt, Emil Schmidt und Rob. Kretschmer. (XXVI, 582 S.) 878.

Brehm's Thierleben. Mit Abbildungen nach der Natur von G. Mützel, H. Braune, R. Kretschmer u. a. 2. Aufl. 10 Bde. Lex.-8. (XIV, 742; XII, 628; XII, 756; XVI, 457; XVI, 699; XVI, 671; XIV, 673; XVI, 426; XXX, 710 u. XXVI, 582 S. m. eingedr. Holzschn. u. Holzschntaf.) Leipzig 878—80. Bibliograph. Institut.
n. 120. —

Brehms Thierleben. Allgemeine Kunde des Thierreichs. 2. umgearb. und verm. Aufl. Kolorirte Ausg. Mit 170 Taf. in Farbendr. unter Leitung von Girtanner, Klunzinger, O. Schmidt und Taschenberg nach dem Leben ausgeführt von Olof Winkler. 140 Hefte oder 4 Abthlgn. in 10 Bdn. Lex.-8. Leipzig, Bibliograph. Institut. à Heft * ℳ 1.; à Bd. * ℳ 14. * 140 —
geb. in Halbfrzbd. à Bd. * ℳ 16. * 160 —
170 Chromotaf. allein. 10 Mappen. à Mappe * ℳ 5. * 50 —

Inhalt:

Bd. 1. Abthl. 1. Brehm, A. E., Säugethiere. 1. Bd.: Affen und Halbaffen, Flatterthiere, Raubthiere. Mit 157 Abbild. im Text und 19 Taf. von G. Mützel, L. Beckmann, C. F. Deiker und Rob. Kretschmer. (XIV, 706 S.) 883.
„ 2. „ 1. — dass. — 2. Bd.: Raubthiere, Kerfjäger, Nager, Zahn-, Arm-, Beutel- und Gabelthiere. Mit 173 Abbild. im Text und 15 Taf. von G. Mützel, L. Beckmann, C. F. Deiker und Rob. Kretschmer. (XII, 628 S.) 883.
„ 3. „ 1. — dass. — 3. Bd.: Hufthiere, Seesäugethiere. Mit 121 Abbild. im Text und 21 Taf. von G. Mützel, L. Beckmann, W. Camphausen und Rob. Kretschmer. (XII, 756 S.) 883.
„ 4. „ 2. — Vögel. 1. Bd.: Papageien, Leichtschnäbler, Schwirrvögel, Specht- und Raubvögel. Mit 140 Abbild. im Text und 17 Taf. von G. Mützel, Rob. Kretschmer und A. Göring. (XIV, 34, 754 S.) 882.
„ 5. „ 2. — dass. — 2. Bd.: Raubvögel, Sperlingsvögel und Girrvögel. Mit 206 Abbild. im Text und 20 Taf. von G. Mützel, Rob. Kretschmer und L. Beckmann. (XVI, 699 S.) 882.
„ 6. „ 2. — dass. — 3. Bd.: Scharrvögel, Kurzflügler, Stelzvögel, Zahnschnäbler, Seeflieger, Ruderfüßler, Taucher. Mit 96 Abbild. im Text und 18 Taf. von G. Mützel, Rob. Kretschmer, L. Beckmann und C. Körner. (XVI, 671 S.) 882.

Brehms Thierleben ꝛc.

Bd. 7. Abthl. 3. Brehm, A. E., Kriechthiere, Lurche und Fische. Mit 158 Abbild. im Text und 16 Taf. von G. Mützel, Emil Schmidt und Rob. Kretschmer. (XIV, 673 S.) 883.
„ 8. „ 3. — die Fische. Mit 145 Abbild. im Text und 11 Taf. von G. Mützel, H. Braune und Rob. Kretschmer. (XVI, 426 S.) 884.
„ 9. „ 3. Taschenberg, E. L., wirbellose Thiere. 1. Bd.: Die Insekten, Tausendfüßler, Spinnen. Mit 277 Abbild. im Text und 21 Taf. von Emil Schmidt. (XXX, 711 S.) 884.
„ 10. „ 4. Schmidt, Osc., wirbellose Thiere. 2. Bd.: Die niedern Thiere. Krebse, Würmer, Weichthiere, Stachelhäuter, polypenartige Thiere, Urthiere. Mit 366 Abbild. im Text und 16 Taf. von Joh. Schmidt, Emil Schmidt und Rob. Kretschmer. (XXVI, 582 S.) 884.

Brehm, Alfr. E. Tierleben. Allgemeine Kunde des Tierreichs. Mit 1800 Abbildgn. im Text, 9 Karten und 180 Taf. in Farbendr. u. Holzschn. 3. gänzlich neubearb. Aufl. Von Pechuel-Loesche. (In 10 Bdn. oder 130 Heften.) 1.—9. Bd. Lex.-8. Lpz., Bibliograph. Institut. à Hft. * 1 —; geb. à Bd. * 15 —; * 135 —

1. Die Säugetiere. Unter Mitwirkg. v. Wilh. Haacke umgearb. v. Pechuel-Loesche. 1. Bd.: Affen, Halbaffen, Flattertiere, Raubtiere. Mit 139 Abbildgn. im Text und 19 Taf. von L. Beckmann, C. F. Deiker, R. Kretschmer u. A. (XLIV, 702 S.) 890.
2. Dasselbe. 2. Bd.: Raubtiere, Robben od. Flossenfüßer, Kerfjäger, Nager, Zahnarme. Mit 149 Abbildgn. im Text u. 19 Taf. v. L. Beckmann, C. F. Deiker, R. Kretschmer u. A. (XII, 708 S.) 890.
3. Dasselbe. 3. Bd.: Rüsseltiere, Unpaarzeher, Paarzeher, Sirenen, Walliere, Beuteltiere, Gabeltiere. Mit 150 Abbildgn. im Text, 21 Taf. u. 4 Karten von L. Beckmann, W. Camphausen, R. Kretschmer ꝛc. (XII, 744 S.) 891.
4. Die Vögel. Unter Mitwirkg. v. Wilh. Haacke neubearb. v. Pechuel-Loesche. 1. Bd.: Baumvögel I. Mit 144 Abbildgn. im Text u. 19 v. Rob. Kretschmer, Wilh. Kuhnert, Gust. Mützel, Friedr. Specht ꝛc. (XIV, 770; 891.
5. Dasselbe. 2. Bd.: Baumvögel II. Papageien, Taubenvögel, Hühnervögel, Rallenvögel, Kranichvögel. Mit 136 Abbildgn. im Text u. 18 Taf. von Rob. Kretschmer, Wilh. Kuhnert, Gust. Mützel u. a. (XIV. 713 S.) 1891
6. Dasselbe. 3. Bd.: Suchvögel, Flossentaucher, Sturmvögel, Stoßvögel, Wehrvögel, Randus, Roßvögel, Strauße. Mit 106 Abbildgn. im Text, 20 Taf. u. 3 Karten v. Ludw. Beckmann, Rob. Kretschmer, Wilh. Kuhnert ꝛc. (XIV. 740 S.) 892.
7. Die Kriechtiere u. Lurche. Neubearb. v. O. Boettger u. Pechuel-Loesche. Mit 167 Abbildgn. im Text. 1 Karte u. 16 Taf. v. Rob. Kretschmer, Gust. Mützel u. Emil Schmidt. (XIV, 825 S.) 892.
8. Die Fische. Unter Mitwirkung v. Wilh. Haacke neubearb. v. Pechuel-Loesche. Mit 146 Abbildgn. im Text, 1 Karte u. 11 Taf. v. Herm. Braune, C. Gerber, Rud. Koch, Rob. Kretschmer u. Gust. Mützel. (XVIII, 517 S.) 892.
9. Die Insekten, Tausendfüßer und Spinnen. Neubearb. von E. L. Taschenberg. Mit 257 Abbildgn. im Text, 21 Taf. u. 1 Karte v. Emil Schmidt u. Heinr. Morin. (XXXII, 764 S.) 892.

— dasselbe. 3., gänzlich neu bearb. Aufl. 10. (Schluß-) Bd. Lex.-8. Ebd. Geb. in Halbfrz. à n. 15. —

10. Die niederen Tiere. Von Osk. Schmidt. Neu bearb. v. E. Marshall. Mit 496 Abbildgn. im Text, 16 Taf. u. 1 Karte v. F. Etzold, R. Koch, C. Merculiano, H. Morin, G. Mützel, A. Reichert u. a. (XXVIII, 716 S.) 893.

— Tierleben. 3. Afl. Gesamt-Register zu Bd I bis X. 8° (179) Lpzg 97, Bibliograph. Instit. Geb. in L. 3 — (Kplt geb. m. Register: 153 —)

[Alfred Edmund] **Brehms** Tierleben. Allgem. Kunde d. Tierreichs. Mit Abb., Karten u. Taf. 3., gänzl. neubearb. Aufl. Neuer Abdr. [mit Ausnahme von Bd 9]. Von Prof. Dr. [Eduard] Pechuel-Loesche. Bd 1–(10) u. Gesamt-Reg. Leipzig & Wien: Bibliogr. Inst. 1900 (9: 1892). 11 Bde 4°(8°) [F.]

1–3 = Die Säugetiere. Unter Mitw. von Dr. Wilh. Haacke neubearb. von Prof. Dr. Pechuel-Loesche. Bd 1–3.
1. Affen, Halbaffen, Flattertiere, Raubtiere.
2. Raubtiere, Robben oder Flossenfüßer, Kerfjäger, Nager, Zahnarme.
3. Rüsseltiere, Unpaarzeher, Paarzeher, Sirenen, Waltiere, Beuteltiere. Gabeltiere.

(4–6) = Die Vögel. Unter Mitw. von W. Haacke neubearb. von Pechuel-Loesche. Bd 1–3.
1. Baumvögel. 2. Baumvögel, Papageien, Taubenvögel, Hühnervögel, Rallenvögel, Kranichvögel. 3. Suchvögel, Flossentaucher, Sturmvögel, Stoßvögel, Wehrvögel, Nandus, Roßvögel, Strauße.

(7) = Die Kriechtiere u. Lurche. Neubearb. von Prof. Dr. O[skar] Boettger u. Pechuel-Loesche.

Brehm's, Alfr., Tierleben. Allg. Kunde d. Tierreichs. 4. Afl., hrsg. v. Otto zur Strassen. (In 13 Bdn.) 4., 6—8. u. 10. Bd. Lex8° Lpzg, Bibliograph. Instit. HLdr je 12 — d
Bd 1—3, 5 u. 9 sind noch nicht erschienen.

4. Die Lurche u. Kriechtiere. Neubearb. v. Frz Werner. I. Lurche u. Kriechtiere (Brückenechsen, Schildkröten, Panzerechsen). (16, 572) '12.
6—8. Vögel. Neubearb. v. William Marshall, vollendet v. F Hempelmann u. O zur Strassen. I. Flachbrustvögel, Tauchvögel, Pinguinvögel, Sturmvögel, Storchvögel, Gänsevögel, Raubvögel. (16, 498 m. Abb. u. 50 Taf.) '11. ‖ II. Steisshühner, Hühnervögel, Kranichvögel, Regenpfeifervögel, Kuckucksvögel (Kuckucke). (14, 492 m. Abb. u. 50 Taf.) '11. ‖ III. Kuckucksvögel (Papageien) — Rabenvögel. (12, 472 m. Abb. u. 40 Taf.) '11.
10. Säugetiere. Neubearb. v. Ludw. Heck. I.: Kloakentiere — Beuteltiere — Insektenfresser — Flattertiere — Erdferkel — Schuppentiere — Xenarthra. (20, 580 m. Abb. u. 51 Taf.) '12.

—— dass. — **Wohlfeile Volks- und Schulausg. hrsg. von Friedr Schödler. Mit Abbild. (in eingedr. Holzschn.) nach der Natur ausgeführt unter Leitung von R. Kretschmer. (In 31 Lfgn. 1.—17. Lfg. Lex.-8. (1. Bd. XXIV und 816 S. mit 306 Abbild.) Ebendas. 868. à Lfg. 5 Ngr.**

—— dass. — Wohlfeile Volks- und Schulausg. hrsg. von Friedr. Schödler. Mit Abbildungen (in eingedr. Holzschn.) nach der Natur, ausgeführt unter Leitung von R. Kretschmer. 18.—55. Lfg. 2. und 3. Bd. Lex.-8. Ebendas. 868—70. [2. Bd.: Vögel. (XVIII, 866 S.) ℳ 9.; geb. ℳ 10.; 3. Bd.: Niedere Thiere. (XII, 945 S. mit 1 chromolithogr. Karte in qu. 4.) ℳ 10.; geb. ℳ 11.] à Lfg. 50 Pf.
1.—17. Lfg. 1. Bd.: Säugethiere. Ebendas. 1868. ℳ 8,50.; geb. ℳ 9,50.

Brehm's, A. E., illustrirtes Thierleben. Wohlfeile Volksausg. von Friedr. Schödler. Mit 1282 Abbild. (in eingedr. Holzschn.) nach der Natur, ausgeführt unter Leitung von R. Kretschmer und E. Schmidt und 1 Karte „Heimat der wichtigsten Thiere". [Neue Ausg.] 3 Bde. in 9 Thln. hoch 4. Hildburghausen [Leipzig] 873, Bibliographisches Institut. à Thl. ℳ 3. geb. *

Inhalt:
Thl. 1—3. (1. Bd.) Säugethiere. (XXIV, 816 S.)
„ 4—6. (2. Bd.) Vögel. (XVIII, 866 S.)
„ 7—9. (3. Bd.) Niedere Thiere. (XII, 945 S.)

Brehm's A. E., illustrirtes Thierleben. Wohlfeile Volksausg. v. Frdr. Schödler. Mit 1282 Abbildgn. (in eingedr. Holzschn.) nach der Natur, ausgeführt unter Leitg. v. R. Kretschmer u. E. Schmidt u. 1 Karte „Heimat der wichtigsten Thiere." 9 Thle. hoch 4. Leipzig 873. 74. bibliograph. Institut. à 3. —
Säugethiere. (XXIV, 816 S.) — Vögel. (XVIII, 866 S.) — Niedere Thiere. (XII, 945 S.)

—— dass. — Für Volk und Schule bearb. von Friedr. Schödler. Mit 306 Abbild. nach der Natur, ausgeführt unter Leitung von R. Kretschmer. 3 Bde. Neue Ster.-Ausg. Lex.-8. (XVI, 816; XVIII, 866; XII, 945 S. mit 3 Chromolithogr. und 1 chromolithogr. Karte.) Leipzig 883, Bibliograph. Institut. geb. in Halbfrzbd. * 30 —

— dasselbe Kleine Ausg. f. Volk u. Schule. 2. Aufl., gänzlich neu bearb. v. Rich. Schmidtlein. 8 Bde. gr. 8. Ebd. 893. Geb. in Halbfrz. à 10. —
1. Die Säugetiere. Mit 1 Chromotaf. u. 226 Abbildgn. im Text, gezeichnet v. L. Beckmann, W. Camphausen, R. Kretschmer u. a. (XVI, 717 S.)
2. Die Vögel. Mit 1 Taf. in Farbendr. u. 240 Abbildgn. im Texte, gezeichnet v. L. Beckmann, R. Kretschmer, W. Kuhnert u. a. (XX, 784 S.)
3. Kriechtiere, Lurche, Fische, Insekten, niedere Tiere. Mit 1 Karte, 1 Taf. in Farbendr. u. 713 Abbildgn. im Text v. L. Beckmann, R. Kretschmer, W. Kuhnert u. a. (XXXVI, 963 S.)

— d. Vögel. s. a. Meyer's Volksbücher.

Brehm, A. E., Die Vögel (Separatausgabe „aus dem illustr. Thierleben"). Mit 388 Abbild. nach der Natur von R. Kretschmer. Hildburghausen 1872. 2 Bde. 8°.

Die Vögel. Von Dr. Alfred E[dmund] **Brehm**. Unter Mitw. von Dr. Wilh. Haacke neubearb. von Prof. Dr. Pechuel-Loesche. Mit Abb., Taf. u. Karten. (3. Aufl. Neuer Abdr.) Bd 1–3. Leipzig & Wien: Bibliogr. Inst. 1900. 3 Bde 8°
1. Baumvögel.
2. Baumvögel, Papageien, Taubenvögel, Hühnervögel, Rallenvögel, Kranichvögel.
3. Suchvögel, Flossentaucher, Sturmvögel, Stoßvögel, Wehrvögel, Nandus, Roßvögel, Strauße.

= **Brehm**: Tierleben. Bd 4–6. [07. 4796

—— Gefangene Vögel. Ein Hand- und Lehrbuch für Liebhaber und Pfleger einheimischer und fremdländischer Käfigvögel. In Verbindung mit Baldamus, Bodinus, Bolle, Cabanis, Cronau, Fiedler, Finsch, v. Freyberg, Girtanner, v. Gizicki, Golz, Gräßner, Herklotz, A. v. Homeyer, Köppen, Liebe, Adolph und Karl Müller, Ney, Schlegel, Schmidt, Stölker und anderen bewährten Vogelwirthen des In- und Auslandes. 1. Thl. 1. Bd. 11 Lfgn. und 2. Bd. 1.—7. Lfg. gr. 8. Leipzig, C. F. Winter'sche Verlagsh. à Lfg. ℳ 1. *

Inhalt:

Thl. 1. Die Stubenvögel.
Bd. 1. Pfleger und Pfleglinge, Sittiche und Körnerfresser. (VIII, 616 S. mit 3 Stnt. und 1 Chromolithogr.) 870—72. * ℳ 11.; geb. ** ℳ 13.
„ 2. 1. Lfg. Nachtigallen, Baum- und Rubinnachtigallen, Blaukehlchen, Waldrötel, Rotschwänze, Blausänger, Flüevögel, Stein- und Buschschmätzer. (S. 1—64.) 873.
„ 2. 2. Lfg. Drossel- und Felsschmätzer, Drosseln, Spottdrosseln, Sichel-, Halb- und Rohrspötter, Elster- und Keilschwanzschmätzer. (S. 65—128.) 873.
„ 2. 3. Lfg. Amselinge, Schmätzer-, Lauf- und Pfeifdrosseln, Grasmücken, Laubsänger, Goldhähnchen, Garten-, Rohr- oder Schilf- und Buschsänger. (S. 129—192.) 873.
„ 2. 4. Lfg. Stelzen, Pieper, Schlüpfer, Wasserschmätzer, Pittas, Bülbüls, Fluchtvögel, Säbler, Keilschwänze, Droßlinge, Heherlinge und Timalien. (S. 193—256.) 874.
„ 2. 5. Lfg. Meisen, Waldsänger, Grün- oder Blattvögel, Brillenvögel, Honigfresser, Zuckervögel, Honigsauger oder Nektarvögel, Kletterbopie und Widehopfe. (S. 257—320.) 874.
„ 2. 6. Lfg. Mauer- und Baumläufer, Kleiber oder Spechtmeisen, Kriecher, Steiger oder Kletterdrosseln, Töpfervögel, Baumhacker, Bürzelstelzer, Leierschwänze, Sporenvögel und Fliegenfänger. (S. 320—384.) 874.
„ 2. 7. Lfg. Tyrannen, Würger, Schwalbenwürger, Drongos oder Würgerschnäpper und Laubwürger. (S. 385—448.) 874.

Brehm, A. E., gefangene Vögel. Ein Hand- und Lehrbuch für Liebhaber und Pfleger einheim. und fremdländ. Käfigvögel. In Verbindung mit Baldamus, Bodinus, Bolle ꝛc. hrsg. 1. Thl. 2. Bd. 8.—11. Lfg. Lex.-8. Leipzig, C. F. Winter'sche Verlagsh. à Lfg. * ℳ 1. *

Inhalt:
Bd. 2. Lfg. 8. Seidenschwänze, Schmuckvögel, Mennigvögel, Hügelmeisen, Pantervögel, Piroie, Hordenvögel, Grakeln, Beutelstärlinge. (S. 449—512.) 874.
„ 9. Stare, Glanzstare, Atzeln oder Mainaten, Madenhacker, Lappenstare und Laubenvögel. (S. 513—576.) 875.
„ 10. Paradiesvögel, Raken, Bienenfresser, Sägeraken, Jakamars, Eisvögel, Plattschnäbler, Nageschnäbler, Schwalben und Segler. (S. 577—640.) 875.
„ 11. Nachtschwalben, Kolibris, Spechte und Kukuke. (S. 641—704.) 875.
1. Thl. 1. und 2. Bd. 1.—7. Lfg. Ebendas. 1870—74. * ℳ 18.

—— Vom Nordpol zum Aequator. Populäre Vorträge. Mit Illustr. v. R. Friese, G. Mützel, Alb. Richter, Fr. Specht u. a. 10 Lfgn. gr. 8. (VII, 471 S.) Stuttg. 890, Union. à Lfg. * 1 —; * 10 —; geb. * 12 —

—— s. Werner's, C., Nilbilder.

— die Wild- u. Hauskatzen, s.: Meyer's Volksbücher.

Brehm, Arnold, med. pract. in St. Imier [Kt. Bern]: Ueber die Todesfälle und Sectionsbefunde der Zürcherischen kantonalen Irrenheilanstalt Burghölzli vom 17. März 1879 bis 17. März 1896. (S.A. aus: Zeitschrift für Psychiatrie etc., Bd 54 [S. 373—428]). Berl. (G. Reimer) 1897. 60 S. 8°.
Zürich, Med. Diss. [v. 14. Sept. 1897].

Brehm, Christian Ludwig

—— s. Baedeker, Fr. W. J., die Eier der europäischen Vögel.

— Beitr. zur Vögelkunde, in vollständ. Beschreibb. mehrerer neu entdeckter u. vieler seltener, oder nicht gehörig beobacht. deutscher Vögel. 3 Bde. 2r u. 3r Bd. von W. Schilling, mit 11 Kpft. gr. 8. Neust. a. d. O. 820—22. Wagner. 10 ₰ 12 ℊ Hbg. Pr. 6 ₰ 22 ℊ

Brehm, Christian Ludwig, s. D a r s t e l l. der Fortpflanzung der Vögel.

Brehm, Chr. L., Erziehung der Auerhühner. Zusatz. f. Acta n. phys.-med. Acad. Caes. Leop. Carol. XXI. Pars I.

Brehm, Chrstn. Ludw., Handbuch f. d. Liebhaber d. Stuben-, Haus- u. aller d. Zähmung werthen Vögel, enthalt. d. genauesten Beschreibn. v. 200 europ. Vögelarten u. e. gründl., auf vielen neuen Beobachtn. beruh. Anweis., die in- u. ausländ. Vögel zu fangen, einzugewöhnen, etc. Unter Mitwirk. d. Hrn. Felix Grafen v. Gourcy-Droitaumont hrsg. M. 8 ganz treu u. sorgfält. n. d. Natur gez. u. ill. Kpfrt. gr. 8. (28 B.) Ilmenau 832, Voigt.

—— Handbuch d. Naturgeschichte aller Vögel Deutschlands, worin nach d. sorgfältigsten Untersuchn. u. d. genauest. Beobachtn. mehr als 900 einheim. Vögel-Gattungen z. Begründ. e. ganz neu. Ansicht u. Behandl. ihr. Naturgeschichte vollständ. beschrieb. sind. M. 47 ganz treu u. sorgfält. n. d. Natur gez. ill. Kpfrt. gr. 8. (69½ B.) Ilmenau 831, Voigt.

Brehm, Chrn. Ludw., die Kanarienvögel, Sprosser, Nachtigallen, Rothgimpel ꝛc. sowie ihre Wartung, Pflege und Fortpflanzung. Nebst einer Anleitung, sie zu fangen, ihre Krankheiten zu erkennen und zu heilen. 2., verb. und verm. Aufl. gr. 8. (VIII und 128 S. mit 14 Fig. auf 7 Stnt.) Weimar 863, Voigt

Brehm, Christ. Ludw., die Kunst, Vögel als Bälge zu bereiten, auszustopfen, aufzustellen und aufzubewahren. Nebst ein. kurzen Anleit., Schmetterlinge u. Käfer zu fangen, zu präpariren, aufzustellen u. aufzubewahren. Mit Benutz. des von P. Evans zu Paris 1841 erschien. Werkchens nach den genauesten Beobachtungen d. Natur u. langjähr. Erfahrungen dargest. 8. (10 B.) Weimar 842, Voigt. Thlr. -

Brehm, Chr. Ludw., die Kunst, Vögel als Bälge zu bereiten, auszustopfen, aufzustellen und aufzubewahren. Nebst einer kurzen Anleitung Schmetterlinge und Käfer zu fangen, zu präpariren etc. Nach den genauesten Beobachtungen in der Natur und vieljähr. Erfahrungen dargestellt. 2., verb. und verm. Aufl. 8. (XII und 145 S.) Weimar 860, Voigt. -

— Lehrbuch d. Naturgeschichte aller europ. Vögel. 2 Thle. Mit 1 Kpf. gr. 8. Jena 823. Schmid. 2 ℛ 16 𝒢

Brehm, (C. L.,) Lehrbuch d. Naturgeschichte aller europ. Vögel. 1r u. 2r Thl. mit 1 Kpfr. gr. 8. Jena 824, Schmid.

Brehm, Ludw. (Hrsg.), s. M i t t h e i l u n g e n aus der Werkstätte der Natur.

— Monographie der Papageien, oder vollständ. Naturgesch. aller bis jetzt bekannten Papageien mit getreuen u. ausgemalten Abbildungen, im Vereine mit andern Naturforschern herausgeg. 1.—3. Heft. Fol. (Mit 15 Kupfertaf.) Jena 842—46, Schmid. Subscr.-Pr. à n. ¾ ℛ

Brehm, Chr. L., Monographie der Papageien od. vollst. Naturgesch. aller bis jetzt bekannten Papageien mit getreuen u. ausgem. Abbildgn. im Vereine mit and. Naturforschern hrsggb. 4—6. Hft. Fol. (S. 13—24. 15 lith. u. col. Taf.) Jena 852, Schmid. à ¾ ℛ (1—6: 4½ ℛ)

Brehm, Chr. L., M o n o g r a p h i e der Papageien oder vollständige Naturgeschichte aller bis jetzt bekannten Papageien mit getreuen u. ausgemalten (lith.) Abbildungen. 7—14. Heft. Jena 853—55. Schmid. Fol. (Text S. 25—56. u. Taf. 31—70.) Jedes Heft n. 22½ ngr

—— Monogr. d. Papageien. 4—14. Hft. Fol. (à 8 m. 5 K.) Jena 52—55. (Lpzg, Baensch.) à n. — 22½

— die N a t u r g e s c h i c h t e und Zucht der Tauben oder vollständige Beschreibung aller europ. wilden u. zahmen Taubenarten u. ihrer Wohnorte u. Sitten, ihrer Nahrung u. Fortpflanzung, ihrer Behandlung u. Pflege, ihres Nutzens und Schadens, ihrer Feinde u. Krankheiten. Für Taubenzüchter u. Ornithologen. Weimar 857. Voigt. gr. 8. (XII, 177 S.) 20 ngr

— Ornis, oder das Neueste u. Wichtigste d. Vögelkunde ꝛc., s. O r n i s.

Brehm, Ludw. (Hrsg.), s. R e i c h e n, Aus allen, der Natur.

Brehm, Christian Ludwig, s. C. G. R i c h t e r: Anweis., d. Vögel ... . . .

—— und Karl Glob. Friedr. Küchler, neue Schulgesänge. Ein Gesangbuch f. Bürger- u. Landschulen, wie auch f. d. häusl. Andacht d. Kinder, enthalt. 155 neue geistl. Lieder f. alle Lebensverhältnisse junger Christen. 8. (5½ B.) Neustadt a. d. O. 834, Wagner.

— selbst aus den Quellen der edelsten irdischen Freude gehen die schwersten Leiden hervor. Eine Predigt. gr. 8. Neustadt 822. Wagner. 2 𝒢

Brehm, L., einige Vögelarten, welche sich dadurch, dass ihre Männchen ein dem der Weibchen ähnliches Kleid tragen, von den Verwandten unterscheiden, beschrieben. gr. 4. (23 S.) Dresden 864. (Jena, Fr. Frommann.) *
Aus: Verhandlungen der k. Leop.-Carol. d. Akademie, besonders abgedruckt.

Brehm, Christ. Ludw., der Vogelfang. Mit e. vollständ. Realregister. (Ein integrir. Thl. d. allgem. Encyklopädie d. gesammt. Land- u. Hauswirthschaft d. Deutschen.) 8. (10⅓ B. u. 1 Kpfrt.) Leipzig 836, Baumgärtners Buchh.

BREHM, Christian Ludwig: Der vollständige Vogelfang. Eine gründliche Anleitung, alle europäischen Vögel auf dem Drossel-, Staaren-, Ortolan-, Regenpfeifer-, Strandläufer- und Entenheerde, mit Tag-, Nacht-, und Zugnetzen in Steck-, Klebe-, Hänge-, Glokken- und Deckgarnen, in Hühnersteigen, Nachtigall- und andern Gärnchen, auf dem Tränkheerde, der Krähen-, Heher- und Meisenhütte, in Raubvögelfallen und Habichtkörben, Tellereisen und Schwanenhälsen, auf den Milanscheiben und Salzlecken, in Erd- und Meisenkasten, Sprenkeln und Aufschlägen, Dohnen, Lauf- und Fussschlingen, mit Leimruthen und Leimhalmen, in Rohrfängen ... zu fangen. Mit besonderer Berücksichtigung der Vogelstellerei der Franzosen und Afrikaner. Nebst einer Übersicht und kurzen Beschreibung aller europäischen Vögel, unter denen sich viele neue Arten befinden. - Weimar 1855. 416 S., 2 Taf.

— der vollständige V o g e l f a n g. Eine gründliche Anleitung, alle europäischen Vögel auf dem Drossel-, Staaren-, Ortolan-, Regenpfeifer-, Strandläufer- u. Entenheerde, mit Tag-, Nacht- u. Zugnetzen ꝛc. zu fangen. Mit besond. Berücksichtigung der Vogelstellerei der Franzosen u. Afrikaner. Nebst einer Uebersicht u. kurzen Beschreibung aller europäischen Vögel, unter denen sich viele neue Arten befinden. Mit 2 lith. Taf. (in 4. u. Fol.) Weimar 855. Voigt. gr. 8. (XXVIII, 416 S.) 1 ℛ 25 ngr

Brehm's, Chr. Ludw., Vogelhaus und seine Bewohner oder Pflege und Züchtung der in Käfigen und Volièren zu halt. einheim. und trop. Schmuck- und Singvögel. 3. Aufl. von Brehm's „Kanarienvögeln" etc. in zeitgemässer, durchaus selbständ. Umarbeitung und als Separatabdr. aus dem 3. Thl. der „Praxis der Naturgeschichte" von Phpp. Leop. Martin. gr. 8. (X, 163 S. mit 2 lithogr. Taf. in qu. Fol.) Weimar 872, B. F. Voigt.

— die W a r t u n g, Pflege und Fortpflanzung der Canarienvögel, Sprosser, Nachtigallen, Rothgimpel, Schwarzamseln, Bluthänflinge, Steindrosseln u. Calanderammerlerchen. Nebst e. Anleitung, sie zu fangen u. ihre Krankheiten zu erkennen u. zu heilen. Mit 13 lith. Fig. Weimar 855. Voigt. gr. 8. (VII, 126 S. u. 8 lith. Taf.) 15 ngr

— **Chrysologus** u. **Alex Püls,** Selectiora ex universo jure ecclesiastico adserta. Präs. Placido Bosch. Bamberg (J. G. Klietsch) 6. V. 1795. 28 S. (3.—) 3906

Brehm, E.A.: Dissertatio anatomico-pathologica super m o r b o s in ovariis obvios. Vratislaviae 1820: Grass & Barth. 34 S. 8°

Brehm, Erich, a. Berlin: **Partikulare Integrale des Problems** der nKörper. (Berlin: Mayer & Müller 1908.) (55 S.) 8°
Berlin, Phil. Fak., Ref. Bauschinger, Diss. v. 29. April 1908
[Geb. 6. April 82 Berlin; Wohnort: Berlin; Staatsangeh.: Preußen; Vorbildung: Friedrichs-Werdersches Gymn. Berlin Reife M. 00; Studium: Berlin 8 S.; Rig. 5. März 08.]

Brehm, Frz (Francisc.), s: Begleiter, Mein. — Conspectus pro officio divino.

Brehm, Georg Nikolaus

Brehm, Geo. Nik., († d. 22. Dec. 1811.) Alterthümer, Geschichte u. neuere Statistik d. hohen Schulen. 1r Bd. gr. 8. Leipz. 783. Weidmann. 1 ℛ

— über die gemeinnützige Bildung des feinen Bürgers überhaupt, u. des jungen Künstlers u. Kaufmanns besonders. 8. Lpz. 782. Kummer. 2 ℊ

— Einleit. in die gesammten academ. Studien rc. 8. Leipz. 810. Köhler. 10 ℊ

— Epistel an d. Hrn. Kirchenrath Dr. Schmidt in Jena; nebst e. Postscript an Hrn. Hofr. Eichstädt. 8. Lpz. 811. P. Vogel. 2 ℊ

— — De finibus justi atque injusti, circa dominium atque commercium bibliopolarum accuratius constituendis. Lpz. (Klaubarth) 18. X. 1786. 23 S. (5.—) 3908

— über die natürl. Gleichheit der Menschen. gr. 8. Lpz. 794. 4 ℊ

— bibliogr. Handbuch d. gesammt. griech. u. röm. Literatur der neuern Zeit. 2 Bde. 8. Lpz. Fritsch. 797–800. (à 2 Thlr. 8 gr.)

— bibliograph. Handbuch d. gesammten griech. u. röm. Literatur d. neuern Zeit. 2 Bde. 8. Lpz. 797—800. (Hahn). 4 ℛ 16 ℊ

— **Georg Nicolaus** (Curianus) u. **Carl Theophil Plato** (Lausitz), De praxeos et theoriae indole, nexu et usu. Diss. philos. Lpz. (Büttner) 19. V. 1781. 30. S. (4.80) 3907

— eine allgem. Literaturzeitung, wie sie sein soll, nach d. Ideale dargestellt. 8. Leipz. 811. P. Vogel. 2 ℊ

— akadem. Propädeutik z. Vorles. gr. 8. Lpz. Fritsch. 799.

— academ. Propädeutik zu Vorlesungen. gr. 8. Lpz. 799. (Hahn). 1 ℛ 8 ℊ

— was sind Religion, Theologie u. Gottesdienst? 8. Leipz. 785. Barth. 12 ℊ

Brehm, Geo. Nic.: Ueb. d. wahre Wesen des Naturrechts, als e. ächte jurist. Grundwissensch. betrachtet. *Freyberg u. Leipz.* 789. 8.

Brehm, Gottlob Adam, s. Brehme, Gottlob Adam

Brehm, Helene, von heimischer Scholle. Gedichte. (VII, 72 S.) 8. Cassel (909). F. Scheel. Geb. in Leinw. 2.—

Brehm, Horst, Taschenbuch der Angelfischerei, s.: Borne, Max v. dem.

Brehm, Horst [aus Hamburg]: Ueber den günstigsten Zeitpunkt fur die Ovariotomie ... Jena, Druck v. G. Neuenhahn, 1887; 1 Bl. + 41 S. 8°
Jena, Med. Fak., Inaug.-Diss. v. [10. März] 1888

von Brehm, Hugo, Livonus, Zur Mycosis septica. Diss. Dorpat. 52 pp. 1872.

Brehm, J: Raumlehre in d. Volkssch. in Verbindg m. d. Arbeitsunterr. 2 Tle. 8° Gotha, EF Thienemann '10. d
I. (6. Schulj.) (44 m. Fig.) '10. geb. 1.20 || II. (7. u. 8. Schulj.) (48 m. Fig.) '12. geb. 1.40

— Ubgsb. f. d. deut. Unterr. 2. u. 3. Schulj. (1.u.2.Heft.) 8° Ebd. d
2. Schulj. (1. Heft.) 3. Afl. (20) '10. — 20 || 3. Schulj. (2. Heft.) 3. Afl. (30) '10. — 30

— dass. Ausg. A f. mehrkl. Schulen. 4.u.5. Schulj. (3.u.4. Heft.) 8° Ebd. d
4. Schulj. (3. Heft.) 3. Afl. (36) '11. — 30 || 5. Schulj. (4. Heft.) 3. Afl. (48) '11. — 40

Brehm, J: Ubgsb. f. d. deut. Unterr. in d. Volkssch. (Ausg. A f. mehrklass. Schulen.) 3 Hefte. 8° Gotha, EF Thienemann. Kart. 1.65; Begleitwort dazu. (11) Unentgeltlich. d
I. 2.u.3. Schulj. 1.u.2. Afl. (45 bezw. 40) '06/'07. — 35 || II. 4.u.5. Schulj. 1.u.2. Afl. (80) '06/'07. — 60 || III. 6., 7.u.8. Schulj. 1.u.2. Afl. (102 bezw. 104) '06/'07. — 70.

Brehm, J: Übgsb. f. d. deut. Unterr. in d. Volkssch. Ausg. B f. einklass. Schulen in 1 Hefte. (118) 8° Gotha, EF Thienemann '08. Kart. — 90 d

Brehm, J. Osc., Sammlung v. Prüfungsaufgaben aus allen Fächern: Deutsch, Französisch, Englisch, Lateinisch, Griechisch, Arithmetik u. Algebra, nebst den wichtigsten Verordngn. betreffs Anmeldg. zur Prüfg., Prüfungs-Ordng. rc. f. einjähr.-freiwill. Kandidaten. (100 S.) 8. Regensburg 904. A. Coppenrath's Verl. n. 1.50

— **Johann Christoph Carl** (Hildburghausen), De usu magisterii bismuthi medico interno. Diss. med. Präs. Ernst Anton Nicolai. Jena (Stranckmann) 9. V. 1794. 20 S. (4.80) 3909

Brehm, Karl August

— — Solemnia inauguralia August Moritz Engelhardt (Dresden). — Inest dispunct. jur. varii spec. V. An opus sit excussione indossantis ordine posterioris ad obtinendum regressum cambialem adversus priores? brev. disqu. Lpz., 30. X. 1821. 18 S. m. Biogr. (M.: Ch. S. Winter.) (3.—) 3900

Brehm, Carl August (Leipzig), Capita quaedam de probatione ex libro mercatoris. Diss. jur. civ. Präs. Heinrich Gottfried Bauer (Stötteritz). Lpz. (Klaubarth) 15. I. 1784. 28 S. (4.80) 3893

— — Solemnia inauguralia candidati Christian Ernst Weiß (Leipzig). — Inest dispunctionum juris varii spec. II. Lpz. 20. IX. 1810. 18 S. m. Biogr. (M.: Ch. J. Schmidt.) (3.50) 3897
De citatione edictali in causis absentium et de successione in eorum bona, ex inst. jur. patrii.

— — Solemnia inauguralia candidati Otto Carl August Ludwig Hoepfner (Leipzig). — Inest dispunct. jur. varii spec. XI. De citatione edictali in causis absentium et de successione in eorum bona. Spec. sec. suppl. Lpz. 10. IX. 1829. 15 S. m. Biogr. (M.: M. D. Rockstroh.) (3.—) 3904

— — De delictis exceptis. Diss. jur. Lpz. (Saalbach) 17. VII. 1788. 30 S. (4.80) 3894

— — Solemnia inauguralia August Ludwig Mothes (Werdau). — Inest dispunct. jur. varii spec. VII. de furtis impropriis. Lpz. 21. II. 1822. 15 S. m. Biogr. (M.: C. Ch. Klotz.) (3.—) 3901

— — Solemnia inauguralia Ernst Lauhn (Osterfeld/Th.). — Inest dispunctionum juris varii spec. IX. De indiciis auctoris criminis veneficii ad interpretationem artic. XXXVII. C. C. C. Lpz. 11 V. 1826. 18 S. m. Biogr. (M.: M. Wirsing.) (3.—) 3903

Brehm, Carl August, Solemnia inauguralia candidati Carl Anton Ludwig Dittmar (Dresden). — Inest dispunct. juris varii spec. I. Lpz. 22. V. 1810. 15 S. m. Biogr. (M.: Ch. M. Scheller.) (3.—) 3896
Ad interpret. verborum Nemeseos Carolinae art. CLIX. — Mit Waffen- zum Stehlen eingeht.

— — Solemnia inauguralia Christoph Gustav Marschner (Heldrungen/Th.). — Inest dispunct. jur. varii spec. VIII. de tutorum in elocatione pecuniae pupillaris periculo. Lpz. 6. VI. 1822. 21 S. m. Biogr. (M.: Ch. F. Werner.) (3.—) 3902

— — Solemnia inauguralia candidati Carl Traugott Kreyssig (Chemnitz). — Inest dispunctionum juris varii spec. III. Lpz., 22. V. 1817. 19 S. m. Biogr. (M.: J. E. Hunger.) (3.—) 3898
De usucapione rei furtivae.

— — Solemnia inauguralia Carl Philipp Heinrich Thierbach (Leipzig). — Inest dispunctionum juris varii spec. IV. Lpz., 28. X. 1819. 24 S. m. Biogr. (M.: J. Ch. Müller.) (3.50) 3899
De usuris cambialibus.

— **Carl Friedrich** (Leipzig), Diss. de pacto remissorio ante concursum formalem in foro Saxoniae electoralis. Präs. Johann Gottfried Bauer. Lpz. (Langenheim) 5. VI. 1755. 38 S. (5.—) 3905

Brehm, L.: Der Rowan'sche Dampfwagen für den Betrieb von Straßen- und Secundärbahnen. Berlin 1885

Brehm, Ludwig, s. Brehm, Christian Ludwig

Die komplizierten Bauchkontusionen von Oskar Brehm, Riga. *Leipzig: Breitkopf & Härtel 1904.* (16 S.) 4°(8°)
— Sammlung klinischer Vorträge. N. F. No 376. [04. 8998

Brehm, Reinh. (Hrsg.), s. Mittheilungen aus der Werkstätte der Natur.

Brehm, Reinh. (Hrsg.), s. Reichen, Aus allen, der Natur.

Brehm, Rhold. Bernh., das Inka-Reich. Beiträge zur Staats- und Sittengeschichte des Kaiserth. Tahuantinsuyu. Nach den ältesten span. Quellen bearb. 2 Thle. gr. 8. (XXXI, 842 S. mit 1 Karte in Chromodr. und Holzschn.) Jena 885, Mauke's Verlag. *

Brehm, Rhold. Bernh. Das Inka-Reich. Beiträge zur Staats- und Sittengeschichte d. Kaiserth. Tahuantinsuyu. Nach den ältesten span. Quellen bearb. 2. (Titel-)Ausg. gr. 8. (XXXI, 842 S. m. Holzschn. u. 1 Karte in Farbendr.) Jena 890, Mauke. * 10 —

Brehm, V: Cladocera, s: Ergebnisse, Wissenschaftl., d. deut. Zentral-Afrika-Exped. '07—8.

Brehm Dr. V.: Zoocecidien und Cecidiozoën aus der Umgebung von Pettau. 1. Pettau 03. Progr.

Brehme, A. G., Geschichte d. Orients, besonders Palästinas ält. u. neuere Zeit. 3 Thle. 8. Gotha 802. Ettinger. 1 ₰

Brehme, Arth., Briefe über Petersburger Erziehung. 16. (121 S.) St. Petersburg 878, Deubner. *
Aus: St. Petersburger Zeitung, besonders abgedruckt.

Brehme, A, Briefe üb. Petersburger Erziehg. 16. (121) St. Petersb. 78, Kranz. *n.* 2. 25

Brehme, Arth., Briefe über Petersburger Erziehung. 2. unveränd. (Titel-)Aufl. 8. (121 S.) St. Petersburg 880, Kranz. * 1 50

Brehme, A, Elementargrammatik d. deut. Sprache f. unt. Kl. deut. Schulen in Russland. 8. (102) Petersb. 75. Deubner. n. 2. 25

—— **Grammatik der deutschen Sprache für obere Classen deutscher Schulen in Rußland.** gr. 8. (VIII, 185 S. mit 4 Tab. in gr. 4. und Fol.) Ebendas. 875. cart. *

—— Lehrbuch der englischen Sprache, s. Boyle, Rob.

Brehme, A., E. Grieser u. F. Masing, deutsche Sprachlehre f. mittlere Lehranstalten. 8., verb. Aufl. v. F. Masing u. A. Brehme. 8. (X, 155 S.) St. Petersburg 892. H. Schmitzdorff. Geb. n.n. 2. 80

Brehme, (Adolph.) Eduard. (geb. Zeitz 11. 6. 1831): De morbis cutaneis, qui fungis efficiuntur, nonnulla. Berolini (1855). (30 S.) 8°
Berlin, Med. Diss. v. 22. Aug. 1855

Brehme, Emil, aus Jüchsen (S.-Meiningen): **Aus d. Laboratorium d. med. Klinik zu Würzburg. Ueber eine klinisch verwertbare Methode der Bestimmung des Blutzuckers im Menschen nebst Untersuchungen des Blutzuckers in der alimentären Glykosurie.** *Würzburg 1899: A. Boegler.* (27 S.) 8°
Würzburg, Med. Diss. v. 1899

Brehme, Ernst Gottfr. (Langensalza/Th.), De *ANTIUEAAPI'IA* liberorum erga parentes. Melet. philol.-ethico-histor. Präs. Jo. Gottfr. Leonis. Weißenfels (G. A. Leg) 9. X. 1721. 28 S. (5.—) 3911
Gew.: Ernst Michael Brehme (Vater).

Brehme, E. G., de Jos. Barsaba s. Barnaba justo, viro apostolico. Leucop.

— **Friedrich Heinrich** (Melapyrgico-Sondershausen), De dispositione ad morbos contagiosos. Diss. med. Jena (Bran) 20. III. 1826. 15 S. (4.—) 3912
Gew.: Dietr. Georg Kieser, Joh. Aug. Benj. Brehme.

Brehme, Friedr. Hugo, Linguarum noviciarum laxam temporum significationem iam priscis linguae latinae temporibus in vulgari elocutione perspici posse. Dissertatio inaug. gr. 4. (52 S.) Göttingen 879, (Vandenhoeck und Ruprecht's Verlag.) *

Brehm(e), Gottlob Adam (Weimar), Antiquitates nauticae ex itinere Paulli Romano actor. XXVII. et XXVIII collectae. Präs. Jo. Ern. Imman. Walch. Jena (Schill) März 1767. 20 S. (4.50) 3910

Brehme, Gust., der Hôtel-Buchhalter als Kriminalist. Schwank in 1 Akt aus dem Hôtel-Leben. 12. (48 S.) Leipzig 886. P. M. Blüher. n. — 50

Brehme, Johann Ad.

— Betracht. bei Einsegn. angehender Eheleute. 8. Jena u. Lpz. 764. Gollner. 12 ℊℊ

Brehme, Jh. Ad., geistl. Betrachtt. im Beichtstuhle, oder Absolutionsform. 8. Jena 757. 2e Aufl. Ebd. 770. Gollner. 12 ℊℊ

— geistl. Betrachtungen u. Reden bei d. Krankenbette. 8. 2e, mit 3 Betrachtt. verm. Aufl. Jena 762. 3e Aufl. Ebd. 773. Gollner. 12 ℊℊ

— geistl. Betracht. u. Rede bei dem z. Tode verurtheilten Maleficanten gehalten. 8. Jena 752. 2e verb. Aufl. Ebd. 766. Hartung. 8 ℊℊ

Brehme, Louis, Hausgymnastik gegen Haltungsfehler, Rückgratsverkrümmungen u. and. orthopädische Leiden. Anleitung zur Beurteilg. v. Verkrümmgn. u. deren Behandlg im Elternhause f. prakt. Ärzte, Eltern u. Erzieher. Mit e. Vorwort v. Kölliker mit 174 in den Text gedr. Abbildgn., Zeichngn. v. Vikt. Ditz. (VIII, 115 S.) gr. 8. Leipzig 910. M. Hesse. 3. —; geb. in Leinw. 3. 50

Brehme, (Wilh. Heinr.) Ludw., vollständige Materialien od. Entwurf zu einem Gesetze über d. Verbindlichkeit zum Wasser- u. Uferbau, ingleichen für die damit im engsten Zusammenhange stehende Bewässerung der Wiesen. 12. (2 B.) Weimar 816, Landes-Industrie-Comptoir.

Brehme, Ludw., der Wegweiser zu einer möglichst zweckmäßigen u. vortheilhaften Zusammenlegung (Separation) der Grundstücke in einer Flur für Verwaltungs-Beamte, Geometer, Gemeinde-Vorstände u. Landwirthe. Weimar 854. Böhlau. 16. (20 S.) n. $2^{1}/_{2}$ ngr

Brehme, Paul: Zur Kenntnis des Mononatriumacetylens. Heidelberg 1909: Rössler & Herbert. 34 S. 8°
Heidelberg, Naturw.-math. Diss. v. 12. Aug. 1909, Ref. Curtius
[Geb. 26. Dez. 83 Hildesheim; Wohnort: Hildesheim; Staatsangeh.: Preußen; Vorbildung: Realgymn. Hildesheim Reife O. 02; Studium: Göttingen 4, Heidelberg 10 S.; Rig. 19. Mai 09.]

Brehme, Paul: Ueber Myocarditis fibrosa. Halle 1883: Karras. 38 S. 8°
Halle-Wittenberg, Med. Diss. v. 2. Juni 1883
Geb. Weimar 10. 12. 1858. V.

Brehme, R., die Diphtheritis mit besonderer Rücksicht auf Prophylaxis und Diätetik. Für Fachgenossen und Laien. 8. (51 S.) Weimar 878, Böhlau.

Brehme, Walther, approb. Arzt: Ueber die **Widerstandsfähigkeit** der Choleravibrionen und Typhusbacillen gegen niedere Temperaturen. *München 1901: R. Oldenbourg.* (29 S.) 8°
Strassburg, Med. Diss. v. 1901

Brehme, Wilhelm Heinrich Ludwig, s. Brehme, Ludwig

Brehme, (Wilhelm Leopold) (Übers.):

s.: Martinet, L(ouis): Kurze Abhandlung der klinischen Beobachtung und Diagnostik. (Manuel de clinique, des méthodes d'exploration en médecine, et des signes diagnostiques des maladies; contenant un précis d'anatomie pathologique. Dt.) Weimar: 1826

Brehme, Guilielm(us) Leop(oldus): De ophthalmoblennorrhoea generatim et praecipue de venaesectionis utilitate in oculi affectionibus rheumaticis vel arthriticis. [Praeses:] Curtius Sprengel. Halae (1823): Grunert. 22 S. 8°
Halle-Wittenberg, Med. Nostrifik.-Diss v. 19. Apr. 1823
Geb. Heichelheim (Sachs.-Weim.) [8. 7.] 1797. V.
Verf. war am 13. 7. 1818 in Jena mit dieser Dissertation ohne deren Drucklegung promoviert worden.

Brehmer, Dr., Ueber die Berechnung der mittleren Windrichtung. Abhandlung in der Begrüssungsschrift für die Universität zu Greifswald.
Stralsund 1856.

Brehmer: Ueber die Berechnung der mittleren Windrichtung. 8 S.
Progr, Stralsund 1857.

Brehmer, Gebr: Preislisten über Drahtheftmaschinen, Fadenheftmaschinen, Bogenfalzmaschinen usw. Leipzig-Plagwitz 1897 ff.

Brehmer, Albrecht: Die volkswirtschaftlichen **Artikel der** grossen Encyklopädie. Eine Würdigung. *Breslau: A. Schreiber 1901.* (112 S.) 8°
Breslau, Phil. Diss. v. 25. Apr. 1901.

Brehmer, Arth., s.: Höfe, die, Europas.

Brehmer, Art., s.: Kunst.

Brehmer, Arth., der Sohn Gottes, s. a. Eckstein's illustr. Romanbibliothek I. Jahrg. 11. Bd.

Der Sohn Gottes. Ein Roman aus Italiens jüngster Vergangenheit von Arthur Brehmer. 1. u. Taus. Ill. v. E. Rosenstand. *Berlin: R. Eckstein Nachf. [1899.]* (172 S.) 8°
= Romanbibliothek, Ecksteins illustrierte. Jg. 1, Bd 11. [99. 9403]

Brehmer, A. (Hrsg.), s. Von Pol zu Pol.

Brehmer's, Arth., Reisebücher „Von Pol zu Pol". 1. Hft. 12. Fiume 892. C. Spiess. — 50
Führer durch Fiume u. Abbazia. 5 Reisebriefe. (50 S. m. Abbildgn.)

Brehmer, Arth., s.: Welt, die, in 100 Jahren.

Brehmer, Arthur: Der Weltuntergang, s. Falb, Rudolf

Brehmer, E: Uns. Herzenskinder. 4° (11 Farbdr. m. Text.) Lüb. 97, Lübcke & Nöhring. Kart. 2 —; erm. Pr. 1.50

Brehmer, E., unsere Herzenskinder. Ein Buch f. d. fröhlichen Kleinen. 4. (11 Farbdr. m. eingedr. Text.) Lübeck 897. E. Schmersahl Nachf. Kart. n. 2. —; erm. Pr. n. 1. 50

Brehmer, Ernst [aus Lübeck]: **Rechtliche Bedeutung der Willenserklärung im Scherz nach gemeinem Rechte ...** Erlangen, k. b. Hof- u. Univ.-Buchdr. v. F. Junge, 1897; 45 S. 8.
Erlangen, Jur. Fak., Inaug.-Diss. v. 16. Dez. 1896

Brehmer, Ferd., Festschrift zum 8. Mittelpommerschen Gauturnfest in Wangerin 3.—4. 7. 1909. Wangerin 1909, 32 S., 4°.
(Angeb.): Festztg. f. —.

Brehmer, Fritz: Helga Holgersen. Schausp. (7, 114) 8° Lpzg, L Staackmann '12. 2 —: L 3 — d

Brehmer, G.: Beziehungen zwischen Elementen eines Dreiecks als Uebungen in der rechnenden Geometrie. 16 S. 4°
Progr. Putbus Paed. 1871.

Brehmer, G.: Consequenz und System der Mathematik. 6 S.
Progr. Putbus 1847.

Brehmer, G.: Höhere geometrische Reihen. 11 S.
Progr. Putbus 1844.

Brehmer, G.: Versuch, den polynomischen Lehrsatz und die Bestimmung des Größten und Kleinsten dem Gymnasial-Unterricht angemessen darzustellen. 17 S.
Progr. Putbus 1839.

Brehmer, Gust. Ad(olph.) Rob. Arm(in.) (geb. Kurtsch in Schles. 14. 8. 1826): De legibus ad initium atque progressum tuberculosis pulmonum spectantibus. Berolini (1853). (29 S.) 8°
Berlin, Med. Diss. v. 5. Aug. 1853

Brehmer, H.: Christentum und sociale Frage. 8°.
Bonn 1874.

Brehmer, Hans, Assistenztierarzt an d. anat. physiol. Abt. u. Tierklinik d. Landw. Inst. d. Univ. zu Halle a. S.: Beiträge zur Neurektomie des Nervus tibialis, peronaeus profundus, medianus und der Nervi volares. Giessen 1909: v. Münchow. 27 S. 8°
Gießen, Veterinär-Med. Diss. v. 29. Jan. 1909, Ref. Pfeiffer
[Geb. 31. März 81 Wiebe; Wohnort: Halle a. S.; Staatsangeh.: Preußen; Vorbildung: Gymn. Sangerhausen Reife O. 07; Studium: Hannover Tierärztl. Hochsch. 7 S.; Rig. 17. Juli 07.]

Brehmer, Heinr. v., Licht u. Schatten. Ein Novellen- u. Skizzenbuch. 8. (214 S.) Breslau 878. Schottlaender. n. 4. —; geb. n. 5. —

Brehmer, **H., de annali juris Lubecensis praescriptione. 4. Jena 822. (Brose in Götting.) 6 gGr**

Brehmer, Heinrich (Lübeck), De annali juris Lubecensis praescriptione. Diss. jur. Jena (Schreiber & Co.) 16. XII. 1822. 60 S. (5.—) 3915

Brehmer sen., Herrm., die Aetiologie der chronischen Lungenschwindsucht vom Standpunkt der klinischen Erfahrung. gr. 8. (IX, 517 S.) Berlin 885, Hirschwald. *

Brehmer, Herrm., zur Aetiologie und Therapie der chronischen Lungenschwindsucht. Antwort auf die zwei Antithesen des Dr. v. Mayer. gr. 8. (VIII, 72 S.) Berlin 874, Th. C. F. Enslin. *

Dr. Herrmann Brehmer's Aetiologie und Therapie der chronischen Lungenschwindsucht. In verkürzter Form hrsg. u. mit Anm. versehen von Dr. R[ichard] J[ulius] Petri, Chefarzt zu Görbersdorf. *Südende-Berlin & Leipzig: Vogel & Kreienbrink 1902.* (IV, 259 S.) 8° [02. 1133]

Brehmer, H., Beiträge zur Lehre von der chronischen Lungenschwindsucht. In Form einer Antwort auf die Attentate des Dr. L. Rohden [in Lippspringe] gegen den Verf. und dessen Arbeiten. gr. 8. (134 S.) Breslau 876, Maruschke und Berendt. *

Brehmer, Herrm., die Gesetze und die Heilbarkeit der chronischen Tuberculose der Lunge. Ein Beitrag zur patholog Physiologie. gr. 8. (86 S.) Berlin 856, Th. Enslin. Thlr. *

Dr. Brehmer's Heilanstalt für Lungenkranke, Görbersdorf in Schlesien. *(Leipzig: Dr. v. R. Loës [1899?].)* (8 Bl.) quer-8° [Umschlagt.] [99. 7338]

Brehmer, Herrm., die chronische Lungenschwindsucht, ihre Ursache und ihre Heilung. Für vorurtheilsfreie Aerzte und gebildete denkende Laien dargestellt. gr. 8. (X und 206 S.) Berlin 857, Th. Chr. Fr. Enslin. *

—— die chronische Lungenschwindsucht und Tuberkulose der Lunge, ihre Ursache und ihre Heilung. 2. umgearb. Aufl. gr. 8. (VII, 388 S.) Berlin 869, Th. C. F. Enslin. *

Brehmer, H., s.: **Mittheilungen aus B.'s Heilanstalt f. Lungenkranke in Görbersdorf.**

—— die Therapie der chronischen Lungenschwindsucht. gr. 8. (VII, 360 S. mit mehreren Curventaf.) Wiesbaden 887, Bergmann. *

Brehmer, Herm. Die Therapie der chronischen Lungenschwindsucht. 2. umgearb. Aufl. Mit mehreren Curventaf. gr. 8. (XIII, 352 S.) Wiesb. 889, Bergmann. * 6 —

Brehmer, J. G., Lehrbuch der Arithmetik. gr. 8. (18½ B.) Stralsund 814, Löffler'sche Buchh.

Brehmer, Johanna, das Blumenjahr, s. Hamerling, Rob.

Brehmer, Johanna, das Blumenjahr. Zwölf Monate mit Sinnsprüchen deutscher Dichter. Nach Aquarellen. Cabinet-Ausg. 4. (12 Chromolith.) Hamburg 878. Seitz. 3. —

Brehmer, K: Kollineare u. and. graph. Rechentafeln f. geodät. Rechngn. [Aus: „Ztschr. f. Vermessgswesen".] (5 Taf. m. 5 S. Text.) Lex8° Stuttg.. K Wittwer '12. 2 —

Brehmer, Karl, approb. Arzt aus Etzleben (Prov. Sachs.): **Aus d. chirurg. Universitäts-Klinik zu Bonn. Ueber die operative Behandlung der Tumoren des Kleinhirns.** *Bonn 1902: J. Trapp.* (36 S.) 8°
Bonn. Med. Diss. v. 5. Juli 1902

Brehmer, Kurt, Landmesser: **Beitrag zur atmosphärischen Refraktion über Wasserflächen.** Berlin 1909: Mittler. 22 S. 4° (Aus: Annalen d. Hydrogr. u. marit. Meteorol. Jg. 37.)
Rostock, Phil. Diss. v. 2. März 1909, Ref. Heydweiller
[Geb. 4. Okt. 80 Hamburg; Wohnort: Rostock; Staatsangeh.: Hamburg; Vorbildung: Gymn. Altona Reife O. 99; Studium: Berlin Landw. Hochsch. 4, Rostock 4 S.; Rig. 27. Febr. 09.]

Brehmer, Leo, aus Neustadt O.S.: **Ueber die sogenannte Spondylitis traumatica.** *Greifswald 1903: J. Abel.* (28 S.) 8°
Greifswald, Med. Diss. v. 8. Apr. 1903

Brehmer, N. H., († 1823.) **Entdeckungen im Alterthum.** 1r u. 2r Thl. Mit 9 Karten u. 2 Kpft. gr. 8. Weim. 822. Ind.-Cpt. à 3 ₰ 6 ₰

Brehmer, Paul: Formmangel des Statuts als Nichtigkeitsgründe bei Aktiengesellschaften, Gesellschaften mit beschränkter Haftung und eingetragenen Erwerbs- und Wirtschaftsgenossenschaften nach dem neuen Handelsgesetzbuch und seinem Einführungsgesetz. Leipzig, Diss. 1910.

Die Befestigungswerke Lübecks. Beiträge z. Baugeschichte Lübecks, H. 4. Von Dr. W[ilhelm] **Brehmer.** Lübeck: E. Schmersahl Nachf. 1898. (158 S.) 8° [F.]
Aus: Zeitschrift d. Ver. f. Lüb. Gesch. u. Alterthumskunde. Bd 7.

Brehmer, W: Beitr. zu e. Baugesch. Lübecks. 4. Hft. Die Befestiggswerke Lübecks. 8° (158 m. Abb. u. 8 Taf.) Lüb. 98, (Lübcke & Nöhring). 3 —
Das 1—3. Hft sind nur in d. Zeitschr. d. Ver. f. lübeck. Gesch. erschienen.

Brehmer, W., die Gründung u. der Ausbau der Stadt Lübeck. [Aus: „Zeitschr. d. Ver. f. Lübeckische Geschichte u. Alterthumskunde".] gr. 8. (III, 28 S.) Lübeck 891. (Schmersahl.) n. — 50

Brehmer, W., die Straßennamen in der Stadt Lübeck u. deren Vorstädten. gr. 8. (VIII, 48 S.) Lübeck 889. (Schmersahl.) n. — 75

Brehna (Schlagwort)

Brehna, s.: Preussen. Messtischblätter.

Brehna (Verfasser)

Brehna, Max, zu spät! u. andere Novellen. gr. 8. (V, 179 S.) Leipzig 894. W. Friedrich. n. 3. —; geb. n.n. 4. —

Brehse, M. (Hrsg.), s. Blätter, Schweizerische Lustige.

Breidebach, Richard (Red.), s. Arbeiter-Zeitung, Christliche.

Breiden, J.. theoretisch-praktische Anleitung für den Anschauungsunterricht. 8. (75 S.) Essen 880, Bädeker. * — 80

Freundschaftliche Ratschläge für deutsche Soldaten u. Ratgeber f. Leiter u. Förderer d. Soldatenmission. (Verf.: C. **Breidenbach.**) Kassel: Christl. Traktatgesellsch. in Komm. 1905. (32 S.) 8° [F.]

Breidenbach, Edmvndvs (geb. am 13 Juni 1844 in Engelskirchen Kr. Wipperfürth): De retentione mensium commentatio, inprimis respiciens ad haematometram vnivs lateris in vtero et vagina dvplici ... Bonnae, form. F. Krvegeri [1866]. 24 S. 8.
Bonn, Med. Fak., Diss. v. [30 Mai 1866]

Breidenbach, Edmvndvs (geb. am 13 Juni 1844 in Engelskirchen Kr. Wipperfürth): Theses defendendae ... Bonnae, form. F. Krvegeri (1866). 2 Bl. 8.
Bonn, Med. Fak., Thes. v. 30 Mai 1866

Breidenbach, Emilie von

Breidenbach, E. v., Erinnerungen a. alter u. neuer Zeit. Reiseskizzen v. Bodensee, Vorarlberg, Montavon u. Untersee. 8. (VI, 247 S. m. Abb.) Berlin 898. O. Seehagen. Geb. in Leinw. n. 3. —; in Liebhaber-Halbfrz. n. 5. —

—— **Natur- und Lebensbilder.** 8. (III, 91 S.) Berlin 885, Issleib. *ℳ 1.50.; geb. *

Breidenbach, E. v. Drei Novellen. (Zwei Frauenseelen. Liebelos gelebt. Das Geständniß.) 8. (123 S.) Guben 889, Sallis. * 1 —

Breidenbach, E v., bunte Ranken. Erzählgn. (218) Berl. 95, R Taendler. 3 —; geb. in Lnw. 4 —

—— **Schatten und Licht.** Roman aus der Gegenwart. 8. (143 S.) Konstanz 888, Verlag der „Deutschen Heimat". * geb. *

—— dass. — Novelle. 2. (Titel-)Aufl. 8. (143 S.) Charlottenburg 888, Kracht. *ℳ 1.50.; geb. *

Breidenbach, E. v., Schwesternliebe, s.: Vergißmeinnicht. Erzählungen. 75.

—— **Sibylla's Traum und Anderes.** 8. (350 S.) Berlin und Rostock 887, Verlag der Albumstiftung. (C. Hinstorff's Verlag.) *

—— **Sibylla's Traum.** Novelle. 2. (Titel-)Aufl. 8. (350 S.) Charlottenburg 887, Kracht. *ℳ 3.—; geb. *

Breidenbach, E. v., das Bärgli Hus Vreneli. Eine Erzählung aus dem Schweizerlande. 8. (99 S.) Berlin 886, Friedrich Nachf. *ℳ 1.80.; geb. *

Breidenbach, E v., d. Bärgli Hus Vreneli. Erzählg a. d. Schweizerlande. 8. (99) Berl. 86, Hertz & S. n. 1. 80

Breidenbach, Friedr. [aus Hückeswagen]: **Aus d. Univ.-Frauenklinik zu Bonn. Ueber die Aethernarkose und ihre Bedeutung für die Gynaekologie** ... Bonn, Buchdr. J. Bach Wwe, 1895; 32 S. 8.
Bonn, Med. Fak., Inaug.-Diss. v. [15. Febr.] 1895

Breidenbach, Friedr. v., Geschichte der italienischen Litteratur von ihren Anfängen bis zur Gegenwart. 1. Abthl. gr. 8. (176 S.) Berlin 887, K. Siegismund. *

—— **Sie will in's Kloster.** Orig.-Schauspiel in 5 Aufzügen. Den Bühnen gegenüber als Mscr. 8. (86 S.) Wien 885, (Braumüller.) *

Breidenbach, G: Stenotypistin gesucht, s: Lustspiele.

Breidenbach, Georg Fried. Wilhelm von, Problema juris nat. et gentium an hosti licea hostis cives ad rebellionem vel seditionem sollicitare? Präs. Georg Heinrich Ayrer. Götting. (Jo. Chr. Lud. Schultz) 11. X. 1748. 56 S. (6.—) 3916
Widm. v.: Präs., Rudolf Wedekind, F. W. Zierlein (Mengeringhausen / Waldeck), Ludw. Friedr. v. Beulwiz.

Breidenbach, Heinrich: Zwei Abhandlungen über die Tironischen Noten. (1. Zur Geschichte d. Tiron. Noten. 2. Qua ratione compositus sit Notarum Tiron. commentarius quintus.) *Darmstadt: H. L. Schlapp 1900.* (39 S.) 8° ¶ (2: Von d. Univ. Giessen gekr. Preisschr.)
Tübingen, Phil. Diss. v. 1900

Breidenbach, Heinrich. a. Beerfelden i. O.: Ein Fall von perniciöser Anämie. München 1905: [O. Böck]. (17 S.) 8°
München, Med. Fak., Ref. v. Bauer, Diss. v. 20. März 1905
[Geb. 17. Aug. 79 Beerfelden i. O.; Wohnort: Beerfelden; Staatsangeh.: Hessen; Vorbildung: Gymn. Offenbach a. M. Reife O. 00; Studium: München 4. Heidelberg 1. Berlin 2. München 3 S.; Coll. 11. Apr. 05; Approb. 11. Apr. 05.]

Breidenbach, Heinz: Der Zustand des Mainwassers und der Mainufer, oberhalb, unterhalb und innerhalb Würzburgs unter Verwendung chemischer, bakteriologischer und biologischer Methoden. Würzburg: Kabitzsch 1908. 72 S. 8° ¶ (Aus: Verhandlungen d. Physikal.-med. Gesellsch. zu Würzburg. N. F. Bd 40.)
Würzburg, Med. Diss. v. 21. April 1909, Ref. Lehmann
[Geb. 12. März 81 Trier; Wohnort: Würzburg; Staatsangeh.: Preußen; Vorbildung: Gymn. Krefeld Reife O. 02; Studium: Bonn 2, München 3. Würzburg 5 S.; Coll. 3. Juni 08; Approb. 30. Mai 08.]

Breidenbach, M[artin]. **Das Reich Gottes im Lichte des Wortes Gottes. Vortrag. Gehalten in dem Evangelischen Vereinshaus in Kolmar am 17. Januar 1904. 28 S. 8. Basel, Komm. Friedrich Reinhardt, [1904]. fr. —.20**

Breidenbach, Moritz Wilhelm August

Breidenbach, Mor. Wlh. Aug., Diss. de pignorum per debitorem distractione. 4 maj. Heidelb. 817. Groos. 5 gr

— Moritz Wilhelm (Offenbach), De pignorum Debitorem distractione commentatio. Heidelberg (J. M. Gutmann) Sept. 1817. 40 S. (2.—) 3918

Breidenbach, M. W. A., Commentar über das Großherzogl. Hessische Strafgesetzbuch u. die damit in Verbindung stehenden Gesetze und Verordnungen, nach authent. Quellen, mit besonderer Berücksichtigung der Gesetzgebungswerke anderer Staaten, namentlich des Königreichs Württemberg und des Großherzogthums Baden. 1. Bd. in 7 Heften. 2. Bd. oder 8.—11. Heft. gr. 8. Darmstadt 842—45, Jonghaus. (1.—5. n. $2^3/_4$ rf 6. n. $^1/_2$ rf 7. n. $^1/_2$ rf 8.—11. $1^{11}/_{12}$ rf) 1.—11. $5^2/_3$ rf

—— Mittheilungen über die gerichtl. abgewiesenen Klagen des Joh. Conr. Kuhl zu Butzbach gegen den großherz. hess. dirig. Staatsminister Frhr. du Thil u. d. großh. hess. Central-Fiscus. Zugleich als Beitrag zur Geschichte der in d. J. 1833—38 im Großherzogthum Hessen stattgefundenen polit. Untersuchungen. gr. 8. ($9^1/_4$ B.) Darmstadt 844, Jonghaus. *

BREIDENBACH, Wilhelm (Grosszimmern): Ueber die Behandlung der Syphilis mittelst subcutaner Injectionen von Hydrargyrum bicyanatum.- München: Wolf 1882. 28 S.
20.7.1882 - Urk (Titel: De syphilidis therapia per subcutaneam hydrargyri bicyanati iniectionem instituenda.); Chr 1882/83,16 —188. Ingolst.-Landsh.-Mchn.

Breidenbend, Joh. Peter (geb. am 30 Dez. 1855 in Düren): Aus d. physiol. Institut zu Bonn. — Ueber Gährung und Bestimmung des Zuckers durch dieselbe . . . Bonn, Univ.-Buchdr. v. C. Georgi 1882. 44 S. 8.
Bonn, Med. Fak., Diss. v. 12 Aug. 1882

Breidenstein, Gedächtnißpredigt auf d. weiland durchlaucht. Fürsten u. Hrn., Hrn. Ludwig Wilhelm, Souverainen Landgrafen zu Hessen rc. Nebst Personalien d. Hohen Vollendeten. 4. ($3^1/_4$ B.) Frankfurt a. M. 839, Körner.

Breidenstein, H., Schuldisziplin, s. Sammelmappe, pädagogische.

Breidenstein, H. K., Festgabe zu der am 12. Aug. 1845 stattfindenden Inauguration des Beethoven-Monuments. Mit 2 Facsimiles u. d. Abbild. des Monuments in 2 Stahlst. gr. 4. (5 B.) Bonn 845, Habicht. *

Breidenstein, H. K., prakt. Singschule, enth. method. geord. Uebungen f. Stimmbildung, Takt u. Notentreffen, nebst e. Auswahl mehrstimm. Gesänge f. weibl. Stimmen. 1.—5. Hft. qu. gr. 4. (à $6^1/_4$ B.) Bonn 831, Marcus. à 12 Gr. zusamm. genommen

Breidenstein, H. K., prakt. Singschule, enth. method. geord. Uebungen f. Stimmbildung, Takt u. Notentreffen, nebst e. Auswahl mehrstimm. Gesänge f. weibliche Stimmen. 1—5. Hft. gr. 4. Bonn, Marcus.
Hft. 1. 2., gänzl. umgearb., verm. u. verb. Aufl. (7 B.) 837. 12 Gr.
„ 2. 2., gänzl. umgearb., verm. u. verb. Aufl. (8 B.) 841. 14 Gr.
„ 3. worin auch mehrstimm. Gesänge f. weibl. Stimmen m. Begleit. d. Pianof. ($8^1/_2$ B.) 833. 16 Gr.
„ 4. Fortsetzung d. mehrstimm. Gesänge f. weibl. Stimmen m. Begleit. d. Pianof. ($10^1/_4$ B.) 835. 16 Gr.
Stimmen zum 3. u. 4. Hft. à 4 Stimmen od. 3 Heftchen. qu. gr. 8. (8 B.) 836. 12 Gr.
3. Hft. erste Stimme. — zweite Stimme. — dritte u. vierte Stimme. 4. Hft. erste Stimme. — zweite Stimme. — dritte u. vierte Stimme. } à 2 Gr.
„ 5. Fortsetz. d. mehrstimm. Gesänge f. weibl. Stimmen m. Begleit. d. Pianof. ($9^1/_4$ B.) 838. 18 Gr.
Stimmen hierzu. 3 Hfte. qu. gr. 8. ($4^1/_2$ B.) 838. à 3 Gr.

— praktische Singschule, enthaltend methodisch geordnete Uebungen für Stimmbildung, Takt u. Notentreffen, nebst einer Auswahl mehrstimm. Gesänge f. weibliche Stimmen. 1. Hft. 3. unveränd. Aufl. gr. 4. Bonn 844, Marcus. $^1/_2$ rf — 2. Heft. 2. gänzl. umgearb., verm. u. verb. Aufl. gr. 4. Ebd. 841. $^7/_{12}$ rf

Breidenstein, Heinr.: Arithmetik u. Algebra f. d. ob. Kl. d. Knaben-Mittelsch. (248 m. Fig.) 8° Münst., Aschendorff '12. L 2 — d

— Einführg in d. Raumlehre. (64 m. Fig.) 8° Ebd. '11. — 50 d

— Deut. Leseb. f. 9 klass. Mittelsch. 4 Tle. 8° Frankf.M., M Diesterweg. d
1. Für Kl. 8 u. 7. (2. u. 3. Schulj.) (16, 333 m. Abb.) '10. L 1.80 ‖ 2. Für Kl. 6 u. 5. (4. u. 5. Schulj.) (17, 377 m. Abb.) '10. L 2.20 ‖ 3. Für Kl. 4 u. 3. (6. u. 7. Schulj.) (18, 503 m. Abb.) '10. L 3 — ‖ 4. Für Kl. 2 u. 1. (8. u. 9. Schulj.) (16, 549) '11. L 3.20

— u. S **Neumann**: Leseb. z. Einführg in d. deut. Dichtg. (11, 493) 8° Frankf.M., M Diesterweg '12. L nn 2.60 d

— Lösgn z. Raumlehre u. z. Arithmetik u. Algebra f. d. ob. Kl. d. Knaben-Mittelsch. (Lehr- u. Übgsb. f. d. mathemat. Unterr. an Knaben-Mittelsch.) (63) 8° Münst., Aschendorff '12. — 80 d

— Raumlehre f. d. ob. Kl. d. Knaben-Mittelsch. (200 u. 8 m. Fig.) 8° Ebd. '11. geb. 1.80 d

— Rechenb. f. Knaben-Mittelsch. 9 Hefte. 8° Ebd. '11. 5.45 d
1. Für Kl. IX. (68) — 50 ‖ 2. Für Kl. VIII. (80 m. Fig.) — 55 ‖ 3. Für Kl. VII. (84 m. Fig.) — 60 ‖ 4. Für Kl. VI. (84 m. Fig.) — 60 ‖ 5. Für Kl. V. (96 m. Fig.) — 65 ‖ 6. Für Kl. IV. (80) — 55 ‖ 7. Für Kl. III. (96) — 65 ‖ 8. Für Kl. II. (80) — 55 ‖ 9. Für Kl. I. (120) — 80

— dass. Auflösgn zu d. schriftl. u. teilweise zu d. mündl. Aufg. 4—9. Heft. (111) 8° Ebd. '12. 1 — d

— Rechenb. f. Mädchen-Mittelsch. 9 Hefte. 8° Ebd. '11. 5.90 d
1. Für Kl. IX. (68 m. Fig.) — 50 ‖ 2. Für Kl. VIII. (68 m. Fig.) — 50 ‖ 3. Für Kl. VII. (80 m. Fig.) — 55 ‖ 4. Für Kl. VI. (80 m. Fig.) — 55 ‖ 5. Für Kl. V. (96 m. Fig.) — 70 ‖ 6. Für Kl. IV. (104) — 70 ‖ 7. Für Kl. III. (104 m. Fig.) — 75 ‖ 8. Für Kl. II. (112 m. Fig.) — 75 ‖ 9. Für Kl. I. (136 m. Fig.) — 90

— dass. Auflösgn zu d. schriftl. Aufg. 3—9. Heft. (107) 8° Ebd. '12. 1 — d
Zu 1 u. 2 sind Auflösgn nicht erschienen.

Breidenstein, J. E. H. v., franz. Lesebuch f. d. Jugend. 8. Nürnb. Stein. 789.

Breidenstein, Joh. Chr. Heinr., tabell. Geschäfts-Diarium f. Gerichts- u. prakt. Aerzte rc. gr. 8. ... Nürnberg 827, Riegel u. Wießner.

— Diss. inaug. de morbis linguae. 8 maj. Erl. 791. Palm. 3 gr

Breidenstein, Johann Georg, s.a. Breitenstein, J. G.

Breidenstein, Jh. Geo., Feier des 18. Octobers 1816, oder Vorwort u. Einleit. zu einer erscheinenden Schrift: Vers. e. natur- u. erfahrungsmäß. Ansicht vom Ursprung des Wortes u. der Sprache. gr. 8. Frankf. a. M. 817. Sauerländer. 8 gr

— religiöse Feier des 18. Oct. 1815 zu Homburg vor d. Höhe. 8. Hanau 815.

— prakt. Grundzüge d. deutschen u. französ. Wortfolge u. d. deutschen u. französ. Volks. gr. 8. Gießen 817. (Sauerländer in Frankf.) 1 ₰ 12 gr

— Predigt am Dank- u. Befreiungsfeste zu Homburg vor d. Höhe, den 8. Mai 1814. Neue Aufl. gr. 8. Heidelb. 814. Mohr. 8 gr

— Todesfeier des Fürsten Friedrich Ludwig, Landgrafen v. Hessen. gr. 8. Frankf. a. M. 821. Andreä. 9 gr

Breidenstein, Jh. Phil., Mittel, die Execution der Bauern wegen Gelderbezahlung abzuwenden. 8⁰. Marburg, Krieger, 1782.

Breidenstein, J. P.: „Wahres Mittel, eine Fruchttheurung auf ewig von einem Staate abzuhalten", Frankfurt a. M. und Leipzig 1773. 4°. Kochendörffer.

Breidenstein, J. P, Naturgeschichte d. Sperlings; nebst Mitteln ihn v. Felde u. v. d. Bäumen abzuhalten. 8. Giessen, 1779. (Cassel, Krieger.) — 7½

Breidenstein, K. E. B., s. Pinel, ..., über d. Primat d. Papstes.

Breidenstein, Philipp, s. Breitenstein, Philipp

Breidenstein, W., mikroskopische Pflanzenbilder in sehr starker Vergrösserung zum Gebrauche bei dem Unterrichte in der Botanik nebst einem Grundriss der Anatomie und Physiologie der Pflanzen zur Erläuterung der Abbildungen. gr. 4. (42 Taf. mit 75 Fig., davon 16 in Farbendr., II und 15 S. mit chromolith. Titel.) Darmstadt 856, Diehl. *

Breiderhoff, Avgvstvs (geb. am 22 Mai 1835 in Uckerath bei Bonn): De pnevmothorace ... Bonnae, form. F. Kruegeri (1861). 32 S., 1 Bl. 8.
Bonn, Med. Fak., Diss. v. 4 Mai 1861

Breiderhoff, Georg (Berlin), Über primäres Carcinom der Trachea. Diss. med.-chir. Bln. (Knoll & Wölbling) 31. VIII. 1888. 31 Seiten m. Biogr. (3.50) 3919
Oppon.: O. Frentzel, P. Schwerin, A. Westphal.

Breiderhoff, Henr. Alfr. Otto (geb. Uckerath bei Bonn 7. 3. 1839): De graviditate extrauterina casu quodam illustrata. Berolini (1864). (32 S.) 8°
Berlin, Med. Diss. v. 6. Okt. 1864

Breidert: Untersuchgn üb. d. klin. u. bakteriolog. Feststellg d. Tuberkulose d. Rindes. s.: Ostertag, R.

Breidert, Carl [Assistent am Hygien. Institut der Kgl. tierärztlichen Hochschule zu Berlin]: Ueber intracerebrale Injektionen einiger Infektionsstoffe. (S.-A. aus Fortschritte der Veterinär-Hygiene.) Berlin (1903.) 32 S. 4⁰. [Februar 1903.]
Bern. Vet.-med. Diss. 1903/1904.
Vlg. L. Marcus.

Breidler, Joh., die Laubmoose Steiermarks u. ihre Verbreitg. gr. 8. (234 S.) Graz 891. (Leuschner & Lubensky). n. 5. —
Sonderabdruck aus: „Mitteilgn. d. naturwissenschaftl. Vereines f. Steiermark."

Breidler, Joh., d. Lebermoose Steiermarks. E. systemat. Zusammenstellg. d. bisher aufgefund. Arten m. Angabe ihrer Verbreitg. [Aus: „Mitteilgn. d. naturwissenschaftl. Vereins f. Steiermark".] gr. 8. (104 S.) Ebd. 894. n.n. 3. 80

Breidler, Joh., die Lebermoose Steiermarks u. ihre Verbreitung. [Aus: „Mittheilgn. d. naturwissenschaftl. Vereines f. Steiermark".] gr. 8. (234 S.) Graz 891. (Leuschner & Lubensky.) n. 5. —

Breidt, Herm., de Aurelio Prudentio Clemente Horatii imitatore. Dissertatio inauguralis. gr. 8. (52 S.) Heidelberg 887, C. Winter's Universitäts-Buchh.

Breidthardt, Bruno Gustav [app. Arzt aus Aachen]: Aus d. Kgl. Frauenklinik zu Kiel. Zwei Fälle von Castration bei Osteomalacie ... Kiel, Druck v. H. Fiencke, 1896; 24 S., 1 Bl. 8.
Kiel, Med. Fak., Inaug.-Diss. v. [26. Aug.] 1896

Breidthardt, Erwinvs (geb. am 12 Mai 1842 in Ruppichteroth Rgbz. Köln): Experimenta qvaedam de vi gvmmi gvtti, ialapae, elaterii cvm in hominibvs tvm in animalibvs institvta ... Bonnae, typ. expr. P. Nevsser 1865. 2 Bl., 31 S., 1 Bl. 8.
Bonn, Med. Fak., Diss. v. 7 Aug. 1865

Breidthardt, Walter: Über Epiglottidotomie. Bonn 1906: C. Georgi. (36 S.) 8°
Bonn, Med. Fak., Ref. Bier, Diss. v. 27. Juli 1906
[Geb. 17. Sept. 75 Gebweiler: Wohnort: Berlin; Staatsangeh.: Elsaß-Lothringen; Vorbildung: Gymn. Siegburg Reife O. 98; Studium: Heidelberg 1. München 7. Bonn 4 S.; Coll. 28. Juni 06; Approb. 1. Mai 06.]

Breier, 4 Schulreden (Ἀριστοφάνης μέτρων πάντων — deutsche Treue — γνῶθι σεαυτόν. — d. Kultur d. Schönen). Lüb.
Schul-/Univ. Schrift 1863

Breier, A., Willer. Eine Orig.-Erzählung. 3. Aufl. 8. (61 S.) Neuhaus 868, Landfraß und Sohn. *

Breier, Eduard

— 1805 oder: Die Franzosen zum ersten Mal in Wien. Historischer Roman. 4 Bde. 8. (160, 156, 162 und 166 S.) Wien 864, Spitzer. [Leo.] *

Breier, Ed., 1809. Historischer Roman. 3 Bde. 8. 1. Der Landwehrmann. (383 S.) 2. Wien und Aspern. (368 S.) 3. Wagram und das Attentat. (332 S.) Leipzig 847, Kollmann. 3½ ₰

— der alte Gott lebt noch, s. Geheimnisse, die, von Wien.

Breier, E, d. Belagerg v. Venedig. 2. Afl. 32. (240) Wien 52, Buchinger. — 20

Breier, Ed., die Belagerung von Venedig. Historisch-romant. Erzählung aus unserer Zeit. 2. Aufl. 32. (240 S.) Wien 852, Stöckholzer v. Hirschfeld. **

Breier, Eduard, das Buch von den Wienern. Histor. Roman. 3 Bde. 8. (60½ B.) Leipzig 846, Steinacker.

— die beiden Czikos u. das Gelöbniß. Histor.-romant. Bilder aus Ungarns Vorzeit. Mit 1 Titelkpfr. 8. Wien 840. Haas. 7/12 ₰

Breier, Ed., die beiden Czikos u. das Gelöbniß. Histor.-romant. Bilder aus Ungarns Vorzeit. 8. (11½ B. u. Titkpfr.) Wien 841, Haas'sche Buchh. Thlr.

— — Wiener Damen; modernes Sittengemälde. 3 Thle. Berlin, o. J. (186*). 8⁰. (1 Mk. Theod. Ackermann, München, 1885.)
Eine Menge (zahmer) Romane, deren Schauplatz Wien ist, bei Brümmer I, 89—90.

— Ducker, Mucker und Schlucker. Roman aus der Gegenwart. 3 Thle. 8. (404 S.) Wien 865, [Ed. Müller.] *

— der Fluch des Rabbi. Sittengemälde aus d. ersten Viertel d. 15. Jahrh. gr. 12. (10 B.) Wien 841, Stöckholzer v. Hirschfeld. (Leipzig, Einhorn.)

Breier, Ed., der Fluch des Rabbi. Romantisches Sittengemälde aus dem ersten Viertel des 16. Jahrh. Wien 865. Ed. Müller 8 (152 S.) n. 16 ngr

Breier, Eduard, Der Fluch des Rabbi. Romantisches Sittengemälde aus dem ersten Viertel des sechzehnten Jahrhunderts. 3. Auflage. II. 8. (152 S.) Wien, Müller. 1869. 80 kr.

— eine Napoleonische Frauenverfolgung. Historische Erzählung. — Der Todtengräber in Wiener-Neustadt. Kriminalgeschichte. 8. (186 S.) Wien 865, [Ed. Müller.] *

— die Geheimnisse von Wien. Sittengemälde aus der Gegenwart. Wien 862. (Leo.) 8.
1. Abth.: Die Ritter vom Griff. 4 Thle. (583 S. mit Holzschn. im Text.) n. 24 ngr

—— das Gelöbniß. Eine vaterländ. Fürstensage. 8. (81 S.) Wien 863, Leo. *

—— d. Gezeichnete. Histor. Roman. 3 Bde. gr. 12. (30⅓ B.) Wien 845, Stöckholzer v. Hirschfeld.

Breier, Ed., der Glöckner von Malborghetto u. sein Kind. Nebst andern Erzähll. Mit Kpfr. 12. Wien 840. (Mayer u. C.) 1 ℛℬ

—— Görgey vor Ofen. 2. Afl. 16. (183) Wien 51, Buchinger. — 14

—— Görgey vor Ofen. Historisch-romant. Erzählung. 2. Aufl. 16. (183 S.) Wien 851, Stöckholzer v. Hirschfeld.

— die beiden Grasel. Roman. 2 Bde. (in 6 Liefgn.) Wien 854. Hügel. 8. (576 S.) 1 ℛℬ 22½ ngr

Breier, Eduard —. Die beiden Grasel. Roman von — —. 2 Bände. Wien. 1855. Druck von U. Klopf sen. u. Alex. Eurich. Verlag von Jasper's Witwe und Hügel. (308 u. 316 S. 8.)

— die beiden Grasel. Historischer Roman. 4 Thle. Wien 861. (Leo.) 8. (596 S. m. Holzschn. im Text.) n. 24 ngr

—— moderne Grasel. Sittenroman aus der Gegenwart. 2 Bde. 8. (172 und 144 S.) Wien 865, [Ed. Müller.] *

— Moderne Grasel. Sitten-Roman aus der Gegenwart. 2 Thle. 8. 1866. (172 u. 144 S.) Wien, Last. 1 fl. 50 kr.

Breier Eduard — Die Herzogin vom Thury. Historischer Roman von — —. 1. und 2. Lieferung. Wien, 1856. Druck und Verlag von J. B. Wallishausser. (1. Th. 142 S. 2. Theil S. 1—48 8.)

Breier, Eduard — Die Herzogin von Thury. Historischer Roman von — —. 3—8. Lieferung. Wien, 1856. Druck und Verlag von J. B. Wallishausser's k. k. Hoftheater-Druckerei. (2. Theil. S. 49—174. 3. Theil. 186 S. 4. Th. 198 S. 8.)

—— Wiener Hexen. Sittengemälde aus unserer Zeit. 4 Bde. in 1 Bd. 8. (364 und 336 S.) Wien 864, Edelbauer. *

—— die Hußiten in Luditz. Roman. gr. 12. (10⅓ B.) Wien 843, Stöckholzer v. Hirschfeld.

— Josef Kaiser. Historischer Roman aus den Zeiten Kaiser Josef's. 2 Thle. in 1 Bde. Berlin 861. Janke. 8. (532 S.) 1 ℛℬ 15 ngr

Breier, Eduard —. Der Kongreß zu Wien. Historischer Roman. Erster bis Vierter Band. (170. 192. 190. 174 S. Schluß.) In 8 Lieferungen. 8. Wien. Jasper's Witwe und Hügel. v. Hirschfeld'sche Buchdruckerei. 1854.

—— d. Congress zu Wien. Hist. Rom. 4 Bde. 8. (723) Wien 54. (Prag, Kuranda.) (?) n. — 16

—— der Congreß zu Wien. Historischer Roman. 2 Thle. 8. (304 und 303 S.) Wien 864, Markgraf. [Leo.]

— der Königsenkel. Die Schlacht bei Mohácz. Histor. Novellen. 8. Wien 840. Hirschfeld. (Leipzig, Einhorn.) ⅞ ℛℬ

—— der Königsenkel. Die Schlacht bei Mohács. Zwei histor.-romant. Erzähln. gr. 12. (10 B.) Wien 841, Stöckholzer v. Hirschfeld. (Leipzig, Einhorn.)

—— der Kriegsschauplatz und seine hervorragenden Männer. Dargestellt in Bildern mit beigefügtem Texte. Nach den neuesten verläßlichsten Quellen red. Hrsg. von Heinr. Gerhart. 1. Bd. 1. Lfg. Imp.-4. (S. 1—12 mit 3 Stnt.) Wien 854, (Lechner's Universitäts-Buchh.) *

— der Litaneisänger. Historischer Roman aus dem Anfange des 18. Jahrhunderts. 4 Thle. Wien 862. (Leo.) 8. (634 S.) n. 26 ngr

— eine Maria Magdelena in Wien. Sittenroman aus unserer Zeit. 3 Bde. 16. (955 S.) Wien 849, Sollinger's Wwe. 1½ ℛℬ

—— eine Maria Magdalena in Wien. Sittenroman aus unserer Zeit. 3 Thle. 8. (761 S.) Wien 862, (Leo.) *

Breier, Eduard, Mit und ohne Maske. Roman aus der Gegenwart. 8. (308 S.) Wien, Spitzer. 1 fl. 20 kr. 1864.

—— mit und ohne Maske. Roman aus der Gegenwart. 8. (308 S.) Wien 865, [Ed. Müller.] *

—— der Nachgeborne. Wiener Sittenroman. 3 Thle. in 2 Bdn. 8. (316 und 324 S.) Wien 864, Markgraf. [Leo.]

Pandur und Freimaurer. Histor. Roman von Edu. Breier. Th. 1—4. Pest, Wien u. Leipzig: Hartleben 1855. 8°
1. 168 S.; 2. 172 S.; 3. 171 S.; 4. 172 S.
TB. 321. Wahrscheinlich wieder abgedruckt in: °Breier: Gesammelte Romane u. Erzählungen.

— die Revolution der Wiener im 15. Jahrhundert. Historischer Roman. 3 Bde. 8. (958 S.) Wien 850. (Gerold.) n. 3½ ℛℬ

—— die Revolution der Wiener im 15. Jahrhundert. Historischer Roman. 3 Bde. 8. (958 S.) Wien 851, (Gerold, Verlag.) *

—— die Ritter vom Griff, s. Geheimnisse, die, von Wien.

—— e. Roman in Wien. 4 Thle. 32. (1097) Wien 52, Buchinger. 1. 24

—— ein Roman in Wien. Sittengemälde aus unserer Zeit. 4 Thle. 32. (1097 S.) Wien 852, Stöckholzer v. Hirschfeld. **

Breier, Eduard
Gesammelte Romane. Bd. 1 - 7. 9 - 12.
Wien, Leipzig: Stöckholzer 1848 - 1851. 8°

1 - 3.	Der Gezeichnete. 2.Aufl. Bd. 1-3.	1848.
4.5.	Die Sendung des Rabbi. 2.Aufl. Bd.1.2.	1848.
6.	Die Hußiten in Luditz. 2.Aufl.	1848.
7.	Waldfräulein. 2.Aufl. Buch 1.2.	1851.
9.	Der Fluch des Rabbi. 3.Aufl.	185o.
1o.11.	Wien vor 4oo Jahren. 3.Aufl. Bd.1.2.	1851.
12.	Alt- und Jung-Israel. 2.Aufl.	1851.

Breier's, Eduard, gesammelte Romane und Erzählungen. 1.—80. Lfg. 8. (1.—9. Thl. 2715 S. und 10. Thl. S. 1—152 mit 13 Holzschnt.) Wien 861,62. (Brünn, Karafiat.) à Lfg. 4½ Ngr.

—— Neue Folge 1—8. Bd. u. 3. Jahrg. 1. 2. Bd. Wien, 863, 64. Markgraf & Co. 8.
1. 2. Bd.: Schiffzieher u. Gassenkehrer. Historischer Roman. 2 Thle. (591 S.) n. 2 ℛℬ
3. 4. Bd.: Die Rosenkreuzer in Wien. Sittengemälde aus der Zeit Kaiser Josef's II. 2 Thle. (624 S.) n. 2 ℛℬ
5. 6. Bd.: Wien in der Nacht. Sittengemälde aus der Gegenwart. 4 Thle. (640 S.) n. 2 ℛℬ
7. 8. Bd.: Der Kongreß zu Wien. Historischer Roman. 4 Thle. (607 S.) 2 ℛℬ 6 ngr
III. Jahrg. 1. 2. Bd.: Der Nachgeborne. Wiener Sittenroman. 4 Thle. (640 S.) 2 ℛℬ 6 ngr

—— dies. N. F. 8 Bde. 8. Wien, CA Müller. n. 8. 6
Schiffzieher u. Gassenkehrer. 2 Bde. (591) 63. n. 2. —
Die Rosenkreuzer in Wien. 2 Bde. (624) 63. n. 2. —
Wien in d. Nacht. 2 Bde. (640) 63. n. 2. —
Der Kongress zu Wien. 4 Thle. (607) 64. 2. 6

— gesammelte Romane u. Erzählungen. Wien 864. (Edelbauer.)
8. Bd.: Die Sumpfvögel. Roman aus den Nachtseiten der Wiener Gesellschaft. 3 Thle. (488 S.) n. 1 ℛℬ
3. Jahrg. 6. 7. Bd.: 1805 oder: Die Franzosen zum ersten Mal in Wien. Histor. Roman. 4 Thle. (644 S.) n. 1 ℛℬ
„ 9. 10. Bd.: Wiener Hexen. Sittengemälde aus unserer Zeit. 4 Thle. (700 S.) n. 1 ℛℬ

— Gesammelte Romane und Erzählungen. 4. Jahrg. 5. Bd. 8. (152 S.) Wien, Last. 1865 80 kr.
Inhalt: Der Fluch des Rabbi. Romantisches Sittengemälde aus dem 1. Viertel des sechzehnten Jahrhunderts.

Breier's Roman- und Erzählungs-Kabinet. Wochenschrift. Eigentümer und Redacteur: Eduard Breier. 1861. 1.—9. Heft. 8. Wien, Selbstverlag. à 16 kr.
Inhalt: Die beiden Grafel. (304 S.) — Geheimnisse von Wien. (1. bis 3. Lfg.) (256 S.)

—— die Rosenkreuzer in Wien, s. Inland, das belletristische.

Die Rosenkreuzer in Wien. Sittengemälde aus der Zeit Kaiser Joseph's II von Edu. Breier. Th. 1—4. Wien: Jasper's Wwe & Hügel 1852. 8⁰
1. 187 S.; 2. 198 S.; 3. 198 S.; 4. 195 S.
(Das belletristische Inland. 1—4.)

[Dasselbe u. d. Tit.:]
Sittenroman aus der Zeit Kaiser Josef II. Bd 1—4. Tabor: Kober 1852. 8⁰
1. 136 S.; 2. 242 S.; 3. 243 S.; 4. 233 S.
(Album 1—4.)

[Dasselbe.] Th. 1. 2. Wien: Markgraf & Co. 1863. 8⁰
1. 312 S.; 2. 312 S.
(Gesamm. Romane u. Erzählungen. (N. F.) 3. 4.)
TB. 318.

—— General Roßwurm, s. Unterhaltungs-Bibliothek, deutsche.

Breier, Eduard
General Roßwurm. Historischer Roman. Bd. 1 - 3. Berlin: Janke 1861. 8

—— die Sabbathianer. Histor. Roman aus der Zeit der ersten Theilung Polens. 3 Thle. 8. (652 S.) Wien 858, Hartlebens Verlagsexpedition.

—— Schiffzieher und Gassenkehrer. Historischer Roman. 2 Thle. 8. (300 und 291 S.) Wien 863, Markgraf. [Leo.] *

—— drei Schlösser. 3 Bde. 32. (734) Wien 52, Buchinger. 1. 18

—— drei Schlösser. Historisch-romant. Bilder aus Ungarns Vorzeit. 3 Bde. 32. (734 S.) Wien 852, Stöckholzer v. Hirschfeld. **

—— die Sendung des Rabbi. Zeit- u. Sagenbild aus dem 15. Jahrh. 2 Bde. gr. 12. (15½ B.) Wien 845, Stöckholzer v. Hirschfeld.

Die Söhne des Grafen von Bonneval. Histor. Roman von Edu. Breier. Th. 1—4. Berlin: Janke 1861. XXIV, 955 S. 8⁰
TB. 312. Wahrscheinlich auch abgedruckt in ⁰Breier's Gesammelten Romanen.

—— d. Söhne d. Grafen v. Bonneval. 4 Thle. 8. (955) Berl. 64, Janke. 4. —

Breier, Eduard —. Die Sumpfvögel. Roman aus den Nachtseiten der Wiener Gesellschaft. Von — —. 1. – 6. Lieferung. (Band I. S. 1 – 192. Band II. S. 1 – 184. Band III. S. 1 – 190.) Schluß. 8. Wien. Gedruckt bei Joseph Stöckholzer von Hirschfeld. Jasper's Witwe und Hügel. 1854.

—— d. Sumpfvögel. Rom. 3 Thle. 8. (488) Wien 64, Edelbauer. (?) n. 1. —

—— die Sumpfvögel. Roman aus den Nachtseiten der Wiener Gesellschaft. 3 Bde. 8. (172, 160 und 156 S.) Wien 864, Spitzer. [Leo.] *

—— die Tartaren in Croatien u. Dalmatien. Histor. Gemälde aus d. Zeiten König Bela d. Vierten. gr. 12. (9 B.) Wien 841, Stöckholzer v. Hirschfeld. (Leipzig, Einhorn.)

Breier, Ed., Waldfräulein, oder Ritter und Adept. Romantisches Sagenbild aus der Vorzeit. In 2 Büchern. gr. 12. Wien 841. Stöckholzer v. Hirschfeld. ¾ ₰

Breier Eduard. Wien und Berlin. Roman-Cyklus aus der Zeit Maria Theresias. I. Abth. Trenk der Parteigänger. Histor. Roman. 8. 1. Bd. 1. Lief. Wien, J. P. Sollingers Witwe 1853.

Breier Eduard. Wien und Berlin. Roman-Cyklus aus der Zeit Maria Theresias I. Abtheilung: Trenk der Parteigänger. Lfg. 2. u. 3. kl. 8. (S. 97—187 des 1. Bds. u. 1—96 des 2. Bds.) Wien, J. P. Sollingers Witwe. 1853. (545.)

Breier, Eduard. Wien und Berlin. Romanen-Cyklus aus der Zeit M. Theresias. I. Abtheilung: „Trenk, der Parteigänger.“ Lief. 4 u. 5. kl. 8. S. 97—194 u. 1—96. (Mit der 5. Lief. beginnt Bd. 3.) Wien, J. P. Sollinger's Witwe 1853. (833.)

Breier, Eduard. „Wien und Berlin.“ Roman-Cyclus aus der Zeit Maria Theresia's. I. Abthlg. „Trenk der Parteigänger.“ 3. u. 4. Band oder 6.—8. Liefg. kl. 8. (von 97—200, 196 S.) Wien, J. P. Sollinger 1853. (1084.)

—— Wien und Berlin. Roman-Cyclus aus der Zeit Maria Theresias. 1. Abthl. A. u. d. T.: Trenk der Parteigänger. Historischer Roman. 1. Bd. oder 1. und 2. Lfg. 8. (187 S.) Wien 853, [Samarski.] à Lfg. 9 Ngr.

—— Wien vor vierhundert Jahren. Histor. Roman in 2 Bdn.: Der Strolch. — Die Ungarn vor Wien. 8. (27¼ B.) Wien 842, Stöckholzer v. Hirschfeld.

—— Wien in d. Nacht. Sittenrom. 4 Bde. 8. (663) Wien 53. (Prag, Schalek.) n. — 16

— Wien in der Nacht. Sittenroman aus der Gegenwart. 4 Bde. Wien 853. Sollinger. (Zamarski.) 8. (161; 165; 163; 174 S.) 2 ₰

—— Wien in der Nacht. Sittenroman aus der Gegenwart. 4 Bde. 8. (663 S.) Wien 853, [Samarski.]

Breier, Eduard, Wien in der Nacht. Sittengemälde aus der Gegenwart. 4 Thle. 8. (316 und 324 S.) Wien 863, Markgraf. [Leo.] *

BREIER, Eduard, Wien in der Nacht. Sittenroman aus der Gegenwart. 4 Bde. Wien 1853. 8⁰. (2 Rthl.)
— — Dasselbe. Ebd. 1864. 8⁰. (2 Mk. 50 Pfg. Scheible, vor 1885.)

Wien und Rom. Sitten-Roman aus der Zeit Kaiser Josef des Zweiten. Von Edu. Breier. Bd 1—4. Leipzig: Thomas 1851. 1156 S. 16⁰

[Dasselbe.] Bd 1—4. Mit Abb. Wien 1862: Friedrich. 8⁰
1. 391 S.; 2. 334 S.
(Gesammelte Romane und Erzählungen.)

[Dasselbe.] 2. verb. Aufl. Wien: Markgraf 1862. 775 S. 8⁰

TB. 344. Schildert die Zeit der Aufklärung u. Toleranz unter Josef II. im Kampfe gegen römische Priesterherrschaft, wobei Saint-Germain, hinter dem der Orden der Illuminaten steht, die Tugend gegen lasterhafte Jesuiten beschützt. Viele histor. Personen, darunter auch Fessler u. andere Frmr, treten auf.

— Wien u. Rom. Sittenroman aus der Zeit Kaiser Josef II. 4 Bde. gr. 16. Leipzig 852, Thomas. n. 2½ ℛ

— Wien und Rom. Sitten-Roman aus der Zeit Kaiser Joseph II. 4 Thle. Wien 862. (Leo.) 8. (775 S.) n. 1 ℛ

—— Wien u. Rom. 4 Thle. 2. Afl. 8. (775) Wien 62, CA Müller. n. 2. 20

— die Zauberflöte, s. Album. Bibliothek deutscher Originalromane.

Die Zauberflöte. Komischer Roman von Edu. **Breier.** Bd 1. 2. Prag: Kober & Markgraf 1859. 8°
1. 196 S.; 2. 226 S.
(Album. Bibliothek deutsch. Orig.-Romane. Jg. 14, Bd 18. 19.)
TB. 333. Wahrscheinlich auch in °Breier's Gesammelten Romanen u. Novellen wieder abgedruckt.

Breier, Esaias Rudolph von (Braunschweig), De jure primi fori sive beneficio primae instantiae ordinibus imperii perfecte pleneque impertiendo nec restricte posthac praefiniendo. Präs. Jo. Georg Estor. Jena (Ritter) 8. IV. 1741. 56 S. (5.50) 3920
Gew.: Hieron. Frh. v. Münchhausen.

Breier, F. Jos., Rechenbuch f. das 1. Schulj. (45 S. m. Fig.) 8. Wien 909. Manz. —20

Breier, Friedr., Bemerkungen üb. das Lesen auf Schulen u. K. E. P. Wackernagels deutsches Lesebuch. gr. 8. (1¾ B.) Oldenburg 844, Schulzesche Buchh. *

Breier, Fr., die Gutachten über *Bruno Bauer*, ein Zeichen der Zeit. Oldenburg, Schulze, 1843. 8°. Beibd.
27 S. — Abdr. eines am 6. Dezbr. 1842 im literar.-gesell. Vereine zu Oldenburg gehalt. Vortrags.

Breier, Friedr., Klopstock. Vorlesung, in der Versammlung der lübecker Schillerstiftung am 15. Jan. 1861 gehalten. gr. 8. (38 S.) Lübeck 861, Dittmer'sche Buchh. *

— v. Kobbe gegen Mallet. Würdigung der Schrift Theodors v. Kobbe „Mallet als Weltrichter über Hamburgs Brand.“ Lex.-8. Oldenburg 842, Schulze'sche B. (W. Berndt.) ⅛ ℛ

—— das Lateinische auf d. höheren Bürgerschule. Eine Apologie. gr. 8. (2½ B.) Oldenburg 846, Schulzesche Buchh.

—— lateinisches Lesebuch f. d. oberen Klassen höherer Bürgerschulen. gr. 8. (18⅜ B.) Oldenburg 845, Schulzesche Buchh. *

Breier, Friedr., die Philosophie d. Anaxagoras v. Klazomenä nach Aristoteles. Ein Beitr. z. Gesch. d. Philos. gr. 8. (6 B.) Berlin 840, Bethge. *

—— Programm d. Vorschule u. höh. Bürgerschule zu Oldenburg. Inh.: Ueber die Stellung des Altdeutschen auf höhern Bürgerschulen. gr. 8. (2⅝ B.) Oldenburg 846, Schulzesche Buchh.

Breier, Fr., 4. Programm der Vorschule u. höheren Bürgerschule zu Oldenburg. 1. Schule u. Haus. 2. Schulnachrichten. gr. 8. (41 S.) Oldenburg 847, Schulze. ¼ ℛ

— siehe: Programm. 5—7 u. 9. der Vorschule u. höh. Bürgerschule zu Oldenburg.

Breier, Fr., zehntes Programm der Vorschule und höheren Bürgerschule zu Oldenburg. Inhalt: 1. Die phonetische Schrift. 2. Schulnachrichten. Oldenburg 853. Schulze. gr. 8. (50 S.) 7½ ngr

Breier, F.: Das Schulturnen nach Spieß. Oldenburg 1852. 29 S. Oldenburg, Höh. Bürgerschule P 1852.

—— das Turnen an den öffentl. Schulen. Ein Votum. gr. 8. (22 S.) Oldenburg 849, Schulze'sche Buchh.

Breier, Fr., Die Turnordnung der höheren Bürgerschule (8. Progr. d. Vorschule u. höh. Bürgerschule zu Oldenburg, S. 3—16), Oldenburg 1851, 14 S., 8°.

Breier, Hans. Ueber Begraben und Verbrennen menschlicher Leichen. Erfurt; Druck von Ruebsam und Söhne. 1901.

— Verbrennung der Leichen. Padua 1873.

Breier, Johannes [aus Berlin]: Ein Fall von Impetigo herpetiformis ... Berlin, C. Vogt's Buchdr., *1893*; 46 S., 1 Bl. 8.
Berlin, Med. Fak., Inaug.-Diss. v. 14. Juli 1893

Breier, Karl [cand. med.]: Aus d. Patholog. Institut zu München. Ueber Rippenknorpelanomalien und ihre pathogenetische Bedeutung. ... München, k. Hof- u. Univ.-Buchdr. v. Dr. C. Wolf & Sohn, 1890; 25 S. 8°
München, Med. Fak., Inaug.-Diss. v. 1890

Breier Konrad: Die Bedeutungsentwicklung von testa zu Kopf im Französischen.
H. 1910 PN 2944 Diss. Innsbruck, Univ.

Eule und Nachtigall. Eine Untersuchung d. Überlieferung u. d. Sprache, der örtl. u. der zeitl. Entstehung d. me. Gedichts von Dr. W[illi] **Breier**, Oberl. Halle a. S.: Niemeyer 1910. XI, 162 S. 8°
[Ein T. ersch. als Inaug.-Diss. Göttingen 1910.]
(Studien z. englischen Philologie. H. 30.) (10. 16897 3

Breier, W., Eule u. Nachtigall, s. a. Studien zur englischen Philologie. 30. Heft.

Breiger, A., die Weihnachtsgabe. Zwei Predigten, am Weihnachtsfeste 1852 gehalten. gr. 8. (16 S.) Göttingen 853, Vandenhoeck und Ruprecht's Verlgsh. *

Breiger, Eduard, Unterarzt b. Inf.-Reg. Nr. 70, appr. Arzt: Über die Ileocoecaltuberkulose mit besonderer Berücksichtigung ihrer chirurgischen Behandlung durch Resection und Enteroanastomose. Bernau 1909: Grüner. 49 S. 8°
Berlin, Med. Diss. v. 17. Dez. 1909, Ref. Hildebrand
[Geb. 8. April 84 Osterode; Wohnort: Berlin; Staatsangeh.: Preußen; Vorbildung: Realgymn. Osterode Reife O. 03; Studium: Berlin, Freiburg i. B., Kiel zus. 6 S., Berlin K. W. A. 5 S.; Coll. 7. Dez. 09; Approb. 11. Dez. 09.]

Breiger, Gottl., Beiträge zur Lehre von der Chorea. Inaugural-Dissertation. 8. (45 S.) Göttingen 877. (Vandenhoeck & Ruprecht.) n. 1. —

Breiger, Gottlieb Christian

Breiger, Gli. Chr., über d. Beichtgeheimniß u. d. Recht d. Obrigkeit, dessen Revelation zu fordern. 8. Hannov. 827. Hahn. 6 ℊ

— Betrachtt. über d. Gebet unsers Herrn, in 8 Predigten. gr. 8. Götting. 819. (Hahn in Hannov.) 14 ℊ

— Betrachtt. f. Confirmanden. 8. Hannov. 805. Hahn. 8 ℊ 2e A. u. d. T.: Erbauungen f. Confirmanden. 2e, mit e. Anh. verm. Ausg. Mit 1 Kpf. 8. Ebd. 824. 12 ℊ Der Anhang apart u. d. T.: Zuruf an Confirmanden. 4 ℊ

— Betrachtt. üb. d. jetzigen Zustand d. Religion. Eine Reformat.-Predigt. 8. Hannov. 809. Hahn. 3 ℊ

— de locupletiorum ecclesiarum bonis etc. 4 maj. Gött. 818. Vandenhöck u. R. 6 ℊ

Breiger, Th. Ch., de locupletiorum ecclesiarum bonis, num annui eorum fructus, quibus illae haud utuntur, ad augenda stipendia eorum, qui munere ecclesiastico vel adeo in alia ecclesia funguntur, ex aequo ac iusto adhiberi possint. 4maj. Gottingae, Vandenhöck et R. 819.

— Theophil Christian (Hannover), Comment. de difficilioribus quibusdam Asiae Herodoteae Göttingen (Joh. Chn. Dieterich) 4. VI. 1793. 82 S., mit Literatur. (5.—) 3922a

Breiger, Th. Chr., comment. de difficilior. quibusd. Asiae Herodoteae. 4. Götting. Dieterich. 794.

— über d. Einfluß trauriger Zeitumstände auf die Führung des Predigtamtes. 8. Hannov. 810. Hahn. 16 gr.

Breiger, (G. C.,) Erbauungen für Confirmanden. Neue, mit einem Anhang verm. Ausg. Mit 1 Kpf. 8. Hannover 824, Hahn. 12 gr. Der Anhang apart

— s. J. L. Ewald, christl. Erweckungen.

— religiöse Familienreden, theils öffentl., theils im Kreise von Verwandten u. Freunden gehalten. 8. Hannov. 823. Hahn. 9 gr.

— religiöse Familienreden, theils öffentl., theils im Kreise von Verwandten u. Freunden gehalten. 8. Hannov. 824. Hahn.

Breiger, G. C., zur Feier d. Jubelfestes d. Universität Georgia Augusta. gr. 8. (1¼ B.) Hannover 837, Hahnsche Hofbuchh.

— — das Gebet unsers Herrn in freyen Betrachtungen über dessen sieben Bitten. gr. 8. Göttingen, Brose. 819.

Breiger, G. C., Gedächtnißfeier d. im Rettungskampfe f. Vaterland u. Freiheit Gefallenen. 8. Hannov. Gebr. Hahn. 815.

Breiger, Gtli. Chr., die Stimme d. Religion an ein friedl. Volk in e. bewegten Zeit. Predigten an feierl. Tagen im Herbste 1830 gehalten. 8. (4¼ B.) Hannover 831, Hahn.

— Trost u. Lehre bei d. Grabe der Unsrigen in Predigten. 8. Hannov. 798. N. Aufl. 800. Hahn. 16 gr. 3e verm. A. 815. 20 gr. Daraus apart: Gedächtnißfeier der im Rettungskampfe Gefallenen. 8. Ebd. 815. 10 gr.

— über die Wahl des Predigerstandes u. die Vorbereitung darauf. gr. 8. Hannov. 819. Helwing. 1 ℛ

Breiger, Gli. Chr., die Zukunft Christi ein Segen der Völker. Zwei Weihnachts-Predigten, im Jahre 1833 in Harburg gehalten. gr. 8. Lüneburg 834. Herold u. W. 1/6 ℛ

Breiholz, D., Geschäftsgänge für ländliche Fortbildungsschulen, s.: Hoffmeister, With. u. K. Wüster.

Breiholz, Heinr., Untersuchungen über den Oelgehalt einiger landwirthschaftlich wichtiger Grasfrüchte u. dessen Beziehung oder Verhältniss zur Keimungsenergie u. zur mittleren Keimdauer. Inaugural-Dissertation. gr. 8. (43 S.) Jena 878. (Neuenhahn.) n. — 80

Breilmann, Ph., Lesebuch für die mittleren Klassen kathol. Stadtschulen so wie für Landschulen bearb. und hrsg. 8. (VI und 138 S.) Coesfeld 849, Wittneven, Vater. *

Breilmann, Theodor [app. Arzt aus Burgsteinfurt]: Ueber traumatische Plexus brachialis-Lähmungen. . . . München, Buchdr. v. M. Ernst, 1889; 47 S. 8°
München, Med. Fak., Inaug.-Diss. v. 1889

Breimeier, H[einrich]: Eigenheiten des französischen Ausdrucks und ihre Übersetzung ins Deutsche. Clausthal 1905: Ed. Pieper. (48 S.) 8°
Clausthal, k. G OP 1905 (354)

Eigenheiten des französischen Ausdrucks und ihre Übersetzung ins Deutsche. Von Heinrich **Breimeier**. Dresden & Leipzig: Koch 1910. VIII, 72 S. 8°
(Neusprachliche Abhandlungen. H. 17.) [10. 1121

Breimeier, Heinr.: Eigenh. d. französ. Ausdrucks u. ihre Übersetzg in's Deutsche, s. Abhandlungen, Neusprachliche, aus usw. Phraseol. usw.

BREIMUND der Frankforter, Balser (ps.), Die Sachsenhäuser oder Kaetchens Hauchzeit. Aan barjerliches Laustspeul unn kaumische Fraze inn zwa Uffzeuge ..... Wegen unläserlicher Hannschrift un damiz kää Verwärrung gibt, ohne Wärterbuch herausgegewen unn zum Druck befärdert. Frankfurt a. M. 1821. 8°. Sehr selten! (4 Mk. Schnabel & Walter, Potsdam, 1907.)

Breiner, Franz, Frühling u. Zukunft. Ein Maienspiel in Wort, Ton u. Tanz. Wien. 12 S., 16°.

Breiner, Joh. Gottfr. (Hrsg.), s. Lauf, Der, der Welt.

Breinersdorf, Carl, das Bild der Toten. Roman. (104 S.) 8. Mühlheim-Ruhr (910). J. Bagel. — 30

Breinersdorf, C: Der arme Heinrich. Gesch. e. Züchtlings. (157) 8° Cöln, Helios-Verl. (09). 1 —

Breinersdorf, Sam., († d. 12. Mai 1817.) kurze Beleuchtung der verschied. Principien, die Arzneimittel einzutheilen. Aus d. Latein., mit Anmerkk. von E. F. F. Richtsteig. 8. Glogau 806. N. Günter'sche B. 10 gr.

— über die falsche Beurtheilung des Arztes vom Nichtarzte ꝛc. 8 Bresl. 807. W. G. Korn. 12 gr.

— über die regressive Tendenz, die man eine Zeit lang in d. medicin. Technik genommen hat. 8. Bresl. 809. W. G. Korn. 16 gr.

— üb. d. regressive Tendenz, die man eine Zeit lang in der medic. Technik genommen hat. 8. Bresl. 20. G. Korn. 810.

— Versuch über d. gegenwärt. Standpunkt d. Theorieen der Medicin. 8. Bresl. 793. J. F. Korn. 12 gr.

— Versuch über den gegenw. Standpunct d. Theorie der Medicin. 8. Bresl. Korn d. ält. 803.

Breinig, Gg., Aufsätze f. d. Volksschule. Im Geiste u. n. d. Grundsätzen Pestalozzis bearb. u. zusammengest. 3 Tle. gr. 8. Bühl 898. Konkordia. n. 2. 80
1. Unterstufe. (36 S.) n. — 50
2. Mittelstufe. (64 u. II S.) n. — 80
3. Oberstufe. (102 S.) n. 1. 50

Alt-Besigheim in guten und bösen Tagen. Denkwürdigkeiten einer württemb. Kleinstadt. Von Friedrich **Breining**, Stadtpfarrer. *Besigheim: Selbstverl. 1903.* (IV, 236 S.) 8° [F.] [03. 6701

Breining, Frdr., Alt-Besigheim in guten u. bösen Tagen. Denkwürdigkeiten e. württemberg. Kleinstadt. (VI, 236 S. m. Abbildgn.) gr. 8. Besigheim 903. (Stuttgart, O. Gerschel.) Geb. in Leinw. n.n. 5. 50

Natusius Sauertopf oder der geleimte Junggeselle. Lustspiel in 2 Akten von J. **Breininger**. Düsseldorf: W. Deiters [1905]. (26 S.) 8° [F.]
= **Dilettanten-Bühne**, Dic. H. 17. [07. 13381

Breinl, s. a. **Brainl**.

Breinl F. u. Reichl C.: Mittheilungen aus dem chemischen Laboratorium. 7. Prag R. I. 81. Progr.

Breinlinger, Karl Borr., aus Liptingen: Die Landarbeiter in Pommern und Mecklenburg. Dargestellt nach d. Erhebungen d. Ev.-Sozialen Kongresses. *Heidelberg 1903: E. Geisendörfer.* (180 S.) 8° [F.]
Heidelberg, Phil. Diss. v. 1903

Breins, Matthäus: Gibt es e. Hochdeutsch? Anregg z. Schaffg e. Hochdeutsch in Laut u. Schrift. (25) 8° Schwäb.-Gmünd, B Kraus ('12). — 60 d

Breipohl, Wilhelm, approb. Arzt aus Bielefeld: Die puerperalen Todesfälle der Marburger Universitäts-Frauenklinik in der Zeit vom 1. April 1883 bis zum 31. März 1900. *Marburg 1900: R. Friedrich.* (63 S.) 8°
Marburg, Med. Diss. v. 21. Dez. 1900

Breisach (Sachl. Ordnungswort)

Breisach, Hauptmann vom. Schauspiel v. Schöpfel. 8. Ansbach, Gassert. 784.

Breisach (Schlagwort)

Breisach, s.: Deutschland. Kürschner-Peip.

Breisach (Verfasser)

Breisach, Francesc., Metodo per facilitare l'istruzione della lingua tedesca. gr. 8. (VIII, 62 S.) Triest 870. litor.-artist. Anstalt. n. — 80

Breisach, Frz., Vorschule der deutschen Sprache für die italienische Jugend. In 20 Lectionen, mit kurzen Wiederholungen, durchaus praktisch bearb. und geordnet. Scuola preparatoria della lingua tedesca. gr. 8. (VIII, 222 S. mit 1 Tab. in qu. 4.) Triest 871, Literarisch-artistische Anstalt. *

Breisdorff, N., der dritte Orden des heil. Vaters Franziskus Seraphikus und seine Regel. gr. 16. (XX, 576 S. mit 2 Stahlst.) Luxemburg 876, Brück.

Breisdorff, N., Tagzeiten der Mutter Gottes. [Aus: „Der 3. Orden des heil. Franziskus Seraphikus".] gr. 16. (79 S.) Luxemburg 876. Brück. — 30

Breisgau — Charte von — nebst einem Theile der angränzenden Lande mit den sämmtlichen Besitzungen des Johanniter-Ordens zu Heitersheim. Nach den Entschädigungen 1802. und dem Pressburger Frieden 1805 verbessert. Nürnberg bey Homanns Erben 1806. 1:240,000. 1 Bl.

Breisgauer, Emil, die Ungalanten. [Nach einer Erzählung des Bacano.] Lustspiel in 2 Acten. Den Bühnen gegenüber Mscr. gr. 8. (46 S.) Mannheim 875, Bensheimer. *

Breisig, Franz [aus Elberfeld]: Ueber die Einwirkung des Lichtes auf electrische Entladungen in verschiedenen Gasen. . . . Bonn, Univ.-Buchdr. v. C. Georgi, 1891; 40 S., 1 Bl. 8°
Bonn, Phil. Fak., Inaug.-Diss. v. 24. Jun. 1891

Breisig, F., theoretische Telegraphie, s. Telegraphen- u. Fernsprech-Technik in Einzeldarstellung. 7. Bd.

Theoretische Telegraphie. Von Dr. F[ranz] **Breisig**. Mit zahlr. Abb. Lfg 1. Braunschweig: Vieweg 1910. 8°
(Telegraphen- u. Fernsprech-Technik in Einzeldarst. Nr 7.) [10. 3881]

Breisig, Jh., s. W. A. E. Lampadius, erläut. Experimente.

Breisig, Johannes, a. Mülheim a. Rh.: Die Rechte des Aktionärs in bezug auf die Generalversammlung. Borna-Leipzig 1906: R. Noske. (23 S.) 8° [J.]
Breslau, Jur. Fak., Ref. Dahn-Leonhard, Diss. v. 5. Juni 1906
[Geb. 4. Juli 74 Elberfeld; Wohnort: Mülheim a. Rh.; Staatsangeh.: Preußen; Vorbildung: Realgymn. Elberfeld Reife M. 93; Studium: Vom akademischen Triennium dispensiert; Rig. 7. Febr. 06.]

Brejski, Isidor, approb. Arzt aus Ponschau: Aus d. Universitäts-Augenklinik in Giessen. Ein Beitrag zur Lehre von der parenchymatösen Keratitis. *Giessen 1901: v. Münchow.* (48 S.) 8°
Giessen, Med. Diss. v. 1901

Breisky, August: Über Alkohol- u. Chininbehandlung beim Puerperalfieber, s. Conrad, F.

Breisky, A., über die Behandlung der puerperalen Blutungen, s. Sammlung klinischer Vorträge.

Breisky, A., die Krankheiten der Vagina, s. Chirurgie, deutsche. — Handbuch der Frauenkrankheiten.

Breisky, A., die Krankheiten der Vagina, s. Handbuch der allgemeinen und speciellen Chirurgie. — Handbuch der Frauenkrankheiten.

Breislac(k), Scipio, s. Breislak, Scipio

Breislak, Scipio

(**Breislak**). Beiträge zur Mineralogie von Italien. Frankfurt und Mainz 1789. 8.

Breislac u. A. Winspeare. Fortgesetzte Berichte vom Ausbruch des Vesuv 1794. Nebst einer Abhandlung vom Hagel von M. A. d'Onofrio. Dresden 1795. 4.

Breislak, Scip., Institutions géologiques. Trad. du manuscrit italien en français par P. J. L. Campmas. 3 Vol. avec 1 atlas de 56 planches. gr. 8. Milan. (Leipsic, Cnobloch) 819.

—.— Lehrbuch d. Geologie, nach d. franz. Ausg. übers. und mit Anmerkung. begleitet v. F. C. v. Strombeck. 1r Bd. 1ste u. 2te Abtheil. u. 2r Bd. m. Kpfrn. gr. 8. Braunschweig, Vieweg, 819 u. 820.
(1r Bd. 1ste Abtheil. 1 Rthlr. 12 Gr. 2te Abtheil. 1 Rthlr. 2r Bd. Rthlr. 2 12.)

Breislak, Scipio: „Lehrbuch der Geologie", ins Deutsche übersetzt von F. C. von Strombeck, 3 Bände, nebst 1 Atlas Kupfern, Braunschweig 1819—1821. — Vorh.: Preuß. Oberbergamt Dortmund —

Breislack, Scip., phys. u. litholog. Reisen durch Campanien; nebst mineralog. Beobachtt. über die Gegend v. Rom. Nach d. Französ. d. Pommerel, mit Anmerkk. u. Zusätzen v. F. A. Reuß. 2 Bde., mit Karten u. Kpf. gr. 8. Leipz. 802. Rein. 3 Thlr 12 Gr

Breiß, P., Johanna Frauenlob in Jubel u. Trauer, (Erzählung) und das Wiedersehen (Oper). .. Hamb. ... Niemeyer. 1/2 Thlr

Breiß, P., Johanna Frauenlob in Jubel u. Trauer. (Erzähl.), u. das Wiedersehen (Oper). 8. Hamb. 1831. Schuberth u. C. 12 Gr

Breiß, P., Volkslieder u. Gedichte, größtentheils aus unserer denkwürd. Zeit in d. kunstlosen Sprache des Herzens. 1r Thl. 8. Hamb. 811. (A. Campe). 1 Thlr Auch u. dem T.: Tröstungen, Hoffnungen u. Erinnerungen aus d. denkw. Zeit uns. Tage rc.

Breiß, P., Volkslieder u. Gedichte größtentheils aus unserer denkw. Zeit in d. kunstlosen Sprache d. Herzens. 1r Thl. 8. Hamb. Hoffmann u. Campe. 815.

Breistroff, H., üb. neue Erfahrungen bei Betriebsstörungen v. Explosionsmotoren. Wichtige Aufklärg. f. Motorbesitzer u. f. die, welche es werden wollen sowie f. Konstrukteure m. 1 Abbildg. (II, 7 S.) 8. Rümelingen (910). (Leipzig, F. Schneider.) 1. —

— Gesundh., verlängertes Leben. Neue Hygiene auf energet.-chem. Grundlage. (4, 34) kl8° Ebd. '12. — 30 d

— Relig. u. Wissensch. od. es werde Licht. (36) 8° Ebd. ('11). — 80 d

Breit, Ernst, a. Tübingen: I. Einwirkung von Phenylhydrazin auf Formylglutaconsäureester. II. Einwirkung von 50%iger Eisessig-Schwefelsäure auf β-Benzyl-β-storylpropiophenon und einige seiner Derivate. Würzburg 1906: C. J. Becker. (52 S.) 8°
Tübingen, Naturw. Fak., Ref. Wislicenus, Diss. v. 30. Juli 1906
[Geb. 6. Aug. 79 Tübingen; Wohnort: Tübingen; Staatsangeh.: Württemberg; Vorbildung: Gymn. Schwäb.-Hall bis Unterprima, Pharmazeut. Staatsprüfung; Studium: T.H. Stuttgart 5, Univ. Tübingen 2 S.; Coll. 30. Juli 06.]

Breit, Ernst: Ibsens Soziol. u. Ethik, s: Tagesfragen, Apologetische.

Breit, Felix, Referendar in Gleiwitz: Die rechtlichen Besonderheiten des Irrtums und der arglistigen Täuschung bei der Eheschließung. Borna-Leipzig 1905: R. Noske. (VIII, 52 S.) 8° [J.]
Breslau. Jur. Fak., Ref. Fischer, Diss. v. 8. Juni 1905
[Geb. 14. Febr. 77 Myslowitz O.-S.; Heimatsort: Myslowitz; Staatsangeh.: Preußen; Vorbildung: Gymn. Kattowitz u. Gleiwitz Reife O. 99; Studium: Breslau 1, Berlin 2, Breslau 4 S.; Rig. 31. Juli 03.]

Breit, Franz [Oberamtsarzt in Schwäb. Hall]: Beiträge zur Kenntniss der Wasserversorgung von Schwäb. Hall in hygienischer Beziehung ... Schw. Hall, Buchdr. W. Burkhardt, *1895;* 26 S. 8.
Würzburg, Med. Fak., Inaug.-Diss. v. 1895

Breit, Heinrich (*geb. Katscher in Oberschles. 6. 2. 1846*): Ueber das successive Auftreten von Flecktyphus und Rückfallstyphus. Breslau (1869). (32 S.) 8°
Breslau, Med. Diss. v. 8. Nov. 1869

Breit, James, sächsische Ausführungs-Bestimmungen zum bürgerl. Gesetzbuch u. den Nebengesetzen, s.: Handbibliothek, Leipziger juristische.

Breit, James: Bank-Depot-Gesetz. Systematisch erläutert. Sep.-Ausg. a. d. Sekt. „Deutschld" d. Werkes „Die Handelsgesetze d. Erdballs". (4, 41) Lex8° Berl., R v. Decker '11. L 1.50

— Bankgesetz. Systematisch erläutert. Sep.-Ausg. a. d. Sekt. „Deutschld" d. Werkes „Die Handelsgesetze d. Erdballs". (14, 426) Lex8° Ebd. '11. L 12 —

Die Geschäftsfähigkeit. Von Dr. James Breit, Rechtsanw. Hälfte 1. Grundlegung. [Mehr nicht ersch.] Leipzig: Roßberg 1903. 336 S. 8° [Umschlagt.] A 12.8137

— Das Handelsgesetzb. v. 10. 5. 1897, s: Düringer, A.

Breit, James, s.: Handels- u. Seerecht usw., das, von Deutschland.

Breit, J., s. Kommentar zum Börsengesetz.

— Pflichten u. Rechte des Bankiers unter dem neuen Scheckgesetz, s.a. Handbibliothek, juristische.

Breit, James, Pflichten und Rechte des Bankiers unter dem neuen Scheckgesetz. Leipzig 1908. 8°.
(Jurist. Handbibliothek, hrsg. von Max Kalbauer u. W. Schelcher. Bd 274.)

— Das Recht d. gemeinschaftl. Brandmauern m. bes. Berücks. d. sächs. Rechts. [Aus: „Fischer's Ztschr. f. Praxis u. Gesetzgebg d. Verwaltg".] (169) gr8° Lpzg, Rossberg'sche Verlagsbh. '11. 4 — d

— das Selbsteintrittsrecht des Kommissionärs nach dem neuen deutschen Handelsgesetzbuche. gr. 8. (IV, 208 S.) Leipzig 899. Roßberg'sche Verlagsb. n. 5.—
Sonderabdruck aus: „Sächs. Archiv f. bürgerl. Recht."

Das Vinkulationsgeschäft (Die Lombardierung rollender Güter). Eine volkswirtschaftl.-jurist. Studie. Zugleich e. Beitrag z. Lehre von d. Gattungsschuld u. d. Intervention Dritter bei d. Erfüllung d. Schuldverhältnisses. Von Dr. James Breit, Rechtsanw. Tübingen: J. C. B. Mohr 1908. (XV, 304 S.) 8° (07. 17976

Breit, Jos., der russisch-japanische Krieg 1904—1905. Nach den neuesten Quellen bearb. u. besprochen. 1. Tl. gr. 8. Wien 910. L. W. Seidel & Sohn. 12. —
Vom Ausbruch des Krieges bis z. Übergang d. Japaner über den Jalu. Mit den Beilagen 1—16. (II, 300 S.)

Breit, Thom.: Christus. Vortr. (23) gr8° Augsbg, Schlosser ('12). — 20 d

Breit, Thom., vom Leid. Predigt üb. Matth. 5, 4. 8. Augsburg 910. Schlosser. — 20

— Lieben, Leiden, Leben. Predigten. (88) 8° Ebd. '12. kart. 1.80: L 2 — d

— Freie Wahrheit u. wahre Freiheit! Predigt. (10 S.) 8. Ebd. 910 — 20

BREITBACH, Wilhelm, oder praktischer Unterricht in der Kunst ein Bösewicht zu werden. (Roman, stellenw. etw. frei.) 2 Thle. Altenburg, Schnuphase, 1804. 8°. 196 + 202 S. (1 Mk. 80 Pfg. Scheible, vor 1885.)

Breitbach, Arzt u. Zahnarzt. Die gesetzl. Bestimmgn. in Deutschland üb. zahnärztl. Titelführg. Vortrag, geh. auf d. Kongress der Association stomatologique internationale am 7. VIII. 1907. (11 S.) 8. Leipzig 907. B. Konegen. 1. —
Sonderabdruck aus „Reichs-Medizinal-Anzeiger".

— Die Bromäthylnarkose. Praktische Erfahrgn. m. 15032 Bromäthylnarkosen. (Vortrag.) (32 S.) 8. Dresden (910). (v. Zahn & Jaensch.) 1. 20

Breitbach, üb. Sanguinal, e. neues blutbildendes Mittel u. e. natürliches Eisenpräparat. [Aus: „Reichs-Medicinal-Anzeiger".] gr. 8. (4 S.) Leipzig 894. Verlag d. Reichs-Medicinal-Anzeigers B. Konegen. n. — 60

Breitbach, soll der prakt. Arzt das Zahnarztexamen machen od. nicht? 8. (8 S.) Leipzig (900). B. Konegen. n. 1. —
Sonderabdruck aus: „Reichs-Medizinal-Anzeiger".

— die Zahnpflege, deren Wichtigkeit u. richt. Anwendg. 2. verb. Aufl. gr. 8. (16 S.) Dresden (Waisenhausstr. 4.) 900. Dr. Breitbach. — 25

Breitbach, Jean [aus Weilerbach bei Boppard]: Aus d. Klinik f. Hautkrankheiten & Syphilis zu Bonn. Herpes tonsurans und Sycosis parasitaria .... Siegburg, Druck v. Wilh. Reckinger, 1888; 30 S. + 1 Bl. 8°
Bonn. Med. Fak.. Inaug.-Diss. v. 28. Jun. 1888

Breitbart-Schuchmann, Eugenie: Die Behandlg d. jugendl. Rechtsbrecher im russ. Straf- u. Strafprozessrecht im Vergl. m. derjenigen nach d. neuesten Gesetzen v. Norwegen u. Schweden, s: Beiträge z. Kinderforschg u. Heilerziehg

Breitbarth, E
Beitrag zur Kenntnis der Ectopia pupillae.
Breslau: A. Neumann 1878. 18 S. u. 2 Tab.
Diss. med. Giessen 1878.

†Breitbüren, Kl. v., s. Schüren, Nik.

Breitel, Alex., Gemeinde-Karte von Illkirch-Grafenstaden, Kreis Erstein [Unter-Elsass]. 1:5000. 4 Bl. Chromolithogr. Imp.-Fol. Strassburg 882, (Schultz und Comp.)

Breitenbach a. Herzberge, s.: Preussen. Messtischblätter.

Breitenbach, Casp. Wolfg., Lobrede auf den großen heil. Erzvater u. Claravelischen Abte Bernhard. 8. Augsb. 794. Rieger. $^{1}/_{12}$ ₰

— Lob- u. Sittenrede auf den großen Indianerapostel Franz Xaver. 8. Augsb. 795. Rieger. $^{1}/_{8}$ ₰

Breitenbach, Clem., Ernst u. Scherz. Populäre Gedichte. 12. (80 S.) Münster. 893. Aschendorff. n. — 60

Breitenbach, F. J., 4 Lieder f. vierstimm. Männerchor. 12. (22 S.) Zürich 896. Gebr. Hug & Co. n. — 40

Breitenbach, F. J., Orgelschule, s.: Schildknecht, Jos.

Breitenbach, F[ranz] J[oseph]. Rapport Présenté par F.-J. Breitenbach, expert [sur la] Fête cantonale des Céciliennes, 19 mai 1902, à Fribourg. (Lucerne, 1902 juin 8.) 9 p. 8. Fribourg, Impr. de l'Œuvre de Saint-Paul, 1902.

Breitenbach, Friedrich (Hrsg.), s. Kirchenblatt, Evangelisches.

Breitenbach, F. (Hrsg.), s. Missionsblatt für die evangelischen Gemeinden.

Breitenbach, Fritz (Hrsg.), s. Sonntagsbote, Der evangelische.

Breitenbach, Georg Christoph (Frankfurt a. M.)
Dissertatio inauguralis juridica de matrimonio allophylorum sive personarum diversae religionis.
Giessae April 1740: Eb. Henr. Lammers. (4), 32 S. 4°
pro supremis in jure honoribus et privilegiis doctoralibus majorum more rite consequendis.

— Georg Jac. Hieronymus (Erfurt), De comitiis imperii universalibus, eorumque causa efficiente, subjecto, et materia. Disp. jur. publ. Präs. Johann Heinr. Meiers. Erfurt (J. H. Grosch) 26. V. 1719. 36 S. (5.—) 3927

Breitenbach, Hermann. De genere quodam titulorum comoediae Atticae. Diss. Phil. Basiliensis ... scripsit Hermannus B'.... 185 p. 8. Basileae, M. Werner-Riehm, 1908.

Breitenbach, J.: Aktenstücke zur Geschichte d. Pfalzgrafen Wolfgang Wilhelm etc. s. A k t e n s t ü c k e

Breitenbach, J., Aktenstücke z. Geschichte d. Pfalzgrafen Wolfgang Wilhelm v. Neuburg. Zugl. e. Beitrag z. pfalzneuburg. Unionspolitik u. z. Geschichte d. Erstgeburtsrechts i. d. deutschen Fürstenhäusern. gr. 8. (XCVIII, 56 S. m. Bildn.) München 896. (A. Buchholz.) n. 3.—

Breitenbach, J. Lor., De crimine rapinae ex antiquo Germanorum jure. Progr. . Monachii 1839. 8. . . . .

Breitenbach, Karl [app. Arzt]: Ueber die operative Behandlung des Leistenhodens. . . . Würzburg, Buchdr. d. „N. Bayer. Landeszeitung". 1888; 19 + 1 S. 8°
W - burg, Med. Fak., Inaug.-Diss. v. 1888

B r e i t e n b a c h, Carl. Die Trennung von Tisch und Bett nach den Bestimmungen des Entwurfes zu einem schweizerischen Zivilgesetzbuche im Zusammenhang mit dem Kanonischen Recht und dem Bundesrecht ⟨Bundesgesetz vom 24. Dezember 1874⟩. 8. Luzern, Räber & Cie., 1908.
Ausg. A: Diss. Jur. Freiburg ⟨Schweiz⟩ 1908. 115 + *Druckfehler* 1 S.

Ausg. B: Von Dr. C' Br'. Freiburger Inaugural-Dissertation. 115 S. [fr. 1. 50]

Breitenbach, Carl Friedrich (Erfurt), Morbos ab acido seu noxam acidi in corpore humano. Diss. med. Präs. Johann Andreas Fischer. Erfurt (J. H. Grosch) 23. II. 1720. 28 S. (5.—) 3926
Widm. v.: Aug. Quir. Rivinus, L. T. Luther, Joh. Jacob Adelung.

Breitenbach, Karl Friedrich: De equitationis eximio usu medico, vulgo Von dem sonderlichen Nutzen des Reitens in vielen Kranckheiten. Diss., 39 S., gbd.

Lipsiae: literis Schedianis 1713

Breitenbach, Lud.: Propempticon carmen. (Beim Abgang des Herrn Herm. Rättig als Director nach Neu-Strelitz.) 4 S.
Progr. Wittenberg 1844.

Breitenbach: De locis quibusdam Horatii Carminum lib. I. commentationes. 22 S.
Progr. Wittenberg 1857.

Breitenbach, Ludw.: Über den Entwickelungsgang der Götheschen Poesie bis zur Italienischen Reise. 22 S.
Progr. Wittenberg 1849.

Breitenbach, Ludw., über den Entwickelungsgang der Goethe'schen Poesie bis zur italienischen Reise. 8. (70 S.) Berlin 870, Weidmann'sche Buchh. *

Breitenbach, Lud.: Quaestionum de Xenophontis Agesilao. Part. 14 S.
Progr. Schleusingen 1842.

Breitenbach, Lud.: Quaestionum de Xenophontis Agesilao. Part altera. 10 S.
Progr. Wittenberg 1843.

Breitenbach, Ludovicus: Quaestionum de Xenophontis Oeconomico particula. Halis (1837): Ploetz. 40 S. 8°
Halle-Wittenberg, Phil. Diss. v. 30. Oktober 1837
Geb. [Erfurt 12. 2. 1813]
Der Titel der eingereichten Arbeit lautete: De Oeconomici Xenophontei Praestantia.

Breitenbach, Moritz Wilhelm August, s. B r e i d e n b a c h , Moritz Wilhelm August

Breitenbach, O. [Dr., Oberl.]: Das Land Lebus unter den Piasten. Teil I. (Die Forts. ersch. im Verl. von M. Geelhaar (B. Trebs) in Fürstenwalde a. Spree.) Fürstenwalde Spree, Druck v. H. Richter (1890); 45 S. 8°
Fürstenwalde, st. G, OP 1890 (77)

Breitenbach. Das Land Lebus unter den Piasten. gr. 8. (136 S.) Fürstenwalde 890, Geelhaar. 1 50

Breitenbach, Oskar: Die Quellen der Reichenauer Chronik des Gallus Öhem und der historische Werth dieses Werkes.
[Halle-Wittenberg, Phil. Diss. v. 26. Juli 1877]
Geb. [Wittenberg 23. 1. 1854]
Hall. gekrönte phil. Preisschrift v. 1876. Ersch. in: Neues Archiv der Gesellschaft für ältere deutsche Geschichtskunde. Bd 2. Hannover 1877. S. 157—203.

Breitenbach, Paul, aus Köln: Über die innere Reibung der Gase und deren Änderung mit der Temperatur. *Leipzig: J. A. Barth 1898.* (38 S.) 8°
Erlangen, Phil. Diss. v. 23. Nov. 1898

Breitenbach, Philipp Franz

BREITENBACH, Phil. Franz: Die Flachs-Ökonomie oder vollständiger Unterricht in der Kultur, Wartung und Pflege derjenigen Pflanzen, Bäume und Sträucher, welche ein bastartiges Material liefern, nebst dem Verfahren, solchen wie Flachs zu benutzen, zu veredlen und in Manufakturen zu verwenden. - Berlin 1807

— Flachsökonomie, od. vollst. Unterr. in d. Kultur u. Wartung d. Pflanzenbäume u. Sträucher, welche bastartiges Material liefern. 8. Berl. 807. Gädicke. 1 ₰ 8 gr Hbg. Pr. 16 gr

— die Fleischökonomie, od. vollst. Unterr., das Rind-, Schweine-, Schaaf-, Ziegen- u. Federvieh einzusalzen, einzupöckeln, einzubeitzen ꝛc. 2 Thle. 8. Weimar 803, 4. Gädicke in Berl. 2 ₰ 12 gr Hbg. Pr. 1 ₰

Breitenbach, Phil. Frz., das Ganze der Branntweinbrennerei. Mit Anmerkk. v. Prof. Gotthard. 2 Thle. 8. Leipz. 800. 2e A. 810. Rein. 4 ₰

— d. Ganze d. Futterkräuterbaues ꝛc. gr. 8. Berlin, Lange. 802.

Breitenbach, P. F., das Ganze des Futterkräuterbaues. gr. 8. 801. Ist jetzt Verlag von Reimer in Berlin.

— d. Ganze d. Hopfenbaues. 8. Erf. Beyer. 803.

— das Ganze des Hopfenbaues. 8. Erf. 803. (Otto). 16 gr

— Handb. des Flachsbaues u. dessen mannichfalt. Benutzung ꝛc. 2 Bde. M. 3 Kpf. gr. 8. Erf. 804, 5. Rudolphi. 2 ₰ 12 gr

Breitenbach Ph. F.: Handbuch d. gesammten Futtergewächsbaues sowohl in theoret. als. prakt. Hinsicht ... Berl. 1801. 376 S.

Breitenbach Ph. F.: Ist zur Zeit einer eintretenden Fruchttheuerung das Branntweinbrennen zu verbiethen oder frei zu lassen? Leipz. 1800. 91 S.
(O. m. Tit.: Von der Nützlich- u. Schädlichkeit d. Branntweinbrennereien ...).

Breitenbach, Phil. Frz., ist zur Zeit e. eintret. Fruchttheuerung d. Branntweinbrennen zu verbieten oder frei zu lassen? 8. Lpz. 800. Fr. Fleischer. 12 gr

— allgem. deutsche Landwirthschaftsschule ꝛc. 1r Bd. 8. Erf. Müller. 810.

— allgem. deutsche Landwirthschaftsschule ꝛc. 1r Bd. 1s, 2s Hft. 8. Erf. 811. Müller. (Leipz., Weygand). 1 ₰ 6 gr

— Obstökonomie, od. vollst. Unterr. v. Erziehung, Wartung u. Pflege d. Obstbäume ꝛc. 2 Thle. 8. Berl. 805. Gädicke. 3 ₰ 12 gr Hbg. Pr. 1 ₰ 16 gr

Breitenbach, Phil. Frz., d. O b s t ö k o n o m i e, od. vollständ. Unterricht v. Erziehung, Wartung u. Pflege d. Obstbäume etc. 2 Thle. 8. Berlin, 1806. Gädicke. (3. 15) 1. 20

Breitenbach Ph. F.: Die Oel-Oekonomie, od. vollständiger Unterricht in der Cultur, Wartung u. Pflege d. anbauungswürdigsten Oelpflanzen u. dem Prozesse od. Verfahren sowohl hieraus, als auch aus vielen andern Produkten Oel zu gewinnen ... Berl. 1806. 455 S.

— die Oelökonomie, oder vollst. Unterr. in d. Kultur, Wartung u. Pflege d. Oelpflanzen ꝛc. 8. Berl. 806. Gädicke. 1 ₰ 12 gr Hbg. Pr. 16 gr

— Unterr. in d. Gewinnung des Torfs u. der Steinkohlen. Durchgesehen u. verb. v. Prof. Gotthard. 8. Leipz. 801. Rein. 4 gr

— Unterr. in der Kultur, Wartung u. Pflege d. Specerei-, Manufaktur- u. Handelspflanzung. 8. Erf. 810. Müller. (Leipz., Weygand). 1 ℛ 8 𝔤𝔯

— wie können Fruchtmagazine angelegt u. unterhalten werden? 8. Leipz. 800, Fr. Fleischer. 12 𝔤𝔯

Tafeln zur graphischen Ermittelung der Gefälle. Zum Gebr. bei d. Aufstellung von Meliorations-, Wege-, Wasserleitungsprojekten usw. Hrsg. von R[obert] **Breitenbach**, Wiesenbaumeister. Königsberg i. Pr.: Gräfe & Unzer 1907. (2 Bl., 2 doppelseit. Taf.) 4° [F.] [07, 12998 10

Abstammung und Vorgeschichte des Menschen. Eine gemeinverständl. Uebersicht über d. jetzigen Stand d. Frage von Dr. Wilhelm **Breitenbach**, Brackwede. Mit 1 Taf. u. 2 Tab. Brackwede: W. Breitenbach 1907. (54 S.) 8° [F.]
— **Vorträge**, Gemeinverständl. darwinist., u. Abhandlungen. H. 15. [08, 9417

Breitenbach, Wilh., die deutsche Auswanderung und die Frage der deutschen Kolonisation in Südbrasilien. gr. 8. (71 S.) Leipzig 887, Duncker und Humblot. *
Aus: Schmoller's Jahrbuch für Gesetzgebung ꝛc., besonders abgedruckt.

Die Biologie im 19. Jahrhundert. Vortrag, geh. im Naturwiss. Verein zu Krefeld von Dr. Wilhelm **Breitenbach**. *Odenkirchen: W. Breitenbach 1901.* (31 S.) 8° [F.]
— **Vorträge**, Gemeinverständliche darwinistische, u. Abhandl. H. 2. [01, 10420 5

— s.: **Carus, Paul, die Erfüllung (Das Pleroma).**

— — Kurze Darstellung der neueren deutschen Kolonial-Geschichte. Hamburg 1888. S. i. t.: Deut. Zeit- u. Streitfr. N. F. Jbg. 3. Nr. 39. . . . .

Breitenbach, W., kurze Darstellg. d. neueren deutsch. Kolonialgeschichte, — üb. das Deutschthum in Süd-Brasilien, } s.a. Zeit- u. Streit-Fragen, deutsche.

Breitenbach, Wilhelm: Ueber das Dthm in Süd-Brasilien. Eine Studie. -- Hbg: Richter 1887. 40 S. (Dt. Zeit- und Streit-Fragen. N.F. Jg 2, H. 3.)

Breitenbach, Wilh.: Die Eroberg d. Tropen od. d. Bekämpfg d. Tropenkrankh., s: Humboldt-Bibliothek.

Breitenbach, Wilh., Fleischmann gegen Darwin. Eine Kennzeichng. des neuesten Angriffes auf die Darwin'sche Theorie. (16 S.) gr. 8. Stuttgart 908. E. Schweizerbart. n.n. — 30
Sonderabdruck aus: „Ztschr. f. Naturwiss."

Ernst Haeckel. Ein Bild s. Lebens u. s. Arbeit. Von Dr. Wilhelm **Breitenbach**, Odenkirchen. Mit 1 Portr. Haeckels u. 1 Handschriftprobe. Odenkirchen: W. Breitenbach 1904. (107 S.) 8° [F.]
= **Vorträge**, Gemeinverständliche Darwinist., u. Abhandl. H. 11. [04, 8347

Ernst Haeckel. Ein Bild s. Lebens u. s. Arbeit. Von Dr. Wilhelm **Breitenbach**. Mit 1 Portr. Haeckels, 1 Handschriftprobe u. 15 Abb. 2., erw. Aufl. Brackwede: Breitenbach & Hoerster 1905. (235 S.) 8° [F.]
= **Vorträge**, Gemeinverständliche Darwinist., u. Abhandl. H. 11. [06, 2404

Breitenbach, W., die Prov. Rio Grande do Sul, Brasilien, u. die deutsche Auswanderung dahin, s.a. Sammlung v. Vorträgen.

— Die Provinz Rio Grande do Sul, Brasilien und die deutsche Auswanderung dorthin. 8°. Heidelberg 1885.

Populäre Vorträge aus dem Gebiete der Entwicklungslehre. Von Dr. Wilhelm **Breitenbach**. Mit 2 Porträttaf. u. Textabb. Brackwede i. W.: Dr. W. Breitenbach 1910. 264 S. 8° [10, 7112

— s.: **Weltanschauung, neue.**

v. Breitenbauch, Geo. Aug., († d. 15. Sept. 1817.) Abbildd. d. Stadt Athen u. Sparta u. d. umliegenden Gegenden; nach ihrem Zustande zu d. Zeiten d. Pausanias. Gestoch. v. Riedel. 2 Bl. Fol. Leipz. 795. (C. G. Weigel). 12 𝔤𝔯 (Aus dess. Vorstellung ꝛc. abgedr.)

Breitenbauch, Georg August von, s. A n f r a g e n wegen d. morgenländ. Historie.

Breitenbauch, Georg August von, s. A n l e i t u n g z. Unterr. in d. griech. Geschichte.

Breitenbauch, Georg August von, s. A n l e i t u n g z. Unterweis. in d. Geschichte.

Breitenbauch, Georg August von, s. A n m e r k k. zu Zopfers Grundlegung...

— Anmerk. zu Zopfens Grundl. d. Universalhistorie. 8. Lpz. Weigel. 789.

Breitenbauch, Georg August von, s. A u f s ä t z e , geogr.-histor.

— geogr. u. histor. Aufsätze f. Schullehr. 1te—4te Samml. m. Kart. 8. Lpz. Weigel. 794—96.

Breitenbauch, Georg August von, s. A u s w a h l e. Sylven d. Statius.

BREITENBAUCH, Georg August von 1731 - 1817
Auszug der Geschichte der ausser-europäischen Welttheile seit den Zeiten Mahomeds und der Entdeckung von Amerika nebst Schilderungen der vornehmsten morgänländischen Fürsten und synchronistischen Tabellen verfasset von Georg August von Breitenbauch ...
Leipzig. 1789. 8, 286 S. 8°.
Universitätsbibliothek Wien

— Ausz. d. Geschichte d. außereurop. Welttheile seit den Zeiten Mahomeds ꝛc. 8. Lpz. Feind. 789.

— Ausz. aus d. Gesch. d. außereurop. Welttheile seit d. Zeiten Mohameds u. d. Entdeckung v. Amerika. 8. Leipz. 789. (Fr. Fleischer). 18 𝔤𝔯

Breitenbauch, Georg August von, s. B e g e b e n h e i t e n d. Götter...

Breitenbauch, G. A. v., Begebenheiten der Götter und Helden, nach der Erzählung des Ovid und anderer Mythologen, mit Erläuterungen und Anmerkungen über den Ursprung griechischer Götter. Gotha und Langens. 778. 8. (164 Seiten).

— Beitr. z. Gesch. d. unbekannten Reiche v. Asien u. Afrika. 2 Thle. 8. Weim. 800. Hoffmann. 1 ℛ 12 𝔤𝔯

Breitenbauch, Georg August von, s. B e s c h r e i b. d. alten Athens.

Breitenbauch, G. A. v., Beschreibung des alten Athens und dessen Schicksale in der bürgerlichen Verfassung und den Wissenschaften, nebst Grund- und Aufrissen. Leipzig 794. 4. (54 Seiten). 8 gr.

— Beschr. d. alt. Athens. m. K. 4. Lpz. Feind. 794.

— synchronist. Darstell. der Revolutionen d. Asiaten u. Europäer, seit d. Urspr. d. Monarchien ꝛc. 8. Leipz. 791.

— Entwurf e. Geschichte d. vornehmst. Völkerstämme d. alten u. neuen Zeitalters. 8. Leipz. 791. Beygang. 18 𝔤𝔯

— Ergänzung d. Geschichte von Asien u. Afrika. 4 Thle. 8. Dessau u. Halle 783—88. Graffé. 2 ℛ

Breitenbauch, Georg August von, s. E r z ä h l u n g e n , Bukolische.

Breitenbauch, Georg August von, s. G e s c h i c h t e d. Achäer.

— ältere Geschichte u. Erdbeschreib. Tauriens u. d. Kaukasus. 2 Thle. 8. Berl. 785—88. (Sander). 12 𝔤𝔯

— Geschichte v. Arkadien, vom Ursprunge seiner Monarchie bis auf die Zeiten Antonius d. Frommen ꝛc. 2 Thle. 8. Frankf. a. M. 791. Eichenberg. 1 ℛ 8 𝔤𝔯

— Geschichte d. Staaten v. Georgien. 8. Memming. 788. Seyler. 12 𝔤𝔯

— Geschichte d. Staat. v. Georgien. 8. Memming. Seyler. 789.

Breitenbauch, Georg August von, s. Horaz: Oden.

Breitenbauch, Georg August von, s. Kalender d. deutschen Parnasses.

Breitenbauch, Georg August von, s. Kalender, poet.

— Klassification der Hauptvölkerschaften d. alten u. neuern Zeiten. 8. Leipz. 800. (C. G. Weigel). 12 gr. (Fr. Fleischer). 18 gr.

Breitenbauch, Georg August von, s. Leben Mathildis.

— Lebensgeschichte d. Kaiserin Adelheid, Gemahlin Otto d. Großen rc. 8. Leipz. 788. Graffé. 12 gr.

— Lebensgeschichte d. Sines. Kaisers Kien-Long; nebst Beschreib. d. Sines. Monarchie u. 1 Karte v. Sina. 8. Leipz. 787. (Enobloch). 12 gr.

— Lebensgeschichte d. sinesch. Kais. Kien-Long rc. 8. Lpz. Böhme. 788.

Breitenbauch, Georg August von, s. Nachrichten z. Kunde d. Fürsten.

— Nachr. z. Kunde d. vornehmst. außereurop. Fürsten rc. 8. Lpz. Feind. 808.

Breitenbauch, Georg August von, s. Regententafel, Außereurop.

BREITENBAUCH, Georg August von 1731 - 1817
Religionszustand der verschiedenen Länder der Welt in den ältern und neuern Zeiten, nebst einer zu dessen Erläuterung entworfenen Karte von Georg August von Breitenbauch ...
Herausgegeben von Johann Elias Langen ...
Leipzig: Breitkopf. 1787. 10, 114 S. 8°.
Staatsbibliothek der Stiftung Preußischer Kulturbesitz Berlin

— Religionszustand der verschied. Länder in der Welt, in d. ält. u. neuern Zeiten; herausg. v. J. E. Lange. Mit 1 Karte. 8. Leipz. 787. (Enobloch). 12 gr.

Breitenbauch, Georg August von, s. Samml. verm. Gedichte.

— neue Samml. verm. Gedichte. 8. Altenb. (Akad. Buchhdl. in Jena) 767.

SAMMLUNG, Neue, vermischter Gedichte von dem Verfasser der Bukolischen Erzählungen (*Geo. Aug. v. Breitenbauch*, 1731—1817). Altenburg, in der Richterischen Buchhandlung, 1767. 8°. (In Berlin: Yl 6841, mit 1 Beibd.)

137 S. (incl. 10 S. Vorst.), 1 unbez. S. Enth. S. 11—58 3 Prosa-Erzählungen: Das Land der Liebe an Sylviens Vermählungs-Feste geschildert den 9. Oct. 1765. — Das erweckte Alterthum, dem Damon gewidmet. — Radegunde. — Ferner 5 Lehrgedichte (S. 59—90), 14 Oden u. andere Gedichte (S. 91-119), Anmerkgn. (S. 120—137).

In der Vorr. heißt es, „Diese sowohl als die vorige Sammlung (tit.: „Bukolische Erzählungen u. vermischte Gedichte. Frkf. u. Lpz. 1763". 8°.) zeiget sich gegenwärtig dem Publico in einer von iener sehr verschiedenen Gestalt, die sie bey ihrem ersten Entwurffe hatte."

SCHÄFERGEDICHTE, Jüdische (von *Geo. Aug. v. Breitenbauch*). 3 Sammlgn. nebst *Anhang*. Altenburg, in der Richterischen Buchhandlung. 1765. 8°. (In Berlin: Yl 6831.) (27 Sgr. Scheible, vor 1875.)

Idyllen in Prosa. — 128, 112 und 214 Seiten.
Anon.-Lex. IV. p. 28 (nach Maltzahn u. Hayn).

— jüdische Schäfergedichte. 8. Altenb. 765. (Hennings in Neisse). 16 gr.

— Schilder. v. Gegenden d. Alterth. u. neuerer Zeit. 8. Ebend. 756.

— Schilderung berühmter Gegenden des Alterthums u. neuerer Zeit. 8. Altenb. 763. (Hennings in Neisse). 8 gr.

Breitenbauch, G. A. v., Schilderungen von Gegenden des Alterthums und neuerer Zeit. Altenb. 796. 8. 8 gr.

Breitenbauch, Georg August von, s. Staat d. Tatarei.

— Stammtafeln d. vornehmst. außereurop. Fürstenhäuser rc. Fol. Leipz. 804. Schwickert. 3 thlr. (NB. N. A. d. Nachrr. z. Kunde d. Fürsten.)

[BREITENBAUCH, Georg August von] 1731 - 1817
Uebersicht der vornehmsten Regierungen der Welt eine weitere Ausführung der 1788 herausgekommenen Vorstellung der vornehmsten regierenden Stämme der Welt.
Leipzig. 1789. 56 S. 8°.
Staatsbibliothek der Stiftung Preußischer Kulturbesitz Berlin

— Uebersicht d. vornehmsten Regierungen in der Welt. gr. 8. Lpz. 789. (Enobloch). 3 gr.

— Unterr. in d. Anfangsgr. d. Geographie, d. Zeit- u. Sternkunde, d. Erdbeschreibung rc.; nebst Zusätzen. 8. Leipz. 799 u. 803. (C. G. Weigel). 9 gr.

BREITENBAUCH, Georg August von 1731 - 1817
Versuch einer Erdbeschreibung der sechs Welttheile nach den Stämmen ihrer Regenten und Bewohner nebst Karten entworfen von Georg August von Breitenbauch ...
Leipzig: Richter. 1793. XXIV, 408 S. 8°.
Lippische Landesbibliothek Detmold
Nachdr. Lemgo 1794

BREITENBAUCH, Georg August von 1731 - 1817
Versuch einer Erdbeschreibung der sechs Welttheile nach den Stämmen ihrer Regenten und Bewohner nebst Karten entworfen von Georg August von Breitenbauch ...
Lemgo: Meyer. 1794. XXIV, 408 S. 8°.
Bayerische Staatsbibliothek München
Nachdr. d. Ausg. Leipzig 1793

— Völkerkarte d. Welt; nebst Vorstell. d. vornehmst. Völkerschaften in der Welt. Mit 1 Karte. gr. 8. Lpz. 786. (Enobloch). 12 gr.

Breitenbauch, G. A. v., Vorstell. aller Religionen d. Welt. Mit 1 illum. Charte. gr. 8. Leipz. Böhme.

v. Breitenbauch, Geo. Aug., Vorstellung d. Schauplätze der Begebenheiten, aus d. Gesch. d. vornehmsten Völker d. Alterthums. Mit 25 Kpf. u. 4 Beil. 4. Leipz. 794—97. 2 thlr. 8 gr. 2e A. mit 41 Kpf. 800. (Fr. Fleischer). 3 thlr. 8 gr.

— Vorstell. d. Schauplätze der Begebenheiten a. d. Gesch. d. Alterth. m. K. u. 4 Beyl. 4. Lpz. Feind. 809.

— Vorstell. d. regier. Stämme in d. Welt. gr. 8. Leipzig. Böhme. 788.

— Vorstell. d. regierenden Stämme in der Welt nach ihrem Abstammen rc. M. 1 Karte. gr. 8. Leipz. 788. (Enobloch). 6 gr.

— Vorstell. der vornehmsten Völkerschaften in der Welt. gr. 8. Lpz. Böhme. 786.

BREITENBAUCH, Georg August von 1731 - 1817
Vorstellung der vornehmsten Völkerschaften der Welt, nach ihrer Abstammung, Ausbreitung und Sprachen. entworfen von Georg August von Breitenbauch...
Nebst einer illuminirten Völkerkarte auf groß Royal-Folio herausgegeben von Johann Elias Langen ...
Leipzig: Intelligenz-Comptoir und J. E. Langen. 1786. 6, 98 S. 8°.
Bayerische Staatsbibliothek München
Sabin 7708.

[BREITENBAUCH, Georg August von] 1731 - 1817
Zeittafeln zur allgemeinen Weltgeschichte vom Ursprung der Monarchien bis achtzehnte Jahrhundert.
Berlin: Wever. 1785. 4°.
Staats- und Stadtbibliothek Augsburg
Erw. Ausg. 2 Bde., Berlin 1785-1791: Bd. 1 [Bibliothek d. Humboldt-Universität Berlin], ohne nennenswerten Bezug zu Amerika; Bd. 2 [Frankfurt-Leipziger Meßkatalog, Ostermesse 1791, S. 155] konnte nicht gefunden werden.

— Zeittafeln z. allgem. Weltgeschichte. 2 Thle. 4. Berl. 784—91. (Sander). 1 thlr. 4 gr.

v. **Breitenbauch**, Ldw., der Mist und sein Gefolge, nicht chemisch, nicht physiologisch, nicht agronomisch, nein, rein calculatorisch. (Besonders abgedr. a. d. Zeitschr. f. Landwirthschaft v. demselben Verfasser) 8. Rudolstadt 842; Leipzig, Böhme. 1/2 thlr.

Breitenbauch, Ludw. v., der Mist u. sein Gefolge, nicht chemisch, nicht physiologisch, nicht agronomisch, nein, rein calculatorisch. 8. (9⅓ B. u. Dedication in 4.) Rudolstadt 842. (Renovanz.) Thlr.
Aus dess. Zeitschrift f. Landwirthschaft besond. abgedruckt.

Breitenbauch, Ldw. v. (Hrsg.), s. Zeitschrift für Landwirthschaft.

(F) Breitenberg, J. v. und Fritsch, B., Judikate des Reichsgerichtes, des Verwaltungsgerichtshofes und des Obersten Gerichtshofes in Sachen des Kultus, des Unterrichtes und der Stiftungen. II. Teil. II. Band. 8°. (VIII, 226 S.) geb. K 3.50
Wien: Schulbücherverl. 1909.

Breitenberg, R.v.: Die historischen Anspielungen in den Tragödien des Sophokles. 34 S.
Progr. Prag Neust. 1881.

Breitenberg, Rob. v.: Über das Verhältnis Catulls zu seiner Zeit. 20 S. Prag Kleins. 1882. Progr.

Breitenberger, Felix, auch ein Wort über die in den Kammern besprochene Kniebeugung vor d. Sanktissimum. 8. (1 B.) München 843, Finsterlin.

Breitenberger, Felix (Dekan), Gethsemane oder Worte der Erbauung und des Trostes. 8. München 1840. Giel. ⅙ Thlr. — 48 kr.

Breitenberger, Felix, die Weisheit d. Herrn. Ein Weihnachts-Geschenk f. Kinder u. Kinderfreunde. gr. 12. (7⅔ B.) Landshut 829, (Thomann.)

BREITENBERGER, Johannes: C. Plinius Caecilius Secundus (min.) et M. Tullius Cicero primum, quod ad vitae instituta, naturam moresque, deinde, quod ad epistularum genus dicendi attinet, inter se comparantur. — 1898. 124 S. Diss. Graz, Univ.

Breitenbuecher, C. H. T., Cholerae orient. s. epidem. antidoti, theoria et experient. analog. probati, disceptatio; quam medicor. erudit. ac peritor. examini subiicit. 8 maj. (1 B.) Rostochii 831, Oeberg et Soc. Thlr.

— Versuch über die Wirkung u. d. therapeut. Gebrauch d. Bäder. gr. 8. Rost. 806.

Breiteneicher, Mich., Festpredigt bei der feierlichen Primiz des hochw. Hrn. Carl Ramlo. Gehalten zu München den 11. Juli 1880. gr. 8. (16 S.) München 880, Stahl. * — 20

Breiteneicher, Mich., Juwelenkranz zu Ehren der allerseligsten Jungfrau. Predigten über den engl. Gruß auf die 5 Haupt-Marienfeste des Kirchenjahres. Im Auftrage des Verf. nach dem Ableben desselben hrsg. von Sim. Spannbrucker. gr. 8. (73 S.) Dülmen 886, Laumann'sche Verlagsh. *

Breiteneicher, M, Kanzelvorträge auf alle Sonn- u. Festtage d. Kirchenjahres. Hrsg. v. S Spannbrucker. 8. (813) Dülm. 85, Laumann. 6. —; geb. n. 7. —

Breiteneicher, M., Marien-Kranz oder vollständiges Andachtsbuch für alle Marienfeste des Kirchenjahres nach dem röm. Missale und Brevier zusammengestellt. gr. 16. (VIII, 579 S. mit 2 Stahlst.) München 876, Stahl.

Breiteneicher, M. Marien-Kranz od. vollständ. Andachtsbuch f. alle Marien-Feste, nach dem röm. Missale und Brevier zusammengestellt. 2. (Titel-)Ausg. (VIII, 579 S.) Stuttg. 892, J. Roth. 2 —

Breiteneicher, Michael: Ninive. Kurze historische Abhandlung mit Beiziehung und Benützung der neuesten Entdeckungen. S. 3-12 mit 1 Tafel. Beilage I. Central-Assysrien. Beilage II. Keilschriftproben.
Progr. Landshut 1859.

Breiteneicher, Mich., Ninive und Nahum. Mit Beiziehung der Resultate der neuesten Entdeckungen historisch-exegetisch bearb. gr. 8. (IV und 120 S. mit 1 Stnt.) München 861, Lentner'sche Buchh. Diss. v. 14.7.1860.

Breiteneicher, M., die Passion des Gottmenschen in einer Reihe von Vorträgen beleuchtet. I. gr. 8. (XII, 303 S.) Schaffhausen 871, Hurter'sche Buchh. [Regensburg, Manz.]

—— d. Passion d. Gottmenschen, in e. Reihe v. Vorträgen beleuchtet. II. 8. (554) Rgnsbg. 74, Manz. 5. 40 (1. u. 2.: 8. 70)

—— die Passion des Gottmenschen in einer Reihe von Vorträgen beleuchtet. 2. Bd. gr. 8. (XX, 554 S.) Regensburg 875, Manz.
1. Bd. Ebendas. 1871. ℳ 3,30.

—— d. Passion d. Gottmenschen. Eine Reihe v. Vorträgen f. d. hl. Fastenzeit. Durchges. v. S Spannbrucker. I. 2. Afl. 8. (300) Rgnsbg 88, Verl-Anst. 3. 30

—— Die Passion d. Gottmenschen. Eine Reihe v. Vorträgen f. d. heil. Fastenzeit. Durchgesehen v. Simon Spannbrucker. I. 2. Aufl. gr. 8. (XII, 300 S.) Regensb. 889, Verlags-Anstalt. 3 30

Breiteneicher, Mich., die Passion des Gottmenschen. Eine Reihe v. Vorträgen f. die hl. Fastenzeit. Durchgesehen v. Sim. Spannbrucker. 2 Bde. 3. Aufl. (XII, 288 u. XVI, 532 S.) gr. 8. Regensburg 907. Verlagsanstalt. vorm. G. J. Manz. 7. 20

—— die Sacramente der Buße, Oelung, Priesterweihe und Ehe. Homiletisch bearbeitet. Der „Sacramente" 2. (Schluß-)Bd. gr. 8. (XX, 559 S.) Regensburg 880, Manz. 6 —
1. Bd. Ebendas. 1869. ℳ 3,60.

—— die Sacramente der Taufe, Firmung, Eucharistie und das heil. Meßopfer. Homiletisch bearb. gr. 8. (XIV, 898 S.) Schaffhausen 869, Hurter'sche Buchh. [Regensburg, Manz.]

— Die Sakramente der Taufe, Firmung, Eucharistie u. das hl. Meßopfer. Homiletisch bearb., 2., verb. Aufl., besorgt v. Hub. Hanke, O. T. (XII, 388 S.) gr. 8. Ebd. 907. 3. 60

— Sonn- u. Festtagspredigten für das ganze Kirchenjahr. 2 Bde. gr. 8. (XX, 536 u. XVI, 539 S.) Regensburg 878. Manz. 10. —

— Sonn- u. Festtags-Predigten f. das ganze Kirchenjahr. 2. verb. Aufl., hrsg. v. F. X. Aich. 2 Bde. (XX, 499 u. XVI, 503 S.) gr. 8. Ebd. 908. 10. —

— die Stationen d. heil. Kreuzwegs. Fasten-Vorträge, geh. in der Metropolitankirche zu U. L. Frau in München. 2., verb. Aufl. 8. (XVI, 337 S.) Regensburg 883. Verlags-Anstalt. 3. —

Breiteneicher, Mich., die Stationen des hl. Kreuzwegs. Fasten-Vorträge, geh. in der Metropolitankirche zu U. L. Frau in München. 3. Aufl. 8. (XVI, 340 S.) Regensburg 902. Verlagsanstalt vorm. G. J. Manz. n. 2. —

Breiteneicher, Mich.: Die Stationen d. hl. Kreuzwegs. Fasten-Vorträge. 4. Afl. (12, 233) gr8° Regensbg, Verl.-Anst. vorm. GJ Manz '11. 3 — d

Breiteneicher, M., Tagzeiten und Messe von der unbefleckten Empfängniß der Gottesmutter Maria. Aus dem neuesten röm. Officium zum andächt. Gebrauche des christl. Volkes in's Deutsche übertragen und mit kurzen Belehrungen begleitet. 16. (III und 180 S. mit 1 Stahlst.) München 865, Lentner'sche Buchh.

Breiteneicher, Michael (Bearb.), s. Testament. – Das Alte Test. 1873–74.

— das Alte Testament u. die christlichen Grundlehren in Kanzelvorträgen dargestellt. 2 Bde. gr. 8. (XVI, 546 u. XVI, 526 S.) Ebend. 879. 10. —

Breitenfeld, Alfred, Gedichte. 8. (12 B.) Leipzig 838, E. Schumann.

Breitenfeld, Erna v.: Auf Liebeswogen, s: Bibliothek Wolf.

Breitenfeld, Otto (Julius) (geb. Kalthoff bei Pr.-Holland 15. 6. 1839): De aortae aneurysmatibus adjecta morbi historia. Berolini (1865). (34 S.) 8°
Berlin, Med. Diss. v. 13. Mai 1865

Breitenfeld, Wilhelm, Referendar: Kann der durch falsche Versicherungen des Verkäufers über Eigenschaften der Kaufsache arglistig getäuschte Käufer das Erfüllungsinteresse verlangen? Gartz a. O. 1909: Fiebelkorn. 59 S. 8°
Greifswald, Jur. Diss. v. 17. Aug. 1909, Ref. Walsmann
[Geb. 24. Nov. 85 Gartz a. O.; Wohnort: Gartz; Staatsangeh.: Preußen; Vorbildung: Gymn. Gartz Reife M. 05; Studium: Berlin 2, München 1, Berlin 1, Greifswald 2 S.]

BREITENFELS, Jac. Chrn., Hjstorisches A. B. C. zum Zeit-Vertreib bey müssigen Stunden oder Dreyhundert anmuthige, nach dem Alphabet eingerichtete Historien u. warhafftige Geschichte . . . aus bewehrten Autorn hervorgesucht. 3 Thle. Nürnberg, Wolffgang Michahelles u. Joh. Adolph, 1706. 8°. (In Breslau, Kgl. u. Univ.-Bibl.) Titel, 8 Bll., 681 fortl. pag. SS., 25 SS. Reg. (4 Mk. 50 Pfg. L. Rosenthal, 1906.)
Bibl. Dr. Franz Schnitzer's (München 1902), No. 67.

Breitenhan, Johann Christian (Liegnitz), De negatione contractuum unilateralium. Exercit. leg. Präs. Gottfried Barth. Lpz. (Chn. Goez) 12. VI. 1705. 18 Bl. (5.—) 3930
Widm. v.: Präs.

Breitenhuber, H., und J. J. Henter, die Ordnungsübungen für Knaben, nach dem Exerzier-Reglement für die k. k. Fußtruppen bearb. 8. (III, 32 S. mit 1 lithogr. Taf.) Graz 883. (Wien, Pichler's Wwe. und Sohn.) * — 80

Breitenlechner, Ant., christl. Sittenbuch f. d. Bürger u. Landmann. gr. 8. Augsb. 806.

Breitenlohner, Jak., die Baumtemperatur in ihrer Abhängigkeit von äusseren Einflüssen, s. Böhm, J.

— die Cultur der Korbweide. gr. 8. (17 S.) Prag 877, Calve'sche Hofbuchh. *
Aus: Jahrbuch für österreichische Landwirthe, besonders abgedruckt.

Breitenlohner, Maschinen-Backtorf und Hodgson's Drahtseilbahn. Das Fürstl. Schwarzenberg'sche Torfetablissement in Julienhain bei Gratzen in Böhmen geschildert. gr. 8. (72 S.) Lobositz 873. (Prag, André.) *

Breitenlohner, wie Muhrbrüche entstehen, was sie anrichten und wie man sie bändigt. Ein Vortrag, gehalten im Vereine zur Verbreitung naturwissenschaftl. Kenntnisse in Wien am 7. März 1883. 8. (29 S. mit 1 Taf.) Wien 883, Frick.

Breitenstein's Repetitorien, s.: Fränkel, J.— Lemmermayor etc. — Repetitorium etc. — Löbel, Arth. — Repetitorium .... — Werner, Egon.

Breitenstein's Repetitorien. **Nr. 1. Inhalt:** Kurzes Repetitorium der internen Medicin als Vademecum für die Klinik und die Praxis, sowie als Katechismus für Colloquium und Rigorosum nach den Werken u. Vorlesungen von Eichhorst, Jaksch, Jürgensen, Kahler etc.; gearbeitet von Dr. Egon Werner. Specielle Pathologie u. Therapie. Erster Theil. 6. verbesserte und vermehrte Auflage. 8. (142 S.) 1.—
Wien: Breitenstein 1895.

Breitenstein's Repetitorien Nr. 2. Inh.: Kurzes Repetitorium der internen Medicin, Nervenkrankheiten u. der klinischen Untersuchungs-Methoden etc., gearbeitet von Dr. Egon Werner. Specielle Pathologie und Therapie II. Theil. Nervenkrankheiten. 3. vermehrte und verbesserte Auflage. 8. (87 S.) —.75
Wien: Breitenstein 1893.

Breitenstein's Repetitorien. Nr. 3. Inhalt: Dr. Egon Werner, Kurzes Repetitorium der internen Medicin, Nervenkrankheiten und der klinischen Untersuchungsmethoden als Vademecum für die Klinik u. die Praxis etc. III. Klinische Untersuchungsmethoden. Zweite verbesserte u. vermehrte Auflage. 8. (68 S.)
Wien: Breitenstein 1892. —.75

Breitenstein's Repetitorien. Nr. 3. Inhalt: Kurzes Repetitorium der klinischen Diagnostik. (III. Theil des Repetitoriums der internen Medicin.) Als Vademecum für die Prüfungen und für die Praxis, sowie als Katechismus für Colloquium und Rigorosum nach Werken und Vorlesungen von Eichhorst, Jaksch, Jürgensen, Kahler etc. gearbeitet von Dr. Egon Werner. 3. verbesserte und vermehrte Auflage. 8. (83 S.)
Wien: Breitenstein 1895. -.75

Breitenstein's Repetitorien. Nro. 5. Inhalt: Kurzes Repetitorium der Ohrenheilkunde als Vademecum für die Prüfungen und die Praxis bearbeitet nach den Werken und Vorlesungen von Gruber, Jacobson, Kirchner, Pollitzer, Troeltsch, Urbantschitsch u. A. 2. vielfach verbesserte und vermehrte Auflage. 8. (42 S.) —.40
Wien: Breitenstein 1896.

Breitenstein's Repetitorien. Nro. 8. Inhalt: Kurzes Repetitorium der Chemie zur Präparation zu den Prüfungen der Mediciner, Pharmaceuten, Lehramts-Candidaten u. A. Gearbeitet nach den Werken von Fresenius, Gorup-Besanez, Graham-Otto, Hager, Lieben, Ludwig, Pinner, Roscoe, Schorlemer u. A. II. Organische Chemie. 2. verbesserte und vermehrte Auflage. 8. (115 S.) —.75
Wien: Breitenstein 1895.

Breitenstein's Repetitorium. Nr. 9. Inhalt: Kurzes Repetitorium der Anatomie als Vademecum für Colloquium und Rigorosum. Gearbeitet nach den Werken und Vorlesungen von Broesike, Gegenbauer, Henle, Hyrtl, Landois, Langer, Toldt, Zukerkandl u A. I. Theil. 8. (120 S.) —.90
Wien: Breitenstein 1891.

Breitenstein's Repetitorien. **Nr. 9. Inhalt:** Kurzes Repetitorium der **Anatomie. Als Vademecum für Colloquium und Rigorosum. Gearbeitet nach den Werken und Vorlesungen von Born, Gegenbauer, Henle, Hyrtl etc. I. Theil: 2. verbesserte Auflage. 8. (121 S.)**
Wien: Breitenstein 1894. **—.90**

Breitenstein's Repetitorien. Nro. 10. Inhalt: Kurzes Repetitorium der Anatomie. Als Vademecum für Colloquium und Rigorosum. Gearbeitet nach den Werken und Vorlesungen von Born, Gegenbauer, Henle, Hyrtl etc. II. Theil. Dritte, unveränderte Auflage. 8. (132 S.) —.90
Wien: Breitenstein 1896.

— — Nr. 11. Inhalt: Kurzes Repetitorium der Hautkrankheiten als Vademecum für die Prüfungen und für die Praxis. Gearbeitet nach den Werken und Vorlesungen von Eichdorff, Hebra, Kaposi, Lesser, Unna, Neumann u. A 8. (44 S.) —.60
Wien: Breitenstein 1891.

— — Nro. 11. Inhalt: Kurzes Repetitorium der Hautkrankheiten als Vademecum für die Prüfungen und für die Praxis. Gearbeitet nach den Werken und Vorlesungen von Eichhoff, Hebra, Josef, Kaposi, Lesser, Struss, Unna u. A. 2. vielfach verbesserte und vermehrte Auflage. 8. (94 S.) —.75
Wien: Breitenstein 1895.

— — Nr. 12. Inhalt: Kurzes Repetitorium der Augenheilkunde als Vademecum für die Prüfungen und für die Praxis. Gearbeitet nach den Werken und Vorlesungen von Fick, Fuchs, Gräfe, Meyer etc. 2. vermehrte und verbesserte Auflage. 8. (74 S.) —.60
Wien: Breitenstein 1895.

Breitenstein's Repetitorien. Nr. 13. Inhalt: Kurzes Repetitorium der Chirurgie, ein Vademecum für Studirende und Aerzte. I. Chirurgische Pathologie und Therapie. Nach Werken und Vorlesungen von Albert, Billroth, Esmarch, Fischer, Gussenbauer, König, Krücke, Mosetig, Tillmanns, Virchow etc. Zweite vermehrte und verbesserte Auflage. Bearbeitet von Dr. Jac. Pollach. 8. (105 S.)
Wien: Breitenstein 1895. —.90

Breitenstein's Repetitorien. Nr. 15. Inhalt: Kurzes Repetitorium der Psychiatrie als Vademecum für die Prüfungen und für die Praxis. Gearbeitet nach den Werken und Vorlesungen von Charcot, Griesinger, Kock, Kraepelin, Krafft-Ebing, Meynert, Schüle, Weiss, Westphal u. A. 2. vielfach verbesserte und vermehrte Auflage. 8. (80 S.) —.75
Wien: Breitenstein 1895.

Breitenstein's Repetitorien. Nr. 16. Inhalt: Dr. J. Pollack, Kurzes Repetitorium der Kinderheilkunde als Vademecum für die Prüfungen und für die Praxis. Gearbeitet nach den Werken und Vorlesungen von Baginsky, Gerhardt etc. 2. vermehrte und verbesserte Auflage. 8. (69 S.) —.60
Wien: Breitenstein 1895.

Breitenstein's Repetitorien. Nr. 17. Inhalt: Kurzes Repetitorium der Thierheilkunde. Zum Gebrauche für praktische Thierärzte, Studierende der Thierheilkunde, Landwirthe u. s. w. I. Specielle Pathologie und Therapie. 1. Abtheilung. Invasions- und Infections-Krankheiten. 8. (82 S.) —.75
Wien: Breitenstein 1892.

— — Nr. 21. Inh.: Kurzes Repetitorium der Physiologie als Vademecum für die Prüfungen, gearbeitet nach Brücke, Exner, Gruenhagen, Hering, Hermann, Landois, Vierort u. A. Mit Illustrationen. I. Theil. 2. vielfach verbesserte u. verm. Auflage. 8. (160 S.) 1.—
Wien: Breitenstein 1895.

Breitenstein's Repetitorien. Nr. 22 Inhalt: Kurzes Repetitorium der Physiologie als Vademecum für die Prüfungen und für das Studium. Gearbeitet nach den Werken und Vorlesungen von Brücke, Exner, Grünhagen, Hering, Hermann, Landois u. A. Mit Illustrationen. II. Theil. Animales System 8. (90 S.) —.90
Wien: Breitenstein 1892.

Breitenstein's Repetitorien. Nr. 24. Inhalt: Kurzes Repetitorium der Gynäkologie (einschliesslich der gynäkologischen Operationslehre) als Vademecum für die Klinik und Praxis, sowie als Katechismus für die Prüfungen. Bearbeitet nach Chrobak, Fehling, Hegar-Kaltenbach etc. 2. vielfach verbesserte und vermehrte Auflage. Mit 12 Illustrationen. 8. (96 S.) —.90
Wien: Breitenstein 1895.

Breitenstein's Repetitorium Nr. 30. Inhalt: Kurzes Repetitorium der Pharmakognosie (Drogenkunde). Mit gleichmässiger Berücksichtigung der deutschen und österreichischen Pharmakopoe. II. Thl. 8 (150 u. VII S.) 1.—
Wien: Breitenstein 1893.

— — Nr. 32. Inh.: Kurzes Repetitorium der epidemischen Krankheiten als Vademecum für Aerzte u. Studierende. II. Acute Exantheme. 8. (47 S.) —.40
Wien: Breitenstein 1893.

Breitenstein's Repetitorien Nr. 33. Inhalt: Kurzes Repetitorium der epidemischen Krankheiten als Vademecum für Aerzte und Studirende. III. Typhus und Dysenterie. Gearbeitet nach Boas, Dippe, Eichhorst etc. 8. (41 S.) —.40
Wien: Breitenstein 1895.

Breitenstein's Repetitorien Nr. 34. Inhalt: Kurzes Repetitorium der Laryngologie. (Mit einem Anhange, betreffend die Krankheiten des Rachens.) Als Vademecum für Aerzte und Studierende. Mit Illustrationen. 8. (82 S.) —.75
Wien: Breitenstein 1893.

— — Nr. 37. Inhalt: Kurzes Repetitorium der chemischen Analyse zum Gebrauche für Mediciner, Pharmaceuten, Techniker, Lehramts-Candidaten etc. Gearbeitet nach Benedikt, Classen, Fleischer, Fresenius, Medicus, Mohr, Rose, Will etc. II. Theil. Quantitative Analyse. (Maass- und Gewichts-Analyse.) 8. (75 S.) —.60
Wien: Breitenstein 1892.

— — Nr. 38. Inhalt: Kurzes Repetitorium für Hebammen und klinische Praktikanten. Als Vademecum für die Prüfungen für die Klinik und Praxis. Gearbeitet nach den Werken und Vorlesungen von Braun, Credé, Fehling, Leopold, Schultze u. A. Mit Illustrationen 8. (67 S.) —.60
Wien: Breitenstein 1892.

Breitenstein's Repetitorien Nr. 39. Inh.: Kurzes Repetitorium der Rhinologie als Vademecum für die Praxis und für die Prüfungen. 8. (44 S.) —.60
Wien: Breitenstein 1893.

— — Nr. 40. Inh.: Kurzes Repetitorium der allgemeinen und speciellen Mineralogie für Mediciner, Pharmaceuten, Philosophen, Techniker, Lehramts-Candidaten u. A. Mit zwei Tafeln. 8. (110 S.) —.75
Wien: Breitenstein 1893.

— — Nr. 41. Inh: Kurzes Repetitorium der pathologischen Anatomie als Vademecum für Aerzte und Studierende. 8. (111 S.) —.90
Wien: Breitenstein 1893.

Breitenstein's Repetitorien Nr. 42. Inhalt: Kurzes Repetitorium der Krankheiten der Harn- und Geschlechts-Organe. (Anatomie, Untersuchung, Pathologie, Therapie, Operationen.) Als Vademecum für Aerzte und Studierende. Gearbeitet nach den Werken und Vorlesungen von Burckhardt, Dittel, Frisch, Fürbringer, Grünfeld, Guyon, Thompson, Ultzmann u A Mit Illustrationen. 8 (131 S.) —.90
Wien: Breitenstein 1893.

Breitenstein's Repetitorien Nr. 43. Inhalt: Kurzes Repetitorium der Laryngologie. (Mit einem Anhange, betreffend die Krankheiten des Rachens.) Als Vademecum fur Aerzte und Studierende. Mit Illustrationen. 8. (82 S.) —.75
Wien: Breitenstein 1893.

— — Nr. 44. Inhalt: Kurzes Repetitorium der topographischen Anatomie. Als Vademecum für die Prüfungen und für die Praxis. 8. (124 S.) —.90
Wien: Breitenstein 1893.

Breitenstein's Repetitorien Nr. 45. Inhalt: Kurzes Repetitorium der Geologie und der verwandten Disciplinen zum Gebrauche für Philosophen, Techniker, Lehramts-Candidaten, Agronomen u A. I. Allgemeine Geologie. 8. (88 S.) —.72
Wien: Breitenstein 1893.

Breitenstein's Repetitorien Nr. 46. Inhalt: Repetitorium, Kurzes, der Geologie und der verwandten Disciplinen zum Gebrauche für Philosophen, Techniker, Lehramts-Candidaten, Montanstudirende und Ingenieure, Agronomen u. A. Gearbeitet nach den Werken von Bischof, Credner, Günther, Hörnes etc. II. Petrographie und Geotechnik. 8 (88 S.) —.75
Wien: Breitenstein 1893.

Breitenstein's Repetitorien Nr. 47. Inhalt: Kurzes Repetitorium der Hygiene als Vademecum für Mediciner, Apotheker, Techniker, Lehramts-Candidaten, Sanitäts-Personen etc., gearbeitet nach den Werken und Vorlesungen von Flügge, Gruber, Hueppe etc. 8. (VII, 110 S.) —.90
Wien: Breitenstein 1893.

Breitenstein's Repetitorien Nr. 48. Inhalt: Kurzes Repetitorium der Hydrotherapie als Vademecum für Aerzte und Studirende, gearbeitet nach den Werken und Vorlesungen von Durand-Fardel, Krüche, Duval etc. Mit Illustrationen. 8. (51 S.) —.60

— — Nr. 49. Inh.: Kurzes Repetitorium der Receptierkunde (Arzneiverordnungslehre) für Mediciner und Pharmaceuten. Gearbeitet nach den Werken und Vorlesungen von Bernatzik-Vogl, Cloetta-Filehne, Hussmann etc. 8. (79 S.) —.75
Wien: Breitenstein 1893.

— — Nr. 50 Inh.: Kurzes Repetitorium der Massage als Vademecum für Aerzte und Studirende, gearbeitet nach den Werken und Vorlesungen von Thure-Brandt, Ewer, Hühnerfauth, Mezger etc. Mit Illustrationen. 8. (39 S.) .40

— — Nr 51. Inh.: Kurzes Repetitorium der pharmaceutischen Chemie für Apotheker, Chemiker, Pharmaceuten, Physici u. A. Gearbeitet nach den Werken und Vorlesungen von Fischer, Flückiger, Godefroy, Hager etc. I. Theil Anorganische Präparate. 8. (156 S.) 1.—
Wien: Breitenstein 1893.

Breitenstein's Repetitorien Nr. 52a. Inhalt: Kurzes Repetitorium der pharmaceutischen Chemie für Apotheker, Chemiker, Pharmaceuten, Physici u. A. Gearbeitet nach den Werken und Vorlesungen von Fischer, Flückiger, Godeffroy, Heger etc. II. Theil. Organische Präparate. 8. (135 S.) 1.—
Wien: Breitenstein 1893.

Breitenstein's Repetitorien. Nr. 52b. Inhalt: Kurzes Repetitorium der pharmaceutischen Chemie zum Gebrauche für Apotheker, Chemiker, Physici, Pharmaceuten etc. III. Theil: Pharmaceutische Präparate. Mit einem Register zu allen drei Theilen und einer Tabelle 8. (152 S. und Register XXIII S.) 1.
Wien: Breitenstein 1894.

Breitenstein's Repetitorien Nr. 53. Inhalt: Kurzes Repetitorium der Toxikologie als Vademecum für Aerzte, Apotheker, Chemiker etc. gearbeitet nach den Werken und Vorlesungen von Brouardel, Chapais-Dragendorff etc. I. Chemischer Nachweis. (Forensische Chemie der Vergiftungen. Mit 1 Tafel.) 8. (112 S.) 1.—
Wien: Breitenstein 1893.

— — Nr 54. Inhalt: Kurzes Repetitorium der Toxicologie. Als Vademecum für Aerzte, Apotheker, Chemiker, Physici, Mediciner, Pharmaceuten u. A. Gearbeitet nach den Werken von Brouardel, Chapuis, Dragendorff etc. II. Pathologie und Therapie der Vergiftungen. 8. (83 S.) —.75
Wien: Breitenstein 1893.

Breitenstein's Repetitorien Nr. 55. Inhalt: Kurzes Repetitorium der Histologie als Vademecum für die Studien und Prüfungen. I. Normale Histologie, gearbeitet nach den Werken und Vorlesungen von Ebner, Exner, Kölliker, Landois, Stöhr, Toldt u. A. 8 (72 S.) —.60
Wien: Breitenstein 1893.

Breitenstein's Repetitorien Nr. 57. Inhalt: Kurzes Repetitorium der Elektrotherapie für Aerzte und Studirende, gearbeitet nach den Werken und Vorlesungen von Benedikt, Bennett, Eichhorst, Erb, Gärtner, Hirt, Lewandowski, Watteville, Ziemssen u. A. Mit Illustrationen. 8. (70 u. Register III S.)
Wien: Breitenstein 1893. —.75

— — Nr. 58. Inh.: Kurzes Repetitorium der Verbandlehre. Als Vademecum für Aerzte und Studirende. Gearbeitet nach den Werken und Vorlesungen von Esmarsch, Fischer, Hofmokl etc. Mit Illustrationen. 8. (64 S.) —.60
Wien: Breitenstein 1894.

— — Nr. 59. Inh.: Kurzes Repetitorium der höheren Mathematik. Zum Gebrauche für: Techniker, Lehramts-Candidaten, Rigorosanten, Ingenieure, Architekten u. A. I. Differential-Rechnung. Gearbeitet nach den Werken und Vorlesungen von Duhamel, Herr, Königsberger, Lipschitz, Mahler, Salman u. A. 8. (81 S.) —.60
Wien: Breitenstein 1893.

Breitenstein's Repetitorien. Nr. 59a. Inhalt: Kurzes Repetitorium der höheren Mathematik. Zum Gebrauche für Techniker, Lehramts-Candidaten, Rigorosanten, Ingenieure, Architekten u. A. II. Integralrechnung. Gearbeitet nach den Werken und Vorlesungen von Duhamel, Herr, Königsberger, Lipschitz, Salmon, Schlömilch, Serret, Winkler u. A. Mit 12 Figuren. 8. (63 S.) —.60
Wien: Breitenstein 1895.

— — Nr. 60. Inhalt: Kurzes Repetitorium der Geschichte der Philosophie. Gearbeitet von J. Fränkel. 8. (112 S.) —.75
Wien: Breitenstein 1894.

— — Nr. 61. Inh.: Kurzes Repetitorium der Geschichte der Medicin. Zum Gebrauche für Aerzte und Studirende gearbeitet nach den Werken und Vorlesungen von Haeser, Hecker, Hirsch, Hirschel etc. I. Theil: Allgemeine Geschichte der Medicin bis zum Anfange des XIX. Jahrhunderts. 8. (93 S.)
Wien: Breitenstein 1894. .75

Breitenstein's Repetitorien. Nr. 62a. Inhalt: Kurzes Repetitorium der Geschichte der Medicin, zum Gebrauche für Aerzte und Studierende gearbeitet nach den Werken von Haeser, Hirsch, Hirschel, Petersen etc. II. Theil. Specielle Geschichte der medicinischen Disciplinen. A. Hauptdisciplinen. 8. (79 S.) —.75
Wien: Breitenstein 1894.

Breitenstein's Repetitorien. Nr. 63. Inhalt: Kurzes Repetitorium der deutschen Literatur-Geschichte. Zum Gebrauche für Lehrer und Lernende. I. Theil: Von der Vorzeit bis zum Ausgang des dreizehnten Jahrhunderts. Nach Quellen und Schriften von J. u. W. Grimm, Lachmann, Holtzmann, Haupt etc. gearbeitet von Fritz Lemmermayer. 8. (84 S.) —.60
Wien: Breitenstein 1894.

Breitenstein's Repetitorien. Nr. 63a. Inhalt: Kurzes Repetitorium der deutschen Literatur-Geschichte. Zum Gebrauche für Lehrer und Lernende. II. Theil. Vom Ausgange des dreizehnten Jahrhunderts bis zum dreissigjährigen Kriege. Nach den Quellen und nach den Schriften von J. und W. Grimm, Lachmann, Haupt, Gervinus, Koberstein, Wackernagel, Vilmar, Müllenhoff, Goedeke, Scherer, Zarncke, Bartsch, A. von Keller, Pfeiffer u. A. Gearbeitet von Fritz Lemmermayer. 8. (VIII, 93 S.) —.60
Wien: Breitenstein 1895.

— — Nr. 65. Inhalt: Kurzes Repetitorium der medicinischen Terminologie. (Medicinisches Taschenwörterbuch.) Ethymologische und sachliche Erklärung der gebräuchlichsten Fachausdrücke der Heilkunde. Zum Gebrauche für Mediciner, Thierärzte, Apotheker und gebildete Laien. Nach den besten Quellen gearbeitet, insbesondere nach Kraus, Thomas, Eulenburg, v. Roth und Index medicus polyglottus. 8. (114 S.) —.75
Wien: Breitenstein 1894.

— — Nr. 67. Inhalt: Kurzes Repetitorium der vergleichenden Embryologie des Menschen und der übrigen Wirbelthiere als Katechismus für die Prüfungen und als Vademecum für die Praxis. Zum Gebrauche für Studierende der Medicin, Aerzte, Thierärzte etc. Gearbeitet nach den Werken und Vorlesungen von Balfour, Bonnet, Hertwig, Kölliker, Minot, Rückert, Schenk, Toldt, Zuckerkandl. 8. (120 S.) —.90
Wien: Breitenstein 1895.

— — Nro. 68. Inhalt: Kurzes Repetitorium der Parasitenkunde. (Thierische Parasiten des Menschen und der Hausthiere, sowie die von ihnen herrührenden Krankheiten. Als Vademecum für Aerzte, Thierärzte, Naturhistoriker, Sanitätsbeamte etc. Gearbeitet nach Blanchard, Braun, Claus, Küchenmeister, Leuckart, Monier, Moslez, Neumann, Peiper, Zürn. 8. (VII, 143 S.) —.90
Wien: Breitenstein 1895.

— — Nr. 69. Inh.: Kurzes Repetitorium der Kosmetik. (Pflege der Haut, der Haare und des Mundes.) Ein Vademecum für Aerzte, Apotheker, Droguisten, Sanitätsbeamte etc. Zweite Auflage der kosmetischen Winke von Dr. Arthur Löbel. 8. (135 S.) —.90
Wien: Breitenstein 1895.

Breitenstein's Repetitorien. Nr. 2, 4—6, 7, 9, 10, 14, 19, 22, 23, 26, 35, 47, 47a, 56, 63b, 70 u. 71. 8° Lpzg, JA Barth. 27.20
Bryk, E: Botanik (Pflanzen-Anatomie, -Morphol., -Physiol. u. -Systematik). 2. Afl. (121) 97. [19.] 1.60
— Chemie. I. Anorgan. Chemie. 2. Afl. (160) 99. [7.] 1.80
— Physik (Experimental-Physik). 3. Afl. (101) 99. [35.] 1.80
Die 2. Afl. s.: Repetitorium.

Breitenstein's Repetitorien. Fortsetzung.
Lemmermayer, F: Deut. Litt.-Gesch. III. Thl. Vom 30jähr. bis z. 7jähr. Krieg. (80) 98. [63b.] 1.10
Loebel, A: Hydrotherapie. II. Thl. Hydriat. Verordngn bei chron. Erkrankgn m. curdiätet. Regeln. 2. Asg. d. Leitf. hydriat. Vorlesgn. (82) 98. [71.] 1.10
Repetitorium, kurzes, d. Anatomie. 1. Thl. (Knochen, Muskeln, Eingeweide.) 4. Afl. (130) 99. [9.] ‖ 2. Thl. (Gefässe, Nerven, Sinnesorgane.) 4. Afl. (136) 99. [10.] à 1.60
— kurzes, d. Bakteriol. (Methoden, Verfahren u. Technik, sowie Systematik d. pathogenen Mikroorganismen). 2. Afl. (108) 98. [6.] 1.35
— kurzes, d. Chirurgie. II. Thl: Operationslehre. 2. Afl. (92) 98. [14.] 1.60
— kurzes, d. patholog. Histol. (85) 98. [56.] 1.10
— kurzes, d. Hygiene. 2 Thle. 2. Afl. (82 u. 91) 98. [47.47a.] à 1.35
— kurzes, d. mikroskop. Technik. (Untersuchgsmethoden d. normalen u. patholog. Organe, d. Se- u. Excrete, sowie d. Degenerationsproducte.) (115) Wien 98. [70.] 1.60

— kurzes, d. Ohrenheilkde. 2. Afl. (42) Wien 96. [5.] — 75
— kurzes, d. allg. Pathol. 2. Afl. (84) 1900. [23.] 1.25; geb. 1.80
— kurzes, d. Pharmacol. Mit gleichmäss. Berücks. d. deut. u. österr. Pharmacopöe. 2. Afl. (141) Wien 97. [4.] 1.60
— kurzes, d. Physik (Experimental-Physik). 2. Afl. (121) Wien 95. [35.] 1.25
Die 3. Afl. s.: Bryk, E.
— kurzes, d. Physiol. II. Thl. 2. Afl. (143 m. Abb.) Wien 97. [22.] 1.80
— kurzes, d. Zool. 2. Afl. (150) Wien 97. [26.] 1.60
Werner, E: Spec. Pathol. u. Therapie. II. Thl: Nervenkrankh. 4. Afl. (102) 98. [2.] 1.60
Früher unter d. Einzeltiteln aufgenommen. — An österr. Firmen liefert M Breitenstein in Wien.

Breitenstein's Repetitorien. Nr. 7, 8a, 8b, 9, 10, 19, 21, 23, 27, 35, 41 u. 55. 8. Leipzig, J. A. Barth. n. 21.05; geb. in Leinw. n. 26.45

7. **Kurzes Repetitorium der Chemie.** Zum Gebrauche f. Mediziner, Pharmaceuten, Lehramtscandidaten, Chemiker, Landwirthe u. A. Nach d. Werken u. Vorlesgn. v. Arnold, Bernthsen, Fischer u. A. Von Ernst Bryk. I. Anorganische Chemie. 4. verm. u. verb. Aufl. (III, 187 S.) 902. n. 1.80; geb. n. 2.25
3. Aufl. (160 S.) Ebd. 899. n. 1.80.
8a. Dasselbe. Nach den Werken u. Vorlesgn. v. Arnold, Bernthsen, Fischer u. A. gearb. II. Organische Chemie. 3. verm. u. verb. Aufl. Ausg. f. Chemiker. (VI, 282 S.) 901. n. 3.—; geb. n. 3.45

8b. Dasselbe. Ausg. f. Mediziner. (VI, 161 S.) 901. n. 1.80; geb. n. 2.25
9. Repetitorium, kurzes, der Anatomie. Als Vademecum f. Colloquium u. Rigorosum. 1. Thl. (Knochen, Muskeln, Eingeweide.) Gearb. nach den Werken u. Vorlesgn. v. Gegenbaur, Henle, Hyrtl u. a. 5. verb. Aufl. (123 S.) (901.) n. 1.60; geb. n. 2.05
4. Aufl. (130 S.) Ebd. 899. n. 1.60.
10. Dasselbe. 2. Thl. (Gefässe, Nerven, Sinnesorgane.) Gearb. nach d. Werken u. Vorlesgn. v. Gegenbaur, Henle, Hyrtl u. A. 4. u. 5. verb. Aufl. (à 136 S.) 899. 902. n. 1.60; geb. n. 2.05
19. Kurzes Repetitorium der Botanik (Pflanzen-Anatomie, -Morphologie, -Physiologie u. -Systematik). Zum Gebrauche f. Mediziner, Pharmaceuten, Lehramtscandidaten, Agronomen etc. Gearb. nach den Werken u. Vorlesgn. v. Kerner, Leunis, Luerssen u. A. Von Ernst Bryk. 3. verb. u. verm. Aufl. (II, 142 S.) 902. n. 1.80; geb. n. 2.25
21. Repetitorium, kurzes, der Physiologie. Als Vademecum f. Aerzte u. Studierende der Medizin gearb. unter Benutzg. der einschläg. Literatur nach Brücke, Exner, Gad-Heymans u. A. 1. Tl. 3. neubearb. u. verm. Aufl. (III, V, 184 S. m. Abb.) (901.) n. 1.80; geb. n. 2.25
23. Kurzes Repetitorium d. allgemeinen Pathologie als Vademecum f. die Prüfgn. u. f. die Praxis. Gearb. nach Birch-Hirschfeld, Klebs, Rindfleisch, Stricker, Virchow, Ziegler u. A. 2. gänzlich umgearb. Aufl. (84 S.) 900. n. 1.35; geb. n. 1.80
27. Kurzes Repetitorium der Pathologie u. Therapie der venerischen Krankheiten f. Aerzte u. Studierende. Gearb. nach den Werken u. Vorlesgn. v. Ehrmann, Finger, Joseph u. A. Von M. Oppenheim. 2. Aufl. (V, 72 S.) 902. n. 1.60; geb. n. 2.05

35. Kurzes Repetitorium der Physik (Experimental-Physik), zum Gebrauche f. Mediciner, Pharmaceuten, Lehramtscandidaten u. A. gearb. nach Beetz, Graetz, Lang u. A. Von Ernst Bryk. 3. verb. u. verm. Aufl. (IV, 191 S.) 899. n. 1.80; geb. n. 2.25
41. Repetitorium, kurzes, der pathologischen Anatomie. Als Vademecum f. Aerzte u. Studierende gearb. nach den Werken u. Vorlesgn. v. Birch-Hirschfeld, Josef, Klebs u. A. 2. wesentl. verm. u. verb. Aufl. (VIII, 119 S.) 901. n. 1.80; geb. n. 2.25
55. Repetitorium, kurzes, der normalen Histologie als Vademecum f. die Studien u. Prüfgn. Gearb. nach den Werken u. Vorlesgn. v. Böhm-Davidoff, Ebner, Exner u. a. 2. verb. Aufl. (VIII, 70 S.) 902. n. 1.10; geb. n. 1.55

Breitenstein's Repetitorien. Nr. 9, 10, 17, 26, 35, 40, 44 u. 65. 8. Leipzig, J. A. Barth. n. 14.20; geb. in Leinw. n. 17.15

9. 10. **Repetitorium, kurzes, der Anatomie.** Als Vademecum f. Colloquium u. Rigorosum. I. u. II. Tl. (Knochen, Muskeln, Eingeweide, Gefäss- u. Nervensystem, Sinnesorgane). Gearb. nach den Werken u. Vorlesgn. v. Gegenbaur, Henle, Hyrtl u. a. 6. verb. Aufl. Mit Sachregister. (III, 276 S.) 906. n. 3.40; geb. n. 3.85
17. Kurzes Repetitorium der Tierheilkunde. Zum Gebrauche f. prakt. Tierärzte, Studierende der Tierheilkunde, Landwirte etc. Mit Berücksicht. der veterinär- u. sanitätspolizeil. sowie der forens. Vorschriften. Von J. W. Schwalbe. 2. umgearb. Aufl. Bearb. nach den Werken von Anacker, Dieckerhoff, Friedberger u. Fröhner u. A. I. Spezielle Pathologie u. Therapie nebst e. kurzen Abhandlg. üb. das gesunde Tier sowie üb. die Dosierg. u. Anwendg. der gebräuchlichsten Tierheilmittel als Einleitg. (94 u. IV S.) 906. n. 1.60; geb. in Leinw. n. 2.05
26. Repetitorium, kurzes, der Zoologie zum Gebrauche f. Mediziner, Pharmazeuten, Lehramtskandidaten, Agronomen etc. Gearbeitet nach den Werken u. Vorlesgn. v. Bronn, Claus, Gegenbaur u. a. 3. verm. u. verb. Aufl. (161 S.) 906. n. 1.80; geb. n. 2.25
35. Kurzes Repetitorium der Physik (Experimental-Physik) zum Gebrauche f. Mediziner, Pharmazeuten, Lehramtskandidaten etc. Von Ernst Bryk. Gearb. nach den Werken u. Vorlesgn. v. Beetz, Graetz, Lang u. A. 4. verm. u. verb. Aufl. (IV, 214 S.) 904. n. 2.—; geb. n. 2.45
40. Kurzes Repetitorium der allgemeinen u. speziellen Mineralogie f. Mediziner, Pharmaceuten, Philosophen, Techniker, Lehramtskandidaten u. A. Von Ernst Bryk. Gearb. nach den Werken u. Vorlesgn. v. Bauer, Des Cloizeaux, Kenngott u. a. 2. verm. u. verb. Aufl. (III, 156 S.) 906. n. 1.80; geb. n. 2.25

44. Repetitorium, kurzes, der topographischen Anatomie als Vademecum f. die Prüfungen u. f. die Praxis. Gearbeitet nach den Werken u. Vorlesgn. v. Braune, Cunningham, Hyrtl u. A. 2. vielfach verm. u. verb. Aufl. (VI, 134 S.) 903. n. 1.80; geb. n. 2.05
65. Repetitorium, kurzes, der medizinischen Terminologie, (Medizinisches Taschenwörterbuch.) Etymologische u. sachl. Erklärg. der gebräuchl Fachausdrücke der Heilkunde. Als Vademecum f. Aerzte, Studierende der Medizin, Tierärzte, Apotheker u. gebildete Laien gearb. unter Benützg. der einschläg. Litteratur nach Bechhold, Dornblüth, Eulenburg u. A. 2. neubearb. u. verb. Aufl. (II, 160 S.) 105. n. 1.80; geb. n. 2.25

Breitenstein's Repetitorium Nr. 1, 7, 20, 25, 28, 42 u. 69. 8. Leipzig, J. A. Barth. 13.40; geb. in Leinw. 16.55
Amberg, Ludw., kurzes Repetitorium der speziellen Pathologie u. Therapie. I. Tl.: Innere Krankheiten, als Vademecum f. die Klinik u. die Praxis nach den Publikationen u. Vorlesgn. v. Curschmann, Hoffmann, Gerhardt usw. neu bearb. 7. verm. u. vollst. umgearb. Aufl. (IV, 153 S.) 908. (Nr. 1.) 2.—; geb. in Leinw. 2.45
Bryk, Ernst, kurzes Repetitorium der Chemie. Zum Gebrauche f. Mediziner, Pharmazeuten, Lehramtskandidaten, Chemiker, Landwirte u. A. Nach den Werken u. Vorlesgn. v. Arnold, Bernthsen, Erdmann u. A. gearb. I. Anorganische Chemie. 5. verm. u. verb. Aufl. 908. (Nr. 7.) 2.40; geb. in Leinw. 2.85
Joseph, Max, kurzes Repetitorium der Kosmetik der Haut, der Haare, der Nägel u. des Mundes f. Aerzte u. Studierende. 3. Aufl. m. 151 Rezepten. (111 S.) 907. (Nr. 69.) 1.60; geb. in Leinw. 2.05
Repetitorium, kurzes, der Geburtshilfe. Als Vademecum f. die Prüfgn. sowie f. die Klinik u. d. Praxis. Mit Berücksicht. der Werke u. Vorlesgn. v. Bumm, Döderlein, Kaltenbach u. A. 3. gänzlich umgearb. Aufl. (VIII, 84 S.) 908. (Nr. 20.) 1.80; geb. 2.25
— kurzes, der Krankheiten der Harn- u. Geschlechtsorgane (Anatomie, Untersuchungsmethoden, Pathologie u. Therapie, Operationen). Als Vademecum f. Aerzte u. Studierende. Gearb. nach Albert, Dittel, Frisch u. A. 2., gänzlich umgearb. Aufl. (IV, 127 S. m. 14 Abb.) 910. (Nr. 42.) 2.—; geb. 2.45
— kurzes, der gerichtlichen Medizin, gearb. nach den Werken v. Cramer, Kolisko, Leppmann u. a. u. nach den Verhandlgn. der deutschen Gesellsch. f. gerichtl. Medizin. (2. Aufl.) (VIII, 103 S.) 908. (Nr. 28.) 1.80; geb. 2.25
— kurzes, der Zahnheilkunde. Als Vademecum f. die Klinik u. Praxis sowie als Katechismus f. die Prüfgn. bearb. nach den besten vorhandenen Quellen. 2., gänzlich umgearb. Aufl. (II, 78 S.) 910. (Nr. 25.) 1.80;

Breitenstein's Repetitorien. NAfl Nr 3, 9, 10, 12, 13, 18, 21, 24, 25, 29, 30, 35, 42 u. 55. 8° Lpzg, JA Barth.
Bielschowsky, A: Repetitorium d. Augenheilkde. (3. Afl.) (6, 62) '12 [12] durchsch. 1.80; geb. u. durchsch. 2.25
Bryk, Ernst: Kurzes Repetitorium d. Experimentalphysik. In Anlehng an d. 4. Afl. d. gleichnam. Repetitoriums v. B. neu bearb. v. Max Iklé. (4, 240) '13 [35] 4 —; geb. 4.45
Kulenkampff, D: Kurzes Repetitorium d. allg. Chirurgie. 3. Afl. (9, 180 m. Abb.) '11 [13] 2.40; geb. 2.85
Mahler, Jul.: Kurzes Repetitorium d. Physiol. Vademecum f. Ärzte u. Studierende d. Medizin. 1. Tl. 4. Afl. (8, 175 m. Abb.) '13 [21] 2.70; geb. 3.15

Repetitorium, Kurzes, d. Anatomie. Als Vademecum f. Colloquium u. Rigorosum. Knochen, Muskeln u. Eingeweide, Gefäss- u. Nervensystem, Sinnesorgane. 7. Afl. (284) '12. [9. 10] 3.50; geb. 4.25
— Kurzes, d. Gynäkol. (einschliessl. d. gynäk. Operationslehre). 3. Afl. (6, 116 m. Abb.) '12 [24] 2 —; geb. 2.45
— Kurzes, d. Krankh. d. Harn- u. Geschlechtsorgane (Anatomie, Untersuchgsmethoden, Pathol. u. Therapie, Operationen). 2. Afl. (4, 127 m. Abb.) '10 [42] 2 —; geb. 2.45
— Kurzes, d. normalen Histol. als Vademecum f. d. Studien u. Prüfgn. 3. Afl. (7, 83) '13 [55] 2 —; geb. 2.45
— Kurzes, d. Tierheilkde. Mit Berücks. d. veterinär- u. sanitätspolizeil. Vorschriften, sowie d. forens. Tierheilkde. Spez. Pathol. u. Therapie II. 2. Afl. (7, 98) '12 [18] 1.80; geb. 2.25
— Kurzes, d. Zahnheilkde. 2. Afl. (78) '10 [25] 1.80; geb. 2.25
Schlickum, R: Kurzes Repetitorium d. Pharmakognosie. Mit gleichmäss. Berücks. d. deut. u. österr. Pharmakopoe. 2. Afl. 1. Tl. (95) ('11) [29] 1.60; geb. 2.05 ‖ 2. Tl. (115) '12 [30] 1.80; geb. 2.25
Schöbel, Edm.: Kurzes Repetitorium d. klin. Diagnostik (3. Tl d. Repetitoriums d. inneren Medizin), als Vademecum f. d. Prüfgn u. f. d. Praxis sowie als Katechismus f. Colloquium u. Rigorosum. 4. Afl. (111) '13 [3] 2 — ; geb. 2.45

Breitenstein, Albert

Breitenstein, A. Beiträge zur Kenntnis der Wirkung kühler Bäder auf den Kreislauf Gesunder u. Fieberkranker. In-8°. 21 S. Basel. These. **1896**

Breitenstein, A[lbert]. Beiträge zur Kenntnis der diuretischen Wirkung des Equisetum- und einiger anderer Pflanzendialysate. Separat-Abdruck aus der Festschrift zum fünfundzwanzigjährigen Jubiläum des Herrn Professor R[udolf] Massini. ⟨Jahresbericht der Allgemeinen Poliklinik [des Kantons Basel-Stadt im Jahre 1901].⟩ 16 S. 8. (Vevey, Säuberlin & Pfeiffer, [1902].)

Breitenstein, Bernard, Referendar aus Heiligenstadt: **Haftung** für fremdes Verschulden nach dem Bürgerlichen Gesetzbuch. *Borna-Leipzig 1903: R. Noske.* (X, 78 S.) 8°
Leipzig, Jur. Diss. v. 1903

Breitenstein, Dietr. Nur Eine Steuer und deren Catastrirung, Erhebung und Berechnung, mit praktischen Betrachtungen aller bisherigen, direkten und indirekten Auflagen. gr. 8°. Gotha, Becker, 1826.

Breitenstein, Friedr. v., die Kinder d. Grabes. N. e. altdeutsch. Sage. 8. (12 B.) Leipzig 837, Rein'sche Buchh.

Breitenstein, H., 21 Jahre in Indien. Aus dem Tagebuche e. Militärarztes. 3 Thle. gr. 8. Leipzig, Th. Grieben. n. 20. —; geb. 23. 50
1. Borneo. Mit 1 Titelbild u. 8 Illusr. im Text. (VIII, 264 S.) 899. n. 5. 50; geb. n. 6. 50
2. Java. Mit 1 Titelbild u. 29 Abbildgn. (XII, 407 S.) 900. n. 8. 50; geb. n. 10. —
3. Sumatra. Mit 1 Titelbild u. 26 Abbildgn. (VIII, 282 S.) 902. n. 6. —; geb. n. 7. —

Breitenstein, H., gerichtliche Medizin der Chinesen, s.: **Wang-in-Hoai.**

BREITENSTEIN, Heinrich
Die moderne Diät und Carlsbad von Dr. Heinrich Breitenstein. Eine hygienische Causerie bearbeitet nach der holländischen Ausgabe desselben Autors. Wien. Leipzig. 1901. Breitenstein. Gr.-8°. 89 S K 1.—

Breitenstein, Heinr., die moderne Diät u. Karlsbad. 2., verm. u. verb. Aufl., bearb. nach der holländ. Ausg. desselben Autors. (48 S. m. 1 Abbildg.) 8. Karlsbad 906. Stark. n. 1. —

Breitenstein, J. G., s.a. Breidenstein, Johann Georg

BEITRAG zur Wissenschaft das Leben zu geniessen (von *J. G. Breitenstein*). Kreuznach (1797).
Anon.-Lex. I. p. 165 (Eigenbericht).

Breitenstein, J. G. Charakteristische Grundzüge der deutschen und französischen Wortfolge und des deutschen und französischen Volks. gr. 8. Giessen, Heyer. 819.

Breitenstein, Jonas, der Her Ehrli. Ein Idyll aus Basel und dem Baselbiet in allemannischer Mundart. Basel 863. Georg. 8. (IV, 202 S.) n. 24 ngr.

Breitenstein, J.: Der Herbstmäret in Liestal, s. Verein zur Verbreitung guter Schriften.

Breitenstein, Jonas, Jakob, der Glücksschmied. Ein Lebensbild. 16. (181 S.) Basel 868, Georg. *

—— 'S Vreneli us der Bluemmatt. Ein Idyll aus dem Baselbiet in allemann. Mundart. 8. (IV und 198 S.) Basel 864, Georg's Verlag. *

Breitenstein, Jules, Le devoir. (Editions de foi et vie.) (48 S.) gr. 8 Strassburg 904. Buchh. der ev. Gesellschaft. n.n. — 65

Breitenstein, Jules s. Frohnmeyer, L[udwig], et Benzinger, I[mmanuel]. Vues et Documents Bibliques.

Breitenstein, Jules, Jésus et Paul. Discours, prononcé à la séance de rentrée de la faculté de théologie évangélique de Genève. (50 S.) 8. Basel 908. E. Finckh. — 80

Breitenstein, J[ules]. Das Leben nach dem Tode. Vier Betrachtungen von J. B', aus dem Französischen übersetzt von Franziska Kromayer. 80 S. 8. Strassburg i. E., Buchh. der Evangelischen Gesellschaft, 1908. [cart. M. 1. —]

— **Méditations chrétiennes.** (Le devoir chrétien. Jésus et Nicodème. Le culte public, Trois malentendus. La parabolé du mauvais riche. Dieu necessaire à l'homme. La conscience. Le menteur.) 8 sermons, prêchés à Strasbourg. (191 S.) schmal 8. Ebd. 903. n. 2. —; geb. n. 2. 40

Breitenstein, J: Le proplème de la souffrance. (61) 8° Strassbg, Bh. d. ev. Gesellsch.'03. ‖ 2. éd. (68) '05. L. je 1 —

Breitenstein, J[ules]. Das Rätsel des Leidens. Vier Betrachtungen von J. B', franz. Pfarrer in Strassburg, (deutsche Ausgabe) mit Vorwort von Otto Funcke. 64 S. 8. Strassburg i. E. ... (1905). —. 80; fr. 1. —]
Ausg. A: Strassburg i. E., Buchh. der Evangelischen Gesellschaft. — *Ausg. B:* Str' i. E., Buchh. der Ev' Ges'; Basel, Ernst Finckh.

— **La vie après la mort.** 4 sermons prêchés à Strasbourg. (80 S.) kl. 8. Ebd. 907. Geb. in Leinw. 1. 20

Breitenstein, Leonh., das Characterbild Jesu von Dr. Schenkel vom Standpunkt der Wissenschaft beleuchtet. gr. 8. (63 S.) Freiburg im Br. 865. (Basel, Bahnmaier.) *

Breitenstein, Max (Hrsg.), s. Alma mater 1876.

Breitenstein, Max. Einige principielle Bedenken gegen den neuen Strafgesetzentwurf f. Oesterreich. 8. (42 S.) Wien 890, Breitenstein. * — 80

Breitenstein, Max (Hrsg.), s. Commersbuch d. Wiener Studenten.

Breitenstein, Max, s.: **Evidenzblatt** f. österr. Gesetzgebung u. Rechtsprechung.

Breitenstein, Max (Hrsg.), s. Frauen-Zeitung, Wiener Illustrirte.

Breitenstein, M. (Hrsg.), s. Gerichtshalle.

Breitenstein, Max, s: Juristen-Kalender, Neuer österr.

Breitenstein, Max (Hrsg.), s. Juristenzeitung. – Allgemeine Juristenzeitung.

Breitenstein, Max (Hrsg.), s. Kalender. – Akadem. Kalender d. österr. Hochschulen.

Breitenstein, Max, zur Reform der Hochschulen in Oesterreich. gr. 8. (25 S.) Wien 884, Sintenis. * 1 —

— Zur Terminol. d. Vorentwurfs zu e. neuen österr. Strafgesetzb. (23) gr8° Wien, M Breitenstein '11. — 50 d

Breitenstein, Max, die Zukunft der Prager Universität. gr. 8. (29 S.) Wien 879, Verlag der „Alma Mater". (Perles.) *

Breitenstein, Philipp

Breitenstein, auch Breidenstein, Phil., die Bildungsjahre zum christl. Religionslehrer. 8. Siegen 811. Müller. (Leipz., Rein). 1 Rthlr

— etwas üb. d. Aufsatz: Plan zur Verbesser. d. luther. Bürgerschule zu Marburg ꝛc.; nebst e. Vorschlage, das Lebendigbegraben unmöglich zu machen, v. L. J. K. Justi. 8. Marb. 797.

Breitenstein, Evangelium Johannis, s. Evangelium.

— Fragen, beantwortet durch Schriftstellen. 8. Frankf. u. Marb. 787.

Breitenstein, Ph., Friedrich, d. Pfarrers Stephani Sohn. gr. 12. Siegen, Müller. 1 Rthlr 6 gr

— s. Sandchen, d. Pachters Sohn.

— christl. Kultus, nach Angabe d. Schrift. gr. 8. Halle 792. Kümmel. 4 gr

— christlicher Kultus nach Angabe d. Schrift. gr. 8. Halle, Kümmel. 811.

— Liturgie. 8. Halle 804. Renger. 10 gr

— Nachr. v. d. evangel. reformirten Waisenhause beim Anfange d. J. 1800. 4. Marb.

— der Prediger von Seiten seines Charakters u. seiner Amtsführung. 12. Frankf. u. Leipz. 793. (Rein). 18 gr

— Untersuchungen dunkler Schriftwahrheiten. 18 Bdchen. 8. Leipz. 789. (Joachim). 9 gr

Breidenstein, Ph., Untersuchung dunkler Schriftwahrheiten, 18 St. 8. Lpz. Müller. 789. Rtblr.

v. Breitenstern, Frz. Ph., s. Breitsprecher.

Breiter, Alph., d. Bosheit d. Sünde u. ihre Sühne, i. Anschl. a. d. bittere Leiden u. Sterben Jesu Christi dargest. in 7 Fastenbetrachtgn. gr. 8. (IV, 92 S.) Regensburg 896. F. Pustet. 1. —; geb. in Halbchagrin n. 1. 40

— d. Leiden Christi, e. Tugendschule. 8 Fastenpredigten. gr. 8. (VI, 144 S.) Ebd. 897. 1. 20; geb. in Halbchagrin n. 1. 60

Breiter, Chr. Aug., Hortus oder Verzeichniß aller derjenigen Gewächse, welche in seinem botanischen Garten gezogen und unterhalten werden, nach ihren systematischen Namen und Synonymien, nebst Erklärung des Linneischen Systemes, geographischen und liter. Nachweisungen. Mit 1 Kupfr. gr. 8. Leipzig, Franz. 817. Rtblr.

Breiter, Chr. Aug., hortus Breiterianus, od. Verzeichniss aller derj. Gewächse, welche in s. botan. Garten gezogen u. unterhalten werden, nach ihren systemat. Namen u. Synonymen etc. Mit 1 Kpf. gr. 8. Leipzig, 1817. (Taubert). (3. —) 2. —

Breiter, Chr. Aug., Hortus plantarum, oder Verzeichniß aller derjenigen Gewächse, welche in seinem botan. Garten gezogen u. unterhalten werden, nach ihren systemat. Namen u. Synonymen; nebst Erklär. des Linné'schen Systemes, geograph. u. liter. Nachweisungen. Mit 1 Kpf. gr. 8. Leipz. 817. (Taubert). 3 Rthlr Hbg. Pr. 2 Rthlr

— allgem. Verzeichn. v. allen vorzügl. Treibhaus- u. Orangeriepflanzen, perennirenden Gewächsen ꝛc. 8. Leipz., Magazin f. Industr. 12 gr

Breiter, Chr. Aug., allgem. Verzeichniss v. allen vorzügl. Treibhaus- u. Orangeriepflanzen, u. d. Gewächsen, welche im Winter im Freien aushalten. 8. Leipzig, 1810. 2. Ausg. 1816. (Hunger.) — 16

Breiter, Hans Jacob. Pfropfreiser oder Gedanken zum Weiterdenken von H' Jakob B'. Bearb. und hrg. von Dr. R[udolf] Ernst Grob. 104 + IV S. 8. Zürich, Komm. Christliche Vereinsbuchh., [1909]. [fr. 1. 90]

Breiter, Karl (Hrsg.), s. Blätter für administrative Praxis und Rechtspflege zunächst in Bayern.

Breiter, Michael Lebrecht, De scholis conservandis.. ad orationes duas B. Gottfried Penik memoriae. Weißenfels (Ife) 1764. 4 Bl. (3.—) 3931

Breiter, *Theodor* (Geh Reg- u Provinzialschulr.): Ansprache. (Umschlagtitel: Zwei bei der Einführung des Direktors [Konrad Herrmann] gehaltene Ansprachen. [1]) 4 (S. 3 - 4 d. Schuln.). Progr. Kgl G. Georgianum *Lingen* 1896

Breiter, Th.: De emendatione Manilii. Part. prior, quae est de codicibus. 24 S. Progr. Hamm 1854. (Grote)

Breiter, Th., griechische Formenlehre f. Anfänger, s.: Spieß, F.

Breiter, Thdr., s.: Manilius, M., Astronomica.

(Breiter, Th., u. Rich. Wachsmuth) Die zur Eröffnung des Kaiser-Wilhelm-Gymnasiums am 12. Okt. 1875 gehaltenen Reden. 10 S. Progr. Wi. G. *Hannover* 1876.

Breiter, Thdr., die alte lateinische Schule in Marienburg, ein Beitrag zur städtischen Schulgeschichte. Marienburg 864. (Hemmpel's Wwe.) 4. (24 S.) n. 10 ngr.

Breiter, Wilhelm, von Andelfingen [Kt. Zürich]. Ueber die Ganglien in der Darmwand der Säugethiere. Zür. Zürcher u. Furrer Dr. 1861. 21 S., 1 Bl., 1 Taf. 4°. Zürich, Med. Diss. v. 21. Dec. 1861

Breiter, Wilhelm, prakt. Arzt aus Andelfingen [Kt. Zürich]: Ueber die Hernia inguino- und cruro-properitonealis '(Krönlein)'. (S. A. aus: Beiträge z. klinischen Chirurgie [—Bruns]. Bd 13 [S. 659—713]). Tüb. H. Laupp 1895. 3 Bl., 55 S. 8°. Zürich, Med. Diss. [v. 27. April 1895].

— Wilhelm Alexander (Leipzig), **De myopia observationes septuaginta cum adnotationibus nonnullis. Diss. ophthalmica. Präs. Ernst Heinrich Weber. Lpz. (Fr. Nies [Carl B. Lorck]) 15. VII. 1861. 32 S. m. Biogr. (M.: E. Berg.) (4.50) 3932**
Oppon.: H. Meissner, Edm. Hermsdorf. — Gew.: Chn. Gg. Theod. Ruete.

Breitfeld

— u. Wohlgeboren, Abbildgn. z. Naturlehre (Physik u. Chemie). Nach Zeichngn. v. B. u. W. (29 S.) gr. 8. Leipzig 908. H. A. L. Degener. 1. —

Breitfeld, Leitfaden f. den Unterricht in der Naturlehre. s.: Degener's, H. A. L., Leitfäden f. Baugewerkschulen u. verwandte Lehranstalten. XII.

Breitfeld. Alexander [Kand. d. höh. Lehramts]: Der anatomische Bau der Blätter der Rhododendroideae in Beziehung zu ihrer systematischen Gruppierung und ihrer geographischen Verbreitung .... (Aus: Engler's Botan. Jahrb. IX. Bd.) Leipzig, Wilhelm Engelmann, 1888; 29 + 1 S. + 1 Bl. 8°. Breslau. Phil. Fak., Inaug. Diss. v. 25. Febr. 1888

Breitfeld, Bernh. Otto, im Quartier, s.: Vereinstheater.

— v. d. Untersuchungsrichter, s. a. Danner's, G., Herren-Bühne.

Vor dem Untersuchungsrichter. Schwank in 1 Akt von Bernhard Otto Breitfeld. *Mühlhausen i. Thür.: G. Danner [1896].* (24 S.) 8° [J.] = Herrenbühne, G. Danners. No 14.

Breitfeld, C: Berechng v. Wechselstrom-Fernleitgn, s: Elektrotechnik in Einzeldarstellgn.

Breitfeld, Carl [aus Prag]: Untersuchungen an einem Dreiphasenstrom-Transformator vom Typus der Allgemeinen Electricitäts-Gesellschaft in Berlin. Zürich 1898. 55 S. (Mit 4 Beilagen.) 8°. Zürich. Phil. Diss. II. S. 1897/98.

Breitfeld, Erich, a. Arnoldshammer, Referendar am Kgl. Amtsgericht zu Pegau: Die Pflichten und Rechte der Mitglieder einer Gesellschaft mit beschränkter Haftung. Borna-Leipzig 1906: R. Noske. (VIII, 58 S.) 8° [F.]

Leipzig, Jur. Fak., Diss. v. 12. Dez. 1906

[Geb. 26. Juli 81 Arnoldshammer-Rittersgrün; Wohnort: Pegau; Staatsangeh.: Sachsen; Vorbildung: Kgl. Realgymn. Annaberg Reife O. 01, Kgl. Gymn. Schneeberg Erg.-Prüfung M. 02; Studium: Leipzig 4. Kiel 1, Leipzig 5 S.; Rig. 22. Febr. 06.]

Breitfeld, Ernst Arthur: Ferdinand Freiligraths Übertragungen aus Victor Hugo. Plauen i. V., Druckerei Neupert, 1896; 30 S. 4.

Plauen i. V., st. R. OP 1896 (588)

Breitfeld, Wilhelm, a. Dingelstedt (Rgbz. Erfurt): Der deutsche Drogenhandel. Leipzig: Dieterich 1906. (XII, 127 S.) 8°

Tübingen, Staatsw. Fak., Ref. v. Schönberg, Diss. v. 18. Juni 1906

[Geb. 1. Sept. 78 Dingelstedt; Wohnort: Naumburg; Staatsangeh.: Preußen; Vorbildung: Domgymn. Naumburg Reife O. 98; Studium: Leipzig 1, Handelshochsch. Leipzig 6, Tübingen 2 S.; Rig. 13. März 06.]

Breitfuss, Methode f. den Unterricht in der russischen Sprache, s.: Berlitz, M. D.

Breitfuss, Leo L'vovič

Breitfuss, L. L., Amphoriscus semoni, e. neuer heterocöler Kalkschwamm, s.: Denkschriften d. medicin.-naturwissenschaftl. Gesellschaft z. Jena.

— Kalkschwämme v. Ternate. [Aus: „Abhandlgn. d. Senckenberg. naturforsch. Gesellsch."] gr. 4. (9 S.) Frankfurt a/M. 897. (M. Diesterweg.) n. 1. —

Breitfuss: Kalkschwämme v. Ternate. Jetzt: Frankf. a/M. (Viktoria-Allee 7), Senckenberg. naturforsch. Gesellsch. nn — 50 96/00

Breitfuss, L. L. [aus St. Petersburg]: Die arctische Kalkschwammfauna. Berlin 1898. 40 S. 8°.

Zürich. Phil. Diss. II. S. 1897/98.

[Russ. u. Ant.] Kalkschwammfauna des weissen Meeres und der Eismeerküsten des europäischen Russlands. M. Berücks. u. Aufstellg d. Kalkschwammfauna d. arktischen Region '(aus d. Zoolog. Inst. d. Univ. Berlin.)' v. L. L. Breitfuss. M. 4 Taf. ... *St.-Pétersbourg: Acad. Imp. d. Sc. 1898.* (2 Bl., 41 S., 4 Taf.) 4.
= Mémoires de l'Académie Imp. d. sciences de St.-Pétersbourg. Sér. VIII. Cl. phys.-math. Vol. VI. No 2. [98. 6383

— Kalkschwammfauna d. weissen Meeres u. d. Eismeerküsten d. europ. Russlands. M. Berücksicht. u. Aufstellg. d. Kalkschwammfauna d. arkt. Region (a. d. zoolog. Institut d. Universität Berlin). [Aus: „Mém. de l'acad. imp. des sciences de St. Pétersbourg".] gr. 4. (III, 41 S. m. 4 Taf.) St. Petersburg 898. (Leipzig, Voss, Sort.) n. 3. 50

Comité f. Unterstützung d. Küsten-Bevölkerung d. Russ. Nordens. St. Petersburg. Expedition für wissenschaftlich-praktische Untersuchungen an der Murman-Küste. L[ev] L['vovič] Breitfuß. Zool. Studien im Barents-Meere auf Grund d. Untersuchungen d. Expedition. Vorläufige Berichte: 1. Liste d. Fauna d. Barents-Meeres. 2. Plankton d. Barents-Meeres. A. Linko. *St. Petersburg 1901: J. Goldberg.* (18 S.) 4° [04. 14844 II

Breith, Ant., Thierbilder nach den berühmten Ausstopfungen des Conservators Plouquet gezeichnet. Stuttgart 860. Ebelins. qu. 4. (8 lith. u. color. Taf.) 15 ngr.

Breith, Gust., die Widerklage nach § 428 der Reichsstrafprozessordnung vom 1. II. 1877, s. a. Abhandlungen, strafrechtliche. 82. Heft.

Breith, Gustav, Rechtspraktikant a. Pirmasens: Die Widerklage nach § 428 der Reichsstrafprozeßordnung vom 1. Februar 1877. Breslau 1907: Schletter. (101 S.) 8° [= Strafrechtl. Abhandlungen H. 82.]

Würzburg, Jur. Fak., Ref. Oetker, Diss. v. 2. Dez. 1907

[Geb. 8. März 80 Pirmasens; Wohnort: Pirmasens; Staatsangeh.: Bayern; Vorbildung: Gymn. Neustadt a. H. Reife Juli 99; Studium: Berlin 1, München 3, Würzburg 6 S.; Rig. 10. Juli 07.]

BREITH, Theodor (Pirmasens): Die Uebertragbarkeit der Syphilis auf Thiere mit specieller Berücksichtigung des Rindes.- München: Wolf 1880. 20 S.
8.5.1880 - Urk (Titel: De syphilide in animalia translata boum imprimis ratione habita.); Chr 1879/80,15

Diss. Ingolst.-Landsh.-Mchn.

Breithardt: Der Deutsche Gerichtsvollzieher u. Gerichtsschreiber. Zusammenstellung u. Erl. aller die Dienst- u. Geschäfts-Verhältnisse des Gerichtsvollziehers u. Gerichtsschreibers betr. Vorschriften der Reichsjustizgesetze u. der dazu für Preußen erlassenen Ergänzungsgesetze. Rheinberg (1879).

Breithaupt's Kochbuch. (VIII, 262 S.) 8. Frankfurt a/O. (908). Trowitzsch & Sohn. Geb. 2. —

Breithaupt, Mutter und Kind; ein Gedicht, s. Mutter und Kind.

Breithaupt. Mutter u. Kind. E. Gedicht v. einem Arzte. Berlin 1854.

Breithaupt's Vermächtniß. Noth- und Hülfsbuch für den Bürger und Landmann. 3 Thle. 8. Langensalza, Schulbuchh. von Greßler. à Thl. M 1,80.

Inhalt:

Thl. 1. Der Landmann und sein Beruf. 1. und 2. Aufl. 1868,69, und 3. verm. und verb. Aufl. (XVI, 310 S. mit lithogr. Portr.) 869. M 1,80.

2. Aus der Natur. (Von Hausmann.) 1. Hälfte: Erd- und Himmelskunde. Naturlehre. (VIII, S. 1—176.) — 2. Hälfte: Mineral-, Pflanzen- und Thierreich. Praktische Technologie mit allerlei Recepten für den Hausgebrauch. (X, S. 177—376.) à Hälfte 90 Pf.

3. Für Geist und Herz: Zur häuslichen Erbauung, von Weitemeyer. Gesundheitspflege, von Schwerdt. Erziehungsregeln, von Lauckhardt. (III, 183 S.) 870. M 1,80.

Breithaupt's Vermächtniss. 3 Thle. 8. Langens., Gressler. à — 18
1. Der Landmann u. s. Beruf. 3. Afl. (310) 70.
2. Aus d. Natur. (376) 69. 70.
3. Für Geist u. Herz. (183) 70.

Breithaupt, volenti non fit iniuria. gr. 8. (80 S.) Berlin 891. Puttkammer & Mühlbrecht. n. 1. 60

Breithaupt, A., Recht u. Pflicht der Individualität im christlich-sittlichen Leben. Vortrag, geh. auf der kurmärk. kirchl. Konferenz zu Potsdam am 7. V. 1901. gr. 8. (30 S.) Hamburg 901. Agentur des Rauhen Hauses. n. — 40

Breithaupt, Frau Adolphine, s. a.: Adolphine, Tante.

Breithaupt, Adolphine

— das goldene Buch der Frau. Ein Freund u. Berater in allen Verhältnissen des Lebens im Hause u. in der Gesellschaft, als Festgeschenk u. Hochzeitsgabe f. die gebildete Frauenwelt gr. 8. (VIII, 180 S.) Chemnitz 894. B. Richter's Verl. Geb. in Leinw. n. 3. —

Breithaupt, Frau verw. Adolphine, die Feldküche nach neuer Reform. Ein Handbuch für den deutschen Soldaten im Quartier, Bivouak und Felde, sowie für Garçons, Touristen und Jäger. Nebst einem Anhang über Gesundheitspflege, unter Benutzung d s Nachlasses des Oberstabs- und Regts.-Arztes Dr. Breithaupt bearb. 8. (XVI, 157 S.) Berlin 884, Stahn. cart. in Leinw. *

Breithaupt, Adolphine, Die deutsche Frau i. Küche u. Keller. (347 S.) Chemnitz 1892. B. Richter. Geb. 4.—

Breithaupt, Frau Adolphine, die deutsche Frau in Küche u. Keller. Neues Musterkochbuch der nord- u. süddeutschen Küche nebst eingeh. u. prakt. Anleitg., wie die feine Küche, sowie auch die gewöhnl. Hausmannskost auf billigste u. schmackhafteste Art herzustellen ist. Ein Lehr- u. Handbuch f. junge Frauen u. solche Köchinnen, die den Haushalt selbständig erlernen wollen, welches auch bringt: Bäckereien aller Art, das Einmachen d. Früchte, das Selbsteinschlachten des Schweines, Pökeln u. Räuchern, die Bereitg. des Obst-, Apfel- u. Beerenweines, Kochen der Seife u. viele nützl. Sachen des Haushaltes. Neue wohlfeile [Titel-]Ausg. (XX, 347 S.) 8. Dresden [892] (909). B. Richter. Geb. 2. —

— Mutterpflicht u. Kindespflege. Ein Weihegeschenk aus Mutterhand f. Deutschlands Frauen u. Bräute. gr. 8. (IX, 168 S.) Berlin 882. Chemnitz, B. Richter's Verl. Geb. in Leinw. m. Goldschn. n. 3. —

Breithaupt, Adolphine, Mutterpflicht u. Kindespflege. Ein Weihegeschenk aus Mutterhand f. Deutschlands Frauen u. Bräute. 2. Aufl. 8. (VIII, 188 S.) Chemnitz (901). B. Richter. Geb. in Leinw. n. 3. —

Breithaupt, Adolphine. Der deutschen Jugend frohe Stunden. Märchen, Lieder u. Geschichten f. Knaben u. Mädchen. 8. (VII, 162 S. m. e. Farbendr.) [Borna, 890.] Lpz., Jahnke. geb. * 3 —

Breithaupt, A. (Tante Adolphine), wird sie ihn finden? Roman a. d. Neuzeit, e. Begebenheit nacherz. gr. 8. (252 S.) Chemnitz 895. B. Richter. 3. —; geb. n. 4. —

Breithaupt, Andreas Christoph

Breithaupt, A.C.: De indulgentiis. – Hal. 1711.

Breithaupt, Andreas Christoph (Eimbeck/Hannov.), Initia cultioris Germaniae. Präs. Christoph Cellarius. Halle, 21. II. 1703. (Chn. Henkel) 1709. 30 S. (5.—) 3933

Breithaupt, August, Bemerkung über ein bis jetzt verkanntes Vorkommen des Skorodits. (Aus „Annalen der Physik", 1825.)

Breithaupt. A. Neue krystallogr. Bestimmung und mineralogische Charakteristik verschiedener Mineralspecies. (Ueber den prismatischen Melan-Glanz, Monazit, Pinguit, Kerolith und Allophan.) (Aus Schweigger's Jahrb. für Chemie und Physik. 1829.) 8.

Breithaupt. A. Blicke auf die natürlichen Abtheilungen der Glimmer und genaue Bestimmung einer Species derselben, des tautoklinen Aster-Glimmers. (Aus Schweigger's Jahrb. f. Chemie und Physik.) 1829. 8.

Breithaupt, Aug., die Charaktere der Klassen und Ordnungen des Mineral-Systems. Als Mscr. ausgegeben. 2. Ausg. gr. 8. (22 S.) Freiberg 855, Craz und Gerlach. *

Breithaupt. A. Kurze Charakteristik des Mineralsystems. Freyberg. 1820. 8.

— vollständ. Charakteristik des Mineralsystems. gr. 8. Dresd. 820. 2e A. 823.

Breithaupt, (Joh.) Aug. (Friedr.), vollständ. Charakteristik d. Mineral-Systems. 3., sehr bereich. Aufl. gr. 8. (23½ B.) Dresden 832, Arnold.

Breithaupt, Aug., üb. die Aechtheit d. Krystalle. 8. Frberg 815. Craz u. Gerlach. 6 gr

— — Gedrängte Einleitung in eine krystallogr. Ableitung der tetragonalen und hexagonalen Primärformen aus tesseralen Gestalten mittelst der Progressions-Theorie. (Aus Schweigger's Jahrbuch für Chemie und Physik.) 1828 u. 1829. 8.

— Exposé über Maidanpek in Serbien. (Abdr. aus d. Berg- u. hüttenmänn. Zeitung.) Freiberg 857. Engelhardt. 8. (23 S.) n. 5 ngr

Breithaupt, Aug., Exposé über Maidanpek in Serbien. gr. 8. (23 S.) Freiberg 858, Engelhardt. Thlr. *
Aus „Berg- und hüttenmännische Zeitung", Jahrg. 1857, besonders abgedruckt.

—— Exposé üb. Maidanpek in Serbien. 8. (23) Freib. 58. (Lpzg, Felix.) n. — 5

— die Berg-Stadt Freiberg im Königr. Sachsen, in Hinsicht auf Geschichte, Statistik, Kultur u. Gewerbe, besonders auf Bergbau u. Hüttenwesen. Mit 1 Steindr. 8. Freiberg 825. Craz u. G. 21 gr Weiß P. 1 rß

Breithaupt, Aug., die Bergstadt Freiberg im Königreich Sachsen, in Hinsicht auf Geschichte, Statistik, Cultur und Gewerbe, besond. auf Bergbau und Hüttenwesen. 2. Aufl., besorgt durch Schichtmeister Herm. Breithaupt. 8. (XII und 279 S. mit Stnt.) Freiberg 847, Craz und Gerlach.

— — Das Geschlecht der rhomboedrischen Turmaline. (Aus Schweigger's Jahrbuch f. Chemie und Physik.) 1829. 8.

Breithaupt, August, s. J. H. Gössel.

Breithaupt, Aug., vollständ. Handbuch d. Mineralogie. 1. u. 2. Bd. 1. Abthl. gr. 8. Dresden u. Leipzig, Arnoldische Buchh.
Bd. 1. Allgemeiner Theil. (27⅛ B. u. 6 Stnt.) 836. 3 Thlr. 6 Gr.
- 2. Des speciell. Theils 1. Abthl. (25⅛ B. u. 4 Stnt.) 841. 2 Thlr. 12 Gr.

— vollständ. Handbuch d. Mineralogie 3. Bd. Des spec. Theils. 2. Abth. Mit 6 Taf. Zeichn. gr. 8. (900 S.) Leipzig 847, Arnold. 3 rß (1—3: 8¾ rß)

Breithaupt, August, s. C. A. S. Hoffmann: Handbuch.

— — Nachricht von neuen (diploklinen und triploklinen) Abtheilungen der hexagon. Krystallgestalten. (Aus Schweigger's Jahrb. f. Chemie u. Physik.) 1829. 8.

Breithaupt. Aug. Vorläufige Nachricht von der Auffindung fünf sehr eigenthümlicher Abtheilungen hexagonaler und tetragonaler Krystallgestalten. Freiberg. 1829. 8.

—— die Paragenesis der Mineralien. Mineralogisch, geognostisch und chemisch beleuchtet, mit besonderer Rücksicht auf Bergbau. gr. 8. (X und 276 S. mit 1 Holzschn.) Freiberg 849, Engelhardt.

Breithaupt, Aug., die innerliche Sammlung u. Vertiefung des Geistlichen. Ein Beitrag zur Pastoral-Theologie. Den Trägern u. den Freunden des Amts dargereicht. 8. (56 S.) Leipzig 898. Fr. Richter. n. — 60

Breithaupt, Aug., mineralogische Studien. 8. (122 S. mit eingedr. Holzschn.) Leipzig 866, Felix. *
Aus: Berg- und Hüttenmännische Zeitung, besonders abgedruckt.

—— Uibersicht d. Mineral-Systems. 8. (6½ B.) Freiberg 830, Engelhardt.

Breithaupt, A. Mineralogisch-physiologische Untersuchungen des Schörl-Geschlechtes, als Werkstück zu dem all-einenden Mineralsysteme. Freiberg. 1818. 8.

Breithaupt, Aug. Die göttliche Vorsehung u. die Selbständigkeit in der geschaffenen Welt. gr. 8. (44 S.) Gütersloh 892, Bertelsmann.
Aus: Beweis des Glaubens, besonders abgedruckt. * — 50

Breithaupt, C., De stilo Sulpicii Severi. Pr. 1718. 27 S. 4°.
Diss. Halle

(Breithaupt, Ch. Th.)

Der Renegat, Bürgerliches Trauerspiel. Helmstedt, Weygand, 1759. 111 S. = G. IV¹. 148, 29: 1.

Breithaupt, Christian, CHRISTIANI BREITHAUPTI // PROF. LOG. ET METAPH. PUBL. ORDINARII // ARS // DECIFRATORIA // SIVE // SCIENTIA OCCULTAS SCRIPTURAS // SOLVENDI ET LEGENDI. // PRAEMISSA EST // DISQUISITIO HISTORICA // DE VARIIS MODIS OCCULTE // SCRIBENDI // TAM APUD VETERES QUAM RECENTIORES USITATIS. // HELMSTADII // APUD CHRIST. FRID. WEYGAND // MDCCXXXVII.- 32 Seiten Titelblatt, Widmung, Vorrede und Abbatis Luccensis epistola. - 160 S. und noch 6 Blatt (nicht paginiert) Indices. -
Untertitel auf Seite (1):
Disquisitio historica, critica, curiosa de variis modis occulte scribendi tam apud veteres quam recentiores usitatis.
auf Seite (81):
Commentatio historica, critica, curiosa de arte decifratoria sive scientia occultas scripturas solvendi et legendi.

— — Confutatio Johannis Bodini in colloquio heptaplomeres adserentis censum imperatoris Augusti tempore nativitatis Christi per Quirinium non esse factum. Helmstedt (P. D. Schnorr) 1737. 20 S. (3.50) 3936

Breithaupt, Chr., resp. Jac. F. Dittmar, De daemonibus eorumque existentia, natura atque operationibus. Helmst. 4°. 1718

Breithaupt, C., de daemonibus eorumque existentia, natura atque operationibus. Helmst. 719. 4.

Breithaupt, Christian: Progr. de naevis scholasticorum in metaphysica commissis. Helmstadii (1720).

Breithaupt, C., de stella tempore nativ. Chr. a Magis conspecta. Helmst. 1741. 4.

— Christian, De valore argumentorum quorundam quibus hodie philosophi existentiam dei probare solent. Helmstedt (P. D. Schnorr) Okt. 1727. 12 S. (4.—) 3935

Breithaupt, Christian David

Breithaupt, Chr. Dav., Commentat. in Saadianam versionem Jesaiae arabicam. Fasc. I. 8 maj. Rost. 819. Stiller. 12 gr

— v. dem Protestantismus; eine Rede bei d. dritten Säkularfeier der Reformation. gr. 8. Rost. 817. Stiller. 4 gr

Breithaupt, Ch. D.: Versuch einer Greifswaldischen Schulgeschichte. 1s Stück (bis zum J. 1726.) 2s St. 57 u. 26 S.
Progr. Greifswald 1827,1829.

Breithaupt, Ch. D.: Ein Wort an die Einwohner von Greifswald in Beziehung auf die Schule u. Rede bei seiner Einführung als Director, Ostern 1819. 10 S.
Progr. Greifswald 1833.

Breithaupt, (Car.) Frid. (Anton.) (geb. 6. 11. 1840): De perforatione foetus inter partum. Berolini (1865). (32 S.) 8°
Berlin, Med. Diss v. 7. Apr. 1865

Breithaupt, Friedrich Wilhelm

Breithaupt, Fr. Wilhelm, kurfürstl. hessischer Münzmeister und Hofmechanikus etc. Beschreibung eines neu eingerichteten repetirenden Compensations-Theodolits, verbunden mit Boussolen-, Nivellir- und Messtisch-Apparat; nebst kurzer Anweisung über den Gebrauch etc. Mit 1 Kupfertafel.
4. Düsseldorf und Elberfeld 1827.

Breithaupt, F. W., Magazin von den neuesten gemeinnütz. etc. Instrumenten, s. Magazin.

Breithaupt, (Fr. W.) Magazin v. den neuesten gemeinnütz. größtentheils verbeff. ꝛc. mathemat. Instrumenten, deren man sich in d. Geometrie, bei d. Civil- u. Militair-Meßkunst, d. Nivelliren ꝛc. bedient. A. u. d. T.: Beschreib. e. neu eingericht. repetirenden Compensations-Theodolits. M. 1 Kpfr. gr. 4. Kassel 827. (Schaub in Elberf.) Rthlr.

Breithaupt, Fr. Wilh., Magazin v. d. neuesten gemeinnützigsten grösstenth. verbess. u. zweckmaess. eingericht. mathemat. Instrumenten etc. II. Hft. — A. u. d. T.: Beschreib. e. Reichenbach'schen Wiederholungs-Kreises, neu construirt v. F. W. Breithaupt, des Heliotropen v. Gaus u. d. Hülfs-Heliotropen v. Stierlin, nebst kurzer Anleit. zur Prüfung u. Justirung, sowie üb. d. Auseinandernehmen, Zusammensetzen u. d. Transport dies. Instrumente. M. 3 Kpfrt. gr. 4. (10½ B.) Cassel 835, (Kriegersche Buchh.) *
1. Hft.: Beschreibung eines neu eingericht. repetir. Compensations-Theodolits, etc. Ebendas. 1827. * 18 Gr.

Breithaupt, Fr. Wlh., Magazin von mathemat. Instrumenten, deren man sich in der Geometrie, bei der Meß-Kunst, dem Nivelliren, Auftragen und Zeichnen bedient. 3. Heft. A. u. d. T.: Der Repetitions-Theodolit, neu construirt von F. W. Breithaupt. — Der Transporteur, neu construirt von J. W. Gattermann. — Der Dosensextant u. 2 Nivellir-Instrumente, neu construirt von F. W. Breithaupt. Mit 3 Kupfertaf. gr. 4. Kassel 840, Krieger. n. 1 ß

Breithaupt, FW, Magazin v. d. neuest., gemeinnütz., grösstentn verb. u. zweckm. eingericht. mathem. Instrumenten. IV. Hft. = Der Gruben-Theodolit beschr. v. G Breithaupt. 4. (36 m. 3 K.) Cass. 60, Kay. *n.* — 25

Breithaupt, Fr. Wilh., Magazin von den neuesten, gemeinnützigsten, grösstentheils verbesserten und zweckmässiger eingerichteten mathematischen Instrumenten, deren man sich in der Geometrie, bei der Civil- und Militär-Messkunst, dem Nivelliren etc. bedient. Nebst einer kurzen Beschreibung und Erklärung dieser Instrumente etc. 4. Heft. A. u. d. T.: Der Gruben-Theodolit nebst verschiedenen dazu gehörigen Hülfs-Apparaten mit Rücksicht auf Construction, Justirung und Anwendung beschrieben von G. Breithaupt. gr. 4. (36 S. mit 3 Kpfrt. in gr. 4., Fol. und qu. gr. Fol.) Cassel 860, (Krieger'sche Buchh.) *

Breithaupt, F. W., und Sohn, Magazin der neuesten mathematischen Instrumente des mathematisch-mechanischen Institutes. 5. und 6. Heft. gr. 4. Kassel, Kay. *
Inhalt:
Heft 5. Börsch, Otto, die Nivellir-Instrumente des mathematisch-mechanischen Institutes von F. W. Breithaupt & Sohn in Kassel, ihre Beschreibung, Prüfung und Berichtigung, sowie Anwendung. (VIII, 57 S. mit 11 lithogr. Taf.) 871. *ℳ 10.
» 6. —— Theodolite, astronomische Instrumente und Bussolen-Apparate des mathematisch-mechanischen Institutes von F. W. Breithaupt & Sohn in Kassel, ihre Beschreibung, Prüfung, Berichtigung und Anwendung, mit einer Einleitung über Theodolite im Allgemeinen. (XII, 95 S. mit 13 lithogr. Taf.) 876. *ℳ 6.
1. Heft vergriffen. 2.—4. Heft. Ebendas. 1835—60. *ℳ 11,40.

Breithaupt, Georg, aus Cassel: Über das optische Verhalten eingebrannter Gold- und Platinschichten. *Strassburg i. E. 1898: C. & J. Goeller.* (40 S.) 8°
Strassburg, Math.-naturw. Diss. v. 1898

— Beschr. einer neu erf. Markscheide-Instruments ꝛc. m. K. 8. Cassel, Griesbach. 800.

Breithaupt, Hnr. Karl Wlh., Beschreib. e. neuerfund. Markscheide-Instruments ꝛc. Mit 6 Kpf. 8. Cassel 800. (Luckhardt). (Leipz., Central-Compt.) 18 ɡ

Beschreibung einer verbesserten Studir- und Sparlampe, wie auch einiger andern sehr vortheilhaften Lampen, von *Wilhelm Heinrich Karl Breithaupt*, dem jüngern, Mechanikus in Cassel. Mit drey Kupfern. Cassel in der Griesbachischen Hofbuchhandlung, 8. 43 Seit. 1794

— Beschreib. e. verbess. Studir- u. Sparlampe, mit 3 Kpf. 8. Cassel 794. (Luckhardt). 8 ɡ

Vollständige Beschreibung einer neuen Merkurial-Nivean oder Wasser-Waage, mit Anweisung zum genauen Gebrauch derselben. Nebst Anhang über eine neue Setz-Waage, von *H. C. W. Breithaupt* Mechanicus und Optikus in Cassel. Mit Kupfern. Cassel in der Griesbachschen Hofbuchhandl. 8. 115 S. 2 Kupft. 1797

— Beschreib. einer Merkurial-, Niveau-, oder Wasser-Waage. M. Kpf. 8. Cassel 797. (Luckhardt). (Erf., Keyser). 10 ɡ

Breithaupt, Heinr. Carl Wilh., Darstellung einer auf vieljähr. Erfahr. gegründ. Lehrmethode, wonach auf Gymnas. u. in and. öffentl. Unterr.-Anstalten die Mathematik theoret. u. prakt. gründl. gelehrt werden kann, nebst Beschreib. e. auf- u. niedergehenden Lehrtafel. M. 2 Figtafn. gr. 8. (5 B.) Leipzig 829, [Krappe.]

— Darstell. e. auf vieljähr. Erfahrung gegründeten Lehrmethode, wonach auf Gymnasien u. in andern öffentl. Unterrichts-Anstalten die Mathematik theoretisch u. prakt. gründlich gelehrt werden kann. Mit 2 Figurent. gr. 8. Leipz. 829. Taubert. 8 ɡ

Breithaupt, C. H. W., das Duodecimal-System, vorgeschlagen f. Münze, Maß u. Gewicht in Deutschland, nebst Nachweisung, daß mit Duodecimalzahlen leichter u. schneller zu rechnen sei, als mit Decimalzahlen. Mit 3 Taf. (in qu. 4.) gr. 8. (VI u. 36 S.) Cassel 849, Fischer in Comm. n. ⅓ ß

— neue mathemat. Erfindungen von Last- u. and. Wagen. 4 Hfte. M. 3 Kpf. 8. Erf. 807 — 10. Keyser. 1 ß 4 ɡ

— Feilenhauermaschine, womit ein Kind die feinsten Feilen aller Arten in kurzer Zeit verfertigen kann. M. 1 Kpf. 8. Rudolst. 809. (Leipz., Hinrichs). 9 ɡ

— Feilhauermaschine, womit ein Kind die feinsten Feilen ꝛc. m. K. 8. Rudolst. Klüger. 809.

Ueber den Gebrauch verschiedener neuer und verbesserter Arten mathematischer und geometrischer Instrumente, die zur Feldmesskunst leicht und gut gebraucht werden können. Von *Henr. Carl Wilhelm Breithaupt* dem jüngern, Mechanikus in Cassel. Cassel b. Griesbach. 8. 119 S. m. 3 Kupft. 1796

— üb. d. Gebrauch verschied. neuen u. verbess. Arten mathemat. u. geometr. Instrumente z. Feldmeßkunst. M. 3 Kpf. 8. Cassel 796. (Luckhardt). 10 ɡ

BREITHAUPT, Heinrich Karl Wilhelm: Hand- und Lehrbuch der Feldmesskunst für Trigonometer, Geometer, Forstmänner und Landwirthe mit verschiedenen noch nicht bekannten und durch Beispiele erläuterten geometrischen und trigonometrischen Vermessungs- und Theilungs-Methoden. - Heidelberg, Speyer 1824 u. 1825. 2 Abt. - Abt. 1: 119 S. - Abt. 2: 266 S.

— Hand- u. Lehrbuch d. Feldmeßkunst. 2 Abtheill. M. 9 Tabb. u. 15 Fig.-Taf. 4. Heidelb. 824 u. 25. Oßwald. 3 ß 8 ɡ

— mathemat. Lehrmethode; nebst Auflösung v. 300 geometr. Exempeln, als Anh. zum 1n Thl. d. Mathematik. M. 2 Kpf. 8. Erf. 810. Keyser. 8 ɡ

Breithaupt, Hnr. Karl Wilh. (Hrsg.), s. Magazin für das Neueste aus der Mathematik.

— Magazin f. das Neueste a. d. Mathematik. 1r Bd. 1s — 3s Stck. Mit 8 Kpf. 8. Leipz. 805, 6. Cr. Fleischer. 2 ℛ

— Mathematik für Schulen u. Privatunterricht. 1r Thl. Geometrie 2c. M. 17 Kpf.; nebst Reiszeug mit Besteck. 8. Erf. 810. Keyser. 3 ℛ 6 ℊ M. 18 Kpf. ohne Reiszeug u. Besteck. 8. Ebd. 810. 2 ℛ 4 ℊ 2n Thls. 1e bis 4e Abthl. gr. 8. Lemgo 818. Meyer. 2 ℛ 8 ℊ 3r Thl. 1e bis 7e Abthl. gr. 8. Ebd. 819. 3 ℛ 7 ℊ

— Rechenbuch für Schulen u. Privatunterricht nach einem neuen Plane bearbeitet. 3 Bdchn. 8. Lemgo 820, 21. Meyer. 1 ℛ 12 ℊ

— Samml. d. vorzüglichst. u. neuest. mathemat. Instrumente. M. 5 Kpft. 8. Cassel 803. (Luckhardt). 14 ℊ

— Samml. arithmet. Uebungsaufgaben in ihrer Anwend. auf kameralist., kaufmänn., forstwissenschaftl. u. ökonom. Gegenstände, welche sich besonders mit Logarithmen u. Formeln viel leichter berechnen lassen. gr. 8. Heidelb. 826. Oßwald. 1 ℛ 4 ℊ

— Verzeichn. neu erfund. u. verbess. mathemat., physikal., optischer u. mechan. Instrumente. 3 Hefte. 8. Cassel 800 — 804. (Luckhardt). 12 ℊ

— neue Zeichen- u. Vermessungs-Instrumente, mit 3 Kpf. 8. Hannov. 812. Hahn. 8 ℊ

Breithaupt, Herm.: Die Rechtsprechg d. Reichsversicherg-amts auf Grund d. Unfallversichergsgesetze v. 30. 6. 1900 unter Berücks. der RVO v. 19. 7. '11. (11, 650) gr8° Berl., F Vahlen '12. 12 —; HF n 14 — d

— s: Sammlung v. Entscheidgn d. Reichsversichergsamts usw.

Breithaupt, J., Liederspiele. 8. Braunschw. 823. Lucius. 8 ℊ

Breithaupt, I. F., Iosephus Hebraic. s. rerum memorabil. de populo iudaico libr. VI. hebr. et lat. 4. Goth. Dietrich. 710.

Breithaupt, Joach. Just., Betrachtungen u. Ordinat.-Reden. 8. Halle, Waisenhaus. 757. Rthlr.

Breithaupt, Joach. Just., Betrachtt. v. d. wahren geistl. Salze. Mit e. Vorr. v. Bogatzky. 8. Halle 758. Waisenh.-B. 2 ℊ

Breithaupt, Joachim Justus (Präs.): De concubinatu . . .
s. Baumgart, Bernhard (Resp.)

— Epistolae anti-Pelagianae. 4. Halae, Waisenh. 712.

— gesegn. Gedächtniß od. d. a. dess. Tod gehalt. Reden 2c. Fol. Ebend. 736.

— Grundsätze christl. Glaubens- u. Lebens-Pflichten. 8. Halle, Kümmel. 713.

— **Joach. Just.** De haeresi juxta s. scripturae sensum. Observat. theol. Halle 1697 Acced. animadv. apolog. (Ch. A. Zeitler) 1709. 48 Seiten. (5.—) 3937

Breithaupt, J. J., de indulgentiis. Hal. 1718. 4.

Breithaupt, Institutiones theol. et morales. 5 Tom. 4. Halae, Kümmel, 716 — 32.

— Morale à part. 4. Ebend. 732.

— acht Closterberg. Charfreytags-Predigten. 8. Halle, Waisenh. 732.

— de perfectione partium. 4. ibid. 706.

— acht Predigten v. Geheimn. des Creuzes. 4. 724.

— Salomonis proverbia et ecclesiast. 4. ibid. 717.

— Salz der Erden, Schuldigkeit der Lehrer u. Zuhörer in Ordinat-Predigten. 4. Ebend. 757.

Breithaupt, Johann August Friedrich, s. Breithaupt, August

Breithaupt, Johann Christian

Breithaupt, Jh. Chr., Anweis. zum mechan. Gebrauch d. Stein'schen Brustpumpe; mit 1 Kpf. 4. Cassel 773. Nachricht zum Gebrauch des übrigen Apparats d. Stein'schen Brust- u. Milchpumpe. 4. Ebd. 774.

Breithaupt, Johann Wilhelm Wolfgang

Breithaupt, Jh. Wlh. Wolfg., († d. 29. Nov. 1818.) collegial. Antwort. an Bartels. 8. Braunschw. 789. Meyer. 4 ℊ

— über die Kroll'sche Apologie des Horstig'schen Taufformulars in d. Eusebia. 8. Braunschw. 796.

— kurzer Begriff aller Heilswahrheiten. 8. Halle 766. Schwetschke u. S. 8 ℊ

— erbaul. Betrachtt. über das Weltall. 8. Braunschw. 799. (Helmst., Fleckeisen). 6 ℊ

— Denkmahl zu Halle. Fol. Halle.

— Erbauungsbuch zu Vorbereit. auf d. heil. Abendmahl. 8. Braunschw. 784. Meyer. 8 ℊ

— etwas üb. die Versuchung Jesu in d. Wüste. 8. Braunschw. 788. Meyer. 4 ℊ

— etwas üb. d. Versuchung Christi in d. Wüsten. 8. Braunschweig, Meyer. 789.

— Gedächtnißpredigt auf d. Absterben d. Herzogs Karl d. 9. April 1789. gr. 8. Braunschw., Schulbuchh. 3 ℊ

— erbaul. Betr. üb. d. Weltall. 8. Braunschw. (Fleckeisen, Helmst.) 799.

— heil. Lieder. 3 Thle. 8. Halle 767—71. Schwetschke u. S. 18 ℊ

— Rede von d. Confirmation im J. 1779. 8. Braunschw., Schulbuchh. 2 ℊ

— heil. Reden üb. d. Evangelien. 3 Thle. gr. 8. Braunschw. 779, 81. Schulbuchh. 4 ℛ

— heil. Reden, nach d. Grundsätzen des Christenthums. gr. 8. Braunschw. 777.

— Reden bei d. Confirmation in d. J. 1789 u. 91. 8. Braunschw. 791.

— über Horstigs Taufformular in d. Eusebia. 8. Braunschw. 796.

— Theses credendor. et agendor. fundam. 8. Halae.

Breithaupt, Jh. Wlh. Wolfg., v. d. Unsterblichkeit u. dem Zust. d. Seele n. d. Tode. 8. Halle 767. 2e A. 771. Schwetschke u. S. 4 ℊ

— Unterr. in d. Religion, nach d. Grunds. d. Christenthums. 8. Braunschw. 778. Vieweg. 4 ℊ

— Unterr. in d. Religion 2c. 8. Ebend. 779.

Breithaupt, Just. Fr. Veit, s. Maupertuis Schreiben.

Breithaupt, Just. Fr. Vi., Spicilegii rerum Tarsicarum manipulus primus. Götting. 750. 4. (22 S.)

— **Justus Friedrich Vitus** (Helmstedt), De claris Tarsensibus. Comment. acad. Präs. Christoph August Heumann. Götting. (J. F. Hager) Juli 1748. 24 S. (5.—) 3939
Widm. v.: Präs., Ernst August Bertling, Christian Ernst v. Windheim, Georg Matthiae, Just. Christian Stuss (Ilfeld).

Breithaupt, Carl [aus Göttingen]: Ueber einige Derivate von Tetramethyldiamidobenzophenon. — Zur Kenntniss der Carbamate und Allophanate . . . . Göttingen, Druck d. Univ.-Buchdr. v. E. A. Huth, 1888; 47 + 1 S. 8°
Göttingen. Phil. Fak., Inaug.-Diss. v. 6. Febr. 1888

Breithaupt, Carl, über einige Derivate von Tetramethyldiamidobenzophenon. Zur Kenntniss der Carbamate und Allophanate. Inaugural-Dissertation. gr. 8. (47 S.) Göttingen 888, (Vandenhoeck und Ruprecht.) *

Breithaupt, Karl, Lehrplan f. d. evang. Religionsunterricht m. Rücksicht a. d. inn. Zusammenhang (Konzentration) d. verschied. Lehrgegenstände i. d. bad. Volksschulen. gr. 8. (XI, 177 S.) Bonndorf 896. J. A. Binder's Nachf. Geb. n.n. 2. 20

Breithaupt, K: Lehrpl. f. d. ev. Relig.-Unterr. m. Rücks. auf d. inneren Zusammenhang (Konzentration) d. verschied. Lehrgegenstände in d. bad. Volkssch. 8° (177) Bonndf 96, Spachholz & Ehrath. Geb. nn 2.20

— e. Sammlg. einfacher Schul-Gebete. gr. 8. (19 S.) Ebd. 896. n. — 20

— Special-Lehrplan m. bes. Rücksicht a. d. inn. Zusammenhang d. einz. Lehrgegenstände f. bad. Volksschulen. gr. 8. (VIII, 75 S.) Emmendingen 896. A. Dölter. n. 1. 30

Breithaupt, Karl Aug., Ratgeber f. badische Volksschullehrer, Lehrer an gewerbl. Fortbildungsschulen u. Gewerbeschulen, zugleich e. Geschäftskalender f. den dienstl. Verkehr der Lehrer m. den vorgesetzten Behörden: Ortsschulbehörde, Kreisschulvisitatur, Oberschulbehörde, Bezirksamt, Bezirksarzt etc. 3. verm. u. verb. Aufl. (76 S.) gr. 8. Bonndorf 904. Spachholz & Ehrath. Kart. n.n. 1. 50

Breithaupt, Karl Aug.: Ratgeber f. bad. Volkssch.-Lehr., Lehrer an gewerbl. Fortbildgssch. u. Gewerbesch. zugl. e. Geschäftskldr f. d. dienstl. Verkehr d. Lehrer m. d. vorgesetzten Behörden. 3. Afl. (70) gr8° Bonndf, Spachholz & Ehrath ('08). 1.50

Breithaupt, Karl Heinrich Wilhelm, s. Breithaupt, Heinrich Karl Wilhelm

— Carl Werner (Pritzwalk), De ruptura aortae. Diss. path.-anat. Bln. (Nietack) 29. VI. 1836. 32 S. m. Biogr. (M.: Scharlau.) (4.20) 3934
Oppon.: Ferd. Hammer, Fr. Allendorff, Em. Breithaupt. — Gew.: Wilh. Breithaupt (Vater).

Breithaupt, Ludw. v., Anleitung zu d. Unterricht in d. Kriegs-Dienst u. Waffen-Lehre, f. neu ausgehobene Wehrpflichtige, f. Stadt- od. National-Garden u. f. Landwehrmänner. 16. (10¼ B.) Stuttgart 830, (Sonnewald.)

Breithaupt, L. v. Anleitung zu dem Unterricht in der Kriegs-Dienst- u. Waffen-Lehre. Stuttgart 1832. 156 S.

— die Artillerie f. Offiziere aller Waffen, in systemat., taktisch. u. technisch. Beziehung dargest. 1—3. Thl. 1. Abthl. gr. 8. Stuttgart, (Sonnewald.)
Inhalt:
1. Thl.: System d. Artill. (25¾ B. incl. 2 Beil., 15 Tab. in 4. u. Fol. u. 4 Stnt. in Fol.) 831.
2. „ Taktik d. Artill. (13¼ B. incl. 3 Beil., 6 Stnt. in Fol., 5 in 4. u. 1 in 8.) 831.
3. „ Technologie d. Artill. 1. Abthl. Die Verfert., Uebernahme u. Aufbewahr. d. Geschützröhren, d. Eisenmunition 2c. (8 B., 1 Tab. in Fol. u. 2 in qu. Fol., nebst 1 Stnt. in Roy.-Fol.) 834.

— — Betrachtungen über die Kraft u. chemische Natur des Schießpulvers. Stuttgart, um 1830. 30 S.

— Feld-Dienst d. Artillerie. 16. (5¼ B.) Stuttgart 831, (Sonnewald.)

— Gedanken üb. d. Vervollkommnung d. Artillerie, mit Rücksicht auf v. Scharnhost's Ideen. gr. 12. Stuttg. 826. Löflund. 12 gGr.

— technisches Handbuch für angehende Artilleristen. 1r Thl. u. 2r 1e u. 2e Abthl. M. 5 Kpft. gr. 8. Stuttg. 821—23. v. Cotta. 3 Rthlr.

Breithaupt, L., de hydrophobia. 4. Gött. Brose. 794.

— Ludwig (Duderstadt), De hydrophobia. Diss. med. Götting. (H. M. Grape) 16. IV. 1794. 26 S. (5.—) 3940

— allgem. Umriß f. e. neue Organisat. d. Artillerie. 8. (4½ B., 1 Tab., u. 3 Stnt. in Fol.) Ludwigsburg 830, Nast.

— Umriß für eine neue Organisation der Artillerie 2c. .. Ludwigsb. 830. (Hamburg, Berendsohn.) ¾ Rthlr.

Breithaupt. Der Volkskrieg, dessen Einfluss auf die Bewegungen und auf den Parteigänger-Krieg. (74) 4. Winnenden 1835. — (VIII. 9. 284. 4) 8. M. 2 Krtn. ib. 1835.

Breithaupt, L. v., Vorlesungen üb. d. Systematik d. Artillerie f. Offiziere aller Waffen. M. 2 Stnt. 8. (21½ B.) Stuttgart 811, [Scheible, Rieger u. Sattler.] *

v. Breithaupt, L., Vorschläge zu Verbesserungen im Wesen der Artillerie 2c. .. Ludwigsb. 827. (Hamb., Berendsohn) 1½ Rthlr.

— Vorschläge z. Verbess. im Wesen d. Artillerie. 1e Abthl. d. takt. Artillerie. Mit 4 Tabb. u. 1 Steindr. 8. Ludwigsb. 827. Nast. 1 Rthlr. 12 gGr.

Breithaupt, von, und v. Kausler, Zeitschrift, f. Kriegswissenschaft. f. Zeitschrift.

Breithaupt, Marie, das Einmachen der Früchte, — häusliche Konditorei, — das Obst in der Küche, } f.: Pröpper, L. v.

Breithaupt, Paul Franz [aus Pössneck i. Thür.]: Über die Anatomie und die Functionen der Bienenzunge .... (Sep.-Abdr. aus d. Archiv f. Naturgesch.) Berlin, Nicolai'sche Verl.-Buchh. R. Stricker, 1886; 1 Bl. + 66 S. u. 2 Taf. 8°.
Leipzig, Phil. Fak., Inaug.-Diss. v. 16. Sept. 1886.

— Pet. Jacob (Nürnberg), Restitutionis in integrum. Thes. jur. Präs. Adam Balthasar Werner. Altdorf (H. Meyer) Okt. 1705. 20 S. (5.—) 3941

Breithaupt, R., s. Stimmen, deutsche.

Breithaupt, Richard, a. Kassel: Die Zigeuner und der deutsche Staat. E. Beitrag z. deutschen Rechts- u. Kulturgesch. Würzburg 1907: J. C. Becker. (87 S.) 8°
Würzburg, Jur. Fak., Ref. Mayer, Diss. v. 12. Sept. 1907
[Geb. 24. Dez. 75 Cassel; Wohnort: Cassel; Staatsangeb.: Preußen; Vorbildung: Gymn. Cassel Reife M. 96; Studium: Berlin 2, Freiburg i. B. 1, Heidelberg 1, Kiel 1, Marburg 1 S.; Rig. 17. Juli 07.]

Die natürliche Klaviertechnik. Von Rudolf M(aria) Breithaupt. Mit zahlr. Abb. u. Notenbeispielen. (Deutsche Ausg.) Bd [1.] 2. Leipzig: C. F. Kahnt Nachf. 1905–06. 1 Bd 4°(8°), 1 Bd quer-4°
[1.] (Handbuch d. pianistischen Praxis.) Die freie, rhytmisch-natürl. Bewegung ⟨Automatik⟩ d. gesamten Spielorganismus ... als Grundlage d. 'klavierist.' Technik. Mit photogr. Aufnahmen, graph. Darstellungen. 1905.
2. Die Grundlagen d. Klaviertechnik. Grosse prakt. 'Schule d. Technik' z. Erlernung d. freien, natürl. Gewichtspieles ⟨Balance d. Schwere⟩ f. alle Ausbildungsklassen d. Vor- u. Mittelstufe. Mit Zeichnungen. 1906. [07. 7290

Breithaupt, Rud. M., die natürliche Klaviertechnik. Die freie rhythmisch-natürl. Bewegg. (Automatik) des gesamten Spielorganismus (Schulter, Arme, Hände, Finger) als Grundlage der „klavierist." Technik. Mit zahlreichen Abbildgn., photograph. Aufnahmen, graph. Darstellgn. u. Notenbeispielen. 2., umgearb. u. stark verm. Aufl. (XII, 447 S.) gr. 8. Leipzig 905. C. F. Kahnt Nachf. Geb. in Leinw. n. 6. —
1. Aufl. (X, 316 S.) 905. n. 5. —; geb. n. 6. —; erh. Pr. n. 7. —; geb. n. 8. —.

— dasselbe. II. Bd. Die Grundlagen der Klaviertechnik. Grosse prakt. „Schule der Technik" zur Erlerng. des freien, natürl. Gewichtspieles (Balance der Schwere) f. alle Ausbildungsklassen der Vor- u. Mittelstufe. Mit zahlreichen photograph. Abbildgn., Zeichngn. u. Notenbeispielen. (65 S.) qu. Lex.-8. Ebd. (906.) Kart. n. 4. —

Breithaupt, Rud. M: Die natürl. Klaviertechnik. (In 2 Bdn.) 1. Bd. Handb. d. modernen Methodik u. Spielpraxis. 3. Afl. (18, 804 m. Abb., 14 Taf. u. Notenbeisp.) gr8° Lpzg, CF Kahnt Nf. '12. 10 —; geb. 12 —

Breithaupt, Rud. M., natural piano-technic vol. II. School of weight-touch. A practical preliminary school of technic teaching the natural manner of playing by utilizing the weight of the arm. Preliminary to intermediate grade. With numerous photographic illustrations, drawings and musical examples. English translation by John Bernhoff. (100 S.) 26,5×29,5 cm. Leipzig (909). C. F. Kahnt Nachf. Kart. 5. —
Vol. I ist noch nicht erschienen.

Breithaupt, Rud. M., la technique naturelle du piano. Vol. II. 26,5×34 cm. Leipzig, C. F. Kahnt Nachf. Kart. 4. —
II. Les fondements de la technique pianistique. Ecole technique du jeu libre, naturel, par la mise en action de la pesanteur propre du bras (degré inférieur au degré moyen). Avec de nombreuses illustr. photographiques, des dessins et exemples notés. Traduction française de Ernest Closson. (65 S.) (907.) Kart. 4. —
Der 1. Tl. ist nicht in französ. Ausg. erschienen.

— La technique naturelle du piano. Vol. II. Les fondements de la technique pianistique. Traduction franç. de Ernest Closson. (65 m. Abb.) 26,5×34 cm. Ebd. (07). Kart. 4 —
Vol. I ist in engl. u. französ. Ausg. noch nicht erschienen.

Musikalische Zeit- und Streitfragen. Gesammelte Skizzen u. Aufsätze. Von Rudolf M[aria] **Breithaupt**. Bd 1. Berlin: H. Neelmeyer [1906]. 8° [F.]
= **Bücherei**, Deutsche. Bd 58. [06. 10009.

[F.] Chronik der Familie Breithaupt in Biographien gesamm. v. Th. **Breithaupt**. *Hannover: Dr. d. Schlüterschen Buchdr. 1898.* (XI S., 1 Bl., 182 S.) 1 Bd 8. [98. 7264

Breithaupt, Th.: Chronik d. Familie Breithaupt. 3 Bde. (Mit Abb.) gr8° Hannov. (Eschershausen, F Seulcke.) nn (19.50) nu 33 — d 1. (11, 189) 1898. (nn 6.50) nn 20 — 2.3. (227 u. 220 m. 2 u. 2 Taf.) 03.07. Jo nn 6.50.
Der 1. Bd trägt d. Zusatz „in Biographien" u. ist vergriffen.

Breithaupt, Th.: Kriegserinnergn d. Familie Breithaupt. Gesammelt. (520 m. 32 Bildn. auf Taf.) gr8° Itzehoe '12. (Eschershausen, F Seulcke.) nn 9 — d

Breithaupt, Thusnelda, Epheuranken. Gedichte. (VIII, 276 S.) 8. Hannover 904. Ulm a/D., Frl. Th. Breithaupt. Geb. in Leinw. 8.50

Die Aufstellung des Breithaupt'schen Theodolits mit Signalen in der Grube. Von Wilhelm **Breithaupt** in Kassel. *Itzehoe 1899: G. J. Pfingsten.* (7 S.) 4° [Umschlagt.] [00. 6860

Breithaupt, Wilh. Ritter v., der Entwicklungsgang und die darauf gegründete Systematik des Zünderwesens, sowie das einheitliche Sprenggeschossfeuer, mit Hindeutung auf die Beziehungen zu glatten und gezogenen Geschütz, — zur Feld-, Festungs- und Marine-Artillerie. gr. 8. (XXXVIII, 224 S. mit 3 Uebersichtstaf. in qu. gr. Fol.) Cassel 868, Kay. *

Breithaupt, W., der berittene Infanterie-Offizier. Fingerzeige, betreffend den Ankauf, die Behandlung, Zäumung rc. des Pferdes, sowie das Verhalten des Reiters in einzelnen Fällen rc. gr. 8. (29 S.) Potsdam 867, Riegel'sche Buchh. *

—— d. beritt. Infant.-Offizier. Fingerz., betr. d. Ankauf, d. Behandlg etc. d. Pferdes. 8. (29) Potsd. 67, Stein. n. — 5

Breithaupt,....., Leitfaden bei d. Instruction des Kavalleristen. 1. Hft.: Für den im 1. Jahre dienenden Kavalleristen. — 2. Hft.: Für den bereits länger als 1 Jahr dienenden Kavalleristen. 8. (128 S.) Berlin 847, Herbig. (à 1/6 ₰) 1/3 ₰

Breithaupt, Oberstlieutn. i. R. Wilh. Ritter v., zum Sprenggeschoss-Feuer der Land- und See-Artillerie. Ein Beitrag zur Entwicklung dieses Hauptgegenstandes in den Artillerien bis zur Neuzeit. Für Officiere aller Waffen. gr. 8. (XII, 169 S.) Kassel 877, Kay. *

Breithaupt, Wolfg.: D. Wechsel beigef. Notadresse. Jurist. Diss. 1910.

Breitholz, D: Geschäftsgänge f. ländl. Fortbildgsch., s: Hoffmeister, Wilh., u. Karl Wüster, Geschäftsgänge u. Aufg. f. d. Unterr. in d. Buchführg.

Breithuth, B., s. Adreßbuch der herzogl. Residenzstadt Coburg.

Breitich, G. s.: Adler's, A. commercielles Hdb.

Breiting, Carl, Untersuchungen betr. den Kohlensäuregehalt der Luft in Schulzimmern. Bericht an das Sanitätscollegium v. Basel-Stadt. gr. 8. (69 S. m. 9 Steintaf. in gr. 8. u. qu. 4.) Basel 871. Schweighauser. n. 2. —

Breiting, Herm., Lehrgänge in der Metallarbeit, s.: Götze, Wold., aus der Lehrerbildungsanstalt d. deutschen Vereins f. Knabenhandarbeit.

Breiting, Johann Georg (Augsburg), Morborum quorundam rariorum in neonatis occurentium descriptionem. Diss. med. Jena (Schlotter) 4. IV. 1799. 48 S. (5.—) 3942

Breitinger, Johann Jakob. [Zürich 1817.] V: *Brennwald, Bernh.* (Cat. d. Stadtbibl. Zürich. Zürich 1864—97.)

Breitinger. Johann Jakob B', Antistes.) Njbl. *s.* [Schulthess, Johann Georg *II*].

(Breitinger. Antistes Johann Jakob B', geboren 1575, starb 1645) Njbl. *s.a.* [Hafner, Hans Caspar].

Breitinger, Antistes Johann Jakob. [Zürich 1815.] V: *Hafner, Hs Casp.* (Cat. d. Stadtbibl. Zürich. Zürich 1864—97.)

(Breitinger. Antistes Johann Jakob B'... und die Aufnahme Fremder in Zürich während des dreissigjährigen Krieges.) Njbl. *s.* [Meyer, Johann Ludwig *II*].

Breitinger. Johann Jakob B', öfentlicher Lehrer.... [Biographie.] 4. [Zürich 1774.]
[Herrliberger, David. Fortsetzung des schweizerischen Ehrentempels.. Stück 4.]

Breitinger. Johann Jakob B', öfentlicher Lehrer der griechischen Sprache und Canonikus des Stifts zum grossen Münster in Zürich. [Biographie.] 4. *o. O. u. J.* [ca. 1776].
12 S — Veränderter SA. aus: Monatliche Nachrichten ... vom Jahre 1776. Zürich 1777.

(Breitinger. Johann Jakob B'. Professor.) Njbl. *s.* [Brennwald, Leonhard].

Breitinger und **Pestalozzi**, L. Plan der Stadt **Zürich**. 1852. 1 Bl. K.

Breitinger, Dav., († d. 31. Jan. 1811.) Anfangsgründe d. Geometrie u. Einleitung in die prakt. Geometrie. 8. Zürich 805.

— Anfangsgr. d. Rechenkunst u. Geometrie. 8. Zürich 773.

Breitinger, D. Erste Anfangsgründe der Rechenkunst und der Geometrie. Zürich 1782.

Breitinger, D., Instruktion über d. Blitzableitung im Canton Zürich. 4. Zürich 830. Schultheß. 12 gr.

Breitinger, D., Instruction üb. d. Blitzableitung im Canton Zürich. 2., verm. Aufl. 4. (4½ B. m. 8 lith. Zeichn.) Zürich 830, Schultheß.

(Breitinger. Professor David Breitinger; — Die Tollkirsche oder Wolfskirsche. [Mit 1 Porträt und 1 Tafel.]) Njbl. Naturf. Ges. Zürich 1818. 4. [Zürich.]
Mutmasslicher Verfasser: Johann Jacob Römer.

Breitinger, Georg Michael: Eine kleine Aehrenlese aus den Briefen des Lucius Annäus Seneca. S. 3-9. Progr. Würzburg 1827.

[Breitinger, Heinrich.] Biographische Anekdoten für die reifere Jugend. Gesammelt von einem ihrer Freunde [Professor H' B']. 8. Frauenfeld 1867.

Breitinger, H. Aphorismen zur französischen Grammatik und Phraseologie. Frauenfeld, Kantonssch., 1861. 22 S. 4.

Breitinger, Heinr., englische Briefe. Zum Rückübersetzen aus dem Deutschen ins Englische bearbeitet. gr. 8. (IV, 106 S.) Zürich 882, Schulthess. * 1 60

Breitinger, H. Englische Briefe. Zum Rückübersetzen aus dem Deutschen ins Englische. In-8°, 106 S. Zürich, Druck und Verlag von F. Schulthess, 1883. 1 80

Breitinger, H., französische Briefe. Zum Rückübersetzen aus dem Deutschen ins Französische. gr. 8. (112 S.) Zürich 874, Schultheß. *

Breitinger, H. Französische Briefe. Zum Rückübersetzen aus dem Deutschen in's Französische. 2. Aufl. In-8°, 112 S. Zürich, F. Schulthess. 1880 1 40

Breitinger, H. Französische Briefe. Zum Rückübersetzen aus dem Deutschen ins Französische. 3. durchgesehene Aufl. gr. 8. (112 S.) Zür. 889, Schultheß. * 1 20

Breitinger, H. (Prof. an der Universität in Zürich). Italienische Briefe. Zum Rückübersetzen a. dem Deutschen in's Italienische. In-8°, 120 S. Zürich, Fr. Schulthess, 1882. 2 40

Breitinger. H. Italienische Briefe zum Rückübersetzen aus dem Deutschen ins Italienische. 2. Aufl., revidiert und mit einer Sammlung italienischer Originalbriefe versehen, von Prof. Dr. *G. Pizzo.* 8°. 172 S. Zürich, Schulthess & Co. 2 40 1901

—— die Charakterprobe. Schauspiel in 5 Akten von Emil Augier und Jules Sandeau. Ein Polizeifall. Lustspiel in einem Akte von Edm. About. Zum Rückübersetzen aus dem Deutschen in das Französische bearb. gr. 8. (109 S.) Zürich 874, Schultheß. *

—— das Dorf von Octave Feuillet. Scenen aus den Lustspielen Victorien Sardou's. Das gute Herz von Berquin. Zum Rückübersetzen aus dem Deutschen in das Französische bearb. gr. 8. (96 S.) Zürich 874, Schultheß. *

—— Elementarbuch der französischen Sprache für Mittelschulen [Real- und Bürgerschulen]. 1. und 2. Heft. gr. 8. Ebendas. 882. [1. Heft. (VII, 152 S.) *M. 1,20.; 2. Heft. (80 S.) *M. 1.] * 2 20

Breitinger, H. Elementarbuch der französ. Sprache für die Sekundarschulstufe. In-8°, 240 S. Zürich, F. Schulthess. 1880 2 —

Breitinger, H. Elementarbuch der französ. Sprache für die Sekundarschulstufe. 4. Aufl. In-8°. VII, 152 u. 80 S. Zürich, Fr. Schulthess. 2 — 1889

Breitinger, H. Elementarbuch der franz. Sprache f. die Sekundarschulstufe. 2. Heft. Syntax. 5. Aufl. 8°. 180 S. Zürich, Schulthess & Co. br. 1 — cart. 1 20 1900

— Zur Geschichte der französischen Grammatik (1530—1647). Ebd. 1867. 48 S. 4.

Zur Geschichte der französischen Grammatik (1530—1647). Frauenfeld 1868. Progr.-Schr.

Breitinger, H. Grundzüge der englischen Literatur- und Sprachgeschichte. In-8°. Zürich, F. Schulthess. 1879 2 —

—— Grundzüge der englischen Litteratur- und Sprachgeschichte. Mit Anmerkungen zum Übersetzen ins Englische. 1. und 2. verb. Aufl. gr. 8. (III, 95 S.) Ebendas. 880,84. * 1 60

Breitinger, H., Grundz. d. englischen Litteratur- u. Sprachgeschichte. M. Anmerkgn. z. Übersetzen ins Englische. 3. Aufl., besorgt v. Thdr. Vetter. gr. 8. (IV, 122 S.) Zürich 896. F. Schulthess. n. 1. 60

Breitinger, H., die Grundzüge der französischen Literatur u. Sprachgeschichte. Mit Anmerkungen zum Uebersetzen in's Französische. 2. Aufl. 108 S. gr. 8. Zürich, F. Schulthess. 1. 40

Breitinger, H. Die Grundzüge der französischen Literatur- u. Sprachgeschichte. Mit Anmerkungen z. Uebersetzen in das Französische. 3. Aufl. In-8°. Zürich, F. Schulthess. 1880 1 40

Breitinger, H., die Grundzüge der französischen Litteratur- und Sprachgeschichte. Mit Anmerkungen zum Übersetzen ins Französische. 5. durchges. Aufl. gr. 8. (VII, 108 S.) Zürich 885, Schulthess. *

— die Grundzüge der französischen Litteratur und Sprachgeschichte. Mit Anmerkgn. zum Übersetzen ins Französische. 6. Aufl. gr. 8. (VII, 108 S.) Ebd. 889. n. 1. 20

Breitinger, H., die Grundzüge der französischen Litteratur- u. Sprachgeschichte. Mit Anmerkgn. zum Übersetzen ins Französische. 7., durchgeseh. Aufl. gr. 8. (VII, 108 S.) Zürich 895. F. Schulthess. n. 1. 20

Breitinger, H[einrich]. Die Grundzüge der französischen Litteratur- und Sprachgeschichte. Mit Anmerkungen zum Übersetzen ins Französische. 8. Aufl., neu bearb., berichtigt und ergänzt von Dr. E Leitsmann ... in Leipzig. VIII + 182 S. 8. Zürich, Schulthess & Co., 1902. (br. fr. 2. 60, geb. fr. 3. —)

Breitinger, H., die Grundzüge der französischen Literatur- und Sprachgeschichte bis 1870. Mit Anmerkungen zum Uebersetzen in's Französ. gr. 8. (VII, 102 S.) Zürich 875, Schulthess. *

Breitinger, H. (Prof.). Grundzüge der italienischen Literaturgeschichte bis zum Jahre 1879. In-8°, Zürich, F. Schulthess. 1879 2 —

Breitinger, H. Grundzüge der italien. Litteraturgeschichte bis zur Gegenwart. 2. Aufl. Durchgesehen u. ergänzt von *G. Pizzo.* Gr. in-8°. I, 115 S. Zürich, F. Schulthess. 1892 2 40

Breitinger's Grundz. d. engl. Sprach- u. Lit.-Gesch. 4. Afl. v. Ph. Aronstein. (6. 164) 8° Zür., Schulthess & Co. '11. L 2 —

—— die französischen Klassiker. Charakteristiken und Inhaltsangaben. Mit Anmerkungen zur freien Uebertragung aus dem Deutschen in's Französ. versehen. 1. Aufl. (98 S.) 1875; 2. Aufl. gr. 8. (100 S.) Ebendas. 879. *

Breitinger, Heinr., die französischen Klassiker. Charakteristiken und Inhaltsangaben. Mit Anmerkungen zum Uebersetzen aus dem Deutschen ins Französ. 3. durchges. Aufl. gr. 8. (100 S.) Zürich 883, Schulthess. *

Breitinger, H. Die französischen Klassiker. Charakteristiken und Inhaltsangaben. 4. Aufl. Gr. in-8°, 99 S. Zürich, F. Schulthess. 1887 1 50

Breitinger, H. Die französischen Klassiker. Charakteristiken und Inhaltsangaben. Mit Anmerkungen zum Uebersetzen aus dem Deutschen ins Französische. 5. durchges. Aufl. In-8°. 100 S. Zürich, F. Schulthess, 1892. 1 40

Breitinger, H., und I. Fuchs, französisches Lesebuch für untere Industrie- und Sekundarschulen. 2 Hefte. gr. 8. (IV und 285 S.) Frauenfeld 863, Huber. à Heft * 8 Ngr. *

Breitinger, H., und J. Fuchs. Französisches Lesebuch für Mittelschulen. 1. Teil. 7. Aufl. Neu bearb. von *G. Büeler* u. *P. Schneller*. In-8°. IV, 184 S. Frauenfeld, J. Huber's Verlag. Cart. 1 60
1892

Breitinger, H. und J. Fuchs. Französisches Lesebuch für Mittelschulen. 1. Teil. 8. Auflage. Neu bearbeitet von *G. Büeler* u. *P. Schneller*, Professoren an der thurgauischen Kantonsschule. IV, 212 S. In-8°. Frauenfeld, J. Huber's Verlag.
1893 In Lwd. gebd. 1 80

Breitinger, H., u. J. Fuchs. Französ. Lesebuch f. Mittelschulen. 1. Tl. Neu bearb. v. *G. Büeler* u. *P. Schneller*. 9. Aufl. In-8°. IV, 212 S. Frauenfeld, J. Huber. 1897 Lwd. 1 80

—— —— **Französisches Lesebuch f. Real- od. Mittelschulen u. ähnliche Anstalten. 2. Heft. 3. Aufl., neu bearb. von J. Gutersohn.** gr. 8. (VIII, 112 S.) Ebd. 889. cart. * 1 20

—— und J. Fuchs, französisches Lesebuch für Sekundar- und Industrieschulen. 2 Hefte. gr. 8. Frauenfeld, Huber. [1. Heft. 2.—4. Aufl. (VI, 143 S.) 867—77; 2. Heft. 2. Aufl. (119 S.) 869.] à Heft * 80 Pf. *

— u. J. **Fuchs**, französisches Lesebuch für Sekundar- u. Industrieschulen. 1. Hft. 5. Aufl. gr. 8. (VI, 143 S.) Frauenfeld 880. Huber. n. — 80

—— **und J. Fuchs, französisches Lesebuch für Sekundar- und Industrieschulen. 1. Heft. 5. Aufl. gr. 8. (VI, 143 S.) Frauenfeld 882, Huber.** *
2. Heft. Ebendas. 1869. * 80 Pf.

—— und J. Fuchs, französisches Lesebuch für Sekundar- und Industrieschulen. 1. Heft. 6. Aufl. 8. (VI, 143 S.) Frauenfeld 887, Huber. *
2. Heft. Ebendas. 1869. * 80 Pf.

—— aus neuern Litteraturen. gr. 8. (III, 264 S.) Ebendas. 879. *

Breitinger. H[einrich]. Aus dem Nachlasse Jakob Heinrich Meisters. [SA.] 8. [Zürich 1885.]

Breitinger, H.: Der Salon Rambouillet und seine kulturgeschichtliche Bedeutung. Progr. d. Thurgauischen Kantonsschule für das Schuljahr 1873/74. XXXII u. 33 Stn. 4. Frauenfeld, J. Huber's Buchdr.

— Studien u. Wandertage. Mit Portrait u. Lebensabriss. gr. 8. (XXXVI, 327 S.) Frauenfeld 890. Huber. n. 3. —; geb. n. 4. —

—— das Studium des Italienischen. Die Entwickelung der Litterärsprache. Bibliographie der Hülfsmittel des Studiums. gr. 8. (IV, 114 S.) Ebendas. 879. *

—— Studium und Unterricht des Französischen. Ein encyclopaed. Leitfaden. gr. 8. (192 S.) Ebendas. 877. *

—— Studium und Unterricht des Französischen. Ein encyklopäd. Leitfaden. 2. verm. Aufl. gr. 8. (210 S.) Ebendas. 885. *

Breitinger, H. (Prof. à l'univers. de Zürich). Les unités d'Aristote avant le Cid de Corneille. Étude de littérature comparée. In-12°, 74 p. Genève et Bâle, H. Georg. 1879 2 —

Breitinger, H. Les Unités d'Aristote avant le Cid de Corneille. Étude de littérature comparée. Deuxième Édition. In-12°. 79 p. Bâle, Genève, Lyon, Georg & Co. 1894 2 —

Breitinger, Heinr., die Vermittler des deutschen Geistes in Frankreich. Antrittsrede. 8. Zürich, F. Schulthess. 1876 1. 20

Breitinger. [Johann Heinrich]. Gedächtniss-Rede am Tag nach der Beerdigung meines sel. Bruders *s.* Zwingli. [Johann] L[udwig]. Worte der Freundschaft. Winterthur 1817.

Breitinger, Johann Jakob. Joh. Jac. Breitingers // Critische Abhendlung // Von der // Natur den Absichten // und dem // Gebrauche // der // Gleichnisse. // Mit Beyspielen aus den Schriften // der berühmtesten alten und neuen // Scribenten erläutert. // Durch // Johann Jacob Bodmer // besorget und zum Drucke // befördert. // Zürich, verlegts Conrad Orell und Comp. // 174o. - 16 Blatt (nicht paginiert) Titelblatt, Vorrede des Herausgebers und Inhaltsverzeichnis. - 5o6 S. und noch 9 Blatt (nicht paginiert) Register.
Auf dem Vorblatt steht die Widmung:
Der deutschen Gesellschaft
in Leipzig
wiedmet dieses
D. Michael Morgenbeßer
aus Breßlau.

B. S. T. 8°.121.

Breitinger, Joh.Jak. (Hrsg.), s. Beyträge, Historische und kritische, zu der Historie der Eidgenossen.

Breitinger, I. I., de antiquissimo turicens. bibliothecae graeco. c. fig. 4. maj. Tig. Orell, Füssli et C. 748.

Breitinger, Joh.Jak. (Hrsg.), s. Bibliothek, Helvetische, bestehend in historischen, politischen und critischen Beyträgen ....

Breitinger. J. J. Kritische Dichtkunst. Zürich 1740.

Breitinger, J. J., de Graeco Psalmorum libro epistola ad Quirinum. Tigur. 748. 4. 10gr.

Breitinger, Johann Jacob // [1701–1776]. Eine Erinnerung aus der Geschichte des Grossmünsters in Zürich. Zum Gedächtniss an J' Jakob B', † 14. Dezember 1776. Der allgemeinen geschichtsforschenden Gesellschaft der Schweiz gewidmet bei ihrer Jahresversammlung in Zürich. am 19. August 1873. [Mit 2 Vignetten.] 4. [Zürich 1873.]

Breitinger, Johann Jacob.
Examen des Lettres sur la Religion Essentielle ... Traduit du Latin ... Zurich 1741. Ü: *Rosset, Jean Alphonse.* (BrMm)

Breitinger, J.J. (Hrsg.), s. Fabeln aus den Zeiten der Minnesinger.

Breitingeri, J. J., Libellus in Pers. I, 92-105. Tigur. 723 4. Sie stehet auch in *Museum* Helvet. Tom. II. P. VII.

Breitinger, Joh. Jak. (Hrsg.), s. Museum Helveticum ad juvandas literas in publicos usus apertum.

* **MÜTZE**, Die. Eine Französische Erzählung aus dem Lande der Freien (von *Joh. Jac. Breitinger*, geb. zu Zürich 1. März 1701, † das 13. (nicht 15.) Dezbr. 1776). O. O. u. J. (174*). 8°. 16 S. (In Berlin: Yr 631.) S. Briefe der Schweizer S. 88 Anm.
Der ursprüngl. Plan der (witzigen) Satire ist in der Crit. Smmlg. 9 St. (1743) S. 109 mitgetheilt — Seuffert's Vierteljschr. 2, 89. (Goedeke IV, 757, zu S. 12, Nr. 2.)

Breitinger (Joh. Jac.). — *Zuverlässige Nachricht und Untersuchung von dem Altertum der Stadt Zürich und von einer neuen Entdeckung merkwürdiger Antiquitäten einer bisher unbekannten Stadt in der Herrschaft Knonau. – Zürich, bey Heidegger u. Co,* 1741, 2 Bll., 52 u., 32 SS.
1 pl. gravées par *Freylog.*

Breitinger, Joh. Jak., s. National-Litteratur, deutsche.

— v. Nat., Absicht u. Gebr. d. Gleichnisse. m. Beysp. erl. v. Bodmer. 8. Ebend. 740.

Breitinger, J. J., v. Natur, Absicht u. Gebrauch d. Gleichnisse. Zür. 1740. 8.

Breitinger, Johann Jakob, s. O p i t z , Martin: Lobgedichte.

— orationes IV. solenn., quibus eccles. Turicens. natales concelebravit. 8. Zürich 776. Orell. 10 gr

Breitinger, Jh. Jak., († d. 15. Dec. 1776.) principia artis cogitandi. 8. Zürich 736. 2e A. Ebd. 752. Orell. 6 gr

— de principiis in examinanda r e l i g i o n e. 8. ibid. 741.

Breitinger, Joh. Jakob (Hrsg.), s. T e m p e Helvetica...

— vetus t e s t a m e n t u m. IV Tmi. 4. ibid.

Breitinger, Joh. Jakob (Hrsg.), s. Z e i t u n g e n , Neue, aus der gelehrten Welt.

R. B r e i t i n g e r , Zürich. Erstellung von Warmwasser- und Dampf-Niederdruckheizungen, Central- und Etagen-Heizungen. Radiatoren für Dampf- und Warmwasserheizungen: Liste Nr. 30. [Illustriert.] II S. + 17 Bl. 8. Zürich, Art. Institut Orell Füssli, [1901].

B r e i t k o p f — Catalogus bibl. Breitkopfii. Lips. 795. 2 Vol. 8.

Neue Lieder (von Johann Wolfgang v. G o e t h e) in Melodien gesetzt von Bernhard Theodor **Breitkopf**. Leipzig: B. Ch. Breitkopf & Sohn 1770. (Neudruck. Hrsg.: Albert K ö s t e r. Leipzig: Inselverl. 1906.) (42, 6 S.) quer-8° [06. 8849

Breitkopf, Johann Gottlob Immanuel

Breitkopf, Jh. Glo. Imm., († d. 23. Nov. 1794.) Beschreib. d. Reichs der Liebe, m. beigefügten Landkarten. 4. Leipz. 777. Breitkopf. 4 gr (A. u. d. T.: Zweiter Versuch üb. d. Druck geogr. Karten. 4. Ebd.)

BESCHREIBUNG d e s R e i c h s d e r L i e b e m i t b e y g e f ü g t e m L a n d k ä r t g e n. (Typograph. Scherz von *Joh. Gottlob Immanuel Breitkopf*.) Nürnberg 1778. 8°. Rar! (4 Mk. Julius Neumann, Magdeb., 1906.)
Zuerst gedr. Leipzig, Breitkopf, 1777. 8°.

— — Dasselbe. (Neudruck.) Leipzig, Dyk'sche Buchhandlung, o. J. (c. 1870). 16°. (2 Mk., mit Orig.-Umschl., Adolf Weigel, 1904.)

— über Bibliographie u. Bibliophilie. gr. 4. Leipz. 793. Breitkopf u. H. 4 gr

— üb. d. Druck der geograph. Karten. 3 Thle. 4. Leipz. 777—79. Breitkopf u. H. 16 gr

— exemplum geographiae Sinicae. 4. Leipz. 789. (Brockhaus). 4 gr

— üb. d. Gesch. d. Erfind. d. Buchdruckerkunst. gr. 4. Leipz. 779. Breitkopf u. H. 6 gr

Breitkopf, Joh. Gottlob Imm. (Hrsg.), s. M a g a z i n des Buch- und Kunsthandels . . .

— Nachricht von d. Stempelschneiderei u. Schriftgießerei. Zur Erläuter. d. Enschedischen Schriftprobe. gr. 4. Leipz. 777. (Brockhaus). 6 gr

— der Quell der Wünsche. Mit 1 Karte. 4. Leipz., Breitkopf u. H. 4 gr (A. u. d. T.: Dritter Versuch üb. d. Druck d. Landkarten.)

Breitkopf, Johann Gottlob Immanuel. Versuch über den Ursprung der Spielkarten . . . Leipz. 1784—1801. H: *Roch, Joh. Chn Frdr.* (Ebert)

— Versuch, d. Ursprung der Spielkarten rc. zu erforschen. 1r Thl. M. 14 Kpf. gr. 4. Leipz. 784. Breitkopf u. H. 1 Rthlr 8 gr 2r Thl. (A. u. d. T.: Beitrr. z. Geschichte d. Schreibekunst rc. Aus d. Verfass. Nachlasse, herausg. v. J. Chr. Fr. Roch.) gr. 4. Leipz. 801. (Brockhaus). 3 Rthlr Schrbp. 3 Rthlr 8 gr

— — dess. 2r Theil. (a. u. d. Tit.: Beyträge z. Gesch. der Schreibekunst. v. J. C. F. Roch.) gr. 4. Leipz. Gleditsch. 801.
Schrbp.

Breitkopf, Otto

Breitkopf, der Angriff üb. die Ebene nach dem Ex.-R. 1906, beleuchtet durch Beispiele aus der neuesten Kriegsgeschichte, s. a. M i l i t ä r - W o c h e n b l a t t. 1908. Beiheft 2.

Der Angriff über die Ebene nach dem Ex. R. 1900 beleuchtet durch Beispiele aus der neuesten Kriegsgeschichte. Vortrag geh. von [Otto] **Breitkopf**, Oberst. Mit 4 Skizzen. Berlin: E. S. Mittler & Sohn 1908. (S. 54—72.) 8° [Umschlagt. J.]
= **Militär-Wochenblatt**. 1908, Beih. 2, [1.] [08. 3191

— Vorbereitung, Durchführung, Beurteilung gefechtsmäßigen Schießens in größ. Abteilgn., s. a. M i l i t ä r - W o c h e n b l a t t. 1908. Beiheft 6.

Vorbereitung, Durchführung, Beurteilung gefechtsmässiger Schiessen in grösseren Abteilungen. Besonders über gefechtsmäßiges Belehrungs- u. Prüfungsschiessen. Vortrag geh. vor den z. Militär-Schiessschule kommand. Offizieren von Oberst [Otto] **Breitkopf**. Umgearb. 1908. Berlin: E. S. Mittler & Sohn 1908. (S. 251—268.) 8° [Umschlagt. J.]
= **Militärwochenblatt**. 1908, Beih. 6, [1.] [08. 10445

B r e i t k o p f, R o b e r t, die Punktion und ihre Bedeutung für die ärztliche Praxis in diagnostischer und therapeutischer Beziehung. Diss. Freiburg i. B. 1887. 8°. 16 S.

Breitkopf u. Härtel, Buchdrucker, Buch- und Musikalienhändler in Leipzig . . . [Leipzig 1875.] V: *Hase, Oscar.* (cb)

Breitkopf & Härtel's Sammlung m u s i k w i s s e n s c h a f t l i c h e r Arbeiten v. deutschen Hochschulen. 1. Bd. gr. 8. Leipzig 898. Breitkopf & Härtel. n. 9. —
D. Choralnotenschrift b. Hymnen u. Sequenzen. E. Untersuchg. d. auf Linien gesetzten Neumen als paläograph. Vorstudie z. Geschichte d. einstimm. Liedes i. späteren Mittelalter. Von Ed. B e r n o u l l i. (X, 242 u. 130 S. m. 14 z. Tl. farb. Taf.)

Breitkopf & Härtel's Sammlung musikwissenschaftlicher Arbeiten v. deutschen Hochschulen. 2.—4. Bd. gr. 8. Leipzig, Breitkopf & Härtel. à n. 4. —
2. Die Lehre vom Ethos in der griechischen Musik. Ein Beitrag zur Musikästhetik des klass. Altertums. Von Herm. A b e r t. (VIII, 168 S.) 899.
3. Die Tonkunst in der 2. Hälfte des 19. Jahrh. Ein Beitrag zur Geschichte der musikal. Technik. Von Heinr. R i e t s c h. Mit 126 in den Text gedr. Notenbeispielen. (IX, 137 S.) 900.
4. Welche Einflüsse hatte die Wiederbelebung der älteren Musik im 19. Jahrh. auf die deutschen Komponisten? Von Rich. H o h e n e m s e r. I. II. (VI, 135 S.) 900.
Bd. 1. Ebd. 898. n. 9. —.

Breitkopf u. Härtel's T e x t - B i b l i o t h e k. Nr. 1—302 [noch nicht erschienen: 111—125. 185. 186. 192—200. 255. 257—274. 286—300. 302]. Leipzig: Breitkopf & Härtel 1879—1892.

Inhalt:

Nr. 1. Fidelio. Oper in 2 Aufzügen. Text frei nach dem Französ. des J. N. Bouilly von J. Sonnenleithner und Fr. Treitschke. Musik von Ludw. van Beethoven. Op. 72. (28 S.) * 25 Pf.
2. Capuleti und Montecchi. [Romeo und Julia.] Tragische Oper in 4 Akten. Text nach Shakespeare's Tragödie von Felice Romani. Musik von Vincenzo Bellini. (26 S.) * 25 Pf.
3. Johann von Paris. [Jean de Paris.] Komische Oper in 2 Aufzügen. Nach dem Französ. des St. Just [G. d'Aucourt] von Jos. Ritter v. Seyfried. Musik von Adrian Frz. Boieldieu. (20 S.) * 25 Pf.
4. Der Wasserträger. [Graf Armand. Die gefährl. Tage.] Oper in 3 Akten nach dem Französ. des J. N. Bouilly. Musik von L. Cherubini. (18 S.) * 25 Pf.
5. Lucrezia Borgia. [Alfonso, Duca di Ferrara.] Tragische Oper in 3 Akten, nach Vict. Hugo's gleichnam. Trauerspiele bearb. von Felice Romani. In deutscher Uebersetzung von Jul. Franke. Musik von Gaetano Donizetti. (40 S.) * 25 Pf.
6. Orpheus und Euridice. [Orfeo ed Euridice. — Orphée et Euridice.] Oper in 3 Akten von Raniero v. Calzabigi. Musik von Chrph. Willib. v. Gluck. (24 S.) * 25 Pf.
7. Zampa oder die Marmorbraut. [Zampa ou la fiancée de marbre.] Komische Oper in 3 Akten von A. H. J. Duveyrier, ps. Melesville. Die deutsche Uebersetzung nach C. Blum und Fr. Ellmenreich. Musik von L. J. F. Herold. (40 S.) * 25 Pf.
8. Der Haideschacht. Oper in 3 Akten von Frz. v. Holstein. (52 S.) * 40 Pf.
9. Der Erbe von Morley. Oper in 3 Akten von Frz. v. Holstein. (63 S.) * 40 Pf.
10. Der Wildschütz oder die Stimme der Natur. Komische Oper in 3 Akten nach Kotzebue's Lustspiel: „Der Rehbock" frei bearb. Musik von G. A. Lortzing. (48 S.) * 25 Pf.
11. Czaar und Zimmermann oder die beiden Peter. Komische Oper in 3 Akten. Musik von G. A. Lortzing. (48 S.) * 25 Pf.
12. Der Waffenschmied. Komische Oper in 3 Akten. Musik von G. A. Lortzing. (34 S.) * 25 Pf.
13. Undine. Romantische Zauberoper in 4 Aufzügen. Nach Fouque's Erzählung frei bearb. Musik von G. A. Lortzing. (48 S.) * 25 Pf.

• 14. Die Hugenotten oder die St. Bartholomäusnacht. [Les Huguenots.] Große Oper in 5 Akten. Nach dem Französ. des Eug. Scribe und Emile Deschamps von J. F. Castelli. Musik von Giacomo Meyerbeer. (68 S.) * 40 Pf.

• 15. Der Prophet. [Le Prophète.] Oper in 5 Akten, nach dem Französ. des Eug. Scribe deutsch bearb. von L. Rellstab. Musik von Giacomo Meyerbeer. (50 S.) * 40 Pf.

• 16. Idomeneus, König von Kreta. Oper in 3 Akten von Abbate Giambattista Varesco. Musik von W. A. Mozart. (30 S.) * 25 Pf.

• 17. Belmonte und Constanze oder die Entführung aus dem Serail. Singspiel in 3 Akten, nach dem gleichnam. Text von C. F. Bretzner bearb. von G. Stephanie. Musik von W. A. Mozart. (20 S.) * 25 Pf.

• 18. Die Hochzeit des Figaro. [Le Nozze di Figaro. Dramma giocoso.] Komische Oper in 4 Akten nach Beaumarchais von Abbate Lorenzo da Ponte. Musik von W. A. Mozart. (50 S.) * 25 Pf.

• 19. So machen es Alle. [Così fan tutte, ossia: La scuola degli amanti. Dramma giocoso.] Komische Oper in 2 Akten von Lorenzo da Ponte. Musik von W. A. Mozart. (44 S.) * 25 Pf.

• 20. Don Juan oder der steinerne Gast. [Il dissoluto punito, ossia: Il Don Giovanni.] Oper in 2 Akten nach dem Italien. des Abbate Lorenzo da Ponte. Musik von W. A. Mozart. (48 S.) * 25 Pf.

• 21. Die Zauberflöte. [Il flauto magico.] Deutsche Oper in 2 Akten von Eman. Schikaneder [J. G. K. L. Giesecke]. Musik von W. A. Mozart. (34 S.) * 25 Pf.

• 22. Titus. [La clemenza di Tito. Dramma serioso.] Oper in 2 Akten. Text nach Pietro Metastasio und Caterino Mazzola. Musik von W. A. Mozart. (22 S.) * 25 Pf.

• 23. Der Freischütz. Romantische Oper in 3 Akten von Friedr. Kind. Musik von Karl Maria v. Weber. Op. 77. (24 S.) * 25 Pf.

• 24. Euryanthe. Große romant. Oper in 3 Akten von Helmina v. Chezy, geb. Freiin v. Klencke. Musik von Karl Maria v. Weber. Op. 81. (36 S.) * 25 Pf.

• 25. Oberon, König der Elfen. Romantische Oper in 3 Akten. Nach dem Engl. des James Robinson Planché von Thdr. Hell. Musik von Karl Maria v. Weber. (24 S.) * 25 Pf.

• 26. Passionsmusik nach dem Evangelium Matthäi Cap. 26 und 27 von Joh. Seb. Bach. (28 S.) * 20 Pf.

• 27. Der Tod Jesu. Oratorium in 2 Thln. von Ramler und Graun. (14 S.) * 10 Pf.

• 28. Josua. Oratorium in 3 Thln. Musik von G. F. Händel. (16 S.) * 10 Pf.

• 29. Israel in Aegypten. Großes Oratorium in 2 Abthlgn. von G. F. Händel. (10 S.) * 10 Pf.

• 30. Judas Maccabäus. Oratorium von G. F. Händel. (15 S.) * 10 Pf.

• 31. Der Messias von G. F. Händel, nach der Bearbeitung von W. A. Mozart. (14 S.) * 10 Pf.

• 32. Samson. Oratorium von G. F. Händel. (15 S.) * 10 Pf.

• 33. Die Jahreszeiten nach Thomson, bearb. von G. van Swieten und in Musik gesetzt von Jos. Haydn. (31 S.) * 20 Pf.

• 34. Die Schöpfung. Oratorium, in Musik gesetzt von Jos. Haydn. (19 S.) * 20 Pf.

Nr. 35. Die Worte des Erlösers am Kreuze. Oratorium von Jos. Haydn. (8 S.) * 10 Pf.

• 36. Paulus. Oratorium nach Worten der heil. Schrift von Felix Mendelssohn-Bartholdy. Op. 36. (16 S.) * 10 Pf.

• 37 Lobgesang. Eine Symphonie-Cantate nach Worten der heil. Schrift, Musik von Felix Mendelssohn-Bartholdy. (6 S.) * 10 Pf.

• 38. Elias. Oratorium nach Worten des alten Testaments. Componirt von Felix Mendelssohn-Bartholdy. Op. 70. (16 S.) * 10 Pf.

• 39. Abraham. Oratorium nach dem Alten Testament von Bernh. Molique. (15 S.) * 10 Pf.

• 40 Requiem. Zunächst Text zur Composition von W. A. Mozart. (11 S.) * 10 Pf.

• 41 Der Ostermorgen. Cantate von Tiedge. Musik von Sigism. Neukomm. (8 S.) * 10 Pf.

• 42 Jephtha und seine Tochter. Oratorium in 2 Abthlgn. von Carl Reinthaler. (16 S.) * 20 Pf.

• 43 Das Weltgericht. Oratorium von Aug. Apel, in Musik gesetzt von Aug. Schneider. (16 S.) * 10 Pf.

• 44. Der Fall Babylons. Oratorium in 2 Abthlgn. Nach dem Engl. von Taylor von Friedr. Oetker. Musik von Louis Spohr. (16 S.) * 10 Pf.

• 45 Das Liebesmahl der Apostel. Eine bibl. Scene für Männerstimmen und großes Orchester von Rich. Wagner. (6 S.) * 10 Pf.

• 46 Abraham. Oratorium, in Musik gesetzt von Mart. Blumner. (16 S.) * 10 Pf.

• 47. Die Auferweckung des Lazarus. Oratorium. Text nach dem Evangelium zusammengestellt und in Musik gesetzt von Joh. Vogt. (10 S.) * 10 Pf.

• 48. Recitative und Chöre aus dem unvollendeten Oratorium Christus von F. Mendelssohn-Bartholdy. (7 S.) * 10 Pf.

• 49. Passionsmusik nach dem Evangelisten Johannes [Cap. 18 und 19] von Joh. Seb. Bach. (19 S.) * 20 Pf.

• 50. Weihnachts-Oratorium nach den Evangelisten Lucas und Matthäus von Joh. Seb. Bach. (20 S.) * 20 Pf.

• 51. Der wilde Jäger. Eine Johannisnacht-Dichtung von Paul Günther. Für Soli, Chor und großes Orchester compon. von Max Jos. Beer. Op. 20. (22 S.) * 20 Pf.

• 52. Kalanus. Dramatisches Gedicht von Carl Andersen. Musik von Niels W. Gade. (16 S.) * 10 Pf.

• 53. Comala. Dramatisches Gedicht nach Ossian, compon. von Niels W. Gade. (12 S.) * 10 Pf.

• 54. Die Kreuzfahrer. Dramatisches Gedicht von Carl Andersen. [Nach Motiven aus Tasso's „befreitem Jerusalem".] Musik von Niels W. Gade. (16 S.) * 10 Pf.

• 55. Zion. Concertstück für Chor, Bariton-Solo und Orchester compon. von Niels W. Gade. (6 S.) * 10 Pf.

• 56. Das Alexanderfest oder die Gewalt der Musik. Musik von G. F. Händel. (8 S.) * 10 Pf.

• 57. Ver Sacrum oder die Gründung Rom's. Gedicht von L. Bischoff. Musik von Ferd. Hiller. (16 S.) * 10 Pf.

• 58. Antigone. Tragödie von Sophokles. Text der Chöre, compon. von Felix Mendelssohn-Bartholdy. (14 S.) * 10 Pf.

• 59. Text der Gesänge aus Racine's Athalia, compon. von Felix Mendelssohn-Bartholdy. (15 S.) * 10 Pf.

• 60. Text der Chöre aus Oedipus in Kolonos, Tragödie von Sophokles, compon. von Felix Mendelssohn-Bartholdy. (15 S.) * 10 Pf.

• 61. Dornröschen. Dichtung von Frz. Bonn. Musik von Karl Perfall. (11 S.) * 10 Pf.

• 62. Hakon Jarl. Dichtung von Heinr. Carsten, in Musik gesetzt für Soli, Männerchor und Orchester von Carl Reinecke. Op. 142. (14 S.) * 10 Pf.

• 63. Nußknacker und Mausekönig. Mährchen von E. Th. A. Hoffmann. Bearb. als verbind. Text zur gleichnam. Musik von C. Reinecke. (26 S.) * 20 Pf.

• 64. Das Paradies und die Peri. Dichtung aus Lalla Rookh von Th. Moore. In Musik gesetzt von Rob. Schumann. (22 S.) * 20 Pf.

• 65. Text der Gesänge zu: Manfred, dramat. Gedicht von Byron. Musik von Rob. Schumann. (7 S.) * 10 Pf.

• 66. Manfred. Dramatische Dichtung in 3 Abthlgn. von Lord Byron. Musik von Rob. Schumann. (36 S.) * 20 Pf.

• 67. Loreley. Unvollendete Oper. Compon. von Felix Mendelssohn-Bartholdy. Gedichtet von Eman. Geibel. (8 S.) * 10 Pf.

• 68. Almansor. Fragment aus Heinr. Heine's gleichnam. Tragödie. Concert-Arie von Carl Reinecke. (6 S.) * 10 Pf.

• 69. Das Hindumädchen von Heinr. Carsten. Concert-Arie von Carl Reinecke. (6 S.) * 10 Pf.

• 70. Der vierjährige Posten. Operette in 1 Akte nach Thdr. Körner von Carl Reinecke. (19 S.) * 10 Pf.

• 71. Lieder zu Goethe's Egmont, nebst verbind. Texte von Mich. Bernays. Musik von L. van Beethoven. (11 S.) * 10 Pf.

• 72. Die erste Walpurgis-Nacht. Ballade von Goethe, für Chor und Orchester in Musik gesetzt von Felix Mendelssohn-Bartholdy. (8 S.) * 10 Pf.

• 73. Poetische Erläuterung der Musik von L. van Beethoven zu Goethe's Egmont von Friedr. Mosengeil. (16 S.) * 10 Pf.

• 74. Die Ruinen von Athen. Fest- und Nachspiel von A. v. Kotzebue. Musik von L. van Beethoven. Op. 113. (8 S.) * 10 Pf.

• 75. G. P. da Palestrina's Hohes Lied. Für fünfstimm. Chor. Auswahl für den Concertgebrauch, hrsg. und mit deutschem Texte versehen von Adf. Thürlings. (7 S.) * 10 Pf.

• 76. Astorga. Romantische Oper in 3 Akten von Ernst Pasque. Musik von J. J. Abert. (54 S.) * 40 Pf.

Nr. 77. Ekkehard. Oper in 5 Akten. Nach J. V. Scheffel's gleichnam. Roman frei bearb. Musik von J. J. Abert. (40 S.) * 40 Pf.

• 78. Der Postillon von Lonjumeau. [Le Postillon de Lonjumeau.] Komische Oper in 3 Akten von Adolphe de Leuven und Brunswick. Deutsch von M. G. Friedrich. Musik von Adolphe Charles Adam. (36 S.) * 40 Pf.

Nr. 79. Fra Diavolo oder das Gasthaus in Terracina. [Fra Diavolo ou l'Hôtellerie de Terracine.] Komische Oper in 3 Akten von E. Scribe. Deutsche Uebersetzung nach K. Blum und K. A. Ritter. Musik von D. F. E. Auber. (40 S.) * 40 Pf.

• 80. Des Teufels Antheil. [Carlo Broschi.] (Farinelli ou la part du diable.] Komische Oper in 3 Akten von E. Scribe. Deutsche Übersetzung nach H. Börnstein und K. Gollmick. Musik von D. F. E. Auber. (43 S.) * 40 Pf.

• 81. Norma. Lyrische Tragödie in 2 Akten. Text von Felix Romani. Deutsche Übersetzung nach Jos. Ritter v. Seyfried. Musik von V. Bellini. (36 S.) * 25 Pf.

• 82. Die weiße Dame. [La dame blanche.] Komische Oper in 3 Akten. Text von Eug. Scribe. Musik von Franç. Adrien Boieldieu. (44 S.) * 25 Pf.

• 83. Medea. [Médée. Tragédie.] Oper in 3 Akten. Text von Hoffmann. Musik von L. Cherubini. Mit den von Fr. Lachner nachcomponirten Recitativen. (32 S.) * 25 Pf.

• 84. Marie oder die Tochter des Regiments. [La fille du régiment.] Komische Oper in 2 Akten. Text von Saint-Georges und Bayard. Deutsche Übersetzung von K. Gollmick. Musik von Gaetano Donizetti. (28 S.) * 40 Pf.

Nr. 85. Iphigenie in Aulis. Lyrische Tragödie in 3 Akten, nach Jean Racine's gleichnam. Trauerspiel bearb. von B. Le Blanc du Roullet. Deutsch nach Peter v. Cornelius. Musik von Christoph Willibald Ritter v. Gluck. (50 S.) * 25 Pf.

• 85. Iphigenie in Tauris. Große Oper in 4 Akten. Text von N. Guillard. Musik von Ch. W. Ritter v. Gluck. (34 S.) * 25 Pf.

• 87. Joseph. (Jakob und seine Söhne in Ägypten.) Oper in 3 Akten von A. V. P. Duval. Musik von E. H. Mehul. (20 S.) * 25 Pf.

• 88. Tell. Oper in 4 Akten von Hippolyte Bis und V. J. Etienne, gen. Jouy. Deutsch von Th. v. Haupt. Musik von G. Rossini. (55 S.) * 40 Pf.

• 89. Zemire und Azor. Romantische Oper in 2 Akten. Nach J. Fr. Marmontel neu bearb. von J. J. Ihlée. Musik von L. Spohr. (28 S.) * 25 Pf.

• 90. Faust. Große romantische Oper in 3 Akten von J. C. Bernhard. Musik von L. Spohr. Op. 60. (62 S.) * 25 Pf.

• 91. Die Jüdin. Große Oper in 5 Akten von E. Scribe und J. V. de St. Georges. Deutsch von K. A. L. Frhrn. v. Lichtenstein. Musik von J. Fr. E. F. Halévy. (60 S.) * 40 Pf.

• 92. Heimkehr aus der Fremde. Ein Liederspiel in 1 Akt. Musik von F. Mendelssohn-Bartholdy. (35 S.) * 40 Pf.

• 93. König Manfred. Oper in 5 Akten von Fr. Roeber. Musik von Carl Reinecke. (42 S.) * 40 Pf.

• 94. Peter Schmoll und seine Nachbarn. Oper in 2 Aufzügen nach K. G. Cramer's gleichnam. Romane bearb. von J. Türk. Musik von K. M. v. Weber. (22 S.) * 25 Pf.

• 95. Silvana. Romantische Oper in 3 Akten. Text von F. K. Hiemer. Musik von K. M. v. Weber. (26 S.) * 25 Pf.

• 96. Prinz Eugen, der edle Ritter. Oper in 3 Akten von Gustav Schmidt. (39 S.) * 40 Pf.

• 97. Weibertreue oder Kaiser Konrad vor Weinsberg. Komisch-romant. Oper in 3 Akten von Gustav Schmidt. (63 S.) * 40 Pf.

• 98. Lohengrin. Romantische Oper in 3 Akten von Rich. Wagner. (48 S.) * 40 Pf.

• 99. Abu Hassan. Singspiel in 1 Aufzuge. Nach einem Märchen aus 1001 Nacht frei bearb. von F. K. Hiemer. Musik von K. M. v. Weber. (15 S.) * 25 Pf.

• 100. Preciosa. Romantisches Schauspiel mit Gesang und Tanz in 4 Akten von P. A. Wolff. Musik von K. M. v. Weber. Op. 78. (14 S.) * 25 Pf.

• 101. Christus am Oelberge. Oratorium von L. van Beethoven. (8 S.) * 10 Pf.

• 102. Missa solemnis für 4 Solostimmen, Chor und Orchester von L. van Beethoven. (7 S.) *10 Pf.

• 103. Große Messe in B moll für achtstimmigen Chor, 4 Solostimmen, Orchester und Orgel von Alb. Becker. (7 S.) * 10 Pf.

• 104. Requiem. Missa pro defunctis (C moll) für Chor und Orchester von L. Cherubini. (11 S.) * 10 Pf.

• 105. Welt-Ende; Gericht; neue Welt. Oratorium nach Worten der heil. Schrift, zumal der Offenbarung Johannis von Joach. Raff. (8 S.) *10 Pf.

• 106. Legende der heil. Cäcilie. Gedicht von W. Edelmann. Für Soli, Chor und Orchester von J. G. Eduard Stehle. Op. 43. (10 S.) * 20 Pf.

• 107. Oratorio S. Cecilia. Poesia di G. Edelmann. Messa in musica di J. G. Ed. Stehle. Traduzione in versi italiani di Pietro Mueller. (12 S.) * 20 Pf.

108. Franziskus. Oratorium in 3 Abthlgn. v. Edgar Tinel. Op. 36. Vlämisches Gedicht von C. de Koninck. Deutsch von Elisabeth Alberdingk Thym. (26 S.) * — 20.

109. Christus, der Auferstandene. Oratorium (zumeist nach Worten der hlg. Schrift) von Emmy Schreck. Für Chor, Soli, Orchester und Orgel v. Gustav Schreck. Op. 26. (20 S.) * — 10.

110. Prolog zu Mozarts Requiem. Von Michael Bernays. Dargestellt auf der Großherzogl. Badischen Hofbühne am 5., 9., 10. December 1891. (10 S.) * — 10.

" 126. Der 42. Psalm, für Chor und Orchester compon. von Felix Mendelssohn-Bartholdy. Op. 42. (5 S.) * 10 Pf.

" 127. Undine. Dichtung von Franz Bonn. Für Soli, Chor und Orchester compon. von Karl von Perfall. Op. 10. (11 S.) * 10 Pf.

" 128. Blondel de Nesle. Cyklus von Gesängen. Dichtung von Helge Heldt. Musik für 1 Barytonstimme mit Begleitung des Pianoforte von Joach. Raff. (10 S.) * 10 Pf.

" 129. Sommertagsbilder. Concertstück für Chor und Orchester von C. Reinecke. (8 S.) * 10 Pf.

" 130. Die heilige Nacht. Koncertstück für Alt, Solo, Chor und Orchester von Niels W. Gade. Nach dem Gedicht „Die Christnacht" von Aug. v. Platen. (7 S.) * 10 Pf.

" 131. Verbindende Dichtung und Chorgesänge zu der Tragödie des Sophokles Der rasende Ajax von F. W. Markull. Nach Donner's Uebersetzung. (30 S.) * 20 Pf.

" 132. Oedipus auf Kolonos. Dramatische Kantate in 3 Theilen für 4 Solostimmen, Chor und Orchester von Th. Gouvy. Deutsch von W. Langhans. (18 S.) * 10 Pf.

" 133. Psyche. Koncertstück für Solostimmen, Chor und Orchester von Niels W. Gade. (16 S.) * 10 Pf.

" 134. Die Tageszeiten. Dichtung von Helge Heldt. Concertante in 4 Sätzen von Joach. Raff. (6 S.) * 10 Pf.

" 135. Die sieben Todsünden von Rob. Hamerling. Musik von Adalb. Goldschmidt. (79 S.) * 50 Pf.

" 136. Roland's Horn. Dichtung von Alfr. Muth. Für Männerchor, Soli und Orchester von F. W. Markull. (7 S.) * 10 Pf.

" 137. Reformations-Cantate zum Luther-Jubiläum am 10. November 1883. Nach Worten der heil. Schrift mit Hinzufügung zweier Choräle und eines Liedes von Luther zusammengestellt von R. B. Für Chor, Soli, Orchester und Orgel compon. von Alb. Becker. (7 S.) * 10 Pf.

" 138. Cantate für Altsolo, Chor und Orchester (Orgel ad libitum) von Heinr. Hofmann. (6 S.) * 10 Pf.

" 139. Les sept péchés de capitaux. Drame allégorique en 3 parties. Poëme de R. Hamerling. Musique de A. de Goldschmidt. Version française de Victor Wilder. (40 S.) * 50 Pf.

" 140. Iphigenie in Tauris. Dramatische Scenen, frei bearb. nach dem gleichnamigen Operntext von Guillard. Deutsch von W. Langhans. Musik von Th. Gouvy. (24 S.) * 20 Pf.

" 141. Prinzessin Ilse. Eine Rübezahl-Legende von Clara Fechner-Leydn. Für Solostimmen, weibl. Chor, Pianoforte und Deklamation von Ant. Krause. (18 S.) * 20 Pf.

" 142. Der Rose Pilgerfahrt. Märchen nach einer Dichtung von Moritz Horn. Musik von Rob. Schumann. (20 S.) * 20 Pf.

" 143. Scenen aus Goethe's Faust. Für Solostimmen, Chor und Orchester von Rob. Schumann. (26 S.) * 20 Pf.

" 144. König Rother. Dichtung von Thdr. Souchay. Für Gesangssoli, gemischten Chor und Orchester von Josef Krug-Waldsee. Op. 25. (28 S.) * 20 Pf.

" 145. Elektra. Dramatische Scenen komponirt von Thdr. Gouvy. Deutsch von W. Langhans. * 20 Pf.

146. Nicodé, das Meer. Deutsch-Englisch. — 10.

147. Becker, Liturgie f. d. Adventszeit. Op. 57. — 10.

" 148. Vom Pagen und der Königstochter. Vier Balladen von Eman. Geibel. Für Solostimmen, Chor und Orchester von Rob. Schumann. Op. 140. (10 S.) * 10 Pf.

149. Hofmann, Editha. — 20.

150. Das Lied von der Glocke. Gedicht von F. v. Schiller. Musik von A. Romberg. (15 S.) * — 10.

" 151. Tristan und Isolde. Von R. Wagner. (94 S.) * 50 Pf.

" 152. Der Blitz. [L'éclair. Drame lyrique.] Komische Oper in 3 Akten. Text von St. Georges und Planard. Deutsche Uebersetzung nach Fr. Genée und Fr. Ellmenreich. Musik von F. Halévy. (36 S.) * 40 Pf.

Nr. 153. Die Zillerthaler. Liederspiel mit Tanz in 1 Akt nebst Musik von Jos. Ferd. Nesmüller. (32 S.) * 40 Pf.

" 154. Die Schweizerhütte. Aus dem Französ. des Scribe und Malesville übers. von L. B. Wolff. Musik von Adf. Adam. (20 S.) * 25 Pf.

" 155. Wilhelm von Oranien. Große romant. Oper in 3 Aufzügen. Dichtung von Roder. Fels. Musik von Heinr. Hofmann. (50 S.) * 50 Pf.

" 156. Raimondin. Oper in 5 Aufzügen. Dichtung von Herm. Schmid. Musik von Karl Perfall. (40 S.) * 50 Pf.

" 157. Ekkehard. Oper in 5 Akten. Nach J. V. v. Scheffel's gleichnamigem Roman frei bearbeitet. Musik von J. J. Abert. Ausg. für Berlin. (44 S.) * 50 Pf.

" 158. —— dass. — Ausg. für München. (36 S.) * 40 Pf.

" 159. Iphigenia in Aulis. Große Oper in 3 Akten. (Zur Bearbeitung von R. Wagner.) Musik von Gluck. (27 S.) * 25 Pf.

" 160. Lohengrin. Romantische Oper in 3 Aufzügen von R. Wagner. Ausg. für Berlin. (54 S.) * 50 Pf.

" 161. —— dass. — Ausg. für Hannover. (56 S.) * 50 Pf.

" 162. Tristan und Isolde. Mit engl. Uebers. von H. und F. Corder. Musik von R. Wagner. 8. (58 S.) * ℳ 1,50.

" 163. —— dass. — (96 S.) * 50 Pf.

" 164. Iphigenia in Aulis. Große Oper in 3 Akten von Gluck. Ausg. mit Scenerie. (47 S.) * 40 Pf.

" 165. Theano. Oper in 4 Aufzügen von Felix Dahn. Musik von C. Adf. Lorenz. (47 S.) * 50 Pf.

" 166a. Glückskind und Pechvogel. Märchen-Oper für Kinder nach dem gleichnamigen Märchen von Rich. Leander von Heinr. Carsten. Musik von C. Reinecke. (16 S.) * 25 Pf.

" 166b. —— dass. — Ausg. mit Scenerie. (18 S.) * 30 Pf.

" 167. Benvenuto Cellini. Oper in 3 Aufzügen von de Wailly und Barbier. Deutsche Bearbeitung von Peter Cornelius. Musik von Hect. Berlioz. (46 S.) * 40 Pf.

" 168. Tristan und Isolde von R. Wagner. Ausg. für Wien. (58 S.) * 50 Pf.

" 169. Alceste. Musikal. Drama in 3 Akten. Dichtung nach Raniero di Calzabigi von Du Rollet übers. von Peter Cornelius. Musik von Gluck. (26 S.) * 25 Pf.

" 170. Glückskind und Pechvogel. Märchen-Oper für Kinder nach dem gleichnamigen Märchen von Rich. Leander von Heinr. Carsten. Musik von C. Reinecke. Ausg. ohne Dialog. (11 S.) * 20 Pf.

" 171. —— dass. — Verbindender Text. (12 S.) * 20 Pf.

" 172. Helianthus von Adalb. Goldschmidt. (36 S.) * 40 Pf.

" 173. Tristan und Isolde. Oper in 3 Abthlgn. von R. Wagner. Ausg. für Berlin. (70 S.) * 50 Pf.

" 174. Der Schmidt von Gretna-Green. Operndichtung in 3 Aufzügen von Felix Dahn. (40 S.) * 40 Pf.

" 175. Tristan und Isolde von R. Wagner. Ausg. für Dresden. (67 S.) * 50 Pf.

" 176. Bianca und Giuseppe oder: Die Franzosen vor Nizza. Oper in 4 Akten. Musik von J. F. Kittel. (36 S.) * 50 Pf.

Nr. 177. Genoveva. Oper in 4 Akten nach Tieck und Hebbel von Rob. Schumann. (38 S.) * 25 Pf.

" 178. Die Nachtwandlerin. Oper in 2 Aufzügen von Felice Romani. Musik von Vincenzo Bellini. (32 S.) * 25 Pf.

" 179. Die Vestalin. Heroische Oper in 3 Aufzügen von Jouy. Musik von Gasparo Spontini. (30 S.) * 25 Pf.

" 180. Donna Diana. Oper in 3 Akten. Text frei nach Moreto von Carl Wittkowsky. Musik von Heinr. Hofmann. (46 S.) * 50 Pf.

" 181. Heimkehr aus der Fremde. Liederspiel in 1 Akt. Musik von F. Mendelssohn-Bartholdy. Text der Gesänge. (12 S.) * 20 Pf.

" 182. Die beiden Schützen. Komische Oper in 3 Akten, nach dem Französ. Musik von G. A. Lortzing. Text der Gesänge. (36 S.) * 25 Pf.

" 183. Der Templer und die Jüdin. Große romant. Oper in 3 Akten, nach Walter Scott's Roman „Ivanhoe" frei bearb. von W. A. Wohlbrück. Musik von Heinr. Marschner. Text der Gesänge. Mit den Recitativen. (44 S.) * 25 Pf.

" 184. Merlin. Große Oper in 3 Akten. Text von L. A. Hoffmann. Musik von Phpp. Rüfer. (32 S.) * 50 Pf.

187. Benvenuto Cellini. Oper in 3 Aufzügen von de Wailly und Barbier. Deutsche Bearbeitung von Peter Cornelius. Musik von Hector Berlioz. (Ausgabe für das Kgl. Hoftheater zu München.) (44 S.) * — 40.

188. Richard Löwenherz. Komische Oper in 3 Akten von André Erneste Modeste Grétry. Französischer Text von Michel J. Sedaine. Deutsch von H. M. Schletterer. (45 S.) * — 25.

189. Fierrabras. Heroisch-romantische Oper in 3 Akten von Franz Schubert. Text von Josef Kupelwieser. Für den Bühnengebrauch umgearbeitet von Otto Neitzel. (39 S.) * — 25.

190. Tristan und Isolde von Richard Wagner. Vollständige Ausgabe mit Scenerie. 8. (110 S.) * 1 —.

191. Hans Sachs. Komische Oper in 3 Akten von Albert Lortzing. Nach Deinhardsteins Dichtung gleichen Namens frei bearb. v. Philipp Reger. (39 S.) * — 25.

" 201. Der Postillon von Lonjumeau. Komische Oper in 3 Akten. Musik von Adf. Adam. (32 S.) * 30 Pf.

" 202. Fra Diavolo oder das Gasthaus in Terracina. Komische Oper in 3 Akten von Eug. Scribe. Musik von D. F. E. Auber. (30 S.) * 30 Pf.

" 203. Maurer und Schlosser. Komische Oper in 3 Akten. Text von E. Scribe und Delavigne. Musik von D. F. E. Auber. (32 S.) * 30 Pf.

" 204. Der schwarze Domino. Oper in 3 Akten von Eug. Scribe. Musik von D. F. E. Auber. (32 S.) * 30 Pf.

" 205. Die Stumme von Portici. Oper in 5 Akten. Musik von D. F. E. Auber. (30 S.) * 30 Pf.

" 206. Fidelio. Große Oper in 2 Akten von R. Treitschke. Musik von L. van Beethoven. (32 S.) * 30 Pf.

" 207. Norma. Große Oper in 2 Akten. Nach dem Italien. des Fel. Romani. Musik von V. Bellini. (28 S.) * 30 Pf.

" 208. Johann von Paris. Komische Oper in 2 Akten. Musik von A. F. Boieldieu. (24 S.) * 30 Pf.

" 209. Die weiße Dame. Komische Oper in 3 Akten. Nach dem Französ. von Friederike Ellmenreich. Musik von A. F. Boieldieu. (32 S.) * 30 Pf.

" 210. Der Wasserträger. Oper in 3 Akten. Nach dem Französ. Musik von Luigi Cherubini. (22 S.) * 30 Pf.

" 211. Die heimliche Ehe. Komische Oper in 2 Akten von Domenico Cimarosa. (31 S.) * 30 Pf.

" 212. Lucia von Lammermoor. Tragische Oper in 3 Akten von Salvator Cammarano. Musik von Gaetano Donizetti. (30 S.) * 30 Pf.

" 213. Lucrezia Borgia. Große Oper in 3 Akten von Felix Romani. Musik von Gaetano Donizetti. (30 S.) * 30 Pf.

" 214. Die Tochter des Regiments. Komische Oper in 2 Akten. Nach dem Französ. des Saint-Georges und Bayard. Musik von Gaetano Donizetti. (24 S.) * 30 Pf.

" 215. Alessandro Stradella. Romantisch-komische Oper in 3 Akten von W. Friedrich. Musik von F. v. Flotow. (31 S.) * 30 Pf.

" 216. Martha oder der Markt zu Richmond. Oper in 4 Abthlgn., theilweise nach einem Plane von St. Georges von W. Friedrich. Musik von F. v. Flotow. (48 S.) * 30 Pf.

" 217. Alceste. Oper in 3 Akten von Chr. W. Ritter v. Gluck. (28 S.) * 30 Pf.

" 218. Armida. Große Oper in 5 Aufzügen. Nach dem Französ. des Quinault. Musik von Chr. W. v. Gluck. (32 S.) * 30 Pf.

" 219. Iphigenie auf Tauris. Tragische Oper in 4 Akten von Chr. W. v. Gluck. (24 S.) * 30 Pf.

Nr. 220. Orpheus und Eurydice. Oper in 3 Akten von Chr. W. v. Gluck. (16 S.) * 30 Pf.

" 221. Der Blitz. Komische Oper in 3 Akten. Nach dem Französ. von Friederike Ellmenreich. Musik von M. F. Halévy. (31 S.) * 30 Pf.

" 222. Die Jüdin. Große Oper in 5 Akten. Text von Eug. Scribe. Musik von M. F. Halévy. (40 S.) * 30 Pf.

" 223. Das Nachtlager von Granada. Romantische Oper in 2 Akten. Nach Friedr. Kind's gleichnamigem Schauspiele. Musik von Conradin Kreutzer. (28 S.) * 30 Pf.

" 224. Die beiden Schützen. Komische Oper in 3 Akten. Nach dem Französ. Musik von G. A. Lortzing. (28 S.) * 30 Pf.

" 225. Hans Heiling. Romantische Oper in 3 Akten. Nebst einem Vorspiele von Ed. Devrient. Musik von Heinr. Marschner. (32 S.) * 30 Pf.

" 226. Der Templer und die Jüdin. Große romantische Oper in 3 Akten. Nach Walter Scott's Roman „Ivanhoe" frei bearb. von W. A. Wohlbrück. Musik von Heinr. Marschner. (36 S.) * 30 Pf.

" 227. Der Vampyr. Romantische Oper in 2 Akten von W. A. Wohlbrück. Musik von Heinr. Marschner. (32 S.) * 30 Pf.

" 228. Joseph in Egypten. Oper in 3 Akten. Musik von F. Mehul. (16 S.) * 30 Pf.

" 229. Robert der Teufel. Romantische Oper von Scribe und Delavigne. Musik von Meyerbeer. (40 S.) * 30 Pf.

" 230. Cosi fan tutte. So machen's Alle. Komische Oper in 3 Akten von W. A. Mozart. (32 S.) * 30 Pf.

" 231. Don Juan oder der steinerne Gast. Oper in 2 Akten von Lorenzo da Ponte. Musik von W. A. Mozart. (46 S.) * 30 Pf.

" 232. Die Entführung aus dem Serail oder Belmonte und Constanze. Oper in 3 Akten von Bretzner. Musik von W. A. Mozart. (32 S.) * 30 Pf.

" 233. Die Hochzeit des Figaro. Komische Oper in 3 Akten. Nach dem Französ. des Beaumarchais. Musik von W. A. Mozart. (32 S.) * 30 Pf.

" 234. Idomeneus, König von Kreta. Oper in 3 Akten von Giambattista Varesco. Musik von W. A. Mozart. (24 S.) * 30 Pf.

" 235. Der Schauspieldirector. Komische Operette von L. Schneider. Musik von W. A. Mozart. (31 S.) * 30 Pf.

" 236. Titus. Oper in 2 Akten. Nach dem Italien. des Pietro Metastasio und Caterino Mazzola. Musik von W. A. Mozart. (31 S.) * 30 Pf.

" 237. Die Zauberflöte. Oper in 2 Akten von Eman. Schikaneder. Musik von W. A. Mozart. (32 S.) * 30 Pf.

238. Prinzessin Rebenblüthe. Phantastisch-komische Oper in 1 Aufzug von Rob. Jonas. Musik von W. C. Mühldorfer. (16 S.) * 30 Pf.
239. Das Nordlicht von Kasan. Große histor. Oper in 4 Akten von Paul Krone. Musik von Karl Pfeffer. (30 S.) * 30 Pf.
240. Der Barbier von Sevilla. Komische Oper in 2 Akten. Musik von Joach. Rossini. (32 S.) * 30 Pf.
241. Tell. Heroisch-romantische Oper in 4 Akten. Nach dem Französ. des Jouy und Bis. Musik von Joach. Rossini. (32 S.) * 30 Pf.
242. Der häusliche Krieg. Oper in 1 Akt von J. F. Castelli. Musik von Frz. Schubert. (15 S.) * 30 Pf.
243. Jessonda. Große Oper in 3 Akten von E. Gehe. Musik von Ludw. Spohr. (32 S.) * 30 Pf.
244. Robert und Bertrand. Komisches Ballet in 3 Akten von M. Hoguet. Frei bearb. von J. Gyurian. Musik [neu] von Math. Strebinger. (16 S.) * 30 Pf.
245. Rigoletto. Oper in 4 Akten. Nach dem Italien. des F. M. Piave. Musik von G. Verdi. (31 S.) * 30 Pf.
246. Der Troubadour. Oper in 4 Akten. Nach dem Italien. des S. Cammarano. Musik von J. Verdi. (32 S.) * 30 Pf.
247. Euryanthe. Große romantische Oper von Helmine v. Chezy. Musik von C. M. v. Weber. (32 S.) * 30 Pf.
248. Der Freischütz. Romantische Oper in 3 Akten von Friedr. Kind. Musik von C. M. v. Weber. (24 S.) * 30 Pf.
249. Oberon, König der Elfen. Große romantische Feenoper in 3 Akten von C. M. v. Weber. (18 S.) * 30 Pf.
250. Des Teufels Antheil (Carlo Broschi). Komische Oper in 3 Akten von E. Scribe. Deutsch nach H. Börnstein und K. Gollmick. Musik von D. F. E. Auber. Text der Gesänge. Bearbeitung für die Leipziger Bühne. (32 S.) * 30 Pf.
251. Gustav oder der Maskenball. Große histor. Oper in 5 Akten von E. Scribe. Musik von D. F. E. Auber. Text der Gesänge. Bearbeitung für die Leipziger Bühne. (48 S.) * 30 Pf.
252. Der Liebestrank. Komische Oper in 2 Akten aus dem Italien. Musik von Donizetti. Text der Gesänge. Bearbeitung für die Leipziger Bühne. (32 S.) * 30 Pf.
253. Die Sirene. Komische Oper in 3 Aufzügen. Nach dem Französ. des Scribe. Musik von D. E. F. Auber. Text der Gesänge. Bearbeitung für die Leipziger Bühne. (36 S.) * 30 Pf.
254. Fernand Cortez oder: Die Eroberung Mexiko's. Oper in 3 Akten von J. A. Esménard und V. J. E. de Jouy. Musik von G. Spontini. Text der Gesänge. Bearbeitung für die Leipziger Bühne. (29 S.) * 30 Pf.
256. Hans Sachs. Komische Oper in 3 Akten von Albert Lortzing. Nach Deinhardsteins Dichtung gleichen Namens frei bearb. von Philipp Reger. Officielle Bearbeitung für die Leipziger Bühne. (35 S.) * — 30.
275. Historia des Leidens und Sterbens unsres Herrn und Heilandes Jesu Christi. Nach dem Evangelisten St. Matthäus. Musik von Heinr. Schütz. (18 S.) * 20 Pf.
276. Passionsmusik nach dem Evangelisten Lucas (Cap. 22 und 23) von Joh. Seb. Bach. (23 S.) * 20 Pf.
277. Emmaus. Kirchliches Oratorium nach Worten der Heil. Schrift mit eingestreuten Choralversen. Für Chor, Solostimmen, Gemeindegesang und Orgel. Von Ludwig Meinardus. Op. 46. (12 S.) * 10 Pf.
278. Der Jüngling zu Nain. Dichtung von Julius Sturm. Für Chor, Soli und Orchester oder Orgel kompon. von Rob. Schwalm. Op. 65. (7 S.) * 10 Pf.
279. Isaak's Opferung. Kirchen-Oratorium nach Worten der Heil. Schrift und des Gesangbuches zusammengestellt von Fr. Zimmer. Für Solo-, Chor- und Gemeindegesang mit Orgelbegleitung von Herm. Franke. (10 S.) * 10 Pf.
280. Christi Himmelfahrt. Kirchen-Oratorium nach Worten der Heil. Schrift und des Gesangbuches zusammengestellt von Fr. Zimmer. Für Solo-, Chor- und Gemeindegesang mit Orgel von Constanz Berneker. (8 S.) * 10 Pf.
281. Das Jahr geht still zu Ende. Kirchen-Kantate für Sylvester und Neujahr. Für Solo-, Chor- und Gemeindegesang mit Orgelbegleitung kompon. von Rhold. Succo. (11 S.) * 10 Pf.
282. Selig aus Gnade. Kirchenoratorium nach Worten der hlg. Schrift und Liedern der Kirche für Chor, Soli, Orchester, Orgel und Gemeindegesang von Albert Becker. Op. 61. (12 S.) * — 10.
283. Lobet den Herrn. Kirchen-Kantate nach Worten der hlg. Schrift und des Gesangbuches zusammengestellt von Friedrich Zimmer. Für Solo-, Chor- und Gemeindegesang mit Orgelbegleitung von Rob. Schwalm. Op. 77. (15 S.) * — 10.
284. Historia des Leidens und Sterbens unsers Herrn und Heilandes Jesu Christi. Nach dem Evangelisten St. Johannes. Bearbeitung v. A. Mendelssohn. Musik von Heinr. Schütz. (22 S.) * — 20.
285. Christus, der ist mein Leben. Kirchen-Kantate auf Charfreitag und Totenfest. Nach Worten der hlg. Schrift und Liedern der Kirche zusammengestellt v. Friedr. Zimmer. Für Soli, Chor und Orchester oder Orgel mit Gemeindegesang von Constanz Berneker. (8 S.) * — 10.
301. Spanisches Liederspiel. Ein Cyclus von Gesängen aus dem Spanischen für eine und mehrere Singstimmen (Sopran, Alt, Tenor und Baß) mit Begleitung des Pianoforte von Rob. Schumann. Op. 74. (7 S.) * — 10.
303. An die Freude. Schlußchor der neunten Symphonie von L. van Beethoven. Op. 125. (8 S.) * — 10.
304. Das Meer. Sinfonische Skizzen nach einem Gedicht von Eddy Levis für großes Orchester componiert von Paul Gilson. Deutsche Dichtung von Max Kalbeck. (14 S.) * — 20.

Moderne Buchschriften. Buch- u. Kunstdr. **Breitkopf** & Härtel-Leipzig. *(Leipzig: Breitkopf & Härtel) 1901.* (62 Bl.) 4°(8°) [Umschlagt. F.] [04. 1160

Die großen **Meister**. Gesamtausgabe in Bänden, Heften u. einzelnen Nummern. [Verlags-Katalog von **Breitkopf** & Härtel, Leipzig.] *Leipzig: Breitkopf & Härtel [1903].* (Getr. Pag.) 8° [04. 833

Verzeichnis des Bücher-Verlags **Breitkopf** & Härtel in Leipzig 1858 bis 1907. Leipzig: Breitkopf & Härtel 1908. V, 169 S. 8° [09. 3075 10

Verzeichnis des Musikalien-Verlages von Breitkopf & Härtel in Leipzig. Vollständig bis Ende 1891. Mit Nachträgen bis zur Gegenwart. I. II. [Leipzig 1892.]

Verzeichnis des Musikalien-Verlages von **Breitkopf** & Härtel in Leipzig. Vollst. bis 1902. *(Leipzig: Breitkopf & Härtel 1902.)* (XXV, 1200, 36 S.) 8° [03 4537

Verzeichnis des Musikalien-Verlages von **Breitkopf** & Härtel in Leipzig. Vollst. bis Ende 1902. *(Leipzig: Breitkopf & Härtel 1903.)* (XXV, 1200, 36 S.) 8° [03. 6405

Breitkreuz, Max (Hrsg.), s. Leben, Für's.

Breitkreuz, Otto: Attention aux prépositions! Anleitg z. Übertragg deut. Präpositionen ins Französische. (63) 8° Dresd., CA Koch '12. 1 —: geb. 1.25 d

Breitkreuz, Otto, ein Beitrag zur Geschichte der Possessivpronomen in der englischen Sprache. Inaugural-Dissertation. gr. 8. (53 S.) Göttingen 882, (Akademische Buchh.) * 1 20

Breitkreuz, Otto, Comment dit-on? Lexikalischer Ratgeber f. den Schul- u. Selbstunterricht. (III, 146 S.) kl. 8. Dresden 910. C. A. Koch. 2. 40

Breitkreuz, O[tto], Dr.: **Gedächtnisrede** auf Herrn Professor Dr. Hinze, gehalten am 30. Mai 1900. (Umschlagt.: Zur Geschichte des Königstädtischen Realgymnasiums. Vier Gedächtnisreden ...) *Berlin: R. Gaertner 1902.* (S. 12—14.) 4°
Berlin, Königstädt. RG, OP 1902 (109)

Breitlauenen. Ein Landschaftsbild. Interlaken s. G[erber]. R[udolf].

Breitling, Wilhelm

Breitling, W., die Feststellung der Entschädigung bei Zwangsenteignungen nach der Gerichtspraxis. gr. 8. (21 S.) Tübingen 884, Fues. * — 40
Aus: Württembergisches Archiv für Recht und Rechtsverwaltung, besonders abgedruckt.

—— Grundzüge des Konkursrechts und Konkursverfahrens nach der Konkursordnung für das deutsche Reich und den württembergischen Ausführungsgesetzen. Für die Zwecke des Unterrichts an dem Kursus der Notariatskandidaten zusammengestellt. gr. 8. (VIII, 300 S.) Stuttgart 882, Kohlhammer. * 3 —

Breitling, W., Grundzüge des Konkursrechts u. Konkursverfahrens. 2. Aufl., besorgt v. A. Schöninger. (VIII, 306 S.) gr. 8. Stuttgart 908. W. Kohlhammer. 5.—; geb. 5. 60

Breitmann, Hans. Pseud. for Leland, Charles Godfrey.

Breitner, Ant., Belletrist. Archäologie. Randglossen z. deutschen Litteraturgeschichte. gr. 16. (90 S.) München 898. Leipzig-Reudnitz, R. Baum. n. 1. 50

[F.] ... Belletristische Archäologie. Randglossen z. dtsch. Litteraturgesch. v. Anton **Breitner** ... *München: J. Schweitzer 1898.* (95 S., 1 Bl.) 1 Bd 8. [98. 10620

Breitner, Ant., Diemut, e. Skizze m. scharf umrissenem historischem Hintergrund. 12. (329 S.) München 894. J. Schweitzer, Verl. Geb. n. 8. 60

Breitner, Ant., Pro domo u. Anderes, s.: Randglossen zur deutschen Litteraturgeschichte. 8. Hft.

Breitner, Ant., Fin de siècle-Betrachtungen, s.: Litteraturbilder fin de siècle. V.

— s.a. **Litteraturbilder fin de siècle.**

Litteraturbilder fin de siècle. Hrsg. von Anton Breitner. Bdch. 1. *Leipzig-Reudnitz: R. Baum 1898.* 8° [99. 7653

— s.: **Litoraturbilder der Gegenwart.**

Breitner, Ant., der Mönch von Mattsee. Ein Sang aus dem Salzachland. 8. (VIII, 224 S.) Leipzig 882, Oelsner. * 3 —

— d. Odyssee d. Kaiserin, s.: **Müller vom Waldeck.**

Breitner, Ant., s.: Randglossen z. deut. Lit.-Gesch.

Breitner, A., Vindobonas Rose. Im hochzeitsreise-brevir d. vaters Danubius gefunden. gr. 8. (112 S.) München 888. Schweitzer. cart. n. 3. —; Capsa-Ausg. (die Gedichte einzeln, gerollt, in altröm. Bücherschachtel m. Riemen zum Anhängen) n. 6. —

Iuvaviae rudera. Römische Fundstätten im Salzburger Flachgau. Durchforscht u. beschrieben von Anton **Breitner**. Mit Taf., gezeichnet von Franz Kulstrunk. *Leipzig-Reudnitz: R. Baum 1898.* (17 S.) 8° [99. 8976

Breitner, Ant.: Joseph Viktor v. Scheffel u. s. Lit. Prodromos e. Scheffel-Bibliogr. (7, 10, 40, 202 m. 1 Bildn. u. 1 Fksm.) Lex8° Bayr., B Seligsberg '12. kart. 12 — d

— der Scheffel-Bacillus, s.: Litteraturbilder fin de siècle.

Breitner, Burghard, s.a. Sturm, Bruno.

Für die Farben. Ein Akt aus d. Studentenleben. Von Bruno Sturm [d. i. Burghard Breitner]. Berlin: G. Schuhr [1904]. (66 S.) 8° [F.] 105. 331

Die Schule Breite von 1797 bis 1897. E. Dorfgesch. Erzählt v. Heinrich Breitner. SA. aus d. 'Sonntagspost'. [o. O. 1896.] (1 Bl., 51 S.) 1 Bd 4.

Breitner, Heinr., die Schule Breite v. 1797—1897. E. Dorfgeschichte. [Aus: „Sonntagspost".] Lex.-8. (51 S.) Winterthur 897. (M. Kieschke.) n. 1.—

Breitopf, d. Bücher, mit Abbild. 8. Karlsr. 830. Müller. 6 gr

Breitrück s: Bestimmungen üb. d. Unterr.-Betrieb in d. kgl. Seminar-Übgssch. in Quedlinburg.

Ratgeber für die Praxis des Schreibunterrichts. Unter Zugrundelegung d. Preuß. Normal-Alphabets. O. Breitrück, Sem.Lehrer, Barby. Barby: H. Kropp 1906. (58 S.) 8° [F.] 106. 5073 3

Breitrück, Rob., „made in Germany". D. engl. Gesetz d. Waarenbezeichng. (The Merchandise Marks Act 1887) 50 & 51 Victoria Chapter 28 i. Orig.-Text u. i. deutscher Uebersetzg., nebst Ausführungsbestimmgn. u. Erläutergn. gr. 8. (67 S.) Hamburg 895. L. Friederichsen & Co. n. 2.—

Breits, 100 Rathschläge f. Nervenkranke m. besond. Berücksicht. der Neurasthenie, Hypochondrie u. Hysterie. 2. Aufl. gr. 16. (68 S.) Berlin 893. Cassirer & Danziger. n. 1.—

Breits, 100 Rathschläge f. Nervenkranke m. bes. Berücks. d. Neurasthenie, Hypochondrie u. Hysterie. 2. Afl. 16° (68) Berl. 93. H Steinitz. 1—

Breits, 100 Ratschläge f. Nervenkranke, m. besond. Berücksicht. der Neurasthenie, Hypochondrie u. Hysterie. 3. Aufl. 8. (88 S.) Berlin (902). H. Steinitz. n. 1.—

Breitsameter, Geo., der katholische Meßner in seinen kirchlichen Verrichtungen. 2., verb. Aufl., bearb. v. J. B. Lautenschlager. 12. (59 S.) Augsburg 894. B. Schmid's Verl. — 60; geb. — 75

Breitschadel, Joh. Nep. Ant., theoret.-prakt. Clavier-Schule, durchgängig mit Uibungs-Handstücken aller major- u. minor Tonarten, nach ält. u. neu. Meistern vermehrt, u. f. jed. z. Selbstunterr. dargest. In 2 Abthln. — 1. Abthl. 3., verb. Aufl. qu. Fol. (26½ B.) Wien 833, Mechetti qm. Carlo.

Breitschädel, Gust.

Breitschädel, G., der Hochzeitsgast als Dichter, Redner und Declamator. 8. (120 S.) Burg 877, Scola. 1 50

Breitschädel, G., der Hochzeitsgast als Dichter, Redner u. Declamator. 2. verb. Aufl. 8. (104 S.) Erfurt 882. Bartholomäus. — 75

Breitschädel, G., der Hochzeitsgast als Dichter, Redner u. Deklamator. Enth. reiche Auswahl v. Orig.-Tafelliedern, Material f. Hochzeitskladderadatsche u. andere Hochzeits-Blätter, Toaste, Glückwünsche, Orig.-Polterabend-Vorträge etc. 3., verb. Aufl. 8. (110 S.) Erfurt 894. F. Bartholomäus. n. 1.—

Breitschädel, G., der Hochzeitsgast als Dichter, Redner u. Deklamator. Enth. reiche Auswahl v. Orig.-Tafelliedern, Material f. Hochzeitskladderadatsche u. andere Hochzeits-Blätter, Toaste, Glückwünsche, Orig.-Polterabend-Vorträge etc. 4., verb. Aufl. 8. (136 S.) Erfurt (899). F. Bartholomäus. n. 1.—

— Original-Gelegenheits-Gedichte. 1. Thl. Der Hochzeitsgast als Dichter, Redner u. Declamator, enth. reiche Auswahl v. Tafelliedern, vollständ. Material f. Hochzeits-Kladderadatsche u. andere Hochzeitsblätter, Toaste, Glückwünsche, Polterabend-Vorträge etc. Unentbehrlich f. jeden Hochzeitsgast. 8. (104 S.) Burg b. M. 878. Scola. 1. 50

Breitschädel, G., neue Polterabend- und Hochzeits-Gedichte, enthaltend reiche Auswahl von Tafelliedern, vollständiges Material für Hochzeits-Kladderadatsche, Hochzeitsblätter, Toaste, Glückwünsche, Polterabend-Vorträge. 2. (Titel-)Aufl. 8. (104 S.) Burg 881, Scola. * 1 —

Breitschädel, Gustav, Neue Turnerlieder f. Deutschlands Turner, m. Anh. Turnerfeuerwehrlieder, 1. u. 3. verm. Aufl., Burg b. Magdeburg, 45 S., 16°. 2 Bde.

—— neue Turner-Lieder für Deutschlands Turner. 1.—3. Aufl., verm. durch einen Anhang der beliebtesten und bekannteren ältern Turnerlieder. 16. (46 S.) Ebendas. 877. *

1. und 2. Aufl. (1875,76) waren nicht im Handel.

Breitschedel, Otto: Zur Technik d. römisch-pompejan. Wand-Malerei. Überblick üb. d. Streitfrage Donner- v. Richter gegen Berger. (35) 8° Münch., E Reinhardt '11. — 60

Breitscheid, Rudolf

Breitscheid, Rud., die Aufgaben der demokratischen Vereinigung, s.: Barth, Thdr.

Breitscheid, R., Der Bülow-Block u. der Liberalismus. (100 S.) gr. 8. München, E. Reinhardt. 1907. 1. 20.

— Der Bülow-Block u. der Liberalismus. (109 S.) gr. 8. München 908. E. Reinhardt. 1. 20

Breitscheid, R: Deutschl. u. d. Vorgänge im russ. Reich, s.: Reusner, v.

Breitscheid, Rudolf: Die Landpolitik in den australischen Kolonieen. T. 1. Neu-Süd-Wales unter englischer Verwaltung. *Hamburg* (übergeklebt: *Marburg*) *1899*. (78 S.) 8° [Umschlagt.]
Marburg, Phil. Diss. v. [6. Juni] 1899

Breitscheid, Rud., die Landpolitik in den australischen Kolonieen. Diss. gr. 8. (78 S. m. 1 Tab.) Hamburg 899. (A.-G. „Neue Börsenhalle".) n. 1.—

Breitscheid, Rud., s. Monographien zur Weltpolitik.

— Persönliches Regiment u. konstitutionelle Garantien, s. a. Flugblätter, demokratische. Nr. 1.

Persönliches Regiment und konstitutionelle Garantien. Von Dr. Rudolf Breitscheid. Berlin: Concordia [1909]. 15 S. 8°
(Demokratische Flugblätter. Nr 1.) 109. 13136

Breitscheid, s. Reusner, W. u. B., Deutschland.

Das Freie Volk. Demokratisches Wochenblatt. Hrsg.: Dr. Rud. Breitscheid. Jg. 1. Berlin: (Demokrat. Verl.-Anst.) 1910. 2°
A 12. 10835

Breitscheid, Tony: Die Notwendigkeit der Forderung des allgemeinen, gleichen, direkten, geheimen Wahlrechts. 2. Aufl. Mit Nachtr. ⟨Die Wahlrechtsverhandlungen i. J. 1910.⟩ — Berlin: Preuss. Landesverein f. Frauenstimmrecht 1910. 16 S. 8° (Schriften d. Preuss. Landesvereins f. Frauenstimmrecht. 4.)

Breitschopf, Frz: Der Schlämmversatz in Trifail. [Aus: „Der Kohleninteressent".] (38 m. 3 Taf.) Lex8° Tepl.-Sch., A Becker '11. 2 —

Breitschopf, Robert

Breitschopf, Rob., O. S. B., 5 Exerzitienvorträge f. Studenten, samt je e. Exhorte am Anfange u. Schlusse d. Schuljahres. (III, 52 S.) 8. Wien 908. H. Kirsch. 1.—

Breitschopf, Rob., O. S. B., einfache u. kurze Predigten auf die Feste des Herrn sowie der heiligsten Jungfrau Maria u. der Heiligen, m. e. Anh. v. Gelegenheitsreden. (399 S.) gr. 8. Regensburg 905. Verlagsanstalt vorm. G. J. Manz. n. 3. 60

— Einfache u. kurze Predigten auf alle Sonntage des Kirchenjahres. (XII, 504 S.) gr. 8. Regensburg 909. Verlagsanstalt vorm. G. J. Manz. 5. 60

Breitschwerdt, Justus Felix von (Ehningen/Schwab.), De jure nobilitatis et vera ingenuitate. Diss. jur. Präs. Heinrich Bodin. Halle (J. Gruner) Febr. 1704. 40 S. (5.20) 3943
Widm. v.: Sam. Stryk, Präs., Christian Thomasius, Joh. Pet. Ludwig (dtsch.), Joh. Friedemann Schneider, Lucas Gottfried Backmeister (Stuttgart).

Breitschwerdt, W. G. von: „Betrachtungen über die Allodification der Ritterlehen", Stuttgart 1822 (Metzler).

v. Breitschwerdt, (Wilh.,) Betracht. über den Antrag d. Freyh. v. Stain, betreff. d. Allodification d. Ritterlehen. gr. 8. Stuttg. 821, Metzler.

Breitschwert, v., Entwurf eines biblischen Spruchbuchs für die evangel. Schulen Würtembergs. 8. (X und 117 S.) Schw. Hall 847, Nitzschke's Vrlgsh.

Breitschwert, A. v., Eisenbahn und Telegraph. Posse in 2 Akten. Cannstatt 859. (Stuttgart, Sonnewald.) 8. (46 S.) 4 ngr.

Breitschwert, A. v., Eisenbahn und Telegraph. Posse in 2 Akten. (Bühnen-Mscr.) 8. (48 S.) Cannstatt 861, (Bosheuner.)

— die neueste Mode. Lustspiel in 2 Aufzügen. (Den Bühnen gegenüber Mscr.) gr. 8. (38 S.) Cannstatt 863, (Bosheuner.)

— Maria Prochaska. Drama aus der Zeit des deutschen Freiheits-Krieges in 5 Abthlgn. mit Gesang. (Mscr.) Lex.-8. (47 S.) Schw. Gmünd 861. (Cannstatt, Bosheuyer.)

Breitschwert, Adf. v., Vegetarianer und Fleischesser. Schwank in 1 Akt. 8. (30 S.) Ulm 879, (Gebr. Nübling.) * — 50

Breitschwert, J. L. C. Frh. v., Johann Keppler's Leben u. Wirken, nach neuerlich aufgefund. Manuscripten bearb. 8. (15¼ B.) Stuttgart 831, [Löflund.]

Breitschwert, Otto v., Aquileja, das Emporium an der Adria, vom Entstehen bis zur Vereinigung mit Deutschland. Ein geschichtl. Essay. gr. 8. (56 S.) Stuttgart 880, Bonz und Comp. * 1 —

— die unteren Donauländer als Absatzgebiet für die süddeutsche Industrie. Ein wirthschaftspolit. Flugblatt. gr. 8. (8 S.) [Ulm 880, Gebr. Bruchmann.] Dresden, Steffens. * — 25

— Frack u. Crinoline, s. Frack u. Crinoline.

FRACK und Crinoline. Lustspiel in zwei Aufzügen (von *Otto v. Breitschwert*).
Anon.-Lex. V. p. 111 (nach Kayser).

Breitschwert, Otto v. Aus stiller Klause. Lebenserinnerungen und Gedichte. 4 Lfgn. 8. (156 S.) Cannstatt 889. (Stuttg., Metzler's Sort.) à Lfg. * — 35; compl. * 1 —

Breitschwert Ov, Plan eines Interessentenvereins für den Rhein-Donau-Verkehr. 4° Donauwörth 1889

Breitschwert, W. v., ABC. Pracht-Bilderbuch in 48 Bildern. qu. gr. 4. (24 color. Stnt. mit eingedr. Texte.) Stuttgart 878, G. Weise. cart.

Breitschwert, W. v., buntes Bilderbuch für kleine Kinder mit Text von Geo. Mandel. hoch 4. (12 Chromolithogr. mit 24 S. Text.) Stuttgart 872, Kröner. geb.

—— buntes Bilderbuch f. kl. Kinder. Mit Text v. G Mandel. 2. Afl. 4. (24 m. 12 Chromol.) Stuttg. 76, Kröner. 4. 50

— buntes Bilderbuch f. kleine Kinder M. Text v. Geo. Mandel. 2. Aufl. gr. 4. (24 S. m. 12 Chromolith.) Stuttgart 877. Kröner. 4. 50

Breitschwert, W. v., buntes Bilderbuch für kleine Kinder. Mit Text von Geo. Mandel. 3. Aufl. gr. 4. (24 S. mit 12 Chromolithogr.) Stuttgart 883, Kröner. cart. 4 50

—— lustige Bilder-Räthsel für kluge Kinder. 4. Aufl. gr. 4. (24 Bl. mit eingedr. lithogr. und color. Fig. und 2 S. Text.) Stuttgart 879, Thienemann's Verlag. geb. *

Breitschwert, W. v., lustige Bilder-Räthsel für kluge Kinder. 6. Aufl. gr. 4. (24 color. Stnt. mit eingedr. und 2 S. Text.) Stuttgart 886, Thienemann's Verlag. geb. *

Breitschwert, W v., Lord Pudding's u. s. Dieners John Fahrten u. Abenteuer. 1. u. 2. Lfg. qu. 4. (à 6 Chromol. u. 6 Bl.) Stuttg. 67, Stoll. (?) à 1. —

v. Breitschwert, W., Lord Pudding's u. seines Dieners John Fahrten u. Abenteuer in allen Ländern der Erde. Ein Bilderbuch für Groß u. Klein. Stuttgart 868. Breitschwert & Payer. qu. 4. (12 lith. Bilder in Farbendr. u. 12 Bll. Text.) n. 2 Thlr 10 ngr.

— Lord Pudding u. seines Dieners John Fahrten u. Abenteuer in allen Theilen der Erde. Ein kom. Bilderbuch. 11 in feinem Farbendruck ausgeführte Bilder. Mit Versen v. Miris. qu. gr. 4. (11 Bl. Text.) Eßlingen 877. Schreiber. cart. n. 2. 75

Breitschwert, W. v. Der Faulpelz in tausend Ängsten. Eine lustige Geschichte für die Kinderwelt. 3. Aufl. Mit 15 bunten Bildern. gr. 4. (32 S.) Hamb. 891, Verlagsanstalt u. Druckerei, A.-G. cart. * 2 50

—— Max' und Robert's Ferien-Abenteuer. Ein lust. Bilderbuch für Kinder von 6—12 Jahren. hoch 4. (12 Bl. mit 12 Chromolithogr.) Stuttgart 871, Thienemann. geb.

Breitschwert, W. v., Fritzchen's Kriegsabenteuer in Frankreich. Ein Bilderbuch f. deutsche Knaben. 12 kolor. Bilder, lith. v. Th. Rothbart. qu. 4. Stuttgart 871. Hoffmann & Hohl. geb. 3. —

—— Fritzchen's Kriegsabenteuer in Frankreich. Ein Bilderbuch für deutsche Knaben. 12 color. Bilder, lithogr. von Th. Rothbart. qu. 4. Stuttgart 871, Risch. geb. (M 3.)

—— s. Pracht-ABC-Buch.

— neue Ueberraschungen. Ein Bilderbuch zur Unterhaltung und Belustigung der heiteren Jugend mit 6 Doppelbildern in lithogr. Farbendr. gr. 4. Ebend. 877. cart. n. 2. —

—— neues Verwandlungs-Bilderbuch. Zur Unterhaltung und Belustigung der heiteren Jugend mit 6 Doppelbildern in lithogr. Farbendr. 2. Aufl. gr. 4. Eßlingen 880, Schreiber. geb. * 2 —

Breitschwert, W. v., Carlchen Lustigs Wunderfahrt durch Luft, Wasser und Erde. Ein neues Mährchen erzählt und illustr. qu. 4. (12 Bl. mit 12 Chromolithogr.) Stuttgart 871, Thienemann. geb.

—— Carlchen Lustigs Wunderfahrt durch Luft, Wasser u. Erde. 4. (12 Chromol.) Stuttg. 73, Thienemann. geb. 3. 75

—— Zaubergeige, Wunderflinte und Hexenpfanne. Ein romant. Zaubermärchen für die Jugend. gr. 4. (12 Bl. mit 12 Chromolithogr.) Stuttgart 878, Thienemann. cart.

Breitschwert, Wilhelm von, s. Breitschwerdt, Wilh. v.

Gedächtnisverse zur Französischen Grammatik v. H. Breitsprecher, vorm. Rektor an d. Stadtschule zu Bergen auf Rügen. *Stralsund: Bremer (1897).* (20 S.) 1 Bd 8. [98. 3336]

— Geschichte der Stadt- u. Provinzial-Schulen zu Bergen a. Rügen. gr. 8. (84 S.) Bergen a/R. 894. F. Becker. n. 1. —

Breitsprecher, Karl, Johanna d'Arc und der schwarze Ritter. Eine Studie über Schillers Jungfrau von Orleans. 8. (64 S.) Breslau 888, Kern's Verlag. *

[F.] **Breitsprecher,** Karl [Dr.]: Das geometrische Pensum der Quarta. Tl 2. (Th. 1 ist noch nicht erschienen.) Breslau, Druck v. Grass, Barth & C., 1895; 32 S. 8.
Breslau, ev. R 2, OP 1895 (227)

—— der erste Unterricht in der Geometrie. Für die Quinten aller höheren Lehranstalten bearb. 1. und 2. Heft. 4. Breslau 885, F. Hirt. *

Inhalt:

Heft 1. Die Strecke als Element geometrischer Konstruktionen. (IV, (40 lithogr. S.) * 60 Pf.

" 2. Der Winkel als Element geometrischer Konstruktionen. (56 lithogr. S.) * 80 Pf.

[F.] Breitsprecher, *Karl August Julius* [Dr., Rekt.]: Dem Gedächtnis des ersten Rektors unserer Anstalt, Herrn Professor William Kauffmann, geweiht. Breslau, Druck v. Grass, Barth u. Co., 1891; S. 7—8; 4°

Breslau, st. ev. HB II, OP 1891 **

Breitsprecher v. Breitenstern, Frz. Phil., († d. 27. Nov. 1798.) Abhandl. von d. Querel für die schwed.-deutschen Staaten; mit Zusätzen u. Beitrr. herausg. v. ... Hagemeister. 8. Stralſ. 806. Struck. 18 gr.

Breitum, Paul, Das untergehende Handwerk und seine Rettung. Eine wirtschaftliche Studie. 8°. Elberfeld, Grimpe, 1891.

Breitum, Paul, Des Volkes Protest! Ein Lichtstrahl auf das sociale Leben der Gegenwart. 8°. Elberfeld, Grimpe, 1891.

Breitung, Arno Bemerkungen über die Quellen von Dio Cassius. LXVI—LXIX. 11 S. **Progr.** *Markirch* 1882.

Breitung, Arno Das Leben des Dio Chrysostomus. 4 (23 S.). **Progr.** G. *Gebweiler* 1887

Breitung, Carl, approb. Arzt aus Leipzig: Ueber **Blasenmole** und malignes Deciduom. *Leipzig 1900: B. Georgi.* (50 S.) 8°
Leipzig. Med. Diss. v. (24. Nov.) 1900

Breitung, Erich. Studien über die Rinder Afrikas und Polynesiens und ihren Zusammenhang untereinander. Aus dem zootechnischen Institut der Universität Bern .... Diss. Vet.-Med. Bern. [Mit 5 Tabellen und 1 Tafel.] 79 S. 8. Berlin, Hermann Blanke, 1910.

Breitung, Friedrich August Max (Langensalza), Ueber Pericarditis tuberculosa. Diss. med.-chir. Bln. (G. Schade [O. Francke]) 12. II. 1877. 32 S. m. Biogr. (4.—) 3945
Oppon.: Otto Landerfeldt, Eugen Maréchaux, Curt Neumann. — Gew.: Dr. Born.

Breitung, Herm. Erinnerungen an den hl. Bonifatius in Fulda. Hrsg. aus Anlaß der Wallfahrt der Katholiken Deutschlands zum Grabe d. hl. Bonifatius. 12. (47 S. mit Abbildgn.) Fulda 892, Fuldaer Actien-Druckerei. — 30

Erinnerungen an den hl. Bonifatius in Fulda. Von Hermann **Breitung**, Domkapit. 2. Aufl. *Fulda: Aktiendr. [1900].* (47 S.) 8° [F.] [00. 7134

Breitung, Herm., mathematische Geographie. Ein Lehr-, Lern- und Lesebuch. Der reiferen Jugend gewidmet. 1. und 2. unveränd. Aufl.. gr. 8. (VIII, 55 S. mit in den Text eingedr. Holzst.) Braunschweig 878,79, Vieweg und Sohn. *

Breitung, Karl, Handbuch f. den Verwaltungsbezirk der kgl. Amtshauptmannschaft Leipzig. Im Auftrage der kgl. Amtshauptmannschaft hrsg. (IV, 828 S.) gr. 8. Leipzig 909 (Roßberg'sche Buchh.) Geb. 5. —

Breitung, Karl, der erste Clavier-Lehrer, eine method.-katechet. Anleitung, den ersten Clavier-Unterricht, schon mit Kindern v. 4 bis 6 Jahren zu beginnen u. auf eine gründl., bildende u. anzieh. Weise zu betreiben. qu. gr. 4. Eisleben 835. Reichardt, (jetzt Hermes in Berlin.) 7/8 ṫ

Breitung, Carl, der erste Clavier-Lehrer, e. method. katechet. Anleit., den ersten Clavier-Unterr. schon mit Kindern v. 4 bis 6 Jahren zu beginnen u. auf e. gründl., bild. u. anzieh. Weise zu betreiben. 1. Aufl. qu. gr. 4. (9¾ B.) Eisleben 835, 2., verb. u. verm. Aufl. gr. 8. (8 B.) Berlin 841, Hermes. à

— der kleine Clavier-Schüler Eine Reihenfolge method. geordn. Uebungsstücke zum Clavierspielen Ein Anhang zum ersten Clavier-Lehrer. 1s—3s Hft. Op. 6. qu. 4. Eisleben 836, 37. Reichardt, (jetzt Hermes in Berlin). (à 1½ ṫ) 1½ ṫ

—— der kleine Clavier-Schüler. Eine Reihenfolge method. geord. Uebungsstücke z. Klavierspielen. Ein Anh. z. ersten Clavier-Lehrer. 1—3. Hft. qu. 4. Eisleben. [Berlin, Hermes.] [1. 1. Aufl. (7½ B.) 836, 3., verm. u. verb. A. (6½ B.) 842.; 2. (7½ B.) 837.; 3. 1. Aufl. (7¼ B.) 837, 3., verm. u. verb. A. (7 B.) 842. à 12 Gr.]

Breitung, Carl, der kleine Clavier-Schüler. Eine Reihenfolge methodisch geordneter Uebungsstücke zum Clavierspielen. Ein Anh. zum ersten Clavier-Lehrer. 1. Hft. 5. Aufl., 3. Hft. 3. Aufl. u. 4. Hft. 2. Aufl. qu. 4. (140 S.) Berlin 850, Hermes. — 5. Hft. A. u. d. T.: Die beiden kleinen Clavier-Schüler. Eine Sammlung der leichtesten u. anziehendsten vierhänd. Clavierstücke f. den ersten Unterricht, u. e. Zugabe zum 1. Hft. des „kleinen Clavier-Schülers." 2. verm. u. verb. Aufl. qu. 4. (51 S.) Ebd. 850. à Heft ½ ṫ

Breitung, Carl, der kleine Clavier-Schüler. Eine Reihenfolge methodisch-geordneter Uebungsstücke zum Clavierspielen. Ein Anhang zum ersten Clavier-Lehrer. 4. verb. Aufl. in Gemeinschaft mit „Ernst Breitung" bearb. Op. 6. 3. Heft. Berlin (856). Hermes. qu. 4. (52 S.) 15 ngr.

Breitung, Carl, der kleine Clavier-Schüler. Eine Reihenfolge methodisch geordneter Uebungsstücke zum Clavierspielen. Ein Anhang zum ersten Clavier-Lehrer. 4., verb. Aufl. in Gemeinschaft mit „Ernst Breitung" bearb. Op. 6. 3. Heft. qu. 4. (52 S.) Berlin 857, Hermes.

Breitung, Max s. a. Meo Breo.

Breitung, Max, die Bedeutung der oberen Luftwege als Eintrittspforten der Tuberkulose. gr. 8. (11 S.) Halle 900. C. Marhold. n. — 40
Sonderabdruck aus: „Sammlung v. Abhandlungen aus dem Gebiete der Nasen- etc. Krankheiten".

Breitung, Max, die sozialpolitische Bedeutung der Volkshygiene. Vortrag, geh. auf der 75. Versammlg. deutscher Naturforscher u. Ärzte in Kassel. (20 S.) gr. 8. Berlin 904. A. Duncker. n. — 50
Sonderabdr. a.: „Deut. Monatsschr. f. d. ges. Leben d. Gegenw."

— über Besserhören im Lärm, s.: Vorträge, klinische, aus dem Gebiete der Otologie. III. 2.

[F.] Coeur-Ass. Lustspiel in 1 Aufz. v. Meo Breo [d. i. Max **Breitung**]. *Mühlhausen i. Th.: G. Danner [1897].* (24 S.) 1 Bd 8.
= **Thalia.** [No] 28. [98. 9918

Breitung, Max [aus Kranichfeld]: Ein Fall von Hermaphroditenbildung ... Jena. Druck v. B. Engau, 1891; 39 S. 8.
Jena, Med. Fak., Inaug.-Diss. v. [30. Sept.] 1891

[F.] Ein Glücksfall oder All Heil. Schwank in 1 Aufz. v. Meo Breo [d. i. Max **Breitung**]. *Mühlhausen i. Th.: G. Danner [1897].* (30 S.) 1 Bd 8.
= **Thalia.** [No] 29. [98. 9919

GUANO, Don, oder der steinerne Gastwirth, oder der Doctor siegt. Ulcus simplex mit 5 metastatischen Processen .... von Meo Breo. (Vf.: *Maxim. Breitung*.) Berlin, o. J. 8_0. 47 S.
Derber Schwank, zum Theil im Berliner Dialekt. Als Mspt. gedruckt. — Max Perl's Berliner Febr.-Auct. 1908, no. 92.

Breitung, Max, der Heilmagnetismus in der Familie. Mit neuen physikal. Beweisen u. neuen Anwendgn. der lebensmagnet. Kraft. (XII, 185 S.) 8. Leipzig 906. O. Mutze. n. 2. —; geb. n. 3. —

Breitung, Max, über tötliche Hirnverletzungen in forensischer Hinsicht, s. Sonderabdrücke der Deutschen Medizinal-Zeitung.

—— über neuere Leichenanstalten. Eine hygien. Studie. gr. 8. (68 S.) Berlin 886, Grosser. *
Aus: Deutsche Medizinalzeitung, besonders abgedruckt.

Breitung, Max., die Morphologie des Cholerabacillus und die Schutz-Cholera-Impfung, s. Sonderabdrücke der Deutschen Medizinal-Zeitung.

Breitung, Max, d. Sonnenkaiser. Drama. 8. (88 S.) Leipzig 896. W. Friedrich. n. 2. —

Breitung, M., kritische Studien zur Pathologie u. Therapie v. Sonnenstich u. Hitzschlag. I. Was ist das Wesen d. Sonnenstiches? [Aus: „Deutsche Medizinal-Zeitg."] gr. 8. (16 S.) Berlin 889. Grosser. n. — 40

—— Taschen-Lexikon für Sanitätsoffiziere des activen Dienst- und des Beurlaubtenstandes. 12. (III, 181 S.) Berlin 885, Mittler und Sohn. *ℳ 2.—; geb. *

Breitung, W: Auswertg v. Regenbeobachtgn u. Bestimmg d. Regenabflussmengen f. städt. Kanäle. (87 m. 12 [5 Doppel-] Taf.) 8° Lpzg, F Leineweber '12. 3.60; L n 4.50

Breitwieser, Franz, k. und k. Rittmeister. Geschichte der k. u. k. Train-Truppe. Chronik der wichtigeren Ereignisse und Verfügungen über ihre Entwicklung. Nach amtlichen Quellen zusammengestellt und bearbeitet. (Mit 12 Abbildungen und 1 Porträt.)
8. Wien 1904

Breitwieser, Wilhelm: Halogenderivate des p-Xylenols. Marburg 1909: Koch. 53 S. 8°
Marburg, Phil. Diss. v. 27. Aug. 1900, Ref. Zincke
[Geb. 6. März 78 Kleestadt: Wohnort: Marburg: Staatsangeh.: Hessen: Vorbildung: Gymn. Laubach Reife O. 00: Studium: Darmstadt Techn. Hochsch. München 3. Marburg 13 S.: Rig. 17. Febr. 09.] [U 10. 33

Breitwieser, Wilhelm: Ueber die Reduktion von Cyanchinolinen mit Natrium und Alkohol. 1909. 19 S. 8⁰ ¶ Vorläufige Mitteilung in: Journal f. prakt. Chemie. Bd 187. N. F. Bd 79; „eine gekürzte Darstellung der Gesamtresultate soll im gleichen Journal erfolgen"; bis N. F. Bd 89, H. 1/2 nicht ersch.
Darmstadt, Dr.-Ing.-Diss. v. 13. 12. 1909

Breitzmann, Agnes, s.a. Halden, Elisabeth.

Gertrud. (3. Aufl. von 'Reseda'.) Erzählung f. junge Mädchen von Elisabeth Halden [d. i. Agnes Breitzmann]. Mit 1 Heliograv. nach e. Aquarell von Hans Looschen. 4. bis 6. Taus. *Berlin: H. J. Meidinger [1895].* (204 S.) 8° [𝔉.] [95. 8012

In Heimat und Fremde. Erzählung f. junge Mädchen von Elisabeth Halden [d. i. Agnes Breitzmann]. Mit 1 Heliograv. nach e. Aquarell v. Rudi Rother. *Berlin: H. J. Meidinger [1895].* (260 S.) 8° [𝔉.] [95. 8013

Vor Fünfhundert Jahren. Ein Lebensbild von Elisabeth Halden [d. i. Agnes Breitzmann]. Mit 1 Titelbild von M. Raenike. *Berlin: H. J. Meidinger [1900].* (290 S.) 8° [𝔉.] [00. 12828

Kindergeschichten. 10 Erzählungen f. d. junge Welt von Elisabeth Halden (Agnes Breitzmann). Mit 5 Autotyp. nach Orig. v. G. Schöbel. *Berlin: H. J. Meidinger [1899.]* (208 S.) 8° [𝔉.] [99. 8014

Königin Luise von Elisabeth Halden (Agnes Breitzmann). Mit Titelbild in Heliograv. nach e. Orig. von G. Schöbel. *Berlin: H. J. Meidinger [1899].* (262 S.) 8° [𝔉.] [59. 8015

Königin Luise von Elisabeth Halden (Agnes Breitzmann). Mit Titelbild. 2. Aufl. *Berlin: H. J. Meidinger [1903].* (262 S.) 8° [𝔉.] [04. 1126

[𝔉.] Etwas Neues. Erzählgn f. d. Jugend v. Elisabeth Halden '(Agnes Breitzmann)' ... M. 5 Bild. nach Aquar. v. G. Schöbel. *Berlin: H. J. Meidinger [1895].* (2 Bl., 162 S., 5 Taf.) 1 Bd 8. [97. 435

[𝔉.] An des Lebens Pforte. Erzählg f. junge Mädchen v. Elisabeth Halden '(Agnes Breitzmann)'. M. 1 Heliogr. nach d. Orig. v. Maler G. Schöbel. *Berlin: H. J. Meidinger [1895].* (1 Bl., 262 S., 1 Taf.) 1 Bd 8. [97. 436

Die Familie Ritzewitz (Fortsetzung von 'Die Rosen v. Hagenow'). Erzählung f. junge Mädchen v. Elisabeth Halden. (Agnes Breitzmann). Mit Titelbild in Photograv. nach e. Orig. von G. Schöbel. *Berlin: H. J. Meidinger [1898].* (267 S.) 8° [𝔉.] [98. 8016

Die Rosen von Hagenow. Erzählung f. junge Mädchen von Elisabeth Halden (Agnes Breitzmann). Mit Titelbild von Otto Lagemann. 2., durchges. Aufl. *Berlin: H. J. Meidinger [1902].* (220 S.) 8° [𝔉.] [03. 11 41

Goldschmieds Töchterlein. Erzählung f. junge Mädchen von Elisabeth Halden (Agnes Breitzmann). Mit e. Titelbild von Max Block. *Berlin: H. J. Meidinger [1901].* (285 S.) 8° [𝔉.] [01. 10732

Mamsell Übermut. Erzählung f. junge Mädchen von Elisabeth Halden (Agnes Breitzmann). Mit e. Photograv. von Ed. Klingebeil. 5. Aufl. *Berlin: H. J. Meidinger [1903].* (250 S.) 8° [𝔉.] [04. 1127

Mamsell Übermut als Braut. Paula's Freundinnen erzählt von Elisabeth Halden [d. i. Agnes Breitzmann]. Mit 4 Vollbild. von M. Raenike. *Berlin: H. J. Meidinger [1902].* (267 S.) 8° [𝔉.] [03. 11 41

Mamsell Übermut als junge Frau. Erzählung von Elisabeth Halden (Agnes Breitzmann). Titelbild von F. Müller-Münster. Berlin: H. J. Meidinger [1906]. (213 S.) 8° [𝔉.] [08. 9418

Verwaist. Eine Erzählung f. d. Jugend von Elisabeth Halden [d. i. Agnes Breitzmann]. Stuttgart: Levy & Müller 1900. 240 S. 8° [10. 2706 B

Breitzmann, Ludwig Wilhelm (Prenzlau/Mark), De tumore albo. Diss. med. Bln. (Friedlaender) 10. IV. 1838. 32 S. m. Lit. u. Biogr. (M.: W. Kayser.) (4.50) 3946
Oppon.: D. Bovermann, D. Arndt, F. Teutscher. — Gew.: L. Kayser, G. Breitzmann.

Brekenfeld, H., Erlewnisse ut 1870 un 71. gr. 8. (V, 217 S.) Wriezen 895. (G. Rauch.) n. 2. 50

Brokenfeld, H: Erlewnisse ut 1870 un 71. Jetzt: Wriezen, RII Dann. Erh. 2.80; geb. 3.50 91/95

Brekenfeld, s.: Ut uns' le Bourget-Tid.

Brekle, Alb. Rich., erfolgreiche Extraction v. Kupfersplittern aus dem Auge. Kasuistische Mitteilg. aus dem Material der Tübinger Universitäts-Augenklinik. Diss. (28 S.) gr. 8. Tübingen 904. F. Pietzcker. n.n. — 70

Brelje, Ida von der

Brelje, J. v. d., Mädchenschule, s. Schrift d. soz.-wissch. Ver.

Brelje, Ida v. der, die Reform der höh. Mädchenschule, s.a. Schriften d. sozialwissensch. Vereins in Berlin. 1. Hft.

Brelje, Ida v. d.: Die Reform der höheren Mädchenschule. — Frankfurt a. M.: Schnapper 1901. 42 S. 8⁰ (Schriften d. Sozialwiss. Vereins in Berlin. 1.)

Breling, H., König Ludwig-Album. Bildnis Sr. Maj. des Königs Ludwig II. von Bayern und 12 Ansichten aus seinen Schlössern. Heliogravüren nach Orig.-Aquarellen von H. B. qu. Fol. Stuttgart 887, Deutsche Verlags-Anstalt.
In Leinw.-Mappe *
Einzeln à Bl. *

—— dass. — Photogr. nach Orig.-Aquarellen von H. B. Kabinet-Ausg. 8. Ebendas. 887. In Leinw.-Mappe *
Einzeln à Bl. *

Brell u. Luise; oder: Was vermag die Liebe nicht? Schausp. v. Elise Müller. 8. Gotha, Ettinger. 797.

Brell, Heinr., über die Anwendung des Princips des kleinsten Zwanges auf die Schwingungen e. Saite. (8 S.) gr. 8. Wien 902. (A. Hölder.) n. — 20
Sonderabdruck aus: „Sitzungsber. d. k. Akad. d. Wiss."

— Über eine neue Fassung des verallgemeinerten Prinzipes der kleinsten Aktion. S. 122. IIa. 1901 . . . . „ —.30
Separatabdruck

— Nachweis der Äquivalenz des verallgemeinerten Prinzipes der kleinsten Aktion mit dem des kleinsten Zwanges. S. 122. IIa. 933 . . . . „ —.40
Separatabdruck

Brell, Otto, Heimatkunde der Ost-Prignitz m. Anh. f. Brandenburg u. Deutschland, f. den Schulgebrauch zusammengestellt (49 S. m. 2 farb. Karten.) 8. Pritzwalk 905. [C. Lemke.] Dr. A. Tienken. Kart. n. — 75

Brell, Otto, die Kattenstiegsmühle u. Wie das Dorf Herzsprung entstand, s.a. Volksbücher, Prignitzer.

Brell, Otto: Die Kattenstiegsmühle. Ein Märchen nach e. Prignitzer Sage und Wie das Dorf Herzsprung entstand. Pritzwalk: Tienken [1908]. 16 S. 8⁰
(Prignitzer Volksbücher. H. 12.)

— Das wehrhafte Kyritz, s. Volksbücher, Prignitzer.

Das wehrhafte Kyritz. Von O[tto] Brell, Lehrer in Kyritz. Pritzwalk: A. Tienken [1908]. (16 S.) 8° [F.]
= Volksbücher, Prignitzer. H. 6. [08. 11978

Brell, Otto: Das Wunderblut zu Wilsnack, s: Volksbücher, Prignitzer.

Brelocken aus Allerley der Groß- und Kleinmänner. Leipzig 1778. V: *Müchler, Carl Fdr.* (??) (Bibl. d. red. u. bild. Künste. Leipzig 1807. S. 391.)

Brelocken ans Allerley der Gross- und Kleinmänner. Leipzig 1778. V: *Sulzer, Joh. Rudolph & Johann Jacob Hottinger.* (BrMm) (GGr) (Zs. f. d. Phil. XXI, 375.) V: *Hottinger, Johann Jacob.* (VLBS V, 266)

Brelocken aus Allerlei der Groß- u. Kleinmänner, (v. Jh. Sulzer u. Hottinger). 8. Leipz. 778. Dyck. 12 gl

Breloh [Schlagwort]

Breloh, s.: Preussen. Messtischblätter.

Brelow, G., O. Dammer und E. Hoyer, technologisches Lexikon. Handbuch für Gewerbtreibende und Industrielle. 30 Lfgn. oder 2 Bde. 8. Leipzig 883, Bibliograph. Institut. à Lfg. * 50 Pf.; à Bd. *M 7,50. * 15 — geb. in Leinw. à Bd. *M 8. * 16 —

Inhalt:
Bd. 1. Dammer, O., Chemische Technologie. (875 S. mit 303 eingedr. Holzschn.)
" 2. Brelow, G., und E. Hoyer, mechanische Technologie und Maschinenkunde. (V, 824 S. mit 532 eingedr. Holzschn.)

Brem, s. a. Brehm(e)

Brem, Ernst: Papst Gregor IX. bis z. Beginn s. Pontifikats, s: Abhandlungen, Heidelberger, z. mittl. u. neueren Gesch.

Brem, Johann Georg

— — **Tractatus jurid. de causis summariis et earum processu, in quo non solum ipsae causae summariae describuntur, diversimodè distinguuntur & recensentur, sed & modus procedendi in plurimis regulariter usitatus convenienti methodo explicatur, in usum juris prudentiae cultorum. Altenbg. (J. L. Richter) 1703. 232 Seiten. (8.—)** 3958

— — **(Altenburg), De frigusculo von Kalt-Sinniger Liebe/Diss. jur. Präs. Pet. Müller. Jena (Gollner) März 1678. 20 Bl., tlws. dtsch. (5.—)** 3948
Widm. v.: Präs., Jo. Georg Müller (Jena), Pet. Joh. Preusse (Wolfenbüttel).

— — **Dasselbe. Jena (P. Ehrich) 1707. M. Widm. (5.—)** 3951

Brem, Johann Georg, D. Joh. George Bremens, // F. S. Hof=Advoc. in Alten= //burg // Gedichte // Bey // Freuden= // und // Trauer=Begebenheiten, // Meistentheils // Auf Verlangen und Veranlaßung // anderer verfertiget // Und nunmehro in gewisse Sammlungen // gebracht. // Erster Theil. // Zu finden // In Dreßden beym Hn. Post=Amtschreib. Engel= // mann, in Leipzig bey Hn. Aug. Martini, Buch= //händlern, in Gera bey Hn. Secr. Stockmann, // und hier beym Autore. - 8 Blatt (nicht paginiert) Titelblatt, Widmung und Vorrede. - 112 S.
Die Widmung ist datiert:
Altenburg, den 3. Jan. 1725 . . . D. Joh. George Brem.
B. S. T. 8°.122.

* **BREMENS**, Joh. Georg, F. S. Hof-Advoc. in Altenburg Gedichte Bey Freuden- und Trauer-Begebenheiten. 2 Thle. Zu finden In Dreßden .... Leipzig .... Gera .... und hier (Altenburg) beym Autore. O. J. (1725). 8°. Rar!

Brem, Johann Georg: De imperitia et infirmitate. Diss. iur. Praes. Joh. Volk. Bechmann. Jena 1680.

— — **Dasselbe. Von dem durch Unerfahrenheit und Ungeschick verursachten Schaden; in welchen Fällen, und von wem solcher ersetzet werden muß. Jena (J. B. Heller) 1746. 56 Seiten. (5.—)** 3957

Brem, Jos., Anleitung zum Verständnisse des Kalenders zugleich als Einleitung in das Studium der Astronomie. gr. 12. (VIII und 131 S. mit 3 Stnt. in qu. gr. 4.) Kempten 836, Dannheimer. *

Brem, Nikolaus [Kaplan]: Hausindustrie im bayerischen Walde. München 1908: F. X. Seitz. (79 S.) 8°
München, Staatswirtsch. Fak., Ref. Brentano, Diss. v. 10. Juli 1908
[Geb. 25. Okt. 77 Augsburg; Wohnort: München; Staatsangeh.: Bayern; Vorbildung: Gymn. Dillingen Reife Juli 96; Studium: München Theol. 6, Staatsw. 4 S.; Rig. 10. Juli 08.]

Brema. –

Brema Literata olim ab a. 1708 et hodie ad a. 1714 virens et florens. Bremae [1714]. V: *Iken, Heinr.* (BrMm)

Brema [Schlagwort]

Bremae et Ferdae — Nova et accurata Descriptio Ducatus — cum maxima parte finitimi Ducatus Stormariensis etc. Cura et suntibus Matthei Seutteri. Aug. Vind. 1728? 1 : 350,000. 1 Bl.

Bremae et Ferdae — Ducatus — Nova Tabula edita a Joh. Bapt. Homanno Norimbergae 1712? 1 : 300,000. 1 Bl.

Bremanus, Melancholikus, der Edle u. sein Hund. gr. 8. Oldenburg 846. (Sonnenberg.) (Bremen, Kaiser.) n. 4 ngl

Bremauer, Rudolf (Red.), s. St. Otto-Blatt.

Bremb [mutmaßl. Verf.], s. Fragen. – Drey Fragen zur Vertheidigung der Hexerey.

§ **FRAGEN**, Drey wichtige, über das Hexen-System (von *Bremb*). O. O. 1767. 4°. (In München 2 Expll.)
Nicht im Anon.-Lex.

Brême, Gustav: Ueber die durch Pacchioni'sche Granulationen verursachten Eindrücke der Schädelknochen. Mit 5 Textfig. *Stuttgart: E. Nägele 1903.* (S. 415—437.) 8° ¶ (Aus: Zeitschr. f. Morphol. u. Anthropol., Bd 5.)
Straßburg, Med. Diss. v. 1902

Breme, Heinr.

Breme, H., die Entwickelung der Landeskultur in der Prov. Westfalen im 19. Jahrh., s. Haselhoff, E.

Breme, Heinr.: Die Haideböden Westfalens, s. Haselhoff, E.

Breme, H: Die Heiden Westfalens, ihr Werden u. Vergehen, m. e. Anleitg f. Neukulturen. (69) 8° Münst., E Obertüschen '12. 1.80 d

Breme, H. 182 Tafeln zur graphischen Berechnung der Wassermengen und zur Bestimmung der Profilabmessungen der Wasserläufe nach der Formel von Ganguillet und Kutter. Münster 1889. 4.

Breme, H. 182 Tafeln zur graphischen Berechnung der Wassermengen u. zur Bestimmung der Profilabmessungen der Wasserläufe nach der Formel v. Ganguillet u. Kutter. 12 Lfgn. gr. 4. (191 Taf. m. 7 S. Text.) Münster i. W. 890. (Freiberg, Craz u. Gerlach.) à Lfg. * 1 50; * 18

Breme, J. G., aus d. göttl., natürl., bürgerl. und andern Rechten hergel. Schutzschrift d. Inquisiten. 2 Thle. 4. Altenb. (Akadem. Buchhdl. in Jena.) 734. Rthlr.

Breme, J. H., Vorles. üb. Gegenst. in Rücksicht auf unser. Revolution rc. 3 Hefte. 8. Zürich, Ziegler. 799. (à 4 gr.)

Breme, M Ignatia: Erläutergn zu Fr. W Webers „Goliath", s: Schöningh's, Ferd., Erläutergsschriften zu deut. u. ausländ. Schriftstellern.

— Deut. Leseb. f. höh. Mädchensch., s: Wacker, K.

Breme, Ignatia, S. S. U., Christina Rossetti u. der Einfluss der Bibel auf ihre Dichtung, s.a. Beiträge, Münstersche, zur englischen Literaturgeschichte. IV.

Christina Rossetti und der Einfluss der Bibel auf ihre Dichtung. Eine literarisch-stilist. Untersuchung von M. Ignatia **Breme**, S. S. U. Münster (Westf.): H. Schöningh 1907. (XI, 96 S.) 8°
= **Beiträge**, Münstersche, z. engl. Literaturgeschichte. 4. [08. 2628]

— Selections from prose-writers of the 18. century, s.: Lesestoff, englischer, f. höhere Mädchenschulen. I.

Breme, M. Theresia, O. Urs., Ezechias u. Senacherib, s.a. Studien, biblische. XI. 5.

Ezechias und Senacherib. Exeget. Studie von M. Theresia **Breme**, Ursulinerin. Freiburg im Br.: Herder 1906. (XII, 133 S.) 8°
= **Studien**, Biblische. Bd 11, H. 5. [06. 14005]

Bremen (sachliches OW)

Bremen G. Bouttats fc. Ohne M. im Vogel-Perspectiv. 1 Bl.

Bremen. 1829. 1:10,000. 1. Bl.

Bremen. Ein Führer durch die Stadt und ihre Umgebungen für Fremde und Einheimische. gr. 16. (IV und 128 S. mit 1 lithogr. illustr. Plan in qu. gr. 4.) Bremen 857, Kühtmann und Comp.

Bremen. Ein Führer für Fremde. gr. 16. (64 S. mit 1 lithogr. Plan in qu. Fol.) Bremen 875, Schünemann's Verlag. *

Bremen u. seine Bauten. Bearb. u. hrsg. vom Architekton- u. Ingenieur-Verein. Mit 800 Abbildgn. u. 12 Beilagen (in Mappe). Lex.-8. (VIII, 784 S.) Bremen (900). C. Schünemann. Geb. in Leinw. n. 30.—

! — u. s. Bauten. Jetzt: Brem., F Leuwer. Geb. 12 — 90/00

— in hygienischer Beziehung. Unter Mitwirkg. v. H. Becker, Böhmert, Delbrück u. a. hrsg. v. Tjaden. (IV, 396 S. m. Abbildgn. u. 2 Taf.) Lex. 8. Bremen 907. G. Winter, Verl. Geb. in Leinw. 10.—

Bremen in 25 Bildern. (Album v. Bremen.) (24) 21×26,5 cm. Brem., F Leuwer (07). 1.20

Bremen, Bremerhaven. Handbook for travellers. Suppl.: North-west German. Industrial-Exhibition 1890. kl. 8. (128 S. mit 2 lithogr. Karten.) Brem. 890, Nössler. geb. * 1

Bremen, Bremerhaven und Oldenburg in der Westentasche. 1872. II. Fahrplan vom 24. April 1872. 128. (47 S.) Bremen, Valett und Comp. *

Bremen-Hamburg. Freundnachbarliche Parallele v. e. Hamburg-Bremer. gr. 8. (24 S.) Bremen 893. E. Hampe. n. —50

Bremen. Bremen, die freie Hansestadt. Plan der Stadt, des Bürgerparkes u. des Landgebietes. Verzeichniss der Strassen, öffentl. Gebäude etc. Nebst e. kurzen Führer durch die Stadt. Bearb. v. Rob. Lindner. 8. (XVIII, 10 S.) Bremen 894. M. Heinsius Nachf. n. 1. 50

— dass. Plan d. Stadt, d. Bürgerparkes (1:10,000. 46×85 cm) u. d. Umgegend (1:125,000. 18×24 cm). Verzeichniss d. Strassen, öffentl. Gebäude etc. Nebst e. kurzen Führer durch d. Stadt. Bearb. v. R Lindner. 2. Abdr. 8° (34) Brem. 96, R Landmann. 1.50
3. Afl. u. d. T.:
— Plan d. Stadt, unter Zugrundelegg d. v. Francke hrsg. Bremer Stadtplans nach d. neuesten Berichtiggn bearb. v. Geogr. Institut Wilhelm Greve, d. Bürgerparkes (1:10,000. 46×85 cm) u. d. Umgegend (1:125,000. 15×24 cm). Verzeichniss d. Strassen, öffentl. Gebäude etc. Nebst e. kurzen Führer durch d. Stadt. Bearb. v. R Lindner. 3. Abdr. 8° (24 m. 1 Skizze.) Ebd. 97. 1.50

— die freie Hansestadt. Kurze Beschreibg. der Stadt u. ihrer Sehenswürdigkeiten. Mit 10 Ansichts-Postkarten in Lichtdr. gr. 16. (44 S.) Bremen (900). G. A. v. Halem. 1.—

—— die freie Hansestadt, und Umgegend. Mit 1 (lithogr.) Plane der Stadt Bremen. 3. verm. und verb. Aufl. gr. 16. (VII, 100 S.) Ebendas. 879. *

Bremen, die freie Hansestadt, und Umgegend. Mit 1 (lithogr.) Plane der Stadt Bremen (in Fol.). 4. verm. und verb. Aufl. (XI, 104 S.) 1880; 5. verm. und verb. Aufl. 16. (VIII, 111 S.) Bremen 882, Schünemann's Verlag. * 1 20

Bremen, die freie Hansestadt, und Umgegend. 6. und 7. verm. und verb. Aufl. 12. (VIII, 112 S. mit 1 lithogr. Plane der Stadt Bremen.) Bremen 885,86, Schünemann. *

—— die freie Hansestadt, u. Umgegend. 8. u. 9. verm. u. verb. Aufl. m. Illustr. u. 1 Plane. 12. (VIII, 105 S.) Brem. 889, 92, Schünemann. * 1 20

— dasselbe u. Umgegend. Handbuch u. Führer. 10., bedeutend erweit. Aufl. Neu bearb. v. G. Kunoth. 12. (VIII, 111 S. m. Abbildgn. u. 2 farb. Plänen.) Bremen 899. C. Schünemann. 1. 50

Bremen, Die freie Hansestadt, u. Umgegend. Handb. u. Führer. 11. Afl. v. Joh. Gerdes. (7, 126 m. Abb., Titelbild u. farb. Pl.) 8° Brem., C Schünemann '11. 1.50

— die freie Hansestadt, u. ihre Umgebungen. Festgabe, den Teilnehmern an der 63. Versammlg. der Gesellschaft deutscher Naturforscher u. Aerzte gewidmet vom ärztl. Vereine, naturwissenschaftl. Vereine u. der geograph. Gesellschaft zu Bremen. gr. 8. (XII, 432 S. m. 30 Taf. u. Plänen, sowie m. 14 Abbildgn. im Texte.) Bremen 890. (Rühle & Schlenker.) n. 4. —

DIE FREIE HANSESTADT BREMEN UND IHRE UMGEBUNGEN. Festgabe, den Teilnehmern an der 63. Versammlung der Gesellschaft deutscher Naturforscher und Ärzte gewidmet vom Ärztlichen Vereine, Naturwissenschaftlichen Vereine und der Geographischen Gesellschaft zu Bremen. Mit 30 Tafeln und Plänen, sowie mit 14 Abbildungen im Texte. Bremen 1890. Druck von Carl Schünemann. 8°.

Bremen und Verden, Die Herzogthümer, oder vermischte Abhandlungen ... Bremen 1757-62. H: *Pratje, Johann Heinrich.* (BrMm) (CBH)

Kaffee-Handels-Aktien-Gesellschaft **Bremen**. Berlin: Eckstein [um 1908]. 15 Bl. gr. 2°
Aus: Der Staat Bremen. A 12. 6412

Bremen in Noth. Eine Denkschrift. gr. 8. (34 S.) Bremen 872, Tannen. *

— Pharus-Plan. Bremen. 1:8,400. 70×87,5 cm. Farbdr. Nebst: Führer durch Bremen. schmal 8. (16 S.) Berlin (902). Pharus-Verlag. n. 1.—

Pharus-Plan **Bremen**. Mit ausführl. Straßenverzeichnis u. Führer. Nach amtl. Materialien hergestellt. (Maaßst. 1:8,400.) *Berlin: Pharus-Verl. [1903].* (1 Kartenbl. 85×68 cm, 19 S.) 8° [kol.] [04. 8244]

— Pharus-Plan, Bremen. Entworfen v. Cornelius C. Loewe. 1:8400. 70×87,5 cm. Farbdr. Grosse Ausg. Mit illustr. Führer, Bremen u. seine Umgebg. (XVII u. 17 S. m. 1 Entfernungstaf.) 8. Berlin (904). Pharus-Verlag. n. 1.—

— — dasselbe. Kleine Ausg. 37×50 cm. Nebst: Führer durch Bremen m. Hinweis auf den Pharus-Plan Bremen. (17 S.) 8. Ebd. (904). n. —75

—— im Portemonnaie und Sommer-Fahrplanbuch für Nordwest-Deutschland. 1877. 128. (87 S.) Bremen 877, Sauernheimer.

Bremen und die Sozialdemokratie. Festschrift zum Parteitag der sozialdemokratischen Partei Deutschlands, Bremen 1904. Hrsg. vom Lokalkomitee. 8°. Bremen, Buchhdlg. der Bremer Bürgerzeitung, 1904.

Der Staat **Bremen**. Chefred.: Alexander Engel. (Lfg 1-10.) Berlin: Eckstein 1906/11. gr. 2°
(Historisch-biographische Blätter.) A 12. 6411

Bremen u. der Zollverein. Eine Denkschrift. Der bremischen Handelskammer überreicht von C. Bremen 868. Müller. gr. 8. (81 S.) n. 10 ngr.

Bremen [Schlagwort]

— s. a.: Deutschland. Karte. (Abt. Preussen.)

— s. a.: Deutschland. Übersichtskarte.

– s.a. Europa. Liebenow.

– s.a. Hand- und Reisekarten.

— s.a Hannover. Handtke, F.

— s. a.: Hannover, Prov.

– s.a. Heimatskarten.

– s.a. Militärkarten. Müller.

– s.a. Pharus-Städte-Atlas.

– s.a. Preußen. Meßtischblätter.

– s.a. Radfahrerkarten. Franke. Ravenstein.

– s.a. Radfahrerkarten. Karte. Straßenprofilkarte.

– s.a. Schleswig-Holstein. Handtke, F.

— s. a. Seelig's Ausflüge.

– s.a. Stade.

– s.a. Westentaschen-Sammlung.

— s. a. Woerl's Reisehandbücher.

Bremen-Hamburg, s.: Automobilkarten. Pharus-Auto-Strecke.

Bremen-Hannover, s.: Automobilkarten. Pharus-Auto-Strecke.

Bremen-Stralsund, s.: Automobilkarten. Mittelbach.

Bremen — top. milit. Atlas von dem Königreiche Hannover, Grossherz. Oldenburg, Herzogthum Braunschweig und dem Gebiet der freyen Stadt etc. Weimar. 1816. Siehe top, Gen. K. von Hannover. 1 : 190,000.

Bremen. Francke, H.: Plan der freien Hansestadt Bremen. Bremen: Kühtmann 1884. 2 Bl. Lith. u. col. Fol.

Bremen. Führer durch die freie Hansestadt Bremen. Mit Titelbild, e. Plane der Stadt u. e. Skizze der Umgebg. 8. (64 S.) Bremen 885. Rocco. n. 1. —

Bremen. Gaebler, Ed., Specialkarte v. Bremen u. Umgegend. 1 : 125,000. Chromolith. qu. gr. 4. Metz 888. Leipzig, Lang. — 25

Bremen. Hunckel, G., Wander-Karte v. Bremen und Umgegend. 1 : 100,000. 3. verb. Aufl. 71,5×52 cm. Farbdr. Bremen 902. J. Morgenbesser. n. 1. —

Bremen. Hunckel, G., Wander-Karte v. Bremen und Umgegend. 1 : 100,000. 4. verb. Aufl. 71,5×52 cm. Farbdr. Bremen 907. J. Morgenbesser. 1. —

Bremen. Karte der freien Hansestadt Bremen. 1:28 935. Bremen: Kühtmann 1882. Lith. u. col. Fol.

Bremen — Charte vom Herzogthum — Fürstenthum Verden. Mit Verbesserungen herausgegeben von Homanns Erben. Nürnberg. 1806. 1 : 300,000. 1 Bl.

Bremen — Karte des Gebiethes der Reichs- und Hanse Stadt — Wie auch derjenigen Dörfer, deren Landeshoheit im Jahre 1741 unter Vorbehalt verschiedener Gerechtsame an Chur Braunschweig abgetreten worden. Nach trigonom. Vermessungen entworfen von C. A. Heinecken 1798. G. H. Tischlein sc. in Bremen. 1 : 48,000. 1 Bl.

Bremen. Lange, H.: Wandkarte der Herzogthümer Bremen und Verden u. d. Landes Hadeln (Landdrostei Stade). 1:100 000. Stade: Pockwitz 1883. 4 Bl. Chromolith. Fol.

Bremen. Liebenow's, W., Spezial-Verkehrskarte f. die Umgegend v. Bremen, das Grossherzogt. Oldenburg, die Reg.-Bezz. Stade u. Aurich nebst den angrenzenden Gebieten. 1 : 300,000. (Volksausg.) 63×82 cm. Farbdr. Frankfurt a/M. (904). L. Ravenstein. n. 1. 50

— Müller, Plan v. Bremen u. Umgegend. 1 : 25,000. 4 Sect. Chromolithogr. gr. Fol. Bremen 884. v. Halem. n. 5. —

— — — Bremen: v. Halem 1888.

— Müller, C., Karte der Umgegend v. Bremen, auf dienstl. Veranlassg. m. Benutzg. amtl. Quellen recognoscirt u. gezeichnet. 1 : 50,000. Photolith. u. Farbendr. 43,5×53 cm. Bremen 891. G. A. v. Halem. n. 2. —

Bremen. Ohrt, C.: Plan des Bremer Bürgerparks. 1:5000. Bremen: v. Halem 1885. Chromol. Fol.

Bremen. Oschmann, Reinh., Specialkarte der weiteren Umgegend von Bremen etc. 1 : 200,000. 80×75,5 cm. Farbdr. Bremen (903). E. Hampe. n. 1. —

— Plan der freien Hansestadt Bremen nach den neuesten Aufnahmen. 1 : 10,000. Farbendr. 46 × 85 cm. Mit kurzem Führer durch die Stadt u. 1 Strassenverzeichniss. 12. (XVI, 10 S.) Bremen 892. M. Heinsius Nachf. n. 1. 50

Bremen. Plan der Stadt, unter Zugrundelegg. des v. Francke im J. 1884 hrsg. Bremer Stadtplans nach den neuesten Berichtiggn. bearb. v. Geogr. Institut Wilhelm Greve, des Bürgerparkes (1 : 10,000. 46 × 85 cm.) u. der Umgegend (1 : 125,000. 15 × 24 cm.). Verzeichniss der Strassen, öffentl. Gebäude etc. Nebst e. kurz. Führer d. die Stadt. Bearb. v. Rob. Lindner. 3. Abdr. 8. (24 u. VIII S. m. 1 Skizze.) Bremen 897. R. Landmann. n. 1. 50

Bremen — Prospect und Grundriss der K. Fr. Reichs und Ansee Stadt — samt ihrer Gegend edirt durch Joh. Bapt. Homann in Nürnberg 1712? Ohne M. 1 Bl.

Bremen. Thätjenhorst, H., u. A. Duntze: Karte v. d. Gebiete d. freien Hansestadt Bremen. 4. Aufl. Bremen: Kühtmann 1882. Lith. Fol.

— Wander-Karte v. Bremen u. Umgegend. 1 : 100,000. 71,5 × 51,5 cm. Farbdr. Bremen 897. J. Morgenbesser. n. 1. —

— Wander-Karte v. Bremen u. Umgegend. 1 : 100,000. 2. verb. Aufl. 71,5×52 cm. Farbdr. Bremen 899. J. Morgenbesser. n. 1. —

Bremen — Der Weserfluss von Münden bis — o. M. 8. Hydr. Sp. K. von Hannover. „Der Weserfluss von Münden bis Bremen. A. Endert fecit 1831."

Bremen [Verf.]

Ausführungsanweisungen zum Schulunterhaltungsgesetz vom 28. Juli 1900, erl. von E[gon] v. **Bremen**, Wirkl. Geh. Oberreg.R. Stuttgart & Berlin: J. G. Cotta Nachf. 1908. (54 S.) 8° [F.]
= **Bremen**: Die Preußische Volksschule. Nachträge. H. 2. [08. 7621 3

Bremen, E[gon] v., Das Lehrerbesoldungsgesetz vom 26. Mai 1909 nebst d. Ausführungsanweis. Stuttgart u. Berlin 1909. 8°.
(Bremen, E. v., D. preuss. Volksschule. H. 4.)

Das höhere Mädchenschulwesen. Bestimmungen über d. Neuordnung d. höh. Mädchenschulwesens v. 18. Aug. 1908 erl. von E[gon] v. **Bremen**, Wirkl. Geh. Oberreg.R. Stuttgart & Berlin: J. G. Cotta Nachf. 1908. (38 S.) 8° [F.]
= **Bremen**: Die Preußische Volksschule. Nachträge. H. 3. [08. 14266 2

Das Schulunterhaltungsgesetz vom 28. Juli 1906 aus d. amtl. Materialien u. aus d. bisherigen Recht erl. von E[gon] v. **Bremen**, Wirkl. Geh. Oberreg.R. Stuttgart & Berlin: J. G. Cotta Nachf. 1906. (x, 188 S.) 8° [F.]
— **Bremen**: Die Preußische Volksschule. Nachträge. H. 1. [07. 6. 9

Das Schulunterhaltungsgesetz vom 28. Juli 1906 nebst den Ausführungsanweisungen aus d. amtl. Materialien u. aus d. bisherigen Recht erl. von E[gon] v. **Bremen**. 2. Aufl. Stuttgart & Berlin: Cotta 1908. x, 254 S. 8°
(Bremen: Die preuss. Volksschule. Nachträge. H. 1/2.) [n. 10/7 11

Bremen, E. v., die preußische Volksschule. Gesetze u. Verordngn., zusammengestellt u. erläutert. (XV, 774 S.) Lex.-8. Stuttgart 906. J. G. Cotta Nachf. n. 11. 50; geb. in Leinw. n. 13. —

Bremen, E. v., die preuß. Volksschule. Gesetze u. Verordngn., zusammengestellt u. erläut. Nachträge. Schulunterhaltungsgesetz nebst Ausführungsanweisgn., Mädchenschulwesen, Lehrerbesoldg. 1.—4. Heft. Stuttgart 908. J. G. Cotta Nachf. 8. 60
1. 2. Das Schulunterhaltungsgesetz vom 28. VII. 1906 nebst den Ausführungsanweisgn., aus den amtl. Materialien u. aus dem bisher. Recht erläutert. 2. Aufl. (X, 254 S.) 908. 4.—; geb. in Leinw. 5. —
3. Das höhere Mädchenschulwesen. Bestimmungen üb. die Neuordng. des höheren Mädchenschulwesens vom 18. VIII. 1908, erläutert. (VII, 38 S.) 908. — 60
4. Das Lehrerbesoldungsgesetz vom 26. V. 1909 nebst d. Ausführungsanweisg., erläutert. (VIII, 192 S.) 909. 3. —
Hauptwerk. Ebd. 905. 11. 50; geb. 13. —

Bremen, E. v., das Volksschulwesen im preußischen Staate, s. Schneider, K.

Bremen, Johann Georg, s. Brem, Johann Georg

Bremen, Max [Gerichtsref.]: Das widerrufliche Eigentum nach gemeinem Recht ... Göttingen, Druck d. Dieterich'schen Univ.-Buchdr., 1894; 51 S. 8.
Göttingen, Jur. Fak., Inaug.-Diss. v. [13. Okt.] 1894

von Bremen. Otto *Hugo Theodor* [app. Arzt aus Balje (Hannover)]: Aus d. patholog. Institute zu Kiel. Befund bei einem Fall von chronischem universellen Ekzem. ... Kiel, Druck v. Schmidt & Klaunig. 1891; 16 S., 2 Bl. 8°
Kiel, Med. Fak., Inaug.-Diss. v. [28. März] 1891

Bremen, Otto v. Befund bei einem Fall von chronischem universellen Ekzem. Diss. gr. 8. (16 S.) Kiel 891, (Gnevkow u. v. Gellhorn). * — 80

Bremen, Walter von

Bremen, W. v., Denkwürdigkeiten, siehe Fransecky.

Bremen, Walt. v., s.: Fransecky, des preuß. Generals der Infanterie Ed. v., Denkwürdigkeiten.

Bremen, W. v., Friedrich der Große, s.a. Erzieher des preußischen Heeres. 3. Bd.

Friedrich der Große von W[alter] v. **Bremen**, Oberstlt. z. D. Berlin: B. Behr 1905. (102 S.) 8° [F.]
— **Erzieher** d. Preußischen Heeres. Bd 3. [05. 1499

— Friedrich der Große u. der Ursprung des siebenjährigen Krieges, s.a Beiheft z. Militär-Wochenblatt. 1900. Hft. 2.

Friedrich der Große und der Ursprung des Siebenjährigen Krieges. Eine krit. Studie von [Walter] v. **Bremen**, Oberstlt. z. D. *Berlin: E. S. Mittler & Sohn (1900).* (S. 111–118.) 8° [F.]
— **Militär-Wochenblatt**. 1900. Beih. 2, [3.] [04. 3785

Bremen, Walt. v., die Kolonialtruppen u. Kolonialarmeen der Hauptmächte Europas. Ihre geschichtl. Entwickelg. u. ihr gegenwärt. Zustand. gr. 8. (80 S.) Bielefeld 902. Velhagen & Klasing. n. 1. 50

Bremen, Walt. v.: Der 7jähr. Krieg, s: Preussen-Deutschland's Kriege, v. Hoen.

Königin Luise. Zum Gedächtnis der Unvergeßlichen von Oberstlt. [Walter] v. **Bremen**. Berlin: 'Meine Dienstzeit' (1910). 24 S. 8° [Umschlagt.] [10. 14979

— Königin Luise. Zum Gedächtnis der Unvergeßlichen. (24 S. m. Abbildgn.) gr. 8. Berlin (910). (Vaterländ. Verlags- u. Kunstanstalt.) p — 10

— Napoleon I., s: Velhagen & Klasing's Volksbb.

Bremen, W. v., Hauptm. à la suite des Colbergschen Grenadier-Regiments etc. Die Schlacht bei Kesselsdorf (Dresden) am 15. December 1745. Vortrag, gehalten in der militärischen Gesellschaft zu Berlin am 14. December 1887. Mit 1 Plan, 2 Skizzen (und 3 Beilagen). 8. Berlin 1888.

Bremen, W. v., die Schlacht bei Kesselsdorf am 15. Dezbr. 1745. Vortrag, gehalten in der militär. Gesellschaft zu Berlin am 14. Dezbr. 1887. gr. 8. (51 S. mit 1 Plane und 2 Skizzen.) Berlin 888, Mittler und Sohn. *

— die entscheidenden Tage vor Leipzig, s.a. Beiheft zum Militär-Wochenblatt.

Bremen, W. v. Die entscheidenden Tage vor Leipzig; 4.—14. Oktober 1813. Berlin 1889. 8°. (Bh. z. M. W. B.)

Bremen, Walt. v., die Tage v. Regensburg, 10. bis 23. Apr. 1809, s.a. Beiheft zum Militär-Wochenblatt.

Bremen, W. v. Die Tage von Regensburg. Berlin 1891. 8°. (Bh. z. M. W. B.)
Dass. 2. Aufl. 1907.

— Die Tage v. Regensburg, 10. bis 23. IV. 1809. Eine strateg. Studie. Vortrag, geh. in der militär. Gesellsch. zu Berlin am 4. XI. 1891. 2. Aufl. Mit 6 Skizzen. (36 S.) gr. 8. Berlin 907. E. S. Mittler & Sohn. 1. —
Sonderabdruck aus „Militär-Wochenblatt, Beiheft".

Bremen, W. v. Brandenburgische Truppen auf den Inseln Fänö und Fünen 1659. Berlin 1901. 8°. (Aus: Marine-Rundschau.)

Bremen, W. v. Der Übergang nach Alsen unter dem Großen Kurfürsten 14. 12. 1658. Berlin 1900. 8°. (Aus: Marine-Rundschau.)

— s: Velhagen & Klasing's Volksbb., Friedrich d. Gr.

— York v. Wartenburg, s: Velhagen & Klasing's Volksbb.

Bremenčik'

(Brementschik.) — Бременцикъ. Комедія въ 5 дѣйствіяхъ. Berlin 862. Behr. 8. (323 S.) n. 1 ℛ 15 ngr.

Bremenkamp, G., Auslese aus dem Sagenschatze Rheinlands, s.: Jugend- u. Volksbücherei, illustrierte. 1. Bd.

Bremens Interesse, die freie Beweglichkeit des Verkehrs und der Zollverein. (Von J. C. Koop, F. C. F. Nielsen, H. R. Reinken.) Bremen 854. (Kühtmann u. Co.) 8. (89 S.) n. 8 ngr

Bremens, Johann Georg, s. Brem, Johann Georg

Brementhal, Damianus (geb. am 27 Aug. 1819 in Nideggen bei Düren): De obliquitate uteri quo ad formam et situm ... Cum tab. II lapide incisis. Bonnae, typ. C. & F. Krüger 1843. 26 S, 1 Bl., 2 Taf. 4.
Bonn, Med. Fak., Diss. v. 31 Mai [nach d. Akten v. 1 Juni] 1843

Bremer, Acten, betreff. d. Injur.-Prozeß d. Senat. Jensen, s. Acten.

Bremer, Dr., Bemerkungen u. Erfahrungen üb. die Wirksamkeit d. Rinde d. Traubenkirschbaums, Cort. Pruni Padi, u. dessen therapeutische Benutzung in gicht. und rheumatischen Krankheiten, nebst Anhang üb. den Baum selbst, mit 1 K. 8. Berl. Hitzig. 812.
(Aus Horns Archiv abgedruckt.)

Bremer, die Höfe Europas. 1. Bd. Am Hofe Kaiser Wilhelms II. Berlin 898.

Bremer, A., 40 englische Gedichte, s.: Schulausgaben englischer u. französ. Schriftsteller. 1. Bd.

Bremer, A: 40 französ. Gedichte, s.: Schulausgaben engl. u. französ. Schriftsteller.

Bremer, A. (Red.), s. Mechaniker-Zeitung, Deutsche.

Bremer, Andr. Fred., s.a. Bremer, Fr.

Bremer, Andr. Fred., offenes Sendschreiben an d. Hrn. Hofr., Prof. Dr. Choulant, betreff. d. Hrn. Dr. M. B. Lessing, u. die mit sein. Namen verseh. Bücher. gr. 8. (1½ B.) Kopenhagen 840, Reitzel.

—— de vita et opinionibus Theophrasti Paracelsi. 8maj (12⅞ B.) Hauniae 836, (Reitzel.) *

Bremer, Asmus, Chronicon Kiliense tragicum-curiosum 1432—1717, hrsg. v. Mor. Stern, s.a. Mitteilungen der Gesellschaft f. kieler Stadtgeschichte.

Chronicon Kiliense tragicum-curiosum 1432–1717. Die Chronik des Asmus Bremer, Bürgermeisters von Kiel. Im Auftr. d. Ges. f. Kieler Stadtgesch. hrsg. von Moritz Stern. [1.] *Kiel: (Lipsius & Tischer) 1901.* 8°
= Mitteilungen d. Gesellschaft f. Kieler Stadtgeschichte. H. 18.

Bremer, Aug.: Animadversiones ad diss. jur. Reinhartho-Stielerianam, de clerico, per abusum officii pastoralis, leges imperii atque tranquillitatem publicam violante. o. O. 1725.

Bremer, Aug. Defensio Joannis Georgii contra Jacobum Thomasium. 8. Francofurti et Lipsiae 1723.

Bremer, August [cand. med. aus Altena (Westfalen)]: Ueber Tuberkelbacillen unter den Fingernägeln der Menschen .... Würzburg, Paul Scheiner's Buchdr., 1887; 25 S. 8°.
Würzburg, Med. Fak., Inaug.-Diss. v. 1887.

Bremer, August, über Tuberkelbacillen unter den Fingernägeln der Menschen. Diss. Würzburg 1887, Stahelsche Univ.-Buchh. 8°. 25 S.

Bremer, Benedict (eques Bremensis), Problema juris feudalis num debita feudalia a vasallo soluta heres allodii a successore in feudo repetere queat. Götting. (A. Vandenhoeck) 28. IV. 1741. 66 S. (5.—) 3959

— — Dasselbe. Halle (Hendel) 1779. 47 Seiten. (5.—) 3960

Bremer, Died. Herm., über d. Kampf zwischen d. Guten u. Bösen auf Erden. Pred. am 1. Pfingstt. 1830. gr. 8. (1¼ B.) Dortmund, Krüger.

—— Secularerinnerung d. evangel. Kirche an d. Zusammenkunft protestant. Fürsten u. Gottesgelehrten zu Schmalkalden im Febr. 1537. gr. 12. (1½ B.) Dortmund 837, Krüger.

Bremer, E., Erfinder u. Patente in volkswirtschaftlicher u. sozialer Beziehung. (VIII, 68 S.) gr. 8. Berlin, G. Siemens. 1905 1. 50.

Bremer, Emil, ein Fall von sympathischer Entzündung nach diffuser tuberkulöser Entzündung des gesammten Uvealtractus im ersten Auge. Inaugural-Dissertation. gr. 8. (26 S.) Königsberg 883, (Beyer's Buchh.) * — 80

Bremer, F., s. Carlyle, sozial-politische Schriften.

—— England im J. 1851. A. d. Schwed. 8. (362) Alt. 52, Dirckson u. I. (?) — 20

—— dass., s.: Lese-Cabinet, hist.

—— Leben im Norden. Morgen-Wachen, s.: Biblioth., ausgew., d. Class. d. Ausl.

Bremer, F, Lebensschilderg, Briefe u. nachgelass. Schriften. Hrsg. v. C Quiding, geb. Bremer. Deut. Asg. 3 Thle. 8. (542) Lpzg 68, Brockhaus. n. 2. —; geb. n. 2. 10

Bremer, Fr., s.a. Bremer, Andr. Fred.

Bremer, Fr., offenes Sendschreiben an den Herrn Hofrath, Prof. Dr. Choulant, betreffend den Herrn Dr. M. B. Lessing, u. die mit seinem Namen versehenen Bücher. gr. 8. Kopenhagen 840, Reitzel. ⅛ ₰

Bremer, Franz Peter

Bremer, F. P., Franz v. Sickingens Fehde gegen Trier und ein Gutachten Claudius Cantiunculas über die Rechtsansprüche des Sickingenschen Erben. Lex.-8. (116, 28 S.) Strassburg 885, Heitz. *

Bremer, F. P., zur Geschichte des Handelsrechts u. der Handelspolitik im Anfang der römischen Kaiserzeit, s.: Festgabe zum Doctor-Jubiläum des Herrn Geh. Justizr. Prof. Dr. Heinr. Thöl in Göttingen.

—— Geschichte des römischen Rechts unter Vergleichung des deutschen bis zu Karls des Großen Kaiserkrönung. Ein Grundriß. 1. Abthl.: Die Zeit des Augustus und Tiberius mit Einleitung. gr. 8. (165 S.) Straßburg 876, Trübner. *

Bremer, F. P., Hypothek u. Grundschuld. Eine dogmatische Untersuchung mit kritischer Berücksichtigung des preußischen Gesetzentwurfs. Göttingen 869. Rente. gr. 8. (2 Bll., 98 S.) n. 20 ngr.

Bremer, F. P., die Inschrift über den Prozeß der Fullonen. gr. 8. (49 S.) Frankfurt a. M. 866, Sauerländer's Verlag. *
Aus: Neues Rhein. Museum für Philologie, besonders abgedruckt.

Bremer, Franciscvs Petrvs, ivdicii Bonnensis assessor (geb. am 13 Sept. 1832 in Neuss): De Domitii Vlpiani institvtionibvs commentatio. Part. I ... Bonnae, typ. C. Georgi (1863). 1 Bl., 47 S., 1 Bl. 8.
¶ Erschien in dems. J. vollständig bei Marcus in Bonn.
Bonn, Jur. Fak., Diss. v. 8 Aug. 1863

Bremer, F. P., de Domitii Ulpiani institutionibus scripsit atque earundem institutionum reliquias adjecit. gr. 8. (VII und 106 S.) Bonn 863, Marcus. *

Bremer, F. P., s.a. Jurisprudentiae antehadrianae quae supersunt.

Bremer, Franz Peter: Jurisprudentiae antehadrianae quae supersunt. Lipsiae. 3 Bde.
P. 1. Liberae rei publicae iuris consulti. 1896.
P. 2. Primi post principatum constitutum saeculi iuris consulti. Sectio 1. 2. 1898. 1901.

—— das Pfandrecht und die Pfandobjecte. Eine dogmat. Untersuchung auf Grundlage des gemeinen Rechts. gr. 8. (XVI und 282 S.) Leipzig 867, B. Tauchnitz.

—— die Rechtslehrer und Rechtsschulen im römischen Kaiserreich. gr. 8. (VII, 103 S.) Berlin 868, Guttentag. *

— das rheinische Vormundschaftswesen u. seine rechtliche Grundlage. Bonn 865. A. Marcus. gr. 8. (VIII, 68 S.) 15 ngr.

Bremer, Frederika, s. Bremer, Fredrika

Bremer, Fredrika

— — s. Ausland, das belletristische.

Bremer, Fredrika, Axel u. Anna, od. Briefwechsel zwischen zwei Hausgenossen. Skizze a. d. Jetztzeit. — Die Sklavinn. Skizze a. d. Vorzeit. A. d. Schwed. gr. 12. (4⅞ B.) Berlin 841, Morin.

Bremer, Fredrika: In Dalekarlien, s. Ausland, das belletristische

Bremer, Frederike, England im J. 1851. Aus d. Schwed. 2 Lfgn. 8. (362 S.) Altona 852, Dircksen u. Ingwersen. (siehe auch: Lesecabinet, historisches, 57 u. 58. Lfg.) ⅔ ₰

— Geschwisterleben, s.: Ausland, das belletristische. Nr. 1297—1304. — Bibliothek der Classiker des Auslandes. 65—67. Bd.

— die Familie H***. Aus d. Schwed. 2 Thle. 8. Berlin 841, Morin. 1⅔ ₰

Bremer, Fredrika

Die Familie H. Skizze aus dem Alltagsleben. Aus d. Schwed. von G. Fink.
Stuttgart: Franckh 1843. 344 S. 8°

Bremer, Frederike: Das Haus oder Familiensorgen u. Familienfreuden. [Hemmet eller familjesorger och fröjder; 1839.] Aus d. Schwed. 3., verb. Aufl. T. 1. 2. — Leipzig: Brockhaus 1842. 8°

Bremer, Fredrika

Das Haus oder Familiensorgen und Familienfreuden.
Erzählung. Aus d.Schwed. von G.Fink.
Stuttgart: Franckh 1843. 486 S. 8°

— das Haus, oder Familiensorgen und Familienfreuden. (Skizzen aus dem Alltagsleben.) Aus dem Schwed. 2 Thle. 5., verb. Aufl. gr. 12. (VI und 487 S.) Leipzig 854, Brockhaus. Thlr. *

Bremer, Friederike, die Heimat in der neuen Welt. Ein Tagebuch in Briefen, geschrieben während zweijähr. Reisen in Nordamerika und auf Cuba. Aus dem Schwed. 9 Thle. gr. 12. (XVI und 1541 S.) Leipzig 854—55, Brockhaus. *

Bremer, Friederike: Die Heimath in der neuen Welt. *Ein Tagebuch in Briefen, geschrieben auf zweijährigen Reisen in Nordamerika und auf Cuba. Stuttgart: Franck'sche Verlagshandlung. 1854. 3 Bde. Bd. I, 462 S.; Bd. II, 520 S.; Bd. III, 534 S.*

— dass. — s. Ausland, das belletristische.

— Hertha. Aus d. Schwed. Th. 1-3. — Leipzig: Brockhaus 1856. 8°
Orig. unter demselben Titel 1856.

Bremer, Fredrika

Hertha oder Geschichte einer Seele. Skizze aus dem wirklichen Leben. Aus d. Schwed. von G.Fink. Bd.1.2.
Stuttgart: Franckh 1857. 8°

— die Johannisreise, s.: Ausland, d. belletristische. Nr. 1294—1296.

— Leben im Norden. Morgen-Wachen, s. Bibliothek, ausgewählte, der Classiker des Auslandes.

Bremer, Frederike: Lebensschilderung, Briefe u. nachgelassene Schriften. [Selfbiografiska anteckningar; 1868.] Hrsg. v. ihrer Schwester Charlotte Quiding, geb. Bremer. Dt. Originalausg. T. 1-3. — Leipzig: Brockhaus 1868. 8°

— die Mitternachtssonne, s.: Bibliothek, Europäische, 199 u. 200. Bd.

Bremer, Fredrika, Morgendämmerungen. Glaubensbekenntniß. Nach d. Schwed. von Martin Runkel. 12. (3⅓ B.) Elberfeld 842, Büschler'sche Vrlsb.

— Morgen-Wachen. Einige Worte in Veranlassung der Schrift: „Strauß u. die Evangelien". Glaubensbekenntniß. Einzig rechtmäßige Orig.-Ausg. gr. 12. (3½ B.) Hamburg 842, Kittler.

— die Nachbarn, s. a. Bibliothek d. Classiker des Auslandes. 1 u. 2. Bd.

— die Nachbarn, s. a. Universal-Bibliothek Nr. 1003—1006.

Bremer, Fredrika

Die Nachbarn. Skizze aus dem Alltagsleben. Aus d. Schwed. von G.Fink.
Stuttgart: Franckh 1843. 500 S. 8°

Bremer, Friederike, die Nachbarn. Skizze aus dem Alltagsleben. Aus dem Schwed. 2 Thle. in 1 Bd. 12. (220 u. 236 S.) Stuttgart 893. Franckh. Geb. in Leinw. n. 2. 50

— Nina, s. a. Bibliothek der Classiker des Auslandes. 6. u. 7. Bd.

Bremer, Fredrika

Nina. Erzählung. Aus d.Schwed. von G.Fink.
Stuttgart: Franckh 1845. 520 S. 8°

— eine Ostergabe, s.: Ausland, das romantische, 4—6. Bd.
— Bibliothek, Europäische, 311. Bd.

Bremer, Frederika. Reisebilder aus der Schweiz und Italien. Von Friederike B. Deutsch von Dr. G[ottlob] Fink. 4 Bände. 8. Stuttgart 1861.
(Das belletristische Ausland. Bdchn. 2970—2993.)

Bremer, Fredrika, Romane und Erzählungen. Neue Ausg. 40 Lfgn. oder 24 Bde. 8. Leipzig 882, Brockhaus.
à Lfg. 50 Pf.; compl. geb. in 9 Leinwbde. * 80 —

Inhalt:

- Bd. 1. Die Töchter des Präsidenten. Erzählung einer Gouvernante. 7. Aufl. (XII, 272 S.)
- " 2. Die Familie H. 4. Aufl. (252 S.)
- " 3. 4. Das Haus, oder Familiensorgen und Familienfreuden. 8. Aufl. 2 Thle. (294; 193 S.)
- " 5. 6. Die Nachbarn. 9. Aufl. 2 Thle. (237; 256 S.)
- " 7. 8. Nina. 5. Aufl. 2 Thle. (VI, 263; 267 S.)
- " 9. 10. Ein Tagebuch. 4. Aufl. 2 Thle. (152; 160 S.)
- " 11. Streit und Friede. 5. und 6. Aufl. (188 S.)
- " 12—14. Geschwisterleben. 2. Aufl. 3 Thle. (153; 180; 157 S.)
- " 15. 16. In Dalekarlien. 2. Aufl. 2 Thle. (111; 149 S.)
- " 17. 18. Sommerreise. Eine Wallfahrt. 2. Aufl. 2 Thle. (98; 102 S.)
- " 19. Kleinere Erzählungen. 3. Aufl. (209 S.)
- " 20. 21. Vater und Tochter. 2. Aufl. 2 Thle. (VI, 108; 132 S.)
- " 22—24. Hertha. 3. Aufl. 3 Thle. (166; 164; 134 S.)

Bremer's, Friederike, sämmtliche Romane. Stuttgart 854. Franckh. 16. Jedes Bdchn. 2 ngl
1—5. Bdchn.: Das Haus oder Familiensorgen und Familienfreuden. Erzählung. Aus dem Schwed. von G. Fink. (Neuer Abdr.) (486 S.)
6. 7. Bdchn.: Die Tochter des Präsidenten. Erzählung einer Gouvernante. Aus dem Schwed. von G. Fink. (Neuer Abdr.) (272 S.)

Bremer, Fredrika, ausgewählte Schriften. A. d. Schwed. v. C. A. Wollheim u. M. Runkel. 1—8. Thl. gr. 16. Bielefeld 841, Velhagen u. Klasing. à ⅓ Thlr. Thlr.
A. u. d. Ttln.:
Skizzen aus d. Alltagsleben. 1—8. Thl. enth.:
- Thl. 1. Streit u. Frieden. Uebers. v. Wollheim. (12 B.)
- " 2., 3. Der häusl. Heerd. Novelle übers. v. Wollheim. 2 Bde. (31½ B.)
- " 4., 5. Die Nachbarn. Novelle übers. v. Wollheim. 2 Bde. (33 B.)
- " 6. Des Präsidenten Tochter. Novelle übers. v. Wollheim. (18 B.)
- " 7., 8. Nina. Novelle übers. v. Runkel. 2 Bde. (32 B.)

Bremer's, Fredrika, ausgewählte Schriften. Aus d. Schwed. von C. A. Wollheim u. M. Runkel. 2. Aufl. (in 3 Bdn. oder 6 Liefg.) Mit 3 Titelkpfrn. 1. Bd.: Die Nachbarn. Novelle. 2 Liefg. 2. u. 3. Bd. oder 3.—6. Liefg. (Schluß.) — Der häusliche Heerd. Novelle. — Des Präsidenten Töchter. — Streit und Frieden. 8. Bielefeld 844, Velhagen u. Klasing. (à Liefg. 8¾ ngl) 1¾ ₰

11. 12. Bd.: Ein Tagebuch. 2 Thle. (2 Bl., 152; 160 S.)
13. 14. Bd.: In Dalekarlien. 2 Thle. (3 Bl., 112; 2 Bl., 151 S.)
15—17. Bd.: Geschwisterleben. 3 Thle. (2 Bl., 144; 2 Bl., 171; 2 Bl., 154 S.)
18. 19. Bd.: Sommerreise. Eine Wallfahrt. 2 Thle. (5 Bl., 97; 2 Bl., 100 S.)
20. Bd.: Leben im Norden. Eine Skizze. — Morgen-Wachen. Ein Glaubensbekenntniß. (115 S.)
21—29. Bd.: Die Heimat in der Neuen Welt. Ein Tagebuch in Briefen, geschrieben während zweijähriger Reisen in Nordamerika und auf Cuba. 9 Thle. (XVI, 131; 2 Bl., 164; 2 Bl., 161; 2 Bl., 176; 2 Bl., 191; 2 Bl., 157; 2 Bl., 170; 2 Bl., 188; 2 Bl., 203 S.)
30—32. Bd.: Hertha. 3 Thle. (2 Bl., 168; 2 Bl., 168; 2 Bl., 136 S.)
33., 34. Vater und Tochter. Eine Schilderung aus dem wirklichen Leben. (Neue Skizzen aus dem Alltagsleben.) 2 Thle. Mit 1 Musikbeilage. gr. 12. (IX und 240 S.) geb. * 26 Ngr.
35—40. Leben in der alten Welt. Tagebuch während eines vierjähr. Aufenthalts im Süden und im Orient. 1—6. Thl. 8. (XVII und 876 S.) * 2 Thlr. 1861–62

— gesammelte Schriften. Aus dem Schwed. Leipzig 857—58. Brockhaus. gr. 12. Jeder Bd. 10 ngl
1. Bd.: Die Töchter des Präsidenten. Erzählung einer Gouvernante. Mit e. Vorrede der Verf. 5. Aufl. (XII, 267 S.)
2. 3. Bd.: Das Haus, oder Familiensorgen und Familienfreuden. 2 Thle. 5. verb. Aufl. (VI, 294; 2 Bl., 193 S.)
4. 5. Bd.: Die Nachbarn. 2 Thle. 5. verb. Aufl. (2 Bl., 237; 2 Bl., 257 S.)

6. 7. Bd.: Nina. 2 Thle. 3. verb. Aufl. (VI, 263; 2 Bl., 267 S.)
8. Bd.: Die Familie H. 2. verb. Aufl. (2 Bl., 251 S.)
9. Bd.: Kleinere Erzählungen. (4 Bl., 208 S.)
10. Bd.: Streit und Friede, oder einige Scenen in Norwegen. 4. Aufl. (2 Bl., 188 S.)

Bremer, Frederike, gesammelte Schriften. Aus dem Schwedischen. 41.—50. Bd.: Leben in der alten Welt. Tagebuch während eines vierjähr. Aufenthalts im Süden und im Orient. 7.—16. Thl. 8. (XIII und 1415 S.) Leipzig 862,63. Brockhaus. à Bd. * 10 Ngr. *

1.—40. Bd. Ebendas. 1857—61. 13 Thlr. 10 Ngr.

Bremer, F, gesamm. Schriften. A. d. Schwed. 1—50 Bd. 12. Lpzg, Brockhaus. à n. — 10

Die Töchter d. Präsidenten. 5. Afl. (267) 59. geb.	n. – 18
Das Haus. 2 Thle. 6. Afl. (487) 64. geb.	n. – 26
Die Nachbarn. 2 Thle. 6. Afl. (494) 59. geb.	n. – 26
Nina. 2 Thle. 3. Afl. (530) 57. geb.	n. – 26
Die Familie H. 3. Afl. (251) 63. geb.	n. – 16
Kleinere Erzählgn. (208) 57. geb.	n. – 16
Streit u. Friede. 4. Afl. (188)) 57. geb.	n. – 16
Ein Tagebuch. 2 Thle. (312) 57. geb.	n. – 26
In Dalekarlien. 2 Thle. (263) 57. geb.	n. – 26
Geschwisterleben. 3 Thle. (469) 58. geb.	n. 1. 6
Sommerreise. Eine Wallfahrt. 2 Thle. (197) 58. geb.	n. – 26
Leben im Norden. Morgen-Wachen. (115) 58. geb.	n. – 16
Die Heimat in d. Neuen Welt. 9 Thle. (1541) 58. geb.	n. 3. 18
Hertha. 3 Thle. (472) 58. geb.	n. 1. 6
Vater u. Tochter. 2 Thle. (240) 58. geb.	n. – 26
Leben in d. alten Welt. 16 Thle. (2291) 61–63. geb.	n. 6. 10

Bremer, Frederike, gesammelte Schriften. Aus dem Schwedischen. Leipzig, Brockhaus. gr. 12. Jeder Bd. 10 ngr.
2. 3. Bd.: Das Haus oder Familiensorgen u. Familienfreuden. 2 Thle. 6. Aufl. 864. (487 S.)
4. 5. Bd.: Die Nachbarn. 2 Thle. 6. verb. Aufl. 859. (594 S.)
8. Bd.: Die Familie H. 3. Aufl. 863. (251 S.)
33. 34. Bd.: Vater u. Tochter. Eine Schilderung aus dem wirklichen Leben. 2 Thle. 859. Mit 1 Musikbeilage. (IX, 240 S.)

Bremer, Frederike, gesammelte Schriften. Aus dem Schwed. 1., 4.—7., 11., 12., 30.—32. Bd. Leipzig, Brockhaus. Jeder Bd. *

Inhalt:
Bd. 1. Skizzen aus dem Alltagsleben: Die Töchter des Präsidenten. Erzählung einer Gouvernante. Mit einer Vorrede der Verf. 6. Aufl. (XII, 267 S.) 869. *M 1.; geb. *M 2.
" 4. 5. Skizzen aus dem Alltagsleben: Die Nachbarn. 2 Thle. 7. Aufl. (237; 256 S.) 869. *M 2.; geb. *M 3.
" 6. 7. Skizzen aus dem Alltagsleben: Nina. 2 Thle. 4. Aufl. (VI, 263; 267 S.) 869. *M 2.; geb. *M 3.
" 11. 12. Skizzen aus dem Alltagsleben: Ein Tagebuch. 2 Bde. 3. Aufl. (152; 160 S.) 875. *M 2.; geb. *M 3.
" 30—32. Hertha. 2. Aufl. 3 Thle. (168; 168; 136 S.) 870. *M 3.; geb. *M 4.
Diese Ausgabe ist complet in 50 Bdn. à *M 1.

Bremer, Frederike, gesammelte Schriften. Aus dem Schwed. 2.—5. Bd. 8. Leipzig, Brockhaus. *M 4.; geb. *

Inhalt:
Bd. 2. 3. Skizzen aus dem Alltagsleben: Das Haus, oder Familiensorgen und Familienfreuden. 2 Thle. 7. Aufl. (294; 193 S.) 875. *M 2.; geb. *M 3.
" 4. 5. —— dass. — Die Nachbarn. 2 Thle. 8. Aufl. (237; 256 S.) 878. *M 2.; geb. *M 3.
Gesammelte Schriften compl. in 50 Bdn. *M 50.; geb. in 22 Leinwbdn. *M 70,50.

Bremer, Frederike, gesammelte Schriften. Aus dem Schwed. 4., 5. u. 10. Bd. 8. Leipzig 878—80. Brockhaus. à n. 1.—
4. u. 5. Skizzen aus dem Alltagsleben. Die Nachbarn. 8. Aufl. 2 Thle. (237 u. 256 S.) geb. n. 3.—
10. Streit u. Friede, od. einige Scenen in Norwegen. 5. Aufl. (188 S.) geb. n. 2.—

— Skizzen aus dem Alltagsleben. — Die Nachbarn. — Die Töchter des Präsidenten. — Nina. — Das Haus, oder Familiensorgen. — Die Familie H. — Kleine Erzählungen. — Streit u. Friede. — Ein Tagebuch. — In Dalekarlien. — s. a. Bibliothek, ausgewählte, der Classiker des Auslandes. 1., 2., 5.—10., 15., 16., 29., 30., 41., 42. Bd.

— Skizzen aus d. Alltagsleben, s. a. Bibliothek der Classiker des Auslandes. 1. 2. 6. 7 u. 65—69. Bd.

— Skizzen aus dem Alltagsleben, s. auch: Skizzen.

— Skizzen aus dem Alltagsleben. Aus dem Schwedischen. (2 Thle. 5. verb. Aufl.) A. u. d. T.: Das Haus, oder Familiensorgen und Familienfreuden. Aus dem Schwedischen. Leipzig 854. Brockhaus. gr. 12. (VI, 294; 2 Bl., 193 S.) 20 ngr

Bremer, Fredrika, Skizzen aus dem Alltagsleben. Das Haus oder Familiensorgen und Familienfreuden. Aus dem Schwed. 9. verb. Aufl. 2 Thle. 8. (296; 196 S.) Leipzig 886, Brockhaus. *
geb. in 1 Bd. *

Bremer, Fredrika, Skizzen aus dem Alltagsleben. Das Haus od. Familiensorgen u. Familienfreuden. Aus dem Schwed. 10. Aufl. 2 Thle. 8. (296 u. 196 S.) Leipzig 886. Brockhaus. n. 2.—; in 1 Bd. geb. n. 3.—

—— neue Skizzen a. d. Alltagsleben. A. d. Schwed. 1—3. Bd. gr. 12. Berlin 841, Morin.
A. u. d. Titn.:
Bd. 1. Streit u. Friede, od. einige Scenen in Norwegen. (10 B.) 1 Thlr.
" 2., 3. Nina. 2 Thle. (24½ B.) 16 Gr.

—— neue Skizzen aus d. Alltagsleben. 1. u. 2. Thl. Deutsche Originalausg. A. u. d. T.: Ein Tagebuch. 2 Thle. 2. Ausg. 8. (20¾ B.) Hamburg 844, Kittler. *
Vgl. Ausland, das belletristische. — Bibliothek, ausgew., d. Classiker des Ausl. 1., 2., 5., 8—10., 16., 29., 30., 41. u. 42. Bd.

— Neue Skizzen a. dem Alltagsleben. [Nya Teckningar utur Hvardagslifvet.] Vater u. Tochter. Eine Schilderung aus d. wirkl. Leben. Aus d. Schwed. T. 1. 2. — Leipzig: Brockhaus 1859. 8°

— Sommerreise, s.: Bibliothek der Classiker des Auslandes. 68 u. 69. Bd.

Bremer, Fredrika

Streit und Friede. Scenen aus Norwegen. Erzählung. Aus d. Schwed. von G. Fink.
Stuttgart: Franckh 1843. 176 S. 8°

—— Streit und Friede, oder Scenen aus Norwegen. Erzählung. Aus dem Schwed. übers. von G. Fink. 3. Aufl. 16. (170 S.) Stuttgart 855, Franckh'sche Vrlgsh.

Bremer, Fredrika

Ein Tagebuch. Aus d. Schwed. Th. 1 - 4.
Stuttgart: Franckh 1844. 280 S. 8°

Bremer, Friederike, Ein Tagebuch. Aus dem Schwedischen. 2 Thle. (812 S.) Leipzig 1857. Brockhaus. Geb. 2.60

— Die Töchter des Präsidenten. [Presidentens döttrar; 1834.] Erzählung einer Gouvernante. Aus d. Schwed. übers. v. G[ottlob] Fink. M. d. Portr. d. Verf. — Stuttgart: Franckh 1843. 272 S. 8° (D. belletrist. Ausland. 1. 2.)

Bremer, Fredrika

Die Töchter des Präsidenten. Erzählung einer Gouvernante. Aus d. Schwed. von G. Fink.
Stuttgart: Franckh 1854. 272 S. 8°

—— Vater u. Tochter, s. a. Ausland, d. belletr.

Bremer, Fredrika

Vater und Tochter. Aus d. Schwed. von G. Fink.
Stuttgart: Franckh 1859. 243 S. 8°

Bremer, Fredrika

Sämmtliche Werke. [Einzelband]
Stuttgart: Franckh 1845. 259 S. 8°

(Inhalt: In Dalekarlien. Aus d.Schwed. von Gottlob Fink. 1 Bildnis der Dichterin. Th.1 - 4.)

Bremer, Fredrika

Sämmtliche Werke. [Einzelband]
Stuttgart: Franckh 1849 188 S. 8°

(Inhalt: Die Johannisreise, eine Wallfahrt. Aus d. Schwed. von Gottlob Fink. Bd. 1 - 3.)

Bremer, Fredrika

Sämmtliche Werke. Deutsch von Gottlob Fink. Bd. 1 - 5. 6 - 8.
Stuttgart: Franckh 185o. 8°

(Inhalt: Geschwisterleben.)

— ausgewählte Werke. Aus dem Schwedischen. (In 50 Liefg.) 1—26. Liefg. Stuttgart 870. Franckh. 16. (1. Bd.: 254 S.; 2. Bd.: 235 S.; 3. Bd.: 236 S.; 4. Bd.: 216 S.; 5. Bd.: 228 S.; 6. Bd.: 160 S.; 7. Bd.: 223 S.; 8. Bd.: 244 S.; 9. Bd.: S. 1—12.) Jede Liefg. 3 ngr.

— ausgewählte Werke. Aus d. Schwed. 27—45. Lfg. gr. 16. (9. Bd. S. 13—240, 10. Bd. 255, 11. Bd. 220, 12. Bd. 184, 13. Bd. 188, 14. Bd. 200 u. 15. Bd. 212 S.) Stuttgart 871. 72. Franckh. à — 30

Bremer, Fred rika

Ausgewählte Werke. Aus dem Schwed. 17 Bde. Bd 1.2.3. 6.7.8.9.11.12.13.16.17.
Stuttgart: Franckh (1870-73). 8°

1. Die Töchter des Präsidenten. Erzählung einer Gouvernante. 254 S.
2. 3. Die Nachbarn. Skizzen aus dem Alltagsleben. Bd 1.2.
6. Streit und Frieden oder Scenen aus Norwegen. 16o S.
7. Die Familie H. Skizzen aus dem Alltagsleben. 223 S.
8. 9. Nina. Forts. der Töchter des Präsidenten. Bd 1.2.
10. Ein Tagebuch. 255 S.
11. In Dalekarlien. Erzählung. 220 S.
12.13. Hertha oder Geschichte einer Seele. Skizzen aus dem wirklichen Leben. Bd 1.2.
16. Die Johannisreise, eine Wallfahrt. 172 S.
17. Vater und Tochter. 182 S.

Bremer, Friederike, s. Bremer, Fredrika

Bremer, Friedrich, Referendar aus Nieheim (Westf.): Die **Gesamtgläubigerschaft** nach dem Rechte des Bürgerlichen Gesetzbuches. *Greifswald 1904: J. Abel.* (48 S.) 8°
Greifswald, Jur. Diss. v. [6. Juni] 1904

Bremer, Friedr., Handlexikon der Musik, s. Universal-Bibliothek Nr. 1681—1686.

Bremer, F., Handloxikon der Musik. Loipzig 1882. 16.
Ist: Universal-Bibliothek Nr. 1681—1686.

[Friedrich] **Bremers** Handlexikon der Musik. Eine Enzyklopädie d. Tonkunst. Neu hrsg. von Bruno Schrader. Leipzig: Ph. Reclam jun. (1905). (554 S.) 8° [J.]
(Universal-Bibliothek. 1681–86.) [06. 8797

Bremer, Fritz [aus Berlin]: Über lineare, homogene Differentialgleichungen mit doppelt-periodischen Koefficienten.... Berlin, Druck v. G. Bernstein, 1890: 30 S., 1 Bl. 8°
Giessen, Phil. Fak., Inaug.-Diss. v. 1890

Leitfaden der Physik für die oberen Klassen der Realanstalten mit besond. Berücks. von Aufgaben u. Laboratoriumsübungen von Dr. F[ritz] **Bremer**, Oberl. zu Berlin. Mit 386 Fig. Leipzig & Berlin: B. G. Teubner 1904. (VIII, 294 S.) 8° [05. 7438

Bremer, H: Heimatkde d. Prov. Westfalen. Für münsterlünd. Schulen bearb. (117 m. Abb., Skizzen u. 1 farb. Kte.) gr8° Münst., Univ. Bh. F Coppenrath '12. geb. 1.50 d

— Der Heimatort u. s. Umgebg. Vorkursus zu jeder Heimatkde. (52 m. Skizzen u. 1 Stadtpl.) kl8° Ebd. '12. durchsch. — 80 d

Die Apothekerfrage. Denkschrift d. Deutschen Pharmaceuten-Ver. u. Entwurf f. d. neue Gesetzgebung betr. d. Apothekerwesen. Im Auftr. d. Ver. verf. von Dr. Herm. **Bremer**, Apotheker in München. *Berlin: Deutscher Pharmaceuten-Ver. 1893.* (48 S.) 4°(8°) [03. 2307 8

Bremer, Herm., die Apothekerfrage. Denkschrift d. deutschen Pharmaceuten-Vereins u. Entwurf f. die neue Gesetzgebg. betr. das Apothekenwesen. Im Auftrage d. Vereins verf. gr. 4. (48 S.) Berlin 893. (Friedenau-Berlin, H. Toussaint & Co.) n. 1. —

Bremer, Hermann [aus Coerbecke in Westf. Assist. am chem Laborat. d. K. Akad. d. Wiss. zu München]: Einfluss der Temperatur gefärbter Lösungen auf die Absorptionsspektren derselben.... Neudamm, Druck v. J. Neumann, 1890: 3 Bl., 14 S. 4°
Erlangen, Phil. Fak., Inaug.-Diss. v. 1890

Bremer, Herm., aus dem Leben e. Rekruten. Ein Lebensbild zu dem Artikel: Soldatenmißhandlg. u. Soldatenerziehg. (158 S.) 8. Leipzig 904. Verlagsanstalt „Cliché". n. 2. —

— Luise u. ihr sächsisches Volk. Ein Stimmungsbild aus Sachsen. (31 S.) 8. Ebd. (904). n. — 80

Bremer, Hermann (geb. am 18 März 1861 in Buchholz Kr. Bergheim): Ueber Ohrpolypen ... Bonn, Hauptmann'sche Buchdr. 1885. 30 S. 8.
Bonn, Med. Fak., Diss. v. 5 Aug. 1885

St. Regis-Vereinigungen zur unentgeltlichen Beschaffung von Verehelichungspapieren, Ordnung wilder Ehen und Legitimation illegitimer Kinder, ihre Ziele, Art und Weise der Gründung solcher Vereinigungen in Grossstädten und Industriebezirken. Hrsg. vom St. Regis-Comité in Köln. [Verf.: Herm. Josef **Bremer**.] *Köln: Ver. vom heil. Vincenz v. Paul 1900.* (23 S.) 8°
= Jahrbücher d. Vereins vom h. Vincenz v. Paul. Bd 52, Beil. [01. 1090

Bremer, Hugo E., Erfinder u. Patente in volkswirtschaftlicher u. sozialer Beziehung. (VIII, 68 S.) gr. 8. Berlin 906. G. Siemens. n. 1. 50

Bremer, J., systematisches und alphabetisches Generalregister zu Seuffert's Archiv, s. Seuffert, J. A.

Bremer, J. B., die Gewinnung, Zubereitung u. Verarbeitung d. Kautschuks od. Federharzes, d. vulkanisirten od. Schwefel-Kautschuks, d. künstl. Kautschuks u. der Gutta percha. Od.: ausführl., wissenschaftl. begründete Anweisg. dieselben zu elastischen, luft- u. wasserdichten Fabrikaten 2c. zu verarbeiten. Mit 1 (lith.) Taf. Abbildgn. (in qu. 4.) 8. (76 S.) Quedlinburg 848, Basse. 1/2 ℛ

Bremer, J. Ch., Biographie 796. ist Biographie Ernsts.

Bremer, J. E., s. Bremer, Jh. Imm.

Bremer, J.P.: Die 8 ersten Cap. der Rede für den Milo, übersetzt und mit Anmerkungen versehen. 15 S.
Progr. Düsseldorf 1829.

Bremer, Johann Christoph, s. Albinovanus, Gaius Pedo: Elegia ...

Bremer, Jh. Cph., krit. Anmerkk. über einige Stellen d. Alten. 8. Frankf. u. Leipz. 773. (Creutz in Magdeb.) 1 gr.

Bremer, Johann Christoph, s. Cicero: 1. Rede gegen Catilina.

— epistola critica ad — J. C. Neide — super aliquot Minucii locis scripta. 4. Quedlinb. 780. (Creutz in Magdeb.) 1 gr.

Bremeri, J. C., Epistola critica super aliquot Minucii locis. Quedlinb. et Magd. 781. 4.

Bremer, Johann Christoph, s. Europa lat.

Bremer, Johann Christoph, s. Horatius: Oden.

— französ. Lesebuch f. Anfänger, mit e. Wortregister. 2 Thle. 8. Quedlinb. 801. N. A. 806. Ernst. 10 gr.

Bremer, Jh. Chr., s. Lucian's Todtengespräche.

***Bremer*, Jh. Cph., observationes et emendationes in quaedam vet. scriptor. loca. Fasc. I. 8. Nordhaus. 773. Nitzsche. 3 gr.**

— observationes et emendat. in vet. scriptores. fasc. I. 8. Nordh. Nitzsche. 774.

Bremer, Johann Christoph, s. O v i d i u s : Verwandlungen. 1781.

— über die neuesten Schriften d. griech. u. röm. Literatur. 2 Stcke. 8. Magdeb. 773. Creutz. 2 gr

Bremer, Johann Christoph, s. T h e m i s t o c l e s : Epistolae.

Bremer, Johann Christoph, s. T h e o p h r a s t : Characteres.

— latein. Wörterbuch f. Anfänger. gr. 8. Leipz. 786. Schwickert. 1 ℛ Mit Jahrg. 1812. Hbg. Pr. 16 gr

Bremer, J. Ch., latein. Wörterbuch f. Anfänger, wohlfeile Ausg. gr. 8. Leipz. Schwickert. 812.

Bremer, Johann Gottfried, s. Aesop's Fabeln. – Batteux, Moral. – Bemerkk. üb. den Nachtrag.

Ueber den Charakter und die Schicksale des Freiherrn von der Trenck und über den Ton, der in desselben Schriften herrscht (unterz.: *J. B. G.*, d. i. *Joh. Gottfr. Bremer*). Berlin, Petit u. Schöne, 1787. Kl. 8⁰. 24 S.

Bremer, Jh. Gf., († ...) s. Etwas aus d. Papieren e. Verstorb. – Gegenstände a. d. Naturgesch. – Grundriß d. St. Altona. – Lehren d. Tugend. – Lauf d. Welt. – Moralphilosophie e. Morgenländers. – Reden e. protest. Gottesgelehrten. – Taschenbuch f. Freunde redl. Grundsätze.

Bremer, Jh. Gf. s. Tippo-Saib.

Bremer, Johann Gottfried, s. a. Über die U n s t e r b l i c h k e i t der Seele.

[BREMER, JOH. GOTTFR.], Ueber die Unsterblichkeit der Seele. Nach einer Argumentation von der groszen Seele Friedrichs des Zweyten. Ein Dialog in Verbindung zwoer Anecdoten und anderer damit verknüpften Räsonnements. Berlin. 1787. P.

Bremer, Johann Gottfried, s. V e r s u c h einer Apologie des Epikurs.

Bremer, Johann Gottfried, s. a. W e i s h e i t der Ägyptier.

Die symbolische Weisheit der Aegypter aus den verborgensten Denkmålern des Alterthums. Ein Theil der Aegyptischen Maurerey, der zu Rom nicht verbrannt worden. [Von Joh. Gottfried Bremer.] Hrsg. von Karl Phil. Moritz. Berlin: Matzdorff 1793. XIV, 190 S. 8⁰ [Kupfertit.]
cf. °ALZ. 1793 Nr 284; °Hall. gel. Ztg. 1793 St. 100; °Neue Leipz. gel. Anzeigen. 1794 St. 38; °Neue allg. Deutsch. Bibl. Bd. 13, St. 2; Schlichtegroll's Nekrolog a. d. J. 1793 Bd 2 S. 255—256; °Neue Leipz. Literaturztg. 1806 St. 1.
Kl. 3839, Tt. 2702. Verf. ermittelt nach Kordes: Schlesw.-holst. u. Eutin'schen Schriftsteller. 1797. Katalog des Brit. Museums gibt als Vornamen an: Joh. Gottlieb.

Bremer, Jh. Imm., († d. 6. Nov. 1817.) Bemerkk. u. Erfahrr. üb. die Wirksamkeit d. Rinde d. Traubenkirschbaums, Cort. Pruni Padi, u. dessen therapeut. Benutzung in gicht. u. rheumat. Krankheiten; nebst Anh. üb. den Baum selbst. M. 1 Kpf. 8. Berl. 812. (Dümmler). 8 gr (Aus Horns Archiv abgedr.)

— die Kuhpocken. Mit 1 Kpf. gr. 8. Berl. 802. 2e A. 804. 3e A. 810. Haude u. Sp. 14 gr

Bremer, Johannes [aus Westfalen]: Über Conjunctivitis traumatica und Fremdkörper im Conjunctivalsack einschl. der Hornhautoberfläche .... Greifswald. Druck v. Julius Abel, 1888: 31 S. 8°
Greifswald. Med. Fak.. Inaug.-Diss. v. 28. Apr. 1888

Bremer, Josef, approb. Arzt aus Senden (Westf.): Zur osteoplastischen Behandlung von Defekten des einen Knochens am Vorderarm oder Unterschenkel unter Hinzuziehung des betr. Nachbarknochens. *Freiburg i. B. 1901: Ch. Lehmann's Nachf.* (33 S.) 8°
Freiburg i. B., Med. Diss. v. 1901

Bremer, Joseph, approb. Arzt aus Nieheim (Westf.): Über Spontanfracturen und Knochenmetastasen maligner Strumae suprarenales aberratae. *Greifswald 1904: J. Abel.* (29 S.) 8°
Greifswald. Med. Diss. v. 17. März 1904

Bremer, Jürgen (Hrsg.), s. A c t e n betreffend den Injurien-Prozeß des Agenten, Senators Jensen. . .

Bremer, J., kurzgefaßte Beschreibung und Geschichte von Schleswig-Holstein, für den Bürger und Landmann und zum Gebrauche in Schulen. Eine gekrönte Preisschrift. gr. 12. Oldenburg u. Schleswig 844, Fränckel u. Bruhn. n. ⅓ ℛ

Bremer, J., Geschichte Schleswig-Holsteins bis zum J. 1848. gr. 8. (XIV und 429 S. mit 2 Tab. in qu. Fol. und qu. Imp.-Fol.) Kiel 864, Schröder und Comp. *

— Rechtliches Gutachten über eine von dem Inspectorat des Fürstl. Augustenburgischen Güterdistricts am 1. Aug. 1839 den versammelten Synsleuten und Dorfvorstehern des besagten Districts gemachte Eröffnung, auf Verlangen eines Synsmanns ertheilt. Kph. 1840. P.

— s. Petition der deputirten Bürger Flensburgs. 1838.

Rechtsgutachten über die wider den Professor Georg Gottfried **Gervinus** erhobene Anklage wegen Aufforderung zum Hochverrath und wegen Gefährdung der öffentlichen Ruhe und Ordnung [v. J ü r g e n B r e m e r]. Braunschweig. 1853. 8⁰.

Ueber die Ursachen und die Bedeutung des Krieges zwischen Deutschland und Dänemark. [Von Jürgen **Bremer.**] Schleswig. 1849. 8⁰.

—— mit der Bezeichnung: Den Reichstruppen gewidmet vom Verfasser.

Bremer, J., über d. Verfall u. d. Wiederherstellung d. landständischen Freiheit in Schleswig-Holstein. gr. 8. (1½ B.) Braunschweig 831. (Hamburg, Herold.)

Bremer, [Karl], Dr.: **Paris** und die Weltausstellung von 1900. (Reisestudien.) *Parchim 1901: G. Gerlach.* (S. 3—46.) 4°
Parchim, grossh. Friedrich-Franz-G m. RPG, OP 1901 (714)

Bremer, Karl: Über das Verhalten von 1, 4, 5 Trimethyluracil gegen Kaliumpermanganat u. gegen Brom. Hannover 1900: Vereinsbuchdr. 39 S. 8°
Rostock, Phil. Diss. v. 28. Juli 1900, Ref. Michaelis
[Geb. 10. Jan. 82 Eickeloh; Wohnort: Hannover; Staatsangeh.: Preußen; Vorbildung: Realgymn. Hannover Reife O. 03; Studium: Göttingen 4, Hannover Techn. Hochsch. 5 S.; Rig. 26. Juli 09.] [U 10. 3942

B r e m e r, Karl Johann Friedrich Beitrag zur Theorie des Potentials. 51 S. u. Taf. **Progr.** *Parchim* 1882

Bremer, Otto, s.: **Allemnaok, ferreng an öömreng.**

Bremer, Otto, s. A r f s t e n, A. J.

— Beiträge z. Geographie d. deutschen Mundarten in Form e. Kritik v. Wenkers Sprachatlas d. Deutschen Reichs, s. a. S a m m l u n g kurzer Grammatiken deutscher Mundarten.

Bremer, Otto, Beiträge zur Geographie der deutschen Mundarten in Form einer Kritik von Wenkers Sprachatlas des deutschen Reichs. Mit 11 Karten im Text. Leipzig 1895. 8.
A. u. d. T.: Sammlung kurzer Grammatiken deutscher Mundarten. Bd. 3.

Bremer, Otto (Hrsg.), s.a. B e i t r ä g e zur Schmetterlings-Fauna des noerdlichen China's.

Bremer, Otto, und William Grey, Beiträge zur Schmetterlings-Fauna des nördlichen China's. hoch 4. (23 S.) St. Petersburg 853. (Leipzig, Gerhard.) *

Bremer, O. Germanisches E. Erster Teil. Die lautgesetzliche Entwickelung des indogermanischen Ē in den ältesten germanischen Sprachen. Diss. Leipzig 1885. 41 S.

Bremer, Otto [Dr.]: Einleitung zu einer amringisch-föhringischen Sprachlehre .... (Aus d. Jahrbuch d. Ver. f. niederdeutsche Sprachforsch. XIII.) Norden u. Leipzig, Diedr. Soltau's Verl., 1888; 1 Bl. + 32 S. + 1 Bl. 8°
Halle, Phil. Fak., Hab.-Schr. v. 21. Apr. 1888

Bremer, Otto, Ethnographie der german. Stämme. gr. 8. (XII, 216 S. m. 6 Karten.) Strassburg 900. K. J. Trübner. n. 6. —
Sonderabdruck aus: „Paul's Grundr. der german. Philol."

Bremer, Otto. Ethnographie der germanischen Stämme. 2. unveränderter Abdruck. Sonderabdruck aus der zweiten Auflage von (Hermann) Pauls Grundriss der germanischen Philologie. Mit sechs Karten [auf 4 Tafeln]. XII + 225 S. gr.-8. Strassburg, Karl J. Trübner, 1904. (M. 6. —, geb. 7. —)
S. 1—216 = ⟨S. 735—950⟩ (*d. i.* Grundriss Band 3, 2. Aufl., Abschn. XV); *S. 217—225:* Register.
Paul, H'. Grundriss.... 2. ... Aufl. Band 3. Str' ... 1900.

— s.a. Ferreng an öömreng stacken.

Bremer, Otto, ferreng an ömreng stacken, ütjdenn fan O. B. I. Ferreng an omreng stacken üb Rimen. 12. (150 S.) Halle 888, Niemeyer. *

Bremer, Otto: Grammatik d. Nürnberger Mundart, s.: Gebhardt, Aug.

— s.: Laut- u. Formenlehre d. altgerman. Dialekte.

Bremer, Otto: Lautlehre d. Mundart v. Buttelstedt bei Weimar, s: Kürsten, Otto.

— zur Lautschrift, s.a. Sammlung kurzer Grammatiken deutscher Mundarten. I. Anh.

Zur Lautschrift v. Otto Bremer, Privatdoz. ... zu Halle. *Leipzig: Breitkopf & Härtel 1898.* (21 S.) 1 Bd 8.
= Sammlung kurzer Grammatiken deutscher Mundarten. Bd 1. Anh.
[58. 11508

Bremer, O., Lepidopteren Ost-Sibiriens, s.a. Mémoires de l'acad. imp. des sciences de St.-Pétersbourg. 7. Série, Tome VIII. No. 1.

Bremer O.: Lepidopteren Ost-Sibiriens, insbes. d. Amur-Landes ... St. Petersb. 1864. 103 S. 8 kol. Tvl. 4°.

— deutsche Phonetik, s.: Sammlung kurzer Grammatiken deutscher Mundarten.

— s.: Sammlung kurzer Grammatiken deutscher Mundarten.

— Wandtafeln der deutschen Aussprache. Taf. I: Die menschl. Sprechwerkzeuge, senkrechter Durchschnitt durch die Mitte des Kopfes. Nach Bremer, deutsche Phonetik. 112×81 cm. Leipzig 903. Breitkopf & Härtel. n. 1. —

Bremer, P: 9 humorist. Schattenbilder. — Schelmenstreiche, od.: Das ungetreue Kindermädchen. — Eine Tugendheldin, od.: Der abngslose Oberkellner, od.: Die umgeschüttete Tabaksdose, s.: Fastnachts-Bühne.

Bremer, R., die elektr., selbsttätigen Zielscheiben (Patent Bremer), eingef. in der belg. Armee u. Bürgerwehr, zum Versuche auf d. Schießschule zu Spandau installiert. 3. Aufl. (99 S. m. 25 Taf.) 8. Brüssel 908. Misch & Thron. nn 3. —

Bremer, Theophil (Hrsg.), s. A r m e e - L i s t e und Marine-Liste.

Bremer, Theophil, die Armeen u. Marinen d. europ. Großmächte. In 7 Bdn. enth. Organisation, Einteilg., Stärke, Standorte, Uniformirg. ꝛc. d. deutschen, österr., italien., französ., russ. u. engl. Armee u. Kriegsmarine. 1. Bd. D. deutsche Armee. 10 Lfgn. gr. 8. (318 S.) Berlin 895. O. Bremer. à n. — 40

Bremer, Theophil (Red.), s. A r m e e - Z e i t u n g u. Marine-Zeitung.

— Bestimmgn. f. d. Aufnahme i. d. Militär- u. Marine-Erziehungs- u. Bildungs-Anst. Handbuch f. Landwehr-Bezirks-Kommanden, Ersatz-Behörden, Landraths-Aemter ꝛc. u. f. Eltern, Vormünder u. Schulvorstände, der. Söhne bezw. Mündel od. Schüler in e. der nachben. Anstalten einzutreten resp. aufgen. zu werden wünschen: Militärärztl. Bildungsanst., Militär-Roßarztschule, Kadettenkorps, Unteroffizierschulen, Unteroffizier-Vorschulen, Militär-Knaben-Erziehgs.-Institute z. Annaburg m. Zweiganst. u. Kleinstruppen, Militär-Waisenhäuser, Kadetten z. See u. Schiffsjungen-Abthlg., ferner Seemannsschule z. Hamburg. Im Wortlaut u. amtl. Quellen zusammengestellt. gr. 8. (95 S.) Berlin 895. P. Moedebeck. n. 1. —

— Jugendwehren. 8. (87 S.) Breslau 897. E. Peterson. n. — 50

Werde ich Soldat? Nachschlagebuch über Musterung u. Aushebung ⟨Untersuchung⟩ Militärpflichtiger, Freiwilliger u. Militärzöglinge, insbes. über d. Anforderungen f. d. Militär- u. Marinedienst in Bezug auf körperl. Tauglichkeit ... Nach nur amtl. Quellen bearb. von Theophil Bremer, Militär-Journalist. *Berlin: O. Bremer 1903.* (71 S.) 8° [ī5-]

Bremer, W., die Nahrungsmittelkontrolle durch den Polizeibeamten. Eine Anleitg. zur Probeentnahme f. amtl. Untersuchgn. (IV, 78 S.) Berlin 910. J. Springer. Geb. in Halbleinw. 1. 60

— Nährwert u. Geldwert unserer Nahrung. Eine volkswirtschaftl. Betrachtg., gemeinverständlich dargest. u. nach den neuesten, zuverlässigsten Quellen bearb. 1. u. 2. Aufl. (188 S.) 8. Dresden (907). R. Kraut. 1. 50

— Ueber die Regelung des Verkehres m. Kuhmilch u. m. Molkereiprodukten, die nicht im Reichsgesetz vom 15. VI. 1897 genannt sind. (56 S.) 8. Leipzig 910. M. Heinsius Nachf. — 75
Erweit. Sonderabdruck aus „Milch-Ztg."

Bremer, W. A. Ed., die Veränderungen u. Zusätze, welche in d. neueste Preuss. Pharmacopöe (1827) aufgenomm. sind, zunächst z. Gebr. f. prakt. Aerzte dargest. u. mit ein. Anmerkn. begl. 8. (17 B. u. 2 Tab. in Fol.) Berlin 828, Haude u. Spener,

Bremer, Wilhelm, aus Hannover: Die Fett verzehrenden Organismen in Nahrungs- und Futtermitteln. *Würzburg 1902: H. Stürtz.* (76 S.) 8°
Münster, Phil. Diss. v. [4. Juli] 1902

Bremerhaven [sachliches OW]

— Bremerhaven. Handbook for travellers. Suppl.: Northwest German industrial exhibition 1890. 12. (89 S. m. 2 lith. Karten.) Bremen 890. M. Nössler. Geb. n. 1. —

Bremerhaven und seine Nachbarorte Geestemünde, Lehe, Geestendorf, nebst Umgegend. Unter Benutzung amtl. Materials bearb. 8. (99 S. mit 1 Karte und 2 Plänen.) Bremerhaven 888, Tienken. *

Bremerhaven [Schlagwort]

— s. a.: Deutschland. Karte (Abt. Preussen). Übersichtskarte. — Europa. Spezialkarte. — Lehe.

Bremerhaven, s.a. Unterweser.

Bremerhaven-Cuxhaven-Hamburg, s.: Automobilkarten. Automobil-Tourenkarte.

Bremerhaven. Gier, H.: Plan der Stadt Bremerhaven. Bremen: v. Halem 1881. Lith. Fol.

Bremerhaven. Liebenow's, W., Wander-, Rad-, Automobil- u. Verkehrskarte der weiteren Umgebg. von Bremerhaven, Geestemünde und Lehe mit anschliessenden Teilen des Grossherzogt. Oldenburg u. der Lüneburger Heide. 1 : 800,000. 88,5×57 cm. Farbdr. Bremerhaven (910). F. Morisse. 1. 20

Bremerhaven. Plan v. Bremerhaven u. Geestemünde. Nach amtl. Quellen zusammengestellt. 1 : 10,000. [Aus: „Die deutschen Seehäfen".] Farbendr. 20×53,5 cm. Hamburg 891. L. Friederichsen & Co. 1. 50

Bremerhaven. Plan von Bremerhaven nebst Geestemünde u. den angrenz. Theilen v. Lehe u. Geestendorf. 1 : 10,000. 20×32 cm. Farbdr. Bremerhaven 897. G. Schipper. n. — 40

— Plan der Bremerhavener Hafenanlagen. Hrsg. v. der Hafen-Bauinspektion Bremerhaven. 1 : 5000. 36×76 cm. Autogr. u. Farbdr. Bremerhaven 898. L. v. Vangerow. n. 1. 50

Bremervörde [Schlagwort]

Bremervörde, s. Deutschland. Karte (Abt. Preussen). — Preussen. Messtischblätter.

Bremi, Cleophea. Lebensbild einer zürcher. Tabea. Nach Briefen u. mündlichen Mittheilungen verfasst von Freundinnen. In-8°. 112 S. Zürich, Depot der Evang. Gesellschaft. 1 — 1891 gebd. 1 80

Bremi, Johann Heinrich. [Zürich 1838.] V: *Fäsi, Carl Wilh.* (Cat. d. Stadtbibl. Zürich. Zürich 1864—97.)

Bremi, Johann Heinrich

Bremi, Jh. Hnr., einige Abhandl. über d. Lehnrecht. 8. Zürich 798.

Bremi, J. H., s. Aeschines, der Redner.

— u. L. Döderlein, philologische Beiträge aus der Schweiz. 1r Bd. 8. Zürich 819. Ziegler u. S. 1 ₰ 12 gr

– s. Cicero, lib. de fato – de finibus bon. – von d. Pflichten.

Bremi, Johann Heinrich, s. Cornelius Nepos

[Bremi, Johann Heinrich.] (Heinrich Corrodi. Professor, 1752–1793. [Mit Porträt-Tafel.]) Njbl. Chorh. Zürich 1821. 4. [Zürich.]

Bremi, Jh. Hnr., s Demosthenes Orationes.

Bremi, J[ohann] H[einrich]. Denkrede auf Herrn Joh[ann] Jakob Hottinger, Professor der Griechischen Sprache und der heiligen Philologie. Geb. den 3. Febr. 1750. Gest. den 4. Febr. 1819. von J. H. Bremi. Gehalten vor der Gelehrten Gesellschaft in Zürich. 8. Zürich 1820.

— Denkrede auf Hrn. J. J. Hottinger. 8. Zürich 820. Ziegler u. Söhne. 4 gr

Bremi, Joh[ann] Heinrich. Erklärung an die Bürger [Paul] U[steri und] J . (Zürich. den 6. Aprill 1801.) 8. o. O. Im Aprill 1801.

— Ermunterung an Zürichs studirende Jugend. 8. Zürich 819. Bürkli. (Leipz., Fr. Fleischer). 2 gr

— üb. die Schrift: Pestalozzi's Erziehunternehmung im Verhältniß zur Zeitkultur. 1e Abtheil. enth.: Die Beleuchtung d. Beschuldigungen H. J. Niederers gegen d. Verf. 8. Zürich 812. (St. Gallen, Huber u. C.) 5 gr

— — Geist d. Glaubens. s. Ebendas. 819.

— Geist d. Glaubensverbesserer. 8. Zürich 819. Bürkli. (Fr. Fleischer in Leipz.) 4 gr

Bremi, Joh. Heinr. (Hrsg.), s. Journal, Theologisches, für ächte Protestanten.

Bremi, Johann Heinrich, s. Isocrates: Orationes.

— Neli d. Kannengießer. Eine wahre Gesch. gr. 8. Zürich 822. Geßner. 15 gr

Bremi, Joh[ann] Heinrich. Sendschreiben an den Bürger J , den Advokaten des Bürger [Paul] U[steri]. (Zürich, den 23. März 1801.) 8. o. O. Im März 1801.

Bremi, Joh[ann] Heinrich. Sendschreiben an den Bürger [Paul] U[steri], Verfasser mehrerer Aufsätze im (Schweizerischen) Republikaner. (Zürich, den 16. März 1801.) 8. o. O. Im März 1801.

Bremi, Johann Heinrich, s. Suetonius: Vitae XII Imperat.

— Uebersicht dessen, was in den letzten zwei Jahren zur Organisation u. Erhaltung d. Staats gethan worden ist; e. Rede. 8. Zürich 1e u. 2e Aufl. 800.

[Bremi, Johann Heinrich.] (Johann Rudolf Ulrich, Antistes der Kirche Zürich, geb. 12. Dec. 1728. gest. 5. Febr. 1795. [Mit Porträt-Tafel.]) Njbl. Chorh. Zürich 1807. 4. [Zürich.]

— Vorlesungen über Gegenstände in Rücksicht auf unsere Revolution. 3 Hfte. 8. Zürich 798, 99. Ziegler u. S. 12 gr

Bremi, Johann Heinrich s. [Weber, Daniel.] Neli der Kannengiesser. Zürich 1822.

Bremi, J. J. Catalog der schweizer. Coleopteren. Zürich 1856.

Bremi-Wolf, J. J., Catalog der schweizerischen Coleopteren als Vorläufer der Beiträge für schweizer. Entomologie. gr. 8. (VI und 78 S.) Zürich 856, (Schulthess.) *

Bremicker, E., s. Bremiker, Karl

Bremig, Julius [aus d. Rheinprovinz]: Ueber Myositis ossificans nebst Mitteilg v. 3 Fällen solitärer Myositis ossificans aus d. Greifswalder chirurg. Klinik ... Greifswald, Druck v. J. Abel, 1897; 28 S. 8.
Greifswald, Med. Fak., Inaug.-Diss. v. 15. Apr. 1897

Bremiker, Karl

— Annuaire nautique ou éphémérides et tables complètes pour l'an 1852 pour déterminer la longitude, la latitude et le temps dans la navigation, à l'aide d'observations astronomiques avec une introduction facile où l'on expose les calculs nécessaires. Publié sous l'inspection des autorités supérieures. gr. 8. (XLVIII u. 216 S.) Ebd. 852. n. ½ ₰

Bremiker, Ch., Annuaire nautique ou éphémérides et tables complètes pour les années 1854—56 pour déterminer la longitude, la latitude et le temps dans la navigation, à l'aide d'observations astronomiques, avec une introduction facile où l'on expose les calculs nécessaires. Publié sous l'inspection des autorités supérieures. gr. 8. Berlin, Schropp und Comp. [1854. (XXX und 218 S.) 1855. (LVIII und 218 S.) 1856. (LV und 218 S.) 852—54. à * 15 Ngr.] *
L'an 1852. Le même 1851. * 15 Ngr.

Bremiker, C., Annuaire nautique ou éphémérides et tables complètes pour l'an 1857 et 1858 pour déterminer la longitude, la latitude et le temps dans la navigation à l'aide d'observations astronomiques, avec une introduction facile, où l'on expose les calcules nécessaires. Publié sous l'inspection des autorités supérieures. (6. et 7. Année.) gr. 8. Berlin, Schropp und Comp. [6. Année. (LV und 216 S.) 855., 7. (LV und 216 S.) 856. à Année * 15 Ngr.] Thlr. *

Bremiker, C., Annuaire nautique ou éphémérides et tables complètes pour l'an 1859—68. Par ordre du ministère royal du commerce, de l'industrie et des travaux publiques publié. (8—12. Années. à Année LV und 218 S.) Berlin 858—61, G. Reimer. à Année *

Bremiker, C., Annuaire nautique ou éphémérides et tables complètes pour l'an 1864. Par ordre du ministère royal du commerce, de l'industrie et des travaux publiques. gr. 8. Berlin 862, G. Reimer. *

—— die Berechnungen des Laufes und der Erscheinungen der Planeten so wie der Sonnen- und Mondfinsternisse in den Jahren 1858 bis 1868. Ein Anhang zu den früheren Ausgaben von Bode's Anleitung zur Kenntniß des gestirnten Himmels, so wie, zu allen andern Werken der populären Astronomie. gr. 8. (IV, und 50 S.) Berlin 858, Nicolai'sche Verlagsh. *

Bremiker, C. Die Berechnungen der Planeten und der Finsternisse in den Jahren 1858—68. Berlin 1859.

Bremiker, K., Ephemeride d. Cometen von Pons f. d. Monate Aug. 1838 bis Jan. 1839 berechnet. Mit e. Einleit. üb. d. angewandten Elemente v. J. F. Enke. M. 1 Karte. gr. 8. Berlin 838, Dümmler. *

Bremiker, C., logarithmisch-trigonometrisches Handbuch, s.: Vega, Geo. Frhr. v.

Bremiker, Karl, s.a. Jahrbuch. – Nautisches Jahrbuch.

Bremiker, Ch., nautisches Jahrbuch oder vollst. Ephemeriden und Tafeln für das Jahr 1852 zur Bestimmung der Länge, Breite und Zeit zur See, nach astronom. Beobachtungen nebst einer gemeinfassl. Anleitung, wie die erforderl. Rechnungen aufzustellen sind. Unter amtl. Aufsicht hrsg. gr. 8. (LIV und 216 S.) Berlin 850, (Schropp und Comp.) *

—— dass. — für das J. 1853 u. 1854 zur Bestimmung der Länge, Breite und Zeit zur See, nach astronom. Beobachtungen nebst einer gemeinfassl. Anleitung, wie die erforderl. Rechnungen anzustellen sind. Unter amtl. Aufsicht hrsg. gr. 8. Ebds. [1853. (XLV und 218 S.) 850., 1854. (XXX und 218 S.) 851. à * 15 Ngr.] *

— nautisches Jahrbuch oder vollständige Ephemeriden und Tafeln für das Jahr 1855—58 zur Bestimmung d. Länge, Breite und Zeit zur See, nach astronomischen Beobachtungen, nebst einer gemeinfasslichen Anleitung, wie die erforderlichen Rechnungen anzustellen sind. Unter amtlicher Aufsicht herausgegeben. (4—7. Jahrg.) Berlin 853—56. Schropp u. Co. in Comm. gr. 8. Jeder Jahrg. (à LVI, 218 S.) n. 15 ngr

— — für das Jahr 1859 u. 1860 etc. (8. u. 9. Jahrg.) Berlin 857, 58. G. Reimer. gr. 8. Jeder Jahrg. (à LVI, 218 S.) n. 15 ngr
Auch in einer französischen Ausg. u. d. Titel „Annuaire nautique" etc. zu gleichem Preise erschienen.

Bremiker, C., nautisches Jahrbuch oder vollständige Ephemeriden u. Tafeln für die Jahre 1861—66 zur Bestimmung der Länge, Breite und Zeit zur See, nach astronomischen Beobachtungen nebst einer gemeinfasslichen Anleitung, wie die erforderlichen Rechnungen anzustellen sind. (10—15. Jahrg.) Berlin 859—64. G. Reimer. gr. 8. Jeder Jahrg. (à LVI, 218 S.) n. 15 ngr
Auch in französ. Sprache u. d. T.: „Annuaire nautique" zu gleichem Preise.

Bremiker, C., nautisches Jahrbuch oder vollständige Ephemeriden u. Tafeln für das J. 1867—1872 zur Bestimmung der Länge, Breite u. Zeit zur See nach astronom. Beobachtungen nebst e. gemeinfasslichen Anleitung, wie die erforderlichen Rechnungen anzustellen sind. [16—21. Jahrg.] Berlin 865—70. G. Reimer. gr. 8. (à LVI, 218 S.) Jeder Jahrg. n. 15 ngr

—— nautisches Jahrbuch oder vollständige Ephemeriden und Tafeln für die J. 1871—1877 zur Bestimmung der Länge, Breite und Zeit zur See, nach astronom. Beobachtungen nebst einer gemeinfassl. Anleitung, wie die erforderl. Rechnungen anzustellen sind. Auf Veranlassung des königl. preuss. Ministeriums für Handel, Gewerbe und öffentl. Arbeiten hrsg. 20.—26. Jahrg. gr. 8. (à Jahrg. ca. XXXII—LVI und 220 S.) Berlin, G. Reimer. à Jahrg. *

Bremiker, C., nautisches Jahrbuch oder vollständ. Ephemeriden und Tafeln für die J. 1878 und 1879 zur Bestimmung der Länge, Breite und Zeit zur See, nach astronom. Beobachtungen. Auf Veranlassung des königl. preuss. Ministeriums für Handel, Gewerbe und öffentl. Arbeiten hrsg. gr. 8. (XXXII, 220; XXXII, 220 S.) Berlin 876, 77, G. Reimer. à Jahrg. *
Fortsetzung s. Jahrbuch, nautisches.

— Karte v. den Hauptstrassen im Deutschen Zollverein, auf Grund amtl. Mittheilgn. zusammengestellt. Gezeichnet u. gest. v. F. W. Kliewer. 4 color. Bl. in Imp. Fol. Ebd. 848. n. 3 ₰

Bremiker, E., Karte von den Hauptstrassen im Deutschen Zollverein, auf Grund amtlicher Mittheilungen zusammengestellt. Gez. u. gestochen von P. W. Kliewer, Berlin. Simon Schropp & Co., 1848. Roy.-Fol. 4 kolor. Bll. (3 ₰) . . . (Br. Mus.)

— 5stellige Logarithmentafeln, Ergänzg., s.: Rohr, M. v., die Logarithmen der Sinus u. Tangenten etc.

— Nachtrag zu Bode's Anleitung zur Kenntniß des gestirnten Himmels, s. Bode, J. E.

Bremiker: De temporis e stellarum observationibus definiendi ratione apud veteres usitatissima. 25 S.
Progr. Berlin Kl. 1856.

—— das Risiko bei Lebensversicherungen. gr. 8. (41 S.) Berlin 859, Nicolai'sche Verlagsh. *

Bremiker, C., Studien über höhere Geodäsie. gr. 8. (81 S.) Berlin 869, Weidmann'sche Buchh. *

— Logarithmorum VI decimalium nova tabula Berolinensis et numerorum vulgarium ab 1 usque ad 100,000 et functionum trigonometricarum ad decades minutorum secundorum. gr. 8. (607 S.) Berolini 852, Nicolai. 4 ₰

—— Tafel vierstelliger Logarithmen. gr. 8. (VIII, 60 S.) Berlin 874, Weidmann'sche Buchh. *

Bremiker, C., s. Tafel, logarithmitisch-trigonometrische.

Bremiker, C., Tafel der Proportionaltheile zum Gebrauche der logarithm. Rechnungen, mit besond. Berücksichtigung der Logarithmentafeln von Callet u. Vega. gr. 8. Berlin 843, Dümmler. 3/4 ₰

— Tafeln vierstelliger Logarithmen. 2. Aufl., besorgt v. A. Kallius. gr. 8. (64 S.) Berlin 893. Weidmann. n. — 60

— Tafeln vierstelliger Logarithmen. 3. Aufl. Besorgt v. A. Kallius. (64 S.) gr. 8. Berlin 907. Weidmann. — 60

—— logarithmisch-trigonometrische Tafeln mit fünf Decimalstellen. Ster.-Ausg. gr. 8. (XXXI, 159 S.) Berlin 869, Weidmann'sche Buchh. *

— logarithmisch-trigonometrische Tafeln m. fünf Decimalstellen. Ster.-Ausg. gr. 8. (XXXI, 159 S.) Berlin 872. Weidmann. n. 1. —

—— logarithmisch-trigonometrische Tafeln mit 5 Decimalstellen. 2. verb. Ster.-Aufl. gr. 8. (XXXI, 159 S.) Berlin 876, Weidmann'sche Buchh. *

— dasselbe. 3. Aufl. Billige Ausg. 11 Lfgn. gr. 8. (VIII, 389 S.) Ebend. 880. à n. — 60 (cplt.: geb. n. 8. 50)

Bremiker's, C., logarithmisch-trigonometrische Tafeln mit 5 Decimalstellen, besorgt von A. Kallius. 3. Ster.-Aufl. (XII, 180 S.) 1880; 4. Ster.-Aufl. gr. 8. (184 S.) Berlin 883. Weidmann'sche Buchh. * 1 20

Bremiker's, C., logarithmisch-trigonometrische Tafeln mit 5 Decimalstellen. 5. Ster.-Aufl., besorgt von A. Kallius. gr. 8. (184 S.) Berlin 887, Weidmann'sche Buchh. geb. *

Bremiker's, C., logarithmisch-trigonometrische Tafeln mit 5 Decimalstellen. 6. Ster.-Aufl., besorgt v. A. Kallius. gr. 8. (184 S.) Berl. 892, Weidmann. geb. in Leinw. * 1 50

— logarithmisch-trigonometrische Tafeln m. 5 Decimalstellen. 7. Ster.-Aufl., besorgt v. A. Kallius. gr. 8. (184 S.) Ebd. 894. Geb. in Leinw. n. 1. 50

— logarithmisch-trigonometrische Tafeln m. fünf Decimalstellen. 8. Ster.-Aufl. Besorgt v. A. Kallius. gr. 8. (192 S.) Berlin 899. Weidmann. Geb. in Leinw. n. 1. 50

— Logarithmisch-trigonometr. Taf. m. 5 Decimalstellen. 9. Afl. v. A Kallius. (192) 8° Berl., Weidmann '08. Geb. 1.50
Ergänzg s. u. d. T.: Rohr, M v., d. Logarithmen d. Sinus u. Tangenten etc.

— Logarithmisch-trigonometrische Tafeln m. fünf Decimalstellen. 9. u. 10. Ster.-Aufl. Besorgt v. A. Kallius. (à 192 S.) gr. 8. Berlin 903. 906. Weidmann. Geb. n. 1.50

— Logarithmisch-trigonometrische Tafeln m. fünf Decimalstellen. 11. Ster.-Aufl. Besorgt v. A. Kallius. (192 S.) gr. 8. Ebd. 909. Geb. 1.50

—— logarithmisch-trigonometrische Tafeln mit sechs Decimalstellen. Mit besond. Berücksicht. für den Schulgebrauch bearb. gr. 8. (XXIV und 549 S.) Berlin 860, Nicolai'sche Verlagsh.

—— logarithmisch-trigonometrische Tafeln mit sechs Decimalstellen. Mit besond. Rücksicht für den Schulgebrauch bearb. Neue verb. und verm. Ster.-Ausg. 3 Lfgn. gr. 8. Berlin, Nicolai's Verlag. à Lfg. *ℳ 1,25. (*ℳ 3,75.)

Inhalt:

Lfg. 1. Die Logarithmen der Zahlen von 1—100,000. 1. Aufl. (S. 1—186.) 1868, und 2. und 3. durchgeseh. und verb. Ster.-Aufl. (XXIV, 192 S.) 871,73.

» 2. Die Logarithmen der trigonometrischen Functionen enth. (S. 187—336.) 868.

» 3. dass. — (Schluss.) — Die Additions- und Subtractions-Logarithmen etc. enth. (XXIV, S. 337—542.) 869.

Bremiker, Dr. C., Logarithmisch-trigonometr. Tafeln mit 6 Dezimalstellen. 2., durchges. u. verbess. Stereotypausgabe. Berlin 1871. 8°.

Bremiker, C., Logarithmisch-trigonometrische Tafeln mit 6 Dezimalstellen. Berlin 1873. 8°.

—— logarithmisch-trigonometrische Tafeln mit 6 Decimalstellen. Mit Rücksicht auf den Schulgebrauch bearb. 4. durchgeseh. und verb. Ster.-Ausg. gr. 8. (XXIV, 542 S.) Berlin 876, Nicolai'sche Verlagsh.

—— dass. — Poln. Ausg. gr. 8. (XXX, 519 S.) Ebendas. 880. * 4 —

—— logarithmisch-trigonometrische Tafeln mit 6 Decimalstellen. Mit besond. Rücksicht auf den Schulgebrauch bearbeitet. 5.—9. Ster.-Ausg. (XXIV, 542 S.) 1876—82; 10. Ster.-Ausg. gr. 8. (XVIII, 598 S.) Berlin 883, Nicolai'sche Verlagsh. 4 20

— Dasselbe Werk, neu bearbeitet von Dr. Th. Albrecht. 2. Ausgabe. Berlin 1883.

— dasselbe mit sechs Decimalstellen. Neu bearb. v. Th. Albrecht. 10. Ster.-Ausg. gr. 8. (XVIII, 598 S.) Berlin 883. Nicolai's Verl. 4. 20

— dasselbe m. 6 Decimalstellen. Neu bearb. v. Th. Albrecht. 11. Ster.-Ausg. gr. 8. (XVIII, 598 S.) Berlin 890. Nicolai's Verl. 4. 20; geb. 5. —

Bremiker's logarithmisch-trigonometr. Tafeln m. 6 Decimalstellen. Neu bearb. von Th. Albrecht. 12. Ster.-Ausg. gr. 8. (XVIII, 598 S.) Berlin 895. Nicolai's Verl. 4. 20; geb. n. 5. —

— dasselbe m. 6 Decimalstellen. Neu bearb. v. Th. Albrecht. 13. Ster.-Ausg. gr. 8. (XVIII, 598 S.) Berlin 900. Nicolai's Verl. 4. 20; geb. n. 5. —

— dasselbe m. sechs Dezimalstellen. Neu bearb. v. Th. Albrecht. 15. Ster.-Ausg. (XVIII, 598 S.) gr. 8. Berlin (909). Nicolai's Verl. 4.20; geb. 5. —

Bremiker, Carolus: *De telescopiis melius construendis. P. 1. distantiarum focalium formulas continens. 43 S. 8° (4°)

Halle-Wittenberg, Phil. Diss. v. 9. Jan. 1839

Geb. [Hagen (Westf.) 23. 2. 1804]

B. hatte als die Inaug.-Schrift vertretend zuerst seine Druckschrift eingereicht: Ephemeride des Cometen von Pons für die Monate August 1838 bis Januar 1839 berechnet; mit e. Einl. über die angewandten Elemente von I. F. Encke. Berlin: Dümmler in Komm. 1838. 41 S., 1 Karte. 8°
Des Verf. von der Majorität beschlossene Ehrenpromotion (d. h. kostenfreie Promotion, ohne Examen, mit Hervorhebung des die Auszeichnung veranlassenden wissenschaftlichen Verdienstes auf dem Diplom, welches Verdienst sich hier auf Berechnung der Ephemeriden des vom Aug. 1838 bis Jan. 1839 am Himmel erscheinenden Enckischen Kometen bezog) verwandelte sich in eine kostenfreie Promotion mit (obwohl bloß, weil es entschieden überflüssig war, formellem) Examen, das am 9. Jan. 1839 angestellt wurde (Alb. prom.), und mit Vorlegung einer Diss.

—— Theorie des Amsler'schen Polarplanimeters. Lex.-8. (32 S. mit eingedr. Holzschn.) Berlin 863, v. Decker'sche geheime Ober-Hofbuchdruckerei. *

—— s. Vega's, Geo. Frhr. v., logarithmisch-trigonometrisches Handbuch.

—— Verzeichniss der v. Bradley, Piazzi etc. beobachteten Sterne, s. Sternkarten.

Bremiker, H(ermann), Dr.: Sur la transformation des courbes algébriques en général et sur celle des courbes du troisième ordre en particulier (d'après des cours de M. Weierstrass et de M. Bruns). *Berlin 1899: A. Haack.* (19 S.) 4° Berlin, Collège Royal Français, P 1899 (52)

Bremiker, Hermann: Zur Vergleichung der Schopenhauer'schen mit der Kantischen Erkenntnisstheorie. Halle a. S. 1884: (Schöneberger Wochenblatt in Berlin). 40 S. 8°

Halle-Wittenberg, Phil. Diss. v. [3. Okt.] 1884

Geb. Templin (Uckermark) 17. 4. 1857. V.

Bremme, Gust. (geb. Unna Okt. 1836): De paralysi centrali syphilidem secuta casus singularis descriptione illustrata. Berolini (1859). (31 S.) 8°

Berlin, Med. Diss. v. 23. Juli 1859

Bremme, Karl [pr. Arzt aus Soest in Westf.]: Die Influenza-Epidemie 1891/92 zsgest. nach d. Journalen d. kgl. n. med. Klinik ... München, *Druck d. Verl.-Anst. vorm. G. J. Manz.* 1892; 15 S. 8.

München, Med. Fak., Inaug.-Diss. v. 1892

Bremme, W., der Hymnus Jesu dulcis memoria in seinen lateinischen Handschriften u. Nachahmungen, sowie deutschen Übersetzungen. gr. 8. (XVI, 432 S.) Mainz 899. F. Kirchheim. n. 5. —

Bremme, W[alther], approb. Arzt aus Dresden: Eklampsie bei mehrfachen Geburten. *Leipzig 1903: B. Georgi.* (44 S.) 8° Leipzig, Med. Diss. v. (16. März) 1903

Bremme, *Wilhelm* Die Strauch- und Blattflechten von Hessen, besonders von Rheinhessen. Ein Beitrag zur Flechtenflora von Hessen. 8 (52 S.). Rsch. *Oppenheim* 1886 Progr.

Bremme, die Strauch- und Blattflechten von Hessen, besonders von Rheinhessen. Ein Beitrag zur Flechtenflora von Hessen. gr. 8. (52 S.) Oppenheim 886. (Leipzig, Fock.) *

Bremmenkamp, Heinrich [pr. Arzt aus Bochum]: Ueber einen Fall von amniotischen Schlingen an den Extremitäten beim Foetus. . . . Marburg, Univ.-Buchdr. v. Joh. Aug. Koch, 1889; 16 S. + 1 Bl. u. 1 Taf. 8°

Marburg, Med. Fak., Inaug.-Diss. v. [12. März] 1889

Bremmer, J. Alexander, aus Petersburg, De causis pulsum arteriarum venarumque inducentibus. Diss. Dorpat. 16°. 76 pp. 1831

Bremmer, Alexander, aus S. Petersburg, Wie entsteht der Pulsschlag und welche Veränderungen erleidet die Arterie dabei? Preisschrift. Dorpat 1829.

[Bremond, Gabr. de.] Der doppelte Hanrey. Aus dem Französischen übersetzt von Molsdorff. O. O. und Dr. [Hannover, Helning] 1750. 8°. 134 S. Beschäd. OBr.
H.-G. III, 10/11.

Hahnrey, Der doppelte (aus d. Französ. des *Gabriel de Brémond*). Franckf. 1687. 12°.
Orig. (in Berlin u. Wolfenb.): Le double-cocu. Histoire du Temps. Par le Sr. *S.* (sic!) *Bremond*. Imprimé à Paris, Pours (!) Mrs. Jaq. Magnes & Rich. Bentley (Holl., à la sphère), 1678. pet. in-8°. — Imprimé à Paris, au couvent Jardin. 1678. 12°. — Réimpression textuelle de l'éd. de 1679 (sic!), avec notice bibliogr. Turin, chez J. Gay et fils, 1870. 16°. VI, 83 pp. (108 expll.) (8 Mk. Scheible, 1880.)
— — — — Dasselbe. Ibid. 1688. 12°.
— — Dasselbe. Aus d. Französ. übers. von Molsdorff. O. O. (Hannov., Helwing) 1750. 8°. 8½ Bogen. (3 Mk. 80 Pfg. Th. Ackermann, München, 1885.)
Alle 3 Ausgaben sehr rar!

Brems, Selbstregulierender. [Zürich 1889.] V: *Fliegner, Albert.* (Cat. d. Stadtbibl. Zürich. Zürich 1864—97.)

Bremscheid, s. Matthias v. Bremscheid.

Bremscheid, Matthias v.: Der christliche Arbeiter. Seine Würde, Bedeutung u. Pflicht. 16. (83 S.) Mainz 892, Kirchheim. cart. * — 40

Bremscheidt, Mathias v., die sociale Bedeutung der katholischen Kirche. 8. (VII, 135 S.) Mainz 886. Kirchheim. 1. 20

— die christliche Familie. Worte der Unterweisg. u. Ermahng. f. das christl. Volk. 16. (VI, 246 S.) Ebend. 885. 1. 50

Bremscheid, M. v., die christliche Familie. Worte der Unterweisg. u. Ermahng. f. das christliche Volk. 2. Aufl. 16. (VIII, 248 S.) Mainz 889. Kirchheim. cart. 1. 50

— die christliche Familie. Worte der Unterweisung u. Ermahng. f. d. christl. Volk. 3. Aufl. 12. (VIII, 232 S.) Ebd. 894. Geb. in Leinw. n. 1. 80

— die christliche Jungfrau in ihrem Tugendschmucke. 1. u. 2. Aufl. 16. (III, 103 S.) Ebd. 891. 892. Geb. in Leinw. n. — 80

—— der christliche Mann in seinem Glauben und Leben. 12. (VII, 240 S.) Ebendas. 887.

Bremscheid, Matthias v., der christliche Mann in seinem Glauben u. Leben. 2. Aufl. 12. (VII, 240 S.) Mainz 894. F. Kirchheim. Geb. in Leinw. n. 1. 80

Bremscheid, Matthias v.: Die wichtige Stellung der christlichen Frauen. — Dülmen b. Münster i. W.: Laumann 1889. 92 S. 8°

Bremscheidt, s. Bremscheid

Bremse, der Fuchs. Aus den hinterlassenen Papieren Buchert des Biebers. gr. 8. (1 B.) Neubrandenburg 840, Brünslow. *

Bremsen, die. Red. u. hrsg. von Ph. Bruckner. 1. Jahrg. 1847. Juni—Decbr. 6 Nrn. Lex. 8. (à 1½ B.) Aachen, B. Boisserée's Buchh. n. 1⅙ ₰ Mit Beiblatt: das Bremsennest. 6 Nrn. gr. 8. (Bog.) Ebd. n. 1¾ ₰ — 2. Jahrg. 1848. 12 Nrn. Lex. 8. (à 1½ B.) Ebd. n. 2 ₰ Mit Beiblatt: Das Bremsennest. 12 Nrn. gr. 8. (B.) Ebd. n. 3 ₰

Bremsen, Die, für Eisenbahn-Fahrzeuge. Wien 1891. V: *Kienesperger, Frdr.* (EB)

Bremsen, die, für Eisenbahn-Fahrzeuge (v. Kienesperger). Lex.-8. (48 S. m. 80 Holzschn. u. 2 Taf.) Wien 891, Gerold's Sohn. * 2 —
Aus: Encyklopädie des gesamten Eisenbahnwesens, besonders abgedruckt.

Bremsen los! Brennende Fragen unserer Staatseisenbahnverwaltg. (Von P. Mohr.) (58 S.) gr. 8. Berlin (-Wilmersdorf, Brandenburgerstr. 100) (908). Selbstverlag. 1. —

Bremser, Johann Gottfried

— Anweis., wie man sich bei schlechter u. der Gesundheit nachtheil. Witterung gegen Krankheiten verwahren kann. 8. Wien 807.

Bremser, Johann Gottfried: De calce antimonii Hoffmanni cum sulfure. Ienae 1796: Fiedler. 22 S. 8°
Jena, Med. Diss. v. 30. März 1796

Bremser, J. Gf., Icones Helminthum systema Rudolphi entomolog. illustrantes. III Fasc. Fol. maj. Wien 824. (Schaumburg et C.) 14 ₰ 16 ℊ

Bremser, Johann Gottfried: Icones Helminthum systema Rudolphii entozoologicum illustrantes. 12 S., gbd., 18 Taf.

Wien: typ.Strauss 1824

JB 4.195

Bremser J. G.: Über die Kuhpocken. Wien 1801. 68 S. P.

— über die Kuhpocken. 8. Wien 801. Schaumburg u. C. 6 ℊ

Bremser, J. G., üb. d. Kuhpocken. 8. Wien, Kupfer u. W. auch Schaumburg. 806.

— die Kuhpocken als Staatsangelegenheit betrachtet. 8. Wien 806. Wimmer. 6 ℊ

Bremser, J(ohann) G(ottfried): Medizinische Parömien, oder Erklärung medizinisch-diätetischer Sprüchwörter nebst der Nutzanwendung. Ein Nachtrag zum Gesundheits-Taschenbuche. 308 S., gbd.

Wien: Schaumburg 1806

JB 2.957

— ein paar Worte über Scharlachkrankheiten u. d. Masern ꝛc. 8. Wien 806. Schaumburg u. C. 4 ℊ

Bremser, (Johann Gottfried): Über lebende Würmer im lebenden Menschen. Ein Buch für ausübende Aerzte. Nebst einem Anhange über Pseudo-Helminthen. 284 S., gbd., Abb.

Wien: Schaumburg 1819

JB 4.799

Bremserin, s. Gisella.

Brenci, G., Majolika-Fliesen aus Siena 1500—1550 nach Orig.-Zeichnungen von G. B., Text von Jul. Lessing. 30 (photolithogr.) Taf. Fol. (1 Bl. Text.) Berlin 884, Wasmuth. cart. * 20 —

Brenck, Johann Wolfgang, s. Brenk, Johann Wolfgang

Brenckenhoff, Leopold Schönberg von, s. Abhandlung über die Einrichung leichter Truppen.

— s. Balme, Grundsätze.

— s. Ligne, K. de

v. Brenkenhoff, Lpld., († d. 5. Oct. 1799.) Paradoxa; größtentheils militär. Inhalts. 8. Berl. 780. 2e A. 793. Voß. 6 ℊ

Brenckenhoff, L. S. v. Paradoxa, größtenteils militairischen Inhalts. 2. Aufl. o. O. 1783. 96 S.

Brenkenhof, Lp. v., Paradoxa, größtenth. militär. Inhalts. 2 Thle. 8. Berl. Voß. (Gräff.) 784. 89.

— Paradoxa; nicht militär., sondern die Pseudo-Aufklärung betreff. Inhalts. 2 Bdchn. gr. 8. o. O. 780. (Wienbrack in Lpz.)

[Schreiben] An die Brüder der Loge Royal York zur Freundschaft vom Bruder von Brenckenhoff. Berlin 1797. 8 S. 8°. [Umschlagtit.]
Sehr selten. — Über die Eigenschaften des Suchenden.

[Worte.] An die Brüder der Loge Royal York zur Freundschaft vom Br. [Leop. Schönberg] v. Brenckenhoff. Berlin 1797. 8 S. 8° [Umschlagtit.]
Abgedr. in: Jahrbücher d. Gr. L. Royale York. 1798—1799 S. 191—199.
Kl. 1120 b. Ermahnung, auf den Stand der Personen, die in den Frmrbund zu treten wünschen, keine Rücksicht zu nehmen u. alle Geheimtuerei zu lassen.

Brencmann, Henr.: Diatr. de Eurematicis s. in Her. Modestini lib. sing. περὶ εὑρηματικῶν Comment. (L. B. 706.) 711. 8.

Brenda. Für niemand etwas! Eine Erzählung für jedermann. Aus dem Englischen übersetzt von *M. G.* Kl. in-8°. 123 S. Basel, Jäger & Kober. 1898 Brosch. — 85; gebd. 1 75

Brendel, Börsengesetz, siehe Guttentag's Smlg.

Brendel, der Offizier als Verteidiger im Militärstrafverfahren. Eine kurze Anleitg. f. den Gebrauch in der Praxis. (VIII, 46 S.) kl. 8. Oldenburg 908. G. Stalling's Verl. 1.25

Brendel, Adam: De b a l n e i s veterum valetudinis caussa adhibitis. [Resp.:] Christianus Meusel. Vitebergae 1712: Meyer. 32 S. 8°
Wittenberg, Med. Disp. v. 22. März 1712

Brendel, Adam., resp. M. A. **Pohle**, De curatione morborum per carmina et cantus musicos. 28 l. Vitemb. 4°. 1706

Brendel, Adam, Diversitatem ingeniorum a diversa cerebri fabrica et liquoris nervei varia indole proficisci. Witeb. 4°. 1707

Adam Brendel *περὶ τὴν ἐγκοίμησιν.* Viteb. 1701. 4. — Ejusd. *περὶ τῶν φαρμακῶν ἐν τοῖς ἱεροῖσιν ἐγκοιμήσεις παρὰ θεῶν αἰτημενῶν.* Viteb. 1701. 4. (De incubatione in fanis Aesculapii; cfr. F. Aug. Wolf *Beitrag zur Geschichte des Somnambulismus aus dem Alterthum* in Ejusd. Miscellan. maxim. partem literaria Hal. 1802. 8. p. 382—430)

Adam Brendel de febre querquera ex antiquitate eruta. Viteb. 1716. 4.

Adam Brendel (resp. J. Gfr. Oertel) diss. de Homero medico. Viteb. 1700. 4.

—— De plantis flore perfecto simplici regulari tetrapetalo. Wittenbergae 1718. 4.

— — **Ad oration. solemn. primordi capiundi caussa habend. quanta potest observantiae et human. sign. inv. Wittbg. (Ch. Gerdes) Jan. 1714. 4 Bl. (1.50)** 3965

Brendel, *Adam*, Professor in Wittenberg. † Wittenberg 1719.
—— De Borella. D. Wittenbergae 1716. 4. 40 p.

Brendel, Adam, Nobil. artis salutaris, . . ad recit. publ. de visu . . invit. Wittbg. (Fincel) 1702. 6 Bl. (3.—) 3964

Brendel, Alb., Herrn Grafs Reisebriefe und Tagebücher. 5 Hefte. 8. München, Braun und Schneider. à Heft * *M* 1. *
Inhalt:
Heft 1. Rheinreise. 1. und 2. Aufl. (102 S. mit eingedr. Holzschn.) 875.
" 2. London. Berlin. (120 S. mit eingedr. Holzschn.) 875.
" 3. Hamburg und Helgoland. Wien [I.]. (120 S. mit eingedr. Holzschn.) 875.
" 4. München. Leipzig [I.]. (128 S.) 876.
" 5. Prag. Wien. Leipzig [II.]. (109 S.) 876.

[Umschlagt.:] Anleitung zur Erlernung einer leicht verständlichen deutschen Normal-Schnellschrift '(sog. Stenographie)' v. Berthold Brendel . . . *Breslau: Selbstv. 1895.* (12 S.) 1 Bd 8. [Text lithogr.] [94. 7459

Brendel, Bruno, die meteorolog. Elemente der Ostsee-Insel Poel, s. a. **Beiträge zur Statistik Mecklenburgs.** XV, 1.

Brendel, Bruno, Diplom-Ingenieur, Dessau: Die meteorologischen Elemente der Ostsee-Insel Poel auf Grund 25 jähriger Beobachtungen. Ein Beitrag zur Klimatologie von Mecklenburg. Schwerin 1906: Bärensprung. (56 S.) 4°
Rostock, Phil. Fak., Ref. Kümmell, Diss. v. 13. Juli 1906
[Geb. 6. Okt. 79 Laband, Schl.; Wohnort: Rostock; Staatsangeh.: Preußen; Vorbildung: Gymn. Gleiwitz Prima-Reife O. 98; Studium: T.H. Berlin 13, Univ. Rostock 3 S.; Rig. 11. Juli 06.]

Brendel, C. A., kleine Menschen in der großen Stadt. Bilder v. B. (Hrsg. v. d. literar. Vereinigg. d. Berliner Lehrer-Vereins.) (15 farb. Bl.) gr. 8. Berlin-Schöneberg (910). Buchverlag der „Hilfe". geb. 2. 50
Leporello-Ausg. 3. 50

Brendel, C. E., biblisches Spruchregister, od. Handb. z. Erleichterung des Auffindens der bibl. Sprüche; bearb. für christl. Prediger u. Lehrer. gr. 8. Halberst. u. Leipz. 831. Brüggemann. 10 *gr*

Brendel, C. E., biblisches Spruch-Register, od. Handbuch z. Erleichter. d. Auffindens d. bibl. Sprüche. Bearb. f. christl. Prediger u. Lehrer. gr. 8. (5¼ B.) Halberstadt 831. [Leipzig, Weinedel.]

Brendel, C. E., biblisches Spruch-Register oder Handbuch zur Erleichterung des Auffindens der biblischen Sprüche. Bearb. für Prediger und Lehrer. 2. verm. Aufl. Leipzig 858. Haynel. gr. 8. (1 Bl., 88 S.) n. 12 *ngr*

Brendel, C. E., biblisches Spruch-Register oder Handbuch zur Erleichterung des Auffindens der biblischen Sprüche. Bearbeitet für Prediger und Lehrer. 2., verm. Aufl. gr. 8. (88 S.) Leipzig 858, [Purfürst.] *

Brendel, Chr. Fr., s. d'Aubuisson, Handbuch.

Brendel, D. F., der verlorene Sohn. In vier Betrachtungen, nach Lukas 15. Kap. 11—32 dargestellt. 8. (148 S. mit 4 Holzschnt.) Philadelphia 861, (Schäfer und Koradi.) geb. *

Brendel, E. C., s. B r e n d e l, Karl

Brendel, F. F., s. B r e n d e l, F. H.

Brendel, F. H.

Englisch. Die engl. Umgangs- u. Geschäftssprache schnell schreiben, lesen u. sprechen zu lernen. 15 Unterrichtsbriefe von F. H. Brendel. 6. verm. u. verb. Aufl. *Berlin: Neufeld & Henius [1903].* (253 S.) 8° [F.]
(Neufelds Unterrichtsbriefe f. d. Selbststudium.) 04. 6306

Brendel, FH: Englisch, 10. Afl. v. Glanz, s: Neufeld's Unterr.-Briefe f. d. Selbststudium.

Brendel, F. H. Englisch-Schnell! od. die engl. Umgangs-[Geschäfts-] Sprache, in 15 Briefen bearb. für das Selbststudium. 2. Aufl. Lex.-8. (248 S.) Tharandt b. Dresd. 890. (Lpz., Blüher). * 7 50; geb. * 8 50

Brendel, F. H., Englisch-Schnell! od. d. engl. Umgangs-(Geschäfts-)Sprache in 15 Briefen, bearb. f. das Selbststudium. 3. Aufl. gr. 8. (248 S.) Berlin 898. B. Mattheus. 7. 50; geb. n. 8. 50

Brendel, F. H., Englisch-Schnell! Die engl. Umgangs- u. Geschäftssprache in kurzer Zeit schreiben, lesen u. sprechen zu lernen. 15 Unterrichtsbriefe. 4. Aufl. gr. 8. (253 S.) Berlin (899). Neufeld & Henius. 7. 50

Brendel, F. H., der Gastronom. Verzeichniss aller im Hotel- und Restaurationswesen vorkommenden Speisen und Gerichte nach ihrer Benennung in deutscher, französ. und engl. Sprache. Verfasst nach langjähr. Erfahrungen in der Hotel- und Restaurations-Industrie des In- und Auslandes. 8. (III, 68 S.) Zürich 878, Orell, Füssli und Comp. *

Brendel, F. F. Der Gastronom. Verzeichniss aller im Hotel- und Restaurationswesen vorkommenden Speisen und Gerichten nach ihrer Benennung in deutscher, französischer und englischer Sprache. In-8°. Zürich, Orell F. & Cie. 1 80
1879

Brendel, F. H., Le gastronome. Der Gastronom. The gastronomer. Handbuch für alle im Hôtel- und Restaurationswesen vorkommenden Speisen und Gerichte nach ihrer Benennung in deutscher, französ. und engl. Sprache. Verf. nach langjähr. Erfahrungen in der Hôtel- und Restaurations-Industrie des In- und Auslandes. 3. unveränd. Aufl. 8. (64 S.) Tharandt 884. (Leipzig, Blüher.)

Brendel H. der Gastronom. Terminologie der Speisen nebst Getränkekunde in deutscher, französischer, englischer u italienischer Sprache. 4. A. Freiberg (1894)

Brendel, Herm. Le gastronome. — Der Gastronom. — The Gastronomer. — Il gastronomo. Terminologie aller im Hôtel- u. Restaurationswesen u. der Herrschaftsküche vorkomm. Speisen u. Gerichte, nebst Getränkekunde in deutscher, französ., engl. u. italien. Sprache in 36 Abteilgn. m. üb. 8450 Benenngn. etc. 5. Aufl. gr. 8. (VIII, 192 S. m. Bildnis.) Freiberg i. S. 892. (Dresd., Albanus.) * 3 60; geb. * 4 60

Brendel, Herm., der Gastronom. — Le gastronome. — The gastronomer. — Il gostronomo. Terminologie aller im Hôtel- u. Restaurationswesen u. der Herrschaftsküche vorkomm. Speisen u. Gerichte nebst Getränkekunde in deutscher, französ., engl. u. italien. Sprache, in 36 Abtlgn. m. üb. 8450 Benenngn. Menukunde. 1095 Muster-Menus. 3 Menus f. jeden Tag im Jahre in deutscher u. französ. Sprache von 4—7 Gängen. 100 Muster-Menus f. Dejeuners, Diners, Soupers, Hochzeiten, Bälle etc. von 3—300 Mark per Kuvert. Über die Mahlzeiten, das Servieren, Tischdecken, Serviettenbrechen, Tranchieren, Garnieren u. Anrichten m. 90 Illustr. deutsch-französisch-englischer Dolmetscher. 9. verb. u. verm. Aufl. (VI, 191, 96 u. 23 S.) gr. 8. Dresden (904). F. H. Brendel. n. 4. 20; geb. n. 5. 20

Brendel, F. H., brieflicher Sprach-Unterricht für das Selbststudium der englischen Umgangssprache. 15 Briefe. 8. (248 S.) Leipzig 881, Blüher. à Brief * 50 Pf. *M 7,50.; geb. * 8 50

Brendel, F. H., u. G. Glanz, englische Unterrichtsbriefe, s. a. Neufeld's Unterrichtsbriefe f. das Selbststudium.

Englische Unterrichtsbriefe für das Selbststudium. Englisch-Schnell! Die engl. Umgangs- u. Geschäftssprache in kurzer Zeit schreiben, lesen u. sprechen zu lernen. 15 Unterrichtsbriefe v. F. H. Brendel. 4. Aufl. *Berlin: Neufeld & Henius [1899].* (253 S.) 4° [F.] 199. 8971

Brendel, Fr. W.

Brendel, FW, Erzählgn a. d. Leben d. Thiere. I. Die Säugethiere. 2. Afl. 8. (350) Glog. 54, Flemming. 1. 7½

Brendel, Fr. W., Erzählungen aus dem Leben der Thiere. gr. 8. (VII und 447 S. mit 16 Stnt. in Tondr.) Glogau 860, Flemming.

—— Ein Buch zur Unterhaltung u. Belehrung für Jung u. Alt. I. Die Säugethiere. 2. verb. u. stark verm. Aufl. Mit 8 (lith.) Bildern von Ernst Hasse. Ebend. 864. gr. 8. (IV, 350 S.) 1 Thlr 7½ ngr.

Brendel, Fr. W., Erzählungen aus dem Leben der Thiere. Ein Buch zur Unterhaltung u. Belehrung für Jung u. Alt. 2. Bd. 2. verb. u. stark verm. Aufl. Mit 8 (lith.) Bildern von Ernst Hasse. Glogau 866. Flemming. gr. 8. (VIII, 438 S.) 1 Thlr 7½ ngr.

Brendel, Fr. W., Erzählungen aus dem Leben der Thiere. Ein Buch zur Unterhaltg. u. Belehrg. f. Jung u. Alt. 1. u. 2. Bd. 3. Aufl. Mit 8 (chromolith.) Bildern v. Ernst Hasse. gr. 8. (IV, 350 u. VIII, 438 S.) Glogau 870. 72. Flemming. geb. à 4. —

Brendel, Fr. W., Erzählungen aus dem Leben der Thiere. Ein Buch zur Unterhaltung und Belehrung für Jung und Alt. 1. Bd.: Die Säugethiere. 4. Aufl. Mit 8 (chromolithogr.) Bildern von Ernst Hasse. gr. 8. (IV, 349 S.) Glogau 878, Flemming. geb.

2. Bd. Ebendas. 1872. geb. M 4.

Brendel, Fr. W. *Erzählungen aus dem Leben der Tiere.* I. [II.] Band. Fünfte [Vierte] Auflage. Glogau, C. Flemming [c. 1880]. 1 Bl. IV, 350 S. 1 Bl. — VIII, 420 S. und zusammen 16 farb. Tafeln. 8°. Orhlwd. 14.—
Reizende Tierbeschreibungen, 1. Säugetiere, 2. Vögel; mit hübschen Illustr. von Ernst Hasse.

Brendel's, Fr W, Erzählungen aus dem Leben der Tiere. Ein Buch zur Unterhaltg. u. Belehrg. f. jung u. alt. Durchgesehen v. A. Hummel. 2 Bde. 5., resp. 4. Aufl. Mit je 8 (chromolith.) Bildern v. Ernst Hasse. gr. 8. (IV, 351 u. VIII, 420 S.) Glogau 884. Flemming. geb. à 4. —

Brendel, Fr. W. Erzählungen aus dem Leben der Tiere. Ein Buch zur Unterhaltung u. Belehrung für Jung u. Alt. Durchgesehen von A. Hummel. 2 Bde. m. je 8 Bildern in Farbendr. v. Ernst Hasse. gr. 8. Glogau 890, Flemming. [1. 6. Aufl. (V, 374 S.) — 2. 5. Aufl. (453 S.)] geb. à Bd. 4 —; 8 —

Brendel, Fr. W., Klänge meiner Heimath. Gedichte in schlesischer Gebirgsmundart. 8. (IV und 104 S.) Freyburg 852, Hankel.

Brendel, Fr. W., Kobolde. Gedichte in schlesischer Gebirgsmundart. 8. (VI und 66 S.) Glogau 852, Flemming's Verlag. Thlr.

—— Liederschatz für jüngere Kinder. 8. (X und 134 S.) Langensalza 854, Schulbuchhandlung des Thüringer Lehrer-Vereins.

—— Melodieen zu Obigem. 8. (23 lithogr. S.) Langensalza 854, Schulbuchhandlung des Thüringer Lehrer-Vereins.

Brendel, Frz. (Hrsg.), s. Anregungen für Kunst, Leben und Wissenschaft.

Brendel, Frz., krit. Anzeiger f. Musik, s. Anzeiger.

Brendel, Frz., Geist und Technik im Clavier-Unterricht. Andeutungen zur method. Gestaltung desselben unter techn., pädagog. und künstler. Gesichtspunkten. Für Lehrer und Lernende, Eltern und Erzieher. 8. (V und 152 S.) Leipzig 867, Siegel.

Brendel, Franz, Geschichte der Musik in Italien, Deutschland und Frankreich. Von den ersten christl. Zeiten bis auf die Gegenwart. 22 Vorlesungen gehalten zu Leipzig im J. 1850. gr. 8. (X und 546 S.) Leipzig 851(52,) Hinze. *

Brendel, Frz., Geschichte der Musik in Italien, Deutschland und Frankreich. Von den ersten christl. Zeiten bis auf die Gegenwart. 25 Vorlesungen gehalten zu Leipzig. 2., umgearb. und verm. Aufl. 1. Bd. 2 Lfgn. gr. 8. (XVI und 307 S.) Leipzig 855, Matthes. à Lfg. * 20 Ngr. *

—— dass. — 2. Bd. 1. und 2. Lfg. gr. 8. (VIII und S. 1—343.) Ebds. 855. *

Brendel, Frz., Geschichte der Musik in Italien, Deutschland und Frankreich. Von den ersten christlichen Zeiten bis auf die Gegenwart. 25 Vorlesungen, gehalten zu Leipzig. 3., zum Theil umgearb. und verm. Aufl. Lex.-8. (XX und 644 S.) Leipzig 860, Matthes. *

—— Geschichte der Musik in Italien, Deutschland und Frankreich. Von den ersten christl. Zeiten bis auf die Gegenwart. 25 Vorlesungen gehalten zu Leipzig. 4., neu durchgeseh. und verm. Aufl. gr. 8. (XXVI und 687 S.) Leipzig 867, Matthes. * 3 Thlr. 10 Ngr.; geb. *

— Geschichte der Musik in Italien, Deutschland u. Frankreich. Von den ersten christl. Zeiten bis auf die Gegenwart. 25 Vorlesungen gehalten zu Leipzig. 4. neu durchgesch. u. verm. Aufl. Leipzig 868. Matthes. gr. 8. (XXVI, 687 S.) n. 3 Thlr 10 ngr; geb. n. 4 Thlr

Brendel, Frz., Geschichte der Musik in Italien, Deutschland und Frankreich. Von den ersten christl. Zeiten bis auf die Gegenwart. 25 Vorlesungen. 5. neu durchgeseh. und verm. Aufl. In 10 Lfgn. gr. 8. (XXVIII, 622 S.) Leipzig 874, Matthes. à Lfg. *M 1. * geb. *

Brendel, F., Geschichte der Musik in Italien, Deutschland und Frankreich. 5. Auflage. Leipzig 1875. 8.

Brendel, Frz., Geschichte der Musik in Italien, Deutschland und Frankreich. Von den ältesten christl. Zeiten bis auf die Gegenwart. 25 Vorlesungen. 6., von Ferd. Stade neu durchgeseh. und bis auf die unmittelbare Gegenwart fortgeführte Aufl. 10 Lfgn. gr. 8. (XII, 634 S.) Leipzig 878,79, Matthes. à Lfg. *M 1.; *M 10.; geb. *

Brendel, Frz., Geschichte der Musik in Italien, Deutschland und Frankreich. Von den ersten christl. Zeiten bis auf die Gegenwart. 25 Vorlesungen. 7. neu durchgeseh. und verm. Aufl. gr. 8. (XII, 636 S.) Leipzig 888, Matthes. *

Brendel, Frz., Geschichte der Musik in Italien, Deutschland u. Frankreich. Von d. ersten christl. Zeiten bis a. d. Gegenwart. 25 Vorlesgn. Durchges. u. ergänzt v. Rob. Hövker. gr. 8. (XXIV, 662 S.) Leipzig 903. Bibliograph. Anstalt A. Schumann. Geb. in Halbfrz. n. 10. —

Geschichte der Musik in Italien, Deutschland und Frankreich. Von d. ersten christl. Zeiten bis auf d. Gegenwart. 25 Vorlesungen von Franz **Brendel.** [Neue Ausg.] Durchges. u. erg. von Robert Hövker. Mit 1 Mattlichtdr. d. Verf. nach e. Lithogr. von Otto Merseburger aus d. J. 1856. Leipzig: Gebr. Reinecke 1903. (XXIV, 662 S.) 8° [04. 8457

— Grundzüge der Geschichte der Musik. Leipzig 1848.

Brendel, Frz., Grundzüge der Geschichte der Musik. 2. verm. Aufl. 8. (IV u. 52 S.) Leipzig 850, Friese (jetzt Hinze.) n. 1/4 ℛ

— Grundzüge der Geschichte der Musik. 3. Aufl. (V und 60 S.) 1854. und 4., verm. Aufl. Eingeführt bei den Conservatorien der Musik zu Leipzig und Prag. gr. 8. (63 S.) Leipzig 855, Matthes. *

— Grundzüge der Geschichte der Musik. 5., verm. Aufl. Lex.-8. (72 S.) Leipzig 861, Matthes. *

— Grundzüge der Geschichte der Musik. 6. verm. Aufl., bearb. von Wilh. Kienzl. gr. 8. (VIII, 85 S.) Ebendas. 887. *

Brendel, Frz., Kritik d. commissar. Berichte u. Protokolle üb. d. ärztl. Beobacht. d. Somnambule Christiane Höhne in Dresden. gr. 12. (6 B.) Freyberg 840, Engelhardt. *

— Franz Liszt als Symphoniker. Lex.-8. (III und 55 S.) Leipzig 859, Merseburger.

— die Musik der Gegenwart und die Gesammtkunst der Zukunft. gr. 8. (280 S.) Leipzig 854, [Matthes.] *

— die Organisation des Musikwesens durch den Staat. 8. (IV und 68 S.) Leipzig 866, Kahnt. *

Brendel, Franz (Hrsg.), s. Zeitschrift, Neue, für Musik.

Brendel, Frederick, flora Peoriana. The vegetation in the climate of middle Illinois. gr. 8. (89 S.) Peoria, Ill. 887. (Erlangen, Merkel.) cart. in Leinw. **

Brendel, Fr. Vögel der Umgegend Peorias in Illinois. Mit Bemerkungen von C. Giebel. 1857.

Brendel, Friedr., offener Brief an Dr. Eisenmann, s. Brief.

(Brendel, Dr. Friedrich), Offener Brief an Dr. Eisenmann. Bamberg, Fränkischer Merkur, 1848. 14 S. 8°.

Brendel, G., über die Fortschritte der Urologie im letzten Jahrzehnt. (11 S.) gr. 8. Leipzig 905. Verlag der Monatsschrift f. Harnkrankh. n. — 60

— der aseptische Katheterismus. (8 S.) gr. 8. Ebd. 904. n. — 50
2 Sonderabdrucke aus: „Monatsschr. f. Harnkrankh. u. sex. Hygiene".

Brendel, Georg, Assistenzarzt: Aus d. städt. Krankenh. Frankfurt a/M. Dir. d. med. Abt. Lüthje. Über croupöse Pneumonie. Bamberg 1908: Gärtner. 48 S. 8°
Erlangen, Med. Diss. v. 1. Sept. 1909, Ref. Jamin
[Geb. 2. Sept. 83 Behringersmühle; Wohnort: Frankfurt a. M.; Staatsangeh.: Bayern; Vorbildung: Altes Gymn. Bamberg Reife 02; Studium: München 1, Erlangen 9 S.; Coll. 20. Aug. 08; Approb. 15. Dez. 07.] [U 10. 790]

Brendel, Georg Christian
Sacra natalicia principis Ernesti, ducis Saxonum Gothani et Altenburgici in lyceo Isebergensi.

— — Dasselbe. — Disp. de interrogandiassiduitate, in praecipuis eius, qui in schola inferiori doceat, officiis reponenda, et commodis, quae inde proficiscantur. Eisenberg (Hempel) 29. I. 1792. 4 Bl. (1.80) 3968
Fr. P. Hartmann (Ricobacensis), Joh. Gttl. Trillhose (Lindanus), Joh. Carl Schulze.

— — Dasselbe. — Disp. de caussis, quae effecerint, ut e mediis atque infimis hominum ordinibus tot magni, et insignes viri existerent. Eisenbg. (Schoen) 29. I. 1804. 8 S. (1.50) 3976
Chn. Heinr. Fürcht. Moerlin (Camburg), Chn. Fr. Ferd. Busch, C. Ludw. Gitt, T. Fr. Jon. Reichardt (Schmidehaus), C. Chn. Fr. Nusch, C. Fr. Ap. Haase (Tanneck).

— — Dasselbe. M. hdschr. Widm. (2.—) 3977

— — Dasselbe. Declaratur utilitas, quam e publicis dicendi exercitationibus, in schola minore institutis, cum discipuli, tum magistri capiant. Eisenberg (Hempel) 29. I. 1793. 4 Bl. (1.50) 3969
Gttl. Friedr. Sachse, Chn. Heinr. Brem (Camburg), Chn. Wilh. Frdr. Thomae.

— — Dasselbe. — Demonstr. vestigia curae divinae in moderandis princip. celsissim. qui per superioris saeculi tempora civitatem nostram bearunt, consiliis et fortunis. Eisenbg. (Schoen) 3. II. 1801. 4 Bl. (1.50) 3973
Chn. A. Ant. Starkloff (Klosterlausnitz), J. Chn. Gttl. Eck, J. C. Ebritsch (Orlamünde), Friedr. Armack (Ludwigsburg/Coburg), J. Fr. Bachoff, Frh. v. Echt, E. S. Cyprian.

— — Dasselbe. M. hdschr. Widm. (2.—) 3974

— **Georg Christian**, Sacra natalicia principis Ernesti, ducis Saxonum Gothani et Altenburgici in lyceo Isebergensi. — Inest de loco evang. Johannis II, 4. Eisenberg (Escher) 30. I. 1785. 4 Bl. (1.—) 3966
J. Ad. Fr. Loesch, Heinr. Gottl. Kober, Chn. Gottl. Koehler, Chn. Gottl. Gerlach.

— — Dasselbe. — Diss. de minoris scholae magistro, pie atque intelligenter optante, ut a discipulis superetur. Eisenbg. (Schoen) 30. I. 1803. 4 Bl. (1.80) 3975
Chn. Frdr. C. Zeitzschel, J. Chn. Gttfr. Moerlin (Camburg), C. Traug. Hedschold (Klosterlausnitz), Chn. Sal. Reichardt (Schmidehaus), Chn. F. H. Sachse.

— — Dasselbe. — Diss. de narratione Lucae II, 42-fin. Eisenberg (Escher) 29. I. 1786. 4 Bl. (1.50) 3967
J. E. C. Froelich (Hermsdorf), E. Qu. Chn. Seligmann (Meihen), Fr. Gtth. Hartmann (Moersdorf).

Brendelii, G. C., Observationes in quaedam Livii loca. Progr. Eisenberg. 790. 4.

— — Viro Gotthilf Friedemann Loeber (Altenburg) semisecularia muneris sacri sollemnia. — Additae sunt observatt. in nonnulla n. t. loca. Eisenbg. (Hempel) 1793. 5 Bl. (3.—) 3970

— — Sacra natalicia Ernesti in lyceo Iseberg. — Diss. de permultorum, qui in minoribus docent scholis, vegeta, et operosa senectute. Eisenbg. (Hempel) 30. I. 1798. 4 Bl. (1.50) 3971
Chn. Gttl. Ludw. Thomae, Frdr. Chn. Laube (Haynspiz).

— — Dasselbe. — Commend. adolescentibus, literarum studia aemulantibus, Gothilfii Fridemanni Loeberi memoria. Eisenbg. (Werther) 1800. 4 Bl. (2.—) 3972
C. Jac. Frdr. Matthes (Hermsdorf), Joh. Chn. C. Sachse, Joh. Gg. Chn. Gaebler.

Missiv an die Hocherleuchtete Brüderschaft des Ordens des Goldenen und Rosenkreutzes. Lux in cruce et crux in luce. [Unterz.:] Polycarpus Chrysostomus [d. i. Georg Christoph Brendel]. Wegen seiner grossen Seltenheit und Wichtigkeit mit vier alten Ausg. verglichen, und mit verschiedenen Lesarten versehen. Nebst einem noch nie im

Druck erschienenen vollständigen histor.-krit Verzeichniss von 200 Rosenkreutzer-schriften vom Jahr 1614 bis 1783. Als ein Beytrag zum Fictuldischen Probier-stein. Leipzig: Böhme 1783. 126 S. 8°
cf. Taschenbuch f. Alchemisten, Theosophen u. Weisensteinsforscher. 1790 S. 34—35. Kl. 2423, Tt. 52. Selten. Murr, S. 44 nennt M. Maier als Verf.

Brendel, Geo. Jos., 6 Reductions-Tabellen im Malzaufschlagswesen zur Einführung des metrischen Maßes. Bearb. nach dem Gesetze vom 29. April 1869, resp. 18. Febr. 1871. 16. (42 S.) Würzburg 871, Stahel'sche Buchh. cart.

Brendel, Geo. Jos., 7 Reductions-Tabellen im Malzaufschlagwesen nach Metermaß u. Markwährg. f. Aufschlagbeamte, Aufschlagspflichtige, Richter u. Anwälte. 2. verm. Aufl. 16. (80 S.) Würzburg 874. Stahel. geb. — 60

Brendel, H., Börsengesetz, s.: Wermuth, A.

Brendel, Herm., s. Brendel, F. H.

Brendel, Hugo [aus Langenberg (Reuss j. L.)]: Über die Konjunktionen bei Spenser. . . . Halle a. S., Hofbuchdr. v. C. A. Kaemmerer & Co., 1890; 35+1 S. +1 Bl. 8°
Halle, Phil. Fak., Inaug.-Diss. v. [29. Jul.] 1890

Brendel, Hugo. Ueber die Konjunktionen bei Spenser. Diss. gr. 8. (36 S.) Halle a. S. 890. (Lpz., Fock.) * — 90

Brendel, J., s. Soldatengeschichten, russische.

— **Johann Christoph** (Hartmannsdorf), De monumento secundum voluntatem testatoris faciendo ad leg. XIV § VI d. de relig. Präs. Christoph Ludwig Crell. Wittbg. (Gerdes) Okt. 1735. 28 S. (5.—) 3979

— **Johann Friedrich** (Schnea-Francus), De jure columbarum, von Tauben-Recht. Präs. Pet. Müller. Jena (Gollner) Sept. 1685. 16 Bl., tlws. dtsch. (5.20) 3980
Widm. v.: Joh. Chph. Hartung, Joh. Mart. Schrümpff, Christ. Lud. Ferdin. v. Oynhausen (equ. Westph.).

— — Dasselbe. 1706. (5.—) 3982

— — Dasselbe. 1713. (5.—) 3983

— — Dasselbe. Jena (J. Ch. Cröker) 1733. 30 S. (5.—) 3981

Brendel, Johann Gottfried

Brendel, Jo. Gttfr., resp. Henrico, De abscessibus per materiam et ad nervos. Gott. 4°. In: Opp. III, 137. Vogel, N. Bibl. III, St. 1.
1755

Brendel, Jo. Gttf., resp. J. T. Gerke, De affectionibus soporosis. 19 pp. Gott. 4°. Auch in: Brendel, Op. math. et med. Gott. 1769, II, 103—111.
1747

* De analogia lineae spiralis et parabolae epitomen appendicis l. VI. de quadratura circuli Gregorii a S. Vincentio nobilissimis commilitonibus ad praelection. Math. purae officiosissime invitantis nuncupat Jo. Godofr. Brendelius, Phil. et Med. D. hujusque Prof. Publ. Ord. Gottingae apud Joh. Christ. Ludolph. Schultzium. acad. typ. 4. 28 S. 1741.
S. Desselb. Opusc. mathem. et medici argumenti curante H. A. Wrisberg. (Goettingae. 1769) p. 1.

Brendel, Jo. Gttf., De auditu in apice conchae. 1 et 2. Gött. 4°. Auch: Haller, Diss. anat. sel. IV. 1747

Brendel, J. G., Diss. de catalepsi. Vitemb. 4°. 1700

—, resp. Ge. Chr. Bidermann, De cognitione paraphrenitidis et febrium malignarum. 38 pp. Gott. 4°. Frank, Del. 8°. Ficini 1790, VIII, 61—106. 1752

—, resp. J. G. A. Eichmann, De dolore capitis. 34 pp. Gott. 4°. Auch: Brendel, Op. math. et med. II, 147—160 u. in seinen: Cons. n. 34.
1747

Brendel, Johann Gottfried, De Fabrica oculi in foetibus abortivis observata. [Göttingen] 1752: I. C. L. Schultz. 8 S. 8°.
[Einladungsschrift zur Dr. med.-Promotion von Johann Friedrich Eichfeld, Göttingen, 11.Apr. 1752.]

— — Candidati Jo. Friedrich Eichfeld (Natendorf/Lünebg.) diss de justa methodi refrigerantis in morbis aestimatione. — Praef. de fabrica oculi in foetibus abortivis observata. Gött. (J. Ch. L. Schultz) 11. IV. 1752. 8 S. m. Biogr. (M.: A. S. M. Höfften.) (3.—) 3990

Die Pommersche Gans, zwey Gänselieder aus Berlin und Anklam, von Johann Gottfried Brendel, ... Berlin 1789, gedruckt bei G. J. Decker u. Sohn. 8°.

— **Jo. Gottfried**, Hypomnemata quaedam de ratione sextupla globulorum sanguinis Leeuwenhoeckianorum prop. atque diss. med. de muscorum notis et salubritate candidati Johann Georg Heinz (Langensalza) Götting. (J. Ch. L. Schulz) Juni 1747. 12 S. m. Biogr. (M.: E. M. Stiefel.) (3.—) 3985

Brendel, J. G.
De instrumentis quibusdam chemicis Boerhaaveanis. Gottingae, 1747. Sm. 4to.

—, resp. Ben. Henr. Loehr, Diss. de lethargo. 42 pp. Gott. 4°. Auch: Opp. III, 23. 1752

— — Comm. pract. in coacas Hippocratis praenotiones pensum I. candidati Benedict Heinrich Loehr (Wustrow-Lünebg.) diss. de lethargo Gött. (J. Ch. L. Schultz) 17. VI. 1752. 8 S. m. Biogr. (M.: A. E. Mirus.) (3.—) 3991

* Decanus ordinis medici in academia Georgia Augusta Jo. Gothofr. Brendel, Phil. et Med. D. hujusque P. P. O. Commentariolo I. de logarithmis parabolicis solemnia honorum in medicina summorum aditialia praenobilissimi doctissimique Candidati Jo. Georgii Zimmermann, Helveti, ex ditione Bernensi, D. XIV. Aug. A. R. S. MDCCLI. habenda indicit. Gottingae, typis Georgii Ludovici Schulzii, Acad. typ. 1751

— — Commentariolo II de logarithmis parabolicis disp. inaug. de victu salubri ex animalibus et vegetabil. temper. candidati Nicol. Himsel (Riga). Götting. (J. Ch. L. Schultz) Sept. 1751. 15 S. m. Biogr. (M.: C. Ch. Martin) u. 1 Kpf. (3.—) 3988

Brendel, Johann Gottfried: Medicina legalis sive forensis, ejusdemque Praelectiones acad. in Herm. Frid. Teichmeyeri institutiones medicinae legalis. Ed. cur., notis auxit Frid. Gottl. Meierus. Hannoverae 1789.

Jo. Godofr. Brendel de morbo crasso Hipp. Götting. 1747. 4. — Recus. in Opusc. I. 166.

—, resp. G. A. Eichmann, Pr. praemissis quibusdam ad J. A. Borelli de motu animalium. 8 pp. Gott. 4°. 1747

— — Viri candidati Jo. Georg Conrad Schmitt (Hammelburg-Fulda) diss. de aeris in sanguinem humanam actione. — Praef. de motu cordis lancisiano non plane improbabili. Götting. (A. Vandenhoeck) 2. X. 1747. 8 S. m. Biogr. (M.: M. E. Sigler.) (3.—) 3987

— — De herniarum natalibus et diss. inaug. candidati Ernst Gottlieb Schmidt (Celle). Götting. (J. Ch. L. Schulz) 11. XII. 1751. 8 S. m. Biogr. (M.: J. S. Schmid.) (3.—) 3989

Brendel, Johann Gottfried: Observationum chirurgicarum tetradem. [Resp.:] Ernestus Gottlieb Schmidt. Goettingae (1751:) Schulz. 36 S. 4⁰. Göttingen, Med. Diss. v. 11.Dez. 1751.

— opuscula mathematici et medici argumenti, praef. H. A. Wrisberg, c. fig. III Tom. 4. Götting. 766—75. Vandenhöck et R. 2 ₰ 12 ℊ

Brendel, Jo. Gttfr., Opusc. mathem. et med. red. *Wrisberg*. 3 Vol. Gott. 1769—1775. 4°. (I, 59 Epilepsiae causa calculus nervorum.)

Brendel, Jo. God., resp. J. F. Droysen, Pr. de paresi atrabilaria *Hippocratis* ad aphorismum XI, sectionis VII. 8 pp. Gott. 4°. Opusc. math. et med. 4°. Goett. 1769, I, 184—189. 1752

— — Solemnia inaug. viri candidati Christian Ludwig Willig (Rügen) diss. publ. qua observat. botanico medicas. — Praem. quibusd. de phosphoro urinario. Götting. (A. Vandenhoeck) 9. VIII. 1747. 8 S. m. Biogr. (3.—) 3986

Brendel, Jo. Gttfr. (Praes.): De phrenitide, s. a Ellenberger, Jo. H. (Resp.)

— Diss. med. de phrenitide. 4. Götting. 756. Vandenhöck et R. 2 ℊ

— Diss. de pleuritide vernali et aestiva. 4. Götting. 756. Vandenhöck et R. 1 ℊ

Brendel, Johann Gottfried: Praelectiones academicae de cognoscendis et curandis morbis. Edidit notasque adiecit Hermann Wilhelm Lindemann. Tom.1 - 3, gbd.

Lipsiae: Schwickert 1792 - 1794

JB 2.309

Brendel, J. Gf. Praelectiones de coacis praenotionibus. Berol. 1796. H: *Lindemann, Hm. Wilhelm.* (ErschDL) (Gi)

Brendel, I. G., praelect. de coacis praenotionibus. 8. maj. Berl. Himburg. 796.

Brendelii, J. G., praelectiones de coacis praenotionibus. 8maj. 796. Ist jetzt Verlag von Reimer in Berlin.

Brendel, J. G., resp. H. Ch. Schrader, Pr. de spasmo maxillae inferioris infantili. 8 pp. Goett. 4°. 1745

Brendel, Jo. Goth., Progr. de spasmo maxill. inf. infant. Gott. 4°. (Trismus neatorum.) 1751

—, resp. H. Chr. Schrader, Pr. de spasmo maxillae inferioris infantum, plurimum funesto. 16 pp. Gott. 4°. Auch: Opp. I, 189. *Vogel*, N. Bibl. II, S. 492. (Genaue Beschreibung.) 1755

— — Comment. de successione ecclesiae in ministri sui bona vacantia. Des verstorbenen Pfarrers Erblose Güther fallen der Kirche zu. Jena (J. Fr. Ritter) 1749. 43 S. (5.—) 3993

Brendel, Jo. Gttfr., resp. J. H. Chemnitius, De tabo dorsuali. 24 pp. Gott. 4°. Auch: Opp. II, 179. 1749

— Diss. med. de tabescentibus ad nares ducenda fluxione. 4. Götting. 756. Vandenhöck et R. 2 ℊ

—, resp. Jo. B. Martin, De tussi convulsiva strictim agitur. 8 pp. Gott. 4°. Auch: *Brendel*, Op. I, 159—163. II, 88. 1747

Brendel, Jo. Gottfried (Präs.): De recto calefacientium in morbis usu, s. Baumgarten, Lud. Christian (Resp.)

— **Johann Gottlieb** (Wittenberg), De aetate et juribus circa eam obtinentibus. Diss. jur. Präs. Christian Wildvogel. Jena (Müller) 14. X. 1724. 48 S. (5.—) 3992

— **Johann Heinrich** (Wittenberg), De medico ex voluntate aegroti perperam curante. Diss. jur. Präs. Gebhard Christian Bastineller. Wittbg. (Fincel) Mai 1719. 31 Seiten, z. gr. Tl. dtsch. (5.20) 3994

— — Dasselbe. Jena (Ch. Fr. Buch) 1746. 32 S. (5.—) 3995

Brendel, Karl

Der Alkohol, ein Völkergift. Vortrag geh. 1894 in München von Dr. med. C[arl] Brendel. 4.–6. Taus. München: J. F. Lehmann 1894. (24 S.) 8° [Umschlagt.] [o. n. 8]

Brendel, E. C. Der Alkohol, ein Völkergift, Vortrag. In-8⁰. 16 S. Zürich-Oberstrass, E. Speidel. — 60 1894

Brendel, C. Der Alkohol, ein Völkergift. 2. Aufl. In-8⁰. 24 S. Zürich-Oberstrass, E. Speidel. — 50 1894

Brendel, Dr. C. Der Alkohol ein Völkergift! Vortrag. München 1895. 24 S. Mk. —.40.

Brendel, C., d. Alkohol e. Völkergift. Vortrag, geh. am 9. März 1894 in d. anthropolog. Gesellschaft in München. 7.—9. Taus. gr. 8. (16 S.) München 895. J. F. Lehmann's Verl. n. — 40

Brendel, C., die Alkoholfrage vom ethischen Standpunkt. Vortrag, geh. in der eth. Gesellschaft zu München am 9. I. 1900. 1.—2. Tauf. dieser Ausg. 8. (20 S.) Basel (900). Schriftstelle d. Alkoholgegnerbundes (durch F. Reinhardt). n. — 08

Brendel, C . Die Alkoholfrage vom ethischen Standpunkt. Vortrag gehalten ... zu München am 9. Januar 1900. 1.—2. Tausend dieser Ausgabe. II + 22 S. 8. Basel, Schriftstelle des Alkoholgegnerbunds (Fr. Reinhardt, [1902]). fr. —. 10
Alkoholgegnerbund. ⟨Internationaler Verein zur Bekämpfung des Alkoholgenusses.⟩ [Flugschriften.] Nr. 32.

Brendel, C . Die Alkoholfrage vom ethischen Standpunkt. Nach einem Vortrag gehalten ... zu München. Neue, umgearbeitete Aufl. 5.—6. Tausend. II + 22 S. 8. Basel, Schriftstelle des Alkoholgegnerbundes (Fr. Reinhardt, XI. [19]06). fr. —. 10
[Alcoholgegnerbund.... Flugschriften.] Nr. 32.

Brendel, C: Die Alkoholfrage v. ethischen Standpunkt. Nach e. Vortr. 4. Afl. (20) 8° Bas., Schriftstelle d. Alkoholgegnerbundes ('12). — 10 (Pp.) d

Brendel, Karl. Ueber Kältemischungen. (Basel) Charlottenburg, 1892. Diss.

Brendel, Karl, die Reform des naturkundlichen Unterrichts, s.: Sammlung pädagogischer Vorträge.

Brendel, Karl Rudolf [app. Arzt aus Montevideo]: Über das Fibrosarkom der Bauchdecken und seine Beziehung zur umgebenden Muskulatur ... München, Druck v. Knorr & Hirth, 1894; 26 S. 8.
München, Med. Fak., Inaug.-Diss. v. 1894

Brendel, Laurenz, über den klerikalischen Geist in Exercitien-Reden, für d. Alumnen des Klerikal-Seminars, u. mehreren anderen Aufsätzen. Nach dessen Tode geordn. u. hrsg. v. Leonard Clemens Schmitt. gr. 8. (20½ B.) Bamberg 842, Literar.-artist. Institut.

Brendel, Laurenz, über den klerikalischen Geist in Exercitien-Reden nebst mehreren anderen Aufsätzen. Nach dessen Tode geordnet u. hrsg. v. Leonard Clem. Schmitt. 2. (Titel-)Ausg. gr. 8. (XII u. 412 S.) Nürnberg (842) 850, Lotzbeck. 27 ngr

Brendel, Laur., über den klerikalischen Geist in Exercitien-Reden nebst mehreren anderen Aufsätzen. Nach dessen Tode geordnet und hrsg. von Leon. Clem. Schmitt. Neue (Titel-)Ausg. gr. 8. (X und 414 S.) Lindau (842)65, Stettner. *

— Schriften, s. Seelsorger, der, in den vorzügl. Verrichtungen seines Amtes.

—— der Seelsorger, s.a. Seelsorger.

— — d. Seelsorger in d. Verrichtgn. s. Amtes. Gesammelte Aufs. a. s. hinterlass. Schrftn.; herausg. v. Dr. L. Cl. Schmitt. gr. 8. Ebd. 1844. 1⅓ Thlr. — 2 fl.

— der Seelsorger in den vorzüglichsten Verrichtungen seines Amtes. In verschied. Aufsätzen aus dessen hinterlassenen Schriften ausgezogen u. zusammengestellt v. Leon. Clem. Schmitt. 2. (Titel-)Ausg. gr. 8. (VIII u. 440 S.) Ebd. (844) 850. 27 ngr

—— der Seelsorger in den vorzüglichsten Verrichtungen seines Amtes. In verschied. Aufsätzen aus den hinterlass. Schriften des Verf. ausgezogen und zusammengestellt von Leon. Clem. Schmitt. Neue (Titel-)Ausg. gr. 8. (VIII und 440 S.) Lindau (844)65, Stettner. *

**Brendel, M.* und *A. Loewy.* Die in Deutschland angewandten Methoden zur Ausgleichung von Sterbetafeln. (S. A.) 1906.

Brendel, Martin [aus Berlin]: Ueber die Anwendung der Gyldén'schen absoluten Störungstheorie auf die Breitenstörungen einer gewissen Klasse kleiner Planeten, nebst numerischem Beispiel für den Planeten (46) Hestia. . . . Göttingen. Druck d. Dieterich'schen Univ.-Buchdr. (W. Fr. Kästner). 1890: 26 S. + 1 Bl. 4°
Berlin, Phil. Fak., Inaug.-Diss. v. 18. Jun. 1890

Brendel, Mart. Ueber die Brechung des Lichtes in Prismen aus einaxigen Kristallen u. üb. deren Anwendung zu mikrometrischen Messungen, s. Beobachtungs-Ergebnisse der königl. Sternwarte zu Berlin.

Brendel, Mart., s: Materialien f. e. wissenschaftl. Biogr. v. Gauss.

Brendel, Mart., Theorie des Mondes, s.a. Abhandlungen der königl. Gesellschaft d. Wissenschaften zu Göttingen. Mathemat.-physik. Klasse. N. F. III. 4.

Theorie des Mondes. Von Martin **Brendel**. Göttingen 1905: Dieterich. (97 S.) 4°
Aus: Abhandlungen d. Kgl. Gesellsch. d. Wiss. zu Göttingen. Math.-phys. Kl. N. F. Bd 3, No 4.
= **Mittheilungen**, Astronomische, von d. kgl. Sternwarte zu Göttingen. Th. 8. [05. 13764

Brendel, Mart., Theorie der kleinen Planeten, s.a. Abhandlungen der kgl. Gesellsch. der Wissenschaften zu Göttingen. Mathem.-phys. Kl. VI, 4. 5.

Theorie der kleinen Planeten. Von Martin **Brendel**. T. 1–4. Berlin: Weidmann 1898–1911. 4°
1. 1898. 2. 1909. 3. Unter Mitw. von Julius Kramer. 1910. 4. 1911.
(Abhandlungen d. Kgl. Gesellschaft d. Wiss. zu Göttingen. Math.-physik. Kl. N. F. Bd 1, Nr 2. Bd 6, Nr 4. 5. Bd 8, Nr 1.) [11. 3136

Wahrscheinlichkeitsrechnung mit Einschluß der Anwendungen auf Fehlertheorie und Statistik. Vorlesungen, geh. 1906 an d. Univ. Göttingen von Prof. Dr. M[artin] **Brendel**. Frei bearb. u. hrsg. von Carl Poetschat. Mit e. Vorw. von Prof. Dr. Brendel. Göttingen 1907. (XXXI, 476 S.) 8° [autogr.] [07. 14573 II

Brendel, Richard, Prof. Dr.: Die orientalische **Frage** im Altertume und im Mittelalter ⟨nebst einem Ausblick auf ihre Entwickelung in der Neuzeit⟩. (Überarbeitung von 2 Vorträgen aus d. Jan. 1900.) *Stargard i. P. 1902: (O. Straube).* (S. 1–28.) 4°
Stargard i. P., k. u. Gröningsches G, OP 1902 (160)

Brendel, Rich., die orientalische Frage im Altertume u. im Mittelalter (nebst e. Ausblick auf ihre Entwickelg. in der Neuzeit). Progr. gr. 4. (28 S.) Leipzig 902. Buchh. G. Fock. n. 1. —

Brendel, R., die Schlacht am weissen Berge, s.a. Abhandlungen, Halle'sche, zur neueren Geschichte.

Brendel, R[ichard]: *Die Schlacht am weissen Berge bei Prag, den 8. November 1620. 93 S. 4° (2°)
Halle-Wittenberg, Phil. Diss. v. 3. Nov. 1874
Geb. [Zeitz 21. 9. 1850]
Erweiterte deutsche Fassung einer latein. Hall. gekr. philosoph. Preisschrift v. 1874.
Im Buchhandel Halle: Gesenius 1875. 58 S. 8° (Hallesche Abhandlungen zur neueren Geschichte. H. 2.)

Brendel, Rudolf, a. Eisfeld in Thüringen: Über das mhd. Gedicht Der Borte von Dietrich von der Glezze. Halle a. S. 1906: E. Karras. (78 S.) 8°
Halle, Phil. Fak., Ref. Strauch, Diss. v. 29. März 1906
[Geb. 22. Okt. 83 Eisfeld, Sachsen-Meiningen; Wohnort: Halle a. S.; Staatsangeh.: Preußen; Vorbildung: Stadt-Gymn. Halle Reife O. 02; Studium: Freiburg i. B. 1, Halle 7 S.; Rig. 1. Febr. 06.]

Brendel, Rud., Warum wird Luther's Werk bleiben? Predigt, gehalten beim 400jähr. Jubiläum der Geburt Luthers in Augsburg am 11. Novbr. 1883. gr. 8. (12 S.) Augsburg 883, Schlosser'sche Buchh. **

—— Was giebt der Bibel zu allen Zeiten Gewalt über die Herzen. Predigt über Evang. Luc. 24, 32, gehalten am Bibelfeste zu Nürnberg in der St. Aegidienkirche am 16. Juni 1880. 2. Aufl. gr. 8. (13 S.) Nürnberg 880, Raw'sche Buchh. *

Brendel, Sebald

— Beleuchtung d. Rede des Grafen v. Fontanes über die vom französ. Kaiser gemachten Schritte zum Frieden. gr. 8. Bamb. 814. (Leipz., Joachim). 5 gGr.

— Betracht. über den Werth der Preß-Freiheit. gr. 8. Bamberg 815. (Dresch.) ⅓ Rthlr.

Betracht. üb. d. Werth d. Preßfreiheit. 8. Bamb. 815. Kunz. 8 gGr.

— s.a. Bund, d. Rheinische.

Brendel, Sebald, der rhein. Bund, od. des Löwen Gesellschaft (Societas leonina). gr. 8. Bamberg 814. (Dresch.) ⅜ Rthlr.

Brendel, Sebald, Disputirsätze aus verschied. Zweigen d. allgem. u. besond. Gesetzwissenschaft. 8. Landsh. 812.

Brendel, S., die Geschichte, das Wesen und der Werth der Nationalrepräsentation, oder vergleichende historische pragmatische Darstellung der Staaten der alten und neuen Welt. Bamberg 816. 2 Thle. 8. 2 rthl. 16 gr.

— die Geschichte, das Wesen u. der Werth der National-Repräsentation etc. 2 Thle. gr. 8. Bamb. 817. (Dresch.) 2⅔ Rthlr.

— die Geschichte, das Wesen u. der Werth der National-Repräsentation, oder vergleich. histor. pragmat. Darstell. der Staaten d. alten u. neuen Welt, besonders der Deutschen etc. 2 Thle. gr. 8. Bamb. 817, 18. Kunz. 2 Rthlr. 16 gGr.

— Handbuch des kathol. u. protest. Kirchenrechts, mit geschichtl. Erläuterungen u. steter Rücksicht auf d. neuesten kirchl. Verhältnisse in den deutsch. Bundesstaaten u. namentl. im Königreich Baiern. 2e Aufl. gr. 8. Bamb. 827. Drausnick. 3 Rthlr.

Brendel, Sebald: Handbuch des kathol. u. protestant. Kirchenrechtes. Mit geschichtl. Erläuter. u. Rückblicken auf die kirchl. Verhältnisse in den deutschen Bundesstaaten, besond. im Königr. Baiern. 2e unveränd. Ausg. der 2n Aufl. *Bamberg*, lit.-artist. Instit. (823. 27.) 837. gr. 8. (1 Thl. 16 Gr.) 3e durchaus neubearb. u. verm. Aufl. *Ebend.* 839. (1. Lief. 1 Thl. 9 Gr.)

Brendel, Sebald, Handbuch d. kathol. u. protestan. Kirchenrechts. Mit geschichtl. Erörtern. u. steter Hinsicht auf d. kirchl. Verhältnisse d. deutschen Bundesstaaten, namentl. d. Königr. Bayern. 2., unveränd. Ausg. d. 2. Aufl. (47¾ B.) 837. 1⅔ Thlr., 3., neu bearb. u. verm. Aufl. 2 Bde. od. 3 Abthln. gr. 8. (98 B.) Bamberg 839, 40, Literar.-artist. Institut.

Brendel, Sebald, Handbuch des kathol. u. protestant. Kirchenrechts. Mit geschichtl. Erörterungen u. steter Hinsicht auf die kirchl. Verhältnisse der deutschen Bundesstaaten namentlich des Königr. Bayern. 3. durchaus neubearb. u. verm. Aufl. 10 Lfgn. gr. 8. (XXVIII u. 1572 S.) Nürnberg 850. 51, Lotzbeck. (à ⅓ ℛ) 3⅓ ℛ

Brendel, Sebald, der franz. Kaiserstaar, China und Japan, eine Paralelle. gr. 8. Bamb. Kunz. 814.

Brendel, Sebald.: Das Recht u. d. Verwaltung d. milden Stiftungen. Mit besond. Rücksicht auf d. Vermengung ihrer Einkünfte mit d. Staatsvermögen u. d. von Staatswegen versuchten Veräusserung ihrer Realitäten. *Lpz.*, (Steinacker.) 814. gr. 8. (10 Gr.)

— specimen publ. sistens jus successionis tam ex clariss. populorum institutis inter se comparatis, quam ex ipsius civitatis natura illustratum. 4. Heidelb. 813. (Bamb., Kunz). 8 ℊ

Brender, Greg., ausführl. Abhandlung üb. d. Acne, od. sicherste Heilung d. Finnen u. Mitfresser d. Gesichtes. 8. (5½ B.) Freiburg 831, (Wagner.)

—— Vorsichtsmaßregeln in schweren, stürmischen Krankheitszufällen vor d. Ankunft d. Arztes, mit Beifügung e. Krankenpflege, einiger Bemerkn. üb. d. Wahl d. Arztes, u. d. Anweis., dems. üb. Krankheiten Bericht zu erstatten. Besond. f. Geistliche u. Familienväter bestimmt. 8. (6 B.) Freiburg 831, (Wagner.)

Brendicke, Hans, Bilder a. d. Geschichte d. Leibesübungen, s. a. Universal-Bibliothek.

Brendicke, H.: Bilder aus der Geschichte der Leibesübungen. Leipzig 1897. 176 S.

Brendicke (H.). Bilder aus der Geschichte der Leibesübungen. 1898. Leipzig. 8°. 176 S. M. —.50. geb. — .80

Brendicke, Hans, der Briefmarken-Sammler, s. a. Taschenbücher, illustrierte, f. die Jugend. 11.

Der Briefmarken-Sammler. Bearb. von Dr. Hans Brendicke. Hrsg. von d. Red. d. Guten Kameraden. Mit 168 Abb. 2. Aufl. *Stuttgart, Berlin, Leipzig: Union [1900].* (131 S.) 8° [F.]
= Taschenbücher, Illustrierte, f. d. Jugend. 11. [illegible]

Brendicke, Hans (Hrsg.), s. Briefmarken-Zeitung, Deutsche.

Brendicke, H, Einführg in d. Kunde v. d. Kupferstichen u. verwandten Schwarzdrucken,
—— Einführg in d. Kunde v. d. Postwertzeichen,
—— Einführg in d. Münzkunde,
} s.: Bibliothek f. Sammler.

Brendike, H. (Red.), s. Ex libris.

Brendicke, H.: Zur Flugschriften-Litteratur des Jahres 1848. Berlin. 23 S. Sonderdr. aus: Festschr. z. Feier d. 50jähr. Bestehens d. Korporation d. Berliner Buchhändler.

— Kaiserin Friedrich. Leben u. Wirken e. deut. Frau. Hrsg. u. d. deut. Volke erzählt. Ein Gegenbild zu d. Volksb. desselben Verf.: „Königin Luise". (143 m. Abb.) gr8° Weissens. b/Berl., E Bartels ('12). L 4 — d

[F.] Führer durch die Sonder-Ausstellung von Berolinensien des Vereins für die Geschichte Berlins in der Heiliggeistkirche zu Alt-Berlin auf der Gewerbe-Ausstellung zu Berlin 1890. Im Auftr. des Ver. aufgest. durch Dr. Hans Brendicke. 2. durchges. Aufl. *Berlin: Gedr. in d. Kgl. Hofbuchdr. v. E. S. Mittler & Sohn 1896.* (54 S.) 1 Bd 8. [illegible]

Brendicke, Hans, Genealogieen sämmtlicher griechischer Götter u. Heroen in 18 Uebersichtstafeln mit Erklärungen, zum Handgebrauche für Freunde des klass. Alterthums, insbes. für Schüler höherer Lehranstalten zusammengestellt. Mit einem Anh. u. einem Register. gr. 4. (16 Tab. in qu. Fol. mit V, 6 S. Text.) Köthen 881. Schettler's Verl. cart. n. 2. 40

—— zur Geschichte der Schwimmkunst und des Badewesens. gr. 8. (46 S.) Hof 885, Grau und Comp. *

—— z. Geschichte d. Schwimmkunst u. d. Badewesens. 8. (46) Hof 85, Lion. n. 1. —

Brendicke, Hans, Grundriß zur Geschichte der Leibesübungen, Cöthen 1882, 175 S., Kl.-8°.

— Die Handschriftenschreiber d. MAlters, s: Schriftmuseum, Das. v. Heintze & Blanckertz.

Brendicke, H.: Hermann Otto Kluge. Sein Leben u. Wirken. Aus: Jahrbücher d. deutschen Turnkunst. 1883. S. 116—124. Bd 493

Brendicke, H., Kunde v. den Kupferstichen u. verwandten Schwarzdrucken,
— Kunde von den Postwertzeichen,
} s.: Bibliothek f. Sammler.

Brendicke, Hans, Königin Luise. Leben u. Wirken e. deutschen Frau. Hrsg. u. dem deutschen Volke erzählt. (140 S. m. Abbildgn. u. 2 Fksms.) gr. 8. Neu-Weißensee-Berlin (904). E. Bartels. Geb. in Leinw. n. 4. —

Brendicke, Hans (Hrsg.), s. Mittheilungen des Vereins für Geschichte Berlins.

— der Münzensammler, s. a. Taschenbücher, illustrierte, f. die Jugend. 17. Bdchn.

Der Münzensammler. Hrsg. von d. Redaktion d. Guten Kameraden. Bearb. von Dr. Hans Brendicke. Mit 83 Abb. Stuttgart, Berlin, Leipzig: Union [1901]. 130 S. 8°
(Illustrierte Taschenbücher f. d. Jugend. 17.) [illegible]

Brendicke, Hans (Hrsg.), s. Der Sammler.

—— Singweisen, s. a. Liederbuch für deutsche Turner.

Singweisen zum Liederbuch für deutsche Turner. Hrsg. vom Berliner Turnrath ... bearb. von Dr. Hans Brendicke. 2. verb. Aufl. Braunschweig: Westermann 1894. XII, 199 S. quer-8° [illegible]

Brendicke, Hans, Friedrich Ludwig Jahns Stellung zur deutschen Sprache. — Die älteren Berliner Turnstätten (1800—1870), s. a. Vorträge f. Turnvereine. 6. Heft.

Brendicke, H.: Friedrich Ludwig Jahns Stellung zur deutschen Sprache Die älteren Berliner Turnstätten. (1800—1870.) Leipzig 1908. 31 S. (Vorträge für Turnvereine. 6.) Bd 110

— a. m. Tagebuche. Erlebn. u. Schildergn. a. d. Kriege gegen Frankreich 1870/71. gr. 8. (VI, 60 S.) Berlin 895. E. S. Mittler & Sohn. n. 1. —

Brendicke, Hans (Hg.), s. Turner-Kalender, Deutscher.

—— allgemeine Turnkunde. Ein Überblick über das gesamte Wissensgebiet des Turnens. Mit 2 Übersichtstaf., enthaltend Normal-Lehrpläne. gr. 8. (86 S.) Berlin 883, Angerstein. *

Brendicke, H., allgemeine Turnkunde. gr. 8. Berlin 883. Hof, Lion. *

— Die älteren Berliner Turnstätten (1800—1870), s: Vorträge f. Turnvereine.

Brendicke, Hans, Die Vereine des Berliner Turnrats 1857—1882, Festschrift z. Feier d. 25jähr. Best., Berlin 1882, 147 S., 8°.

Brendicke, H., Verzeichnis einer Turnvereins-Bibliothek. Zugl. ein Wegweiser f. Vorturner u. angehende Turnlehrer, Eisleben 1885, 7 S., 8°.

—— Der Berliner Volksdialekt, s. Schriften des Vereins für die Geschichte Berlins.

Brendicke, H., üb. d. Wichtigkeit u. d. Nutzen d. Mädchenturnens, s. a. Ellfeldt, A., Turnliederbuch f. Frauen u. Jungfrauen.

—— über die Wichtigkeit und den Nutzen des Mädchen-Turnens. Eine populäre Schrift. Preisgekrönt von der „Turnlehrer-Verbindung" in Wien. gr. 8. (11 S.) Wien 885, (Sallmayer'sche Buchh.) *

Brendicke, H. (Red.), s. Zeitschrift des Exlibrisvereins.

Brendle, Bernhard: Der Holzhandel im alten Basel. Basel 1910: Birkhäuser. 125 S. 8° ¶(Ersch. auch als Buch b. Helbing & Lichtenhahn, Basel.)
Freiburg i. B., Phil. Diss. v. 1910, Ref. v. Below
[Geb. 22. Febr. 86 Basel; Wohnort: Basel; Staatsangeh.: Baden; Vorbildung: Friedrichs-Gymn. Freiburg i. B. Reife Juli 06; Studium: Freiburg i. B. 6 S.; Rig. 30. Okt. 09.] [U 10. 1031

Brendle, Fidelis, 40 Predigten auf die Ernte-Zeit für viele Jahre. gr. 8. (VIII und 326 S.) Augsburg 867, Schmid's Verlag.

Brendle, Fidelis, vierzig Predigten auf die Ernte-Zeit für viele Jahre. 2. Ausg. gr. 8. (VIII, 326 S.) Augsburg 872, Schmid'sche Verlagsh.

Brendle, F, 40 Predigten auf d. Ernte-Zeit f. viele Jahre. 2. Asg. 8. (326) Augsb. 73, Schmid's V. 2. 70

Brendler, f.: Rede, welche bei der Beisetzungsfeier Sr. Maj. des Königs Albert v. Sachsen geh. wurde.

[F.] Das Wirken der P. P. Piaristen seit ihrer Ansiedelung in Wien im Collegium in der Josefstadt, zu St. Thekla auf der Wieden und im Löwenburg'schen Convicte. Vf. v. P. Anton Brendler, f. e. geistl. Rath... *Wien: H. Kirsch 1896.* (1 Bl., m S., 1 Bl., 396 S., 6 Taf.) 1 Bd 8. [97-74

Brendler, E., s.: Verzeichniss der 1890 in der Königl. kathol. Hofkirche zu Dresden v. der königl. musikal. Kapelle u. den Kirchensängern auszuführenden Gottesdienste.

Brendler, Paul, s. Verzeichniss der in der k. kathol. Hofkirche zu Dresden von der k. musikal. Kapelle und den Kirchensängern auszuführenden Gottesdienste.

Brendler, Wolfg., Mineralien-Sammlgn. Ein Hand- u. Hilfsbuch f. Anlage u. Instandhaltg. mineralog. Sammlungen. I. Tl. Mit 814 Fig. im Text, z. Tl. nach Orig.-Zeichngn. des Verf. (VIII, 220 S.) Lex. 8. Leipzig 908. W. Engelmann. Geb. in Leinw. 7. —

Brendler, Wolfg.: Mineralien-Sammlgn. Hand- u. Hilfsb. f. Anlage u. Instandhaltg mineralog. Sammlgn. 2. Tl. (8, 700) Lex8° Lpzg, W Engelmann '12. L 20 — (vollst.: 27 —)

Brendler, Wolfgang. Über die Reactionsfähigkeit organischer Ammoniumsalze. Würzburg, 1899. **Diss.**

Brendli, Rudolf. Märchenzeit. Neue Kinderverse in zwei Teilen. Illustriert von F[riedrich] Boscovits, jun., Zürich. 105 S. 8. Zürich, Jean Frey, 1905. [cart. fr. 1. 40]

Brendli, Rud., für die chly Welt. Mundartliche Kinder-Verse u. -Scenen. 3. verm. Aufl. 8. (61 S.) Zürich 900. A. Funk. n. 1. 10

— vom Wildhag. Leichte Strophen. 2., doppeltverm. Aufl. schmal gr. 8. (132 S. m. Bildnis.) Zürich 901. C. Schmidt. n. 2. —

Brendt's, Ritter, Geist, s. a. Ritter.

Brendt's Ritter, Geist, oder das Zauberschwerdt. Eine Geistergeschichte aus dem 11ten Jahrhunderte Böhmens. 2te Aufl. Mit Kupf. 8. Wien, Haas. 818.

Brendzan Wladimir: Die neuprovenzalischen Präpositionen.
H. 1909 PN 2773 Diss. Wien, Univ. 2302

Břenek, J. Wie man mit Nutzen Privatlectüre betreiben kann. Mähr.-Schönberg, G., 1889. 13 S. Progr.

Brenk, Johann Wolfgang

Brenk, Jh. Wlfg., († d. 21. Nov. 1789.) über die mögl. gerechte u. nützl. Abänderung d. gewöhnl. Diebsstrafen. 4. (Nürnb.) 766. Grattenauer. 3 gl.

— Beschreibung v. d. Erdbeben zu Lissabon. 8. ...

(Brenk, J. W.): Jurisprudentia genuina, ex primis juris principiis demonstrata. Oder: die aus d. ersten und wahren Grundsätzen demonstrirte u. verbess. Rechtsgelahrtheit. 2 Bde. *Norimb.*, Stein (755.) 780. 4. (18 Gr.)

Brenk, Jh. Wlfg. Die in dem Feldbau und der Viehzucht durch den Zehnten gesegnete Landwirtschaft. 4°. Wallerstein 1778.

— Lebensgeschichte e. sonderbaren Mannes, der im 46. Jahre ss. Lebens von d. christl. zur jüdischen Religion überging, beschrieben v. Will. 8. Ansb. 791. (Gassert). 8 gl.

— das Münzwesen, vorgestellt zur Rettung des gemeinen Besten, der durch die unbeständigen Verbesser. d. gemeinen Wesen zuwachsenden Schaden. 4. Augsb. 764.

Brenk, Joh. Wolfgang (Hrsg.), s. Nachrichten, Allgemeine ökonomische und mit philosophischen Abhandlungen vermischte.

Brenk, Johann Wolfgang, s. Nordmann: Betrachtungen.

Brenk, Johann Wolfgang: Untersuchung der Frage ob ein Theologus mit gutem Gewissen sein Studium verlassen u. Jura studiren könne? Franckfurt u. Leipzig 1746.

Brenke, Max, aus Gross-Leistenau, Kr. Graudenz: Johann Nicolas Tetens' Erkenntnistheorie vom Standpunkt des Kriticismus. *Rostock 1901: C. Boldt.* (70 S.) 8°
Rostock, Phil. Diss. v. [20. Mai] 1901

Brenke, Max: Schillers Persönlichkeit im Verhältnis zu seinen Zeitgenossen. Elbing: Kühn (1910). S. 1—14. 4°
Elbing, Kaiserin-Auguste-Viktoria-S, st. HM u. Lehrerinnen-Sm P 1910 [80] [S 10. 47

Brenken, C., Zur Reform d. Anerbenrechts. Zugl. Beitrag z. Beurtheilg. d. Entwurfs e. Gesetzes betr. d. Anerbenrecht i. d. Prov. Westfalen etc. gr. 8. (86 S.) Paderborn 897. F. Esser. n. — 80

Brenken, F. K. Frh. v. u. zu, Zusammenstellung derjenigen geschichtl. Beweismittel und Verhandlungen, auf Grund welcher der Familie von Brenken der Freiherrentitel anerkannt ist. Als Handschrift für Freunde. Paderborn 1848. 4.

Brenken, Paul

Brenken, P, populäre Anl. z. Ausfüllg d. Steuererklärg u. Vermögensanzeige, s.: Sammlung populärer Gesetzes-Erläutergn.

Brenken, Paul, die für den Reg.-Bez. Münster geltenden Polizei-Verordnungen im Anschlusse an die reichs- und landesgesetzlichen Bestimmungen, im amtl. Auftrage zusammengestellt. gr. 8. (VI, 451 S.) Münster 885, Coppenrath'sche Buchh. geb. *

Brenken, P., Polizei-Verordnungen für den Reg.-Bez. Münster. Nachtrag I. u. II. gr. 8. (48 u. 52 S.) Münster 886 u. 89. Coppenrath. à n. — 60
(Hauptwerk u. Nachtr. I. II.: n. 5. 20)

—— Polizei-Verordnungen für den Reg.-Bez. Münster. Nachtrag I und II. gr. 8. (48; 51 S.) Ebendas. 887,88. à * 60 Pf. *

— die f. den Reg.-Bez. Münster geltenden Polizei-Verordnungen, im Anschlusse an die reichs- u. landesgesetzlichen Bestimmungen im amtlichen Auftrage zusammengestellt. 2. Aufl. gr. 8. (VI, 609 S.) Münster 894. Coppenrath. Geb. in Leinw. n. 6. —

— die f. d. Reg.-Bez. Münster gelt. Polizei-Verordnungen, im Anschlusse an die reichs- u. landesgesetz. Bestimmungen im amtlichen Auftrage zusammengestellt. 2. Aufl. Münster 895.

Brenken, Paul. Was man betr. des neuen Einkommensteuer-Gesetzes vom 24. Juni 1891 wissen muß, s. Gesetzeserläuterungen, populäre.

– Dass., s. Sammlung populärer Gesetzes-Erläuterungen.

Brenkendorf Loth., s. a.: Ortmann, Rhold.

— Geächtet, s.: Goldschmidt's Bibliothek f. Haus u. Reise.

— ohne Liebe, s. a. Welt, alle.

Ohne Liebe. Novelle von Lothar Brenkendorff [d. i. Reinhold Ortmann]. *Berlin: A. Weichert [1900].* (48 S.) 8° [F.]
= Welt, Alle. Bd 13.

— Um 5 Minuten, s.: Weichert's Criminal-Bibliothek. 2.

Brenkendorff, s. Brenkendorf

Brenkenhof(f), Leopold von, s. Brenckenhoff, Leopold Schönberg von

Brenles, Abraham Daniel Clavel v. (Lausanne), De exemtione legatorum, a foro criminali ejus ad quem missi sunt. Spec. method. demonstr. ad jus gentium applic. Marburg (Phil. Cas. Müller) 1741. 76 S. (6.—) 3997
Gew.: Carl Wilhelm Loys v. Bochat.

Brenn, das Polizeiministerium, in Preußen, s. a. Polizeiministerium Brenn.

Brenn, ..., das Polizeiministerium in Preußen. Vom Verf. der Schrift: „die Pietisten als Revolutionaire gegen Staat und Kirche." 8. Ratibor 835. (Merseburg u. Halle, Weidemann.) $2\frac{1}{2}$ ℛ

Brenn, A., de generis hum. consensu in agnoscenda divinitate etc. II. Tmi. 4. maj. Wien, Kraus. 774.

— thesaur. nummor. Suevo-Gothicor. 4. Holm.

Brenn, Max, u. Otto Langer, Aufsätze f. die Oberklassen der Volksschule. gr. 8. (VIII, 256 S.) Augsburg 887. (B. Schmid's Sort.) n. 1. 50; geb. n. 2. —

Brennau, Jo. Heinrich (Kefferhusio-Eichsfeld), De collatione nepotum, haereditate paterna repudiata, cum patruis, aut amitis avo vel aviae succedentium. Diss. jur. Präs. Conr. Wilhelm Strekker. Erfurt (Hering) 24. IX. 1738. 24 Seiten. (5.—) 3998
Widm. v.: F. Isidor Keppler, J. V. Peetz, Andr. Rudolph Lehne.

Brenndörfer, Johann: Rumänische Elemente in d. siebenbürgisch-sächsischen Sprache. Budapest: Franklin-Ges. 1902. 92 S. 8°. [Magyarisch.]

Brennecke, s.a. Brenneke

BERLIN wie es plappert und schnattert. Pudelnärrische Begebenheiten, Schilderungen und Scenen aus dem jetzigen Volksleben, von Brennecke, Stiebel und Lott-isdoldt. Mit 1 color. Titelbild. Berlin 1861. 16 S. (2 Mk. 50 Pfg. E. Frensdorff, 1906.)

Brennecke. Die Erlernung der französischen Sprache. Colberg, R., 1853. Progr.

Brennecke: Neuer Führer durch Braunlage u. Umgegb, s: Mahnkopf, A.

Brennecke, Karlchen, der angenehme Declamator, s. a. Karlchen.

Brennecke (A. Hopf), Karlchen der angenehme Declamator oder: Universal-Hand-, Haus- und Hülfsbuch für muntere Knaben und fidele Greise. Eine Sammlung der besten komischen Vorträge in Poesie und Prosa, mit Original-Beiträgen beliebter Humoristen. Berlin 855. Faudel. 32. (141 S.) 6 ngr.

Brennecke. Die englische Sprache als Unterrichtsmittel für Realschulen. Posen, R., 1858. 4 S. 4. Progr.

—— humoristische Taschen-Pistole, s. a. Taschen-Pistole.

— humoristische Taschen-Pistole wider den bösen Feind der Langeweile. Zur Erbauung fideler Häuser losgeschossen. Mit sehr vielen Original-Ladungen beliebter Humoristen und Humoristinnen. Ebend. 854. 16. (141 S.) 6 ngr.

Brennecke, A., Alt-England. Eine Studienreise durch London u. die Grafschaften zwischen Kanal u. Piktenwall. Gänzliche Neubearbeitg. der 2. u. 3. Abteilg. der Nordland-Fahrten. Mit zahlr. Abbildgn. v. Personen, Baudenkmälern u. Landschaften nach Zeichngn. hervorrag. Künstler. Fol. (204 S.) Leipzig 887. Hirt & Sohn. geb. m. Goldschn. n. 20. —

Brennecke, A. Thomas Carlyle and Thomas Babington Macaulay, contrasted with each other in respect to the form and contents of their works. Hildesheim, G. S., 1875. 41 S. Progr.

Brennecke, Adolphus (Guilielmus Arminius) *(geb. Jever 30. 9. 1841)*: De authentia et integritate Cynegetici Xenophontei. Posnaniae 1868. (52 S.) 8°
Breslau, Phil. Diss. v. 18. Dez. 1868

Brennecke, Adf., die Bau- u. Kunstdenkmäler v. Westfal., s.: Ludorff, A.

—— Europa, s. a. Wunder, die, der Welt.

Brennecke, Adf. Europa. Eine malerische Wanderg. durch die Länder und Städte Europas. Mit 182 Holzschn. (Neue [Titel-]Ausg.) 15 Hefte. Fol. (360 S.) Straßb. i. E. 891, Straßburger Druckerei u. Verlagsanstalt. à Lfg. * — 50; * 7 50; geb. ** 10 50

Ein zeitgemässes Feld für mr. Werkthätigkeit. Von Adolph Brennecke. [Leipzig 1875: Bär & Hermann.] 15 S. 8° [Kopftit.]
Aus: Bh. 18 (1875) S. 241–245.
cf. MW. Ser. 2 Jg. 12 (1875) No 34.
Der Frmrbund soll zur Geistes- u. Herzensbildung des Volkes beitragen; empfiehlt korporativen Beitritt der Logen zur Gesellschaft für Verbreitung von Volksbildung.

Brennecke, Adf., Goethe als Freimaurer. Eine Logenrede. gr. 8. (24 S.) Leipzig 875, Findel.
Aus: Bauhütte, besonders abgedruckt.

—— am Hofe der Frau v. Staël. Eine geschichtl. Erzählung. 8. (311 S. mit 1 Holzschntaf.) Stuttgart 879, Hallberger. * geb. *

Brennecke, Adf., am Hofe der Frau v. Staël. Eine geschichtl. Erzählung. 2. Aufl. (311 S. m. 1 Holzschn.-Taf.) Stuttgart 880. Deutsche Verlags-Anstalt. n. 4. 50

Brennecke, A, am Hofe d. Frau v. Staël. Eine geschichtl. Erzählg. 2. Afl. (311) Stuttg. 80, Hallberger. n. 4, 50

— Inventare der nichtstaatlichen Archive des Kreises Tecklenburg, s.: Veröffentlichungen der histor. Kommission d. Prov. Westf.

— u. Ernst Müller, Inventare der nichtstaatlichen Archive d. Kreises Warendorf, s.: Veröffentlichungen der histor. Kommission d. Prov. Westfalen.

—— Oberlehrer Mark. Ein Roman. 8. (III, 344 S.) Elberf. 890, Lucas. * 3 —; geb. * 4 50

— um Paris Eine Erzählg. aus großer Zeit. 8. (302 S.) Zürich 883. Schmidt. n. 3. —

—— Um Paris. Eine Erzählung aus großer Zeit. [Wohlfeile] Reiseausgabe. 8. (302 S.) Zürich (883)887, C. Schmidt. *

Brennecke, Adolf, aus Gandersheim: Die ordentlichen direkten Staatssteuern Mecklenburgs im Mittelalter. *Marburg 1900: (Bärensprung, Schwerin i. M.).* (122 S.) 8° [F.]
Marburg, Phil. Diss. v. [18. Mai] 1900

—— verschiedene Stände. Ein Roman aus dem modernen Gesellschaftsleben. 8. (248 S.) Stuttgart 876, Cotta'sche Buchh. * geb. *

— unter den Taunusbuchen. Roman. 8. (332 S.) Stuttgart 893. Deutsche Verlags-Anstalt. n. 4. —

Brennecke, Adf., Unt. d. Taunusbuchen. Roman. (Neue wohlf. [Titel-]Ausg.) 8. (332 S.) Stuttgart (893) 898. Deutsche Verlags-Anstalt. n. 1. 50; geb. n. 1. 75

—— im Wechsel der Tage. Unsere Jahreszeiten im Schmuck von Kunst und Dichtung. Eine Auswahl aus den Werken unserer besten vaterländ. Dichter. Mit zahlreichen Holzschn. nach Zeichnungen hervorragender Künstler. hoch 4. (184 S.) Leipzig 883, Hirt und Sohn. geb. mit Goldschn. *

—— im Wechsel der Tage. Unsere Jahreszeiten im Schmuck von Kunst und Dichtung. Eine Auswahl aus den Werken unserer besten vaterländ. Dichter. 3. gänzlich umgearb. und 4. und 5. Aufl. hoch 4. (176 S. mit zahlreichen Holzschn. nach Zeichnungen hervorragender Künstler und 4 Heliogravüren nach den Orig. von F. A. Kaulbach, E. Niczky, Th. v. der Beek und Rud. Epp.) Leipzig 885—88, Hirt und Sohn. geb. mit Goldschn. *

—— Im Wechsel der Tage. Unsere Jahreszeiten im Schmuck v. Kunst u. Dichtg. Eine Auswahl aus den Werken unserer besten vaterländ. Dichter. Neu bearb. v. Paul Heinze. Mit zahlreichen Holzschn. und 3 Heliograv. 6. u. 7. Aufl. gr. 4. (178 S.) Lpz. 890,91, Hirt u. Sohn. geb. in Leinw. m. Goldschn. * 10 —

— im Wechsel der Tage. Unsere Jahreszeiten im Schmuck v. Kunst u. Dichtung. Eine Auswahl aus den Werken unserer besten vaterländ. Dichter. Vollständig neu bearb. v. Paul Heinze. Mit zahlreichen Holzschn. nach Zeichnungen hervorrag. Künstler u. Heliograv. nach den Originalen v. F. A. Kaulbach, E. Niczky u. Th. v. der Beek. 7. u. 8. Aufl. 4. (178 S.) Leipzig 891. 894. F. Hirt & Sohn. Geb. in Leinw. m. Goldschn. n. 10. —

— im Wechsel d. Tage. Uns. Jahreszeiten i. Schmuck v. Kunst u. Dichtg. E. Auswahl a. d. Werken uns. besten vaterländ. Dichter. Vollst. neu bearb. v. Paul Heinze. M. zahlr. Holzschn. nach Zeichngn. hervorrag. Künstler u. Heliograv. n. d. Originalen v. F. A. Kaulbach, E. Niczky u. Th. v. der Beek. 9. Aufl. 4. (178 S.) Leipzig 896. F. Hirt & Sohn. Geb. in Leinw. m. Goldschn. n. 10.—

Brennecke, Adf., im Wechsel der Tage. Unsere Jahreszeiten im Schmuck v. Kunst u. Dichtg. Eine Auswahl aus den Werken unserer besten vaterländ. Dichter. Vollständig neu bearb. von Paul Heinze. Mit zahlreichen Holzschn. nach Zeichngn. hervorrag. Künstler u. Heliograv. nach den Origin. v. F. A. Kaulbach, E. Niczky u. Th. v. der Beek. 10. Aufl. 4. (178 S.) Leipzig (899). F. Hirt & Sohn. Geb. in Leinw. m. Goldschn. 10. —

Ⓑ Brennecke, Adf., im Wechsel d. Tage. 899. (KVL 81.) Jetzt: Berlin, Bücher-Verlag Gutenberg.

Brennecke, Adf., im Wechsel der Tage. Unsere Jahreszeiten im Schmucke v. Kunst u. Dichtg. Eine Auswahl aus den Werken unserer besten vaterländ. Dichter, begründet v. Adf. Brennecke. Vollständig neu bearb. v. Paul Heinze. Mit zahlreich. Holzschn. nach Zeichngn. hervorrag. Künstler u. 1 Heliograv. nach dem Originale v. E. Niczky. 11. u. 12. Aufl. (à 176 S.) Lex.-8. Leipzig (903—905). F. Hirt & Sohn. Geb. in Leinw. m. Goldschn. 10. —

! Brennecke, A: Im Wechsel d. Tage. Jetzt: Berl., Bücher-Verl. Gutenberg. '01/05

Brennecke, Emil, aus Norden: **Kulturhistorisches aus Ben Jonson's Dramen.** *Halle a. S. 1899: H. John.* (51 S.) 8°
Halle, Phil. Diss. v. 1899

Brennecke, Ernst: Knochenregeneration bei ossalen Panaritien. Kiel 1909: Krause. 22 S. 8°
Kiel, Med. Diss. v. 31. Dez. 1909, Ref. Anschütz
[Geb. 2. Juli 84 Zellerfeid: Wohnort: Verden; Staatsangeh.: Preußen; Vorbildung: Gymn. Verden Reife M. 02; Studium: Berlin 1, Freiburg i. B. 2, Kiel 2, München 2, Kiel 3 S.; Coll. 18. Dez. 08; Approb. 15. Dez. 09.]
[U 10. 2428

Brennecke, Fr., Kurze Darstellg. d. Polizeiwesens. 8. (70 S.) Kiel 898. E. Marquardsen. n. — 40

Brennecke, H. G., s. Brenneke, Heinrich Wilhelm

Brennecke, Hans

— bauet Wöchnerinnen-Asyle! Ein Ruf an Deutschlands Frauenwelt. Vortrag, geh. am 1. Decbr. 1884 in der Aula der Lutherschule zu Magdeburg. gr. 8. (30 S.) Magdeburg 884. (Faber.) — 75

Brennecke, [Hans]: Bauet Wöchnerinnen-Asyle! E. Ruf an Deutschlands Frauenwelt. 2 Vorträge. 2., verm. Aufl. — Magdeburg: Faber in Comm. 1885. 46 S. 8°
Die 1. Aufl. v. 1884 enthält nur den 1. Vortr.

Brennecke, die sociale und geburtshilflich-reformatorische Bedeutung der Wöchnerinnen-Asyle. Vortrag, gehalten am Freitag, den 6. April 1888, im Rathhaussaale zu Magdeburg. gr. 8. (43 S.) Magdeburg 888, (Faber'sche Buchdruckerei.) *

— Bedürfen wir neben d. Gemeindekörpersch. noch and. Organisationen f. d. Gemeindearbeit? Referat. [Aus: „Die christl. Welt".] (23) 8° Magdebg. (Ev. Bh.) '12. — 40 d

Brennecke, [Hans]: Beiträge zu einer Reform des Hebammenwesens auf Grund vereinsgenossenschaftl. Organisation d. Hebammenstandes in Anlehnung an Wöchnerinnen-Asyle. 2., verm. Aufl. d. Broschüre „Hebammen od. Diakonissinnen für Geburtshilfe?". — Berlin, Neuwied: Heuser 1888. IV, 110 S. 8°

Brennecke, s.: Beiträge z. e. Reform d. geburtshilfl. Ordng. i. preuß. Staate.

Brennecke, kritische Bemerkungen zu den Verhandlungen der XVI. Hauptversammlung d. preussischen Medicinalbeamten-Vereins üb. die Reform des Hebammenwesens. gr. 8. (42 S.) Halle 900. C. Marhold. n. 1.20

— d. sociale Bewegung a. geburtshilfl. Gebiete währ. d. letzten Jahrzehnte, s. a. Sammlung zwangloser Abhandlgn. a. d. Gebiete d. Frauenheilkde. u. Geburtshilfe.

Die soziale Bewegung auf geburtshilflichem Gebiete während d. letzten Jahrzehnte v. Dr. [Hans] Brennecke (in Magdeburg) ... *Halle a. S.: K. Marhold 1896.* (53 S.) 8.
= Sammlung zwangl. Abhandlungen a. d. Gebiete d. Frauenheilkunde u. Geburtshilfe. Bd 1. H. 4.
[97. ...3

Die Erziehung zur Sittlichkeit, eine Forderung der Gesundheitspflege und des Volkswohls. Vortrag geh. 1903 von San.R. Dr. [Hans] Brennecke in Magdeburg. *(Magdeburg): Magdeb. Jugendschutz [1903].* (20 S.) 8° [Fr.]
[04. 14800

Brennecke, [Hans]: Die Frage der Geburts- und Wochenbetts-Hygiene in foro der Preuss. Ärztekammern. — Magdeburg 1889: Faber. 33 S. 8°

Brennecke. Die Frage der Geburts- u. Wochenbetts-Hygieine in foro der preußischen Aerztekammern. gr. 8. (33 S.) Magdeb. 890, Faber. * 1 —

Brennecke, zur Frage d. Organisation d. evangel. Gemeinde. Vortrag, geh. i. d. Sudenburger Montags-Gesellschaft a. 8. Apr. 1895. gr. 8. (16 S.) Magdeburg 895. A. Rathke. n. — 10

Brennecke, die sociale Frage u. die evangelische Kirche im Lichte der idealistischen Weltauffassung. Vortrag, geh. am 28. Febr. 1894. gr. 8. (82 S.) Magdeburg 894. A. Rathke. n. — 80

Brennecke, die gebildete Frau u. die Hebammen-Frage, s. a. Hefte zur Frauenfrage. 5. Heft.

— Die gebildete Frau und die Hebammenfrage. Ein Vortrag. — Gr. Lichterfelde-Berlin: Runge 1910. 34 S. 8° (Hefte z. Frauenfrage. 5.)

Freiheit! Ein offenes Wort z. sexualen Frage an Deutschlands Jugend. Vortrag, geh. vor d. Abiturienten d. höh. Schulen Magdeburgs 1907 von San.R. Dr. [Hans] **Brennecke.** Magdeburg: Faber 1907. (24 S.) 8° [Umschlagt. F.] [07. 6080

Brennecke: Freiheit! Ein off. Wort z. sexuellen Frage an Deutschlds Jugend. Vortr. 1—5. Afl. (24) 8° Magdebg, Faber'sche Buchdr. '07. '08. — 50 d

— Die Geburts- und Wochenbetts-Hygiene. ein offenes Arbeitsfeld für Deutschlands Frauen! Vortr., geh. i. Verein „Frauenwohl" z. Berlin. — Magdeburg: Rathke 1894. 32 S. 8°

! — Geburts- u. Wochenbetts-Hygiene. Jetzt: Berl., Schweizer & Co. 91/95

Brennecke, Hebammen od. Diakonissinnen f. Geburtshilfe? Eine Kritik d. Hebammenwesens. gr. 8. (52 S.) Neuwied 884. Heuser's Verl. 1. 50

Brennecke, [Johs], Hebung des Hebammenstandes durch Fortbildung in der Säuglingshygiene? Referat. 8°.

Aus: Zeitschrift für Säuglingsfürsorge. Bd 1. 1906/07.

Brennecke, s. Hefte zur Frauenfrage.

Kopf und Herz im Kampf gegen die Unsittlichkeit und deren Folgen. Ein Wort gegen Haeckel u. Ladenburg. Vortrag von San.R. Dr. [Hans] **Brennecke,** Magdeburg. *Magdeburg: Lichtenberg & Bühling in Komm. [1904].* (24 S.) 8° [Umschlagt. F.] [04. 13101 3

— zur practischen Lösung der Puerperalfieber-Frage. Alte und neue Beiträge. gr. 8. (IV, 107 S.) Magdeburg 882, Heinrichshofen's Verlag.

— noch einmal: Schafft Hausväter-Verbände! Referat, erstatt. a. 13. März 1895 i. Saale d. Fürstenhofes. gr. 8. (12 S.) Ebd. 895. n. — 10

Brennecke, Hans: Quousque tandem! Krit. Bemerkungen z. Kampf gegen die Geschlechtskrankheiten. Vortrag. Marburg: Verl. d. christl. Welt 1912. 32 S.

Reform des Hebammenwesens oder Reform der geburtshilflichen Ordnung? Ein Beitrag z. Kritik der im Kgr. Preußen geplanten gesetzl. Neuregelung d. Hebammenwesens von San.R. Dr. [Hans] **Brennecke** in Magdeburg. Magdeburg 1904: Faber. (119 S.) 8° [F.] [05. 722

— praktische Regeln zur Sicherung e. gesundheitsgemässen Wochenbettverlaufs. Ein Mahnruf an das Publicum u. an die Hebammen. 8. (16 S.) Magdeburg 883. Heinrichshofen's Verl. — 40

— Die Reorganisation des Hebammenwesens. Entgegnung an Herrn Prof. Dr. Ahlfeld. — Magdeburg: Faber in Comm. 1889. 22 S. 8°

— schafft Hausväterverbände! E. ernstes Wort a. uns. evang. Gemeinden. Referat, erstatt. i. Saale d. Fürstenhofes a. 12. Febr. 1895. gr. 8. (16 S.) Ebd. 895. n. — 10

Brennecke, Hans: Ueber incomplete Uterusrupturen. Halle a/S. (1875): Plötz. 42 S. 8°

Halle-Wittenberg, Med. Diss. v. 6. März 1875

Geb. Kröchern bei Wolmirstedt 2. 11. 1849. V.

Verf. erlebte die Diplomerneuerung 1925 als Frauenarzt und Geheimer Sanitätsrat in Magdeburg.

BRENNECKE, Welche Mittel stehen uns zu Gebote im Kampfe gegen die öffentliche Sittenlosigkeit? Mit einem Vorwort des Vorstandes des Magdeburger Männerbundes zur Wahrung und Pflege der öffentlichen Sittlichkeit. Magdeburg 1893. (In Dresden, Bibl. d. Gehe-Stiftg.)

Wie ist der Kampf gegen die Geschlechts-Krankheiten zu führen? Referat erstattet 1905 in d. 17. Allgem. Konferenz d. deutschen Sittlichkeitsvereine von San.R. Dr. [Hans] **Brennecke.** Berlin: Deutsche Sittlichkeitsvereine 1905. (VII, 25 S.) 8° [F.] [06. 1059

Brennecke, Wissen u. Wollen! Der Kampf um d. Gesundg. d. Geschlechtslebens — e. Kampf um die Weltanschauung. Vortrag, geh. am 23. III. 1909 in öffentl. Männerversammlg. in Hannover. (24 S.) gr. 8. Magdeburg 909. Faber'sche Buchdr. — 50

Brennecke, Wöchnerinnen-Asyl- u. Haus-Pflege. (Vortrag, geh. im Rathaussaale zu Magdeburg am 3. V. 1898.) gr. 8. (14 S.) Berlin 898. E. Staude. n. — 60

Sonderabdruck aus: „Deutsche Krankenpflege-Zeitg."

Brennecke, Hans Ludwig, prakt. Arzt a. Lüneburg: Ein Fall von congenitaler Stenose der Valvula Bauhini. Leipzig 1906: B. Georgi. (55 S.) 8°

Leipzig, Med. Fak., Ref. Hoffmann, Diss. v. 9. Nov. 1906

[Geb. 19. Sept. 75 Lüneburg; Wohnort: Niederlößnitz b. Dresden; Staatsangeh.: Preußen; Vorbildung: Gymn. Treptow Reife O. 96; Studium: Berlin 1, Freiburg i. B. 2, Halle 6 S.; Coll. 20. Nov. 06; Approb. 2. Juli 01.]

Brennecke, Jak. Andr.

Brennecke, J. A., bibl. Beweis, dass Jesus nach seiner Auferstehung noch 27 Jahre leibhaftig auf Erden gelebt etc. habe. Läneb. 1819. 8. (Gegenschriften von Haumann, Iken, Soltmann, Stamm, Tinius] Weber, Witting; vgl. Hase, d. Leben Jesu etc. S. 274.)

Brennecke, Jak. Andr., biblischer Beweis; daß Jesus nach seiner Auferstehung noch 27 Jahre auf Erden gelebt hat 2c. 8. o. O. 819. 2e A. 8. Läneb. 819. Herold u. W. 8 gr.

— Gedichte. 2 Bdchn. A. u. d. T.: Erholungsstunden, ein Taschenbuch für das Jahr 1811 u. 12. 12. Mietau 810 u. 11. (Magdeb., Creutz). 1 Rthlr 4 gr. Schrbp. 1 Rthlr 8 gr.

— (s. a.) Hymen, Gott d. Ehen.

HYMEN, Gott der Ehen, ein komisches Gedicht (von *Jac. Andr. Brennecke.* Athen (Magdeb., Giesecke) 1793. Gr. 8°. 384 S. (5 Mk. 50 Pfg., unbeschn., G. Priewe, 1895; 6 Mk. 50 Pfg. A. Bielefeld, 1891.)

12 Bücher in burlesken siebenzeil. Strophen, stellenweise frei. Wohl umfangreichstes Gedicht dieser Gattung.

— — Dasselbe, titulo: Geschichte Hymens des Gottes der Ehen. In einem komischen Gedichte. Magdeburg, bey F. W. Bauer, 1799. Gr. 8°. (2 Rthl. Schmidt, Halle, c. 1870.)

383 S. (incl. 2 Bll. Vorst.), 1 S. Verlagsanz. v. J. C. Giesecke in Magdeb. — Bl. 2 enth. nur (mit lat. Lett.):

Ein Wörtchen vorweg.
In allen Hochzeitreimen kann
Man Hymens Namen lesen,
Doch nicht, was für ein Ehrenmann
Leibhaftig er gewesen.
Drum will ich wahr und einfältig,
Der Welt zu Nutz, und: lustiglich
Ans Licht sein Leben stellen. Sein Diener.

Brennecke, J. A. Scenen der Vorzeit der Deutschen, 8. Magdeburg, 793. Giesecke. 1 Rthl. 5 sgl.

Brennecke, Johannes, s. B r e n n e c k e , Hans

Brennecke, L. W., s.a. B r e n n e c k e , W.

Brennecke, L. W., u. J. H. Schlüter, Vergleichungs-Tabelle der preußischen Währung mit der süddeutschen Währung und umgekehrt. Von 1 Pf. resp. 1 Xr. bis 100000 Thlr., bis 175000 Fl. Zum practischen Gebrauche für Eisenbahn-Verwaltungen u. für die Handelswelt bearb. Göttingen 862. Vandenhoeck & Ruprecht. gr. 4. (2 Bl., 42 S.) n. 16 ngr.

Brennecke, Ludwig

Brennecke, L., die Ausfüllung v. Schlitzen in Dock- u. Schleusensohlen mit Hülfe von Pressluft. [Aus: „Zeitschr. f. Bauwesen".] Imp.-4. (8 S. m. 1 Taf.) Berlin 893. W. Ernst & Sohn. n. 2. —

Brennecke, L., der Grundbau, s.a. **Bauhandbuch, deutsches.**

Brennecke, L., der Grundbau, s.a. **Handbuch der Baukunde.**

Der Grundbau. Bearb. von L[udwig] **Brennecke.** Mit 1085 Ill. 3. wesentl. erw. Aufl. Berlin: Deutsche Bauzeitung 1906. (IV, 595 S.) 8°
— **Bauhandbuch,** Deutsches. [Abt. 3.] Baukunde d. Ingen. [06. 5850

Brennecke, L., Grundbau, Ergänzgn., s.: **Handbuch d. Baukunde.**

Officielle Karte vom **Nord-Ostsee-Kanal** bearb. v. der Kaiserlichen Kanal-Kommission in Kiel. 1 : 100000. Mit einer kurzen Beschreibung hrgg. v. L. Brennecke. Berlin. 1890. Farbendr. 1 Bl. Quer-Fol. 33 133 cm. Aufgez. a. Leinen, zusammengefaltet in Buchdeckel. 8°,
und 2 Bl. Text. Fol.

Brennecke, L. Officielle Karte vom Nord-Ostsee-Kanal. Bearbeitet von der Kaiserl. Kanal-Kommission in Kiel. 1 : 100 000. Berlin 1890 und 1891. Je 1 Bl. c. 1. Ff. mit Text.

Brennecke, L., über die Methode der pneumatischen Fundirungen. Vortrag. Mit einer autogr. Taf. Zeichnungen. gr. 8. (46 S.) St. Petersburg 881. (Kranz.) n. 3.50

— die Schiffsschleusen, s.a. **Handbuch der Ingenieurwissenschaften. III. 8.**

Die Schiffsschleusen. Bearb. von L[udwig] **Brennecke,** Hafenbau-Dir., hrsg. von J[ohann] F[riedrich] Bubendey, Wasserbaudir. 4. verm. Aufl. Mit 402 Textabb., vollst. Sachreg. u. 11 Taf. Leipzig: W. Engelmann 1904. (X, 372, IV S.) 4°(8°)
— **Handbuch** d. Ingenieurwissenschaften. T. 3, Bd 8. [07. 14311

— s.: **Wasserbau, der.**

Brennecke, Mart., s.: Aus e. Leben „voller Leuchten u. Wunder".

Brennecke, Oskar: Beitrag zur Kenntnis der Orbitalphlegmone. Borna-Leipzig 1909: Noske. 30 S. 8°
Leipzig, Med. Diss. v. 21. Dez. 1909, Ref. Sattler
[Geb. 5. Juli 77 Bromberg; Wohnort: Dresden; Staatsangeh.: Preußen; Vorbildung: Gymn. Bromberg Reife O. 98; Studium: Berlin 14 S.; Coll. 23. Dez. 09; Approb. 23. April 07.] [U 10. 2946

Brennecke, Otto [pr. Arzt]: Ein Fall von Kopftetanus. . . . Göttingen, Druck d. Dieterichschen Univ.-Buchdr., 1890: 24 S. 8°
Göttingen, Med. Fak., Inaug.-Diss. v. [27. Jun.] 1890

Brennecke, Paul: Leben und Wirken des heiligen Theoger. Halle (1873): Lipke. 52 S. 8°
Halle-Wittenberg, Phil. Diss. v. 22. Febr. 1873
Geb. Kröchern (Kr. Wolmirstedt, Prov. Sachsen) 1. 10. 1848. V.

Brennecke, Paul [Rekt. Dr.]: Urkunden der Stadt Pr. Friedland. (Forts. d. P-Beil. 1885. 86.) Pr. Friedland, *F. W. Gebauer's Buchdr. in Konitz.* 1891; S. 3–20; 4°
Pr. Friedland, k. PG, P 1891 (31)

Brennecke, R: Gichtseilbahnen. **Düsseldorf 1904**

Brennecke, Don Ranudo [Pseud.], s. H o p f , Albert

Brennecke, (W.), Auswahl aus William Schakspeares sämmtlichen dichterischen Werken, mit Erleichterungen für die Aussprache und das Verständniß für deutsche Schulen hrsg. (Materialien für die Erlernung der engl. Sprache. 3. Heft.) gr. 8. (IV und 76 S.) Posen 858, Heine. *

Brennecke, W., die Berührungs-Aufgabe für Kreis und Kugel. Für das Bedürfniss höherer Lehr-Anstalten bearb. gr. 8. (VIII und 72 S. mit 45 in den Text gedr. Fig. in Holzschn.) Berlin 853, Th. Enslin. *

—— **die Berührungsaufgabe für Kreis und Kugel in sechsfacher geometrischer Behandlung.** Ergänzungsband zu jedem Lehrbuche der elementaren Geometrie. gr. 8. (VIII und 112 S. mit 45 in den Text gedr. Fig. in Holzschn. und 39 Fig. auf 3 Stnt. in Fol.) Berlin 860, Th. Chr. Fr. Enslin. *

Brennecke, W., Einführung in das Studium der analytischen Geometrie. 1. Thl.: Punkt, grade Linie, Kreis, Ellipse. gr. 8. (VIII, 127 S. mit 8 lithogr. Figuren-Taf.) Berlin 871, Th. C. F. Enslin. *

—— Einführung in das Studium der darstellenden Geometrie [Ergänzung zu jedem Lehrbuch der elementaren Stereometrie]. gr. 8. (VI, 76 S. mit 101 Fig. auf 6 lithogr. Taf. in qu. 4.) Berlin 869, Th. C. F. Enslin. *

— **englisches Elementarbuch mit Sylbenabtheilung, Laut- u. Tonbezeichnung.** (Materialien für die Erlernung der englischen Sprache. 5. Heft.) Posen 861. Heine. gr. 8. (IV, 76 S.) n. 10 ngr.

Brennecke, W., s.: Forschungsreise S. M. S. „Planet".

— **das neue Gewicht und der neue Münzfuß. Praktisches Rechenbuch zur Einübung aller Rechnungsarten, worin das neue Gewicht und der neue Zinsfuß vorkommen. Ergänzung für alle älteren Rechenbücher.** Ebend. 858. 8. (IV, 44 S.) n. 4 ngr.

—— die Länder an der unteren Donau und Konstantinopel. Reise-Erinnerungen aus dem Herbst 1868. gr. 8. (X, 172 S.) Hannover 870, Hahn'sche Hofbuchh.

Brennecke, W., Lehrbuch der Stereometrie für den höheren Schulunterricht mit stereoskop. Illustrationen. gr. 8. (IV und 78 S. mit 7 Stnt. Fig. und 9 Stnt. stereoskop. Zeichnungen für das Studium der Stereometrie.) Berlin 862, Th. Enslin. *

Brennecke, (W.), englisches Lesebuch mit Sylbenabtheilung, Laut- und Tonbezeichnung, nebst sachl. Erläuterungen. (Materialien für die Erlernung der engl. Sprache. 4. Heft.) gr. 8. (VIII und 92 S.) Posen 859, Merzbach. *

Brennecke, W., englisches Lesebuch mit Sylbenabtheilung, Ton- und Lautbezeichnung, nebst sachl. Erläuterungen. 2., verm. und verb. Ausg. (Materialien für die Erlernung der englischen Sprache. 4. Heft.) gr. 8. (VIII und 104 S.) Posen 865, Merzbach. *

—— Materialien f. d. Erlerng d. engl Sprache. 1—3. Hft. 8. Pos., Heine. n. 1. $2^{1}/_{2}$
Schulgrammatik. (76) 56. n. – 10
Uebungsaufg. z. Uebers. in d. engl. Spr. (88) 57. n. – $12^{1}/_{2}$
Ausw. a. Shakespeares dicht. Werken. (76) 58. n. – 10

—— **Materialien für die Erlernung der englischen Sprache. 2—4. Heft, s. dessen Auswahl aus Schakspeare, Englisches Lesebuch, Uebungsaufgaben.**
1. Heft. (Schulgrammatik der engl. Sprache.) Posen 1856, Heine. * 10 Ngr.

Brennecke, W., Ozeanographie, s.: **Forschungsreise S. M. Schiff „Planet". III.**

—— **| P. Vogel, Rachunki praktyczne, s. Vogel, P.**

— **praktisches Rechenbuch.** 1. Thl. 1. u. 2. Abth. Berlin, 861, 64. Th. Enslin. 8.
1. Abth.: Die 4 Rechnungsarten in ganzen Zahlen, einfach und mehrfach benannter Größen, so wie die Anfangsgründe der Bruchrechnungen. (80 S.) n. 6 ngr.
2. Abth., welche außer den Vorübungen und den 4 Rechnungsarten mit gemeinen und Decimalbrüchen, die vorzüglichsten Anwendungen derselben bei Rechnungsaufgaben des bürgerlichen Lebens, die Lehre von den Quadrat- u. Kubik-Zahlen u. den Quadrat- u. Kubik-Wurzeln enthält. 8. (68 S.) n. 6 ngr.
Antworten dazu. (16 S.) n. 5 ngr.

Brennecke, W., u. P. Vogel

—— prakt. Rechenbuch f. Gymnasien ꝛc., s. Vogel, P.

—— —— praktisches Rechenbuch für Schulen, s. Vogel, P.

— einige Sätze aus den Anfangsgründen der Zahlenlehre. (Schul-Programm.) Posen 855. (Berlin, Th. Enslin.) gr. 4. (1 Bl., 32 S.) n. 15 ngl

—— einige Sätze aus den Anfangsgründen der Zahlenlehre. (Abhandlung zum Oster-Programm für das J. 1855 der städt. Realschule zu Posen.) gr. 4. (32 S.) Posen 856. (Berlin, Th. Enslin.) **

—— Schulgrammatik der englischen Sprache in Beispielen für Anfänger bearb. (Materialien für die Erlernung der engl. Sprache. 1. Heft.) gr. 8. (IV und 76 S.) Posen 856, Heine. *

—— Trigonometrie. Für das Bedürfniss höherer Lehr-Anstalten bearb. gr. 8. (VIII und 108 S. mit 75 in den Text gedr. Fig. in Holzschn.) Berlin 856, Th. Enslin. *

—— Uebungsaufgaben zum Uebersetzen aus der deutschen in die englische Sprache für Anfänger aufgestellt. (Materialien für die Erlernung der engl. Sprache. 2. Heft.) gr. 8. (IV und 88 S.) Posen 857, Heine. * —

—— und J. H. Schlüter, Vergleichungs-Tabelle der preußischen Währung mit der süddeutschen Währung und umgekehrt. Von 1 Pf. resp. 1 Kr. bis 100000 Thlr., bis 175000 Fl. Zum pract. Gebrauche für Eisenbahn-Verwaltungen und für die Handelswelt bearb. gr. 4. (III und 42 S.) Göttingen 862, Vandenhoeck und Ruprecht's Verlagsh. *

– Dass., s.a. Brennecke, L. W.

Brennecke, Dr., Versuch eines Lehrbuchs der Stereometrie für den höheren Schulunterricht. Posen 1862.

Brennecke, Wern., die Landwirtschaft im Herzogt. Braunschweig, s. a. Abhandlungen, Tübinger staatswissenschaftliche. 2. Heft.

Brennecke, Werner: Die Landwirtschaft im Herzogtum Braunschweig. Stuttgart: Enke 1909. VI, 114 S. 8° ¶ (Ersch. auch als: Tübinger Staatswiss. Abhandlungen. H. 2.)
Tübingen, Staatswiss. Diss. v. 12. Dez. 1909, Ref. Fuchs
(Nur in beschränkter Anzahl für den Austausch)
[Geb. 4. Nov. 81 Braunschweig; Wohnort: Braunschweig; Staatsangeh.: Braunschweig; Vorbildung: Gymn. Berlin bis Oberprima; Studium: Berlin 6, Tübingen 4 S.; Rig. 3. März 09.] [U 10. 4205

Brennecke, Wilhelm, aus Hildesheim: **Beziehungen zwischen der Luftdruckverteilung und den Eisverhältnissen des ostgrönländischen Meeres.** *(Berlin 1904: E. S. Mittler & Sohn.)* (18 S.) 4°
Berlin, Phil. Diss. v. 13. Febr. 1904

Brennecke, Wilh., die Lehre v. d. Abwandlung d. franz. Zeitwörter, nach eigenen grammat. Forschungen auf e. dem Bedürfnisse d. Lernenden angemess. Weise dargest. gr. 8. (1½ B.) Jever 841. (Bremen, Kaiser.) *

Lotungen des Kabeldampfers Grossherzog von Oldenburg im östlichen Teil des nordatlantischen Ozeans. Im amtl. Auftr. bearb. von Dr. W[ilhelm] **Brennecke**, Assist. d. D. Seewarte. ⟨Mit 1 Fig. u. 2 Taf.⟩ Hamburg 1910: Pierer in Altenburg. 20 S. 4°
(Aus dem Archiv d. Deutschen Seewarte. 33, Nr 3.) [11. 4093 4

Brennecke, Wilhelm: Solutio nova problematis e theoria caloris analytica.
Halle-Wittenberg, Phil. Diss. v. 9. Mai 1835
Geb. [Demmin (Pomm.) 13. 12. 1812]
Ms. fehlt.

Brennecke, Wilh[elm] Heinr[ich]: Über die verschiedenen Arten der Schafräude, deren Ursachen, Verhütung und Heilung. Berlin u. Stargard 1811. VIII, 50 S.

— — Über die verschiedenen Arten der Schafräude, deren Ursachen, Verhütung und Heilung. 8. Berlin 11. Maurer. (Leipzig, Rüdel.) M. —.75

Brennecke, Wilh. Heinr., Allgemeine Bemerkungen über die beim Rindvieh häufig entstehenden Krankheiten. 8. Stuttgart 08.

Brennecke, W. Üb. d. b. Rindvieh häufig entstehend. Kranklh u. Vorschläge, sie z. heilen. Stargard 1808.

Brennecke, Wilh. H., die Lehre von der Wärme u. Luft, mit besond. Rücksicht auf die alltäglichen Erscheinungen u. gewerbl. Anwendungen. Vorlesungen. gr. 8. (6 B.) Jever 842; Bremen. (Heyse.) *

BRENNECKE, Wilh. Heinr., Ueber die Verschlimmerung des Gesindes und dessen Verbesserung; nebst einem Vorschlage zu Gesinde-Versorgungsanstalten, und einem kurzen Unterricht über die Pflichten des Gesindes. Berlin, Maurer, 1810. 8°. (6 gr.)
Ersch II, 1. 1823. Sp. 544.

Brennecke-Kalender, humoristisch-gemüthlicher, auf das Schaltjahr 1856. Herausg. von Brennecke (Hopf). Mit vielen Illustr. (Holzschn. im Text). 5. Jahrg. Berlin 856. Faudel. 8. (XVI, 80 S.) n. 7½ ngl

—— dass. — auf das J. 1857. Hrsg. von A. Hopf. Mit Beiträgen von R. Linderer und Mehreren. 6. Jahrg. 8. (96 S. mit eingedr. Holzschn. von C. L. Tetzel und 1 Musik-Einlage.) Berlin 856, Hoevel. *

Brenneisen, s. a. Brenneysen

Brenneisen, Carl, a. Tilsit, Tierarzt in Leipzig: Aus d. pharmakol. Institut d. Universität Leipzig. Pharmakologische Beobachtungen über Orcin und Cresorcin. Borna-Leipzig 1906: R. Noske. (58 S.) 8°
Gießen, Med. Fak., Ref. Geppert, Diss. v. 22. Febr. 1906
[Geb. 28. Jan. 75 Tilsit: Wohnort: Leipzig; Staatsangeh.: Preußen; Vorbildung: Realgymn. Tilsit Reife M. 95; Studium: Berlin Tierärztl. Hochsch. 9 S.; Rig. 3. Aug. 05.]

Brenneisen, Johannes: Das bürgerliche Gesetzbuch und die Frauen. Ein socialpolit. Beitr. z. Frage d. Frauenemancipation. Zugl. e. ernstes Mahnwort an alle dtsch. Frauen u. Männer. — Forst i. L. & Leipzig: Kunze [1896]. 13 S. 8°

Brenneisen, Markus: Ueber die Einwirkung von Cyankalium auf Brompikrin. Freiburg (Schweiz) 1898. 63 p. 8°.
Freiburg. Mathem.-naturw. Diss. 1897/98.

Brennekam, Max *Gottfried Rudolf Otto* [aus Joachimsthal]: Ein Beitrag zur Kritik der Kant'schen Ethik ... Greifswald, Druck v. J. Abel, 1895; 2 Bl., 67 S. 8.
Greifswald. Phil. Fak., Inaug.-Diss. v. 1. Juni 1895

Brennekam, Otto. Der Bau der Gemeinde. Predigt, bei der Kreis-Synode der Ephorie Salza am 13. Nov. 1891 zu Bültzingen geh. gr. 8. (15 S.) Berl. 892, Buchh. der Berliner Stadtmission. * — 20

Brennekam, O., Nicolaus v. Buch, s. Volks-Bibliothek, christliche.

Brennekam, O., Onkel Christoph, s.: Immergrün.

Brennekam, Otto, Christrosen, s. Volks-Bibliothek, christliche.

— aus e. Dorfchronik, s.: Volksbibliothek, christliche.

— Mutter Dorothea, s.: Hausfreund, Hamburger.

— durch Sturm zur Stille, s.: Volksbibliothek, christl.

—— Emilie, s. Familien-Bibliothek für's deutsche Volk.

— der Gebundenen Erlösung. Weihnachtserzählung. 12. (32 S.) Berlin 889. Hauptverein f. christl. Erbauungsschriften. n.n. — 15

— Um des Vaters Gedächtnis. Erzählg. 8. (64 S.) Ebd. 897. n. — 20

Brennekam, Otto, Gotteswege u. Menschenwege. Erzählungen. 8. (III, 186 S.) Berlin (899). Buchh. der Berliner Stadtmission. n. 1. —; geb. in Leinw. n. 1. 80

Brennekam, Otto, Größer als d. Helfer ist d. Not ja nicht. E. Dorfgeschichte. 8. (68 S.) Hamburg 897. Evang. Buchh. n. — 20

Brennekam, O., der Heidereiter von Grimnitz, s. Volks-Bibliothek, christliche.

Brennekam, Otto, Henner und Amrei, s. Hausfreund, Hamburger.

—— ein hartes Herz, s. Volksbibliothek, deutsche, für Lesevereine und das Haus.

Brennekam, Otto, ein leichtes Herz, s. Volks-Bibliothek, christliche.

—— Ich will euch nicht Waisen lassen, s. Immergrün.

Brennekam, O. (Red.), s. Das Immergrün.

Der treue Jochen von Ellersell. Sage u. Geschichte a. d. Vergangenheit d. Mark Brandenburg. Erzählt von Otto Brennekam. *Stuttgart: Greiner & Pfeiffer 1892.* (386 S.) 8° [F.] [ov. 7841]

— Irrfahrt u. Heimfahrt. Ein Bild aus der Zeit. 8. (320 S.) Berlin 880. Wiegandt & Grieben. n. 3. —

Brennekam, Otto, Irrfahrt u. Heimfahrt. Ein Bild aus der Zeit. Neue wohlf. Ausg. 8. (320 S.) Berlin 883. Wiegandt & Grieben. n. 1. 50

—— Kaiser Wilhelms I. Jugend, s. Immergrün.

— der taubstumme Knabe, s.: Kinderglocken.

— die Liebe siegt, s.: Volksbibliothek, deutsche, für Lesevereine u. das Haus.

— d. Lutherbibel im Joachimsthal, s.: Hausfreund, Hamburger.

— die Lutherbibel im Joachimsthal, s.: Schillingsbücher.

—— Die Nachbarn, s. Volksbibliothek, deutsche, für Lesevereine und das Haus.

— christliche Novellen. 5 Erzählgn. 12. (235 S.) Bayreuth 894. Mehrenheim & Bayerlein. n. 1. 50; geb. n. 2. —

! Brennekam, O: Christl. Novellen. Jetzt: Lpzg. PE Lindner. 91/95

—— Wirre Pfade, Gottes Gnade, s. Volksbibliothek, christliche.

— des Vaters Segen. Eine Erzählg. 8. (78 S.) Gotha 893. G. Schloeßmann. n. — 80

Brennekam, O., siehe, ich mache alles neu! Eine Weihnachtserzählg. 16. (16 S.) Berlin 889. Hauptverein f. christl. Erbauungsschriften. n.n. — 10

—— Die neue Sintflut, s. Feldblumen, deutsche.

Die neue Sintflut. Preisgekr. Erzählung von O[tto] Brennekam. 2. Aufl. *Berlin: Berl. Stadtmiss. [1901].* (73 S.) 8° [F.] [kv. 6998]

Brennekam, O: Die neue Sintflut. Erzählg. 2. Afl. (73) 8° Berl. Vaterländ. Verl.- u. Kunstanst. (01). Geb. 1 — d

— am Sonntag, s. Familien-Bibliothek für's deut. Volk.

Am Sonntag. Erzählung von Otto Brennekam. (Pastor in Clettenberg a. H.) *Barmen: H. Klein [1892].* (55 S.) 8° [F.] = Familien-Bibliothek für's deutsche Volk. No 49. [ov. 12858]

— aus Stadt u. Land, s.: Volksbibliothek, christliche.

— getraute Treue. Ein Lebensbild aus dem Volke f. das Volk. 8. (VI, 101 S.) Magdeburg 883. Heinrichshofen's Verl. n. 1. —

—— Walkenried u. Clettenberg. Geschichtliche Erzählung. 8. (VII, 139 S.) Berl. 892, Buchh. der Berliner Stadtmission. * 1 —; geb. * 1 80

— Weihnachten, s.: Volksbibliothek, christliche.

— unterm Weihnachtsbaum. Erzählungen e. Großvaters. 8. (147 S.) Ebd. 892. n. 1. —; geb. n. 1. 80

—— des Dörfchens erster Weihnachtsbaum. Eine Weihnachtserzählung. 12. (33 S.) Berlin 889, Hauptverein für christl. Erbauungsschriften. **

— Weihnachtssterne — Osterlicht, s. Hausschatz christlicher Erzählungen. I. 2.

Brennekam, Otto, Weihnachtssterne — Osterlicht. Ges. Fest-Erzählgn. 8. (V, 138 S.) Berlin 895. Buchh. d. Berliner Stadtmission. n. 1. —; geb. n. 1. 80

—— Werbelow, s. Volks-Bibliothek, christliche.

—— Kaiser Wilhelm der Siegreiche, s. Immergrün.

Brenneke, s. a. Brennecke.

Brenneke als Doctor der guten Gesinnung oder die Ertheilung der Doctor-Würde in Schilda. Ein Puppenspiel der rettenden That, für das Casperle-Theater bearbeitet von G. Roddeck. Berlin, F. Salla u. Comp. 1850. 15 S. 8.

Brenneke als Doctorandus, oder: Dissertatio, desdere Action verrictis. 8. (30 S.) Berlin 850, Löwenherz. 1/12 ₰

Brenneke als Doctorandus oder Dissertatio, desdere Aktion verrictis (den Bühnen gegenüber als Manuscript gedruckt). 2. Aufl. Berlin, S. Löwenherz 1850. 30 S. 8.

Brenneke in Dresden. 8. (32) Berl. 51, (Geelhaar.) — 2½

— in Dresden, oder: Das Ende der freien Conferenzen. 8. (32 S. m. 1 Holzschn.) Berlin 851, Hopf. baar 1/12 ₰

—— als berliner Landwehrmann im Kriegszustande. 4. Aufl. 8. (32 S. und 1 Holzschn.) Berlin 851, Hopf. **

—— auf dem Minister-Ball, oder: eine halbe Stunde russ. Fürst. Eine kurzweilige Fastnachtsposse in langweiliger Zeit. 6. Aufl. 8. (32 S. und 1 Holzschn.) Berlin 851, Hopf. **

—— als Prophet. (Historische Oper ohne Musik in 5 Akten Frei nach Prellstab.) gr. 8. (32 S.) Berlin 850, Löwenherz.

— in Southampton als Abgesandter f. das vereinigte Deutschland, zur Begrüßung Kossuth's. 8. (29 S. m. 1 Holzschn.) Berlin 851, Landsberger. n. n. 1/12 ₰

—— als Steuer-Verweigerer vor den Geschwornen. 2. Aufl. 8. (32 S.) Berlin 850, Löwenherz.

— Herr, als Erfurts Bierkönigs-Vertreter. 8. (32 S.) Berlin 850, Gerhard (jetzt Grobe.) 1/12 ₰

Brenneke, H. G., s. Brenneke, Heinrich Wilhelm

Brenneke, Heinrich Wilhelm: Anginae parotidaeae descriptio pathologico-therapeutica. Helmstadii (1796:) Fleckeisen. LVI S. 8°. Helmstedt, Med. Diss. v. 22. Juni 1796.

Brenneke, O. Die Erlernung der englischen Sprache. Colberg, R., 1851. 26 S. 4.
Progr.

Brennemann, J. M. Einfache Lehre ... Elkhart, Ind, 1876.

DER BRENNER. Halbmonatsschrift für Kunst und Kultur [Jg. 2–4: Halbmonatsschrift; Jg. 5 als: Brenner-Jahrbuch; F. 6ff: ohne Untertitel]. Hrsg. von Ludwig von Ficker. Jg. bzw. F. 1–18. Innsbruck 1910/11–1954. 8°

Diesch 2825
Raabe 2
Schlawe II
DB 45–52, Sp. 369
DB 53–57, Sp. 433

Marbach

Zur unregelmäßigen Erscheinungsweise vgl. Raabe 2.

Brenner, Der. Halbmonatsschr., hrsg. v. Ludw. v. Ficker. Schriftleitg: Ludw. v. Ficker. 1. J. Juni '10—Mai '11. 24 Hefte u. 2. J. 1. Viertelj. Juni—Aug. '11. 6 Hefte. (1. u. 2. Heft: 64 m. Abb.) 8° Innsbr., Brenner-Verl. viertelj. 2 —; einz. Hefte — 35 ‖ 2. J. 2—4. Viertelj. Sept. '11—Mai '12. 18 Hefte. (7. Heft: 36) viertelj. 1.75; einz. Hefte — 35 ‖ 3. J. '12/13. 24 Hefte 7 —; f. 5 Hefte 1.75; einz. Hefte — 45 d

Brenner, von, Ausflug v. Konstantinopel nach Brussa in Kleinasien. m. K. 8. Wien, Geistinger.

Brenner (Resp.): De cardialgia, s. J u c h , Herm. Paul. (Praes.)

Brenner, der Weltuntergang oder der Tod unseres irdischen Wohnplatzes. Vortrag, zweimal gehalten in Tuttlingen. Fol. (4 S. mit eingedr. Holzschn.) Tuttlingen 872. (Stuttgart, Metzler'sche Buchh.) *

Brenner, A., die Gewerbe-Ordnung f. das deutsche Reich m. den gesamten Ausführungsbestimmungen f. d. Reich u. f. Württemberg. Für den Handgebrauch zusammengestellt. (XXXI, 1238 S.) 8. Stuttgart 907. J. Heß. 8.—; geb. 12.50; Nachtrag II (100 S.) 908. 1.—
Aus d. Handel zurückgezogen.

Brenner, Adf., Uebungsmaterial für den Unterricht in der Harmonielehre. Mit Rücksicht auf die Anforderungen des Allerhöchsten Normativs vom 29. Septbr. 1866. — Bildung der Schullehrer betr. — zunächst zum Gebrauch für Präparanden-Schulen, dann aber auch zum Privatunterrichte bearb. hoch 4. (37 S.) Freising 879, Datterer. cart.

Brenner, Adf., Übungsmaterial f. d. Unterr. i. d. Harmonielehre. M. Rücksicht auf d. Anfordergn. d. Normativs v. 29. Septbr. 1866 u. 29. Dezbr. 1884 — Bildg. d. Schullehrer betr. — zun. z. Gebrauch f. Präparandenschulen, dann aber auch z. Privat-Unterrichte bearb. 2., verb. Aufl. Lex.-8. (43 S.) Freising 895. Dr. F. P. Datterer. n. — 60

Brenner, Adf., Ubungsmaterial f. d. Unterricht in der Harmonielehre. Mit Rücksicht auf die Anfordergn. des allerhöchsten Normativs v. 29. IX. 1866, Bildg. der Schullehrer betr., zunächst zum Gebrauch f. Präparanden-Schulen, dann aber auch zum Privatunterrichte bearb. 3. Aufl. (43 S.) Lex. 8. Freising (908). Dr. F. P. Datterer & Co. — 60

Brenner, Alb., Baslerische Kinder- u. Volksreime, aus d. mündlichen Ueberlieferung gesammelt. 2., verm. Aufl. 8. (XVI, 100 S.) Basel 902. Helbing & Lichtenhahn. Kart. n. 2. —

Brenner, A[lbert]. Kosten-Berechnung für eine Turnhalle. (Frauenfeld, den 10. August 1901.) 7 S. 8. Frauenfeld, Huber & Co.

Brenner, Andreas. Saggio d'un elogio succinto del beatissimo Papa Pio Secondo (Aenea Silvio Piccolommini) recitata ... d'Andrea B' li 10. Giugno del Anno 1790. 8. [Basilea.]
(Mit Uebersezung: Versuch einer kurzgefaßten Lobrede ....)

Brenner, Ant., 300 algebraische Aufgaben zur Lösung mittelst einfacher Schlüsse zunächst für Lehrerbildungsanstalten. Bevorwortet von Jos. Müller. 2., verb. u. verm. Aufl. 8. (64 S.) Freising 881. (Datterer.) n. — 60

Brenner, A., 300 algebraische Aufgaben zur Lösung mittels einfacher Schlüsse, zunächst f. Lehrer-Bildungsanstalten bearb. 3. Aufl. 8. (48 S.) Freising 887. Datterer. n. — 50; Resultate m. teils angedeuteten, teils ausgeführten Lösgn. (24 S.) n. — 35

—— dass. — Resultate mit teils angedeuteten, teils ausgeführten Lösungen. 8. (24 S.) Ebendas. 888. *

Brenner, Ant. 300 algebraische Aufgaben zur Lösung mittels einfacher Schlüsse, zunächst für Lehrer-Bildungs-Anstalten bearb. 4. unveränd. Aufl. 8. (48 S.) Freising 891, Datterer. * — 50

Brenner, Ant., 300 algebraische Aufgaben z. Lösung mittels einfacher Schlüsse, zun. f. Lehrerbildungs-Anst. bearb. 5., vollst. umgearb. Aufl. 8. (42 S.) Ebd. 895. n. — 50; Resultate (8 S.) n. — 20

Brenner, A: 300 algebr. Aufg. z. Lösg mittels einf. Schlüsse zunächst f. Lehrerbildgs-Anst. 9. Afl. (48) 8° Freis. (08). Münch., Dr. FP Datterer & Co. — 50 d

Brenner, Ant., 300 algebraische Aufgaben zur Lösung mittels einfacher Schlüsse, zunächst f. Lehrerbildungs-Anstalten bearb. 12. Aufl. (48 S.) 8. Freising (906). Dr. F. P. Datterer & Co. n.n. — 50

Brenner, Ant.: 300 algebr. Aufg. z. Lösg mittels einf. Schlüsse zunächst f. Lehrerbildgs-Anst. 15. Afl. (48) 8° Freis., Dr. FP Datterer & Co. (09). nn — 50 d

—— 100 methodisch geordnete Aufgaben a. d. schriftl. Rechnen. Zum Gebrauche in d. ob. Klassen d. Volksschulen, sowie in Fortbildungsschulen u. Töchterinstituten. 12. (20) Freis. 88, Dr. Datterer. — 15

— methodisch geordnete Aufgaben für das Rechnen, m. gleichmäß. Berücksicht. des Kopfrechnens u. schriftl. Rechnens. 7 Hfte. 8. Regensburg 880. Coppenrath. n. 1. 55
1. (18 S.) n. — 15. — 2—5. (39, 34, 60 u. 47 S.) à n. — 20. — 6. 7. (60 u. 56 S. m. 2 Steintaf.) à n. — 30

Brenner, Ant., methodisch geordnete Aufgaben für das theoretische und praktische Rechnen, mit gleichmäß. Berücksicht. des mündl. und schriftl. Rechnens, für Latein-, Präparanden- und Realschulen bearb. gr. 8. (IV, 192 S.) Regensburg 879, Coppenrath. *

Brenner, Ant., methodisch geordnete Aufgaben für das theoretische und praktische Rechnen, mit gleichmäßiger Berücksicht. des mündl. und schriftl. Rechnens für Latein-, Präparanden- und Realschulen bearbeitet. 8. 2. verb. Aufl. (192 S.) Regensburg 880, Coppenrath. *

— methodisch-geordnete Aufgaben f. das theoretische u. praktische Rechnen, mit gleichmäß. Berücksicht. d. mündl. u. schriftl. Rechnens f. Latein-, Präparanden- u. Realschulen. 1. u. 2. Tl. In 3. Aufl. neu bearb. gr. 8. (III, 117 u. 115 S.) Regensburg 887. Coppenrath's Verlag. à n. — 80

— dasselbe. Resultate, nebst Auflösgn. u. Erläutergn. zum 1. Tl. In 3. Aufl. neu bearb. gr. 8. (114 S.) Ebd. 889. n. 1. 20

Brenner, A: Methodisch geordnete Aufgaben f. d. theoret. u. prakt. Rechnen m. gleichmäss. Berücks. d. mündl. u. schriftl. Rechnens f. Latein-, Präparanden- u. Realsch. 2 Tle. 4. Afl. 8° (152 u. 156) Rgnsbg 99.1900, A Coppenrath's V. à 1.20; kart à 1.40

Brenner, Ant., methodisch geordnete Aufgaben für das theoretische u. praktische Rechnen m. gleichmäßiger Berücksicht. d. mündlichen u. schriftlichen Rechnens f. Latein-, Präparanden- u. Realschulen. II Tle. 5. Aufl. gr. 8. Regensburg, A. Coppenrath's Verl. Geb. n. 3. —
I. (IV, 152 S.) (901.) n. 1. 40. — II. (III, 190 S.) 903. n. 1. 60.

— dasselbe. 1. Tl. 5. Aufl. Resultate. gr. 8. (22 S.) Ebd. (902). n. — 70

— Methodisch geordn. Aufg. f. d. theoret. u. prakt. Rechnen f. Latein-, Präparanden- u. Realsch. 7. Afl. I. Tl. (152) 8° Rgnsbg, A Coppenrath's V. (09). Geb. 1.40 ‖ 2. Tl. (192) '09. Geb. 1.60 d

—— die Flächen- und Körper-Berechnung mit besond. Berücksicht. der Aufgaben aus dem Gewerbsleben, für den Gebrauch an gewerbl. Fortbildungsschulen und verwandten Anstalten bearb. 8. (III, 40 S.) Freising 886, Datterer. *

— Flächen- u. Körperberechnung m. besond. Berücksicht. der Aufgaben aus der Haus- u. Landwirtschaft u. dem Gewerbsleben. In 2. Aufl. neu bearb. 8. (III, 48 S.) München 894. R. Oldenbourg, Abtlg. für Schulbücher. n. — 50

— ausführliches Lehrbuch der Arithmetik. Methodisches Handbuch zum Gebrauche in den unteren Klassen der Mittelschulen u. beim Privatstudium. gr. 8. (IV, 74 S.) Freising 881. Datterer in Comm. cart. n. 2. 20

— ausführliches Lehrbuch der Arithmetik. Methodisches Handbuch zum Gebrauche in den unteren Klassen der Mittelschulen u. beim Privatstudium. 1. u. 2. Tl. In 2. Aufl. neu bearb. gr. 8. Freising 892. Dr. F. P. Datterer. n. 2. 60
1. (118 S.) 892. n. 1. —. — 2. (191 S.) 893. n. 1. 60

— Rechen-Aufgaben aus dem Gebiete der gesetzlichen Arbeiterversicherung m. e. kurzen Erläuterung des Gesetzes. Eine Beilage zu jedem Rechenbuche. gr. 8. (16 S.) München 900. Dr. F. P. Datterer & Co. n. — 10

— 360 Rechen-Aufgaben f. Fortbildungs- u. Feiertagsschulen. 8. (40 S.) Freising 895. Dr. F. P. Datterer. n.n. — 25

— Rechenbuch f. gewerbliche Fortbildungsschulen. (Bearb. im Anschluß an das Lehrerprogramm der gewerbl. Fortbildungsschulen f. Oberbayern, Kreisamtsbl. vom J. 1887, Nr. 26.) gr. 8. (64 S.) Ebd. (899). n. — 40

— Rechenbuch f. gewerbl. Fortbildungsschulen u. 8. Knabenklassen. 3., abgeänd. Aufl. (92 S.) 8. Ebd. (908). — 50

Brenner, Ant.: Rechenb. f. gewerbl. Fortbildgssch. 4. Afl. (88) 8° Freising, Dr. FP Datterer & Co. ('12). — 50 d

— Haus- u. volkswirtschaftl. Rechenb. f. männl. Sonntags- u. ländl. Fortbildgssch. Bearb. im Anschl. an B.'s Rechensch., Ausg. B in 4 Heften. 5. Afl. Ausg. f. Schüler. (60) 8° Ebd. ('09). nn — 30; Ausg. f. Lehrer. 3. Afl. (60 u. 40) ('08.) nn — 50 d

— dasselbe f. weibl. Sonntags- u. Fortbildungsschulen. 7. Aufl. Ausg. f. Schüler. (56 S.) 8. Ebd. (910.) nn — 30; Ausg. f. Lehrer (56 u. 82 S.) nn — 50

— Haus- u. volkswirtschaftl. Rechenb. f. männl. Sonntags- u. ländl. Fortbildgssch. Bearb. v. B. im Anschl. an dessen Rechenschule Ausg. B in 4 Heften. 8. Afl. (72) 8° Ebd. ('12). nn — 30 d

— dass. f. weibl. Sonntags- u. Fortbildgssch. Ausg. f. Schüler. 11. Afl. (64) 8° Ebd. ('12). nn — 30 d

— Rechenbuch f. höhere Töchterschulen. gr. 8. (VIII, 148 S.) Ebd. (900). n. 1. 20

— Rechenb. f. höh. Töchtersch. Resultate m. teilweise ausgeführten Lösgn schwier. Beispiele. (48) 8° Freis. ('01). Münch., Dr. FP Datterer & Co. nn 1 —
(Rechenb. m. Resultaten: nn 2.20) d

— Rechenbuch f. höhere Töchterschulen. 4. Aufl. (138 S.) 8. Ebd. (908). 1. 20

— u. Kl. Brixle, Rechenschule. Ausg. A. 1. u. 2. Hft. 8. (32 u. 40 S.) Ebd. 892. à n.n. — 20

— Rechenschule. Aufgaben zum mündl. u. schriftl. Rechnen. Mit Berücksicht. d. oberbayer. Lehrplanes bearb. Ausg. A, in 7 Hftn. 3.—7. Hft. 8. (40, 48, 48, 40 u. 40 S.) Ebd. 892. à n.n. — 20
Hft. 1 u. 2 s. Brenner, A., u. Kl. Brixle.

— — Resultate, nebst weit. Aufgaben z. Kopfrechnen zur Rechenschule. Aufgaben z. mündl. u. schriftl. Rechnen. M. Berücksicht. des oberbayer. Lehrplanes bearb. Ausgabe A. in 7 Hftn. 3.—7. Hft. Ausgabe für Lehrer. 8. Ebd. (898). n.n. 2. 60
3. 3. Kurs. (VI, 40 S.) n.n. — 40. — 4. 4. Kurs. (56 S.) n.n. — 50
5. 5. Kurs. (26 S.) n.n. — 50. — 6. 6. Kurs. (28 S.) n.n. — 40
7. 7. Kurs. (72 S.) n.n. — 80.

— Rechenschule. Aufgaben zum mündl. u. schriftlichen Rechnen. Mit Berücksicht. des oberbayer. Lehrplanes bearb. Ausg. A in 7 Hftn. Ausg. f. Schüler. 8. Ebd. à n.n. — 20
1. 3. Aufl. (32 S.) (900.) — 2. 3. Aufl. (40 S.) (900.) — 3. 3. Aufl. (36 S.) (899.) — 4. 2. Aufl. (48 S.) (899.) — 5. 2. Aufl. (48 S.) (899.) — 6. 3. Aufl. (48 S.) (900.) — 7. 3. Aufl. (48 S.) (900.)

— dasselbe. 3.—7. Hft. Ausg. f. Lehrer. 2. Aufl. 8. Ebd. à n.n. 1. —
3. (56 S.) (898.) — 4. (48 u. 36 S.) (899.) — 5. (48 u. 39 S.) (898.) — 6. (48 u. 33 S.) (898.) — 7. (48 u. 39 S.) (898.)

— dasselbe. Ausg. B in 4 Hftn. Ausg. f. Schüler. 8. Ebd. 892. n.n. — 90
1. Vorbereitungsklasse. 1. Schulj. (18 S.) 892. n.n. — 15
2. I. Klasse. 2. u. 3. Schulj. 2. Aufl. (56 S.) 893. n.n. — 25
3. II. Klasse. 4. u. 5. Schulj. 2. Aufl. (64 S.) 893. n.n. — 25
4. III. Klasse. 6. u. 7. Schulj. 2. Aufl. (64 S.) 893. n.n. — 25

— dasselbe. Resultate, nebst weiteren Aufgaben zum Kopfrechnen. Ausg. für Lehrer. 3. u. 4. Hft. 8. Ebd. 892. à n.n. 1. —

— Rechenschule. Aufgaben z. mündl. u. schriftl. Rechnen. Mit Berücks. d. oberbayer. Lehrpl. bearb. Asg. B in 4 Hftn. 2. Hft. Asg. f. Schüler. 3. Afl. 8° (56) Freis. 96. Münch., Dr. FP Datterer & Co. nn — 25

— Rechenschule. Aufgaben z. mündl. u. schriftl. Rechnen. M. Berücksicht. d. oberbayer. Lehrplanes bearb. Ausg. B in 4 Hftn. Ausg. f. Lehrer. 3. u. 4. Hft. 3. Aufl. 8. (III, 111 u. III, 96 S.) Ebd. 897. à n.n. 1. —

— dasselbe. Ausg. B in 4 Hftn. Ausg. f. Schüler. 8. Ebd. (900). n.n. — 90
1. 5. Aufl. (20 S.) n.n. — 15. — 2. 7. Aufl. (56 S.) n.n. — 25. — 3. 6. Aufl. (64 S.) n.n. — 25. — 4. 6. Aufl. (64 S.) n.n. — 25.

— dass. 3. u. 4. Heft. Ausg. f. Lehrer. 8° Ebd. Je nn 1 — d
III. 4. Afl. (111) (1899.) ‖ IV. 3. Afl. (96) (1895.)
Zu Heft 1 u. 2 beider Ausg. sind Lehrerausg. nicht erschienen.

— der Rechenunterricht in der Mittelklasse der Volksschule. gr. 8. (III, 179 S.) Ebd. 894. n. 2. —

Brenner, Ant., der Rechenunterricht in den ersten 3 Schuljahren. Das Rechnen m. den Zahlen von 1 bis 100. gr. 8. (93 S. m. 1 Tab.) Freising 893. Dr. F. P. Datterer. n. 1. 20

Brenner, Arthur, aus Jena: Aus d. medicin. Klinik zu Jena. Angina pectoris im Anschluss an Arteriosklerose der Coronararterien. *Würzburg 1898: Verlagsdruckerei.* (34 S.) 8°
Jena, Med. Diss. v. (26. Okt.) 1898

Brenner, Aug.: Dampfkesselbestimmgn f. Württemberg. Textausg. m. Anmerkgn. (7, 178) 8° Stuttg., J Hess '11. 2.50; geb. 3.20 d

Brenner, August, a. Basel ⟨Schweiz⟩: Der Schutz der in den schweizerischen kantonalen Verfassungen enthaltenen Rechte durch die Bundesgewalt. Borna-Leipzig 1906: R. Noske. (VIII, 75 S.) 8° [F.]
Leipzig, Jur. Fak., Diss. v. 15. Febr. 1906
[Geb. 5. Jan. 79 Basel; Wohnort: Basel; Staatsangeh.: Schweiz; Vorbildung: Gymn. Zürich Reife O. 00; Studium: Basel 4, Leipzig 1, Berlin 1, Basel 3 S.; Rig. 15. Dez. 05.]

— Das allg. Sportelgesetz, s: Hochstetter, Rud.

BRENNER, AUGUST RUDOLPH und A. PORECKY.
Anorganische Chemie tabellarisch dargestellt. Quedlinburg, 1850. Fol.

Brenner, Augustus Rudolphus: De communicatione chemica inter plantas et animalia per aerem athmosphaericum nutritione ac respiratione effecta. Halis (1845): Ploetz. 42 S. 8°
Halle-Wittenberg, Med. Diss. v. 4. Nov. 1845
Geb. Merseburg 19. 3. 1821. V.

Brenner, C, s. a. Brenner-Burckhardt, C.

Brenner, C., u. R. Löw, singet d. Herrn. Geistliche Lieder, sow. 2- als 3stimmig zu singen, für's christl. Haus, f. Jungfrauenvereine, Diakonissenhäuser u. ähnl. Anst. Ausgew. u. bearb. 3. Aufl. 8. (VIII, 215 S.) Basel 895. Jaeger & Kober. n. 1. 20; geb. in Halbleinw. n. 1. 60; in Leinw. n. 2 —; erm. Pr. — 80; in Halbleinw. 1. —; in Leinw. 1. 40

Brenner, C., u. R. Löw, singet dem Herrn. Geistliche Lieder, sowohl 2- als 3stimmig zu singen fürs christl. Haus, f. Jungfrauenvereine, Diakonissenhäuser u. ähnl. Anstalten. Ausgewählt u. bearb. 4. Aufl. 8. (VIII, 215 S.) Basel 900. Kober. n. — 80; geb. in Halbleinw. n. 1. —; in Leinw. n. 1. 40

Brenner, C., u. N. Löw, singet dem Herrn. Geistliche Lieder, sowohl 2- als 3 stimmig zu singen fürs christl. Haus, f. Jungfrauenvereine, Diakonissenhäuser u. ähnl. Anstalten. Ausgewählt u. bearb. 5. Aufl. (VIII, 215 S.) kl. 8. Basel 906. Kober. n. — 80; geb. in Halbleinw. n. 1.—; in Leinw. n. 1. 40

Brenner, Charles

Brenner, Ch., Morceaux choisis des auteurs français à l'usage des écoles et de l'enseignement particulier. 8°. (149 S.) *Wien: Stern 1910?* geb. K 2.20

Brenner, Charles: Morceaux choisies des auteurs franç. à l'usage des écoles et de l'enseignement particulier avec un vocabulaire franç.-allemand. 2. éd. (8, 201) 8° Wien, Mor. Stern '12. L 2.35

Brenner, C[harles]. Die Presse Japans. Von C. B', Berichterstatter des « Bund » in Japan. Sonderdruck aus dem « Bund » [Nr. 2—26 *passim*, Januar 1905]. 36 S. 8. Bern, H. Jent, 1905.

Brenner, C[harles]. Japanische Wirtschaftspolitik. Separatabdruck aus der « Züricher Post » [Jahrg. 29, 1907, N° 32–46]. II + 36 S. 8. [Zürich, Buchdr. Züricher Post.]

Brenner, Eduard, a. Wiesbaden: Die Glosse des altenglischen Juniuspsalters und ihr Verhältnis zu der des Vespasianpsalters. Heidelberg: C. Winter 1908. (36 S.) 8° ¶ (Erscheint vollst. in: Anglistische Forschungen.) ×)
Heidelberg, Phil. Fak., Ref. Hoops, Diss. v. 6. Aug. 1908
[Geb. 29. Jan. 77 Wiesbaden; Wohnort: Heidelberg; Staatsangeh.: Preußen; Vorbildung: Realgymn. Wiesbaden Reife O. 95; Studium: Freiburg i. B. 2, Marburg 3, Heidelberg 18 S.; Rig. 5. Aug. 07.]

Brenner, Eduard, s.: Junius-Psalter, der altenglische.

Brenner, Ernst Wilhelm (Ysenburg/Büdingen), De fallacia signorum in graviditate. Diss. obstet.-med. Marburg, 3. IX. 1790. 54 S. (1.50) 4000
Gew.: Ernst Gottfr. Baldinger.

— — Dasselbe. 1791. (4.—) 4001

Brenner, Franz (Hrsg.), s. Ärzte-Kammer-Blatt, Österreichisches.

Brenner, Friedrich

Brenner, Fr., Beiträge zur Erhebung des Sinnes für heilige Wissenschaften u. geistl. Leben. Mit 1 Kpf. 8. Frankf. 825. Wesché. 16 gl Velinp. 1 ₰

Brenner, Fr., offener Brief an Hrn. Prof. D. Troll zu Aschaffenburg, als 2. Nachtrag zu seiner Schrift: Ueber das Dogma. gr. 8. (1 B.) Landshut 833, [Manz.]

Brenner, Friedr., Choralbuch für Kirche, Schule und Haus. qu. gr. 4. (IV und 55 S.) Dorpat 861, Gläser's Verlag. *

Brenner, Friedr., Choralbuch für Kirche, Schule und Haus. Anhang. qu. gr. 4. (13 S.) Dorpat 870, Gläser's Verlag. [Schnakenburg.] *
Choralbuch. Ebendas. 1861. *ℳ 3.

—— dass. — 2. veränd. und verm. Aufl. qu. Fol. (IV, 71 S.) Ebendas. 872.

—— Choralbuch für vier Männerstimmen, zum Gebrauche bei Gymnasien, Seminarien und kirchl. Männerchören. qu. gr. 4. (IV und 54 S.) Dorpat 862, Gläser's Verlag. *

— freie Darstell. d. Theologie in d. Idee des Himmelreichs. Oder neueste kathol. Dogmatik nach d. Bedürfnissen unserer Zeiten. 3 Bde. gr. 8. Bamb. 815—17. (Wesché in Frankf.) 6 ₰ 12 gl

— geschichtl. Darstellung d. Verrichtung u. Ausspendung d. heil. Sakramente, von Christus bis auf unsere Zeiten, mit beständiger Rücksicht auf Deutschland u. besonders auf Franken. 1r Bd, die Taufe. gr. 8. Bamb. 818. (Wesché in Frankf.) 1 ₰ 16 gl 2r Thl. A. u. d. T.: Geschichte, Darstell. u. Verricht. d. Firmung, von Christus bis auf unsere Zeiten. gr. 8. Ebd. 820. 1 ₰ 4 gl 3r Thl. A. u. d. T.: geschichtl. Darstell. d. Verricht. u. Ausspend. d. Eucharistie. 8. Ebd. 824. 1 ₰ 12 gl

Brenner, Fr., über das Dogma. Zugleich Beantwort. d. Fr.: Wer wird selig? gr. 8. Landsh. 832. Krüll. 20 gl

—— über d. Dogma. Zugleich Beantwortung d. Frage: Wer wird selig? gr. 8. (13¼ B.) Landshut 832, [Manz.]
1. u. 2. Nachtrag hierzu, vgl. dess. Brief an Troll, u. Nachtrag.

— Nachtrag zu der Schrift: Ueber das Dogma Zugleich Beantwortung der Frage: Wer wird selig? Deren Beanstandung u. Rechtfertigung betreffend. gr. 8. Landsh. 833. Krüll. ⅙ ₰

—— Nachtrag zur Schrift: Ueber d. Dogma. Zugl. Beantwortung d. Frage: Wer wird selig? Deren Beanstandung u. Rechtfertigung betreff. gr. 8. (2¼ B.) Landshut 833, [Manz.]

—— dass. Supplementbd. — A. u. d. T.: Ueber d. Dogma. Zugl. Beantwortung der Frage: Wer wird selig? 2., m. 2 Nachtr. verm. Ausg. gr. 8. (16½ B.) Landshut 834, [Manz.]
1. Bd. Generelle Dogmatik. Frankfurt a. M., Wesché. 1826. 2 Thlr. 12 Gr.

— kathol. Dogmatik. (Neue Aufl. resp. Umarbeitung der „Darstellung der Theologie ꝛc.“) 3 Bände. gr. 8. Frankfurt 1827–30, Wesché 7⅔ Thlr. — 13 fl. 30 kr. zuletzt 5 Thlr. — 9 fl.

Brenner, Fr., kathol. Dogmatik. In 3 Bdn. — 2. u. 3. Bd. — A. u. d. T.: Specielle Dogmatik. 2 Bde. gr. 8. Frankfurt a. M., Wesché. [1. (35 B.) 828., 2. (29½ B.) 829. à 2 Thlr. 12 Gr.] Thlr.

Brenner, Fr., katholische Dogmatik, od. System der kathol. speculativen Theologie. 2 Bde. 3., verm. u. verb. Aufl. gr. 8. Regensburg 844, Manz.
Bd. 1. Generelle Dogmatik. (50 B.) 1 Thlr. 15 Ngr.
» 2. Specielle Dogmatik. 2 Abthlgn. (91¼ B.) 3 Thlr.

Brenner, Fr. v., Nachträge zu seiner kathol. Dogmatik. gr. 8. (XII und 207 S.) Regensburg 847, Manz.
Des Verf. Dogmatik erschien in 3. Aufl. in 2 Bänden ebendas. 1844. und kostet 4 Thlr. 15 Ngr.

Brenner, Friedrich, Fundamentierung der kathol. spekulativen Theologie. Regensburg, Manz, 1837, gr. 8°, 7,50 Mk.

—— das Gericht, od. Aufdeckung d. Unwissenheit u. Unredlichkeit luther. Doctoren d. Theologie u. Pastoren, in Darleg. d. kathol. Lehrbegriffs. 8. (19 B.) Bamberg 829, Dederich.

— das Gericht od. Aufdeckung der Unwissenheit od. Unredlichkeit lutherischer Doktoren d. Theologie u. Pastoren im Darlegen des kath. Lehrbegriffs. 2e Aufl. 8. Bamberg 1830, Dederich. 20 ggr. — 1 fl. 30 kr.

Brenner, Fr.: K. Heinrich d. Heilige u. König Maximilian Joseph, in Bez. auf Bambergs kirchliche Verfassung. Eine histor. Parallele, veranlasst durch das zwischen Max. Joseph u. Pius VII. abgeschlossene Concordat. *Bamberg*. 808.

— Kaiser Heinrich d. Heilige u. König Maximilian Joseph, in Bezug auf Bambergs kirchl. Verfassung; eine Parallele, veranlaßt durch das zwischen Sr. Maj. Maximilian Joseph, K. v. Baiern u. Papst Pius VII. abgeschloss. Concordat. gr. 4. Bamb. 818. (Wesché in Frankf.) 8 gl

—— Lichtblicke v. Protestanten, od.: Neueste Bekenntn. f. d. Wahrheit bei ihr. Gegnern. Auch e. Beitr. z. 3. Jubel-Feier d. Augsb. Confession. gr. 8. (17½ B.) Bamberg 830, Dederich.

Brenner, Fr., System d. kathol. speculativ. Theologie. 2 Bde. gr. 8. Regensburg, Manz.
A. u. d. Titln.:
Bd. 1. Fundamentirung d. kathol. specul. Theologie. (50 B.) 837. 2 Thlr. 12 Gr.
» 2. Construction d. kathol. specul. Theologie. 4 Abthl. [1. (29 B.) 837. 1 Thlr. 12 Gr., 2., 3. (43 B.) 2 Thlr. 12 Gr., 4. (19½ B.) 838. 1 Thlr.] 5 Thlr.

Brenner, Friedrich, Versuch einer historisch-philosophischen Darstellung der Offenbarung als Einleitung in die Theologie. Bamberg u. Würzburg, Göbhardt, 1810, 8°, 3 Teile, 174, 160 u. 154 S.

F. Brenner's Versuch e. historisch-philosophischen Darstellung d. Offenbarung, als Einleit. in d. Theologie. 3 Thle. *Bamb.* u. *Würzb.*, Göbhardt. (810.) 812. 8° 1 ₰ 12 gl

— Versuch e. histor.-philosoph. Darstellung d. Offenbarung, als Einleitung in d. Theologie. gr. 8. Bamb. 810. 2e A. 812. (Wesché in Frankf.) 1 ₰ 12 gl

Brenner, Friedrich, War Jehova den Hebräern bloß ein Nationalgott? Landshut, 1821, 8°.

Brenner, Friedr., Was ist ein wahrer Gottesprophet nach dem Sinne der Schrift? Eine histor.-exegetische Abhandlung. Landshut, 1808, 8°. [Vlg. Thomann].

Brenner, Friedrich, Über messianische Weissagungen nebst einer Erklärung der wichtigsten Stellen des Alten Bundes, die als solche in den Schriften des Neuen Bundes angeführt werden. Theologische Zeitschr. von Batz. Bd. VI u. VII.

Brenner, Fr. (Hrsg.), s. Zeitschrift, Theologische.

Brenner, Fritz, appr. Arzt a. Frankfurt a. M.: **Aus dem** Senckenbergschen **Pathologischen Institut zu Frankfurt** a. M. Direktor: Prof. Eugen Albrecht. Das Oophoroma Folliculare. Würzburg 1907: H. Stürtz. (26 S.) 8°
Heidelberg, Med. Fak., Ref. Arnold, Diss. v. 1907
[Geb. 16. Dez. 77 Osthofen; Wohnort: Frankfurt a. M.; Staatsangeh.: Preußen; Vorbildung: Gymn. Weilburg Reife M. 00; Studium: Straßburg 2, Freiburg i. B. 1, Heidelberg 12 S.; Coll. 2. März 07; Approb. 23. Juni 05.]

Brenner, G., A. Lautz und Schmidt, Vorschule zur Zeichen-Schule. 2 Hefte. qu. gr. 4. Wiesbaden 874, Limbarth. à Heft * 40 Pf. *
Inhalt:
Heft 1. Acht Blatt gradlinige Figuren. (Stnt.)
" 2. Acht Blatt krummlinige Figuren. (Stnt.)

—— —— —— Zeichen-Schule. 2 Hefte. qu. 4. Ebendas. 874. *
Inhalt:
Heft 1. Zwanzig Blatt gradlinige Figuren. (Stnt.) *ℳ 1,50.
" 2. Vierundvierzig Blatt krummlinige Figuren. (Stnt.) *ℳ 3.

Brenner G, A Lautz, A Schmidt, Vorschule z. Zeichenschule. 1.2. qu4° Wiesbaden 1875

Brenner, G., A. Lautz und A. Schmidt, Vorschule zur Zeichen-Schule. 2 Hefte. 4. Aufl. qu. Fol. (à 12 Stnt.) Wiesbaden 879, Limbarth. à Heft * 50 Pf. *
Inhalt:
Heft 1. Gradlinige Figuren.
» 2. Krummlinige Figuren.

—— —— —— Zeichen-Schule. 2 Hefte. 2. Aufl. qu. 4. Nebst Begleitworten. gr. 8. (8 S.) Ebendas 879. In Mappe *
Inhalt:
Heft 1. 20 (lithogr.) Blatt gradliniger Figuren.
" 2. 44 (lithogr.) Blatt krummliniger Figuren.

Brenner, G., Th. Lautz und A. Schmidt, Zeichen-Schule. 3 Hefte. 2. Aufl. Wiesbaden, Limbarth. In Mappe *
Inhalt:
Heft 1. 20 (lithogr.) Bl. gradlinige Figuren. 4. 880. *ℳ 1.50.
" 2. 44 (lithogr.) Bl. krummlinige Figuren. 4. 880. *ℳ 3.—.
" 3. 18 (lithogr.) Bl. schattirte Ornamente. Fol. 885. *ℳ 4.—.

Brenner, G., Th. **Lautz** u. A. **Schmidt,** Zeichen-Schule. 2. Hft. 2 Abthlgn. à 22 Bl. krummlin. Fig. 3. Aufl. qu. 4. Wiesbaden 894. Ch. Limbarth. In Mappe. n. 4.—

Brenner, Gabriel

Brenner, Gabr.: Das Liebesleben d. Francesco del Nero, s.a. Bibliothek, moderne.

Brenner, Gabr., das Liebesleben des Francesco del Nero. Ein Roman aus dem Florenz der Renaissance. Buchschmuck v. Cocurdame. (215 S. m. Abbildgn.) schmal 8. Prag (903). A. Hynek. n. 3.—; geb. n. 4.60

Brenner, Gabriel, Das Liebesleben des Francesco del Nero. Ein Roman aus dem Florenz der Renaissance. Mit vielen Abbildgn. Prag, Hynek, o. J. (1904). 8°. (Eleg. gebd. Kr. 5.40.) (4 Kr., wie neu, Vict. Eytelhuber, Wien. 1905.)

BRENNER, Gabriel. Das Liebesleben des Francesco del Nero. Prag, Alois Hynek (um 1910). 8°.
Verb. d. Ldg. I Berlin 38 J. 895/11.

! Brenner, G: **Liebesleben d. Franzesco del Nero.** Beschlagnahmt.

Brenner, Georg

Brenner, Gg., Engelsharfe. Katholisches Gebet- und Gesangbuch, besonders für alle Verehrer der seligsten Jungfrau und Mutter Gottes Maria. 8., gänzlich umgearb. und mit den besten kathol. Kirchengesängen aus alter und neuer Zeit verm. Aufl. 8. (544 S. mit 1 Stahlst.) Passau 866, Elsässer und Waldbauer.

—— Melodienbuch dazu. 8. Aufl. qu. 4. (IV und 252 S.) Ebendas. 866. *

Brenner, Gust., das Wassergesetz f. das Königr. Bayern v. 23. III. 1907. Handausg. m. Einleitg. u. Erläutergn. sowie m. e. Anhang, enth. die Vollzugsvorschriften, den Text des Zwangsenteignungsgesetzes u. sonst. in das Wasserrecht einschläg. Bestimmgn., u. m. e. Sachregister. (XIV, 786 S.) 8. München 908. C. H. Beck.
Geb. in Leinw. 6.50

Brenner, H., Was thut unserer Landwirtschaft Noth? 8°. Muri 1872.

Brenner, Hch., s.: Schadeck, d. letzte.

Brenner, Hugo [pr. Arzt]: Beiträge zur Behandlung brandiger Brüche. ... Königsberg i. Pr., Hartungsche Buchdr. (1889); 28 S. + 1 Bl. 8°
Königsberg, Med. Fak., Inaug.-Diss. v. 1. Jul. 1889

Brenner, Hugo. Beiträge zur Behandlung brandiger Brüche. Diss. gr. 8. (28 S.) Königsb. 889. (Koch). * — 80

Brenner, J., s. a. Brenner, Johann Jakob

Brenner, J., Abhandlung über die Frage: Warum kehrt der Mond unserer Erde stets dieselbe Seite zu? gr. 8. (24 S.) Stuttgart 880. (Tuttlingen, Kling.) *

Brenner, J Frhr. v., Besuch bei d. Kannibalen Sumatras. **Erste Durchquerg d. unabhäng. Bataklánder.** 9 Hfto. 8° **(388 m. Abbildgn, Taf. u. 2 Kart.)** Würzb. 93. 94, L Woerl. 10 —; geb. in Lnw. 12 —

Brenner, J., Vortrag üb. das Thema: Ein Blick in die fernste Vergangenheit; e. Blick in die Gegenwart; e. Blick in die fernste Zukunft; od. die Entstehg. der Welten, ihr zeitl. Bestand u. ihr Ende. gr. 8. (30 S.) Tuttlingen 883. Kling. n. — 50

Brenner, J. G., Die symbolische Weisheit der Aegypter aus den verborgensten Denkmälern des Alterthums. Ein Theil der ägyptischen Maurerei, der zu Rom nicht verbrannt worden. Herausgegeben von K. Ph. Moritz. Berlin. Matzdorf. 1793. 8. XIV, 190 S.
Kloss 2839, wo als Jahr des Erscheinens 1792 angegeben ist und die Seitenzahl fehlt. Enthält zu Anfang die nicht genug begründete Erklärung einiger der vornehmsten Symbole oder Hieroglyphen der Aegypter. — Allg. Litr. Ztg. 1793. Nr. 284. S. 55. Halle gel. Ztg. 1793, St. 100, S. 844. Neue Leipziger gel. Anzeigen 1794, St. 38, S. 302. Neue allg. Deutsche Bibl. Bd. 13, St. 2, S. 383. Schlichtegroll's Nekrolog auf das Jahr 1793 (Gotha 1795), Band II, S. 255. Neue Leipziger Literaturztg. 1806, St. 1, S. 3. Handb. d. Frmrei II, S. 351.

Brenner, J. H., Die Landgrafen von Leuchtenberg, hist.-geneal. erläutert. Rothenburg 1834.

*** Brenner, J. J., die Kuhpocken, Uebersicht dessen, was wir davon glaubwürdig wissen 3te Aufl. m. K 8. Berlin, Haude u. Spener. 810.**

Brenner, J[acob]. Der Hauptmann von Köpenick, oder Der genialste Gaunerstreich zweier Jahrhunderte Lustspiel in fünf Aufzügen. 2. Aufl. ⟨5.—10. Tausend.⟩ IV + 47 S. 8. Weinfelden, A.-G. Neuenschwander[sche] Buchh., [1906]. fr. 1.25

Brenner, Ign., Ausflug von Konstantinopel nach Brussa in Kleinasien im J. 1793. Mit 1 Kpf. 12. Wien 818. Geistinger. 16 K (Gerold). Hbg. Pr. 8 K

— s. Bruchstücke aus d. Papieren d. Türken Hassan.

Brenner, Joach. Frhr. v., Besuch bei den Kannibalen Sumatras. Erste Durchquerg. der unabhäng. Batakländer. 9 Hfte. Lex.-8. (IV, 388 S. m. Abbildgn., Taf. u. 2 Karten.) Würzburg 893. 894. L. Woerl. n. 10. —; geb. in Leinw. n. 12. —

Brenner, Johann Baptist

— J. Bapt. (Stdtpfr. zu Heideck), Geschichte des Klosters u. Stiftes Waldsassen nach Quellen bearb. gr. 8. Nürnberg 1836, Riegel u. W. 1½ Thlr. — 2 fl.

Brenner, Joh. Bapt., Geschichte d. Klosters u. Stiftes Waldsassen, nach Quellen bearb. gr. 8. (20½ B.) Nürnberg 837, Riegel u. Wießner.

Brenner, Joh. Bapt., die Landgrafen v. Leuchtenberg, histor. genealog. erläut. 8. (4½ B.) Rothenburg a. d. Tauber 834, Beck.

Brenner, Johann Gottfried

TIPPO-SAIB und Laura oder Strafe und Rettung in den Folgen des jugendlichen Leichtsinnes zweyer Militärpersonen. Eine authentische Geschichte (zahmer Roman von *Joh. Gfr. Brenner*). Berlin, Matzdorff, 1791. 8⁰. VI—174 S.

Anon.-Lex. IV. p. 176 (nach Kordes, Kayser, Hayn).

— **Johann Heinrich Christian** (Sangerhausen), Quaestio jur. contr. an usufructus filio familias constitutus hodie cedat patri. Präs. Christian Heinr. Breuning. Lpz. (Rumpf) 11. I. 1771. 8 S. (3.—) 4002

Brenner, Johann Jakob

Brenner, J., Aufgabensammlung aus der Flächen- und Körperberechnung für die Hand der Schüler in Fortbildungs-, Gewerbs- und Winterabendschulen. 8. (52 S.) Tuttlingen 863, Kling. geb. *

Ausg. für den Lehrer. (VII und 67 S.)

Brenner, J. J., Aufgabensammlung zum schriftlichen Rechenunterricht für die deutschen Volksschulen. Vollständig nach dem neuen Münz-, Maß- und Gewichtssystem bearb. [Aus des Verf. Rechenunterricht für Volksschullehrer.] gr. 8. (76 S.) Stuttgart 872, Metzler's Verlag. cart. *

Brenner, Joh. Jak., religiöse Naturbetrachtung zum Gebrauch für die deutschen Volksschullehrer; so wie als Lesebuch für die Jugend. 8. (XVI und 272 S. mit 2 Stnt. in qu. gr. 4.) Tuttlingen 851, (Kling.) *

—— der schriftliche Rechen-Unterricht zum Gebrauch für die deutschen Volksschullehrer. Vollständig nach dem neuen Münz-, Maß- und Gewicht-System bearb. gr. 8. (VIII, 176 S.) Stuttgart 873, Metzler's Verlag. *

—— der schriftliche Rechnungs-Unterricht nach Schluß, nebst Beispielsammlung, zum Gebrauche für die deutschen Volksschullehrer. 2., verb. und verm. Aufl. 8. (XVI und 205 S.) Tuttlingen 853, Kling.

—— Sammlung von Kopfrechnungsaufgaben dem gewöhnl. Verkehr entnommen; zum Gebrauche für die Lehrer und Schüler der deutschen Volksschulen. 8. (56 S. und Auflösungen 24 S.) Tuttlingen 853, (Kling.)

—— der Unterricht im Kopfrechnen, mit einer durchaus neuen und namhaften Erweiterung, zum Gebrauche für die deutschen Volksschullehrer. 8. (VIII und 120 S.) Tuttlingen 851, (Kling.) *

Brenner, K., prakt. Anleitung zur Bereitung moussir. Weine, sowohl aus jungen, als a. abgelagerten Gewächsen; zur Förderung d. Weinkultur in Deutschland. M. 1 Taf. Zeichn. gr. 8. (ca. 4 B.) Erfurt 834, (Müller.) Versiegelt

Brenner, Karl

Brenner, Carl. Geschichte der Freiherren von Bussnang, mit besonderer Beziehung auf Konrad von Bussnang, Abt von St. Gallen, und Konrad von Bussnang, Bischof von Strassburg, bearb. von K. B.... 8.

In: Thurg. Beiträge zur vaterl. Gesch. Heft 11. (Frauenfeld 1870.)

Brenner, Carl, kurzer Leitfaden f. d. prakt. Hausfrau i. d. Küche. Rezeptbuch f. d. v. Verf. geleit. Kochschule, auf bes. Wunsch f. Schülerinnen hrsg. gr. 8. (VI, 173 S.) Aarau 895. H. R. Sauerländer & Co. Geb. m. Nägeln n. 3. 60

Brenner, Carl, kurzer Leitfaden f. die praktische Hausfrau in der Küche. Rezeptbuch f. die vom Verf. geleitete Kochschule, auf besonderen Wunsch seiner Schülerinnen hrsg. 2., verm. u. verb. Aufl. (VII, 236 S.) gr. 8. Aarau 907. H. R. Sauerländer & Co.

Geb. in Leinw. m. Nägeln auf dem Einband n. 3. 60

Brenner, Karl (Red.), s. Presse, Pharmaceutische.

Brenner, Curt, Tierarzt, z. Z. Assist. am bakteriol. Inst. d. Landwirtschaftskammer f. d. Prov. Sachsen zu Halle a. S.: Aus d. hygien. Inst. d. Tierärztl. Hochsch. zu Dresden. Reagiert das tuberkulöse Meerschweinchen auf Tuberkulinpräparate in spezifischer Weise allgemein oder örtlich? Borna-Leipzig 1910: Noske. 61 S. 8°

Leipzig, Veterinär-Med. Diss. v. 1. Dez. 1910, Ref. Klimmer

[Geb. 3. Mai 86 Mehltheuer; Wohnort: Dresden; Staatsangeh.: Sachsen; Vorbildung: Realgymn. Plauen i. V. Reife O. 06; Studium: Dresden Tierärztl. Hochsch. 8 S.; Coll. 12. Dez. 11; Approb. 8. März 10.] [U 11. 3122

Brenner, Leo, s. a.: Gopčević, Spiridion.

Brenner, Leo, Beobachtungs-Objekte f. Amateur-Astronomen, v. dem Verf. des „Handbuch f. Amateur-Astronomen" u. der „Spaziergänge durch das Himmelszelt", B. gr. 8. (VIII, 192 S. m. 16 Abbildgn. u. 5 Taf.) Leipzig 902. E. H. Mayer. Geb. in Leinw. n. 7. 50

Brenner, Leo., die Bewohnbarkeit der Welten, s. a. Hillger's illustr. Volksbücher 20. Bd.

Die Bewohnbarkeit der Welten von Leo Brenner. Mit 50 Ill. Berlin, Leipzig: H. Hillger [1905]. (96 S.) 8° [F.]

= Volksbücher, Hillgers illustrierte. Bd 20. [05.10078

Brenner, Leo, Handbuch f. Amateur-Astronomen. Leichtfassl. allgem. verständl. Anleitungen f. Laien, welche astronom. Beobachtgn. machen wollen, u. prakt. Behelfe z. Beobachten f. bereits tätige Amateure. gr. 8. (VIII, 186 S. m. 69 Abb.) Leipzig 898. E. H. Mayer. Geb. in Leinw. n. 10. —

— Jupiter-Beobachtungen a. d. Manora-Sternwarte 1895—1896. [Aus: „Denkschr. d. k. Akad. d. Wiss."] gr. 4. (24 S. m. 8 Farbdr. u. 8 Pausen.) Wien 895. (C. Gerold's Sohn.) n. 7. 60

— Jupiter-Beobachtgn au d. Manora-Sternwarte 1895—96. 4° (24 m. 8 Farbdr. u. 8 Pausen.) Wien 97, (C Gerold's S.). 7.60 || 1896—98. (24 m. 7 Taf.) 1900. 6.50

BRENNER, Leo

Jupiter-Beobachtungen auf der Manora-Sternwarte 1896—1898. Von Leo Brenner. (Mit 7 Tafeln.) Besonders abgedruckt aus dem LXX. Bande der Denkschriften der mathematisch-naturwissenschaftlichen Classe der kaiserlichen Akademie der Wissenschaften. Wien. 1900. In Comm. Gerold's Sohn. 4°. 24 S. K 6.50

— Jupiter-Beobachtungen auf der Manora-Sternwarte 1898—1901. (47 S. m. 5 Fig. u. 15 Taf.) gr. 4. Wien 902. (A. Hölder.) n. 10. —

Sonderabdruck aus: „Denkschr. d. k. Akad. d. Wiss."

— Mars-Beobachtungen 1896—1897 a. d. Manora-Sternwarte i. Lussin Piccolo. [Aus: „Abhandlgn. d. k. preuss. Akad. d. Wiss."] gr. 4. (32 S. m. 3 Taf.) Berlin 898. (G. Reimer.) Kart. n. 3. —

Brenner, L. (Red.), s. Rundschau, Astronomische.

Spaziergänge durch das Himmelszelt. Astronom. Plaudereien m. bes. Berücks. d. Entdeckgn d. letzten Jahre. Von Leo Brenner, Dir. d. Manora Sternwarte. M. 7 Taf. u. 23 Textb. *Leipzig: E. H. Mayer 1898.* (VIII, 399 S., 7 Taf.) 1 Bd 8. [97. 8495 Gr

— neue Spaziergänge durch das Himmelszelt. Astronomische Plaudereien m. besond. Berücksicht. der Entdeckgn. der letzten Jahre. (VII, 352 S. m. 105 Abbildgn. u. 4 Taf.) 8. Berlin 908. [H. Paetel.] Lussinpiccolo, Administration d. astronom. Rundschau. n. 6. —; geb. n.n. 7. —

Brenner, Ludwig

— s.: Festschrift z. 50jähr. Doktorjubelfeier Karl Weinholds.

Brenner, Ludw., Gedanken üb. Religion u. Bibel. Hrsg. zur Förderg. idealer Welt-Anschaug. u. sittlich-nationalen Bewußtseins. (87 S.) 8. Leipzig 905. E. Rust. n. 1.—

— mittelhochdeutsche Grammatik u. Verslehre. 8. Aufl. [Aus: „L. Englmann's mittelhochdeutsches Leseb."] gr. 8. (III, 30 S.) München 894. J. Lindauer. n. — 80

Brenner, Martin, aus Heidelberg: Aus d. Pathol. Institut zu Heidelberg. Ueber das primäre Carcinom des Ductus choledochus. *(Berlin: G. Reimer) 1899.* (20 S.) 8° ¶ (Aus: Virchow's Archiv f. pathol. Anatomie, Bd 158, 1899.)
Heidelberg, Med. Diss. v. 1899

BRENNER, Maximilianus: De privatione beneficii. — (1909) VII, 131 S. 4° (Handschr.) **Diss. Wien Univ.** Diss. 704

Brenner, Michael: Quatenus maturior in lingua hebraica institutio in scholis publicis ut eruditionem augere, ita et religionem atque pietatem multum juvare possit. S. 3 - 12.
Progr. Passau 1830.

Brenner, Mich., Rede über die Stimmung der jetzigen Zeit gegen die theolog. Wissenschaft. Vorgetragen den Candidaten der Theologie am k. Lyceum zu Passau. 4. Passau 833. Pustets Buchh. (Winkler.) 1/6 ₰

— Mich. (Rektor), Rede über d. Stimmung der Zeit gegen die theolog. Wissenschaft. 4. Passau 1835, Pustet. 4 ggr. — 15 kr.

Brenner, Osc., s.: Abhandlungen, germanistische, zum LXX. Geburtstag Konrad v. Maurers.

Brenner, Osk., s.: Bayerns Mundarten.

Brenner, O, s.: Festschrift z. 50jähr. Doktorjubelfeier Karl Weinholds.

Brenner, O., mittelhochdeutsche Grammatik. 2. Aufl. [Aus: „Englmann's mittelhochdeutsches Lesebuch".] gr. 8. (32 S.) München 889. Lindauer. n. — 60

— mittelhochdeut. Grammatik u. Verslehre. 3. Afl. 8° (30) Münch. 94, J Lindauer. — 80

Die lautlichen und geschichtlichen Grundlagen unserer Rechtschreibung. Von Dr. Oskar Brenner, Prof., Würzburg. *Leipzig: B. G. Teubner 1902.* (68 S.) 8° [F.] [02. 5469

— Grundzüge d. geschichtl. Grammatik d. deutschen Sprache, zugl. Erläutergn. z. m. mittelhochdeutschen Grammatik u. z. mittelhochdeutschen Verslehre, m. e. Anh.: Sprachproben. gr. 8. (VIII, 113 S.) Ebd. 896. n. 2. 40

Brenner, Osc., altnordisches Handbuch. Litteraturübersicht, Grammatik, Texte, Glossar. gr. 8. (VIII, 248 S.) Leipzig 882, T. O. Weigel. *

— altnordisches Handbuch. Litteraturübersicht, Grammatik, Texte u. Glossar. Neue(Titel-)Ausg. i. 2 Tln. gr. 8. Leipzig (882) 896. Chr. H. Tauchnitz. n. 7.—
1. Grammatik. (VIII, 158 S.) n. 4. 50
2. Chrestomathie. (S. 159—248.) n. 2. 50

Brenner, Osc., die ächte Karte des Olaus Magnus vom J. 1539 nach dem Exemplar der Münchener Staatsbibliothek. gr. 8. (24 S. mit 1 Karte in Lichtdr.) Christiania 886, (Dybwad.) *
Aus: Christiania Videnskabs-Selskabs forhandlinger, besonders abgedruckt.

Brenner, Osc., über die Kristni-Saga. Kritische Beiträge zur altnordischen Literaturgeschichte. gr. 8. (XIV, 158 S.) München 878, Kaiser. *

Brenner, Osk., mittelhochdeutsches Lesebuch, s.: Englmann, Lor.

Brenner, Oskar (Hrsg.), s. Mundarten, Bayerns.

— Mundarten u. Schriftsprache in Bayern, s. a. Bibliothek, bayerische.

Brenner O, Mundarten und Schriftsprache in Bayern. (Bayrische Bibliothek 18) Bamberg 1890

— Nord- u. Mitteleuropa in den Schriften der Alten bis zum Auftreten der Cimbern u. Teutonen. Inaugural-Dissertation. gr. 8. (III, 116 S.) Ebend. 877. n. 2. 40

— altbairische Possenspiele, s.: Kiennast, Frz. v. Paula.

— ein altes italienisch-deutsches Sprachbuch. E. Beitrag z. Mundartenkunde d. 15. Jahrh. [Aus: „Bayerns Mundarten".] gr. 8. (63 S.) München 895, Ch. Kaiser. n. 1. 60

— angelsächsische Sprachproben m. Glossar. gr. 16. (VIII, 104 S.) Ebend. 879. n. 1. 80

— **Philipp Ludwig** (Nürtingen), Actio utilis de recepto, an & quibus in casibus locum possit sortiri? Präs. Ferdinand Christoph Harpprecht. Tübing. (J. C. Eitel) 6. XI. 1706. 42 S. (5.—) 4003
Widm. v.: Präs., Gabr. Schweder.

— — Aug. Caes. & S. Imp. Rom.-German. horumque vasalli seren. ducis Estensis, Mutinae & Regii &c. jura in comitatum Comachianum. Tübing. (J. Gg. Cotta) 1710. 40 S. m. Biogr. (M.: A. M. Bulffinger.) (5.50) 4004
Gew.: Phil. Heinr. v. Gölniz (Waldenstein).

Brenner, M., u. A. Porecky, anorganische Chemie tabellarisch dargestellt. Tab. I.: Die einfachen Stoffe. Imp. Fol. (2 B.) Tab. II.: Sauerstoff-Verbindungen. 1. Thl. Imp. Fol. (2 B.) Quedlinburg 850, Franke. (I. 1/2 ₰ II. 1. 3/4 ₰) 1 1/4 ₰

Brenner, R., Zur Elektro-Physiologie und Elektro-Pathologie des Nervus acusticus. 4°. *11 S.* Petersburg 1863.
Sep.-Abdr. a. d. Petersb. med. Zeitschrift.

— Weitere Mittheilungen zur Elektrootiatrik. 4°. *26 S.* Petersburg 1863.
(Sep.-Abdr. a. d. Petersb. med. Zeitschrift.)

Brenner, Reinhold: Praktische Anleitung zur Bereitung moussirender Weine, sowohl aus jungen, als auch aus abgelagerten Gewächsen; zur Förderung der Weinkultur in Deutschland. Erfurt: Müller 1834. 32 S.

Brenner, Rud., Untersuchungen und Beobachtungen auf dem Gebiete der Elektrotherapie. 4 Abthlgn. in 2 Bdn. gr. 8. Leipzig, Giesecke und Devrient. *
Inhalt:
Bd. 1. I. Untersuchungen und Beobachtungen über die Wirkung elektrischer Ströme auf das Gehörorgan in gesundem und krankem Zustande. Versuch zur Begründung einer rationellen Elektro-Otiatrik. (XVI, 263 S. mit 1 lithogr. Taf.) 868. *ℳ 7,20.
» 2. II. Untersuchungen und Beobachtungen einer rationellen elektro-dynamischen Methode. — III. Untersuchungen und Beobachtungen zur diagnostischen und therapeutischen Verwerthung elektrischer Ströme und Bewegungsstörungen. — IV. Untersuchungen und Beobachtungen über die thermische Wirkung des galvan. Stromes auf den menschlichen Körper. Anhang: Beitrag zur 1. Abthl. (XIII, 336 S. mit 4 lithogr. Taf. in Buntdr. in qu. gr. 4.) 869. *ℳ 8.

BRENNER, Theodor (München): Beitrag zur Casuistik der multiplen Exostosenbildung und deren Einfluss auf das Knochenwachstum.- München: Bayerische Landeszeitung 1884. 24 S.
21.11.1884 - Urk (Titel: De exostosibus multiplis hereditariis.); Chr 1884/85,20
Diss.Ingolst.-Landsh.-Mchn.

Brenner, W(ilhelm). Beiträge zur Blütenbiologie. [Mit Figuren.] 42 S. 4.
Bericht der Realschule zu Basel 1909—1910. Wissenschaftliche Beilage... . Basel, Werner-Riehm, 1910.

BRENNER, Wilhelm: Klima und Blatt bei der Gattung der Quercus. - Cassel 1901. 45 S.

Brenner, Wilhelm [aus Basel]: Untersuchungen an einigen Fettpflanzen. München 1900. 57 S. 8°. (S.-A. aus „Flora oder Allgem. botan. Zeitung" 1900, Bd. 87.)
Basel. Phil. Diss. 1900/1901.

Brenner-Burckhardt, C.

Fünfzig Jahre unter der guten Hand Gottes. 1858–1908. Die Kranken- u. Diakonissenanstalt Neumünster Zürich in ihrer geschichtl. Entwicklung u. gegenwärt. Organisation. Im Auftr. d. Direktion ihren Schwestern u. ihren Freunden geschildert von C. **Brenner-Burckhardt.** Zürich 1908: Buchdr. Berichthaus. 120 S. 8°

[Umschlagt.:] Jubiläumsschrift d. Kranken- & Diakonissenanstalt Neumünster, 1858–1908. [09. 6456

Brenner-Burckhardt, C., 50 Jahre unter der guten Hand Gottes 1858—1908. Die Kranken- u. Diakonissenanstalt Neumünster-Zürich in ihrer geschichtl. Entwicklung u. gegenwärt. Organisation. Im Auftrag der Direktion ihren Schwestern u. ihren Freunden geschildert. (126 S. m. Abbildgn., 6 Taf. u. 1 farb. Plan.) gr. 8. Zürich 908. (Buchh. d. ev. Gesellsch.) Geb. in Leinw. 2. —

Brenner-Burckhardt, C.

— **u. R Löw: Singet d. Herrn. Geistl. Lieder, sowohl 2- als 3stimmig zu singen. 5. Afl. (215) kl8° Bas., Kober'06.** — 80; HL. 1 —; L. 1.40 d

Brenner-Eglinger, Hans (Hrsg.), s. Brenner, Albert: Baslerische Kinder- und Volksreime...

Brenner v. Felsach, Jos., Abhandlung üb. d. Mückensehen, in diagnost. u. ätiolog. Beziehung. gr. 8. (2½ B.) Wien 833, Beck.

Brenner von Felsach, Jos(eph): Aphorismen über die Heilanstalten zu Ischl. 39 S., gbd., Abb.

Salzburg: typ.Oberst 1842

JB 2.795

Brenner von Felsach, Jos(eph): Bericht über die Bade-Saison zu Ischl im Jahre 1840. 15 S., gbd., Abb.

Salzburg: typ.Oberst 1841

JB 2.794

Brenner, Joseph, Ritter von Felsach: Bericht über Ischl's Heilanstalten. Salzburg 1842. 63 S. 8°.

Brenner, Jos. Ritter v. Felsach. Kurbilder aus der Badepraxis zu Ischl. 8. (136 S.) Gmunden, Joh. Habacher 1853.

Brenner-Schäffer, Wilhelm: Kurzer Auszug aus der Geschichte der Burg, im Auftrag des historischen Vereins zu Regensburg entworfen. Mit einer Ansicht der Burg vor ihrer Zerstörung. Stadtamhof, 1869. Druck von Joseph Mayr. 8°

Brenner-Schäffer, Wilh., Schematismus der promovirten Aerzte im Regierungsbezirk der Oberpfalz und von Regensburg sammt einer statist. Skizze des Kreises. gr. 4. (38 S.) Nürnberg 852, (Stein.) *

Brenner-Schäffer, Wilh., zur oberpfälzischen Volksmedizin. Darstellung der sanität. Volks-Sitten und des medizin. Volks-Aberglaubens im nordöstl. Theile der Oberpfalz. Gekrönte Preisschrift. gr. 8. (40 S.) Amberg 861, Pohl.

Brennerbahn [sachliches OW]

Brennerbahn, Die. Von Innsbruck bis Bozen—Meran. (Album.) (24 Bl.) 22×30 cm. Münch. ('08). (Boz., Deutsche Bh.) 1.75

Brennerbahn, Die, in ihren Beziehungen zum Lande Tirol. Erinnerungsblätter an das 25jährige Jubiläum dieser Bahn. Innsbruck 1892. V: *Angerer.* (Russell XVI, IV, 1, 956)

Brennerbahn, die, in ihren Beziehungen zum Lande Tirol. Erinnerungsblätter an das 25jähr. Jubiläum dieser Bahn. Lex.-8. (14 S.) Innsbruck 892. Wagner. n. — 50

Brenner-Bahn, die, von Innsbruck nach Botzen. qu. gr. 4. (7 S. mit 15 Photograph.) München 869, Neuburger und Kolb. à Bl. ℳ 1,25.
In engl. Carton
Ausgabe ohne Text in qu. 16. à Bl. 50 Pf.
In engl. Carton

Brennerbahn [Schlagwort]

Brennerbahn, s.a. **Alpen,** Bernhard, C.

Brennerbahn, s.a. **Bayern.** Bernhard, C.

Brennerbahn, Karte d., von Innsbruck bis Botzen. Nach den Original-Aufnahmen d. k. k. milit. geogr. Inst. Zusammenzestellt v. Vinc. Schusser und Carl Wieg. Im Massstab v. 1:72.000 Wien, Artaria & Comp. in Commission. 1865 ? 2 Blatt. 3 fl.

Brennerbahn — Tracé der —. 72,000. 2 Bl.

Brennerei-Kalender, deutscher, für das J. 1882—1883. [1. Octbr. 1882 bis 31. Decbr. 1883.] Hrsg. von Otto Mittenzwei. 2 Thle. gr. 16. (IV, 335; III, 180 S.) Frankfurt a. O., Waldmann. geb. *
Die Fortsetzung bildet: Kalender für die landwirthschaftlichen Gewerbe.

Brennerei-Kalender, deutscher, für die Brennerei-Campagne [1. Juli 1873 bis 30. Juni 1874] 1873—74. Ein Taschenbuch für Brennerei-Besitzer, sowie für Brennerei-Beamte und Spiritus-Fabrikanten überhaupt. Bearb. mit Rücksicht auf oesterreich. Verhältnisse von Heinr. Böhm. gr. 16. (142 S.) Berlin 873, R. Kühn. geb. *

—— dass. — für die Brennerei-Campagne [1. Juli 1874 bis 30. Juni 1875] 1874—1875. gr. 16. (131 S.) Ebendas. 874. geb. *

Brennerei-Kalender, deutscher, für die Brennerei-Campagne [1. Juli 1875 bis 30. Juni 1876] 1875—1876. 3. Jahrg. Ein Taschenbuch für Brennerei-Besitzer, sowie für Brennerei-Beamte und Spiritus-Fabrikanten überhaupt. Bearbeitet mit Berücksicht. der deutschen wie auch der österreich. Verhältnisse von Heinr. Böhm. gr. 16. (327 S.) Berlin, R. Kühn. geb. *

Brennerei-Kalender, deutscher, f. die Brennerei-Campagne [1. Juli 1876 bis 30. Juni 1877] 1876—77. 4. Jahrg. Ein Taschenbuch f. Brennerei-Besitzer, sowie f. Brennerei-Beamte u. Spiritus-Fabrikanten überhaupt. Bearb. m. Berücksicht. der deutschen wie auch der österr. Verhältnisse v. Heinr. Böhm. gr. 16. (190 u. 138 S.) Berlin, R. Kühn. geb. n. 3. —

—— **österreichisch-ungarischer, s.a Jahn, Rich.**

OESTERREICHISCH-UNGARISCHER BRENNEREI-KALENDER für das Jahr 1878. Herausgegeben von Rich. Jahn. 2 vols., 16mo. Wien, 1878–'79 ||

—— österreichisch-ungarischer, für das J. 1879. 2. Jahrg. Begründet und hrsg. von Rich. Jahn. gr. 16. (IV, 216 S.) Wien, Fromme. geb. *
Nicht weiter erschienen.
1. Jahrg. erschien im Selbstverlag.

Brennerei-Kalender, österreichisch-ungarischer, für die J. 1886 und 1887. 8. und 9. Jahrg. gr. 16. (à Jahrg. 158, 192 S.) Wien Perles. à Jahrg. *

—— dass. — für die J. 1888 und 1889. 10. und 11. Jahrg. gr. 16. (à Jahrg. IV, 96 S.) Ebendas. geb. à Jahrg. *
Die früheren Jahrgänge s. Jahn, Rich.

Brennerei-Kalender, Oesterreichisch-ungarischer, für das Jahr 1890. XII. Jahrg. 16. (102 S. mit Notizblättern.) In Leinwd. geb. 1.60
Wien: Perles.

Brennereikalender, Oesterr.-ungar., für das Jahr 1892. 14. Jahrg. Gr.-16. (96 S. mit Notizblättern.) Geb. Wien: Perles. 1.60

Brennerei-Kalender, Oesterreichisch-ungarischer, pro 1893. XV. Jahrg. 16. (96 S. mit Notizblättern.) Eleg. geb. 1.60
Wien: Perles.

Brennerei-Lexikon. Hrsg. v. Max Delbrück. (In 10—12 Lfgn.) 1. Lfg. (1—64 m. Abb.) Lex8° Berl., P Parey '12. 2 —

Brennereimaschinen-Katalog v. Gebrüder Sachsenberg Aktien-Gesellschaft ... Roslau in Anhalt. U. St. 1909. (148) S. Fig. 4°.

Brennereiordnung, s. Branntweinsteuer-Ausführungsbestimmungen, 2. Tl.

Brennereiordnung s.: Branntweinsteuergesetz v. 15. VII. 1909.

Brennerei-Zeitung. Allgemeines Organ für die bei der Spiritus-Fabrikation wicht. Erfahrungen und Erfindungen in der Chemie und Physik, der Zymotechnik, auf dem Gebiete des Maschinenwesens und der Apparate, Belehrung in der Spiritus-Fabrikation, statist. Nachrichten, Mittheilungen und Vorträge aus landwirthschaftl. Vereinen des In- und Auslandes u. s. w. Redact.: L. Gumbinner. 1. Jahrg. 2 Nrn. Berlin 869, Selbstverlag.

—— dass. — 2. Jahrg. 1870. 12 Nrn. (Bog.) gr. 8. Berlin, Lindow. *

—— neue. Praktische Mittheilungen der bei der Spiritus-Fabrikation vorkommenden Erfahrungen und wicht. Erfindungen, sowie der neu erfundenen Maschinen, Geräthe und Apparate. Allgemeines Organ für Brennerei-Besitzer, Brennerei-Beamte, Presshefen-Fabrikanten etc. Redact.: L. Gumbinner. 1.—3. Jahrg. 1872—1874. à Jahrg. 12 Nrn. (à 1—2 Bog.) gr. 8. Berlin, Mode's Verlag. à Jahrg. *

Brennerei-Zeitung, neue. Praktische Mittheilungen der bei der Spiritus-Fabrikation vorkomm. Erfahrungen und wicht. Erfindungen, sowie der neu erfundenen Maschinen, Geräthe und Apparate. Allgemeines Organ für Brennerei-Besitzer, Brennerei-Beamten, Presshefen-Fabrikanten, Kupferwaaren-Fabrikanten, Maschinenbauer etc. Redact.: L. Gummbinner. 4.—8. Jahrg. 1875—1879. à Jahrg. 12 Nrn. (à 1—2 Bog.) gr. 8. Berlin, Mode's Verlag. à Jahrg. *

Brennerei-Zeitung, neue. Praktische Mittheilungen der bei der Spiritus-Fabrikation vorkommenden Erfahrungen und wicht. Erfindungen, sowie der neu erfundenen Maschinen, Geräthe und Apparate. Allgemeines Organ für Brennerei-Besitzer, Brennerei-Beamte, Presshefen-Fabrikanten etc. Redact.: L. Gumbinner. 9. Jahrg. 1880. 12 Nrn. (à Nr. 1—2 Bog.) gr. 8. Berlin, Mode's Verlag. *

—— dass. — 10.—13. Jahrg. 1881—1884. à Jahrg. 24 Nrn. (Bog. mit eingedr. Holzschn.) gr. 4. [Berlin, Baensch.] Halle, Knapp. à Jahrg. *

Brennerei-Zeitung, neue. Praktische Mittheilungen über die bei der Spiritus-Fabrikation vorkommenden Erfahrungen und wicht. Erfindungen. Allgemeines Organ für Brennerei-Besitzer und Beamte, Preshefen-Fabrikanten etc. Redact.: L. Gumbinner. 14. Jahrg. 1885. 24 Nrn. (Bog. mit eingedr. Holzschn.) gr. 4. Halle, Knapp. *
Nicht weiter erschienen.

Brennerei-Zeitung, österreichische. Organ des Spiritusindustrie-Vereines für das Königr. Böhmen. Redact.: R. Jahn. 1. und 2. Jahrg. 1877 und 1878. à Jahrg. 24 Nrn. (à 2—3 Bog.) hoch 4. Prag, (Calve'sche Hofbuchh.)
s.a. Brennerei-Zeitung, österreichisch-ungarische.

Oesterr. Brennerei-Zeitung. Central-Organ für die Gesammtinteressen der Spiritus-, Presshefe- und Liqueur-Fabrication etc. 1. Jahrg. 1903. 4°. erscheint in 24 Nrn. kompl. K 10.
Wien: Perles.

Oesterr. Brennerei-Zeitung. Zentralorgan für die Gesamtinteressen der Spiritus-, Preßhefe- und Likörfabrikation etc. 2. Jahrg. 1904. 4°. erscheint in 24 Nrn. kompl. K 10.—
Wien: Perles.

Österr. Brennereizeitung. Zentralorgan für die Gesamtinteressen der Spiritus-, Preßhefe- und Likörfabrikation etc. 3. Jahrg. 1905. 4°. erscheint in 24 Nrn. kompl. K 10.
Wien: Perles.

Österr. Brennereizeitung. Zentralorgan für die Gesamtinteressen der Spiritus-, Preßhefe- und Likörfabrikation etc. 4. Jahrg. 1906. 4°. erscheint in 24 Nrn. kompl. K 10.—
Wien: Perles.

Brennerei-Zeitung, österreichische, vereinigt m. der im 31. Jahrg. steh. Allgemeinen Zeitg. f. die Gesamtinteressen der Spiritus-, Presshefe-, Likör-, Essig- u. Stärkefabrikation, sowie der landwirtschaftl. Brennereien. Zentralorgan f. die gesamte Gärungs-Industrie. Unter Mitwirkg. hervorrag. Fachmänner hrsg. u. red. v. Neumann Wender. Verantwortlicher Red.: Emil Tullinger. 5.—8. Jahrg. 1907—1910. à 24 Nrn. (à ca. 8 S.) 31,5×23,5 cm. Tetschen. (Wien, M. Perles.) à Jahrg. 10. —

— österreichisch-ungarische. Organ des Spiritusindustrie-Vereines für das Königr. Böhmen. Red.: R. Jahn. 1—6. Jahrg. 1877—1882. à 24 Nrn. (à 2—3 B.) hoch 4. Prag, (Calve). à Jahrg. n. 10. —

— österreichisch-ungarische. Organ der Spiritusindustrie in Oesterreich-Ungarn. Hrsg.: Rich. Jahn. Red.: Karl Kruis. 7—10. Jahrg. 1883—1886. à 24 Nrn. (à 2—3 B.) hoch 4. Prag, (Calve). à Jahrg. n. 10. —

Brennerei-Zeitung, österreichisch-ungarische. Organ der Spiritusindustrie in Oesterreich-Ungarn. Hrsg.: R. Jahn. Red.: K. Kruis. 11.—13. Jahrg. 1887—1889. à 24 Nrn. (à 2—3 B.) hoch 4. Prag, (Calve). à Jahrg. n. 10. —

— Süddeutsche. Allg. Zeitschr. f. d. Praxis d. Presshefen-, Kornbranntwein- u. Spiritus-Industrie, Kartoffeltrockng. Rektifikation, Obstbranntwein- u. Likör-Fabrikation. Red.: H Nohbel. 4. J. '12. 52 Nrn. (Nr 1: 8) 49×33 cm. Berl., Maetzig & Co. 12 —; einz. Nrn — 30 d

Brenner's, Baron, Besuch b. d. Kannibalen, Jugendbearbeitg., s.: Goldschmidt, O., Abenteuer u. Erlebnisse b. d. Menschenfressern.

Brennert, E., geometrische Konstruktionsaufgaben mit vollständiger Auflösung. Ein Hilfsbuch für Lehrer. In übersichtl. u. method. Folge bearb. Mit 182 (eingedr.) Holzschn. gr. 8. (IV, 100 S.) Berlin 880. Nicolai's Verl. n. 1. 50

Brennert, Emil, geometrische Konstruktionsaufgaben m. vollständiger Auflösung. Ein Hilfsbuch f. Lehrer. In übersichtl. u. method. Folge bearb. 2., verb. Aufl. gr. 8. (IV, 100 S. m. 182 Holzschn.) Berlin 899. Nicolai's Verl. n. 1. 50

Brennert, Emil. Rechenbuch f. die oberen Klassen der Mädchenschule. Methodisch geordnete Aufgabensammlg., f. mündl. u. schriftl. Rechnen bearb. 1. u. 2. Aufl. 8. (IV, 76 S.) Berl. 890,91, Nicolai's Verlag. ** — 50

Brennert, Emil, Rechenbuch f. die oberen Klassen der Mädchenschule. Methodisch geordnete Aufgabensammlg. f. mündl. u. schriftl. Rechnen. 3. Aufl. 8. (IV, 76 S.) Berlin 893. Nicolai's Verl. n.n. — 50

Brennert, Emil, Rechenbuch f. d. ob. Klassen d. Mädchenschule. Method. geordn. Aufgabensammlg. f. mündl. u. schriftl. Rechnen. 4., umgearb. Aufl. gr. 8. (88 S.) Berlin 897. Nicolai's Verl. n.n. — 50; Auflösgn. 2. Aufl. (40 S.) n. — 40

— Rechenb. f. d. ob. Klassen d. Mädchensch. 5. Afl. 8° (88) Ebd. 99. nn — 50; Auflösgn. 2. Afl. (40) 97. — 40

— u. P. Stubbe, Rechenbuch für achtstufige Schulen. Methodisch geordnete Aufgabensammlg. in 8 Hftn. gr. 8. Ebd. (901). n. 2. 50

1. Die vier Grundrechnungsarten im Zahlenraum von 1–20. Die Division ohne Rest. (32 S.) n. — 15
2. Die vier Grundrechnungsarten im Zahlenraum von 1–100. Multiplikation u. Division nur m. einstell. operativer Zahl. Angewandte Aufgaben m. einfach benannten Zahlen. (56 S.) n. — 25
3. Kopfrechnen: Die vier Grundrechnungsarten im Zahlenraum von 1 — 1000. Deutsche Münzen, Längenmaße, Gewichte, Zähl- u. Zeitmaße. Schriftliches Rechnen: Die vier Grundrechnungsarten im Zahlenraum bis 1 000 000 (Division nur durch ein- u. zweistell. Divisor.) Angewandte Aufgaben. (46 S.) n. — 30
4. Die vier Grundrechnungsarten im unbegrenzten Zahlenraum m. unbenannten u. mehrfach benannten Zahlen. Die dezimale Schreibung der Münzen, Maße u. Gewichte. Die Zähl- u. Zeitmaße m. nicht dezimaler Währg. Resolvieren u. Reduzieren. Regeldetri. Rechenvorteile. (56 S.) n. — 30
5. Dezimalbrüche. Leichtere Übgn. m. gemeinen Brüchen, die im prakt. Leben häufig vorkommen. Angewandte Aufgaben: Quadrat, Rechteck, Parallelogramm, Dreieck, Würfel. (52 S.) n. — 30
6. Bruchrechnung im Zusammenhange. Leichtere Aufgaben aus den bürgerl. Rechnungsarten: Regeldetri, Prozent-, Zeit-, Zins-, Rabatt-, Gesellschaftsrechnung. Quadrat-, Rechteck, Rhombus, Rhomboid, Dreieck, Kreis (Oberfläche), Würfel, Prisma. Einige Aufgaben aus der Physik. (64 S.) n. — 40
7. Verwandlung gemeiner Brüche in Dezimalbrüche u. umgekehrt; periodische Dezimalbrüche. Die bürgerl. Rechnungsarten unter Berücksicht. d. Verhältnisse d. prakt. Lebens: Zusammengesetzte Regeldetri, Verhältnis-, Prozent-, Zins-, Gesellschafs-, Mischungs- u. Raumrechng. (56 S.) n. — 40
8. Die Teilbarkeit der Zahlen. Aus der deutschen Maß- u. Gewichtsordng. Vergleichung der jetz. deutschen Maße m. früher gebräuchl. u. m. einigen ausländ. Maßen. Aus der Münzordng. Ausländische Münzen. Die kaufmänn. Art der Zinsberechnung mittels Zinszahlen u. Zinsdivisoren. Der Wechsel. Wertpapiere u. Kursberechnung. Quadratwurzeln. Wiederholungs- u. Ergänzungsaufgaben aus den früheren Pensen. (52 S.) n. — 40

— — dasselbe. Ergänzungsheft. Das Arbeiterschutzgesetz. Ausführungsbestimmungen, Erläuterungsbeispiele u. Aufgaben. gr. 8. (12 S.) Ebd. 901. n. — 10

— — dasselbe. Auf Grund d. amtl. Lehrplans der Berliner Gemeindeschule vom J. 1902 in 8 Hftn. bearb. gr. 8. Ebd. (902). n. 3. 35.

I. 1. Schulj. 8. Klasse. Die vier Grundrechnungsarten im Zahlenraum von 1—20. (32 S. m. Fig.) n. — 15
II. 2. Schulj. 7. Klasse. Die vier Grundrechnungsarten im Zahlenraum von 1—100. Multiplikation u. Division nur m. einstell. operativer Zahl. Vorbereitung der Bruchrechng.: Die Zerlegg. des Ganzen in seine Teile u. die Zusammenfassg. der Teile zu e. Ganzen. Erste Einführg. in die Währungsverhältnisse. Vorbereitung der Dreisatzrechng. (56 S.) n. — 30
III. 3. Schulj. 6. Klasse. Kopfrechnen: Der Zahlenraum von 1—1000. Vorbereitung der Bruchrechng.: Einführung der abgeleiteten Brüche u. gemischten Zahlen. Weitere Einführg. in die Währungsverhältnisse. Vorbereitung der Dreisatzrechng. (56 S.) n. — 30
IV. 4. Schulj. 5. Klasse. Wiederholungsaufgaben. Das schriftl. Rechnen im unbegrenzten Zahlenraum. Vorbereitung der Bruchrechng.: Auflösung der Zahlen in zusammengesetzte u. einfache Faktoren. Weitergehende Uebgn. m. den Währungsverhältnissen. Vorbereitung der Dreisatzrechng.: Schluß von der Vielheit auf e. Vielheit. (48 S.) n. — 30
V. 5. Schulj. 4. Klasse. Das Rechnen mit mehrfach benannten Zahlen zehnteil. u. anderer Währung. Vorbereitung der Bruchrechng. im Anschluß an die Rechnung m. benannten Zahlen zehnteil. Währung.: Die Einführg. in die Schreibg. zehnteil. Werte in Zehnerbruchform. Vorbereitung der Dreisatzrechng. Verwertung weltkundl. Stoffe. (56 S.) n. — 30
VI. 6. Schulj. 3. Klasse. Das Rechnen m. gemeinen u. Zehnerbrüchen. Der Dreisatz: Die Rechng. m. geraden u. einfachen Verhältnissen. Verwertung der weltkundl. Stoffe. Flächen- u. Körperberechng. (88 S.) n. — 50
VII. 7. Schulj. 2. Klasse. Der Dreisatz: Rechnung m. ungeraden u. zusammengesetzten Verhältnissen. Verhältnisbestimmungen u. Proportionen. Prozentrechnung. Zinsrechnung. Mischungsrechnung. Die Versicherungsrechngn. Flächen- u. Körperberechng. (76 S.) n. — 50
VIII. 8. Schulj. 1. Klasse. I. Die kaufmänn. Rechnungsarten: Geld. Die kaufmänn. Zinsberechng. Kursrechnung. Wertpapiere. Diskont. Wechsel. Gesellschaftsrechnung. — II. Abschließende Wiederholg. aus verschied. Sachgebieten: Maße u. Gewichte. Weltkundliches. Naturkundliches. Aus der Raumlehre. Das Ausziehen der Quadratwurzeln. Hauswirtschaftliches. Landwirtschaftliches. Gewerbliches. — III. Arithmetik u. Algebra: Die Lehre v. den absoluten Zahlen. Die algebr. Addition, Subtraktion, Multiplikation, Division. Die Proportionen. Die Gleichgn. 1. Grades m. e. u. mehreren Unbekannten. (114 S.) n. — 60. — Dasselbe. Ausg. für Mädchenschulen. I. Die kaufmänn. Rechnungsarten: Geld. Die kaufmänn. Zinsberechng. Kursrechnung. Wertpapiere. Diskont. Wechsel. Gesellschaftsrechtsrechnung. — II. Abschließende Wiederholg. aus verschiedenen Sachgebieten: Maße u. Gewichte, Weltkundliches, Naturkundliches, Hauswirtschaftliches. Vermischte Aufgaben. — III. Flächen- u. Körperberechng. (64 S.) n. — 40

— — dasselbe. Auflösungen zum III—VIII. Heft. 8. Ebd. (904). n. 2. 50

III. (39 S.) — 40. — IV. 2. Aufl. (24 S.) — 30. — V. 2. Aufl. (15 S.) — 20. — VI. 2. Aufl. (35 S.) — 40. — VII. 2. Aufl. (24 S.) — 30. — VIII. 2. Aufl. (62 S.) — 60; Ausg. für Mädchenschulen (24 S.) — 30.

Brennert, E., u. P. Stubbe, Rechenbuch f. achtstufige Schulen. Auf Grund des amtl. Lehrplans der Berliner Gemeindeschule vom J. 1902 in 8 Heften bearb. 8. Berlin (906). Nicolai's Verl. n. 3. 35

I. 1. Schulj. 8. Klasse. Die vier Grundrechnungkarten im Zahlenraum von 1—20. 9. Aufl. (32 S. m. Fig.) n. — 15
II. 2. Schulj. 7. Klasse. Die vier Grundrechnungsarten im Zahlenraum von 1—100. Multiplikation u. Division nur m. einstell. operativer Zahl. Vorbereitung der Bruchrechng.: Die Zerlegg. des Ganzen in seine Teile u. die Zusammenfassg. der Teile zu e. Ganzen. Erste Einführg. in die Währungsverhältnisse. Vorbereitung der Dreisatzrechng. 9. Aufl. (56 S.) n. — 30
III. 3. Schulj. 6. Klasse. Kopfrechnen: Der Zahlenraum von 1 bis 1000. Vorbereitung der Bruchrechng.: Einführung der abgeleiteten Brüche u. gemischten Zahlen. Weitere Einführg. in die Währungsverhältnisse. Vorbereitg. der Dreisatzrechng. Anh.: Einführung in das schriftl. Rechnen m. unbenannten ganzen Zahlen. 9. Aufl. (64 S.) n. — 30
IV. 4. Schulj. 5. Klasse. Wiederholungkaufgaben. Das schriftl. Rechnen im unbegrenzten Zahlenraum. Vorbereitung der Bruchrechng.: Auflösung der Zahlen in zusammengesetzte u. einfache Faktoren. Weitergehende Uebgn. m. den Währungsverhältnissen. Vorbereitung der Dreisatzrechng.: Schluß v. der Vielheit auf e. Vielheit. 9. Aufl. (48 S.) n. — 30
V. 5. Schulj. 4. Klasse. Das Rechnen m. mehrfach benannten Zahlen zehnteiliger u. anderer Währung. Vorbereitung der Bruchrechng. im Anschluß an die Rechng. m. benannten Zahlen zehnteil. Währg.: Die Einführg. in die Schreibg. zehnteil. Werte in Zehnerbruchform. Vorbereitung der Dreisatzrechng. Verwertung weltkundl. Stoffe. 9. Aufl. (56 S.) n. — 30
VI. 6. Schulj. 3. Klasse. Das Rechnen m. gemeinen u. Zehnerbrüchen. Der Dreisatz: Die Rechng. m. geraden u. einfachen Verhältnissen. Verwertung der weltkundl. Stoffe. Flächen- u. Körperberechng. 9. Aufl. (88 S.) n. — 50
VII. 7. Schulj. 2. Klasse. Der Dreisatz: Rechnung m. ungeraden u. zusammengesetzten Verhältnissen. Verhältnisbestimmungen u. Proportionen. Prozentrechnung. Zinsrechnung. Mischungsrechng. Die Versicherungsrechngn. Flächen- u. Körperberechng. 7. Aufl. (76 S.) n. — 60
VIII. 8. Schulj. 1. Klasse. I. Die kaufmänn. Rechnungsarten: Geld. Die kaufmänn. Zinsberechng. Kursrechnung. Wertpapiere. Diskont. Wechsel. Gesellschaftsrechnung. — II. Abschließende Wiederholung aus verschiedenen Sachgebieten: Maße u. Gewichte. Weltkundliches. Naturkundliches. Aus der Raumlehre. Das Ausziehen der Quadratwurzeln. Hauswirtschaftliches. Landwirtschaftliches. Gewerbliches. — III. Arithmetik u. Algebra: Die Lehre v. den absoluten Zahlen. Die algebr. Addition, Subtraktion, Multiplikation, Division. Die Proportionen. Die Gleichgn. 1. Grades m. e. u. mehreren Unbekannten. 6. Aufl. (114 S.) n. — 60
Dasselbe. Ausg. f. Mädchenschulen. I. Die kaufmänn. Rechnungsarten: Geld. Die kaufmänn. Zinsberechng. Kursrechnung. Wertpapiere. Diskont. Wechsel. Gesellschaftsrechnung. — II. Abschließende Wiederholg. aus verschiedenen Sachgebieten: Maße u. Gewichte, Weltkundliches, Naturkundliches, Hauswirtschaftliches. Vermischte Aufgaben. — III. Flächen- u. Körperberechng. 6. Aufl. (64 S.) n. — 40

— — dasselbe. Auflösungen. VIII. Heft. 8. Schulj. 1. Klasse. 3. Aufl. (62 S.) 8. Ebd. (907.) — 60

Brennert, E., u. P. Stubbe, Rechenbuch f. achtstufige Schulen. Auf Grund des amtl. Lehrplans der Berliner Gemeindeschule vom J. 1902 in 8 Heften bearb. 8. Berlin (909.) Nicolai's Verl. 3.35; bezw. 3. 15

I. 1. Schulj. 8. Klasse. Die vier Grundrechnungsarten im Zahlenraum von 1—20. 15. Aufl. (32 S. m. Fig.) — 20
II. 2. Schulj. 7. Klasse. Die vier Grundrechnungsarten im Zahlenraum von 1—100. Multiplikation u. Division nur m. einstell. operativer Zahl. Vorbereitung u. Bruchrechng.: Die Zerlegg. des Ganzen in seine Teile u. die Zusammenfassg. der Teile zu e. Ganzen. Erste Einführg. in die Währungsverhältnisse. Vorbereitung der Dreisatzrechng. 15. Aufl. (56 S.) — 35
III. 3. Schulj. 6. Klasse. Kopfrechnen: Der Zahlenraum von 1—1000. Vorbereitung der Bruchrechng.: Einführung der abgeleiteten Brüche u. gemischten Zahlen. Weitere Einführg. in die Währungsverhältnisse. Vorbereitung der Dreisatzrechng.: Anh.: Einführung in das schriftl. Rechnen m. unbenannten ganzen Zahlen. 15. Aufl. (64 S.) — 35
IV. 4. Schulj. 5. Klasse. Wiederholungsaufgaben. Das schriftl. Rechnen im unbegrenzten Zahlenraum. Vorbereitung der Bruchrechng.: Auflösung der Zahlen in zusammengesetzte u. einfache Faktoren. Weitergehende Uebgn. m. den Währungsverhältnissen. Vorbereitung der Dreisatzrechng.: Schluß von der Vielheit auf e. Vielheit. 15. Aufl. (48 S.) — 35
V. 5. Schulj. 4. Klasse. Das Rechnen m. mehrfach benannten Zahlen zehnteiliger u. anderer Währung. Vorbereitung der Bruchrechng. im Anschluß an die Rechng. m. benannten Zahlen zehnteil. Währg.: Die Einführg. in die Schreibg. zehnteil. Werte in Zehnerbruchform. Vorbereitung der Dreisatzrechng. Verwertung weltkundl. Stoffe. 15. Aufl. (56 S.) — 35

VI. 6. Schulj. 3. Klasse. Das Rechnen m. gemeinen u. Zehnerbrüchen. Der Dreisatz: Die Rechng. m. geraden u. einfachen Verhältnissen. Verwertung der weltkundl. Stoffe. Flächen- u. Körperberechng. 15. Aufl. (88 S.) — 55

VII. 7. Schulj. 2. Klasse. Der Dreisatz: Rechnung m. ungeraden u. zusammengesetzten Verhältnissen. Verhältnisbestimmungen u. Proportionen. Prozentrechnung. Zinsrechnung. Mischungsrechnung. Die Versicherungsrechngn. Flächen- u. Körperberechng. 13. Aufl. (76 S.) — 55

VIII. 8. Schulj. 1. Klasse. I. Die kaufmänn. Rechnungsarten: Geld. Die kaufmänn. Zinsberechng. Kursrechnung. Wertpapiere. Diskont. Wechsel. Gesellschaftsrechnung. — II. Abschließende Wiederholg. aus verschiedenen Sachgebieten: Maße u. Gewichte. Weltkundliches. Naturkundliches. Aus der Raumlehre. Das Ausziehen der Quadratwurzeln. Hauswirtschaftliches. Landwirtschaftliches. Gewerbliches. — III. Arithmetik u. Algebra: Die Lehre v. den absoluten Zahlen. Die algebr. Addition. Subtraktion, Multiplikation, Division. Die Proportionen. Die Gleichgn. 1. Grades m. e. u. mehreren Unbekannten. 12. Aufl. (114 S.) — 65

— Dasselbe. Ausg. f. Mädchenschulen. I. Die kaufmänn. Rechngsarten: Geld. Die kaufmänn. Zinsberechng. Kursrechnung. Wertpapiere. Diskont. Wechsel. Gesellschaftsrechnung. — II. Abschließende Wiederholg. aus verschiedenen Sachgebieten: Maße u. Gewichte, Weltkundliches, Naturkundliches, Hauswirtschaftliches. Vermischte Aufgaben. — III. Flächen- u. Körperberechng. 11. Aufl. (64 S.) — 45

Brennert, E, u. P Stubbe: Rechenb. f. 8stuf. Schulen. 8 Hefte. 8° Berl., Nicolai's V. ('12). d
I. 1. Schulj. 8. Kl. 21. Afl. (32 m. z. Tl farb. Fig.) — 20 ‖ II. 2. Schulj. 7. Kl. 21. Afl. (56) nn — 35 ‖ III. 3. Schulj. 6. Kl. 21. Afl. (64) nn — 35 ‖ IV. 4. Schulj. 5. Kl. 21. Afl. (48) nn — 35 ‖ V. 5. Schulj. 4. Kl. 21. Afl. (56) nn — 35 ‖ VI. 6. Schulj. 3. Kl. 21. Afl. (88) nn — 55 ‖ VII. 7. Schulj. 2. Kl. 19. Afl. (77) nn — 55 ‖ VIII. 8. Schulj. 1. Kl. 17. Afl. (64) nn — 45

Brennert, Emil und F. Kaselitz:

—— —— Rechenbuch für deutsche Schulen. Methodisch geordnete Aufgabensammlung mit genauer Durchführung der vom Bundesrathe vorgeschriebenen Abkürzungen der Münzen, Maaße und Gewichte. 7 Hefte. 2. Aufl. 8. Ebendas. 878. [1. Heft. (32 S.) * 20 Pf.; 2. Heft. (24 S.) * 20 Pf.; 3. Heft. (56 S.) * 30 Pf.; 4. Heft. (32 S.) * 20 Pf.; 5. Heft. (64 S.) * 40 Pf.; 6. Heft. (64 S.) * 40 Pf.; 7. Heft. (80 S.) * 50 Pf.] *

—— und F. Kaselitz, Rechenbuch für deutsche Schulen. Methodisch geordnete Aufgabensammlung mit genauer Durchführung der vom Bundesrate vorgeschriebenen Abkürzungen der Münzen, Maße und Gewichte. Ausg. in 7 Heften. 8.—13. Aufl. 8. Ebendas. 879—81. [1. Heft. (32 S.) * 20 Pf.; 2. Heft. (28 S.) * 20 Pf.; 3. Heft. (56 S.) * 30 Pf.; 4. Heft. (32 S.) * 20 Pf.; 5. Heft. (64 S.) * 40 Pf.; 6. Heft. (64 S.) * 40 Pf.; 7. Heft. (80 S.) * 50 Pf.] *

—— —— dass. — Auflösungen. 3.—7. Heft. 3. Aufl. 8. Ebendas. 879—81. [3. Heft. (32 S.) * 40 Pf.; 4. Heft. (31 S.) * 50 Pf.; 5. Heft. (23 S.) * 40 Pf.; 6. Heft. (66 S.) * 60 Pf.; 7. Heft (44 S.) * 75 Pf.] *
1. und 2. Heft nicht erschienen.

—— —— dass. — Ausg. in 6 Heften. 8. Ebendas. 888. [1. Heft. 12. Aufl. (52 S.) * 25 Pf.; 2. Heft. 15. Aufl. (48 S.) * 30 Pf.; 3. Heft. 15. Aufl. (40 S.) * 30 Pf.; 4. Heft. 13. Aufl. (52 S.) * 40 Pf.; 5. Heft. 10. Aufl. (72 S.) * 50 Pf.; 6. Heft. 6. Aufl. (80 S.) * 50 Pf. *

Brennert, E., u. F. Kaselitz, Rechenbuch f. deutsche Schulen. Methodisch geordnete Aufgabensammlg., m. genauer Durchführg. der vom Bundesrate vorgeschriebenen Abkürzgn. der Münzen, Maße u. Gewichte in 6 Hftn. bearb. 1., 2. u. 5. Hft. 8. Berlin, Nicolai's Verl. n.n. 1. 5
1. 17. Aufl. (52 S.) 886. n.n. — 25. — 2. 21. Aufl. (48 S.) 886. n.n. — 30. — 5. 9. Aufl. (72 S.) 883. n.n. — 50.

Brennert, E., und F. Kaselitz, Rechenbuch für deutsche Schulen. Methodisch geordnete Aufgabensammlung mit genauer Durchführung der vom Bundesrate vorgeschriebenen Abkürzungen der Münzen, Maße und Gewichte. Ausg. in 7 Heften. 8. Berlin, Nicolai'sche Verlagsh. [1. Heft. 16. Aufl. (32 S.) 886. * 20 Pf.; 2. Heft. 22. Aufl. (28 S.) 887. * 20 Pf.; 3. Heft. 20. Aufl. (56 S.) 886. * 30 Pf.; 4. Heft. 17. Aufl. (32 S.) 886. * 20 Pf.; 5. Heft. 11. Aufl. (64 S.) 885. * 40 Pf.; 6. Heft. 7. Aufl. (64 S.) 883. * 40 Pf.; 7. Heft. 5. Aufl. (80 S.) 889. * 50 Pf.] *
Auflösungen zum 3.—7. Hefte. Ebendas. 1879,80. * M 2.65.

— — dasselbe. Auflösungen. 3—7. Hft. Ebend. 877. n. 2. 45
3. (24 S.) n. — 40. — 4. (31 S.) n. — 50. — 5. (24 S.) n. — 40. — 6. (18 S.) n. — 40. — 7. (44 S.) n. — 75

— — dasselbe. Ausg. in 6 Heften. 1.—5. Heft. 8. Ebd. 888—890. n. 1. 75
1. 20. Aufl. (60 S.) n. — 25. — 2. 25. Aufl. (48 S.) n. — 30. — 3. 24. Aufl. (48 S.) n. — 30. — 4. 18. Aufl. (54 S.) n. — 40. — 5. 14. Aufl. (72 S.) n. — 50.

— — dasselbe. Auflösungen zum 6. Hft. 2. Aufl. 8. (66 S.) Ebend. 880. n. — 60

Brennert, E., und F. Kaselitz, Rechenbuch für deutsche Schulen. Methodisch geordnete Aufgabensammlung mit genauer Durchführung der vom Bundesrate vorgeschriebenen Abkürzungen der Münzen, Maße und Gewichte. Ausg. in 6 Heften. 1.—5. Heft. 8. Berlin 888,89, Nicolai'sche Verlagsh. [1. Heft. 19. Aufl. (60 S.) * 25 Pf.; 2. Heft. 24. Aufl. (48 S.) * 30 Pf.; 3. Heft. 23. Aufl. (48 S.) * 30 Pf.; 4. Heft. 18. Aufl. (54 S.) * 40 Pf.; 5. Heft. 13. Aufl. (72 S.) * 50 Pf.] *
6. Heft. Ebendas. 1883. * 50 Pf.

—— —— dass. — Auflösungen. 1.—6. Heft. 4.—13. Aufl. 8. Ebendas. 882—88. [1.—3. Heft. (32 S.) * 40 Pf.; 4. Heft. (20 S.) * 25 Pf.; 5. Heft. (20 S.) * 40 Pf.; 6. Heft. (44 S.) * 50 Pf.] *

—— u. F. Kaselitz. Rechenbuch f. deutsche Schulen. Methodisch geordnete Aufgabensammlg. f. mündl. u. schriftl. Rechnen. In 6 Heften. 1.—5. Heft. 8. Ebd. [1. Heft. 22. verm. u. verb. Aufl. (60 S.) 892. ** — 25; 2. Heft. 27. verm. u. verb. Aufl. (48 S.) 891. ** — 30; 3. Heft. 26. verm. u. verb. Aufl. (48 S.) 891. ** — 30; 4. Heft. 20 Aufl. (64 S.) 891. * — 40; 5. Heft. 17. verm. u. verb. Aufl. (80 S.) 892. * — 50; 6. Heft. 6. Aufl. (80 S.) 889. * — 50.] * 2 25
6. Heft. Ebd. 1881. * — 50.

—— —— dass. — (In 7 Heften.) 1.—3. 5. u. 7. Heft. 8. Ebd. [1. Heft. 21. Aufl. (32 S.) 891. * — 20; 2. Heft. 28. Aufl. (28 S.) 893. * — 20; 3. Heft. 28. Aufl. (56 S.) 890. * — 30; 5. Heft. 5. Aufl. (64 S.) 890. * — 50; 7. Heft. 5. Aufl. (80 S.) 889. * — 50.] * 1 70
4. u. 6. Heft. Ebd. 1886. 83. * — 20; u. * — 40.

— — dasselbe. Methodisch geordn. Aufgabensammlg. f. mündl. u. schriftl. Rechnen (In 6 Hftn.) 1.—5. Hft. gr. 8. Ebd. 894. n. 1. 85
1. 24. Aufl. (64 S.) n. — 25. — 2. 31. Aufl. (47 S.) n. — 30. — 3. 29. Aufl. (52 S.) n. — 30. — 4. 23. Aufl. (71 S.) n. — 40. — 5. 19. Aufl. (114 S.) n. — 60.

— — dass. Methodisch geordnete Aufgabensammlg f. mündl. u. schriftl. Rechnen in 6 Hftn. 1—5. Hft. 8° Ebd. nn 1.85
1. 30. Afl. (64) 1900. nn — 25 ‖ 2. 38. Afl. (47) 1900. nn — 30 ‖ 3. 35. Afl. (52) 1900. nn — 30 ‖ 4. 27. Afl. (71) 00. — 40 ‖ 5. 26. Afl. (116) 1900. — 60.

— — dasselbe. (In 6 Hftn.) Auflösungen zum 1.—5. Hft. gr. 8. Ebd. n. 1. 5
1—3. 6. Aufl. (36 S.) 893. n. — 40. — 4. 6. Aufl. (26 S.) 894. n. — 25. — 5. 11. Aufl. (48 S.) 894. n. — 40.

— u. F. Kaselitz, Rechenbuch f. deutsche Schulen. Method. geordn. Aufgabensammlg. f. mündl. u. schriftl. Rechnen in 6 Hftn. 1.—5. Hft. gr. 8. Berlin, Nicolai's Verl. n.n. 1. 25
1. D. 4 Grundrechnungsarten i. Zahlenkreise b. 100. 28. Aufl. (64 S.) 898. n.n. — 25
2. a) Kopfrechnen: D. 4 Grundrechnungsarten i. Zahlenkreise b. 1000. b) Schriftl. D. 4 Grundrechnungsarten i. unbegr. Zahlenkreise m. unben. u. einf. benannten ganzen Zahlen. 35. Aufl. (II, 47 S.) 898. n.n. — 30
3. D. 4 Grundrechnungsarten m. benannten Zahlen. Regeldetri. Leichte Fälle d. Zinsrechng Zeitrechng 33. Aufl. (II, 52 S.) 898. n.n. — 30
4. I. D. gemeinen Brüche. II. Decimalbrüche. 26. Aufl. (II, 71 S.) 898. n. — 40
5. D. bürgerl. Rechnungsarten, Quadrat- u. Kubikwurzeln, physikal. Aufgaben. Invaliditäts- u. Alters-, Unfall- u. Krankenversicherg. 23. Aufl. (II, 114 S.) 897. n. — 60

Brennert, Emil, u. F. Kaselitz, Rechenbuch f. deutsche Schulen. Method. geordn. Aufgabensammlg. f. mündl. u. schriftl. Rechnen in 6 Hftn. Auflösgn. z. 1.—5. Hft. gr. 8. Berlin 898. Nicolai's Verl. n.n. 1.05
1—3. 7. Aufl. (36 S.) n. — 40
4. 6. Aufl. (26 S.) n.n. — 25
5. 12. Aufl. (48 S.) n. — 40

— dasselbe, m. genauer Durchführg. der v. Bundesrate vorgeschrieb. Abkürzgn. d. Münzen, Maße u. Gewichte in 7 Hftn. 1., 5. u. 6. Hft. 8. Ebd. n. 1. —
1. 22. Aufl. (32 S.) 896. n. — 20
5. 16. Aufl. (64 S.) 896. n. — 40
6. Kettensatz. Verhältnisbestimmungen. Kurs- u. Wechselrechng. Rabatt- u. Tara-, Termin-, Gesellschafts-, Mischgs.-, Flächen- u. Körper-, Zinseszinsrechng. 8. Aufl. (II, 64 S.) 897. n. — 40

— u. F. Kaselitz, Rechenbuch f. deutsche Schulen. Methodisch geordnete Aufgabensammlg. f. mündl. u. schriftl. Rechnen in 6 Hftn. I.—III. Hft. gr. 8. Ebd. n.n. 1. 85
1. Die 4 Grundrechnungsarten im Zahlenkreise bis 100. 31. Aufl. (64 S.) 902. n.n. — 25
II. a. Kopfrechnen: Die 4 Grundrechnungsarten im Zahlenkreis bis 1000. b. Schriftliches Rechnen: Die 4 Grundrechnungsarten im unbegrenzten Zahlenkreise m. unbenannten u. einfach benannten ganzen Zahlen. 39. Aufl. (47 S.) 902. n. — 30
III. Die 4 Grundrechnungsarten m. benannten Zahlen. — Regeldetri. — Leichte Fälle der Zinsrechnung. — Zeitrechnung. 36. Aufl. (52 S.) 902. n.n. — 30
4. I. Die gemeinen Brüche. — II. Decimalbrüche. 29. Aufl. (71 S.) 901. n. — 40
5. Die bürgerlichen Rechnungsarten, Quadrat- u. Kubikwurzeln, physikalische Aufgaben. Invaliditäts- u. Alters-, Unfall- u. Krankenversicherung. 26. Aufl. (II, 110 S.) 900. n. — 60

Brennert, C., und F. Kaselitz, Rechenbuch für Volks- und Mittelschulen. 7 Hefte. 8. Berlin 877, Nicolai'sche Verlagsh. [1. Heft. (32 S.) * 20 Pf.; 2. Heft. (24 S.) * 20 Pf.; 3. Heft. (48 S.) * 25 Pf.; 4. Heft. (32 S.) * 20 Pf.; 5. Heft. (64 S.) * 40 Pf.; 6. Heft. (64 S.) * 40 Pf.; 7. Heft. (80 S.) * 50 Pf.] *

—— —— dass. — Auflösungen. 3.—7. Heft. 8. Ebendas. 878—80. [3. Heft. (32 S.) * 40 Pf.; 4. Heft. (31 S.) * 50 Pf.; 5. Heft. (23 S.) * 40 Pf.; 6. Heft. (66 S.) * 60 Pf.; 7. Heft. (44 S.) * 75 Pf.] *
1. und 2. Heft nicht erschienen.

Brennert, Hans, die indische Amme, } s.a. Brettl- u. Theaterbibliothek, bunte.

Hans Brennert: Die indische Amme. Comödie in 1 Aufzug. *Berlin: Harmonie [1902].* (64 S.) 8° [F.]
= Brettl- u. Theater-Bibliothek, Bunte. 4. [04. 5391

— Die Hasenpfote, s.a. Brettl- u. Theater-Bibliothek, bunte.

Hans Brennert: Die Hasenpfote. Tragicomödie in 1 Aufz. *Berlin: Harmonie [1902].* (45 S.) 8° [F.]
= Brettl- u. Theater-Bibliothek, Bunte. 1. [04. 5388

Brennert, Hans, die Hasenpfote. Die indische Amme. Der Wackelstein. Drei Einakter. (45, 64 u. 59 S.) 8. Berlin (905). Harmonie. n. 2. —

Hans Brennert: Die Hasenpfote. Tragicomödie in 1 Aufz. 2. Aufl. Berlin: Harmonie [1905]. (47 S.) 8° [F.]
= Brettl- u. Theater-Bibliothek, Bunte. 1. [06. 13910 11

Hans Brennert. Jungfern und Junggesellen. Lieblose Geschichten. 2. Taus. Berlin: F. Ledermann 1906. (191 S.) 8° [F.] [07. 12262

Der Kaiserjäger. Komödie in 3 Aufz. von Hans Brennert u. Hans Ostwald. Berlin: Harmonie [1905]. (120 S.) 8° [F.]
(Theater-Bibliothek Harmonie.) [06. 394

Brennert, Hans, Modeworte. A. d. Mitteleuropäischen. 8. (VII, 75 S.) Berlin 898. F. Fontane & Co. n. 1. —; geb. n. 2. —

— Der Wackelstein, s.a. Brettl- u. Theater-Bibliothek, bunte.

Hans Brennert. Der Wackelstein. Comödie in 1 Aufzug. *Berlin: Harmonie [1902].* (59 S.) 8° [F.]
= Brettl- u. Theater-Bibliothek, Bunte. 3. [04. 5390

Brennert, Hans, wo die königl. preußischen Veilchen blüh'n..! (90 S. m. Abbildgn.) 8. Berlin (910). E. Bloch. 1. 50

Brenneysen, s. a. Brenneisen

Brenneysen, Enno Rudolph [Praes], s. Boje, Peter

[Brenneysen, Enno Rud.]: Ost-Friesische Historie u. Landes-Verfassung. T. 1. 2. Aurich 1720 2 Bde

Brenneysen, Enno Rudolph (Esens), De jure principis circa adiaphora. Diss. jur. publ. Präs. Christian Thomasius. Halle (Chph. Salfeld) 13. IX. 1695. 56 S. (5.—) 4005
Gew.: Paul v. Fuschs.

— — Dasselbe. 1727. (5.—) 4007

— — Dasselbe. Halle (J. Ch. Grunert) 1749. 64 S. O. Widm. (3.—) 4008

Brennfleck, Ludwig [aus München]: Uebersicht über die vom November 1890 bis Ende Juli 1895 in der chirurgischen Klinik zu München ausgeführten grösseren Amputationen und Exartikulationen... München, Buchdr. Kastner & Lossen, 1896; 61 S. 8.
München, Med. Fak., Inaug.-Diss. v. 1896

Brenngas, der fidele Berliner, s. Berliner, der fidele.

Brennglas, Ad., s.a. Glassbrenner, Adf.

†Brennglas, Ad. (Adolph Glasbrenner.) 1845 im berliner Guckkasten. 8. (2¼ B.) Hamburg 846. (Waren, Kaibel.)

—— Antigone in Berlin. Frei nach Sophokles. 2. Aufl. 8. (3½ B. u. Ttlkpfr.) Leipzig 843, Jackowitz.
Die 1. Aufl. ist nicht in den Buchhandel gekommen.

—— buntes Berlin, s.a. Berlin.

— buntes Berlin. 12. Berlin 840, Plahn'sche Buchhandl. (Nitze.) ¼ ℛ — 11. Heft: „Herrn Buffeys schönster Tag," oder: „Hulda's Hochzeit." Mit Federzeichnungen (auf dem Umschlage.) 12. Ebend. 840. ¼ ℛ — 12. Heft: „Der Schützenplatz." Mit Federzeichnungen von Th. Hosemann (auf d. Umschlage.) gr. 12. Ebend. 841. n. ¼ ℛ

—— dass. Supplem.-Hft. gr. 16. (2 B.) Leipzig 841, Reclam jun. *

— dass. 13. Heft: „Komische Scenen aus dem Leben." 12. Berlin 843, Plahn'sche Buchh. n. ¼ ℛ

Brennglas, Ad., buntes Berlin. 14. Heft: „Eine Wasserparthie." 8. (44 S.) Berlin 853, Hofmann und Comp. *

— buntes Berlin. 1. Hft.: Die Menagerie. Briefe. Erlesenes. Scenen. Kleines aus d. Tagebuche Berlin's. 3. Aufl. 8. (48 S.) Berlin 852, Hofmann & Co. n. ⅙ ℛ

—— dass. — 1. Heft: Die Menagerie. Briefe. Erlesenes. Scenen. Kleines aus dem Tagebuche Berlin's. 3. Aufl. 8. (48 S.) Ebds. 853. *

—— dass. — 9. Heft: Das Antiken- und Raritäten-Cabinet. (Neue Aufl.) 8. (41 S.) Ebds. 853. *
Heft 1—13. jetzt ebendas. à Heft * 5 Ngr.

Brennglas, A, buntes Berlin. 1. Hft. 3. Afl., 9. Hft. 2. Afl., 14. Hft. 8. (à 44) Berl. 58, Hofmann u. Co. à n. — 5

†Brennglas, Ad. (Adolph Glasbrenner.) Berlin, wie es ist u. — trinkt, s.a. Berlin.

Brennglas, Ad., (Glaßbrenner,) Berlin wie es ist u. — trinkt. 10. Hft.: Moabit. Mit 1 color. Titelkpfr. 3. verb. Aufl. 8. (39 S.) Leipzig 848, Jackowitz. ¼ ℛ

— dass. 14. Hft.: „Franz Liszt in Berlin." Eine Komödie in 3 Acten. Mit 1 col. Kpfr. 2. Aufl. 8. (40 S.) Ebd. 847. ¼ ℛ

— dass. 15. Hft.: „Ein Sonntag im Tempelhof." Lokalposse in 1 Akt. Mit 1 col. Kpfr. 2. Aufl. 8. (37 S.) Ebd. 847. ¼ ℛ

— dass. 16. Hft.: Herr Buffey in der Zaruck-Gesellschaft. Mit 1 col. Kpfr. 2. Aufl. 8. (39 S.) Ebd. 848. ¼ ℛ

— dass. 17. Hft.: Sylvesterfeier der Bürger-Gesellschaft „Vorwärts." Mit 1 col. Kpfr. 2. Aufl. 8. (39 S.) Ebd. 848. ¼ ℛ

— dass. 18. Hft.: Das Fastnachts-Orakel. Mit 1 color. Titelkpfr. 2. verm. u. verb. Aufl. 8. (31 S.) Ebd. 849. ¼ ℛ

Brennglas, Ad., (Glaßbrenner,) Berlin wie es ist u. — trinkt. 19. Hft.: „Nante Nantino, der letzte Sonnenbruder," od.: „Die Entstehung der norddeutschen Volkspoesie." Histor.-romant.-komische Tragödie in 5 Acten. Zur Darstellung im abgebrannt. Opernhause bestimmt. Mit 1 col. Kpfr. 2. verm. Aufl. 8. (47 S.) Leipzig 848, Jackowitz. 1/4 ℛ︁

— dass. 26. Hft.: „Verein der Habenichtse für sittliche Bildung der höhern Stände." Mit col. Titelkpfr. v. Th. Hosemann. 8. (24 S.) Ebd. 847. 1/4 ℛ︁

† Brennglas, Ad. (Adolph Glasbrenner), Berlin wie es ist und — trinkt. 27—30. Heft. à Heft mit 1 Ttlkpfr. von Hosemann. Leipzig, Jackowitz. à Heft
Heft 27. Bilder-Schilder und Schilder-Bilder. (30 S.) 847.
" 28. Eine Volks-Jury in Berlin. (38 S.) 848.
" 29. Das neue Europa im berliner Guckkasten. (34 S.) 848.
" 30. 1849 im berliner Guckkasten. (32 S.) 850.
Vgl. 10. Bd. 1. Abthl. S. 79.: Berlin.

—— Herr Buffey in d. berliner Kunstausstellung. Ein Lebensbild. 4 Hfte. gr. 12. (9 B.) Berlin 838, 39, Plahn'sche Buchh. à 6 Gr.

—— politisir. berliner Eckensteher. 8. (2 B.) Leipzig 839, Reclam jun.

— Eckensteher, die politisirenden, nach dem Leben gezeichnet. 2e Aufl. gr. 16. Berlin 833. Bechtold u. Hartje. 1/6 ℛ︁

— Berliner Erzählungen und Lebensbilder. 16 Bdchen. Mit (4) Steinzeichnn. v. Th. Hosemann. gr. 12. Berlin 838. Plahn'sche Buchh. 1 1/4 ℛ︁

—— die berlin. Gewerbe-Ausstellung. Genrebild. 2 Bdchn. 8. Leipzig 844, Hermann. [1. (3 B.) * 7 1/2 Ngr., 2. (4 1/2 B.) * 10 Ngr.] *.

—— neue berliner Guckkastenbilder. gr. 16. (3 B.) Mannheim 841, Hoff.

Brennglas, Adph., (Glaßbrenner), Herr Heiter im Coupé. Humoristisches in Versen und Prosa. 16. (187 S.) Berlin 862, Janke. *
Vgl.: Museum komischer Vorträge.

Humor im berliner Volksleben von Ad. Brennglas [d. i. Adolf **Glassbrenner**.] [1—3.] Ill. Orig.-Ausg. Mit Zeichn. von Hosemann. [Neudr.] 1. Taus. Berlin: Patria-Verl. [1900]. 3 Bde 8° [F.] 103. 1171

Brennglas, Ad. (Ad. Glasbrenner), Humor im berliner Volksleben. Volksausg. 3 Bde. (III, 283; III, 274 u. IV, 352 S.) 8. Berlin (906). Patria-Verlag. à n. 1. 80

— dasselbe. Illustrierte Orig.-Ausg. Mit farb. Zeichngn. v. Hosemann. (III, 283; III, 274 u. IV, 352 S.) 8. Ebd. (906). Geb. in Leinw. à n. 2. 50

Brennglas, Ad. (Adf. Glasbrenner), Humor im berliner Volksleben. Illustr. Orig.-Ausg. Mit Zeichngn. v. Hosemann. 2 Bde. 2. Taus. (III, 283, 274 u. 352 S. m. 7 Farbdr.) 8. Berlin (908). Patria-Verlag. Geb. 6.—; in 3 Bdn. geb. à 2. 50

—— Herr v. Kurzweil im Waggon. 8. (136 S. mit Illustr. in Holzschn. von Heil.) Wien 866, Markgraf. *

—— aus d. Leben ein. Gespenstes. 8. (25 1/4 B.) Leipzig 838, Gebr. Reichenbach.

—— Herr v. Lustig auf der Reise. 8. (144 S. mit Illustr. in Holzschn. von Heil.) Wien 866, Markgraf. *

—— März-Almanach. Mit vielen Illustr. (in Holzschn.) von Th. Hosemann, W. Scholz u. A. gr. 16. 1. und 2. Aufl. (IV und 95 S.) Leipzig 849, Mittler. (Berlin, Simion.) **

—— humoristische Plauderstunden, s. Unterhaltungs-Bibliothek für Eisenbahn-Reisende.

—— Pritsche und Knute, s. Pritsche.

Brennglas, A., s.: Saphir's humoristischer und satyrischer Volkskalender f. 1861.

— eine Berliner Urwählerversammlung unter Wrangel. Komisches Genrebild. 8. (47 S.) Leipzig 849, Ph. Reclam jun. (Berlin, Simion.) n. 1/6 ℛ︁

—— komischer Volks-Kalender, s. Volks-Kalender, komischer.

Brennglas, A., lustiger Volks-Kalender, s. Volks-Kalender, lustiger.

— Berliner Volksleben. Ausgewähltes u. Neues. 3 Bde. Mit 9 Illustr. v. Th. Hosemann u. 23 (eingedr.) Holzschn. br. 8. (1: IV u. 340 S. m. 4 col. Lith. 2: IV u. 235 S. m. 4 col. Lith. 3: IV u. 405 S. m. eingedr. Holzschn. u. 1 col. Lith.) Leipzig 847. 51, W. Engelmann. (à Bd. 1 1/2 ℛ︁) 4 1/2 ℛ︁

—— Herrn Buffey's Wallfahrt nach dem heil. Rocke. Genrebild. 8. (3 B.) Hamburg 845, Verlags-Comptoir. Thlr.

BRENNHOFER, Ignaz (München): De scirrho ventriculi.- Monachii: Auer 1831. 25 S. 29.12.1831 - Urk; F 60 Diss.Ingolst.-Landsh.-Mchn.

Brennholz-Legeordnungen für die Landeshauptstadt Klgft. Klgft., Leon, 1871. 4 S.

Brennich Max: Die Besetzung der Reichsabteien in den Jahren 1138—1209. Greifswald 1908: Adler. 135 S. 8°
Greifswald, Phil. Diss. v. 22. Dez. 1908, Ref. Bernheim
[Geb. 26. Aug. 84 Sprottau; Wohnort: Sprottau; Staatsangeh.: Preußen; Vorbildung: Gymn. Gr.-Glogau Reife O. 04; Studium: Breslau 2, Greifswald 6 S.; Rig. 28. Okt. 08.] [U 09. 1517

Brenning, s. Kreis- und Gemeinde- Verwaltung.

Brenning, A., s. Archiv f. innere Kolonisation.

Brenning, A: Innere Kolonisation, s. a. Aus Natur u. Geisteswelt 261.

Brenning, A., Innere Kolonisation. 8°. Leipzig, B. G. Teubner, 1909. (Natur u. Geisteswelt, 261.)

Brenning, Alfred: Praktisches Auskunftsbuch für den deutschen Landwirt. Berlin . . . 1910

Brenning, Alfr., praktisches Auskunftsbuch f. den deutschen Landwirt. (664 S.) 8. Stuttgart 910. Deutsche Verlags-Anstalt. Geb. in Leinw. 3. —

— Der landwirtschaftl. Unterr. beim Kaiser Franz-Garde-Grenadier-Regt Nr 2, s.a. Schriften f. d. landwirtschaftl. Unterr. im Heere.

Brenning, A., Der landwirtschaftliche Unterricht beim Kaiser-Franz-Garde-Grenadierregiment Nr. 2. 8°. Berlin, Deutsche Landbuchhandlung, 1911. (Schriften f. d. landwirtsch. Unterricht im Heere, Nr. 2.)

Brenning, Emil, Otto Funcke. Seine Würdigung als Schriftsteller. Eine Studie. Mit 1 Portr. O. Funcke's in Lichtdr. 8. (47 S.) Bremen 884, Müller's Verlagsh. *

Brenning, Emil, Geld u. Währung. 2 Vorträge. gr. 8. (46 S.) Göttingen (901). Berlin, F. Wunder. n. — 60

— Geschichte der deutschen Litteratur. Lex.-8. (813 S. m. eingedr. Holzschn.) Lahr 883—86. Schauenburg. n. 10. —; geb. n. 12. —

Brenning, Emil, Geschichte der deutschen Literatur. 2., neubearb. Aufl. (X, III, 776 S.) gr. 8. Lahr (903). M. Schauenburg. n. 7. 50; geb. in Leinw. n. 8. 50
Erschien auch in 6 Lieferan. à n. 1. 50.

Brenning, Emil, die Gestalt des Sokrates in der Litteratur des vorigen Jahrhunderts, s.: Festschrift der 46. Versammlg. deutscher Philologen etc.

Brenning, E., Goethe nach Leben und Dichtung, s.: Biographien zu der Sammlung klassischer deutscher Dichtungen.

Brenning, Emil, Hilfsbuch f. d. deutsche Litteraturgeschichte, s.: Herbst, Wilh.

Brenning, E. Gottfried Keller nach seinem Leben u. Dichten. Ein Versuch. In-8°. 200 S. Bremen, M. Heinsius Nachf. 1892? Mk. 2 40

Brenning, Emil, die Lehre vom Schönen bei Plotin, im Zusammenhange seines Systems dargestellt. Ein Beitrag zur Geschichte der Aesthetik. gr. 8. (60 S.) Göttingen 864, Vandenhoeck und Ruprecht's Verlag. *

Brenning, Emil, Lessing als Dramatiker und Lessing's Nathan der Weise. Zwei Vorträge. gr. 8. (56 S.) Bremen 878, Rauchfuß. *

Brenning, E., die Mischehen. Eine Erzählung in Briefen. Hrsg. vom Evang. Preßverein in Schlesien. 12. (32 S.) Breslau 884, (Dülfer's Verlag.) *

— Graf Adolf Friedrich v. Schack. Ein litterar. Essay. 8. (47 S.) Bremen 885. Leipzig, Rauert und Rocco. *

— Leopold Schefer. Eine Monographie. Gekrönte Preisschrift. gr. 8. (IV, 199 S.) Bremen 884, Rühle und Schlenker. *
Aus: Neues Lausitzisches Magazin, besonders abgedruckt.

BRENNING: Der Selbstmord in der Literatur 8: Leipzig, Rauert & Rocco 1855, 18 S. 8°.

— der Selbstmord in der Literatur. Vortrag, geh. in der literar. Gesellschaft d. Bremer Künstlervereins. 8. (18 S.) Bremen 885. Rocco. n. — 60

— des Herzens Stimme. Eine Novelle. 16. (170 S.) Bremen 886. Leipzig, Rauert und Rocco. geb. mit Goldschn. *

— dass. — s. a. **Novellen, norddeutsche.**

Brenning, *Georg Gottlieb Heinrich* Emil: Die Gestalt des Sokrates in der Litteratur des vorigen Jahrhunderts. 8 (S. 421—481).
Fest-Schrift der 45. Versammlung deutsch. Philol. u. Schulmänner dargeboten von d. öffentl. höh. Lehranstalten *Bremens* 1899.
Nicht im Tauschverkehr. Progr.

Breuning, F.

Entwurf zum Umbau des Bahnhofes **Kiel** (südl. vom St. Jürgenskirchhofe) v. **F. Brenning.** 1 : 2000. Kiel, im März 1892. Lithogr 3 Bl. Imp.-Fol., 66,3 50,6 cm. Aneinander geklebt. Nebst einem gedruckten Erläuterungsbericht. Fol.

Brenning, Gerhard von

— Die [illegible] Heilung auf arzneilichem Wege. Zur Vermeidung operativer Verstümmelungen. Populär dargestellt und durch viele Krankheitsbilder nachgewiesen. 4. vermehrte Ausgabe. 1890. gr. 8. (53 S.) Essen. 50 kr.

Brenning, Johannes, prakt. Arzt a. Wülfingerode: 81 Fälle von Magengeschwür, beobachtet in der Med. Klinik zu Halle. Halle a. S. 1905: C. A. Kaemmerer & Co. (20 S.) 8°
Halle, Med. Fak., Ref. v. Mering, Diss. v. 10. Juli 1905
[Geb. 28. Aug. 70 Wülfingerode, Grafsch. Hohenstein; Wohnort: Wülfingerode; Staatsangeh.: Preußen; Vorbildung: Gymn. Treptow Reife O. 94; Studium: Berlin Theol. 1, Med. 10 S.; Coll. 4. Juli 05; Approb. 30. Juli 00.

Brenning, Max: Die Fruchtabtreibung durch Gifte, s. Lewin, Louis..

Der Schiffsarzt. Leitfaden f. Aerzte u. Kandidaten d. Med. Mit Angabe d. Reedereien, ihrer Linien u. Anstellungs-Bedingungen u. Berücks. aller einschläg. Fragen. Von Dr. M[ax] **Brenning** u. Dr. E[ugène] H. Oppenheimer. Mit 6 Textfig. Berlin: Hirschwald 1906. VI, 70 S. 8° (06. 6199

Brenning, M, u. Eli Oppenheimer: Der Schiffsarzt. Mit Angabe d. Reedereien, ihrer Linien u. Anstellgsbedinggn u. Berücks. aller einschläg. Fragen. 2. Afl. (8, 83 m. Fig.) 8° Berl., A. Hirschwald '11. 1.80

Brenning, M., d. Vergiftgn. durch Schlangen. Monograph. bearb. M. e. Vorwort v. L. Lewin. gr. 8. (VII, 176 S.) Stuttgart 895. F. Enke. n. 5. —

Brenning, Paul: Erklärendes Verzeichnis der dem Gräflich Stolberg'schen Gymnasium zu Wernigerode gehörenden Gipsabgüsse nach antiken Bildwerken. Wernigerode, Harz, Druck v. B. Angerstein (1890); 1 Bl., 12 S. 4°
Wernigerode, Gräflich Stolberg'sches G, OP 1890 (249)

Der **Brennmaterialienverbrauch der Stadt Berlin und deren Vororte.** Zusammengestellt von der Kgl. Eisenbahnverkehrskontrolle IV Berlin. Jg. 1896—1903. Berlin, 1896—1904 u. ff.

Brennoles, Andrea. Enthüllungen, d. i. kurze und wahrhaftige Beschreibung der vornehmsten Geschichten rc. so sich im Spätherbst des Jahres 1848 in der Haupt- und Residenzstadt Berlin begebenheitlichen sollten . . . (Gedicht.) Berlin (1848). 2 S. 8.

Brennophilus, (K. W. Schnitzlein,) Beleuchtung d. Enopfischen Landkarte v. Nürnberg. 8. (Ansb.) 768. 2e A. 774. (Haueisen. Gassert). 6 gr

Brennpunkte, d., d. mod. Erziehungsreform in kurzen Skizzen v. M. P. 8. (48) Wiesb. 76, Bischkopff. n. — 80

Brennpunkte, die, der modernen Erziehungsreform in kurzen Skizzen von M. P. gr. 8. (48 S.) Wiesbaden 877, (Bischkopff.) *

Brennscheidt, Emil [cand. med. aus Barmen]: Ueber das Einpressen des Kindskopfes in das Becken ... Strassburg, Buchdr. C. Gœller, 1891; 50 S., 1 Bl., 1 kl. Bl. 8.
Strassburg, Med. Fak., Inaug.-Diss. v. 1891

Brennsohn, Isidor, zur Anthropologie der Litauer. Inaugural-Dissertation. gr. 8. (61 S. mit 3 Tab.) Dorpat 883, (Karow.) *

Die Aerzte Kurlands von 1825—1900. Ein biogr. Lexicon bearb. von Dr. med. I(sidorus) **Bronnsohn** in Mitau. Hrsg. von d. Kurländ. Ges. f. Lit. u. Kunst. *Mitau 1902: J. F. Steffenhagen & Sohn 1902.* (220 S.) 8° [F.] (02. 5514

Die Aerzte Livlands von den ältesten Zeiten bis zur Gegenwart. Ein biogr. Lexikon nebst e. hist. Einl. über d. Medizinalwesen Livlands. Von Dr. med. I[sidor] **Brennsohn.** Riga: E. Bruhns 1905. (481 S.) 8° [F.] (05. 5390

Brennspiegel, Justus, Kritiken ungeborner Schriften, mit (lith.) Bildern, in zwangl. Hftn. 1. Hft. gr. 8. (5⅛ B.) Leipzig 830, Pönicke u. Sohn. *

Brennstoffe [Schlagwort]

Brennstoffe. Karte über die Production, Consumtion und Circulation der mineralogischen Brennstoffe in Preußen während d. J. 1881. Hrsg. im königl. preuss. Ministerium d. öffentl. Arbeiten. 1 : 1,200 000. 2 Bl. Chromol. Fol. Mit. Erläuterungen. 8° 88 S. Berlin: Schropp 1883.

Brennu-Njálssaga (Njála), hrsg. v. Finnur Jónsson, s. a. **Saga-Bibliothek, altnordische. 13. Heft.**

Brennu-Njálssaga ⟨Njála⟩ hrsg. von Finnur Jónsson. Halle a. S.: M. Niemeyer 1908. (XLVI, 452 S.) 8°
= **Saga-Bibliothek,** Altnordische. 13. (08. 13516 2

Brennus; e. Gedicht in 6 Gesängen, (v. Fr. A. v. Grevenitz). Mit Kpf. gr. 8. Bresl. 781. J. F. Korn. 1 rß

Brennus, eine Zeitschrift für das nördliche Teutschland. Berlin 1802. V: *Rohr, Hnr. Jul. Ldw. von.* (MGT) Vlg. Braun.

— eine Zeitschrift. 16 Hefte. m. Kpf. 8. Leipz. Sommer. 802—3.

Brennus-Zug und Moskoviterthum. Ein Mahnruf an das deutsche Volk von einem unabhängigen Liberalen. gr. 8. (32 S.) Berlin 859, Adolf und Comp. *

Brennwald, Alfr., s. **Am Vierwaldstätter See.**

Brennwald, Alfr., Dr. med. Bechtel. Mit einem Anhang: Geschichtliche Notizen über die Gemeinde Thalweil. 8. (32 S. mit 1 Ansicht in Stahlst.) Thalweil 884, Brennwald. *

Brennwald, Alfr. Der Fall Buchner-Casati. Ein Beitrag zur Geschichte d. deutschen Buchhandels. gr. 8. (III, 68 S.) Berl. 892, Zieger Nachf. ** 1 —

—— Zur Lage des Welthandels. 1. Thl.: Die Aussichten d. Kaufmanns im Welthandel. Illustrirt durch 160 Konsulatsberichte deutscher, österreich.-ungar. u. schweizer. Konsulate in Europa, Afrika, Amerika, Asien u. Australien. gr. 8. (VII, 99 S.) Berl. 891, C. Malcomes. * 2 —

Brennwald, Alfred. The Lake of the four Cantons, picturesque views (° *Umschlag*: Picturesque views of the L' of the Four C' and its environs). 32 water colors [plates] according to the original drawings of different artists, with accompanying texts by A' B', under cooperation of Dr. W[ilhelm] Grothe. (Translated by Mr. H Roca.) Edited by Fr Schleicher. [Text and cover illustrated.] 8-obl. Luzern [1889].

—— das Lehrlingswesen der Jetztzeit in Bezug auf die deutsche Gärtnerei, s.a. Sammlung gemeinnütziger Orig.-Vorträge und Abhandlungen auf dem Gebiete des Gartenbaues.

Brennwald, Alfr., Das Lehrlingswesen der Jetztzeit in Bezug auf die deutsche Gärtnerei. Berlin 1881. 8.
Ist: Sammlung gem.-nütz. Original-Vorträge. Ser. 2. H. 15.

Brennwald, Alfr., s.a. Merkur.

Brennwald, A. Merkur. Taschenkalender für Kaufleute, 1884. In-8⁰, 189 S. Zürich, C. Schmidt. geb. 2 50

Brennwald, Alfred [Hrsg.], s. Volksbibliothek, schweizerische

Brennwald (A.). — Vues pittoresques du lac des Quatre-Cantons et de ses environs. – *Lucerne*, 1887, in-8°.
32 aquarelles.

Brennwald, Alfred (Hrsg.), s. Zeit-und Streitfragen, Schweizerische militärische.

Brennwald, C., Generalbericht betr. den kommerziellen Theil der schweizerischen Abordnung nach Japan. gr. 8. (158 S. mit eingedr. Holzschn. und 4 Tab. in 4. und qu. Fol.) Bern 865. (Zürich, Orell, Füßli und Comp.) *

—— Rapport général sur la partie commerciale de la mission suisse au Japon. gr. 8. (159 S. mit eingedr. Holzschn. und 4 Tab. in 4. und qu. Fol.) Bern 865. (Zürich, Orell, Füssli und Comp.) *

Brennwald, G[ottfried]. Der Automobilismus im Recht. Vortrag, gehalten am 27. Januar 1905 im Zürcherischen Juristen-Verein. Separat-Abdruck aus [Jahrg. 6, 1905,] Nr. 10 der Allgemeinen Automobil-Zeitung. 47 S. 8. München, Vereinigte Druckereien & Kunstanstalten vorm. Schön & Maison, [1905].

Brennwald, G[ottfried]. «Automobilistenrecht». Separatabdruck der in Nr. 243, 244 und 249 der «Neuen Zürcher Zeitung» erschienenen Artikel. 14 S. 8. Zürich, Automobil-Club der Schweiz, Sektion Zürich, 1904.

Brennwald, G[ottfried]. Die Haftpflicht für Automobilschaden. X + 217 S. 8. Bern, Wagner, 1909. [fr. 5. —]

Brennwald, G[ottfried]. Luft und Recht. Sonder-Abdruck aus der «Schweizer Umschau» [Jahrg. 1, Heft 8—14]. [Umschlagillustriert.] 40 S. 8. Aarau-Zürich, A. Trüb & Cie., 1910. (fr. 1. —)

Brennwald, Heinrich. H' Brennwalds Schweizerchronik. Band 1. Hrg. von Rudolf Luginbühl. VIII + 503 S. 8. Basel, Basler Buch- und Antiquariatsh., 1908. [fr. 12. 80]
Quellen zur Schweizer Geschichte.... Neue Folge. Abteilung I: Chroniken. Band 1....

Brennwald, Heinrich. H' Brennwalds Schweizerchronik. Band 2. Hrg. von Rudolf Luginbühl. [Mit 1 Abbildung und 4 Facsimile-Beilagen.] IV + 779 S. 8. Basel, Basler Buch- und Antiquariatsh., 1910. [fr. 20. —]
Quellen zur Schweizer Geschichte.... Neue Folge. Abteilung I: Chroniken. Band 2....

Brennwald's, Heinr., Schweizerchronik, hrsg. v. Rud. Luginbühl, s. Quellen zur schweizer Geschichte. I. II.

[Brennwald, Leonhard.] (Johann Jakob Breitinger. Professor.... Geb. 1701. Gest. 1776. [Mit Porträt-Tafel.]) Njbl. Chorh. Zürich 1817. 4. [Zürich.]

Brens, C: Die Beckeneingangszangen. Wien 1885

Brensbach [Schlagwort]

Brensbach, s.: Geolog. Karten (Hessen).

Brensbach, s.: Hessen, Grossherzogtum.

Brenschedt, Car. (geb. Essen Nov. 1824): Observationes clinicae circa morbos nervorum. Berolini (1847). (31 S.) 8°
Berlin, Med. Diss. v. 23. März 1847

Brenske, Elisab.: Lehr- u. Stoffverteilgspl. f. d. hauswirtschaftl. Unterr. an Berliner Gemeindesch. (24) 8° Berl., L Oehmigke's V. '12. nn — 50 d

Brenske, Ernst

Die Melolonthiden der palaearctischen und orientalischen Region im Kgl. naturhistorischen Museum zu Brüssel. (Beschreibgn neuer Arten u. Bemerkgn zu bekannten) v. E[rnst] Brenske. *Bruxelles: Au siège de la Soc. 1894.* (87 S.) 1 Bd 8.
— Mémoires de la société entomologique de Belgique. [No] II. [96. 377]

Brenske, Ernst, d. Serica-Arten d. Erde. gr. 8. (VI, 626 S. m. 1 Taf.) Berlin (902). R. Friedländer & Sohn. n.n. 18. —

Brenske, Joh. Glieb., die Ehefrage, besonders zum Nutz und Frommen des hohen Landtages der preuß. Monarchie vom liberalen Standpunkte aus beleuchtet. gr. 8. (51 S.) Frankfurt a. d. O. 859. (Berlin, Evangelische Buchh.) *

Brenske, Joh. Gttlb., 22 Fragen in 3 Abthl. gestellt z. Selbstbeantwortung f. Lichtfreunde u. die es werden wollen. gr. 8. (1½ B.) Frankfurt a. O. 846, Trowitzsch u. Sohn. *

Brenske, K., Erlebnisse auf meinem Distanzmarsch Berlin—Wien. 8. (104 S.) Berlin 894. M. Hochsprung. 1. 50

Brenske, K. F., der Philosoph u. d. Ordinationsformular der Generalsynode. gr. 8. (45 S.) Berlin 847, (Pasewalk) Braune. ¼ ₰

Brenske, Martin

Brenske, *Reinhold Deodat* Martin [aus Cöslin]: Ueber die Zerstörungen der Hirnsubstanz bei Schädelschüssen ... Berlin, Druck v. E. Ebering, *1897;* 29 S., 1 Bl. 8.
Berlin, Med. Fak., Inaug.-Diss. v. 11. Aug. 1897

Brenske, Otto, appr. Arzt aus Berlin: Beitrag zur Kasuistik der Hirntumoren. *München 1903: Kastner & Callwey.* (41 S.) 8°
München, Med. Diss. v. 1903

Brenske, Walter, aus Kirchhain i. L.: Wer ist verantwortlicher Redakteur? (Eine krit. Würdigung d. verschied. Theorieen über d. Begriff d. verantwortl. Redakteurs.) *Berlin 1900: R. Sieble.* (61 S.) 8°
Rostock, Jur. Diss. v. [13. Aug.] 1900

BRENSSELL, Richard (Kassel): Ein periplearitischer Abscess der rechten Supraleviculargegend.- München: Wolf 1885. 42 S.
9.2.1885 - Urk (Titel: De abscessu periplearitico.); Chr 1884/85,21
Diss.Ingolst.-Landsh.-Mchn.

Brenstein, Georg [aus Leer in Ostfriesland]: Über die Production von Kohlensäure durch getötete Pflanzenteile.... Kiel, Druck v. A. F. Jensen, 1887; 46 S. u. 1 Taf. 8°
Rostock, Phil. Fak., Inaug.-Diss. v. 2. Aug. 1887

Brent, E., Miriam, oder Liebe und Sühne, s. Lese-Cabinet, neues belletristisches.

Brenta, E., die Alabama. Eine Seenovelle. 8. (III, 106 S.) Pola 884, Schrinner. * 3 —

Brenta-Gruppe [Schlagwort]

Brentagruppe, s.: Alpen. Aegerter.

Brenta-Gruppe, s.: Alpen, Detailkarten.

Brentano, die Gräfin, Gemälde hoher edler Weiblichkeit. 2 Thle. 8. Hamb., (Herold jun.) 1 ₰ 4 gl

Brentano, die Gräfin, Gemälde hoher edler Weiblichkeit. 2 Thle. 8. Hamb. Vollmer.

Brentano, Frhr. v., e. amateur-photographische Spazierfahrt nach Dalmation, Montenegro, der Herzegowina u. Bosnion. [Aus: „Deutsche Photographen-Ztg."] gr. 8. (25 S. m. 5 Kunstbeilagen.) Weimar 892. Verlag d. Deutschen Photographen-Zeitg. n. 1. 50

v. Brentano, A., das furchtbare Waldschloß. 2 Bde. 8. Leipz. 806. Joachim. 1 ℳ 6 𝔤

Brentano, A. M. [Pseud.], s. Brentano-Bauck, Anna

Brentano, Adolf (Geisenheim), Zur Casuistik der Herzverletzungen. Diss. med.-chir. Bln. (G. Schade [O. Francke]) 22. II. 1890. 40 S. m. Biogr. (3.50) 4009
Oppon.: A. Geyger, Th. Knecht, E. v. Harnier.

Brentano, Anna, s. Brentano-Bauck, Anna

Brentano, Antonie, Briefwechsel m. Goethe, s.: Goethe.

Brentano, Bettina, s. National-Litteratur, deutsche.

Brentano, Christian

Brentano, Chrn., der unglückliche Franzose, oder: der Deutschen Freiheit Himmelfahrt, ein Schattenspiel mit Bildern. Manuskript von 1816. 8. (60 S. und 8 Stnt.) Aschaffenburg 850, (Pergay.) *

Brentano, Christian (Bruder Clemens B's, geb. 24. Jan. 1784 in Frankfurt a. M., † ebd., d. 27. Octob. 1851), *nachgelassene religiöse* (kathol.) *Schriften*. 2 Bde. (in 1). Mit Portr. München 1854. Gr. 8°. Hlwdb.
1: XLVIII—446 S, 1 Bl. Inh. 2: 2 Bll., 445 S.

Brentano, C, nachgelass. relig. Schriften. 2 Bde. 8. (895) Münch. 54. (Stuttg., Cotta.) *n.* 2. 28

Brentano, Chrn., nachgelassene religiöse Schriften. 2 Bde. gr. 8. (LI und 895 S.) München 854, Literarisch-artistische Anstalt. *

Brentano's, Clemens, Lebensbild, s.: Diel, J. B.

— dasselbe, s.: Heinrich, J. B.

Brentano, Clemens (Hrsg.), s. Beobachter, Dramaturgischer.

— s. Bogs, des Uhrmachers, Geschichte.

Brentano, Clem., Briefe, s. Grisebach, Ed. Das Goethe'sche Zeitalter der deutschen Dichtung.

— u. Sophie Mereau, Briefwechsel. (Nach den in der königl. Bibliothek zu Berlin befindl. Handschriften zum ersten Mal hrsg. v. Heinz Amelung.) 2 Bde. (XXXIV, 231 u. 243 S. m. 2 Taf.) kl. 8. Leipzig 908. Insel-Verlag. 7.—; geb. in Leinw. 9.—; auf Bütten, geb. in Ldr. 18.—

Brentano, Clem., die Chronik des fahrenden Schülers, erstlich beschrieben von dem weil. Meister C. B. Fol. (IV, 100 S. in Schwarz-, Roth- und Golddr. mit 6 Holzschntaf.) Augsburg 882, Literar. Institut von Dr. M. Huttler. * 10 —

—— dass. — 3. und 4. Aufl. 12. (III, 268 S.) Ebendas. 883,84. ℳ 4.; geb. mit Goldschn. 5 —

— die Chronik d. fahrenden Schülers. Erstlich beschrieben v. C. B. Volks-Ausg. Hrsg. v. Kreiten. Mit 6 Bildern v. Steinle. gr. 8. (IV, 99 S.) Augsburg 888. Literar. Institut v. Dr. M. Huttler. n. 3.

— Aus d. Chronika e. fahr. Schülers, s.a. Graeser's Schulausg. klass. Werke (Walheim).

— aus der Chronika e. fahrenden Schülers. Der Philister vor, in u. nach der Geschichte. s. a. Hesse's, Max, Volksbücherei.

—— aus der Chronika eines fahrenden Schülers. 16. (VI, 76 S.) Berlin 871, Heinersdorff. cart. *

Brentano, Clemens, aus der Chronika eines fahrenden Schülers. 16. Berlin 871. Osnabrück, Meinders. cart. *

— aus der Chronika e. fahrenden Schülers. 16. (VI, 76 S.) Bielefeld 871. Gülker & Co. n. 1. 25

—— Chronika e. fahrenden Schülers. Fortges. u. vollendet v. A v. d. Elbe. 8. (296) Heidelb. 80, C Winter. *n.* 4. —; geb. *n.* 5. —

Brentano, Clem., Chronika eines fahrenden Schülers. Fortgesetzt u. vollendet von A. v. der Elbe. 2. Aufl. 8. (III, 296 S.) Heidelberg 880. C. Winter. n. 4. —; geb. n. 5. —

—— Chronika eines fahrenden Schülers. Fortgesetzt und vollendet von A. v. der Elbe. 5. Aufl. gr. 8. (VII, 296 S. mit 1 Holzschn.) Heidelberg 886, C. Winter's Universitäts-Buchh. *ℳ 3.50.; geb. *

Brentano, Clem., Chronika e. fahrenden Schülers. Fortgesetzt u. vollendet von A. v. der Elbe. 6. Aufl. Min.-Ausg. 12. (III, 268 S.) Heidelberg 888. C. Winter. geb. m. Goldschn. n. 5. —

— Chronika e. fahrenden Schülers. Fortgesetzt u. vollendet von A. v. d. Elbe. 7. Aufl. 12. (III, 268 S.) Heidelberg 894. C. Winter. Geb. in Leinw. m. Goldschn. n. 5. —

Brentano, Clem., Chronika e. fahr. Schülers. Fortges. u. voll. v. A. v. d. Elbe. 8, durchgeseh. Aufl. 12. (V, 262 S. m. 1 Titelbild.) Heidelberg 899. C. Winter. Geb. in Leinw. m. Goldschn. n. 5. —

Brentano, Clem., Chronika e. fahrenden Schülers. Fortgesetzt u. vollendet von A. v. der Elbe. (Min.-Ausg.) 9. Aufl. 12. (III, 262 S. m. Titelbild.) Heidelberg 901. C. Winter. Geb. in Leinw. m. Goldschn. n. 5. —

— Chronika e. fahrenden Schülers. Fortgesetzt u. vollendet von A. v. d. Elbe. 10. Aufl. (III, 262 S. m. Titelbild.) kl. 8. Heidelberg (905). C. Winter Verl. Kart. n. 2. —

— dasselbe. Mit Bildern v. Frz. Hein. (11. u. 12. Aufl. Der illustr. Ausg. 1. u. 2. Aufl.) (272 S.) 8. Ebd. 906. Geb. in Leinw. n. 6. —

— dass. Fortges. u. vollendet v. A v. der Elbe. 11. Afl. (5, 262 m. Titelbild.) kl8° Heidelbg, Carl Winter ('12). Pappbd 2 — d

— u. Edward v. Steinle, Dichtungen u. Bilder. Hrsg. v. Alex. v. Bernus u. Alf. M. v. Steinle. (219 S. m. 28 Vollbildern.) Lex. 8. Kempten (909). J. Kösel. 5.—; geb. 6.—; Luxusausg. auf Büttenpap., geb. in Ldr. 10.—

— —. Einsiedler-Zeitung; in Gemeinsch. mit v. *Arnim herausg. 1809.

Brentano, Clemens, Anna Katharina Emmerich, s. Emmerich, Anna Katharina.

(Brentano, Clemens,) Rothkehlchens, Liebseelchens Ermordung, s. Rothkehlchens.

—— humoristische Erzählungen, s. Hausschatz, humoristischer, für's deutsche Volk.

—— zwei Erzählungen, s. Meisterwerke unserer Dichter.

Brentano, Clemens. Frühlingskranz ... Charlottenb. 1844. H: *Arnim, Bettina von geb. Brentano.* (MD)

Brentano, Clemens, Frühlingskranz aus Jugendbriefen ihm geflochten, wie er selbst schriftl. verlangte. 1 Bd. 8. (30⅙ B.) Charlottenburg 844, Bauer. **

— Frühlingskranz, a. Jugendbriefen ihm geflochten, wie er selbst schriftlich verlangte. 8° (288) Berl. 91, Besser. 3.60 geb. in Lnw. 4.60; in Hlbkalbldr 6.60

—— Frühlingskranz, aus Jugendbriefen ihm geflochten, wie er selbst schriftlich verlangte. 8. (XVI, 288 S.) Berl. 891, Hertz. * 3 60
geb. in Leinw. * 4 60; in Hlbkalbldr. * 6 60

Brentano, Clem., Frühlingskranz. Aus Jugendbriefen ihm geflochten, wie er selbst schriftlich verlangte. (Hrsg., Textprüfg. u. Einleitg. v. Hugo Königsdorf, Buchschmuck v. Heinr. Vogeler-Worpswede.) (XVI, 879 S.) 8. Königsberg 907. Aderjahn. In Pappbd. 9.50; geb. in Ldr. 11.50

— Frühlingskranz. Aus Jugendbriefen ihm geflochten, wie er selbst schriftlich verlangte. (Hrsg., Textprüfg u. Einl. v. Hugo Königsdorf.) (16, 379) 8° Köngsbg, Deutschherren-Verl/07. Pappbd 9.50; Ldr 11.50 d

— Frühlingskranz in Briefen, ihm geflochten, wie er selbst es schriftlich verlangte. Neue vollständ. u. rev. Taschen-Ausg. m. e. Einl. v. Paul Ernst. 2 Bde. (20, 226 u. 197) kl8° Lpzg, Insel-Verl./07. 6 —; L. 8 —; Ldr 10 — d

— dasselbe. (2. Aufl., eingeleitet v. Paul Ernst, m. Anmerkgn. u. Register v. Heinz Amelung.) 2 Bde. (XX, 244 u. 218 S.) kl. 8. Leipzig 909. Insel-Verlag. 6.—; geb. in Leinw. 8.—; in Ldr. 10. —

— Gedichte, s.a. Statuen deutscher Kultur. 10. Bd.

Brentano, Clem., Gedichte. In neuer Auswahl. Frankfurt a. M. 854. Sauerländer's Verlag. 16. (VIII, 548 S. u. 1 Stahlst.) n. 2 rß

Brentano, Clem., Gedichte. In neuer Auswahl. 2. Aufl. Frankfurt a. M. 861. Sauerländer's Verlag. 16. (VIII, 548 S. u. 1 Stahlst.) geb. n. 2 rß

— Gedichte, Auswahl, s.a. Bibliothek, kleine.

[F.] Gedichte v. Klemens Brentano. Auswahl. *Hamm i. W.: Breer & Thiemann [1898].* (VII, 235 S.) 1 Bd 8.
= Bibliothek, Kleine. No 24. 26. [98. 8117

— Gedichte. Ausgewählt u. eingeleitet v. Alex. v. Bernus. Pantheon-Ausg. (XVI, 191 S. m. 4 Taf. u. 1 Fksm.) 16. Berlin (907). S. Fischer, Verl. Geb. in Ldr. m. Goldschn. 2.50; in Perg. 3.—; erh. Pr. 3.—; bezw. 4. —

—— ausgewählte Gedichte. 8. Berlin 874. Gera, Griesbach's Verlag.

— ausgewählte Gedichte. Hrsg. v. Jul. Eckardt. Mit Zeichngn. v. W. Steinhausen, in Holz geschn. v. R. Brend'amour u. Th. Knesing. 8. (200 S. m. Holzschntaf. u. eingedr. Holzschn.) Berlin 874. Grote. n. 1. 20; geb. n. 2. —; geb. m. Goldschn. n. 2. 50

—— ausgewählte Gedichte. 16. (287 S.) Paderborn 882, F. Schöningh. * 1 20
geb. mit Goldschn. * 2 20

Ausgewählte Gedichte von Clemens Brentano. 2. Aufl. *Paderborn: F. Schöningh 1898.* (287 S.) 8° [F.] [oo. 3769 6

Brentano, Clemens: Geschichte vom braven Kasperl . . ., s.a. Meyer's Volksbücher.

— Geschichte vom braven Kasperl u. schönem Annerl. Aus der Chronika eines fahrenden Schülers, s.a. Novellen-Bibliothek, klassische.

—— dass. — s.a. Universal-Bibliothek.

-- Gesch. v. braven Kasperl u. d. schönen Annerl, s.a. Volksbibliothek d. Lahrer hink. Boten.

— Geschichte vom braven Kasperl u. dem schönen Annerl, s.a. Volksbücher der deutschen Dichter-Gedächtnis-Stiftung. 6. Hft.

Brentano, Clemens, Geschichte v. braven Kasperl u. d. schönen Annerl. Mit Darstell. d. Schluß-Scene (in Holzschn.) 16. (4¼ B.) Berlin 838, Vereins-Buchhandl.

—— Gesch. v. braven Kasperl u. schönen Annerl. 2. Afl. 16. (69) Berl. 51, Kühling. — 10

— Geschichte vom braven Kasperl u. schönen Annerl. Mit Darstellung der Schluß-Scene. 2. Aufl. 16. (69 S. m. 1 Holzschn.) Berlin 851, Vereins-Buchh. ⅓ rß

—— Geschichte vom braven Casperl und dem schönen Annerl. 16. (64 S.) Berlin 878, Heinersdorff. cart. *

— Geschichte vom braven Casperl u. dem schönen Annerl. 16. (64 S.) Bielefeld 873. Gülker & Co. n. 1. —

—— Geschichte v. braven Casperl u. d. schönen Annerl. 16. (64) Lpzg 73, Heinersdorff. n. 1. —

Brentano, Clemens: Gockel, Hinkel u. Gackeleia, s.a. Bibliothek, Kleine.

Brentano, C.: Gockel, Hinkel und Gackeleia, s.a. Familien-Bibliothek. Nr. 9 u. 10.

— dass., s.a. Gerlach's, Mart., Jugendbücherei.

— dasselbe, s.a. Jugendschriften. Hrsg. vom Lehrerhausvereine für Oberösterreich. 24. 25. Bdchn.

— dass., s.a. Konegen's Kinderbb.

Brentano, Clemens: Gockel, Hinkel u. Gackeleia, s.a. Meyer's Volksbücher.

— dasselbe s.a. Schaffstein's Volksbücher f. die Jugend.

— — s.a. Theater f. d. kathol. weibl. Jugend.

— dasselbe, s.a. Universal-Bibliothek.

— — s.a. Volksbibliothek d. Lahrer hink. Boten.

Brentano, Clemens, Gockel, Hinkel, Gackeleia. Mährchen, wieder erzählt. (Mit 15 saub. lithogr. Tafeln.) gr. 8. (22½ B.) Frankfurt a. M. 838. [Halle, Kersten.] Thlr.

Brentano, C. *Gockel Hinkel Gakcleja.* Mährchen, wieder erzählt von Clemens Brentano. Frankfurt bei Schmerber. 1838. (= Text des illustr. Titels. Vortitel: „Gockel, Hinkel und Gackeleia ein Mährchen). XIV, 346 SS. Mit Titelbild und 14 ganzseit. Lithographien von Joh. Nep. Strixner nach den Entwürfen Brentanos. 8°. Dunkelblauer Halblederbd. d. Z. m. Rückenvergoldung. 185.—

Goed. VI. 62. 43. Mallon 112. R. 2562. ★ Originalausgabe. Dieses lange Märchen, „in dem alles ein Mährchen ist", steht trotz den gleichzeitigen Hoffmannschen Schöpfungen in der deutschen Literatur einzig da und ist — allerdings meist in etwas verkürzter Form — eins der beliebtesten Kinderbücher geworden. Einige der schönsten Gedichte Brentanos sind hineinverwoben. Die „Herzliche Zueignung" am Anfang ist an Goethes Freundin Marianne von Willemer gerichtet. — Die Bildentwürfe B's wurden von Maximiliane Pernelle u. Kasper Braun auf den Stein übertragen. Unbeschnittenes Exemplar. Hie und da, aber meist unbedeutend, fleckig. Einbd. leicht benutzt.

— Göckel, Hinkel u. Gackeleia. Märchen. Nach dem Wortlaute der allein vollständ. Ausg. v. 1838. Mit (eingedr.) Holzschn. (u. 4 Holzschntaf.) nach Zeichngn. v. Alex. Zick. Hrsg. u. eingeleitet v. Ed. Grisebach. 8. (XX, 306 S.) Berlin 873. Grote. n. 2. 50; geb. n. 3. 50; geb. m. Goldschn. n. 4. —

— Gockel, Hinkel u. Gackeleia. Ein Märchen. 8. (238 S. m. 2 Holzschn.) Einsiedel 878. Benziger. cart. 1. 70

—— dass. — Neue Ausg. mit 15 bild. Darstellungen (Holzschntaf.) getreu nach dem Original. Festgabe zum 100jähr. Geburtstage. 1778—1878. gr. 8. (360 S.) Regensburg 878, Manz. *

— dasselbe u. andere Märchen. Mit (4 color.) Bildern von Jul. Schnorr. 8. (159 S.) Leipzig 879. Berndt. cart. 2.50

—— Gockel, Hinkel und Gackeleia. Ein Mährchen. Neue Ausg. mit 15 bildl. Darstellungen (Holzschntaf.) getreu nach dem Original. [Festgabe zum 100jähr. Geburtstage 1778—1878.] gr. 8. (360 S.) Regensburg 880, Manz. geb.

—— Gockel, Hinkel u. Gackeleia, f. die Jugend bearb., s.a. Bachem's Jugend-Erzählungen. 27. Bd.

Gockel, Hinkel und Gackeleia. Ein Märchen von Klemens Brentano. Für d. Jugend bearb. von Benedict Widmann, Rektor u. D. 2., veränd. Aufl. von Dr. S[imon] Widmann, Gymn.Dir. Mit 4 Kunstdruckbild. von W. Rohm. Cöln: J. P. Bachem [1904]. (112 S.) 8° [F.]
= Jugend-Erzählungen, Bachems. Bd 27. [06. 839

— Gockel, Hinkel u. Gackeleia. Ein Märchen nach dem Orig.-Text f. die Jugend. Mit Bildschmuck v. Carl Fahringer. (96 S. m. 12 [4 farb.] Vollbildern.) kl. 8. Stuttgart (906). Loewe Geb. in Leinw. 2. 50

Brentano, Clem.: Gockel, Hinkel u. Gackeleia, e. Mährchen. (Die Gravüren v. Casp. Braun wurden nach d. Orig.-Lithogr. d. Erstausg. geätzt u. abgezogen.) (12, 224 m. 14 Taf.) gr8° Berl., Morawe & Sch. '12. HLdr kart. 12 —; (Luxusausg. 18 —) d

— Godwi od. Das steinerne Bild der Mutter. Ein verwilderter Roman. Hrsg. u. eingeleitet v. Anselm Ruest. (XII, 548 S.) kl. 8. Berlin (906). H. Seemann Nachf. 8. —

— der Goldfaden, s.: Wickram, Jörg.

— die Gründung Prags. 2 Thle. gr. 8. Pesth 816, Hartleben. 2 ₰ 10 ₰

— Hinkel, Gockel u. Gackeleia, s.: Theater für die katholische weibliche Jugend.

Brentano, Clem., Universatis literariae, Kantate auf den 15. Oct. 1810. gr. 4. Berl. 810. (Dümmler). 10 ₰

Brentano, Clem. Universatis literariae Kantate auf den 15. Oct. 1810. gr. 4. Berl. Hitzig. 811.

Universitati litterariae. Kantate auf den 15ten October 1810 von Clemens Brentano. (Zur Jahrhundertfeier überreicht v. Rector d. Univ. Erich Schmidt u. d. Decan d. philos. Fac. Gustav Roethe.) Berlin: Hitzig [1910]. 16 S. 4° [11. 4300 2

— Klopfstock. Murmeltier. Myrtenfräulein, s.: Bachem's Jugend-Erzählungen.

— Leben der hl. Jungfrau Maria, s.: Emmerich, Anna Katharina.

— Lebensumriß der Anna Katharina Emmerich, s.: Emmerich, Anna Katharina, das bittere Leiden unseres Herrn Jesu Christi.

— — Legende v. d. hl. Marina (Gedicht). gr. 12. Mchn., Manz in R. 18 kr.

— das bittere Leiden unseres Herrn Jesu Christi, s.: Emmerich, Anna Katharina.

— Lied von eines Studenten Ankunft in Heidelberg. Mit Vorwort u. Anmerkungen hrsg. von Karl Bartsch. 8. (24 S.) Freiburg i/Br. 882. Mohr. n. — 40; Ausg. auf holländ. Büttenpap. n. 1. —

— 83 Lieder aus des Knaben Wunderhorn, s.: Arnim, Achim v.

— Märchen, s. a. Meister des Märchens.

— Märchen, s. a. Meyer's Volksbücher.

— dasselbe. s. a. Volksbibliothek, deutsche.

— Märchen. Zum Besten der Armen nach dem letzten Willen des Verf. hrsg. v. Guido Görres. 2 Bde. gr. 8. (LVIII. 495 u. 608 S.) Stuttgart 847, Cotta. n. 5 ₰ 12 ₰

— die Märchen. Hrsg. von Guido Görres. 2. Aufl. 2 Bde. 12. (L, 344; III, 422 S. mit Portr. des Verf. in Holzschn.) Stuttgart 879, Cotta'sche Buchh. geb. in 1 Bd. *

— Märchen. Hrsg. von Guido Görres. 3. Aufl. 2 Bde. 8. (L, 344; III, 422 S.) Stuttgart 879, Cotta'sche Buchh. * geb. *

— ausgewählte Märchen, s.: Hesse's Max, Volksbücherei.

— das Märchen v. Gockel, Hinkel u. Gackeleia, s. a. Bibliothek, kleine.

— dasselbe, s. a. Universal-Bibliothek.

— Das Märchen v. Gockel, Hinkel u. Gackeleia. — Geschichte vom braven Kasperl u. dem schönen Annerl, s. a. Volksbibliothek des Lahrer hinkenden Boten.

— das Märchen vom Gockel, Hinkel und Gackeleia in seiner ursprüngl. Gestalt. Genauer Abdr. der Ausg. von Guido Görres. 1. Aufl. 1872, und 2. Aufl. 8. (IV, 122 S.) Wiesbaden 878, Killinger und Comp. cart. *

— das Märchen vom Gockel, Hinkel und Gackeleia in seiner ursprüngl. Gestalt. 2. Aufl. 8. Wiesbaden 873. Aachen, Creutzer.

— dass. — Mit Illustr. (4 Chromolithogr.) von B. Zeiträg. 8. (IV, 122 S.) Ebendas. 873. cart. *;

Das Märchen von Gockel, Hinkel und Gackeleia von Klemens Brentano. Nach s. ursprüngl. Fassung bearb. von Hans Eschelbach. *Hamm i. W.: Breer & Thiemann 1901.* (120 S.) 8° [F.]
= Bibliothek, Kleine. No 64. [01. 1619

— Das Märchen v. dem Rhein u. dem Müller Radlauf, s.: Jugendschriften, hrsg. vom Lehrerhausverein f. Oberösterreich.

Romantische Märchen von [Klemens] Brentano u. [Ludwig] Tieck. In Auswahl u. mit Einl. von Bruno Wille. Reihe 1. *Leipzig: E. Diederichs 1902.* 8° [02. 13004

Die Lustigen Musikanten Singspiel von Clemens Brentano. Frankfurt am Main, ... 1803. 8°.
Schönes Ex. S. oben Nr. 2168 u. 2169 u. die folg. Nr.

— Nachtwachen v. Bonaventura. Hrsg. v. Erich Frank. (105, 173) 8° Heidelbg, Carl Winter '12. Pappbd 3.70 d

— s. National-Litteratur, deutsche. — Neudrucke, Berliner.

— u. Achim v. Arnim: Novellen, s: Freytag's Schulausg. u. Hilfsbb. f. d. deut. Unterr. (Cerny).

— Novellen, s: Liebhaber-Bibliothek.

— s. Novellen, spanische u. italienische.

Brentano, Clemens: Spanische u. italienische Novellen, s. Brentano, Sophie.

— s. a. Philister, der.

— der Philister vor, in u. nach der Geschichte, s. a. Neudrucke literarhistorischer Seltenheiten, Nr. 7.

Clemens Brentano. Der Philister vor, in und nach der Geschichte. Scherzhafte Abhandlung. Faks.Dr. des in Berlin im J. 1811 erschienenen Orig. mit e. Vorw. von Paul Müller. Berlin: E. Frensdorff [1905]. (II, 30 S.) 8° [F.]
= Neudrucke literarhistorischer Seltenheiten. No 7. [07. 3376

— d. Rheinübergang; e. Rundgesang f. Deutsche. 8. Wien 814. (Frankf. a. M., Körner). 4 ₰

— der Ring Salomonis, s. a. Hausbibliothek, kleine, für die Jugend.

— der Ring Salomonis. Erzählung. 12. (52 S.) Leipzig 893. Greßner & Schramm. Kart. n. — 50

— d. Ring Salomonis. 12. (52 S.) Leipzig 893. Berlin, L. Lewin. Kart. — 60

— Romanzen vom Rosenkranz, hrsg. v. Max Morris. (III, LXXIX, 402 S.) gr. 8. Berlin 903. C. Skopnik. n. 5 —; geb. n. 6. 50

— Romanzen vom Rosenkranz. Hrsg. u. eingel. v. Alphons M v. Steinle. (66, 408 m. 4 Beil.) gr8° Trier, Petrus-Verl. '12. 5.50; geb. n 7.75 d

— — Romanzen von den 3 Rosenkränzen. Frkft. 1822.

Brentano's, Clemens, ausgewählte Schriften. In 2 Bdn. Chronologisch geordnet und mit Anmerkungen versehen von J. B. Diel. Mit Illustr. von Ed. Steinle und dem Bildniß Cl. Brentano's in unveränderl. Lichtdruck von J. Albert. 8. Freiburg i. Br. 873, Herder'sche Verlagsh. *

Inhalt:
Bd. 1. Ausgewählte Poesien. (XLI, 410 S.)
" 2. Ausgewählte Prosa. (VIII, 616 S.)

Brentano, Clemens, ausgewählte Schriften. Mit Illustr. (8 Holzschn.) 8. (190 S.) Einsiedeln 878, Gebr. Benziger. cart.

Inhalt:
1. Aus der Chronika eines fahrenden Schülers. 2. Von dem Leben und Sterben des Grafen Gaston Phöbus von Foix. 3. Die Legende von einem Schwaben, der das Leberlein gefressen. 4. Blätter aus dem Tagebuch der Ahnfrau.

— ausgewählte Schriften, s.a. Familienfreund.

Brentano, Cl. Ausgewählte Schriften. In-8°. 192 S. Einsiedeln, Benziger & Co. 1889 Cart. 1 85
. „Familienfreund. Bd. 37."

— ausgewählte Schriften. Von Joh. Bapt. Diel, S. J. 2. Aufl., neu durchgesehen v. Gerh. Gietmann, S. J. Mit dem Bildnis Brentanos u. 6 Illustrat. von Eduard v. Steinle in Lichtdr. 2 Bde. (VIII, 524 u. VI, 512 S.) kl. 8. Freiburg i/B. 906. Herder. Geb. in Leinw. n. 7.—

—— kleine prosaische Schriften. Hrsg. von Chrn. Brentano. 2 Bde. Neue (Titel-)Ausgabe. gr. 8. (XV und 999 S. mit 1 Stnt.) Frankfurt a. M. (852)62, Sauerländer's Verlag. *

Brentano's, Clemens, gesammelte Schriften. Hrsg. von Chrn. Brentano. 1—7. Bd. gr. 12. Frankfurt a. M. 851,52, Sauerländer's Verlag. à Bd. * 1 Thlr. 10 Ngr. *
Bd. 1. Geistliche Lieder. (XXIII und 551 S. mit des Verf. Portr. in Stahlst.)
" 2. Weltliche Gedichte. (XV und 604 S.)
" 3. Romanzen vom Rosenkranz. (VIII und 473 S.)
" 4., 5. Kleine Schriften. 2 Thle. (XV und 999 S. mit 1 Stnt.)
" 6. Die Gründung Prags, ein historisch-romantisches Drama. (VII und 450 S.)
" 7. Comödien. (VIII und 501 S.)

—— gesammelte Schriften. 8. und 9. (letzter) Bd. A. u. d. T.: Gesammelte Briefe von 1795 bis 1842. Mit vorangehender Lebensbeschreibung des Dichters. 2 Bde. gr. 8. (XXIII und 901 S.) Frankfurt a. M. 855, Sauerländer's Verlag. *
1—7. Bd. Ebendas. 1851—52. * 9 Thlr. 10 Ngr.

Brentano, C., J. v. Görres, J. B. Berger, Barmherzige Schwestern vom heil. Karl Borromäus 1652—1900. Bilder aus der Geschichte der Katholischen Charitas, herausgeg. von W. Hohn. (467 S.) Trier 1900. Paulinus-Druckerei.

Clemens Brentano die barmherzigen Schwestern in Bezug auf Armen- und Krankenpflege. Nebst Bericht über das Bürgerhospital zu Coblenz. Mit lithogr. Abbild. Coblenz 1831. 8.

— die barmherzigen Schwestern in Bezug auf Armen- u. Krankenpflege. Nebst einem Bericht über das Bürgerhospital in Coblenz u. erläut. Beilagen. 2. m. Zusätzen verm. Aufl. Mit 1 (lith.) Abbildg. gr. 8. (IV u. 444 S.) Mainz 852, Kirchheim & Schott. n. 1 1/3 Thlr

—— die barmherzigen Schwestern in Bezug auf Armen- und Krankenpflege. Nebst einem Bericht über das Bürgerhospital in Coblenz und erläut. Beilagen. 2., mit Zusätzen verm. Aufl. 1852. * 1 Thlr. 10 Ngr. und 3. (Titel-)Aufl. gr. 8. (III und 444 S. mit 1 Stnt.) Mainz 856, [Kirchheim.]

—— die barmherzigen Schwestern in Bezug auf Armen- und Krankenpflege. Nebst einem Bericht über das Bürgerhospital in Coblenz und erläuternden Beilagen. 3. (Titel-)Aufl. gr. 8. (III und 444 S. mit 1 Stnt.) Mainz (852)57, Kirchheim.

Brentano, Clemens: Tröst-Einsamkeit, s. Arnim, Ludwig Achim von

— Valeria od. Vaterlist, s.a. Litteraturdenkmale, deutsche, des 18. u. 19. Jahrh. Nr. 105—107.

Valeria oder Vaterlist. Ein Lustspiel in 5 Aufz. (die Bühnenbearbeitung des 'Ponce de Leon') von Clemens Brentano. Hrsg. von Reinhold Steig. *Berlin: B. Behr 1901.* (XXXII, 86 S.) 8°
— Litteraturdenkmale, Deutsche, d. 18. u. 19. Jahrh. 105—107.

Viktoria und ihre Geschwister, mit fliegenden Fahnen und brennender Lunte. Ein klingendes Spiel von Clemens Brentano. Mit einem Titelkupfer und mehreren Musikbeilagen. Berlin, 1817. In der Maurerschen Buchhandlung. 8°.
Sehr schönes Ex.

—— Gustav Wasa, s. Litteraturdenkmale, deutsche, des 18. und 19. Jahrh.

— d. mehreren Wehmüller u. ungar. Nationalgesichter, s.a. Bücherei, allgemeine.

Brentano, Clemens, die mehreren Wehmüller u. ungarischen Nationalgesichter. Novelle, s.a. Eichendorff, Jos. Frh. v.

—— die mehreren Wehmüller u. ungarischen Nationalgesichter. Erzählung. 2. Aufl. 16. (7 B.) Berlin 843, Vereins-Buchh.

Brentano's, Clem., Werke. Hrsg. v. J. Dohmke. Kritisch durchgesch. u. erläuterte Ausg. 8. (VI, 24 u. 831 S. m. Bildnis u. 1 Fksm.) Leipzig 892. Bibliograph. Institut. Geb. in Leinw. n. 2. —; in Halbsaffian n. 3. —

Brentano's, Clem., ausgewählte Werke in 4 Bdn. Hrsg. u. m. Einleitgn. versehen v. Max Morris. Mit 2 Bildnissen u. e. Briefe als Handschriftprobe. (LI, 164, 216, 167 u. 320 S.) kl. 8. Leipzig (904). M. Hesse. n. 1. 50; in 1 Leinw.-Bd. n. 2. —; auf besserem Pap. in 1 Halbfrz.-Bd. n. 3. —; Luxusausg. in 1 Liebh.-Halbfrz.-Bd. n. 4. —

Brentano's, Clem., sämtliche Werke. Unter Mitwirkg. v. Heinz Amelung, Vict. Michels, Jul. Petersen u. a. hrsg. v. Carl Schüddekopf. (In 18 Bdn.) 5. u. 10. Bd. gr. 8. München, G. Müller. à Bd. 6. —; geb. 8.50; Luxusausg. 16. —
5. Godwi, hrsg. v. Heinz Amelung. XII, 476 S. m. 5 Taf. 909.
10. Die Gründung Prags, hrsg. v. Otto Brechler u. Aug. Sauer. (LXVIII, 412 S. m. 4 Taf.) 910.
Die Bände 1—4 u. 6—9 sind noch nicht erschienen.

Brentano, Clem.: Sämtl. Werke. (In 18 Bdn.) Bd 4, 9 II, 10, 13 u. 14 I u. II. gr8° Münch., G Müller. je 6 —; geb. 8.50; Luxusausg. 16 — d
Bd 1—3, 6—8, 9 I, 11 u. 12 sind noch nicht, 5 ist bereits früher erschienen.
4. Romanzen v. Rosenkranz. Hrsg. v. Vict. Michels. (76, 423) '10. || 9 II. Aloys u. Imelde. Hrsg. v. Agnes Harnack. (74, 472 m. 1 Fksm.) '12. || 10. Die Gründg Prags, hrsg. v. Otto Brechler u. Aug. Sauer. (68, 412 m. 4 Taf.) '10. || 13. Span. Novellen. Der Goldfaden. Hrsg. v. Heinz Amelung u. Carl Schüddekopf. (36, 438 m. Abb.) '11. || 14 I. Relig. Schriften I. Hrsg. v. Wilh. Oehl u. Carl Schüddekopf. (43, 512 m. 2 Taf.) '12. || 14 II. Dass. II. Hrsg. v. Wilh. Oehl. (39, 446) '13.

— Witzenspitzel. Rosenblättchen. 2 Märchen, m. Bildern v. Frz. Stassen. Hrsg. v. der Vereinigg.: „Die Kunst im Leben des Kindes". (28 S.) gr. 8. Berlin (905). (Leipzig, Deutscher Kulturverlag.) n.n. 1. —

— des Knaben Wunderhorn, s.: Arnim, Ludw. Achim v.

— dasselbe. s.: National-Bibliothek sämmtl. deutschen Classiker.

—— des Knaben Wunderhorn, s. — Universal-Bibliothek Nr. 1251—1256.

Brentano, Clemens (Hrsg.), s. Zeitung für Einsiedler.

Brentano, Dom. v., Andachtsbuch s.a. Andachtsbuch.

— Andachtsbuch f. kathol. Christen, 8. Bregenz, Brentano.

— Biographie. Ebendas.

— s. J. G. Kellner, d. Gebote.

— Lesebuch f. die Schweizer-Jugend. Ebend.

Brentano, Dom. von, s. Majestätsrecht.

v. Brentano, Dom., († d. 2. Juli 1797.) bibl. Predigten auf alle Sonntage d. Jahres, nach s. Tode fortgesetzt v. e. Freunde (Vinc. Elbs). 3 Thle. 8. Bregenz 798, 99. 2e A. 809. (Al. Doll in Wien). 1 ℔ 8 ℛ

— der wahre Priester in d. Stadt u. auf d. Lande. 8. Kempten 791. 2e Aufl. 798. Dannheimer. 4 ℛ

Brentano, Dom. v., d. heil. Schrift d. Alt. Test. 1r—4n Thls 3r Bd. fortg. von Thad. Ant. Dereser. gr. 8. Varrentrapp. 796—810. (I. 3 Rthlr. II. 1r Bd. 1 Rthlr. 16 gr. 2r Bd. 2 Rthlr. 3n Bds 1ste Hälfte 22 gr. 2te H. 20 gr. III. 1r Bd. 1 Rthlr. 2r Bd. 1 Rthlr. 12 gr. IV. 1r Bd. 1 Rthlr. 2 gr. 2r Bd. 1 Rthlr. 4 gr. 3r Bd. 1 Rthlr. 9 gr.) Rthlr.

— desselben Werks 3n Thls 1r Bd. von Dereser besorgte Ausgabe.
Auch unt. dem Titel:
Die Psalmen. gr. 8. Frankf. am M. 813.

— die heil. Schrift d. alten Testaments. 1r Bd. neue Aufl. gr. 8. Frankf. Varrentrapp. 816.

Brentano, D. v., die heilige Schrift des alten Testaments 1sten Theils 1r Bd., welcher d. erste und 2te Buch Mosis enthält. 2te Ausg. von Th. A. Dereser. gr. 8. Frankfurt a. M., Varrentrapp. 820.

— die heil. Schrift d. N. Test. 3 Thle. m. K. gr. 8. Ebend. 799.

— Schriften, d. heil., d. Alten u. N. Testaments, s. Testament.

Brentano, Dom. von, s. Unterricht üb. d. Fr.: Wie verhält sich d. bischöfl. Macht.

Brentano, Dom. von, s. Vertot: Ursprung.

— das letzte Wort über d. Brentanosche Bibelübersetzung, von dem Verf. derselben. 8. Frburg 793.

Brentano, E., Alt-Ilion im Dumbrekthal. Ein Versuch, die Lage des homer. Troja nach den Angaben des Plinius und Demetrios von Skepsis zu bestimmen. Mit 1 (lithogr.) Karte der Troischen Ebene. gr. 8. (V, 146 S.) [Frankfurt a. M. 877, Zimmer'sche Buchh.] Heilbronn, Gebr. Henninger. *

Brentano, E., de Sall. codd. recensendis. Tub. 47 p. Schul-/Univ.-Schrift 1864.

Brentano, E., zur Lösung der trojanischen Frage. Nebst einem Anhang: Einige Bemerkungen zu Schliemanns Ilios. gr. 8. (VI, 138 S. mit 1 lithogr. Karte der troischen Ebene und 2 lithogr. Plänen.) Heilbronn 881, Gebr. Henninger. *

—— Troia und Neu-Ilion. gr. 8. (XII, 74 S.) Ebendas. 882. *

Brentano, E. H. v., s. Brentano, Fr. Er. Hnr. v.

Brentano, E. W. H., Aristophanes und Aristoteles oder über ein angebl. Privilegium der alten attischen Komödie. gr. 4. (58 S.) Frankfurt a. M. 878, Zimmer'sche Buchh. *

—— dass. — (Abdruck aus dem Oster-Programm der Selectenschule zu Frankfurt a. M. nebst einem Nachtrag.) gr. 4. (56 S.) Berlin 873, Weidmann'sche Buchh. *

—— Untersuchungen über das griechische Drama. 1. Thl.: Aristophanes. gr. 8. (XI, 200 S.) Frankfurt a. M. 871, Heyder und Zimmer. *

Brentano, F, s.: Volks- u. Jugend-Erzählungen.

Brentano, Fr., Amaliens Feierstunden. Bregenz Brentano. 16 ℛ

v. Brentano, Fr. Er. Hnr., († d. 8. Sept. 1831.) Andachtsbuch für d. kathol. Eidgenossenschaft. 8. Bregenz 794. Brentano. 16 ℛ

— Instruktion f. Schullehrer, s. Anweis. f. Elementarschullehrer.

— kurzer Leitfaden zu meinen Religionsgesprächen in d. Schule, u. zugleich Lesebuch f. d. kathol. Schuljugend. 8. Bregenz 802.

— Versuch e. Handbuchs z. christ-kathol. Religions-Unterricht für d. obern Klassen in Schulen. 2 Thle. 8. Ellwangen 806. 2e Aufl. 2 Thle. 8. Gmünd 812. Ritter. 12 ℛ

Brentano, E. H. v., Versuch e. Handbuchs z. christ katholischen Religionsunterricht f. d. obern Klassen in Bürger- u. Landschulen 2c. 2 Thle, 2te verb. Aufl. 8. Gmünd, Ritter. 812.

Aenigmatias. Neue Rätsel von Franz Brentano. 2., stark verm. Aufl. München: C. H. Beck 1909. XV, 222 S. 8° A 12.12800 5

— Aristoteles u. s. Weltanschaug. (8, 153) gr8° Lpzg, Quelle & M. '11. 3 —; L 3.60

Brentano, Frz., von der mannigfachen Bedeutung des Seienden nach Aristoteles. gr. 8. (VIII und 220 S.) Freiburg im Br. 862, Herder'sche Verlagsh. *

Brentano, Frz., offener Brief an Herrn Prof. Dr. Eduard Zeller aus Anlass seiner Schrift über die Lehre des Aristoteles von der Ewigkeit des Geistes. gr. 8. (36 S.) Leipzig 883, Duncker und Humblot. * 1 —

Brentano, Frz., zur eherechtl. Frage i. Österreich. Krasnopolski's Rettungsversuch e. verlor. Sache. gr. 8. (159 S.) Berlin 896. J. Guttentag. n. 2. —

Brentano, Frz., das Genie. Vortrag, geh. im Saale d. Ingenieur- u. Architektenvereins in Wien. gr. 8. (38 S.) Leipzig 892. Duncker & Humblot. n. — 80

Brentano, Frz., über die Gründe der Entmuthigung auf philosophischem Gebiete. Ein Vortrag gehalten beim Antritte der philosoph. Professur an der k. k. Hochschule zu Wien, am 22. April 1874. gr. 8. (22 S.) Wien 874, Braumüller. *

Katalog einer werthvollen Sammlung von Autographen und Urkunden aus d. Nachlasse d. Schoeffen u. Senators Franz Brentano u. seiner Gemahlin Antonia Brentano geb. Edlen v. Birkenstock. Versteigerung ... *Frankfurt a. M.: J. Buer & Co. 1896.* (47 S.) 8°
[Umschlagt.:] 12 ungedruckte Briefe Beethovens, 21 ungedr. Briefe Goethes ... Urkunden u. Briefe d. Familie Brentano – v. Birkenstock. [03. 18

— Von d. Klassifikation d. psych. Phänomene. Neue Ausg. d. betr. Kap. d. Psychol. v. empir. Standpunkt. (8, 167) gr8° Lpzg '11. Münch., Duncker & H. 5 —

Brentano, Franz, Über den Creatianismus des Aristoteles. (Aus: „Sitzungsbericht der k. Akad. d. Wiss.") Wien, Gerolds Sohn, 1883, Lex.-8°, 34 S., 60 Pf.

Brentano, Frz: Aristoteles Lehre v. Ursprung d. menschl. Geistes. (8, 166) gr8° Lpzg, Veit & Co. '11. 6 —

— d. vier Phasen d. Philosophie u. ihr augenblickl. Stand. gr. 8. (46 S.) Stuttgart 895. J. G. Cotta Nachf. n. 1. —

Brentano, Franz, Die Psychologie des Aristoteles, insbesondere seine Lehre vom νοῦς ποιητικός. Nebst einer Beilage über das Wirken des aristotelischen Gottes. Mainz, Kirchheim, 1867, 8°, VIII, 252 S., 4 Mk.

Brentano, Franz, Psychologie vom empirischen Standpunkte. Leipzig, Duncker u. Humblot, 1874, gr. 8°, Bd. 1, XIV, 350 S., 7,20 Mk.
Mehr ist nicht erschienen.

— Das Rätsel s. Lebens u. a. Humoresken. 8° (108) Berl. 98, H Steinitz. 1 —

Brentano, Frz. (I.), s. Räthsel, neue.

BRENTANO, Franz (Prof. zu Wien, geb. 1874). Das Schlechte als Gegenstand dichterischer Darstellung. Vortrag, gehalten zu Wien. Leipzig, Duncker & Humblot, 1892. 8°. 38 S.

— Untersuchungen zur Sinnespsychologie. (X, 161 S. gr. 8. Leipzig 907. Duncker & Humblot. 4. 20

Brentano, F., vom Ursprung sittlicher Erkenntnis. gr. 8. (XII, 122 S.) Leipzig 889. Duncker & Humblot. n. 2. 80

Brentano, F, v. Ursprung sittl. Erkenntnis. 8. (122) Lpzg 90, Duncker & H. n. 2. 80

— was für e. Philosoph manchmal Epoche macht, s.: Sammlung gemeinnütziger populärer wissenschaftlicher Vorträge.

— meine letzten Wünsche f. Oesterreich. gr. 8. (80 S.) Ebd. 895. n. 1. 20

Brentano, Franz, Ueber die Zukunft der Philosophie. Mit apologetisch-kritischer Berücksichtigung der Inaugurations-Rede von Adolf Exner „Ueber politische Bildung" als Rector der Wiener Universität. Gr.-8. (74 S.) 1.20
Wien: Hölder 1892.

— üb. die Zukunft der Philosophie. Mit apologetisch-krit. Berücksicht. der Inaugurationsrede v. Adf. Exner „Ueber polit. Bildung" als Rector der Wiener Universität. gr. 8. (IX, 75 S.) Wien 893. A. Hölder. n. 2. —

Brentano, Friedrich von

— — General Anton Josef Freiherr v. Brentano Ritter des Maria-Theresien-Ordens und Oberst-Inhaber des k. u. k. 35. Linien-Inft.-Reg. Nach Original-Acten des k. u. k. Kriegs-, des geh. k. u. k. Haus-, Hof- und Staats-Archivs, sowie nach gedruckten zuverlässigen Werken gesammelt und bearbeitet. Als Manuscript gedruckt. (Mit 6 Abbild. und 1 Plan.) 8. Rüdesheim a. Rh. 1894.

Brentano, Friedrich Freiherr v. — K. k. Feldmarschall-Lieutenant Josef Anton v. Brentano, Grosskreuz des Maria-Theresien-Ordens. Eine militärische Lebensskizze. Mit 7 Portraits, 1 Taf. und 4 Plänen. 8. (Hildesheim) 1886.

Brentano, F. Frh. v., Feldmarschall-Lieutenant Jos. Anton v. Brentano, Grosskreuz des Maria-Theresien-Ordens etc. Mit zahlr. Portraits. Hildesheim 1886. 8. Nicht im Handel.

Brentano, Fritz, Cora, die Quadrone, s. Volks-Bibliothek, neue.

Brentano, Fritz, allgemeines Deklamatorium. Eine Sammlung teils ernster, teils heiterer Vorträge für alle Kreise. Sorgfältig aus dem deutschen Dichterschatz ausgewählt und mit einer Einleitung über die Kunst des Vortrags versehen. 2. Aufl. 8. (160 S.) Oberhausen 886. Styrum, Spaarmann.

Brentano, Fritz, allgem. Deklamatorium. E. Sammlg. teils ernster, teils heit. Vorträge f. a. Kreise. Sorgfält. a. d. deutschen Dichterschatz ausgew. u. m. e. Einleitg. üb. d. Kunst d. Vortrags versehen. 3. Aufl. 8. (160 S.) Styrum 895. A. Spaarmann. 1. —

— Deklamatorium für Damen und Herren. Eine Sammlung theils ernster, theils heiterer Vorträge für alle Kreise. Sorgfältig aus dem deutschen Dichterschatz ausgewählt und mit einer Einleitung über die Kunst des Vortrags versehen. 8. (IV, 244 S.) Oberhausen 880. Spaarmann. n. 1. 20

Brentano, F., Durchlaucht haben geruht, s.: Volks-Schaubühne.

Brentano, Fritz, am Erlenbach. Eine Künstlergeschichte. 16. (86 S.) Straßburg 876. Schneider. n. 2. —; geb. 3. —

Brentano, Fritz: Des Scharfrichters Freiknecht, s. Volksbibliothek, Neue.

Brentano, Fritz, Gedichte. gr. 16. (VIII, 120 S.) Cassel und Leipzig 871, Luckhardt'sche Verlagsh. geb. *

— d. Geheimnis d. Forsthauses, s. Weichert's Wochen-Bibliothek.

Brentano, Fritz, das Geheimniß des Forsthauses. [Aus: Novellen".] (180 S.) 8. Leipzig 880. (O. Gracklauer.) 1. —

[F.] Das Geheimnis des Forsthauses. Roman v. Fritz Brentano. M. 3 Vollbild. *Berlin: A. Weichert [1898].* (88 S., 3 Taf.) 1 Bd 8.
= Wochen-Bibliothek, Weichert's. Bd 46. 199. 496

— heitere Geschichten, s. Universal-Bibliothek Nr. 2330.

Brentano, Fritz. Heitere Geschichten, s. Universal-Bibliothek Nr. 2564.

— Lustige Geschichten, s.: Weichert's Wochen-Bibliothek.

— Andrei Glinka, s: Vitus-Bücher.

— die Goldgräber, s.: Volks- u. Jugend-Erzählungen.

— der schwarze Graf, s.: Volksbibliothek, neue.

— Das schlaue Hermännle u. and. Humoresken. — Eine Portion Eis u. and. Humoresken, s: Bücher, Lustige.

Brentano, F., Herr Petermann geht zu Bettel s. Bloch's, E., Theater-Correspondenz.

— Humoresken. 1.—4. Bd. 8. Berlin 879, Luckhardt'sche Verlagsh. à Bd. * ℳ 1. *

Inhalt:
Bd. 1. Allerlei Pech. 3. und 4. verm. Aufl. (VIII, 176 S.)
" 2. Etwas Ulk. 3. und 4. verm. Aufl. (128 S.)
" 3. Kunterbunt. 1. und 2. Aufl. (179 S.)
" 4. Fahrende Komödianten. 1. und 2. Aufl. (184 S.)

— Humoresken. 1. Bd. 8. Berlin 889. F. Luckhardt. n. 1. —
Allerlei Pech. 5., verm. Aufl. (VII, 207 S.)

— Kenneth vom Leoparden — der Lüneburger Kirchenraub, s. Volks-Bibliothek, neue.

— die Königin der Navajoes, — der Kriegs-Adler der Delawaren, } s.: Volks- u. Jugend-Erzählungen.

— Lenz und Liebe deutscher Dichtkunst. Lyrische Anthologie. 8. (108 S. mit 6 Lichtdr.-Illustr.) Berlin 883, Neuenhahn. geb. mit Goldschn. * 3 50

Brentano, Fritz, die Liebe des Liberati, s. Kaufmann's moderne Zehnpfennig-Bibliothek. 1. 9.

Die Liebe des Liberati. Eine Künstlergeschichte aus d. vorigen Jh. von Fritz **Brentano**. [Neudr.] Neurode: W. W. E. Klambt 1902 [vielm. 1907]. (128 S.) 8° [F.]
— **Zehnpfennig-Bibliothek**, Moderne. Jg. 1, Bd 9. (08. 3738 2

— Montbars, der Seeräuber, s. Volks-Bibliothek, neue.

— Novellen. [Verlorene Leben. Eine Künstlergeschichte. — Das Geheimniß des Forsthauses.] 8. (182 und 130 S.) Berlin 880, F. Luckhardt. * 3 —

Brentano, Fritz, allerlei Pech. Humoresken. 1. Aufl. (V, 160 S.) 1871. ℳ 2,50., und 2. veränd. Aufl. 8. (V, 156 S.) Cassel und Leipzig 872, Luckhardt'sche Verlagsh. *

— e. Pensionskind, s.: Keller, F.

— Excellenz Posaunenmeister, s.: Weichert's Criminal-Bibliothek.

— Der Posaunist u. and. Humoresken, s.: Universal-Bibliothek.

Brentano, Fritz: Prärievogel, s. Volksbibliothek, Neue.

— Die Rache des Waldes, s.: Weichert's Wochen-Bibliothek.

— d. Rätsel seines Lebens u. and. Humoresken. 8. (168 S.) Berlin 898. H. Steinitz. n. 1. —

— Schnick-Schnack. Humoresken. 8. (158 S.) Mannheim 876, Schneider's Verlag. *

— Schnick-Schnack. Humoresken. 8. (158 S.) Straßburg 876. Schneider. n. 2. 50

— Schnooke un Schnurre. Luschtige Gedichte in pülzer Mundart. (79 m. Abb.) 8° Berl., Verl. „Lust. Gesellsch." ('12). 1 — d

— Schrimmchen u. andere lustige Geschichten, s. a. Weichert's Wochen-Bibliothek.

Schrimmchen und andere lustige Geschichten von Fritz **Brentano.** Mit 3 Vollbildern. *Berlin: A. Weichert [1903].* (96 S., 8° [F.]
= Wochen-Bibliothek, Weichert's. Bd 143. [03. 1330

— der Schwedenhof. Novelle. 8. (127 S.) Mannheim 892. J. Bensheimer's Verl. n. 2. —

Brentano, Fritz: S e g u i n , der Skalpjäger, s. V o l k s b i b l i o t h e k , Neue.

— Seguin, der Scalpjäger, s.: Volks- u. Jugend-Erzählungen.

Brentano, Fritz: S p i e l e r und Goldgräber, s. V o l k s b i b l i o t h e k , Neue.

— etwas Ulk. Humoresken. 8. (III, 105 S.) Berlin 871. Luckhardt. 1. 50

— etwas Ulk. Humoresken. 1. Aufl. (III, 105 S.) 1871. *M* 1,50., und 2. verm. Aufl. 8. (III, 173 S.) Cassel und Leipzig 872, Luckhardt'sche Verlagsh. *

— dasselbe. 2. verm. Aufl. 8. (III, 173 S.) Ebend. 873. n. 1. —

Brentano, Fritz: Der W e b e r von Lyon, s. V o l k s b i b l i o t h e k , Neue.

Brentano, Fritz: Der rote W o l f , s. V o l k s b i b l i o t h e k , Neue.

— der rote Wolf, s.: Volks- u. Jugend-Erzählungen.

— Im Wolfsgrund, s. Volkserzählungen, neue.

— Wuz, das Schwein. Illustr. v. E. Kneiß. gr. 8. (40 S.) Berlin 890. S. Fischer Verl. n. 1. —

Brentano, H., der gewandte Festredner. Toaste, Trinksprüche und Tischreden zu allen festlichen Gelegenheiten. 12. (64 S.) Oberhausen 882, Spaarmann. — 40

Brentano, H., Ueber die Perser des Aeschylus, mit Vergleichung der Phönissen des Phrynichus. Diss. 1832. 87 S. 8°. 1.50

Brentano, Hanny

Brentano, Hanny, aus dem Baltenlande. Erzählungen u. Skizzen. Nach lett. Motiven. Mit Bildschmuck v. A. Brentano. (VII, 368 S.) kl. 8. Regensburg (910). J. Habbel. Geb. in Leinw. 3. —

— Kaiser Franz Josef I. 1848—1908. Sein Leben — seine Zeit. Ein Gedenkbuch seiner 60-jähr. Regierg. (159 S. m. Abbildgn. u. 8 Taf.) kl. 8. Wien (908). Gerlach & Wiedling. Geb. 3. 50

— Die Frau in d. soz. Bewegg, s: Studien, Soziale.

— Friedrich Barbarossa, s.: Jugend- u. Volksbibliothek, geschichtl.

— Amalie Fürstin v. Gallitzin, s. a. Frauenbilder.

Brentano, Hanny, Amalie Fürstin von Gallitzin. Freiburg i. Br. (1909). 8°.
(Frauenbilder.)

Amalie Fürstin von Gallitzin. Von Hanny **Brentano.** Mit 12 Bild. Freiburg im Br.: Herder [1910]. X, 153 S. 8°
(Frauenbilder. [1.]) [10. 2430

— Lehrbuch der lettischen Sprache f. den Selbstunterricht, s. a. Kunst, die, der Polyglottie.

Lehrbuch der Lettischen Sprache für den Selbstunterricht. Mit zahlr. Beispielen, Übungsaufgaben, Lesestücken nebst Anm., e. lett.-deutschen u. deutsch-lett. Wörterverzeichnisse. Von Hanny **Brentano.** Wien & Leipzig: A. Hartleben [1907]. (VIII, 183 S.) 8° [F.]
= **Kunst,** Die, der Polyglottie. T. 94.
(Bibliothek d. Sprachenkunde.) [07. 11842

Brentano, H., Peter der Große u. seine Zeit, s. a. Geschichtsbibliothek, illustrierte, f. jung u. alt.

Brentano, H[anny], Peter der Grosse und seine Zeit. Graz 1907. 8°.
(Ill. Geschichtsbibliothek f. Jung u. Alt.)

Brentano, Heinrich

Brentano, Abécédaire. Französ. Leseübungen für Kinder, nach Dupont's Citolégie bearb. 12. (30 S.) Fürth 848, Schmid's Buchh.

Brentano, (Heinr.), Abécédaire. Französ. Leseübungen f. Kinder, nach Dupont's Citolégie bearb. 12. (36 S.) Fürth 840, Schmid. 3 ngr

Brentano, Anleitung zum Geschäftsstyl zunächst für Gewerb- und Realschulen. 8. (32 S.) Fürth 854, Schmid's Buchh. Thlr. *
Aus des Verf. deutsche Grammatik ꝛc., besonders abgedruckt.

Brentano, H.: Uebersichtliche Darstellung des Conto-Corrents. pg. 3 - 13. 4°. Jul. Volkhart.
Progr. Fürth 1852/53.

Brentano, H.: Ueber die Einrichtung der Handelslehranstalten und Errichtung einer höheren Handelsschule (Handelsakademie) in Bayern. pg. 1 - 9. 4°. Julius Volkhart.
Progr. Fürth 1857/58.

Brentano, H.: Zur Geschichte des Handelsschulwesens in Bayern. pg. 3 - 10. 4°. Julius Volkhart.
Progr. Fürth 1861/62.

— deutsche Grammatik und Stilübungen zunächst für Gewerb- und Realschulen. 3 Kurse. 1. Aufl. 1852—53. und 2., verb. Aufl. 8. (XXVI und 293 S.) Fürth 854, Schmid's Buchh. *

Brentano, deutsche Grammatik und Stilübungen zunächst für Gewerb- und Realschulen. In 3 Kursen. 1. und 2. Kursus. 3., verb. Aufl., und 3. Kursus. 2., verb. Aufl. 8. (XII und 104 S.; VI und 123 S.; VIII und 136 S.) Nürnberg 858—60, J. L. Schmid's Verlag. [1. Kurs. * 8 Ngr.; 2. und 3. à * 10 Ngr.] *

Brentano, deutsche Grammatik und Stilübungen zunächst für Gewerb- und Realschulen. 1—3. Kurs. 8. Nürnberg, J. L. Schmid. n. 28 ngr.
1. Kurs: 4. Aufl. 862. (XII, 112 S.) n. 8 ngr. — 2. Kurs: 3. verb. Aufl. 860. (VI, 123 S.) n. 10 ngr. — 3. Kurs: 2. verb. Aufl. 860. (VIII, 136 S.) n. 10 ngr.

Brentano, deutsche Grammatik u. Stilübungen zunächst für Gewerb- u. Realschulen. 3 Kurse. Nürnberg 870. J. L. Schmid. gr. 8. n. 28 ngr.
1. Kurs.: 5. Aufl. 866. — 6., verb. Aufl. (XII, 116 S.) n. 8 ngr.
2. Kurs.: 4. Aufl. 865. — 5., verb. Aufl. (VI, 127 S.) n. 10 ngr.
3. Kurs.: 3., verb. Aufl. (IX, 148 S.) n. 10 ngr.

Brentano, deutsche Grammatik und Stilübung zunächst für Gewerb- und Realschulen. 3 Kurse. gr. 8. Nürnberg 870, J. L. Schmid's Verlag. [1. Kurs. 6. und 7. Aufl. (XII, 116 S.) * 80 Pf.; 2. Kurs. 5. verb. Aufl. (VI, 127 S.) * *M* 1.; 3. Kurs. 3. verb. Aufl. (IX, 148 S.) * *M* 1.] *

Brentano, deutsche Grammatik u. Stilübungen zunächst f. Gewerb- u. Realschulen. 1. Kurs. 8. verb. Aufl. 8. (XII, 120 S.) Nürnberg 875. Korn. n. 1. —

Brentano's, Heinr., deutsche Grammatik und Stilübungen, zunächst für Realschulen. 9. Aufl. bearb. von Ch. Hutzelmann. 4 Curse. 8. Nürnberg, Korn'sche Buchh. [1. Cursus. (IV, 80 S.) 880. * 60 Pf.; 2. Cursus. (IV, 144 S.) 881. * 80 Pf.; 3. Cursus. (IV, 147 S.) 881. * 80 Pf.; 4. Cursus. (IV, 154 S.) 882. * ℳ 1.] * 3 20

Brentano, ...: „Geschichtliche Hauptmomente der Nationalökonomie und Handels-Produktion", Fürth (1850). — Vorh.: Com. Bibl. Hamburg.

—— geschichtliche Hauptmomente der Nationalökonomie und Handels-Produktion. gr. 4. (16 S.) Fürth 850, Schmid's Buchh.

Aus: Programm der königl. Handels- und Gewerb-Schule zu Fürth für das Schuljahr 1849,50., besonders abgedruckt.

Brentano, législation générale allemande sur le contrat de change et lois récentes sur les mandats de commerce la contrainte par corps et le timbre des effets de change avec des observations et l'état de la jurisprudence. Traduit de l'allemand sur la 7. éd. revue et augmentée par A. Weber. gr. 8. (XXII, 131 S.) Lahr 872. Schauenburg. n. 2. —

Brentano, Leitfaden für den Unterricht in der Wechsellehre. 1. Aufl. (IV, 51 S.) 1870. * 70 Pf., 2., verb. Aufl. ((IV, 70 S.) * 90 Pf., und 3. verb. Aufl. 8. (V, 79 S.) München 873, Fleischmann's Buchh. [Ad. Ackermann.] cart. *

Brentano, Heinr., Leitfaden für den Unterricht in der Wechsellehre. 4. verb. Aufl. gr. 8. (VII, 88 S.) München 877, Ad. Ackermann. *

Brentano's, H., Leitfaden f. den Unterricht in der Wechsellehre, nebst Wechselordng., bearb. v. Sulzberger. 5., verm. Aufl. gr. 8. (V, 112 S.) München 893. F. A. Ackermann. n. 2. —

Brentano, Heinr., kleine Menagerie für die Jugend in naturgetreuen Abbild. Mit erklärendem Texte. qu. 4. (12 ill. Eint. mit 24 S. Text.) Fürth 858, Löwensohn. *
ohne Text *

—— s. Schiebe, Aug., die Lehre von den Wechselbriefen.

Brentano, Heinrich von: Versuch eines Handbuchs . . ., s. Brentano, Fr. Er. Hnr. v.

—— die allgemeine deutsche Wechselordnung, s. a. Wechselordnung.

Brentano L, die allgemeine deutsche Wechselordnung mit den gesetzlichen Modifikationen der einzelnen Staaten. Fürth 1851

— die allgemeine deutsche Wechselordnung sammt den Ergänzungs-Anträgen der Nürnberger Handels-Konferenz und den gesetzlichen Modifikationen der einzelnen Staaten nebst den neueren Gesetzen über kaufmännische Anweisungen. Mit Anmerkungen u. Präjudizien. 3. Aufl. 856. (XII, 83 S.) n. 20 ngl.

Brentano, ...: „Die Allgemeine Deutsche Wechselordnung mit den gesetzlichen Modificationen der einzelnen Staaten", Fürth 1851. — Vorh.: Büch. der Ind.- u. Handelsk. Leipzig. — 4. Auflage, u. d. T.: „Die Allgemeine Deutsche Wechselordnung sammt den Ergänzungsanträgen der Nürnberger Handels-Conferenz und den gesetzlichen Modificationen der einzelnen Staaten, nebst den neueren Gesetzen über kaufmännische Anweisungen. Mit Anmerkungen und Präjudizien", Nürnberg 1858, vorh.: Bibl. des Kammergerichts Berlin — Ff. 743'.

— die allgemeine deutsche Wechselordnung sammt den Modifikationen der einzelnen Staaten u. den neueren Gesetzen über kaufmännische Anweisungen. Mit Anmerkungen, Präjudizien und den neueren, von mehreren Staaten bereits angenommenen Ergänzungs-Anträgen der Nürnberger Handels-Konferenz. 5. verb. Aufl. Ebend. 863. 8. (XII, 100 S.) n. 12 ngr.

— die allgemeine deutsche Wechselordnung nach dem Standpunkte der gegenwärtigen Gesetzgebung u. die neueren Gesetze über kaufmännische Anweisungen. Mit Anmerkungen u. Präjudizien hersg. 6. Aufl. 866. (XVI, 112 S.) — 7., verb. Aufl. Nürnberg 870. J. L. Schmid. (XVI, 96 S.) n. 12 ngr.

—— die allgemeine deutsche Wechselordnung nach dem Standpunkte der gegenwärtigen Gesetzgebung und die neueren Gesetze über kaufmänn. Anweisungen. Mit Anmerkungen und Präjudizien. 9. verb. Aufl. gr. 8. (XVI, 104 S.) [Nürnberg 875, Korn'sche Buchh.] München, Ad. Ackermann. cart. *

— die allgemeine deutsche Wechselordnung nach dem Standpunkte der gegenwärtigen Gesetzgebung u. die neueren Gesetze über kaufmännische Anweisungen. Mit Anmerkungen u. Präjudizien hrsg. 10. verb. Aufl. gr. 8. (XVI, 102 S.) Nürnberg 880. Korn. geb. n. 2. —

Brentano, Heinr., die allgemeine deutsche Wechselordnung, die neueren Gesetze über kaufmänn. Anweisungen nebst den mit dem Wechselverkehre zusammenhängenden Gesetzen und Verordnungen. Mit Anmerkungen und Präjudizien hrsg. 11. und 12. verm. Aufl. gr. 8. (XII, 113 S.) Nürnberg 884,89, Korn'sche Buchh. geb. *

— die allgemeine deutsche Wechselordnung, nebst den m. dem Wechselverkehr zusammenhäng. Vorschriften, insbesondere dem Wechselstempelsteuergesetz u. den Gesetzen üb. kaufmänn. Anweisgn. Mit erläut. Anmerkgn. u. Präjudizien. In 13., verb. u. stark bereich. Aufl. bearb. v. Karl Geiershöfer. gr. 8. (XIV, 125 S.) Nürnberg 894. F. Korn. Kart. n. 1. 80

Brentano, Heinr., die allgemeine deutsche Wechselordnung, nebst den m. dem Wechselverkehr zusammenhäng. Vorschriften, insbesondere dem Wechselstempelsteuergesetz u. den Vorschriften üb. kaufm. Anweisgn. Mit erläut. Anmerkgn. u. Präjudizien hrsg. 14. Aufl. Neubearb. v. S. Merzbacher. 8. (IX, 162 S.) Nürnberg 901. F. Korn. Geb. in Leinw. n. 2. —

Brentano, J. B., Feierstunden e. Dorfschulmeisters, s. Feierstunden.

— Papiere aus d. Nachlasse e. Dorfschulmeisters, s. Papiere.

Brentano, Karl von, Außer der einen wahren Kirche Christi ist kein Heil. Augsburg, B. Schmid, 1892, 16°, XVI, 168 S., 2 Mk.

Brentano, Carl v., die Edelsteine der rhätischen Lande. 2 Bdchn. 12. München 881, [Kellerer's Verlag.] de Crignis.
à Bdchn. * ℳ 1. * 2 —

Inhalt:
Bdchn. 1. Historische Bilder religiöser Charaktere. 2. Aufl. (VII, 208 S.)
" 2. Albertus Magnus von Lauingen. (111 S.)

Brentano, C. v., Führer zum Oberammergauer Passionsspiel 1890, m. Schildergn. d. Spieltextes. gr. 16. (60 S.) Passau 890. Abt. n. — 50

Brentano, Carl v., Reisebilder aus Ober-Italien. Zugleich prakt. Reisebegleiter von München durch Tirol nach Italien. 8. (152 S.) München 880. Kellerer. n. 2. 50

Brentano, Carl Aug. v., Bilder auf einer Reise nach Amerika 1852. Mit einer Vorrede von Heinr. Rußwurm. gr. 12. (XX und 148 S.) Augsburg 855, Schmid'sche Vrlgsh.

Brentano, Klaudine Funck
s. Funck-Brentano.

Brentano, Klem., s.: Brentano, Clem.

Brentano, L.:
—— Lehrbuch der Handelswissenschaft für Handelslehranstalten. In 3 Abthlgn., nebst einem besondern Leitfaden zur Waarenkunde. 1. Abthl. gr. 8. (XVI und 116 S.) Fürth 853, Schmid's Buchh. *

Brentano, L.: Die allgemeine deutsche Wechselordnung, s. Brentano, Heinrich

BRENTANO, LUDOVICA. *Kinderlieder.* Von L. Fer. von des Bordes, geb. Brentano von La Roche. Mit Illustrationen. Regensburg. G. J. Manz, 1854. 80 SS. Mit vielen Holzschnittvign. 8°. Or.Karton mit Holzschnitt. 12.—

Volksliedhafte Gedichte der Schwester von Clemens u. Bettina, die in ihrem Todesjahr erschienen; Goedeke unbekannt. Enth. „Das goldene ABC Aller Heiligen". Gutes Ex.

Brentano, Ludwig (Josef), s. Brentano, Lujo

Brentano, Lujo

Brentano, Ludwig (Hrsg.), s. Abhandlungen a.d. staatswissenschaftlichen Seminar zu Strassburg.

Brentano, Lujo, Agrarpolitik. E. Lehrbuch. 1. Tl.: Theoret. Einleitg. i. d. Agrarpolitik. gr. 8. (VII, 145 S.) Stuttgart 897. J. G. Cotta Nachf. n. 3. —

— d. Agrarreform i. Preussen, s.a. Zeitfragen, volkswirthschaftl.

Die Agrarreform in Preussen. Von Lujo Brentano. (Verb. SA. aus: Economic Journal & 'Die Nation' No. 24—27 & 33.) *Berlin: L. Simion 1897.* (62 S.) 8.
= Zeitfragen, Volkswirthschaftliche. H. 148/149. '(Jg. 19. H. 4/5.)' [97. 6012

— üb. Anerbenrecht u. Grundeigenthum. gr. 8. (57 S.) Berlin 895. O. Häring. n. 1. 20

Brentano, Lujo, die Arbeitergilden der Gegenwart. 2 Bde. gr. 8. Leipzig, Duncker und Humblot.
Inhalt:
Bd. 1. Zur Geschichte der engl. Gewerkvereine. (XXIV, 288 S.) 871. *M 5.
» 2. Zur Kritik der engl. Gewerkvereine. (XIV, 369 S.) 872. *M 7.

Brentano L, das Arbeiterverhältnis gemäss dem heutigen Recht. Leipzig 1877

Brentano, Lujo, die Arbeiterversicherung gemäss der heutigen Wirthschaftsordnung. Geschichtliche u. ökonom. Studien. 8. (XI, 262 S.) Leipzig 879. Duncker & Humblot.

Brentano, Lujo, der Arbeiterversicherungszwang, seine Voraussetzungen und seine Folge, s.a. Zeit- und Streit-Fragen, deutsche.

—, der Arbeiter-Versicherungszwang, seine Voraussetzungen u. seine Folgen. Berlin, Carl Habel, 1881. 8°. 118 S. Cart.

Brentano, Lujo v., die Arbeiterwohnungsfrage in den Städten mit besond. Berücksicht. Münchens, s.a. Schriften des sozialwissenschaftlichen Vereins der Universität München. 1. Hft.

Brentano, Lujo, Die Arbeiterwohnungsfrage in den Städten mit besonderer Berücksichtigung Münchens. 8°. München, M. Rieger, 1909. (Schriften d. Socialwissenschaftl. Vereins der Universität München, Heft 1.)

Brentano, L., Arbeitseinstellungen u. Fortbildung d. Arbeitsvertrags, s.: Schriften d. Vereins f. Socialpolitik.

— Arbeitslohn u. Arbeitszeit. Leipz. 875.

Brentano, Lujo, das Arbeitsverhältniss gemäss dem heutigen Recht. Geschichtliche u. ökonom. Studien. gr. 8. (VII, 360 S.) Leipzig 871. Duncker & Humblot. n. 6.

Brentano (L.), Das Arbeitsverhältniss gemäss dem heutigen Recht. 8°. Leipzig 1876 (2).

— Das Arbeitsverhältniss gemäss dem heutigen Recht. Geschichtliche u. ökonomische Studien. gr. 8°. Leipzig, Duncker und Humblot, 1877.

— u. E. Leidig, das Arbeitsverhältnis in d. privaten Riesenbetrieben, s.: Schriften des Vereins f. Socialpolitik. 116. Bd.

Brentano (Hrsg.), s. Auerbach, Eugen Berthold: Arbeitseinstellungen u. Fortbildung des Arbeitsvertrags.

— gesammelte Aufsätze. 1. Bd. Erbrechtspolitik, alte u. neue Feudalität. gr. 8. (XII, 592 S.) Stuttgart 899. J. G. Cotta Nachf. n. 14. —

— die christlich-soziale Bewegung in England. 2. verb., durch einen Anhang verm. Ausg. gr. 8. (VIII, 124 S.) Leipzig 883, Duncker und Humblot. * 2 40
1. Aufl. erschien nicht in Buchform.

— über Einigungsämter. Eine Polemik mit Herrn Dr. Alex. Meyer. gr. 8. (VI, 57 S.) Leipzig 873, Duncker und Humblot. *

— d. Entwicklg. d. engl. Erbrechts i. d. Grundeigenthum, s.a. Zeitfragen, volkswirthschaftliche.

Die Entwicklung des englischen Erbrechts in das Grundeigenthum. Vortrag geh. in d. Volkswirthschaftl. Ges. zu Berlin am 26. Febr. 1898 v. Lujo Brentano. *Berlin: L. Simion 1898.* (31 S.) 8.
= Zeitfragen, Volkswirthschaftl. H. 156. (Jg. 20. H. 4.) [98. 4582

— Die Entwickelung der Wertlehre, s.a. Sitzungsberichte der königl. bayer. Akademie der Wissenschaften. Phil.-philol. Klasse. 1907. III.

Entwickelung der Wertlehre von Lujo Brentano. Vorgetragen 1908. München: Bayer. Akad. d. Wiss. 1908. (84 S.) 8°
= Sitzungsberichte d. Kgl. Bayer. Akademie d. Wiss. Philos.-philol. u. hist. Kl. Jg. 1908, Abh. 3. [08. 7310

Erbrechtspolitik, alte und neue Feudalität. Von Lujo Brentano. *Stuttgart: J. G. Cotta Nachf. 1899.* (XII, 592 S.) 1 Bd 8.
= Brentano, L.: Gesammelte Aufsätze. Bd I. [98. 11349

— s.: Erbschaftsabgabe, die, u. die Reichsfinanzreform.

Brentano, L[ujo], Dr.: Ethik und Volkswirtschaft in der Geschichte. *München 1901: C. Wolf & Sohn.* (41 S.) 4° [F.]
München, Rede bei Antritt d. Rektorats 1901

Brentano, Lujo, Ethik u. Volkswirtschaft in der Geschichte. Rektoratsrede, geh. am 26. XI. 1901. gr. 8. (38 S.) München 902. E. Reinhardt. n. 1. —

Das Freihandelsargument. Erw. Vortrag von Geh. Hofrat Dr. Lujo Brentano, Prof., München. *Berlin-Schöneberg: Hilfe 1901.* (23 S.) 8° [F.]
Aus: Wiss. Beilage z. 'Münchener Allgem. Zeitung'. [04. 1669

— Das Freihandelsargument. 2. neu durchgeseh. Aufl. (48 S.) 8. Berlin-Schöneberg 910. Buchverlag der „Hilfe". — 75

Brentano (L.), Zur Geschichte der englischen Gewerkvereine. 2 Bde. Leipzig 1871—72. 8.

— Die deutschen Getreidezölle. Eine Denkschrift. (67 S.) Lex. 8. Stuttgart 910. J. G. Cotta Nachf. 3. 50

Brentano, Lujo, die Getreidezölle als Mittel gegen die Not der Landwirte. (64 S.) gr. 8. Berlin 903. C. A. Schwetschke & Sohn. n. 1. —
Sonderabdruck aus: „Deutschland".

— u. Rob. Kuczinsky, die heutige Grundlage der deutschen Wehrkraft, s.a. Studien, Münchener volkswirtschaftl. 35. Stück.

Die heutige Grundlage der deutschen Wehrkraft. Von Lujo Brentano u. Robert Kuczynski. *Stuttgart: J. G. Cotta 1900.* (XXXV, 132 S.) 8°
= Studien, Münchener Volkswirtschaftliche. Stück 35. [00. 6070

— Gutachten über Bestrafung des Arbeitsvertragsbruches, s. Schriften des Vereins für Socialpolitik.

— Das Industrial-Partnership-System. 8°. Augsburg 1868.

Brentano, L., Industriestaat. s. Zeitfragen, volkswirtsch.

Brentano, L. Zur Kritik der englischen Gewerkvereine. Leipzig 1872.

— Die Malthussche Lehre u. die Bevölkerungsbewegung der letzten Dezennien. (S. 565—625 u. 39 S.) Lex. 8. München 909. G. Franz' Verl. 3. 60
Sonderabdruck aus „Abhandlgn. d. bayer. Akad. d. Wiss."

— die wirtschaftlichen Lehren des christl. Altertums. gr. 8. (S. 141—193.) München 902. (G. Franz' Verl.) n. 1.—
Sonderabdruck aus: „Sitzungsber. d. bayer. Akad. d. Wiss."

—— die wissenschaftliche Leistung des Herrn Ludwig Bamberger. Ein Nachspiel zu meinen „Arbeitergilden der Gegenwart". gr. 8. (130 S.) Leipzig 873, Duncker und Humblot. *

Brentano, Ludw. Jos., über J. H. v. Thünens naturgemässen Lohn und Zinsfuss im isolirten Staate. gr. 8. (49 S.) Göttingen 867, (Rente.) *

Brentano, Ludw. Jos., über J. H. v. Thümens naturgemässen Lohn u. Zinsfuss im isolirten Staate. Göttingen 868. (Rente.) gr. 8. (49 S.) n. 10 ngr.

Brentano, Lujo, die klassische Nationalökonomie. Vortrag, gehalten beim Antritt des Lehramts an der Universität Wien am 17. April 1888. gr. 8. (III, 32 S.) Leipzig 888, Duncker und Humblot. *

Brentano, d. Ordnung d. Arbeitsverhältnisses auf Grundlage d. heut. Rechts. Leipz. 868.

—— Meine Polemik mit Karl Marx. Zugleich ein Beitrag zur Frage d. Fortschritts der Arbeiterklasse u. seiner Ursachen. gr. 8. (28 S.) Berl. 890, [Walther u. Apolant.] Walther. — 80

— Reaktion od. Reform? Gegen die Zuchthausvorlage! (Erweit. Sonderabdr. aus der „Sozialen Praxis".) gr. 8. (61 S.) Berlin-Schöneberg 899. Verlag der „Hilfe." n. — 80

Brentano, Lujo, s. Sammlung älterer u. neuer staatswissenschaftl. Schriften d. In- u. Auslandes.

— die Schrecken des überwiegenden Industriestaats, s. a. Zeitfragen, volkswirthschaftl. 183. 184.

Die Schrecken des überwiegenden Industriestaats. Von Lujo Brentano. *Berlin: L. Simion 1901.* (55 S.) 8°
Aus: Volkswirtschaftl. Zeitfragen. H. 183/184.
= Mittheilungen d. Vereins z. Förderung d. Handelsfreiheit. 1901. No 2.

— der Schutz der Arbeitswilligen, s. a. Zeitfragen, volkswirtschaftl. 159. Hft.

Brentano, Schutz d. Arbeitswilligen. Berlin 898.

Der Schutz der Arbeitswilligen. Vortr. geh. in d. Volkswirtschaftl. Gesellsch. zu Berlin am 26. Jan 1899 v. Lujo Brentano. *Berlin: L. Simion 1899.* (35 S.) 8.
= Zeitfragen, Volkswirthschaftl. H. 159. (Jg 20. H. 7.)

— die Stellung der Gebildeten zur sozialen Frage. Vortrag. Hrsg. vom Verein Deutscher Studenten zu Leipzig. 1.—3. Aufl. gr. 8. (16 S.) Berlin 890. G. Nauck. n. — 25

— d. Stellg. d. Studenten z. d. sozial-polit. Aufgaben d. Zeit. Vortrag, geh. a. 15. Jan. 1897 z. Eröffng. d. Thätigkeit d. sozialwissenschaftl. Vereins v. Studierenden a. d. Universität München. 8. (28 S.) München 897. C. H. Beck. n. — 40

— s.: Studien, Münchener volkswirtschaftliche.

— Der Unternehmer, s. a. Zeitfragen, volkswirtschaftliche.

Der Unternehmer. Vortrag, geh. 1907 in Berlin von Lujo Brentano. Berlin: L. Simion Nf. 1907. (30 S.) 8°
= Zeitfragen, Volkswirtschaftliche. H. 225.

—— Ueber die Ursachen der heutigen socialen Noth. Ein Beitrag zur Morphologie der Volkswirthschaft. Vortrag. 1. u. 2. unveränd. Aufl. gr. 8. (IV, 43 S.) Lpz. 889, Duncker u. Humblot. 1 —
Vgl.: Engels, Friedr. In Sachen B. contra Marx.

—— über das Verhältniß von Arbeitslohn und Arbeitszeit zur Arbeitsleistung. gr. 8. (28 S.) Ebendas. 876. *
Aus: Jahrbuch für Gesetzgebung, Verwaltung und Rechtspflege des Deutschen Reichs, besonders abgedruckt.

— über das Verhältniß v. Arbeitslohn u. Arbeitszeit zur Arbeitsleistung. 2., völlig umgearb. Aufl. gr. 8 (VIII, 103 S.) Leipzig 893. Duncker & Humblot. n. 1. —

— Versuch e. Theorie der Bedürfnisse, s. a. Sitzungsberichte der königl. bayer. Akademie der Wissenschaften. Philos.-philol. u. histor. Kl. 1908, X.

Versuch einer Theorie der Bedürfnisse von Lujo Brentano. München: Akad. d. Wiss. 1908. 79 S. 8°
(Sitzungsberichte d. Kgl. Bayer. Akad. d. Wiss. Philos.-philol. u. hist. Kl. Jg. 1908 Abh. 10)

Lujo Brentano, Warum herrscht in Altbayern bäuerlicher Grundbesitz? 1899 Stuttgart
Zuerst in der Beilage zur Allg. Zeitung, München, 1896, dann in: „Erbrechtspolitik. Alte und neue Feudalität. Wi Verf. Prof. Univ. München.

— Wie studiert man Nationalökonomie? (Vortr.) (34) 8° Münch., E Reinhardt '11. — 60

— Wirtschaftspolitik u. Finanzpolitik, s. a. Zeitfragen, volkswirtschaftliche, 247. Heft.

Wirtschaftspolitik und Finanzpolitik. Vortrag geh. 1909 von Lujo Brentano. Berlin: Simion 1909. 30 S. 8°
Aus: Volkswirtschaftliche Zeitfragen. H. 247.
(Mitteilungen d. Vereins z. Förderung d. Handelsfreiheit 1909, Nr. 1.)

Brentano, Lujo, Wohnungs-Zustände u. Wohnungs-Reform in München. Ein Vortrag. (28 S. m. 8 Abb.) gr. 8. München 904. E. Reinhardt. n. 1. —

— s. Zeitfragen, volkswirtschaftliche.

Brentano, Max, Alex Gradaus, der Geniale. Eine Ferienlaune. 8. (158 S.) Berlin (901). R. Eckstein Nachf. n. 2. —

Alex Gradaus Rafael. Forts. u. Schluß der Ferienlaune. Von Max Brentano. *Berlin: R. Eckstein Nachf. [1902].* (159 S.) 8° [F.]

Jung-Alex-Gradaus. Vorspiel z. Ferienlaune von Max Brentano. *Berlin: R. Eckstein Nachf. [1902].* (158 S.) 8° [F.]

Brentano, Sophie, s. a. Mereau, Sophie

Brentano, Sophie, s. Blütenalter der Empfindung.

Brentano, Sophie, s. Boccaccio: Fiametta.

Brentano, Sophie, span. u. italien. Novellen. 2 Thle. 8. Venig 804, H. Dehemann. (Leipz., Leich). 2 ℔

Bunte Reihe kleiner Schriften von Sophie Brentano. Frankfurt a. M., ... 1805. 8°.
Verf. Sophie Mereau geb. Schubart, heirathete 1804 Cl. Brentano.

Brentano, Sophie, († d. 31. Oct. 1806.) bunte Reihe kl. Schriften. 8. Frankf. a. M. 805. Fr. Willmanns. 1 ℔ 12 ℊ

Brentano, Steph., Grundsätze d. kurpfälzischen Wechselrechts. gr. 8. Manh. 790. Löffler. 16 ℊ

Brentano, S.: „Grundsätze des Wechselrechts, insbesondere des kurpfälzischen", Mannheim 1790 (Schwan). — Vorh.: Com. Bibl. Hamburg.

Brentano-Banck, Anna, s. Brentano-Bauck, Anna

Brentano-Bauck, Anna

Brentano-Bauck, A: Die Blinde v. Rotenburg, s. a. Weichert's Wochen-Bibliothek.

Die Blinde von Rotenburg. Roman von Anna Brentano-Bauck. Mit 3 Vollbild. *Berlin: A. Weichert [1899].* 190 S.) 8° [F.]
Wochen-Bibliothek, Weichert's. Bd 78.

Brentano, AM: König Eduard VII. u. d. Frauen. (447 m. Abb.) 8° Weissensee, E Bartels ('12). 5 — 0

Brentano, Anna, Franz u. Friedel, s.: Höcker, Gev., Mutterliebe.

Brentano-Bauck, Anna: Liesa und Lieschen, s. Mancke, Maria: Heideröschen.

Brentano-Bauck, A., eine glänzende Partie. Die Vergangenheit, s.a. Weichert's Wochen-Bibliothek 159. Bd.

Eine glänzende Partie. Die Vergangenheit. 2 Novellen von A[nna] Brentano-Bauck. Mit 3 Vollbild. Berlin: A. Weichert [1904]. (60 S.) 8° [F.]
= Wochen-Bibliothek, A. Weichert's. Bd 159. [05. 314

Das Rötli. Eine Gesch. aus d. Schweizer Bergen. Von Anna Brentano-Bauck. (Berlin: A. Weichert) [1896]. (S. 58—64.) 8° [F.]
= Indianer- u. Volksbibliothek. 76, [1.] [05. 1700

— Schicksalswalten, s.: Foehse, Ludw.

— Ein Sonntagskind. — Das Vermächtnis d. Freundes, s.a. Weichert's Wochenbibliothek.

Ein Sonntagskind. Roman von Anna Brentano-Bauck. Mit 3 Vollbild. Berlin: A. Weichert [1899]. (90 S.) 8° [F.]
— Wochen-Bibliothek, Weichert's. Bd 77. [05. 11]

Das Vermächtnis des Freundes. Roman von Anna Brentano-Bauck. Mit 3 Vollbildern. Berlin: A. Weichert 1900. (96 S.) 8° [F.]
= Wochen-Bibliothek, Weicherts. Bd 88. [05. 838

Brentano, Carl Friedrich Stumpf-, s. Stumpf-Brentano

Brentari, O, Levico u. d. Valsuganathal, s.: Bruckmann's illustr. Reiseführer.

Brenthel, Frz., André Chénier als Dichter und Politiker. 4. (42 S.) Döbeln 881, (Schmidt.) ** 2 50

Brentjes, Joseph. (geb. Büderich 1811): Nonnulla de diagnosi morborum genu. Berolini (1839). (27 S.) 8°
Berlin, Med. Diss. v. 8. Mai 1839

Brentius, s. Brenz

Breny, C[onrad Franz Joseph]. Ein Gang durch das schweizerische Postmuseum in Bern. Von K. B'. Separatabdruck aus den «Blättern für bernische Geschichte, Kunst und Altertumskunde» [Jahrg. 3, Heft 4]. 6 S. 8. (Bern, Gustav Grunau, [1907].)

Breny, Conrad F[ranz] J[oseph]. Die Postbeziehungen zwischen Frankreich und der Schweiz, 1803—1848. ⟨Mit spezieller Berücksichtigung des Kantons Zürich.⟩ Von Konrad F. J. Breny, Postbeamter. Separatabdruck aus der «Zeitschrift für schweizerische Statistik», Jahrg. 1903. 14 S. 4. [Bern, Stämpfli & Cie.]

[Breny, Conrad.] Das neue eidg. Postgesetz In Kraft vom 1. Januar 1911 an. Kurze Darstellung aller wesentlichen Neuerungen. Von einem Beamten der Oberpostdirektion. (Separat-Abdruck aus dem Schweizerischen Zentralblatt für Staats- und Gemeinde-Verwaltung. Jahrg. 11 1910. Nr. 25.) 16 S. 8. Zürich, Orell Füssli, 1910. [fr. —.30]

Brenz, Johann. 64. (16 S.) Carlsruhe 875. (Barmen, Klein.)

Brenz, Johannes

Brenz, Johs., Anecdota Brentiana. Ungedruckte Briefe und Bedenken. Gesammelt und hrsg. von Th. Pressel. gr. 8. (XL und 567 S.) Tübingen 868, Heckenhauer. *

Brenz, Joh., kurze Auslegung der Sonn- und Festtagsepisteln. Nach der im J. 1560 erschienenen deutschen Ausg. Jak. Gretter's zum Gebrauch in Betstunden und Hausandachten bearb. und hrsg. von A. F. Th. Grunwald. gr. 8. (373 S.) Stuttgart 855, J. F. Steinkopf. *

—— Evangelien-Predigten. Aus dem Latein. übertr. von Ludw. de Marées. 2 Bde. 8. Kottbus, Gotthold-Expedition. à Bd. ℳ 2. *

Inhalt:
Bd. 1. Die festliche Hälfte des Kirchenjahres. (S. 1—264.) 877.
„ 2. Das Gebet des Herrn ausgelegt. (S. 265—512.) 878.

Brenz, Joh., das Gebet des Herrn, ausgelegt. Aus dem Latein. übertr. von Ludw. de Marées. 8. (67 S.) Kottbus 878, Gotthold-Expedition. — 50

—— (der) Katechismus erläutert. Nach den latein. Orig. bearb. von Friedr. Aug. Schütz. gr. 8. (XIX und 603 S.) Leipzig 852, Fr. Fleischer.

Brentio, Jh., Hallische Kirchenordnung von 1543. 3e Aufl. v. Jh. Fr. Bonhöffer. 4. Schwäb.-Hall 771.

Brenz, Johs., von Milderung der Fürsten gegen die aufrührerischen Bauern, s.a. Flugschriften aus den ersten Jahren der Reformation. III, 4.

Johannes Brenz. Von Milderung der Fürsten gegen die aufrührerischen Bauern. Hrsg. von G[ustav] Bossert. Leipzig: R. Haupt 1908. (37 S.) 8° [F.]
= Flugschriften aus d. ersten Jahren d. Reformation. Bd 3, H. 4. [08. 17512 3

Brenz, Johs., ausgewählte Predigten, s.a. Predigt, die, der Kirche.

Johannes Brenz. Württembergs Reformator. Ausgewählte Predigten. Mit e. einl. Monographie hrsg. von P[aul] Pressel. Leipzig: F. Richter 1893. (XLI, 109 S.) 8° [F.]
= Predigt, Die, d. Kirche. Bd 24. [05. 891 10

Brenzinger, Carl, Medicinalrath aus Kandern: Ueber Digitalininjektionen und deren Wirkung auf die Koerpertemperatur des Menschen. Würzburg 1902: C. J. Becker. (29 S.) 8°
Würzburg, Med. Diss. v. 1902

Brenzinger, Karl [aus Freiburg i. B.]: Zur Kenntniss des Cystin's und Cystëin's ... Freiburg i. B., Buchdr. v. J. Dilger, 1891; 49 S. 8.
Erlangen, Phil. Fak., Inaug.-Diss. v. 1891

Brenzlow, Lionel, der Geigenkönig, s.a. Weichert's Wochen-Bibliothek.

Der Geigenkönig. Roman von Lionel Brenzlow. Mit 3 Vollbildern. Berlin: A. Weichert 1900. (95 S.) 8° [F.]
(Umschlagt.: Der Geigerkönig.)
= Wochen-Bibliothek, Weicherts. Bd 87. [05. 837

Brephobius, Michael [Pseud.], s. Kindleben, Christian Wilhelm

Die Bedeutung (Kopft.: Eigenart) des Markus-Evangeliums für unsere Zeit. Vortrag geh. auf d. Allianz-Konferenz in Wien von Friedrich Wilhelm Brepohl. Seegefeld: 'Havelland' 1910. 11 S. 8° [Umschlagt.] [10. 5023

Zwei Beiträge zur Zigeunerkunde in Südosteuropa von F(riedrich) W(ilhelm) Brepohl. Seegefeld: Das Havelland 1910. 3, 2 S. 8° [Umschlagt.]
Aus: Journal of the Gypsy Lore Society. July 1910. [10. 15587

Johannes Calvin und seine Bedeutung für unsere heutige Kultur von Friedrich Wilhelm Brepohl. Seegefeld: Das Havelland 1900. 39 S. 8° [10. 1367

Die orientalischen Christen und die junge Türkei. Bemerkungen z. innerpolit. Lage von Friedrich Wilhelm Brepohl. Seegefeld: 'Havelland' 1910. 11 S. 8° [10. 2924

— Das deut. Element im japan. Erziehgswesen. (13) kl8° Lpzg, Leipz. Verl. u. Kommissions-Bh. '11. — 20

— Die Fürsten d. Zigeuner. Ethnologisches u. Geschichtliches, fürs Schweizervolk erzählt. (11 m. Abb.) gr8° Zürich ('12). (Wiesb., Verl. „Das Havelland".) — 30 d

— Eduard v. Hartmann u. das Erlösungsproblem. Ein Beitrag zur religiösen Frage. (18 S.) gr. 8. Berlin (910). Gerdes & Hödel. — 50
Sonderabdruck aus „Blätter f. d. Fortbildg. d. Lehrers".

Eduard von Hartmann und sein Pessimismus in ihrer Bedeutung für Religion und Geisteskultur. Von Friedrich Wilhelm Brepohl. o. O. [1910]. 11 S. 8°
Aus: Amerik. Zeitschrift f. Theologie u. Kirche. [11. 20323

Brepohl, Friedrich Wilhelm: Literatur und Volk. E. Beitr. zu d. Frage: „Wie gewinnen wir unser Volk für gute Literatur?" Aus d. Praxis f. d. Praxis. Hilchenbach (1910). 8°

— Lit. u. Volk. Beitrag zu d. Frage: „Wie gewinnen wir unser Volk f. gute Lit.?" (56) 8° Hilchenb., Neuzeitverl. v. L. Wiegand ('11). 1 —; geb. 1.50 d

Brepohl, Friedrich Wilhelm (Hrsg.), s. Nassovia.

Friedrich Nietzsche oder Jesus Christus? Eine krit. Gegenüberstellung, zugleich e. offenes Wort an d. christl. Gesellschaft von Friedrich Wilhelm **Brepohl**. Seegefeld ⟨Bez. Potsdam⟩: Das Havelland (1900). 51 S. 8°
(09. 12834

— Friedrich Nietzsche od. Jesus Christus! Eine krit. Gegenüberstellg., zugleich e. offenes Wort an die christl. Gesellschaft. 2. u. 3. Aufl. (51 S.) 8. Ebd. 909. 10. 1. — 1. Aufl. (51 S.) 909. 1.50.

— Persönlichk. u. Gebetsleben. Beitrag zu d. relig. Frage d. Gegenwart. [Aus: „Modernes Leben u. Christent."] (197—209) 8° Wiesb., (Verl. „Das Havelland") ('11). — 30 d

— Die Wahrh. üb. Jesus v. Nazareth. Gedanken zu Arthur Drews „Christusmythe". (72) 8° Berl., Gordes H. '11. (Erloschen. Komm.: Foerster.) 1 — d

Aus dem Winterleben der Wanderzigeuner. Ethnolog. Studie von Fr[iedrich] Wilh. **Brepohl**. Seegefeld: Das Havelland 1910. 16 S. 8°
[11. 930

Die Zigeuner nach Geschichte, Religion und Sitte. Von Friedrich Wilhelm **Brepohl**. Göttingen: Vandenhoeck & Ruprecht 1909. 14 S. 8°
Erw. aus: Religion u. Geisteskultur. 3, H. 4.
(09. 15601

— Die Zigeuner im byzantin. Reich. (8) 21,5×21 cm. Ebd. ('11). — 50

Brepohl, Frdr. Wilh.: Die Zigeuner-Niederlassgn in Nassau. Histor. Studie. (16) kl8° (Wiesb., Verl. „Das Havelland") ('11). — 30 d

Brequigny, Louis George Oudard Feudrix de. Über die Gründung der Religion und des Reichs Muhameds; aus dem Franz. übersetzt. Leipzig 1794. V: *Hoff, Hnr. Georg.* (Ky) (MGT)

de Brequigny, ..., über d. Gründung d. Religion u. des Reichs Muhammeds; aus d. Französ. (v. H. G. Hoff). 8. Leipz. 794. (Salzb., Mayr). 8 Gr.

— über Muhammed; aus d. Französ. v. Fr. Th. Rinck. 8. Frkf. a. M. 791. Hermannsche B. 8 Gr.

— Nachr. v. e. Chronik d. Iterius, Bibliothekars im 13. Jahrh. zu Limoges. Aus d. Französ. gr. 8. Hildburgh. 793. Hanisch. 2 Gr.

— Nachr. v. Tageb. Burcards, päpstl. Ceremonienmeisters. Aus d. Französ. gr. 8. Hildburgh. 791. (Er. Fleischer). 6 Gr.

Brequigny, de, Nachr. v. Tageb. Burcards. a. d. Frz. gr. 8. Hildburgh. Hanisch. 791.

— Nachrr. von d. Tagebüchern einiger päpstl. Ceremonienmeister. Aus d. Französ. übers. gr. 8. Hildburgh. 796. Hanisch. 10 Gr.

Brera, J. A., anatomisch-tabellar. Uebers. der Knochen-, Gefäß- u. Nervenlehre. Fol. Wien, Pichler. 800,
s. Brera, Valeriano Luigi

Brera, Val. Aloys, s. Brera, Valeriano Luigi

Brera, Valeriano Luigi: Anatripsologie, oder die Lehre von den Einreibungen, die eine neue Methode enthält, durch Einreibungen mit thierischen Säften und verschiedenen anderen Substanzen, die man innerlich zu geben pflegt, auf den menschlichen Körper zu wirken. (Anatripsologia ossia dottrina delle frizioni... Ed.quarta...accresciuta. Dt.) Übers.und mit Anmerkungen begleitet von Joseph Eyerel. Th.1 - 2, gbd.

Wien: Schalbacher 1800 - 1801

JB 2.358

Brera, Val. Aloys, Anatripsologie, od. d. Lehre von d. Einreibung; aus d. Italien. v. J. Eyerel. 2 Thle. gr. 8. Wien 800, 801. Schalbacher. 1 Thlr. 12 Gr. (Leipz., Centr.-Compt.) 2 Thlr.

Brera, (Valeriano) Luigi (Übers.u.Comm.):

s.: Andres, (Juan): Lettera...sulla letteratura di Vienna. (Carta a su hermano Carlos Andres, dandole noticia de la literatura di Viena. Ital.) Vienna: 1795

JB 5.627

— annotazioni medico pratiche sulla diverse malattie trattate nella clinica medica di Pavia. Fasc. I. et II. Fol. Zürich, Orell, Füssli et C.

— — Ebendass. II. Vol. con tavole in rame. gr. 4. Crema. (Palm in Erlangen.) 807.

Brera, Valeriano Luigi: Auswahl von Arzneiformeln der ärztlichen Klinik an der Universität Padua. (Ricettario ad uso dell'instituto clinico di Padova, edito di Pietro dall'Oste. Dt.) Übers.von Ludwig Choulant. 62 S.(S.115 - 176), gbd.

Leipzig: Cnobloch 1823
in: Angeli d'Imola, Luigi: Der junge Arzt am Krankenbette. (Il medico giovane al letto dell'ammalato... Edizione terza diretta di Pietro dall'Oste. Dt.) Übers.von L. Choulant. 1823

— prakt. medicin. Bemerkk. über d. in d. klin. Anstalt zu Pavia behandelten Kranken. Aus d. Italien. v. F. A. Weber. 1r Thl., mit Kpf. gr. 8. Zürich 801. Orell. 1 Thlr. 16 Gr.

Brera, Ruggeri e Caldani nuovi Commentari di Medicina e di Chirurgia. 24 Quaderni. 8. Padova, 818. (Vienna, Volke)

— — 1818 — id. 12 Quaderni. 8. Padova. (ibid.) à 8 Rthlr. 8 Gr.

Brera, Valeriano Luigi: Über die Entzündung des Rückenmarks (Della Rachialgite, cenni patologici. Dt.) von V.L.Brera und (Johann) Christian Friedrich Harless. 74 S., gbd.

Nürnberg: Schrag 1814

JB 4.502

Brera, V. L., Ueb. e. mit Phosphor behandelten Halbschlag. A. d. Ital. Lpz. 8°. 1799
Orig. u.d.T.:
(Brera), Riflessioni med.-pratiche sull uso interno del fosforo, particolarmente nell' Emiplegia. Pavia. 1798. Comm. méd. Dec. I, T. II, n. 10.

Brera, Valeriano Luigi: Ischl und Venedig in ihrer heilkräftigen Wirksamkeit dargestellt und verglichen, nebst einem Anhange über die Heilkräfte des Wassers zu Recoaro für Steinkranke, und einer Selbstbiographie des Verfassers. (Ischl e Venezia. Memoria. Dt.) übers.von H(ermann) H(ieronymus) Beer. 272 S., gbd.

Wien: Gerold 1838

— klinischer Commentar über d. Behandl. d. Wasserscheu. Eine Denkschrift. Aus d. Italien. übers. u. mit Anmerkk. begl. v. J. L. J. Meier. 8. Brandenb. 822. Wiesike. 12 Gr.

— — e Caldani Lezioni sui contagi. 2 Tomi in 8. gr. (Padova. (Vienna, Volke).

Brera, Val. L., klinisches Rezeptbuch. A. d. Ital. übers. u. bevorw. v. J. J. Albrecht v. Schönberg. gr. 12. (12 B.) Leipzig 829, [Hartmann.]

Brera, Valeriano Luigi: T a b u l a anatomico- pathologica ad illustrandam historiam vermium in visceribus abdominis degentium, hydropem- ascitem, vel graviditatem simulantium. Cum epicrisi- clinica. Auctore Valeriano Aloysio Brera. Austr.: Binz 1819. 14 S. 8°

— anatom.-tabellar. Uebersicht d. Knochen-, Gefäß- u. Nervenlehre; aus d. Italien. Fol. Wien 800. Pichler. 20 gr.

Brera, V(aleriano) L(uigi): Medicinisch-practische Vorlesungen über die vornehmsten Eingeweidewürmer des menschlichen lebenden Körpers und die sogenannten Wurmkrankheiten. (Lezioni medico-pratiche sopra i principali vermi del corpo umano vivente, e le cosi dette malattie verminose. Dt.) Übers.und mit Zusätzen versehen von F(riedrich) A(ugust) Weber. (Nebst Anhang des Übers.) 156 S., gbd., 5 Taf.

Leipzig: Breitkopf & Härtel 1803

JB 4.798

Brera, Val. Al., medizin.-prakt. Vorlesungen über die Natur u. Heilung der Contagien. Aus d. Ital. v. A. F. Bloch. gr. 8. Halberst. 822. (Berlin, Bethge.) $1^2/_3$ Rthlr.

Brera, Valer(iano) Luigi: Medicinisch-praktische Vorlesungen über die Natur und Heilung der Contagien. (De' Contagi e della cura de' loro effetti... Dt.) Übers.und mit Anmerkungen hrsg.von Adolph Friedrich Bloch. 481 S., gbd.

Halberstadt: Vogler 1822

JB 5.139

de Brerny, ..., l'optique du coeur et de l'esprit, Dialogue. 8. Manh. 773. Löffler. 4 gr.

Bres, J. B., s. Evelina u. Johanna."

Bres, J. P., Untersuchung über d. Dasein d. Kältestoffs; aus d. Französ., mit Anmerkk. v. Ad. Mch. Birkholz. Mit 1 Kpf. gr. 8. Leipz. 801. (Brockhaus). 18 gr.

Bres, J. P., Unters. üb. das Daseyn des Kältestoffs. a. d. Frz. m. Anm. v. Birkholz. gr. 8. Leipz. Gleditsch. 801.

Bresadola, Jacopo, fungi Tridentini novi, vel nondum delineati, descripti et iconibus illustrati. Fasc. I. et II. Cum 30 tab. chromolith. impressis. gr. 8. (26 S.) Tridenti 880. 882. (Berlin, Friedländer & Sohn.) à n.n. 7. —

Bresadola, Jacopo, fungi Tridentini novi, vel nondum delineati, descripti et iconibus illustrati. Fasc. III—V. gr. 8. (S. 27—70 m. 45 Chromolith.) Tridenti 883. 84. (Berlin, Friedländer & Sohn.) à n. 7. —

Bresadola, J., fungi Tridentini novi, vel nondum delineati, descripti et iconibus illustrati. Fasc. VI et VII. gr. 8. (S. 71—114 m. 30 Chromolith.) Tridenti 887. (Berlin, Friedländer & Sohn.) n.n. 11. 20
(cplt.: n.n. 46. 20)

Bresadola, J., fungi Tridentini novi, vel nondum delineati, descripti, et iconibus illustrati. II. [Fasc. VIII—X.] gr. 8. (46 S. m. 45 farb. Taf.) Tridenti 892. (Berlin, R. Friedländer & Sohn.) n.n. 16. 80
(Fasc. I—X.: n.n. 63. —)

Bresadola, J., Fungi Tridentini novi vel nondum delineati, descripti et iconibus illustrati. II. (Fasc. XI—XIII.) gr. 8. (S. 47—81 m. 45 farb Taf.) Tridenti 898. (Berlin, R. Friedländer & Sohn.) n.n. 16. 80 (I–XIII.: n.n. 76. 60)

Bresca, G. N., 10 goldene Leitworte f. Mädchen i. Hausdienst, s.: Morgenstern, Lina.

Bresch, J., Friedheim, s.: Schriften des protestantischen liberalen Vereins in Elsaß-Lothringen.

Bresch, Joh., Vogesenklänge. Gedichte 8. (XI, 275 S.) Straßburg 899. J. H. E. Heitz. n. 3. —

Bresch, Rich., der Chemismus, Magnetismus und Diamagnetismus im Lichte mehrdimensionaler Raumanschauung. Eine naturwissenschaftl. Studie. gr. 8. (147 S. mit 19 in den Text gedr. Fig.) Leipzig 882, Bresch. * 3 —

Bresch, Rich., Fremdwörterbuch f. angehende Theosophen. (16 S.) 8. Leipzig (903). Th. Grieben. n. — 20

Breschar, Rud., Erläuterungen zum Gesetze vom 30. III. 1888, R. G. Bl. Nr. 33, betr. die Krankenversicherung der Arbeiter. Hrsg. m. Genehmigg. der k. k. steiermärk. Statthalterei. (IX, 167 S.) gr. 8. Graz 906. Styria. n. 2. —

Die Bresche von Soissons. (Berlin 1873.) 8°. (Aus: Bh. z. M. W. B.)

Breschet, G., das Lymphsystem in Hinsicht auf Anatomie, Physiologie u. Pathologie. Deutsch bearb. v. Ed. Martiny. M. 4 Taf. Abbildn. gr. 8. ($12^1/_2$ B.) Quedlinburg 837, Basse.

Breschet, Gilbert: Anatomisch-physiologische Untersuchungen über einige neuentdeckte Theile des Venen-Systems. Abhandlung 1: Von den Venen der Knochen überhaupt und den Blutadercanälen insbesondere. (Recherches anatomiques et physiologiques sur quelques parties...du système lymphatique. Nro.1. Dt.) 34 S.(S.361 - 394), gbd., Abb.

O.O.: o.J.

Bresci, Carlo [aus Prato (Italien)]: Bakterienbefunde bei Compressionsmyelitis durch tuberkulöse Caries der Wirbelsäule. Zürich (1899). 21 S. 1 Bl. 2 Taf. 8°.
Zürich. Med. Diss. 1898/99.

Blicke in die römische Republik, oder Die freiwillig Verbannten von Lionello. Histor. Roman von Antonio Bresciani. A. d. Italien. übers. Regensburg: Manz 1860. 8°
TB. 888.

Bresciani, Ant., Edmund. Schilderungen aus dem röm. Volksleben. Aus dem Italien. in's Deutsche übertragen von Carl Braun. 8. (451 S.) Regensburg 864, Manz.

—— Edmund. Schildergn a. d. röm. Volksleben. A. d. Ital. v. C Braun. 8. (451) Ebd. 65. 1. 3

Bresciani, Ant., Don Giovanni oder der geheime Wohlthäter. Aus dem Italien. ins Deutsche übertragen von C. Braun. Regensburg 864. Manz. 8. (242 S.) $19^1/_2$ ngr.

Bresciani, Antonio, Don Giovanni, oder der geheime Wohlthäter. Aus dem Italienischen ins Deutsche übertr. von Carl Braun. 2. verb. Aufl. 8. (241 S.) Regensburg 879. Manz. 2. —

—— das Haus aus Eis, oder der Jäger von Vincennes. In das Deutsche übertragen von Carl Braun. 8. (412 S.) Regensburg 864, Manz.

—— das Haus von Eis oder der Jäger von Vincennes. In das Deutsche übertr. von Carl Braun. 2. Aufl. 8. (412 S.) Ebendas. 879.

Der Jude von Verona. Histor. Roman aus den Jahren 1846 bis 1849. Von Antonio Bresciani. A. d. Italien. übers. 4. Aufl. Bd 1. 2. Schaffhausen: Hurter 1863. XXX, 1135 S. 8°

[Dasselbe.] 5. Aufl. Bd 1. 2. Regensburg: Manz 1875. 8°
1. XXVI, 27—526 S.; 2. IV, 5—639 S.
TB. 377. Enthüllt auch Geheimnisse der Frmr u. Illuminaten.

Bresciani, Ant., Leben des ägyptischen Jünglings Abulcher Bisciarah. Aus dem Ital. v. Aegid Dietl. 8. (VI u. 186 S.) Regensburg 852, Manz. 3/8 ₰

—— Lorenzo, oder der Conscribirte. Ligurische Erzählung von 1810—1814. Aus dem Italien. in das Deutsche übertragen von Carl Braun. 8. (312 S.) Regensburg 864, Manz. —

— Lorenzo, oder der Conscribirte. Ligurische Erzählung von 1810–1814. Aus dem Italienischen in das Deutsche übertr. von Carl Braun. 2. verb. Aufl. 8. (312 S.) Ebend. 879. 2. 25

—— Gräfin Mathilde v. Canossa, s. Thalhaus. F.

Bresciani, die Gräfin Mathilde v. Canossa und Jolantha v. Gröningen. 8. (560 S.) Schaffhausen 860, Hurter'sche Buchh.

Bresciani, die Gräfin Mathilde v. Canossa und Jolantha v. Gröningen. Neue verb. Aufl. 8. (512 S.) Regensburg 888, Verlags-Anstalt.

—— Oderic, der päpstliche Zuave. Historischer Roman. Mit einer Biographie des Verf. Aus dem Italien. 8. (XVI und 384 S.) Münster 862, Brunn's Verlag.
Vgl.: Bibliothek für die gebildete Welt.

— — Erzählung aus dem Jahre 1860. Aus dem Italien. nach der vom Verf. verb. 2. Ausg. übers. von Silvester Hester. 862. (545 S.) — 2. revid. Aufl. Paderborn 864. Schöningh. gr. 16. (VIII, 432 S.) 25 ngr.

—— Ubaldo und Irene. Geschichtliche Erzählung aus den J. 1790—1814. Nach dem italien. Orig. übertragen von Carl Braun. 2 Bde. 8. (1193 S.) Regensburg 865, Manz.

Bresciani, Costantino, s.: Festgaben f. Adolph Wagner.

Bresciani, Ernst, Andachtsbüchlein von Unserer Lieben Frau von der immerwährenden Hülfe. Neueste Aufl. 24. (64 S. mit 1 Holzschn.) Dülmen 881, Laumann'sche Verlagsh. * — 10

Bresciani, Tomaso, Giovanni Segantini. Conferenza, tenuta in Arco nel febbraio dell' anno 1899. gr. 8. (52 S. m. 7 Taf. u. 1 Bildnis.) Arco 899. C. Emmert. n. 1.—

Bresciano, Giovanni. Neapolitana. Contributi alla storia della tipografia in Napoli nel secolo XVI. [Illustrato.] VI + 112 p. 8. Halle a. S., Rudolf Haupt, 1905. [M. 6. —]
Sammlung bibliothekswissenschaftlicher Arbeiten,... hrg. von Prof. Dr. Konrad Haebler.... Heft 18. ⟨Serie II. Heft 1.⟩....

Bresciano, Giovanni: La stampa a Napoli nel 15. secolo, s: Sammlung bilbiothekswissenschaftl. Arbeiten, Fava.

Brescius, Carl ..., s. Brescius, Karl

Brescius,

— Christian Carl (Lübben/Laus.), De litis judicialis initio. Präs. Ernst Gottfr. Christian Klügel. Wittbg. (Ad. Chn. Charisius) 17. IX. 1778. 20 S. (4.50) 4011
Gew.: v. Walther u. Cronegk (Alt-Mehsa), v. Trosky, Bergau.

Brescius, Emil: Preislisten usw. betr. Chemikalien, Apparate f. Galvanotechnik ... [1910?] ff. Neu Isenburg-Frankfurt a. M.

Brescius, Hans v., die kgl. sächs. musikalische Kapelle v. Reissiger b. Schuch (1826—1898). Festschrift z. Feier d. 350jähr. Kapelljubiläums (22. IX. 1898). gr. 8. (VIII, 120 S.) Dresden 898. C. C. Meinhold & Söhne. n. 2. 50

Brescius, Hans v., Zauber des Südens. Frühlingstage in Sizilien. (IV, 90 S.) 8. Dresden 907. A. Köhler. n. — 80

Brescius, Johann

— — Theses de protestatione facto contraria. Präs. Christian Thomasius. Halle (Chr. Henckel) 12. V. 1699. 10 Bl. (4.80)

— — Dasselbe. 1713. (4.80)

— — Dasselbe. 1726. 12 Bl. (4.80)

— — Dasselbe. 1731. (4.80)

— — Dasselbe. Halle (J. Ch. Grunert) 1739. 11 Bl. (4.80) 4018

— — Dasselbe. 1759. (4.50)

Brescius, Johann Adam

— Joh. Adam (Luckau), De beneficio competentiae generatim, speciatimque nobilibus concesso. Diss. Präs. Joh. Balth. Werner. Wittbg. (Gerdes) 22. V. 1709. 21 Bl. (5.—) 4020
Gew.: Joh. Brescius, Chn. Gottfr. Schramm, Joh. Friedr. Stadelmann, Ehrenfried Herrmann.

— — (Luckau/Laus.). Diss. diff. jur. Romani & Germanici in fructuum attributione, inprimis tutelae fructuariae. Präs. Joh. Pet. Ludewig. Halle (Chn. Henckel) 31. XII. 1712. 68 Seiten. (5.20) 4021

Brescius, Carl Ehrenfried (Bautzen), Constitutiones imperii et Saxonicas contra fures et raptores promulgatas. Präs. Gustav Heinrich Mylius. Lpz. (Langenheim) 20. VIII. 1754. 19 Seiten. (4.20) 4010

Brescius, Karl Fr., Apologien verkannter Wahrheiten, aus dem Gebiete d. Christuslehre. 2 Sammll. 8. Leipz. 804, 13. (W. Vogel). 1 ₰ 2 ℊ

Brescius, Karl Friedr., s. Archiv f. Pastoralwissenschaft.

— Aufforderungen zu e. wirksamen u. edlen Gemeingeist unter uns, als Probepredigt seiner neuen Würde als hies. Generalsuperintendenten. gr. 8. Lübben 811. Gotsch. 3 ℊ

— u. Dr. Spieker, Beitrr. zu e. Charakteristik d. Frau Baronesse v. Krüdener. 8. Berl. 818. Dümmler. 8 ℊ

— über d. Fr.: Ist d. Kant'sche Moralprincip hinreichend zu bestimmen, was Tugendpflicht sei? 8. Leipz. 800. (W. Vogel). 4 ℊ

— einige Kanzelvorträge. 8. Leipz. 797. Graffe. 5 ℊ

— literar. Nachlaß, s. Chr. Wlh. Spieker, Darstellungen aus Brescius' Leben.

Brescius, Carl Friedr., Predigten, Reden u. ausgeführte Predigt-Entwürfe f. alle Sonn- u. Festtage des ganzen Jahres u. für außerordentliche Fälle. Hrsg. v. Christian Wilh. Spicker. gr. 8. (34 B.) Berlin 845, Amelang, Brlsh.

Brescius, Karl Friedr., s. Religionsgespräch mit e. Jünglinge.

Brescius, Karl Friedr., s. T r i t z s c h l e r , Chr. Fr.: Bemerkk.

— Zuruf an d. Oberlausitzer, d. Verbess. d. Volksschulen betreff. 8, Görlitz 795. Anton in Halle. 3 gl

Brese. Üb. d. Entstehen u. d. Wesen d. neueren Befestiggs-Methode. Berl. 1844. 4.

Brese. Drei Vorlesungen über das Entstehen und das Wesen der neueren Befestigungs-Methode, gehalten 1844. Berlin (1856). 8°.

Bresel, J. B., Auswahl v. Schweizer-Kuhreihen u. Volksliedern. Mit Musik. 12. Passau ... 2e Aufl. 828. Ambrosi. 8 gl

Bresemann, Friedrich, s. A s b j ö r n s e n , P.: Norweg. Mährchen.

— and Will. Jones, English and Danish Dialogues with a collection of familiar phrases, idioms, proverbial sayings etc. adapted to the use of shools and learners of both languages. — Engelsk-Dansk Parleur til Brug for begge Nationer. 8. Kopenhagen 844, Höst. geb. n. 5/6 ℛ

Bresemann, Frieder., Gedichte. 8. (7 1/4 B. u. Titvign.) Kopenhagen 836. (Leipzig, W. Vogel.) *

Bresemann, Friederich, Hand-Wörterbuch der deutschen und dänischen Sprache zum Gebrauch für beide Nationen. 2 Thle. (Deutsch-dänisch. — Dänisch-deutsch.) A. u. d. T.: Tydsk-dansk og dansk-tydsk Haand-Ordbog til Brug for begge Nationer. 2 Deele. (Tydsk-dansk. — Dansk-tydsk.) gr. 12. (VI und 1091 S.) Kopenhagen 850. 55. (Leipzig, Lorck.) *

Bresemann, F, Hand-Wörterb. d. deut. u. dän. Sprache. 2 Thle. 12. (1091) Kopenh. 50. 55. (Lpzg, Brockhaus' S.) n. 1. 10

Bresemann, Friedr., Hand-Wörterbuch der deutschen und dänischen Sprache zum Gebrauch für beide Nationen. 2 Thle. A. u. d. T.: Tydsk-dansk og dansk-tydsk Haand-Ordbog til Brug for begge Nationer. Kopenhagen 852, 55. (Leipzig, Lorck.) 12. (1. Thl.: Deutsch-dänisch: 3 Bl., 670 S.; 2. Thl.: Dänisch-deutsch: 2 Bl., 421 S.) Jeder Thl. nn. 1 ℛ

Bresemann, Friedrich, s. H e r t z : König Rene's Tochter.

— dänisches Lesebuch f. Deutsche, in fortlauf. Bezieh. auf d. Regeln d. Grammatik, mit unten beigefügter deutscher Uebersetz. d. schwierigsten Wörter u. Redensarten. — A. u. d. T.: Tydske Stiilovelser for Danske, eller Dansk Laesebog for Tydske ꝛc. 8. (10 1/8 B.) Kopenhagen 841, Höst. *

Bresemann, Friedr., (I.) dänisches Lesebuch f. Deutsche in fortlaufender Beziehung auf die Regeln d. Grammatik mit unten beigefügter deutscher Uebersetz. d. schwierigsten Wörter u. Redensarten. 2. Aufl. A. u. d. T.: Tydske Stiilovelser for Danske eller Dansk Läsebog for Tydske. 8. (10 1/8 B.) Kopenhagen 843, Höst. *

Bresemann, Friedr., Dänisches Lesebuch für Deutsche mit unten beigefügter Uebersetzung der schwierigsten Wörter u. Redensarten z. Gebrauch f. die höheren Classen u. beim Privatunterricht. A. u. d. T.: Tydske Stiilsvelser for Danske ꝛc. 8. (XII u. 256 S.) Kopenhagen 847, Höst. n. 5/6 ℛ

— deutsches Lesebuch für die Anfangsclassen der Schulen Dänemarks, mit beigefügt. dänischer Uebersetz. der schwierigsten Wörter u. Redensarten. 1. u. 2. Aufl. 8. (à 30 1/2 B.) Kopenhagen 839, 44, [Deichmann's Verl.]

— dass. f. d. mittleren u. höheren Classen der Schulen Dänemarks, mit einer angehängten Interpunctionslehre. 8. (30 1/2 B.) Kopenhagen 841, [Deichmann's Verl.]

— deutsches poetisches Lesebuch. 8. (19 1/8 B.) Kopenhagen 841, [Deichmann's Verl.]

— Tydsk-Dansk Parleur, til Brug for begge Nationer — A. u. d. T.: Deutsch-dänischer Parleur, z. Gebr. f. beide Nationen. 1. Aufl. (32 B.) 835. * 16 Gr., 2. Ausg. Nebst Anh. 8. (19 1/4 B.) Kopenhagen 838, Gyldendalsche Buchh.

— deutsch-dänischer Parleur, zum Gebr. f. beide Nationen. 3. Ausg. — Tydsk-dansk Parleur til Brug for begge Nationer. 8. (21 B.) Kopenhagen 843, [Deichmann's Verl.]

— deutsch-dänischer Parleur, zum Gebrauche für beide Nationen. 3. Ausg. — Tydsk-dansk Parleur til Brug for begge Nationer. 8. Kopenhagen 843, Gyldendal. 1 ℛ

— Tydsk-Dansk Parleur til Brug for begge Nationer. 4. forbedr. og forøgede Udgave. A. u. d. T.: Deutsch-Dänischer Parleur z. Gebrauch f. beide Nationen. 4. verb. u. verm. Ausg. 8. (L u. 280 S.) Kopenhagen 847, Gyldendal. 1 ℛ

— deutsch-schwedischer Parleur zum Gebr. f. beide Nationen unter Mitwirk. d. Hrn. Svante Ströhm. A. u. d. T.: Tysk-Svensk Parleur till bruck för båda nationerna af Fredrik Bresemann, biträdd af Svante Ströhm. 8. (17 B.) Lund 845. (Kjøbenhavn, [Deichmann's Verl.]) *

— Deutsch-Schwedischer Parleur zum Gebrauch für beide Nationen unter Mitwirkung des Herrn Svante Ströhm. A. u. d. T.: Tysk-Svensk Parleur till bruck för båda nationerna af Fredrik Bresemann, biträdd af Svante Ströhm. 8. Lund 845. (Kjøbenhavn, Gyldendal.) n. 1 ℛ 13/4 ngl

— Regeln üb. den richtigen Gebrauch d. deutschen Casus, so wie des Indicativs u. Conjunctivs im Deutschen. 8. Kopenhagen 833, [Deichmann's Verl.]

Bresemann, Frieder., Regeln üb. d. richt. Gebrauch d. deutsch. Casus, sowie d. Indicativs u. Conjunctivs im Deutschen. 8. (3 1/4 B.) Kopenhagen 833, Gyldendal.

— Seraphine od. d. Wasserbraut, e. Gedicht in drei Gesängen. 8. (6 3/4 B.) Kopenhagen 835. (Leipzig, W. Vogel.) *

— kurzgefaßte deutsche Sprachlehre f. Dänen. 8. (17 1/4 B.) Kopenhagen 841, Höst. *

— kurzgefaßte deutsche Sprachlehre für Dänen. 2. Ausg. 8. (7 5/8 B.) Kopenhagen 844, Höst. *

— Engelsk Sproglære til Brug i de høiere Classer og ved Privatundervisning. 8. (XIV u. 304 S.) Kopenhagen 848, Gyldendal in Comm. n. 1/2 ℛ

— Tydsk Sproglære til Brug i de høiere Classer og ved Privatundervisning. 8. (VIII u. 255 S.) Kjøbenhavn 847, Høst. n. 5/6 ℛ

Bresemann, Friedr., (II.) Volksmährchen. 1. Bd.: Das Zauberblättchen der Blumenkönigin. 8 Lfgn. 8. (25 B. u. 1 Stahlst.) Berlin 845. [Wolf u. Münster.] à 2. 2 1/2 Ngr.

— Wörterbuch zu seinem deutschen Lesebuche f. d. mittlern u. höhern Classen ꝛc. 8. (4 1/2 B.) Kopenhagen 841, [Deichmann's Verl.]

Bresemer, E.: Ueber den Werth und die Glaubwürdigkeit der Commentarien Caesar's. 20 S. Progr. Berlin F.W. 1835.

Bresgen, A., meine Anklage wegen fahrlässiger Tödtung event. Körperverletzung mit Vernachlässigung einer Berufspflicht vor dem herzoglichen Kreisgerichte zu Braunschweig mit erfolgter kostenloser Freisprechung. Actenmäßig dargestellt. Eine praktisch, gerichtlich-medicinische Studie. gr. 8. (48 S.) Braunschweig 878. (Graff.) n. — 50

Bresgen, Alex., der Einfluss u. die Bedeutung der diätetischen Hautpflege auf den Gesundheitszustand u. die Leistungsfähigkeit der Friedensarmee. Mit e. Bauplan u. Kostenanschlag e. Brause-Bade-Anstalt f. Casernen, Fabriken, Gefängnisse, Waisen- u. Armenhäuser etc. gr. 8. (VI, 40 S. m. 2 Steintaf. in qu. Fol.) Leipzig 871. Mayer. n. 1. 60

Bresgen, Alex., die Lanzennadelspritze zur Punction u. Transfusion, beim Scheintod u. in der Laryngoscopie. Mit 1 lith. Taf. (in Fol.) Leipzig 869. E. H. Mayer. gr. 8. (15 S.) n. 10 ngr

— aus der medicinisch-litterärischen Rumpelkammer. Zwanglose Bogen. Nr. 1—4. gr. 8. (S. 1—48.) (Ebendas.) 878. à Nr. * 50 Pf. *

Nicht weiter erschienen.

Bresgen, Alex. (geb. Bonn 12. 2. 1838): De chloroformii in arte obstetritia [!] usu. Berolini (1862). (32 S.) 8°
Berlin, Med. Diss. v. 21. März 1862

Bresgen, Franz, Referendar: Zur Frage nach der rechtsgeschichtlichen Entwicklung der modernen kaufmännischen Rügepflicht. Deren Voraussetzungen nach geltendem Handelsrecht. Bonn 1909: Foppen. 130 S. 8°
Würzburg, Jur. Diss. v. 3. Juni 1909, Ref. Mayer
[Geb. 20. Jan. 85 Cues; Wohnort: Bonn: Staatsangeh.: Preußen; Vorbildung: Städt. Gymn. Bonn Reife O. 03; Studium: Bonn 7, Berlin 1 S.; Rig. 5. Mai 09.] [U 09. 4041

Bresgen, Franz: Die Winzerfrage der Ahr und ihre Lösung. Zugleich als Abwehr gegen Auslassungen Dr. Fr. Mohr's in seinem Buche "Der Weinstock und der Wein". Ahrweiler 1864: Plachner. 30 S.

Bresgen, Heinr. (geb. Münstereifel 16. 3. 1844): Beiträge zur Kenntniss des Haematoma uterinum. Berlin (1867). (36 S.) 8°
Berlin, Med. Diss. v. 25. Juli 1867

Bresgen, Herm., der Aufschwung Neuenahrs zum internationalen Weltbad. Heimats- u. Kur-Studien. gr. 8. (47 S.) Neuwied 898. Heuser's Verl. n. 1. —

Bresgen, H., Beitrag zur Kenntniss der Blattfallkrankheit der Weinrebe (Peronospora viticola) u. deren Bekämpfung. Für Weinbergbesitzer nach eigenen Untersuchgn. fasslich dargestellt. 12. (8 S.) Kreuznach 893. Schmithals' Verl. n. — 50

Bresgen, Herm. Das schöne, lustige Bernkastel f. joviale Moselspritzer. 1. Aufl. (86 S.); 2. m. Moselriesling weingrün gesichte Aufl. 12. (96 S. m. 1 Abbild.) Neuwied 892, Heuser's Verlag. 1

Bresgen, Herm., das schöne lustige Bernkastel f. joviale Moselspritzer. 3., m. Rieslings-Thee verjüngte Aufl. 12. (111 S. m. Titelbild u. 1 farb. Karte.) Neuwied 898. Heuser's Verl Kart. n. 1. —

Bresgen, Herm., das schöne, lustige Bernkastel f. joviale Moselspritzer. 4., verb. u. verm. Aufl. (107 S. m. Abbildgn. u. 1 Karte.) 8. Neuwied 904. Heuser's Erben. Kart. n. 1. —

Bresgen, Herm., das Fälschungswesen vor dem Forum des deutschen Gesetzgebers. gr. 8. (32 S.) Trier 877. Lintz. — 50

— der Feldzug gegen die Lebensmittelfälscher ohne amtliche Controle-Stationen unter dem Ressort des Reichsgesundheitsamtes e. harmlose Don-Quixoterie. Praktisch illustrirt. gr. 8. (15 S.) Ebend. 878. — 50

Bresgen, Hermann, Referendar: Zur Frage nach der rechtsgeschichtlichen Entwickelung des Anfechtungsrechts innerhalb und außerhalb des Konkurses. Dessen allgemeine Voraussetzungen nach geltendem Reichsrecht. Bonn 1910: Ludwig. 134 S. 8°
Leipzig, Jur. Diss. v. 19. Dez. 1910
[Geb. 16. März 83 Cues: Wohnort: Bonn; Staatsangeh.: Preußen; Vorbildung: Städt. Gymn. Bonn Reife O. 02; Studium: Bonn 3, Berlin 1, Bonn 2 S.; Rig. 28. Juli 06.] [U 11. 2811

Bresgen, Herm., der Handel mit verfälschten oder verdorbenen Getränken, Eßwaaren, Medicamenten als gemeingefährliches Attentat auf die Gesundheit, die usuellen Handelsaktionen mit verfälschten oder verdorbenen Waaren aller Art als Raub des öffentl. Vertrauens aus strafbarem Eigennutz. Eine kriminal-polit. Studie. gr. 8. (208 S.) Trier 875, (Lintz'sche Buchh.) *

Bresgen, Herm., der Handel m. verfälschten od. verdorbenen Getränken, Eßwaaren, Medicamenten als gemeingefährliches Attentat auf die Gesundheit, die usuellen Handelsaktionen m. verfälschten od. verdorbenen Waaren aller Art als Raub d. öffentl. Vertrauens aus strafbarem Eigennutz. Eine kriminal-polit. Studie. 2., rev. u. verm. Aufl. gr. 8. (IV, 211 S.) Berlin 876. Wiegandt, Hempel & Parey in Comm. n. 3. —

— Kriminal- u. Sozial-Politik i. mod. Rechtsleben. gr. 8. (III, 64 S.) Ebd. 896. n. 1. —
— die Mosel v. Koblenz b. Trier, s. a. Grieben's Reisebücher.

Die **Mosel** von Koblenz bis Trier. Prakt. Reisebuch. 4., verb. u. verm. Aufl., m. e. spez. Charakteristik d. Moselweine. Von Hermann Bresgen. 2 Kt.-Beil. *Berlin: A. Goldschmidt 1897.* (2 Bl., 118 S., 1 Bl., 1 Kt., 1 Pl.) 1 Bd 8.
= Reisebücher, Griebens. Bd 28. [97. 4345

Bresgen, Max, das Asthma bronchiale und seine Beziehungen zum chronischen Nasenkatarrhe, sowie deren lokale Behandlung, s. Sammlung klinischer Vorträge.

Bresgen, M., über die Bedeutung behinderter Nasenatmung, vorzüglich bei Schulkindern, nebst besond. Berücksicht. der daraus entsteh. Gedächtnis- u. Geistesschwäche. 8. (34 S.) Hamburg 890. Voß. n. — 80

Bresgen, M: Die Bedeutg d. Wiesbad. Thermalwassers f. d. Erkrankgn d. Atemwege unter bes. Berücks. d. Wertes d. Inhalationen. 2. Afl. (32) 8° Wiesb., H Staadt '02. 1 —
1. Afl. s. B., Wert d. Inhalationen.

Bresgen, Max.: Die ärztl. Beeinflussg des Kranken. Ein Versuch. (69) 8° Lpzg, G Thieme '11. 1.50

Die Elektrolyse mit langen Nadeln zur Behandlung von Verschwellung im Naseninnern. Von Dr. Maximilian **Bresgen.** Halle a. d. S.: Marhold 1908. 23 S. 8° [09. 11064

— Entstehung u. Behandlung der Furunkel des äusseren Gehörorganes. Nach e. im ärztl. Vereine geh. Vortr. gr. 8. (10 S.) Halle 900. C. Marhold. n. — 40
Sonderabdruck aus: „Sammlung zwangl. Abhandlgn. a. d. Geb. d. Nasen- etc. Krankh."

— die frischen Entzündungen der Rachenhöhle u. des lymphatischen Rachenringes, s.: Sammlung zwangloser Abhandlgn. aus dem Gebiete der Nasen- etc. Krankheiten. III. 8.

— Die Erkrankungen der Atemwege u. ihre Heilung durch die Kurmittel Wiesbadens auch während der Wintermonate. Für Ärzte u. Kranke. 4., umgearb. u. bedeutend erweit. Aufl. (IV, 41 S.) gr. 8. Wiesbaden 908. Moritz & Münzel. 1. —

Die hauptsächlichen kindlichen Erkrankungen der Nasenhöhlen, der Rachenhöhle und der Ohren, sowie ihre Bedeutung für Schule und Gesundheit nebst grundsätzl. Erörterungen über Untersuchung u. Behandlung solcher Kranken. Von Dr. Maximilian **Bresgen,** Wiesbaden. *Halle a. S.: C. Marhold 1904.* (53 S.) 8°
= Sammlung zwangloser Abhandlungen aus d. Geb. d. Nasen-, Mund- u. Hals-Krankh. Bd 7, H. 8. [04. 6492 3

Aerztliche Fortbildungs-Vorlesungen. Von Dr. Maximilian **Bresgen** in Wiesbaden. *Halle a. S.: C. Marhold 1903.* (147 S.) 8° [03. 2207 3

Bresgen, Max, Grundzüge e. Pathologie u. Therapie der Nasen-, Mundrachen- u. Kehlkopf-Krankheiten f. Aerzte u. Studierende. Mit 156 Holzschn. gr. 8. (VI, 272 S.) Wien 884. Urban & Schwarzenberg. n. 6. —

— die Heiserkeit, ihre Ursachen, Bedeutung und Heilung. Nebst e. Anh. üb. die Bedeutg. behinderter Nasenatmung. gr. 8. (37 S.) Neuwied 889. Heuser's Verl. n. 1. —

— die Heiserkeit, ihre Ursachen, Bedeutung u. Heilung. Nebst e. Anh. über die Bedeutung behinderter Nasenatmung. 2. [Titel-]Aufl. (37 S.) gr. 8. Leipzig [889] (903). O. Borggold. n. 1. —

Bresgen, Max., über den Husten. Ein am 12. März 1879 zu Frankfurt a. M. gehaltener Vortrag. gr. 8. (28 S.) Frankfurt a. M. 879, Alt. *

Klima, Witterung und Wohnung, Kleidung und Körperpflege in ihren Beziehungen zu den Entzündungen der Luftwege. Von Maximilian **Bresgen.** *Halle a. S.: C. Marhold 1900.* (36 S.) 8° [01. 4461 3

Bresgen, Max, der Kopfschmerz bei Nasen- u. Rachen-Leiden u. seine Heilung. Unter besond. Berücksicht. der angeborenen u. erworbenen Unregelmässigkeiten der Nasenscheidewand. 1. u. 2. unveränd. Aufl. gr. 8. (VII, 60 S.) Leipzig 894. A. Langkammer. n. 2.40

— der Kopfschmerz bei Nasen- u. Rachen-Leiden u. seine Heilung. Unter besond. Berücksicht. der angeborenen u. erworbenen Unregelmässigkeiten der Nasenscheidewand. 3., teilweise erweit. Aufl. gr. 8. (V, 56 S.) Leipzig 901. A. Langkammer. n. 2.—

— Krankheits- u. Behandlungslehre der Nasen-, Mund- u. Rachenhöhle, sowie d. Kehlkopfes u. der Luftröhre. 2., gänzlich umgearb. u. erweit. Aufl. gr. 8. (X, 432 S. m. 166 Holzschn.) Wien 891. Urban & Schwarzenberg. n. 10.—; geb. n. 12.—

Bresgen, Max., Krankheits- u. Behandlungslehre der Nasen-, Mund- u. Rachenhöhle, sow. d. Kehlkopfes u. d. Luftröhre. M. 167 Holzschn. u. 1 Titelbilde. 3., umgearb. u. erweit. Aufl. gr. 8. (XII, 686 S.) Wien 896. Urban & Schwarzenberg. n. 12.—; geb. n. 14.—

— Die Kurmittel Wiesbadens bei Erkrankgn d. Atemwege, auch währ. d. Wintermonate. (80) 8° Wiesb., Moritz & M'04. 1 — ‖ 2. Afl. (80)'05. (— 75) — 60

— die Kurmittel Wiesbadens bei Erkrankungen der Atemwege, auch während der Wintermonate. 3. Aufl. (IV, 80 S.) kl. 8. Wiesbaden 906. Moritz & Münzel. n. — 60
1. Aufl. (III, 80 S.) 904. n. 1.—; 2. Aufl. (III, 80 S.) 905. n. — 75.

— Lebensversicherung u. Krankheiten der Nasen- u. Rachenhöhle. gr. 8. (15 S.) Halle 902. C. Marhold. n. — 50

— 25 Jahre Nasen- u. Hals-Arzt. Eine Übersicht üb. das letzte Viertel des 19. Jahrh. gr. 8. (20 S.) Ebd. 901. n. — 80
Sonderabdruck aus: „Sammlg. zwangloser Abhandlgn. a. d. Geb. d. Nasen- etc. Krankh."

— der chronische Nasen- u. Rachen-Katarrh. Eine klin. Studie. Mit 11 in den Text gedr. (Holzschn.-) Abbildungen. gr. 8. (VII, 87 S.) Wien 881. Urban & Schwarzenberg. n. 2.—

— der chronische Nasen- u. Rachen-Katarrh. Mit e. Einleitg. üb. den „Specialismus in der Medizin". Mit 11 Abbildgn. 2. Aufl. gr. 8. (V, 132 S.) Ebend. 883. n. 2.50

— über die Nothwendigkeit örtlicher Behandlung des frischen Schnupfens. gr. 8. (21 S.) Leipzig 900. F. Leineweber. n. 1.—
Sonderabdruck aus: „Die ärztl. Praxis".

Die Reizung und Entzündung der Nasenschleimhaut in ihrem Einflusse auf die Atmung und das Herz. Von Maximilian Bresgen. *Halle a. S.: C. Marhold 1900.* (29 S.) 8° [ot. 446: 3

— s.: Sammlung zwangloser Abhandlgn. a. d. Gebiete d. Nasen-, Ohren-, Mund- u. Halskrankheiten.

— das menschliche Stimm- und Sprach-Organ, s. Sammlung gemeinverständl. wissenschaftl. Vorträge.

— über die Verwendung v. Anilinfarbstoffen bei Nasen-, Hals- u. Ohren-Leiden. Nach e. auf der Versammlg. deutscher Naturforscher u. Ärzte in Halle a. d. S. 1891. geh. Vortrage. gr. 8. (31 S.) Wiesbaden 891. [E. Jungklaass.] Leipzig, A. Langkammer. n. 1.20

Bresgen, Max., wann ist die Anwendung d. elektrischen Brenners in der Nase v. Nutzen? Ein Mahnwort besonders an Nasenärzte u. solche, die es sein u. werden wollen. gr. 8. (24 S.) Wiesbaden 891. [E. Jungklaass.] Leipzig, A. Langkammer. n. — 80

Bresgen, Max, was muss der Arzt v. Nasen- u. Hals-Krankheiten wissen? (26 S.) gr. 8. Halle 907. C. Marhold. — 60
Sonderabdruck aus „Medizin. Woche".

— der Wert der Inhalationen u. die Bedeutung des Wiesbadener Thermalwassers f. die Erkrankungen der Atemwege. 8. (32 S.) Wiesbaden 901. H. Staadt. n. 1.—

Bresgen, Max, die Bedeutung des Wiesbadener Thermalwassers f. die Erkrankungen der Atemwege unter besond. Berücksicht. des Wertes der Inhalationen. 2., teilweise veränd. Aufl. gr. 8. (32 S.) Wiesbaden 902. H. Staadt. n. 1.—

Bresiewicz, Th., Das Recht der öffentlichen Arbeiten. Sonder-Abdruck aus der Zeitschrift für Volkswirtschaft, Sozialpolitik u. Verwaltung. Hrsg. v. Böhm-Bawerk, v. Inama-Sternegg u. v. Plener. XII. Bd. (S. 142—241.) Lex.-8. Wien, Braumüller. 1903

Brésil, l'empire du, à l'exposition universelle de Vienne en 1873. Mit 2 (lith.) Karten (in gr. Fol.) gr. 8. (361 S.) Rio de Janeiro 1873. Leipzig 874. Hinrichs' Verl. 3.—

Brésil, G., il gluocolatore, s. Emporeo drammatico.

Bresin, Gerson, approb. Arzt aus London: Über den Einfluß hydrotherapeutischer Maßnahmen auf den Stoffwechsel. *Gießen 1904: v. Münchow.* (35 S.) 8° ¶ Preisarbeit d. Hilfsvereins f. Jüd. Studierende zu Berlin f. d. Jahr 1903.
Gießen, Med. Diss. v. 1904

Bresina: Andeutung üb. d. Verhältnis d. Relig.-Unterrichts zur Kirche u. Schule, u. üb. d. Behandlung desselb. auf Gymn. 28 S. Progr. Putbus 1840.

Bresina, [Wilhelm]: Die Kegelschnitte, für die Prima des Gymnasiums bearbeitet. *Soest 1898: Nasse.* (3—22 S. mit Taf.) 4° [Umschlagt.]
Soest, Archi-G, OP 1898 (381)

Bresina, Wilhelm Über die Schwingungen der Luft in der chemischen Harmonika. 21 S. Progr. *Soest* 1881.

von Breska, [Adolf]: [Gedächtnisrede auf den am 14. März 1908 verstorbenen Professor Dr. Aurel Krause.] S. 21—25. 4.
Progr. Luisenstädtische Oberrealschule *Berlin* 1909

von Breska, Adolf [Dr.]: Quellenuntersuchungen im 21. bis 23. Buche des Livius. Berlin, R. Gaertners Verlagsbuchh. H. Heyfelder, 1889; 22 S. 4°
Berlin, Luisenst. OR, OP 1889 (99)

Breska, Adf. v., Untersuchungen über die Quellen des Polybius im 3. Buche. Inaugural-Dissertation. gr. 8. (98 S.) Berlin 880. (Mayer & Müller.) n. 1.60

Untersuchungen über die Nachrichten Helmolds vom Beginn seiner Wendenchronik bis zum Aussterben des lübischen Fürstenhauses v. Hermann von Breska. Separatabdruck aus der Zeitschrift des Vereins für Lübeckische Geschichte und Altertumskunde. Lübeck. 1880. 8°
Göttingen, Phil. Diss.

Bresky, Bennona, das Verhältnis des zweiten Johannesbriefes zum dritten. (VII, 63 S.) gr. 8. Münster 906. Aschendorff. n. 1.50

Breslau.— [Sachl. OW]

Breslau, über; Briefe e. Reisenden, (v. S. B. Klose). 8. Bresl. 780., u. von Breslau; dokumentar. Geschichte u. Beschreib. in Briefen, (v. S. B. Klose). 2 Thle, mit Kpf. 8. Bresl. 780—83. (T. u. d. T.: Briefe e. Reisenden über u. von Breslau. 1r, 2r Thl. u. 3r Thl. 1r, 2r Bd.) W. G. Korn. Alle 3 Thle 7 ℛ 12 gl

Breslau. Lage, Natur u. Entwickelg. Eine Festgabe, dem XIII. deutschen Geographentage dargeboten v. Ortsausschusse. Mit 4 Lichtdr.-Taf., 2 Karten in Steindr. u. 1 Zinkogr. gr. 8. (III, 122 S.) Breslau 901. (F. Hirt.) n. 2. —

Breslau. Lage, Natur u. Entwickelung. Eine Festgabe dem XIII. Deutschen Geographentage Dargeb. v. Ortsausschusse. Mit 4 Taf., 2 Karten u. 1 Zinkogr. *Breslau 1901: C. T. Wiskott.* (122 S.) 8° [01. 7796 2

Breslau. Industrie u. Handel. Ansichten nach Aquarellen. Breslau: M. Gottlieb [1907]. (18 Taf.) 4° [08. 6041

Breslau. Freie Wochenschrift. Hrsg.: Fritz Ernst. Jg. 1, H. 1–13. [Mehr nicht ersch.] Breslau: Allegro 1910. 208 S. 8° [11. 4773 2

Breslau in der Brieftasche. Kleines Breslauer Adressbuch, enth. sämmtl. Breslauer Behörden u. deren Amtsstellen, Consulate, gemeinnütz. u. Wohltätigkeits-Anstalten, Hospitäler, Kliniken u. Polikliniken, Feuer- u. Unfall-Meldestellen, Kirchen u. Schulen, Bäder, Banken u. Verkehrs-Einrichtgn., Sehenswürdigkeiten, grössere Hotels, Cafés, Conditoreien u. Restaurants u. a. m. unter Beifügg. v. Dienst-, Schalter- u. Sprechstunden, Fernsprech-Anschlüssen, Tarifen, sowie sonst. prakt. Winken, nebst Strassen-Register m. Angabe der f. jedes Grundstück zuständ. Polizei-Commissariate u. kaiserl. Bestell-Postanstalten. Hrsg. m. amtl. Unterstützg. (153 S. m. farb. Plan.) 12. Breslau 903. A. Langewort. n. — 75

Breslau, Das Frolockende, . . . Wolte . . . entwerffen Ein . . . Getreuer Schlesier. Bresl. 1706. V: *Stöckel, Gottfried.* (Kat. d. Druckschr. üb. Breslau. Breslau 1903. S. 10.)

Breslau die uhralte und Hochberühmte Haupt-Stadt des Herzogth. Schlesien etc. verlegts Matth. Seutter in Augsburg. Ohne M. 1 Bl.

Breslau vor hundert Jahren, s.a. **Kahlert, A.**

Breslau vor hundert Jahren . . . Breslau 1840. V: *Steinberger, Johann Georg.* (Kat. d. Druckschr. üb. Breslau. Breslau 1903. S. 2.)

— vor hundert Jahren. Auszüge aus e. handschriftl. Chronik, mitgeth. von Aug. Kahlert. gr. 8. Breslau 840. Aderholz. 2/3 ℳ

Breslau, Das Itzt-lebende, Anno 1701. O. O. H: *Runge, Christian.* (Kat. d. Druckschr. üb. Breslau. Breslau 1903. S. 95.)

Breslau, das, malerische. 12 Vierfarbendr. nach Aquarellen v. Otto Günther, Heinr. Irmann u. Jos. Langer, m. erläut. Text v. Wilh. Korn u. Textzeichngn. v. Arnold Busch. (15 S.) 53,5×42 cm. Breslau (909). W. G. Korn. In Mappe 25. —

Breslau in Paris. 1 : 100,000. Fol. Berlin 869, Schropp'sche Landkartenh. *

Breslau im Portemonnaie u. Fahrplanbuch. 1894. Juli—Septbr. 32° (146) Bresl., L Köhler — 20

Breslau im Porte-Monnaie und schlesisches Coursbuch. 1878. April bis 15. Mai. 128. (127 S.) Breslau 878, Max und Comp.

—— dass. — 1878. Juni bis October. Mit Tarifen der Pferde-Eisenbahn, Omnibus, Droschken und Personen-Fahrgeld von Breslau aus, nebst Extrazügen. Taxe für Brief-, Packet- und Geldsendung etc. 128. (128 S.) Ebendas. 878.

Breslau im Porte-Monnai u. schlesisches Coursbuch. Sommer 1881. Mai bis Octbr., m. Pferde-Eisenbahn-, Omnibus- u. Droschken-Tarifen, Personen-Fahrgeld von Breslau aus, nebst Gew.-Ausst.-Tarif, Extrazüge etc. 3. Jahrg. 128. (136 S.) Breslau, Max & Co. — 20

Breslau als **Stromluftkurort. Ein Beitrag zur Fremdenführung in Breslau . . . V: *Gilgenheimb-Weidenau, von.* (Kat. d. Bibl. d. Kais. Patentamtes. Berlin 1896.)**

Breslau als Stromluftkurort. Ein Beitrag zur Fremdenführung in Breslau v. e. Kurgast. 8. (20 S.) Breslau 888. Scholtz. n. — 50

BRESLAU, wie es isst und trinkt, weint und lacht, tanzt und hinkt, bei Tag und Nacht. Breslau, wie es speculirt, intriguirt, cabalisirt, liebt, studirt und spintisirt. Harmlose Schattenrisse aus Breslaus Gegenwart. Oels, A. Ludwig, o. J. (1862). 8°. 48 S.
Bereits selten! — Partsch, Heft 5, S. 349.

Breslau, wie es — spazieren geht. Humorist. Zeitbilder v. Pickelhäring: Morgenspaziergang in Morgenau. — Die Promenade. — Das Wurstausschieben im Seelöwen. — Das Königsschießen. 8. Breslau 834. Aderholz. 1/6 ℳ

—— wie es — trinkt, s. Roland.

Breslau wie es trinkt und trinken muß! Ein Hilfsbüchlein für Jedermann. Herausg. von Lubonensis Liszst. Breslau (854). (Leuckart.) 16. (15 S.) n. 2 1/2 ngl.

— in der Wolle. Humorist. Zeitbilder v. Pickelhäring: Der Wollmarkt. — Wollmarkts-Illumination bei Liebich. — Die Wollmarkts-Redoute. 8. Breslau 834. Aderholz. 1/6 ℳ

Breslau, Das durch einen erstaunenden Donnerschlag . . . Zitternde, . . . O. O. 1749. V: *Gomolcke, Daniel.* (Kat. d. Druckschr. üb. Breslau. Breslau 1903. S. 17.)

Breslau.— [Schlagwort]

— s. a.: Europa. Uebersichtskarte.

— s.a. Heimatskärtchen. 25.

– s.a. Kreiskarten.

– s.a. Pharus-Städte-Atlas.

– s.a. Radfahrerkarten. Freytag. Karte. Lechner. Mittelbach. Ravenstein.

— s.a. Westentaschen-Sammlung.

Breslau, s.a. **Woerl's Reisehandbücher.**

Breslau-Berlin, s.: Automobilkarten. Automobil-Tourenkarte. Mittelbach. Pharus-Auto-Strecke.

Breslau-Brünn, s.: Automobilkarten. Automobil-Tourenkarte.

Breslau-Dresden, s.: Automobilkarten. Automobil-Tourenkarte.

Breslau-Kattowitz, s.: Automobilkarten. Automobil-Tourenkarte.

Breslau-Leipzig, s.: Automobilkarten. Mittelbach.

Breslau-Lodz, s.: Automobilkarten. Automobil-Tourenkarte.

Breslau-Posen, s.: Automobilkarten. Automobil-Tourenkarte.

Breslau-Prag, s.: Automobilkarten. Automobil-Tourenkarte. Mittelbach.

Breslau-Wien, s.: **Automobilkarten. Mittelbach.**

Breslau, Bisthum [Schlagwort]

Breslav — Carte du Dioecése de — avec ses IV Archidiaconats, subdivisés en ses Cercles Archipresbyteriales, dessinée sous la Direction du bien reverend Sieur de Felbiger par les Héritiers de Homann. l'An. 1751. 1 : 725,000. 2 Bl.

Breslau, Bisth. **Karte des Bisth. Breslau u. d. Delegatur-Bezirks.** Im Auftrage der fürstbischöfl. Behörde ausgeführt. 1 : 400,000. 86×101,5 cm. Farbendr. Breslau 892. (G. P. Aderholz.) n. 7. 60; auf Leinw. in Mappe od. m. Rollen n. 10. 80

Breslau, Kreis [Schlagwort]

Breslau, Kreis. **Hilscher, A.,** Spezial-Karte d. Stadt- u. Landkreises Breslau. Nach neuesten Quellen zum Handgebrauch entworfen. 1 : 135,000. 2. Aufl. Chromolith. qu. Fol. Breslau 888. Priebatsch. n. — 75

Breslau, Kreis. **Hilscher, A.,** Special-Karte d. Stadt- u. Landkreises Breslau. 1 : 135,000. Nach neuesten Quellen zum Handgebrauch entworfen. 3. Aufl. Farbendr. 86×39 cm. Breslau 891. Priebatsch. — 75; auf Leinw. in Leinw.-Decke n. 1. —

Breslau, Kreis. **Hilscher, A.,** Wandkarte des Stadt- u. Landkreises Breslau. Für den Schulgebrauch entworfen. 1 : 50,000. 2 Blatt. 107 × 50, resp. 107 × 70 cm. Farbdr. Breslau 897. Priebatsch. n. 9. —; auf Leinw. m. Stäben n. 12. —

— **Karte des Kreiſes Breslau.** Aus Reymann's Specialkarte der königl. preuß. Landesaufnahme. 1 : 200,000. Lith. u. color. qu. Fol. Breslau 888. Morgenſtern's Verl. (1881) n. — 80

Breslau, Reg.-Bez. [Schlagwort]

Breslau, Reg.-Bez. **Entfernungskarten,** amtliche, des Reg.-Bez. Breslau. Im Auftrage des königl. Regierungspräsidenten auf Grund der gedruckten Karten der königl. preuss. Landesaufnahme angefertigt im J. 1899 durch das königl. Katasteramt, geprüft u. ergänzt im Katasterbureau der königl. Regierung unter Leitg. v. Christiani. 1 : 75,000. Nebst Text (auf dem Umschlag). 8. (3 S.) Nr. 1—23. Autogr. Breslau 899. W. G. Korn. à n. 1. —

1. Breslau. 61×66 cm. — 2. Brieg. 66,5×61 cm. — 3. Frankenstein. 66,5×60,5 cm. — 4. Glatz. 66×61 cm. — 5. Guhrau. 66,5×61 cm. — 6. Habelschwerdt. 67×61,5 cm. — 7. Militsch-Trachenberg. 61,5×83 cm. — 8. Münsterberg. 59×66 cm. — 9. Namslau. 59,5×60 cm. — 10. Neumarkt. 61,5×66,5 cm. — 11. Neurode. 59,5×66 cm. — 12. Nimptsch. 60,5×66 cm. — 13. Oels. 63×67,5 cm. — 14. Ohlau. 66,5×61 cm. — 15. Reichenbach. 66×59,5 cm. — 16. Schweidnitz. 66×61 cm. — 17. Steinau. 65,5×60,5 cm. — 18. Strehlen. 60,5×66 cm. — 19. Striegau. 59×64,5 cm. — 20. Trebnitz. 63×70 cm. — 21. Waldenburg. 66,5×61,5 cm. — 22. Gross-Wartenberg. 67,5×63 cm. — 23. Wohlau. 60,5×66 cm.

Breslau, Reg.-Bez. **Hoch, C.,** Karte vom Reg.-Bez. Breslau u. den angrenzenden Gebieten. 1 : 300,000. 70×57,5 cm. Farbdr. Glogau (903). Berlin, C. Flemming. 1. 20; auf Leinw. in Taschenform n. 2. 50

— **Liebenow's, W.,** Specialkarte des Reg.-Bez. Breslau f. Reise, Bureau u. Verkehr. 1 : 300,000. (Volksausg.) 68,5×63,5 cm. Farbdr. Frankfurt a/M. (904). L. Ravenstein. n. 1. —

Breslau, Stadt und Umgegend [Schlagwort]

Breslau.— Aigner, H. v.: Plan d. Umgegend v. Breslau. 1:50,000. Lith. v. R. Flender. 4. Aufl. Erweitert u. verb. durch Gause. Lith. Fol. Bresl. 85, Kern's .

Brieftaschen-Plan von **Breslau.** Chromolithogr. qu. 4. Nebst Verzeichniss der wichtigsten Strassen, Plätze, öffentl. Gebäude, Hôtels, Gärten etc. (auf der Rückseite). Breslau 881, Kern's Verlag.

Brieftaschen-Plan von Breslau. 2. Aufl. Chromolithogr. qu. 4. Nebst Verzeichniss der wichtigsten Strassen, Plätze, öffentl. Gebäude, Hôtels, Gärten etc. (auf der Rückseite). Breslau 888, Kern's Verlag.

Breslau, Stadt. **Brieftaschen-Plan** v. Breslau. 3. Aufl. Farbendr. 19,5×22 cm. Nebst Verzeichniss der wichtigsten Strassen, Plätze, öffentl. Gebäude, Hôtels, Gärten etc. (auf der Rückseite). Breslau 891. J. U. Kern's Verl. n. — 20

Brieftaschen-Plan, neuester, v. Breslau. Steindr. 27×21 cm. Mit Strassenverzeichniss auf der Rückseite. 1. u. 2. Aufl. Bresl. 891,92, Felder's Verlag. — 10

Breslau, Stadt. **Brieftaschen-Plan,** neuester, von Breslau. 3. Aufl. 27 × 21 cm. Lith. Mit Strassenverzeichnis auf der Rückseite. Breslau 895. S. Herrnstadt. (R.Felder) — 10

— **Brunn, O.,** neuester Plan v. Breslau. Nach dem vom Magistrat hrsg. Plane in vergrössertem Maassstabe gezeichnet u. lith. 1 : 7150. 4. Aufl. Lith. gr. Fol. Mit alphabet. Verzeichniss der Strassen, öffentl. Gebäude etc. u. den wichtigsten Nachweisgn. f. Fremde. 8. (8 S.) Breslau 889. Kern's Verl. 1. 20
Dass. 2.Aufl.Ebda.1885

— **Brunn, Osc.,** neuester Plan v. Breslau, nach dem vom Magistrat hrsg. Plane in vergrössertem Maassstabe gezeichnet u. lith. 1 : 7150. 6. Aufl. 57 × 70,5 cm. Lith. u. kolor. Mit Strassenverzeichniss etc. 8. (8 S.) Breslau 893. J. U. Kern's Verl. 1. 20

— **Brunn, Osc.,** neuester Plan v. Breslau. Nach dem v. Magistrat hrsg. Plane in vergröss. Maassstabe gezeichnet u. lith. 1 : 7150. 7. Aufl. 57 × 70,5 cm. Lith. u. kolor. Mit alphabet. Verzeichniss der Strassen, öffentl. Gebäude etc. u. den wicht. Nachweisgn. f. Fremde. 8. (8 S.) Breslau 895. J. U. Kern's Verl. 1. 20

— **Fiedler's, Alb.,** neuester Plan v. Breslau. Zeichnung v. Gust. **Liebers.** 1 : 10,000. Farbendr. 47,5×57 cm. Mit alphabet. Verzeichnis sämtl. Strassen, Plätze etc. 8. (4 S.) Leipzig 890. (O. Dietrich.) n. 1. —

— **Gaebler, E.,** Specialkarte v. Breslau u. Umgegend. 1 : 125,000. Chromolith. qu. gr. 4. Metz 888. Leipzig, Lang. — 25

— **Hoffmann, Aug.,** neuer Plan der Haupt- u. Residenzstadt Breslau. 1 : 15,000. 31,5×39,5 cm. Farbendruck. Nebst Verzeichniss der Strassen, öffentl. Gebäude, Hôtels etc. gr. 16. (8 S.) Breslau 894. E. Morgenstern's Verl. — 80

Breslau, Stadt. **Hoffmann, Aug.,** neuer Plan der Haupt- u. Residenzstadt Breslau. 1 : 15,000. 32×40 cm. Farbdr. Mit Strassenverzeichniss. gr. 16. (8 S.) Breslau (899). E. Morgenstern, Verl. — 30

Breslaus — Topographisch militarischer Plan der Umgegend — aufgenommen von Carl Hoffmann Lieutenant in der Königl. Preuss. Artillerie mit Beyhilfe des Unterof. Grossmann. Bombard. Jäger und Bombard. Pedell im Jahre 1820. Gezeichnet Knispel Bomb. Lithogr. von Julius Steinmetz. Berlin bey Schropp et Comp. 1 : 36,400. 4 Bl.

— **Karte der Umgegend** v. Breslau. 1 : 25,000. Königl. preuss. Landesaufnahme 1885, hrsg. 1887. 4 Blatt. Chromolith. gr. Fol. Berlin 887. (Eisenschmidt.) à n.n. 1. 50

Breslau, Umgegend. Liebers, Gust., Specialkarte der Umgegend v. Breslau. 1:50,000. Farbendr. 34,5×43 cm. Leipzig 891. (O. Dietrich.) n. 1.—

— Lilienfeld, S., Plan der Haupt- u. Residenzstadt Breslau. 1:8000. 6., verb. Aufl. Chromolith. Imp.-Fol. Mit Strassenverzeichniss. gr. 8. (4 S.) Breslau 888. Morgenstern's Verl. n. 1.—
Dass. 3.Aufl. Ebda.1881.

Breslau.– L i l i e n f e l d , S.: Neuester Plan v. Breslau, nach d. v. Magistrat hrsg. Plane im vergrösserten Maßstabe gezeichnet u. lith. 1: 7150. 6. Aufl. Lith. Fol. Mit alphabet. Verzeichniss d. Strassen, etc. 8°(7), Bresl. 1881, Kerns V.

Breslau, Stadt. Pharus-Plan, Breslau. 1:10,500. 70×86,5 cm. Farbdr. Grosse Ausg. Mit illustr. Führer, Breslau u. seine Umgebg. (Neue Ausg.) (XXVIII, 23 S. m. 1 Entfernungstaf.) 8. Berlin, Pharus-Verlag. n. 1.—

— — dasselbe. Kleine Ausg. 37×50 cm. Nebst: Führer durch Breslau m. Hinweis auf den Pharus-Plan Breslau. (23 S. m. 2 eingedr. Theaterplänen.) 8. Ebd. — 50

Pharus-Plan Breslau. (Kleine Ausg.) Maaßst. 1:10,500. [Nebst] Führer durch Breslau ... *Berlin: Pharus-Verl. [1903].* (1 Kartenbl. 50×37 cm, 23 S.) 8° [kol.]

— Plan v. Breslau. 55,5×53 cm. Farbdr. Mit Führer. 3. verb. u. verm. Aufl. 12. (40 S.) Schweidnitz (901). G. Brieger. n. — 50

— — v. Breslau u. dessen Vororten. Ergänzter Abdr. v. 1903. 1:10,000. 77×86,5 cm. Farbdr. Nebst Verzeichnis der Straßen, Gassen u. Plätze, sowie der öffentl. Gebäude der Stadt Breslau nach den im Plan durch Buchstaben u. Zahlen bestimmten Feldern. gr. 8. (8 S.) Breslau. E. Morgenstern, Verl. 1. 25

— Plan, neuer, der Haupt- u. Residenzstadt Breslau. 1:10,000. 65×74 cm. Farbendr. Mit Strassenverzeichnis. gr. 8. (6 S.) Breslau 896. E. Morgenstern, Verl. 1. 20

Breslau, Stadt. Plan, neuer, der Stadt Breslau. 1:10,000. Farbendr. 64×78,5 cm. Mit Verzeichniss der Strassen u. s. w. gr. 8. (6 S.) Breslau 892. E. Morgenstern's Verl. n.n. — 65

— — neuester, von Breslau, nach dem vom Magistrat hrsg. Plane gezeichnet. 1:11,000. 4 Blatt à 17,5×69,5 cm. Farbdr. Nebst kurzem Führer durch Breslau. 8. (16 S.) Breslau 898. J. U. Kern's Verl. n. 1.—

— — neuester, v. Breslau, nach dem vom Magistrat hrsg. Plane gezeichnet. 1:11,000. 4 Blatt à 17,5×69,5 cm. Farbdr. Nebst kurzem Führer durch Breslau. 2. Aufl. 8. (16 S.) Breslau 900. J. U. Kern. n. 1.—

Breslau. Plan der Stadt nebst einem Führer für Fremde, s. Brockhaus' Reise-Atlas.

— Taschen-Plan, neuester, der kgl. Haupt- u. Residenzstadt Breslau. Farbendr. 37×47 cm. Mit Text auf dem Umschlag. Breslau 891. R. Folder's Verl. — 40

— Taschen-Plan, neuester, der kgl. Haupt- u. Residenzstadt Breslau. 11. Aufl. 48,5×42,5 cm. Farbdr. Mit alphabet. Verzeichniss d. Strassen, Plätze u. öffentl. Gebäude; elektr. u. Pferdebahn-Routen, Südpark etc. 8. (3 S.) Breslau 898. J. Max, Verl. — 40

— — (neuester) der kgl. Haupt- u. Residenzstadt Breslau. 12. (verb.) Aufl. 48,5×42,5 cm. Farbdr. Mit alphabet. Verzeichniss der Strassen, Plätze u. öffentl. Gebäude; elektr. u. Pferdebahn-Routen, Südpark etc. 8. (3 S.) Breslau (899). M. Tietzen. — 40

— Taschenplan, neuester, v. Breslau u. seiner Umgebung. 55×53 cm. Farbdr. Mit Führer. 8. (12 S.) Schweidnitz 899. G. Brieger. n. — 50

— Taschenplan, neuester, v. Breslau u. seiner Umgebung. 39,5×26,5 cm. Farbdr. Mit Strassenverzeichnis auf der Rückseite. Schweidnitz (904). G. Brieger. n. — 15

Breslau. Touristen-, Rad- u. Motorfahrer-Karte der Umgebung v. Breslau. 1:300,000. 32,5×37 cm. Farbdr. Breslau (909). Maruschke & Berendt. — 60

Breslau.– W e d e l l , M. v.: Karte d. Umgegend v. Breslau. 1:25,000. Chromol. Fol. Bresl. 83, Korn.

— Wegekarte der Gegend um Breslau im Umkreise v. ca. 5 Meilen. 1:150,000. 38×45,5 cm. Lith. Schweidnitz (901). G. Brieger. n.n. — 25

— Wege-Karte der Umgebung von Breslau, des Glatzer-, Eulen- u. Waldenburger-Gebirges. 1:150,000. 70,5×57,5 cm. Farbdr. Ebd. (903). n. — 60

— — v. Breslau's Umgebung. (Umschlag: Wege-Karte der Gegend um Breslau im Umkreise v. ca 8 Meilen.) 1:150,000. 51×56 cm. Farbdr. Mit Ortschafts-Verzeichnis. (15 S.) kl. 8. Ebd. (906). n. — 50

Breslau, Stadt. Zachrau, G., Taschen-Plan v. Breslau. 7. Aufl. Chromolith. qu. Fol. Mit Strassenverzeichniss. 8. (3 S.) Breslau 889. Max & Co. n. — 50
Dass. 4.Aufl. Ebda.1883.

Breslau [Verfasser]

Breslau, Bernhard

Breslau, Anleitung zu einer vernunftgemäßen Ernährung und Pflege der Neugeborenen und kleinen Kinder. 2. verm. Aufl. besorgt durch H. Spöndly. 8. (48 S.) Zürich 869, Orell, Füßli und Comp.

Breslau, Anleitung zu e. vernunftgemäßen Ernährung u. Pflege der Neugebornen u. kleinen Kinder. Den Müttern aus dem Volke gegeben. 3. verm. Aufl. besorgt durch H. Spöndly. 8. (48 S.) Zürich 874. Orell, Füßli & Co. — 75

Breslau, Bernh., Diagnostik der Tumoren des Uterus ausserhalb der Schwangerschaft und des Wochenbettes vom klinischen Standpunkte aus. München 856. Kaiser. gr. 8. (VI, 65 S.) n. 12 ngr

BRESLAU, Bernhard (München): de totius uteri exstirpatione.- Monachii 1852. 28.7.1852 - Urk; F 67

Diss. Ingolst.-Landsh.-Mchn.

Breslau, Bernh., de totius uteri exstirpatione. Dissertatio inauguralis. gr. 4. (46 S. m. 1 lith. Taf. in Fol.) Monachii 852. (Kaiser.) n. 1/3 ₰

Breslau, H., s. J. Johnson, Abhandl.

Breslau, (Heinrich) (Übers.):
s.: Orfila, (P.) M(athéo Josè Bonaventura): Vorlesungen über gerichtliche Arzneikunde. (Leçons faisant partie du cours de médecine légale. Dt.) Weimar: 1822

Breslau, Kurt v. Er geht! ... Was nun? Blicke in die Politik der Zukunft. gr. 8. (51 S.) Berl. 890, Cassirer u. Danziger. * 1 —

Breslauer, Duellstrafen. Materialien, gesammelt. gr. 8. (17 S. m. 1 Tab.) Berlin 890. Rosenbaum & Hart. n. 1.—

Breslauer, Rechtsanwalt, Die Organisation der Privat-Wohlthätigkeit in Berlin. gr. 8°. Berlin, Mamroth, 1891. 27 S.

Breslauer, Adolf, aus Berlin: **Beiträge zur Kenntnis der Phenylaticonsäure.** *Strassburg i. E. 1900: C. & J. Goeller.* **(46 S.) 8°**
Strassburg, Math.-naturw. Diss. v. 1900

Breslauer, Albert *(geb. Breslau 23. 10. 1854)*: Art. 34 (sog. Verzichtsartikel) der Rheinbunds-Akte vom 12. Juli 1806. Breslau 1878. (36 S.) 8° *[Im Buchhandel 1878 bei Koebner in Breslau.]*
Breslau, Jur. Diss. v. 21. Mai 1878

Breslauer, Alb., zur Interpretation des 34. [sogen. Verzichts-]Artikels der Rheinbunds-Akte vom 12. Juli 1806. gr. 8. (34 S.) Breslau 878, Koebner. *

Breslauer, Arnold. (geb. Culm a. W. 25. 11. 1838): De hysteria. Berolini (1864). (32 S.) 8°
Berlin, Med. Diss. v. 3. Dez. 1864

Verband d. deutschen Juden. Die Abwanderung der Juden aus der Provinz Posen. Denkschrift im Auftr. d. Verbandes d. deutschen Juden gefertigt von s. ersten Schriftführer Just.R. Bernhard **Breslauer**. Berlin 1909: Levy. 13 S. 4° [09. 17125

Verband der Deutschen Juden. – Die Zurücksetzung der Juden im Justizdienst. Denkschrift, im Auftrage des Verbandes der Deutschen Juden gefertigt von seinem ersten Schriftführer Justizrat Bernhard **Breslauer**. Berlin 1907. Druck von Berthold Levy. 4°.

Breslauer, Berthold (Hrsg.), s. Grundstücks-Archiv.–

Breslauer, Berthold, aus Berlin: **Die Notenbanken in Württemberg** 1876—1900. *München: J. Schweitzer 1903.* (52 S.) 8° [F.]
Heidelberg, Phil. Diss. v. 1903

Breslauer, Ed., Herstellung v. Gussstahl in Masse-Formen. Praktisches Handbuch f. Ingenieure, Meister, Schmelzer u. anderweit. Betriebsbeamte. 8. (VII, 93 S. m. Fig.) Berlin 892. Polytechn. Buchh., A. Seydel. n. 2. —; in Leinw. kart. n. 2. 50

Breslauer, Ed., Kraft- u. Hebemaschinen. Ihre prakt. u. wissenschaftl. Grundlage, gemeinverständlich dargestellt. Mit 1054 Illustr. Lex.-8. (VIII, 929 S.) Leipzig 899. 900. J. J. Arnd. n. 15. —
Erschien auch in 30 Lfgn. à — 50.

Breslauer, Ed., d. Maschinenbau. S. prakt. u. wissenschaftl. Grundlage, gemeinverständl. bearb. (In ca. 40 Lfgn.) 1.—17. Lfg. gr. 8. (XIV u. S. 1—544 m. Abb.) Leipzig 896—898. J. J. Arnd. à — 50

— der Maschinenbau. I. Thl. Meß-Instrumente u. Maschinen-Elemente. Seine prakt. u. wissenschaftliche Grundlage, gemeinverständlich bearb. Mit 1462 Illustr. 18.—30. Lfg. gr. 8. (X u. S. 545—906.) Ebd. 899. à — 50

Breslauer, Ed., der Maschinenbau. (In 50 Lfgn.) 1.—31. Lfg. (1. Bd S. 1—496 u. 2. Bd. S. 1—496 m. Abbildgn.) Lex.-8. Leipzig (905. 906). Verlag des „Maschinenbau". à n. — 50

Breslauer, Ed.: Der Maschinenbau. (2. Afl.) 17—61. Lfg. (1. Bd. 257—797; 2. Bd. 257—911 u. Ergänzgsbd 205 m. Abb.) Lex 8° Lpzg, Verl. d. „Maschinenbau" '06. Je — 50
(Vollst. [30.50] 19.50; in 3 L.-Bdn [40 —] 22 —)
I. Maschinenelemente. (797) 8 —; geb. 9 — || II. Kraftmaschinen m. Anh. Hebemaschinen. (911) 9 —; geb. 10 — || Messinstrumente. (205) 2.50; geb. 3 —

— d. Meß-Instrumente d. Technikers. Ihre prakt. u. wissenschaftl. Grundlage, gemeinverständl. bearb. [Sep.-Ausg. v. „Der Maschinenbau".] gr. 8. (VII, 220 S. m. 229 Abb.) Ebd. 896. n. 3. —

Breslauer, Erich, Assistenzarzt am Fraenkel'schen Hosp.: **Beitrag zur Behandlung der bösartigen Kiefergeschwülste.** *Breslau 1902: Th. Schatzky.* (42 S.) 8°
Breslau, Med. Diss. v. 2. Aug. 1902

Breslauer, Eugen *Ferdinand* [app. Arzt aus Jauer in Schl.]: Ueber die antibacterielle Wirkung der Salben m. bes. Berücks. d. Einflusses d. Constituentien auf d. Desinfectionswerth ... (Aus: Zeitschr. f. Hyg. u. Infectionskrankh., Bd XX.) Leipzig, Veit & C., 1895; 37 S., 1 Bl. 8.
Breslau, Med. Fak., Inaug.-Diss. v. 20. Mai 1895

Breslauer, Heinr., die Zahnheilkunde in Beziehung zur inneren Medicin. Berlin 870. Hirschwald. gr. 8. (VI, 81 S.) n. 20 ngr.

Breslauer, Josephus *(geb. Schildberg in Pos. 16. 3. 1829)*: De miasmatibus & contagiis. Vratislaviae (1855). (32 S.) 8°
Breslau, Med. Diss. v. 24. Febr. 1855

Breslauer, Ludwig [aus Ratibor in Schlesien]: Ist der chronische Gelenkrheumatismus eine Nervenkrankheit? ... Gleiwitz, Druck v. Schönwolff & Proske, 1889; 44 S. + 2 Bl. 8°
Würzburg, Med. Fak., Inaug.-Diss. v. 1889

Breslauer, M., leichtfaßliche u. f. Jedermann verständl. Anweis. z. Gebr. dieses (nachsteh.) Lese- u. Sprachbuches, f. Lehrer u. Eltern. 8. (1½ B.) Breslau 834, (H. Richter.)

— ראשית הקריאה-Hebräisches Lese- u. Sprachbuch nach d. Buchstabir- u. Lautirmethode, durch welche sowohl Knaben als Mädchen in d. Stand gesetzt werden sollen, auf e. sehr leichte Weise u. in sehr kurzer Zeit d. Hebräische u. Jüdisch-Deutsche lesen zu lernen, z. Schul- u. Privat-Unterr. Nebst 2 Anhn., d. Zahlwörter u. Schreibeübungen betreff. (Die Schreibeübungen sind lithogr.) 8. (3 B.) Breslau 834, (H. Richter.) 4 Gr. Mit 2 lith. Wandtafeln. (2½ B., Fol.)

Documente frühen deutschen Lebens. Von Martin **Breslauer** in Berlin. Reihe 1. (Altenburg) 1908: (O. Bonde.) 8° [F.]
(M. Breslauer. Katalog 3.) [08. 1098

Das deutsche Lied geistlich und weltlich bis zum 18ten Jahrhundert. Katalog III von Martin **Breslauer** in Berlin. (Altenburg) 1908: (O. Bonde). (XI, 277–581 S.) 8° [F.]
= **Breslauer**: Documente frühen deutschen Lebens. Reihe 1.
(M. Breslauer. Katalog 3.) [08. 1099

BRESLAUER, Martin. — Das deutsche Lied, Geistlich und weltlich bis zum 18. Jahrhundert. Eine Sammlung alter Liederdrucke z. T. aus dem Besitz des bekannten Hymnologen und Bücherfreundes Karl Biltz. Beschrieben und als Antiquariatskatalog III hrsg. von —. Berlin 1909. 8°. (Mk. 8—.)
314 S., mit annähernd 100 Faksimiles, vier ausführlichen Registers usw. Die Auflage nahezu vergriffen. Preiserhöhung vorbehalten.
Antiquariatskatalog der an Seltenheiten äusserst reichen Büchereien v. Karl Biltz, Mitarbeiter der Norddeutschen Allgemeinen Zeitung. Mit zahlreichen Abbildungen von Liedertiteln, Liederanfängen u. 1 Porträt. Zur Bibliographie von Liedern, Einzeldrucken, Liederbüchern wichtiges Nachschlagematerial.

Breslauer, Martin (Hrsg.), s. Lieder, Zwei, d. Schwäb. Bundes.– Liedlein, Vier kurtzweilige ... – Corona Schröter. –

Breslauer, Max, die chemische Beschaffenheit der Luft in Brandenburg a. H. Ein Beitrag zur Kenntnis der quantitativen Zusammensetzung der atmosphär. Luft. gr. 8. (10 S.) Berlin 886, Grosser. *
Aus: Deutsche Chemiker-Zeitung, besonders abgedruckt.

Breslauer, Max (Hrsg.), s. Chemiker-Zeitung, Deutsche.

Breslauer, Max [aus Berlin]: Ueber die Frage der sogenannten dynamischen Hysteresis ... M. e. Taf. Berlin, Druck v. H. S. Hermann, 1895; 2 Bl., 32 S., 1 Bl., 1 Taf. 8.
Giessen, Phil. Fak., Inaug.-Diss. v. 1895

Das Kreisdiagramm des Drehstrommotors und seine Anwendung auf die Kaskadenschaltung. Von Dr. Max **Breslauer**, Ing., Wien. Mit 24 Fig. u. 2 Tab. *Stuttgart: F. Enke 1903.* (S. 147–236.) 8°
— Sammlung Elektrotechn. Vorträge. Bd 4, H. 4/6. [03. 7619

— einfache Methoden zur Trinkwasser-Untersuchung f. hygienische Zwecke, — chemische Untersuchung der Luft f. hygienische Zwecke, } s.: Sonderabdrücke der Deutschen Medizinal-Zeitung.

Breslauer, S.: Die rechtliche Stellung des Armenanwalts im Civilprocesse ... Leipzig, Druck v. J. B. Hirschfeld, 1894; 39 S. 8.
Rostock, Jur. Fak., Inaug.-Diss. v. [2. Aug.] 1894

Breslauer, S., d. rechtl. Stellung d. Armenanwalts. 894. Jetzt: Tübingen, J. C. B. Mohr.

Breslauer & Meyer, Catalog I. Seltene und werthvolle Bücher des XV., XVI. und XVII. Jahrhunderts ... Manuscripte. Berlin 1898.

Ein Katalog seltener Bücher und Manuscripte. Zur 500. Wiederkehr d. Geburtstages Johann Gutenbergs am 24. Juni 1900 verausgabt von Breslauer u. Meyer, Buchhändlern u. Antiquaren in Berlin. *(Berlin: Breslauer & Meyer 1900.)* (152 S.) 8° [Umschlagt. J.] [00. 8109

Breslauer-Bote, der, e. Volksbl. f. d. gebild. Bürger. Hrsg. v. Mor. Bauschke. 1. u. 2. Jahrg. 1833 u. 34. à 24 Hfte. od. 36 B. Mit Stndr. gr. 4. Breslau, Verlags-Comtoir. à

Breslaur, Emil, Aufgaben-Buch f. den Musikunterricht. Mit den Geburts- u. Sterbetagen unserer Meister u. der Verdeutschg. der wichtigsten musikal. Fremdwörter. Ausg. A u. B. gr. 8. Berlin 893. Rosenthal & Co. à n. — 15
A. Für den Elementarunterricht. 6. Aufl. (20 S.)
B. Für die Mittelstufen. 3. Aufl. (28 S.)

Breslaur, Emil, Aufgaben-Buch f. d. Musikunterricht. Ausg. A. u. B. M. d. Geburts- u. Sterbetagen uns. Meister u. d. Verdeutschg. d. wichtigsten musikal. Fremdwörter. gr. 8. Berlin 895. Rosenthal & Co. à n. — 20
A. F. d. Elementarunterricht. 7. Aufl. (16 S.)
B. F. d. Mittelstufen. 3. Aufl. (24 S.)

Breslaur, Emil, offener Brief an den Redacteur der „conservativen Niederlausitzer Zeitung," als Entgegnung auf dessen Aufsatz: „Die Stellung der Conservativen zu den Juden." Cottbus 862. Heine. 8. (15 S.) 3 ngr.

— Der Fortschritt. Führer durch d. Klavierunterrichts-Litteratur m. bes. Berücksicht. wohlfeiler Musikstücke. 12. (77 S.) Leipzig 897. Breitkopf & Härtel. Kart. n. 1. —

— geistliche Gesänge für Synagoge, Schule u. Haus. Leipzig 863. E. Schäfer. 8. (IV, 15 S.) n. 5 ngr.

— die Luftkurorte „Weisser Hirsch" u. „Oberloschwitz". Lage, Verkehrsmittel, Gasthäuser, Geschäfte u. genaue Beschreibg. v. 40 Spaziergängen u. Ausflügen in der näheren u. entfernteren Umgebung. 12. (67 S.) Berlin 893. N., Oranienburgerstr. 57, Selbstverl. d. Verf. n. — 60

Breslaur, Emil (Hrsg.), s. Klavierlehrer, Der.

— musikalisches Conversations-Lexikon, s.: Schuberth, Jul.

— Melodiebildungslehre auf Grundlage d. harmon. u. rhythm. Elements. gr. 8. (VI, 124 S.) Stuttgart 895. C. Grüninger. n. 2. 40; geb. n. 3. —

Breslaur, Emil, Methodik des Klavier-Unterrichts, in Einzelaufsätzen hrsg. von E. B. gr. 8. (VIII, 496 S. mit vielen Abbild. und erläut. Notenbeispielen.) Berlin 887, Simrock. *

Breslaur, Emil, Methodik des Klavier-Unterrichts in Einzelaufsätzen. Für Lehrer u. Lernende. Mit Abbildgn. u. erläut. Notenbeispielen. 2. Aufl. gr. 8. (VII, 346 S.) Berlin 896. N. Simrock. n. 6. —

— vollständige Notenschreibschule. qu. 4. (VIII, 70 S.) Leipzig (885). Breitkopf & Härtel. Kart. n. 1. —

— Sind originale Synagogen- u. Volks-Melodien b. d. Juden geschichtl. nachweisbar? Vortrag, geh. i. Verein f. jüd. Geschichte u. Litteratur i. Berlin. 12. (76 S.) Leipzig 898. Breitkopf & Härtel. n. 1. —

—— der Stufengang. Führer durch die Klavier-Unterrichts-Litteratur. Ein Verzeichniss von Musikstücken, welche sich beim Unterricht bewährt haben, nach der Schwierigkeit geordnet. 16. (47 S.) Ebendas. 887. *

Breslau's Bauten sowie kunstgewerbliche u. technische Anstalten. Hrsg. vom Architekten- u. Ingenieur-Verein zu Breslau. 8. (32 S.) Breslau 885. Trewendt. n. — 60

Bresler, Arth. L., die Armee der Vereinigten Staaten v. Nord-Amerika. Mit Abbildgn. v. Offizieren u. Soldaten aller Truppengattgn., sowie v. Uniforms- u. Rangabzeichen, Ausrüstungsgegenständen etc. Nebst genauer Beschreibg. der Uniformirg. u. Mittheilgn. üb. Organisation, Stärke, Eintheilg. u. Dislocation der nordamerikan. Armee, sowie der Milizen. 8. (38 S. m. 19 farb. Taf.) Leipzig 891. M. Ruhl. n. 4. —; geb. n. 5. —

Bresler, Arthur L. Die Armee der Vereinigten Staaten von Nord-Amerika. Mit Abbildungen von Offizieren und Soldaten aller Truppengattungen, sowie von Uniforms- und Rangabzeichen, Ausrüstungsgegenständen etc. Nebst genauer Beschreibung der Uniformirung und Mittheilungen über Organisation, Stärke ... Bearbeitet von Arthur L. Bresler ... Leipzig, Verlag von Moritz Ruhl [1892].
38 S.; 19 farb. Taf. 8°.

Bresler, Arth. L., the army of the United States of America. 8. (III, 60 S.) Leipzig 895. M. Ruhl. n. 1. 20

Bresler, Carl Ad. Moritz, s. Nachr. v. d. Leben d. Thom. Batemann.

Bresler, C.A.M. (übers.u.Comm.):

s.: Pemberton, Christie Robert: Praktische Abhandlung über verschiedene Krankheiten der Unterleibsorgane. (A practical Treatise on various diseases of the abdominal viscera. Fourth edition. Dt.) Bonn: 1836

Bresler, Carl Heinr., gesammelte Erzählungen. Mit dem (lith.) Portr. des Verf. Danzig 863. Bertling. 16. (V, 80 S.) 15 ngr.

Bresler, Carl Hnr., die Geschichte der deutschen Reformation. Dem deutschen Volke nach den Urkunden und Schriften der Reformatoren und ihrer Gegner wahr und klar dargestellt. 1.—8. Hft. 12. Danzig 845, 46, Gerhard'sche Buchh. à 1/6 ₰

Bresler, Carl Heinr., die Geschichte d. deutschen Reformation. 9—12. Heft. 12. (2 Bd. IV u. S. 97—427.) Mit 1 Kunstblatt als Prämie. Danzig 847, (Berlin) Gerhard. — 2. (Titel-) Ausg. 2 Bde. in 12 Lfgn. 12. (1: X u. 530 S. 2: IV u. 428 S.) Berlin 850. 51. (Grobe.) (à Lfg. 1/6 ₰) 2 ₰

—— d. Gesch. d. deut. Reformation. 2. Asg. 2 Bde. 12. (958) Berl. 51, Barthol u. Co. 2. —

— Philipp Melanchthon's Leben u. Wirken. Vorlesung gehalten am 18. April 1860. Danzig 862. Kafemann. gr. 8. (31 S.) n. 5 ngr.

Bresler, ..., s. 1) Neujahr-Nacht, die. 2) Oster-Morgen, der.

Bresler, Carl Heinr., drei Predigten. gr. 8. (III und 82 S.) Danzig 860, Kafemann. Thlr.

—— neun Predigten. Hrsg. zur Erinnerung an den Entschlafenen. gr. 8. (VII und 185 S.) Danzig 861(62,) Kafemann. *

—— Sonntagsblatt f. alle Stände, s. Sonntagsblatt.

Bresler, Car. Henr.: Theses theologicae. * Exemplar nicht nachweisbar.
Berlin, Theol. Thes. v. 1821

Bresler, Carl Heinr., Luthers Tod u. Begräbniß, s. Luther.

— Vatum, praesagia et consilia. Germaniae proceribus, demagogis, iuvenibus d. d. d. gr. 8. (20 S.) Gedani 848, Kabus. n. 1/6 ₰

Bresler, Carl Heinrich, s. Weihnachtsabend, Der.

Bresler, C. H., wie betrachtet d. Christ Anfechtungen u. Verfolgungen, die um d. Glaubens willen erduldet werden? Eine Predigt. gr. 8. Naumb. 826. (Berl., Mittler). 4 gl.

Bresler, F[ranciscus]: *De Parmenidis Platonici consilio. 36 Bl. 4° (2°)
Halle-Wittenberg, Phil. Diss. v. 7. April 1856
Geb. [Danzig 16. 2. 1836]

Bresler: Ueber den platonischen Phaedrus. 20 S.
Progr. Danzig 1867.

Bresler, Harry Waldemar, aus Neumarkt (Schlesien):
1. Über die Einwirkung von Diazohydraten auf Oximinoverbindungen. II. Über die Spaltung von nativem Rübeneiweiss mit verdünnter Schwefelsäure.
Freiburg (Schweiz) 1905. 95 S. 8°.
Freiburg i. Schw. Math.-naturw. Diss. 1904/1905.

Bresler, J. G., utrum consecratio nuptialis ad matrimonium sit necessaria. Viteb. 1705. 4.

Bresler, Johs., Alkohol auch in geringen Mengen Gift. Nach öffentl. Vorträgen des Verf. gr. 8. (56 S.) Halle 902. C. Marhold. n. 1. —

Bresler, Johannes: Analyse eines Falles von Melancholie mit Verbigeration und anderen Besonderheiten. *Leipzig (1898): A. Edelmann.* (31 S.) 8° *(Erweiterter Abdruck aus: Neurologisches Centralblatt, 1897.)
Leipzig. Med. Diss. v. 27. Juni 1898

Die pathologische Anschuldigung. Beitrag z. Reform d. § 164 d. Strafgesetzbuchs u. d. § 56 d. Strafprozessordnung. Von Dr. med. Johannes **Bresler**. Halle a. S.: C. Marhold 1907. (42 S.) 8°
= **Grenzfragen**, Juristisch-psychiatrische. Bd 5, H. 8. [07. 13591 3

Bresler, Johs, s: Anstaltsfürsorge, Die, f. körperl., geist., sittl. u. wirtschaftl. Schwache im Deut. Reich, Heil- u. Pflegeanst. f. Psychischkranke. — Grenzfragen, Juristisch-psychiatr. — Heil- u. Pflegeanstalten, Deutsche, f. Psychischkranke in Wort u. Bild.

Bresler, Johs., Erbsyphilis u. Nervensystem. (VI, 141 S.) gr. 8. Leipzig 904. S. Hirzel. n. 2. —

Greisenalter und Criminalität. Von Dr. Johannes **Bresler**, Oberarzt. Halle a. S.: C. Marhold 1907. (58 S.) 8°
= **Grenzfragen**, Juristisch-psychiatrische. Bd 5, H. 2/3. [06. 13019 8

— s.: Grenzfragen, Juristisch-psychiatr.

— s.: Heil- u. Pflegeanstalten, deutsche, f. Psychischkranke in Wort u. Bild.

Ausgewählte Kapitel der Verwaltung öffentlicher Irrenanstalten. Von Oberarzt Dr. Joh. **Bresler**. Halle a. S.: Marhold 1910. 141 S. 8° [10. 9446 3

Bresler, J., Die Rechtspraxis der Ehescheidung bei Geisteskrankheit u. Trunksucht seit Inkrafttreten des bürgerlichen Gesetzbuchs. (53 S.) gr. 8. Halle, C. Marhold. 1903 1. 50.

Religionshygiene. Von Dr. Johannes **Bresler**, Oberarzt. Halle a. S.: C. Marhold 1907. (55 S.) 8° [07. 6918

— Kurzgefasstes Repetitorium d. Psychiatrie. (138) kl8° Ebd. '12. L 2.20 d

— Ruhr, Typhus, Paratyphus sowie Bakterium Koli-Infektion nach neuerer Forschg. Nebst Anh.: Abdruck d. „Ratschläge f. Ärzte bei Typhus u. Ruhr". Bearb. im kais. Gesundheitsamt. (Ausg. '12.) (132) 8° Ebd. '12. 2 —

— Salvarsan, d. Ehrlich-Hatasche Heilmittel, bei syphilit. Nervenkrankh. Zusammenstellg bisher. Erfahrgn. (103) 8° Ebd. '11. 1.80

— die Simulation v. Geistesstörung u. Epilepsie. (239 S.) gr. 8. Ebd. 904. n. 6. —

Die Syphilisbehandlung mit dem Ehrlich-Hata'schen Mittel (Dioxydiamidoarsenobenzol). Zusammenstellung d. bisherigen Erfahrungen. Von Dr. Johannes **Bresler**, Oberarzt. Halle a. S.: Marhold 1910. 30 S. 8° [10. 14333

Die Syphilisbehandlung mit dem Ehrlich-Hata'schen Mittel (Dioxydiamidoarsenobenzol). Zusammenstellung d. bisherigen Erfahrungen. Von Dr. Johannes **Bresler**. 2. bed. verm. Aufl. Halle a. S.: Marhold 1910. 65 S. 8° [10. 15163

Die Syphilisbehandlung mit dem Ehrlich-Hata'schen Mittel (Dioxydiamidoarsenobenzol). Zusammenstellung d. bisherigen Erfahrungen. Von Dr. Johannes **Bresler**. 3., bed. verm. Aufl. Mit d. Bildn. von Ehrlich u. Schaudinn. Halle a. S.: Marhold 1910. 115 S. 8° [11. 4521 3

— Tabakologia medizinalis. Literar. Studie üb. d. Tabak in medizin. Beziehg. 1. Heft: Geistes-, Nerven-, Augen-, Ohren-, Herz- u. Gefässerkrankgn sowie Verdaugsstörgn infolge Tabaksmissbrauchs. (75) gr8° Ebd. '11. 1.50

— wie beginnen Geisteskrankheiten? (56 S.) gr. 8. Halle 905. C. Marhold. n. 1. —

Die Willensfreiheit in moderner theologischer, psychiatrischer und juristischer Bedeutung. Nebst e. Abwehr gegen Oberstaatsanw. P. Von Dr. Joh. **Bresler**, Oberarzt. Halle: C. Marhold 1908. (46 S.) 8° [08. 7164 3

Bresler, J. s.: Wochenschrift, psychiatr.

— s.: Wochenschrift, psychiatrisch-neurologische.

— die wichtigsten landwirtschaftlichen Zahlen u. Tabellen. 1. Hft. Betriebs- u. Ackerbaulehre. (71 S. m. 1 Taf.) gr. 8. Halle 906. C. Marhold. n. 1. 50

— s.: Zeitschrift f. Religionspsychologie.

— Der Zwiesinn. (54) 8° Halle, C Marhold '12. — 75

Bresler, *Moritz,* * Breslau . . . Aug. 1802, † . . . vor 1851.
—— Generis Asparagi historia naturalis atque medica. D. Berolini, typ Nietack. 1826. 8. 1, 46 p.

Breslich, Wilhelm

— u. O. Koepert, Bilder aus dem Tier- u. Pflanzenreiche. Für Schule u. Haus bearb. 1. u. 2. Hft. gr. 8. Altenburg 893. St. Geibel. n. 5. 60
1. Säugetiere. (VIII, 205 S.) n. 2. 60
2. Vögel, Reptilien, Amphibien, Fische. (IV, 244 S.) n. 3. —; geb. n. 3. 80

— — dasselbe. II. Bd. 1. Hft. (3. Hft. des Werkes.) Wirbellose Tiere. gr. 8. (IV, 142 S.) Ebd. 894. n. 1. 80

— u. O. Koepert, Bilder aus d. Tier- u. Pflanzenreiche. F. Schule u. Haus bearb. II. Bd. 2. Hft. (4. Hft. d. Werkes.) Bilder a. d. Pflanzenreiche gr. 8. (VIII, 189 S.) Altenburg 895. St. Geibel. n. 2. 60 (kplt.: n. 10. —; 4 Einbde. in Leinw. à n. — 80; in 2 Leinwbdn. n. 12. —)

Broslich, Wilhelm [Dr.]: Die Hygiene als Teil des naturwissenschaftlichen Unterrichts. Berlin, R. Gaertner, 1892; 34 S. 4.
Berlin, Luisenst. RG, OP 1892 (98)

Breslich, W., Lehrbuch d. Physik u. Chemie, s.: Bachmann, F.

Breslmair Johann: Daniel Stöppes Fabeln.
H. 1909 PN 2754 **Diss.** Wien . . .

Bresnitz von Sydačoff [Autorname] = Bresnitz, Philipp Franz.

Bresnitz v. Sydačoff: Abdul Hamid u. d. Christenverfolggn in d. Türkei. 8° (73) Lpzg 96, F Luckhardt. 1 —
2. Afl. s.: Christenverfolggn.

Bresnitz v. Sydačoff, die panslavistische Agitation u. die südslavische Beweg. in Oesterreich-Ungarn. 2. Aufl. gr. 8. (127 S.) Leipzig 900. F. Luckhardt. n. 1. 50
1. Aufl. (127 S.) Ebd. 899. n. 2. —.

Bresnitz v. Sydačoff, das Balkanproblem u. die Balkandynastien. Intimes vom Balkan u. aus der südslav. Welt. (VII, 100 S.) gr. 8. Leipzig (908). B. Elischer Nachf. 2. —

Bresnitz v. Sydačoff: Off. Briefe an Erzherzog Franz Ferdinand, d. Thronfolger Oesterr.-Ungarns, s.: Stimmen, freie, a. Oesterr.-Ungarn.

— Bulgarien u. d. bulgar. Fürstenhof. Politisch-feuilletonist. Aufzeichngn. (1879—95.) 2. [Umschl.-]Afl. 8° (136) Ebd. 96. 2 —
Die 1. Afl. erschien anonym.

— Die Christenverfolgungen i. d. Türkei unter d. Sultan Abdul Hamid. Aufzeichngn. u. amtl. Quellen. 2. Aufl. gr. 8. (IV, 73 S.) Ebd. 896. n. 1. —
A. u. d. T.: B., Abdul Hamid u. d. Christenverfolggn.

— Die Christenverfolggn in d. Türkei unter d. Sultan Abdul Hamid. 2. Afl. (v. Abdul Hamid u. d. Christenverfolggn). 8° (73) Ebd. 97. 1 —

— Das Ende d. Dynastie Obrenovic. 3. Afl. 8° (121) Ebd. 1900. 2 —
Die 1. u. 2. Afl. erschienen anonym.

— das Ende der Dynastie Obrenovic. 11 Capitel aus der neuesten Hof- u. Staatsgeschichte Serbiens. 3. verm. Aufl. gr. 8. (VIII, 121 S.) Ebd. 900. n. 2. —

— dasselbe, s.a. Ende, das, der Dynastie Obrenovic.

Bresnitz v. Sydačoff, ungekrönte Frauen. Liebesromane v. europ. Fürstenhöfen. 1. u. 2. Bd. (IV, 221 u. III, 216 S.) 8. Leipzig (906.) B. Elischer Nachf. à n. 2. 50

— Aus d. Geheimnissen d. unterird. Russlds. (118) 8° Lpzg, B Elischer Nf. ('05). 2 — d

— Die Geschichte Serbiens vom J. 1868 bis auf den heutigen Tag unter den Königen Milan u. Alexander. Politisch-feuilletonist. Aufzeichngn. (1889—1899). 8. Berlin (899). (Leipzig, O. Gracklauer.) 8. —
1. Fünf Jahre am Hofe des Königs v. Serbien. (III, VI, 125 S.) 1895. — 2. Die Corruption in Serbien. (II, II, 67 S.) 1896. — 3. König Milan u. seine Mission in Serbien. (46 S.) (1898.)

— s.: Jahre, fünf, a. Hofe d. Königs v. Serbien.

— ein halbes Jahrhundert österreichischen Hof- u. Staatslebens. gr. 8. (IV, 104 S.) Leipzig 899. F. Luckhardt. n. 2. —

Ein halbes Jahrhundert österreichischen Hof- und Staatslebens. Von [Philipp Franz] **Bresnitz** v. Sydačoff. 3. verm. Aufl. Leipzig & Berlin: F. Luckhardt 1900. (VII, 126 S.) 8° [J.] [o4. 7707

— Intimes aus dem Reiche Nikolaus II. Politisch-feuilletonist. Aufzeichngn. üb. die Vorgänge am russ. Hofe, in der russ. Gesellschaft u. im Lande. 1.—4. Bd. gr. 8. Ebd. à n. 2. —
1. (IV, 99 S.) 903. — 2. (III, 114 S.) 904. 3. (IV, 101 S.) 905. — 4. (112 S.) 906.

— Intimes aus dem Reiche Nikolaus II. Politisch-feuilletonist. Aufzeichngn. üb. die Vorgänge am russ. Hofe, in der russ. Gesellschaft u. im Lande. 5. Bd. (III, 109 S.) gr. 8. Leipzig 907. B. Elischer Nachf. 2. —

Bresnitz von Sydačoff. Intimes aus dem Reiche Nikolaus II. Politisch-feuilletonistische Aufzeichnungen über die Vorgänge am russischen Hofe, in der russischen Gesellschaft und im Lande. (1.) und 2. Bd. — (1. Bd.) 2. Auflage. 8. Leipzig 1903—1904.

— Die Irredenta — die Achillesferse des Dreibundes, s.: Stimmen, freie, aus Österreich-Ungarn. 2. Bd.

Bresnitz v. Sydačoff: Vom habsburg. Kaiserhof. Österreichs Gegenwart u. Zukunft. (280) 8° Lpzg, B Elischer Nf. ('12). 3.50; L 4.50 d

— König Karl, Rumänien u. d. Rumänen. Politisch-feuilletonist. Aufzeichngn. (1848—1896.) gr. 8. (II, 130 S.) Leipzig 896. F. Luckhardt. n. 2. —

[J.] König Karl, Rumänien und die Rumänen. Politisch-feuilletonistische Aufzeichngn '(1848—1896)' v. Bresnitz v. Sydačoff [d. i. Philipp Franz Bresnitz]. *Berlin & Leipzig: F. Luckhardt 1897.* (1 Bl., II, 130 S.) 1 Bd 8. [98. 8739

[J.] Die Korruption in Serbien. Aufklärgn üb. d. Vorgänge am serbischen Königshof(e), in d. Gesellschaft u. im Lande. Von Bresnitz v. Sydačoff [d. i. Philipp Franz Bresnitz], Vf. d. Broschüre 'Bulgarien u. d. bulg. Fürstenhof'. *Berlin & Leipzig: F. Luckhardt 1896.* (1 Bl., II, 67 S.) 1 Bd 8. [98. 8740

— Aus dem Leben e. Kaiserpaares. Neues vom Petersburger Hofe, s.a. Aus Rußlands jüngster Vergangenheit. 1.

— Aus d. Leben e. Kaiserpaares. Neues v. Petersburger Hofe. 1. u. 2. Bd. gr8° Ebd. je 2 — d
1. Aus Russlds jüngster Vergangenh. (122) '10. ‖ 2. (101) '11.

Bresnitz v. Sydačoff: König Milan u. s. Mission in Serbien. 2. Afl. 8° (46) Lpzg 98, F Luckhardt. 1 —

— Czar Nikolaus II. u. s. Hof. Politisch-feuilletonist. Aufzeichngn. 1. u. 2. Aufl. gr. 8. (à IV, 131 S.) Ebd. 898. n. 2. —

— Czar Nikolaus II. u. sein Hof. Politisch-feuilletonist. Aufzeichngn. 3. u. 4. verm. u. verb. Aufl. gr. 8. (à VI, 169 S.) Ebd. 899. n. 2. 40

— die Polen u. die Mission des Polenklubs im österr. Reichsrathe. 4. Aufl. gr. 8. (76 S.) Ebd. 900. n. 1. —
Die früheren Auflagen erschienen anonym.

— die Polenfrage. Ein Wort zu ihrer Lösung. (III, 79 S.) gr. 8. Ebd. (906.) n. 1. 60

Bresnitz v Sydacoff, Aus dem Reiche Abdul Hamids. Ein offenes Wort üb. die mazedon. Frage u. die türk. Schreckensherrschaft. 2. Aufl. (III, 96 S.) gr. 8. Leipzig, B. Elischer Nachf. 1903 2. —

Bresnitz v. Sydačoff, Aus dem Reiche des Mikado u. die asiatische Gefahr. (III, 87 S.) gr. 8. Leipzig, B. Elischer Nachf. 1904 1. 60.

— die Rose v. Lapowo. Historischer Roman aus Serbiens halbvergangener Zeit. (307 S.) 8. Ebd. (903.) n. 4. —

— Bulgar. Sittenbilder. Mittheilgn. üb. d. Vorgänge a. Hofe d. Fürsten Ferdinand, i. d. bulgar. Gesellschaft u. i. Lande. 1. u. 2. Aufl. gr. 8. (III, 75 S.) Ebd. 897. n. 1. —

— Soll die Türkei getheilt werden? E. Mahnwort an Europa in 12. Stunde. 1.—3. Aufl. gr. 8. (à IV, 71 S.) Ebd. 898. n. 1. —

Aus Rußlands jüngster Vergangenheit. Von Bresnitz v. Sydačoff [d. i. Philipp Franz Bresnitz]. Bd 1. Leipzig: Elischer 1910. 8° [11. 17580

— Die Wahrh. üb. Ungarn. Polit. u. gesellschaftl. Skizzen a. d. neuen u. neuesten Gesch. Ungarns. (122) 8° Lpzg, F Luckhardt '01. 3 — d

Die Wahrheit über Ungarn. Polit. u. gesellschaftl. Skizzen aus d. neuen u. neuesten Geschichte Ungarns von [Philipp Franz] **Bresnitz v.** Sydačoff. 2. Aufl. Berlin & Leipzig: F. Luckhardt 1903. (V, 122 S.) 8° [J.] = Bibliothek, Luckhardt's Zeitgeschichtliche. 4. [o4. 10181

— dasselbe, s.: Luckhardt's zeitgeschichtl. Bibliothek.

— will Rußland die orientalische Frage lösen? Ein Beitrag zur Geheimgeschichte der neuesten Wirren am Balkan, m. Rücksichtnahme auf die Interessen des Deutschen Reiches als Weltmacht. gr. 8. (90 S.) Ebd. 900. n. 1. 20

Bresowsky, M: Ueb. protrahierte Affektschwankgn u. ekno-ische Zustände. [Aus: „Monatsschr. f. Psychiatrie u. Neurol."] (239—289) gr8° Berl., S Karger '12. 2 —

Bressanvido, P. Ildephons da, ausführl. Katechese über die gesammte christkathol. Glaubens-, Sitten- und Tugendlehre. Ein unentbehrl. Handbuch für Prediger u. Katecheten. Aus d. Italien. v. P. Alphons Bellecroche. 1r Bd. in 4 Hften. u. 2r Bd. gr. 8. Augsburg 837. u. 839. Schlosser. (à 5/6 ₰) 1 1/3 ₰

da Bressanvido, P. Ildephons, ausführliche Katechese über die gesammte christkatholische Glaubens-, Sitten- u. Tugendmittellehre. Aus dem Italien. III. 1. 2. IV. 1—4. V. 1. 2. VI. 1. 2. gr. 8. Augsburg 840, 41, Schlosser'sche Buchh. Alle 6 Bände $10^1/_6$ ₰

Bressanvido, P. Ildephons da, ausführl. Katechese über d. gesammte christ-kathol. Glaubens-, Sitten- u. Tugendmittellehre. Ein unentbehrl. Handb. f. Prediger u. Katecheten. Aus dem Italien. Mit einer Vorr. v. Carl Egger. 12 Bde. 2. Aufl. gr. 8. (210 B.) Augsburg 844, 45, Schlosser's Buchh. à Bd. $12^1/_2$ Ngr. fein Pap. à Bd.

Bressanvido, Ildephons da, ausführliche Katechese über die gesammte christkathol. Glaubens-, Sitten- und Tugendmittellehre. Ein unentbehrl. Handbuch für Prediger und Katecheten. Aus dem Italien. Neu bearb. und in das prakt. canisische System gebracht, mit mehreren neuen Bemerkungen begleitet rc. durch Jos. Binsler. Mit einer Vorrede von Carl Egger. 1—12. Bd. 3. Aufl. 8. (L und 2458 S.) Augsburg 852, Schlosser's Buchh. à Bd. $11^1/_4$ Ngr. Thlr.

Bresse, Louis, la France à Vienne. (19 S.) gr. 8. Wien 904. Gerold & Co. n. — 60

Bresse, Louis, la question du français en Autriche. 8. (20 S.) Wien 902. (Gerold & Co.) n. — 40

Bressel, Hans, a. Dahlenwarsleben b. Magdeburg: Ueber das 1 Phenyl-, 3 Methyl-, 4 Amino-, 5 Chlorpyrazol. Rostock 1907: C. Hinstorff. (62 S.) 8°
Rostock, Phil. Fak., Ref. Michaelis, Diss. v. 18. Mai 1907
[Geb. 7. Dez. 80 Dahlenwarsleben; Wohnort: Rostock; Staatsangeh.: Preußen; Vorbildung: Realgymn. Osterode bis Obersekunda O. 99; Studium: Techn. Hochsch. Braunschweig 7, Univ. Rostock 6 S.; Rig. 15. Mai 07.]

Bressel, Max, approb. Arzt: Ueber plötzlichen Tod bei Pleuritis exsudativa infolge von Thrombose der Arteria pulmonalis. *München 1901: M. Ernst.* (40 S.) 8°
München, Med. Diss. v. 1901

Bresselau, M. J., s. Ordnung d. öffentl. Andacht.

v. Bressendorf, Fr., s. Carnot, Anweisung.

Bressensdorf, v.: Ausbildg d. Kavall. im Felddienst, s.: Wenninger.

Bresser, Jos.: Frühblumen. Lieder v. Wonne u. Weh. (116) kl8° Duisbg, J Ewich '11. L 2.50 d

Breßl, J. B., s. Baiern. Eine constitutionelle Flugschrift.

Bresslau, Ernst, approb. Arzt: Beiträge zur Entwicklungsgeschichte der Mammarorgane bei den Beutelthieren. *Stuttgart: E. Nägele 1901.* (S. 261—317.) 8° ¶ (Aus: Zeitschrift f. Morphol. u. Anthropol., Bd 4.)
Strassburg, Med. Diss. v. 1901

Bresslau, Ernst: Die Entwickelg d. Mammarapparates d. Monotremen, Marsupialier u. einiger Placentalier, s: Denkschriften d. medicin.-naturwissenschaftl. Gesellsch. zu Jena.

— s: Wörterbuch, Zoologisches.

Bresslau, Harry (Hrsg.), s. Actenstücke zur Geschichte Joseph August du Cros'.

Bresslau, Harry, Actenstücke zur Geschichte Joseph August du Cros', eines abenteuernden Diplomaten aus dem Ende des 17. Jahrh. gr. 4. (36 S.) Berlin 875, Weidmann'sche Buchh. *

Bresslau, Harry, Actenstücke zur Geschichte Joseph August du Cros', e. abenteuernden Diplomaten aus dem Ende d. 17. Jahrh. gr. 4. (36 S.) Berlin 876. Weidmann. n. 1. 60

Bresslau, Harry, s.: Archiv f. Urkundenforschung.

Bresslau, Harry, Aufgaben mittelalterlicher Quellenforschung. Rede, zum Antritt des Rektorats der Kaiser-Wilhelms-Universität Strassburg geh. (30 S.) gr. 8. Strassburg 904. J. H. E. Heitz. n. 1. —

—— Diplomata centum in usum scholarum diplomaticarum ed. et annotationibus illustr. gr. 8. (XII, 215 S.) Berlin 872, Weidmann'sche Buchh. *

Breßlau, Harry, Joseph August Du Cros, s. Taschenbuch, historisches.

—— und Siegfr. Isaacsohn, der Fall zweier preussischen Minister, des Oberpräsidenten Eberhard v. Danckelmann 1697 und des Grosskanzlers C. J. M. v. Fürst 1779. Studien zur brandenburgisch-preuss. Geschichte. gr. 8. (96 S.) Berlin 878, Weidmann'sche Buchh. *

Bresslau, Harry. Handbuch der Urkundenlehre f. Deutschland u. Italien. 1. Bd. 2 Hälften. gr. 8. Lpz. 889, 90, Veit u. Comp. [1. Hälfte. (S. 1—480.) * 9 —; 2. Hälfte. (XXIV, S. 481—992.) * 11 —.] * 20 —

— Handb. d. Urkdnlehre f. Deutschld u. Italien. I. Bd. 2. Afl. (18, 746) gr8° Lpzg, Veit & Co. '12. 18 —; HF 21 —

—— s. Hirsch, Siegfr., Jahrbücher des deutschen Reichs unter Heinrich II.

— Jahrbücher des Deutschen Reichs, s.: Jahrbücher der deutschen Geschichte.

Breßlau, Harry, Jahrbücher des deutschen Reichs unter Konrad II. 1. Bd. 1024—1031. Auf Veranlassung Sr. Maj. des Königs von Bayern hrsg. durch die histor. Commission bei der königl. Akademie der Wissenschaften. gr. 8. (XII, 491 S.) Leipzig 879. Duncker & Humblot. n. 12. —

Breßlau, Harry, Jahrbücher d. Deutschen Reichs unter Konrad II. 2. Bd. 1032—1039. Auf Veranlassg. Sr. Maj. d. Königs v. Bayern hrsg. durch die histor. Commission bei der königl. Akademie der Wissenschaften. gr. 8. (XI, 603 S.) Leipzig 884. Duncker & Humblot. n. 13. 60 (cplt.: n. 25. 60)

— Das 1000jähr. Jubiläum d. deut. Selbständigk., s: Schriften d. wissenschaftl. Gesellsch. in Strassburg.

— zur Judenfrage. Sendschreiben an Hrn. Heinrich von Treitschke. 1. u. 2., mit einem Nachwort verm. Aufl. gr. 8. (31 S.) Berlin 880. Dümmler's Verl. n. — 50

Bresslau, H, d. Kanzlei Kaiser Konrads II. 8. (167) Berl. 69, Adolf & Co. n. 1. —

Bresslau, Harry, Kanzleigebühren unter Heinrich VI. (1191). gr. 8. (S. 239—247.) Strassburg 901. K. J. Trübner. n.n. — 50
Sonderabdruck aus: „Strassb. Festschrift z. 46. Versammlg. deutscher Philologen u. Schulmänner".

—— die Kassettenbriefe der Königin Maria Stuart, s. Taschenbuch, historisches.

Bresslau, H., s. Pflugk-Harttung, Jul. v.

— Quellen u. Methodik d. roman. Philol., s.: Schum. W.

— s.: Urkunden, die, der deutschen Könige u. Kaiser.

Bresslau, Hermann [Stefan Siegfried], a. Berlin: Dirichlets Satz von der arithmetischen Reihe für den Körper der dritten Einheitswurzeln. Straßburg i. E. 1907: C. u. J. Goeller. (53 S.) 8°
Straßburg, Math.-naturwiss. Fak., Ref. Weber, Diss. v. 25. Febr. 1907
[Geb. 20. Okt. 83 Berlin; Wohnort: Straßburg i. E.; Staatsangeh.: Preußen u. Elsaß-Lothringen; Vorbildung: Protest. Gymn. Straßburg Reife M. 01; Studium: Straßburg 2, Techn. Hochsch. Darmstadt 5, Univ. Straßburg 4 S.]

Bressler, E., Barock, s.: Baumann, L.

Bressler, Emil (Hrsg.), s. Neubauten u. Concurrenzen in Österreich-Ungarn.

Breßler, Hans Wilh. Karl Graf von

v. Breßler, Graf, die socialen Fragen u. ihre Beantwortung. Leichtfaßlich bearb. für den Bürger u. Landmann. 8. (39 S.) Berlin 849, Schneider & Co. 3 ⸗

Maurer-Gruss zum neuen Jahre, in alter Anhänglichkeit den Brüdern dargebracht vom [Hans Wilh. Karl] Grafen v. Bressler. Hirschberg o. J.: Krahn. 18 S. 8⁰ [Umschlagtit.]
Tt. 1476. Üb. die Lehren Jesu u. die Mysterien der christlichen Religion.

—— die Nothwendigkeit und Heiligkeit des Absolutismus. Ein Morgengruß. Lex.-8. (18 S.) Berlin 850, Schneider und Comp.

Breßler, Graf, Joseph von Radowitz und das Gewissen. Ein mahnend Wort. Als Manuscript gedruckt. (Hirschberg, C. W. Krahn, 1850.) 32 S. 8⁰.

Breßler, Heimann

—— und J. Jacobson, Analekten d. speziellen Pathologie etc. s. Analekten.

— s. Graves, R. J., klinische Beobachtungen.

Bressler, H(eimann) (Übers.):

s.: Hall, Marshall: Ueber Blutentziehung. (Researches principally relative to the morbid and curative effects of the loss of blood. Dt.) Berlin: 1837

Breßler, Heimann (Hirschberg/Schles.), Antimonii ejusque praeparatorum officinalium historia. Diss. med. Bln. (A. Petsch) 9. II. 1828. 36 S. m. Lit. u. Biogr. (M.: E. Liepmann.) (4.50) 4025
Oppon.: H. Heutzfeld, H. Friedeberg, S. Simson.

Bressler, H., die Kinderkrankheiten, nach d. neuesten u. bewährtesten Forschungen deutsch., franz. u. englischer Aerzte. Systemat. bearb. 4 Lfgn. gr. 8. (40 B.) Berlin 842, Hayn. Thlr.

Bressler, H(eimann): Die Krankheiten des Gehirns und der äussern Kopfbedeckungen, nach Andral, Bouillaud, Breschet, Martinet und Duchatelet, Lallemand, Rochoux, Rostan, Abercrombie, Copland, Stokes, Fuchs, Schönlein u.A. in systematischer Ordnung dargestellt. 452 S., gbd., Tab.

Berlin: Voss 1839
(Bressler, H.: Die Krankheiten des Kopfes und der Sinnesorgane. Bd 1)

Bressler, H., die Krankheiten d. Gehörorgans, nach Deleau, Itard, Saissy, Curtis, Saunders, Beck, Kramer u. A. in systemat. Ordn. dargest. gr. 8. (8⅛ B.) Berlin 840, Voss'sche Buchh.

Bressler, H(eimann): Die Krankheiten des Kopfes und der Sinnesorgane. Nach den neuesten und bewährtesten Forschungen deutscher, französischer und englischer Ärzte systematisch bearbeitet.

Berlin: Voss
Bd 1: Die Krankheiten des Gehirns und der äussern Kopfbedeckungen. 1839
Bd 2: Die Krankheiten des Seh- und Gehörorgans. 1840
Bd 3: Die Krankheiten der Nasen- und Mundhöhle, der Zähne und des Gesichts. 1840

Bressler, H., die Krankheiten des Kopfes und der Sinnesorgane. Nach den neuesten u. bewährt. Mittheilungen deutscher, französ. und englischer Aerzte, systematisch bearbeitet. (Neue Ausg. in 12 Heften. — 1. bis 4. Hft., oder 1. Bd.) gr. 8. Berlin 841, Voß'sche Buchh. 2 ⸗ß

Bressler, H(eimann): Die Krankheiten der Nasen- und Mundhöhle, der Zähne und des Gesichts, nach Deschamps, Cloquet, Weinhold, Billard, Dugès, Bretonneau, Guersent, Lélut, Valleix, Maury, Marjolin, Gall Nessel, Alibert, Rayer, Biett, Green u.A. in systematischer Ordnung dargestellt. 492 S., gbd.

Berlin: Voss 1840
(Bressler, H.: Die Krankheiten des Kopfes und der Sinnesorgane. Bd 3)

Bressler, H(eimann): Die Krankheiten des Seh- und Gehörorgans, nach v. Ammon, Beer, Benedict, Fischer, Jüngken, Rosas, Schmidt, Weller, Sanson, Sichel, Mackenzie, Deleau, Itard, Saissy, Curtis, Saunders, Beck, Kramer u.A. in systematischer Ordnung dargestellt. 426 S., gbd.

Berlin: Voss 1840
(Bressler, H.: Die Krankheiten des Kopfes und der Sinnesorgane. Bd 2)

Bressler, H., die Krankheiten d. Unterleibes. Nach d. neuesten u. bewährt. Mittheiln. deutsch., französ. u. engl. Aerzte systemat. bearb. 3 Bde. gr. 8. Berlin, Voss'sche Buchh. Thlr.
A. u. d. Ttln.:
Bd. 1. Die Krankheiten d. Magens u. Darmkanals. (6 Lfgn.) (60 B.) 840, 41. 4 Thlr.
- 2. Die Krankheiten d. Leber, Milz u. Bauch-Speicheldrüse. (2 Lfgn.) (19 B.) 841. 1 Thlr. 8 Gr.
- 3. Die Krankheiten d. uropoëtischen u. innern Sexualorgane. (4 Lfgn.) (38 B.) 842. 2 Thlr. 16 Gr.

Bressler, H(eimann) (Übers.):

s.: Warren, John C(ollins): Praktische Bemerkungen über Diagnose und Kur der Geschwülste. Ergebnisse einer 40jährigen Erfahrung. (Surgical Observations on tumours. Dt.) Berlin: 1839

Breßler, Heinrich Christian

— **Heinrich Christian** (Sondershausen), De jurisprudentia symbolica. Diss. jur. Präs. Joh. Tobias Hoffmann. Jena (Müller) 11. X. 1726. 72 S. (6.—) 4026

Bressler, Herm., die Stellung der deutschen Universitäten zum Baseler Konzil und ihr Anteil an der Reformbewegung in Deutschland während des 15. Jahrh. gr 8. (88 S.) Leipzig 885, Fock. *

Bressler Robert: Das Baukreditgeschäft und seine Durchführung. 20. Prag. Hand. Ak. 03. Progr.

Bressol, der Gräfin v., Begeb. u. Reis. üb. Meer. 8. Breslau. 744.

Bresson, C., ausführl. Elementarlehrbuch der Mechanik in ihrer Anwendung auf die Physik, Künste und Gewerbe. Deutsch von C. H. Schnuse. In 4 Bden. 1. Bd. Mechanik fester Körper. Mit 18 Figuren-Tafeln in Fol. Lex.-8. Darmstadt 843, Leske. 4 ⸗ß

Bresson, Carl, Lehrbuch d. Mechanik in ihrer Anwendung auf d. physischen Wissenschaften, die Künste u. Gewerbe. Aus dem Französ. 1—7. Lfg. gr. 4. (20½ B. u. 19 Kpfrt. in Fol.) Leipzig, 842—46, Polet. [1—6. Lfg. à ⅓ Thlr., 7. Lfg. 12 Ngr.]

Bresson C.: Lehrbuch d. Mechanik in ihrer Anwendung auf die phys. Wissenschaften, die Künste u. Gewerbe. Aus d. Franz. Leipz. 1847. 211 S. 18 Tvl. 4⁰.

Bresson, C., Lehrbuch der Mechanik in ihrer Anwendung auf die physikalischen Wissenschaften, die Künste u. Gewerbe. Frei nach dem Französ. bearb. Mit 1 Atlas 20 Kpfrtaf. umfassend. 2. umgearb. Aufl. Leipzig 864. W. Baensch. 4. (IV, 196 S.) n. 3 ℛ 10 ngr.

Brest, Vinz., Abh. v. d. Gebr. d. Mercurii in vener. Krankh. 8. Breslau, Haude. 747.

Brest Litowsk, s.: Europa. Uebersichtskarte.

Brestnich, C. F. A., Vorübungen zum Kartenzeichnen, s.: Straube, J.

Brestovin, Caspar Gottlob (Sohland/Laus.), Lucubrationes de eo quod praeceptores decet circa sua scholariumque temperamenta rite dignoscenda. Lpz. (Langenheim) 1737. 32 S. (5.—) 4027

— — Dasselbe. Von der Schul-Lehrer Pflicht ihrer Untergebenen Gemüths-Neigungen zu erforschen. (5.—) 4028

— — Meletema quinque diversos novi foederis doctorum ordines sistens occasione dicti Paulini ex Eph. IV. comm. II. desumti. Quo insimul duumviris Christian Weise, Christoph Wolle de obtentis in theolog. summis honoribus gratul. Lpz. (Langenheim) 1741. 16 S. (3.—) 4029

Brestowski, A., die neueren u. neuesten Arzneimittel, ihre Zusammensetzung, Darstellung, Eigenschaften, Anwendung u. Dosirung. Nach den neuesten Quellen bearb. 12. (VIII, 455 S.) Leipzig 891. H. Haessel. n. 6. —; geb. in Leinw. n. 7. —

— dasselbe. 2., m. e. Anh. verm. Ausg. 12. (V, 547 S.) Ebd. 892. n. 7. —; geb. in Halbleinw. n. 8. —

Brestowski, A, d. neueren u. neuesten Arzneimittel, ihre Zusammensetzg, Darstellg, Eigenschaften, Anwendg u. Dosirung. 12° (455) Lpzg 91, H Haessel. 6 —; geb. in Lnw. 7 — || 2. Asg. (547) 93. 7 —; geb. in Hblnw. 8 —

Brestowski, A., s.: Bibliothek der gesammten medicinischen Wissenschaften.

Brestowski, A., Flores sulfuris. Pharmaceutische Schwefelblüthen, das sind schweflige Blüthen pharmaceut. Humors. Gesammelt u. bearb. f. brave Heilkünstler aller Art. 8. (IV, 182 S.) Wien 889. Perles. n. 2. 40

— s.: Handwörterbuch d. Pharmacie.

BRESTOWSKI, A.
Pharmakologie und Toxikologie mit Beiträgen von C. Arnold, H. Gottlieb, U. Mosso, A. F. W. Schimper und Andere. Teschen, 1894. Roy. 8vo.

Brestowski, A. (Hrsg.), s. Presse, Pharmaceutische.

Brestowski, Arth. Leo, s.: Rundschau, pharmaceut.

Brestrich, A., Rechenfibel od. Uebgn. im Zahlenkreise v. 1—100. 1. Stufe: Zahlenkreis v. 1—20. a) 1—10. b) 1—20. 2. Stufe: Zahlenkreis v. 1—100. a) Addiren u. Subtrahiren. b) Multipliciren u. Dividiren. 8. (32 S.) Berlin 873. Oehmigke's Verl. n. — 30

Brestrich, A., Rechenfibel oder Uebungen im Zahlenkreise von 1—100. 2 Stufen. 2.—22. Aufl. 8. (32 S.) Berlin 874—79, Oehmigke's Verlag. *
Inhalt:
Stufe 1. Zahlenkreis von 1—20. a) 1—10. b) 1—20.
„ 2. Zahlenkreis von 1—100. a) Addiren und Subtrahiren. b) Multipliciren und Dividiren.

Brestrich, A, Rechenfibel od. Uebgn im Zahlenkreise v. 1—100. 2. Afl. 8. (32) Berl. 80, Oehmigke's V. n. — 30

Brestrich, A., Rechenfibel oder Uebungen im Zahlenkreise von 1—100. 23.—32. Ster.-Aufl. 8. (32 S.) Berlin 880—84, Oehmigke's Verlag. *

Brestrich, A., Rechenfibel od. Uebungen in Zahlenkreise von 1—100. 35. Ster.-Aufl. 8. (32 S.) Berlin 885. Oehmigke's Verl. n. — 30

Brestrich, A., Rechenfibel oder Uebungen im Zahlenkreise von 1—100. 33.—37. Ster.-Aufl. 8. (32 S.) Berlin 885—88, Oehmigke's Verlag. *

Brestrich, A. Rechenfibel, oder Uebungen im Zahlenkreise von 1—100. 37. u. 38. Ster.-Aufl. 8, (32 S.) Berl. 890,91, Oehmigke's Verlag. * — 30

Brestrich, A., Rechenfibel od. Uebungen im Zahlenkreise von 1—100. 39. Aufl. 8. (32 S.) Berlin 893. L. Oehmigke's Verl. n.n. — 30

Brestrich, A., Rechenfibel od. Uebungn. im Zahlenkreise v. 1—100. I. Stufe: Zahlenkreis v. 1—20. a) 1—10. b) 1—20. II. Stufe: Zahlenkreis v. 1—100. a) Addiren u. Subtrahiren. b) Multipliciren u. Dividiren. 40. Ster.-Aufl. 8. (32 S.) Berlin 898. L. Oehmigke's Verl. n. — 30

Bret, oeuvres de Molière, av. des remarques grammaticales etc. VI. Vol. av. fig. 8. Strasb. Treuttel et W.

Leben der Madem. Ninon von Lenclos. Aus d. Französ. des Herrn *B**** (d. i. *A. Bret*) übersetzt. Mit Portr., gest. v. Sysang. Leipzig, In der Weidmannischen Handlung, 1754. 8°. (4 Mk. 50 Pfg. E. Frensdorff, 1907; 5 Mk. Adolf Weigel, 1906; 8 Mk., Orig.-Br., unbeschn., O. Rauthe, Berlin, 1908.)
125 S. (incl. Tit. u. 4 Bll. Zuschr. des mit *B**** unterz. Vf. an Herrn Lant*** de Damm***). Fehlt im Anon.-Lex. Orig. (in Wolfenb.): Mémoires sur la vie, de mlle Lenclos, Par M. B****. [A. Bret.] Amsterdam, Et se vend a Paris Chez Rollin fils, Bauche fils, 1751. 12°. Avec portrait. (10 Mk. 50 Pfg., etwas papierfl., Edm. Meyer, Berlin, 1907.) u. öfter.

Bret, mémoires et lettres de Mademoiselle de Lenclos, s.: Bibliothèque classique intéressante.

Bret, J., Entwurf zu einem Altar, s.: Studien aus der Specialschule von Th. R. v. Hansen.

le Bret, Johann Friedrich

le Bret, Jh. Fr., († d. 6. April 1807.) acta ecclesiae graecae annorum 1762 et 63 sive de schemate recentissimo in ecclesia graeca subnato. 8. Stuttg. 763. Metzler. 5 gr

Bret, J. F. le, Acta ecclesiae graecae annorum 1762 et 63. sive de schismate recentissimo in ecclesia graeca subnato. 8. Stuttgard, Metzler. 764.

le Bret, Dr., s. Ausland, das.

le Bret, Johann Friedrich, s. Bericht wegen Verfassung.

le **Bret**, ..., Erzählungen seiner Leiden u. Drangsale im Inquisitionsgerichte zu Lissabon. 8. Leipz. 796. Köhler. 16 gr

Bret's, Le, Erzählung seiner ausgestandenen Leiden und Drangsale in dem Inquisitionsgericht zu Portugall, aus dem Franz. 8. Madrit. (Leipzig) 796. (Köhler). 20 sgl.

le Bret, Johann Friedrich, s. Geschichte d. Bulle in Coena Domini.

le Bret, Jh. Fr., Geschichte v. Italien. 9 Thle., s. Welthistorie, allgem., 40r bis 46r Bd. u. Auss. im Ausz. 21r—27r Thl.

Le Bret, Johann Friedrich, herzogl. württembergischer erster Bibliothekar und öffentl. ordentl. Lehrer der Geschichte. Geschichte von Italien und allen allda gegründeten älteren und neueren Staaten. Aus ächten Quellen geschöpft mit Landcharten und Kupfern. (9 Bde.) 4. Halle 1778—1787.

le Bret, Johann Friedrich, s. Giannone, Gesch.

le Bret, Jh. Fr., Magazin zum Gebrauch der Staaten- u. Kirchengeschichte. 10 Thle. Mit Register. gr. 8. Ulm 771—87. Stettinsche Buchh. $15^1/_3$ ₰ jetzt 4 ₰

Bret, J. F. le, de suspectis rel. christ. commendandi modis. Tub. 1788. 4.

le Bret, Johann Friedrich, s. Napoleon

le Bret, Johann Friedrich, s. Samml. d. Schriften wegen Aufhebung.

le Bret, Johann Friedr., s. Samml. aller Schriften, welche in d. Streitigkeit d. Röm. Hofs . . . . .

Le Bret, Johann Friedrich. Staatsgeschichte der Republik Venedig, von ihrem Ursprunge bis auf unsere Zeiten, in welchem zwar der Text des Herrn Abtes l'Augier zum Grunde gelegt, seine Fehler aber verbessert, die Begebenheiten bestimmter und aus echten Quellen vorgetragen etc. Mit Kupfern. (4 Bde.) 4. Leipzig und Riga 1769—1777.

— Staatsgeschichte d. Republ. Venedig. 3 Thle u. Register. gr. 4. Riga 769—77. Hartknoch. 16 ₰

Bret, J. F. le, Vorles. üb. die Statistik. 2 Thle. Stuttg. Metzler. 783—85. (à 1 Rthlr.)

le Bret, Johann Friedr., s. Wölfe, Die entlarvten.

Bret Siegfried: Die Salomo Legende in der mohammedanischen und jüdischen Literatur.
H. 1901 PN 1406 Diss. Wien, Univ.

Bret Harte, s. a. Harte, Bret.

Bret Harte, die Argonauten-Geschichten, spanischen u. amerikanischen Sagen u. Stadt-Charakterskizzen. 3 Bde. gr. 8. (VIII, 298, IV, 282 u. 250 S.) Leipzig 873—75. Grunow. à n. 4. 50

Bret Harte, Thankful Blossom, s. a. Universal-Bibliothek.

— Thankful Blossom. Eine Liebesgeschichte aus dem Jahre 1779. Autoris. deutsche Ausg. 8. (188 S.) Berlin 877. Abenheim. n. 1. 50

Bret Harte, Thankful Blossom. Eine Liebesgesch. a. d. J. 1779. 8. (188) Stuttg. 79, Abenheim. n. 1. 50

Bret Harte, Thankful Blossom and other tales, s.: Collection of british authors.

Bret Harte, in the Carquinez woods, s.: Asher's collection of English authors.

— Gabriel Conroy, s.: Collection of brit. authors.

— Gabriel Conroy. Roman. Aus dem Engl. 8. (364 S. m. Portr. d. Verf. in Holzschn.) Berlin 876. Janke. 1. 50

— dasselbe. Deutsch v. Udo Brachvogel. Einzige autoris. Uebersetzg. 3 Bde. 8. (312, 366 u. XVI, 255 S.) Stuttgart 876. Hallberger. à n. 3. —

—— dass., s.: Lese-Cabinet, neues belletr. — Novellisten, amerikan. — Roman-Bibliothek, transatlant. — Universal-Bibliothek.

Bret Harte, Cressy,
— the crusade of the „Excelsior", } s.: Collection of British authors.

Bret Harte: Adrift from Redwood Camp, s. Collection of British authors.

— drift from two shores, s.: Collection of british authors.

— die Erbin von Red Dog u. andere Erzählungen. gr. 16. (161 S.) Berlin 879. Abenheim. n. 1. —

— ausgewählte Erzählungen. Deutsch v. A. Mürenberg u. P. Heichen. 3. Aufl. gr. 8. (199 S.) Berlin 890. Lüstenöder. n. 1. 50

—— fünf neue Erzählgn. Deutsch v. Heichen-Abenheim. 8. (110) Stuttg. 77, Abenheim. n. 1. —

— californische Erzählungen, s.: Universal-Bibliothek.

— Flip and other stories, s.: Collection of british authors.

— Roger Catron's Freund u. andere Erzählungen. gr. 16. (152 S.) Berlin 879. Abenheim. n. 1. —

Bret Harte: Captain Jim's friend and the Argonauts of north liberty, s. Collection of British authors.

— on the frontier, s.: Collection of British authors.

— das Geheimniß von Dead-Wood u. andere Erzählungen. gr. 16. (154 S.) Berlin 879. Abenheim. n. 1. —

— die Geschichte einer Mine, s.: Haus-Bibliothek.

— dasselbe. s.: Universal-Bibliothek.

— ein Gespenst der Sierras u. andere Erzählungen. Deutsch von A. Passow. 16. (137 S.) Berlin 878. Abenheim. n. 1. —

— von der Grenze, s.: Engelhorn's allgemeine Roman-Bibliothek.

— das Heidenkind u. andere Erzählungen. 16. (151 S.) Ebend. 878. n. 1. —

— an heiress of red dog and other sketches, s.: Collection of british authors.

Bret Harte: The heritage of Dedlow Marsh, s. Collection of British authors.

— Idyls of the foothills, s.: Collection of brit. authors.

— Jeff Briggs's love story and other tales, s.: Collection of british authors.

— die beiden Männer von Sandy-Bar, s.: Universal-Bibliothek.

— Maruja, s.: Collection of British authors.

— Maruja, s.: Engelhorn's allgemeine Roman-Bibliothek.

— two men of Sandy Bar, s.: Collection of british authors.

Bret Harte: A millionaire of Rough-and-Ready, s. Collection of British authors.

— e. Millionair v. Rough-and-Ready, s.: Roman-Bibliothek der Deutschen Illustrirten Zeitung.

— die Mine in der Teufelsschlucht. Eine californische Erzählung. In's Deutsche übertragen von Heichen-Abenheim. 1. u. 2. Aufl. 8. (251 S.) Berlin 878. Abenheim. n. 2. —

—— californische Novellen. Uebersetzt von Wilh. Hertzberg. gr. 16. (X, 130 S.) Leipzig 873, Quandt und Händel. *

— neueste Novellen, 1882—1883, übers. v. Bettina Wirth. Vom Verf. autoris. Ausg. 8. (III, 230 S.) Leipzig 883. Breitkopf & Härtel. n. 3. —; geb. n. 4. —

Bret Harte: A Phyllis of the Sierras, s. Collection of British authors.

— prose a. poetry, s.: Collection of brit. authors.

— eine Sage aus Sammtstadt u. andere Erzählungen. 16. (170 S.) Ebend. 879. n. 1. —

— aus meinem Seeräuberleben u. andere Erzählungen. 16. (141 S.) Ebend. 878. n. 1. —

— by shore and sedge, s.: Collection of British authors.

Bret Harte: Snow-Bound at Eagle's and Devil's Ford, s. Collection of British authors.

— the story of a mine. s.: Collection of brit. authors.

— Baby Sylvester u. andere Erzählungen. 16. (124 S.) Berlin 878. Abenheim. n. 1. —

— tales of the Argonauts, s. a. Library, english.

— tales of the Argonauts. Students' Tauchnitz edition. Mit deutschen Erklärgn. v. G. Tanger. gr. 8. (XII, 173 S.) Leipzig 886. B. Tauchnitz. n. 1. 40; cart. n. 1. 50

— the Twins of Table Mountain, s.: Collection of british authors.

Bret Harte: A waif of the plains, s. Collection of British authors.

Bret Harte's Lebensbild, s.: Brachvogel, U.

Bretag, Anna, Klein Lisbeths Geschichte, s.: Hosianna Nr. 6.

Bretagne, Petrus de, Clavis Davidica seu compendiosus ad s. Scripturam apparatus; exponuntur s. Scripturae origo, antiquitas, sensus, auctoritas, divinitas, canones etc.; explicantur editiones variae orientales, Hebraicae, Syriacae, Arabicae, Graecae, Septuaginta, Latinae, Vulgatae, polyglotta etc. München, Remi, 1718, 8°, 325 S.

Bretagne, Petrus de, Tractatus de excellentia musicae antiquae Hebraeorum et eorum instrumentis musicis ex sacra Scriptura, ss. patribus et antiquis auctoribus illustratus cum figuris. München, 1718, 8°. M. Riedl (J. J. Remy) 100 S.

Brête, Jean de la, mein Pfarrer u. mein Onkel, s.: Engelhorn's allgemeine Roman-Bibliothek.

Breter, A., der schönste Weihnachtsbaum, s. Schmidt's, Ferd., deutsche Jugend-Bibliothek.

Breternitz, Bertram

Breternitz, B., Einführung in die Praxis der doppelten Buchführung. s.: Hesse, Emil.

Breternitz, B: Einführg in d. Praxis d. kaufmänn. Korrespondenz. — Formulare f. d. Unterr. in d. kaufmänn. Korrespondenz, s: Hesse, Emil.

Rundschrift für den Schul- & Selbstunterricht bearb. von B[ertram] Breternitz. *Magdeburg: Creutz [1900].* (36 S.) quer-4° [Umschlagt.] [01. 5093 3

Rundschrift für den Schul- und Selbstunterricht bearb. von B[ertram] Breternitz, Lehrer. 2. Aufl. *Magdeburg: Creutz [1903].* (36 S.) quer-2° [03. ...]

Rundschrift für den Schul- und Selbstunterricht, bearb. von B[ertram] Breternitz. 4. Aufl. Magdeburg: Creutz [1906]. (36 S.) quer-8° [07. ...]

— Rundschrift, f. den Schul- u. Selbstunterricht bearb. 4. Aufl. (36 S.) 21×27 cm. Magdeburg (907). Creutz. — 60

— Schönschreibheft f. kaufmännische Fortbildungsschulen (Handels- u. Fachschulen). Ein prakt. Lehrgang in deutscher u. latein. Schrift. (32 S.) Lex. 8. Ebd. (908.) — 60

Bretfeld, Franz Joseph von

Brettfeld, histor. Darstell. sämmtl. Landtage in Böhmen. 1r Bd. 8. Prag, Schönfeld. 808.

Bretfeld, Fr. J. Frhr., histor. Darstellung sämmtl. von den ältesten Zeiten bis zu d. J. 1627 abgehalt. Böhm. Landtage. gr. 8. Wien 810. (Wimmer). 1 ₰ 12 gl

— Gallerie d. merkwürd. Erfinder älterer u. neuerer Zeiten, in alphabet. Ordnung nach ihrem Geistesprodukte gereiht. 8. Wien 810. (Wimmer). 1 ₰ 12 gl

— Umriß e. kurzen Geschichte d. Leitmeritzer Bisthums im Königr. Böhmen, nebst e. genealog. Denkwürdigkeiten über d. Alter u. d. Verdienste d. Böhm. Familie Chlumczansky v. Przestawlk. Mit 2 Kpft. 8. Wien 811. (Wimmer). 20 gl

BRETFELD, Heinrich Frhr. v.: Über Vernarbung und Blattfall. - Berlin 1879. 30 S. - Phil. Diss. Univ. Leipzig 1879

Bretfeld, Heinr. Frhr. v., das Versuchswesen auf dem Gebiete der Pflanzenphysiologie m. Bezug auf die Landwirthschaft. Mit 21 in den Text gedr. Holzschn. gr. 8. (VIII, 264 S.) Berlin 884. Springer. n. 6. —

— über Werthschätzung d. Rübensaat. [Aus: „Landw. Jahrbb."] gr. 8. (38 S.) Berlin 884. Parey. n. 1. 50

Bretfeld, K., s. Jh. Andr. Scherer, Prüfung.

Breth, Chn. Gottfr. (Schmiedeberg/Schles.), Diss. philos. qua inquiritur an, et quatenus voluntas hominis possit cogi? Präs. Chn. Weber. Halle (Joh. Friedr. Grunert) Aug. 1751. 40 Seiten. (4.80) 4030

Breth Egon: Der Stoff der Gewinnung der Braut mittels eines fliegenden Pferdes.
1910 PN 2966 Diss. Innsbruck, Univ.

Brethauer, Otto. Aus meiner Mappe; Ernstes u Launiges. NY, n. d.

Brethfeld, Max, vom Kinderspielzeug, s.: Flugschrift des Dürer-Bundes zur Ausdrucks-Kultur. 71.

Bretholz, Berth., s.: Codex diplomaticus et epistolaris Moraviae.

— Zur Geschichte der Kaiserlichen Akademie der Wissenschaften in Wien. Ein Gutachten des Grafen Kaspar von Sternberg, Präsidenten der böhmischen Gesellschaft der Wissenschaften in Prag, über den Gründungsplan vom 18. März 1837. S. 176 8 . . . . —.60

Bretholz, Bertold: Gesch. Böhmens u. Mährens bis z. Aussterben d. Premysliden (1306). (10, 550) gr8° Münch., Duncker & H. '12. 14 —; geb. 16 —

— Gesch. d. Stadt Brünn. I. Bd. Bis 1411. (15, 445 m. 9 [4 farb.] Taf.) Lex8° Brünn, (C Winiker) '11. nn 8 —; Ldr nn 20 —

Bretholz, Berthold, Geschichte Mährens. Hrsg. vom Landes-Ausschuss der Markgrafsch. Mähren. 1. Bd. 1. Abth. (Bis 906.) gr. 8. (XII u. S. 1—120.) Brünn 893. (C. Winiker.) n.n. 2. —

Bretholz, Berthold, Geschichte Mährens. 1. Bd. 2. Abth. (Bis 1197.) Hrsg. v. Landes-Ausschuß d. Markgrafsch. Mähren. gr. 8. (XIII—XVIII u. S. 121—360.) Brünn 895. (C. Winiker.) n.n. 3. 60 (I, 1. u. 2.: n.n. 5. 60)

Bretholz, Bertold, das mährische Landesarchiv. Seine Geschichte, seine Bestände. Hrsg. vom Landesausschusse der Markgrafsch. Mähren. (IX, 161 S. m. 15 Taf.) Lex. 8. Brünn 908. (C. Winiker). nn 10. —

— s: Libri citationum et sententiarum.

— Mähren u. d. Reich Herzog Boleslavs II. v. Böhmen. [Aus: „Archiv f. österr. Geschichte".] Lex.-8. (44 S.) Wien 895. (C. Gerold's Sohn.) n. 1. —

— Latein. Paläogr., s: Grundriss d. Geschichtswiss.

Bretholz Berthold: Ueber die Quellen des Quintus Curtius Rufus. Diss. Wien, Univ.
1884 PN 373

BRETHOLZ, B.
(F) Die Pfarrkirche St. Jakob in Brünn von Dr. B Bretholz. Herausgegeben vom Gemeinderathe der Landeshauptstadt Brünn. Brünn. 1901. [In Comm. Winiker.] 4°. IX, 206 S. mit 22 Tafeln Rohrer K 8.—

— die Ubergabe Mährens an Herzog Albrecht V. v. Österreich im J. 1423. (Beiträge zur Geschichte der Husitenkriege in Mähren.) [Aus: „Archiv f. österr. Geschichte".] Lex.-8. (101 S.) Wien 893. (F. Tempsky.) n. 2. —

— Urkunden, Briefe u. Actenstücke z. Geschichte d. Belagerung d. Stadt Brünn durch d. Schweden in d. J. 1643 u. 1645. Hrsg. v. d. histor.-statist. Section d. k. k. mähr. Gesellschaft z. Beförderg. d. Landwirtschaft, d. Natur- u. Landeskunde anlässl. ihrer 250-jähr. Erinnerungsfeier. gr. 8. (XVII, 143 S.) Brünn 895. (C. Winiker.) n. 2. —

— d. Vertheidigungskampf d. Stadt Brünn gegen d. Schweden 1645. Hrsg. v. Gemeinderathe d. Landeshauptstadt Brünn. 2. Aufl. gr. 4. (X, 86 S. m. Abb. u. 10 Taf.) Brünn 895. R. M. Rohrer. n. 4. —

— s.: Weltgeschichte.

Bretholz, Uscher [aus Stanislau '(Galiz.)']: Über unbekannte und wenig bekannte polnische Dichter des XVII. Jahrhunderts. I. Th. ... Krakau, Druck v. J. Fischer. — Verl. d. Vfs, 1897; 2 Bl., 97 S., 2 Bl. 8.
Breslau, Phil. Fak., Inaug.-Diss. v. 22. Juli 1897

Bretholz, Uscher, Üb. unbekannte u. wenig bekannte poln. Dichter d. XVII. Jahrh. 1. Thl. Diss. gr. 8. (97 S.) Breslau 897. (Schletter.) n. 2. —

Bretnitz, Friedrich Salomo (Nebra/Th.), Observationum juris criminalis spec. I. Präs. Friedr. Aug. Fischer. Wittbg. (Gerdes) April 1767. 30 S., tlws. dtsch. (4.80) 4031

Bretnitz, Caspar Johann (Nebra/Th.), De eo, quod circa sacram coenam justum est. Präs. Nic. Christoph Lyncker (Kötschau & Fluhrstätt). Jena (Gg. H. Müller) Juli 1690. 58 Bl., tlws. dtsch. (6.50) 4032
Gew.: Johann Mosdorff (Naumburg).

— — Dasselbe. Ed. II. Jena (J. J. Bauhofer). O. Widm. (6.50) 4033

— — Dasselbe. Ed. III. (Müller) (6.50) 4034

— — Dasselbe. 1734. (6.50) 4035

Breton, Afrika, oder Sitten u. Gebräuche 2c. Aegypten, oder Sitten u. Gebräuche. Rußland, oder Sitten u. Gebräuche, s. Miniaturgemälde.

Breton, Afrika, oder Sitten und Gebräuche. 2c. s. Africa.

— — Aegypten, oder Sitten und Gebräuche 2c. s. Aegypten.

Breton, Bibliothèque historique à l'usage des jeunes gens etc. II années en 24 Vol. Paris, Schoell. (à 6 Rthlr. 12 gr.)

Breton, Bibliothèque historique à l'usage des jeunes gens etc. III années en Vol. XXV—XXXVI. 18. Paris, Schöll. 811

— Histoire de l'ancienne Grèce, jusqu'à la conquête de ce pays par les Romains etc. orné de cartes et figures. 18 Vol. 18. ibid.
(Dieses Werk macht die anderthalb ersten Jahrgänge der vorstehenden Biblioth. historique aus.)

— Histoire de la république Romaine etc. orné de figur. 6 Vol. 8. ibid.
(Dieses Werk macht die 2te Hälfte des 2ten Jahrg. d. obenstehend. Biblioth. histor. aus.)

— — Rußland, oder Sitten und Gebräuche 2c. s. Rußland. — s. Miniaturgemälde

Breton, Ernst, die Baudenkmäler aller Völker, s. Baudenkmäler.

(Breton). — Die Baudenkmäler aller Völker der Erde in getreuen Abbildungen dargestellt und mit Hindeutung auf ihre Entstehung, Bestimmung und geschichtliche Bedeutung geschildert. Nach der 2. Ausg. von Ernst Breton's Monumens de tous les peuples, herausg. von Heinr. Berghaus. Mit vielen Illustr. im Text u. 150 Blatten (Holzschn.) in Tondruck. 2. (Titel-) Ausg. 2 Bde. Brüssel 853, 54. Muquardt. 4. (2 Bl., 284; 2 Bl., 242 S.) n. 12 ℳ

Breton, Ludwig, Natura et indoles potestatis ecclesiasticae principum in Germania ex mente instrumenti Caesareo — Suecici et praes. art 5 § 48 jus dioecesanum etc. Halle (Hendel) 1779. 46 S. (5.—) 4036
Gew.: Jos. Carl Maxim. v. Fürst u. Kupferberg, Frh. Wolfg. Ferd. v. Doernberg.

Breton, Raymond, dictionnaire Caraibe-Français. Réimprimé par Jules Platzmann. Édition fac-simile. 12. (XVIII, 480 S.) Leipzig 892. B. G. Teubner. n. 20. —

Breton, Raymond, dictionnaire français-caraibe. Réimprimé par Jules Platzmann. Ed. fac-simile. 12. (415 S.) Leipzig 900. [B. G. Teubner.] O. Harrassowitz. n. 20. —; ermäss. Pr. n. 12. —
Dictionnaire caraibe-français, jetzt Ebd. 892. Ermäss. Pr. n. 10.—

Breton, Thomas, die Liebenden v. Teruel. Romantische Oper in 1 Vorspiele u. 4 Acten. Aus dem Span. übers. v. Frdr. Adler. Textbuch. 8. (43 S.) Wien 891. A. W. Künast. n. — 80

Breton, W., Essai sur la poésie philosophique en Grèce: Xenophane, Parménide, Empédocle. Gel. 1882. 267 S. 5.—

Breton de los Herreros, Don Manuel, a Madrid me vuelvo, s.: Sammlung beliebter spanischer Lust- u. Schauspiele etc.

Breton de los Herreros, M., la independencia, s.: Bibliothek, spanische.

Breton de los Herreros, M., la independencia, s. Teatro español moderno.

Breton de los Herreros, M., la independencia, s. Theater, modernes spanisches.

Breton de los Herreros, Don Manuel, ein weiblicher Don Juan, deutsch v. Johs. Fastenrath, s. a. Universal-Bibliothek.

Ein weiblicher Don Juan. Lustspiel in 1 Aufz. nach d. Spanischen des Manuel Breton de los Herreros von Johannes Fastenrath. Soufflierbuch. Leipzig: Reclam jun. [1900]. 30 S. 8°
(Universal-Bibliothek. 4056.)
Log. 13771 5

Bretón de los Herreros, Don Manuel, Lustspiele. Deutsch v. Johs. Fastenrath. 8. (XXXI, 253 S.) Dresden 897. C. Reißner. n. 3.—

Breton de los Herreros, Marcela, s. Theater, modernes spanisches.

Breton de los Herreros. zwei Schwestern, s.: Dorer, E.

Bretonne, Nicolas Edme Retif de la

BRETONNE, s.a. Rétif de la Bretonne.

— neue pros. Erzähll. u. Schauspiele. 2 Thle. 8. Berl. 785. Voß. 1 ₰ 20 gr

Bretonne, Retif de la, neue prosaische Erzähl. u. Schausp. 2 Thle. 8. Berlin, Voß. 786.

— das verführte Landmädchen, od. die Gefahren d. Stadt, aus d. Französ. 4 Thle. 8. Libau 786. Friedrich. 2 ₰ 16 gr

— Leben meines Vaters; aus d. Französ. (v. W. C. S. Mylius). 2 Thle. 8. Berl. 780. Voß. 1 ₰

— Pariser Nächte. 3 Thle. 8. Hamb. 789 u. 790. (Campe). 2 ₰ 20 gr

— Tableaux de la bonne compagnie etc. II Vol. av. pl. Paris. (Leipz. Sommer)

— Tableaux de la vie, ou les moeurs du 18. Siècle. II Vol. av. fig 8. Leipzig, Sommer.

— Unschuld u. Gefahr; aus d. Französ. (v. Chr. A. Wichmann). 8. Bresl. 780. J. F. Korn. 16 gr

— die Väterschule; aus d. Französ. 3 Thle. 8. Berl. 781. Voß. 1 ₰ 16 gr

de la Bretonne, N. Edmé Retif, d. Zeitgenossinnen. 11 Bde. Aus d. Französ. (1r—4r v. W. C. S. Mylius). 8. (Königsb.) 781—85. Unzer. 9 ₰ 4 gr

Bretonneau, François

Bretonneau, Frz., sämmtl. Predigten f. den Advent, die Fasten u. auf d. Feste uns. Herrn. Aus d. Französ. 7 Thle. 8. Augsb. 767. Veith. 6 ₰

Bretonneau, F., sämmtl. Predigt. a. d. Frz. 7 Thle. 8. Augsb. Veith. 769.

Brettoneau, Frz. (Jesuit, Herausgeber Bossuet's), sämmtl. Reden übers. 7 Thle. gr. 8. Augsb. 1768—69. (Mey 8 fl.) L. Stahel in W. 2 Thlr. — 3 fl. 36 kr.

Bretsch L.: Ueber Influenza — Leberbrustseuche — d. Pferde u. ihre Behandlung nach neueren Grundsätzen. Wriezen. a. O. (1862). 14 S. P.

Bretsch, L., über Influenza — Leberbrustseuche — der Pferde und ihre Behandlung nach neueren Grundsätzen. Wriezen 863. Köhler. 8. (14 S.) n. 5 ngr.

Bretsch, L., über Kolik der Pferde und deren Behandlung nach neueren Grundsätzen. 8. (15 S.) Wriezen 861, (Köhler.) *

— über Kolik der Pferde und deren Behandlung nach neueren Grundsätzen. Ebend. 862. 8. (15 S.) n. 5 ngr.

Bretscher, **K.** [von Zürich]: Beitrag zur Kenntnis der Oligochaetenfauna der Schweiz. Genève 1899. 58 S. 8°. (Sep.-Abdr. aus Revue Suisse de zoologie T. 6 1899, p. 369—426.)
Zürich. Phil. Diss. II. S. 1898/99.

Bretscher. Konrad [in Zürich]: Anleitung zum Bestimmen der Wirbeltiere Mitteleuropas. Mit einem Vorwort von Prof. Dr. Arnold Lang. Mit 71 Figuren. Zürich 1904. 136 S. 8°.
Zürich. Phil. Hab.-Schr. 1903/1904.

Bretscher, Konr., Anleitung zum Bestimmen der Wirbeltiere Mitteleuropas. Mit e. Vorwort v. Arnold Lang. (VIII, 136 S. m. 71 Fig.) 8. Zürich 904. A. Raustein. n. 2. 60; geb. in Leinw. n. 3.—

Bretscher, K: Die Deszendenztheorie u. d. soz. Probleme, s: Humboldt-Bibliothek.

Zur Geschichte des Wolfes in der Schweiz. Von Dr. K[onrad] **Bretscher**, Privatd. Mit 1 Taf. u. 4 Ill. Zürich: Fäsi & Beer in Komm. 1906. (39 S.) 4° — **Neujahrsblatt** d. Naturforsch. Gesellschaft in Zürich. St. 108. [06. 1060

Bretschneidero, Viro magnifico ac summum venerando, ... gratvlantvr Gymnasii illvstris Gothani doctores. Gothae 1841. V: *Wüstemann, Ernst Friedrich.* (ABJP)

Viro **Carl Gottlieb Bretschneider** praeceptores scholarum triv. dioec. Annaemont. Annaberg (Hasper) 1808. 4 S. (3.50) 4038

Bretschneider, Senatspräs. Carl Osc., Nekrolog auf ihn, s.: Eglofsstein, G. J. Ch. C. Frhr. v. u. zu.

Am Grabe unsers Freundes und Lehrers Herrn M. **Johann Gottfried Bretschneider.** Lpz. (Friedr. Richter) 15. VIII. 1813. 4 S. (4.—) 4044

Bretschneider, Dr., als Vertheidiger des normativen Ansehens der Bibel, s. Röhr.

Bretschneider A.: Blattfallkrankheit d. Linden. Wien 1910. 2 S. (Sætr.). P.

Bretschneider, Ad., Diss. de aegro occasione mali melancholico-hypochondriaci. Erf. 4°. 1705

Bretschneider, Alfred, Medizinalprakt.: Thermische und nervöse Einflüsse auf die Blutzusammensetzung mit einer kritischen Beleuchtung des Begriffes der Neurasthenie. München 1908: Kastner & Callwey. 45 S. 8°
München, Med. Diss. v. 3. Febr. 1909, Ref. v. Bauer
[Geb. 7. Okt. 84 Metz; Wohnort: Metz; Staatsangeh.: Elsaß-Lothringen; Vorbildung: Gymn. Metz Reife Juli 02; Studium: Straßburg 2, Berlin 3, Straßburg 1, München 4 S.; Coll. 3. Febr. 09; Approb. 31. Dez. 08.] [U 09. 3293

Bretschneider's, Andr., neues Modellbuch 1619. Neu hrsg. m. Vorwort v. P. Jessen. qu. Fol. (46 Fcsm.-Reproduktionen in Photolith. u. 5 S. Text.) Berlin 892. E. Wasmuth. In Leinw. kart. n. 20.—

Bretschneider, Arth., das sechste Gebot. Drama in 4 Aufzügen. (93 S.) kl. 8. Leipzig 907. Verlag f. Literatur, Kunst u. Musik. 2.—

Verzeichnis der evangelischen Pfarrstellen, Kirchen u. Kapellen, d. Kirchenpatrone, sowie der im Amt befindl. evang. Geistlichen d. Prov. Pommern. Nach amtl. Quellen zsgest. u. hrsg. von A[ugust] **Bretschneider**, Konsist.Sekr. 1. Ausg. Stettin: Selbstverl. 1907. (VIII, 288 S.) 8° [F.] [07. 10734

Bretschneider, C., hat die alte evangelische Kirche Schlesiens auch innere Mission getrieben u. in welchem Umfang ist dies geschehen? Ein Beitrag zur Geschichte des religiösen u. kirchlichen Lebens unserer Vorfahren. Neusalz a. O. 864. (Grünberg, Weiß.) gr. 8. (VIII, 176 S.) n. 12½ ngr.

BRETSCHNEIDER, C.: Kurze Replik auf die Zinckische Schrift: "Kriecht die Waldraupe im Herbst oder im Frühjahr aus? und was ist in Absicht ihrer Vertilgung von Vögeln zu erwarten?" - Lobenstein ca. 1794. 64 S.

Bretschneider, C. A., s. Bretschneider, Karl Anton

Bretschneider, C. G., s. Bretschneider, Karl Gottlieb

Bretschneider, Curt, Medizinalprakt.: Aus d. Prosektur d. städt. Krankenh. r. I. ⟨Prosektor: Oberndorfer.⟩ Knochenneubildung und Knochenzerstörung bei sekundärer [!] Carcinome des Skeletts. München 1906: Wolf. 33 S. 8°
München, Med. Diss. v. 13. Mai 1907, Ref. v. Bollinger
[Geb. 7. Nov. 80 Lichtenberg, Sachsen: Wohnort: München; Staatsangeh.: Sachsen; Vorbildung: Gymn. Freiberg Reife O. 01; Studium: Erlangen 4, München 6 S.; Coll. 13. Mai 07; Approb. 30. April 07.] [U 10. 3489

Bretschneider, E., die Pekinger Ebene und das benachbarte Gebirgsland, s. Mittheilungen aus J. Perthes' geograph. Anstalt.

Bretschneider, E., die Pekinger Ebene u. das benachbarte Gebirgsland, s.: Petermann's Mittheilungen aus J. Perthes' geograph. Anstalt.

Bretschneider, E., u. Ulbrich, A., Festschrift zur 50jähr. Jubelfeier des Nossener Turnvereins, Nossen 1899, 80 S., Gr.-8°.

Bretschneider, E., Heimatkunde v. Limbach u. Umgegend. Mit 16 Abbildgn., 1 Stadtplane u. 1 Karte der Umgegend. gr. 8. (47 S.) Limbach 887. (Stoll.) n.n. — 85

Bretschneider, E: Map of China and the surrounding regions. To illustrate the author's „History of botanical discoveries in China". 1:1,125,000. 2. ed. 4 Bl. à 30×35 cm. Farbdr. St. Petersbg 1900. (Wien, Artaria & Co.) nn 8 —

— dass. Supplementary maps: I. Part of northern Chili. II. The mountains west of Peking. III. Mid China and the Yangtze River. In 2 sheets, A and B. IV. The great rivers of the Canton province. V. Parts of Yunnan province. 6 Bl. à 36×48 cm. Farbdr. Ebd. 08. nn 8 —

Bretschneider, Ernst, Referendar: Das modifizierte Akzept nach Art. 22 der deutschen Wechselordnung. Borna-Leipzig 1909: Noske. VIII, 68 S. 8°
Leipzig, Jur. Diss. v. 22. Nov. 1909
[Geb. 16. Dez. 80 Aue-Zelle; Wohnort: Zwickau i. S.; Staatsangeh.: Sachsen; Vorbildung: Gymn. Schneeberg Reife O. 02; Studium: Leipzig 4, Freiburg i. B. 1, Leipzig 4 S.; Rig. 11. Juli 06.] [U 10. 2670

Bretschneider, F. Ed. (Resp.): Diss. sistens descriptionem tentorii cerebelli ossei..., s. B o n z e l i u s, J.B. (Praes.)

Bretschneider, Fried. Ferd. (Jena), Comm. I de generatione crustae sic dictae inflammatoriae secundum mentem Hewsoni viris G. G. Detharding et Fried. Aug. Greß soc. med. disput. Präs. Christ. Gottfried Gruner gratul. Jena (Mauk) 1788. 15 S. (4.—) 4039

— — Quasdam observationes de morbis venereis larvatis. Diss. med. Jena (Mauk) 12. XI. 1789. 32 S. (4.50) 4040
Gew.: Werner Dethard Motz (Bremen), Beat. Gottlieb Bretschneider.

Bretschneider, H. (Hrsg.), s. J a n u s.

Bretschneider, Hans: Die Kürnbergliteratur. Eine kritische Musterung. Crossen a. O. 1908: Zeidler. 81 S. 8°
Würzburg. Phil. Diss. v. 18. Sept. 1908. Ref. Brenner
[Geb. 19. April 70 Berlin; Wohnort: Crossen; Staatsangeh.: Preußen; Vorbildung: Köln. Gymn. Berlin Reife O. 97; Studium: Berlin 11 S.; Rig. 13. Juli 08.] [U 09. 4154

Bretschneider, Heinr. Gottfr., s. A l m a n a c h der Heiligen auf das Jahr 1788.

Bretschneider, Heinrich Gottfried von, s. A n k ü n d i g u n g u. Probe . E. Ausg. d. Rabelais.

Bretschneider, Heinrich Gottfried von, s. B e i t r r . z. Gesch. geh. Gesellschaften.

Bretschneider, Heinrich Gottfried von, s. C a t a l o g u s libror. rar.

Bretschneider, Heinr. Gfried. v., Denkwürdigkeiten aus seinem Leben, s. Linger, Karl Friedr.

Bretschneider, Heinr. Gottfried von, s. E s a u, Graf.

Bretschneider, Heinrich Gottfried von, s. F a b e l n, Romanzen u. Sinngedichte.

Bretschneider, Heinrich Gottfried von, s.a. F a m i l i e n g e s c h i c h t e u. Abenteuer Ferd. v. Thon.

[BRETSCHNEIDER, GOTTFRIED HEINRICH]. Familiengeschichte und Abentheuer Juncker Ferdinands v. Thon. 2 Theile. Nürnberg, bey G. N. Raspe, 1775—76. *Mit 2 Frontispizen, 1 gestoch. Titel u. 1 Titelvign.* IV, 272; IV, 272 & 1 Bl. Neue Hlwdbde. m. Ecken. 120.—
G. V, 545, 3. H.-G. II. 231 (zählt insges. 5 Kupfer, 2 Titelvign. u. 1 Holzschnitt).

Bretschneider, Heinrich Gottfried von, s.a. M o r d g e s c h i c h t e, E. entsetzliche.

Eine entsetzliche Mordgeschichte von dem jungen Werther wie sich derselbe den 21. Dezember 1776 durch einen Pistolenschuß eigenmächtig ums Leben gebracht, auch den Alten fast nützlich zu lesen. Im Thon: Hört zu, ihr lieben Christen. (Verfasst von *Heinr. Gottfr. v. Bretschneider.*) O. O. 1776. 8°. 14 S. „Das Stück kostet 2 Kreutzer; ist ja nur geringes Geld."
Goedeke IV, 654, 24, wo auch die folgenden Rara.
— — Dasselbe, N e u d r u c k, in: Blätter f. litt. Unterhaltung 1851, S. 1052.
Berl. Litt. Wochenblatt 6. April 1776. — Leipzig. Almanach d. dtsch. Musen f. 1777.
— — Dasselbe. P r i v a t d r u c k, in nur 99 Expll. hergestellt. Leipzig 1910. 8°. (5 Mk. Ludw. Stark, München, 1912.)

Bretschneider, H.G.v. (Hrsg.), s. M u s e n a l m a n a c h, Lemberger.

PAPILLOTEN. (Scherze und Satyren von *Heinr. Gottfried v. Bretschneider.*) Frankfurt und Leipzig 1769. 8°. (3 Mk. 50 Pfg. K. Th. Völcker, Frf. a. M., 1876.)
Anon.-Lex. III. p. 254 (nach Meusel, Kayser, Wurzbach).
U. a.: Anacreons unserer Zeit. — Etwas weniges von der Freundschaft. — Hexen. — etc.
Dass. s.a.: P a p i l l o t e n .

PARODIEN (von *Heinr. Gottfr. v. Bretschneider*). O. O. 1785.
Anon.-Lex. III. p. 257 (nach Meusel). — Selten!

Reise des [Heinr. Gottfr.] v. Bretschneider nach London und Paris, nebst Auszügen aus seinen Briefen an Fr[iedr.] Nicolai. Hrsg. von L[eop.] F[riedr.] G[ünther] v. Göckingk. Berlin u. Stettin: Nicolai 1817. XII, 324 S. 8°
Kl. 2079. Selten. Enthält auch auf die Frmrei bezüglichen Stellen.

Bretschneider, Heinrich Gottfried von, s. R e l i g i o n mit philosoph. Augen betrachtet.

Bretschneider, Heinrich Gottfried von, s. R e c e n s i o n d. Büsching. Schriften.

THEODOR (von *Heinr. Gottfr. v. Bretschneider*). Wien (17??).
Anon.-Lex. IV. p. 167 (nach Wurzbach). — Sehr rar!

Bretschneider, Heinrich Gottfried von, s.a. W a l l e r ' s Leben.

WALLERS, Georg, Leben und Sitten, wahrhaft — oder doch wahrscheinlich — beschrieben von ihm selbst. (Verf.: *Heinr. Gottfried v. Bretschneider*, geb. 1739 zu Gera, † 1810 zu Wien.) Mit Titelvignette (Affe an der Kette). Kölln, bey Peter Hammer (Berlin, C. A. Nicolai Sohn) 1793. 8°. X—400 S. (12 Mk., Hfz., Bernh. Liebisch, Lpz., 1907; 5 Mk. F. Waldau, Fürstenwalde, 1909.)
W. im goldenen Hute zu Leipzig; W. lernt in Wien Etikette; W. als Freymaurer, Adept, Herrnhuter etc. Ebeling III, 584.
— — Dasselbe. Ebd. 1797. 8°. (3 Mk. Leo Liepmannssohn, Berlin, 1906; 5 Mk. Taussig, Prag, 1907.)
— — Dasselbe. N e u e A u s g a b e. Ebd. (Leipzig, Sommer) 1808. 8°. X u. 400 S. (4 Mk. 50 Pfg. Adolf Weigel, 1906.)

Bretschneider, *Hermann* Auswahl und Betrieb der französischen Lektüre an Realschulen. 4 (20 S.).
Progr. Rsch. m. Prg. *Rochlitz* 1886

Bretschneider, (Hermann): Die Besetzung und Benutzung der französischen Eisenbahnen 1870/71. (Festrede zum Geburtst. S. M. d. Königs.) *Rochlitz 1902: M. Bode.* (S. 24—28.) 4° [F.]
Rochlitz i. S., st. R m. PG, P 1902 (646)

— de Phalsbourg à Marseille, s. a. Prosateurs modernes.

—— De Phalsbourg à Marseille. Aventures de deux enfants, bearb. nach G. Bruno's [Mme Alfr. Fouillée] „Le tour de la France". 8. (III, 135 S.) Wolfenbüttel. 892, Zwissler. * — 80
cart. * 1 —

Bretschneider, Herm., la France. Premier livre de lecture à l'usage des écoles secondaires, accompagné d'un choix de thèmes en textes suivis. gr. 8. (XII, 259 S.) Altenburg 882. Pierer. n. 2. —

Bretschneider, H., Franco-Anglia. Sammlung französ. u. engl. Dichtgn. in deutschen Versen, als method. Hilfsbuch beim Sprachunterricht hrsg. 8. (X, 194 S.) Rochlitz 885. Bretsch. n. 2. —

— praktische Grammatik der englischen Sprache, nebst zahlreichen Muster- und Übungsbeispielen. gr. 8. (XII, 543 S.) Wolfenbüttel 885. Zwißler. n. 3. —

Bretschneider, H., praktische Grammatik der englischen Sprache, nebst zahlr. Musterbeispielen. 2., verb. Aufl. gr. 8. (VIII, 272 S.) Wolfenbüttel 890. Zwißler. n. 1. 50

— Übungsbuch zur Grammatik der englischen Sprache. gr. 8. (60 S.) Wolfenbüttel 890. Zwißler. n. — 50

Bretschneider, H, engl. Grammatik. Schlüssel z. Übungsbuch. 8° (40) Wolfenb. 90, J Zwissler. — 50

Bretschneider, H., l'Histoire de France depuis 1328 jusqu'en 1871, s.: Prosateurs modernes. 20. Bd.

Bretschneider, Hermann: Histoire de la Guerre franco-Allemande, s. Niox, G.

Bretschneider, Herm., Franz Wisbachers Leben u. Dichten. Vortrag, geh. am 15. XII. 1899 im Dresdner pädagog. Verein. 8. (16 S.) Leipzig 900. (Salzburg, H. Dieter.) n. — 20
Sonderabdruck aus: „Sächs. Schulztg."

—— Lectures et exercices français. Französisches Lese- u. Übungsbuch f. Real- u. Handelslehr-Anstalten, sowie höhere Bürgerschulen. 2 Tle. gr. 8. Berl., Wiegandt u. Schotte. [1. Tl. 1. u. 2. Aufl. (VII, 72 S.) 889. * — 80; 2. Tl. (VIII, 224 S. m. 1 Karte.) 892. * 2 50.] * 3 30

Bretschneider, H. Lectures et exercices français. Wörterbuch I. 8. (36 S.) Ebd. 889. * — 20

Bretschneider, H: „Lectures et exercices franç." Guide du maître. Aufgaben, Anmerkgn u. Lösgn. 8° (88) Berl. 91. Carlsh., H Friedrich. 1.20

— lectures et exercices français. Französisches Lese- u. Übungsbuch f. Real- u. Handelslehr-Anstalten, sowie höhere Bürgerschulen. 2. Tl. gr. 8. (VIII, 224 S. m. 1 Karte.) Berlin 891. K. G. Wiegandt. n. 2. 50
(1. u. 2.: n. 3. 30)

— dasselbe. Ausg. B. f. Mädchenschulen u. Pensionate. gr. 8. (VIII, 197 S. m. 1 Karte.) Ebd. 900.
Geb. in Leinw. n. 2. 40

— dasselbe. Ausg. B. Beiheft. gr. 8. (43 S.) Ebd. 900. n. — 30

— dasselbe. Vocabulaire. gr. 8. (63 S.) Ebd. 900. n. — 40

Bretschneider, H., lectures et exercices français. Französisches Lese- u. Übungsbuch f. Real- u. Handelslehr-Anstalten, sowie höhere Bürgerschulen. 1. Tl. 3. Aufl. gr. 8. (VIII, 88 S.) Carlshorst-Berlin 901. H. Friedrich. n. — 80

— Lectures et exercices franç. Französ. Lese- u. Ubgsb. f. Real- u. Handelslehr-Anst., sowie höh. Bürgersch. 1. Tl. 3. Afl. (88) 8° Carlsh.-Berl. '01. Krimmitschau, R Wöpke. — 80

Bretschneider, H., Lectures et exercices français. Französisches Lese- u. Übungsbuch. 2 Tle. gr. 8. Leipzig 905. Weinheim, F. Ackermann. 2.80; geb. 3.60
I. Für Real- u. Handelslehranstalten, sowie höh. Bürgerschulen. 4. Aufl. (VIII, 88 S.) — 80; geb. 1. 10
II. Für die Mittelklassen höherer Lehranstalten. 2. Aufl. m. Karte v. Frankreich u. Plan v. Paris. (IX, 202 S.) 2.—; geb. 2.50; vocabulaire. (65 S.) 906. — 40

— dasselbe. Ausg. B f. Mädchenschulen u. Pensionate. 2. Aufl. (VIII, 197 u. 43 S.) gr. 8. Ebd. 906. Geb. 2. 50

Bretschneider, Herm., englisches Lesebuch für Real- und höhere Bürgerschulen, nebst Wörterbuch mit Aussprachebezeichnung. gr. 8. (IX, 344 S. mit 1 lithogr. Karte.) Hannover 879, Hahn'sche Buchh.

Bretschneider, Herm., Lesebuch f. das zweite Schuljahr. 8. (107 S.) Leipzig 874. Wöller. n. — 40

Bretschneider, Herm., erstes Schuljahr im Lese-, Schreib- und Rechenunterricht. 8. (92 S. mit eingedr. Holzschn.) Leipzig 872, Wöller. geb. *

— kurzgefaßte französische Synonymik m. erläuternden Satzbeispielen. 8. (35 S.) Leipzig 892. Renger. n. — 40; kart. n. — 50

— kurzgefaßte französische Synonymik m. erläuternden Satzbeispielen. 4. Aufl. (31 S.) 8. Leipzig 906. Renger. n. — 50; kart. n. — 60

Bretschneider, H: Kurzgefasste französ. Synonymik m. erläut. Satzbeisp. 5. Afl. (31) 8° Lpzg. Renger '10. geb. — 60 d

— vie d'Oberlin, s.: Textausgaben französischer u. englischer Schriftsteller.

Bretschneider, Horst, der Bruch der Kniescheibe u. dessen Heilung. Eine Monographie. gr. 8. (IV u. 76 S.) Gotha 851, Müller in Comm. 1/4 ℛ

Bretschneider, Horst (Hrsg.), s. Freimaurer-Kalender.

Liederbuch der Loge Ernst zum Compass in Gotha. [Gesamm. von Horst Bretschneider.] o. O. 1800. *[Handbuch der Frmrei. 1 (1900) S. 132.]*

Bretschneider, (Car. Aug. Jul.) Horst, de Prosopalgia: Commentat. med. 8maj. (5 B.) Jenae 841, Hochhausen. *

— Versuch einer Begründung der Pathologie u. Therapie der äuss. Neuralgieen. gr. 8. (XIV u. 435 S.) Jena 847, Mauke. 1 ℛ 24 ngr

— wissenschaftliches Verzeichniss der in der Herzogl. Bibliothek zu Gotha enthaltenen Ausgaben, Uebersetzungen u. Erläuterungsschriften medicinisch-physikal. Werke der griech., arab. u. der latein. Literatur bis zum 13. Jahrh., nach Ludw. Choulant's Handbuch der Bücherkunde für die ältere Medicin bearb. u. hrsg. gr. 12. (40 S.) Gotha 851, Müller. 3 ngr

Bretschneider, Hugo, Referendar: Die Verpflichtung des Kaufmanns zur Buchführung. Borna-Leipzig 1910: Noske. VIII, 67 S. 8°
Leipzig, Jur. Diss. v. 18. Jan. 1910
[Geb. 7. Jan. 85 Schwarzbach, Bez. Annaberg; Wohnort: Annaberg, Erzgeb.; Staatsangeh.: Sachsen; Vorbildung: Gymn. Schneeberg Reife O. 05; Studium: Grenoble 1, Leipzig 6 S.; Rig. 16. Juni 09.] [U 10. 2671

— **Johann Gottfried** (Neustadt/Misn.), Morborum simplicium a vitio vis vitalis repetendorum scrutinium contin. Diss. med. Präs. Friedrich Ludwig Kreysig. Wittbg. (Ch. Ph. Meltzer) 18. III. 1800. 34 S. (4.50) 4043

Bretschneider, Johann Karl, s. Briefe. – Vetraute Briefe üb. d. wicht. Grundsätze . . . d. prot. Kirchenrechts.

Bretschneider, Joh. Carl, der Mensch Jesus Christus, s. Jesus Christus.

— **Johann Carl** (Gera), Omnis immutatio numerorum in documentis sit crimen falsi? Probl. jur. II. Präs. Traugott Thomasius. Lpz. (Breitkopf) 11. IX. 1733. 8 S. (4.—) 4041
Gew.: Johann v. Bretschneider (Niederrabenstein).

— **Johann Carl** (Ebersdorf), Schreiben von der juristischen Pedanterey an Herrn Friedrich Carl Moser, Hessen-Homburg. Hof-Rath in Hanau, erlassen, u. bey dies. and. Druck m. Anmerck. verm. Samt Beylage einiger bey Erlernung d. Rechts-Gelahrheit nützl. Erinner. Ebersdorf u. Lpz. (Joh. Nathan. Lumscher) 25. XI. 1749. 32 S. (5.—) 4042

Bretschneider, K., s. Lesebuch, erstes, nach der Lautlehre des Direkt. Hiendsch.

Bretschneider, Karl. Isaak Iselin (1728—1782). Ein schweizer Physiokrat des XVIII. Jahrhunderts. [Mit 1 Tabelle.] IV + 172 S. 8. Aachen, Aachener Verlags- und Druckerei-Gesellschaft, 1908.
Ausg. A: Diss. Phil. Bern ... von Karl Konrad B'.... ([Mit einem] Anhang [unveröffentlichter] Briefe....)
Ausg. B: ⟨Mit einem Anhang unveröffentlichter Briefe [Guillaume-François] Le Trosnes, [C de] Butrés, (Johann August) Schlettweins, (G[ottfried]) Achenwalls.⟩ Von Dr. Karl B'.... [M. 3. —]

Bretschneider, Karl Anton

Bretschneider, C. A., Beiträge zur Geschichte der griech. Geometrie. Gotha 1869. 4°. (Progr. d. Gymn. Ernest. zu Gotha).

Bretschneider, C. A., Beiträge zur Geschichte der griechischen Geometrie. 4. (12 S.) Gotha 869, (Thienemann.) *

—— die Geometrie und die Geometer vor Euklides. Ein histor. Versuch. gr. 8. (IV, 184 S. mit 1 Stnt. in qu. Fol.) Leipzig 870, Teubner. *

Bretschneider, Karl Anton, Lehrgebäude d. niederen Geometrie. Für d. Unterr. an Gymnasien u. höh. Realschulen. gr. 8. (36 B. u. 9 Figurentaf. in Kpfrst.) Jena 844, Frommann.

Bretschneider, Carl Anton, Leitfaden für den geograph. Unterricht in den unteren Classen der Gymnasien u. Realschulen. 8. (92 S.) Gotha 847, J. Perthes. 1/4 ₰

Bretschneider, C. A., Leitfaden für den geographischen Unterricht in den unteren Classen der Gymnasien und Realschulen. 2. verb. Aufl. 854. — 3. verb. rc. Aufl. Gotha 857. J. Perthes. 8. (110 S.) 9 ngl.

Bretschneider, C. A., Leitfaden für den geographischen Unterricht in den unteren Classen der Gymnasien und Realschulen. 4. verm. u. verb. Aufl. Gotha 861. J. Perthes. 8. (110 S.) 9 ngr.

—— Leitfaden für den geographischen Unterricht in den unteren Classen der Gymnasien und Realschulen. 5. verm. und verb. Aufl. 8. (110 S.) Gotha 868, J. Perthes. (90 Pf.)

Bretschneider, Karl Ant., neue Methode, die reellen, rationalen u. irrationalen Wurzeln numerischer Gleichungen zu finden. gr. 4. Leipzig 838. Voß. n 1/2 ₰

—— Produktentafel, enthalt. d. 2, 3, 4, 5, 6, 7, 8, 9fachen aller Zahlen v. 1—100000. Lex.-8. (7 1/4 B.) Hamburg u. Gotha 841, Fr. u. Andr. Perthes. *

Rede, gehalten in der Loge Ernst zum Compass im Or. Gotha am Charfreitage 1859 vom Br C[arl] A[nton] Bretschneider. [Gotha 1859: Engelhard-Reyher.] 12 S. 8° [Umschlagtit.]
Tt. 1971. Üb. Vorbereitung auf das Gericht im Jenseits. Mahnung, unablässig an unserer Selbstveredlung zu arbeiten.

—— von den Relationen, welche zwischen d. Halbmessern d. sphär. Dreiecken ein- u. umgeschriebenen Kreise stattfinden, s. Müller, J. H. T.

— System der Arithmetik und Analysis. Für den Gebrauch in Gymnasien und Realschulen sowie auch zum Selbststudium entworfen. Jena 856, 57. Mauke. Lex.-8.
1. Lehrg.: Die Grundsätze der allgemeinen Zahlenlehre und Combinatorik. (XII, 108 S.) n. 16 ngl.
2. Lehrg.: Die Grundlehren der Arithmetik.
Abth. I. Die unbestimmten rationalen Zahlen. (VIII, 145 S.) n. 24 ngl.
II. Die bestimmten irrationalen und imaginären Zahlen. (VIII, 169 S.) n. 26 ngl.
3. Lehrg.: Die Grundlehren der Analysis. (VIII, 156 S.) n. 24 ngl.

Bretschneider, CA: Histor. Wand-Atlas, s.: Spruner, K.

— historisch-geographischer Wand-Atlas nach Karl v. Spruner. 1. Abth.: 10 Karten zur Geschichte Europa's im Mittelalter bis auf die neue Zeit. Gotha 856. J. Perthes. gr. Fol. (10 lith. u. color. Karten à 9 Sectionen u. 30 S. Begleitworte in gr. 8.) n. 18 ₰ 20 ngl; auf Leinwand gez. n. 30 ₰

Bretschneider, C. A., historisch-geographischer Wand-Atlas. Nach Karl v. Spruner. Zehn Karten zur Geschichte Europa's im Mittelalter bis auf die neue Zeit. 2. Aufl. 2—5. Lfg. Imp.-Fol. (à 2 lith. u. color. Karten à 9 Blatt.) Nebst Begleitworten. gr. 8. (S. 5—36.) Gotha 877. J. Perthes. à n. 11. 20; auf Leinw. in Mappe à n. 18. —

— histor.-geograph. Wandkarte: Europa zur Zeit der Reformation. Gezeichnet nach K. v. Spruner. 9 lith. u. color. Bl. in gr. Fol. (Mit 8 S. Text in gr. 8.) Ebd. 848. n. 2 ₰; auf Leinw. u. in Mappe n. 3 1/3 ₰

Bretschneider, Karl August Julius Horst, s. Bretschneider, Horst

Bretschneider, Karl Beat., auch e. Beitrag zur Kenntniß d. verderbl. Fichtenraupe u. ihrer Wirkungen auf Waldungen rc. 8. Weim. 798. Hoffmann. 4 gl

Bretschneider, Karl Glieb., christl. Andachtsbuch f. denkende Verehrer Jesu. 3 Thle. 8. (74 B., B's Bildn. u. Facsim.) Halle 845, Schwetschke u. Sohn. à Thl. 1 1/4 Thlr.
Vlnp. à Thl. 1 Thlr. 15 Ngr.

Bretschneider, Karl Gottlieb, christliches Andachtsbuch für denkende Verehrer Jesu. Mit dem (in Stahl gest.) Bildniß u. Facsimile des Verf. 2. (Titel-)Ausg. 3 Thle. 8. (XVI u. 1164 S.) Halle (845) 849, (Braunschweig), Schwetschke & Sohn. 2 1/4 ₰ Velinp. 3 1/2 ₰

— Antwort auf das aus der Evangel. Kirchenzeitung abgedruckte Libell: „Die Gewissens- und Gedankenlosigkeit des Herrn Dr. Bretschneider.“ Aus der Allgem. Kirchenzeitung besonders abgedruckt. gr. 8. Darmstadt 841, Leske. n. 1/6 ₰

Bretschneider, Karl Gtl., Aphorismen über d. Union d. beiden evangel. Kirchen in Deutschland, ihre gemeinschaftl. Abendmalsfeier u. den Unterschied ihrer Lehre. gr. 8. Gotha 819. Perthes. 18 gr

— Apologie d. neuern Theologie d. evangel. Deutschlands, od. Beurtheil. d. Rose'schen Schr.: über d. Zustand d. protest. Theologie in Deutschland. gr. 8. Halle 826. Kümmel. 8 gr

— Auf welche Macht nächst Gott müssen wir bei den bedenkl. Zerwürfnissen in der menschl. Gesellschaft unsere Hoffnungen setzen? Letzte Predigt, gehalten zu Gotha am Neujahrstag 1848. 8. (12 S.) Gotha 848, Müller. 1/12 rth

— die histor.-dogmat. Auslegung d. N. Testaments nach ihren Principien, Quellen u. Hülfsmitteln dargestellt. 8. Leipz. 806. Barth. 18 gr

—— über d. jetzigen Bewegungen in d. evangel. Kirche Deutschlands. Ein Votum zur Förderung d. Friedens. gr. 8. (3½ B.) Leipzig 846, Verlags-Magazin.

—— offener Brief an d. Hochwürd. Herren Bischöffe z. Passau, Rottenburg u. Würzburg, die von ihnen erlassenen Verfügungen üb. d. Beerdigung d. Protestanten betreffend. 12. (2½ B.) Darmstadt 844, Leske.

Bretschneider, Karl Gtl., offener Brief an den Verfass. des Libells: „Der Freiherr von Sandau auf dem Richtplatze einer unbefangenen Kritik." Für die Besitzer der 1., 2. u. 3. Aufl. des „Freiherrn von Sandau" besond. abgedr. gr. 8. Halle 839. Schwetschke u. Sohn. ¼ rth Aus der 4n Aufl. des „Frhrn. v. Sandau" besond. abgedr.

— s. J. Calvin. Th. Beza etc.

— Diss. inaug. Capita Theologiae Judaeorum dogmaticae e Flavii Josephi scriptis collecta. Accessit παρεργον super Josephi de Jesu Christo testimonio. 8 maj. Leipz. 812. Barth. 6 gr

Bretschneider, K.G. (Hrsg.), s. Christenthum, Für, und Gottesgelahrtheit.

—— Clementine, od. d. Frommen u. Altgläubigen uns. Tage. 1. u. 2. Aufl. gr. 8. (à 15 B.) Halle 841, Schwetschke u. Sohn. à

— s. Corpus Reformatorum. —

— systemat. Darstell. d. Dogmatik u. Moral d. apogryph. Schriften d. A. Testam 1r Bd. gr. 8. Leipz. 805. W. Vogel. 1 rth 12 gr

— Für die Deutsch-Katholiken. Ein Votum. gr. 8. Jena 845, Frommann. n. ⅙ rth

(Bretschneider, Carl Gtl.): „Teutschland und Preußen, oder das Interesse Teutschlands am preussischen Staate; von einem Nichtpreussen", Berlin 1806. — Vorh.: Preuß. Staatsbibl. Berlin.

—— systemat. Entwickelung aller in d. Dogmatik vorkomm. Begriffe, nach d. symbol. Schriften d. evangel.-luther. u. reformirten Kirche u. d. wichtigsten dogmat. Lehrbüchern ihrer Theologen. Nebst d. Literat, vorzügl. d. neuern üb. alle Theile d. Dogmatik. 4., verb. u. verm. Aufl. gr. 8. (56½ B.) Leipzig 841, Barth.

—— Erläuterungen zu M. J. L. Försters Lehrbuch d. christl. Religion nach d. Katechismus Lutheri (12. Aufl. 1831.) aufges. f. d. Lehrer, zunächst d. Gebr. dies. Lehrbuchs, aber in Verbind. mit dies. auch bei and. Lehrbüchern brauchbar. gr. 12. (7 B.) Leipzig 831, Baumgärtner.

— das Fest d. Erndte als ein wirksames Belebungsmittel d. Religiosität. 8. Gotha 816. Reyher. 3 gr

Bretschneider, Karl Gottlieb, s. J. Chr. Förster, Lehrb. d. christl. Religion.

— die Frömmigkeit, zwar nicht als eine wunderthätige Helferin in Krankheiten, aber doch eine Beschützerin d. Gesundheit d. Lebens. Eine Predigt. 8. Gotha 822. Perthes. 3 gr

Bretschneider, Karl Gottlieb, s. Für Christenthum.

— Gedächtnißpredigt auf d. Fürsten Friedrich, Herzog v. Sachsen-Gotha. 8. Gotha 825.

Bretschneider, Karl Gottlieb, s. Gesangbuch, Gothaisches.

— die religiöse Glaubenslehre nach der Vernunft und der Offenbarung für denkende Leser dargestellt. 2. Aufl. gr. 8. Halle 843, Schwetschke u. Sohn. 1⅓ rth — 3. verb. u. verm. Aufl. gr. 8. Ebend. 844. 1⅓ rth — 4. verb. Aufl. gr. 8. Ebend. 846. 1⅓ rth

Bretschneider, K. G., Religiöse Glaubenslehre für denkende Leser. Halle 1848. 8. mit: Predigten üb. die sich bildenden Gemeinden d. deutschen Katholiken u. Votum für deutsch. Katholizismus. Gotha 1845. 8.

— Ueber die Grundansichten der theologischen Systeme. Lpzg. 1828. 8. (Anh. zu: Handbuch der Dogmatik.)

—— die Grundlage d. evangel. Pietismus, od. d. Lehren v. Adams Fall, d. Erbsünde u. d. Opfer Christi. Nach Gründen d. heil. Schrift geprüft, mit d. Ansichten d. christl. Kirche d. ersten drei Jahrh. verglichen u. nach ihrem Gebr. f. d. christl. Theologie beurtheilt. gr. 8. (27½ B.) Leipzig 833, Vogel.

— über d. Grundprincipien d. evangel. Theologie. Antwort an Hrn. Dr. Aug. Hahn. gr. 8. Altenb. 832. Liter.-Cpt. 1 rth

—— über d. Grundprincipien d. evangel. Theologie, u. d. Stufenfolge göttl. Offenbarung in heil. Schrift. Antwort an Hrn. Prof. D. Aug. Hahn in Leipzig. gr. 8. (15½ B.) Altenburg 832, [Pierer.] Thlr

—— theologisches Gutachten üb. d. Frage: ob d. mit Unterlassung der kirchl. Trauung von ein. evangel., mit d. höchsten Episkopalgewalt bekleideten Landesherrn geschlossene Ehe u. namentlich eine Gewissensehe desselben nach den Grundsätzen des evangel. Christenthums für eine wahre Ehe angesehen werden könne. gr. 8. (3 B.) Leipzig 844. (B. Tauchnitz jun.)

— Handbuch d. Dogmatik d. evangel.-luther. Kirche. 2 Bde. gr. 8. Leipz. 814, 18. 6 rth 2e A. 2 Bde 822. 4 rth 12 gr 3e verb. u. verm. Aufl. Mit e. Anh. 828. Barth. 5 rth Schrbp. 6 rth Der Anh. apart, unt. d. T.: d. Grundansichten d. theolog. Systeme. 9 gr

— — Handbuch der Dogmatik der evangel. lutherischen Kirche. 2r Bd. gr. 8. Leipz., Barth. 810.

Bretschneider, Karl Gtl., Handbuch d. Dogmatik d. evangel.-luther. Kirche, od. Versuch e. beurtheil. Darstell. d. Grundsätze, welche diese Kirche in ihr. symbol. Schriften üb. d. christl. Glaubenslehre ausgesprochen hat. 2 Bde. 3., verb. u. verm. Aufl. — Nebst e. Abhandl. üb. d. Grundansichten d. theolog. Systeme in d. dogmat. Lehrbüchern d. Hrn. Prof. Schleiermacher u. Marheinecke, so wie üb. d. des Hrn. D. Hase. gr. 8. (110½ B.) Leipzig 828, Barth. w. Drckp. 5 Thlr., f. Schrbp. Der Anhang apart u. d. T.: Die Grundansichten d. theolog. Systeme. 9 Gr.

—— Handbuch d. Dogmatik d. evangel.-luther. Kirche, od. Versuch e. beurtheil. Darstell. d. Grundsätze, welche diese Kirche in ihren symbol. Schriften üb. d. christl. Glaubenslehre ausgesprochen hat, mit Vergleich. d. Glaubenslehre in d. Bekenntnißschriften d. reform. Kirche. 2 Bde. 4., verb. u. verm. Aufl. gr. 8. (105½ B.) Leipzig 838, Barth.

— Heinrich u. Antonio, oder d. Proselyten d. röm. u. evangel. Kirche. gr. 8. Gotha 826. 2e A. 827. Perthes. 3e A. gr. 8. Ebd. 828. 1 rth 8 gr 4e A. 831. Ebd. 1 rth 8 gr

—— Heinrich u. Antonio, od. d. Proselyten d. röm. u. evangel. Kirche. 3., nach d. 2. abgedr. Aufl. (20 B.) 828., 4., an einig. Ort. verm. A. (20½ B.) Gotha 831, J. Perthes. à

Bretschneider, Karl Gtl., Heinrich und Antonio, oder die Proselyten der römischen und der evangelischen Kirche. 5. verb. Aufl. gr. 12. Gotha 843, J. Perthes. 1⅓ rth

— Dass. fortgesetzt (widerlegt) d. J. Handschuh. gr. 8. Wien 828. Wimmer. 1 rth 8 gr

—— dass. fortges. (u. widerlegt,) s. Handschuh.

Bretschneider, Karl Gli., die besondern Hindernisse, welche in unsern Tagen d. nützl. Verwaltung d. evangel. Predigtamts entgegen stehen. gr. 8. Erf. u. Gotha 817. Hennings. 4 gl

— Liber Iesu Siracidae graece etc. 8. maj. Regensb. Montag et W. 806.

—— Journal f. Prediger, s. Journal.

Bretschneider, Karl Gtli., Casualpredigten u. Reden bei besond. Vorfällen u. Veranlassn. in d. Kirche u. im Staate, währ. ein. 27jähr. Amtsführung gehalten. gr. 8. (23 B.) Gotha 834, Becker.

—— allgem. Kirchenzeitung, s. Kirchenzeitung.

Bretschneider, K. G. Der 4jähr. Krieg der Verbündeten mit Napoleon Bonaparte in Russland, Deutschland, Italien u. Frankreich. 1812—15. 2 Bd. 8. Annaberg 1816. Freyer

—— aus meinem Leben. Selbstbiographie. Nach dessen Tode zur Herausgabe bearb. von Horst Bretschneider. 1. Ausg. (XVI und 312 S.) 1 Thlr. 20 Ngr. und 2. Ausg. Mit einem Anhange, drei noch ungedr. Abhandlungen desselben enthaltend. gr. 8. (XIII und 390 S. mit dem lith. Bildn. des Verewigten.) Gotha 851(52,) Müller.

Bretschneider, Karl Gottlieb: Aus meinem Leben. Selbstbiographie von Karl Gottlieb **Bretschneider.** Nach dessen Tode zur Hrsg. bearb. von Horst Bretschneider. 2. Ausg. Mit dem Bildn. des Verewigten und einem Anh., drei noch ungedr. Abhandlungen desselben enth.: 1) Die Astronomie und die Kirchentheologie; 2) Das Dogma von der Trinität; 3) Die Natur der Dinge und das Kirchendogma vom Sündenfall und der Erbsünde. Gotha: J. G. Müller 1852. XII, 390 S. 8°

1. Ausg. erschien 1851, lag aber nicht vor. S. 208—209 der 2. Ausg. handelt von Bretschneiders Verhältnis zum Frmrbunde. — Üb. K. G. Bretschneider s. Herzogs Realencyclopädie 3. Aufl. Bd 3 1897 S. 389—391 (Hagenbach).

Bretschneider, KG, a. m. Leben. Selbstbiogr. Hrsg. v. H Bretschneider. 2. Asg. 8. (390) Gotha 52, Conrad. 1. 12½

— Lehrbuch d. Religion u. Geschichte d. christl. Kirche. 8. Gotha 824. 2e A. 827. Perthes. 20 gl

— Lexicon manuale, graeco-latinum, in libros novi testamenti. 2 Tom. 8 maj. Lips. 821, Barth. 6 Rthlr. 12 gr. Schreibp. 7 Rthlr. 12 gr. Berl. Pap. 8 Rthlr. Velinpap.

— Lexicon manuale graeco-latinum in libros N. Testamenti. II Tom. 8maj. Leipz. 824. Ed. II. emend. et aucta 829. Barth. 6 ℛ 12 gl Schrbp. 8 ℛ Berlin. Pap. 8 ℛ 12 gl

—— Lexicon manuale graeco-latin. in libr. Novi Testam. Edit. III. emend. et aucta. 4maj. (58 B.) Lipsiae 840, Barth.

— Luther an unsere Zeit, oder Worte Luthers, welche von unserm Zeitalter besonders beherzigt zu werden verdienen. Mit Luthers Bildn. gr. 8. Erfurt 817. Keyser. 1 ℛ 6 gl

Bretschneider, Karl Gottlieb (Hrsg.), s. Melanchthon, Phil.: Opera.

Bretschneider, Carl Gottlieb, De libri sapientiae parte priore cap. 1—11 e duobus libellis diversis conflata. Disp. Tl. I/III. Präs. Conrad Gottlob Anton. Wittenbg. (Tzschiedrich) 14. III. / 21. VI. 1804. 35, 16 u. 29 S. (5.80) 4037

Mitverf. an Tl. 2: Ernst Heinrich Ehregott Hoppe. Tl. 3: Carl Ludwig Traugott Tiemann. — Je Tl. einzeln: 3.—.

—— Predigt am 2. Bußtage d. 7. Dec. 1838. 1—3. Aufl. gr. 8. (à 1¼ B.) Gotha 839, Müller.

— Predigt bei d. Einweihung d. neuen Kirche in Grünhain gehalten. 8. Zwickau 812. Schumann. 2 gl

—— Predigt über die sich bildenden Gemeinden deutscher Katholiken am Sonntage Cantate 1845 zu Gotha gehalten. gr. 8. (1 B.) Gotha 845, Müller.

— Predigt am 3ten Sonntage nach Epiphanias. Gotha 817. Reyher. 3 gl

— Predigt am 9ten Sonntage nach Trinitatis ꝛc. Gotha 817. Reyher. 3 gl (Lpz.: Steinacker)

— Predigten an Sonn- u. Festtagen. 1s Bdchen. 2e Aufl. A. u. d. T.: über Tod, Unsterblichkeit u. Auferstehung. gr. 8. Leipz. 823. Barth. 1 ℛ 6 gl 2s Bdchen. A. u. d. T.: Worte d. heil. Schrift, zum Unterr. u. z. Erbauung erklärt. gr. 8. Leipz. 824. Barth. 1 ℛ 6 gl

— zwei Predigten am Reformat.-Jubelf. 1819. Nebst e. Nachr. von d. Jubelfeier in Gotha. gr. 8. Gotha 817. Reyher. 6 gl

— — zwey Predigten am Ref.-Jubelf. 1819. Nebst einer Nachricht von der Jubelfeyer in Gotha. gr. 8. Leipzig, Steinacker. 817.

— Probabilia de evangelii et epistolarum Joannis Apostoli indole et origine. 8maj. Leipz. 820. Barth. 1 ℛ

—— die deutsche Reformation der Kirche, nach ihrem Wesen u. ihrem Werthe histor. dargestellt. Lex.-8. (15⅝ B.) Leipzig 841, Ph. Reclam jun.

Bretschneider, Karl Gtl., die deutsche Reformation der Kirche, nach ihrem Wesen u. ihrem Werthe historisch dargestellt. Neue (Titel-)Ausg., veranstaltet zur 3. Säcularfeier des Augsburger Religionsfriedens. Berlin 855. Gebauer. (Streerath u. Co.) gr. 8. (VIII, 242 S.) 1 ℛ

—— d. deut. Reformat. d. Kirche. N. Asg. 8. (242) Berl. 55. (Frankf., L Goar.) 1. —; Her. Pr. n. — 7½

— der Freiherr von Sandau, oder die gemischte Ehe. Eine Geschichte unserer Tage. 1e u. 2e Aufl. 838, 39. — 3e Aufl. gr. 8. Halle 839. Schwetschke u. Sohn. ⅞ ℛ — 4e Aufl. 839. 1 ℛ

—— der Freiherr v. Sandau, od. d. gemischte Ehe. Eine Geschichte uns. Tage. 4. Aufl. Nebst e. Offenen Briefe an d. Verf. d. Schrift: Der Freiherr v. Sandau auf d. Richtplatze e. unbefang. Kritik. gr. 8. (16½ B.) Halle 839, Schwetschke u. Sohn.

—— Sendschreiben an e. Staatsmann üb. d. Frage: ob evangel. Regierungen geg. d. Rationalismus einzuschreiten haben? 1. u. 2. Aufl. (à 6¼ B.) gr. 8. Leipzig 830, Vogel. à

—— zweites Sendschreiben an e. Staatsmann ꝛc. gr. 8. (5½ B.) Ebds. 830.

K. Gli. **Bretschneider:** d. Simonismus u. d. Christenthum; od. beurtheil. Darstell. d. Simonist. Relig., ihres Verhältn. z. chr. Kirche u. der Lage d. Christenth. in uns. Zeit. *Lpz.*, Vogel. 822. gr 8° 22 gl

—— der Simonismus u. d. Christenthum. Od.: beurtheil. Darstell. d. Simonistischen Religion, ihres Verhältnisses zur christl. Kirche, u. d. Lage d. Christenthums in uns. Zeit. gr. 8. (14 B.) Leipzig 832, Vogel.

Bretschneider, Karl Gottlieb, s. Siracide liber.

—Lexici in interpret. graec. V. Test. max. scriptor. apocryphor. spicilegium; post Biel et Schleusner congessit et edidit. 8maj. Leipz. 805. (W. Vogel). 1 ℛ 8 𝒢

—— der Streit üb. d. Anbetung Christi geführt im Febr. u. März 1840 zu Magdeburg. 8. Darmstadt, Leske. *
Aus der: Allgem. Kirchenzeitung, abgedruckt.

—— die Theologie u. d. Revolution. Oder: die theolog. Richtungen uns. Zeit in ihrem Einflusse auf d. polit. u. sittl. Zustand d. Völker. gr. 8. (12 B.) Leipzig 835, W. Vogel.

— über Tod, Unsterblichkeit u. Auferstehung. Für Zweifelnde u. Trauernde. gr. 8. Leipz. 813. Barth. 12 𝒢 2e Aufl. s. oben: Predigten an Sonn- u. Festtagen.

—— Trifolium. Die Astronomie und die Kirchentheologie. Das Dogma von der Trinität. Die Natur der Dinge und das Kirchendogma vom Sündenfall und der Erbsünde. Drei Abhandlungen für gebildete Leser. Nach dem Tode des Verf. zum Druck befördert. gr. 8. (VI und 78 S.) Gotha 851 (52,) Müller.

—— Trifolium. Astronomie u. Kirchentheol. Das Dogma v. d. Trinität. Die Natur d. Dinge u. d. Kirchendogma v. Sündenfall u. d. Erbsünde. 8. (78) Gotha 52, Conrad. — 5

— über d. Unkirchlichkeit dieser Zeit im protestant. Deutschland. gr. 8. Gotha 820. 2e A. 821. Perthes. 21 𝒢

— über d. Unkirchlichkeit dieser Zeit im protestant. Deutschlande. 2e Aufl. gr. 8. Gotha 822, Perthes.

—— die Unzulässigkeit d. Symbolzwangs in d. evangel. Kirche. Aus d. symbol. Büchern selbst u. deren Beschaffenheit nachgewiesen f. alle Freunde d. Wahrheit. gr. 8. (9 B.) Leipzig 841, W. Vogel.

—— über d. pflichtmäß. Verhalten bei Mängeln u. Gebrechen d. bürgerl. Gesellschaft. 8. Gotha 830, Beckersche Brlsh.

Bretschneider, Karl Gottlieb, über die unbedingte Verpflichtung der evangel. Geistlichen auf die Kirchenbekenntnisse. gr. 8. (96 S.) Jena 847, Hochhausen. 1/2 ℛ

— Versuch e. systemat. Entwickelung aller in d. Dogmatik vorkommenden Begriffe nach d. symbol. Büchern d. protestant.-luther. Kirche. gr. 8. Leipz. 805. Barth. 1 ℛ 18 𝒢 2e Aufl. 819. 3 ℛ 8 𝒢 3e A. gr. 8. Ebd. 825. 3 ℛ 12 𝒢

—— Votum üb. e. neuerl. geforderte repräsentat. Verfassung d. evangel. Kirche, besond. in d. „Wünschen d. evangel. Geistlichkeit Sachsens" — abgegeben. gr. 8. (3¼ B.) Leipzig 832, Vogel.

— was hat die Reformation gethan, um die christl. Kirche zu einem Tempel Gottes zu machen? Predigt am Reformationsfeste 1844. gr. 8. Gotha 845, Müller. 1/8 ℛ

— kirchlich-politische Zeitfragen behandelt in zerstreuten Aufsätzen. Jetzt vom Verf. gesammelt u. verb. hrsg. gr. 8. (VI u. 381 S.) Leipzig 847, Verlags.-Magaz. n. 2½ ℛ

Jubelfest am 27. Sept. 1841. Gefeiert von der Loge Ernst zum Compass im Or. von Gotha zur Erinnerung an den ersten maurerischen Hammerschlag in Thüringen im Sept. 1741. [Von Karl Gottlob **Bretschneider.**] Als Ms. f. Br. Br. Gotha 1841. 22 S. 8⁰ [Umschlagtit.]
Abdr. ohne die Festrede in: A. 10 (1842—1843) S. 131—134.
Kl. 3023b. Festbeschreibung. Vortrag üb. das profane u. mrische Leben des Grafen v. Gotter, Begründer der Mrei in Thüringen. Festrede von K. G. Bretschneider: Üb. das Verhältnis des Maurertums zum Kirchen- u. Christentum.

GV20
10

BRETSCHNEIDER, CARL JOHANN: Vertraute Briefe über die wichtigsten Grundsätze und auserlesene Materien des protestantischen geistlichen Rechts. [Von Johann Carl Bretschneider]. Hrsg. von Friedrich Carl von Moser. – Frankfurt a.M. 1761.
– Andere verbesserte Aufl. – Frankfurt a.M. 1761.
– 3. verm. u. verb. Aufl. – Frankfurt a.M.: Eßlinger 1771.
– 4. Aufl. – 1861.

Bretschneider, L. O. (Karl Oscar), Der Mangel an Bruderliebe. Vortrag, geh. in der Loge Ernst zum Compass am 12. Nov. 1860. (Gotha, Hofbuchdr.) 8. 11 S.
Eine höchst beherzigenswerthe Rede, abgedruckt Triangel 1862, S. 17. Vgl. auch Bauh. 1881, S. 283. Latomia XXI, S. 154. Handb. d. Frmrei I, S. 136. Von dem Verfasser sind u. a. noch folgende beachtenswerthe Vorträge erschienen: Ueber die Angriffe auf die Frmrei (Frmrkalender 1860, S. 50). Ueber die rechtliche Stellung der Logen in den neupreussischen Ländern (Bauh. 1867, S. 333). Das Autoritätswesen in der Frmrei (Bauh. 1868, S. 73). Das christliche Prinzip in der Frmrei (Bauh. 1870, S. 65).

Bretschneider, Max. Ueber den Stelzfuss des erwachsenen Pferdes, mit besonderer Berücksichtigung der sekundären Sehnen-, Gelenk- und Hufveränderungen. Diss. Vet.-Med. Univ. Zürich. Mit 2 Tabellen [im Text] und 25 Abbildungen [auf 8 Tafeln]. *Kopftitel:* Aus dem Institut für Hufkunde der Tierärztlichen Hochschule zu Dresden.... IV + 151 S. 8. Dresden, (Arthur Schönfeld,) 1909.

Bretschneider, Mor., Lehr- und Übungsbuch der allgemeinen Arithmetik und Algebra für die unteren Classen der Mittelschulen. 1. Tl. gr. 8. (IX, 118 S. mit 6 in den Text eingedr. Fig.) Stuttgart 887, Maier. *

Bretschneider, M., Lehr- u. Ubungsbuch der allgemeinen Arithmetik u. Algebra f. die unteren Klassen der Mittelschulen. 1. Tl. Mit 6 in den Text eingedr. Fig. gr. 8. (IX, 118 S.) Stuttgart 888. Maier. n. 1. 40

Bretschneider, Mor., Lehr- u. Ubungsbuch d. Arithmetik f. d. I. Jahrg. d. k. u. k. Militär-Unterrealschulen. gr. 8. (III, 87 S.) Wien 895. L. W. Seidel & Sohn. Geb. in Leinw. n. 2. —

Bretschneider, Moritz, Lehr- und Uebungsbuch der Arithmetik für den II. Jahrgang der k. u. k Militär-Unterrealschulen. Gr.-8. (73 S.) In Lnwd. geb. Ebda. 1896 —.80

Bretschneider, Moriz, Lehr- und Uebungsbuch der allgemeinen Arithmetik und Algebra für den III. Jahrgang der k. u. k. Militär-Unter-Realschulen. Gr.-8. (92 S.) In Leinwand gebunden Ebda. 1894 * —.80, mit 10%.

Bretschneider, Moritz, Lehr- und Uebungsbuch der allgemeinen Arithmetik und Algebra für den IV. Jahrgang der k. u. k. Militär-Unterrealschulen. Gr.-8. (94 S.) Ebda. 1895

Bretschneider, O., O du mein Jena! Illustrierte Festschrift zum 350jähr. Jubiläum der Universität Jena. Mit e. Anh., Schillers Antrittsvorlesg. in Jena: „Was heißt u. zu welchem Ende studiert man Universalgeschichte?" (57 S.) 8. Berlin (908). W. Vobach & Co. — 40

Bretschneider, Oscar, die Statthaftigkeit der beim Durchl. Deutschen Bunde erhobenen Beschwerde der Grafencurie u. vier Bevollmächtigter v. der Ritterschaft des Herzogth. Gotha wegen unrechtmäßiger Beseitigung der landschaftl. Verfassung des Herzogth. Gotha geprüft u. beurtheilt. gr. 8. (94 S.) Gotha 852, Müller. ¼ ℛ

Bretschneider, Osc., die Vereinigung Coburgs und Gothas und die Abänderung der Gothaischen Verfassung. Ein Wort zur Verständigung an meine Mitbürger in Stadt und Land. Gotha 852. Müller. 8. (31 S.) n. 2 n𝒢

Bretschneider, Otto: Versuche üb. d. Verdrehg v. Stäben m. rechteck. Querschnitt u. z. Ermittelg d. Längs- u. Querdrehg auf Zug beanspruchter Stäbe, s: Forschungsarbeiten auf usw. d. Ingenieurwesens.

Bretschneider, Paul. Ueber die wissenschaftlich bekannten Quellen d. Stickstoffs f. die Pflanze u. moderne Theorieen vom Futterbau. Vortrag. gr. 8. (26 S.) Dresd. 890, (Schönfeld). * — 40
Aus: Mittheilungen der ökonomischen Gesellschaft, besonders abgedruckt.

! Bretschneider, P.: Quellen d. Stickstoffs. Jetzt: Lpzg, Fritzsche & Schmidt. 86/90

Bretschneider, Paul, über den Regenfall zu Ida-Marienhütte in den J. 1865—1872 und den Gehalt des meteorolog. Wassers an Stickstoff in Form von Ammoniak und Salpetersäure. 8. (25 S. mit 1 Stnt. in hoch 4.) Breslau 872, Korn. *

Bretschneider, R.: R e f e r a t über die von Generalstaatsanwalt v. Schwarze im April 1879 in Chemnitz gehaltenen Vorträge über die deutsche Strafproceßordnung und deren Principien. Chemnitz 1879.

Bretschneider, Rich., die Alkoholfrage in Bild u. Wort, s.: H e i n i c k e, Herm.

Bretschneider, Richard: B e i t r ä g e z. Alkoholfrage. . ., s. H e i n i c k e, H.

Bretschneider, Rich. (Hrsg.), s. B e r i c h t über den. . Deutschen Abstinententag. . .

— Dresdner Bilder gegen den Alkohol, s.: H e i n i c k e, Herm.

Bretschneider, W., Ueber Curven vierter Ordnung mit 3 Doppelpuncten. (Inaug.-Dissert.) Stuttgart 1875. 8°. brosch. (64 S. mit 3 Tfln.)

Bretschneider, William [aus Wolfsgrün i/S.]: Ueber d Einwirkung schwefliger Säure auf aromatische Hydroxylamir ... Leipzig, J. A. Barth, 1897; 24 S. 8.
Rostock, Phil. Fak., Inaug.-Diss. v. [13. März] 1897

Bretspiele, zwei, das Toccategli- u. d. Gammon-Spiel. (Von Obrist-Lieut. Müller.) 8. Lüneb. 804. Herold u. W. 8 gl.

Brett, das schwarze. Leipziger akadem. Mitteilgn. Organ der Leipz. freien Studentenschaft. Red.: Fritz Furthner. 3.—5. Jahrg. 1904—1906. à 31 Nrn. (116, 128 u. 160 S.) 4. Leipzig, F. A. Körner. à Jhrg. 4.—
Der 3. Jahrg. ist von F. O. Karstedt, der 4. v. O. Meltzing redigiert.

Brett, d. schwarze. Leipz. akadem. Mitteilgn. Red.: Fritz Furthner. 5. J. Apr.'06—Apr.'07. Etwa 31 Nrn. (Nr 131. 4) 4° Lpzg, FA Körner. 4 —

Brett, das schwarze. Leipziger akadem. Mitteilungn. Organ der freien Studentenschaften v. Leipzig (Universität), Leipzig (Handelshochschule) u. Cöthen. Red.: Clem. Taesler. 6—10. Jahrg. Oktbr. 1906—Sptbr. 1910. Etwa 40 Nrn. (à ca. 8 S.) 32×23,5 cm. Leipzig (Langestr. 22), Günther, Kirsten & Wendler. pr. Semester 2.—

Brett, Das schwarze. Leipz. akadem. Mitteilgn. Red. d. 9. J.: Clem. Taesler, d. 10. J.: Tuisko Reibstein. 9. u. 10. J. Okt. '09—Sept. '11 je ca 40 Nrn. (10. J., Nr 11: 8) 31×24 cm. Lpzg (Langestr. 22), Günther. Kirstein & W. d. Sem. 2 — 6F

— dass. Festnummer z. 500jähr. Jubiläum d. Univ. Leipzig. Verantwortlich: Rud. Meinel. (12) 31×23,5 cm. Lpzg, Rossberg'sche Bh. (09). — 50

— das schwarze, in der Kirche, ein sicheres Mittel manche Seele zu retten u. vielen die einstmalige Glorie zu erhöhen. Von S. (19 S.) 8. Regensburg 908. (Verlagsanstalt vorm. G. J. Manz.) — 30

Brett, Harry, die Musik-Stadt Leipzig u. August Güssbacher. Sachlich beleuchtet. (Deutsch u. englisch.) gr. 8. (43 S.) Leipzig 894. (C. F. Kahnt Nachf.) — 30

Brettauer, Alfred. Drei Fälle von Persistenz des Ductus arteriosus Botalli. Diss. Med. Univ. Zürich. *Kopftitel:* Aus der med. Universitätspoliklinik in Zürich. Direktor: Prof. Dr. H[ermann] Müller. 30 S. 8. Zürich, W. Coradi-Maag, 1905.

Brettauer, Clotilde, Gedichte. gr. 16. (VI, 56 S.) Frankfurt a/M. 897. A. Reichert. n. 2.—

Brettauer, Clotilde, was mir die Tage brachten. Ein Skizzenbuch. (143 S.) 8. Berlin (907). Harmonie. 3—; geb. 4.—

— Steffi Werland. Aus e. kleinen Alltagsleben. (156 S.) 8. Ebd. (909.) 2.—; geb. 3.—

Brettauer, Erwin: Beiträge zur Kenntnis der radioaktiven Stoffe. München 1900: Höfling. 65 S. 8°
München, Phil. Diss. v. 22. Juli 1900, Ref. v. Baeyer
[Geb. 15. Febr. 84 Frankfurt a. M.; Wohnort: Berlin; Staatsangeh.: Österreich; Vorbildung: Realgymn. Nordhausen Reife O. 03; Studium: Heidelberg 1, München 12 S.; Rig. 22. Juli 09.] [U 09. 3447

Brettauer, Gius., resoconto sanitario dell' ospitale civico di Trieste per l'anno 1873. 1. annata. Con 5 tav. lit. (in gr. 8. u. hoch 4.) Lex.-8. (IV, 142 S.) Triest 876. Dase in Comm. n. 2. 80

— dass. — pei anni 1874—1877. 2a—5a annata. gr. 8. (III, 284; 292; 468; 271 S. je mit 3 lithogr. Taf. in gr. 8. und hoch 4. und eingedr. Holzschn.) (Ebendas.) 876—79. à Jahrg. *

Brettauer, Gius., Resoconto sanitario dell' ospitale civico di Trieste pei anni 1878—1881. 6a—9a annata. Lex.-8. (132; 72; 84; 86 S.) Triest 879—82, (Dase.) à Jahrg. *

Brettauer, Guido: Beiträge zu einer Dogmengeschichte der Begriffe Angebot und Nachfrage. München 1908: C. Wolf & Sohn. (87 S.) 8°
München, Staatswirtsch. Fak., Ref. Brentano, Diss. v. 27. Febr. 1908
[Geb. 31. Dez. 82 Basel; Wohnort: Hohenems; Staatsangeh.: Österreich; Vorbildung: Friedrichs-Werdersches Gymn. Berlin Reife M. 01; Studium: Phil. Oxford 1, Kiel 1, Jura Wien 1, Jura u. Staatsw. München 10 S.; Rig. 27. Febr. 08.]

Brettauer, J., und S. Steinach, Untersuchungen über das Cylinder-Epithelium der Darmzotten und seine Beziehung zur Fettresorption. Angestellt im physiologischen Institute der Wiener Universität. Mit 1 (lith.) Taf. (Aus den Sitzungsberichten der k. Akad. d. W.) Wien 857. Gerold in Comm. gr. 8. (13 S.) n. 5 ngl.

Brettel, Adolf, approb. Arzt aus Büdingen: Über Fremdkörper in den Luftwegen. *Gießen 1902: v. Münchow.* (30 S.) 8°
Gießen, Med. Diss. v. 1902

Brettel, Carl (Bensheim)
Die Parotidensecretion des Schafes im Vergleich zur Nierensecretion.
Giessen: Brühl 1868. 21 S.
Diss. med. 27.5.1868.

Brettel, Otto: Aus dem pathologischen Institut zu Giessen. Über das anatomische Verhalten und die pathologische Bedeutung zweiteiliger Aortenklappen. *Giessen 1897: v. Münchow.* (42 S.) 8°
Giessen, Med. Diss. v. 1897

Bretten [Schlagwort]

Bretten, s.: Geologische Karten. Spezialkarte. (Baden.)

Bretter, verzierte, als Vorlag. f. d. Unterr. im Freihandzeichnen. (9 T) fol Darmstadt 1889

Bretter-Berechner, der schnelle, enthaltend Tabellen zur Berechnung des zu Brettern geschnittenen Holzes, wodurch man augenblicklich ermitteln kann, wie viel laufende Fuß jedes Brett von 1 bis 60 Fuß Länge und 5 bis 30 Zoll Breite (nach der im Handel übl. Weise zu 12 u. 18 Zoll berechnet) enthält. 12. Münster 840, Coppenrath'sche Buch- u. Kunsth. 1/4 ß — 2. Aufl. 16. Ebend. 841. 1/4 ß

Bretteville, Abt, Fast- u. Sonntags-Predigten. Aus d. Französ. 7 Thle. 8. Augsb. 766. Wolff. 4 ß 12 gl.

— sechsfache Predigtentwürfe a. alle Tage der Fasten. 5 Bde. a. d. Franz. 8. Ebend. 794.

— Predigtentwürfe auf alle Sonnt. d. J. 2 Bde. a. d. Frz. Ebend. 794.

Brettfeld, Franz Joseph von, s. B r e t f e l d, Franz Joseph von

Bretting, Gustav Detlev (Hamburg), De ratione medicamentorum ad corporis humani conditionem accommodata. Disp. med. Lpz. (Langenheim) 12. VI. 1767. 36 S. (4.80) 1046
Gew.: Christian Gottlieb Ludwig.

Brettinger, Jean, Passe-par-tout oder Hauptschlüssel zur französischen Handels-Korrespondenz enthaltend in der Handlung vorkommende eigenthümliche Ausdrücke u. Redensarten, nebst den Wörtern, welche zu den Handlungsbriefen nothwendig sind, Handelsgespräche ꝛc. Nürnberg 856. (Leipzig, Gräfe.) 16. (2 Bl., 84 S.) 10 ngr.

Brettinger, J., öffentlicher schriftlicher Unterricht in der englischen u. französischen Sprache zum Selbsterlernen, mit beigefügter Aussprache, mit besonderer Rücksicht auf die sich der Handlung widmende Jugend, auf künftige einjährig Freiwillige, auf die Badeorte u. Hôtels, auf Auswanderer, auf Geschäftsreisende, auf Seminarien u. alle Freunde der neueren Sprachen. Passe-par-tout oder Hauptschlüssel zur engl. u. französ. Handels-Correspondenz. gr. 8. (128 u. 80 S.) Nürnberg 882. Leipzig, (Licht & Meyer). 2. —

Hrsg.: O. A. Alberts. Das Brettl. Wochenschrift f. Bühnenkleinkunst. Jg. 1, Nr 1–35. [Mehr nicht ersch.] Berlin: ('Das Brettl') 1910–11. 2° [Kopft.] A 12.10732

Brettl, das moderne. — Überbrettl. Bunte Theater- u. Brettl-Zeitg. Organ f. die gesammte Ueberbrettl-Bewegg. u. alle Bestrebgn. zur literar. u. künstler. Hebg. des Variétés. Fachblatt f. die Angehörigen u. Interessenten des Ueberbrettls. Red.: Thdr. Schulze-Etzel. 1. Jahrg. Oktbr. 1901—Septbr. 1902. 12 Nrn. gr. 4. (à ca. 16 S. m. Abbildgn.) Berlin, Harmonie. n. 4. —
Fortsetzung s.: Bühne u. Brettl.

Brettl-Almanach. Liedersammlung mit Beiträgen von Alfred Beetschen. Hugo Blümner. Emanuel Freiherrn von Bodman. Alex[ander] Ehrenfeld. Emil Ermatinger. Franz Evers. Nanny von Escher. Otto Haggenmacher. R(obert) J(ulian) Hodel. Arno Holz. Meinrad Lienert. Anton Lindner. Arnold Ott. Hugo Salus. Richard Schaukal. Paul Scheerbart. Richard Scheid. Wilhelm von Scholz. Heinrich Seidel. Walther Weibel. Paul Verlaine †. Ernst Zahn. Ernst Ziel und mit 2 Musikbeilagen von Edmund Wyss und Alex[ander] Reichel. Hrg. von Alex[ander] Ehrenfeld. 12 (+ zus. 82) S. 8. Zürich, Lesezirkel Hottingen, [März] 1901. [in Futteral fr. 3.—]

Brettl- u. Theaterbibliothek, bunte. I—XIV. 8. Berlin. Harmonie. n. 18. —
- I. Die Hasenpfote. Tragicomödie in 1 Aufzug. Von Hans Brennert. Einrichtung der Uraufführung durch Ernst v. Wolzogens Buntes Theater (Ueberbrettl) in Berlin am Mittwoch den 5. VI. 1901. (45 S.) (901.) n. 1.—
- II. Sträfliche Einfälle. Von Arth. Pserhofer. Zum Tl. vorgetragen in Ernst v. Wolzogens Buntem Theater „Ueberbrettl" u. im Sezessions-Theater „Buntes Brettl". (101 S.) (901.) n. 2.—
- III. Der Wackelstein. Comödie in 1 Aufzug. Von Hans Brennert. Einrichtung der Uraufführung durch das Sezessionstheater in Berlin am 31. VIII. 1901. (50 S.) (901.) n. 1.—
- IV. Die indische Amme. Comödie in 1 Aufzug. Von Hans Brennert. (64 S.) (902.) n. 1.—
- V. Allerlei Poeterei. Von Alice Berend. (72 S.) (902.) n. 1. 50
- VI. Volkslieder in modernem Gewande. Von Leo Heller. (102 S.) 902. n. 1. 50
- VII. (Serie B. 1. Bd.) Willis Werdegang. Scenen aus dem Familienleben v. Rideamus. Mit Zeichngn. v. Edm. Edel. 1.—10. Taus. (1.—6. Aufl.) (62 S.) (902.) n. 2.—; geb. n. 3.—
- VIII. Die beiden Knipser. Berliner Scene. Von Hans Hyan. (38 S.) (902.) n. 1.—
- IX. Die kleine Kammer. Posse in 1 Act. Von Hans Hyan. (47 S.) (902.) n. 1.—
- X. Die Macht der Liebe od. Die traur. Folgen e. guten Erziehg. Von Hanns Heinz Ewers. (39 S.) (902.) n. 1.—
- XI. Na also! sprach Zarathustra u. anderes. Humoristisches u. Parodistisches. Von Leo Wulff. (2.—4. [Umschlag-]Aufl.) (à 127 S. m. Abbildgn.) (902.) n. 1.—; geb. n. 2.—
- XII. Interviews. Scenen aus dem Künstlerleben. Von Else Rema. (39 S.) (902.) n. 1.—
- XIII. Kleine Unarten. Von Rich. Weigert. (48 S.) (902.) n. 1.—
- XIV. (Serie B. 2. Bd.) Das Gänschen u. andere lieblose Gedichte. Von Rob. Eysler. 5. Aufl. gr. 8. (64 S. m. Abbildgn.) (902.) n. 2.—

Brettl- u. Theater-Bibliothek, bunte. VII. XIV. XV. XVII u. XVIII. 8. Berlin, Harmonie. n. 9. —
- VII. (Serie B. 1. Bd.) Willis Werdegang. Scenen aus dem Familienleben v. Rideamus. Mit Zeichngn. v. Edm. Edel. 16.—30. Taus. (Je 62 S.) (903.) n. 2. —; geb. n. 3. —
- XIV. (Serie B. 2. Bd.) Das Gänschen u. andere lieblose Gedichte. Von Rob. Eysler. 7. u. 8. Aufl. (Je 64 S. m. Abbildgn.) (903.) n. 2. —
- XV. (Serie B. 3. Bd.) Knipke. Scenen aus dem Berliner Leben vom Roland v. Berlin. Illustr. v. Paul Haase. 1.—5. Aufl. (Je 64 S.) (903.) n. 2. —
  Im Deutschen Reiche verboten; nach außerdeutschen Ländern liefert C. W. Stern in Wien.
- XVII. Ein- u. Ausfälle. Ernste u. heitere Gedichte. Von Frida Spandow. (78 S.) (903). n. 1. 50
- XVIII. Vier Einakter. Dichterschmerzen. Eine Duoscene. — Madame Esprit. — Er, sie u. Jener. — Der Papa. Drei parodist. Ehebruchstücke. Von Arth. Pserhofer. (80 S.) (903.) n. 1.50

Brettmann, Emil: Die freimaurerische Werk- u. Wohltätigk., an d. Hand des d. Verein deut. Freimaurer z. Verfügg gestellten Materials bearb. Handschr. nur f. Brr Freimaurer. (24 m. 12 Taf.) 8° Berl., A Unger. 2.50

Brettner, H., die Liederdichter des mecklenburgischen Gesangbuches. Schwerin 862. Stiller. 8. (38 S.) n. 3¾ ngr.

Brettner, Hans (Wilh.) (geb. Merseburg 25. 10. 1855): Ein Fall von Gehirnabscess und Lungengangrän. Berlin (1879). (42 S.) 8°
Berlin, Med. Diss. v. 22. Dez. 1879

Brettner, Hans Anton

— mathemat. Geographie. Ein Versuch d. Hauptlehren derselben für den Gymnasial-Unterricht zweckmäßig zusammen zu stellen. Mit 1 Steintaf. 8. Bresl. 835. Max u. Comp. ½ ₰

Brettner, H. A., mathematische Geographie. Ein Leitfaden beim Unterrichte dieser Wissenschaft in höheren Lehranstalten, 2. verb. u. verm. Aufl. 8. (Mit 1 Steintafel.) Breslau 840, Max u. Comp. ⅓ ₰

Brettner, H. A., mathematische Geographie. Ein Leitfaden beim Unterrichte dieser Wissenschaft in höheren Lehranstalten. 3., verb. und verm. Aufl. 8. (115 S. und 1 Stnt. in qu. gr. 4.) Breslau 849, Max und Comp.

Brettner, H. A., mathematische Geographie. Ein Leitfaden beim Unterrichte dieser Wissenschaft in höheren Lehranstalten. 4., verb. und verm. Aufl. gr. 8. (VIII und 101 S. mit eingedr. Holzschn.) Breslau 856, Max und Comp. *

Brettner, H. A., mathematische Geographie. Ein Leitfaden beim Unterrichte dieser Wissenschaft in höheren Lehranstalten. 5., verb. und verm. Aufl. Von F. Bredow. gr. 8. (VIII und 107 S. mit in den Text eingedr. Holzschn.) Leipzig 868, G. E. Schulze, Separat-Conto. *

Brettner, H. A., mathematische Geographie. Ein Leitfaden beim Unterrichte dieser Wissenschaft in höheren Lehranstalten. 6. verb. und verm. Aufl. Von F. Bredow. gr. 8. (VIII, 109 S. mit in den Text gedr. Holzschn.) Breslau 872, Morgenstern. +

Brettner, H. A., mathematische Geographie. Ein Leitfaden beim Unterrichte dieser Wissenschaft in höheren Lehranstalten. 7. verb. und verm. Aufl. Von F. Bredow. gr. 8. (VIII, 110 S. mit in den Text eingedr. Holzschn.) Breslau 876, Morgenstern. *

—— Geometrya dla szkoł wyższych z niemieckiego na polskie przełożony przez J. F. Ustymowicza. Część 1. gr. 8. (164 S.) Berlin 850, Mittler und Sohn. *

—— Geometrya dla szkół wyższych. Z języka niemieckiego na polskie przełożona przez J. T. Ustymowicza. Część 1. 2. wydanie poprawne. gr. 8. (III und 152 S. mit 10 Stnt.) Berlin 865, Mittler und Sohn. *

— Lehrbuch der Epipedometrie, der ebenen Trigonometrie der Stereometrie, der sphärischen Trigonometrie u. d. Kegelschnitte. 2 Thle. Mit 7 Steintaf. 8. Breslau 835. Max u. Comp. 1⅙ ₰

—— Lehrbuch d. Geometrie f. Gymnasien, Realschulen u. höh. Bürgerschulen. M. 7 Stnt. 2., verb. u. verm. Aufl. 8. (28¼ B.) Breslau 838, Max u. Komp.

Brettner, H. A., Lehrbuch d. Geometrie f. Gymnasien, Realschulen u. höh. Bürgerschul. 3. u. 4., verb. u. verm. Aufl. gr. 8. (à $28\frac{1}{2}$ B. u. 7 Stnt.) Breslau 844, 47, Max u. Komp. à

—— Lehrbuch der Geometrie für Gymnasien, Realschulen und höhere Bürgerschulen. gr. 8. (XII und 458 S. mit 7 Stnt. in qu. gr. 4.) Breslau 853, Max und Comp.

—— Lehrb. d. Geometrie f. Gymn. 8. (458) Bresl. 53. (Ratib., Wichura u. Co.) 1. 5

—— Lehrbuch der Geometrie für Gymnasien, Realschulen und höhere Bürgerschulen neu bearb. von J. Fiedler. I. und II. 8. Ratibor, Wichura und Comp. *

Inhalt:

I. Planimetrie. 7. verm. und verb. Aufl. (189 S. mit 8 Stnt. in Fol.) 873. *ℳ 1,60.

II. Trigonometrie. 6. verm. und verb. Aufl. (III, 146 S. mit 2 Stnt. in qu. 4. und qu. Fol.) 868. ℳ 1,20.

Brettner, H. A., Leitfaden b. allgemeinen Arithmetik u. niedern Algebra, beim Unterricht derselben auf Gymnasien. 8. Gleiwitz 829. (Max u. C. in Bresl.) 16 gr 2e Aufl., mit 4 Steindr. gr. 8. Ebd. 832. 18 gr

Brettner, H. A., Leitfaden beim Unterrichte in der Buchstaben-Arithmetik, Algebra und Kombinationslehre. 2e verb. u. verm. Aufl. 8. Breslau 836. 3e Aufl. 839. Max u. Comp. 2/3 ₰

Brettner, H. A., Leitfaden beim Unterrichte in der Buchstaben-Arithmetik, Algebra u. Kombinationslehre. 4. verb. u. verm. Aufl. gr. 8. (VIII u. 227 S.) Breslau 847, Max u. Co. 2/3 ₰

Brettner, H. A., Leitfaden beim Unterrichte in der Buchstaben-Arithmetik, Algebra und Kombinationslehre. 5. verb. rc. Aufl. Breslau 857. Max u. Co. gr. 8. (VIII, 232 S.) 20 ngr

— Leitfaden beim Unterrichte in der Buchstaben-Arithmetik, Algebra u. Kombinationslehre. 6. verb. u. verm. Aufl. v. F. Bredow. gr. 8. (VIII, 231 S.) Stuttgart 875. Heitz. n. 2. 25

—— Leitfaden b. Physik beim Unterr. ders. auf Gymnas. 8. (12 B.) Breslau 828, (Max u. Komp.)

—— dass. (unt. d. etwas veränd. T.:) Leitfaden f. d. Unterr. in d. Physik auf Gymnas., Gewerbesch. u. höh. Bürgerschulen. M. 4 Stnt. (in gr. 4.) 2., verb. Aufl. ($20\frac{1}{4}$ B.) 832., 3. u. 4. A. (à 21 B.) 834, 35. gr. 8. Breslau, Max. u. Komp. à

— Leitfaden für den Unterricht in der Physik auf Gymnasien, Gewerbeschulen u. höheren Bürgerschulen. Mit 4 Steintaf. gr. 8. Bresl. 834. Max u. Comp. 3/4 ₰ — 5e verm. u. verb. Aufl. 8. Ebd. 836. 3/4 ₰

—— Leitfaden f. den Unterr. in d. Physik auf Gymnasien, Gewerbschulen u. höheren Bürgerschulen. 8. Aufl. 842. u. 9. u. 10., verm. u. verb. A. 8. (à $23\frac{1}{2}$ B. u. 4 Stnt.) Breslau 844, 46, Max u. Komp. à -

— Leitfaden für den Unterricht in der Physik auf Gymnasien, Gewerbeschulen u. höh. Bürgerschulen. Mit 4 lith. Taf. (in qu. 4.) 11. verm. u. verb. Aufl. gr. 8. (VIII u. 379 S.) Ebd. 849. — Mit 112 in den Text eingedr. Fig. (Holzschn.) 12. verm. u. verb. Aufl. gr. 8. (VIII u. 284 S.) Ebd. 852. 3/4 ₰

— Leitfaden für den Unterricht in der Physik auf Gymnasien, Gewerbeschulen und höheren Bürgerschulen. Mit 117 in den Text eingedr. Fig. (Holzschn.). 13. verm. u. verb. Aufl. Breslau 854. Max u. Co. gr. 8. (4 Bl., 297 S.) 25 ngr

—— Leitfaden für den Unterricht in der Physik auf Gymnasien, Gewerbeschulen und höheren Bürgerschulen. 14. Aufl. 1857. und 15., verm. und verb. Aufl. gr. 8. (VIII und 318 S. mit 130 in den Text gedr. Fig. in Holzschn.) Breslau 860, Max und Comp.

Brettner, H. A., Leitfaden für den Unterricht in der Physik auf Gymnasien, Gewerbeschulen und höheren Bürgerschulen. Mit 132 in den Text eingedruckten Fig. (in Holzschn.) 15. Aufl. 860. — 16., verm. u. verb. Aufl. Breslau 864. Max & Co. gr. 8. (VIII, 330 S.) 25 ngr

—— Leitfaden für den Unterricht in der Physik auf Gymnasien, Gewerbe-, Real- und höheren Bürgerschulen. 17. verm. und verb. Aufl. von F. Bredow. Mit 137 in den Text eingedr. Fig. (in Holzschn.). 1868, und 18. unveränd. Aufl. gr. 8. (VIII, 350 S.) Breslau 872, Max und Comp.

— Leitfaden f. den Unterricht in der Physik auf Gymnasien, Gewerbe-, Real- u. höheren Bürgerschulen. Verm. u. verb. v. F. Bredow. 18. unveränd. Aufl. Mit 137 in den Text eingedr. Figuren. gr. 8. (VIII, 350 S.) Ebend. 871. 2. 50

—— dass. — 19. verm., verb. und nach dem neuen Maße und Gewichte umgearb. Aufl. von F. Bredow. gr. 8. (VIII, 349 S. mit 137 in den Text eingedr. Holzschn.) Stuttgart 875, Heitz. *

Brettner, H. A., Leitfaden für den Unterricht in der Physik auf Gymnasien, Gewerbe-, Real- u. höheren Bürgerschulen. 20. verm. u. verb. Aufl., hrsg. v. Ulffers u. Blümel. Mit 155 in den Text eingedr. Fig. u. 1 Taf. in Farbendr. gr. 8. (VIII, 352 S.) Stuttgart 882. Heitz. n. 3. —

—— die bürgerl. Rechenkunst, e. Leitfaden beim Unterr. in d. bürgerl. Rechnungsarten. 8. ($9\frac{1}{4}$ B.) Breslau 840, Max. u. Kp.

Brettner, H. A., die bürgerliche Rechenkunst, ein Leitfaden beim Unterrichte in den bürgerl. Rechnungsarten. 2., verb. und verm. Ausg. 8. (VI und 146 S.) Breslau 850, Max und Comp.

—— d. bürgerl. Rechenkunst. 2. Asg. 8. (146) Bresl. 52, Lichtenauer. — 10

—— die bürgerliche Rechenkunst. Ein Leitfaden beim Unterrichte in den bürgerl. Rechnungsarten. 3. mit Berücksicht. des neuen metr. Maßes und Gewichtes und verm. Ausg. gr. 8. (VI, 158 S. mit 1 Tab. in qu. 4.) Breslau 869, Lichtenauer. [Morgenstern.] *

Facit-Buch (8 S.) *

Brettner, H.A.: Versuch, die Hauptlehren der mathem. Geographie für den Gymn.-Unterricht zweckmäßig zusammenzustellen. 97 S. 8°
Progr. Gleiwitz 1835.

—— Wykład arytmetyki literowéj i algebry z niemieckiego na polskie przełożony przez W. Milewskiego. Część 1. gr. 8. (158 S.) Berlin 850, Mittler und Sohn. *

—— Wykład arytmetyki literowéj i algebry. Z niemieckiego na polskie przełożony przez W. Milewskiego. Część 1. 2. wydanie poprawne. gr. 8. (167 S.) Berlin 865, Mittler und Sohn. *

—— wykład rachunkow praktycznych szczegolnie dla klass niższych szkoł gimnazyalnych, z niemieckiego na polskie przełożony przez W. Milewskiego. gr. 8. (9 B.) Breslau 845, Schletter, Vrlsh. * —

Brettner, W.: Zur Theorie des sphär. rechtwinkligen Dreiecks. Nebst einigen Bemerkungen über das Verhältnis der Sphärik zur Planimetrie, und dessen Werth für den math. Unterricht. 39 S.
Progr. Leobschütz 1831.

Bretton, Claudius Wilh. v., practische Anleitung zur Seidenzucht. Ein auf eigene Erfahrung gestützter Vorschlag zur Verbreitung und Hebung des Seidenbaues in den ausseritalien. Ländern der österreich. Monarchie. gr. Lex.-8. (III und 159 S. mit eingedr. Holzschn. und 3 Stnt. in Fol. und Imp.-Fol.) Wien 852, (Gerold's Sohn.) *

Brettoneau, François, s. Bretonneau, François

Brettreich, Friedrich

Brettreich, Fr., die Bestimmungen üb. die Anlegung u. den Betrieb v. Dampfkesseln u. Dampfgefäßen in Bayern. Mit Anmerkgn. hrsg. 8. (XII, 200 S.) München 894. C. H. Beck. Kart. n. 2. 50

Brettreich, Fr., die Bestimmungen üb. die bayrische Pferdezucht, s.: Haag, v.

Brettreich, F: Das Ges., betr. d. Abmarkg d. Grundstücke, v. 30.VI.1900, m. Erläutergn u. d. Vollzugsvorschriften. (168) 8° Münch., CH Beck '01. L. 2 — d

Brettreich, Fr. v., das Gesetz, betr. die Abmarkung der Grundstücke, vom 30. VI. 1900, m. Erläutergn. u. den Vollzugsvorschriften hrsg. In 2. Aufl. bearb. von E. Frhrn. v. Scheurl. (VII, 208 S.) 8. München 907. C. H. Beck. Geb. in Leinw. 2. 50

— das bayerische Gesetz betr. die Flurbereinigung vom 29. V. 1886/9. VI. 1899. Als 2. Aufl. der Erläutergn. des Gesetzes vom 29. V. 1886 von Heinr. v. Haag neubearb. u. m. Vollzugsvorschriften hrsg. 8. (X, 256 u. Formulare u. Pläne 55 S.) München 900. C. H. Beck. Geb. in Leinw. u. geh. n. 3. 50

Brettreich, F., Gesetz, betr. die Schlachtvieh- u. Fleischbeschau. Vom 3. VI. 1900. Textausgabe m. Erläutergn., Ausführungsbestimmgn., Einleitg. u. Sachregister. (XVIII, 265 S) 12. München, C. H. Beck. 1902 Geb. in Leinw. 2. 50.

Brettreich, v., s: Handbuch d. inneren Verwaltg f. Bayern r. d. Rh

Brettreich, Friedrich (Bearb.), s. Pechmann, Joh. N. Wilh. von: Wirkungskreis der bayer. Distrikts-Verwaltungsbehörden.

Brettreich, Frdr., die Verhältnisse der Landwirtschaft in Bayern. Für die Besucher der Wanderausstellg. der deutschen Landwirtschaftsgesellschaft im J. 1905 zu München (VI, 119 S.) 8. München 905. (R. Oldenbourg.) n. 1. —

Brettschneider, Carl (geb. Berlin 21. 11. 1850): Parametritis puerperalis abscedens. Berlin (1875). (49 S.) 8°
Berlin, Med. Diss. v. 30. Okt. 1875

Brettschneider, Geo.: Kurzer Abriss d. Statik u. Festigkeitslehre. Zum Selbstunterr. f. angeh. Bautechniker u. z. Vorbereitg f. d. Meisterprüfg im Baugewerbe. (68 m. Fig.) gr8° Lüb., Ch. Coleman ('12). 1.80 d

— — Standes-, Geschäfts- u. Bürgerkde. Hilfsb. f. gewerbl. Fortbildgssch. 1—5. Taus. (7, 155) kl8° Ebd. '11. nn — 75 d

Brettschneider, Geo., u. H Oberg: Allg. Berufskde f. gewerbl. Fortbildgssch. Lehrstoffe f. d. Unterr. in d. Gewerbe- u. Bürgerkde. 1. u. 2. Afl. (246 bezw. 322) gr8° Berl., F Ashelm '10'12. 4 —; geb. 5 —

Brettschneider, Geo., das Defizit. Ein Roman. (491 S.) 8. Münster 908. E. Obertüschen. 3.50; geb. 4.50

Brettschneider, Geo.: Wandlungen. Erzählg. (202) 8° Münch., L Joachim '10. 3 —; L 4 — d

Brettschneider, Gottfr. (Königsberg/Pr.), Ex historia ecclesiastica de stabulo Bethlehemitico in quo humani generis redemptor natus est. Präs. Dav. Vogel. Königsberg (Reusner) 10. II. 1706. 16 S. (4.50) 4049
Gew.: Mart. Jeschken, Hieron. Höpner, Gg. Emmerich, Chn. Zornikau, Heinr. Pöpping, Pet. Glogau, Gottfr. Klein, Joh. Kinder, Jac. Kühn, Jac. Rohden, Chn. Johansen.

Brettschneider, Harry, geschichtl. Hilfsbuch für Lehrer- u. Lehrerinnenseminare u. verwandte Bildungsanstalten. 8. Halle, Buchh. des Waisenhauses. Geb. in Leinw. n.n. 5. 80
I. Geschichte des Altertums. (149 S.) 904. n. 1. 60
II. Vom Beginne christlicher Kultur bis zum westfälischen Frieden. (204 S.) 904. n.n. 2. 10
III. Vom westfäl. Frieden bis zur Gegenwart. (210 S. m. 2 Stammtaf.) 905. n.n. 2. 10

— Geschichtliches Hilfsbuch f. Lehrer u. Lehrerinnenseminare u. verwandte Bildungsanstalten. II. Tl. 8. Ebd. Geb. nn 2. 10
Vom Beginne christl. Kultur bis zum westfäl. Frieden. 2. Aufl. (204 S.) 909.

— Geschichtl. Hilfsb. f. Lehrerseminare, höh. Lehrerinnenseminare u. Studienanst. 2. Tl: Vom Beginne christl. Kultur bis z. westfäl. Frieden. 3. Afl. (204) 8° Ebd. '12. L nn 2.10

Brettschneider, Harry, Hilfsbuch f. den Unterricht in der Geschichte f. die oberen Klassen höherer Lehranstalten. 3 Tle. gr. 8. Halle a/S., Buchhandl. d. Waisenhauses. n. 5. —; geb. n.n. 5. 90
1. Geschichte d. Altertums (Lehraufgabe der Obersekunda), nebst e. Anh.: Einiges aus der griech. u. röm. Litteraturgeschichte. (X, 67 S.) 892. n. 1. 60; geb. n.n. 1. 90
2. Vom Beginne christl. Kultur bis zum westfäl. Frieden (Lehraufgabe der Unterprima). (X, 178 S.) 893. n. 1. 60; geb. n.n. 1. 90
3. Vom westfäl. Frieden bis zur Gegenwart (Lehraufgabe der Oberprima). (IX, 192 S.) 894. n. 1. 80; geb. n.n. 2. 10

Brettschneider, H: Hilfsb. f. d. Unterr. in d. Gesch. f. d. mittl. Klassen höh. Lehranst. I—IV. Tl. 8° Halle 99, Bh. d. Waisenh. à 1 —
I. Gesch. d. Altertums (Lehraufgabe d. Quarta). (100)
II. Deut. Gesch. bis z. Ausg. d. M.-A. (Lehraufgabe d. Untertertia). (92)
III. Deut., insbes. brandenb.-preuss. Gesch. v. Ausg. d. M.-A. bis auf Friedrich d. Gr. (Lehraufgabe d. Obertertia). (86)
IV. Deut. u. preuss. Gesch. v. Friedrich d. Gr. bis z. Gegenwart (Lehraufgabe d. Untersekunda). (125)
V u. VI u. d. T.:

— Hilfsb. f. d. Unterr. in d. Gesch. auf höh. Lehranst. V. u. VI. Tl. 2. Afl. 8° Ebd. 1900. à 1.80
V. Gesch. d. Altertums (Lehraufgabe d. Obersekunda), nebst e. Anh.: Einiges a. d. griech. u. röm. Litt.-Gesch. (198)
VI. Vom Beginne christl. Kultur bis z. westfäl. Frieden (Lehraufgabe d. Unterprima). (194)

Brettschneider, Harry, Hilfsbuch f. den Unterricht in der Geschichte auf höheren Lehranstalten. 7 Tle. gr. 8. Halle, Buchh. d. Waisenhaus. Geb. in Leinw. n.n. 11.50
I. Geschichte d. Altertums (Lehraufgabe der Quarta). 2. Aufl. (VI, 100 S.) 901. n.n. 1. 30
II. Deutsche Geschichte bis zum Ausgang des Mittelalters (Lehraufgabe d. Untertertia). 2. Aufl. (92 S.) 901. n.n. 1. 30
III. Deutsche, insbes. brandenburgisch-preussische Geschichte vom Ausgange des Mittelalters bis auf Friedrich d. Gr. (Lehraufgabe der Obertertia). 2. Aufl. (93 S.) 902. n.n. 1. 30
IV. Deutsche u. preussische Geschichte von Friedrich dem Grossen bis z. Gegenwart (Lehraufgabe d. Untersekunda). 2. Aufl. (128 S.) 902. n.n. 1. 30
V. Geschichte des Altertums (Lehraufgabe der Obersekunda,) nebst e. Anh.: Einiges aus der griech. u. röm. Litteraturgeschichte. 3. Aufl. (VIII, 199 S.) 902. n.n. 2. 10
VI. Vom Beginne christlicher Kultur bis zum westfälischen Frieden (Lehraufgabe der Unterprima). 3. Aufl. (X, 194 S.) 902. n.n. 2. 10
VII. Vom westfäl. Frieden bis zur Gegenwart (Lehraufgabe der Oberprima). 2., verb. Aufl. (V, 201 S.) 901. n. 1,80;

Hilfsbuch für den Unterricht in der Geschichte auf höheren Lehranstalten. Von Harry **Brettschneider,** Prof. zu Insterburg. 3. Aufl. T. 1. *Halle a. S.: Waisenhaus 1903.* 8° [03. 13387

Brettschneider, Harry, Hilfsbuch f. d. Unterricht in d. Geschichte auf höh. Lehranstalten. 1.—3. Tl. 8. Halle, Buchh. des Waisenhauses. Geb. in Leinw. n.n. 3. 90
1. Geschichte des Altertums (Lehraufgabe der Quarta). 4. Aufl. (102 S.) 904. n.n. 1. 30
2. Deutsche Geschichte bis zum Ausgang des Mittelalters (Lehraufgabe d. Untertertia). 4. Aufl. (94 S.) 904. n.n. 1. 30
3. Deutsche, insbes. brandenburgisch-preussische Geschichte vom Ausgange des Mittelalters bis auf Friedrich d. Gr. (Lehraufgabe d. Obertertia). 4. Aufl. (93 S.) 904. n.n. 1. 30

Hilfsbuch für den Unterricht in der Geschichte auf höheren Lehranstalten. Von Harry **Brettschneider,** Prof. 5. Aufl. T. 4. Halle a. S.: Waisenhaus 1905. 8° [07. 9705 3

Hilfsbuch für den Unterricht in der Geschichte auf höheren Lehranstalten. Von Harry **Brettschneider,** Prof. 6. Aufl. T. 1. Halle a. S.: Waisenhaus 1907. 8° [07. 9706 3

Brettschneider, Harry, Hilfsbuch f. den Unterricht in der Geschichte auf höheren Lehranstalten. 7 Tle. 8. Halle, Buchh. des Waisenhauses. Geb. nn 11. 50
I. Geschichte des Altertums (Lehraufgabe der Quarta). 8. Aufl. (21—23. Taus.) (102 S.) 909. Geb. nn 1. 30
II. Deutsche Geschichte bis zum Ausgang des Mittelalters (Lehraufgabe der Untertertia). 8. Aufl. (21—23. Taus.) (94 S.) 909. Geb. nn 1. 30
III. Deutsche, insbes. brandenb.-preuss. Geschichte vom Ausgange des Mittelalters bis auf Friedrich d. Gr. (Lehraufgabe der Obertertia). 7. Aufl. (16—18. Taus.) (93 S.) 909. Geb. nn 1. 30
IV. Deutsche u. preussische Geschichte von Friedrich d. Grossen bis zur Gegenwart (Lehraufgabe der Untersekunda). 6. Aufl. (13—15. Taus.) (137 S.) 908. Geb. nn 1. 30
V. Geschichte des Altertums (Lehraufgabe der Obersekunda), nebst e. Anh.: Einiges aus der griech. u. röm. Literaturgeschichte. 7. Aufl. (17—19. Taus.) (X, 200 S.) 909. Geb. nn 2. 10
VI. Vom Beginne christl. Kultur bis zum westfälischen Frieden (Lehraufgabe der Unterprima). 6. Aufl. (14—16. Taus.) (X, 198 S.) 908. Geb. nn 2. 10
VII. Vom westfälischen Frieden bis zur Gegenwart (Lehraufgabe der Oberprima). 5. Aufl. (11—18. Taus.) (IX, 212 S.) 908. Geb. nn 2. 10

Brettschneider, Harry: Hilfsb. f. d. Unterr. in d. Gesch. auf höh. Lehranst. 1—3. u. 5—7. Tl. 8° Halle, Buchh. d. Waisenhs.
1. Gesch. d. Altertums (Lehraufg. d. Quarta). 11. Afl. (102) '12. L nn 1.30 ‖ 2. Deut. Gesch. bis z. Ausgang d. M.-A. (Lehraufg. d. Untertertia). 10. Afl. (94) '12. L nn 1.30 ‖ 3. Deut., insbes. brandenburg.-preuss. Gesch. v. Ausgange d. M.-A. bis auf Friedrich d. Gr. (Lehraufg. d. Obertertia). 9. Afl. (93) '11. geb. nn 1.30 ‖ 5. Gesch. d. Altertums (Lehraufg. d. Obersekunda), nebst Anh.: Einiges a. d. griech. u. röm. Lit.-Gesch. 8. Afl. (10, 200) '11. geb. nn 2.10 ‖ 6. Vom Beginne christl. Kultur bis z. westfäl. Frieden (Lehraufg. d. Unterprima). 8. Afl. (10, 198) '12. L nn 2.10 ‖ 7. Vom westfäl. Frieden bis z. Gegenwart (Lehraufg. d. Oberprima). 7. Afl. (9, 212) '12. L nn 2.10

Brettschneider, Harry Melanchthon als Historiker. Ein Beitrag zur Kenntnis der deutschen Historiographie im Zeitalter des Humanismus. 23 S. Pregr. *Insterburg* 1880.

Brettschneider, Harry, z. Unterricht in d. Geschichte vorzugsweise in d. ob. Klassen höh. Lehranst. E. Nachwort z. mein. „Hilfsbuch". gr. 8. (V, 84 S.) Halle 895. Buchh. d. Waisenhauses. n. 1.—

[F.] **Brettschneider,** Harry: Der Wert des Geschichte-Unterrichts für die Jugendbildung. Insterburg, Druck v. J. G. Driest, 1895; 22 S. 4.
Insterburg, k. G u. RG, OP 1895 (6)

— Wiederholungs-Tabellen f. den Unterricht in d. Geschichte. gr. 8. (38 S.) Ebd. 902. n. —40

— Wiederholungs-Tabellen f. den Unterricht in der Geschichte. 3. Aufl. (7—9. Taus.) (38 S.) 8. Ebd. 908. —40

— Wiederholgs-Tabellen f. d. Unterr. in d. Gesch. 4. Afl. (38) 8° Ebd. '12. —40

BRETTSCHNEIDER, J., Die schwersten Verbrecher unter den zivilisierten Völkern, ihre Enthüllungen, Prozesse u. Blutsühne. St. Gallen 1870. 8. (3 Kr. 60 hl. Halm & Goldmann, 1907.)

Brettschneider, Rudolf, Referendar: Verfolgungsübernahme durch die Staatsanwaltschaft im Privatklageverfahren (§ 417 Abs. 2 St.P.O.). (Königsberg) 1909: Königsberger Allg. Zeitungsdr. 43 S. 8°
Heidelberg, Jur. Diss. v. 2. April 1909, Ref. v. Lilienthal
[Geb. 12. April 84 Königsberg i. P.: Wohnort: Königsberg; Staatsangeh.: Preußen: Vorbildung: Kneiph.-Gymn. Königsberg Reife O. 03; Studium: Königsberg 6 S.; Rig. 6. März 09.] [U 09. 1756

Brettspiele. – s. Bretspiele.

Brettspieler, der allezeit fertige, od. Anweis. zur schnellsten pract. Erlernung sowohl, als auch d. Regeln v. Schach-, Domino-, Dame-, Kegel-, Billard-, Ball-, Trictrac- u. Toccategli-Spiel. 8. (1 B. u. Titkpfr.) Wien 835, Haas'sche Bh.

Bretz, Max: Über das Vorkommen des Bacillus pneumoniae Friedländer in der Aussenwelt. Strassburg 1908: Müh. 26 S. 8°
Straßburg, Med. Diss. v. 17. Sept. 1908, Ref. Forster
Geb. 2. Jan. 80 Ratingen: Wohnort: Straßburg; Staatsangeh.: Preußen; Vorbildung: Gymn. Mülhausen Reife O. 02; Studium: Straßburg 5. Kiel 2. Straßburg 4 S.: Coll. 10. Juli 08; Approb. Frühjahr 07.] [U 09. 3706

Bretz, Maximilian (Weydingen / Rhld.), De cura lactentium diaetetica. Diss. med. Bln. (Friedlaender) 19. X. 1838. 32 S. m. Biogr. (M.: A. C. Dingels.) (3.50) 4050
Oppon.: F. Dahn, R. Adloff, E. Ebbing. — Gew.: Joh. Leon. Ludwigh, Nicol. Bretz (Bruder).

Bretzenbäck, Der. Komisches Intermezzo. Wien [1885.] V: *Bartl, Hans.* (EB)

Bretzfeld, Frdr.: Anleitg z. Führg d. Sitzgsprotokolle in Strafsachen, unter bes. Berücks. d. f. d. Kgr. Bayern gelt. Vorschriften. (5, 53) gr8° Münch., CH Beck '12. 1.80 d

Bretzfeld, Frdr., die Behandlung der Strafsachen bei den bayer. Justizbehörden. Eine systemat. Zusammenstellg. der auf das Strafrecht u. Strafverfahren bezügl. Verordngn. u. Ministerialbekanntmachgn., vornehmlich f. den Dienst der Staatsanwaltschaften, Amtsanwälte u. Gerichte. (VIII, 303 S.) 8. München 909. C. H. Beck. Geb. in Leinw. 4. 50

Bretzfeld, Friedrich, aus München. Rechtspraktikant in München: Beiträge zum Rechte des Differenzgeschäftes. *München 1902: Mages & Müller.* (81 S.) 8°
Erlangen, Jur. Diss. v. 12. Juni 1901

— Reichsgesetz betr. den Verkehr m. Nahrungsmitteln, Genußmitteln u. Gebrauchsgegenständen vom 14. V. 1879, erläutert. (VIII, 132 S.) gr. 8. Nürnberg 909. U. E. Sebald. 3. 20

Bretzfeld, Majer: Der Kultus der Juden, s. Obernberg, Jos. von

Bretzfelder, Max, a. Bamberg, Rechtspraktikant am kgl. Amtsgericht zu Bamberg: Begriff der Abnahme beim Kauf und Werkvertrag. Bamberg 1906: M. R. Schulz. (78 S.) 8°
Erlangen, Jur. Fak., Ref. Oertmann, Diss. v. 6. Okt. 1906
[Geb. 21. Jan. 84 Bamberg; Wohnort: Bamberg; Staatsangeh.: Bayern; Vorbildung: Neues Gymn. Bamberg Reife 02; Studium: Genf 1, München 3, Berlin 2, Erlangen 2 S.; Rig. 17. Juli 06.]

Bretzing, G. J.: „Repertorium der Polizeygesetze für Berlin und Charlottenburg, auch das gesammte Polizey-Arrondissement", Berlin 1814.

Brezing, G. P., Repertorium d. Polizei-Gesetze f. Berlin, Charlottenburg u. das gesammte Berliner Polizei-Arrondissement, nach alphab. Materienfolge. 8. Halle 814. (L. Oehmigke). 6K

Bretzing, G. P., Repertorium d. Polizei-Gesetze f. Berlin, Charlottenburg u. das gesammte Berliner Polizei-Arrondissement, nach alphab. Materienfolge. 8. Halle, Waysenhausbuchh. (in Comm.) 814.
Schreibp.

Bretzing, Gustel, Lieder u. Skizzen. (80 S.) 8. Straßburg 905. Schlesier & Schweikhardt. n. 1. 20; geb. n. 2. —

Bretzl, die Flora des Belchens. [Aus: „Belchenlieder".] (9 S.) kl. 8. Gebweiler 910. J. Boltze. — 30

Bretzl, Hugo: Botanische Forschungen des Alexanderzuges nach Theophrasts Auszügen aus den griechischen Generalstabsberichten. *Strassburg 1902: M. Dumont-Schauberg.* (40 S.) 8° (Erscheint demnächst vollst.)
Strassburg, Phil. Diss. v. 1902

Bretzl, Hugo, botanische Forschungen des Alexanderzuges. Mit 11 Abbildgn. u. 4 Kartenskizzen. Gedr. m. Unterstützg. der kgl. Gesellschaft der Wissenschaften zu Göttingen. (XII, 412 S.) gr. 8. Leipzig 903. B. G. Teubner. n. 12. —; geb. n. 12. 80

Bretzner, Christoph Friedrich

Bretzner C. F., s.: National-Litteratur, deutsche.

Belmont und Constanze, oder: Die Entführung aus dem Serail. Eine Operette in 3 A. von C. F. Bretzner. Componirt vom Herrn Kapellmeister André in Berlin. Leipzig, bey C. F. Schneider, 1781. 8°.
Erste Ausgabe.

BRETZNER, Chp. Frdr. (1748—1807), Das Leben eines Lüderlichen. Ein moralisch-satyrisches Gemälde nach Chodowiecki und Hogarth. 3 Bde. Mit 3 TKpfrn. und 3 TVgnn. v. Penzel und Chodowiecki. Leipzig, bey Friedr. Gotthold Jacobäer. 1787—88. 8°. (Th. 2—3 in Berlin, Th. 1 in 2. Aufl.) (7 Mk., cplt., Jos. Jolowicz, Posen, 1889; Th. 1 und 3 12 Mk. Adolf Weigel, 1906.)
Erste seltene Ausg., anonym erschienen. Ebeling, kom. Lit. III. p. 599. Goedeke IV, 253, 26, 9.
§ — — Dasselbe. Zweyte verbess. Auflage. 3 Bde. Mit 3 Kpfrn. Ibid. 1790—92. 8°. (Th. 1 in Berlin.)
I: 6 Bll., 320 S., 1 Bl. Verlag d. Firma. II: 3 Bll., 300 S. III: 4 Bll., 469 S., 1 S. Err.
— — Dasselbe. 3. Aufl. 3 Bde. Mit 3 Kpfrn. u. 3 Vign., gest. von Penzel u. Geyser. Ebd. 1820. 8°. (4 Mk. Scheible; jetzt theurer!) (Aue in Altona)

Bretzner, C. F., das Leben eines Liederlichen. Ein moralisch-satyrisches Gemälde nach Chodowiecki und Hogarth. Neu herausgeg. von J. Funck. 1. Thl. 8. Ingolstadt (840) 847, Fromm. 2/3 uß

BRETZNER. — Der Lüderliche. Ein tragisches Gemälde in fünf Akten. Nach der Geschichte: das Leben eines Lüderlichen. Leipzig, Jacobäer, 1789. 8°. 213 S. (2 Mk. 50 Pfg. E. Frensdorff, Berlin, 1908.)

Bretzner, Christoph Friedrich. Der Lüderliche. Schauspiel in 3 Aufz. für die Marinellische Schaubühne bearb. O. O. 1792. B: *Hensler (Henseler), Carl Friedrich.* (GGr)

Die Luftbälle, oder: der Liebhaber à la Montgolfier. Posse, in 2 A., von C. F. Bretzner. Leipzig, 1786. bey F. G. Jacobäer. 8°.

Bretzner, Ch. F., Operetten. 1r Bd. 8. Leipz. Schneider, 779.

Bretzner, C. F., das Räuschchen, s. Universal-Bibliothek Nr. 686.

BRETZNER, Christoph Friedrich 1748 - 1807
Das Räuschgen. Ein Lustspiel in vier Akten von C. F. Bretzner.
Köln: Johann Gottschalk Langen. 1786. 144 S. 8°.
Stadtbibliothek Braunschweig

BRETZNER, Christoph Friedrich 1748 - 1807
Das Räuschgen. Ein Lustspiel in vier Akten von C. F. Bretzner.
Leipzig: Jacobäer. 1786. 176 S. 8°.
Zentralbibliothek der deutschen Klassik Weimar

— Schauspiele. 2 Bde. 8. Leipz. Jacobäer. 792. 96.

Bretzner, C. F., Schauspiele. 4 Bde. 8. Leipz. Jacobäer. 808.

— Singspiele. 8. Ebend. 796.

Singspiele von C. F. Bretzner. Neue unveränderte Ausgabe. Leipzig, 1820. 8°. (Schattenspiel an der Wand. Ein Singsp. in 2 A. Opera buffa Ein komisches Singsp. in 2 A. Der Schlaftrunk. Ein komisches Singsp. in 2 A.)

Bretzner-Stephanie d. J. Die Entführung aus dem Serail, s. Universal-Bibliothek Nr. 2667.

Breu, Geo., der Kochel-See. Limnologische Studie. Ein Beitrag zur bayr. Landeskunde. (100 S. m. 2 Taf. u. 1 farb. Karte.) gr. 8. München (906). (Literarisch-artist. Anstalt.) n. 3. 60

— der Tegern-See, s.: Forschungen, landeskundliche.

Breu, Johann (Straßburg), De methodo concionandi Christi. Diss. theol. Präs. Martin Chladen. Wittbg. (Ww. Gerdes) Okt. 1724. 48 Seiten. (5.—) 4051

Breu, Johann Siegfried (Hrsg.), s. Versuche, Moralische mit Scherz untermischte, ein kleines Geschenk für meine Freunde.

Breu, Sim., D. Christkindlsinger, s.: Dreyer, Alois.

— Christwunder. Weihnachtssp. in e. Aufzug v. Aloys Dreyer. Musik v. B. (Text.) 12. (19 S.) Regensburg 896. A. Coppenrath's Verl. n. — 20

Breu, Sim., deutsches Jugendliederbuch f. Gymnasien, Oberrealschulen, Realschulen u. and. höh. Lehranstalten. (XII, 211 S.) 8. Essen 908. G. D. Baedeker. — Würzburg. H. Stürtz. Kart. 1. —

Schiller-Hymne. Gedicht von Dr. Georg Steinmüller. Einstimmiger Volksgesang mit Blechmusikbegleitung komp. von Simon Breu. Würzburg: H. Stürtz [1905]. (2 Bl. Partitur, 1 Bl. Singstimme, 9 Bl. Orchesterstimmen.) 4° u. 8° [Umschlagt. J. u. Ant.] 9

Breuchel, Philipp Jacob

Breuchel, Beschreib. des edl. Weinstocks. 8. Frankf. Eßlinger. 762.

Breuchel, ..., Beschreib. d. edlen Weinstocks. 8. Frankf. 762. (Schäfer). 8 gr.

Breuchel, Phil. Jac., umständl. u. gründl. Beschreib. d. edlen Weinstocks, nebst beigefügter Abhand. v. allen Sorten Trauben, nach Bauart d. Kernes in Churpfalz, näml. Neustadt, Gimmeldingen, Haard, Mussbach u. Königsbach. 8. Frankfurt, 1781. Eßlinger — 10

— s.: Rebenstecher.

Breucker, Fritz, a. Berlin: Gedichte Brunos von Schonebeck. Norden 1904: D. Soltau. (48 S.) 8° ¶ (Ersch. vollst. in: Jahrb. d. Vereins f. niederdeutsche Sprachforschung, Jg. 30, 1904.)
Göttingen, Phil. Fak., Ref. Schröder, Diss. v. 12. Nov. 1904
[Geb. 5. Dez. 78 Ergste; Wohnort: Berlin; Staatsangeh.: Preußen; Vorbildung: Friedrichs-Werdersche Oberrealsch. Berlin Reife O. 98; Studium: Berlin 3, Göttingen 9 S.; Rig. 3. Dez. 03.]

Breucker, Gustav: Die Abtretung Vorpommerns an Schweden und die Entschädigung Kurbrandenburgs. Ein Beitrag zur Geschichte des westfälischen Friedens. Halle a/S. 1879: Karras. 32 S. 8°
Halle-Wittenberg, Phil. Diss. v. 24. Mai 1879
Geb. Altendorf bei Hattingen (Westf.) 27. 3. 1857. V.
Ersch. vollst. im Buchhandel Halle: Niemeyer 1879. 94 S. (Hallesche Abhandlungen zur neueren Geschichte. H. 8.)

Breucker, Gustav [Dr.]: Zur Würdigung des Dichters Andreas Gryphius. Eine litterarhistorische Studie. Trarbach, Buchdr. v. Ph. Ropp, 1889; 20 S. 4°
Trarbach, k. PG, OP 1889 (433)

Breuel, Friedrich Anselm

Diss. de veneni animalium rabidorum natura, ejusque medela. Lps. 4°. Ib. VI, 125. 1774

Breuel, Friedrich Anselm (Schneeberg), De veneni animalium rabidorum natura eiusque medela diss. med. Präs. Ernst Gottlob Bose. Lpz. (Jacobäer) Mai 1788. 44 S. (4.80) 4052
Gew.: Joh. Friedr. Benedict Breuel (Vater).

— Friedrich Wilhelm (Schneeberg), Quaedam de morbo nigro Hippocratis. Diss. med. Präs. Carl Gottlob Kühn. Lpz. (Sommer) 21. XII. 1802. 40 S. (4.80) 4053

Breuer, ..., Ausflug von Konstantinopel nach Brussa. .. Wien 811. Geistinger. 5/6 rh

Breuer, Eisenbahnbrücke üb. d. Ruhr b. Hohensyburg, deren Einsturz inf. d. Hochwassers v. J. 1890 u. ihre Wiederherstellg. [Aus: „Zeitschr. f. Bauwesen".] Fol. (10 S. m. 5 Abb. u. 2 Taf.) Berlin 895. W. Ernst & Sohn. n. 4. —

Breuer, A., Register der Verordnn., das Kirchen- u. Schulwesen betreff. rc. 4. Eisleben 830. (Berlin, Hermes.) 1/4 rh

Breuer, A., Register d. Verordnungen, d. Kirchen- u. Schulwesen betreff., welche durch d. Amtsbl. d. kgl. Regier. in Merseburg in d. J. 1816—29 bekannt gemacht worden sind. 4. ... Eisleben 830, Reichardt.

Breuer, A. F., Erholungen, s. L. Becker.

Breuer, A. J., manuale pietatis christianae. (Griechisch u. lateinisch.) 16. (128 S.) Einsiedeln 889. Benziger & Co. geb. m. Goldschn. n. 2. 40

Breuer, Adalbert

Breuer, A., übersichtliche Darstellung der mathematischen Theorien über die Dispersion des Lichtes. Einheitlich u. leicht fasslich entwickelt. 1. Tl. Normale Dispersion. Mit 1 Fig.-Taf. gr. 8. (55 S.) Hannover 890. Bacmeister. n. 1. —

— übersichtliche **Darstellung** der mathematischen Theorien üb. die Dispersion d. Lichtes. Einheitlich u. leicht fasslich entwickelt. 2. Tl. Anomale Dispersion. Mit 1 Fig.-Taf. gr. 8. (54 S.) Ebd. 891. n. 1. 50 (1. u. 2.: n. 2. 50)

Breuer Adalbert: Übersichtliche Darstellung der mathematischen Theorien über die Dispersion des Lichtes. 48. 52. Trautenau R. 90. 91. Progr.

— die goniometrischen **Functionen** complexer Winkel. Eine Ergänzg. zur algebr. Analysis. gr. 8. (14 S. m. 1 Taf.) Ebd. 892. n. 1. —

Breuer, Adb., constructive Geometrie der Kegelschnitte. Auf Grund der Focaleigenschaften. Einheitlich entwickelt. Ein Lehrbuch für höhere Unterrichtsanstalten und für den Selbstunterricht. gr. 8. (IX, 110 S. mit 80 in den Text gedr. Orig.-Fig.) Eisenach 888, Bacmeister. *

Breuer, Adalb., constructive Geometrie d. Kegelschnitte a. Grund d. Focaleigenschaften. gr. 8. (IX, 110 S. m. 80 Fig.) Eisenach 888. (Wien, Sallmayer.) 1. 60; erm. Pr. n.n. — 60

— imaginäre **Kegelschnitte**. Eine geometr. Studie üb. das Wesen u. die katoptr. Deutg. d. Imaginären. gr. 8. (16 S. m. 1 Taf.) Ebd. 892. n. 1. —

Breuer, Adb., üb. **Conographie**. Ein Beitrag zur constructiven Geometrie. gr. 8. (10 S. m. 2 Taf.) Erfurt 892. Leipzig, Bacmeister's Verl. n. 1. —

— die **Logarithmen** complexer Zahlen in geometr. Darstellung. Ein Beitrag zur algebr. Analysis. gr. 8. (6 S. m. 1 Taf.) Ebd. 892. n. — 50

Breuer Adalbert: Rein algebraische Lösung der kubischen Gleichung. 26. Wien III. R 03. Progr.

— die einfachste **Lösung** d. apollonischen Tactionsproblems. Eine Anwendg. der neuen Theorie d. Imaginären. gr. 8. (16 S. m. 2 Taf.) Ebd. 892. n. 1. 50

Breuer A.: Die Methode der Centralprojection auf eine Ebene. 24. Trautenau R. 80. Progr.

— Die Normalform der allgemeinen Kegelschnittsgleichung. Ein Beitrag zur analytischen Geometrie. 37. ibd. 88. Progr.

— Die **Normalform** der allgemeinen Kegelschnittsgleichung. Ein Beitrag zur analyt. Geometrie. gr. 8. (39 S. m. 8 Textfig.) [Eisenach 888, Bacmeister.] Lpz., W. Friedrich. * 1 —

Breuer, Adb., Elementar entwickelte Theorie u. Praxis d. **Functionen** e. complexen Variabelen in organ. Verbindg. m. d. Geometrie. E. Handbuch f. Lehrer u. Freunde d. Mathematik. gr. 8. (VIII, 205 S. m. 84 Fig.) Wien 898. C. Daberkow. n. 5. —

Breuer Adalbert: Mathematische Vorschule der Astronomie in Bezug auf die scheinbare Bewegung des Fixsternhimmels. 22. Wien III. R. 95. Progr.

Breuer, Adam ⟨geb. am 9 Okt. 1844 in Damm Kr. Grevenbroich⟩: Ueber Differential-Diagnose zwischen Typhus abdominalis und acuter Miliartuberculose ... Bonn, Druck v. C. Georgi [1871]. 23 S. 8.
Bonn, Med. Fak., nachträgl. erschienene Diss. v. 22 Juli 1870

Breuer, **Adf.**, **Bunte Blätter**. Gedichte. 12. (VIII, 112 S.) Elberfeld 898. Baedeker. Geb. m. Goldschn. n.n. 3. 50

Breuer, Andreas: Aus d. geburtshülfl. Klinik in Bonn. Ueber Geburten mit vorzeitigem Blasensprung. 500 Fälle aus d. Univ.-Frauenklin. Bonn. Bonn 1910: Carthaus. 36 S. 8°
Bonn, Med. Diss. v. 3. Juni 1910, Ref. Fritsch
[Geb. 20. Sept. 83 Bonn; Wohnort: Bonn; Staatsangeh.: Preußen; Vorbildung: Kgl. Gymn. Bonn Reife O. 04; Studium: Bonn 6, München 1, Bonn 3 S.; Coll. 6. Mai 10; Approb. 10. Mai 10.] [U 10. 306

Breuer, August [aus Lucherberg (Rheinprov.)]: Über primäres Melanosarkom des Rectum ... Freiburg i. B., F. Wagner'sche Buchdr., 1893; 27 S. 8.
Freiburg i. B., Med. Fak., Inaug.-Diss. v. 1893

Breuer, Casp[ar], aus Köln a. Rh.: Aus d. Universitäts-Frauenklinik zu Bonn. Verwendung des Küsterschen Zeichens bei Dermoiden des Ovariums. *Bonn 1901: C. Georgi.* (56 S.) 8°
Bonn, Med. Diss. v. [22. Febr.] 1901

Breuer, Christian Gottfr. (Leipzig), Quaestio jur. contr. an prohibita sit donatio a marito per alium uxori facta. Präs. Christian Heinrich Breuning. Lpz. (Langenheim) 8. IV. 1775. 8 S. (3.—) 4054

— **Christian Gottlieb** (Dresden), De jure cauponarum bannariarum. Diss. jur. Präs. Friedrich Gottlieb Zoller. Lpz. (Langenheim) 6. IV. 1769. 32 S. (4.80) 4055

Breuer, Const., Katalog üb. Käufe aus zweiter Hand oder Verzeichniß solcher Bücher, die aus dem Orig.-Verlage in großen Partien oder ganzen Vorräthen mit oder ohne Verlagsrecht in fremde Hände übergegangen sind, nebst Angabe der früheren u. der jetzigen Bezugsquellen u. Bezugsbedingungen. [Als Mscr. gedr. für Buchhändler.] gr. 8. (IV u. 249 S.) Berlin 852, Brandis. Subscr.-Pr. baar n. n. 3/4 ℛ; Ladenpr. baar n. n. 1 ℛ

Breuer, C, Katalog üb. Käufe a. zweiter Hand. 8. (269) Berl. 52, Stargardt. *n.* — 10

Breuer, Emil, aus Düsseldorf, Referendar am kgl. Landgerichte zu Düsseldorf: Die Bedeutung des Urteils im Prozesse der offenen Handelsgesellschaft und seine Wirksamkeit gegenüber den einzelnen Gesellschaftern. Dargestellt unter Zugrundelegung d. allgem. deutschen Handelsgesetzbuches vom 5. Juni 1869 u. d. Civilprozessordnung vom 30. Jan. 1877 nebst einem Anhang: Ausblick auf d. veränderten Rechtszustände nach 1900. *Düsseldorf 1900: H. Pleimes Nachf.* (IV, 48 S.) 8°
Erlangen, Jur. Diss. v. 10. Juli 1899

BREUER, Emil
(F) Die Collation anrechenbarer Gaben und seiner Schenkungen und ihr Einfluss auf die Bestimmung des Pflichttheils nach österreichischem Rechte bearbeitet unter Zugrundelegung der einschlägigen Materialien von Dr. Emil Breuer. Wien. 1901. Perles. Gr.-8°. 48 S. K 1.20

Breuer, Ferdinand [aus Binsfeld]: Aus d. medicin. Klinik in Bonn. Über anomale, kurzdauernde Abdominaltyphen mit grösstenteils afebrilem Verlauf ... Bonn, Univ.-Buchdr. v. C. Georgi, 1895; 42 S. 8.
Bonn, Med. Fak., Inaug.-Diss. v. [22.] Febr. 1895

Breuer, Ferdinand [aus Bergerhausen]: Ueber sog. „Seröse Abscesse" ... Berlin, C. Vogt's Buchdr., *1893;* 37 S., 1 Bl. 8.
Berlin, Med. Fak., Inaug.-Diss. v. 30. Mai 1893

Breuer, Franc. (geb. Klinkheide bei Aachen 2. 9. 1815): De speciebus graviditatis variis. Berolini (1839). (36 S.) 8°
Berlin, Med. Diss. v. 14. Sept. 1839

— **Friedr. Ludw.** (Dresden), De bonis avitis secundum leges Saxonicas. Präs. Chn. Gottlob Biener. Lpz. (Carl Tauchnitz) 20. III. 1805. 40 Seiten. (4.80) 4056

Breuer, Fr. Edw., s. 1) Dichterproben, britt. 2) Waisenfreund.

Breuer, Fritz: Aus der chirurgischen Klinik zu Bonn. Beitrag zur Behandlung penetrirender Bauchwunden. *Bonn 1897: A. Henry.* (43 S.) 8°
Bonn, Med. Diss. v. [6. Okt.] 1897

Breuer, Gustav Matthias ⟨geb. am 8 Jan. 1857 in Hermeskeil Landkr. Trier⟩: Sprachliche Untersuchung des Girart de Rossillon hrsg. von Mignard ... Bonn, Univ.-Buchdr. v. C. Georgi 1884. 2 Bl., 45 S., 1 Bl. 8.
Bonn, Phil. Fak., Diss. v. 13 Aug. 1884

Breuer, H.: Elementa juris... 1786., s. Brewer, Hubert

Breuer, H., & Co., Maschinen- und Armaturenfabrik: Preisliste. Höchst a. M. (1899)

Breuer, H.: Was tut Not? Eine Volksbank zur Anbahnung eines gesunden Kredits. - Euskirchen 1877.

Breuer, Hans, Med.-Prakt.: Aus d. Univ.-Kinderklinik in Heidelberg. Herzkranke Kinder im späteren Leben. Göttingen 1910: Hubert. 77 S. 8°
Heidelberg, Med. Diss. v. 5. Okt. 1910, Ref. Feer
[Geb. 30. April 83 Gröbers; Wohnort: Frankfurt a. M.; Staatsangeh.: Preußen; Vorbildung: Gymn. Steglitz Reife O. 02; Studium: Marburg 5, Tübingen 1, München 2. Heidelberg 3 S.; Coll. 24. Mai 10; Approb. 2. Febr. 10.] [U 11. 2180

Breuer, Hans: Der Zupfgeigenhansl. 9.Afl. (12, 219) kl8° Lpzg. F Hofmeister '12. 1.50

Breuer, Heinr.: Des Räubers Ende, s: Radermacher's, J, Vereinsbühne.

Breuer, *Heinrich* [Prof. Dir.]: Die Feier des fünfzigjährigen Jubiläums des Königl. Realgymnasiums zu Wiesbaden am 30. und 31. Mai und 1. Juni 1895. Wiesbaden, Buchdr. v. C. Ritter, 1896; 41 S. 4.
Wiesbaden, k. RG, P 1896 (420)

Breuer, Heinrich, Gerichtsref. aus Euskirchen b. Cöln a. Rh.: Novation und Verjährung im Kontokorrent. *Euskirchen 1903: R. J. Jacobs.* (63 S.) 8°
Freiburg i. B., Rechts- u. staatswiss. Diss. v. 1903

Brever, Henricvs Avgvstvs (geb. am 25 Nov. 1837 in Bonn): De mvsicis Panathenaeorvm certaminibvs ... Bonnae, typ. expr. P. Nevsser 1865. 33 S., 1 Bl. 8.
Bonn, Phil. Fak., Diss. v. 9 Dez. 1865

Breuer, Hermann: Über die Aussprache des Lateinischen mit Ausblicken auf die Aussprache anderer Sprachen. Meppen 1909: Wegener. 56 S. 8°
Meppen, k. G OP 1909 (419)

Breuer, Hermann [app. Arzt aus Montjoie]: Aus d. Univ.-Augenklinik in Giessen. Zur Lehre von der parenchymatösen Keratitis ... Giessen, grossh. Hof- u. Univ.-Dr. C. v. Münchow, 1895; 39 S. 8.
Giessen, Med. Fak., Inaug.-Diss. v. 1895

Breuer, Hermann, aus Düren: **Sprache und Heimat des Balduin von Sebourg, eine Reimuntersuchung.** *Bonn a. Rh. 1904: S. Foppen.* (42 S.) 8°
Bonn, Phil. Diss. v. 25. Juli 1904

Breuer, J: Friedhof u. Feuerbestattg. (104) gr8° Berl., F Vahlen '12. 2 — d

Breuer, J.Chr., s. Samml. d. allgem. Bescheide u. Ausschreiben.

Breuer, Jac. Dominicus, kleine Tagzeiten der allerseligsten Jungfrau Maria nach dem Ritus des Prediger-Ordens für die Brüder und Schwestern des 3. Ordens von der Buße des heil. Dominicus. 2. verb. und verm. Aufl. 16. (267 S.) Dülmen 887, Laumann'sche Verlagsh. *
geb. *

Breuer, Jean, a. Ahe b. Köln a. Rh.: Ein Beitrag zur Kasuistik der wegen maligner Tumoren ausgeführten Unterkieferresektionen. Leipzig 1907: B. Georgi. (21 S.) 8°
Leipzig, Med. Fak., Ref. Trendelenburg, Diss. v. 19. Dez. 1907
Geb. 7. April 81 Abe: Wohnort: Leipzig; Staatsangeh.: Preußen; Vorbildung: Gymn. Neuß a. Rh. Reife O. 02; Studium: Bonn 1, München 2, Würzburg 2, Straßburg 2, Leipzig 4 S.; Coll. 23. Dez. 07; Approb. Juli 07.]

BREUER, Johann (Mülheim): Die hydrotherapeutische Behandlung der chronischen Magenverdauungsstörungen.- München: Bühler 1878. 28 S.
10.8.1878 - Urk (Titel: De hydrotherapeutica indigestionum stomachi chronicarum curatione.); Chr 1878/79,11
Diss. Ingolst-Landshut.

Breuer, Joh. Gregor, Liederbuch für katholische Gesellen-Vereine. 3. Aufl. 850. n. 6 ngr. — 4. verm. Aufl. Elberfeld 863. (Bädeker.) 16. (184 S.) n. 7 ngr.

Breuer, J. G., Liederbuch für katholische Gesellen-Vereine, s. a. Liederbuch.

Breuer, J(ohann) H(ubert) Anton, Gerichtsref. in Cöln: Das Zurückbehaltungsrecht des bürgerlichen Gesetzbuchs. *Bonn 1904: C. Georgi.* (XII, 152 S.) 8°
Bonn, Jur. Diss. v. 3. März 1904

Breuer, Joh. Jos. Joachim (geb. am 29 Mai 1850 in Simmerath Kr. Montjoie): Ueber Amblyopia saturnina ... Bonn, Druck v. J. F. Carthaus (1876). 34 S., 1 Bl. 8.
Bonn, Med. Fak., Diss. v. 26 Febr. 1876

Breuer, Joannes Guilelmus (geb. 1831 in Köln): De Schleiermachero ethices antiquae judice ... Coloniae Agripp., form. C. Gehly 1854. 2 Bl., 36 S., 1 Bl. 8.
Bonn, Phil. Fak., Diss. v. 18 Nov. 1854

Breuer, Joseph

Breuer, J., Über den Galvanotropismus (Galvanotaxis) bei Fischen. [Aus: Sitzungsber. d. k. Akad. d. Wiss., mathem.-naturw. Klasse.] Gr.-8°. (30 S.) † K —.60
Wien: C.Gerold's S. 1905

Breuer, Jos., über den Galvanotropsismus (Galvanotaxis) bei Fischen. (30 S.) gr. 8. Wien 905. (A. Hölder.) n. — 60

Breuer, Jos., über das Gehörorgan der Vögel. (44 S. m. 3 Taf.) gr. 8. Wien 907. (A. Hölder.) 2. 20
Sonderabdruck aus „Sitzungsber. d. k. Aad. d. Wiss."

Breuer, Joseph, a. Frankfurt a. M.: Die politische Gesinnung und Wirksamkeit des Kriminalisten Anselm von Feuerbach. Ein Beitrag zur Geschichte der Entwicklung des politischen Denkens in Deutschland. Halle a. S. 1905: Paalzow. (XI, 150 S.) 8°
Straßburg, Phil. Fak., Diss. v. 17. Dez. 1904
[Geb. 23. März 82 Pápa, Ungarn; Wohnort: Frankfurt a. M.; Staatsangeh.: Österreich-Ungarn; Vorbildung: Gymn. Rinteln Reife O1; Studium: Gießen, Straßburg.]

Breuer, J., die Selbststeuerung der Athmung durch den nervus vagus. Lex.-8. (29 S. mit 3 lithogr. Taf. in qu. Fol.) Wien 869, (Gerold's Sohn.) *
Aus: Sitzungsberichte der k. Akademie der Wissenschaften, besonders abgedruckt.

Breuer, Jos., u. Sigm. Freud, Studien üb. Hysterie. gr. 8. (V, 269 S.) Wien 895. F. Deuticke. n. 7. —

— u. Sigm. Freud, Studien üb. Hysterie. 2., unveränd. Aufl. (VII, 269 S.) gr. 8. Wien 907. F. Deuticke. 7. —

Studien über Hysterie. Von Dr. Jos[eph] **Breuer** u. Prof. Dr. Sigm[und] Freud. 2., unveränd. Aufl. Leipzig & Wien: Deuticke 1909. VI, 269 S. 8° A 11.1205 11

— Studien üb. d. Vestibularapparat. (80 S. m. 2 Taf.) gr. 8. Ebd. 908. n. 2. —
Sonderabdruck aus: „Sitzungsber. d. k. Akd. d. Wiss."

— s.: Vorträge u. Besprechungen üb. die Krisis des Darwinismus.

Breuer, Isaac: Der Rechtsbegriff auf Grundlage d. Stammlerschen Sozialphilos., s: Kantstudien.

Breuer, Karl: Die stillen Freunde unserer Schüler. Eine gemeinsame Sorge f. Schule u. Haus. Frankfurt a. M. 1909: Kaufmann. 24 S. 8°
Frankfurt a. M., Liebig-R P 1909 (558)

Breuer, Carl, Geschichte des Möbels, s.: Koeppen, Alfr.

Breuer, K, u. K Roemer: Handk. d. Stadt- u. Landkreises Düsseldorf. 1 : 100,000. 84,5×26 cm. Farbdr. Düsseldf, L Schwann (01). nu — 10

Breuer, Carl. Höhenschichtenkarte der Rheinprovinz f. den Schulgebrauch. 1: 200,000. 9 Bl. Farbendr. 58×44 cm. [Düsseld. 891, F. Bagel.] Frankf. a. M., Jaeger. * 7 50
Auf Leinw. m. Stäben ** 15 —

Kitte und Klebstoffe. Von Carl **Breuer**. Mit 8 Abb. Hannover: M. Jänecke 1907. (VIII, 260 S.) 8°
= **Bibliothek** d. gesamten Technik. Bd 33. [08. 11030 7

Der Kurfürstentag zu Mühlhausen. 18. Okt. bis 12. Nov. 1627. Von Dr. Karl **Breuer**. Bonn: C. Georgi 1904. (122 S.) 8°
Erschien auch als Inaug.-Diss. Bonn 1904. [*5. 13765

Breuer, K.: Kaiser Ludwig der Baier in seinen Beziehungen zum Papst Johann XXII. bis zum J. 1327. 44 S.
Progr. Komotau v. Mittsch. 1873.

Breuer Karl: Kaiser Ludwig der Baier in seinen Beziehungen zum Papst Johann XXII. 39. Pilsen R. 81. Progr.

Breuer, K, u. K Römer: Schulwandkte d. Stadt- u. Landkr. Düsseldorf, s a. Schulwandkarten, Schwann'sche.

— — Schulwandk. d. Stadt- u. d. Landkreises Düsseldorf. 1 : 25,000. 2 Bl. 59,5×106 u. 71×106 cm. Farbdr. Ebd. ('01). 10 —; auf L. m. St. nn 16 —

Breuer, Carl: Die Verzierg häusl. Kunstarbeiten m. plast. Malerei, s: Wie baue ich mir selbst?

Breuer, Karl, das deutsche Volkslied, s.: Schöningh's, Ferd., Ausgaben deutscher Klassiker. 9. Erg.-Bd.

Breuer, Leopold

—— biblische Geschichte und Geschichte der Juden und des Judenthums bis zum Abschlusse des Talmuds, nebst einem kurzen Ueberblicke der weitern Geschichte der Juden bis auf unsere Tage für die israelitische Jugend. 2 Thle. 3., umgearb. und verm. Aufl. gr. 8. (XII und 457 S.) Wien 860, [Braumüller's Verlags-Conto.] *

Breuer, Leopold, biblische Geschichte und Geschichte der Juden und des Judenthums bis zum Abschlusse des Talmuds, nebst einem kurzen Ueberblicke der weiteren Geschichte der Juden bis auf unsere Tage für die israelit. Jugend. 2 Thle. 4. umgearb. Aufl. gr. 8. Wien, Braumüller. [1. Thl. (VII, 152 S.) 870. * M 1,60.; 2. Thl. (VII, 292 S.) 875. * M 3,20.] *

Breuer, Leop., *emer. Relig.-Lehrer in Wien.* אור תורה ונר מצוה Israel. Glaubens- und Pflichtenlehre. Leitfaden beim Religionsunterrichte der israelitischen Jugend. III. verb. und zum Theil umgearb. Aufl. *Wien* 1858. *W. Braumüller.* XII, 92 S. 2 Bl. 8°. 54 kr.

Breuer, Leop., israelitische Glaubens- u. Pflichtenlehre. Leitfaden beim Religionsunterrichte der israelitischen Jugend. 4. Aufl. Wien 869. Braumüller. gr. 8. (VIII, 91 S.) n. 18 ngr.

Breuer, Leop., israelitische Glaubens- und Pflichtenlehre. Leitfaden beim Religionsunterrichte der israelit. Jugend. 5. unveränd. Aufl. gr. 8. (X, 171 S.) Wien 876, Braumüller. *

Breuer, L, israelit. Glaubens- u. Pflichtenlehre. 5. Afl. 8. (171) Wien 77. Braumüller. *n.* 1. 80

Breuer, Leop., Leitfaden beim Religionsunterrichte der israelitischen Jugend. gr. 8. (XI und 97 S.) Wien 851. (Leipzig, C. L. Fritzsche.) *

Breuer, Leop., Leitfaden beim Religionsunterrichte der israelitischen Jugend. 2., umgearb. und durch einen 2. Thl., das „mosaische Gesetz" oder „die Pflichtenlehre" enth., ergänzte Aufl. gr. 8. (XII und 153 S.) Wien 855, (Braumüller.) Thlr. *

Breuer, Ludwig: Ein Beitrag zur Lehre von der Kochsalzinfusion. *Würzburg 1897: Memminger.* (38 S.) 8°
Würzburg, Med. Diss. v. 1897

Breuer, Ludwig [aus Bonn]: Aus d. pharmacolog. Institute zu Bonn. Subcutane Eingiessungen von Wasser und Chlornatrium gegen centrale Lähmung ... Siegburg, Buchdr. v. W. Reckinger, 1891; 32 S. 8.
Bonn. Med. Fak., Inaug.-Diss. v. 15. Aug. 1891

Breuer's, M., Schnellkonstrukteur. (Tabellen zur Festigkeitsberechnung.) (8 S.) 8. Frankfurt a/M. 905. Gebr. Stritt. n. — 80

Breuer, Max [pr. Arzt]: Das epidemische Auftreten der verschiedenen Herpesformen [Herpes Zoster, facialis, genitalis] ... Breslau, F. W. Jungfers Buchdr., 1891; 4 Bl., 25 S., 1 Bl. 8°
Breslau, Med. Fak., Inaug.-Diss. v. 21. Jul. 1891

Breuer, Max, das epidemische Auftreten der verschiedenen Herpesformen [Herpes zoster, facialis, genitalis]. Diss. gr. 8. (VII, 25 S.) Breslau 891. (L. Köhler.) n. 1. —

Breuer, Paul, appr. Arzt: Aus d. Univ.-Frauenklinik zu Breslau. Beiträge zur Anatomie und chirurgischen Behandlung der Nabelschnurbrüche. Breslau: Koebner 1910. 55 S. 8°
Breslau, Med. Diss. v. 2. Juni 1910, Ref. Küstner
[Geb. 23. Jan. 78 Peiskretscham; Wohnort: Breslau; Staatsangeh.: Preußen; Vorbildung: Gymn. Kreuzburg Reife O. 99; Studium: Breslau Jura 3, Med. 12 S.; Coll. 13. Mai 10; Approb. 28. Jan. 08.] [U 10. 560

Breuer, Peter Joseph: Völliger **Abschluss** der Lehre über die **gemeinen** Logarithmen im Diesseits der Gymnasial-Mathe**matik.** ([Umschlagt.:] Definition der Logarithmen im Sinne des preußischen Lehrplans von 1891.) *Leipzig 1898: B. G. Teubner.* (28 S.) quer-8°
Wipperfürth, PG, P 1898 (495)

Breuer, Peter Joseph [Rekt.]: Die Lehre von den Logarithmen, nach vorwiegend suchendem Lehrverfahren behandelt. Leipzig, Druck v. B. G. Teubner, 1890; V, 50 S. 4°
Wipperfürth, PG, P 1890 (459)

Breuer, Peter Joseph [Dir.]: Die gemeinen Logarithmen. Leipzig, Druck v. B. G. Teubner, 1894; 20 S. 4.
Wipperfürth, PG, OP 1894 (468)

Breuer, Pet. Jos., die gemeinen Logarithmen. 2. Aufl. qu. gr. 8. (81 S.) Leipzig 894. B. G. Teubner. n. — 60

Breuer, Peter Joseph [Dir.]: Das Notwendigste über die natürlichen Logarithmen. Leipzig, Druck v. B. G. Teubner, 1895; 36 S., 2 Bl. quer-8.
Wipperfürth, PG, P 1895 (479)

Breuer, Raph.: Zur Abwehr. 1. Das Hohelied. 2. Neuorthodoxie. (29) gr8° Frankf.M., Gebr. Knauer '12. 1— d

Breuer, Raph., unter seinem Banner. Ein Beitrag zur Würdigg. Rabbiner Samson Raphael Hirschs. (VIII, 315 S.) 8. Frankfurt a/M. (908). Gebr. Knauer. 4.50; geb. 5. 50

Breuer, Raphael, a. Frankfurt a. M.: Der Berner Codex 149 b. Beiträge zur Biographie des Jacques Bongars und zur Geschichte seiner diplomatischen Tätigkeit in Deutschland ⟨1589—1606⟩. Mainz 1905: J. Wirth. (XII, 141 S.) 8°
Heidelberg, Phil. Fak., Ref. Marcks, Diss. v. 12. Sept. 1905
[Geb. 11. Febr. 81 Pápa, Ungarn; Wohnort: Frankfurt a. M.; Staatsangeh.: Ungarn; Vorbildung: Gymn. Weilburg Reife M. 00; Studium: Gießen 2, Straßburg 4 S.; Rig. 8. Nov. 04.]

— Die fünf Megilloth, übers. u. erläutert. 2., 3. u. 5. Tl. gr. 8. Frankfurt a/M., A. J. Hofmann. Geb. in Leinw. 5. 10
2. Ruth. (IV, 60 S.) 908. Geb. 1. 40
3. Klagelieder. (VIII, 96 S.) 909. Geb. 1. 85
5. Esther. (VIII, 102 S.) 910. Geb. 1. 85
Tl. 1 u. 4 sind noch nicht erschienen.

Die 5 Megilloth, übers. u. erläutert. 1., 4. u. 5. Tl. gr8° Frankf.M., A.J Hofmann. (vollst.: 9.20) d
1. Hohes Lied. (22, 46) '12. L 1.60 ‖ 4. Koheleth. (15, 142) '11. L 2.50 ‖ 5. Esther. (8, 102) '10. L 1.85

Breuer, Raph., aus d. Tagebuch e. jüd. Studentin. (16 S.) 8. Frankfurt a/M. 907. Gebr. Knauer. — 60

Breuer, Reiner, Referendar a. Blatzheim: Das Vermieterpfandrecht in Konkurrenz mit dem Pfändungspfandrechte. Borna-Leipzig 1906: R. Noske. (IX, 51 S.) 8° [J.]
Leipzig, Jur. Fak., Diss. v. 7. Nov. 1906
[Geb. 19. Okt. 81 Blatzheim, Reg.-Bez. Cöln; Wohnort: Blatzheim; Staatsangeh.: Preußen; Vorbildung: Kaiser-Wilhelm-Gymn. Cöln Reife O. 01; Studium: Bonn 1, Berlin 1, München 1, Bonn 3 S.; Rig. 26. Juli 04.]

Breuer, Rob.: Das Kunsthandwerk in Hessen. (40 m. Abb.) 32×24.5 cm. Berl., Eckstein's biograph. Verl. ('12). 1 —

Breuer, Robertus *(geb. Ohlgut bei Münsterberg in Schles. 2. 6. 1819)*: Meletemata circa evolutionem ac formas cicatricum. Vratislaviae (1843). (35 S., 1 Taf.) 4° *[Ed. 2 1844 bei Schuhmann in Breslau.]*
Breslau, Med. Diss. v. 24. Nov. 1843

Breuer, Thdr., Philosophiae moralis, cui inserta est, ubi de officiis erga Deum agitur, demonstratio religionis Christianae. 8. Köln 778.

Breuer & Probst: Jll. Katalog der Kalker Fabrik für gelochte Bleche. Kalk (Cöln) (1891?)

Breuer, Schumacher & Co., A.-G.: Prospekte usw. betr. Werkzeugmaschinen u. a. (1910?) ff. Kalk b. Köln

Breuer, Samuel (Neusohl/Ungarn), De imminutione et suppressione lochiorum. Diss. med. Präs. Andreas Elias Büchner. Halle (J. Ch. Hilliger) Nov. 1747. 80 S. (6.—) 4059
Widm. v.: Ernst Ant. Nicolai.

Breuers, Heinr. Jos.: Über den Wert der Gastrostomie bei Carcinom des Oesophagus und der Cardia. *Bonn 1898: C. Georgi.* (30 S.) 8°
Bonn, Med. Diss. v. [23.] Juli 1898

Breugel, Peter, s. Brueghel, Pieter

Breughel, H. L., Johannes Bückler, genannt Schinderhannes, s.: Bibliothek, grüne.

Breuhaus, Fritz Aug.: Landhäuser u. Innenräume. (Künstlerische Aufnahmen v. Erwin Quedenfeldt.) (109 Bl. u. S. m. Abb.) 32.5×25 cm. Düsseld., E Ohle '11. HPerg. 10 —

BREUIL, M. A. du: Theoretisch-praktische Anleitung zur Baumzucht. Mit vorangeschickten Bemerkungen über Anatomie und Physiologie der Pflanzen. A. d. Franz. übers. v. Alb. Dietrich. - Berlin 1847. XX, 650 S., 325 Holzschn., 5 Tab.

Breuillart, Nic., chère France. Lettres intimes. 8. (319 S.) Paris 872. Sandoz & Fischbacher. n. 3.

Breuk, H. R. v., Quid annuum consulatus Romani tempus profuerit et nocuerit rei publicae. Diss. 1839. 71 S. 2.—

Breukelmann, Thdr., die Vorbilder des Alten Testamentes in Beziehung auf das Neue Testament zusammengestellt. (VIII, 70 S.) 8. Paderborn 908. F. Schöningh. —75

Breukenhof, Paradoxen, größtentheils militär. Inhalts. 8. Leipz. Leo.

Breuker, C.: Quo iure Sallustius Tacito in scribendis Germanorum moribus auctor fuisse putetur. 12 S.
Progr. Köln Fr. W. 1870.

Breuker, Carl Ansprache an die Schüler, gehalten zur Nachfeier des 25jährigen Regierungs-Jubiläums Sr. Majestät des Königs. 4 (S. 21—24). Progr. G. u. Vorsch. *Saarbrücken* 1886

Breuker, Carl [Dir.]: Die Einweihungsfeier des neuen Gymnasiums. Saarbrücken, Druck v. Gebr. Hofer, 1892; 6—17 S. 4.
Saarbrücken, k. G u. VS, P 1892 (456)

Breuker, Fr.

— Anweis. zur leichten u. gründl. Erlernung d. gem. Brüche. Zum Selbstunterr. f. Kinder erzählend vorgetragen. 2e Aufl. 8. Hannover 822, Helwing.

— Anweis. zur leichten u. gründl. Erlernung d. gem. Brüche. Zum Selbstunterr. f. Kinder erzählend vorgetragen. 8. Hildesh. 823. 2e A. 8. Hannov. 823. Helwing. 10 gℓ

— Anweis. z. leichten u. gründl. Erlernung d. Doppel- u. Decimal-Brüche. Zum Unterr. f. Kinder erzählend vorgetragen. 8. Hannover 824, Helwing.

Breuker, (Fr.,) d. Arithmetik oder d. gemeine Rechnen. 1r Thl. A. u. d. T.: Anweisung zur leichten u. gründl. Erlernung d. Grundlage im Rechnen, erzählend vorgetragen. 1r u. 2r Thl. 8. Hannover 825, Helwing. 4 12 gr.

Breuker, Fr., d. Arithmetik oder d. gemeine Rechnen. 1r Thl. A. u. d. T.: Anweis. zur leichten u. gründl. Erlernung d. Grundlage im Rechnen, erzählend vorgetragen. 2 Thle. 8. Hannov. 826. Helwing. 1 ꝕ

— u. L. Brakenhoff, theoret.-prakt. Tafelrechnen d. Algebra. 8. Hannov. 822. (Helwing). 20 gℓ

— u. L. Brakenhoff, theoretisch-praktisches Tafelrechnen der Algebra. 8. Hannover 823. (Helwing.)

Breuker, Friedr., Blumenkörbchen, Söhnen u. Töchtern z. Veredlung d. Herzens u. Bildung des Geistes geweiht. 3., verb. u. verm. Aufl. gr. 12. (6 B. u. Titbld.) Osterode u. Goslar 842. (Sorge.) Thlr.

Breuker, Friedr., Blumenkörbchen, Söhnen und Töchtern zur Veredelung des Herzens und Bildung des Geistes geweiht. 5., verb. und verm. Aufl. 12. (IV und 186 S. mit 1 Stnt.) Einbeck 867, Ehler's Verlag. *

Breuker, Friedr., Leitfaden in der Erd- und Vaterlandskunde für Volksschulen. Mit einem Vorworte von Bödeker. gr. 12. (IV und 164 S.) Alfeld 853. (Osterode, Sorge.) *

Breuker, J., Buer et is Tied! Rechte und Pflichten des Bauernstandes oder Bauer muß Bauer sein und bleiben. Ein Mahnwort an seine Standesgenossen. 8. (100 S.) Dülmen 870, Laumann.

Breul, G., Schreiblesefibel. 6. Aufl. 8. (100 S.) Hildburghausen 874, Gadow und Sohn. *

Breul, Herm., de contr. commis. ad merces coem. dat. (vom Commiss. Eink. Contracte.) 4. Gött. Dieter. 800.
Dass. s. a.: Breuls, Herm.

Breul, Jacob, s. Breuls, Jacob

Breul, Karl, Betrachtungen u. Vorschläge betr. die Gründung e. Reichsinstituts f. Lehrer des Englischen in London. Dem IX. allgemeinen deutschen Philologentage gewidmet. gr. 8. (16 S.) Leipzig 900. Dr. P. Stolte. n. — 60

Breul, Karl. The boke of Curtesy, s. Studien, englische. 9. Bd. 1. Heft.

Breul, Karl, A new German and English dictionary compiled from the best authorities in both languages. Revised and considerably enlarged. (Einband: Cassell's new German dictionary.) (XVI, 798 u. 545 S.) 8. Leipzig (907). G. A. Gloeckner. Geb. in Leinw. 8. —

Breul, Carl, appr. Arzt a. Frankfurt a. M.: Ueber einen Fall von beginnendem Chlorom. München 1907: C. Wolf & Sohn. (35 S.) 8°
München, Med. Fak., Ref. v. Bollinger, Diss. v. 7. Nov. 1907
[Geb. 13. Mai 78 Frankfurt a. M.; Wohnort: Frankfurt a. M.; Staatsangeh.: Preußen; Vorbildung: Städt. Gymn. Frankfurt a. M. Reife M. 90; Studium: Phil. u. Jura Heidelberg 5, Med. Heidelberg 2, München 2. Heidelberg 2. München 7 S.; Coll. 7. Nov. 07; Approb. 10. Juli 07.]

Breul, Karl (geb. Hannover 10. 8. 1860): Sir Gowther. Eine englische romanze aus dem 15. jahrhundert. Weimar 1883. (38 S.) 8° 5 Vollst. ersch. Oppeln: Franck 1886.
Berlin, Phil. Diss. v. 30. Juni 1883

Breul, Karl, Sir Gowther. Eine engl. romanze aus dem XV. jahrh., kritisch hrsg., nebst einer litterarhistor. untersuchung über ihre quelle, sowie den gesamten ihr verwandten sagen- und legenden-kreis, mit zugrundelegung der sage von Robert dem Teufel. gr. 8. (XVI, 241 S.) Oppeln 886, Franck's Buchh. *

Breul, Karl, d. Organisation d. höh. Unterrichts in Grossbritannien. [Aus: „Baumeister's Handb. d. Erziehungs- u. Unterrichtslehre f. höhere Schulen".] gr. 8. (156 S.) München 897. C. H. Beck. n. 4. —

Breul, K., Studium d. neueren Sprachen in Cambridge, s.: Studien, englische. 12. Bd.

Breul, L., 12 zweistim. Lieder f. d. Jugend, z. Gebr. in Schulen. 1. Hft. gr. 8. (1 B.) Mainz 834, Schott's Söhne.

Breul, Ludolf [aus Hannover]: Ueber die Vertheilung des Hautpigments bei verschiedenen Menschenrassen ... Jena, G. Fischer, 1896; 2 Bl., 29 S. 8.
Strassburg. Med. Fak., Inaug.-Diss. v. 1896

Wirkungen der Freimaurerei über die Landesgrenzen hinüber. Von **Breuleux.** [Aus d. Franz. Leipzig 1888: Findel.] 16 S. 8° [Umschlagtit.]
Aus: Bh. 31 (1888) S. 333—336; Abgedr. in: Al. 14 (1888) S. 245—251, 262—267.
cf. Bh. 31 (1888) S. 349—350 (W. Unseld), abgedr. Al. 14 (1888) S. 324—328.
Betont nicht nur die räumlichen Wirkungen, sondern auch die innerlichen, kulturellen.

Breull, B: Heimatskarte v. Dresden u. Umgebg. Nach Kuhnert's Manier in Verbindg m. FH Döring entworfen u. gezeichnet. 1:100,000. 26×36,5 cm. Farbdr. Dresd. 96, A Müller, Fröbelhaus. nn — 15; auf Pappe nn — 25

— u. **FH Döring:** Heimatsk. v. Dresden u. Umgebg nach Kuhnerts Reliefmanier. 1:25,000. 110×147 cm. Farbdr. Ebd. 98. Auf L. m. St. nn 18 —

Breull, B., Kunstpflege in d. Schule. Auf Grund Dresdner Erfahrgn. bearb. Nebst Verzeichnis empfehlenswerter Bildwerke. gr. 8. (44 S. m. Abbildgn.) Dresden (901). A. Müller, Fröbelhaus. n. 1. —

— Utensilien, Modelle, Vorlagen u. methodische Werke f. den Zeichenunterricht, s.: **Thieme, F. O.**

— Winke f. d. Einrichtg v. Hausbibliotheken u. kurze Anl. z. Genuss dichter. Meisterwerke. Verz. empfehlenswerter Geschenklitt. (82) 8° Dresd., Gewerbe-Bh. (03). — 60

Breull, Paul [aus Barmen '(Rheinprov.)']: Über das 1 Methyl 2-4 diketohexachlor-R-hexylen. [!] und dessen Umwandlungsproducte ... Marburg, Univ.-Buchdr. '(R. Friedrich)', 1896; 54 S., 1 Bl. 8.
Marburg, Phil. Fak., Inaug.-Diss. v. [18. Aug.] 1896

Breuls, Herm., Diss. inaug. de contractu commiss. ad merces coem. data. (Vom Commiss.-Einkauf-Contracte.) 4. Götting. 800. Dieterich. 5 gr.
Dass. s.a.: Breul, Herm.

Breuls, Jacob (Brabant), De alienatione et oppignoratione jure statutario Bremensi restricta. Diss. jur. Götting. (J. H. Schulz) 3. IV. 1773. 76 S. (5.50) (Vandenhoek) 4061

Breuner, C., Pfr. u. **R. Löw,** Organist. Singet dem Herrn. Liedersammlung für's christliche Haus, für Jungfrauen-Vereine, Diakonissenhäuser und ähnliche Anstalten bearbeitet. In-8°, VIII u. 216 S. Basel, C. F. Spittler. broch. 1 50
1889 cart. 2 —, Lwd. 2 50

Breuner, Oskar (Hrsg.), s. Mundarten, Bayerns.

Breunig: Kurze Charakteristik der wichtigeren vorweltlichen Pflanzengattungen. 38 S.
Progr. Wien Sch. 1856.

Breunig, Ant., Leitfaden zur Formen- u. Raumlehre f. Volksschulen nebst einer Sammlung aufgelöster Aufgaben. Mit (4 lith.) Figurentaf. (in 4.). Heidelberg 856. J. Groos. gr. 8. (VIII, 99 S.) n. 10 ngl.

Breunig, Carl Gustav, Comment. exeget. in partem aliquam psalmi nonagesimi viro Samuel Gottlieb Crueger (Deliciensis) gratulat. Dresden (H. W. Harpeter) 1780. 12 S. (4.20) 4062

Breunig, Eug., der Bürger. Handbuch der wichtigsten Bestimmgn. des öffentl. u. bürgerl. (Privat-)Rechts, sowie des Prozeßverfahrens. 6., völlig umgestaltete u. nach dem neuen bürgerl. Gesetzbuch bearb. Aufl. v. J. Löser: „Der Bürger im schriftl. u. Rechtsverkehr". 9. u. 10. Taus. (VIII, 206 S.) 8. Ohlau 906. F. Leichter. Geb. in Leinw. n. 2. 20

Breunig, Eug., d. Bürger im Rechts- u. Geschäftsverkehr, s.: **Löser, J.**

— Der Kaufmann. Hdb. d. wichtigsten Bestimmgn d. Handels- u. Wechselrechts, prakt. Anl. z. kaufmänn. Buchführg u. z. Handelskorrespondenz, Verkehr m. Post u. Bahn. (270) 8° Hdlbg '01. Ohlau, F Leichter. Geb. 3.80 d

— der Kaufmann. Handbuch der wichtigsten Bestimmgn. des Handels- u. Wechselrechts, prakt. Anleitg. zur kaufmänn. Buchführg. u. zur Handelskorrespondenz, Verkehr m. Post u. Bahn. 8. (XV, 270 S.) Heidelberg 901. Kassel, G. Weiß, Verl. Geb. n. 3. 80

— dasselbe, s.: **Löser, J.,** der Bürger im Rechts- u. Geschäftsverkehr. I.

— **Friedrich Wilhelm Theodor** (Elberfeld), De cura publica mente captorum. Diss. psych.-med. Bln. (Nietack) 18. IX. 1833. 40 S. m. Biogr. (M.: H. Aschmann.) (4.50) 4063
Oppon.: M. Tyrell, F. Schunck, A. Sauer. — Gew.: Rued. Bruening, Al. Pagenstecher.

Breunig, Geo. v., u. **Jul. Henle:** Die bayer. Staats- u. Gemeindesteuergesetze v. 14. 8. '10. Erläutert u. m. d. Vollzugsvorschriften hrsg. 3 Bde. 8° Münch., CH Beck. geb. 25.50 d
1. Das bayer. Einkommensteuergesetz v. 14. 8. '10. Hrsg. von v. B. (24, 631) '11. L 10 — ‖ 2. Die bayer. Ertragssteuergesetze v. 14. 8. '10. Grundsteuergesetz, Haussteuergesetz, Gewerbesteuergesetz, Kapitalrentensteuergesetz u. Einführgsgesetz zu d. Gesetzen üb. d. dir. Steuern, ferner Reichsdoppelsteuergesetz u. Gesetz üb. d. Besteuerg d. Gewerbebetriebs im Umherziehen. Hrsg. von v. B. (8, 476) '12. L 8.50 ‖ 3. Die bayer. Gemeindesteuergesetze v. 14. 8. '10. Umlagengesetz, Besitzverändergsabgabengesetz, Hundeabgabengesetz u. Warenhaussteuergesetz. Hrsg. v. H. (10, 410) '11. L 7 —

Breunig, H., Lesebuch f. landwirtschaftliche Schulen, s.: **Kuhr, J.**

Katalog der Lehrerbibliothek des Großherzogl. Gymnasiums zu Rastatt. (Hrsg.: Prof. Hermann Breunig.) Rastatt 1898: E. Greiser. (II, 372 S.) 8°
[05. 8098

Breunig, *Hermann* [Prof.]: Die Laute der Mundart von Buchen und seiner Umgebung. Tauberbischofsheim, Druck v. J. Lang's Buchdr., 1891; 36 S. 4.
Tauberbischofsheim, grossh. G, MP 1891 (607)

Breunig, Hermann [Prof.]: Über den Wert und die Verteilung der Liviuslektüre für Gymnasien. Rastatt, Buchdr. v. J. G. Vogel, 1893; 21 S. 4.
Rastatt, grossh. G, MP 1893 (611)

Breunig, Jacob [aus Dettelbach a. M.]: Aus d. bacteriolog. Institute zu Kiel. Bacteriologische Untersuchung des Trinkwassers der Stadt Kiel im August und September 1887 .... Kiel, Druck v. A. F. Jensen, 1888; 37 + 1 S. + 1 Bl. 8°
Kiel, Med. Fak., Inaug.-Diss. v. 19. Jan. 1888

Breunig, Jac., bacteriologische Untersuchung des Trinkwassers der Stadt Kiel im Aug. und Septbr. 1887. Inaugural-Dissertation. gr. 8. (38 S.) Kiel 888, (Lipsius und Tischer.) *

Breunig, Karl, aus Wertheim: Detention der Zähne. *Würzburg 1899: A. Boegler.* (28 S.) 8°
Würzburg, Med. Diss. v. 1899

Breuning, Fahrplan der Bahnen Magdeburg-Halberstadt-Thale, Cöthen-Halle-Vienenburg nebst Zweigbahnen, Berlin-Lehrte-Hannover etc. nebst Bestimmungen für das reisende Publikum und (lithogr.) Eisenbahnkarte (in 4.). Gültig vom 1. Juni bis auf Weiteres. 16. (54 S.) Quedlinburg 873, Huch.

Breuning, Observationes de juribus circa metalla. Lipsiae. 4.

Breuning, Christian Heinrich (Präs.): An legata eadem quantitas pluries . . . ab herede solvenda, s. Bauer, Johann August

Breuning, Christian Heinr. (Präs.): An legatum translatum ex test. in codicillos invalidos involuat legati?, s. Brückner, Ernst Liebegott

Breuning, Christian Heinrich (Präsd.): An prohibita sit donatio a marito per alium uxori facta, s. Breuer, Christian Gottfried

Breuning, Chn. Heinr.(Praes.), s. Arenberger, Joh. Chph.: Quaestio iuris controversi ....

Breuning, Christian Heinirich [Präs.], s. Blumenthal, Johann Christian Wilhelm: Caput jur. controv. de jure thesauri in fundo vendito non tradito.

Breuning, Christian Heinrich [Präs.], s. Boeckner, August Daniel: De successione legitimati . . .

Breuning, Christian Heinrich (Leipzig), De carnifice fama non laborante cui adjunctae sunt quaest. quaedam connexae. Diss. jur. Präs. Abraham Kaestner. Lpz. (Langenheim) 26. V. 1745. 24 S., tlws. dtsch. (4.80) 4064

Breuning, Christian Heinrich (Präs.): De Causa quartae falcidiae in legato liberationis, s. Brüger, Christian David Elias

— — De causis justis soluti foederis ex jure gentium. Lpz. (Langenheim) 23. IX. 1762. 12 S. (2.50) 4071

Breuning, C. H., delineatio philosophiae just., seu juris naturae et gentium. 8. Leipz. 708. Wittekind. 8 ℳ

Brevning, Chr. Henr., resp. Jo. Henr. **Weickart**, De eo, quod jure natvrali ivstvm habetur, circa avtochyriam. 11 pp. Lps. 4°. 1775

— — Epistola ad legum cupidam juvent. simulque de Scto. Modestiano ex cap. I. dig. de fugitivis. Lpz. (Rumpff) 1751. 8 S. (3.—) 4067

Breuning, Chn. Heinr. [Präs.]: Facta delegatione. . ., s. Barthold, Christian Adolf [Resp.]

— s. C. G. Gaertner, institut. juris etc.

Breuning, Chn. Heinr. (Präs.): Honorarii datio in contractibus gratiosis liberet a damno dato restituendo?, s. Becker, Joh. August (Resp.)

— primae lineae iuris ecclesiast. univers. 8. Lips. 758.

— — Ad orationem d. Helvii Pertinacis a in § VII. J. quib. mod. testam. infirm. Lpz. (G. W. Pouillard) 1750. 4 Bl. (3.20) 4065

— — De politia Scti Velleiani de fidejussione feminarum. Lpz. (Langenheim) 28. V. 1754. 12 S. (3.—) 4069

— — De patria potestate eiusque effectibus ex principiis juris naturalis tractatio I. Lpz. (Rumpff) 1751. 8 S. (3.20) 4066
Tract. II: 1755.

— — (Leipzig), De praetoribus et jure honorario. Exercit. jur. civ. Lpz. (Langenheim) 25. V. 1752. 23 S. (4.50) 4068
Gew.: Joh. Florent. Rivinus.

Breuning, Chr. Henr.: Prolusiones acad. 1. Ad orationem D. Helvii Pertinacis A. in § 7. Inst. quib. mod. testam. infirm. 2. Ad sctum Modestianum ex cap. 1 Dig. de fugitivis. Ed. 2. Lipsiae 1755.

Breuning, Chn. Heinrich (Präs.): Quaestio jur. contr. an donatio remuneratoria ultra D. Solidos insinuanda sit, s. Becker, Albert Wilhelm Aug. (Resp.)

Breuning, Chn. Heinr.: [Präs.] Quis mortuo nullis heredibus. . ., s. Barthold, Friedr. Traugott.

Breuning, Chn. Heinr. [Präs.]: Spec. cont. caput jur. controv. de tutore aut curatore filii familias impuberis vel minoris, s. Beyer, Christian Gottlieb.

Breuningii, C. H., Specimen I-IV. interpretationis ex Her. Modestino. Lips. 752. 53. 4.

Breuning, Chn. Heinr. [Präs.]: Tutor, qui pupilli sui vitricus factus. . ., s. Barwasser, Carl Adolf [Resp.]

— — Prol. acad. de usu forensi sententiae Cerv. Scaevolae icti in L. XXXVIII D. de Aur. Arg. Mund. Leg. Lpz. (Langenheim) Apr. 1762. 8 S. (2.50) 4070

Breuning, Chr. H.: Churf. Augustus Verordnungen u. Constitutionen, und Churf. Johann Georg d. Andern Decisiones electorales Saxonicae. Aufs Neue herausgeg. u. mit einem vollständ. Register u. Vorrede versehen. *Leipz.* 746. 4. Sommer

Breuning, Christoph von

— s. Cassationsinstanz

v. Breuning, Cph., Versuch über d. röm. Recht im Allgemeinen, nebst Untersuch. über d. wissenschaftl. Behandl. d. Rechtsgelehrsamkeit. gr. 8. Frankf. a. M. 815. (Herrmann). 2 ₰ 4 ℊℊ

Breuning, Emil (Hrsg.), s. Monatshefte, Bremer.

v. Breuning, Gerh., über die Augenentzündung der neugebornen u. jene der skrofelkranken Kinder. Eine populäre Anleitung zur rechtzeitigen Erkenntniß u. Heilung dieser Krankheiten. 8. (42 S.) Wien 852, Mechitharisten-Congr.-Buchhandlung. 8 ngr

Breuning, Dr. Gerhard v., Die Augenentzündung neugeborner und jene skrofelkranker Kinder. Populäre Anleitung zur rechtzeitigen Erkenntniß und Heilung dieser Krankheiten. 2. Auflage. 1869. 8. (42 S.) Wien, Mechitharisten-C. B. 36 kr.

Breuning, Dr. Gerh. v., in Wien. Ueber Behandlung der Schusswunden mit Operationsvermeidung. Sendschreiben an operirende Armeen und deren Aerzte. (Separatabdruck aus der „Wehr-Zeitung" 1869, Nr. 206.) kl. 4. Wien 1869.

Breuning, Dr. Gerh. v., Bemerkungen üb. Spitals-Bau u. Einrichtung. Angeregt durch die kaisrl. Gründg. der Rudolfs-Stiftg. gr. 8. Wien, Mechithar.-Congreg.-Buchh. 1857.

Breuning, Gerh. v., Bemerkungen über Spitals-Bau und Einrichtung. Angeregt durch die kaiserliche Gründung der Rudolfs-Stiftung. Wien 859. Mechitharisten-Congreg.-Buchhdlg. gr. 8. (IV, 62 S.) n. 10 ngr.

v. Breuning, Gerhard, der asiatischen Brechruhr Erkenntniß u. Heilart. gr. 8. Wien 837. Mechitaristen-Congreg.-B. 1/3 ₰

—— Heilart des Beinfraßes auf arzeneilichem Wege. Zur Vermeidung operativer Verstümmlungen. 8. (75 S.) Wien 852, Mechitaristen-Congregations-Buchh.

Breuning, Gerh. v., die Heilung des Beinfraßes und Nagelgeschwüres auf arzeneilichem Wege. Erläutert durch viele Krankheitsbilder und populär dargestellt. gr. 8. (58 S.) Wien 864, Mechitharisten-Congregations-Buchh. *
Dass. 3. Aufl. Ebda. 1885

v. Breuning, Gerh., Heilverfahren gegen die asiatische Brechruhr. Erprobt in mehrfachen Cholera-Epidemien. 3. Aufl. Wien 865. Mechithar.-Congreg.-Buchhdlg. (Kirsch.) gr. 8. (VIII, 46 S.) n. 10 ngr.

v. Breuning, Gerh., J. F. Dieffenbach's chirurgische Leistungen in Wien. Dargestellt in ihren Erfolgen. gr. 8. Wien 841, Braumüller u. Seidel. 2/3 ₰

Breuning, Gerh. v., aus dem Schwarzspanierhause. Erinnerungen an L. van Beethoven aus meiner Jugendzeit. Mit einem bisher unveröffentl. Portrait-Medaillon Beethoven's nach Hornemann vom J. 1802 und einer Ansicht des Schwarzspanierhauses. 8. (VIII, 129 S. mit 2 Photograph.) Wien 874, Rosner. *

Breuning, Gerh. v., aus dem Schwarzspanierhause. Erinnerungen an L. van Beethoven aus seiner Jugendzeit. Neudr., m. Ergänzgn. u. Erläutergn. v. Alfr. Chr. Kalischer. (VIII, 221 S. m. 10 Vollbildern.) 8. Berlin 907. Schuster & Loeffler. 8.—; geb. 4. —

Breuning, Gerhard v., Therapie der Arthrocace. Heilverfahren gegen scrofulöse Knochen- u. Gelenkleiden. gr. 8. (33 S.) Wien 882. Huber & Lahme. n. — 80

Breuning, Gerh. v., Wiederbelebung gelähmter Gliedmaßen durch den Sehnenschnitt. gr. 8. (3 1/4 B. u. 1 Stnt.) Wien 844, Gerold, Verl.

Breuning, J., faßliche Anleitung in der Obstbaumzucht. Zunächst für die Schul-Jugend, dann aber auch zur Belehrung für Erwachsene bearb. 2., vielfach verm. u. verb. Aufl. Mit mehreren in den Text gedr. Abbildungen (in Holzschn.) und einem Anhange enth.: einen Baumgarten-Kalender und eine Beschreibung des vorzüglichsten Wirthschafts-Obstes von Hrn. Gieger. Mainbernheim 861. (Würzburg, Kellner.) 8. (40 S.) 3 ngr.

Breuning, J, fassl. Anl. in d. Obstbaumzucht. 2. Afl. 8. (40) Mainbernh. 61. (Cob., Riemann's Hofbh. — Würzb., Kellner.) n. — 2

Breuning, J. (Hrsg.), s. Jugendlust.

Breuning, Wilh.: Zum 25. Schuljahr. Ein Beitrag zur Geschichte und Statistik der Kgl. Realschule Kaufbeuren. pg. 3 - 11. 8° Borchert & Schmid.
Progr. Kaufbeuren 1901/02.

Breuning, Wilhelm: Chronik des Gewerbevereins Kaufbeuren 1848-1899. pg. 3 - 54 und Inhaltsverzeichnis. 8°. Mit einem Lichtdruckbild. Borchert & Schmid. (Verlag: Paul Schön.)
Progr. Kaufbeuren 1898/99.

Breuning, Wilh.: Chronik der Kgl. Gewerbs- und Real-Schule Kaufbeuren 1834-1884. pg. 2 - 36. 8°. Borchert & Schmid.
Progr. Kaufbeuren 1883/84.

Breuning, Wilhelm: I. Kombination von Triphenylmethanfarbstoffen mit der Indigogruppe. II. Über die Aufspaltung des Pyridins. Würzburg 1910: Stürtz. 81 S. 8°
Würzburg, Phil. Diss. v. 12. Mai 1910, Ref. Tafel
[Geb. 30. Jan. 86 Kaufbeuren; Wohnort: Würzburg; Staatsangeh.: Bayern; Vorbildung: Oberrealsch. Gießen Reife M. 07; Studium: Würzburg 4, Berlin Techn. Hochsch. 1, Würzburg 7 S.; Rig. 22. Mai 09.] [U 10. 4380

Breuning von Buchenbach, Hans Jacob, Relation über seine Sendung nach England im J. 1595. Mitgeteilt von Aug. Schlossberger, s. Bibliothek des litterarischen Vereins in Stuttgart, 81. Bd.

Breuninger, Friedrich [aus Glauchau]: Weitere Untersuchungen über gebromte Anetholderivate. . . . Erlangen, k. b. Hof- u. Univ.-Buchdr. v. Fr. Junge (Junge & Sohn), 1890; 78 S. 8°
Erlangen. Phil. Fak., Inaug.-Diss. v. 1890

Breuninger, K. Fr., s.: Choralmelodien, vierstimmige, zu dem Gesangbuch f. d. evangel. Kirche in Württemberg.

Breuninger, K. Fr., Liedersammlung, s.: Weeber, J. Chr

— Liederschule. — Sing- u. Liedersch., s.: Ehni, JA.

— stufenmäßig geord. Sing- u. Liederschule, s.: Ehni, J. A.

Breuninger, KF: 2- u. 3stimm. Weisen z. Liederb. f. ev. Jungfrauenver. 8° (32) Stuttg. 01, Bh. d. ev. Gesellsch. Kart. — 50

Breuninger, Wilhelm

Breuninger, W., s.: Magisterbuch.

— s.: Taschenbuch f. die evang. Geistlichen Württembergs.

Breunlin, Christ. Matth. Theodor

* *Joh. Kiesii* Diss. de Iride, Resp. *Lud. Timoth. Spittler* et *Christ. Matth. Theodor. Breunlin.* Tubing. 2½ Bog. 1772.

Breunlin, Friedrich

Breunlin, Fr., Anleitung zur vortheilhaftesten Cultur u. Bearbeitung d. Flachses, oder ausführl. Unterricht in dem Anbau des Leins zu Saamen und zu Spinn-Material, Darstellung der zweckmäß. Verfahrungsarten beim Rösten, Dörren &c d. Flachses. Anweisung, denselben auf die vortheilh. Weise zu spinnen u. zu bleichen &c. &c. 1s u. 2s Hft. (Production des Flachses.) Mit 1 Tabelle u. 2 Steintaf. Lex.-8. Stuttgart 832. Hallberger. 1/2 ₰ — 3s Hft. 1e u. 2e Lfrg. gr. 8. Ebd. 837. 1/2 ₰ — 4s Hft. Lex.-8. Ebd. 837. 1/4 ₰ (1—4. 1 1/4 ₰)

Breunlin, Friedr., Anleit. zur vortheilhaftesten Cultur u. Bearbeitung des Flachses &c. 2., verm. u. verb. Aufl. gr. 8. (10 B., 1 Tab. u. 3 Stnt.) Stuttgart 843, Hallberger'sche Vrlsh.

Breunlin, F., der englische Beuch-Apparat, s. Beuch-Apparat.

—— Flachsbau. 4 Hfte. Lex.-8. (10 3/4 B.) Stuttgart 837, Hallberger'sche Vrlsh.

—— über mechan. Leinenspinnereien, d. Bedingungen zu dem Gedeihen ders., u. ihr Einfluß auf d. bisher. Gang d. Leinwand-Industrie in Süddeutschland. Lex.-8. (3 1/2 B.) Stuttgart 838, Hallberger'sche Vrlsh.

—— üb. mechanische Leinen-Spinnereien, d. Bedingungen zu dem Gedeihen derselben u. ihr Einfluß auf den bisherigen Gang d. Leinwand-Industrie in Süddeutschland. Nebst e. Anh. über d. Beschützung der vaterländ. Linnen-Industrie durch Zölle. 2., verb. u. verm. Aufl. gr. 8. (4 B.) Stuttgart 844, Hallberger'sche Vrlsh.

Breunlin, Hermann [aus Mannheim]: Einwirkung von Phenylisocyanat auf Stickstoff-Benzylanisaldoxim ... Erlangen, k. b. Hofbuchdr. v. A. Vollrath, 1894; 39 S. 8.
Erlangen, Phil. Fak., Inaug.-Diss. v. 1894

Breunner-Enkevoërth, August Johann Graf & Jacob v. Falke. Römisch kaiserlicher Majestät Kriegsvölker im Zeitalter der Landsknechte. Herausgegeben von August Johann Grafen Breunner-Enkevoërth ... mit erläuterndem Text von Jacob von Falke ... Gedruckt zu Wien im kais. kön. militär-geographischem Institute im Jahre 1883. C. J. Wawra in Wien . .
Tit., 1 Bl., 21 S., 151 Taf. gr 2°.

Breunner-Enkevoërth, August Johann Graf, Oberst-Erbland-Kämmerer im Erzherzogthum Oesterreich unter der Enns, k. k. Kämmerer, etc. etc. Römisch kaiserlicher Majestät Kriegsvölker im Zeitalter der Landsknechte. Mit erläuterndem Texte von Jacob v. Falke, k. k. Regierungsrath. (Mit 151 Taf. auf 150 Blättern.) Beigelegt: Anhang. (Titelblatt mit 16 Taf.) Fol. Wien 1883 u. 1889.

Breunung, Adolf: Ist die dem Käufer nach l. 13, § 20, Dig. de act. emt. et vend. obliegende Verpflichtung zur Verzinsung des rückständigen Kaufpreises durch den angegebenen Grund gerechtfertigt? Kann sich auf den Rechtssatz auch der conductor operis berufen, wenn nach Ablieferung und Genehmigung des Werkes der vertragsmässige Lohn in Rückstand kommt? Ist der Rechtssatz mit den heutigen Bedürfnissen und Anforderungen des Verkehrs vereinbar? *Bonn 1897: K. Drobnig.* (64 S.) 8°
Erlangen, Jur. Diss. v. 11. Sept. 1897

Breunung, Ed., die französische Conjugation gegründet auf die Aussprache und für den Schulgebrauch bearb. gr. 16. (22 S. mit 1 Tab. in gr. 4.) Hersfeld 868, Maier's Buchh. *

Breus, Carl, die Beckeneingangszangen. Übersichtliche Darstellg. der modernen Zangenmodificationen u. ihrer Verwerthbarkeit f. die Extraction d. im Beckeneingange steh. Schädels. gr. 8. (III, 89 S. m. eingedr. Holzschn.) Wien 885. Toeplitz & Deuticke. n. 3. —

Die pathologischen Beckenformen. Von Prof. Dr. Carl Breus und Prof. Dr. Alexander Kolisko. I. Band. 1. Theil. (Allgemeines, Missbildungs-, Assimilations- und Zwergbecken.) Mit 116 in den Text gedruckten Abbildungen. Leipzig und Wien. 1900. Deuticke. Gr.-8°. 366 S. fl. 8.—

Breus, Carl u. Alex. Kolisko, d. pathologischen Beckenformen. I. Bd., 2. Tl. (Riesenbecken, Rachitisbecken u. Dimensional-Anomalien.) (VIII u. S. 367—707 m. 100 Abbildgn.) gr. 8. Wien 904. F. Deuticke. n. 15. —
I, 1 u. III, 1. Ebd. 900. n. 28. —.

Breus, Carl, u. Alex. Kolisko, die patholog. Beckenformen. II. Bd. 1. u. 2. Tl. Lex. 8. Wien, F. Deuticke. 30. —
II. 1. (Osteomalaciebecken ostit. u. synostot. Becken — Naegele, Robert —.) (300 S. m. 97 Abbild.) 908. 15. —
2. (Exostosenbecken, Neubildungsbecken, Fractur- u. Luxationsbecken.) (VII u. S. 301—583 m. 78 Abbild.) 910. 15. —

Die pathologischen Beckenformen. Von Prof. Dr. Carl Breus und Prof. Dr. Alexander Kolisko. III. Bd. I. Theil. (Spondylolisthesis-, Kyphosen-, Skoliosen- und Kyphoskoliosen-Becken.) Mit 96 in den Text gedruckten Abbildungen. Leipzig und Wien. 1900. Deuticke. Gr.-8°. 359 S. K 16.—

Breus, Carl, u. Alex. Kolisko: Die patholog. Beckenformen. III. Bd, 2. Thl. (Abnorme Beckenformen infolge v. Anomalien d. Wirbelsäule d. unt. Extremitäten u. d. Nervensystems.) 2. Thl. (Becken bei rhachit. Verkrümmg d. Wirbelsäule, Luxations-, Coxitis- u. and. Claudications-Becken, Neurosen-Becken.) (6 u. 696 m. Abb.) Lex8° Wien, F Deuticke '12. 15 — (I—III: 88 —)

Breus, Carl, die Behandlung d. Nabelschnurbruches, s.: Sammlung klinischer Vorträge.

Über wahre Epithel führende Cystenbildung in Uterusmyomen. Von Dr. Carl Breus, Privatd. Mit 7 Holzschn. Leipzig & Wien: F. Deuticke 1894. (30 S.) 8° [illegible] 8

Breus, Carl. Das tuberöse subchoriale Hämatom der Decidua. Eine typ. Form der Molenschwangerschaft. gr. 8. (32 S. m. 4 lithogr. Taf. u. 5 Holzschn.) Wien 892, Deuticke. * 2 50

Breusing. Ueber die Stellung des attributiven Adjectivs im Französischen. Crefeld, R., 1873. 17 S. 4.

Breusing, Arthur

—— A. Bermpohl, Th. Niebour und H. Romberg, Fraglehre für Seefahrtschulen. 4. Aufl. des Katechismus der Steuermannskunst. 8. (340 S.) Bremen 888, Heinsius. *

— A. Bermpohl, Th. Niebour, H. Romberg, Fraglehre f. Seefahrtschulen. 4., umgearb. Aufl. d. Katechismus der Steuermannskunst. Mit 1 Flaggenkarte. 8. (340 S.) Ebd. 889. n. 5. —; geb. n. 6. —

Breusing, Arth., nautische Hülfstafeln. 4. Aufl. gr. 8. (312 S.) Bremen 877. Heinsius. n. 6. —; geb. n.n. 8. —
3.Aufl.1871.(312 S.)

Breusing, Arth., nautische Hülfstafeln. 5. Aufl. gr. 8. (316 S.) Bremen 885. Heinsius. geb. n. 6. —

Breusing, Arth., nautische Hülfstafeln. 6. Aufl. Hrsg. v. C. Schilling. gr. 8. (825 S. m. 2 Karten.) [Bremen.] Leipzig 897. M. Heinsius Nachf. n. 6. —; geb. in Halbfrz. n. 8. —

Breusing, Arth., nautische Hülfstafeln. 6. Aufl., 2. Ausg. Hrsg. v. C. Schilling. gr. 8. (III, 282 S. m. 1 farb. Karte.) Leipzig 901. M. Heinsius Nachf. Geb. in Halbfrz. n.n. 6. 75
7.Aufl.ff.s.: Breusing: Naut.Tafeln.

Breusing, Arth. Die nautischen Instrumente bis zur Erfindung des Spiegelsextanten. gr. 8. (46 S. m. Abbildgn.) Brem. 890, Silomon. 1 —

—— und A. Bermpohl, Katechismus der Steuermannskunst und Seemannschaft. 2. Aufl. gr. 16. (IV und 212 S.) Bremen 863, Strack. cart. *

Breusing, der Kompaß an Bord eiserner Schiffe. Im Verein m. O Fulst u. H. Meldau neubearb. u. hrsg. v. C. Schilling. (V u. S. 375—436 m. Fig. u. 1 Taf.) Lex.-8. Leipzig 904. M. Heinsius Nachf. Kart. n. 2. —
Sonderabdruck aus: „Steuermannskunst". 7. Aufl.

Breusing, A., Leitfaden durch das Wiegenalter der Kartographie bis zum J. 1600 m. besond. Berücksicht. Deutschlands. Beilage zum Kataloge der Ausstellg. d. 3. deutschen Geographentages zu Frankfurt a. M. am 29., 30. u. 31. März 1883. gr. 8. (33 S.) Frankfurt a/M. 883. Mahlau & Waldschmidt. n.n. — 50

Breusing, Arth., vierstellige Logarithmen, zum Gebrauch auf Schulen. gr. 8. (50 S.) Bremen 851, Heyse.

Breusing, Arthur, vierstellige Logarithmen, zum Gebrauch auf Schulen. gr. 8. Bremen 852, Heyse. 1/3 ₰

Breusing, Arth. Die Lösung d. Trierenrätsels; die Irrfahrten d. Odysseus, nebst Ergänzungen u. Berichtigungen zur Nautik der Alten. gr. 8. (VII, 124 S. m. Fig.) Brem. 889, Schünemann. * 3 50

— die Nautik der Alten. gr. 8. (XV, 219 S. m. eingedr. Holzschn., 4 Holzschntaf. u. 1 Karte.) Bremen 886. Schünemann. n. 10. —

Breusing, Arth., Steuermannskunst. Bremen 860. Strack. gr. 8. (VIII, 272 S. mit Holzschn. im Text, 1 lith. Karte und: Nautische Hülfstafeln, 256 S.) n. 5 ₰

Breusing, Arth., Steuermannskunst. 2. Aufl. Bremen 864. Strack. gr. 8. (VIII, 584 S. m. Holzschn. im Text u. 1 lith. Karte.) n. 4 ₰ 10 ngr; geb. n. 5 ₰

—— Steuermannskunst und Nautische Hülfstafeln. 3. Aufl. 1870,71. * M. 12., geb. * M. 15.; 4. Aufl. gr. 8. (III, 402; 312 S. mit eingedr. Holzschn. und 1 lithogr. Karte.) Ebendas. 877. * geb. *

— Steuermannskunst. 4. Aufl. gr. 8. (III, 402 u. Hülfstafeln 312 S. m. eingedr. Holzschn. u. 1 lith. Karte.) Ebend. 877. n. 15. —

— Steuermannskunst. 5. Aufl. gr. 8. (III, 370 S. m. Abbildgn. u. 1 Karte.) Bremen 890. Heinsius Nachf. n. 10. —; geb. n. 12. —

— Steuermannskunst. Im Verein m. O. Fulst u. H. Meldau neu bearb. u. hrsg. v. C. Schilling. 6. Aufl. Lex.-8. (VIII, 460 S. m. Fig. u. 1 Taf.) Ebd. 902. n. 12. —; geb. n. 14. —

— Steuermannskunst. Im Verein m. O. Fulst u. H. Meldau neu bearb. u. hrsg. v. C. Schilling. 7. Aufl. (VIII, 470 S. m. Fig. u. 1 Taf.) Lex.-8. Ebd. 904. n. 12. —; geb. n.n. 14. —

— Steuermannskunst. Im Verein m. O. Fulst u. H. Meldau neu bearb. u. hrsg. v. C. Schilling. 8. Aufl. (VIII, 477 S. m. Abbild. u. 1 Taf.) Lex. 8. Ebd. 909. Geb. in Leinw. nn 14. —

Breusing, Arthur, kleine Steuermannskunst als Leitfaden für den Unterricht. gr. 8. (XII und 208 S. mit eingedr. Holzschn.) Bremen 852, Heyse's Verlag. *

— nautische Tafeln. Im Verein mit O. Fulst u. H. Meldau neu zusammengest. u. hrsg. v. C. Schilling. Nebst 4 magnet. Karten, entworfen von G. v. Neumayr. 7. Aufl. Lex.-8. (XVII, 265 S.) Ebd. 902. n. 7. —; geb. n.n. 9. —
Früh.Ausg.s.: Breusing: Naut.Hülfstafeln.

— nautische Tafeln. Im Verein m. O. Fulst u. H. Meldau neu zusammengestellt u. hrsg. v. C. Schilling. Nebst 4 magnet., vom Reichsmarineamt zur Verfügg. gestellten Karten. 8. Aufl. (XVII, 265 S.) Lex.-8. Ebd. 906. Geb. in Leinw. n.n. 9. —

Breusing's nautische Tafeln. Im Verein mit O. Fulst u. H. Meldau neu zusammengest. u. hrsg. v. C. Schilling. Mit 4 magnet., vom Reichsmarineamt zur Verfügung gestellten Karten. 9. Aufl. (XVII, 265 S.) Lex. 8. Leipzig 909. M. Heinsius Nachf. Geb. in Leinw. nn 9. —

Breusing, A., das Verebnen der Kugeloberfläche f. Gradnetzentwürfe. Ein Leitfaden f. den Unterricht. Mit (18) Fig. im Text u. 6 (teils farb.) Bildtaf. Lex.-8. (IV, 71 S.) Leipzig 892. H. Wagner & E. Debes. n.n. 3. —

Breusing, C. (Red.), s. Zeitschrift für technische Hochschulen.

Breusing, Eduard, aus Frankfurt (Main): **Untersuchungen über** Breithaupt's Manganocalcit (Agnolith Breusing). *Stuttgart: E. Schweizerbart 1900.* (S. 265—330.) 8° ¶ (Aus: N. Jahrbuch f. Mineralogie etc., Beil.Bd 13.)
Rostock, Phil. Diss. v. [8. Aug.] 1899

Breusing, F. L. W.

— Auszug aus d. Gesch. d. französ. Reichs, d. Garantie d. Gold- u. Silbersachen betreff. rc. 8. Hamb. 812. (Crone in Osnabr.) 6 gl

Breusing, F. L. W., vollständ. Auszug aus d. Gesetzen d. franzos. Reichs rc. über d. vereinigten Abgaben (droits réunis) f. Bier- u. Essigbrauer rc. gr. 8. Hamb. 812. (Crone in Osnabr.) 12 gl

— d. französ. Decimalsystem in Maaßen u. Gewicht, verglichen mit d. Maaßen u. Gewicht in d. Departem. d. Weser- u. Elbmündungen, sowie d. Ober-Ems. Mit 8 Tabellen. gr. 4. Osnabr. 812. (Crone). 1 ₰ 12 gl

Breusing, Herm., germanisches Blut. Lebensbild aus dem indischen Archipel. 2 Thle. Hannover 863. C. Rümpler. 8. (506 S.) 2 ₰

—— ein Geächteter. Lebensbild. 3 Abthlgn. à 2 Bde. 8. Jena 866,67, Costenoble. [I. (VI und 486 S.) 2 Thlr. 15 Ngr., II. (516 S.) 3 Thlr., III. (484 S.) 2 Thlr. 15 Ngr.]

Breusing, Herm., ein Geächteter. Lebensbild. 2. (Titel-)Ausg. 3 Abthlgn. in 6 Bdn. 8. (238; 248; 254; 262; 232; 252 S.) Jena (866—67)69, Costenoble.

Breusing, Herm., Lebens- und Sittenbilder aus Westfalen. gr. 8. (III und 232 S.) Bremen 859, [Geisler's Verlagsh.] *

—— Lebens- u. Sittenbilder a. Westfalen. 8. (232) Brem. 59. (Hamb., Boyes u. G.) n. 1. —

— Lebens- u. Sittenbilder aus Westfalen. Bremen 860. Geisler. gr. 8. (2 Bl., 232 S.) n. 1 ₰

Breusing, Herm., ein Westfale. Roman. 3 Bde. 8. (1: VI u. 207 S. 2: IV u. 444 S. 3: IV u. 176 S.) Braunschweig 852, Vieweg & Sohn. n. 3½ ₰

Breusing, Rudolf [cand. med. aus Osnabrück]: Ein Beitrag zur Ätiologie der metastatischen Gelenkentzündungen bei Erysipel .... Würzburg. Paul Scheiner's Buchdr., 1886; 30 S. 8°.
Würzburg. Med. Fak., Inaug.-Diss. v. 1886.

Breusing, Rudolf, ein Beitrag zur Ätiologie der metastatischen Gelenkentzündungen bei Erysipel. Diss. Würzburg 1886, Stahelsche Univ.-Buchh. 8°. 30 S.

Breuske, Jh. Gottl., 22 Fragen in 3 Abtheil. gestellt zur Selbstbeantwortung für Lichtfreunde u. die es werden wollen. gr. 8, Frankfurt a/O. 846, Trowitzsch u. Sohn. n. ⅙ ₰

Breust, H., Fibel, streng methodisch vom Leichten zum Schweren fortschreitend, auch das Schreiben mit dem Lesen naturgemäß verbindend. 1. Thl. Das Lesen einsilbiger Wörter. 3. verb. Aufl. Mit einem lith. Anh. Goslar (855). Schönpflug. (48 u. 4 S.) nn. 2½ ngl

Breust, H, Fibel. 1. Thl.: Lesen einsilb. Wörter. 3. Afl. 8. (48) Goslar 55, Stöckicht. geb. n.n. — 2½

Breustedt, Carl, approb. Arzt aus Braunschweig: **Ueber die Wirkung einiger Aldehyde der Fettsäurereihe auf das Blut.** *München 1902: C. Wolf & Sohn.* (30 S.) 8°
München, Med. Diss. v. 1902

Breustedt, Georg. Beiträge zur Kenntniss der aromatischen Hydantoine. Diss. Phil. Basel. IV + 38 S. 8. Braunschweig, Friedrich Vieweg & Sohn, 1902.

Breutel, J. Christian, Naturhistorische Mittheilungen aus Süd-Afrika. Herrnhut 1858.

Breve

Clementis XIV. de extinctione Ord. Soc. Iesu. 4. Mannh. Schwan. 773.

— — dasselbe deutsch

Breve weg. Aufhebung d. Ordens d. Gesellsch. Jesu. 4. Salzburg, Mayr. 773.

Breve Pabsts Clemens XIV wegen Aufhebung des Ordens der Gesellschaft Jesu; aus dem Latein. O. O. 1773. Ü: *Zaupser, Andr.* (ML) (Ky) (Jes)

Breve Pabsts Clemens des 14ten an die Bischöffe in Bayern wegen Verminderung der Feyertage; ins Teutsche übersetzt . . . München 1773. Ü: *Zaupser, Andr.* (ML)

Breve, das neueste, Sr. Heil. des Papstes Leo XIII. üb. die Ablässe f. die in der Welt lebenden Tertiarier. gr. 16. (24 S.) Dülmen 901. A. Laumann. — 05

Breve, über das päpstl., gegen Hermes, s. Wie haben sich die von d. Hermesian. Rechtgläubigkeit rc. zu verhalten.

Breve Summi Pont. Pii VI. ad E. S. R. eccles. Card. de la Rochefaucault. 8. Münch. 791. J. Lindauer. 5 gl

Breve, politiske, fra Landet til en Borger i Kjøbenhavn. 8. (24 S.) Kjøbenhavn 848, Gyldendal. 3 ngl

Breve, welches Se. Heil. Papst Pius X. an die St. Petrus Claver-Sodalität f. die afrikanischen Missionen am 10. VI. 1904 zu richten geruhte. (8 S.) 16. Salzburg (904). St. Petrus Claver Sodalität. — 10
Sonderabdruck aus „Echo a. Afrika".

v. Brevern, Eph., Erfahrr. u. Ansichten in landwirthschaftl. Hinsicht. 8. Reval 825.

Brevern, Georg v., geboren 4. VIII. 1807, gestorben 23. VI. 1892. Erinnerungen aus seinem Leben u. an die Anfänge der zweiten Agrarreform in Estland 1839—1842. (226 S. m. Bildnis.) 8. Reval 907. Kluge & Ströhm. 4. 50

Brevern, Geo. v., meine Erinnerungen an die Anfänge der zweiten Agrarreform in Esthland. 1839—1842. gr. 8. (116 S.) Berlin 892. (Puttkammer & Mühlbrecht.) n. 1. 60

Brevern, Geo. v., zur Geschichte der Familie v. Brevern. 1. Bd. Als Mscr. gedruckt. gr. 8. (VII, 364 S.) Berlin 878, Puttkammer und Mühlbrecht. *

Brevern, Geo. v., **zur Geschichte der Familie von Brevern. 2. und 3. Bd. Lex.-8. Berlin, Puttkammer und Mühlbrecht.** *

Inhalt:
Bd. 2. Catharina v. Brevern, geb. v. Reutern. [Die Generalin Bohn.] [Berichtigungen und Nachträge zum 1. Bd.] (III, 271 S.) 880. *ℳ 6.
» 3. Carl v. Brevern [geb. 22. Octbr. 1704, gest. 3. Jan. 1744.] [Mit einem Vorwort.] (XIV, 340 S. und Beilagen 254 S. mit Lichtdr.-Portr.) 883. *ℳ 16.
1. Bd. Ebendas. 1878. *ℳ 8.

Brevern, Geo. v., zur Geschichte der Familie v. Brevern. 4. (Schluss-)Bd.: Johann v. Brevern [geb. 16. Jan. 1749, gest. 27. Octbr. 1803]. Als Mscr. gedruckt. [Mit einem Vorwort.] gr. 8. (X, 173 S., Beilagen IV, 127 S. mit 1 Lichtdr.-Portr.) Berlin 885, Puttkammer und Mühlbrecht. *
1.—3. Bd. Ebendas. 1878—83. *ℳ 30.—.

Brevern, Geo. v., Studien zur Geschichte Liv-, Esth- und Kurlands. 1. Bd. A. u. d. T.: Der Liber census Daniae und die Anfänge der Geschichte Harrien und Wirland's (1219—1244). Dorpat 857. (Leipzig, Voß.) gr. 8. (XVI, 300 S.) nn. 2 ₰ 24 ngl

Brevern, Georg von: Studien zur Geschichte Liv-, Esth- und Kurlands. Bd 1. [Mehr nicht ermitt.] — Dorpat 1858: Laakmann; (Lpg: Voss) XVI, 300 S.

Bréviaire du peuple par Gust. B... gr. 16. (141 S.) Luxemburg 871, Schamburger.

Breviariolum sacri tridui maior. Hebdomadae toti Clero commune. 8. maj. Styrae. (Goebhard, Bamb.)

Breviariolum sacri tridui majoris hebdomadae toti Clero commune. 8maj. Styrae (Wesché in Frankf.) 5 gr

Breviarium.

s. Preces.

Breviarium Ambrosianum S. Carolo archiepiscopo editum, Bartholomaeo Carolo comite Romilli archiepiscopo impressum, denuo recusum. 4 voll. 12. (LXIX, 208, 218, 139; XXXII, 209, 416, 127; XXXII, 213, 537, 127 u. XXXII, 180, 803, 47 S. m. je 1 Titelbild.) Modiolani 896. (Oxford, J. Parker & Co.) n. 11. 50

Breviarium antiquitatum. 8. Halle 763. Kümmel: 6 gr

Breviarium antiquitatum ad illustrandam passionis Christi historiam. Halle 1763. V: *Sturm, Christoph Christian.* (Ky) (ML)

— antiquitat. romanar. Cellario-Freyerian. supplet. 8. Hafn., 744.

Breviarium archaeologiae Graecae et Romanae. Norimb. et Altd. 1794. V: *Leutwein, Lorenz Friedrich.* (Ky) (MGT)

— archaeologiae graeco-romanae (ab L. F. Leutwein). 8maj. Nürnb. 795. Monath u. K. 8 gr

Breviarium Armenum. 2 Vol. (in hocharmenischer Sprache). Mechitar. Buchdr. in Wien u. Venedig 1839. 3 Thlr. — 5 fl. n°.

— astronomiae physicae, iuxta Newtonii Principia. 8. Upsal. (Gleditsch in Leipzig.) 741.

Breviarium, Astronomiae physicae juxta Newtoni Principia, methode scholastica ... Tyrnaviae 1760. V: *Weiss, Franz.* (Jes)

— Cisterciense. II Tom. C. fig. 8maj. Basel 778. Tourneysen. 8 rß 4 gr

— ordin. Cisterciens. 4 Vol. 8. Würceb. Stahel. 778.

— ecclesiae lutheranae confutatum a P. Jost. 4. Landsh. 772. Storno. 8 gr

Breviarium, das, Grimani, in der Bibliothek v. San Marco in Venedig. Vollständige phothograph. Reproduction, hrsg. durch Scato de Vries. Vorwort v. Sal. Morpurgo. (300 farb. u. 1268 getönte Taf. in Photo-Heliograv.) (In 12 Lfgn.) 1.—4. Lfg. (529 Taf. m. VII S. Text.) gr. Fol. Leiden (904. 905). A. W. Sijthoff. — Leipzig, K. W. Hiersemann. In Leinw.-Mappe à n.n. 200. —
Aus dem Buchhandel zurückgezogen.

Breviarium, das, Grimani, in der Bibliothek v. San Marco in Venedig. Vollständ. photogr. Reproduction, hrsg. durch Scato de Vries u. S. Morpurgo. Mit e. Einleitg. v. Giulio Coggiola. Autoris. deutsche Uebersetzg. v. Kurt Freise: Das Breviarium Grimani in der St. Markus-Bibliothek in Venedig. Seine Geschichte u. seine Kunst. 5.—12. (Schluss-)Bd. (147, 122, 131, 131, 130, 131, 126 u. 80 z. Tl. farb. Taf. m. 180 S. illustr. Text.) 49,5×35,5 cm. Leiden 906—10. A. W. Sijthoff. — Leipzig, K. W. Hiersemann. In Leinw.-Mappe à Bd. nn 200. —

Breviarium, Das, Grimani, in d. Bibliothek v. San Marco in Venedig. Vollständ. photograph. Reproduction, hrsg. durch Scato de Vries u. S Morpurgo. Einleitg v. Giulio Coggiola. Uebers. v. Kurt Freise: Das Breviarium Grimani in d. St Markus-Bibliothek in Venedig. Seine Gesch. u. s. Kunst. 2. Tl, 12. Bd. (80 z. Tl farb. Taf. m. 180 S. illustr. Text.) 49,5×35,5 cm. Leid., AW Sijthoff. — Lpzg, KW Hiersemann '10. in L-M (je) nn 200 — ‖ 3. Schluss-Tl. (181—205 u. 57 m. Abb.) '11. unberechnet.

— dass., s. a. Brevier.

Breviarium hominis christiani; hoc est: breve eorum compendium, quae ad boni christiani officium et pium exercitium spectant. 18. Einsied. 832. (Augsb., M. Rieger.) 1/3 rß

— horae diurnae. 4. Cister. et Colon. 722.

— laicorum; contin. officium domenicarum et festorum anni. Mainz, Müller. 20 gr

— laicorum, literator. judicum etc. 8. Augsb. 803. Doll. 12 gr

Breviarium der Liedertafel. Hamburg 1855. H: *Schön, Joh. Matth. Albrecht.* (Schr)

Breviarium Marianum, in quo psalterium B. Mariae virginis a S. Bonaventura compositum est; officium B. Mariae V.... Monast. 1860. H: *Böcker, Hnr.* (Rass)

Breviarium Marianum in quo psalterium b. Mariae virginis a S. Bonaventura compositum, officium b. Mariae virginis pro tribus anni temporibus, officium de immaculata conceptione, nec non preces quotidianae aliaque pietatis exercitia. In usum quotidianum omnium b. Mariae virginis cultorum denuo editum etc. Münster 860. Regensberg. 16. (XVI, 796 S.) n. 22½ ngr.

— monasteriense, jus. Max. Frid, Archiep. Colon. etc. recogn. IV Pts. 8 Münster 784. recogn. et emend. 830 Aschendorff. 8 rß 6 gr

— Monasticum, pro omnib. sub regula P. Benedicti per German. militant. etc. IV Part. 8. maj. Bamb. Goebh. 756.

— — id. 2 Part. 8. maj. Campid. (Goebh. Bamb.) 707.

— — id. 4 Part. 12. ibid. 718.

— — id. 4 Part. 8. maj. Styrae. (Goebh. Bamb.) 733.

— — id. 4 Part. 12. maj. ibid. 743.

— — id. 4 Part. 12. ibid. 743.

— — id. 1 Vol. 8. maj. Venet. (Goebh. Bamb.) 744.

— — id. 4 Part. 12. maj. Venet. (Goebh. Bamb.) 744.

— monasticum, pro omnib. sub regula P. Benedicti per German. militant etc. IV Pts. 8maj. Augsb. 756. (Wesché in Frankf.) 5 rß 8 gr id. lib. IV Pts. 12maj. Einsidl. 756. (ibid.) 5 rß id. lib. pro omnibus sub regula S. P. Benedicti. IV Pts. 8maj. Einsidl. (ibid.) 6 rß 16 gr id. IV Pts. 12. ibid. (ibid.) 4 rß id. II Pts. 8maj. Campid. (ibid.) 4 rß id. IV Pts. 8. ibid. (ibid.) 5 rß 8 gr id. IV Pts. 12. ibid. (ibid.) 3 rß id. IV Pts. 8maj. Styr. (ibid.) 4 rß 16 gr

— — id. 4 Part. 8. ibid. 758.

Breviarium monasticum, Pauli V. et Urbani VIII. ss. pontificum auctoritate recognitum, pro omnibus sub regula ss. p. n. Benedicti militantibus, auctum officiis novissime praeceptis vel concessis per ss. pont. et juxta sancitas leges revisum. 4 Tomi. gr. 16. (CXXXIV und 4529 S. mit 4 Holzschnt.) Mecheln 860. (Mainz, Kirchheim.) *

Breviarium parvum e breviario romano collectum et ad usum quotidianum in festis per annum accommodatum. 8. (56 S.) Kempten 874, Kösel'sche Buchh. *

Breviarium parvum ex breviario romano collectum et ad usum quotidianum in festis per annum accommodatum. Accedunt orationes ante et post missam dicendae. Ed. II. 8. (VIII, 96 S. m. eingedr. Holzschn.) Kempten 881. Kösel. n. 1. —; geb. n. 2. 80

Breviarium parvum ex breviario romano collectum et ad usum quotidianum in festis per annum accomodatum. Accedunt diversae orationes crebro usitatae. Ed. III. gr. 8. (VIII, 72 u. 39 S. m. Titelbild.) Kempten 900. J. Kösel. n. 1.—; geb. n. 1.80; in Ldr. n. 2.80

BREVIARIUM, Das, der Politiker. Aus d. Französ. übersetzt. O. O. 1770. 8°. 5 Bll. u. 100 S. Rar! (6 Mk. Oskar Rauthe, Berlin, 1908.)
Die gedruckte Widmung lautet: „An meine Schöne". — Inh.: Von den Weibern. — Von den Aerzten. — Von den Leidenschaften etc.

Breviarium, das, der Politiker. 8. Leipz. 770. Halle. 6 gl.

Breviarium pract.-med. secund. Pharmacopoeam Boruss. exaratum. 16. (2 B.) Berolini 837, libr. Stuhr.

Breviarium juxta ritum Sacri Ordinis Praedicatorum auctoritate apostolica approbatum, et Reverendissimi P. Fr. Vinc. Ajello ejusdem Ordinis Generalis Magistri permissu editum. 2 Partes. 12maj. (CCCCXLVII und 444 S.) Mechliniae 850. (Moguntiae, Kirchheim et Schott.) *

— — ad usum sacri et Canonici Ordin. Praemonstrat. 4 Part. 12. maj. Bruxell. (Goebh. Bamb.) 763.

— ad usum sacri et canonici ordin. praemonstrat. IV Pts. 12maj. Brüssel 763. (Wesché in Frankf.) 6 ₰ 16 gl

— — id. 2 Part. 18. Virduni. (Goebh. Bamb.) 710.

— — Pauli V. IV Part. 8. Augsb. Doll. 758.

Breviarium Romanum

— — 8. maj. Antwerpen. (Monath u. K. Nürnb.) 728.

— — id. I. 12. maj. ibid. 731.

— — id. I. IV part. 12. maj. Augsb. Wolf. 771.

— — IV Tom. 8. Par. (Turneysen, Basel.) 781.

— Romanum, IV Part. cum fig. 4. maj. Campid. (Goebhard, Bamb.) 794.

— Romanum. IV Pts. c. fig. 4maj. Campid. 794. (Wesché in Frankf.) 4 ₰ 16 gl id. in I Vol. compreh. 8. ibid. 796. 2 ₰ id. IV Pts. 12. Leodii 767. (ibid.) 8 ₰ id. IV Pts. 12. Wien 757. (ibid.) 4 ₰ id. Capucinorum 1 Vol. 8. Campid. 764. (ibid.) 2 ₰

Breviarium Romanum pro ecclesiasticis et saecularibus. 8maj. Salzb. Mayr. (in Comm.) 815.

— pro ecclesiasticis et saecularibus. 8maj. Salzb. 816. (Mayr). 2 ₰

— ex secreto SS. Concilii Trident. restitutum S. Pii V. Pont. Max. jussu editum, Clementis VIII. et Urbani VIII. auctorit. recogn. cum officiis sctor. noviss. per Summos Pontif. usque ad hunc diem concessis; in IV anni tempora divisum. IV Voll. 4maj. Kempt. 794. Kösel. 3 ₰ 22 gl Ed. n. 12maj. Paris 828. (Müller in Mainz). 7 ₰ 16 gl id. lib. Mechelin 829. (ibid.) 6 ₰ 8 gl

Breviarium Romanum ex decreto sacrosancti Concilii Trident. restitutum, S. Pii V. Pontificis Max. jussu editum, Clementis VIII. et Urbani VIII. auctoritate recognitum, cum officiis Sanctorum novissime per summos pontifices usque ad hunc diem concessis, in quatuor anni tempora divisum. 8. 4 Vol. (117¾ B. u. 4 Kpfr. u. Titvign.) Vindobonae 833, Mechitaristen-Congreg.-Buchh.

— Romanum ex decreto Sacrosancti Concilii Trident. restitutum, S. Pii V. Pont. Max. jussu editum, Clementis VIII. et Urbani VIII. auctoritate recognitum, cum officiis Sanct. novissime per summos pontifius usque ad hanc diem concessis, in IV anni tempora divisum. Mit 4 Kpfr. 8. Wien 833, 34. Mechitaristen-Congregat.-Buch. Prän.-Pr. 6½ ₰

—— romanum ex decreto SS. Concil. Trident. restit., S. Pii V. Pont. Max. jussu edit., Clementis VIII. et Urbani VIII. auctorit. recog., c. offic. sanctor. Noviss. per summos pont. usque ad hanc diem concessis. IV Pts. 12. (173½ B. u. 16 Stst.) Mechliniae 836. (Moguntiae, Kirchheim, Schott et Thielmann; Lipsiae, Michelsen.) * 5 Thlr. 8 Gr. Dass. mit rothen u. schwarzen Rubriken. *

—— romanum ex decreto SS. Concil. Trident. restit., S. Pii V. Pont. Max. jussu edit., Clementis VIII. et Urbani VIII. auctorit. recog., c. offic. sanctor. noviss. per summos pontif. usque ad hanc diem concessis, in quatuor anni tempora divis. (Ps. I—III.) 18. Campoduni, Kösel. *
Ps. (I.) Hiemalis. (1020 Seit.) 836. } (II.) Vernalis. (1098 Seit.) 836. } à * 1 Thlr. 4 Gr. (III.) Aestiva. (1038 Seit.) 837. }
Ps. IV. scheint noch nicht erschienen zu sein.

Breviarium Romanum ex decreto Sacrosancti Concilii Tridentini restitutum, S. Pii V. Pontificis Max. jussu editum, Clementis VIII., et Urbani VIII. auctoritate recognitum, in quo et festa nova, a summis Pontificibus usque ad hunc annum ordinata et approbata, accurate sunt disposita. 12maj. (Mit 1 Stahlst.) Ratisbonae 840, Manz. n. 2⅙ ₰

— ead. 8. Wien 840 Singer et Goering. n. 5⅓ ₰

— Romanum ex decreto Sacrosancti Concilii Tridentini restitutum, S. Pii V. Pont. Max. jussu editum Clementis VIII. et Urbani VIII. auctoritate recognitum, cum Officiis Sanctorum novissime per summos Pontifices usque ad hanc diem concessis in IV. anni tempora divisum. — Pars Hyemalis et Verna. kl. 8. (Mit schwarzer u. rother Schrift u. 2 Stahlst.) Vindobonae 842, Mechitaristen-Congregations-Buchhandlung. à n. 2 ₰ — Pars Aestiva. kl. 8. (Mit schwarz. u. rother Schrift, 2 Stahlst.) ibid. 842. à n. 2 ₰ — ead. Pars Autumnalis. A Dom. 1. Sept.—Dom. 1. Adv. 8. (Mit schwarzer u. rother Schrift u. 2 Stahlst.) ibid. 843. n. 2 ₰

Breviarium romanum ex decreto s. s. Concilii Tridentini restit. S. Pii V, Pontif. Max. jussu edit. Clementis VIII. et Urban VIII. auctoritate recognit., in quo officia novissima sanctor. accurate sunt disposita. 8. (77⅛ B. mit schwarz. u. roth. Schrift u. 1 Stahlst.) Campidonae 845, libr. Koesel.

— romanum ex decreto ss. Concilii Tridentini restitutum, s. Pii V. jussu editum, Clementis VIII. et Urbani VIII. auct. recognitum etc. IV Tml. (Mit 16 Kpf.) 16. Mechliniae 846. (Mainz, Kirchheim, Schott et Thielmann.) n. 6½ ₰

— Romanum, ex decreto SS. Concilii Trident. restitutum, S. Pii V. Pontificis Maximi jussu editum, Clementis VIII. et Urbani VIII. auctoritate recognitum, cum officiis Sanctorum novissimis usque ad SS. DD. N. Pium IX. et officiis propriis dioecesis Brixinensis pro recitantium commoditate dispositis. IV Voll. 8. (3767 S. u. 8 Stahlst.) Oeniponte 848. (Wagner.) n. 6 ₰

— Romanum ex decreto SS. concilii Tridentini restitutum, S. Pii V. pontificis maximi jussu editum, Clementis VIII. et Urbani VIII. auctoritate recognitum, cum officiis sanctorum novissime per summos pontifices usque ad hanc diem concessis. IV Partes. [Hiemalis. — Verna. — Aestiva. — Autumnalis.] hoch 4. (XCIV, 1676 u. DCI S. m. 4 Holzschn.) Mechliniae 848. (Moguntiae, Kirchheim & Schott.) n. 14⅝ ₰

Breviarium Romanum etc. II Partes. [Hiemalis et verna. — Aestiva et autumnalis.] hoch 4. (LVIII, 1392 u. CCCLXXXVII S. m. 2 Holzschn.) Ebd. 848. n. 9½ ₰

— dass. 8. (LX, 858 u. CCLXIV S.) Ebd. 848. n. 4⅓ ₰

— dass. IV Partes. [Hiemalis. — Verna. — Aestiva. — Autumnalis.] 32. (CCX, MMCLXXXVIII u. DCCCCLXXIV S.) Ebd. 849. n. 6 ₰

— dass. Appendix: Die VIII decembris. In festo immaculatae conceptionis beatae Mariae virginis. hoch 4. (30 S.) Ebd. 849. n. 9 ngr

— dass. 8. (32 S.) Ebd. 849. n. 1/6 ₰

—— romanum ex decreto SS. concilii Tridentini restitutum, S. Pii V. pontificis maximi jussu editum, Clementis VIII. et Urbani VIII. auctoritate recognitum, cum officiis sanctorum novissime per summos pontifices usque ad hanc diem concessis. IV Partes. (Hiemalis. — Verna. — Aestiva. — Autumnalis.) 4maj. (XCIV, 1676 und DCI S. mit 4 Holzschn.) Mechliniae 848. Moguntiae 850, Kirchheim et Schott. *

— Romanum ex decreto S.S. Concilii Tridentini restitutum, S. Pii V. pontificis max. jussu editum, Clementis VIII., et Urbani VIII. auctoritate recognitum in quo et festa nova, a summis pontificibus usque ad hunc annum ordinata et approbata accurate sunt disposita. Editio II. 8. (CCXXXVI u. 1222 S. m. 1 Stahlst.) Ratisbonae 850, Manz. n. 1⅔ ₰

—— id. — Editio II. emendata. 8. (LVI und 1098 S. mit 1 Stahlst.) Taurini 850. (Lipsiae, Gerhard.) *

Breviarium Romanum ex decreto SS. Concilii Tridentini restitutum, S. Pii Pont. Maximi jussu editum, Clementis VIII. et Urbani VIII. auctoritate recognitum, cum Officiis Sanctorum novissime per Summos Pontifices usque ad hanc diem concessis. Mechliniae 853. (Moguntiae, Kirchheim.) 16. (LXVIII, 1008, CCCXXXII S.) n. 3 ₰ 5 ngr.

— — Campoduni 855. Kösel. 8. (LXIV, 1012, 366 S. u. 1 Stahlst.) n. 3 ₰ 6 ngr.

— — 4 Partes. Vindobonae 855, 56. Mechitharisten-Congreg.-Buchhdlg. 8. (504, CCCLXVIII; 554, CCCXXX; 562, CCCXLIX; 584, CCCLVIII S.) n. 8 ₰

Breviarium romanum ex decreto SS. concilii Tridentini restitutum, S. Pii V. pontificis maximi jussu editum, Clementis VIII. et Urbani VIII. auctoritate recognitum. Cum officiis sanctorum novissime per summos pontifices usque ad hanc diem concessis pro majori recitantium commoditate diligenter dispositis. 4 Voll. Kempten 860, (Koesel.) gr. 12. (Vol. I. u. II.: XL, 2050 S. u. 2 Stahlst.) n. 6 ₰ 15 ngr.

—— romanum ex decreto sacrosancti concilii Tridentini restitutum, S. Pii V. pontificis maximi jussu editum, Clementis VIII. et Urbani VIII. auctoritate recognitum cum officiis sanctorum novissime per summos pontifices usque ad hanc diem concessis. 4 Partes. Lex.-8. (CL und 2970 S.) Mecheln 861. (Mainz, Kirchheim.) *

Breviarium romanum ex decreto sacrosancti concilii Tridentini restitutum, S. Pii V. pontificis maximi jussu editum, Clementis VIII. et Urbani VIII. auctoritate recognitum, editio accuratissima cum additamentis novissimis. 4 Partes. gr. 4. (Pars 1. XL und 838 S. mit eingedr. Holzschn.) Regensburg 862, Pustet.

mit 4 Farbendr.-Tit.

mit 4 Farbendr.-Tit. und die Vignetten der Hauptfeste ill. *

mit 4 Farbendr.-Tit. und sämmtl. Vignetten ill. *

— romanum ex decreto ss. concilii Tridentini restitutum, s. Pii V. pontificis maximi jussu editum, Clementis VIII. et Urbani VIII. auctoritate recognitum cum officiis sanctorum novissime per summos pontifices usque ad hanc diem concessis. Ebend. 863. 8. (LVI, 1139 S. u. 1 Stahlst.) n. 4 ₰ 8 ngr.

—— dass. — 2 Partes. 12. (XC und 2091 S.) Mechliniae 863. (Mainz, Kirchheim.) *

Breviarium Romanum pro Dioecesi Gurcensi. Supplementum. Clagenfurti, Leon, 1863. 452 S.

—— dass. — Cum officiis sanctorum novissime per summos pontifices usque ad hanc diem concessis. 8. (LVI und 1139 S. mit 1 Stahlst.) Taurini 864. (Brixen, Weger.) *

Breviarium romanum ex decreto sacrosancti concilii Tridentini restitutum S. Pii V. P. M. jussu editum Clementis VIII. et Urbani VIII. auctoritate recognitum. Editio accuratissima cum additamentis novissimis. 4 partes. Regensburg 866. Pustet. 12. (CCLII, 4262 S. u. 4 Stahlst.) 5 ₰ 10 ngr.

—— dass. Ed. ad. itinerant. praes. et mission. commod. instr. 2 Partes. 18. (2788 m. H.) Regensb. 67, Pustet. n. 3. 12
cf. Supplementum breviarii.

—— Supplementum ad Breviarium romanum, continens officia nova et novissima, quae in editionibus antiquioribus jam ab a. 1740 impressis tam in corpore breviarii quam in ejus appendice desiderantur: Praecedunt psalmi aliaque communia pro horis canonicis in festis per annum etc. 8. (IV, 283 S.) Kempten 868, Kösel'sche Buchh. *

—— Supplementum Breviarii romani Ratisbonae typis G. J. Manz editi festa novissima in universa ecclesia praecepta vel pro aliquibus locis frequentius indulta continens. 8. (80 S.) Regensburg 869, Manz. *

—— Romanum ex decreto SS. concilii Tridentini restitutum, S. Pii V. pontificis maximi jussu editum, Clementis VIII. et Urbani VIII. auctoritate recognitum cum officiis sanctorum usque hanc diem concessis. Edit. ster. 8. (LVI, 1180 S. mit 1 Stahlst.) Romae 869. (Leipzig, Brockhaus' Sortiment und Antiquarium.) *

—— dass. — Cum officiis sanctorum novissime per summos pontifices usque ad hanc diem concessis, pro majori recitantium commoditate diligenter dispositis. 4 Partes. 8. Ebendas. 871. *

geb. mit Goldschn. *

Inhalt:

Pars I. Pars hiemales. A dominica prima adventus usque ad dominicam primam quadragesimae. (XX, 999 S. mit 1 Stahlst.)
» II. Pars vernalis. A dominica prima quadragesimae usque ad dominicam trinitatis. (XX, 2005 S. mit 1 Stahlst.)
» III. Pars aestivalis. A dominica trinitatis usque ad dominicam I. septembris. (XX, 1064 S. mit 1 Stahlst.)
» IV. Pars autumnalis. A dominica I. septembris usque ad dominicam I. adventus. (LXIV, 907 S. mit 1 Stahlst.)

—— dass. — pro dioecesi Salisburgensi, Seccoviensi et Gurcensi. 4 Partes. 8. Ebendas. 871. *

— Romanum ex decreto ss. concilii Tridentini restitutum, s. Pii V. pontificis maximi jussueditum, Clementis VIII. et Urbani VIII. auctoritate recognitum, cum officiis sanctorum novissime per summos pontifices usque ad hanc diem concessis. 8. (LXXXII, 1260 S. m. 1 Stahlst.) Ebend. 872. n. 9. 60

—— dass. — cum officiis sanctorum novissime per summos pontifices usque ad hanc diem concessis. gr. 8. (XLVIII, 940, CCCX S.) Mechliniae 876. (Mainz, Kirchheim.) *

—— dass. — 4 vol. gr. 16. (XXIV, LXXIV, 656, CCCLX; XXXVIII, 690, CCCCIV; XXXVIII, 702, CCCLXXVIII, 4; XXXVIII, 584, CCCLXII, 22 S.) Tornaci 876. (Aachen, Barth.) **

Breviarium romanum ex decreto ss. concilii Tridentini restitutum, S. Pii V. pontificis maximi jussu editum, Clementis VIII. et Urbani VIII. auctoritate recognitum. IV partes. 8. (XXVIII, 1076; XXVIII, 1068; XXVIII, 940; LXIV, 964 S.) Kempten 879, Koesel'sche Buchh. *

Ausg. auf gelbem Pap. *

Breviarium Romanum ex decreto S. Concilii Tridentini restitutum, Clementis VIII., Urbani VIII. et Leonis XIII. auctoritate recognitum. Editio prima post typicam. [Illustrirte Ausg. auf Chinapap.] 4 Bde. 4. Regensburg 888, Pustet. [Bd. I: Pars Hiemalis. (XXXXIV, 508, 336 S.); Bd. II: Pars Verna. (XX, 544, 412 S.); Bd. III: Pars Aestiva. (XX, 560, 380 S.); Bd. IV: Pars Autumnalis. (XX, 472, 344 S.)] Ausg. I. mit 4 Stahlst. *

Ausg. II. mit 4 Stahlst. und 4 Farbendr.-Bildern. *

Vgl.: Psalmi ad Laudes, Commemorationes communis sive Suffragia Sanctorum etc. etc.

—— dass. — ex decreto Ss. Concilii Tridentini restitutum, S. Pii V. Pontificis Maximi jussu editum, Clementis VIII., Urbani VIII. et Leonis XIII. auctoritate recognitum. Editio typica. Illustrirte Ausg. auf Chinapap. [1 Bd. und 25 Heftchen.] 18. (XXIV, 528; 2864 S.) Ebendas. 885. *
Diese Brevier-Ausgabe ist bekannt unter dem Namen „Reisebrevier“.

Breviarium romanum ex decreto ss. concilii Tridentini restitutum, S. Pii V. pontificis maximi jussu editum, Clementis VIII., Urbani VIII. et Leonis XIII. auctoritate recognitum. Ed. IV. post typicam. 4 partes. 8. (XXXII, 708; 468, 24; XXXII, 728; 452, 18; XXXII, 600; 412, 18 u. LXVIII, 648; 396, 44 S. m. 4 Lichtdr.) Regensburg 890. Pustet. n. 24. —

— dass. Ed. V. 4 partes. 12° (4209 m. 4 Lichtdr.) 93. 16 —; geb. von n.n. 26 — bis n.n. 40 — || Ed. VI. 2 partes. 12° (3183 m. Lichtdr.) 93. 12 —; geb. von n.n. 18 — bis n.n. 30 — || Ed. VII. 4 partes. 12° (4325 m. Abbildgn u. 4 St.) 95. 16 —; geb. von n.n. 26 — bis n.n. 40 —

— romanum ex decreto ss. concilii tridentini restitutum, S. Pii V. pontificis maximi jussu editum, Clementis VIII., Urbani VIII. et Leonis XIII. auctoritate recognitum. Ed. VIII. post typicam. 4 partes. 8. (76, 656, 416, 23, 16, 2, 2; 36, 720, 484, 16, 4, 4; 36, 736, 456, 16, 2 u. 36, 600, 420, 16, 2 S. m. Abb. u. je 1 Titelbild.) Regensburg 897. F. Pustet. n. 24. —; Einbde. n.n. 14. —; n.n. 16. —; n.n. 22. —; n.n. 26. — u. n.n. 36. —
Auslieferung für den Buchhandel Deutschlands durch die J. Kösel'sche Buchhandlung in Kempten.

— romanum ex decreto ss. concilii Tridentini restitutum S. Pii V. pontificis maximi jussu editum, Clementis VIII., Urbani VIII. et Leonis XIII. auctoritate recognitum. Ed. XIV. post typicam. 4 partes. 12. XLV, 672, 448, 22; XLV, 716, 416, 24; XLV, 584, 379, 24 u. C, 628, 408, 27, 16 S. m. Abbildgn. u. 4. Stahlst.) Regensburg 900. F. Pustet. n. 16. —; geb. von n. 20. — bis n. 40. —

— dasselbe. In usum itinerantium. 21 Tle. 12. (C; (XLIV, 176, 36, 312; XXXII, 27, 8, 4, 4, 4, 4, 4, 4 S.; S. 315—752 u. 177—1948 m. Abbildgn.) Ebd. 900. 15. —

— romanum ex decreto sacrosancti concilii Tridentini restitutum, S Pii V. pontificis maximi jussu ed., Clementis VIII., Urbani VIII. et Leonis XIII. auctoritate recognitum. Ed. II. post typicam, jussu s. r. c. anno sacri jubilaei 1900 impressam. (In Rot- u. Schwarzdr.) 4 partes. (48, 724, 500, 28; 48, 748, 464, 28; 48, 624, 423, 30 u. 114, 660, 440, 32 u. 31 m. Abb.) 16° Rgnsbg, F Pustet '02. 16 —; geb. von 19 — bis 30.60 || Ed. III. (44, 720, 496, 24; 44, 736, 463, 24; 44, 620, 427, 24 u. 114, 652, 439, 28 u. 24 m. Abb.) '05. 15 —; geb. von 19.80 bis 30 —

Breviarium romanum ex decreto sacrosancti concilii Tridentini restitutum, S. Pii V. pontificis maximi jussu editum, Clementis VIII., Urbani VIII. et Leonis XIII. auctoritate recognitum. Ed. III. post alteram typicam anno sacri jubilaei 1900 impressam. (In Rot- u. Schwarzdr.) 4 partes. (XLIV, 720, 496, 24; XLIV, 736, 463, 24; XLIV, 620, 427, 24 u. CXIV, 652, 439, 28 u. 24 S. m. Abbildgn.) 16. Regensburg 905. F. Pustet. n. 15. —; geb. von n. 19. 80 bis n. 30. —

— romanum ex decreto ss. concilii Tridentini restitutum, ss. Pii V. pontificis maximi jussu editum, Clementis VIII., Urbani VIII. et Leonis XIII. auctoritate recognitum. Ed. IV. post alteram typicam. (Auf ind. Papier in Rot- u. Schwarzdr.) 4 partes. (36, 724, 484, 24; 36, 748, 464, 18; 36, 600, 432, 18 u. 74, 656, 444, 31 u. 18 m. 4 Stahlst.) 8° Rgnsbg, F Pustet '07. 24 —; geb. v. 38 — bis 66 —

— romanum ex decreto ss. concilii Tridentini restitutum, S. Pii V. pontificis maximi jussu editum, Clementis VIII., Urbani VIII. et Leonis XIII. auctoritate recognitum. Ed. V post alteram typicam. (Auf ind. Papier in Rot- u. Schwarzdr.) 4 partes. (44, 676, 452, 22; 44, 720, 428, 24; 44, 584, 388, 26 u. 96, 640, 412, 32 u. 24 S. m. 4 Stahlst.) kl. 8. Regensburg 907. F. Pustet. 18. —; geb. von n 30. — bis n 46. —

— romanum ex decreto ss. concilii Tridentini restitutum, S. Pii V. pontificis maximi jussu editum, Clementis VIII., Urbani VIII. et Leonis XIII. auctoritate recognitum. Ed. V post alteram typicam. Continens Novum Psalterium. (Auf ind. Papier in Rot- u. Schwarzdr.) 4 partes. (56, 580, 418; 59, 560, 388; 56, 456, 375; 92, 512, 374; 30, additamenta 109) kl8° Ratisbonae '12. Regensbg, F Pustet. 22 —; geb. v. 34.50 bis 65.50

Breviarium Roman. Augustinianum ad us. fratr. ordinis Eremitar. S. Augustini. II Pts. 12. maj. Kempt. 797. Kösel, Dass. Venetiis (Bamb., Goebhard)

—— romanum ad usum fratrum et moniacum congregationis Carmelitarum, e. Philippi. 4 Bde. 8. (4000 S.) Triest 860, (Münster'sche Buchh.)

— Romarum ordinis S. P. Francisci. 8. Campidon. 786. (Augsb., M. Rieger.) $2^1/_3$ ₰

— — idem. 2 Part. 8. maj. ibid. 740.

— — idem. 4 Part. 12. maj. Venet. (Goebh. B.) 749.

— Francisc. cum fig. 4. Cambidon. (Goebhard, Bamb.) 777.

— — idem. c. fig. 1 Vol. ibid. 777.

— ordin. S. P. Francisc. C. fig. 4. Kempt. 794. Kösel. 2 ₰ 20 kr id. lib. ad usum Capucinorum. 4. ibid. 778. ibid. 2 ₰ 12 kr

— romanum ad usum fratrum minorum s. Francisci Capuccinorum et monialium ejusdem ordinis annuente Nicolao a S. Joanne. Turin, 863. (Brixen, Weger.) 8. (LX, 1182 S. u. 1 Stahlst.) n. 4 ₰ 8 ngr.

—— romanum ad usum fratrum minorum s. Francisci Capuccinorum et monialium ejusdem ordinis annuente Nicolao A. S. Joanne. 8. (LX und 1182 S. mit 1 Stahlst.) Taurini 864. (Brixen, Weger.) *

Breviarium scripturisticum in dominicalia totius anni evangelia compendio exhibens I. commentarium eorundem litteralem; II. concordantiam apparentium antilogiarum; III. documenta moralia; IV. doctrinas varias partim ad theologiam moralem et polemicam, partim ad ss. canones pertinentes. Pars I. et II. Breslau, 1734.

— — in dominicalia etc. III Tom. 8. maj. Ofen, Univers. Buchh. 746.

— scripturisticum in dominicalia totius anni Evangelia. III Tom. 8. Augsb. 772. Wolff. 2 ₰ 20 kr

Breviarium, Sodalis Mariani in archiepisc. collegio Borromaeo. Salisb. 1857. ed. II. 1865. V: *Zimmermann, Johann von.* (Hr)

Breviarium, sodalis Mariani in archiepiscopali collegio Borromaeo Salisburgi et in seminariis episcopalibus. 8. (VIII und 488 S.) Salzburg 857, (Mayr'sche Buchh.) *

— sodalis mariani et hominis christiani. 12. Insbruck, Wagner. 780.

— sodalis mariani et hominis christiani. 12. Einsidl. 782. (Augsb., Kranzfelder). 6 kr

Breviarium theologiae biblicae. Lipsiae 1803. V: *Bauer, Georg Lorenz.* (will)

Breviculum Praxis Imperialis aulicae. Francofurti 1709. V: *Bertram, Rhubanus Hermannus de.* (Bibliotheca Rinckiana. Leipzig 1747.)

Breviculus modernarum controversiarum, seu compendium Febronii abbreviati cum notis. 8maj. Augsb. 789. Doll. (Landsh., Krüll). 16 kr

Brevier, deutsches, s. Kühn, H.

Brevier, Deutsches, für Geistliche, Stiftsdamen, Klosterfrauen und jeden guten Christen. Augsburg 1790. 6. Ausg. Rothenburg o. d. T. 1809—10. V: *Dereser, Thaddäus Adam.* (Ky) (AarK)

Brevier, deutsches, f. Geistliche, Stiftsdamen, Klosterfrauen u. jeden guten Christen (v. Thadd. Adm. Dereser). 4 Bde. (A. u. d. T.: Erbauungsbuch für kathol. Christen. 4 Bde.) gr. 8. Heilbr... 3e A. 803, 4. 8e A. 816. Claß. 4 ₰ 16 gr
Dass. s.a.: Dereser, Th.A.

— deutsches, f. Weltleute, (v. Thaddäus a S. Adamo (Dereser). 8. Augsb. 790. Bolling. 16 gr

Brevier, evangelisches, in Lied und Gebet. Hrsg. von Frz. Schwabe. gr. 16. (XX und 476 S.) Friedberg 857, Scriba's Buchh. * —
Blnp. *

— für katholische Frauen und Jungfrauen. Von Jos. Kehrein. 2., verm. Aufl. gr. 16. (XLIV und 616 S. mit 1 Stahlst.) Leipzig 859, O. Wigand. geb. *

— das, v. Louis Garson, Dechant de la Paroisse de Lünemonde. 8. Münch. Lindauer. 779.

Brevier eines siebenzigjährigen Greisen. Zürich 1831. V: *Lindinner, Felix Ulrich.* (Cat. d. Stadtbibl. Zürich. Zürich 1864—97.)

Brevier, das, Grimani, in der Markus-Bibliothek in Venedig. (Ausg. m. deutschem Text v. Ferd. Ongania.) (116 [6 farb.] Taf. m. 26 S. m. Text.) gr. 8. Venedig 906. (Leipzig, N. Pehrsson.) Geb. in Sammet 18. —

— dass., s.: Breviarium.

Brevier, kleines, zu Ehren des heil. Herzens Jesu. Tagzeiten für jeden Tag der Woche und eine Meßandacht. Auszüge aus dem Leben und den Werken der sel. Margareta Maria. Autoris. Übersetzung aus dem Französ. von C. Britz. 3. Aufl. 16. (XVI, 160 S. mit Stahlst.) Paderborn 885, Bonifacius-Druckerei. *

Brevier, kleines, zu Ehren d. hl. Herzens Jesu. Tagzeiten f. jeden Tag d. Woche, nebst d. notwendigsten Gebeten. Auszüge a. d. Leben u. d. Werken d. sel. Margareta Maria. Aus d. Franz. v. C Britz. 8. Afl. 16° (160 m. 1 St.) Paderb. 92, Bonifacius-Dr.

Brevier, kleines, zu Ehren des hl. Herzens Jesu. Tagzeiten f. jeden Tag der Woche, nebst den notwendigsten Gebeten. Auszüge aus dem Leben u. den Werken der sel. Margareta Maria. Autoris. Übersetzg. aus d. Franz. v. C. Britz. 9., verm. Aufl. 16. (XVI, 192 S. m. 1 Stahlst.) Paderborn 894. Bonifacius-Druckerei. n. — 40

Brevier, kleines, zu Ehren d. hl. Herzens Jesu. Tagzeiten f. jeden Tag d. Woche, nebst d. notwendigsten Gebeten. Auszüge a. d. Leben u. d. Werken d. sel. Margareta Maria. Autor. Übersetzg. a. d. Franz. v. C. Britz. 11. Aufl. 16. (XVI, 192 S. m. 1 Stahlst.) Paderborn 896. Bonifacius-Druckerei. n. — 40
Dass. 12. Aufl. Ebda. 1899.

Brevier, kleines, zu Ehren des hl. Herzens Jesu. Tagzeiten f. jeden Tag der Woche, nebst den notwendigsten Gebeten. Auszüge aus dem Leben u. den Werken der sel. Margareta Maria. Autoris. Übersetzg. aus d. Franz. v. C. Britz. 14., verb. u. verm. Aufl. 16. (XVI, 192 S. m. 1 Stahlst.) Paderborn (901). Bonifacius-Druckerei. n. — 40

Brevier, kleines, zu Ehren des hl. Herzens Jesu. Tagzeiten f. jeden Tag der Woche, nebst den notwendigsten Gebeten. Auszüge aus dem Leben u. den Werken der sel. Margareta Maria. Autoris. Übersetzg. aus dem Franz. v. C. Britz. 16. u. 17., verb. u. verm. Aufl. (à XVI, 192 S. m. 1 Stahlst.) 16. Paderborn (904. 906). Bonifacius-Druckerei. n. — 40

— kl., zu Ehren d. hl. Herzens Jesu. Tagzeiten f. jeden Tag d. Woche, nebst d. notwendigsten Gebeten. Auszüge a. d. Leben u. d. Werken d. sel. Margareta Maria. Aus d. Franz. v. C Britz. 20. Afl. (192 m. Titelbild.) 11,8×7,5 cm. Paderb., Bonifacius-Dr. (07). — 40; geb. — 60 d

— kleines, zu Ehren des hl. Herzens Jesu. Tagzeiten f. jeden Tag der Woche nebst den notwendigsten Gebeten. Auszüge aus dem Leben u. den Werken der sel. Margar. Maria. Autoris. Übersetzg. aus dem Franz. v. C. Britz. 20. Aufl. (XVI, 192 S. m. Titelbild.) 16. Paderborn (909). Bonifacius-Druckerei. Geb. — 60

Brevier, Kleines, zu Ehren d. hl. Herzens Jesu. Tagzeiten f. jeden Tag d. Woche, nebst d. notwendigsten Gebeten. Auszüge a. d. Leben u. d. Werken d. sel. Margareta Maria. Aus d. Franz. v. C Britz. 21. Afl. (16, 192 m. 1 Stahlst.) 16° Paderb., Bonifacius-Dr. ('11). L — 60 d

BREVIER für Liebende, oder die Kunst schnell und glücklich zu heirathen. (1 Mk. P. Neubner, 1892, ohne nähere Angabe.)

Brevier, Marianisches. Ein Andachtsbuch zur Verehrung der allerseligsten Jungfrau. Nach dem Psalter des heil. Bonaventura, dem heil. Alph. v. Liguori u. andern Asceten. Von einem kathol. Geistlichen. 12. (562 S. m. 1 Stahlst. u. lithochrom. Titel.) Aachen 849, Cremer. ³/₄ ₰

Brevier, Marianisches. Ein Andachtsbuch zur Verehrung der allerseligsten Jungfrau. Nach dem Psalter des heil. Bonaventura, dem heil. Alph. Liguori und andern Kirchenlehrern von einem kathol. Geistlichen. 2. Aufl. 16. (490 S. mit 1 Stahlst.) Aachen 868, Cremer'sche Buchh.

Brevier, das — für die Mitglieder des dritten Ordens des heiligen Franz von Assis. Herausgegeben vom Weltpriester F. R. Brixen, 1856. Gedruckt mit Wagner'schen Schriften. (228 S. 8.)

— politisches, nach d. Rubriken d. Mazarin. gr. 16. Leipz. 801. (W. Rauck). 1 ₰

— politisch., nach d. Rubriken d. Mazarin. 8. Leipzig, Sommer. 801.

Brevier, das Römische, aus d. Latein. für Christen, welche täglich mit dem Priester sich erbauen wollen, von Marcus Adam Nickel. 4 Liefg. (Mit 1 Stahlstich und Titel in Farben- und Golddruck.) breit 12. Frankfurt a/M. 842, Sauerländer. 3 ₰

— das Römische. Aus dem Latein. für Christen, welche täglich mit dem Priester sich erbauen wollen, v. Marcus Adam Nickel. 2. Aufl. (In 4 Thln.) Winter- u. Frühlingstheil. gr. 12. (1212 u. CCCIV S. m. 1 Stahlst. u. lithochrom. Titel.) — Sommer- u. Herbsttheil. gr. 12. (1064 u. CCCIV S.) Frankfurt a. M. 850, Sauerländer. (à 1³/₄ ₰) 3¹/₂ ₰

Brevier, das römische. Aus dem Latein. für Christen, welche täglich mit dem Priester sich erbauen wollen, von Marcus Adam Nickel. 3. (Titel-)Aufl. (4 Thle. in 8 Lfgn.) Wintertheil. — Frühlingstheil. — Sommertheil. — Herbsttheil. gr. 12. (2276 und DCVIII S. mit 1 Stahlst. und lithochrom. Titel.) Frankfurt a. M. 855, Sauerländer's Verlag.

Brevier, das römische. Aus dem Lateinischen für Christen, welche täglich mit dem Priester sich erbauen wollen, von Marc. Adam Nickel. 2. Supplem. Die neueren und neuesten vom Römischen Stuhle vorgeschriebenen und bewilligten Feste enth. Frankfurt a. M. 859. Sauerländer's Verlag. 8. (150 S.) 12 ngr.

Brevier, das Römische. Aus dem Latein. für Christen, welche täglich mit dem Priester sich erbauen wollen, von Marc. Adam Nickel. 3. Suppl. Das von Sr. Heiligkeit dem Pabste Pius IX. durch Decret vom 25. Septbr. 1863 vorgeschrieb.: Officium zur Feier der unbefleckten Empfängniß der Allerseligsten Jungfrau Maria. 8. (104 S.) Frankfurt a. M. 864, Sauerländer's Verlag.

— — Supplement dazu, s. a. Officium, das neueste, 2c.

—— das, der heil. Rosalia, s. a. Uschner, Karl.

— das, der heil. Rosalia. Blätter aus dem Leben eines Phantasten, herausgeg. von einem Einsiedler (Karl Uschner.) 2. verb. und verm. Aufl. 12. Neuhaldensleben 846, Eyraud. 5/6 nß

Breviere ausländischer Denker u. Dichter. Hrsg. v Carl Hagemann u. Edgar Alfr. Regener. I.—IV. Bd kl. 8. Minden, J. C. C. Bruns.
Geb. in Leinw. à n. 2.50; Luxus-Ausg. n. 4. —
I. Wilde-Brevier. Von Carl Hagemann. (XII, 184 S. m. 1 Bildnis.) (904).
Erschien ohne Sammeltitel.
II. Worte Buddhas. Von Edgar Alfr. Regener. (XIV, 167 S.) (906.)
III. Worte Ruskins. Von Carl Hagemann. (XI, 256 S. m. 1 Bildnis.) (906.)
IV. Worte Multatulis. Von Carl Hagemann. (XII, 225 S. m. 1 Bildnis.) (906.)

Breviere ausländischer Denker u. Dichter. Hrsg. v. Carl Hagemann u. Edgar Alfr. Regener. V—IX. kl. 8. Minden, J. C. C. Bruns. Jeder Bd., geb. in Leinw. 2.50; Luxus-Ausg. 4. —
Krüger-Westend, Herm., Worte Mohammeds. (XIV, 167 S.) (908.) (Bd. VIII)
Regener, Edgar Alfr., Worte Tolstois. (XI, 240 S. m. 1 Bildnis.) (907.) (Bd. V)
Strobl, Karl Hans, Worte Poes. Mit e. Bibliogr. v. Mor. Grolig u. m. e. Bildnis Poes. (V, 230 S.) (907.) (Bd. VII)
Wolf, Geo. Jac., Worte Carlyles. (XIV, 220 S. m. 1 Bildnis.) (907.) (Bd. VI)
Zoozmann, Rich., Worte Dantes. Mit 1 Bildnis. (XII, 208 S.) (908.) (Bd. IX)

Breviere ausländischer Denker und Dichter. Hrsg. von Carl *Hagemann* und Edgar Alfred *Regener*. *[Schließt mit Bd 13. 1910 ab.]*

Breviergesänge, bibl. gr. 8. Augsb. Wolf.

Brevis, Joseph (Drensteinfurt/Münster-W.), De hydrope ventriculorum cerebri acuto. Diss. med. Bln. (A. Petsch) 5. XI. 1828. 24 S. m. Biogr. (M.: Mentel.) (4.50) 4075
Oppon.: A. Huelsmann, H. Quinke, F. Borggreve.

Brewe, Hermann, Referendar: Die Ausnahmen von der Schöffen- und Geschworenenpflicht. ⟨Historisch, rechtsvergleichend, prinzipiell.⟩ Borna-Leipzig 1909: Noske. IX, 60 S. 8°
Leipzig, Jur. Diss. v. 22. Juli 1909
[Geb. 2. April 83 Lengerich i. W.; Wohnort: Bielefeld; Staatsangeh.: Preußen; Vorbildung: Gymn. Burgsteinfurt Reife O. 03; Studium: München 1, Berlin 1, München 1. Münster 3 S; Rig. 2. Aug. 06.] [U 09. 2462

Brewer and Maltster, the, s. a. **Brauer u. Mälzer, der.**

Brewer and Maltster: vol. 1–32, no. 3, Feb. 1882—1915? Chicago, IL
Monthly trade journal. Published in English and German in parallel columns, v. 9, no 5— vol. 15, no. 3; in separate English and German editions, vol. 15, no. 4— vol. 32, no. 3.
Title varies: Der Brauer und Mälzer, vol. ?, Feb. 1882–1890. Title varies slightly in other volumes: Brewer, Malster and Beverageur, A Monthly Journal of the Brewing, Malt, Hop, Barley and Beverage Trade.
Quarto, with pagination that varies from 30 pages in 1882, to 200 pages in 1896, 1907, and again 1910–13. Circulation: 1884, 5000; 1890, 7100; 1905, 5900; 1910, 4500; 1915, 5000. Edited & published by Eugene A. Sittig, 1882–90; by Eugene A. Sittig & Co., 1891–92; by Eugene A. Sittig & Son, 1893–1908; edited by Andreas Simon, 1908–10; by Stanley Waterloo, 1911; by Gustav Prosse, 1912–14; by Martin Sprague, 1915; published by Eugene A. Sittig & Son, 1893–1915.

Brewer's, Anthony, the love-sick king. s.: Materialien zur Kunde des älteren englischen Dramas. 18. Bd.

Brewer, Ebenezer Cobham

Brewer, C. E., Katechismus der Naturlehre, s. a. Weber's, J. J., illustrirte Katechismen.

Brewer, C. E., Katechismus der Naturlehre oder die Erscheinungen von Wärme, Luft, Licht und Schall. Nach d. 9. Aufl. des Engl. Originals. Mit 34 in den Text gedr. Abbildgn. (Holzschn.). Leipzig 855. Weber. 8. (VIII, 258 S.) n. 15 ngr

Brewer, E. C., Katechismus der Naturlehre zur Erklärung der wichtigsten Erscheinungen des täglichen Lebens auf Grund des gegenwärt. Standes der Wissenschaft. Nach der 9. engl. u. nach der vom Verf. verm. u. verb. französ. Ausg. Durchges. von Osw. Marbach. Neue Ausg. 865. 1 nß — 3. Ausg. Leipzig 868. Senf. 8. (XII, 330 S.) 15 ngr

Brewer, CE, Katechismus d. Naturlehre. 3. Afl. v. H Grotschel. 8. (237 m. H.) Lpzg 76, Weber. n. 2. —

Brewer, C. E., Katechismus der Naturlehre, od. Erklärg. der wichtigsten physikal., meteorolog. u. chem. Erscheingn. des tägl. Lebens. 4., umgearb. Aufl., 12. (VIII, 266 S. m. 53 Abbildgn.) Leipzig 893. J. J. Weber. Geb. in Leinw. n. 3. —

—— dass. — s. Hausbibliothek, naturwissenschaftliche.

Brewer, (G.,) Geschichte Thomas Weston's; aus d. Engl. 2 Thle. N. Ausg. 8. Halle 809, ist Verl. v. Reinicke u. C.

Brewer Heinrich: De Commodiano Gazaeo saeculi quinti p. Chr. n. poeta Gallico.
1898 PN 1153 **Diss.** Wien, Univ.

Die Frage um das Zeitalter Kommodians. Von Heinrich **Brewer** S. J. Paderborn: Schöningh 1910. IX, 71 S. 8°
(Forschungen z. christl. Literatur- u. Dogmengeschichte. Bd 10, H. 5.) [11. 3679 2

Das sogenannte Athanasianische Glaubensbekenntnis ein Werk des heiligen Ambrosius. Nebst 2 Beilagen: 1. Über Zeit u. Verfasser d. sog. Tractatus Origenis u. verwandter Schriften. 2. Symbolgeschichtl. Dokumente aus e. Handschrift von Monza. Von Heinrich **Brewer** S. J. Paderborn: Schöningh 1909. 104 S. 8°
(Forschungen z. christl. Literatur- u. Dogmengeschichte. Bd 9, H. 2.) [09. 13679 2

Kommodian von Gaza. Ein Arelatensischer Laiendichter aus d. Mitte d. 5. Jhs. Von Heinrich **Brewer**. Paderborn: F. Schöningh 1906. (IX, 370 S.) 8°
= **Forschungen** z. christl. Literatur- u. Dogmengeschichte. Bd 6, H. 1/2.
[06. 10088 9

BREWER, Heinrich
Die Unterscheidung der Klagen nach attischem Recht und die Echtheit der Gesetze in §§ 47 und 113 der demosthenischen Midiana von Dr. Heinrich Brewer. [Sonder-Abdruck aus den „Wiener Studien" Bd. XXII. S. 248–306. Bd. XXIII. S. 26—86.] Wien. 1901. In Comm. Gerold's Sohn. Gr.-8°. 111 S. K 2.50

Brewer, Henr. Joseph. (geb. Pützlohn bei Jülich 10. 3. 1831): Analecta ad mammae carcinoma. Berolini (1855). (29 S.) 8°
Berlin, Med. Diss. v. 24. Dez. 1855

Brewer, Hubert: Elementa juris statutarii archiep. et elect. Coloniensis. Bonnae 1786.

Jd.: Elementa jur. statut. Archiepisc. et Elect. Col., *Bonn.* **788.**

—de jurisdictione, judiciis, et stylo curiarum quoad Archiepisc. et Elector. Colon. 8. Bonn 778.

— systema juris Romani in foris Germaniae et patria Coloniensi. 8. Bonn 779.

— Theses juridicae. Köln 775.

[Gedicht.] Am Feste deren dreyen Weisen 5809. [Unterz.:] J. W. **Brewer.** o. O. [1809]. 2 Bl. 8° [Kopftit.] „Schwester'n! Euch will ich besingen, . . ."

Brewer, Johann Paul
Brewer, Jh. Paul, Anfangsgründe d. Arithmetik, f. Schulen 2c. 8. Düsseld. 810. 2e A. 824. Dänzer. 8 gr

— Anfangsgründe d. mathem. Geographie, f. d. mittlern u. obern Klassen d. Gymnasien. Mit 4 Steindr. 8. Elberf. 827. Schaub. 16 gr

— Anfangsgründe d. sphärischen Trigonometrie 2c., zum Gebrauch d. Schüler des Düsseldorfer Lyceums. Mit 5 Kpft. 8. Düsseld. 813. Schreiner. 1 ℛ 4 gr Weiß P. 1 ℛ 12 gr

Brewer, J. Paul: P. A. Fonk u. seine Vertheidiger, zur Rechtfert. der Oeffentlichkeit d. Gerichte u. der Geschwornen-Anstalt gewürdigt. *Köln*, Du Mont-Schauberg. 823. gr. 8. (20 Gr.)

Brewer, Joh. Paul, Geschichte d. französ. Gerichts-Verfassung v. Ursprung d. fränk. Monarchie bis zu uns. Zeiten. A. d. Quellen u. besten Schriftstellern dargest. 1. u. 2. Bd. (od. 1—3. Thl.) gr. 8. Düsseldorf, Schreiner. [1. (44 B.) 835. 2½ Thlr., 2. (78 B.) 837. 4½ Thlr.]

— Lehrbuch d. Buchstaben-Rechnung für höhere Lehranstalten u. zum Selbstunterricht. 2 Thle. gr. 8. Düsseldorf 825 u. 26, Schaub.

— Lehrbuch d. Geometrie u. ebenen Trigonometrie; nebst e. Samml. geometr. Aufgaben u. minder bekannter Lehrsätze in systemat. Ordnung, als Anhang. Mit 22 Steint. gr. 8. Elberfeld 822, Schaub.

Brewer, Joh. Paul, Lehrbuch der Mechanik. 1. Thl. Lehre v. Gleichgewicht d. Kräfte an festen Körpern. — A. u. d. T.: Lehrb. d. Statik fest. Körper. M. 8 Stnt. (in gr. 4.) gr. 8. (14½ B.) Düsseldorf 829, Schaub.

—— dass. 2. Thl. — A. u. d. T.: Die Lehre v. d. Bewegung fest. Körper. M. 5 Stnt. gr. 8. (18 B.) Ebds. 830.

Brewer, Joh. Paul, Lehrbuch der Mechanik. 3. (letzt.) Thl. Lehre v. Druck u. d. Bewegung d. flüss. Körper. — A. u. d. T.: Lehrb. d. Hydrostatik, Aerostatik u. Hydraulik. M. 6 Stnt. (in gr. 4.) gr. 8. (28½ B.) Düsseldorf 832, Schaub. Thlr.

— über d. Natur d. festen u. flüssigen Körper. Mit Fig. gr. 8. Düsseld. 805. Dänzer. 12 gr

Brewer, Johann Paul: Üb. d. Nutzen d. Math. als allg. Bildungsmittel. 7 S. Progr. Düsseldorf 1825.

Brewer, Joh. Paul: Über das öffentliche Verfahren vor Gericht. Mit Rücks. auf die neuesten dagegen erschienenen Schriften. Nebst e. Anh., als Vertheidigung der Geschwornen-Anstalt gegen die Einwürfe des Hr. v. Feuerbach.
Köln: Du Mont-Schauberg 1818.

— Versuch e. neuen Theorie d. Lichtfarben, mit 1 Kpf. 4. Düsseld. 2e A. 815. Dänzer. 8 gr Schrbp. 9 gr

— was hat uns d. jüngst vergangene Zeit gelehrt? Was dürfen wir von d. zukünftigen hoffen? 8. Köln 816. Du Mont-Schauberg. 16 gr

Brewer, Johann Wilhelm, s. Adlenbrück, Geschichte.

Brewer, Joh. Wilh. (Hrsg.), s. Chronik, Vaterländische, der Kgl. Preußischen Rhein-Provinzen . . .

Brewer, Johann Wilhelm, s. Cicero: Rede für den Milo u. dess. Redner.

Brewern, Georg von: Die Stellung d. Verwaltungsbeamten i. Staate. Diss. Riga 1834.

v. Brewern, Geo., das Verhältniß d. Staatsverwaltungsbeamten im Staate. gr. 8. Leipzig, Riga u. Dorpat 835. Frantzen. 2 ℛ Velinp. 3 ℛ

Brewern, Geo. v., das Verhältniß des Staatsverwaltungsbeamten im Staate. gr. 8. (24 B.) Riga 835, [Kymmel.]

Brewing. Franz [aus Grabow, Prov. Pommern]: Experimentelle Prüfung der Bedeutung chemischer Reizmittel für das Entstehen von Eiterung.... Berlin. Buchdr. v. Gustav Schade (Otto Francke) (1886): 27 + 3 S. 8°.
Berlin, Med. Fak. Inaug.-Diss. v. 9. Jul. 1886.

Brewing, Franz, experimentelle Prüfung der Bedeutung chemischer Reizmittel für das Entstehen von Eiterung. Diss. Berlin 1886, Mayer & Müller. 8°. 27 S.

Brewitt, Friedrich, approb. Arzt aus Rüdesheim: Zwei Fälle von metastatischem Carcinom der Chorioideen. *Göttingen 1903: L. Hofer.* (36 S.) 8°
Göttingen, Med. Diss. v. [27. Okt.] 1903

Brewitt, Frdr., zwei Fälle v. metastatischem Carcinom der Chorioiden. Diss. (36 S.) gr. 8. Göttingen 903. (Vandenhoeck & Ruprecht.) n. — 80

Vergiftete Pfeile. Roman von C. v. Brewitz. *Stuttgart & Leipzig: Deutsche Verl.-Anst. [um 1895].* (302 S.) 8° [ℰ]
(Für d. Reise u. Daheim.)

Brewitz, C. v., vergiftete Pfeile. Roman. 8. (302 S.) Stuttgart 896. Deutsche Verlags-Anstalt. n. 4. —; geb. n.n. 5. —

Brewitz, C. v., vergiftete Pfeile. Roman. (Neue [Titel-] Ausg.) 8. (302 S.) Stuttgart [896.] (901). Deutsche Verlags-Anstalt. n. 1. —; kart. n. 1. 25

Brewster, Sir David

Brewster, s.: Abhandlungen z. Geschichte d. Stereoskops.

Brewster, Dav.: Über eine neue Art von Farbenringen, entstehend durch Reflexion..... s. Airy, G.B.: Über eine merkwürdige Abänderung der Newton'schen Ringe....

Brewster, Dav., Briefe üb. d. natürl. Magie, an Sir Walter Scott. A. d. Engl. übers. u. mit Anmerkn. begl. v. Friedr. Wolff. M. 79 Abbild. in Kpfrst. (auf 22 Taf.) 8. (26½ B.) Berlin 833, Th. Enslin.

Geschichte der Frei-Maurerei aus authentischen Quellen nebst einem Berichte über die Grosse Loge in Schottland von ihrer Stiftung bis auf die gegenwärtige Zeit, und einem Anh. von Orig.-Papieren. [Von David Brewster.] In das Deutsche übers. vom C. F. A. Burkhardt mit erkl., berichtigenden und erw. Anmerk. und einer Vorr. vom C[arl] Ch[ristian] F[riedr.] Krause. Freiberg: Craz & Gerlach 1810. XXVIII, 382 S. 8°
Auszüge in: A. 1 (1824) S. 201—220.
cf. AJ. 1 (1804) S. 480—482; 2 (1805—1806) S. 167 (C. G. Hennig); °Heidelberger Jahrb. d. Lit. 1810 H. 8; ALZ. 1811 Nr 279, 280; EzAJLZ. 1818 Nr 92, 93.
Kl. 2829, Tt. 318.

Brewster, populäres, vollständ. Handb. d. Optik. In's Deutsche übers. v. J. Hartmann. 2 Bde. M. 5 Taf. Abbild. gr. 8. (21½ B.) Quedlinburg 835, Basse.

Brewster, David, Sir Isaak Newtons Leben, nebst e. Darstellung sr. Entdeckungen. Uebers. von B. M. Goldberg, mit Anmerkk. v. H. W. Brandes. Mit Newtons Portr. u. 1 Kpfrtaf. gr. 8. Leipzig 833. Göschen. 2 ℛ

Brewster, Sir David, Newton, s.: Schulbibliothek französ. u. engl. Prosaschriften a. d. neueren Zeit.

Brewster, D., das Stereoskop, s. Schauplatz, neuer, der Künste und Handwerke. 85. Bd.

Brewster, Margarethe Elisabeth, Arbeit, oder: Es giebt deren vollauf, und wie sie zu thun ist. Aus dem Engl. übers. Berlin 855. W. Schultze. 8. (120 S.) n. 20 ngr

Brewster, M. E., Arbeit, oder es gibt deren vollauf und wie sie zu thun ist. 2 Aufl. 8⁰. Berlin, s. a.

Brewster, Elisabeth, Kleinigkeiten. Aus dem Englischen. Neu-Ruppin 860. Bergemann. 16. (64 S.) n. 6 ngr.

— die kleine Millie und ihre vier Dienste. Aus dem Engl. frei übers. von F. T. Berlin 858. W. Schultze. 8. (2 Bl., 183 S.) 18 ngr

— der Sonnenschein in den Hütten oder der Einfluß der Frauen. Aus dem Engl. frei übersetzt von F. T. Berlin 861. W. Schultze. 8. (200 S.) 18 ngr.

Brexendorff, Carl, Dt. Wilmersdorf b. Berlin: Ueber Hautaffektionen bei Pseudoleukämie. *Jena 1903: G. Neuenhahn.* (37 S.) 8°
Jena, Med. Diss. v. (10. Jan.) 1903

Brexendorff, Oscar, Gerichtsassessor: Die Eintragung von Zinsen als Zwangshypothek. Greifswald 1909: Abel. 61 S. 8°
Greifswald, Jur. Diss. v. 12. Febr. 1910. Ref. Pescatore
(Geb. 21. Juni 77 Hannover: Wohnort: Brandenburg a. H.; Staatsangeh.: Preußen: Vorbildung: Gymn. Brandenburg Reife O. 97; Studium: Leipzig 4, Greifswald 4 S.: Rig. 15. Febr. 09.) [U 10. 1506

Brey, Pater (Pseud.), s. Immermann, Karl Leberecht

de Brey, A. P., allgemeines deutsches Lieder- u. Commersbuch für Studierende und Singvereine. 16. Wesel 841, Prinz. ¼ ₰

de Brey, A. P., Liederbuch für Preuß. Krieger, mit Beiträgen u. Anhang vom Hauptm. Löwenberger v. Schönholz. .. Wesel 840. Prinz. ¼ ₰

— Liederbuch für Preußen. Mit Beiträgen von W. Fiedler und Löwenberger v. Schönholz. .. Wesel 840. Prinz. ⅓ ₰

Brey, A. P. de, neuestes deutsches Taschen-, Lieder- u. Commersbuch, s. Taschen-Lieder- u. Commersbuch.
—— neue wohlfeilste Volksbibliothek, s. Volksbibliothek.

Brey, A. P. de, neuer wohlfeiler Volks- und Muster-Briefsteller, oder vollständ. Anweisung zur Abfassung aller im bürgerl. Leben vorkommenden Briefe und Aufsätze und mehreren hunderten Beispielen von Briefen aller Art, Circulairen, Klagen ic. Nebst einem Anhange enth.: Stammbuch-Aufsätze. 2., verb. und verm. Aufl. A. u. d. T.: Allgemeiner Haussekretair ic. 2., verb. und verm. Aufl. 8. (204 S.) Altona 852, Verlagsbureau.

Brey, Ernst: **Bücherverzeichnis** (Umschlagt.: Katalog) der Schülerbibliothek des ⟨städtischen⟩ König Wilhelms-Gymnasiums zu Magdeburg. *Magdeburg 1901: E. Baensch jun.* (70 S.) 8° [F.]
Magdeburg, ⟨st.⟩ König Wilhelms-G, OP 1901 (258)

De Septem fabulae stasimo altero. Von Ernst **Brey.** Berlin: S. Calvary & Co. 1886. (30 S.) 8°
= **Studien,** Berliner, f. classische Philologie u. Archaeologie. Bd 4, H. 3.

Brey, Frdr., d. Prinzessin Ludwig v. Bayern Gestüt Sárvár in Ungarn. Geschild. n. e. Besuche Ende d. J. 1895. gr. 8. (III, 45 S. m. 6 Taf.) München 897. (M. Rieger.) n.n. 2.40

Brey, Henriette: „Es fiel ein Reif . . .", s: Bücherhalle, Die.

Brey, Rudolf

Brey: Neue Spezial-K. d. Iser-Gebirges. Rev. bis '09. 1:75,000. 40×58 cm. Farbdr. Dresd., A Köhler (09). 1 —

— Neue Spezial-K. d. Landeshuter Kammes u. d. Adersbacher Felsen. Rev. bis '09. 1:75,000. 62×46 cm. Farbdr. Ebd. (09). 1 —

Brey, neue Specialkarte des Riesengebirges. 1 : 75,000. 1. und 2. Aufl. Chromolithogr. qu. gr. Fol. Schmiedeberg 886, Sommer. Gefalzt in Leinw.-Tasche *
Auf Leinw. in Calicot-Carton *
—— dass. — A. Grosse Ausg. mit Bergzeichnung in 7 Farben. 3. und 4. Aufl. Imp.-Fol. Warmbrunn 888, Leipelt. *
Auf Leinw. in Leinw.-Carton *
B. Kleine Ausg. ohne Bergzeichnung in 3 Farben *
Auf Leinw. in Leinw.-Carton *

Brey. Neue Specialkarte d. Riesengebirges. 1 : 75,000. Ausg. A. Neue Ausg. 1892. Farbendruck. 46,5×77,5 cm. Warmbrunn, Leipelt. * 2 —; auf Leinw. in Karton * 3 60
—— dass. — Ausg. B. ohne Bergzeichnung. 5. Aufl. 3 farb. Druck. 42×67,5 cm. Ebd. 892. * — 75; auf Leinw. in Karton * 1 75

Brey, neue Specialkarte d. Riesengebirges. 1:75,000. Asg. A. Neue Asg. 1891. 46,5×77,5 cm. Farbendr. Warmb., M Leipelt. 2 —; auf Lnw. in Kart. 3.60; ohne Bergzeichng. 7. Afl. 42×67,5 cm. 3 farb. Druck. 94. — 75; auf Lnw. in Kart. 1.75

— Neue Spezial-K. d. Riesengebirges. Rev. bis '09. 1:75,000. 54,5×61 cm. Farbdr. Ebd. (09). 1 —

Neue Specialkarte des Riesen- und Isergebirges bearb. von [Rudolf] **Brey,** Topogr. d. Kgl. Landes-Aufn. (A. Große Ausg. mit farb. Höhenschichten.) Maßst. 1:75,000. 8. (9.) Aufl. *Warmbrunn: M. Leipelt [1904]; Lith. E. Gaebler, Leipzig.* (1 Kartenbl. 106×60 cm.) 8° [kol.]

Neue Specialkarte des Riesen- und Isergebirges bearb. von [Rudolf] **Brey,** Topogr. d. Kgl. Landes-Aufn. (B. Kleinere Ausg. mit Schichtlinien.) Maßst. 1:75,000. 8. (9.) Aufl. *Warmbrunn: M. Leipelt [1904]; Lith. E. Gaebler, Leipzig.* (1 Kartenbl. 77×46 cm.) 8° [kol.]

Brey, Seb.: Die Versorgg d. Städte m. Milch u. Fleisch, d. argentin. Milchwirtsch. u. Viehzucht sowie d. argentin. Wirtschaftsweise überhaupt u. ihre Bedeutg f. Deutschld. (5, 85) 8° Münch. ('12). (Kempt., J Kösel.) 1.50 ℳ

Breycha, Arthur: Über Gewerbeförderung. (5 S.) 4⁰

Breycha, Arth., die Gewerbe-Förderungs-Action des k. k. Handelsministeriums, s.: **Verwaltung,** sociale, in Oesterreich. I. 8.

Breyding u. v. Kortzfleisch, Geschichte d. Füsilier-Regiments General-Feldmarschall Prinz Albrecht v. Preußen [Hannoversches] Nr. 73. 1866—91. Im Auftrage d. Regiments bearb. gr. 8. (VI, 487 S. m. 1 Bildnis in Photogr., 1 Abbildg. in Lichtdr., 1 Karte, 2 Plänen u. 2 Skizzen.) Berlin 891. R. Eisenschmidt. n. 8.—; geb. n. 10.—

Breyer, Albert

BREYER, Alb., Sultanin-Favorite Anysia. Die enthüllten Geheimnisse des Serails. Leipzig, o. J. 8⁰. (Kr. 2.40.) (1 Kr. A. H. Huber, Salzburg, 1908.)

Breyer, Alb., Armida, die schöne Prinzenbraut auf dem Dornenpfade der Liebe od. der Fluch der Millionenerbschaft. (Romantische Erzählung der traur. Schicksale e. Grafentochter.) 100 Hefte. (2405 S. m. je 1 Vollbild.) gr. 8. Dresden (905). K. Urban. à Hft. — 10

Breyer, A., der Einsiedler am schwarzen Kreuz. Roman. 1.—34. Hft. gr. 8. (1. Bd. 798 S. u. 2. Bd. S. 1—16 mit je 1 Illustr.-Taf.) Neusalza 890. Oeser. à — 10

Breyer, A., der Einsiedler am schwarzen Kreuz. Roman. 35.—100. (Schluß-)Hft. gr. 8. (2. Bd. S. 17—768 u. 3. Bd. 830 S. m. 66 Illustr.-Taf.) Neusalza 891. Oeser. à — 10

Das versunkene Eisenkreuz. Warnende Kundgebungen aus d. Geisterwelt. Wirklich Erlebtem nacherzählt von Albert **Breyer.** Berlin: A. Weichert [1904]. (96 S.) 8° [F.]
= **Geister-** u. Gespenster-**Romane,** Collection. Bd 9.

Breyer, A., s.: Erzählungen f. die Jugend.

— Extravaganzen in Purpur u. Hermelin. 1.—4. Bd. 8. Dessau, Dessauer Verlagshaus. à 2. —
1. Eugenie, die heißblütige Tochter Andalusiens. Intimes aus dem Leben der letzten Kaiserin der Franzosen. (144 S.) 904.
2. Jugendsünden eines Gekrönten. Pikante Neuigkeiten aus d. Leben Napoleon III., d. letzt. Franzosenkaisers. (144 S.) 904.
3. Eine Hetare auf dem Throne od. Katharina II., die Semiramis des Nordens. (149 S.) 904.
4. Der Bigamist auf dem Throne od. Jérôme Bonaparte als gekrönter Epikureer. Historischer Roman. (148 S.) 904.

Breyer, A., das große Los, s.: Bibliothek, interessante.

— Gefahrvolles Schweigen, s.: Bibliothek, interessante.

Die Tochter der Landstreicherin. Kriminal-Roman von Albert Breyer. Berlin: A. Weichert [1904]. (176 S.) 8° [F.]
= Sammlung interessanter Criminal- u. Detectiv-Romane. Bd 10. [05. 483]

— treu bis zum Schafott. Erzählung. 100 Hfte. gr. 8. (1. Bd. 794 S.; 2. Bd. 848 S.; 3. Bd. 754 S. mit je 1 Illustr.-Taf.) Ebd. 890. à — 10

Von Stufe zu Stufe. Kriminal-Roman. Nach d. Tagebuch d. Scharfrichters Reindel zu Magdeburg von A[lbert] Breyer. Berlin: A. Weichert [1904]. (175 S.) 8° [F.]
= Sammlung interessanter Criminal- u. Detectiv-Romane. Bd 6. [05. 4828]

— romantisch-historisches Welt-Panorama. 1.—6. Bd. schmal 8. Leipzig, Deutsch. Verlags-Institut. à 2. —
1. Die Tochter der Liebesschuld. (VIII, 151 S.) (904.)
2. Schön-Liese v. Possenhofen od. Kaiserkrone u. Dornenkranz. (VIII, 144 S.) (904.)
3. Prinz u. das schöne Waisenmädchen od. des Königs Otto erste u. einzige Liebe. (VIII, 152 S.) (904.)
4. Spanisch-korsisches Blut od. die Messalina der Tuilerien. (VIII, 158 S.) (904.)
5. Sultanin-Favorite Anysia (VIII, 158 S.) (904.)
6. Eine schöne Sünderin od. das Verhängnis im Konak zu Belgrad. (VIII, 160 S.) (904.)

— dasselbe, neue [Titel-]Ausg., s.: Lyon, Frhr. Vict. v., Chronik europäischer Fürstenhöfe.

Breyer, Anton, prakt. Arzt: Die praktische **Verwertung** des Pyramidons als fieberwidrigen und schmerzstillenden Mittels. *Breslau 1899: Bresl. Genossenschafts-Buchdr.* (36 S.) 8°
Breslau, Med. Diss. v. 15. Nov. 1899

Breyer, Arthur, Referendar in Bremen: Der Stahlkammervertrag. Leipzig: O. Wigand 1908. (80 S.) 8°
Leipzig, Jur. Fak., Diss. v. 24. Febr. 1908
[Geb. 20. Sept. 82 Chemnitz; Wohnort: Bremen; Staatsangeh.: Bremen; Vorbildung: Gymn. Bremen Reife O. 02; Studium: Tübingen 1, Genf 2, Berlin 1, Göttingen 2 S.; Rig. 26. Juli 05.]

Breyer, Berthold *[geb. Breslau 11. 9. 1856]*: Analecta Pindarica. 1. Vratislaviae (1880). (45 S.) 8° *[Vollst. 1880 bei Barschak in Breslau]*
Breslau, Phil. Diss. v. 28. Febr. 1880

Breyer, B, analecta Pindarica. I. 8. (45) Bresl. 80, (Koebner). n. 1. —

Breyer, Berthold, analecta Pindarica. Dissertatio inauguralis philologica. gr. 8. (72 S.) Breslau 880. (Barschak.) n. 1. 60

Breyer, Berthold, Analecta Pindarica. Dissertatio inauguralis philologica. gr. 8. (72 S.) Breslau 880, (Preuss und Jünger.) *

Breyer, Berthold [Dr.]: Demeter Melaina. Sprottau, Druck v. L. Wildner, *1895;* 3—16 S. 4.
Sprottau, RG, OP 1895 (223)

Breyer, C. G. F., s. B r e y e r, Karl Wilhelm Friedrich

Breyer, Ed., die Zauberflöte, s. Album. Bibliothek deutscher Originalromane.

Breyer, Ed. Ad., die Feinde des Menschenlebens. 8. (VI, 227 S.) Wien 894. C. Kravani. n. 3. 60

Breyer, E. A., was sollen wir essen? Allgemein verständl. Darstellg. über die Lebensweise d. Menschen in besond. Rücksicht auf dessen Ernährg. Mit einer chromo-graph. Tabelle, welche die Zusammensetzg. der Hauptnahrungsmittel des Menschen zur Ansicht bringt. gr. 8. (16 S.) Wien 889. (Leipzig, Literar. Anstalt [Aug. Schulze].) n. — 60

— die Wasserheil-Anstalt, wie sie sein soll! 8. (47 S.) Ebd. 894. n. 1. 60

Breyer, Emil Bemerkungen über den Lehrstoff und den Unterricht in der Vaterlandskunde in der achten Classe. 8 (S. 3—34).
Prcgr. Staats-Oberg. *Mährisch-Trübau* 1890.

Breyer, Emil, Lehrbuch für den Unterricht in den Comptoir-Wissenschaften u. der gewerblichen Buchführung. Zusammengestellt für die österreichischen Gewerbeschulen. 8. (220 S.) Geb. —.80
Reichenberg: Fritsche 1889

Breyer Emil: Christian Gotthilf S a l z m a n n. 29. Wiener-Neustadt Lehr. Sem. 94. Progr.

B r e y e r, Friedr., die Beseitigung der Abfallstoffe durch das Gas-Hochdruck-System. Ein Beitrag zur Frage der Städtereinigung und der Nutzbarmachung der Unrathsstoffe. gr. 8. (35 S. mit 2 autogr. Taf.) Wien 881, [Lehmann und Wentzel.] Spielhagen und Schurich. *

Breyer, Frdr., die Gewinnung v. sterilem Wasser in grösster Menge auf dem kalten Wege der Filtration, s.a. Vorträge u. Abhandlungen, technische.

Breyer, F.
Gewinnung (Die) von sterilem Wasser in grösster Menge auf dem kalten Wege der Filtration. Zweite vermehrte Auflage. Wien, 1892. 8vo. Ill.

Breyer, Frdr., der Mikromembran-Filter. Ein neues techn. Hilfsmittel zur Geniessbarmachg. v. ungeniessbarem Wasser im kleinen u. grössten Massstabe. Mit 4 Taf. gr. 8. (19 S.) Wien 884. Spielhagen & Schurich. n. 1. —

— dasselbe, s.: Vorträge u. Abhandlungen, technische.

Breyer, Friedrich Wilhelm

Breyer, Fr. G , observationes anatomicae circa fabricam ranae, pipae etc. C. II tabb. aen. 4maj. Berl. 813. Maurers B. 16 *K*

Breyer, Hans, appr. Arzt aus Künzelsau: **Ueber die Wirkung** verschiedener einatomiger Alkohole auf das Flimmerepithel und die motorische Nervenfaser. *(Altenburg) 1903: (Pierer).* (32 S.) 8°
Tübingen, Med. Diss. v. 1903

— Heinrich (Braunschweig), Unus actus nullus actus. Germ. Einmahl/keinmahl. Disp. jur. Präs. Johann Amsel. Königsberg (Reusner) Okt. 1696. 40 S. (5.—) 4077

— — Dasselbe. Halle (Hendel) 1735. 40 Seiten. (5.—) 4078

Breyer, J. (Red.), s. L a n d b o t e, Der.

Breyer, J. (Red.), s. V o l k s b o t e, Lausitzer.

Breyer, Johann Christoph Friedrich: C o m m e n t a t i o acad. primis lineis sistens processum criminalem in foro Wirtembergico receptum. Tubingae 1769.

— **Jo. Christoph Friedrich** u. (Resp.) **Christoph Albert Bühler** (Stuttgart), Diss. de potestate Augustissimi suppletoria utpote parte potestatis judiciariae necessaria. Tübing. (Schramm) Okt. 1772. 48 S., z. Tl. dtsch. (5.—) 4079

Breyer, Johann Friedrich

— **Jo. Friedr.** De concordia philosophiae cum sensu communi exerc. I. Erlangen (Walther) o. J. (18. Jhdt.). 16 S. (4.50) 4080

Breyer, Jh. Fr., († d. 28. Juni 1826.) Ehrengedächtniß Ph. Ldw. Statius Müller. 8. Erlang. 776.

— — u. (Resp.) **Jo. Bernhard Lippert,** De fato theologico recentiorum quorundam philosophorum inprimis Davidis Hartleyi pars prior. Diss. philos. Erlang. (Wolfg. Walther) Nov. 1775. 30 S. (5.—) 4081

Breyer, J. F., select. pièces in engl. Prose and Verse. 8. Erl. Palm. 779.

— s. 1) Rich. Pococke, Beschreib. 2) Pieces select in Engl. Prose.

— Sieg d. prakt. Vernunft über d. speculative. 5 Stcke. 8. Erlang. 785—89. Palm. 10 gr.

Breyer, Johann Friedrich, s. Vorstellungen der Alten von Gott.

Breyer, Johann Gottlieb

***Breyer,* Jh. Gli.,** († d. 25. Jan. 1796.) **elementa juris publici Wirtembergici, atque Serenissimorum Ducum privati. 8maj. Stuttg. 782. Edit. II. aucta et emend. ibid. 787. v. Cotta.** 2 Rthlr.

Breyer, J. Gli.: Einige interess. Staats-Probleme, betr. haupts. d. so ansehnl. ältern Wirtemberg. Allodialbesitzz., ingl. d. dem Lande einverleibten neuen Erwerbb., beantw. u. s. w. ***Tübingen,*** **Cotta. 790. 8. (1 Thl.)**

Württemberg nach seiner, so äußerlichen als inneren Verhältnüss, besonders der Verbindung mit dem Heil. Röm. Reich betrachtet von Johann Gottlieb Breyer, RegierungsRath u. Geh. Secretario. Stuttgart anno 1758.
Gleichzeitige Handschr. 1 Bl. Widmung an H. Karl; 347 S. Text, 3 Bl. Register, 32,5 cm. Franz. Lederbd. Landschaft.
Geschenk des Verfassers (ADB. 3, 324). Gegengeschenk des LEAusschusses 20 Speziesdukaten; Mai 1759.

Breyer, Karl Wilhelm Friedrich

— über Aventin, den Vater d. Baier. Geschichte. Eine Rede. 8. Münch. 807.

— über d. Begriff d. Universalgeschichte. gr. 8. Landsh. 805. Weber in Münch. 8 gr.

Breyer, C. W. F., Beiträge zur Geschichte d. 30jährigen Krieges. 8. Münch. Lindauer. 812.

Breyer, Karl Wilhelm Friedrich, s. Brown's Leben.

Breyer, C. W. Fr. Geschichte des dreissigjährigen Kriegs. 1. Bd. 8. München 1811. 8,00.

— **Geschichte des 30jährigen Kriegs, nach ungedruckten Papieren. IIr Thl., s. Pet. Phil. Wolfs Geschichte Maximilians I. 4r Thl.**

— Grundriß d. allgem. Geschichte in Tabellen, f. d. Studien-Schulen d. Königr. Baiern. gr. 4. Münch... (Landsh., Thomann).

— Grundriß d. Universalgeschichte, zum Behuf seiner Vorlesungen. 1r u. 2r Thl. 1e Abtheil. gr. 8. Jena 802—4. (Hennings in Neisse). 2 Rthlr. 11. 1e Abthl. A. u. d. T.: das Zeitalter d. Germanier im Grundriß dargestellt. N. Aufl. gr. 8. Ebd. 809. 1 Rthlr.

— **Grundriß der Universalgeschichte, zum Behuf academischer Vorlesungen. 2 Thle. gr. 8. Jena, Academ. Buchhandl. 809.**

Breyer, Karl Wilhelm Friedrich, s. Ideen üb. Erziehung d. Fürstensöhne.

Breyer, Carl Wilh. Fried. u. **Matth. Liptay** (Ungarn), De justitia Aragonum fragmentum complectens succinctam hujus magistratus historiam ab anno 1348 usque ad annum 1479. Diss. hist. Jena (Frommann & Wesselhöft) 23. VIII. 1800. 48 S. (4.50) 4076
Gew.: Heinr. Eberh. Georgi.

— **Lehrbuch d. allgem. Geschichte f. d. Studienanstalten d. Königr. Baiern. 3 Abtheill. gr. 8. Landsh. u. Münch. 817—18. Krüll. 4 Rthlr. 12 gr.**

— **histor. Magazin. 1r Bd. gr. 8. Jena, Cröker. 804. Schreibp.**

— histor. Magazin. 1r Bd. Mit Chaucers Bildn. gr. 8. Jena 805. Cröker. 1 Rthlr. 16 gr. Schrbp. 2 Rthlr. N. A. unt. d. T.: Leben Gf. Chaucers. nach d. Engl. W. Godwin's. gr. 8. Ebd. 812. 18 gr.

Breyer, Leopold, s. Breuer, Leopold

— **N. A.** (Jülich), De renunciationibus filiarum illustrium. Diss. jur. Heidelberg, Nov. 1717. 17 S. (4.20) 4082

Breyer, Robert, Arnold von Brescia, s. Taschenbuch, historisches.

Breyer, Rob., Wallensteins Erhebung zum Herzog v. Meklenburg. Inaugural-Dissertation. gr. 8. (42 S.) Göttingen 881. (Vandenhoeck & Ruprecht.) 1. 20.

Breyer, Robert [Dr.]: Die Legation des Kardinalbischofs Nikolaus von Albano in Skandinavien. *Halle (Saale), Gebauer-Schwetschke'sche Buchdr., 1893;* 25—47 S. 4.
Halle a. S., st. R, OP 1893 (275)

Breyer, Rob., die Legation d. Kardinalbischofs Nikolaus v. Albano in Skandinavien. Progr. gr. 4. (23 S.) Halle a/S. 893. (Leipzig, G. Fock.) n. 1. —

Breyholz: Rückblick auf die Thätigkeit d. Landwirtschaftskammer in den ersten drei Jahren ihres Bestehens. Kiel 1899. 10 S. 4°.
[C aslagstit.].

Breyl, Heinrich: Aus der königl. chirurgischen Universitäts-Klinik zu Bonn. Ueber Fibrome der Nasen-Rachenhöhle und ihre Therapie. *Bonn 1898: Hauptmann.* (34 S.) 8°
Bonn, Med. Diss. v. [20. Mai] 1898

Breymann, Hermann, zur Feier seines 25jährigen Professoren-Jubiläums . . . [Erlangen 1900.] V: *Varnhagen, Hermann.* (Berl)

Breymann, die Entschuldung des landwirtschaftlichen Grundbesitzes durch Hypothekenversicherung. Vortrag, geh. in der Ökonom. Gesellschaft im Königr. Sachsen zu Dresden am 2. III. 1906. (20 S. m. 1 Tab.) gr. 8. Leipzig 906. R. C. Schmidt & Co. n. — 60

Breymann, d. Entschuldung d. landw. Grundbesitzes. Jetzt: Leipzig, Fritzsche & Schmidt.

Breymann u. Kirstein, das chemische Laboratorium der Universität Göttingen. Beschreibg. d. Baues v. B.; Beschreibg. der apparativen Einrichtg. v. K. [Aus: „Zeitschr. d. Archit.- u. Ingen.-Ver. zu Hannover".] Imp.-4. (26 Sp. mit 6 Taf.) Hannover 890. Schmorl & v. Seefeld Nachf. cart. n. 6. —

Breymann, Arnold: Adam und Eva in der Kunst des christlichen Alterthums. 1. Abschn.: Die Monumente ... [Erschien vollst. 1893 bei J. Zwißler in Wolfenbüttel.] Wolfenbüttel, Druck v. O. Wollermann, 1893; 2 Bl., 105 S. 8.
Göttingen, Phil. Fak., Inaug.-Diss. v. [17. Mai] 1893

Breymann, Arnold, Adam u. Eva in der Kunst des christlichen Alterthums. gr. 8. (VIII, 162 S.) Wolfenbüttel 893. J. Zwissler. n. 2. —

Breymann, G. A., allgemeine Bau-Constructions-Lehre, mit besond. Beziehung auf das Hoch-Bauwesen. Ein Leitfaden zu Vorlesungen und zum Selbstunterrichte. 1. Thl. Constructionen in Stein. gr. 4. (VIII und 212 S. mit 86 Stnt.) Stuttgart 849, Hoffmann'sche Vrlgsb.

Breymann, G. A., allgemeine Bau-Constructions-Lehre, mit besond. Beziehung auf das Hoch-Bauwesen. Ein Leitfaden zu Vorlesungen und zum Selbstunterrichte. 2. Thl. Constructionen in Holz. gr. 4. (VIII und 216 S. mit 97 Stnt.) Stuttgart 851, Hoffmann'sche Vrlgsb. Thlr.

Breymann, G. A., allgemeine Bau-Constructions-Lehre, mit besond. Beziehung auf das Hochbauwesen. Ein Leitfaden zu Vorlesungen und zum Selbstunterrichte. 3. Thl.: Constructionen in Metall. — Eisenconstructionen. gr. 4. (VI und 117 S. mit in den Text gedr. Holzschn. und 86 lithogr. Figurentaf., unter welchen 18 Doppeltaf.) Stuttgart 854, Hoffmann'sche Vrlgsb.

1. und 2. Thl. Ebendas. 1849—51. 8 Thlr. 15 Ngr.

Breymann, G. A., allgemeine Bau-Constructions-Lehre, mit besonderer Beziehung auf das Hochbauwesen. Ein Leitfaden zu Vorlesungen und zum Selbstunterrichte. 1. Thl.: Constructionen in Stein. — 2. Thl.: Constructionen in Holz. 2. verb. u. verm. Aufl. Mit in den Text gedr. Holzschn. u. 183 (lith.) Figurentaf. Ebend. 856, 57. gr. 4. (VIII, 218; VIII, 227 S.)
1.: 4 ₰; 2.: 4 ₰ 15 ngr

Breymann, G. A., allgemeine Bau-Constructions-Lehre, mit besond. Beziehung auf das Hochbauwesen. Ein Leitfaden zu Vorlesungen und zum Selbstunterrichte. 3. Thl.: Constructionen in Metall. (Eisen-Constructionen.) 2., verb. und verm. Aufl. gr. 4. (VIII und 132 S. mit in den Text gedr. Holzschn. und 97 Stnt., unter welchen 21 Doppeltaf.) Stuttgart 858, Hoffmann'sche Verlagsbuchh.

1. und 2. Thl. Ebendas. 1856, 57. 8 Thlr. 15 Ngr.

Breymann, G. A., allgemeine Bau-Constructions-Lehre, mit besond. Beziehung auf das Hochbauwesen. Ein Leitfaden zu Vorlesungen u. zum Selbstunterrichte. 3. verb. u. verm. Aufl. Mit in den Text gedr. Holzschn. u. (lith.) Figg.-Taff. (in 4. u. Fol.) 3 Thle. Stuttgart, G. Weise. gr. 4. 13 ₰
1. Thl.: Constructionen in Stein. Mit 88 Taff. 860. (VIII, 232 S.) 4 ₰
2. Thl.: Constructionen in Holz. Mit 97 Taff. 860. (VIII, 222 S.) 4 ₰ 15 ngr.
3. Thl.: Constructionen in Metall [Eisen-Constructionen]. Hrsg. von H. Lang. Mit 108 Taff. 865. (VIII, 159 S.) 4 ₰ 15 ngr.

Breymann, G. A., allgemeine Bau-Constructions-Lehre, mit besonderer Beziehung auf das Hochbauwesen. Ein Leitfaden zu Vorlesungen und zum Selbstunterrichte. Fortgesetzt und beendet von H. Lang. 4. Thl. Mit 189 in den Text gedr. Holzschn. u. 36 (lith.) Fig.-Taf. (in 4. u. Fol.) Stuttgart 863. Hoffmann. gr. 4. (VI, 202 S.) 4 ₰

Breymann, G. A., allgemeine Bau-Constructions-Lehre, mit besond. Beziehung auf das Hochbauwesen. 4., gänzlich umgearb. Aufl. von H. Lang. 1.—10. Lfg. 1. Thl.: Constructionen in Stein. gr. 4. (VI und 314 S. mit eingedr. Holzschn. und 90 Stnt. in gr. 4. und qu. Fol.) Stuttgart 866—68, G. Weise. à Lfg. 15 Ngr.

Breymann, G. A., allgemeine Bauconstructionslehre mit besond. Beziehung auf das Hochbauwesen. Ein Leitfaden zu Vorlesungen und zum Selbstunterrichte. 4. gänzlich umgearb. Aufl. von H. Lang. 2. Thl. Constructionen in Holz. 11 Lfgn. gr. 4. (254 S. mit eingedr. Holzschn. und 113 Stnt., wovon 1 in Buntdr., in gr. 4. und qu. Fol.) Stuttgart 868—70, G. Weise. à Lfg. *M* 1.50.

Breymann's, G. A., allgemeine Bauconstructionslehre. Neu bearb. v. H. Lang. 3. Thl. Eisen-Constructionen. 4. verb. u. verm. Aufl. 1—8. Lfg. gr. 4. (S. 1—120 m. eingedr. Holzschn. u. 58 Steintaf. in gr. 4. u. Fol.) Stuttgart 872—76. à 1. 50

— dasselbe. Neu bearb. v. H. Lang. 3. Thl. Eisen-Constructionen. 4. verb. u. verm. Aufl. 9—12. Lfg. gr. 4. (VIII, u. S. 121—163 m. eingedr. Holzschn. u. 43 Steintaf.) Ebend. 877. à 1. 50

— dasselbe. 4. Thl. Verschiedene Constructionen. 2. verb. u. verm. Aufl. Völlig neu bearb. v. Heinr. Müller u. A. Scholtz. gr. 4. (VIII, 405 S. m. eingedr. Holzschn. u. Steintaf.) Ebend. 877—81. 18. —; geb. 22. —

Breymann, G. A., Bau-Constructions-Lehre. 1. Bd.: Die Constructionen in Stein. 5. Aufl., bearb. von H. Lang. (In ca. 11 Lfgn.) 1.—5. Lfg. gr. 4. (S. 1—120 mit eingedr. Holzschn., 50 Stnt. und 1 Chromolithogr.) Stuttgart 879, G. Weise. à Lfg. *M* 1,50.

Breymann's, G. A., allgemeine Bau-Constructions-Lehre, mit besond. Beziehung auf das Hochbauwesen. Ein Leitfaden zu Vorlesungen und zum Selbstunterricht, neu bearb. von H. Lang. 1. Bd.: Die Constructionen in Stein. 5. gänzlich umgearb. Aufl. Mit Abbild. der evangel. Kirche in Baden-Baden in Farbendr., 596 (eingedr.) Holzschn. und 105 (lithogr.) Fig.-Taf. 6.—12. (Schluß-)Lfg. gr. 4. (VI, S. 121—312.) [Stuttgart 880, G. Weise.] Leipzig, Gebhardt's Verlag. à Lfg. * *M* 1,50. *

1.—5. Lfg. Ebendas. 1879. à *M* 1,50.

Breymann, G. A., allgemeine Bau-Konstruktionslehre m. besond. Beziehg. auf das Hochbauwesen. Ein Leitfaden zu Vorlesgn. u. zum Selbstunterricht. 2. Bd. Konstruktionen in Holz. 5. verb. u. vollständig umgearb. Aufl. Neu bearb. v. H. Lang. gr. 4. (VI, 265 S. m. eingedr. Holzschn. u. 125 Steintaf.) Leipzig 883. 84. Gebhardt. n. 18. —

Breymann, G. A., allgemeine Bau-Konstruktions-Lehre m. besond. Beziehg. auf das Hochbauwesen. Ein Leitfaden zu Vorlesgn. u. zum Selbstunterrichte. 3. Tl. Konstruktionen in Eisen. 5., vollständig neu bearb. Aufl. v. Otto Königer. gr. 4. (VIII, 320 S. mit 471 Holzschn. u. 86 lith. Taf.) Leipzig 890. Gebhardt. n. 21. —; geb. n. 25. —; auch in 14 Lfgn. à n. 1. 50

Breymann, G. A., allgemeine Bau-Konstruktions-Lehre m. besond. Beziehg. auf das Hochbauwesen. Ein Leitfaden zu Vorlesgn. u. zum Selbstunterrichte. Neu bearb. v. H. Lang, O. Königer u. A. Scholtz. 4. Bd. 12 Lfgn. gr. 4. Leipzig 893. 894. J. M. Gebhardt. à n. 1. 50
(kplt.: n. 18. —; geb. in Halbfrz. n.n. 22. —)
Verschiedene Konstruktionen, insbesondere: Feuerungs- u. Lüftungs-, Gas-, Wasser- u. Telegraphen-Anlagen. Grundbau. Mit e. Anh.: Die Bauführg. 3., verb. u. umgearb. Aufl. v. A. Scholtz. Mit 520 Holzschn. u. 91 theilweise in Farben ausgeführten lith. Fig.-Taf. (XII, 387 S.)

Breymann, G. A., allgem. Baukonstruktionslehre m. bes. Beziehg. a. d. Hochbauwesen. E. Handbuch z. Vorlesgn. u. z. Selbstunterr. Neu bearb. v. H. Lang, Otto Warth, O. Königer u. A. Scholtz. (In 4 Bdn.) 1. Bd. gr. 4. Leipzig 896. J. M. Gebhardt's Verl. n. 21. —; geb. in Halbfrz. n.n. 25. —; auch in 14 Lfgn. à n. 1. 50
D. Konstruktionen in Stein. 6., gänzl. neubearb. Aufl. v. Otto Warth. M. 1 Rekonstruktion in Heliograv.: D. Thermen d. Caracalla in Rom, 978 Orig.-Zeichngn. in Holzschn., 106 photolith. u. lith. Fig.-Taf. u. 1 in Farbendr. ausgeführten Taf. e. Mosaik-Terrazzo-Bodens. (X, 400 S.)

Breymann, G. A., allgemeine Baukonstruktionslehre m. besond. Beziehung auf das Hochbauwesen. Ein Handbuch zu Vorlesgn. u. zum Selbstunterricht. Neu bearb. v. H. Lang, Otto Warth, O. Königer u. A. Scholtz. (In 4 Bdn.) 2.—4. Bd. gr. 4. Leipzig, J. M. Gebhardt.
n. 60. —; geb. n.n. 72. —; auch in Lfgn. à n. 1. 50
2. Die Konstruktionen in Holz. 6., verb. u. vollständig umgearb. Aufl. v. Otto Warth. Mit 1 in Farbendr. ausgeführten Titelbild: „Das Kammerzellsche Haus in Straßburg" nach e. Orig.-Aquarell v. H. Krabbes, 825 Orig.-Zeichgn. in Holzschn. u. 124 photolith. u. lith. Fig.-Taf. (VIII, 355 S.) 900. n. 21. —; geb. n.n. 25. —
3. Die Konstruktionen in Eisen. 6., verm. u. umgearb. Aufl. v. Otto Königer. Mit 1 farb. Titelbild: „Eiserne Kuppel üb. der Eingangshalle des Bahnhofs zu Halle a. S.", nach e. während des Baues aufgenommenen Lichtbild in Aquarell ausgeführt v. C. Brünner, 590 Orig.-Zeichngn. in Holzschn. u. 96 photolith. Fig.-Taf. (X, 373 u. 40 S.) 902. n. 21. —; geb. n.n. 25.

4. Verschiedene Konstruktionen, insbesondere Heizungs-, Lüftungs-, Wasserversorgungs- u. Beleuchtungs-Anlagen. Haustelegraphen u. Telephone. Grundbau. Mit e. Anh.: Die Bauführg. 4., gänzlich neubearb. Aufl. v. A. Scholtz. Mit 837 Holzschn. u. 75 teilweise in Farben ausgeführten lith. Fig.-Taf., darunter 32 Doppeltaf. (XII, 507 S.) 900. n. 18.—; geb. n.n. 22.—

Breymann, G. A., allgemeine Baukonstruktionslehre m. besond. Beziehung auf das Hochbauwesen. Ein Handbuch zu Vorlesungen u. zum Selbstunterricht. Begründet v. B. Neu bearb. v. H. Lang, Otto Warth, O. Königer u. A. Scholtz. (In 4 Bdn.) 1. u. 4. Bd. gr. 4. Leipzig, J. M. Gebhardt. à n. 21.—; geb. n.n. 25.—; auch in Lfgn. à n. 1.50

1. Die Konstruktionen in Stein. 7., verb. u. erweit. Aufl. v. Otto Warth. Mit e. in Farbendr. ausgeführten Titelbild: „Treppenhaus des Kollegiengebäudes der Universität Straßburg", 1225 Orig.-Zeichngn. in Holzschn., 103 photolith. u. lith. Fig.-Taf. u. 1 in Farbendr. ausgeführten Taf. e. Mosaik-Terrazzo-Bodens. (IX, 459 S.) 903. n. 21.—; geb. n.n. 25.—

4. Verschiedene Konstruktionen, insbesondere: Heizungs-, Lüftungs-, Wasserversorgungs- u. Beleuchtungs-Anlagen. Haustelegraphen u. Telephone. Grundbau. Mit e. Anh.: Die Bauführg. 5., gänzlich neubearb. Aufl. v. A. Scholtz. Mit 1 farb. Titelbilde: „Das Betriebsgebäude des Fernheiz- u. Elektrizitätswerkes in Dresden", nach dem Orig.-Aquarell v. C. Brünner, 836 Holzschn. u. 90 teilweise in Farben ausgeführten lith. Fig.-Taf., darunter 34 Doppeltaf. u. 1 Taf. in Großfolio. (XII, 526 u. III S.) 905. 21.—; geb n.n. 25.—

Breymann, G. A., s. Vademecum für d. prakt. Ingenieur u. Baumeister . . .

Breymann, Heinr. Adam Jul. (Hrsg.), s. Beyträge zur Erziehung besonders der adelichen Jugend.

— Beitrr. zur Erziehung, besonders d. adeligen Jugend. 6 Stcke. 8. Brandenb. 772—74. Halle.

Von der Berufstreue eines Patrioten, in so ferne sie durch das Leben des besten Landesvaters bestimmt wird, handelte in einer am 24sten Jenner 1764 gehaltenen Antrittsrede H. A. J. Breymann, Director des Rittercollegii zu Brandenburg. Brandenburg, gedruckt in der Hallenschen Buchdruckerey. fol.

— erste Linie d. Universalhist. 8. Ebend. 769.

Breymann, Hnr. Adm. Jul., († d. 6. März 1797.) Nachr. v. d. Rittercollegio Brandenburg. 8. Brandenb. 764. Halle. 3 gr.

Breymann, Henriette, die Grundzüge der Ideen Friedrich Fröbel's angewendet auf Kinderstube und Kindergarten. 8. (46 S.) Braunschweig 872, Schwetschke und Sohn. *

Breymann, Hermann (Hrsg.), s. Beiträge, Münchener, zur romanischen und englischen Philologie.

Die Calderon-Literatur. Eine bibliogr.-krit. Übersicht von H[ermann] Breymann. München & Berlin: R. Oldenbourg 1905. (XII, 313 S.) 8° = Breymann: Calderon-Studien. T. 1. [05. 377. 3

Breymann, Herm., Friedrich Diez. Sein Leben u. Wirken. Festrede, geh. zur Feier des 100. Geburtstages am 3. März 1894. 8. (IX, 54 S.) Leipzig 894. A. Deichert Nachf. n. —90

Breymann, Herm., Friedrich Diez, sein Leben, seine Werke u. deren Bedeutung für die Wissenschaft. Vortrag, geh. zum Besten der Diez-Stiftung. gr. 8. (82 S.) München 878. Th. Ackermann. n. — 60

— u. Herm. Moeller, französisches Elementarbuch. 2. verb. u. bedeutend gekürzte Aufl. d. Elementar-Übungsbuches u. der Elementar-Grammatik. gr. 8. (186 S. m. 2 Konjugationstaf.) Ebend. 886. n. 2. 20

Breymann, H., u. H. Moeller, französisches Elementarbuch. 3., verb. u. bedeutend gekürzte Aufl. d. Elementar-Übungsbuches u. der Elementar-Grammatik. Ausg. A. gr. 8. (196 S. mit 2 Taf.) München 890. Oldenbourg. n. 2. 20

—— —— dass. — Ausg. B. 3. Aufl. (VI, 114 S. m. 2 Konjugations-Taf.) 890; 4. Aufl. gr. 8. (VI, 119 S. m. 2 Konjugations Taf.) Ebd. 891. * 1 80; geb. ** 2 30

— u. Herm. Moeller, französisches Elementarbuch. 5., verb. u. bedeut. gekürzte Aufl. des Elementar-Übungsbuches u. der Elementar-Grammatik. Ausg. B. gr. 8. (VIII, 125 S. m. 2 Konjugationstaf.) Ebd. 893. n. 1.80; geb. in Leinw. n.n. 2.30

— u. H Moeller, französ. Elementarbuch. 6. Afl. d. Elementar-Übungsbuches u. d. Elementar-Grammatik. Asg. B. 8° (125 m. 2 Konjugationstaf.) Münch. 93, R Oldenbourg. n.n. 1.65 geb. n.n. 2.10

— u. Herm. Moeller, Französisches Elementarbuch. Ausg. B. 7. Aufl. gr. 8. (VIII, 125 S. m. 1 Schema u. 1 Taf.) München 897. R. Oldenbourg. Geb. in Leinw. n.n. 2.10

— Französ. Elementarb. 8. Afl. 8° (126 m. 1 Schema u. 1 Taf.) Münch. 1900, R Oldenbourg. Geb. nn 2.10

— französisches Elementarbuch. 9. Aufl. gr. 8. (132 S. m. 1 Schema u. 1 Taf.) München 901. R. Oldenbourg. Geb. in Leinw. n. 2.10

— dass. f. Realsch. 10. Afl. (132 m. 1 Schema u. 1 Taf.) 8° Ebd. '03. Geb. 2.10 d

— dass. f. Realsch. 11. Afl. (136 m. 1 Schema u. 1 Taf.) gr8° Ebd. '05. Geb. 2.10 || 13. Afl. (136 m. 1 Schema u. 1 Taf.) '09. Geb. 1.60 d

— dass. f. Realsch. u. Oberrealsch. 15. Afl. v. K Manger. (148) 8° Ebd. '12. geb. 1.60 d

— Französisches Elementarbuch f. Gymnasien u. Progymnasien. 2. Aufl. (VII, 132 S.) 8. Ebd. 905. (1.Aufl.1902) Geb. in Leinw. n. 1.80

— Französisches Elementarbuch f. Gymnasien u. Progymnasien. 4. Aufl. (VII, 136 S.) 8. München 909. R. Oldenbourg. Geb. 1.80

— Französ. Elementarb. f. Gymn. u. Progymn. 6. Afl. v. K Manger. (7, 148) 8° Münch., R Oldenbourg '12. geb. 1.60 d

— Schlüssel zum französischen Elementarbuch u. zu dem franz. Lehr- u. Übungsbuch f. Realschulen I. u. II. Tl. 2. Aufl. gr. 8. (142 S.) Ebd. 902. n. 2.50
Wird nur direkt an Lehrer abgegeben.

Breymann, Herm., französische Elementar-Grammatik für Realschüler. Ausg. für Lehrer. gr. 8. (XII, 74 S.) München 884, Oldenbourg. * 1 —
Ausg. für Schüler. (IV, 54 S.) * — 60
2.Aufl.ff.unt.d.T.:Fr.Elementarbuch.

—— und Herm. Moeller, französisches Elementar-Übungsbuch für Realschüler. gr. 8. (VI, 174 S. mit 1 Konjugations-Schema und 1 Konjugations-Taf.) Ebendas. 884. * 2 —
2.Aufl.ff.unt.d.T.:Fr.Elementarbuch.

—— —— zur Reform des neusprachlichen Unterrichts. Anleitung zum Gebrauch des französ. Elementar-Übungsbuches. gr. 8. (48 S.) Ebendas. 884. * — 40

Breymann, Herm. Ergänzungen zum französischen Unterrichte an Gymnasien m. besond. Berücksicht. des Latein. Auch zu den in Gymnasien verwendeten französ. Grammatiken. gr. 8. (VI, 29 S.) Münch. 892, Oldenbourg. * — 60

Breymann, Herm., französische Grammatik für den Schulgebrauch. 2 Tle. gr. 8. München, Oldenbourg. *
geb. *

Inhalt:
Tl. 1. Laut-, Buchstaben- und Wortlehre. (VIII, 95 S.) 885. * M 1.—; geb. * M 1.50.
„ 2. Satzlehre. (IX, 108 S.) 886. * M 1.25.; geb. * M 1.75.

— französische Grammatik f. den Schulgebrauch. 2. Tl.: Satzlehre. 2. Aufl. gr. 8. (III, 92 S.) Ebd. 894. n. 1.25; geb. n.n. 1.75

Breymann, H. Introduction aux deux livres des Machabées. Traduction française du XIII. siècle. Diss. Göttingen 1868. 34 S.

—— über Lautphysiologie und deren Bedeutung für den Unterricht. gr. 8. (32 S.) Ebendas. 884. * 1 —

— Französ. Lehr- u. Übungsbuch f. Gymnasien. 1. Tl. 2. Aufl. gr. 8. (X, 200 S.) München 898. R. Oldenbourg. Geb. in Leinw. n.n. 3. —

— französisches Lehr- u. Übungsbuch f. Gymnasien. 1. u. 2. Tl. gr. 8. Ebd. Geb. in Leinw. n. 5. 50
1. 3. Aufl. (X, 261 S.) 900. n. 3. —
2. 2. Aufl. (X, 198 S.) 899. n. 2. 50

— dasselbe. Schlüssel zur 2. Aufl. I u. II. gr. 8. (83 S.) Ebd. 899. n. 1. 50
Wird nur direkt an Lehrer geliefert.

— Schlüssel zum französischen Elementarbuch sowie Lehr- u. Übungsbuch f. Gymnasien. 3. Aufl. (125 S.) gr. 8. München 904. R. Oldenbourg. n n. 2. 50
Wird nur direkt an Lehrer abgegeben.

— Französisches Lehr- u. Übungsbuch f. Gymnasien. 5. Aufl. (XVI, 424 S.) 8. Ebd. 905. Geb. n. 5. 35

— Französisches Lehr- u. Übungsbuch f. Gymnasien. 6. Aufl. (XVI, 431 S.) 8. Ebd. 908. Geb. 5. 35

— Französ. Lehr- u. Übgsb. f. Gymn. 8. Afl. v. Karl Manger. 2 Tle. 8° Ebd. '12. d
1. Übgsb. (10, 217) L 2.85 ‖ 2. Grammatik. (8, 166) L 2.30

— dass. f. Realsch. 2 Tle. 8° Ebd. Geb. à 3.30
1. 5. Afl. (232 m. 1 Schema u. 1 Taf.) 09. ‖ 2. 3. Afl. (282) 1900.

Breymann, Herm., französisches Lehr- u. Übungsbuch f. Realschulen. 1. u. 2. Tl. gr. 8. München, R. Oldenbourg. Geb. in Leinw. à n. 3. 30
1. 6. Aufl. (IX, 232 S. m. 1 Schema u. 1 Taf.) 902.
2. 3. Aufl. (VIII, 282 S.) 900.

— dasselbe für Realschulen. 2 Tle. 8. Ebd. Geb. in Leinw. à n. 3. 30
I. 7. Aufl. (X, 232 S. m. 2 Taf.) 904.
II. 4. Aufl. (VIII, 287 S.) 903.

— dasselbe f. Realschulen. 2 Tle. 8. Ebd. Geb. 3. —
I. 9. Aufl. (X, 233 S.) 909. — II. 6. Aufl. (X, 285 S.) 910.

— dass. f. Realsch. u. Oberrealsch. 11. Afl. v. Karl Manger. 1. Tl. (10, 219) 8° Ebd. '12. L 3 — d

—— die Lehre vom französischen Verb auf Grundlage der historischen Grammatik. gr. 8. (VIII, 136 S.) Ebendas. 883. * 2 40

— das neue bayerische Lehrprogramm für den Unterricht in den neueren Sprachen. (VI, 16 S.) 8. Ebd. 905. n.n. — 50

Die Phonetische Literatur von 1876 bis 1895. E. bibliogr.-krit. Übs. v. Hermann Breymann. *Leipzig: A. Deichert 1897.* (2 Bl., 170 S.) 1 Bd 8. [97. 303

— die neusprachliche Reform-Literatur v. 1876—1893. E. bibliograph.-krit. Übersicht. gr. 8. (IV, 155 S.) Ebd. 895. n. 3. —

— die neusprachliche Reform-Literatur von 1894—1899. Eine bibliographisch-krit. Übersicht. gr. 8. (III, 97 S.) Leipzig 900. A. Deichert Nachf. n. 2. 25

— neusprachliche Reform-Literatur. (3. Heft). Eine bibliographisch-krit. Übersicht, bearb. v. Steinmüller. (V, 152 S.) gr. 8. Leipzig 905. A. Deichert Nachf. n. 4. —

— Neusprachliche Reform-Literatur (Französisch u. Englisch.) 4. Heft (1904—1909). Eine bibliograph.-krit. Uebersicht, bearb. v. Geo. Steinmüller. (V, 211 S.) gr. 8. Leipzig 909. A. Deichert Nachf. 5. 50

Breymann, Herm., Sprachwissenschaft u. neuere Sprachen. Vortrag im neu-philolog. Vereine zu München geh. am 2. März 1876. gr. 8. (48 S.) München 876. Th. Ackermann. n. — 80

Breymann, Hermann u. Herm. Moeller:

—— —— französisches Übungsbuch. 2 Tle. gr. 8. Ebendas. à Tl. *M 2.20. *
Inhalt:
Tl. 1. Zur Einübung der Laut-, Buchstaben- und Wortlehre. (VI, 206 S. mit 2 Konjugationstaf.) 885.
» 2. Zur Einübung der Satzlehre. (VI, 210 S. mit 2 Konjugationstaf.) 887.

—— —— Schlüssel zu den Übungsbüchern. gr. 8. (III, 71 S.) Ebendas. 887. *

— — französisches Übungsbuch. 1. Tl.: Zur Einübg. der Laut-, Buchstaben- u. Wortlehre. Ausg. A. 2. Aufl. gr. 8. (VI, 205 S. m. 2 Konjugationstaf.) Ebd. 891. n. 2. 20; geb. n.n. 2. 70

—— —— dass. — Ausg. B. [Enth. zugleich die Grammatik I.] 2. Aufl. gr. 8. (VIII, 278 S. m. 2 Konjugationstaf.) Ebd. 891. **3 20 geb. in Leinw. ** 3 70

— — dass. Asg. B. 1. u. 2. Tl. 8° Ebd. 93. a 2.80; Einbde à n.n. — 50; Schlüssel (89) 94. 1.50
1. Zur Einübg d. Laut-, Schrift- u. Wortlehre. [Enth. zugleich d. Grammatik I.] 3. Afl. (250 m. 2 Konjugationstaf.)
2. Zur Einübg d. Satzlehre. [Enth. zugleich d. Grammatik II.] (243)

— — dasselbe. 1. u. 2. Tl. Ausg. B. gr. 8. Ebd. 894. n.n. 6. 20; geb. in Leinw. n.n. 7. 20
1. Zur Einübg. der Laut-, Schrift- u. Wortlehre. [Enth. zugleich die Grammatik I.] 3. Aufl. (X, 250 S. m. 2 Konjugationstaf.) n.n. 3. 20; geb. n.n. 3. 70
2. Zur Einübung der Satzlehre. [Enthält zugleich die Grammatik II.] (VIII, 243 S.) n. 3. —; geb. n.n. 3. 50

— — französ. Übungsbuch. 1. u. 2. Tl. gr. 8. Ebd. à n.n. 2. 80; geb. in Leinw. n.n. 3. 30
1. Zur Einübg. d. Laut-, Schrift- u. Wortlehre. Ausg. B. (Enth. zugl. d. Grammatik I.) 4. Aufl. (X, 250 S.) 895.
2. Zur Einübg. d. Satzlehre. Ausg. B. (Enth. zugl. d. Grammatik II.) 2. Aufl. (VIII, 243 S.) 897.

— — dasselbe f. Gymnasien. 1. u. 2. Tl. gr. 8. Ebd. n. 4. 80; geb. n. 5. 70; Schlüssel zu I u. II. (71 S.) n. 1. 50
1. (X, 239 S.) 892. n. 2. 60; geb. n.n. 3. —
2. (VII, 199 S.) 894. n. 2. 20; geb. n.n. 2. 70

— — dasselbe (I) f. Gymnasien, Vocabel-Heft. gr. 8. (32 S.) Ebd. 893. n. — 30

—— Wünsche und Hoffnungen, betr. das Studium der neueren Sprachen an Schule und Universität. gr. 8. (VII, 52 S.) Ebendas. 885. *

Breymann, Johannes, Rechtskand.: Die Vollmacht des Handlungsagenten. Leipzig 1909: Hoffmann. 143 S. 8°
Leipzig, Jur. Diss. v. 16. Aug. 1909
[Geb. 27. Aug. 82 Merseburg; Wohnort: Magdeburg-Buckau; Staatsangeh.: Preußen; Vorbildung: Gymn. Burg Reife M. 04; Studium: Phil. Göttingen 2, Jura Berlin 1, München 3, Leipzig 4 S.; Rig. 2. Aug. 09.] [U 10. 2672

Breymann, Karl, neue analyt. Ableitung der wichtigsten Formeln d. Goniometrie u. ebenen Trigonometrie. Mit 1 Kpfrtaf. gr. 8. Wien 833. (Gerold.) n. 1/2 ₰

Breymann, Carl, neue analyt. Ableitung d. wichtigsten Formeln d. Goniometrie u. ebenen Trigonometrie. M. 1 Kpfr. gr. 8. ($5\frac{3}{4}$ B.) Wien 838, (Gerold.) Thlr. *

Breymann, Karl — Anleitung zur Aufnahme der Holzmaßen und Bestimmung der Formzahlen mit Hilfe eines neuen forstlichen Universal-Mess-Instrumentes von —— Professor an der k. k. Forstlehranstalt zu Mariabrunn. Wien, 1857. Dr. von Karl Ueberreuter. (48 S. 8.) (Mit 2 abgedruckten Tafeln.)

BREYMANN, Carl: Anleitung zum Gebrauche des forstlichen Universal-Instrumentes. - Wien 1867. 30 S., 1 Taf.

BREYMANN, Karl: Anleitung zur Holzmesskunst, Waldertragsbestimmung und Waldwerthberechnung. - Wien 1868. VIII, 310 S., m. Holzschn.

Breymann, Karl —. Anleitung zur Waldwerthberechnung, so wie zur Berechnung des Holzwuchses und nachhaltigen Ertrages der Wälder. Von — Wien. 1855. Druck von Leopold Sommer. Wilh. Braumüller. (VI, 192 S. 8) geh.

— Grundzüge der sphärischen Trigonometrie, analytischen Geometrie u. höheren Analysis. Ebend. 865. gr. 8. (VIII, 488 S. m. Holzschn.) n. 3 ℛ

Breymann, Karl, Lehrbuch der reinen Elementar-Mathematik für angehende Forstleute überhaupt und zum Gebrauche als Leitfaden bei den Vorträgen über Mathematik an forstlichen Lehranstalten. 1. Thl.: Arithmetik u. Algebra. Wien 859. Gerold. gr. 8. (X, 256 S.) 1 ℛ 15 ngr.

Breymann, Karl —. Lehrbuch der niederen Geodäsie zum Gebrauche auf forstlichen, technischen oder militärischen Lehranstalten, so wie auch zum Selbstunterrichte für jeden Freund dieser Wissenschaft. Von — —. 1. Lieferung. (208 S.) 8. Wien. Gedruckt bei Leop. Sommer. Bei Wilhelm Braumüller. 1854.

Breymann, Karl —. Lehrbuch der niederen Geodäsie zum Gebrauche auf forstlichen, technischen und militärischen Lehranstalten, so wie auch zum Selbstunterrichte für jeden Freund dieser Wissenschaft von — —. 2. Lieferung. (X, S. 209—448.) 8. Wien. Gedruckt bei Leopold Sommer. Wilhelm Braumüller. 1854.

Breymann, Karl, Lehrbuch der reinen Mathematik, für Forstleute überhaupt, und zum Gebrauche auf forstlichen Lehr-Anstalten. 2. Thl., enthltd: Die ebene Geometrie, Stereometrie, Gonometrie, die ebene Trigonometrie u. Polygonometrie. Mit 245 in den Text eingedr. Holzschn. Wien 856. Gerold. gr. 8. (VIII, 319 S.) 2 ℛ 10 ngr.

—— Sammlung geodätischer Aufgaben. gr. 8. (VII, 126 S. mit 56 eingedr. Holzschn.) Wien 869, Braumüller. *

—— Tafeln für Forst-Ingenieure und Taxatoren. gr. 8. (X und 351 S. mit 2 Stnt. in qu. 4.) Wien 859, [Braumüller's Verlags-Conto.] *

—— Tafeln der fünfstelligen Logarithmen gemeiner Zahlen und trigonometrischer Functionen, der Quadrate, Würfel, Quadrat- und Cubik-Wurzeln aller Zahlen von 1 bis 1000 und der zur Waldwerthbestimmung vorausberechneten Einheitswerthe etc. Zum Gebrauche für Techniker, techn. Lehranstalten, Gymnasien und Realschulen. gr. 8. (XVI und 200 S.) Wien 866, Braumüller. *

—— die sphär. Trigonometrie in analyt. Darstell., nebst e. Anh. grössten Theils neuer goniomet. Formeln. Mit 1 Kpfrt. 8. (6 B.) Wien 840, Gerold. *

Breymann, Margarete, approb. Arzt: Ueber Stoffwechselprodukte des Bacillus pyocyaneus. *Jena: G. Fischer 1903.* (21 S.) 8°
Straßburg. Med. Diss. v. 1903

Breymann, W., Bildung u. Aufgaben des Grosskaufmanns. 1. u. 2. Aufl. (à 38 S.) schmal Lex.-8. Hamburg 908. H. Soippel. n. 1.—

Breymann W, wie weit kann in Städten, wo die Errichtung von Handelshochschulen unausführbar ist, durch die Einrichtung von akademischen Vorlesungen ein Ersatz geschaffen werden? (16 S) Braunschweig 1905

Breymann WH, Deutschlands wachsende Bedeutung als Industriestaat. (19 S 11 T) 4° Hamburg (1896)

Breymann & Hübener: Sortir-, Paddy- und Steinauslesemaschine System: Schulo. Hamburg 1895

Breyn, Jakob

—— Prodromi fasciculi rariorum plantarum primus et secundus, quondam separatim nunc nova hac editione multum desiderata conjunctim editi, notulisque illustrati. Accedu icones rariorum et exoticarum plantarum aeri incisae, fasciculo olim promisso destinatae: adjectis nominibus et succinctis descriptionibus. Quibus praemittuntur vita et effigi autoris cura et studio *Johannes Philippi Breynii*, filii. Huj ad calcem annetitur Dissertatio botanico-medica de radi Gin-sem seu Nisi et herba Acmella cum additamentis. Gedan typ. Schreiber. 1739. 4. 108, 54 p., 32 tab.

Breyn, Johann Philipp

Breynius, J. Ph. Epistola de melonibus petrefactis Montis Carmel vulgo creditis. Lipsiae. 1722. 4.

Breynius (Joannes Phil.), Dissertatio physica de Polythalamiis, nova testaceorum classe etc. Additur: Commentatiuncula de Belemnitis prussicis. Tandemque: Schediasma de Echinis methodice disponendis. Cur Figuris. Gedani 1732

Breysach — Alt und Neu — mitt dero Gegend auff 6 Stunden incl. Augsburg Joh. Stridbeck jun. fecit et excudit. 1 : 500,000. 1 Bl.

Breysach, Jos. v., neuer Katechism. ausführl. Beschr. 8. Augsburg, Doll. 757.

— n. kl. Katechism. u. e. kl. Gebetb. 8. Ebend. 756.

Breysig, Alfr., Auszug aus der deutschen Grammatik für untere u. mittlere Klassen höherer Lehranstalten. Posen 866. Merzbach. gr. 8. (VI, 66 S.) n. 5 ngr.

Breysig, A., Zu Avienus. S.-A. O. J. 18 S.

Avieni, Rufi Festi, prognostica edidit Alfred. Breysig. XIV, 20 S S. 8.
Progr. G. *Erfurt* 1882.

Breysig, A, Emendationen z. Scholiasten d. Germanicus. 4. (24) Pos. 65, (Bote u. B.) n. — 8

— Emendationen zum Scholiasten des Germanicus. Posen 865. (Behr.) 4. (24 S.) n. 8 ngr.

Breysig, Alfred (Danzig), De P. Nigidii Figuli fragmentis apud scholiasten Germanici servatis. Diss. philos. Bln. (Gust. Schade) 11. IV. 1854. 46 S. m. Biogr. (M.: Ph. Gruenler.) (4.—) 4083
Oppon.: G. Bolze, Th. Beniselos, C. Wiederhold. — Gew.: Mart. Hertz.

Breysing, Alf.: Arati Genus. S. 28 - 33.
Progr. Erfurt 1870.

Breysig, A., Germanicus. Ein Vortrag. 2., durchgeseh. u. erw. Ausg. gr. 8. (31 S.) Erfurt 892. (C. Villaret.) n. —40
(1.Aufl. 1890. 25 S.)

Breysig, Alfred (Hrsg.), s. Germanicus, Caesar: Aratea.

Breysig, A., Grundzüge der deutschen Grammatik für untere und mittlere Klassen höherer Lehranstalten. 3. durchges. Aufl. gr. 8. (IV, 83 S.) Posen 885, Merzbach. *

Breysig, Alfredus: Germanici Phaenomenorum loci quidam adnotati. Erfurt, Druck v. F. Bartholomäus, 1896; 1—8 S. 8.
Erfurt, k. G, Festschr. 1896**

— Miscellanea crit. quae ad Germanicum spectant. Pr. 1873. 16 S. 4°.

Breysig, Johann Adam

Breysig, J. A. Farben-Säule oder Farben-Mengungs-Lehre und Ansichten meistens die neusten Farben-Lehr-Schriften, besonders Farben-Mengkunst betreffend. Danzig 1811. 4°.

Breysig, Johann Adam, s. L a d o n i u s , J. F.: Umfang.

— Skizzen, Gedanken, Entwürfe ꝛc., die bildenden Künste betreff. 3 Hefte, mit Kpf. 8. Magdeb. 799—801. Heinrichshofen. 1 ₰ 4 gl

— neue Skizzen, oder Phantasien ꝛc., bildende Künste u. Bauhandwerke betreff. 1s Bdchen 2 Hefte. 8. Danz. 805—6. Goldstamm. 2 ₰

Breysig, Johann Adam, s. S y m b o l i k d. Kränze u. Kronen.

— Scenographie, oder Bühnengemälde d. Königsberger neuen Schauspielhauses. 8. Königsb. 808. Unzer. (A. u. d. T.: Seitenstück zu Breysigs Skizzen.) 10 gl

Breysig, J. A., († d. 29. Aug. 1831.) Versuch e. Erläuterung d. Reliefsperspektive. Mit 11 Kpft. gr. 8. Magdeb. 798. Heinrichshofen. 1 ₰ 8 gl

Wörterbuch der Bildersprache oder Kurzgefasste und belehrende Angaben symbolischer und allegorischer Bilder und oft damit vermischter konventioneller Zeichen von Adam Breysig. Zugleich Versuch eines Zierathwörterbuchs. Mit 3119 lithogr. Monogrammen und einer Charte. Leipzig: Vogel 1830. XXX, 972 S. 1 Taf. 8°
Enth. viele alchymistische Zeichen, die namentlich für die Symbolik der Rosenkreuzer wichtig sind.
Privatbes. Dr. Beyer in Bayreuth, Herzoghöhe.

Breysig, Johann Theodor, s. B r e y s i g , Theodor

Alterthum und Mittelalter als Vorstufen der Neuzeit. Zwei Jahrtausende europäischer Gesch. im Ueberblick. Ein universalgeschichtl. Versuch von Kurt Breysig. Hälfte 1. 2. *Berlin: G. Bondi 1901.* 2 Bde 8° [F.]
1. Urzeit. Griechen. Römer.
2. Entstehung d. Christentums. Jugend d. Germanen.
= Breysig: Kulturgeschichte d. Neuzeit. Bd 2, 1. 2. [01. 567

Aufgaben und Masstäbe einer allgemeinen Geschichtsschreibung von Kurt Breysig. Ziele d. Forschung, Umrisse e. hist. Staats- u. Gesellschafts-, Kunst- u. Wissenschaftslehre. *Berlin: G. Bondi 1900.* (XXXV, 291 S.) 8° [F.]
= Breysig: Kulturgeschichte d. Neuzeit. Bd 1. [00. 11314

Breysig, Kurt, die Entstehung des Gottesgedankens u. der Heilbringer. (XI, 202 S.) gr. 8. Berlin 905. G. Bondi. n. 2. 50; geb. n. 3. 50

Breysig, Kurt: Von Gegenwart u. v. Zukunft des deut. Menschen. (7, 232) 8° Berl., G Bondi '12. 3 —; L 4 — d

Breysig, Kurt, Geschichte d. brandenburg. Finanzen in d. Zeit v. 1640—1697, s.: Urkunden u. Aktenstücke z. Geschichte d. inn. Politik d. Kurfürsten Friedrich Wilhelm v. Brandenburg.

Breysig, Kurt, die Geschichte der Menschheit. I. Bd. Die Völker der ewigen Urzeit. 1. Bd. Die Amerikaner des Nordwestens u. des Nordens. Mit 1 (farb.) Völkerkarte. (XXVII, 563 S.) gr. 8. Berlin 907. G. Bondi. 7.—; geb. in Leinw. 8. 50

Breysig, K., F. Wolters, B. Vallentin, F. Andreae, Grundrisse u. Bausteine zur Staats- u. Geschichtslehre. Zusammengetragen zu den Ehren Gustav Schmollers u. zum Gedächtnis des 24. VI. 1908, seines 70. Geburtstages. (VI, 222 S.) gr. 8. Berlin, G. Bondi. 1908 4. 50.

Breysig, Kurt, Kulturgeschichte der Neuzeit. Vergleichende Entwicklungsgeschichte der führ. Völker Europas u. ihres sozialen u. geist. Lebens. I. Bd. u. II. Bd. 2 Hälften. gr. 8. Berlin, G. Bondi. n. 26.50; geb. n. 30.—
I. Aufgaben u. Maßstäbe e. allgemeinen Geschichtsbeschreibung. Ziele der Forschg. Umrisse e. histor. Staats- u. Gesellschafts-, Kunst- u. Wissenschaftslehre. (XXXV, 291 S.) 900. n. 6. —; geb. n. 7. —
II. 1. Alterthum u. Mittelalter als Vorstufen der Neuzeit. Zwei Jahrtausende europ. Geschichte im Überblick. Ein universalgeschichtl. Versuch. 1. Hälfte. Urzeit — Griechen — Römer. (XXII, 518 S.) 901. n. 8. —; geb. n. 9. —
II. 2. Dasselbe. 2. Hälfte. Entstehung des Christenthums. — Jugend der Germanen. (XXXIX u. S. 521—1443.) 901. n. 12. 50; geb. n. 14. —

Breysig, C., der Process gegen Eberhard Danckelman, s. a. Forschungen, staats- u. socialwissenschaftliche.

Breysig, Curt [aus Erfurt]: Der Prozess gegen Eberhard Danckelmann. Erster Abschnitt. . . . (Aus: Staats- u. socialwiss. Forsch. hrsg. v. G. Schmoller. Bd. VIII Hf. 4.) Leipzig. Duncker & Humblot 1889. 34 S. 1 Bl. 8°
Berlin, Phil. Fak., Inaug.-Diss. v. 9. Febr. 1889

— der Stufen-Bau u. die Gesetze der Welt-Geschichte. (III, 123 S.) gr. 8. Ebd. 905. n. 1. 50; geb. n. 2. 50

Breysig, Kurt, s.: Urkunden u. Actenstücke zur Geschichte des Kurfürsten Friedrich Wilhelm v. Brandenburg.

Die Völker ewiger Urzeit. Von Kurt Breysig. Bd 1. Berlin: G. Bondi 1907. 8°
= Breysig: Die Geschichte d. Menschheit. Bd 1. [07. 8848

Breysig, Theodor

Breysig, Joan. Theod. (geb. Danzig 20. 1. 1822): De continuato Fredegarii scholastici chronico. Berolini (1849). (VI, 72 S.) 8°
Berlin, Phil. Diss. v. 2. Juni 1849

Breysig, Thdr., de continuato Fredegarii scholastici chronico. gr. 8. (VI u. 72 S.) Berolini 849, Hertz. n. 12 ngl

Breysig, Th. Das königl. Kadettenhaus zu Culm 1776—1876. 8. Culm 1876.

Breysig, Th., Karl Martell, s.: Jahrbücher d. deutschen Geschichte.

Breysig, Thdr., die Zeit Karl Martell's. Leipzig 869. Duncker & Humblot. gr. 8. (XIII, 123 S.) n. 24 ngr.
(Jahrbücher d.fränk.Reiches 714-741)

Breyther, C. A., De incommodis immaturi discipulorum discessus e ludis litterariis. Wittbg. (Zimmermann/C. H. Ruebener) 1821 17 S. (4.—) 4084

Breyther, Ernst, Aeolsharfe. Eine Auswahl aus seinen zerstreuten Liedern. Quedlinburg 860. Basse. 8. (VII, 104 S.) 15 ngr.

Breyther, E., Cöleste, od. Bibel, Natur u. Menschenleben, in Gesängen. 8. (7 B.) Magdeburg 828, Rubach.

Breyther, Er., Gedächtniß-Predigt auf Seine in Gott ruhende Majestät, den Hochseligen König u. Herrn Friedrich Wilhelm den Dritten, König von Preußen u. s. w. über den vorgeschriebenen Text Jacob. 1, 12. am V. Sonntage p. Trinit., den 19. Juli 1840 in der Kirche zu Oberröblingen gehalten. gr. 8. (1840.) Verlag der Coldiß'schen Buchh. in Halle. 1/8 ₰

Breyther, Ernst, Gedächtniß-Predigt auf Seine in Gott ruh. Maj. d. Hochsel. König u. Herrn Friedrich Wilhelm d. Dritten, König v. Preußen ꝛc. üb. d. vorgeschrieb. Text Jacob. 1, 12. gr. 8. (1 B.) Sangerhausen 840, Rohland.

— Jesus Christus in Sonntags- u. Festgesängen nach allen Evangel. d. Kirchenjahres z. häusl. u. kirchl. Erbau. 8. (18 B.) Eisleben 837. [Berlin, Hermes.]

Breyther, Ernst, Jesus Christus in Sonntags- u. Festgesängen nach allen Evangelien des Kirchenjahres zur häusl. u. kirchl. Erbauung. 8. Eisleben 837. Reichardt. 1 ₰

Breyther, Ernst, Jesus Christus in Sonntags- und Festgesängen nach den Evangelien des Kirchenjahres zur häuslichen und kirchlichen Erbauung. 2. Aufl. Eisleben 854. Reichardt. 8. (VII, 256 S.) 1 ₰

— Preußens Königshaus. Festerinnerungen. gr. 8. (16 S.) Eisleben 856, Reichardt. •

— Predigt am Sonntage Sexagesimä 1838 üb. Ps. 41, 4. nach seiner Genesung von e. schweren Krankheit gehalten. 8. (2 B.) Eisleben 838. [Berlin, Hermes.]

— Predigt am Sonnt. Sexag. 1838 üb. Ps. 41,4. nach sr. Genesung v. e. schwer. Krankheit geh. 8. Eisl. 838. Reichardt. 1/12 ₰

— s. Propertius, Elegien.

Breyther, Ernst, a. Striegau: König Sigismund von Polen in Schlesien. Striegau 1906: F. Breyther. (56 S.) 8°
Breslau, Phil. Fak., Ref. Kaufmann, Diss. v. 12. Mai 1906
[Geb. 26. Mai 82 Striegau; Wohnort: Striegau; Staatsangeh.: Preußen; Vorbildung: Gymn. Jauer Reife O. 01; Studium: Breslau 2, Freiburg i. B. 1, Breslau 8 S.; Rig. 21. Febr. 06.]

Breytherus, Carolus Augustus: •Socratis Apologia, partim Xenophonti novis curis abjudicata, partim Ex mente Xenophontis et Platonis redintegrata. 12 Bl. 4° (2°)
Halle-Wittenberg, Phil. Diss. v. 12. Mai 1819
Geb. [Oberröblingen b. Sangerhausen 16. 3. 1795]
In den Akten befindet sich eine wohl gleichzeitig mit eingereichte Arbeit desselben Verf.: •De nonnullis causis, cur Scholarum gloria (hodie) indiem minuatur, Quaestio. 8 Bl. 4° (2°)

Breyther, **Karl Aug., Diss. theologico-critica, de viquam antiquissimae versiones, quae exstant latine, in crisin evangel. IV. habeant. 8maj. Merseb. 824. Sonntag. 5 gl**

Breyther, Wlh. Aug. u. Karl Aug., zwei Predigten, gehalten bei d. Einführung d. neuen Kirchen-Agende 1825. 8. Sangerh. 826. (Nordh., Landgraf). 4 gl

— Dies., Predigten über einige Landesgesetze, größtentheils in d. Amtsblatt d. K. Preuß. Regierung zu Merseburg enthalten. gr. 8. Nordh. 824. Landgraf. 4 gl

— **Wilhelm August** (Pastor z. Oberroeblingen/Sangerhausen), De psalmo secundo disserit. Lpz. (Klaubarth) 1792. 16 S. (3.40) 4085
Gew.: Frz. Volkm. Reinhard.

Breyvogel, Wilhelm

— u. L Müller: Ornamentale Schrift f. Bürger-, Fach- u. Fortbildgsch. (2 S. u. 6 Bl.) 8° Triest ('12). (Sternbg, AR Hitschfeld.) — 25 d

Breyvogel, Wilh., Visier-Rahmen (f. das perspektivische Zeichnen). Mit Text an den Seiten. 14,5×21 cm. Nebst Erläuterg. (7 S. m. Abb.) 16. Triest (910). M. Quidde. — 40

— Wegweiser f. das perspektivistische Zeichnen auf Grund der Anschauung m. Hilfe des Visier-Rahmens. (48 S. m. Abbildgn.) 8. Ebd. 910. 1. —

Brez, Chr., die Bußstimme des Rufenden in der Wüste oder Predigten auf alle Sonntage des ganzen Kirchenjahres sammt den vornehmsten Festtagen des Herrn u. seiner Heiligen. Neu bearb. von e. Priester der Diöcese Paderborn. 2 Bde. Soest 868, 69. Nasse. 8. (334; 312 S.) 1 ₰ 15 ngr

Breza, Eugen von

— siehe: Briefe aus dem Jenseits.

de Bréza, Eugène, Monsieur le Marquis de Custine en 1844. Lettres adressées à Mme. la Comtesse Joséphine Radolinska. 16. Leipsick 845, Librairie étrangère. 1/2 ₰

Breza, Eug., Gallerie d. ausgez. Israeliten, s. Gallerie.

— die ausgezeichneten Israeliten, s. Israeliten.

Breza, Eugen von. Die deutsche Kriegsmarine. Ein Gesetzvorschlag. Breslau 1848. 14 S. 8.

Breza, Eugen von (Hrsg.), s. Maistre, J. de: Gespräche üb. d. Krieg.

v. Breza, Eug., die Monarchie nach den Ansichten des Grafen Jos. de Maistre. gr. 8. (39 S.) Berlin 851, I. Rocca. n. 1/4 ₰

— Organizacja pracy. gr. 8. (15 S.) Lissa 848, Günther.

— Organizacja pracy. gr. 8. (15 S.) Lissa 849, Günther. 1/6 ₰

Br(eza,) E(ugen) von. Die Presse. (Flugblatt.) Glogau o. J. 2 S. 4.

Breza, Eug. (v.). Projekt finansowy dla ligi polskiéj. Leszno i Gniezno. E. Günther 1849. 42 S. 8.

— s. Ravignan, Oyca, Otowarzystwie Jezusowen.

— de la Russomanie dans le grand duché de Posen. gr. in-8. (1 B.) Berlin 846, Schröder's Verl.

— Anmerkungen zum Text der Brochüre: La Russomanie dans le grand duché de Posen. gr. 8. Leipz. 846, G. Mayer. 1/6 ₰

Březan, W., Ziwot Wiléma z Rosenberka, s.: Bibliotéka, Nowočeska, Čislo II.

Březanovský, Jaromir, Chudobky. Prag 861. Kuranda. 16. (128 S.) n. 8 ngr

Brézé, Argentero Marquis de

de Breze, Marq., Gedanken über d. militär. Vorurtheile; aus d. Französ. v. W. Schwenke. Mit 2 Kpf. gr. 8. Hannov. 787. Helwing. 12 gl 166 S.

Breze, le Comte de, Observations sur les Comment. de Folard etc. 2 Tom. av. fig. gr. 8. Turin. Graeffer.

[Brézé de]: Versuch üb. Stutereien. Nach d. Franz. v. C. v. S. U. St. 1797. 116 S.

Březina, Aegidius, Lehrbuch der böhmischen Sprache für deutsche Volksschulen. 2 Thle. gr. 8. (95; 192 S.) Prag 885,88, Otto. geb. (* 80 Pf.; * ℳ 1.20.) *

Březina, Aegid, Lehrbuch der böhmischen Sprache für deutsche Volksschulen. III. Theil Prag 1891. J. Otto.

Březina, Aegid., Lehrbuch d. böhmischen Sprache f. deutsche Volksschulen. 3 Thle. gr. 8. Prag, J. Otto.
Geb. in Leinw. n.n. 3. 60
I. (VI, 95 S.) 886. n.n. — 80. — II. (102 S.) 889. n.n. 1. 20. III. (267 S.) 893. n.n. 1. 60.

Brezina, Aristides, vorläufiger Bericht über neue oder wenig bekannte Meteoriten. I—IV. [Aus: „Sitzungsber. d. k. Akad. d. Wiss."] Lex.-8. Wien 880—82. (Gerold's Sohn) n.n. — 85
1. (5 S.) n. — 20. — 2. Ueber die Meteoreisen v. Bolson de Mapimi. (5 S.) n. — 20 — 3. (7 S.) n. — 20. — 4. (10 S.) n. — 25

Brezina, A., Cliftonit aus dem Meteoreisen v. Magura, s. a. Weinschenk, E., über einige Bestandtheile des Meteoreisens v. Magura.

Brezina, Dr. Aristides, Cliftonit aus dem Meteoreisen von Magura. (Sep.-Abdruck aus Bd. IV der Annalen des k. k. naturhistorischen Hofmuseums.) Lex.-8. (6 S.) —.20
Wien: Hölder 1889

Brezina, Aristides, Entwickelung der tetartosymmetrischen Abtheilung des hexagonalen Krystallsystems, nebst Bemerkungen über das Auftreten der Circularpolarisation. Mit 1 (lith.) Taf. [Aus d. Sitzungsber. d. kais. Akad. d. Wiss.] Wien 869. (Gerold's Sohn.) gr. 8. (8 S.) n. 4 *ngr.*

Brezina, Aristides, die Erbsünde der allgemeinen Versorgungs-Anstalt in Wien. gr. 8. (132 S.) Wien (901). Verlag der „Oesterreich. Revue". n. 1. 70

Brězina, Aristides, die Krystallform d. unterschwefelsauren Blei Pb S_2 O_6. 4aq u. das Gesetz der Trigonoëder an circularpolarisirenden Krystallen. [Mit 2 lith. Taf. u. 10 (eingedr.) Holzschn.] [Aus „Sitzungsber. d. k. Akad. d. Wiss."] Lex.-8. (40 S.) Wien 872. (Gerold's Sohn.) n. 1.

Brezina, Aristides, über die Krystallform des Tellurit. Lex.-8. (18 S. mit 3 Fig. im Texte.) Wien 886, Hölder. *
Aus: Annalen des k. k. naturhistorischen Hofmuseums, besonders abgedruckt.

Brezina, Dr. Aristides, Ueber die Krystallform des Uranothallit. Mit 3 Abbildungen im Texte. (Sep.-Abdr. aus den Annalen des k. k. Naturhistorischen Hofmuseums. V. Bd. Heft 4.) Lex.-8. (8 S.) In Comm. —.30
Wien: Hölder 1890

Brezina, Aristides, über dodekaedrische Lamellen in Oktaedriten. (7 S. m. 1 Taf.) gr. 8. Wien 904. (A. Hölder.) n. — 40
Sonderabdruck aus: „Sitzungsber. d. k. Akad. d. Wiss."

— u. Emil Cohen, über Meteoreisen v. De Sotoville. (15 S. m. 3 Fig.) gr. 8. Ebd. 904. n. — 40
Sonderabdruck aus: „Sitzungsber. d. k. Akad. d. Wiss."

— die Meteoritensammlung d. k. k. mineralogischen Hofkabinetes in Wien am 1. Mai 1885. Mit 4 Taf. Lex.-8. (VI, 126 S.) Ebend. 885. n. 9. —

Brezina, Aristides, d. Meteoritensammlung d. k. k. naturhistor. Hofmuseums am 1. Mai 1895. M. 2 Anhängen: 1. Berichte d. Directors d. Sternwarte Zacatecas, José A. y Bonilla, üb. d. Meteoreisenfall v. Mazapil. 2. D. Meteoritensammlg. d. Universität Tübingen. [Aus: „Annalen d. k. k. naturhistor. Hofmuseums".] gr. 8. (140 S. m. 40 Abb. u. 2 Taf.) Wien 896. A. Hölder. n. 8. —

— Meteoritenstudien I. u. II. [Aus: „Denkschr. d. k. Akad. d. Wiss."] Imp.-4. Ebend. 880. 81. n. 6. —
I. Ueber die Reichenbach'schen Lamellen in Meteoreisen. Mit 4 Taf. (in Naturselbstdr.). (1882) n. 2. —
II. Ueber die Orientirung der Schnittflächen an Eisenmeteoriten mittelst der Widmannstädten'schen Figuren. [Mit 4 (Lichtdr.-) Taf. u. 11 (eingedr.) Holzschn.] (39 S.) n. 4. —

— Meteoritenstudien. III. Ebd. 4. n. 2. 40 (I—III n. 8. 40.)
Zur Frage der Bildungsweise eutropischer Gemenge. Mit 2 Taf. (9 S.) 905.
Sonderabdruck aus: „Denkschr. d. k. Akad d. Wiss."

Brezina, Aristides, der Meteorsteinfall zu Meran. (D. kgl. danske vidensk. selsk. skrifter, 7 raekke, naturvidensk. og mathem. afd. VI. 3.) (S. 111—125 m. 8 Taf.) Lex. 8. Kopenhagen 909. A. F. Høst & Søn. nn 1. 75

— u. E. Cohen, die Structur u. Zusammensetzung der Meteoreisen, erläutert durch photograph. Abbildgn. geätzter Schnittflächen. Die Aufnahme v. J. Grimm in Offenburg. 1. Lfg. gr. 4. (9 Taf. m. 7 Bl. Text.) Stuttgart 886. Schweizerbart. In Mappe. n.n. 20. —

— u. E. Cohen, die Structur u. Zusammensetzung der Meteoreisen, erläutert durch photogr. Abbildgn. geätzter Schnittflächen. Die Aufnahme v. J. Grimm in Offenburg. 2. u. 3. Lfg. gr. 4. (14 Taf. m. 9 Bl. Text.) Stuttgart 887. Schweizerbart. In Mappe. n.n. 32. — (1—3: n.n. 52. —)

— — die Struktur u. Zusammensetzung d. Meteoreisen, erläutert durch photograph. Abbildgn. geätzter Schnittflächen. Die Aufnahmen v. J. Grimm u. H. Heydenhauss. I. Bd.: Lithosiderite u. Oktaedrite m. feinsten u. feinen Lamellen. 4. u. 5. Lfg. (17 Taf. m. 18 S. Text, 17 Bl. u. S. Erklärungen u. 1 Bildnis.) gr. 4. Stuttgart 906. E. Schweizerbart. In Mappe n. 40. — (1. Bd. kplt. nn. 92. —)

—— krystallographische Studien über rhombischen Schwefel. Lex.-8. (15 S. mit 1 lithogr. Taf. in qu. 4.) Wien 870, (Gerold's Sohn.) *
aus: Sitzungsberichte der k. Akademie der Wissenschaften, besonders abgedruckt.

— krystallographische Untersuchungen an homologen u. isomeren Reihen. Eine v. der kais. Akademie der Wissenschaften in Wien m. dem A. Frhrn. v. Baumgartner'schen Preise gekrönte, durch e. methodolog. Thl. verm. Schrift. 1. Thl. A. u. d. T.: Methodik der Krystall-Bestimmg. Mit e. lith. Taf. u. 93 Holzschn. gr. 8. (XIV, 359 S.) Wien 884. Gerold's Sohn. n. 16. —

— wie wachsen die Steine, s.: Vorträge d. Vereines zur Verbreitung naturwissenschaftlicher Kenntnisse in Wien.

Brezina, Ernst

— Über die Alkylierung des Oxyhydrochinons. S. 110. IIb. 744 . . . . vgr.
Separatabdruck

Brezina E.: Über einige Derivate des Oxyhydrochinontriäthyläthers. S. 110. IIb. 249 . vgr.
Separatabdruck

Brezina, Ernst: Internat. Übersicht üb. Gewerbekrankh., s: Arbeiten, Wiener, aus usw. d. soz. Medizin.

Brezina, Paula, Beiträge zur Anatomie des Holzes der Kompositen. (19 S. m. 3 Taf.) gr. 8. Wien 906. (A. Hölder.) n. 1. 20
Sonderabdruck aus: Sitzungsber. d. k. Akad. der Wiss."

BREZNIK, Anton: Die Betonungstypen des slawischen Verbums. — 1910. 53 Bl. Diss. Graz, Univ.

BREŽNIK, Franz Xav.: Erziehung und Unterricht bei den Griechen. — 1883. 62 S. Diss. Graz, Univ.

Brežnik, Frz. Erziehung und Unterricht bei den Griechen. 48 S. 8. Progr. *Rudolfswert* 1883.

Brežnik, Frz., Erziehung u. Unterricht bei den Griechen. gr. 8. (48 S.) Wien 883. (Pichler's Wwe. & Sohn.) n. 1. —

— Erziehung u. Unterricht bei den Römern zur Zeit der Könige u. d. Freistaates. gr. 8. (32 S.) Ebend. 884. n. — 70

Brežnik, Frz. Erziehung und Unterricht bei den Römern zur Zeit der Könige und des Freistaates. 32 S. 8. *Rudolfswert* 1884. Progr.

Brguije, Hafen, s.: Adriatisches Meer.

Brhadâranyakam. Vrihadâranyakam, Kâthakam, Îça, Kena, Mundakam oder fünf Upanishads aus dem Yagur-Sâma- und Atharva-Veda ... herausgegeben von L. Poley. Bonn 1844.

Bṛhadâraṇjakapanishad in der Mâdhjaṁdina-Recension. Übers. v. O. Böhtlingk. gr. 8. (IV, 100 S.) St. Petersburg 889. Leipzig, Voss' Sort. n. 2. —

— dasselbe. Hrsg. u. übers. v. O. Böthlingk. gr. 8. (IV, 72 u. 100 S.) Ebd. 889. n. 5. —

Das Lied des Lebens [Bṛhadārāṇyakopaniṣad, Ausz.]. Von Charles Johnston. Berlin: P. Raatz [1902]. (61 S.) 8° [03. 8763

Brialmont, Alexis

Brialmont, A., über die Befestigungen im Feldkriege. Autorisirte Uebersetzung von B. v. Pressentin. Leipzig 870. Veit & Co. 8. (125 S. u. 9 lith. Taff. in 4.) n. 1 ℳ

Brialmont, zur Bevölkerungszunahme u. deren Folgen f. die Zukunft. Rede, geh. am 16. XII. 1896 in der öffentl. Sitzg. der Abteilg. f. Real-Wissenschaften der königl.-belg. Akademie. (Nach der belg. Orig.-Ausg. übers. v. J. Rutgers.) (24 S.) gr. 8. Zürich 904. Buchh. des schweiz. Grütlivereins. n. — 40

Brialmont, D. Einrichtg. ständ. verschanzter Lager (grosser Waffenplätze). M. Genehmigg. d. Verf. übers. v. W. Stavenhagen. gr. 8. (42 S. m. 2 Taf.) Berlin 898. H. Peters. n. 1. 50

Die Einrichtung ständiger verschanzter Lager (grosser Waffenplätze) von General (A[lexis]) Brialmont. Mit Genehmigung des Herrn Verf. übers. von W[illibald] Stavenhagen. *Berlin: H. Peters 1899.* (42 S.) 8° [99. 10465

Brialmont, A. Études sur la défense des états et sur la fortification. (3 Bde. Text in 8. und Atlas mit 38 Taf. in Fol.) Gand, Leipzig 1863.

— Etudes sur la fortification. Deutscher Auszug von Kitzing u. Frh. v. Reitzenstein. Mit Krol. (Autogr.) Augsburg 1867. 32 S. 4°

(Brialmont, A.) Sperrungen und Torpedos. A. d. Franz. von May. Als Manuscr. gedr. 8. M. 5 Tfln. Berlin 1869.

Brian, Eduard [pr. Arzt in Lörrach (Baden)]: 50 Fälle von Carcinoma mammae aus dem Diakonissen-Spitale in Rieben bei Basel operirt von Prof. Dr. Courvoisier in Basel. Ein Beitrag zur Statistik der Mamma-Carcinome mit besonderer Rücksicht auf die dauernde Heilbarkeit durch operativen Eingriff. . . . Jena, Frommannsche Buchdr. (Hermann Pohle). 1889: 1 Bl. + 64 S. 8°
Jena, Med. Fak., Inaug.-Diss. v. [20. Jun.] 1889

Brian, Oktav [pr. Arzt in Heidelberg]: Ueber Subclavia-Unterbindung oberhalb der Clavicula. . . . Jena, Frommannsche Buchdr. (Hermann Pohle). 1889: 1 Bl. + 36 S. 8°
Jena, Med. Fak., Inaug.-Diss. v. 15. Dez. 1889

Brian, Otto, appr. Arzt: Aus der Heidelberger Kinderklinik. Dir.: Hofrat Prof. Dr. O. Vierordt. Ein Fall von Transposition der arteriellen Herzostien. Heidelberg 1905: J. Hörning. (23 S.) 8°
Heidelberg, Med. Fak., Ref. Vierordt, Diss. v. 1905
Geb. 23. Mai 80 Lörrach; Wohnort: Heidelberg; Staatsangeh.: Baden; Vorbildung: Gymn. Karlsruhe Reife Juli 99; Studium: Heidelberg 6, München 2, Berlin 1 S.; Coll. 9. Febr. 05; Approb. 8. Juli 04.]

Brian, Thomas: (The Pisse-prophet, dt.)Der engl. Wahrsager aus dem Urin, oder Gewisse Wahrsagungen aus dem Wasser-Glase, . . . Von Thom(as) Brain in engl. Sprache beschrieben, nachhero aber ins Teutsche übers. von Johann Reinhard Stollberg (Stolberg). Hamburg: Martini 1746. 147, 107 S. 8°
Sondert.: Maius, Theodor: Urin-Büchlein . . . item Bericht, wie man die Kranckheiten in seinem Leibe gewiß erkennen soll. Sammt des (2.) Apollinaris (d.i. Walter Hermann Ryff.) Tractätlein von Urin und Pulß.

Brian, T., Engl. Wahrsager aus d. Urine rc. 8. Frankf. u. Lpz. 770. Schneider. 5 ℊ

Brian, Thomas: Der englische Wahrsager aus dem Urin oder gewisse Wahrsagungen aus dem Wasser-Glase... (The Pisse-prophet or certain pisse-pot lectures... Dt.) 195 S., Ebd.

Langensalza: Martini 1771
(Urin-Büchlein, darinnen einem jeden frommen Menschen... 1.)

Elektrische Licht- und Kraftverteilungs-Anlage Briançon. [Erstellt durch die] Maschinenfabrik Oerlikon. — Distribution de lumière et d'énergie électrique à Briançon. [Projet exécuté par les] Ateliers de Construction Oerlikon. (Oerlikon-Zürich.) 1901. [Mit 9 Tafeln.] 10 + 6 S. 4. (Zurich I, Jacques Bollmann.)

Briand, Ch., s.: Indianer-Bücher.

Die Letzte ihres Stammes. Eine Gesch. aus d. Vergangenheit Spaniens. Erzählt von Ch. Briand. *Berlin: Tessaro-Verl. (1901).* (64 S.) 8° [F.] — Indianer-Bücher. 2. [03. 13491

Vor dem Marterpfahle bewahrt. Schicksale e. Natchez-Sachems. Von Ch. Briand. *Berlin: Tessaro-Verl. (1901).* (64 S.) 8° [F.] — Indianer-Bücher. 25. [03. 13321

de Brianville, ..., histoire sacrée suivant le texte de l'écriture etc. 8. Ofen 763. Univers.-Buchh. 9 ℊ

Bricaire de La Dixmerie, Nicolas, s.a. Dixmerie.

BUCH, Das eherne, eine Indianische Geschichte, aus d. Französ. (des *Nic. Bricaire de La Dixmerie*) übersetzt. Frankfurt und Leipzig 1766. 8°. 6 Bog. (Auch in Stuttgart.)

NEBENSCHÜSSELN. (5 Novellen; No. 2, 4 u. 5 den contes moraux des *Nic. Bricaire de La Dixmerie*, 1730—91, entlehnt.) Vom Verf. von: Louise (s. d.), ein Weib, wie ich es wünsche. Breslau u. Leipzig, bey Wilh. Gli. Korn, 1804. 8°.
Tit., 1 Bl. Vorr. u. Inh., 224 SS. 1. Der Umtausch. 2. Laura u. Lindor. Ein Feeenmährchen. 3. Die neue Heloise, wie sie seyn sollte. Ein Fragment. 4. Die Peri's. u. die Neri's. Ein Feeenmährchen (etwas frei.). 5. Die Verwechselungen od. Alle waren zufrieden.

Brich an, du helles Weihnachtslicht. Erzählgn u. Gedichte f. d. liebe Jugend. (80 m. z. Tl farb. Abb.) 8° Reutl., Ensslin & L. ('11). HL — 60 d

Brich dem Hungrigen dein Brod! oder Des Schicksals dunkle Wege. Ein Familien-Drama aus der Provinz. Nachdruck verboten. – Preis 10 Pfennig. Hannover Druck und Verlag von Fr. Rodewald. o. J. (um 1883). 8 S., 18 cm 12°
U/SB Göttingen Poet. germ. IV, 7388:21

Brich um, was brach liegt! Handreichung zur Selbstprüfg. Aus dem Engl. [Edited by the Rev. G. H. Wilkinson.] Autoris. Uebersetzg. von E. v. W. Mit e. Vorworte von F. v. Schluembach. 8. (36 S.) Berlin 886. Deutsche Evangel. Buch- u. Tractat-Gesellschaft. n. — 30

Bricherius, C. J., Tabulae geneal. gentis Carettensis et Marchionum Savonae finari Clavexanae. Cum tabulis geneal. Vindobonae 1741. fol.

Brichta Conrad: Die habsburgischen Verpfändungen in den österreichischen Vorlanden im 14. Jahrhundert. Diss. Wien, Univ.
H. 1905 PN 1910

Brichta, E., s. Gesetze, allgem., d. Pferde-Wettrennen enthalt.

Brichta, Moriz, Der Liebe Gunst und Laune. Lieder und Gedichte. 8. (128 S.) —.80
Wien: Konegen 1890

Brichta, Mor., Zurechnungsfähigkeit od. Zweckmässigkeit? Ein offenes Wort an unsere Kriminalistik. (III, 129 S.) gr. 8. Wien 903. F. Deuticke. n. 2. 50

Brichta, Rud., die neuen Handlungsgehilfengesetze. Kurze, system. Darstellg. des Handlungsgehilfengesetzes u. des Gesetzes üb. die Regelg. der Arbeitszeit nebst dem Wortlaut der beiden Gesetze. Hrsg. im Auftrage der Präsidien des Gremiums der Wiener Kaufmannschaft u. des Zentralverbandes österr. Kaufleute. (47 S.) gr. 8. Wien 910. M. Perles. 1. —

Brick Bolding, oder : Was ist das Leben? , s. Sewrin, C. A. B.

Brick, Carl

Brick, C., Beitrag zur Kenntnis u. Unterscheidung einiger Rothölzer, insbes. derjenigen v. Baphia nitida Afz., Pterocarpus santalinoides l'Hér. u. Pt. santalinus L. f. [Aus: „Jahrb. d. Hamb. wiss. Anstalten".) Lex.-8. (9 S.) Hamburg 889. (Gräfe.) n. — 60

Brick, Carl: Beiträge zur Biologie und vergleichenden Anatomie der baltischen Strandpflanzen .... (Aus d. Schriften d. Naturforsch. Ges. zu Danzig. N. F. VII. Bd. 1. H.) Danzig, Druck v. A. W. Kafemann, 1888; 53 S. 8°

Breslau. Phil. Fak., Inaug.-Diss. v. 29. Febr. 1888

Brick, C., Gemüse- u. Obstbau im hamburgischen Landgebiet. (21 S.) gr. 8. Hamburg 907. (C. Boysen.) — 40

Brick, C., üb. Nectria cinnabarina (Tode) Fr. [Aus: „Jahrb. d. hamburg. wissenschaftl. Anstalten".] Lex.-8. (14 S.) Hamburg 893. (L. Gräfe & Sillem.) n. — 50

Brick, C., das amerikanische Obst u. seine Parasiten. Lex.-8. (34 S.) Hamburg 899. (L. Gräfe & Sillem). n. 1.50

— dasselbe. Ergänzungen. Lex.-8. (19 S.) Ebd. 900. n. — 50

2 Sonderabdrucke aus: „Jahrb. d. hambg. wiss. Anstalten, 3. Beiheft".

Brick, Helmut

Brick, H: Drähte u. Kabel, ihre Anfertigg u. Anwendg in d. Elektrotechnik, s: Aus Natur u. Geisteswelt 285.

Die Telegraphen- und Fernsprechtechnik in ihrer Entwicklung. Von H. Brick. Mit 58 Abb. Leipzig: B. G. Teubner 1908. (107 S.) 8° [J.]
= Natur, Aus, u. Geisteswelt. Bdch. 235. [08. 16829]

Bricka, Geo. St., Regeln für den Geflügelhof. Prakt. Anleitung für jeden Geflügelzüchter. Aus dem Dän. übertr. von Cl. Andresen. gr. 16. (56 S.) Kiel 885, Biernatzki. **

Bricke, Friedrich: Die kürzeste Linie auf dem einschaligen Hyperboloid. Grünberg i. Schl., Druck v. W. Levysohn, 1893; 16 S. 4.

Grünberg i. Schl., Friedrich-Wilhelms-RG u. VS, OP 1893 (216)

Brickmann, Arth. O., Andachtsbuch für Sonntagsschulen der Neuen Kirche. 8. Stuttgart 871, Neukirchliche Buchh. geb.

— Anleitung zum leichten Verständniß der himmlischen Lehren der neuen Kirche. In Fragen und Antworten. 1. Aufl. 1870. * ℳ 2,40., und 2. revid. Aufl. 8. (VI, 102 S.) Stuttgart 873, Neukirchliche Buchh. geb. *

Brickman, Arthur O., wahre Bildung und deren Endzweck. Rede gehalten vor dem social.-demokrat. Turnverein zu Baltimore, am 5. Febr. 1860. gr. 8. (16 S.) Baltimore 860. (Philadelphia. Schäfer und Koradi.) *

— Gesangbuch und Liturgie für die Neue Kirche. 8. Stuttgart 871. Neukirchliche Buchh. geb.

— am Grabe unserer Kinder. Ein Trostwort f. trauernde Eltern. gr. 16. (V, 127 S.) Baltimore 872. (Philadelphia, Schäfer & Koradi.) geb. 1. 50

— Katechismus, s. Katechismus.

Brickman, Arth., die Lehren der neuen Kirche, nach den theolog. Werken des Eman. Swedenborg. In Briefen an einen bibelgläubigen Christen der alten Kirche. Baltimore 869. (Philadelphia, Schäfer & Koradi.) 8. (315 S.) n. 2 ₰

Brickmann, Arth. O., die Lehren der Neuen Kirche, begründet in der heiligen Schrift und übereinstimmend mit Vernunft und Wissenschaft. In Briefen an einen bibelgläub. Christen der alten Kirche. In 2. Aufl. hrsg. von Thdr. Müllensiefen. 8. (337 S.) Basel 870, Riehm. [Stuttgart, Neukirchliche Buchh.] geb. (ℳ 3,20.) *

— ein Siegel auf die Lippen. Vertheidigung und Beleuchtung der wichtigsten Lehren des Wortes Gottes und der Neuen Kirche des Herrn, gegenüber den unwissenschaftl. Angriffen, Entstellungen und Unwahrheiten der Schmähschrift, betitelt: Alt oder Neu? vorgeblich 2 Predigten von Ernst Chr. H. Lübkert, Prediger der evangel. luther. St. Matthäus-Kirche in Baltimore. Ferner: Eine Predigt über das Neue Jerusalem. gr. 8. (64 S.) Baltimore 858. (Philadelphia, Schäfer und Koradi.) *

Brickner, M., die Bäder f. Nieren- u. Blasenleidende,
— Bäderführer f. Haut- u. Geschlechtskrankheiten,
— Bäderführer f. Herz- u. Nierenkrankheiten,
s.: Sammlung medizinischer Bäderführer.

Brickner, Walt. M., Eli Moschcowitz, Harald M. Hays, 700 diagnostisch-therapeut. Ratschläge f. die chirurg. Praxis. Übersetzg. nach der 3. amerikan. Aufl. v. Ernst Schümann. (VI, 153 S.) kl. 8. Leipzig 910. J. A. Barth. Geb. in Leinw. 4. —

Bricon, Paul, nouvelles recherches physiologiques sur les nerfs vasomoteurs. gr. 8. (76 S. mit eingedr. Holzschn.) Strassbourg 876, Noiriel. *

Brictius, Martinus, Quaestiones exegeticae in s. Scripturam Veteris et Novi Test. et earum elucidationes collectae ex variis auctoribus in gratiam eorum, quibus deest copia interpretum. Braunsberg, 1727, Fol.

Bridault, moeurs et coutumes des romains. II Vol. 12. Par. (Pott et Comp. in Laus.) 754.

Bridel, L. Le droit de la femme mariée sur le produit de son travail. Gr. in-8°. 33 p. Genève et Bâle, Georg & Co. 1893

*** Revue critique de législation.

— Mesures légales propres à restreindre la prostitution. Gr. in-8°. 12 p. Genève et Bâle, Georg & Co. 1893

*** Revue de morale progressive.

Bridel, L. Le mouvement féministe et le droit des femmes. Gr. in-8°. 30 p. Genève et Bâle, Georg & Co. 1893

„Revue sociale et politique".

Bridel, [Jean-Philippe-]Louis. Discours chrétien, composé à l'occasion des désastres du Canton de Schweitz. Prononcé à Basle le onze Janvier 1807. Imprimé et distribué au profit des pauvres du Canton de Schweitz. [Avec 1 vignette.] 8. [Bâle.]

Bridel, L. Traité de l'année juive. Basle 1810.

Bridel, Philippe Sirice

Bridel, Ph. Syrach, course de Bâle à Bienne, par les vallées du Jura. Mit 1 Karte. 8. Basel 789. Typogr. Soc. in Bern. 1 ₰

— epitre à la société Helvétique, lue dans son assemblée public à Olten le 29. Mai 1790. gr. 8. Basel 790.

Bridel, Ph. Syrach, essais statistiques sur le canton de Vallais, orné de vues, costumes et de la carte de ce canton. 12. Zürich 820. Orell. 1 ₰ 20 Kr

— Essai statistique sur le canton de Vaud. – *Zürich, Orell-Fuessli*, 1815, 297 pp. In-12.

2 vues gravées par *F. Hegi* d'après P. Rösel, 1 pl. de costumes coloriée par *Kœnig* et 1 carte gravée par *Scheurmann*.

— essais de statistique du canton de Vaud. Avec 1 carte, des vues, des costumes du pays. 12. ibid. 817. 2 ₰

Bridel (Ph. S.). — Essai statistique du Canton de Vaud, orné de costumes, vues et d'une carte très exacte, 2e éd. — *Zürich, Orell Füssli et Comp.*, 1818. In-12.

Vignette de titre, 4 vues, *J. Wetzel* et *S. Rosel del, F. Hegi sc.* 3 pl. de costumes coloriées et 1 carte.

-- etrennes Helvetiennes et patriotiques pour l'an. 1783 —97. 16. Lausanne. — Abgekürzt u. verbess. unt. d. Tit.: Mélanges helvétiques, conten. diverses pièces intéressantes sur l'histoire de la Suisse. gr. 12. Basel 792. Schweighäuser. 1 ₰

Bridel, (Philippe[-Sirice]), et Bridel, ([Jean-Philippe-]Louis). Kleine Fußreisen durch die Schweiz. Aus dem Französischen der Herren Gebrüder (Philibert und Ludwig) B'. [Mit 2 Tafeln.] 2 Theile. 8. Zürich 1797–1798. Orell-Gessner, Füssli & Co. (I: 255 S.; II: 309 S.)

— u. L., kleine Fußreisen durch d. Schweiz. 2 Thle. gr. 8. Zürich ... 2e A. 811. Orell. 1 ₰ 8 gr

Bridel, P., Mélanges helvétiques etc. de 1787—89. gr. 12. Basle. Schweighaeuser. 792.
(Vgl. Bridel: Etrennes Helvetiennes...)

Bridel, Philippe Syriach. Reise durch einige der romantischesten Gegenden der Schweitz 1788 ... Gotha 1789. Ü: *Reichard, Heinrich August Ottocar.* (KY) (MGT)

— Reise durch e. der interessant. Gegenden d. Schweiz; aus d. Französ. (v. H. A. O. Reichard). Mit 1 Karte. 8. Gotha 789. Ettinger. 1 ₰

Bridel. Ph[ilippe-Sirice]. Service funèbre pour la sépulture de Madame Anne-Marie Ryhiner, née Bourcard. Célébré le 17 Juin 1792. dans l'Eglise française de Basle par Ph. B'.... 8. Basle.

Bridel. Ph[ilippe-Sirice]. Service funèbre pour la sépulture de Madame Gertrude Sarasin. née Battier, célébré le 29e Janvier 1791. dans l'Eglise française de Basle par Ph. B'.... [Avec 1 portrait hors texte.] 8. Basle.

— le temple de la mode. 12. Basel 789. Flick. (Neukirch). 12 gr

Bridel, [Philippe-Sirice]. Versuch über die Art und Weise, wie Schweizerjünglinge ihr Vaterland bereisen sollten. Vorgelesen in der Helvetischen Gesellschaft. in Arau... 1795. 8. Winterthur 1796. Steiner

— Statistischer Versuch über den Kanton Waadt. (Helvetischer Almanach, Bd. XVII.) – *Zürich, Orell Füssli*, 1815, 266 SS. In-12.

2 vues gravées par *F. Hegi*. 1 pl. de costumes coloriée par *Kœnig* et 1 carte gravée par *Scheurmann*.

— Voyage pittoresque de Bâle à Bienne par la vallée de Motiers-Grandval, les planches dessinées par *P. Birmann*, texte par l'auteur de la course de Bâle à Bienne (M. Ph. Sir. Bridel). – *Bâle, Pierre Birmann, de l'Imprimerie J. Decker*, 1802. Titre 37 ff. de texte et 36 pl. gravées à l'aquatinte, tirées en bistre, 1 carte routière de Bâle à Bienne. In-fo.

Bridel (-Brideri), Samuel Elias (von)

—— Bryologia universa seu systematica ad novam methodum dispositio, historia et descriptio omnium muscorum frondosorum hucusque cognitorum cum synonymia ex auctoribus probatissimis. Lipsiae, Barth. II voll. 8. — I: 1826. XLVI, 856 p., 13 tab. — II: 1827. 848 p. (10 *th.* — 11 *th.* — 12 *th.* — 14 *th.*)

-- Gotha. Chart de deuil. Mit deutschem Text v. Ph. H. Welker. 4. Gotha 825. (Leipz., Barth). 4 gr

—— Methodus nova muscorum ad naturae normam melius instituta et Muscologiae recentiorum accommodata. (Muscologiae recentiorum supplementum p. IV.) Gotha, Gläser. 1819. 4. XVIII, 220 p., 2 tab. (2 *th.*)

Bridel-Brideri, (S. El.,) methodus nova muscorum ad naturae normam melius instituta et muscologiae recent. accommodata. A. u. d. T.: Muscologia recent. Supplem. IV. gr. 4. Leipz. 822, Barth. Rthlr.

Bridel, *Samuel Elisée* (später **Bridel-Brideri**). * Crassier bei Nyon 28. Nov. 1761, † Gotha 7. Jan. 1828.

Actes de la soc. helv. Lausanne 1828, 75—81.

—— Muscologia recentiorum seu Analysis, historia et descriptio methodica omnium muscorum frondosorum hucusque cognitorum ad normam Hedwigii. Gotha, Ettinger. 1797—1822. 4. — Tom. I: 1797. XXIV, 179 p. — Tom. II. pars I: 1798. X, 222 p, 6 tab. — Tom. II. pars II: 1801. XII, 192 p., 6 tab. — Tom. II. pars III: 1803. 178 p., 2 tab. — Supplementa: Pars I: 1807. VIII, 271 p. — Pars II: 1812. 257 p. — Pars III: 1817. XXXII, 115 p. (10 1/2 *th.*)

Animadversiones in Muscologiae Recentiorum tomum secundum, ab ipso auctore propositae. *Schrader*, Journal I. 268—299. (1800.)

— muscologia recentiorum s. analysis, histor. et descriptio methodica etc. T. I. II. p. 1—3. Cum tabb. aen. 4 maj. Gotha 797—803. Ettinger. 6 ₰ 12 gr Supplementum Prs I—III. 4 maj. ibid. 807—17. 4 ₰ Prs IV. seu mantissa generum specierumque muscorum frondosorum universa; cum tabb. II aen. 4 maj. Gotha 819. Gläser. 3 ₰ 12 gr

Bridge, Norman's, oder der moderne Midas ... Aus dem Englischen übersetzt von Ernst Susemihl. Leipz. 1850. V: *March.* (KY)

Bridge, Norman's, oder: Der moderne Midas. Aus d. Engl. von Dr. E. Susemihl. Leipzig 1850. V: *Marsh, Anne.* (Russell VII 2, 1778)

Bridge, Sir Frederick, das „Shakespeare"-Musik- u. Geburtstagsbuch. (In engl. u. deutscher Sprache.) (269 S. m. 1 Abb.) kl. 8. Leipzig (907). Bosworth & Co. 3.50; geb. 5.—; 6.—; 7.50 u. 10.50

Bridge-Buch, Illustriertes. Theorie u. Praxis d. Bridgespiels z. Erlerng f. Anfänger u. Geübtere. (8, 134) 8° Bresl., JU Kern ('12). L 5 — d

Bridge-Kalender '13. Red. v. Harry Bromley Lowe. (52 u. Schreibblock.) 8° Wien, M Perles. L 3 —; Ldr n 7 —

Bridges, C., Auslegung des einhundert u. neunzehnten Psalms. Aus d. Engl. Mit e. Vorworte v. C. F. A. Steinkopff. gr. 8. Berlin 839. Bethge. 1 1/4 ₰

Bridges, J., Versuch einer genauen Zergliederung der Pferdefüsse, Behandlung ihrer Zufälle und der nötigen Mittel dagegen. Aus dem Englischen. 752.

Bridges, Matthew, Gesänge v. Leiden Christi, s.: Reischl, Wilh. Karl, Passionale.

Bridgett, Eduard, C. Ss. R., Leben des seligen Johannes Fisher, Bischofs v. Rochester, Kardinals der hl. römischen Kirche u. Märtyrers unter Heinrich VIII. Nach der 2. engl. Aufl. genehmigte Übersetzg. v. Johs. Hartmann. (XXXIX, 498 S. m. 1 Bildnis.) 8. Innsbruck 904. F. Rauch. n. 4.—

Bridgett, T. E., o. ss. Red., Uns. Lieben Frau Mitgift. N. d. 3. Aufl. ins Deutsche übertr. v. H. Thom. M. e. Vorrede v. Fr. Morgott. 8. (XVI, 371 S.) Paderborn 895. F. Schöningh. n. 2.40

Bridgewater-Bücher, die, s. Kirby, auch: Natur, die, ihre Wunder u. Geheimnisse.

Bridl Josef: „Amor u. Psyche". Ein Gedicht in 6 Gesängen von Robert Hamerling. (I. Gesang, ins Italienische übertragen). 14. Dornbirn R. 97. Progr.

Brie, Alfr.: Neue Burschenherrlichk. Lust. Sammlg neuer u. alter Studentenwitze. (64 m. Abb.) 8° Berl., Verl. d. Lust. Blätter '11. — 60 d

Brie, Alfred (Hrsg.), s. Flirt

— Lady Hamilton, s: Sammlung galanter Hof- u. Liebesabenteuer.

Komm mit! Aus d. Berliner Nachtleben von Alfred Brie. Berlin: Berliner Roman-Verl. [1905]. (48 S.) 8° [G.]
= Geschichten, Intime. 79.

— Neuer Schabbes-Schmus. Koschere Witze. (80) kl8° Berl., Berliner Verl.-Instit. ('12). 1 — d

— Der Theaterteufel. Witziges u. Spitziges a. d. Reich d. Schminke. (Umschl.: 2. Afl.) (144 m. Abb.) 8° Berl., Verl. d. Lust. Blätter '11. 1.50 d

Festrede zum 50jähr. Jubiläum der Firma H. Sternberg jr (Wäschefabrik), Berlin, am 1. April 1907. Von Bruno Brie. — o. O. (1907). 6 Bl. 8° [Umschlagt.]

Brie, Bruno, Paul Schulze, Kurt Weinberg: Kleidg u. Wäsche in Herstellg u. Handel, s.a.Wissenschaft u. Bildung 24.

Brie, Bruno, Paul Schulze, Kurt Weinberg. Kleidung und Wäsche in Herstellung und Handel. Leipzig. Verlag von Quelle & Meyer 1909. 136 S. 8°. (Wissenschaft und Bildung. Bd. 24.)

Brie, Friedrich, aus Breslau: Die englischen **Ausgaben** des Eulenspiegel und ihre Stellung in der Geschichte des Volksbuches. *Weimar 1902: R. Wagner Sohn.* (68 S.) 8° ¶ [Erschien vollst. u. d. T.: 'Eulenspiegel in England' als: Palaestra, H. 27.]
Breslau, Phil. Diss. v. 13. Dez. 1902

Eulenspiegel in England. Von Friedrich W. D. **Brie.** *Berlin: Mayer & Müller 1903.* (VII, 151 S.) 8°
= **Palaestra.** 27. [03. 4950 10

Brie, Friedrich (Hrsg.), s. Festschrift W. Vietor z. 25. Dez. 1910 dargebracht.

Brie, Friedrich (W. D): Geschichte und Quellen der mittelenglischen Prosachronik The Brute of England oder The Chronicles of England. 1. Teil. Marburg 1905: R. Friedrich. (51 S.) 8° ¶ (Die ganze Arbeit ... erscheint ... im Verlage von N. G. Elwert, Marburg.) (VIII, 130 S.)
Marburg, Phil. Hab.-Schr. v. 1905

Brie, Gerhard. Gerichtsassessor: Die geschichtliche Entwicklung des Urteilsbegriffs und der zivilrechtlichen Verantwortlichkeit der Richter bis zum Bürgerlichen Gesetzbuch für das Deutsche Reich. Breslau: M. & H. Marcus 1906. (34 S.) 8° ¶ (Vollst. u. d. T.: Die richterliche Haftung bei Urteilen = Studien z. Erläuterung d. Bürg. Rechts. H. 16.)
Breslau, Jur. Fak., Ref. Leonhard-Fischer, Diss. v. 12. Jan. 1906
[Geb. 30. Okt. 78 Breslau; Wohnort: Breslau; Staatsangeh.: Preußen; Vorbildung: Johannesgymn. Breslau Reife M. 96; Studium: Breslau 4, Heidelberg 1, Leipzig 1 S.; Rig. 3. Febr. 00.]

Die richterliche Haftung bei Urteilen ⟨§ 839, Abs. 2 BGB.⟩ von Gerhard **Brie,** Ger.Ass. Breslau: M. & H. Marcus 1906. (VIII, 76 S.) 8°
= **Studien** z. Erläuterung d. bürgerl. Rechts. H. 16. [06. 178, 6

Brie, Maria (Frau Maria Dedo), Gedichte. (98 S.) 8. Leipzig 908. Modernes Verlagsbureau. 2. —

Brie, Maria: **Savonarola** in der deutschen Literatur. *Breslau: M. & H. Marcus 1903.* (96 S.) 8°
Heidelberg, Phil. Diss. v. 1903

Aus einer anderen Welt. Novelle von Maria **Brie.** Breslau: Schles. Verl.-Anst. 1907. (150 S.) 8° [F.]
(Kollektion Schottlaender.) [06. 10336

Brie, Paul [pract. Arzt]: Syphilis und Dementia paralytica ....
Breslau. Druck v. P. Cohn, 1886: 47 S. 8°.
Breslau. Med. Fak., Inaug.-Diss. v. 16. März 1886.

Brie, Paul, Syphilis u. Dementia paralytica. gr. 8. (56 S.) Breslau 886. (Köhler.) n. 1. —

Brie, Siegfr. (Hrsg.), s. Abhandlungen a.d. Staats-u. Verwaltungsrecht.

Brie, Siegfr., der Bundesstaat. Eine historisch-dogmatische Untersuchung. 1. Abthl.: Geschichte der Lehre vom Bundesstaate. gr. 8. (VII, 203 S.) Leipzig 874, Engelmann. *

! Brie, Siegfr.: Der Bundesstaat. Jetzt: Lpzg, F Meiner. 71/75

Brie, Siegfr., die Fortschritte d. Völkerrechts seit dem Wiener Congress. Rede, beim Antritt d. Rektorats der Universität Breslau am 15. Oktbr. 1890 geh. gr. 8. (28 S.) Breslau 890. Schletter. n. 1. 20

Brie, Siegfr. (geb. Hamburg 21. 1. 1838): De legibus iuribusque imperii Germanici interitu commutatis. Berolini (1861). (40 S.) 8°
Berlin, Jur. Diss. v. 13. Dez. 1861

Brie, Siegfried, de legibus juribusque imperii germanici interitu commutatis. Dissertatio inauguralis. 8. (42 S.) Berlin 862, (Weber und Comp.) *

— die Lehre vom Gewohnheitsrecht. Eine historisch-dogmat. Untersuchg. 1. Thl. Geschichtliche Grundlegg. (Bis zum Ausgang des Mittelalters.) gr. 8. (XV, 266 S.) Breslau 899. M. & H. Marcus. n. 8. —

Brie, Siegfr., über Nationalität. Vortrag, gehalten am 7. Febr. 1876 in der Aula der Universität zu Rostock. gr. 8. (24 S.) Rostock 876, Stiller'sche Hofbuchh.

— die Stellung der deutschen Rechtsgelehrten der Receptionszeit zum Gewohnheitsrecht, s.: Festgabe f. Felix Dahn.

Brie, Siegfr., Theorie der Staatenverbindungen. Festschrift zur 500jährigen Jubelfeier der Universität Heidelberg, im Namen u. Auftrag der Universität Breslau verf. gr. 8. (136 S.) Stuttgart 886. Enke n. 4. —

Brie, S., die gegenwärtige Verfassung Frankreichs, s.a. Festschrift zum 50jährigen Doctorjubiläum d. Hrn. Prof. Dr. R. v. Gneist.

— die gegenwärtige Verfassung Frankreichs. [Aus: „Festschrift f. R. v. Gneist".] Staatsrechtliche Erörtergn. gr. 8. (69 S.) Ebd. 893. n. 2. —

— Der Volksgeist bei Hegel u. in der histor. Rechtsschule. (35 S.) gr. 8. Berlin(-Wilmersdorf) 909. Dr. W. Rothschild. 1. —

Zwangsvollstreckung gegen fremde Staaten und Kompetenzkonflikt. Im Anschluß an d. Fall Hellfeld. Rechtsgutachten der Prof. [Siegfried] **Brie,** O[tto] Fischer, [Max] Fleischmann. Breslau: Marcus 1910. VI, 184 S. 8°
(Abhandlungen aus d. Staats- u. Verwaltungsrecht. H. 23.) [10. 17831

Briebrecher, Ernst, Leitfaden für den Unterricht im alten Testament für Lehrerseminare u. die Oberklassen der Mittelschulen. (IV, 64 S.) gr. 8. Nagyszeben (Hermannstadt). 904. (F. Michaelis.) Kart. n. 1. 20

Briebrecher, Ernst: Leitf. f. d. Unterr. im Neuen Test. (1. Abschn.: Jesus) f. Lehrerseminare u. d. Oberkl. d. Mittelsch. (48) gr8° Nagyszeben (Hermannstadt), F Michaelis '08. geb. 1 — d

Briebrecher, R., Bilder aus d. vaterländ. Geschichte, s.: Teutsch, Frdr.

Briebrecher, Rud., s.: Kalender des siebenb. Volksfreundes.

— Briebrecher, R., Der mutinensische Krieg. II. Pr. 1891. 24 S. 4°.

— Lehrbuch der ungarischen Geschichte, nach Dr. Ludwig Mangolds pragmat. Geschichte der Ungarn f. d. Oberklassen deutschsprach. Mittelschulen u. Lehrerbildungsanstalten bearb. (IV, 228 S.) 8. Nagyszeben (Hermannstadt) 908). W. Krafft. Geb. 2. —

Briebrecher, Rudolf: Mitteilungen aus der Nagyszebener ⟨Hermannstädter⟩ Gymnasialmatrikel. Hermannstadt '10—11. 78 S. 4° Hermannstadt, ev. G., P. 1909/10. 1910/11.

Briebrecher, Rudolf: Der gegenwärtige Stand der Frage über die Herkunft der Rumänen. 4 (S. 3—30) **Progr.**
Ev. G. A. B. u. Rsch. sowie ev. Elementarsch. A. B. *Hermannstadt* 1897.

Briecke, Wilh., methodischer Leitfaden der Chemie u. Mineralogie, s.: Levin, Wilh.

— u. A. Mahlert, Leitfaden der Physik f. höh. Mädchenschulen u. die Unterklassen v. Studienanstalten f. Mädchen. (VII, 221 S. m. 210 Fig.) gr. 8. Berlin 910. O. Salle. 2. 40

Briede. Ag^to Emilio [cand. med. aus Pierto Montt, Chile]: Mechanismus und Verlauf von Fingerausreissungen mit Sehnenabreissung .... Strassburg, Druck v. M. Dumont-Schauberg, 1886; 29 S. 8°.
Strassburg. Med. Fak., Inaug.-Diss. v. 1886.

Briede, A. E., Mechanismus und Verlauf von Fingerausreissungen mit Sehnenabreissung. Diss. Strassburg i. Els. 1886, Trübners Buchh. und Antiqu. (E. d'Oleire). 8°. 29 S.

Brieden, Hubertus (geb. 1830 in Züschen Westf.): De arte memoriae ... Bonnae, form. I. F. Carthausii (1856). 1 Bl., 31 S., 1 Bl. 8.
Bonn, Phil. Fak., Diss. v. 15 Aug. 1856

Brieden: Essai sur les éléments constitutifs de la langue française. 10 S. Progr. Arnsberg 1864.

Brieden, Hubert Historischer Wert des Poeta Saxo für die Geschichte Karls des Grofsen. XVI S. Progr. *Arnsberg* 1878.

[Brief.] N. N. an seinen Freund S. in L. über Maurerei. [Wien] 1786. 8 S. 8° [Umschlagtit.]
Betr. die Frmrei in Wien. Veranlasst durch das sogenannte Frmr-Patent Josephs II.

Brief, der. Zeitschrift f. Kultur u. Art des schriftl. Verkehrs. Hrsg. v. A. Halbert. 1. Jahrg. Oktbr. 1910—Septbr. 1911. 12 Hefte. (1. Heft. 40 S.) gr. 8. Leipzig, Reichenbach. 5. —
Hft. 1 erschien in München.

Brief, ein, über das Abendmahl des Herrn. 16. (18 S.) Elberfeld 878. (Langewiesche.) n. — 20

Brief, e., über das Abendmahl d. Herrn. 16. (18 S.) Elberfeld 890. (Faßbender.) — 5

Brief an einen Abgeordneten über die Erübrigungsfrage des bayerischen Staatsrechts. Vom Verf. des „Versuchs über die ständischen Budgets-Modifikationen u. die Erübrigungen." 8. Mannheim 843, Bassermann. n. 1/6 ₰

—— erster, an seinen Freund Andres. 8. (1 B.) Danzig 843, Kabus. *

Brief eines Anonymi an Felix Grebel, den 27. August 1762. O. O. V: *Lavater, Johann Caspar.* (AarK)

Brief (von Meinrad Jud ab Davos, an Herrn Amtsstatthalter Thomas Gaudenz in Zernez) und Antwort [des letztern], zur Aufklärung der Revolutionsgeschichte in Graubündten. (November 1796.) 8. *o. O. u. J.*

Brief, als Antwortschreiben e. baier. Patrioten an seinen Freund, d. neuesten Landtagsangelegenheiten betreffend. 8. Bamb. 819. (Wesché in Frankf.) 6 K

— des Grafen Harry v. Arnim an den Fürsten v. Bismarck. Entgegnung auf das im „Reichsanzeiger" veröffentlichte Schreiben des Fürsten v. Bismarck an Se. Majestät den Deutschen Kaiser vom 14. April 1873. gr. 8. (77 S.) London 1876. Zürich 877. Verlags-Magazin in Comm. n. 1. 50

Brief, Ein artliger, welchen ein Bauer von Hall auss Tyrol, an seinen Bruedern nacher Gundendorff bey Wien überschicket, in welchem ... der Bayrische Einfall, biss zu dessen Hinaussjagung ordentlich beschrieben wird ... [Wien 1703.] V: *Kölbl, Hans.* (margr)

Aufgefundener Brief des westphälischen Abgeordneten Hansmichel an seinen Gevatter Jürgen. Friedländersche Buchdruckerei. 1 Bl. Fol.
Flugblatt. Berlin, 30. Juni 1848.

Brief, ein, an den Herzog v. Aumale von einem Verbannten. Leipzig 861. Heinze. gr. 8. (19 S.) n. 5 ngr.

Brief ins Ausland über eine Leichenöffnung in der praktischen Lehrschule zu Wien. Wien 1787. V: *Leweling, W.* (BiblPort)

Brief eines Mecklenb. Bauersmannes an die Verfasser der Mecklenb. Kalender. [Schwerin 1788.] V: *Mantzel, Christian Gottfried.* (MGT)

—— der berliner, eines Protestanten üb. d. berliner Gewerbe-Ausstellung u. die des heil. Rockes in Trier mit Bezugnahme auf Ronge's Brief, beleuchtet u. erläut. v. (Ferd. Germann.) 8. (1 B.) Magdeburg 845, Baensch.

— der Berliner, eines Protestanten über die Berliner Gewerbe-Ausstellung u. die des heil. Rockes in Trier mit Bezugnahme auf Ronge's Brief, beleuchtet u. erläutert von einem wirkl. Protestanten (Ferd. Germann). 8. Magdeburg 845. (Schmilinsky.) 1/12 ₰

Ueber e. berühmten Brief Friedrichs des Grossen am Tage der Schlacht von Kolin, d. 18. Juni 1757. Breslau 1866.

Brief, der blaue. Militärische Erinnergn. v. Mars. Illustriert v. Paul Haase. (56 S.) 4. Berlin (908). Harmonie. n. 2. —

Brief, Zweiter, an die Brüder Mitglieder vom 8. Aug. 1807. V: *Grüning, Andreas.* (Kl)

Brief. Brieff Geschriben an Die drey löbl. Pündte / Von einem Landsmann den ersten Meyen / 1706. 4. *o. O.*

Brief an einen Bürger des Kanton A[ppenzell] über die Bedürfnisse der Zeit und des Vaterlandes. O. O. 1811. V: *Custer, Jac. Laur.* (Cat. d. Stadtbibl. Zürich. Zürich 1864—97.)

Brief.– Der Brief aus Cadix. Ein Drama in 3 Akten v. Aug. v. Kotzebue. 8°.– Leipz. Kummer 813.

„**Brief** Christi". Ein. Mitgeteilt von Reinhold Röhricht. [A. aus der Ztschr. f. K.-G. XI, 3.] [Gotha 1890.]

— ein, des Hunsrücker Chronisten an alle Herrschaften von wegen ihrer Dienstboten. 4. Aufl. Simmern 860. (Halle, Fricke.) gr. 8. (11 S.) 3/4 ngr.

Brief üb. d. wahre Darstellung d. Benehmens Sr. Kurf. Durchl. zu Pfalz. 8. s. l. 1805.

Brief, Dritter, oder Denksprüche an junge Krieger. 1809. V: *Gaheis, Franz Anton de Paula.* (Morgenbote 1809, S. 211) (BiblPort)

Brief eines Deutschen über die politischen Bewegungen im Kanton Zürich an H****. Mitgetheilt dem Helvetischen Publikum zu näherer Prüfung und Beurtheilung. 8. *o. O.* 1795.

Ein **Brief** an Dich! Worte mütterlicher Liebe an die Dienstmädchen. 3. Aufl. *Mülheim a. d. R.: Ev. Vereinshaus 1893.* (8 S.) 8° [Fr.] (... 5519 5

Brief, der, an Diognet, s. Hollenberg.

Brief an Döllinger v. e. Laien der russ. orthodoxen Kirche aus Moskau. gr. 8. (39 S.) Berlin 872. Behr. — 75

Brief eines oesterreichischen Edelmannes im Jahre 1848. Prag 1849. V: *Auersperg, Vincenz Fürst.* (Hdschr. Mitth. von Hofr. Dr. Arthur Goldmann, Wien.)

— eines polnischen Edelmanns an den Fürsten v. Metternich über die Metzeleien in Galizien. 8. (IV und 50 S.) Grimma 848, Verlags-Comptoir.

Brief eines Eydgenossen an seine Braut, von der Basler-Gränze geschrieben, nebst einem Trinklied für die vereinigten Zuzüger, zu singen im fröhlichen Kreise...! 8. *o. O.* 1792.

Brief.– Ein Brief d. Eipeldauers..., s. Briefe eines Eipeldauers...

— an die Eltern der Erstkommunikanten. 6.–10. Taus. (15 S.) 16. Regensburg 905. F. Pustet. —05

— an d. Eltern d. Erstkommunikanten. 4. Afl. (15) 16°. Rgnsbg, F Pustet'09. nn —05 (Partiepreise) d

— an die Eltern der Erstkommunikanten. 5. Aufl. (15 S.) 16. Regensburg 910. F. Pustet. p nn — 05

— an d. Eltern d. Erstkommunikanten. 7. u. 8. Afl. (15) 16° Regensbg. F Pustet '11. nn — 05 (Pp.) d

Brief eines Engländers über Napoleon und den Beinamen des Grossen, welcher ihm beigelegt worden; deutsch u. französ. 8. Leipzig u. Altenburg 1813. Vgl. Briefe...

— der erste. 8. (12 S. m. z. Tl. farb. Bildern.) Stuttgart 893. F. Loewe. —40

— dasselbe. 12. (8 S. m. z. Tl. farb. Bildern. Ebd. 894. —15

Brief, ev., in Bibelworten üb. d. Gottesbau d. Hauses u. d. Gemeine. 4° (8) Lpzg 90, H Bennewitz. —20

— ein fliegender, an d. Jugend. 8. Züllich. 760. (Frommann in Jena). 6 ⁄

— fliegender, an alle Sünder, sonderlich an die große Menge der Geringen und Armen in Städten und Dörfern. Oder prakt. Heilsordnung von einem, der es durch die Gnade unbeschreiblich gern sähe, daß alle Menschen in dem theuren Blut der Versöhnung JEsu Christi gerecht, rein und ewig selig würden. Neuer Abdr. gr. 8. (24 S.) Kropp 882, Buchh. „Eben-Ezer". ** — 15

Brief, fliegender, evangel. Worte an die Jugend, von der Glückseligkeit solcher Kinder u. jungen Leute, die sich frühzeitig bekehren. Aus dringender Liebe geschrieben von einem, der sich nicht schämet ein junger Prediger zu heißen. Mit dem Portrait des Verf. (Ernst Gtlieb. Woltersdorf, geb. 1725, gest. 1760.) 8. Berlin 844, Grobe. n. 1/4 ₰ — fein Papier n. 1/3 ₰

— fliegender, evangelischer Worte an die Jugend, von der Glückseligkeit solcher Kinder u. jungen Leute, die sich frühzeitig bekehren. Aus dringender Liebe geschrieben v. Einem, der sich nicht schämet ein junger Prediger zu heißen (Ernst Glieb. Woltersdorf). 8. (148 S. m. lith. Portr.) Berlin 852, W. Schultze. 1/4 ₰

Brief, fliegender, evangelischer Worte an die Jugend, von der Glückseligkeit solcher Kinder und jungen Leute, die sich frühzeitig bekehren. Aus dringender Liebe geschrieben von Einem, der sich nicht schämet ein junger Prediger zu heißen. (Von Ernst Gli. Woltersdorf.) 4. Aufl. Mit Woltersdorf's (lith.) Bildniß. Dresden 854. Naumann. 8. (180 S.) 7 1/2 ngr.

Brief, fliegender, evangelischer Worte an die Jugend von der Glückseligkeit solcher Kinder und jungen Leute, die sich frühzeitig bekehren. Aus dringender Liebe geschrieben von Einem, der sich nicht schämt ein junger Prediger zu heißen. (Von Ernst Glieb. Woltersdorf.) 7. Aufl. 8. (180 S. mit Woltersdorf's Bildniß in Stahlst.) Berlin 864. (Beck.) geb. *

— s. auch Woltersdorf, Er. Gli.

BRIEF (Erot.) einer jungen Frau (Minna) an ihre Freundin, ihr die Gefühle u. Eindrücke der Brautnachtschreibend. O. O. u. J. (c. 1895). Gr. 4°. 1 Bl., auf beiden Seiten bedruckt.

Brief, Ein, eines verheiratheten Frauenzimmers zum Muster freundschaftlicher Briefe ... Greifswalde [17??]. V: *Bamberger, Antoinette geb. Sack.* (MGT) (schl)

Brief eines Zürcherischen Frauenzimmers an ihre Freundin, ... O. O. 1770. V: *Füessli (Füssli), Hans Heinr.* (MGT) (ADB)

Brief, Ein, an einen Freund über die Behauptungen des Herrn Dr. Gall. Aus dem Italienischen ... [Hamb. und Altona 1804.] V: *Ganganelli, Antonio.* (schr)

— an einen Freund über das Buch von R. Pearsall Smith, betitelt: „Die Heiligung durch den Glauben" von J. R. D. [Aus dem Engl. übers.] 8. (47 S.) Elberfeld 875, Langewiesche's Buchh. **

— an e. Freund üb. das Buch v. R. Pearsall Smith, betitelt: „Die Heiligung durch den Glauben" v. J. R. D. [Aus dem Engl. übers.] 8. (47 S.) Elberfeld 875. (Mosel.) n.n. — 30

Brief e. Freundes an die Jünglinge. 2. Aufl. 8. (16 S.) Mühlheim a/R. 886. Buchh. d. evang. Vereinshauses. — 5

— e. Freundes an die Jünglinge. 3. Aufl. 12. (16 S.) Mülheim a/R. 888. Buchhandlg. d. evangel. Vereinshauses. — 5

— eines Freundes an die Jünglinge. 4. Aufl. 12. (16 S.) Mülheim a. d. R. 892. Buchh. d. evang. Vereinshauses. — 5

— freundlicher, der lutherischen Gemeinde in und um Saatzke an alle ehrlichen Landsleute. 2. Aufl. 8. (15 S.) Wittstock 849. (Leipzig, Dörffling und Franke.)

Brief. Freundschaftlicher B' über die neuesten Vorfälle und die Ursachen der Auswanderung so vieler edler Bündtner-Patrioten. (Aus Bündten im November [und] December 1798.) Jedem helvetischen Bürger an's Herz gelegt.... 8. Auf freyem Schweizerboden gedruckt.... 1798.

Ein Brief vom alten Fritz an seinen lieben Schwager in Potsdam. Nach gef. Mittheilung des constitutionellen Clubs in Königsberg in Preußen. Gedruckt bei J. Sittenfeld. 1 Bl. 4.
Flugblatt. Berlin, 30. Juni 1848.

— der, an die Galater, übersetzt u. erklärt. gr. 8. (III, 31 S.) München 892. J. Seyberth. n. — 80

— d., an d. Galater, übers. u. erklärt (v. K Seidenpfenning). 8° (31) Münch. 92. Münst., Theissing. — 80
Neue Asg., s. u. d. T.: Seidenpfenning, K.

Der vom Himmel gefallene **Brief** Christi in seinen morgenländischen Versionen und Rezensionen von Prof. Dr. Maximilian Bittner. Mit 8 Taf. Wien: A. Hölder in Komm. 1905. (240 S.) 4°
= **Denkschriften** d. Kais. Akademie d. Wiss. in Wien. Phil.-hist. Kl. Bd 51, No 1.

[F.] Der gefälschte **Brief.** Stenographischer Bericht üb. d. Witte-Stöcker-Prozess v. 29. u. 30. Jan. 1897 m. geschichtl. Einl. u. Anm. hrsg. v. Adolf Stein ... *Berlin: Vaterländ. Verl.-Anst. 1897.* (2 Bl., XVI, 278 S.) 1 Bd 8.

Brief aus den elysäischen Gefilden von Keith an den Weltweisen von Sanssouci. Elysium [Königsberg] 1762. V: *Trescho, Sebastian Friedrich.* (Altpreuss. Monatsschr. 43, S. 85/94) (Zeitschr. f. Büch. 1923, S. 81)

Brief nach Göttingen über die neuesten Schriftsteller Wiens. Wien, bei Hartl, 1781.
Gegen die Skribler. — Gugitz p. 138.

—— der, am Grabe. Eine Erzählung von Onkel Wilhelm in Immenthal. 1. und 2. Aufl. br. 8. (24 S.) Hamburg 872,73, Koch. *

—— der, am Grabe. Ein. Erzählung von Onkel Wilhelm in Immenthal 3.—5. Aufl. gr. 16. (42 S.) Hamburg 876—79, Koch. *

— der, am Grabe. Eine Erzählg. v. Onkel Wilhelm in Immenthal. 8. Aufl. 12. (32 S. m. 1 Abb.) Hamburg 895. J. G. Oncken Nachf. —15

Brief an Felix Grebel ..., s. Brief eines Anonymi an F. Grebel ...

— des Grafen Anton Günther an Großherzog August v. Oldenburg vom 9. I. 1908. (Von F. W. Grothe.) (3 S.) 30,5×22,5 cm. Oldenburg (908). E. Bültmann. —15
Sonderabdruck aus „Nordwestdeut. Morgen-Zeitg."

Brief, Hans Michels, über die 10. Versammlung deutscher (echter u. unechter) Land- u. Forstwirthe zu Gratz, vom 14. bis 19. Sept. 1846. 8. (2 B. u. Ttlbld.) Gratz 846, Dirnböck. Thlr. *

Brief an die Hausväter der mit uns verbundenen Rettungshäuser. Horn, den 22. Jan. 1880. Als Manuscript gedruckt. 8°

Brief, Der, an die Hebräer übersetzt. Leipzig 1776. Ü: *Morus, Samuel Friedr. Nathanael.* (ML) (OL)

Brief an die Hebräer. Übersetzt von S. F. N. Morus. Ausg. 3. Leipz. 786. 8.

Brief an die Hebräer. Mit Einleitung, Übersetzung und Anmerk. von D. Schulz. Bresl. 818. 8. 1 rthlr. 12 gr.

Brief, Der, an die Hebräer. Bearbeitet ... Düsseldorf 1850. H: *Poseck, J. von & W. H. Darby.* (zu)

—— der, an die Hebräer. Bearbeitet aus der Vergleichung verschiedener vorzüglichen Uebersetzungen mit dem Urtext von J. v. P. und W. H. D. gr. 8. (23 S.) Düsseldorf 850, (Buddeus'sche Buchh.)

Brief, Ein, an den Herausgeber einer antisemitischen Zeitung. Budapest 1887. V: *Wildner, Carl.* (EB)

BRIEF an Hermione. (Aus d. Engl. des *Jonathan Swift.*) Breslau 1789. 8°. Zahm. (Vgl. Briefe...)
Emil Hirsch, München, Cat. 48. (1907.) no. 948, Beibd. 1. — Nicht im Anon.-Lex.

Brief eines Herrn von Adel über die Klagen einiger Polnischen Dissidenten. Schwetzko 1786. V: *Schlichting, Freiherr von.* (MGT)

—— aus Highland im Staate Illinois, an die Freunde in der Heimath, von Ad. Eug. Bandelier, Friedr. von Graffenried, Rud. v. Graffenried und A. Rietmann. gr. 8. (11 S.) Bern 850. (Zürich, Schulthess.) *

Brief an Hrn J. C. N. über das erste Stück des Bibliothecaire moderne. [Leipzig 1741.] V: *Kästner, Abraham Gotthelf.* (ML)

Brief, Erster, des kropfigen steirischen Jakel's an die Wiener, enthaltend: seine Meinung über Metternich — über die Pflicht der Wiener Nationalgarde und wer jetzt zum Minister tauget. Wien 1848. V: *Stiger, Joseph Leopold.* (CLZür Forts. III)

Brief, Zweiter, des kropfigen steirischen Jakel's an die Wiener über die Revolution am 15. Mai 1848, Abreise des Kaisers, Ungarn, Böhmen, den Reichstag und die künftige Residenz. Wien 1848. V: *Stiger, Joseph Leopold.* (CLZür Forts. III)

Brief, Dritter, des kropfigen steirischen Jakel's an die Wiener über den 26. Mai, das Central-Comittée oder den sogenannten Sicherheits-Ausschuß, dessen unzeitige Nachsicht und die Aufgabe der Studenten. Wien 1848. V: *Stiger, Joseph Leopold.* (CLZür Forts. III)

—— der, Jakobi. Praktisch erläutert und angewendet für das gegenwärt. Bedürfnis der Gemeinde. Hrsg. vom Evangel. Bücher-Verein. gr. 8. (IV, 80 S.) Berlin 883, (Wiegandt und Grieben.) * — 40

Brief an Herrn Jean Paul, von einem Nürnberger Bürger gelehrten Standes. Mit einem Einschluss an Herrn J. G. Herder. Berlin, Leipzig und Nürnberg 1800. 86 S. 8°. V: *Erhard, Joh. Benj.* Vgl. Ed. Berend, Jean-Paul-Bibliogr. Berlin 1925. Nr. 1105. (DARP)
Vgl. Briefe...

Brief, Ein, über Jena. Humoreske. Leipzig 1877. V: *Schlieben, Erwin.* (Erman & Horn, Bibliogr. d. dtsch. Universitäten. 2. Leipz. u. Berl. 1904.)

— ein, über Jena. Humoreske. 16. (16 S.) Leipzig 877. Wölfert. n. — 20

— aus dem Jenseits. Graf Jos. de Maistre an den Frhrn. Otto v. Manteuffel. Briefträger E (ug.) v. B (reza). gr. 8. (IV u. 10 S.) Berlin 850, I. Rocca. n. 1/6 ß

—— aus dem Jenseits. Graf Jos. de Maistre an den Frhrn. Otto v. Manteuffel, Briefträger E(ug.) v. B(reza). gr. 8. (III und 10 S.) Berlin 851, I. Rocca. *

— ein, über den Irvingianismus in Duisburg, den Ernstgesinnten unter den Zuhörern der v. Pochammer'schen Vorträge mitgetheilt u. zur Beherzigg. empfohlen v. e. Freunde offener Rede. [2. Aufl.] gr. 8. (16 S.) Duisburg 872. Ewich. n. — 20

— der, des Judas od. die letzten Tage der Christenheit. Ein ernster Mahnruf an alle Kinder Gottes v. H. R. (Aus dem Franz.) (36 S.) 8. Elberfeld 910. R. Brockhaus. — 20

Brief eines neuen Komödienschreibers an einen Schauspieler. 8°. 14 S. V: *Hafner, Philipp.* (WRDiar 1771, Nr. 17, Beil. Bücherverzeichnis von Kurzböck) (WRDiar 1767 Nr. 18) (Stadtbibliothek Wien) (BIBLPORT)

Brief Sr. Majestät des Königs von Würtemberg an den Fürsten v. Schwarzenberg Durchl. über die staatliche Neugestaltung Deutschlands und die nothwendige Vertretung des deutschen Volkes bei der obersten Bundesgewalt. Grimma und Leipzig, Verlags-Comptoir, 1851. 10 S. 8⁰.

Brief, 1. Cor. 14 üb. Spiritismus u. erste Christenheit. (Von Seeber.) 8. (18 S.) Chemnitz 897. M. Winter. n. — 30

— ein, nebst Correspondenzacten in Sachen christbrüderlicher Zucht an alle Christengemeinen, die sich nicht nur reiner Lehre, sondern auch des Strebens rühmen, darnach zu leben, auf apostol. Befehl 2. Theff. 3, 14. aus der Mitte der Adventsgemeine zu Greiz geschrieben. Leipzig 861. Bredt in Comm. 8. (78 S.) n. 5 ngr.

Brief, ein, aus der Kriegszeit. 4 Stn. 8. Basel, Spittler. 1872 — 5

Brief, Critischer, eines Freymaurers über ein unter dem Titel: der verrathene Freymaurer-Orden etc. neu herausgekommenes Buch. Aus dem Frantzösischen ins Deutsche übersetzt. Frankfurt 1745. V: *Radermacher, Johann Kornelius.* (wolfstieg II, 402)

Brief, Kritischer, über zween Kunstrichter zu Mannheim. Frankf. 1770. V: *Hemmer, Jacob.* (Rüdiger, Neuest. Zuwachs. Liegnitz 1782—93. IV, 175.)

BRIEF, Curieuser und lesenswürdiger, in welchem von der Stadt Paris und denen Frantzosen sein Urtheil auf eine lustige Art fället ein gebohrner Sicilianer, aus d. Italiän. übersetzet. Leipzig, b. Aug. Martini.
M. M. V. 1732. E 1 b; Bibl. Gleich. Dresd. 1735. p. 88; Bibl. J. A. Fabricii III. Hbg. 1738. p. 404.
— — Dasselbe, tit.: Send-Schreiben eines Sicilianers an seinen Freund, über die Parisischen Sitten und Lebensart derer Frantzosen ... in Italiänischer Sprache abgefasset ... in das Teutsche übersetzet Von VV. A. G. Leipzig, verlegts M. Blochberger, 1745. 8⁰.
Bibl. Menken. III. Lips. 1757. p. 298; v. Maltzahn III. p. 520. no. 2068, Beibd.

Brief, Ehn Curieuse, von Lustbarkeet in Dress. Als Krosse Potentat an diese Orth kewess, Ehrr Frideric Wilhelm, der Königck aus der Preuss, Mit Ihre Kronen-Prinss komm von Berlin kereiss. Leipzig 1728. V: *Trömer, Johann Christian.* (Bresl 31, S. 155)

Brief eines königlichen sächsischen Landgeistlichen? ... Altenburg 1844. V: *Meitzner, M. D. F.* (zu)

—— eines kgl. sächsis. Landgeistlichen. Ein Votum f. d. Beibehaltung d. seit 40 Jahren gebrauchten Glaubensbekenntnisses d. Confirmanden. gr. 8. (3/4 B.) Altenburg 844, Helbig. *

Brief eines Landmanns im Emmenthal, veranlasst durch die Maiwahlen..... April 1850. 8. [Bern.]

Brief an einen Landmann in der Gemeinde Wahlern. (Gedruckt in der Haller'schen Buchdruckerei.) s. [Treuherz. Christen].

Brief über die Landschaftmalerey an Hrn. Füeßlin. O. O. 1787. V: *Gessner, Sal.* (Cat. d. Stadtbibl. Zürich. Zürich 1864—97.)

— erster, an die Leser der „Blätter für christliche Erbauung von protestant. Freunden." Oder: Biblisch-philosoph. Beweis für die wahre Gottheit Christi. Eine Weihnachtsgabe von Sinc. Bibliophilus. gr. 8. Magdeburg 842, Baensch. n. 1/12 rß

—— zweiter, an dieselb. Od.: Bündiger Beweis, daß die Verf. obig. Blätter sich selbst f. Irrlehrer erklären. gr. 8. (1½ B.) Magdeburg 843, Inkermannsche Buchh. *

—— dritter, an dieselb. Od.: Der fliegende Brief des Sacharja. gr. 8. (1¾ B.) Magdeburg 843, Inkermannsche Buchh. *

—— vierter, an dieselb. Od.: das Verhältniß der Vernunft zur Bibel. gr. 8. (2 B.) Magdeburg 843, Inkermannsche Buchh. *

—— fünfter, an dieselb. Od.: Erbauliche Leichenrede auf den lebendigtodten Rationalismus. Von Sinc. Bibliophilus. gr. 8. (1¾ B.) Magdeburg 843, Inkermannsche Buchh. *

Brief von den Liedern im höhern Chor. [Hamburg 1739.] V: *Carpzov, Paul Theodor.* (ML)

Brief über Blanchards Lustreise zu Braunschweig. [Halberstadt 1788]. V: *Heyer, J. C. H.* (MGT)

BRIEF der Frau Martinett. Amſterdam 1899. 8⁰.
Verb. d. Ldg. Köln II. Ul. 48/95 u. Ldg. Chemnitz A. III. 286/02.

— — Dasſelbe. [Äußerer Titel: Die weibliche Schönheitspſlege Nr. 35.] Von Miß Edith Males. Leipzig, Georg Müller Verlag, 1903. 8⁰.
Verb. d. Ldg. I Berlin 14 J. 1/10.

BRIEF von Madame Martinet. Amſterdam 1900. Kl. 8⁰. 11 S.

— ein, an alle Menschen, die da leben. Es ist sein Zweck, um Warnungen zu geben 2c. Bernstadt (854.) Löbau, Breyer in Comm. (1 Bgn. in Fol. m. Lithogr. im Text.) 1 ngr.

—— e., an alle Menschen, d. da leben. 1 B. Fol. Löbau 54. (Dresd., Tittel.) — 1

Ein höchst merkwürdiger Brief, ohne besondere Adresse auf der Straße gefunden, enthält: Neues über die große Landwehr-Verschwörung — Die Gesellschaft für Verbreitung nützlicher Kenntnisse. Gedruckt bei J. Sittenfeld. 1 Bl. Fol.
Flugblatt. Berlin, 2. Juni 1848.

—— merkwürdiger, aus dem Leben Johannes des Täufers über die religiösen und politischen Verhältnisse unserer Zeit mit einer Warnung für Polen. Von einem Johannisjünger. gr. 8. (52 S.) Bonn 875. (Siegen, Kogler'sche Buchh.) *

— merkwürdiger, aus dem Leben Johannes d. Täufers üb. die religiösen u. politischen Verhältnisse unserer Zeit m. e. Warng. f. Polen. Von e. Johannisjünger. gr. 8. (52 S.) Bonn 875. (Siegen, Welle.) n. — 60

—— an den Fürsten Metternich geschrieben von einem polnischen Edelmanne über die Metzeleien in Gallizien. Nach dem Franz. von L. v. Alvensleben. gr. 16. (40 S.) Wien 848, (Tallmayer und Comp.)
Vgl. oben: Brief eines poln. Edelmanns.

Brief an einen Minister über das patriotische Verlangen nach einer öffentlichen Vereinigung der drei Hauptreligionspartheien in Deutschland. Hamburg 1782. V: *Velthusen, Johann Caspar.* (Ky)

—— eines Mitgliedes der Opposition an seine Herrn Collegen. gr. 8. (11 S.) Leipzig 848, Verlagsbureau.

Brief eines Mitgliedes des norddeutschen Volksschriften-Vereins an seinen Vetter und Landsmann. Veröffentlicht an Stelle eines Jahres-Berichts des Vereins für 1846. Berlin. Rieß o. J. 14 S. 8.

Brief, Neuer, an die Franzosen ... Winterthur 1795. V: *Gorani, Gr. Joseph.* (Ky)

Brief, Ein Neuer, an die Ebräer, Darinnen gezeiget wird die Göttliche Schlag-Uhr und was es nach derselbigen geschlagen habe. (Amsterdam [Bautzen] 1740.) V: *Fitzner, Heinrich.* (CLZür Forts. I)

Der offene Brief vom 8. Juli 1846 und die allerhöchste Bekanntmachung vom 18. Sept. 1846 in ihrem Verhältniss zu einander dargestellt. Kiel. 1846. 8°.

— der offne, des Königs v. Dänemark u. des deutsch. Volkes Antwort. Authent. Aktenstücke. gr. 8. (2¼ B.) Leipzig 846, Brauns.

Brief, Offener, an A. Adler ... als Antwort auf sein Sendschreiben an die 77 »sogenannten Rabbiner« ... Zweite Auflage. Bockenheim 1845. V: *Kirchheim, Raphael.* (BrMm)

— offener, an A. Adler (Mitglied d. Br. Rabbiner-Vers.). Als Antwort auf sein Sendschreiben an die 77 sogenannten Rabbiner, die durch Verdächtigung u. Verläumdung zu gewinnen wähnen. Von e. s. Jugendfreunde, K—m. 2. Aufl. gr. 8. Bockenheim 845, Levy. 1/6 ß

Brief, offener, eines bayerischen Advokaten an den Verf. des Werkes: Ueber die Ermittlung des Sachverhaltes im französischen Civilprozeß, den königl. bayer. Oberappellationsgerichts-Director Herrn C. F. Zink. gr. 8. (28 S.) Nördlingen 860, Beck'sche Buchh.

— offener, an alle, die auf des Herrn Kommen zum Gericht im Glauben warten, von einem Bruder in Christo. gr. 8. (16 S.) Leipzig 877. (Nürnberg, Raw.)

Brief, offener, der Aeltesten der evangelischen Brüdergemeine in Deutschland, an die evangelischen Christen im deutschen Vaterland. 3. Aufl. [1. u. 2. Aufl. wurden als Mscr. gedr.] gr. 8. (15 S.) Neusalz 872. Lange. n. — 10

Brief, offener, an die Arbeiter. Von einem Freunde derselben. gr. 8. (14 S.) Brünn 871, (Knauthe und Brand.) *

Brief (Offener) an die deutschen Arbeiter. Die Vereinigung aller socialdemokratischen Parteien zum Zwecke der Wahlagitation. 8°. Bremen, Selbstverl. d. Hrsg. Aug. Kühn, 1870.

Brief (Offener) eines Arbeiters an seine Kameraden. 8°. Wien, Tendler, 1848.

Brief (Offener) eines Arbeiters an den Verfasser des „Sonst und Jetzt". 8°. Dresden 1871.

Brief, offener, eines Wiener Arbeiters an Herrn Schulze-Delitzsch. Schleiz 868. Hübscher. 8. (24 S.) 3 ngr.

Brief, Ein offener, an die Bekenner des Namens Jesu in der Evangelischen Kirche ... Leipzig 1787. V: *Wilker, Johann Matthias.* (ML)

— offener, an Hrn. v. Bennigsen. gr. 8. (58 S.) Hannover 860, Meyer. *

— offener, an Herrn v. Bennigsen. Hannover 861. Meyer. gr. 8. (58 S.) n. 7½ ngr.

Brief und Bericht, Offener, des Protestantischen Presbyteriums zu Jngenheim und Appenhofen ... Landau 1846. V: *Cawein, Daniel, J. J. Russloch & andere.* (BrMm)

— u. Bericht, offener, des protestant. Presbyteriums zu Ingenheim und Appenhofen im Namen der Gemeinden an die protest. Glaubensgenossen in der ganzen Pfalz. gr. 8. Landau 846, Kaußler. 1½ ngr

— offener, an Se. Durchlaucht den Fürsten Bismarck v. e. ehemaligen deutschen Nihilisten. 1. u. 2. Tausend. gr. 8. (60 S.) Berlin 890. Zoberbier. n. 1. —

— offener, an Herrn Dr. Victor Böhmert von den Vorständen des Bremischen Gewerbewesens. Bremen 858. (Geisler.) gr. 8. (24 S.) n. 5 ngr.

Brief, offener, an Se. Excellenz Herrn Staatsminister v. Böttcher v. e. Mann aus dem Volke. gr. 8. (26 S.) Dresden 894. Glöß. n. — 50

Brief, offener, an Herrn v. Bülow-Cummerow die Grundsteuer betreff. v. Peter Minus. br. gr. 8. (35 S.) Berlin 849. (Schneider & Co.) n. ⅙ ß

Brief, Offener, eines Braunschweiger Bürgergardisten an S. Durchl. den vormaligen Herzog Karl von Braunschweig. Hanau 1830. V: *Grosse, Ernst.* (Euph 1895. II, 336) (Mitth. A. Rosenbaum.)

— offener, e. Braunschweiger Bürgergardisten an Se. Durchl. d. vormal. Herzog Karl von Braunschweig. 8. Hanau 830. König. 2 gGr.

— offener, eines braunschweiger Bürgergardisten an Se. Durchl. den vormals regier. Herzog Karl v. Braunschweig, im Namen des braunschweig. Volkes u. d. Bürgergarde. 8. (1 B.) Kempten 830, Dannheimer.

— offener, einer Christin. An ihre Schwestern, die Frauen u. Jungfrauen d. Gegenwart, eingeleit. durch ein Vorw. von Anton Maurit. Müller. gr. 8. (¼ B.) Berlin 845, Hermes. *

— offener, an Pastor Dalton A. D. 3. Aufl. gr. 8. (29 S.) St. Petersburg 889. Zinserling. n. 1. —

— off., an Pastor Dalton. A. D. 3. Afl. 8. (29) St. Petersb. 90, Zinserling. n. 1. —

Brief, offener, an den „Hochachtbaren Deutschen" der Winterthurer Zeitung Nr. 80. Von einem verspäteten Leser. 8. Zürich. 1871 —. 20

Offener Brief des Ehepaars Eduard und Kunigunde zu Gunsten der Herren Korn und Lövinson. Druck von Brandes und Schultze. 1 Bl. Fol.
Flugblatt. Berlin, 26. Mai 1848.

— offner, an den Hrn. Oberstlieut. M. v. Egidy v. e. evangelisch-lutherischen Geistlichen. 1.—4. Tausend. gr. 8. (30 S.) Leipzig 890. J. C. Hinrichs' Verl. n. — 40

— offener, an Dr. Eisenmann. (Von Friedr. Brendel.) gr. 8. (11 S.) Bamberg 848. (Nürnberg, Korn'sche Buchh.) *

— offener, an die römisch-katholischen Erzbischöfe u. Bischöfe im deutschen Reich, s. Flugschriften d. Evangelischen Bundes.
Vgl.: Flugschriften, katholische, Nr. 2: Gottlieb. Der offene Brief des Evangelischen Bundes.

— offener, an diejenige Fraction der protestantischen Geistlichkeit, welche so eifrig bemüht ist, unsere Kirche auf das Princip der katholischen, die ausschließliche Autorität, zurückzuführen. Von einem 80jährigen Laien, dem die Religion Herzensanliegen ist. gr. 8. (44 S.) Leipzig 856(57,) Kollmann.

Brief, Offener, an diejenige Fraction der protestantischen Geistlichkeit, welche so eifrig bemüht ist, unsere Kirche auf das Princip der katholischen, die ausschliessliche Autorität zurückzuführen. Von einem achtzigjährigen Laien, dem die Religion Herzensanliegen ist. Leipzig 1857. V: *Blumröder, August von.* (ZU)

Brief, Offener, an einen römisch-katholischen Freund. Bonn 1876. V: *Rath, Gerhard vom.* (STBKÖLN I, 142)

— offener, mehr. evangel.-luther. Freunde an alle bekenntnißtreuen Wächter u. Bürger des luther. Zions in Sachsen. 2. umgearb. u. verm. Aufl. Nebst einer Vorrede. gr. 8. (20 S.) Dresden 849, Naumann. 1½ ngr

— offener, an die Majestät d. Königs Friedrich August von Sachsen. Von einem Staatsmann außer Diensten. gr. 8. (14 S.) Leipzig 850, Matthes. n. 2 ngr

— offener, an die deutschen Fürsten u. das deutsche Volk. gr. 8. (10 S.) Dresden 872, Kraszewski. — 50

Brief, Offener, an die Geistlichen Sachsens ... Leipzig 1831. V: *Volkmann, Julius.* (ZU)

Brief, offener, an d. Geistlichen Sachsens. — Deren Wünsche f. e. Verbesserung d. Kirchen-Verfass., u. d. bisher bekannt geword. Erfolge betreff. Von e. Sächs. Rechtsgelehrten. gr. 8. (5 B.) Leipzig 831, Reclam.

— offener, von einem katholischen Geistlichen an den Verf. des sogenannten schwarzen Buches Pet. Henn, Dr. philos. in Cöln. Regensburg 865. Manz. gr. 8. (47 S.) 4¼ ngr

— offener, eines Geistlichen an seine Tochter, die für ihn eine verlorene ist, seit sie der durch die herkömmliche Theologie verfälschten Religions-Anschauung sich zugewendet. Eine Warnungstafel für die Zeitgenossen. gr. 8. (24 S.) Hamburg 855, G. W. Niemeyer. *

— offener, an die lutherischen Gemeinden des Königreichs Hannover wider den neuen Katechismus. Von einem lutherischen Lehrer. Hannover 862. Meyer. gr. 8. (16 S.) n. 2⅓ ngr

Brief offener, an d. Gesammtministerium d. Grossherz. Hessen. Ein Synodalbedenken. 8. (14) Frankf. 74, Zimmer. — 20

— offener, an die Geschworenen. 8. (16 S.) Posen 850, Merzbach. — 2. Aufl. Ebd. 850. 2 ngr

Brief.– Offener Brief der Gesellschaft der Vaterlandsfreunde zu London: An den Ausschuss des Vereins der deutschen National-Partei zu Frankfurt am Main. o.O.u.J. (1859?) 8°

— offener, an Hrn. Brauereibesitzer Georg Haase, kgl. Kommerzienrath, Breslau! (Von Osw. Marcuse.) (11 S.) gr. 8. Breslau 903. (Preuß & Jünger.) n. — 20

— offener, eines Hausbesitzers an die Miethbewohner. (Aus der deutschen Gewerbezeitung rc.) Leipzig (856.) Friedlein. gr. 8. (15 S.) n. 2 ngr

Brief, offener, an Se. Maj. den großmächtigen Herrscher aller Reußen v. Sincerus. 12. (13 S.) Leipzig 891. Th. Rother. n. — 20

— offener, an den Staats- und Finanzminister Herrn van der Heydt. Berlin 862. Haude & Spener. 8. (22 S.) n. 5 ngr

— offener, an den Staats- und Finanzminister Herrn van der Heydt. 8. (22 S.) Berlin 863, Haude und Spener'sche Buchh. *

— offener, an Hrn. Theater-Direktor Julius Hofmann in Köln. Von Einem aus d. Orden der Kunst. 2. Aufl. gr. 8. (16 S.) Köln 887. Püttmann. n. — 30
s.: Vom Kölner Stadttheater.

— offener, an Johann Jacoby. 8. (15 S.) Leipzig 866, O. Wigand.

— offener, an Herrn C. F. A. Jahn, königl. sächs. Commissions-Rath u. Director der Gemeinde-Gasanstalt der königl. Hauptstadt Prag rc. Frankfurt a. M. 869. Winter. 8. (18 S.) n. 2 ngr

— offener, an alle Innungsgenossen Deutschlands sowie zugleich an alle Bürger u. Hausväter. Von 22 Innungen zu Leipzig (von Emil Ferd. Vogel). 8. (24 S.) Leipzig 848. (Joachim. — Matthes.) 1/6 ₰

— offener, eines deutschen Katholiken an die deutschen Bischöfe. gr. 8. (½ B.) Borken 845, Brunn.

— off., an d. Hrn. Bisch. Wilh. Eman. v. Ketteler. 8. (29) Kass. 68, Kay. n. — 3

— offener, an den Herrn Bischof von Mainz Wilhelm Emanuel Frhrn. v. Ketteler. [Aus den „evangel. Blättern."] Kassel 868. Krieger. 8 (29 S.) n. 3 ngr

Brief, Offener, an H. F. Kienast von Zollikon ... [Zürich] 18??. V: *Bachofen, Rud., Joh. Müller & Jac. Köng.* (Cat. d. Stadtbibl. Zürich. Zürich 1864—97.)

— offener, üb. die Kirche. Ein Wort der Mahnung u. Bitte an alle protestant. Theologen, namentlich in England, so von der protestantischen zur katholischen Kirche übergetreten sind od. übertreten werden. gr. 8. (24 S.) Berlin 851, J. A. Wohlgemuth. 6 ngr

— offener, an die hessen-darmstädtische Kirchen-Regierung. Ein Wort zum Frieden. gr. 8. (16 S.) [Frankfurt a. M. 875, Zimmer'sche Buchh.] (Heilbronn, Gebr. Henninger.) *

— offener, an d. Landgemeinden im Königr. Sachsen, „die Petition d. Gemeinde Langenleuba an d. Hohe Ständeversamml. um Aufhebung d. Lehnwesens betreffend", geschrieben v. einem prakt. Juristen. 8. (2¼ B.) Leisnig 833, Buchbind. Neuberth.

Brief, Offener, an christliche Landleute. O. O. 1784. V: *Schwarts, Chph Friedrich.* (Nowack, Schles. Schriftst.-Lex. Breslau 1836—43. IV, 151.)

Brief, Offener, an Hrn Langhans ... Bern 1866. V: *Bernard, A.* (Cat. d. Stadtbibl. Zürich. Zürich 1864—97.)

— offener, an die Lehrer Mecklenburgs, betreff. die Verbesserg. der Schulen (von Hr. Meier). gr. 8. (16 S.) Schwerin 848. (Hildebrand.) 1½ ngr

Brief, Offener, eines vieljährigen Lehrers an seine Gemeinde ... Ansbach 1792. V: *Rucker, Georg Albrecht.* (MGT)

— offener, an die Prinzessin Louise v. Toskana, ehemalige Kronprinzessin v. Sachsen, v. e. deutschen Frau. (J. G. Brabant.) (15 S.) 8. Zürich 903. C. Schmidt. n. — 40

Brief (Offener) an den Herrn Steuererheber Mändl zu Giessen, die Steuerfrage im Grossherzogthume Hessen betreffend (v. E. Wippermann). 8°. Giessen, Ricker, 1850. 22 S.

Brief, Offener, an die Männer von Wien. Wien 1848. V: *Helfert, Jos. Alex. Freih. v.* (Sammlung Helfert. Wien 1898. 7.)

—— offener, an Hrn. Dir. E. A. Masius in Leipzig als Redakt. der Rundschau für Versicherungen, in Sachen eines Artikels über Feuer-Versicherung von dem Senator Hrn. A. L. Bruns in Hannover. gr. 8. (10 S.) Berlin 852, Janke.

— offener, an die Herren Ministerial-Räthe des königlich preuß. Justiz-Ministerium betr. den bevorstehenden Amnestie-Erlaß. Berlin 861. Gebr. Scherk. gr. 8. (13 S.) n. 4 ngr.

Offener Brief an unsere Mitbrüder in den Provinzen. Ausschuß zur Verständigung Berlins mit den Provinzen. Vereins-Buchdruckerei. 1 Bl. Fol.

Flugblatt. Berlin, 24. Juni 1848.

Brief, offener, an meine Mitbürger in Schleswig-Holstein. (Von M. v. Moltke.), gr. 8. (12 S.) Hamburg 848; Perthes-Besser und Mauke. Thlr.

— offener, an Se. Maj. Nikolaus I. Kaiser aller Reußen. Leipzig 854. Remmelmann. (Kaiserslautern, Meuth.) gr. 8. (17 S.) n. 3 ngr

— offener, aus Oberhessen nach Rheinhessen über die neue Gesetzgebung im Großherzogth. Hessen. Geschrieben am 1. Jan. 1847. 8. (13 S.) Gießen 847, Heyer. (Leipzig, Fr. Fleischer.) 1/12 Thlr

—— zweiter, aus Oberhessen nach Rheinhessen über die neue Gesetzgebung im Großherz. Hessen. gr. 8. (15 S.) Gießen 847. [Leipzig, Fr. Fleischer.]

Offener Brief eines preußischen Ober-Lausitzers an die Sachsen. Görlitz, G. Heinze u. Comp., 1848. 8 S. 8°.

Gegen die Schmähungen der Sachsen auf die Person Friedrich Wilhelms IV. 1815 hatte sich König Friedrich August die Lausitz verscherzt.

— Offener, an Herrn Geheimrat Prof. Dr. Wilhelm Ostwald. (Von Karl Hack.) (13) gr8° Hannover '11. Stadtprozelten, Apotheker Hack. (Nur dir.) — 50 d

Brief (Offener) der polnischen socialistischen Partei (P. P. S.) Deutschlands an die deutschen Socialdemokratie. 8°. Britz-Berlin, N. Kraszewski, 1903.

— offener, an den Hrn. Grafen Pinto Hochgeboren v. Peter Minus, bürgerl. Rechenmeister etc. br. gr. 8. (15 S.) Berlin 848, Schneider & Co. n. 1/12 Thlr

— offener, e. Polen an die deutschen Einwohner der ehemals polnischen Landestheile. (Von Jos. v. Mycielski.) gr. 8. (8 S.) Posen 892. (L. Merzbach.) — 10

—— offener, eines jüdischen Predigers an den Hofprediger Hrn. Adolf Stöcker in Berlin. 1.—3. verm. Aufl. gr. 8. (18 S.) Magdeburg 879. (Leipzig, Friese.)
Aus: Israelitische Wochenschrift, besonders abgedruckt.

Offener **Brief** an die Prediger und den Probsten der Probstei Kiel über die vier Wege im introitus ihrer Petition um ein neues Gesangbuch, von einem Prediger im Herzogthum Schleswig. Itzehoe. 1845. 8°

— 1. u. 2. offener, an den August Rohling als Antwort auf sein Pamphlet „der Talmud-Jude." Von e. Münster Juden im Namen Vieler. 8. (14 u. 11 S.) Münster 871. Obertüschen. à n. — 20

Brief, offener, eines Sachsen, an Herrn von Griesheim. Geschrieben am 21. August 1848. gr. 8. (20 S.) Leipzig 848, Friese in Comm. n. 4 ngr

—— offener, eines gebornen alten Salzburgers an Herrn Dr. Schöpf. Kritik der hierorts erschienenen antisemit. Schriften. 8. (16 S.) Salzburg 888, (Kerber.) *

Brief, Offener — eines in Wien wohnenden Schlesiers an seine Brüder, Landleute im schlesischen Grenz-Bezirke über die große National-Anleihe von A. P. 8. (22 S. und 1 Tabelle.) Wien. Druck von Karl Gerold und Sohn. 1854.

— offener, an die Schweden u. Norweger gerichtet u. abgesandt von einem Deutschen. gr. 8. (8 S.) Neustadt 848. (Kiel, Naeck.) n. 1 ngr

Brief, Offener, an Herrn Pastor Sievers, ersten Prediger an der Marktkirche zu Goslar. Braunschweig 1862. V: *Quidde, G. L.* (PROVBHANN 298)

Offner **Brief** an solche, die sich bei der Loge Bruderkette zu den drei Schwanen in Zwickau zur Aufnahme in den Freimaurerbund gemeldet haben. o. O. u. J. 8 S. 8° [Umschlagtit.]

—— offener, an die bonner Studenten. 12. (2½ B.) Bonn 846. [Koblenz, Pleimes.]

Offener **Brief** einer Studirenden an die Gegner der „Studentinnen" unter den Studenten und Berichtigung dieses Schreibens v. Alexandra v. Schleinitz. — Zürich 1872: Orell, Füssli. 20 S. 8°

— offener, an e. protestantischen Theologen. gr. 8. (46 S.) Leipzig 891. O. Wigand. — 75

—— offener, an Herrn Pfarrer Thümmel in Remscheid, v. Tertius Gaudens, s. Streitschriften, freundschaftliche.

—— offener, an den königl. Geheimen Regierungsrath Dr. Heinrich v. Treitschke, ordentl. Professor an der Universität Berlin. Von einem deutschen Israeliten. 1. und 2. Aufl. gr. 8. (15 S.) Berlin 888, Walther und Apolant. *

—— offener, eines schlichten bayerischen Unterthanen an seinen König. 8. (8 S.) Ingolstadt 866, (Krüll.)
Aus: Ingolstädter Tagblatt, besonders abgedruckt.

Brief, Offener, an den geheimen Verfasser der Schmähschrift: »Herr v. Feder und das geschmähte Baden.« Mannheim 1867. V: *Feder, Heinrich von.* (BaBb)

— offener, an den Verf. des 9. Heftes der katholischen Stimmen aus der Schweiz in Betreff der neuen Edition des „Graduale Romanum" durch die sacr. rit. congregatio. (Von F. Xav. Haberl.) Regensburg 870. Pustet. gr. 8. (46 S.) 7½ ngr

—— offener, an die bevorstehende hohe Versammlung der deutschen Volksvertreter zur Empfehlung der von K. Wilh. Portius entworfenen deutschen Reichsverfassung. 8. (16 S.) Leipzig 862, (Brauns.)

— offener, eines hamburg. Veteranen, an Hrn. E. A. Masius, üb. Mobiliar-Brand-Versicherungs-Anstalten in Deutschland. Zur Beherzigung f. Versicherte u. Versicherer, besonders für Actionaire. gr. 8. (1 B.) Altona 846. (Lehmkuhl.) *

Brief, Offener, eines Hamburgischen Veteranen an Herrn E. A. Masius, über Mobiliar-Brand-Versicherungs-Anstalten in Deutschland. Hamburg 1846. V: *Köhler, J. M. F.* (Russell V, 392)

Brief, Zweiter offener, eines Hamburgischen Veteranen an Herrn E. A. Masius. Hamburg 1847. V: *Köhler, J. M. F.* (Russell V, 392)

— offener, an einen Vormund. Zur Belehrung desselben über seine vormundschaftl. Functionen geschrieben. 16. (19 S.) Neuhaldensleben 877. Eyraud. — 15

— offener, an Se. Majestät den deutschen Kaiser Wilhelm I. und an die sämmtl. königl. Majestäten und fürstl. Hoheiten des deutschen Reiches, als Summepiscopi der deutschen evangel. Kirche, in Sachen der Kirche deutscher Reformation und der endlichen Herstellung ihrer Verfassung. hoch 4. (63 S.) Frankfurt a. M. 871, Zimmer. *

Brief.– Offener Brief des Zentralverbandes für Parität der Heilmethoden an die Deutsche Gesellschaft zur Bekämpfung des Kurpfuschertums. (o.Dr.o.J.) (Ohne bes. Titelbl.) 8°

— offener, üb. die Ziele der Freimaurerei, s.a. Reinhardt, Aug. v.

Brief, Offener, über die Ziele der Freimaurerei an solche, welche sich für den Freimaurerbund interessieren. Aus der Loge Carl zu den 3 Ulmen in Ulm. Ulm [1878]. 2. Aufl. Ulm 1880. 3. Aufl. Ulm 1883. V: *Reinhardt, August von.* (wolfstieg I, 131) (BMarsch)

Brief, offener, über die Ziele der Freimaurerei an Solche, welche sich für den Freimaurerbund interessiren. Aus der Loge Carl zu den 3 Ulmen in Ulm. 3. Aufl. 8. (11 S.) [Ulm 880, Kerler.] Nürnberg, Korn'sche Buchh. * — 50

— offener, über die Ziele der Freimaurerei an Solche, welche sich für den Freimaurerverband interessieren. Aus der Loge „Wilhelm zur aufgehenden Sonne" in Stuttgart u. „Karl zu den 3 Ulmen" in Ulm. 9. Aufl. 32. (31 S.) Ulm 891, Kerler. * — 50

Brief, Offener, über die Ziele der Freimaurer an solche, welche sich für einstigen Union zwischen der jesuitischen und socialistischen Propaganda . . . Breslau 1850. N. Ausg. 1856. V: *Lange, Johann Peter.* (zu)

Brief eines demokratischen Offizers an die Männer des Volkes in der Singacademie zu Berlin. Königsberg 1848. V: *Rüstow, Wilhelm.* (BMarsch 155)

— eines democratischen Officiers an die Männer des Volkes in der Singakademie zu Berlin. (Von Rüstow.) gr. 8. (7 S.) Königsberg 848, Samter.

— ein höchst origineller, jetzt erst aufgefundener, Dr. Martin Luther's an Herzog Georg, den Bärtigen, von Sachsen, vom 8. Joannis 1523, nebst e. photo-lith. Facsim. des Autographs des großen Reformators (in Fol.). Berlin 865. Bittkow. gr. 8. (7 S.) n. 10 ngr

Brief des Pastors zu *** an den neuen Pastor zu ***. Aus dem Franz. 1773. [Frankfurt 1772.] V: *Goethe, Johann Wolfgang von.* (BrMm) (GGr) (MGT)

— des Apostels Paulus an die Gemeinde in Laodicea. [Brief Pauli an die Colosser IV, 16.] Dieser verloren gegangene Brief wurde vom Herrn Selbst einem von Ihm erwählten Knechte im Jahre 1844 offenbaret. gr. 8. (22 S.) Heilbronn 851, Landherr. 1/6 ß

— d. 1. u. 2., d. Apostels Paulus an d. Korinther nach d. deut. Übersetzg M Luthers. Durchgesehen im Auftr. d. deut. ev. Kirchenkonferenz. 16° (59) Stuttg. 92, Württemberg. Bibelanst. Kart. — 07
Vgl.: Briefe.

Brief, Des Apostels Pauli, an die Christen zu Rom, nach einer neuen Uebersetzung; ... Frankf. a. M. 1785. H: *Schoder, Friedrich Jacob.* (ML)

— der, Pauli a. d. Römer, übers. u. erl. v. A. Fr. Fuchs. 8. Stendal, Franzen u. Gr. 789.

Brief, der, Pauli an die Römer, griechisch, m. kurzem Commentar nach W. M. L. de Wette. [Aus: „Das Neue Testament etc."] gr. 8. (107 S.) Halle 887. Anton. n. 2. 20

— der, d. Apostels Paulus, an die Römer nach der deutschen Übersetzung Mart. Luthers. Durchgesehen im Auftrag der deutschen evangel. Kirchenkonferenz. 16. (84 S.) Stuttgart 892. Württemberg. Bibelanstalt. In Leinw. kart. n. — 8

— dasselbe. (In grobem Druck.) gr. 8. (39 S.) Ebd. 894. In Leinw. kart. n. — 35

Brief eines Herrn Pfarrers in Basel an einen Communisten in Lausanne, nebst Antwort darauf. 1843. 8°.– Bern, Jenni Sohn. 1844.

BRIEF eines Pfarrers an ein Mädchen aus seinem Kirchspiel. O. O. u. J. (18**). 8°. (12 xr. Scheible in e. älteren Cat.)

Brief, Ein, von der Pralerey einiger Freygeister. [Kopenhagen 1759.] V: *Funck, Gottfried Benedict.* (MGT)

Brief eines Predigers an seinen zu *** studirenden Sohn . . . Frankfurt u. Leipzig 1759. V: *Stresow, Conr. Friedrich.* (ML) (Ky)

— eines Priesters an e. fromme Seele, die ihn als ihren Beichtvater hat, ihr die Art u. Weise anzugeben, wie sie ihn bei Anhörung seiner heil. Messe mit frommer Meinung im Geiste begleiten könne. N. d. Italien. 3. Aufl. 12. (1 B.) Stadtamhof 840. (Regensburg, Manz.) *

Brief eines Priesters an eine fromme Seele, die ihn als ihren Beichtvater hat, ihr die Art und Weise anzugeben, wie sie ihn bei Anhörung seiner heiligen Messe mit frommer Meinung im Geiste begleiten könne. Nach dem Italienischen deutsch herausgegeben . . . 4. Aufl. Regensburg 1842. V: *Sintzel, Michael.* (Russell IX, 421)

Brief an einen Prinzen über die Karls-hohe-Schule. [Altona ca. 1797.] V: *Bardili, Christoph Gottfried.* (MGT)

Brief.– Ihro Königl. Majestät in Stockholm anwesender Räthe Brief und Befehl wegen der ersten allgemeinen Fast- Buß- u. Bet-Tages, welcher in diesen instehenden 1709. Jahr begangen werden soll. Stettin (1709).

Brief eines Reisenden aus und über Galizien. Als Mskr. gedr. Wien, März 1846.

Brief, Ein, eines Reisenden über den Sichertsreuther Heilbrunnen im Bayreuthischen. Hof 1784. V: *Schmidt, Johann Georg.* (MGT)

— e. Reisenden, über den Sichersreuther Heilbrunnen. 8. Hof 784. Grau. 2 ℛ

Brief, Ein, über die französische Revolution. [Erfurt 1790.] V: *Krause, Christian Siegmund.* (MGT)

— ein, über Signora Ristori als „Myrrha" auf der Berliner Bühne. Berlin 856. F. Schneider. 8. (16 S.) n. 5 ngr

—— e., üb. Sign. Ristori als „Myrrha" auf d. Berl. Bühne. 8. (16) Berl. 56, Weber. n. — 5

— ein, aus Rom an den geringsten Capellan in Halberstadt. Leipzig 861. O. Wigand. gr. 8. (27 S.) n. 5 ngr

— ein, des Baier. Staatsrechts. 8. Landsh. 801. Weber in Münch. 1 ℛ

Brief des Herrn Starkowsky an Herrn Stark. A. d. Franz. ... Germanien [Braunschweig] 1789. V: *Catharina II., Kaiserin von Russland.* (WR) (SJL)

— des Hrn. v. Starkowsky an seinen Freund u. Vetter Starke. 8. Braunschw. 789. Schulbuchh. 2 ℛ

Brief, Erster, von der Stiftung des Erziehungshauses für die Kinder des königl. Leibregiments Dragoner... Hadersleben 1766. V: *Camerer, Johann Friedrich.* (BB) (ML)

Brief eines Südteutschen auf einer Reise durch Obersachsen. [Halle 1797.] V: *Krause, Christian Siegm.* (MGT)

Brief eines Theologen an ein. Nichttheologen in Hamburg, welcher einige jüngst allda erschien. Flugschriften gelesen hatte. gr. 8. (2 B.) Hamburg 830, Niemeyer. *

—— zweiter, ein. Theologen an ein. Nichttheologen zu Hamburg, in Folge e. „Beleuchtung" die er wegen ein. früh. Briefes erfahren hat. gr. 8. (1¼ B.) Hamburg 830, Niemeyer. *

—— dritter, ein. Theologen an ein. Nichttheologen zu Hamburg. Eine Beil. f. Diejen., welche d. Schrift: „Das rationalistische Papstthum" gelesen haben. Mit ein. Vorw. d. Hrsgeb. 8. (1¼ B.) Hamburg 840, Niemeyer. *

Brief an den Herrn Professor Tode. Kopenh. 1792. V: *Gehren, Carl Conr. v.* (Bruun, Bibl. Danica. II, 619.)

Brief an mein Vaterland. O. O. 1762. V: *Füssli, Hans Hnr.* (MGT) (ADB)

— der vergessene. 64. (17 S.) Elberfeld 878. Langewiesche. n. — 12

—— ein, an den Vetter, zur Feier des 400jährigen Geburtstages Dr. M. Luthers vom Verf. der Briefe an den Vetter das 1000jährige Reich betr. Mit 1 (lithogr.) Stammbaumtaf. von Adam bis Luther. gr. 8. (26 S.) Hamburg 883, Mauke Söhne. * 1 —

Brief des geheimen Staatsraths von W***m an Seine Majestät den König von W***g. [Würtemberg]. [Stuttg.] 1816. V: *Wangenheim, Carl Aug. Freih. v.* (SCHLES)

— eines ehemaligen Westphalen an Jérome Napoleon seinen Ex-König (von Hobiesne). gr. 8. (16 S.) Kassel 848, Appel. 3 ngr

Brief, Wichtiger, an den glücklichen Verfasser der Schrift, betitelt: Über Wahrheit, Denken und Lehren. O. O. 1777. V: *Lihme, Martin Friedrich.* (MGT)

Brief, Adolf [aus Odessa]: Zur Kenntnis der hydroxylierten Naphtyl- und Phenylmethylketone. . . . Karlsruhe, Druck d. G. Braun'schen Hofbuchdr., 1891; 4+ S. 8°
Rostock, Phil. Fak., Inaug.-Diss. v. 30. Jan. 1891

Brief, Siegmund Die Coniunctionen bei Polybius. I. Theil. 8 (S. 3—48). II. Theil. 8 (S. 3—48). III. Theil. 8 (S. 3—30). Progr.
K. k. Staatsg. im XVII. Bezirke (*Hernals*) 1891. 1892. 1894.

Brief, Siegmund: Wie beeinflußt die Vermeidung des Hiatus den Stil des Polybius? S. 3—20. 8.
Progr. K. k. deutsches Staats-Obergymn. *Ung.-Hradisch* 1907.

Briefblätter. (Zum Einlegen in Briefe.) Nr. 1—10. 12. (à 2 S.) Berlin 896. Deutsche evang. Buch- u. Tractat-Gesellschaft. Im Umschlag n. — 15

Briefblätter aus und für Galizien. (8—29: Briefblätter, 30ff.: Briefblatt d. Hülfsbundes f. Innere Mission in d. Diaspora.) Hrsg. v. (A.) Wiegand. Nr. 1ff. (Plau '03ff.)

Briefbogen

von Basel mit den Ansichten von Basel — Missionshaus — Rathhaus — Elisabethenkirche — Münster. Stahlstich in-8. ebds. 1872 —. 30

Briefbogen mit Bibelsprüchen. gr. 8. Basel, Spittler. per Dutzend 1871 —. 50

Briefbogen, hundert, mit Bibelsprüchen, ausgewählt mit Rücksicht auf die verschiedenen freud- und leidvollen Lebenslagen eines Christen. Octav-Postpapier. Leipzig 874, J. Naumann. In Enveloppe *

Briefbogen von Genf. Mit 6 Ansichten. Stahlstich. Zürich, J. H. Locher. 1872 —. 30

Briefbogen von Luzern und Rigi. Mit den Ansichten von Luzern — Monument — Rigikulm — Rigibahn. Stahlstich. 8. Zürich, J. H. Locher. 1872 —. 30

Briefbogen von Zürich mit den Ansichten der Münsterbrücke — Zürich — Hôtel Storchen — Polytechnikum — Uetliberg. Stahlstich in-8. Zürich, J. H. Locher. 1872 —. 30

Briefbote, der,. Oper in 1 Akt. 8. Wien, Wallishäuser.

Briefbote, der. Red.: C Schell. 1—5. Jahrg. Apr. 1894—März 1899 à 4 Nrn. 4° (Nr. 9—11 à 8 m. 1 Abb.) Brem., (Verl. d. Tractath.). à Nr — 15
Nicht mehr im Buchh.

Briefbuch, allgemeines, f. alle Stände. 16 Heft. 8. Leipz. 818. Central-Compt. 1 ₰

Briefbüchlein f. Elementarschüler, von prakt. Schulmännern. 8. (111 S.) Crefeld 852, Klein. n. 4 ngr

Briefbüchlein für Elementar-Schüler, von praktischen Schulmännern. Crefeld 858. Klein. 8. (80 S.) 3 ngr.

Aufgefundenes Briefconcept (über demagogische Umtriebe). Lieber Fritze! Ich höre mit Verwunderung — Druck von J. Petsch. 1 Bl. Fol.
Flugblatt. Berlin, 30. Juni 1848.

Briefe. 3 Thle. 8. Gotha, Ettinger. 751—52.

Briefe. 4 Thle, (v. Phil. Er. Bertram). 8. Gotha 751, 52, 64. Dieterich in Götting. 16 ₰

Briefe. Th. 1—3. Gotha 1752—55. 2. Auflage 1764. V: *Bertram, Philipp Ernst.* (ML)

Briefe. Nebst einer Zueignungsschrift an eine Schöne. 1768, s. Deckart, K. G.

Briefe aus dem Engl. übers. Soröe 1768. Ü: *Martini, Ferd.* (Bruun, Bibl. Dan. II, 516.) (Collin, Anonymer. Kiobenh. 1869.)

Briefe aus A von einem Basler Landsmann. Aarau u Basel, 1806.

Briefe aus und nach Abdera gegen den Verächter und Lästerer der Spekulation. Sulzbach 1831. V: *Rixner, Thaddäus Anselm.* (Lindner)

Briefe aus u. nach Abdera, über d. Naturforschers Demokritos angebl. Verrücktheit, geg. d. Verächter u. Lästerer d. Speculation. Freie Uebers. a. d. Griech. 8. (2 B.) Sulzbach 832, v. Seidel.

Briefe nebst einer vorläufigen Abhandlung von Teutschen Briefen.... Frankf. u. Leipzig 1766. V: *Rost, Johann Christoph.* (ML) (JL)

Briefe, u. e. Abhandl. v. deutsch. Brief. v. Rost. 8. Dresd. Walther. 766. Rthlr.

— üb. d. Abhandl. Tellers, die Zeichen der Zeit. 8. Königsb. 804. Nicolovius. 9 ₰

Briefe, Abhandlungen und Predigten aus den zwei letzten Jahrhunderten des kirchlichen Alterthums und dem Anfang des Mittelalters. Hrgg. v. C. P. Caspari. Christiania. 1890. Universitätsprogr. 8°

Briefe und Abhandlungen über die jetzige Verfassung des Reichskammergerichts. Regensburg [Hannover] 1785. V: *Hoscher, Johann Melchior.* (Ky) (MGT) (Wr)

— u. Abhandl. üb. d. Verfassung d. k. u. Reichs-Kammergerichts, (v. J. M. Hoscher). 4 Hfte. 8. Hannov. 785—89. Helwing. 1 ₰

Briefe der alten Abonimäntinn an die Redaktion des Schweiz. Familien-Wochenblattes. Mit den wohlgetroffenen Porträts der «Abonimäntinn», ihres «Jokeb», des «Schuelmeisters», des «Liesi», des «Fikari» und «Tödli» [4 Tafeln]. 78 S. 8. Zürich, Erhard Richter, 1906 (* *Umschlag:* 1907). [fr. 1.80]

Briefe, Acht, über einige Widersprüche und Inconsequenzen in Hrn. Prof. Kants neuesten Schriften... Berlin 1799. V: *Schwab, Johann Christoph.* (Ky) (MGT)

— (acht), über einige Widersprüche u. Inconsequenzen in Kant's neuesten Schriften, (v. J. Cph. Schwab). gr. 8. Berl. 799. Nicolai. 7 ₰

— 800 bis jetzt ungedruckte, Napoleon's I. von 1795 bis 1815. Aus den Mémoires du roi Joseph übers. u. m. Erläuterungen versehen von Adf. Wolff. 4 Thle. Berlin 855. Hempel. 8. (VII, 112; 112; 112; 112 S.) Jeder Thl. n. 10 ngr

— 48, von Joh. Gtlieb. Fichte und seinen Verwandten. Herausg. von Mor. Weinhold. (Abdr. aus den Grenzboten.) Mit dem Brustbilde und der Handschrift von Fichte's Frau (in Kpfrst.). Leipzig 862. Grunow. gr. 8. (XIV, 114 S.) n. 20 ngr.

Briefe, Adolphs gesammelte. Leipzig 1778. 3. Ausg. Frankf. u. Leipz. 1787. V: *Kayser, Albrecht Chph.* (MGT) (Adel)

BRIEFE eines Affen an seine Brüder. Zum Druck befördert von * * * *. Hanau, Edler, 1846. 8°. 332 S. (3 Mk. Leo Liepmannssohn, Berlin, 1906:)
„Interessante Briefe über gesellschaftliche Zustände. Das letzte Kapitel: „Kaiser Joseph II und Papst Pius in der Schattenwelt" wendet sich gegen das Coelibat der kathol. Priester."

Briefe aus Afrika. Klösterliches und Kirchliches. Regensburg 857. Manz. 8. (IV, 344 S.) 27 ngr

Briefe aus Aegypten. Königsberg i. Pr. 1892. V: *Magnus, Samuel.* (Berl)

— aus Aegypten, während d. britt. Feldzugs das. im J. 1801., s. a. Bibliothek d. Reisebeschreibb. 28r Bd.

Briefe aus Aegypten, geschrieben während des brittischen Feldzugs daselbst im Jahre 1801 von einem Stabsofiziere der brittischen Armee. Auszugsweise aus dem Englischen übersetzt. (Bibliothek der neuesten und wichtigsten Reisebeschreibungen zur Erweiterung der Erdkunde. Bd. 28.) Weimar 1805. XII, 111 S. 8°.

Briefe aus Egypten, geschrieben währ. des brittischen Feldzugs daselbst 1801 v. e. Stabsoffizier der brittischen Armee. A. d. Engl. [Bibliothek der neusten Reisebeschreibungen, 28 Bd.] 8. Weimar 1806. Land. Ind. Comt. 1,50.

— Aegyptische u. Englische, aus d. Französ. 8. Liegn. 781. Siegert. 8 ₰

BRIEFE, Akademische, nebst einigen (erot.) Gedichten. Frankfurt und Leipzig (Nürnb., Monath) 1775. 8°. Rar! (4½ Mk. Kühl, Berlin; jetzt theurer!)

—— und Akten zur Geschichte des 16. Jahrhunderts mit besond. Rücksicht auf Bayerns Fürstenhaus. Auf Veranlassung und mit Unterstützung Sr. Maj. des Königs von Bayern Maximilian II. hrsg. durch die histor. Commission bei der königl. Academie der Wissenschaften. 1. Bd.: Beiträge zur Reichsgeschichte 1546—1551. Bearb. von Aug. v. Druffel. Lex.-8. (XX, 908 S.) München 873, Rieger'sche Universitäts-Buchh. *

—— und Akten zur Geschichte des 16. Jahrhunderts mit besond. Rücksicht auf Bayerns Fürstenhaus. 2. Bd. A. u. d. T.: Beiträge zur Reichsgeschichte 1552. Bearb. von Aug. v. Druffel. Hrsg. durch die histor. Commission bei der königl. Academie der Wissenschaften zu München. gr. 8. (VIII, 873 S.) München 880, Rieger'sche Universitäts-Buchh. *
1. Bd. und 3. Bd. 1. Abthl. Ebendas. 1873.75. * ℳ 24,70.

—— und Akten zur Geschichte des 16. Jahrhunderts mit besond. Rücksicht auf Bayerns Fürstenhaus. Auf Veranlassung und mit Unterstützung Sr. Maj. des Königs von Bayern Maximilian II. hrsg. durch die histor. Commission bei der kgl. Akademie der Wissenschaften. 3. Bd. 1. Abthl.: Beiträge zur Reichsgeschichte 1546—1551. Bearb. von Aug. v. Druffel. Lex.-8. (XXII, 336 S.) München 875, Rieger'sche Universitäts-Buchh. *

—— —— dass. — 3. Bd. 2. Abthl. A. u. d. T.: Beiträge zur Reichsgeschichte 1552. Bearb. von Aug. v. Druffel. gr. 8. (S. 337—648.) Ebendas. 880. (1882) *

— — z. Geschichte des 16. Jahrh. m. bes. Rücksicht a. Bayerns Fürstenhaus. 4. u. 5. Bd. Auf Veranlassg. u. m. Unterstützg. d. Königs v. Bayern hrsg. durch d. histor. Commission b. d. kgl. Academie d. Wissensch. gr. 8. München, M. Rieger. n. 44. — (1.—5.: n. 91. 50)

4. Beiträge z. Reichsgeschichte 1553—1555 v. Aug. v. Druffel, ergänzt u. bearb. v. Karl Brandi. (XIV, 810 S.) 896. n. 20. —

5. Beiträge z. Geschichte Herzog Albrechts V. u. d. Landsberger Bundes 1556—1598. Von Walt. Goetz. (XI, 946 S.) 898. n. 24. —

Briefe u. Akten zur Geschichte d. dreissigjährigen Krieges in den Zeiten d. vorwaltenden Einflusses der Wittelsbacher. 1. u. 2. Bd. gr. 8. Ebend. 870. 74. n. 22. —

1. Die Gründung der Union 1598—1608. Bearb. v. Mor. Ritter. (XIV, 752 S.) n. 10. —

2. Die Union u. Heinrich IV. 1607—1610. Bearb. v. Mor. Ritter. (VI, 627 S.) n. 12. —

— u. Acten zur Geschichte des dreissigjährigen Krieges in den Zeiten des vorwaltenden Einflusses der Wittelsbacher. Hrsg. durch die histor. Commission bei der königl. Academie der Wissenschaften zu München. 3. u. 4. Bd. gr. 8. München 877. 78. Rieger. n. 20. 80 (1—4.: n. 42. 80)

3. Der Jülicher Erbfolgekrieg. Bearb. v. Mor. Ritter. (IV, 561 S.) n. 10. —

4. Die Politik Baierns 1591—1607. 1. Hälfte. Bearb. v. Fel. Stieve. (XVI, 571 S.) n. 10. 80

— u. Acten zur Geschichte d. 30jährigen Krieges in den Zeiten d. vorwaltenden Einflusses der Wittelsbacher. 5. Bd. Auf Veranlassg. u. m. Unterstützg. Sr. Maj. d. Königs v. Baiern hrsg. durch die histor. Commission bei der königl. Academie der Wissenschaften. gr. 8. München 883. Rieger. n. 18. — (1—5.: n. 60. 80)

Die Politik Baierns 1591—1607. 2. Hälfte. Bearb. v. Felix Stieve. (VII, 984 S.)

— u. Acten z. Geschichte des 30jähr. Krieges in den Zeiten d. vorwieg. Einflusses d. Wittelsbacher. Auf Veranlassg. u. m. Unterstützg. d. Königs v. Bayern hrsg. durch d. histor. Commission b. d. kgl. Academie d. Wissenschaften. 6. Bd. gr. 8. München 895. M. Rieger. n. 20. — (1.—6.: n.: 80. 80)

Vom Reichstag 1608 b. z. Gründung d. Liga. Bearb. v. Fel. Stieve. (XII, 780 S.)

— u. Akten zur Geschichte des 30jährigen Krieges in den Zeiten des vorwaltenden Einflusses der Wittelsbacher. 7., 9. u. 10. Bd. Auf Veranlassg. u. m. Unterstützg. Sr. Maj. des Königs v. Baiern hrsg. durch die histor. Kommission bei der königl. Akademie der Wissenschaften. gr. 8. München, M. Rieger. n. 58. 60

7. Von der Abreise Erzherzog Leopolds nach Jülich bis zu den Werbungen Herzog Maximilians v. Bayern im März 1610. Von Fel. Stieve. Bearb. v. Karl Mayr. (XVIII, 417 u. XXI S.) 905. n. 11. 40

9. Der Einfall des Passauer Kriegsvolks bis zum Nürnberger Kurfürstentag. Bearb. v. Ant. Chroust. (XXIV, 912 S.) 903. n. 24. —

10. Der Ausgang der Regierung Rudolfs II. u. die Anfänge des Kaisers Matthias. Von Ant. Chroust. (XXII, 901 S.) 906. n. 23. 20

— u. Akten zur Geschichte des 30jährigen Krieges in den Zeiten des vorwaltenden Einflusses d. Wittelsbacher. 8. u. 11. Bd. Auf Veranlassg. u. m. Unterstützg. Sr. Maj. des Königs v. Bayern hrsg. durch die histor. Kommission bei der königl. Akademie d. Wissenschaften. gr. 8. München, M. Rieger. 49. —

Chroust, Ant., der Reichstag v. 1613. (XXV, 1107 S.) 909. (11. Bd.) 28. —

Stieve, Fel., von den Rüstungen Herzog Maximilians v. Bayern bis zum Aufbruch der Passauer. Bearb. v. Karl Mayr. (VIII, 800 u. XXXIV S.) 908. (8. Bd.) 21. —

Briefe u. Akten zur Geschichte des 30jährigen Krieges in den Zeiten des vorwaltenden Einflusses der Wittelbacher. Neue Folge. Die Politik Maximilians I. v. Baiern u. seiner Verbündeten, 1618—1651. II. Tl., 1. Bd. 1623, 1624. Bearb. v. Walt. Goetz. Auf Veranlassg. u. m. Unterstützg. S. M. des Königs v. Baiern hrsg. durch die histor. Kommission bei d. k. Akad. d. Wissenschaften zu München. (XVII, 680 S.) Lex. 8. Leipzig 907. (B. G. Teubner.) 20. —

Briefe und Akten zur Geschichte Maximilians II. Gesamm. u. hrsg. von W[ilh.] E[berh.] Schwarz. Th. 1. 2. *Paderborn: Bonifacius-Dr. 1889–91.* 2 Bde 8°

1. Der Briefwechsel d. Kaisers Maximilian II. mit Papst Pius V. 1889.

2. Zehn Gutachten über d. Lage d. kath. Kirche in Deutschland ⟨1573/76⟩ nebst d. Protokolle d. deutschen Congregation ⟨1573/78.⟩ 1891. [oo. 9120

Briefe u. Akten

zu der Geschichte d. Religionsgespräches zu Marburg 1529 u. d. Reichstages zu Augsburg. 1530, nach der Handschr. d. Joh. Aurifaber nebst den Berichten der Gesandten Frankfurts a. M. u. d. Regesten zur Geschichte dieses Reichstages hrsg. u. bearb. v. Frdr. Wilh. Schirrmacher. gr. 8. (XIII, 575 S.) Gotha 876. F. A. Perthes. n 12. —

— u. Akten z. Gesch. Wallensteins (1630—34), hrsg. v. Herm. Hallwich, s: Fontes rerum austriacarum.

— u. Aktenstücke z. Gesch. d. Gründung d. Deutsch Reiches (1870—1871), s.: Quellensammlung z. deut. Gesch.

— u. Aktenstücke zur Geschichte Preussens unter Friedrich Wilhelm III., vorzugsweise aus dem Nachlass von F. A. v. Stägemann. Hrsg. v. Frz. Rühl. I., II. u. III. Bd. 2 Thle. (Publication des Vereins f. die Geschichte v. Ost- u. Westpreussen.) gr. 8. Leipzig, Duncker & Humblot. n. 36. —

I. (LXVII, 423 S.) 899. n. 10. —. — II. (LVI, 426 S.) 900. n. 10. —. — III. 1. (III, 368 S.) 902. n. 8. —. — III. 2. (LX u. S. 369—668.) 902. n. 8. —.

— u. Aktenstücke zur Geschichte Preussens unter Friedrich Wilhelm III., Ergänzgn., s.: Aus der Franzosenzeit.

Briefe, Alchymistische, von dem Verfasser der chymischen Versuche zur nähern Erkäntniss des ungelöschten Kalchs ... Hannover 1767. V: *Meyer, Johann Friedrich.* (EB) H: *Andreae, Joh. Gerhard Reinhard.* (Ky)

— d. Braminen Ali an s. Söhne. 8. Coburg, Ahl. 795.

— des Braminen Ali an seine Söhne. 8. Kob. 795. (Riemann). 10 gl.

Briefe des P. Alphonso. Aus dem Französischen. Hamb. 1759. Ü: *Bode, Joh. Joachim Christoph.* (Schr)

Briefe von Altenryf. Schaffhausen 1863 s. Bruhin, C[aspar] A[lois].

BRIEFE von Amanda u. Eduard. 2 Thle. Wien 1817. 8°. (3 Mk., Lesesp., Südd. Antiqu., München, 1907.)

— aus Amerika, s. Köhler.

— üb. Amerika. s. Carll.

Briefe aus Amerika, v. e. Basler Landmann an seine Freunde in d. Schweiz. 8. Basel 806. Flick. (Neukirch). 6 gl.

— über d. öffentl. Andacht. 8. Stend. 784. Franzen u. Gr. 6 gl.

Briefe über die wichtigste Angelegenheit des Menschen ... Leipz. 1784. V: *Cölln, Ludw. Friedr. Aug. v.* (Ky) (MGT)

— über d. wichtigsten Angelegenheiten d. Menschen, (von L.F.A. v. Cölln). 8. Leipz. 784. Gel.-Buchh. 5 ℊ

— über d. Angelegenheiten d. Deutschen bei d. Wiedergeburt ihres Vaterlandes. 2 Hefte. 8. Würzb. 814. Stahel. 16 ℊ

Briefe, Anmuthige und satyrische, in historischen Erzählungen über viele Begebenheiten. Cöln am Rhein [Berlin] 1764. V: *Philippi, J. A.* (Wr)

— anmuthige u. scherzhafte, aus d. Samml. d. Constantin. gr. 8. Basel 770. Schweighäuser 12 ℊ

— d. anonymen, d. Hofgesellschaft u. ihre Opfer. E. ausführl. Studie üb. das Hofleben uns. Zeit m. schließl. Festnagelg. des Autors d. bekannten anonymen Briefe. Von X. Strahl. 8. (III, 80 S.) Hagen 896. H. Risel & Co. n. 1. —

Briefe über Ansbach und dessen Schicksal ... Baireuth [Lübeck] 1803. V: *Krause, Christian Siegmund.* (EngG) (Ky) (MGT) (MS)

— über Ansbach u. dessen Schicksal. 8. Bair. 803. (Grau). 20 ℊ

Briefe über Ansbach von einem Würtemberger ... Grünberg [Nürnberg] 1797. V: *Goess, Georg Friedrich Daniel.* (EngG) (Fiker) (Ky) (MGT) (Wr)

— über Ansbach, (v. G. F. D. Göß.) 8. Grünb. 797. (Bauer u. M. in Nürnb.) 14 ℊ

— von Ansiedlern u. Auswanderern d. arbeit. Klassen in den Niederlassungen d. Neuseeland-Compagnie zu Wellington, Nelson u. Neu-Plymouth. Aus dem J. 1842 u. 1843. Aus d. Engl. v. A. E. Bösewetter. 12. ($13^5/_6$ B.) Grimma 844, Verlags-Comptoir. *

Briefe, antiquarische, von A. Böckh, J. W. Loebell, Th. Panofka, F. v. Raumer und H. Ritter. Hrsg. von Friedr. v. Raumer. gr. 12. (VI und 256 S.) Leipzig 851, Brockhaus. *

— die apokryphen, des Paulus an die Laodiceer u. Korinther hrsg. v. Adf. Harnack, s.: Texte, kleine, f. theologische Vorlesungen u. Übungen. 12.

— die, der Apostel, übers. u. mit Anmerkk. begl. v. S. Chr. G. Küster; mit e. Vorr. v. W. A. Teller. 8. Chemnitz 794. 2e Aufl. gr. 8. Berl. 803. 3e A. 827. Nauck. 1 ℛ

— apostolische, erklärt ꝛc., s. Entwurf e. Geschichte d. Religionsmeinungen.

Briefe, Apostolische, erklärt aus den Religionsmeynungen des ersten Jahrhunderts. Leipzig 1784—87. V: *Leutwein, Lorenz Friedrich.* (Ky) (MGT)

— die apostolischen, übers. v. Struensee, s. Struensee.

— s. auch weiter unten Briefe, katholische.

Briefe über den Appendix zur bittlichen Vorstellung und andre damit verwandte Gegenstände. O. O. 1800. V: *Pelkhoven, Joh. Nepom. Freih. von.* (Ky) (MGT)

— aus d. Archive d. Frau v. Westerloh, die Gesch. Lords Zannthal u. seines Jägers betreff. 8. Dresd. 766. Gerlach. 8 ℊ

Briefe von der baier'schen Armee. Geschrieb. im französ. Feldzuge von einem baier'schen Officiere an s. Oheim A. P. in A. Speyer, bey Jak. Chrn. Kolb 1814. 8°. Saub. Ppb.
VIII—133 S. — Selten!

— von d. Baierschen Armee; geschrieben im französ. Feldzuge von 1813, 14. von e. Baier. Offizier an seinen Oheim. 8. Speyer 815. Kolb. 6 ℊ (Leipz., Joachim). 12 ℊ

Briefe von der baierischen Armee, geschrieben im franz. Feldzuge von 1813—1814, von e. baier. Offizier. .. Speyer, Langsche Buchh. $^1/_6$ ℛ

Briefe der französ. Armee in Aegypten, aufgefangen von den Engländern und auf Befehl der engl. Regierung gedruckt. A. d. Engl. 8. Bayreuth 1799. (Grau) 3,00.

Briefe über das Armenwesen vorzüglich im Kanton Bern. Bern 1833. V: *Fetscherin, Rud.* (Cat. d. Stadtbibl. Zürich. Zürich 1864—97.)

— über d. Armenwesen, vorzügl. im Kanton Bern. gr. 8. (6 B.) Bern 833, [Jenni, Sohn.]

— über d. Art, den Charakter junger Leute zu bilden. 8. Augsb. 799. (Daisenberger in Stadt am Hof). 9 ℊ

Briefe über die vier sogenannten Artikel des französischen Clerus. Aus dem Franz. Frankfurt 1818. V: *Litta, Laur.* (CLZür Forts. II)

— über d. vier sogenannten Artikel d. französ. Clerus. Aus d. Französ. gr. 8. Frankf. a. M. 818. Andreä. 16 ℊ

Briefe über die 4 sogenannten Artikel d. französ. Clerus. A. d. Franz. gr. 8. Frankfurt a. M. Andreä. 819.

Briefe eines Arztes. Hamb. 1777. V: *Nootnagel, Daniel.* (Schr)

— e. Arztes an e. Arzt, über d. untrügl. Kraft d. hermetischen Balsames in Podagra, in d. Gicht ꝛc. 8. Frankf. a. M. ... Hermann. 3 ℊ

— eines Arztes über den ärztlichen Beruf und die Heilkunde an einen jungen Freund, als er Medicin studiren wollte. gr. 12. Leipzig 842, Fr. Fleischer. n. $^1/_2$ ℛ

— e. Arztes an e. Frauenzimmer, oder Regeln d. Kunst, die Gesundheit u. Schönheit zu erhalten. Aus d. Engl. 8, Leipz. 771. Schwickert. 8 ℊ

— e. Arztes an verheirathete Frauenzimmer. Aus d. Engl. 8. Leipz. 768. Weidmann. 8 ℊ

— e. Arztes an seinen Freund, (v. Er. Platner). 2 Thle. 8. Lpz. 771, 72. (Hahn). 1 ℛ 4 ℊ

Briefe über jetzt lebende Aerzte, von einem reisenden Arzt aus der Schweiz. O. O. 1794. V: *Rengger, Albrecht.* (CLZür Forts. III)

üb. jetztlebend. Aerzte. 8. Felisch. 794.

— über jetzt lebend. Aerzte. 8. 794. (Leipz., Wienbrack). 6 ℊ

Briefe über einige jetztlebende Schweitzerische Ärzte ... O. O. [Berlin u. Leipzig] 1795. V: *Rengger, Joh. Albrecht* [?] (NN) (MGT) (Choulant)

Briefe einiger Ärzte in Italien über das Pellagra. Aus dem Ital. übersetzt von Julius Heinrich Gottlieb Schlegel. Jena 1807. V: *Perinetti & Cerri.* (EngM)

— an Aerzte u. Weltweise über Bedürfnisse d. Zeitgenossen, (v. A. Gli. Weber). 2 Thle. 8. Halle 787, 88. Hendel. 1 ₰ 4 gr

Briefe Jonathan Ashleys in Deutschland geschrieben und aus dem Engl. übersetzt. Bern [Leipzig] 1782. Ü: *Planck, Gottlieb Jacob.* (GGr)

— Jonath. Aschley's, in Deutschl. geschr., a. d. Engl. 8. Leipz. F. C. W. Vogel. 782.

BRIEFE, Asiatische, im teutschen Kleide. Frankf. 1763. 8°. 8 Bog.
Cat. Meissner I.

Briefe, Asmodi's entwendete, moralischen und satirischen Inhalts. Frankfurt und Leipzig 1783. V: *Geisler, Adam Friedrich.* (Ky) (MGT)

Briefe, ästhetisch-politische, v. e. Aesthetiker. 2. [Titel-] Aufl. 8. (104 S.) Hann.-Münden (896) 897. R Werther. n. 2. —; geb. n. 3. —

Briefe, Atheniensische, über die Geschichte ... der alten Welt; aus dem Englischen. Leipzig 1799—1800. Ü: *Jacobs, Chn Friedrich Wilh.* (Ky) (MGT) (AarK)

Atheniensische Briefe über Geschichte, Sitten — der alten Welt. Aus dem Engl. von F. Jacobs. Leipzig 799. 800. 2 Thle. 8. Fritsch

— Atheniensische, über d. Geschichte, Sitten, Wissensch. u. Künste d. alten Welt; aus d. Engl. (v. Fr. Jacobs). 2 Thle, mit Kpf. u. 1 Karte. gr. 8. Leipz. 799, 800. (Hahn). 6 ₰ Hbg. Pr. 3 ₰

Briefe des Attikus oder Betrachtungen über kathol. Religion und Protestantismus von einem engl. Protestanten. Ins Deutsche übers. von Philipp Müller. Würzb. 1834. V: *Fitz-William, Richard Lord.* (Gla I, 2, 666)

—— des Atticus, od. Betrachtungen üb. kathol. Religion u. Protestantism. v. e. engl. Protestant. Ins Deutsche übers. v. Phil. Müller. 2. Aufl. gr. 8. (3½ B.) Würzburg 834, Stahel.

Briefe des Attikus, od. Betracht. üb. kathol. Religion u. Protestantismus, v. e. engl. Protestant.; übs. v. Ph. Müller. 2e Aufl. gr. 8. Würzb. 1835. Stahel'sche Buchhandlung. 5 Ngr. — 18 kr.

— üb. Fichte's Aufenthalt in Jena, seinen Charakter als Mensch ꝛc. betr. Mit Kpf. 8. Erf. u. (Gotha) 799. Hennings. 18 gr

—— über F. Liszt's Aufenthalt in Ungarn, vom Ritter v. S. gr. 8. (1½ B.) Berlin 843, Schlesinger'sche Buchh.

Briefe über die Aufführung von Lanassa in einem Hessischen Städtchen. [Leipzig 1791.] V: *Cuhn, Ernst Wilh.* (MGT)

— neu aufgefangene, aus Aegypten u. officielle Berichte über d. Zustand d. dortigen französ. Armee ꝛc. A. d. Französ. 8. Hamb. 800. (A. Campe). 8 gr

— — dies. 8. Hamb. Villaume. 799.

Aufgefangene Briefe der französ. Armee. (Deutsch u. franz.) 8. Leipzig 1814.

—— aufgefangene, des Kurfürsten von Hessen-Kassel a. D. und der Fürstin von Hanau. gr. 8. (8 S.) Berlin 866, Kießling.

Briefe, Aufgefangene, von der Staats- und gelehrten Welt. Wahrenberg [Leipzig] 1699—1703. V: *Stubel, A.* (Wr)

Aufgefangene Briefe durch d. leichten Truppen d. verbündeten Heere. Frz. u. deutsch. (113.) 8. s. l. 1813.

Briefe, aufgefangene, durch die leichten Truppen der verbündeten Heere. Franz. u. Deutsch. 8 Leipz. (Kunst u. Ind. Comt. in Amst.) 813.

— aufgefangene, durch d. leichten Truppen d. verbündeten Heere. Französ. u. deutsch. 8. Leipz. 814. Brockhaus. 10 gr

BRIEFFE, AUFGEFANGENE, welche zwischen etzlichen curieusen Personen über den ietzigen Zustand der Staats und gelehrten Welt gewechselt worden. [Hrsg. von A. Stübel]. 3 Ravagen, bestehend aus je 12 unterschiedenen Pacqueten, nebst einem vollständigen Register. *Mit 30 Kupfern.* Wahrenberg, bey Joh. G. Freymunden (Leipzig, Groschuff), 1699—1703. 8°. 1232 S., XXI Bl.; 1173 S., XXV Bl.; 1149 S., XXV Bl. In 3 Pgtbdn. d. Z.
Forts. unt. d. T.: Der neubestellte Agent.

— aufgefund., von d. Geheimnissen d. falschen Spieler. 8. Frkf. u. Leipz. 768. Müller. 4 gr

— aufgef., einig. Generalseminarist. z. Löwen. gr. 8. Löwen, Kleinmeyer. 780.

— aufgef., üb. d. neue Gesangbuch für Preuß.-Schlesien. 8. Sorau 801. Ackermann. 8 gr

Briefe über Aufklärung. [Schwerin 1788—90.] V: *Dietz, Johann Christian Friedrich.* (MGT)

Briefe der Aufklärung. Enthüllungen aus dem Leben der Gräfin v. Montignoso. (46 S.) 8. Dresden (906). Verlag der Sachsenstimme. n. — 50

Briefe eines Augenzeugen über den Feldzug der Oesterreicher in Italien. 8. Tübingen 1798.

Briefe eines preussischen Augenzeugen über den Feldzug des Herzogs von Braunschweig gegen die Neufranken v. J. 1792. Germanien [Hamburg] 1794. V: *Bispink, F. H. & Friedrich Christian Laukhard.* (HS) (Ky) (Serap) (Wr) (GGr) »Germanien [Altona] 1793—96.« V: (Pack 1—2) *Laukhard, Friedr. Christian.* (ADB) (3—4): *Bispink, Franz Heinr.* (Rass)

Briefe eines preuß. Augenzeugen über d. Feldzug des Herzogs v. Braunschweig gegen die Neufranken i. d. J. 1792—1795. (Von F. H. Bispink u. F. Ch. Laukhard.) 2. Aufl. Pack 1—7. Germanien (-Hamburg) 1794—1798.
(s. a. Campagne du duc de Brunswick en 1792.)

— e. Preuß. Augenzeugen über d. Feldzug d. Herzogs v. Braunschweig 1792. (v. Laukhard). 7 Thle. 8. Hamb. 794—97. (Herold jun.)(Vollmer) 5r—7r Thl. A. u. d. T.: neue Briefe über d. Feldzug ꝛc. 3 Thle. 1 ₰ 14 gr)

Briefe eines Augenzeugen der griechischen Revolution v. J. 1821. Halle 1824. V: *Çantacuzeno, Alex.* (Hauptkat. d. Univ.-Bibl. Tübingen. F. Nachtr. 1.)

Briefe eines Augenzeugen der griechischen Revolution vom Jahre 1821. Nebst einer Denkschrift des Fürsten Georg Cantacuzeno über die Begebenheiten in der Moldau und Walachai in den Jahren 1820 und 1821. Mit Rigas Portrait. (Renger) 8. Halle 1821.

Briefe eines Augenzeugen der griechischen Revolution v. J. 1821; nebst e. Denkschrift des Fürsten Kantakuzenos über die Begebenheiten in der Moldau u. Walachei 1820 u. 1821. 8. Halle 1825. 3,00.

Briefe von und über Augsburg (von *Carl Hermann Hemmerde*). Hof 1789. 8°.
Auch Jesuiten- und Mönchswesen betreffend. — Anon.-Lex. I. p. 270 (nach Kayser, Schröder, Meusel); Auction Frhr. v. Speck-Sternberg. Lpz. 1857. S. 246.

— von u. über Augsburg, d. Jesuiten u. Mönchsfreunden Gedike, Biester u. Nicolai gewidmet (v. K. H. Hemmerde). 8 Hof 789. Grau. 8 gl (Leipz., Wienbrack). 9 gl

— üb. Augsburg d. Jesuit. u. Mönchsfreund. Gedicke, Biester u. Nicolai gewidm. 8. Hof, Grau. (Mayr, Salzburg.) 789.

— zu Ausbildung d. Gemüths, s. Chapone.

— auserles. engl. u. deutsch. 8. 725.

— ausgewählte, deutscher Männer und Frauen. Hrsg. von H. Kletke. gr. 8. (VIII und 448 S.) Berlin 860, Hasselberg'sche Verlagsh. 2 Thlr.; geb.

— ausgewählte, v. u. an Ludwig Feuerbach. Zum Säkulargedächtniss seiner Geburt hrsg. u. biographisch eingeleitet v. Wilh. Bolin. 2 Bde. (X, 317 u. VI, 373 S. m. 1 Stahlst.-Bildnis.) gr. 8. Leipzig 904. O. Wigand n. 13.50

— ausgewählte, von u. an Chr. A. Lobeck u. K. Lehrs, nebst Tagebuchnotizen. Im Auftrage des Vereins f. die Geschichte v. Ost- u. Westpreussen hrsg. v. Arth. Ludwich. 1802—1878. 2 Thle. (Publication des Vereins f. die Geschichte v. Ost- u. Westpreussen.) gr. 8. (XII, 1049 S.) Leipzig 894. Duncker & Humblot. n. 16.—

Briefe, ausgewählte, aus Ciceronischer Zeit. Hrsg. v. C. Bardt. Text. gr. 8. (VI, 238 S. m. 1 Karte.) Leipzig 896. B. G. Teubner. Geb. n. 1.80

— dasselbe. Kommentar. I. Brief 1—61. gr. 8. (XXXIX, 236 S. m. Fig.) Ebd. 898. n. 1.80

— dasselbe. Hilfsheft: Zur Technik des Übersetzens. gr. 8. (IV, 67 S.) Ebd. 901. n. —60

— ausgewählte, aus Ciceronischer Zeit. Hrsg. v. C. Bardt. Kommentar. II. Brief 62—114. gr. 8. (S. 237—498 m. Fig.) Ebd. 900. n. 1.60

— ausgewählte, aus Ciceronischer Zeit. Hrsg. v. C. Bardt. Kommentar. Verkürzte Ausg. (XXII, 304 S. m. Abbildgn.) 8. Leipzig 905. B. G. Teubner. Geb. n. 2.40

— ausgewählte, aus Ciceronischer Zeit. Hrsg. v. C. Bardt. Text m. 1 Karte. 3. Aufl. (VI, 238 S.) 8. Leipzig 910. B. G. Teubner. Geb. 1.80

— e. deutsch. Ausgewanderten a. Nordamerika, s. Hupfeld.

Briefe eines hamb. Ausgewanderten im Anfange des Jahres 1814. V: *Beneke, Ferdinand.* (Schr)

— eines nach Texas Ausgewanderten, s. Für Auswanderungslustige.

— über d. Aeußerungen Bonaparte's. 8. Frkf. a. M. 804. (Guilhaumann). 6 gl

BRIEFE des Lord Austin von N. an den Lord Humfrey von Dorset seinen Freund. Aus dem Französischen übersetzt. 2 Thle. Breslau, W. Korn, 1770. 8°. (In Berlin: Xy 5252, 1 vol.)
Orig.: Dühren no. 4—4b.

— aus u. üb. Australien. Hrsg. zu Gunsten hilfsbedürftiger Auswanderer v. J. G. F. Nietsch. gr. 8. (18 S.) Bautzen 848. (Reichel.) n. 1/12 ℳ

Briefe über die Auswanderung der Unterthanen, besonders nach Russland. 8°. Frankfurt 1768. 8°. Gotha 1770.

Briefe und Auszüge aus Briefen 1791. O. O. [1791]. V: *Lavater, Joh. Casp.* (Zuwachsverz. d. Bibl. Zürich 1898 ff. 6.)

Briefe und Auszüge aus Briefen von Joh. Phil. Becker, Jos. Dietzgen, Friedrich Engels, Karl Marx u. A. an F. A. Sorge und Andere. Stuttgart: J. H. W. Dietz Nachf. 1906. (X, 422 S.) 8° [F.] 1.6.1906

Briefe, Authentische, des Hauptmanns von Arenswald ... Frankf. und Leipzig 1782. H: *Küttner, Carl Gottfried.* (KY) (ML)

— authent., des Hauptm. v. Arenswald, der sich d. 29 Sept. 1781 erschoß; nebst d. Geschichte seines Todes, 8. Danz. 782. Jakobäer. (Aue in Alt.) 2 gl

Briefe über das Radeberger Bad ... Dresd. 1790. V: *Gumprecht, Engelmann Gottlieb.* (MGT) (MS)

— üb. d. Radeberger Bad. 8. Dresd. Richter. 790.

— über Baden. Gotha ... Ettinger. 12 gl

Briefe über die Markgrafschaft Baden. O. O. 1788. V: *Herzog, Ernst Sigm.* (BaBb) (Mitth. A. Rosenbaum.)

Briefe, Baltische. Leipzig 1846. V: *Meyer, Eduard.* (BrVV)

— baltische. 2 Thle. 8. (30⅓ B.) Leipzig 846, Brockhaus. *

Briefe aus Bamberg über das Wundervolle, welches ... Fürst Alexander von Hohenlohe, im Baierischen Franken unternahm. [Erlangen] 1821. V: *Hornthal, Franz Ludw. v.* (KY)

— aus Bamberg üb. d. Wundervolle, welches d. geistl. Herr, Fürst Alexander v. Hohenlohe, im Baier. Franken unternahm. 4 Liefergn. 8. 821. (Erlang. Palm u. E.) 14 gl

— e. Bankdirektors an seinen Sohn. Einblicke in das Bank-, Finanz- u. Börsenleben v. Argentarius. (110 S.) gr. 8. Berlin-Charl. 909. Bank-Verl. 2.80

Briefe e. Bankdirektors an s. Sohn. Einblicke in d. Bank-, Finanz- u. Börsenleben v. Argentarius. Neuer Bd. (137) gr8° Berl., Bank-Verl. '10. (2.80) 1 — d

— dass. Briefe v. Febr. '10 bis März '12. (3. Bd.) (1—10. Taus.) (112) gr8° Ebd. '12. 1 — d

Briefe eines Baslers ... während des Vilmerger Krieges von 1712 ... O. O. [1867]. V: *Bartenschlag, Leonh.* (Cat. d. Stadtbibl. Zürich. Zürich 1864—97.)

— eines Baiern, über d. Gewalt d. Bischöfe, Erzbischöfe u. d. Papstes rc. 4. Münch. 787. J. Lindauer. 9 gr

— ein. Bayern üb. d. Macht d. Pabstes. 8. Nnbg. Grattenauer. 770.

— e. Baiern, über d. Macht d. Kirche u. d. Papstes, (v. A. Zaupser). 8. Nürnb. 770. Lochner. 8 gr Zusätze e. kathol. Franken, (A. Zipsers) zu d. Briefen rc. 8 772. 8 gr

— e. Baiers über d. Verfassungsurkunde, das Gemeindewesen d. gutsherrl. Gerichtsbarkeit, d. Landgerichtsverfassung, d. privileg. Instanz u. Siegelmäßigkeit, als Beitrag zur Baier. Gesetzgebung. gr. 8. Münch. 818. Lentner. 8 gr

— eines Baiers über die Verfassungsurkunde, das Gemeindewesen der gutsherrlichen Gerichtsbarkeit, die Landgerichtsverfassung, die privileg. Instanz und Siegelmäßigkeit, als Beytrag zur baierschen Gesetzgebung. gr. 8. München, Lentner. (Leipzig, Hartmann in Com.) 819.

Briefe, Bayreuther. Augenblicksbilder aus den Tagen der Patronatsaufführungen des „Parsifal". 1. und 2. Aufl. 8. (IV, 54 S.) Leipzig 882, Schloemp. *

Briefe, Bayreuther. Augenblicksbilder aus den Tagen der Patronatsaufführungen des „Parsifal". 2. Aufl. 8. Leipzig 882. Hannover, Oertel. *

Briefe, Bayreuther. Augenblicksbilder aus den Tagen der Patronatsaufführgn. d. „Parsifal". 2. Aufl. 8. (IV, 54 S) Leipzig 883. Schloemp. n. 1. —

Briefe zur Beförderung der Humanität von noch lebenden Gelehrten. 1. u. 2. Bd. Göttingen 864. Deuerlich in Comm. 8. n. 1 ₰ 20 ngr.
1. Bd. (IV, 192 S.) n. 20 ngr — 2. Bd. (XXXII, 120 S. u. 3 Tab. in Fol.) n. 1 ₰

Briefe zur Beförderung des katechetischen Studiums. Berlin 1794—98. V: *Wilmsen, Friedrich Philipp.* (BrMm) (Ky) (MGT) (winer)

— zur Beförderung d. katechet. Studiums, (v. F. P. Wilmsen). 2 Bde. 8. Berl. 794, 98. (Reimer) (Lange) (2r Bd. A. u. d. T.: neue Briefe rc.)

— über d. Begebenheiten d. jetzigen Kriegs. 8. Frankf. u. Leipz. 759. (Gosohorsky in Bresl.) 4 gr (Meyer in Bresl.)

Briefe über einige merkwürdige Begebenheiten in der heutigen gelehrten Welt. Hamburg 1772. V: *Goeze, Johann Melchior.* (schr) (Mitth. A. Rosenbaum.)

Briefe u. Beichte einer Heiratslustigen. (76 S.) 8. Werdohl 905. W. Scholz. n. 1. —
Aus dem Buchhandel zurückgezogen.

Briefe eines Beichtvaters an seinen katholischen Fürsten ... [Hadamar 1803]. V: *Werkmeister, Benedict Maria Leonhard von.* (MGT)

Briefe von einem Bekannten an eine Unbekannte. Wien 1884. V: *Wolf, Adam.* (EB)

Briefe des Herzogs v. Belleisle an den Marschall v. Contades. d. Franz. 8. Frankfurt u. Leipzig 1759.

— des H. Marsch. v. Belleisle an d. Marsch. Contades, a. d. Franz. 8, Berlin. 760.

Briefe oder Bemerkk. e. jungen Baiern über Wien, auf e. Reise durch Deutschland. 8. Leipz. 804. Baumgartner. 1 ₰

— od. Bemerk. eines Fr. des Rechts rc. üb. d. neue Einricht. des Religionswesens in Frankr. rc. 8. Osnabr. Blothe. 803.

— u. Bemerkk. eines Freundes des Rechts rc. über d. neue Einrichtung d. Religionswesens in Frankreich rc. 8. Osnabrück 803. Neue Aufl. 8. Elberf. 811. Mannes. 8 gr (Lpz., André). 4 gr

Briefe August Bemmchens in Kamerun an die Redaction d. „Dresdener Stadtblatt", v. Mikado, s. Eckstein's 50Pfennig-Bibliothek.

Briefe August Bemmchens in Kamerun an die Redaction des „Dresdener Stadtblatt", hrsg. von Mikado. 2. Aufl. 8. (55 S.) Berlin 885, Eckstein Nachf. *

—— Benedicts XIV an den Canonicus Francesco Peggi in Bologna [1727—1758], nebst Benedicts Diarium des Conclaves von 1740, hrsg. von Frz. Xav. Kraus. 8. (XIV, (189 S.) Freiburg i. Br. 884, Mohr. *

—— dass. — Anhang zur 1. Ausg. 8. (S. 191—308.) Ebendas. 888. *

—— Benedict's XIV. an den Canonicus Pier Francesco Peggi in Bologna [1729—1758], nebst Benedict's Diarium des Conclaves von 1740, hrsg. von Frz. Xav. Kraus. 2. Ausg., verm. mit Flaminio Scarselli's Biographie des Papstes und einer Bibliographie seiner Werke. 8. (XX, 308 S. mit den Bildnissen des Papstes und des Canonicus Francesco Peggi.) Freiburg i. Br. 888, Mohr. *

Briefe über die Benediktspredigt. O. O. [17??] V: *Schuhbauer, Joach.* (MGT)

Briefe eines aufmerksamen Beobachters über England. Aus dem Französischen von K. Hammerdörfer. Weissenfels 1788. V: *Cambry, Jacques.* (EngG)

— e. aufmerks. Beobachters über England. 2 Thle. Aus d. Französ. v. K. Hammerdörfer. gr. 8. Weißenfels 788. Böse. (Lpz., Weygand). 20 gr Schrbp. 1 ₰

Briefe, ein. aufmerksam. Beobachters üb. England. 2 Thle. a. d. Franz. gr. 8. Weißenfels, Severin. 788.

— u. Berichte des Generals u. der Generalin v. Riedesel, während des nordamerikanischen Kriegs in den Jahren 1776 bis 1783 geschrieben. gr. 8. (305 S.) Freiburg i/B. 881. Mohr. n. 6. —; geb. n. 7. —

Briefe zur Berichtigung der vertrauten Briefe üb. d. Fürstenthum Baireuth . . ., s. Briefe, Vertraute, . . .

Briefe aus Berlin. Hanau 1832. V: *Steinmann, Friedrich Arnold.* (GGr) (Rass)

—— aus Berlin. Geschr. im J. 1832. 2 Thle. gr. 12. (17 B.) Hanau 832, König.

— üb. Berlin. 1te Samml. 8. Berl. Felisch. 798.

— über Berlin. 1e Samml. (v. Wlf. Davidson). 8. London (Berl.) 798. (Leipz., Wienbrack). 8 gr

— aus Berlin, üb. verschied. Paradoxa dieses Zeitalters an d. Verf. d. Briefe aus Wien (Jh. Friedel), (angebl. v. K. A. Pilati). 2 Thle. 8. Bresl. 784. J. F. Korn. 8 gr Beilage zu diesen Briefen. 8. Leipz. 784. Graffé. 4 gr

Briefe aus Berlin über verschiedene Paradoxe dieses Zeitalters, an den Verfasser der Briefe aus Wien. Berlin u. Wien 1784 [Breslau]. 2. verb. Aufl. Berlin u. Wien 1784. 3. Aufl. 1784. 4. Aufl. 1784. 5. Aufl. 1784, 2. Theil 1785. V (1): *Pilati Tassulo, Carlo Antonio.* (2): *Steinsberg, Carl Frz. Guolfinger Ritter von.* (Gustav Gugitz: Johann Friedel, S. 225) (Ueber Wiens Autoren 1785 S. 82) (Gräffer, Franz: Josefinische Curiosa 4/238) (Briefe über den gegenwärtigen Zustand der Literatur in Oesterreich, S. 117) (Der deutsche Zuschauer. O. O. 1785/8. 8. Bd., S. 172) (Petzek S. 28) (Ky 1/347) (Wr S. 124)

Briefe aus Berlin über verschiedene Paradoxe dieses Zeitalters (von *Carlo Antonio Pilati di Tassulo*). An den Verfasser der Briefe aus Wien an einen Freund in Berlin. Berlin und Wien (Breslau) 1784. 8°. XVI, 342 S. (10 Mk. E. Frensdorff, Berlin, 1907; 7 Mk. 50 Pfg. L. Rosenthal, 1907.)
Anon.-Lex. I. p. 261.
„Hauptsächlich gegen Friedel (den Verfasser der Briefe aus Wien) gerichtete Schrift, dessen unwürdige Anspielungen (!) gerügt werden u. dem das Talent, Joseph's II. Biograph zu sein, abgesprochen wird."
Dasselbe. 4. verbess. Auflage. Ebd. 1785. 8° XVI u. 384 S. (6 Mk. E. Frensdorff, 1906.)
Dasselbe. 5. mit einer besonderen Vorrede u. mit kritischen Anmerkungen stark vermehrte Auflage. Mit Titelvign. Ebd. 1784. (!) 8°. (6 Mk. Paul Graupe, Berlin, 1911:)

— aus Berlin über Wien, (v. . . . Friedel u. Ritter v. Steinsberg). 2 Thle. 8. Wien.

Berliner Briefe. Für d. Gesellsch. d. Bibliophilen z. 18. Dec. 1904 in Druck gegeben von Carl Schüddekopf. Als Hs. gedr. (*Weimar 1904: Hof-Buchdr.*) (8 S.) 8° [F.]

— von u. an Michael Bernays. Mit 1 Bildnis. (XIV, 220 S.) 8. Berlin 907. B. Behr's Verl. 2.—; geb. 8.—

Briefe, Berner. (Herausg. von *Joh. Dierauer.*) Dem Historischen Verein des Kantons Bern zur Feier seines 50-jähr. Bestehens dargebracht vom Historischen Verein des Kantons St. Gallen am 21. Juni 1896. Gr. in-8°. 16 S. St. Gallen, Zollikofer'sche Buchdruckerei. 1896
*** Nicht im Handel.

— der Generalin Bertrand, s. Bertrand.

— üb. d. Bibel. s. K. F. Bahrdt.

Briefe über die Bibel im Volkston; eine Wochenschrift... Halle 1782—83. H: *Bahrdt, Carl Friedrich.* (BrMm) (Ky) (ML) (GGr)

— über d. Bibel im Volkston; e. Wochenschrift von e. Prediger auf d. Lande, (Karl Fr. Bahrdt). 6 Thle. 8. Berl. 782 u. 86. Mylius. 2 Thlr 6 gr. Fortsez., s. Ausführung.

Briefe eines Biedermanns an einen Biedermann über die Freymaurer in Wien. München [Wien] 1786. V: *Hoffmann, Leopold Alois.* (Ky) (MGT) (WBL) (Wr)

— e. Biedermanns an e. Biedermann, über d. Freimaurer in Wien, (v. L. A. Hoffmann). 8. Wien 786. Wucherer. 5 gr.

— u. Bilder aus Alsterdorf. 15.—17. Jahrg. 1891—1893. à 5—6 Nrn. (Bog.) 12. Norden, (D. Soltau). à Nr. —15

Briefe u. Bilder aus Alsterdorf. 19. Jahrg. 1895. 5—6 Nrn. (à ca. 24 S.) 12. Norden 895. (D. Soltau.) à Nr. —15

Briefe zur Bildung des Geschmacks an einen jungen Herrn von Stande, s. Dusch, Johann Jacob.

Briefe zur Bildung des Landpredigers. Hof u. Leipz. 1785—90. V: *Kiessling, Johann Georg Gottfried.* (Fiker) (Ky) (MGT) (Adel) »der Landprediger« (Winer)

— zur Bildung des Landpredigers, (v. J. G. G. Kiessling). 3 Thle. 8. Hof 785—90. (1r, 2r Thl. 2e A. 788.) (Barth in Lpz.) 3 Thlr

— zur Bildung d. Verstandes u. Herzens. 8. Nürnb. 767. Bauer u. Raspe. 16 gr.

Briefe u. Blätter von Frau Therese. Hersg. von K. v. Holtei. Hamburg 868. J. F. Richter. gr. 8. (XXVI, 268 S.) n. 1 Thlr

— u. Blätter v. Frau Therese. Hrsg. v. K. v. Holtei. 2. Aufl. gr. 16. (XXXXII, 267 S.) Hamburg 874. Richter. n. 3. --

Briefe über das Blatterbelzen, dem Parlamente von Paris gewidmet. Altona 1765—66. V: *Hensler, Philipp Gabriel.* (EngM) (Ky) (MGT)

— über das Blatterbelzen, (v. Ph. G. Hensler). 2 Thle. 8. Alt. 765, 66. Iversen. 22 gr.

Briefe, blitzblaue. Absender: G. Davis. 1. Brief: An die hochweisen Herren Clericalen in Oesterreich. 8. (30 S.) Wien (IX/1, Hahngasse 12), Administration. '01

Briefe, blitzblaue. Absender: G. Davis. 2. Brief: An die sehr gescheidten Herren Juden in Oesterreich. (31 S.) 8. Wien (IX/1, Hahngasse 12) '01, Administration. —. 20.

Briefe, blitzblaue. Absender: G. Davis. 3—5. Brief. 8. Wien (IX/1, Hahngasse 12), Administration. 1902 Je —. 20.
3. An Seine Hoheit den Herrn Staat in Oesterreich. (31 S.) — 4. An meine vielen, vielen Herren Mitnarren in Oesterreich. (31 S.) — 5. An die sehr geschätzten Herren Ausgleichs-Schwoben in Oesterreich. (36 S.)

Briefe über Blumen und Früchte für Zeichner ... Dresden u. Pirna 1800-01. V: *Seyfried, Carl Hnr.* (MGT)

— der Schweizer: Bodmer, Sulzer, Geßner; a. Gleims liter. Nachl. herausg. v. W. Körte rc. 8. Zürich, Geßner. 804. (a. u. d. Tit.: Briefe deutsch. Gelehrten; a. Gleims literar. Nachlasse herausgegeb. v. W. Körte; 1r Bd.)

—— bonner, über den Entwurf des Strafgesetzbuchs für die preuß. Staaten von 1847. (Von Ed. Böcking.) gr. 12. (VIII und 76 S.) Bonn 848, Marcus.

—— des jungen Börne, s. Börne.

— bosnische, s.: Sammlung zeitgemäßer Broschüren. Nr. 35.

Briefe, Einige, über Brandenburg, Potsdam und Berlin ... [Halle 1797.] V: *Voss, Christian Daniel.* (MGT)

Briefe über Brasilien. 1) Sklavenhandel, 2) Behandlung der Sklaven, 3) Auswanderung nach Brasilien und Colonisation daselbst. 8°. Frankfurt a. M., Hedler, 1857 (Mainz, Kirchheim). 58 S.

— einer Braut aus der Zeit der deutschen Freiheitskriege 1804—1813. Hrsg. von Edith Freiin v. Cramm. 1. bis 5. Aufl. (à XIII, 234 S.) 8. Berlin 905. E. Fleischel & Co. n. 4.—; geb. n. 5. 50

(Griesheim, Philippine v.), Briefe einer Braut aus der Zeit der deutschen Freiheitskriege 1804—1813. Hrsg. von Edith Freiin v. *Cramm*. 2. Aufl. Berlin 1905. 8°.

Briefe aus Breslau oder Beiträge zur Erklärung der 10 Briefe aus Österreich. Breslau 1784. V: *Hoffmann, Leopold Alois.* (GGr IV, 222) (Mitt. G. Hertzfeld.)

— aus Breslau, od. Beitrr. zur Erklärung d. zehn Briefe aus Oesterreich. 8. Bresl. 785. (J. F. Korn). 8 gr 141 S.

— über, überhaupt u. Briefstyl insbesondere; einige Bemerkk. u. Regeln f. Anfänger. Hintennach e. Aufsatz üb. deutsche Titulatur rc. 8. Götting. 779. Dieterich. 2 gr

— aus d. Bade Brückenau. Von e. Kurgäste. 8. Frkf., (Sauerländer). 5 gr

Briefe aus dem Bade Brückenau. Von einem Kurgaste. Frankfurt a. M. 1825. V: *Martin, H. von.* (BMarsch 814)

— eines Bruders an seine Schwester, üb. d. gewöhnlichen Vorfälle d. menschlichen Lebens, a. d. Engl. 8. Altenburg. (Academ. Buchh. in Jena.) 776.

— eines Bruders an seine Schwester, über d. gewöhnl. Vorfälle d. menschl. Lebens; aus d. Engl. 8. Altenb. 776. (Hennings in Neisse). 8 gr

— zweener Brüder Jesu in unserm Kanon, (v. J. G. v. Herder). gr. 8. Lemgo 775. Meyer. 4 gr

Briefe v. u. an Heinrich **Bulthaupt**. Hrsg. v. Heinr. Kraeger. (5, 18, 642) 8° Oldenbg, Schulze '12. 6 —; geb. 7 — d

Briefe an [Christian Carl Josias] Bunsen von römischen Cardinälen und Prälaten, deutschen Bischöfen und anderen Katholiken aus den Jahren 1818 bis 1837 m. Erl. hrsg. v. Fr[anz] Heinrich Reusch. *Leipzig: F. Jansa 1897.* (XLII S., 1 Bl., 253 S.) 1 Bd 8. [97. 3307

— eines deutschen Bürgers. (Von Otto Wigand.) 1. Heft. Nr. 1—12. 32. (99 S.) Leipzig 851, O. Wigand.

— deutsch. Burger üb. d. Betr. d. Franzos. 1796. 8. Müller, C. 797.

Briefe von und an Gottfried August **Bürger**. Ein Beitrag zur Literaturgeschichte seiner Zeit. Aus dem Nachlasse Bürger's und anderen, meist handschriftlichen Quellen hrgg. v. Adolf Strodtmann. Berlin. 1874. 8°

Bd. 1: Briefe von 1767—76.
Bd. 2: Briefe von 1777—79.
Bd. 3: Briefe von 1780—89.
Bd. 4: Briefe von 1790—94.

Briefe von und an Gottfried August Bürger. Ein Beitrag zur Literaturgeschichte seiner Zeit. Aus dem Nachlasse Bürger's und anderen, meist handschriftl. Quellen hrsg. von Adf. Strodtmann. 4 Bde. gr. 8. (XX, 387; VIII, 376; VIII, 316; VI, 344 S.) Berlin 874, Gebr. Paetel. *

— ein. protestant. Trebnitz. Bürgers, üb. d. Stift Trebnitz rc. 8. Bresl. 805. Barth. (Holäufer). 6 gr

— der Miß Fanny Buttler; aus d. Französ. (v. Chr. F. Weiße). 8. Leipz. 758.

— der Miß Fanny Buttler an Karl A. v. Kaitonbridge; aus d. Französ. 8. Nürnb. 788. Zeh. 8 gr

Briefe Cäciliens an Julien. Ein Roman aus d. Franz. Frankfurt 1764. V: *Farmain de Rosoi, Barnabé.* (BGE I?, 456)

BRIEFE Cäciliens an Julien. Ein Roman. Aus d. Französ. des *Durosoi* von Joh. Gottfr. Gellius. Frankf. 1764. 8°.

— Cäciliens an Julien; aus d. Französ. 8. Leipz. 764. Weidmann. 16 gr

Cäciliens Briefe an Lilla; e. Handb. f. Bräute, Gattinnen u. Mütter. *Tüb.*, Cotta. 805. 2 Bde. 8° 1 ß 16 gr

Briefe, Carie's, an ihren Freund; Erfahrungen einer Amerikanerin in einer kleinen preussischen Garnisonstadt. Braunschweig 1904. V: *Hemmann, Ernst.* (Zuwachsverz. d. Bibl. in Zürich 1898 ff.)

Briefe, Carle's, an ihren Freund. Erfahrungen einer Amerikanerin in einer kleinen preussischen Garnisonsstadt. Neue Ster.-Aufl. Braunschweig 1904. V: *Hemmann, E.* (BerlZu 1917, I, 177)

—— von Chamisso, Gneisenau, Haugwitz, W. von Humboldt, Prinz Louis Ferdinand, Rahel, Rückert, L. Tieck u. a., nebst Briefen, Anmerkungen und Notizen von Varnhagen von Ense. Aus dem Nachlaß Varnhagen's von Ense. 2 Bde. gr. 8 (X und 667 S.) Leipzig 867, Brockhaus. *

— üb. d. Charakter u. d. Pflicht e. evangel. Predigers, (v. Gli. Merkel). 1r Thl. 8. (Berl.) 756. Voß. 10 gr

— üb. d. Charakter u. d. Pflicht e. evang. Predigers. 1r. Thl. 8. Berl. Voß. 766.

— Charaktere u. Gedanken des Prinzen von Ligne, s. Stael-Holstein.

Briefe, Chemische, an ein Frauenzimmer . . . Leipzig 1795—99. V: *Hochheimer, Carl Friedrich Aug.* (Ky) (MGT)

— chemische, an e. Frauenzimmer, (v. K. F. A. Hochheimer). Mit Kpf. 2 Thle. gr. 8. Leipz. 795—99. Meyer. 4 ß 20 gr

— e. Christen in Ostfriesland, während d. Kriegs v. 1756—1763. (v. M. Reddersen). 8. Halle 764. Waisenh.-Buchh. 4 gr
44 *

— an junge Christen. I. (47) kl8° Dillenburg, Geschw. Dönges ('04). — 30 d

Briefe an die Christen in der Welt. Breslau 1757—58. V: *Ringeltaube, Michael.* (ML)

— Ciceros u. seiner Zeitgenossen. 1. Hft. Briefe aus den J. 67—60 v. Chr. Einleitung u. Text; Erklärungen. Von Otto Ed. Schmidt. gr. 8. (VII, 64 u. 48 S. m. Abbildgn. u. 3 Taf.) Leipzig 901. B. G. Teubner. n. 1.—; in 1 Bd. geb. n. 1. 40

— des heil. Clemens, Ignatius, Polykarpus u. Barnabas, sammt d. Nachrr. v. d. Marterthume d. heil. Ignatius, Polykarpus rc., herausg. v. B. Mößl. gr. 8. Augsb. 774. Kranzfelder. 16 gr

Briefe d. hl. Clemens, Ignaz M., Polykarp u. Barnabas, sammt Nachricht von ihrem Märtyrerthum, herausg. u. übers. von Vit. Mößl. gr. 8. Augsb. 1774, Lampart. 16 ggr. — 1 fl.

—— die, der apostol. Väter Clemens u. Polykarpus rc., s. Wocher, M. J.

— vergl. Clemens.

Briefe des Papstes Clemens XIV. (Ganganelli). 4 Thle. 8. Leipz. 776—78. Schwickert. 2 ℛ

— merkw. d. Pabstes Clemens XIV. Ganganell. 4 Thle. 8. Frankf. (Göbhard. Bamb.) 776—80.

— merkwürdige, d. Papstes Clemens XIV. (Ganganelli). 4 Thle. 8. Frankf. a. M. 776—80. (Jäger). 1 ℛ

— Dass. 4 Thle. 8. Salzb. 777. Duyle. 1 ℛ 2 ℊ Dass. 5 Thle. 8. Ebd., Mayr. 1 ℛ 12 ℊ

— neue, d. Papstes Clemens XIV., aus d. Französ. 8. Leipz. 790. Schwickert. 12 ℊ

Briefe von Benj. Constant — Görres — Goethe — Jac. Grimm — Guizot — F. H. Jacobi — Jean Paul - Klopstock — Schelling — Mad. de Staël — J. H. Voss und vielen Anderen. Auswahl aus dem handschriftl. Nachlasse des Ch. de Villers hrsg. von M. Isler. gr. 8. (XX, 320 S.) Hamburg 879, O. Meissner. *

Briefe aus der Consulta. Mitgeteilt von G. Tobler. [Bern 1903.] V: *Koch, Carl.* (BBullschw 4, 1904)

Briefe aus der helvetischen Consulta 1802—03. St. Gallen 1903. V: *Custer, Jac. Laur.* (Zuwachsverz. d. Bibl. Zürich 1898 ff., 7.) H: *Dierauer, Johann.* (Berl)

Briefe aus der Helvetischen Consulta 1802–1803. (Hrsg.: Joh. Dierauer.) *St. Gallen: Zollikofer 1903.* (26 S.) 8°
— Analekten, St. Gallische. 12.

— des Ferdinand Cortes an Karl V. s. Cortes.

— d. Herzogin v. Crui u. anderer Personen, über sittl. u. unterhalt. Materien. Aus d. Engl. 3 Bde. 8. Leipz. 776, 77. Weidmann. 2 ℛ

Briefe einer polnischen Dame (1840—1846). Leipzig 1846. V: *Schuselka, Franz.* (EB)

— einer poln. Dame. (1840–1846.) 8. (20¼ B.) Leipzig 846, Mayer.

Briefe einer reisenden Dame aus der Schweiz, s.a. Krock, Anna Hel. 1787.

— e. reisenden Dame aus der Schweiz. (Von Anna Hel. v. Krock.) 8. Straßb. 786. (Nachdruck. 8. Frankf. u. Leipz. 787. Basel, Serini). 8 ℊ

Briefe eines reisenden Dänen, geschrieben im Jahre 1791 und 1792 durch einen Theil Deutschlands, der Schweiz und Frankreichs. Aus dem Dänischen übersetzt Züllichau 1793. 8.

— e. reisenden Dänen (Fr. Sneedorffs), geschrieben im J. 1791, 92. Aus d. Dän. übers. (v. Jh. Fr. Schütze II.) 8. Züllich. 793. Frommann in Jena. 22 ℊ

Briefe eines Dänen an den Verfasser der Anekdoten eines reisenden Russen. ... Kopenhagen 1771. V: *Hellfriedt, C. F. von.* (BrMm) (MS)

Briefe eines D ä n e n an den Verfasser der Anekdoten eines angeblichen reisenden Russen. Stück 1. u. 2. Kopenhagen. 1771. 8°

— über Danzig. 8. Berl. 794. Maurers B. 8 ℊ

— einige, über den Dativ u. Accusativ, nebst einigen Warnungsbriefen an junge Leute in d. Fremde. Aus dem Hamb. Briefsteller f. junge Leute besonders abgedruckt. 8. Hamb. 820. Herold jun. 4 ℊ

— über d. Demagogie. 8. Leipz. 825. Rein. 2 ℛ Hbg. Pr. 1 ℛ

Demokratische Briefe. Nr. 1. 2. Expedition des Centralkomités für volksthümliche Wahlen im preußischen Lande zu Berlin. Gedruckt bei J. Sittenfeld. 4.

Flugblatt. Berlin, 31. Dez. 1848.

Briefe und Denkschriften zur Vorgeschichte der belgischen Revolution. Herausgegeben von Dr. Hanns Schlitter. Wien. 1900. Holzhausen. Gr.-8°. XI, 125 S. K 3.—

Briefe Bayrischer Denkungsart u. Sitten. Gedruckt 1778. O. O. 8°. 108 S.
Enth. Klagen über die Sitten, Bettler, schlechte Spitäler etc. in Bayern, in Briefen aus allen Ständen. (Allg. D. Bibl. Bd. 39, S. 586—88.) — Weber, S. 633.

— baierischer Denkungsart u. Sitten, (v. L. Westenrieder). 8. Landsh. 778. (Münch., Fleischmann). 6 ℊ

[F.] Briefe, Depeschen u. Berichte über Luther vom Wormser Reichstage 1521. Aus d. Engl., Ital. u. Span. übs. u. erläut. v. Paul Kalkoff. *Halle: Ver. f. Reformationsgesch.; (Commv. M. Niemeyer) 1898.* (VIII, 95 S.) 1 Bd 8.
— Schriften d. Vereins f. Reformationsgeschichte. No 59.

— deutsche, abges. v. A. 8. Chemn. 769.

Briefe, Deutsche. Leipz. 1834. V: *Woltmann, Carl von.* (Verz. der von Meusebachschen Bibl. Berlin 1855. S. 115.)

— deutsche, I. (Von Goethe, Woltmann, Buchholz, Dalberg, Therese Huber u. a. m.) 8. (12 B.) Leipzig 834, Fr. Fleischer.

— berühmter Deutscher an Bodmer; herausg. v. G. F. Stäudlin. 8. Leipz. 794. Gräff. (Wienbrack). 20 ℊ

Briefe berühmter und edler Deutschen an Bodmer. Herausgegeben von Gotthold Friedrich Stäudlin. Stuttgart, im Verlage der Gebrüder Mäntler. 1794. 8°.

— deutsche, zur Bildung junger Leute im Briefstyl, (v. Jh. Lang I.). 2 Samml. 8. Düsseld. 790, 91. 2e A. 798. 3e A. 802—5. Dänzer. 20 ℊ

— deutsche, z. Ueb. junger Leute im Briefstyle. 1e u. 2e Samml. 8. Düsseld. Dänzer. 802 — 5.

— deutsche, einiger gelehrten Freunde an d. Hrn. v. Haller. 8. Bern 777. Typograph. Soc. 16 ℊ

— von Deutschen aus Nord-Amerika, mit besond. Beziehung auf die Gießner Auswanderer-Gesellschaft vom Jahre 1834. Eine Schrift zur Belehrung über die wahren Verhältnisse der deutschen Einwanderer in den vereinigten Staaten, nebst Vorsichtsmaßregeln u. auf Erfahrungen gegründete Rathschläge. 8. Altenb. 836. Expedition d. Eremiten. (Gleich.) 1¼ ℛ

— von Deutschen aus Nord-Amerika, mit besond. Bezieh. auf d. Gießner Auswanderer-Gesellschaft v. J. 1834. Eine Schrift z. Belehr. üb. d. wahren Verhältnisse d. deutschen Einwanderer in d. vereinigten Staaten; nebst Vorsichtsmaßregeln u. auf Erfahrungen gegründ. Rathschläge. 8. (18⅓ B.) Altenburg 836, [Pierer.]

Briefe von Deutschen aus Nordamerika, mit besonderer Beziehung auf die Gießener Auswanderer-Gesell v Jahre 1834. Altenburg, 1900.

— deutsche, aus den Vereinigten Staaten von Nordamerika. I—III. München 861. Lentner. gr. 8. Jede Nr. 4 ngr.
Inhalt: 1. Die politische Situation. (28 S.) — 2. 3. Sklaverei, Schutzzoll und Heimathsbill. 1. 2. (42 S.)

Briefe eines Teutschen vom Adel an seinen adelichen Freund über das wahre Interesse des Adels bei der bevorstehenden Verfassung teutscher Staaten. o. O. 1813. 8°.

— eines Deutschen vom Adel, an seinen adel. Freund, üb. d. wahre Interesse d. Adels bei d. bevorstehenden Verfassung deutsch. Staaten. gr. 8. Münch. Lindauer. 815.

— eines Deutschen vom Adel an seinen adel. Freund, üb. d. wahre Interesse d. Adels bei d. bevorstehenden Verfassung deutscher Staaten. gr. 8. Münch. 816. J. Lindauer. 8 ℊ

Briefe eines ausgewanderten Deutschen an den Fürsten von Oettingen-Wallerstein. Augsb. 1848. V: *Kurz, Hnr.* (ABJP)

Briefe eines ausgewanderten Deutschen an den Fürsten von Öttingen-Wallerstein. Augsburg 1848. V: *Wülzburg.* (BMarsch 94)

Briefe eines Deutschen über die deutsche Bundesreform. Heidelberg 1859. V: *Rochau, Aug. Ludw. v.* (Hauptkat. d. Univ.-Bibl. Tübingen. F, Nachtr. 11.)

— eines Deutschen über die deutsche Bundesreform. Heidelberg 859. J. C. B. Mohr in Comm. gr. 8. (2 Bl. 56 S.) n. 8 ngr.

—— eines Deutschen über Galizien. gr. 8. (208 S.) Breslau 847, Max und Comp.

Briefe eines Teutschen über öffentliche Gegenstände des Vaterlandes. Liefg. 1. von der Fruchtsperre. Erf. 1772. V: *Springer, Johann Christoph Erich von.* (ML) (Stri) (Ky)

BRIEFE eines jungen Deutschen (halbverrückten Schriftstellers) und einer (verheiratheten) Jüdin. Hrsg. von Johannes Dahlmann. Verein für Deutsches Schriftthum (darüber Signet), Berlin: O. J. (c. 1895). *A. E.:* Druck von C. G. Röder in Leipzig. 8°.

150 S. (incl. Tit. u. 1 Bl. Vorber. d. Herausgebers). Der 1. Brief der Frau Sarah an Albert ist dat.: Berlin W., 30. Octob. 1895. Der „Held" erschießt sich, nachdem die ehebrecherische Messaline seiner Person und seines unsinnigen Geschreibsels überdrüssig, ihm den Laufpaß gegeben hatte.

— eines Deutschen aus Kalifornien, nebst authent. Dokumenten. Hrsg. v. J. L. Schwarz. 8. (VI u. 54 S.) Berlin 849, Adolf & Co. 1/4 rß

—— eines Deutschen aus Nord-Amerika an seine Freunde u. Verwandte in Deutschland. Eine Lektüre zur belehr. Unterhalt. Hrsg. v. C. C. Kutschera. gr. 12. (8 B., 1 Ansicht, u. 1 Karte.) Saaz 837. (Prag, Haase Söhne.)

Briefe eines Deutschen aus Paris. [Jena 1835.] V: *Hegewisch, Franz Herm.* (A) (schles)

Briefe eines reisenden Deutschen an seinen Bruder in H*** über verschiedene Länder und Gegenden von Europa, insonderlich auch über Deutschland. Frankfurt und Leipzig [Stuttgart] 1789. V: *Ehrmann, Theophil Frdr.* Vgl. MGT 2, 170; Ersch. 4 (1827), Nr. 1488. (DARP)

— e. reisenden Deutschen, (v. Th. Fr. Ehrmann). 1r Thl. 8. Frankf. u. Leipz. 789. (Metzler in Stuttg.) 1 rß

—— ein. in Deutschland reisend. Deutschen, s. Deutschland.

Briefe über Deutschland. Von K. R. Letzte verb. Aufl. Wien 1790. V: *Riesbeck, Joh. Casp.* (Haydinger)

Briefe, die am 16. Sept. von dem Streifcorps des Gen. v. Thielemann bei Artern in Sachsen aufgefangen worden. 8. Wien 1813.

Briefe, die bey Anlaas der Gefangennehmung des Statthalter Johann Tscharners, einem Wolweisen von dem Löbl. Gottshaus-Bunde verordneten unpartheyischen Tribunal zu Handen gekommen, samt deren Uebersezung. (1767.) 4. *e. O.*

— die ihn erreichten. (248 S.) 8. Wien 904. Szelinski & Co. n. 5. —; geb. n. 6. —

— dasselbe. 3. Aufl., s.: Werden.

— d. ihn nicht erreichten. (Von Baronin E v. Heyking, geb Gräfin Flemming.) 1—75. Afl. (269) 8° Berlin, Gebr. Paetel '02-'05. 5 —; L. 6 —

— die ihn nicht erreichten. (Von Baronin Elisab. v. Heyking, geb. Gräfin Flemming.) 1.—78. Aufl. (à 269 S.) 8. Berlin 903—906. Gebr. Paetel. n. 5. —; geb. in Leinw. n. 6. —

— die ihn nicht erreichten. (Von Baronin Elisab. v. Heyking, geb. Gräfin Flemming.) 81. Aufl. (269 S.) 8. Berlin 908. Gebr. Paetel. 5.—; geb. in Leinw. 6. —

— d. ihn nicht erreichten. (Von Baronin Elisab. v. Heyking, geb. Gräfin Flemming.) 85. Afl. (269) 8° Berl., Gebr. Paetel '12. 5 —; L 6 —

Briefe alter Diplomaten. (Luzern 1901) *s.* [Liebenau, Theodor von].

Briefe und Documenten, welche den Baron von eigner Creation Joh. Wilh. Frz. Krohne betreffen, der als Herzoglich Sachsen Hildburghausenscher Minister bei dem Magistrat der Kaiserlichen freien Reichsstadt Hamburg residiret. 2. u. 3. Heft. O. O. 1777. V: *Hess, Heinrich Ludwig.* (schr)

— eines Dollar-Königs an seinen Sohn. Diese Briefe schrieb der Chef der Schweinefleisch-Versand-Großhandlg. Graham & Co. in Chicago, Herr John Graham, an der Börse unter dem Spitznamen „Der Alte-Schweine-Graham" bekannt, an seinen Sohn Pierrepont, in intimem Kreise ‚Ferkelchen' genannt. Einzige autoris. deutsche Übersetzung v. Olga v. Oppen. (Von George Horace Lorimer.) 1.—6. Aufl. (à XII, 299 S. m. 18 Vollbildern.) 8. Berlin 903. 904. E. Fleischel & Co. n. 3.60; geb. n. 5. —

— dasselbe. 7. Aufl., s.: Lorimer, Geo. Horace.

Briefe eines Domherrn, der Grosspoenitentiar ist, an einen Domscholasten. O. O. V: *Pácquot* (?). (Wiener Kirchenzeitung 1787, Sp. 115) (BIBLPORT)

— zweener Domherren; im April u. Mai 1787, (v. Jh. v. Müller). 8. Frankf. u. Leipz. 787. Weidmann. 4 gr

Briefe über die Donaukommerzschiffahrt. Wien 1768. V: *Bartling, C. S. v.* (Fch. Nicolai, Beschreibung einer Reise 4/390.) (H. W. Behrisch, Wiener Autoren 1784, S. 18) (BIBLPORT)

Briefe, Dorian's, von der Freundschaft . . . Augsburg und Leipzig 1767. V: *Simon, Jordan.* (ML)

Briefe aus Dorpat. [St. Petersb. 1809.] V: *Hennig, Ernst.* (R-N)

Briefe über Dorpat. [St. Petersburg 1809.] V: *Hennig, Ernst.* (MGT)

— über d. versificirte Drama. 8. Leipz. 801. Wolf. (Schmidt). 12 gr

Briefe, Drey, über das schreckliche Erdbeben, das noch vor Ostern dieses Jahrs, besonders im Monat Februar erfolgen soll... Ulm 1786. V: *Miller, Johann Martin.* (GGr) (JL)

Briefe, Drey, an ein humanes Berliner Freudenmädchen über die Lucinde von Schlegel. Whoring is like the mathematics, whoever is once initiated into the science, is nure never to leave it. Fielding, Frankfurt und Leipzig. 1800. 34 S. 8⁰. (29 Mk. Max Perl's Oct.-Auct. 1907, no. 831:)

— drei, an e. humanes Berlin. Freudenmädchen, üb. Schlegels Lucinde. 8. Berl. 800. (W. Nauck in Leipz.) 3 gr

— drey, an e. humanes Berl. Freudenmädch. üb. Schlegels Lucinde. 8. Berl. (Sommer in Lpz.) 800.

— d. drey, des Apostel Johannis übers. u. erkl. 8. Bresl. W. G. Korn. 780.

Drey lesenswürdige Briefe, währ. Belagerung d. Stadt Breslau gewechselt. 4. (1760.)

Briefe, Drey, über die neueste Maurer-Revolution in Wien. An einem Freymaurer zur anerkannten Unschuld in P[rag]. [Wien 1785]. V: *Kratter, Franz.* (Kl) (WBL) (GGr) (Grolig, Die Freimaurer-Bibliothek in Brünn. Wien 1908. S. 45.)

— drei, üb. d. neueste Maurerrevolution in Wien. 8. Wien 786. Wucherer. 20 gr

—— drei, aus dem Orient bezüglich des europäisch-internationalen Rectificationswerkes. Mittheilungen eines ehemal. Mitgliedes der europäischen Diplomatie an einen deutschen Fürsten. gr. 8. (64 S.) Leipzig 869, Fr. Fleischer. *

— drei, des M. Zach. Orthus von Stralsund an Herzog Albrecht von Preußen nebst Anhang. Aus der Handschrift herausg. von Ernst Zober. Stralsund 854. Hingst. 4. (12 S.) n. 5 ngr

Drei Briefe eines vormaligen Protestanten an seinen Bruder, enthaltend die Beweggründe seines Übertritts zur röm.-kath. Religion. Aus dem Engl. nach der 3. durchges. u. verb. Londoner Ausgabe. Straßburg, Levrault, 1823, 8°, 123 S.

— drei, aus dem Uechtland, über d. gegenwärtigen Handelsverhältnisse d. Schweiz zu Frankreich im Juli 1822. gr. 8. Zürich 822. Orell. 4 gr

— drei, üb. d. Verfall d. guten Geschmacks. 8. Leipz. 768. Hilscher. 4 gr

Briefe, drei, über den Werth der Hausmittel von einem practischen Arzte. gr. 8. (19 S.) Prenzlau 857, Vincent. Thlr. *

Dreissig Briefe über Galizien oder Beobachtungen eines unparteiischen Mannes, der sich mehr als nur ein paar Monate in diesem Königreiche umgesehen hat. Wien u. Leipzig: Wucherer & Beer o. J. 192 S. 8⁰

Höchst selten. Verf. soll Alph. H. v. Traunpaur sein. Enth. im 12. Briefe (S. 51—55) eine Äusserung üb. österreich.-polnische Frmrei im 18. Jh., welche in FZ. (Wien) 3 (1876) S. 127—128 wieder abgedr. ist mit Anmerk. dazu von G. Brabbée.

— dreißig, über Gallicien, (v. A. H. Traunpaur, Chev. d'Ophalie). Mit Kpf. 8. Wien 787. Wucherer. 12 gr

Dreyzehn geheime Briefe von dem grossen Geheimnisse des Universals und Particulars der goldenen und Rosenkreutzer, an J. L. V. Nach abgelegter Pflicht der Verschwiegenheit gesandt. Aus zwey geheimen Ms. mit der grössten Genauigkeit zum erstenmal zum Druck befördert. Leipzig: Böhme 1788. 120 S. 8⁰

cf. D. neuesten Religionsbegebenheiten. 11 (1788) S. 893—894.
Kl. 2671.

— dreizehn geheime, v. d. Geheimniß des Universals u. Particulars d. Goldn.- u. Rosenkreuzer rc. 8. Lpz. 788. (Knobloch). 6 gr

Dreizehn vertraute Briefe eines berühmten deutschen Diplomaten an einen ehemaligen Minister über die geeignetsten Mittel, das alte vormärzliche System im Wege der Reaction wiederherzustellen. Weimar, Fr. Voigt, 1849. 113 S. 8⁰.

—— von Dunkelmännern [Epistolae obscurorum virorum] an Magister Ortuin Gratius aus Deventer, Professor der schönen Wissenschaften zu Cöln. Zum erstenmal ins Deutsche übers. von Wilh. Binder. gr. 16. (XIV, 346 S.) [Stuttgart 876, Nübling.] Gera, Griesbach's Verlag. *

— von Dunkelmännern (Epistolae obscurorum virorum) an Magister Ortuin Gratius aus Deventer, Professor der schönen Wissenschaften zu Cöln. Zum erstenmal ins Deutsche übers. v. Wilh. Binder. (Neue Aufl.) 8. (XII, 268 S.) Gera 898. (Nürnberg, Heerdegen-Barbeck.) n. 1.—

— von Dunkelmännern (Epistolae obscurorum virorum) an Magister Ortuin Gratius aus Deventer, Professor der schönen Wissenschaften zu Köln. Zum erstenmal ins Deutsche übers. v. Wilh. Binder. (XII, 288 S.) 8. Köstritz 904. [C. Seifert.] Gera P. Stötzner. n. 2.40; geb. in Leinw. n. 3.—

—— moderner Dunkelmänner. Hrsg. von Eckart Warner. gr. 8. (VI, 172 S.) Leipzig 883, O. Wigand. *

—— moderner Dunkelmänner. Hrsg. von Eckart Warner. 2 Thle. gr. 8. Leipzig, O. Wigand. [1. Thl. 2. Aufl. (VI, 173 S.) 886; 2. Thl. (XIV, 140 S.) 885.] à Thl. *M 2.—. *

— moderner Dunkelmänner. Hrsg. v. Eckart Warner. 2. Thl. 2., unveränd. Aufl. gr. 8. (XII, 140 S.) Leipzig 896. O. Wigand. n. 2.—

— d. achten, des Herz. v. Cumberland an d. Lady Grosvenor. 8. Frankf. u. Leipz. Weidmann. 770.

Briefe eines niedersächsischen Edelmanns an seine Söhne, ein Gegenstück zu Trencks Leben, 8. Altona, 796. Kaven. 1 Rthl.
Auch unter dem Titel:
Lebensgeschichte, merkwürdige, eines niedersächsischen Edelmanns, 3r Theil.

Briefe eines polnischen Edelmannes an einen deutschen Publicisten über die jüngsten Ereignisse in Polen und die hauptsächlich bisher nur vom deutschen Standpunkte betrachtete polnische Frage. Hamburg, Hoffmann u. Campe 1846. 328 S. 8.

— eines polnischen Edelmannes an einen deutschen Publicisten üb. die jüngsten Ereignisse in Polen u. die hauptsächlich bisher nur vom deutschen Standpunkte betrachtete polnische Frage. 8. (VI u. 328 S.) Hamburg 847, Hoffmann u. Campe. 1 1/2 rß

Briefe eines Schlesischen Edelmanns über die Toleranz in Schlesien. Germanien 1790. V: *Haugwitz, Johann Wenzel von.* (Wr)

— e. schlesischen Edelmanns an seinen Freund zu Petersburg, üb. die Toleranz in Schlesien. 8. Augsb. 790. Rieger. 1/12 ₰

— von Edinburg 1774 u. 75, üb. Sitten, Gebräuche rc. d. Schotten. 8. Leipz. 777. Junius. 16 ₰

Briefe, Eduards, über die französische Revolution. Deutschland [Salzburg] 1796. V: *Baader, Clem. Alois.* (Ir) (Wr) (NN)

Briefe nach Eichstädt, zur Vertheidigung der Publicität ... Frankfurt und Eichstädt [Nürnberg] 1775. V: *Schlözer, August Ludwig von.* (GGr) (Ky) (MGT) (Wr)

— nach Eichstädt; zur Vertheidigung d. Publicität überhaupt, u. d. Schlözerschen Staatsanzeigen insbesondere, (v. A. L. Schlözer). 8. Frankf. u. Eichst. 785. (Grattenauer in Nürnb.) 3 ₰

Briefe über die Einbildungskraft. Aus dem Französischen. Zürich 1794. V: *Meister, Jacob Hnr.* (HHBD Philosophie 65)

— über die Einbildungskraft. Aus d. Französ. 8. Zürich ... Neue Aufl. 800. Orell. 20 ₰

Briefe an einen der berühmtesten jetzt lebenden Gottesgelehrten [J. C. Lavater]. O. O. 1775. V: *Salis, Baptist v.* (Zuwachsverz. d. Bibl. Zürich 1898ff. 6.)

Briefe über den Einfluss der Jesuiten auf die Erziehung und den öffentlichen Unterricht in höhern Lehranstalten. Zürich 818. 8.

— über d. gefährl. Einfluß d. Jesuiten auf die Erziehung u. den öffentl. Unterricht in höheren Lehranstalten. 8. Zürich (819). Orell. 6 ₰

— die Einführ. d. engl. Geschmacks in Schauspielen betreff. rc. (v. K. Chr. Canzler). 8. Leipz. 759. Berger. 4 ₰

Briefe die Einführung des Englischen Geschmacks in Schauspielen betreffend, wo zugleich auf den 17ten der Briefe, die neueste Literatur betreffend, geantwortet wird. Leipzig 1760. V: *Gottsched, Luise Adelgunde Victorie geb. Kulmus.* (Danzel, Gottsched. Leipzig 1848.) V: *Canzler, Carl Christian.* (ML) V: *Gellius, Joh. Gottfried & Carl Christian Canzler.* (Schmid, Chronol. des deutschen Theaters. Leipzig 1775, S. 211) (Creizenach, Vers. e. Gesch. d. Volksschausp. v. Dr. Faust. Leipzig 1878, S. 77ff.) V (der letzten 13 Seiten): *Gottsched, L. A. V. geb. Kulmus,* (Goethe-Jahrbuch II, 76) (Schlenther, Frau Gottsched, Leipzig 1886, S. 48) (Schmidt, Erich, Lessing. Berlin 1884 I, 367). V (des dritten Briefes): *Ludwig, Christian Gottlieb.* (Waniek, Gottsched. Leipzig 1894, S. 335.)

—— 180, für Elementarschüler. Nebst eben so vielen Aufgaben zu Briefen. Zugleich ein Hülfsb. f. d. Sprachunterricht. 8. (4 1/2 B.) Crefeld 845, Klein. *

— 180, für Elementarschüler. Nebst mehr als 250 Aufgaben zu Briefen und andern Aufsätzen. Zugleich ein Hülfsbuch für den Sprachunterricht. 4. Aufl. Crefeld 854. Klein. 8. (80 S.) n. 4 ngr.

Briefe, 180, für Elementarschüler. Nebst mehr als 250 Aufgaben zu Briefen und andern Aufsätzen. Zugleich ein Hülfsbuch für den Sprachunterricht. 7. Aufl. 8. (80 S.) Crefeld 869, Klein. *

Briefe, 160, für alle Verhältnisse des menschlichen Lebens, als: Freundschafts-, Erinnerungs-, Bitt-, Empfehlungs-, Glückwunsch-, Liebes- und Beileidsbriefe. Ein Hand- und Hilfsbuch für Jedermann. 16. (117 S.) Wien 868, Wenedikt.

— 160, für alle Verhältnisse des menschlichen Lebens, als: Freundschafts-, Erinnerungs-, Bitt-, Empfehlungs-, Glückwunsch-, Liebes- u. Beileidsbriefe. Ein Hand- u. Hilfsbuch für Jedermann. Wien 870. Wenedikt. 16. (117 S.) 9 ngr.; cart. 12 ngr.

— über d. Einricht. d. Schulwesens u. d. Unterr. d. Kinder. gr. 8. Frankf. a. M. 759. (Bödner in Schwerin). 16 ₰

Briefe über die Einrichtung des Schulwesens ... Rostock und Wismar 1759. V: *Faul, August Heinrich.* (Ky) (ML)

Briefe eines Einwohners von Paris an seine Freunde in der Schweiz. Berlin 1791 s. (Escherny, [François-Louis] d').

— e. Einwohners v. Paris an seine Freunde in d. Schweiz u. in England, üb. d. Begebenheiten v. 1789 — 91; aus d. Französ. (des Hrn. v. Eckerny) übers. Mit Anmerkk. v. E. A. W. Zimmermannn. gr. 8. Berl. 791. Voß. 1 ₰ 10 ₰

Briefe über einige Einwürfe noch lebender Freigeister wider die Offenbarung. Bern 1775-77. V: *Haller, Albrecht von.* (EB)

Briefe eines Eipeldauers an seinen Herrn Vettern in Kakran über d' Wienstadt. Aufgefangen und mit Noten herausgegeben von einem Wiener. Im Verlag bey Chph Peter Rehm 1785—1797. 37 Hefte. H: *Richter, Joseph.* (Hans Viktor Pisk: Josef Richter. Diss. Wien 1927. S. 90—91)

— eines Eipeldauers an seinen Herrn Vetter in Kakran (sic!) über d' Wienstadt. Hrsg. 1785—15. Juni 1813 von Josef Richter; bis Octob. 1819 von Franz Karl Gewey, endlich bis 1821 von Adolf Bäuerle. 8°. Ein vollst. Expl. hat 285 Hfte. mit 104 Kpfrn. (Das Münchner Expl. 1785—1818, besteht aus ca. 100 Bdn.) (Ein nicht ganz vollst. Expl. aus H. Hettner's Bibl. I. no. 285 offerirte Brockhaus 1884 zu 30 Mk.; jetzt viel theurer!)
Oesterr. Nat.-Encycl. II, 364—65; Brümmer I, 243; Wurzbach. — Die Fortsetzungen haben verschiedene Titel. Durchweg im Wiener Volks-Dialekt.
— — Dasselbe. 37 Hefte mit Register. 1785—97. — Briefe des wieder aufgelebten Eipeldauers. 24 Hefte. 1799—1801. — Briefe des jungen Eipeldauers. 45 Hefte. 1802—1805. — Briefe des jungen Eipeldauers. Jahrg. 1806—10 in 60 Heften. — Briefe eines jungen Eipeldauers. Jahrg. 1811—12. — Briefe des neuaufgekommenen Eipeldauers. 12 Hefte. Jahrg. 1813 Wien 1785—1813. 8°. (Zus. 30 Mk. Paul Neubner, Cöln 1893; jetzt theurer!) (Bauer u. Dirnböck)

— ein. jung. Eipeldauers a. s. Vetter üb. d. Wien.-Neustadt. 57 Hefte u. Reg. 8. Wien, Schaumburg. 796. 97. (à 4 kr.)

BRIEFE eines Eipeldauers an seinen Herrn Vetter in Kakran über d' Leipzig'r Stadt. Aufg'fang'n und mit Anmerkungen versehen von ein'm Wiener. Wien, bey Aloysius Doll (der wirkliche Verleger war Liebeskind in Lpz.), 1798. 8⁰. 107 S. (In Leipzig, Stadtbibl.) Sehr rar!

„Der Eipeldauer ist ein dummer Wiener Unterbeamter" und Hahnrei par excellence. — Wustmann II. p. 297.

Briefe eines Eipeldauers über die Leipziger Stadt. Aufgefangen und mit Anmerkungen versehen von einem Wiener. Wien 1798. V: *Bill.* (Jos. Richter, Die Eipeldauerbriefe. München 1917. Bd. I, S. 395) (BIBLPORT)

Briefe des jungen Eipeldauers an seinen Herrn Vettern. Mit Noten von einem Wiener. Wien bey Peter Rehms seel. Wittwe 1802—1813. (133 Hefte.) H: *Richter, Joseph.* (Hans Viktor Pisk: Josef Richter. Diss. Wien 1927. S. 92)

— dasselbe. 1806—810. Ebend. jeder Jahrgang 12 Hefte. (à 4. gr.)
(Fernere Fortsetzung, s. Jos. Richter u. F. C. Gewey.)

Briefe eines Eipeldauers aus Wien. Mit bayerischen Noten. 6 Hfte. (à 32 S.). O. O. 1809. 8⁰.

Vgl. Hayn, Thesaurus libror. Phil. Pfister Monacensis. München 1888. Nr. 1836—37.

Briefe des jüngsten Eipeldauers an seinen Herrn Vettern in Kakran. Wien 1820—21. V: *Bäuerle, Adolph.* (ABJP) (EE)

Briefe über die Elemente der Germanischen Sprache. Frankfurt u. Leipz. 1776. V: *Reinwald, Wilhelm Friedrich Hermann.* (Ky) (MGT) (Adel)

— über die Elemente d. German. Sprache, (von W. F. H. Reinwald). 1r Brief. 8. Frankf. u. Leipz. 776.

— an Elisa von Yorick (Lorenz Sterne). 8. Hamb. Bohn. 775. Vgl. Briefe, Yoricks...

— — dieselben von Bode übers. 8. Leipz. Göschen. 785.

—— der Prinzessin Elisabeth Charlotte von Orleans an die Raugräfin Elise. 1676—1722. Hrsg. von Wolfg. Menzel,
—— der Herzogin Elisabeth Charlotte von Orleans aus den J. 1676—1722. Hrsg. von W. L. Holland,
} s. Bibliothek des Litterar. Vereins in Stuttgart. 6., 88., 107., 122., 182., 144., 157. Bd.

— der Herzogin Elisabeth Charlotte v. Orléans an ihre frühere Hofmeisterin A. K. v. Harling, geb. v. Uffeln, u. deren Gemahl, Geh. Rath Fr. v. Harling zu Hannover. Hrsg. v. Ed. Bodemann. gr. 8. (XXXII, 234 S. m. Bildnis.) Hannover 895. Hahn. n. 6. —

— an Elpin, üb. die Lektüre, (v. J. Chr. Steiger). 8. Leipz. 772. Müller. 3 ℛ

— über Elsaß. 8. Augsb. 792. Klett. 16 ℛ

Briefe eines Elsässers von *,* Berlin: Brigl 1898. 46 S. 8⁰ [Umschlagt.]

Aus: Tägl. Rundschau. 1898. [10. 18448 7

— an Eltern, v. Delphobe. J. L. G. (171 S.) 8. Berlin 906. L. Simion Nf. n. 2. —

— an Eltern, v. Delphobe. J. L. G. 2. Aufl. (171 S.) 8. Berlin 908. L. Simion Nf. 2. —

— d. Emerentia an Lucien. s. Beaumont.

BRIEFE, Empfindsame, zwischen Reimann u. Rudolph über die Begebenheiten ihres Lebens. Eine (stellenw. sehr verfängl.) Originalgeschichte. Leipzig 1788, auf Kosten des Verfassers *C. H.* 8⁰. (2 Mk. 50 Pfg. R. Levi, Stuttgart, 1892.)

Merkwürdiger, nirgends citirter Roman. 221 S. mit allerliebster Titel-Vign. (Radirung, B. [Bollinger, oder Bolt?] fec.)

— empfindsame, zwischen Reimann und Rudolph über die Begebenheiten ihres Lebens, eine Originalgeschichte, 8. Altona, 788. Kaven. 10 sgl.

Briefe zu den Empfindungen aus meinem Leben. Wien 1774. V: *Berghofer, Amand.* (WBL)

Briefe aus England über die Verhältnisse des Eigenthums in Großbritannien. Leipzig 1821. V: *Lullin de Chauteauvieux, Jacob Frédéric.* (Russell VII, 1, 627)

— aus England, über d. Verhältnisse des Eigenthums in Großbritannien. Uebersetzung der: „Lettres de Saint James. Génève 1820." gr. 8. Berl. 821. Duncker u. H. 10 ℛ

Briefe eines Engländers über d. Feldzug d. Herzogs v. Braunschweig ..., s. Briefe, Freimüthige, ...

— eines Engländers, über das Leben des Papstes Clemens XVI., vorher Ganganelli genannt, u. über die Aufhebung d. Jesuiten. Aus d. Französ. gr. 8. Landsh. 818. Thomann. 1 ₰

— eines Engländers üb. Napoleon Bonaparte, und den Beinamen d. Großen, welcher ihm beigelegt worden ist. 8. Leipz. Brockhaus. 814.

— dasselbe in franz. Sprache. Ebend.
Vgl. Brief...

Briefe eines Engländers auf seiner Reise nach Berlin, Dresden, Wien ... Aus dem Franz. Leipzig 1780. V: *Sherlock, Martin.* (Verlags-Kat. von Joh. Ambr. Barth. Leipzig 1880. S. 28.)

— e. Engländers auf seiner Reise nach Berlin, Dresden, Wien, Haag, Rom, Neapel u. Fernei. Aus d. Französ. 8. Leipz. 780. Barth. 8 ℛ Neue, e. Engländers auf seiner Reise nach Italien, Genf, Lausanne ꝛc. Aus d. Französ. 8. Ebd. 782. 12 ℛ

Briefe, Neue, eines Engländers auf seiner Reise nach Italien, Genf, Lausanne ... Aus dem Französischen. Leipzig 1782. V: *Sherlock, Martin.* (Bibliogr. der Schweiz. Landeskunde. Bern 1892 ff. III.)

— Neue, eines Engländers auf seiner Reise nach Italien, Genf, Lausanne, Strasburg, Berlin, Deutschland, Senlis und Paris. Aus dem Franz. Leipzig 1782. 8.

— e. Engländers, über d. gegenwärt. Zustand der deutschen Literatur u. besonders d. Kantischen Philosophie. Aus d. Engl. von H. v. B. 2e Aufl. 8. Halle 797. Reinicke u. C. 16 ℛ

— eines Englnd. üb. d. gegenw. Zust. d. deutsch. Literatur bes. d. Philos. a. den Engl. 8. Halle, Ruff. 797.

Briefe gegen die Hegelsche Encyklopädie ... Berlin 1829—30. V: *Kalisch, Ernst Wilhelm.* (Ky) (Koner)

— gegen die Hegel'sche Encyklopädie d. philosophischen Wissenschaften, (von P. Kalisch). 1s, 2s Hft. gr. 8. Berl. 829, 30. Th. Enslin. (à 10 gr) 20 gr

—— gegen die Hegel'sche Encyklopädie d. philosoph. Wissenschaften. 1. Hft. Vom Standpuncte d. Encyklopädie u. d. Philos. gr. 8. (6 B.) Berlin 830, Th. Enslin.

—— dass. 2. Hft. Vom Verstande d. Encyklopädie u. d. Philos. gr. 8. (7½ B) Ebds. 830.

Briefe an Desiderius Erasmus von Rotterdam. Hrg. von † Joseph Förstemann und Otto Günther. Beiheft 27 zum Zentralblatt für Bibliothekswesen. XX + 460 S. 8. Leipzig, Otto Harrassowitz, 1904. [M. 17. —]

Briefe an Desiderius Erasmus von Rotterdam s. Enthoven, L[odewijk] K[arel].

Briefe an Desiderius Erasmus v. Rotterdam. Hrsg. v. L. K. Enthoven. (XIV, 228 S. m. 1 Lichtdr.-Taf.) gr. 8. Strassburg 906. J. H. E. Heitz. n. 10. —

— erbaul., v. d. Religion, zwischen e. geborn. Schlesier u. e. vornehmen Manne. 8. Liegn. 753. Siegert. 6 gr

— über d. neuesten Ereignisse in Aegypten u. ihre Beziehung auf d. Handel in Ostindien. 8. Leipz. 798. Müller. 6 gr

Briefe zur historischen Erforschung des uralten Schlosses Kropsberg. Frankenthal 1778. V: *Dalberg, Glob Am. Freih. v.* (Heis)

— ergötzl., über d. Wunsch aller Menschen, glückl. zu sein. 8. Berl. 760. Rüdiger. 20 gr

BRIEFE, Ergötzliche, über den grossen Wunsch aller Menschen, nämlich über das Verlangen glücklich zu seyn. (Aus d. Französ.) Berlin, Stettin u. Leipzig (Rüdiger in Berlin) 1761. 12°. (In Glogau, Stahn's Bibl.; Cat. p. 112.)
Orig.: Lettres Parisiennes sur le désir d'être heureux. 2 part. Francf. 1758. 8°. (3 Mk. 50 Pfg. A. Bielefeld, c. 1885.) Rep. ib. 1759. 8°. (⅙ Rthl. H. W. Schmidt, Halle, c. 1870.)

— zur Erinnerung an merkwürd. Zeiten u. rühml. Personen, aus d. Zeitlaufe von 1740—78, (v. Jh. Fr. Borchmann). 3 Bde. 8. Berl. 778—88.

Briefe über Erlangen. Frankfurt und Leipzig 1792. V: *Rebmann, Andreas Georg Friedrich.* (Ky) (MGT)

— über Erlangen, (v. A. G. F. Rebmann). 8. Frankf. u. Leipz. 792. (Brockhaus). 10 gr

— üb. Erlangen. 8. Leipz. Gleditsch. 792.

Briefe e. Erleuchteten od. Ehrenrettung des Exrabbi Izig Schmul Bloch, königl. Hoheit. Aus dem Hebr. übers. u. hrsg. v. Jainkef Frischmaul. 12. (104 S.) Wien 894. (H. Kirsch.) n. — 80

Briefe, Ernsts, zur Bildung eines gemeinnützigen Landpredigers . . . Leipzig 1795. V: *Afsprung, Johann Michael.* (GGr) (Ky) (MGT)

Briefe über die Errichtung eines Creditsystems in Liefland. Riga 1790. V: *Taube von der Issen, Friedr. Wilhelm.* (R-N)

— an e. Erstkommunikanten vor u. nach der ersten hl. Kommunion, s.: Blumen, eucharistische. 6. Hft.

Briefe, Abdul Erzerums neue persische. Erster Theil. Wien u. Leipz. 1787. V: *Pezzl, Johann.* (BiblPort)

— über das Sächs. Erzgebirge. 8. Leipz. 805. Kühn. 18 gr

Briefe über die Erziehung allen Eltern . . . gewidmet. Gera 1786. V: *Busch, Gabriel Christoph Benjamin.* (Ky) (MGT)

— üb. die Erziehung, (v. G. C. B. Busch). 8. Gera 786. (Kummer in Leipz.) 6 gr

—— über Berliner Erziehung. Zur Abwehr gegen Frankreich. gr. 8. (127 S.) Berlin 871. (Trowitzsch und Sohn.) *

— über d. Erziehung der Frauenzimmer. 8. Berl. 773. Lange. 12 gr

Briefe über die Erziehung der Frauenzimmer. Berlin 1774. V: *Zobel, Rud.* (Krusche)

— üb. d. frühere Erziehung jung. Leute. 8. Frankfurt, Gebhardt. 793.

— über d. Erziehung d. adel. Jugend. Herausg. v. J. Gph. König. 8. Nürnb. 784. Felssecker. 20 gr

— das Erziehungs- u. Predi-er-Geschäft betreffend, (von F. H. C. Schwarz). 8. Giessen 796. Heyer. 16 gr

Briefe aus und über Esslingen. Strassburg 1791. V: *Kapf, Carl Gottlieb Heinrich.* (Heyd) (Ky) (GGr) (MGT)

— aus u. über Eßlingen, (von K. Gli. Kopf). 8. „ 791.

Briefe von S. Evremont und Waller, aus dem Englischen. 1770. Ü: *Klausing, Ant. Ernst.* (Adel)

— zwischen Evremont u. Waller. Aus d. Engl. (von A. E. Klausing). 2 Thle. 8. Leipz. 770. Hertel. 6 gr

Briefe eines Fabrikbesitzers in den Vogesen, welche an die Mitglieder beider Kammern und des Ministeriums vertheilt werden. Aus dem Französ. (Abgedruckt aus den „Neuen christlichen Mittheilungen" von C. W. Krafft.) 8°. Strassburg, Silbermann's Buchdr., 1840.

— auf verschied. Fälle, z. Uebers. in's Italien. 8. Dresd. 790. Gerlach. 3 gr

Briefe, Fanelys und Milforts, oder die Irrungen der Liebe. (A. d. Französ.) 2 Thle. Berlin 1777. V: ***Imbert, Barthélemy.*** (BGE I², 233/234)

Briefe, Faustins. Bändchen 1. Berlin [Salzburg] 1785. O. O. [Grätz] 1785. V: *Güntherode, Carl von.* (BGE I², 240)

—— über das Fegfeuer von einem alten Benediktiner an seinen Neffen. 1. und 2. Aufl. 8. (IV, 131 S.) Regensburg 883, Pustet. * — 50

Briefe üb. d. Fegfeuer v. e. alten Benediktiner an seinen Neffen. 3. Aufl. gr. 16. (VI, 184 S.) Regensburg 889. Pustet. n. — 50; geb. n. — 65

— üb. d. Fegfeuer, v. e. alten Benediktiner an s. Neffen. 4. Afl. v. Bernh. Ponschab. (16, 216 m. Titelbild.) kl8° Regensbg. F Pustet '11. 1 —; geb. 1.40 d

Briefe aus dem Felde. [Leipzig 1779]. V: *Hanisch, Georg Daniel.* (MGT)

Briefe eines Feldpredigers, geschrieben auf d. Marsche nach u. in Schlesien 1790, (v. S. Cph. Wagener). 8. Stend. 790. Franzen u. Gr. 9 ɣ

Briefe eines Feldpredigers, geschrieben auf dem Marsch nach und in Schlesien im Jahre 1790. Stendal 1791. V: *Wagner, Sam. Chph.* (EngG) *Wagener, S. Christoph.* (Ky) (MGT) (BrMm) *Wagener, Sam. Chn.* (Nent) (LVS)

Briefe eines preussischen Feldpredigers Friedrich II. betreffend. Potsdam [Berlin] 1791. V: *Ziesemer.* (Wr)

— e. Preuß. Feldpredigers, verschied. Charakterzüge Friedrichs des Einzigen betr. gr. 8. Berl. 791. Nicolai. 8 ɣ

— über d. Feldzug in Italien. 1r Bd. 8. Tübing. 799. v. Cotta. 16 ɣ

Briefe über den Feldzug von 1794. Von e. Officier der Armee am Rhein an s. Freund in B. 8. Frankfurt 1795. 161 S

— über d. Feldzug v. 1794. 1e Samml. 8. Frankf. a. M. 795. Varrentrapp. 12 ɣ

Briefe während der Türkischen Feldzüge. 1787—1789. Dresden 1799. V: *Ligne, Charles Joseph Prince de.* (WBL 3/216) (Ky 3/555)

— d. Fillon, a. d. Franz. 8. Fürth. Schade. 776.

Briefe über den neuen Finanzplan für Dänemark. Hamb. 1786. V: *Kirstein, Ernst Phil.* (Bruun, Bibl. Danica. II, 843.) (Collin, Anonymer. Kiobenh. 1869.)

— über d. neuen Finanzplan v. Dänemark, (angebl. von J. D. Laswätz). 8. Hamb. 786. (A. Campe). 6 ɣ

— die, d. Finsterlinge, s. *Hutten* Opera, Voll. VI.

Briefe eines Flüchtlings. Bunzlau 1838. V: *Heyden, von der.* (AarK)

Briefe englischer Flüchtlinge in der Schweiz, hsgb. v. A. Stern, Prof. in Bern. 3 Bogen gr. 8. Göttingen, R. Peppmüller. 1874

— Forstwirthschaftl., oder über Waldungen u. Förster, (v. F. G. Leonhardi). 8. Leipz. 789. Barth. 16 ɣ

Briefe über den Fortgang der asiatischen Studien zu Paris ... Ulm 1826. 2. Aufl. 1830. V: *Hassler, Conr. Dietrich.* (ADB)

Briefe über den Fortgang der Asiatischen Studien in Paris ... Ulm [1828]. V: *Klaproth, Julius von.* H: *Loewenau, Walther von.* (BrMm)

— über den Fortgang der Asiatischen Studien in Paris, von einem d. oriental. Sprachen beflissenen jungen Deutschen. 2e verm. Aufl. gr. 8. Ulm 830. Neubronner. (Leipz., Barth). 8 ɣ

— an Friedrich Baron de la Motte Fouqué v. Chamisso, Chezy, Collin, Eichendorff, Gneisenau, Heine, E. T. A. Hoffmann, Fr. Horn, Immermann, Jean Paul, Rückert u. s. w. Mit e. Biographie Fouqué's von Jul. Ed. Hitzig u. einem Vorw. u. biogr. Notizen v. H. Kletke, hrsg. v. Albertine Baronin de la Motte Fouqué (2 Abthlgn.) 8. (VI u. 587 S.) Berlin 848, Adolf & Co. 2½ ℔

Briefe über die ungrische Frage. 1. Heft: „Rückblicke". — „Franz v. Deák." 1.-3. Aufl. gr. 8. (48 S.) Elberfeld 866, Reinhardt.

Aus: Berliner National-Zeitung und Elberfelder Zeitung, besonders abgedruckt.

— aus Frankreich, an einen Freund in England. 8. Leipz. 791. Reinicke u. C. in Halle. 12 ɣ

Briefe über Frankreich, die Niederlande und Teutschland. Geschrieben in den Jahren 1795, 96 und 97. 1—2. Th. Altona. 1797—98.

— üb. Frankr., d. Niederl. u. Teutschl. 1795 — 97. 3 Thle. 8. Altona. (Vollmer, Hamburg.) 797. 98. (à 12 gr.)

Briefe über Frankreich, die Niederlande und Teutschland ... Altona 1798. V: *Kerner, Johann Georg.* (EngG) (MGT) (Schr) (Adel)

— die, des großen Apostels von Indien und Japan, des heiligen Franz v. Xavier aus der Gesellschaft Jesu, als Grundlage d. Missions-Geschichte späterer Zeiten: zugleich ein wichtiger Beitrag zur Natur-, Länder- u. Völkerkunde, vorzüglich aber zur christl. Erbauung, übersetzt u. erklärt von Jos. Burg. Auch enthält dieser Theil den Kern der Lebensgeschichte über unsern Heiligen nebst einem Prologen über den apostol. Werth seiner Sendschreiben, von Horaz Turselin. 1r Bd. 1s—3s Hft. 2r Bd. 1s u. 2s Hft. u. 3r Bd. Mit 3 lithogr. Abbildd. gr. 8. Köln 836—40. (Neuwied, Lichtfers.) n. 2 ℔

— eines Franziskaners. 8. Marb., Krieger. 6 ɣ

Briefe über die Franziskanermönche und ihre geistlichen Verwaltungen. Rastadt (?). 1800. Weller, fing. Dr.

Briefe eines reisenden Franzosen durch Bayern, Pfalz und einen Teil von Schwaben. Aus d. Französ. übersetzt. O. O. [Zürich] 1763. 2. Aufl. Zürich 1783. V: *Riesbeck, Johann Caspar.* (BGE I², 463)

Briefe eines reisenden Franzosen über die Deutschen. Dresden 1796. V: *Wölfling* (*Welfing*). (MGT)

Briefe eines reisenden Franzosen über Deutschland an seinen Bruder zu Paris. [Zürich] 1783. V: *Collini, Côme Alexandre.* B: *Riesbeck, Johann Caspar.* (HHBD Kulturgeschichte. 19)

Briefe eines Reisenden Franzosen über Deutschland. 1784 s. R[iesbeck, Johann] C[aspar].

— e. reisenden Franzosen (Risbecks) über Deutschland. Aus d. Französ. 2 Bde. 8. Zürich 805. Geßner. 2 rß

Briefe eines reisenden Franzosen, über den . . . Zustand der Österreichischen Niederlande. Aus dem Französischen. Leipzig 1785. V: *Dérival.* Ü: *Winkopp, Peter Anton.* (Ky)

— e. reisenden Franzosen, über d. Zustand d. Oesterreich. Niederlande. Aus d. Französ. (v. P. A. Winkopp). 3 Thle. 8. Leipz. 785. (Brockhaus). 2 rß 4 gl

— e. reis. Franz. üb. d. Zust. d. österreich. Niederl. a. d. Fr. 3 Thle. 8. Lpz. Gleditsch. 785.

— an d. Franzosen s. Gorani.³

— an die Franzosen, von d. Verfass. d. Briefe an die Souverains, (Gr. Jos. Gorani). Aus d. Französ. 2 Thle. 8. Frankf. a. M. 794. Varrentrapp. 1 rß 14 gl 3r Thl. Auch u. d. T.: Neuer Brief an d. Franzosen rc., (v. Gorani). 8. Winterth. 795. Steiner. 14 gl

— v. Goethe's Frau an Nicolaus Meyer. Mit Einleitg., Facsimiles, einer Lebensskizze Nicolaus Meyer's u. Porträts. gr. 4. (VII, 41 S. mit 12 S. Fcsms.) Straßburg 887. Trübner, Berl. n. 6 —

— an e. schöne Frau. (Umschlagzeichnung v. Curt Tuch.) 1. u. 2. Aufl. (Je 99 S.) 8. Berlin 910. Oesterheld & Co. 2.—; geb. 3.—; in Ldr. 6.—

Briefe an eine schöne Frau. 3. Aufl. Berlin 1910. V: *Heidrich, Leo.* (Berl 1910, S. 868)

— deutscher Frauen. Ausgewählt v. E. Wasserzieher. Buchschmuck v. H. Vogeler-Worpswede. (372 S. m. 8 Bildn.) 8. Dresden (907). L. Ehlermann. Geb. in Leinw. 5.—

— dasselbe. Hrsg. von Fed. v. Zobeltitz. (VIII, 589 S. m. 20 Bildnissen.) 8. Berlin 910. Ullstein & Co. Geb. in Leinw. 6.—

Briefe eines Frauenzimmers an einen ihrer Freunde, die Gaßnerschen Wunderkuren betreffend. Cölln 776. 8.

— e. Frauenzimmers an ihre Freundin, d. Waschmaschine betr., (v. J. Ch. Thenn). 4. Augsb. 767. Klett. 6 gl

— an e. Frauenzimm. üb. einzelne Gegenst. a. d. Natur- Welt- u. Menschenkunde. 1s u. 2s Bdchen. 8. Danzig, Goldstamm. 803.

— e. Frauenzimmers aus dem 15n Jahrh. (Von P. v. Stetten II.) Mit 13 Kpf. 12. Augsb. 777. 2e Aufl. 783. Neue Aufl. 790. v. Jenisch u. St. 20 gl

— eines Frauenzimmers aus dem funfzehnten Jahrhundert, (vom Hrn. Paul v. Stetten) mit Kupf. 12. Augsb. 793. Stage. 25 sgl.

Briefe eines Frauenzimmers aus dem XV. Jahrh. Linden 1877. V: *Stetten, Paul von.* H: *Ludwig, Wilhelm* (= *Alfred Meissner*). (Wilh. Scherer, Kleine Schriften II, 244) (Hdschr. Mitth. von Direktor Dr. Ferdinand Eichler, Graz, 15. XI. 1905)

Briefe eines Frauenzimmers aus dem XV. Jhdt. Berlin 1879. V: *Stetten, Paul von.* (Ky)

BRIEFE eines Frauenzimmers über die Kunst zu gefallen (übers. von Carl Heinr. Heydenreich). Liegnitz 1796.
Anon.-Lex. I. p. 263 (nach Kayser u. Meusel).

— e. Frauenzimmers z. Probe, (von Anne Therese Khaser). 8. Augsb. 780. Klett. 3 gl

— e. reisenden Frauenzimmers über Ostindien. Aus d. Engl. 8. Gräz 787. Tusch. (Mayr in Salzb.) 8 gl

— an ein Frauenzimmer v. Stande rc. 8. Nürnb. 780. Grattenauer. 1 rß

— e. Frauenzimmers an den Verfass. der Frau, wie ich sie wünsche. 8. Tübing. 788. v. Cotta. 8 gl

— — einiger Frauenzimmer in Wien an ihre Freundinnen in Berlin über verschiedene Gegenstände. Frankfurt und Leipzig, Linke, 1789. 8⁰. Rarl
Nachahmung von *Friedel*'s (s. d.) Buch.

BRIEFE an 2 verheirathete Frauenzimmer über die wichtigsten Materien. Aus d. Engl. Leipzig 1784. 8⁰. Weidmann
Ehestands-Almanach II. p. 281.

Briefe junger Fräuleins, zum Zeitvertreib für Kinder. Leipzig 1778. V: *Hedwig, Clara Benedicte.* (Ky) (MGT)

— junger Fräulein, z. Zeitvertreib f. Kinder. 2 Thle. 8. Lpz. 778. Compt. f. Litt. u. Kunst. 1 rß

— über d. Freiheit d. menschl. Seele, (v. J. Fr. Neidhardt II.). 8. Weim. 778. Hoffmann. 8 gl

Briefe die Freimaurerei betreffend. Nürnb. 1783[—1784]. V: *Vogel, Paul Joachim Sigmund.* (ADB)

—— über d. Freiheit d. menschl. Willens. Ein Versuch, d. Freiheit mit d. sich überall aufdring. Natur-Nothwendigkeit in Einklang zu bringen. Als Erläuter. zu Agnes, d. selt. Dulderin. 8. (11 B.) Neustadt a. d. O. 833, (Wagner.)
Vgl. Agnes rc.

— d. Freymaurerey betr. 2 Samml. in 3 Thl. 8. Nürnberg, Grattenauer. 783, 84.

— die Freimaurer u. Templer betreffend, (v. P. J. S. Vogel). 2 Sammll. in 3 Thln. 8. Nürnb. 783, 84. (Lpz., Lauffer). 1 rß 21 gl

Briefe, die Freymaurerey und Tempelherren betreffend. Nürnberg 1783—85. V: *Vogel, Paul Jos. Siegfr.* (Ky) (MGT) (SJL)

— freymüth., üb. d. Christenthum. s. Buchwitz.

Briefe, Freimüthige, über das Christenthum. Berlin 1769. V: *Buchwitz, Joh. Ldw.* (Mitth. M. Grolig.)

Briefe, Freymüthige, über das Deportationswesen und seine eigne Deportation nach Basel. Winterthur 1800—01. V: *Lavater, Johann Kaspar.* (schstr S. 134)

Briefe, Freymüthige, eines ungarischen Edelmannes, über das österreichische Staatssystem; geschrieben während des 90tägigen Krieges. 8. Austerlitz 1806.

— freimüthige, e. ungarischen Edelmanns, über d. österr. Staatssystem; geschrieben während d. 90täg. Krieges. 8. München 806. Lentner. 12 gl

Freimuethige Briefe eines Engländers über den Feldzug des Herzogs v. Braunschweig und des General Wurmsers. Übersicht des Feldzugs im Jahr 1793.
Germanien (d. i. Heilbronn) 1794. 252 S.

Freimüthige Briefe v. Engländern über den Feldzug des Herzogs v. Braunschweig u. des Gen. Wurmser. Uebersicht des Feldzuges i. J. 1793. 8. Heilbronnn 1794. Claß

Briefe, Freymüthige, über die ... Insel Korsika ... von F. X. C. Frankfurt und Leipzig [Ulm] 1770. V: *Clavel, Franz Xaver.* (Diözesanarch. v. Schwaben 19, S. 53 ff.) (Zeitschr. f. Büch. 1923, S. 81)

— freimüthige, über die v. Frankreich gemachte Eroberung d. Insel Corsika, (von F. X. Clavell). gr. 8. Frankf. u. Leipz. 770. Stettin in Ulm. 9 gr

— freimüthige, über d. Frage: Kann eine Religion ausschließend d. alleinseligmachende sein? Von e. Katholiken. 16. Köln 824. Gatti. (Leipz., Magazin f. Industrie). 4 gr

Briefe, freim., üb. polit. Gegenstände durch d. Geist d. Zeit veranlaßt, (v. K. H. Sintenis). (Auch u. d. T.: Briefe verm. Inhalts, wie sie d. Geist unsres Zeitalters veranlaßt hat.) 8. Lpz. 805. Joachim. 1 ₰ 8 gr

Briefe vermischten Inhalts, wie sie der Geist der Zeit unsres Zeitalters veranlasst hat. Leipzig 1805. V: *Sintenis, Carl Hnr.* (Ky) V: *Sintenis, Chr. Fr.* (ErschDL)

Briefe, Freymüthige, an Hr. Gr. v. V. über den gegenwärtigen Zustand der Gelehrsamkeit ... zu Wien. Frankfurt und Leipzig 1774. V: *Sattler, Joh. Tob., Joh. Friedr. Mieg & Joh. Mich. Afsprung,* (weber)

— freimüthige, an den Grafen v. V., über den jetzigen Zustand d. Gelehrsamkeit in Wien. 8. Riga 774. (Leipz.) Hartknoch. 8 gr

Briefe, Freimüthige, über den Holzmangel in de österreichischen Staaten und die Mittel ihm abzuhelfen. Wien 1791. V: *Born, Ign. von.* (Pk 1/322) (Ky 1/3117) (BiblPort)

Briefe, Freimütige, über das bayerische Konkordat ... von einem protestantischen Kirchenvorstande im Obermainkreise. Leipzig 1818. V: *Vogel, Erhard Fr.* (cramerBkde S. 94)

— freimüthige, über d. Concordat zwischen dem Baierischen u. Römischen Hofe, mit Rücksicht auf d. protestant. Kirche in Baiern u. das neueste Religionsedikt vom 26sten Mai 1818, von e. protestant. Kirchenvorstande. 8. Leipz. 818. W. Vogel. 10 gr

Freimüthige **Briefe** über Bahrdts eigne Lebensbeschreibung. Berlin u. Leipzig 1791. 208 S. 8°

— freimüthige, über Bahrdt's eigene Lebensbeschr. 8. Zittau 791. Schöps. 12 gr

freimüth. Briefe des F. M. Prinzen v. Coburg an Ihro Maj. v. Oesterreich u. Preussen in Betreff seiner geforderten Entlassung als Chef d'Armée. 8. s. l. 1795.

Briefe, Freimüthige, über Religion, Geistlichkeit und die Verwaltung gottesdienstlicher Aemter ... Wien 1781. V: *Wenzel, Gottfried Immanuel.* (BrMm) »1782« (Ky)

— freimüth., üb. Religion, Geistlichkeit u. die Verwaltung gottesdienstl. Aemter, (v. G. J. Wenzel). 8. Wien 782. Ghelen. 3 gr

Briefe, Freymüthige, über das Religionsvereinigungswesen. Dessau u. Leipzig 1782. 2. Aufl. Berlin 1787. V: *Fischer, Gottlob Nathanael.* (ML) (Wr) (Winer) (ErGr 44, 350.)

— freimüth., üb. d. Religionsvereinigungswesen. 8. Dessau 782. Gel.-Handl. 8 gr

— freimüth., üb. Schaubühne u. Schauspieler. 1s u. 2s Hft. 8. Frankf. a. M. 792. Diez. 16 gr

Briefe, Freymüthige, über die neue Schauspieler-Gesellschaft zu Frankfurt a. M. Frankfurt 1792. V: *Dambmann, Georg Peter.* (GGr) (Ky) (MGT)

— freimüth. ein. Theilungs-Kommissärs an e. Amtsbruder üb. d. Testaments-Aufbewahrung, d. Formularienzwang u. d. Recht d. Amtsrevisoren, ihre Gehülfen zu entlassen, so wie üb. beider Geschäfts-Verantwortlichkeit; hrsg. v. Gerhard. 8. ... Freiburg 831, Wagner.

Briefe, Freimüthige, über die gegenwärtige Verfassung ... der europäischen Staaten. Otaheiti [Leipzig] 1790. V: *Plant, Johann Traugott.* (Wr)

— freimüth., üb. d. gegenwärt. Verfassung d. Europ. Staaten etc. 1s Hft. 8. Leipz. 790. Hilscher. 9 gr

Briefe eines preuß. Freywilligen an die Seinigen. Breslau 1813. 8°.

— an e. Freund, d. i.: Anmerkk. über das jüngst in Wien erschien. ABC-Buch u. seinen Anhang. 8. Nürnb. 782. Zeh. 2 gr

— an e. Freund. 1. u. 2. Afl. (75) kl8° Wien, Gesellsch. f. graph. Industrie ('11). 2 —; L 3 —

Briefe an einen Freund über Emil Devrient in Hamburg. [Originalien 1830, Nr. 48 ff.] S. A. V: *Lyser, Joh. Peter.* (Friedrich Hirth: J. P. Lyser. München u. Leipzig 1911. ;S. 568.)

— e. Freundes aus Frankreich, wegen d. Jansenisten. 8. Köln 778. Fabricius. 4 gr

— e. Freundes an e. Grafen, der von Wien nach Leipzig auf die Universität geschickt wird. 8. Leipz. 779. Schwickert. 3 gr

Briefe an meinen Freund zu O...r über die Reise des Grafen von Falkenstein nach Frankreich. Ulm 1777. V: *Fischer, Johann Jacob.* (MGT) »Frankfurt und Leipzig 1778« (Ky)

— an meinen Freund zu O...r, über d. Reise d. Grafen v. Falkenstein, (v. Jh. Jak. Fischer). 8. Frankf. u. Leipz. 778. (Stettin in Ulm). 8 gr

— an e. Freund, üb. d. neueröffnete Schaubühne in Coblenz; nebst Fortsetz., u. 2s Hft. (v. Jh. Maaß). 8. Frankf. a. M. 788. Gebhard u. K. 10 gl

Briefe an einen Freund über die neu eröffnete Schaubühne [nebst Fortsetzung.] Frankfurt a. M. 1788—91. V: *Maass, Johann.* (Ky) (ML) (Adel)

Briefe an e. Freund über e. Vertheidigungsplan der Holländer bei Ausbruch des Krieges. 8. Frankfurt 1784.

Briefe an einen Freund, über einen Vertheidigungsplan der Holländer ... Bayreuth 1785. V: *Schorn, Friedrich Nockhern von.* (Ky)

— an e. Freund, üb. e. Vertheidigungsplan d. Holländer bei wirkl. Ausbruch d. Krieges, (v. Nockhern v. Schorch). 8. Bayr. 785. Lübecks Erb. 3 gl

— an Freunde. 8. Danzig. Schuster. 755.

Briefe an Freunde. Danzig 1756. V: *Lüdke, Friedrich German.* (Ky) (ML)

— an Freunde. 8. Danzig 765. Schuster. (Berl., Voß). 8 gl

Briefe an Freunde und Freundinnen über verschiedene Materien, s. Dusch, Joh. Jac. 1759.

Briefe an Freunde und Freundinnen aus den Quartieren der Dänischen Armee. Altona 1759. V: *Camerer, Johann Friedrich.* (BB) (Ky) (ML)

Briefe. Einiger gelehrter Freunde deutsche B' an den Herrn [Albrecht] von Haller. Erstes Hundert von 1725. bis 1751. [Hrg. von Albrecht von Haller.] 8. Bern 1777.
Alles was erschienen.

— an seine Freunde, üb. moral. u. histor. Gegenstände. 8. Altona 761. Iversen. 5 gl

— an seine Freunde, nebst der Gesch. des Schlafrocks, von Yorick (Lorenz Sterne). 8. Hamb. Bohn. 775.

Briefe zweyer Fr., üb. naturhist. Merkw. in d. Gebirgsgegend. Salzburg rc. 8. Cassel, Cramer (a. Bruder, Lpz.) 806. Rthlr.

— zweier Freunde über die in der Württemberg. Abgeordneten-Kammer gestellte Motion des Bischofs von Rottenburg: die Regierung zu bitten, für die Aufrechterhaltung der Autonomie der kathol. Kirche die geeigneten Maßregeln zur Erhaltung des Kirchenfriedens treffen zu wollen. Mit beigefügtem Abdrucke dieser Motion. gr. 8. Stuttgart 842, Metzler. 1/3 Thlr.

Briefe zweier Freunde üb. Relig. u. Glauben; kein Buch f. Befangene; h. v. Trg. Walter (d. i. H. W. Loest.) *Hamm*, Schultz u. Wundermann. 822. 8° 20 gl

Briefe aus dem Freundeskreise von Goethe, Herder, Höpfner und Merck. Eine selbstständige Folge der beiden in den Jahren 1835 und 1838 erschienenen Merckischen Briefsammlungen. Aus den Handschriften hrsg. von Carl Wagner. gr. 8. (XIV und 373 S.) Leipzig 847, E. Fleischer.

—— an eine christliche Freundin über die Grundwahrheiten des Judenthums. Mit einem biograph. Vorwort von Leop. Stein. 8. (XIII, 88 S.) Leipzig 883, Morgenstern. *

— an e. Freundin, über etl. Gegenstände d. natürl. Ordnung in d. Politik. 8. Wien 775. Trattner. 5 gl

— an e. Freundin, über Geist- u. Körperliebe. 8. Prag 792. Neureutter. 5 gl

Briefe an eine Freundin über die Leiden des jungen Werthers. Carlsruhe 1775. V: *Schlettwein, Joh. Aug.* (BrMm) (GGr)

Briefe an eine Freundin üb. Schönheit ..., s. Hartmann, Joh. David

—— der Freundschaft üb. d. canonischen Stunden d. Priester, od. üb. d. Röm. Brevier. (Besonders abgedr. a. d. „Literaturzeitung f. kathol. Geistl. v. Fr. Sec. v. Besnard.") Von H. H. D. (Haid.) gr. 8. (35¼ B.) Landshut 832, Thomann.

Briefe, Freundschaftliche. Berlin 1746. V: *Gleim, Joh. Wilh. Ludw., Sam. Gotth. Lange & andere.* (GGr) (Ky) (AarK) (Gleim-Uz, Briefwechsel. Tübingen 1899, S. 464.)

— freundschaftl. v. G*** (J. L. W. Gleim). 8. Berl. 746. N. A. 760 u. 65. Lange. 8 gl

Briefe, Freundschaftliche. Frankfurt und Leipzig 1760. V: *Patzke, Johann Samuel.* (ML)

Briefe, Freundschaftliche, eines schlesischen Fräuleins an eine Predigersfrau auf dem Lande. Bunzlau 1775. V: *Netz, Johanna von.* (MGT) (schl) »Breslau 1776« (Ky)

— freundschaftl., e. schles. Fräuleins, (Fräulein v. Netz) an e. Predigers Frau auf d. Lande. 8. Bresl. 776. Löwe. 5 gl

Briefe, Freündschaftliche, an verschiedene Freünde und Freündinnen. Geschrieben im Junius und Julius 1796. Zu haben bey den Freünden des Verfassers. [Zürich 1796.] V: *Lavater, Johann Kaspar.* (schstr S. 131)

— freundschaftl., e. Geistlichen in Baiern an Freunde u. Freundinnen, (v. G. A. Dietl). 2 Thle. 8. Münch. 790. Strobl. 16 gl

Briefe, Freundschäftliche. Pendant zu den vertrauten Briefen eines Geistlichen in Bayern. 2 Tle. München 1790. V: *Dietl, Georg Alois* (Rosenthal, Kat. XXXVII, 1038)

—— freundschaftliche, von Goethe und seiner Frau an Nicolaus Meyer. Aus den J. 1830 bis 1831. gr. 8. (XV und 110 S.) Leipzig 855(56,) Hartung.

— freundschaftl., den Baier. Hiesel, oder Matth. Klostermeyer betreffend. 8. Wien 771. Trattner. 3 gl

Briefe, Freundschaftliche, an den Herrn v. S—t über den Entwurf zur Einrichtung der Gymnasien in den k. k. Erblanden ... Zürich 1776. V: *Pitzenberger, Franz Anton.* (Ky) (MGT) (MS)

—freundschaftl., an Hrn. v. S—t., üb. d. Entwurf z. Einrichtung d. Gymnasien in d. k. k. Erblanden, (v. F. A. Pizenberger). 8. Bamb. 777. (Zürich, Orell). 12 gr (Wesché in Frankf.) 9 gr (Göbhard)

— freundschaftliche, u. Schilder. etl. Städte rc. mit franz. N. z. Uebers. 8. Leipz. Böhme. 797.

— freundschaftliche, e. Schilderung verschied. Städte u. Gegenden Deutschlands, f. d. Jugend zum Uebersetzen aus d. Deutschen ins Französ.; herausg. von C. L. P. Mit e. Phraseologie. 8. Lpz. 797. (Knobloch). 12 gr

Briefe, Freundschaftliche, über die Sonn- und Festtage der Christen. Th. 1. Coburg 1772. V: *Becher, Carl Anton Ernst.* (KY) (MGT)

— freundschaftl., üb. die Sonn- u. Festtage d. Christen, (v. K. A. E. Becher). 1r Thl. 8. Cob. 772. Ahl. 10 gr

Briefe, Freundschaftliche, an den Herrn Verfasser der Prager Oberpostamts-Zeitung v. O. 1781. V: *Strin, Anton.* (A. G. Przedak, Gesch. d. dtschn. Zeitungswes. in Böhmen, S. 64) (BIBLPORT) S. a. GGR VI, 693a.

Briefe, Freundschaftliche, von dem Verfasser des David Simpels; aus dem Engl. Berlin 1756. Ü: *Müchler, Johann Georg.* (KY) (MGT) (Neuest. Gel. Berlin II, 43.)

Freundschaftliche Briefe von der Verfasserin des David Simpels, und Schwester des Herrn Fieldings. Aus dem Englischen. Berlin und Leipzig 1759. Bey J. H. Rüdiger. — Zweyter Theil. 8°.

Briefe, Freundschaftliche, über den jetzigen Zustand der Religion unter den Lutheranern ... O. O. 1777. V: *Neumann, Carl Gustav Friedrich.* (KY) (ML)

Briefe, Freundschaftliche,

über d. jetzigen Zustand d. Religion unter d. Lutheranern. 8. Wism. 777. Bödner. 6 gr

Briefe über den Frieden ... Frankfurt a. M. 1795. V: *Benzel-Sternau, Carl Christian Ernst Graf von.* (HS) (MGT) ›Erfurt‹ (KY)

—über d. Frieden. (Von K. C. E. Graf v. Benzel-Sternau.) 8. Erfurt 795. (Herold jun. in Hamb.) 8 gr Mit neuem Titel: Neue Br., über d. Frieden. 797. 10 gr

— üb. d. Frieden. 8 Erfurt. (Vollmer in Hamburg.) 795.

— von u. üb. Jakob Frohschammer. Hrsg. v. Bernh. Münz. gr. 8. (VII, 243 S. m. 1 Bildn.) Leipzig 897. G. H. Meyer. n. 5. —

— von u. über Jakob Frohschammer. 897. Jetzt: Berlin, F. Wunder.

Briefe aus der Frühzeit der deutschen Philologie an Georg Friedrich Benecke. Mit Anmerkgn. begleitet u. hrsg. v. Rud. Baier. gr. 8. (X, 173 S.) Leipzig 901. Dieterich. n. 3. 60; geb. n. 4. 60

— fünf, e. Einsiedlers. gr. 8. St. Gallen 797. (Huber u. C.) 8 gr

— fünf, des Grafen Joseph de Maistre an den Grafen v. Rasumowsky über den öffentlichen Unterricht in Rußland. Aus dem J. 1810. Ein Beitrag zur gegenwärt. Unterrichtsfrage. Aus dem Französ. übers. von einem Freunde der studirenden Jugend. gr. 8. (56 S.) Regensburg 866, Pustet.

— fünf neue, an Napoleon III. Vom Verf. der „Sieben vertraulichen Briefe." gr. 8. (22 S.) München 864, Lentner'sche Buchh.

Briefe, Fünf, geschrieben aus Pesth an der Theiss ... Karlstadt 1833. V: *Hoitsy, Samuel.* (SZMJ)

Briefe, Fünf, über die Stellung des Katholicismus in Frankreich und England 1851. [Münster 1851.] V: *Haxthausen, Aug. Freih. v.* (DÖLL)

— fünf, üb. die Stellung des Katholicismus in Frankreich u. England 1851, von A. v. H. 8. (42 S.) Münster 851, Coppenrath. 1/6 ₰

— XV, über den Orientkrieg 1877—1878. gr. 8. (161 S. mit 6 lithogr. Taf.) Wien 882, (Seidel und Sohn.) *
Aus: Organ der militär-wissenschaftl. Vereine, besonders abgedruckt.

Briefe, Fünfzig versöhnliche, an Philalethes, evang. Pfarrer der Diöcese Soest [Otto Andreä zu Neheim] ... Soest 1864. V: *Florencourt, Bernhard von.* (GLA I/2, 892)

— 50 versöhnliche, an Philalethes, evangelischen Pfarrer der Diöcese Soest. Ein Beitrag zu dem jüngsten Streite über das „bischöfliche Wort" des Bischofs von Paderborn, Dr. Conr. Martin. Von einem kathol. Convertiten. 8. (206 S.) Soest 864, Nasse'sche Verlagsh.

Briefe über das Fürsten-Bündniss zur Theilung von Polen und Frankreich; aus dem Englischen übers. Cölln [Zürich] 1794. V: *Vaughan, Benjamin.* (Zuwachsverz. d. Bibl. Zürich 1898ff. 8.)

— über d. Fürstenbündniß zur Theilung v. Polen u. Frankreich. gr. 8. Zürich 794. Ziegler u. S. 1 ₰ 20 gr

Briefe über Fürstenerziehung. Stuttgart 1850. V: *Rinck, Wilh. Friedr.* (KY)

— über Fürstenerziehung. gr. 16. (III und 381 S.) Stuttgart 850, Neff. *

Briefe über die Galanterien von Berlin ... [Gotha] 1782. V: *Friedel, Johann.* (GGR) (BGE) (KY)

— üb. die Galanterien v. Berlin, von e. kaiserl. Offizier. 8. Gotha 785. Ettinger. 21 gr

— über d. Galanterien von Breslau, von e. ...schen Offizier. 8. Gotha 784. Ettinger. 6 gr

BRIEFE über die Galanterien von Breslau, von einem ....schen (österreichischen) Offizier. (Vf. nicht *Joh. Friedel* O. O. (Gotha, Ettinger) 1785. 8°. (35 Mk. Adolf Weigel, 1907; 30 Mk. E. Frensdorff, 1904.)

86 S. (incl. Tit. u. 1 Bl. Vorber.), 1 leeres Bl. — Ueppigstes Eroticum, enth. 25 auch culturhistor. interess. Briefe, nebst „Zusatz d. Herausgebers" auf der letzten Seite — Beschäftigt sich vornehmlich mit den damaligen Breslauer Bordellen u. galanten Schlupfwinkeln, mit genauer Angabe der Localitäten u. Straßennamen (z. Th. jetzt noch bestehend). — Höchst selten u. gesucht! Daß Johann Friedel nicht der Verfasser, ergibt sich aus Gustav Gugitz's Monographie über Friedel im 15. Jahrbuche der Grillparzergesellschaft.

† * — — Dasselbe. Neudruck auf Büttenpapier. (Breslau 1899.) 8°. 87 S. Ganzpergtbd. (10 Mk. E. Frensdorff; 15 Mk. Süddeutsch. Antiqu.; 16 Mk. Schaper; 8 Kr. Halm & Goldmann.)

Nur in ganz kleiner Aufl. f. d. Mitglieder der „Sancta Simplicitas" zu Breslau hergestellter Privatdruck.

BRIEFE über die Galanterien von Frankfurt am Mayn (nicht von *Joh. Friedel*). London, bei William Dodsley u. Co. (Leipzig, Gräff) 1791. 8°. (4 Rthl. Scheible; jetzt viel theurer!) (In Wien: Secr. A 49.)

232 SS. Gestoch. Titel. Enth. 26 Briefe des Barons Evilmedorach während seines Aufenthaltes auf der Frankfurter Messe, über: Tanzsäle, Wirtschaften, Freudenmädchen, galante Männer und Frauen, deren Namen durch die Anfangs- und Endbuchstaben bezeichnet sind, &c. Höchst selten!

— über d. Galanterien v. Frankfurt a. M. 8. Leipz. 791. (Wienbrack). 16 gr

Briefe über Emilia Galotti. [Leipz. 1775.] V: *Garve, Christian.* (Ml)

Briefe über den Garten zu Pawlowsk, geschrieben im Jahre 1802. Leipzig 1804. V: *Storch, Heinr. Friedr. von.* (R-N)

— über (das Bad) Gastein, v. Theodor K..... 8. (13 B.) Leipzig 838, Kollmann.

— von Schiller's Gattin an einen vertrauten Freund. Herausg. von Heinr. Düntzer. Leipzig 856. Brockhaus. gr. 16. (2 Bl., 567 S.) n. 2 ℛ 20 ngr

Briefe zum Gebrauch junger Leute. Strassburg [München] 1771. V: *Strobl, Joh. Bapt.* (Ky) (Wr)

— zum Gebrauch junger Leute, (v. J. B. Strobl). 8. München 771. Lentner. 10 gr

— üb. Jacobi's Gedanken, d. Erzieh. d. Geistl. u. d. Gelehrsamkeit betr. (v. Jh. Nikl. Niclas). 8. Lübeck 768. Donatius. 5 gr

Briefe über die Gefechte [bei Luzern] am 31. März und 1. April 1845. [Luzern 1845.] V: *Sonnenberg, von.* (Pr)

Briefe über einige mineralogische Gegenstände an Herrn P. Camper. Aus dem Französischen übersetzt ... von F. A. A. Meyer. Göttingen 1791. V: *Golicyn [Fürst Gallitzin?], Dmitrj Aleksěvič.* (BrMm)

Briefe üb. einige mineralogische Gegenstände an P. Camper. Aus d. Franz. übers. u. m. Anmerk. verm. u. herausg. v. F. A. A. Meyer. Götting. 1791. 228 S. 8 Tvl. (1 kol.).

— über einige mineralog. Gegenstände, an P. Camper. 2 Thle. A. d. Französ. übers. u. mit Anmerkk. verm. herausg. von F. A. A. Meyer. Mit Kpf. gr. 8. Götting. 791. Dieterich. 20 gr

— über moralische Gegenstände. 1r Th. 8. Zerbst 797. Füchsel. (Kummer). 18 gr

— über verschied. Gegenstände. 8. Frankf. u. Leipz. 763. Orell, in Zürich. 20 gr

Briefe über verschiedene Gegenstände der Arzneykunst. Langensalza 1775—76. V: *Franz, Joh. Gg Fch.* (Ky) (Ml)

— über verschied. Gegenstände d. Arzneikunst. 3 Bde. 8. Langens. 775, 76. Martini. 18 gr

Briefe über verschiedene Gegenstände aus der Mathematik. Frankfurt u. Leipzig 1780. V: *Lempe, Joh. Friedrich.* (Ky) (MGT)

— über verschied. Gegenstände aus d. Mathematik, (von J. F. Lempe). 8. Frankf. u. Leipz. 780. (Barth). 7 gr

Briefe über verschiedene Gegenstände im Umgange mit Menschen ... Hamburg 1791. V: *Müller, Conrad.* (MGT)

— über d. wichtigsten Gegenstände des Lebens im Geiste d. Zeit u. ihrer Bedürfnisse bearb. v. J. v. X. 8. München 823. (Fleischmann.)

— über d. wichtigsten Gegenstände des Lebens, im Geiste d. Zeit u. ihrer Bedürfnisse, bearb. von J. v. X. (Ranson). 8. München 823. (Jaquet). 9 gr

— über die wichtigsten Gegenstände d. Menschheit, geschrieben von R.; herausg. v. S. T. U. (Chr. Fr. Sintenis.) 4 Thle. 8. Lpz. u. Zerbst 794—98. Füchsel. (Kummer). 4 ℛ 5r Thl. Auch u. d. T.: Fragmente v. Briefen, gemeinnützigen Inhalts. 8. Ebd. 800. 1 ℛ

Briefe, Geheime, eines reisenden Engländers über die Bayrischen Angelegenheiten. Hamburg [Halberstadt] 1778. V: *Fischer, Gottlob Nathanael.* (Ky) (Ml) »Magdeburg« (Wr)

— geheime, e. reisenden Engländers, über die Baierischen Angelegenheiten. 8. Magdeb. 778. Creutz. 2 gr

Briefe, Geheime, über die Geschichte unserer Tage. Altona [Frankfurt] 1798. V: *Hillesheim, Alois Friedrich Wilhelm von.* (Ky) (MGT) (Wr)

— geheime, üb. d. Geschichte unsr. Tage, (v. A. F. W. v. Hillesheim). 8. Frankf. a. M. 799. Guilhaumann. 4 gr

BRIEFE, Geheime juristische, zwischen zwey Rechtsgelehrten. (Stellenweise verfängl. Processe.) 36 Collectionen. Leipzig 1731. 8°. (In München in 3 voll.)

— geh. jurist., üb. pract. Controversien zwisch. zwey Rechtsgel. 48 Thle. 8. Leipz. Heinsius. 734—42.

—— geheime, des Königs von Polen Sigismund August an Stanislaus Hozyus, Gesandten am röm. Hofe des Kaisers Karl V. im J. 1549 und 1550 mit kryptograph. Zeichen geschrieben, entziffert von Jos. Lepkowski. Die Originale liegen aufbewahrt in der Jagiellon'schen Universitäts-Bibliothek zu Krakau. 4. (14 S. und 4 S. in Fol.) Wadowice 850, Sabiński. *

Brieffe, Geheime, so zwischen curieusen Personen über notable Sachen der Staats- und gelehrten Welt gewechselt worden. Fünffte (bis eilffte) Post. Freystadt (Leipzig, Hülsen,) 1701. 7 Tle. in 1 Bd. Mit 7 Titelkupfern u. Titelholzschnitt (siebenmal). 620 S. (375—994), 6 Bl. (eingestreut). 8°. Pgt. 50.—

136 „Sendschreiben" (Num. 95—230) über die verschiedensten Fragen, besonders die Verhältnisse zu Beginn des Spanischen Erbfolgekrieges und dessen politische Bedeutung (Österreich, Savoyen, England, Frankreich, Holland), aber auch solche unpolitischen Inhalts (Geschmacks- und Bildungsfragen, Naturwissenschaftliches, über Geister, Teufel usw. usw.).

BRIEFE, Geheime, so zwischen curieusen Personen über notable Sachen der Staats(-) und gelehrten Welt gewechselt worden. Mit Kpfrn. u. Register. Freystadt (Hülsen in Leipzig) 1701—3. 8°.

Ist in „Cabinets" à 12 „Posten" getheilt. (In München sind 12 „Posten" vom „Cabinet I" vom J. 1701.) (5 Mk. Paul Neubner, 1892, wo auch Cabinet III mit 12 Posten von demselb. Jahre „1701" für 5 Mk. angeboten wurde.) Complet rar!

In der Bibl. Ludovici nominalis curiosa, Vitemb. 1705, ist verzeichnet „des dritten Cabinets 9 Posten". Ebd. 1703. 8°. 2 Alph. 4 Bog.

Briefe, Geheime, über die Preussische Staatsverfassung, seit der Thronbesteigung Friedrich Wilhelms des Zweyten. Utrecht (Ulm) 1787. 8°. 1 Bl., 86 S. (In Dresden.) (6 Mk. E. Frensdorff, 1907; 8 Mk. Rudolph Hönisch, Lpz., 1910.)

Enthält viele Einzelheiten über: Günstlingswesen, Weiberregiment u. Corruption, über Woellner, Kämmerer Rietz, Demoiselle Enke (Gräfin Lichtenau), Bischoffswerder, de Launay, v. Moellendorf, Veitel Ephr. Itzig u. a. — Weller, fing. Dr., 2 Drucke von 1787.

Französ. Uebersetzg. (in Dresden): Correspondance secrette concernant la constitution de la Prusse depuis le règne de Frédéric-Guillaume II. Traduit de l'Allemand avec des notes du traducteur. Potsdam, 1788. 8°. Rare!

Briefe, Geheime, über die preussische Staatsverfassung seit der Thronbesteigung Friedrich Wilhelm II. Utrecht 1787. V: *Borcke, von* (Geh.-R.). (Reiche, Die polit. Lit. unter Frdr. Wilh. II. Diss. Halle 1891) (Zeitschr. f. Büch. 1923, S. 81)

— geheime, üb. d. Preuß. Staatsverfass. seit d. Thronbesteigung Friedrich Wilhelm II. 8. Utrecht 787. Schneider. 6 ggr

BRIEFE, Geheime, an die gesunde Vernunft. Etwas für lüsterne Leser. Allen Herren Postmeistern des heiligen römischen Reichs dediziert. Constantinopel (Rostock, Stiller) 1794. 8°. (1 Mk. 50 Pfg. Jos. Jolowicz, Posen, 1889; 12 Mk. Dieterich, Goettingen, 1907.)

Zieml. zahme moral-philosophische Betrachtungen.

— über das Geheimnißvolle in d. Elektricität. 8. Heidelb. 789. Pfähler. 10 ggr

Briefe über den Geist der Schulerziehung. Berlin [Leipzig] 1786. V: *Weisshuhn, F. A.* (WT)

Briefe über Geistesbildung an L. Gräfin von S. Regensburg 1862. V: *Patiss, Georg F.* (Russell IX, 421)

— über Geistesbildung an L. Gräfin v. S. Von G. F. P. Regensburg 862. Manz. 8. (338 S.) 22½ ngr.

— zweier kathol. Geistlichen in d. Sevennen, über d. Gültigkeit der Ehe der Protestanten rc. Aus d. Französ. Mit e. Vorr. von G. Leß. 8. Götting. 780. Vandenhöck u. R. 18 ggr

— eines Geistlichen an einen Amtsbruder, über das rationalistische Verfahren beim Confirmandenunterricht, (von Jul. Körner). 8. Schneeb. 828. Schumann. 12 ggr

— e. Sächsischen u. Polnischen Geistlichen, über d. Zustand d. Dissidenten. 8. Züllichau 772. Frommann in Jena. 4 ggr

— eines verstorbenen Geistlichen von dessen Sohn herausg. Zürich 859. (Gotha, Opetz.) 8. (IV, 316 S.) 1 Thlr

— eines verstorbenen Geistlichen, von dessen Sohn hersg. 2. Aufl. Neue Ausg. Gotha 867. Opetz. (Windaus.) 8. (IV, 316 S.) 22½ ngr.

— bei Gelegenheit der polit.-theolog. Aufgabe u. des Sendschreibens jüdischer Hausväter. Von e. Prediger. gr. 8. Berl. 799. (Franke). 6 ggr

— bei Gelegenheit d. Eisbruchs u. Ueberschwemmung von Köln. 8. Köln 785. Imhof. 3 ggr

Briefe über verschiedene Gelegenheiten und Vorfälle. Helmstädt 1755. V: *Stockhausen, Joh. Chph.* (Maassen, C. G. in: Der grundgescheute Antiquarius, Jg. 1, Heft 6 [März 1922], S. 188—190) (Bacmeister, Russische Bibliothek, »Riga 1772«.)

— angesehen. Gelehrten u. Staatsmänner u. Anderer, an K. Fr. Bahrdt rc. (v. Deg. Pott). 5 Thle. (5r Thl. A. u. d. T.: Pragmat. Gesch. u. Aufschluß d. deutschen Union rc.; nebst and. Aufschlüssen. 790. 1 Thlr 8 ggr) gr. 8. Leipz. 798. Weygand. 6 Thlr 8 ggr

— deutsch. Gel. an Kloz, herausg. an Hagen. 2 Thle. gr. 8. Halle, Curt. 1775.

— deutscher Gelehrten an Chr. A. Klotz; herausg. v. J. J. A. v. Hagen. 2 Thle. gr. 8. Halle 773. (Laue in Berl.) 1 Thlr

— deutscher Gelehrten, aus Gleims literar. Nachlasse; herausg. v. W. Körte. 3 Bde. (1r Bd. A. u. d. T.: Briefe d. Schweizer Bodmer, Sulzer, Geßner. 804. 1 Thlr 20 ggr 2r u. 3r Bd. A. u. d. T.: Briefe zw. Gleim, Heinse u. Jh. v. Müller. 2 Bde, 805, 6. 4 Thlr 14 ggr) 8. Zürich, Geßner. 6 Thlr 10 ggr

— חורב בצירוף od. Briefe eines jüdischen Gelehrten u. Rabbinen über das Werk: חורב Versuche üb. Jissroels Pflichten in der Zerstreuung vom Landrabb. S. R. Hirsch. Nebst einer Abhandl. über die Möglichkeit einer Abschaffung bestehender Gebräuche im Judenthum vom orthodoxen Standpunkte. Herausg. durch M. S. Charbonah. gr. 8. Leipzig 839. Fritzsche. n. ¼ Thlr — s. auch Hirsch — **Postscripta.**

Briefe eines jungen Gelehrten an seinen Freund. Tübingen 1802 s. [Müller, Johannes von].

— e. jungen Gelehrten an seinen Freund, (von Jh. v. Müller). gr. 8. Tübing. 802. v. Cotta. 1 Thlr 12 ggr

— a. d. Wiener Generalseminar, (v. L. A. Schlichting). 8. o. O. (Mannh.) 788. Löffler. 5 ggr

Briefe aus dem Wiener Generalseminarium. ... O. O. 1789. V: *Schlichting, Ludw. Adam.* (MGT) »Brief« (WT)

— üb. d. General-Synode zu Ansbach 1823. Von e. Beobachter. 8. Ulm 824. Stettin. 6 ggr

— von u. an Friedrich v. Gentz. Auf Veranlassg. u. m. Unterstützg. der Wedekind-Stiftg. zu Göttingen hrsg. v. Frdr. Carl Wittichen. (In 4 Bdn.) 1. u. 2. Bd. gr. 8. München, R. Oldenbourg. Geb. in Leinw. 22.—
1. Briefe an Elisabeth Graun, Christian Garve, Karl August Böttiger u. andere. (X, 365 S.) 909. Geb. 10.—
2. Briefe an u. von Carl Gustav v. Brinckmann u. Adam Müller. (X, 480 S.) 910. Geb. 12.—

— v. u. an Friedrich v. Gentz. Hrsg. v. Frdr. Carl Wittichen u. Ernst Salzer. 2. u. 3. Bd. gr8° Münch., R Oldenbourg. (1—3: geb. 35 —) d
2. Briefe an u. v. Carl Gustav v. Brinkmann u. Adam Müller. (10, 480) '10. L 12 — ‖ 3. Schriftwechsel m. Metternich. 1. Tl. 1803—19. (40, 486) '13. 12 L 18 —

— gesammelte, über d. Basedow'sche Erziehungsmethode. 8. Offenb. 775. Brede. 3 ggr

— gesamm. des heil. Franciscus Xaver. 5 Thle. 8. Augsb. Doll. 794.

Briefe, Gesammelte, von dem Gelde, von dem Wechsel und dessen Cours ... Berlin 1762. V: *Graumann, Johann Philipp.* (schr)

Briefe, Gesammelte, von Julien. Leipzig 1806—9. V: *Engelhard, Caroline.* (GGr) (EE)

— gesammelte, herausgegeb. von Julie. 4 Bde. m. Holzschn. u. K. 8. Leipz. Gräff. 806—809.

Briefe, gesammelte, von Julie. 4 Thle. 2te Aufl. Mit Kupf. 8. Leipzig, Wienbrack. 818.

— gesammelte, von Julie. 2te verb. Aufl. 4 Theile. mit 3 Kupf. u. 1 Holzschnitt von Gubitz. 8. Leipz., Wienbrgk. 820.

Briefe, gesammelte, von Julie. 4 Bde. 8., verbess. Aufl. gr. 12. (31½ B.) Leipzig 830, Wienbrack. Thlr.

Briefe, Gesammelte merkwürdige, aus dem letzten Jahrzehend. Grätz 1794. H: *Hoff, Heinr. Georg.* (Ky)

Briefe, gesamm. merkwürd., aus d. letzten Jahrzehend, (v. H. G. Hoff). 2 Thle. 8. Grätz 794. Tusch. 20 gr

— ges., e. alten Offiziers an s. Sohn. E. Darlegg. d. Berufs- u. Standespflichten unt. Zugrundelegg. d. Kriegsartikel u. d. Verordng. üb. d. Ehrengerichte v. 2. V. 1874 nebst d. ergänz. Bestimmgn. v. 1. I 1897. E. Wegweiser zu strenger Selbstzucht u. Selbsterziehg. v. S. K. gr. 8. (VII, 311 S) Berlin 898. R. Schröder. n. 5.—; geb. n. 6.—

Briefe, Gesammelte, von verschiedenen Verfassern, zum Vergnügen des Herzens. Nürnberg 1767. V: *Martini, Friedrich Heinrich Wilhelm.* (Ky)

— gesamm., v. verschied. Verfassern, z. Vergnügen d. Herzens. 8. Nürnb. 767. Bauer u. Raspe. 16 gr

— gesammelte, üb. d. Heinze'sche Widerlegung d. Gottsched. Sprachlehre. 8. Leipz. 760. Breitkopf u. H. 3 gr

— und Geschäftsaufsätze nebst der einfachen Buchführung, für den Selbstunterricht, für Volks- und Fortbildungsschulen und andere höhere Unterrichtsanstalten hrsg. von einem prakt. Schulmanne. gr. 8. (IV und 100 S.) Mainz 855, Wirth's Sortimentsh.

— an e. Geschäftsfreund. I. Bd. gr. 8. Wien 906. H. E. Schwartz. n. 1. 30
Reklame des Detailkaufmanns. Von Heinr. Ernst Schwartz. (29 S.)

— üb. Gesch. u. Geist d. Offenbar. s. phil. Briefe an m. Schwester 2r

— über die Geschichten Besessener, s. v. Rantzau-Breitenburg.

— an d. schöne Geschl., üb. Gegenst. a. d. Reiche d. Natur. 3 Thle. m. K. gr. 8. Jena, Cröcker. 770—71.

— üb. d. Geschmack a. d. Engl. 8. Rostock, Berger. 759.

Briefe, Gespräche, Geschichte und Fabeln; aus dem Engl. Leipzig 1760. Ü: *Gellius, Johann Gottfried.* (ML)

— gestohlne, von u. über Männer, Weiber, Priester u. Soldaten. Aus d. Revolut.-Gesch. in Helvetien. M. 1 Kpf. gr. 8. St. Gallen 801. Huber u. C. 1 Rthlr 20 gr 568 S.

— gewechselte, über d. Erziehung e. Prinzen. 8. Halle 767. Waisenh.-Buchh. 4 gr

Briefe über die Grafschaft Glatz; von Reisenden als Wegweiser zu gebrauchen. Reichenbach 1823. 8.

— zwisch. Gleim, Wilh. Heinse u. Joh. v. Müller; aus Gleims liter. Nachlasse; herausg. v. Wilh. Körte; 2 Bde. 8. Zürich, Gesner. 806. 806. Schreibp.
(dasselbe auch unt. d. Tit.: Briefe deutscher Gelehrten; a. Gleims literar. Nachlasse; herausgeg. v. W. Körte; 2r u. 3r Bd.)

— d. Prinzess. Gonzaga auf ihr. Reis. 8. Gotha, Ettinger. 791.

— des seligen Johannes Goßner an eine leidende Freundin. Nach den Originalen dargeboten von deren Enkelin. 8. (36 S.) Berlin 888, Buchh. der Goßnerschen Mission. *

— Göthe's und der bedeutendsten Dichter seiner Zeit an Herder. Herausg. von Heinr. Düntzer u. F. G. v. Herder. (Abdruck aus: „Herders Nachlaß.") Frankfurt a. M. 858. Meidinger. 8. (440 S. u. 1 Lithogr. in 4.) 2 Rthlr

— von Goethe an Lavater, s. Goethe.

Briefe von Göthe und dessen Mutter an Fr. Freih. v. Stein. Nebst einigen Beilagen. Herausgeg. von J. J. H. Ebers und Aug. Kahlert. gr. 12. Leipzig 846, Weidmann'sche Buchh. 24 ngr

— von Goethe, Schiller, Wieland, Kant, Böttger, Dyk u. Falk an Karl Morgenstern. hrsg. v. F. Sintenis. 8. (50 S.) Dorpat 875. Schnakenburg. n. — 80

— gothische, von **** I. gr. 8. (30 S.) Wien 854. (Leipzig, Hübner.) *

— dass. — **** II. und III. (Das Bauprogramm.) gr. 8. (S. 31—100.) Ebds. 854. à * 8 Ngr. *

— gothische. von **** 3 Hefte. Wien 854. Sommer. (F. Klemm.) gr. 8. (100 S.) Jedes Heft n. 8 ngr

— gothische, v. *** I—III. 8. (100) Wien 54. (Lpzg, Steinacker.) à n. — 8

Briefe über Gott und Unsterblichkeit . . . O. O. 181? V: *Seidlitz, Carl Sigismund von.* (MGT)

Briefe über den Gottesdienst der morgenländischen Kirche. Aus dem Russischen übersetzt und aus dem Griechischen erläutert von Edw. v. Muralt. Leipzig 1838. V: *Murawieff, Andreas Nikolajewitsch.* (zb)

— über den Gottesdienst der morgenl. Kirche. Aus d. Russ. übers. u. aus d. Griech. erläutert v. Dr. Edw. v. Muralt. 8. Leipzig 838. Weygand'sche Buchh. (Jasper.) 1 Rthlr Schreibp. 1⅓ Rthlr (Ein Anhang hierzu, s. v. Muralt.)

Briefe einiger holländischer Gottesgelehrten über P. R. Simons kritische Geschichte des alten Testaments; herausgegeben von le Clerc; aus dem Französischen übersetzt . . . Zürich 1779. Ü: *Corrodi, Hnr.* (ML)

— holländ. Gottesgelehrten über Simons krit. Geschichte d. Alt. Testaments; herausg. v. le Clerc; aus d. Französ. mit Anmerkk. v. H. Corrodi. 2 Bde. 8. Zürich 779. Orell. 1 Rthlr 8 gr

Briefe, Gottholds politische, an seinen Vetter Christian, zu Nutz und Frommen für's liebe Volk . . . Elbing 1849. V: *Nesselmann, Roderich.* (Heindl, Galerie 1859, 2, 53) (Zeitschr. f. Büch. 1923, S. 87)

Briefe des Gr. Sp. über naturhistorische Gegenstände auf einer Reise im südlichen Deutschland. Cassel 1805. 8. Cramer

Briefe des Grafen von *** an die Herzogin von *** während des Feldzugs in Italien vom Jahr 1701; aus dem Franz. Carlsruhe 1778. V: *Ring, Friedr. Dominik.* (Ky) (MGT)

Briefe eines Schlesischen Grafen an einen Curländischen Edelmann, den Adel betreffend. ... Altona 1795. V: *Burghaus, Johann August Reichsgraf von.* (BrMm) (MGT) V: *Burghaus, Conrad J. A. Graf von.* (Ky)

— e. Schles. Grafen an e. Curländ. Edelmann, d. Adel betr., (von Konr. J. A. Graf v. Burghausen). Herausg. v. H. Würzer. 8. Altona 795. Hammerich. 15 gr

Briefe der Frau Gräfin von L. an den Grafen von R. aus dem Französ. Leipzig 1788. V: *Kühne, Christian Friedrich Gottlob.* (MGT) »Wittenberg« (Ky)

— der Frau Gräfin von L*** an den Herrn Grafen von R***, aus dem Franz. 2 Theile, 8. Wittenberg, 788 - 89. Kühne. 25 sgl.

— Eines deutschen Greisen an deutsche Männer. Frankf. 1787. 8.

— e. deutsch. Greises an deutsche Männer. 8. Greiz 787. Henning. 8 gr

— v. der Grenze. Ein socialpolit. Gedankenbild. Von Woldemar. 8. (V, 209 S.) Magdeburg 890. Rathke's Verl. n. 1. 50

Briefe. Die B. der Johanna Grey und des Erzbischofs Cranmer. Zürich s. [Vögelin. Anton Salomon].

— von u. an Grillparzer. Hrsg. v. Carl Glossy. [Aus: „Jahrbuch d. Grillparzer-Gesellschaft".] gr. 8. (XV, 396 S. m. Grillparzer's Portr.) Wien 892. C. Konegen. Geb. in Leinw. n. 6. —

Briefe über Grossdeutsch und Kleindeutsch. Hannover 1863. V: *Klopp, Onno.* (SWKl)

—— über Großdeutsch und Kleindeutsch. gr. 8. (32 S.) Hannover 863, Klindworth. *

— e. Großmutter an ihre Enkelin über das Leben e. Landwirtin v. Anna v. Lande. gr. 16. (III, 142 S.) Schöneberg-Berlin 898. F. Telge. Geb. in Leinw. n. 2. 60

— eines vierzehnjährigen Großstadt-Mädchens. 1.—15. Taus. (87 S.) 8. Werdohl (904). W. Scholz. n. 2. —; erm. Pr. n. 1. —

Briefe e. vierzehnjähr. Großstadtmädchens. Jetzt: Leipzig, E. Maerter.

Briefe Grosvater Enkelin

Briefe eines Grosvaters an seine Enkelin über die Ausbildung des Verstandes und Herzens und einige Punkte der weiblichen Bestimmung. Bdchn 1. Frankfurt, Leipzig 1802. VI. 196 S. 8°

Briefe über die ersten Grundsätze der Mechanik ... O. O. 1807. V: *Spaun, Franz Freiherr von.* (BrMm) (Ky) (MGT)

— üb. d. ersten Grundsätze d. Mechanik. Vom Verfass. d. Versuchs, d. Studium d. Mechanik zu erleichtern. gr. 8. Nürnb. 807. Stein. 12 gr Schrbp. 15 gr

Briefe über die allerneueste Guckkastenphilosophie des ewigen Juden ... 1797. V: *Berger, Johann Gottfried Immanuel.* (GGr) (OL)

— üb. d. neueste prophet. Guckkastenphilosophie. 8. Leipz. Gleditsch. 797.

Briefe vom Gurnigel. Bern s. [Schüler. Albert].

—— vom Gurnigel, nebst prakt. Notizen in deutscher und französ. Sprache. 8. (160 S. mit 1 Panorama und 2 Karten.) Bern 883, [Dalp'sche Buchh.] Schmid, Francke und Comp. * geb. *

—— an Hamburg. Geschrieben im Mai 1842. gr. 8. (2¾ B.) Hamburg, Hoffmann u. Campe.

—— aus Hamburg. Ein Wort zur Vertheidigung der Kirche gegen die Angriffe von sieben Läugnern der Gottheit Christi. 46 Briefe. 10 Lfgn. 8. (VII, 1004 S.) Berlin 883,84, Germania. à Lfg. 60 Pf.
Aus: Germania, besonders abgedruckt.

Briefe aus Hamburg. Von Gottlieb. Berlin 1884. V: *Pesch, Tilmann.* (Doubletten-Anzeiger. 1903, 6.)

Briefe aus Hamburg. Ein Wort zur Vertheidigung der Kirche ... 4. Aufl. Berlin [1893] 1894. V: *Pesch, Tilmann.* (Berl)

— aus Hamburg, v. Gottlieb, s. a. Christ od. Antichrist.

Briefe über Hamburg. Leipzig 1794. V: *Minder, Johann Arnold.* (Schr)

— üb. Hamburg. 8. Leipz. 794. (Brockhaus). 16 gr

— üb. Hamburg. 8. Leipz. Gleditsch. 794.

Briefe, Prinz Hamlets. Berlin 1909. V: *Knoop, Gerhard J. Ouckama.* (EB)

Prinz Hamlets Briefe. Berlin: Reichl 1909. 208 S. 8° [10. 4137

— v. d. Hand d. Meisters. 8. Prag 772. Widtmann. 8 gr

BRIEFE eines Reisenden Handlungsbedienten über Leipzig, Hamburg und Lübeck an seinen Bruder in Sachsen. Clausthal 1788. 8°. Rar! (3 Mk. M. Glogau jr., Hamb., 1906.)

— e. reisenden Handlungsbedienten üb. Leipzig, Hamburg, Lübeck an sein. Bruder in Sachsen. 8. Lübeck 788. Donatius. 8 gr

— ein. reisend. Handlungsbedient. üb. Leipzig, Hamburg, Lübeck rc. 8. Lübeck, Niemann u. C. 788.

— Handlungs-, s. Uebersetz. ins Engl. Unna, Hesselmann. 810.

—— zweier Handwerker. Wichtige Vorschläge, Aufschlüsse und Belehrungen für den Gewerbestand. Gekrönte Preisschrift (Von Carl Vict. Böhmert.) 2., wohlfeilere (Titel-) Aufl. gr. 8. (VI und 152 S.) Dresden (854) 60, Klemm's Verlag.

Briefe von und an Georg Herwegh. Hrsg. von Marcel Herwegh. Ferd. Lassall's Briefe an Georg Herwegh. Nebst Briefen der Gräfin Sophie Hatzfeld an Frau Emma Herwegh. Hrsg. von Marcell Herwegh. Mit einem Bild und Brief Lassalle's. gr. 8°. Zürich, A. Müller 1895.

Briefe des Hans Michel aus Obersteier an seinen Göd ... Graz 1845—46. V: *Dirnböck, Jakob.* (GGr XII, 266) (Zeitschr. f. Büch. 1923, S. 81)

Briefe des Hans Michel aus Obersteier an seinen Göd, den Sensenschmid in d. Oed üb. Steiermark u. Gratz. 1—7. Bdchn. 8. (23½ B. u. 7 col. Abbild.) Gratz 845, 46, Dirnböck. à Bdchn. * 6 Ngr. *

Das 7. Bdchn. a. u. d. T.: Briefe rc., od. Neue Folge 1. Bdchn.

—— des Hans Michel aus Obersteier an seinen Göd, den Sensenschmid in der Oed über Steiermark und Gratz. 8—12. oder neue Folge 2—6. Bdchn. gr. 8. (274 S., 3 Abbild. und 1 Musikbeil.) Gratz 846, Dirnböck. à Bdchn. *

1—7. Bdchn. Ebendas. 1845,46. * 1 Thlr. 12 Ngr.

— harmlose, eines deutschen Kleinstädters. (Von Paul Lindau.) [Aus dem „Salon".] 1. Bd. Leipzig 870. Payne. gr. 8. (VII, 151 S.) 15 ngr

Vgl. Lindau, Paul

— über Harms, zur näheren Verständigung über verschiedene seiner Thesen. Aus d. 3n Hefte der Gespräche im Bücherzimmer bes. abgedr. 8. Kiel 818. (Leipz., Hartmann). 8 gr

Briefe aus dem Hauptquartier, oder die Wahrheit über den Krieg in der Krim. Von einem Offizier des englischen Staates. Aus dem Französischen von F. S. Berlin 1857. V: *Calthorpe, Somerset John Gough.* (Doubletten-Anzeiger. 1903 Nr. 6.)

Briefe aus dem Hauptquartier oder die Wahrheit über den Krieg in der Krimm. Von einem Offizier des englischen Stabes. Uebers. von F. S. Berlin 857. F. Schneider. 8. 2 Bde. (XI, 307; VIII, 375 S.) n. 2 rß 20 ngr

—— aus e. deutschen Hauptstadt. Zur Berichtigung d. Urtheils üb. einige Gegenstände v. allgem. Interesse. 8. (7½ B.) Berlin 833, Mittler.

—— an meinen jungen Haushalt von Tante Christine [Marc Boyen]. 8. (III, 105 S.) Zürich 887, Schröter und Meyer. * geb. *

— in die Heimath, s. Reisen und Länderbeschreibungen. 6e Lfra.

Briefe in die Heimath, geschrieben zwischen Oktober 1839 und Mai 1830, während einer Reise über Frankreich, England und die vereinigten Staaten von Nordamerika nach Mexiko. Stuttgart 1835. V: *Köppe.* (EB)

— zwischen Heinrich u. Franziska; nach d. Engl. 2 Thle. 8. Berl. 790. (Reimer). 1 rß 12 gr

Briefe, Vetter Heinrichs und Vetter Gottliebs, Mitglieder keiner Akademie und keiner heimlichen und oeffentlichen Gesellschaft gewechselte, über — —? Leipzig und Berlin, Petersburg und Wien. Im letzten Jahre des 18ten Säkulums [1799]. V: *Maurer, F.* (BGE VIII³, 123)

Briefe alter Berner-Helden. Bern 1791 s. [Lehmann, Heinrich Ludwig].

— alter Berner Helden, aus d. Reiche d. Todten an die heutigen Bürger von Bern u. ihre Angehörigen, (v. H. L. Lehmann). 1r Thl. 8. Bern 790.

Briefe aus Helgoland, England und Süd-Afrika. Zwickau 1859. V: *Steinbart, Gust.* (CBH)

— aus Helgoland, England und Süd-Afrika. Zwickau 859. Verlagsbuchhdlg. des Volksschriften-Vereins. 8. (VII, 96 S.) 6 ngr

—— a. Helgoland, Engl. u. Süd.-Afrika. 8. (96) Zwick. 59, Döhner. — 6

Briefe an Dr. Anton Henne 1818—1850. St. Gallen 1902. H: *Dierauer, Johann.* (Berl)

— der Dichterin Luise Hensel. 8. (X, 250 S.) Paderborn 878. F. Schöningh. n. 4. —

Briefe an den Herausgeber der Hamb. Nachrichten aus dem Reiche der Gelehrsamkeit ... Hamb. [Rostock] 1762. V: *Reinhardt, Adolph Friedr. v.* (Ky) (ML) (Wr)

—— an Herder von Lavater, Jacobi, Forster u. A. Hrsg. von Heinr. Düntzer und F. G. v. Herder. 8. (465 S.) Frankfurt a. M. 858. [Berlin, Hirsch.]

Aus der Sammlung: Aus Herders Nachlaß, besonders abgedruckt.

— an Herder von Lavater, Jacobi, Forster u. A. Herausg. von Heinr. Düntzer u. F. G. v. Herder. (Abdruck aus: „Herders Nachlaß.") Frankfurt 858. Meidinger. 8. (1 Bl., 465 S.) 2 rß

— an Hermione, e. Umarb. v. Schwifts Br. an e. Braut. 8. Bresl. 789. (W. Nauck in Leipz.) 6 gr

— an Hermione, e. Umarbeit. v. Swifts Br. an e. Braut. 8. Bresl. Meyer, (Sommer. Lpz.) 789.

Vgl. Brief...

BRIEFE, Heroische. Des Barnevelts an den Truman, und der Zeila an den Valcour. Aus d. Französ. (Barock-Ornament u. Zierleiste.) Mit Titelkpf. (M. G. Eichler, jun. fec.) Augsburg, bey Conrad Heinrich Stage, 1766. 8°.

48 S. (incl. Tit. u. 5 Bll. Vorw.) In Versen. Brief 1 betrifft den Inhalt von Tillo's engl. Trauersp. „Georg Barnwell oder der Kaufmann von London" (auch in Deutschland beifällig aufgenommen), Brief 2 (S. 35 ff.) richtet Zeila, eine junge Wilde, Sclavin zu Constantinopel, an Valcour, einen französ. Befehlshaber. Mit e. Schreiben an die Frau von C. (Bearbeitung der Erzählung Gellert's „Inkle [engl. Kaufmann] und Yariko [Indianerin]", nach der Geschichte der Yariko im Englischen Zuschauer, mit veränderten Namen.)

— heroische, Barnvells aus s. Gefängniß an Trumann. 8. Augsb. 765. v. Jenisch u. Stage. 3 gr (vergl. Barnwell).

— a. e. jung. Herrn v. Stande s. Dusch.

— über Herrnhuth u. andere Orte d. Oberlausitz, (v. Chr. Gli. Schmidt). 8. Winterth. 787. Steiner. 12 gr

— von u. an Georg Herwegh. Hrsg. v. Marcel Herwegh. Ferd. Lassalle's Briefe an Georg Herwegh. Nebst Briefen d. Gräfin Sophie Hatzfeldt an Frau Emma Herwegh. Hrsg. v. Marcel Herwegh. M. e. Bild u. Brief Lassalle's. gr. 8. (VII, 163 S.) Zürich 896. A. Müller. n. 3. —; geb. n. 4. —

Briefe an Herrn Prof. Herwig zu Würzburg, seine Religionsänderung betreffend. [Nürnberg] 1772. V: *Weber, Georg Er.* (Ky)

— an Herwig, s. Religionsveränderung betr. 8. Nürnb. 774. Felssecker. 4 gr

BRIEFE des Herzogs von C. und der Lady Grosvenor, ingleichen Geschichte der Maitresse des Herzogs von Grafton. Deutsch. Frankfurt 1770. 8°. (10 Mk. eine süddeutsche Firma, c. 1905.) Rar!

— d. Herzogs v. C. u. d. Lady Grosvenor; aus d. Engl. 8. Lpz. 770. Weidmann. 8 gr

Briefe an Herrn Rektor Heweis; aus dem Englischen. Altenb. 1764. Ü: *Streit, Friedrich Wilhelm.* (ML)

— Hierophantische, s. Epagathus.

— v. u. an Carl Hiller. 8. Halle, Dreyßig. 790.

Briefe, Hillmar's, vom Lande. Nördlingen 1794. V: *Pahl, Joh. Gtfr.* (Ky)

—— aus dem Himmel. 1. und 2. Aufl. 8. (216 S.) Bremen 884, Müller's Verlagsb. *M 2.80.; geb. ** 3 80

—— aus dem Himmel. 3.—5. Aufl. 8. (216 S.) Bremen 885,86, Müller. *M 2.80.; geb. **

— aus dem Himmel. 6. (Titel-) Aufl. 8. (216 S.) Heilbronn 892. E. Becker-Merker. n. 2. 80; geb. 3. 80

— aus dem Himmel. (Von Frdr. Wilh. Mart. Nickel.) (32 S.) 8. Neu-Ruppin (886). F. W. Bergemann. — 15

— aus d. Himmel üb. d. Freymaurerrevol. in Wien. 8. Berl. (Wucherer, Wien.)

Briefe aus dem Himmel über die Freymaurerevolution in Wien. Berlin 1786. 2 Thle in 1 Bd. 30 + 31 S. 8°. V: *Richter, Josef* (?). (L. Abafi, Geschichte der Freimaurerei in Oesterreich IV, S. 154) (WBL XXVI/61 ff.) (Hans Viktor Pisk: Josef Richter. Diss. Wien 1927. S. 95—96) (Hdschr. Mitth. von Gustav Gugitz, Wien.)

Briefe über ein schweizerisches Hirtenland. Basel 1782 s. [Bonstetten, Carl Victor von].

Briefe über ein schweizerisches Hirtenland. Basel 1782. V: *Bonstetten, Carl Victor von.* H: *Müller, Johannes von.* (EngG) (GGr) (Ky) (MGT)

— über e. Schweizer. Hirtenland, (v. K. V. v. Bonnstetten). 8. Basel 782. 2e A. 783. Typograph. Soc. 8 gr

— histor. a. d. Papieren e. Staatsmann. 8. Basel, Böhme. Lpz. 795.

— histor., polit.-krit., aus d. letzten Jahrzehend rc. Aus d. Französ. 1r Bd. 8. Berl. 788. Akad. Buchh. 1 Rthlr 6 gr

— histor., u. Schilder. z. Aufklär. d. Leidenschaft rc. 8. Prag 780. Mangold. 6 gr

—— historische, veranlaßt durch Heeren u. d. Archiv v. Schlosser u. Bercht. gr. 8. (8½ B.) Weilburg 832, Lanz.

Briefe, Historische, über die seit dem Ende des 16. Jahrh. fortgehenden Verluste und Gefahren des Protestantismus. Frankf. u. Erlangen 1861. V: *Loebell, Joh. Wilh.* (Bibl. ev. Landeskirche in Siebenb. Hermannst. 1889.) (ADB)

— historische, über die seit dem Ende des 16. Jahrhunderts fortgehenden Verluste und Gefahren des Protestantismus. Frankfurt a. M. 861. Heyder & Zimmer. 8. (XII, 541 S.) n. 1 Rthlr 15 ngr.

— histor.-polit.; nebst dem Versuche e. Gesch. der St. Mainz. (Von Bernh. v. Reith.) 8. Manh. 789. Schwan u. Götz. 10 gr

— an den Hof. I—III. 1. An die Frau Erzherzogin Sophie. 2. An den Herrn Erzherzog Franz Karl. 3. An den Kaiser Ferdinand v. Oesterreich. gr. 8. (à 16 S.) Wien 848, Jasper, Hügel & Manz. à 1 ngr — 2. verm. Aufl. gr. 8. (45 S.) Ebd. 848. n. 8 ngr

Briefe einer Hofdame. O.O. 1789. V: *Lützow, von.* (schl)

Briefe einer Hofdame in Athen an eine Freundin in Deutschland, 1837-42. Leipzig 1845. V: *Nordenflycht, J. von.* (BrMm)

—— einer Hofdame in Athen an e. Freundin in Deutschland 1837—1842. 12. (14 B.) Leipzig 845, Hinrichssche Buchh.

Briefe einer Hofdame an einen Officier. Breslau 1778. V: *Steinberg, Chn Gottlieb.* (Ky) (ML)

— e. Hofdame an e. Offizier. 8. Bresl. 780. Gutsch. 3 gr

Briefe, Des Herrn von Hoffnungsreich hinterlassene. Hgbn. von J. E. F. v. S. Halle 1780. V: *Friedel, Johann.* (BGE[3], III/319) (Ky 3/91)

Briefe, E. F. v. S. Des Herrn von Hoffnungsreich hinterlassene. Halle 1789. V: *Friedel, Joh.* (GGr VII, 55.)

Briefe über die Höflichkeit und den Anstand ... für Jünglinge ... Leipzig 1804. V: *Herrmann.* (ErGr) (ErschDL) (MGT) V: *Hermann, E.* (Ky)

— üb. die Höflichkeit u. d. Anstand; od. die feine Lebensart rc. (v. E. Hermann). 8. Leipz. 804. Grieshammer. 18 gr

— e. Hofmeisters an s. Freund rc. 8. Wien 791. Gerold. 8 gr

— aus d. Hölle. Wien, Wucherer.

—— aus der Hölle von *** 1. und 2. unveränd. Aufl. gr. 8. (VIII, 353 S.) Leipzig 883, Lehmann. *M 3.; geb. * 4 —
Weitere Auflagen s. Nowel, M.

— aus der Hölle v. *** 2., unveränd. Aufl. gr. 8. (VIII, 353 S.) Leipzig 883. Fr. Richter. n. 3. —; geb. n. 4. —
Weitere Auflagen s.: Nowel, M.

— aus der Hölle. Mit e. kurzen Nachwort. (Von Frdr. Wilh. Mart. Nickel.) (32 S.) 8. Ebd. (886.) — 15

Briefe über Hollstein. Kopenh. [1790]. V: *Grosch, Heinr. Aug.* (schles)

Briefe eines alten Holsteiners an seinen Sohn im Schleswigischen über die neue Münze und Bank. Altona 1788. V: *Lawätz, Johann Daniel.* (Ky) (MGT)

— e. alten Holsteiners, üb. d. neue Münze u. Bank, (von J. D. Lawätz). 8. Altona 788. Bachmann. 10 gl.

— über Homer und Hesiodus, s. Herrmann, Gottfried und Fr. Creuzer.

— eines Homöopathischgeheilten an die zünft. Widersacher d. Homöopathie. (Von K. G. Jochmann.) gr. 8. (9½ B.) Heidelberg 829, Winter.

Briefe eines Hottentotten über die gesittete Welt. Halle 1787-88. V: *Tolberg, Johann Wilh. & Bispink.* (Ky) (MGT)
Vgl.Briefe oder Reise eines Hottentotten...

— zwischen A. v. Humboldt u. Gauss. Zum 100jähr. Geburtstage von Gauss am 30. Apr. 1877. hrsg. v. K. Bruhns. gr. 8. (IV, 79 S.) Leipzig 877. Engelmann. n. 2. —

— von Alex. v. Humboldt an Varnhagen v. Ense, s. Humboldt, Alex. v., Briefe.

— humoristische, des Hrn. v. Schußerl in Gratz an seine Frau Tant in Wien. Mit 1 bunten Bilderbeigabe. gr. 8. (48 S.) Gratz 848, Ludewig. baar ⅛ ß

— hyperboreische s. Weckherlin.

— von J. G. Jacobi u. Gleim. 2 Thle. 8. Berl. 768. N. A. 778. (Reimer). 20 gl.

— v. Jacobi u. Gleim. 2 Thle. 8. Berl. Himburg. 778.

— z. neuen Jahr u. z. Namenstag. f. alle Stände v. J. J. F. 8. Lpz. Rein.

Briefe zum neuen Jahr und zu Namenstagen, für das Bedürfniss aller Stände. ... Brünn 1826. V: *Franzky, Fr. Jos. Theod.* (Ky)

— zum neuen Jahr u. zu Namenstagen, für das Bedürfniß aller Stände. Herausg. v. F. J. F. (Franzky.) 8. Brünn 826. Gastl. 6 gl.

Briefe des heiligen Jambers in Elysium, an Jamnes im Limbus der Väter, den schwarzen Mann, auf dem Berg Sinai betreffend. Elysium [Berlin] 1786. V: *Riem, Andreas.* (Wr) V: *Schulz, Joh. Hnr.* (MGT) (Ky)

— des heil. Jambers in Elysium, an Jannes im Limbus d. Väter ꝛc. (v. Jh. H. Schulz, od. v. Riem?) 8. Elysium. (Maurers B. in Berl.) 786. 5 gl.

— aus Japan, s. Missionsgeschichte.

Briefe über den Idealismus ... Berlin 1815. V: *Alpen, H. Simon von.* (MGT) »Köln« (Ky)

— üb. den Idealismus, datirt von Aachen u. Berlin. 16 Bdch. 8. Cöln, Rommerskirchen. (Maurer in Berl.) 815.

— üb. den Idealismus, datirt von Aachen u. Berlin. (Von H. Sim. van Alpen.) 16 Bdchn. 8. Köln 816. Rommerskirchen. 20 gl.

Briefe über den neuesten Idealismus ... Leipzig 1801. V: *Krug, Wilhelm Traugott.* (Ky) (MGT)

— an Jean Paul, v. e. Nürnb. Bürger. 8. Berl. 799. Maurers B. 6 gl. Vgl.Brief...

Briefe über Jena. Frankfurt und Leipzig 1793. V: *Laukkard, Frdr. Chn.* (Pabst, Th. Müllers Jugendleben. 1861.) (Erman & Horn, Bibliogr. d. dtsch. Universitäten. 2. Leipzig und Berlin 1904.)

— üb. Jena. 8. Gera 793. Heinsius. 12 gl.

— aus dem Jenseits. Aus den nachgelassenen Papieren v. ***. Buchschmuck v. Dora Weinrich. (128 S.) 8. Dresden 906. E. Pierson. n. 2. —; geb. n. 3. —

Briefe Illuestische, aus dem Franz. 8. Leipzig, 773. Schwickert. 12 gl.

— Illyrische; e. Roman, aus d. Französ. 8. Leipz. 781. Schwickert. 9 gl.

Briefe archäologischen Inhalts, einige Alterthümer in und um Wiesbaden betreffend ... [Berlin 1800.] V: *Menu, von.* (MGT)

BRIEFE buntschäkigten (!) Innhalts den Zeitläuften gemäß. Geschrieben im Jahr 1784. Frankf. 1788. 8°. (1 Mk. Scheible, c. 1880.)

— buntschäckigten Inhalts. 8. Frankf. u. Leipz. 788. Mahler in Preßb. 12 gl.

Briefe kritischen Inhalts, mit unterm. Gedichten. Berlin 1773. V: *Hymmen, Johann Wilhelm Bernhard von.* (Ky)

— kritischen Inhalts, m. unterm. Gedichten. 8. Berl. 773. Eisfeld. 14 gl.

Briefe kritischen Inhalts für Prag von Fr. M.... Prag 1782—83. V: *Meeltisch, Frdr.* (Deutsche Arbeit. II. Jg., 530.)

— medicin. Inhalts, z. Unterr. für diejen., die keine Aerzte sind. 8. Quedlinb. 785. Ernst. 6 gl.

Briefe moralischen Inhalts über einige Gegenstände der Naturlehre. Wien 1782. MH: *Binder Freih. v. Krügelstein, Joh. Nep. Friedrich.* (Ky 1/352) (GGr VI/542, Nr. 17/1) (BiblPort)

Briefe, scherzhaften u. moral. Inhalts, italien. u. deutsch. gr. 8. Bas. 769. Schweighäuser. 12 gl.

— scurilischen Inhalts; e. Beilage zur Biblioth. d. elenden Scribenten. 8. Halle 769. Schwetschke u. S. 4 gl.

— vermischten Inhalts. 8. Leipz. 771. Schwickert. 8 gl.

— vermischten Inhalts, wie sie d. Geist d. Zeitalters veranlaßt hat, s. oben Briefe, freimüthige, üb. polit. Gegenstände ꝛc.

Briefe, Interessante, über Frankreich, England und Italien. Aus dem Französischen. Eisenach 1786. V: *Hartig, Franz Graf von.* (EngG)

— interess., über Frankreich, England u. Italien. Aus d. Französ. 8. Eisenach 786. Wittekind. 16 gl.

— interess., auf e. Reise durch Frankreich. 8. Lpz. 788. Sommer. (W. Rauck). 16 gl.

— v. u. an Joseph Joachim. Gesammelt u. hrsg. v. Johs Joachim u. Andr. Moser. 1. u. 2. Bd. 8° Berl., J Bard. je 8.50; L 10 —; Luxusausg. 25 —
1. 1842—57. (12, 477 m. 9 Bildbell.) '11. ‖ 2. 1858—68. (8, 470 m. 7 Bildbell.) '12.

— Josephs, Kais. d. Deutsch. 8. Klagenf. Walliser. (F. E. W. Vogel, Lpz.) 791.

— von Joseph dem Zweiten, s. Joseph II.

— aus dem Irrenhause. Nach wahren Begebenheiten mitgeteilt. (109 S.) 8. Leipzig 908. Modernes Verlagsbureau. 2. —

Briefe, Die Isländischen. Charakterbild in drei Akten frei nach H. Zschokkes gleichnamiger Erzählung. Frankf. a. M. 1882. V: *Beydemüller, Christian.* (Rothsch)

Briefe aus Italien. Beitrag zur Geschichte u. Charakteristik der österr. Armeen in Italien in den Feldzügen 1794—1797. 8. Tübingen 1798. 1,00.

— aus Italien; e. Beitr. z. Gesch. d. Oesterreich. Armee. 1s Hft. 8. Tübing. 798. v. Cotta. 16 gr

Briefe aus Italien. [Mitau 1805.] V: *Recke, Elisabeth Charlotte Constanze Freifrau von der.* (MGT)

Briefe über Italien, von C. J. J***. Weimar 1778—80. V: *Jagemann, Christoph Joseph.* (BrMm) »1778—85« (EngG)

Briefe über Italien vom Jahr 1785. Aus dem Französischen. Mainz 1789—90. V: *Mercier-Dupaty, Jean Baptiste.* Ü: *Forster, Johann Georg Adam.* (EngG) (GGr)

— über Italien v. J. 1785. Aus d. Französ. v. Jh. Geo. Ad. Forster. 2 Thle. 8. Mainz 789. 2e Aufl. 805. (Andreä in Frankf. a. M.) 1 rß 8 gr

Briefe über Italien geschrieben in den Jahren 1798 und 1799 ... Leipzig 1802. V: *Woyda, Carl Friedr.* (BrMm) (EngG) (MS)

— üb. Italien; v. Verf. d. Briefe üb. Paris. 3 Bde. 8. Leipz. 802. Schmidt. 4 rß 8 gr

Briefe über Italien, geschrieben in den Jahren 1798 und 1799. (3 Bde.) 8. Leipzig 1802—1803.

Briefe aus Italien und Frankreich [1848—49] ... Hamburg 1850. V: *Gertsen. Alexander Ivanovich.* (BrMm)

Briefe aus Italien und Frankreich [1848—1849] von einem Russen, Verfasser des »Vom andern Ufer«. Hamburg 1850. V: *Herzen, Alex. Ivan.* (BrMm)

Briefe aus Italien u. Frankreich [1848—1849] v. e. Russen, Verfasser des „Vom andern Ufer." 8. (IV u. 218 S.) Hamburg 850, Hoffmann & Campe. 1 rß

Briefe eines Italiäners über eine im Jahre 1755 angestellte Reise nach Spanien. ... Leipzig 1774. Ü: *Eschenburg, Johann Joachim.* (BrMm)

— e. Italieners, üb. e. Reise n. Spanien. gr. 8. Leipz. 774. Schwickert. 16 gr

— des ewigen Juden, üb. d. merkw. Begebenheiten s. Zeit, (v. W. F. Heller). 3 Bde. 8. Utopia. (Offenb.) 791—801. (1r, 2r Bd. 2e A.) Brede. 3 rß

— d. ewig. Juden üb. d. merkw. Begebenh. s. Zeit. 3 Bde. 8. Offenbach, Brede. 796 — 801.

Briefe eines reisenden Juden über den gegenwärtigen Zustand des Religionswesens unter den Protestanten. [Giessen] 1771. V: *Teuthorn, Heinrich Ernst.* (Ky) (ML) (stri)

— e. reisenden Juden, üb. d. Zustand d. Religionswesens. gr. 8. Marb. ... 4e A. 781. Krieger. 10 gr

Briefe einiger Portugiesischen und Teutschen Juden an Voltaire; aus dem Franz. Danz. 1773. V: *Klose, Friedrich.* (ML)

— e. portugies. u. deutschen Juden an Hrn. v. Voltaire, üb. verschied. sr. Schriften; aus d. Französ. 8. Danzig 773. Jacobäer. (Aue in Alt.) 14 gr

— jüdische, s. Pfenninger.

Briefe, Erzählungen und Gespräche, Jüdische ... aus der Zeit Jesus von Nazareth. Dessau 1783—85. V: *Pfenninger, Joh. Conr.* (ML) (Ky)

— jüdische, Erzählungen, Gespräche rc. aus d. Zeit Jesus v. Nazareth. Oder eine Messiade in Prosa, (von J. K. Pfenniger). 12 Thle. 8. Leipz. 783 — 92. 2e Aufl. Mit Vorr. v. Prof. Gesner. 8. Basel 824. (Neukirch). 6 rß 8 gr Bei Spitler das. 5 rß 8 gr) (Hannov., Hahn). 6 rß 16 gr

Jüdische Briefe über den Krieg in Pohlen. (96). 12. s. l. 1770.

— jüdische, üb. d. poln. Krieg. 8. Nürnb. 770. (Bauer u. Raspe). 6 gr

Briefe, Juliens und Karls gesammelte, eine wahrhafte Geschichte. Lpz. 1780. V: *Hammerdörfer, Carl.* (Ky) (ML)

BRIEFE, der Julie, Tochter Kaisers August an Ovid. Eine Handschrift, welche in dem Herkulan gefunden worden. Nach einer englischen Uebersetzung (des französ. Originals). Franckfurth u. Leipzig. 1783. 8°.

Tit., 2 Bl. Vorr. d. englischen Herausgebers, 114 Seiten. Enth. 43 geistlose u. langweilige Briefe. -- Fehlt in Weller's fing. Dr.

Orig.: Lettres de Julie, fille d'Auguste, à Ovide. Genève 1766. 8°. (1/2 Rthl. H. W. Schmidt, Halle, c. 1870.) Rome 1789. 12°. Avec 1 grav. (18 Sgr. Scheible, c. 1870.)

Italien. Uebers.: Corrispondenza tra Giulia ed Ovidio. 2 tomi. Lipsia 1801. 8°. (2/3 Rthl. Scheible.)

— d. Julie, Tochter Kaiser Augusts, an Ovid. Nach d. Engl. 8. Frankf. u. Leipz. 783. (Nicolai in Berl.) 6 gr

BRIEFE von sieben Oesterreichischen Jungfrauen. Frankfurt und Leipzig, o. J. 8°. (In München: Jes. 121, 1.) Rar!

— an e. Jüngling. Von F. C. W. (Umschlag V.) (31 S.) 8. Wien 906. J. Rubinstein. n. 1. —

. **Briefe** eines Schweitzer-Jünglings an seine Braut. Bern 1791. V: *Heinzmann, Johann Georg.* (Ky) (MGT)

— eines Schweizerjünglings an seine Braut, gr. 8. Bern, 791. Typographie. 9 sgl.

— an e. Jüngling, welcher Theologie studirt, (v. Jh. Eph. Schmid I.). 8. Leipz. 792. Göschen. 5 gr.

Juristische und politische Briefe von Bedenklichkeiten bey jetzigem Kriege. Altdorf 1758. 4.

Briefe (Justiz-finanzielle). Ein Beitrag zur inneren Reorganisirung Oesterreichs von L. M. gr. 8°. Wien, Manz, 1868. 19 S.

Briefe an Herrn K. in L...., s. Briefe an Herrn Koch in Leipzig . . .

— e. Kaisers. Josef II. an s. Mutter u. Geschwister. Auswahl sr Briefe, gesammelt u. übers. v. Otto Krack. (167 m. 12 Taf.) 8° Berl., K Curtius '12. 3 —; geb. 4.50 d

—— an den chinesischen Kaiser zur Empfehlung vollkommener Religionsfreiheit. Als hinterlassene Papiere von einem Freunde des Verf. hrsg. 1. und 2. Aufl. 8. (VIII, 70 S.) Greifswald 873, Bamberg. *

— an den chinesischen Kaiser zur Empfehlung vollkommener Religionsfreiheit. Als hinterlassene Papiere v. e. Freunde d. Verf. hrsg. 2. Aufl. 8. (VIII, 70 S.) Greifswald. 874. Bamberg. n. — 80

— einer Kaiserin. Maria Theresia an ihre Kinder u. Freunde. (VII, 175 S. m. 12 Bildn.) 8. Berlin 910. K. Curtius. 3. —

— üb. die Kaiserwahl, (v. R. Hommel). 8. Leipz. 791. Göschen. 14 gr.

Briefe über die Candidatenanstalten zu Frankfurt am Mayn. 1775. V: *Röhm, Johann Conrad.* (MGT) (Adel)

— über die Candidaten-Anstalten zu Frankf. a. M. Geschrieben v. N. N., herausg. v. J. M. A. 8. Leipz. 775. (W. Vogel). 3 gr.

— üb. d. Kanzelberedsamkeit; aus d. Engl. (v. J. F. Froriep). 8. Frankf. u. Leipz. 789. Schwickert. 4 gr.

— Caraibische, (v. Wlh. Ldw. Weckhrlin). 8. o. O. u. J.

Briefe, Caraibische. O. O. [ca. 1775]. V: *Wekhrlin, Wilh. Ludw.* (BB) (Ky) (ML) (GGr) (Böhm, L. Wekhrlin. München 1893, S. 30.)

— an Kaiser Karl V. geschrieben v. seinem Beichtvater (Garcia de Loaysa) in den J. 1530—32. In dem span. Reichsarchiv zu Simancas aufgefunden u. mitgetheilt v. G. Heine. gr. 8. (VIII u. 562 S.) Berlin 848, Besser Verl. [Franz Duncker.] n. 3 rthl. (siehe auch: Cartas.)

Briefe d. Grossherz. Carl August u. Göthe's an Döbereiner. Hrsg. v. O Schade. 8. (147) Weim. 56, Böhlau. 1. —

—— des Herzogs Karl August von Sachsen-Weimar-Eisenach an Knebel und Herder. Hrsg. von Heinr. Düntzer. gr. 8. (XXIV, 150 S.) Leipzig 883, Wartig's Verlag. *
geb. *

— über das Karlsbad u. die Naturprodukte d. Gegend, (v. J. F. zu Racknitz). M. 1 Kpf. 8. Dresd. 778. (Seeger in Leipz.) 8 gr.

Briefe über Carlsruhe. Berlin 1791. V: *Brunn, Friedrich Leopold.* (MGT) »Karlsruhe« (Ky)

— über Karlsruhe, (v. Fr. L. Brunn). 8. Berl. 791. (Rücker; auch W. G. Korn in Bresl.) 16 gr.

Briefe in Kärnten oder Lehrsätze aus der Pastoral für angehende Seelsorger. Klgft. u. Laibach, v. Kleinmayr, 1786. Bd. 1. (Verf.: Anselm v. Edling.)

Briefe in Kärnten oder Lehrsätze für angehende Seelsorger von Anselm Abt zu St. Paul gewidmet dem Fürstbischof von Lavant. Klagenfurt 1786. V: *Edling, Wolfg. Anselm von.* (GGr VI/679, Nr. 4/3) (wrztg. 1786, S. 2643) (biblPort)

— eines Katholiken an e. Anhänger d. Kirchengesch. Racine's. 8. Augsb. 792. Veith. 8 gr.

Briefe, die sogen. kathol., der Apostel; übers. u. mit Anmerkk. erläutert rc., v. Gli. Göpfert. Mit e. Vorrede v. Rosenmüller. 8. Leipz. 791. (Cnobloch). 10 gr.

— die kathol., neu übersetzt, philosoph.-prakt. erklärt u. allen Verehrern d. Religion gewidmet, v. J. L. W. Scherer. 1r Thl. (welcher d. Brief d. Jakobus enthält). 8. Frankf. u. Leipz. (Gießen) 799. Krieger. 12 gr.

— die katholischen. Neu übersetzt u. erklärt, mit Excursen u. Abhandll. herausg. v. J. C. W. Augusti. 2 Thle. gr. 8. Lemgo 801. Meyer. 1 rthl. 16 gr.

— die katholischen, griechisch, mit kurzem Commentar nach W. M. L. de Wette. [Aus: „Das Neue Testament, griechisch".] Lex.-8. (S. 553—663.) Halle 887. Anton. n. 2. 20

Briefe über Katholizismus und katholisches Dogma. V: *Winkopp, Peter Anton.* (Bemerkungen auf einer Reise von Strassburg bis a. d. Ostsee. Leipzig. S. 154) (biblPort)

BRIEFE moderner Pariser Kätzchen. 5 Dutzend. Eine zärtliche Correspondenz geheimster seltenster Art. (Poet. Spielerei; ein Gemisch von Ironie u. Empfindsamkeit.) Allen Deutschen im Vertrauen mitgetheilt vom Uebersetzer. Erfurt 1841, bei Hennings u. Hopf. (Nebst dem kurzen Vortitel: „Katzenbriefe".) Kl. 8°. VIII—160 S. Selten!
Vgl. Briefe, Poetische,...

—— kavalleristische, d. großen Kavallerie-Uebungen bei Berlin im Herbst 1843 betreff. Hrsg. v. J. C. Mand. gr. 8. (14¾ B., 2 Stnt. u. 1 Tab.) Leipzig 841, Brockhaus. *

—— cavalleristische, an einen Waffengenossen über die technischen Fragen der Bewegungsformen und der Führung bei Cavallerie-Divisionsübungen. gr. 8. (IX, 186 S.) Berlin 882, Baensch. *

Briefe, cavalleristische. gr. 8. Berlin 882. Rathenow, Babenzien. *

— z. Kenntniß u. Beförder. d. Wirksamkeit d. Predigerstandes. 8. Gotha 804. Ettinger. 12 gr.

Briefe zur nähern Kenntniß von Halle. Von einem unpartheiischen Beobachter. O. O. 1794. V: *Herzog, David Gottfried.* (Erman & Horn, Bibliogr. der dtsch. Universitäten. 2. Leipz. u. Berl. 1904.)

Briefe (20) zur nähern Kenntniß von Halle. Von einem unpartheiischen Beobachter. O. O. (Thorn) 1794. 8°. (In Dresden: H. urb. Germ. 1895; auch in Breslau, Kgl. u. Univ.-Bibl., sowie in München, Hof- u. Staatsbibl.).

Dasselbe. Germanien (Erfurt, Vollmer) 1794.
Weller I, 157. — Steht auch im: Verzeichniss der Verlags- und Commissionsschriften der Verlagsgesellschaft in Altona.

— zur nähern Kenntniß d. Universität u. Stadt Halle. 8. Thorn 794. (Herold jun. in Hamb.) 12 gr.

— von u. an Wilhelm Emanuel Frhrn. v. Ketteler, Bischof v. Mainz. Hrsg. v. J. M. Raich. Mit dem (Lichtdr.=)Bildnisse des Verewigten. gr. 8. (XX, 565 S.) Mainz 879. Kirchheim. n. 9. —; geb. n. 11. —

— für Kinder. 8. Rost. 785. Stiller. 6 gr.

— für Kinder, (v. Aug. Raabe). 8. Holzminden 785. 4e verm. Aufl. 8. Braunschw. 812. Schulbuchh. 18 gr.

— f. Kinder; nebst einer kurzen Anleit. zum Briefschreiben. 4e verb. Aufl. gr. 12. Passau 826. Pustet. 6 gr.

— für Kinder u. deren Freunde, f. Schulen. 8. Lauban 797. (Siegert in Liegn.) 5 gr.

— f. Kinder, belehr. Inhalts. 8. Braunschw. Schulbuchh. 801.

— von Kindern an Kinder. 1e Samml. 8. Leipz. 773. (W. Vogel). 4 gr.

Briefe für Kinder, zum Nutzen und Vergnügen. Leipzig 1782—84. V: *Albrecht, Erdm. Hannib.* (Ky)

— für Kinder, z. Nutzen u. Vergnügen, (v... Albrecht). 4 Thle. 8. Leipz. 782—84. (Brockhaus). 1 rthl 8 gr.

— f. Kinder, z. Nutz. u. Vergnügen. 4 Thle. 8. Lpz. Gleditsch. 782 — 84. (1r nicht einzeln, 2r 3r 4r à 8 gr.)

Briefe für Kinder über die Werke der Natur. Leipzig 1783. V: *Neide, Joh. Georg Christoph.* (Ky) (MGT)

— für Kinder, über die Werke d. Natur, (v. J. G. Cph. Neide). 8. Leipz. 783. Schwickert. 10 gr.

Die **Briefe** der Kinder des Winterkönigs. Hrsg. u. mit e. Einl. vers. von Karl Hauck. (Heidelberg: Koester 1908.) XLVII, 364 S. 8°
(Neue Heidelberger Jahrbücher. Bd 15.) [11. 771 4

Briefe über das Kirchliche der im Jahr des Heiles 1841 entstandenen Verfassung des Kantons Luzern. Baden 1842 s. Ehrsam, Joseph.

— e. Herborner Classicus (Johs. Eberh. Schmid) a. d. J. 1605 u. 1606, hrsg. v. A. Deißmann, s.: Denkschrift d. kgl. preuß. evang.=theolog. Seminars z. Herborn.

— aus Klein-Asien, v. einem Frühvollendeten. Hrsg. v. Jul. Schönewolf. (211 S. m. 2 Bildn. u. 1 Karte.) 8. Gr. Lichterfelde-Berlin 910. E. Runge. 3.50; geb. in Leinw. 4.50

Briefe an Ewald v. Kleist, hrsg. v. Aug. Sauer, s.: Hempel's Klassiker-Bibliothek.

— von und an Klopstock. Ein Beitrag zur Literaturgeschichte seiner Zeit. Mit erläut. Anmerkungen hrsg. von J. M. Lappenberg. gr. 8. (XXIV und 544 S. mit Klopstock's Portr. in Holzschn.) Braunschweig 867, Westermann. *

Briefe eines katholischen Klostergeistlichen über Aberglauben. Ein Beitrag zur Bildung der Schulmänner. Breslau 1802. V: *Scholz, Franz Paul.* (Nowack, Schles. Schriftst.-Lex. Bresl. 1836—43. IV, 148.

— e. kathol. Klostergeistl. üb. Aberglauben. 8. Breslau, Barth. 802.

— e. kathol. Klostergeistlichen, üb. Aberglauben. 8. Bresl. u. Liegn. 802. 16 gr. (Leipz., Gerig). Hbg. Pr. 12 gr.

— — Ebendasselbe. 8. Liegnitz, Siegert. 802.

Briefe für Knaben von einer kleinen Sittenakademie. Solothurn 1772. V: *Zimmermann, Joseph.* (AarK)

— f. Knaben, v. e. Sittenakad., u. Gellert. gr. 8. Augsb. Wolf. 773.

Briefe an den Herrn K. in L. die Seylerische Bühne in Dresden betreffend. Dresden 1775. V: *Grossmann, Gustav Frdr. Wilh.* (Rotermund, Gel. Hannover. Bremen 1823.)

Briefe an Herrn K[och] in L[eipzig], die Seiler'sche Bühne in Dresd. betr. gr8°.– Dresd. 777. Gerlach.

Briefe aus Kolumbien... von ein. hann. Offizier., s. Richard, Carl

— komische, Annoncen 2c., s. Bibliothek des Frohsinns.

— komische, Annoncen und Aufsätze aller Art. (Bibliothek des Frohsinns. 1. und 2. Bdchn.) Neue Ausg. 2 Thle. in 1 Bd. gr. 16. (VI und 244 S.) Stuttgart 854, H. Köhler.

— —, Komische, des Hans-Jörgels von Gumpoldskirchen an seinen Schwager Maxel in Feselau ..., s. a. Jörgel von Gumpoldskirchen, Hans.

Briefe, Komische, des Hans Jörgels von Gumpoldskirchen an seinen Schwager Maxel in Feselau ... Wien 1832—48. H: (1832—36): *Gleich, Jos. Alois* (1837 ff.): *Weis, Joh. Bapt.* (ABJP)

— komische, des Hans=Jörgels v. Gumpoldskirchen an seinen Schwager Maxel in Feselau, u. dessen Gespräche über verschied. Tagesbegebenheiten in Wien. 328 u. 336 Hft. A. u. d. T.: Neue komische Briefe 2c. im Jahre 1835. Nebst den Antworten des Schwagers u. den Bemerk. des Amtsschreibers Nigowitz. Den Freunden froher Laune zur Aufheiterung in müßigen Stunden gewidmet. 16 Bdchen. 26 u. 36 Hft. Mit 2 ill. Titelkpfr. 8. Wien 837. Bauer u. Dirnböck. 1/2 rthl — 1r—10r Jahrg. à 12 Hfte. 1832—1841. Mit ill. Kpfr. 8. Ebd. à J. 3 rthl ohne Kpfr. à J. 2 rthl

— dass. außerordentl. Heft pro Mai 1841. Die Kunstausstellung in Wien im Jahre 1841, aus dem Standpunkte der Wahrheit und Unpartheilichkeit, und im Interesse der Kunst und Künstler beurtheilt. 8. Ebend. 841. 1/3 rthl

— komische, des Hans=Jörgels von Gumpoldskirchen an seinen Schwager in Feselau über Wien u. seine Tagesbegebenheiten. 11. u. 12. Jahrg. 1842, 1843. 8. Wien, Bauer u. Dirnböck. à Jahrg. 3 1/3 rthl

— dies. 13. u. 14. Jahrg. 1844—46. à 24 Hefte. gr. 8. Wien, Dirnböck. 3 1/3 rthl — Mit 12 color. Bild. 4 rthl

— komische, des Hans-Jörgel v. Gumpoldskirchen an seinen Schwager in Feselau üb. Wien u. seine Tagesbegebenheiten. 16. u. 17. Jahrg. 1847 u. 1848. à 24 Hfte. Mit color. Abbildgn. gr. 8. Wien, Dirnböck. à Jahrg. 4 rthl

Briefe, komische, u. Zeitungs-Anzeigen, s. Bibliothek des Frohsinns. 6e Section. 1s Bdchen.

— an e. Komponisten. Musikalische Korrespondenz an Adalbert v. Goldschmidt. Hrsg. v. Ernst Friedegg. Mit e. Goldschmidt-Portr. u. verschiedenen Fksm.-Beigaben. (IV, 150 S.) 8. Berlin (909). Harmonie. 2. 50

— d. Königs v. Preußen an Gottsched, mit dessen Antwort. 4. Jena 758. 4 gr

Briefe über die böhmische Königskrönung . . . Regensburg 1792. V: *Hartleben, Theodor Conr.* (HS) (Ky) (MGT)

— üb. die Böhmische Königskrönung; nebst e. Schilderung v. Prag. (v. Th. K. Hartleben). 8. Regensb. 792. Montag u. W. 12 gr

— üb. das zwischen Sr. Heiligkeit Papst Pius VII. u. Sr. Königl. Majestät von Baiern Maximilian Joseph geschlossene Concordat. 8. Sulzb. 818. v. Seidel. 6 gr

Briefe, Cosmetische, aus den hinterlassenen (fing.) Papieren der Gräfin Aurora v. Königsmark. Mit schönem Portrait. Leipzig, 1851. 8⁰. Selten!

Briefe eines unpartheiischen Cosmopoliten über die Dessauer Philanthropin. Leipzig 1776. V: *Rötger, G. S.* (WrDiar 1776, Nr. 5 Anhg.) (Ky 1/351) (BiblPort)

— e. Kosmopoliten, üb. d. Dessauer Philantropin, (v. G. S. Rötger). 8. Leipz. 776. (Aue in Alt.) 3 gr

— e. Kosmopol. üb. d. Dessauer Philantropin. 8. Lpz. Jacobäer. 776.

Briefe, Kosmopolitische, über den verschiedenen Gebrauch des allg. Staatsrechts . . . Ulm 1790. V: *Mohl, Benjamin Ferdinand.* (MGT) (Ky)

— kosmopolitische, üb. d. verschied. Gebr. des Staatsrechts bei d. neueren Auftritten in Europa rc. (v. B. F. Mohl). 8. (Ulm) 790. Wohler. 6 gr

— cosmopol. aus Genf. 1r Thl. 8. Frankf. u. Leipz. Clas. (Heerbrand, Tübingen.) 794.

— kosmopolit., aus Genf, (v. Jh. Schmidt I.). 1r Thl. 8. Frkf. u. Leipz. 794. (Osiander in Tübing.) 12 gr (Dass. mit s. Namen unt. d. T.: Denkwürdigkeiten aus Genf, u. Apotheose des Weisen von — Genthod. 8. Ebd. 801.)

— kosmopol., üb. d. Gesch. d. Russ. Reichs, (v. K. Feyerabend u. J. F. Buck). 4 Bde. 8. Königb. 803—5. Unzer. 7 rß

— über Alex. v. Humboldt's Kosmos. Ein Commentar zu diesem Werke f. gebildete Laien. 1. Thl. Bearb. v. Bernh. Cotta. gr. 8. (X u. 356 S. m. eingedr. Holzschn. u. 4 lith. Taf. u. 1 Lithochrom. in 8. u. Fol.) Leipzig 847, T. O. Weigel. — 2. verb. Ausg. gr. 8. (X u. 356 S. m. eingedr. Holzschnitt., 4 lith. Taf. u. 1 Lithochrom. in 8. u. Fol.) Ebd. 850. 2½ rß

— über Alex. v. Humboldt's Kosmos. Ein Commentar zu diesem Werke für gebildete Laien. 1. Thl. Bearb. von Bernh. Cotta. 3. verm. Aufl. Leipzig 855. T. O. Weigel. gr. 8. (XIV, 417 S.) 2 rß 15 ngr

— dies. 2. Thl. 2 Abthlgn. Bearb. v. Jul. Schaller. Mit 10 lith. Taf. gr. 8. (IV u. 482 S.) Ebd. 850. (1. Abthl. 1¼ rß 2. Abthl. 1¾ rß) 3 rß

—— über Alexander v. Humboldt's Kosmos. Ein Commentar zu diesem Werke für gebildete Laien. 2. Thl. Bearb. von Jul. Schaller. 2. (Titel-)Ausg. gr. 8. (IV und 482 S.) Leipzig 855, T. O. Weigel. (1856)

— dies. 3. Thl. 2 Abthlgn. Bearb. v. Bernh. Cotta. gr. 8. 1. Abthl. Mit 2 großen (in Kpfr. gest. u. color.) Sternkarten v. Ad. Stieler (in Fol.) 3 Steintaf. u. mehreren eingedr. Fig. in Holzschn.) (VIII u. 254 S.) 2. Abthl. Mit einer großen Mondkarte v. A. Stieler (in Kpfrst. u. Fol.), 3 Steintaf. u. mehreren eingedr. Fig. (in Holzschn.) (VI S. u. S. 247—468 m. 1 Tab. in qu. gr. 4.) Ebd. 851. 52. (1: 1 rß 27 ngr 2: 1 rß 18 ngr) 3½ rß (3 Thle. 9 rß)

— — 3. Thl. Bearb. von Bernh. Cotta. 2. (Titel-)Ausg. Ebend. (852.) 855. gr. 8. (XII, 468 S., 6 lith. Taf. u. 1 Tab. in 8. u. 4.) 3 rß 15 ngr

—— dass. — 3. Thl. Bearb. von Bernh. Cotta. 2. (Titel-) Ausg. gr. 8. (XII und 468 S. mit eingedr. Holzschn., 3 in Kpfr. gest. Karten in Fol., 6 Stnt. in gr. 8. und qu. gr. 4. und 1 Tab. in qu. gr. 4.) Ebds. 856.

— über Alexander v. Humboldt's Kosmos. Ein Commentar zu diesem Werke für gebildete Laien. Herausg. von B. v. Cotta, J. Schaller, W. C. Wittwer und H. Girard. Mit zahlreichen Holzschn., Karten u. lith. Abbildgn. 4. Thl. 1. Abth. Bearb. von W. C. Wittwer. Leipzig 859. T. O. Weigel. (XIV, 217 S. m. Holzschn. im Text u. 4 lith. Taf.) 1 rß 15 ngr

— — 4. Thl. 2. Abth. Bearb. von Heinr. Girard. Ebend. 860. gr. 8. (VIII, 419 S. m. Holzschn. im Text.) 2 rß 15 ngr

Briefe über Alexander v. Humbold's Kosmos. Supplem.-Thl. Leipzig 861. T. O. Weigel. gr. 8. (XIV, 440 S.) 2 rß 15 ngr

Inhalt: Alexander v. Humboldt. Sein wissenschaftliches Leben und Wirken den Freunden der Naturwissenschaften dargestellt von W. C. Wittwer.

! — üb. Humboldt's Kosmos. Jetzt: CH Tauchnitz. 10 — 51/65

— Krähwinklische, gesammelt v. d. Runkel-Rüben-Assessor Sperling. 8. Ulm 824. Stettin.

— e. Krakauers, üb. d. Wienstadt, m. Not. herausg. v. Plausch. 8. Wien 785. Sammer. 3 gr

Briefe über den Krieg. Berlin 1778. V: *Sack, Friedrich Samuel Gottfried.* (BrMm) (MGT)

— über den Krieg, (v. F. S. G. Sack). 8. Berl. 778. Rottmann. 6 gr

— aus dem Kriege 1870/71. Festgabe zur 20jähr. Erinnerungsfeier an den großen Krieg, Mannheim, den 3. August 1890, hrsg. im Auftrage d. Festausschusses. gr. 8. (327 S.) Mannheim 890. (Nemnich.) n. 2. 50; geb. n. 3. 50

Briefe den letzten Krieg betreffend. Von hoher Hand. A. d. Frz. 8. Frankfurt 1772.

— aus den Kriegsgefangenen-Camps auf Ceylon. Schmerzensrufe gepeinigter Burenfrauen. Mit Umgehg. der engl. Censur erhaltene Orig.-Berichte, hrsg. v. e. kriegsgefangenen deutschen Burenoffizier. 1.—3. Taus. schmal gr. 8. (20 S.) München (902). C. Haushalter. n. — 40

Briefe über die preußische Kriegsmarine. Berlin, H. Lucas 1858. 80 S. 8.

— über die Preußische Kriegsmarine. Berlin 858. D. Reimer's Sortblg. 8. (88 S.) n. 12 ngr

— vom Kriegsschauplatz 1870 und 1871. Aus Correspondenzen des Jünglings-Vereins zu Hamburg. gr. 8. (96 S.) Hamburg 871. J. G. Oncken.

Briefe über das Russische Kriegswesen, an einen jungen Kavalier. Frf. u. Leipzig 1790. V: *Snell, Carl Philipp Michael.* (Ky) (MGT) (stri)

— über das Ruff. Kriegswesen, (v. K. Ph. M. Snell). 8. Frankf. 790. Gebra. 6 gl 109 S.

Briefe, Critische. Zürich 1746. V: *Bodmer, Johann Jacob & Johann Jacob Breitinger.* (GGr) (ML) (Vetter) (JL)

— kritische, gr. 8. Zürich, Orell, Füßli u. C. 746. (Vgl. Briefe, Neue kritische.)

Briefe, kritische, über den Demme-Trümpy-Prozeß in Bern. Schwyz 865. (Zürich, Orell, Füßli & Co.) gr. 8. (91 S.) n. 10 ngr

— krit. ein. Franz. an e. Deutsch. üb. d. merkw. Jahr. a. d. Leben d. H. v. Kotzebue. 8. Cobl. Lassaulx. 802.

Briefe, Kritische, über Gegenstände der alten Litteratur . . . Dessau [Leipzig] 1790. V: *Nagel, Johann Andreas Gottfried.* (ML) »über einige« II: *Nagel, Emanuel Leberecht.* (Ky)

— krit., über einige Gegenstände d. alten Literatur. gr. 8. Leipz. 791. Gräff. (Wienbrack). 16 gl

Pfeiffer, Johann Friedrich von (Herausgeber): „Kritische Briefe über wichtige und gemeinnützige Gegenstände aus allen Fächern zur Beförderung der Menschenkenntniss und Verbesserung der Staats- und Landwirtschaft, oder zu vermehrter Glückseligkeit der Deutschen", Heft 1—4, Offenbach 1785 (Weiß & Brede). — Vorh.: UB Heidelberg (Heft 1, 2).

— krit., an J. Kant, über seine Kritik d. reinen Vernunft. gr. 8. Götting. 790. Vandenhöck u. R. 20 gl Vertheidigung derselben. gr. 8. Ebd. 792. 8 gl

Briefe, Kritische, über die Tonkunst [von Fr. Wilh. Marpurg.] Band I. II. III, 1. Theil. [Mehr nicht erschienen.] Berlin 1760. 1763. 1764. Birnstiel
Der erste Brief ist datiert vom 23. Junius 1759, der letzte (143) den 17. September 1763.

Briefe über Kriticismus und Dogmatismus. [Neustrelitz 1795.] V: *Schelling, Friedrich Wilhelm Joseph.* (MGT)

Briefe Franzens von Kronenburg und Ernst Krates. V: *Kern, Franz.* (H. W Behrisch, Die Wiener Autoren 1784, S. 117) (Biblport)

Briefe, Franzens von Kronenburg und Ernst Krates. Leipz. 1780. V: *Kern, Joh.* (Behrisch, Die Wiener Autoren 1784.)

— Franz v. Kronenburg's u. Ernst Grato's, z. Beförder. d. Menschenkenntn. (v. J. Kern). 1r Bd. 8. Leipz. 780. Weygand. 1 rf 6 gl

Briefe über die Kunst, von u. an Chr. L. v. Hagedorn, (herausg. v. Tork. Baden). gr. 8. Leipz. 797. Weidmann. 2 rf

— üb. d. wichtigst. Kunsterfindungen, welche auf Veredlung des menschl. Geistes rc. Einfluß haben. 8. Berl. 802. Belitz. 12 gl

Briefe eines deutschen Künstlers. Aus den Nachgelassenen Papieren hsg. [von Chn Frd. Wurm]. Leipzig 1846. V: *Speckter, Erwin.* (Schr)

— eines deutschen Künstlers aus Italien. Aus den nachgelass. Papieren v. Erw. Speckter. 2 Thle. gr. 12. 846. $3^1/_2$ rf Lpz.: Brockhaus

— über eine magnetische Kur, von einem livländisch. Landprediger, (Karl Gr. Berg). 12. Dorpat 816. (Riga, Deubner). 16 gl

— über eine magnetische Kur rc. Fortsetzung unt. d. T.: Tagebuch über eine zweite magnet. Kur an d. Frau v. U***. 8. Pernau 818, ist Verlag von Deubner in Riga u. d. Pr. $1^1/_3$ rf

Brieffe, Curieuse / von der wahren Beschaffenheit des jetzt geführten Französischen Kriegs / und vorgewesenen Friedenshandlungen, worinnen sonderlich / des Herzogs von Marlborough / dabey bezeugtes Verhalten / und Aufführung gründlich gerechtfertiget und vertheidiget wird. Aus dem Englischen. 330 S. 8. Cöln 1712.

Briefe einer Curländerin auf einer Reise durch Deutschland in Gesellschaft der Frau von der Recke. Berlin 1791 [1790]. V: *Schwarze, Sophie geb. Becker.* (EE) (EngG) (Ky) (ML) (Schl)

— einer Curländerin (Sophie Schwarz), auf einer Reise durch Deutschland. 2 Thle. 8. Berl. 791. Vieweg in Braunschw. 1 rf 6 gl

— an Joh. Heinr. Kurtz, weil. Prof. der Theol. in Dorpat, v. G. H. v. Schubert, K. v. Raumer, Tholuck, A. v. Harless, Th. Harnack, Philippi, Reuss, Umbreit, Oehler, Auberlen, Caspari, Fr. Delitzsch, zu dessen 100. Geburtstag hrsg. v. N. Bonwetsch. (IV, 102 S.) gr. 8. Leipzig 910. Aug. Neumann. 2.—

Briefe, Kurze, vermischten Inhalts zum Übersetzen aus dem Deutschen ins Englische. Leipzig 1803. V: *Langstedt, Fr. Ludwig.* (Ky)

— kurze, verm. Inhalts, z. Uebersetzen aus d. Deutschen ins Engl. 8. Leipz. 803. Kummer. 16 gl Dies. z. Uebersetzen aus dem Deutschen ins Französ. 8. Ebd. 798. 12 gl

— kürzere, d. heil. Gregors v. Nazianz nach d. Griech. v. Büel. 8. Wien, Kurzböck. 776.

Briefe eines alten Küsters an einen jungen Collegen. Ludwigslust 1860. V: *Werner, Franz.* (Ky)

— eines alten Küsters an einen jungen Collegen. (Von Werner.) (Abdr. aus dem Mecklenburger Schulblatt.) Ludwigslust 860. Hinstorff. 8. (32 S.) nn. $2^1/_2$ ngr

— über die gegenwärtige Lage Rußlands. 11. [23.] April 1879—6. [18.] April 1880. Aus dem Russ. übers. gr. 8. (XI, 160 S.) Leipzig 881, Brockhaus. *

Briefe über das Sächsische Lager bey Dresden im Monat September 1788. Dresden 1788. V: *Schirlitz, Carl Christoph.* Ky) (MGT)

— über d. Sächsische Lager bei Dresden, (v. K. Chph. Schirlitz). 8. Dresd. 788. Gerlach. 3 gl

BRIEFE eines Laien (von *Chrn. Wilh. Kindleben*). 1781.
So kurz bei Goedeke IV, 354, 23, 15.

— an e. Laien, über d. Absicht u. Wirkung d. Todes Jesu. 8. Dessau 782. Gel.-Handl. 5 gr

Briefe an einen christlichen Laien angesehener Stellung über religiöse und kirchliche Fragen. Von K. H. S. Hamburg u. Gotha 1854. V: *Sack, Carl Hnr.* (Hauptkat. d. Univ.-Bibl. Tübingen. (7, S. 100.) (ZU)

— an einen christlichen Laien angesehener Stellung über religiöse und kirchliche Fragen. Von K. H. S. Gotha 854. Fr. A. Perthes. 12. (VI, 186 S.) n. 20 ngr

BRIEFE (vom 12. April 1782 bis 12. Jan. 1783) einer Lais zu Paris an ihre Freundinn zu Bourdeaux; oder getreue Abschilderung der Galanterien (der Freudenmädchen) zu Paris. Aus d. französ. (sic) übersetzt. Mit reizender Titel-Vign. London, bey Johann Nourse, 1784. 8°. (Auch in Wien, Stadtbibl.: Secr. A 169.) (3 Rthl. Scheible, c. 1872; 10 Mk. Theod. Ackermann, vor 1885; jetzt theurer!)

Briefe einer Courtisane, welche nach langen Ausschweifungen einen englischen Lord heirathet und eine tugendhafte Frau wird. Eingestreut sind galante Verse und pikante Notizen zur Pariser Chronique scandaleuse. Gehört zu den Seltenheiten der priapischen Litteratur. — 159 S. (incl. Tit., 1 Bl. Widm.: „Dem Freyherrn Mandl v. Deutenhofen zu München" [fing.], 2 Bll. Vorber. d. Uebers., dat. 4. Sept. 1784 u. unterz. G. F. C. S.* von A**). Die culturhistorisch interess. Anmerkgn. des französ. Orig. sind mitübersetzt.

Briefe über die Lancaster-Methode im deutschen Sinne u. Geiste 2c. oder das Nachtheilige der deutschen Lancasterei, v. J. Potophilus. 8. Leipzig 827, Hartmann.

— über die Lancaster-Methode in deut. Sinne u. Geiste, od. das Nachtheilige der deut. Lancasterei, v. J. Potophelus. 8. Leipz. 827. (Lehnhold). 16 gr

Briefe eines Landedelmannes im Reich an seinen Freund bey Hofe über die jetzige Theuerung ... Frankf. 1772. V: *Korn, Christoph Heinrich.* (ML)

Briefe von der schweizerischen Landesausstellung in Zürich 1883. Winterthur 1883. V: *Ziegler, Gottlieb.* (Cat. d. Stadtbibl. Zürich. Zürich 1864—97.)

Briefe von der schweizerischen Landesausstellung Zürich 1883. Auf Veranlassung des schweizer. Gewerbevereins aus dem „Landboten und Tagblatt der Stadt Winterthur" abgedruckt. In-8°, 127 S. Winterth., Bleuler Hausheer & Cie. 1 —

1883

— e. alten Landgeistlichen an seinen Sohn, die öffentl. Andacht betr. (Von Ad. Chr. Gaspari.) 8. Stend. 780. Franzen u. Gr. 5 gr

. **Briefe** an einen Landgeistlichen das Gesangbuch zum gottesdienstlichen Gebrauch in den Königl. Preuss. Landen betreffend ... Berlin 1781. V: *Nicolai, Christoph Friedrich.* [?] (BrMm)

Briefe eines amerikanischen Landmannes an den Ritter W. S., vom Jahr 1770 bis 1781. Aus dem Engl. ins Franz. ... und jetzt aus dem Französ. übersetzt ... von J. A. E. Götze. 3 Bde. Leipzig 1788—89. V: *Crevecoeur, J. Hector Saint-John.* (EngG) (Ky)

— e. Amerikan. Landmanns (St. John Crevecoeur's) an d. Ritter W. S. Vom J. 1770—81; a. d. Engl. ins Französ. übers. u. aus d. Französ. mit Anmerkk. v. J. A. E. Götz. 3 Thle. 8. Leipz. 788, 89. (W. Vogel). 3 rtl 12 gr

Briefe an den Landmann über die gegenwärtigen Begebenheiten von E. Prag 1814. V: *Eichler, Andr. Chrysogon.* (MGT) (NN)

— an den Landmann, üb. die gegenwärtigen Begebenheiten, v. E. 8. Prag 814. (Dresd., Beger). 6 gr

Briefe eines Landmannes üb. Seuchen u. Krankheiten d. Hornviehes u. üb. Fütterung u. Pflege desselben ... Frankf. a. M. 1797. 71 S.

— e. Landmanns, üb. Seuchen u. Krankheiten d. Hornviehes. 8. Münch. 797. J. Lindauer. 3 gr

— e. Landmanns, üb. d. Viehseuche 2c.; nebst e. Fortsetz. 2c. gr. 8. Landsh. 799. Weber in Münch. 5 gr

BRIEFE zweyer Landpfarrer über den Porziunkulaablaß. Eichstett 1787. 8°.
G. Priewe, Cat. 60. [1895], No. 965, Beibd.

Briefe, Eines Landpredigers, an seinen Freund: ob die Briefe über die Bibel im Volkston die Wahrheit seyn können? Leipzig 1786. V: *Löschigk, Ernst Frdr.* (Schlichtegr. Suppl. 1790—93. 2, S. 122.)

— üb. d. Landschaftsmalerei. 8. Götting. 787. Brose. 2 gr

— üb. d. badischen Landtage von 1841 u. 1842. A. d. Franz. 12. (2 B.) Landau 843. (Mannheim, Schwan u. Götz'sche Hofbuchh.)

— an e. angehenden Landwirth, d. Ackerbau betr. 8. Leipz. 786. (W. Rauck). 3 gr

— an e. angehend. Landwirth, d. Ackerbau betr. 8. Lpz. Sommer. 786.

Briefe über die Fellenbergische Landwirthschaft zu Hofwyl. Zürich 1808. V: *Escher, Georg von.* (Cat. der Stadtbibl. Zürich. Zürich 1864—97.)

— über d. Fellenbergische Landwirthschaft zu Hofwyl. gr. 8. Zürich ... 2e Aufl. 809. Orell. 9 gr

— landwirthschaftliche, über Pferdezucht, Gestütwesen und Beantwortung der Fragen: 1. Wer ist befähigt und vom technisch fachwissenschaftl. Standpunkte aus berechtigt, den Betrieb der Gestüte und die Zucht der Pferde zu leiten? 2. Auf welcher principiellen Theorie und Praxis beruht ein richtig aufgestelltes System der Pferdezucht 2c.? Für Landwirthe, Thierärzte, Gestütsvorstände und sonstige Pferdeliebhaber. 8. (94 S.) Dillingen 865, (Blättermann.) *

Briefe der Gräfin von La Riviere an ihre Freundin die Baronin von Neufpont, nebst vielen Nachrichten und Anecdoten aus den Regierungszeiten Ludwig XIV. von 1686—1712. Aus d. Französ. 2 Bde. Altenburg, Richter, 1780. 8°. (6 Mk. Völcker, 1896.) Selten!

— v. Lavater, s. J. Ksp. Lavater.

— üb. d. neue Sekte Lavaterianismus, (v. L. F. A. v. Cölln). 8. Hannov. 792. Hahn. 16 gr

Briefe über den neuen Sektennamen Lavaterianismus. Hannover 1793. V: *Cölln, Ludwig Friedrich August von.* (MGT) »1792« (Ky)

—— über d. ökonom. u. wissenschaftl. Leben e. Studirenden, v. ein. Freunde d. Wahrheit u. d. Lichtes. 1. Aufl. 828. 1 Thlr 6 Gr. u. 2. Ausg. (à 23 B.) 8. Braunschweig 833. (Potsdam, Vogler.) à
Die 1. Aufl. hat vor den Worten „von ein. Freunde rc." d. Zusatz: „mit besond. Rücksicht a. d. theol. Vorlesn. in Halle."

—— eines Lebenden. Hrsg. v. F(r). F(örster). 2 Bde. gr. 12. (36½ B.) Berlin 831, Duncker u. Humblot.

Briefe eines Lebendigen, hrsg. von F. F. Berlin 1831. V: *Förster, Friedrich.* (EE) (ErschDL) (GGr) (Koner)

— üb. die Lebensbeschreibung des General Dumourier; a. d. Französ. M. 1 Karte. 8. Leipz. 796. Fr. Fleischer. 14 gl

— üb. d. Lehrbegriff d. protestant. Kirche, (v. H. D. Hermes). gr. 8. Leipz. 800. Kummer. 20 gl

Briefe eines Lehrers und Prinzens. Wien 17?? V: *Haslinger, Johann Adam von.* (MGT)

Briefe eines Lehrers an seinen ehemahligen Zögling ... Berlin 1801. V: *Ritter, Christoph Gerhard Wilhelm.* (Ky) (MGT)

— leichte, nützl., auf alle nur erdenkl. Fälle eingerichtet. 2e, (durch J. Mt. Abele) umgeänd. Aufl. 8. Tüb. 786. v. Cotta. 10 gl

— — diess. Frankf. u. Leipz. Raven. 793.

— — dieselb. 8. Augsb. Wolf. 796.

Briefe über die Leiden d. ju. Werthers, s. Briefe an eine Freundin ...

— von u. an Lenau, s.: Handbibliothek. Cotta'sche.

— an Leonoren, üb. d. Mythologie s. Moustier.

Briefe von Julchen Lerse. [Hamburg ca. 1798.] V: *Sulzer, Joh. Rud.* (MGT)

Briefe üb. d. ... Lesesucht, s. Briefe, Vertraute, üb. d. ... Lesesucht.

— an Lessing, hrsg. v. CC Redlich, s.: Hempel's Klassiker-Bibliothek.

— von u. an GE Lessing. (In 5 Bdn.) Hrsg. v. F Muncker. 1., 3. u. 4. Bd. 8° Lpzg, GJ Göschen. Je 5 —; HF. je 6.50; in eleg. HF. je 7.50 d
1. Briefe v. Lessing a. d. J. 1743—71. (429) '04. | 3. Briefe an Lessing a. d. J. 1746—70. (431) '04. | 4. Dass. a. d. J. 1771—73. (200) '05.
Der 2. Bd. ist noch nicht erschienen. — Bilden zugl. d. 17., 19. u. 20. Bd. v. Lessing's sämtl. Schriften, hrsg. v. F Muncker.

— von u. an Gotthold Ephraim Lessing. (In 5 Bdn.) Hrsg. v. Frz. Muncker. 2. u. 5. Bd. gr. 8. Leipzig 907. G. J. Göschen.
à 5.—; geb. in Halbfrz. à 6.50; in eleg. Halbfrz. à 7.50
2. Briefe v. Lessing aus den J. 1772—1781. Amtsbriefe aus d. J. 1760—1764. (XI, 501 S.)
5. Briefe an Lessing aus den J. 1774—1781. (LIV, 323 S.)
Bilden zugleich d. 18. u. 21. Bd. v. Lessing's sämtl. Schriften, hrsg. v. Frz. Muncker.

Briefe an Lessing und Klotz, des erstern Laokoon und des letzteren Werke von geschnittenen Steinen betreffend. O. O. 768. 8.

Briefe, Letzte, des Jacopo Ortis. Nach dem Italiänischen herausgegeben von Heinrich Luden. Göttingen 1807. — London 1817. V: *Foscolo, Ugo.* Ü: *Orelli, Johann Caspar von.* (Bresl 31, S. 61) (Appell)

Briefe von Karl Leukford. Eisenach 1782. V: *Thon, Eleonore geb. Roedern.* (GGr) (MGT) (Schl) (Ky)

Briefe gelehrter Leute, welche die Wünschelruthe verspotten. Frkf. 700. 8.

BRIEFE der Liebe und Freundschaft. 2 Bdchn. Frankfurt a. M., bey Joh. Glieb. Garbe. 1782. 8°.
216 S. — Zuschrift unterz.: „J* B* F* B— U". Zahmen Inhalts. Weder bei Kayser 1827 u. 1836, noch im Anon.-Lex.

— d. Liebe u. Freundschaft. 2 Thle. 8. Frankf. a. M. 782. Hermann, Brönner, Gebhardt u. K. 12 gl

—— der Liebe an e. berühmte Künstlerin, v. ein. hochgestellten Manne. A. d. Franz. übertr. v. F. W. Wolff. (In der Ursprache in nur 100 Expl. gedr.) 8. (13 B.) Berlin 841, Bade. *

BRIEFE der Liebe an eine berühmte Künstlerin (Tänzerin) von einem hochgestellten Manne. Aus d. Franz. von Dr. F. W. Wolff. In der Ursprache in nur 100 Expl. gedruckt. 2. Aufl. Berlin, Bade, 1841. 8°. 208 S.

— üb. d. Liebe z. Vaterlande; aus d. Französ. (Friedrich II., v. J. D. Kluge). 8. Berl. 779. Rottmann. 10 gl

— an meine Lieben, (v. J. K. C. Fischer). 2 Bdchn. 8. (Stralf.) 776.

BRIEFE zweier Liebenden. 2 Bde. O. O. 1791. 8°. (In München: P. o. germ. 178.)

Briefe zweyer Liebenden und ihrer Freunde, aus dem Englischen. Leipzig 1782. V: *Kaffka, Johann Christoph* [eigentl. *Engelmann*]. (MGT) (GGr)

— zweier Liebenden u. ihrer Freunde; aus d. Engl. 3 Bde. 8. Leipz. 782. Weidmann. 20 gl

Briefe zweier Liebenden in Lyon. Frankfurt 1791. V: *Léonard, Nicolas-Germain.* Ü: *Valentini, Ernst.* (BGE I[3], 465)

BRIEFE zweyer Liebenden in einer kleinen Stadt an dem Ufer des Innflusses. Mannheim, verlegts Schwan. 8°.
O. M. V. 1781. S. 20. (80 Pfg. Scheible in e. alten Cat., wo aber „an den Ufern" steht.)

— an Lina, s. La Roche.

— literarische, an das Publikum. 1s Paquet. (Von G. B. Schirach. 2s, 3s Paq. v. G. D. Hartmann,) 8. Altenb. 769—74. (Hennings in Neisse). 1 ₰ 12 gl

— literarische, an d. Publikum. 3 Thle. 8. Altenburg (Academ. Buchhdl. in Jena). 769—74.

Briefe, Litterarische, an das Publikum. Altenb. 1769—75. V: [Paket 1]: *Schirach, Benedict Gottlob.* [Paket 2. 3]: *Hartmann, Gottlieb David.* (Ky) (ML) (OL) (GGr)

— d. neueste Literatur betr. 24 Thle. 8. Berl. Nicolai. 759—67.

. **Briefe** die neueste Literatur betreffend. Berlin 1761—67. V: *Nicolai, Christoph Friedrich, Moses Mendelssohn, Gotthold Ephraim Lessing, Thomas Abbt. & andere* (BrMm) (EF) (Ky)

— d. neueste Literatur betreffend, (v. Fr. Nicolai). 24 Thle. Mit Register. 8. Berl. 761—67. Nicolai. 8 ₰

Briefe über die Österreichische Litteratur. O. O. 1768. V: *Klemm, Christian Gottlob.* (Ky) (MGT)

— üb. d. sogenannte Lobrede auf St. Benedict rc. 8. Augsb. 781. v. Jenisch u. Stage. 6 gr.

Briefe, Lottens, an eine Freundin, während ihrer Bekanntschaft mit Werthern. Aus dem Engl. übers. Berlin und Stettin 1788. V: *Reinwald, Wilhelm Friedrich Hermann.* (GGr) (Ky) (MGT)

Briefe, M. Lutheri, Ph. Melanchthonis und Just. Jonae, an Markgraf Joachim II. zu Brandenburg, auch derselben und Joh. Bugenhagii Briefe zu Tangermünde ... Halle 1748. H: *Lenz, Samuel.* (ML)

BRIEFE, Lyrische, und Gesänge eines jungen Mahlers, hrsg. v. v. L—w—n. Mit TKpfr. Berlin 1804, In Commission der Himburgschen Buchh. 8°. XVI u. 80 S.
„Sehr selten! Näheres über Verfasser (vielleicht Gustav v. Both?) u. Buch war nicht zu ermitteln." (15 Mk. Süddeutsches Antiqu., München, 1907.) Nicht im Anon.-Lex.

— lyrische, u. Gesänge eines jungen Malers. Mit 1 Kpf. 8. Berl. 804. (Recht). 12 gr.

— lyrische, und Gesänge eines jungen Malers. Mit 1 Kupfer. 8. 804. Jetzt Liebeskind in Leipzig.

— für Mädchen zum Uebersetzen in's Englische. Nebst einer Anweisung zur Abfassung englischer Billete. Zum Gebrauch für höh. Töchterschulen und beim Privat-Unterrichte. Aus dem Engl. übers. und mit grammatikal. Erläuterungen versehen von Friedr. Otto. gr. 8. (IV und 58 S.) Breslau 818, Kern.

Briefe über Magnetismus, ärztliche Praxis und Gefahren der Täuschung ... Frankfurt und Leipzig 1822. V: *Voss, Johann Julius von.* (BrVV) V: *Voss, Ludw. von.* (NN) (Hitzig)

— über Magnetismus, ärztl. Praxis u. Gefahren d. Täuschung v. D....s. gr. 8. Leipz. 822, Volkmar. (Brockhaus.)

Briefe über den thierischen Magnetismus und Sonnambulismus. Nach dem Franz. Leipzig 1788. V: *Rosenmüller, Johann Georg.* (Kl)

Briefe aus Mainz während der Restaurations-Feierlichkeiten aus dem Engl. ... Hann. 1784. V: *Schulz, Johann Christoph Friedrich.* (HS) (Ky) (MGT) (Stri)

— aus Mainz, während d. Restaurat.-Feierlichk. d. Universität, (v. Jh. C. F. Schulz). Mit 2 Denkmünzen. 8. Frankf. a. M. 784. Hermann. 8 gr.

— aus Maynz, währ. d. Restaurat.-Feyerl. d. Universit. m. K. 8. Frft. Hermann. 785.

— der Tante Malchen an ihre Freundin Jettchen Bludat. Für Freunde ostpreuß. Humors (41 S.) schmal gr. 8. Berlin 904. Gose & Tetzlaff. n. 1. —

— e. ehrlichen Mannes bei e. wiederholten Aufenth. in Weimar. 8. Deutschl. 800. Bechtold in Altona. 8 gr.

— eines Mannes nach dem Herzen Gottes. Mitgetheilt von Alfr. Bienengräber. 8. (91 S.) Bernburg 868, (Bott.) *

Briefe der frommen Männer des XIX. Jhdts ... Altenburg 1831. [Magdeburg 1830.] V: *Volk, Gust. Werner & Frdr. Wilh. Genthe.* (Kn) (Mitth. A. Rosenbaum.)

— der frommen Männer d. 19. Jahrh. Ein Spiegel z. Beförderung wahrer Frömmigkeit. gr. 8. (12½ B.) Altenburg 831. (Magdeburg, Rubach.)

Briefe gelehrter Männer an d. König v. Dänemark; herausg. v. And. Schumacher. 3 Thle. gr. 8. Kopenh. 753. Pelt. 3 rß

Gelehrter Männer **Briefe** an die Könige in Dännemark, vom Jahre 1522 bis 1663. Zum Druck befordert v. Andreas Schumacher Th. 1. Copenhagen. 1757. 8°.

Gelehrter Männer **Briefe** an die Könige in Dännemark, zum Druck befördert v. Andreas Schumacher Th 1 2. Kopenhagen u. Leipzig. 1758. 8°
1. Vom Jahre 1522 bis 1663.
2. Vom Jahre 1515 bis 1582.

Briefe hervorragender verstorbener Männer Deutschlands an Alex. Weill. Mit Nachwort: Eine Revolution in der Geschichte der Religion. In-8°. 268 S. Zürich, Verlags-Magazin (J. Schabelitz). 1889 4 —

— üb. d. Manufact. d. Mode-Bücher, s. J. C. Herrmann.

Briefe über die Manufakturen der Modebücher, besonders der Aufruhrprediger und Sprachumwälzer ... Helmstädt 1793. V: *Veltheim, August Ferdinand Graf v.* (MGT)

Briefe, Mariens, nebst Nachricht von ihrem Tode, a. d. Engl. Weissenfels 1795. Ü: *Seidel, Carl Aug. Glieb.* (StAt)

— üb. Schillers Maria Stuart. 8. Eisenb. 801. Schöne. 6 gr.

— üb. Schillers Maria Stuart. 8. Eisenb. Schöne. 804.

— der Kaiserin Maria Theresia an ihre Kinder und Freunde. Hrsg. von Alfr. Ritter v. Arneth. 4 Bde. gr. 8. Wien 881, Braumüller. [1. und 2. Bd. (LXIV, 372; III, 515 S.) M 16.; 3. und 4. Bd. (III, 479; IV, 622 S.) M 18.]

— d. Erzherzogin Marie Christine, Statthalterin d. Niederlande, a. Leopold II., s.: Fontes rerum austriacarum.

— der Markgräfin v. M. an den Grafen v. R., a. d. Franz. des Hrn. Crebillon. 8. Berlin, Haude. 742.

Marokkanische. Aus dem Arabischen. (Deutsches Original von *Joh. Pezzl*, 1756—1823.) Mit großer satyr. [illegible] Frankfurt und Leipzig, 1784. 8°. [illegible] incl. Tit.)
Aufklärerische und antifeudale Satire [illegible] ohne [illegible] Ueberschriften (25 Nrn.), oft mit spezieller Beziehung auf österreichische [besonders Wiener] Verhaltnisse, [illegible] nach des Aufenthaltes einer marokkanischen Gesandtschaft in Wien. *Pezzl*, der österr. Voltaire, [illegible] Reihe der liberalen Aufklärer der Josephinischen Reformperiode. Dieselbe. Ebd. 1785. 8°. 3 Mk., schönes Expl. [illegible] per. Hannover [illegible] jetzt höher notirt!)

— Maroccanische; aus d. Arab. (v. Jh. Pezzl). 8. Frankf. u. Leipz. 784. Kraus; (auch Graffe in Leipz.) 16 gr.

— Maroccanische, a. d. Arab. 8. Frft. u. L. Kraus (a. Graffe, L.) 789.

— e. Marseillers, während d. letzten Begebenheiten bei der Sambre- u. Maas-Armee, bis an Hoche's Tod, (v. J. F. Emmerich). 8. Hamb. 799. Vollmer. (Herold jun.) 8 gr.

Briefe, Vater Martins, an seinen kleinen Michel. Berlin 1908. V: *Hildebrandt, Martin.* (Urheberrechtseintragsrolle 576; Börsenblatt 1918, Nr. 210, 9./II.) (Hdschr. Mitth. von Friedrich Müller, München.)

BRIEFE der Frau Martinet über die Züchtigung eines zwölfjährigen Schulmädchens. Babylon 1905, Don Juan Casanova. Kl. 8°. 12 S.

Briefe über einige wichtige Materien der heil. Schrift und Philosophie. Berlin 1764. V: *Reinhard, Adolph Friedrich von.* (Ky) (ML)

. **Briefe** aus Mecklenburg. [Zürich ca. 1786.] V: *Dietz, Johann Chn Fried.* (MGT)

— medicin. z. Unterr. f. d. die keine Aerzte s. 8. Quedlb. Ernst. 785.

Briefe an Medon. Brandenburg 1768. V: *Kipping, Joh. Georg Albr.* (Ky)

Briefe an Medon. 8. Brandenb. Halle. 768. Rthlr.

Briefe, Meine, nach St. Helena, dem Exil Bonapartes . . . Helmstädt 1815. V: *Fiedler, F. Sam.* (MGT)

Briefe an die Mennonisten Gemeine, in Ober Canada. *Mit einer Zugabe. Berlin (Ober Canada): Heinrich Eby 1840. 47 S.*

Briefe eines Menschenfreundes an bekümmerte und leidende Mitmenschen. Breslau, Hirschberg u. Lissa 1800. V: *Gaupp, Jacob.* (Ky) (MGT)

—e. Mentors an e. junge Standesperson, durch d. Abt Prevot; aus d. Engl. 8. Glog. 767. C. F. Günther. 10 gGr

— an Wolfgang Menzel. Für die Litteraturarchiv-Gesellschaft hrsg. v. Heinr. Meisner u. Erich Schmidt. Mit e. Einleitg. v. Rich. M. Meyer. (XIV, 295 S.) gr. 8. Berlin 908. (Leipzig, O. Harrassowitz.) 10. —

—— an Joh. Heinr. Merck v. Göthe, Herder, Wieland u. and. bedeut. Zeitgenossen. Mit Mercks biograph. Skizze hrsg. v. Karl Wagner. gr. 8. (37 B.) Darmstadt 835, Diehl.

—— an u. von Joh. Heinr. Merck. Eine selbstständ. Folge der im J. 1835 erschien. Briefe an J. H. Merck. A. d. Handschriften hrsg. v. Karl Wagner. Mit Facsim. d. Handschrift v. Göthe, Herder, Wieland, Karl August u. Amalia v. Weimar, W. Tischbein, Claudius u. Merck. (4 lith. Bl.) gr. 8. (20½ B.) Darmstadt 838, Diehl.

Briefe.– Merkwürdige Briefe d. Papstes Clemens XIV., s. Briefe d. Papstes Clemens XIV.

Briefe, Merkwürdige, einer in der Türkey gebornen Dame, welche sie aus Paris an ihre Schwester im Serail zu Constantinopel geschrieben hat. Aus d. Französischen. Hamburg 1759. Hamb. 1769. V: *Poullain de St. Foix, Germain François.* (BGE VI³, 70)

— merkw., an e. Polnischen v. Adel geschrieben. 8. Züllich. 772. (Frommann in Jena). 8 gGr

— merkwürdige, über d. Schlacht bei Belle-Alliance, von e. Preuß. Offizier, der diesen Feldzug mitgemacht, nebst Erinner. an die vor e. Jahrhundert auf demselben Boden vorgefall. großen Begebenheiten, (v. J. C. A. Hildebrandt). Mit 1 Kpf. 8. Leipz. 816. Baumgärtner. 16 gGr

— über Merkwürdigkeiten der Litteratur, s: Litteraturdenkmale, deutsche, d. 18. u. 19. Jahrh.

Briefe über die Merkwürdigkeiten der Litteratur. 4 Sammlungen. Schleswig u. Leipzig 1766—67. V: *Gerstenberg, Heinrich Wilhelm von & andere.* (Ky) (MGT) (ErschDL) (Dtsche Litt. Denkm. v. Seuffert. 29. 30.) (ADB)

— üb. Merkwürdigkeit. d. Literat. 1r Bd. u. Forts. 8. Schlesw. (Cramer, W.) 766. 70.

— üb. Merkwürdigkeiten d. Literatur, (v. H. W. v. Gerstenberg). 4 Sammll. 8. Schlesw. 766, 67. 1 Rthlr 6 gGr (4e Samml. A. u. d. T.: Ueber Merkwürdigk. der Litt.; der Fortsetz. 1s Stck. 770.)

— üb. d. Merkwürdigkeiten d. Stadt München rc. 8. Münch. 771. J. Lindauer. 6 gGr (vergl. *Lettere* Italiane.)

— ital. u. deutsche, üb. d. vornehmst. Merkwürd. Münchens. gr. 8. Münch. Lindauer. 792.

— üb. Merkwürdigkeiten v. Staats- u. Kriegsgesch. v. 1740 an. 3 Thle. 8. Berl. 778—88. Maurers B. 3 Rthlr 20 gGr

Briefe über die vornehmsten Merkwürdigkeiten der Schweiz. Leipzig 1769 s. [Hirschfeld, Christian Cajus Lorenz].

— üb. d. vornehmst. Merkwürdigkeiten d. Schweiz rc. 8. Leipz. 769. Hilscher. 8 gGr

Briefe, Messianische, zur Ehre der christlichen Religion and des alten Testaments. Jena 1785. V: *Köcher, Hermann Friedrich.* (Ky) (ML)

— messianische, z. Ehre d. Religion u. d. Alt. Test. 8. Jena 785. Cröker. 6 gGr

. **Briefe** an den Fürsten Metternich. (Einundzwanzig Bogen für Deutschland.) Kreuzlingen 1848. V: *Robert, Cyprien.* (EB)

— militär.; aus d. Italien. 8. Berl. 770. Rottmann. 16 gGr

— militär., od. freye Gedanken üb. d. jetz. Kriegswes. a. d. Franz. 8. Wien, Tendler. 785.

— militär., od. freie Gedanken üb. d. jetz. Kriegswesen; aus d. Französ. 8. Wien 785. Trattner. 3 gGr Dass. 8. Münst. 780. Coppenrath. 6 gGr

Briefe, Militärische

Mosaik von einem alt. Offizier. Abt. 1. 2. Dresden 1847. 1848.

Militaerische Briefe an den Herrn Abgeordneten Kolb. (Von Hörmann.) Erlangen 1870. 37 S.

—— militärische, an den Herrn Abgeordneten Kolb. gr. 8. (37 S.) Erlangen 870, Besold. *

Briefe, Militärische, eines Lebenden an seinen Freund Clausewitz im Olymp. Leipzig 1846. V: *Poenitz, Karl Eduard.* (stadtBiblBerin XI, S. 143)

—— militairische, eines Lebenden an seinen Freund Clausewitz im Olymp. gr. 8. (17½ B.) Leipzig 846, O. Wigand.

— militairische, eines Lebenden an seinen Freund Clausewitz im Olymp. 2. (Titel-)Ausg. Leipzig (846) 854. O. Wigand. gr. 8. (277 S.) 1 ₰

—— dass. — (Nachtrag: 26—32. Brief, zur) 2. (Titel-)Aufl. gr. 8. Ebds. 854.

— milit. u. literar., d. Feldzüge v. 1756—1763. betr. 8. Leipz. Jacobäer. 769.

— militärische u. literar., des Hrn. v. T(rautzschen). 8. 769. (Aue in Altona). 8 gr. Hbg. Pr. 3 gr.

Briefe, Militairische, eines deutschen Offiziers während einer Reise durch die Schweiz und das mittlere Frankreich im Anfange des Jahres 1844 . . . Adorf 1845. V: *Abendroth.* (Priv.-Bibl. König v. Hannover. Hannover 1858.) V: *Roon.* (KA)

—— militairische, eines deutschen Offiziers während e. Reise durch d. Schweiz u. d. mittl. Frankreich im Anfange d. J. 1844. Mit besond. Bezugnahme auf d. neueren franz. Befestigungsanlagen in militär. u. polit. Hinsicht. Mit Plänen v. Paris u. Lyon (in Imp.-Fol.) gr. 8. (24½ B.) Adorf 845, Verlags-Bureau.

— militärische, e. alten Unteroffiziers an seine jungen Freunde, s. u. Eisenschmidt's Büchersammlg. f. Unteroffiziere u. Mannschaften d. Armee u. Marine.

[S.] Militärische Briefe eines alten Unteroffiziers an seine jungen Freunde. E. Beitr. z. Selbsterziehg erläut. durch e. eingehende Darlegg d. Pflichten. *Berlin: R. Eisenschmidt 1896.* (114 S.) 8.
= Büchersammlung, Eisenschmidt's, f. Unteroffiziere u. Mannschaften d. Armee u. Marine. Abth. IV. [No] 1. [96. 7895

—— militär., eines Verstorbenen an seine noch lebenden Freunde, histor., wissenschaftl., krit. u. humorist. Inhalts. Zur unterhalt. Belehr. f. Eingeweihte u. Laien im Kriegswesen. gr. 8. (24½ B.) Adorf 841, Verlags-Bureau.

—— dass. 1. Sammlung. (2., bericht. Aufl.) gr. 8. (25½ B.) Ebds. 845.

—— militärische, eines Verstorbenen an seine noch lebenden Freunde, historischen, wissenschaftlichen, kritischen u. humoristischen Inhalts. Zur unterhalt. Belehr. für Eingeweihte u. Laien im Kriegswesen. 2—4. Samml. (1. u. 2. Abthl.) gr. 8. Adorf, Verlags-Bureau. [2. (32½ B.) 843. * 2 Thlr. 5 Ngr., 3. (28½ B.) 44. * 1 Thlr. 25 Ngr., 4. 1. Abthl. (22 B.) * 1 Thlr. 15 Ngr., 2. Abthl. (20½ B.) 45. * 1 Thlr. 15 Ngr.]

— militärische, eines Verstorbenen an seine noch lebenden Freunde. Zur unterhaltenden Belehrung für Eingeweihte und Laien im Kriegswesen. 3 Bde. Herausg. von Pz. (Carl Ed. Pönitz.) Neueste Ausg. Stuttgart 854. Cotta. gr. 8. (XII, 451; VI, 496; VI, 489 S.) Jeder Bd. 1 ₰ 18 ngr.

Briefe.– Militärisch-politische Briefe aus Frankreich. 8°.– Berlin 1859.

Briefe zweyer ausländischen Mineralogen über den Basalt. ... Zürich und Leipzig 1792. V: *Gratet de Dolomieu, Déodat Guy Sylvain Tancrède de & Fortis.* (BrMm)

— zweier ausländ. Mineralogen, üb. d. Basalt. (A. d. Italien.) übers. von K. U. v. Salis. 8. Zürich 792. Ziegler u. S. 4 gr.

— mineralogische, chemische u. alchimistische, v. reisenden u. andern Gelehrten rc. an J. F. Henkel. 3 Thle. gr. 8. Dresd. 794, 95. Walther. 2 ₰ 16 gr.

—— eines Missionars in die Heimath. gr. 16. (57 S.) Wiehe 875. (Halle, Fricke.)

— an meine Mitbürger, (v. Jh. Ulr. v. Grothuß). 1s, 2s Hft. 8. Gbg. 789, 90. Gröll. 8 gr.

— üb. d. Mittel, der dahinsinkenden Handlung aufzuhelfen. 8. Frankf. 776. Schneider. 5 gr.

— üb. d. Mittel die atmosphärische Luft zu reinigen, s. C. G. Kühn.

Briefe über das Mönchswesen ... [Zürich] 1771-81. V [Bd. I]: *La Roche, Georg Michael von gen. Frank* [Bd. 2—4.]: *Riesbeck, Joh. Casp.* (ML) V [Bd. 1]: *La Roche, G. M. & J. Brechter* [Bd. 2—4]: *Riesbeck, J. Casp.* (BrMm) (Ky) V [Bd. 1]: *La Roche, Georg Michael* [Bd. 2—4]: *Riesbeck, Caspar.* H [Bd. 1]: *Brechter, Joh. Jac.* (Wr) »1780—87« (Th)

Briefe über das Mönchswesen. 1771—81. V: *Clavel, Franz Xaver* (?) u. A. (Diözesanarch. v. Schwaben 19, S. 53). (Zeitschr. f. Büch. 1923, S. 81.)

— üb. d. Mönchswesen v. e. kathol. Pfarrer (?) 4 Bdchn. 8. Zürich 1780 – 87, Orell. 2 Thlr. — 3 fl.

— üb. d. Mönchswesen, v. e. kathol. Pfarrer. 4 Bdchn. (1s B. v. G. M. Laroche u. J. J. Brechter, 2s — 4s v. J. K. Riesbeck.) 8. Zürich 787. Orell. 2 ₰

— aus d. Monde. 2 Hefte. Wien, Wucherer. 10 gr.

Briefe aus dem Monde oder Beiträge zur Karakteristik, Geschichte, Geographie und Reformation der Lunianer. O. O. 1785. V: *Friedel, Johann.* (BGE VIII³, 444)

— an den Feldmarschall Raimund Grafen Montecuccoli. Beiträge zur Geschichte des nord. Krieges in den J. 1659 b. 1660, bearb. v. Adalb. Fr. Fuchs, s.: Veröffentlichungen d. Gesellschaft f. neuere Geschichte Österreichs. 2. Bd.

— über d. neueste Moral. 2 Bde. 8. 764. Sonst Röse in Greifsw. jetzt Cnobloch in Leipzig.

— üb. d. neueste Moral. 2 Bde. 8. Greifsw. 765—67. (Cnobloch in Leipz.) 1 ₰ 12 gr.

— moralische. 8. Celle 750. Gsellius. 3 gr.

Briefe, Moralische, zur Bildung des Herzens. Leipz. 1759. V: *Dusch, Johann Jacob.* (ML) (GGr) (Jl)

— moralische, üb. die Güte u. Weisheit Gottes. 8. Mannheim, Löffler. 812.

Moralische Briefe über die Handlung, s. May, Joh. Carl. 1754.

— moral., üb. die Handlung. 8. Altona 754. Breitkopf. 6 gr.

Briefe, Moralische und kritische, gezogen aus den Werken des Grafen Pupieni. A. d. Ital. Wien 1765/70. V: *Kurzböck, Jos. von.* (WBL 13 228) (BiblPort)

— moralische, geschrieben aus uns. Zeit. (Von W. A. Boden.) gr. 8. (5 B.) Straßburg 832, (Treuttel u. Würtz.)

— üb. d. Moralität, Würde u. Bestimm. d. Weibes ꝛc. 8. Hamb. 808. Großmann. (Schmidt in Leipz.) 1 ℛ

— üb. Moralphilosophie u. Religion. 8. Neuw. 804. Gehra. 12 ℊ

אגרות חמודה מתורגמות אשכנזית, מאת דוד אָטטענזאָהער. Briefe über den Moreh des Maimonides. Aus dem Hebr. übersetzt, mit einer Einleit. versehen u. durch hinreichende Anmerk. erläutert von David Ottensoser. (Hebräisch u. Deutsch.) gr. 8. (7¼ B.) Fürth 846. (Schmid's Buchh.)

BRIEFE, Die sogenannte Moscowitische, oder die, wider die löbliche Russische Nation von einem aus der andern Welt zurückgekommenen Italiäner *(Locatelli)* ausgesprengte abendtheuerliche Verläumdungen und Tausend-Lügen. Aus d. Frantzös. übers. (von Gross). Frankfurt und Leipzig (Regensb., J. L. Montag) 1738. 8⁰. (In München: Russ. 91 x.)

Uebersetzer nennt das Anon.-Lex. I. p. 271 (nach Meusel), nicht aber den Verfasser.

Orig. (in München [Russ. 91v], Marburg, Universitätsbibl. [VII d C 346b] u. Zürich): Lettres Moscovites. Paris, chez Huart l'aîné. 1736. 8⁰. 2 ff. et 363 pp. — Paris, aux dépens de la Cie., s. a. 8⁰. (in München: Russ. 91w.)

— an Johann v. Müller. (Supplement zu dessen sämmtl. Werken.) Herausg. vom Bibliothekar Maurer-Constant. Mit e. Vorwort von Dr Friedr. Hurter. 1r—4r Bd. A. u. d. T.: Zu Johann von Müllers sämmtl. Werken Supplement. 1r—4r Bd. 8. Schaffhausen 839, 40. Hurtersche Buchh. (à 1⅔ ℛ) Druckvelinp. 2 ℛ — 5r Bd. A. u. d. T.: Zu Johann v. Müllers sämmtl. Werken Supplement. 5r Bd. — A. m. d. Umschlagst.: Briefe an J. v Müller. VI. Briefe Sr. Maj. König Ludwigs von Baiern, des Schultheißen von Bern Fr. von Mülingen, des Landammanns C. Müllers v. Friedberg u. des Fürstabts von St. Gallen Pankratius. 8. Schaffhausen 840. Hurtersche Buchh. 1⅔ ℛ (1—5. 8⅓ ℛ) Druckvelinp. 2 ℛ

— an Johann v. Müller. (Supplement zu dessen sämmtl. Werken.) Herausgeg. vom Bibliothekar Maurer-Constant. 6. Bd. — A. u. d. T.: Zu Johann v. Müllers sämmtl. Werken Supplement. 6. Bd. gr. 8. Schaffhausen 840, Hurter'sche Buchh. 1⅔ ℛ — Druckvelinp. 2 ℛ

— ders. Band auch mit d. Umschlags-Titel: XLVIII Briefe Sr. kaiserl. Hoheit des Erzherzog Johann von Oesterreich; v. Herder u. seiner Frau, Georg Forster u. seiner Frau, den letzten Aebten von St. Blasien, Martin Gerbert u. Mauritz, Ständlin, F. V. Reinhard, Blumenbach, Hufeland u. seiner Frau, Fichte u. seiner Frau, Plan(c)k, Walch, Dissen, Meiners, Sartorius, Trutpert Neugart, B. G. Niebuhr, Kotzebue u. Zacharias Werners. Ebend. 840. 2 ℛ — Alle 6 Bde. (à 1⅔ ℛ) 10 ℛ — Druckvelinp. (à 2 ℛ) 12 ℛ

— aus München. (Aus dem Journal für Deutschland.) 8. Berl. 817. Th. Enslin. 6 ℊ

— musikalische. Wahrheit über Tonkunst u. Tonkünstler. Von einem Wohlbekannten (Aug. Riccius?). 2 Thle. 8. (1: IV u. 224 S. 2: IV u. 167 S.) Leipzig 852, Baumgärtner. 2 ℛ

— musikalische. Wahrheit über Tonkunst und Tonkünstler. Von einem Wohlbekannten (Joh. Chrn. Lobe.) 2. verb. Aufl. Leipzig 860. Baumgärtner. gr. 8. (IV, 283 S.) 1 ℛ

Briefe über Musikwesen, besonders Cora, in Halle. Quedlinburg 1781. V: *Brumbey, Carl Wilhelm.* (BrMm) (MGT)

— die Musik betreff., bes. Cora, in Halle (v. K. W. Brumbey). 8. Quedlinb. 781. Ernst. 6 ℊ

Briefe von Goethes Mutter, s. Goethe, Elisabeth

— einer Mutter an ihre Tochter über den ersten Brief St. Johannis. 32. (70 S.) Hamburg 854, Agentur des Rauhen Hauses.

Briefe e. zärtlichen Mutter an ihren Sohn, worin sie ihm die Wahrheit d. christl. Religion ꝛc. beweiset; aus d. Französ. übers. v. J. Ch. Thenn. 3 Thle. 8. Augsb. 770. Klett. 1 ℛ 16 ℊ

Briefe zweier Mütter über Erziehung und Bildung ihrer Töchter. Aus d. Nachlasse einer heimgegangenen Mutter. Hrsg. v. Otto v. Zadel. — Gütersloh: Bertelsmann 1868. 114 S. 8⁰

Briefe, mütterliche, an Töchter gebildeter Stände bei ihrem Eintritt in den Kreis der Erwachsenen. 16. Breslau 846, Hirt's Verl. n. ⅓ ℛ

— mütterliche. Eine Mitgabe an Töchter bei ihrem Eintritt in den Kreis der Erwachsenen. 2., neu bearb. Aufl. 16. (114 S.) Breslau 857, Hirt's Verlag.

— mütterliche. Eine Mitgabe an Töchter bei ihrem Eintritt in den Kreis der Erwachsenen. 3. neu bearb. Aufl. 8. (82 S.) Leipzig 880, Hirt und Sohn. * 75 Pf.; geb. *

Briefe über die Mysterien. Nürnberg 1784. V: *Vogel, J. Paul Siegmund.* (Kl)

— üb. die Nachbildung d. griech. Tragödie in Schillers Braut von Messina, (v. F. A. Mörlin). 8. Altenb. 804. Schnuphase. 6 ℊ

— Napoleon's an Josephine, s. Napoleon.

— Napoleon's an Josephine, währ. d. ersten Feldzugs in Italien, d. Consulats u. d. Kaiserreichs, u. Briefe Josephinens an Napoleon u. an ihre Tochter. A. d. Franz. übers. v. L. G. Förster. 2 Thle. gr. 12. (13 B. u. 5 Fac-similes.) Quedlinburg 833, Basse.

— dies. a. d. Franz. v. E. M. Oettinger. (In 3 Abthln.) Mit sämmtl. (7) im französ. Orig. befindl. Fac-similes. gr. 12. (9 B.) Berlin 834, Krause.

— Napoleon's an Josephine, während des ersten italien. Feldzuges, des Consulats und der Kaiserherrschaft; nebst Josephinens Briefen an Napoleon u. ihre Tochter. Aus d. Französ. übersetzt von E. M. Oettinger. (In 3 Abtheil.) Neue wohlf. Ausg. Mit sämmtl. im französ. Originale befindl. Facsimiles. 12. Halle 834, Coldit'sche Verlagsbuchh. 1⅓ ℛ

— Napoleons an Josephine während d. ersten Feldzugs in Italien, d. Consulats u. d. Kaiserthums; u. Briefe Josephinens an Napoleon u. ihre Tochter. A. d. Franz. v. Heinr. Elsner. 2 Thle. gr. 8. (16¾ B.) Stuttgart 839, Gärtner. [1. (14 B.) 838. 1 Thlr., 2. (16¾ B.) 839. 1⅛ Thlr.]

— Napoleon I. an seine Gemahlin Josephine u. Briefe Josephine's an Napoleon u. ihre Tochter, die Königin Hortense. Uebertr. m. erläut. Anmerkgn. von Osc. Marschall v. Bieberstein. gr. 8. (VI, 336 S. m. 10 Abbildgn.) Leipzig 901. H. Schmidt & C. Günther. n. 5. —

! — Napoleon I. an Josephine. Jetzt: Berl., Brandus. 96/00

BRIEFE eines Narren an eine Närrin (von *Carl Ferd. Gutzkow*). Hamburg, Hoffmann & Campe, 1832. 8°. 326 S. (9 Mk., Expl. im Orig.-Umschl., H. Streisand, Berlin, 1907.) Zahm.

Anon.-Lex. I. p. 264 (nach Engelmann u. Ersch).

— an d. Jüdische Nation. 2 Stcke. 8. Frankf. 777. Löwe. 4 gl

— üb. d. Natur u. Mittheil. d. Kräfte d. göttl. Geistes, v. P. 8. Leipz. 780. Schneider. 6 gl

Briefe über die Natur und Mittheilung der Kräfte und Gaben des göttlichen Geistes ... Leipz. 1781. V: *Kleuker, Johann Frdr.* (Rotermund, Gel. Hannover. Bremen 1823.) (LS)

Briefe über die Natur u. Wesen des Eides. Mit 1 Titelkpf. 8. Weißenf. 794. Böse. 18 gl

— üb. d. Natur u. Wesen d. Eides. 8. Severin. 794.

Briefe über die Natur u. das Wesen des Eides u. über die Bedenlichkeiten desselben, in Ansehung des gerichtlichen Gebrauchs. Zion 1794.

— naturhistor., üb. Oesterreich ꝛc. s. Schrank.

Briefe über den Nekrolog Friedrich Christoph Schlossers von G. G. Gervinus ... Chemnitz 1862. V: *Löbell, Joh. Wilh.* (GGr VI, 328) (UBTüb K, Nachtr. 13)

— über den Nekrolog Friedrich Christoph Schlossers von G. G. Gervinus. Ein Beitrag zur Charakteristik Schlossers vom literar. Standpunkt. Chemnitz 862. May. 8. (56 S.) 7½ ngr

Briefe.– Neue Briefe des Papstes Clemens XIV, s. Briefe d. Papstes Clemens XIV.

— neue deutsche z. Uebersetz. ins Franz. 8. Rnb. Schneider u. W. 799.

— neue, v. Dobrowsky, Kopitar u. and. Süd- u. Westslaven. Hrsg. v. V. Jagić. gr. 8. (IV, III, CII, 928 S.) Berlin 897. (Weidmann.) n. 12. —

Briefe, Neue, eines Engländers auf seiner Reise nach Italien . . . , s. Briefe eines Engländers . . .

Briefe, Neue, über den Feldzug des Herzogs von Braunschweig . . . , s. Briefe eines preußischen Augenzeugen . . .

— neue, zweier Freunde üb. d. kathol. Zustände in Würtemberg. 8. (18 B.) Schaffhausen 844, Hurter'sche Buchh.

— neue, über verschied. Gegenstände; in lehrr. Erzähl. u. Gedicht. 8. Frankf. 754. 8 gl

— neue, bei Gelegenheit d. Zweikampfs zwischen dem Grafen Stollberg u. d. Stud. Eichstedt in Kiel. 8. Göttina. 782. Vandenhöck u. R. 2 gl

Briefe, Neue, bey Gelegenheit des Zweykampfs ... Kiel 1782. V: *Bergesonn, Friedrich Wilhelm Reinhold.* (R-N)

— neue gesammelte, v. Joseph II., Kaiser d. Deutschen. 8. Klagenf. 790. Walliser. (W. Vogel in Leipz.) 8 gl (vergl. Joseph II.)

— neue Hyperboreische, (v. H. Würtzer). 1s Hft. 8. Altona 796. (Herold jun. in Hamb.) 10 gl

— neue hyperboreische, 1s Hft. 8. Altona. (Vollmer, Hmbg.) 796.

— n. interessante, auf ein. Reise d. Frankr. ꝛc. 8. Leipz. Sommer. 798.

— neue, üb. Italien, od. Schilder. d. Einwohn. v. Vened. Rom ꝛc. v. J. Eichholz. 4 Bde. 8. Zürich, Gesner. 806 — 811. (1r u. 2r 1 Rthlr. 16 gr., 3r 1 Rthlr. 3 gr., 4r 1 Rthlr. 12 gr.

— neue jüdische, od. Darstell. aus d. Leben Jesu. 2 Thle. gr. 8. Straßb. 825. Schmidt u. Grucker. 1 ₰ 12 gl

Briefe, Neue critische, über gantz verschiedene Sachen, von verschiedenen Verfassern. Zürich 1749. V: *Bodmer, Johann Jacob & Johann Jacob Breitinger.* (Gleim-Uz, Briefwechsel. Tübingen 1899. S. 479.)

Briefe, Neue Critische, über gantz verschiedene Sachen, von verschiedenen Verfassern. Zürich 1749. Mit einigen Gesprächen im Elysium und am Acheron vermehrt. Neue Auflage. Zürich 1763. V: *Bodmer, Johann Jacob, Martin Künzli & andere.* (GGr) (Ky) (ML) (Vetter)

— neue kritische, (v. J. J. Bodmer u. Breitinger). 8. Zürich 763. Orell. 16 gl (Vgl. Briefe, Kritische.)

— neue militär., u. Aufsätze, (v. A. W. v. Leipziger). 1r Thl. 8. Bresl. 790. Gutsch. 8 gl

— neue, für u. wider das Mönchswesen, (v. J. F. Gaum). 4 Thle. (u. 2 Anh.) gr. 8. o. O. (Ulm) 782. Stettin. 2 ₰ 8 gl (4r Thl. A. u. d. T.: Das Ende d. Cölibats d. röm.-kathol. Geistlichkeit am Ende d. 18n Jahrh. 782. 8 gl 1r Anh. A. u. d. T.: Ganganelli u. Luther. 782. 12 gl 2r Anh. A. u. d. T.: Die Aufhebung d. Klausur. 782. 6 gl vergl. Aufhebung.)

— neue, üb. d. Französ. Revolution; aus d. Engl. d. H. Mar. Williams, Th. Christie u. Gfr. Stone; nebst St. Meard's 38stünd. Todesangst ꝛc. u. Paltier's Betrachtt. 2 Thle. 8. Berl. 794, 95. Voß. 1 ₰ 16 gl

— neueste, zur Beförderung d. Freundschaft u. Weltweisheit. 8. Gotha 763. Dieterich in Götting. 8 gl

— neueste, u. Nachrichten aus Texas. Mit d. Verfassungsurkunde dieses Landes u. den genauen Einwanderungs-Bedingungen des deutschen Vereins. 8. (3½ B.) Heilbronn 846, Drechsler'sche Buchh.

— und Nachrichten, neueste, aus Texas. Mit der Verfassungsurkunde dieses Landes und den genauen Einwanderungs-Bedingungen des deutschen Vereins. 8. (IV und 48 S.) Heilbronn 847, Drechsler.

— neueste, von nach der deutschen Colonie Wartburg in East-Tennessee in Nordamerika ausgewanderten Sachsen. (1. Hft.) Friedr. Herm. Behrs gesammelte Briefe üb. die deutsche Colonie Wartburg in Ost-Tennessee in Nordamerika. Zur Belehrg. f. Auswandernde u. sich f. Auswanderung Interessirende. gr. 8. (16 S.) Leipzig 848. (Klinkhardt. — Lützen, Joachim.) — 2. Hft. Als Abschrift gedruckt u. zur Kenntnißnahme u. Urtheilsberichtigung üb. dieses Land hrsg. v. J. E. Weigel. gr. 8. (15 S.) Ebd. 848. — 3. Hft. Ueber Wisconsin. Als Abschrift gedruckt u. hrsg. v. J. E. Weigel. gr. 8. (15 S) Ebd. 848. (à 2 ngr) 6 ngr

Briefe, Die neuesten, aus der Schweiz in das vaterländische Haus nach Ludwigsburg. München 1807. V: *Huber, Fr.* (EngG)

Briefe. Die neuesten B' aus der Schweiz, in das vaterliche Haus nach Ludwigsburg: nebst einem Gemälde des (*Bändchen 2:* fürchterlichen) Bergsturzes am Rigi und Lauwerzer-See. Mit Kupfern [3 Tafeln]. 2 Bändchen. 8. München 1807. Fleischmann

Briefe eines Neufranken als Antwort auf die Gedanken eines Hannoveraners. 8. 1803.

— e. Neulings an d. Verfasser d. poet. Gespräche aus d. Reiche d. Todten. gr. 8. Frankf. a. M. 802. Varrentrapp. 4 gr.

Briefe eines Neumärkers, s. Burchardt, August: Briefe

Briefe, Neun, über den eventuellen Anschluss Hamburgs an den Zollverein ... Hamburg 1845. V: *Cohen, Gerson Gabriel.* H: *Cohen, Gottfried* [früher *Gottschalk Gottfried*]. (Schr) (CBH)

—— neun, üb. den eventuellen Anschluß Hamburgs an den Zollverein. Im J. 1841 in d. hamburg. Börsenhalle-Liste zwanglos erschienen. Mit Vorw. v. C—n. 8. (5 B.) Hamburg 845, Hoffmann u. Campe.

Briefe, Neun, an einen ungarischen Patrioten ... Wien u. Pest 1868. V: *Schweinitz, Joh. Graf.* (KA) (Pr)

—— neun, an einen ungarischen Patrioten. Vom Verf. der „Gedanken über die Reform der k. k. Armee." gr. 8. (92 S.) Wien 868, Hartleben's Verlag.

Briefe, Neun, über Verfassungs-Reformen in Österreich ... Leipzig 1860. V: *Perthaler, Joh. Ritt. v.* (WFM)

Briefe, neun, über Verfassungs-Reformen in Oesterreich. Vom Verf. der „Palingenesis." Lex.-8. (VI und 60 S.) Leipzig 860, Wagner. Thlr. *

— 19, über Judenthum, s. Ben Usiel.

— über die Niederlausitz, (v. Chr. Gli. Schmidt). 8. Wittenb. 789. Kühne. 12 gr.

— über die Niederlegung d. adel. Güter u. über die Bemerkk. über Angeln (des F. W. Otte, v. J. Blatt). 8. Flensb. 793. (Alt., Hammerich). 6 gr.

— üb. Niederlegung d. adel. Güter. 8. Flensb. (Christiani, Schlesw.) 793.

— einer Nihilistin. Mit erklär. Anmerkgn. versehen. Aus dem Franz. übers. u. nach e. kurzgefaßten Geschichte d. Nihilismus hrsg. v. F. Stolz. gr. 8. (II, 109 S.) Schaffhausen 884. (St. Gallen, Hasselbrink.) 1. 50

Briefe einer Nihilistin. Mit erklärenden Anmerkungen versehen. Aus dem Französischen übersetzt und nebst einer kurzgefassten Geschichte des Nihilismus herausgeg. von *F. Stolz*, Rechtsanwalt in Appenzell. In-8°, II u. 109 S. St. Gallen, F. Hasselbrink. 1887 1 50

Briefe, Ninas, an ihren Geliebten. Bern 1787. V: *Ehrmann, Marianne geb. von Brentano.* (GGr) (Ky) (ML)

Briefe einer befreyeten Nonne; eine kleine Geschichte. St. Gallen 1784. V: *Altdorfer, Johann Jacob.* (MGT) *Am Bühl, Johann Ludwig.* (Ky) »1783« (MGT)

— einer befreiten Nonne; e. kleine Geschichte. (Von Jh. Jak. Altdorfer I., oder J. L. Am Bühl?) 8. St. Gallen 784. 2e A. 785. Huber u. C. 3 gr.

— einer befreyten Nonne, eine kleine Gesch. 8. St. Gallen, Huber. 786.

— einer befreyten Nonne, eine kleine Geschichte, 8. St. Gallen, 786. Reutiner. 3 sgl.

— e. italien. Nonne u. e. Engländers, aus d. Nachlasse des Rousseau. Aus d. Engl. 8. Leipz. 784. Weidmann. 8 gr.

— aus Nord-Amerika v. e. kathol. Missionär. 2. (Titel-) Aufl. der „Skizzen." 8. (VIII u. 296 S.) Augsburg (845) 849, Schmid. 1/2 Thlr.

—— aus Nord-Amerika von einem kathol. Missionär. 2. (Titel-)Aufl. der „Skizzen." 8. (VIII und 296 S.) Augsburg 850, Schmid'sche Buchh.

Briefe eines Nordamerikaners aus und über Russland. Mannheim [Leipzig] 1849. V: *Pelz, Eduard.* (ABJP) (EngG) (Wr)

—— eines Nordamerikaners aus und über Rußland. 8. (V und 192 S.) Mannheim 849, Grohe. *

— nordamerikanische, eines Auswanderers aus d. Muldenthale. 16 Hft. Schreiben aus New-York. .. Grimma ... Verlags-Compt. 1/12 Thlr.

Briefe eines reisenden Nordländers. Geschrieben in den Jahren 1807—09. Cöln 1812. V: *Reichardt, Johann Friedrich.* (BrMm) (Wr) (Ky)

— eines reisenden Nordländers. Geschrieben in den Jahren 1807 bis 809. neue Aufl. 8. Amsterd. Kunst u. Ind. Comt. 816.

— eines reisenden Nordländers. Geschrieben in d. J. 1807 bis 1809, (v. J. F. Reichard). 8. Amsterd. 816. N. A. 8. Leipz., Brockhaus. 1 Thlr. 12 gr.

— e. Novizen aus d. Abtei la Trappe. Aus d. Französ. 8. Zürich 797. Orell. 10 gr.

BRIEFE aus dem Noviziat. O. O. 1830. 8°. (2 Mk. 50 Pfg. Scheible, c. 1888.)
Auszug oder Neudruck?

— aus dem Noviciate an e. Freund, (v. Jh. Pezzl). 3 Thle. 8. Zürich 780—82. Orell. 1 Thlr. 8 gr.

Briefe aus dem Noviziat an einen Freund. Zürich 1780—83. V: *Pezzl, Johann.* (Ky) (MGT) (Th) (Winer)

Briefe, Nützliche und auf alle fast erdenkliche Fälle eingerichtete. Tübingen 1774. V: *Abele, J. Mt.* (MGT)

— nützliche, auf alle erdenkliche Fälle, sammt einer kurzen Anweisung zum Briefschreiben. 8. Augsb. 815. Wolff. 6 gr.

Briefe, nützliche, auf alle fast erdenkliche Fälle nach den Erfordernissen des gegenwärt. Zeitalters eingerichtet. 13te Aufl. 8. Leipzig, Wienbrak. 818. Rthlr.
(NB. Ist einerley mit Claudius Briefsteller.)

Briefe und Oden auf den Tod eines Kanarienvogels. Frankfurt 1764. V: *Burmann, Gottlob Wilhelm.* (GGr) (JL)

— üb. d. Offenbar. Johannis. 8. Leipz. 784. Weygand. 1 ₰ 4 gr

Briefe offene Adressen

Offene Briefe mit unleserlichen Adressen, vom Verfasser der Vertraulichen Briefe an einen deutschen Staatsmann über Verwaltung, Lehrweise, Vertretung und Ausübung der Medizin. Aus den Papieren eines Verstorbenen. 152 S., gbd.

Kassel: Hotop 1847

— offene, zwischen Berlin u. Erfurt. 1. 1 Bog. in Fol. m. Holzschn. Berlin 850, Hofmann & Co. baar 1 ngr

— offene, des Freiherrn Arminius von d. Eiche u. seines Jägers Hans Heidekraut, während ihres Leid- u. Freudenlebens in Frankreich. Auch u. d. T.: Haupt-, Staats- u. Sittenspiegel f. Große u. Kleine, (von J. F. Reichardt). 8. Hamb. 806. (A. Campe). 1 ₰ 12 gr

Briefe, offene, für Gartenbau, Land- u. Forstwirthschaft. Hrsgbr.: Ernst Bahlsen. 1.—3. Jahrg. 1890—1892. à Jahrg. 12 Nrn. (à Nr. 1—1½ Bog. m. Illustr.) gr. 8. Prag-Weinberge. (Lpz., Voigt.) à Jahrg. * 2 —

— off., f. Gartenbau, Land- u. Forstwirthschaft. [illegible] Bahlsen. Red.: J Dumek. 2. u. 3. Jahrg. 1891 u. [illegible] Nrn. (à 1—½ B. m. Illustr.) 8° Prag-Weinb. (Lpzg, H. Voigt.) à Jahrg 2 —

Erscheinen nicht mehr.

— offene, eines hanseatischen Juristen an einen mecklenburgischen Edelmann über die Beschaffenheit der Mittel, wodurch man die Opposition gegen Preußen in dessen neuen Provinzen zu befördern sucht. gr. 8. (34 S.) Berlin 867, (Langguth.) *
Aus: Berliner Revue, besonders abgedruckt.

— offene, an den künftigen Justizminister. Von einem prakt. Juristen. gr. 8. (15 S.) Wien 865, Beck's Verlag. *

— offene, an Kirchenräthe 2c. 2 Stck. 8. Pappenh. Expvar. 789.

— offene, an Kirchenräthe, Doctoren u. Professoren d. Theologie, Superintendenten u. Prediger. 1r—6r Brief, (v. G. J. Schäblen). 2 Stcke. 8. Pappenheim 789. (Zeh in Nürnb.) 20 gr

— off., an Se. Maj. d. König v. Preussen üb. d. z. Zeit in allerhöchstseinem Namen in Preussen ausgeübte Rechtspflege v. K v. R. 1. Brief: Erlebnisse d. Bauern Johann Gottlieb Abraham a. Konkolewo. Ein staatl. Mariaberg. 8° (24) Charlttnbg 96. Goldau (Schweiz). CO Knorr. — 50

— offene, an Se. Königl. Hoheit (den Kurfürsten v. Hessen). [Auszüge aus Nr. 206, 208, 209 u. 211 der „Hornisse."] 1 Bog. in gr. Fol. Kassel 850. (Raabs & Co.) baar ¼ ₰

— offene, über den heutigen Zustand der Philosophie und Theologie, folgeweise der gesammten Bildung unseres Zeitalters. 1—3. Brief. Wismar 857. (Leipzig, Rein.) gr. 8. 6 ngr
1.: (16 S.) 3 ngr. — 2.: (7 S.) 1½ ngr. — 3.: (8 S.) 1½ ngr.

— offene, über den heutigen Zustand der Philosophie und Theologie, folgeweise der gesammten Bildung unseres Zeitalters. 1—3. Brief. (31 S.) gr. 8. Wismar 858. (Leipzig, Rein'sche Buchh.) [1. Brief 3 Ngr.; 2. und 3. Brief à 1½ Ngr.]

Briefe eines alten Officiers, die Charakterzüge Friedrichs des Einzigen betreffend. O.O. 1770. V: *Schmettow, Graf v.* (PT)

— e. alten Preuß. Offiziers, verschied. Charakterz. Friedrichs des Einzigen betr., (v. K. W. v. Kaltenborn). 2 Bde. 8. Hohenzollern 790, 91. Schulbuchh. in Braunschw. 1 ₰

— e. deutschen Offiziers, während d. Feldzüge 1812 u. 13, s. Scenen a. d. Feldzügen 1812, 13.

— eines deutschen Offiziers aus dem 20. Jahrh. gr. 8. (56 S.) Hannover 891. Helwing's Verl. n. 1. —

— e. deut. Offiziers a. d. 20. Jahrh. 8° (56) Hannov. 91. Lpzg, Zuckschwerdt & Co. 1 —

— e. franz. Offic. 1800. a. Kärnthen, Steyerm. 2c. v. Verf. d. Briefe üb. Frankr. u. Ital. 8. Lpz. Wolf. 803.

— e. Französ. Offiziers, geschrieben im J. 1800 aus Kärnthen, Steyermark, u. s. w. Vom Verf. d. Briefe üb. Frankreich u. Italien, (... Woyda). 8. Leipz. 803. Schmidt. 1 ₰ 20 gr

— eines preußischen Offiziers aus dem Kaukasus, s. a. Beiheft zum Militär-Wochenblatt. 1902. Hft. 2.

Briefe eines Preußischen Offiziers aus dem Kaukasus 1857–1861. *Berlin: E. S. Mittler & Sohn 1902.* (S. 93–132.) 8° [F.]
— Militär-Wochenblatt. 1902. Beiheft 2, [2.] [03. 8:09]

Briefe eines preußischen Offiziers während seiner Kriegsgefangenschaft in Frankreich. Cöln 1816—17. V: *Neigebaur (Neugebauer), Joh. Dan. Ferd.* (ADB) (Nowack, Schles. Schriftst.-Lex. Breslau 1836—43. III, 96.)

— eines Preuß. Offiziers während seiner Kriegsgefangenschaft in Frankreich, in d. J. 1813 u. 14. 2 Thle. 8. Köln 816, 17. Rommerskirchen. 2 ₰ 8 gr

Briefe eines Preuss. Offiziers währ. seiner Kriegsgefangenschaft in Frankreich 1813 u. 1814. 2 Bd. 8. Köln 1817—18. 7,00.

Briefe eines preuss. Officiers währ. seiner Kriegsgefangenschaft in Frankreich 1813 u. 14. 2 Thl. (B.) Coeln 1845.

— eines Offiziers an seine Schwester, geschrieben während d. Feldzugs 1812 in Rußland. 8. Wilna 814. (Stiller in Rost.) 4 gr

— e. Oheims an s. in L. studirenden Neffen, üb. d. Standeserwählung. 8. Regensb. 803. Montag u. W. 6 gr

Oekonomische *Briefe*. Od. entdeckte Betrügereyen d. Vervalter. (1: Nebst einen [!] vollständigen Entwurf einer Jahresrechnung). Bd. (1)-2. Leipz. 1787-88. (568) S.

— ökonom., über Betrügereien d. Verwalter, (v. F. G. Leonhardi). 2 Thle. 8. Leipz. 787. 2e A. 788. Barth. 1 ₰ 8 gr

Briefe zwischen W. Olbers u. F. W. Bessel. Hrsg. v. Adph. Erman. 2 Bde. gr. 8. (1. Bd. XL u. 448 S. — 2. Bd. VI u. 442 S. — Mit eingedr. Holzschn.) Leipzig 852, Avenarius u. Mendelssohn. n. 6 ₰ Prachtausg. auf Velinpap. n. 9 ₰

Briefe von Johann Kaspar Orelli .... Zürich 1891 s. [Wirz, Hans].

Briefe über den Orientkrieg. Wien 1882. 8°. (Aus: Organ der milit. wissensch. Vereine.)

— des Osmanns. 8. Bayr. 765. Lübecks Erb. 8 gr

Briefe über Österreich von einem Fernstehenden. Berlin 1876. V: *Langwerth von Simmern, Heinrich Freiher von.* (RUSSELL II/1, S. 119)

— üb. Oesterreich v. e. Fernstehenden. 8. (110) Berl. 76, Bidder. n. 2. —

— aus Oesterreich an d. Verf. d. Briefe a. Berl. 8. Wien, Hartl. 784.

— aus Ostindien. 8. Basel 786. Flick. (Neukirch). 14 ℊ (vergl. Missionsgeschichte.)

Briefe, Pädagogische, an einzelne Lehrer, Erzieher und Schulaufseher. Düsseld. 1790-91. V: *Reche, J. W.* (ErschDL)

— pädagogische, an einzelne Lehrer, Erzieher u. Schulaufseher. 2 Stcke. 8. Düsseld. 790, 91. Dänzer. 1 ₰ 10 ℊ

— die, der Päpste, s.: Bibliothek der Kirchenväter.

Briefe aus Paris von einem Verstorbenen. Herausgegeben von C. S. Zürich 1878. V: *Rogge, Friedrich Wilhelm.* H: *Schmidt, Cäsar.* (Alfred Stern, Briefe aus Paris von einem Verstorbenen. In: Neue Zürcher Zeitung Nr. 1759 und Nr. 1764 vom 1. Nov. 1926, Morgen- und Abendausgabe.)

BRIEFE aus Paris von einem Verstorbenen. Herausgeg. v. C. S. Zürich 1878. 8⁰. (Mk. 6—.) (2 Mk. Ant. Creutzer, Aachen, 1909; 2 Mk. Gust. Fock, Lpz., 1909.)
Die Briefe sind in den dreissiger und vierziger Jahren von einem jungen Rheinländer an seine Schwester gerichtet; sie enthalten nicht allein viel Anziehendes über französische Zustände u. soziales Leben in Paris, sondern auch interessante Mitteilungen über Charakter, Leistungen, und Tendenzen von L. Börne, Heine, J. Venedey, M. Hess, Engels, A. Ruge, K. Marx etc.

Briefe aus Paris von einem Verstorbenen. Hrsg. von *C. S.* In-8⁰, 280 S. Zürich, 1878, Cæsar Schmidt. 6 —

Briefe aus Paris, geschrieben während der grossen Volkswoche im Juli 1830 ... Hamburg 1831. V: *Gathy, Franz Serv. August.* (EngG)

— aus Paris, geschrieben während d. großen Volkswoche im Juli 1830, v. e. deutsch. Augenzeugen an sein. Freund in Deutschland. 12. (4½ B.) Hamburg 831, Hoffmann u. Campe. Val. Held, J. C.

Briefe aus Paris über die neusten Zeitereignisse bis zum Friedensschluss mit Frankreich. 8. Germanien 1814.

— aus Paris, üb. d. neuesten Zeitereignisse bis z. Friedensschlusse mit Frankreich. 8. Nürnb. 814. (Riegel u. W.) 6 ℊ

— Parisische. 8. Berl. 765. Rüdiger. 20 ℊ

— parlamentarische, von Aristides. gr. 8. (19 S.) Berlin 847, A. v. Schröter, (jetzt: Gury.) ⅙ ₰

Briefe eines Partikular-Abgeordneten. Rastadt 1798. V: *Schreiber, Alois Wilhelm.* (GGr) (Kn) (MGT) (NN)

— e. baier. Patrioten, üb. d. neuerrichtete General-Landdirektion, (v. Frhr. Jh. Ch. Ant. v. Aretin). 8. (Münch.) 799.

Briefe eines Patrioten, zur Verbesserung der Sitten unsers Jahrzehends. Leipzig 1774. V: *Hase, Johann Gottlob.* (MGT) »1775« (Ky)

— e. Patrioten, z. Verbesser. d. Sitten uns. Jahrzehends. 8. Lpz. Böhme. 775.

— e. Patrioten, z. Verbesser. d. Sitten uns. Jahrzehnds, (v. Jh. Glo. Hase). 8. Leipz. 775. (Enobloch). 8 ℊ

— patriotische, s. J. C. v. Moser.

— patriotische, (v. F. K. v. Moser). 8. Frankf. a. M. 767. Gebhardt u. Körber, Hermann. 20 ℊ

— patriotische, des Juristen Ernst an seinen Freund Friedrich. gr. 8. (16 S.) Regensburg 870. Coppenrath.

Patriotische Briefe aus Galizien. Prag 1864. 42 S.

Briefe, Patriotische, über einige Gegenstände, den Reichthum und die Glückseligkeit eines Landes betreffend ... Nürnberg 1779. V: *Lehner, Johann Michael.* (Ky) (MGT)

— patriot., über Gegenstände, den Reichthum u. die Glückseligkeit betr., (von J. M. Lehner). 8. Nürnb. 779. Monath u. Kußler. 10 ℊ

— —, Patriotische, eines Reisenden über das Hinableuchten (der Stubenmädchen; in Wien. 2. Aufl. Wien 1781. 8⁰.
Karajan's Bibl. II. no. 4151.

Briefe.- Patriotische Briefe, die dermalige Bündnerische Zwistigkeiten betreffend. 1764, s. Salis-Marschlins, Ulysses H. von.

— der Familie Paulet. 8. Frankf. a. M. 783. Gebhardt u. K. 10 ℊ

— d. Apost. Paulus, v. morgenl. Redensart. gereiniget ꝛc. gr. 8. Bresl. Korn d. ä. 791.

— die, des heil. Apostels Paulus harmonisch geordn. unter die Grundlehren des Christenthums, nebst ein. Einleit. üb. d. Leben u. die Briefe dieses heil. Apostels von Marcus Adam Nickel. 8. (43½ B.) Frankfurt a. M. 844. Andreäische Buchh.

— die, Pauli an die Galater, Epheser, Philipper, Colosser u. Thessalonicher, griechisch, m. kurzem Commentar nach W. M. L. de Wette. [Aus: „Das Neue Testament, griechisch".] Lex.-8. (S. 243—413.) Ebd. 887. n. 3. —

— die, d. Apostels Paulus an die Galater, Epheser, Philipper, Kolosser, Thessalonicher, an Timotheus, Titus u. Philemon nach der deutschen Übersetzung Martin Luthers. Durchgesehen im Auftrag der deutschen evang. Kirchenkonferenz. 16. (66 S.) Stuttgart 892. Württemberg. Bibelanstalt. In Leinw. kart. n. — 8

— dasselbe. (In grobem Druck.) gr. 8. (77 S.) Ebd. 894. In Leinw. kart. n. — 35

— die, des Apostel Paulus an die Galater und den Timotheus. Hamburg 853. Agentur des Rauhen Hauses. 24. (1 Bl., 33 S.) 1½ ngl

— d. beiden, Pauli a. d. christl. Gemeinde z. Korinth, m. Anmerk. v. Göpfert. gr. 8. Lpz. Schwickert. 788.

— die, Pauli an die Corinther, griechisch, m. kurzem Commentar nach W. M. L. de Wette. [Aus: „Das Neue Testament, griechisch".] Lex.-8. (S. 109—242.) Halle 887. Anton. n. 2. 60

— d., d. Apostels Paulus an d. Korinther nach d. deut. Übersetzg M Luthers. Durchgesehen im Auftr. d. deut. ev. Kirchenkonferenz. (In grobem Druck.) 8⁰ (61) Stuttg. 94, Württemberg. Bibelanst. Kart. n.n. — 35
Vgl.: Brief, d. 1. u. 2., etc.

Briefe, Die, Pauli an die Thessalonicher und Philipper frey übersetzt und erläutert ... Frankfurt 1787. H: *Schaber, Carl Wilhelm Friedrich.* (ML)

Briefe über die Perfektibilität der geoffenbarten Religion ... Jena und Leipzig 1795. V: *Krug, Wilhelm Traugott.* (Ky) (MGT) (NN) (winer) »1794-1796« (ErGr) (ErschDL)

— üb. Perfectibilität der geoffenb. Relig. 8. Jena, Voigt. 795.

Briefe üb. Perfectibilität d. geoffenb. Religion, (v. W. T. Krug). 8. Jena 795. (Brockhaus). 1 ℛ 17r u. letzter Br. über die Perfectibilität, (v. W. T. Krug): 8. Wittenb. 796. (Brockhaus). 12 ℊ

— — 17r u. letzt. Br. üb. P. 8. Wittb. (Barth, L.) 796.

Briefe aus Sachsens unglücklichster Periode. München 1815. V: *Hering, Johann Carl Friedrich.* (Ky) (MGT)

— aus Sachsens unglücklicher Periode. gr. 8. München, Lindauer. 815.

— aus Sachsens unglücklicher Periode. gr. 8. Münch. 816. J. Lindauer. 8 ℊ

Briefe von einem Persianer in England an seinen Freund in Ispahan. Aus dem Englischen ins Hochteutsche übersetzt. Lemgo 1743. V: *Littleton, G.* (Vorrede. Barbier II/242b) (Hdschr. Mitth. von Friedrich Müller, München.)

— Persianische. 8. Lemgo, Meyer. 745.

Briefe in der Person vom Verfasser des Sendschreibens. 1775. 2. Aufl. Halle 1776. V: *Hottinger, Joh. Jac.* (ADB)

Briefe von Fürstlichen Personen, ... welche den Baron von eigener Creation Johann Wilhelm Franz Krohne betreffen ... O. O. 1777. V: *Hess, Heinrich Ludwig von.* (Schr)

Briefe einiger Personen an einander über allerley Materien. Danzig 1747. Leipzig u. Naumb. 1756. V: *Wasserberghe, Johann Anton Janson von.* (ML)

— v. Personen in Paris, an Priestley in Amerika. gr. 8. Hamb. 799. Hoffmann. (Campe). 3 ℊ

— einer Peruanerin. 8. Bresl. 749.

— d. Apostel Petrus, Jakobus u. Judas, übers. u. erklärt. 4. Bresl. 782. Gutsch. 12 ℊ

— die, des Apostels Petrus u. Johannes, der Ebräerbrief, der Brief des Jakobus u. Judas nach der deutschen Übersetzung Mart. Luthers. Durchgesehen im Auftrag der deutschen evangel. Kirchenkonferenz. (In grobem Druck.) gr. 8. (67 S.) Stuttgart 894. Württb. Bibelanstalt. In Leinw. kart. n. — 35

— der Apostel Petrus, Johannes, Jakobus u. Judas, übers. v. G. Schlegel. gr. 8. Halle, Gebauer. 6 ℊ

Briefe aus Pfäfers. Zurich 1867 s. [Spöndly, Heinrich].

—— aus Pfäfers. Den Freunden dieses Bades gewidmet von einem Kurgast. gr. 16. (III und 58 S.) Zürich 867, Schultheß. *

—— pfälzer. Von einem Ungenannten. 1. Sammlung. gr. 8. (72 S.) Landau 858, Kaußler.

Briefe an einen Pfarrherrn von dem ächten Begriffe einiger Streitfragen ... Friedstadt [Basel] 1775. V: *Moutet, Heinrich.* (Ky) (MGT) (Wr) (AarK)

— an e. Pfarrherrn von d. ächten Begriffen einiger Streitfragen, welche e. Neuerungsgeister unt. dem System d. Just. Febronius aufgeworfen haben, (v. H. Moutet). 8. (Basel) 775. Thurneysen. 5 ℊ

— üb. d. Pflichten d. Menschen, wenn sie glücklich seyn wollen. (Herausg. v. H. G. v. Dresky.) gr. 8. Bresl. 786. (Gosohorsky). 16 ℊ

— üb. d. Pflichten d. Mensch. wenn s. glückl. seyn woll. gr. 8. Bresl. Meyer. 786.

Briefe über die Phänomene des thierischen Magnetismus und Somnambulismus. Leipzig 1788. V: *Rosenmüller, Joh. Gg.* (Zuwachsverz. d. Bibl. Zürich 1898 ff. 6.)

— e. Philosophen an d. großen Philosophen, (v. Jh. Eph. Röhling). 8. Brem. 796. Müller. 14 ℊ

Briefe über die Günther'sche Philosophie von einem katholischen Gottesgelehrten. München 1855. V: *Spörlein, Joh. G.* (Knoodt. A. Günther. Wien 1881. S. 259 ff. 268.)

—— über die Günther'sche Philosophie. Von einem kathol. Gottesgelehrten. gr. 8. (VI und 75 S.) München 855, Literarisch-artistische Anstalt.

Briefe, Philosophische, von Aletheophilus; ein philosophisches Wochenblatt. Frankfurt u. Leipzig 1741. H: *Baumgarten, Alexander Gottlieb.* (ML)

— philosophische. 16 Stck. 4. Halle. 741.

— philosoph., üb. d. Prinzip u. d. ersten Grundf. d. sittl. religiösen Erziehung, (v. Jh. Chr. Greiling). gr. 8. Leipz. 794. (W. Vogel). 1 ℛ 10 ℊ

— philosophische, an meine Schwester, üb. d. Menschen nach s. verschied. Verhältnissen, (v. G. U. Brastberger). 2 Thle. 8. Halle 779—85. Gebauer. 1 ℛ 8 ℊ (2r Thl. A. u. d. T.: Briefe über d. Gesch. u. d. Geist d. geschrieb. Offenbarung. 18 ℊ)

Briefe, Phisikalische, über den Vesuv und die Gegend von Neapel. Leipzig 1785. 8.

Briefe, Physikalische, über den Vesuv und die Gegend von Neapel. Prag 1785. V: *Mittrowsky, Johann Nepomuk, Graf von.* (Ky) (MGT) (Adel)

— physikal., üb. d. Vesuv u. d. Gegend v. Neapel, (v. Graf v. Mittrowsky). 8. Prag 785. Schönfeld. 8 gGr.

— eines Piaristen an seine Ordensbrüder in den k. k. österreich. Staaten. gr. 8. (40 S.) Wien 848, Beck. 6 ngr.

Briefe über Poesie, Sylbenmaas und Sprache. [Tübingen 1796.] V: *Schlegel, August Wilhelm von.* (MGT)

Briefe, Poetische. Dessau 1782. V: *Schmidt, Clamer Eberhard Carl.* (Gleim-Uz, Briefwechsel. Tübingen 1899. S. 520.)

Briefe, Poetische, und kleine Gedichte. Meiningen 1769. V: *Reinwald, Wilhelm Friedrich Hermann.* (Bresl. 31, S. 138)

— poetische, u. kleine Gedichte. 8. Eisen. 770. Wittekind. 4 gGr.

—— poetische, moderner pariser Kätzchen. Fünf Dutzend. Eine zärtl. Correspondenz geheimster seltenster Art. Allen Deutschen im Vertrauen mitgetheilt v. Uebersetzer. 12. (7 B.) Erfurt 841, Hennings u. Hopf.
Vgl. Briefe mod. Par. Kätzchen.

— eines alten Politikers an e. Freund. Nr. 1. gr. 8. Berlin, Schreiter. — 80
Frage, die, der Wasserstraßen f. Preußen u. das Deutsche Reich. Von Vox Populi. (13 S.) 901.

—— politische. Nr. 1. Lex.-8. (46 S.) Wien 855, [Hügel.]
(Mehr nicht erschienen.)

— politische. I—VI. gr. 8. Braunschweig, A. Limbach. n. 3. 30
I. Eine drängende Frage: Die Thronfolge in Braunschweig. (15 S.) 893. n. — 50
II. Die deutsche hohe Priesterschaft u. Rom. Eine Erinnerg. als Spiegel der Zukunft. (30 S.) 893. n. — 60
III. Regis voluntas. (28 S.) 894. n. — 60
IV. Die Noth der Landwirthe. (27 S.) 894. n. — 60
V. Von des Reiches Warte. Ein diplomat. Rundblick. (16 S.) 894. n. — 50
VI. Thersites. (15 S.) 894. n. — 50

—— und Charakteristiken, politische, aus der deutschen Gegenwart. (Von Gust. v. Usedom.) gr. 8. (XIV und 288 S.) Berlin 849, Besser'sche Sortimentsb. *

— u. Charakteristiken, politische, aus d. deutschen Gegenwart (von Gust. v. Usedom). gr. 8. (XIV u. 288 S.) Berlin 849, Hertz. n. $1^1/_3$ Rthlr.

— politische, e. Hannoveraners gr. 8. (114 S.) Hannover 874. Brandes. n. 1. —

Briefe, Politische, über Russland und Polen oder wenn man will: die polnische Frage. Lemberg [1866—69]. V: *Smolka, Franz.* (EB)

—— politische, über Russland und Polen oder wenn man will: Die polnische Frage. Von einem Polen. 1. Serie. [Brief 1—8.] gr. 8. (III, 111 S.) Lemberg 868, (Wild.) *
—— dass. — 2. Serie. [Brief 9—16.] gr. 8. (III, 230 S.) Ebendas. 869.

Briefe eines Pönitenzers der Metropolitankirche zu *** An einen Theologen der Kathedralkirche zu ** über die Religionsangelegenheiten unserer Zeiten. Aus dem Französischen ... [Augsburg 1786.] V: *Doyar, Pierre de.* (Jes)

Briefe über Portugal nebst einem Anhang über Brasilien. Aus dem Französischen ... Leipzig 1782. V (Briefe): *Stephens, Philadelphie.* (BrMm) (CBH)

— üb. Portugal u. Brasilien; a. d. Französ. v. M. Chr. Sprengel. 8. Leipz. 782. Weygand. 14 gGr.

— Portugiesische; aus d. Französ. 8. Altenb. 751. (Hennings in Neisse). 6 gGr.

Briefe vom Predigen ... Bremen 1754. V: *Formey, Joh. Heinrich Samuel.* Ü: *Langreuter, Georg Heinrich.* (Baumgarten, Nachrichten von merkw. Büchern. Halle 1752—57. 6, 469.)

— e. Predigers an sn. Sohn, üb. d. Gottesgelahrtheit, (v. H. M. G. Köster). 8. Marb. 773. Krieger. 6 gGr.

— e. Predigers an sn. studirenden Sohn, v. d. überschwengl. Kraft d. lebend. Wortes Gottes. 3 Thle. gr. 8. Schlesw. 758—67. (Alt., Hammerich). 1 Rthlr. 10 gGr.

— ein. Predigers an s. studir. Sohn v. d. überschwengl. Kraft d. leb. Wort. Gottes. 3 Thle. gr. 8. Schlesw. Christiani. 759—67.

Briefe, das Prediger- und Erziehungsgeschäft betreffend ... Giessen 1796. V: *Schwarz, Friedrich Heinrich Christian.* (Ky) (MGT) »1792« (NN)

—— einer Predigertochter. 8. (XIV, 104 S.) Gotha 870, F. A. Perthes. geb. *

— über die sogenannte Predigt an die Klosterschaffner u. Procuratoren. 8. Bamb. (Frankf., Wesché). 2 gGr.

Briefe über die gegenwärtigen teuren Preise ..., s.a. Bäuerlen, Joh. Georg

— üb. d. gegenw. theur. Preise d. nothwend. Lebensmittel. 8. Lpz. Gräff. 790.

— üb. d. gegenwärt. theuern Preise d. nothwend. Lebensmittel. (Von Jh. G. Bäuerlen.) 8. Stuttg. 790. (Wienbrack in Leipz.) 3 gGr.

— üb. Preussen. 6 Bde. (2r bis 6r Bd. h. a. d. Tit.: Beytr. z. Gesch. d. Krieg. in Preuß.) 8. Lpz. Gräff. 807—809. (1r 1 Rthlr., 2r. 20 gr., 3r. 1 Rthlr. 4 gr., 4r und 5r. 2 Rthlr., 6r 1 Rthlr. 8 gr.)
Schreibp. (1r 1 Rthlr. 8 gr., 2r 1 Rthlr. 4 gr., 3r. 1 Rthlr. 12 gr., 4r u. 5r 2 Thlr. 12 gr., 6r 1 Rthlr. 16 gr.)

Briefe an einen jungen Prinzen von einem alten Manne, s.a. Tessin, Carl Gustaf von

— an e. jungen Prinzen, v. e. alt. Manne; aus d. Schwed. 2 Thle. 8. Leipz. 758. Breitkopf u. H. (Haslinger in Linz). 1 Rthlr. 12 gGr.

— — dasselbe. 2 Thle. gr. 8. Lpz. Haslinger, Linz. 756.

Briefe eines Prinzen-Hofmeisters über Basedow's Prinzen-Erziehung ... Heilbronn [Weimar] 1771. V: *Görz Graf von Schliz, Johann Eustachius.* (HS) (Ky) (MGT) (Wr)

— e. Prinzenhofmeisters, üb. Basedows Prinzenerziehung, (v. J. E. Graf v. Görtz). 8. Heilbr. 771. Hoffmann. 5 gr

Briefe an eine deutsche Prinzessinn über verschiedene Gegenstände aus der Physik und Philosophie. 2. Aufl. Leipzig 1773—80. V: *Euler, Leonhard.* Ü:(Bd. 2): *Engel, Johann Jacob.* Ü (Bd. 3): *Loder, Justus Christian von.* (StBFMath S. 25)

Briefe an eine deutsche Princessin über verschiedene Gegenstände aus der Physik ... Aus dem Französ. übersetzt. 3. Auflage. Leipzig 1784. Ü: *Euler, Leonhard.* (WÖ) »1769—73« (BrMm) »2. Aufl. 1773—80« (AarK)

Briefe einer Privatperson an einen seiner Freunde, über den Einfall in Sachsen, so durch den König von Preussen unternommen worden. 1757. 4.
— Fortsetzung der Schreiben einer Privatperson an einen guten Freund, über den Einfall des Königs von Preussen in Sachsen. (cum nota, Schreiben 6. 7.) 1757. 4.
— Suite de lettres d'un particulier à un de ses amis sur l'invasion de la Saxe, faite par le roi de Prusse. (Lettre 6. 7.) 1757. 4.

Briefe über die vorzüglichsten Produkte und Nahrungsquellen des Fürstenthums Ostfriesland. [Berlin 1803.] V: *Gittermann.* (MS)

Briefe von Heidelberger Professoren und Studenten, verfasst vor 800 Jahren. Der Universität Heidelberg zur Feier ihres 500-jähr. Bestehen's im Auftrag der Universität Bern dargebracht von Herm. Hagen. gr. 4. (127 S.) Heidelberg 886, C. Winter's Universitäts-Buchh. *

— eines communistischen Propheten nebst e. Anh. v. Gedenkversen. Von dem Verf. der Neutestamentl. Zeitgedichte. [Eine Sammlung journalist. Mittheilungen.] gr. 16. (IV u. 175 S.) Leobschütz 850, Weilshäuser. n. 18 ngr

— eines communistischen Propheten. Ein poetischer Schattenriß der einstigen Union zwischen der jesuitischen und der socialistischen Propaganda. (Von J. P. Lange.) Nebst einem Anhange. Neue (Titel-) Ausg. Breslau (850) 853. Dülfer. 16. (3 Bl., 177 S.) n. 15 ngr

Briefe eines communistischen Propheten. Ein poetischer Schattenriss der den Freimaurerbund interessiren ... Ulm 1878. 3. Aufl. 1880. V: *Reinhardt, Aug. v.* (Tt)

Briefe eines Protestanten über die Aufhebung des Jesuiterordens. Stuttgart 1774. V: *Murr, Christoph Gottlieb von.* (BB) (Ky) (MGT) »1773-1774« (will) (Adel)

— eines Protestanten, über die Aufhebung d. Jesuitenordens, (v. C. G. v. Murr). 3 Stcke. 8. Stuttg. 773—74. Metzler. 14 gr

Briefe eines österreichischen Protestanten über die Toleranz ... V: *Nagy, Stefan.* (WBL 20/70) (BiblPort)

— protestantische, von einem Elsässer. gr. 16. (48 S.) Straßburg 875, Bomhoff.

Briefe über den Protestantismus. Heidelberg 1826. V: *Jochmann, Carl Gustav.* (ADB)

— philosophisch. Provinzbewohner über physikal. u. metaph. Hypothes. 2c. 3 Thle. gr. 8. Bamb. Göbhard. 810.

— philosoph. Provinzbewohner, üb. physikal. u. methaphys. Hypothesen 2c., von Büffon, d'Alembert u. A., zu Vertheid. d. christl. Theologie. 3 Thle. gr. 8. Bamb. 810. (Wesché in Frankf.) 1 Thlr 8 gr

BRIEFE eines reisenden Punditen über Sclaverei, Möncherei, und Tyrannei der Europäer an seinen Freund in U—pang. Leipzig, Weygand, 1787. 8°. (3 Mk. Ludw. Rosenthal, c. 1880.)
Tit. m. Vign., 7 Bl. Einleit. u. 360 S. — Nicht häufig.

Briefe des Sir George R..... an seinen Freund Sir Karl B.... über die Bayerische Angelegenheiten. London [Berlin] 1778—1779. Ü: *Müchler, Johann Georg* [7 Fortsetzungen von] *Isaac Daniel Dilthey.* (ML) (Ky) (Pr) (Wr)

— des Sir Georg R.** an S. Karl L.** üb. d. Baiersch. Erbfolge-Angelegenheiten. Aus d. Engl. (v. J. G. Müchler). Berl. 778. Mit 27 Fortsetzungen, (v. J. D. Dilthey). 8. Ebd. 778. Stahlbaum. 1 Thlr

— des Sir Georg R** an S. Karl L** üb. d. bayerisch. Angelegenh. n. 27 Forts. 8. Berl. Stahlbaum. 779.

Briefe von R. H. während des Feldzuges im Jahre 1870 ... in Druck gegeben durch Heinrich Hirzel. Leipzig 1881. V: *Hirzel, Rudolf.* (zuwzür 13, 1909, I, S. 55)

Briefe, Raphaels, aus dem jetzigen französischen Krieg ... Wien 1800. 2. Aufl. 1809. V: *Schwaldopler, Johann.* (EE) (Kn)

Briefe der Frau Rath ..., s. Goethe, Elisabeth

— üb. Rationalismus. Zur Berichtigung d. schwankend. u. zweideutigen Urtheile, d. in neuesten dogmatischen Consequenz-Streitigkeiten üb. denselben gefällt worden sind. 8. Zeitz, W. Webel. (in Comm.) 813.
(Auch bei Voigt in Sondershausen in Comm.)

— über den Rationalismus, (von J. F. Röhr). 8. Aachen 813. Frosch. (Webel in Zeitz 818). 1 Thlr 12 gr

— eines Rationalisten an d. Verf. d. Schrift: „Der Bischof Dräseke u. sein achtjähr. Wirken im preuß. Staate." gr. 8. (2 B.) Magdeburg 841, (Heinrichshofen.)

— üb. d. Rechte d. Regenten 2c. 8. Wien, Hörling. 785.

— üb. d. Regel Benedicts. 1r Thl. 8. Fkft. (Flick, Basel) 798. -

— über d. Regel Benedicts. 1r Thl. 8. Frankf. 798. (Neukirch in Basel). 10 gr

Briefe auf einer Reise durch Deutschland und die Schweiz im Sommer 1808. Alt. 1810. V: *Ahlefeld, Charlotte Sophie Louise Wilhelmine von, geb. von Seebach.* (schl)

— üb. d. Reise d. Graf. v. Falkensteln. 8. Frankf. und Leipz. (Stettin in Ulm.) 778.

Briefe auf e. Reise üb. d. Harz d. Hannov. ꝛc. gr. 8. Heilbr. Weisert. 803. Rthlr.

— od. Reise. e. Hottentotten üb. d. gesittete Welt, (v. J. W. Tolberg). 2 Packe. 8. Halle 787, 88. Franke. (Anton in Halle mit Jahrg. 1795). 1 ℛ 8 gr Vgl. Briefe eines Hottentotten...

Briefe von einer Reise nach Italien. Oldenb. 1805. V: *Berger, Albrecht C. von.* (Mitth. M. Grolig.)

Briefe auf einer Reise nach Cassel. [Leipzig 1780.] V: *Ackermann, Johann Anton.* (MGT)

Briefe auf einer kleinen Schweizerreise geschrieben. O. O. 1795. V: *Heer, Oswald.* (Cat. d. Stadtbibl. Zürich. Zürich 1864—97.)

— auf e. Reise nach Madras in Ostindien. 8. Bremen 789. Förster. 14 gr

Briefe über eine Reise durch die Provence; aus dem Französischen. Leipzig 1787. V: *Berenger, Laurent Pierre.* Ü: *Reichard, Heinr. August Ottocar.* (EngG) (Ky) (MGT)

— über e. Reise durch d. Provençe; aus d. Franzôs. (von H. A. O. Reichard). 8. Elbing. 787. (Breitkopf u. H. in Leipz.) 16 gr

— auf e. Reise nach Rom, u. durch e. Theil Italiens ꝛc., (v. H. A. O. Reichard). 2 Thle. 8. Riga 784, 85. Hartknoch in Lpz. 1 ℛ

— auf e. Reise durch Thüringen u. Hessen, von e. Helvetier. 1800. 8. Altenb. 801. (Hinrichs in Leipz.) 16 gr

Briefe (4) eines Reisenden während seines Aufenthalts in *München* an s. Freund in B— (Berlin). in welchen merkw. Nachrichten von dem Leben u. der Regierung des letztverstorbenen Churfürsten (*Max Joseph III.*) von Baiern, wie auch den Ansprüchen auf desselben Verlassenschaft enthalten sind. Berlin (o. A. d. V. u. Dr.) 1778. Kl. 8⁰. Eleg. grün. Srsb. Name auf d. Titel.
1 Bl., 76 S. Von polit. Interesse. -- Selten!

— Fortsetzung der, eines Reisenden währ. s. Aufenth. in München. 8. Lpz. Gräff.

— e. Reisenden, über d. Aufhebung d. Klöster. 8. Magdeb. 805. Creutz. 6 gr

Briefe eines aufmerksamen Reisenden, die Musik betreffend. Frankfurt und Leipzig 1774—76. V: *Reichardt, Johann Friedrich.* (Ky) (MGT) (Adel)

— eines aufmerksamen Reisenden, die Musik betreffend, (v. J. F. Reichard). 2 Thle. 8. (Braunschw.) 774, 76. (Schulbuchh.) 16 gr

Briefe eines wohl bekannten Reisenden. [Hannover 1794-95]. V: *Hermes, Johann Timotheus.* (MGT)

Briefe eines Reisenden, oder freimüth. Bemerk. über d. Königs von Preußen feierl. Einzug in Berlin ꝛc. 8. Magdeb. 810. v. Schütz. 4 gr

Briefe eines Reisenden über und von Breslau. Breslau 1780—83. V: *Klose, Samuel Benjamin.* (Ky)

Briefe eines Reisenden von ... an seinen guten Freund zu ... über verschiedene Gegenstände der Naturlehre und Mathematik, s.a. Beck, Dominikus

Briefe eines Reisenden über Gegenstände der Naturlehre und Mathematik. Salzburg 1787. V: *Beck, P. Dominik.* (BB) V: *Mösl, P. Vital.* (Scriptores Ordines St. Benedicti) (H. F. Wagner, Anonymes und Pseudonymes in der Salzburger Literatur, 1910, S. 22)

Briefe eines Reisenden von Hanau und Wilhelmsbad. O. O. 1785. V: *Hassencamp, Johann Matthäus.* (ML)

Briefe eines jungen Reisenden durch Liefland, Kurland und Teutschland ... Erlangen 1777. V: *Meyer, Andreas.* (BrMm) (EngG) (MGT) (Adel)

— e. Reisenden durch Lief-, Kur- u. Deutschland, an sn. Freund Hofr. K. in Liefland. (Von Andr. Meyer.) 2 Bde. 8. Erlang. 777. Walther. (Heyder). 1 ℛ 12 gr

Briefe eines Reisenden über Pyrmont, Cassel, Marburg, Würzburg und Wilhelmsbad. Frankfurt und Leipzig 1783. V: *Hassencamp, Johann Matthäus.* (Ky) (MGT)

— e. Reisenden, über Pyrmont, Cassel, Marburg, Würzburg ꝛc. (v. Jh. M. Hassencamp). 1s, 2s Paket. 8. Frankf. u. Leipz. 783. (Krieger in Marb.) 8 gr

— e. Reisenden an den Ufern d. Rheins, in d. J. 1803, 4. 8. Altona 805. (Schnuphase in Altenb.) 1 ℛ 6 gr (A. u. d. T.: Wanderungen, Kreuz- u. Querzüge e. Reisenden ꝛc.)

Briefe eines Reisenden über Ungarn. [München 1824.] V: *Autenrieth, Johann Heinrich Ferdinand.* (MGT)

Briefe eines Reisenden im Volkston (niederösterr. Dialekt). 6 Heftchen (cplt. in 1 Bde.). O. O. 1810. 8⁰. Eleg. grün. Srsb.
Jedes Heftchen 32 S. stark. Vieles auf München bezügl., das wohl auch Druckort. -- Zuschr. (in Versen) unterz.: Inozenz (!) Sucherd.

Briefe eines Reisenden im (altbayer.) Volkston. 6 Heftchen. O. O. 1810. 8⁰. (Das Berliner Expl. 1 vol.) Selten cplt.!
Jedes Heft hat 32 Seiten (incl. Sondertitel). Stellenweise derb-komische Sittenschilderungen. Unter der poet. „Zurede": Inozenz Sucherd. (Fehlt in den Pss.-Lexx.)

Briefe eines Reisenden über den gegenwärtigen Zustand von Cassel ... Frankfurt u. Leipzig 1781. V: *Günderode gen. von Kellner, Friedrich Justinian Freiherr von.* (Ky) (ML) (Adel)

— e. Reisenden, üb. d. gegenwärt. Zustand v. Cassel. M. 1 Prosp. 8. Frankf. a. M. 781. (Fr. Fleischer in Leipz.) 16 gr.

— über Rekruten-Ausbildung. Von e. Kavallerie-Offizier. gr. 8. (76 S.) Berlin 892. R. Eisenschmidt. n. 1. —

— üb. d. Religion u. Bekenner ders. 1r Thl. 8. Leipz. 786. Glandenberg. 12 gr.

Briefe über Kants, Forbergs und Fichte's Religionstheorie. [Tübingen 1799—1800.] V: *Flatt, Carl Christian.* (MGT)

Briefe über die projektirte Religionsvereinigung der beiden protestantischen Parteien in der Unterpfalz. Germanien [Mannheim] 1798. V: *Köster, Wilhelm.* (GGr) (Ky) (MGT) (Wr) (Adel)

— üb. d. projectirte Religionsvereinig. d. beiden protestant. Partheien in d. Unterpfalz, (v. W. Köster). 8. German. 799. (Schwan u. G. in Manh.) 8 gr.

Briefe über Religionswesen und Freymaurerey an allerlei Leser. Frankfurt 1780. V: *Lauwitz.* (wolfstieg II, 102)

Briefe über Religionswesen und Freimaurerei an allerlei Leser. (Frankfurt, Esslinger.) 1780. 8. 120 S.
Kloss 427. Gut geschrieben. — Frmr-Bibliothek. 2. Stück. S. 130.

— über Religionswesen u. Freimäurerei. 8. Frankf. a. M. 780. (Schäfer). 8 gr.

BRIEFE, Remarquable curieuse, oder deutliche Beschreibung alter und neuer merkwürdiger Begebenheiten. Leipzig 1710—28. 8°.
Wagenseil V. p. 293.

Briefe der Tulbinger Resel an ihren Herrn Vetter den jungen Eipeldauer, als Gegenstück zu den Eipeldauerbriefen. Wien 1808—1809. V: *Perinet, Joachim.* (G. Gugitz: J. Perinet, S. 164.) (Ky 1/354) (BiblPort)
Vgl. Briefe d. Tulb. Rösel...

Briefe über Reval, nebst Nachrichten von Esth- und Liefland ... Deutschland 1800. V: *Petri, Johann Christoph.* (Ky) (R-N)

— über Reval, n. Nachrr. v. Esth- u. Liefland. 8. Deutschl. 800. (A. Campe in Hamb.) 10 gr.

— zur französischen Revolution, s.: Sammlung geschichtlicher Quellenschriften zur neusprachlichen Lektüre im höheren Unterricht.

Briefe von und an Lord Rivers, während seines zweyten Aufenthaltes in Deutschland. ... Leipz. 1782. V: *Wetzel, Johann Carl.* (BrMm)

— von u. an Lord Rivers, währ. s. Aufenth. in Deutschland. 8. Lpz. 782. Dyck. 20 gr. Dass. französ.: Tableau de l'Allemagne etc. 8. Ebd. 16 gr. (vergl. *Tableau* rc.)

— des königl. preuß. Generals u. Gesandten Thdr. Heinr. Rochus v. Rochow an e. Staatsbeamten. Als Beitrag zur Geschichte d. neunzehnten Jahrh. hrsg. v. Ernst Kelchner u. Karl Mendelssohn-Bartholdy gr. 8. (XIX, 360 S.) Frankfurt a/M. 874. Sauerländer n. 6. —

— üb. Rom, n. Anleit. d. Prospecte v. Piranesi, 5. Bde. s. a. C. T. Weinlich.

Briefe über Rom ... O. O. 1781—87. V: *Weinlig, Christian Traugott.* (ML)

— über Rom, nach Anleitung der davon noch vorhandenen Prospecte (von Weinlig). Dresd. 781-87. 3 Bde. 8. 9 rthl.

Briefe, Romantische. Halberstadt [Berlin] 1769. V: *Meister, Leonh.* (Ky) (MGT) (Adel)

Briefe, Römische, von einem Florentiner. Th. 1-4. Leipzig 1840—44. V: *Reumont, Alfred von.* (BrMm) (EngG) (Koner)

— römische, von ein. Florentiner. 1837—1838. (Von Alfr. Reumont.) 2 Thle. gr. 12. (40⅓ B.) Leipzig 840, Brockhaus.

— Römische, von einem Florentiner. 3. u. 4. Thl. — A. u. d. T.: Neue Römische Briefe, von einem Florentiner. 1. u. 2. Thl. gr. 12. Leipzig 844, Brockhaus. 4½ rthl (1—4: 9 rthl)

Römische Briefe über das Konzil. Brief I—XXVIII. Augsb. Allg. Ztg 1869, Nr. 351—2, 361—3 (Dezember). 1870 Nr. 2, 3, 12, 17, 19, 26, 27, 34, 39, 41—2, 44—6, 49, 51, 53, 57—8, 61, 63, 65, 67, 76—7 (Januar—März).
Auch separat u. d. T.: Römische Briefe vom Konzil von Quirinus (i. e. Prof. Joh. Friedrich u. Lord Akton). München, Oldenbourg, 1870, 8°, 710 S., 7 Mk.

Briefe, römische, vom Concil, von Quirinus. 1—3. Liefg. München 870. Oldenbourg. 8. (1. Bd.: S. 1—480.) Jede Liefg. n. 16 ngr.

— römische, vom Concil v. Quirinus. 4. Lfg. 8. (S. 480—710.) München 870. Oldenbourg. n. 2. 20 (cplt.: n. 7. —)

— römische, aus d. letzten Zeiten d. Republik, s. Mirbach, O. v.

— Römische, aus den letzten Zeiten der Republik, von Otto v. Mirbach. 3. u. 4. Bd. — A. u. d. T.: Römische Briefe rc. Neue Folge 1. u. 2. Bd. 8. (Mit 2 Karten.) Mitau ..., Lucas. 4¼ rthl (1. u. 2. Bd. bei Brockhaus, 4½ rthl)

Briefe, Rosaliens, an ihre Freundin Mariane von St. Altenb. 1779-81. V: *La Roche, Marie Sophie geb. Gutermann.* (MGT) (Schl) (Adel)

— — der Tulbinger Rösel an ihren Vetter, den jungen Eipeldauer .... 18 Hefte. (soviel ersch.). Wien, Schrämbl, 1808. 8°. (In München Heft 1—15: Austr. 775.)
Weller, Lex. Ps. p. 483 hat ohne Jahres- u. Theilesangabe „Tutlinger". (?) — Cplt. sehr rar!

— d. Tutlinger Rösel an ihr. Vetter d. jungen Eipeldauer, als Gegenst. z. d. Eipeldauer Briefen. 18 Hefte. Mit ill. Kpf. Wien, Schrämbl. (à 4 gr.) 3 rthl Vgl. Briefe d. T. Resel...

— über Rußland. 2 Samml. (v. Eph. v. Schmidt, gen. Phiseldek). 8. Braunschw. 770. (W. Rauck in Leipz.) 16 gr.

— üb. Rußland. 2 Thle. 8. Braunschw. Schröder. 770.

— üb. Rußland. 2 Samml. 8. Lpz. Sommer.

— üb. Rußland, v. e. Frauenzimmer v. Stande; a. d. Engl. (v. J. A. Engelbrecht). 8. Leipz. 775. (Brockhaus). 8 gr

— üb. Rußland, v. e. Frauenz. v. Stande, a. d. Engl. 8. Lpz. Gleditsch. 775.

Briefe der Demoiselle S., s. Briefe d. Dem. Stosch.

BRIEFE des Herrn von S**, worinne derselbe seinem in C** zurückgelassenen Freunde verschiedene Werbehistörchen nebst einigen seiner eigenen Begebenheiten bis zu seiner Vermählung vor Augen leget. — Vign. — Leipzig, 1765. bey Joh. Gottlob Rothen, Buchhändler in Koppenhagen. 8°. (In Stuttgart.)
Tit. u. 382 S. Stellenweise etwas frei. Der Held unterzeichnet die von M* bey L. 1765 datirten Briefe: H. G. von S**.

— üb. verschied. Sachen, od. Beurth. d. Menschen dies. Zeit. 8. Berl. 745.

— eines Sachsen aus Amerika. Nebst ein. erläuternden Einleitung üb. Amerika u. die Auswanderung dahin, zur Belehr. u. Unterhaltung. 12. (2⅓ B.) Grimma 843, Verlags-Compt.

Briefe eines Sachsen aus der Schweiz. Leipzig 1785–1786 s.a. Küttner, Carl Gottlob].

Briefe eines Sachsen aus der Schweitz an seinen Freund in Leipzig. Leipzig 1785—86. V: *Küttner, Carl Gottlob.* (BrMm) (JL) (Adel) H: *Schenk, M.* EngG) (Ky) (MGT) (MS)

— e. Sachsen aus d. Schweiz, an sn. Freund in Leipzig, (v. K. Glo. Küttner). 3 Thle. 8. Leipz. 785, 86. Dyck. 2 ℛ 12 gr

— aus Sachsen an e. Freund in Warschau. 8. Leipz. 808. Göschen. 8 gr

Briefe über Sachsen von einem Reisenden. Berlin 1786. V: *Klose, Christian Gottfried.* (Ky) (MGT)

Briefe (6) über Sachsen, von Einem Reisenden. (Lat. Motto aus Horaz.) Berlin 1786. Bei Chrn. Friedr. Himburg. 8°. (In Dresden: Hist. Sax. A. 362, mit 3 Beibdn.)

— üb. Sachsen, v. e. Reisenden. 8. Berl. 786. (Reimer). 10 gr

— von Joh. Mich. Sailer, Melchior Diepenbrock und Joh. Carl Passavant, s. Gedenkblätter an Joh. Carl Passavant.

Briefe, St. Pöltensche. [Cleve 1774.] V: *Blessig, Johann Lorenz.* (MGT)

— die Kochische Schaubühne betreffend. 12. Leipz. 755. 4 gr

Briefe über die Wienerische Schaubühne. Aus d. Franz. Wien 1768. V: *Sonnenfels, Joseph von.* (Ky)

— über die Wiener Schaubühne, (von Jos. v. Sonnenfels). 2 Thle. 8. Wien 768. Kurzböck. 2 ℛ 16 gr

— e. Schauspielers. Ges. v. Heinr. Roller. gr. 8. (84 S.) Berlin 897. W. Baensch. — 80

Briefe über die Ackermannsche und Hamonsche Schauspieler-Gesellschaft zu Hamburg. Berlin und Leipzig 1776. V: *Wittenberg, Albrecht.* (Arch. f. Litt. VIII, 210) (Litzmann, Schröder. Hamburg u. Leipzig 1894, II, 76.)

Briefe über die Marchandische Schauspielergesellschaft. O. O. 1774. V: *Nesselrode zu Hugenbött, F. G. Frh. von.* (MGT)

— üb. d. neue Schauspielergesellsch. zu Frankfurt a. M., (v. G. P. Dambmann). 2 Hfte. 8. Frankf. a. M. 792. Diez. 16 gr

Briefe die Seylerische Schauspielergesellschaft und ihre Vorstellungen zu Frankft. a. M. betreffend. Frankfurt a. M. 1777. V: *Wagner, Heinrich Leopold.* (GGr) (ML)

Briefe über Schauspielkunst, Theater und Theaterwesen in Deutschland. Altona [Hamb.] 1798. V: *Rohde, Johann Glieb.* (Schr) V: *Rhode, Johann Gottlob.* (GGr)

— üb. Schauspielkunst, Theater u. Theaterwesen in Deutschland. 8. Hamb. 798. (Herold jun.) 12 gr

— üb. Schauspielkunst. 8. Hamb. Vollmer. 798.

Briefe über Hamburgs und seiner Umgebungen Schicksale während der Jahre 1813 und 1814 ... Leipzig 1815—16. V: *Crome, Friedrich Gottlieb.* (BrVV)

— üb. Hamburgs u. sein. Umgebungen Schicksale 1813 u. 14. 3 Hfte. 8. Leipz. 815, 16. Brockhaus. 3 ℛ 4 gr

Briefe über Hamburgs u. seiner Umgebung Schicksale 1813 u. 1814. 3 Bde. 8. Leipzig, Altenburg 1815—17. 9,50.

BRIEFE. – über die Schiffahrt und Handlung in Ungarn, Slavonien und Kroatien. Geschrieben ... im Jahr 1773. Aus dem Italienischen übersetzt von N(ikolaus) E(rnst) K(leemann). Gerle, Prag 1783: 1 vol. 2 Bl. + 40 S.

— an Schiller. Hrsg. von L. Urlichs. gr. 8. (592 S.) Stuttgart 877, Cotta'sche Buchh. *

— Schillers und Göthes an A. W. Schlegel, aus den Jahren 1795—1801 und 1797—1824. Nebst einem Briefe Schlegels an Schiller. gr. 8. Leipzig 846, Weidmann. n. ⅓ ℛ

Einige Briefe, geschrieben vor und nach der Schlacht bei Jena und Auerstädt. o. O. 1807. 8°.

— einige, geschrieben vor u. nach d. Schlacht bei Jena u. Auerstädt rc. 8. Gött. Dankwerts. 808.

— einige, geschrieben vor u. nach d. Schlacht bei Jena u. Auerstädt, von d. Preuß. Hauptm. v. Gr. 8. Götting. 808. (Vandenhöck u. R.) 8 gr

— des Magister Elias Nik. Schnudrian (Fr. Wolter's) an seinen Freund Fedor Ismael, d. Landtag v. Nadelfixhausen betreffend. 1s u. 2s Hft. gr. 8. Straßb. 822. (Karlsr., Marx). 7½ gr

— Schottische, od. Briefwechsel d. Miß Aurelie mit ihr. Freundin. Herausg. v. Vincent. 8. Leipz. 779. (W. Vogel). 8 gr

Briefe, Schottländische, oder merkwürdige Nachrichten von Schottland. ... a. d. Engl. übers. Hannover 1760. Ü: *Toze, Eobald.* (ML)

— Schottländische, od. Nachricht v. Schottland. 2 Thle. 8. Hannov. 760. Hellwing. 1 ₰

— aus der linken Schreibtischlade des Herrn v. Zedrowitz. (90 S.) 8. Wien 908. H. Heller & Co. 2.50

Briefe über das Schriftchen gegen die Toggenburger Frömmler. Helvetien 1833. V: *Bernet, J. J.* (WR)

— u. Schriften der berühmtesten Generale in Amerika; nebst deren Lebensbeschreibb. Herausg. v. J. Zinner. 8. Augsb. 782. Klett. 16 𝒦 Ohne seinen Namen u. mit folg. Titelbl.: Beitrr. zur Gesch. des Amerikan. Krieges ꝛc. 1r Thl. 1775 — 80. Philadelphia u. Leipz. 788. (Ebd.) 16 𝒦

Briefe über die mosaischen Schriften und Philosophie. Samml. 1. Braunschw. 1762. 3. Aufl. 1783. V: *Jerusalem, Johann Friedrich Wilh.* (WINER)

— üb. Mosaische Schriften u. Philosophie. gr. 8. Braunschw. 774. Waisenh.-B. 6 𝒦

Briefe der Schule an das Haus. Leipzig 1860. V: *Pilz, Carl Gottlieb.* (HAAN)

— der Schule an das Haus. Bausteine zur Eintracht zwischen häuslicher und öffentlicher Erziehung. Von einem Freunde der Volkserziehung. Leipzig 860. C. F. Winter. 8. (IV, 91 S.) n. 6 ngr.

— üb. d. Schulpforte, s.a. Weisshuhn.

Briefe über die Schulpforte ... Berlin [Leipzig] 1786. V: *Weisshuhn, Friedrich August.* (ML)

— e. Schwaben an seinen Freund, über die neuesten Versuche zur Verbesser. d. Religion, (v. L. F. Dürr). 8. Frankf. u. Leipz. 778. Zeh in Nürnb. 8 𝒦

Briefe über Schwärmerey in der Religion. Bern 1788. V: *Lauterburg, Gottlieb Samuel.* (MGT) »über die Schwärmerey« (KY)

— üb. d. Schwärmerei in der Religion, (v. G. S. Lauterburg). 8. Bern 788. Haller. 12 𝒦

Briefe, Die schwarzen. Historischer Roman aus Berlins Vergangenheit. Berlin 1851. V: *Gothe, L.* (BGE I², 248)

Briefe über Schweden und Schwedens neueste Verhältnisse. Veranlasst durch Acerbi's Reisen ... Halle 1804. V: *Leopold, Karl Gustaf.* (BrMm)

— üb. Schweden u. Schwedens neueste Verhältnisse; aus d. Schwed. übers. v. Fr. Rühs. 8. Halle 804. Gebauer. 1 ₰

Briefe aus der Schweiz. Von einem Freunde der Eidgenossen und ihrer Freiheit. Heft 1. 8⁰. Bellevue 1845.

Briefe über die Schweiz. Berlin 1784—1785 s. (Meiners, C[hristoph]).

Briefe über die Schweiz vom Verfasser der Memoires de la Venise. Aus dem Französischen. Altenburg 1798. V: *Curti, Léopold Comte de.* Ü: *Amberg, Hedwig geb. Classen.* (EngG) (KY)

— üb. die Schweiz, v. Verfass. d. mémoires de la Venise; a. d. Französ. (v. Hedw. Amberg). 8. Altona 798. (W. Rauck in Leipz.) 14 𝒦

— üb. d. Schweiz, v. Verf. d. mémoires de la Venise, a. d. Franz. 8. Altona, Sommer. 798.

Briefe aus der Schweiz nach Hannover, geschrieben in dem Jahr 1763. 2. Abdr. Zürich und Winterthur 1776. V: *Andreae, Joh. Gerhard Reinhard.* (AarK) H (Anmerkungen): *Wyttenbach, Jacob Samuel.* (EBHN) (EngG) (KY) (MS)

— aus der Schweiz nach Hannover, geschr. in d. J. 1763, (v. Jh. Gerh. Reinhard Andreä). gr. 4. Winterth. 776. Steiner. 6 ₰ 8 𝒦 (Ziegler u. S. in Zürich). 4 ₰ 12 𝒦

Briefe, Schweizer, an Cäcilien, geschrieben im Sommer 1794. Berlin 1795—96. V: *Bouterwek, Frdr.* (Bibliogr. der Schweiz. Landeskunde. Bern 1892 ff. III.)

Briefe denkwürdiger Schweizer. [Gesammelt von Theodor von Liebenau.] Der schweizerischen geschichtforschenden Gesellschaft auf die Jahresversammlung in Luzern, den 13. und 14. September 1875, gewidmet vom historischen Verein der V Orte. 8. Luzern [1875].

Briefe eines Schweizers an seinen Freund in Teutschland. 1790 s. [Mertens, Johann Anton].

Briefe eines Schweitzers über das Wilhelmsbad bey Hanau ... 2. Aufl. Hanau 1780. V: *Schäfer, Andreas.* (KY) (MGT) (BrMm)

Briefe, sechs, eines Freundes der Maurer. Von den Geheimnissen der Maurer. (2 Hefte mit gleichem Titel., Denkenthal und Ruhethal. Ulm.) 1786. kl. 8. 55 S. 1.—6. Brief. (1. Heft.) S. 1—23. 7—12. Brief. 2. Heft. S. 25—55.
Fehlt bei Kloss. — Verfasser dieser Apologie ist wahrscheinlich Joh. Mart. Miller (Verfasser des „Sigwart“), der Redner der Loge „Asträa z. d. 3 Ulmen“ in Ulm und früher auch Rosenkreuzer war. — Ueber diese Schrift wurde angefragt: Frmrztg. 1875. S. 69. 142.

Briefe, Sechs, über den Handel der Hansestädte ... Bremen 1821. V: *Haller, Martin Joseph.* (SCHR) (WFM) (CBH)

— sechs, über den Handel der Hansestädte, besonders mit Beziehung auf die Angriffe d. Manuscripts von Süd-Deutschland. gr. 8. Brem. 821. Heyse. 6 𝒦

— sechs, einer angehenden Lehrerin bei deren Berufsantritt gewidmet von einer älteren Freundin. 8. (32 S.) Donauwörth 882, [Buchh. des kathol. Erziehungs-Vereins.] Auer. *

Briefe, sechs, u. ein leich. Hrsg. v. Ludw. Ettmüller. 8. (1½ B.) Zürich 843. (Meyer u. Zeller.) Thlr. *

— sechs, üb. die kirchlich-religiösen Zustände im Abendlande u. die ökumenische Kirche vom Standpunkte e. morgenländ. Christen. Bevorwortet v. Herm. Dalton 8. (VII, 61 S.) Bremen 885. Müller. n. 1.20

— 16, einer Nihilistin aus den Gefängnissen in Sibirien. Uebers. und der Oeffentlichkeit übergeben von Xavier Roux. 1.—3. Aufl. gr. 8. (53 S.) Leipzig 880, Minde. *

Briefe, 16, einer *Nihilistin* aus den Gefängnissen in *Sibirien*. Uebers. u. der Oeffentlichkeit übergeben von *Xaver Roux*. 4. Aufl. Leipzig. Carl Minde, 1882. 8⁰. Cart.
45 S. u. 1 Bl.

Briefe, Sechzig Freündschaftliche, von dem Verfasser des Versuchs in scherzhaften Liedern. Berlin 1760. V: *Gleim, Joh. Wilh. Ludw., Sam. Gotthold Lange & andere.* (Gleim-Uz, Briefwechsel. Tübingen 1899 S. 464).

— sechzig freundschaftliche, v. Verfass. des Versuchs, in scherzhaft. Liedern, (J. W. L. Gleim). 8. Berl. 765. Lange. 8 gr.

Briefe eines Seelsorgers aus der Provence an den Herrn *** von *** einem Geistlichen in Betreff der Protestanten bey Wiederaufhebung des Edikts von Nanttes. Klgft., Walliser, 1789. 51 S. (Verf.: Anselm v. Edling?)

Briefe, seine letzten. Eine Erinnerg a. d. Burenkriege. (15) kl8⁰ Bas., Kober '09. — 10 d

Briefe von Selkof an Welmar ... Zürich 1777. V: *Hottinger, Johann Jacob.* (GGr) (MGT)

— v. Selkof an Welmar. 8. Zürich, Orell, Füßli u. C. 777.

— an Selmar als Vater, über jugendliche Unterhaltung, (v. G. P. Moll). 8. Tübing. 798. (Osiander). 10 gr.

— über Friedrich's Serena. Als Anleit. für Mütter u. Erzieherinnen zum richtigen Gebrauche dieses Werkes. Von e. prakt. Erzieher, (E. Bernstein). 8. Frankf. 826. Sauerländer. 4 gr.

— über Seuchen u. Krankheiten d. Hornviehes. 8. Leipz. 797. Beer. 5 gr.

— der Frau von Sévigné an ihre Tochter, s. Sévigné, Frau von.

Briefe, Sibirische. Von O. O. Eingeführt v. P. v. Kügelgen. Leipzig 1894. V: *Obrutschew, W.* (Berl)

— sibirische. Von O. O. Eingeführt von P. v. Kügelgen. gr. 8. (XII, 827 S.) Leipzig 894. Duncker & Humblot. n. 5. 60; geb. n. 6. 60
32

Briefe, Sieben, des Mannes im Monde an mich. Heliopolis im Jahre 1808. V: *Wetzel, Frdr. Gottlieb.* (Schultz, Franz. Der Verfasser der Nachtwachen des Bonaventura. Berlin 1909. S. 229.)

— sieben, des Mannes im Monde an mich. 8. Leipz. 808. Reclam. 20 gr. Schrbp. 1 ₰

Briefe, Sieben, über englisches Revival und deutsche Erweckung. Frankfurt a. M. 1862. V: *Huber, Victor Aimé.* (Hauptkat. d. Univ.-Bibl. Tübingen. G, Nachtr. 2.) (Ky)

— sieben, über englisches Revival und deutsche Erweckung von V. A. H. (Huber.) Frankfurt a. M. 862. Heyder & Zimmer. gr. 8. (IV, 76 S.) n. 10 ngr.

— sieben vertrauliche, an Napoleon den Dritten. Geschrieben im Februar 1860. 1—3. Aufl. München 860. Lentner. gr. 8. (20 S.) n. 2 ngr.

Briefe über die Sitten der Franzosen und über die Thorheiten und Ausschweifungen jetziger Zeit. Lübeck 1791. V: *Schillito, Ch. ps.* (?). (BGE II³, 378)

— üb. d. Sitten d. Franzosen, u. üb. d. Thorheiten u. Ausschweif. unsr. Zeit. Aus d. Engl. 2 Bdchn. 8. Lüb. 791. Bohn. 10 gr.

BRIEFE über die Sitten der Franzofen, und über die Thorheiten und Ausfchweifungen jetziger Zeiten. Aus dem Englifchen überfetzt. 2 Theile in 1 Bd. Lübeck, bei Chrn. Gottfr. Donatius, 1791. 8⁰. 110 u. 112 S.
Selten!
[Verfaffer Ch. Shullito?]

— üb. d. Sitten d. Franzosen, u. üb. d. Thorh. u. Ausschweifung. d. jetz. Zeit. 2 Bdch. 8. Lübeck, Niemann u. C. 791.

— die, u. Sittensprüche der Theano, griech. m. Wielands Uebersetz. rc. 8. Lemgo, Meyer. 791.

Briefe über Sicilien und Maltha, von dem H. Grafen von Borch an H. G. von N. geschrieben im Jahr 1777 als ein Supplement zu der Reisbeschreibung von H. Brysdone, mit Charten von Etna, von dem alten und neuen Sicilien, . . . Bern 1783. Ü: *Werthes, Frdr. August Clemens.* (Herold, Werthes. Münster 1898. S. 177.)

— skeptische. gr. 8. (83 S.) Gießen 897. J. Ricker. n. 1. —

— des Königs Sobiesky rc., s. Sobiesky.

Briefe eines Soldaten aus der Garde über die Kannibalen-Schlacht in Charlottenburg. Druck von W. Fähndrich u. Co. 1 Bl. Fol.
Flugblatt. Berlin, 21. Aug. 1848.

Briefe Preussischer Soldaten 1756/1757. *Berlin: E. S. Mittler & Sohn 1901.* (VII, 59 S.) 8° [F.]
= Beiträge, Urkundliche, u. Forschungen z. Gesch. d. Preuss. Heeres. II. 2.
[01. 8631

— preußischer Soldaten aus den Feldzügen 1756 u. 1757 u. üb. die Schlachten bei Lobositz u. Prag, s.: Beiträge u. Forschungen, urkundliche, zur Geschichte des preuß. Heeres. II. 2.

— einer Sonnenpriesterin, 8. Gera, 792. Rothe. 15 sgl.

— e. Sonnenpriesterin. 8. Jena 792. (Haller in Gera). 12 gr.

. **Briefe** der Sophie und des Chevalier von **. Aus dem Französ. Copenhagen 1766. V: *Desfontaines de Lavallée.* (BGE)

— d. Sophie u. des Chevaliers v. *** ; aus d. Französ. 8. Kopenh. 766. (Brummer). 20 gr.

Briefe, d. Sophie u. des Chevaliers v. * * * a. d. Fr. 8. Coph. Proft. 766. Rthlr. .

— der Sophie und des Chevalier von ***, aus dem Franz. 8. Kopenhagen, 766. Rothe. 25 sgl.

Briefe an die Kurfürstin Sophie von Hannover. Ein Beitrag zur Kulturgesch. des 17. und 18. Jahrhunderts. Herausg. v. E. Bodemann. 2 Bde. Mit 1 Portr. Hannover 1891. 8⁰. (Mk. 20—.) Vergriffene schöne Ausgabe. (12 Mk. 50 Pfg., roth Hmaroqu. m. Ecken u. Goldschn., Martin Breslauer, Berlin, 1909.)

Briefe der Kurfürstin Sophie von Hannover an die Raugräfinnen und Raugrafen zu Pfalz, s. Publikationen aus den preußischen Staatsarchiven

— der Königin Sophie Charlotte v. Preußen u. der Kurfürstin Sophie v. Hannover an hannov. Diplomaten, hrsg. v. Rich. Doebner, s.: Publikationen aus den k. preuß. Staatsarchiven. 79. Bd.

Briefe, soziale. Hrsg. v. C. Forschner. 8. Mainz, Kirchheim & Co.
I. Forschner, C., Fürsorge f. die schulentlassene Jugend. Briefe an e. Freund der Jugend. (XII, 118 S.) 1. 50. 1906
Dass. 2.Aufl.1909

Briefe, soziale. Hrsg. v. C. Forschner. 8. Mainz, Kirchheim & Co.
2. Forschner, C., Vorträge f. Vereins- u. Familienabende. (1. Zyklus.) (VIII. 128 S.) 1. 50. 1906
Dass. 2.Aufl.1909

Briefe, soziale. Hrsg. v. C. Forschner. 8. Mainz, Kirchheim & Co.
III. Forschner, C., Der christliche Gewerkschaftsgedanke (Briefe an e. Arbeiterfreund.) (VIII, 135 S.) 1.50. 1907

Briefe, soziale. Hrsg. v. C. Forschner. 8. Mainz, Kirchheim & Co.
IV. Forschner, C., Vorträge f. Vereins- u. Familienabende. (2. Zyklus). (VII, 127 S.) '07. 1. 50.

Briefe, soziale. Hrsg. v. C. Forschner. 8. Mainz, Kirchheim & Co.
V. Forschner, C., Der Arbeiterpräses. (Briefe an e. jungen Geistlichen. (XII, 128 S.) 1. 50. 1909

Briefe, soziale. Hrsg. v. C. Forschner. 8. Mainz, Kirchheim & Co.
VI. Forschner, C., Vorträge f. Vereins- u. Familienabende. (3. Zyklus.) (VII, 126 S.) 1. 50. 1909

— Soziale. Hrsg. v. C Forschner. 7—10 u. NAfl 1. 8° Mainz, Kirchheim & Co. je 1.50 d
Forschner, C: Die christl. Familie. Briefe f. junge Eheleute u. solche, d. es werden wollen. (10, 146) '10 [7]
— Fürsorge f. d. schulentlass. Jugend. Briefe an e. Freund d. Jugend. 3. Afl. (12, 121) '11 [1]
— Fürsorge f. d. verwahrloste Jugend (Zwangserziehg-Fürsorgeerziehg). Briefe an e. Freund d. Jugend. (10, 151) '12 [9]
— Vorträge f. Gesellen- u. Jünglingsvereine. (7, 135) '12 [10]
— Vorträge f. Vereins- u. Familienabende (4. Zyklus). (7, 122) '10 [8]

Briefe über Sozialismus von einem alten 1848er. 8. (IV, 32 S.) Lippstadt 877, Rempel's Buchh. *

—— sozialistische, aus Amerika. 1. und 2. Aufl. 8. (IV, 132 S.) München 883, Merhoff's Verlag.

— sozialistische, a. Amerika. Hrsg. v. Ant. Memminger. 3. Aufl. 8. (IV, 132 S.) Würzburg 896. Memminger. 1.—

Briefe eines reisenden Spaniers über sein Vaterland und Preussen, geschrieben in den Jahren 1801 und 1802. Berlin 1803. V: *Buchholz, Paul Ferd. Friedr.* (EngG) (Ky) (MGT)

— e. reisenden Spaniers üb. sein Vaterland u. Preußen, geschr. 1801 u. 2, (v. Fr. Buchholz). 8. Berl. 803. Unger. 1 ₰

Briefe über Ifflands Spiel in Leipzig zu Ende des Junius 1804, s. Becker, Gottfried Wilhelm

Briefe, sprachliche. Betrachtungen üb. Zerrüttung der Formen=Lehre. Deutschlands Lehrern u. Lehrerinnen gewidmet v. e. Schüler Jakob Grimm's (H. v. Pfister=Schwaighausen). gr. 8. (80 S.) Darmstadt 891. [v. Aigner.] H. L. Schlapp. n. 1. 20

Briefe über den gegenwärtigen Staat von Dänemark. Kopenhagen 1758. V: *Roger, Urban & El. Salom. Franç. Reverdil.* (Bruun, Bibliotheca Danica. II, 713.)

Briefe üb. d. gegenwärt. Staat v. Dänemark. g. 8. Kopenh. 758. Rothe. 10 gr

Briefe aus d. Vereinigt. Staaten v. Nord-Amerika. Von *** (Eduard Jörg). 2 Bde. 8. (1. Bd. VIII u. 274 S. 2. Bd. VIII u. 358 S.) Leipzig 853, Weber. n. 2⅔ ₰

—— über d. Vereinigten Staaten v. Nordamerika. Geschr. in d. J. 1832 u. 1833. A. d. Franz. d. Herrn v. ***. 1. u. 2. Bd. gr. 8. (43 B.) Berlin 835, Dümmler.

Briefe über Staatskunst, Socialpolitik. Berlin 1853. N. A. 1854. V: *Strauss und Torney, Victor von.* (Priv.-Bibl. König v. Hannover. Hann. 1858.) (Kat. d. Bibl. d. dtsch. Reichstages.) (Kat. d. ständ. Bibl. Stuttg. 1907. S. 124.) (EngJ) (CBH) (Ky)

— über Staatskunst (v. Vict. v. Strauß.) Berlin 853, Hertz. 2 ₰

—— üb. Staatskunst. (Von V v. Strauss.) N. Asg. 8. (460) Berl. 53. Hertz. 2. —

— über Staatskunst. Social-Politik. (Von Vict. von Strauß.) Neue (Titel-) Ausg. Berlin (852). 854. Hertz. 8. (X, S. 47—460.) 2 ₰
S. 1—46. wurden unterdrückt.

Briefe eines St. Gallischen Staatsmannes, s. Baumgartner, Gallus Jakob

—— preuss. Saatsmänner. Hrsg. v. Dorow. 1. Bd. — A. u. d. T.: Briefe d. kgl. preuss. Legationsraths Karl Ernst Oelsner an den wirkl. Geh. Rath Fr. Aug. v. Staegemann, aus d. J. 1815 - 1827. Mit Facsim. d. Handschrift. gr. 8. (20¾ B.) Leipzig 843. Teubner.

Briefe eines Staatsministers über Aufklärung. Strassburg [Berlin] 1789. V: *Bahrdt, Carl Friedrich* [?] (wr)

— ein. Staatsminist. üb. Aufklärung. 8. Strasb. Kilian. (Gräff, Leipzig.) 790.

— e. Staatsministers, üb. Aufklärung. 8. Straßb. 790. (Wienbrack in Leipz.) 12 gr

Briefe von Stägemann, Metternich, Heine und Bettina v. Arnim nebst Briefen, Anmerkungen und Notizen von Varnhagen v. Ense. gr. 8. (V und 407 S.) Leipzig 865, Brockhaus. *

— an junge deutsche Standespersonen, üb. d. Gesetze d. bürgerl. Rechts rc. (Von J. C. E. v. Springer.) 8. (Leipz.) 776. Hartknoch. 12 gr

Briefe, Statistisch-politische, über Deutschland von einem ausgewanderten Franzosen an seinen Bruder in Paris. Bdchn. 1-3. Nach dem französ. Ms. übers. Frankfurt a. M. 1792--93. 8. . . . .

— statist.-politische, über Deutschland. 3 Bdchen. 8. Frankf. a. M. 793, 94. Varrentrapp. 1 ₰ 2 gr

— an Fritz v. Stein. Hrsg. u. eingeleitet v. Ludw. Rohmann. (XII, 306 S.) 8. Leipzig 907. Insel-Verl. 4.—; geb. in Leinw. 5.—

—— die, des Frh. v. Stein an d. Frh. v. Gagern v. 1813—1831, s. Gagern, v.

Briefe an den Stephansthurm. Wien 1842. V: *Gross-Hoffinger, Ant. Joh.* (EB)

Briefe von Sterbenden an ihre hinterlassenen Freunde. Leipzig 1777. V: *Wilmsen, Henriette Renate geb. Harsleben.* (schl) V: *Wilmsen, Friedrich Ernst.* (Ky) (ML)

— von Sterbenden an ihre hinterlass. Freunde. 8. Leipz. 777. Weidmann. 12 gr

— üb. Stettin, u. d. umliegende Gegend, 1797. geschr. herausg. v. Sell. m. K. gr. 8. Berl. Maurer. 800. Schreibp.

— Friedrich Leopold's Grafen zu Stolberg u. der Seinigen an Johann Heinrich Voß. Nach den Originalen der Münchener Hof- u. Staatsbibliothek m. Einleitg., Beilagen u. Anmerkgn. hrsg. v. Otto Hellinghaus. gr. 8. (LV, 524 S.) Münster i/W. 891. Aschendorff. n. 8. —

Briefe der Demoiselle S.... nebst einigen von ihren Gedichten. Frankfurt und Leipzig 1775. V: *Reclam, Marie Henriette Charlotte geb. Stosch.* (GGr) (Ky) (MGT) (ML)

— der Demoiselle S. (Madame Reclam, geb. Stosch), nebst einigen von ihren Gedichten. 8. Züllich. 775. Frommann in Jena. 10 gr

Briefe über die jetzigen Streitigkeiten des Königs von Preussen und der Stadt Danzig. O. O. 1784. V: *Hufeland, Gottlieb.* (MGT)

— aus Strelitz, üb. d. v. Türk nach Pestalozzi's Methode einger. Lehranstalt. 8. Berl., Dieterici. (Mittler). 4 gr

— nebst andern poetischen u. prosaischen Stücken, (v. Eberh. Fr. Frhr. v. Gemmingen). Frankf. u. Leipz. 753. N. A. 769. u. d. T.: poetische u. prosaische Stücke von d. Freiherrn v. G... (Gemmingen). (Herausg. v. ... Zachariä.) gr. 8. Braunschw., Schulbuchh. 12 gr

Briefe eines Leipziger Studenten ... 1572—74. Hrsg. von W. Loose. Meissen 1880. V: *Behaim, P.* (Hauptkat. d. Univ.-Bibl. Tübingen. K, Nachtr. 25.)

Briefe eines Strassburger Studenten der Medicin aus dem Wintersemester 1755/56. [Strassburg 1881.] V: *Bremer, Franz Peter.* (Erman & Horn, Bibliogr. d. dtsch. Universitäten. 2. Leipz. u. Berl. 1904.)

Briefe über das Studium der Medizin. Leipzig 1805. V: *Wetzel, Frdr. Gottlieb*, nicht *Schubert, Gotthilf Heinrich.* (Schultz, Franz, Der Verfasser der Nachtwachen des Bonaventura. Berl. 1909. S. 227.)

— üb. d. Studium d. Medicin, (v. G. H. Schubert). 8. Leipz. 805. (Arnold in Dresd.) 9 gr

— üb. d. Studium d. Medicin. 8. Lpz. Weigel. 805.

— üb. das Studium d. Medizin. Für Jünglinge, die sich ihr widmen wollen. (von G. H. Schubert.) 8. Dresden, Arnold. 811.

Briefe, das Studium der Theologie betreffend. Weimar 1780—81. V: *Herder, Johann Gottfried von.* (MGT) (JL)

— das Studium der Theologie betr. gr. 8. (16 S.) Rathenow 876. Haase in Comm. n. — 15

— stuttgarter, von dem Kirchentage und Congreß für innere Mission, im Septbr. 1850. gr. 8. (44 S.) Berlin 850, J. A. Wohlgemuth.
Aus: Allgemeines Repertorium für die theolog. Literatur, hrsg. von Herm. Reuter, 18. Jahrg., besonders abgedruckt.

Briefe aus dem Süden. Herausgegeben von einem Freunde der Verfasserin F. K. von Strombeck]. Braunschw. 1841. V: *Bacheracht, Therese von.* (schr)

Briefe über Sünde, Versöhnung und Seligwerdung. Frankf. 1790. V: *Jäger, Franz Anton Donat.* (Th)

— üb. Sünde, Versöhnung u. Seligwerdung, v. F. A. J. 8. Frankf. a. M. 792. Jäger. 5 gr

— von und an Stephan Szechényi. 1. u. 2. Brief. Leipzig 861. O. Wigand. gr. 8. (14 S.) n. 2 ngr.

— — 3. u. 4. Brief. Ebend. 861. gr. 8. (24 S.) 3 ngr.

Briefe u. Tagebuch-Blätter von Gräfin C***. Wien 865. Lechner. 8. (213 S.) 2 ℛ

— u. Tagebücher d. Fürstbischofs v. Ermland Joseph v. Hohenzollern. Hrsg. v. Frz. Hipler. gr. 8. (XL, 678 S.) Braunsberg 883. (Huye.) n.n. 9. —

Briefe, Technische. Jg. 1908, Nr 16—1909, Nr 31. Berlin
Von Jg. 1908, Nr 19 ab: Monatshefte von »Häute und Leder«.
Jg. 1909, Nr 30/31: Monatshefte Technische Briefe.

Briefe über verschiedene Theile der Kameralwissenschaft. Mainz u. Leipzig 1789. V: *Leo, Joseph Christoph Otto.* (Ky) (MGT)

Briefe über verschiedene Theile der Kameralwissenschaft (von J. Chr. O. Leo). 1. Thl. gr. 8°. Mainz 1789. (Lpz.: Fr. Fleischer)

— üb. versch. Theile d. Cameralwissensch. 1r Thl. gr. 8. Maynz, Sartorius. (B. Fleischer, Leipz.) 791.

— die, des Neuen Testamentes, zu leichterem Verständniß für den Erbauung suchenden Leser im jetzigen Deutsch wiedergegeben. 12. (VII, 243 S.) Rostock 888. Werther's Verl. n. 1. —; geb. n. 1. 35

— üb. d. deutsche Theater in Hamburg ꝛc. 8. Hamb. 805. Wettach. 9 gr

— an Thekla. Zur Beruhig. f. christl. Ehegatten, deren Ehe nicht mit Kindern gesegnet ist. Nebst einem Trostschreiben an eine trauernde Mutter, die durch den Tod alle ihre Kinder verlor. 8. Augsb. 825. Wolff. 16 gr

— an Theokles, (v. Fr. Bouterweck). 1s Bdchn. 8. Berl. 789. Schöne. 16 gr

Briefe an Theokles ... Berlin 1792. V: *Bouterweck, Friedrich.* (ErGr) (ErschDL) (Ky) (MGT) (Winer)

Theologische Briefe über den Hephästion des Joh. Aug. [Frh. v.] Star[c]k. Danzig: Flörke 1777. 102 S. 8⁰

— theolog., üb. Starks Hephästion, (v. J. G. Kraft). 8. Danzig 777. (W. Nauck in Leipz.) 6 gl

— theol., üb. Starks Hephästion. 8. Danz. (Sommer, L.) 777.

Briefe, Theophils, für Christenlehrer ... Ulm 1803. H: *Sailer, Johann Michael.* (MGT) (Th) (Jes)

— an Ludwig Tieck. Ausgewählt und herausg. von Karl v. Holtei. (In 4 Bdn.) 1. u. 2. Bd. Breslau 864. E. Trewendt. 8. (XVI, 744 S.) 3 ₰

— an Ludwig Tieck. Ausgewählt u. herg. von K. v. Holtei. 3. 4. Bd. Breslau 864. Trewendt. 8. (750 S.) 3 ₰

—— an Ludw. Tieck. Ausgew. u. hrsg. v. K v. Holtei. 4 Bde. 8. (1494) Bresl. 64. 65, Trewendt. 6. —

Briefe über die Thiere und die Menschen; aus dem Französischen. Leipzig 1771. Ü: *Engel, Johann Jacob.* (Ky) (MGT)

— üb. d. Thiere u. d. Menschen; a. d. Französ. (v. J. J. Engel). 8. Leipz. 775. Dyck. 12 gl Schrbp. 16 gl

— den Tod des Calas zu Toulouse betreffend. 8. Potsd., Horvath. 1 gl

Briefe über Toskana. [Leipzig 1786.] V: *Becker, Wilhelm Gottlieb.* (MS)

— üb. la Trappe, v. e. Noviz. dies. Klost. a. d. Frz. 8. Straßb. akad. Bchhdl. 792.

— üb. la Trappe, v. e. Novizen dies. Klosters; a. d. Französ. 8. Straßb. 792. (Leipz., Hinrichs). 8 gl

Briefe, Treuholds, an Elisen über die einer Dame anständigen Kenntnisse. Wien 1782. V: *Köfil, Dominik Siegfried von.* (MGT)

Briefe einer Türkinn, so sich in Paris aufgehalten, an ihre Schwester im Serail. (Aus dem Französ.) Hamb. 1753. V: *Poullain de St. Foix, Germain François.* (BGE VI³, 70)

— Türkische, üb. polit. u. religiöse Angelegenheiten d. christl. Regentenhöfe u. Nationen. 1r Thl. 8. Gotha 790. Ettinger. 21 gl

BRIEFE, Türkische, und Gedichte nebst einer Comödie die Türkische Heyrath betittelt. Zweyter Theil. Mit Titelkpfr. (Portr. Castriottos, C. C. Glassbach filius sc.) Ebd. 1777. 8⁰. (8 Kr., l. c., 1907.)

282 S. (incl. Tit.), 1 Bl. Druckf. Dieser Band enthält die dem preußischen Kronprinzen, später Friedr. Wilhelm II., gewidmeten Gedichte, durch die Z. einen so großen Einfluß auf den Prinzen erhielt. Diese seltenen Curiosa fehlen im Anon.-Lex.

Briefe, Türkische, des Prinzen v. Montenegro. Berlin 1777. V: *Zanovic, Stiepan.* (BGE I², 459)

— Türkische, d. Prinz v. Montenegro. 2 Bde. 8. Berl. 777. Sander. 1 ₰

—— eines Unbekannten (Alex. v. Villers). 8. (VII, 431 S.) Wien 881, (Gerold's Sohn.) *

Briefe eines Unbekannten. Herausgegeben von Rud. Graf Hoyos. 2. Aufl. Wien 1887. V: *Villers, Alex. v.* (Auctions-Kat. Gilhofer & Ranschburg XI.) (Ky)

—— eines Unbekannten. 2 Bde. Lex.-8. Wien 887, Gerold's Sohn. [1. Bd. 2. Aufl. (XVI, 431 S. mit 1 Bild.); 2. Bd. (III, 546 S.)] à Bd. * ℳ 7.—. * geb. à Bd. * ℳ 9.—. *

— eines Unbekannten (Alex. v. Villers). Aus dessen Nachlaß neu hrsg. v. Karl Graf Lanckorońśki u. Wilh. Weigand. 2 Bde. (LXVIII, 434 u. 511 S. m. 2 Bildn.) gr. 8. Leipzig 910. Insel-Verlag. 9.—; geb. in Leinw. 12.—; in Halblbr. 15.—

Briefe eines Unbekannten über die Rechtswissenschaft ... Leipzig 1901. V: *Bülow, Oscar.* (Berl)

— eines Unbekannten üb. die Rechtswissenschaft. Eine Gabe zur 1. Geburtstagsfeier des neuen deutschen bürgerl. Rechts. gr. 8. (VI, 140 S.) Leipzig 901. Breitkopf & Härtel. n. 2.—; geb. in Leinw. n. 3.—

— dasselbe. 2. Ausg., s.: Bülow, Osk., heitere u. ernste Betrachtungen üb. die Rechtswissenschaft.

Briefe über die jetzige Uneinigkeit zwischen den Amerikanischen Colonien und dem Englischen Parlament.
Aus dem Englischen.
Hannover. 1776. 108 S. 8⁰.
Universitäts- und Stadtbibliothek Köln
Übers. v. Letters on the present disturbances in Britain and her American provinces, 1771, 1775.
Die von H. Meyer, Nordamerika im Urteil des deutschen Schrifttums, Hamburg 1929, S. 157, genannte Ausg. Berlin 1777 konnte nicht gefunden werden.
Frankfurt-Leipziger Meßkatalog, Michaelismesse 1776, S. 134.
Sabin 7930. Palmer: mit Verfasser Allen Ramsay.

— üb. die Uneinigkeit d. amerikan. Colonien u. d. Engl. Parlaments; a. d. Engl. 8. Berl. 777. Himburg. 8 gl

BRIEFE, Unfrankirte. Enthaltend (6) Gemälde aus dem wirklichen Leben. Königsberg, bey Goebbels u. Unzer. 1805. 8⁰. (⁵/₆ Rthl.)

Selten! Tit., 251 S., 1 Bl. Inh.: 1. Einleitg. 2. Seltene u. schwere Rache eines getäuschten Liebhabers. 3. Hohes Glück eines vollkommen gebesserten Wüstlings (Losreissung von der schönen Doris, welche als Freudenmädchen endet). 4. Ein Kaufmann rettet, durch sichtbare Einwirkung Gottes, seinen Neffen aus einer grossen Gefahr. 5. Warnung vor unnöthigen Ausgaben. 6. Moses Pinto und seine Tochter: zwey edle Menschen d. jüdischen Nation. — Zugabe: Mehr Glück als Verstand. Eine kleine Erzählg. ohne Briefform.

Briefe, ungarische — über die Theiß-Eisenbahn. Nach dem „Pester Lloyd." Pest, 1857. Gedruckt bei Landerer und Heckenast. (70 S. 8. Mit einer Eisenbahnkarte von Mittel-Europa.)

— ungedruckte, von Luther, Melanchthon u. Schnepf, s. N. G. Lichhoff, die Kirchen-Reformation ꝛc.

Briefe, Ungedruckte, auf einer Reise nach Russland. [Frankf. a. d. O. 1787.] V: *Fabricius, Johann Christian.* (MGT)

—— ungedruckte, von Schiller, Göthe u. Wieland. Hrsg. v. d. Besitzer der Handschriften Justizrath Bitkow. 8. (4½ B.) Breslau 845, G. P. Aderholz.

Briefe eines Ungenannten an Enewold Brandt, welche in der Brief-Tasche, die dieser beständig bey sich trug, gefunden worden. Aus dem Französischen übersetzt. O. O. 1773. Ü: *Bräm.* (schles)

— über d. Union d. beiden evangel. Kirchen. 8. Essen 823. Bädecker. 6 ℊℊ

Briefe von der Universität in die Heimath. Aus dem Nachlass Varnhagen von Ense. Leipzig 1874. V: *Müller, Adolph.* H: *Assing, Ludmilla.* (Landesbibl. Detmold. Kat. d. Zugänge 1869—95. Detm. 1896.) (Erman & Horn, Bibliogr. d. dtsch. Universitäten. 2. Leipz. u. Berl. 1904.)

— von der Universität in die Heimath. [Aus dem Nachlaß Varnhagen's v. Ense.] gr. 8. (X, 530 S.) Leipzig 874, Brockhaus. *ℳ 8.; geb. †

— üb. polizeiwidrige u. and. Unordnungen. 8. Neub. (802). Comm.-Büreau. 9 ℊℊ

Briefe, Unpartheyische, über das Erbfolgsrecht auf die von dem höchstsel. Kurfürsten von Bayern hinterlassene Länder. O.O. 1778. V: *Günderode, gen. von Kellner, Hector Wilhelm Freih. von.* (ML)

Briefe, Unschuldige, junger Schönen. Znaim 1800. V: *Marzy, Joh. Hch.* (WBL 17/74) (BIBLPORT)

Briefe über die Unsterblichkeit der Seele, mit einem Anhange merkwürdiger Träume ... Erlangen 1857. V: *Reinsch, Hugo.* (ZU)

— über die Unsterblichkeit der Seele, mit einem Anhang merkwürdiger Träume, Ahnungen und Erscheinungen aus dem Nachtgebiete der Natur. 8. (V und 249 S.) Erlangen 857, Palm'sche Verlags- und Sortimentsb.

— über die Unsterblichkeit der Seele, mit einem Anhang merkwürd. Träume, Ahnungen und Erscheinungen. 2. mit einem Anhang über die neusten und merkwürdigsten Erscheinungen des Spiritismus verm. Aufl. 8. (V, 274 S.) Erlangen 881, (Deichert.) *

Briefe über die Unsterblichkeit der Seele, mit einem Anhang merkwürd. Träume, Ahnungen und Erscheinungen. 2. mit einem Nachtrag über die neuesten und merkwürdigsten Erscheinungen des Spiritismus verm. Aufl. 8. (V, 274 S.) Leipzig 884, Mutze. *

BRIEFE, Unterhaltende, über das Justizwesen im Monde. Besserwirds bei Michel Gutmacher (Jäger in Frankfurt) 1799.
Weller, fing. Druckorte.

— unterrichtende, von d. Einwohnern d. Planeten. 8. Königsb. 768. Hartung. 6 ℊℊ

BRIEFE, Unterschlagene (in Versen). Bern, Jenni Sohn, 1846. 8⁰. 50 S. (In München: P. o. germ. 1634 m.)

Briefe und Urkunden zu der Lebensgeschichte Göz von Berlichingen mit der eisernen Hand aus d. Heilbronner Archiv mitgetheilet u. nach d. vorgelegten Original genau collationirt. [Hrsg.: Bernhard Friedrich Hummel.] — Fürth: Geyer 1792. 110 S. 8⁰ 21. 1: Ry 1496. 2. 7. 10. 15.

Briefe u. Urkunden von Ludwig XVI., Marie Antoinette u. Madame Elisabeth. Nach den Orig.-Handschriften veröffentlicht von F. Feuillet de Conches, getreu nach dem Französ. in's Deutsche übertragen. 1. Bd. Mit 1 Photogr. Marie Antoinette in der Conciergerie. Brünn 864 Rohrer. 8. (L, 427 S.) 1 ℛ 12 ngr.

K. v. C.: „Briefe über die Ursachen und Folgen der seit einigen Jahren bedeutend gesunkenen Getreidepreise, die Geldnoth des Landmanns und die englische Kornbill", Berlin 1826 (Nauck).

Briefe von dem Ursprung, dem Fortgang und den ganz auszerordentlichen Würkungen der Schwersischen Altonaischen Wunder-Essenz. Lpz. u. A. [1776]. P.

— üb. d. Ursprung e. Metaphysik überhaupt, (v. Chr. Gfr. Bardili). 8. Altona 798. Hammerich. 8 ℊℊ

Briefe des Fräuleins von V*** **und ihres Freundes H*** über die besten moralischen Schriften unserer Zeit. Lauban 1768. V: *Hausknecht, Balthasar.*** (MGT) »1764« (Ky)
Ausg. 1764 unt.d.T.: Briefwechsel z.wahren Empfindung d.Schönen...

— eines Vaters für Confirmanden und Studirende. Mit einem Vorwort. Aus dem Engl. von Joh. Schlienz. Basel 864. Spittler. 8. (63 S.) n. 3 ngr.

— e. Vaters an s. Sohn, nach dessen Abgang auf d. Universität. Von *** 8⁰ (104) Bresl. 95, Schles. Buchdr. etc. 1 — geb. 2 —

[J.] Briefe eines Vaters an seinen Sohn nach dessen Abgang auf die Universität. Von ***. 2., unveränd. Aufl. m. e. Vorwort. *Breslau: S. Schottlaender 1896.* (1 Bl., 104 S., 1 Bl.) 1 Bd 8. [97. 2909

— eines Vaters an seinen Sohn auf Schulen. 8. Quedlinb. 792. Mit n. Titel 815. Ernst. 12 ℊℊ

Briefe einer Vaterlandsfreundin an ihre Lieblinge. Berlin 1794. V: *Brauneck, Louise von geb. von Göppel geschiedene Gräfin von Kreckow.* (schl) (MGT) (Ky) (Adel)

Briefe e. Vaterlandsfreundin an ihre Lieblinge, (v. Luise v. Krockow). 8. Berl. 794. Unger. (Rücker). 16 ℊℊ

BRIEFE zur Verbesserung moralischer Fehler. Erster Posttag. Coburg, b. Rud. Aug. Wilh. Ahlen. 8⁰. O. M. V. 1778. S. 408.

— zur Verbesser. moral. Fehler. 8. Cob. 778. (Riemann). 3 ℊℊ

— über die Verbesser. der öffentl. Gottesverehrung u. die Veredl. d. Predigerstandes in der evangel. Kirche, mit besond. Rücksicht auf d. Land; von e. Landprediger im k. Preuß. Herzogth. Sachsen. kl. 8. Leipz. 816. Dürr. 16 ℊℊ

Briefe über die Verbesserung der Landschulen überhaupt und der Wirtembergischen insbesondere. Stuttgart: Steinkopf 1797.

— üb. d. Verbesser. d. Landschul. 8. Stuttg. Steinkopf. (Grdff. Lvl.) 797.

— z. Verbesser. des Verstand. u. Herzens. a. d. Engl. 8. Bresl. Korn d. ält. 773.

— zur Verbesser. d. Verstandes u. Herzens, an e. junges Frauenzimmer; aus d. Engl. (v. S. R. Rambach). 8. Bresl. 774. J. F. Korn. 12 ℊℊ

— über die Verbesserung d. Volksschulen. 8. Stendal 804. Franzen u. Gr. 12 ℊℊ

— üb. d. Verboth d. Priesterehe. 8. Cöln, Weingand. 783.

Briefe vom Verfasser des Greises. Leipz. 1767. V: *Patzke, Joh. Samuel.* (ML)

— an den Verfasser d. blinden Kuh in der Handlung. 8. Frankf. a. M. 803. Varrentrapp. 3 gr

— üb. d. Verfassung d. Markgrafschaft Baden. 8. Basel 788. Serini. 10 gr (Bd. 1)

— üb. d. Verlust, den d. Regent. u. Völker Europa's durch d. französ. Revolution erlitten, m. Tabb. 4. Hamb., (Herold jun.) 20 gr

— üb. d. Verlust, d. d. Regent. u. Völker Europens durch d. franz. Revolut. erl. m. Tab. 4. Hamb. Vollmer.

Briefe und Abhandlungen, Vermischte, über die Verbesserung des Justitzwesens am Kammergerichte ... Berlin 1767. H: *Zwierlein, Chn Jac.* (MS) (schz)

— verm., u. Abhl. üb. d. Verbesser. des Justizwes. am Kammergericht. 8. Berl. Eßlinger. 767.

— verm., u. Abhandl. üb. d. Verbesser. d. Justizwesens am Kammergericht. 8. Berl. 767. (Schäfer in Frankf.) 16 gr

Briefe, Vermischte, aus der Familie des Herrn Grafen *** für das Vergnügen und den Unterricht. Frankfurt und Leipzig 1773. Fortsetzung ... nebst einem Anhang des Herausgebers zur Ergänzung der Geschichte. Frankf. u. Leipz. 1776. V: *Seckendorff Herr von und zu Erkenbrechtshausen, Carl August Gottfried Freiherr von.* (GGr) (Ky) (MGT)

— vermischte, aus d. Familie d. Grafen G***, f. d. Vergnügen u. Unterricht, (von K. A. G. v. Seckendorf). 8. Frkf. 775. Haueisen. 8 gr Fortsetzung. 8. Ebd. 776.

Briefe, Vermischte kritische. Rostock u. Greifswald 1758. V: *Thomas, D. H. & J. E. J. Dahlmann.* (Ky) (MGT)

Briefe, Verrätherische, über Historie und Kunst. Frankfurt a. M. 1776. V: *Hüssgen, Heinrich Sebastian.* (MGT)

—— Versailler. Nebst einer Sammlung vaterländ. Aufsätze und Gedichte aus dem letzten Kriege von F. K. M. gr. 8. (207 S.) Berlin 872, Hertz. *

—— eines Verschiedenen. Tagebuchfragmente auf e. Reise durch Polen ꝛc. gr. 8. (17 B.) Glogau 839, Prausnitz.

Briefe von der Verschwendung und ihren schädlichen Folgen in einem Staate a. d. Dän. übers. v. Chr. Gottl. Menzel. Kopenh. u. Leipz. 1759. V: *Moltke, Frdr. Ludwig Graf v.* (Bruun, Bibl. Dan. I, 974.)

Briefe und Verse aus Goethes Zeit. Als Handschrift. Leipzig 1910. H: *Wolff, Kurt.* (Bresl 31, S. 7)

Briefe von Verstorbenen an hinterlassene Freunde. Zürich 1753. V: *Wieland, Christoph Martin.* (EE) (GGr) (Ky) (MGT)

— von Verstorbenen an hinterlaſſ. Freunde, (v. Chph. M. Wieland). 4. Zürich 754. Orell. 10 gr

— eines Verstorbenen. Ein fragmentar. Tagebuch aus Deutschland, England, Wales, Irland u. Frankreich, geschrieben in den J. 1826—29. 2 Thle. Mit 2 Steindr. 8. Münch. 830. Franckh. 3 ₰ 18 gr 2e Aufl. 4 Bde. Mit Stahlstichen. 8. Stuttg. 832. Hallberger. 9 ₰

Briefe eines Verstorbenen. ... Stuttgart 1831—32. V: *Pückler-Muskau, Ludwig Heinrich Hermann Fürst zu.* (BrMm) (EE) (Ky) »3. Aufl. Stuttg. 1836 37« (BrMm)

—— eines Verstorbenen. Ein fragmentar. Tagebuch aus England, Wales, Irland u. Frankreich, geschrieben in d. Jahren 1828 u. 1829. (Von Herm. Fürst v. Pückler-Muskau?) 1. u. 2. Thl. M. 2 Stnt. 1. Aufl. (48¼ B.) München 830., 2. Aufl. (46¼ B.) 8. Stuttgart 831, Hallberger. à

—— dies. 3. u. 4. Thl. Ein fragmentar. Tageb. a. Deutschland, Holland u. England, geschr. in d. J. 1826, 1827 u. 1828. (Von ꝛc.) 8. (55¼ B., 2 Kpfr. u. 6 Stndr., incl. 2 ill.) Ebds. 832.

—— eines Verstorbenen. Ein fragmentar. Tagebuch aus England, Wales, Irland u. Frankreich, geschrieben in d. J. 1828—1829. 1. u. 2. Thl. 3. Aufl. 8. (47¼ B.) Stuttgart 836, Hallberger'sche Vrlsh.

—— eines Verstorbenen. Ein fragmentar. Tagebuch aus Deutschland, Holland u. England, geschrieben in d. J. 1826, 1827 u. 1828. 3. u. 4. Thl. 2. Aufl. 8. (54¼ B., 2 Stahlst. u. 4 Stndrt.) Ebds. 837.

Briefe und Versuche über die Stallfütterung und den Kleebau in der Schweitz. Bern 1774. 1789. V: *Tschiffeli, Johann Rudolph.* (ML)

Briefe. Vertrauliche B' über Frankreich und Paris im Iahr 1797. Zurich 1798 s. (W[oyda, Carl] F[riedrich]).

— vertrauliche, über Frankreich u. Paris, im J. 1797 u. 1798, (v. .. Woyda). 2 Thle. 8. Zürich 798. Geßner. 2 ₰ 18 gr

Briefe, Vertrauliche, an gute Freunde von gleicher Gesinnung über das festere prophetische Wort Gottes. Frankf. u. Leipz. 1781-83. V: *Kemmerich, Andreas Friedr.* (ML)

Vertrauliche Briefe, aus Kanada u Neu Eng v Jahr 1777 u 1778. Aus Hrn Prof Schlözers Briefwechsel. Heft XXIII u XXIV. Göttingen, 1779.

— vertraul., aus Kanada u. Neu-England v. J. 1777 u. 78. gr. 8. Götting. 779. Vandenhöck u. R. 5 gr

Briefe, Vertrauliche und kritische, wider die warnende Abhandlung des Rechtsfreundes Daniel Blasi über das Fest des heiligsten Herzens Jesu ... ins Deutsche übersetzt... O. O. 1787. [Augsburg 1788.] V: *Faure, Jean Bapt.* (Jes)

BRIEFE, Vertrauliche, aus München an einen Freund ausserhalb Bayerns. Geschrieben im letzten halben Jahre. O. O. 1800. 8°.
Zahm. — Erschien auch m. d. Tit.: Beyträge zur Vaterlandskunde Bayerns .... 1. Heft. 1801. 8°.

Briefe, vertrauliche, an *Napoleon d. Dritten*. Geschrieb. im Febr. 1860. (20 S.) — Vier Schlussbriefe an —. (16 S.) — Kreuzzug-Briefe an —. (14 S.) München, Lentner, 1860. 8°. Cart.
Alle 3 Stücke von demselben Verf.

Vertrauliche Briefe an e. dtsch. Staatsmann üb. personelle u. wissenschaftl. Zustände in Verwaltung, Lehrweise, Vertretung u. Ausübung der Medizin. Kassel 1844. — Forts. Kassel 1846.

Briefe, Vertrauliche, an einen deutschen Staatsmann über personelle und wissenschaftliche Zustände in Verwaltung, Lehrweise, Vertretung und Ausübung der Medizin . . . Cassel 1845. V: *Klencke, Hermann* (?). (Erman & Horn, Bibliogr. d. dtsch. Universitäten. 1. Leipzig u. Berlin 1904.)

—— vertrauliche, an einen deutschen Staatsmann über personelle u. wissenschaftl. Zustände u. Verwalt., Lehrweise, Vertretung u. Ausübung d. Medicin. Aus den Papieren e. Verstorbenen. gr. 8. (6½ B.) Cassel 845, Hotop.
Vgl. Fortsetzung.

Briefe, Vertrauliche, über das vormahlige staatsrechtliche Verhältniss des Waadtlandes zur Stadt Bern . . . aus dem Französischen . . . Frankfurt a. M. 1798. V: *Cart, J. J.* Ü: *Hegel, Georg Wilhelm Friedrich.* (Ky) (MGT) (MS)

Vgl.Briefe, Vertraute,...

— vertrauliche, aus Wien. Geschrieben im Jänner 1850. 8. (VIII u. 109 S.) Leipzig 850, Thomas. 12 ngl.

— vertraul., üb. d. Wort Gottes. s. Bruderlieb.

Briefe, vertraute, v. Adelheid B** an ihre Freundin Julie S** (v. Fr. Nicolai). 8. Berl. 799. Nicolai. 20 gl.

Vertraute Briefe über das Fürstenthum Baireuth vor und nach dem Preussischen Regierungs-Antritt an einen Freund in Schlesien. — Sudthausen, Fr. v., Schreiben an das Publicum die vertrauten Briefe ..... betreffend. — Briefe zur Besichtigung der vertrauten Briefe (von *Heinrich Christoph Meyer*). Berlin u. Baireuth (die 3. Schrift o. O.) 1794. 8°. (6 Mk., 3 Thle. in 1 Bde., Süddeutsches Antiqu., München, 1907.)
Gehört zur Litteratur der Skandalchroniken. Selten cplt.! Name des Verf. der 3. Schrift im Anon.-Lex. I. p. 270.

— vertraute, über d. Fürstenth. Bayreuth, vor u. nach d. Preuß. Besitznahme. 2 Thle. 8. Bayr. 794. (Grau). 22 gl Zur Berichtigung d. vorher. Briefe, (v. H. C. Meyer). 8. Ebd. 794. (Grau). (Lübeck)

— vertraute, üb. d. Bibel. s. M. Ehrlich.

— vertraute, über Biester in Berlin ꝛc. 8. Liegn. 802. (Glogau, Heymann). 8 gl

— vertraute, a. d. Bibliothekar Biester in Berlin in Betr. d. Jesuit. ꝛc. 8. Augsb. Doll. 801.

Briefe, Vertraute, eines französischen Bürgers über die Revolution des 18. Brumaire. Deutschland [Riga] 1800. V: *Wedekind, Georg Christian Gottlieb.* (WR)

— vertraute, e. französ. Bürgers an e. Freund in Deutschland, üb. d. Revolution vom 18ten Brumaire, 8ten Jahres. 8. Leipz. 800. Hartknoch. 16 gl

— —, Vertraute, zur Charakteristik von Wien (von *Joh. Friedel*). 2 Bde. Görlitz, bei Hermsdorf u. Anton. 1793. 8°.
I: 4 Bll. u. 224 SS. II: 4 Bll. u. 200 SS. Ausführliche (decente) Darstellung. Mit dem Motto: „Sapiens est, quem aliena docent exempla, quae facienda, quae fugienda". (3½ Mk. Kühl.)
Anon.-Lex. VI. p. 113 hat *Knüppel* = *Jul. Heinr. Knüppeln?* als Vt. (nach Ermann & Horn II.)

— vertraute, e. Dame von Stande. 8. Gotha 787. Ettinger. 18 gl

— vertraute, während eines Durchflugs durch einen Theil der nördlichen Provinzen des Königreichs der Niederlande im Sommer 1817. in topogr., histor., polit., liter. und religiöser Hinsicht von Eleutherophilos. 3 Theile 8. Manheim, Schwan u. G. (in Comm.) 818.

Briefe, Vertraute, über Frankreich; auf einer Reise im J. 1792 geschrieben. Th. 1. 2. Berlin 1792—93. V: *Reichardt, Joh. Fch.* (EngG) II: *Frei, J.* (BrMm)

— vertraute, über Frankreich auf e. Reise. 2 Bde. 8. Berl. 792, 93. Unger. 2 ₰ Schweizp. 3 ₰

Briefe, Vertraute, über Frankreich und Paris . . . , s. Briefe, Vertrauliche, . . .

— vertraute, eines ächten Freundes des Continents an sein. Sohn. 8. Cassel, Griesbach. 814.

BRIEFE, Sehr vertraute, zweier Freundinnen der F. A. v. B. (?). 2 Bde. Hanau, Scharnalk, 1815. 8°. Rar!
Citirt Kayser ohne Angabe des Ldpr.

— vertr., üb. Gegenst. a. d. prakt. Moral. s. a. C. F. v. Schmidt-Phiseldeck.

Briefe, Vertraute, über Gegenstände aus der praktischen Moral. Kopenhagen 1791. V: *Schmidt, Conrad Friedrich von, gen. Phiseldeck.* (Ky) (MGT)

— vertr., über Gegenstände aus d. prakt. Moral, (von K. F. v. Schmidt-Phiseldeck). 1e Samml. 8. Kopenh. 791. (Brummer). 10 gl

BRIEFE, Vertraute, zwischen einigen Geistlichen von dem vorgeblichen Verderbnisse der Geistlichkeit, sammt derselben Hauptquellen. Dem Bedenken eines alten Staatsministers . . . entgegengestellt (von *Joseph Herz.*) 2 Bde. Freyburg (Rieger in Augsburg) 1770—71. 8°. (3 Mk., nur Bd. 1 mit Beibd., Stoll & Bader, Freiburg i. Br., 1891.)
Veranlaßt durch: Aufrichtiges u. gewissenhaftes Bedenken über die Frage: ob und wie bey so vielen sowohl in offenen Schriften als in besonderen Berichten vorkommenden Klagen gegen die Geistlichkeit und derselben Immunität ein Landsherr im Gewissen schuldig die Hände einzuschlagen? Auf Verlangen eines großen Hofes verfasst von einem alten Staatsminister. O. O. 1770. 8°. Fehlt im Anon.-Lex., wo aber obige Gegenschrift I. p. 275 (nach Kayser, Meusel u. Weller).
— — Dasselbe. Bd. 1. 2te Aufl. O. O. 1770. 8°.
— — Dasselbe. 2 Bde. Augsburg 1773. 8°.

— vertraute, zwischen einigen Geistlichen, von d. Verderbnissen. 2 Bde. 8. Augsb. 775. Rieger. 1 ₰ 8 gl

Briefe, Vertraute, eines Geistlichen in Bayern an seinen Freund. München 1786. V: *Dietl, Georg Alois.* (GGr) (Ky) (MGT) (HThPP)

— vertraute, e. Geistlichen in Baiern an seinen Freund, (v. G. A. Dietl). 8. Frankf. u. Leipz. 786). Strobl. 16 gr. Neue Aufl. s. G. A. Dietl.

— vertraute, e. Geistlich. in Bayern an s. Freund. 2 Thle. 8. Ebend. 787—91.

— vertraute, über d. Kirchner'sche Gesch. v. Frankf. a. M., s. Ansichten. Nachträge rc. zu Kirchners Geschichte.

Briefe, Vertraute, über die Kirchner'sche Geschichte... Bd. 1. 2. Frankfurt a. M. 1809—10. V: *Feyerlein, F. Sigmund.* (EngG) (Ky)

— vertr., üb. d. Kirchnersche Geschich. v. Frankf. a. Mayn. 2 Bde. gr. 8. Frft. Gebhardt u. K. 809. 810.

Briefe, Vertraute, über die wichtigste Grundsätze und auserlesene Materien des Protestantischen Geistlichen Rechts. Frankfurt a. M. 1761. V: *Bretschneider, Joh. Carl.* H: *Moser, Frdr. Carl von.* (Kat. d. ständ. Bibl. Stuttg. 1907. S. 61.)

Briefe, Vertraute, über die wichtigsten Grundsätze... des protestantischen Kirchenrechts... 1761. St. Petersburg 1771. V: *Moser, Friedrich Carl Freiherr von.* (Ml.) (Winer) V: *Bretschneider, Joh. C.* H: *Moser, C. F. von.* (Ky)

— vertr., über die wichtigsten Grundsätze u. Materien des protestant. Kirchenrechts, (v. Jh. K. Bretschneider); herausg. u. mit e. Vorrede begl. (v. F. K. v. Moser). 8. Frankf. a. M. 761. 2e A. 766. 3e A. 771. (Schäfer). 16 gr.

Vertraute Briefe an Ida Gräfin Hahn-Hahn. Leipzig, Jackowitz. 1852. 8°. XII. 99 S., 1,50 Mk.

Briefe, Vertraute, über Halle. Giebichenstein [Leipz.] 1798. V: *Bogatsch.* (Wr)

— vertraute, üb. Halle. 8. Giebichenstein 798. (Junius in Leipz.) 6 gr.

Briefe, Vertraute, über Preussens Hauptstadt. 1837. V: *Beurmann, Eduard.* (DBiblGes III, Sp. 160)

Briefe, Vertraute, über Preußens Hauptstadt. Stuttgart u. Leipzig 1837. V: *Laube, Heinrich.* (?) (Antiqu.-Katalog Ernst Frensdorff in Berlin. Nr. 56. S. 8.)

BRIEFE, Vertraute, über Preußens Hauptstadt. 2 Thle. 2te Ausgabe. Stuttgart, Fr. Brodhag, 1841. 8°. (5 Mk. Südd. Antiqu., München, 1907; 8 Mk. Adolf Weigel, c. 1905.) Wegen vieler sarkast. u. freimüth. Aeußerungen über Verhältnisse am preuß. Hofe u. diplomat. Vorgänge in Berlin seiner Zeit streng verboten. — Enth. 45 Briefe, worin auch interess. Mittheilungen über Ludwig Devrient, Seydelmann, Rüthling, Gern, Beckmann, Stawinsky, Madame Crelinger, Henriette Sontag, Bettina (= Elisabeth) v. Arnim, Theod. Mundt, Wienbarg, Saphir, Gutzkow, Hegel etc. Zuerst gedr. ibid. 1837. 8°. (Bibl. d. Vereins f. d. Gesch. Berlins; Magistrats-Bibl. in Berlin; auch in Dresden, Kgl. Öffentl. Bibl.) (3 Mk. 50 Pfg. Kühl, Berlin, c. 1885; 8 Mk. Adolf Weigel, Lpz., c. 1905.)

— vertraute, üb. Preußens Hauptstadt. 2 Thle. 1. Aufl. (32 B.) 837. * 2 Thle. 2. Ausg. 8. (32½ B.) Stuttgart 841. [Scheible, Rieger u. Sattler.]

Vertraute Briefe aus Holland im Frühjahr 1797. Aus dem Dänischen übersetzt. 1798. In allen Buchhandlungen.

— vertraute, aus Holland; aus d. Dän. 8. Lübeck 798. Bohn. 14 gr.

— vertr. a. Holland. a. d. Dän. 8. Lübeck, Niemann u. C. 798.

— vertr., üb. d. Kaffee aus Korn u. and. inländ. Gewächsen. 1e Samml. gr. 8. Leipz. 768. (W. Vogel). 3 gr.

— vertr., über Katholiken u. Protestanten, (v. Jh. Pezzl). 8. Straßb. (Wien) 787. Hartl. 7 gr.

Briefe, Vertraute, zweier Katholiken über den Ablassstreit Dr. Martin Luthers... Frankfurt a. M. 1817. V: *Marx, Lothar Franz Ph.* (Ky) (AarK)

— vertraute, zweier Katholiken über den Ablaßstreit Dr. Mart. Luthers wider Joh. Tetzel, bei der 3n Jubelfeier der luther. Reformation. (Von L. F. Ph. Marx.) gr. 8. Frankf. a. M. 818. Andreä. 16 gr.

— vertraute, üb. Katholicism. u. kirchl. Dogma. 1r Thl. 8. Zürich 789. Orell. 20 gr.

Briefe, Vertraute, eines alten Landpredigers an seinen jüngeren Amtsbrüder. Halle 1811. V: *Laukhard, Friedrich Christian.* (BGE IV³, 41)

— vertraute, e. alten Landpredigers an e. fr. jüngern Amtsbrüder. Herausg. v. F. C. Laukhard. 8. Altenb. 811. (Leipz., Lauffer). 12 gr.

Briefe, Vertraute, über die jetzige abentheuerliche Lesesucht... Hannover 1794. V: *Hoche, Johann Gottfried.* (GGr) (Ky)

— über d. jetzige einreißende abentheuerl. Lesesucht, (v. J. G. Hoche). 8. Hannov. 794. Hahn. 8 gr.

Briefe, Vertraute, über Schlegel's Lucinde. Berlin 1799. V: *Schleiermacher, Frdr. Ernst Daniel.* (Verlagskat. G. Reimer. Berlin 1895.)

— vertr., üb. Schlegels Lucinde. 8. Lübeck, Niemann u. C. 800.

— vertr., über Schlegels Lucinde. 8. Lübeck 801. (Berl., Reimer). 14 gr.

— vertraute, üb. Friedrich Schlegels Lucinde. (Von Schleiermacher. Textrevis. u. Nachwort v. Jonas Fränkel.) (163 S.) kl. 8. Jena 907. E. Diederichs. 8.—; geb. 4.50

Briefe, Vertraute, eines Schwedischen Offiziers an seinen Freund in Wien, als ein Beitrag zur Geschichte damaliger Zeiten und den Feldzügen Karl XII. geschrieben in den Jahren 1698—1740; aus den lateinischen Handschriften übersetzt. Görlitz 1811. Ü u. H: *Gräve, Hch Gottlob.* (Ky) (MGT) (Ol.)

Briefe, Vertraute, eines schwedischen Officiers an seinen Freund in Wien. Als ein Beitrag zur Geschichte damaliger Zeiten und der Feldzüge Carls XII. Geschrieben in den Jahren 1698 bis 1740. Aus der lateinischen und ungedruckten Handschrift in das Deutsche übersetzt und herausgegeben von ***. (2 Bde.)
(Anton in Halle) 8. Görlitz 1811.

—— vertraute, üb. Oesterreich, v. ein. Diplomaten d. ausruht. 2 Bde. 8. (22 B.) Leipzig 837, Ph. Reclam jun.

Briefe, Vertraute, über Österreich, über die Kriegsereignisse 1809. Leipz. 1810. V: *Cölln, Georg Friedrich Wilibald Ferd. von.* (Ky)

BRIEFE, Vertraute, über Oestreich (!) in Bezug auf die neuesten Kriegsereignisse im Jahre 1809. 2 Thle. Stralsund, 1810. In Commiss. bey Heinr. Gräff in Leipzig. 8°.

I: IV (Tit. u. 1 Bl. Inh.), 348 S. Bietet eine Fülle interessanter Mittheilungen, auch über Bayern (S. 206 ff. Agnes Bernauerin).

II: VI (Tit. u. 2 Bll. Inh.), 320 S. — Schilderungen von Wien (S. 312—317: „Wiener Freudenmädchen", vom Vf. hier „schmiegsame Jungfern" genannt). — Seltenes u. wenig bekanntes Werk! Anhängend 56 S. Gräff'scher Verlags-Cat.

— vertr., üb. Oesterreich, üb. d. Kriegsereignisse 1809. 2 Thle. 8. Leipz. 810. (Wienbrack). 2 ℛ Schrbp. 3 ℛ

Briefe, Vertraute, über eine ganz unerhörte und nachtheilige Pockenkur. München 1778. V: *Baader, Ferdinand Maria.* (EngM) (Ky) (MGT) (ML)

— vertr., üb. e. ganz unerhörte nachtheil. Pockenkur. (Von Fd. M. Baader,) 8. Münch. 779. J. Lindauer. 4 ℊ

— vertraute, d. Religion betr., (v. J. J. Spalding). gr. 8. Bresl. 784. 2e A. 784. 3e A. 788. (Löffler in Manh.) 1 ℛ 8 ℊ

— vertr., d. Religion betr. (v. J. J. Spalding) gr. 8. Bresl. (Lange, Berl.) 788.

—— vertraute, über neuere jüdische Schriftsteller. 1. Lfg. gr. 8. (¾ B.) Bockenheim 845, Levy.

Briefe, Vertraute, eines westphälischen Staatsdieners, die geheimen Verhältnisse einiger Verwaltungsbehörden im aufgelösten Königreich Westphalen betreffend. Deutschland (Basse in Quedlinburg) 1815. 8°. (In Rostock, Landesbibl.) (6 Mk., unbeschn. Expl. im Orig.-Umschl., Max Jaeckel, Potsdam, 1909.)

Weller, fing. Druckorte. — Selten!

Briefe, Vertraute, des Grafen von V*** über den Zustand der Wissenschaften in Wien. O. O. 1774. V: *Mieg, Johann Friedrich.* (MGT) (Karajan)

— vertraute, eines Vaters an seine reifende Tochter. Eine Geburtstags- u. Weihnachtsgabe für reifende Töchter. Herausg. v. d. Verfasser der „Stimmen der Religion an junge Christen bei ihrer Confirmationsfeier," (K. G. Hergang). gr. 12. Sulzb. 831. v. Seidel. 1 ℛ

Briefe, Vertraute, über das vormalige staatsrechtliche Verhältnis des Wadtlandes (Pays de Vaud). Aus dem Frantzösischen eines verstorbenen Schweizers übersetzt und mit Anmerkungen versehen. Frankfurt a. M. 1798. V: *Cat, Jean Jacques.* Ü: *Hegel, Georg Wilhelm Friedrich.* (Falkenheim, H., Eine unbekannte politische Druckschrift Hegels: Preußische Jahrbücher 1909. 138, 193—210.)
Vgl. Briefe, Vertrauliche,...

— vertraute, üb. das vormalige staatsrechtl. Verhältniß d. Waadlandes (Pays de Vaud) zur Stadt Bern. Aus d. Französ. (des J. J. Cart, v. G. W. F. Hegel). 8. Frankf. a. M. 798. Jäger. 16 ℊ

BRIEFE, Vertraute, üb. die innern Verhältnisse am preussischen Hofe seit dem Tode Friedrichs II. (vom Kriegs-, Domainen- u. Steuerrath a. D. *Geo. Friedr. Wilib. Ferd. v. Cölln*). 6 Thle. (cplt.). Mit Kpfrn. (wobei satyrische Abbildgn.) auf den rothen Orig.-Umschlägen. Amsterdam u. Cölln, bei Peter Hammer (Leipzig, Gräff), 1807—9. Gr. 8°. (6⅓ Rthl. (In München: Boruss. 38, 6 voll.; auch im British Museum.) (28 Mk. E. Frensdorff, 1906; 1—5: 20 Mk. L. Rosenthal, 1910.)

Interessantes Journal, welches durch die freimüthige Beurtheilung der groben Missstände im preuss. Heere u. Staate s. Z. grosses Aufsehen erregte.

Bd. 2—6 auch u. d. Tit.: Beitrag zur Geschichte des Krieges etc. Ebd. (Weller, fing. Dr.)

Geo. Frdr. Willibald Ferd. v. Cölln, geb. zu Orlingshausen im Lippe'schen, 1766, arbeitete zuerst als Kammerreferendar zu Minden, ward 1800 Kriegs- u. Steuerrath zu Glogau, 1805—7 Assessor der Oberrechnungskammer in Berlin. Im Jahr 1808 ward gegen ihn wegen in den obigen „Briefen" und in den „Neuen Feuerbränden" verübten literarischen Verraths von Dienstgeheimnissen eine Untersuchung verhängt und er nach Glatz gebracht. Doch entfloh er 1810, da ihm unter Aufsicht eines Chirurgen das Landecker Bad erlaubt war, aus der Haft. Späterhin erhielt er auf Verwendung des Staatskanzlers Hardenberg, und, weil man seine Feder fürchtete, eine Pension. Er starb zu Berlin d. 15. Jan. 1820.

— vertraute, üb. d. innern Verhältnisse am Preuß. Hofe, seit Friedrich II., (v. Fr. v. Cölln). 6 Bde. (2r bis 6r Bd. A. u. d. T.: Beitr. z. Gesch. d. Krieges in Preußen.) 8. Leipz. 807—9. (Wienbrack). 8 ℛ 4 ℊ in gr. 8. 11 ℛ

— vertraute, über d. Vorfälle in Kopenhagen im J. 1807. Mit 1 Grundr. v. Kopenh. 8. (Elberf., Schönian).

— vertraute, über d. Vorfälle in Kopenhagen im J. 1807. 8. Ist Verl. von Büschler in Elberfeld.

Briefe, Vertraute, über die Vorfälle in Kopenhagen im Jahr 1807 . . . Neue Ausg. O. O. 1817. V: *Meyer, Ldw.* (Bruun, Bibl. Danica. III, 540 f.)

— vertraute, üb. d. vormal. verwirrten Zustand d. westphäl. Verwaltung. 2 Thle. 8. Marb. u. Cassel 814. Krieger. 1 ℛ

Briefe, die verwechselten. Ein Lustsp. a. d. Frz. des Hrn. v. Boissy. 8. Dresd. Hilscher. 779.

— an den Vetter. Was es mit dem „tausendjährigen Reich" auf sich habe. Halle 859. Fricke in Comm. gr. 8. (64 S.) n. 8 ngr.

Briefe.- Vettii Epagathi ... Briefe, s. Epagathus.

Briefe, Vier, an die Athener an der Limmat ... Zürich 1880. V: *Kaiser, Ferd.* (Cat. d. Stadtbibl. Zürich. Zürich 1864—97.)

Briefe, vier, an die Athener an der Limmat. 1. Brief: Ein Wort zum Gesetzentwurf betr. Sonntags-, Wirthshaus- und Sittenpolizei. In-8⁰, 15 Seiten. Zürich, Trüb. 1880 — 30

Briefe, vier, an die Athener an der Limmat. 2.—4. Brief. Ein Wort zur Prostitutionsfrage. gr. 8. (15; 16; 16 S.) Zürich 880, Trüb'sche Buchh. à Brief * 30 Pf. *
1. Brief erschien u. d. T.: Zur Prostitutionsfrage.

BRIEFE, Vier, darinnen sowohl der ehemahlig blühende, als jetzo verderbte Zustand der Stadt Nürnberg .... von zweyen Freunden betrachtet wird, und ob demselben wiederum geholffen werden könne. Frankfurt und Leipzig 1759. 8⁰. (In München: Germ. spec. 381,19.) (24 xr. Coppenrath, Regensburg, vor 1875; jetzt theurer!) Rar!

— vier, v. C. F. Gellert u. G. W. Rabener. 8. Leipz. Curich. 761.

— vier griechische, Kaiser Friedrichs des Zweiten. Zum ersten Male herausg. von Gust. Wolff. Berlin 855. J. Springer. gr. 8. (59 S.) n. 12 ngr.

Vier Briefe, abgefasset von dreyen hellstrahlenden Kirchenlichtern über den guten Einfall des Kaisers, den Freymaurern ein Gebiss anzulegen; zum Trost deren Gerechten, und Beschämung deren Unglaubigen [!], mit Gottes Beystand dieser heutiges Tages ganz verkehrten Welt vor Augen geleget durch Frommianum Freimundum (mit des Himmels Schuz [!] und Gnade keinem [!] Freymaurer). [Wien] 1786. 37 S. 8⁰
Abgedr. in: Sammlung aller aus Gelegenheit d. k. k. Verordn. v. 16. Dez. 1785 z. Vorschein gekommenen Schriften d. Frmr. betr. 6 (1786) S. 121—156.
cf. FZ. (Wien) 4 (1877) S. 142—143 (G. Brabbée).
Kl. 483. Selten. Broschüre der klerikalen Partei.

— vier offene, an den Grafen v. Bismarck. (Mai—Septbr 1866.) 8. (23 S.) München 866, Lentner'sche Buchh.

Briefe, Vier, über die Wäserische Schaubühne in Breslau. (Breslau 1798.) V: *Heinrich*, *Carl Frdr.* (LS)

Briefe. Vier vertrauliche B' über eine Angelegenheit des Vaterlandes. 1814 s. [Fischer, Emanuel Rudolf Friedrich von].

— vierundzwanzig eigenhändige, der Kaiserin Elisabeth Gemahlin Kaiser Karl's VI. an den Staats-Secretär Marques de Rialp. Herausg. von Ferd. Wolf. (Aus d. Sitzungsberichten d. k. Akad. d. W.) Wien 854. (Gerold.) gr. 8. (33 S.) 6 ngr.

Briefe, Vierzehn, eines Karthäusers, aus dem Franz. Paris [Gotha] 1820. Ü: *Emil Leopold August, Herzog von Sachsen-Gotha.* (Ky) (MGT) (Wr) »1810. Ü: *Friedr. August, Prinz von Sachsen-Gotha*« (Th)

— vierzig, von Napoleon; gesammelt von L... F.... Aus d. Franz. übers. vom Hofrath Eck. 8. Leipz. 825. (Melzer.) ³⁄₄ ...

— 40 ungedruckte, von Napoleon, gesammelt von L*** F**** 8. Leipz. 825. Zirges. 9 gr.

— an Ch. de Villers von Benj. Constant — Görres — Goethe — Jac. Grimm — Guizot — F. H. Jacobi — Jean Paul — Klopstock — Schelling — Mad. de Staël — J. H. Voss und vielen Anderen. Auswahl aus dem handschriftl. Nachlasse des Ch. de Villers hrsg. von M. Isler. 2. verm. Ausg. gr. 8. (XX, 376 S.) Hamburg 883, O. Meissner. *

— aus dem Volk an den würtemberg. Volksfreund aus Schwaben. 8. Tübing. 818. Osiander. 6 gr.

Briefe e. Volksfreundes. (32) 8⁰ Lpzg. H Rohde (05). — 50 d

— zweener Volkslehrer. 8. Frankf. u. Leipz. Steiner. 789

— a. d. Vormärz, e. Sammlg a. d. Nachlass Moritz Hartmanns, hrsg. v. Otto Wittner, s: Bibliothek deut. Schriftsteller a. Böhmen.

— über d. Vortrefflichkeit d. christl. Religion u. d. befestigt. Ruhe rc. Geschrieb. von e. kathol. Christen u. herausg. v. C. v. Bundschuh. 8. Prag 821. Krauß. (G. Haase S.) 12 gr.

— üb. d. Vorzüge kleinerer Staaten, m. Rücksicht a. d. Geistl. 8. Germ. (Frankf. a. M.) 798. Gebhard u. K. 16 gr.

— des H. v. W*** üb. mancherl. Mater. von unterschied. Personen. 8. Naumb. 756. Wedel. 12 gr.

— über d. Dichter Er. Wagner, s. Er. Wagner.

— üb. d. Dichter Ernst Wagner, enthaltend: Lebensgeschichten, Nachrichten; Mittheilungen aus d. handschriftl. Nachlasse des Dichters; Auszüge aus Briefen von ihm selbst; vom Herzog August v. S. Gotha; J. P. Fr. Richter; Fichte u. A. Herausgeg. v. Fr. Mosengeil. 2 Bdchn. 8. Schmalkalden 826. Varnhagen. 2 Rthlr. Vel. Pap.

— über Wahrheit, Gott, Organismus u. Unsterblichkeit. gr. 8. Kopenh. 803. (Barth in Leipz.) 1 ℔ 12 gr.

Briefe über die Wahrheit der christlichen Religion. Würzburg 1792. V: *Enders*, *Alexander.* (Ky) (ML)

Briefe über die Wahrheit der christlichen Religion. Würzburg, Nitribit, 1792, 8⁰, 9 Bogen.

Briefe über die wichtigsten Wahrheiten der Offenbarung ... Bern 1772. V: *Haller*, *Alb. von.* (winer)

— des Deputirten Mich. Wahrmann, s. Wahrmann.

Briefe, Waldeckische. I. Staatsmänner des Fürstenthums zu Ende des vorigen Jahrhunderts. II. Erinnerungen an C. J. Bunsens Jugendjahre. Berlin 1862. V: *Schumacher*, *W.* (Russell)

— waldeckische. 1. Staatsmänner des Fürstenthums zu Ende des vorigen Jahrhunderts. — 2. Erinnerungen an C. C. J. Bunsen's Jugendjahre. Berlin 862. Hertz. gr. 8. (42 S.) n. 8 ngr.

Briefe, Wallbergs, an seinen Freund Ferdinand. Wahrheit oder Dichtung, wie ihr wollt. Leipz. 1783. V: *Stäudlin*, *Gotthold Friedrich.* (Ky) (ML)

Briefe, Eduard von Walters, an seinen Freund, oder der reisende Philosoph. Augsburg 1791. V: *Reichlin von Meldegg, Fr. Aug. Freih.* (MGT) »Wallers« (Ky)

— auf e. Wanderung in d. Hartgebirge im Rheinkreis d. Königr. Baiern geschrieben, nebst Materialien, jenes u. seine Umgebungen zu bereisen. 8. Frankf. 822. Eichenberg. 6 Kr.

— auf einer Wanderung in d. Hartgebürge im Rheinkreis des Königr. Baiern geschrieben, nebst Materialien jenes u. seiner Umgebungen zu bereisen. 8. Frankf. 824, Eichenberg.

— — des Tiroler Wastels an den Schulmeister in Kadurschl. Wien 1800. 8°. 29 S.
Haydinger's Bibl. I. 2. No. 450. — Selten!

— über d. Weiber. s. Pockels.

Briefe, welche den Streit der Religion betreffen. Leipzig 1755. V: *Spalding, Johann Joachim.* (Ky)

Briefe, welche eine von Hrn. D. Uno von Troil im J. 1772 nach Island angestellte Reise betreffen; aus dem Schwedischen übersetzt ... Upsala und Leipzig 1779. Ü: *Möller, Joh. Georg Peter.* (MGT)

Briefe welche kürzlich von Personen in Paris an Doctor Priestley in America geschrieben und an Bord eines neutralen Schiffs genommen worden. o. O. 1798. 32 S. 8°.
Landesbibliothek Coburg
Sabin 65501.
Joseph Priestley, 1733–1804

— welche vormals unt. d. Tit.: Sendschreiben, in Danzig herausgekommen sind, (v. v. Waesberghe). 2 Thle. 8. Danzig 769. 2e Ausg. (Aue in Alt.) 1 Rthlr. 8 Kr.

— welche vormals unt. d. Tit.: Sendschreiben herausgekommen sind. 2 Thle. 8. Danzig, Jacobäer. 769.

Briefe e. Weltbürgers über d. Regierungsveränderung in Ansbach u. Bayreuth, (v. G. E. A. Mehmel). 8. Erlang. 792. Palm. 10 Kr.

— aus verschied. Weltgegenden. 2 Bdchen. 8. Pilsen 795, 96. (Köhler in Leipz.) 20 Kr.

Briefe, die gegenwärtigen Weltgeschäfte betr. 4. Dantzig 1759.

Briefe eines Weltmanns an einen Landgeistlichen, das neue Preussische Gesangbuch betreffend. Berlin 1784. V: *Lüdke, Friedrich German.* (Ky) (ML)

— e. vermummten Weltpriesters, über d. Ende d. Cölibats. gr. 8. Münch. 783. Crätz. 4 Kr.

Briefe eines chinesischen Weltweisen an seine Freunde in den Morgenländern; aus dem Engl. Leipzig 1763-64. Ü: *Gellius, Johann Gottfried.* (ML)

— e. chines. Weltweisen an seine Freunde. 2 Theile. 8. Leipz. 763, 64. Weidmann. 1 Rthlr.

Briefe über Asmus Werke. O. O. 1775. V: *Hamann, Johann Georg.* (R-N) (GGr)

— üb. d. Werke d. Natur. 8. Lpz. Schwickert. 783.

Briefe über die Wichtigkeit, Pflicht und die Vortheile des Frühaufstehens ... Nach der 5. Aufl. des Englischen d. A. C. Buckland übersetzt. Leipzig 1824. Ü: *Bergk, Johann Adam.* (NN)

Briefe aus Wien von einem Eingeborenen. Hamburg 1844. V: *Tuvora, Franz.* (Mitt. von Dr. Heinrich Friedjung.) V: *Nordmann, Johannes* (= *Johann Nepomuk Rumpelmaier*). (BGE VIII³, 428)

— — aus Wien. Von einem Eingebornen *(J. Nordmann).* 2 Bde. (Motto: „Magis amica veritas.“) Hamburg, Hoffmann u. Campe. 1844. 8°. (3 Rthl.) (In München: Austr. 780, 1 vol.) (4 Mk. 50 Pfg. Jos. Baer & Co., 1894; 5 Kr. Halm & Goldmann, 1904; 9 Mk. Adolf Weigel, 1906.)
I: 2 Bll., 248 S. II: 2 Bll., 271 S., 2 Bll. Inh. (zu 1—2).
Inhalt: Aeusserliche Heiterkeit. — Corruption. — Aristokratie. — Bourgeoisie. — Volkscharakter im Allgemeinen. — Polit. u. wissensch. Journale. — Schulwesen. — Vereine. — Dramat. Autoren u. Theater. — Caroussel. — Staatsmänner. — Jesuiten. — Wiener Municipalitätsverhältnisse. — Mysterien Wiens. — etc.

Briefe aus Wien von einem Eingeborenen. Hamburg 1845. V: *Tuvora, Joseph.* (Das literarische Deutsch-Österreich. X. Jhgg. 2. Heft. Febr. 1910. S. 51.) (Der Freimüthige, von Mahler. Wien 1848.) (WBL 48, 163)

— aus Wien an e. hohe Dame. über d. Erziehung d. jungen Napoleon. Mit Bildn. 12. Bern 831. (Dalp). 10 Kr.

— aus Wien üb. d. Herzog v. Reichstadt. 8. (3¼ B. u. Bildn.) Bern 831, Dalp.

Briefe aus Wien verschiedenen Inhalts an einen Freund in Wien. Leipz. u. Berlin (Pressburg) 1783. Zweyte Auflage, Leipz. u. Berlin (Pressb.) 1784. 8. Ausgabe 1784. 2 Theile (Theil 1 zweyte u. verb. Aufl.) 1784—1785. 2 Thle. 1785 V: *Friedel, Johann.* V (2): *Steinsberg, Franz Guolfinger Ritter von* (?). (MGT VII, 644) (BGE VIII³, 442)

Briefe aus Wien verschiedenen Inhalts an einen Freund in Berlin. 8. Ausg. Leipz. u. Berl. [Preßburg] 1784. V: *Friedel, Johann.* (Kat. d. Bibl. Dr. Fr. Schnitzer. München 1902. S. 81.)

Briefe über Wiesbaden und dessen Bäder. [Berlin 1799.] V: *Menu, von.* (MGT)

Briefe über das Wilhelmsbad [vom Illuminaten Prometheus.] 1782.
Kl. 2320.

— über d. Wirkungen d. Gnade, aufgesetzt v. Eusebius. gr. 8. Halle 777. Waisenh.-B. 6 Kr.

— üb. d. Wirkungen d. Gnade, als e. Fortsetz. d. Unterred. v. Eusebius. gr. 8. Halle, Waisenhaus. 777.

Briefe über die Wissenschaftslehre ... Jena 1800. V: *Krug, Wilhelm Traugott.* (Ky) (MGT)

— über d. Wissenschaftslehre, (v. W. T. Krug). 8. Leipz. 800. (Brockhaus). 12 gr.

— Wittelsbacher, a. d. J. 1590—1610, s. Stieve, Felix.

Briefe (Einige) über die Königl. Dänische Wittwenkasse, etc. 8°. Flensburg, Korte, 1776.

Briefe eines englischen Wundarztes aus Afrika: Rainolds Erinnerungen. 7. Bd. Wien u. Prag 1827. S. 233/41. 257/66. V: *Lessmann, Dan.* Mit dessen Namen im Originalabdruck: Der Gesellschafter 1826. Nr. 191/200. Dann in Lessmanns Novellen. 1. Bd. Berlin 1828. (DARP)

— e. Wundarztes über d. wichtigsten Gegenstände d. Heilkunde. Mit e. Vorrede von Chr. Ldw. Mursinna. 8. Berl. 800.

Briefe über das Wundervolle, welches der geistliche Herr Fürst Alexander von Hohenlohe im baierischen Franken öffentlich unternahm ... O. O. 1821. V: *Reindl.* (BMarsch 916)

Briefe über das Wundervolle, welches der ... Fürst Alex. von Hohenlohe im Baier. Franken öffentlich unternahm. Erlangen 1821. V: *Hornthal, Franz Ludwig von.* (MGT)

— über das Wundervolle, welches der geistl. Herr, Fürst Alexander von Hohenlohe, im bayerschen Franken unternahm. 4 Lieferungen. 8. (Erlangen 821, Palm u. Enke.)

Briefe über den Artikel: »Würtemberg in der neuesten Zeit« im Conversations-Lexikon. Heilbronn 1835. V: *Lindner, Frdr. Ldw.* (Tübz 7, 39)

— über den Artikel: „Würtemberg in der neuesten Zeit" im Conversations-Lexicon. 8. Heilbronn 835. Claß. 1/8 rtl. (Vgl. auch: Würtemberg in d. neuesten Zeit.)

— eines Würtembergers aus Hamburg an seinen Freund in Stuttgart über die neuesten Staatsangelegenheiten in Deutschland überhaupt, und in Würtemberg insbesondere. 16 Bdchen. gr. 8. Leipzig, Hartmann, 820.

— e. Würtembergers aus Hamburg, an seinen Freund in Stuttgart, über d. neuesten Staatsangelegenheiten in Deutschland überhaupt, u. in Würtemberg insbesondere. 16 Bdchen. gr. 8. Leipz. 820. (Lehnhold). 16 gr.

Briefe, Würtembergische, oder Schilderung der Sitten ... O. O. 1766. V: *Ganz, Joh. Frdr.* (Kat. der ständ. Bibl. Stuttg. 1907. S. 516.)

— Würtembergische, od. Schilderung d. Sitten d. Personen dieses Herzogth. 8. Frankf. 766. Fleischer. (109 S.)

— Würtembergische, (v. Fr. Bernritter). 2 Bdchen. 8. Ulm 786—99. Stettin. 22 gr. (2s Bdchen. A. u. d. T.: neue Würtembergische Br., gesammelt in d. J. 1797 u. 98. (v. F. Bernritter). 8. o. O. 799. 10 gr.

Briefe, wirtembergische, 1786. (1. Bdchn. 2., mit d. 1. gleichlaut. Aufl.) 8. (1½ B. u. lith. Ttl.) Ulm 840, Stettin'sche Buchh. Thlr. *

Briefe aus Würzburg über die dortigen wichtigen Ereignisse. Lfg. 1—3 Würzburg 18?? — 22. V: *Scharold, Carl Gottfried.* (Ky) (MGT)

— aus Würzburg, über d. dortigen wichtigen Ereignisse rc. (v. K. G. Scharold). 3 Lieff. 8. Würzb. 822. (Stahel). 9 gr.

— aus X. über den Schlüssel zum Weltall oder: Ein allgemeines Gesetz für die sichtbare, wie für die unsichtbare Welt. Ein Versuch beim Publicum. gr. 8. (75 S.) Berlin 856, Veit und Comp. *

Briefe, Yoricks, an Elisa. Aus dem Engl. Hamb. 1775. V: *Sterne, Lawrence.* Ü: *Bode, Johann Joachim Christoph.* (Ky) (ML) (Schr) (JL)
Vgl. Briefe an Elisa von Yorick.

BRIEFE von Yorick und Elisen, wie sie zwischen ihnen konnten geschrieben werden. Leipzig, Weidmanns Erben u. Reich, 1780. 2 Teile in 1 Bd. 8°.

— des deutschen Yorik an Elisa. Novelle in Briefen. 863. 10 ngr. — 2. Ausg. Jena 865. Neuenhahn. 8. (78 S.) 7½ ngr.

— zahme, an e. Nationalliberalen. Ein Aufklärungsgefecht f. die Reichstags-Wahlschlacht. 1. u. 2. Aufl. gr. 8. (35 S.) Leipzig 889. Findel. n. — 80

— dasselbe. 3., verb. Aufl. 8. (40 S.) Ebd. 889. n. — 80

Briefe über die Zauberey und damit verwandte Materien. Leipzig 1778. V: *Willebrand, Christian Ludwig.* (MGT) (Mp)

— 10, von d. Schles. Grenze, an d. Verfass. d. Briefe aus Berlin, (v. L. A. Hoffmann). 8. Wien 784. Hartl. 8 gr.

10 lat. Briefe aus dem Ende des sechzehnten und dem Beginne des siebzehnten Jahrhunderts an J. M. Wacker. Mit Einleitung und Anmerkungen. 18 S. –Teschen ev., Progr. 1860

— zehn moralische, s. Mollberg, von.

Briefe, Zehn, aus Oesterreich an den Verf. der Briefe aus Berlin. Gedruckt an der schles. Gränze 1783. [Wien] 1784. 2. Aufl. 1784. 3. Aufl. 1784. 4. Aufl. 1785. (Mit e. satyr. Vorrede von Steinsberg.) Wien ca. 1785 (?). V: *Hoffmann, Leop. Alois.* (Der deutsche Zuschauer 1785/8, 9. Bd., S. 149. 189) (Bespr. Realzeitung 1784, Nr. 32 v. 5/9, S. 522) (WR 124) (GGr IV³/606, Nr. 69/4) (BiblPort)

— a. alter Zeit. Wilhelmine Heyne-Heeren an Marianne Friederike Bürger 1794—1803, u. e. Nachtrag. Hrsg. v. M Eckardt. (106) 8° Hann., E Geibel '13. 2 —; geb. 3 — d

Briefe aus ernster Zeit. Ein Weihnachts-Gruss zur Erinnerung an 1870/71 für unsere treue Mutter. Kirchhain N.-L. 1895. V: *Lauenstein, Carl & Moritz Lauenstein.* (Berl 1912, S. 455)

Briefe aus der Zeit des ersten schlesischen Krieges. Hrsg. und erläutert von Dr. Christian Meyer. Leipzig 1902. V: *Geuder, Friedrich Christoph Reichsfreih. von, gen. Rabensteiner.* (Berl) (KA)

— üb. d. jetzig. Zeiten. 2 Hefte. 8. Leipzig, Gräff. 806.

— über d. jetzigen Zeiten u. drückende Theuerung. 2 Hefte. 8. Leipz. 2e A. 806. (Wienbrack). 16 gr Dass. mit Jahrz. 804. Hamb., Perthes u. B. 16 gr

Briefe über die neuesten Zeitereignisse, ihre Ursachen u. Folgen, 3 Hft. 8. Leipzig 1814.

Briefe über die neuesten Zeitereignisse. 4. Hft. 8. Germanien (Leipzig) 1814. 4,15.

— üb. die neuesten Zeitereignisse, ihre Ursachen und ihre Folgen. 1s—4s Heft. 8. Germanien. (Leipz. Barth.) 814—815. (Is 12 gr. IIs 12 gr. IIIs 10 gr. IVs 12 gr.)

— über d. neuesten Zeitereignisse, ihre Ursachen u. ihre Folgen. 4 Hefte. 8. Germanien 814—16. (Leipz., Barth). 1 Rthl 9 gr

Briefe eines Zeitgenossen an Hrn. Koppes, Bischof v. Luxemburg. Nebst vollständ. Text in deutscher Sprache d. in diesen Briefen mehrberegten bischöfl. Rundschreiben vom 18. Jan. 1884, betr. Hrn. Hengesch u. die Clara Moes. 2. Aufl. gr. 8. (61 S.) Luxemburg 885. Brück. n. — 40

— berühmter Zeitgenossen an Wilhelm Freiherrn v. Hammerstein, Chefredakteur der Neuen preußischen (Kreuz-) Zeitung. gr. 8. (54 S.) Zürich 892. Verlags-Magazin. n. 1. —

— hervorr. Zeitgenossen an Franz Liszt. N. d. Handschriften d. Weimarer Liszt-Museums m. Unterstützg. v. dessen Custos Gille hrsg. v. La Mara. 2 Bde. gr. 8. Leipzig 895. Breitkopf & Härtel. n. 12. —; geb. n. 14. — 1. 1824–1854. (XII, 367 S.) — 2. 1855–1881. (VIII, 377 S.)

— hervorragender Zeitgenossen an Franz Liszt. Nach den Handschriften hrsg. v. La Mara. 3. Bd.: 1836—1886. Neue Folge. (XII, 413 S.) gr. 8. Leipzig 904. Breitkopf & Härtel. n. 6. —; geb. n. 7. — Bd. 1 u. 2 Ebd. 895. n. 12. —; geb. n. 14. —.

— e. alten Zeitungsschreibers üb. d. Repräsentativsystem u. die preuß. Verfassung. gr. 8. (6½ B.) Königsberg 846, Universität-Buchh.

— Zellische. 8. Braunschw. 780. Waisenhaus. 10 gr

— von J. G. v. Zimmermann, Wieland und A. v. Haller an Vincenz Bernhard v. Tscharner. Hrsg. von Rich. Hamel. gr. 8. (83 S.) Rostock 881, Werther's Verlag. *

— über die Civilehe. Den Liberalen Oesterreichs gewidmet. gr. 8. (III, 43 S.) Wien 869, Pichler's Witwe und Sohn.

Briefe über den Cälibat unserer kathol. Geistlichen ... Ein Anhang zu den Briefen über das Mönchswesen. Oberhausen [Ulm] 1781. V: *Sulzer, Johann Anton.* (Wr) (BGE) (Ky)

— über den Cölibat unsrer kathol. Geistlichen von K-u-r u. W-o-g, (J. A. Sulzer). 8. Oberhausen 781. Müller. 8 gr

— üb. d. Cölibat uns. kathol. Geistl. 2 Thle. 8. Kehl, Müller. 784.

Briefe über den gegenwärtigen Zustand von England, besonders in Ansehung der Politik der Künste, der Sitten und der schönen Wissenschaften. [Erster - Zweiter Theil] Aus dem Englischen übersetzt. Leipzig: Kummer. 1777. 8°. Universitätsbibliothek Heidelberg

Briefe über den gegenwärtigen Zustand von Holland. Aus dem Französischen. Berlin 1782. V: *Pilati di Tassulo, Carlo Ant.* Ü: *Trost, Carl Friedr.* (Ky)

— über d. gegenwärt. Zustand v. Holland, (v. v. Pilati). Aus d. Französ. (v. K. F. Trost). 2 Thle. 8. Berl. 782. Nicolai. 1 Rthl

Briefe über den gegenwärtigen Zustand der Litteratur und des Buchhandels in Oesterreich. Zürich 1788. V: *Full.* (cb) (Karajan) (Ky) (MGT) (weber) V: *Kratter. Franz.* (Jen. Allg. Litt. Zeitg. 1789, II, 134.)

— über d. gegenwärt. Zustand d. Literatur u. d. Buchhandels in Oesterreich, (v. ... Full). gr. 8. Zürich 788. Orell. 12 gr

Briefe, den gegenwärtigen Zustand von Nord-America betreffend. Götting. 1777. V: *Sprengel, Matth. Chn.* (EngG) (BrMm) (Ky)

— über d. gegenwärt. Zustand von Nordamerika, (v. M. C. Sprengel). Mit 1 Tabelle. 8. Götting. 777. Dieterich. 8 gr

Briefe, den gegenwärtigen Zustand von Schweden betreffend. Frankfurt und Leipzig [Stralsund] 1756. V: *Hess, Heinrich Ludwig.* (Ky) (ML) (Schr)

— d. gegenwärt. Zustand d. schönen Wissenschaften in Deutschland betreff., (v. Fr. Nicolai). 8. Berl. 755. (Nicolai). 6 gr

— über d. Zustand d. Gelehrsamkeit in Schweden. 8. Greifsw. 756. (Berl., Mylius). 2 gr

Briefe über den itzigen Zustand von Galizien ... Leipzig 1786. V: *Kratter, Franz.* (Ky) (MGT) (MS) »Wien« (BrMm) (EngG) (GGr) (Kn)

— über d. jetzigen Zustand Galiziens, (v. Frz. Kratter). 2 Thle. 8. Wien 786. Wucherer. 1 Rthl 8 gr

— über d. jetzigen Zustand von Großbritannien; aus d. Engl. (v. J. A. Remer). 1r Bd. gr. 8. Frkf. u. Leipz. 776. (W. Nauck). 14 gr

— üb. d. jetzig. Zust. v. Grosbritann. 1r Bd. gr. 8. Mietau. Sommer. 776.

Briefe über den jetzigen Zustand der Religion unter den Lutheranern, s. Briefe. - Freundschaftliche Briefe ...

Briefe über den kirchlichen Zustand von Holland. [Halle 1813.] V: *Zimmermann, Ludolf W. G.* (MGT)

Briefe über den politischen, bürgerlichen und natürlichen Zustand der Schweitz. Augsburg... 1797 s. B[irkenheim], C[arl Christian] von.

Briefe über den politischen, bürgerlichen und natürlichen Zustand der Schweiz ... Augsburg und Gunzenhausen 1797. V: *Berkenheim, Carl Christian von.* (MGT) (MS) V: *Berkheim, C. C. von.* (BrMm) (Ky)

— über d. polit., bürgerl. u. natürl. Zustand d. Schweiz, (v. K. C. v. Birkenheim). 1r Thl. mit Kpf. gr. 8. Augsb. 797. 2e A. 799. (Andrä in Leipz.) 18 gr.

— üb. d. politisch. bürgerl. u. natürl. Zust. der Schweiz, gr. 8. Augsb. (Bauer in Lpz.) 799.

— — dasselbe, m. K. gr. 8. Augsb. Kranzfelder. 802.

Anonym: „Briefe über den schlechten Zustand des Landmanns und über die Mittel, ihn abzuändern", aus dem Englischen übersetzt, Kopenhagen 1769 (Rothe).

Briefe über den schlechten Zustand des Landmannes und über die Mittel ihn zu ändern. A. d. Engl. übers. Soest 1769. Ü: *Martini, Ferd.* (Bruun, Bibl. Danica. II, 516.) (Collin, Anonymer. Kiobenh. 1869.)

Briefe über den Zustand des Teutschen Theaters zu Wien ... V: *Schink, Joh. Fch.* (Rich. Bitterling: Joh. Friedr. Schink. Hamb. u. Leipzig 1910. S. 70) (BiblPort)

Briefe über Zustände und Begebenheiten in der Türkei aus den Jahren 1837—39. Berlin 1841. V: *Moltke, Helmuth Carl Bernhard Graf von.* (CBH) (Pr) V (Vorrede): *Ritter, Carl.* (BrMm)

— über Zustände u. Begebenheiten in d. Türkei aus. d. J. 1835—1839. (Von H. v. Moltke. Mit e. Vorw. v. Carl Ritter.) gr. 8. (27½ B. m. Vign.) Berlin, Posen u. Bromberg 841, Mittler. *

Briefe über Bremische Zustände von M***. Bremen 1852. V: *Mindermann, Marie.* (Gräfe, Bremer Dichter 1875, S. 228) (Zeitschr. f. Büch. 1923, S. 81)

— über Bremische Zustände v. M***. gr. 8. (64 S.) Bremen 852, Geisler. 9 ngr.

— zwanglose, eines Notars. gr. 8. (50 S.) Erlangen 869, Palm und Enke.

— üb. den Zweck weibl. Bildung, s. Fouqué, Karoline.

Briefe, Zwey, über die Academie der Künste. Kopenhagen 1771. V: *Sturtz, Helfrich Pet.* (Bruun, Bibl. Danica. II, 975.) (Collin. Anonymer. Kiobenh. 1869.)

Briefe, Zween, an Hrn. M. Bahrdt, betreffend seinen verbesserten Christen in der Einsamkeit. Breslau 1763. V: *Lavater, Johann Caspar.* (MGT) (JL)

Briefe, Zwey, an Herrn Magister Carl Friedrich Bahrdt, betreffend seinen verbesserten Christen in der Einsamkeit. Breslau und Leipzig 1764. V: *Lavater, Johann Kaspar.* (schstr S. 86)

Briefe, zwei, von Charles Bal, Geschäftsführer der Veritas universel an Aug. Behn in Hamburg mit Randbemerkungen von Letzterem, nebst zwei Aufsätzen gegen das Bureau Veritas von Frz. Schiller veröffentlicht im Interesse des neu begründeten deutschen Schiffs-Classifications-Instituts in Hamburg. Hamburg 867. Nolte. gr. 8. (45 S.) n. 5 ngr.

Briefe, Zwei, an Jak. Dubs; mitgeteilt von Reinhold Rüegg. [Zürich 1905.] V: *Bluntschli, Joh. Casp.* & *Otto v. Bismarck.* (Zuwachsverz. d. Bibliotheken in Zürich 1898 ff., 8.)

Briefe, Zween, von den Erzbischöfen zu Paris und zu Arles über das Breve Clemens XIV. Amsterdam [Augsburg] 1776. H: *Zabuesnig, J. C. von.* (Wr)

Briefe, Zween, bey Gelegenheit des Zweykampfs zwischen dem Grafen Stollberg und dem Studirenden, Eichstedt, in Kiel. Dresden 1781. V: *Münter, Balthasar* & *Eichstedt.* (Erman & Horn, Bibliogr. d. dtsch. Universitäten. 1. Leipzig u. Berlin 1904.)

— zwei, von e. Kaufmanne in London an seinen Freund in Amsterdam, (üb. d. Bekehrung d. Juden). 8. Lond. 819. (Nürnb., Raw). 2 gr.

— zwei, an Pastor Knak, betr. die neueste kirchliche Frage. 8. (28 S.) Berlin 868, Beck. *

Briefe, Zween kritische, von der teutschen Dichtkunst. Jena 1755. V: *Rasche, Johann Christoph* (MGT) (Adel) V (1): *Rasche, Joh. Chph.* (2): *Schmidt, Jac. Friedr.* (JL)

— zwey, Dr. Mart. Luthers an seinen Sohn, nebst einem an seinen Freund Laz. Spengler, worin er sein Petschaft beschreibt, dies Petschaft ist auf dem Titel abgedruckt, die Unterschrift des Reformators ist nach seiner Handschrift. 8. Berlin, Enslin. 819.

Briefe. - Zwei Briefe allen Protestanten die noch nicht zum Indifferentismus übergegangen sind, zur Beherzigung vorgelegt. o. O. 1803.

— zwei, allen Protestanten, d. noch nicht z. Indifferentism. übergeg. &c., gewidm. 8. Augsb. 803. Doll. 6 gr.

Briefe, Zwei, allen Protestanten zur Beherzigung. Leutschau 1806. V: *Berzeviczy, Gregor.* (Pk)

Briefe, Zwei, aus dem Herzogthum Schleswig. Itzehoe 1860. V: *Reiche, H. J.* (Russell VI, 173)

— zwei, aus dem Herzogth. Schleswig. gr. 8. (14 S.) Hamburg 860. (Itzehoe, Nusser.) *
Aus: Volksblatt für Stadt und Land („Zeichen der Zeit"), besonders abgedruckt.

Briefe, Zwey, von den Sitten und der Verfassung der Türkischen Damen beschrieben. Aus dem Engl. übersetzt. Langensalza 1770. V: *Montague, Mary Worthley.* (BGE III³, 722)

Briefe, Zwei, über den Türkenkrieg. Hof 1788. V: *Menzel, Joh. Fr. Leonh.* (Ky 1/35; 4/84) (BiblPort)

— zwei, üb. d. Türkenkrieg. 8. Hof 788. Grau. 4 gr.

— noch zwei, üb. d. gegenwärt. Türkenkrieg, (v. J. F. L. Menzel). 8. Leipz. 789. Fr. Fleischer. 3 gr.

Briefe, Zwey, über die bürgerliche Verfassung der Juden. O. O. 1781-82. V: *Springer, Johann Chph Erich von.* (Stri)

Zwei Briefe über Vernunft und Glauben zwischen einem Professor der Theologie und Philosophie u. einem alten Spielzeugmacher. Kiel u. Hamburg. 1821. Hamburg. 1839. 8°

— zwei, über Vernunft u. Glauben, zwischen einem Professor d. Theologie u. Philosophie u. e. alten Spielzeugmacher, (Kiel u. Hamburg, 821.) bei der erneuerten Anregung im Itzehoer Wochenblatt durch die leidenschaftl. Anzeige d. Hrn. Pastor Harms aufgesucht u. f. theilnehm. Freunde herausg. 8. Hamburg 840. Niemeyer. 1/12 rß

Briefe, Zwölf, über die Appellation des Hrn. Prof. Fichte an das Publikum. Berlin 1799. V: *Schwab, Johann Christoph.* (Ky) (MGT)

— zwölf, üb. Fichte's Appellat. 8. Tübingen, Heerbrand. 799.

— zwölf, üb. Fichte's Appellation, (v. J. Cph. Schwab). 8. Tüb. 799. (Osiander). 4 gr.

Briefe. Zwölf B' von Goethe's Eltern an [Johann Caspar] Lavater. Als Manuscript für Freunde, zur Feier des 4. Januar 1860, in Druck gegeben von S[alomon] H. H[irzel]. 8. (Leipzig.)

— zwölf, eines ästhetischen Ketzers. [Von K. Hillebrand.] gr. 16. (IV, 118 S.) Berlin 874, Oppenheim. *

Briefe, 12, eines aesthetischen Ketzers. Leipz. 1874. V: *Noiré, Ludwig.* (Antiqu.-Kat. Nr. 351. Gustav Fock-Leipz. S. 64 sub 2046.)

— zwölf, ein. Mitglieds d. suchend. Gesellsch. 8. Presb. Weber.

— zwölf moralische, in Versen, (v. Cph. M. Wieland). 8. Heilbr. 752. 6 gr.

— —. Zwölf, dem Wiener Publicum. Wien 1789. 8°.
Karajan's Bibl. II. Nr. 1297. — Selten!

Aus **Briefen** moderner Frauen und Männer. Als Studie nach Orig. veröffentlicht von d. Empfängerin. Berlin & Leipzig: Frauen-Rundschau [1905]. (79 S.) 8° [F.] [05. 3593

Briefen, Von, und Geschäften. Für die k. k. Militär-Academie zu Wiener-Neustadt. 8. Wiener-Neustadt 1810.

Briefen. Aus den B' eines Missionskaufmanns. Basel s. (Preiswerk. Ernst).

Brieff. -s. Brief.

Briefgeheimniss vor dem Reichstage. Mit einem Nachworte von Liebknecht. 62 p. 8°. Berlin 1878.

Brief-Geheimniß, das, vor dem deutschen Reichstag. Nach dem amtl. stenograph. Bericht der Sitzung des Deutschen Reichstags am 18. März 1880. 8. (19 S.) [Leipzig 880.] Gera, Fink. *

Brief-Geheimniss. - Das Brief-Geheimniss vor dem deutschen Reichstag. Nach dem amtl. stenogr. Bericht der Sitzung des deutschen Reichstages vom 18. März 1880. 8°. Leipzig, W. Frick, 1880.

Brief-Geheimniss, d., vor d. deut. Reichstag. 8. (19) Lpzg 80, Goldhausen. n. — 10

Briefkonzept. -s. Briefconcept.

Brieflade, est- und livländische. Eine Sammlung von Urkunden zur Adels- und Gütergeschichte Est- und Livlands, in Uebersetzungen und Auszügen. Hrsg. von F. G. v. Bunge und Baron R. v. Toll. 1. Thl.: Dänische und Ordenszeit. 1. Bd. und 2. Bd. 1. und 2. Lfg. hoch 4. (XX und 1230 S.) Reval 856(58,) (Kluge's Verlag.) [1. Bd. * 5 Thlr., 2. Bd. 1. und 2. Lfg. * 2 Thlr. 15 Ngr.] *

Brieflade, Ehst- und Livländische. Eine Sammlung von Urkunden zur Adels- und Gütergeschichte Ehst- und Livlands, in Uebersetzungen und Auszügen. 2. Abthl.: Schwedische und polnische Zeit. Hrsg. von E. Pabst und Baron R. v. Toll. 1. Bd. Die Jahre 1561—1650. 2. Bd. Die Jahre 1651—96. hoch 4. Reval 861,64. (Kluge's Verlag.) [1. Bd. (642 S.) * 3 Thlr. 8 Ngr., 2. Bd. (434 S.) * 2 Thlr. 8 Ngr.] *

Brieflade, ehst- u. livländ. Eine Sammlg v. Urkunden z. Adels- u. Gütergeschichte Ehst- u. Livlands, in Uebersetzgn u. Auszügen. 2. Abth.: Schwed. Zeit. Hrsg. v. E Pabst u. R v. Toll. 2. Bd. Die J. 1651 bis 1697. 8. (643—1076.) Rev. 64, Kluge. n. 6. 80

Brieflade, est- u. livländische. Eine Sammlg. v. Urkunden zur Adels- u. Gütergeschichte Est- u. Livlands. II. Thl., Bd. 1. u. 2.: Schwedischpoln. u. schwed. Zeit v. 1561 - 1700, hrsg. v. Ed. Pabst u. Rob. Baron v. Toll. Register zum II. Thl., Bd. 1 u. 2., bearb. v. P. Th. Falck. Lex.-8. (VIII, 103 S.) Riga 885. Deubner. n.n. 4. — (I—III m. Reg. zu II.: n.n. 51. 30)

Brieflade, ehst- und livländische. Eine Sammlung von Urkunden zur Adels- und Gütergeschichte Ehst- und Livlands, in Uebersetzungen und Auszügen. 3. Thl.: Chronologie der Ordensmeister über Livland, der Erzbischöfe von Riga und der Bischöfe von Leal, Oesel-Wiek, Reval und Dorpat. Aus dem Nachlasse von Baron Rob. v. Toll hrsg. von Phpp. Schwartz. gr. 8. (XV, 382 S.) Riga 879, (Deubner.) *

Brieflade, est- u. livländische. 4. Thl. Siegel u. Münzen der weltl. u. geistl. Gebietiger üb. Liv-, Est- u. Curland bis zum J. 1561, nebst Siegeln einheimischer Geschlechter. Aus dem Nachlasse von Baron Rob. v. Toll m. Hinzufügg. e. Textes f. die Siegel hrsg. von J. Sachssendahl. Mit 87 Taf. gr. 4. (XXXII, 284 S.) Reval 887. (Kluge.) n. 17. —; Ausg. m. Tafeln auf stärkerem Pap. n. 19. — (I—IV m. Reg. zu II.: n.n. 68. 30)

Brieflein, Dieses, zukomme Sr. Hochwürd. und Gnad. dem treufleissigen Landdechant N*... O. O. 1784. V: *Moll, Carl Ehrenbert Ritter von.* (HR) (MGT) (NN) V: *Rifnagl.* (EB)

Brieflein, Neue, der Männer im Trüben aus Frankfurt der Stadt am Main geschrieben in Freude und Trauer an ... A. Rugium. Aus altrömischer Schrift ... übersetzet u. in zierliche Reimlein gehetzet. Frankfurt a. M. 1849. V: *Schwetschke, Carl Gustav.* Ü: *Lucae, Frdr.* (Mitth. M. Grolig.)

Brieflein, neue, der Männer im Trüben aus Frankfurt der Stadt am Main geschrieben in Freude u. Trauer an den fürtreffl. Weltanschauer u. hochgelahrten Doktorum Hrn. Arnoldum Rugium. Aus altrömischer Schrift übersetzet, und in zierliche Reimlein gehetzet, auch m. Sprüchlein durchwebt u. durchwind't v. einem Frankfurter Bürgerskind. 12. (24 S.) Frankfurt a. M. 849, Brönner. 3 *ngl*

BRIEF-MAGAZIN, Wienerisches. Wien, Camesina, 1789. 8°. (In München: Epist. 118.) Rar!

BRIEFMAGAZIN. Wienerisches – oder Auswahl der bündigsten Briefe für das gemeine Leben ... Kurzbek, Wien 1789. vol. 12 + 439 S.

Briefmarken, s. Bibliothek, philatelistische.

Briefmarken, die, v. Baden. 1851—1868. qu. gr. 8. (16 Bl.) Heilbronn 898. O. Weber. Geb. in Leinw. n. 3. —

— die, v. Bayern. 1849—1898. qu. gr. 8. (16 Bl.) Ebd. 898. Geb. in Leinw. n. 3. —

Briefmarken sind keine Kleinigkeit, s.: Flugschrift, 61., d. Dürer-Bundes zur ästhetischen Kultur.

— die, v. Württemberg. 1851. 1898. qu. gr. 8. (24 Bl.) Ebd. 898. Geb. in Leinw. n. 8. —

Briefmarken-Album. -

s. Album. — Claudius, Rich. — Schaubek, G. — Zschiesche, Alwin.

Briefmarken-Album. Mit 161 Abbild. in Holzschn. Illustrirte Octav-Ausg. 12. und 13. Aufl. Lex.-8. (IV, 78 S.) Leipzig 878,79, L. Senf. cart. *
geb. in Halbleinw. * *M* 1.; in Calico *

Briefmarkenalbum. Neueste Afl. In engl., franz., holländ., portugies. u. russ. Sprache. Mit 700 Markenabbildgn. 8. (à 64) Lpzg 89, Heitmann. geb. à *n.* — 50

Briefmarken-Album. (Ungarisch u. Deutsch.) 4. (VI, 64 S. m. farb. Abbildgn.) Budapost 890. G. Eisler. cart. n. 1. 50

Briefmarken-Album. Mit üb. 650 Markenabbildgn., 19 Portraits regier. Fürsten u. 11 Staatenwappen. 12. (62 S.) Leipzig 895. Vereinigte Dampf-Buchbindereien, Baumbach & Co. n.n. — 10
Wird bei Einzelbezug dem Buchhandel ohne Rabatt geliefert; ein solcher tritt erst bei Bezug von mindestens 10 Exemplaren ein.

Briefmarken-Album. 12. (16 S.) Berlin (899). (Berolina-Versand-Buchh.). — 10

Briefmarken-Album für Anfänger oder Doubletten-Album [auch Suppl.-Album für Privatpostmarken]. 2. Aufl. 12. (68 S.) Wiesbaden 888, Wangelin. *

— historisches. gr. 4. (VI, 52 S. m. Abb.) Leipzig 898. E. Heitmann. Geb. 2. —

Brief-Marken-Album, illustrirtes. — Album pour des timbres-poste. — Album for postage-stamps. 8. (96 S. m. eingedr. Holzschn.) Berlin 875. Grieben. n. — 60 u. n. — 75; geb. in Callico — 90 u. n. 1. —; geb. in Leder n. 1. 60 u. n. 1. 75; geb. in Leder m. Goldschn. n. 2. —

Briefmarken-Album, illustrirtes, von Alwin Zschiesche. Mit 40 Portraits, 84 Waffen- und über 1000 Marken- und Wasserzeichen-Abbild. 7. Aufl. Ausg. I. gr. 4. (IV, 203 Bl.) Leipzig 883, Expedition. cart.
Ausg. II. in Calico geb.
Ausg. III. auf Kpfrdr.-Pap. geb. mit Goldschn.
Ausg. IV, Prachtausg. auf extra starkem Pap. mit vielen Supplementblättern geb. in Saffian mit Schloss

— illustrirtes. Mittel-Quart-Ausgabe. Mit ca. 1850 Markenabbildgn., 80 Staatenwappen, 40 Fürsten-Portraits, 5 Erdteil-Landkarten, nebst geograph.-statist. Mitteilgn. 4. (88 S.) Leipzig 889. Bösenberg. geb. 2. 25

— illustrirtes. Mittel-Quart-Ausg. Raum f. ca. 3500 Marken. Mit ca. 1850 Markenabbildgn., 80 Staatenwappen, 40 Fürsten-Portraits, 5 Erdteil-Landkarten [5farbig], nebst geograph.-statist. Mittoilgn. gr. 4. (88 S.) Leipzig 890. Hupfeld & Gröber. cart. 1. 75; geb. in Halbleinw. 2. 25; in Leinw. 2. 50

— dasselbe. Quer-Octav-Ausg. Raum f. ca. 2750 Marken. Mit ca. 1600 Markenabbildgn., 5 Erdteil-Landkarten [5farbig], nebst geograph.-statist. Mitteilgn. qu. Lex.-8. (100 S.) Ebd. 890. 1. 75; geb. in Halbleinw. 2. —; in Leinw. 2. 50

Briefmarkenalbum, illustr. Gross-Octav-Asg. Raum f. 2500 Marken. Mit 1250 Markenabbildgn. 8. (72 m. 1 Karte.) Lpzg 90, Hupfeld & G. 1. —; geb. in Halbleinw. 1. 25; in Leinw. 1. 50

— dasselbe. Kleine Octav-Ausg. Raum f. ca. 2000 Marken. Mit 950 Markenabbildgn. gr. 8. (64 S.) Ebd. 890. geb. in Halbleinw. n. — 50

Briefmarken-Album, illustriertes, m. ca. 350 Abbildgn. in Farbendr. gr. 8. (64 S.) Berlin 893. Friedrichs & Co. Kart. 1. —

— illustr. 8° (64) Berl. 93, A Weichert. (*Vergriffen.*) Kart. 1 —

— dasselbe. Quer-Octav-Ausg. Raum f. 2570 Marken. Mit üb. 660 Markenabbildgn. 2. Aufl. qu. Lex.-8. (94 S.) Leipzig 893. Vereinigte Dampfbuchbindereien, Baumbach & Co. Geb. in Leinw. 1. —

— dass. Kleine Octav-Asg. Raum f. ca. 2000 Marken. 8° (64 m. 955 Markenabbildgn.) Ebd. 93. Geb. in Lnw. — 50

— dasselbe. Kleine Quer-Octav-Ausg. Raum f. 1100 Briefmarken, m. 550 Markenabbildgn. qu. 8. (60 S.) Ebd. 893. Geb. — 30

— dasselbe. Enth. ca. 11500 Markenfelder m. üb. 3700 Marken- u. 65 Wasserzeichen-Abbildgn., 114 Staatenwappen u. 41 Portraits regier. Fürsten. gr. 4. (III, 396 S.) Ebd. 893. Geb. 4. —

— dasselbe. Enth. ca. 10000 Markenfelder m. üb. 3000 Marken- u. 67 Wasserzeichen-Abbildgn., 90 Staatenwappen u. 35 Portraits regier. Fürsten. gr. 4. (IV, 288 S.) Ebd. 893. Geb in Halbleinw. 3. —

— dasselbe. Enth. üb. 7000 Markenfelder. Illustr. m. üb. 3000 Markenabbildgn., 90 Wappen, 45 Portraits, 67 Wasserzeichen, nebst e. Anleitg. zum Briefmarkensammeln. gr. 4. (III, 158 S.) Ebd. 893. Geb. in Leinw. 2. —

— dasselbe. (In deutscher, engl. u. französ. Sprache.) Illustr. m. 1500 Markenabbildgn., 26 Wappen u. 27 Portraits. Lex.-8. (64 S.) Leipzig 893. E. Heitmann. Geb. n. — 50

— dasselbe. Mittel-Quart-Ausg. Raum f. ca. 3500 Marken. Mit ca. 1850 Markenabbildgn., 80 Staatenwappen, 40 Fürsten-Portraits, 5 Erdteil-Landkarten (5-farbig), nebst geographisch-statist. Mitteilgn. 4. (90 S.) Ebd. 894. Geb. 1. 50

— dasselbe. Kleine Octav-Ausg. Raum f. üb. 2000 Postwertzeichen. Mit üb. 1000 Markenabbildgn. (Nr. 25.) gr. 8. (70 S.) Ebd. 894. n. — 20; kart. (Nr. 28.) n.n. — 25; geb. in Halbleinw. (Nr. 24), in 5 verschied. Dessins à — 50

— illustr. Illustr. m. 1300 Markenabbildgn. u. 16 Wappen. Lex.-8. (78 S.) Leipzig 895. Vereinigte Dampf-Buchbindereien, Baumbach & Co. Kart. — 75; geb. in Halbleinw. (in 3 Einbdn.) 1. —

— dasselbe. Enth. ca. 16000 Marken-Felder mit über 8700 Marken- u. 65 Wasserzeichen-Abbildgn., u. üb. 100 Kopfleisten. 2 Tle. in 1 Bde. Ausg. Nr. 14a u. 14b. 13. Taus. gr. 4. (V, 224 u. III, 194 S.) Ebd. 895. Geb. in Halbleinw. à 4. —

— illustr. Raum f. üb. 2700 Marken. Mit üb. 900 Markenabbildgn. (Nr. 19 C.) 3. Aufl. qu. gr. 8. (94 S.) Leipzig 897. Verl. d. Universal-Briefmarken-Album. Geb. 1. —

— illustriertes. Illustriert m. 1300 Markenabbildgn. u. 16 Wappen. (In deutscher, französ. u. engl. Sprache.) Lex.-8. (78 S.) Leipzig (899). Verlag des Universal-Briefmarken-Album. Kart. — 75; geb. 1. —

— dasselbe. Mittel-Quart-Ausg. Raum f. ca. 3600 Marken. Mit über 2000 Markenabbildgn., 80 Staatenwappen, 44 Fürsten-Portr., bis auf die Neuzeit vervollständigt, nebst geograph.-statist. Mitteilgn. gr. 4. (94 S.) Ebd. (899). Geb. 1. 50

— dasselbe. Kleine Octav-Ausg. Raum f. üb. 2000 Postwertzeichen. Mit üb. 1000 Markenabbildgn. gr. 8. (70 S.) Ebd. (899). — 20; kart. — 25; geb. — 50

Briefmarken-Album, illustr. Enth. üb. 7000 Markenfelder, nebst e. Anl. z. Briefmarkensammeln. Neue Afl. (164) 4° Lpzg, Verl. d. Univ. Briefmarken-Album (02). Geb. 2 —

— dasselbe. Enth. ca. 10000 Marken-Felder m. üb. 3000 Marken- u. 65 Wasserzeichen-Abb., zahlreiche Kopfleisten etc. Neue verm. u. ergänzte Aufl. gr. 4. (VIII, 280 S.) Ebd. (902). Geb. 3. —

— dasselbe. Enth. ca. 14500 Marken-Felder m. über 3000 Marken- u. 65 Wasserzeichen-Abbildgn., zahlreiche Kopfleisten etc. Neue verm. u. ergänzte Aufl. gr. 4. (VIII, 368 S.) Ebd. (902). Geb. 4. —

Briefmarken-Album, illustrirtes, f. d. Jugend. Mit üb. 520 Marken-Abbildgn. 8. (64 S.) Münch. 891, Larisch. cart. — 50
Mit 150 verschiedenen echten Briefmarken * 1 —

Briefmarken-Album,

—— internationales. Illustrirt durch mehr als 70 Länderwappen, ca. 400 Markenabbild. und Beigabe 1 (chromolithogr.) Weltkarte. 19. und 20. Aufl. gr. 4. (VI, 283 S. deutscher, französ., engl. und span. Text.) Ebendas. 879. cart. *M* 4,50.; geb. in Halbleinw.
geb. in Calico *M* 6.; mit Goldschn. *
Ausg. auf Kpfrdr.-Pap. in Prachtbd. mit Goldschn.
Mit vielen Suppl.-Bl. in Saffian geb. mit 2 Schlössern *
In weissem Pergamentbd. *

— internat. illustr. Enth. 15720 Markenfelder. Neueste Afl. (528 m. 1 Karte.) 4° Lpzg, JJ Arnd (01). Geb. 5 —;
in imitiert HF. 6 —; L. 7 —

— internationales illustriertes. Enth. 15720 Markenfelder. Illustr. m. 4960 Markenabb., 475 Wasserzeichen, 150 Wappen, 52 Portr., ausserdem 3300 Seltenheitsbezeichngn. u. 1 (farb.) Weltpostkarte. Neueste Aufl. gr. 4. (IV, 528 S.) Leipzig (901). (E. Heitmann). Geb. in Halbleinw. 5. —; in imitiert Halbfrz. 6. —; in Leinw. 7. —

— für die Jugend mit 40 Abbildungen (auf 3 Taf.). 8. (IV, 57 S.) Ebend. 879. cart. — 60

— neues. gr. 8. (IV, 64 S. deutscher, französischer u. englischer Text mit eingedr. Holzschn.) Leipzig 878. Grossmann in Comm. geb. — 60

— neues illustrirtes, zur ersten Anlage einer Sammlung u. zur Aufbewahrung von Doubletten eingerichtet. Mit 790 Abbildungen u. 61 Länderwappen (in eingedr. Holzschn.). 17., vollständig neu bearb. Aufl. Lex.-8. (79 S.) Leipzig 880. Gebr. Senf. cart. n. 1. —; geb. in Halbleinw. n. 1. 30; in Callico n. 1. 50

—— neues illustrirtes, zur ersten Anlage einer Sammlung und zur Aufbewahrung von Doubletten eingerichtet. Mit über 750 Markenabbild. und ca. 60 Länderwappen. 21. bis auf die neueste Zeit ergänzte Aufl. gr. 8. (71 S.) Leipzig 883, Gebr. Senf. cart. **M* 1.; geb. in Halbleinw. *
geb. in Calico *

Briefmarken-Album, neuestes. Illustr. Ausg. gr. 8. (IV, 48 S.) Leipzig 884. Klötzsch. cart. n. 1. —; geb. n. 1. 50

—— neuestes. 13. Aufl. Ausg. in Farbendr. gr. 8. (56 S.) Leipzig 888, Siegismund und Volkening. cart. *M* 1.—.; geb.
Vgl.: Schaubeck's Briefmarken-Album.

Briefmarken-Album,

— permanentes, hrsg. v. Karl Cl. Sauer. 1.—3. Abth. Fol. Mähr.-Ostrau 889. Verlag der Redaction d. „Philatelist. Börsen-Courier". n. 11. —
1. Oesterreich-Ungarn, bearb. von Ed. v. Neulinger. (23 Bl. m. 15 Bl. Katalog in gr. 8.) n. 3. —
2. Deutschland, bearb. von A. E. Glasewald. (22 Bl. mit 20 Bl. Katalog in gr. 8.) n. 4. —
3. Portugal u. seine Colonien, bearb. von J. Gutmensch. (31 Bl. m. 18 Bl. Katalog in gr. 8.) n. 4. —

—— permanentes internationales, in deutscher, französischer und englischer Sprache. Mit 90 Länderwappen (eingedr. Holzschn.). Neueste, 21. Aufl. 1. Bd. gr. 4. (IV, 283 S.) Leipzig 880, Gebr. Senf. cart. *
geb. **M* 6,25., **M* 6,50. und *
Prachtausg. auf Kpfrdr.-Pap. geb. **
Brillantausg. in Saffianbd. mit 2 Schlössern *
Nachtrag 1880—1883. (72 S. mit 254 eingedr. Holzschn.) *

Briefmarken-Anzeiger, allgemeiner. Vereinigte Erdball u. Merkur. Nr. 1—57 = Jahrg. 1—10. 1879—1887. (à Nr. ca. 2 B.) 4. München, Larisch. à Jahrg. n. 1. —
Fortsetzg. s.: Postwertzeichen, das.

Briefmarkenblatt, interessantes. Hrsg.: R. Wiering. 1. Jahrg. Novbr. 1894—Oktbr. 1895. 24 Nrn. (2 Bog. m. Abbildgn.) 4. Hamburg, R. Wiering. n. 3. —

Briefmarken-Börse, deutsche. Offertenblatt f. Briefmarken-Sammler. 1. Jhrg. Nr. 1. (4 S.) 33×21,5 cm. Bremen 908. R. Oelrichs. Nur Nr. 1 erschienen.

Briefmarken-Börse, internationale. General-Anzeiger f. den Kauf, Tausch u. Verkauf u. f. das gesammte Sammelwesen v. Postwerthzeichen aller Länder. 1. Jahrg. 1894. 12 Nrn. (à ca. 1½ Bog.) gr. 4. Leipzig, Th. Weber. n. 2. —

Briefmarken-Börse, internationale. General-Anzeiger f. d. Kauf, Tausch u. Verkehr u. f. d. ges. Sammelwesen v. Postwertzeichen aller Länder. 2. u. 3. Jahrg. 1895—1896. à 12 Nrn. (à 12 S.) gr. 4. Leipzig, Th. Weber. à Jahrg. n. 2. —

Briefmarken-Börse, internat. 3. Jahrg. 1896. 12 Nrn. 4° (Nr. 1 u. 2. à 12) Lpzg, T Weber. 2 —
Erscheint nicht mehr.

Briefmarken-Freund, der. Eine Sammlung originalgetreuer Abbildungen der Briefmarken aller Welttheile in vielfach vergrössertem Maassstabe. 1—5. Heft. Leipzig 864. Ruhl. gr. 8. Jedes Heft (à 8 Holzschntaf. u. 4 S. Text.) n. 5 *ngr.*

Briefmarken-Freund, der. Eine Sammlung originalgetreuer Abbildungen der Briefmarken aller Welttheile in vielfach vergrössertem Maassstabe. 6—12. Heft (à 8 Bll. in Holzschn.). Leipzig 865. Ruhl. 8. Jedes Heft n. 5 *ngr.*

Briefmarkenhändler, der. Offertenblatt, hrsg. v. internat. Postwertzeichenhändler-Ver. 1—3. Jahrg. Mai 1896—Mai 1899 à 12 Nrn. 8° (1. Jahrg. Nr. 1 u. 2. 22 u. 24) Berl. Lpzg, F Reinboth. à Jahrg. 1.20

Briefmarkenhändler, der. Anzeigeblatt u. Organ f. die Interessen des Weltbriefmarkenhandels. im Auftrg. des internationalen Postwertzeichenhändler-Vereins zu Berlin hrsg. v. Paul Lietzow. 4. Jahrg. Juni 1899—Mai 1900. 12 Nrn. gr. 8. (à ca. 24 S.) Berlin. Leipzig, F. Reinboth. n. 1. 20
Nicht mehr im Buchhandel.

Briefmarken-Journal, illustrirtes. Organ für die Gesammt-Interessen der Briefmarkenkunde. Hrsg. unter Mitwirkung der Herren A. Moschkau, A. Treichel, R. F. Albrecht etc. 1. Jahrg. 1874. 12 Nrn. (Bog.) 4. Leipzig, Werninck und Comp. **

Briefmarken-Journal, illustrirtes. Organ für die Gesammt-Interessen der Briefmarkenkunde. Hrsg unter Mitwirkung von A. Moschkau, R. F. Albrecht, Thdr. Haas etc. von Louis Senf. 2. Jahrg. 1875. 12 Nrn. (à 1—1½ Bog. mit eingedr. Holzschn.) gr. 4. Leipzig, L. Senf. **

Briefmarken-Journal, illustr. Red.: A Moschkau. 3—7. Jahrg. 1876—1880. à 12 Nrn. (à 1—1½ B. m. Il.) 4. Lpzg, L Senf. à Jahrg. *n.n.* 3. —

Briefmarken-Journal, illustrirtes. Organ für die Gesammt-Interessen der Briefmarkenkunde. Redact.: A. Moschkau. 7. und 8. Jahrg. 1880 und 1881. à Jahrg. 12 Nrn. (à Nr. 1—1½ Bog. mit eingedr. Holzschn.) gr. 4. Leipzig, L. Senf. à Jahrg. *

—— dass. — Redig. von Leo Ehrentheil. 9. und 10. Jahrg. 1882 und 1883. à Jahrg. 12 Nrn. (à Nr. 1—1½ Bog. mit eingedr. Holzschn.) gr. 4. Leipzig, Gebr. Senf. à Jahrg. **

—— dass. — Vereins-Organ des bayer. Philatelisten-Vereins zu München, des Vereins für Briefmarkenkunde in Frankfurt a. M. und verschiedener Local-Vereine, als des Philatelisten-Vereins zu Augsburg etc. Redact.: Alfr. Moschkau. 11. Jahrg. 1884. 24 Nrn. (à Nr. 1½ Bog. mit eingedr. schwarzen und farb. Illustr.) gr. 8. Ebendas. **

Briefmarken-Journal, illustrirtes. Organ für die Gesammt-Interessen der Briefmarkenkunde. Vereins-Organ des bayer. Philatelisten-Vereins zu München, des Vereins für Briefmarkenkunde in Frankfurt a. M. etc. Redact.: Alfr. Moschkau. 12. Jahrg. 1885. 24 Nrn. (à Nr. 1½ Bog. mit eingedr. schwarzen und farb. Illustr.) gr. 8. Leipzig, Gebr. Senf. **

Briefmarken-Journal, illustr. Organ f. d. Gesamt-Interessen d. Briefmarkenkunde. Mit Beiblatt: „Offertenblatt f. Briefmarkensammler". Red.: A Moschkau. 13—17. Jahrg. 1886—1890. à 24 Nrn. (1½ B. m. Illustr.) 8. Lpzg, Gebr. Senf. à Jahrg. *n.n.* 3.—

Briefmarken-Journal, illustriertes. Organ f. die Gesamt-Interessen der Briefmarkenkunde. Mit Beiblatt: „Offertenblatt f. Briefmarkensammler". 16.—19. Jahrg. 1889—1892. à Jahrg. 24 Nrn. (à Nr. 1½ Bog. m. eingedr. schwarzen u. farb. Illustr.) gr. 8. Lpz., Gebr. Senf. à Jahrg. ** 3 —

Briefmarken-Journal, illustriertes. Zeitschrift f. Postwertzeichen-Kunde. Mit den 4 kostenfreien Beiblättern: Beiträge zur Postwertzeichen-Kunde. — Der Vereinsbote. — Offertenblatt f. Briefmarken-Sammler. — Vorzugs-Preislisten u. Angebote. 18.—20. Jahrg. 1891—1893. à 24 Nrn. (1½ Bog.) gr. 8. Leipzig, Gebr. Senf. à Jahrg. n n. 3. —

Briefmarken-Journal, illustr. Zeitschrift f. Postwertzeichen-Kunde. Mit d. 4 kostenfreien Beiblättern: Beiträge z. Postwertzeichenkunde. — Der Vereinsbote. — Offertenblatt für Briefmarken-Sammler. — Vorzugs-Preislisten u. Angebote. 22.—25. Jahrg. 1895—1898. à 24 Nrn. (à ca. 2 Bog.) gr. 8. Leipzig, Gebr. Senf. à Jahrg. n. 3. —; einz. Nrn. — 25
Kann auch halbjährlich bezogen werden.

Briefmarken-Journal, illustr. Zeitschrift f. Postwertzeichen-Kunde. Mit den kostenfreien Beiblättern: Beiträge zur Postwertzeichenkunde. — Der Vereinsbote. — Offerten-Blatt f. Briefmarken-Sammler. — Vorzugs-Preislisten u. Angebote. Red.: Th. Haas. 26.—29. Jahrg. 1899—1902. à 24 Nrn. gr. 8. (à ca. 2 Bg. m. Abb.) Leipzig, Gebr. Senf. à Jahrg. n. 3. —

Briefmarken-Journal, illustriertes. Zeitschrift f. Postwertzeichen-Kunde. Mit den kostenfreien Beiblättern: Der Vereinsbote. — Offertenblatt f. Briefmarken-Sammler. — Vorzugs-Preislisten u. Angebote. Red.: Th. Haas. 30.—33. Jahrg. 1903—1906. à 24 Nrn. (IV, 480; IV, 500; IV, 510 u. IV, 520 S.) gr. 8. Leipzig, Gebr. Senf. à Jhrg. n. 3. —

Briefmarken-Journal, illustriertes. Zeitschrift f. Postwertzeichen-Kunde. Mit den kostenfr. Beiblättern: Der Vereinsbote. — Offertenblatt f. Briefmarken-Sammler. — Vorzugs-Preislisten u. Angebote. Red.: Th. Haas. 34.—37. Jhrg. 1907—1910. à 24 Nrn. (IV, 576; IV, 572; IV, 588 u. IV, 580 S.) gr. 8. Leipzig, Gebr. Senf. à Jhrg. 3. —

Briefmarken-Journal, illustriertes. Zeitschr. f. Postwertzeichen-Kde. Mit d. kostenfreien Beiblättern: Der Vereinsbote. — Offertenbl. f. Briefmarken-Sammler. — Vorzugs-Preislisten u. Angebote. Red.: Th. Haas, seit '11 Jos. Kröger. 37—39. J. '10—12 je 24 Nrn. ('12, Nr 1: 32 u. 8) gr 8° Lpzg, Gebr. Senf. halbj. 1.50; einz. Nrn — 25

Briefmarken-Journal,

— süddeut. illustr. Organ f. d. ges. Briefmarkenkunde m. Inseratenblatt. 1. Jahrg. 1892. 24 Nrn. (B.) 8° Münch., S Wolf. n.n. 2.40
Erscheint nicht mehr.

—— Wiener. Fachblatt f. Briefmarken-Sammler. Hrsgbr. u. Redact.: Aug. v. Szabó. 1. Jahrg. März 1891—Febr. 1892. 12 Nrn. (Bog. m. Markenabbildgn.) 4. Wien, (Weiss). * 2 —

— Wiener. Fachblatt f. Briefmarken-Sammler. Hrsg. u. Red.: A v. Szabó. 1. Jahrg. März 1891. 1 Nr. (B. m. Markenabbildgn.) 4° Wien, (L Weiss). 2 —
Nur 1 Nr. ist erschienen.

Briefmarken-Katalog. Hrsg. v. Markenhause d. Anstalten z. Bethel b. Bielefeld. 1896/97. gr. 16. (144 S.) Bielefeld-Gadderbaum (896). Bethel, Buchh. d. Anstalt Bethel. n. — 20

Briefmarken-Katalog, Berliner. 1. Tl. Europa. (158 m. Abb.) 8° Berlin '09. (Lpzg, R Hagen.) Geb. — 75

Briefmarken-Katalog, Berliner. 1. Tl. Europa. (Neue Ausg.) (II, 126 S. m. Abb.) kl. 8. Berlin 910. P. Kosack. — 50

Briefmarken-Normal-Katalog, illustr. '10. (20, 948) kl8° Chemn., P Kohl (09). L. 2.50
Bisher u. d. T.: Kohl's, P, Br.-Kat.

Briefmarken-Normal-Katalog, illustrierter. 1911. (XXXVI, 981 S.) kl. 8. Chemnitz (910). P. Kohl. Geb. in Leinw. 3. —

Briefmarken-Normal-Katalog, illustrierter. '13. (38, 1067 m. Abb.) kl8° Chemn., P Kohl ('12). L 3 —

Briefmarken-Offertenblatt, internationales. Insertions-Organ f. Sammler u. Händler. 5. Jahrg. 1896. 36 Nrn. (à ca. 28 S.) gr. 4. Poesneck, C. G. Vogel. n. 1. 50

Briefmarken-Offertenblatt, internat. 5. Jahrg. 1896. 36 Nrn. 4° (Nr 87. 28) Poesn., CG Vogel. 2 — ‖ 6. Jahrg. 1897. 52 Nrn. 2 — ‖ 7. u. 8. Jahrg. 1898 u. 1899 à 1 —

Briefmarken-Offertenblatt, internationales. Insertions-Organ f. Sammler u. Händler. Red: Léon Gschwind. 14. u. 15. Jahrg. 1905 u. 1906. à 36 Nrn. (à ca. 24 S.) 4. Pössneck, C. G. Vogel. à Jhrg. n.n. 1. 50

Briefmarken-Offertenblatt, internationales. Insertions-Org. f. Sammler u. Händler. Red.: L. Gschwind. 16.—19. Jahrg. 1907—1910. à 36 Nrn. (864, 880, 894 u. 894 S.) 30,5×24 cm. Pössneck, C. G. Vogel. à Jahrg. 1. 60

Briefmarken-Offertenblatt, Internationales. Red.: L Gschwind, seit '12 Karl Reissmann. 19—21. J. '10—12 je 36 Nrn. (Nr 680: 24) 31,5×23,5 cm. Pössn., CG Vogel. je 1.60

Briefmarken-Post, deut. 2. u. 3. Jahrg. 1894 u. 1895 à 12 Nrn. 8° (1894. Nr. 1. 8) Plauen. Poesneck, CG Vogel. à Jahrg. 1.50
Erscheint nicht mehr.

Briefmarken-Sammelbuch. Mit 1575 eingedr. Marken-abbild., 89 eingedr. Staatenwappen, 86 eingedr. Landkarten und geograph., statist. und geschichtl. Beiträgen. gr. 4. (IV, 237 Bl.) Leipzig 880, Grimme und Trömel. cart.
geb. ℳ 7,50., ℳ 10. und

—— dass. — Mit 1660 eingedr. Markenabbild., 89 eingedr. Staatenwappen, 86 eingedr. Landkarten und geograph., statist. und geschichtl. Beiträgen. gr. 4. (II, 249 Bl.) Ebendas. 880. cart.
geb. ℳ 7,50., *ℳ 10. und *

—— dass. — Nachtrag. Die von Ende 1879 bis Ende des J. 1881 erschienenen Marken, Couverts rc. gr. 4. (24 Bl.) Ebendas. 881.

—— dass. — Kleine Ausg. Mit 1 Welt- und 5 Erdtheil-Karten in Lithogr., reicher Marken-Illustr., geographisch-statist. Bemerkungen und einem Verzeichniss aller Postwerthzeichen. qu. 4. (94 S.) Ebendas. 881. geb.

Briefmarken-Sammelbuch. Mit 1730 Markenabbildgn., 89 Staatenwappen, 86 Landkarten u. geogr., statist. u. geschichtl. Beiträgen. 3. verm. Aufl. gr. 4. (IV, 261 Bl.) Leipzig 882. Grimme & Trömel. cart. 6. —; geb. in Leinw. 7. 50; in Leinw.-Chagrin mit Goldschn 10. —; in Saffian m. Goldschn., Metallecken u. 2 Schlössern 20. —

Briefmarken-Sammelbuch. Mit 2130 Markenabbild., 88 Staatenwappen, 85 Landkarten und geograph., statist. und geschichtl. Beiträgen. 5. Aufl. [Verm. und gänzlich umgearb.] gr. 4. (VI, 640 S.) Leipzig 885, [Grimme und Trömel.] Heitmann.
geb. ℳ 8.50.; ℳ 15.—. und

—— dass. — Kleine Octav-Ausg. Neueste Aufl. Mit 600 Marken-Abbild. gr. 8. (64 S.) Ebendas. 886. geb. *
Vgl.: Album timbres-poste. — Postage stamp-album.

Briefmarken-Sammelbuch. Mit 2500 Marken, 98 Staatenwappen, 85 Landkarten und 1 (chromolithogr.) Karte der Berge der Erde und geograph., statist. und geschichtl. Beiträgen. 6. Aufl. (640 S.) 1886; 7. Aufl. gr. 4. (IV, 701 S.) Leipzig 887, Heitmann. cart.
geb. in Leinw.
Auf Velinpap. geb. in Leinw. mit Goldschn.
geb. in Leder mit Goldschn.

—— dass. — Nachtrag zur 7. Aufl. gr. 4. (20 S.) Ebendas. 887. *

—— dass. — Mittel-Ausg. Neueste Aufl. Mit 1 Welt- und 5 Erdtheil-Karten in Lithogr., ca. 1800 Marken-Abbild. und geographisch-statist. Bemerkungen. qu. 4. (128 S.) Ebendas. 887. cart.
geb. in Halbleinw. ℳ 2.—.; in Leinw.

— dasselbe. Grosse Octav-Ausg. Neueste Aufl. Mit 600 Markenabbildgn. gr. 8. (72 S.) Ebd. 887. cart. n. 1. —; geb. in Halbleinw. 1. 25; in Leinw. 1. 50

—— dass. — Grosse Octav-Ausg. Neueste Aufl. Mit 900 Marken-Abbild. gr. 8. (72 S.) Ebendas. 887. cart. *
geb. in Halbleinw. ℳ 1.25.; in Leinw.

—— dass. — [Schwanebergers Briefmarken-Sammelbuch.] 8. Aufl. Grosse Ausg. Mit 2700 Marken-Abbild., 105 Staatenwappen, 86 Landkarten, sämmtl. Wasserzeichen, 5 Welttheilbildern und geograph., statist. und geschichtl. Beiträgen. gr. 4. (IV, 749 S.) Ebendas. 887. cart.
geb. in Leinw.
Ausg. auf Velinpap. geb. in Leinw. mit Goldschn.
geb. in Leder ℳ 30.—.; mit Supplementblättern in Leder In 2 Bdn.

—— dass. — Manco-Liste dazu. 12. (96 S.) Ebendas. 887. *

—— dass. — kleine 4.-Ausg. Mit 2700 Marken, 105 Staatenwappen, 86 Landkarten, sämmtl. Wasserzeichen, 5 Welttheilbildern und geograph., statist. und geschichtl. Beiträgen. 8. Aufl. gr. 4. (550 S.) Ebendas. cart.
geb. in Halbleinw. ℳ 5.—.; in Leinw.

— dasselbe. 11. Aufl. (In 24—25 Lfgn.) 1. Lfg. gr. 4. (S. 1—32 m. Abbildgn.) Ebd. 890. — 50
s.: Postage Stamp Album.
s.: Schwaneberger.

— dasselbe. Illustr. m. 2100 Markenabbildgn., 98 Länderwappen, 92 Wasserzeichen, 55 Münzenabbildgn., e. Karte d. Weltpostvereins u. dem Portrait J. Chalmer's. Enth. Raum f. üb. 6000 Marken. Kleine bunte Quart-Ausg. 4. Aufl. Mit e. Taf. f. Marken u. gummierte Streifen. gr. 4. (V, 96 S.) Ebd. 890. geb. 3. —

Briefmarken-Sammelbuch, illustr. Bearb. n. H Schwanebergers gr. Briefmarken-Sammelb. Enth. 2500 Markenfelder. Neueste Afl. (48) 4° Lpzg, JJ Arnd ('01). Geb. 1 —

Briefmarken-Sammelbuch, illustriertes. Bearb. nach H. Schwanebergers grossem Briefmarken-Sammelbuch. Enth. 2500 Markenfelder. Illustriert m. 1500 Markenabbildgn., 25 Portr., 70 Wappen. 109 Wasserzeichen. Neueste Aufl. gr. 4. (IV, 48 S.) Leipzig (901). E. Heitmann. Geb. in Halbleinw. 1. —

Briefmarken-Sammler, der. Organ für die gesammten Interessen der Briefmarkenkunde. Hersg. von G. Bauschke. (1.) Jahrg. 1866. 8 Nrn. (à 1—2 Bgn. mit Holzschn.) Leipzig, Literar. Museum. 4. n. 15 ngr.

—— dass. — Jahrg. 1867. 10 Nrn. (à 1—2 Bog. mit eingedr. Holzschn.) 4. Ebendas. *

Briefmarken-Sammler, der. Organ für die gesammten Interessen der Briefmarkenkunde. Redact.: G. Bauschke. 3. Jahrg. 1868. 10 Nrn. (à Nr. 1—2 Bog. mit eingedr. Holzschn.) 4. Leipzig, Literarisches Museum. *

—— dass. — Redact.: J. Kümmel. 4.—6. Jahrg. 1869—71. à Jahrg. 10 Nrn. (à Nr. 1—2 Bog. mit eingedr. Holzschn.) 4. Ebendas. à Jahrg. *

Briefmarkensammler, der. Senf's 2. illustr. Briefmarken-Zeitg. Fachblatt f. angeh. Postwertzeichen-Sammler. 1. Jahrg. Oktbr. 1890 — Septbr. 1891. 12 Nrn. (B. m. Abbildgn. u. 1 Marke.) gr. 8. Leipzig 890. Gebr. Senf. (Nicht weiter ersch.)

Briefmarkensammler, der. Zeitschrift f. Postwertzeichenkunde. Begründet v. Aug. Marbes. 1.—3. Jahrg. Oktbr. 1890 — Septbr. 1893. à Jahrg. 12 Nrn. (à Nr. 1 Bog. m. Beilagen.) gr. 4. Brem., Marbes. à Jahrg. * 1 —

Briefmarkensammler, der. Zeitschrift f. Postwertzeichenkunde. Begründet v. Aug. Marbes. Hrsg.: Baron W. v. d. Lausitz. 2.—4. Jahrg. Oktbr. 1891—Septbr. 1894. à 12 Nrn. (Bog. m. Beilagen.) gr. 4. Bremen, A. Marbes. à Jahrg. n. 1. —

Briefmarkensammler, der. Zeitschrift f. Postwertzeichenkunde. Begründet u. hrsg. v. Aug. Marbes. 5. Jahrg. Oktbr. 1894—Septbr. 1895. 12 Nrn. (à ca. ¼ Bog.) gr. 8. Bremen, A. Marbes. n. 1. —

Briefmarkensammler, der. Begründet u. hrsg. v. A. Marbes. 6—10. Jahrg. 1896—1900 à 12 Nrn. 4° (Nr. 1. 8 m. Abb.) Brem., A. Marbes. à Jahrg. 1 —

Briefmarkensammler, der. Zeitschrift f. Postwertzeichenkunde. Begründet u. hrsg. v. Aug. Marbes. 9.—12. Jahrg. 1899—1902. à 12 Nrn. gr. 4. (à ca. 8 S. m. Abb.) Bremen, A. Marbes. à Jahrg. n. 1. —

Briefmarkensammler, der. Zeitschrift f. Postwertzeichenkunde. Begründet u. hrsg. v. Aug. Marbes. 13.—16. Jahrg. 1903—1906 à 12 Nrn. (à II, 96 S. m. Abbildgn.) Lex.-8. Bremen, A Marbes. à Jhrg. n. 1. —

Briefmarkensammler, der. Zeitschrift f. Postwertzeichenkunde. Begründet u. hrsg. v. Aug. Marbes. 17.—20. Jahrg. 1907—1910. à 12 Nrn. (à Jahrg. II, 96 S. m. Abb.) Lex. 8. Bremen, A. Marbes. à Jahrg. 1. —

Briefmarkensammler, Der. Begründet u. hrsg. v. Aug. Marbes. 20—22. J. '10—12 je 12 Nrn. ('12, Nr 1: 8 m. Abb.) Lex8° Brem., A Marbes. je 1 —

[F.] Briefmarkensprache. E. Wegweiser f. Liebende. *Berlin: M. Schildberger [1897].* (1 Bl., 31 S.) 1 Bd 8. [97. 3069

[F.] Briefmarkensprache. E. Wegweiser f. Liebende. 3. Aufl. *Berlin: M. Schildberger [1898?].* (32 S.) 1 Bd 8. [98. 744

Briefmarkensprache. E. Wegweiser f. Liebende. 4. u. 5. Aufl. 32. (à 32 S.) Berlin 898. M. Schildberger. Kart. n. — 50

Briefmarkensprache. Zusammengest. v. W. Z. gr. 16. (4 S.) Olmütz (Niederring 47) (902). L. Kullil. n. — 16

Briefmarkensprache,

— die. (87 m. Fig.) 12° Berl., W Frey (o. J.). — 20 d

Briefmarkensprache, die. Hrsg. von einem Fachmann. Allen Liebenden, glücklichen und unglücklichen, gewidmet. qu. 16. (63 S.) Styrum 888, Spaarmann. *

— **die.** Allen Liebenden, Glücklichen u. Unglücklichen gewidmet. 17. Aufl. qu. gr. 16. (63 S.) Styrum 898. A. Spaarmann. — 50

Die Briefmarkensprache. Allen Liebenden, Glücklichen u. Unglückl. gewidmet. 22. Aufl. *Styrum: A. Spaarmann [1898].* (32 Bl.) 8° [F.] [00. ...

— **die.** Allen Liebenden, Glücklichen u. Unglücklichen, gewidmet. 22. Aufl. qu. gr. 16. (63 S.) Styrum (899). A. Sparmann. — 25

— dasselbe. 23. Aufl. qu. 12. (63 S.) Ebd. (899). — 50

Die **Briefmarkensprache.** Ein Schatzbüchlein f. heimlich Liebende. Eine Korrespondenz f. Liebeslust u. Liebesleid. (Mit Brief u. Vers.) *Berlin: Tessaro-Verl. [1902].* (39 S.) 8° [F.] = Volksbücher. 6. [03. 13092

Briefmarken-Sprache, die. (63 S.) qu. 16. Neuweißensee (905.) E. Bartels. — 75

Briefmarkensprache,

— **illustrierte.** Unentbehrlich f. Liebende. qu. 16. (64 S.) Reutlingen 899. R. Bardtenschlager. — 25

— **illustrierte,** in der Westentasche. (64 S.) qu. 32. Reutlingen (903). R. Bardtenschlager. — 10

— **kleine.** Allen Liebenden, Glücklichen u. Unglücklichen, gewidmet. 16. (32 S.) Styrum (899). A. Spaarmann. — 10

— **kleine illustrierte.** Unentbehrlich f. Liebende. gr. 16. (32 S.) Ebd. (900). — 15

— **für Liebende.** (64 S. m. Abbildgn.) qu. 32. Reutlingen (905). Enßlin & Laiblin. n. — 10

— **die, f. Liebende** beiderlei Geschlechts. qu. 12. (80 S.) Hainichen 899. G. E. Hoffmann. — 30

— **neue.** Ein Verständigungsmittel f. Liebende. Mit e. Anh.: Die Liebessprache des Taschentuches. Ster.-Ausg. qu. 16. (64 S.) Reutlingen (900). Enßlin & Laiblin. — 20

Briefmarken-Sprache, Neueste, zum Gebrauche für Liebende. Wien [1900]. V: *Neidl, Julius.* (EB)

— **neueste,** f. Liebende. Ein Verständigungsmittel f. jedermann. Mit alphabet. Verzeichnis der Deutgn. der Markenstellgn. Neue Ster.-Ausg. (32 S.) 12. Ebd. (903). — 10

— **neueste,** f. den Verkehr liebender Paare. qu. gr. 16. (71 S.) Köln 899. J. Püttmann. — 25

Neueste Briefmarken-Sprache für den Verkehr liebender Paare. 2. Aufl. *Köln a. Rh.: J. Püttmann [1899].* (72 S.) quer-8° [00. 4716

Neueste **Briefmarken-Sprache** für den Verkehr liebender Paare. 6. Aufl. Leipzig-Berlin: J. Püttmann [1906]. (72 S.) quer-8° [07. 1360

— **vereinfachte.** Ein geheimes Verständigungsmittel f. Liebende. M. 128 kurzen Reimsprüchen u. Abb. 16. (32 S.) Reutlingen 898. Enßlin & Laiblin. — 20

Briefmarken-Zeitung, allgemeine deutsche. Hrsg. von Ernst Roschlau. 1. Jahrg. 1864. Juli bis Decbr. 6 Nrn. (à 1—1½ Bog. mit 1 Stnt.) 4. Leipzig, (Wuttig.) Vierteljährlich *

Briefmarken-Zeitung, Berliner. Hrsg. v. Philipp Kosack. Verantwortlich: Rud. Weber. 5. Jahrg. 1909. 24 Hefte. (à ca. 30 S. m. Abbildgn.) Lex. 8. Berlin. (Leipzig, R. Hagen.) 2.—; f. das Ausland 3. —

Deutsch-Amerikanische Briefmarken-Zeitung: no. 1—3, June 1—8, 1897. Weekly. Organ für Sammler und Händler. Yonkers, NY

Briefmarken-Zeitung, deutsche. Organ f. die gesammten Interessen der Briefmarkenkunde. Red.: Alfr. Moschkau. 1—3. Jahrg. à 12 Nrn. (à 1¼ B.) 4. Dresden 871—73. Exped. à Jahrg. 3. —

Briefmarken-Zeitung, deutsche. Illustr. Zeitschrift f. Postwertzeichen-Kunde. Mit e. Beiblatt: Vereins- u. Börsen-Nachrichten. Hrsg. v. Hans Brendicke. 1.—4. Jahrg. Oktbr. 1890—Septbr. 1894. à 12 Nrn. (à ca. 2 Bog.) hoch 4. Berlin, Dr. H. Brendicke. à Jahrg. n. 4. —

Briefmarken-Zeitung, deutsche. Ill. Zeitschrift f. Postwertzeichen-Kunde. M. e. Beiblatt: Vereins- u. Börsen-Nachrichten. Hrsg. von Hans Brendicke. V.—VI. Jahrg. Oktbr. 1894—Septbr. 1896. 12 Nrn. (à ca. 1 Bog.) hoch 4. Berlin. [Dr. H. Brendicke.] H. Krötzsch. à Jahrg. n. 4. —

Briefmarken-Zeitung, deut. 7—11. Jahrg. 1896—1900 à 12 Nrn. 8° (1896 u. 97. (206 u. 222) Lpzg, H Krötzsch. à Jahrg. 4 —
Jahrg. 1896 erschien anfänglich in Berlin unter Red. v. H Brendicke

— dasselbe. Gesamt-Register aller Jahrgänge I—VII (1890—1896), aufgestellt v. Ohrt. hoch 4. (V, 25 S.) Ebd. 897. 2. 85; geb. 3. —

Briefmarken-Zeitung, deut. 12—15. Jahrg. 1901—4 je 12 Nrn. (Nr. 1. 16 u. 4 m. Abb. u. 1 Taf.) 8° Lpzg, H Krötzsch & Co. Je 4 — || 16. Jahrg. 1905. 4.50; einz. Nrn — 50

Briefmarken-Zeitung, deutsche. Illustrierte Zeitschrift f. Postwertzeichen-Kunde. 14.—17. Jahrg. 1903—1906. à 12 Nrn. (X, 374; X, 392; X, 380 u. X, 362 S.) Lex.-8. Leipzig, H. Krötzsch & Co. à Jhrg. n. 4. 50; nach Erscheinen n 4. —

— deutsche. Illustrierte Zeitschr. f. Postwertzeichen-Kunde. Hrsg. v. Hugo Krötzsch. 18.—21. Jhrg. 1907—1910. à 12 Nrn. (202, 192, 182 u. 202 S.) Lex.8. Leipzig, H. Krötzsch & Co. à Jahrg. 5. —

Briefmarken-Zeitung, Deutsche. Illustr. Zeitschr. f. Postwertzeichen-Kde. Hrsg. u. Schriftleitg: Hugo Krötzsch. 21—23. J. '10—12 je 12 Nrn. ('12, Nr 1: 30 u. 2) Lex8° Lpzg. H Krötzsch & Co. halbj. 2.50; einz. Nrn — 60

Briefmarken-Zeitung, deutsche illustrirte. Illustrirte Zeitschrift zur Förderung der Briefmarkenkunde. 1. Jahrg. 1883. 10 Nrn. (à Nr. $1\frac{1}{2}$ Bog. mit eingedr. Holzschn.) gr. 8. Leipzig, Expedition. (Gebr. Senf.) **
Nicht weiter erschienen; mit Illustrirtes Briefmarken-Journal vereinigt.

— Frankfurter. Red.: HJ Dauth. 13. Jahrg. 1893. 7 Nrn. 8° (Nr. 1. 16) Ebd. 1 —
Erscheint nicht mehr.

Früher unt.d.T.: Illustr.Frankfurter Briefmarkenzeitung.

Briefmarken-Zeitung, Hamburger. Organ für die Gesammtinteressen der Philatelie. Chef-Redact.: Alex. Owitch. Fach-Redact.: D. E. G. Brasch. (1.) Jahrg. 1879. 12 Nrn. (Bog.) gr. 4. Hamburg, (Kriebel.) *

—— Hamburger illustrirte. Organ für die Gesammtinteressen der Philatelie und des Hamburger Briefmarken-Vereins. Chefredact.: Adph. Sternberg, Fachredact.: J. Christensen. 2. Jahrg. 1880. 12 Nrn. (Bog.) gr. 4. Hamburg, (Kriebel.) *
Nicht weiter erschienen. (Vereinigt mit Illustr. Briefmarkenjournal.)

Briefmarken-Zeitung, illustrirte. Organ f. die gesammte Postwerthzeichenkunde. Red.: H. Moschkau u. H. Schwaneberger. 1.—3. Jahrg. 1888—1890. à 24 Nrn. ($1\frac{1}{2}$ B. m. z. Thl. farb. Illustr.) hoch 4. Leipzig, Heitmann. à Jahrg. n.n. 2. 60

— illustrirte. Organ f. die gesammte Postwerthzeichenkunde, Red.: F. Kalckhoff, A. Moschkau u. H. Schwaneberger. 4.—7. Jahrg. 1891—1894. à 24 Nrn. ($1\frac{1}{2}$ Bog. m. z. Thl. farb. Illustr.) hoch 4. Leipzig, E. Heitmann. à Jahrg. n. 2. 60

— illustr. Organ f. d. ges. Postwertzeichenkunde. 8.—11. Jahrg. 1895—1898. à 24 Nrn. (à ca. $1\frac{1}{4}$ Bog.) hoch 4. Leipzig, Ernst Heitmann. à Jahrg. n.n. 2. 60
Kann auch halbjährlich bezogen werden.

— illustr. 9—13. Jahrg. 1896—1900. à 24 Nrn. 4° (Nr. 1. 8) Lpzg, E Heitmann. à Jahrg. nn 2.60
Erscheint nicht mehr.

Briefmarkenzeitung,

—— illustrirte Frankfurter, mit Inseratentheil „Universum". Redact.: H. J. Dauth. 5.—7. Jahrg. 1886—1888. à Jahrg. 12 Nrn. (à Nr. 1—$1\frac{1}{4}$ Bog.) Lex.-8. Frankfurt a. M. (Leipzig, Schneider.) à Jahrg. *
Die ersten 4 Jahrg. waren nicht im Handel.

— illustrirte Frankfurter, m. Inseratentheil „Universum". Red.: H. J. Dauth. 6.—9. Jahrg. 1887—1890. à 12 Nrn. (à 1—$1\frac{1}{4}$ B.) Lex.-8. Frankfurt a/M. (Leipzig, Schneider.) à Jahrg. n. 2. —

— dasselbe. 12. Jahrg. 1893. 7 Nrn. (à 1—$1\frac{1}{4}$ Bog.) Lex.-8. Ebd. n. 1. —

— illustr. Frankfurter, m. d. internat. Inseratenblatt „Universum". Red.: HJ Dauth. 10. u. 11. Jahrg. 1891 u. 1892 à 12 Nrn. (à 1—$1\frac{1}{4}$ B.) 8° Frankf. a/M. (Lpzg, F Schneider.) à Jahrg. 2 —
Fortsetzg u. d. T.:
Briefmarkenzeitung, Frankfurter.

Briefmarkenzeitung, Internationale, „Südamerika". Organ für die gesammten Interessen des überseeischen Briefmarkenhandels. Vierteljahresschrift. Redacteur: Hermann Mittelmann. II. Jahrgang. 1893. Vier Nummern. 4. Pardini: Czernowitz

Briefmarken-Zeitung, Neue, Vereins-Organ des internationalen Tausch- und Kauf-Verbandes für Semstwomarken-Sammler. Herausgeber: Hans Feller. Redigirt v. S. Sträussler. I. Jahrgang. 1894. 26 Nrn. 4. (B.) 2.43 Pro Quartal Karlsbad: Feller

— neue. Vereins-Organ d. internat. Tausch- u. Kaufverbandes f. Semstwomarken-Sammler. Hrsg.: E Grüneberg. Red.: S Sträussler. I. Jahrg. Septbr u. Oktbr 1894. 3 Nrn. 4° (Nr. 1. 8) Karlsb., H Feller. Vierteljährlich (6 Nrn.) 1 —
Nicht weiter erschienen.

Briefmarkenzeitung,

— österreichische. Organ f. d. Gesammt-Interessen d. Postwerthzeichenkunde. Vereinsorgan d. „Freien Wiener Tauschcirkels für Postwerthzeichen" und des „Merkur", österr. Postwerthzeichensammler-Vereines in Wien. Red.: Ant. Dworacek. 2. Jahrg. 1898. 12 Nrn. (Bog. m. Abb.) gr. 8. Wien. (Leipzig, S. Schnurpfeil.) n. 2. —
Der 1. Jahrg. ist nicht durch den Buchhandel, sondern nur v. Besitzer Anton Dworacek, Wien XVIII, 1, Formanekgasse 5, zu beziehen.

— schweizer. Offizielles Organ d. Verbandes schweizer. Philatelisten-Vereine. Hrsg. vom schweiz. Philatelisten-Verein Basel. VII. Jahrg. 1894. 4. Basel, (St. Johannesvorstadt 78, I), H. A. Heynoldt-Burckhardt. n. 2. 40
Erscheint in zwanglosen Nrn.

Briefmarken-Zeitung, schweizer. VIII. Jahrg. 1895. Gr. in-8°. N° 1. 8 S. Basel, Schweizer. Philatelistenverein. Jährlich 3 —

Briefmarken-Zeitung, Schweizer. Organ für die Gesammtinteressen der Briefmarkenkunde. Redact.: Rob. Deyhle. 1. Jahrg. Juli 1879—Juni 1880. 12 Nrn. (Bog.) gr. 4. Bern, (Huber und Comp.) *

Briefmarkenzeitung,

—— Schweizer illustrirte. Organ für die Gesammt-Interessen der Philatelie. Redact.: Rob. Deyhle. 2.—6. Jahrg. 1880—1884. à Jahrg. 12 Nrn. (à Nr. 1—$1\frac{1}{2}$ Bog.) gr. 4. Bern. (Huber und Comp.) à Jahrg. *

—— Schweizer illustrirte. Organ für die Gesammt-Interessen der Philatelie. Redact.: Rob. Deyhle. 7. Jahrg. 1885. 12 Nrn. (à Nr. 1—$1\frac{1}{2}$ Bog.) gr. 4. Bern, (Huber und Comp.) **

—— dass. — 8. Jahrg. 1886. 1. Semester. 6 Nrn. (à Nr. 1—$1\frac{1}{2}$ Bog.) gr. 4. (Ebendas.) **
Nicht weiter erschienen.

— Wiener. Organ des Briefmarken-Sammler-Central-Vereines in Wien und des Vereines für Briefmarkenkunde zu Würzburg. 1.—5. Jahrg. 1880—1884. à Jahrg. 12 Nrn. (à Nr. 1 Bog. mit eingedr. Holzschn.) 4. Wien, Administration. à Jahrg. **

— Wiener. Organ des österreich. Philatelisten-Vereines in Wien und des Vereines für Briefmarkenkunde zu Würzburg. Hrsgbr.: Heinr. Koch. Redact.: Joh. Hacker. 6. Jahrg. 1885. 12 Nrn. (Bog. mit Illustr.) gr. 4. Wien, (Perles.) *

— Wiener. Hrsgbr.: Heinr. Koch. Redact.: Adb. Carl Trupp. 7. Jahrg. 1886. 12 Nrn. (à Nr. 1—2 Bog. mit Illustr.) gr. 4. (Ebendas.) *

— dass. — Hrsgbr.: Heinr. Koch. Redact.: Alfr. Kreilsheim. 8. und 9. Jahrg. 1887 und 1888. à Jahrg. 12 Nrn. (à Nr. 1—2 Bog. mit Illustr.) gr. 4. (Ebendas.) à Jahrg. **

— Wiener. Hrsg.: H. Koch. Red.: A. Kreilsheim. 8.—11. Jahrg. 1887—1890. à 12 Nrn. (à 1—2 B. m. Illustr.) gr. 4. Wien, (Perles). à Jahrg. n.n. 3. —

Briefmarkenzeitung,

— Wiener illustrirte. Organ zur Verbreitung der Briefmarkenkunde für Sammler und Händler. Hrsgbr.: Sigm. Friedl. Redact.: Leo Ehrentheil. 1. Jahrg. 1876. 12 Nrn. (Bog. mit eingedr. Holzschn.) gr. 4. Wien, (Perles.) *

— Wiener illustrirte. Organ für die Interessen der Philatelie. Hrsg: Sigm. Friedl. Red.: Leo Ehrentheil. 2. Jahrg. 1877. 12 Nrn. (à 1—$1^1/_2$ B. m. eingedr. Holzschn.) gr. 4. Wien, (Perles). n. 3. —

— dasselbe. 3. u. 4. Jahrg. 1878 u. 1879. à 12 Nrn. (B. m. eingedr. Illustr.) gr. 4. Ebend. à Jahrg. n. 2. 80
Cf.: Weltpost.

Briefmuster

— für Frauenzimmer. 8. Karlsr. 816. Braun. 1 ₰ (vergl. Mayer, Unterhaltung f. junge Mädchen).

— von Garve, Gleim, Göthe, Huber rc. Gesammelt v. K. Binni. 12. Leipz. 826. Litt. Centr.-Compt. 8 gr.

Briefmuster u. Geschäftsaufsätze in verschiedenen Handschriften f. Volks-, Fortbildungs- u. Gewerbeschüler. 2 Tle. gr. 8. Bruchsal 889. O. Katz. à n. — 35
1. Briefmuster. (48 S.) — 2. Geschäftsaufsätze. (47 S.)

Briefmuster u. Geschäftsaufsätze in verschiedenen Handschriften f. Volks-, Fortbildungs- u. Gewerbeschüler. 2 Tle. gr. 8. Bruchsal (898). O. Katz. à n.n. — 30; in 1 Bd. n.n. — 50
1. Briefmuster. (II u. 48 autogr. S.)
2. Geschäftsaufsätze. (II u. 47 autogr. S.)

— in d. neuesten Geschmack rc. 8. Wien, Tendler. 796.

— in dem neuesten Geschmack, zum Gebrauch f. Jeden. 8. Wien 796. Trattner. 8 gr.

Briefmuster für Kinder in Landschulen. Darmstadt 1823. 2. Aufl. 1826. 3. Aufl. 1831. 4. Aufl. 1839. V: *Schneider, Joh. Andreas & Joh. Gg. Fischer.* (Hessische Biographien, hgbn. von Herman Haupt. Darmstadt 1918. I, 99, I, 100)

Briefmuster, lithographirte, für Schüler. Zur Uebung im Briefschreiben und Lesen verschiedener Handschriften. 2. Aufl. 8. (88 S.) Bruchsal 870, Katz.

Briefmuster, lithographirte, für Schüler. Zur Uebung im Briefschreiben und Lesen verschiedener Handschriften. 3.—7. Aufl. 8. (88 S.) Bruchsal 872—78, Katz Sohn. **

Briefmuster, neue französ. 2 Thle. (1r Thl. Auswahl freundschaftl. Briefe d. besten class. französ. Schriftsteller, zur Uebung in d. neuern französ. Briefstyl. Mit deutschen Noten u. richt. Erklärung d. Wörter u. Redensarten, v. J. H. Meynier. 8. 794. (N. A.) 805. 16 gr. 2r Thl. enth. e. vollständ. französ. Briefsteller üb. alle Verhältnisse d. Lebens u. s. w. Nach d. neuesten Formen rc. d. französ. Sprache bearb. u. herausg. v. J. H. Meynier. A. u. d. T.: Correspondant français. u. nouv. modèles de lettres français. 8. 806. N. A. 811. 1 ₰ 8 gr.) Hof, Grau. 2 ₰ (vergl. *Lettres* sur toutes sortes etc.)

— neue französische, s. Meynier, J. H.

Briefmuster, neue Italienische, über d. gewöhnl. Vorfälle bei d. Handlung. 8. Leipz. 801. Köhler. 21 gr.

Briefporto-Tarif. Hrsg. vom kaiserl. General-Postamte. gr. 8. (143 S.) Berlin 875, Stankiewicz. *

Briefporto-Tarif für das Ausland. Zum Gebrauch der Postanstalten. 4. Ausg. gr. 8. (XII und 332 S.) Berlin 867, v. Decker'sche geheime Ober-Hofbuchdruckerei.

Briefporto-Tarif, neuer, giltig vom 1. Jänner 1866. 2. Aufl. 8. (19 S.) Wien, Waldheim. 20 kr.

Briefporto-Tarif für die Post-Anstalt in Berlin. 1853. (2 Bl., 235 S.) — 2. Ausg. Berlin 858. Decker. gr. 8. (IV, 252 S.) 15 ngr.

(Preuß.) Brief-Porto-Tarif. 3. Ausg. Berlin, Decker, 1863. ($18^1/_4$ B.) gr. 8.

Briefporto-Taxe. gr. 8. (III und 235 S.) Berlin 853, Deckersche geheime Ober-Hofbuchdr.

Ausländische Brief-Porto-Taxe für die Dänische Monarchie. Zusammenstellung der geltenden ausländischen Briefpost-Taxen für die auf der Haupt-Route über Hamburg nach dem Auslande zu versendende Correspondenz etc. aus der Dänischen Monarchie. Bearb. u. hrgg. v. Christian Friedrich Jacobsen. Hamburg. 1858. Fol.

Brief-Porto-Taxe für d. Königl. Ober-Post-Amt zu Magdeburg nach allen Preuß. Post-Anstalten vom 1. October 1844 an, laut Allerhöchster Kabinets-Ordre vom 18. Aug. 1844. Lex-8. Magdeburg 844, Baensch. $^1/_4$ ₰

Briefpost, Die blitzgeschwinde, oder sinnreiche Kunst des Orients, Tauben zu Bestellern der Briefe abzurichten, nach dem Arabischen des M. Sabbagh. Marburg 1807. V: *Lorsbach, Georg Wilh.* (Ky)

Briefpost, d. blitzgeschwinde, oder sinnreiche Kunst d. Orients, Tauben zu Bestellern d. Briefe abzurichten, nach d. Arab. d. M. Sabbagh. 8. Marb. 807. Krieger. 3 gr.

Brief-Post-Buch für diejenigen, welche den Inhalt u. den Abgang ihrer Briefe kurz bemerken wollen, u. 20 große Post- oder Reisestraßen durch Deutschland u. mehrere Theile von Europa; nebst Angabe d. Seitenstationen, so daß man d. Lage u. Entfernung von meist 3000 Städten u. Poststationen von einander, leicht daraus ersehen kann. Mit e. ausführl. Register, (v. J. C. Gädicke). gr. 8. Berl. 816. Gebr. Gädicke. 18 gr.

Brief-Posttarif. Bearb. im Reichs-Postamt. Amtliche Ausg. gr. 8. (198 S.) Berlin 886. v. Decker. n. 1. 20

Briefposttarif. Bearb. im Reichs-Postamt. Amtliche Ausg. gr. 8. (199 S.) Berlin 889. v. Decker. n. 1. 20

Briefposttarif. Bearb. im Reichs-Postamt. Amtliche Ausg. gr. 8. (235 S.) Berlin 892. R. v. Decker. n. 1. 50

Briefposttarif. Bearb. i. Reichspostamt. Amtl. Ausg. gr. 8. (272 S.) Berlin 898. R. v. Decker. n. 1. 75

— Bearb. im Reichs-Postamt. Amtliche Ausg. gr. 4. (VIII, 208 S.) Berlin 901. R. v. Decker. Kart. n. 3.—

Briefposttarif. Berlin 1906: Reichsdr. (XVIII, 154 S.) 4°

Briefposttarif. Berlin: R. v. Decker 1906. (XVIII, 154 S.) 4°

— Bearb. im Reichs-Postamt. Amtliche Ausg. (XXIII, 160 S.) Lex. 8. Berlin 907. R. v. Decker. Geb. 3. —

Briefposttarif. Berlin 1907: Reichsdr. (XXIII, 160 S.) 4°

Briefposttarif. Bearb. im Reichs-Postamt. Amtl. Ausg. (22. 164) Lex8° Berl., R v. Decker '11. L 3 —

Briefpost-Tarif. Herausgegeben vom k. k. Handels-Ministerium. 8. (140 S.) —.30
Wien: Hof-u.Staatsdruck.1890

Briefpost-Tarif. Herausgegeben vom k. k. Handels-Ministerium. Gr.-8. (XII, 136 S.) —.30
Wien: Hof-u.Staatsdruck.1892

Briefpost-Tarif. Herausgegeben vom k. k. Handels-Ministerium. Gr.-8. (XII, 143 S.) —.30
Wien: Hof-u.Staatsdruck.1896

Briefpost-Tarif. Hrsg. vom k. k. Handelsministerium. gr. 4. (X, 116 S.) Wien 899. (Hof- u. Staatsdruckerei.) n. — 60

Briefpost-Tarif. Herausgegeben vom k. k. Handels-Ministerium. Wien. 1900. Hof- und Staatsdruckerei. 4°. X, 132 S. K —.60

Briefpost-Tarif. Hrsg. v. k. k. Handelsministerium. (162) 4° Wien, (Hof- u. Staatsdr.)'04. — 60

Briefpost-Tarif. Hrsg. v. k. k. Handelsministerium. (Giltig vom 1. X. 1907.) (VI, 145 S.) Lex. 8. Wien 907 (Hof- u. Staatsdruckerei.) — 60

Briefposttarif für das Ausland, umfassend Briefpost, Wertbriefe und Wertschachteln, Nachnahmen, Postanweisungen und Einzugsmandate. Vom 1. Oktober 1907. Hrg. von der Schweizerischen Oberpostdirektion. 86 S. [+ 4 Bl.]. kl.-4. [Bern,] R[ösch] & S[chatzmann], IX. [19]07. [cart.] fr. —.75
Schweizerische Postverwaltung. [Tarif der Briefpost] N° 2.

— neuer, vom 1. IV. 1900. Plakat. schmal Fol. Augsburg (900). Lampart & Co. Auf Pappe n. — 50

Briefposttarif für die Schweiz, umfassend Briefpost, Postanweisungen und Einzugsmandate. Vom 1. Oktober 1907. Hrg. von der Schweizerischen Oberpostdirektion. 17 S. kl.-4. [Bern,] R[ösch] & S[chatzmann], VIII. [19]07. fr. —.25
Schweizerische Postverwaltung. [Tarif der Briefpost] N° 1.

Briefpost-Taxe für die Dänische Gesammt-Monarchie, sowie von Holstein nach allen Theilen der Erde. Zsgest. v. Christian Scheel. Kiel. 1856. 4°.

Briefs, Goetz: Das Spirituskartell, s: Abhandlungen, Volkswirtschaftl., d. bad. Hochsch.

Briefsammlung von Kaisern, Königen, Fürsten, Bischöfen, Gelehrten, Feldherren etc. 1. Hft. Briefe d. Missionaire d. Jesuiten-Ordens, aus China, Japan etc. a. d. 18. Jahrh. Hrsg. v. M. Frh. v. Freyberg. gr. 8. (8 B.) Mainz 830, [Kirchheim, Schott u. Thielmann.]

Briefsammlung von Kaisern, Königen, Fürsten, Bischöfen, Gelehrten, Feldherren rc. 1s Heft. Herausg. v. M. Frhr. v. Freiberg. gr. 8. Mainz 830. Müller. 18 ℔

Briefsammlung, die vadianische, der Stadtbibliothek St. Gallen, hrsg. v. Emil Arbenz u. Herm. Wartmann, s.: Mitteilungen zur vaterländischen Geschichte (St. Gallen). XXIX. 1 u. 8

— die Hamburgischen Superintendenten Joachim Westphal aus den J. 1530 bis 1575, bearb. u. erläutert v. C. H. W. Sillem. 2 Abtlgn. gr. 8. Hamburg, L. Gräfe & Sillem. à n. 10. —
1. Briefe aus den J. 1530 bis 1558 m. 4 Fksms., hrsg. v. der Bürgermeister Kellinghusens Stiftg. (XXII, 338 S.) 903.
2. Briefe aus den J. 1559—1575 nebst Anh. u. 1 Fksm., hrsg. v. der Averhoff-Stiftg. (IX u. S. 339—783.)

Briefsammlung, e. Wiener, zur Geschichte d. Deutschen Reiches u. der Österreichischen Länder in der 2. Hälfte d. XIII. Jahrh. Nach den Abschriften v. Alb. Starzer hrsg. v. Osw. Redlich, s.: Mitteilungen aus dem vaticanischen Archive.

Briefschaften, geheime, aus d. Portefeuille d. bei Rastadt ermordeten fränk. Gesandten. 2 Thle. 8. Erf. (u. Gotha) 799—800. Hennings. 1 ℛ 12 ℔

Geheime Briefschaften aus d. Portefeuille d. bei Rastadt ermord. fränk. Gesandtsch. Voll wichtiger Aufschlüsse üb. mehre d. interessantest. Ereignisse uns. Tage. *Plittersdorf.* 799. 2. Bdchn. 800. 8.

Briefschreibekunst. Berlin: F. Simon 1895. (32 S.) 8° [Umschlagt. f.] — Universal-Bibliothek, Simon's kaufmännische. H. 6.

Briefschule f. Menschen von gutem Ton, in allerlei Verhältnissen, mit Rücksicht auf conventionelle Etiquette, Gefälligkeit u. Klugheit; e. Geschichte f. d. eleg. Welt. (A. u. d. T.: Briefsteller f. d. eleg. Welt; od. Briefschule f. Menschen von gutem Ton in allerlei Verhältnissen rc.) 8. Leipz. (810. M. A. 818.) Joachim.
(Lpz.: Liter.Centr.Cptr.)

Briefsteller. -

f. Brunner, H. — Campe, G. W. — Claudius, G. C. — Drucker, F. — Gaal, G. v. — Gatt. — Geschäfts- und Familienbriefsteller. — Grün, J. — Hammer, Th. — Heinsius, Th. — Heyse, K. L. — Hoffmann, R. — Jacquet. — Keller, F. — Kiesewetter, L. — Liebesbriefsteller. — Liebtreu, A. — Marquardt, L. — Nordheim, H. — Prix, R. — Rammler, O. F. — Rudert, A. J. — Schmidt, E. — Scholz, A. — Vereinigten-Staaten-Briefsteller. — Wartenstein, G.

— f. Alexis, E. — Campe, G. W. — Camphausen, Ph. E. — Claudius, G. C. — Drucker, F. — Gaal, Geo. v. — Gatt. — Glück, Hans. — Heinsius, Th. — Hohenstein, Cäcilie v. — Kiesewetter, L. — Müller, Fr. Xav. — Müller, Otto. — Rammler, Otto Friedr. — Sonntag, Chrn. — Wartenstein, Gust.

Briefsteller *s. a. Geschäftsaufsätze.*

Briefsteller. Enthalt. e. Anleit. zum Brief-, Schön- u. Rechtschreiben, alle Arten v. Bittschriften, Bewerbungs-, Glückwünschungs-, Einladungs-, Danksagungs- rc. Schreiben. 8. Ulm, Ebner. 8 ℔

— oder von d. Verfertigung d. im gemeinen Leben vorkommenden schriftl. Aufsätze, s. Verfertigung.

— od. v. d. Verfertigung d. im gemein. Leben vorkommenden schriftl. Aufsätze, vorzügl. d. Briefe. 8. Tübingen, Heerbrand. 783.

BRIEFSTELLER. – nach der neuesten u. besten Art eingerichtet . . . Diesbach, Prag 1790.

— — derselbe. Leipzig. 792.

— od. ausführl. Anleit. zum Briefschreiben. 8. Leipz. 796. Schladebach. 1 ℛ

— oder neueste Samml. kaufmänn. Briefe rc. 8. Wien 807. v. Mößle. 1 ℛ

Briefsteller, od. Anweisung zu guter Abfassung aller Arten v. Briefen u. schriftl. Aufsätzen. 8. (15 B.) Reutlingen 834, Fischer. 2.Aufl.1839.

Briefsteller ... mit einem Anhange von Gelegenheitsgedichten. Phila. 1858.

— über den, Jacobi an Fichte. 8. Leipz. 800. Rein. 6 gr Fein Pap. 8 gr

— adlicher, s. Anweisung zum Briefschreiben f. d. Jugend beiderlei Geschlechts.

Adlicher Briefsteller. Ein Neujahrsgeschenk für die adliche Jugend beiderlei Geschlechts. [Verf.: Johann David Hartmann.]
Berlin (1789): Mart. Ludw. Pauli. 1 Bl., 134 S. 8°
[Nebent.:] Anweisung zum Briefschreiben.

—— allerneuester u. vollständ. pesther ungarisch-deutscher, u. Haussekretair. 2., verm. u. verb. Ausg. — A. u. d. T.: Legújabb és legteljesb Pesti magyar-német Levelezökönyv és Házi Titoknok. gr. 8. (31 B. u. 2 Tab.) Pesth 843. [Kilian sen. u. Weber.]

— allgemeiner. s. Claudius.

— allgemeiner, od. deutl. u. gründl. Anweis. zum Briefschreiben für alle vorkommende Fälle 2c. 8. Grätz 802. Tusch. 16 gr

Briefsteller, allgemeiner, oder Anweisung zur Abfassung aller im gewöhnl. und Geschäftsleben vorkomm. Aufsätze. Ein Hülfsbuch für Jedermann. 5.—7. Aufl. 8. (96 S.) Reutlingen 869,70,72, Enßlin und Laiblin.

—— dass. — neuer allgemeiner. 8. Aufl. 8. (95 S.) Ebendas. 873.

Briefsteller, allgemeiner, oder Anweisung zur Abfassung aller im gewöhnl. und Geschäftsleben vorkomm. Aufsätze. Ein Hülfsbuch für Jedermann. 9. Aufl. 8. (96 S.) Reutlingen 875, Enßlin und Laiblin's Verlagsh.

Allgemeiner : Briefsteller, : oder Anweisung zur Abfassung aller im gewöhnlichen und Geschäftsleben vorkommenden Aufsätze. . Ein Hilfsbuch für Jedermann. Neunte Auflage. : Reutlingen. : Druck und Verlag von Enßlin und Laiblin. (: Reutlinger Volksbücher, o. Nr.).
o. J. (1876). 96 S., 16? [illegible] U.-Fig : [illegible]
85 > 78.
LBS d. D. oct K 3222.

— allgemeiner, für Deutsche. s. Rumpf. J. D. F.

— allgem. englischer, od. Must. engl. Originalbriefe 2c. 8. Leipz. G. Fleischer. 804.

— allgem. Englischer, oder Muster engl. Originalbriefe f. Alle, welche diese Sprache lernen wollen 2c. Mit e. Erklär. d. schweren Wörter u. Redensarten, v. J. H. L. Auch u. d. T.: the Art of Correspondence, or: Models of Engl. original Letters. 8. Leipz. 805. Gr. Fleischer. 1 ßl 8 gr

— allgemeiner, besonders Frankfurter, s. Handlungs-Briefsteller.

— allgemeiner, bes. Frankf. Handlungs-, od. Anl. z. kaufm. Briefwechsel. 8. Frankfurt, Jäger. 808.

— allgem. Hamburger, f. alle im gewöhnl. Leben vorkomm. Fälle. Nebst e. Anweis. zu schriftl. Aufsätzen 2c. 8. Hamb., Vollmer. 8 gr bis 1819. 3 Aufl. 4e Aufl. 826. 8. Ebd. Herold. 8 gr

—— allgem. Hamburger, f. alle im gewöhnl. Leben nur irgend vorkomm. Fälle. Nebst e. Anweis. zu schriftl. Aufsn. seiner Gedanken, u. Regeln d. Rechtschreib. Ein sehr nützl. Handbuch. 5., verb. u. verm. Aufl. 8. (13 B.) Hamburg 831, Herold.

— allgem. für junge Kaufleute, s. Briefst., Berlin.

— allgem. kaufmänn., e. Lehrb. f. Handlungsschul. 8. Leipz. Sommer. 804.

Briefsteller, allgem. kaufmännischer. Vollständ. u. umfass. Handb. f. jeden Kaufmann. 6 Lfgn. gr. 8. (20½ B. u. 1 Tab.) Demmin 844, Gesellius u. Comp. à Lfg. * 7½ Ngr. *

Briefsteller, allgemeiner kaufmännischer. Vollständiges u. umfassendes Handbuch f. jeden Kaufmann. Eine Reihenfolge v. Mustern aller in der kaufmänn. Correspondenz vorkommenden Briefe, Circulaire 2c., nebst Wechsel-, Handels- u. Seerecht, terminolog. Wörterbuche u. e. übersichtl. Münz-, Maaß- u. Gewichts-Kunde. 2. verb. Aufl. [Bibliothek d. Kaufmanns I.] 3 Lfgn. 8. (424 S.) Brandenburg 850, Müller. (à ⅓ ßl) 1 ßl

—— allgemeiner, f. d. bürgerl. Leben 2c. nebst Formularen zu Contracten, Quittungen, Anweisungen 2c. 4. Ausg. 8. (8 B.) Nordhausen 833, (Köhne.)

— allgemeiner, für d. bürgerl. Leben 2c., nebst Formularen zu Contracten, Quittungen, Anweisungen 2c. 4e Ausg. 8. Nordhausen 833. (Müller.) (Leipzig, Fort.) ⅙ ßl

Briefsteller, Allgemeiner Leipziger, für das bürgerliche Leben ... Leipzig 1796. V: *Kerndörffer, Heinr. Aug.* (Ky) (MGT) (NN)

— allgem. Leipziger, f. d. bürgerl. Leben, oder Anleit. zu e. guten schriftl. Vortrage in Briefen 2c., (v. H. A. Kerndörfer). 8. Lpz. 796. 2e Aufl. 801. Schladebach. 1 ßl 4 gr

— allgemeiner Obersächsischer, oder die Kunst, richtig zu schreiben, und alle Arten von schriftlichen Aufsätzen zweckmäßig und in einem gebildeten Styl abzufassen. Eine ausführliche Anweisung, wie man, ohne Zuziehung sachkundiger Personen, Contracte, Vollmachten, Schuldverschreibungen, Testamente, Zeugnisse, Klagschriften, Quittungen, Rechnungen, Wechsel, Anweisungen, Briefe, Billette, u. s. w. vorsichtig, schnell und brauchbar einrichten kann; durch auserlesene und musterhafte Beispiele erläutert. Ein Rathgeber in der Schreibestube. 8. Leipzig, Joachim. 802.

— allgem. Obersächsischer, oder d. Kunst, richtig zu schreiben, u. alle Arten schriftl. Aufsätze zweckmäßig u. in e. gebildeten Style abzufassen. Ein Rathgeber in d. Schreibestube. 8. Leipz. 802. Joachim. 16 gr Mit neuem T.: D. H. Adelungs allgem. Musterbuch schriftl. Aufsätze. 8. Ebd. o. Jahrz. 16 gr

— allgem. faßlicher, mit Beispielen aller Gattungen von Briefen u. schriftl. Aufsätzen, welche im gemeinen Leben häufig vorkommen. 8. Frankf. 815. N. Aufl. 816. Neueste Aufl. 822. Boselli. 9 gr

Briefsteller, allgemeinfaßlicher, mit Beispielen aller Gattungen von Briefen und schriftlichen Aufsätzen, welche im gemeinen Leben häufig vorkommen. Ein Rathgeber für die mittlern und niedern Stände. 8. (112 S.) Reutlingen 865, Fleischhauer und Spohn.

—— allgemeinfaßlicher, mit Beispielen aller Gattungen von Briefen und schriftl. Aufsätzen, welche im gemeinen Leben häufig vorkommen. Ein Rathgeber für die mittleren und niedern Stände. 1870, und [Neue Ausg.] 8. (112 S.) Reutlingen 873, Fleischhauer und Spohn.

— allgemeinfaßlicher, m. Beispielen aller Gattungen v. Briefen u. schriftl. Aufsätzen, welche im gemeinen Leben häufig vorkommen. Ein Rathgeber f. die mittlern u. niedern Stände. 8. (112 S) Reutlingen 875. Fleischhauer & Spohn. — 40

Amerikanisch-Dter Briefsteller. Milwaukee, n. d.

— Augsburgischer, f. d. gemeine Leben 2c. 8. Augsb. 802. Kranzfelder. 10 gr

— Augsburgischer, f. d. gemeine Leben 2c. 8. Augsburg, Veith. 802.

Briefsteller, ausführlicher — für alle Gewerbs- und Handelsleute, zur Verfassung der im bürgerlichen und gesellschaftlichen Leben vorkommenden Briefe und Aufsätze. Ferner ist darin enthalten, ein Briefsteller für Liebende, eingerichtet für alle Fälle und Verhältnisse, welche bei Liebenden eintreten können. Ein nothwendiges Nachschlagebuch für alle Stände, hauptsächlich für Kaufleute, Handwerker und Fabrikanten, mit besonderer Berücksichtigung in Liebesangelegenheiten. Wien, 1856. Druck von Anton Schweiger. (190 S. 8.)

— baierischer, mit Beispielen aller Gattungen v. Briefen ꝛc. 8. Münch. Fleischmann. 813.

— Baierischer, mit Beispielen aller Gattungen von Briefen u. schriftl. Aufsätzen, welche im gemeinen Leben oft vorkommen. 8. Münch.... 2e A. 817. 3e A. 826. Fleischmann. 16 gr

Briefsteller, baierischer, mit Beispielen aller Gattungen Briefe u. Aufsätze d. gemeinen Lebens. Ein Handbuch zum Selbstgebr. u. für Schulen. 2e Aufl. 8. München 825, Fleischmann.

— Berliner, f. junge Kaufleute. 8. Berlin. s. a. Bolte.

Briefsteller, Berlinischer, für junge Kaufleute. Berlin 1791. V: *Bolte, Johann Heinrich.* (Gi) (Ky) (MGT)

— Berliner, allgem., f. junge Kaufleute, (v. Jh. H. Bolte), 8. Berl. 791. 5e A. mit 1 Kpf. 823. Boike. (1822)

(Briefsteller, Berl.,)

— allgemeiner für junge Kaufleute. 8. 806. Jetzt Liebeskind in Leipzig.

— Berlinischer, fürs gemeine Leben. s. a. Bolte.

— Berlin., fürs gemeine Leben ꝛc. (v. Jh. H. Bolte). 8. Berl. 782. 10e A., mit 1 Kpf. 8. Ebd. 824. Boike. 18 gr

— berlinischer, für das gemeine Leben. 8. 806. Ist jetzt Verlag von Reimer in Berlin.

Briefsteller, Braunschweigischer, für das gemeine Leben. Braunschweig 1792. V: *Eschke, Ernst Adolph.* (Ky) (MGT)

— Braunschweigischer, f. d. gemeine Leben, (v. E. A. Eschke). 8. Braunschw. 792. Schröder. 12 gr

— m. franz. u. deutsch. Briefmustern. Halle, Dreyssig.

— f. Bürger, nach d. neuesten u. besten Art eingerichtet. Nebst einer Anweisung, wie Rechnungen, Quittungen, Anweisungen, Wechsel, Kontrakte u. Schuldscheine ausgefertigt werden. 2te Aufl. 8. Elberf. Mannes. (Leipz. Gruder in Comm.) 811.

— f. Bürger, nach d. neuesten u. besten Art eingerichtet. Nebst e. Anweis., wie Rechnungen, Quittungen, Anweisungen, Wechsel, Contrakte u. Schuldscheine ausgefertigt werden. 2e Aufl. 8. Elberf. 811. Mannes. (Leipz., Central-Compt.) 8 gr Hbg. Pr. 4 gr

— für Bürger, nach der neuesten und besten Art eingerichtet ꝛc. 2te Aufl. 8. Elberfeld, Mannes, (Leipzig. Engelmann in Comm.) 817.

Briefsteller, deutscher, oder Musterbuch zur Abfassung aller im Geschäfts- und Privatverkehre, so wie in freundschaftlichen Verhältnissen vorkommenden Briefe, Aufsätze ꝛc. Ein Haus-, Hilfs- und Nachschlagebuch für Personen jeden Standes, enthaltend eine kurzgefaßte Sprachlehre ꝛc.; deutsches und französisches Titulaturbuch ꝛc.; Briefmuster aller Art ꝛc. Pesth 853. Heckenast. gr. 8. (1 Bl., 289 S.) 15 ngr

Briefsteller, deutscher, oder Muster-Buch zur Abfassung aller im Geschäfts- und Privatverkehre, sowie in freundschaftl. Verhältnissen vorkomm. Briefe und Aufsätze. Ein Hilfs- und Nachschlage-Buch für Personen jeden Standes, enth. alles Wissenswerthe über Briefe im Allgemeinen; Titulaturbuch; Briefmuster aller Art, sowohl für den Privat- als für den Gewerbs- und Handelsverkehr. 3. verm. und verb. Aufl. 8. (VII, 868 S.) Pest 873. (Leipzig, Haessel.) *

Ein Donaueschinger Briefsteller. Latein. Stilübgn d. XII. Jhs aus d. orléans'schen Schule hrsg. u. erl. v. Alexander Cartellieri. M. e. Handschriftenprobe. *Innsbruck: Wagner 1898.* (XIII, 75 S., 1 Facs.) 1 Bd 8. [98. 2050

— Dresdner, s. a. Klabe.

— Dresdner, zum Gebr. f. Stadt- u. Landschulen, (v. J. G. A. Kläbe). 8. Dresd. 795. N. A. 809. Hilscher. 12 gr

— Dummlinger u. Krähwinkler, s. Jok. Federkiel.

Briefsteller, der englische, s. Hedley.

Briefsteller, Der englische, oder die höhere Privat- und Geschäftscorrespondenz. Leipzig 1838. V: *Hedley, J. H.* (Gi)

— Frankfurter, f. junge Kaufleute n. angeh. Wechselordnung ꝛc. 8. Gießen... 2e, mit e. Engl. u. Französ. Phraseologie verm. Ausg., v. Fr. J. G. Cleminius. 8. Gießen 805. Heyer. 20 gr

— Frankfurter, von Cleminius, vermehrte Auflage. 8. Gießen, Heyer. 815.

Briefsteller für Frauenzimmer, oder fassliche Anleitung zu der Abfassung der verschiedenen Briefe... Lpz. 1827. V: *Kerndörffer, Heinrich August.* (Gi) (Ky)

— für Frauenzimmer, oder faßl. Anleit. z. Abfassung versch. Briefe u. Aufsätze, nebst d. erforderl. Regeln d. deutschen Sprache, (von H. A. Kerndörfer). 8. Leipz. 827. 2e A. 831. Taubert. 18 gr
Dass. s.a.: Kerndörfer, H.A.

Briefsteller, Großer, vollständiger u. Haussecretär. Eine Mustersammlung aller Gattungen Briefe und Urkunden, wie sie im bürgerlichen u. Geschäftsleben am häufigsten vorkommen. Mit einem Anhange, enthaltend: Stammbuch-Aufsätze, Grabschriften und eine kleine Blumensprache. 8. (230 S.) geh. 80 kr.
Wien: C.Fritz 1882

— u. Haussekretär, grosser, vollständ. Mit e. Anh., enth.: Stammbuch-Aufsätze u. Grabschriften. 8° (240) Wien 94. (Lpzg, Lit. Anst., A Schulze.) 1.60

Briefsteller, großer vollständiger, f. freundschaftliche u. geschäftliche Korrespondenz. Briefmuster aller Art im Verkehr m. Verwandten u. Freunden, in den verschiedensten Angelegenheiten, in Handel u. Gewerbe, m. Behörden u. Gerichten. Außerdem m. Anleitung zum Briefschreiben nebst ausführl. Grammatik, m. Album- u. Stammbuchversen, Fremdwörterbuch u. a. Für kathol. Kreise bearb. (400 S.) gr. 8. Regensburg (906). F. v. Stokar. Geb. in Leinw. 3.50

— großer, vollständ., f. Liebende. E. treuer Rathgeber b. Abfassg. v. Liebesbriefen f. alle mögl. Angelegenheiten d. Herzens. Nebst e. Anh.: Soldatenbriefe u. Liebesgedichte. gr. 8. (148 u. IV S.) Wien 895. (Leipzig, Literar. Anstalt, A. Schulze.) n. 1.—

— Hamburgischer, od. Briefvorschriften auf die mehresten Fälle ꝛc. 8. Hamb. 802. Kratzsch. 16 gl

— Hamburg., f. Kaufleute bearb. v. A. Grünnig. 8. Hamburg. Campe. 803.

— Hamburger, für junge Leute. 3te verb. Aufl. 8. Hamburg, Herold. 820.

Briefsteller f. Jedermann, s. Volksbibliothek, deutsche.

Briefsteller f. Jedermann. Liebes-Briefe u. Heiraths-Anträge, nebst Antworten, Gratulations-Schreiben u. s. w. Glückwünsche, Verlobungs-, Entbindungs- u. Todes-Anzeigen u. Antworten darauf, Einladungs- u. diverse Schreiben. 8. (31 S.) Berlin 893. Friedrichs & Co. — 10

Briefsteller, f. Jedermann. 8° (31) Berl. 93, A Weichert. — 10
Vergriffen.

Briefsteller zunächst für studierende Jünglinge. 2. Aufl. München 1816. V: *Aurbacher, Ludwig.* (Lindner)

— zunächst f. studirende Jünglinge. 2e Aufl. 8. München 816. Lentner. 14 gl

— kaufmännischer. Vollständiges und umfassendes Handbuch f. jeden Kaufmann. Eine Reihenfolge v. Mustern aller in d. kaufmännischen Correspondenz vorkommenden Briefe, Circulaire, Wechsel, Obligationen, Frachtbriefe ꝛc. nebst Wechsel-, Handels- und See-Recht, terminologischem Wörterbuche und einer übersichtlichen Münz-, Maaß- und Gewichts-Kunde. Der 2. verb. Aufl. neue (Titel-) Ausg. Leipzig (850) 854. Holtze. 8. (424 S.) 1 ℛ

Kaufmännischer Briefsteller in Deutsch und Spanisch z. Gebr. f. deutsche Fabrik- u. Exportgeschäfte ... von e. Handlungsgehilfen. Epistolario mercantil en alemán y español ... *Berlin: E. Meister [1901].* (39 S.) 4° [01. 10734

Briefsteller, kaufmännischer, in Deutsch u. Spanisch z. Gebrauch f. deutsche Fabrik- u. Exportgeschäfte, enth.: Muster v. Briefen, Avisen, Fakturen ꝛc., welche täglich vorkommen u. im Verkehr m. Spanien u. Übersee unmittelbare Anwendung finden, v. e. Handlungsgehilfen (Emil Meister). gr. 4. (42 S.) Berlin 901. (Schultze & Velhagen). n. 2.—

—— der kleine, od. unterhalt. Anweis. ꝛc., s. Reinhold, Carol.

— der kleine, oder unterhaltende Anweisung zu kunstlosen Briefen für die Jugend. (Von Karoline Reinhold.) Mit 4 ill. Kpf. gr. 12. Nürnb. 831. Bauer u. R. 12 gl

Briefsteller, kleiner, oder theoretisch-prakt. Anleitung zur Abfassung schriftlicher Aufsätze, mit vorangeschickter deutscher Sprachlehre u. Orthogr. 8. Leipzig 835. G. Wigand. 1/4 ℛ

— kleiner f. Landschul. s. J. C. F. Baumgarten.

— kleiner, f. Landschulen, zugleich brauchbar f. Gemeindevorsteher u. andere Landleute. 12. Kitzingen 824. Gundelach. 3 gl

Briefsteller, kl., f. Liebende. 16° (48) Styr. 91, A Spaarmann. — 20

Briefsteller, Krähwinkler ...,
s. Federkiel, Jak.

— kurzer, doch hinlänglicher. 8. Frankf. a. M., Brönner. 5 gl

— kurzer u. leichtfaßl., für die im bürgerl. Leben am häufigsten vorkomm. Fälle. Nebst 3 Tab. von Titulaturen (in Fol.) 8. (84 S.) Augsburg 848. Fahrmbacher. 1/6 ℛ

— kurzer, mit den besten Regeln u. Anweisungen versehen. 8. Nürnb. 827. Endter. 8 gl

Briefsteller, Kurzer vollständiger, voran abgedruckt: Lavater's Schreiben an seine Tochter Anna Luise Lavater ... Bregenz 1801. V: *Gradmann, Johann Jacob.* (Ky) (MGT)

— kurz. doch wohlabgef., nebst Reden u. Complimenten ꝛc. 8. Eisenach. 758.

— kurzgefaßter, für d. Bürger u. Landmann, auch als Gebrauch zum Dictiren f. Schulen. 8. Chemnitz 810. Kretschmar. 4 gl

— kurzgefaßter, für den Bürger und Landmann, auch als Gebrauch zum Dictiren für Schulen. 8. Chemnitz, Kretschmar. 819.

—— kurzgefaßter, aber möglichst vollständiger, f. d. bürgerl. Leben, enth. eine Samml. von Briefmustern. 8. (4 B.) Berlin 844, Grobe. *

— für das bürgerliche Leben, oder Samml. von Briefmust. zu allen im gewöhnl. Leben nöthigen Gelegenheitsbriefen ꝛc. Herausg. von R. v. Helmhorst. 3e Aufl. 8. ... 829. (Leipzig, Dörffling.) 1/4 ℛ

Briefsteller, Leipziger, für Frauenzimmer ... Leipzig 1799. V: *Kerndörffer, Hnr. Aug.* (Ky) »1798« (MGT) (NN)

— Leipziger, f. Frauenzimmer, als e. Anleit. zu e. guten schriftl. Vortrage in Briefen, (von H. A. Kerndörfer). 8. Leipz. 799. Linke. (Märker). 1 ℛ

— Leipziger, für Kinder u. Erwachsene. 8. Leipz. 797. Kantner. 12 gl

— Leipziger, f. d. elegante Welt. 8. Lpz. Joachim. 805.

Briefsteller für Liebende, s. Miniatur-Bibliothek des Nützlichen und Angenehmen.

Briefsteller f. Liebende, s.: Volksbücher, Münchener.

— für Liebende. 8. Nordh. 834. (Müller; Leipzig, Fort.) 1/6 ℛ

—— f. Liebende. Von G Amor. 6. Afl. 12. (201) Neuw. 64, Heuser. n. — 12½

— für Liebende. Eine Sammlung der besten und schönsten Liebesbriefe. Nebst einem Anhange, enthaltend: Kleine sinnreiche Liebesgedichte, eine reichhaltige Blumensprache und vermischte Gedichte zu Namens-, Geburtstags-, Neujahrs-, Verlobungs- u. Hochzeitsfesten. Von Gustav Amor. 2. viel verb. u. verm. Aufl. Neuwied 856. Heuser. 12. (XII, 240 S.) n. 12⅓ ngr

Briefsteller für Liebende. Eine Sammlung der besten und schönsten Liebesbriefe. Nebst einem Anh., enth.: Kleine sinnreiche Liebesgedichte, eine reichhaltige Blumensprache und vermischte Gedichte zu Namens-, Geburtstags-, Neujahrs-, Verlobungs- u. Hochzeitsfesten. Von Gust. Amor. 6. sehr verm. u. verb. Aufl. Neuwied 864. Heuser. 12. (XI, 201 S.) n. 12½ ngr

—— für Liebende. 32. (64 S.) Leipzig 868, Matthes. cart. *

— f. Liebende. 12. (48 S.) Berlin 891. Gebr. Radetzki. — 25

* — f. Liebende, beiderlei Geschlechts. Nebst ein. kleinen Orthographie f. Frauenzimmer u. einem Verzeichnisse d. gleichlautenden Wörter. 8. Leipz. Schladebach. (Binder in Comm.) 800.

—— für Liebende beiderlei Geschlechts. Nebst einer kleinen Orthographie f. Frauenzimmer u. ein. Verzeichn. d. gleichlaut. Wörter. 2. Aufl. 8. (11⅛ B.) Leipzig 829, [Franke.]

— für Liebende beiderlei Geschlechts. 3., gänzl. umgearb. u. verm. Aufl. v. Gust. Wartenstein. M. 1 lith. Abbild. 8. (9 B.) Leipzig 839, Melzer.

— für Liebende beiderlei Geschlechts. Eine Sammlung von 153 Liebesbriefen. Nebst einem Anhang enth.: Die Blumensprache und vermischte Gedichte zu Namens-, Geburts-, Neujahrs-, Verlobungs- und Hochzeitsfesten. Von Gust. Amor. 8. (XI und 244 S.) Neuwied 850, Heuser. *

— für Liebende beiderlei Geschlechts. Eine Sammlung von Musterbriefen in zarten Angelegenheiten. Mit einem Anhang von Stammbuchversen. 16. (68 S.) Tübingen 854. (Ulm, Gebr. Nübling.) *

— für Liebende beiderlei Geschlechts. Eine Sammlung von Musterbriefen in zarten Angelegenheiten. Mit einem Anhang von Stammbuchversen. 2. (Titel-)Aufl. (1854)58. und 3., sehr verm. Aufl. 16. (116 S.) Tübingen 860, Riecker.

— für Liebende beiderlei Geschlechts. Eine Sammlung von Musterbriefen in zarten Angelegenheiten. Mit einem Anh. von Stammbuchsversen. 4., verb. Aufl. 16. (116 S.) Tübingen 864, (Osiander'sche Buchh.)

Briefsteller für Liebende beiderlei Geschlechts. Eine Sammlung von Musterbriefen in Liebes- und Heiraths-Angelegenheiten. 2. Aufl. 16. (79 S.) Berlin 866, Streerath.

— für Liebende beiderlei Geschlechts. 2. Aufl. 32. (58 S.) Leipzig 873. Matthes. n. — 50

— dass. — 8. Aufl. 8. (64 S.) Leipzig 878, Matthes.

— in Liebes- und Heiraths-Angelegenheiten. Berlin 863. Schlingmann. 16. (77 S.) 5 ngr.

— Lief-, Esth- u. Kurländ., für junge Kaufleute, s. Handbuch der Vorkenntniß des Handels.

— Lief- Esth.- u. Curländ., f. junge Kaufl. (s. unt. d. Tit.: Handb. d. Vorkenntn. des Handels.) gr. 8. Riga, Meinshausen. 783.

Briefsteller, Liv-, Esth- und kurländischer, für junge Kaufleute ... Riga 179? 2. Aufl. 1795. V: *Friebe, W. Chph.* [?] (MGT)

— der, ein Lotteriespiel z. Denken u. Vergnügen rc. 16. Schlesw. 802. Röhs. 20 gr.

— der Mildheimische, oder gemeinfaßl. u. vollständ. Anleit. f. Bürger u. Bauersleute z. Beschreib. u. Abfassung aller Arten schriftl. Aufsätze; ein Anh. zu Becker's Noth- u. Hülfsbüchlein. 8. Zwickau 805. Schumann. 12 gr.

Briefsteller, Militärischer, oder Anleitung zur Verfassung schriftlicher Aufsätze, militärischen und nicht militärischen Inhalts Von einem k. k. Officier. 8. Wien 1808.

Briefsteller, Militärischer, oder Anleitung zur Verfassung schriftlicher Aufsätze milit. und nicht milit. Inhalts ... Wien [Triest] 1815. V: *Appert* [?]. (EB)

— militär., oder Anleit. zur Verfassung schriftl. Aufsätze f. Unteroffiziers, junge Krieger rc. 4e verm. Aufl. 8. Wien 815. Geistinger. 1 Thlr 8 gr. (Gerold). 820. Hbg. Pr. 18 gr.

— für junge Militärpersonen. 8. Potsd. 804. Horvath. 446 S.

— f. junge Militärpersonen nebst militär. Wörterbuche. Neue Aufl. 8. Potsdam, Horvath. 814.

— nautischer. Ein Hand- und Hülfsbuch für Seefahrer. 4. Aufl. gr. 8. (352 S.) Hamburg 853, (Perthes-Besser und Mauke.) *

— neuer, oder vollständ. Anleitung über d. Fertigung schriftl. Aufsätze rc. Ein Handbüchlein z. Selbstunterrichte für Jedermann, so wie für den Gebrauch in Bürger- u. Landschulen. 2e verm. u. verb. Aufl. (Mit 1 Tab.: Titulaturen.) 12. Zweibrücken 837. Ritter. 1/8 Thlr

Briefsteller, neuer, oder vollständige Anleitung über die Fertigung schriftlicher Aufsätze, mit Bezugnahme auf den Briefstyl rc. 3. verm. u. verb. Aufl. 16. Zweibrücken 839, Ritter. 1/8 Thlr

— neuer, enthltd.: die Anweisung zur Abfassung von Briefen u. die dazu nöthigen Titulaturen, sowie e. Sammlung von Muster-Briefen aller Art u. solchen Aufsätzen, wie sie im gewöhnlichen Leben vorkommen. 865. (64 S.) 5 ngr. — Mügeln 867. — Leipzig, Senf. 16. (95 S.) 7½ ngr.

— neuer, enth.: die Anweisung zur Abfassung von Briefen und die dazu nöth. Titulaturen sowie eine Sammlung von Muster-Briefen aller Art und solchen Aufsätzen, wie sie im gewöhnl. Leben vorkommen. 16. (95 S.) Mügeln 872. (Leipzig, Senf.)

— neuer Dresdner, s. Birkner.

— neuer, französ. u. deutscher. 8. Straßb. 802. König. 1 Thlr

— neuer französischer, für angehende Handelsleute u. Handlungslehrlinge, enthaltend eine auserlesene Sammlung kaufmännischer Briefe aller Arten, Fakturen, Kontrakte, Wechsel, Frachtbriefe, Vollmachten rc. nebst einer Abhandlung über die neufranzösischen Maaße, Gewichte und Geldsorten und dem neuesten Handlungstarif. 8. Leipz. Joachim. 805.

— neuer kaufmännischer, oder Anleit. zur kaufmänn. Correspondenz u. den damit verbund. mannichfalt. Aufsätzen. 8. N. Aufl. Leipz. 820. Weygand. 1 Thlr N. Aufl. 826. 16 gr.

— neuer, f. Kinder, s. C. Hold.

Briefsteller. Neuer kurzer doch gründlicher — auf alle Fälle des Lebens. Nebst einem teutsch-französischen Titular-Buch. Klgft. u. Leipzig. Walliser. 1790. 280 S.

— neuer, f. Liebende. Enthaltend alle Arten Liebesbriefe. Ferner 10 gehaltv. Gedichte auf Geburts-, Namenstage u. s. w. Vom Verf. d. galanten Stutzers. 8. Nordh. 830. 2e A. 831. Fürst. 9 gr.

Briefsteller, neuer, f. Liebende. Enthalt. alle Arten Liebesbriefe. Ferner: 41 gehaltvolle Gedichte auf Geburts-, Namens- u. Neujahrstage, Hochzeiten, Polterabende u. a. erfreuliche Vorfälle. Vom Verf. d. galanten Stutzers. 1., 2. Aufl., u. 3., verb. A. (à 8 B.) 8. Nordhausen 834, Fürst. à Thlr.

— neuer, f. Liebende. Enth. alle Arten Liebesbriefe u. 41 gehaltvolle Gedichte auf Geburts-, Namens- u. Neujahrstage, Hochzeiten, Polterabende u. a. erfreul. Vorfälle. Vom Verf. d. galanten Stutzers. 4., verb. Aufl. gr. 16. (8 B.) Nordhausen 838, Fürst.

— neuer, für Liebende. Vom Verfasser d. galanten Stutzers. 5. verb. Aufl. kl. 8. Nordhausen 842, Fürst. 3/8 Thlr — 6. Aufl. 8. Ebend. 844. 3/8 Thlr

Briefsteller, neuer, für Liebende. Ein Dolmetscher fühlender Herzen. 4. verm. Aufl. Weimar 862. Voigt. 12. (XXIV, 230 S.) 22½ ngr.

— neuer, für Liebende. Ein Dolmetscher fühlender Herzen. 5. verm. Aufl. Weimar 866. B. F. Voigt. 12. (XXIV, 230 S.) 18 ngr.

— neuer, für Liebende. Ein Dolmetscher fühlender Herzen. 6. Aufl. 8. (XX, 230 S.) Weimar 872, B. F. Voigt.

Briefsteller, neuer, f. Liebende. 7. Afl. 8. (230) Weim. 76, BF Voigt. 1. 80

— neuer, für Liebende beiderlei Geschlechts. 8. Sondersh. 819. Voigt in Ilm. 1 Thlr 6 gr.

— neuer, f. Liebende beiderlei Geschlechts. Ein Dollmetscher fühl. Herzen. 2., verm. u. verb. Aufl. gr. 12. (12 B.) Ilmenau 834, Voigt.

— neuer, für Liebende beiderlei Geschlechts. Ein Dollmetscher fühlender Herzen. 3., verm. und verb. Aufl. 12. (XVIII und 258 S.) Weimar 850, Voigt.

— ganz neuer Oesterreichischer. 8. Wien 797. Rehm. 10 gl

— neuer Schlesischer, f. höhere u. mittlere Stände. gr. 8. Bresl. 823. W. G. Korn. 20 gl

— neuer schlesischer, für höhere u. mittlere Stände. gr. 8. Breslau 824, W. G. Korn.

Neuer | wohl eingerichteter | Briefsteller, | enthaltend | die im gemeinen Leben jedermann vorkommende, | unentbehrlichste Briefe und Aufsätze; | als: | Quittungen; Schuldscheine; Kauf- Handels- und Pachtbriefe; | Amts-Anzeige; Zehrung- und Arbeits-Conto mehrerer | Professionisten; Vormundschafts-Rechnung; Frachtbrief; | Wechselbrief und Schuldverschreibung in Form eines | Wechsels. | Neu verbesserte Auflage. | Straßburg, | gedruckt und zu finden bey Lorenz und Schuler. | 1811.
32 S., 185 × 115.
BNP Zp. 2272.

— neuester, 8. Halle 795. Dreyßig. 3 gl

— neuester, od. Anweis., wie man Briefe, Rechnungen rc. 8. Prag 798. Neureutter. 3 gl

— neuester, enth. e. Anleit. z. Brief-, Schön- u. Rechtschreiben u. allen Arten v. Briefen f. d. bürgerl. Leben. gr. 8. München 832, [Jaquet.]

— neuester, enth. e. Anleit. z. Brief-, Schön- u. Rechtschreiben; alle Arten von Bitt-, Bewerbungs-, Glückwünschungs-, Einladungs-, Danksagungs-, Berichts- u. Trostschreiben u. vermischter Briefe, nebst e. Anweis. zu allen schriftl. Aufsätzen, welche im gemeinen bürgerl. Leben vorkommen rc. 4., verb. u. verm. Aufl. 8. (7 B.) 836. 1/8 Thlr., 5., verb. u. verm. A. gr. 12. (4 3/4 B.) München 839, Jaquet.

— neuester, enthalt. eine Anleitung z. Brief-, Schön- u. Rechtschreiben; alle Arten v. Bitt-, Bewerbungs-, Glückwünschungs-, Einladungs-, Danksagungs-, Berichts- u. Trostschreiben und vermischter Briefe; nebst e. Anweisung zu allen schriftl. Aufsätzen, welche im gemeinen bürgerl. Leben vorkommen rc. 4e verb. u. verm. Aufl. 8. München 836. Jaquet. 1/8 rthl — 5e verb. u. verm. Aufl. 8. Ebd. 840. 4 1/2 gl

— neuester, od. Musterbuch z. Abfassung aller im Geschäfts- u. gewöhnl. Leben vorkomm. Aufsätze. Ein Rathgeber für alle Stände. gr. 12. (12 B.) Reutlingen 842, Fleischhauer u. Spohn.-

Briefsteller, neuester. 2. Aufl. 8. (XXXI und 254 S.) Reutlingen 817, Fleischhauer und Spohn.

— neuester, od. Anleitung zum Brief-, Schön- u. Rechtschreiben; enth. alle Arten von Bitt-, Bewerbungs-, Glückwünschungs-Schreiben rc., m. e. Anweisung zu allen schriftl. Aufsätzen, welche im gewöhnl. bürgerl. Leben vorkommen. Ein Handbuch zum Selbstunterrichte f. den mittlern u. geringern Stand. 7. verm. u. verb. Aufl. 12. (120 S.) Augsburg 847, Jaquet. — 8. verm. u. verb. Aufl. 12. (120 S.) Ebd. 850. 4 1/2 ngr

Briefsteller, neuester, oder Musterbuch zur Abffassung aller im Geschäfts- und gewöhnlichen Leben vorkommenden Aufsätze. Ein Rathgeber für alle Stände. 3. Aufl. 8. (XXXII und 255 S.) Reutlingen 854, Fleischhauer und Spohn. Thlr.

— neuester, oder Anleitung zum Brief-, Schön- und Rechtschreiben, enthltd. alle Arten von Bitt-, Bewerbungs-, Glückwünschungs- rc. Schreiben nebst Briefen vermischten Inhaltes, mit einer Anweisung zu allen schriftlichen Aufsätzen, welche im gewöhnlichen bürgerlichen Leben vorkommen. Ein Handbuch zum Selbstunterrichte für den mittlern und geringern Stand. 10., verm. rc. Aufl. Augsburg 858. Jaquet. 12. (120 S.) 4 1/2 ngr

— neuester, oder Anleitung zum Brief-, Schön- und Rechtschreiben; enth. alle Arten von Bitt-, Bewerbungs-, Glückwünschungs- rc. Schreiben nebst Briefen vermischten Inhalts rc. Ein Handbuch zum Selbstunterrichte für den mittlern und geringern Stand. 11. verm. u. verb. Aufl. Augsburg 860. Jaquet. 12. (120 S.) 6 ngr

— neuester, oder Musterbuch zur Abfassung aller im Geschäfts- und gewöhnl. Leben vorkommenden Aufsätze. Ein Rathgeber für alle Stände. 4. Aufl. 8. (XXXII und 255 S.) Reutlingen 861, Fleischhauer und Spohn.

— neuester. Ein prakt. Hülfsbuch zu schriftl. Arbeiten in allen Lebens-Verhältnissen. Im Anh.: Liebesbriefe, Polterabendscherze, Stammbuchs-Aufsätze und Fremdwörterbuch. 7. Aufl. 8. (IV, 160 S.) Berlin 872, Liebheit und Thiesen.

Briefsteller, Neuester, auf alle Fälle nebst einem Anhange von einem deutsch-lateinischen und französischen Titularbuche. 4. Aufl. Wien 1786. V: *Sonnenfels, Jos. von* (Neue Allgem. Wiener Bücher-Nachr. 1786, S. 64, Nr. 46; 1788, S. 112, Nr. 99) (BIBLPORT)

— neuester, für alle Fälle des menschlichen Lebens eingerichtet. 8. Nürnberg, Campe. 818.

— neuester auf alle nur möglichen Fällen eingerichteter allgem., f. alle Stände d. bürgerl. Lebens. 3., umgearb. u. verm. Aufl. (Leipzig 838, Drobisch,) 4., unveränd. Aufl. 8. (à 15 B.) Leipzig 839, Melzer. à

— neuester, für das geschäftliche und gesellige Leben. Faßliche Anweisung zur Anfertigung aller mögl. Arten von Musterbriefen und schriftl. Aufsätzen, Contracten, Verträgen, Testamenten rc. 4. verm. und verb. Aufl. gr. 16. (158 S.) Dresden 870, Tittel.

Briefsteller, Neuester, f. Liebende, s: Liebesbriefsteller, Neuester.

— neuester, f. Liebende. 8. Ulm. 3e A.... (Ebner). 6 gl München, Jaquet. 14 gl

— neuester, f. Liebende u. s. w. Mit Kpf. 8. Prag 804. (Joachim in Leipz.) 10 gl

— neuest. f. Liebende. v. E. Schmiedl. 8. Leipz. Grdff. 805.

— neuester, für Liebende, enthltd. Briefe für alle nur denkbaren Verhältnisse aus dem Liebesleben. Hersg. von Amandus Liebereich. Düsseldorf 865. Spaarmann. 8. (80 S.) 6 ngr

— neuester, f. Liebende, enth. Briefe f. alle nur denkbaren Verhältnisse aus dem Liebesleben. Hrsg. v. Amandus Liebreich. 9. Aufl. 8. (80 S.) Elberfeld 872. Püttmann. — 60

— neuester, für Liebende. Ein unentbehrl. Rathgeber in allen Herzensangelegenheiten. Mit Anh.: Enth. die schönsten Liebeslieder, Blumensprache, Stammbuchverse und Tanzalbum. Verfaßt von Eva v. Lohengrin. 16. (80 S.) Berlin 874, Beuckert und Radetzki.

Briefsteller, neuester, für Liebende. Enthaltend Briefe für alle nur denkbaren Verhältnisse aus dem Liebesleben. 8. (80 S.) Chemnitz 880. Hager. — 60

Briefsteller, neuester, f. Liebende. Ein treuer Rathgeber in Liebesangelegenheiten f. Jünglinge u. Jungfrauen. Nebst einem Anhang v. Stammbuchversen, Verlobungsanzeigen, Hochzeitseinladgn., Hochzeitsgedichten; sowie Schreiben an Pfarrämter, Orts-Vorsteher rc. Ster.-Ausg. 8. (64 S.) Reutlingen 883. Bardtenschlager. — 25

— neuester, f. Liebende, enth. Briefe f. alle nur denkbaren Verhältnisse aus dem Liebesleben. Hrsg. von Amandus Liebereich. 15., verm. Aufl. 8. (127 S.) Köln 889. Püttmann. — 60

— neuester, f. Liebende. Mit Anh. Enth. die schönsten Liebeslieder, Blumensprache, Stammbuchverse u. Tanzalbum. Verf. v. Eva v. Lohengrin. 12. (80 S.) Berlin 891. Gebr. Radetzki. — 50

Briefsteller, neuester, f. Liebende. E. Rathgeber in allen Liebesangelegenheiten f. Jünglinge u. Jungfrauen. Nebst e. Beigabe v. Stammbuchversen, Verlobungsanzeigen, Hochzeitseinladungen, Polterabendscherzen u. Hochzeitsgedichten. (Neue Aufl.) 8. (64 S.) Hainichen 896. G. E. Hoffmann. — 50

— neuester, f. Liebende. Ein treuer Ratgeber in Liebesangelegenheiten f. Jünglinge u. Jungfrauen. Nebst e. Anh. v. Stammbuchversen, Verlobungsanzeigen, Hochzeitseinladgn., Hochzeitsgedichten; sowie Schreiben an Pfarrämter, Orts-Vorsteher xc. Ster.-Ausg. 12. (64 S.) Reutlingen (900). R. Bardtenschlager. — 30

— dasselbe. Ster.-Ausg. 12. (48 S.) Ebd. (902). — 15

— neuester, für Liebende beiderlei Geschlechts, enthalt. alle Arten Liebesbriefe für alle Stände u. auf alle Gelegenheiten. Nebst e. Anhang. 18. Cöln 839. Gaul u. Tonger. 1/6 rℓ

— neuester, f. Liebende beiderlei Geschlechts, enth.: alle Arten Liebesbriefe f. alle Stände u. auf alle Gelegenheiten. 9. verm. u. verb. Aufl. 12. (60 S.) Augsburg 850, Jaquet. 3 ngℓ

— neuester, f. Liebende beiderlei Geschlechts. Eine Sammlung v. Liebesbriefen aller Art, f. jeden Stand xc. brauchbar. Neueste verm. Aufl. 8. (80 S.) Reutlingen 852, Fleischhauer & Spohn. 2 ngℓ

— neuester, für Liebende beiderlei Geschlechts. Eine Sammlung von Liebesbriefen aller Art xc. Neueste, verm. Aufl. 8. (80 S.) Reutlingen 855, Fleischhauer und Spohn.

— neuester, für Liebende beiderlei Geschlechts. Eine Sammlung von Liebesbriefen aller Art, für jeden Stand und für die verschiedenen Fälle und Verhältnisse unter Liebenden brauchbar. 8. (64 S.) Kassel 861, (Meßner'sche Buchh.) * *

Briefsteller, neuester, für Liebende beiderlei Geschlechts. Eine Sammlung von Liebesbriefen aller Art, für jeden Stand u. für die verschiedensten Fälle u. Verhältnisse unter Liebenden brauchbar. Neueste verm. Aufl. Reutlingen 865. Fleischhauer & Spohn. 8. (80 S.) 2 ngr.

— neuester, für Liebende beiderlei Geschlechts. Eine Muster-Sammlung von Liebesbriefen, Heiraths-Anträgen xc. für alle Stände und die verschiedensten Fälle und Verhältnisse des Lebens. 3.–9. Aufl. gr. 16. (64 S.) Reutlingen 869–74, Enßlin und Laiblin.

— neuester, f. Liebende beid. Geschl. 4. Afl. 16. (64) Reutl. 70, Ensslin & L. — 2

— neuester, für Liebende beiderlei Geschlechts. Eine Sammlung von Liebesbriefen aller Art, für jeden Stand und für die verschiedenen Fälle und Verhältnisse unter Liebenden brauchbar. Neueste verm. Aufl. 8. (IV, 80 S.) Reutlingen 874, Fleischhauer und Spohn.

Neuester | Briefsteller | für | Liebende beiderlei Geschlechts Eine Sammlung | von | Liebesbriefen, Heiraths-Anträgen etc. für | alle Stände und die verschiedensten Fälle | und Verhältnisse. | Neueste, sehr vermehrte und verbesserte Auflage Reutlingen, | Verlag von Enßlin & Laiblin. | (Hebsaker.)
(= *Reutlinger Volksbücher*, 22).
o. J. (1874), 64 S., 103 – 105; zehnte Auflage.
LBS d. D. oct K 3223a.

— neuester, für Liebende beiderlei Geschlechts. Eine Muster-Sammlung von Liebesbriefen, Heirats-Anträgen xc. für alle Stände und die verschiedensten Fälle und Verhältnisse des Lebens. Nebst einem Anhang von Verlobungsanzeigen, Hochzeitseinladungen, amtl. Schriftstücken und Heiratsangelegenheiten xc. 10.–12. Aufl. gr. 16. (64 S.) Reutlingen 875,76, Enßlin und Laiblin's Verlagsh.

— neuester, für Liebende beiderlei Geschlechtes. 8. (74 S.) Neutitschein 865, Enders. *

Briefsteller für Liebende, früher L. V. Enders in Neutitschein, nun Wien. H. Winkler. 20 kr.

— dass. — 2. Aufl. 16. (72 S.) Wien 881, (Winkler.) * — 40

— neuester, f. Liebende beiderlei Geschlechts. 2. Aufl. 16. (72 S.) Wien 881. Daberkow. n. — 40

Briefsteller, neuester, für Liebende beiderlei Geschlechts. 12. (VIII, 104 S.) Thorn 882, E. Lambeck. — 75

— neuester, f. Liebende beiderlei Geschlechts. 3., vielverm. Aufl. 8. (VIII, 123 S.) Thorn 890. E. Lambeck. — 90

Briefsteller, Neuester, für Liebende beiderlei Geschlechtes. Vierte durchgesehene Auflage. 12. (72 S.) Wien: C.Daberkow 1896

— neuester prakt., u. Haus-Secretair f. jeden Stand u. jedes Alter. Eine Anleit. u. Mustersamml. zu Abfassung jeder Art v. Briefen u. aller in das bürgerl. wie in d. kaufmänn. Leben einschlagenden schriftl. Aufsätze. 8. (12⅝ B.) Leipzig 816, Naumburg. *

— neuester, und Selbstadvokat. Deutliche und vollständ. Anleitung zur Abfassung aller Gattungen Briefe und Urkunden für jeden Fall des Lebens. Nebst einem Anhang: Sammlung der schönsten Stammbuchaufsätze. 8. (128 S.) Wien 878, Neidl. *

— u. Selbstadvokat, neuester. Nebst e. Anh.: Sammlung der schönsten Stammbuchaufsätze. gr. 16. (128 S.) Wien 894. (Leipzig, Literar. Anstalt, A. Schulze.) n. — 60

— neuester, vollständiger, f. alle Fälle d. Lebens. gr. 16. (48 S.) Wien 894. (Leipzig, Literar. Anstalt, A. Schulze.) n. — 40

Briefsteller, Neuester vollständiger, für alle Fälle des Lebens. Eine Sammlung von Bitt-, Mahn-, Glückwunsch- . . . und Liebesbriefen. Wien [1900] V: *Hellbach*, *Raphael.* (EB)

— für Liebende, neuester u. vollständigster, eine Sammlung von Musterbriefen für alle Fälle u. Verhältnisse, welche bei Liebenden eintreten können. 2. verb. Aufl. 8. Quedlinburg 842, Basse. 1/2 rℓ — 3. Aufl. 846. 1/2 rℓ

— neuester und vollständigster, für Liebende. Eine Sammlung von Musterbriefen für alle Fälle und Verhältnisse, welche bei Liebenden eintreten können. 3. Aufl. (80 S.) 847. und 4., verb. Aufl. 8. (126 S.) Quedlinburg 850, Basse. Thlr.

— neuester und vollständigster für Liebende. Eine Sammlung von Musterbriefen für alle Fälle und Verhältnisse, welche bei Liebenden eintreten können. 5., verb. Aufl. gr. 8. (112 S.) Quedlinburg 859, Basse.

— neuester und vollständigster, für Liebende. Eine Sammlung von Musterbriefen für alle Fälle und Verhältnisse, welche bei Liebenden eintreten können. 6., verb. Aufl. 8. (112 S.) Quedlinburg 864, Basse.

— neuester und vollständigster, für Liebende. Eine Sammlung von Musterbriefen für alle Fälle und Verhältnisse, welche bei Liebenden eintreten können. 7. verb. Aufl. gr. 8. (112 S.) Quedlinburg 871, Basse.

— neuester u. vollständigster, f. Liebende. Eine Sammlg. v. Musterbriefen f. alle Fälle u. Verhältnisse, welche bei Liebenden eintreten können. 8. (Titel-)Aufl. 8. (112 S.) Quedlinburg 889. Basse. n. — 50

— neuester Wiener, f alle Stände, od. Musterbriefe f. alle Vorfälle d. Lebens. Ein Rathgeber in allen kaufmänn., gerichtl. u. bürgerl. Geschäften, xc. 2. Ausg. gr. 8. (24 B. u. Titvign.) Wien 832, Haas.

— nützlicher, auf alle Fälle des Lebens. 8. Klagenf. 791. Walliser. (W. Vogel in Leipz.) 12 K

Briefsteller, nützlicher, für alle vorkommende Fälle, nebst 1 Titularbuch 2c. 8. Brünn 810. Gastl. (N. Aufl.) 824. 10 kr

— nützlicher, f. alle vorkommende Fälle, nebst 1 Titularbuch 2c. 8. Brünn. Gastl. 813.

— nützlicher, für alle vorkommende Fälle im menschlichen Leben, mit einem Titularbuch. N. A. 8. Brünn, Gastl. 817.

Briefsteller, Oberrhein., f. d. gemeine Leben. 8. Gießen 801. Heyer. 1 ß 4 kr

BRIEFSTELLER. Prager –. Schönfeld, Prag u. Wien 1783-1784
2 Tle in 1 vol.

— neuer Prager, 2 Thle. 8. Prag 785. Schönfeld. 16 kr

— praktischer, s.: Panorama d. Wissens.

Briefsteller, Praktischer, für alle Fälle des gemeinen Lebens. Wien 1790. 2. Aufl. Wien 1794. 3. Aufl. Wien 1797. 4. Aufl. Wien 1815. V: *Fischer, Joh. Hch.* (wrztg 1794, S. 326; 1797, S. 3117) (biblPort) (Ky 2/222)

— prakt., für d. bürgerl. Leben. 8. Hamb. 815. Gundermann. (Aue in Altona). 10 kr

— praktischer, od. Musterbriefe u. Aufsätze f. Bürger u. Bauersleute jeden Alters 2c. nebst den beim Briefschreiben zu beobachtenden Regeln, den Titulaturen u. Adressen u. der Buchführung beim Kleinhandel u. Handwerke. 16. (178 S.) Crefeld 847. Klein. 1/4 ß

— – für Privat- u. Geschäftsleute (in 5 Sprachen: Wallachisch, Französisch, Deutsch, Italienisch, Englisch.) 8. (26 1/2 B.) Bukarest 841. [Rosetti u. Winterhalder.]

— für Privat- u. Geschäftsleute (in 5 Sprachen: Wallachisch, Französisch, Deutsch, Italienisch, Englisch.) 8. Bukarest 841, Walbaum. 1 1/2 ß

— u. Rathgeber f. alle schriftlichen Arbeiten, Briefe, Gesuche, Klagen, Contracte u. s. w. 12. (60 S.) Berlin 891. Gebr. Radetzki. — 25

— für d. Schüler in d. Stadt u. auf d. Lande, oder kurze Anleit. üb. die dem Bürger nöthigen Aufsätze. gr. 12. Zweibr. 827. Ritter. 3 kr

— für Seefahrer der Kriegs- und Handels-Marine im Charakter von Capitainen, Steuerleuten und Matrosen. Nebst einem Anhang über die nautischen Rechte und Pflichten der Capitaine, Steuerleute, Matrosen und Lootsen. Hamburg 854. (Altona, Uflacker in Comm.) 16. (96 S.) n. 7 1/2 ngr

— theoret.-prakt., für alle Fälle d. menschl. Lebens 2c. 8. Innsbr. 799. Schiffner. 12 kr

— Triester, f. Kaufleute. 8. Altona 794. Kaven. 8 kr

— z. Gebr. d. Unterthan. d. K. K. Staat. 8. Wien. 797.

— f. alle Verhältnisse d. Lebens. Anleitung zur Abfassg. aller Arten Briefe, schriftl. Aufsätzen, Urkunden, Klagen, Testamenten, Vollmachten, Contracten, Schuldscheinen, Quittgn., Anzeigen f. Zeitgn., sowie e. Zusammenstellg. der weltl. u. geistl. Titulaturen u. Liebes-Briefsteller. 12. (88 S.) Berne 892. B. Bessin. Kart. n. — 50

Briefsteller, vollständiger französischer, f. Handel- u. Gewerbetreibende, s.: Miniatur-Bibliothek.

— vollständiger, für die Jugend. Erfurt 856. Bartholomäus. 16. (2 Bl., 160 S.) 9 ngr

— vollständiger, für Liebende beiderlei Geschlechts. Eine Sammlung von Musterbriefen in allen möglichen Herzensangelegenheiten. Nebst einer passenden Blumensprache und einer Auswahl der schönsten u. sinnreichsten Stammbuchverse. Bremerhaven 856. v. Vangerow. 16. (64 S.) 2 1/2 ngr

— f. d. elegante Welt, oder Briefschule f. Menschen 2c., s. Briefschule.

— Wiener, für alle Fälle d. gesellschaftl. Lebens. 8. Wien 789. N. Aufl. besorgt v. F. Rittler. 8. Wien 822. v. Mösle. 12 kr Schrbp. 16 kr

— — derselbe. 8. Ebend. 810. Schreibp.

— Wiener f. alle Fälle d. gesellschaftl. Lebens, nebst ein. Anhange d. Kunst geheime Briefe zu schreiben. 8. Wien, v. Mösle. (Leipz. Kummer in Comm.) 812.

— der, durch Würfel. 8. Magdeb. 806. v. Schütz. 12 kr

— Derselbe. 8. Leipz. 809. 6e A. 820. (W. Nauck). 16 kr

— derselbe. 8. Leipz. Sommer. 809.

— der, durch Würfel. 5te Aufl. mit Antworten. 8. Magdeb. Schütz. 816.

— der, durch Würfel. Ein unterhaltendes und zugleich im Briefstyl Unterricht gebendes Spiel. 6te Aufl. Leipzig, Sommersche Buchhandl. 820.

Briefstil, der, d. Kaufmanns. Verf. u. hrsg. vom Curatorium der Gartenbauschule d. Gartenbauverbandes f. das Königr. Sachsen. gr. 16. (32 S.) Laubegast 894. (Dresden, H. Hackarath.) n. — 50

Briefstyl, über d. deutschen, s. *Philippon* de la Madelaine.

Brieftasche, Die, eine lokale Tagschrift für Wien. 50 Stück. Wien 1783 u. 1784. H: *Richter, Joseph, Joh. Rautestrauch* ... etc. (E. V. Zenker, Gesch. d. Wiener Journalistik, S. 149, Nr. 211 (wrztg 1783, Nr. 9. Anhg. und 94); 1784, Nr. 50, S. 53; 1786, S. 485) (Hans Viktor Pisk: Joseph Richter. Diss. Wien 1927. S. 86) (Jos. Richter, Die Eipeldauerbriefe. München 1917, Bd. I, S. XX) (GGr V/318, Nr. 47/6) (WBL 26/60) (BGE[2] 8/428)

Brieftasche, Die. Fragment eines Lustspiels. [Berlin 1790.] V: *Mackensen, Wilh. Friedr. August* (MGT) (ML)

Brieftasche, Die, oder: Wer ist schuldig? Ein Lustspiel in einem Akte. Linz 1808. V: *Scheerer, Joachim Gottfried Wilhelm.* (GGr)

Brieftasche, die, oder Fresko-Gemälde aus dem Leben gegriffen, launigen, satyrischen und sentimentalen Inhalts, gesammelt und herausgegeben von C. F. Ebers. 8. Magdeburg, Rubach. 819.

Brieftasche, Die, aus den Alpen. Lief. 1. 2. Zürich 1780-82. H: *Am Bühl, Johann Ludwig.* (MGT) (Mn) »St. Gallen 1780-85. V: *Ambschel*« [?] (Ky)

Brieftasche, die, aus d. Alpen. (Von ... Ambschel.) 4 Lieff. 8. St. Gallen 780—85. Huber u. Comp. 1 ß Dass. 4 Thle. 8. Zürich 804. (Bern, Haller). 18 kr

Brieftasche, die, aus d. Alpen. 4 Liefer. 8. St. Gallen, Huber u. Comp. 780—86.

— d. Obernigker Boten. Zum Besten d. durch Hagelschlag verarmten Obernigker. Herausg. von K. v. Holtei. gr. 8. Bresl., Graß, Barth u. C. 12 gr

Brieftasche, die geheime. 8. Pirna 804. (Friese). 1 rthl 12 gr

Brieftasche, Die geheime.
1805. VIII, 196, 182 S.
Berlin u. Leipzig. Goed. VIII, 63, 85.

BRIEFTASCHE, Die grüne. O. O. 1781. 8°. (In München: Polem. 394 m.) Sehr selten!

Brieftasche, Die grüne, des Herrn vor Sartine, sowie sie bey der Mademoiselle du Thé gefunden worden. Ipse dolos recti ambages que resoluit, Virgil . . . in das Deutsche übersetzt. Haag 1779. V: *Tikel.* (BGE II³, 378)

— die grüne, des v. Sartine, welche bei Mademoiselle dú Thé gefunden worden. Aus d. Französ. übers. 8. Haag 779. (Leipz., Schwickert). 6 gr

— die, od. Handbuch f. Kaufleute u. Negocianten. 8. Bresl. 807. Gehr. 1 rthl geb. 1 rthl 8 gr Dass. N. A. 8. Ebd. 817. Buchheister. 16 gr

Brieftasche od. Handb. f. Kaufleute u. Negotianten. 8. Bresl. Buchheister. (in Comm.) 812.

BRIEFTASCHE eines Liebenden. Ein Beitrag zur Geschichte der Zärtlichkeit. Bern, Typogr. Soc., 1787. 8°. (1/3 Rthl.) (2/3 Rthl. H. W. Schmidt, Halle, c. 1868.)

— **magische,** verborgene Figuren z. errathen. Leipz. W. Fleischer.

BRIEFTASCHE des grünen Mannes (von *Chp. Friedr. Dreysig*). Berlin 1780. Rar!
Anon.-Lex. I. p. 376 (nach Kayser u. Meusel).

Brieftasche, Pasquinus Geheime. Heft 1-3. Astura [Leipzig] 1708-10. V: *Ziegler u. Kliphausen, Heinrich Anselm von.* (Wr)

Brieftasche, technische, für Bau-Ingenieure. [Strassen-, Eisenbahn-, Brücken-, Wasser- und Hochbau.] 1. Aufl. (LVI, 92 S.) 1875; 2. unveränd. Aufl. 8. (LVIII, 92 S. mit eingedr. Holzschn.) Wien 876, Lehmann und Wentzel. geb. *

Brieftasche, technische, f. Bau-Ingenieure. [Strassen-, Eisenbahn-, Brücken-, Wasser- u. Hochbau.] 2. unveränd. Aufl. 8. (LVI, 92 S.) Wien 875. Lehmann & Wentzel. geb. n. 5. —

Brieftasche, technische, für Bau-Ingenieure. In 2. verb. und verm. Aufl. bearb. von Friedr. Steiner. gr. 16. (XVI, 177 S.) Wien 884, Spielhagen und Schurich. geb. *

Brieftasche, technische, für Bau-Ingenieure. In 2. verb. und verm. Aufl. bearb. von Friedr. Steiner. 2. unveränd. Ausg. mit Kalender 1886. gr. 16. (XVI, 177 S. mit Fig.) Wien, Spielhagen und Schurich.
geb. in Leder-Portefeuille *

—— dass. — Neue unveränd. Ausg. mit Kalender 1887—1889. gr. 16. (à Jahrg. XVI, 177 S. mit Fig.) Ebendas. geb. in Leder-Portefeuille à Jahrg. *

—— dass. — für Maschinen-Ingenieure. 1. Aufl. (LVI, 64 S.) 1875; 2. unveränd. Aufl. 8. (LXVIII, 64 S. mit eingedr. Holzschn.) Ebendas. 876. geb. *

— dasselbe f. Maschinen-Ingenieure. 2. unveränd. Aufl. 8. (LVI, 64 S.) Ebend. 875. geb. n. 5. —

— d. verlohrne u. wiedergefund. 2c. 8. Strasb. Beck. 728.

Brieftaschenblattkalender

für das Jahr 1870. 1. Bl. kl. 4. Prag. Haase Söhne. 10 kr.

Brieftaschen-Blatt-Kalender für 1903. Zweiseitig auf feinem Karton. Format 9 × 11½ cm Wien: "St. Norbertus"

Brieftaschen-Blatt-Kalender, bequemster, für 1870. 16. Wien, lit.-art. Anstalt. C. Dittmarsch. 15 kr.

Brieftaschen-Einlage für den königl. bayerischen Unteroffizier der Infanterie. Zusammengestellt von einem königl. bayer. Oberlieutenant. 2 Hefte. gr. 16. Ingolstadt 869, Krüll'sche Buchh. à Heft * 30 Pf. *

Inhalt:
Heft 1. Garnisons-Dienst. (VIII, 55 S.)
" 2. Feld-Dienst. (IV, 60 S.)

Brieftaschen-Einlage-Kalenderchen für 1889. 16. (1 Bl.) Würzburg, Stahel's Verlag. n. — 10

Brieftaschen-Eisenbahn-Reisekarte von Deutschland und den angrenzenden Ländern für 1872. Fol. Berlin, Barthol und Comp.

Brieftaschen-Kalender f. d. Jahr 1813 u. 14., nach deutscher u. russischer Zeitrechnung. 16. Leipz. Sommer. (à 4 gr.)

Brieftaschen-Kalender auf die Jahre 1841—1847. qu. 8. Sulzbach, v. Seidel. à Jahrg. 1¾ ngr, auf Pappe gezogen 2¼ ngr

Brief-Taschen-Kalender für das Jahr 1856. Linz. Druck und Verlag von Josef Wimmer. (15 Bl. 16.)

Brieftaschenkalender fur das Jahr 1858. Wien, bei Jakob Wallner. Dr. von Karl Gerolds Sohn. (13 Bl. 12.)

Brieftaschenkalender. Enthaltend: Tagesmarken für das Jahr 1859. Stempeltabelle nach der neuen österreichischen Währung. Vergleichungs- und Umrechnungstabelle für halben Kreuzer bis 1000 Gulden Conv.-Münze in neue österreichische Währung u. s. w. *Wien* 1858. Verlag, Druck und Papier von *Leopold Sommer.* 16 S. kl. 8°. 4 kr. CM.

Brieftaschenkalender f. 1861. 32. (26 S.) kart. mit Goldschnitt. Wien. Lienhart.
—— f. 1861. (24 S.) Wien, Pfautsch & Voß.

Brieftaschen-Kalender auf d. J. nach der Geburt Jesu Christi 1862—67. 32. (à Jahrg. 22 S.) Wien, Lienhardt.
geb. à Jahrg. *

— — für 1866. kl. 8. Brünn, Winiker. 16 kr.

Brieftaschen-Kalender für das Jahr 1866. 32. (20 S.) Wien, Pfautsch.
24 kr.

Brieftaschenkalender für das Jahr 1867. 1 Bl. 12. Prag: Haase 1866.

— — für 1867. 1 Bl. in 32. Wien, Leykum's Wwe. 15 kr.
Aufgez. z. Hängen 20 kr., Aufgez. z. Stellen 28 kr.

Brieftaschen-Kalender für das Jahr 1867. Min. Form. Wien, Voß.
24 kr.

Brieftaschen-Kalender für das Schaltjahr 1868. 1 Bl. Prag: Haase 1867.

Brieftaschen-Kalender für das Jahr nach der Geburt Jesu Christi 1868. Min. Form. Wien: Lienhart 1867.

Brieftaschen-Kalender für 1869. 64. (4 S.) Lahr, Geiger. *

Brieftaschen-Kalender für das Jahr nach der Geburt Jesu Christi 1869. 64. Wien, Lienhart. 20 kr.

Brieftaschen-Kalender für 1870—1874. 32. (à 5 S.) Breslau, Trewendt. à Jahrg. *

Brieftaschen-Kalender f. 1871. 32. (4) Berl., Böttcher. n. — 40

Brieftaschen-Kalender für 1871. 32. (4 S.) Berlin 871. Haack. n. 40

—— auf das J. 1871. 64. (7 S.) Hannover. (Celle, Schulze'sche Buchh.) *

Brieftaschen-Kalender für das Jahr nach der Geburt Jesu Christi 1871. 64. Wien, Lienhart. 20 kr.
— — Wiener, für 1871. 64. Wien, Perles. 20 kr.
— — für das Jahr 1871. 1 Blatt. kl. Fol. Prag, Mercy. 14 kr.

—— für das J. 1875. 32. (14 S.) Berlin, Trowitzsch und Sohn.

—— für 1875. 64. (4 S.) Lahr, Schauenburg.

Brieftaschenkalender a. d. J. 1875. Zürich, Druck d. Ulrich'schen Druckerei. —. 50

Brieftaschen-Kalender für die J. 1875—1880. 32. (à 14 S.) [Wesel.] Düsseldorf, Bagel. à Jahrg. geb. mit Goldschn. **

—— für die J. 1875—1880. 24. (à 14 S.) Elberfeld, Lucas. à Jahrg.

—— für 1875—1880. 32. (à 4 S.) Prag, Otto. à Jahrg.

—— auf die J. 1875—1880. gr. 16. (à 4 S. auf Cartonpap.) Würzburg, Ettlinger'sche Buchh. à Jahrg.

Brieftaschenkalender für 1876. 16. Zürich, Orell Füssli & Co. — 30

Brieftaschenkalender auf das Schaltjahr 1876. Zürich, Druck von J. Ulrich. 1875 —. 05

—— für die J. 1876 und 1877. 16. (à 16 S.) Breslau, Trewendt. à Jahrg. *

Brieftaschen-Kalender auf die J. 1876—1880. 32. (à 14 S.) Berlin, Trowitzsch und Sohn. à Jahrg.

—— für 1876—1880. 64. (à 4 S.) Lahr, Geiger. à Jahrg.

—— dass. — für die J. 1878—1880. 16. (à 14 S.) Br.: Trewendt

—— auf die J. 1881—1885. 32. (à Jahrg. ca. 14 S.) Berlin, Trowitzsch und Sohn.

—— für 1881—1885. 32. (à Jahrg. ca. 16 S.) Breslau, Trewendt.

Brieftaschen-Kalender. 1881—1885. 32. (à Jahrg. ca. 14 S.) Düsseldorf, F. Bagel.

—— für die J. 1881—1885. 24. (à Jahrg. 14 S.) Elberfeld, Lucas.

—— für die J. 1881—1885. 32. (à Jahrg. 4 S.) Prag, Otto.

—— für die J. 1881—1885. 16. (à Jahrg. 4 S.) Stuttgart, Rupfer.

—— auf die J. 1881—1885. gr. 16. (à Jahrg. 4 S. auf Cartonpap.) Würzburg, Etlinger'sche Buchh.

Brieftaschen-Kalender f. d. Jahr 1882. 16. geb. 20 kr. Wien: Lienhart

Brieftaschenkalender fur das Jahr nach der Geburt Jesu Christi 1883. geb. 20 kr. Wien: Lienhart

Brieftaschenkalender für das Schaltj. 1884. Wien, Ig. Linhart. geb. 20 kr.

Brieftaschen-Kalender f. das Jahr 1885. Wien, Ign. Lienhart. 20 kr.

— f. d. J. 1886. Wien, Ig. Lienhart. 20 kr.

—— für die J. 1886—1889. 32. (à Jahrg. 14 S.) Berlin, Trowitzsch und Sohn. à Jahrg. *

—— für 1886—1889. 32. (à Jahrg. 16 S.) Breslau, Trewendt. à Jahrg.

Brieftaschen-Kalender. 1886—1889. 32. (à Jahrg. ca. 14 S.) Düsseldorf, F. Bagel. á Jahrg.

—— auf die J. 1886—1889. gr. 16. (à Jahrg. 4 S. auf Cartonpap.) Würzburg, Etlinger'sche Buchh. à Jahrg.

— — für das Jahr nach der Geburt Jesu Christi 1887. Wien, Lienhart. fl. —.20.

Brieftaschen-Kalender für das Jahr nach der Geburt Jesu Christi 1888. Wien, Lienhart. fl. —.20.

Brieftaschen-Kalender f. d. J. 1890. 32. (14 S.) Berlin, Trowitzsch & Sohn. — 30

Brieftaschen-Kalender für das Jahr nach der Geburt Jesu Christi 1890 —.20 Wien: Lienhart

Brieftaschen-Kalender f. 1891. 32. (14) Berl., Trowitzsch & S. — 30

— f. 1891. 16. (18 S.) Breslau 890. Trewendt. Mit Goldschn. — 30

— f. 1891. 24. (14 S.) Düsseldorf 890. F. Bagel. Mit Goldschn. — 30

— f. das J. 1891. 16. (26 S.) Wien, Lienhart. Mit Goldschn. n.n. — 30

Brieftaschen-Kalender für das Jahr nach der Geburt Jesu Christi 1892 —.20 Wien: Lienhart

Brieftaschen-Kalender f. 1893. 32. (16 S.) Aachen, I. Schweitzer. — 20

Brieftaschen-Kalender für das Jahr nach der Geburt Jesu Christi 1893 —.20 Wien: Lienhart

Brieftaschen-Kalender für das Jahr nach der Geburt Jesu Christi 1894 —.20 Wien: Lienhart

— f. 1895. 16. (16 S.) Breslau 894. E. Trewendt. Mit Goldschn. — 30

— 1895. 24. (15 S.) Düsseldorf 894. A. Bagel. Mit Goldschn. — 30

— 1895. 16. (18 S.) Elberfeld 894. S. Lucas. Mit Goldschn. — 30

Brieftaschen-Kalender für das Jahr nach der Geburt Jesu Christi 1895 —.20 Wien: Lienhart

— f. 1896. 16° (16) Bresl., E Trewendt. Mit G. — 30

— f. 1896. 24° (14) Düsseld., A Bagel. Mit G. — 30

Brieftaschen-Kalender für das Jahr nach der Geburt Jesu Christi 1896 —.20 Graz: Leuschner & Lubensky

— f. d. J. 1896. 16. (25 S.) Wien, J. Lienhart. n.n. — 30

Brieftaschen-Kalender für das Jahr nach der Geburt Jesu Christi 1897 —.20
Wien: Lienhart

Brieftaschenkalender für 1898. 32. (8 S.) —.20
Klagenfurt: Leon

Brieftaschen-Kalender für das Jahr nach der Geburt Jesu Christi 1898 —.20
Wien: Lienhart

Brieftaschen-Kalender f. 1899. 32. (II, 13 S.) Aachen, I. Schweitzer. — 15

— für 1899. 16. (16 S.) Breslau, E. Trewendt. Mit Goldschn. — 30

— für 1899. 24. (14 S.) Düsseldorf, A. Bagel. Mit Goldschn. — 30

Brieftaschenkalender für 1899. 32. (8 S.) —.20
Klagenfurt: J.Leon

Brieftaschen-Kalender für das Jahr nach der Geburt Jesu Christi 1899 —.20
Wien: Lienhart

Brieftaschen-Kalender f. 1903. 32. (32 S.) Aachen, I. Schweitzer. — 10; geb. in Leinw. — 25

— f. 1903. 16. (16 S.) Breslau, E. Trewendt. Mit Goldschn. — 30

— für 1903. 24. (14 S.) Düsseldorf, A. Bagel. Mit Goldschn. — 30

Brieftaschen-Kalender pro 1903. Klagenf.: Leon 1902

— für 1905. (16 S.) 16. Breslau, J. U. Korn. Mit Goldschn. — 30

Brieftaschen-Kalender f. 1906. (30 S.) 32. Aachen, I. Schweitzer. — 10; geb. in Leinw. — 25

— für 1907. (14 S.) 24. Düsseldorf, A. Bagel. Mit Goldschn. — 30

Brieftaschenkalender 1910 K —.30
Klagenfurt: Leon

Brieftaschen-Kalender 1911. (31 S.) 10,7×7,1 cm. Aachen. I. Schweitzer. — 10; geb. in Leinw. — 25

— 1911. (15 S.) 10×6,7 cm. Düsseldorf, A. Bagel. Mit Goldschn. — 30

— f. d. J. 1911. (16 S.) 16. Nürnberg, Th. Stroefer. — 25

Brieftaschen-Kalender, Feiner, pro 1896. I. Jahrgang Wien: Perles —.30

Brieftaschenkalender, Fromme's
—— kleiner, 1873 und 1874. 16. (à 4 S.) Wien, Fromme. à *

—— kleiner, 1875—1880. 3.—8. Jahrg. 16. (à 4 S.) Wien, Fromme. à Jahrg. *

—— Fromme's kleiner, 1881—1885. 9.—13. Jahrg. 16. (à Jahrg. 4 S.) Wien, Fromme.

Brieftaschen-Kalender, Fromme's kleiner, pro 1886. XIV. Jahrg. 16 kr.

Brieftaschen-Kalender, Fromme's kleiner. 1887. 15. Jahrg. Wien, Carl Fromme. fl. —.16.

Fromme's kleiner, 16. Jahrg. 1888. Wien. Fromme. fl. —.16.

— Fromme's, f. d. J. 1890. 18. Jahrg. 16. (4 S.) Wien, Fromme. — 32

—— Fromme's, f. 1891. 19. Jahrg. 16. (4) Wien, Fromme. — 32

Brieftaschen-Kalender, Fromme's kleiner, pro 1892. 20. Jahrgang —.16
Derselbe auf farbiger Schreibleinwand —.22

Brieftaschen-Kalender, Fromme's kleiner. 21. Jahrg. 1893. —.16
Derselbe auf farbiger Schreibleinwand —.22

Brieftaschen-Kalender, Kleiner, Fromme's, 1894. 22 Jahrg. —.16
Derselbe auf farbiger Schreibleinwand —.22

— Fromme's kleiner, 1895. 23. Jahrg. 16. (4 S.) Wien, C. Fromme. n. — 32; auf farb. Schreibleinw. n. — 44

Brieftaschen-Kalender, Fromme's kleiner. 24. Jahrg. pro 1896 —.16
Derselbe. Auf farbiger Schreibleinwand. —.22

Brieftaschen-Kalender, Fromme's kleiner. 25. Jahrg. 1897 —.16
Derselbe. Auf farbiger Schreibleinwand * —.22

— Fromme's kleiner, 1898. 26. Jahrg. 16. (4 S.) Wien, C. Fromme. n. — 32

Brieftaschen-Kalender, Fromme's kleiner. 27. Jahrgang. 1899. In Blattformat zum Falzen —.16
Derselbe. Auf farbiger Schreibleinwand * —.22

Brieftaschen-Kalender, Kleiner. 31. Jahrg. In Blattformat zum Falzen Wien: Fromme 1902 K —.20

Brieftaschenkalender, Kleiner. 1906. In Blattformat zum Falzen
Wien: C.Fromme K —.20
Derselbe. Auf farbiger Schreibleinwand K —.32

Brieftaschenkalender, kleiner, in Blattformat zum Falzen K —.20
f.1911. Wien: Fromme

Brieftaschen-Kalender. Kleiner 1882, 16 kr.
Prag: Fuchs

Brieftaschen-Kalender. Kleiner. pro 1883. 16 kr.
Prag: Fuchs

Brieftaschen-Kalender u. Notizbuch, Leipziger. [Besonderer Abdr. aus d. Leipziger Mess-Taschenbuch.] 24. (48 S.) Leipzig 849. Spamer. 1/6 ß

Brieftaschenkalender, Leykam's, für 1887. Graz: Leykam 1886.

Brieftaschen-Kalender, Leykam's, pro 1893. Graz: Leykam —.16

Brieftaschenkalender, Leykam's, für 1894 —.25

Brieftaschen-Kalender, Leykam's, für das Jahr 1895 Graz: Leykam —.16

Brieftaschen-Kalender, Leykam's, für das Jahr 1896 Graz: Leykam —.16

Brieftaschen-Kalender, Leykam's, für das Jahr 1897 Graz: Leykam —.16

Brieftaschenkalender, Leykam's 1898. geh. —.16
Graz: Leykam

Brieftaschen-Kalender, Leykam's, für das Jahr 1899 Graz: Leykam —.16

Brieftaschen-Kalender, Linzer — für das Jahr 1856. Linz. Druck und Verlag von Johann Huemer's Witwe. (16 Bl. 16.)

— Linzer, f. d. J. 1904. (32 S.) gr. 16. Linz, Zentraldruckerei vorm. E. Marcis. n. —20

Brief-Taschen und Lotto-Kalender. 1855—58. Mit einem Plane der Königl. Bayer. Zahlen-Lotterie. Mit einer Zusammenstellung der in den jüngsten 5 Jahren in München, Regensburg und Nürnberg gezogenen Nummern. Sulzbach, v. Seidel. 8. Jeder Jahrg. (à 32 S.) 3 ngr

Brief-Taschen- und Lotto-Kalender. 1858—62. Mit einem Plane der königl. bayer. Zahlen-Lotterie. Mit einer Zusammenstellung der in den jüngsten 5 Jahren in München, Regensburg und Nürnberg gezogenen Nummern. 8. (à Jahrg. 32 S.) Sulzbach 858—61, v. Seidel'sche Buchh. à Jahrg.

Brieftaschen-Kalender, Wiener, für 1870. 64. Wien, Perles. 18 kr.

—— dass. — für 1871 und 1872. 32. (30; 18 S.) Ebendas. à Jahrg. *

—— dass. — für die J. 1873—1875. Mit einem Auszug der Metermassberechnung. 4.—6. Jahrg. 16. (à 18 S.) Ebendas. à Jahrg. * geb. *

—— Wiener, für die J. 1876—1878. Mit einem Auszuge der Metermass-Berechnung. 7.—9. Jahrg. 16. (à 20 S.) Wien, Perles. Jahrg. 1876 und 1877 à * 40 Pf.; geb. à * Jahrg. 1878 * 30 Pf.; geb. *

—— dass. — für die J. 1879 und 1880. Mit Fiaker- und Einspänner-Taxe. 10. und 11. Jahrg. 16. (à 20 S.) Ebendas. à Jahrg. * 40 Pf.; geb. *

—— Wiener, für die J. 1881—1885. Mit Fiaker und Einspänner-Taxe. 12.—16. Jahrg. 16. (à Jahrg. ca. IV, 16 S.) Wien, Perles. à Jahrg. * 40 Pf.; geb. * — 80

—— Wiener. 1886—1889. 17.—20. Jahrg. Mit Fiaker- und Einspänner-Taxe. 24. (à Jahrg. 18 S.) Wien, Perles. à Jahrg. * 40 Pf.; geb. *

Brieftaschen-Kalender, Wiener. XXI. Jahrgang. 1890. Mit Fiaker- und Einspänner-Taxe. 16. (22 S.) —.20, eleg. geb. Wien: Perles

Brieftaschen-Kalender, Wiener, für d. Jahr 1891. 22. Jahrg. Mit Fiaker- u. Einspänner-Taxe. 16. (18 S.) Wien, Perles. Mit Goldschn. n. — 40; geb. n. — 80

— dasselbe. gr. 16. (18 S.) Ebd. Mit Goldschn. n. — 40; geb. n. — 80

Brieftaschen-Kalender pro 1892. XXIII. Jahrg. Mit Fiaker- und Einspänner-Taxe. Kl. Format. (20 S.) Wien: M.Perles —.20

Brieftaschen-Kalender, Wiener, pro 1893. XXIV. Jahrgang. 16. (22 S.) Perles —.20
Derselbe gebunden —.40
„ broschirt, grösseres Format —.20
„ gebunden —.40

Brieftaschen-Kalender, Wiener, pro 1894. XXV. Jahrgang. 16. (22 S.) Perles —.20
Derselbe gebunden —.40
— broschirt, grösseres Format —.20
— gebunden —.40

— **Wiener, f. d. J. 1895. 26. Jahrg. Mit Fiaker- u. Einspänner-Taxe. 16. (20 S.) Wien, M. Perles. Mit Goldschn. n. — 40; geb. n. — 80**

Brieftaschen-Kalender, Wiener, pro 1896, XXVII. Jahrgang Wien: Perles —.20
Derselbe gebunden —.40
— broschirt, grösseres Format .20
— gebunden —.40

Brieftaschen-Kalender, Wien r, pro 1897, XXVIII. Jahrgang Wien: Perles —.20
Derselbe gebunden —.40
Derselbe broschirt, grösseres Format —.20
Derselbe gebunden —.40

Brieftaschen-Kalender, Wiener, pro 1898. XXIX. Jahrgang (Perles) —.20
Derselbe gebunden —.40
Derselbe broschirt, grösseres Format —.20
Derselbe gebunden —.40

Brieftaschen-Kalender, Wiener, pro 1899, XXX. Jahrgang. 24. (20 S.) (Perles) —.20
Derselbe, gebunden —.40
Derselbe, broschirt, grösseres Format —.20
Derselbe, gebunden, grösseres Format —.40

— **Wiener, f. d. J. 1903. 34. Jahrg. (Mit Fiaker- u. Einspänner-Taxe.) 16. (19 S.) Wien, M. Perles. Mit Goldschn. n. — 30; geb. n. — 70**

Wiener Brieftaschenkalender pro 1904. 35. Jahrg. 8°. (19 S.) Wien: Perles K —.30, geb. K —.70

— **Wiener, f. d. J. 1907. 38. Jahrg. (Mit Fiaker- u. Einspänner-Taxe.) (20 S.) 16. Wien, M. Perles. Mit Goldschn. n. — 30; geb. n. — 70**

Wiener Brieftaschenkalender für 1909. XL. Jahrg. Perles K —.30, geb. in Leinwand K —.70

Wiener Brieftaschenkalender. 1910. XLI. Jahrg. K —.30
— Derselbe, geb. in Leinwand K —.70
Wien: Perles

— **Wiener, f. d. J. 1911. 42. Jahrg. (Mit Post- u. Telegraphen-Tarif.) (22 S.) 16. Wien, M. Perles. Mit Goldschn. — 30; geb. in Leinw. n — 70**

Brieftaschen-Notizkalender, kleiner. 1887—1889. 32. (à Jahrg. 14 S.) Berlin, Haack.

Brieftaschen-Notizkalender, kleiner. 1891. 32. (14) Berl., Haack. — 30

Brieftaschenplan von Breslau, s. Breslau, Stadt [Schlagwort]

Brieftaschen-Schnellrechner, neuester und bequemster, oder Rechnungs-Faullenzer. Ein unentbehrl. Hülfsbuch für Käufer und Verkäufer. 4., verm. und verb. Aufl. 16. (IV und 180 S.) München 863, (L. Finsterlin.) *

Brieftaschen-Schnellrechner, neuester und bequemster, oder Rechnungs-Faullenzer nebst Anh. über Eintheilung der neuen Maße und Gewichte mit Umrechnung und Preisberechnung derselben. Ein unentbehrl. Hülfsbuch für Käufer und Verkäufer. 5. verm. und verb. Aufl. 16. (IV, 188 S.) München 871, L. Finsterlin. *

Brieftaschen-Tabelle zur Verwandlung süddeutscher Gulden und Kreuzer in Reichsgeld. 16. (6 S.) Reutlingen 874, Enßlin und Laiblin.

Brieftaschen-Verbandalmanach. 1.—5. Jahrg. 1876—1880. 64. (à 8 S. mit Salicylsäure-Klebtaffet.) Leipzig, Paulcke.

Brief-Taube. Mittheilgn f. Taubenliebhaber. Hrsg.: AF Lossow. Jahrg. 1866. 52 Nrn. (1/2 B.) 4. Berl., (Grieben.) n. 1. 15
cf. Zeitung, zoolog.

—— dass. — Jahrg. 1867. 40 Nrn. (1/2 Bog.) 4. Ebendas. *

Brieftaube, die. Organ für Brieftauben-Liebhaberei in ihrem ganzen Umfange. Redact.: Karl Ruß und Bruno Dürigen. 1. und 2. Jahrg. 1882 und 1883. à Jahrg. 48 Nrn. (Bog.) gr. 4. Wien, (Frick.)
Nicht weiter erschienen.

Brieftaxe (Die) in Deutschland. Den deutschen Regierungen, Volksvertretungen und volkswirthschaftlichen Vereinen gewidmet. (Verm. und verb. Abdr. aus der deutschen Vierteljahresschrift.) gr. 8°. Freiburg i. Br., Herder, 1862. (IV, 44 S.)

BRIEFTRÄGER, Der lustige, oder der Philosoph im Dintenfass. Wien 1781. 8°.
Karajan's Bibl. II. no. 1297. — Rar!

Briefwechsel zwischen Abaelard u. Heloise m. der Leidensgeschichte Abaelards. Aus dem Lat. übers. u. eingeleitet v. P. Baumgärtner, s.a. Universal-Bibliothek.

Briefwechsel zwischen Abaelard und Heloise mit d. Leidensgeschichte Abaelards. Aus d. Lat. übers. u. eingel. von P. Baumgärtner. — Leipzig: Reclam (1894). 315 S. (Reclams Universal-Bibliothek. 3288/3290.)
1: Ag 7201-3288/3290. 300: 410.411-A.Per. 3288-90.
3. 11.
1.509

Briefwechsel, Agur, des Sohnes Sake, und Lemuels, über das Dammische Religionssystem. Frankfurt 1770. V: *Dannies, Johann Daniel.* (MGT) »Leipzig« (Ky)

— allgem. physiokratischer, e. Gesellschaft deutscher Gelehrten, herausg. v. J. K. F. Hauff. 1s Heft, mit 2 Kpft. gr. 8. Erlang. 810. Palm. (Mehr nicht erschienen.)

Briefwechsel mit dem Anokritikus herausgegeben von J. G. C. Gleichmann. [Halle] 1768. V: *Riedel, Fch. Justus.* (Ky 4/510) (Biblrort)

(Briefwechsel zwischen von Aichoff und Camphausen, die Zeit der Ankunft des Prinzen von Preußen betreffend.) Deckersche Geh. Ober-Hofbuchdruckerei. 1 Bl. Fol.
Flugblatt. Berlin, 14. Mai 1848.

(Briefwechsel zwischen v. Aichoff und dem Kriegsminister.) Zur Nachricht. Das Kommando der Bürgerwehr — Graf Kanitz. Druck von F. Reichardt. 1 Bl. Fol.
Flugblatt. Berlin, 31. Mai 1848.

— zwischen Asmus u. seinem Vetter, bei Gelegenheit d. Buches Sophronizon u. wie Fritz Stolberg ein Unfreier ward, (v. F. A. Krummacher). 8. Essen 820. Bädecker. 6 gr

Briefwechsel, Aufgefangener litterarischer, der Dodsleyschen Kunstrichter und anderer Gelehrten. Stück I. 2. [Leipz.] 1772-73. V: *Contius, Christian Gotthold.* (cb) (Ky) (MGT)

Briefwechsel, aufgefundener, zwischen einem hochgestellten protestantischen Geistlichen und einem Rabbiner. (Abdr. aus der Zeitschrift für jüdische Theologie Ben-Chananja. 1860.) Leipzig 861. Leiner. gr. 8. (16 S.) n. 5 ngr

Briefwechsel zwischen Bruno Bauer u. Edgar Bauer während der Jahre 1839—1842 aus Bonn u. Berlin. 8. Charlottenburg 844, Bauer. n. 2/3 ß (192 S.)

Briefwechsel der Familie Bernheim, eine Fortsetzung der Geschichte derselben ... Braunschweig 1799. V: *Frömmichen, Sophie.* (Ky) (MGT) (Schl)

— der Familie v. Bernheim. 8. Braunschw. 799. Schulbuchh. 14 gr

Briefwechsel zwischen J. J. Berzelius und F. Wöhler. Im Auftrage der Königl. Gesellschaft der Wissenschaften mit einem Commentar von J. Braun, herausgegeben von O. Wallach. Berlin, 1901. 2 vols., 8vo. Portraits.

Briefwechsel zwischen dem Bischof v. Rochester u. dem Herausgeber der christlichen Welt Prof. Dr. Rade in Marburg, sowie der Artikel „Eine Stimme aus Süd-Afrika". gr. 8. (32 S.) Berlin (901). M. John. n. —80

Briefwechsel der Brüder Ambrosius und Thomas Blaurer, 1509—1548. Hrg. von der Badischen Historischen Kommission, bearb. von Traugott Schiess. Band 1: 1509—Juni 1538. XLVIII + 884 [+II] S. 8. Freiburg i. Br., Friedrich Ernst Fehsenfeld, 1908. [M. 30.—]

Briefwechsel der Brüder Ambrosius und Thomas Blaurer, 1509—1548. Hrg. von der Badischen Historischen Kommission, bearb. von Traugott Schiess. Band 2: August 1538 — Ende 1548. XVIII + 917 S. 8. Freiburg i. Br., Friedrich Ernst Fehsenfeld, 1910. [M. 30.—]

Briefwechsel zwischen August Boeckh u. Karl Otfried Mueller. gr. 8. (X, 442 S.) Leipzig 883. Teubner. n. 9. —

Briefwechsel zwischen August Boeckh u. Karl Otfried Müller, Ergänzg., s.: Boeckh, A., u. Mueller, K. O.

— zweener Böhmen, über Staatsverfassung ihres Vaterlandes. 8. Prag 777. Gerle. 4 gr

— zwischen dem Vicomte v. Bonald u. .., Fischer, üb. d. Religionsveränderung d. Hrn. C. L. v. Haller. 8. Bern 821. Jenni. 4 gr

Briefwechsel des jungen Börne u. der Henriette Herz. Hrsg. v. Ludw. Geiger. (201 S.) 8. Oldenburg (905). Schulze. n. 3. —; geb. n. 4. —

Briefwechsel zwischen Buby und Schnauzel, zwei Dackels von Stadt u. Land. Hrsg. von Mimosa u. Putzy. *Breslau: Schletter 1903.* (83 S.) 8° [03. 19

Brief-Wechsel zwischen denen zweyen Hrn. Hrn. Gen.-Feldmarschallen Grf v. Chevenhüller u. Grf v. Seckendorff wegen dem Vorfall zu Chamb u. Lintzer-Capitulations-Bruch. (1742.) o. O. u. J. 8 Bl. 4°

— dos Herzogs Christoph v. Wirtemberg. Im Auftrag der Kommission f. Landesgeschichte hrsg. v. Vikt. Ernst. 1. u. 2. Bd. gr. 8. Stuttgart, W. Kohlhammer. à n. 10. —
1. 1550—1552. (XLI, 900 S.) 899.
2. 1553—1554. (XXVI, 783 S.) 900.

— des Herzogs Christoph v. Wirtemberg. Im Auftrag der Kommission f. Landesgeschichte hrsg. v. Vikt. Ernst. 3. Bd.: 1555. (LXVIII, 419 S.) gr. 8. Stuttgart 902. W. Kohlhammer. n. 8. —
Bd. 1 u. 2. Ebd. 899. 900. n. 20. —.

— des Herzogs Christoph v. Wirtemberg. Im Auftrag der Kommission f. Landesgeschichte hrsg. v. Vikt. Ernst. 4 Bd.: 1556—1559. (LIV, 747 S.) gr. 8. Stuttgart 907. W. Kohlhammer. 10. --
1.—3. Bd. Ebd. 899—902. 28. --

Briefwechsel zwischen Christoph, Herzog von Württemberg u. Petrus Paulus Vergerius, s.: Bibliothek d. litterar. Vereins in Stuttgart. 124.

Briefwechsel einer englischen Dame über das Judenthum und Semitismus. Stuttgart 1879. V: *Grätz, Hirsch (Heinrich).* (ADB 49, 511)

—— einer englischen Dame über Judenthum und Semitismus. gr. 8. (78 S.) Stuttgart 883, Levy und Müller. *

Briefwechsel, ein, zwischen Frz. Delitzsch in Leipzig und Herm. Rieß, prakt. Arzt in Auspitz. Hrsg. von Rieß. gr. 8. (38 S.) Brünn 888, (Epstein und Comp.) *

Briefwechsel zweier Deutschen. Stuttg. 1831. V: *Pfizer, Paul Achatius.* (ADB)

— zweier Deutschen, herausg. v. P. A. Pfizer. gr. 8. Stuttg. u. Tüb. 831. v. Cotta. 1 ₰ 8 gr. Derselbe beleuchtet, s. Bemerkk., e., über e. neue Schrift aus Würtemberg.

Briefwechsel zweener Deutschen, die deutsche Litteratur und die Hamburgische Bühne betreffend. Hamburg 1774. V: *Kühl, Gottlob Timotheus Michael* & ... [?] (Arch. f. Litt. VIII, 206.)

Briefwechsel zwischen einem ehemaligen und einem jetzigen Diplomaten. Mannheim 1845. V: *Struve, G. von.* (Staatskzlei an Polizei 1845, 3/8.) (Hdschr. Mitth. von Ministerialrat Dr. Arthur Goldmann-Wien.)

— zwischen Dobrowsky u. Kopitar (1808—1828). Hrsg. v. V. Jagić. Mit e. (photolith.) Portr. u. 2 lith. Beilagen. gr. 8. (CVII, 751 S.) St. Petersburg 883. (Berlin, Weidmann). n.n. 9. —

—— zwischen Dobrowsky und Kopitar (1808—1828). Hrsg. von V. Jagić. gr. 8. (CVII, 751 S. mit 1 photolithogr. Portr. und 2 lithogr. Beilagen.) St. Petersburg 885. (Berlin, Weidmann'sche Buchh.) **

Briefwechsel, Dramatischer, das Münchner Theater betreffend ... München 1797. V: *Reischel, Friedrich Ludwig.* (GGr) (Ky) (MGT)

Briefwechsel, Dramaturgischer, über das Leipziger Theater im Sommer 1779. Frankfurt u. Leipzig 1780. V: *Schütz, Friedrich Wilhelm von.* (GGr) (Ky) (MGT)

— dramaturg., üb. d. Leipz. Theater. 1779. 8. Leipzig, Halle. 780.

Der Briefwechsel Heinrichs v. Einsiedel mit Luther, Melanchthon, Spalatin und anderen. Aus Hs. dargest. von Lic. Dr. ph. F[elix] R[ichard] **Albert**, Superint. Leipzig: M. Heinsius Nachf. 1908. (VI, 124 S.) 8° = **Quellen** u. Darstellungen aus d. Gesch. d. Reformationsjhs. Bd 7. [illegible]

Briefwechsel d. Ubbo Emmius. Hrsg. v. H Brugmans u. F Wachter. I. Bd. 1566—1607. (7, 485) gr8° Aurich, AHF Dunkmann '11. (Nur dir.) 8 —

Briefwechsel zur wahren Empfindung des Schönen und Nützlichen einer moralischen Schrift. Lauban 1764. V: *Hausknecht, Balthasar.* (Ky) (MGT)

— z. wahren Empfind. d. Schönen, (v. B. Hausknecht). 8. Laub. 764. Wirthgen. 12 gr 1768 mit d. n. T.: Briefe d. Fräuleins v. B*** u. ihres Freundes H***. Ebd. 12 gr

Briefwechsel zwischen Michael Enk v. der Burg u. Eligius Frhr. v. Münch-Bellinghausen [Friedr. Halm]. Hrsg. v. Rud. Schachinger. gr. 8. (VIII, 223 S.) Wien 890, Hölder. * 6 —

— der, e. Erdichtung z. aus d. Engl. 8. Leipz. 775. Schwickert. 9 gr

Briefwechsel, der, keine Erdichtung, aus dem Engl. 8. Leipzig, 776. Schwickert. 12 sal.

Ertappter **Briefwechsel** von der Zauberey, Schröpfers [!] Künsten, Nativitätstellen, Sympathie, Gespenstern u. d. g. gesamm. von einem Juristen, Mediciner Philosophen und Theologen und hrsg. von Erzstein. Leipzig: Hilscher 1777. 20, 282 S. 8⁰
Kl. 3347.

— d. Familie des Kinderfreundes. (a.E. F. Weiße.

Briefwechsel der Familie des Kinderfreundes. Leipzig 1784—92. V: *Weisse, Christian Felix.* (BrMm) (Ky) (MGT)

— d. Familie d. Kinderfreundes, (v. Chr. F. Weiße.) 12 Thle, mit 36 Kpf. 8. Leipz. 784—92. (W. Vogel). 6 ₰ Schrbp. 10 ₰
1775 ff.unt.d.T.: Der Kinderfreund.
1794 ff.unt.d.T.: Neuer Kinderfreund.

Briefwechsel der Familie des Kinderfreundes. Dritter Theil. Leipzig: Crusius 1785. kl. 8⁰ – (14) 332 Sn., (3) Notentafeln.

Briefwechsel zwischen Ludwig Feuerbach und Christian Kapp. 1832 bis 1848. Hrsg. und eingeleitet von Aug. Kapp. gr. 8. (280 S.) Leipzig 876, O. Wigand. *

Briefwechsel, Johann Forster's. Nebst einigen Nachrichten von seinem Leben. ... Leipzig 1829. H: *Huber, Therese geb. Heyne.* (BrVV) (BrMm)

Briefwechsel, fragmentarischer, der Kaiserin Eugenie mit ihren Vertrauten u. Freunden. Leipzig 870. G. Schulze. 8. (48 S.) 4 *ngr.*

— freimüthige u. unpartheyische, üb. d. neuest. Schriften aus d. schön. Wissensch. ꝛc. 6 Stck. 8. Hamb. u. Leipz. 759—61.

Briefwechsel, Freymüthiger, zwischen einem Reichsbürger und Landmanne über Teutschlands jetzige Angelegenheiten ... O. O. 1778. V: *Grossing [Grossinger], Franz Rudolph Edl. von.* (MGT)

Freimüthiger Briefwechsel zwischen einem Reichsbürger und Landsmann über Teutschlands jetzige Angelegenheiten in Anschung der Baierischen Erbfolge. Heft 1. 1778. 8.

— dreier akadem. Freunde, (v. Jh. Mt. Miller.) 2 Sammll. 8. Ulm 776, 77. 2te A. 778, 79. Wohler. 2 ₰

Briefwechsel einig. Freunde u. Freundinnen ꝛc. 8. Leipz. Schneider. 776. Rthlr.

BRIEFWECHSEL zweyer Freunde. (Stellenw. freie Liebesgesch.) Halberstadt in der Buchhandlung der Grossischen Erben 1792. 8⁰. 172 S. Rar!

Briefwechsel, zweyer Freunde. 8. Leipz. Sommer. 792.

Briefwechsel zweener Freunde über das Erziehungswesen. Wien 1783. V: *Wilkowitz, Joh. Bernh. von.* (wrztg 1783, Nr. 89 Anhg.) (KY 6/245) (Hch. Wolfg. Behrisch, Die Wiener Autoren 1784, S. 251) (BIBLPORT)

Briefwechsel. – Zweyer guter Freunde vertrauter Br. vom Wesen d. Seele, s. Briefwechsel, Vertrauter,...

— zweier Freunde üb. d. Zäumung u. d. Beschlag d. Pferde. Nebst e. Abhandl. von d. Gleichgewicht zu Pferde. 8. Hannov. 778. Helwing. 58 S.

Briefwechsel zwischen einigen reisenden Freundinnen f. die weibl. Jugend. gr. 8. (424 S.) Weissenburg 849. (Neustadt a. d. H., Gottschick.) n. 1⅓ ℛℬ

— über Freundschaft u. Liebe ꝛc. 8. Augsb. 802. Bürglen. (Braun). 4 gr

.Briefwechsel, Freundschaftlicher, zur Aufklärung der neuen Gesangbuchsgeschichte zu Ch***burg. Berlin 1781. V: *Dressel, Johann Chn Gottfried.* (MGT:

— freundschaftl., zwischen Friedrich II. u. Suhm; aus d. Französ. 2 Thle. 8. Leipz. 787. Graffé. 16 gr

Briefwechsel Friedrichs des Großen m. Grumbkow u. Maupertuis, hrsg. v. Rhold. Koser, s.: **Publikationen** a. d. k. preuß. Staatsarchiven.

—— **Friedrich des Grossen mit dem Prinzen Wilhelm IV. von Oranien und mit dessen Gemahlin Anna, geb. Princess royal von England. Mitgetheilt von Leop. v. Ranke. gr. 4. (92 S.) Berlin 869, (Dümmler's Verlag.)** *

Aus: Abhandlungen der k. Akademie der Wissenschaften, besonders abgedruckt.

Briefwechsel der Gr. Loge Kaiser Friedrich zur Bundestreue Or. Berlin mit den deutschen Grosslogen. [Berlin 1895.] 3 Bl. 20 S. 2⁰ [Kopftit.]

— zwischen Friedrich II. u. d. Marquis d'Argens; nebst d. poet. Episteln d. Königs an d. Marquis, (v. J. Brahl). gr. 8. Königsb. 798. Nicolovius. 1 ℛℬ 16 gr Holländ. P. 2 ℛℬ 8 gr

[**Friedrich** Christian, Herzog zu Schleswig-Holstein-Sonderburg-Augustenburg, *Friedrich VI.*, König von Dänemark, *Christian Friedrich*, Prinz v. Dänemark], **Briefwechsel** des Herzogs Friedrich Christian zu Schleswig-Holstein-Sonderburg-Augustenburg mit König Friedrich VI. von Dänemark und dem Thronfolger Prinzen Christian Friedrich. Namens d. Ges. f. Schleswig-Holstein. Gesch. hrsg. von Hans *Schulz.* Leipzig 1908. 8⁰.

Briefwechsel König **Friedrich** Wilhelm's III [von Preussen] und der Königin Luise [von Preussen] mit Kaiser Alexander I. [von Russland]. Nebst ergänzenden fürstl. Korrespondenzen hrsg. von Paul Bailleu. *Leipzig: S. Hirzel 1900.* (XXII, 564 S.) 8° [F.]
= **Publikationen** aus d. K. Preuss. Staatsarchiven. Bd 75. [oo. 938]

BRIEFWECHSEL des Fürsten zu A...t mit dem Minister von B...g. Ein Buch f. Deutschlands Edle. Germanien, 5802. (Fürth u. Nürnb., Campe, 1802.) 8⁰.

IV—180 S., wovon die größere Hälfte (S. 85 ff.) 140 zahme philos.-politische Aphorismen einnehmen. — Wenig bekannt u. selten!

— **e. deutschen Fürsten m. e. jungen Künstlerin. (Herzog August v. Sachsen-Gotha u. Altenburg u. Fräulein aus dem Winckel.) Hrsg. v. Wolf v. Metzsch-Schilbach. 8. (307 S. m. 2 Bildnissen.) Berlin 893. K. Siegismund. n. 4. —; geb. n. 5. —**

— zwischen Gabelsberger u. Wigard. Im Auftrag der Erben Wigards u. m. Genehmigg. d. Gabelsberger Stenographen-Centralvereins zu München hrsg. v. Rob. Fischer. gr. 8. (XXII, 138 S.) Leipzig 886. F. Geissler. n. 3. —; geb. n. 3. 60

—— zwischen Gauss und Bessel. Hrsg. auf Veranlassung der königl. preuss. Akademie der Wissenschaften. gr. 8. (XXVI, 597 S.) Leipzig 880, Engelmann. *

Briefwechsel zwischen C. F. Gauss und H. C. Schumacher. Hrsg. von C. A. F. Peters. 1. Bd. gr. 8. (VIII und 439 S. mit eingedr. Holzschn.) Altona 860. (Hamburg, Perthes-Besser und Mauke.) *

—— **zwischen C. F. Gauss und H. C. Schumacher. Hrsg. von C. A. F. Peters. 2.—6. Bd. gr. 8. (2.—5. Bd. à VIII und 440 S., 6. Bd. IV und 128 S. mit eingedr. Holzschn.) Altona 860—65. (Hamburg, Mauke Söhne.) [2.—5. Bd. à * 4 Thlr., 6. Bd. * 1 Thlr. 10 Ngr.]** *

1. Bd. Ebendas. 1860. * 4 Thlr.

— gefundener, zwischen e. Baron, Amtmann, Advocaten u. Kommissionsrathe. 8. Nördl. 789. Beck. 6 gr

Briefwechsel über einige Gegenden Oberdeutschlands u. dessen naturhistor. Denkwürdigkeiten, mit Kpf. 8. Leipz. 803. (Cassel, Krieger). 1 ℛℬ 8 gr

— üb. einige Gegend. Oberdeutschlands u. dess. naturhist. Merkw. m. K. 8. Leipz. Bruder. (Krieger, Marburg.) 805.

— über Gegenstände d. innern Organisation Baierns. 3 Hefte. 8. Münch. 801, 2. Scherer. 7 gr

Briefwechsel über einige Gegenstände der Physiognomie und Pathognomie. Wien 1786. V: *Eberle, Frz. Gg.* (WBL 3/410) (BIBLPORT)

Aus dem geheimen Briefwechsel eines höheren Offiziers über den Verrat in den süddeutschen Bundes-Armeekorps im Feldzug gegen Preußen. Stuttgart 1866. 25 S.

Briefwechsel, Geheimer medicinischer, von einem Liebhaber der **Medicin.** Leipzig 1734. V: *Schicht, Benjamin.* (OL)

— **geheimer, zwischen Ninon von Lenclos, d. Marq. von Villarceaux und der Demoiselle d'Aubigne, nachmal Fr. von Maintenon, aus dem Franz. übersetzt von Stampeel, 2 Theile, gr. 8. Leipzig, 796. Martini. 1 Rthl. 10 sgl.**

BRIEFWECHSEL, Geheimer, zwischen Ninon von Lenclos, dem Marquis von Villarceaux und der Demoiselle D'Aubigné, nachmaligen Frau von Maintenon. Aus d. Französ. übers. von N. P. Stampeel. 2 Bde. Leipzig 1796—97. 8⁰. (16 Mk., schönes Expl. in eleg. Hfrzbd., Ernst Frensdorff, 1906:) (Cnobloch)

— **geheim., d. Gr. v. Zinzendorf, u. d. Inspirirten. 8. 741.**

— zwischen zwei Geistlichen, bei Gelegenheit d. Versuche zur Kirchenvereinigung. Herausg. v. G. Ph. L. Beckedorff. gr. 8. Lpz., Brockhaus. 1818

Briefwechsel zweier protest. Geistlichen bei dem Übertritt des einen (Moritz Bolz) zur kath. Kirche. Freiburg i. B., Wagner, 1838, 8°, 2 Mk.

Briefwechsel bey Gelegenheit des Absterbens der Demoiselle Charlotte Ackermann einer deutschen Schauspielerin. Hamb. am Tage Jodoci 1775. V: *Wittenberg, Albr.* (Arch. f. Litt. VIII, 208.)

Briefwechsel bey Gelegenheit einiger Briefe, die neueste Literatur betreffend. Thorn 1762. V: *Lindner, Johann Gotthelf.* (GGr)

Briefwechsel der Gelehrten und Künstler Teutschlands. Hannover 1781. H: *Backhaus.* (Ky) (MGT)

— d. Gelehrten, z. Wachsth. d. Wissensch. 8. Hamb. 751.

Briefwechsel, Gelehrter, zwischen D. Johann Jacob Reiske, Moses Mendelssohn und Gotthold Ephraim Lessing. Berlin 1789. H: *Lessing, Karl Gotthelf.* (Less 115)

— Gellerts mit Demois. Lucius, s. **Gellert.**

Briefwechsel zwischen dem Grundhrn. J. v. Gemmingen u. d. d. Dekan Jäck, über d. Glaubensspaltung zu Mühlhausen. gr. 8. Coblenz 824, Neue Gelehrtenbuchhdl.

— zwischen d. Grundherrn J. v. Gemmingen u. d. Dekan Jäck, über d. Glaubensspaltung zu Mühlhausen. gr. 8. Koblenz 824. (Lanz in Weilb.) 9 gr.

Briefwechsel zwischen Friedrich Gentz und Adam Heinrich Müller. 1808—1829. Stuttgart 857. Cotta. gr. 8. (VI, 411 S.) n. 2 Thlr 4 ngr

Briefwechsel des Generals Leopold von Gerlach mit dem Bundestags-Gesandten Otto von **Bismarck.** — Berlin: Hertz 1893. 355 S. 8°

— **d. Generals Leopold v. Gerlach m. dem Bundestags-Gesandten Otto v. Bismarck. 3. Aufl. gr. 8. (355 S.) Berlin 893. Besser. n. 5. --; geb. in Leinw. n. 6. 20; in Halbfrz. n.n. 6. 50**

Briefwechsel, Gesammelter, über die ... Frage: Ob vor der Ausgabe der Locorum Theologicorum Philippi Melanchthonis vom Jahre 1521 eine andere, ... vorhergegangen sey? Hamb. 1752. V: *Kohl, Johann Peter.* (schr)

Briefwechsel, Gesammelter, der Gelehrten ... Hamb. 1750. H: *Kohl, Johann Peter.* (ML) (schr)

Briefwechsel u. Gespräche Alexander v. Humboldt's mit e. jungen Freunde. Aus den J. 1848–1856. 2. Aufl. Berlin 869. F. Duncker. gr. 8. (XIV, 141 S.) n. 15 ngr

Briefwechsel. Salomon Gessners B mit seinem Sohne. Während dem Aufenthalte des Letztern in Dresden und Rom, In den Jahren 1784-85 und 1787 88. 8. Bern und Zürich 1801.
Ausg. A ([Mit 1 Tafel. Hrg. von] Heinrich Gessner.)
Ausg. B ([Hrg. von] Heinr. Gessner.)

— zwischen Geun u. Bon, wegen e. Darmbruchs. Aus d. Holländ. Mit Kpf. gr. 8. Amsterd. 786. Dänzer in Düsseld. 9 gr.

— zwischen Gleim u. Heinse, hrsg. v. Karl Schüddekopf, s.: **Quellenschriften z. neueren deutschen Litteratur- u Geistesgeschichte.**

— zwischen Göcking, Bobrick u. Gomperz. 8. Hamb., (A. Campe). 8 gr.

Briefwechsel zwischen Herrn Canzelei-Director Göckingk, Herrn Inspector Bobrick und Gomperz. Marienwerder 1785. H: *Gomperz, Leon (Ludwig).* (Mn) (GGr)

— **zwischen Goethe u. K. Göttling in den Jahren 1824 bis 1831. Herausgegeben und mit einem Vorwort begleitet von Kuno Fischer. gr. 8. (VI, 100 S.) München 880. Bassermann. n. 3. —**

—— zwischen Goethe und K. Göttling in den J. 1824—1831. Hrsg. und mit einem Vorwort begleitet von Kuno Fischer. gr. 8. (XI, 100 S.) München 883, Bassermann'sche Verlagsh. *

— zwischen Goethe u. K. Göttling in den J. 1824—1831. Hrsg. u. m. e. Vorwort begleitet v. Kuno Fischer. 2. (Titel-)Ausg. gr. 8. (XI, 100 S.) Heidelberg 889. C. Winter. n. 3. —

— **zwischen Goethe u. F. H. Jacobi, herausgeg. von Max Jacobi. 12. Leipzig 846, Weidmann'sche Buchh.** $1^1/_2$ Thlr

—— zwischen Goethe und F. H. Jacobi, hrsg. von Max Jacobi. 12. (VIII und 274 S.) Leipzig 847, Weidmann'sche Buchh.

—— **Goethe's mit ein. Kinde. (Bettina v. Arnim, geb. Brentano.) Seinem Denkmal. 3 Thle. — Der 3. Thl. a. u. d. T.: Tagebuch. M. 4 Kpfr. gr. 12. Berlin 835. [Grünberg, Levysohn.] *
Dass. in engl. Uebersetzung. * 6 Thlr. 6 Gr.**

Briefwechsel, Goethes, mit einem Kinde. Berlin 1837. H: *Arnim, Bettina v. geb. Brentano.* (GGr)

— zwischen Goethe u. Knebel. [1774–1832.] (Hrsg. v. G. E. Guhrauer.) 2 Thle. gr. 8. (XII u. 790 S.) Leipzig 851, Brockhaus. n. 4 Thlr 12 ngr

— zwischen Goethe u. (Karl Frdr. Graf v.) Reinhard in d. Jahren 1807 bis 1832. gr. 8. (IV u. 327 S.) Stuttgart 850, Cotta. 2 Thlr

—— **zwischen Goethe u. (Geh. Ober-Regier.-Rath Dr. Chr. Fr. L.) Schultz. gr. 8. (3 B.) Bonn 836, Weber.
Aus dem: Rhein. Museum f. Philologie, besond. abgedruckt.**

Briefwechsel zwischen Goethe und Staatsrath (Chrph. Ludw. Friedr.) Schultz. Hrsg. und eingeleitet von H. Düntzer.) gr. 8. (X und 410 S. mit einem lithogr. Bildn. von Schultz.) Leipzig 853, Dyk'sche Buchh.

— — **Neue wohlf. (Titel-) Ausg. Nebst einem Anhange: Untersuchung über das Zeitalter des römischen Baumeisters Marcus Vitruvius Pollio von Chr. L. F. Schultz. Herausg. von Otto Schultz. Mit 1 (lith.) Bildnisse von Schultz. Ebend. 856. (X, 410, 55 S. u. 1 lith. Taf. in Fol.) 1 Thlr 20 ngr; der Anh. einzeln 12 ngr**

— zwischen Goethe u. Kaspar Graf v. Sternberg [1820–1832]. Hersg. von F. Th. Bratranek. Wien 866. Braumüller. gr. 8. (VIII. 309 S.) n. 2 Thlr 20 ngr

Briefwechsel zwischen Goethe u. Marianne von Willemer [Suleika]. Herausgegeben mit Lebensnachrichten u. Erläuterungen von Th. Creizenach. Lex.-8. (XVI, 342 S. mit Portrait der Frau von Willemer in Stahlstich.) Stuttgart 877. Cotta. n. 10. —; geb. n. 11. 50

—— dass. — 2. verm. Aufl. Lex.-8. (XX, 355 S. mit Portr. der Frau v. Willemer und Bild der Gerbermühle bei Frankfurt a. M. in Stahlst.) Ebendas. 878. * M. 10.; geb. *

—— **zwischen Goethe u. Zelter in d. J. 1796—1832. Hrsg. v. Friedr. Wilh. Riemer. 1. u. 2. Thl., die Jahre 1796—1818. gr. 8. (61½ B.) Berlin 833, Duncker u. Humblot. 4 Thlr., Vlnp.**

— deſſ. 3. u. 4. Thl., d. J. 1819—1827. (M. 1 Tab.) gr. 8. (59½ B.) Ebdſ. 834. 4 Thlr., Blnp.

— deſſ. 5. Thl., d. J. 1828—1830 Juny. gr. 8. (29 B.) Ebdſ 834. 2 Thlr., Blnp.

— deſſ. 6. (letzt.) Thl., d. J. 1830 Juli—1832. gr. 8. (30¼ B.) Ebdſ. 834. 2 Thlr., Blnp.

— zwiſchen Göthe u. Zelter in den Jahren 1796—1832. Herausg. von Fr. Wlh. Riemer. 6 Thle. gr. 8. Berlin 833—36. Duncker u. Humblot. 12 ₰, Velinp. 16 ₰

— der Gebrüder Grimm m. nordischen Gelehrten, hrsg. v. Ernst Schmidt. gr. 8. (XXI, 312 S.) Berlin 885. Dümmler's Verl. n. 8. —

—— zwischen Jac. Grimm und J. H. Albertsma, hrsg. von B. Sijmons. gr. 8. (36 S.) Halle 885, Buchh. des Waisenhauses. *
Aus: Zeitschrift für deutsche Philologie, besonders abgedruckt.

—— zwischen Jacob Grimm und Friedrich David Graeter. Aus den J. 1810—1813. Hrsg. von Herm. Fischer. gr. 8. (62 S.) Heilbronn 877, Gebr. Henninger. *

Briefwechsel zwischen Jacob und Wilhelm Grimm, Dahlmann und Gervinus. Hrgg. v. Eduard Ippel. Bd. 1—2. Berlin. 1885—86. 8°.

—— zwiſchen Jacob und Wilhelm Grimm, Dahlmann und Gervinus. Hrsg. von Ed. Ippel. 2 Bde. gr. 8. (VIII, 544; 592 S.) Berlin 886, Dümmler's Verlag. à Bd. *M 10.—. *

—— zwiſchen Jac. und Wilh. Grimm aus der Jugendzeit. Hrsg. von Herm. Grimm und Guſt. Hinrichs. gr. 8. (VII, 541 S.) Weimar 881, Böhlau. *

—— von Jakob Grimm und Hoffmann-Fallersleben mit Hendrik van Wyn. Nebst anderen Briefen zur deutschen Litteratur hrsg. und erläut. von Karl Thdr. Gaedertz. gr. 8. (VI, 60 S.) Bremen 888, Müller. *

— zwiſchen dem Kronprinzen Guſtav v. Schweden u. d. Reichsgrafen v. Scheffer. Herausg. v. Th. H. Gadebuſch. 8. Greifsw. 772. (Cnobloch in Leipz.) 18 𝒦 (vergl. *Correspondance.*)

— zwiſch. d. Kronprinz Guſtav v. Schweden u. Schäffer. 8. Greifsw. Röſe. 772.

— Pabſts Hadrian des Sechſten mit Deſiderius Erasmus v. Roterdam. Decbr. 1522 bis Frühling 1523. Aus d. Latein. Mit e. Einleitung. gr. 8. (41 S.) Frankfurt a. M. 849, Lizius. ¼ ₰

— üb. die Heilkräfte des thier. Magnetism. zw. Scherb u. Mahn. 2 Stcke. gr. 8. Zürich. Ziegler. 787—788. (1 6 gr., 2 12 gr.)

— zwiſchen Prinz Heinrich v. Preußen u. Katharina II. v. Rußland, hrsg. v. R. Krauel, ſ.: Quellen u. Unterſuchungen zur Geſchichte des Hauſes Hohenzollern. VIII. 1.

— d. Helvier, od. d. philoſ. Provinzialen; aus d. Franzöſ. (d. Barruel), (v. J. G. Weigel). 3 Thle. gr. 8. Bamb. 787. Göbhard. (Weſché in Frankf.) 2 ₰

Briefwechsel, Her*,s,** Abthl. I (einz.). Mit Titelvignette. Danzig 1794. V: *Fontenelle, Bernard Le Bovier de.* (BGE II³, 339)

BRIEFWECHSEL junger Herren und Fräuleins. Bdchn. 1. (einz.). Wien, Gerold, 1781. 8°. (In München: Epist. 122d.)
Kayser, Romane, giebt die Zahl der Bdchn. nicht an, also wohl nur dieses eine erschienen.

— Alexanders v. Humboldt's mit Heinr. Berghaus aus den Jahren 1825—1858. 3 Bde. Jena 863. Coſtenoble. gr. 8. (XXXVII, 992 S.) n. 7 ₰ 6 ngr.

— Alexander v. Humboldt's mit Heinrich Berghaus aus den J. 1825—1858. 2. wohlfeile Jubel-Ausg. 3 Bde. Jena 868. Coſtenoble. gr. 8. (XV, 348; IX, 308; XIII, 336 S.) 2 ₰ 15 ngr.

— Alexander v. Humboldt's mit Heinrich Berghaus aus den J. 1825—1858. 2. wohlfeile Jubel-(Titel-)Ausg. 3 Bde. gr. 8. (XV, 348; IX, 308; XIII, 336 S.) Jena (863)69, Coſtenoble.

— zwiſchen Karoline v. Humboldt, Rahel u. Varnhagen, hrsg. v. Alb. Leitzmann. gr. 8. (IX, 221 S.) Weimar 896. H. Böhlau's Nachf. n. 4. 50

— humoriſtiſcher, zwiſchen den beiden Füſilieren Kraus, der jetzt im Himmel, u. Kutſchke, noch im Weltgetümmel, von Strebeſam Holzwurm. 1—3. Thl. Köln 870. (Leipzig, E. H. Mayer.) 8. (15; 22; 24 S.) Jeder Thl. 3 ngr.

— humoriſtiſcher, zwiſchen den beiden Füſilieren Kraus, der jetzt im Himmel u. Kutſchke, noch im Weltgetümmel v. Strebeſam Holzwurm. 3. ſehr verm. u. verb. Ausg. m. 62 Illuſtr. (in eingedr. Holzſchn.) 8. (V, 149 S.) Leipzig 871. Mayer. n. 2. —

Briefwechſel, humoriſtiſcher, zwiſchen den beiden Füſilien Kraus, der jetzt im Himmel u. Kutſchke, noch im Weltgetümmel, v. Strebſam Holzwurm. 4. ſehr verm. u. verb. billige Volks-Ausg. mit 62 Illuſtr. (in eingedr. Holzſchn.) 8. (149 S.) Ebend. 873. 1. 20

Briefwechsel, Friedrich Heinrich Jacobis auserlesener. In zwei Bänden. Leipz. 1825—27. II: *Roth, Friedrich.* (BrMm) (Mn)

— zw. Jeruſalem u. Meyer in Neuſtadt. gr. 8. Cobg. Ahl. 790.

— zwiſchen Abt J. F. Jeruſalem u. J. F. F. A. Meyer in Neuſtadt. gr. 8. Koburg 790. (Riemann). 4 𝒦

Briefwechſel zwiſchen unſerm Herrn Jeſu Chriſto und Abgarus, König von Edeſſa. Vom Herrn Selbſt Seinem erwählten Knechte wörtlich diktirt im J. 1844. gr. 8. (10 S.) Heilbronn 851, Landherr.

BRIEFWECHSEL, Intimer, zwiſchen zwei geilen Jungfrauen oder Geſtillte Sehnſucht. New York. Gedruckt auf Koſten guter Freunde. O. J. (vor 1890). Kl. 8°. 63 S.
Verb. d. Ldg. III Berlin A. 4. J. 197/12.

BRIEFWECHSEL, Intimer, zwischen zwei geilen Jungfrauen, oder Gstillte Sehnsucht. New-York. Gedruckt auf Kosten guter Freunde. O. J. (ca. 1895). Breit-12°. (ca. Mk. 5—.)
63 S. (incl. Tit.). — Ebenso lüstern wie schmutzig. Verboten vom L.-G. Wien, 28. April 1895. § 516.

— zwischen König Johann v. Sachsen u. d. Königen Friedrich Wilhelm IV. u. Wilhelm I. v. Preussen. Hrsg. v. Johann Georg, Herzog zu Sachsen. (7, 514 m. 1 Fksm. u. 1 Bildn.) gr8° Lpzg, Quelle & M. '11. 10 —; L 12 —;
Vorzugsausg. auf Bütten, HPerg. 30 —;
Luxusausg., Ldr 40 — d

— zwiſchen Erzherzog Johann Baptiſt v. Oeſterreich u. Anton Graf v. Prokeſch-Oſten. Nebſt Auszügen a. d. Tagebuchblättern d. Erzherzogs Johann üb. ſ. Aufenthalt i. Athen i. Novbr. 1837. Mit Anmerkgn., Erläutergn., Aktenſtücken ꝛc. hrsg. v. Ant. Schloſſar. M. 2 Porträts u. 2 Handſchriftenfcſms. gr. 8. (XI, 440 S.) Stuttgart 898. A. Bonz & Co. n. 6. —; geb. in Halbfrz. n. 8. —

—— des Kurfürſten Johann Friedrich des Großmüthigen mit ſeinem Sohne Johann Wilhelm, Herzog zu Sachſen im Decbr. 1546 über Verluſt und Wiedereinnahme von Thüringen. Hrsg. von Carl Frhrn. v. Reitzenſtein. gr. 8. (VIII und 65 S. mit 2 Stmt.) Weimar 858, Kühn. *

— zwischen Joseph II. u. General d'Alton, während d. Unruhen in Brabant. 8. Leipz. 791. Köhler. 6 gl

— für d. Jugend, zur angenehmen u. nützl. Unterhaltung 2c., (e. Fortsetz. d. Grünbergischen Abendunterhaltungen). 8. Nürnb. 805. Bauer u. M. 12 gl

Briefwechsel, Juristisch-physiokratischer, über Büchernachdruck und Eigenthum an Geisteswerken ... Stück 1. 2. Halle 1791. V: *Rüdiger, Johann Christian Christoph.* (MGT)

Briefwechsel, Juristisch-physiokratischer, über Verlagseigenthum und Nachdruck ... Dessau u. Leipzig 1783. V: *Rüdiger, Johann Chn Chph.* (MGT)

„Brief-Wechsel über die gegenwärtige Justiz-Reform in den preussischen Staaten, nebst einigen nach den Vorschriften der neuen Process-Ordnung instruirten Acten", 2 Bände, Berlin 1780 bis 1784. — Vorh.: Preuß. Oberbergamt Dortmund –

— über d. gegenwärt. Justizreform in d. Preuß. Staaten. (Von D. N. Baumgarten u. K. G. Suarez.) 3 Hefte. gr. 8. Berl. 780—84. Rottmann. 1 ß 18 gl

—— zwischen Kaiser und Papst im Sommer 1878. gr. 8. (4 S.) München 878, Th. Ackermann. *

—— zwischen Kaiser und Papst im J. 1878. 8. (8 S.) Berlin 878, Levit. **

— zwischen Kaiser u. Papst im J. 1878. 8. (8 S.) Berlin 874. Levit. n.n. — 25

— des Großherzogs Carl August von Sachsen-Weimar-Eisenach mit Goethe in den Jahren von 1775 bis 1828. 2 Bde. Weimar 862. (Leipzig, Günther.) gr. 8. (XII, 655 S.) n. 6 ß

Briefwechsel des Großherzogs Carl August von Sachsen-Weimar-Eisenach mit Goethe in den J. von 1775 bis 1828. 2 Bde. gr. 8. (XII und 655 S.) Weimar 863. [Halle, Hermann.]

Briefwechsel des Großherzogs Carl August von Sachsen-Weimar-Eisenach mit Goethe in den Jahren von 1775 bis 1828. Neue Ausg. 2 Bde. Mit dem Bildnisse des Großherzog Carl August und Goethe (Stahlst.). gr. 8. (VIII, 320; 335 S.) Wien 873, Braumüller. *

—— dass. 8. (4) Münch. 73, Th Ackermann. n. — 5

—— der Königin Katharina und des Königs Jérome von Westphalen, sowie des Kaisers Napoleon I. mit dem König Friedrich von Württemberg. Hrsg. von Aug. v. Schlossberger. 3 Bde. gr. 8. Stuttgart, Kohlhammer. *

Inhalt:

Bd. 1. Vom 8. Oktbr. 1801 bis 22. Dezbr. 1810. (XXXII, 422 S.) 886. *M 10.—.
» 2. Vom 20. März 1811 bis 27. Septbr. 1816. (XLIV, 280 S.) 887. *M 8.—.
» 3. Nachtrag zum 1. und 2. Bd.: Aus dem Napoleonischen Hausarchiv. (XXIV, 214 S.) 887. *M 6.—.

Briefwechsel der Grossfürstin Katharina Paulowna mit Joh. Georg Müller in Schaffhausen. Mitgeteilt von *J. Merkle.* Gr. in-8⁰. 24 S. Stuttgart, H. Lindemann. 1896 — 70
*** Aus „Württemberg. Vierteljahrshefte f. Landesgeschichte".

Briefwechsel, der, zwischen d. Kaiserin Katharina II. v. Russland u. Joh. Georg Zimmermann. Hrsg. v. Eduard Bodemann. (XXV, 157 S.) 8. Hannover 906. Hahn. n. 4. —

[5.] Der kaufmännische **Briefwechsel** auf zeitgemässer Grundlage. Vollständ. Lehrgang f. d. gesamte Gebiet d. Handelsgewerbes nebst ausführl. Beispielsammlg. Von e. erfahrenen Geschäftsmanne. *Aachen: C. H. Georgi [1898].* (44 S.) 1 Bd 8.
(Hilf dir selbst! Dein eigener Lehrer. [No 13.]) [98. 1193

— zwischen August Kestner u. seiner Schwester Charlotte. Hrsg. v. Herm. Kestner-Köchlin. Mit 2 Portr. in Kpfrätzg. u. e. Anh. (XII, 387 S.) gr. 8. Straßburg 904. K. J. Trübner. n. 9. —; geb. in Leinw. n. 10. —

— einiger Kinder, (v. A. Rode). 8. Dessau u. Leipz. 776. 2e A. 781. (W. Vogel). 6 gl

— 2c., zur nützl. u. angenehmen Unterhaltung f. Knaben u. Mädchen, (v. G. J. Mehringer). 16 Bdchen. Mit 1 Kpf. 8. Banr. 795. (Grau). (Lübeck)

Briefwechsel zwischen weiland Ihre Durchlaucht dem Herrn Churfürst von Trier, Clemens Wenzeslaus und dem Herrn Weihbischof Niklas von Hontheim über das Buch Justini Febronii: De statu Ecclesiae. Frankft. a. M. 1813. H: *Vogt, Niclas.* (S. Brunner, Humor in der Diplomatie 2/165) (BiblPort)

— zwischen d. Kurfürsten v. Trier, Clemens Wenzeslaus u. dem Weihbischof von Hontheim, über d. Buch: Justini Febronii de statu ecclesiae et legitima Romani Pontificis potestate. 8. Frankf. 813. Andreä. 8 gl

Briefwechsel zwischen dem Churfürsten Clemens Wenzeslaus u. dem Weihbischof Hontheim üb. d. Buch: Justini Febroni de statu ecclesiae. 8. Frankfurt 1813. Andreä. ⅓ Thlr. — 36 kr.

BRIEFWECHSEL, Komisch, ernsthaft, satirisch, und — ein Bißchen traurig, so wie es der Leser auch nicht anders finden wird. München, b. Jos. v. Crätz, u. Lpz., b. Paul Wilh. Kummern in Commiss. 8⁰.
O. M. V. 1783. S. 515.

— komisch, ernsthaft, satyr. 2c. 8. Münch. 783. J. Lindauer. 5 gl

— zwischen Akademiker Kunik-St. Petersburg u. W. v. Gutzeit-Riga in den J. 1876—1894. gr. 8. (73 S.) Riga 899. (N. Kymmel's Sort.) n. 1. 40

Briefwechsel zwischen Hermann Kurz und Eduard Mörike. Herausgeg. von Jakob Bächtold. In-8⁰, 172 S. Stuttgart, Gebr. Kröner. 1885 4 —

! — zw. Kurz u. Mörike. Jetzt: Stuttg., Union. Preis 6 81/85

— kurzer, zwischen Friedrich Jacobs und Heinrich Stieglitz. Herausg. von Ludw. Curtze. Leipzig 863. Dyk. 8. (VI, 124 S.) n. 12½ ngr.

—— kurzer, zwischen Klopstock u. Goethe im J. 1776. 8. (1 B.) Leipzig 833, (Weidmann.)

Briefwechsel zwischen alten und altgläubigen Landpfarrern über G. L. C. Kopps Buch: d. kathol. Kirche im 19. Jahrhundert. Würzburg 1831. V: *Scheiblein, Georg.* (Th) (schmal

—— zwischen alten u. altgläub. Landpfarrern üb. d. Werk: „die kathol. Kirche im 19. Jahrh. u. d. zeitgem. Umgestaltung ihr. äußeren Verfass., hrsg. v. G. L. C. Kopp. gr. 8. (6 B.) Würzburg 831, Strecker.

— d. Landwirthsch. betr. s. a. Engel.

Briefwechsel, die Landwirthschaft, insbesondere die Mecklenburgische betreffend... Schwerin 1786-89. V: *Engel, Lüder Herm. Hans v.* (Engoec) (Wö)

— zwischen Joseph Freih. v. Laßberg u. Ludwig Uhland. Hersg. von Frz. Pfeiffer. Mit e. Biographie Frz. Pfeiffer's von Karl Bartsch u. den (lith.) Bildnissen von Pfeiffer, v. Laßberg u. Uhland. Wien 870. Braumüller. gr. 8. (CVII, 342 S.) n. 4 ₰

Briefwechsel zwischen Joseph Freiherrn von Lassberg und Johann Caspar Zellweger, hrsg. von *C. Ritter.* In-8⁰. XII, 204 S. St. Gallen, Huber & Co. 1889 4 80

Briefwechsel, Lauras, mit ihren Zöglingen... Leipzig 1799. V: *Neuenhagen, Wilhelmine Henriette Dorothea geb. Wenzel.* (Ky) (Schl)

—— zwischen Lavater und Hasenkamp. Hrsg. von Karl C. E. Ehmann. gr. 8. (IV, 248 S.) Basel 870, Bahnmaier's Buchh. [Hamburg, L. M. Glogau.] (ℳ 2,70.) *

Briefwechsel (Johann Caspar) Lavaters und [Jean-François] Reubells vom Jahre 1798. Vollständiger und correcter, als bis jezt hrg. und mit einer Zugabe zweener sich darauf beziehender Briefe vermehrt. 8. *o. O.* 1801.

Briefwechsel zwischen Leibniz und Christian Wolf. Aus den Handschriften der königl. Bibliothek zu Hannover hrsg. von C. I. Gerhardt. gr. 8. (III und 188 S. mit 1 Stnt. in qu. Fol.) Halle 860, Schmidt's Verlagsb. Thlr. *

— zwischen Lessing u. seiner Frau. Neu hrsg. v. Alfr. Schöne. Nebst e. Anh. bisher meist ungedr. Briefe. Mit dem Portr. v. Frau Lessing (in Stahlst.) u. e. (lith.) Facs. (in gr. 4.) gr. 8. (XXVI, 552 S.) Leipzig 870. Hirzel. n. 5. 40

—— zwischen Lessing und seiner Frau. Neu hrsg. von Alfr. Schöne. 2. umgearb. Aufl. gr. 8. (XXXIII, 530 S. mit dem Stahlst.-Portr. von Frau Lessing und 1 Facs.) Leipzig 885, Hirzel. *ℳ 6.—.; geb. *

Briefwechsel zwischen Lessing u. Eva König, hrsg. v. Edm. Dörffel, s.: Bibliothek, Cotta'sche, d. Weltlitteratur.

Briefwechsel, Gotthold Ephraim Lessings, mit Karl Wilhelm Ramler, Johann Joachim Eschenburg und Friedrich Nicolai. Nebst einigen Anmerkungen über Lessings Briefwechsel mit Moses Mendelssohn. Berlin und Stettin 1794. H: *Nicolai, Chr Friedrich.* (Less 116)

Briefwechsel einiger Liebhaber der Wahrheit über den Neubruchzehenten der Deutschen gesammelt. Frankfurt und Leipzig 1789. V: *Böcklin, Franz Fr. S. A. Freiherr von.* (Ky)

—— zwischen Justus v. Liebig und Theodor Reuning über landwirthschaftliche Fragen aus den J. 1854 bis 1873. gr. 8. (VIII, 243 S.) Dresden 881, Schönfeld's Verlagsh. *
geb. *

LIEBIG, J. VON, und C. F. SCHÖNBEIN.
Briefwechsel, 1853–1868. Herausgegeben von G. W. A. Kahlbaum und E. Thon. Leipzig. 1900. 8vo.

Briefwechsel zwischen Franz Liszt und Hans v. Bülow. Hrsg. v. La Mara [d. i. Maria Lipsius]. *Leipzig: Breitkopf & Härtel 1898.* (VIII, 420 S.) 1 Bd 8. [98. 11877

— literar., oder: aufgefangene curiöse Briefe ꝛc. 5 Stck. 8. Frankf. Stock. 746.

— literarischer, zweier Jugendfreunde. Herausg. v. Jördens. 1r u. 2r Bd. 8. Leipz. 818 u. 19. Kummer. 2 ₰ 14 ₰

— Friedrich Lückes m. d. Brüdern Jacob u. Wilhelm Grimm. Mit erläut. Zusätzen u. Zugaben aus dem gemeinsamen Freundeskreise besonders üb. die akadem. Krisis d. J. 1837. Hrsg. v. F. Sander. gr. 8. (VIII, 134 S.) Hannover-Linden 891. Manz & Lange. n. 5. —

—— zwischen H. L. Martensen und J. A. Dorner 1839—1881. Hrsg. aus deren Nachlaß. 2 Bde. gr. 8. (VI, 376; 477 S.) Berlin 888, Reuther's Verlagsh. *ℳ 12.—.; geb. *

—— zwischen H. L. Martensen u. J. A. Dorner. 1839—1881. Inhaltsverzeichnis, Namen- u. Sachregister. (1. Bd. S. VII - XII; 2. Bd. S. V—XI u. 479—489).
Für Abnehmer des Hauptwerkes unberechnet.
Hauptwerk. 2 Bde. Ebd. 1888. * 12 —; geb. * 14 50.

Briefwechsel, Medicinischer. ... Halle 1785. H: *Weber, Aug. Glob.* (Call)

— medicinischer. 2 Stcke. gr. 8. Halle 785, 86. Gebauer. (à Stck 12 ₰) 1 ₰

—— des Frhrn. Karl Hartwig Gregor v. Meusebach mit Jacob und Wilhelm Grimm. Nebst einleit. Bemerkungen über den Verkehr des Sammlers mit gelehrten Freunden, Anmerkungen und einem Anhang von der Berufung der Brüder Grimm nach Berlin. Hrsg. von Camillus Wendeler. gr. 8. (CXXIV, 426 S. mit 1 Bildniss in Lichtdr.) Heilbronn 880, Gebr. Henninger. *

— zwischen dem Grafen v. Mirabeau u. dem Fürsten A. v. Arenberg, Grafen von der Mark, während der J. 1789, 1790 u. 1791, enth. die Geschichte der geheimen Verbindung Mirabeau's m. dem französ. Hofe nebst allen sich darauf beziehenden Aktenstücken. Nach d. franz. Ausg. des Hrn. Ad. v. Bacourt, deutsch bearb. v. J. Ph. Städtler. 3 Bde. 8. (1.: XII u. 452 S. m. 3 lith. Facsim. 2: IV u. 552 S. m. 1 lith. Facsim. 3: 517 S. m. 1 lith. Facsim.) Brüssel 851. 52, Mayer & Flatau. n. 4 ₰

— zwischen dem Grafen von Mirabeau und dem Fürsten A. v. Arenberg, Grafen v. d. Mark, während der Jahre 1789, 1790 u. 1791, enthaltend die Geschichte der geheimen Verbindung Mirabeau's mit dem französ. Hofe nebst allen sich darauf beziehenden Aktenstücken. Nach der französ. Ausg. des Herrn Ad. v. Bacourt, ehemal. französ. Botschafter in Turin, deutsch bearbeitet von J. Ph. Städtler. 2. verb. (Titel-) Ausg. 3. Bde. Brüssel (851) 854. Flatau. 8. (XII, 452; IV, 552; 1 Bl., 517 S. u. 5 lith. Bl. Facsim.) n. 4 ₰

— des Gen. Miranda. s. Miranda.

Briefwechsel des Marquis von Montalembert in den Feldzügen von 1757 und 1758. [Aus dem Franz.] Berlin 1780—81. Ü: *Rohr, Friedr. Moritz von.* (Ml.)

— des Marquis v. Montalembert, in d. Feldz. v. 1757—61. 3 Thle. m. K. gr. 8. Bresl. W. G. Korn. 780—81.

Briefwechsel des Grafen Montvallat. Zürich 1868 s. M[eyer], W[ilhelm].

Briefwechsel des Grafen Montvallat oder Erinnerungen an die französ. Emigration von 1792 bis 1797. Hrsg. von W. M* br. 8. (236 S.) Zürich 868, Schulthess. *

Der Briefwechsel der Brüder J. Georg Müller und Joh. von Müller, 1789 — 1809. Hrsg. von *E. Haug*. 1. Halbbd.: 1789—1799. Gr. in-8⁰. XII, 218 u. 57 S. Frauenfeld, J. Huber's Verlag. 1891

Der Briefwechsel der Brüder J. Georg Müller u. Joh. v. Müller 1789—1809. Herausgegeben von *Eduard Haug*. Zweiter Halbband: 1800—1809. Gr. in-8⁰. S. 217 - 440 u. S. 57—134. Frauenfeld, J. Huber's Verlag. 1893

— Napoleons mit seinem Bruder Joseph aus den Jahren 1795 bis 1815. Zum ersten Male veröffentlicht. Deutsch von G. Fink. 2 Bde. Stuttgart 854. Franckh. 16. (IV, 479; 519 S.) Jeder Bd. (1854-56) 1 ₰ 6 ngr

Briefwechsel Von der Natur Des Poetischen Geschmackes . . . Zürich 1736. V: *Bodmer, Johann Jacob* & *Pietro Conte Calepio.* (GGr) (ML) (Vetter)

— über Naturprodukte, s. Unterhaltungen, kosmologische.

Briefwechsel über die Naturprodukte. Leipzig 1781—86. V: *Wünsch, Christian Ernst.* (MGT)

Briefwechsel zw. Ninon von Lenclos . . ., s. Briefwechsel, Geheimer, . . .

— e. portugiesischen Nonne mit Chamilly. 8. Rothenb. 790. (Brockhaus in Leipz.) 8 gr

— einer portugiesischen Nonne, mit Chamilly. 8. Rothenburg, Hermbstedt. 790.

— derselbe, nach e. and. Uebersetzung. 2 Thle. 8. Bayr. 788. Lübeck. 16 gr

Briefwechsel einer Portugiesischen Nonne mit dem Ritter von Chamilly. Rotenburg a. d. T. 1788. V: *Alcoforado, Marianna.* (BrMm)

Briefwechsel. d. offene. Lustsp. v. Jünger. 8. Lpz. Dyk. 785.

BRIEFWECHSEL. eines jungen Officiers, oder Denkwürdigkeiten des Marquis v. Lüsigni und der (sic!) H. v. St. Just. 2 Bde. Mit 2 Kpfrn. Berlin 1779. 8⁰. (48 xr. Brissel, München, c. 1872; jetzt theurer!)

— eines jungen Officiers, od. Denkwürdigkeiten des Marquis von Lusigni rc. 2 Thle. 8. Berlin, Pauli. 779.

— einiger Offiziere auf ihren Reisen u. Werbeplätzen, über d. Zustand verschied. Länder. 8. Stuttg. 781. Mezler. 20 gr

BRIEFWECHSEL einiger Officiere auf ihren Reisen und Werbplätzen, über den Zustand, die Sitten und die Militärverfassungen verschiedener Länder. Frankfurt und Leipzig 1782. 8⁰. (8 Mk. E. Frensdorff, 1907.) Rar!

— zweier sächs. Officiere. s. Golz.

—— zwischen W. Olbers und F. W. Bessel. Hrsg. von Adph. Ermann. 2 Bde. gr. 8. (XLV und 890 S.) Leipzig 852, [Mendelssohn.] *

Prachtausg. *

— Balthasar Paumgartners d. Jüngeren m. s. Gattin Magdalena, geb. Behaim, hrsg. v. Geo. Steinhausen, s.: Bibliothek d. litterar. Vereins in Stuttgart.

Briefwechsel Landgraf **Philipp's des Grossmüthigen** von Hessen mit Bucer. Hrgg. und erläut. v. Max Lenz. Th. 1 - 3. Leipzig 1880 - 91. = Publicationen aus den K. Preussischen Staatsarchiven Bd. 5. 28. 47. 8⁰.

— zweier Philosophen. 18 Stck. 8. Nürnb. 778. Monath u. K. gr

—— des Papstes Pius IX. mit Kaiser Wilhelm im Septbr. 1873. [Deutsch und Polnisch.] gr. 8. (7 S.) Posen 873, Jagielski. *

—— zwischen Sr. Heiligkeit dem Papst Pius IX. und Sr. Majestät dem Kaiser Wilhem I. Tableau. gr. Fol. Berlin 874, Grack und Aron.

—— zwischen August Graf v. Platen u. Joh. Minckwitz. Nebst e. Anh. v. Briefen Platens an Gust. Schwab u. e. Facsim. P's. 8. (15½ B.) Leipzig 836, Kummer.
Auszug daraus, s. † Funck, Z.

— zwischen Aug. Graf von Platen und Johannes Minckwitz. Nebst e. Anhange von Briefen Platen's an Gust. Schwab u. e. Facsimile Platen's (u. e. zweiten Anhange, einige Gedichte Platen's enthalt.) 8. Leipzig 836. Kummer. 1½ ₰

BRIEF-WECHSELS, Des poetischen, 1—6. Copie (soviel ersch.?). O. O. 1724. 8⁰. Sehr selten! (In Dresden: Litt. Germ. rec. 8⁰. B 201, 29s.)
Pikante Klatschereien in der Weise Picander's!

— zwischen d. Justizrath Dr. Vorsch, Mitglied d. preuß. Abgeordnetenhauses, u. d. sächs. Landesverein d. Evang. Bundes üb. d. Flugschrift: „Sollen sie wiederkommen? E. Frage a. d. deutsche Volk v. d. Rückberufg. d. Jesuiten". gr. 8. (54 S.) Leipzig 895. Buchh. d. Evang. Bundes v. C. Braun. n. — 25

— zwischen e. jungen Prinzen u. seinem Hofmeister. Französ. u. deutsch. gr. 8. Leipz. 772. Breitkopf u. H. 18 gr

— zwischen zwei Protestanten verschiedener Religions-Ansichten nebst einigen zeitgemäßen Bemerkungen dazu. gr. 8. Frankfurt a/M. 846, Keßler. ¼ ₰

—— zwischen zwei Protestanten verschiedener Religions-Ansichten nebst einigen zeitgemäßen Bemerkungen dazu. gr. 8. (2¼ B.) Frankfurt a. M. 846, Varrentrapp's Sort.-Buchh.

— zwischen Rahel und David Veit. Aus dem Nachlaß Varnhagen's v. Ense. 2 Thle. Leipzig 861. Brockhaus. gr. 8. (XIII, 540 S.) n. 3 ₰ 20 ngr

— zwischen Rauch u. Rietschel. Hrsg. v. K. Eggers. 1. Bd. Lex.-8. (XVII, 525 S. m. Hochätzgn., 1 Lichtdr. u. 1 phototyp. Fcsm.) Berlin 890. Fontane. n. 10.—; geb. n. 12.50

— zwischen Rauch u. Rietschel. Hrsg. v. Karl Eggers. 2. Bd. Mit e. Lichtdr. d. Profilbildes, der Phototyp. e. Briefes Rietschels u. mehreren Hochätzgn. gr. 8. (X, 607 S.) Berlin 891. Fontane. n. 10.—; geb. n. 12.50 (1. 2: n. 20.—; geb. n. 25.—)

Briefwechsel über einige Recensionen der neuesten Wezelschen Schriften, . . . Leipzig 1779. V: *Wezel, Joh. Carl.* (GGr)

— üb. einige Recension. d. neuest. Wezel. Schr. 8. Leipz. Dyk. 779.

Briefwechsel des Beatus Rhenanus. Gesammelt und hrsg. von Adb. Horawitz und Karl Hartfelder. gr. 8. (XXIV 700 S. mit Holzschn.-Portr.) Leipzig 886, Teubner. *

— zwischen Rollin u. d. König v. Preußen. Französ. u. deutsch, nebst Rollin's Leben, v. J. F. Froriep. 8. Gotha 781. Ettinger. 8 gr

Briefwechsel, Rollins, mit dem König von Preussen; aus dem Franz. Gotha 1783. Ü: *Froriep, Amalie Henriette Sophie.* (ML)

— zwischen d. Kriegsminister Grafen v. Roon u. Clemens Theodor Perthes, Professor d. Rechte i. Bonn, a. d. J. 1864—1867. E. Nachtrag z. d. Denkwürdigkeiten a. d. Leben des Kriegsministers. Hrsg. von Otto Perthes. gr. 8. (III, 107 S.) Breslau 896. Ed. Trewendt. n. 2.—

Briefwechsel zwischen dem Künstler und Schauspieler Moritz Rott und einer Dame. (Als Mscr. gedr.) 8. (138 S.) Frankfurt a. M. 867, (Auffarth.) *

—— der, des Mutianus Rufus. Gesammelt und bearb. von Carl Krause. gr. 8. (XV, LXVIII, 700 S.) Kassel 885, (Freyschmidt.) *
Vgl.: Zeitschrift des Vereins für hessische Geschichte und Landeskunde. Neue Folge. 9. Suppl.

Briefwechsel über wichtige Sachen aus der heutigen Gelehrsamkeit. Leipzig 1755—59. V: *Reinhard, Adolph Friedrich von.* (Ky) (ML)

— über wichtige Sachen d. heutigen Gelehrsamkeit. 3 Stcke. 8. Frankf. u. Leipz. 755—59. Hilscher. 9 ℛ

Briefwechsel der Samaritaner zu Naplusa mit Europäischen Gelehrten nebst Nachrichten über ihre Gebräuche und ihren gegenwärtigen Zustand und einer literarischen Einleitung nach Silvestre de Sacy zum ersten Male vollständig deutsch herausgegeben von E. G. von Hieronymi. I. Heft, welches die literarische Einleitung enthält. (Programm der Domschule bei Ratzeburg.) Schönberg 1836.

—— zwischen Schiller und Cotta. Hrsg. von Wilh. Vollmer. Mit dem Portr. J. F. Cotta's (in Aubeldr.). gr. 8. (XXII, 719 S.) Stuttgart 876, Cotta'sche Buchh. * ℳ 12.; geb. *

— zwischen Schiller u. Goethe, s. a. Bibliothek, Cotta'sche, der Weltlitteratur.

— zwischen Schiller u. Goethe. Mit Einführg. v. Houston Stewart Chamberlain. 2 Bde. (XXXII, 513 u. 674 S.) 8. Jena 905. E. Diederichs. n. 6. —; geb. in Ldr. n. 9. —

—— zwischen Schiller u. Goethe, in d. J. 1794—1805. 1—3. Thl., v. J. 1794—1797. 8. (62½ B.) Stuttgart 828, 29, Cotta. 5 Thlr. 8 Gr., Blnp.

—— dess. 4. u. 5. Thl., v. J. 1798—1800. 8. (47½ B.) Ebds. 829. 4 Thlr., Blnp.

—— dess. 6. (letzt.) Thl., v. J. 1801—1805. 8. (20½ B.) Ebds. 829. 2 Thlr., Blnp.
6 Thle. zusammen genommen, hrbgs. Pr. 6 Thlr. 16 Gr., Blnp. 7 Thlr.

— zwischen Schiller und Goethe in den Jahren 1794 bis 1805. 2., nach den Originalhandschriften verm. Aufl. 2 Bde. (Besorgt von H. Hauff.) Stuttgart 856. Cotta. gr. 8. (IV, 432; 2 Bl., 470 S.) n. 3 ℛ 6 ngr

—— zwischen Schiller und Goethe in den Jahren 1794 bis 1805. 2 Bde. 3. Ausg. gr. 8. Stuttgart 870, Cotta'sche Buchh. (* ℳ 6.) *
Inhalt:
Bd. 1. Vom Jahre 1794 bis 1797. (VI, 418 S.)
„ 2. Vom Jahre 1798 bis 1805. (461 S.)

—— zwischen Schiller und Goethe. 4. Aufl. 2 Bde. gr. 8. Stuttgart 881, Cotta'sche Buchh. à Bd. * ℳ 3,50. * 7 —
geb. in 1 Bd. in Halbfrz. * 10 —
Inhalt:
Bd. 1. Mit 1 Titelbild (Holzschnittaf.) und 1 Brief-Facs. (370 S.)
„ 2. Mit 1 Brief-Facs. (X, 467 S.)

— dasselbe in den Jahren 1794 bis 1805, s.: Collection Spemann.

—— zwischen Schiller u. Wilh. v. Humboldt. Mit e. Vorerinnerung üb. Schiller u. d. Gang sein. Geistesentwickelung, v. W. v. Humboldt. 8. (30¾ B.) Stuttgart 830, Cotta.

—— zwischen Schiller und W. v. Humboldt. 2. verm. Ausg. gr. 8. (IV, 339 S.) Ebendas. 876. * ℳ 5.; geb. *

— zwischen Schiller u. Körner, } s.: Bibliothek, Cotta-
— zwischen Schiller u. Lotte, } sche, d. Weltlitteratur.

—— zwischen Schiller und Lotte, s. Volksbibliothek, deutsche.

— zwischen Schiller u. Lotte. 1788—1805. Hrsg. u. erläutert v. Wilh. Fielitz. (5. Aufl.) 3 Bde. (300, 266 u. 205 S. m. 1 Bildnis.) kl. 8. Stuttgart (905). J. G. Cotta Nachf. Geb. in Leinw. à n. 1. —; in 1 Leinw.-Bd. n. 3. —

Briefwechsel von Ludwig Schlaefli mit Arthur Cayley. Mit dem Facsimile eines Briefes von A. Cayley. Herausgegeben von J. H. Graf. Festgabe der Universität Bern für das 50jährige Jubiläum des eidgenössischen Polytechnikums in Zürich 1855–1905. Bern 1905. 42 S. 8°.
Bern. Univ.-Schr. 1904/1905.

Briefwechsel. – A. L. Schlözers Br. meist hist. u. pol. Inhalts, s. Schlözer, August Ludwig

— d. Ministers u. Burggrafen v. Marienburg Theodor v. Schön m. G. H. Pertz u. J. G. Droysen. Mit Anlagen. Hrsg. v. Frz. Rühl. (Publication d. Vereins f. d. Geschichte v. Ost- u. Westpreussen.) gr. 8. (XXVII, 252 S.) Leipzig 896. Duncker & Humblot. n. 5. 40

—— zwischen Arthur Schopenhauer und Joh. August Becker. Hrsg. von Joh. Karl Becker. gr. 8. (X, 161 S.) Leipzig 883, Brockhaus. *

— einiger Schullehrer, s. B. C. L. Natorp.

— ein, zweier altösterreichischer Schulmänner [K. Enk v. der Burg u. W. Heinzel]. Hrsg. v. L. u. R. Heinzel. gr. 8. (133 S.) Wien u. Prag 887. Tempsky. — Leipzig, Freytag. n. 3. —

Briefwechsel zweyer Schulmeister über ein schön Gedicht.... Frankfurt und Leipzig 1794. V: *Ploucquet, Wilhelm Gottfried.* (MGT) »1795« (Ky)

Briefwechsel zweier Schulmeister üb. e. schönes Gedicht, (v. W. G. Ploucquet). 8. Frankf. u. Leipz. 795. (v. Cotta in Stuttg.) 6 ℛ

—— zwischen Moritz v. Schwind u. Eduard Mörike. Mitgeteilt v. J. Baechtold. gr. 8. (108 S. m. Illustr.) Lpz. 890, Verlag des litterar. Jahresberichts (A. Seemann). ⁜ 2 —; geb. ⁜ 2 80

Briefwechsel der Herzogin Sophie von Hannover mit ihrem Bruder, dem Kurfürsten Karl Ludwig von der Pfalz, und des Letzteren mit seiner Schwägerin, der Pfalzgräfin Anna. Hrgg. v. Eduard Bodemann. Leipzig. 1885. = Publicationen aus den K. Preussischen Staatsarchiven. Bd. 26. 8°.

—— der, des Spinoza, im Urtexte hrsg. und mit einer Einleitung über dessen Leben, Schriften und Lehre versehen von Hugo Ginsberg. Angehängt ist: La vie de B. de Spinosa par Jean Colerus. gr. 8. (IV, 89, 252 S.) Leipzig 876, Koschny. *

! — Der, d. Spinoza. Jetzt: Lpzg, F Meiner. 2 — 76/80

Aus Philipp Albert Stapfer's Briefwechsel, hrsg. von *R. Luginbühl.* 2 Bde. Gr. in-8°. CXLII, 401 u. 523 S. Basel, Adolf Geering (Felix Schneider's Enkel). 1891 25 —
⁂ Quellen zur Schweizer Geschichte. Hrsg. von der Allgem. Geschichtforsch. Gesellschaft der Schweiz. 11. u. 12. Band.

— der, zw. Jakob Steiner u. Ludwig Schläfli. Hrsg. v. J. H. Graf. Festgabe d. Bern. naturforsch. Gesellschaft a. d. Zürcher. naturforsch. Gesellschaft anlässlich d. Feier d. 150jähr. Bestehens der Letzteren. Aug. 1896. [Aus: „Mitteilgn. d. naturforsch. Gesellsch. in Bern".] gr. 8. (208 S.) Bern 896. K. J. Wyss. n. 2. 60

— zwischen Joh. Rud. Steinmüller u. Hans Konr. Escher v. der Lint, s.: Mitteilungen zur vaterländischen Geschichte.

— zweier Studiosen, bei d. Rothsisch. Religionsveränderung. 8. Frankf. 757. Eckebrecht. 6 gl

Briefwechsel, Theoduls. . . . Frankfurt a. M. 1828. V: *Denneville.* H: *Stark, Johann August von.* (Ky) (Th)

— theolog., e. Laien, über d. Versöhnung unsres Planeten mit Gott. 8. Leipz. 782. Weygand. 6 gl

Briefwechsel zur . . . Unterhaltung, s. Briefwechsel, Kleiner, . . .

Briefwechsel. Aus dem B' Vadian's. St. Gallen 1886 s. (A[rbenz], E[mil]).

— zwischen Varnhagen v. Ense u. Oelsner nebst Briefen von Rahel. Herausg. von Ludmilla Assing. 3 Bde. Stuttgart 865. Kröner. gr. 8. (XXIV, 1260 S.) n. 9 thlr 14 ngr

—— zwischen Varnhagen und Rahel. Aus dem Nachlaß Varnhagen's v. Ense. 6 Bde. gr. 8. (XIII, 336; 309; 377; 347; 346; 394 S.) Leipzig 874,75, Brockhaus. à Bd. **M.* 6. * geb. à Bd. **M.* 7. *

— zwischen e. Vater u. e. Sohne auf d. Academie, (v. Jh. Mt. Miller). 2 Thle. 8. Ulm 785. Wohler. 1 thlr 8 gl

Briefwechsel, Verbotener, oder Theodor Franquois' Denkwürdigkeiten von ihm selbst aufgesetzt. Deutschland 1796. V: *Laukhard, Fch. Chn.* (Hdschr. Mitth. von Josef Grünfeld, Wien.)

— verbotener, od. Th. Franquoir's Denkwürdigkt.; aus d. Französ. 3 Thle. 8. Jena 796. Akadem. B. 2 thlr

—— u. mündl. Verkehr zw. Goethe u. d. Rathe Grüner. 8. (248) Lpzg 53. (Hamb., Haendcke u. L.) n. 1. 10

—— und mündlicher Verkehr zwischen Goethe und dem Rathe Grüner. 8. (VIII und 248 S.) Leipzig 853, G. Mayer. *

— d. verliebte. Lustsp. nach d. Franz. v. Huber. 8. Leipz. Schmidt. 797.

Briefwechsel, der verliebte, Lustspiel in 5 Aufz. nach dem Franz. von L. F. Huber. Neue Ausg. 8. Frankf. a. M., Sauerländer. 819.

Briefwechsel, vertraulicher, des Cardinals *Otto Truchsess von Waldburg*, Bischofes von Augsburg, mit *Albrecht V.*, Herzog von Bayern. 1568—73. Ein Beitrag z. Geschichte u. Biographie der beiden Fürsten u. zur Geschichte ihrer Zeit. Mitgeth. von Dr. *Friedr. Wimmer.* (S.-A. aus d. „Beiträgen z. Gesch. d. Bisthums Augsb." von *Steichele*, (Bd. II, Heft 1). Augsburg, 1851. Gedr. in der K. Kollmann'schen Buchdr. 8°. Ppb.
1 Bl. u. 134 S. — Otto Truchsess v. Waldburg, geb. 26. Febr. 1514, Bischof 10. Mai 1543, 1544 Cardinal, † zu Rom am 2. Apr. 1573.

Vertrauter Briefwechsel zweyer guten Freunde vom Wesen der Seelen. Sammt eines Anonymi lustiger Vorrede. 94 S. Nagg. 1713. 1721. 16°.

Brief-Wechsel, Zweyer Guten vertrauter, vom Wesen der Seelen. . . . Haag [Jena] 1713. V: *Bucher.* (Nachrichten von Büchern in der Thomasischen Bibliothek im 21. St. p. 776.) (Zeitschr. f. Bücherfreunde. XII. Jg., Beibl. S. 8—9.)

Briefwechsel, Zweyer guter Freunde vertrauter, vom Wesen der Seele. Haag [Jena] 1713. N. A. 1723. 1729. V: *Westphal, J. C. & Joh. Georg Hocheisen.* (wr)

Briefwechsel, Vertrauter, zweener Mitglieder der Königlichen Deutschen Gesellschaft bey Gelegenheit einer Hochzeitfeyer 1749. – fol.

— vertrauter, zweier Volksschullehrer, n. zwei Lectionsplanen rc. 8. Leipz. 811. Bruder. 12 gl

Vertrauter Briefwechsel über den Vorzug des Apostels Petrus in der Kirche zwischen einem evangelischen Lutheraner u. einem Katholiken, veranlaßt durch ein Gespräch über den Primat des hl. Petrus. Augsburg, Kollmann, 1844, 8°, 60 S.

— — zwischen einem Lutheraner u. e. Katholiken über den Vorzug des Apostels Petrus in der Kirche. 8. Augsburg 1845, Kollmann. 5 Ngr. — 15 kr.
Cf. Scheuren Petrus, Stolberg rc.

— vertrauter, üb. den Vorzug d. Apostels Petrus in der Kirche, zwischen e. evangel. Lutheraner u. e. Katholiken, veranlaßt durch ein Gespräch üb. den Primat des h. Petrus. 2. (Titel-) Ausg. 8. (60 S.) Münster 850, Coppenrath in Comm. 4½ ngr

—— zwischen Heinr. Voß u. Jean Paul. Hrsg. v. Abraham Voß. Mit H. Voß's Bildn. gr. 12. (6⅓ B.) Heidelberg 833, Winter.

— zwischen Wagner u. Liszt. 2 Bde. gr. 8. (298 u. 328 S.) Leipzig 887. Breitkopf & Härtel. n. 12. —; geb. n. 14. 50

— des Berner Kunstfreundes Sigm. v. Wagner m. David Hess, s.: Neujahrsblatt der Künstlergesellschaft in Zürich.

— zwischen Carl v. Winterfeld u. Eduard Krüger. N. d. Originalen mitget. u. m. e. Einleitg. vers. v. Arth. Prüfer. M. 3 Bildn. gr. 4. (LVII, 148 S.) Leipzig 898. E. A. Seemann. n. 4. —

Briefwechsel, Vater Wormanns, mit seinen Kindern. Schneeberg [und Dresden] 1793. V: *Zinkernagel, Carl Friedrich Bernhard.* (GGr) (Ky)

— der Frau v. Y.... u. d. Baronesse v. Z....(v. K. F. Kretschmann). 8. Leipz. 772. Weidmann. 4 gl

BRIEFWECHSEL, Zärtlicher, worinnen von Seiten des Liebhabers die größte Treulosigkeit unter dem prächtigen Namen schöner Gesinnung ausgeübet wird. Magdeb. u. Helmst., b. d. Commercienr. Hechtel. 8°.
So im M. M. V. 1767. S. 896.

Briefwechsel, Zuverlässiger, über die merkwürdige Geschichte eines zweyten Josephs in der Person des sächsischen Amerikaners, welcher bisher in Döbeln gewesen ist. Amsterdam 1772. V: *Sillig.* (Bem I, 1, S. 39)

BRIEFWECHSEL, Zuverlässiger, über die Geschichte eines zweiten (keuschen) Josefs. 4 Hefte. Amsterdam (Leipzig, Hilscher) 1772. Aeusserst selten!
Citirt nur Weller, fing. Druckorte.

Briefzeitung, deutsche. Mitteilungen der „Deutschen Brief-Gesellschaft". Red.: Hugo Rösch. 6. Jhrg. Oktbr. 1909—Septbr. 1910. 12 Nrn. (à ca 24 S. mit Abbildgn.) Lex. 8. Stuttgart, K. A. E. Müller. 5. 50

Brieg, s.: Geologische Karten. Schneider. — Kreiskarten.

Brieg. Verkehrskarte, neueste, von Brieg, Bez. Breslau, u. seiner weiteren Umgebung im ungefähren Umkreise v. 2 Postzonen. Zum Gebrauch f. jedermann, besonders f. Militairs, Geschäftsleute, Touristen u. Radfahrer. In 3farb. Druck ausgeführt u. in Kartonumschlag gefalzt. 1 : 600,000. 25,5×33 cm. Farbdr. Brieg (900). C. W. Kroschel. n. — 40

Brieg, Kreis, s.: Kreiskarten.

Brieger, Adolf

Brieger, Adph., Beiträge zur Kritik einiger philosophischer Schriften des Cicero. 4. (24 S.) Posen 873, Jolowicz.

Brieger, A., Bericht über die Litteratur zu Lucretius, die Jahre 1874 bis 1876 umfassend. S.-A. 1877. 44 S. 1.50
-- — die Jahre 1878 und 1879 umfassend. S.-A. 1880. 28 S. 1.20
-- — die Jahre 1890—1895 umfassend. Mit Nachträgen. S.-A. 1896. 86 S. 1.50
-- — die Jahre 1880 und 1881 umfassend. S.-A. 1882. 28 S. 1.20
-- — die Jahre 1882 bis 1884 umfassend. S.-A. 1885. 33 S. 1.50
-- -- die Jahre 1885—1889 umfassend. S.-A. 1890. 29 S. 1.20

Brieger. A., Bericht über die Litteratur zu Lucretius. die Jahre 1890—1895 umfassend. Mit Nachträgen. S.-A. 1896. 86 S. 2.—

Epikur's Brief an Herodot § 68—83 übersetzt und erläutert von Adolf Brieger. 28 S. **Progr.** St. G. *Halle* 1882.

Brieger, Adph., de fontibus librorum XXXIII, XXXIV, XXXV, XXXVI, naturalis historiae Plinianae, quatenus ad artem plasticam pertinent. Dissertatio inauguralis. 8. (IV und 76 S.) Greifswald 857, (Koch's Verlagsbuchh.) *

Ausgewählte Gedichte von Adolf **Brieger**. Großenhain & Leipzig: Baumert & Ronge 1895. (VIII, 197 S.) 8° [F.] [es. 10975 9

Brieger, Adf., ausgew. Gedichte. 2., verm. Aufl. 8. (VII, 218 S.) Großenhain 897. Baumert & Ronge. n. 2. —; geb. n. 3. —

Brieger: Ueber den deutschen Hexameter. 11 S. Progr. Posen Fr. W. 1866.

Brieger, Adph., über den deutschen Hexameter. gr. 4. (12 S.) Posen 866, Jagielski. **

Brieger, Adf., König Humbert in Neapel. Ein Gedicht. 8. (VIII, 89 S.) Leipzig 885. Reissner. n. 1. 50; geb. n. 2. 50

—— Krösus und Adrastus. Ein Gedicht. 32. (III, 69 S.) Posen 870, Jolowicz.

Brieger, Adolf [Dr.]: Epikur's Lehre von der Seele. Grundlinien. Halle a. S., Druck v. E. Karras, 1893; 21 S. 4. Halle a. S., Stadt-G, OP 1893 (238)

Brieger: Lukrez, vom Wesen der Dinge I, 1-369 übersetzt. 14 S. Progr. Posen Fr. W. 1866.

Brieger, Adf., stirb u. werde! Dichtung. 8. (III, 171 S.) Großenhain 891. Baumert & Ronge. n. 2. —; geb. n. 3. —

Brieger, Adolf Die Urbewegung der Atome und die Weltentstehung bei Leucipp und Demokrit. 28 S. St. G. *Halle* 1884. **Progr.**

— **Verirrt u. heimgefunden.** Zwei Novellen in Versen. 8. (86 S.) Leipzig 899. G. H. Meyer. n. 1. 50; geb. n. 2. 50

Brieger, Ad., verirrt u. heimgefunden. 899. Jetzt: Berlin. F. Wunder.

Brieger, Alfr.: Ginevra. Roman. (421) 8° Berl.-Friedenau, Dr. F. Ledermann '11. 6 —; geb. 7.50 d

Brieger, Alfr., armer Yorik! Roman. (242 S.) 8. Berlin 904. E. Fleischel & Co. n. 3. —; geb. n. 4. 50

Brieger, Arthur [aus Kosel (Oberschles.)]: Zur Pathologie und Therapie der Sinusthrombose bei Mittelohreiterungen ... Würzburg, J. M. Richter's Buch- u. Kunstdr., 1892; 42 S. 8. Würzburg, Med. Fak., Inaug.-Diss. v. 1892

Brieger, Carl Friedrich

—— populäre Auslegung des 53. Kapitels des Propheten Jesaias. Zwölf Passions-Betrachtungen. gr. 8. (XII und 123 S.) Berlin 858, W. Schultze. *

— populäre Auslegung der Heiligen Passion. Nach Dr. Bugenhagens Passional. Abdruck aus dessen: „Populärer Auslegung der Sonn- u. Festtagsevangelien." Ebend. 856. gr. 8. (3 Bl., 185 S.) n. 12 ngr

Brieger, Carl Friedr., populäre Auslegung der Sonn- und Festtags-Episteln. Ein Hülfsbuch zunächst für Lehrer und Hausväter zum Halten heilsamer Bibelstunden. Die Episteln der Trinitatiszeit. Dritter Beitrag zu einem tieferen Schriftverständnisse. Berlin 857. W. Schultze. (XVI, 270 S.) 27 ngr

— — Die Episteln der Festzeit. (1. u. 2. Liefg.) Vierter Beitrag zu einem tieferen Schriftverständnisse. Ebend. 858. gr. 8. (S. 1—336.) 1.: 14 ngr; 2.: 18 ngr

Brieger, Carl Frdr., populäre Auslegung der Sonn- und Festtags-Episteln. Ein Hülfsbuch zunächst für Lehrer und Hausväter zum Halten heilsamer Bibelstunden. Die Episteln der Festzeit. (3. Liefg.) Vierter Beitrag zu einem tieferen Schriftverständnisse. Berlin 859. W. Schultze. gr. 8. (VII, S. 337—566.) 22½ ngr

Brieger, Carl Friedr., populäre Auslegung der Sonn- und Festtagsevangelien. Ein Hülfsbuch zunächst für Lehrer und Hausväter zum Halten heilsamer Bibelstunden. Erster Beitrag zu einem tiefern Schriftverständnisse. 1. Lfg. gr. 8. (XV und S. 1—64.) Berlin 856, W. Schultze.

—— populäre Erklärung des Evangeliums St. Marci. Mit einer Einleitung, vorzüglich die Aechtheit der Evangeliensammlung betreffend. Zweiter Beitrag zu einem tiefern Schriftverständnisse. 8. (XXXII und 416 S.) Berlin 856, W. Schultze.

Brieger, C. Fried., Gebete f. christl. Volksschulen. Nebst e. Anh., enth. Gebete f. Kinder z. Auswendiglernen. 8. (8½ B.) Lübeck 834, v. Rohden.

Brieger, Carl Friedr., Gebete f. christl. Volksschulen. Nebst e. Anh., enth. Gebete f. Kinder z. Auswendiglernen. 2., verm. Aufl. 8. (8½ B.) Lübeck 836, v. Rohden'sche Buchh.

—— Gebete für christliche Volksschulen. 3., verb. und mit Gebeten für die Festzeit stark verm. Aufl. 8. (102 S.) Berlin 853, W. Schultze.

Brieger, Carl Friedr., jedes Ding hat zwei Seiten. gr. 12. (1 B.) Stettin 842, Weiß. Thlr.

Brieger, Carl Fr., der Sprech-, Schreib- u. Leseschüler, zum Gebrauch in Volksschulen. Mit 12 lithogr. Vorschriften. gr. 8. Stralsund 836. Löffler'sche Buchh. ¼ rf

—— Winke f. den Gebrauch d. vorsteh. Buchs. gr. 8. (3 B.) Stralsund 837, Löffler'sche Buchh.

Brieger, Carl Friedr., Versuch einer biblisch-sachlichen u. sprachlichen Erklärung d. kleinen luther'schen Katechismus. Zunächst für Lehrer. 8. (VIII u. 96 S.) Greifswald 851. (Berlin, W. Schultze.) n. 6 ngr — 2. (Hft.) Hauptstück II — V. Zunächst für Lehrer. 12. (X S. u. S. 99—312) Berlin 851, W. Schultze. n. 12 ngr (1. u. 2. n. 18 ngr) — 2 Hfte. 2. verb. u. verm. Aufl. 8. 1. Hft. 1. Hauptstück. (X u. 98 S.) 2. Hft. Hauptstück II—V. (223 S.) Ebd. 852. (1: n. 6 ngr 2: n. 5/12 rf) n. 18½ ngr

— Versuch einer biblisch-sachlichen und sprachlichen Erklärung des kleinen Luther'schen Katechismus. Zunächst für Lehrer. 3., verb. und verm. Aufl. 8. (312 S.) Berlin 853, W. Schultze. *

— Versuch einer biblisch-sachlichen und sprachlichen Erklärung des kleinen luther'schen Katechismus. Zunächst für Lehrer. 4., unveränd. Aufl. 8. (812 S.) Berlin 858, W. Schultze. *

Brieger, G., s. Brieger, Johann Georg

Brieger, Henricus (*geb. Beuthen in Oberschles. 22. 10. 1837*): De fracturis corporis ossium antibrachii earumque curatione, adhibito deligatorio compressorio. Vratislaviae(1858). (32S.) 8°
Breslau, Med. Diss. v. 21. Okt. 1858

Brieger, Johann Georg, s. Ackerkatechismus.

Brieger, G., allgem. vollständ. Acker-Katechismus, zum Gebr. angehender Wirthschaftsbediente u. d. gemeinen Landmannes ꝛc. 2 Bde. 3te nach d. neuesten Grundsätzen verb. Aufl.
Auch unt. d. Titel:
Vollständ. Unterricht üb. dem prakt. Ackerbau, f. denkende Landwirthe aus allen Ständen ꝛc. gr. 8. Bresl. W. G. Korn. 812.

Brieger, Johann Georg, s. Anacreon: lyr. Lieder.

Brieger, Johann Georg, s. Beschreib. d. St. Halle.

Brieger, Joh. Georg (Hrsg.), s. Bildungsjournal für Frauenzimmer zur Beförderung des Guten, für beide Geschlechter.

Brieger, Johann Georg, s. Blumenlese, Griech.

Brieger, Johann Georg, s. Daubenton: Unterricht.

Brieger, Johann Georg, s. J. K. C. Löwe: Magazin.

Brieger (Hrsg.), s. Magazin, Neuestes, für Oekonomen und Cameralisten.

Brieger (Hrsg.), s. Magazin, Neuestes, für Ökonomie.

Brieger, Jh. Geo. Oekonomische und kameralistische Schriften. 3 Bde. mit 2 Plänen und Tabell. gr. 8°. Posen 1803—1809 (1. u. 2. Bd. 2. Ausg. 1809). Kühn (Lpz.: Centr.-Cpt.)

Brieger G.: Oeconomisch-cameralistische Schriften. 3 Samml. (2 Vol.). Posen u. Leipz. 1803-09. (478) S. 42 Tab. 2 Kt.

Brieger, Johann Georg: Taschenbuch f. Gutsbesitzer . . ., s.a. Taschenbuch . . .

— Taschenbuch f. Gutsbesitzer u. Pächter, besonders in Schlesien. Jahrg. 1797—99. 8. Bresl., W. G. Korn. 2 ₰ 4 ℊ

Brieger, Johann Georg, s. Tyrtäus u. Kallinus: Kriegslieder.

Brieger, Johann Georg, s. Uebersicht d. landwirthschaftl. Geschäfte.

— tabellarische Uebersicht u. Darstellung aller in jedem Monat vorkommenden landwirthschaftl. Geschäfte, f. Gutsbesitzer, Pächter, Schäfer, Gärtner u. Jäger, m. 6 Tabellen in gr. Fol. Ebend. 813.

Brieger, (G.) tabellarische Uebersicht u. Darstell. aller, in jedem Monate vorkommenden landwirthschaftl. Geschäfte, f. Gutsbesitzer, Pächter, Forstleute, Vögte, Schäfer, Gärtner u. Jäger; brauchbar f. jedes Jahr. 6 Blätter. Zweite verb Aufl. gr. Fol. Breslau 822, W. G. Korn.

Brieger, Johann Georg, s. Virgilius: Bucolica et Georgica.

— d. Wissenswürdigste aus d. prakt. Haus- u. Landwirthschaft. gr. 8. Bresl. 810. W. G. Korn. 2 ₰ 8 ℊ

Brieger, Jul.: Was muss ich v. d. RVO v. J. '11 wissen? (80) 8° Berl., H Steinitz ('12). 1 — d

— Was muss ich v. d. Versichergsgesetz f. Angestellte wissen? (80) 8° Ebd. ('12). 1 — d

Brieger, Ludwig

Die Bedeutung der Wasser- und Massage-Behandlung. Von Prof. Dr. L[udwig] Briegor, Berlin. *Berlin: Vogel & Kreienbrink 1902.* (15 S.) 8° [F.]
= Volksschriften, Hygienische. No 1. [04. 3214

Brieger, Ludwig [aus Glatz in Schlesien]: Beiträge zum Lungenbrand. Strassburg, Buchdruckerei von R. Schultz u. Comp., Berger-Levrault's Nachfolger, 1874. 8. 28 S. **Diss. Strassburg**

Brieger (Hrsg.), s. Centralblatt für klinische Medicin.

— u. Krebs, Grundriß der Hydrotherapie. (IV, 147 S. m. Abbildgn.) 8. Berlin 909. L. Simion Nf. Geb. 8. —

Moderne Hydrotherapie. Von Prof. Dr. L[udwig] Brieger, u. Dr. A[ugust] Laqueur, Assist., Berlin. *Berlin: L. Simion Nf. [1904].* (67 S.) 8°
= Bibliothek, Moderne ärztliche. H. 13/14. [04. 15350

Akute allgemeine **Infektionskrankheiten.** Zoonosen. Konstitutionskrankheiten. Vergiftungen. Bearb. von [Ludwig] Brieger [u. a.]. 2., vollst. umgearb. Aufl. Mit 51 Abb. Stuttgart: F. Enke 1906. (XII, 699 S.) 8°
— **Handbuch** d. prakt. Medizin. Bd 4. [07. 10537 7

— u. Mart. Mayer, Licht als Heilmittel, s.: Bibliothek, moderne ärztliche. 10. Hft.

— s.: Psychiatrie etc.

Brieger, L., über Ptomaine. [1. Thl.] gr. 8. (80 S.) Berlin 885, Hirschwald. *

Physikalische Therapie der Erkrankungen der Muskeln und Gelenke. Bearb. von Prof. Dr. L[udwig] Brieger, Berlin, u. Dr. A[ugust] Laqueur. Stuttgart: F. Enke 1906. (87 S.) 8°
= Therapie, Physikalische, in Einzeldarstellungen. H. 20 [07. 3995

— weitere Untersuchungen über Ptomaine. [2. Thl.] gr. 8. (83 S.) Ebendas. 885. *

Brieger, L., Untersuchgn üb. Ptomaine. 3. Thl. 8. (119) Berl. 86, Hirschwald. *n.* 2. 80 (1—3.: *n.* 6. 40)

Brieger, L., Versuche zur Reinigung des Ricins u. des Diphtherieantitoxins, s.: Festschrift z. 60. Geburtstage v. Robert Koch.

Brieger, L., s.: Zeitschrift f. experim. Pathologie u. Therapie.

— s.: Zeitschrift f. physikalische u. diätetische Therapie.

— s.: Zentralblatt f. die gesamte Therapie.

Brieger, Osk., klin. Beiträge zur Ohrenheilkunde. Mittheilgn. aus d. Abtheilg. f. Ohrenkranke i. Allerheiligen-Hospital z. Breslau. gr. 8. (VIII, 209 S.) Wiesbaden 896. J. F. Bergmann. n. 7. —

Brieger, O., s.: Centralblatt, internationales, für Ohrenheilkunde.

— u. M. Görke, Erkrankungen der Gehörknöchelchen, s.: Neisser, Alb., stereoscop. medicin. Atlas. 38. Lfg.

— die otogenen Erkrankungen d. Hirnhäute, s.: Abhandlungen, Würzburger, a. d. Gesamtgebiet der prakt. Medizin. III. 3.

Brieger, Oskar [prakt. Arzt]: Über das Vorkommen von Pepton im Harn. (Aus d. chem. Laboratorium d. Breslauer med. Klinik.) . . . Breslau, Druck v. Grass, Barth & Comp. (W. Friedrich), 1888; 92 S. + 1 Bl. 8°
Breslau, Med. Fak., Inaug.-Diss. v. 30. Mai 1888

Brieger, O., üb. das Vorkommen v. Pepton im Harn. [Aus dem chem. Laboratorium der Breslauer medizin. Klinik.] Inaug.-Diss. gr. 8. (92 S.) Breslau 888. (Leipzig, Fock.) n. 1. 50

Brieger, O, s: Zentralblatt, Internat., f. Ohrenheilkde.

Brieger, Rud., s: Albertl, Des Leutn.Wilh. Kriegsbriefe a. d. Befreigskriegen.

Brieger, Rudolf: Die Herrschaft Rappoltstein. Ihre Entstehung und Entwickelung. Gotha 1906: F. A. Perthes. (78 S.) 8° ¶(= Beiträge zur Landes- und Volkskunde von Elsass-Lothringen H. 3.)

Leipzig, Phil. Fak., Ref. Seeliger-Lamprecht, Diss. v. 21. Dez. 1906

[Geb. 22. März 79 Marburg (Hessen); Wohnort: Leipzig; Staatsangeh.: Sachsen; Vorbildung: Thomassch. Leipzig Reife O. 01; Studium: Marburg 1, Berlin 2, Leipzig 7 S.; Rig. 2. Aug. 06.]

Brieger, Rudolf. Die Herrschaft Rappoltstein. Ihre Entstehung und Entwickelung. 78 S. 8. Strassburg, J. H. Ed. Heitz, 1907. (M. 2.—)

(Beiträge zur Landes- und Volkskunde von Elsass-Lothringen. Band 7, Heft 31.)

Brieger, Theodor

— die Torgauer Artikel. Ein Beitrag zur Entstehungsgeschichte der Augsburg. Confession. [Aus: „Kirchengeschichtl. Studien".] 8. (56 S.) Leipzig 890. Hinrichs' Verl. n. 1. —

—— dass., s.: Studien, kirchengeschichtl.

Brieger, Thdr., s.: Beiträge z. sächsischen Kirchengeschichte.

— s.: Beiträge z. Reformationsgeschichte.

Brieger, Theodor (Hrsg.), s. Blätter zur sächsischen Kirchengeschichte.

Brieger, Thdr., Gasparo Contarini und das Regensburger Concordienwerk des J. 1541. Aus den Quellen dargestellt. gr. 8. (VII, 77 S.) Gotha 870, F. A. Perthes.

— die fortschreitende Entfremdung v. der Kirche im Lichte der Geschichte. Akademische Rede. 1. u. 2. Aufl. gr. 8. (28 S.) Leipzig 894. J. C. Hinrichs' Verl. n. — 50

Brieger, Theod[or], D., d. Z. Dekan: Zwei bisher unbekannte Entwürfe des Wormser Ediktes gegen Luther. Leipzig (1910): Edelmann. 42 S. 8° [Nachträglich geliefert.]

Leipzig, Progr. z. Gedächtnisfeier f. C. Fr. Kregel von Sternbach am 18. Juli 1910 [U 11. 3362

Brieger, Theodor, D.: Zur Geschichte des Augsburger Reichstages von 1530. *Leipzig 1903: A. Edelmann.* (59 S.) 4°

Leipzig, Progr. zum Reformationsfeste u. Rektoratswechsel 1903

— der Glaube Luthers in seiner Freiheit v. menschlichen Autoritäten. Rede, geh. bei dem Antritt d. Rectorates der Universität Leipzig am 31. Octbr. 1892. Lex.-8. (24 S.) Leipzig 892. A. Edelmann. n. — 80

—— die angebliche Marburger Kirchenordnung von 1527 und Luther's erster katechetischer Unterricht vom Abendmahl. Eine krit. Untersuchung. gr. 8. (62 S.) Ebendas. 881.

Aus: Zeitschrift für Kirchengeschichte, besonders abgedruckt.

Brieger, Thdr., Constantin der Grosse als Religionspolitiker. Kirchengeschichtlicher Essay. gr. 8. (48 S.) Gotha 880, F. A. Perthes.

—— Luther und sein Werk. Festrede, bei der Luther-Feier der Universität Marburg am 10. Novbr. 1883 in der luther. Pfarrkirche gehalten. gr. 8. (24 S.) Marburg 883, Elwert'sche Verlagsb.

Brieger, Theodor: Neue Mittheilungen üb. Luther in Worms. Marburg 1883. 4°

Brieger, Theodorus, Dr. Phil.: De Formulae Concordiae Ratisbonensis origine atque indole. Halis Saxonum (1870): Hendel. 62 S. 8°

Halle-Wittenberg, Theol. Hab.-Schr. v. 3. Dez. 1870

Geb. Greifswald 4. 6. 1842. V.

Im Buchhandel Halle: Reichardt 1870.

Zur Feier des Reformationsfestes und des Übergangs des Rectorats auf Dr. Karl Binding ladet hiermit ein der Rector der Universität Dr. Wilhelm Wundt durch den designierten Decan der theol. Facultät D. Theodor **Brieger.** — Die theologischen Promotionen auf der Universität Leipzig 1428—1539. Leipzig, Druck v. A. Edelmann, Univ.-Buchdr., 1890; XII. 79 S. 4°

—— Quellen und Forschungen zur Geschichte der Reformation. 1. Bd. A. u. d. T.: Aleander und Luther 1521. Die vervollständigten Aleander-Depeschen, nebst Untersuchungen über den Wormser Reichstag. 1. Abtl. gr. 8. (XVI, 315 S.) Gotha 884, F. A. Perthes.

Brieger, Theodor, D.: Der Speierer Reichstag von 1526 und die religiöse Frage der Zeit. Leipzig 1909: Edelmann. 79 S. 4°

Leipzig, Progr. z. Reformationsfeste u. Rektoratswechsel 1909

Brieger, Theodor: Das Wesen des Ablasses am Ausgange des Mittelalters, untersucht mit Rücksicht auf Luthers Thesen. *Leipzig 1897: A. Edelmann.* (88 S.) 4°

Leipzig, Progr. z. Reformationsfeste u. Rektoratswechsel 1897

Brieger, Theodor (Hrsg.), s. Zeitschrift für Kirchengeschichte.

Brieger-Wasservogel, Loth., s.: Aus der Gedankenwelt grosser Geister.

Reinhold Begas von Lothar **Brieger**-Wasservogel. Charlottenburg: Virgil-Verl. [1908]. (23 S.) 8°

= **Persönlichkeiten.** Illustr. Essays. H. 20. [08. 11918

— die Darstellung der Frau in der mod. Kunst, s.: Frau, die.

Emmy Destinn. Maria Labia. (Verf.: Lothar **Brieger**-Wasservogel. Charlottenburg: Virgil-Verl. [1908].) (32 S.) 8°

= **Persönlichkeiten.** H. 9. [08. 6524

Brieger-Wasservogel, Loth., s: Durch ganz Deutschld, Aus stillen Städten d. Mark Brandenburg.

— Der bunte Garten. Ein Rundgang durch d. bild. Kunst uns. Zeit. (100 m. Abb.) 8° Berl. ('10): Berl.-Wilmersd., O Beckmann. 1 —

— Der bunte Garten. Ein Rundgang durch die bild. Kunst unserer Zeit. (Umschlagzeichng. v. Osc. Schulz.) (100 S. m. 58 Abbildgn.) 8. Berlin (910). Internat. Verlagsanstalt f. Kunst u. Literatur. 1. —

— Gesellsch. u. gesellschaftl. Verkehr, s: Kultur-Breviere.

— Francisco de Goya. Mit 55 Orig.-Reproduktionen u. 1 Gravure. (60) 31,5×25,5 cm. Berl., Marquardt & Co. ('12). 1.80; geb. 2.80

— dass., s: Beckmann's Kunstbb.

— Grundzüge der Physiologie. (VIII, 176 S. m. Abb.) 8. Eßlingen (908). J. F. Schreiber. 2. 80

— Hellas, s.: Aus der Gedankenwelt großer Geister.

Joachim-Gedenkbüchlein von Lothar **Brieger**-Wasservogel. Dresden: W. Baumfelder [1907]. (40 S.) 8° [F.] [07. 14335

— Joachim-Gedenkbüchlein. (40 S. m. 2 Bildnissen.) kl. 8. Dresden (907). (Berlin, Nagel & Durfthoff.) — 75

Brieger-Wasservogel, Lothar (Hrsg.), s. Klassiker der Naturwissenschaften.

Brieger-Wasservogel, Loth., Max Klinger, s.: Männer der Zeit. 12. Bd.

— s.: Lawn-Tennis-Jahrbuch, deutsches.

— Die Liebe als Kunstwerk. Ein moderner Dialog im Sinne Platos. (24 S.) 8. Leipzig (907). M. Spohr. — 60

— der Fall Liebermann. Über das Virtuosentum in der bild. Kunst. (61 S.) 8. Stuttgart 906. Strecker & Schröder. n. 1. —

— deutsche Maler, s.: Ueber Kunst der Neuzeit. 10. Hft.

— Menschen, d. anders sind, s.: Kürschner's Bücherschatz 633.

Plato und Aristoteles von Lothar Brieger-Wasservogel. Leipzig: Th. Thomas (1905). (184 S.) 8°
= Klassiker d. Naturwissenschaften. Bd 5. [05. 1190

René Richter. Die Entwicklung e. modernen Juden. Berliner Roman in 3 Büchern von Lothar Brieger-Wasservogel. Berlin: R. Schröder 1906. (379 S.) 8° [F.] [07. 1361

— Auguste Rodin, s.: Uber Kunst der Neuzeit. 9.

— Verkehr m. Frauen, s: Kultur-Breviere.

Briegleb

BLUMENLESE, Neue, zum Nutzen und Vergnügen (verfaßt von *Briegleb*). Koburg 1801.
Anon.-Lex. I. p. 250 (nach Kayser).

Briegleb, A., über d. Nothwendigkeit d. Geschichtsunterrichts in gelehrten Bildungsanstalten u. über d. Methodik desselben. 8. Eisenach 819. Bärecke. 3 gr.

Briegleb, A., über die Nothwendigkeit des Geschichtsunterrichts in gelehrten Bildungsanstalten und über die Methodik desselben. Eisenach 820. 8. 3 gr.

Briegleb, Elard, links am Rhei' iß gut sei'. Neue mundartl. Gedichte aus der hess. Pfalz. (II. Folge der pfälzer Gedichte.) 8. (IV, 105 S.) Gießen 899. E. Roth. n. 1. —; geb. n. 1. 50

— Wei'schbeier-Lieder. Anh. zu Links am Rhei' iß gut sei! Mundartliche Gedichte aus der hess. Pfalz. 8. (12 S.) Ebd. 899. n. — 20

Briegleb, Elard, Vivat d. Vogelsberg! Gedichte. 8. (VIII, 76 S. m. Zierstücken u. Bildn.) Gießen 896. E. Roth. n. — 60

Briegleb, Elard, wie's klingt am Rhei'. Mundartliche Gedichte aus der hess. Pfalz. 8. (IV, 112 S.) Gießen 886. Roth. n. 1. —; geb. n.n. 1. 75

Briegleb. Eugen [aus Magdeburg]: Über die Frage der infektiösen Natur der acuten Poliomyelitis. . . . Jena, Druck v. G. Neuenhahn, 1890: 21 S. 8°
Jena, Med. Fak., Inaug.-Diss. v. [14. Mai] 1890

Briegleb: Zur Kritik des Antiphon. 16 S.
Progr. Anclam 1861.

Briegleb, zur Kritik des Antiphon. Anclam 861. (Dietze.) gr. 4. (16 S.) n. 6 ngr.

Briegleb, z. Kritik d. Antiphon. 4. (16) Ancl. 61, (Poettcke.) n. — 6

Briegleb, Eugen: Aus d. Lehrplan d. Griech.: Ueb. Stellung u. Methode d. griech. Unterrichts. Progr. 1875. 16 S. 4°.

Briegleb, *Eugen* [Dir. Dr.]: Zur griechischen Lektüre, besonders in Prima. Magdeburg, kgl. Hofbuchdr. v. C. Friese, 1893; 1 Bl., 31 S. 4.
Magdeburg, k. Dom-G. OP 1893 (240)

Briegleb, Fr. Edw., s. 1) Predigten, 8, v. d. Geiste uns. Zeit. 2) Versuch e. geograph. Darstell. d. Königr. Westphalen.

Briegleb, Friedr., über die Affinitäten des freien Stickstoffs und im besondern über Stickstoffmagnesiums. Inaugural-Dissertation. gr. 8. (43 S.) Göttingen 862, (Deuerlich'sche Buchh.) *

Briegleb, H., über die Einwirkung des phosphorsauren Natrons auf Flussspath in der Glühhitze. Inaug.-Dissert. Göttingen 855. (Vandenhoeck u. Ruprecht.) gr. 8. (1 Bl., 30 S.) n. 6 ngr.

Briegleb, Hans Karl Bernh., vermischte Abhandlungen. 1. Bdchn. Erlangen 868. Enke. gr. 8. (VII, 168 S.) n. 26 ngr.

Briegleb, Hans Carl Bernh., Amsterdam. Deutschland! schau' um Dich! und schau' in Dich! Reiseeindrücke eines heidnischen Gelehrten. Der deutschen Nation gewidmet. gr. 8. (XI und 556 S.) Leipzig 867, (O. Wigand.) *

Briegleb, Hans Karl, Einleitung in die Theorie der summarischen Processe. Leipzig 859. B. Tauchnitz. gr. 8. (XVIII, 541 S.) 2 $\mathit{ß}$ 22½ ngr.

— s. Faxioli, Joannis, et Bartoli de Saxoferrato de summaria cognitione commentarii.

Briegleb, Hans Karl Bernh., gebrochne Fürstenherzen. Zwei Novellen aus dem Süden. Leipzig 868. Leiner. 8. (187 S.) n. 20 ngr.

—— Land und Leute im himmlischen Reich. Für Volk und Jugend mit besond. Berücksichtigung von Gottes Wort. 8. (VIII und 132 S.) Leipzig 868, Leiner. *-

Briegleb, H(ans) C(arl), Rechtsfälle zum akadem. Gebrauch s. Rechtsfälle.

Briegleb, Hans Karl, summatim cognoscere quid et quale fuerit apud Romanos. Disputatio. 8maj. Erlang. 843, Blaesing. n. ⅙ ß

Briegleb, Hans Karl, üb. exekutor. Urkunden u. Exekutiv-Prozeß. 2 Thle. — A. u. d. T.: Geschichte d. Exekutiv-Prozesses. — Chrestomathie v. Belegstellen z. Geschichte d. Exekutiv-Prozesses. gr. 8. (50¾ B.) Nürnberg 839, Recknagel. *

—- über executorische Urkunden u. Executiv-Prozeß. 2 Thle. 2. Aufl. A. u. d. T.: Geschichte d. Executiv-Prozesses. — Chrestomathie von Belegstellen zur Geschichte d. Executiv-Prozesses. gr. 8. (37½ B.) Stuttgart 845, S. G. Liesching's Verl. *

Briegleb. Hermannus [Pfeddershemiensis]: De comparationibus translationibusque ex agricolarum pastorumque rebus ab Aeschylo et Euripide desumptis . . . . Gissae, typ. Guilelmi Keller, 1888; 78 S. 8°
Giessen, Phil. Fak., Inaug.-Diss. v. 1888

Briegleb, Johann August (Coburg), Commentatio de momentis moralibus religionum Graecarum et Romanarum. Götting. (J. Ch. Dieterich) 4. VI. 1799. 48 S. (4.80) 4086

— — Epistola ad societatem privatam Gottingensem studiis humanioribus addictam missa quâ Horatii libri primi epistola sexta explic. Coburg u. Lpz. (I. C. D. Sinner) 1805. 24 S. (1.—) 4087

Briegleb, Jh. Aug., s. Er. Gottschalk.

— Schule d. Weisheit, nach Epiktet. 8. Kob. 805. Sinner. 12 gr.

Briegleb, Johann Christian

Briegleb, Jh. Chr., († d. 23. Juni 1805.) Apologie d. Schrift: Grundsätze v. d. menschl. Seele. 4. Kob. 788.

— Betrachtt. über d. histor. Enthusiasmus. 8. Altenb. 771. (Hennings in Neisse).

— Über den Charakter des Heautontimorumenos. Cob. 779. 4.

— Einleit. in d. philosoph. Wissenschaften. 8. Kob. 789. (Riemann). 12 gr.

J. Ch. Briegleb's Einleit. in d. philos. Wissenschaft, nebst Abriss d. Gesch. ders. u. Verzeichn. der vornehmst. philos. Schriften. *Cob.*, Ahl. 790. 8° 12 gr.

Briegleb, J. C., vom histor. Enthusiasmus. 8. Altenburg, (Academ, Buchhandl. in Jena.) 768.

— vom histor. Enthusiasmns. 8. Altenb. 768. (Hennings in Neisse). 5 gr

— — Einladungsschrift z. d. Anhörung e. Rede m. welch. e. Studiosus Publ. . ., Joh. Heinr. Gottlieb Heusinger aus Römhild d. h. Weihnachtsfest feiern wird. Coburg, 25. XII. 1784. 8 Seiten. (3.—) 4101
Entwurf e. Geschichte d. Casimirianischen Gymnasiums.

— Entwurf e. Gesch. d. Gymnasiums Casimiriani zu Koburg. 31 Stcke. 8. Kob. 784—95. (Riemann). 16 gr

— Epistola ad Klotzium. 762.

— epistola de vita, moribus atque studiis C. F. Baumeisteri. 8. Götting. 766.

Briegleb, J. C., Geschichte des Gymnasii Casimiriani zu Coburg. Coburg 793. 8. Ahl

— Grundsätze d. Logik, 8. Altenb. 774. 2e A. 776. 3e A. 785. 4e A. 791. (Riemann in Kob.) 4 gr

— Grundsf. d. Logik. 8. Cobg. Ahl. 791.

— philosoph. Grundsätze von d. menschl. Seele, von Gott u. unsern Pflichten. 8. Altenb. 778. N. A. 788. 3e verb. Aufl. 8. Kob. 800. (Riemann). 16 gr (Auch u. d. T.: Grundsätze d. Psychologie.)

— Grundsätze von d. philosoph. Rechtsgelehrsamkeit. 8. Kob. 788. (Riemann). 4 gr

— Jo. Christian, Gymnasium Casimirianum contra anonymum quemdam defendit (I). Orat. in memor. Jo. Aug. Stempel. Coburg (Ahl) 22. IX. 1770. 8 S. (2.50) 4088
Jo. Imman. Anschütz (Widdersbach/Hennebg.).

— — Dasselbe. II. Orat. Christian Carl Werner (Roemhild) memoriae Wolfgang Heinrich Hofmann. Coburg (Ahl) 28. IX. 1770. 4 Bl. (1.—) 4089

Brieglebii, J. C., Progr. novem de lectione Terentii, philosopho non indigna. Coburg. 769-78. 9 Part. 4.

— — De Terentii lectione philosopho non indigna agit (II.) Orat. memor. Georg Balthasar v. Sand a J. F. G. Buechel (Hohenlohe). Coburg (Ahl) 14. XI. 1770. 2 Bl. (1.—) 4090

— — Gymn. Casim. natalis CLXVII solennia. Coburg (Ahl) 3. VII. 1771. 7 Bl. (1.20) 4091
De Terentii lectione philos. non indigna (III.).

— — Ad orationem solennem. Coburg (Ahl) 8. IX. 1772. 4 Bl. (1.20) 4093
De Terentii lectione philos. non indigna (IV). — J. Ernst Berger (Roemhild).

— — Diem natalem gymnas. Casimir. Coburg (Ahl) 5. VII. 1773. 6 Bl. (1.50) 4094
De Terentii lectione.

— — Orat. sollenn. Coburg (Ahl) 11. XI. 1773. 4 Bl. (1.20) 4095
De Terentii lect. VI. — J. E. Berger (Roemhild).

— — Jo. Aug. Stempelii memoriam pia oratione renov. Erh. Christian Albert Frommann (Grubensis). Coburg (Ahl) 11. XI. 1773. 4 Bl. (1.50) 4096
De Terentii lect. p. VII.

— — Gymnas. Casim. Solennia. Coburg (Ahl) 3. VII. 1775. 6 Bl. (1.50) 4098
De Terentii lectione VIII.

— — Ad. orat. sol. Coburg (Ahl) 28. VIII. 1778. 4 Bl. (1.20) 4100
De Terentii lect. VIIII. — Joh. Friedr. Nenninger (Waltershausen).

— vitae Happachianae memoria 4. Kob. 783.

— — Orationes sol. Coburg (Ahl) 8. IX. 1774. 4 Bl. (1.20) 4097
Observ. ad ill. vet. script. loca pertinentes. —

— — Viri Wolfgang Heinrich Hofmann memoriam orat. recolet Ernst Carl Cramer (Hildburghausen). Coburg (Ahl) Sept. 1776. 4 Bl. (1.50) 4099
Observ. ad ill. veterum scriptorum loca pertinentes (II).

Briegleb, Jo. Chr., Programma ad memoriam W. H. Hofmanni (de Taciti Germaniae c. 15 et 26.) Coburg 1776. 4.

— s. Sallustius, bellum Catilin.

— von dem Unterschied d. Alten u. Neuern. 4. Götting. 767.

— — Ad renov. memor. Jo. Aug. Stempel de republica atque de litt. opt. meriti G. C. Tenner (Salzungen). Coburg (Ahl) 28. VIII. 1772. 12 S. (1.50) 4092
De vero logicae usu p. II.

— — Viro Lorenz Adam Bartenstein annum quinquagesimum muneris scholastici gratul. Coburg (Ahl) 9. X. 1793. 24 S. (4.80) 4102

— Vorles. üb. d. Horaz. 2 Thle. 8. Altb. (Academ. Buchhdl. in Jena.) 770—81. (1r 14 gr., 2r 18 gr.)

— Vorlesungen über d. Horaz. 2 Thle. 8. Altenb. 770—81. (Hennings in Neisse). 1 rthl 8 gr Hbg. Pr. 16 gr

Briegleb, Jh. Val., († d. 22. Mai 1782.) breviarium doctrinae christianae codicis div. testim. confirmatae. 8. Eisenach 767. Wittekind. 5 gr

— dicta classica vet. test. in breviario doctrinae christ. 8. Eisenach 770. Wittekind. 7 gr

— — Philippi Melanchthonis in litteras merita. Natalitia principis Ernst August Constantin. Eisenach (G. A. Meyer) 4. VI. 1758. 12 Seiten. (2.—) 4104

— **Johann Valentin,** De providentiae divinae cum scholis nexu diss. et ad solemnia diei natalis principis Ernst August Constantin red. in ill. gymnas. Isenacensis ill S. R. I. comitem de Bünau. Eisenach (Krug) 1751. 6 Bl. m. Abb. d. Schule. (3.—) 4103
Joh. Gottl. Crell (Creuzburg), Heinr. Andr. Rudlof (Eisenach), Levin v. Geusau, Ernst Ludw. v. Schlotheim.

Briegleb, Jh. Val., syntaxis gerundior., supin. et particip durch bibl. Exempel erläutert. 8. Eisenach 771. Wittekind. 3 gr

Alkohol und Unfall. Referat ... auf d. 1. Internat. Kongreß f. Rettungswesen 1908. Von Dr. Karl **Briegleb**, Arzt. (Hamburg 1908: Gebr. Lüdeking.) (8 S.) 8° [Kopft. F.] 08. 15301 8

Briegleb, Karl, über Schleich's Infiltrations-Anästhesie. [Aus: „D. Kinder-Arzt".] gr. 8. (8 S.) Leipzig (897). Verlag d. Reichs-Medicinal-Anzeigers, B. Konegen. n. 1. —

Briegleb, Karl Aug., († 181..), s. David, d. Königs, Gesänge.

Briegleb, L. C. A., Parallele Zusammenstellung d. Homerischen Griechen u. d. alten v. Tacitus geschilderten Deutschen. Pr. 1826. 19 S. 4°. 1.50

Briegleb, M: Die vegetar. Küche. Fleischersatz f. 365 Tage in Küchenzetteln u. Kochrezepten. 1—9. Taus. (4, 128) 8° Lpzg, W Vobach & Co. ('10'12). L 1.50 d

Briegleb, Moritz, vom sogenannten Recusationsrecht nach der sachsen-coburg. Verfassung. Eine staatsrechtl. Abhandl. gr. 8. (4⅛ B.) Leipzig 844, Gebhardt u. Reisland. *

Briegleb, Mor., Zusammenstellung von Material zur Beurtheilung des Streites um das Hausallodium im Herzogth Gotha und die dafür bedungene Allodialrente. gr. 8. (128 S.) Gotha 853, (Thienemann.) Thlr. *

Briegleb, N. D., de Tertio, scriba epistolae Pauli ad Romanos. Ien. 1751. 4.

Briegleb, O., das Nürnberger städtische Getraid-Magazin u. dessen Wirksamkeit von der Gründung im J. 1819 bis auf die neueste Zeit, dann Plan zur Gründung neuer Magazine. gr. 8. (34 S.) Nürnberg 852, Riegel & Wießner. 1/6 ℛ

Briegleb, O, d. Nürnberger städt. Getraid-Magazin u. dess. Wirks. 8. (34) Nürnb. 52, Sichling. (?) — 5

Briegleb, Otto: Wider d. Sprachverderbn. Beitrag z. Wahrg d. Standes d. deut. Sprache. Mit e. Wortverz. (128) gr8° Borsd., A Hasert & Co. '11. 2.50 d

Briegleb, Wilh.: De Rothaus-Reformader. Volksstück in rheinhess. Mundart. (81) 8° Darmstadt '12. (Gross-Umstadt, K Zibulski.) — 90; L 1.40 d

Briegleb, Hansen & Co.: Die Knop-Turbinen. Gotha 1893

Briegleb, Hansen & Co.: Preisliste über Sicherheits-Winden. 1888

Briehn, Emil, prakt. Arzt, z. Z. Assistenzarzt d. städt. Krankenanst. Königsberg i. Pr.: Ein metastatisches Carcinom des Corpus ciliare und der Iris nach Brustdrüsenkrebs. *Königsberg i. Pr. 1902: O. Kümmel.* (23 S.) 8°
Königsberg, Med. Diss. v. 8. Juli 1902

Brieke, E, d. wichtigsten Bestimmgn d. Reichsgesetzes v. 22. Juni 1889, betr. d. Invaliditäts- u. Altersversicherg. 3. Taus. 8° (80) Peine, J Grabe. — 25

Brieke, E., die wichtigsten Bestimmungen d. Reichsgesetzes vom 22. Juni 1889, betr. die Invaliditäts- u. Altersversicherung. Zum Gebrauche f. Arbeitgeber u. Versicherte zusammengestellt u. erläutert. 3. Tausend. 8. (80 S.) Peine 891. Kniep. n. — 25

Briel, Albertus [Berolinensis]: De Callistrato et Philonide sive de actionibus Aristophaneis .... Berolini, apud Weidmannos, 1887; 2 Bl. + 70 S. + 1 Bl. 8°.
Berlin, Phil. Fak., Inaug.-Diss. v. 19. Febr. 1887.

Briel, H. L. T., arithmet. Denkübungen, od. Samml. arithmet. Aufgaben u. der. Auflösn. zur Beförder. d. eig. Geistesthätigkeit d. Schülers u. Vorbereit. z. wissenschaftl. Studium d. Mathematik, z. Gebr. in d. obern Classen d. Stadt- u. Landschulen, sowie in d. mittlern Classen d. Gymnas. gr. 8. (19¼ B.) Gießen 831, (Ricker.)

Briel, H. L. T., arithmet. Denkübungen, od. Samml. arithmet. Aufgaben u. deren Auflösungen ꝛc. zum Gebr. in den oberen Classen. der Stadt- u. Landschulen, so wie in den mittleren Classen d. Gymnasien. 2., unveränd. Ausg. gr. 8. (19¾ B.) Darmstadt 844, Papst. *

BRIEL, Philipp (Gangkofen): Gerichtsstand aus persönlichen Verbindlichkeiten.- München: Michaelis 1828. 107 S. Diss. Ingolst.-Landsh.-Münch.
12.12.1827 - Urk (Titel: De foro obligationum.); F 48

Briel, Ph., Gerichtsstand aus persönl. Verbindlichkn. Ein v. d. kgl. b. Ludwig-Max.-Univers. in München als preiswürdig erkl. Versuch. 8. (12 B.) München 828, (Jaquet.)

[F.] **v. d. Briele,** *Constantin* [Dir. Dr.]: Die Dramen Ernst von Wildenbruchs. Beiträge z. Würdigung derselben. (Th. I.) Halberstadt, Druck v. C. Doelle & Sohn, *1890;* S. 3–9; 4°
Halberstadt, st. HT, OP 1890 **

[F.] **v. d. Briele,** *Constantin* [Dir. Dr.]: Kulturgeschichtliches aus dem deutschen Frauenleben in vorchristlicher Zeit. (Vortrag, geh. ... am 23. Febr. 1891.) Halberstadt, Druck v. C. Doelle & Sohn, *1891;* S. 3–15; 4°
Halberstadt, st. HT, OP 1891 **

Briele, Constantinus van der: De ratione, quae intercedit inter Fichtii de Deo doctrinam atque Kantianam. Halis Saxonum 1879: Ploetz. 40 S. 8°
Halle-Wittenberg, Phil. Diss. v. [8. Sept.] 1879
Geb. Koswig (Anhalt) 16. 1. 1855. V.
Zugleich gekrönte Krugsche Preisarbeit v. 1879.

[F. u. Ant.] **van der Briele,** *Constantin* [Dir. Dr.]: Aus der Antrittsrede des Direktors. „Wo haben wir die wichtigsten Faktoren für Unterricht und Erziehung auf der höheren Mädchenschule zu suchen?" Halberstadt, Druck v. C. Doelle & Sohn, *1889;* S. 3–9; 4°
Halberstadt, st. HT, OP 1889 **

Briele, Georg van der, Arzt aus Magdeburg: Ein Fall von Myositis ossificans traumatica. *Leipzig 1901: B. Georgi.* (26 S.) 8°
Leipzig, Med. Diss. v. (4. Juli) 1901

Briem, Eirik, Rechentabelle zum Gebrauch bei Multiplikation u. Division. gr. 8. (IV, 99 S.) Kristiania 901. (Leipzig, A. Twietmeyer.) n.n. 8. —

Briem, Hans, Referendar: Die rechtliche Bedeutung der Übergabe eines Sparkassenbuches als Sicherheitsleistung. Greifswald 1910: Abel. 44 S. 8°
Greifswald, Jur. Diss. v. 15. Juli 1910, Ref. Pescatore
(Geb. 31. Okt. 85 Kreuzau; Wohnort: Krefeld; Staatsangeh.: Preußen; Vorbildung: Gymn. Krefeld Reife O. 04; Studium: Marburg 2, Greifswald 2, Bonn 2 S.; Rig. 11. Juni 10.) [U 10. 1507

Briem, Herm., d. prakt. Rübenbau. In zwanglosen Hftn. bespr. unt. Berücksichtg. d. neuesten Forschgn. gr. 8. (534 S. m. Abb.) Wien 895. W. Frick. n. 16. —
Auch in 10 Heften à n. 1. 60.

Briem, Herm., die Rübenbrennerei. Dargestellt nach den prakt. Erfahrungen der Neuzeit. 8. (VI, 166 S. mit 14 Abbild. und 1 Situationsplan.) Wien 888, Hartleben. *
geb. *

Briem, H., welche Ansprüche macht die Samenrübe im zweiten Jahre an den Boden, u. hat der Boden, die Düngg. etc. auf die Qualität d. im zweiten Jahre entsteh. Samens Einfluss? (Internationaler land- u. forstwirthschaftl. Congress zu Wien 1890, 44. Hft.) gr. 8. (5 S.) Wien 890. (Frick.) n. — 60

Briem, H: Die Züchtg d. 4 Hauptgetreidearten u. d. Zuckerrübe, s.: Fruwirth, C.

Briem, H: Die Züchtg d. landwirtschaftl. Kulturpflanzen, s: Fruwirth, Ch.

Briem, Hermann, Die Zuckerrübe. Sammlung der wichtigsten Lehrsätze über den Zuckerrübenbau und die Zuckerrübensamenzucht in theoretischer und praktischer Hinsicht. 8. (VI, 220 S.) 1.80
Wien: Hartleben 1889

Briem, Wunnibald (Hrsg.), s. Emmanuel.

Briem, Wunnibald (Hrsg.), s. Immanuel.

Briem, Wunib., aus der Jugendzeit. Kleines leichtes Singspiel f. 2- u. 3stimm. Knabenchor (Sopran u. Alt, Soli u. Chor) m. Begleitg. des Pianoforte, Harmonium ad lib. u. einigen nicht obligaten Kinderinstrumenten u. m. eingefügten Deklamationen. Text v. Theodosius. Komp. v. B. (Textbuch) (14 S.) Regensburg (906). A. Coppenrath's Verl. n. — 20

Briem, Wunibald, die heiligen drei Könige, s.: Berlichingen, Ad. v.

Brien s: O'Brien.

Brienz. Luftkurort = Station climatérique Brienz ⟨Giessbach, Schweibenalp, Axalp⟩. Berner Oberland = Oberland bernois, Schweiz. [Illustrierter Prospekt.] Hrg. vom Verkehrsverein Brienz. II + 24 S. quer-8. (Interlaken, Otto Schlaefli, [1904].)

Brienz-Guttannen, s.: Schweiz. Atlas.

Brienz-Guttannen. [Exkursionskarte. Lithographischer Überdruck der Blätter 392, 393, 396 und 397 des Siegfried-Atlas.] Masstab 1 : 50000. [Hrg. vom] Eidg. topogr. Bureau. Ueberdruck 1902. 500/720 mm. 1 Bl. quer-fol. Bern, H. Kümmerly & Frey. fr. 2. — [aufgezogen fr. 3. —]

Brienzer: Der Brienzer

① Anzeiger der Kirchgemeinde Brienz. Anzeiger der Kirchgemeinde Brienz, des Haslethals und Brienzersee's (ab 1897). Anzeiger der Kirchgemeinde Brienz und der Gemeinde des untern Haslithales und Brienzersees (ab 1915 ?) ⑤ 1. 7. 1896 (cont.) ⑥ 2° ⑦ Bern: E. Hoffmann (Nr. 1, 1896); Brienz: Buchdruckerei Brienz (J. Bauer, später F. Goßweiler-Thöni), Buchdruckerei Goßweiler ⑨ Praktischer Ratgeber; Illustriertes Familienblatt; Illustriertes Sonntagsblatt (vermutlich Fortsetzung des früheren Familienblattes, bis 29. 3. 1916); Gruß vom Brienzersee (wöchentliche Beilage, auch Bezeichnung: Wöchentliche illustrierte Gratisbeilage, ab 1. 4. 1916) ⑪ F. Tschaggeny, J. Baur, F. Goßweiler-Thöni ⑫ bürgerliches Organ, seit den 20er Jahren unter Berücksichtigung der Ziele und Arbeit der Bauern-, Gewerbe- und Bürgerpartei ⑬ BGSZ: 973, 974 ⑭ Be: L, S, St.

Briere, du traitement chirurgical des goitres parenchymateux. 44 pp. in-8. Berne, commiss. Huber & Co. 1872 1. —

De la Brière, Alb.: Paul. II Tomes. gr. in -8. Paris (et Leipzig) 838. (Brockhaus et Avenarius.)

Wir und das Weltall [Ourselves and the Universe]. Studien aus d. Leben u. d. Religion von Jonathan **Brierley**. Autor. Übers. von J. A. Selter. Halle a. S.: Gebauer-Schwetschke [1905]. (225 S.) 8° [-5. 1906 B

Brierre de Boismont, über gefährliche Geisteskranke, s. Falret, J.

Brierre de Boismont, A(lexandre Jacques François): Die Menstruation in ihren physiologischen, pathologischen und therapeutischen Beziehungen. Preisschrift, gekrönt in der Königlichen Akademie zu Paris...17.December 1840. (De la Menstruation, considérée dans ses rapports physiologiques et pathologiques. Dt.) Übers.von J(ohann) C(hristoph) Krafft. Mit Zusätzen versehen von A(dolph) Moser. 484 S., gbd.

Berlin: Trautwein 1842

Reuter-Konkurrenz. Zur Veröffentlichung d. Hinstorffschen Hofbuchhandlung, Verlagskonto in Wismar! [Verf.: J. **Briese**.] (Leipzig: Hesse 1905.) 15 S. 8° [Kopft.] [11. 1905 B

Briese, J. Ch., Hand-Fibel. Stufenmäßig geordnet. 2. Aufl. 8. (8¼ B.) Cöslin 838, (Hendeß.) •

Briese, J. Ch., Wand-Fibel. Stufenmäßig ausgearb. 2. Aufl. Fol. (12 B.) Cöslin 840, (Hendeß.) Thlr. •

Briese, M. E., die Schule als Kunstwerk. gr. 8. (19 S. m. Fig.) Berlin 892. Buchh. der Deutschen Lehrer-Zeitung. n. — 25

Briese, M. E., pädagogische Verwandtschaft zwischen Comenius und Aug. Herm. Francke, s. a. Sammelmappe, pädagogische.

Briese, M. E., pädagogische Verwandtschaft zwischen Comenius u. Aug. Herm. Francke, nachgewiesen aus ihrem Leben u. ihren Schriften. gr. 8. (40 S.) Leipzig 887. Siegismund & Volkening. n. — 80

Briese, M. E., Wiederholungs-Aufgaben aus den grundlegenden Übungen des Rechenunterrichts. 8. (16 S.) Aurich 902. D. Friemann. n. — 30

Briese, Walter *Georg* [aus Deutsch Krone (Westpr.)]: Ueber Facialisparalyse bei Ohraffectionen . . . Halle a. S., Hofbuchdr. v. C. A. Kaemmerer & C.. 1894; 33 S., 1 Bl. 8.
Halle, Med. Fak., Inaug.-Diss. v. 14. März 1894

Brieselang, s.: Spandau. Straube, J.

Briesemeister, Hermann, aus Arnswalde: Über die **Alexandrinerversion der Chanson de Huon de Bordeaux in** ihrem Verhältnis zu den anderen Redaktionen. ***Greifswald** 1902: J. Abel.* (71 S.) 8°
Greifswald, Phil. Diss. v. 6. Dez. 1902

Briesemeister, Otto, approb. Arzt aus Arnswalde: **Aus d. Pathol. Institut d. Universität Leipzig. Die Arteriosclerose und Syphilis in ihrem Verhältnis zur Entstehung des Aortenaneurysma.** *Leipzig 1903: B. Georgi.* (31 S.) 8°
Leipzig, Med. Diss. v. (30. Juli) 1903

Briesen i. d. Mark, s.: Preussen. Messtischblätter.

s. a.: Forstkarten. — Marienwerder, Reg.-Bez.

Briesen, Kreis. Baron, Paul, Spezial-Karte v. Kreise Briesen. Rev. v. den zuständigen Behörden. 1 : 100,000. 38×36 cm. Farbdr. Lissa (907). O. Eulitz. — 50; auf Leinw. in Taschenformat 1. —

Briesen, Kreis. Karte des Kreises Briesen im Reg.-Bez. Marienwerder. Hrsg. v. der kartogr. Abtheilg. der königl. preuss. Landesaufnahme. Aufgenommen vom königl. preuss. Generalstab 1872—1874. Einzelne Nachträge 1901. 1 : 100,000. 58×52,5 cm. Farbdr. Berlin (R. Eisenschmidt). n.n. 2. —; einz. Nachträge n.n. 1. 50

— Wandkarte des Kreises Briesen, entworfen nach den neuesten Hilfsquellen. 1 : 35,000. 4 Bl. à 59×58 cm. Farbdr. Ebd. (909). 12.—; auf Leinw. m. Stäben 15.—

Der Freimaurerorden und sein Einfluss auf die Rechtspflege. Von einem Laien [d. i. v. **Briesen**]. Döbeln: Thallwitz 1860. XVIII, 96 S. 8°
Recens: Bh. 3 (1860) S. 286; FZ. 14 (1860) S. 340—341 (F. S. Lucius); Kalender f. Frmr. 1 (1861) S. 157.
Tt. 1570. Vorzugsweise gegen die Person des Geh. Reg.-Rat Br. Lucius gerichtet. Verf. wirft der Frmrei verderblichen Einfluss auf die Rechtspflege vor. Wahrscheinlich ist E. E. Eckert der wirkliche Verf.

Briesen, Alex. v., Wappenbuch des ritterlichen Ordens St. Johannis vom Spital zu Jerusalem Balley Brandenburg. 1. u. 2. Liefg. Leipzig. (856, 58.) (Hübner.) Fol. (12 Holzschnitttaf.) Jede Liefg. nn. 1 ℛ 15 ngr; Velinp. nn. 2 ℛ

Briesen, A. v., Wappenbuch des ritterlichen Ordens St. Johannis vom Spital zu Jerusalem, s. Wappenbuch.

Briesen, C. v., die Elsässer und die Lothringer, peints par eux-mêmes. Ein Vortrag geh. in dem Vereine für wissenschaftl. Unterhaltungen und Vorträge zu Düsseldorf am 10. Novbr. 1871. gr. 8. (55 S.) Düsseldorf 871, Buddeus.

—— das Reichskriegswesen und die preußische Militair-Gesetzgebung, übersichtl. Zusammenstellung der Verfassungs-, Vertrags- und Organisations-Bestimmungen, sowie der Gesetze, Verordnungen, Instructionen und Erläuterungen, zum Handgebrauche bearb. gr. 8. (XII, 588 S.) Düsseldorf 872, Buddeus.

Briesen, Emy v., Dichtungen. gr. Fol. (6 Taf. in Kpfrdr. m. eingedr. Text u. Titelbl.) Düsseldorf 896. Schrobsdorff. In Mappe n. 27. —

Briesen, Emy v., Dichtungen. 896. Jetzt: Düsseldorf, W. Delters.

[Bildert.:] Dichtungen v. Emy v. Briesen . . . *Düsseldorf: Schrobsdorff 1897.* (1 Bildert., 6 Taf.) 1 Bd 2. [97. 568

Briesen, Ernst von, Referendar zu Hamm i. W.: Die Rechtslage der Eigenbehörigen in Minden-Ravensberg nach der „Königl. Preuss. Eigentumsordnung des Fürstentums Minden und der Grafschaft Ravensberg" vom 26. November 1741. Münster 1907: Theissing. (XII, 147 S.) 8° [F.]
Münster, rechts- u. staatsw. Fak., Ref. Schreuer, Diss. v. 7. Juli 1907
[Geb. 11. Sept. 79 Trier; Wohnort: Hamm; Staatsangeh.: Preußen; Vorbildung: Paulin. Gymn. Münster Reife O. 99; Studium: Lausanne 1, Tübingen 3, Göttingen 2 S.; Rig. 22. März 07.]

Briesen, Fritz v.: Gemütsmenschen, s: Universal-Bibliothek 5420.21.

Briesen, Fritz v., im Lande d. Liebe. Geschichten, Gedichte, Gedanken. (83 S.) 8. Leipzig (907). R. Sattler. 1.60; geb. 2.50

Die Sandbüchse. Ein neudeutsches Schauspiel in 2 Akten von Fritz v. **Briesen.** Berlin: Vita (1907). (86 S.) 8° [F.]
(Bibliothek moderner Dramen.) [o8. 4184

Briesen, Max v., Jesus Christus, wahrhaftiger Gott u. wahrhaftiger Mensch. Eine Entgegng. auf M. v. Egidys „Ernste Gedanken". gr. 8. (15 S.) Kassel 891. E. Röttger. n. —20; Traktatausg. 100 Stück n. 9. —

Briesen, O. v., der Ehrenbürgerbrief u. anderes, s.: Engelin's Roman- & Novellenschatz.

Briesen, Rüdiger von

Taktische Entwickelungsaufgaben für Kompagnie, Bataillon, Regiment und Brigade von R. v. **Briesen,** Oberstlt. 2. Aufl. Mit 63 Fig. im Text u. auf 19 Taf. *Berlin: R. Eisenschmidt 1900.* (66 S.) 4°(8°) [F.] [00. 8179

Briesen, R. v., taktische Entwickelungsaufgaben f. Kompagnie, Bataillon, Regiment u. Brigade. 3. Aufl. Mit 63 Fig. im Text u. auf 19 Taf. gr. 8. (66 S.) Berlin 901. R. Eisenschmidt. n. 2.—
1. u. 2. Aufl. (61 u. 66 S.) Ebd. 900. n. 2.—.

Taktische Entwickelungsaufgaben für Kompagnie, Bataillon, Regiment und Brigade von R[üdiger] v. **Briesen.** 4. Aufl. Mit 63 Fig. Berlin: R. Eisenschmidt 1905. (66 S.) 4°(8°) [F.] [o6. 9694

Taktische Entfaltungs- und Entwicklungsaufgaben für Zug, Kompagnie, Bataillon, Regiment und Brigade von R[üdiger] v. **Briesen,** Oberst. 5., auf Grund d. Exerzier-Reglements v. 29. Mai 1900 umgearb. Aufl. Mit 27 Fig. u. 19. Taf. Berlin: R. Eisenschmidt 1907. (65 S.) 8° [F.] [o8. 17815

Briesen, R. v., taktische Entfaltungs- u. Entwickelungsaufgaben f. Zug, Kompagnie, Bataillon, Regiment u. Brigade. 6., auf Grund des Exerzier-Reglements vom 29.V. 1906 u. der Felddienstordng. vom 22.III.1908 umgearb. Aufl. (67 S. m. 26 Fig. u. 19 Taf.) Lex. 8. Berlin 909. R. Eisenschmidt. 2.40

Brieske, Max [aus Schadwalde i. Westp.]: Myom und Schwangerschaft ... Berlin, C. Vogts Buchdr., *1894:* 25 S., 2 Bl. 8.
Berlin, Med. Fak., Inaug.-Diss. v. 14. Aug. 1894

Briesnitz, s.: Preussen. Messtischblätter.

Briess Oskar: Quaestiones Zonareae. Particula prior. II. 1898 PN 1114 Diss. Wien Univ.

Brießmann, Johs., etliche Trostsprüche für die furchtsamen u. schwachen Gewissen. Aufs neue herausg. von Herm. Beck. 16. (48 S.) Erlangen 882. Deichert. —30

Briest, Eckhard *Frommhold Heinrich* [pr. Arzt aus Greifswald]: Ein Fall von Fibromyom der hinteren Muttermundslippe ... Greifswald, Druck v. J. Abel, 1893; 23 S. 8.
Greifswald, Med. Fak., Inaug.-Diss. v. 12. Jan. 1894

Briest, Hans, ein Sylvester-Rendezvous im Harz, s.: Mehrakter.

Briest, J. (Red.), s. Der Hunde- und Geflügelfreund.

Briest, J. (Red.), s. Zeitung, Landwirthschaftliche, für die Provinz Sachsen und die angrenzenden Herzogtümer.

Brietius, Philipp

Brietius, Ph., Annales mundi, s. chronicon univers. usq. ad pacem Badens. 1714. sancit. continuat. Fol. Vien. 727.

— — id. lib. 8. Vien. (Norimb.) Monath et K. 727.

Brietzke, Aug., der kleine Katechismus Dr. Mart. Luthers, für Schulkinder durch Fragen und Antworten erläutert und mit Sprüchen, Liederversen und bibl. Beispielen versehen. 4. Aufl. gr. 8. (84 S.) Crossen 870, (Appun.) 40 Pf.; geb.

Brietzke, Aug., der kleine Katechismus Dr. Martin Luthers, für Schulkinder durch Fragen und Antworten erläutert und mit Sprüchen, Liederversen und bibl. Beispielen versehen. In amtl. Orthogr. 5. Aufl. gr. 8. (84 S.) [Berlin 882, Mrose.] Potsdam, Rentel's Verlag.

Brietzmann, Frz: Die böse Frau in d. deut. Litt. d. MAlters, s: Palaestra.

Fremde Mütter (Les Remplaçantes). Schauspiel in 3 Aufz. von [Eugène] **Brieux.** Ins Deutsche übertr. von Karl Weinold. Berlin, Köln, Leipzig: A. Ahn 1902. (81 S.) 8° [F.]
(Französisches Theater.) [o8. 16483

Brieux, Eugène, die rote Robe. (La robe rouge.) Schauspiel in 4 Akten. Deutsch v. Anne St. Cère. gr. 8. (96 S.) Berlin (901). Harmonie. n. 2.—

Die Schiffbrüchigen (Les Avariés). Ein Theaterstück in 3 Akten von [Eugène] **Brieux.** Mit e. Vorr. von Prof. Dr. med. Max Flesch. Berlin, Köln, Leipzig: Ahn 1903. XII, 77 S. 8°
(Französisches Theater. [11.]) [11. 11420

Brieven, Javaansche, berigten, verslagen, verzoekschriften, bevelschriften en andere soortgelijke stukken; naar handschriften uitgeg. door T. Roorda. gr. 8. (VIII u. 484 S.) Amsterdam 845, Müller. n. 4 ℳ

Briffault, Eugene, der Deputirte, s. Franzosen, die, der neuesten Zeit.

Briffault, E., Geheimnisse v. Rom. s. Geheimnisse.

Briffault, Eugène. — Die Geheimnisse von Rom, im 19. Jahrhundert. Schattenseiten aus dem Volks-, Hof- und Kirchenleben. Nach *E. Briffault* bearb. vom Verf. der Schrift: „das Innere der Gesellschaft Jesu" (von Heinr. Bode). 6 Bde. Leipzig 1846. Kl. 8°. ($3^1/_4$ Rthl.) (5 Mk. Scheible, vor 1885; 10 Mk. B. Seligsberg, Bayreuth, 1906.)
Orig.: Le secret de Rome au XIXe siècle. 1. Le peuple. 2. La cour. 3. L'Eglise. Illustré de 200 dessins par les artistes les plus distingués. Paris, Boizard, 1846. Gr. in-8°. (8 Mk., demi-maroq. vert. quelques taches de rousseur, Scheible; 8 Mk., expl. du premier tirage avec de très belles épreuves, demi-rel. chagr., bel expl., Adolf Weigel, 1898.) — Même ouvrage, tit.: Mystères de la cour de Rome au XIXe siècle. 1. Le peuple. 2. La cour. 3. L'Eglise. Avec 200 dessins. Paris, Lécrivain, 1862. 8°. (3 Mk. Wagner, Braunschw., 1886; 8 Mk. Scheible, 1886.)

— — Dasselbe, tit.: Die Geheimnisse Roms im 19. Jahrhundert, frei bearb. von L. v. Alvensleben. Mit 20 Vollbildern u. vielen Illustr. im Texte. Hamburg, o. J. (1847). Imp.-8°. 523 SS. Zahm. (4 Mk., eleg. Orig.-Lwbd., W. H. Kühl, Berlin, c. 1882.)

— — Dasselbe. 6 Bde. Leipzig 1850. 8°. (In Hannover, Stadtbibl.)

— — Dasselbe, tit.: Die Geheimnisse Roms im 19. Jahrhundert. Frei bearb. von L. v. Alvensleben. Hamburg, Vereinsbuchhandlung (Separat-Conto). O. J. (1872). (Der illustr. Umschl. hat: Brünn. Verlag von Fr. Karafiat.) Imp.-8°.
IV (Tit. u. 1 Bl. Inh.), 523 S., 1 S. Druckanz.: Leipzig. Druck v. A. Edelmann. Mit zahlr. Text-Holzschnitten u. 1 Beiheft von 20 Holzschnitt-Vollbildern. — Inh.: Einleitg. u. 34 Cap.: 1. Das Conclave. 2. Der Ghetto. 3. Der Pincio-Garten. 4. Der Nepotismus. 5. Das Lever eines römischen Stutzers. 6. Der Schatzmeister. 7. Noëmi (eine Jüdin). 8. Die Villa Medici. 9. Ein Priester. 10. Römische Damen. 11. Die Welt und die Kirche. 12. Frömmigkeit u. Aberglaube d. Volkes. 13. Eine Botschaft. 14. Das Manuscript. 15. Der Hof von Rom. 16. Der Papst. 17. Die Cardinäle. 18. Der Adel. 19. Die geistlichen Orden. 20. Das weltliche Rom.

21. Rom und Paris. 22. Die Jesuiten. 23. Die Legationen. 24. Die Cavalcaden. 25. Die römische Kirche. 26. Die geistliche Macht. 27. Rom u. das 19. Jahrhundert. 28. Der heilige Fiscus (sol). 29. Die Klöster. 30. Die Prediger. 31. Aberglaube der Kirche Roms. 32. Die Procession. 33. Die (nicht zur Ausführung gekommene Taufe der Jüdin (Noëmi, welche in der Kirche stirbt). 34. Epilog.

Von demselben Verfasser erschien: Le Secret du Vatican, ou les Mystères d'un conclave. Excès, abus et iniquités de la cour de Rome. Turpitudes, fourberies et débancles des jésuites, par *Briffaut* (recte *Briffault*). Edition illustrée. Paris, Lambert, 1874. 4°. (Impr. à 2 colonnes.)

Briffault, Eug., die Geheimnisse Roms im 19. Jahrh. Deutsch von L. v. Alvensleben. 9 Lfgn. Lex.-8. (IV und 523 S. mit eingedr. Holzschn. und 20 Holzschntaf.) (Brünn.) Hamburg 863,64, Vereinsbuchh. Separat-Conto. à Lfg. 7½ Ngr.

Briffault, Eug., die Geheimnisse Roms im 19. Jahrh. Frei bearb. von L. v. Alvensleben. 3 Bde. Hamburg 865. Vereinsbuchh. 16. (IX, 900 S.) 1 ₰
Auch u. d. T.: „Christin u. Jüdin" ausgegeben.

—— Rom im 19. Jahrh. Histor. Rom. Deutsch v. L v. Alvensleben. 8. (524 m. H.) Ebd. 71. 6 —

Briffault, Eug., Rom im 19. Jahrh. Historischer Roman. Deutsch von L. v. Alvensleben. 11 Hefte und Bild-Heft. Lex.-8. (IV, 524 S. mit eingedr. Holzschn. und 20 Holzschntaf.) Brünn 872, Karafiat's Verlag. à Heft 50 Pf.

—— die Geheimnisse Roms im 19. Jahrh. Historischer Roman. Deutsch von L. v. Alvensleben. 3 Bde. 2. (Titel-)Aufl. gr. 16. (344; 352; 204 S.) Brünn (865)75, Karafiat's Verlag.

Briffault, Eugène, der Lebemann, s. Franzosen, die, der neuesten Zeit.

Briffault, Olympia, s.: Mode's Opern-Text-Bibliothek.

Briffault, Eugène: Rom im 19. Jahrh., s. Briffault: Die Geheimnisse Roms.

Brigach-Bote. – St. Georgen : 1896-1930.

Brigandage, le, en Macédoine. Un rapport confidentiel au gouvernement bulgare. (57 S.) gr. 8. Berlin 908. A. Unger. 1. 20

Briganten, des, Liebe. Indiscretionen einer Beichte. 8. (121 S.) Berlin 868, Internationale Buchh. [Leipzig, Moderne Antiquariatsh.] (M. 1.)

Brigel de sale veterum Alosanthos s. natro Pannoniae. Vindob. 1777.
(Flos salis, ἁλὸς ἄνθος apud Dioscorid. mat. med. V. 128, e Nilo provenire dicitur, forsan natron carbonicum nativum)

BRIGEL, GUSTAV. Einige Untersuchungen aus der organischen Chemie. Tübingen, 1864. Diss.

Brigel, Jak. Fr. Imm., Versuch e. Skiagraphie d. allgem. Landwirthschaftslehre, mit beständ. Hinsicht auf ihre Grund- u. Hülfswissenschaften. 8. Biberach 804.

Brigel, Immanuel (Reutlingen), Promulsis comment. histor. de rebus sec. XI. per seriem imperatorum Germanicorum ordinandis, tmemata quaedam select. de Conrado II. imp. exh. Präs. Joh. Christian Neu. Tübing. (Ww. G. H. Reis) Okt. 1709. 24 S. (5.—) 4106

Brigel, Oskar [app. Arzt]: Über die Brüche der Luftröhre ... (Aus: Beitr. z. klin. Chir., Bd XIV Heft II.) Tübingen, H. Laupp'sche Buchh., 1895; 2 Bl., 22 S. 8.
Tübingen, Med. Fak., Inaug.-Diss. v. 1895

Brigelius, Gothof. (Resp.): De clavo, s. Camerarius, Rud. Jac. (Praes.)

Brigelta. Schausp. 8. Bern, Typograph. 790.

Briger, Cand., synopsis polemica potior. fidei quaestiones imo laesion. disquirens. 8maj. Wien 759. Trattner. 12 gr.

Briggs, John, Ostindien und England. Eine gemeinverständliche Darstellung des großen ostindisch-britischen Reiches mit Bezug auf seine gegenwärtige Lage und den Aufstand. Nach dem Englischen. Berlin 857. Heinicke. 8. (3 Bl., 83 S.) 12 ngr.

Briggs, John. Gl.-Lt. in der ostind. Madras-Armee. Ostindien und England. Eine gemeinverständliche Darstellung des grossen ostindisch-britischen Reiches, mit Bezug auf seine gegenwärtige Lage und den Aufstand. Nach dem Englischen. 2 Aufl. 8. Berlin 1857.

Briggs, Wilh. Ellery, Notiz über die Bedeutung des Ligamentum Iridis pectinatum. [Mit 1 (lith.) Tafel.] [Aus: „Sitzungsberichte d. k. Akad. d. Wiss."] Lex.-8. (5 S.) Wien 879. (Gerold's Sohn.) n.n. — 30

Brigham, Amariah, Bemerkk. über den Einfluß d. Verstandesbildung u. geistigen Aufregung auf die Gesundheit. Mit Anmerkk. von Rob. Macnish. Aus d. Engl. übersetzt v. A. Hildebrand. gr. 8. Berlin 836. Th. Enslin. ¾ ₰

Brigham, Arthur *Amber* [aus Marlboro, Mass. U. S. A.]: Der Mais. E. Beitr. z. Geschichte d. Entwicklg seines Anbaues u. Schilderg e. Reihe systemat. Untersuchgn z. Zwecke d. Verbesserg seiner Zucht u. d. Steigerg seiner Erträge ... Göttingen, Druck d. Dieterichschen Univ.-Buchdr., 1896; 54 S., 1 Bl. 8.
Göttingen, Phil. Fak., Inaug.-Diss. v. [8. Aug.] 1896

Brigham, Arth. A., der Mais. E. Beitrag z. Geschichte d. Entwicklg. s. Anbaues u. Schilderg. e. Reihe systemat. Untersuchgn. z. Zwecke d. Verbesserg. s. Zucht u. d. Steigerg. s. Erträge. Diss. gr. 8. (54 S.) Göttingen 896. (Vandenhoeck & Ruprecht.) n. 1. 60

Bright, H., unsere gefiederten Freunde im Schnee. 1. u. 2. Lfg. gr. 4. (à 6 Chromolith.) Leipzig 887. Baldamus, Sep.-Cto. à n. 6. —; einzelne Blätter à 1. 50

— Schwalben-Studien. gr. 4. (4 Chromolith.) Ebd. 887. n. 4. —; einzelne Blätter à 1. 50

Bright, James W., s: Hesperia.

Bright, John, über die irische Frage und den Handels-Vertrag mit Frankreich. Deutsch von Arn. Ruge. gr. 8. (24 S.) Berlin 870, Stuhr'sche Buchh.

Brightwen, Eliza, Liebe zur Tierwelt. Anregende Beispiele zur Zähmg. u. Pflege unsrer Wald- u. Gartenvögel u. andrer freileb. Tiere. Nach dem Engl.: „Wild nature won by kindness" v. B. Hoffmann. Mit 46 Orig.-Illustr. v. Th. Botteler. gr. 8. (176 S.) Stuttgart 892. F. Krais. Kart. n. 3. 50

Brightwen, E, Liebe z. Tierwelt. Anreg. Beispiele z. Zähmg u. Pflege uns. Wald- u. Gartenvögel u. and. freileb. Tiere. Nach d. Engl.: „Wild nature won by kindness" v. B Hoffmann. 8° (176 m. Illustr.) Stuttg. 92, F Krais. Kart. 3.50; Asg. f. Tierschutzvereine. (62 m. Illustr.) 93. Kart. — 30

Brigit, Hail. An Old-Irish poem on the hill of Alenn. Ed. and translated by Kuno Meyer. (24) 8° Halle, M Niemeyer '12. 1 —

Brigithe-Kerchtag, Der. Eine komische Operette in zwey Aufzügen. Vom Verfasser der Eipeldauerbriefe. Aufgeführt auf den kk. Hoftheatern in Wien. Die Musik ist von Herrn Joseph Wölfl. Mit Kurzbekischen Schriften. 1796. 82 S. 8°. V: *Richter, Joseph.* (Hans Viktor Pisk: Josef Richter. Diss. Wien 1927. S. 137)

Brigitta; od. d. Sieg des Christenthums. Trauersp. von Schwarz. gr. 8. Mannheim, Löffler. 768.

Brigitta, der heiligen, Leben u. Offenbarungen, s.: Sammlung der vorzüglichsten mystischen Schriften.

Brigitta, der h., ausgewählte Offenbarungen, s.: Bibliothek, mystische, 6. Public.

— Revelationes selectae, s.: Bibliotheca, mystica. Public. VI.

Brigittakirchtag, Der. Komisches Singspiel in 2 Akten mit Musik von Lechol (recte Lickel) gespielt 1802 ... V: *Richter, Joseph.* (GGr V/319, Nr. 47/50) (Hans Viktor Pisk: Josef Richter. Diss. Wien 1927. S. 137/138)

Brigitten-Büchlein. Ein vollständ. Gebetbuch, enthalt. die berühmten Gebete d. heil. Brigitta von Schweden. Mit einer Zugabe von Morgen-, Abend-, Meß- ꝛc. Andachten, nebst einem heil. Kreuzweg. 12. (7 B. u. 1 Stahlst.) Ingolstadt 841, Fromm. Mit Goldschn. u. in Futteral.

Brigii, **Hnr., canon logarithmor.** pro numeris serie naturali **crescentibus ab 1 ad 10000. 4.** Wien 756. Trattner. **12** *gl*

Brigii, H., Canon logarithmor. pro numeris serie nat. crescentib. ab 1. ad. 10000. 4. Vien. Tendler. 756.

— **logarithm. numerorum absolutor.** ab unitate ad 10000 cum different. et partibus proportionalibus. 8. Kopenh. 784..Proft. (Brummer). 12 *gl*

Brigl, Percy: Versuche zur Bildung eines Kohlenstoff-Sechsringes in der Peri-Stellung beim Naphtalin. (Berlin 1909: Ebering.) 59 S. 8°
Berlin, Phil. Diss. v. 15. Dez. 1909, Ref. E. Fischer
[Geb. 17. Okt. 85 Graudenz; Wohnort: Berlin; Staatsangeh.: Preußen; Vorbildung: König-Wilhelm-Gymn. Stettin Reife O. 04; Studium: Freiburg i. B. 5, Berlin 4 S.; Rig. 25. Nov. 09.] [U 10. 133

Brigleb, H., s. Briegleb, H.

Brignon, Jean, Combat spirituel etc. voyez Combat

Brignon, **Jh., le Compat spirituel, dans lequel on trouve des moyens très surs, pour vaincre ses passions etc.** 8. Braunschw. 815. Pluchart. 20 *gl*

Brignon, P., s. Sales, Frz. v., Philothea.

Brik, J. H., Vorlesungen üb. Krankheiten der Harnorgane, s.: Ultzmann, Rob.

Brik, Johann E.

Brik, J. E., Th. Landsberg u. Fr. Steiner, die eisernen Brücken im allgemeinen. Theorie d. eis. Balkenbrücken, s.: Handbuch d. Ingenieurwissensch. II. 2.

Brik, Joh. E., üb. **die Erkenntniss abnormaler Zustände** in eisernen Brücken. Vortrag, geh. in der Wochenversammlg. d. österreich. Ingenieur- u. Architekten-Vereins am 12. Febr. 1887. [Aus: „Zeitschr. d. österr. Ingen.- u. Archit.-Ver."] gr. 8. (27 S. m. 11 Fig.) Leipzig 892. W. Engelmann. n. — 80

Der Brikett-Verkaufsverein zu Dortmund: 1891—1904. o. O., 1904. 25 S. mit 3 Taf. und 1 Bildn.

Briket-Verkaufs-Verein, Der, zu Dortmund 1891—1904. O. O. [1914]. V: *Schulze-Vellinghausen, Hugo.* (Berl 1904, S. 528)

Briling, Nikolai: Verluste in den Schaufeln von Freistrahldampfturbinen. 1908. 80 S. 4° ¶ Auch als: Mitteilungen über Forschungsarbeiten auf d. Gebiete d. Ingenieurwesens. H. 68. 1909; Ausz. in: Zeitschrift d. Vereines deutscher Ingenieure. Bd 54. 1910, Halbj. 1.
Dresden, Dr.-Ing.-Diss. v. 19. 2. 1908

Brilka: Ermittel. e. Beziehungsges. zw. d. Nenner e. Bruches u. d. Periodenstellenzahl d. aus letzter. entsteh. Dezimalbr. Neisse 1863. Schul-/Univ.-Schrift

Brilka, Josephus *(geb. Antischkau in Oberschles. 29. 12. 1832)*: De ulcere ventriculi chronico simplici. Vratislaviae (1858). (29 S.) 8°
Breslau, Med. Diss. v. 17. Aug. 1858

Brilka, Robertus *(geb. Antischkau in Oberschles. 6. 6. 1837)*: Disquisitiones analyticae. Vratislaviae (1863). (28 S.) 8°
Breslau, Phil. Diss. v. 16. Dez. 1863

Brilke, Carl: Das goldne Lebens-ABC. Anl., sich s. Gesundh., **Kraft u. Schönh. bis ins hohe Alter zu erhalten.** (45) 8° Stolp ('06). **Lpzg-Stött., O Bley.** — 50

Brilke, Carl, das goldne Lebens-ABC. Eine kurze, volkstümlich geschriebene Anleitg., sich seine Gesundheit, Kraft u. Schönheit bis ins hohe Alter zu erhalten. (45 S.) 8. Stolp (906). C. Brilke. n. — 50

Brill: Internationale Geheimschrift Brillante. Deutsch. T. 1. (Berlin: Selbstverl. 1909.) 8°.

Brill, Gebr: Preisliste über Handrasenmähmaschine. Barmen (1897?)

Brill, Albert [Gerichtsref.]: Die zur Sicherung einer Vertragsobligation vorgenommenen bedingten Eigentumsübertragungen und das Verbot der pfandrechtlichen lex commissoria ... Bonn. Univ.-Buchdr. v. C. Georgi, 1896; 56 S. 8.
Erlangen. Jur. Fak., Inaug.-Diss. v. 1896

Brill, Alexander von
Beiträge zur Lehre von den eindeutigen Transformationen. Darmstadt 1867. 15 S.
Habil. phil. Giessen 4. Mai 1867.

Brill, A., u. M. Noether, Bericht üb. die Entwicklung der Theorie der algebraischen Functionen in älterer u. neuerer Zeit, s.: Jahresbericht der deutschen Mathematiker-Vereinigung.

Brill, A., Carton-Modelle von Flächen zweiter Ordnung. Dargestellt durch ineinandergefügte Kreise aus farb. Cartonpapier. 6 Modelle. Darmstadt 875. Brill. n. 9. – ; einzeln à n. 1. 60

— dasselbe. Ergänzung. Hyperbolisches Paraboloid. (4 Steintaf. in qu. 8. u. qu. 16.) Ebend. 876. n. 2. —

Brill, A., üb. die Modellsammlung d. mathematischen Seminars der Universität Tübingen. Einleitung zu e. Vortrag, geh. am 7. Novbr. 1886. [Aus: „Mathematisch-naturwissenschaftl. Mittheilgn."] gr. 8. (12 S.) Tübingen 887. Fues' Verl. n. — 20

Brill, A: Das Relativitätsprinzip. Einführg in d. Theorie. [Aus: „Jahresber. d. deut. Mathematiker-Vereinigg".] (29) Lex8° Lpzg, BG Teubner '12. 1.20

— üb. die reducirte Resultante. [Aus: „Abhandlgn. d. k. b. Akad. d. Wiss."] gr. 4. (13 S.) München 889. (Franz' Verl.) n.n. — 40

— üb. die Schulreform u. den Unterricht in Mathematik u. Zeichnen auf den Gymnasien. Ein Vortrag. gr. 8. (20 S.) Darmstadt 890. Brill. n. — 50

Brill, Alexander, Jurist: Die Surrogationsbestimmungen des ehelichen Güterrechts im bürgerlichen Gesetzbuch, insbesondere die §§ 1370 und 1381. *Darmstadt 1903: E. Roether.* (51 S.) 8° [5.]
Tübingen, Jur. Diss. v. 1902

Brill, A., zur Theorie der geodätischen Linie und des geodätischen Dreiecks. gr. 4. (32 S. mit eingedr. Fig.) München 883, (Franz'sche Buchh.) ** 1 —
Aus: Abhandlungen der k. bayer. Akademie der Wissenschaften, besonders abgedruckt.

Brill, Alex., Vorlesungen z. Einführung in die Mechanik raumerfüll. Massen. (X, 236 S. m. 27 Fig.) gr. 8. Leipzig 909. B. G. Teubner. 7.—; geb. in Leinw. 8. —

Brill, Bernh., e. Beitrag z. Kritik v. Lessings Laokoon, s.: **Festschrift**, z. 70. Geburtstage Oskar Schade dargebracht.

Brill, Bernh., de Aristoxeni fragmentis quibusdam gravissimis atque de senarii graeci caesura inde dijudicanda. Dissertatio inauguralis. gr. 8. (40 S.) Jena 876. (Deistung.) n. — 80

Brill, Bernh., ueber dipodische oder tripodische Messung und über die Caesur des jambischen Trimeters. Mit besond. Rücksicht auf die Ansichten von Dr. H. Schmidt und Prof. Dr. K. Lehrs. gr. 8. (44 S.) Königsberg 873, Akademische Buchh. von Schubert und Seidel. *

Brill, Bernh., Aristoxenus' rhytmische und metrische Messungen im Gegensatz gegen neuere Auslegungen, namentlich Westphal's und zur Rechtfertigung der von Lehrs befolgten Messungen. Mit einem Vorwort von K. Lehrs. gr. 8. (VII, 88 S.) Leipzig 870, F. C. W. Vogel. *

Brill, Bernhard (Red.), s. Taubstummen-Post.

Brill, B. Vers- und Wortaccent. 18 S. Fr. Koll. *Königsberg* 1879. Progr.

BRILL, C. F.: Actenmäss. Nachr. v. d. Raubgesindel in den mainz. Gegenden d. Odenwald u. d. angränz. Ländern. 2 Abth. *Darmstadt*, Heyer u. Leske. 814—15. 8. (2 Thl.)

Brill, C. F., († 1816.) actenmäßige Nachrichten von dem Raubgesindel in den Maingegenden rc. 1e u. 2e Abthl. gr. 8. Darmst. 814, 15. Heyer. 2 ß

— kurze Nachrr. von d. persönl. Verhältnissen u. den Verbrechen d. zum Tode verurtheilten Verbrechers Jh. Pt. Neußel. 4. Darmst. 814. Heyer. 3 gr mit Kpf. 8 gr

Eb.: Kurze Nachrr. v. d. persönl. Verhältn. u. d. Verbrechen d. bey d. grossh. Criminalger. in Untersuch. gestand. u. zum Tode verurth. Räuber; aus d. Untersuch. Acten. *Eb.* 814. 2 Aufl. 8. (8 Gr.)

Brill, Carl, ein Ehescheidungs-Prozess od. Wichtige Streitfragen aus dem Grenzgebiet der Heilkunde u. der Rechtswissenschaft. (68 u. 14 S.) gr. 8. Magdeburg 904. (A. Rathke.) n. 1. —

Ein Ehescheidungs-Prozeß oder Wichtige Streitfragen aus d. Grenzgebiet d. Heilkunde u. d. Rechtswiss. von Dr. Carl **Brill**, Arzt in Magdeburg. (2. Taus.) *Magdeburg: A. Rathke in Komm. 1904.* (68, 14 S.) 8° [04. 13787

BRILL, KARL. Ueber Leuchtgasvergiftungen. (Würzburg) Magdeburg, 1880. Diss.

— Pflichtwidrigkeiten hiesiger Richter in e. Ehescheidungsprozess u. deren Folgen. (46 S.) gr. 8. Ebd. 903. n. — 75

Brill, Carl: Pflichtwidrigk. hies. Richter in e. Ehescheidgsprozess u. deren Folgen. (46) gr8° Mgdbg. W Rathke '06. — 75

Wichtige juristische Streitfragen zugleich aus d. Grenzgebiete d. Heilkunde u. d. Rechtswissenschaft. Dr. Carl **Brill**, Arzt in Magdeburg. *[Magdeburg: A. Rathke in Komm. 1903.]* (14 S.) 8° [03. 7430

BRILL, Ernst (Fulda): Ueber einen Fall von Carcinoma recti mit Perforation in die Harnblase.- München: Wolf 1890. 35 S., 1 Taf.
1.3.1890 - Chr 1889/90,28; Jv 1889/90,220 Diss. Ingolst.-Landsh.-Mchn.

Brill, F. F. L., s. Brill, Ludwig

Brill, Ferdinand [pr. Arzt aus Kirchveischede]: Sarcom der Wirbelsäule. . . . Halle a. S., Hofbuchdr. v. C. A. Kaemmerer & Co., 1889. 33 + 1 S. ; 2 Bl. u. 1 Taf. 8°
Halle, Med. Fak., Inaug.-Diss. v. 3. Aug. 1889

Brill, Heinrich, ein Beitrag zur Geschichte der Pylorusresection. Diss. München 1887, A. Buchholz. 8°. 29 S.

BRILL, Heinrich (Fulda): Ein Beitrag zur Geschichte der Pylorusresection.- München: Wolf 1887. 29 S.
7.7.1887 - Chr 1887/88,17; Jv 1886/87,185 Diss. Ingolst.-Landsh.-Mchn.

Die dauernde Heilung der Morphiumsucht und der 'Abstinenzerscheinungen' durch Heilung der Morphium-Vergiftung! ... Dr. [Heinrich Ernst] Brill, Fulda. Fulda: Selbstverl. 1903. (IV, 45 S.) 8° [03. 7731 4

Brill, H. E., die dauernde Heilung der Morphiumsucht u. der „Abstinenzerscheinungen" durch Heilung der Morphium-Vergiftung! Ihre Verhütg. durch Paralysierg. der Giftwirkgn. (Entgiftg.) des Morphiums, resp. durch Immunisierg. des Organismus als erreichbares Ziel; e., nach Ursache u. Wirkg. bestimmt nachweisbares, in mehr als 80 ärztl. Krankenberichten bestätigtes Resultat dreijähr. Arbeiten. (Mit 20 Fällen.) (IV, 45 S.) gr. 8. Fulda 903. (G. Nehrkorn.) n.n. 1. —.

Brill, Jac., erweckliche Bibellust. 8. 734.

Brill, Jacob: Wahre u. falsche Erkenntniß Jesu C. 8.

Brill, Jacob: Der Weg des Friedens, s. Theosophia Pneumatica.

Brill, Karl, s. Brill, Carl

Brill, L: Katalog mathematischer Modelle für den höheren mathematischen Unterricht. 5. Aufl. Darmstadt 1892

Brill, Ludw., Bertran Gomez. Epische Dichtung. 12. (188 S.) [Münster 884, Nasse'sche Buchh.] Paderborn und Münster, Schöningh. *M 3.; geb. * 4 50

Brill, Ludw., Bertran Gomez. Epische Dichtung. 8. Aufl. 12. (188 S.) Münster 886, F. Schöningh. *
geb. *

Brill, Ludw., Bertran Gomez. Epische Dichtg. 4. Aufl. 12. (188 S.) Paderborn 893. F. Schöningh. Geb. in Leinw. m. Goldschn. n. 4. 50

Brill, Ludw., Bertram Gomez. Epische Dichtg. 5. Aufl. 12. (188 S.) Paderborn 901. F. Schöningh.
n. 3. —; geb. n. 4. 50

Brill, F. F. L., der Singschwan. Lyrisch-epische Dichtung 16. (223 S.) Münster 882. Nasse. n. 2. 60; geb. n.n. 3. 80

—— dass. — 2. und 3. verm. Aufl. 12. (III, 223 S.) Ebendas. 883. *M 3.; geb. * 4 50

—— der Singschwan. Lyrisch-epische Dichtung. 4.—7. Aufl. 12. (III, 224 S.) Ebendas. 885—88. *M 3.—.; geb. *

— der Singschwan. Lyrisch-epische Dichtg. 6.—8. Aufl. 12. (III, 224 S.) Paderborn 887. 888. F. Schöningh.
n. 3. —; geb. m. Goldschn. n. 4. 50

Brill, Ludw. Der Singschwan. Lyrisch-epische Dichtg. 8. u. 9. Aufl. 12. (III, 224 S.) Paderborn 888—91, F. Schöningh. * 3
geb. m. Goldschn. * 4 50

— der Singschwan. Lyrisch-ep. Dichtg. 10. Aufl. 12. (III, 224 S. m. Bildnis.) Ebd. 893. Geb. in Leinw. m. Goldschn. n. 4. 50

Brill, Ludw., der Singschwan. Lyr.-ep. Dichtg. 14. Aufl. 12. (III, 224 S. m. Bildn.) Paderborn 898. F. Schöningh. n. 3. —; geb. in Leinw. m. Goldschn. n. 4. 50

Brill, L.: Der Singschwan. Lyrisch-ep. Dichtg. 15. Afl. 12° (224 m. Bildnis.) Paderb. 98, F Schöningh. 3 —;
geb. in L. m. G. 4.50

— der Singschwan. Lyrisch-epische Dichtg. 16. Aufl. Mit dem Portr. des Dichters. 12. (III, 224 S.) Ebd. 902. n. 3. —; geb. m. Goldschn. n. 4. 50

Brill, Ludw., der Singschwan. Lyrisch-epische Dichtg. 18. Aufl. (III, 224 S. m. Bildnis.) kl. 8. Paderborn 904. F. Schöningh. n. 3. —; geb. in Leinw m. Goldschn. n. 4. 50

Brill, Ludw., der Singschwan. Lyrisch-epische Dichtg. 20. Aufl. (224 S. m. Bildnis.) kl. 8. Paderborn 908. F. Schöningh. 3.—; geb. 4. 50

— der Waldenhorst. Romantische Dichtg. 12. (146 S.) Ebend. 886. n. 2. 40; geb. m. Goldschn n. 3. 60

— Waldenhorst. Romantische Dichtung. 2. Aufl. 12. (150 S.) Ebd. 887. n. 2. 40; geb. n. 3. 60

— Waldenhorst. Romant. Dichtg. 4. Aufl. 12. (150 S.) Ebd. 895. n. 2. 40; geb. m. Goldschn. n. 3. 60

— Waldenhorst. Romantische Dichtg. 6. Aufl. Mit d. Portr. des Dichters. 12. (150 S.) Ebd. 901. n. 2. 40; geb. m. Goldschn. n. 3. 60

Waldenhorst. Romant. Dichtung von Ludwig **Brill**. 6. Aufl. Mit d. Portr. d. Dichters. Paderborn: F. Schöningh 1907. (150 S.) 8° [F.] [07. 14937

Brill, Otto: Die Fruchthaine Italiens. Marburg 1909: Koch. 125 S. 8° ¶ (Aus: Dr. A. Petermanns Mitteilungen aus J. Perthes' Geogr. Anst. Bd 55.)
Marburg, Phil. Diss. v. 4. Juni 1909, Ref. Fischer
[Geb. 23. Mai 85 Ebersgöns; Wohnort: Marburg; Staatsangeh.: Preußen; Vorbildung: Realgymn. Darmstadt Reife O. 03; Studium: Marburg 4, Bonn 1, Marburg 5 S.; Rig. 22. Juli 08.] [U 09. 3165

Brill, Otto: Mikrochemische Studien. 102 S. Diss. TH Wien 1905.

Brill, Otto, Tau u. Blut. Gedichte. (205 S. m. Titelbild.) 8. Leipzig 904. Modernes Verlagsbureau. n. 3. —; geb. n. 4. —

Brill, P., Quentin Durward. Nach Walt. Scotts gleichnam. Roman bearb., s.: Theater, kleines.

— d. Freischütz, s.: Weber, C. M. v.

Brill, P., Czaar u. Zimmermann, s.: Lortzing, A.

Brill, Richard, aus Goslar: Die **Pseudoneidharte.** Eine Stiluntersuchung. *Berlin: Mayer & Müller 1903.* (44 S.) 8° ¶ (Erscheint vollst. als: Palaestra, H. 37.)
Göttingen, Phil. Diss. v. [28. Nov.] 1903

Die Schule Neidharts. Eine Stiluntersuchung. Von Richard **Brill**. Berlin: Mayer & Müller 1908. (VIII, 251 S.) 8°
= **Palaestra.** 37. [08. 2281 8

Brill, Wilh., das Kaffein in chemischer, physiologischer und therapeutischer Hinsicht. Pharmacologische Monographie. Abdr. der Inaugural-Dissertation desselben Verfassers nebst Vorrede von C. Ph. Falck. Marburg 862. Elwert. gr. 8. (VI, 85 S.) 12 ngr

Brill, Wilh., das Kaffein in chemischer, physiologischer und therapeutischer Hinsicht. Pharmacologische Monographie. Abdr. der Inaugural-Dissertation desselben Verf. nebst Vorrede von C. Ph. Falck. gr. 8. (VI und 85 S.) Marburg 862. [Frankfurt a. M., Völcker.]

Brill, Willem Gerard

Brill, Guil. Gerard., Specimen academ. inaug., quo contin. quaestiones select. de comoedia Aristophanea. 8maj. Lugduni Batav. 837. Luchtmans. (Lips., Weidmann.) 119 S.

Brill, W. G., Hollandsche Spraakleer. gr. 8. (XVI u. 822 S.) Leiden 846. (Brill.) n. 3 ꝛß 26 ngr

— Nederlandsche Spraakleer. Leer van den Volzin. [Syntaxis.] Ten vervolge van de Hollandsche Spraakleer, ten gebruike bij inrichtingen van hooger onderwijs. gr. 8. (VIII u. 332 S.) Leiden 852. Brill. n. 2 ꝛß

Brillant, Maximilian (Hrsg.), s. K e l l g r e n, Arvid: V o r t r ä g e üb. Massage.

Brillant, Max., s.: Sanitäts-Bericht, statistischer, üb. die k. k. Kriegs-Marine.

Brillantowski, Samuel (geb. Wilkowyszki in Russland 1821): De animi affectuum in motus musculares involuntarios efficacitate. Berolini (1846). (38 S.) 8°
Berlin, Med. Diss. v. 14. Okt. 1846

Brillant-Taschenkalender 1891. 24. (24 S. m. Randeinfassgn.) München 890. (Hergl.) In Decke aus steifem Brocat-Pap. m. daraufgeprägten Blumen, Früchten ꝛc. n. — 65

Brillat, Georg [Referendar]: Die Wirksamkeit der verjährten Forderungsrechte. . . . Göttingen, Druck d. Univ.-Buchdr. v. W. Fr. Kästner, 1890; 87 S. 8°
Göttingen, Jur. Fak., Inaug.-Diss. v. 10. Jul. 1890

Brillat, G., die Wirksamkeit der verjährten Forderungsrechte. Inaug.-Diss. gr. 8. (87 S.) Göttingen 890. (Vandenhoeck & Ruprecht's Verl.) n. 2. —

Brillat-Kramer: Über die periodische Trunksucht und ihre Behandlung mit Hinzufügung einer Erklärung für Ärzte über die Behandlungsmethoden. Moskau. 1864.

Brillat - Savarin, Anthelm

Brillat-Savarin, Physiologie des Geschmacks oder physiologische Anleitung zum Studium der Tafelgenüsse. Den Pariser Gastronomen gewidmet von einem Professor. Uebersetzt und mit Anmerkungen versehen von Carl Vogt. 1.—3. Aufl. 8. (XL und 423 S.) Braunschweig 865—67, Vieweg und Sohn. *

Brillat-Savarin, Anthelm (geb. 1. Apr. 1755, † 2. Febr. 1826), *Physiologie d. Geschmacks* od. physiolog. Anleitung zum Studium der *Tafelgenüsse.* Den Pariser Gastronomen gewidmet. Uebers. u. mit Anmerk. versehen von *Carl Vogt.* Braunschweig 1878. 8°. Eleg. Hfrzb.
XL—423 S. — Das französ. Orig. erschien kurz vor dem Tode B's anonym.

B r i l l a t - S a v a r i n, Physiologie des Geschmacks oder physiolog. Anleitung zum Studium der Tafelgenüsse. Uebers. und mit Anmerkungen von Carl Vogt. 4. Aufl. 8. (XL, 423 S.) Braunschweig 878, Vieweg und Sohn. *

Brillat-Savarin, Physiologie des Geschmacks oder physiolog. Anleitung zum Studium der Tafelgenüsse. Den Pariser Gastronomen gewidmet von einem Professor, Mitglied vieler gelehrten Gesellschaften. Uebers. und mit Anmerkungen versehen von Carl Vogt. 5. [Titel-]Aufl. 8. (XL, 423 S.) Braunschweig [878] 888, Vieweg und Sohn. *

—— dass. — s. Universal-Bibliothek Nr. 1971—1974.

B r i l l e, D i e, d e r E r k e n n t n i s f ü r b l ö d e A u g e n d e r K ö n i g e. Ein Märchen in zwei Theilen. London 1787. 8°. 174 S.
Anscheinend Satire auf Friedrich Wilhelm II. — Sehr selten! (Max Perl's Berliner April-Auct. 1910, no. 261.)

BRILLE, D i e, d e r E r k e n n t n i s f ü r b l ö d e A u g e n d e r K ö n i g e; Märchen. Mit Titelkpfr. London (Leipzig, Beygang) 1787. 8°. (24 xr. Theod. Ackermann, München, 1875.)

— satyrische, für alle Nasen; e. humorist.-satyr. Zeitschrift. Herausg. v. M. Langenschwarz. Angefangen v. 1. Juli 1830. 8. Münch. 830. Jaquet. à J. 2 ꝛß 8 gr

Brillen, die, und deren richtiger Gebrauch. (Abdr. aus „Die Brillengläser ꝛc." von Pet. Conr. Kalb jun.) Nürnberg 855. H. Schrag'sche Buchhdlg. gr. 8. (IV, 24 S. u. 1 lith. Taf. in 4.) n. 5 ngr

Brillen, neue, enth. 1) Napoleons Wiedererwachen. 2) Beitrr. zu d. Vorschlägen zu e. Justizreform ꝛc. 8. Nordh. 819. Happach. 12 gr

XLVIII. *Neujahrblatt* zum Besten des Waisenhauses in Zürich, für 1885. Ueber Brillen aus alter und neuer Zeit. In-4⁰, 29 S., mit Titelbild. Druck von Ulrich & Cie. 1885

Brillengläser, die. Deren Anfertigung und richtiger Gebrauch, in drei Abtheilungen. 1. Thl.: Ueber das Schleifen der Gläser und die hiezu nöthigen Schalen. 2. Thl.: Die Theorie, soweit dieselbe zur Anfertigung und Beurtheilung der Brillengläser nöthig ist. 3. Thl.: Vom Gebrauche und der richtigen Anwendung der Brillengläser. (Von Pet. Conr. Kalb.) gr. 8. (60 S. mit 2 St. in qu. gr. 4.) Nürnberg 855, Schrag'sche Buchh. *

Die 3. Abthl. auch einzeln u. d. T.: Die Brillen, und deren richtiger Gebrauch. (IV und 24 S. mit 1 Stnt. in qu. gr. 4.) * 5 Ngr.

Brillenpulver und Augensalbe. Gelnhausen [Erfurt] 1803. V: *Schiede, H. C.* (wr)

Brillenpulver u. Augensalbe, v. Verf. d. privatis. Fürsten. 8. Erf. u. Gotha 803. Hennings. 6 ℋ

Brillerty, Wilhelm, appr. Arzt aus Fulda: Aus dem pathologischen Institut zu Gießen. Ueber ein cystisch degeneriertes Wurzelodontom. Stuttgart 1904: „Deutsches Volksblatt". (29 S.) 8°

Gießen, Med. Fak., Ref. Bostroem, Diss. v. 21. Sept. 1904

[Geb. 29. Okt. 74 Rasdorf: Wohnort: Fulda: Staatsangeh.: Preußen: Vorbildung: Gymn. Fulda Reife O. 95; Studium: Berlin 4. Würzburg 1. Gießen 2, Heidelberg 1, Berlin 1, Gießen 1. Zürich 2 S.; Coll. 30. Okt. 03; Approb. 9. März 03.]

Brill, Heinr. Edler v., üb. d. Richten i. verdeckten Stellgn. auf Grund d. Erprobg. b. d. Feld-Artillerie. gr. 8. (39 S. m. 1 Taf.) Wien 895. L. W. Seidel & Sohn. n. 1. 20

Brill, Heinr. Edler v., e. neue indirecte Richt-Methode f. die Feld-Artillerie. gr. 8. (48 S. m. 2. Taf.) Wien 893. Verlagsanstalt „Reichswehr". n. 1. 80

Brilling, Arthur, Tierarzt: Aus d. chir. Klinik d. Tierärztl. Hochsch. zu Dresden. Beiträge zur Geschichte der Deutschen und Stuttgarter Wurfmethode. Dresden 1909: (Schönfeld). 48 S. 8°

Leipzig, Veterinär-Med. Diss. v. 25. Aug. 1909, Ref. Röder

[Geb. 22. Aug. 82 Pillichowo; Wohnort: Baldenburg; Staatsangeh.: Preußen; Vorbildung: Oberrealsch. Graudenz Reife 03; Studium: Berlin Tierärztl. Hochsch. 6 S.; Coll. 27. Nov. 09; Approb. 6. Aug. 07.] [U 10. 2947

Brillmann, Reinhard: Untersuchungen über das diffuse Wandlicht. Emden 1910: Gerhard. 39 S., 8 Taf. 8°

Kiel, Phil. Diss. v. 1. Nov. 1910, Ref. Weber

[Geb. 2. Aug. 87 Emden; Wohnort: Wolthusen; Staatsangeh.: Preußen; Vorbildung: Gymn. Emden Reife O. 06; Studium: Stuttgart Techn. Hochsch. 1, Marburg 2, Göttingen 3. Kiel 3 S.; Rig. 3. Aug. 10.] [U 11. 2615

Brillmeyer, K. (Hrsg.), s. Schulblätter, Mainzer.

Brilloff, Wilh., praktische Geographie verbunden m. Geschichte, Staatslehre, Völkerkunde usw. (IX, 743 S.) gr. 8. Dresden 904. C. Damm. Geb. in Leinw. n. 6. —

— praktische Selbstunterrichtsbriefe zur Vorbereitung auf alle Prüfungen f. den Reichs-, Staats- u. Kommunaldienst, sowie zur Erlangung od. Erweiterung e. Allgemeinbildung. Unter Mitwirkg. v. Gebhardt, Köhler, Nietzold u. a. bearb. u. hrsg. 30 Lfgn. (1.—20. Lfg. 1453 S. m. 14 farb. Karten.) 8. Ebd. 905. 906. Für kplt. n. 26. —

Brilloff, Wilh.: Prakt. Selbstunterr.-Briefe z. Vorbereitg auf alle Prüfgn f. d. Reichs-, Staats- u. Kommunaldienst, sowie z. Erlangg od. Erweiterg e. Allgemeinbildg. 30 Lfgn. (2020 m. 18 Kart.) 8° Dresd. 05/06. Meiss., HW Schlimpert. 26 — d

Brillow, R., Sammlung poetischer Vorträge auf Polterabenden, zu grünen, silbernen, goldenen u. diamantenen Hochzeiten, f. das Kindesalter ausgewählt u. m. Orig.-Arbeiten ergänzt. gr. 8. (VIII, 248 S.) Altona 890. Weber. 1. 80

Brillowski, Johs., Leo. Ein Gedicht. (76 S.) 8. Leipzig 910. Modernes Verlagsbureau. 1. 50

Brillowsky, A. H., Auswahl v. Fabeln d. Phaedrus u. Elegien a. d. Trauerbüchern d. P. Ovidius Naso, nebst Anmerkn. u. e. Wörterbuche. Zum Schulgebr. hrsg. 8. (21 B.) Königsberg 833, Unzer.

Die Einleitung enth.: Anfangsgründe d. latein. Metrik.

Brillowsky, A.H.J.: Geschichte Pompejus des Großen. Forts. 36 S. Forts. 20 S. (T.I.: Progr.1838) Progr. Rastenburg 1843/50.

Brillowsky, A.H.J.: Rede am Geburtstag seiner Majestät des Königs am 15. October 1848. 8 S. Progr. Rastenburg 1850.

Brilmayer, C. J., Grundlehren der Geometrie nebst Flächen- und Körperberechnungen mit zahlreichen Uebungsaufgaben. Für die unteren Klassen höherer Lehranstalten. 8. (XII, 123 S. mit 165 in den Text gedr. Fig. in Holzschn.) Mainz 874, Kirchheim. *

Brilmayer, Karl Joh., Geschichte der Stadt Gau-Algesheim. Aus gedr. und ungedr. Quellen bearb. 8. (VIII, 127 S.) Mainz 883, Faber'sche Buchh. ** 1 20

Brilmayer, Karl Joh., Geschichte der Stadt Gau-Algesheim. Aus gedr. u. ungedr. Quellen bearb. 8. (VIII, 127 S.) Mainz 883. Frey. n.n. 1. 20

Brilmayer, KJ: Kleiner Liederkranz. 8. Afl. 12⁰ (136) Paderb. 99. F Schöningh. Kart. — 75

Brilmayer, K. J., kleiner Liederkranz. Auserlesene Volkslieder f. Schule u. Haus. 9. (Doppel-)Aufl. 12. (VIII, 136 S.) Ebd. 901. Kart. n. — 75

Kleiner Liederkranz. Auserlesene Volkslieder f. Schule u. Haus. Hrsg. von K[arl] J[ohann] **Brilmayer,** Schulrat. 10. (Doppel-)Aufl. Paderborn: F. Schöningh [1905]. (VIII, 136 S.) 8° [F.] [c6. 49

Kleiner Liederkranz. Auserlesene Volkslieder f. Schule u. Haus. Hrsg. von K[arl] J[ohann] **Brilmayer,** Schulrat. 11. (Doppel-)Aufl. Paderborn: F. Schöningh [1907]. (VIII, 136 S.) 8° [F.] [07. 14138

Brilmayer, K. J., kleiner Liederkranz. Auserlesene Volkslieder f. Schule u. Haus. 12. (Doppel-)Aufl. (VIII, 136 S.) kl. 8. Paderborn (909). F. Schöningh. Kart. — 75

— Rheinhessen in Vergangenheit u. Gegenwart. Geschichte der besteh. u. ausgegangenen Städte, Flecken, Dörfer, Weiler u. Höfe, Klöster u. Burgen der Provinz, nebst e. Einleitg. Mit dem Bildniß Großherzogs Ernst Ludwig, 5 Vollbildern, 185 Textillustr. u. 1 Karte der Prov. Rheinhessen. 8 Hfte. (VII, 513 S.) Lex.-8. Gießen 905. E. Roth. n. 1. —; in 1 Leinw.-Bd. n 10. —; auf Velinpap. in Halbfrzbd. n. 15. —

Brilon, s.: Arnsberg, Reg.-Bez. — Deutschland. Karte. (Abt. Preussen.) — Sauerland. — Westfalen. Grundkarte.

Brilon, s. Preussen. Messtischblätter.

Brilon, s. Westfalen. Wegekarte.

Brimmeyer, J. P., Notizen über die St. Willibrords-Kirche in Echternach. gr. 8. (30 S.) Luxemburg 862, Bück.

Brin, Jacob [aus Wystiten (Russl.)]: Pneumonia crouposa intermittens ... Würzburg, J. M. Richter's Buch- u. Kunstdr., 1892; 29 S. 8.

Würzburg. Med. Fak., Inaug.-Diss. v. 1892

Brinar Josip, Čitanka za meščanske šole. I. del. Wien 1908. Schulbücherverlag. Geb. K 1.50. (Min.-Erl. vom 18. Oktober 1907, Z. 4019..)

Brinar Josip, Čitanka za meščanske šole II. del. Wien 1909. Schulbücherverlag. Geb. K 1.70. (Min.-Erl. vom 21 Juni 1909, Z. 23844.)

Brinch, P., Philologia S. V. et N. Test. 8. 734.

Brinck, Adolfus [Palaeomarchicus]: Inscriptiones Graecae ad choregiam pertinentes.... Halae Sax., form. E. Karras. 1885: 6 + 36 S. 8°.
Halle. Phil. Fak., Inaug.-Diss. v. 27. Nov. 1885.

Brinck, Adolfus, inscriptiones Graecae ad choregiam pertinentes. Diss. Halle 1885, Lippertsche Buchh. 8°. 36 S.

Brinck, A. Inscriptiones graecae ad choregiam pertinentes, s.o. Dissertationes philologicae Halenses.

Brinck, Adolf, Prof. Dr.: De choregia quaestiones epigraphicae. Kiel 1900: A. F. Jensen. (36 S.) 4°
Kiel, Reform-RG u. R P 1906 (354)

Brinck, Christian Hubert: Das furtum usus ... Diss. Bonn: Druck v. K. Drobnig 1895. 83 S. 8°.

Brinck, Ed., die Wunder des Magnetismus, s. Theater, das, des Auslandes.- s.Bloch's,E.,Theater-Garten-Laube.

Die Bezahlung der Hypothekenforderung und der Grundschuld sowie die Hypothek u. d. Grundschuld am eigenen Grundstück in ihrer prakt. Bedeutung. Von Georg **Brinck**, Amtsrichter. Berlin: F. Vahlen 1907. (XI, 222 S.) 8° [G.] 07. 13755

Brinck

— Gottlob Adolph (Leipzig), Selectiora juris principia. Disp. jur. duodec. Präs. Jo. Tobias Richter. Lpz. (Langenheim) 25. VI. 1749. 16 Seiten. (4.50) 4108

— Heinrich Friedrich von (Leipzig), De non praesumta domicilii mutatione. Diss. jur. Präs. Joh. Florent. Rivinus. Lpz. (Imm. Titius) 18. VII. 1726. 42 S. (4.80) 4109
Gew.: Jacob Born, Gottfr. Leonh. Baudis.

Brinck, J. u. H. Oebel. Das Einkommensteuer-Gesetz f. d. preußische Monarchie vom 24. Juni 1891, nebst der Ausführungs-Anweisung zu demselben vom 5. Aug. 1891. 3. Aufl. gr. 8. (XII, 103 S.) Köln 892, Quos. * 1 20
Erschien früher ohne Angabe der Verff.

Brinck, J. u. H Oebel, d. Einkommensteuer-Gesetz f. d. preuss. Monarchie v. 24. Juni 1891, nebst d. Ausführungs-Anweisg zu demselben v. 5. Aug. 1891 m. e. Anh., enth. d. vollständ. Steuertarif, sowie d. Muster f. d. Steuererklärgn. 3. Afl. 8° (103) Köln 92, JG Schmitz. 1 — || Nebst Ergänzungssteuergesetz v. 14. Juli 1893. (119) 95. 1 —
Erschien früher ohne Angabe d. Verff.

Brinck, J., u H. Oebel, d. Einkommensteuer-Gesetz f. d. preuß. Monarchie v. 24. Juni 1891, nebst d. Ausführungs-Anweisg. z. dems. v. 5. Aug. 1891 m. kurzem Vorwort, entsprech. Hinweis i. Gesetze a. d. Ausführungs-Anweisg., e. Sachreg. nebst e. Anh., enth. d. vollständ. Steuertarif, sow. d. Muster f. d. Steuererklärgn. Sodann d. prakt. Ausführg. d. Bestimmgn. d. Artikels 18 d. Ausführgs.-Anweisg., besteh. i. e. ausführl. Anleitg. m. Tabellen, n. welchen es d. Gewerbetreibenden, welche nicht Kaufleute i. Sinne d. Handelsgesetzbuches sind, mögl. ist, ihren Geschäftsgewinn, d. gesetzl. Bestimmgn. entsprech., jeden Augenblick nachweisen zu können. Gemeinverständl. dargest. 3. Aufl. Nebst Ergänzungssteuergesetz v. 14. Juli 1893. gr. 8. (XII, 103 u. 16 S.) Köln 895. J. G. Schmitz. n. 1.—

Brinck, Julia, üb. synthetische Wirkung lebender Zellen. Inaug.-Diss. gr. 8. (23 S.) München 889. (Bern, Huber & Co.) n. — 45

Brinck, Julia. Über synthetische Wirkung lebender Zellen. Diss. gr. 8. (23 S.) Münch. 889. (Bern, Körber). — 45

Brinck, Ludwig [aus Bonn]: Aus d. medicin. Universitätsklinik zu Bonn. Ueber Ausscheidung von grösseren Bindegewebs und Fettmassen aus dem Darm. '(Bindegewebs- u. Fettlienterie)'... Bonn, Druck v. K. Drobnig, 1896; 28 S., 1 Bl. 8.
Bonn, Med. Fak., Inaug.-Diss. v. [29. Febr.] 1896

MU-HARID (d. i. *Adolph Rudolph Brincken*). — Alinora. Der Roman einer fremden Welt. Ein Spiegel f. die Menschheit, allenthalben brauchbar. Von *Mu-Harid dem Weisen.* Th. 1. (einz.) Kickericki, zu finden in der orthodoxen Buchhdlg. (Altona, Hammerich) 1795. 8°. (In Marburg, Univ.-Bibl.)
Langweil. satyr.-moral. Opus. 144 SS. incl. 1 Bl. Vorr. d. Herausgebers K. P. Th., dat. Pirmasens, d. 12. Aug. 1794. — Weller, Lex. Ps. u. fing. Dr.

Zu der am 30. März zu vollziehenden und mit einigen Reden zu begleitenden öffentlichen Dimission dreier Schüler, wie auch zu der anzustellenden Prüfung unsers Johanneum werden alle ... eingeladen v. Adolf Rudolf v. **Brincken.** Hadersleben. 1789. 8°

Brincken, B. v. den, das Gesetz betr. die Einführung einer Klassen- und klassificirten Einkommensteuer vom 1. Mai 1851 in Verbindung mit dem Gesetz wegen Abänderung desselben vom 25. Mai 1873 und dem Gesetz, betr. die Aufhebung der Mahl- und Schlachtsteuer von demselben Tage. Zum Handgebrauch bearb. gr. 8. (VI, 290 S. Berlin 873, Weidmann'sche Buchh. *

Brincken, E. von den: Beiträge z. Statistik d. Gemeindeabgaben, s. Herrfurth, L.

Brincken, E. v. den, die Belastung der preussischen Städte und Landgemeinden mit directen Staatssteuern etc., s. Herrfurth, L.

Brincken F. v. den: Bemerkungen üb. das englische Pferd, dessen verschiedene Racen, u. die Pferdezucht im Allgemeinen. Weimar 1827. 166 S. 7 Tvl. (Ind.-Cpt.)

— der Soldat in Bezug auf seinen Stand u. Dienst. Versuch e. Anleit. zur Unterhaltung des Offiziers mit Unteroffiziers u. Gemeinen. 8. Berl. 817. Th. Enslin. 8 g/.

Brincken, Ferdinand von: Beiträge zur Rhinoplastik nach Erfahrungen gesammelt in der chirurgischen Klinik zu Halle. Halle (1872): Plötz. 28 S. 8°
Halle-Wittenberg, Med. Diss. v. 14. Juni 1872
Geb. Hadersleben (Nordschleswig) 15. I. 1849. V.

Brincken, G. C. v. d., Kurze Darstellung der Rechtssache den Wohlgebornen von den Brinckenschen Erben aus Rhödern, wider ihren Stiefbruder, den kgl. preuss. Lieutnant J. H. F. v. d. Brincken. Mitau 1795. 8.

Brincken, G. C. v. d., **Schlussbeantwortung** und Erörterung der vermeintlichen Beantwortung etc. Mitau 1795. 8.

Brincken, Gertr. v. den: Wer nicht d. Dunkel kennt. Gedichte. (75) 8° Riga, Jonck & P. '11. 2 —

BRINCKEN, J. v. d.: Ansichten über die Bewaldung der Steppen des europäischen Russlands mit allgemeiner Beziehung auf eine rationelle Begründung des Staatswaldwesens. - Braunschweig 1833. 230 S., m. Kupf. u. Kt. - 2. Aufl. ebd. 1854. 230 S., m. Kupf. u. Kt.

Brincken, J. v. d., Ansichten üb. d. Bewaltung d. Steppen d. europä. Russlands, m. allgem. Beziehung auf e. rationale Begründung d. Staatswaldwesens. gr. 4. (30½ B. incl. 2 Tab., u. 4 Stn. u. 1 Kpfrt.) Braunschw. 838, Vieweg u. Sohn.

Brincken, J. v. den, Ansichten über die Bewaldung der Steppen des Europäischen Russlands, mit allgemeiner Beziehung auf eine rationelle Begründung des Staatswaldwesens. Mit (2) Kpfrn. u. (3 lith.) Karten u. 1 lith. Taf. (in 4 u. Fol.) Braunschweig 854. Vieweg. gr. 4. (V, 231 S. u. 2 Tab. in Fol.) n. 2 ₰

Brincken, J. H. F. v. d., Beantwortung der vermeintlichen kurzen Darstellung etc. Mitau 1795. 4.

Brincken, Johann Jacob von

Brincken, J. J. de, Progr. de Darete Phrygio. Luneb. 736. 4.

Brincken, Max von den

Brincken, v. den, die wichtigsten Bestimmungen der Reichsgewerbeordnung vom 21. VI. 1869 in der Fassung vom 26. VII. 1900, f. den Gendarmen zusammengestellt u. nach den Ausführungsanweisgn. des Bundesrates, den Erlassen der beteiligten Ministerien u. den Entscheidgn. des Reichs-, Kammer- u. Oberverwaltungs-Gerichts erläutert. (XI, 73 S.) kl. 8. Berlin 904. Kaiser-Wilhelm-Dank. Kart. n. 1. —

Die Erforschung strafbarer Handlungen. Ein Hand- u. Hilfsbuch f. d. Polizeibeamten u. Gendarmen bei Ausübung d. gerichtl. Polizei. Hrsg. von [Max] v. d. **Brincken**, Oberst a. D., u. **Paulini**. In 2 T. Mit zahlr. Abb. 3. vollst. umgearb. Aufl. T. 1. 2. Berlin: Kameradschaft (1910). 8° [11. 5403

Brincken, v. den, s: Gendarmerie-Kalender. —

Verfassung und Verwaltung des deutschen Reiches und des preußischen Staates, unter besond. Berücks. d. geschichtl. Entwicklung. Mit 3 Tab. u. 1 Kt. Von v. den **Brincken**, Oberstlt. 2. gänzl. umgearb. Aufl. Wohlau: Schulze [übergeklebt: Berlin: Kameradschaft] (1903). XIII, 108 S. 8° [09. 16127

— Verfassung u. Verwaltung des Deutschen Reiches u. des Preußischen Staates, unter besond. Berücksicht. der geschichtl. Entwickelg. 3., durchgeseh. Aufl. (XII, 103 S. m. 3 Tab. u. 1 farb. Karte.) 8. Berlin (910). Kameradschaft. Geb. in Leinw. 1. 50

Brincker, kurzgefaßte Grammatik f. den französischen Anfangsunterricht,
— französische Grammatik f. lateinlose Schulen,
— Lesebuch f. den französischen Unterricht,
} s.: Jacobs.

Brincker, Frdr., Germanische Altertümer i. d. angelsächs. Gedichte „Judith". Progr. gr. 4. (22 S.) Hamburg 898. (Herold.) n. 2. 50

Brincker, Friedrich: Germanische Altertümer in dem angelsächsischen Gedichte „Judith". *Hamburg 1898: Lütcke & Wulff.* (22 S.) 4°
Hamburg, R vor d. Lübeckerthore, P 1898 (775)

Brincker, F. Poetik Shakespeare's in den Römerdramen Coriolanus, Julius Caesar und Antony and Cleopatra. Diss. Münster 1884. 160 S. Progr.

[F.] Aus dem Hererolande. Erinnergn an Kriegeswirren u. missionarische Friedensarbeit v. P. H. **Brincker**. Emerit. Missionar d. Rhein. Miss.-Ges. Tl 1—3. *Barmen: Missionshaus 1896.* 3 Bde 8.
1. Die Herero-Miss. während d. Krieges v. 1863—1870. (63 S.)
2. Zehn Jahre Friede u. Ausbreitg d. Herero-Miss. bis z. Ovambolaud. (63 S.)
3. Vierzehnjähr. Kriegeswirren u. Entwicklg d. Mission während derselben. (55 S.)
= **Missions-Traktate**, Rheinische. No 71—73. [98. 9344

Brincker, P. H., Lehrbuch d. Oshikuanjama [Bantu-Sprache in Deutsch-Südwest-Afrika], s.: Lehrbücher d. Seminars f. orientalische Sprachen zu Berlin. Bd. 8.

Unsere Ovambo-Mission sowie Land, Leute, Religion, Sitten, Gebräuche, Sprache usw. der Ovakuánjama-Ovámbo, nach Mitteilungen unserer Ovambo-Missionare zsgest. von Dr. P. H. **Brincker**, Missionar emer. *Barmen: Missionshaus 1900.* (76 S.) 8° [F.]
= **Missions-Traktate**, Rheinische. No 101. [01. 5715 b

Brincker, H., Wörterbuch u. kurzgefasste Grammatik d. Otji-hérero m. Beifügung verwandter Ausdrücke u. Formen d. Oshi-ndonga—Otj-ambo. Mit Unterstützg. der königl. Akademie der Wissenschaften in Berlin, sowie verschiedener Missionsgesellschaften hrsg. von C. G. Büttner. Lex.-8. (VIII, 351 u. 31 S. m. 6 Tab.) Leipzig 887. T. O. Weigel Nachf. (1886) **n. 25. —**

[F.] Deutscher Wortführer für die Bantu-Dialekte Otjihérero, Oshindónga und Oshikúánjama in Südwest-Afrika; m. Anh. Thesen u. Hypothesen üb. Art u. Wesen der Clicks in d. Dialekten der Kafir-Bantu u. Hottentotten v. P. H. **Brincker**, Missionar a. D. *Elberfeld: R. L. Friderichs & C. 1897.* (562 S.) 1 Bd 4.(8.) [98. 1742

Brinckhoff, Fr., Kyriale, enth. 6 Choralmessen, 2 Credo aus dem Ordinarium Missae, Litaneien u. das Choral-Te Deum. Hrsg. in der Chevé'schen Ziffernotation. 8. (III, 56 S.) Freiburg i/Br. 886. Herder. n. — 90

Brinckman, John. Das Leben e. niedersächs. Dichters. Von W. S. 8. (104 S. m. Abbildgn.) Berlin (899). W. Süsserott. n. 2. —; geb. n. 2. 60

John **Brinckman**. Das Leben eines niedersächs. Dichters. Von W. S. *Berlin: W. Süsserott (1900).* (104 S.) 8° [F.] [00. 11013

Brinckman, John: Briefe an Eduard Hobein, s.: Reuter, Fritz.

**Brinckman, John, der heilige Damm. Legende in 4 Gesängen. 12. Rostock 839. Oeberg. n. $^2/_3$ ** ₰

Brinckman's, John, ausgewählte plattdeutsche Erzählungen. 1. Bd. Kasper-Ohm un ik. 3. Aufl. gr. 16. (VI, 315 S. m. e. Holzschntaf.) Rostock 877. Werther. n. 3. —; geb. n. 4. —

Brinckman's, John, ausgewählte plattdeutsche Erzählungen. 2. Bd. gr. 16. Rostock 877. Werther. n. 3. — (1. u. 2. Bd. n. 6. —)

Voß un Swinegel oder Dat Brüden geit üm. Uns' Hergott up Reisen. Peter Lurenz bi Abukir. Mit een feines Bild ut Paul Tischbeinen sin Warkstedt (Holzschntaf.). (VI, 248 u. 54 S.)

Brinckman, John, ausgewählte plattdeutsche Erzählungen. 3. Bd.: Höger up Mottche Spinkus un der Pelz. De Generalreder. 12. (IV, 242 S.) Rostock 886, Werther. *
geb. *

1. und 2. Bd. Ebendas. 1877. à *M 3.—.

Brinckman's, John, ausgewählte plattdeutsche Erzählungen. 2 Bde. 12. (Mit je 1 Titelbild.) Rostock 895. W. Werther's Verl. à n. 3. —; geb. in Leinw. à n. 4. —
1. Kasper-Ohm un ick. 6. Aufl. (VI, 374 S.)
2. Kleinere Erzählungen. (Voß un Swinegel. Höger up Mottche Spinkus un de Pelz. De General-Reeder. Peter Lurenz bi Abukir.) 3. Aufl. (VIII, 360 S.)

— kleinere Erzählungen. (Voß un Swinegel. Höger up. Mottche Spinkus un de Pelz. De General-Reeder. Peter Lurenz bi Abukir.) gr. 16. (352 S.) Ebd. (901). n. 1. —; geb. in Leinw. n. 1. 50

Brinckman, John, Festrede zu Friedrich Schillers Säcularfeier gehalten am 10. November 1859 im Schauspielhause zu Güstrow. Güstrow 859. Opitz & Co. gr. 8. (16 S.) n. 5 ngr.

— Vagel Grip, s.: Hesse's, Max, Volksbücherei.

—— Vagel Grip. En Doenkenbok. 8. (246 S.) Güstrow 859, Opitz und Comp. * 1 Thlr.; geb. *

— Vagel Grip. En Doenkenbok. gr. 16. (208 S.) Ebd. (901). n. 1. —; geb. in Leinw. n. 1. 50

Brinckman, J, uns' Herrgott up Reisen. 16. (248) Rost. 70, Kuhn. n. — 27

Brinckman, John, uns' Herrgott up Reisen. Ein Stippstürken. Rostock 870. Leopold. 16. (248 S.) n. 27 ngr.

— uns' Herrgott up Reisen. Ein Stippstürken. Neue bill. (Titel-)Ausg. 12. (248 S.) Ebd. 894. n. 1. 80; geb. n. 2. 50

— Uns' Herrgott up Reisen. Ein Stippstürken. (276) 16° Berl. (901). Düsseldf, W Werther. 1 —; L. 1.50 d

Brinckman, J: Kasper Ohm un ick, s.: Bibliothek d. Gesamtlitt. — Hesse's, M, Volksbücherei. — Universal-Bibliothek.

— Kasper-Ohm un ick, s.: Hendel's, Otto, Reisebibliothek.

Brinckman, John, „Kasper-Ohm un ick." Schiemannsgoarn. De 2. Uplagh un dreedubbelt Maat mit een feines Bild uht Paul Tischbeinen sien Warkstähr (in Holzschn.). gr. 16. (385 S.) Rostock 868, Leopold's Universitäts-Buchh. *
geb. *

Kasper-Ohm un ick. Von John **Brinckman**. 7. Aufl. Berlin: W. Werther 1900. (374 S.) 8° [F.] [03. 12030 II

Kasper-Ohm un ick von John **Brinckmann**. Hrsg. von Heinrich Bandlow. Leipzig: Reclam [1901]. 216 S. 8°
(Universal-Bibliothek. 4189–90.) [10. 16169 9

Kasper-Ohm un ick. Von John Brinckman. Mit d. Bilde d. Dichters u. e. Vorbemerkung (von O. Weltzien). *Halle a. d. S.: O. Hendel (1902).* (VI, 173 S.) 8° [F.]
(Bibliothek d. Gesamtlitteratur d. In- u. Auslandes. No 1595. 1596.) [02. 158

— Kasper-Ohm un ick. Neu hrsg. v. Wilh. Schmidt. Bildschmuck v. Adf. Jöhnssen. (VII, 176 S.) gr. 8. Nürnberg (904). E. Nister. Geb. in Leinw. n. 3. —

Kasper-Ohm un ick. Von John **Brinckman**. Mit d. Bilde d. Dichters u. e. Vorbemerkung (von O. Weltzien). Halle a. S.: O. Hendel [1908]. (VI, 173 S.) 8° [F.]
(Otto Hendel's Reisebibliothek. Ser. 1. No 4.) [08. 10461 9

Brinckman, John: Kasper-Ohm un ick. Neu hrsg. v.Wilh. Schmidt-Rostock. 4—7. Taus. (7, 176 m. Abb.) gr8° Nürnbg, E Nister ('12). L 3 — d

—— Peter Lurenz bi Abukir. 16. (71 S. mit 1 Bilde in Holzschn. von Paul Tischbein.) Rostock 869, Leopold's Universitäts-Buchh. *

— Nachlaß. Hrsg. v. A. Römer. Plattdeutscher Tl. I—IV. 8. Berlin, W. Süsserott. Geb. in Leinw. n. 11. —
I. Humoristische Erzählgn. (III, 152 S.) (904.) n. 3. —
II. III. Von Anno Toback. 2 Bde. (VII, 291 u. 293 S.) (905.) n. 6. —
IV. Uiform v. Kasper-Ohm u. anderes. (III, 122 S. m. Titelbild.) (906.) n. 2. —

— Hochdeutscher Nachlaß. Hrsg. v. A. Römer. 2 Bde. 8. Berlin (908). [W Süsserott.] Potsdam, A. Stein. Geb. in Leinw. 7. —
1. Gedichte. (XVI, 216 S.) Geb. in Leinw. 3. —
2. Prosa. (XXVII, 315 S.) Geb. in Leinw. 4. —

Brinckman's, J., ausgewählte plattdeutsche Schriften. 2. Aufl. 1.—5. Lfg. 12. (S. 1—334.) Rostock 890. Werther. (Bd. 1.) **à n. — 60**

— dasselbe. 1. u. 2. Bd. 8. Ebd. 890. à n. 3. —; geb. à n. 4. —
1. Kasper-Ohm un ik. 4. Aufl. (13 u. 334 S.)
2. Kleinere Erzählungen. (242 S.)

Brinckman's, John, ausgewählte plattdeutsche Schriften. 1. u. 2. Bd. 12. Rostock 890, Werther. à Bd. * 3 —; geb. * 4 — * 6 —; geb. * 8 —
1. Kasper-Ohm un ik. 4. Aufl. (13 u. 334 S.)
2. Kleinere Erzählungen. 2. Aufl. (51, 25, 242 S.)

Brinkman, John: Schwänke u. Abenteuer d. Kapit. Knurrhahn, s.: Kohlmetz, Herm.

Brinckman, John, die Tochter Shakespeares. Eine Dichtung. 8. (V, 117 S.) Rostock 881, Werther's Verlag. cart. mit Goldschn.

Brinckman, John, Aus dem Volk für das Volk. Plattdeutsche Stadt- und Dorfgeschichten. 1. Heft: „Dat Brüden gelht üm." gr. 16. (36 S.) Güstrow 854, Opitz und Comp.

—— dass. — 2. Heft: „Kasper Ohm un ick." gr. 16. (71 S.) Ebds. 855. *

—— Voß un Swinegel odder dat Brüden geit üm. [Heute mir, morgen dir.] 2. Aufl. gr. 16. (VI, 25 S.) Ebendas. 877. *

Voß un Swinegel, oder Dat Brüden geit üm von John **Brinckman**. [In Bildern von] M[ax] Bernuth. Berlin: Fischer & Franke [1901]. (21 Bl.) 8° [Umschlagt. F.]
= **Jungbrunnen**. 22. [03. 10088

— Voß un Swinegel u. andere humoristische Erzählungen, s.: Hesse's, Max, Volksbücherei.

John **Brinckmans** sämtliche Werke in 5 Bänden. Mit Einl. u. Anm. hrsg. von Otto Weltzien. Mit d. Dichters Bildn., e. Nachbildung seiner Hs. sowie e. niederdeutschen Wörterverzeichnis. Bd 1–5. Leipzig: M. Hesse (1903). 5 Bde 8° [F.]
1. Einleitung. Vagel Grip. 2. Kasper-Ohm un ick.
3. Uns' Herrgott up Reisen.
4. Höger up. Voß un Swinägel. Mottche Spinkus un dei Pelz. Dei General-Reeder. Peter Lurenz bi Abukir.
5. Die Tochter Shakespeares. Die Osterglocken. [06. 50 2

John **Brinckman's** sämmtliche **Werke** in plattdeutscher Sprache. Bd 1–4. *Berlin: W. Werther 1900.* 4 Bde 8° [F.]
1. Kasper-Ohm un ick. 7. Aufl. 2. Uns' Herrgott up Reisen.
3. Kleinere Erzählungen. 4. Vagel Grip. [01. 3550 6

Brinckman's, John, sämmtliche Werke in plattdeutscher Sprache. 4 Bde. gr. 16. (374, 276, 352 u. 208 S.) Berlin (901). W. Werther. In 2 Leinw.-Bdn. n. 5. —

Brinckman sen., Max: Allerhand Dummjungs-Geschichten ut mino Schooltid. (75 m. Abb.) 24×20 cm. Güstr., Opitz & Co. '12. L 2.50 d

Brinckmann, ... Zwei Predigten. 3. Aufl. Klgft., Bertschinger, 1903. 19 S.

Brinckmann, A., die württembergische Bauausstellung Stuttgart 1908. Sonderheft der Modernen Bauformen. Hrsg.: M.J.Gradl. (64 S. m. Abb.) Lex. 8. Stuttgart (908). J. Hoffmann. 2. —

Brinckmann, Ad.: 1528 Hohenkrug 1910. Zur Geschichte der Pommerschen Papierfabrik Hohenkrug zu Hohenkrug. Für d. Ostdeutsche Ausstellung Posen 1911 ... bearb. vom Fabrikdir. Ad. Brinckmann. (Hohenkrug: Papierfabrik 1910.) 42, 12 S. 4° (Sondert.:) Hohenkruger Wasserzeichen aus alter u. neuer Zeit. Gesammelt von Max Belling.

Brinckmann, Adolf, Referendar in Lüneburg: Die Anfechtung einer Willenserklärung wegen arglistiger Täuschung nach dem Bürgerlichen Gesetzbuch unter besonderer Berücksichtigung der Verträge zugunsten Dritter und der erbrechtlichen Willenserklärungen. Borna-Leipzig 1907: R. Noske. (X, 104 S.) 8° [F.]
Leipzig, Jur. Fak., Diss. v. 13. Juli 1907
[Geb. 17. Sept. 82 Aurich; Wohnort: Lüneburg; Staatsangeh.: Preußen; Vorbildung: Kgl. Gymn. Aurich Reife O. 00; Studium: Tübingen 1, Leipzig 4, Göttingen 2 S.; Rig. 16. Febr. 07.]

Brinckmann, Albert: Die praktische Bedeutung der Ornamentstiche für die deutsche Frührenaissance. Straßburg 1907: J. H. Ed. Heitz. (96 S.) 8°
Heidelberg, Phil. Fak., Ref. Thode, Diss. v. 26. Juli 1907
[Geb. 13. Sept. 77 Hamburg; Wohnort: Stuttgart; Staatsangeh.: Hamburg; Vorbildung: Gymn. Ratzeburg Reife O. 98; Studium: Bonn 12, München 2, Berlin 4, Heidelberg 2 S.; Rig. 4. März 07.]

Die praktische Bedeutung der Ornamentstiche für die deutsche Frührenaissance von Albert **Brinckmann**. Mit 25 Taf. Strassburg: J. H. E. Heitz 1907. (IX, 98 S.) 8°
= **Studien** z. Deutschen Kunstgeschichte. H. 90. [07. 13897

Brinckmann, A(lbert) E(rich), a. Norderney in Hannover: Baumstilisierungen in der mittelalterlichen Malerei (Kap. 1—4.) (Straßburg 1906: J. H. E. Heitz.) (32 S.) 8° ¶ (Erschien vollst. 1906 als Studien zur deutschen Kunstgeschichte. H. 69.)
Berlin, Phil. Fak., Ref. Wölfflin, Diss. v. 16. Juni 1906
[Geb. 4. Sept. 81 Norderney; Wohnort: Posen; Staatsangeh.: Preußen; Vorbildung: Gymn. Ploen Reife O. 02; Studium: München 1, Berlin 2, München 2, Berlin 2 S.; Rig. 14. Dez. 05.]

Baumstilisierungen in der mittelalterlichen Malerei von A. E. **Brinckmann**. Mit 9 Taf. Strassburg: J. H. E. Heitz 1906. (54 S.) 8°
= **Studien** z. Deutschen Kunstgeschichte. H. 69. [06. 9103

Brinckmann, A. E., Platz u. Monument. Untersuchgn. z. Geschichte u. Ästhetik der Stadtbaukunst in neuerer Zeit. (Mit 49 erläut. Abbildgn.) (VIII, 175 S.) gr. 8. Berlin 908. E. Wasmuth. 7.—; f. Abonnenten der Zeitschrift „Der Städtebau" 5. —

Spätmittelalterliche Stadtanlagen in Südfrankreich. Von Dr. A. E[rich] **Brinckmann**. Berlin 1910: Schenck. 41 S. 8°
Erw. aus: Deutsche Bauzeitung. [10. 6401

Brinckmann, AE: Deut. Stadtbaukunst in d. Vergangenh. (7, 163 m. Abb. u. 8 Taf.) Lex8° Frankf.M., H Keller '11. 6.50; geb. 7.50

Brinckmann, Angelinus

Brinkmann, **Angel., († . .) Thuribulum aureum. 12. Bamb. 742. Ed. V. 777. (Frankf., Wesché).** (Göbhard)

Brinckmann, Angel., Thuribulum aureum, ad incensum Domino offerendum praesentatum. Editio IV. 16. (XVI und 451 S.) Trier 863, Lintz' Verlag.

Brinckmann, Carl Heinrich Ludwig

Brinckmann, C. H. L., das Gewohnheitsrecht im gemeinen Civilrechte u. Civilprozesse u. den Handelsusancen. 1. Thl.: das Gewohnheitsrecht im gemeinen Civilrechte u. Civilproz. gr. 8. (78 S.) Heidelberg 847, Groos. n. 1/2 ℛ

Brinckmann, C. H. L., Lehrbuch des Handelsrechts mit Ausschluß der Lehren des Wechsel-, See- und Assekuranzrechts. 1. Hälfte. gr. 8. (VII und 259 S.) Heidelberg 852(53,) Bangel und Schmitt. *

Brinckmann, C. H. L., Lehrbuch des Handelsrechts mit Ausschluß der Lehren des Wechsel-, See- und Assekuranzrechtes. Heidelberg 853, 57. Bangel u. Schmitt. gr. 8. (VII, 410 S.) n. 2 ℛ 6 ngr

Brinckmann, C. H. L., Lehrbuch des Handels-Rechts. Fortgesetzt von W. Endemann. 3. Abth. Heidelberg 860. Bangel & Schmitt. gr. 8. (XII, S. 411—569.) n. 1 ℛ

Brinckmann, Friedrich

[F. u. Ant.] 'Die Christen als freudige Schuldner des Geistes Gottes'. Predigt über Römer 8, 12—17 am 4. Aug. . . . 1895 gehalten v. Pastor Brinckmann zu Landsberg a. W. . . . *(Landsberg a. W.): Selbstverl. (Dr. v. H. Herrguth, Stralsund) (1895).* (15 S.) 1 Bd 8. [96. 1196

Brinckmann, „die Christen als freudige Schuldner d. Geistes Gottes". Predigt üb. Römer 8, 12—17, am 4. Aug. (VIII. p. Trinit.) 1895 geh. gr. 8. (15 S.) Landsberg 895. (Stralsund, C. Meincke.) n. — 20

[F.] 'Die Christen als freudige Schuldner des Geistes Gottes'. Predigt über Römer 8, 12—17 am 4. Aug. '(VIII. p. Trinit.)' 1895 geh. v. Pastor [Friedr.] Brinckmann zu Landsberg a. W. . . . *(Landsberg a. W.): Selbstv.; (Stralsund: [Dr. v.] K. Herrguth [1897]).* (15 S.) 1 Bd 8. [98. 3247

Brinckmann, Georg: Aus dem städtischen Krankenhause zu Kiel. Ein Fall von Sequestrirung der Lunge nach Pneumonie. *Kiel 1897: P. Peters.* (18 S.) 8°
Kiel. Med. Diss. v. [25. März] 1898

Brinckmann, H., Johann von Leyden, König der Wiedertäufer zu Münster. Schauspiel in 5 Aufz. Münster 855. Coppenrath. gr. 8. (3 Bl., 82 S.) 12 ngr.

Brinckmann, H. L., unsere deutsche Heimath in Bildern. Mit Initialen von C. Kröner. In Holzschnitt ausgeführt von R. Brend'amour in Düsseldorf. Berlin 869. Grote. gr. 4. (VIII, 179 S. mit Holzschn. im Text u. Holzschn.-Taff.) n. 8 ℛ

Brinckmann, H. L., unsere deutsche Heimath in Bildern. gr. 4. Berlin 869. Hamburg, Rudolphi.

Brinckmann, Hermann, appr. Arzt a. Walbeck, Bez. Magdeburg: Ueber Therapie bei Morbus Basedowii. München 1905: Kastner & Callwey. (46 S.) 8°
München, Med. Fak., Ref. v. Bauer, Diss. v. 26. Juli 1905
[Geb. 17. Jan. 79 Walbeck: Wohnort: Dardesheim; Staatsangeh.: Preußen; Vorbildung: König Wilh.-Gymn. Höxter Reife O. 00; Studium: München 4, Kiel 1, Halle 1, München 3 S.; Coll. 26. Juli 05: Approb. 14. März 05.]

Brinckmann, Dr. J., Referat über das Lehrlingswesen. (Schrift. d. Ver. f. Soz.-Pol., Bd. 11.) Leipzig 1875.

Brinckmann, Jacob

— — Centuria quaest. pract. de notariis et eorum officio. Altdorf (Balth. Scherf) Aug. 1633. Neudr. (Kohles) 1703. 78 S. (5.50) 4112

— — Dasselbe. (Kohles) 1715. (5.50) 4113

— Joh. Hermann (Westfalen), Oratio de scholis optimorum principum deliciis. Schleswig (Holwein) 11. XII. 1703. 32 S. (4.80) 4114

Brinckmann, Johann Peter: A n w e i s u n g für Ärzte und Wundärzte, um bei gerichtlichen Untersuchungen, vollständige visa reperta zu liefern: . . . Düsseldorf 1781: Zehnpfennig. 84 S. 8°.
Dass. 2. verm. Aufl. Düss.: Dänzer 1791 (1788?). 85 S. 8°.
Dass. 3. Aufl. Düss.: Dänzer 1802. 77 S. 8°.

Brinckmann, Johann Peter: B e y t r ä g e zu einer neuen Theorie der Gährungen. Düsseldorf: Neue Buchh.; Cleve & Leipzig: Baerstecher 1774. 176 S. 8°.

— Beitrr. zu e. neuen Theorie d. Gährung. 8. Münst. 789. Perrenon. 10 gr

— Bemerkk. über d. vorgeschlagene Durchschneidung d. Symphyse d. Schambeine an e. Kreisenden. 8. Düsseld. 779. Acad. B. 2 gr

Brinckmann, Johann Peter: B e w e i s der Möglichkeit, daß einige Leute lebendig können begraben werden, nebst der Anzeige, wie man dergleichen Vorfälle verhüten könne. Düsseldorf; Cleve & Leipzig: Baerstecher 1772. 232 S. 8°.

— Beweis d. Möglichkeit, daß einige Leute können lebendig begraben werden. 8. Düsseld. 772. 2e A. Ebd. (Münster) 777. Perrenon. 14 gr

— Briefe v. d. Wirkung d. Blattereiters bei d. Inoculation. 8. Düsseld. 789. Dänzer. 6 gr

— Vergleichung d. Erziehung d. Alten mit d. Erzieh. d. Neuern. 8. Dessau u. Leipz. 784. 2e A. 8. Düsseld. 788. Dänzer. 1 ℛ 4 gr

— patriot. Vorschläge zur Verbesser. d. chirurg. Anstalt. 8. Düsseld. . . . 2e A. 790. Dänzer. 4 gr

Brinckmann, J. P. Patriot. Vorschläge z. Verbesserung d. Medizinalanstalten auf d. platten Lande. Düsseldorf 1778.

Brinckmann, John, s. B r i n c k m a n, John

Brinckmann, Jul., Holz-Industrie, s. Bericht, amtl., über die Wiener Weltausstellung.

Brinckmann, Justus, e. Beitrag zur Kenntniss d. japanischen Kunstgewerbes, s.: Fernschau.

Brinckmann, Just., Beiträge z. Geschichte d. Töpferkunst in Deutschland 1. Königsberg i/Pr. 2. Durlach i/Baden. [Aus: „Jahrb. d. hamburg. wissenschaftl. Anstalten."] Lex.-8. (35 S. m. Abb.) Hamburg 896. (L. Gräfe & Sillem.) n. 2. —

Brinckmann, Justus, Beschreibung der europäischen Fayencen des hamburgischen Museums f. Kunst u. Gewerbe, m. geschichtl. Einleitgn. Mit 71 Abbildgn. v. Fayencen der Sammlg., wovon 56 nach Aufnahmen v. Wilh. Weimar u. 55 Marken deutscher u. skandinav. Fayence-Fabriken. (VI, 156 S.) Lex.-8. Hamburg 894. (Leipzig, E. A. Seemann.) n. 5. —

— Beschreibung der Möbel u. Holzschnitzereien des hamburgischen Museums f. Kunst u. Gewerbe, m. geschichtl. Einleitgn. Mit 70 Abbildgn. v. Möbeln u. Holzschnitzereien der Sammlg., wovon 46 nach Aufnahmen v. Wilh. Weimar. (VI, 122 S.) Lex.-8. Ebd. 894. n. 4. —
2 Sonderabdrucke aus: „B., d. hamburg. Museum f. Kunst u. Gewerbe".

Brinckmann, Justus, Beschreibung des europäischen Porzellans u. Steingutes d. hamburgischen Museums f. Kunst u. Gewerbe, m. geschichtl. Einleitgn. Mit 28 Abbildgn. v. Gegenständen der Sammlg., wovon 24 nach Aufnahmen von Wilh. Weimar. (VI, 131 S.) Lex.-8. Hamburg 894. (Leipzig, E. A. Seemann.) n. 3. —
Sonderabdruck aus: „B., d. hamburg. Museum f. Kunst u. Gewerbe".

— s.: Denoth, Aloys, Holzschnitzwerke.

Brinckmann, Justus: Einführung in die Altjapanische Kunst. Sammlung Oeder. Von Dr. Justus Brinckmann. (Aufgestempelt: Düsseldorf: Schmitz & Olbertz 1902.) (39 S.) 8°.

Brinckmann, Just., Erläuterungen zur Sammlung Minutoli. gr. 8. (IV, 84 S.) Breslau 872. (Berlin, Ernst & Korn.) n. 2. —

Führer durch das Hamburgische Museum für Kunst u. Gewerbe, zugl. e. Handb. d. Gesch. d. Kunstgewerbes von Justus Brinckmann. Mit 431 Abb., zumeist nach Aufn. von Wilhelm Weimar. *Hamburg: Mus. f. Kunst u. Gewerbe 1894.* (XVIII, 827 S.) 4°(8°) 100. 3,88 7

— das Hamburgische Museum f. Kunst u. Gewerbe. Ein Führer durch die Sammlgn., zugleich e. Handbuch der Geschichte des Kunstgewerbes. Mit 481 Abbildgn., zumeist nach Aufnahmen v. Wilh. Weimar. Lex.-8. (XVIII, 827 S.) Hamburg 894. (Leipzig, E. A. Seemann.) n. 15. —

Brinckmann, Justus, approb. Arzt aus Hamburg: Zur Kenntniss der Thomsen'schen Krankheit. *Kiel 1902: H. Fiencke.* (44 S.) 8°
Kiel, Med. Diss. v. [21. Jan.] 1902

Brinckmann, J., Kunst u. Handwerk in Japan. 1. Bd. Mit 225 Illustr. Lex.-8. (X, 300 S.) Berlin 889. R. Wagner. n. 12. —

Brinckmann, Just., Kunst und Kunstgewerbe in Japan. Vortrag, gehalten am 18. Novbr. 1882 im Verein für Kunst und Wissenschaft zu Hamburg. gr. 8. (42 S.) Hamburg 883, Boysen.

Das Hamburgische Museum für Kunst und Gewerbe. Bericht über die Entwickelung der Anstalt seit ihrer Eröffnung am 25. September 1877 (v. Justus Brinckmann): ausgegeben zum 25. September 1882. Hamburg. o. J. (1882.) 8° m.

Brinckmann, J., die Sammlung jüd. Kultgeräte im hamburg. Museum f. Kunst u. Gewerbe, s.: Mitteilungen der Gesellschaft f. jüd. Volkskunde. 2. Hft.

Brinckmann, Osc., über die Bewegung eines materiellen Punktes auf einem Rotations-Paraboloid, wenn derselbe von einem auf der Rotations-Axe gelegenen festen Centrum nach dem Newton'schen Gesetze angezogen wird. Inaugural-Dissertation. gr. 8. (54 S. mit 1 Stnt.) Jena 885, (Neuenhahn.) *

Brinckmann, Paul Heinrich

Brinckmann, P., Naturgesetz u. Vorsehg., Wunder u. Gebetserhörg., s.: Vorträge, apologetische.

Brinckmann, sehet, welch e. Liebe hat uns der Vater erzeiget, daß wir Gottes Kinder sollen heißen! Predigt, zur Erinnerung an die General-Kirchenvisitation in St. Johannis zu Halberstadt am 10. IX. 1908 der Gemeinde dargeboten. (9 S.) 8. Halberstadt (908). J. Schimmelburg. — 25

Brinckmann, verträgt sich das massenhafte Elend in der Welt m. der Liebe Gottes? Ein Vortrag. gr. 8. (25 S.) Halberstadt 901. J. Schimmelburg. n. — 50

Brinckmann, Wilhelm: Die Erkenntnistheorie in Platons Theätet. Jena, Frommannsche Hof-Buchdr., 1896; 1—24 S. 4.
Bergedorf bei Hamburg, Hansa-S, OP 1896 (746)

Brinckmann, Wolfgang [Referendar zu Hamburg]: Die Haftung des Pfändungspfandgläubigers bei irrtümlicher Pfändung einer fremden Sache ... Göttingen, Druck d. Univ.-Buchdr. v. W. F. Kästner, 1894; 41 S. 8.
Göttingen, Jur. Fak., Inaug.-Diss. v. [24. Okt.] 1894

Brinckmeier, Carl, Satzlehre der deutschen Sprache. 2. Aufl. gr. 8. (IV, 48 S.) Quedlinburg 888, Vieweg's Buchh. cart. *

Brinckmeier, Carl, Syntax der deutschen Sprache. Quedlinburg 863. (Basse.) 8. (IV, 44 S.) 7½ ngr.

Brinckmeier, Eduard

— s. de Kock, P., Jenny, oder die drei Blumenmärkte in Paris. — dess. Der Mann aus den Zeiten der Republik. — Marryat, der arme Jacob. — Memoiren des Fürsten v. Talleyrand-Perigord. — Napoleons-Album. — Paul Perlwinkle. — Rügelieder der Troubadours gegen Rom. — Sagen, die, von den Abenteuern Carls des Großen. — Soulié, Fr., die vier Schwestern. — Ufer und Inseln des mittelländ. Meeres.

— s. 1) v. Balzac, Licht u. Schatten. 2) G. v. Beaumont, Irland. 3) Brunonia. 4) W. Irving, Astorie. 5) P. de Kock, Nachbar Raymond; der Literat; Novellen; Soldat und Prinzessin; Zizine. 6) Lafayette, Memoiren. 7) Lamothe-Langon, Bonaparte und der Doge. 8) Marryat, der arme Jakob. 9) Martineau, die Gesellschaft. 10) Ed. Melfort, Bilder aus England. 11) Memoiren des Chevalier von ...on. 12) Memoiren der Herzogin v. Nevers. 13) Memoiren des Fürsten Talleyrand. 14) Moden-Courier. 15) Dela Motte, Spanien. 16) Ossian's Gedichte. 17) Paul Perewinkle, der Preßgang. 18) G. Sand, Frau v. Sommerville. 19) Scherry, Leben rc. Val. Vor. 20) Soulié, zwei Leichen; Generalbeichte; Fried. Eulalie Pontois. 21) Ufer und Inseln des mittelländischen Meeres.

Brinckmeier, Eduard, Abenteuer Carls des Grossen, s. Sagen.

— Abriss einer documentirten Geschichte d. span. Nationalliteratur, nebst einer vollständ. Quellenkunde, von den frühesten Zeiten bis z. Anfange d. 17. Jahrh. gr. 8. (18 B.) Leipzig 811, Wienbrack.

Brinckmeier, Ed., kurzer Abriß der Hühnerzucht u. Aufbesserung d. echt deutschen Landhuhns. 12. (24 S.) Halberstadt 891. Ernst. — 50

Brinckmeier, E., kurzer Abriß d. Hühnerzucht u. Aufbesserg. d. echt deutschen Landhuhns. 2. Aufl. 8. (24 S.) Halberstadt 895. Ernst. — 50

Brinckmeier, E., kurzer Abriß der Hühnerzucht u. Aufbesserung des echt deutschen Landhuhns. 3. Aufl. 8. (24 S.) Leipzig (900). Ernst. — 50

Brinckmeier, Ed., kurzer Abriß der Hühnerzucht u. die Aufbesserung des echt deutschen Landhuhns. 4. Aufl. (24 S.) 8. Leipzig (907). Ernst. — 50

— Anlage u. Erhaltung v. Blumenparterre's, Bosquets u. Parkgärten nach ästhetischen Grundsätzen u. praktischen Erfahrungen, nebst bewährten speziellen Anschlägen u. Angabe der f. jeden Zweck geeigneten Pflanzen. gr. 8. (VIII, IV, 135 S. m. 1 Plan.) Oppeln 892. G. Maske. n. 2. 50
(Später: Bln.: H.Friedrich)

— Anleitung zur lohnenden Kultur der Schnittblumen u. besonders zu der Massenkultur derselben in allen Jahreszeiten. gr. 8. (VII, 118 S.) Ebd. 893. n. 2. —

— Anleitung z. lohnenden Kultur d. Schnittblumen u. besonders z. d. Massenkultur derselb. i. all. Jahreszeiten. gr. 8. (VII, 113 S.) Oppeln 894. Berlin-Carlshorst, H. Friedrich. n. 2. —
Auch desselb. Verfassers „Anleitg. z. Anlage u. Erhaltg. von Blumen-Parterres" ist in obigen Verlag übergegangen.

Brinckmeier, Ed., praktische Anleitung zur Anzucht und Kultur der Korbweiden. Ihr Anbau, ihre Auswahl, ihre hohe Verwerthung und allgemeine Nutzbarkeit. Mit Angabe vorzügl. Adressen für den Absatz. 8. (IV, 168 S.) Ilmenau 888, Schröter. *

BRINCKMEIER, E.: Praktische Anleitung zur Anzucht und Kultur der Korbweiden. - Ilmenau, Leipzig 1889. 168 S. 2. Aufl.

Brinckmeier, Ed., praktische, leicht faßliche Anleitung zur Kenntniß, Anzucht und Cultur der Palmen im Gewächshause und im Zimmer. Für Palmenfreunde und Gärtner nach eignen langjähr. Erfahrungen und unter Beihülfe sachkund. Fachgenossen bearb. gr. 8. (XVI, 206 S. mit 19 Abbild.) Ilmenau 884, Schröter's Verlag.

Brinckmeier, Ed., praktische, leicht faßliche Anleitung zur Kenntniß, Anzucht u. Cultur der Palmen im Gewächshause u. im Zimmer. Für Palmenfreunde u. Gärtner, nach eignen langjähr. Erfahrgn. u. unter Beihülfe sachkund. Fachgenossen bearb. Mit 19 Abbildgn. 2. Aufl. gr. 8. (XVI, 206 S.) Ilmenau 886. Schröter. n. 3. 50

Brinckmeier, Eduard: Histor.-dipl.-chronolog. Anweisung..., s. Brinckmeier: Prakt. Handbuch d. hist. Chronologie...

— Anzucht, Pflege u. Dressur der Brieftauben m. genauer Beschreibung der Abrichtung f. das lange gesuchte, erst jetzt erreichte freiwillige Hin- u. Zurückfliegen zwischen zwei entfernten Schlägen u. der Einrichtung e. regelmäßigen täglichen Depeschendienstes. 1. u. 2. Aufl. 8. (IV, 116 S.) Ilmenau 891. A. Schröter's Verl. n. 2. -

Brinckmeier, Ed., Blumenlese aus den Werken der Troubadours in den Originalen. Nebst provenzal. Grammatik u. Glossarium. gr. 8. (194 S.) Halle 849. (Braunschweig) Schwetschke & Sohn. 1 ℛ

Brinckmeier, Eduard, Louis Napoleon Bonaparte, Präsident der französ. Republik. Sein polit., militär. und Privatleben, sein Charakter und seine Meinungen. Aus authent. Nachrichten, Actenstücken und seinen Werken dargestellt. br. gr. 8. (136 S. und 1 Holzschn.) Braunschweig 849, J. H. Meyer.

Brinckmeier, Ed., siehe: Bonaparte, Louis Napoleon, politisches Glaubensbekenntniß.

Brinckmeier, E. (Hrsg.), s. Brunonia.

—— und Carl Müller, allgemeines Deutsch-Fremdwörterbuch oder vollständigstes Fremdwörterbuch. Ein Hand- und Nachschlagebuch für jeden Deutschen, um sowohl für ein deutsches Wort rc., die bereits eingebürgerten rc. Fremdwörter rc. sofort aufzufinden, als auch zum Verständniß und richtigen Gebrauch der in der deutschen Umgangs- und Schriftsprache mehr oder minder gebräuchlichen fremden Ausdrücke. Mit sorgfältiger Angabe der Aussprache, der Betonung und des Geschlechts. Für Geschäftsleute aller Art, Künstler, Techniker rc. 2 Thle. br. 8. Braunschweig, Oehme und Müller. [1. (IX und 426 S.) 853., 2. (298 S.) 855. à Thl. 1 Thlr. 15 Ngr.]

— und Carl Müller, allgemeines Deutsch-Fremdwörterbuch und vollständigstes Fremdwörterbuch. Ein Hand- und Nachschlagebuch für jeden Deutschen, um sowohl für ein deutsches Wort rc., die bereits eingebürgerten oder der Einbürgerung würdigen Fremdwörter rc. sofort aufzufinden, als auch zum Verständniß und richtigen Gebrauch der in der deutschen Umgangs- u Schriftsprache mehr oder minder gebräuchlichen fremden Ausdrücke. Mit sorgfältiger Angabe der Aussprache, der Betonung und des Geschlechts. Für Geschäftsleute aller Art, Künstler, Techniker, Militairs rc. 2 Thle. Braunschweig (854.) Oehme u. Müller. gr. 8. (1. Bd.: IX, 266, 160 S.; 2. Bd.: 296 S.) 3 ℛ

— Erzählungen. 8. Celle 841, Schulze. 1 ℛ

— Fala Vm^ce^o Portuguez? s. a. Koch's Sprachführer.

— fala vm^ce^o portuguez? Portugiesisch-deutsches Gesprächbuch. Nebst e. übersichtl. Grammatik. 2., verb. Aufl. 8. (VI, 234 S.) Leipzig 892. C. A. Koch. 2. 50

— Flora. Gartenbuch f. Damen. Leicht faßl., prakt. Anweisg., den Garten auszuschmücken, Blumen- u. Teppichbeete anzulegen, Zimmer, Blumentisch, Aquarium rc. das ganze Jahr hindurch m. blüh. u. Ziergewächsen zu versehen u. ohne Gewächshaus alle Zierpflanzen, auch die kostbarsten, selbst zu ziehen. Mit 43 Abbildgn. 8. (IV, 144 S.) Leipzig 883. H. Voigt. n. 1. 80; geb. m. Goldschn. n. 3. —

— Flora. Gartenbuch f. Damen. Leicht faßl., prakt. Anweisg., den Garten auszuschmücken, Blumen- u. Teppichbeete anzulegen, Zimmer, Blumentisch, Aquarium rc. das ganze Jahr hindurch m. blüh. u. Ziergewächsen zu versehen u. ohne Gewächshaus alle Zierpflanzen, auch die kostbarsten, selbst zu ziehen. 2. Aufl. 8. (IV, 144 S. m. 43 Abbildgn.) Leipzig 891. H. Voigt. n. 1. 80; geb. in Leinw. m. Goldschn. n. 3. —

Brinckmeier, E., florestas de sátiras, fábulas etc., s.: Coleccion de autores españoles.

— genealogische Geschichte d. alten braunschweigischen uradeligen reichsfreien Geschlechts Dorer v. Kalm. gr. 8. (192 S. m. 1 farb. Wappentaf. u. 4 genealog. Tab.) Braunschweig 893. (R. Sattler.) n. 6. —

— genealogische Geschichte d. uradeligen reichsgräflichen u. reichsfürstlichen, standesherrlichen, erlauchten Hauses Leiningen u. Leiningen-Westerburg. Nach archival., handschriftl. u. gedr. Quellen bearb. 2 Bde. gr. 8. (1. Bd. XIII, 376 u. m. 1 color. Wappentaf.) Braunschweig 890. Sattler. (2. Bd.: 1891) n. 40. —

— Geschichte des Jahres 1848. Ein Gedenkbuch für das deutsche Volk. Mit (lith.) Portraits. gr. 8. (102 S.) Braunschweig 849, Oehme & Müller. 1/2 ℛ

— portugiesisch-deutsches Gesprächbuch. Praktische Anweisung, die portugiesische Sprache in kurzer Zeit sprechen und schreiben zu lernen. Die gebräuchlichsten u. nothwendigsten Wörter, Gespräche und Redensarten, wie sie im täglichen Verkehr vorkommen. Nebst einer übersichtlichen Grammatik. 8. (VI, 266 S.) Leipzig 881. C. A. Koch. 2. 50

—— politisches Glaubensbekenntniß Louis Napoleon Bonaparte's, s. Bonaparte.

Brinckmeier, Ed., Glossarium diplomaticum zur Erläuterung schwieriger, einer diplomat., histor., sachl., oder Worterklärung bedürftiger latein., hoch- und besonders niederdeutscher Wörter und Formeln, welche sich in öffentl. und Privaturkunden, Capitularien, Gesetzen rc. des gesammten deutschen Mittelalters finden. Mit Unterstützung eines Vereins von Gelehrten, aus archival. und gedruckten Quellen, und mit den besten literar. Hilfsmitteln bearb. und durchweg mit urkundl. Belegstellen versehen. 1. Bd. 24 Hefte und 2. Bd. 1—3. Heft. [A—Mansus.] Fol. Hamburg und Gotha 852—56, F. A. Perthes. [1. Bd. (1113 S.) und 2. Bd. 1—3. Heft. (S. 1—161.)] à Heft * 1 Thlr. *

Brinckmeier, Ed., Glossarium diplomaticum zur Erläuterung schwieriger, einer diplomat., histor., sachl. oder Worterklärung bedürftiger latein., hoch- und besonders niederdeutscher Wörter und Formeln, welche sich in öffentl. und Privaturkunden, Capitularien, Gesetzen rc. des gesammten deutschen Mittelalters finden. 2. Bd. 4—11. Heft. Fol. (S. 165—548.) Gotha 857—61, F. A. Perthes. à Heft * 1 Thlr. *

1. Bd. 24 Hefte und 2. Bd. 1—3. Heft. Ebendas. 1852—56. * 27 Thlr.

Brinckmeier, Ed., Glossarium diplomaticum zur Erläuterung schwieriger, einer diplomatischen, historischen, sachlichen, oder Worterklärung bedürftiger latein., hoch- und besonders niederdeutscher Wörter und Formeln, welche sich in öffentl. und Privaturkunden, Capitularien, Gesetzen rc. des gesammten deutschen Mittelalters finden. 2. Bd. 12.—16. Heft. Fol. (S. 549—762 und Suppl. 25 S.) Gotha 862,63, F. A. Perthes. à Heft * 1 Thlr.

1. Bd. 24 Hefte und 2. Bd. 1.—11. Heft. Ebendas. 1852—61. * 35 Thlr.

—— vollständ. Grammatik d. span. Sprache. Mit kaufmänn. Briefen, Wechselformularen, Protesten, Avisbriefen, Frachtbriefen rc. Lex.-8. (20 1/2 B.) Braunschweig 844, Oehme u. Müller.

Brinckmeier, Ed., histor.-diplomat.-chronolog. Anweisung, nach welcher sich alle Data u. Epochen der verschied. Schriftsteller u. Urkunden aller Zeiten u. Länder leicht u. sicher bestimmen lassen. — A. u. d. T.: Prakt. Handbuch der histor. Chronologie aller Zeiten u. Völker, besonders des Mittelalters. gr. 8. Leipzig 843, Wienbrack. 2½ ℛ

Brinckmeier, Ed., praktisches Handbuch der historischen Chronologie aller Zeiten und Völker, besonders des Mittelalters. Mit Erläuterungen, ausführl. Tabellen, Berechnungen und diplomat. Hinweisungen zur Prüfung, Bestimmung und Reduction der Daten histor. Ereignisse, Urkunden, Diplome, Chroniken, Schriftsteller rc. von den frühesten Zeiten der beglaubigten Geschichte an. 2. vollständig umgearb. und verm. Aufl. gr. 8. (XXIV, 504 S.) Berlin 882, Hempel. *

—— der Hanf. Sein Anbau, seine Bereitung und seine Verwendung, nebst den neuesten, das Rösten oder Rotten ersetzenden, billigen, sichern und leicht auszuführ. Erfindungen. Ein vortreffl. Mittel zur Förderung des eigenen und des nationalen Wohlstandes. Für Jedermann leicht verständlich dargestellt. 8. (74 S.) Ilmenau 884, Schröter's Verlag. *

— der Hanf. Sein Anbau, seine Bereitg. u. seine Verwendg., nebst den neuesten, das Rösten od. Rotten ersetz., bill., sichern u. leicht auszuführ. Erfindgn. Ein vortreffl. Mittel zur Förderg. d. eigenen u. d. nationalen Wohlstandes. Für Jedermann leicht verständlich dargestellt. 2. Aufl. 8. (74 S.) Ilmenau 886. Schröter. n. 1. —

Brinckmeier, Ed. Die Herstellung von Blumen u. Blättern u. deren einzelnen Bestandteilen aus Papier. 8. (XII, 131 S. m. 109 Abbildgn.) Berl. 892, S. Mode. 2 25

—— der Hühnerhof. Vollständige und deutl. Anweisung, die Hühner zu züchten, zu veredeln, zu einem überaus reichl. Eierlegen zu bringen, sie zu mästen, kurz den höchstmögl. Gewinn aus ihnen zu ziehen. Nebst Beschreibung der bis jetzt bekannten deutschen und fremden Nutz- und Luxushühner-Rassen und Angabe der Resultate ihrer Kreuzungen; ferner: Belehrung über das natürl. und künstl. Brüten, über die Verhütung und Heilung der Krankheiten, über die beste Aufbewahrung der Eier rc. für den kleinsten wie für den Großbetrieb. Nebst einem Anhang über die Anzucht und Pflege der Truthühner. 9. und 10. durchaus umgearb., verm. und bis auf die neueste Zeit fortgeführte Aufl. 8. (171 S.) Ebendas. 886,88. *

— der Hühnerhof. 11., bis auf d. neueste Zeit fortgef. Aufl. 8. (IV, 171 S.) Ilmenau 890. Schröter's Verl. 1. 50; geb. n. 2. —

— der Hühnerhof. 12., durchaus umgearb., verm. u. bis auf die neueste Zeit fortgeführte Aufl. 8. (IV, 171 S.) Ilmenau 891. A. Schröter's Verl. Geb. in Leinw. n. 2.—

— d. Hühnerhof. Vollst. u. deutl. Anweisg., d. Hühner z. züchten, z. veredeln, z. e. überaus reichl. Eierlegen z. bringen, sie zu mästen, kurz d. höchstmögl. Gewinn aus ihnen z. ziehen. Nebst Beschreibg. d. b. jetzt bekannten deutschen u. fremden Nutz- u. Luxushühner-Rassen u. Angabe üb. Kreuzgn.; ferner: Belehrg üb. d. natürl. u. künstl. Brüten, üb. d. Verhütg. u. Heilg. d. Krankheiten, üb. d. beste Aufbewahrg. d. Eier rc. f. d. kleinsten wie f. d. Großbetrieb. Nebst e. Anh. üb. d. Anzucht u. Pflege d. Truthühner. 13., durchaus umgearb., verm. u. bis auf d. neueste Zeit fortgef. Aufl. 8. (159 S. m. 8 Abb.) Ilmenau 897. A. Schröter. n. 1. 50; geb. in Leinw. n. 2. —

— Itinerarium der deutschen Kaiser u. Könige v. Conrad dem Franken bis Lothar II. Ein Beitrag zur Berichtigung u. nähern Bestimmung historischer Thatsachen u. zur Kritik d. Urkunden. Aus Urkunden u. Quellenschriftstellern zusammengetragen u. durchweg m. den Belegen versehen. gr. 8. (228 S.) Halle 848, (Braunschweig) Schwetschke & Sohn. 1 ℛ 12 ngr

— die Kalt- u. Warmhauspflanzen. Prakt. Anweisung zur Anzucht, Vermehrung u. Veredlung derselben. Nach langjähr. eigener Erfahrung u. unter gütiger Beihülfe v. Fachmännern verf. 8. (VIII, 380 S.) Quedlinburg 880. Ernst. 3. —

—— Kaninchenbuch. Praktisches Lehrbuch zur rationellen Anzucht u. Pflege. 1. u. 2. Aufl. 8. (IV, 66 S.) Ilmenau 890,92, Schröter. * 1 —

— Kaninchenbuch. Praktisches Lehrbuch zur rationellen Anzucht u. Pflege der volkswirtschaftlich so überaus wicht. Kaninchen, im Kleinen wie im Großen, in der Stadt u. auf dem Lande u. im kleinsten Raume, sowie Vorführg. der neuen echten deutschen Rasse. 8. (IV, 66 S.) Ebd. 891. n. 1. —

— Kaninchenbuch. Praktisches Lehrbuch zur rationellen Anzucht u. Pflege der volkswirtschaftlich so überaus wicht. Kaninchen, im Kleinen wie im Großen, in der Stadt u. auf dem Lande u. im kleinsten Raume, sowie Vorführg. der neuen echten deutschen Rasse. 2. u. 3. Aufl. 8. (IV, 66 S.) Ebd. 892. 893. n. 1. —

— die neuesten Constructionen der Feld- u. Wiesen-Eggen u. speciell der Universal-Egge „Acme" Mit 20 Abbildgn. 8. (92 S.) Ebd. 888. n. 1. 20

Brinckmeier, Ed.: Die Kunst d. Bukett- u. Kranzbindens, s.a. Olbertz, J, Die moderne Binderei.

—— die Kunst des Bouquet- und Kranz-Bindens, praktisch und leicht faßlich dargestellt. Nebst Anleitung zum Trocknen, Bleichen und Färben der Blumen, Gräser und Moose, und einem Anhang über die Herstellung von transparenten Bouquets. gr. 8. (IV. 115 S. mit 76 Abbild.) Leipzig 884, H. Voigt. *

—— die Kunst des Bouquet- und Kranz-Bindens, praktisch und leichtfaßl. dargestellt. Nebst Anleitung zum Trocknen, Bleichen und Färben der Blumen, Gräser und Moose, und einem Anhang über die Herstellung von transparenten Bouquets und die Ausstattung von Fontainentischen. 2. verm. und verb. Aufl. gr. 8. (VII, 152 S. mit 1 Titelbild und 99 Abbild.) Leipzig 886, H. Voigt. *

Brinckmeier, Ed., die Kunst des Bouquet- und Kranz-Bindens, praktisch und leichtfaßl. dargestellt. Nebst Anleitung zum Trocknen, Bleichen und Färben der Blumen, Gräser und Moose, sowie zu der Herstellung von transparenten Bouquets und zur Ausstattung von Fontainen-Tischen. 3. reichlich verm. und verb. Aufl. gr. 8. (VIII, 159 S. mit 1 Titelbild und mehr als 100 Abbild.) Ebendas. 887. *ℳ 2.—.; geb. *

— die Kunst d. Bouquet- u. Kranz-Bindens, praktisch u. leicht faßlich dargestellt. Nebst Anleitg. zum Trocknen, Bleichen u. Färben der Blumen, Gräser u. Moose, sowie zur Herstellg. v. transparenten Bouquets u. zur Ausstattg. v. Fontainen-Tischen. 4. Aufl. Mit ca. 100 Abbildgn. gr. 8. (VIII, 159 S.) Leipzig 891. H. Voigt. n. 2. —; geb. in Leinw. n. 3. 20

— d. Kunst d. Boukett- u. Kranz-Bindens. Nebst Anleitg. z. Trocknen, Bleichen u. Färben d. Blumen, Gräser u. Moose; m. e. Abschnitt üb. d. z. Binderei verwendb. b. uns winterharten Stauden- u. Zwiebelgewächse. 5. Aufl. Mit ca. 60 Abb. Völlig umgearb. u. erweit. von P. Möschke. gr. 8. (V, 187 S.) Leipzig 896. H. Voigt. n. 2. 20; geb. in Leinw. n. 3. —

Brinckmeier, Ed., Liebe u. Leben. Novellen. 8. (1 ℛ.) Braunschweig 841, G. C. E. Meyer sen.

Brinckmeier, Ed., leicht faßliche u. sichere Methode, ohne Lehrer die spanische Sprache nicht nur lesen u. verstehen, sondern auch ohne große Mühe u. in kurzer Zeit richtig, fließend u. elegant sprechen u. schreiben zu lernen. Nach 60jähr. eigner Erfahrg. u. intimem Verkehr m. Spaniern bearb. 8. (VIII, 200 S.) Ilmenau 885. Schröter's Verl. cart. n. 3. —

—— leicht faßliche und zuverlässige Methode, die französische Sprache ohne Lehrer nicht nur lesen und verstehen, sondern auch ohne große Mühe und in kurzer Zeit richtig, fließend und elegant sprechen und schreiben zu lernen. Aus fast 60jähr. Erfahrung nach eigentüml. Methode bearb. 8. (VIII, 248 S.) Ilmenau 887, Schröter. cart. *

—— dass. — Schlüssel. 8. (55 S.) Ebendas. 888. *

Brinckmeier, Ed., Napoleons-Album, s. Napoleons-Album.

—— die Nationalliteratur der Spanier seit dem Anfange des 19. Jahrhunderts, s. Bouterweck, Friedr., Geschichte der Poesie und Beredsamkeit.

Brinckmeier, Ed., Novellen und Erzählungen: (Harold der Königssohn. — Das stille Schloß. — Die Rose von Andalusien. — Der Lastträger. — Die Wittwe. — Der alte Emmeran u. s. Sohn. — Lindaraja.) 8. Braunschw. 837. Meyer sen. 1 1/4 ₰

— Oster-Büchlein. E. Gedenkbuch für Confirmanden. (Jesu letzte Lebenstage; Einzug i. Jerusalem; Einsetzg. d. hl. Abendmahls; Gebet i. Gethsemane; Leiden, Tod u. Auferstehg.) Getreu n. d. Evangelium i. poet. Gewand. 12. (86 S. m. Titelb.) Schleiz 896. F. Weber's Nachf. Geb. in Leinw. m. Goldschn. 1. 25

Brinckmeier, Ed., die Schuld. Eine Novelle. 2. Aufl. 8. Neuhaldensleben 841, Eyraud. 7/8 ₰
(1.Aufl.Ebda.1834)

—— der Seidenbau, eine Quelle des Volkswohlstandes und Nationalreichthums. Praktische Anleitung zum Seidenbau in seinem ganzen Umfange, nebst der Anzucht und Cultur der Maulbeerbäume und Maulbeerhecken. Nach den Beobachtungen intelligenter Seiden- und Maulbeerzüchter und eigenen Erfahrungen für jeden leicht faßlich und verständlich dargestellt. 8. (VIII, 128 S.) [Leipzig 882, Johannßen's Verlag.] Ilmenau, Schröter's Verlag. *

— der Seidenbau als Nebengewerbe, e. Quelle d. Volkswohlstandes u. Nationalreichthums. Praktische Anleitung zum Seidenbau in seinem ganzen Umfange [m. Einschluß der Eichen-Seidenraupe], nebst der Anzucht u. Cultur der Maulbeerbäume u. Maulbeerhecken. Nach den Beobachtgn. intelligenter Seiden- u. Maulbeerzüchter u. eigenen Erfahrgn. f. Jeden leicht faßlich u. verständlich zu sofort. Beginn dargestellt. 2., vielfach verb. u. verm. Aufl. 8. (VIII, 135 S.) Ebend. 886. n. 1. 50

— Der Seidenbau als Nebengewerbe, e. Quelle d. Volkswohlstandes u. Nationalreichtums. Praktische Anleitg. zum Seidenbau in seinem ganzen Umfange (m. Einschluß der Eichen-Seidenraupe), nebst der Anzucht u. Kultur der Maulbeerbäume u. Maulbeerhecken. Nach den Beobachtgn. intelligenter Seiden- u. Maulbeerzüchter u. eigenen Erfahrgn. f. Jeden leicht faßlich u. verständlich zu sofort. Beginn dargestellt. Mit Anh.: Die Skorzonera (Schwarzwurzel) als Futter f. die Seidenraupe. 3., vielfach verb. u. verm. Aufl. (VIII, 152 S.) 8. Ilmenau (907). A. Schröter. 2. —

Brinckmeier, E [Übers.]
s. Sherry: Leben und Abenteuer Valentin Vox... 1840-41.

—— Braunschweiger Spargelbuch. Praktische Anweisung zur Cultur des Spargels nach der in Braunschweig befolgten Methode, zum Treiben desselben im Winter und zum Conserviren desselben in Büchsen und durch Trocknen. Für Jedermann leicht faßlich dargestellt. 8. (XVI, 122 S.) Ilmenau 884, Schröter's Verlag. *

—— Braunschweiger Spargelbuch. Prakt. Anweisung zur Cultur des Spargels nach der in Braunschweig befolgten Methode, zum Treiben desselben im Winter und zum Conserviren desselben in Büchsen und durch Trocknen. Für Jedermann leicht faßlich dargestellt. 2. und 3. Aufl. 8. (XVI, 122 S.) Ebendas. 885,86. *

Brinckmeier, Ed. Braunschweiger Spargelbuch. Praktische Anweisg. zur Cultur d. Spargels. 4. Aufl. * 8. (XVI, 122 S.) Ilmenau 891, Schröter. * 2 —; geb. * 2 80
Als Ergänzung dazu:
— neueste Erfahrungen in der Spargelzucht. Notwendige Ergänzgn., Erklärgn. u. Berichtiggn. zu meinem Braunschweiger Spargelbuche. 1. u. 2. Aufl. 8. (43 S.) Ebd. 889. 890. n. — 80
— neueste Erfahrungen in der Spargelzucht. Notwendige Ergänzgn., Erklärgn. u. Berichtiggn. zu meinem Braunschweiger Spargelbuche. 3. Aufl. 8. (43 S.) Ebd. 891. n. — 80

—— die provenzalischen Troubadours als lyrische und politische Dichter. Mit Proben ihrer Dichtungen. 8. (V, 270 S.) Göttingen 882, Vandenhoeck und Ruprecht's Verlag. *

—— die provenzal. Troubadours nach ihrer Sprache, ihrer bürgerl. Stellung, ihrer Eigenthümlichkeit, ihrem Leben u. Wirken aus d. Quellen übersichtlich dargestellt. gr. 8. (12 1/2 B.) Halle 841, Anton.

— der Zimmer-, Fenster- u. Balkongarten in allen Jahreszeiten. Mit 63 Abbildgn. 8. (IV, 268 S.) Ebd. 889. n. 2. 50

— der Zimmer-, Fenster- u. Balkongarten in allen Jahreszeiten. Praktische Anweisg., die dazu gehör. Pflanzen im Zimmer [ohne Gewächshaus u. Garten] zu ziehen, zu kultivieren u. zur Blüthe zu bringen, nebst der Anlage u. Ausstattg. v. Aquarien u. Terrarien. 2. Aufl. 8. (IV, 268 S. m. 63 Abbildgn.) Ilmenau 891. A. Schröter's Verl. n. 2. 50; geb. n. 3. —

—— die Zwiebel-Zierpflanzen und die wichtigsten und beliebtesten zwiebelähnlichen und Knollenpflanzen. Prakt. Anleitung zu ihrer Kenntniß, ihrer Anzucht, Kultur im Freien und im Hause und zum Treiben derselben. Für Blumenliebhaber und angehende Gärtner dargestellt. gr. 8. (XI, 171 S. mit mehr als 40 Abbild.) Ebendas. 887. *

—— Die Zwiebel-Zierpflanzen u. die wichtigsten u. beliebtesten zwiebelähnlichen u. Knollenpflanzen. 2. Aufl. 8. (XI, 171 S. m. Abbildgn.) Ebd. 889. * 3 —

Brinckmeier, Wilh. Der Tragiker Phrynichos. 21 S. *Burg* 1884.
Progr.

Brinckmeier, [Wilhelm], Prof.: Heinrich Schliemann und die Ausgrabungen auf Hissarlik. *Burg 1901: A. Hopfer,* (S. 9—32.) 4°
Burg, k. Viktoria-G, P 1901 (248)

Brinckschulte, Theod. (geb Münster in Westf. 9. 3. 1835): De dysenteria. Berolini (1859). (31 S.) 8°
Berlin. Med. Diss. v. 23. Juli 1859

Die Luxemburgische Thronfolge. Eine staatsrechtl. Studie von Dr. Jos. **Brincour.** (Luxemburg [1907]: St. Paulus-Gesellsch.) (22 S.) 4° [07. 10179

Brindl, Fr., l'amélioration de la vallée de la Save, }
—— die Melioration der Save-Niederungen, } **s. Peyer, Fr.**

Bricuell, J. A., ein Verfahren zur Härtebestimmung nebst einigen Anwendungen desselben. Für die „Baumaterialienkunde" aus dem Schwed. übers. (21 S. m. Abbildgn.) hoch 4. Stuttgart 900. Freiburg i. B., J. Bielefeld. n. 2. 50
Sonderabdruck aus: „Baumaterialienkunde".

Briner, E[mile], und Wroczynski, A[dam]. Über die chemische Wirkung eines hohen Druckes auf die Gasmischungen. Sonder-Abdruck [aus:] Zeitschrift für Anorganische Chemie .... (Bd. 63, 1909.) IV S.+S. 49—52. 8. Hamburg und Leipzig, Leopold Voss.

Briner, Otto, prakt. Arzt in [und von] Zürich: Ueber die operative Behandlung der Basedow'schen Krankheit durch Strumectomie. (S. A. aus: Beiträge z. klin. Chirurgie [— Bruns], Bd 12 [S. 704—750]). Tüb. H. Laupp 1894. 2 Bl., 47 S. 8°.
Zürich, Med. Diss. [v. 23. Nov. 1894].

Briner, Rob.: Die Ehescheidgsgründe im Zivilstands- u. Ehegesetz v. 1874 u. im Zivilgesetzb., s: Beiträge, Züricher, z. Rechtswissensch.

Bring, Joh. Chr.

Bring, J. C., die Bergpredigt Jesu. In 42 Betrachtgn. ausgelegt. (125 S.) 12. Herborn 903. Buchh. des nass. Colportagevereins. n. — 60; geb. n. 1. —

Unter dem Christbaum. Weihnachts-Betrachtungen von J. C. **Bring,** weil. Pastor in Stockholm. Autor. Übers. von F. E. *Berlin: Christl. Zeitschriftenver. 1898.* (23 S.) 8° [F.]
— **Broschüren,** Religiöse, f. Gebildete. H. 11. [01. 9047

'Das thut zu meinem Gedächtnis!' Eine Sammlung Beichtreden von Dr. J. C. **Bring**, † Vorst. d. Diakonissenanst. in Stockholm. Ins Deutsche übertr. von F. E. *Gütersloh: C. Bertelsmann 1901.* (130 S.) 8° [F.] [01. 1463

— **Kranken-Buch. Kurze Betrachtgn. Autoris. Uebers. aus dem Schwed. Hrsg. vom evangel. Trostbunde. 8. (90 S. m. 1 Stahlst.) Berlin 899. (Schriftenvertriebsanstalt.) Geb. in Leinw. n. 1. 50**

'Siehe, das ist Gottes Lamm!' Kurze Betrachtungen f. d. Passionszeit von J[oh.] C[hr.] **Bring**, † Pastor in Stockholm. Autor. Übers. von F. E. *Gütersloh: C. Bertelsmann 1904.* (86 S.) 8° [F.] [04. 6798

Worte der Erinnerung für Konfirmanden von J. C. **Bring**. Autor. Uebers. aus d. Schwed. von F. E. *Berlin: Schriftenvertriebsanst. 1900.* (152 S.) 8° [F.] [01. 9044

Bringen uns die Teplitzer Conferenzen Krieg mit Frankreich im Interesse Oesterreichs oder nicht? Eine Anfrage. Berlin 860. Mai. 8. (15 S.) n. 3 *ngr.*

Bringmann, Aug., Geschichte der deutschen Zimmerer-Bewegung. Hrsg. im Auftrage des Zentralverbandes der Zimmerleute u. verw. Berufsgenossen Deutschlands. 2 Bde. gr. 8. Stuttgart, J. H. W. Dietz Nachf. n. 11. —; geb. in Halbfrz. n. 16. —
1. (XII, 400 S. m. 12 Taf.) 903. n. 6. —; geb. n. 8. 50
2. (XXXII, 340 S. m. 1 Taf.) 905. n. 5. —; geb. n. 7. 50

Bringmann, August: Geschichte der deutschen Zimmererbewegung. Bd. 1. 2. Hamburg: Schrader 1905–09. 8°. 1. 2. durchges. u. verb. Aufl. 1909. 2. 1905.

Bringmann, August: Statistisches aus der deutschen Zimmererbewegung im 19. Jahrhundert. 8°. Hamburg: Fr. Schrader 1902.

Bringmann, August: Prakt. Winke für die deutsche Zimmererbewegung. Hrsg. im Auftrage des Ausschusses und Vorstandes des Zentralverbandes der Zimmerer und verwandten Berufsgenossenschaften Deutschlands. 8°. Hamburg: Fr. Schrader 1901. Dass. 3., verb. u. verm. Aufl. Ebda. 1909. (XXIV, 261 S.)

Bringmann, August (Red.), s. Zimmerer, Der.

Bringmann, Augustin, S. J., P. Florian Baucke, e. deutscher Missionar in Paraguay (1749—1768), s.: Missions-Bibliothek.

Bringolf, Hans: Völkerrechtliche **Verträge** als Quelle von Interventionen bei Internationalen Verwicklungen. *Greifswald 1899: J. Abel.* (48 S.) 8°
Greifswald, Jur. Diss. v. 1899

B[ringolf], J[ohn]. J. B.'s „Artikel." [Aus verschiedenen Zeitungen neu abgedruckt.] 3 [Bände]. Freunden und Gegnern. 8. (Schaffhausen 1891[–1892].)
[Band] 1: 1853–70. — [Band] 2: 1871—86. — [Band] 3: 1887–92.

Brinitzer, Eugen, prakt. Arzt aus Neiße: Zur **Kasuistik** des Nystagmus. *Leipzig 1904: B. Georgi.* (48 S.) 8°
Leipzig, Med. Diss. v. (10. Juni) 1904

Brinius, J. Thom., De spiritibus animalibus disquisitio phys.-medica. Patav. 4°. *Haller*, Bibl. anat. II, 225. (Pro fibrarum tremore elastico et contra animales spiritus. Nervos vult a meningibus oriri. Multa de animae facultatibus. Nulla anatome.) 1729

Brink, B. ten, Spec. literar. inaug., cont. Disputatiunculam de Lupo, Lamiis et Mormone, additis observationibus ad loca nonnulla ex M. T. Ciceronis libro I. de Legibus. 8 maj. (3 B.) Groningae 828, van Boekeren. (Lipsiae, Barth.) Thlr.

Brink, B. ten, M. Terentii Varronis locus de urbe Roma. Gel. 1855. 12 S.

— **Commentatio de Lucio Ann. Seneca ejusque in philosophiam meritis. 4 maj. Gröning. 827. v. Boekeren. (Lpz., Barth). 1 ℛ 12 𝔤𝔤**

Brink, Bernhard ten

Brink, Bernh. ten. Über die Aufgabe d. Litteraturgeschichte. Rede, geh. am 1. Mai 1890, dem Stiftungstage der Kaiser-Wilhelms-Universität Strassburg. gr. 8. (28 S.) Strassb. i. E. 891, Heitz. • — 60
Vgl.: Wetz, W., über Litteraturgeschichte.

Brink, B. ten, Beowulf, s.: Quellen und Forschungen zur Sprach- u. Culturgeschichte der germanischen Völker.

Brink, Bernh. ten, Chaucer. Studien zur Geschichte seiner Entwicklung und zur Chronologie seiner Schriften. (In 2 Thln.) 1. Thl. gr. 8. (VIII, 222 S.) Münster 870, Russell's Verlag. [Strassburg, Trübner.]

Brink, B. ten, conjectanea in historiam rei metricae Franco-gallicae. Bonnae. 41 S. 1865
Schul-/Univ.-Schrift

Brink, Bernh. ten, Dauer und Klang. Ein Beitrag zur Geschichte der Vocalquantität im Altfranzösischen. 8. (V, 54 S.) Strassburg 879, Trübner.

—— **Geschichte der englischen Litteratur. 1. Bd.: Bis zu Wiclifs Auftreten. gr. 8. (VIII, 470 S.) Berlin 877, Oppenheim. ***

— Geschichte der englischen Litteratur. 2. Bd. Bis zur Thronbesteigg. Elisabeth's. 1. Hälfte. gr. 8. (352 S.) Berlin 889. [Oppenheim.] Straßburg, Trübner, Verl. n. 6. 50 (I. u. II. 1.: n. 14. 50)

— Geschichte der englischen Litteratur. 2. Bd. Bis zur Reformation. 2. Hälfte. Hrsg. v. Alois Brandl. gr. 8. (XV u. 353—658.) Straßburg i/E. 893. K. J. Trübner Verl. n.n. 6. 50; 2. Bd. kplt.: n.n. 13. — (I. u. II.: n.n. 21. —)

[F.] Geschichte der Englischen Litteratur von Bernhard ten Brink. 2. verb. u. verm. Aufl. hrsg. v. Alois Brandl. Bd 1. *Strassburg: K. J. Trübner 1898.* 8. [10. 5037

— **Geschichte der englischen Litteratur. 1. Bd. Bis zu Wiclifs Auftreten. 2., verb. u. verm. Aufl., hrsg. v. Alois Brandl. gr. 8. (XX, 520 S.) Straßburg 899. K. J. Trübner. n. 4. 50; geb. in Leinw. n. 5. 50; in Halfrz. n. 6. 50**

— **grammatik oder logik? Sendschreiben an Herrn Edélestand du Méril zu Paris. Münster 869. Niemann. 8. (12 S.) n. 2 *ngr.***

Brink, Bernhard ten. Shakspere. Fünf Vorlesungen aus dem Nachlass... Strassburg 1893. H: *Schröder, Edward.* (Berl)

— Shakspere. Fünf Vorlesgn. aus dem Nachlaß. Mit dem Bildniß d. Verf., rad. v. W. Krauskopf. 8. (VII, 160 S.) Ebd. 893. n. 2. —; geb. n. 3. —

Brink, Bernh. ten, Shakspere. Fünf Vorlesgn. aus dem Nachlaß. Mit dem Medaillonbildnis des Verf. in Lichtdr. 3. durchgeseh. Aufl. (VII, 149 S.) 8. Straßburg 907. K. J. Trübner. 2.—; geb. in Leinw. n 2. 50

Brink, Bernh. ten, Chaucers Sprache u. Verskunst. gr. 8. (XIV, 225 S.) Leipzig 884. T. O. Weigel. In Leinw. cart. n. 5. —

Brink, Bernh. ten, Chaucers Sprache u. Verskunst. 2., durchgeseh. Aufl. Hrsg. v. Frdr. Kluge. gr. 8. (XV, 228 S.) Leipzig 899. Ch. H. Tauchnitz. Geb. in Leinw. n. 5. —

Brink, E., die Wunder des Magnetismus, s. Bloch's, E., Theater-Gartenlaube. - s. Theater d. Auslandes.

Brink, Harro ten, der schnell perfecte u. elegante Schlittschuhläufer. Unentbehrliches Handbüchlein für Freunde u. Freundinnen des Eislaufs. Mit 4 (lith.) Taf. 12. (63 S.) Harburg 880. Elkan. 1. 20

! Brink, H ten: Schlittschuhläufer. Jetzt: Stuttg., S Lutz-Steinweg. 76/80

Brink, Heinrich: Die allgemeine Therapie des Galen. *Berlin (1898): G. Schade.* (33 S.) 8°
Berlin, Med. Diss. v. 29. Juli 1898

Brink, J. van den, ein katholischer Pfarrer als Sozialdemokrat. Aus dem Holl. des B. (16 S.) gr. 8. Berlin 903. Buchh. Vorwärts. — 10

Ein katholischer Pfarrer als Sozialdemokrat. Aus d. Holländ. des Dr. J. van den **Brink**; röm.-kath. Priester. Berlin: Vorwärts 1906. (16 S.) 8° [F.] 06. 4588

Brink, Jan Ten
s.a. Ten Brink, Jan

Brink, Jan ten

Brink, J. ten, ostindische Damen u. Herren, s.a. Bibliothek, ostindische.

BRINK, Dr. J. ten, Ostindische Damen u. Herren. 4 Beiträge zur Kenntnis der Sitten u. Gebräuche in der europäischen Gesellschaft von Holländisch-Indien. Aus d. Holländ. von W. Berg. 4 Bde. Leipzig 1868. 8⁰. (3⅔ Rthl.) (5 Mk. A. Bielefeld, c. 1883; 3 Mk., Tit. gestemp., Dieterich, Göttingen 1911.)

Brink, Jan ten, Jeanette u. Juanito, s.: Reclam's Unterhaltungs-Bibliothek.

Brink, J. ten, Jeanette und Juanito, s. Universal-Bibliothek Nr. 1508.

Brink, Jan ten, der Schwiegersohn der Frau v. Roggeveen. Dem Holländ. nacherzählt v. Adf. Glaser. 2 Bde. 8. (322 u. 313 S.) Braunschweig 876. Westermann. n. 10. —

Brink, Jan ten, Emile Zola und seine Werke. Autoris. Uebersetzung von H. Geo. Rahstede. 8. (XI, 306 S.) Braunschweig 887, Schwetschke und Sohn. *

Brink, Ludwig

Geschichts- u. Altertumsver. f. Mayen u. Umgebung. Die Bedeutung der Sammlung und Ausgrabungen unseres Vereins für die Geschichte von Mayen und Umgebung. Vortrag geh. von d. Vorsitzenden Notar Dr. **Brink** 1907. Mayen 1907: L. Schreder. (46 S.) 8° [F.] 07. 13999 5

Brink, Ludwig [Referendar]: Bestellung der dinglichen Rechte an fremden Immobilien im Mittelalter. I. Hälfte .... Breslau, Wilhelm Koebner, 1887; 4 Bl. + 48 S. + 2 Bl. 8°.
Breslau, Jur. Fak., Inaug.-Diss. v. 10. Jun. 1887.

Brink, Ludw., Bestellung der dinglichen Rechte an fremden Immobilien im Mittelalter. gr. 8. (VII, 98 S.) Breslau 887, Koebner. *

Geschichte von Mayen. Im Auftr. d. Geschichts- u. Altertumsvereins f. Mayen u. Umgebung verf. von Dr. L(udwig) **Brink**, Just.R., u. Joseph Hilger, Rektor. Mayen 1910: Schreder. XI, 368 S. 8° 11. 1978

van den Brink, R. C., s. Bakhuizen

Brink, Wilh., die Schlittschuhfahrkunst. Ein Lehrbüchlein, abgefaßt u. m. 181 Zeichnungen (15 Steintaf.) versehen. 12. (36 S.) Plauen 881. Hohmann. cart. n. 1. 50

v. Brinken, Baron, Mémoire descr. s la foret impér. de Bialowiecza, en Lithuanie. Orné de IV grav. et d'une carte. gr. 4. Warschau 828. Glücksberg. 2 ß 12 gl

Brinken, F. v. d., s. Brincken, F. v. d.

Brinken, G., Der Streik im Ruhrkohlengebiet 1905. Schauspiel in 1 Akt. Essen-Ruhr, 1905. 16 S.

Brinker, B. H. R., Schreibvorlagen für Volksschulen. 2. und 5. Heft. 4. Aufl. 1872, und 5. Aufl. qu. gr. 8. (à Heft 4 Stnt.) Osnabrück 874, Brinker. à Heft – 15 Pf. *

Brinker, B. H. R., Schreibvorlagen f. Volksschulen. 2. u. 5. Hft. 5. Aufl. qu. gr. 8. (à 4 Steintaf.) Osnabrück 875. Brinker. à n. — 15

Brinker, Karl [Dr.]: Bemerkungen zur lateinischen Grammatik, bes. der Kasussyntax. Schwerin, G. Hilb's Buchdr., 1895; 1 Bl., 18 S. 4.
Schwerin, grossh. RG, OP 1895 (685)

Brinker, Karl Das Geburtsjahr des Stoikers Zeno aus Citium und dessen Briefwechsel mit Antigonus Gonatas. 4 (12 S.).
Progr. Rg. *Schwerin* 1888

Brinker, Karl, de Theocriti vita carminibusque subditiciis. Dissertatio inauguralis philologica. gr. 8. (77 S.) Rostochii 884. (Leipzig, Fock.) *

Brinker, K. [Dr.]: Wie weit ist der Wortschatz in Caesars b. gall. I—VII und den gelesensten Biographieen des Nepos im lateinischen Lesebuch der unteren Klassen zu verwerten? Bemerkungen z. lat. Formenlehre. Schwerin, G. Hilb's Buchdr., 1891; 37 S. 4°
Schwerin, grossh. RG, OP 1891 (652)

Brinker, K., wie weit ist der Wortschatz in Caesars b. gall. I—VII. u. den gelesensten Biographien d. Nepos im lateinischen Lesebuch der unteren Klassen zu verwerten? Bemerkungen zur latein. Formenlehre. gr. 4. (37 S.) Schwerin 891. (Leipzig, G. Fock.) n. 1. —

Welchen Anteil haben Fichte und Schleiermacher an der Entwickelung der Erziehung im 19. Jahrhundert? Eine Vergleichung. Von V. **Brinker**. Bielefeld: A. Helmich [1902]. (18 S.) 8° [F.]
= Abhandlungen, Pädagogische. N. F. Bd 8, H. 5. 05. 13361

Brinkhaus, Bern. Joan. Armin. (geb. Riesenbeck in Westf. 10. 7. 1834): De uteri tumoribus fibrosis. Berolini (1860). (31 S.) 8°
Berlin, Med. Diss. v. 13. Aug. 1860

Brinkhaus, Paul: Das Rohrnetz städt. Wasserwerke, s: Oldenbourg's techn. Handbibliothek.

Brinkman, Jos. Beiträge zur Geschichte Borken's u. seiner Umgebung, unter Berücksichtigung der Züge der Römer durch die hiesige Gegend. 8. (IV, 159 S.) Borken 890. (Münster i. W., Seiling.) * 1 40

Die Landschaft um Borken zur Zeit Christi; Züge d. Römer durch dieselbe. Von Josef **Brinkman**. *Borken: J. Mergelsberg 1899.* (125 S.) 8° [F.] 00. 11316

Brinkmann: Beiträge zur analytischen Trigonometrie. 22 S. Progr. Halle R. 1859.

Brinkmann, Dr., s. F. W. Th. Eggers, über das Wesen rc. **der Ehe.**

Brinkmann: Ein Fall v. angebor. einseit. Nierenmangel, s.: Festschrift, d. Ärztever. d. Kreise Birnbaum usw. gewidmet.

Brinkmann, ..., zur Schulfeier d. Säcularfestes d. Reformation. 8. Boitzenburg 818. (Rostock, Stiller). 6 gl

Brinkmann: Der Schulgarten als bedeutsames Lehrmittel, s: Magazin, Pädagogisches.

— d. Verdienste Luthers um seine Mit- u. Nachwelt. 8. Ebd. 818. 4 gl

Brinkmann, ..., s. Volks-Bibliothek, katholische.

Brinkmann, A., Betrachtungen üb. die sieben Worte d. sterbenden Erlösers am Kreuze. gr. 8. (5½ B.) Coblenz 837, Hölscher.

Brinkmann, A., u. Hast, Joh., Der Ruf der Zeit an die kath. Geistlichkeit, den kath. Lehr-, Beamten- u. Gewerbestand rc. Berlin, Moeser u. Kühn, 1845, gr. 8°, 25 Pf.

— — u. Dr. Jos. Hast der Ruf der Zeit an die Geistlichkeit rc. rc. auch an die Buchhandlungen Deutschlands. (1 Bogen.) Berlin 1846, Möser. 9 kr.

Brinkmann, A., die heilige Zeit der Fasten gefeiert in Gebeten, Betrachtungen u. Liedern. Zunächst für die kathol. Gemeinde zu Berlin zusammengestellt. 8. (Mit 1 Stahlst.) Berlin 845, Moeser u. Kühn. n. ⅔ ß

Brinkmann, A., die heil. Zeit der Fasten gefeiert in Gebeten, Betrachtungen u. Liedern. Zunächst für die kathol. Gemeine zu Berlin zusammengestellt. 8. (VIII u. 488 S.) Münster u. Berlin 847, Aschendorff. n. 1/3 ₰

Brinkmann, Adolfus: De anacoluthis apud Aristophanem capita quinque. Halis Saxonum 1882: (Angerstein in Wernigerode). 73 S. 8°
Halle-Wittenberg, Phil. Diss. v. [8. Dez.] 1882
Geb. Wernigerode 27. 7. 1855 [vielmehr: 1854]. V.

Brinkmann, Adf., Bau- u. Kunstdenkmäler d. Mansfelder Seekreises, s.: Grössler Herm.

Die mittelalterliche Befestigung der Stadt Zeitz mit 32 Orig.-Zeichnungen von Dr. A(dolf) **Brinkmann**, Oberl. Zeitz (1902): R. Jubelt. (42 S.) 8° [F.]
= **Mitteilungen** d. Geschichts- u. Altertumsvereins f. Zeitz u. Umgebung. Jg. 1. [06. 1018]

Brinkmann, Adolf [aus Hannover]: Beiträge zur Kenntnis der Lithiumverbindungen ... Göttingen, Druck d. Univ.-Buchdr. v. E. A. Huth. 1892; 36 S. 8.
Erlangen. Phil. Fak., Inaug.-Diss. v. 1892

— d. Burganlagen d. Zeitz in tausendjähr. Entwicklg. M. 14 Orig.-Darstellgn. Progr. Lex.-8. (V, 54 S.) Halle 896. O. Hendel. n. 2. —

Beschreibende **Darstellung** der älteren Bau- und Kunstdenkmäler der Stadt Aschersleben. Bearb. von Dr. Adolf **Brinkmann**, Gymn.-Oberl. in Zeitz. Hrsg. von d. Hist. Commiss. f. d. Prov. Sachsen u. d. Herzogt. Anhalt. Mit 100 Abb., 26 Lichtdr.-Taf. u. 1 Stadtpl. *Halle a. S.: O. Hendel 1904.* (VIII, 130 S.) 4° (8°)
= **Darstellung**, Beschreibende, d. älteren Bau- u. Kunstdenkmäler d. Prov. Sachsen. H. 25. [04. 556 2

Brinkmann, A., Kreis Gardelegen, s.: Parisius, A.

Brinkmann, Adf., der Mansfelder Gebirgskreis, s.: Grössler, Herm.

Brinkmann, Adolf: Alphabetischer K a t a l o g der in der Königl. Stiftsbibliothek zu Zeitz vorhandenen Druckwerke. Zeitz [1909]: Jubelt. XIV, 228 S. 8°.

Brinkmann, Ad.: Alphabetischer Katalog d. in d. kgl. Stiftsbibliothek zu Zeitz vorhand. Druckwerke, besorgt u. m. geschichtl. Einleitg versehen. (14, 228) 8° Zeitz, (Kgl. Stiftsbibliothek) ('12). (Nur dir.) nnn 1 —

Brinkmann, Ad.: Die Kunstform d. Fachwerkbauten in Osterwieck u. Hornburg. Vortr. [Aus: „Ztschr. d. Harzvereins".] (19 m. 10 Taf.) 8° Quedlinbg, HE Huch '11. 1 — d

Brinkmann, Ad., Leitfaden für den Unterricht in der deutschen Sprache. Zum Gebrauch für Schüler vom 8. Jahre an bearb. gr. 8. (VIII und 119 S.) Leer 866, Meyer. *

Brinkmann, Ad., Leitfaden f. den Unterricht in der deutschen Sprache. 1. u. 2. Cursus. 2. Aufl. 8. Leer 870. Meyer. n. 1. —
1. Zum Gebrauch f. Schüler vom 8. Jahre an. (VI, 40 S.) n. — 25
2. Zum Gebrauch f. Schüler vom 10. Jahre an. (VIII, 128 S.) n. — 75

Brinkmann, Ad., Leitfaden für den Unterricht in der deutschen Sprache. 1. Cursus: Zum Gebrauch für Schüler vom 8. Jahre an. 3. Aufl. 8. (III, 56 S.) Leer 876, Meyer's Buchh. cart. **
2. Cursus. Ebendas. 1870. • 75 Pf.

Brinkmann, A., Liederkranz für die Jugend. Eine Auswahl zwei- u. dreistimmiger Lieder für Schule u. Haus. 1. Heft. Bremen 866. Rolteniue in Comm. 8. (48 S.) 4 ngr.

Brinkmann, Adolf, Prof. Dr.: Der Peter-Paulsdom in Zeitz. Zeitz 1906: R. Jubelt. (46 S., 1 Bl., 3 Taf.) 8° [F.]
Zeitz, k. Stifts-G P 1906 (313)

Brinkmann, Alb., Naturbilder. Schilderungen u. Betrachtgn. im Lichte der neuesten Naturanschaug. gr. 8. (VII, 258 S. m. Fig.) Bremen 893. M. Heinsius Nachf. n. 3. —; geb. n. 4. —

Brinkmann, Albrecht [aus Dortmund z. Zt. Assistenzarzt a. d. Dr. Königshöfer'schen Augenklinik in Stuttgart]: Beitrag zur Casuistik der angeborenen Defecte der Lider ... (Aus d. Münch. Med. Wochenschr.) München, J. A. Finsterlin, 1887; 2 Bl., 12 S., 1 Taf., 1 Tab. 8.
Würzburg. Med. Fak., Inaug.-Diss. v. 1887

Brinkmann, Alfr., die Begründung der Klagen des Reichsrechts und des gemeinen Rechts nach dem Reichscivilproceß. 2 Bde. gr. 8. (XV, 422; XVI, 663 S.) Leipzig 883, Brockhaus. *

Brinkmann, Alfr., Darstellung der rechtlichen Grundsätze über die Litigiosität. gr. 8. (VIII u. 156 S.) Kiel 849, Schwers. n. 24 ngr.

Brinkmann, Alfred: Über d. P r ü f u n g d. Kandidaten d. Rechtswissenschaft, s. B r i n k m a n n , Rudolf

Dissertatio inauguralis de s c i e n t i a rei alienae superveniente in Publiciana in rem actione quam scripsit Alfred **Brinkmann.** Kiliae. 1847. 8°.

Brinkmann, Alfr., Verhältniß der actio communi dividundo und der actio negotiorum gestorum zu einander, insbesondere über die Zulässigkeit der einen oder der andern Klage von Seiten der Theilnehmer einer Communion gegen einander. gr. 8. (190 S.) Kiel 855, Schröder und Comp. Thlr. *

Brinkmann, Angelinus, s. B r i n c k m a n n , Angelinus

Brinkmann, Aug., s.: Museum, rheinisches, f. Philologie.

Brinkmann, Augustus (geb. Schwelm 2. 2. 1838): De diffamatione quaestiones quaedam praecipue juris Romani ratione habita. Berolini (1862). (43 S.) 8°
Berlin, Jur. Diss. v. 28. Jan. 1862

Brinkmann, Augustus [Brunsvicensis]: Quaestionum de dialogis Platoni falso addictis specimen ... Bonnae, typ. Caroli Georgi univ. typogr., 1888; 16 S. 8°
Bonn, Phil. Fak., Inaug.-Diss. v. 15. Aug. 1888

Brinkmann, A., Quaestionum de dialogis Platoni falso addictis specimen. Diss. 1891. 32 S. 1.50

Brinkmann, A., Die Streitschrift von Thmuis gegen die Manichäer. Gel. 1894. 13 S.

Brinkmann, A., Die Theosophie des Aristokritos. S.-A. s. a. 8 S.

Vorkommen und Verbreitung einer Planktonturbellarie Alaurina composita Mecz. in daenischen Gewaessern. Von Aug. **Brinkmann.** (Mit 12 Fig. u. 1 Kt.) København: Reitzel i Komm. 1909. 15 S. 4°
(Meddelelser fra Kommissionen for Havundersøgelser. Ser.: Plankton. Bd 1, Nr 7.) [10. 7903

Brinkmann, Bernhardus [Osnabrugensis]: De Antiphontis oratione de choreuta commentatio philologa ... Jenae, typ. Frommanni (H. Pohle), 1888; 1 Bl. + 78 S. + 1 Bl. 8°
Leipzig, Phil. Fak., Inaug.-Diss. v. 12. Jul. 1888

Brinkmann, Bernh., de Antiphontis oratione de choreuta commentatio philologica. Dissertatio inauguralis. gr. 8. (78 S.) Jenae 888. (Leipzig, Fock.) *

Brinkmann, C. Friedrich Wilhelm, aus Duisburg a. Rheinl.: Die innere Reibung als Hülfsmittel zur Erkennung und Unterscheidung ähnlich konstituierter Verbindungen. *Leipzig 1903: B. Georgi.* (53 S.) 8°
Leipzig, Phil. Diss. v. [23. März] 1903

[F.] Die Armenpflege in ihren Beziehungen zu den Leistungen der Socialgesetzgebung. Bericht erstattet im Auftr. d. Vereins v. Bürgermeister [Carl] **Brinkmann** in Königsberg i. Pr. *Leipzig: Duncker & Humblot 1897.* (2 Bl., 40 S.) 1 Bd 8.
= **Schriften** d. deutschen Vereins f. Armenpflege u. Wohlthätigkeit. H. 29. [97. 5488

Brinkmann, Carl. [a.] Tilsit: Die Entstehung des Märkischen Landbuchs Kaiser Karls IV. (Altenburg 1908: Pierer.) (64 S.) 8° [F.]
Berlin, Phil. Fak.. Ref. Tangl, Diss. v. 4. Aug. 1908
[Geb. 19. März 85 Tilsit; Wohnort: Berlin; Staatsangeh.: Preußen: Vorbildung: Wilhelms-Gymn. Berlin Reife O. 03; Studium: Freiburg i. B. 1, Göttingen 2, Oxford 4, Berlin 3 S.; Rig. 27. Febr. 08.]

Brinkmann, Carl: Freiheit u. Staatlichk. in d. älteren deut. Verfassg. (7, 52) gr8° Münch., Duncker & H. '12. 1.50

Brinkmann, Carl, s.: Landeskunde der Prov. Brandenburg.

Brinkmann, C., Repetitorium der deutschen Geschichte, s.: Gaede, U.

Brinkmann u. Zimmermann, ehrenamtliche u. berufsamtliche Thätigkeit in der städtischen Armenpflege, s.: Schriften des deutschen Vereins f. Armenpflege u. Wohlthätigkeit. H. 18.

Brinkmann, u. Cuno, die f. d. Armenwesen wichtigsten Vorschriften des bürgerl. Gesetzbuches, s.: Schriften des deutschen Vereins f. Armenpflege. 45. Hft.

— Wustrau, Wirtsch.- u. Verfassgsgesch. e. brandenburg. Ritterguts, s: Forschungen, Staats- u. sozialwissenschaftl.

v. Brinkmann, Karl Gust., philosoph. Ansichten. 1r Bd. 8. Berl. 806. Sander. 1 Rthlr 20 gr Velinp. 2 Rthlr 4 gr

Elegien. Abdruck Für Freunde. Paris 1799. 8°. 73 S.
Verf. Carl Gustav von Brinkmann, Ps. Selmar, Freund von Schleiermacher u. von Frau von Staël, starb 1848. Fehlt bei G. 3 S. 67 Nr. 37.

— Gedichte. 16 Bdchn. (N. A.) 8. Berl. 804. Sander. 1 Rthlr 16 gr Velinp. 1 Rthlr 20 gr (vergl. Selmar.)

BRINKMANN, Dietrich (Kessebüren/Westf.): Ein Fall von Empyem. Heilung durch Operation.- München: Wolf 1882. 14 S.
19.10.1882 - Urk (Titel: De empyemate operatione sanato.); Chr 1882/83,17

Diss. Ingolst.-Landsh.-Mchn.

Brinkmann, Eduard, approb. Arzt aus Dahlhausen: Aus d. Kgl. Universitäts-Frauenklinik zu Bonn. Orthopaedische und functionelle Resultate der Ventrofixatio uteri bei Retroflexio uteri. *Bonn 1901: P. Bieberstein.* (55 S.) 8°
Bonn, Med. Diss. v. 15. Mai 1901

Brinkmann, Emil (Hrsg.), s. Festschrift z. Feier des 25j. Bestehens d. Hall. Lehrervereins.

Brinkmann, E. Über Individualitätsbilder, s. Zeit- u. Streitfragen, pädagogische. 26. Heft.

Brinkmann, E., Individualitäts- od. Schülerbilder (Schülercharakteristiken). 2. Aufl. (45 S.) gr. 8. Sachsa 908. H. Haacke. — 80

Brinkmann, Franz, Referendar a. Buer i. W.: Die Abnahmepflicht beim Kauf und Werkvertrag und die Folgen ihrer Verletzung. Borna-Leipzig 1906: R. Noske. (VIII, 53 S.) 8°
Leipzig, Jur. Fak., Diss. v. 5. Sept. 1906
[Geb. 1. Jan. 80 Buer i. Westf.; Wohnort: Buer; Staatsangeh.: Preußen; Vorbildung: Gymn. Recklinghausen Reife O. 01; Studium: Münster 1, München 1, Berlin 1, Münster 3 S.; Rig. 30. Juni 06.]

Brinkmann, Franz: Die Grundlagen der englischen Landwirtschaft und die Entwickelung ihrer Produktion seit dem Auftreten der internationalen Konkurrenz. Oldenburg i. Gr. 1909: Sußmann. 128 S. 8° ¶(Ersch. auch als Buch b. Schaper, Hannover.)
Jena, Phil. Diss. v. 1. Febr. 1909, Ref. Edler
[Geb. 27. Mai 78 Buer i. W.; Wohnort: Buer; Staatsangeh.: Preußen; Vorbildung: Landw. Schule Lüdinghausen, Einj. Freiw. Zeugn. O. 94; Studium: Jena 8 S.; Rig. 15. Juni 08.] [U 09. 2164

Brinkmann, F., Die Grundlagen der englischen Landwirtschaft u. die Entwickelung ihrer Produktion seit dem Aufreten der internationalen Konkurrenz. (128 S.) Lex.-8. Hannover, M. & H. Schaper. 1909 3. —

Brinkmann, Friedrich (Schwelmen), De collisione juris accrescendi cum successione graduum. Comment. jur. Halle (Schmidt) 19. VII. 1851. 49 S. (2.50) 4117

Brinkmann, Frdr., die Metaphern. Studien über den Geist der modernen Sprachen. 1. Bd. Die Thierbilder der Sprache. gr. 8. (VII, 600 S.) Bonn 878. A. Marcus. n. 9. —

Brinkmann, Frdr., Palm. Histor. Trauersp. i. 5 Aufzügen. 8. (111 S.) Duisburg 808. (Duisburger Verlagsanstalt.) n. 1. 50

Brinkmann, F. Das Pferd in den romanischen Sprachen und im Englischen unter steter Berücksichtigung des Lateinischen und Griechischen. Diss. Jena 1872. 32 S.

Brinkmann, Friedr., Studien und Bilder aus süddeutschem Land und Volk. 2 Bde. gr. 8. (VIII und 699 S.) Leipzig 862, Fr. Fleischer.

Brinkmann, Friedr., Syntax des Französischen und Englischen in vergleichender Darstellung. (In 3 Bdn.) 1. Bd. und 2. Bd. 1. Lfg. gr. 8. Braunschweig 884, Vieweg und Sohn. [1. Bd. (XVII, 628 S.) *M 12.; 2. Bd. 1. Lfg. (S. 1—388.) *M 7,50.] *

Brinkmann, Friedr., Syntax des Französischen und Englischen in vergleichender Darstellung. (In 3 Bdn.) 2. Bd. 2. Lfg. gr. 8. (VII, S. 389—930.) Braunschweig 885, Vieweg und Sohn. *
1. Bd. und 2. Bd. 1. Lfg. Ebendas. 1884. *M 19.50. — Der 3. Bd. ist noch nicht erschienen.

Brinkmann, Frdr.: Syntax d. Französ. u. Engl. in vergleich. Darstellg. 2. [Tit.]-Ausg. I. Bd. (18, 628) gr8° Brnschw., F Vieweg & S. [1884]'06. 5 — II. (Schl.-)Bd. (930)'06. 7 — d

* **Brinkmann,** G. B., Weisheit d. Christen aufs Jute. 8. Hannov. Helwing. 728.

Brinkmann, Geo.: Die Kaiserblume, s: Vereinstheater, Neues.

Brinkmann, Geo., Rosen u. Reben. Gedichte. 1. u. 2. Aufl. (à 175 S.) 11. 8. Wellingholzhausen 905. 906. G. Brinkmann. Geb. in Leinw. n. 2. —; in Salonbd. m. Goldschn. n. 3. —

Brinkmann, Geo., Siebenbuchen. 12. (IV, 170 S.) Essen 899. Fredebeul & Koenen. n. 2. 50; geb. n. 3. 50

Brinkmann, Hans, Medizinalprakt.: Ein Beitrag zu den Erkrankungen des Wurmfortsatzes im Bruchsack. Leipzig 1900: Georgi. 28 S. 8°
Leipzig, Med. Diss. v. 14. Mai 1909, Ref. Trendelenburg
[Geb. 7. Dez. 85 Christburg; Wohnort: Leipzig; Staatsangeh.: Preußen; Vorbildung: Gymn. Meseritz Reife O. 03; Studium: Berlin 1, München 1, Marburg 4, Breslau 2, Leipzig 3 S.; Coll. 19. Mai 09.] [U 09. 2702

Brinkmann, Heinrich [pr. Arzt zu Röschwoog '(Unt.-Els.)']: Ueber Nierenentzündung bei Schwangeren ... Strassburg i. E., Buchdr. C. Gœller, 1894; 25 S., 2 Bl. 8.
Strassburg. Med. Fak., Inaug.-Diss. v. 1894

Brinkmann, Heinrich, aus Barmen, Referendar in Köln: Strafrecht und Strafverfahren für die Eingeborenen der deutschen Schutzgebiete. Borna-Leipzig 1904: R. Noske. (IV, 62 S.) 8°
Erlangen, Jur. Fak., Diss. v. 12. Juli 1904
[Geb. Barmen; Wohnort: Cöln; Staatsangeh.: Preußen; Rig. 12. Juli 04.]

Brinkmann, Heinrich Rudolf, s. Brinkmann, Rudolf

Brinkmann, Hermann: Die geologischen Verhältnisse Forbachs. Forbach, Buchdr. v. R. Hupfer, 1894; 15 S. 4.
Forbach '(Lothr.)', PG, P 1894 (511)

Brinkmann, Hugo [Referendar, aus Werther i. W.]: Die Lex commissoria beim Pfandrecht ... Göttingen, Druck d. Univ.-Buchdr. v. W. F. Kaestner, 1892; 56 S. 8.
Göttingen Jur. Fak., Inaug.-Diss. v. [21. Mai] 1892

Brinkmann, Hugo, die Lex commissaria beim Pfandrecht. Diss. gr. 8. (56 S.) Göttingen 892. (Vandenhoeck & Ruprecht.) n. 1. 20

Brinkmann, Joh. Bernard, kurzer Unterricht über den katholischen Glauben. 1. u. 2. Aufl. gr. 16. (219 S.) Münster 879. Regensberg. n. — 75

Brinkmann, Ioan. Gerard. Ioseph. (geb. Legden in Westf. 11. 8. 1840): De aneurysmate. Berolini 1866. (31 S.) 8°
Berlin, Med. Diss.
nachgeliefert v. dem am 30. Juli 1866 auf Grund gedruckter Thesen promov. Verf.

Brinkmann, Johann Joachim, s. Lehren in Erzähl. u. Beispielen.

Brinkmann, Jh. Joach., Oden u. Gesänge. gr. 8. Schwerin 785. Bärensprung. 4 gGr.

Brinkmann, Johann Joachim, s. Paulus, Brief an die Epheser.

Brinkmann, J. J., Uebers. Pauli Br. an d. Epheser. gr. 8. Hamb. Gundermann. 795. Rthlr. –

Brinkmann, Johann Peter, s. Brinckmann, Johann Peter

Brinkmann, Karl, s. Brinkmann, Carl

Brinkmann, Ludw.: Aus meiner Bergwerkszeit. A. u. d. T.: Die Erweckg d. Maria Carmen. (394) 8° Frankf.M., Rütten u. L. '11. 4 —; L 5 —; Ldr 7.50

Brinkmann, Ludw., Eroberer. Ein amerikan. Wanderbuch. (302 S.) 8. Frankfurt a/M. 910. Literar. Anstalt. 4.50; geb. in Leinw. 6. —

Der Ingenieur. Von Ludwig **Brinkmann**. Frankfurt am M.: Rütten & Loening (1908). (85 S.) 8°
= Gesellschaft. Die. Bd 21. [08. 18272

Ludwig **Brinkmann**. Die letzten Vandalen. Roman e. Korpsstudenten. Dresden & Leipzig: E. Pierson 1903. (152 S.) 8° [F.] [08. 6243

Brinkmann, Max, Bummeltage a. d. Nordsee. Heit. Erlebnisse i. Deutschlands Nordseebädern, geschild. u. gezeichn. v. B. qu. gr. 8. (III, 169 S.) Berlin 898. A. Hofmann & Co. Geb. in Leinw. n. 5. —

Brinkmann, Max, appr. Arzt a. Bochum: Zwei Fälle von eiteriger Mediastinitis nach Erysipel. München 1905: C. Wolf & Sohn. (34 S.) 8°

München, Med. Fak., Ref. v. Bollinger, Diss. v. 31. März 1905

[Geb. 11. Apr. 77 Bochum, Westfalen; Wohnort: Bochum; Staatsangeh.: Preußen; Vorbildung: Gymn. Burgsteinfurt Reife Juli 99; Studium: Lausanne 1, München 1, Kiel 3, München 1, Berlin 1, München 3 S.; Coll. 8. März 05; Approb. 8. März 05.]

Brinkmann, Max, der Kindertausch, s.: Mahler, Frz.

Brinkmann, Max: Kopf ab!. s: Brandt, Gust.

Brinkmann, Max, Nordsee-Bilder. Federzeichnungen. gr. 8. (65 S.) Hamburg (899). C. Griese. n. 1. —

— das Corps „Schlamponia". Eine Studentin-Geschichte aus dem 20sten Jahrh. In zierl. Reime gebracht u. gezeichnet. gr. 8. (III, 83 S. m. z. Tl. farb. Abbildgn.) Berlin 899. A. Hofmann & Co. n. 2. 50

Das Corps "Schlamponia". Eine Studentin-Gesch. aus d. 20. Jahrh. In zierliche Reimlein gebracht u. gez. von **Max Brinkmann**. (5. Taus.) *Berlin: A. Hofmann & Co. 1899.* (83 S.) 8° [F.] [01. 1353

— die Spiritisten. Lustige Geschichten aus der vierten Dimension m. vielen Zeichngn. gr. 8. (III, 91 S.) Ebd. 900. n. 2. 50

— Genosse Tulewelt. Eine moderne Apostelgeschichte, m. vielen Zeichngn. (III, 78 S.) gr. 8. Berlin 904. A. Hofmann & Co. n. 1. 50

Brinkmann, Otto, Susatensis-Guestphalus: De copulae est aphaeresi. Marpurgi Cattorum 1906. (109 S.) 8°

Marburg, Phil. Fak., Ref. Birt, Diss. v. 8. Mai 1907

[Geb. 21. Sept. 82 Hostedde i. Westf.; Wohnort: Soest; Staatsangeh.: Preußen; Vorbildung: Gymn. Soest Reife O. 02; Studium: Freiburg i. B. 1, Berlin 3, Marburg 4 S.; Rig. 20. Juni 06.]

Brinkmann, Rudolf

Zur fünfzigjährigen Amtsfeier des Kai Lorenz Grafen von Brockdorff. Eine Übersicht seines Lebens [v. Heinrich Rudolf Brinkmann]. Kiel. 1839. 8°.

Brinkmann, (Hnr.) Rud., die Erbfolge nach d. Code Napoleon; mit e. Vorrede v. Hugo. gr. 8. Götting. 812. Dieterich. 1 Thlr. 18 gGr.

Brinkmann, Rud., über Fortbildung und Misbildung der deutschen Sprache. gr. 8. (32 S.) Kiel 861, Schröder und Comp. *

Rechtliches Gutachten des Professors (Heinrich) Rudolph **Brinkmann** in Sachen des Kammerjunkers Henning Bendix von Qualen als Besitzers des adelichen Gutes Damp, Verklagten, wider den Ober- und Landgerichtsrath Friedrich Karl Heinrich von Ahlefeldt in Schleswig, als zeitigen Fiduciar des Ahlefeldt-Damper Fideikommisses, ingleichen den Obergerichtsrath Nissen in Schleswig, als Testamentsexecutor des weiland Johann Rudolf von Ahlefeldt auf Saxdorf, Kläger. Wegen eines in Damp radicirten Fideicommisses von 50,000 Rthlr. S. H. C. nebst Zinsen. Kiel. 1825. 4° k.

— institut. jur. Romani quod ad singulorum utilitatem spectat libri V. 8. Götting. 818. (Vandenhöck u. R.) 1 Thlr. 8 gGr. Ed. II. 8maj. Schlesw. 822. Taubst.-Instit. 2 Thlr.

Brinkmann, Rud., über das Justizwesen in den Elbherzogthümern in Vergleich mit dem preußischen. gr. 8. (41 S.) Kiel 867, Schwers'sche Buchh.

— Notae subitaneae ad Gaji Institutionum Commentarios. 8 maj. Schleswig 821, Taubstummen-Institut.

Brinkmann, (Rud.), über die Prüfung der Kandidaten der Rechtswissenschaft. gr. 8. (70 S.) Kiel 855, Schröder und Comp. *

— publicist. Prüfung d. Beschwerden Sr. Durchl. d. Herzogs Karl v. Braunschweig, in Betreff d. vormundschaftl. Verwaltung Sr. königl. Maj. v. Großbritannien; nebst Beleuchtung der, den vormundschaftl. Diener widerfahrnen Behandlung &c. gr. 8. Kiel 829. v. Maack. 15 gGr. Fein P. 18 gGr.

Brinkmann, (Heinr.) Rud., publicist. Prüfung d. Beschwerden Sr. Durchl. d. Hrn. Herzogs Karl v. Braunschweig, in Betreff d. vormundschaftl. Verwaltung Sr. Maj. v. Großbritannien u. Hannover, nebst e. Beleucht. d. den vormundschaftl. Dienern widerfahr. Behandl.; od. Widerlegung d. letzt. Braunschweig. Libells u. d. Gutachten d. herzogl. Untersuchungskommission. gr. 8. (7 B.) Kiel 829, Univers.-Buchh. 15 Gr., fein Druckp.

—— wissenschaftl.-prakt. Rechtskunde. Eine Samml. v. Erörterungen aus d. Gesammtgebiete der in Deutschland geltenden Rechte. 1. Bd. gr. 8. (30½ B.) Schleswig 831, Taubstummen-Institut. (Leipzig, Cnobloch.)

Brinkmann, Ru.: Wissenschaftl.-pract. Rechtskunde. Eine Sammlung v. Erörterungen aus d. Gesammtgebiet der in Deutschland geltenden Rechte. 1. Schleswig, Taubst.-Institut, (*Leipz.*, Herrmann u. Langbein). 831 gr. 8. (2 Thl. 8 Gr.)

Brinkmann, Rud., aus dem deutschen Rechtsleben. Schilderungen des Rechtsganges und des Kulturzustandes der letzten drei Jahrhunderte auf Grund von Schleswig-Holstein Lauenburgischen Akten des kaiserlichen Kammergerichtes. Kiel 862. Homann. gr. 8. (VIII, 379 S.) n. 2 Thlr.

Rede zur Feier der Vermählung der Kronprinzess Karoline und Prinzen Ferdinand von Dänemark: gehalten am 1. August 1829 [Heinrich] Rudolf **Brinkmann**. Kiel. 1829. 4°.

Brinkmann, Rud., über Schwurgerichte in Strafsachen u. deren Einführung in Holstein u. Schleswig. gr. 8. Kiel 843, Schwers'sche Buchh. 1/6 Thlr.

Brinkmann, Rudolf, a. Buer i. W.: Studien zur Verfassung der Meiergüter im Fürstentum Paderborn. Münster ⟨Westf.⟩ 1907: Westf. Vereinsdruckerei. (VIII, 77 S.) 8° ¶ (Erscheint vollst. als: „Münstersche Beiträge zur Geschichtsforschung" H. 16 b. F. Coppenrath, Münster i. W.)

Münster, Phil. Fak., Ref. Meister, Diss. v. 24. Juni 1907

[Geb. 14. Juli 83 Buer; Wohnort: Buer; Staatsangeh.: Preußen; Vorbildung: Gymn. Dortmund Reife O. 03; Studium: Freiburg i. B. 1, Münster 1, Berlin 1, Münster 5 S.; Rig. 25. Febr. 07.]

Studien zur Verfassung der Meiergüter im Fürstentum Paderborn, von Dr. Rudolf **Brinkmann**. Münster ⟨Westf.⟩: F. Coppenrath 1907. (VII, 112 S.) 8°
= **Beiträge**, Münstersche, z. Geschichtsforschung. N. F. 16. [07. 13898 8

BRINKMANN, [HEINR.] RUD., Ueber die richterlichen Urtheilsgründe nach ihrer Nützlichkeit und Nothwendigkeit, so wie über ihre Auffindung, Entwickelung und Anordnung; nebst Bemerkungen über den richterlichen Stil und Ton. Kiel. 1826. v.Maak

— über d. Werth d. bürgerl. Gesetzbuchs d. Franzosen. (A. u. d. T.: Ansichten von d. Rechtswissenschaft u. d. Gesetzgebung. 1r Bd.) 8. Götting. 814. Vandenhöck u. R. 1 ₰ 4 K

Brinkmann, H. R., üb. den Werth d. bürgerlichen Gesetzbuchs d. Franzosen. 8. Gött. Vandenhöck und Ruprecht. 815.

Brinkmann, Rudolf: Über den Zehntstreit zwischen den Bohlsleuten und übrigen Landeigenthümern des Kirchspiels Sörup in Angeln, einer Seits, und der Pfarre daselbst, anderer Seits. Ein rechtliches Gutachten. Schleswig. 1826. 8°.

Brinkmann, Rud., die Civilproceß-Ordnung des norddeutschen Bundes. Bemerkungen über die wesentlichen Grundsätze derselben. Kiel 868. Homann. gr. 8 (32 S.) 8 ngr

Brinkmann, Theodor, a. Buer in Westfalen: Die Entwickelung der Schweinezucht in Dänemark. Merseburg 1906: F. Stollberg. (182 S.) 8°

Jena, Phil. Fak., Ref. Edler, Diss. v. 30. Mai 1906

[Geb. 24. April 77 Buer, Westf.: Wohnort: Jena; Staatsangeh.: Sachsen-Weimar; Vorbildung: Landw. Schule Lüdinghausen bis 94; Studium: Bonn Landw. Hochsch. 4, Jena 3 S; Rig. 20. Juli 05.]

Die Entwickelung der Schweinezucht in Dänemark. Von Dr. Th. Brinkmann. Mit 1 Textabb. u. 1 graph. Darstellung. Berlin: P. Parey 1906. (VI, 182 S.) 4°(8°)
= Jahrbücher, Landwirtschaftliche. 35, Erg.Bd 2. [06. 18803 4

Brinkmann, Theodor, approb. Arzt aus Herten i. Westf.: Aus d. chirurg. Klinik zu Kiel. Zwei Fälle von Exarticulatio coxae wegen tuberculöser Coxitis. *Kiel 1904: H. Fiencke.* (19 S.) 8°
Kiel, Med. Diss. v. [9. Mai] 1904

Brinkmann, Theodor, Dr., Assistent am Landw. Institut der Universität Jena: Die Dänische Landwirtschaft. Die Entwicklung ihrer Produktion seit dem Auftreten der Internationalen Konkurrenz und ihre Anpassung an den Weltmarkt vermittels Genossenschaftlicher Organisation. Jena: G. Fischer 1908. (51 S.) 8° ¶ (Erscheint vollst. in: „Abhandlungen d. Staatswissenschaftl. Seminars“ Bd 6 H. 1.)
Jena, Phil. Fak., Hab.-Schr. v. 1908

Die dänische Landwirtschaft. Die Entwicklung ihrer Produktion seit d. Auftreten d. internat. Konkurrenz u. ihre Anpassung an d. Weltmarkt vermittels genossenschaftl. Organisation. Von Dr. Theodor Brinkmann, Privatd. Mit 2 Taf. Jena: G. Fischer 1908. (IX, 197 S.) 8°
= Abhandlungen d. staatswiss. Seminars zu Jena. Bd 6, H. 1. [08. 3332

BRINKMANN, WERNER. Ueber die Constitution der Citronensäure. Dorpat, 1853. Diss.

Brinkmann, Wilh[elm]: Die Bedeutung der Frau für die sittlichen Aufgaben der Familie. Vortrag. — Berlin: Hertz 1892. 40 S. 8°

Brinkmann, Wilh., die Bedeutung der Frau f. die sittlichen Aufgaben der Familie. Vortrag. gr. 8. (40 S.) Berlin 892. Besser. n. — 60

Erste Fibel. Hülfsbüchlein beim Unterricht im Schreib-Lesen. Nach d. Grundsätzen d. Lautlehre u. Rechtschreibung neu bearb. von Wilhelm Brinkmann, Lehrer. Mit 30 Bild. Gütersloh: C. Bertelsmann 1904. (93, III S.) 8° [F.] Dass. 2. Aufl. 1905. [06. 3886 d

— 2. Fibel. Mit 18 Lesestücken in Schreibschrift. (159 m. Abb.) 8° Ebd. '05. Geb. nn — 60 d

Brinkmann, Wilh., 1. u. 2. Fibel. 8. Gütersloh 906. C. Bertelsmann. Geb. à n.n. — 60
1. Hilfsbüchlein beim Unterricht im Schreib-Lesen. Nach den Grundsätzen der Lautlehre u. Rechtschreibg. bearb. 3. Aufl. (IV, 93 u. III S. m. z. Tl. farb. Abbildgn.)
2. Mit 44 Bildern v. L. Richter, O. Pletsch, W. Staehle, E. Voigt, P. Meyerheim, H. Bürkner, O. Speckter u. a. u. 13 Lesestücken in Schreibschrift. (159 S.)

Brinkmann, Wilh., erste Fibel. Hilfsbüchlein beim Unterricht im Schreib-Lesen. Nach den Grundsätzen der Lautlehre u. Rechtschreibg. bearb. (Ausg. m. latein. Druckschrift.) (IV, 132 u. III S. m. z. Tl. farb. Abbildgn.) 8. Gütersloh 907. C. Bertelsmann. Geb. nn — 80

—— Kirche u. Humanität im Kampfe gegen die leibliche u. sittliche Noth der Gegenwart. gr. 8. (III, 128 S.) Ebd. 891. * 1 50

Brinkmann, Wilh., die freiwillige Krankenpflege im Kriege. Mit besond. Berücksichtigung ihrer Leistungen im J. 1866. Nach amtl. Quellen und in officiellem Auftrage bearb. gr. 8. (VIII und 143 S. mit 3 Stnt. Abbild. in gr. 8. und qu. 4.) Berlin 867, Th. Enslin. *

Brinkmann, W., über vorsorgliche Maasregeln zur Verhütung von Epidemien im Kriege. gr. 8. (10 S.) Berlin 870, Th. C. F. Enslin. *

Brinkmann, Guil. (geb. Schwelm 5. 3. 1830): De agendi ratione in pelvis stenosi. Berolini (1859). (32 S.) 8°
Berlin, Med. Diss. v. 9. Juli 1859

Brinkmann, W. Der deutsche Verein gegen den Missbrauch geist. Getränke. Wiesbaden 1895. 16 S. 8°.

— 36 Wandlesetafeln f. den ersten Leseunterricht. Je 77×61,5 cm. Ebd. (908.) 8.—; auf Pappe, in Kasten 18. —

Brinkmeier, Eduard, s. Brinckmeier, Eduard

Brinkmeyer, E. (Hrsg.), s. Mitternachtszeitung für gebildete Stände.

Brinkwerth, Karl, kleines Wörterbuch f. Schüler. 2. Aufl. gr. 8. (II, 87 S.) Essen 899. G. D. Baedeker. Kart. n. — 40

Brinkwerth, Karl, Wörterbuch f. die deutsche Rechtschreibung (Einheitsschreibung) nebst Erklärung der Taufnamen m. Anh., enth. die gebräuchlicheren Fremdwörter, deren Erklärg. u. Aussprachebezeichng. 5. Aufl. (III, 111 S.) 8. Cöln 905. H. Theissing. Kart. n. — 50

Wörterbuch für die deutsche Rechtschreibung ⟨Einheitsschreibung⟩ nebst Erklärung d. Taufnamen. Größere Ausg., im Anh. enth. 20,000 Fremdwörter ... zsgest. von Karl Brinkwerth, Rektor. 6. Aufl. Cöln: H. Theissing 1906. (327 S.) 8° [F.] [07. 13001

Brinn, Alfred [aus Schippenbeil (Ostpreussen)]: Ein Fall von acuter gelber Leberatrophie .... Würzburg, Druck d. Stahel'schen Buchdr., 1887; 17 S. 8°.
Würzburg, Med. Fak.. Inaug.-Diss. v. 1887.

Brinner, Wilh., Geschichte des k. k. Pionier-Regimentes in Verbindung mit einer Geschichte des Kriegs-Brückenwesens in Oesterreich, im Auftrage des Regiments-Kommandos bearb. nach Orig.-Quellen der k. k. Archive und Akten des Regimentes. 2 Bde. Lex.-8. (XI, 626, V, 533; X, 610, XII, 568 S.) Wien 878,81, (Seidel und Sohn.) *

Samstag Lied auf die Kammerjungfern, Stubenmädchen und Herrenbedienten von *Brinnighausen* [sol], mit einer Arie von Hiller, brochirt 6 Kr., bei Lukas Hohenreiter, Wien, Kohlmarkt.
Gugitz p. 149, nach „Wiener Ztg.“ 1782, Nr. 92, Anhang; Berisch, die Wiener Autoren p. 43.

Brinschwitz, C., s.: Kalender, graphischer.

Brinschwitz, C., die sämmtlichen Ober-Präsidial-Polizei-Verordnungen für die Prov. Schlesien. Gesammelt und geordnet. 8. (IV, 47 S.) Liegnitz 883, Cohn. *

— Orts-Polizei-Verordnungen und ortsstatutarische Bestimmungen der Stadt Liegnitz, nebst einigen Ober-Präsidial-Verordnungen für die Prov. Schlesien. 8. (IV, 140 S.) Ebendas. 883. cart. *

Brinsley, J., Zungenzaum, od. Unterr. v. christl. Regier. d. Zungen, a. d. Engl. 8. 740.

BRINSTEINER, Josef (Peterfecking): Zur vergleichenden Pathologie des Alveolar-Echinococcus der Leber.- München: Wolf 1884. 23 S.
15.3.1884 - Urk (Titel: De echinococco alveolari.); Chr 1883/84,14

Diss. Ingolst.-Landsh.-Mchn.

Brinton, Christian, s: Masterpieces of American painting.

Mantua. Von Selwyn **Brinton**. Mit 85 Abb. Leipzig: E. A. Seemann 1907. 1907. (VI, 184 S.) 8°
— Kunststätten, Berühmte. No 37. [07. 1399]

Brinton, Will., die Krankheiten des Magens. Nebst einer anatomisch-physiolog. Einleitung. Vorlesungen gehalten im St. Thomas-Hospital zu London. Aus dem Engl. übers. von H. O. Bauer. Lex.-8. (V und 290 S. mit 10 in den Text gedr. Holzschn.) Würzburg 862, Stahel'sche Buchh. *

Brinz, Alois, Erinnerung an ihn, s.: Exner, A.

Brinz, Alois von (Mitarb.), s. Abhandlungen, Zwei, a.d.römischen Rechten.

— u. E. Hölder, zwei Abhandlungen aus dem römischen Rechte. Herrn Prof. Dr. Adf. v. Scheurl zum 50jähr. Doctorjubiläum. Im Auftrage der Juristen-Fakultät zu München u. Erlangen überreicht. gr. 8. Freiburg i/Br. 884. Mohr. n. 2. —
Die Freigelassenen der Lex Aelia Sentia u. das Berliner Fragment v. den Dediticiern. Von A. v. Brinz. — Das Wesen der Correalobligation. Von E. Hölder. (66 S.)

— Zu den Alimentenstiftungen der römischen Kaiser. S.-A. 1887. 18 S.

Brinz, Aloys, Arbor actionum, s. Arbor actionum.

Brinz, Alois v., zum Begriff und Wesen der römischen Provinz. Festrede zur Vorfeier des Allerhöchsten Geburts- und Namensfestes Sr. Maj. des Königs Ludwig II., gehalten in der öffentl. Sitzung der k. Akademie der Wissenschaften zu München am 25. Juli 1885. gr. 4. (24 S.) München 885, (Franz' Verlag.) **

Brinz, Alois, kritische Blätter civilistischen Inhalts. In zwanglosen Hftn. Nr. 1 u. 2. Lex. 8. (IV, 44 u. 42 S.) Erlangen 852, Enke. (à n. 8 ngr) n. 16 ngr

Brinz, Alois, kritische Blätter civilistischen Inhalts In zwanglosen Heften. Nr. 3. u. 4. Erlangen 853. Enke. gr. 8. (60; 58 S.) Jede Nr. 9½ ngr

Brinz, A. v., über den Einlassungszwang im röm. Recht, s.: Festgabe für Joh. Jul. W. v. Planck.

Brinz, Alois, Festrede bei der Enthüllung d. Herz-Denkmals zu Erlangen am 5. Mai 1875. gr. 8. (12 S.) Erlangen 875. Deichert. n. — 20

— Festrede zu Friedrich Carl v. Savigny's 100jährigem Geburtstage, geh. am 21. Febr. 1879 in der Aula der kgl. Ludwig-Maximilians-Universität München. gr. 8. (20 S.) München 879. Rieger. n. — 60

Brinz, A. v., Die Berliner Fragmente vorjustinianischer Rechtsquellen. S.-A. 1881. 18 S. 1.20

BRINZ, Alois (Weiler): Über die ersten Grundsätze der Rangordnung der Pfandrechte im Concurse.- Landshut: Thomann 1812. 45 S. Diss. Ingolst.-Landsh.-Mchn.
1812 - Kal 1813

Brinz, Alois v., Contravindication in der Legis actio sacramento, s.: Festgabe zum Doctor-Jubiläum des Herrn Prof. Dr. Leonh. v. Spengel.

Brinz, Alois, Lehrbuch der Pandekten. 1. Abthl. und 2 Abthl. 1. Hälfte. Lex.-8. Erlangen, Deichert. [1. Abthl. (XVI und 651 S.) 857. * 3 Thlr. 3 Ngr., 2. Abthl. 1. Hälfte. (VI und S. 651—975.) 860. * 1 Thlr. 15 Ngr.] Thlr. *

Brinz, Alois, Lehrbuch der Pandekten. 2. Abthl. 2. Hälfte. 1. Lfg. Lex.-8. (S. 976—1150.) Erlangen 868, Deichert. *
1. Abthl. und 2. Abthl. 1. Hälfte. Ebendas. 1857—60. * 4 Thlr. 18 Ngr.

Brinz, Alois, Lehrbuch der Pandekten. 2. Abthl. 2. Hälfte. 2. und 3. Lfg. Lex.-8. Erlangen, Deichert. [2. Lfg. (S. 1151—1310.) 869. * M. 2,40.; 3. Lfg.: Die Handlungen. (VII—XII, S. 1311—1718.) 871. * M. 5,40.] *
1. Abthl. und 2. Abthl. 1. Hälfte, und 2. Hälfte 1. Lfg. Ebendas. 1857—68. * M. 16,20.

Brinz, Alois, Lehrbuch der Pandekten. 1. Bd. 1. und 2. Lfg. 2. veränd. Aufl. gr. 8. (S. 1—442.) Erlangen 873,74, Deichert. à Lfg. * M. 3. *

— Lehrbuch der Pandekten. 1. Bd. 3. (Schluß-)Lfg. 2. veränd. Aufl. gr. 8. (VII, S. 443—826.) Erlangen 876, Deichert. *

— Lehrbuch der Pandekten. 2. Bd. 2 Abthlgn. 2. veränd. Aufl. gr. 8. (VII, 882 S.) Erlangen 879—82. Deichert. à n. 8. — (I. u. II.: n. 28. —)

Brinz, Alois, Lehrbuch der Pandekten. 1. Bd. 1. Lfg. und 2. Bd. 2. Abthl. gr. 8. Erlangen, Deichert. [1. Bd. 1. Lfg. 3. durchges. Aufl. (IV, S. 1—238.) 884. * M. 3.; 2. Bd. 2. Abthl. 2. veränd. Aufl. (IV, S. 467—882.) * M. 8.] *
2. Bd. 1. Abthl. Ebendas. 1879. * M. 8.

Brinz, Alois v., Lehrbuch der Pandekten. 3. Bd. 1. Abthl. und 2. Abthl. 1. Lfg. 2. veränd. Aufl. gr. 8. Erlangen, Deichert'sche Verlagsh. Nachf. *
Inhalt:
Abthl. 1. Universalsuccessionen. (IV, S. 1—451.) 886. * M. 8.—.
" 2. 1. Lfg.: Das Zweckvermögen. (IV, S. 453—586.) 888. * M. 2.40.
1. Bd. (3 Lfgn.) und 2. Bd. (2 Abthlgn.) 1873—84. * M. 28.—.

Brinz, Alois. Lehrbuch der Pandekten. 3. Bd. 2. Abthl. 2. Lfg. u. 4. Bd. 1. Lfg. 2. Aufl., nach dem Tode d. Verf. besorgt v. Phpp. Lotmar. gr. 8. Lpz., Deichert Nachf. [3. Bd. 2. Abthl. 2. Lfg.: Die Familienrechte u. d. Vormundschaften. (XIV, S. 587—896.) 889. * 7 —; 4. Bd. 1. Lfg.: Die Handlungen. (IV, 256 S.) 892. * 5 50.] * 12 50
1. Bd. (3 Lfgn.) 2. Bd. (2 Abthlgn.) 3. Bd. 1. Abthl. u. 2. Abthl. 1. Lfg. Ebd. 1873—88. * 38 40.

Brinz, Alois, Lehrbuch der Pandekten. 4. Bd. 2 Lfgn. (Schluß nebst Sach- u. Quellenregister zum ganzen Werk.) 2. Aufl., nach dem Tode des Verf. besorgt v. Phpp. Lotmar. gr. 8. (VI, 549 S.) Leipzig 895. A. Deichert Nachf. n. 13. — (kplt.: n. 58. 40)

— die Lehre von der Compensation. Eine civilistische Abhandlung. gr. 8. (X u. 159 S.) Leipzig 849, G. Wigand (jetzt Schlicke.) 1 ₰

— Ueber die rechtl. Natur d. römischen Fiskus. S.-A. 1886. 26 S.

— zum Rechte der bona fidei possessio, s.: Festgabe.

Brinz, Alois von (Hrsg.), s. Vierteljahrsschrift, Kritische, f. Gesetzgebung u. Rechtswissenschaft.

Brinzinger, Adf: Die kathol. Stadtpfarrkirche St Eberhard in Stuttgart. Gedenkbl. (8, 69 m. Abb.) 8° Stuttg., Deut. Volksbl. '11. 1 — d

Brinzinger, Albert (Red.), s. Correspondenzblatt des Vereins der Bauwerkmeister Württembergs.

Brio, A., Krystallsystem und optische Verhältnisse des ameisensauren Cadmiumoxyd-Baryt. Lex.-8. (4 S. mit 1 Stat.) Wien 867, (Gerold's Sohn.)
Aus: Sitzungsberichte der k. Akademie der Wissenschaften, besonders abgedruckt.

Optische Untersuchung der Kristalle des unterschwefelsauren Baryt. S. 55. II. 145 vgr.
Separatabdruck

Kristallographisch-optische Untersuchungen. S. 55. II. 870 . . . . vgr.
Separatabdruck

Brion, Albert: Über die Oxydation der stereoisomeren Weinsäuren im thierischen Organismus. *Strassburg: K. J. Trübner 1898.* (15 S.) 8°
Strassburg, Med. Diss. v. 1898

Leitfaden zum elektrotechnischen Praktikum. Von Dr. G[eorg] Brion, Privatd. Mit 380 Fig. Leipzig & Berlin: Teubner 1910. XIII, 404 S. 8° [10. 7111

— Luftsalpeter, s: Sammlung Göschen 616.

— Die technischen Strom- u. Spannungsmesser. (14 S. m. 23 Abb.) 32,5×25 cm. Leipzig 909. Hachmeister & Thal. 1. —
Sonderabdruck aus „Helios".

Brion, Georg *Gustav Alfred* [aus Strassburg i. E.]: Über den Übergang der Kohle aus dem nichtleitenden in den leitenden Zustand ... Strassburg i. E., Buchdr. C. & J. Gœller, 1890; 28 S., 2 Bl. 8.
Strassburg, Math.-naturw. Fak., Inaug.-Diss. v. 1890

— Überspannung in elektr. Anlagen. [Aus: „Helios".] (116 m. Abb.) gr8° Lpzg, Hachmeister & Th. '11. 2.50

Brion, G[eorg], Dr.: Experimentelle Untersuchungen über den Hochspannungs-Lichtbogen. [1907.] S. 761—786, 1 Taf. 4° ¶ Aus: Zeitschrift f. Elektrochemie. Jg. 13.
Dresden Te. H., Hab.-Schr. v. W.-S. 1907/08

Brion, Henri, aus Strassburg: Ueber die Entstehungsverhältnisse einiger substituirter Indole. Uster-Zür. A. Diggelmann Dr. 1892. 52 S. 8°.
Zürich, Phil. Diss. [v. 25. Juli 1892].

v. Brion, Karl Ldw. Jos., erste Samml. d. schriftl. mathemat. Zeugnisse über die häufigen 2c. Genesungen u. sonderbare Zufälle 2c. 1r Thl. 4 Stcke. (Bog.) 2r Thl. 3 Stcke u. 3r Thl. 16, 26 Stck. gr. 8. o. O. u. Frankf. 794. Dann u. d. Titel: Histor.-pragmat. Beweis der großen Verdienste des Frhrn. J. W. C. A. v. Hübsch um die leidende Menschheit. 1r Thl. gr. 8. Dortm. u. Essen 799. (Leipz., Andrä). 16 ℛ

Brion, Wilhelm [app. Arzt aus Strassburg i. E.]: Die operative Behandlung der intraduralen Blutungen traumatischen Ursprungs ... Strassburg i. E., Buchdr. Ch. Müh & C., 1896; 1 Bl., 5—64 S. 8.
Strassburg, Med. Fak., Inaug.-Diss. v. 1896

Brion v. Sessenheim, Friederike, geschichtliche Mittheilungen über dieselbe, s.: **Lucius,** Ph. F.

Brion's, Friederike, Biographie, s.: **Falck,** P. Th.

Briontes der Dritte, oder Lobrede auf einen ... um der Wahrheit willen verabschiedeten Sergeanten ... Auf Kosten der Loge. [Jena] 1765. V: *Riedel, Friedrich Just.* (ML)

Briontes der jüngere, oder Lob-Rede auf den ... Herrn D. Johann Ernst Philippi ... O. O. 1732. V: *Liscow, Chn Ludwig.* (GGr) (ML) (Mn) (Litzmann, Liscow. Hamb. u. Lpz. 1883 S. 58.)

BRIONTES (ps.), Die liebenswürdige Amerikanerin. Langensalza 1736. 12°. Sehr selten!
Noch kein Exemplar nachgewiesen.

Brioschi, Franc., Theorie der Determinanten und ihre hauptsächlichen Anwendungen. Aus dem Ital. übers. Mit einem Vorwort von Schellbach. gr. 4. (VIII und 102 S.) Berlin 856, Duncker und Humblot. *

Briot, Charles, Lehrbuch der mechanischen Wärmetheorie. Deutsch hrsg. von Heinr. Weber. Vom Verf. autoris. Ausg. gr. 8. (XII, 372 S. mit eingedr. Holzschn.) Leipzig 871, Voss. *

Briot, Charles, Versuche über die mathematische Theorie des Lichtes. Uebersetzt und mit einem Zusatze verm. von W. Klinkerfues. gr. 8. (XXVIII und 139 S. mit eingedr. Holzschn.) Leipzig 867, Quandt und Händel. *

Briot, Charles, Versuche über die mathematische Theorie des Lichtes. Uebers. u. mit e. Zusatze verm. von W. Klinkerfues. Leipzig 868. Quandt & Händel. gr. 8. (XXVIII, 139 S. mit Holzschn.) n. 1 ℛ 10 ngr.

Briquet, ..., Dictionnaire historique, littéraire et bibliographique des Français et des étrangers etc. 1 Vol. 8. Strassb. 804. Treuttel et W. 2 ℛ Velinp. 4 ℛ

Briquet, C.-M. Papiers et filigranes des archives de Gênes 1154 à 1700. Avec 593 dessins autographiés. Gr. in-8°, 130 p. et 76 pl. Genève, Bâle, Lyon, H. Georg. 1888 15 —
*** Tiré à 150 ex. à part des „Atti della Società Ligura di Storia Patria". Tomo XIX, fasc. II.

Briquet. De l'utilité des filigranes du papier. Berne, W. Büchler. 1888

Briquet, J. Études sur les cytises des Alpes maritimes comprenant un examen des affinités et une révision générale du genre cytisus. In 8°. VII, 204 p. et 3 planches. Genève, Bâle, Lyon, Georg & Co. 1894 5 —
*** Fait partie de: E. Burnat. Matériaux pour servir à l'histoire de la Flore des Alpes maritimes.

Briquet, J. Les Labiées des Alpes Maritimes. Études monographiques sur les Labiées qui croissent spontanément dans la chaîne des Alpes Maritimes et dans le département français de ce nom. Partie I: Comprenant les genres Mentha, Ajuga, Lycopus, Teucrium, Scutellaria, Galeopsis et Rosmarinus. (*Burnat, E.,* matériaux pour servir à l'histoire de la flore des Alpes Maritimes.) Avec de nombr. illustr. Gr. in-8°. XVIII, 184 p. Genève, Bâle, Lyon, H. Georg. 5 —
1891

Briquet, J. Les Labiées des Alpes maritimes; études monographiques sur les Labiées qui croissent spontanément dans la chaîne des Alpes maritimes et dans le Département français de ce nom. Partie II: Genres Brunella, Stachys, Ballota, Dracocephalum, Lamium, Leonurus, Sideritis, Marrubium, Nepeta, Melissa, Hyssopus, Melittis, Satureia et Glecoma. 408 p. Avec fig. dans le texte. In-8°. Genève, Bâle, Lyon, Georg & Co. 1893 5 —
*** Fait partie de: E. Burnat, Matériaux pour servir à l'histoire de la Flore des Alpes maritimes. — Ire partie, 1891. Fr. 5 —.

Briquet, J. Les Labiées des Alpes maritimes. Études monographiques sur les labiées qui croissent spontanément dans la chaîne des Alpes maritimes et dans le Département français de ce nom. Partie III (dernière): Genres Satureia (suite), Lavandula, Horminum, Origanum, Salvia, Thymus, ainsi qu'un Conspectus analytique des subdivisions de la famille et des genres. In-8°. p. 411 à 587 avec fig. dans le texte. Genève, Bâle, Lyon, Georg & Co. 1895 5 —
*** Fait partie de: *E. Burnat.* Matériaux pour servir à l'histoire de la Flore des Alpes maritimes.

Briquet, John. Monographie des Centaureés (*Umschlag:* Centaurées des Alpes maritimes. Avec 1 planche et 12 vignettes. VIII + 200 p. 8. Bâle et Genève *et* Lyon, Georg & Co, Mars 1902. [fr. 6. —]
Emile Burnat. Matériaux pour servir à l'histoire de la Flore des Alpes maritimes. [Volume 5.]

Briquet, John: Phyrmacemae, s. Engler, A., u. K. Prantl: D. natürl. Pflanzenfamilien.

Briquet, John, recherches sur la flore du district savoisien et du district jurassique franco-suisse. Contributions à l'histoire phytogéographique des Alpes occidentales. Avec une planche et une esquisse géographique. [Aus: „Botan. Jahrbb."] gr. 8. (61 S.) Leipzig 890. W. Engelmann. n. 2. —

Briquet, John: Recueil des documents destinés à servir de base aux débats de la section de nomenclatures systématique du Congrès international botanique de Bruxelles 1910. Berlin: Friedländer 1910. 58 S. 4°.

Briquet, John, Règles internationales de la nomenclature botanique, adoptées par le congrès international de botanique de Vienne 1905 et publiées au nom de la commission de rédaction du congrès. — International rules of botanical nomenclature, adapted by the international congress of Vienna 1905. — Internationale Regeln der botanischen Nomenclatur, angenommen vom internationalen botan. Kongress zu Wien 1905. (99 S.) Lex.-8. Jena 906. G. Fischer. n. 2. 50

Briquet, John: Règles internat. de la nomenclature botan., adoptées par le congrès internat. de botanique de Vienne '05. 2. éd. mise au point d'après les décisions du congrès internat. de botanique de Bruxelles '10. (Französ., engl. u. deutsch.) (8, 110) Lex8° Jena. G Fischer '12. 4 —

Texte synoptique des documents destinés à servir de base aux débats du congrès international de nomenclature botanique de Vienne 1905 présenté au nom de la Comm. internat. de Nomenclature bot. par John Briquet. Berlin: R. Friedländer & Sohn en dépôt 1905. (160 S.) 4° [?]

Briquet, John: Verbenaceae, Labiatae, s. Engler, A., u. K. Prantl: D. natürl. Pflanzenfamilien.

Brisbane, A., Kurze Darstellung der Lehre der Association. Deutsch von Vetter. 8°. Ulm 1847.

Brisbane, J., auserles. medicin.-prakt. Fälle; aus d. Engl. 8. Rothenb. 777. Hermstädt. 3 gr. Dass., nebst Vermehrungen d. deutschen Herausgebers. 8. Altenb. 768. (Hennings in Neisse). 6 gr.

— — dass. nebst Vermehrungen d. deutschen Herausgebers. 8. Altenb. (Academ. Buchhandl. in Jena.) 768.

Brisch, Carl (Hrsg.), s. Gemeindeblatt, Israelitisches.

Brisch, Carl, Geschichte der Juden in Cöln und Umgebung aus ältester Zeit bis auf die Gegenwart. Nach handschriftl. und gedruckten Quellen bearb. 2 Hälften nebst Urkunden. gr. 8. (VII, 142; III, 184 S.) Köln 879,82, Warnitz und Comp. à Hälfte * ℳ 2. *

Brischar, Jh. Nep., Beurtheilung der Controversen Sarpi's u. Pallavicini's in der Geschichte des Trienter Concils. Eine von der kathol.-theolog. Fakultät zu Tübingen gekr. Preisschrift. 2 Thle. gr. 8. Tübingen 844, Laupp'sche Buchh. (1. Thl. 1⅛ ₰ — 2. Thl. 1¾ ₰) 2⅞ ₰

Brischar, J. N., Geschichte der Religion Jesu Christi, s. Stolberg, F. L. Graf zu.

Brischar, J. N., Papst Innocenz III. und seine Zeit. 8. (XVI, 342 S.) Freiburg i. Br. 883, Herder'sche Verlagsh. *

Brischar, Joh. Nep., die katholischen Kanzelredner Deutschlands seit den drei letzten Jahrhunderten. Als Beitrag zur Geschichte der deutschen Kanzelberedsamkeit, sowie als Material zur prakt. Benützung für Prediger. (In ca. 12 Bdn.) 1. Bd.: Die Kanzelredner des 16. Jahrh. gr. 8. (XVIII und 914 S.) Schaffhausen 867, Hurter'sche Buchh.

—— dass. — 2. Bd.: Die deutschen Kanzelredner aus dem Jesuitenorden. 1. Bd. gr. 8. (XVI und 980 S.) Ebendas. 867.

Brischar, Joh. Nep., die katholischen Kanzelredner Deutschlands seit den letzten drei Jahrhunderten. Als Beitrag zur Geschichte der deutschen Kanzelberedsamkeit, sowie als Material zur pract. Benutzung für Prediger. 3.—5. Bd. Die deutschen Kanzelredner aus dem Jesuitenorden. 2.—4. Bd. gr. 8. (XVI, 1003; XVI, 988; XIV, 1030 S.) Schaffhausen 868,70, Hurter'sche Buchh. [Regensburg, Manz.] à Bd. ℳ 10,50.

Brischar, Johann Nep. (Hrsg.), s. Literatur-Zeitung, Katholische.

Brischar, Karl, P. Adam Contzen S. J., ein Irenifer und Nationalökonom des 17. Jahrh. Eine kulturhistor. Studie. gr. 8. (175 S.) Würzburg 879, Woerl.

—— P. Athanasius Kircher. Ein Lebensbild. 8. (92) Ebd. 76. 1. 50

—— P. Athanasius Kircher. Ein Lebensbild. gr. 8. (92 S.) Ebendas. 877.

J(ens) P(eter) Jakobsen und seine Schule von Karl M. Brischar. Leipzig: Verl. f. Lit., Kunst u. Musik 1906. (19 S.) 8° [J.]
— Beiträge z. Literaturgeschichte. H. 2. [?]

Brischar, Karl M: Deutschösterr. Lit. d. Gegenwart. (7, 163) 8° Wien, F Deuticke '11. 2 —

Brischke, C. G. A., Abbildungen und Beschreibungen der Blattwespen-Larven mit Berücksichtigung ihrer Entstehungsgeschichte und des Schadens, den sie an Land- und forstwirthschaftl. Gewächsen anrichten. Mit einem Vorworte von J. T. C. Ratzeburg. 1. Lfg. gr. 4. (S. 1—16 mit 3 ill. Kpfrt.) Berlin 855, Nicolaische Buchh. *

—— und G. Zaddach, Beobachtungen über die Arten der Blatt- und Holzwespen. 1.—4. Abthl. gr. 8. Danzig. (Berlin, Friedländer und Sohn.) [1. Abthl. (75 S. mit 2 color. Kpfrt.) 863; 2. Abthl. (42 S.) 884; 3. Abthl. (99 S. mit 1 color. Kpfrt.) 865; 4. Abthl. (67 S. mit 3 color. Kpfrt.) 875.]
Aus: Schriften der naturforschenden Gesellschaft in Danzig, besonders abgedruckt.
Vergriffen.

—— dass. — 5. Abthl. gr. 4. (78 S. mit 1 color. Stat.) Königsberg 882. (Berlin, Friedländer und Sohn.) *

— u. Gust. Zaddach, dasselbe, mitgetheilt v. Brischke aus Zaddach's Manuscripten. I, 6 [Schluss]. gr. 4. (54 S. m. 1 color. Steintaf.) Ebend. 883. n. 2. 40

— — dasselbe. 2. Abth. Mit 8 (lith. u.) color. Taf. gr. 8. (128 S. m. 8 Bl. Taf.-Erklärgn.) Danzig 883. (Berlin, H. Ulrich.) n. n. 8. 50

Brischke, C. G. A.: Die Blattminirer in Danzig's Umgebung, s. Schriften der naturforschenden Gesellschaft in Danzig.

Brischke, C. G. A.: Über Blatt- und Holzwespen, s. Schriften der naturforschenden Gesellschaft in Danzig.

Brischke, G., über die aus den Spinnerraupen erzogenen thierischen Feinde, s. Bail.

Brischke, C. G. A.: Die Hymenopheren des Bernsteins, s. Schriften der naturforschenden Gesellschaft in Danzig.

Brischke, C. G. A., über Hymenopteren-Bauten. [Aus: „Schriften d. naturf. Ges. in Danzig."] Lex.-8. (1 S.) Danzig 875. (Anhuth.) n. — 20

Brischke, C. G. A.: Die Ichneumoniden der Provinzen West- und Ost-Preussen, s. Schriften der naturforschenden Gesellschaft in Danzig.

Brischke, G., kürzere Mittheilungen. Theilweise vorgetragen in der Sitzung der naturforschenden Gesellschaft zu Danzig am 1. März 1876. Lex.-8. (8 S.) Danzig 878. (Anhuth.) n. — 40

Brischke, C. G. A.: Über Parthenogenesis bei den Blattwespen, s. Schriften der naturforschenden Gesellschaft in Danzig.

— Resultate der Zuchten forstschädlicher Insecten. Lex.-8. (4 S.) Ebend. 878. n. — 20

Brischke, C. G. A., Verzeichniss der Wanzen und Zirpen der Provinz Preussen, s. Vorträge, gehalten in der naturforschenden Gesellschaft zu Danzig.

Brisebarre, E., nur Hindernisse, s.: Theater des Auslandes. 5. Liefrg.

— ein weißer Othello, s.: Theater des Auslandes. 26. Liefrg.

Brisebarre, Ed., ein bengalischer Tiger, s.: Universal-Bibliothek.

— et Marc-Michel, un tigre du Bengale, s.: Répertoire du théâtre Français à Berlin. Nr. 368.

— auf verbotenen Wegen, s.: Theater, neues Wiener.

Briseux, C. E., s.: Vorbilder d. Kunsttischlerei.

Brisgoia — Provincia. Noribergae 1718. Joh. Bapt. Homann edidit. 1: 300,000. 1 Bl.

Briska, das Zigeunermädchen, s.: Schriften, kleine.

Brisken, C. E., die Epidemie der asiatischen Cholera im Kreise Elberfeld im J. 1859, nebst tabellarischen Uebersichten über die vorgekommenen Erkrankungen und Sterbefälle bei den Epidemien in den J. 1849, 1850 und 1859 und einem Anhange. Elberfeld 860. Bädeker in Comm. 8. (IV, 61 S.) n. 10 ngr

Brisken, Car. (geb. Arnsberg 1. 12. 1791): De scarlatina. Berolini (1817). (28 S.) 8°

Berlin, Med. Diss. v. 27. Sept. 1817

Brisken, Franz Ferd. (Arnsberg/Westf.), Philinus et Hahnemannus seu veteris sectae empiricae cum hodierna secta homoeopathica comparatio. Diss. med. Bln. (Nietack) 2. X. 1834. 36 S. m. Biogr. (M.: S. Spanke.) (4.—) 4118

Oppon.: Theod. Amecke, Fried. Freusberg, Friedr. Vennewitz. — Gew. Willibald u. Ferdin. Brisken.

Brisken, Paul: Aus d. chirurg. Klinik zu Bonn. Ueber Atresia ani und ihre Behandlung .... Bonn, Jos. Bach Wwe. Buch- u. Steindr., 1888; 2 Bl. + 40 S. + 1 Bl. 8°

Bonn, Med. Fak., Inaug.-Diss. v. 2. März 1888

Brisker, Carl, Berechnung u. Untersuchung des Eisenhochofens. Eine ausführl. Darstellg. der im Hochofenbetriebe mögl. Rechngn. zum Zwecke der Untersuchg. des Ganges des Eisenhochofens. Mit 37 Abb. u. vielen Tab. im Text. (VIII, 101 S.) Lex. 8. Halle 909. W. Knapp. 4.50

— Einführung in das Studium der Eisenhüttenkunde. Eine zusammenfass. Darstellg. der Grundlagen des Eisenhüttenwesens. (VIII, 172 S. m. 99 Abb.) gr. 8. Leipzig 907. A. Felix. 3.60; geb. 4.40

Brisker, Karl, e. Mensch. Trauersp. i. 5 Acten. gr. 8. (50 S.) Prag 896. (H. Dominicus.) n. 1. —

Briskér, L., Lehrbuch der Mathematik für Gymnasien u. Realschulen. (1. Thl.) Lehrbuch der Geometrie. 1. Hft.: Die Planimetrie. gr. 8. (XII u. 69 S. m. 5 lith. Taf. in Fol.) (2. Thl.) Lehrbuch der Algebra für den ersten Unterricht. gr. 8. (X u. 120 S.) Wien 849—50, Beck. (1: 21 ngr 2: 2/3 ß) 1 ß 11 ngr

Brisker, L., das Reale u. Ideale als weltbewegende Kräfte. Eine culturhistor. Abhandlg. begleitet v. e. kurzen Auswahl v. Gedichten analogen Inhaltes. 8. (58 S.) Wien 874. Hölder. n. 1. —

Briskmann, Reysel. Die Todesfälle an Tuberkulose im Alter von 5 bis 15 Jahren im Kinderspital in Zürich, während der Jahre 1874 bis 1904. Diss. Med. Univ. Zürich. *Kopftitel:* Aus dem Kinderspital Zürich. 23 S. 8. Zürich, J. J. Meier, 1907.

Brisman,

Sueno u. Jona Brisman (Vest-Gothia-Sueco), Spec. acad. de carmine pastorali nostris temporibus incongruo. Greifswald (A. F. Röse) Apr. 1779. 14 S. (4.—) 4120

Gew.: Carl Noring, Magn. Brisman, Bernh. Beron.

Brismann, Joan., s. Concio sacra.

Brismanni, Joannis, Epistolae et amicorum ejusdem. Partim primum ex autographis edit. Superintend. etc. Eques, Prof. Dr. Aug. Rud. Gebser. 4maj. Regiomonti Boruss. 837. (Graefe et Unzer.) 1/2 ß

K. Brismann — praef. *Nordmark* — diss. inaug. nova et usibus astronomicis accommodata inventio sectionis conicae, datis tribus radiis vectoribus cum angulis interceptis. Greifswaldae. 12 S. 4. 1787

Brismann, K. s. Törner, K.: Diss. math. de electione terminorum et independente elegantia solutionum geometrico-analyticorum.

Brismann, S., english and swedish Dictionary. 4. Upsal. Sweder. 783.

Brismontier u. s. w., Handwörterbuch der Chemie, s. Handwörterbuch.

Brismontier, s. H. Leng, Handwörterbuch.

Der Osnabrücksche Bocksbeutel, ein Briefwechsel zwischen dem Herrn Pastor *Schwager* u. einem Osnabrücker, benebst einer ganz unpartheiischen Untersuchung von *Barnabas Brisonius*, Ictus (D. *Meyer*). O. O. 1784. 8°.

60 SS. Betraf den alten u. neuen Luxus in Osnabrück; der Streit hatte gute Folgen. Vgl. Joh. Moritz Schwager's Selbstbiogr. in d. Niederrhein. Bll., hrsg. v. W. Aschenberg. Bd. 1, Quartal 1, Dortmund 1801. Gr. 8°. p. 89. — Weller, Lex. Ps. p. 86.

Brissaut, Etienne, Carte générale et originale tres exacte du théatre de la guerre sur le Rhin ... Aller Lager an dem Rhein, so unter Ludwig Wilhelmen zu Baden ... A. 1693 bisz 1697 gemacht worden. Vienne 1735. gr. Fol. Kupf. u. kol.

Brisseau, Pierre: [Traité de la cataracte et du glaucoma. Deutsch:] Abhandlung von dem grauen Stahr und dem Glaucoma oder grünen Stahr. Aus d. Franz. ins Deutsche übers. von Johann Caspar Sommer. Berlin: Rüdiger 1743. 208 S. 8°.

Brisseau-Mirbel, Erläuter. u. Vertheidig. m. Theorie d. Gewächsbaues rc. Herausg. v. Bilderbpk. M. Kpf. gr. 8. Straßb., Treuttel u. W. 3 ß Dass. französ. u. deutsch. M. 3 Kpf. gr. 8. Amsterd. 808. Brockhaus in Leipz. 2 ß 12 gr

— — Ebendasselbe, m. K. gr. 8. Amsterd. Kunst- u. Ind. Comt. 808.

— — Ebend. französisch, m. K. gr. 8. Ebend. 808.

Brissel, Jsaac L., Mein Sohn! ehrfürchte (sic) den Ewigen und den König. Eine Rede am .... Tage .... des 25jähr. Regierungs-Jubiläums .... Maximilian Josephs, d. 16. Febr. 1824. in der Synagoge zu *Baireuth* gehalten. Baireuth, mit Börner'schen Schriften. 8°. 14 S. Cart.

Brisset, A. F., il traditore. Romanzo. 2 vol. 16. (336 S. mit 2 Stnt.) Triest 864, Coen. *

Brisset, J.

Brisset, ..., der Balafré. Aus d. Französ. übersetzt von Fanny Tarnow. 2 Thle. kl. 8. Leipzig 842, Kollmann. 2 3/4 ß — 3. u. 4. Thl. A. u. d. T.: Die Barricaden 1572. 1. u. 2. Thl. 8. Ebend. 845. 2 3/4 ß

— die Concini. Histor. Roman aus den Zeiten der Regentschaft Maria v. Medicis, 1616—1617. Frei übersetzt v. Er. Adolphi. 2 Bde. 8. Leipzig 835. Kayser's Buchh. (Beyer.) 2 ß

Brisset, J., die Concini. Histor. Roman aus d. Zeiten d. Regentschaft Maria v. Medicis. 1616—1617. Frei übers. v. Ernst Adolphi. 2 Bde. 8. (30 1/4 B.) Leipzig 835, [Peter.]

Brisset, J., Eine geniale Frau. Nach „Le génie d'une Femme" ins Deutsche übertragen von L. Kruse. 2 Thle. 8. Leipzig 839. Kollmann. 2 1/2 ß

— Franz v. Guise. 1563. Uebersetzt von Fanny Tarnow. 2 Thle. 8. Leipzig 841, Kollmann. 3 ℛ

— die Templer. Ein histor. Roman. Ins Deutsche übertragen von Oskar v. Birkeneck. 2 Thle. 8. Leipzig 842, Beyer. 2½ ℛ

Brisset, M. J., die Templer. Ein histor. Roman. Ins Deutsche übertr. v. Oskar v. Birkeneck. 2 Thle. 8. (34 B. u. Titvign.) Leipzig 842. [Orthaus.] Thlr.

Brisset, P., Methode zur Erlernung der französischen Sprache. 8. (252 S.) Magdeburg 874, Simon. geb. *

Brissieux, Ant., Betrachtt. auf alle Tage d. Jahres. 4 Thle. 8. Augsb. 773. Veith. 2 ℛ 8 gl

Brissnon, ..., Engl.-Schwed. Handlexikon. 4. Upsal 784. Schwederus. 1 ℛ 12 gl

Brissons, Onkel, Unterhaltungen mit sein. Kindern üb. d. Außerordentliche in d. Natur u. Kunst. 2 Thle. gr. 12. (28¼ B.) Lüneburg 830, Herold u. Wahlstab.

—— dass. (Neue Ausg. u. d. T.:) interessante Abend-Erzähln. im Kreise sein. Kinder, in belehr. Unterhaltn. üb. d. Außerordentliche u. s. w. Für d. Alter v. 8—14 Jahren bestimmt. 2 Thle. M. 2 Titkpfr. gr. 12. (28¼ B.) Ebds. 831.

Brisson, A. de

— Beitrr. zur Kenntniß Arabiens, s. R. Norris Beitrr.

Brisson, Alois: Leben d. ehrwürd. Mutter Maria Salesia Chappuis a. d. Orden d. Heimsuchg Mariä 1793—1875. Nach d. französ. Original. (16, 371 m. Abb. u. 1 Bildn.) 8° Regensbg, F Pustet '11. 3 —; L 4 — d

Brisson(ius) Barn.: Antiquitatum ex jure civili selectarum libb. IV. Recens. et emend. praef. instruxit Alb. Dieter. Trekell. *Lips.* 741. 4. Fritsch

Brissonii, Barn., Liber de formulis et solennibus pop. Rom. verbis. Paris. 583. f. Oft wiederholt. Ex rec. F. C. Conradi. Halae et Lips. 731. f. Cum anim. varior. ed. J. A. Bachius. Lips. 754. f. 3 rthl. 8 gr.

Brisson, Barnab., de formulis et solennibus populi Rom. verbis. Libri VIII. Ex recens. Fr. Car. Conradi, c. vita et elogiis B. Brissoni etc. Cur. Jh. Aug. Bachii. Fol. Lpz. 754. Weidmann. 3 ℛ 8 gl

— Brissonius, Barn.: Opp. minora var. arg. Rec., emend., annotatt. instrux. Alb. Dietr. Trekell. *L. B.* 749. Fol. (4 Thl. 12 ʛr.)

— de regio Persar. principatu. 8. Argent. 710.

— Opus de verborum, quae ad jus civile pertinent, significatione. Francof. 578. f. Öfter noch wiederholt. Lips. 721. f. 4 rthl. Ed. nova opera J. G. Heineccii. Halae 743. f. 5 rthl.

— de verbor. significat. s. Lexicon jurid. op. I. G. Heineccii. Fol. Halae, Waisenh. 743.

Schreibp.

Brisson, Barnab., Suplementi de verborum etc., vide A. G. Cramer.

Brisson, Mathurin Jacques

Brisson, M. J., Anfangsgr. d. Naturgesch. u. Chemie d. Mineral. a. d. Franz. v. Drechsler, m. Anm. v. Tromsdorf. 8. Hamburg, Vollmer. 798.

Brisson, Mathur. Jaq., Anfangsgr. d. Naturgesch. u. Chemie d. Mineralien; a. d. Französ. v. F. Chr. Drechsler, m. Anmerkk. v. J. B. Trommsdorff. 8. Hamb. 799. (Herold jun.) 18 gl

Brisson (Mathurin Jacques), Anfangsgründe der Naturgeschichte und Chemie der Mineralien; aus dem Französischen übersetzt von Friedrich Christ. Drechsler und mit Anmerkungen versehen von Joh. Barthol. Tromsdorff. Mainz An VII (1800). 8.

Brisson, J., élémens, ou principes physico-chymiques, destinés à servir de suite aux principes de physique, av. fig. gr. 8. Strassb. 801. König. 1 ℛ 12 gl

— Elem. ou principes de Physique. 3 Vols. av. pl. gr. 8. Strasb. König. 800.

Brisson, Mathurin Jacques.

Spezifischen (Die) Gewichte der Körper. Aus dem französischen . . . übersetzt, und mit Anmerkungen besonders die Litteratur betreffend vermehrt von Johann Georg Ludolph Blumhof. Mit Zusätzen von Kästner. Leipzig, 1795. pp. xxxii-392. 8vo. Folding plates. (Kühn)

de Brisson, ornithologia, III Voll. 8 maj. Leyd. 763. (Luchtmans). 2 ℛ 16 gl (Weidmann)

— Ornithologia. c. Fig. 4. Paris, Treuttel. 788.

— regnum animale in Class. IX distrib. II Tmi. 8. maj. Leid. Weidmann. 762.

— Traité élémentaire, ou principes de Physique etc. III Vol. av. planches. Suivi des Elémens, ou principes physico-chymiques etc. I Vol. av. planch. les IV Vol. gr. 8. Par. (Sommer, Leipz.) 803.

Brisson, Pierre Raymond de

v. Brisson; Geschichte meines Schiffbruchs u. meiner Gefangenschaft. 8. Leipz 798. N. A. 809. Hinrichs. 8 gl

Brisson, Pierre Raymond de. Reisen und Schiffbruch; a. d. Franz. Frankf. 1790. Ü: *Liebeskind, Margaretha, verm. Forkel, geb. Wedekind.* (Schl)

Brissonius, s. Brisson

BRISSOT DE WARVILLE, Jacques Pierre 1754 - 1793
Bibliotheque philosophique du législateur, du politique, du jurisconsulte; ou Choix des meilleurs discours, dissertations, essais, fragmens, composés sur la Législation criminelle par les plus célébres Ecrivains, en françois, anglois, italien, allemand, espagnol, &c. pour parvenir à la réforme des Loix pénales dans tous les pays; traduits & accompagnés de notes & d'observations historiques.
Par J. P. Brissot de Warville ...
Tome premier [- X].
Berlin-Paris: Desauges [- Lyon: Grabit & Rosset]. 1782 [- 1785]. 8°.
Staats- und Universitätsbibliothek Göttingen

[BRISSOT DE WARVILLE, Jacques Pierre] 1754 - 1793
Karakteristik der Quäker
Aus dem Französischen übersetzt [von Karl Julius Friedrich].
Boston [i. e. Bad Dürkheim: Pfähler ?]. 1792. 4, 78 S. 8°.
Yale University Library New Haven, Conn.
Vgl. Vorbericht, S. [4]: "Wem übrigens diese Blätter den Gedanken abnöthigen, näher mit ihrem so menschenfreundlichen Verfaßer bekannt zu werden, der schaffe sich die in Herrn Pfählers Verlag von mir erschienene Uebersezung seiner Reise durch Nordamerika an." Vorbericht unterzeichnet mit: Friedrich.
Teilübers. aus Nouveau Voyage dans les Etats-Unis.
Bezügl. d. genannten Übers., s. Nr. 573, 574.
Karl Julius Friedrich, 1756-

Brissot de Warville, J. Pierre. Neue Reise durch die vereinigten Staaten von Nordamerika im Jahre 1788. Aus dem Französ. Th. 1-3. Bayreuth 1792—93. Ü: *Kayser, Albert Caspar.* (EngG) Ü: (Th. 3.) *Valett, Johann Jacob Meno.* (MGT) »Reise . . . Dürkheim a. d. Hardt 1792« Ü: *Friedrich, K. Jul.* (EngG) »Berlin 1792« Ü: *Brunn, Friedr. Leop.* (MGT) (Hitzig)

BRISSOT DE WARVILLE, Jacques Pierre 1754 - 1793
Neue Reise durch die Vereinigten Staaten von Nord-Amerika im Jahre 1788.
Aus dem Französischen des Herrn Brissot von Warville verteutscht.
Erster [- Dritter] Theil.
Bayreuth: Zeitungsdruckerey. 1792 [- 1793]. 8°.
Staats- und Universitätsbibliothek Hamburg: Bd. 1 u. 2;
Württembergische Landesbibliothek Stuttgart: Bd. 3
Bd. 3 erschien ebenfalls in Kommission bei Grau in Hof; dort auch 2. Aufl. 1796, s. Nr. 708.
Übers. v. Nouveau Voyage dans les Etats-Unis.
Übers. v. Albrecht Christoph Kayser. Vollständigste dt. Ausg.
Weitere Ausg. 1792, 1796-1797, 1797
Frankfurt-Leipziger Meßkatalog, Ostermesse 1792, S. 22: Tl. 1 u. 2; Ostermesse 1793, S. 18: Tl. 3.
Albrecht Christoph Kayser, 1756-1811

BRISSOT DE WARVILLE, Jacques Pierre 1754 - 1793
J. P. Brissot's (Warville), Französischen Bürgers, neue Reise durch die Nordamerikanischen Freistaaten im Jahr 1788
Auszugsweise aus dem Französischen übersetzt.
Mit Anmerkungen von Johann Reinhold Forster ...
Berlin: Voss. 1792. 292 S. 8°.
William L. Clements Library, University of Michigan Ann Arbor
Übers. v. Nouveau Voyage dans les Etats-Unis de l'Amérique. septentrionale, Paris 1791 [gekürzt].

Weitere Ausg. 1792, 1792-1793, 1796, 1796-1797, 1797

Frankfurt-Leipziger Meßkatalog, Michaelismesse 1791, S. 225.
Sabin 8033.
Johann Reinhold Forster, 1729-1798

BRISSOT DE WARVILLE, Jacques Pierre 1754 - 1793
Neue Reise durch die vereinigten Staaten von Nordamerika in dem Jahr 1788.
Von J. P. Brissot (Warville).
[A. d. Franz. m. Anm. v. Johann Reinhold Forster]
Berlin: Voss. 1792. 292 S. 8°.
Magazin von merkwürdigen neuen Reisebeschreibungen ...
Bd. 7, Tl. 1
Lippische Landesbibliothek Detmold
Übers. v. Nouveau Voyage dans les Etats-Unis.
Reihenausg.
Übrige Ausg. 1792, 1792-1793, 1796, 1796-1797, 1797

Sabin 25139. Baginsky 1124. Palmer.
Johann Reinhold Forster, 1729-1798

— Reisen in d. Verein. Staaten v. Nordamerika im J. 1788; aus d. Französ. v. Th. Fr. Ehrmann. gr. 8. Türkheim an d. H. 792. Braun in Heidelb. 1 rß 12 gr

BRISSOT DE WARVILLE, Jacques Pierre 1754 - 1793
J. P. Brissot's von Warville Reise durch die vereinigten Staaten von Nord-Amerika im Jahr 1788.
Aus dem Französischen. Mit der kurzen Lebensgeschichte des Verfassers und einigen Erläuterungen und Zusätzen vermehrt von Theophil Friedrich Ehrmann.
Dürkheim an der Haard: Pfeiffer. 1792. LXVIII, 628 S. 8°.
Yale University Library New Haven, Conn.
Übers. v. Nouveau Voyage dans les Etats-Unis.
Übers. v. Karl Julius Friedrich,
Text identisch mit nachfolgender Nr.
Weitere Ausg. 1792, 1792-1793, 1796, 1796-1797, 1797

Frankfurt-Leipziger Meßkatalog, Ostermesse 1792, S. 22.
Karl Julius Friedrich, 1756-
Theophil Friedrich Ehrmann, 1762-1811

BRISSOT DE WARVILLE, Jacques Pierre 1754 - 1793
J. P. Brissot's von Warville Reise durch die vereinigten Staaten von Nord-Amerika im Jahr 1788.
Aus dem Französischen. Mit einer kurzen Lebensgeschichte des Verfassers und mit einigen Erläuterungen und Zusätzen vermehrt von Theophil Friedrich Ehrmann.
Dürkheim an der Haard: Pfähler. 1792. LXVIII, 628 S. 8°.
Universitätsbibliothek Gießen
Übers. v. Nouveau Voyage dans les Etats-Unis.
Übers. v. Karl Julius Friedrich, s. Nr. 576.
Text identisch mit voraufgehender Nr.
Weitere Ausg. 1792, 1792-1793, 1796, 1796-1797, 1797

Ausg. Heidelberg 1792 [Sabin 8038 u. Palmer] konnte nicht gefunden werden.
Sabin 8038. Palmer: irrtümlich mit Ehrmann als Übersetzer.
Karl Julius Friedrich, 1756-
Theophil Friedrich Ehrmann, 1762-1811

BRISSOT DE WARVILLE, Jacques Pierre 1754 - 1793
Neue Reise durch die vereinigten Staaten von Nordamerika in dem Jahre 1788.
Von J. P. Brissot (Warville).
[A. d. Franz. v. Johann Reinhold Forster]
Wien: Schrämbl. 1792. VIII, 503 S. 8°.
Magazin von merkwürdigen neuen Reisebeschreibungen [Wiener Ausg.], Bd. 13.
Universitätsbibliothek Leipzig
Übers. v. Nouveau Voyage dans les Etats-Unis.

BRISSOT DE WARVILLE, Jacques Pierre 1754 - 1793
Neue Reise durch die Vereinigten Staaten von Nord-Amerika im Jahre 1788.
Aus dem Französischen des Herrn Brissot von Warville verteutscht [von Albrecht Christoph Kayser].
Erster [- Dritter] Theil.
Neue unveränderte Auflage.
Hof: Grau. 1796. 8°.
John Carter Brown Library Providence, R. I.
Übers. v. Nouveau Voyage dans les Etats-Unis.
2. Aufl. 1. Aufl. 1792-1793,
Weitere Ausg. 1792, 1796-1797, 1797
Sabin 8032. Palmer.
Albrecht Christoph Kayser, 1756-1811

BRISSOT DE WARVILLE, Jacques Pierre 1754 - 1793
Neue Reise in die vereinten Staaten von Nordamerika, gemacht im Jahr 1788 von dem französischen Bürger J. P. Brissot (Warville).
Braunschweig: Schulbuchhandlung. 1796 [- 1797]. 8°. 2 Bde.
Fortsetzung der Campischen Reisebeschreibungen für die Jugend. Dritter [- Vierter] Theil.
Universitätsbibliothek Leipzig
Übers. v. Nouveau Voyage dans les Etats-Unis.
Nachdr. 1797

BRISSOT DE WARVILLE, Jacques Pierre 1754 - 1793
Neue Reise in die vereinten Staaten von Nordamerika, gemacht im Jahr 1788 von dem französischen Bürger J. P. Brissot (Warville).
Reutlingen: Grözinger. 1797. 2 Bde. 8°.
Fortsetzung der Campischen Reisebeschreibungen für die Jugend, Tl. 3-4.
Württembergische Landesbibliothek Stuttgart
Nachdr. d. Ausg. Braunschweig 1796-1797
Übers. v. Nouveau Voyage dans les Etats-Unis.
Weitere Ausg. 1792, 1792-1793, 1796.
Baginsky 1362.

Brissot, (Warwille) J. P., Schilderung d. jetz. Anarchie Frankreichs; a. d. Französ. 8. Leipz. 794. Fr. Fleischer. 14 gr

Bristan, Alfr., der Offizier. Ernste Betrachtgn. im Lichte der Wahrheit. (124 S.) 8. Straßburg 910. J. Singer. 2. —

Bristed, Jh. Die Hülfsquellen der Vereinigten Staaten Nord-Amerikas, oder Ueberblick des Zustandes und Charakters des nordamerikanischen Volks. Aus dem Engl. übersetzt. gr. 8°. Weimar, L. Ind.-Cpt., 1819.

— — Resources, the, of the United States of America, or a view, of the agricultural, commercial, manufacturing, financial, political, literary, moral and religious capacity and character of the american people. gr. 8. New-York. (Leipzig, Göschen.) 819.

Bristo, Komödie in 3 Akten, von Ant. Verreira, umgearbeitet durch einen neuern Portugiesischen Dichter. [Weimar 1782.] Ü: *Zanthier, Friedrich Wilh. v.* (MGT)

Bristol, die Pforte des Westens. Die Bedeutung Bristols als Hafen- u. Handels-Stadt. Nebst e. Anh.: Das neue Englische Patent-Gesetz ... Bristol: Committee of Commercial Research (1908). (47 S.) 8° (08. 15308 8

Bristol-Kanal, s.: Seekarten.

Bristol-Kanal, s.: Stromkarte.

Bristow, James, Schicksale in Indien, während seiner Gefangenschaft unter Hyder Ally und Tippoo Saheb. Aus dem Englischen. Hamburg 1794.

Bristow's, Jak.; Schicksale bei Hyder Aly u. Tippo Saheb; aus d. Engl. 8. Hamb. 794. (A. Campe). 12 gr

v. Britaine, W., menschl. Klugheit, od. d. Kunst, wie e. Mensch sich u. sein Glück hoch empor bringen kann. 8. Wittenb. ... Neue v. Ebert verb. Aufl. 783. Kühne. 16 gr

Britaine, W. v., menschl. Klugheit, od. d. Kunst, wie e. Mensch sich u. s. Glück hoch empor bringen kann. 8. Wittb. Kühn. 797.

Britania, e. Zeitschr. in Engl. Spr., herausg. v. C. Steudel. 1r Bd. 3 Hefte, u. 2r Bd. 16 H. gr. 8. Gotha 805 u. 6. Steudel. 1 rß 12 gr

— oder neue engl. Miszellen, herausg. von e. Gesellschaft deutscher Literatur-Freunde in London. Redig. v. ... Hermes u. A. Jahrg. 1825 u. 26. 3 Bde od. 12 Hefte u. J. 1827, 1s — 6s Hft. Mit Kpf. 8. Stuttg., Metzler. (1r J. 4 rß 16 gr 2r J. 6 rß 16 gr 3r J. 1s — 6s H. 3 rß 8 gr) 14 rß 16 gr

Britanicarum Insularum — Facies Antiqua. M. Lori J. U. L. del Mon. 1777. Söckler sc. M. 1: 10,000,000 circa. 1 Bl.

Britanikus. Nach Racine u. Joh. Falk, s. Theater, Römisches, der Engländer und Franzosen für Deutsche, von Falk. 2. Bd.

Britannia. A selection of British poems ancient and modern. Translated into German by Louise v. Ploennies. — Together with the English text. — Britannia. Eine Auswahl engl. Dichtungen alter u. neuer Zeit. Ins Deutsche übersetzt v. Louise v. Ploennies. Mit beigedr. Originaltext. gr. 12. Frankfurt a/M. 843, Schmerber's Buchh. n. 2 1/6 rß

Britannia. Englands vorzüglichste Romane u. Novellen. 1—3. Bd. Der Verurtheilte. Von G. P. R. James. Auf Veranstaltung des Verf. aus d. Engl. übers. 3 Thle. 8. (1: VI u. 148 S. 2: 143 S. 3: 131 S.) Berlin 848, Duncker & Humblot. 1½ ℛ

— dass. 4. u. 5. Bd. Jetzt u. Einst. Erzählung von Sam. Warren. Aus d. Engl. übers. v. A. Diezmann. 2 Thle. 8. (VI, 105 u. 224 S.) Ebd. 848. 1 ℛ

— dass. 6—8. Bd. Johanna Eyre. Von Currer Bell. Aus d. Engl. übers. v. Ernst Susemihl. 3 Thle. 8. (199. 196 u. 216 S.) Ebd. 848. 1½ ℛ

— dass. 9—11. Bd. Sir Theodor Broughton oder Kirschlorbeerwasser. Von G. P. R. James. Auf Veranstalt. d. Verf. aus d. Engl. übers. 3 Thle. 8. (1: XII u. 151 S. 2: 158 S. 3: 163 S.) Ebd. 848. 1½ ℛ

— dass. 12. u. 13. Bd. Tagebuch u. Notizen v. Horace Templeton, ehemal. Legations-Secr. zu —. Auf Veranstalt. d. Verf. aus d. Engl. übers. 2 Thle. 8. (214 u. 194 S.) Ebd. 848. 1½ ℛ

— dass. 14—16. Bd. Shirley. Von Currer Bell. Aus d. Engl. übers. 3 Thle. [Schriften. 4—6. Bd.] 8. (1: X u. 223 S. 2: X u. 231 S. 3: X u. 356 S.) Ebd. 849. 1½ ℛ (Bd. 1—16: herabges. Preis 6 ℛ)

— dass. 17—19. Bd. Nathalie. Eine Erzählung v. Julie Kavanagh. Aus d. Engl. v. A. Diezmann. 3 Thle. 8. (VI, 216. 208 u. 219 S.) Ebd. 851. 2 ℛ

— dass. 20. Bd. Kavanagh. Eine Erzählung v. W. H. Longfellow. Aus d. Engl. 8. (104 S.) Ebd. 851. 12 ngr

— dass. 21. Bd. Die Lilie u. die Biene. Eine Phantasie in dem Glaspalaste. Von Sam. Warren. Aus d. Engl. v. A. Diezmann. 8. (X u. 141 S.) Ebd. 851. ½ ℛ

— dass. 22. Bd. Erzählungen aus Household words. Hrsg. v. Ch. Dickens. (1. Thl.) Aus d. Engl. 8. (VIII u. 358 S.) Ebd. 851. 1 ℛ (1—22. Bd.: 9 ℛ 27 ngr)

Britannia. Englands vorzüglichste Romane und Novellen. Berlin 853. Duncker u. Humblot. 8.
23—25. Bd.: Schloß Avon von der Verfasserin von „Emilia Wyndham", „Ravenscliffe" u. A. A. d. Engl. 3 Thle. (2 Bl., 190; 2 Bl., 181; 2 Bl., 155 S.) 2 ℛ
26—28. Bd.: Villette. Von Currer Bell, Verfasserin von „Jane Eyre", „Shirley." 3 Thle. Aus dem Engl. übers. von A. Diezmann. (2 Bl., 190; 2 Bl., 182; 2 Bl., 186 S.) 2 ℛ
29—31. Bd.: Daisy Burns. Von Julia Kavanagh, Verf. von „Natalie" ꝛc. In 3 Thln. Aus dem Engl. übers. von A. Kretzschmar. (2 Bl., 212; 2 Bl., 204; 2 Bl., 222 S.) 2 ℛ
32. Bd.: Erzählungen aus Household Words. Herausg. von Ch. Dickens. Aus dem Engl. II. (Thl.) (3 Bl., 350 S.) 1 ℛ

—— Theaterstücke, Scenen und Auszüge aus deutschen Werken geschichtlichen und beschreibenden Inhalts, unter fortwährender Hinweisung auf Fölsing's Grammatik zum Uebersetzen ins Englische eingerichtet von Herm. Franz. 1. Bdchn. 8. Berlin 856(57,) Herbig. *

Inhalt:

Bdchn. 1. Der Neffe als Onkel von Schiller, und Scenen aus Hackländer's Lustspiele der geheime Agent. (VIII und 80 S.)

Britanniae — Tabula Ducatus — Gallis Le Gouvernement Général de Bretagne in suos Novem Episcopatus omne Turonensi Aurel. Archiepis subjectos divisa Edit Joh. Bapt. Homanno Norimbergae. 1: 650,000. 1 Bl.

Britannia — Magna — complectens Angliae, Scotiae, Hiberniae Regna in suas Provincias et Comitatus divisa repraesentante Jo. Bapt. Homann. Norimbergae 1712? 1: 2,500,000. 1 Bl.

Britanniae — Magnae — Pars Meridionalis, in qua Regnum Angliae tam in septem antiqua Anglo-Saxonum Regna quam in omnes Hodiernas Regiones accur visum hic ostenditur, quam tabula ab Archetypo V. riano desumtam exhibet Joh. Bapt, Homann Noribergae 1712? 1: 1,500,000. 1 Bl.

Britanniae — Magnae — Pars Septentrionalis qua Regnum Scotiae in suas Partes et subjacentes Insulas divisum accurata Tabula ex archetypo Visscheriano desumta exhibetur imitatore Joh. Bapt. Homanno Noribergae 1712? 1; 980,000. 1 Bl.

Britanniae — Regnorum Magnae — et Hiberniae, Mappa Geographica juxta Observationes astronomicas recentiores denuo correcta et ad formam legitimae projectionis reducta a Tobia Majero. Norimbergae Impensis Homann: Heredum, verb. herausgegeben 1806. 1: 2,500,000. 1 Bl.

Britanniae, sive Angliae Regnum, tam secundum prisca Anglo-Saxonum Imperia, quam recentiorem Provinciarum divisionem accuratissime designatum studio et sumtibus Matthaei Seutteri; Aug. Vind. 1728? 1: 1,300,000.

Britanniae — Praefectura Ducatus — quae Superior et Inferior; subdivisae suos in Episcopatus Nannetensem nempe Redonensem etc. Ex Editione Ger. et Leo. Valk. 1: 650,000. 1 Bl.

Britannia-Bibliothek. 1—18. Bd. 8. Straßburg 878—80. Schultz & Co. 62. —
1. Dita v. Lady Margaret Majendie. (272 S.) 4. —
2—4. Ist er Popenjoy? Novelle von Anthony Trollope. Autoris. Uebersetzung. 3 Bde. (272, 240 u. 250 S.) 10. —
5. „Schön-Lesley". Von Mrs. Herbert Martin. Autoris. Uebersetzung. (344 S.) 4. —
6—8. Die Abtei von Pomeroy. Von der Verf. v. „East Lynne". Ins Deutsche übertr. v. Maria Orm. 3 Bde. (232, 224 u. 236 S.) 10. —
9—11. Benedicta. Von Mrs. Alfr. Phillips. 3 Bde. Autoris. Uebersetzung. (232, 245 u. 221 S.) 10. —
12—14. Musgrave der Erbe v. Mrs. Oliphant. Autoris. Uebersetzung. 3 Bde. (223, 221 u. 183 S.) 10. —
15. Verlassen oder Phillis Maitland's Schicksale. Eine Erzählung von Francis Carr. Autoris. Uebersetzung. (288 S.) 4 —

Britannia-Bibliothek. 16.—18. Bd.: Freundschaft. Von Ouida. 3 Bde. 8. (258; 271; 280 S.) Straßburg 880, Schultz und Comp.
Nicht weiter erschienen.

Britannicus, ein Trauerspiel in fünf Aufzügen ... Solothurn 1773. V: *Zimmermann, Ignaz Joseph.* (Jes)

Britannicus. Trauersp. 8. Frkft. Eßlinger. 804.

Britgewater; od. die Verkleidung. Lustsp. 8. Leipz. Büschel. 773.

Britische Inseln, s.: Europa. Kiepert.

— s.: Europa. Mercator, Gerh. — Hand- u. Reisekarten. 42. 48.

Britische Inseln, s.: Grossbritannien. — Schulwandkarten.

Britische Inseln. – Bamberg's, K., Schulwandkarte d. Brit. Inseln. 1:800,000. 9 Bl. Chromol. Fol. Berl. 85, Chun.

Britschgi, M[elchior]. Eine Rundreise durch Italien. Mitgemacht und erzählt von M. B. vic. [SA.] 8. Sarnen 1877.

Britt, Peter. Die technische Seite des Sprach-Unterrichts. Wie erzielt der Lehrer beim Schüler eine lautreine Aussprache und ein schönes Lesen, Sicherheit in der Rechtschreibung, in der Zeichensetzung und in der Anwendung der richtigen Wortformen, Gewandtheit im mündlichen und Selbständigkeit im schriftlichen Gedankenausdruck? Referat für die kantonale Herbstkonferenz 1901. II + 47 S. 8. Schwanden, Dl. Tschudy-Aebly, 1901.

Britt-Hohl, G., vocabulaire zum Elementarbuch v. Karl Keller. br. 8. (65 S.) Zürich 872. Orell, Füßli & Comp. n. — 60

Britten, Sieben. Farce in einem Akt. (Gespielt: Berlin 1828.) V: *Alexis, Will.* (= *Gg. Wilh. Heinrich Häring*). Vgl. Goed IX, 464, 40. (DARP)

Britten, M., Echinodermata a) Holothurioidea vom westl. u. zentralen Südafrika, s.: Denkschriften der medicin.-naturwiss. Gesellschaft zu Jena. XVI, 1.

Britten, Michael, a. Trier: Holothurien aus dem Japanischen und Ochotskischen Meere. (St. Petersburg 1907.) (S. 123—157.) 4°(8°) ¶(Aus: Bull. de l' Acad. Impér. des Sciences de St. Pétersbourg 1906 Sér. 5 T. 25.)
Bonn, Phil. Fak., Ref. Ludwig, Diss. v. 5. März 1907
[Geb. 22. Nov. 79 Irsch, Bez. Trier; Wohnort: Trier; Staatsangeh.: Preußen; Vorbildung: Friedrich-Wilhelms-Gymn. Trier Reife O. 02; Studium: Bonn 6 S.; Rig. 28. Nov. 06.]

Brittenlieder. Ausgewählt u. übertr. v. Wilh. Cornelius. 1. u. 2. Bdchn. 16. (21 B.) Stralsund u. Berlin 840, Cornelius.

Britting, Walt., einsame Feste. Gedichte. (VIII, 79 S.) 8. Berlin 910. E. Fleischel & Co. 2.—; geb. 3. —

Britting, Walt.: Frz Xaver Gabelsberger als Mensch. (In stenogr. Schrift.) 1. u. 2. Afl. (64 m. 1 Bildn.) gr8° Wolfenb., Heckner '07:09. 1 —; geb. 1.60 d

— s.: **Gabelsberger, F. X.,** Worte.

Brittinger, Christian

— Beobachtungen über *Sympecma fusca* (Vander L.), eine Libellenart. S. 7. 167 . . vgr. Separatabdruck

Brittinger, Chrn., die Libelluliden des Kaiserreichs Oesterreich. [Aus den Sitzungsberichten 1850 der kais. Akad. der Wiss. abgedr.] gr. 8. (8 S.) Wien 852. (Braumüller.) n. 2 ngr

Brittinger, Chrn., die Libelluliden des Kaiserreichs Oesterreichs. gr. 8. (8 S.) Wien 852, (Gerold's Sohn.) *
Aus: Sitzungsberichte der k. Akademie der Wissenschaften, Jahrg. 1850, besonders abgedruckt.

— die Schmetterlinge d. Kronlandes Oesterreichs ob der Enns. Nebst Angabe der Zeit u. des Ortes ihrer Erscheinung, ihrer Raupen, u. deren Nahrungspflanzen. Systematisch zusammengestellt. [Aus dem April-Hft. 1851 der Sitzungsberichte der math.-naturw. Cl. d. k. Akad. d. Wiss. abgedr.] Lex. 8. (72 S.) Ebd. 852. n. 1/3 ℛ

Brittisch-Columbia, Vancouver-Island und nördl. Theil von Washington-Territorium. 4,500,000. G. M. 1858.

Brittlebank, Cecil, a. Winster: Ueber Thioharnstoffcuprosalze. Straßburg i. E. 1905: C. & J. Goeller. (87 S.) 8°
Straßburg, Math.-naturwiss. Fak., Ref. Thiele, Diss. v. 1905
[Geb. 4. Febr. 80 Winster, England; Wohnort: Wiesbaden; Staatsangeh.: England; Vorbildung: Realgymn. Wiesbaden Reife O. 99; Studium: Straßburg 12 S.]

BRITTNER, AUGUST.
Ueber sogenannte animalische und vegetabilische Proteinstoffe. München, 1871. 8vo.

Brittner, Karl: Ueber die Herstellung von Oxyuvitinaldehyd aus p-Kresol. (Berlin 1909: Ebering.) 46 S. 8°
Berlin, Phil. Diss. v. 26. Juni 1909, Ref. Gabriel
[Geb. 31. Jan. 83 Frankfurt a. M.; Wohnort: Berlin; Staatsangeh.: Preußen; Vorbildung: Oberrealsch. Frankfurt a. M. Reife O. 02; Studium: Marburg 5, Frankfurt Handelshochsch. 1, Berlin 6 S.; Rig. 27. Mai 09.] [U 09. 154

Britto, G. v., Festschrift des Turnvereins in Marburg a. d. L. zum 25 jähr. Bestehen, Marburg a. d. L. 1888, 56 S., Gr.-8°.

BRITTO, Gaston: Versuch einer Theorie der Congruenz $x_1 y \equiv D^0$ (mod k). — 1872. 48 S. Diss. Graz, Univ.

Britto Dr. Gaston R. v.: Über einen neuen Pachytrop. 4. Marburg R. 96. Progr.

Britz, s.: Mark.

Britz, Clara

Britz, C., Betrachtgn. üb. d. Schmerzen u. d. Lehren d. heil. Herzens Jesu a. d. Kreuzwege. N. d. Schriften d. sel. Margareta Maria. Nebst e. kurzen Kreuzwegandacht u. d. gewöhnl. notwendigsten Gebeten. Autor. Uebersetzg. A. d. Franz. 16. (288 S. m. 1 Stahlst.) Paderborn 898. Bonifacius-Druckerei. n. — 40; geb. n. — 60

— Blicke ins Jenseits od.: Neuntäg. Andachten z. Ehren aller Engel u. Heiligen; z. Troste d. armen Seelen i. Fegefeuer; z. Vorbereitg. a. e. glückſel. Tod. Nebst d. gewöhnl. notwend. Gebeten. 16. (276 S.) Donauwörth 898. L. Auer. Geb. in Leinw. n. — 60

Britz, C., Blicke ins Jenseits od.: Neuntägige Andachten zu Ehren aller Engel u. Heiligen; zum Troste der armen Seelen im Fegefeuer; zur Vorbereitg. auf e. glückſel. Tod. Nebst den gewöhnl. notwend. Gebeten. 2. Aufl. (276 S.) 7,9×11,6 cm. Donauwörth (908). L. Auer. Geb. in Leinw. — 40)

Britz, C., s. a. **Brevier,** kleines, zu Ehren des hl. Herzens Jesu.

Britz, C., kleines Brevier zu Ehren des heil. Herzens Jesu. Tagzeiten für jeden Tag der Woche und eine Meßandacht. Auszüge aus dem Leben und den Werken der sel. Margareta Maria. Autoris. Übersetzung aus dem Französ. 2. Aufl. 32. (XIV, 152 S.) Paderborn 884, Bonifacius-Druckerei. *
1. Aufl. war nicht im Handel.

Britz, C., kleines Brevier zu Ehren des heil. Herzens Jesu. Tagzeiten für jeden Tag der Woche und eine Meßandacht. Auszüge aus dem Leben und den Werken der sel. Margareta Maria. Autoris. Übersetzung aus dem Französ. 3.—6. Aufl. 32. (XVI, 160 S.) Paderborn 885—88, Bonifacius-Druckerei. *

Britz, C. Kleines Brevier zu Ehren d. hl. Herzens Jesu. Tagzeiten f. jeden Tag der Woche u. e. Meßandacht. Auszüge aus dem Leben u. den Werken der seligen Margareta Maria. 8. Aufl. 32. (XVI, 160 S. m. 1 Stahlst.) Paderborn 892, Bonifacius-Druckerei. * — 35

— d. Erlöser, od. neuntäg. Andachten z. Vorbereitung a. d. Geburt Christi; z. Ehren d. göttl. Kindes; z. Ehren d. leid. u. zu Ehren d. auferstand. Heilandes. Nebst d. gewöhnl. notwend. Gebeten. 16. (308 S.) Ebd. 898. Geb. in Leinw. n. — 60

— die besten Freunde, od.: Neuntäg. Andachten z. Ehren d. allersel. Jungfrau u. verschied. Engel u. Heiligen. Nebst d. gewöhnl. notwend. Gebeten. 16. (248 S.) Ebd. 898. Geb. in Leinw. n. — 60

Britz, Clara, Gedanken u. Ratschläge zur Beherzigung f. die weibliche Jugend. Mit e. Anh. v. Gebeten. 12. (246 S.) Mainz 883. Haas. 1. 20

Britz, Clara, Gedanken u. Ratschläge. Zur Beherzigg. f. die weibl. Jugend. Mit e. Anh. v. Gebeten. 2., verm. Aufl. 16. (364 S. m. 1 Stahlst.) Paderborn 893. Bonifacius-Druckerei. 1. 50

Britz, Clara, Gedanken u. Ratschläge. Zur Beherzigg. f. die weibl. Jugend. Mit e. Anh. v. Gebeten. 3. verb. Aufl. gr. 16. (344 S. m. 1 Stahlst.) Paderborn 903. Bonifacius-Druckerei. 1. 50

Britz, C., Maiandacht f. das christliche Volk. 31 Betrachtgn. üb. das Leben, Leiden u. Sterben der heil. Mutter Gottes. Mit e. Anh. v. Gebeten u. Liedern. 8. (88 S. m. 1 Holzschn.) Paderborn 886. Bonifacius-Druckerei. n. — 25

— der verborgene Schatz. Der Ablaß u. die m. Ablässen bereicherten Gebete, Übgn. u. Bruderschaften in der kathol. Kirche, nebst den notwendigsten tägl. Gebeten u. Andachten f. die verschiedenen Feste d. Jahres. 16. (XVI, 363 S. m. 1 Bildnis.) Dülmen 892. A. Laumann. — 90

— Veilchenkranz zu Ehren des hl. Joseph. Betrachtungen üb. das Leben u. die Tugenden des hl. Joseph f. alle Tage des Monat März, nebst den mit Ablässen bereicherten Andachtsüb. zu Ehren des hl. Joseph, sowie den gewöhnl. tägl. Gebeten. 12. (XII, 351 S. m. 1 Stahlst.) Ebd. 894. — 90; geb. n. 1. 20

— **Christi Vermächtnis**, od. neuntäg. Andachten z. Ehren d. hl. Geistes, d. allerheil. Altarssakramentes u. d. heil. Herzens Jesu. Nebst d. gewöhnl. notwend. Gebeten. 16. (276 S.) Donauwörth 898 L. Auer. Geb. in Leinw. n. — 60

Britz, Nicolaus [Arzt aus Demmin]: Drei Fälle von Ataxie und Lähmungen nach Diphtherie ... Greifswald, Druck v. J. Abel, 1893; 28 S. 8.
Greifswald, Med. Fak., Inaug.-Diss. v. 1. Juli 1893

Britze, Curt: F r e i w a l d a u , Bez. Liegnitz. Ein Bild dieses Ortes in s. Gegenwart auf Grund d. Vergangenheit. Rauscha: Diener 1905. 62 S. 8°.

Britze, Martin, appr. Arzt a. Bautzen: Über die Achsendrehung des Uterus bei Myom. Jena-Ziegenhain 1905: Thüringer Verlagsdruckerei. (32 S.) 8°
Jena, Med. Fak., Ref. Franz, Diss. v. 1. Nov. 1905
[Geb. 11. Sept. 76 Bautzen; Wohnort: Bautzen; Staatsangeh.: Sachsen; Vorbildung: Gymn. Bautzen Reife O. 06; Studium: Greifswald 3, Jena 1, Greifswald 1, München 1, Greifswald 2, München 3 S.; Coll. 28. Sept. 05; Approb. 7. Juni 05.]

Britzelmayr, Joseph

Britzelmayr: Kritische Bemerkungen zu Stellen in Plautus, Caesar, Curtius. 12 S.
Progr. Landshut 1868.

† **Britzelmayr,** Jos. [Claus Einsiedel], Gedichte. 2. Sammlung. 8. (185 S.) Ludwigshafen 875, Lauterborn. *
1. Sammlung erschien im Selbstverlag.

Britzelmayr, Joseph: Ein Schärflein zum Thesaurus Latinus S. 3. Dedikation dem Wilhelms-Gymnasium zur Jubelfeier seines 300jährigen Bestehens. –
Progr. München 1859.

Britzelmayr, J., Ein Schärflein zum Thesaurus Latinus. (Lexikalisches a. d. Periochen zum Livius. — Lexikal. aus Julius Obsequens. — Bemerk. z. Texte d. Periochen d. Livius. Bemerk. z. Texte d. Julius Obsequ.) Pr. 1859. 84 S. 4°. 1.20

Britzelmayr, Julius

Britzelmayr, Auszug aus der Geschichte des k. b. 16. Infanterie-Regiments Großherzog Ferdinand v. Toskana u. seiner Stammabteilungen. Für Unteroffiziere u. Mannschaften bearb. (III, 159 S. m. eingedr. Kartenskizzen u. 6 Taf.) 8. Passau 903. (M. Waldbauer.) Kart. n. 1. 20

Britzelmayr, Max., deutsche Aufsatz-, Sprach- und Rechtschreibelehre für die Oberclassen der Volksschule. Ein Lehr- und Uebungsbuch, enth. 32 ausgeführte Stilarbeiten, 36 erklärte Wortfamilien 2c. 8. (88 S.) Augsburg 868, Kollmann'sche Buchh. [Regensburg, Manz.] *

Britzelmayr, Max, **Cladonien-Abbildungen.** 80 (lith.) Taf. Mit Text. Die Lichenen der Flora v. Augsburg. gr. 8. (36 S.) Berlin 898. R. Friedländer & Sohn. n.n. 10. —

— dasselbe. 2. Tl. 4. (80 lith. Taf. m. 1 Bl. Text.) Ebd. 900. n.n. 10. —

Britzelmayr, M., Dermini und Melanospori aus Südbayern. gr. 8. (50 S. mit 20 autogr. und color. Taf.) Augsburg 883. (Berlin, Friedländer und Sohn.) *
Aus: Berichte des naturwissenschaftl. Vereins zu Augsburg, besonders abgedruckt.

—— Erklärungen dunkler und unverständlicher deutscher Namen aus der Naturgeschichte, nebst Beisetzung der von solchen wieder abgeleiteten 2c. Ein kurzer Leitfaden zur Förderung eines geistbildenden Unterrichtes in der Naturgeschichte. Mit einem Anh. naturgeschichtl. Aufgaben. 8. (40 S.) Augsburg 868, Kollmann'sche Buchh. [Regensburg, Manz.] *

Britzelmayr, M., 100 Erzählungen aus der bayerischen Geschichte. 8. (93 S.) München 890. Oldenbourg, Abteilung f. Schulbücher. n.n. — 40

Britzelmayr, Max, 100 Erzählungen aus der bayerischen Geschichte. 2. Aufl. 8. (93 S.) München 890. R. Oldenbourg. n.n. — 40

Britzelmayr, M, 100 Erzählgn a. d. bayer. Geschichte 3. Afl. 8° (93) Münch. 92, R Oldenbourg. n.n. — 40

Britzelmayr, Max, 100 Erzählungen aus der bayerischen Geschichte. 5. Aufl. 8. (93 S.) München 902. R. Oldenbourg. n.n. — 40

Britzelmayr, Max, 100 Erzählungen aus der bayerischen Geschichte. 6. Aufl. (92 S.) 8. München 906. R. Oldenbourg. n.n. — 40

Britzelmayr, Max, 100 Erzählungen aus der bayerischen Geschichte. 7. unveränd. Aufl. (92 S.) 8. München (910). R. Oldenbourg. nn — 40.

Britzelmayr, Max [cand. med. aus Augsburg]: Ueber einen Fall von Angiosarkom der Muskulatur der linken Thoraxwand mit Metastasen in beiden Nieren ... München, Buchdr. Kastner & Lossen, 1896; 25 S. 8.
München, Med. Fak., Inaug.-Diss. v. 1896

Britzelmayr, M., Hymenomyceten aus Südbayern. 8 Thle. gr. 8. Berlin, Friedländer und Sohn. **

Inhalt:
Thl. 1. Hymenomyceten Augsburgs. (17 S. mit 10 color. Taf.) 879. ** M 4.50.
» 2. Hyporhodii und Leucospori aus Südbayern. (16 S. mit 16 color. Taf.) 882. ** M 8.—.
» 3. Dermini aus Südbayern. (8 S. mit 19 color. Taf.) 882. ** M 9.—.
» 4. Dermini und Melanospori aus Südbayern. (50 S. mit 20 autogr. und color. Taf.) 883. [* M 7.—.] ** M 10.—.
» 5. Leucospori. (20 autogr. und color. Taf.) 884. [** M 8.—.] ** M 10.—.
» 6. Hymenomyceten aus Südbayern. Cortinarii. (42 S. mit 60 color. Taf.) 886. ** M 30.—.
» 7. —— dass. — Boleti und Ergänzungen zu den Agaricinis. (25 autogr. und color. Taf.) 886. ** M 12.50.
» 8. —— dass. — Polyporei, Hydnei, Thelephorei, Clavariei und Tremellinei. Mit einem Verzeichnisse sämtl. als „Hymenomyceten aus Südbayern" veröffentlichten Arten. [Nebst Register.] (36 S. mit 70 color. Taf.) 888. ** M 32.—.

—— Hymenomyceten aus Südbayern. 9.—14. Tl. gr. 8. Ebd. ** 94 —
9. Boleti, Cortinarii, Dermini, Hydnei, Hyporhodii, Leucospori, Melanospori. Mit einer systematischen Bearbeitg. der in d. 9 Tln. beschriebenen Hymenomyceten, mit vollständ. Register. (34 S. m. 65 Taf.) 890. ** 30 —.
10. Leucospori, Hyporhodii, Dermini, Melanospori, Cortinarius, Hygrophorus, Lactarius, Russula, Cantharellus, Marasmius, Panus, Lenzites, Polyporus, Hydnei, Thelephorei, Clavariei. (4 S. m. 48 Taf.) 891. ** 24 —.
11. Leucospori, Hyporhodii, Dermini, Melanospori, Cortinarius, Gomphidius, Paxillus, Hygrophorus, Lactarius, Russula, Cantharellus, Marasmius, Boletus, Polyporus, Hydnei, Clavariei. (15 S. m. 85 Taf.) 892. ** 40 —.
12. Genus Cortinarius. (10 kolor. Taf. m. 18 S. Text.) 892. n. 6. —
13. (116 kolor. Taf. m. 30 S. Text.) 893. n.n. 50. —
14. Mit Verzeichnissen der im 1.—10. Tle. veröffentlichten Arten u. Formen. [Aus: „31. Bericht des naturwissenschaftl. Vereins f. Schwaben u. Neuburg".] (S. 157—222 m. 54 autogr. u. kolor. Taf.) 894. n.n. 30. —

Britzelmayr, M., zur Hymenomyceten-Kunde. 3 Reihen. gr. 8. Nebst Texthft.: Materialien z. Beschreibg. d. Hymenomyceten. [Aus: „Botan. Centralbl."] gr. 8. Berlin, R. Friedländer & Sohn. n.n. 74. —
1. (55 farb. autogr. Taf. m. 16 S. Text.) 895. n.n. 26. —
2. (45 farb. autogr. Taf. m. 13 S. Text.) 896. n.n. 24. —
3. (45 farb. autogr. Taf. m. 19 S. Text.) 897. n.n. 24. —

— Revision d. Diagnosen z. d. v. M. Britzelmayr aufgestellten Hymenomyceten-Arten. I. u. II. Folge. [Aus: „Botan. Centralbl."] gr. 8. (20 S.) Cassel. Ebd. 898. n.n. 3. 80
I. (20 S.) n.n. 2. —. — II. (16 S.) n.n. 1. 80.

— Revision der Diagnosen zu den v. M. Britzelmayr aufgestellten Hymenomyceten-Arten. III. u. IV. Folge. gr. 8. (22 u. 20 S.) Cassel 899. (Berlin, R. Friedländer & Sohn.) à n.n. 2. —
Sonderabdruck aus: „Botan. Centralblatt".

Britzelmayr, M., Leucospori. gr. 8. (20 autogr. und kolor. Taf.) Berlin 881, Friedländer und Sohn.

— die Lichenen der Algäuer Alpen. 4. (28 farb. Taf.) Nebst Text. gr. 8. (S. 71—189.) Augsburg (900). (Berlin, R. Friedländer & Sohn.) n.n. 15. —
Sonderabdruck aus: „Bericht d. naturwiss. Ver. f. Schwaben u. Neuburg".

— d. Lichenen der Flora v. Augsburg. [Aus: „33. Bericht d. naturwissenschaftl. Vereins f. Schwaben u. Neuburg in Augsburg".] gr. 8. (34 S.) Augsburg 898. Ebd. n.n. 2. —

Britzelmayr, Max, Lichenen aus Südbayern in Wort u. Bild. II. Tl.: Fortsetzung der „Lichenes exsiccati". (III u. S. 183—228 m. 25 farb. Taf.) 8. Augsburg (907). (Berlin, R. Friedländer & Sohn.) nn 8. —
Sonderabdr. aus „37. Bericht d. naturwiss. Ver. f. Schwaben u. Neuburg in Augsburg".

Britzelmayr, Max: Deut. Lichenes exsiccati in Wort u. Bild. III. Tl. [SA] (76 m. 22 farb. Taf.) 8° Augsbg (09). (Berl., R Friedländer & S.) nn 8 — (Vollst.: nn 28 —)
Index dazu s.: Höhnel, Frz v.

— Deutsche Lichenes exsiccati in Wort u. Bild. III. Tl. (76 S. m. 22 farb. Taf.) 8. Ebd. (909.) nn 8. —
Sonderabdr. aus „38. Bericht d. naturwiss. Ver. f. Schwaben u. Neuburg in Augsburg".

Britzelmayr, Max, Lichenes exsiccati aus der Flora v. Augsburg in Wort u. Bild. (S. 25—80 m. 38 z. Tl. farb. Taf.) 8. Augsburg (904). (Berlin, R. Friedländer & Sohn.) n.n. 12. —
Sonderabdruck aus: „36. Bericht d. naturwiss. Vereins f. Schwaben u. Neuburg in Augsburg".

Britzger, Franz Xaver

Britzger, Fr. X., Handbuch der Pastoralmedizin für Seelsorger auf dem Lande. Bearb. mit besond. Rücksicht auf die in den süddeutschen Staaten geltenden Sanitäts-Gesetze und Verordnungen. Bevorwortet von Fr. X. v. Gietl. gr. 8. (VIII und 290 S.) Ulm 849, Wohler'sche Buchh.

Britzger, Fr. X., Handbuch der Pastoral-Medizin für Seelsorger auf dem Lande. Mit besonderer Rücksicht auf die in den süddeutschen Staaten geltenden Sanitäts-Gesetze u. Verordnungen bearbeitet. Bevorwortet von Fr. X. v. Gietl. 2. verb. rc. (Titel-) Aufl. Regensburg (849.) 855. Pustet. gr. 8. (VI, 302 S.) 18 ngr

Britzger, Fr. X., Handbuch der Pastoral-Medizin für Seelsorger auf dem Lande. Mit besonderer Rücksicht auf die in den süddeutschen Staaten geltenden Sanitäts-Gesetze und Verordnungen. Bevorwortet von Fr. X. Gietl. 3. verb. u. verm. Aufl. Regensburg 859. Pustet. gr. 8. (416 S.) 1 rf

Britzger, F. X., Introductio ad artem botanicam, quam in usum et gratiam naturae studiis incumbentium concinnavit. gr. 8. (328 S.) Ulmae 850, Wohler. n. 1 rf 6 ngr

BRITZGER, Franz Xaver (Augsburg): Quid docet ecclesia catholica de purgatorio? quomodo haec doctrina probatur atque defenditur? et in quo differt ab ea quorundam aevi nostri acatholicorum "qui similem post mortem hominum asserunt statum?".- Neoburgi a/D.: Griessmeyer 1835.
14 S.
8.11.1834 - Urk: F 43
Diss. Ingolst. Landsh.-Mchn.

Brjussoff, Valerius, der feurige Engel. Erzählung aus dem 16. Jahrh. (Die autoris. Übersetzg. besorgte Rhold. v. Walter. 2. Aufl.) (IV, 520 S.) 8. München 910. Hyperion-Verlag. 4.—; kart. 5.—; Luxusausg. 12. —

— Erduntergang. Tragödie künft. Zeiten in 5 Handlgn. u. 9 Szenen. Autoris. Übersetzg. aus dem Russ. v. Hans Guenther. (73 S.) 8. München 909. H. v. Weber. 2.—; geb. in Leinw. 2.75; Luxusausg. 9. —

BRJUSSOFF, Valerius, Die Republik des Südkreuzes. Novellen. Autorisierte Übersetzung aus dem Russischen von Hans von Guenther. Gedruckt bei Oscar Brandstetter-Leipzig. Umschlag, Titel und Initialien von Otto zu Gutenegg München, Hans v. Weber, 1907. 8°.
Broschiert in Büttenumschlag zum Preise von 3 Mark. In goldgepreßtem Ganzleinenbande gebunden zum Preise von 4 Mark 50 Pfg. Fünfzig numerierte Exemplare wurden auf Van Gelder abgezogen und in goldgepreßtes Leder gebunden zum Preise von 15 Mark.

— Die Republik des Südkreuzes. Novellen. Autoris. Übertragg. aus dem Russ. von Hans v. Guenther. (Den künstler. Schmuck zeichnete Otto zu Gutenegg.) (109 S.) gr. 8. Ebd. 908. 3.—; geb. in Leinw. 4.50; Luxusausg. 15. —

Brjussoff, V: Letzte Seiten a. d. Tageb. e. Frau, s: Russen, Moderne.

Brix, die Kaiserlich Russische Armee in ihrem Bestande, ihrer Organisation, Ausrüstung und Stärke im Kriege und Frieden am 1. Januar 1863. Berlin 863. Behr. gr. 8. (IV, 101 S.) n. 1 rf 15 ngr

Brix, die Bekämpfung der Infectionskrankheiten, s.: Behring.

Brix, Beschreibung des Materials und der Organisation der Kaiserlich Russischen Feld-Artillerie. Mit 5 (lith.) Figurentaf. u. 16 angehängten Tabellen (in 8., 4. u. Fol.). Berlin (856.) Mittler u. Sohn in Comm. gr. 8. (VIII, 208 S.) 1 rf 24 ngr

Brix, Gedanken über die Organisation, Ausbildung u. Verwendung der Cavallerie bei der modernen Kriegführung. gr. 8. (XIV, 229 S.) Berlin 881. Mittler & Sohn. n. 8. 60

Brix, Geschichte der alten russischen Heeres-Einrichtungen von den frühesten Zeiten bis zu den von Peter dem Grossen gemachten Veränderungen. Berlin 867. Behr. gr. 8. (XXI, 622 S.) n. 4 rf

Brix. Geschichte der Organisation der Infanterie und Kavallerie der königl. spanischen Armee von den frühesten Zeiten bis zum Jahre 1855. A. d. Span. 8. Berlin 1861.

—— das österreichische Heer in seiner Organisation und Stärke, Uniformirung, Ausrüstung und Bewaffnung und in seinen taktischen Formen im J. 1866. Ein Leitfaden zum Handgebrauch für Commandostäbe und Truppenoffiziere daheim und im Felde. 1. und 2. Abdr. 8. (XIV und 194 S.) Berlin 866, Behr's Buchh. *

—— Tableau der gesammten Kaiserl. Königl. österreichischen Armee nach den Nummern, Namen, der Errichtungszeit, Uniformirung, den Stabsquartieren und Ergänzungs-Bezirken ihrer einzelnen Abtheilungen für das J. 1866. 1 Tab. Imp.-Fol. Berlin 866, Behr's Buchh.

Brix, A., der Bau eiserner Kriegs- und Handelsschiffe. Ein Leitfaden zum Vortrage über Schiffbaukunde an höheren techn. Lehranstalten und zum Handgebrauch für prakt. Schiffbauer. Lex.-8. (VIII, 114 S. mit eingedr. Holzschn. nebst Atlas von 83 Kpfrt. in Imp.-4.) Berlin 876, Ernst und Korn. cart. *

Brix, A., praktischer Schiffbau. Bootsbau. Hrsg. von dem Verein „Hütte". gr. 4. (III, 28 S. m. 12 Kpfrtaf.) Berlin 878. (Ernst & Korn.) n.n. 10. —

Brix, A., praktischer Schiffbau. Bootsbau. Hrsg. v. dem Verein „Hütte". 2. Aufl. Imp.-4. (III, 38 S. m. 15 Kpfrtaf.) Berlin 884. (Ernst & Korn.) n. 16. —

Brix, A., praktischer Schiffbau. Bootsbau. Hrsg. v. dem Verein „Hütte". 3., verm. u. verb. Aufl. Fol. (III, 44 S. m. Holzschn. u. 16 Taf.) Berlin 892. (W. Ernst & Sohn.) Kart. n. 16. —

Brix, A: Prakt. Schiffbau — Bootsbau. 4. Afl. (6, 327 m. Abb.) Lex8° Berl., W Ernst & S. '11. 9 —; geb. n10 —

Brix, Adolf † Professor Johann Kitzberger zum Gedächtnis. 8 (S. 30—33). **Progr.** K. k. Staats-Oberg. *Landskron i. Böhm.* 1895.

Brix, Adph., Skizzen aus dem nördlichen Eismeere nach Tagebuch-Aufzeichnungen. 2 Vorlesungen, gehalten im literarisch-gesell. Vereine zu Stralsund. 8. (IV und 77 S.) Stralsund 866, Hingst.

Brix, Adolph Ferdinand Wenceslaus.
Alkoholometer (Das) . . . Berlin, 1850.

Brix, A(dolph) F(erd.) W(encesl.), der Alkoholometer und dessen Anwendung zur richtigen Bestimmung der Stärke, des Werthes, der Mischungsverhältnisse und des Quartinhaltes weingeistiger Flüssigkeiten. Nebst 9 Taf. zum prakt. Gebrauche für Eichungsbehörden, Steuerbeamte, Instrumentenmacher, Brennereibesitzer, Destillateure und für Gewerbtreibende, die sich mit dem Spiritushandel befassen. 2., verm. und verb. Aufl. gr. 8. (XII und 80 S.) Berlin 850, Ernst und Korn. *

Brix, A. F. W., der Alkoholometer und dessen Anwendung. Nebst 8 Taf. zum prakt. Gebrauch für Eichungsbehörden, Steuerbeamte, Glaskünstler etc. 3., nach den neuesten Bestimmungen umgearb. Aufl. gr. 8. (VII und 64 S.) Berlin 864, (Ernst und Korn.) *

— perspektivische Ansicht. Mit Randtext. 3. Aufl. Roy.-Fol. Ebend. 846. n. 5/6 ₰

Brix (A.), Bericht über die zur definitiven Feststellung des neuen Urpfundes nach dem Gesetz vom 17. Mai 1876 erforderlich gewesenen Operationen. 4⁰. Berlin 1863

Brix A, Bericht über die 1863 angestellte Vergleichung zweier Metermasse mit dem Urmeter zu Paris. (22 S) 4° Berlin 1864

Brix, A(dolph) F(erd.) W(encesl.), über die Beziehungen, welche zwischen den Prozentgehalten verschiedener Zuckerlösungen in Wasser, den zugehörigen Dichtigkeiten und den Aräometergraden nach Baumé stattfinden. Eine theoret.-prakt. Abhandlung zur Anbahnung einer rationellen Saccharometrie für den Zuckersiederei-Betrieb. Lex.-8. (22 S.) Berlin 854, (Ernst und Korn.) Thlr. *

Brix, A. F. W., Ueber die Cohäsions- und Elasticitäts-Verhältnisse einiger, nach ihren Dimensionen beim Bau der Hängebrücken in Anwendung kommenden Eisendrähte des In- und Auslandes. Berlin 1837.

Brix, Ado. Fd. Wenc., Elementar-Lehrbuch d. dynam. Wissensch., s. Elementar-Lehrbuch.

Brix, Adph. Ferd. Wencesl., Lehrbuch der Statik fester Körper in elementarer Darstellung mit besonderer Rücksicht auf techn. Anwendung. Zum Gebrauch für den Unterricht an der k. allgem. Bauschule und am k. Gewerb-Institut. 2., umgearb. Aufl. 1. Abthl: Die Lehren der reinen Statik enth., mit 12 Stnt. (in qu. 4.) und einem Anhang (mit 4 Stnt. in qu. 4.) gr. 8. (VIII, 472 und 151 S.) Berlin 849, (Reimarus.) *

— Lehrbuch der Statik fester Körper in elementarer Darstellung mit besond. Rücksicht auf techn. Anwendung. Zum Gebrauch für den Unterricht an der K. Allgem. Bauschule u. am K. Gewerb-Institut. 2. gänzlich umgearb. Aufl. 1. Abthlg.: Die Lehren der reinen Statik enth., mit 12 (lith.) Figurentaf. (in qu. 4.) u. einem Anh. (m. 4 lith. Figurentaf. in qu. 4.) gr. 8. (VIII, 472 u. 151 S.) Berlin 850, Reimarus in Comm. (jetzt: Ernst & Korn.) n. 3½ ₰

Brix'sche Reductions-Tabelle zur Bestimmung der wahren Spiritusstärken für die Normaltemperatur von + 12⅘ Grad Réaumur. Amtl. Ausg. für das Königr. Hannover. gr. 8. (8 S.) Hannover 865, Meyer.

Brix, Adph. Ferd. Wencesl., über die Reibung u. den Widerstand der Fuhrwerke auf Straßen v. verschiedener Beschaffenheit. Eine theoretisch-prakt. Abhandlung. Mit 3 Kpfrtaf. u. vielen Holzschn. gr. 4. (IV u. 226 S.) Berlin 850, Gebauer in Comm. n. 3 ₰

Brix, Adph. Ferd. Wencesl., über die Reibung und den Widerstand der Fuhrwerke auf Straßen von verschiedener Beschaffenheit. Eine theoret.-prakt. Abhandlung. 2. (Titel-)Ausg. gr. 4. (IV und 226 S. mit 3 Kpfrt. in qu. gr. Fol. und vielen eingedr. Holzschn.) Berlin (850)60, Ernst und Korn. *

Brix, A., Studienblatt. gr. Fol. Berlin 846, Reimarus. n. 5/6 ₰

Brix, A. perspectivisches Studienblatt. Berlin. 1845. 1 Blatt. Fol.

— alkoholometrische Tafeln zur Bestimmung der Stärke u. des Quartinhaltes der zur Ausfuhr bestimmten Spiritussorten, behufs Festsetzung der Steuervergütigung. Nachtrag zu der Schrift: „Das Alkoholometer u. dessen Anwendung." gr. 8. (18 S.) Berlin 851, Ernst & Korn. n. ⅓ ₰

Brix, Alex., der Proceß Arnheim. Ein Fall außerordentlicher Revision in Strafsachen. Nach den Acten mitgetheilt. gr. 8. (29 S.) Wien 860, (Manz und Comp.) *

Brix, Alex., das allgemeine Handelsgesetzbuch vom Standpunkt der österreichischen Gesetzgebung erläutert. 4 Lfgn. gr. 8. (VIII und 480 S.) Wien 863,64, Gerold's Sohn. [1.—3. Lfg. à * 16 Ngr., 4. Lfg. * 24 Ngr.] *

Brix, Alex., Organisation der Advocatur in Preussen, Oesterreich, Sachsen, Oldenburg etc. Nebst einer Einleitung quellenmässig dargestellt. gr. 8. (XXIV, 376 S.) Wien 868, Braumüller. *

Brix, C. A., alphabetisches Register aller Eisenbahnstationen und Haltepunkte Deutschlands sowie die der Anschlußbahnen der Gränzländer mit Angabe der Bahnlinien zum praktischen Gebrauch für Kaufleute, Gewerbtreibende und Eisenbahnbeamte zusammengestellt. 1. u. 2. Aufl. 854. (24 S.) nn. 5 ngr — 3. verm. rc. Aufl. Bautzen 858. (Reichel.) gr. 8. (33 S.) nn. 6 ngr

Brix, C. A., alphabetisches Register enth.: Alphabetisch geordnetes Verzeichniß aller Eisenbahn-Stationen Deutschlands und der Grenzländer mit Angabe der Bahnlinien, desgleichen gegen 7000 Orte mit Angabe der nächstgelegenen Bahn-Stationen und die Zoll- und Steuerämter des deutschen Zollvereins, zum practischen Gebrauch für Eisenbahnbeamte, Fabrikanten, Kaufleute und Gewerbtreibende nach officiellen Quellen zusammengestellt. 4. Aufl. 859. (42 S.) n. 5 ngr — 5. Aufl. 861. (110 S.) n. 8 ngr — 6. verm. u. verb. Aufl. Bautzen 863. Weller in Comm. gr. 8. (184 S.) nn. 12 ngr

Brix, C. A., alphabetisches Register enthltd. alphabetisch geordnetes Verzeichniß aller Eisenbahnstationen Deutschlands u. der Grenzländer mit Angabe der Bahnlinien, desgleichen über 12,000 Orte mit Angabe der nächstgelegenen Bahnstationen u. die Zollabfertigungsstellen des deutschen Zollvereins für den Eisenbahngütertransport zum practischen Gebrauch für Eisenbahnbeamte, Fabrikanten, Kaufleute u. Gewerbtreibende nach officiellen Quellen zusammengestellt. 7. verm. u. verb. Aufl. Bautzen 865. Weller in Comm. gr. 8. (XII, 204 S.) n. 15 ngr

— Nachtrag zum alphabetischen Register I., II., III. der 7. Aufl., sowie ein alphabet. Verzeichniß aller gleichnamigen und gleichlaut. Eisenbahnstationen und derjenigen Orte, welche mit Eisenbahnstationen gleiche Namen haben und als Anh., die Ausfertigung von Eisenbahnfrachtbrief-Adressen betr. gr. 8. (IV und 60 S.) Chemnitz 867, (Ernesti. — Bautzen, Weller.) *.

Nachtrag zum alphabetischen Register I., II., III. der 7. Aufl., sowie e. alphabetisches Verzeichniß aller gleichnamigen u. gleichlautenden Eisenbahnstationen u. derjenigen Orte, welche mit Eisenbahnstationen gleiche Namen haben u. als Anh., die Ausfertigung von Eisenbahnfrachtbrief-Adressen betr. Chemnitz 868. (Ernesti. — Bautzen, Weller.) gr. 8. (IV, 60 S.) 7½ ngr

Brix, Clemens, Kand. des höh. Schulamtes a. Unna i. W.: Richard I, Herzog von der Normandie, in der französischen Litteratur. Münster i. W. 1904: F. Meyer. (64 S.) 8°
Münster, Phil. Fak., Ref. Andresen, Diss. v. 11. Okt. 1904
[Geb. 14. Mai 80 Unna i. W.; Wohnort: Brilon; Staatsangeh.: Preußen; Vorbildung: Gymn. Paderborn Reife O. 99; Studium: Münster 2, München 1, Grenoble 1, Münster 3 S.; Rig. 25. Juli 04.]

Brix, Ernst Julius, s. Brix, Julius

Brix, J. [app. Arzt]: Statistik und Therapie der sekundären Scoliosen unt. Benutzg d. Journale d. orthopäd. Poliklinik zu Leipzig v. 1876—1892 exkl. . . . Itzehoe, Druck v. G. J. Pfingsten, 1892; 19 S. 8.
Leipzig, Med. Fak. Inaug.-Diss. v. 4. Febr. 1892

Brix, Jacob: De laparotomiae indicationibus. Dissertatio inauguralis medica. Kiliae. 1855. 4⁰.

Brix, Johannes (Berlin), Ueber Schußverletzungen der Blase und des Mastdarms. E. Beitr. z. chirurg. Behandl. d. Schußverletzg. i. Kriege. Diss. med.-chir. Bln. (H. S. Hermann) 4. VII. 1885. 32 S. m. Lit. u. Biogr. (3.50) 4122
Oppon.: Felmy, F. Mueller, Breiderhoff.

Aufgaben und Ziele des Städtebaues von Joseph **Brix**, Prof. Berlin: W. Ernst & Sohn 1908. (S. 9–20.) 4⁰(8⁰)
= **Vorträge**, Städtebauliche. Vortragszyklus 1, Bd 1, H 1, [1.] [08. 16598

— **Die ober- u. unterirdische Ausbildung der städt. Strassenquerschnitte**, s.a. **Vorträge**, städtebauliche. II, 2.

Die ober- und unterirdische Ausbildung der städtischen Straßenquerschnitte. Von Joseph **Brix**, Prof. Mit 30 Abb. Berlin: Ernst 1909. 25 S. 4⁰(8⁰)
(Städtebauliche Vorträge. Bd 2, H. 2.) [11. 18136

Brix, J., u. M. Musset, Altona's Fischereihafen u. Fischmarkt 1896. Im Auftr. d. Magistratos d. Stadt Altona bearb. M. e. Einleitg. v. Ehrenberg. gr. 8. (50 S. m. 4 Lichtdr.-Taf.) Altona 896. (J. Harder's Sort.) n. 1. —

Brix, Jos.: Aus d. Gesch. d. Städtebaues in d. letzten 100 Jahren, s: Vorträge, Städtebauliche.

— s: Grundplan f. d. Bebaug v. Gross-Berlin.

Brix, J., u. A. Frühling, Gutachten über die Entwürfe zur Kanalisation der Stadt Belgrad. (25 S. m. Abbildgn.) 4. Leipzig 906. F. Leineweber. n. 1. 50

— u. Weihe: Gutachten üb. d. Erweiterg d. Kanalwasser-Pumpstation zu Steglitz, insbes. üb. d. Frage, ob Kolbenpumpen m. Dampfbetrieb od. Zentrifugalpumpen m. elektr. Betrieb zu wählen sind. [Aus: „Gesundh."] (13 m. Fig.) 31×23,5 cm. Lpzg, F Leineweber '10.

— Kanalisation u. Städtebau. s.a. Vorträge, städtebauliche.

Kanalisation und Städtebau. Von J[osef] Brix, Prof. Mit 42 Abb. Berlin: Ernst 1910. 40 S. 4°(8°)
(Städtebauliche Vorträge. Bd 3, H. 1.) [11. [illegible]

Brix, J., die Canalisation v. Wiesbaden. gr. 8. (III, 119 S. m. 1 Plan.) Wiesbaden 887. Bechtold & Co. n. 3. —

— über Schnellfilter. Unter Berücksicht. der Patent-Schnellfilter der allgemeinen Städtereinigungsgesellschaft Wiesbaden. gr. 8. (8 S. m. 6 Fig.) Ebd. 901. n. — 70

— der Städte-Kehricht u. seine unschädliche Beseitigung. 1. Hft. gr. 8. (58 S.) Ebd. 902. n. 1. —
3 Sonderabdrucke aus: „Gesundheit".

Brix, Joseph (Hrsg.), s. Vorträge, Städtebauliche, ...

Brix (J.), Wie sind Schiffahrtskanäle vor missständiger Verunreinigung zu schützen? Besprochen im Hinblick auf den Teltow-Kanal. (S.-Abdr. aus d. hygien. u. gesundheitstechn. Zeitschr. „Gesundheit".) Leipzig 1902. 8.

Brix, J., wie sind Schifffahrtskanäle vor missständiger Verunreinigung zu schützen? Besprochen im Hinblick auf den Teltow-Kanal. gr. 8. (40 S.) Leipzig 902. F. Leineweber. n. 1. —

Brix, Julius

Brix: Emendationes in Plauti Captivos. 22 S. Progr. Liegnitz G. 1862.

Brix, (E.) Jul.: Emendationes Plautin. 20 S. Progr. Brieg 1847.

Brix: Emendationes Plautinae. 18 S. Progr. Hirschberg 1854.

Brix: Epistola ad Andream Spengelium. (Lect. Plautinae). 15 S. Progr. Liegnitz G. 1868.

Brix: De Terentii fabulis post Rich. Bentleium emendandis. 18 S. Progr. Liegnitz G. 1857.

Brix: De Terentii libris mss. a Richardo Bentleio adhibitis. 16 S. Progr. Brieg 1852.

Brix, (Ernestus) Julius *(geb. Görlitz 11. 2. 1815)*: De Plauti et Terenti prosodia quaestiones. Vratislaviae (1841). (55 S.) 8°
Breslau, Phil. Diss. v. 15. Juli 1841

Brix, Jürgen, s.: Taschenbuch, schleswig.-holst. landwirthschaftl.

Brix, Klas, Fahrten aller Arten un sunst noch wat in Hoch un Platt. 4. Oplag. Mit 12 (eingedr.) Holtsn. 8. (144 S.) Garding 882. Lühr & Dircks in Comm. n. 1. 50
Dass. 6. Opl. Ebda. 1890

Uber die mittelenglische Übersetzung des Speculum humanae salvationis. Von Otto Brix. *Berlin: Mayer & Müller 1900.* (126 S.) 8°
= Palaestra. 7. [00. 7606

— -- Dr. P. W., Die Stadt-Telegraphen-Leitung in Berlin zwischen der Centralstation im königl. Postgebäude und den von den fünf Berliner Bahnhöfen abgehenden Telegraphen-Linien. gr. 4. Mit 11 Kupfertaf. 1857. Berlin, Ernst & Korn.

Brix, P. Wilh., Untersuchungen über die Heizkraft der wichtigeren Brennstoffe des preußischen Staates. Im Auftrage des Vereins zur Beförderung des Gewerbfleißes in Preußen und mit Unterstützung des königl. Ministeriums für Handel und Gewerbe ausgeführt und hrsg. Nebst einem Anhang, enthaltend die Elementar-Analyse der untersuchten Brennstoffe. Imp.-4. (IV und 381 S. mit 2 Kpfrt. in Imp.-4 und qu. Fol.) Berlin 853, Ernst und Korn. **

Brix, P. Wilhelm (Hrsg.), s. Zeitschrift d. dt.-österreich. Telegraphenvereins.

Brix, Richard. Ueber den Austausch von Chlor, Brom und Jod zwischen organischen und anorganischen Verbindungen. Tübingen, 1882. Diss.

Brix Richard: Über die Bestandteile des Copaivabalsams (Maracaibo) und die käufliche sogenannte Copaiva- und Metacopaivasäure. S. 84. II. 459 . . . . vgr.
Separatabdruck

Brix, Rud., der dürre Baum. Tragödie in 3 Akten. (71 S.) 8. Innsbruck 910. E. Sibler. 1. 20

— s.: Föhn, der.

Brix, Thdr., zur Beleuchtung der „deutsch-dänischen Freundschaft". Ein Versuch der Friedensstörg. (88 S.) gr. 8. Kiel (Bergstr. 11) 908. Chr. Haase & Co. n. — 60

Brix, Thdr., der nationale Größenwahn u. der Kampf m. den Dänen. Eine Kritik v. Chauvinismus u. Weltpolitik. gr. 8. (31 S.) Berlin 899. (Imberg & Lesson.) n. — 60

— Nordschleswig u. die Selbsterniedrigung Deutschlands. Ein Protest gegen den herrsch. Cours. gr. 8. (56 S.) Berlin 902. Herm. Walther. n. — 80

Was in dem 'Lande der Denker und Dichter' passiren kann. Ein Wort über die Schulprügler und ihre Gönner als Beitrag zur Göthefeier von Theodor Brix. *Berlin: H. Walther 1899.* (32 S.) 8° [F.] [00. 8110

Wider die Halben im Namen der Ganzen oder: Die Vernichtung Kant's durch die Entwickelungslehre. Ein Protest gegen d. Kantverehrung. Von Theodor Brix. Berlin: H. Walther 1904. (51 S.) 8° [F.] [04. 14618

Brix. Walter: Die erkenntnistheoretische und logische Bedeutung des mathematischen Zahlbegriffs. . . . (Aus: Philos. Studien, hrsg. v. Wundt. Bd. VI. H. 1. 2. Leipzig, Wilhelm Engelmann. 1889; 119 + 1 S. 8°
Leipzig. Phil. Fak., Inaug.-Diss. v. 18. Dez. 1889

Brix, Walt., s.: Kalender, akadem. f. d. deutschen Hochschulen Oesterreichs.

— von u. zu Montzel, Carl Heinrich (Schles.), De sponsione Romanorum caudina. Diss. jur. gent. publ. Präs. Christian Thomasius. Lpz. (Joh. Georgi) 16. XII. 1684. 24 Bl. (5.—) 4123

— — Dasselbe. 1731. 56 S. (5.—) 4124

Brixel, Frz., s.: Franke, Armin.

Brixen, s.: Woerl's Reisehandbücher.

(F) Brixen. Südtirol. Jahrtausendfeier. 901—1901. 26. bis 27. October. Lex.-8°. (68 S. mit 12 Tafeln) K 6.—
Brixen: Preßvereinsbh. 1902

Brixen. 1860–1900. 1:5,760. *Innsbruck: K. Redlich [1902].* (1 Kartenbl. 38×29 cm.) quer-4° [kol.] [03. 9938

Brixen, Südtirol. [Brixen 1910.] V: *Just, Anton.* (Margr)

Brixen, v., gen. v. Hahn: Taktik d. Kavall. 1897. 8° (29) Berl. 98, ES Mittler & S. — 80 || 1870—98. (39) 99. 1 —
Für 1896 s. u. d. T.: Taktik d. Kavall.

Brixen, v., gen. v. Hahn, Taktik der Kavallerie. 1870—1898. gr. 8. (39 S.) Berlin 899. E. S. Mittler & Sohn. n. 1. —
Sonderabdruck aus: „v. Loebell's Jahresberichte."

Brixen, E. v., kurze Abhandlung üb. d. kleinen Krieg, z. Gebr. f. Infanterie-Officiere. gr. 8. (7¾ B.) Berlin, Posen u. Bromberg 840, Mittler.

v. Brixen, J., Versuch e. Theorie des Terrains, m. 16 Kpf. gr. 3. Berl. 803. Himburg. (Maurers B.) 2 ℛ 10 ℊ

Brixhe, O., s. *F. Torti* therapeutice.

Brixle, Klaus

Brixle, Kl., Rechenschule, s.: Brenner, Ant.

Brixle, K: Der Sachunterr. in d. Sonntagssch., s: Frietinger, A.

Brixle, Klaus, zur Volksschulpraxis d. ersten drei Schuljahre. gr. 8. (VII, 98 S.) München 898. R. Oldenbourg. n.n. 1. 80

Brixle, Klaus, zur Volksschulpraxis der ersten drei Schuljahre. 2. Aufl. gr. 8. (IV, 103 S.) München 899. R. Oldenbourg. n.n. 1. 80

Brixle, Klaus, zur Volksschulpraxis der ersten drei Schuljahre. 3., verm. Aufl. (IV, 112 S.) gr. 8. München 904. R. Oldenbourg. n.n. 2. —

Brixle, K., ausführliche Lehrstoffverteilung f. die Unterabteilung [1.–3. Klasse] der Seminarschule Freising. 2. Aufl. 8. (42 S.) München 888. Oldenbourg, Abteilung f. Schulbücher. n.n. — 50

Brizard, ..., d. Bartholomäusnacht, od. Blutbad d. Hugenotten, nicht durch Franzosen, sondern Ausländer veranlaßt; aus d. Französ. 8. Leipz. 791. Weygand. 1 ℛ

Brizard, Gabriel. Allegorie auf den amerikanischen Krieg, angeblich ein Fragment des Xenophon. [1785.] Ü: *Meyer, Friedrich Ludwig Wilhelm.* (MGT)

Brizeux, Aug., Gedichte, übers. v. Sophie Hasenclever geb. v. Schadow. gr. 8. (XIV, 143 S.) Leipzig 874. Leuckart. n. 3. —

Brizio, E.

— Oskische Bleitafel. 1877. 77 S.

Brizio, E., Sulla nuova situla di bronzo Figurata trovata in Bologna. Gel. 1884. 42 S. m. 2 Taf. 1.25

Brna, Hafen, s.: Adriatisches Meer.

Broadbent, Sir William H., Herzkrankheiten. Mit besond. Berücksicht. der Prognose u. der Therapie. Nach der 3. Aufl. des Originals deutsch bearb. v. Ferd. Kornfeld. gr. 8. (XVI, 335 S. m. 28 Fig. u. 1 Taf.) Würzburg 902. A. Stuber's Verl. n. 7. —; geb. n. 8. —

Broadlands. Illustrirte Familien-Bibliothek, s. Familien-Bibliothek.

Broadlands, ein Lebensbild, s. Familien-Bibliothek, illustrirte.

Bröbel, Paul, die Fährte des Hirsches in 81 Abbildungen. The track of the stag etc. — La trace du cerf etc. Nach der Original-Zeichnung von 1750. Halle 854. Hendel. qu. Fol. (10 Bl. Text in deutscher, französ. u. engl. Sprache u. 9 lith. Taf.) 2 ℛ

Brobst, S. K., liturgische Gesänge für Singchöre u. Gemeinden beim sonntäglichen Hauptgottesdienste mit der Feier des heil. Abendmahles. Allentown, Pa. 864. (Philadelphia, Schäfer & Koradi.) qu. 4. (16 S.) n. 10 ngr

—— dreistimmige Kinder-Lieder als Anh. zum Sonntagschul-Gesangbuch und zur Schulharmonie. 1. Heft. qu. 16. (II und 21 S.) Allentown, Pa. 862. (Philadelphia, Schäfer und Koradi.) *

—— liturgisches Kirchengebetbüchlein; oder: die Ordnung des Haupt-Gottesdienstes an Sonn- u. Festtagen. [Aus der Liturgie u. Agenda für die ev.-luther. Kirche in den Verein. Staaten.] Ebend. 864. 16. (64 S.) n. 10 ngr

Brobst, S. K., der große Mangel in der Kirche. Eine Predigt über die Erziehung zum heil. Predigtamt. Lex.-8. (8 S.) Allentown, Pa. 861. (Philadelphia, Schäfer und Koradi.)

—— die Ordnung des Haupt-Gottesdienstes an Sonn- und Festtagen. 16. (32 S.) Allentown, Pa. 861. (Philadelphia, Schäfer und Koradi.) *

Aus: Liturgie und Agende für die evangel.-luther. Kirche in den Vereinigten Staaten, besonders abgedruckt.

—— Sonntags-Schul-Gebet-Buch für verschiedene Zeiten und allerlei Umstände. Eine freie Uebersetzung aus dem Engl. Mit einem Anh. von Fest-Gebeten. gr. 16. (84 S.) (Philadelphia 862, Schäfer und Koradi.) geb. *

Brocardi, a S. Nicol., Professio fidei catholicae secund. veras verae fidei regulas explic. III Tom. 8. Frankf., Hermann. 2 ℛ

Brocchi, Giovanni Battista

Brocchi, J., mineralog. Abhandl. üb. das Thal von Fassa in Tirol, mit Zusätzen. Aus d. Italien. übers. v. K. A. Blöde. Mit 1 Karte. gr. 8. Dresd. 817. Beger. 3 ℛ

Brocchi. Briefe über Dante's göttliche Comödie. Aus dem Italienischen von B. K. S. Bonn 1855. V: *Beckhaus, Friedrich Wilhelm Conrad.* (Russell III, 59)

Brocchi's Briefe über Dante's Göttliche Komödie. Aus dem Italien. von B. K. S. Bonn 855. Henry u. Cohen. 8. (IV, 134 S.) 18 ngr

Brocchi, G., Conchiologia fossile sub-Apennina con osservazioni geologiche sugli Apennini e sul suolo adiacente c. 16. tav. in rame. 2 Vol. in gr. 4. Milano. 814. (Vienna, Volke).

Brocchi, G. B., Lettere sopra la divina Commedia di Dante, ora ristampate, con alcune note ed un appendice, per opera e cura Prof. Fabio Fabrucci, Toscana. gr. 12. Berlino 837 (Gropius.) n. $^3/_4$ ℛ

Brocchi, Iginio: La cambiale di priorità, s.: Jelenko, Isid.

Brocchi, Igino, la lingua del foro ed il nuovo regolamento di procedura civile. gr. 8. (43 S.) Triest 898. J. Dase. n. 1. 60

Brocchi, Jg.: Prioritätwechsel, s. Jelenko, Isid.

Broch, A., Anleitung zur Berechnung des zulässigen Mietzinsertrügnisses hauszinssteuerpflichtig., auf Grund des Gesetzes vom 8. VII. 1902, R.G.Bl. Nr. 144, steuerbegünstigter Gebäude m. gesunden u. billigen Arbeiterwohnungen. (16 S. m. 1 Tab.) gr. 4. Wien 903. Hof- u. Staatsdruckerei. n. — 50

Broch, A., das trigonometrische Netz des Katasters im Gebiete der königl. Hauptstadt Prag u. im Königr. Böhmen. Bemerkungen zu der im Sitzungsberichte vom 20. II. 1902 enth. Abhandlg. des k. k. Professors Ant. Novotný: „Trigonometrická šít král. hlav. města Prahy". gr. 8. (8 S.) Prag 902. (F. Řivnáč.) n. — 20

Sonderabdruck a.: „Sitzungsber. der böhm. Gesellsch. d. Wiss."

Broch, Ada. Die Stellung der Frau in der angelsächsischen Poesie. Diss. Phil. I. Univ. Zürich. IV + 83 S. 8. Zürich, Zürcher & Furrer, 1902.

Broch, Elkan, Sconto-Tabelle von ¼ Gulden bis 30000 Gulden zu ½% bis 12% für 1 Tag bis für jede beliebige Zeit. gr. 8. (43 S.) Olmütz 857, [Große.]

Broch, Elkan, Sconto-Tabelle von ¼ fl. bis 30000 fl. zu ½% bis 12% für einen Tag, bis für jede beliebige Zeit. Olmütz 857. (Neugebauer.) gr. 8. (22 Bl.) 12 ngr

Broch, F. K. [Pseudon.] s. Kolb, Georg Friedrich.

Broch, F. K., Kaspar Hauser. Kurze Schilderung seines Erscheinens und seines Todes. Zusammenstellung und Prüfung des bis jetzt vorliegenden Materials über seine Abstammung; Mittheilungen seither noch nicht veröffentlichter Thatsachen, und kritische Würdigung der Angaben von Feuerbach, Eschricht und der neuesten von Daumer. Zürich 859. Meyer u. Zeller. gr. 8. (88 S.) n. 12 ngr

— Italien und die jetzige politische Lage des übrigen Europa's. Einleitung zur Geschichte Italiens vom Beginn der ersten französ. Revolution bis zur neuesten Zeit. gr. 8. (XXVI und 86 S.) Zürich 859, Meyer und Zeller's Verlag.

Broch, Hjalmar, Anthozoa (Nachtrag), Pennatuliden v. westl. u. zentralen Südafrika, s.: Denkschriften der medicinisch-naturw. Gesellschaft zu Jena. XVI. 1.

— Pennatulacea, s: Ergebnisse, Wissenschaftl., d. deut. Tiefsee-Exped. 1898—99, Kükenthal.

— Pennatulida, s.: Fauna, die, Südwest-Australiens. III, 1-5.

— Die Verbreitung v. Diphyes arctica, Chun. (6 S.) 8. Uppsala 908. (Berlin, R. Friedländer & Sohn.) nn — 60
Sonderabdruck aus „Arkiv f. zoologi".

Die Dialekte des südlichsten Serbiens von Olaf Broch. Mit 1 Dialektkarte. *Wien: A. Hölder 1903.* (342 Sp.) 4°
= Dialektstudien, Südslavische. 3.
= Schriften d. Balkankommission. Linguist. Abt. 1, 3.

Broch, Olaf: Slav. Phonetik, s: Sammlung slav. Lehr- u. Handbb.

Studien von der slovakisch-kleinrussischen Sprachgrenze im östlichen Ungarn. Von Olaf Broch. '(M. 1 Kt.)' ... *Kristiania: I Komm. hos J. Dybwad; Groendahl & Soens Bogtr. 1897.* (76 S.) 4.(8.)
= Skrifter udg. af Videnskabsselskabet i Christiania. 1897. II. Histor.-fil. Kl. No 5.

Weitere Studien von der slovakisch-kleinrussischen Sprachgrenze im östlichen Ungarn. Von Olaf Broch. *Kristiania: J. Dybwad i Komm. 1899.* (104 S.) 4°(8°)
= Skrifter udg. af Videnskabsselskabet i Christiania. 1899. II. Histor.-filos. Kl. No 1.

Broch, Ole Jacob

Broch, besond. Gesetze d. Wellenbeweg., s. Repertorium.

Broch, J. P., Lehrbuch der Mechanik. 1. Abthlg.: Mechanik der festen Körper. gr. 8. (222 S. m. 1 lith. Taf. in qu. gr. 4.) Berlin 849. Veit & Co. n. 1⅓ ß

Broch, O. J., Lehrbuch der Mechanik. 2. Abthl.: (Mechanische Eigenschaften der Körper und deren Einfluss auf die Gesetze des Gleichgewichts und der Bewegung.) gr. 8. (XVI und S. 223—706 mit 2 Stnt. in Fol.) Berlin 854, Veit und Comp. *
1. Abthl. Ebendas. 1849. * 1 Thlr. 20 Ngr.

Broch, O. J., traité élémentaire des fonctions elliptiques. Christiania. 867. (Berlin, G. Reimer.) gr. 8. (VII, 281 S.) n. 1 ß 15 ngr.

Broch, Philipp, Bahnbestimmung der Kometen 1867. III. (Aus den Sitzungsber. der k. Akademie der Wissensch.) Gr.-8. (28 S) In Comm. Wien: Tempsky 1889

Broch, Philipp: Höhenberechng v. Meteoren d. Perseidenperiode (4—15. 8.). I. Abtlg. (1823—58). [Aus: „Denkschriften d. k. Akad. d. Wiss."] (38) 31,5×25,5 cm. Wien, A Hölder '11. 3.15

Broch, Philipp, Radiantenbestimmung u. Höhenberechnung korrespondierender Meteore der Aprilperiode 1874. (27 S.) 4. Wien 905. (A. Hölder.) n. 1. 90
Sonderabdruck aus: „Denkschr. d. k. Akad. d. Wiss."

— Physikal. Schülerübgn in d. 6. u. 7. Realsch.-Kl. (Progr.) (48) Lex8° Ebd. '11. — 90

Brochant de Villiers, H. J. M., die Krystallisation in geometrischer u. physikalischer Hinsicht. Aus d. Französ. v. G. H. Kersten. M. 1 Vorrede von v. Leonhardt. Mit 16 Steindr. gr. 8. Heidelb. 820. Mohr. 1 ß 16 gr

Brochard, Al., († d... Sept. 1797.) Chrétiennes heures, conten. offices etc. de l'église. 8. Augsb. 770. Stage. 12 gr

Brochard, Vict., de assensione Stoici quid senserint disquisivit. gr. 8. (53 S.) Parisiis 879. (Nancy, Berger-Levrault & Co.) n. 1. 92

Broche, *Jean Louis* Carl: Ueber „Tribromacetonitril" und einige Abkömmlinge des „polymeren Trichloracetonitrils" ... Leipzig-R., Druck v. O. Schmidt, 1894; 33 S., 1 Bl. 8.
Leipzig, Phil. Fak., Inaug.-Diss. v. [1. März] 1894

Brocher, Charles. (Prof. à l'Université de Genève.) Commentaire pratique et théorique du traité franco-suisse du 15 Juin 1869 sur la compétence judiciaire et l'exécution des jugements. In-8⁰, 138 p. Bâle et Genève, H. Georg. 3 —
1879

Brocher, Charles, étude sur les conflits de législation en matière de droit pénal. 8. (65 S.) Genève 875. Georg. n. 1. 50

— étude sur la lettre de change dans ses rapports avec le droit international privé. [Aus: „Revue de droit international et de législation comparée."] Lex.-8. (70 S.) Basel 874. Georg. n. 1. 50

Brocher, Charles, (Prof. à l'Université de Genève). Études sur les principes fondamentaux du droit de punir et spécialement sur l'exposition qui en a été faite par M. le prof. Carrara, sénateur du royaume d'Italie. In-8⁰, 20 p. Genève et Bâle, Georg. 1878 1 50

— théorie du droit international privé. [Aus: „Revue de droit international".] Lex.-8. (155 S.) Ebend. 873. n. 3. —

Brocher, Ch., nouveau traité de droit international privé au double point de vue de la théorie et de la pratique. 454 p. gr. 8. Basel, Georg. 8. —
1876

Brocher, Heinr., de operis libertorum. Dissertatio inauguralis. gr. 8. (VIII, 72 S.) Berlin 864. (Puttkammer & Mühlbrecht.) n. — 80

Brocher, Henri, die Hypotheken-Banken. [Abdr. aus dem Wagener'schen Staats-Lexikon.] Berlin 867. Stilke & van Muyden. Lex.-8. (26 S.) n. 5 ngr.

Brocher de la Fléchère, H. Philosophie de l'histoire du droit à Genève. In-8⁰. 34 p. Genève et Bâle, Georg & Co. 1895 1 —
*** Extrait du Bulletin de l'Institut national genevois.

Bröcher, Jos[eph], a. Rhonard b. Olpe i. W.: Die Sprache des Schmiedehandwerkes im Kreise Olpe auf Grund der Mundart von Rhonard. Berlin: R. Trenkel 1907. (47 S.) 8° [F.]
Münster, Phil. Fak., Ref. Jostes, Diss. v. 18. Dez. 1907
[Geb. 14. Mai 80 Rhonard; Wohnort: Münster; Staatsangeh.: Preußen; Vorbildung: Gymn. Brilon Reife O. 02; Studium: Münster 2, Innsbruck 1, Münster 7 S.; Rig. 5. Dez. 07.]

Brochet, Jos. J., e. moderner Don Juan. Roman. 8. (481 S.) Dresden 893. E. Pierson. n. 4. —; geb. n. 5. —

Brochet, Jos. J., Nemesis. Drama in 4 Akten. 8. (183 S.) Dresden 899. E. Pierson. 2. 50

Brochier, Alex., étrennes littéraires. Traductions littérales et rythmiques du Chant de la Cloche par Fr. de Schiller; suivi d'un choix de Morceaux lyriques des meilleurs poètes allemands. Nürnberg 856. Lotzbeck. 16. (VIII, 151 S.) 21 ngr

Brochier, A., Etrennes littéraires, s. Etrennes.

Brochier, Alex., Studienbuch zum Vergleich der französischen und deutschen Sprache in Uebersetzungen gewählter Dichtungen der besten Classiker Deutschlands. Deutscher Text mit gegenüberstehender französ. Uebersetzung. (Titel-Ausg.) gr. 16. (VIII und 151 S.) Nürnberg (856) 62, Lotzbeck.

Brochmann, C. E., Comment. in epist. ad Hebraeos. 4. Lemgov. 706.

Bröchner, Jo., Comment. de epistola posteriori Pauli ad Timotheum. 8. (3½ B.) Hafniae 829, (Reitzel.)

Bröchner, Jh., Idea lexicographiae novi Testamenti. 8. Copenhagen 832. (Reitzel.) 1/3 ℔

Brochow, A v.: Tante Toni u. ihre Bande. Erzählg f. Kinder u. Kinderfreunde. (7, 201) 8° FreiburgB., Herder ('12). 2 —; L 3 — d

v. Brochowska, Paul. Mar. Jul., s. Theophania.

Brochowski, Hans, prakt. Arzt: Aus d. Ambulatorium von Dr. Gerber, Peivatdoz. [!] f. Otologie ... in Königsberg i. Pr. Ueber das Vorkommen des Skleroms in Ostpreussen nebst Mitteilung zweier neuer Fälle aus den Kreisen Oletzko und Friedland. *Königsberg i. Pr. (1902): L. Krause & Ewerlien.* (45 S.) 8°
Königsberg, Med. Diss. v. 12. Mai 1902

Brochure, la, du duc d'Aumale précédée de la lettre du prince Napoléon à l'empereur et de la lettre de M. Mocquard au Times. gr. 8. (17 S.) Berlin 861, Behr's Buchh.

Brochüre, die, gegen die Juden, oder die Rache. Lustspiel in 1 Akt. Frankf. (Leipzig, Hinrichs in Comm.) 816.

Brochure dédiée aux soldats français internés en Suisse, publiée par la société d'utilité publique à Thoune. 16 pp. in-8. Berne, impr. Fischer. 1871
Contenu: La république, p. E. Ducommun. — Aux soldats de la République française. — L'organisation des affaires communales en Suisse. — L'organisation de la Confédération Suisse.

[F.] Im Banne der Leidenschaft. Novelle. Florica. Erzählg aus Rumänien. Von Marco Brociner. Ill. v. E. Ranzenhofer. *Berlin, Eisenach, Leipzig: H. Hillger [1898].* (126 S.) 1 Bd 8.
= Bücherschatz, Kürschners. No 105. [99. 560

Brociner, Marco, das Blumenkind u. and. Novellen, s.: Collection Hartleben.

Brociner, M., Jonel Fortunat. Ein Roman aus Rumänien. 2 Bde. 8. (332 u. 184 S.) Stuttgart 889. Deutsche Verlags-Anstalt. n. 7. —

— Jonel Fortunat. Roman a. Rumänien. 2 Tle. in 1 Bde. (Wohlf. [Titel-]Ausg.) 8. (332 u. 284 S.) Stuttgart (889) 896. Deutsche Verlags-Anstalt. n. 2. —; geb. n. 2. 25

Brociner, Marco, Jonel Fortunat. Ein Roman aus Rumänien. 2. Aufl. (461 S.) 8. Stuttgart 908. A. Bonz & Co. 4.—; geb. in Leinw. 5. —

— der neue Glaube. Roman. 8. (442 S.) Stuttgart 898. A. Bonz & Co. n. 4. —; geb. in Leinw. n. 5. —

Brociner, Marco, Radu Gleva. Roman. gr. 8. (403 S.) Dresden 892. Verlag d. Universum. n. 6. —; geb. n. 7. —

Brociner, Marco, Doktor Hamlet u. anderes. Deutsche u. rumän. Geschichten. 8. (III, 314 S.) Stuttgart 891. Bonz & Co. n. 3. 60; geb. n. 4. 80

Brociner, Marco, die Hochzeit v. Valeni, s.: Ganghofer, Ludw.

— junge Liebe. 8. (III, 315 S.) Dresden 900. E. Pierson. n. 3. —; geb. n. 4. —

Die Liebesabenteuer des Herrn Bobrica. Von Marco **Brociner.** Mit Ill. von A. Lewin. Berlin, Eisenach, Leipzig: H. Hillger [1906]. (109 S.) 8° [F.]
= **Bücherschatz,** Kurschners. No 492. [07. 15310

— in ewiger Nacht. D. Doppel-Verlobung, s. a. Weichert's Wochen-Bibliothek.

[F.] In ewiger Nacht. Die Doppel-Verlobung. Zwei Geschichten aus Rumänien v. Marco Brociner. M. 3 Vollb. *Berlin: A. Weichert [1897].* (94 S., 1 Bl., 3 Taf.) 1 Bd 8.
= Wochen-Bibliothek, Weichert's. Bd 3. [97. 5459

— Rauschgold. 8. (340 S.) Dresden 893. E. Pierson. n. 3. —; geb. n. 4. —

— Rauschgold. Jetzt: Berl., Verl. Berlin-Wien. 91/95

— Tandaradei! Novellen. 8. (V, 256 S.) Stuttgart 896. A. Bonz & Co. n. 3. 60; geb. in Leinw. n. 4. 80

— aus der Tragikomödie d. Lebens. Deutsche u. rumänische Geschichten. gr. 8. (IV, 367 S.) Stuttgart 890. Bonz & Co. n. 4. —; geb. n. 5. —

Brociner, Marco: Das Volk steht auf! Ein soz. Roman. (262) 8° Stuttg., A Bonz & Co. '11. 3 —; L 4 — d

Brociner, Marco, Weihrauch. Roman. Umschlag v. Leo Kober. (459 S.) 8. Wien 904. Wiener Verlag. n. 3. —; geb. n.n. 4. 50

Brociner, Marco, aus zwei Zonen. Rumänische Kulturbilder u. novellist. Skizzen. 12. (VII, 187 S.) Bremen 880. Kühtmann & Co. n. 3. —

Brociner, Marco, aus zwei Zonen. Rumänische Kulturbilder u. novellist. Skizzen. 2. Aufl. 8. (187 S.) Norden 883. Fischer Nachf. n. 3. —

Brociner, M., die Zukunft des deutschen Liberalismus. 8. (17 S.) Berlin 879, Löwenthal.

Brock, s.: Veröffentlichungen der balneologischen Gesellschaft in Berlin.

Brock (Hrsg.), s. Veröffentlichungen der Gesellschaft für Heilkunde zu [in] Berlin.

Brock, A, s: Zeitfragen, Pädagogische.

Brock, Albert (Hrsg.), s. Bakunin, Michail: Aleksandrovic: Gott und der Staat.

Brock, Arth., Quaestionum grammaticarum capita duo. gr. 8. (184 S.) Iurievi (Dorparti) 897. (Leipzig, K. F. Koehler, Sort.) (Diss.) n. 3. —

Brock, C., Katechismus d. Forstschutz- u. Hülfsdienstes. Z. Lehr- u. Lerngebr. a. d. Revier u. a. Forstwartschulen, sow. z. Selbstunterricht. gr. 8. (X, 216 S.) Tübingen 897. G. Schnürlen. Geb. n. 2. 80

Brock, C., Katechismus der Jagdlehre. Ein Leitfaden beim nötigsten jagdl. Unterricht f. Anwärter des Forst- u. Jagdschutzdienstes; zugleich eine erste Anleitg. f. Anfänger im Weidwerk. 8. (VII, 63 S.) Dermbach (Rhön) 901. (Weimar, W. Hoffmann.) n. 1. 20

! Brock. C: Katech. d. Jagdlehre. Jetzt: Weim., H Grosse. '01/05

Brock, Mrs. Carey, Margarethens Geheimniß u. sein Erfolg. Autorisirte deutsche Uebersetzung von Anna v. Mielecka. 12. (VII, 295 S.) Berlin 882. Deutsche evangel. Buch- u. Tractat-Gesellschaft. n. 2. —; geb. n. 2. 75

BROCK, Friedrich von. Der tanzende Phallus. 8°. Privatdruck in 550 handnumer. Expl. Nr. 1—50 auf Kunstdruckpapier mit 2 Bildern des Verfassers, einem Faksimile sowie einer Abbildung von Lapis Keller in Florenze und Bibliographie. (= Band XVI der »Bibliotheca erotica et curiosa« des Dr. Alexander Trianta, Volosca, d. i. Clement von Treldewehr, Wien.)

Brock, Friedrich Gottfried Leopold, s. Brock, Leopold

Brock, G., Betrachtungen bei Lese-Leichen. gr. 8. (VIII und 119 S.) Bamberg 865, Buchner'sche Buchh.

Brock, G., Geschichte der fränk. Schweiz, s. L. Kraussold.

Brock, Geo., evangelische Lieder-Konkordanz zum Gebrauche f. jedes Gesangbuch. gr. 8. (IV, 464 S.) Gütersloh 894. C. Bertelsmann. n. 5. —; geb. n. 6. —

Brock, Gottlieb Wilhelm Heinrich

Brock, G. W. H., die evang.-lutherische Kirche der ehemal. Pfalzgrafschaft Neuburg. Ein geschichtl. Versuch. gr. 8. (238 S.) Nördlingen 848, Beck. 1 ℔

Brock, Gtlb. Wilh. Heinr., die heil. Märtyrer der evangel. Kirche, s. Märtyrer.

Brock, Gustav [pr. Arzt aus Frankfurt a. O.]: Ueber einen Fall von transcorticaler motorischer Aphasie ... Berlin, Buchdr. v. G. Schade, *1892:* 35 S. 8.
Berlin, Med. Fak., Inaug.-Diss. v. 4. Aug. 1892

Brock, H., zur Beurtheilung Cleons, des Atheniensers. Celle 859. (Schulze.) 4. (25 S.) n. 5 ngr

Brock, H., Protest gegen Hrn. Director Rothert's Gesammtgymnasium. 8. (30 S.) Hannover 848, Ehlermann. 1/6 ℛ

Brock, H., s.: Veröffentlichungen d. Hufeland'schen Gesellschaft i. Berlin.

Brock, Henr. (geb. Bromberg [15. 9. 1832]): De diabete mellito. Berolini (1857). (32 S.) 8°
Berlin, Med. Diss. v. 4. Aug. 1857

Brock, Hugo, Referendar: Die Anrechnung einer Zahlung beim Bestehen mehrerer Forderungen. Ein Vergleich des gemeinen, preußischen und deutschen bürgerlichen Rechtes. Borna-Leipzig 1905: R. Noske. (x, 53 S.) 8° [F.]
Breslau, Jur. Fak., Ref. Fischer, Diss. v. 1. Mai 1905
Geb. 10. Apr. 82 Gnesen; Heimatsort: Gnesen; Staatsangeh.: Preußen; Vorbildung: Gymn. Gnesen Reife O. 00; Studium: Breslau 3, Berlin 1, Breslau 2 S.; Rig. Breslau 13. Nov. 03.]

— **Johann Dietrich von (Lebus/Mark), De socio criminis. Diss. jur. Präs. Heinrich Coccejus. Frankft./O. (Chph. Zeitler) 7. XI. 1701. 36 S. (5.—)** 4126

— **Johann Reinhard (Schmalkalden), De differentia inter feudum ex pacto et providentia, et feudum haereditarium. Disp. jur. Erfurt (J. H. Grosch) 14. VI. 1717. 20 S. (2.—)** 4127
Gew.: Joh. Casp. Murhard.

Brock, Johannes (geb. Berlin 16. 1. 1852): Zur Pathologie und Therapie der Flexionen des Uterus. Berlin (1874). (30 S.) 8°
Berlin, Med. Diss. v. 5. Aug. 1874

Brock, Jul., de controversiis, quae post pacem Thorunensem secundam inter Casimirum IV., regem Poloniae, et terras Prussiae exortae sunt. Dissertatio inauguralis historica. gr. 8. (47 S.) Breslau 871. (Aderholz.) n. — 75

Brock, Julius (Andr.) *(geb. Frauenburg in Ostpr. 14. 4. 1847)*: De controversiis, quae post pacem Thorunensem secundam inter Casimirum quartum, regem Poloniae, et terras Prussiae exortae sunt. Vratislaviae (1871). (47 S.) 8° *[Im Buchhandel 1871 bei Maruschke & Berendt in Breslau.]*
Breslau, Phil. Diss. v. 1. Aug. 1871

Brock, Julius Die Entstehung des Fehderechtes im deutschen Reiche des Mittelalters. 4 (S. 3—35). Marien-G. *Posen* 1887 Progr.

Brock, Jul., die Entstehung des Fehderechtes im deutschen Reiche des Mittelalters. gr. 4. (35 S.) Berlin 887, Gaertner's Verlag. *

Brock, Julius Die Fehde und das Fehderecht. II. Teil. 30 S. [I: Neumark 1874.] Progr. *Konitz* 1879
III.T.: Progr.Konitz 1880.

Brock, die Fehde und das Fehderecht. 2. Thl.: Von der Thronbesteigung Arnulfs bis zu Heinrich IV. 4. (30 S.) Konitz 879, (Wollsdorf.)
1. Thl. war nicht im Handel.

Brock, Jul., Geschichtstabellen. Übersicht der Staats- und Kulturgeschichte, sowie der histor. Geographie. gr. 8. (VI, 105 S.) Berlin 882, Gaertner's Verlag.

Brock, Jul. (I.), Grundriss der Geschichte in pragmatischer Darstellung für die oberen Klassen höherer Lehranstalten. 1. Thl.: Das Alterthum. gr. 8. (IV, 161 S.) Berlin 879, Gaertner. *

—— Grundriss der Geschichte in pragmatischer Darstellung für die oberen Klassen höherer Lehranstalten. 3 Tle. gr. 8. Ebendas.
Inhalt:
Tl. 1. Das Altertum. 2. Aufl. (VI, 166 S.) 882. *ℳ 1,60.
» 2. Das Mittelalter. (IV, 123 S.) 880. *ℳ 1,40.
» 3. Die Neuzeit. (IV, 173 S.) 881. *ℳ 2.

— Grundriss der Geschichte in pragmatischer Darstellung für die oberen Klassen höherer Lehranstalten. 3 Thle. gr. 8. Ebend. 880—82. n. 5. —
1. Das Alterthum. 2. Aufl. (IV, 166 S.) n. 1. 60
2. Das Mittelalter. 2. Aufl. (IV, 128 S.) n. 1. 40
3. Die Neuzeit. (IV, 173 S.) n. 2. —

Brock, Leop. Die Brandenburger bei Szlankamen u. im Türkenkriege 1691 bis 1697. gr. 8. (37, XX S.) Rathenow 891, Babenzien. * — 80

Brock, L. Geschichtstabellen. 14 S. Progr. *Königshütte* 1883.

Brock, L., lat. Grammatik f. d. unt. u. mittl. Klassen d. höh. Unterrichts-Anstalten. 1. Thl.: Formenlehre. 8. (80) Lpzg 73, Brauns. ‖ 2. Thl. Syntax. (58) 72. à n. — 50

Brock, Leopold Das brandenburgische Heer in den Kriegen von 1688 bis 1697. I. (Beiträge zur brandenburgisch-preussischen Heeresgeschichte.) 4 (25 S.).
Progr. G. *Königshütte O.-S.* 1888 (179).

Brock, Leopold [Dr.]: Das brandenburgische Heer in den Kriegen von 1688 bis 1697. II. (Beiträge zur brandenburgisch-preussischen Heeresgeschichte.) Beuthen O.-S., Druck d. Wolff'schen Buchh., 1889; 30 S. 4°
Königshütte O.-S., k. G, OP 1889 (181)

Brock, Leopold [Dir. Dr.]: Das brandenburgische Heer in den Kriegen von 1688 bis 1697. III. (Beiträge z. brandenb.-preuss. Heeresgeschichte.) (Forts. d. P-Beil. 1888. 89.) Beuthen O.-S., Druck v. Haenel & Stratmann, 1891; 40 S. 4°
Königshütte O.-S., k. G, OP 1891 (187)

Brock, Leopold [Dir. Dr.]: Das brandenburgische Heer in den Kriegen von 1688 bis 1697. IV. '(Schluss.)' '(Beiträge z. brandenb.-preuss. Heeresgesch.)' (I—III: P-Beil. 1888. 89. 91.) Beuthen O.-S., Druck v. Haenel & Stratmann, 1892; 27 S. 4.
Königshütte O.-S., k. G, P 1892 (189)

[F.] Brock, Leopold [Dir. Dr.]: Die Hohenzollern ([Umschlagt.:] ..., Gedicht nach *George* Hesekiel). Oels, Hofbuchdr. v. A. Ludwig, 1897; 2 Bl. 4.
Oels, k. G, P 1897 (205)

Brock, L., 200 Jahre der Geschichte eines preußischen Reiterregiments. Zur Feier des 200jähr. Bestehens des königl. Leib-Kürassier-Regiments [schles. Kürassier-Regiments] Nr. 1. gr. 8. (88 S.) Breslau 874, Korn. *
Aus: Schlesische Zeitung, besonders abgedruckt.

Brock, Leopold, Dr., Dir.: Kanon der Geschichtszahlen. *Oels 1902: A. Ludwig.* (XXII S.) 8° [F.]
Oels, k. G, P 1902 (222)

Brock, Leopold, Dir. Dr.: Der Neubau des Gymnasiums. Öls 1904: A. Ludwig. (14 S.) 4° [F.]
Öls, k. G P 1904 (239)

Brock, L., der Tag von Fehrbellin. Zur zweiten Säcularfeier der Schlacht am 18./28. Juni 1875. gr. 4. (23 S.) Landsberg a. d. W. 875, (Schaeffer und Comp.) *

Brock, L. Über die Teilnahme brandenburgischer Truppen an der Fahrt Wilhelms von Oranien nach England. (1688.) 24 S. Progr. *Königshütte* 1878.

Brock, Leopoldus *(geb. Gostyn in Pos. 21. 1. 1843)*: De perfecti et plusquamperfecti usu Aeschyleo. Vratislaviae (1865). (58 S.) 8°
Breslau, Phil. Diss. v. 24. Nov. 1865

Brock, Max Fritz, approb. Arzt aus Zella: Zur Genese der Oesophagusblutungen. *Jena 1903: A. Kämpfe.* (32 S.) 8°
Jena, Med. Diss. v. (19. Mai) 1903

Die chronologische Sammlung der dänischen Könige im Schlosse Rosenburg. Eine kurzgefaßte Uebersicht von P[eter] Brock. Mit 90 Abb. — Kopenhagen: Verl.-Bureau 1888. 116 S. 8°
Dass. 2.Ausg.1896.

Brock, (Hubert.) Rud. (geb. Aachen 24. 6. 1831): De pulmonum emphysemate. Berolini (1854). (32 S.) 8°
Berlin, Med. Diss. v. 7. Sept. 1854

Brock, Sigismund, a. Gnesen: Ueber Combination von Ikterusleber mit Milzschwellung. *Würzburg: F. Scheiner 1899.* (37 S.) 8°
Würzburg, Med. Diss. v. 1900

Brock, W., biographical sketch of Sir Henry Havelock, s. Collection of british authors.

Brock, W., u. Heinr. Kantor, das Wesen u. die Erfolge der wissenschaftl. Heilkunde im Gegensatz zu den verschied. naturheilkünstl. u. curpfuscher. Verfahren, s.: Sammlung gemeinnütziger Vorträge.

Brock, Walther: Das eigenhändige Testament. Darstellung seiner geschichtl. Entwickelung, sowie seiner Voraussetzungen u. Wirkungen nach d. Bürgerl. Gesetzbuch. Eine von d. jur. Fac. d. verein. Univ. Halle-Wittenberg preisgekr. Arbeit. *Berlin: J. Guttentag 1900.* (VI, 121 S.) 8°
Tübingen, Jur. Diss. v. 1900

Das negative Vertragsinteresse. Von Dr. Walther Brock. *Berlin: J. Guttentag 1902.* (VI, 209 S.) 8° [F.] [02. 5470

Brock, Wilhelm, Assistent an d. kgl. Universitätsklinik f. Ohren-, Nasen- u. Kehlkopfkrankheiten in Erlangen, a. Rappershausen (Unterfranken): Untersuchungen über die Funktion des Bogengangapparates bei Normalen und Taubstummen. Erlangen 1907: Junge & Sohn. (72 S. resp. S. 221—262 u. S. 55—84.) 8° ¶ (Aus: Archiv f. Ohrenheilkunde Bd 70 u. 71.)
Erlangen, Med. Fak., Ref. Denker, Diss. v. 6. Nov. 1907
[Geb. 26. Dez. 80 Rappershausen; Wohnort: Erlangen; Staatsangeh.: Bayern; Vorbildung: Gymn. Erlangen Reife 00; Studium: Erlangen 10 S.; Coll. 2. März 07: Approb. 21. Sept. 05.]

Brock, William [aus Bromberg]: Ueber gewisse Contractionsphänomene der Muskeln bei Reizung mit dem faradischen Strome ... Berlin, Buchdr. v. G. Schade, 1892; 30 S., 1 Bl. 8.
Berlin, Med. Fak., Inaug.-Diss. v. 5. März 1892

Broeck, Ernest van den, esquisse géologique et paléontologique des dépots pliocènes des environs d'Anvers. 1. partie. Fasc. 1. Les sables inférieurs d'Anvers. gr. 8. (101 S.) Bruxelles 876. Berlin, Friedlaender & Sohn. n. 4. —

Broeck, Ernest van den, les Foraminifères des couches pliocènes de la Belgique. 1re partie: Esquisse géologique et paléontologique des dépôts pliocènes des environs d'Anvers. 2 Fasc.: Les sables inférieurs d'Anvers. gr. 8. (296 S. mit 1 Karte.) Bruxelles 876—78. (Berlin, Friedlaender und Sohn.) *

Brockamp, Bernhardus [Guestfalus]: Quaestiones historicae atque chronologicae ad vitam resque gestas imperatoris M. Aurelii pertinentes ... Monasterii Guestf., ex typogr. Aschendorffiana, 1891; 79 S., 2 Bl. 8.
Münster, Phil. Fak., Inaug.-Diss. v. [17. Dez.] 1891

Brockard, Herm., Berliner Buchhändler-Führer. Nach Orig.-Mittheilgn. u. anderen zuverläss. Quellen zusammengestellt. 12. (65 S.) Leipzig 892. K. F. Pfau Geb. in Leinw. n. 1. 50

Broeckaert, J. J., Le guide de jeune littérateur. Tome I. Eléments généraux et compositions secondaires. 12. (272 S.) Liége 852. (Leipzig, Brockhaus.) n. 1⅓ ℛ

Brockdorf, s. Brockdorff

Brockdorff, Graf v., s. Handel u. Gewerbe.

Brockdorff A. H. v.: Die wichtigsten Ursachen d. verminderten Höhe u. Stärke unserer jetzigen Waldbäume, gegen die Riesenstämme aus der Vorzeit. Handschrift f. Gönner. Kopenh. 1837. 14 S. P.

Brockdorff, C. v., Geschichte des deutschen Reichs und des Königreichs Jerusalem in mnemonischen Versen. Ein Hülfsbüchlein für die Jugend. Cassel 854. (Bertram.) 8. (IV, 44 S.) (J.Luckhardt) 6 ngr

Brockdorff, Cäcilie von (Hrsg.), s. Goethe, Elisabeth: Briefe...

Brockdorff, Baron Cay v., die philosophischen Anfangsgründe der Psychologie. (XLIII, 128 S. m. Abb. u. 3 Taf.) gr. 8. Hildesheim 905. A. Lax. n. 4. 50

Brockdorff, Baron C. v., Beiträge üb. das Verhältnis Schopenhauer's zu Spinoza. 2 Bde. gr. 8. Hildesheim 900. Gerstenberg. à n.n. 1. 80; in 1 Bd. geb. n. 3. 20;
I. Revision des Urteils Schopenhauers üb. Spinoza auf Grund Schopenhauerscher Marginalien. (IV, 70 S.)
II. Vergleich der Individualitäten u. der Lehren. (IV, 78 S.)

Brockdorff, Baron Cay v.: Die Gesch. d. Philosophie u. d. Problem ihrer Begreiflichk. (98 m. Abb. u. 2 Taf.) Lex 8° Hildesh., A Lax '06. 3 —

Brockdorff, Baron Cay v., die Geschichte der Philosophie u. das Problem ihrer Begreiflickeit. Mit 1 Taf. u. vielen Fig. im Text sowie e. Schopenhauerschen Fcsm., 2., stark verm. Aufl. (XX, 155 S.) Lex. 8. Osterwieck 908. A. W. Zickfeldt. 3.50; geb. in Lw. n 4. 50

— **Die Kunst des Verstehens, s.: Morgenröte, die. I, 1.**

— die Organisation wissenschaftlicher Vorlesungen f. Volksschullehrer. Vortrag, geh. auf der 76. Versammlg. des braunschweig. Landes-Lehrervereins. (VII, 81 S.) gr. 8. Braunschweig 904. E. Appelhans & Co. n. — 50

Brockdorff, Baron Cay v.: Die Philos. in d. Pädagogik, s: Bücherschatz, Der, d. Lehrers.

Die Probleme der räumlichen und zeitlichen Ausdehnung der Sinnenwelt. Vortrag geh. von Bⁿ C. v. **Brockdorff.** *Hildesheim: Gebr. Gerstenberg 1901.* (33 S.) 8° [01. 9045 7

Revision des Urteils Schopenhauers über Spinoza auf Grund Schopenhauerscher Marginalien von Bⁿ C. v. **Brockdorff.** *Hildesheim: Gebr. Gerstenberg 1900.* (IV, 70 S.) 8°
= **Brockdorff:** Beiträge über d. Verh. Schopenhauers zu Spinoza. 1. [00. 9338

Die wissenschaftliche Selbsterkenntnis. Von Bⁿ Cay v. **Brockdorff,** Doz. Braunschweig: E. Appelhans & Co. 1908. (XV, 210 S.) 8° [08. 3023

— Die wissenschaftl. Selbsterkenntn. (15, 216) gr8° Stuttg., EH Moritz ('11). 3.50: geb. 4 —

Das Studium der Philosophie mit Berücks. d. seminarischen Vorbildung. Von Dr. Bⁿ Cay v. **Brockdorff,** Doz. *Kiel: Univ.-Buchh. 1903.* (81 S.) 8° [04. 3096 11

Brockdorff, Baron Cay v., Kants Teleologie. Diss. gr. 8. (60 S.) Kiel 898. Gnevkow & v. Gellhorn. n. 1. 20

Das Wesen der Religion. Von Prof. Dr. Bⁿ Cay v. **Brockdorff.** Osterwieck: Zickfeldt 1910. VII, 36 S. 8°
(Die Morgenröte. Bd 1, H. 5.) [10. 14336

v. Brockdorf, Cay. Fr., (†...) abgenöthigte Ehrenrettung wider J. N. Blume u. Consorten. 3. Berl. 787. Vieweg in Braunschw. 7 ℊℊ

(**Brockdorff,** Cai Friedrich:) Freie Gedanken über die Aufhebung der Leibeigenschaft von einem Holsteiner. Kiel 1796. 8⁰.

Freie Gedanken des niedersächsischen Edelmanns, nicht Aristocrat, in einem Schreiben an seine Söhne, als Warnung für drey itzo allgemein im Schwange gehende Meinungen und Winke für Regenten und das Volk. [Verf.: Cai Friedrich **Brockdorff.**] — Kiel 1797: Mohr. 76 S. 8°

Merkwürd. Gesch. eines Niedersächsischen Edelmanns (von *Caj. Friedr. Brockdorff,* hrsg. von Joh. Dav. Hartmann). Berlin 1789.
Anon.-Lex. II. p. 209 (nach Kayser u. Meusel).

— s. Leben e. Niedersächs. Edelmanns.

Brockdorff, Cai Lorenz Frh. von (Hrsg.), s. Corpus statutorum Slesvicensium.

v. Brockdorf, Frhr. Chr. U. H., s. Cai, Institutionen.

BROCKDORFF, Christian Heinrich Joachim v.: Gedanken zur Errichtung einer Försterschule nebst einigen vorausgeschickten Bemerkungen über die Nothwendigkeit derselben. - Hamburg, Leipzig 1792. 56 S. Matthießen
(Lpz.: Wienbrack, Gräff)

Brockdorff, Christian Ulrich Johann Frh. v.: Dissertatio de vera rerum fungibilium definitione. Oldenburgi. 1804. 4⁰k.

Brockdorff, Friedrich, Frʰʳ v., bacc. iur. a. Rastorff i. M.: Der Unterschied des Handlungsagenten und des Handelsmäklers nach dem neuen Handelsgesetzbuch. Leipzig 1906: W. Wigand. (64 S.) 8°
Leipzig, Jur. Fak., Diss. v. 31. Jan. 1906
[Geb. 5. Juni 80 Rastorff i. Meckl.-Schw.; Wohnort: Düsseldorf; Staatsangeh.: Mecklenburg-Schwerin; Vorbildung: Gymn. Neubrandenburg Reife M. 98; Studium: Berlin 1, Heidelberg 3, Leipzig 4 S.; Rig. 24. Okt. 02.

Brockdorff, Frigga, es wurde Tag — es wurde Nacht — (111 S.) 8. Leipzig 905. Modernes Verlagsbureau. n. 2. —

Brockdorff, Fritz Graf von, aus Ingolstadt: Deutsche Handelspolitik im XIX. Jahrhundert, insbesondere seit 1879. *Erlangen 1899: F. Junge.* (225 S.) 8°
Erlangen, Phil. Diss. v. 18. Mai 1899

Brockdorff, Fritz Frhr. v., Marie v. Moltke. Ein Lebens- u. Charakterbild. Mit e. Bildnis in Heliograv. 2. Aufl. 8. (VII, 127 S.) Leipzig (901). G. Wigand.
Geb. in Leinw. n. 3. —

Die 1. Aufl. erschien anonym.

Das Manöver. Ein Ratgeber f. jedermann z. Verständnis unserer Herbstübungen. Von Graf [Sigmund] v. Brockdorff, Hauptm. im Bayer. 12. Feld-Art.Reg. Mit 6 Taf. u. 25 Abb. *Berlin: E. S. Mittler & Sohn 1904.* (78 S.) 8° [F.]

Brockdorff, Sophie Gräfin v., 366 Tage im Dienste des häuslichen Herdes! Gastronomisches u. Weltanschauliches. (237 S.) gr. 8. Berlin 904. O. v. Holten. Geb. n. 3. 50

Brockdorff, S. Gräfin, e. Geheimniß d. Königsee, s.: Bachem's Novellen-Sammlung.

Brockdorff, Ulrich Frh. v.: Beleuchtung der Schrift des Herrn Syndicus Klenze zu Uetersen über das Verfassungswerk von Schleswig-Holstein. Schleswig. 1830. 8°.

Brockdorff, Ulrich, Betrachtungen üb. d. Sprachenstreit in d. schleswigschen Ständeversamml. des J. 1842 u. dessen Folgen. 12. (7 B.) Hamburg 844, Hoffmann u. Campe.

Betrachtungen, veranlasst durch die Schrift des Herrn Kanzleiraths Lornsen über das Verfassungswerk in Schleswigholstein. Von Ulrich Freiherrn von Brockdorff. Schleswig. 1830. 8°.

Untersuchung über die aus den jüngsten Verhandlungen der Stände des Herzogthums Schleswig hervorgegangene Frage: ob es ein natürliches Recht auf den Gebrauch einer Sprache gebe? v. dem Freiherrn Ulrich Brockdorff. Schleswig. 1844. 8°.

Brockdorff-Ahlefeldt, Gräfin Louise, aus dem Burenkrieg. Gedichte. 4. (VII, 23 S.) Riga 901. Jonck & Poliewsky.
n. 2. —

Brockdorff-Ahlefeldt, L., vom Hundertsten ins Tausendste. Nordische Skizzen. (169 S. m. Abbildgn.) 11. 8. Bremen (904). C. Schünemann. n. 1. 50

Brockdorff-Ahlefeldt, Gräfin Louise, vom Regen in die Traufe. E. leichtsinn. Geschichte. 8. (225 S.) Elberfeld (896). S. Lucas. 3. —

[F.] Vom Regen in die Traufe. E. leichtsinnige Gesch. v. Gräfin Louise Brockdorff-Ahlefeldt. *Elberfeld: S. Lucas [1897].* (1 Bl., 225 S.) 1 Bd 8. 98. 270

Brockdorff-Ahlefeldt, L., Vorzeit. Balladen. Mit Buchschmuck v. Thdr. Herrmann. (129 S. m. Abbildgn.) gr. 8. Bremen (904). C. Schünemann. Geb. in Leinw. n. 4. —

Brookdorff-Ahlefeldt, L.: Vorzeit. Balladen. (129 m. Abb.) gr8° Brem., C Schünemann (06). L. 4 — d

Brocke, B., Ueberraschung, s.: Sonntagsschulgeschichten der Christuskirche.

Brocke, Carl. Zweckmässige Anwendung des Mineraltheers und Mineralkittes als einzige und unersetzliche Schutzmittel gegen Feuchtigkeit u. s. w. Zweite vermehrte Auflage. Köln 1828. 8°.

Brocke, C. F., zweckmäß. Anwendung d. Mineraltheers u. Mineralkittes als einzige u. unersetzl. Schutzmittel geg. Feuchtigkeit rc. 3., verm. u. mit rühml. Zeugnissen verseh. Aufl. 12. (1½ B.) Köln 830, (Ritzefeld.)

Brocke, D., die vollständ. Einmachekunst der Beeren, Obst- u. Gartenfrüchte, das Trocknen u. Aufbewahren derselben, u. ohne alle Vorkenntnisse allerlei Säfte, Gellée's, Marmeladen u. Compot's zu bereiten. Nach eigener Erfahrung. 8. Quedlinburg 841, Ernst. ⅓ ß

Brocke, D., die vollständ. Einmachekunst d. Beeren, Obst- u. Gartenfrüchte, das Trocknen u. Aufbewahren derselben, u. ohne alle Vorkenntnisse allerlei Säfte, Gellée's, Marmeladen u. Compot's zu bereiten. Nach eigener Erfahrung. 8. (6 B.) Quedlinburg 846, Ernst'sche Buchh.

Brocke, D., die vollständige Einmachekunst der Gemüse, der Beeren, Obst- u. Gartenfrüchte, das Trocknen u. Aufbewahren derselben, u. allerlei Säfte, Gelées, Marmeladen u. Compot's zu bereiten, in 200 gründl. Anweisungen. 2. verb. Aufl. 8. (VIII u. 99 S.) Quedlinburg 847, Ernst. ⅓ ß

Brocke, D., die vollständige Einmachekunst der Gemüse, der Beeren, Obst- und Gartenfrüchte, das Trocknen und Aufbewahren derselben, das Eindunsten der Früchte und der Gemüse und allerlei Säfte zu bereiten rc., in 200 gründlichen Anweisungen. Nach eigener Erfahrung bearb. 3., verb. Aufl. gr. 16. (VIII und 120 S.) Quedlinburg 856, Ernst'sche Buchh.

Brocke, D., die vollständige Einmachekunst der Gemüse, der Beeren, Obst- und Gartenfrüchte, das Trocknen und Aufbewahrung derselben, das Eindunsten der Früchte und der Gemüse und allerlei Säfte, als Himbeer-, Johannisbeer- und Kirschsaft, Gelées, Marmeladen und Compots zu bereiten, in 200 gründl. Anweisungen. Nach eigener Erfahrung bearb. 4. verb. Aufl. 8. (VIII, 116 S.) Quedlinburg 879, Ernst'sche Buchh. *

Brocke, D., die vollständige Einmachekunst der Gemüse, der Beeren, Obst- und Gartenfrüchte, das Trocknen und Aufbewahren derselben, das Eindunsten der Früchte und der Gemüse und allerlei Säfte, als Himbeer-, Johannisbeer- und Kirschsaft, Gelées, Marmeladen und Compots zu bereiten, in 200 gründl. Anweisungen. Nach eigener Erfahrung bearb. 5. und 6. verb. Aufl. 8. (VIII, 116 S.) Quedlinburg 880,82, Ernst'sche Buchh.

Brocke, D., die vollständige Einmachekunst der Gemüse, der Beeren, Obst- und Gartenfrüchte, das Trocknen und Aufbewahren derselben, das Eindunsten der Früchte und der Gemüse und allerlei Säfte, als Himbeer-, Johannisbeer- und Kirschsaft, Gelées, Marmelade und Kompotte zu bereiten, in 200 gründl. Anweisungen. Nach eigener Erfahrung bearb. 7. verb. Aufl. 8. (VIII, 118 S.) Quedlinburg 888, Ernst'sche Buchh. *

Brocke, D., die vollständige Einmachekunst der Gemüse, der Beeren, Obst- u. Gartenfrüchte, das Trocknen u. Aufbewahren derselben, das Eindunsten der Früchte u. der Gemüse u. allerlei Säfte, als Himbeer-, Johannisbeer- u. Kirschsaft, Gelees, Marmelade u. Kompotte zu bereiten, in 200 gründl. Anweisgn. Nach eigener Erfahrg. bearb. 8., verb. Aufl. 8. (VIII, 118 S.) Halberstadt 894. Ernst.
n. 1. —

Brocke, D., d. Einmachen u. Konservieren d. Früchte u. Gemüse. Prakt. Anleitg. z. Einmachen sämtl. Gemüse-, Feld- u. Gartenfrüchte, sow. z. Herstellg. v. Gelees, Kompotts, Fruchtweinen, Fruchtsäften, Fruchtessigen u. Likören, nebst e. Anh. üb. d. Einlegen d. Früchte i. Honig. 9., umgearb. u. verb. Aufl. 8. (VIII, 116 S.) Leipzig 898. Ernst. n. 1. —

Brocke, D., das Einmachen u. Konservieren der Früchte u. Gemüse. Eine prakt. Anleitg. zum Einmachen sämtl. Gemüse-, Feld- u. Gartenfrüchte, sowie zur Herstellg. von Gelees, Kompotts, Fruchtweinen, Fruchtsäften, Fruchtessigen u. Likören, nebst e. Anh. üb. das Einlegen der Früchte in Honig. 10. umgearb. u. verb. Aufl. (VIII, 117 S.) 8. Leipzig (903). Ernst. 1. —

Brocke, D., das Einmachen u. Konservieren der Früchte u. Gemüse. Eine prakt. Anleitg. zum Einmachen sämtl. Gemüse-, Feld- u. Gartenfrüchte, sowie zur Herstellg. v. Gelees, Kompotts, Fruchtweinen, Fruchtsäften, Fruchtessigen u. Likören, nebst e. Anh. üb. das Einlegen der Früchte in Honig. 11. umgearb. u. verb. Aufl. (VIII, 117 S.) 8. Leipzig (909). Ernst. 1. —

—— **d. Kuchenbäcker.** Od.: 200 deutliche Anweisungen, alle Arten v. Kuchen, Topfkuchen, Torten, Blätterteige, Waffeln u. Schweizerbackwerke rc. zu backen. gr. 8. (6 B.) Quedlinburg 840, Ernst'sche Buchh.

—— **der Kuchenbäcker.** Oder 200 deutl. Anweisungen, alle Arten von Kuchen, Torten rc. zu backen. 2., verb. Aufl. 8. (VIII und 80 S.) Quedlinburg 847, Ernst'sche Buchh.

Brocke, Ernst: Ueber die Benutzung der Beziehungen zwischen Mengen und Zahlen im arithmetisch-algebraischen Unterricht. (Zabern 1909: Gilliot.) S. 1—18. 4°
Zabern, G P 1909 (715) [S 09. 47

Brocke, Heinrich Christian von (wirkl. Name), s.a. Sylvander (Pseud.)

BROCKE, Heinrich Christian v.: Abhandlung und Beantwortung der Frage: Wie ohne Nachtheil der Festigkeit des Holzes das Wachsthum der Forsten beschleunigt werden kann? welche den von dem Königlich Preussischen General-Directorio darauf gesetzten Preis erhalten, nebst einem eben die Frage betreffenden Schreiben des Herrn Reichsoberpostmeisters Johann Ludwig Hildebrandt, welchem eine extraordinaire Belohnung zuerkannt worden. - Berlin 1774. 34 S.

— Beantw. d. Frage: wie ohne Nachtheil der Festigkeit des Holzes das Wachsthum d. Forsten beschleinigt werden kann? gr. 4. Berl. Realsch. 774.

Broke, Heinr. Christ. v., Beobacht. v. einigen Blumen, deren Bau u. Zubereitung d. Erde. 8. Leipzig, 1769. 2. Aufl. 1771. 3. Aufl. 1777. 4. Aufl. 1792. Krappe. — 6¼

v. Brocke, Hnr. Chr., (+ d. 2. Juli 1778.) Beobachtt. von einigen Blumen, deren Bau u. Zubereitung d. Erde. 8. Leipz.... 3e A. 792. (Taubert). (Compt.f.Litt.)

(Brocke, Heinrich Christian von:) Zufällige Gedanken von der Natur, Eigenschaft und Fortpflanzung der wilden Bäume. Von Sylvandern. – Wolfenbüttel: Meißner 1752. 144 S.

BROCKE, Heinrich Christian v.: Zufällige Gedanken von der Natur, Eigenschaft und Fortpflanzung der wilden Bäume, ingleichen von der Verbesserung der Herzoglichen, wie auch Kloster- Waysenhäuslichen Hospitäler-, Kirchen-, Privat- und Gemeinde-Holtzungen und Forsten, wie sie sowohl überhaupt, als insbesondere in den Herzoglich-Braunschweigischen und Zellischen Landen, mit gutem Nutzen und Fortgange vor die Hand genommen, und ins Werck gerichtet werden können. - Wolfenbüttel 1752. 144 S. (Unter dem Pseudonym Sylvander veröffentl.)- Andere verm., verb. u. umgearb. Aufl. ebd. 1768 (unter eigenem Namen veröffentl.)

BROCKE, Heinrich Christian v.: Wahre Gründe der physicalischen und Experimental allgemeinen Forst-Wissenschaft, oder Unterricht, wie neue Holzungen anzubauen, alte zu verbessern, wilde Baumschulen anzulegen, junge Bäume gezogen, gewartet und verpflanzet werden müssen, wobey die Fehler, welche bey dem Anbau des Holzes vorgehen, auf das deutlichste gezeiget werden, als ein Handbuch von Forst-Bediente zu gebrauchen. - Leipzig 1768, 1772, 1775. 4 Tl. in 3 Bd. - Tl. 1: XII, 424 S. - Tl. 2: S. 425-734, 16 Bl. - Tl. 3: XII, 654 S. - Tl. 4: IX, 688 S., 8 Taf. - Neue Aufl. ebd. 1788 (Compt.f.Litt.)

[Brocke, Heinrich Christian von]. Sechs Oden von SILVANDERN [Hamburg, J. C. Cröker] 1752. 4°. 24 S. *mit Titelvignette in Holzschnitt.* Hübscher mod. Pbd. G. IV[1]. 120, 26. Erstausgabe.

BROCKE, Heinrich Christian v.: Widerlegung der sogenannten Beurtheilung des Herrn M. H. L. von Wedel's wegen der 1773 von dem General Directorio zu Berlin aufgeworfenen Frage: Von Vermehrung des Wachsthums der Bäume in den Forsten, dem Verfasser dieser Schrift zuerkannten Preißes. - Leipzig 1777. 307 S.

— Widerlegung d. Beurtheilung d. Oberforstm. v. Wedel, über Wachsthum d. Bäume. 8. Leipz. 777. Compt. f. Litt. 10 ℊ

BROCKE, Jo. S. de, Infantes pro a diabolo suppositis, quos vulgo Wechselbälge appellarunt, rhachitici erant. (Mit Vign.) Helmstadii 1725. 4°.
80 Pfg. Kössling, Lpz., Cat. 3. (Bibl. Haberland) no. 170.

Brocke, Ludwig Gottwalt, kgl. Oberarzt a. D. a. Natho in Anhalt: Ein Beitrag zur Frage der Behandlung des Mittelohres mit Lufteinblasungen. Leipzig (1906): A. Edelmann. (19 S.) 8°
Leipzig, Med. Fak., Ref. Trendelenburg, Diss. v. 28. März 1906 [Geb. 22. Okt. 75 Natho; Wohnort: Jena; Staatsangeh.: Anhalt; Vorbildung: Gymn. Wiesbaden Reife O. 96; Studium: Kaiser Wilh.-Akad. Berlin 9 S.; Coll. 28. März 06; Approb. 14. März 02.]

Brocke, Thom., Krone d. Alters u. güldene Aepfel f. Jünglinge. 8. Hamb. 751. Herold. 8 ℊ

Brockedon, ..., s. Byron's Landschaften.

Brockedon, W., Italien. Klassisch, histor. u. malerisch. In 60 Ansichten nach Zeichnungen von Brockedon, Stanfield, Roberts, Harding rc. Nebst beschreibendem Texte u. Bemerkungen für Reisende. 20 Lfg. Roy.-4. (Mit 60 Stahlst.) Leipzig 840, 47, T. O. Weigel. à n. 1⅓ ℛ cpl. geb. n. 28 ℛ

Bröckel, s.: Preussen. Messtischblätter.

Brockelmann, Carl [Dr.]: 'Abderrahmân Abulfarag Ibn al-Gauzi's Talkîh fuhûm ahl alâtâr fi muhtaṣar assijar walaḥbâr. Nach d. Berliner Hs. untersucht ... Breslau, 1893 ([früh. Titelbl.:] Leiden, E. J. Brill, 1892); 2 Bl., 50 S., 1 Bl. 8.
Breslau, Phil. Fak., Hab.-Schr. v. 28. Jan. 1893 [früh. Titelbl.: 10. Nov. 1892]

Brockelmann, Carl, Geschichte der arabischen Litteratur. 1. Bd. gr. 8. (XII, 528 S.) Weimar 898. E. Felber. n. 20. —
Erschien auch in 2 Hftn. à n. 10. —.

— Geschichte der arabischen Litteratur. 2. Bd. (XI, 714 S.) gr. 8. Berlin 902. E. Felber. n. 30. —
Bd. I. Ebd. 898. n. 20. —

Geschichte der arabischen Litteratur. Von Dr. C[arl] Brockelmann, Prof. in Breslau. *Leipzig: C. F. Amelang 1901.* (VI, 265 S.) 8°
— Litteraturen d. Ostens in Einzeldarstellungen. Bd 6, [1.] [01.10838]

-- Geschichte der syrischen u. christlich-arabischen Litteratur, s.: Literaturen, die, des Ostens. VII, 2.

Brockelmann, Carl (Mitarb.), s. Geschichte d. christl. Litteraturen d. Orients.

Brockelmann, Carl: Arabische Grammatik, s: Porta linguarum orientalium, Socin.

— Arabische Grammatik, s.: Socin, A.

— Kurzgef. vergleich. Grammatik d. semit. Sprachen, s. a. Porta linguar. orientalium.
Tritt an Stelle v. H Zimmern's vergleich. Grammatik d. semit. Sprachen.

Kurzgefasste vergleichende Grammatik der semitischen Sprachen. Elemente d. Laut- u. Formenlehre von Carl Brockelmann. Berlin: Reuther & Reichard 1908. (XII, 314 S.) 8°
= Porta linguarum orientalium. P. 21. [08. 12(8) 2

— Syrische Grammatik m. Litteratur, Chrestomathie u. Glossar. 8. (XIII, 110 u. 190 S.) Berlin 899. Reuther & Reichard. n. 7. —; geb. n. 7. 80

Syrische Grammatik mit Paradigmen, Literatur, Chrestomathie und Glossar von Carl Brockelmann. 2., verm. u. verb. Aufl. Berlin: Reuther & Reichard 1905. (XVI, 144, 198* S.) 8°
= Porta linguarum orientalium. 5. [05. 7440 9

— Grundriss der vergleichenden Grammatik der semitischen Sprachen. I. Bd.: Laut- u. Formenlehre. 6 Lfgn. (XV, 665 S.) gr. 8. Berlin 907. 08. Reuther & Reichard. Subskr.-Pr. 29. —; erh. Pr. 32. —; geb. in Halbfrz. n 34. 50

Brockelmann, Carl: Grundr. d. vergleich. Grammatik d. semit. Sprachen. (In 2 Bdn.) II. Bd: Syntax. 6 Lfgn. (20, 708) gr8° Berl., Reuther & R. '11'12.
(Subskr. erloschen: 32.20)
35 —; HF n 37.50 (vollst.: 67 —; HF n 72 —)

Die arabischen, persischen, türkischen, malaiischen, koptischen, syrischen, äthiopischen Handschriften (der Stadtbibliothek zu Hamburg) beschrieben von Carl Brockelmann. Hamburg: O. Meissner 1908. (XXI, 245 S.) 4°(8°)
— Katalog d. oriental. Handschriften d. Stadtbibliothek zu Hamburg. T. 1.
— Katalog d. Handschriften d. Stadtbibliothek zu Hamburg. Bd 3. [08. 13036

— s.: Ibn Qutaiba's 'Ujûn al aḫbâr. — Ibn Saad, Biographien Muhammeds.

— Zu d. Inschriften d. Königs Kalumu. [Aus: „Sitzgsber. d. preuss. Akad. d. Wiss."] (1142—1146) Lex8° Berl., G Reimer '11. — 50

— Der Islam v. s. Anfängen b. z. Gegenwart, s: Weltgeschichte.

Brockelmann, Carol., lexicon syriacum. Praefatus est Th. Nöldeke. (In 10 fasc.) Fasc. 1—5. Lex.-8. (S. 1 bis 376.) Berlin 894. Reuther & Reichard. à n. 4. —

— lexicon syriacum. Praefatus est Th. Nöldeke. Fasc. 6 et 7. Lex.-8. (VIII u. S. 377—512.) Berlin 895. Reuther & Reichard. à n. 4. —; (kplt.: n. 28. —; geb. in Halbfrz. n. 30. —)

— Semit. Sprachwiss., s. a. Sammlung Göschen 291.

Semitische Sprachwissenschaft von Dr. C[arl] Brockelmann, Prof. Leipzig: G. J. Göschen 1906. (160 S.) 8°
(Sammlung Göschen. 291.) [07. 9708 11

Brockelmann, Carl, die Femininendung t im Semitischen. (28 S.) gr. 8. Breslau 903. G. P. Aderholz. n. — 80
Sonderabdruck aus: „Jahresber. d. schles. Gesellsch. f. vaterländ. Kultur".

Brockelmann, Carl. Das Verhältnis v. Ibn-el-atirs Kâmil Fit-Ta'rîḫ zu Tabaris Aḫbâr Errusul Wal Mulûk. gr. 8. (58 S.) Strassb. 890, Trübner. Diss. * 1 80

Verzeichnis der arabischen, persischen, türkischen und hebräischen Handschriften der Stadtbibliothek zu Breslau von C[arl] Brockelmann. *Breslau: M. & H. Marcus 1903.* (IV, 53 S.) 4°(8°) [03. 15236

— s.: Zeitschrift der deutschen morgenländ. Gesellschaft.

Brockelmann, Hans [aus Constantinopel]: Das fünfte Buch der „angeblichen Chirurgie des Johannes Mesuē jun." ... [B. 1—3 hrsg. v. Jul. Leop. Pagel erschien 1893 bei A. Hirschwald in Berlin; B. 4 Th. 1 hrsg. v. Fred. Alex. Sternberg in s. Berliner Diss. v. 1893; Schluss d. 4. B. hrsg. v. Walth. Schnelle in s. Berliner Diss. v. 1895.] Berlin, Buchdr. v. G. Schade, *1895;* 38 S., 1 Bl. 8.
Berlin, Med. Fak., Inaug.-Diss. v. 1. Febr. 1895

Brockelmann, Max, s.: **Proletariers Jugendjahre.**

Bröckelmann. A comparative view of English and Latin syntax. Blankenburg, G., 1860. 23 S. 4. *Progr.*

— Uebersicht der wichtigsten Regeln der englischen Syntax. Ebd., 1866. 28 S. 4. *Progr.*

Bröckelmann, s.: **Wir Luftschiffer.**

Bröckelmann, Aug., Anleitg. z. christl. Vollkommenheit, s.: **Grundkötter, Bernh. Heinr.**

Bröckelmann, A., Betrachtungen, Gebete u. Gesänge zum Gebrauche beim vierzigstündigen Gebete. 16. (80 S.) Warendorf i. W. 887. J. Schnell. n. — 30

—— Brüderschaftsandacht zu Ehren der sieben Freuden Mariä, wie sie an den sieben Hauptfesten der Mutter Gottes gehalten wird. 12. (20 S.) Ebendas. 885. *

Bröckelmann, Aug., Vernunft u. Glaube oder Forschungen nach der wahren Religion. 8. (167 S.) Dülmen 880. Laumann. n. 1. 20

[F.] Die Verwaltung des Kirchen- und Pfründenvermögens in den katholischen Kirchengemeinden Preussens. M. bes. Berücks. d. Dioc. Münster. Von Dr. August Bröckelmann ... *Münster i. W.: Regensberg 1898.* (VIII, 240 S.) 1 Bd 8. [99. 7770

Bröckelmann, E., gegen den Levantetarif u. die Verallgemeinerung der kombinirten Eisenbahn-Seefracht-Tarife. gr. 8. (19 S.) Hamburg 893. Verlagsanstalt u. Druckerei A.-G. n. — 40

Bröckelmann, Karl [aus Wiesbaden]: Beiträge zur Kenntniss der Elemente der Cerium- und Yttriumgruppe ... Erlangen, Druck v. A. Vollrath's k. b. Hofbuchdr., 1891; 30 S., 2 Taf. 8°
Erlangen, Phil. Fak., Inaug.-Diss. v. 1891

Bröckelmann, Lebr., der lustige Anekdotenwirth. 8. Altona 810. Bechtold. 6 ℳ

Brocken.– (Sachl. Ordnungswort)

Brocken. Joh. VI, 12. Sammlet die übrig bleibenden Brocken, dass nichts umkomme. Den 16. Mai 1758. London. V: *Hamann, Johann Georg.* (Hamann's Werke. Hsg. v. Roth. Bd. I, 125.)

Brocken, der. Zeitschrift f. Harzwanderer im Sommer u. Winter. Hrsg. vom Verbande der Hotel-Industriellen des Harzes u. umlieg. Gebiete. Red.: Thoms. 1. Jahrg. 1909. 24 Nrn. (à ca. 8 S. m. Abbildgn.) 31,5 ×23,5 cm. Braunschweig (Friedrich Wilhelmstr. 27), Gallun & Rummert. 8. —

Brocken, deutsche, f. Wahrheit u. Recht, gesammelt von Germanus. 2 Stcke. 8. Leipz. 814. Joachim. 8 ℳ

Brocken.– (Schlagwort)

Brocken, s.a. **Harz.** — **Harzburg.**

Brocken, s.a. **Harz.** Reliefkarte.

Brocken. Bomsdorff, O. v., Brocken-Panorama und Brocken-Wegekarte. 2 Blatt. Lith. Fol. Harzburg 888. Stolle n. — 50

Brocken — Perspectivische Vorstellung des berühmten — oder Bloks-Bergs mit derjenigen Gegend, soweit solche von dem, der auf der Spitze des Berges stehet, gesehen werden kann. Gezeichnet Ao. 1732. von L. S.

Brocken (Verfasser)

von Brocken, Heinrich [Referendar in Hamburg]: Beiträge zur Lehre vom Schuldanerkennungsvertrag ... Göttingen, Druck d. Dieterich'schen Univ.-Buchdr., 1892; 31 S. 8.
Göttingen, Jur. Fak., Inaug.-Diss. v. [15. Sept.] 1892

Brocken, Heinr. v., Beiträge zur Lehre vom Schuldanerkennungsvertrag. Diss. gr. 8. (31 S.) Göttingen 892. (Vandenhoeck & Ruprecht.) n. — 60

Das **Brockenhaus.** Mittheilungen f. d. Freunde d. Berliner Brocken-Sammlung ... [1, 1.] 1899. *(Berlin: L. Frobeen 1899.)* 4° [F.] [04. 14167

Der **Brockenhaus-Bote.** Zur Belehrung u. Unterhaltung. Hrsg. v. Vorstand d. Vereins Berliner Brockenhaus. [1.] Kalender f. d. J. 1905. *Berlin: L. Frobeen (1905).* 8° [F.] [04. 13768

Brockenhaus-Bote, der. Kalender f. d. J. 1906. Zur Belehrg. u. Unterhaltg. Hrsg. vom Vorstand des Vereins Berliner Brockenhaus. (XXVIII, 70 S. m. Abbildgn.) 8. Berlin, L. Frobeen. — 50

Brockenhaus-Erzählungen, Berliner, 1. Hft. 8. Ebd. 906. n. — 30
Mutter Schloppe im Berliner Brockenhaus. Eine Geschichte aus dem Leben f. das Leben. Von Karl Julius. (11 S.)

Brockenhaus-Erzählungen, Berliner. 2.—5. Heft. 8. Berlin, L. Frobeen. 1. 10
Brockenhauses, des, Weihnachtssegen. Erzählungen aus der Berliner Brockenhaus-Arbeit. (16 S.) (910.) (Heft. 4.) — 20
Julius, Karl, gibt es e. Gott? Eine Berliner Brockenhaus-Geschichte aus Tirol. Erzählung aus d. Leben. (23 S.) (910.) (Hft. 5.) — 30
— Im Sanatorium Schloß Niederlößnitz. Eine Reise-Erinnerg. (14 S.) (908.) (Hft. 2.) — 30
Sohn, e. verlorener. Selbstbiographie e. Jugenderziehers. Mitgeteilt vom Vorstand des Berliner Brockenhauses. (46 S.) (909.) (Hft. 3.) — 30

Brockenhaus-Erzählungen, Berliner. 4—7. Heft. 8° Berl., L Frobeen. d
Brockenhauses, Des, Weihnachtssegen. Erzählgn a. d. Berliner Brockenhaus-Arbeit. (10) ('10) [4] — 20
Harfen-Jule u. der Wohltätigk. Segen. (16) ('12) [6] — 20
Julius, Karl: Gibt es e. Gott? Eine Berliner Brockenhaus-Gesch. a. Tirol. (23) ('10) [5] — 30
Müller-Nietsch, Elisab.: Was d. Sachen reden. Erzählg. (16) '(12) [7] — 30

Brockenkorb, d. westphäl., e. Wochenschr. 7 Stcke. 8. Köln 784, 85. Imhof. 1 ℛ 6 ℳ

Brockenmädchen, Das. Eine abentheuerliche Geschichte. 3 Thle. Leipzig 1795—1797. V: *Moebius, Christian Gottlieb.* (BGE I[3], 475)

Das **Brockenmädchen,** eine abenteuerliche Geschichte. Bd 1—3. Leipzig: Jacobäer [vielmehr: Altona: Aue] 1796—1797. 8°
cf. °JaLZ. 1797 No 7; L. 23 (1864) S. 19.
TB. 125.

Brocken-Panorama, neues. [Aus: „Grieben's Reisebücher".] 40×35 cm. Lith. Berlin 902. A. Goldschmidt. In Mappe — 30

Brocken-Panorama, neues. [S.-A.] 40×35 cm. Lith. Berl., A Goldschmidt'02.03. In M. — 30

Brockenreise einiger Halberstädtischen Freunde gethan den 31ten Julius und 1ten August 1786. Halberstadt 1786. V: *Gleim, Joh. Wilh. Ludwig.* (Auct. Perl. 42/418.) (BIBLPORT)

Brocken-Silhouetten, Magdeburger, oder wundersame Geschichten unserer Heiligen. Nach eigenhänd. Aufzeichnungen des Dr. Eisele u. des Barons Beisele. gr. 8. (15 S.) Berlin 848, L. Schlesinger. 3 ℳ

Brocken-Stammbuch mit Scherz und Ernst, Witz und Laune, Weisheit und Einfalt in Gedichten und Prosa vom Mai 1753 bis Mai 1850 nebst einigen komischen Brockengedichten aus einem alten Werke des D. Johannes Praetorii vom J. 1699 mit der Winteransicht der Brockengebäude vom 26. Febr. 1850 hrsg. von dem Brockenwirthe C. E. Nehse. gr. 8. (470 S. und 1 ill. Stnt.) Sondershausen 850, Eupel.

Brockensträuschen, das, poet. Gemälde d. Brockens mit seinen erhabensten Naturschönheiten. In 5 Gesängen. M. 5 Abbild. d. Brockenhauses. gr. 8. (1½ B.) Quedlinburg 832, Basse.

Brocker, Maria: Kleine Aufführg z. Primizfeier. — Der Blumen Festtagsgruss. — Auf d. Freistätte, s: Höfling's Festspiele.

Brocker, Maria, Germania u. die schönen Künste! Patriot. Festspiel. 8. (27 S.) Düsseldorf 899. L. Schwann. n. — 50

Brocker, Maria, Germania u. die schönen Künste! Patriotisches Festspiel. 2. Aufl. (27 S.) 8. Düsseldorf (904). L. Schwann. n. — 50

— ein Gruß aus dem deutschen Märchenwalde. Patriotisches Festspiel. (20 S) 8. Ebd. (903). n. — 50

Brocker, Maria, d. Huldigg. d. Jahreszeiten. Patriot. Festspiel z. Geburtstage d. Kaisers u. Königs Wilhelm II. 8. (24 S.) Düsseldorf 897. L. Schwann. n. — 50

Brocker, Maria, die Huldigung der Jahreszeiten. Patriotisches Festspiel am Allerhöchsten Geburtstage S. Maj. des Kaisers u. Königs Wilhelm II. 3. Aufl. (24 S.) 8. Düsseldorf (909). L. Schwann. — 50

Im Reiche der Feenkönigin. Patriot. Festspiel von Maria **Brocker**. *Düsseldorf: L. Schwann [1900].* (20 S.) 8° [F.] [01. 5894 5

Sterne und Blumen. Patriot. Festspielchen z. Geburtstage Sr. Maj. d. Kaisers u. Königs Wilhelm II. a) Des Kaisers Sternlein. b) Himmelsblümlein. Von Maria **Brocker**. Düsseldorf: L. Schwann 1904. (10 S.) 8° [F.] [05 1353

Brocker, Maria, der Jahreszeiten Willkommengruß, s.: Theater, kleines.

Broecker, das Planzeichnen und Tuschen mit 3 (in Kpfr. gest. u. lith.) Uebungsblättern (in qu. gr. 4.) und einem Anhange über Planzeichnungen in Tuschmanier nach Chaupin und nach Broecker. Berlin 853. Nicolai'sche Verlhdlg. gr. 8. (40 S.) n. 1 ℛ 10 ngl.

Broecker I., ... (Artillerie-Lieut.), die geometrische Zeichnenkunst, oder die Lehre von den geometrischen Projektionen u. ihrer Beleuchtung in 3 Theilen. Mit 12 Kupfertaf. gr. 8. Berlin, Posen u. Bromberg 842. (Mittler.) n. 4⅓ ℛ

Broecker, A. v., Anleitung zur Pastellmalerei, s.: Ritscher, Jul.

Broecker, Arthur von

Broecker, A. v., das Amt d. Wortes. Antritts-Predigt am 2. Novbr. 1883. gr. 8. (16 S.) Hamburg 884. Gräfe. — 30

Broecker, A. v., Antritts-Predigt üb. 2. Corr. 4, 18, b. s. Einführg. i. d. Amt d. Hauptpastors z. St. Jacobi i. Hamburg a. 31. März 1897 geh. gr. 8. (16 S.) Hamburg 897. L. Gräfe & Sillem. — 30

Broecker, v., der Brief St. Pauli an die Galater. In Bibelstunden f. die Gemeinde ausgelegt. Mit e. Vorwort von Godt. 8. (164 S.) Schleswig 876. Bergas. n. 2. —

Moderner Christusglaube von A[rthur] v. **Broecker**, Pastor. Halle a. S.: Gebauer-Schwetschke (1907). (62 S.) 8° [F.] [07. 14240 3

Broecker, A. v. Aus einem der zwölf Körbe. 100 kurze Betrachtgn. üb. biblische Texte. gr. 8. (VIII, 299 S.) Hamb. 892, Persiehl. * 4 —

Broecker, A v.: Einführgsrede, s: Remé, Rich., Antritts-Predigt.

Broecker, A. v., Einführungsrede bei Einführg. d. Pastors Carl Georg Redlich, s.: Redlich, Carl Geo., Antritts-Predigt.

[F.] Festpredigt zur hundertjährigen Geburtstagsfeier Kaiser Wilhelms I. geh. ... in d. St. Jacobikirche v. A. v. **Broecker**, Hauptpastor zu St. Jacobi ... *Hamburg: L. Gräfe & Sillem 1897.* (12 S.) 1 Bd 8. [97. 1747

Broecker, Arthur von: Moderne Flugblätter für männliches Christentum. No. 1–10. Göttingen: Vandenhoeck & Ruprecht (1899–1906) 10 Bl. 4° (Kopft.)

— moderne Flugblätter für männliches Christentum. Nr. 1—6. gr. 4. (à 2 S.) Göttingen, Vandenhoeck & Ruprecht. 10 Stück n. — 25

1. Ist das Christentum etwas f. den aufstrebenden Arbeiter? (901.)
2. Was denken die jungen Männer vom Christentum? (901.)
3. Vertragen sich die Nöte in der Welt m. der Liebe Gottes? (901.)
4. Arbeiteradel. (Mit 1 Abbildg.) (902.)
5. Kann e. denkender Mensch noch an Gott glauben? (902.)
6. Die Wahrheit über Jesus v. Nazareth. (902.)

Broecker, A. v., moderne Flugblätter für männliches Christentum. Nr. 7.—10. (Schluß) (à 2 S.) Lex.-8. Göttingen, Vandenhoeck & Ruprecht. 10 Stück n. — 25

7. Was ist e. menschenwürdiges Dasein? (904.)
8. Fortbildung der Religion! (904.)
9. Gibt es e. ewiges Leben nach dem Tode? (906.)
10. Freie Menschen! (906.)

— zu Jesu Füßen. 25 Predigten aus der Schleswiger Amtszeit. 8. (III, 288 S.) Schleswig 884, Bergas. geb. mit Goldschn.

— Protestantische Gemeinde-Flugblätter. 7 Nrn. (Je 4 S.) 8. Göttingen (909). Vandenhoeck & Ruprecht. p — 20

1. Deines Kindes Zukunft. Ein Wort zur Taufe. — 2. Der Konfirmation — dem Leben entgegen! — 3. Auf der Lebenshöhe, e. Gruß zum Hochzeitstage. — 4. Stille Sammlung vor dem Abendmahl. — 5. Krankentrost. — 6. Mut an Gräbern! — 7. Es blühe die Gemeinde!

— s: Predigten, Drei, bei d. 64. Hauptversammlg d. evang. Vereins d. Gustav Adolf-Stiftg.

[F.] Georg Heinrich Röpe, D. theol., Hauptpastor zu St. Jakobi. Versuch e. Biographie v. Hauptpastor v. **Broecker**. M. 1 Bilde. *Hamburg: L. Gräfe & Sillem 1898.* (47 S., 1 Portr.) 1 Bd 8. [98. 1743

— St. Jakobi, s.: Hamburg's 5 Hauptkirchen.

— die Unterscheidungslehren der christlichen Kirchen u. Sekten. I, II u. XI. 12. Hamburg 898. Evang. Buchh. (Fr. Trümpler). n. — 16

I.	Das Papsttum. (22 S.)	n. — 5
II.	Die Verehrung der Heiligen. (22 S.)	n. — 5
XI.	Die katholisch-apostolische Gemeinde. (30 S.)	n. — 6

Nr. III—X erscheinen später.

Broecker, A. v., die Unterscheidungslehren der christlichen Kirchen u. Sekten. VII u. X. 12. Hamburg, Ev. Buchh. — 11

VII.	Die Kirche. (27 S.) 899.	— 06
X.	Messe u. Fegfeuer. (24 S.) 900.	— 05

— d. Unterscheidungslehren d. christl. Kirchen u. Sekten. III—VI, VIII, IX, XII u. XIII. 12. Hamburg, Evang. Buchh. n. — 61; (I—VI, VIII, IX, XI—XIII n. — 83)

III.	Die Verehrung d. Jungfrau Maria. (16 S.) 894.	n. — 03
IV.	Bibel u. Ueberlieferung. (20 S.) 894.	n. — 04
V.	D. Erbsünde. (27 S.) 896.	n. — 06
VI.	Glaube u. gute Werke. (27 S.) 896.	n. — 06
VIII.	D. Sakramente. (20 S.) 898.	n. — 04
IX.	D. hl. Abendmahl. (16 S.) 898.	n. — 03
XII.	D. Methodismus. (76 S.) 894.	n. — 20
XIII.	D. Baptismus. (60 S.) 894.	— 15

— Die Wahrh. üb. Jesus. 6 Vortr. 1. u. 2. Afl. (170) 8° Hambg '11. Lpzg, G Schloessmann. Pappbd 2.60 d

Von der Warte des alten Glaubens. 25 Evangelienpred. von D. A[rthur] v. **Broecker**, Hauptpastor. Hamburg: G. Schloessmann 1906. (293 S.) 8° [F.] [07. 644 9

Broecker, A. (Hrsg.), s. Zeitschrift für die evangelisch-lutherische Kirche in Hamburg.

Die Freimaurer-Logen Deutschlands von 1737 bis einschliesslich 1893. Bearb. und mit biogr. und histor. Mittheilungen vers. von Carl **Bröcker**. Berlin: Mittler & S. 1894. 195 S. 8°

Recens: Bh. 37 (1894) S. 240 (C. Gotthold); Bbl. 8 (1894) S. 330 (A. W. Sellin); FZ. 48 (1894) S. 199 (K. Pilz); L. 17 (1894) S. 96 (B. Cramer).
cf. Bk. 13 (1894) No 41; Liersch, A.: D. Frmrei in Neuwied. [1899] S. 41 (3. Fussnote).

Geschichte der St. Johannis-Loge „Carl zum Felsen" in Altona. 22. März 1796 bis 22. März 1896. Im Auftr. der Loge bearb. von Carl **Bröcker.** (Nur f. Frmr.) Berlin: Mittler & S. 1897. V, 324 S. 8°
Recens: Bbl. 12 (1898) S. 219 (G. Diercks); L. 21 (1898) S. 40; S. 5 (1898) S. 42—44 (J. G. Findel).
cf. Bk. 17 (1898) No 57 (M. Corens); BZC. 27 (1898) S. 202—204 (W. Wald).
S. 321—324: Mitglverzeichn. für 1796—1896.

Geschichte der St. Johannis-Loge Friderica Ludovica zur Treue zu Parchim. Beitrag zur Feier des fünfzigjährigen Jubiläums genannter Loge von C[arl] Broecker. (Mit Genehmigung der Gr. L.-L. der Fr.-M. v. D. als Ms. gedr.) Parchim 1868: Gerlach. 37 S. 8°
In den Anlagen: die Konstitutionsakte der Loge, Auszüge aus dem Statut der Sterbekasse u. des Logenstipendiums u. ein Verzeichn. der Beamten seit Gründung der Loge.

Bröcker, Carl (Hrsg.), s. Mitteilungen aus dem Gebiete der Stolze'schen Stenographie.

v. **Broecker,** Erdm. Gust. Alexander der Gesetzgeber. 4. Riga 1828.

— über die ärztlichen Befundscheine, mit besond. Rücksicht auf die russ. Gesetzgebung. 8. Riga 822.

— Jahrbuch f. Rechtsgelehrte rc., s. Jahrbuch.

— üb. das Kameral-Studium, insbesond. auf russ. Universitäten u. zunächst in Dorpat. gr. 8. Dorpat 828.

v. ***Bröcker,*** Erdm. Gust., Diss. Maleficus ob fugam e carcere graviter puniendus est. 8 maj. Königsb. 825. (Lpz., Serig). 12 gl.

v. **Bröcker,** (E. G.,) Diss. maleficus ob fugam e carcere graviter puniendus est. gr. 8. Riga 827. Hartmann.

— Practicum Juridicum, od. Wünsche, Hoffnungen, Vorschläge für die wissenschaftl.-prakt. Ausbildung d. Juristen in Rußland. 8. Riga 827.

Bröcker, Ferdinand, appr. Arzt: Ein Fall von angeblich tabischer Spontanfractur combiniert mit syphilitischer Gelenkerkrankung. Greifswald (1909): Adler. 42 S. 8°
Greifswald, Med. Diss. v. 15. Okt. 1909, Ref. Grawitz
[Geb. 14. Aug. 79 Münster i. W.; Wohnort: Münster; Staatsangeh.: Preußen; Vorbildung: Gymn. Paulinum Münster Reife O. 02: Studium: Greifswald 10 S.; Coll. 12. März 09; Approb. 27. Juni 08.] [U 10. 1564

Bröcker, Fr. Bhrd., Beitr. zur Kenntniß d. Poln. Rechts. 1r Bd. gr. 8. Berl. 798. (Leipz., Wienbrack). 1 ₰ 6 gl.

Broecker, Gust., de textura et formatione spinarum et partium similium. Dissertatio inaug. Accedit tab. lith. gr. 4. (29 S.) Mitaviae 848, Reiher. 18 ngl.

Broecker, Gust., de textura et formatione spinarum et partium similium. Dissertatio inaug. 4maj. (29 S. und 1 Stnt.) Mitaviae 849, Reyher.

Broecker, H. v., Beitrag z. Lehre v. Wasserrecht n. balt. Privatrecht. gr. 8. (64 S.) Riga 897, Jonck & Poliewsky. n. 1. 80

Bröcker, H: Der Kanarienvogel, s. Behandlg, Pflege, Zucht u. Krankh. 2. Afl. 4. Taus. (72) 8° Hambg, Gerth, Laeisz & Co. '04. — 50

Bröcker, H., der Kanarienvogel, seine Behandlung, Pflege, Zucht u. Krankheiten. Bearb. f. Laien. 2., verm. u. verb. Aufl. 3.—8. Taus. (72 S.) kl. 8. Hamburg 906. Gerth, Laeisz & Co. n. — 50

Broecker, H. v., Liv-, est- u. curländisches Privatrecht, s.: Provinzialrecht der Ostsee-Gouvernements.

Zur Quotenfrage in Livland. Von H. v. **Broecker,** vereid. Rechtsanw. *Riga: Jonck & Poliewsky 1898.* (77 S., 1 Bl.) 1 Bd 8. [98. 8741

Broecker, H.: Das Sterbekassenwesen in Preussen, s. Knebel-Doeberitz, Hugo v.

Bröcker, H. Wlh., politicorum quae docuerunt Plato et Aristoteles disquisitio et comparatio. 8 maj. Leipz. 824. Reclam. 6 gl.

Broecker, Hermann: Die Aufsicht d. Reiches u. d. dt. Bundesstaaten üb. d. priv. Versicherungsunternehmungen, s. Knebel-Doeberitz, Hugo von

Broecker, Herm., s.: Gewinnbeteiligung, d., d. Versicherten bei d. im Deut. Reiche arbeit. Lebensversichergs-Gesellsch.

Grundzüge der Lebensversicherungstechnik in gemeinverständl. Darstellung f. Berufsvermittler u. Versicherte. Von Dr. [Hermann] **Broecker,** Reg.R. Berlin: Puttkammer & Mühlbrecht 1906. (86 S.) 8° [06. 6733

Die Grundzüge der Lebensversicherungstechnik in gemeinverständl. Darstellung f. Berufsvermittler u. Versicherte. Von Dr. [Hermann] **Broecker,** Reg.R. 2. Aufl. Berlin: Puttkammer & Mühlbrecht 1906. (86 S.) 8° [06. 9393

Broecker, Herm., die Grundzüge der Lebensversicherungstechnik in gemeinverständlicher Darstellung f. Berufsvermittler u. Versicherte. 3. Aufl. (86 S.) gr. 8. Berlin 910. Puttkammer & Mühlbrecht. 2.—; geb. 2.80.

Broecker, Herm., s.: Kommentar zum deutschen Reichsgesetz üb. den Versicherungs-Vertrag.

Broecker, Hermann [aus Osnabrück]: Die Periodicitätsmoduln der Abel'schen Integrale erster Gattung als Functionen eines Parameters aufgefasst für den Fall einer Riemann'schen Fläche, deren Gleichung in Bezug auf die eine Variabele binomisch ist ... Berlin, Buchdr. v. G. Schade, *1893;* 55 S., 1 Taf. 8.
Berlin. Phil. Fak., Inaug.-Diss. v. 21. Juni 1893

Broecker, Herm., das private Versicherungswesen in Preußen, s.: Knebel-Doeberitz, Hugo v.

[F. u. Ant.] **v. Broecker,** Joachim [Referendar in Hamburg]: Die Ungültigkeit der lex commissoria beim Pfandrechte ... Hamburg, L. Gräfe & Sillem, 1896; VIII, 54 S. 8.
Erlangen, Jur. Fak., Inaug.-Diss. v. 1896

Bröcker, Johann Peter Christian, s. Bröker, Johann Peter Christian

Bröcker, L. O., Briefe über moderne Kritik und altrömische Geschichte. 1. Heft. Hamburg 857. O. Meißner. 8. (48 S.) 7 1/2 ngl.

Bröcker, L. O. Deutschland vor tausend Jahren. Ein Kulturbild. 8. (IV, 85 S.) Braunschw. 889, [Bruhn's Verlag.] Appelhans u. Pfenningstorff. * 1 —
Fortsetzung u. d. T.:
— Geschichte des deutschen Volkes u. des deutschen Reiches von 843—1024. 2. Bd.: Die Zeit von 882—1024. 8. (XI, 217 S.) Braunschw. 891, Appelhans u. Pfenningstorff. * 2 40

Bröcker, L. O., Elementarbuch und Grammatik der französischen Sprache. 8. (VII und 213 S.) Hamburg 867, Boyes und Geisler. *

Bröcker, L. O., Elementarbuch u. Grammatik der französischen Sprache. Hamburg 868. Boyes & Geisler. 8. (VII, 213 S.) n. 15 ngr.

Bröcker, L. O., Geschichte von Frankreich. 1. Bd.: Frankreich in den Kämpfen der Romanen, der Germanen und des Christenthums. gr. 8. (271 S.) Hamburg 872, Grüning. *

Bröcker, L. O., Geschichte d. ersten punisch. Kriegs (490 d. St. bis 513 d. St.). gr. 8. (11 B.) Tübingen 846, Osianderſche Bh.–

Bröcker, L. O., Geschichte des ersten punischen Kriegs (490 d. St. bis 513 d. St.) gr. 8. (VIII u. 168 S.) Tübingen 847, Osiander. 3/4 ₰

Bröcker, LO, Geschichte d. deut. volkes u. d. deut. Reiches v. 843—1024. 2. Bd. Die Zeit v. 882—1024. 8° (217) Brnschw. 91, E Appelhans & Co. 2.40 (kplt: 8.40)
Bd. 1 bildet: Bröcker, LO, Deutschland vor 100 Jahren. (1889)

Bröcker, L. O.: Die Parteiungen des carthagischen Staats von 240 a. C. bis 201 a. C. Eine Abhandlung, geschrieben zur Erlangung des philosophischen Doctorats. Heidelberg. 1838. 8°.

Bröcker, L. O., moderne Quellenforscher u. antike Geschichtsschreiber. gr. 8. (VI, 107 S.) Innsbruck 882. Wagner. n. 2. 40

Bröcker, L. O., Untersuchungen über Diodor. 8. (68 S.) Gütersloh 879. Bertelsmann. *

—— Untersuchungen über die Evangelien und das Leben Jesu. gr. 8. (IV, 202 S.) Hamburg 874, Grüning. *

Bröcker, L. O., Untersuchungen über die Glaubwürdigkeit der altrömischen Geschichte. gr. 8. (XXXI und 561 S.) Basel 855. Schweighauser's Sortimentsb.

Bröcker, L. O., Untersuchungen über die Glaubwürdigkeit der altrömischen Geschichte. 2. Ausg. Basel 862. Bahnmaier. gr. 8. (XXXI, 561 S.) n. 2 ₰

— Untersuchungen über die Glaubwürdigkeit der altrömischen Verfassungsgeschichte. Hamburg 858. Perthes-Besser u. Mauke. gr. 8. (3 Bl., 172 S.) n. 25 ngl

— Untersuchungen üb. die Glaubwürdigkeit der altrömischen Verfassungsgeschichte. 2. Ausg. gr. 8. (172 S.) Ebend. 873. n. 3. —

Bröcker, L. O., Vorarbeiten zur römischen Geschichte. 1. Bd. gr. 8. Tübingen 842. Fues. n. 1 ₰

Broecker, Magdalene v.: Die Erziehung unserer Töchter zur Wahrheit und zum Pflichtbewußtsein. Vortrag, geh. auf d. Generalvers. d. Deutsch.-Evang. Frauenbundes. — Göttingen: Vandenhoeck & Ruprecht 1901. 30 S. 8°

Broecker, M. v., Kunstgeschichte im Grundriss, jungen Mädchen zu ernstem Studium u. frohem Genuss. 8. (XI, 161 S.) Göttingen 893. Vandenhoeck & Ruprecht. n. 2. —; geb. in Leinw. n. 2. 60

— dasselbe, dem kunstlieb. Laien zu Studium u. Genuß. 2., verb. Aufl. gr. 8. (X, 164 S. m. 41 Abbildgn.) Ebd. 895. n. 2. 60; in Schulbd. n. 3. —; in Geschenkbd. n. 3. 50

Broecker, M. v., Kunstgeschichte i. Grundr., kunstlieb. Laien z. Studium u. Genuß. 3., neu bearb. Aufl. m. 71 Abb. i. Text. gr. 8. (X, 198 S.) Göttingen 898. Vandenhoeck & Ruprecht. n. 3. —; geb. in Schulbd. n. 3. 40; in Geschenkbd. n. 4. —

Kunstgeschichte im Grundriss, kunstliebenden Laien zu Studium u. Genuss von M. v. Broecker. 4. neu bearb. Aufl. mit 104 Abb. im Text. *Göttingen: Vandenhoeck & Ruprecht 1900.* (244 S.) 8° [F.] [oo. 1981 7

— Kunstgeschichte im Grundriß, kunstliebenden Laien zu Studium u. Genuß. 5., neu bearb. Aufl. m. 118 Abbildgn. im Text, hrsg. v. Rich. Bürkner. 10.—13. Taus. gr. 8. (256 S.) Ebd. 902. Geb. in Schulbd. n. 3. 50; in Geschenkbd. n. 4. —

Broecker, Magdalene v., Kunstgeschichte im Grundriß, kunstliebenden Laien zu Studium u. Genuß. 6. neu bearb. Aufl. m. 126 Abbildgn. im Text, hrsg. v. Rich. Bürkner. 14.—17. Taus. (272 S.) gr. 8. Göttingen 905. Vandenhoeck & Ruprecht. Geb. in Schulbd. n. 3. 50; in Geschenkbd. n. 4. —

Broecker, Magdalene v., Kunstgeschichte im Grundriß. Kunstliebenden Laien zu Studium u. Genuß. 7. neu bearb. Aufl. m. 139 Abbildgn. im Text, unter besond. Berücksicht. der „Ausführungsbestimmgn. zu dem Erlasse vom 18. VIII. 1908 üb. die Neuordng. des höh. Mädchenschulwesens", hrsg. v. Rich. Bürkner. 18—21. Taus. (288 S.) gr. 8. Göttingen 910. Vandenhoeck & Ruprecht. Geb. in Schulbd. 3.50; in Leinw. 4. —

Broecker, Magdal. v.: Kunstgesch. im Grundriss. 7. Afl. Hrsg. v. Rich. Bürkner. 18—21. Taus. (288 m. Abb.) gr8° Gött., Vandenh. & R. '10. Schulbd 3.50; L 4 — ‖ 22. Taus. (Einbd: 7. Afl.) (288) '12. 2.20; Schulbd 2.50; L 3 — d

— 1900. Was die Jahrhunderte erzählen. Eine Dichtg. zur Aufführg. an der Jahrhundertwende m. eingelegten Gesängen. Der deutschen männl. Jugend gewidmet. 8. (29 S.) Hamburg 900. Agentur des Rauhen Hauses. n. — 50

— dasselbe. Der deutschen weibl. Jugend gewidmet. 8. (30 S.) Ebd. 900. n. — 50

Bröcker, Paul

— u. Fr. Höger, die Architektur des hamburg. Geschäftshauses. Ein zeitgemäßes Wort f. die Ausbildung der Mönckebergstraße. Theoretische Betrachtungen v. B., u. prakt. Vorschläge v. H. (82 S. m. Abbild.) 84×24 cm. Hamburg 910. Boysen & Maasch. 6. —

— Über Hamburgs neue Architektur. Zeitgemäße Betrachtgn. e. Laien. Mit e. Geleitworte v. Gust. Schiefler. Umschlagzeichnung v. Ferd. Sckopp. (92 S.) 8. Hamburg 908. C. H. A. Kloß. 1. 20

— u. Th. Heins: Beiträge z. Kleinsiedelg in Nordwestdeutschld, s: Scholle & Pflug.

Bröcker, Paul, s: Eigenwohnhaus, Das hamburgische.

— Hamburg in Not. Ein eiliger Hilferuf u. e. Vorschlag zur Rettg. der vaterländ. Baukultur. (80 S.) 8. Hamburg 908. Eggers & Bröcker. — 60

Bröcker, Paul: Hamburg-Altona, s.: Richter's illustr. Führer.

Bröcker, Paul (Hrsg.), s. Hamburger. – Der Hamburger.

— Mein Heimatbuch. Was die hamburg. Bauten der Jugend u. dem Volke v. unserer Stammesart erzählen. Mit 59 Federzeichngn. v. Ferd. Sckopp. (VII, 167 S.) 8. Hamburg 910. Boysen & Maasch. 3.25; geb i. Lw. 4. —

— s.: Reform-Kalender, Hamburger.

Bröcker, Paul, was uns das Gängeviertel erzählt, s.: Fragen an die Heimat. 1. Heft.

— Wie gestaltet man landwirtschaftl. Nutzbauten zugleich ästhetisch u. praktisch, s. a. Beiträge d. Ruberoid-Gesellsch. in Hamburg.

Bröcker P.: Wie gestaltet man landwirtschaftliche Nutzbauten zugleich ästhetisch u. praktisch? Hamb. 1910. 59 S. Fig. 2 Tvl. P.
(Beiträge d. Ruberoid Gesellschaft m. b. H. in Hamburg z. Entwicklung einer neuzeitlich-künstlerischen deutschen Bauweise. I).

— Wie ist Unterricht in Bürgerkunde möglich? Betrachtungen e. Vaters üb. e. aktuelle Frage. (IV, 82 S.) Hamburg 908. Eggers & Bröcker. — 60

Broecker, Rud., Erinnerungen an die Thätigkeit der 11. Infanterie-Division und ihrer Artillerie während des Feldzuges 1866. Vortrag, gehalten in der militair. Gesellschaft am 19. Dezbr. 1866. Hierzu 2 (autogr.) Skizzen (in Fol.). Berlin 867. Mittler & S. 8. (37 S.) n. 6 ngr

Broecker, Rudolf von, a. Berlin, Referendar am Kgl. Amtsgericht Berlin II: Schadenersatzansprüche aus dem Lohnkampf nach B. G. B. mit besonderer Berücksichtigung der Rechtsprechung des Reichsgerichts. Hamburg 1906: Schröder & Jeve. (64 S.) 8°
Erlangen, Jur. Fak., Ref. Binder, Diss. v. 19. Febr. 1906
[Geb. 12. Aug. 79 Berlin; Wohnort: Berlin; Staatsangeh.: Preußen; Vorbildung: Gymn. Freienwalde a. O. Reife M. 98; Studium: Freiburg i. B. 2, Berlin 4 S.; Rig. 26. Jan. 06.]

Broeckere, Stanislaus von, s. B r o e k e r e , Stanislaus von

BROCKERHOF, HEINRICH. Ueber die Einwirkung von Chloraceton auf Nitrophenole und eine Synthese des α- (2-) Methyl- Phenmorpholins. Rostock, 1897. **Diss.** (C.Boldt) 49 S.

Brockerhoff, Ferdinand

Brockerhoff, F., Jean Jacques Rousseau. Sein Leben und seine Werke. (In 3 Bdn.) 1. Bd. Leipzig 863. O. Wigand. gr. 8. (X, 496 S.) n. 2 *ℛ* 10 *ngr.*

Brockerhoff, F., Jean Jacques Rousseau. Sein Leben u. seine Werke. 2. Bd. Leipzig 868. O. Wigand. gr. 8. (496 S.) n. 2 *ℛ* 10 *ngr.*

Brockerhoff, Jean Jacques Rosseau. Sein Leben u. seine Werke. 3. Bd. gr. 8. (IX, 800 S.) Leipzig 874. O. Wigand. n. 12. — (1—3. n. 20. —)

Brockerhoff, Ferd Über Shakespeare's Sturm. 16 S. *Rheydt* 1880. Progr.

Brockerhoff, F. Voltaire et Rousseau. **Remarques sur les rapports de ces deux écrivains entre eux et à leur temps, suivies de quelques observations sur l'influence différente de leurs œuvres.** Rheydt, R., 1865. 18 S. 4.

Brockerhoff, (Guil.) Henr. (geb. Duisburg 4. 7. 1812): De euthanasia medica. Berolini (1843). (32 S.) 8°
Berlin, Med. Diss. v. 2. Okt. 1843

Bröckerhoff, Engelbert [aus Beuthen '(Ober-Schles.)']: Improvisierte Laparotomieen, ihre Indikationen und Prognose ... Erlangen, Druck d. Univ.-Buchdr. v. E. Th. Jacob, 1896; 64 S. 8.
Erlangen, Med. Fak., Inaug.-Diss. v. 5. März 1896

Bröckerhoff, Oswald Geschichtlicher Entwickelungsgang der mathematischen Wissenschaften. I. Teil. 25 S. *Beuthen O/S.* 1879. Progr.

[F.] **Bröckerhoff,** Oswald [Prof. Dr.]: Lehrsätze und Aufgaben über Linien im Dreieck. *Beuthen O.-S., 1894;* 1 Bl., XVI S. 4.
Beuthen O.-S., k. G, OP 1894 (173)

Bröckerhoff: Das Tactions-Problem des Apollonius. 24 S. 4°
Progr. Beuthen G. 1870.

Brockes (Hrsg.), s. Die J u g e n d - H i l f e .

v. Brockes, Frau, s. Natur, Roman u. Empfindung.

Brockes, Barthold Heinrich

Brockes. BH. s.: National-Litteratur. deut.

Brockes, Barthold Heinrich.
Auszug der vornehmsten Gedichte aus dem in fünf Theilen herausgegebenen Irdischen Vergnügen in Gott ... Hamb. 1738. H: ***Hagedorn, Friedrich von & M. Wilckens.*** **(BrMm) (Schr)**

— Auszug der vornehmsten Gedichte aus dem ... in fünf Theilen herausgegebenen Irdischen Vergnügen in Gott, mit Genehmhaltung des Herrn Verfassers gesammlet und mit verschiedenen Kupfern ans Licht gestellet [von FRIEDRICH VON HAGEDORN]. Hamburg, Chr. Herold, 1738. Gr. 8°. Titel, Frontispiz, 4 Bl. 712 S. 6 Bl. und *16 Kupfer von Fritsch nach J. J. Pfeiffer.* Pgt. d. Z. 175.—
G. III. 342, 3. FdF. 1398 (spätere Ausgabe).

Auszug der vornehmsten Gedichte, aus dem von Herrn Barthold Heinrich Brockes in fünf Theilen herausgegebenen Irdischen Vergnügen in Gott, mit Genehmhaltung des Herrn Verfassers gesammelt und mit ... Kupfern ans Licht gestellet. Hamburg, Bey Christian Herolds Witwe, 1763.

Ueber den Sarg eines Tugend-begabten Jünglings ausgestreute Cypressen. Hamburg, bey Johann Christoph Kisznern. 1732.

Brockes, Barthold Heinrich: Verdeutschte G r u n d - S ä t z e der Weltweisheit, s. G e n e s t .

Hrn. B.H. Brockes ... Harmonische Himmels-Lust im Irdischen, oder auserlesene, theils neue, theils aus dem Irdischen Vergnügen genommene, und nach den 4 Jahres-Zeiten eingerichtete Musicalische Gedichte und Cantaten. Mit einer Vorrede zum Druck befördert von B.H. Brockes. Jun. Hamburg, bey Conrad König. 1741.

Brockes Harmonische Himmels-Lust im Irdischen, oder auserlesene, theils neue, theils aus dem Irdischen Vergnügen genommene, und nach den 4 Jahres-Zeiten eingerichtete Musicalische Gedichte und Cantaten. Mit einer Vorrede ... von B. H. BROCKES JUN. Zweyte Auflage. Hamburg, C. König, 1744. ***Mit Titelkupfer nach Brockes jun. v. Fritzsch, 1 Vign. von Ridinger u. 1 hübschen gestoch. Initiale.***

Brockes, Barthold Heinrich: Verteutschter Bethlehemitischer K i n d e r - M o r d , s. M a r i n o

Des Seligen Herrn Barthold Heinrich Brockes, Schwanen-Gesang in einer Anleitung zum vergnügten und gelassenen Sterben Franckfurt und Leipzig, 1747.

— Des Seligen Herrn Barthold Heinrich Brockes Schwanen-Gesang in einer Anleitung zum vergnüglichen und gelassenen Sterben. Hamburg, G. Chr. Grunb, 1747. 4°. 4 Bl. 40 S. *Mit feiner gestoch. Vignette a. d. Titel (Urne mit Tod und Genius) J. Haas del. et sc.* Hübscher mod. Pbd.
G. III. 342, 8.

— Des Seligen Herrn Barthold Heinrich Brockes, Schwanen-Gesang in einer Anleitung zum vergnügten und gelassenen Sterben. Tübingen, Schramm, 1750. 8°. 4 Bl. 72 S.

Brockes, B. H., irdisches Vergnügen in Gott, s. Universal-Bibliothek Nr. 2015.

BROCKES, BARTHOLD HEINRICH. Irdisches Vergnügen in Gott, bestehend in Physicalisch- und Moralischen Gedichten. 9 Theile (in 8 Bdn.; Erster Theil nebst einem Anhang etlicher übersetzten Fabeln Des Herrn de la Motte). Hamburg, J. C. Herold, 1734—1746. 8°. ***Mit schönem Frontispiz in jedem Band, die meisten sind von Fritzsch nach Ridinger, Pfeiffer u. a. gestochen, das sehr hübsche Kupfer zu Teil VII ist von Brockes jun. gez. u. gestochen.*** **— [Dazu der Anhang; als 10. Teil:] Herrn B. H. Brockes ... aus dem Englischen übersetzte Jahres-Zeiten des Herrn THOMSON. Zum Anhange des Irdischen Vergnügens in Gott.** ***Mit [5 schönen] Kupfern [von Fritzsch jun. nach Pfeiffer].*** **Hamburg, Herold, 1745.**

— irdisches Vergnügen in Gott rc. 10 Thle. 8. Tübing. 758. (Wohler in Ulm). 6 *ℛ* 16 *ℊ*

Brockes, Barthold Heinrich, Herrn // B. H. Brockes / Lti, // R. H. S. // Irdisches // Vergnügen // in // GOTT // bestehend // in verschiedenen aus der Natur und Sitten=Lehre // hergenommenen // Gedichten /// nebst einem Anhange // etlicher hieher gehörigen Uebersetzungen // von des // Hrn. de la Motte Französis. Fabeln /// mit Genehmhaltung des Herrn Verfassers // nebst einer Vorrede herausgegeben // von // C. F. Weichmann. // HAMBURG /// Zu finden im Schiller= und Kißnerischer Buch=Laden 1721. - 23 Blatt (nicht paginiert) Titelblatt, Widmung, Vorbericht und Lobgedicht. - 256 Seiten und noch 2 Blatt (nicht paginiert) Register und Corrigenda.

— Irdisches Vergnügen in Gott ... nebst einem Anhange etlicher übersetzten Fabeln des H. DE LA MOTTE. Vierte, durchgehends neu-übersehene ... Auflage, mit einer gedoppelten Vorrede von [C. F.] WEICHMANN. Hamburg, J. Ch. Kißner, 1728. 8°. 25 Bl. 592 S. 3 Bl. Alter Pbd. 85.—
G. III. 342, 42, 3. Dieser (später als erster Band bezeichnete) Teil des Irdischen Vergnügens erschien auch nach dem Herauskommen der weiteren Teile immer als eigenes Werk.

Brockes (Barthold-Heinrich). – Irdisches Vergnügen in Gott, bestehend in Physicalisch- und Moralisch Gedichten mit Musikalischen Compositionen begleitet von Johann Caspar Bachofen... mit Kupfern geziehrt. – *Zürich*, 1740, 3 pp. n. ch. et 1.000 pp. In-8°. (J.H.Bürckli)
7 charmantes vignettes, finement gravées et non signées, mais attribuables à *J. R. Holzhalb.*

B.H. Brockes, L. ... Irdisches Vergnügen in Gott, bestehend in Physicalisch- und Moralischen Gedichten, Erster Theil, nebst einem Anhang etlicher übersetzten Fabeln Des Herrn de la Motte. Mit einer gedoppelten Vorrede von Herrn Hof-Raht Weichmann, Siebende, neu-übersehene und verbesserte Auflage. Hamburg, in Verlegung Christian Herold 1744.

Herrn B. H. Brockes, // Rahts=Herrn der Stadt Hamburg, // Irdisches // Vergnügen // in // GOTT // bestehend // in Physicalisch= und Moralischen // Gedichten, // nebst // einem Anhange verschiedener dahin // gehörigen // Uebersetzungen. // Zweyter Theil. // Uebersehen, zum Druck befördert, // und mit einer Vorrede begleitet // von // Weichmann. // HAMBURG, in Verlegung Joh. Christoph Kißners, 1727. - 16 Blatt (nicht paginiert) Titelblatt, Widmung, Vorrede und Lobgedicht Daniel Wilhelm Trillers. 557 S. und noch 5 Blatt Register und Corrigenda.

Dass.4.Ausg.1739

—— Nebst einem Anhange verschiedener dahin gehöriger Übersetzungen. Zweyter Theil, mit einer neuen Vorrede und einigen Nachrichten von dem Caracter des Verfassers von Hrn. B. J. Zinck ... Fünfte Auflage. Hamburg, verlegts Christian Herolds Witwe, 1767.

Brockes, Barthold, Heinrich. Irdisches Vergnügen in Gott, bestehend in Physikalisch- und Moralischen, nebst all-übrigen Gedichten. Mit einem vollständigen Register versehen. Dritter Theil. Zürich, Bürckli, 1746. 8°. 2 Bl. 954 S. 1 Bl. nn. zw. S. 944/45. *Mit 8 Kupfertafeln.*

Th.3. 4.Ausg.Hamb.1747

---Vierter Theil, mit einer Vorrede zum Druck befördert von Michael Richey, P.P. Dritte Auflage. Hamburg, bey Conrad König, 1745.

--- Fünfter Theil, mit einer Vorrede zu Druck befördert von B.H. Brockes, Jun. Zweyte Auflage. Hamburg, bey Conrad König, 174o.

--- Sechster Theil. Nebst einer Vorrede zum Druck befördert von E.N. Brockes. Hamburg, Verlegts Christian Herold, 174o

--- Land-Leben in Ritzebüttel, als des irdischen Vergnügens in Gott Siebender Theil. Hamburg, Verlegts Christian Herold, 1748.

--- Achter Theil. Herausgegeben von B.H.B. jun. Hamburg, bey Christian Herlod, 1746.

--- Physicalische und moralische Gedanken über die drey Reiche der Natur, Nebst seinen übrigen nachgelassenen Gedichten, als des Irdischen Vergnügens in Gott Neunter und letzter Theil ... Hamburg, bey Georg Christian Grund, und in Leipzig bey Adam Heinrich Holle, 1748.

— Herrn B. H. Brockes, ... aus dem Englischen übersetzte Jahres-Zeiten des Herrn THOMSON. Zum Anhange des Irdischen Vergnügens in Gott. Mit Kupfern. Hamburg, C. Herold, 1745. Kl. 8°. 15 Bl. 543 S. *Mit schönem Titelkupfer von C. Fritzsch jun. nach Pfeiffer jun. Weltkugel mit Putten in Muschelornament).* HLd. d. Z. m. Rv. (Rücken oben unbedeut. läd.). 50.—

G. III. 342, 7. FdF. 1396

— irdisches Vergnügen; e. Gedicht. Mit 1 Kpf. 16. Zwickau 824. Schumann. 9 K

— a. d. Engl. übers. Vers. v. Menschen d. H. Pope rc. 8. Hamb. Herold. 740.

Brockes, Barthold Heinrich d. J. (Übers.), s. Xenophon: Oikonomikos.

Brockes, Ferdinand

[F.] Bekehrung und Wiedergeburt nach d. Schrift. Vortr. v. Brockes, Pastor in Prittag bei Deutsch-Kessel. Geh. ... auf d. Gnadenberger Gemeinschafts-Konferenz. *Liegnitz: In Komm. d. Christl. Schriftenniederlage (1895).* (34 S.) 1 Bd 8. [96. 421

Brockes, F., Bekehrung u. Wiedergeburt n. d. Schrift. gr. 8. (24 S.) Gernsbach 896. Christl. Kolportage-Verein. n.n. — 15

Brockes, Ferd.: Cajus v. Derbe, d. Gefährte d. Paulus. Ein Bild vom Kämpfen u. Werden in d. ältesten Christenh. (8, 386 u. 15) 8° Halle, R Mühlmann's V. '13. 4 —; geb. 5 — d

— Das Erbe d. Reformation u. d. modernen kirchl. Wirren. Vortr. (35) 8° Gross-Salze, E Strien ('11). — 75 d

Brockes, Ferd., die Privat-Erbauungsgemeinschaften, s: Dietrich, Chr.

Brockes, Ferd., quer durch Klein-Asien. Bilder v. einer Winterreise durch das armen. Notstandsgebiet. Mit Vorwort v. Braun. Lex.-8. (XI, 183 S. m. 138 Abbildgn.) Gütersloh 900. C. Bertelsmann. n. 4.—; geb. n. 5. —

Brockes, Heinrich, s. Brokes, Heinrich

Brockes, Heinrich Christian von, s. Brocke, Heinrich Christian von

Brockes, J. G. H., s. Brokes, Johann Georg Arnold von

Brockes, Ludw. v., Tagebuch, s.: Kleist, Heinr. v., Briefe an seine Schwester Ulrike.

Brockes, Matthias Über Entwicklung der Insekten und ihre Stellung zum Naturganzen. 11 S. Progr. G. *Düsseldorf* 1882.

Brockes, Petrus Matthias ⟨geb. am 8 Juni 1835 in Boisheim Kr. Kempen⟩: De rerum animatarum fluorescentia ... Bonnae, form. Carthausianis (1863). 29 S., 1 Bl. 8.

Bonn, Phil. Fak., Diss. v. 7 Aug. 1863

Brockhage, Bernh.: Zur Entwicklg d. preussisch-deut. Kapitalexports, s: Forschungen, Staats- u. sozialwissenschaftl.

Brockhage, Bernhard: Zur Entwicklung des Marktes für ausländische Wertpapiere — für langfristige Exportkapitalien — in Berlin. T. 1. Preussens Kapital-Export gegen fremde Staatspapiere 1816 bis um 1840. ⟨Kap. 1 bis 2.⟩ (Leipzig: Duncker & Humblot 1910.) 54 S. 8° ¶ (Ersch. vollst. als: Staats- und sozialwiss. Forschungen. H. 148.)

Berlin, Phil. Diss. v. 9. März 1910, Ref. v. Schmoller

[Geb. 9. Jan. 77 Kloppenburg; Wohnort: Berlin; Staatsangeh.: Oldenburg; Vorbildung: Gymn. Paulinum Münster i. W. Reife O. 90; Studium: Münster 3, Berlin 5 S.; Rig. 10. Juni 09.] [U 10. 134

Brockhage, Johannes, Gerichtsrefer.: Die rechtlichen Folgen der Veräußerung einer fremden Sache nach dem Bürgerlichen Gesetzbuch. Borna-Leipzig 1909: Noske. VIII, 68 S. 8°

Würzburg, Jur. Diss. v. 25. Juni 1909, Ref. Mendelssohn-Bartholdy

[Geb. 19. Jan. 81 Cloppenburg; Wohnort: Münster i. W.; Staatsangeh.: Preußen; Vorbildung: Gymn. Vechta Reife Aug. 00; Studium: Münster 5, Berlin 1, Tübingen 1 S.; Rig. 17. Dez. 08.] [U 09. 4042

Brockhaus, Die Firma A. F., in Leipzig; zum 100jährigen Geburtstage von Friedrich Arnold Brockhaus. Leipzig 1872. V: *Brockhaus, Hnr., Hnr. Eduard Brockhaus & Hnr. Rud. Brockhaus.* (Cat. d. Stadtbibl. Zürich. Zürich 1864—97.) *Brockhaus, H. Rud.* (CBH)

Brockhaus, der große. Schwank in 1 Aufzuge. (Von Max Weg.) Theater des Börsen-Vereins, Kantate 1902. qu. 4. (30 Sp.) Leipzig (902). Kantate-Festausschuß. (Auslieferung durch E. F. Steinacker.) n. 1. 40

Brockhaus' allg. Bibliogr. Monatl. Verz. d. wichtigeren neuen Erscheingn. Monthly list of important new publications of all lit. Bibliogr. universelle. Red.: Paul Schumann. 55—57. J. '10—12 je 12 Nrn. (Je 192) 8° Lpzg, FA Brockhaus' Sort. je 2 —

Kat. 06/09 s: Bibliographie, Allgemeine.

Brockhaus, s. Conversations-Lexikon und Conversations-Lexikon, kleines.

Brockhaus Conversationslexikon. 12. umgearbeitete, verbesserte und vermehrte Auflage. Leipzig 1875—79. 15 Bde. 8°. Bd. 1: A—Apport. Bd. 2: Appetit—Bauschulen. Bd. 3: Bause—Brünn. Bd. 4: Brunner—Cortez. Bd. 5: Cortona—Elba. Bd. 6: Elbe—Galläpfel. Bd. 7: Gallas—Harthen. Bd. 8: Hartig—Karlisten. Bd. 9: Karlowitz—Maerlaut. Bd. 10: Maffei—Nordalbinger. Bd. 11: Nordamerika—Potteries. Bd. 12: Pottsville—Salyer. Bd. 13: Salz—Stabilität. Bd. 14: Stablo—Vega. Bd. 15: Vegesack—Zwornik mit Nachtrag u. Universalregister.

Brockhaus' Conversations-Lexikon. Allgemeine deutsche Real-Encyklopädie. 13. vollständig umgearb. Aufl. Mit (Holzschn.-)Abbildgn. u. (chromolith.) Karten auf 400 Taf. u. im Texte. 47—225. Hft. Lex.-8. (4. Bd. S. 65—956 u. 5. Bd. 946, 6. Bd. 954, 7. Bd. 956, 8. Bd. 956, 9. Bd. 956, 10. Bd. 956, 11. Bd. 956, 12. Bd. 956, 13. Bd. 946, 14. Bd. 956 u. 15. Bd. 956 S.) Leipzig 883—86. Brockhaus. à — 50 (in 16 Bdn. à 7. 50; geb. in Leinw. à 9. —; in Halbfrz. à 9. 50; Ausg auf Velinpap. geb. in Halbldr. à Bd. 15. —

Brockhaus' Conversations-Lexikon. 13., vollständig umgearb. Aufl. Mit Abbildgn. u. Karten auf 400 Taf. u. im Texte. 226.—240. (Schluß-)Hft. Lex.-8. (16. Bd. VIII, 984 S.) Leipzig 887. Brockhaus. à — 50 (cplt. 16 Bde. in 240 Hftn. 120. —; geb. in Lwd. 144. —; geb. in Hfrz. 152. —; Ausgabe auf Velinpapier in Hldr. 240. —)

Brockhaus' Conversations-Lexikon. 13., vollständ. umgearb. Aufl. Supplement. Lex.-8. (947 S.) Leipzig 887. Brockhaus. 7. 50; geb. in Lwd. 9. —; in Hfrz. 9. 50; Ausg. auf Velinpapier, in Hldr. 15. —

Konversations-Lexikon. 14., vollständig neubearb. Aufl. 1.—12. Bd. Mit 689 Taf., darunter 82 Chromotaf., 1 Kpfrst., 1 Lichtdr., 206 Karten u. Plänen u. 2620 Textabbildgn. Lex.-8. (à Bd. ca. 1020 S.) Leipzig 892—894. F. A. Brockhaus. Geb in Halbfrz. à Bd. 10. —

Brockhaus' Konversations-Lexikon. 14., vollständig neubearb. Aufl. 13.—16. (Schluß-)Bd. Lex.-8. Leipzig 895. F. A. Brockhaus. Geb. in Halbfrz. à 10. —; auch in je 16 Hftn. à — 50; Ausg. auf Velinpap. in Prachtbd. à n. 16. —

13. (1058 S. m. 64 Taf., dar. 14 Chromotaf., 22 Karten u. Pläne, u. 167 Textabb.)
14. (1054 S. m. 75 Taf., dar. 8 Chromotaf., 26 Karten u. Pläne, u. 206 Textabb.)
15. (1066 S. m. 79 Taf., dar. 10 Chromotaf., 24 Karten u. Pläne, u. 212 Textabb.)
16. (1070 S. m. 73 Taf., dar. 12 Chromotaf., 22 Karten u. Pläne, u. 201 Textabb.)

Konversations-Lexikon. 14. Afl. 17. Bd. Suppl. 8° (1040 m. Abb., 22 Kart. u. Pl. u. 59 [8 farb.] Taf.) Lpzg 97, FA Brockhaus. 8 —; geb. in H.-F. 10 —; auch in 16 Hftn à — 50 (Kplt: 136 —; geb. 170 —)

— dasselbe. Rev. Jubiläums-Ausg. 17 Bde. Lex.-8. Ebd. 898. Geb. in Halbfrz. à 10. —

1. M. 71 Taf., dar. 8 Chromotaf., 25 Karten u. Pläne, u. 100 Textabb. (1020 S.)
2. M. 58 Taf., dar. 4 Chromotaf., 14 Karten u. Pläne, u. 214 Textabb. (1020 S.)
3. M. 39 Taf., dar. 3 Chromotaf., 15 Karten u. Pläne, u. 231 Textabb. (1020 S.)
4. M. 46 Taf., dar. 2 Chromotaf., 1 Kpfrst., 11 Karten u. Pläne, u. 209 Textabb. (1020 S.)
5. M. 56 Taf., dar. 6 Chromotaf., 22 Karten u. Pläne, u. 250 Textabb. (1020 S.)
6. M. 52 Taf., dar. 6 Chromotaf., 1 Lichtdr., 12 Karten u. Pläne, u. 259 Textabb. (1020 S.)
7. M. 50 Taf., dar. 6 Chromotaf., 12 Karten u. Pläne, u. 286 Textabb. (1028 S.)
8. M. 48 Taf., dar. 7 Chromotaf., 12 Karten u. Pläne, u 215 Textabb. (1020 S.)
9. M. 50 Taf., dar. 9 Chromotaf., 11 Karten u. Pläne, u. 193 Textabb. (1024 S.)
10. M. 77 Taf., dar. 12 Chromotaf., 19 Karten u. Pläne, u. 292 Textabb. (1042 S.)
11. M. 59 Taf., dar. 9 Chromotaf., 27 Karten u. Pläne, u. 240 Textabb (1042 S.)
12. M. 53 Taf., dar. 10 Chromotaf., 26 Karten u. Pläne, u. 211 Textabb. (1058 S.)
13. M. 64 Taf., dar. 14 Chromotaf., 22 Karten u. Pläne, u. 163 Textabb. (1058 S.)
14. M. 75 Taf., dar. 8 Chromotaf., 26 Karten u. Pläne, u. 204 Textabb. (1054 S.)
15. M. 79 Taf., dar. 10 Chromotaf., 24 Karten u. Pläne, u. 211 Textabb. (1066 S.)
16. M. 73 Taf., dar. 12 Chromotaf., 22 Karten u. Pläne, u. 219 Textabb. (1070 S.)
17. Supplement. M. 59 Taf., dar. 8 Chromotaf., 22 Karten u. Pläne u. 144 Textabb. (1040 S.)

— Konversations-Lexikon. 14., vollständig neubearb. Aufl. Neue rev. Jubiläums-Ausg. 1.—11. Bd. Lex.-8. Leipzig, F. A. Brockhaus. Geb. in Halbfrz. à 12. —

1. Mit 71 Taf., darunter 10 Chromotaf., 26 Karten u. Pläne, u. 104 Textabbildgn. (1042 S.) 901.
2. Mit 58 Taf., darunter 4 Chromotaf., 14 Karten u. Pläne u. 214 Textabbildgn. (1042 S.) 901.
3. Mit 40 Taf., darunter 3 Chromotaf., 16 Karten u. Pläne u. 250 Textabbildgn. (1042 S.) 901.
4. Mit 50 Taf., darunter 3 Chromotaf., 1 Kpfrst., 13 Karten u. Pläne u. 196 Textabbildgn. (1058 S.) 901.
5. Mit 51 Taf., darunter 5 Chromotaf., 23 Karten u. Pläne u. 283 Textabbildgn. (1058 S.) 901.
6. Mit 54 Taf., darunter 6 Chromotaf., 1 Lichtdr., 15 Karten u. Pläne u. 245 Textabbildgn. (1052 S.) 902.
7. Mit 67 Taf., darunter 10 Chromotaf., 7 Karten u. Pläne u. 324 Textabbildgn. (1042 S.) 902.
8. Mit 39 Taf., darunter 3 Chromotaf., 13 Karten u. Pläne u. 261 Textabbildgn. (1042 S.) 902.
9. Mit 51 Taf., darunter 10 Chromotaf., 11 Karten u. Pläne u. 174 Textabbildgn. (1058 S.) 902.
10. Mit 76 Taf., darunter 12 Chromotaf., 19 Karten u. Pläne u. 290 Textabbildgn. (1046 S.) 902.
11. Mit 63 Taf., darunter 9 Chromotaf., 27 Karten u. Pläne u. 264 Textabbildgn. (1042 S.) 902.

— Konversations-Lexikon. 14. vollständig neubearb. Aufl. Neue rev. Jubiläums-Ausg. 12.—17. Bd. Lex.-8. Leipzig, F. A. Brockhaus. Geb. in Halbfrz. à 12. —

12. Mit 87 Taf., darunter 10 Chromotaf., 28 Karten u. Pläne u. 215 Textabbildgn. (1058 S.) 903.
13. Mit 65 Taf., darunter 15 Chromotaf., 22 Karten u. Pläne u. 177 Textabbildgn. (1066 S.) 903.
14. Mit 83 Taf., darunter 8 Chromotaf., 27 Karten u. Pläne u. 247 Textabbildgn. (1056 S.) 903.
15. Mit 80 Taf., darunter 10 Chromotaf., 24 Karten u. Pläne u. 276 Textabbildgn. (1066 S.) 903.
16. Mit 75 Taf., darunter 12 Chromotaf., 22 Karten u. Pläne u. 288 Textabbildgn. (1078 S.) 903.
17. Suppl. Mit 65 Taf., darunter 6 Chromotaf., 23 Karten u. Pläne, u. 245 Textabbildgn. (1058 S.) 904.

— Konversations-Lexikon. In 17 Bdn. 14. vollständig neubearb. Aufl. Neue rev. Jubiläums-Ausg. (Ausg. 1908.) Lex. 8. Leipzig, F. A. Brockhaus. Geb. in Leinw. à 12—; Luxusausg., in Halbfrz. à 15. —

1. Mit 46 Bildertaf., darunter 10 Chromotaf., 88 Karten u. Nebenkarten, sowie 105 Textabbildgn. (1044 S.) — 2. Mit 58 Bildertaf., darunter 4 Chromotaf., 21 Karten u. Nebenkarten, 234 Textabbildgn., sowie 3 Textbeilagen. (1034 S.) — 3. Mit 24 Bildertaf., darunter 3 Chromotaf., 29 Karten u. Nebenkarten, sowie 251 Textabbildgn. (1042 S.) — 4. Mit 37 Bildertaf., darunter 4 Chromotaf., 22 Karten u. Nebenkarten, 196 Textabbildgn., sowie 2 Textbeilagen. (1058 S.) — 5. Mit 31 Bildertaf., darunter 5 Chromotaf., 31 Karten u. Nebenkarten, 283 Textabbildgn., sowie 2 Textbeilagen. (1058 S.) — 6. Mit 39 Bildertaf., darunter 6 Chromotaf., 1 Lichtdr., 27 Karten u. Nebenkarten, 276 Textabbildgn., sowie 3 Textbeilagen. (1052 S.) — 7. Mit 50 Bildertaf., darunter 10 Chromotaf., 15 Karten u. Nebenkarten, 324 Textabbildgn., sowie 2 Textbeilagen. (1042 S.) — 8. Mit 27 Bildertaf., darunter 3 Chromotaf., 23 Karten u. Nebenkarten 261 Textabbildgn., sowie 5 Textbeilagen. (1042 S.) — 9. Mit 40 Bildertaf., darunter 10 Chromotaf., 25 Karten u. Nebenkarten, 174 Textabb., sowie 8 Textbeilagen. (1068 S.) — 10. Mit 57 Bildertaf., darunter 13 Chromotaf., 37 Karten u. Nebenkarten, 293 Textabb., sowie 9 Textbeilagen. (1046 S.) — 11. Mit 36 Bildertaf., darunter 9 Chromotaf., 44 Karten u. Nebenkarten, 266 Textabbildgn., sowie 11 Textbeilagen. (1042 S.) — 12. Mit 60 Bildertaf., darunter 11 Chromotaf., 47 Karten u. Nebenkarten, 215 Textabbildgn., sowie 9 Textbeilagen. (1058 S.) — 13. Mit 43 Bildertaf., darunter 15 Chromotaf., 37 Karten u. Nebenkarten, 177 Textabbildgn., sowie 10 Textbeilagen. (1068 S.) — 14. Mit 56 Bildertaf., darunter 8 Chromotaf., 35 Karten u. Nebenkarten, 247 Textabbildgn., sowie 15 Textbeilagen. (1056 S.) — 15. Mit 59 Bildertaf., darunter 10 Chromotaf., 43 Karten u. Nebenkarten, 276 Textabbildgn., sowie 15 Textbeilagen. (1066 S.) — 16. Mit 53 Bildertaf., darunter 12 Chromotaf., 28 Karten u. Nebenkarten, 288 Textabbildgn., sowie 15 Textbeilagen. (1078 S.) — 17. Supplement. Mit 46 Bildertaf., darunter 6 Chromotaf., 36 Karten u. Nebenkarten, 323 Textabbildgn., sowie 25 Textbeilagen. (1052 S.)

Brockhaus' Konversations-Lexikon. 17. Bd. Suppl. Mit 46 Bildertaf., darunter 6 Chromotaf., 36 Karten u. Nebenkarten, 329 Textabbildgn., sowie 28 Textbeilagen. (Neudr.) (1058 S.) Lex. 8. Leipzig 910. F. A. Brockhaus. Geb. in Leinw. 12.—; Luxusausg. in Halbfrz. 15. —

— kleines Conversations-Lexikon. Encyklopädisches Handwörterbuch. 4. Aufl. 2 Bde. Mit zahlreichen Karten u. Abbildgn. gr. 8. (958 u. 968 S.) Ebend. 885. 86. 15. —; geb. 18. —

— kleines Conversations-Lexikon. Encyklopädisches Handwörterbuch. 4., vollständig umgearb. Aufl. Neue durchgeseh. Ausg. Mit 98 Bildertaf., Chromobildern u. Karten. 2 Bde. Lex.-8. (958 u. 972 S.) Ebd. 888. geb. 18. —

— kl. Konversationslexikon. 5. Aufl. (2 Bde in 66 Heften.) 1—9. Heft. (1. Bd. 1—288 m. Abb., 14 [7farb.] Taf. u. 6 Kart.) 8° Ebd. '05. Je — 30 d

— kl. Konversationslex. 5. Afl. 10—66. Heft. (1. Bd. 289—1044 u. 2. Bd. 1054 m. Abb., z. Tl farb. Taf., Kart. u. Pl.) Lex 8° Ebd. '06. Je — 30 (Vollst.: 19.80; in 2 Bde geb. je 12 —) || Ausg. '08. (1044 u. 1046 m. Abb., 63 [15] farb. Taf., 221 Kart. u. 34 Beil.) L. je 12 — d

— kleines Konversationslexikon. 5., vollständig neu bearb. Aufl. In 2 Bdn. Mit 2000 Textabbildgn., 128 Bildertaf., darunter 25 bunte, 431 (z. Tl. farb.) Karten u. Nebenkarten, sowie 61 Textbeilagen. (Ausg. 1910.) (1044 u. 1046 S.) Lex. 8. Ebd. Geb. in Leinw. à 12. —

— kl. Konversationslexikon. 5. Afl. In 2 Bdn. (Ausg. '11.) (1044 m. Abb., 128 [25 farb.] Taf., 431 z. Tl farb. Ktn u. 61 Beil.) Lex8° Lpzg, FA Brockhaus. HF je 12 — d

Brockhaus' Katalog ausgewählter Werke der ausländischen Literatur. 14. Jahrg. Lex.-8. (238 S. m. Abbildgn.) Leipzig 892. F. A. Brockhaus' Sort. n. — 40
Hieraus einzeln: Englische Literatur. (46 S.) n. — 20. — Französische Literatur. (88 S.) n. — 30. — Italienische Literatur. (60 S.) n. — 20.

— dasselbe. 15 Jahrg. Lex.-8. (228 S.) Ebd. 893. n. — 40
Hieraus einzeln: Englische Literatur. (44 S.) n. — 20. — Französische Literatur. (76 S.) n. — 30. — Italienische Literatur. (64 S.) n. — 20.

Brockhaus' Katalog ausgew. Werke d. ausländ. Lit. 16. Jahrg. 1895. 8° (204) Lpzg 94, FA Brockhaus' S. — 40
Hieraus einzeln: Engl. Lit. (44) — 20. — Französ. Lit. (74) — 30. — Italien. Lit. (46) — 20.
Früher u. d. T.: Katalog ausgew. Werke d. ausländ. Lit.

Brockhaus' Katalog ausgew. Werke d. ausländischen Literatur. 18. Jahrg. 1897. Lex.-8. (204 S.) Leipzig, F. A. Brockhaus' Sort. n. — 40
Hieraus einzeln: Engl. Literatur. (32 S.) n. — 20. — Französ. Literatur. (38 S.) n. — 20. — Italien. Literatur. (28 S.) n. — 20.

— dasselbe. 19. Jahrg. 1898. Lex.-8. (222 S.) Ebd. n. — 40
Hieraus einzeln: Engl. Literatur. (56 S.) n. — 20. — Französ. Literatur. (82 S.) n. — 20. — Italien. Literatur. (42 S.) n. — 20.

— dasselbe. 20. Jahrg. 1899. Lex.-8. (234 S.) Ebd. n. — 40
Hieraus einzeln: Engl. Literatur. (58 S.) n. — 20. — Französ. Literatur. (92 S.) n. — 20. — Italien. Literatur. (44 S.) n. — 20.

Brockhaus' Katalog ausgew. Werke d. ausländ. Litt. 22. Jahrg. 1901. 8° (242) Lpzg, FA Brockhaus' S. — 60
Hieraus einzeln: Engl. Litt. (94) — 20 || Französ. Litt. (44) — 40 || Italien. Litt. (90) — 20.

Brockhaus' Katalog ausgewählter Werke der ausländischen Litteratur. 24. Jahrg. 1903. Lex.-8. (280 S.) Leipzig, F. A. Brockhaus' Sort. — 60
Hieraus einzeln: Englische Litteratur. (62 S.) — 30. — Französische Litteratur. (182 S.) — 45. — Italienische Litteratur. (42 S.) — 30.

Brockhaus' Katalog ausgew. Werke d. ausländ. Lit. 27. Jahrg. Ausg. 1906. (300) 8° Lpzg, FA Brockhaus' S. — 60
Hieraus einzeln: Engl. Lit. (46) — 30 || Französ. Lit. (52) — 45 || Italien. Lit. (30) — 30.

Brockhaus' Katalog ausgewählter Werke der ausländischen Literatur. 28. Jahrg. Ausg. 1907. (302 S.) Lex.-8. Leipzig, F. A. Brockhaus' Sort. — 60
Hieraus einzeln:
Englische Literatur. (44 S.) — 30. — Französische Literatur. (50 S.) — 45. — Italienische Literatur. (39 S.) — 30.

Brockhaus' Katalog ausgew. Werke d. ausländ. Lit. 31. J. Ausg. '10. (256) Lex8° Lpzg, FA Brockhaus' S. — 45
Hieraus einzeln: Engl. Lit. (68) — 25 || Französ. Lit. (110) — 35 || Italien. Lit. (32) — 22.

— Katalog ausgewählter Werke der ausländischen Literatur. 32. Jahrg. Ausg. 1911. (289 S.) Lex. 8. Ebd.
Hieraus einzeln: — 45
Englische Literatur. (72 S.) — 25. — Französ. Literatur. (124 S.) — 35. — Italienische Literatur. (34 S.) — 22.

— Katalog ausgew. Werke d. ausländ. Lit. 34. J. Ausg. '13. (333) Lex8° Ebd. † — 40
Hieraus einzeln: Engl. Lit. (78) — 25 || Französ. Lit. (125) nn — 30 || Italien., span. u. portugies. Lit. (61) — 25
Auch mit engl. u. französ. Titel.

—— Reise-Atlas, s. a. Reise-Atlas.

Brockhaus' Reise-Atlas. Entw. u. gez. von Henry Lange. Lith. in Farbendr. u. theilweise mit Randansichten in Stahlst. Mit erläuterndem Texte. Ausg. in (ca. 20) Liefgn. 1—12. Liefg. Leipzig 857, 58. Brockhaus. qu. 4. Jede Liefg. von 3 Bl. n. 10 *ngr*
1. Liefg.: Dresden. Koblenz-Köln. München-Augsburg-Ulm.
2. Liefg.: Leipzig. Mainz-Koblenz. Nürnberg-Augsburg.
3. Liefg.: Hamburg. Die Donau von Ingolstadt nach Passau. Prag-Bodenbach.
4. Liefg.: München. Frankfurt a. M.-Bamberg. Magdeburg-Hannover-Göttingen.
5. u. 6. Liefg.: Plan von Berlin. Plan von Nürnberg. Die Donau von Passau nach Linz und Wien. Berlin-Hamburg. Berlin-Leipzig-Wittenberg.
7. Liefg.: Plan von Magdeburg. Hannover-Köln-Kassel. Strassburg-Basel-Schaffhausen.
8. Liefg.: Plan von Köln. Leipzig-Hof. Karlsruhe-Strassburg-Lahr.
9. Liefg.: Breslau. Die Sächs. Schweiz. Nordhannoversche Bahnen.
10. Liefg.: Leipzig-Halle-Eisenach. Kassel. Eisenach-Kassel-Frankfurt a. M.
11. u. 12. Liefg.: Frankfurt a. O.-Berlin-Stettin. Stettin. Heidelberg-Karlsruhe-Kaiserslautern. Frankfurt a M.-Mainz-Heidelberg. Augsburg. Karlsruhe-Stuttgart-Ulm.
Der dazu gehörende Text folgt mit der letzten Liefg.

Brockhaus' Reise-Atlas. Entworfen und gezeichnet von Henry Lange. Lithogr. in Farbendr. und theilweise mit Randansichten in Stahlst. Ausg. in Liefgn. 13—20. Liefg. Leipzig 859, 60. Brockhaus. qu. 4. Jede Liefg. von 3 Bll. n. 10 *ngr.*
13. 14. Lief.: Leipzig — Dresden. Ulm — Friedrichshafen — Bodensee. Braunschweig. Stuttgart. Rügen. — Hamburg — Kiel — Helgoland.
15. 16. Liefg.: Frankfurt a. M. Augsburg — Lindau. Frankfurt a. O. — Breslau. — Posen. Hof — Nürnberg. Hannover. München — Kufstein — Salzburg.
17. 18. Liefg.: Bromberg — Danzig — Königsberg. Stettin — Posen — Frankfurt a. O. — Bromberg — Oberschles. Bahnen. — Prag. Plan der Stadt. Prag — Olmütz — Krakau. — Pesth — Wien — Brünn — Prerau.
19. 20. Liefg.: Köln — Aachen — Emmerich. — Leipzig — Kohlfurth — Pardubitz — Wien. Wien — Triest. — Uebersichtskarte der Eisenbahnen von Mitteleuropa.
Erläuternder Text dazu von Jul. Michaelis (VIII, 103 S.) gratis.

— — In 6 Sectionen. Ebend. 862. qu. 4. Jede Sect. (in 8.-Carton.) (1861–62) n. 24 *ngr.*
Inhalt: I. Oesterreich. 5 Specialkarten, 2 Städtepläne, 1 Uebersichtskarte und Text (45 S.). — II. Die Rheinlande. 7 Specialkarten, 2 Städtepläne, 1 Uebersichtskarte u. Text (51 S.). — III. Bayern und Württemberg. 9 Specialkarten, 4 Städtepläne, 1 Uebersichtskarte und Text (50 S.). — IV. Nordost-Deutschland und Schlesien. 7 Specialkarten, 3 Städtepläne, 1 Uebersichtskarte und Text (43 S.). — V. Nordwest-Deutschland. 5 Specialkarten, 4 Städtepläne, 1 Uebersichtskarte und Text (47 S.). — VI. Sachsen, Thüringen und Hessen. 6 Specialkarten, 3 Städtepläne, 1 Uebersichtskarte und Text (47 S.).

Brockhaus' Reise-Atlas. Entw. u. gez. von Henry Lange. Lith. in Farbendr. und theilweise mit Randansichten in Stahlst. Mit erläuterndem Texte. Leipzig 856—58. Brockhaus. 4. Jede Nr. 5 *ngr*
Dresden. Plan der Stadt nebst einem Führer für Fremde. Mit 10 Abbildgn. 1. u. 2. Aufl.
Leipzig-Dresden. Führer für Reisende auf der Leipzig-Dresdner Eisenbahn. 1. u. 2. Aufl.
Leipzig-Hof. Führer für Reisende auf der Sächsisch-Bairischen Staatseisenbahn. Mit 2 Abbildgn. 1. u. 2. Aufl.
München-Augsburg-Ulm. Führer für Reisende auf der Eisenbahn zwischen München, Augsburg und Ulm. Mit 8 Abbildgn. 1. u. 2. Aufl.

Nürnberg-Augsburg. Führer für Reisende auf der Eisenbahn zwischen Nürnberg und Augsburg. Mit 2 Abbildgn.

Prag-Bodenbach. Führer für Reisende auf der Eisenbahn von Prag nach Bodenbach. Mit 3 Abbildgn. 1. u. 2. Aufl.

Die Sächsische Schweiz. Führer für Reisende auf der Elbdampfschifffahrt zwischen Dresden und Leitmeritz, der Sächsisch-Böhm. Staatseisenbahn von Dresden nach Prag sowie in der Sächs. Schweiz. Mit 9 Abbildgn. 1—3. Aufl.

Hof-Nürnberg. Führer für Reisende auf der Eisenbahn von Hof nach Nürnberg u. Baireuth. Mit 6 Abbildgn. 1. u. 2. Aufl.

Leipzig. Plan der Stadt nebst einem Führer für Fremde. Mit 10 Abbildgn. 1—3. Aufl.

Breslau. Plan der Stadt nebst einem Führer für Fremde.

Die Donau von Donauwörth bis Passau. Führer für Reisende auf der Donau von Donauwörth nach Ingolstadt, Regensburg und Passau. Mit 4 Abbildgn.

Die Donau von Passau bis Linz und Wien. Führer für Reisende auf der Donau von Passau nach Linz und Wien, auf der Eisenbahn von Linz nach Gmunden sowie nach Ischl und Hallstatt. Mit 6 Abbild. in Stahlst. (Doppelblatt.) 1. und 2. Aufl.

Wien. Plan der Stadt nebst einem Führer für Fremde.

Pesth-Wien-Brünn-Prerau. Führer für Reisende auf den Eisenbahnen zwischen Pesth, Wien, Brünn und Prerau.

Wien-Triest. Führer für Reisende auf der Eisenbahn zwischen Wien und Triest. Nebst einem Kärtchen: Wien-Linz-Gmunden-Passau. (Doppelblatt.)

Frankfurt a. M. — Bamberg. Führer für Reisende auf der Eisenbahn von Frankfurt a. M. nach Bamberg. Mit 2 Abbildungen.

Hamburg. Plan der Stadt nebst einem Führer für Fremde.

Karlsruhe-Strasburg. Führer für Reisende auf d. Eisenbahn von Karlsruhe nach Baden-Baden und Strasburg. Mit 1 Plan von Karlsruhe.

Kassel. Plan der Stadt nebst einem Führer für Fremde.

Koblenz-Köln. Führer für Reisende auf dem Rhein zwischen Koblenz und Köln sowie auf der Eisenbahn von Rolandseck nach Bonn und Köln. Mit 1 Abbildg. u. 1 specielleren Karte des Siebengebirgs.

Leipzig-Halle-Eisenach. Führer für Reisende auf der Thüringischen Eisenbahn sowie im Thüringer Walde. Mit Plan von Eisenach nebst Umgegend und Höhenprofil des Thüringer Waldes.

Mainz-Koblenz. Führer für Reisende auf dem Rhein zwischen Mainz und Koblenz, sowie nach Wiesbaden u. Kreuznach. Mit 4 Abbildgn.

München. Plan der Stadt nebst einem Führer für Fremde u. einem Kärtchen der Eisenbahn von München nach Starnberg.

Strassburg-Basel-Schaffhausen. Führer für Reisende auf den Eisenbahnen zwischen Strassburg, Basel, Zürich u. Schaffhausen. Mit 1 Abbildg. in Stahlst.

Magdeburg. Plan der Stadt nebst einem Führer für Fremde.

Brockhaus' Reise-Atlas. Ausg. in einzelnen Bl. mit Text in 8. Ebend. 859—63. 4. Jede No. 5 *ngr.*

Berlin und seine Umgebungen. Plan der Stadt nebst einem Führer für Fremde. (10 S.)

Braunschweig. Plan der Stadt nebst einem Führer für Fremde. Mit 4 Abbildgn. in Stahlst. (3 S.)

Eisenach — Kassel — Frankfurt a. M. Führer für Reisende auf der Eisenbahn von Eisenach nach Kassel und Frankfurt a. M. (6 S.)

Magdeburg — Hannover — Göttingen und der Harz. Führer für Reisende im Harz und auf den Eisenbahnen zwischen Magdeburg, Hannover und Göttingen. (15 S.)

Berlin-Leipzig-Wittenberge. Führer für Reisende auf den Eisenbahnen zwischen Berlin, Potsdam, Wittenberge und Leipzig. (11 S.)

Frankfurt a. d. O.-Berlin-Stettin. Führer für Reisende auf den Eisenbahnen zwischen Frankfurt a. d. O., Berlin und Stettin. (4 S.)

Leipzig. Plan der Stadt nebst einem Führer für Fremde. Mit 10 Abbildgn. in Stahlst. 4—6. Aufl. (6 S.)

Nordhannoversche Eisenbahnen. Führer für Reisende auf den Eisenbahnen zwischen Hannover, Hamburg, Bremen und Emden, sowie nach Norderney. (6 S.)

Uebersichtskarte der Eisenbahnen von Mitteleuropa.

Augsburg-Lindau. Führer für Reisende auf der Eisenbahn zwischen Augsburg und Lindau. Mit 1 Abbildg. in Stahlst. (4 S.)

Bromberg-Danzig-Königsberg. Führer für Reisende auf den Eisenbahnen zwischen Bromberg, Danzig und Königsberg. (6 S.)

Die Donau von Passau bis Linz und Wien. Führer für Reisende auf der Donau von Passau nach Linz und Wien, auf der Eisenbahn von Wien nach Linz und von Linz nach Gmunden, sowie nach Ischl und Hallstatt. Mit 6 Abbildgn. in (eingedr.) Stahlst. 2. Aufl. (11 S.) Doppelblatt n. 10 *ngr.*

Dresden. Plan der Stadt nebst einem Führer für Fremde. Mit 10 Abbildgn. in (eingedr.) Stahlst. 3. Aufl. (10 S.)

Hamburg. Plan der Stadt nebst einem Führer für Fremde. 2. Aufl. (6 S.)

Hamburg-Kiel-Helgoland. Führer für Reisende auf der Eisenbahn zwischen Hamburg und Kiel sowie nach Helgoland. (6 S.)

Hannover-Köln-Kassel. Führer für Reisende auf der Eisenbahn zwischen Hannover, Rheine, Köln und Kassel. Mit 1 Plane von Bad Oeynhausen. (12 S.)

Heidelberg-Karlsruhe-Kaiserslautern. Führer für Reisende auf den Eisenbahnen zwischen Heidelberg und Karlsruhe sowie in der baierischen Pfalz. (6 S.)

Magdeburg. Plan der Stadt nebst einem Führer für Fremde. 2. Aufl. (5 S.)

Kassel. Plan der Stadt nebst einem Führer für Fremde. 2. Aufl. (4 S.)

Koblenz — Köln. Führer für Reisende auf dem Rhein und auf der Eisenbahn zwischen Koblenz und Köln. Mit 1 Abbildg. in Stahlst. und 1 speciellern Karte des Siebengebirgs. 2. Aufl. (6 S.)

Mainz — Koblenz. Führer für Reisende auf dem Rhein zwischen Mainz und Koblenz, sowie nach Wiesbaden und Kreuznach. Mit 4 Abbildgn. in Stahlst. 2. Aufl. (8 S.)

Karlsruhe-Stuttgart-Ulm. Führer für Reisende auf den Eisenbahnen zwischen Karlsruhe, Heilbronn, Stuttgart und Ulm. (8 S.)

Nürnberg. Plan der Stadt nebst einem Führer für Fremde. 1. u. 2. Aufl. (6 S.)

Oberschlesische Bahnen. Führer für Reisende auf den oberschlesischen Eisenbahnen. (7 S.)

Prag. Plan der Stadt nebst einem Führer für Fremde. (5 S.)

Stettin. Plan der Stadt nebst einem Führer für Fremde. (6 S.)

Stettin-Posen-Frankfurt a. d. O.-Bromberg. Führer für Reisende auf den Eisenbahnen zwischen Stettin, Posen, Frankfurt a. d. O. und Bromberg. (5 S.)

Rügen. Führer für Reisende. (4 S.)

Wien-Triest. Führer für Reisende auf der Eisenbahn zwischen Wien u. Triest. (14 S.) Doppelblatt n. 10 *ngr.*

Leipzig-Kohlfurth-Pardubitz. Führer für Reisende auf den Eisenbahnen in Sachsen sowie nach Kohlfurth, Prag und Pardubitz. (12 S.)

München. Plan der Stadt nebst einem Führer für Fremde und einem Kärtchen der Eisenbahnen von München nach Starnberg. 2. Aufl. (12 S.)

München-Kufstein-Salzburg. Führer für Reisende auf den Eisenbahnen zwischen München, Starnberg, Salzburg und Innsbruck. Mit 1 Abbildg. in Stahlst. (8 S.)

Die sächsische Schweiz. Führer für Reisende zwischen Dresden und Bodenbach-Tetschen sowie in der sächsischen Schweiz. Mit 9 Abbildgn. in Stahlst. 4. u. 5. Aufl. (8 S.)

Stuttgart. Plan der Stadt nebst einem Führer für Fremde. Mit 2 Abbildgn. in Stahlst. (4 S.)

Ulm-Friedrichshafen-Bodensee. Führer für Reisende auf der Eisenbahn zwischen Ulm und Friedrichshafen sowie am Bodensee. (7 S.)

Frankfurt a. M. Plan der Stadt nebst einem Führer für Fremde. Mit 2 Abbildgn. in Stahlst. (6 S.)

Köln. Plan der Stadt nebst einem Führer für Fremde. 1. u. 2. Aufl. (7 S.)

Köln-Aachen-Emmerich. Führer für Reisende auf den Eisenbahnen zwischen Köln, Aachen und Emmerich. Mit einem Plan von Aachen. (4 S.)

Brockhaus' Reise-Atlas. Entworfen u. gez. v. Henry Lange. Chromolith. qu. Fol. Mit Text. Leipzig 871. 73. Brockhaus. In Carton. n. 2. —
Die Donau von Passau bis Linz u. Wien, Führer f. Reisende auf der Donau von Passau nach Linz u. Wien auf der Eisenbahn von Wien nach Linz u. v. Linz nach Gmunden, sowie nach Ischl u. Hallstatt. Mit 6 Abbildgn. in Stahlst. 9. Aufl. (8 S.) n. 1. —
Magdeburg. Plan der Stadt nebst e. Führer f. Fremde. 5. Aufl. (5 S.) n. — 50
Stettin. Plan der Stadt nebst e. Führer f. Fremde. 2. Aufl. (6 S.) n. — 50

Brockhaus' Reise-Bibliothek, vgl. Alexis. — Berneck. — Bock. — Buddeus. — Casanova's Flucht. — Förster. — Gerstäcker. — Gottschall. — Hocker. — Horn. — Kapper. — Kossak. — Kühne, F. G. — Kurnik. — Müller, Em. — Müller, Wfg. — Pröhle. — Rank. — Schmidt. — Schücking. — Willkomm.

—— Reise-Bibliothek, s. Reise-Bibliothek.

—— Энциклопедическій Словарь in 16—18 Bdn. Petersb. 890—92. Lpz., Brockhaus. à Bd. 13 —; geb. 15 —

Brockhaus, Alb., Netsuke. Versuch e. Geschichte der japan. Schnitzkunst. Mit 272 schwarzen u. 53 bunten Abbildgn. (XIV, 482 S.) Lex.-8. Ebd. 905. Geb. in Ldr. n. 30. —

Brockhaus, Alb., Netsuke. Versuch e. Geschichte der japan. Schnitzkunst. Mit 272 schwarzen u. 53 bunten Abbildgn. 2. verb. Aufl. (XVI, 482 S.) Lex. 8. Leipzig 909. F. A. Brockhaus. Geb. in Ldr. 60. —

Brockhaus, Carl (geb. am 18 Jan. 1851 in Elberfeld): Ueber den Frühjahrskatarrh der Conjunctiva ... Bonn, Druck v. C. Georgi 1872. 26 S., 1 Bl. 8.
Bonn, Med. Fak., Diss. v. 23 Juli 1872

Brockhaus, Clemens (Friedrich)

Brockhaus, C., Gastpredigt, s. Suppe, Ed.

Brockhaus, Clem., Jeremias Gotthelf, der Volksschriftsteller. 8. (38 S.) Berlin 877, Springer. *

Brockhaus, Clemens, Gregor v. Heimburg. Ein Beitrag zur deutschen Geschichte des 15. Jahrh. gr. 8. (XVII und 386 S.) Leipzig 861, Brockhaus. Thlr. *

Brockhaus, Clemens, lasset uns Friede halten untereinander! Predigt gehalten am 10. S. nach Tr. 1870. Leipzig, Quandt & Händel. gr. 8. (15 S.) n 2½ ngr

—— Predigt am 3. Aug. 1870, s. Predigten, sechs.

— letzte Predigt, geh. am 21. Sonntag nach Trin. 1877. gr. 8. (VI, 17 S.) Leipzig 878. Brockhaus. n. — 40

Brockhaus, Clem. (Friedr.), ausgewählte Predigten. gr. 8. (X, 245 S.) Leipzig 880, Brockhaus. *ℳ 3,50.; geb.

Brockhaus, Clemens, Aurelius Prudentius Clemens in seiner Bedeutung für die Kirche seiner Zeit. Nebst einem Anh.: Die Uebersetzung des Gedichtes Apotheosis. gr. 8. (IX, 335 S.) Leipzig 872, Brockhaus. *

Brockhaus, Clem. (Frid.), Nicolai Cusani de concilii universalis potestate sententia explicatur. Dissert. inaug. Leipzig 867. Brockhaus. gr. 8. (XV. 85 S.) n. 15 ngr.

Brockhaus, F. A., Verlagskatalog von F. A. Brockhaus in Leipzig. Leipzig 1893.

Verlagskatalog F. A. Brockhaus, Leipzig. Leipzig: F. A. Brockhaus 1907. (356 Sp.) 8° [ß] [05. 12779 10

Brockhaus, FA, in Leipzig. Vollständ. Verz. d. v. d. Firma FA Brockhaus in Leipzig seit d. J. 1873 bis zu ihrem 100jähr. Jubiläum im J. 1905 verlegten Werke. (459) 8° Lpzg, FA Brockhaus '05. 4 —; HF. 5 — (1805—1905: 14 —; geb. 17 —)
1805—1872 ist bearb. v.: Brockhaus. H.

Brockhaus, Friedr., die Briefe des Junius. gr. 8. (V, 180 S.) Leipzig 876, Brockhaus. *

Brockhaus, Friedrich: De Comitatu Germanico. Jena 1863. Schul-/Univ.-Schr.

Brockhaus, Friedr., der Einfluss fremder Rechte auf die Entwickelung des deutschen Rechts. Rede, bei Antritt des Rectorates der königl. Christian-Albrechts-Universität zu Kiel am 5. März 1883 gehalten. gr. 8. (21 S.) Kiel 883, (Universitäts-Buchhandlung.)

—— Nikolaus Falck. Eine akadem. Gedächtnissrede. gr. 8. (16 S.) Kiel 884, (Lipsius und Tischer.)

Brockhaus, Friedr., das deutsche Heer und die Contingente der Einzelstaaten. Eine staatsrechtl. Abhandlung. gr. 8. (VII, 223 S.) Leipzig 888, Brockhaus. *

Brockhaus, Friedr., das Legitimitätsprincip. Eine staatsrechtl. Abhandlung. gr. 8. (IX, 330 S.) Leipzig 868, Brockhaus. *

Brockhaus, Fr. (Hrsg.), s. Pfennig-Magazin, Das, der Gesellschaft zur Verbreitung gemeinnütziger Kenntnisse.

Ueber das canonische Recht. Rede bei Antritt des Rektorates der K. Christian-Albrechts-Universität zu Kiel am 5. März 1888 gehalten von Dr. Friedrich Brockhaus, o. Prof. d. Rechtswiss. Kiel, Univ.-Buchh. (Paul Toeche), 1888; 22 S. 8°

Brockhaus, Friedr. Arn. (Hrsg.), s. Blätter, Deutsche.

Brockhaus, Fr. Arn., († d. 20. Aug. 1823.) s. Conversationsblatt.

Brockhaus, Fr. Arn. (Hrsg.), s. Hermes oder kritisches Jahrbuch der Literatur.

Brockhaus, Fr. Arn. (Hrsg.), s. Wochenblatt, Literarisches.

Vortragsstück von Wilhelm Henze. Wat et allens gifft. En lustig plattdütsch Leed von H. Brockhaus. Mit Noten. Hannover: W. Otto [1904]. (2 Bl.) 8° [05. 11395 7

Brockhaus, Heinr., uns. heutige Baukunst. Antrittsvorlesg., geh. a. 9. Febr. 1895. gr. 8. (31 S.) Ebd. 895. n. — 60

Brockhaus, Heinr., Blätter f. literar. Unterhaltung, s. Blätter.

Brockhaus, Heinrich. Arnold Böcklin. Rede bei der Gedächtnissfeier zu Florenz im Palazzo Medici-Riccardi am 27. Januar 1901. IV + 16 S. 8. Leipzig, F. A. Brockhaus, 1901. [M. —.60]

— Forschungen üb. Florentiner Kunstwerke. gr. Fol. (IX, 139 S. m. 43 Abbildgn. u. 13 Taf.) Ebd. 902. Geb. in Leinw. n. 30. —

Brockhaus, H., s.: Gauricus, P., de sculptura.

Brockhaus, Heinr., die Kunst in den Athos-Klöstern. Mit 19 Abbildgn., 1 Karte, 7 lith. u. 23 Lichtdr.-Taf. Lex.-8. (XI. 305 S.) Leipzig 891. F. A. Brockhaus. Kart. n. 20. —

Brockhaus, Heinr., der Kurfürstentag zu Nürnberg im J. 1640. Ein Beitrag zur Geschichte d. 30jähr. Krieges. gr. 8. (XIV, 278 S.) Leipzig 883. Brockhaus. n. 6. —

Brockhaus, H., Leonardo da Bissucio, s. Studien, gesammelte, zur Kunstgeschichte.

Brockhaus, Heinr., Michelangelo u. die Medici-Kapelle. Mit 35 Abb., darunter 8 Separatbilder. (VIII, 118 S.) Lex. 8. Leipzig 909. F. A. Brockhaus. 6. —

Brockhaus, Heinr.: Michelangelo u. d. Medici-Kapelle. 2. Afl. (8, 118 m. Abb. u. 8 Separatbild.) Lex8° Lpzg, FA Brockhaus '11. 4 —

Brockhaus, Heinrich: Reisetagebuch aus den Jahren 1867 und 1868. Th. 1. Island. — England, Schottland, Irland. — Frankreich. — Algerien. — Tunis und Karthago. — Th. 2. Spanien und Portugal. — Zweiter Aufenthalt in Frankreich und England. Leipzig 1873. 2 Bde. XVII, 545; XI, 445 S. 8°.

Brockhaus, H., Ueber die Schrift des Pomponius Gauricus De sculptura. Hab. 1885. 89 S. 1.5

Brockhaus, Heinr., vollständiges Verzeichniss der von der Firma F. A. Brockhaus in Leipzig seit ihrer Gründung durch Friedr. Arn. Brockhaus im J. 1805 bis zu dessen hundertjährigem Geburtstage im J. 1872 verlegten Werke. In chronolog. Folge mit biograph. und literarhistor. Notizen. 2 Abthlgn. gr. 8. Leipzig, Brockhaus. [1. Abthl. (LXXII, S. 1—276.) 872. *ℳ 3.; 2. Abthl. (xi, S. 277—1048.) 875. *ℳ 7.] *
geb. *

Brockhaus, Heinrich Eduard (Red.), s. Blätter, Fliegende, d. Gegenwart.

Brockhaus, Heinr. Eduard, die Firma F. A. Brockhaus von der Begründung bis zum 100jährigen Jubiläum. 1805—1905. (X, 441 S. m. 16 Taf.) gr. 8. Leipzig 905. F. A. Brockhaus. n. 3. —; geb. n. 4. —

Brockhaus, Heinr. Ed., Friedrich Arnold Brockhaus. Sein Leben u. Wirken nach Briefen u. andern Aufzeichngn. geschildert v. seinem Enkel. 1. u. 2. Thl. Mit e. Bildniß (in Stahlst.) nach Vogel v. Vogelstein. gr. 8. (XI, 384 u. VIII, 394 S.) Ebend. 872—75. à n. 3. —; geb. à n. 4. —

Brockhaus, Heinr. Ed., Friedrich Arnold Brockhaus. Sein Leben und Wirken, nach Briefen und andern Aufzeichnungen geschildert von seinem Enkel. 3. (Schluß-)Thl. gr. 8. (VII, 533 S.) Leipzig 881, Brockhaus. *ℳ 4.; geb. in Leinw.
1. und 2. Thl. Ebendas. 1872,76. à *ℳ 3.; geb. in Leinw. à *ℳ 4.

Brockhaus, Hm. (Red.), s. Abhandlungen f. d. Kunde des Morgenlandes.

Brockhaus, Hermann: Über die Algebra des Bhâhskara. (SA. aus den SKSGW. 1852.) (Leipzig 1852.)

[Brockhaus, Hermann], Analyse des 6. und 7. Buches von Somadeva's Mährchensammlung.] [BKSGW. 1860. 1861.] [Leipzig 1860. 1861.]

[Brockhaus, H., Über Somadeva's Bearbeitung der Vetâlapancavinçati.] [BKSGW. 3. December 1853.] [Leipzig 1853.]

Brockhaus, H., Über die Chando-manjari (der Blüthenzweig der Metra) von Gangâdâsa. [BKSGW. 12. December 1854.] [Leipzig 1854.]

Brockhaus, Herm., über den Druck Sanskritischer Werke mit Lateinischen Buchstaben. Ein Vorschlag. gr. 8. Leipzig 841, Brockhaus. 2/3 ℛ

Brockhaus, Herm., s. Encyklopädie, allgemeine, der Wissenschaften und Künste.

Brockhaus, H., speculative Erörterung der in Hegels Einleitung zu seiner Encyklopädie der philosoph. Wissenschaften enthaltenen Principien. 8. (VI u. 47 S.) Königsberg 847, Theile. 1/4 ℛ

—— Gründung d. Stadt Pataliputra, s. Gründung.

Brockhaus, Hermann (Hrsg.), s. Krischnamisra.

Brockhaus, Herm., die Mährchensamml. des Sri Somadeva Bhatta aus Kaschmir, s. Katha.

Brockhaus, Herm., die Sage von Nala und Damayanti nach der Bearbeitung des Somadeva herausg. Leipzig 859. Hirzel. 4. (32 S.) n. 16 ngr.

Brockhaus, Herm., Sammlung oriental. Mährchen ꝛc., s. Bibliothek d. Classiker d. Ausl. 27. u. 28. Bd.

Brockhaus, Hermann (Hrsg.), s. Vendidad Sade.

Brockhaus, Herm. (Hrsg.), s. Zeitschrift der deutschen morgenländischen Gesellschaft.

Zum 28. August 1899. [Festgabe zu Goethes 150stem Geburtstage.] (Verf.: Rudolf Brockhaus.) *(Leipzig 1899: F. A. Brockhaus.)* (79 S.) 4° [F.]
[90. 8485

Brockhaus, Rud., s.: Körner, Theodor.

[F.] Der Burgvogt od. Feurige Kohlen. E. Erzählg a. d. Zeiten d. deutschen Bauernkrieges f. d. reifere Jugend u. ihre Freunde v. W[ilhelm] B[rockhaus] ... 2. Aufl. *Elberfeld: Buchh. d. Erziehgs-Ver. [1895].* (311 S.) 1 Bd 8.
= Brockhaus, W.: Saat u. Ernte. [Bd] 6. [98. 10005

[F.] Die beiden Helden, od. der Alte vom Rheingrafenstein. E. Blatt a. d. Geschichte d. Reformation f. d. reifere Jugend u. ihre Freunde v. W[ilhelm] B[rockhaus]. 3. Aufl. *Elberfeld: Buchh. d. Erziehgs-Ver. [1896].* (235 S.) 1 Bd 8.
= Brockhaus, W.: Saat u. Ernte. [Bd] 9. [98. 10008 IIo

[F.] Der Klausner oder die geraubte Tochter. Erzählg aus d. Zeit d. 30-jähr. Krieges v. W[ilhelm] B[rockhaus] ... 4. Aufl. *Elberfeld: Buchh. d. Elberf. Erziehgs-Ver. [1895].* (301 S.) 1 Bd 8.
= Brockhaus, W.: Saat u. Ernte. [Bd] 1. [98. 10003

[F.] Der Löwe aus Juda. E. Erzählg f. d. reifere Jugend u. ihre Freunde v. W[ilhelm] B[rockhaus]. 3. Aufl. *Elberfeld: Buchh. d. Erziehgs-Ver. [1896].* (266 S.) 1 Bd 8.
= Brockhaus, W.: Saat u. Ernte. [Bd] 8. [98. 10007 IIo

[F.] Marion od. der Engpass von Angrona. E. histor. Gemälde f. d. reifere Jugend u. ihre Freunde a. d. Geschichte d. Waldenser v. W[ilhelm] B[rockhaus] ... 3. Aufl. *Elberfeld: Buchh. d. Erziehgs-Ver. [1895].* (255 S.) 1 Bd 8.
= Brockhaus, W.: Saat u. Ernte. [Bd] 7. [98. 10006

[F.] Der Vater Tim od.: die Hugenotten u. ihre Kämpfe. E. histor. Gemälde f. d. reifere Jugend u. ihre Freunde a. d. 16. Jh. v. W[ilhelm] B[rockhaus] ... '(4. Aufl.)' *Elberfeld: Buchh. d. Erziehgs-Ver. [1898].* (357 S.) 1 Bd 8.
= Brockhaus, W.: Saat u. Ernte. [Bd] 2. [98. 10004

[F.] Eigene Wege. E. Erzählg nach geschichtl. Thatsachen v. W[ilhelm] B[rockhaus]. 2. Aufl. *Elberfeld: Buchh. d. Erziehgs-Ver. [1897].* (258 S.) 1 Bd 8.
= Brockhaus, W.: Saat u. Ernte. [Bd] 15. [98. 10009 IIo

Brockhausen, Carl, verwaltungsrechtliche u. verwaltungspolitische Essays. I. Das Verbotsrecht der Polizeibehörden. II. Die Strafpflicht der Polizeibehörden. III. Organisation u. Instanzenzug der polit. Behörden. IV. Innerämtliche Verwaltungsreformpläne. V. Erhöhung der Wehrkraft im Wege der Abrüstg. (IV, 104 S.) gr. 8. Wien 908. F. Deuticke. 2. —

Brockhausen, Carl, die österreichische Gemeindeordnung (Grundgedanken u. Reformideen). (VIII, 240 S.) gr. 8. Wien 905. Manz. n. 4. 30

Brockhausen, Carl, u. Alois Bruhns, Rechtslehre. Die wichtigsten Rechtsbegriffe u. ihre Bedeutung im praktischen Leben. Zum Gebrauche an Handels-, Gewerbe- u. Mittelschulen, sowie zum Selbstunterricht. gr. 8. (V, 142 S.) Wien 883. Brockhausen & Bräuer. n. 2. 40

— u. R. Weiskirchner, österr. Städteordnungen, s.: Gesetze, österreichische.

Brockhausen, Dr. Carl, Ueber das sogenannte Verbotsrecht der landesfürstlichen politischen und polizeilichen Behörden in Oesterreich. (Sep.-Abdr. aus Band XXIII der Zeitschrift für das Privat- und öffentliche Recht der Gegenwart.) Gr.-8. (24 S.) In Comm. —.20
Wien: Hölder 1896

Brockhausen, Carl, Vereinigung u. Trennung v. Gemeinden. Beiträge zur Abgrenzg. d. Gemeindebegriffes. gr. 8. (III, 144 S.) Wien 893. Manz. n. 3. —

Brockhausen, Carl: Österr. Verwaltgs-Reformen. 6 Vortr. (5, 85) gr8° Wien, F Deuticke '11. 1.80

Brockhausen, Carl (Hrsg.), s. Vorschriften üb. d. Frauenstudium ...

Brockhausen, H. (Stettin), Hanc de philosophico Sophistarum ingenio. Diss. philos. Götting. (Dieterich) 1829. 24 S. u. Biogr. (4.—) 4128

Brockhausen, H[einrich]: Beiträge zur Flora Westfalens. Rheine 1907: J. Altmeppen. (S. 3—11.) 4°
Rheine, G Dionysianum OP 1907 (442)

Brockhausen, H., Flora der Prov. Westfalen, s.: Karsch.

Brockhausen, Heinr., kurzer Grundriß der Mineralogie, s.: Lorscheid, J.

Brockhausen, H., Wunder der Insektenwelt, s.: Bach, M.

Brockhausen, Hubert, Medizinalprakt.: Zur Therapie des tiefen Querstandes. Emmendingen: Dölter 1910. 41 S. 8°
Freiburg i. B., Med. Diss. v. 1910, Ref. Krönig
[Geb. 10. Dez. 84 Ahlen, Westfalen; Wohnort: Freiburg i. B.; Staatsangeh.: Preußen; Gymn. Paulinum Münster Reife O. 04; Studium: Freiburg i. B. 5, München 1, Kiel 1, Berlin 3 S.; Coll. 10. Dez. 09.] [U 11. 1056

Brockhausen, R., der Christ muß Christi Sprache kennen. Drei Predigten über Joh. 8, 31—59. Zur Beherzigung unserer in mancherlei religiösen Mißverständnissen befangenen Zeit, gehalten vor der Blomberger-Gemeinde. gr. 8. Bremen 841, Kaiser. 1/3 ℔

Brockhausen, Rudolf, s. Anakreon's u. Sappho's Lieder.

Brockhausen, Rud., Louise, die Königinn, 6 Gesänge. 8. (9½ B.) Lemgo 832, Meyer.

Brockhausen, *Rudolf*, Pastor in Horn bei Detmold.
—— Die Pflanzenwelt Niedersachsens in ihren Beziehungen zur Götterlehre und dem Aberglauben der Vorfahren. Hannover 1865. 8.
Zeitschrift des historischen Vereins für Niedersachsen, 1865, p. 1—137.

Brockhausen, Rud., die Varusschlacht, vaterländisches Schauspiel in 5 Handlungen. Hannover 864. Schmorl & v. Seefeld. 8. (109 S.) 15 *ngr.*

Brockhoff, Alb., eine Weltausstellung in Berlin. gr. 8. (20 S.) Berlin 880, Seehagen.

Brockhoff. Albrecht [aus Siegen]: Aus d. chirurg. Klinik zu Bonn. Über Ätiologie und Behandlung des erworbenen Plattfusses. . . . Bonn, Univ.-Buchdr. v. Carl Georgi, 1890; 51 S. 8°
Bonn, Med. Fak., Inaug.-Diss. v. [30.] Jul. 1890

Brockhoff, Engelbert. (geb. Weseke in Westf. 8. 9. 1815): De circuitu sanguinis in foetu humano. Berolini (1839). (32 S.) 8°
Berlin, Med. Diss. v. 11. Sept. 1839

Geschichte der Stadt und Festung Neubreisach im Elsaß nebst den zum gleichnamigen Kanton gehörigen Ortschaften einschl. Künheim u. Widensolen mit e. Stahlstich von Neubreisach von Franz Brockhoff. *Neubreisach: Selbstverl. 1903.* (362 S.) 8° [F.] [03. 7001 7

Brockhoff, J. Fr., die Gebühren der Notare in der Prov. Hannover. Neu zusammengestellt und umgerechnet in Reichsmünze. gr. 8. (23 S.) Hannover 877. Klindworth. — 80

Brockhoff, L. E. D., die Klöster der heil. katholischen Kirche. Geschichte der religiösen Orden u. des Klosterlebens in der kathol. Kirche. Ein Buch für das christl. Volk. 1—4. Liefg. Oberhausen 870. Spaarmann. 8. (S. 1—192 m. Holzschn. u. 1 Lithogr.) Jede Liefg. 6 *ngr.*

Brockhoff, L. E. D., die Klöster der heil. katholischen Kirche. Geschichte der religiösen Orden u. d. Klosterlebens in der kathol. Kirche. Ein Buch f. das christl. Volk. 5—16. Lfg. gr. 8. (S. 193—777 m. 6 Chromolith.) Oberhausen 871—73. Spaarmann. à — 60

Brockhoff, L. E. D., die Klöster der heil. katholischen Kirche. gr. 8. Oberhausen 870—73. Aachen, Creutzer. (* ℳ 9,60.)

Brockhoff, L. E. D. Die Kloster-Orden der heiligen katholischen Kirche. Ein Buch für das christliche Volk. Frankfurt a. M., Commissions-Verlag von Gustav Bender [1875]. 777 S.; 10 farb. Taf. (S. 3 fehlt.) 8°.
1. Auflage 1870.

Brockhoff, D. E. L., die Klosterorden der hl. katholischen Kirche. Ein Buch f. das christliche Volk. Mit 20 Farbendr.-Taf. u. vielen Initialen. 5. Aufl. gr. 4. (XVI, 870 S.) Münster (901). [A. Russell.] H. Schöningh, Sep.-Cto. Geb. in Leinw. n. 15. —
Erschien auch in 20 Lfgn. à n. — 50.

Brockhoff, Wilhelm, a. Geseke: Studien zur Geschichte der Stadt Ephesos vom IV. nachchristlichen Jahrhundert bis zu ihrem Untergang in der ersten Hälfte des XV. Jahrhunderts. Jena 1905: G. Neuenhahn. 78 S. 8°
Jena, Phil. Fak., Ref. Gelzer. Diss. v. 30. Dez. 1905
[Geb. 13. Dez. 78 Geseke, Westf.; Wohnort: Geseke; Staatsangeh.: Preußen; Vorbildung: Gymn. Brilon Reife O. 00; Studium: Freiburg i. B. 1, Münster 4, Jena 1 S.; Rig. 3. März 05.]

Brockhus, Ludw., Albrecht der Entartete, Landgraf von Thüringen. Historisches Drama aus Deutschlands Vergangenheit. [XIII. Jahrh.] 8. (III, 164 S.) Itzehoe 882, Nusser.

Brockhues, Bernh. Zur Geschichte der früheren höheren Schule zu Euskirchen. 8 S. **Progr.** *Euskirchen* 1876.

Brockhues, B. Das westdeutsche und französische Tiefland. (Eine geographisch-kulturhistorische Studie.) 24 S. **Progr.** Apost. *Cöln* 1881.

Brockhues, Fritz [Referendar aus Köln a. Rh.]: Rechte und Pflichten des zahlenden Bürgen bezüglich der vom Schuldner oder Dritten gestellten Pfänder. E. Beitr. z. Lehre v. beneficium cedendarum actionum . . . Köln, *Kölner Verl.-Anst. u. Druckerei,* 1896; 40 S. 8.
Erlangen, Jur. Fak., Inaug.-Diss. v. 1896

Brockhusen, Brockhausen u. Bruchhausen, s. Stammtafel, die, des Geschlechtes von B.

Brockhusen, v., Karte von Harburg und Umgegend. 1:25,000. Chromolithogr. Imp.-Fol. Harburg 879, Danckwerts. *

Brockhusen, Hans Joachim von: Entwickelung des Grünberger Chausseewesens innerhalb der letzten 50 Jahre. Grünberg i. Schl. (1908): Löbner & Co. 17 S. 4°. (Umschlagt.)

Brockhusen, Hans Joachim von (Hrsg.), s. Stimmen aus d. Arbeit.

Brockhusen, W. von, s. Bruchhausen, W. von

Bröcking, s.: Lützenkirchen & Bröcking.

Broecking, Eduard. (geb. Gevelsberg in Westf. 19. 8 1831): De morbo Brightii. Berolini (1856). (26 S.) 8°
Berlin, Med. Diss. v. 1. Okt. 1856

Bröcking, W: Lehrb. d. amerikan. Buchführg, s: Klein.

Bröcking. Wilhelm [aus Hamburg]: Die französische Politik Papst Leos IX. Ein Beitrag zur Geschichte des Papsttums im elften Jahrhundert. . . . Hamburg. Druck v. H. O. Persiehl (1889); 39 + 1 S. + 1 Bl. 8°
Berlin. Phil. Fak., Inaug.-Diss. v. 11. Aug. 1889

Bröcking, Wilh., die französische Politik Papst Leos IX. Ein Beitrag zur Geschichte d. Papsttums im 11. Jahrh. gr. 16. (V, 108 S.) Stuttgart 891. [G. J. Göschen.] Wiesbaden, M. Richter's Verl. n. 2. 50

Bröcking, Wilh., die französische Politik Papst Leos IX. Ein Beitrag zur Geschichte des Papsttums im 11. Jahrh. Ergänzungsheft. gr. 8. (15 S.) Wiesbaden 899. Lützenkirchen & Bröcking. n. 1. —

! — Die französ. Politik Papst Leos IX. Jetzt: Frankf. a/M., Deutsche Buchgesellsch. 96/00

Bröcking, Wilh.: Das Rätsel d. eisernen Maske u. s. Lösg, s. a. Universal-Bibliothek 4895.

Bröcking, W., d. Rätsel d. eisernen Maske u. seine Lösung. Gemeinverständl. Darstellg. 8. (60 S.) Wiesbaden 898. Lützenkirchen & Bröcking. n. 1. —

Bröckl, Ant., das Maßnehmen und Zuschneiden. Eine Anleitung zum Selbstunterrichte in der Damenschneiderkunst. (In deutscher und französischer Sprache.) Mit Zeichngn. und Musterblättern (8 lith. Taf. in 8., 4. u. gr. Fol.) Nebst einem Anh. von deutschen und französ. Gesprächen, als Behelf für die gewöhnlichen Fälle im Geschäftsleben. Karlsbad 862. (Prag, Dominicus.) gr. 8. (47 S.) n. 24 *ngr.*

Brocklesby, Richard: Ökonomische und medicinische Beobachtungen, zur Verbesserung der Kriegslazarethe und der Heilart der Feldkrankheiten. (Oeconomical and medical Observations...tending to the improvement of military hospitals... Dt.) Übers.und mit einigen Anmerkungen begleitet von Christian Gottlieb Selle. 212 S., gbd.

Berlin: Himburg 1772 (Reimer)
beigedr.: Boone, (John): Anhang von...den Krankheiten am Flusse...Senegal in Afrika. (Appendix, containing a curious account of...the diseases in Africa upon the great river Senegal... Dt.) (Übers.von Ch.G.Selle.) 1772

Brockmann, Diss. de infantum convulsionibus. Cron. 4°. 1781

Brockmann, Adolph, Deutsches Arbeiterleben oder durch Selbsthilfe zur Staatshilfe. 8°. Gera, Selbstverl. d. Verf., s. a.

Brockmann, Ad., die Bibel als Erbauungsbuch, s. Dinter, Gust. Fr.

—— Erzählungen nach Sprichwörtern, zur belehr. u. bildend. Unterhalt. d. Jugend. Mit Ttlkpfr. 12. (7⅓ B.) Neustadt a. d. O. 830, Wagner.

† Broma, Ad., (Friedr. Ado. Brockmann,) Erzählungen nach Sprichwörtern, z. belehr. u. bild. Unterhalt. d. Jugend. 2. Bdchn. M. Ttlkpfr. gr. 12. (7½ B.) Neustadt a. d. O. 839, Wagner.
1. Bdchn. Ebendas. 1830. 12 Gr.

Broma, Ad., unterhalt. Erzählungen zur Begründ. d. Tugend u. Gottesfurcht in jugendl. Herzen. M. 1 Stndr. gr. 12. (7 B.) Neustadt a. d. O. 831, Wagner.

Brockmann, (Friedr.) Ad., († Ad. Broma,) Gedenkbüchlein f. Confirmanden. — Für Jungfrauen. 2., verm. Aufl. 8. (1 B.) Neustadt a. d. O. 839, Wagner.

—— dass. f. Jünglinge. 2., verm. Aufl. 8. (1 B.) Neustadt a. d. O. 839, Wagner.

—— gute Kinder sind Gott u. Menschen lieb. — Erzähln. z. Bildung u. Veredlung d. jugendl. Herzens. 2 Bdchn. Mit Ttlkpfrn. gr. 12. Neustadt a. d. O., Wagner. [1. (8 B.) 828., 2. (7½ B.) 831. à 12 Gr.]

— Gute Kinder sind Gott u. Menschen lieb. Erzählungen zur Bildung u. Veredlung des jugendl. Herzens. Mit Titelkpfr. (2e Aufl. u. 2s Bdchn.) gr. 12. Neustadt 834 u. 30. Wagner. (à ½ rℓ) 1 rℓ

—— Inschriften auf d. Denkmäler uns. Lieben. Nebst e. Anh., d. sämmtl. Bibelstellen zu gleicher Anwend. enthalt. gr. 12. (11 B. u. Ttlvign.) Neustadt a. d. O. 834, Wagner.

—— Mährchen zur angenehm. u. nützl. Unterhalt. f. d. Jugend. Mit Ttlkpfr. gr. 12. (6⅓ B.) Neustadt a. d. O. 829, Wagner.

—— zwölf Predigten, gerichtet an Jungfrauen. gr. 8. (17 B.) Neustadt a. d. O. 838, Wagner.

—— wer von d. Tugend weicht, d. weicht v. sein. Glücke. Zur Beherzig. f. d. Jugend in 515 kurzen Erzähln. 8. (15½ B.) Neustadt a. d. O. 840, Wagner.

Brockmann, Andr., Hand-, Lehr- und Musterbuch für Korb- und Strohflechter, s. Schauplatz, neuer, der Künste und Handwerke.

Brockmann, Andr., Hand-, Lehr- u. Musterbuch f. Korb- u. Strohflechter, Korbmöbel- u. Rohrwaaren-Fabrikanten. 2. gänzlich neubearb. Aufl. Mit e. Atlas (Musterbuch) von 18 (lith.) Fol.-Taf., worauf 415 Abbildungen. 8. (VIII, 168 S.) Weimar 882. B. F. Voigt. 6. —

Brockmann, Andr., Musterbuch für Korbmacher, Korbmöbel- und Rohrwaaren-Fabrikanten, enth. die neuesten und geschmackvollsten Façons zu Trag-, Hand-, Wäsch- etc. und mancherlei anderer derzeit gebräuchl. Körben, sowie zu Sopha's und Fußbänkchen etc. Nebst gründl. Anleitung, wie die verschied. Korb- und Rohrwaaren zu beizen, zu firnissen, zu lackiren etc. und auf sonst. Weise zu verschönern sind. 4. (18 S. mit 16 lithogr. Fol.-Taf., enth. 877 Abbild.) Weimar 864, Voigt.

[F.] In stillen Stunden. Gedichte v. Auguste **Brockmann**. 2. Aufl. *Bielefeld & Leipzig: Velhagen & Klasing 1897.* (112 S.) 1 Bd 8. [97. 2718

Brockmann, Carl Heinr., die metallurgischen Krankheiten des Oberharzes. gr. 8. (XIV und 377 S.) Osterode 851, Sorge. *

Brockmann, Carl Heinr., die Kuranstalt zu Grund am Harz. Nach ihrer therapeutischen Bedeutung dargestellt. Osterode 856. Sorge. gr. 8. (44 S.) n. 10 ngℓ

Brockmann, Carl Heinrich (Osnabrück), De mydriaticis. Diss. med. Götting. (Dieterich) 25. IX. 1829. 28 S. (4.—) 4129
Oppon.: G. Conradi, G. Hartmann. — Gew.: H. G. Brockmann (Langensalza).

Brockmann, Clara: Briefe e. deut. Mädchens a. Südwest. (9, 220 m. 16 Taf., 1 Kte u. Bildn.) 8° Berl., ES Mittler & S. '12. 4 —; geb. 5 — d

Brockmann, Clara: **Die deutsche Frau in Südwestafrika. Ein Beitrag z. Frauenfrage in unseren Kolonien. — Berlin: Mittler 1910. IV, 66 S. 8°**

Brockmann, Emil

Brockmann, E., kleine Bilder aus der brandenburgisch-preußischen Geschichte. Für den ersten Geschichtsunterricht u. einfache Schulverhältnisse bearb. (1.—3. Taus.) 8. (40 S. m. Abbildgn.) Münster 902. H. Schöningh. n. —25

Brockmann, E., kleine Bilder aus der brandenburgisch-preußischen Geschichte. Für den ersten Geschichtsunterricht u. einfache Schulverhältnisse bearb. 2. Aufl. (40 S. m. Abbildgn.) 8. Münster 905. H. Schöningh. n. — 25

— Kleine Bilder aus der brandenb.-preuß. Geschichte. Für den ersten Geschichtsunterricht u. einf. Schulverhältnisse bearb. 4. Aufl. (40 S. m. Abbildgn.) 8. Ebd. 910. — 25

Brockmann, E., Bilder aus der Weltgeschichte unter Berücksicht. der Ausführungsbestimmungen zum Erlasse vom 18. VIII. 1908 üb. die Neuordnung des höheren Mädchenschulwesens. 1. Abtlg. 8. Münster 909. H. Schöningh. — 25
Bilder aus der griech. u. röm. Geschichte. (24 S. m. Abb.)

Brockmann, E., Geographie f. die Schulen d. Reg.-Bez. Münster. 8 (58 S. m. 2 farb. Karten.) Arnsberg 892. J. Stahl. n. — 35

Brockmann, E, Geographie f. d. Schulen d. Reg.-Bez. Münster. 2. Afl. 8° (61 m. 2 farb. Kart.) Arnsb. 95. J Stahl. — 35

Brockmann, E., Geographie f. d. Schulen d. Reg.-Bez. Münster. M. 1 Karte d. Reg.-Bezirks u. d. Prov Westfalen. 3. Aufl. 8. (61 S.) Arnsberg 896. J. Stahl. n. — 35

Geographie für die Schulen des Regierungsbezirks Münster bearb. von E[mil] **Brockmann**. Mit 1 Karte d. Reg.Bez. u. d. Prov. Westfalen. 4. Aufl. *Arnsberg: J. Stahl 1899.* (64 S.) 8° [F.] [co. 2297 6

— Geographie f. die Schulen des Reg.-Bez. Münster. Mit 1 Karte des Reg.-Bezirks u. der Prov. Westfalen. 5. Aufl. 8. (84 S.) Arnsberg 901. J. Stahl. n. — 40

Geographie für die Schulen des Regierungsbezirks Münster, bearb. von E[mil] **Brockmann**. Mit 1 Karte d. Regierungsbezirks u. d. Prov. Westfalen. 6. Aufl. *Arnsberg: J. Stahl 1902.* (84 S.) 8° [F.] [03. 6008 6

Geographie für die Schulen des Regierungsbezirks Münster bearb. von E[mil] **Brockmann**. Mit 1 Karte d. Reg.Bez. u. d. Prov. Westfalen. 7. Aufl. Arnsberg: J. Stahl 1904. (80 S.) 8° [F.] [05. 14939 6

— Geographie f. die Schulen des Reg.-Bez. Münster. Mit 1 farb. Karte des Reg.-Bez., der Prov. Westfalen u. des Königr. Preußen. 8. umgearb. Aufl. (85 S.) 8. Arnsberg 906. J. Stahl. n. — 45

Geographie für die Schulen des Regierungsbezirks Münster, bearb. von E[mil] **Brockmann**, Kgl. Kreis-Schulinsp. Mit 1 Karte d. Reg.Bez., d. Prov. Westfalen u. d. Kgr. Preußen. 9. umgearb. Aufl. Arnsberg: J. Stahl 1907. (85 S.) 8° [F.] [08. 5736 6

— Geogr. f. d. Schulen d. Reg.-Bez. Münster. 10. Afl. (85 m. 3 Kart.) 8° Arnsbg, J Stahl '09. — 45 d

— brandenburgisch-preußische Geschichte in Bildern. Für die Schule bearb. 1.—3. Taus. gr. 8. (IV, 68 S. m. Abbildgn.) Münster 894. H. Schöningh. n.n. — 85

[F.] Brandenburgisch-preussische Geschichte in Bildern. M. bes. Berücks. d. Kais. Erlasses u. d. neueren Bestimmgn ... f. höh. Mädchenschulen ... bearb. v. E[mil] **Brockmann**, Seminarl. in Münster i. W. M. zahlr. Abb. 2. verb. Aufl. *Münster i. W.: H. Schöningh 1896.* (IV, 73 S.) 1 Bd 8. [97. 1047

— **Brandenb.-preuss. Gesch. in Bildern. Mit bes. Berücks. d. kais. Erlasses u. d. neueren Bestimmgn u. d. Lehrpl. f. höh. Mädchensch. 4. Afl. 8° (80 m. Abb.) Münst. 1900, H Schöningh. nn — 35**

Brandenburgisch-preussische Geschichte in Bildern. Mit bes. Berücks. des Kais. Erlasses u. d. neueren Bestimmungen u. d. Lehrplanes f. höh. Mädchenschulen vom 31. Mai 1894 bearb. von E[mil] **Brockmann**. Mit zahlr. Abb. 5. verb. Aufl. *Münster i. W.: H. Schöningh 1904.* (IV, 80 S.) 8° [F.] [01. 8143

Brandenburgisch-preußische Geschichte in Bildern. Mit besond. Berücks. d. Kais. Erlasses u. d. neueren Bestimmungen, sowie d. Lehrplanes f. höh. Mädchenschulen v. 31. Mai 1894 bearb. von E[mil] **Brockmann**, Kreis-Schulinsp. Mit zahlr. Abb. 6. verb. Aufl. Münster i. W.: H. Schöningh 1903. (IV, 80 S.) 8° [F.] [03. 1647

Brandenburgisch-preußische Geschichte in Bildern. Mit besond. Berücks. d. Kais. Erlasses u. d. neueren Bestimmungen, sowie d. Lehrplanes f. höh. Mädchenschulen v. 31. Mai 1894 bearb. von E[mil] **Brockmann**, Kreis-Schulinsp. Mit zahlr. Abb. 7. verm. Aufl. Münster i. W.: H. Schöningh 1905. (75 S.) 8° [F.] [06. 738

— **Brandenburgisch-preuß. Geschichte in Bildern. Mit besond. Berücksicht. des kaiserl. Erlasses u. der neueren Bestimmgn. sowie des Lehrplanes f. höhere Mädchenschulen vom 31. V. 1894 bearb. 8. verm. Aufl. (IV, 76 S. m. Abbildgn.) 8. Münster 907. H. Schöningh. — 35**

— **Geschichte d. preußischen Staates. M. bes. Berücksicht. d. kaiserl. Erlasses u. d. neuer. Bestimmgn. u. d. Lehrplanes f. höh. Mädchenschulen v. 31. Mai 1894 bearb. M. zahlr. Abb. u. e. Karte d. preuß. Staates. gr. 8. (XII, 218 S.) Ebd. 896. n. 1.60; geb. n. 2. —**

— Geschichte des preußischen Staates. Mit besond. Berücksicht. des kaiserl. Erlasses, der neueren Bestimmgn. u. des Lehrplanes f. höhere Mädchenschulen vom 31. V. 1894 bearb. Mit zahlreichen Abbildgn. u. 1 Karte des preuß. Staates. 3., verb. Aufl. (XII, 199 S.) gr. 8. Ebd. 903. Geb. in Leinw. n. 2. —

— **Geschichte des preuß. Staates. Mit besond. Berücksicht. des kaiserl. Erlasses u. der neueren Bestimmgn. u. des Lehrplanes f. höh. Mädchenschulen vom 31. V. 1894 bearb. Mit 5 farb. Karten zur Geschichte des preuß. Staates. 4. Aufl. (VIII, 208 S.) gr. 8. Ebd. 908. Geb. 2. —**

— **vaterländische Geschichte in Bildern. Für die Schule bearb. 1. u. 2. Taus. gr. 8. (IV, 100 S. m. Abbildgn.) Ebd. 894. n.n. — 60; geb. in Leinw. n.n. — 70**

[F.] Vaterländische Geschichte in Bildern. M. bes. Berücks. d. Kais. Erlasses u. d. neueren Bestimmgn ... f. höh. Mädchenschulen ... bearb. v. E[mil] **Brockmann**, Seminarl. in Münster i. W. M. zahlr. Abb. 2. verb. Aufl. *Münster i. W.: H. Schöningh 1896.* (IV, 105 S.) 1 Bd 8. [97. 1048

Vaterländische Geschichte in Bildern. Mit bes. Berücks. d. Kais. Erlasses u. d. neueren Bestimmungen u. d. Lehrplanes f. höh. Mädchensch. v. 31. Mai 1894 bearb. von E[mil] **Brockmann**. Mit zahlr. Abb. 4. verb. Aufl. *Münster i. W.: H. Schöningh 1900.* (IV, 112 S.) 8° [F.] [01. 3801 6

— Vaterländische Geschichte in Bildern. Mit besond. Berücksicht. des kaiserl. Erlasses u. der neueren Bestimmgn. u. des Lehrplanes f. höhere Mädchenschulen vom 31. V. 1894 bearb. 5., verb. Aufl. 8. (IV, 112 S. m. Abbildgn.) Münster 901. H. Schöningh. n. — 55; geb. n. — 80

Vaterländische Geschichte in Bildern. Mit besond. Berücks. d. Kais. Erlasses u. d. neueren Bestimmungen, sowie d. Lehrplanes f. höh. Mädchenschulen v. 31. Mai 1894 bearb. von E[mil] **Brockmann**, Kreis-Schulinsp. Mit zahlr. Abb. 6. verb. (a. d. Umschl.: unveränd.) Aufl. Münster i. W.: H. Schöningh 1903. (IV, 112 S.) 8° [F.] [03. 1648

Vaterländische Geschichte in Bildern. Mit besond. Berücks. d. Kais. Erlasses u. d. neueren Bestimmungen, sowie d. Lehrplanes f. höh. Mädchenschulen v. 31. Mai 1894 bearb. von E[mil] **Brockmann**, Kreis-Schulinsp. Mit zahlr. Abb. 7. verm. Aufl. Münster i. W.: H. Schöningh 1905. (107 S.) 8° [F.] [06. 739

— **Vaterländ. Gesch. in Bildern. Mit bes. Berücks. d. kais. Erlasses u. d. neueren Bestimmgn sowie d. Lehrpl. f. höh. Mädchensch. v. 31. V. 1894 bearb. 9. Afl. (108 m. Abb.) 8° Ebd. '07. '08. — 55; geb. — 80d**

Kleiner Geschichtsatlas. Im Anschl. an das von ihm hrsg. Lehrbuch d. Weltgeschichte red. von E[mil] **Brockmann**, Kreisschulinsp. Münster i. W.: H. Schöningh 1905. (10 Karten-S.) 8° [Umschlagt. F.] [06. 3580

Brockmann, E., s.: Hilfsbücher f. den Geschichtsunterricht an höh. Mädchenschulen.

— **Lehrb. d. Gesch. f. kathol. höh. Mädchensch., Lehrerinnen-Bildgs-Anst. u. freie Fortbildgskurse, in 3 Tln bearb. 8° Ebd. Geb. 9 — d**

1. Altertum. (Lehrstoff f. d. III. Kl.) (194 m. Abb. u. Kart.) '03. 2.50
2. M.-A. u. Neuzeit bis z. westfäl. Frieden. (Lehrstoff f. d. II. Kl.) (263 m. Abb. u. 4 Kart.) '03. 3 —
3. Gesch. d. brandenb.-preuss. Staates u. d. Neuzeit seit d. westfäl. Frieden. (Lehrstoff f. d. I. Kl.) (23, 336 m. Abb. u. 5 Kart.) '04. 3.50

— **Lehrbuch der Geschichte f. katholische höhere Mädchenschulen, Lehrerinnen-Bildungs-Anstalten u. freie Fortbildungskurse, in 3 Tln. bearb. gr. 8. Ebd. Geb. n. 9. —**

1. Geschichte des Altertums. (Lehrstoff f. die III. Klasse.) Mit Karten u. 62 Abbildgn. im Text. (XV, 194 S.) 903. n. 2.50
2. Geschichte des Mittelalters u. der Neuzeit bis zum westfälischen Frieden. (Lehrstoff f. die II. Klasse.) Mit 4 Karten u. 73 Abbildgn. im Text. (XV, 263 S.) 903. n. 3. —
3. Geschichte des brandenburgisch-preußischen Staates u. der Neuzeit seit dem westfälischen Frieden. (Lehrstoff f. die I. Klasse.) Mit 5 Karten u. 47 Abbildgn. im Text. 2. verb. u. verm. Aufl. (XX, 336 S.) 906. n. 3.50

— **Lehrbuch der Geschichte f. kathol. höhere Mädchenschulen, Lehrerinnen-Bildungs-Anstalten u. freie Fortbildungskurse, in 3 Tln. bearb. 1. u. 2. Tl. gr. 8. Münster, H. Schöningh. Geb. 5.50**

1. Geschichte des Altertums. (Lehrstoff f. die III. Klasse.) Mit 5 (farb.) Karten u. 61 Abbildgn. im Text. 3. verb. u. verm. Aufl. (XII, 210 S.) 907. 2.50
2. Geschichte des Mittelalters u. der Neuzeit bis zum westfäl. Frieden. (Lehrstoff f. die II. Klasse.) Mit 4 (farb.) Karten u. 73 Abbildgn. im Text. 3. verb. u. verm. Aufl. (XX, 284 S.) 907. 3. —

3. Gesch. d. brandenburg.-preuss. Staates u. d. Neuzeit seit d. westfäl. Frieden. (Lehrstoff f. d. I. Kl.) 3. Afl. (20, 343 m. Abb., 1 Stammtaf. u. 5 farb. Ktn.) '08. L 3.50

— **u. J Kösters: Leitf. d. Gesch. f. Lyceen u. höh. Mädchensch., s: Hilfsbücher f. d. Gesch.-Unterr. an Lyceen u. höh. Mädchensch.**

— **Leitfaden der Weltgeschichte. Mit besond. Berücksicht. der Ausführungsbestimmgn. zu dem Erlasse üb. die Neuordnung des höh. Mädchenschulwesens vom 18. VIII. 1908 bearb. I. Tl. 8. Ebd. Geb. — 80**

Geschichte der Griechen u. Römer. (VIII, 60 S.) 909.

— **Leitf. d. Weltgesch. Nach d. Best. üb. d. Neuordng d. höh. Mädchenschulwesens v. 18. 8. '08 bearb. (Neue Ausg.) I. Tl. Gesch. d. Griechen u. Römer. (8, 60 u. 8) 8° Ebd. '09. geb. — 90 d**

— **Schul-Wandkarte v. Reg.-Bez. Arnsberg. 1:120,000. 2. Afl. 123,5×141 cm. 6 Bl. Farbendr. Arnsb. 95, J Stahl. Auf Lnw. m. St. 12 —**

Brockmann, E: Schul-Wandk. v. Reg.-Bez. Arnsberg. 1:120,000. 3. Afl. 6 Bl. à 62×46 cm. Farbdr. Arnsbg 96, J Stahl. Auf L. m. St. 12 —

— **Schul-Wandkarte d. Reg.-Bez. Minden. 1:120,000. 139,5×116,5 cm. 6 Bl. Farbendr. Ebd. 95. Auf Lnw. m. St. 12 —**

Schul-Wandkarte vom Regierungsbez. Münster. Entwurf u. Zeichnung v. E. **Brockmann**. Masst. 1:120,000. *Münster i. W.: W. Niemann (1894).* 1 Ktnbl. 2. [98. 1513 Mr

— **Schul-Wandkarte v. Reg.-Bez. Münster. 1:120,000. 125,5×140,5 cm. 6 Bl. Farbendr. Ebd. 95. Auf Lnw. m. St. 12 —**

— **dass. v. Reg.-Bez. Münster. 1:120,000. 3. Afl. 124×140,5 cm. 6 Bl. Farbdr. Ebd. 99. Auf L. m. St. 12 —**

— **Schul-Wandk. d. Reg.-Bez. Münster. 1:120,000. 5. Afl. 125×141,5 cm. Farbdr. Arnsbg, J Stahl ('04). Auf L. m. St. 12 —**

Schul-Wandkarte von Westfalen. Entwurf u. Zeichnung von E. **Brockmann**. Masst. 1:150,000. *Arnsberg: J. Stahl (1897).* 1 Ktnbl. 2. (in 6 Bl.) [98. 1514 Mr

— Schul-Wandk. v. Westfalen. 2. Afl. 1:150,000. 184×174,5 cm. Farbdr. Ebd. (01). Auf L. m. St. 20 —

— Schul-Wandk. v. Westfalen. 1:150,000. 4. Afl. 184×174 cm. Farbdr. Arnsbg. J Stahl (09). Auf L. m. St. 20 —

Brockmann, E., im Silberkranze. Eine Festgabe f. die weibliche Jugend zum 27. II. 1906. Mit Beiträgen v. Johanna Baltz, Antonie Jüngst u. a. hrsg. (15 S.) gr. 8. Münster (906). H. Schöningh. — 15

Brockmann, E.: Vorstufe z. Leitf. d. Gesch. f. höh. Mädchensch., s: Hilfsbücher f. d. Gesch.-Unterr. an höh. Mädchensch.

Brockmann, F. J., Bad Cleve u. Umgegend. Ein historisch-topograph. Führer f. Einheimische u. Fremde. Mit 1 Karte der Umgegend v. Cleve. 12. (69 S.) Düsseldorf 886. F. Bagel. geb. n. — 85

Brockmann, F. J. Die quadratischen und höheren Gleichungen im Gymnasialunterrichte. 27 S. Progr. *Cleve* 1876.

Brockmann, F. J. 1) Kleinigkeiten aus dem Gebiete der combinatorischen Operationen, der Binomialcoefficienten, der figurirten Zahlen und der Wahrscheinlichkeitsrechnung. 22 S. 2) Die sphärische Trigonometrie als obligatorischer Unterrichtsgegenstand an den Gymnasien. S. 23—24. Progr. *Cleve* 1878.

Brockmann, F. J., planimetrische Konstruktionsaufgaben. Eine Vorschule zu d. Verfassers Materialien. Enthaltend 501 Aufgaben, nebst deren Lösgn. gr. 8. (VI, 103 S.) Leipzig 889. Teubner. n. 1. 50

Brockmann, F. J., Lehrbuch der elementaren Geometrie. Für Gymnasien und Realschulen bearb. 1. und 2. Thl. gr. 8. Leipzig, Teubner. *

Inhalt:
Thl. 1. Die Planimetrie. (VIII, 199 S. mit 139 eingedr. Figuren in Holzschn.) 871. *ℳ 2.
» 2. Die Stereometrie. (IV, 128 S. mit 84 eingedr. Fig. in Holzschn.) 875. *ℳ 1,60.

Brockmann, F. J., Lehrbuch der elementaren Geometrie. Für Gymnasien und Realschulen bearb. 1. Thl.: Die Planimetrie. 2. verb. Aufl. gr. 8. (VIII, 199 S. mit 138 eingedr. Fig. in Holzschn.) Leipzig 877, Teubner. *

—— Lehrbuch der elementaren Geometrie. Für Gymnasien und Realschulen bearb. 1. Thl.: Die Planimetrie. 3. revid. Aufl. gr. 8. (IX, 201 S. mit 139 Fig. in Holzschn.) Leipzig 887, Teubner. *

Brockmann, F. J., Lehrbuch der elementaren Geometrie. Für Gymnasien u. Realschulen bearb. 2. Tl.: Die Stereometrie. 2., rev. Aufl. gr. 8. (VIII, 144 S. m. 84 Fig. in Holzschn.) Leipzig 892. B. G. Teubner. Kart. n. 1. 80

Brockmann, F. J., Lehrbuch der ebenen u. sphärischen Trigonometrie. Für Gymnasien u. Realschulen bearb. Leipzig 870. Teubner. gr. 8. (VIII, 147 S. m. Holzschn.) n. 16 ngr.

Brockmann, F. J., Lehrbuch der ebenen und sphärischen Trigonometrie. Für Gymnasien und Realschulen bearbeitet. 2. verm. und verb. Aufl. gr. 8. (VIII, 156 S. mit eingedr. Fig.) Leipzig 880, Teubner.

— Materialien zu Dreieckskonstruktionen, nebst Anwendg. auf fast 400 Aufgaben. gr. 8. (VI, 88 S.) Ebd. 888. 1. 20

— Repetitions-Compendium über alle Zweige der Elementar-Mathematik. Für Schüler der obersten Klasse der Gymnasien und Realgymnasien, sowie für Abiturienten, Studierende und Lehrer der Mathematik. gr. 8. (VII, 180 S.) Stuttgart 884. Enke.

— Sammlung v. Aufgaben aus allen Gebieten der Elementarmathematik, nebst Lösgn. od. Lösungsandeutgn. Insbesondere f. Abiturienten als Vorbereitg. zum Reifeexamen. gr. 8. (VI, 85 S.) Paderborn 888. F. Schöningh. n. 1. —

Brockmann, F. J., System der Chronologie. Unter besond. Berücksicht. der jüd., röm., christl. u. russ. Zeitrechng., sowie der Osterrechng. Als Beitrag zur Culturgeschichte insbesondere f. Historiker, Philologen, Theologen u. Freunde der Astronomie, sowie f. Gebildete aller Stände gemeinverständlich dargestellt. gr. 8. (VII, 112 S.) Stuttgart 883. Enke. n. 3. —

— Versuch e. Methodik zur Lösung planimetrischer Konstruktionsaufgaben. Mit zahlr. Beispielen. gr. 8. (VI, 111 S. m. 5 Holzschn.) Leipzig 889. Teubner. 1. 50

Brockmann, Franziska. Ueber das Verhalten der Pulskurven bei Aortenstenose. Diss. Med. Univ. Zürich. [Mit Figuren.] *Kopftitel:* Aus der medizinischen Klinik in Zürich (Direktor: Prof. Dr. H[ermann] Eichhorst). 57 S. 8. Zürich, Gebr. Leemann & Co., 1909.

Brockmann, Friedrich, aus Rostock: Zur Theorie der Linienflächen zweiter Ordnung. *Rostock 1904: C. Hinstorff.* (74 S.) 8°
Rostock, Phil. Diss. v. [24. Mai] 1904

Brockmann, Georg

Brockmann, G., de apocryphorum appellatione. Gryph. 1766. 4.

Brockmann, Geo., (†d. 10. Dec 1800.) üb. d. Original-Ausg. d. Augsburg. Confession, wider Webers Ehrenrettung Melanchthons. 4. Greifsw. 782. (Cnobloch in Leipz.) 4 gl.

Brockmann, G., üb. d. Originalausg. d. Augsburg. Confession wid. Webers Ehrenrett. Melanchthons. 4. Greifsw. Röse. 782. Rthlr. -

Brockmann, G., de salutari judiciorum divinorum usu. Gryph. 1764. 4.

Brockmann, G., utrum Christus clauso sepulcro resurrexerit. Gryph. 1764. 4.

Johannisfest 5850. Ein Baustein zu Br. Credners und Br. Mittendorffs Andenken vom Br. H. **Brockmann.** □ Zur Ceder im Or. von Hannover. [Hannover 1850]: Jänecke. 2 Bl. 8⁰ [Umschlagtit.]
Gedicht: „Ich weiss einen stillen Garten ...“

Der Königlichen Kunst. Maurer-Reden und Gedichte von H. **Brockmann.** Hannover: Rümpler 1857. VII, 216, 52 S. 8⁰
Recens: Bh. 1 (1858) S. 39.
Tt. 1848.

Nachklänge an Br. Holscher. Den Manen unsers unvergesslichen Stuhlmeisters am Johannisfeste 5855 vom Br. H. **Brockmann** [Hannover 1855: Jänecke.] 2 Bl. 8⁰ [Kopftit.]
2 Gedichte.

Erwin von Steinbach in der Bauhütte des Strassburger Münster am Abend vor seiner Abreise nach Basel. Maurer-Gedicht. Dem Br. Wilh. Nöldeke gewidmet am Abend seiner Abschiedsloge 22. Jan. 1873. [Unterz.:] H. **Brockmann.** [Hannover 1873: Grimpe.] 2 Bl. 8⁰ [Umschlagtit.]
Abgedr. in: Bh. 16 (1873) S. 275—276; FZ. 27 (1873) S. 311.
Tt. 2406. „Der Tag versank und leises Abendwehen ...“

Brockmann, Heinr., Geschichte u. Lehre des Reiches Gottes. Eine Zugabe zum Hannoverschen Landeskatechismus, als Leitfaden beim Schul- u. Confirmanden-Unterrichte den Lehrern u. Schülern dargeboten. Hannover 867. Meyer. 8 (88 S.) n. 2⅓ ngr.

Brockmann, Heinr., Geschichte u. Lehre des Reiches Gottes. Eine Zugabe zum hannov. Landeskatechismus, als Leitfaden beim Schul- u. Confirmanden-Unterrichte den Lehrern u. Schülern dargeboten. 2. Aufl. 8. (88 S.) Hannover 877. Meyer. n. — 25

Brockmann, Heinrich, a. Avenwedde: Die Gliederung und Entwicklung der Hauptberufe des Regierungsbezirks Münster in den letzten drei Jahrzehnten des 19. Jahrhunderts. Borna-Leipzig 1910: Noske. VI, 178 S. 8°
Münster, Rechts- u. staatsw. Diss. v. 20. Juni 1910, Ref. Schmöle, v. Heckel
[Geb. 25. Aug. 84 Senne I: Wohnort: Münster i. W.; Staatsangeh.: Preußen; Vorbildung: Oberrealsch. Dortmund Reife O. 05; Studium: Heidelberg 1, Kiel 2, Münster 3 S.; Rig. 1. Dez. 09.] [U 10. 3737

Brockmann. Hermann [aus Granzin]: Beiträge zur Dioptrik centrierter sphärischer Flächen .... Rostock. Carl Boldt'sche Hof-Buchdr., 1887: 40 S. u. 1 Taf. 8°.
Rostock. Phil. Fak., Inaug.-Diss. v. 8. März 1887.

Brockmann, J. G., Die Naturheilkunde. Unentbehrl. Rathgeber f. Gesunde u. Kranke. Ein d. ges. Naturheilkunde umfass. Lehrbuch m. bes. Berücksicht. d. weltber. elektr. Kuren in Sagrado. Auf Gr. langjähr. Praxis bearb. M. 129 in d. Text gedr. Abb., e. bes. Abschnitt üb. Physiognomik u. 1 zerlegbaren Modell d. Menschen in Farbendr. gr. 8. (XVI, 448 S.) Leipzig 897. A. H. Payne. n. 4. —; geb. n. 5. —

Brockmann, JG, entlarvter Unsinn! Eine objective Kritik d. Kuhne-Kur an d. Hand langjähr. Praxis im Kuhne-Etablissement, nebst e. kurzen Skizzirg meines Heilverfahrens. 8° (33) Lpzg 95, (Krüger & Co.). — 50

Brockmann, J. H. Christian u Ernst. Eine Besprechung über die Lehre d Odd-Fellows ... auf Grundlage heiliger Schrift. 2d ed. Milw, 1876.

Brockmann, Johann Heinrich

Brockmann, Jh. Hnr., Handb. d. alten Weltgesch. 3 Thle, gr. 8. Münst. 800—3. (Theissing). 5 Thlr 8 gr Schrbp. 7 Thlr Hbg. Pr. 2 Thlr 12 gr

Brockmann, J. H., Handbuch d. alt. Weltgesch. 3 Thle. gr. 8. Münster, Waldeck. 800—3. (1r 1 Rthlr. 8 gr., 2r 1 Rthlr. 16 gr., 3r 2 Rthlr. 8 gr.) Schreibp.

Brockmann, Joh. Heinr., Homilien üb. d. Leiden u. Sterben Jesu Christi, nebst einigen Betrachtn., gehalt. während d. Fastenzeit im Dom zu Münster. (1. Jahrg.) gr. 8. (12½ B.) Münster 829, Coppenrath.

—— Homilien u. Predigten an allen Sonn- u. Festtagen d. Jahrs. 3. Thl. Von Pfingsten bis z. 12. Sonntage nach d. Feste d. heil. Dreifaltigkeit. — 4. Thl. Vom 13. bis z. letzt. Sonnt. nach d. Feste d. heil. Dreifaltigkeit. gr. 8. (31 B.) Münster 828, 29, Coppenrath. à
1. u. 2. Thl. Ebendas. 1826. 27. 3 Thlr. 8 Gr.

Brockmann, Joh. Heinr., Homilien u. Predigten auf alle Sonn- u. Festtage d. Kirchenjahrs. 4 Thle. 2., verb., mit verschied. Zusätzen verm. Aufl. gr. 8. (29 B.) Münster, Coppenrathsche Buchh.
Thl. 1. Vom Advent bis Fastnacht. (29 B.) 836. 1 Thlr. 12 Gr.
" 2. Von Fastnacht bis Pfingsten. (49 B.) 837. 1 Thlr. 20 Gr.
" 3. Von Pfingsten bis zum 12. Sonntage nach d. Feste d. h. Dreifaltigkeit.... 839. 1 Thlr. 16 Gr.
" 4. Vom 13. bis zum letzten Sonntage n. d. Feste d. h. Dreifaltigkeit.... 839. 1 Thlr. 16 Gr.

Brockmann, Johann Heinrich, s. Ignatius, geistl. Uebungen.

Brockmann, Johann Heinrich, s. Leben Aloysius.

Brockmann, J. H., Leben des heil. Aloysius, ein Lese- und Erbauungsbuch für die Jugend. Zweyte umgearb. u. verm. Auflage. 8. Münster, Theissing. 820.

Brockmann, J. H., Leben des hl. Aloysius. Erbauungsbuch f. die Jugend. Neu bearb. v. Joh. Wegener. (239 S. m. Abbildgn.) kl. 8. Steyl 904. Missionsdruckerei. Geb. in Leinw. n. 1. 50

Brockmann, Johann Heinrich, s. Neujahrsgeschenk f. Dienstboten.

Brockmann, Joh. Heinr., Pastoralanweisung zur Verwaltung d. Bußanstalt in d. kathol. Kirche, nach d. Bedürfnissen unseres Zeitalters. 2 Bde. gr. 8. Münster, Theissingsche Buchh. [1. (30⅛ B.) 836. 1½ Thlr., 2. (16¼ B.) 838. ⅚ Thlr.] Thlr.
Erschien auch m. d. Umschlagttl.: Pastoralanweis. z. Verwalt. d. Seelsorge in d. kathol. Kirche ꝛc. 3. Thl. (2 Bde.); der 1. u. 2. Thl. dieses größern Werkes wurde aber bis jetzt (1842) nicht geliefert.

Brockmann, J. H., Pastoralanweisung zur Verwaltung der Seelsorge in der kathol. Kirche. Fortgesetzt von A. v. Horar. 3. Thl. 1. Bd.: Die allgemeine Lehre von der Verwaltung der Bußanstalt. 2. wiederholt durchges. u. überarb. Aufl. 1. Liefg. Münster 846, Theissing'sche B. pro 1. u. 2. Liefg. 1½ Thlr (Der 1. u. 2. Thl. sind nicht erschienen.)

Brockmann, J. H., Pastoralanweisung zur Verwaltung d. Seelsorge in der kathol. Kirche. Fortgesetzt von A. v. Horar. 3. Thl. 1. Bd. Die allg. Lehre von der Verwaltung der Bußanstalt. 2. durchges., überarb. u. verm. Aufl. 2. Lfg. gr. 8. (XXIV S. u. S. 373—651.) Münster 847, Theissing. 1 u. 2. Lfg. 1½ Thlr

—— Predigt b. d. Jubelfeier d. hochwürd. Hrn. Franz Darup, Pfar. zu Sendenhorst ꝛc., gehalt. a. 11. Aug. 1829 zu Sendenhorst. 8. (1 B.) Münster, Theissing.

— Predigt am Tage der Huldigung der Provinz Westphalen, gehalten am 18. Oct. 1815. 8. Münst. 815. (Schmidt in Lpz.) 3 gr

—— Predigt am Tage der Huldigung der Provinz Westphalen, gehalten am 18. Oct. 1815. 8. Münster, Waldeck. 815.

— — J. M. Sailer's Lehre v. d. Heiligenverehrung übers. — Siehe Sailer.

— s. J. M. Sailer, die Lehre der kathol. Kirche.

Brockmann, Johann Heinrich, s. Scupuli, Anweis. u. Krankenbuch.

—— sermo synodalis, die 18. Martii 1828 in eccles. cathed. Monast. habit. 8. ... Monasterii, Theissing.

—— in ead. die 15. Mart. 1831 etc. 8. ... Monasterii, Theissing.

—— in ead. die 19. Mart. 1833 etc. 8. ... Monasterii, Theissing.

—— Trauerrede auf Pius VII. im Dome zu Münster. gr. 8. ... Münster 824, Coppenrath.

—— Trauerrede auf d. Tod d. Dombechant. u. Prof. d. Theol. Dr. Katerkamp, geh. in d. akadem. Aula zu Münster am 17. Juli 1834. gr. 8. Münster, Theissingsche Buchh.

—— Trauerrede auf d. Tod d. hochwürd. Fürstbisch. Frh. Ferd. v. Lüning ꝛc., gehalt. a. 25. April 1825 im Dom zu Münster. 4. ... Münster, Theissing.

Brockmann, Johann Heinrich, s. Ueberwasser: Moralphilosophie.

—— über d. Vernunftmäßigkeit d. Ablasses. Eine Predigt b. d. Eröffn. d. Jubil. im Bisth. Münster. 8. ... Münster 827, Theissing.

Brockmann, Jos.: Die goniometrischen Funktionen in ihren allgemeinen analytischen Bedeutungen. Ein Beitrag zur Trigonometrie. I. Th. 14 S. II. Th. 16 S.
Progr. Cleve G. 1870/71.

Brockmann, Karl, appr. Arzt, Assistenzarzt b. Drag.-Reg. Nr. 2: Die Gicht, ihre diätetische und physikalische Behandlung. Berlin (1909): G. Schade. 50 S. 8°
Berlin, Med. Diss. v. 22. Jan. 1909, Ref. His
[Geb. 9. Jan. 83 Potsdam; Wohnort: Schwedt a. O.; Staatsangeh.: Preußen; Vorbildung: Friedrichs-Gymn. Berlin Reife O. 02; Studium: Berlin K. W. A. 10 S.; Coll. 20. Jan. 09; Approb. 6. Juli 08.] [U 09. 35

Brockmann, Karl, Amerikanische Kolonisation im Lichte des Geistes der Zukunft. 8. (48 S.) Hamburg 851, Meißner & Schirges. 6 ngr

— unsere Zukunft. Eine Ansprache an das Volk. gr. 8. (23 S.) Rostock 848, Stiller. n. 3½ ngr.

Brockmann, L[ambert]. Gerichtsref.: Der **Vertrag** des Impresario von Bühnenkünstlern nach heutigem Reichsrecht. *Papenburg 1901: Ems-Zeitung.* (34 S.) 8°
Freiburg i. B., Rechts- u. staatswiss. Diss. v. 1901

Brockmann, Maria, Räthsel aus der Geographie, Welt- und Naturgeschichte, ernsten und scherzhaften Inhaltes. Zur Belehrung und Unterhaltung. Bonn 857. Henry u. Cohen. 16. (VII, 115 S.) 12 ngr.

Brockmann, Paul: Ueber **Phtalylhydroxylamin** und verwandte Verbindungen. *Königsberg i. Pr. 1898: M. Liedtke.* (78 S.) 8°
Königsberg, Phil. Diss. v. 30. Juli 1898

Brockmann, *Rudolf* [cand. med. aus Obernkirchen]: Ueber die Tuberkulose des Peritoneums und der weiblichen Genitalien ... Erlangen, Druck d. Univ.-Buchdr. v. E. Th. Jacob, 1895; 42 S. 8.
Erlangen, Med. Fak., Inaug.-Diss. v. 1895

Brockmann, Theodor, Arzt aus Obernkirchen: Ein **Fall** von abscedierender Pneumonie mit hochgradiger Phagocytose. *Bückeburg 1899: Grimme.* (20 S.) 8°
Würzburg, Med. Diss. v. 1899

Brockmann, W, s.: Halähr, W.

Brockmann, Wilhelm [aus Winsen a/d. Luhe]: Beobachtungen an Orgelpfeifen .... Berlin, Buchdr. v. M. Niethe (1886); 32 S. 8°.
Berlin, Phil. Fak., Inaug.-Diss. v. 4. Dez. 1886.

Brockmann, Wilhelm, Beobachtungen an Orgelpfeifen. Diss. Berlin 1886, Mayer & Müller. 8°. 32 S.

Brockmann, Wilhelm [app. Arzt aus Lüneburg]: Aus d. Laboratorium d. pharmakognost. Sammlung in Kiel. Über Pikrotoxin und Pikrotoxinin ... Kiel, Druck v. A. F. Jensen, 1893; 25 S. 8.
Kiel, Med. Fak., Inaug.-Diss. v. [20. Juni] 1893

Brockmann-Jerosch, H[einrich]. Das Alter des schweizerischen diluvialen Lösses. Sonderabdruck aus Jahrg. 54, 1909 [der] Vierteljahrsschrift der Naturforschenden Gesellschaft in Zürich .... II S. + S. 449—462. 8. Zürich, Zürcher & Furrer, [1910].

Brockmann-Jerosch, H[einrich]. Die Änderungen des Klimas seit der grössten Ausdehnung der letzten Eiszeit in der Schweiz. Sonderabdruck aus «Postglaziale Klimaveränderungen». Stockholm 1910. II S. + S. 55—71 = 17 S. 4. (Stockholm, Centraltryckeriet, 1910.)

Brockmann-Jerosch, H[einrich]. Die Änderungen des Klimas seit der letzten Vergletscherung in der Schweiz. Akademische Antrittsrede, gehalten am 29. Januar 1910 [an der Universität Zürich]. Sonder-Abdruck [aus:] Wissen und Leben [Jahrg. 4, Heft 2]. II + 16 S. 8. [Zürich, Rascher & Co., 1910.]

Brockmann-Jerosch, [Heinrich], et Maire, R[ené]. Contributions à l'étude de la flore mycologique de l'Autriche: Champignons récoltés pendant l'excursion des Alpes Orientales du 2e Congrès international de Botanique ⟨Vienne, 1905⟩. Par MM. Dr. B'-J' ⟨Zürich⟩ et Dr. R. M' ⟨Nancy⟩. [Avec des figures.] Separatabdruck aus der «Österreichischen botanischen Zeitschrift», Jahrg. 1907, Nr. 7/8. 23 S. 8. (Selbstverlag der Verfasser; Buchdr. Carl Gerold's Sohn, Wien.)

— u. E Rübel: Die Einteilg d. Pflanzengesellschaften nach ökologisch-physiognom. Gesichtspunkten. (6, 72) gr8°Lpzg, W Engelmann '12. 2.50

Brockmann-Jerosch, H[einrich]. Die Flora des Puschlav ⟨Bezirk Bernina, Kanton Graubünden⟩. Diss. Phil. [II.] Univ. Zürich. X + 236 S. gr.-8. Leipzig, Wilhelm Engelmann, 1907.
(Abdruck der ersten drei Kapitel von: Die Pflanzengesellschaften der Schweizeralpen. Teil 1....)

Die Flora des Puschlav ⟨Bezirk Bernina, Kanton Graubünden⟩ und ihre Pflanzengesellschaften von Dr. H. **Brockmann-Jerosch.** Mit 5 Vegetationsbild. u. 1 Karte. Leipzig: W. Engelmann 1907. (xII, 438 S.) 4°(8°)
= **Pflanzengesellschaften,** Die, d. Schweizeralpen. T. 1. (07. 1809

Brockmann-Jerosch, H[einrich]. Neue Fossilfunde aus dem Quartär und deren Bedeutung für die Auffassung des Wesens der Eiszeit. Vorläufige Mitteilung. Sonderabdruck aus Jahrg. 54, 1909 [der] Vierteljahrsschrift der Naturforschenden Gesellschaft in Zürich .... II + 15 S. 8. Zürich, Zürcher & Furrer, (1909).

Brockmann-Jerosch, H[einrich]. Über die an seltenen alpinen Pflanzenarten reichen Gebiete der Schweizeralpen. [Sep.-Abdr. aus: Verhandlungen der Schweizerischen Naturforschenden Gesellschaft. 89. Jahres-Versammlung... 1906 in St. Gallen.] S. 197—219. 8. [St. Gallen, Zollikofer & Cie., 1907.]

Brockmann-Jerosch, H[einrich]. Die Pflanzengesellschaften der Schweizeralpen. Teil 1: Die Flora des Puschlav ⟨Bezirk Bernina, Kanton Graubünden⟩ und ihre Pflanzengesellschaften. Mit fünf Vegetationsbildern [Tafeln] und einer Karte. XII + 438 S. gr.-8. Leipzig, Wilhelm Engelmann, 1907. [M. 16.—]

Brockmann-Jerosch, H[einrich]. Die fossilen Pflanzenreste des glazialen Delta bei Kaltbrunn ⟨bei Uznach, Kanton St. Gallen⟩ und deren Bedeutung für die Auffassung des Wesens der Eiszeit. Habilitationsschr. Phil. II. Univ. Zürich. [Mit Figuren und 1 geologischen Karte.] Einzelabdruck aus dem Jahrbuch der St. Gallischen Naturwissenschaftlichen Gesellschaft für das Vereinsjahr 1909. IV + 189 S. 8. St. Gallen, Komm. Fehr, 1910.

Brockmann-Jerosch, H: Die fossilen Pflanzenreste d. glazialen Delta bei Kaltbrunn (bei Uznach, Kanton St Gallen) u. deren Bedeutg f. d. Auffassg d. Wesens d. Eiszeit. (189 m. Abb. u. 1 farb. Kte.) 8° Lpzg, W Engelmann '12. 4.80

— Vegetationsbilder vom Nordrand der alger. Sahara, s.: Heim, Arn.

Brockmann-Jerosch, H[einrich], und Brockmann-Jerosch, M[arie Charlotte]. Die natürlichen Wälder der Schweiz. Von H. und M. B'-J'. [Mit 1 Tafel.] Sonderabdruck aus Heft 19 der «Berichte der Schweizerischen Botanischen Gesellschaft», Jahrg. 1910. IV S. + S. 171—225. 8. Zürich, Druck Zürcher & Furrer (*Umschlag: Z' und Leipzig, Verlag Rascher & Co.*), 1910. [fr. 2.—]

Brockmann's Hamlet, über, (v. J. F. Schink). gr. 8. Berl. 778. (Sander). 4 gr

Brockmanns Hamlet, üb., gr. 8. Berl. Wever. 778.

Brockmöller, W: Die geograph. Verbreitg d. monatl. Barometerschwankgn, s: Aus d. Archiv d. deut. Seewarte.

Brockmüller, C., Ansichten üb. d. herrsch. Cholera, Vergleiche ders. mit d. Wechselfieber, u. Beweise, dass dies. so wenig ansteckend ist, noch werden kann, als d. Wechselfieber. Nebst e. vorgeschlag. Behandlungsart, u. Mitteln, um sich geg: dies. zu präserviren, u. d. Ursachen zu vertilgen, auch e. Krankheits-Gesch. etc. gr. 12. (2 B.) Jülich 832. (Cöln, DuMont-Schauberg.) Thlr.

BROCKMÜLLER, Carl Eduard (Solingen): Zur Lehre von den äusseren Harnröhrenschnitt.- München: Mühlthaler 1874. 32 S.
11.7.1874 - Urk (Titel: De urethrotomia externa.); Chr 1874/75,12

Diss. Ingolst.-Landsh.-Mchn.

Brockmüller, H., Beiträge zur Kryptogamen-Flora Mecklenburgs. (Abdr. aus dem Archiv des Vereins der Freunde der Naturgeschichte in Meklenburg.) Neubrandenburg 863. (Brünslow.) gr. 8. (96 S.) n. 10 ngr.

Brockmüller, H., die Laubmoose Meklenburgs. 8. (170 S.) Schwerin 869, (Stiller'sche Hofbuchh.) *

Brockmüller, Jh. Joach. Dan., († d. 12. Febr. 1826.) dichter. Anklänge aus meinem Pilgerwallen durch Tyrol, Italien u. die Schweiz. 8. Tübing. 817. (Laupp). 21 gr.

Brockmüller, D. J. J. D., dichterische Anklänge aus meinem Pilgerwallen durch Tyrol, Italien und die Schweiz. 8. Tübingen, (Laupp). 819.

— Diss. de Homeri Odyssea. Fasc. I. II. 4. Kiel 806. Diss. de ingenio Pindari. 8. Rost. 807. Diss. de mimis veterum Graecorum. 4. Kopenh. 806.

Brockmüller, Paul, Höckchen-Döckchen, s.: Lille, Lotte.

Brockmüller, Tillmannus (geb. am 11 März 1809 in Jülich): De arteriarum torsione ... Bonnae, ex off. Moestiana (1833). 3 Bl., 18 S., 1 Bl. 4.
Bonn, Med. Fak., Diss. v. 23 März 1833

Brocks, Emil I. Ein Skolion des Horaz (Od. I, 32). II. Zu Ilias XVII, 330. 14 S. Progr. *Schwetz* 1881.

Brocks, Emil [Dir. Dr.]: Die sapphische Strofe und ihr Fortleben im lateinischen Kirchenliede des Mittelalters und in der neueren deutschen Dichtung. Marienwerder, Druck d. R. Kanter'schen Hofbuchdr., 1890; S. 1—37; 4°
Marienwerder, k. G, P 1890 (37)

Brocks, Emil Studien zu den scriptores historiae augustae. I. Aelius Spartianus. 19 S. Progr. G. *Marienwerder* 1877.

Brockszieper, E., das alte westphälische Sachsenland, die Ruine Hohensyburg a. d. Ruhr und der Heerführer Wittekind, im Zusammenhange ihrer Geschichte dargestellt. Nebst einer historischen pittoresken Uebersicht aller denkwürdigen Orte der Ruhrgegend. Ein Buch für das westphälische Volk u. die Besucher Hohensyburgs. Mit 1 lith. Ansicht von Hohensyburg. Haaen 853. Butz in Comm. 8. (XVI, 248 S.) 22½ ngl

Brockstedt, Gustav, aus Großenaspe: **Floovent-Studien. Sagen- u. litterargeschichtl. Untersuchungen. T. 1.** *Kiel: R. Cordes 1904.* (71 S.) 8° ¶ (Soll vollständig erscheinen.)
Kiel, Phil. Diss. v. [25. Juni] 1904

Brockstedt, Gust., Floovent-Studien. Untersuchungen zur altfranzös. Epik. (VIII, 164 S.) gr. 8. Kiel 907. R. Cordes. 7.—

— Das altfranzösische Siegfridlied. Eine Rekonstruktion. Mit e. Schlusswort: Zur Geschichte der Siegfridsage. (XII, 178 S.) gr. 8. Ebd. 908. 8.—

Brockstedt, Gust.: Von mittelhochdeut. Volksepen französ. Ursprgs. 1. u. 2. Tl. (162 u. 163) Lex8° Kiel, R Cordes '10'12. je 8 —

Brocktorf, C. Fr., s. Brockdorff

Brockwell, ..., Reisen n. d. Insel St. Andreas, (v. Th. Fr. Ehrmann). 8. Zittau 787. Schöps. 7 gl

Broeckx, C., Essai sur l'histoire de la médecine Belge, avant le XIXe siècle. Ouvrage couronné et publié par la Société de médecine de Gand. Orné de IV gravures sur cuivre. Lex.-8. Gand 837. (Bonn, Marcus.) n. 2 ß

Brod s. a.: Brot.

Brod, das. Organ des wirthschaftlichen und wissenschaftlich-technischen Vereins für Fortbildung des Backwesens und des Backgewerbes und Sprechsaal für die einschlagende Technik, sowie für die Nahrungsfrage überhaupt. Hrsg. von dem Vereins-Ausschusse und redig. von Mor. Frhrn. v. Eberstein. Mit Abbildungen. 1. Jahrg. Oktbr.—Dezbr. 1869. 13 Nrn. gr. 8. Leipzig, M. Schäfer. *

Brod, das. Organ des wirthschaftlichen und wissenschaftlich-technischen Vereins für Fortbildung des Backwesens und des Backgewerbes und Sprechsaal für die einschlagende Technik, sowie für die Nahrungsfrage überhaupt. Hrsg. von Mor. Frhrn. v. Eberstein. Mit zugehörigen Abbildungen. 2. Jahrg. 1870. 52 Nrn. (½ Bog.) gr. 8. Leipzig, M. Schäfer. *

Brod, Arbeit und die Wahrheit. Zuruf eines französischen Arbeiters an seine Mitbrüder. 12°. Cassel 1848.

Brod, das gebrochene, der Kleinen; od. die christkathol. Lehre in leichten Fragen u. Antworten. Versuch e. Katechismus nach den Bedürfnissen unserer Schuljugend, u. nach den Wünschen unsers Volkes. (Von K. Zwickenpflug.) 2. Aufl. (6 B.) 842, 3. u. 4. Aufl. 8. (à 9 B.) Regensburg 843, 44, Manz. à *

Brod, das gebrochene, der Kleinen od. die christl.-kathol. Lehre in leichten Fragen u. Antworten. Versuch eines Katechismus nach d. Bedürfnissen unserer Schul-Jugend, u. nach den Wünschen unseres Volkes (von K. Zwickenpflug). 6. Aufl. 8. (144 S.) Regensburg 847, Manz. — 7. Aufl. 8. (144 S.) Ebd. 850. ⅓ ß

Brod, das, des Lebens. Vollständiges Kommunionbuch für katholische Christen, besonders für solche, die öfter kommuniziren. Enthaltend 30 verschied. Kommunionandachten aus den Schriften der Väter und erleuchteter Geisteslehrer. Nach dem Latein. von Friedr. Willam. Nebst einem Anhang der gewöhnl. Andachten. 2., verm. Aufl. 12. (X und 432 S. mit 4 Stahlst. und lithogr. Titel.) Einsiedeln 858, Gebr. Benziger.

—— d. liebe. qu. 4. (12 Hlzschntf.) Stuttg. 69, Risch. — 21

—— das liebe. 12 color. Bilder (auf Holzschntaf.). qu. gr. 4. Stuttgart 869, Gebr. Scheitlin.

—— dass. — Mit Bildern gezeichnet von Ferd. Rothbart. Neue Aufl. qu. 4. (22 S. mit 12 color. Stnt.) Ebendas. 874. geb.

Brod, das liebe. qu. 4. (12 color. Steintaf. auf Carton.) Stuttgart 874. Eger & Distler. geb. 2. 10

Brod, d. liebe. 4. (12 L. auf Carton.) Stuttg. 74, Risch. geb. 2. 10

Brod, das neue, oder die Kunst, das beste Brod in allen Sorten, in Haushaltungen sowohl wie im Großen, zu jeder Zeit um 30 Procent wohlfeiler zu backen, als der Ladenpreis ist. Zum Gebrauch für Jedermann. Von F. G. 8. Hanau 840. Edler. (Auch Frankfurt, Döring'sche Buchh.) Verklebt $^5/_{12}$ ß

—— f. d. Seele. 18. (174) Freib. 60, Scheublo. — 5; geb. n. — 8

Brod für die Seele. 31 Betrachtungen von einem Priester des dritten Ordens. Nebst Morgen-, Abend- Meß- und Beichtgebeten rc. Freiburg im Br. 860. Wangler. 18. (X, 174 S. u. 1 Stahlst.) 5 ngr

Brot für die Seelen. 31 Betrachtungen. Freiburg 1860. V: *Rolfuss, Hermann.* (Kn)

Brod, das tägliche. Auszug aus dem die schönsten deutschen Gebete des Mittelalters enth. „Seelengärtlein" 64. (IX, 310 S.) Augsburg 880. Literar. Institut von M. Huttler. n. 1.—; geb. in Chagrin m. Goldschn. n.n. 3.—

Brod, das tägliche. Auszug aus dem die schönsten deutschen Gebete d. Mittelalters enthalt. „Seelengärtlein". 2. Aufl. 64. (VIII, 310 S.) Augsburg 883. Literar. Institut v. Dr. M. Huttler. n.n. 1.—; geb. n.n. 2.—

Brod, das tägliche. Auszug aus dem die schönsten Gebete des Mittelalters enthaltenden „Seelengärtlein". 3. Aufl. 64. (VIII, 310 S.) Augsburg 886, Litterarisches Institut von Dr. M. Huttler. ℳ 1.—; geb. *ℳ 2.—. und *

— das tägliche, der ersten Christen. Ein Unterricht über den öftern Empfang der heil. Communion. Aus e. ältern Werke übers. Bearb. u. herausgeg. von J. Ackermann. 8. Mit 1 Stahlst. Rorschach 846, Metzger u. Koch. 10½ ngl

— das tägliche, der ersten Christen. Ein Unterricht üb. den öftern Empfang der heil. Kommunion. Aus einem älteren Werke übers. Bearb. u. neu herausg. v. Jos. Akermann. 8. (VI u. 233 S. nebst 1 Stahlst.) Rorschach 847, Metzger u. Koch. 10½ ngl

— tägliches, oder kurze Lebensregeln auf alle Tage des Jahres, gesammelt aus den Schriften des heil. Franz v. Sales. Aus dem Italien. Mit einem Anh. von Gebeten und Unterricht. 2. verm. Aufl. Innsbruck 861. Vereinsbuchhdlg. 32. (128 S.) 3 ngr

Brod, tägliches, aus Gottes Wort. 2. Aufl. 8. (48 S.) Bremen 863, (Noltenius.) *

Brod, tägl., a. Gottes Wort. 2. Afl. 8. (48) Brem. 66, (Noltenius.) n. — 2

Brod oder Tod! gr. 8. (8 S.) Borken 851. (Altona, Verlagsbureau.) — 2. Aufl. gr. 8. Ebd. 851. — 3. Aufl. gr. 8. Ebd. 851. baar 1 ngl

Brod, Jak., der Bürgerkrieg. Sozialhistor. Drama in 5 Aufzügen. (VII, 161 S.) 8. Wien 908. (Wiener Volksbuchh.) 2. 50

Brod, Josef [aus Würzburg]: Beiträge zur Lehre von der Eiweissverdauung. (I. Abschn.: Die Fibrinquellung in verdünnten Halogenwasserstofflösungen.) ... Würzburg, Becker's Univ.-Buchdr., 1892; 44 S., 1 Bl. 8.
Würzburg, Med. Fak., Inaug.-Diss. v. 1892

Brod, Max: Abschied v. d. Jugend. Romant. Lustsp. (113) 8° Berl.-Ch., A Juncker V. ('12). 2.50

— Arnold Beer. Schicksal e. Juden. Roman. (176) 8°.Ebd. ('12). 3 —; geb. n 4 — d

— Der Bräutigam, s: Orplidbücher.

Brod, Max, ein tschechisches Dienstmädchen. Klein. Roman. (Den Umschlag zeichnete Lucian Bernhard.) 1. u. 2. Aufl. (124 bezw. 127 S.) 8. Stuttgart (909). Berlin-Ch., A. Juncker. 1. 50

— Die Erziehung zur Hetäre. Ausflüge ins Dunkelrote. (Umschlag u. Einbde. zeichnete L. Bernhard.) (153 S.) 8. Berlin-Ch. (909). A. Juncker Verl. 2. 50

— Experimente. 4 Geschichten. (129 S.) kl. 8. Stuttgart 907. Berlin-Ch., A. Juncker. 2. —

— Die Höhe d. Gefühls. Szenen, Verse, Tröstgn. (119) gr8° Lpzg. K Wolff '13. 3 —; geb. n 4.50; Ldr 15 —

— Jüdinnen. Roman. 3. Afl. (270) 8° Berl.-Ch., A Juncker V. ('11). 4 —; geb. 5 — d

— Schloss Nornepygge. Der Roman des Indifferenten. (Umschlagzeichnung v. Lucian Bernhard.) (511 S.) 8. Ebd. (908.) 5.—; geb. n 6. —

Max Brod: Schloss Nornepygge. Der Roman des Indifferenten. 2. Aufl. Berlin, Stuttgart, Leipzig: Juncker (1908). 511 S. 8° A 12. 2931 11

Max **Brod**. Tagebuch in Versen. Berlin-Charlottenburg: Juncker (1910). 92 S. 8° [11. 18564

Brod, Max, Tod den Toten! (Umschlagzeichnung v. W. Senker.) (198 S.) 8. Stuttgart (906). A. Juncker. n. 3. —

— **Der Weg des Verliebten.** Gedichte. (87 S.) kl. 8. Stuttgart (907). Berlin-Ch., A. Juncker. 4. —

Brod, Michael: Zur Differentialdiagnose der Hüftgelenkserkrankungen. *Würzburg 1897: P. Scheiner.* (39 S.) 8°
Würzburg, Med. Diss. v. 1897

Broda, E. Das österr. Seuchengesetz und das mährische Landesgesetz über Viehvers. Wien 1885.

Broda, Karl Beiträge zur Theorie der Teilbarkeit der Zahlen. 16 S. 8. Progr. *Karolinenthal (Prag)* 1878.

Broda, Karl Bestimmung des Inhalts von Fässern. 23 S. 8. Progr. *Karolinenthal (Prag)* 1879.

Broda. Rodolphe, s.: Dokumente des Fortschritts.

Broda, R: Inwieweit ist e. gesetzl. Festlegg d. Lohn- u. Arbeitsbedinggn möglich? Erfahrgn Englds, Australiens u. Kanadas. (10, 286) 8° Berl., G Reimer '12. 4 —

— u. Jul. **Deutsch**, das moderne Proletariat. Eine sozialpsycholog. Studie. (V, 226 S.) 8. Berlin 910. G. Reimer. 5. —

Brodal, Peter: Versuche zur Darstellung von Paranitrobenzaldehyd. 1908. 36 S. 8°
Darmstadt, Dr.-Ing.-Diss. v. 13. 10. 1908

Brodbeck, Adolf

— alle 600 Jahre kommt e. neuer Heiland. Durch 4200 Jahre der Weltgeschichte hindurch nachgewiesen. gr. 8. (16 S.) Heidelberg 893. J. Hörning. — 30

— alle 600 Jahre kommt e. neuer Heiland. Durch 4200 Jahre der Weltgeschichte hindurch nachgewiesen. 2., verm. Aufl. gr. 8. (27 S.) Heidelberg 900. J. Hörning. n. — 40

Brodbeck, Adf., Briefe an e. erwachsenes Mädchen. 8. (157 S.) Leipzig 899. A. Strauch. n. 2. —; geb. in Leinw. n.n. 2. 60

Brodbeck, Adf., Einleitung in die Philosophie. Mit Zugrundelegung von Schleiermachers Dialektik dargestellt. gr. 8. (VIII, 51 S.) Tübingen 881. (Fues.) n. 1. 20

Brodbeck, A., Festschrift zum 25jährigen Regierungs-Jubiläum m. besond. Berücksicht. der Protektorats-Anstalten Ihrer Maj. der Königin Olga v. Württemberg. Lex.-8. (33 S.) Stuttgart 889. Wittwer's Verl. n. — 50

Brodbeck, A, Festschrift z. 25 jähr. Regierungs-Jubiläum m. bes. Berücks. d. Protektorats-Anstalten Ihrer Maj. d. Königin Olga v. Württemberg. 8. (33) Stuttg. 90. Wittwer's V. n. — 50

Brodbeck, A. Die zehn Gebote des Jesuiten. Aus den Hauptwerken d. Jesuiten zusammengestellt m. genauer Quellen-Angabe. In-8°. 43 S. Zürich, Verlags-Magazin. 1894 — 50

— die physischen Grundfragen der Musik-Wissenschaft, methodisch zusammengestellt. gr. 8. (13 Bl.) Stuttgart 883. G. A. Zumsteeg. 1. —

Brodbeck, A. Die Grundsätze der modernen Weltanschauung. In-8°. IV, 80 S. Zürich, Verlags-Magazin (J. Schabelitz). 1896 1 25

—— die Grundwissenschaft. 1. Tl.: Das Wesen des Wissens. 1. Abschn. A. u. d. T.: Mensch und Wissen. Eine Untersuchung über die anthropolog. Grundfragen der Erkenntnisstheorie. gr. 8. (X, 218 S.) Stuttgart 884, Metzler'sche Buchh.

—— das Ideal der Hochschulen. Gewidmet allen akadem. Bürgern. 8. (VII, 109 S.) Tübingen 884, Osiander'sche Buchh. *

Brodbeck, Adf., Knospen und Blüthen. 8. (57 S.) Tübingen 877, Fues'sche Sortimentsb. *

Kraft und Geist! Eine Streitschrift gegen d. unhaltbaren Schein-Monismus Professor Häckel's u. Genossen. Von Dr. Adolf **Brodbeck**. Leipzig: Strauch [1899]. 32 S. 8° [11. 561 7

— Leben u. Lehre Buddha's, des indischen Heilandes, 600 Jahre vor Christo. Nach den gründl. Forschgn. der ersten Autoritäten kurz zusammengefaßt u. ehrl. Leuten zum Nachdenken vorgelegt. 8. (19 S.) Zürich 893. Verlags-Magazin. n. — 40

Brodbeck, A. Leben u. Lehre Buddhas, des indischen Heilandes, 600 Jahre vor Christo. Nach den gründl. Forschgn. der ersten Autoritäten kurz zusammengefasst u. ehrl. Leuten zum Nachdenken vorgelegt. 2. Aufl. In-8°. 24 S. Zürich, Verlags-Magazin. 1896

— Leib u. Seele. Ihr gegenseit. Verhältniß, zurückgeführt auf das psycho-physiolog. Grundgesetz. gr. 8. (45 S.) Hannover-Linden 893. Manz & Lange. n. 1. —

— Zum ewigen Licht. Gebete u. Andachten, Hymnen u. Sprueche, sow. 8 Cantaten (verf. z. liturg. Gebrauche in aufgeklaerten, edel-menschl. Vereinen, sow. z. privaten Erbaug.) gr. 8. (86 S. m. Vignetten u. Bildnis.) Chicago 897. (Koelling & Klappenbach.) n. 1. —

Brodbeck, Adf., Münzen aus der römischen Kaiserzeit, nach den Originalen im brit. Museum abgebildet von der London Autotype-Company und mit erläut. Text versehen. qu. Fol. (1 Taf. mit 2 S. Text.) Stuttgart 885, Metzler'sche Buchh., Verlag. *

— die Poesie aller Völker in Form ganz kurzer Uebersichten. gr. 4. (8 Blatt.) Esslingen 890. Lung. Mit Pap. durchsch. n. — 60

Brodbeck, A. Die friedliche Revolution des zwanzigsten Jahrhunderts. Gr. in-8⁰. 31 S. Zürich, Cäsar Schmidt. 1893 1 50

— e. Tag im Religions-Parlament zu Chicago. Enth. d. Reden d. Haupttages, nebst Kommentaren. gr. 8. (VIII, 124 S.) Bamberg 895. Handelsdruckerei. n. 3. 20; geb. n. 4. —

Brodbeck, A. Weizen ohne Spreu. Das bleibend Wertvolle in den christl. Religions-Urkunden ein- für allemal herausgestellt u. erläutert. Den Freunden und Feinden der Bibel in Liebe gewidmet vom Verf. 8⁰. III, 106 S. Zürich, Verlags-Magazin. 1898

— die Welt d. Irrthums. 100 Irrthümer aus den Gebieten d. Philosophie, Mathematik, Astronomie, Naturgeschichte, Medicin, Weltgeschichte, Aesthetik, Moral, Socialwissenschaft, Religion, zusammengestellt u. erörtert v. A. B. 8. (V, 112 S.) Leipzig 893. W. Friedrich. n. 1. 50

— dasselbe. 2. Aufl. 8. (V, 121 S.) Ebd. 893. n. 1. 50

Die Welt des Irrthums. 100 Irrthümer aus d. Geb. d. Philosophie, Mathematik, Astronomie ... Zsgest. u. erörtert von Dr. phil. Adolf Brodbeck. 2. Aufl. Leipzig: W. Friedrich (1894). (121 S.) 8° 08. 17467

— Die Welt des Irrthums. 100 Irrthümer a. d. Gebieten d. Philosophie, Mathematik, Astronomie, Naturgeschichte, Medicin, Weltgeschichte, Aesthetik, Moral, Socialwissenschaft, Religion. Zusammengest. u. erört. 4. (Titel-)Aufl. 8. (VII, 121 S.) Leipzig (895) 898. W. Friedrich. n. 1. 50

Brodbeck, Adf: Die Welt d. Irrtums. 100 Irrtümer a. d. Gebieten d. Philos., Mathematik, Astronomie, Naturgesch., Medizin, Weltgesch., Aesthetik, Moral, Sozialwissensch. u. Relig. Zusammengest. u. erörtert. 5. Afl. (7, 122) 8° Lpzg, M Altmann '12. 1.50; geb. 2 —

—— Zeittafeln und Skizzen zur Geschichte der Musik, im Anschluss an Prof. Dr. Ludwig Stark's Vorträge am Stuttgarter Conservatorium entworfen. Lex.-8. (III, 11 S.) Stuttgart 883, Sulze und Galler.

Brodbeck, A, Zoroaster. Ein Beitr. z. vergleich. Geschichte d. Religionen u. philosoph. Systeme d. Morgen- u. Abendlandes. 8° (346) Lpzg 93, W Friedrich. 8 —

— Zoroaster. E. Beitrag z. vergleich. Geschichte d. Religionen u. philosoph. Systeme d. Morgen- u. Abendlandes. 2. [Titel-] Aufl. gr. 8. (XIII, 346 S.) Ebd. (893) 898. n. 5. —

— die Zweige der Musik, übersichtlich zusammengestellt. gr. 8. (9 Bl.) Stuttgart 883. G. A. Zumsteeg. 1. —

Brodbeck, C. Dav., selectus materiae medicae et simpl. et comp. 8. Ulm. 749.

Brodbeck, Carl, aus Meerane ⟨Kgr. Sachsen⟩: Ueber Fettembolie. *Greifswald 1901: F. W. Kunike.* (50 S.) 8°
Greifswald, Med. Diss. v. 8. Juni 1901

Brodbeck Caroline. Zeichnen der Schnittmuster für weibl. Bekleidung. Stuttgart 1878

[Brodbeck, Gustav.] Ueber Wohnungsmiete und die bezügliche Stadtbaslerische Rechtsübung. Ein Ratgeber für Mieter und Vermieter. Von einem alten Praktiker. 6., vermehrte und verbesserte Aufl. 30 S. 8. Basel, Benno Schwabe & Co., 1909. [fr. —. 60]

Brodbeck, H., der Morse'sche Telegraph in der Schweiz. Leitfaden für schweizer. Telegraphisten. Mit 90 Fig. auf 13 lithogr. Taf. (in qu. Fol.). gr. 8. (VIII, 120 S.) Frauenfeld 872, (Huber.) *

Brodbeck, J., nach Osten. Untersuchungsfahrt nach der Ostküste Grönlands vom 2. bis 12. Aug. 1881. Hrsg. im Auftrage des Missions-Departements der Brüdergemeine. 8. (88 S. m. phototyp. Umschlag u. 1 lith. Karte.) Niesky 882. (Gnadau, Unitäts-Buchh.) n. — 50

Brodbeck, J., nach Osten. Untersuchungsfahrt n. d. Ostküste Grönlands vom 2.—12. VIII. 1881. 2. Aufl. 8. (83 S.) Niesky 892. (Herrnhut, Missionsbuchh.) n. — 25

Brodbeck, Johann Jacob. Geschichte der Stadt Liestal. Aus den Archiven, aus Chroniken, Geschichtswerken und mündlichen Mittheilungen gesammelt und in Chronikform dargestellt von J' Jakob B'.... [Mit 1 Vignette.] (2 Theile.) 8. Liestal (1864-)1865.

Brodbeck-Arbenz, J[acob]. Ist Deutsch eine Weltsprache? Vortrag von Kaufmann J. Br'-A' gehalten in der Gesellschaft für deutsche Sprache in Zürich. Sonderabdruck aus der Zeitschrift des Allgemeinen Deutschen Sprachvereins [Jahrg. 22 Nr. 5], Verlag in Berlin.... IV + 12 S. 8. (Halle a. S., Buchdr. des Waisenhauses, 1907.)
Flugschrift [Nr.] 3. [Herausgeber:] Deutschschweizerischer Sprachverein....

Brodbeutel-Liederbuch, deutsches, für Schleswigholsteins Krieger. Neumünster 864. Schleswigholsteinsche Verlagsbuchhdlg. 16. (72 S.) n. 3 *ngr.*

Brodbeutel-Liederbuch, deut., f. Schleswigholsteins Krieger. 16. (72) Neumünster 64. (Flensb., Westphalen.) n. — 3

Brode, A. (Red.), s. Der Kleinhandel.

Geschichte Rixdorfs. Von Eugen Brode. *Rixdorf: Mier & Glasemann 1899.* (176 S.) 8° [F.] 00. 4386

Brode, Heinr., Tippu Tip. Lebensbild e. zentralafrikan. Despoten. Nach seinen eigenen Angaben dargestellt. (III, 167 S. m. 1 Bildnis.) gr. 8. Berlin 905. [W. Baensch.] E. Nagel. Geb. in Leinw. n. 4. 50

Brode, Joh., Elemente der physikal. Chemie, s. Bibliothek der gesamten Technik.

Elemente der physikalischen Chemie. Von Johannes Brode. Mit 15 Abb. Hannover: Jänecke 1908. IV, 148 S. 8°
(Bibliothek d. gesamten Technik. Bd 30.) 09. 10973 7

Brode, Johannes, aus Schwerz: Katalyse bei der Reaktion zwischen Wasserstoffperoxyd und Jodwasserstoff. Mit 7 Fig. im Text. *Leipzig: W. Engelmann 1901.* (53 S.) 8° ¶ (Aus: Zeitschrift f. physikal. Chemie, Bd 37, H. 3.)
Leipzig, Phil. Diss. v. [14. Juni] 1901

Brode, Johannes, Dr. phil.: Über die Oxydation des Stickstoffes in der Hochspannungsflamme. Mit 19 in d. Text gedr. Abb. 1905. 63 S. 8° ¶ Auch bei Knapp in Halle.
Karlsruhe Te. H., Hab.-Schr. v. 11. 7. 1905

Brode, Rhold., Max Duncker. Ein Gedenkblatt. gr. 8. (80 S.) Berlin 887, Calvary und Comp. *
Aus: Biographisches Jahrbuch für Altertumskunde, besonders abgedruckt.

Brode, Reinhold: Freigrafschaft und Vehme. Eine verfassungs- und rechtsgeschichtliche Studie. Halle a/S. 1880: Karras. 36 S. 8°
Halle-Wittenberg. Phil. Diss. v. 6. Aug. 1880
Geb. Pakulent bei Stettin 11. 8. 1856. V.
Das angekündigte vollst. Erscheinen als ein Heft der Untersuchungen zur Deutschen Staats- und Rechtsgeschichte, Hrsg.: O. Gierke, in Breslau bei Köbner unterblieb.

Brode, Rhold., Friedrich der Große u. der Conflict m. seinem Vater. Zur inneren Geschichte der Monarchie Friedrich Wilhelms I. (X, 486 S) gr. 8. Leipzig 904. S. Hirzel. n. 9. —

Die Friedrichs-Universität zu Halle. Zwei Jahrhunderte deutscher Geistesgeschichte von Dr. Reinhold Brode, Prof. Halle a. S.: C. Nietschmann 1907. (68 S.) 8°
Aus: Halle in d. Gegenwart. 07. 9709 3

Brode, Reinhold [Dr. phil.]: Der Große Kurfürst und der deutsche Fürstenstand in der Epoche von 1672. . . . Halle a/S. (G. Pätz'sche Buchdr. (Lippert & Co.), Naumburg a./S.) 1889; 1 Bl. + 32 S. 8°
Halle, Phil. Fak., Hab.-Schr. v. 12. März 1889

Brode, Rhold., s.: Mitteilungen, neue, aus dem Gebiet historisch-antiquarischer Forschungen.

— der Schauplatz des Kaisermanövers 1903. Historische Skizzen aus Deutschlands Vergangenheit. (XV, 155 S. m. Abbildgn.) 4. Halle 903. Gebauer-Schwetschke. n. 2. 50

— s.: Urkunden- u. Aktenstücke zur Geschichte des Kurfürsten Friedrich Wilhelm v. Brandenburg.

Brodeis, Ferdinand (Hrsg.), s. Schuhmacher-Zeitung, Neue Wiener.

Brodek, M. (Red.), s. Buchbinder-Zeitung, Berliner.

Brodén, Torsten

Brodén, T., über gewisse Arten linearer Differentialgleichungen 2. Ordnung. (S. 419–447.) gr. 8. Stockholm 904. (Berlin, R. Friedländer & Sohn) n.n. 1. –
Sonderabdr. aus: „Arkiv f. matematik, astronomi och fysik"

Broden, T: Bemerkgn üb. sog. finite Integration. [Aus: „Arkiv f. matematik, astronomi och fysik".] (34) 8° Uppsala '11. Berl., R Friedländer & S. nn 1.20

Ueber Grenzwerthe für Reihenquotienten. Von T[horsten] Broden . . . *Stockholm: Kgl. Boktr. P. A. Norstedt & söner 1897.* (49 S.) 8.
= Bihang till K. Svenska Vet.-Akad. Handlingar. Bd 23. Afd. 1. No 2.
[99. 1096

Zur Theorie der mehrdeutigen automorphen Funktionen. Von T[orsten] **Brodén**. Lund 1904: E. Malmström. (54 S.) 4°
= **Acta** universitatis **Lundensis**. **Bd 40, Afd. 2, No 3.**
[06. 6100 8

Broder, Adolf. von Sargans. Cant. St. Gallen: Ein Beitrag zur Histologie des Knorpels. Zür. Zürcher u. Furrer Dr. 1865. 2 Bl., 30 S., 1 Bl. 1 Taf. 8°.
Zürich, Med. Diss. v. 13. Dez. 1865.

Bröder, Christian Gottlob

Bröder, Chr. Glo., († d. 14. Febr. 1819.) kurze u. gründl. Beantwortung zweier Recensionen in der Jen. u. Hall. allgem. Liter.-Zeit. über das Buch: die entdeckte Rangordnung d. latein. Wörter. 8. Leipz. 816. W. Vogel. 2 gr.

Bröder, Chr. Glo., neu eingericht. Elementarwerk in Fragen u. Gegenfragen, zur Bildung d. Verstandes. 8. Hannov. 804. Hahn. 18 gr. Schrbp. 22 gr.

Bröder, (C. G.,) d. völlige Gleichheit d. griech. u. latein. Sprache in d. Rangordnung od. Stellung d. Wörter, aus d. Schriften des neuen Testam. für d. ganze Syntax völlig klar gemacht u. bewiesen. 8. Halberstadt 822, Brüggemann.

— die völlige Gleichheit d. griech. u. latein. Sprache in d. Rangordnung od. Stellung d. Wörter; aus d. Schriften des neuen Testam. für d. ganze Syntax völlig klar gemacht u. bewiesen. 8. Halberst. 823. Brüggemann. (Leipz., Reimann). 9 gr.

Bröder, Chr. Glo, die völlige Gleichheit der griech. und latein. Sprache in der Rangordnung oder Stellung d. Wörter, aus den Schriften des N. Testam. für die ganze Syntax völlig klar gemacht u. bewiesen. 8 Leipzig 823. (Melzer.) 1/3 Thlr.

Bröder, Christ. Gtlob. Grammatik. Zusätze, s. Aumann.

— kl. latein. Grammatik, m. leichten Lect. f. Anfänger. gr. 8. Lpz. 795. 19e Aufl. v. L. Ramshorn 822. 21e A. 827. (Vogel)

— kl. latein. Grammatik, m. leicht. Lectionen f. Anfänger. gr. 8. Leipz. F. C. W. Vogel. 811.

Bröder, C. G., kleine latein. Grammatik mit leichten Lectionen f. Anfänger. 12te verb. Aufl. gr. 8. Leipz. C. F. W. Vogel. 815. Dithlr.

— — kleine lateinische Grammatik mit leichten Lectionen für die Anfänger. 18te Aufl. gr. 8. Ebendas. 821.

Bröder, Chrstn. Gtlo., kleine latein. Grammatik mit leicht. Lectn. f. Anfänger. Aufs neue durchges. u. verb. v. Ludw. Ramshorn. 22., verb. u. verm. Orig.-Aufl. 828., (23. A.?) 24. A. 830. u. 25. A. (à 17 B.) gr. 8. Leipzig 832, Vogel. à

Bröder, Christ. Gtlo., kleine latein. Grammatik m. leicht. Lectionen f. Anfänger, aufs neue durchges. u. verb. v. Ludw. Ramshorn. 26., verb. u. verm. Original-Aufl. gr. 8. (17 B.) Leipzig 835, W. Vogel.

Bröder, Chrn. Glob., kleine lateinische Grammatik mit leichten Lectionen f. Anfänger. Auf's neue durchges. u. verb. v. Ludw. Ramshorn. 27. verb. u. verm. Orig.-Aufl. Neuer unveränderter Abdr. gr. 8. (VI u. 266 S.) Leipzig 851, Vogel. n. 1/3 Thlr.

Bröder, Chrn. Glo., kleine lateinische Grammatik mit leichten Lectionen für Anfänger, auf's neue durchges. u. verb. von Ludw. Ramshorn. 27. verb. u. verm. Orig.-Aufl. Neuer unveränd. Abdr. Leipzig 854. Vogel. gr. 8. (VI, 264 S.) 10 ngr.

Bröder, Chrn. Glob., kleine lateinische Grammatik mit leichten Lectionen für Anfänger, aufs neue durchgesehen und verb. von Ludw. Ramshorn. 1—3. Stereot.-Abdr. nach der 27. Orig.-Aufl. Leipzig 859—63. Vogel. gr. 8. (IV, 264 S.) 10 ngr.

Bröder, Chrn. Glob., kleine lateinische Grammatik mit leichten Lectionen für Anfänger, aufs neue durchgesehen und verb. von Ludw. Ramshorn. 3. und 4. Ster.-Abdr. nach der 27. Orig.-Aufl. gr. 8. (IV und 264 S.) Leipzig 863,66, Vogel.
Mit Wörterbuch

Broeder's, Chr. Glob., kleine lateinische Grammatik für Anfänger. Mit Wörterbuch. 32. Aufl. [Stereotyp-Abdr.] gr. 8. (419 S.) Leipzig 870, F. C. W. Vogel.

— Wörterbuch zur kl. latein. Grammatik. gr. 8. Leipz. 796. (bis 1830, 20 Aufl.)

— Wörterbuch z. kl. lat. Grammatik. gr. 8. Leipz. F. C. Vogel. 810.

— Wörterbuch z. klein. latein. Grammatik. 10te Aufl. gr. 8. Leipz. C. F. W. Vogel. 814.

— — Wörterbuch zu seiner kleinen lat. Grammatik. 5te Aufl. gr. 8. Ebendas. 821.

— Wörterbuch hierzu, 17e Aufl. gr 8. Ebend. 1827

—— Wörterbuch zu seiner kl. latein. Grammatik f. Anfänger. 19., verb. Aufl. 828., 20. A. 830., 21. A. (à 10 B.) gr. 8. Leipzig 832, Vogel. à

—— Wörterbuch hierzu. 22., verb. Aufl. gr. 8. (10 B.) Leipzig 835, W. Vogel.

Bröder's, Chrn. Glob., Wörterbuch zu seiner kleinen lateinischen Grammatik für Anfänger. 2. und 3. Ster.-Abdr. nach der 23. Orig.-Aufl. gr. 8. (VI und 151 S.) Leipzig 863,65, Vogel.

— prakt. Grammatik d. latein. Sprache. Mit d. Lect. lat. gr. 8. Leipz. 787. 2e A. 793. 16e Aufl. v. L. Ramshorn. W. Vogel. 16 gr.

— prakt. Grammat. d. lat. Spr. mit d. Lection. latin. gr. 8. Ebend. 810.

— prakt. Grammatik d. latein. Sprache m. d. Lectiones latin. 10te Ausg. gr. 8. Ebend. 815.

— — praktische Grammatik der lateinischen Sprache cum lect. lat. 15te Aufl. gr. 8. Ebendas. 821.

— prakt. Grammatik d. latein. Sprache: Nebst Lectiones latinae. Aufs neue durchges. verb. u. verm. v. L. Ramshorn. 17e Orig. Aufl. gr. 8. Ebd. 824. 16 gr. Die Lectiones latinae apart

—— practische Grammatik d. latein. Sprache. Aufs neue durchges., verb. u. verm. v. Ludw. Ramshorn. 18., verb. u. verm. Orig.-Aufl. gr. 8. (32 B. u. Lect. lat. edit. XII. 6½ B.) Leipzig 828, Vogel.

— lectiones latinae delectandis excolendisq. puer. ingen. accom. 8 maj. Leipz. 787. 2e A. 793. 17e A. 824. 18e A. 828. W. Vogel. 4 ₰

— lectiones latinae delectandis excolendisq. puer. ingen. accom. 8. maj. ibid. 808.

— Lectiones latinae delectandis excolendisque puerorum ingeniis accom. Edit. V. 8maj. ibid. 813.

— — lectiones latinae etc. Edit. XIV. 8maj. Ibid. 820.

— Lectiones latinae. Edit. 15. Lips. 821. 8. 6 gr. Ist der gewöhnliche Anhang der grössern Grammatik.

— latein. Lectionen f. Anfänger Stufenweise eingerichtet. Enthaltend Naturgeschichte, Gespräche, Erzählungen und Fabeln. (Aus dessen kleinen latein. Grammatik besonders abgedruckt.) gr. 8. Ebend. 813.

Bröder's Elementar-Lesebuch der lateinischen Sprache. Hannover 805. 8. 6 gr. Ausg. 6. Ebend. 822. 8. 7 gr.

— elementar. Lesebuch d. latein. Sprache, für die untern Klassen. gr. 8. Hannov. 806 — 27. 8 Aufl. 9e v. J. Billerbeck verb. u. verm. Aufl. 829. Hahn. 6 ₰

— elementarisches Lesebuch d. latein. Sprache, f. die untern Classen. 3te verm. u. verb. Aufl. gr. 8. Hannover, Gebr. Hahn. 815.

— — elementar. Lesebuch der latein. Sprache für die untern Classen. 4te verb. Aufl. gr. 8. Hannover, Gebrüder Hahn. 818.

—— elementarisches Lesebuch d. latein. Sprache f. d. unteren Classen, die anfängl. Erlernung dies. Sprache so leicht als möglich zu machen. Ein Pendant zur kl. latein. Grammatik. Neu besorgt v. J. Billerbeck. 9., verm. u. verb Aufl. gr. 8. (11 B.) Hannover 829, Hahn.

— elementar. Lesebuch der latein. Sprache, für die untern Klassen. Neu besorgt v. Billerbeck. 10e Aufl. gr. 8. Hannov. 839. Hahn. ⅓ ₰

Bröder's, Chrn. Glob., elementarisches Lesebuch der lateinischen Sprache für die unteren Classen. Neu besorgt von G. Chr. Crusius. 11., verm. und verb. Aufl. gr. 8. (VIII und 163 S.) Hannover 847, Hahn'sche Hofbuchh.

— lat. Lesebuch f. d. erst. Anfänger. gr. 8. Hannov. Hahn. 806.

— Liedersamml. f. d. liebe Schuljugend, nach d. Hauptstücken d. Katechismus. 8. Goslar 813. 6e Aufl. 827. Halberst. (Leipz., Reimann). 2 ₰

— Liedersamml. f. d. liebe Schuljugend, nach d. Hauptstücken d. Katechismus. 5e Aufl. 8. Goslar 824. (Halberst. Vogler.)

—— Liedersammlung f. d. liebe Schuljugend, nach d. Hauptstücken d. Catechismus geordnet. 8. Aufl. 8. (4 B.) Halberstadt 839, (Helm.) *

— Magazin gemeinnütz. Belustigungen u. Beschäftigungen. 2 Thle. 8. Hannov. 809. Hahn. 20 ₰

— die entdeckte Rangordnung d. latein. Wörter, durch e. Regel bestimmt ꝛc. 1e u. 2e Abtheil. 8. Hildesh. 815. Gerstenberg. 18 ₰ 2e Ausg. 8. Leipz. 817. W. Vogel. 12 ₰ Schrbp. 16 ₰

Bröder's entdeckte Rangordnung der lateinischen Wörter. Hildesh. 816. 2 Theile. 8. Leipzig 817. 8. 12 gr.

— kleines Schulgesangbuch od. Liedersammlung f. die Jugend. 2 Thle. 8. Goslar, Lohmann. 812 u. 15.

— Uebungen d. latein. Conjugationen, in deutschen Aufsätzen. Ein Anhang zu allen latein. Grammatiken. gr. 8. Hannov. 813. 2e A. 821. 3e Aufl. besorgt v. J. Billerbeck. 829. Hahn. 6 ₰

—— Uebungen d. latein. Conjugationen in deutsch. Aufsätzen, nebst e. noch nirgends gegeb. Anleit. zur rechten Stellung d. latein. Wörter. 3., verb. Aufl. Besorgt v. J. Billerbeck. gr. 8. (10 B.) Hannover 829, Hahn.

Bröder, Chr. Glo., Uebungen der Lateinischen Conjugationen in deutschen Aufsätzen, nebst einer noch nirgends gegeb. Anleitung zur rechten Stellung der Lateinischen Wörter. Als Anhang zu allen Lateinischen Grammatiken. 4. verb. Aufl. gr. 8. Hannover 841. Hahn'sche Hofbuchh. ¼ ₰

Broeder, K. A., mathematische Geographie zum Gebrauche in Volks-, Mittel-, Real- u. Präparanden-Schulen, sowie zum Selbstunterricht. (48 S. m. 37 Fig.) gr. 8. Wiesbaden (902). R. Bechtold & Co. n. — 80

Broderies norvégiennes. (Bibliothèque D. M. C.) (22 Taf. m. 12 S. illustr. Text.) 20×29,5 cm. Mulhouse (908). (Biberach, Dorn.) nn — 65

Brödermann, Ernst August

Die Fleischproduktion durch die Schafe, ihre wirtschaftl. Bedingung u ihre Rente von Domänenrat [E. A.] Broedermann-Knegendorf. Breslau 1907: Grass, Barth & Co. (18 S.) 8° [F.]
= Veröffentlichungen d. Landwirtschaftskammer f. d. Prov. Schlesien. H. 5. [08. 1909]

Brödermann u. Stutzer, die zeitweilige Lage der Zuckerindustrie. Vorträge, geh. im patriot. Verein zu Güstrow den 19. Febr. 1894. gr. 8. (28 S.) Güstrow 894. (Opitz & Co.) n. — 30

Schaf- und Schweine-Hochzuchten in England und ihre Bedeutung für deutsche Züchter. Bericht des zum Studium d. engl. Schaf- u. Schweinezucht nach England entsandten Sachverständigen Domänenrat E. A. Brödermann, Knegendorf. *Berlin: Deutsche Landwirtsch.-Ges.* 1903. (20 S.) 8° [F.]
= Berichte über Land- u. Forstwirtschaft im Auslande. Mitget. v. Ausw. Amt. Buchausg. St. 5. [04. 557]

Brödermann, EA: Schafzucht Deutschlds, s.: Bücherei, landw.

Schafzucht und Schafhaltung. Von E[rnst] A[ugust] Brödermann, Domänenrat. Hannover: M. Jänecke 1907. (72 S.) 8° [F.]
= Bibliothek d. gesamten Landwirtschaft. Bd 31. [08. 10/07 7]

Brödermann, E. A., über englische Viehzucht. Reise-Studien. gr. 8. (108 S. mit 2 Thierbildern [eingedr. Holzschn.]) Bremen 881, Heinsius. *

Brödermann, E. A., Züchtungs-Grundsätze. gr. 8. (16 S.) Leipzig 902. R. C. Schmidt & Co. n. — 60

— Züchtgsgrundl. Jetzt: Hannov., M & H Schaper. 01/05

Brodersen, Pastor Broder, lebenslänglicher Zuchthaus- u. Gefängnisprediger. 8. (61 S.) Breklum 888. Christl. Buchhandlg. n. — 50; cart. n. — 70

Brodersen, Carl Wilh., die Armuth; ihr Grund u. ihre Heilung, e. Beitr. zur Verminderung überhandnehmender Verarm. unt. d. niedern Volksclasse. gr. 8. (6¼ B.) Altona 833, Aue.

Brodersen, Carl Wilhelm (Hrsg.), s. Christus, d. Weg, d. Wahrheit u. d. Leben.

Brodersen, C. W., das Vaterunser. Eine Neujahrs-Predigt, gehalten am Neujahrstage 1857. Kiel 857. Schwers. gr. 8. (16 S.) (Homann) n. 4 ngr

Brodersen, Christian Peter, approb. Arzt aus Gaarden: Aus d. Städt. Krankenhause zu Kiel. Zur Kenntnis der chronischen Tabakvergiftung und der Lävulosurie. *Kiel 1903: Schmidt & Klaunig.* (29 S.) 8°
Kiel, Med. Diss. v. [22. Aug.] 1903

Gott der Herr hat geredet und hat uns Frieden zugesagt. Predigt am Friedensdankfest, den 4. Dec. 1864 gehalten v. Christian Wilhelm Brodersen. Flensburg. (1864.) 8°.

Brodersen, C. W., Gott der Herr hat geredet und hat uns Frieden zugesagt. Predigt am Friedensdankfest, den 4. Decbr. 1864 gehalten. gr. 8. (18 S.) Flensburg 865, (Herzbruch.) *

Brodersen, CW, Gott d. Herr hat geredet u. hat uns Frieden zugesagt. Pred. 8. (18) Flensb. 65, Westphalen. n. — 4

Auf der cimbrischen Halbinsel. Erinnerung an 1848. 49. 50. Den Kampfgenossen zur 30-jährigen Erhebungsfeier gewidmet v. [Detlev] Brodersen-Pinneberg.
Altona: Schlüter 1878. (241 S.) 8°.

Brodersen G. P. B.: De hernia umbilicali. Diss. inaug. med. Kiliae 1843. 55 S. P.

Brodersen, H. C. A., Chronik v. Gütergotz, s.: Schriften d. Vereins f. die Geschichte der Stadt Berlin.

Brodersen, Hans, s.: Berichte üb. Blitzschläge d. J. 1884—1899 in der Prov. Schleswig-Holstein.

Brodersen, Hans: Über Blitzschläge in Schleswig-Holstein. Kiel 1909: Schmidt & Klaunig. S. 225—275. 8° ¶(Aus: Brodersen: Berichte üb. Blitzschl. d. J. 1884—99 in d. Prov. Schl.-Holst. b. Lipsius & Tischer, Kiel.)
Kiel, Phil. Diss. v. 10. Mai 1909, Ref. Weber
[Geb. 3. April 82 Flensburg; Wohnort: Flensburg; Staatsangeh.: Preußen; Vorbildung: Realgymn. Flensburg; Studium: Techn. Hochschulen Berlin 2, München 1, Hannover 3, Univ. Kiel 6 S.; Rig. 13. Febr. 09.] [U 09. 2305

Brodersen, Johannes, z. Z. Assist. am Anat. Inst. in Kiel: Aus d. Institut f. allgem. Pathologie u. pathol. Anatomie in Rostock. Die Veränderungen der Niere nach zweiständiger Unterbindung der Arteria renalis als Folgen einer veränderten Durchströmung des Gefäßes. *Rostock 1904: Adlers Erben.* (64 S.) 8°
Rostock, Med. Diss. v. [15. Juni] 1904

Brodersen, L., s.: Voigt, C., Choräle.

Führer durch Itzehoe und nächste Umgebung. Handb. f. Einheimische u. Fremde v. M. A. Brodersen. M. 1 Pl. d. Stadt u. 1 Uebersichtskarte d. Umgegend. *Itzehoe: C. Bachmann [1899].* (96 S.) 8° [F.] 1899.6820

Brodersen, Richard: De Philosophia Pyrrhonia Kiliae. 1819. 4°.

Brodersohn, Gitla, aus Minsk (Russland): Ueber einen Fall von primärer Abdominalschwangerschaft. Zürich 1910. 18 S. und eine Tafel. 8°. [1. VIII. 10.]
Zürich. Univ. Med. Diss. 1909/10.

Brodersohn, Gitla. Ueber einen Fall von primärer Abdominalschwangerschaft. Diss. Med. Univ. Zürich. [Mit 1 Tafel.] 18 S. 8. Zürich, Schereschewsky, 1910.

Broderson, L: Choräle f. 2 Soprane u. Alt, s: Voigt, C.

Anonym: „Brod- und Victuallen-Ersparniss, oder Anzeige, wie man im Nothfall, in Kriegszeiten, bei Theuerung etc., nahrhafte und wohlfeile Lebensmittel zubereiten kann, ein Noth- und Hülfsbuch für Bedürftige", Leipzig 1813 (Joachim in Kom.).

Brod- u. Victualien-Ersparniß, od. Anzeige, wie man wohlfeile Lebensmittel bereiten kann. Neue Aufl. 8. Leipz. 813. Joachim. 8 gr

Brodesser, Das k. b. 2. Feld-Artillerie-Regiment, zur Erinnerung an den 11. Oktober 1874 ... Würzburg 1874. V: *Speck, Maximilian.* (Hirsch)

Brodfrage, die, eine öffentliche Angelegenheit! Kundgebung des wirthschaftlichen u. wissenschaftlich-technischen Vereins für Fortbildung des Backwesens u. des Backgewerbes zu Leipzig über sein Bestehen u. seinen Zweck rc. Leipzig 869. M. Schäfer. gr. 8. (20 S.) n. 5 ngr.

Brodführer, Adolf (geb. Heldburg in Meiningen 11. 4. 1845): Thesen. Berlin (1870). 12 Bl. 8°
Berlin, Med. Thes. v. 30. Juli 1870

Brodführer, Alfred [aus Coburg]: Ein Fall von spontaner Amyloidentartung mehrerer Unterleibsorgane ... München, Buchdr. J. Gotteswinter, 1896; 23 S. 8.
München, Med. Fak., Inaug.-Diss. v. 1896

Brodführer, Eduard, a. Saaleck b. Bad Kösen a. d. Saale: Beiträge zur Syntax Willirams unter besonderer Berücksichtigung der Wortstellung. Halle a. S. 1906: E. Karras. (VII, 74 S.) 8°
Halle, Phil. Fak., Ref. Strauch, Diss. v. 13. Okt. 1906
[Geb. 5. Aug. 84 Abtlöbnitz, Kr. Naumburg a. S.; Wohnort: Halle a. S.; Staatsangeh.: Preußen; Vorbildung: Gymn. Pforta Reife O. 03; Studium: Tübingen 3, Leipzig 1, Halle 3 S.; Rig 2. Aug. 06.]

Brodführer, Friedrich, Gerichtsassessor: Die Pflichten des Schiffseigentümers aus dem in einem öffentlichen Flusse erfolgten Untergang seines Schiffes. Jena 1907: Frommann. (48 S.) 8° [F.]
Jena, Jur. Fak., Ref. Niedner, Diss. v. 29. Febr. 1908
[Geb. 18. Aug. 78 Meiningen; Wohnort: Meiningen; Staatsangeh.: Sachsen-Meiningen; Vorbildung: Gymn. Meiningen Reife O. 97; Studium: Heidelberg 1, Berlin 3, Jena 3 S.; Rig. 30. April 07.]

Brodgut, Lobgott. Das „wallende Blut" zur „Wahrung der protestantischen Interessen", s. Flugschriften, katholische.

Brodhaag, Joh. Mich., Durlach. Dissertatio medico-chirurgica inauguralis lithogenesi et lithotomia.
Basel, med. Diss. 1703

Brodhaag, Joh. Mich., [Emmendingen], Baden-Durlach. Dissertatio inauguralis medica de purpura alba, morbo apud nos incognito.
Basel, med. Diss. 1733

Brodhag, C. F., praes. Jo. Junker, De utilitate dolorum. Hal. 4°.
1756

Brodhag, C. Fr., Asthma systematice tractatum. 8. Freiburg 826. Fr. Wagner. 14 gr

Brodhag, (Friedr.) theoretisch-praktisch-krit. Charakteristik des deutschen Titelwesens, mit 1 Steindr. 8. Carlsr. 822, Marx.

Brodhag, Johann Bernhard (Tübingen), De appropriatione feudi. Diss. jur. Präs. Gabriel Schweder. Tübing. (Hiob Francke) 20. IX. 1724. 40 S. (5.—) 4134

— Johann Jacob (Stuttgart), De jure violentae defensionis. Diss. moralis. Präs. Johann Eberhard Roesler. Tübing. (Hiob Francke) Sept. 1721. 16 S. (4.80) 4135

Brodhagen, Pt. Hnr. Chr., († d. 25. Mai 1805.) Algebra, s. unt. Encyklopädie.

BRODHAGEN, P. H. C., s. Schleswig-Holsteinischer historischer Almanach 1796 ff.

— Anleit. zur Geometrie. Anleit. z. Technologie, s. unt. Encykl.

— Anleitung zum gemeinnütz. Unterricht f. Handwerker, Künstler u. Fabrikanten über d. prakt. Grundsätze mathemat. u. anderer Kenntnisse, 3 Bde. 8. Hamb. 792—94. Gundermann. (Aue in Altona). 1 ℛ 16 gr 2e A. s. unt. Encyklopädie.

Brodhagen, Peter Heinr. Christoph, s. Anleit. zur Waarenberechnung.

— technolog. Bilderbuch. 2 Hefte, mit Kpf. gr. 4. Hamb. 797. (A. Campe). 1 ℛ

Brodhagen, Peter Heinr. Christoph, s. J. G. Büsch, Mathematik.

— gemeinnütz. Encyklopädie für Handwerker, Künstler, Fabrikanten. 3 Bde, à 2 Abtheill. (2e Aufl. von d. Anleit. f. Handwerker rc.) 8. Hamb. 798—803. Gundermann. (Aue in Alt.) 4 ℛ (Einzeln auch unt. folg. Titeln: I. Handb. d. theoret. u. prakt. Arithmetik. 790. 2e A. 810. 16 gr II. 1. Anleit. z. Algebra. 800. 2e A. 810. 12 gr II. 2. Anleit. z. Geometrie. 2e A. 810. 20 gr III. Anleit. z. Technologie. 2 Thle, mit 13 Kpft. 802, 3. 2 ℛ 4 gr)

Brodhagen, Pt. Heinrich Chr.: „Gemeinnützige Encyclopädie für Handwerker, Künstler und Fabrikanten", 3 Bände, 2. und 3. Band zu je 2 Abteilungen, Hamburg 1799—1803. — Vorh.: Com. Bibl. Hamburg.

Brodhagen, Peter Heinr. Christoph, s. B. Franklin, Schreiben an Ingenhous.

— Handbuch d. theoret. u. prakt. Arithmetik ist d. Encyklopädie 1r Bd.

Brodhagen, Peter Heinrich Chr.: „Handbuch der theoretischen und praktischen Arithmetik, zum Gebrauch für die, so sich der Handlung widmen", Hamburg 1790 (Campe).

Von den verschiedenen bisher bekannten Methoden zu Bestimmung der geographischen Länge und Breite, besonders in Rücksicht des Seemanns, von *P. H. C. Brodhagen.* Hamb. Hoffmann. 8. 48 S. 1791
Jen. allg. Lit. Z. 1792. 1 B. p. 191.

— v. d. versch. Methoden z. Bestimm. d. geogr. Länge u. Breite bes. in Rücks. des Seemannes, m. K. gr. 4. Hamb. Hoffmann. 792.

Brodhagen, Peter Heinr. Christoph, s. Schreib-Calender, Schlesw.-Holsteinischer.

Brodhagen, Peter Heinr. Christoph, s. Segondat, Holztabellen.

Brodhagen, P. H. C.: „Kurze Uebersicht und Beurtheilung des französischen Münzwesens bei der letzten Veränderung der Proportion des Goldes zum Silber in Rücksicht auf Deutschland", (In Büschs und Ebelings „Handlungs-Bibliothek", Band 2 — s. lfd. Nr. 5605), Hamburg 1789.

— Vers. e. Dynamik, z. Gebr. der, die keine höhere Mathematik verstehen, m. K. gr. 8. Hamb. Bohn. 787.

Brodhagen, P. H. C., Versuch einer Dynamik. gr. 8. 787. Ist jetzt Verlag v. Hoffmann und Campe in Hamb.
(Vgl. Brodthagen, Phil.H.Carl)

Brodhagen, Pet. Heinr. Chr., die Zuckersiederei, od. genaue Beschreib. d. Verfertigung d. Zuckers. Mit Kpfrn. Neue Aufl. gr. 4. ... Hamburg 832, A. Campe.

Brodhuber, L., C. Holdhaus und A. Martin, Industrie und Handel im Kaiserthum Oesterreich. Nach ihrem gegenwärtigen Standpunkte dargestellt. Wien 860. Typograf.-literar.-artist. Anstalt. gr. 8. (X, 743 S.) n. 2 ₰ 20 ngr.

Brodhun, E., und O. Schönrock, Apparate zur Untersuchung von senkrecht zur Achse geschliffenen Quarzplatten auf ihre Güte. Berlin 1902 (Mitteil. a. d. Physik.-Techn. Reichsanst.)

Brodhun, Eugen [aus Berlin]: Beiträge zur Farbenlehre .... Berlin, Buchdr. v. M. Niethe (1887); 42 S. 8°.
Berlin. Phil. Fak., Inaug.-Diss. v. 16. Jul. 1887.

Brodhun, Eugen, Beiträge zur Farbenlehre. Diss. Berlin 1887, Mayer & Müller. 8°. 42 S.

Brodhun, E., und O. Schönrock: Über den Einfluß der Beugung auf das Verschwinden der Trennungslinie im Gesichtsfelde photometrischer Vergleichsvorrichtungen. Berlin 1904 (Mitteil. a. d. Physik.-Techn. Reichsanst.)

Brodhun, Eugen: Ersatz des Photometerfettflecks ..., s. Lummer, O.

Brodhun, Eugen: Hefnerlampe und Zehn-Kerzen-Pentanlampe. Berlin 1909

Brodhun, E: Meßbare Lichtschwächung durch rotierende Prismen und ruhenden Sektor. Berlin 1907 (Mitteil. a. d. Physik.-Techn. Reichsanst.)

Brodhun, E: Rotierender Sektor, dessen Winkel während der Rotation verändert und abgelesen werden kann. Berlin 1904 (Mitteil. a. d. Physik.-Techn. Reichsanst.)

Brodhun, Eugen: Photometr. Untersuchungen, s. Lummer, O.

Brodhun, E., Vorrichtung zum Ablesen einer rotirenden Theilung. (Sonder-Abdruck.) Bln. 1897

Brodie, B. C., Abhandlung über die Krankheiten der Gelenke. Aus dem Engl. nach der 5. sehr verm. Ausg. übers. und durch einen Anhang, enthaltend die Erfahrungen deutscher u. französischer Wundärzte, vervollständigt von G. A. Soer. Coblenz 853. Hölscher. gr. 8. (VIII, 400 S.) 1 ₰ 18 ngr

Brodie, Sir Benjamin Collins: (Pathological and surgical Observations on diseases of the joints. Deutsch:) Phatologische und chirurgische Beobachtungen über die Krankheiten der Gelenke. Aus d. Engl. übers. u. m. Anm. u. Zusätzen begleitet von G(eorg) P(hilipp) Holscher. Hannover: Hahn 1821. XVI, 400 S. 8°.

Brodie, B. C., therapeutische u. operative Chirurgie, s.: Praxis.

Brodie, über die Krankheiten der Harnwerkzeuge, s. Handbibliothek, chirurg., 15. Bd.

Brodie, Benj. C., über die Lethiasis des Urins, — über d. chirurg. Krankheiten des Mastdarmes, } s. Bibliothek v. Vorlesungen der vorzügl. u. berühmt. Lehrer d. Auslandes über Medic. IV. Bd. Nr. 12.; s. auch Vorlesungen über die vorzügl. Krankheiten der Harnausführungsorgane.

Brodie, Benj. C., Vorlesungen üb. d. Krankheiten d. Harnausführungsorgane u. d. Mastdarms, s. Bibliothek von Vorlesungen üb. Medizin, IV. Bd.

—— Vorlesungen üb. örtl. Nervenleiden. A. d. Engl. v. Kürschner. gr. 8. ($4\frac{1}{2}$ B.) Marburg 838, Garthe.

Brodiermuster für Damen. 1s u. 2s Heft. qu. Fol. Leipz. 804. (Barth). 6 ₰

Broditzky, Jos. Eisenbahnkarte der österreichisch-ungarischen Monarchie. Wien (1891). 1 Bl. c. L.

Broditzky, Jos., s.: Verzeichnis d. Post- u. Telegraphen-Ämter in Österreich, Ungarn u. in Bosnien-Hercegovina.

Brodkorb, der. 2 Bde. 2. wohlf. Ausg. gr. 8. (422 u. 433 S.) Dorpat 848, Gläser. 2 ₰

Brodkorb, der. 1. Bd. 2., wohlf. Ausg. gr. 8. (422 S.) Dorpat 848, Karow.

—— dass. — 2. Bd. gr. 8. (433 S.) Ebds. 848.

Brodkorb, der, oder die Sporteln für Gesperrte. [Bonifacius-Broschüren 1877. 5. Hft.] gr. 16. (82 S.) Paderborn 877. Bonifacius-Druckerei. — 10

Brodkorb, s.: Lesebuch f. Fortbildungsschulen auf dem Lande usw.

Brodkorb, Henr. Chr., Diss. de affectione hypochondriaca ac hysterica. Erf. 4°. 1772

Brodkorb, W., zur Beleuchtung des Civilstandsgesetzes. Vortrag auf der Inspectionssynode zu Blankenburg den 22. Juli 1879 gehalten. gr. 8. (16 S.) Braunschweig 879, [Buchh. der Idioten-Anstalt.] Buchh. für evangel. Theologie.

Brodkorb, W., zur Beleuchtung des Civilstandsgesetzes. Vortrag auf der Inspectionssynode zu Blankenburg den 22. Juli 1879 geh. gr. 8. (16 S.) Braunschweig 879. Wollermann. — 25

Brodkorb, Wilh., Blätter vom Baume des Lebens. Predigten über die Evangelien des Kirchenjahrs zum Vorlesen in Landkirchen und zur häusl. Erbauung. gr. 8. (VIII, 576 S.) Braunschweig 888, Wollermann. *M 6.—; geb.

Brodkorb, W., zur Wahrung d. kirchlichen Rechts u. der kirchlichen Verwendung d. Braunschweigischen Klosterfonds. Eine an die IV. braunschweig. Landessynode gerichtete Vorstellg. u. Bitte um Beleuchtg. d. üb. dieselbe erstatteten Commissions-Berichts. gr. 8. (24 S.) Braunschweig 885. (Wollermann.) n. — 50

Brodkörbe, die sieben. Grünberg 862. Weiß in Comm. 8. (16 S.) (Vgl. Brotkörbe, ...) 1 ngr.

Brodmann, Eduard (Red.), s. Die Thierwelt.

Brodmann, Erich

Brodmann, E., s.: **Handels- u. Seerecht** usw., das, v. Deutschland.

Die Seegesetzgebung des Deutschen Reiches. Mit Erl. u. Erg. hrsg. von E[rich] Brodmann. *Berlin: O. Häring 1903.* (XXII, 1095 S.) 8° [F.]
= Gesetze, Die, des Deutschen Reiches in kurzgef. Komm. 3.

Die Seegesetzgebung des Deutschen Reiches. Mit Erl. u. Erg. hrsg. von E[rich] Brodmann, Oberl.Ger.R. 2. verm. Aufl. Berlin: O. Häring 1905. (XXIII, 1124 S.) 8° [F.]
= Gesetze, Die, d. Deutschen Reiches in kurzgef. Kommentaren. 3.

Die Seegesetzgebung des Deutschen Reiches. Mit Erl. u. Erg. hrsg. von E[rich] Brodmann, Oberl.Ger.R. 2. verm. Aufl. 2., bis auf d. Gegenwart erg. Abdr. Berlin: O. Häring 1906. (XXIII, 1170 S.) 8° [F.]
= Gesetze, Die, d. Deutschen Reiches in kurzgef. Kommentaren. 3.

Brodmann, Erich, Vom Stoffe d. Rechts u. s. Struktur. Das Recht im Prozeß. 2 Abhandlgn. gr. 8. (118 S.) Berlin 897. J. Guttentag. n. 2.50

Die Urkunde besonders im Strafrecht. 2 Abhandlungen z. Bestimmung d. Begriffs. Von E[rich] Brodmann. *Berlin: O. Häring 1904.* (77 S.) 8° [F.]

Brodmann, G. A., kurzer Abriß der Geschichte der Buchdruckerkunst und deren welthistorische Bedeutung. Zwei Vorträge gehalten im Handwerker-Verein zu Erfurt am 15. März und 12. April 1864. Erfurt, Volkhart in Comm. gr. 8. (28 S.) 2½ ngr.

Brodmann, Karl (geb. Gernrode auf d. Eichsfelde 12. 5. 1841): Ueber Gallensteine und ihre Folgen. Berlin (1867). (32 S.) 8°
Berlin, Med. Diss. v. 18. Dez. 1867

Brodmann, Carl [aus Halberstadt]: Untersuchungen über den Reibungscoefficienten von Flüssigkeiten ... Göttingen, Druck d. Dieterich'schen Univ.-Buchdr., 1891; 1 Bl., 87 S., 1 Bl. 8.
Göttingen, Phil. Fak., Inaug.-Diss. v. [20. Juli] 1891

Brodmann, Carl, Untersuchungen üb. den Reibungscoefficienten v. Flüssigkeiten. Diss. gr. 8. (87 S.) Göttingen 891. (Vandenhoeck & Ruprecht.) n. 1.80

Brodmann, Korbinian: Ein Beitrag zur Kenntniss der chronischen Ependymsklerose. *Leipzig 1898: Metzger & Wittig.* (60 S.) 8°
Leipzig, Med. Diss. v. 8. März 1898

Brodmann, K: Beitr. z. histolog. Lokalisation d. Grosshirnrinde. 5. Mittlg: Üb. d. allg. Baupl. d. Cortex pallii bei Mammaliern u. 2 homologe Rindenfelder im bes.; 7. Mittlg: Die cytoarchitekton. Cortex-Gliederg d. Halbaffen (Lemuriden), s.: Journal f. Psychol. u. Neurol.

Brodmann, K., s.: **Journal f. Psychologie u. Neurolog.**

— Vergleichende Lokalisationslehre der Grosshirnrinde, in ihr. Prinzipien dargestellt a. Grund d. Zellenbaues. (X, 324 S. m. 150 Abb.) gr. 8. Leipzig 909. J. A. Barth. 12. —

Brodmann, Paul, Heimatskunde d. Dorfes u. der Pfarrei Ettingen, hrsg. bei Anlass der Erbaug. d. neuen Thurmes u. der Einweihg. d. neuen melod. Geläutes im J. 1883. gr. 8. (93 S.) Basel 883. (Foesser Nachf.) n. 1.80

Brodmeier, Arnold [aus Schwerborn]: Ueber die Beziehung des Proteus vulgaris Hsr. zur ammoniakalischen Harnstoffzersetzung ... Hamburg, Buchdr. v. A. B. Ueberwasser, 1896; 19 S. 8.
Erlangen, Phil. Fak., Inaug.-Diss. v. 20. Febr. 1895

Brodmeier, Cecil, aus Hamburg: Die **Shakespeare-Bühne** nach den alten Bühnenanweisungen. *Weimar: A. Huschke Nachf. 1904.* (115 S.) 8°
Jena, Phil. Diss. v. (14. Juni) 1902

Brodmeier, Karl, Natur, Vernunft und Offenbarung. Eine Appellation von dem ausschließlichen Kirchen- u. Pastorenthum an das Gemeindebewußtsein. Erfurt 861. Körner'sche Buchhdlg. 8. (VII, 235 S.) n. 20 ngr.

— die Stimme aus der Höhe. Eine Thurmweihpredigt gehalten am 1. Advent 1860 in Schwerborn. 8. (10 S.) Erfurt 861, Körner'sche Buchh.

Brodmerkl, W. (Hrsg.), s. Muster-Zeitung, Brünner, für wollene Rock- und Hosenstoffe.

von Brodnicki, Boleslaw: Beiträge zur Entwickelung der Landwirtschaft in der Provinz Posen während der Jahre 1815 bis 1890 ... Leipzig-R., Druck v. O. Schmidt, 1893; IV S., Bl., 120 S., 1 Bl. 8.
Leipzig, Phil. Fak., Inaug.-Diss. v. [5. Nov.] 1893

BRODNIK, ANTON: Die überaus rasche Verbreitung der christlichen Lehre unter so mannigfaltigen Hindernissen im römischen Weltreiche und die ihre Aufnahme begleitenden Wirkungen zeugen für die Göttlichkeit ihres Ursprunges. In: Programm d. k. k. Gymnas. zu Agram am Schlusse d. J. 1859. Agram 1859: National-Druckerei des Dr. Ludwig Gaj. S. 3-19. - 270 mm

Brodnitz, Georg, Gerichtsref. aus Berlin: **Bismarcks nationalökonomische Anschauungen.** T. 1: Bismarcks Finanzpolitik. *Halle a. S. 1901: C. A. Kaemmerer & Co.* (VI, 30 S.) 8° ¶ (Erscheint vollst. in: Sammlung nationalökon. u. statist. Abh. d. staatswiss. Sem. zu Halle a. S.)
Halle, Phil. Diss. v. 10. Juli 1901

Bismarcks nationalökonomische Anschauungen. Von Dr. jur. et phil. Georg Brodnitz. *Jena: G. Fischer 1902.* (155 S.) 8°
= Sammlung nationalökon. u. statist. Abhandlungen d. staatswiss. Seminars zu Halle. Bd 31.

— vergleichende Studien üb. Betriebsstatistik u. Betriebsformen der englischen Textilindustrie. gr. 8. (93 S.) Jena 902. G. Fischer. n. 2.50

Brodnitz, Georg, Dr.: Vergleichende Studien über **Betriebsstatistik und Betriebsformen der englischen Textilindustrie.** *Halle a. d. S. 1902: (A. Kämpfe, Jena).* (44 S.) 8° ¶ [Erschien 1902 mit d. statist. Material bei G. Fischer in Jena.]
Halle, Phil. Hab.-Schr. v. 1902

Brodnitz, Heinrich, aus Posen: Über den **Einfluss sauerer Nährböden auf die Entwicklung einiger Bakterienarten.** *Erlangen 1898: A. Vollrath.* (37 S.) 8°
Erlangen, Phil. Diss. v. 3. Mai 1898

Brodnitz, Herrmann, Gerichtsref.: **Der Irrthum im Beweggrunde** bei der Erbeseinsetzung und dem Vermächtnisse nach römischem Recht. *Würzburg 1899: Becker.* (74 S.) 8°
Breslau, Jur. Diss. v. 1899

Brodnitz, Käthe: Ich bin dir treu! Novelle. (48) 8° Berl., W Borngräber ('11). 1 —; geb. n 2 — d

— Der junge Tieck u. s. Märchenkomödien. (124) gr8° Münch., Walhalla-Verl. '12. 2.80

Brodnitz, Siegfried [Arzt]: Die Wirkungen der Castration auf den weiblichen Organismus. ... Strassburg i. E., Druck v. M. DuMont-Schauberg. 1890; 29 S. + 1 Bl. 8°
Strassburg, Med. Fak., Inaug.-Diss. v. 1890

Brodnitz & Seydel: Jll. Katalog über Dampfmaschinen und Dampfkessel. Berlin (1897?)

Brodnitz & Seydel: Jll. Katalog von Dampfpumpen und Kolbenpumpen für Riemen- und Handbetrieb. Berlin (1891?)

Brodnitz & Seydel: Jll. Katalog von Patent-Schraubenrad-Gebläsen. Berlin (1895?)

Brodnitz & Seydel: Jll. Katalog über Centrifugal-Gebläse, Centrifugal-Exhaustoren und Schraubenrad-Gebläse. Berlin (1895?)

Brodnitz & Seydel: Jll. Katalog von Centrifugalpumpen für Riemenantrieb. Berlin (1904?)

Brodnitz & Seydel: Jll. Katalog von Centrifugalpumpen und Centrifugal-Pumpmaschinen. Berlin (1891?)

Brodnitz & Seydel, Maschinenfabrik: Kataloge über Kesselspeisepumpen usw. Berlin (1897?)

Brednitz und Seydel: Die Contrifugalpumpenbagger. Berlin (1878?)

Brodnoth, die, oder Beleuchtung d. Frage: Ist d. Regent, oder sind d. Räthe, oder wer u. was ist an d. fortwährenden Theuerung im deutschen Reiche schuld ꝛc. 8. Berl. 803. Maurers B. 7 gl.

Brodowin, s.: Froienwalde.

Brodreich, Hnr. Chr., Versuch zur Erörterung der Frage: unter welchen Umständen die fernere Dauer der Hanauer Wittwenkasse erwartet werden dürfe? 4⁰. Marburg, Krieger, 2. Ausg., 1796.

Brodreich, Hnr. Chr., Versuch e. Theorie d. Schwungrades u. d. Kurbel ꝛc. Mit 1 Kpft. gr. 8. Frankf. a. M. 805. Eichenberg. 14 gl.

Brodreich, H. C., Vers. e. Theorie des Schwungrades u. d. Kurbel ꝛc. m. K. gr. 8. Frankf. Eichenberg, (Feind, Leipz.) 805.

Brodrück, Karl, der Kampf um Badajoz im Frühjahr 1812. Nach den ursprünglichen Quellen und nach Mittheilungen von Augenzeugen. Grundzüge und Beispiele für kritische Behandlung kriegsgeschichtlicher Stoffe. Mit 1 (lith.) Planskizze (in Fol.) Leipzig 861. Dyk. gr. 8. (XIII, 150 S.) n. 28 ngr.

Brodrück, Karl, Quellenstücke und Studien über den Feldzug der Reichsarmee von 1757. Ein Beitrag zur deutschen Geschichte im 18. Jahrhundert. Leipzig 858. Dyk. gr. 8. (XIII, 370 S., 2 Tab. in Fol. u. 2 lith. Karten in 8. u. 4.) n. 2 ß 10 ngr.

Brodski, Benjamin, klinisch-statistische Beiträge zu Emphysema pulmorum. Diss. Würzburg 1887, Stahelsche Univ.-Buchh. 8⁰. 64 S.

Brodsky, Jacob. aus Tschoudnow-Volynsk (Russland): Ueber den Einfluss einiger Alkalisalze auf die Erregbarkeit des Frosch-Nerven. ⟨Aus dem Physiologischen Institut Zürich.⟩ Zürich 1908. 55 S. 8⁰. [9. XII. 08.]
Zürich. Med. Diss. 1908/09

Brodsky, Jacob. Ueber den Einfluss einiger Alkalisalze auf die Erregbarkeit des Frosch-Nerven. Diss. Med. Univ. Zürich ... von Jakob B'.... [Mit Figuren.] *Kopftitel:* Aus dem Physiologischen Institut Zürich. 55 S. 8. Zürich, Gebr. Leemann & Co., 1908.

Brodsky Leon: Über die Einwirkung der Aldehyde auf Rhodanammonium. S.95. II. 68 vgr. Separatabdruck

BRODSKY, LEON. Ueber die Einwirkung von Benzaldehyd auf Sulfocyanammonium. Bern, 1887. Diss

Brodsky, Mathilde, aus Kiew (Russland): Über Schädeltuberkulose bei Kindern. ⟨Aus dem Kinderspital Zürich.⟩ Zürich 1907. 36 S. 8⁰. [25. I. 08.]
Zürich. Med. Diss. 1907/08.

Brodsky, Mathilde. Ueber Schädeltuberkulose bei Kindern. Diss. Med. Univ. Zürich. *Kopftitel:* Aus dem Kinderspital Zürich. 36 S. 8. Zürich, Gebr. Leemann & Co., 1907.

Brodsky, Rasam, a. Nikolajew ⟨Rußland⟩: Das Lehrlingswesen in England im 15. und 16. Jahrhundert. Heidelberg 1907: J. Hörning. (50 S.) 8⁰
Heidelberg. Phil. Fak., Ref. Gothein, Diss. v. 23. April 1907
[Geb. 9. April 81 Nikolajew; Wohnort: Nikolajew; Staatsangeh.: Rußland: Vorbildung: Gymn. Nikolajew Reife O. 00; Studium: Berlin 9, Heidelberg 1 S.; Rig. 13. Febr. 06.]

Brodsky, Schlema-Emmanuel, aus Wiborg (Finnland): Zur Kasuistik der traumatischen Milzruptur und Milzexstirpation. ⟨Aus der chirurgischen Klinik der Universität Zürich. Direktor Prof. Krönlein.⟩ Zürich 1908. 30 S. 8⁰. [8. VIII. 08.]
Zürich. Med. Diss. 1907/08.

Brodsky, Schlema-Emmanuel. Zur Kasuistik der traumatischen Milzruptur und Milzexstirpation. Diss. Med. Univ. Zürich. *Kopftitel:* Aus der Chirurgischen Klinik der Universität Zürich. Direktor: Prof. Dr. [Ulrich] Krönlein. 30 S. 8. Zürich, Gebr. Leemann & Co., 1908.

Brod-Tarif, Lorischer, nach welchem der Satz des Mehles u. des Brodes regulirt wird ꝛc. Fol. Salzb. Mayr.

Brodtbeck, Ad[olf]. Über den Einfluss der Ernährung auf die Zähne. Separatabdruck aus der «Schweizerischen Vierteljahrsschrift für Zahnheilkunde». Band 12, 1902, Heft 2. 12 S. 8. Zürich, Berichthaus, 1902.

Brodtbeck, Ad[olf]. Modifizirte Goldkronen und Kapselstiftzähne. Mit 1 lithograph. Tafel, Anhang und Erklärung. Separatabdruck aus der «Schweizerischen Vierteljahrsschrift für Zahnheilkunde». II + 10 S. 8. Zürich, Berichthaus, 1901.

Brodtbeck, Karl Adolf

Brodtbeck, K. A., unser Bundesrecht in Doppelbesteuerungs-Sachen. Beitrag zur Lösg. e. Tagesfrage. gr. 8. (224 S.) Bern 898. K. J. Wyss. n. 4.—

Brodtbeck, K. A. Unser Bundesrecht in Doppelbesteuerungssachen. Beitrag zur Lösung einer Tagesfrage. 8⁰. Bern, K. J. Wyss Verl., 1899.

Brodtbeck, KA: Das kantonale Einführgsrecht z. Zivilgesetzb. (328) gr8⁰ Zür., Art. Instit. Orell Füssli '12. 5—; L n 6.50

Brodtbeck, K. A., Geistesblitze grosser Männer. Für freie Denker gesammelt. gr. 8. (VIII, 182 S.) Leipzig 889. C. G. Naumann. n. 3. 50; geb. n. 4. 75

Brodtbeck, C[arl] A[dolf]. Schweizerisches Rechtslexikon. 3 Teile. Hrg. von Dr. K. A. B'.... 8. Zürich, Orell Füssli, (1907—1909).

[Teil 1.] 212 [+ *Verlags-Verzeichnis* 12] S. (1907.) (fr. 5. —, geb. 6. —)
Teil 2, Nachtrag 1908: Gerichtsorganisation, Prozessordnung und Betreibungswesen der Kantone — Patentgesetz — Versicherungsvertrag. VIII + 360 S. (1908.) (fr. 6. —, geb. 7. 50)
Teil 3: Das neue Zivilgesetzbuch. ([Mit] Anhang: Schweizerisches Z' vom 10. Dezember 1907.) 734 + *Anhang* II + 203 S. (1909.) [fr. 13. 50, geb. 15. —]
(Schweizerische Rechtsbücher.)

Brodtbeck, Karl Adf., die Rechtssprechung des schweiz. Bundesgerichts. Zusammenstellung der in Kraft besteh. principiellen Erwäggn. nach der amtl. Sammlg. 2 Tle. gr. 8. Basel 893. E. Birkhäuser. Geb. in Leinw. n. 6. —
1. Entscheidungen staatsrechtlicher Natur. (VI, 179 S.)
2. Zivilrechtspflege. (IV, 238 S.)

Brodtbeck, Wilh, Junges Blut. Gedichte. 12. (89 S.) Liestal 899. Gebr. Lüdin. n. 1. 50

Brodthagen, Karl: Abschuss-Listen. Anh.: Tabelle d. gesetzl. Schonzeiten. Tabelle d. Jagd-Ausg. u. Einnahmen. Tabelle d. Nrn d. gelösten Jagdscheine. Tabelle d. Kennzeichen d. Gewehre. Tabelle d. Pulverladgn u. Patronen d. Gewehre. (24) 8⁰ Braunschw., E Appelhans & Co. ('11). 1 —; L 2 — d

Versuch einer Dynamik zum Gebrauche derjenigen, die keine höhere Mathematik verstehen, von *Philipp Heinr. Carl Brodthagen* .... Hamburg b. Bohn. 8. 132 S. nebst 4 Kupft. 1787
Jen. Allg. Litt. Z. 1788. I. B. S. 681.
Allg. d. Bibl. Anhang z. 35 — 86 B. I. St. S. 589.
Götting. gel. Anz. 1788. I. B. S. 77.
(Vgl. Brodhagen, Peter H.Chr.)

Brodtkorb, Johann Wilhelm, Bearbeitet Bartholomäus Ringwalts Teutsche Warheit, Langen-Saltz, 1700.
siehe Bartholomäus Ringwalt.

Brödtler, Kurt [aus Pleschen in Posen]: Zur Biologie der entwicklungsfähigen Keime des Grundwassers . . . Berlin, Buchdr. v. Gustav Schade (Otto Francke) 1888: 30 S. + 1 Bl. 8⁰
Berlin. Med. Fak., Inaug.-Diss. v. 11. Sept. 1888

Brodtmann, Fritz, Apotheker aus Neusalz a. O. (Reg.-Bez. Liegnitz): Über die Funktion der mechanischen Elemente beim Farnsporangium und bei der Anthere. *Erlangen 1898: A. Vollrath.* (43 S.) 8°
Erlangen, Phil. Diss. v. 12. Juli 1898

Brodtmann, Hermann (Catlenburg / Hildesheim), Über die Anwendung blutstillender Zangen bei der vaginalen Totalexstirpation des Uterus. Diss. med.-chir. Bln. (G. Schade [O. Francke]) 21. III. 1891. 32 S. m. Lit. u. Biogr. (3.50) 4139
Oppon.: Max Goldschmidt, Ernst Freese, Otto Horschitz.

— **Johann Leonhard** (Nürnberg), De homicidio rixoso seu in rixa commisso. Disp. jur. Altdorf (Kohles) Juni 1710. 20 S. (4.50) 4140
Widm. v.: Heinr. Hildebrand, Christoph u. Joh. Mich. Sonntag, Joh. Christ. Oesterlin.

Brodtmann (Joseph). — Kinderspiele und Katzenspiele. — *Zürich, s. d. (vers 1840).*
[illegible]

Brodtmann, K. J., s. H. R. Schinz, Naturgeschichte u. Abbildd. d. Säugthiere.

Brodtmann, K. J., s. H. R. Schinz, Naturgeschichte d. Vögel.

Wie lerne ich hypnotisieren? Kurzgefaßte, prakt. Anleitung mit Ill. Von C. **Brodnceng.** Berlin. W. Reuter [1905] (55 S.) 8° [F.]
= **Belehre** dich selbst! Bd 1. [-5. 14568

[F.] Eine Doppelseele. Roman v. **Alexander Bródy.** A. d. Ungar. v. Ludwig Wechsler. *Berlin, Köln, Leipzig: A. Ahn 1895.* (2 Bl., 201 S.) 1 Bd 8. [96. 1586

— e. ärztl. Faust. Roman. Aus d. Ung. v. O v. Krücken. 8° (256) Berl. 93, O Janke. 2 —

[F.] Ein ärztlicher Faust. Roman v. **Sandor Bródy.** Autoris. Uebs. v. Oskar v. Krücken. 1.—10. Taus. *Berlin: F. Wesemann [1896?].* (160 S.) 1 Bd 8.
= Collection Wesemann. No 5. [97. 4540

— das ewige Fieber, s.: Bibliothek der fremden Zungen.

Bródy, Alex., der Königssohn. Ein Sittenbild. Einzig autoris. Übersetzg. aus dem Ung. v. Jos. Hölzel. (136 S.) 8. Budapest 904. F. Sachs. n. 2. —
Im Deutschen Reich verboten.

Brody, Alex., die Lehrerin. Eine ungar. Dorfgeschichte in 3 Aufzügen. Ins Deutsche übertr. v. Max Rothauser. (94 S.) 8. Cöln (909). Bonn, A. Ahn. 2. —

— Menschen. Humoresken. Aus dem Ungar. von Osk. v. Krücken. Autoris. Ausg. 8. (140 S) Berlin 894. O. Janke. n. 1. —

— s.: Pontoppidan, Henrik, junge Liebe.

Brody, Alex.: Schneewittchen. Jisbi Bénob, s: Reclam's Novellen-Bibliothek.

— dasselbe. Jisbi Bénob, s.: Universal-Bibliothek.

— Schneewittchen, s.: Sammlung mod. Belletristik ausländ. Autoren.

Bródy, Alex., Schneewittchen. Roman aus dem Ung. 2. (Umschlag-)Aufl. gr. 8. (163 S.) Leipzig [896.] (899). (Berlin. A. Gnadenfeld & Co.) 2. —

Schneewittchen. Roman a. d. Ung. (2. [Umschl.-]Afl.) 8° (163) Lpzg [96] 1900. (Berl., J Gnadenfeld & Co.) 2 —

[F.] Die Tote. Roman v. **Alexander Bródy.** A. d. Ungar. v. Ludwig Wechsler. *Berlin, Köln, Leipzig: A. Ahn 1895.* (2 Bl., 144 S.) 1 Bd 8.

Die Vergessenen. Schauspiel in 4 Akten von **Armand Bródy.** *Eberswalde-Berlin & Leipzig: S. Dyck 1901.* (102 S.) 8° [02. 9766 II

Brody, Chaim *(geb. Züllichau in d. Mark [22. 5. 1830]):* De Aristotelis categoriis. Vratislaviae (1860) [vielmehr 1862]. (34 S.) 8°
Breslau, Phil. Diss. v. 20. Juni [1862]

Brody, Heinr., s.: Abu Ajjub Soleiman, weltliche Gedichte.

Brody, H, s.: Abû-l-Hasan Jehuda ha-Levi, Diwân.

Brody, Heinr., Beiträge zu Salomo Da-Piera's Leben u. Wirken, nebst Auszügen aus seinem Diwan. (In hebr. Sprache.) gr. 8. (37 S.) Berlin 893. (Frankfurt a/M., J. Kauffmann.) n. 1. —

Brody, Heinr., offener Brief an Prof. M. Hartmann. Zugleich e. Besprechg. seines Buches „Die hebr. Verskunst". gr. 8. (20 S.) Frankfurt a/M. 894. J. Kauffmann. n. — 80

Brody, H., Gedichte Moses ibn Esras an Isak ibn Muscha-Uran. (In hebr. Sprache.) (16 S.) gr. 8. Berditschew 908. (Leipzig, M. W. Kaufmann.) — 50

— Genesisfragmente der Stadtbibliothek in Frankfurt am Main. (In hebr. Sprache.) (8 S.) gr. 8. Berlin 903. (Leipzig, M. W. Kaufmann.) — 40
Sonderabdruck aus „Festschrift" z. 70. Geburtstage A. Berliner's".

— s.: Kuntras ha-Pijutim.

— s.: Moschullam b. Mose, Sefer Haschlamah.

— Mikrâ Kôdesch. Arnold B. Ehrlich's „Mikrâ Ki-Poschutô" krit. beleucht. (In hebr. Sprache.) gr. 8. (44 S.) Krakau 903. (Frankfurt a/M., J. Kauffmann). n. 1. 20

— Literarhistorische Mitteilungen. Nach Handschriften bearb. u. hrsg. (In hebr. Sprache.) 2. u. 3. Heft. gr. 8. (Leipzig, M. W. Kaufmann.) 1. 80
2. Sefer ha-'Anak des Jehuda Alharîzi. (48 S.) Prag 909. 1. 20
3. Tegnis-Reime. [Aus: „Hakedem".] (19 S.) Kirchhain N.-L. 908. — 60
Das 1. Heft ist vergriffen.

[Hebr. u. Ant.] Sa'ar haš-šir. Die neuhebräische Dichterschule d. spanisch-arab. Epoche. Ausgew. Texte mit Einl., Anm. u. Wörterverzeichnis hrsg. von Dr. H[einrich] **Brody,** Rabbiner, u. Dr. K[arl] **Albrecht,** Prof. in Oldenburg. Leipzig: J. C. Hinrichs 1905. (X, 218 S.) 8° [05. 13349

— and K **Albrecht**: The New-Hebrew school of poets of the Spanish-Arabian epoch. Selected texts, with introduction, notes and dictionary ed. Engl. translation of the introduction etc. by Mrs Karl Albrecht. (10, 218) gr8° Lpzg, JC Hinrichs' V. '06. 6.50; L. 7.50

Brody, Heinr., Studien z. d. Dichtungen Jehuda ha-Levi's. I. Üb. d. Metra d. Versgedichte. gr. 8. (52 S.) Berlin 895. (M. Poppelauer.) n. 2. —

Brody, H. Studien zu den Dichtungen Jehuda ha-Levi's. I. Ueber die Metra der Versgedichte. Gr. in-8°. 54 S. Bern. These. 1895

Widerspricht der Zionismus unserer Religion? Von H. Salomonsohn [d. i. **Heinrich Brody**]. Hrsg. im Auftr. d. Berliner Ortsgruppen d. Zionist. Vereinig. f. Deutschl. *Berlin 1898: H. Itzkowski.* (16 S.) 8° [-a. 1986 II

Widerspricht der Zionismus unserer Religion? Von Dr. H. **Brody.** 2. Aufl. Leipzig: Kaufmann 1900. 16 S. 8° [09. 11378

Brody, Heinrich, (Hrsg.), s. Zeitschrift für hebräische Bibliographie.

Brody, Julius *(geb. Breslau [19. 10.] 1809):* Testis tunicarumque ejus vaginalium pathologia succincta. Vratislaviae (1833). (55 S.) 8°
Breslau, Med. Diss. v. 23. Dez. 1833

Bródy, Sandor, s.: Bródy, Alex.

Brodziński, Kasimir, Wiesław. Krakauer Idylle, übers. von Joh. Kornicki. gr. 8. (VII, 17 S.) Tarnow 883, Delong. *

Brodzki, Johannes *Aloys* [aus Gr. Trampken, Kr. Danzig]: Die Ophthalmomalacie ... Berlin, Druck v. E. Ebering, *1897;* 33 S., 1 Bl. 8.
Berlin, Med. Fak., Inaug.-Diss. v. 30. Juli 1897

Bröer, Ernst, prakt. Arzt: Über einen **Fall** von extraduralem Haematom der Dura mater mit abnormem Verlauf. *Breslau [1900]: Grass, Barth & Co.* (18 S.) 8°
Breslau, Med. Diss. v. 1900

Bröer, Ernst, Gesang-Lehre f. Gymnasien u. höhere Bürgerschulen, nebst prakt. Intervall-Uebgn. u. einigen ein-, zwei- u. dreistimm. Liedern. 4. Aufl. gr. 8. (IV, 68 S.) Liegnitz 873. Cohn. n. 1. —

Bröer, Ernst, Gesang-Lehre für Gymnasien und höhere Bürgerschulen. 4. Aufl. gr. 8. Liegnitz 873. Breslau, Hirt's Verlag. *

Bröer, Ernst, Gesang-Lehre f. Gymnasien u. höhere Bürgerschulen, nebst prakt. Intervall-Übungen u. einigen ein-, zwei- u. dreistimmigen Liedern. 5. Aufl. gr. 8. (VI, 66 S.) Breslau 882. F. Hirt. n. 1. —

Bröer, Ernst, Gesang-Lehre f. Gymnasien u. höh. Bürgerschulen, nebst prakt. Intervall-Übgn. u. einigen 1-, 2- u. 3stimm. Liedern. 6. Aufl. gr. 8. (VI, 66 S.) Breslau 896. F. Hirt. n. 1. —

Bröer, Max *(geb. Breslau 26.3.1840)*: Untersuchungen über Organisation und Zerfall der Thromben. Ein Beitrag zur Lehre von der Pyaemie. Breslau (1868). (27 S.) 8°
Breslau, Med. Diss. v. 25. Apr. 1868

Brofeldt, J. s.a. A h o , Juhani (Pseud.)

[F.] Juhani Aho [d. i. **Brofeldt**]. Elli's Ehe. Roman. Ins Deutsche übertr. v. Ernst Brausewetter. *Berlin: Schuster & Loeffler 1896.* (3 Bl., 279 S.) 1 Bd S. [96. 8302

Gutsbesitzer Hellmann und andere Novellen. Von Juhani Aho [d. i. Juhani **Brofeldt**]. Autor. Uebers. von J. Madsen. Mit Ill. von W. Roegge. *Berlin, Eisenach, Leipzig: H. Hillger [1899].* (128 S.) 8° [F.]
= **Bücherschatz,** Kürschners. No 134. [00. 6595

Juhani Aho [d. i. Juhani **Brofeldt**]. Elli's Jugend. Roman. Ins Deutsche übertr. von Ernst Brausewetter. *Berlin: Schuster & Loeffler 1899.* (170 S.) 8° [F.] [[illegible]

Brofferio, Angelo, Religion u. Unsterblichkeit. Nur Thatsachen beweisen! E. kurze Betrachtg. A. d. Ital. übertr. v. Fritz Feilgenhauer. gr. 8. (34 S.) Leipzig 895. M. Spohr. n. — 80

Brofferio, Angelo, f. den Spiritismus. Nach der 2., durchgeseh. u. erweit. Aufl. aus dem Ital. übertr. v. Fritz Feilgenhauer. gr. 8. (865 S.) Leipzig 894. M. Spohr. n. 6. —

Broeg, Wilhelm, a. Marburg i. H.: Über Ketochloride des m-Oxybenzaldehyds. Marburg 1906: R. Friedrich. (44 S.) 8°
Marburg, Phil. Fak., Ref. Zincke, Diss. v. 6. Nov. 1906
[Geb. 26. Juni 78 Marburg i. H.: Wohnort: Marburg: Staatsangeh.: Preußen; Vorbildung: Realprogymn. Marburg. Realgymn. Gießen Reife O. 99; Studium: Univ. Marburg 2. T.H. München 2. Univ. Marburg 7 S.; Rig. 25. Juli 06.]

Brogan, Hugo Heinrich [aus N.-Amerika]: Das magnetische Feld im physikalischen Laboratorium und die erdmagnetischen Constanten von Strassburg ... Strassburg, Univ.-Buchdr. v. J. H. E. Heitz, 1892; 37 S., 1 Bl., 1 Taf. 8.
Strassburg, Math.-naturw. Fak., Inaug.-Diss. v. 1892

Broegelmann, Aemilius: De fonte qui est de Elia quaestiones selectae. Tubingae 1910: Laupp. V, 50 S. 8°
Tübingen, Phil. Diss. v. 2. Juli 1910, **Ref. Seybold**
[Geb. 18. Nov. 85 Westhofen i. W.; Wohnort: Bonn; Staatsangeh.: Preußen; Vorbildung: Gymn. Hagen Reife O. 05: Studium: Bonn 1, Berlin 2, Halle 4 S.; Coll. 2. März 10.] [U 10. 4172

Brögelmann, *W.*
—— Beschreibung der vorzüglichsten neuen Pflanzen, welche im letztverflossenen Jahrzehend zuerst sind entdeckt und bekannt geworden. Frankfurt a/M., Brönner. 1812. 8. 232 p. (1 *th.*)

Broger, A(lbert). Reise-Kalender 1908 für Ostschweiz und Linthgebiet. Hrg. von A. B'. Amriswil. [Illustriert.] 168 S. 8. (Weinfelden, A.-G. Neuenschwander'sche Buchdr., 1907.) [fr. —.50]

Bröger, Karl: Gedichte. (89) 8° Münch., Hans Sachs-Verl. '12. 1.50; geb. 2 —

Broegger, Franz (geb. Fretter in Westf. [25. 3. 1846]): Ueber die Tracheotomie bei Croup. Berlin (1873). (40 S.) 8°
Berlin, Med. Diss. v. 21. Aug. 1873

Brögger, Waldemar Christopher

Brögger (W. C.). Ueber die Ausbildung des Hypostomes bei einigen skandinavischen Asaphiden. Mit 3 Tafeln. (Aftryck ur Bihang till K. Svenska Vet.-Akad. Handlingar, Bd. 11, No. 3.) Stockholm 1886. 8.

Die Eruptionsfolge der triadischen Eruptivgesteine bei Predazzo in Südtyrol. Von Dr. W[aldemar] C[hristopher] **Brögger,** Ord. Prof. ... an d. Univ. Kristiania. M. 19 Fig. im Text. *Kristiania: In Comm. b. J. Dybwad; A. W. Bröggers Buchdr. 1895.* (3 Bl., 183 S.) 4.(8.)
= Brögger, W. C.: Die Eruptivgesteine des Kristianiagebietes. [Th.] II.
= **Skrifter** udg. af Videnskabsselskabet i Christiania. 1895. I. Mathem.-naturv. Kl. No 7. [98. 10820

Brögger, W. C., die Eruptivgesteine d. Kristianiagebietes. I.—III. [Aus: „Videnskabsselskabets Skrifter".] gr. 8. Kristiania (J. Dybwad). n.n. 30. 25
I. D. Gesteine d. Grorudit-Tinguait-Serie. (VII, 204 S. m. 17 Fig. u. 4 Karten u. Taf.) 894. n.n. 8. 75
II. D. Eruptionsfolge d. triad. Eruptivgesteine bei Predazzo in Südtyrol. (VIII, 183 S.) 895. n.n. 8. —
III. Das Ganggefolge d. Laurdalits. M. 1 Karte, 4 Taf. u. 5 Fig. im Text. (XII, 377 S.) 898. n.n. 13. 60

Brögger, W. C.: Die silurischen Etagen 2 und 3 im Kristianiagebiet und auf Eker, ihre Gliederung, Fossilien, Schichtenstörungen und Contactmetamorphosen. (Universitätsprogramm für 2. Semester 1882.) Kristiania 1882 VIII, 376 S., 14 Tf. 4°.

Brogger, W. C., die Mineralien der südnorwegischen Granitpegmatitgänge. I. Niobate, Tantalate, Titanate u. Titanoniobate. (Videnskabs- selskabets skrifter. Math.-naturv. klasse 1906. No. 6.) Udgivet for Fridtjof Nansens fond. (VII, 162 S. m. 8 Taf. u. 1 Tab.) Lex. 8. Kristiania 906. (J. Dybwad.) nn 9.40

Brögger, W. C., die Mineralien der Syenitpegmatitgänge der südnorwegischen Augit- u. Nephelinsyenite, s.: Zeitschrift f. Krystallographie u. Mineralogie 16. Bd.

Über den Mossit und über das Krystallsystem des Tantalit '(Skogbölit)' aus Finnland. Von Dr. W[aldemar] C[hristopher] **Brögger,** ord. Prof. ... an d. Univ. Kristiania. M. 6 Fig. im Text ... *Christiania: En comm. chez J. Dybwad; Impr. A. W. Brøgger 1897.* (19 S.) 4.(8.)
= **Skrifter** udg. af Videnskabsselskabet i Christiania. 1897. I. Mathem.-naturw. Kl. No 7. [98. 9671

Brögger, W. C., und N. Rolfsen: Fridtjof Nansen 1861—1893. Deutsch von Eugen von Enzberg. Mit Originalzeichnungen von Chr. Krohg, Otto Sinding, E. Werenskiold, und photographischen Aufnahmen in Grönland von Erich von Drygalski. Berlin 1896 478 S. 8°.

Fridtjof Nansen 1861—1896 von W[aldemar] C[hristopher] **Brögger,** Univ.-Prof., u. N[ordahl] Rolfsen, Schriftsteller. Deutsch von Eugen v. Enzberg. Mit Originalzeichn. von Chr. Krohg... u. photogr. Aufn. in Grönland von Dr. Erich v. Drygalski. 2. Aufl. Berlin: Fussinger 1896. (478 S.) 8° [05. 11169 8

— u. N. Rolfsen, Fridtjof Nansen 1861—1893. Deutsch v. Eug. v. Enzberg. M. Orig.-Zeichngn. v. Chr. Krohg, Otto Sinding, E. Werenskiold u. photograph. Aufn. in Grönland v. Erich v. Drygalski. 2. Aufl. gr. 8. (479 S. m. 8 Karten.) Berlin 897. Fussinger. n. 9. —; geb. n. 11. —

Fridtjof Nansen 1861—1896 von W[aldemar] C[hristopher] **Brögger,** Univ.-Prof. in Christiania, u. N[ordahl] Rolfsen, Schriftsteller. Deutsch v. Eugen v. Enzberg. M. Originalzeichn. v. Chr. Krogh, O. Sinding, E. Werenskiold u. photogr. Aufn. in Grönland v. Dr. E. v. Drygalski. 3. Aufl. *Berlin: Fussinger 1897.* (478 S., 1 Bl., 3 Kt.) 1 Bd 8. [97. 18]

Broggi, Ugo, a. Como (Italien): Die Axiome der Wahrscheinlichkeitsrechnung. Göttingen 1907: Dieterich. (32 S.) 8°
Göttingen, Phil. Fak., Ref. Hilbert, Diss. v. 4. Juni 1907
(Geb. 29. Dez. 80 Como; Wohnort: Como; Staatsangeh.: Italien; Vorbildung: Istituto tecnico Mailand Reife M. 98; Studium: Mailand 6, Göttingen 2, Berlin 1, Rom R. Scuola diplomat.-colon. 2, Göttingen 3 S.; Rig. 8. Mai 07.)

Broggi, Hugo: Versichergsmathematik. Deut. Ausg. (8, 360) 8° Lpzg, BG Teubner '11. 7 —: L 8 —

Brogi, Joseph. Adolph. Ludov. (geb. Posen 1794): De ancylosi. Berolini (1816). (31 S.) 8° (Starck)
Berlin, Med. Diss. v. 31. Okt. 1816

Broglé, A. Étude sur Saint Évremond. Diss. Rostock 1873. 46 S.

Broglé, Hans, aus Gotha: Die französische Hirtendichtung in der 2. Hälfte des 18. Jahrhunderts, dargestellt in ihrem besonderen Verhältnis zu Salom. Geßner. 1. Idyll u. Conte Champêtre. *Leipzig-R. 1903: W. Fugmann.* (128 S.) 8°
Leipzig, Phil. Diss. v. [20. Apr.] 1903

v. Broglie, Herzogin, geb. Stael, s. Th. Erskine, Versuch über d. Glauben.

Broglie, die christlichen Tugenden, s. Erzählungen, katholische, für die reifere Jugend.

Broglie, Prinzessin, d. christlichen Tugenden, s.: Zehnpfennigbibliothek, Regensburger.

Broglie, Albert de

Broglie, Herzog v., Friedrich II. und Maria Theresia nach neuen archivalischen Quellen. 1740—1742. Autoris. deutsche Uebersetzung von Osk. Schwebel. 2 Thle. in 1 Bd. gr. 8. (VI, 276; III, 260 S.) Minden 884, Bruns. *

Broglie, Fürst, die weltliche Herrschaft des Papstes und das Concordat. Nach dem Französ. gr. 8. (28 S.) Münster 868, Krick.

Broglie, Albert de (Hrsg.), s. Talleyrand, Chr. M. v.: Memoiren.

Broglie, Auguste de

Abbé de Broglie, Religion u. Kritik. Aus dem Nachlasse gesammelt von M. l'abbé C. Piat, Professor am kath. Institut zu Paris. Autorisierte deutsche Ausgabe von Emil Prinz zu Öttingen-Spielberg. Regensburg, Verlagsanst., 1900, 8°, XCI, 374 S., 3,50 Mk.
Religion et Critique. Oeuvre posthume recueillie par M. l'abbé C. Piat, professeur à l'institut catholique de Paris. Paris, Lecoffre, 1896, 12°, 360 S., 3,50 frcs.

Broglie, de, die Messianischen Weissagungen e. Beweis Gottes, s.: Wissenschaft u. Religion. Hft. 10. 11.

Broglie, C: Das bunte Einmaleins. Anschaugs- u. Repetitionsmittel z. instrukt. Einführg in d. Technik d. Vervielfachens, Teilens u. Enthaltenseins. (31 m. farb. Fig.) 8° Konstanz '10. (Lpzg, O Nemnich.) — 30

— Die Technik d. kleinen Einmaleins. Begleitschr. z. „Bunten Einmaleins". (29 m. Fig.) 8° Ebd. '10. — 80

(Broglie, M. L. C. D.) Mémoires pour servir à l'histoire de la campagne de 1761, en Hesse et en Westphalie.
8. La Haye et Francfort 1762.

Broglio d'Ajano, Romolo Graf, die venetianische Seidenindustrie u. ihre Organisation bis zum Ausgang des Mittelalters, s.: Studien, Münchener volkswirtschaftliche .H.2.

Broglio d'Ajano, Romolo Graf [aus Treja]: Die venetianischen Seidenweberzünfte vom 13. bis 16. Jahrhundert ... Stuttgart, Druck d. Union Deutsche Verlagsges., 1893; 59 S. 8.
München, Staatswirtsch. Fak., Inaug.-Diss. v. 1893

Brogniart, Alexandre, s. Brongniart, Alexandre

Brognietz, M., der fertige Hufschmied. Oder Kunst des Hufbeschlags. Ein Hand- und Hülfsbuch für Hufschmiede, sowie für Landwirthe, Cavallerieofficiere und für Pferdebesitzer im Allgemeinen. br. 8. (22 S. mit 10 in den Text gedr. Abbild. in Holzschn.) Leipzig 855(56,) Spamer. *

(Brognietz.) — Der fertige Hufschmied. Oder Kunst des Hufbeschlags. Nach der Anleitung von M. Brognietz. Ein Hand- und Hülfsbuch für Hufschmiede, sowie für Landwirthe, Cavallerieofficiere und für Pferdebesitzer im Allgemeinen. Mit 10 in den Text gedr. Abbildgn. (Holzschn.) Leipzig 856. Spamer. (Neumeister.) 8. (1 Bl., 22 S.) 5 ngl

Brognies, M, d. fert. Hufschmied od. Kunst d. Hufbeschlags. 2. Afl. 8. (22) Lpzg 59. (Hann., Cohen u. R.) n. — 5

Brognietz, M., der fertige Hufschmied oder Kunst des Hufbeschlags. Ein Hand- und Hülfsbuch für Hufschmiede, sowie für Landwirthe, Cavalerie-Offiziere und für Pferdebesitzer im Allgemeinen. 2., unveränd. (Titel-)Aufl. br. 8. (22 S. mit 10 in den Text gedr. Abbild. in Holzschn.) Leipzig (856)59. [Hamm, Grote'sche Buchh.] Thlr. *

Der Tarifvertrag unter besonderer Berücksichtigung der Entwicklung in England sowie der Deutschen Buchdrucker-Tarifgemeinschaft von Adam **Brogsitter.** Essen: Fredebeul & Koenen 1906. (93 S.) 8° [F.]
= **Revue,** Soziale. Jg. 6, Sonderh. [1.] [06. 1493] 6

Brogsitter, An., Grundriß der deutschen Literaturgeschichte. Für die Oberklassen höh. Lehranstalten zusammengestellt. gr. 8. (86 S.) Münster 902. Aschendorff. n. — 50

Brogsitter, Carl, prakt. Arzt a. Ahrweiler im Rheinland; Unterarzt beim 4. Thüringischen Inf.-Reg. No 72: Aus der 1. medizinischen Klinik der Universität Berlin. (Direktor: Geh. Med.-Rat Ernst von Leyden.) Der Kochsalzstoffwechsel und die kochsalzarme bezw. -freie Diät in ihrer theoretisch experimentellen Begründung und praktisch therapeutischen Verwertung mit besonderer Berücksichtigung der einschlägigen Verhältnisse bei Nierenkranken. Berlin (1906): G. Schade. (64 S.) 8°
Berlin, Med. Fak., Ref. v. Leyden, Diss. v. 16. März 1906
(Geb. 6. März 80 Ahrweiler, Rheinland; Wohnort: Berlin; Staatsangeh.: Preußen; Vorbildung: Gymn. Emmerich Reife O. 00; Studium: Berlin 9 S.; Ueb. 14. März 06; Approb. 28. Febr. 06.)

Brogsitter, Heinr., Das Gesetz üb. d. Zwangsversteigerg. u. d. Zwangsverwaltg., — D. Grundbuchordng. f. d. Deutsche Reich, } s.: Schwann's Hand-Ausgaben deutscher u. preuß. Gesetze.

Brogsitter, Heinr., die Militärstrafgerichtsordnung f. das Deutsche Reich, s.: Schwann's Hand-Ausgaben deutscher u. preußischer Gesetze. Nr. 7.

Brogsitter u. Kremers, die Rechtsprechung des Kammergerichts auf dem Gebiete des Polizeiverordnungsrechts. Nach den in Johows Jahrbuch der Entscheidgn. des Kammergerichts mitgeteilten Urteilen systematisch zusammengestellt. (69 S.) 8. Cöln 905. (J. & W. Boisserée.) n. 1. 80
Sonderabdruck aus: „Ztschr. d. rheinpreuß. Amtsrichterver."

Brogsitter, die Rechtsprechung des Kammergerichts auf dem Gebiete des Polizeiverordnungsrechts. Nach Johow's Jahrbuch systematisch zusammengestellt. (Fortsetzung zur Veröffentlichg. vom März 1905.) (22 S.) gr. 8. Cöln 908. (J. & W. Boisserée.) — 80
Sonderabdruck aus „Ztschr. d. rheinpreuß. Amtsrichterver."

Brogsitter, Heinr., die Civilprozeßordnung, nebst e. Anh., enth. das Einführungsgesetz, das Gerichtsverfassungsgesetz u. die Reichskostengesetze, s.: Schwann's Handausgaben deutscher u. preuß. Gesetze. Nr. 11.

Brogsitter, Hugo, s.: Musikbuch a. Österr.

Broh, Gesetze u. Verordnungen betr. den Drogen-, Gift- u. Farbenhandel außerhalb der Apotheken, s.: Guttentag's Sammlung deutscher Reichsgesetze. Nr.48.

Broh, James [Dr. jur., Kammerger.-Ref.]: Zur Interpretation der lex 15 D. ad exhibendum '(x, 4)' ... Berlin, gedr. bei Penner & Janetzke, 1892; 35 S. 8.
Erlangen, Jur. Fak. Inaug.-Diss. v. 1892

Brohan, A., chi ha moglie, ha guerra, s. Emporeo, drammatico.

Bröhan, Johannes [aus Cranz a/d. Elbe]: Die Futurbildung im Altfranzösischen. . . . Greifswald, Druck v. Julius Abel, 1889; 2 Bl. + IV + 102 S. 8°
Greifswald, Phil. Fak., Inaug.-Diss. v. 7. Mai 1889

Brühan, J., die Futurbildung im Altfranzösischen. Inaug.-Diss. gr. 8. (100 S.) Greifswald 889. (Leipzig, Fock.) n. 1. 60

Bröherr, Christ. Dan., außerordentl. Gespräch zwischen einem Todtengräber und einem Geist, aus dem Reich der Geister — wie ein Mensch die guten Geister erkenne. — Straßb. 743. 8. 745. 8.

Brohl, Engelbert: Die sog. Hornfäden und die Flossenstrahlen der Fische. Mit 5 Fig. im Text. Jena: Fischer 1909. 36 S. 8° ¶ (Aus: Jenaische Zeitschrift f. Naturwiss. Bd 45. N. F. 38, H. 2.)
Jena, Phil. Diss. v. 22. Dez. 1909, Ref. Ziegler
[Geb. 9. Sept. 77 Stommeln; Wohnort: Stommeln; Staatsangeh.: Preußen; Vorbildung: Gymn. M.-Gladbach bis O. 00; Studium: Tierärztl. Hochschulen Hannover 5, München 4, Univ. Jena 4 S.; Rig. 16. Juli 09.] [U 10. 2328

Brohl, Johann [cand. med. aus Stommeln (Landkreis Köln a. Rh.)]: Zur Aetiologie und Statistik der Lipome.... Würzburg, A. Memminger'sche Buchdr., 1886; 87 S. 8°.
Würzburg, Med. Fak., Inaug.-Diss. v. 1886.

Brohl, Johann, zur Aetiologie und Statistik der Lipome. Diss. Würzburg 1886, Stahelsche Univ.-Buchh. 8°. 87 S.

Broehl, Joseph, Cand. Prob. am Gymn. zu Wipperfürth: Doppelt unendliche Kurvenscharen gebildet von Schraubenlinien auf den Flächen der Rotationsflächenschar $x^2 + y^2 = u^2 e^{2z}$. Leipzig 1904: B. G. Teubner. (53 S.) 8°
Münster, Phil. Fak., Ref. v. Lilienthal, Diss. v. 14. Okt. 1904
[Geb. 1. März 80 Cöln-Deutz; Wohnort: Wipperfürth; Staatsangeh.: Preußen; Vorbildung: Gymn. Mülheim a. Rhein Reife O. 99; Studium: Bonn 2, Münster 5 S.; Rig. 28. Juni 04.]

Brühlau, H. J., neues Tanzbüchlein. Enth. Verhaltungs- u. Anstands-Regeln vor u. bei dem Tanze sowie im Ballsaal. Ferner die Touren des Contretanzes u. der Quadrille à la cour. 3. verb. Aufl. (16 S.) 16. Marburg 904. N. G. Elwert's Verl. — 20

Helgoland in Geschichte und Sage. Seine nachweisbaren Landverluste u. s. Erhaltung. Mit 9 Textill., 27 Lichtdr. u. 15 Karten u. Pl. Unter Benutzung dienstl. Quellen von [Adolf] **Brohm,** Major. Cuxhaven-Helgoland: A. Rauschenplat 1907. (69 S.) 4° [J.] [07. 419

Brohm, Christoph Konrad

Brohm, C. K., Predigt am Dankfeste wegen glückl. Befreiung d. vormals Preuß. Länder am linken Ufer d. Elbe d. 28. Nov. 1813. gr. 8. Berl., Mittler. 3 gr

Brohm, Chr. Conr., Predigt am Dankfeste wegen glücklicher Befreiung d. Länder am linken Ufer d. Elbe rc. d. 28. Nov. 1813 gehalten. gr. 8. Stendal, Franzen u. Gr.

Brohm, Ernst: Johann von Aldringen. Halle a/S. 1882: Karras. 30 S. 8°
Halle-Wittenberg. Phil. Diss. v. 26. Juli 1882
Geb. Rathenow 20. 6. 1859. V.
Ersch. vollst. im Buchhandel Halle: Niemeyer 1882. 110 S. (Hallesche Abhandlungen zur neueren Geschichte. H. 17.)

Brohm, Ernst, Medizinalpraktikant a. Rathenow: **Beitrag zur** Genese der subchorialen **Placentarcysten. Dresden 1906: E. H. Meyer.** (40 S., 2 Tafeln.) 8°
Heidelberg, Med. Fak., Ref. v. Rosthorn, Diss. v. 1905
[Geb. 27. Juni 81 Rathenow; Wohnort: Rathenow; Staatsangeh.: Preußen; Vorbildung: Gymn Zeitz Reife O. 00; Studium: Jena 4, Heidelberg 5 S.; Coll. 31. Juli 05; Approb. 25. Aug. 06.]

Brohm, [Ernst]: [Die Feier der Einweihung des neuen Schulgebäudes.] S. 12–17. 4. Städt. Realschule i. d. E. *Zeitz* 1907

Brohm, E. [Dr.]: Gedächtnisrede auf den Hochseligen Kaiser Wilhelm I. . . . Zeitz, Druck v. C. Brendel, 1889; S. 19—24; 4°
Zeitz, k. Stifts-G, OP 1889 (245)

Brohm, Ernst, Dr.: Shakespeare's **Venus** and Adonis. An essay. *Halle a. S. 1899: E. Karras.* (S. 1—22.) 4°
Zeitz, k. Stifts-G, OP 1899 (209)

Brohm, Fr. Ad., Progr. Praemissa est de causis quibusdam Aeschyli nondum satis emendati commentatio, scripsit Henr. Lud. Ahrens. 4 maj. (5 B.) Gottingae 832, Vandenhoeck et Ruprecht.

—— Progr. Praemissa est de Diogenis Laërtii vita, script. atque in histor. philosoph. Graecae scribenda auctorit. dissert., quam scrips. G. H. Klippel. 4. (3½ B.) Nordhusae 831. (Gottingae, Vandenhoeck et Ruprecht.)

Brohm, Karl Friedrich August

— Abriß d. Mythologie d. class. Alterthums. 8. Berl. 820. Hahn. 6 gr

Brohm's, K. F. A., Beispielsammlung zur Übung der wichtigsten syntaktischen Regeln der Grammatik Berlin 811. 8. 6 gr. Ebend. 817. 8. 6 gr.

Brohm, Karl Fr. Aug., Beispielsammlung zur Uebung d. wichtigsten syntakt. Regeln d. latein. Grammatik. 8. Berl. 812. 2e A. 817. 3e A. 824. Hahn. 6 gr

-- histor. Bibliothek f. d. Jugend. 1r Thl. Denkwürdigkeiten d. Geschichte d. schwed. Volks. 8. Berl. 814. 2e A. 817. Schöne. 20 gr

— — historische Bibliothek 2r Thl. (Die Geschichte von Schweden.) 1r Thl. 2te Aufl. 8. Berlin, Schöne, 817.

— griech. Chrestomathie, f. d. obern Klassen gelehrter Schulen. gr. 8. Posen 805. Kühn. (Leipz., Centr.-Cpt.) 18 gr

— — Formenlehre der latein. Sprache. f. die ersten Anfänger. 8. Berlin. (Leipzig, Köhler.) 821.

— Formenlehre d. latein. Sprache, f. d. ersten Anfänger. 8. Berl. 821. Logier. 6 gr

— Gesch. v. Polen u. Litthauen, seit d. Entsteh. dies. Reiche bis auf d. neuesten Zeiten. 2 Bde. 8. Posen 810—11. Kühn. 2 Rthlr 16 gr

— latein. Grammatik f. Schulen. A. u. d. T.: **Compendium** grammaticae latinae, nach Anleit. d. großen latein. **Grammatica Marchica,** für Schulen. 8. Berl. 812. Schöne. 12 gr

— latein. Grammatik f. Schulen.
Auch unt. dem Titel:
Brohm's Compendium grammaticae latinae nach Anleitung d. großen latein. Grammatica Marchica, für Schulen herausgegeb. 8. Berl. Schöne. 813.

— Handbuch d. Geschichte d. wichtigsten Völker d. Alterthums. 3 Abtheill. 4. Posen 805. 2e A. 809. Kühn. (Leipz., Centr.-Cpt.) 1 Rthlr 12 gr

Brohm, Karl Friedr. Aug., Handbuch d. deutsch. Sprache, s. Kuhn, W.

Brohm, Karl Friedr. August, s. a. Horaz: Brief an d. Pisonen.

Brohm, K.F.A.: Horazens Brief an die Pisonen, übersetzt. 19 S. Progr. Thorn 1825.

— latein. Lesebuch f. d. ersten Anfänger. 8. Berl. 821. (Logier). 3 gr

— latein. Lesebuch f. deutsche Schulen. 8. Berlin 821, Spaethen. (Köhler in Leipz.)

Brohm, C.F.A.: Orationem ante hos. XXVII. annos scriptam typis revocavit. (Lob des Camillus.) 7 S.
Progr. Thorn 1830.

Brohm, Karl Friedr. August s. P h a e d r u s : Fabul. Aesop.

Brohm, Karl Friedr. August: R e d e an dem zwanzigsten Stiftungstage der königlichen medizinisch-chirurgischen Pepiniere. Berlin 1814: Spener. 16 S. 8°

Brohm, Karl Friedr. August, s. V i c t o r , Aurel.

— — vocabularium lat. german. 1814. 817.

— Vocabularium Lat.-German., in usum scholar. 8. Berl. 818. Hayn. 4 gr.

— Vocabularium latino-germanicum in usum scholarum inferior. 8 Berol. 824, Hayn.

Brohm, Kep. Eph. Konr., Progr. über d. Dichtkunst. 1e u. 2e Abtheil. 8. Stend. 780, 81.

— f. 1) Homers Ilias, 1r—6r Gesang. 2) Magazin f. Philologie.

— Wörterbuch über d. ersten Gesänge d. Ilias. 8. Stend. 786. Franzen u. Gr. 5 gr.

Brohm, Mor., s. Heloise, d. Schwedische.

Brohm, R.: De Jure virginum Vestalium. 26 S.
Progr. Thorn 1835.

Brohm, Rud., und Wilh. Hirsch, Schul- und Turn-Liederbuch. 2. ganz umgearb. Aufl. Thorn 858. Lambeck. 8. (78 S.) n. 6 ngr.

Brohm, Rud., und Wilh. Hirsch, Schul- und Turn-Liederbuch. 2., ganz umgearb. und mit einem Anhange verseh. Aufl. 8. (94 S.) Thorn 861, Lambeck. *

Brohm, Rud., und Wilh. Hirsch, Schul- und Turn-Liederbuch. 3. verm. Aufl. Thorn 862. Lambeck. 8. (2 Bl., 96 S.) 6 ngr.

Brohm, Rud., u. Wilh. Hirsch, Schul- u. Turn-Liederbuch 3. verm. Aufl. [2. Abdr.] Thorn 866. Lambeck. 8. (96 S.) n. 6 ngr.

Brohm, Rud. u. Wilh. Hirsch, Schul- u. Turn-Liederbuch. 4. vermehrte Aufl. gr. 8. (IV, 128 S.) Thorn 878. E. Lambeck. n. — 80.

Brohm, Rudolph (Übers.), s. S o p h o c l e s : A n t i g o n e .

Brohm, Wilhelm Ludwig (Seehausen / Altm.), De balneis hydrargyro muriatico corrosivo medicatis. Diss. med. Bln. (Nietack) 24. XII. 1836. 40 S., mit Biogr. (M.: J. A. Goering.) (4.50) 4153
Oppon: Emil Schmidt, Ed. Zettnow, O. Quehl. — Gew.: Theoph. Wilh. Eck, Aug. Goering.

Brohmann, Friedr. [pract. Arzt]: Zur Casuistik der Bauchwandtumoren .... Berlin, Druck v. Adolf Knickmeyer (1887): 20 S. 8°
Erlangen. Med. Fak.. Inaug.-Diss. v. 23. März 1887

Bröhmek, R. s. a.: Böhmker, Rich.

BROHMECK, Richard (auch „Bröhmek"), A u f d e m A n n o n c e n w e g e. Erzählungen aus dem Gebiete der perversen Verirrungen. 4 Bde. P r i v a t d r u c k. O. O. u. J. (c. 1905). (Mk. 6—.) Antiquasatz.
I. A l s P r ü g e l k n a b e. 46 S. (Mk. 1,50.) „Für älteren Knaben, aufs Wort gehorchend, der sich jeder Bestrafung unterzieht, wird Stellung in vornehmem Hause gesucht."
II. B e i d e n M a s s e u s e n. 22 S. (Mk. 1,50.) „Vornehmem Publikum empfehlen sich die geprüften Masseusen Wanda und Xenobia."
III. F r ä u l e i n A b i t u r i e n t i n. 30 S. (Mk. 1,50.)
IV. A u s d e r P e n s i o n d e r M a d a m e d e L a m e l i n. 23 S. (Mk. 1,50.)

Bröhmek, R: Die Arten d. Masochismus. — Mein Schmerzensweg. Ein autobiograph. Beitrag z. Psychol. d. Masochismus v. Heliogabal. (61) 8° Hambg (03). Berl., M Marcus. 2.50 Vergr.
Auf d. Titelbl. lautet d. Name d. Verf. fälschlich Bröhneck.

— die Arten des Masochismus. — Schmerzensweg, mein. Ein autobiograph. Beitrag zur Psychologie des Masochismus v. Heliogabal. (61 S.) gr. 8. Hamburg (903). [J. G. Nissen.] Berlin, M. Marcus. n. 2. 50
Im Deutschen Reich verboten.

— — D ä m o n e. Roman in 2 Bdn. Mit künstlerischem Umschlagbild von Raph. K i r c h n e r, Paris. 2 Bde. Leipziger Verlag, G. m. b. H. (190*). 8°. 500 S. (Mk. 6—.) Vergriffen! (5 Mk. Adolf Weigel, 1908.)
„Im Vordergrunde steht das Weib, eine jener herzlosen, raffinierten Kokotten, welche zu den Teufelinnen gehören, hinter deren Schönheit u. Majestät Härte u. Grausamkeit, Tod und Verderben lauern." C o n f i s c i r t anfangs 1912.

Bröhmek, Rich., Dämone. Roman. 2 Bde. (98 u. 111 S.) 8. Leipzig (905). Leipziger Verlag. n. 5. —

Bröhmeck, Rich., Dämone. — Dominatrix. — Herrin u. Sklave. — Qualvolle Stunden. Jetzt: Pressburg, H. Hartleb.

— D o m i n a t r i x. Roman-Zyklus. 1.—3. Bd. 8. Ebd. à n. 3. —
1. Der Sklave der schönen Despotin. (144 S.) (905.)
2. Fräulein Lehrerin. (116 S.) (905.)
3. Den Fuss im Nacken. Roman aus dem brasilian. Sklavenleben. (135 S.) (906.)

Brömek, Dominatrix. Roman-Zyklus. 4. Bd. 8. Leipzig [Leipziger Verlag]. Pressburg, H. Hartleb. 3. —
4. In Leibeigenschaft. (158 S.) (907.)
Infolge Rechtsspruchs unbrauchbar gemacht.

— dasselbe. 5. u. 6. Bd. 8. Leipzig, Leipziger Verlag. à 3. —
5. Fräulein Oberlehrerin. Roman. (188 S.) (907.)
6. Fräulein Direktor. Roman. (160 S.) (909.)

— — U n t e r d e r F u c h t e l d e s W e i b e s. Masochistischer Roman. Ebd. 1900. 8°. Vergriffen! (5 Mk. Taussig, 1906.)

— — G o u v e r n a n t c h e n, D a s g e s t r e n g e. P r i v a t d r u c k. (190*.) 8°. 21 S. (Mk. 1,50.)

— — G o u v e r n a n t e n z u c h t. P r i v a t d r u c k. (190*.) 8°. (Mk. 1,50.) 40 S. (1 Mk. 50 Pfg. Taussig, 1904.)

— — H e r r i n u n d S k l a v e. 1901. 8°. (2 Mk. 25 Pfg. Taussig, 1906.)

— Herrin u. Sklave. (89 S.) 8. Ebd. (905). n. 3. —

B r ö h m e c k, R., M a d a m e N e r o. Eine Erzählung aus dem Plantagenleben in B r a s i l i e n. Mit 1 Abbildg. O. O. u. J. (n a c h 1900). Gr. 8°. 80 S. P r i v a t d r u c k. (3 Mk. 50 Pfg. Adolf Weigel, 1905; 4 Mk. 50 Pfg. F. Waldau, 1907.)

— — P e i t s c h l u s t, G e s ä t t i g t e: Vom Oberlehrer zum Sklavenhalter. 2 Bde. Hamburg, M. Jacobsohn, 1903. 8°. (6 Mk. Taussig, 1904.)

— — Q u a l u n d W o n n e. Roman. Hamburg, o. J. 8°. (4 Mk. Taussig, 1904.)

— — S c h l ä g e. Hamburg, J. G. Nissen (190*). 8°. (Mk. 3—.)

— Schläge! Flagellantismus, Masochismus, Sadismus. (169 S.) 8. Ebd. (903). n. 3. —
Im Deutschen Reich verboten.

SCHNEID, D e m o i s e l l e, von *R. B(röhmeck)*. (190*.) 8°. 102 S. (Mk. 6—.)
„Für wiederholte Unpünktlichkeiten muss die junge reizende Dänin die strenge Züchtigung ihres pedantischen Chefs über sich ergehen lassen. Sie bessert sich und wird zum Bureauchef, befolgt das Verfahren ihres Vorgesetzten und zwingt ihn endlich sogar selbst unter ihre Rute."

--- qualvolle Stunden. Erzählungen. (117 S.) 8. Leipzig (906). Leipziger Verlag. n. 3. —
Später Preßburg: Hartleb

— — Qualvolle Stunden. Erzählungen. Leipziger Verlag (c. 1907). 8°. (Mk. 3—.) 117 S. Vergriffen! (4 Mk. Adolf Weigel, 1908.)
Confiscirt anfangs 1912.

WIE man früher „erzog": Geschichten aus dem Erziehungs- und Strafwesen in der guten alten Zeit, von *R. B. (Richard Bröhmeck)*. 2 Bde. Privatdruck. O. O. u. J. (19**). (Mk. 6—.) 98+97 Seiten.

v. Brohmer, (Freih.,) Lebensgesch., s. Lebensgeschichte.

v. Brohmer, Frhr., Lebensgeschichte, von ihm selbst herausg. 16 Bdchen. 8. Leipz. 801. (Brockhaus). 8 ℳ

Brohmer, C: Handk. d. Kreises Frankenberg i/H. (Hessen-Nassau). 1:100000. 46,5×39,5 cm. Farbdr. Frankenbg, F Kahm (09). — 60

Der Zeichenunterricht in der Volksschule nach dem neuen Lehrplane. Ein Vortrag von C. Brohmer, Sem.Lehrer in Frankenberg. Frankenberg H.-N.: F. Kahm [1906?]. (32 S.) 8° [F.] [07. 1015] 4

Brohmer, C., der Zeichenunterricht in der Volksschule nach dem neuen Lehrplane. Ein Vortrag. (32 S.) 8. Frankenberg (907). F. Kahm. — 50

Brohmer, P., Abiturientenexamen u. Universitätsstudium f. Volksschullehrer, s.a. Zur Fortbildung des Lehrers.

Abiturientenexamen und Universitätsstudium für Volksschullehrer. Von P. Brohmer. Berlin: Gerdes & Hödel 1908. 34 S. 8°
(Zur Fortbildung d. Lehrers. H. 9.) [10. 12176

— Einführung in das praktische Studium der Zoologie, s.a. Zur Fortbildung des Lehrers.

Einführung in das praktische Studium der Zoologie. Von Dr. phil. P. Brohmer. Mit 5 Textfig. Berlin: Gerdes & Hödel 1909. 46 S. 8°
(Zur Fortbildung d. Lehrers. H. 12.) [10. 12179

Brohmer, Paul: Der Kopf eines Embryos von Chlamydoselachus und die Segmentierung des Selachierkopfes. Mit 15 Fig. im Text. Jena: Fischer 1909. 49 S. 8° (Aus: Jenaische Zeitschr. f. Naturwiss. Bd 44. N. F. 37. H. 2.)
Jena, Phil. Diss. v. 12. Febr. 1909, Ref. Ziegler
[Geb. 8. Nov. 85 Sangerhausen; Wohnort: Nordhausen; Staatsangeh.: Preußen; Vorbildung: Realgymn. Eisenach Reife M. 05; Studium: Jena 6 S.; Rig. 24. Juli 08.] [U 09. 2165

Brohmer, Rud., die Ergebnisse der bisherigen Hörübungsversuche, s.: Kühling, Max.

Brohmer, R. u. M. Kühling, Übungsbuch zum Gebrauche beim Rechenunterrichte in Taubstummen-Anstalten, Hilfsschulen u. verwandten Schulgattungen. I. Zahlenraum 1—5, 6—10, 1—20. gr. 8. (IV, 96 S. m. Abbildgn.) Halle 902. H. Schroedel. n. — 80

— u. M. Kühling, Uebungsbuch zum Gebrauche beim Rechenunterrichte in Taubstummen-Anstalten, Hilfsschulen u. verwandten Schulgattungen. II. Zahlenraum 1 bis 100. (52 S.) gr. 8. Halle 904. H. Schroedel. n. — 40

Brohmer, Rud., wie soll man üb. Helen Keller denken? Für Pädagogen u. Laien geschrieben. („Die Geschichte meines Lebens" u. ihre Entstehg.) (56 S.) 8. Berlin (907). Harmonie. 1. —

v. Brohmer — Feyerleyn, Frhr. Fd., theoret.-prakt. Methode u. Erfahrr. üb. d. Flachsbau. 8. Arnst. 802. (Lpz., Hinrichs). 4 ℳ
(Langbein)

Bröhneck. R., s.: Bröhmek, R.

Broja, R., der Steinkohlenbergbau in den Vereinigten Staaten v. Nord-Amerika m. besond. Berücksicht. der neuesten Fortschritte. Mit 5 Holzschn. u. 16 lith. Taf. (in Mappe). gr. 8. (V, 112 S.) Leipzig 894. A. Felix. n. 14. —

Broich, Frhr. v., s.: Butler-Haimhausen, Gräfin Victorine, Mahnworte.

v. Broich. Nähere Mittheilungen über die im Anschluss an das neue Genossenschaftsgesetz geplante Deutsche Creditbank, Genossenschaft mit beschränkter Haft. Berlin (1888?).

Broich, Frhr. v., Sozialreform u. Genossenschaftswesen. [Aus: „Deutsches Adelsblatt".] 8. (126 S.) Berlin 889. Actiengesellschaft „Pionier". cart. n. 1. —

—— dass. — Zum Zweck der Begründg. u. Ausgestaltg. e. sozialreformator. Genossenschaftswesens hrsg. 2. verm. Aufl. 8. (VIII, 356 S.) Ebd. 890. geb. * 3 —

Broich, Frhr. v., Vermehrung und Sicherung der Brodstellen und Errichtung eines neuen Reichsamtes für diesozialreformatorische Aufgabe. gr. 8°. Berlin, A. G.-Pionier, 1893. 78 S.

Broich, Frhr. v., Die deutsche Centralgenossenschaft zu Berlin und das deutsche Innungswesen. Ein Programm. 8°. Berlin 1892. A.G.Pionier 24 S.

Broich, Franz, appr. Arzt: Aus d. chirurg. Klinik d. Universität Bonn. Die Entzündungen und Verletzungen der Bauchdecken und Eingeweide. *Bonn 1900: C. Georgi.* (44 S.) 8°
Bonn, Med. Diss. v. [19. Mai] 1900

von Broich, Heinrich [aus Bonn]: Beiträge zur Kenntnis der gebromten Amine der Fettreihe ... Bonn, Druck v. J. F. Carthaus, 1897; 51 S. 8.
Rostock, Phil. Fak., Inaug.-Diss. v. [29. Mai] 1897

Broich, Henr. Ios. (geb. am 23 Dez. 1823 in Neuenhoven Rgbz. Düsseldorf): Quidnam in laesionibus cranii iuvet terebratio ... Bonnae, typ. C. & F. Krüger 1848. 2 Bl., 26 S., 1 Bl. 8.
Bonn, Med. Fak., Diss. v. 16 Aug. 1848

Broich, Hubert Wilhelm von (Aachen), De causa proxima vomitus. Diss. path.-med. Bln. (Nietack) 7. I. 1833. 31 S., mit Biographie. (M.: E. Papst.) (4.—) 4154
Oppon.: Koenigsfeld, L. Herbers, Schunck. — Gew.: P. C. Mueller, A. J. v. Broich.

von Broich, Josef [aus Bonn]: Aus d. Klinik f. Hautkrankbeiten u. Syphilis. Ueber „Extragenitale Initialsclerosen" .... Bonn, Druck d. „Maler-Zeitung", 1888; 54 S. + 1 Bl. 8°
Bonn, Med. Fak., Inaug.-Diss. v. 12. März 1888

Broich, Carl, aus der Coulissenwelt. Heitere u. ernste Erzählgn. aus dem Bühnenleben. gr. 8. (III, 210 S.) Bern (901). Neukomm & Zimmermann. n. 2.50; geb. n. 3.50

Broich, Karl, Theaterskizzen. Ernste u. humorist. Erzählgn a. d. Bühnenleben. gr. 8. (III, 195 S. m. Bildn.) Bern 896. (Neukomm & Zimmermann) n. 2. —

Broicher, C. A., s. Handels-Gesetzbuch der :c. Rheinprovinz.

Broicher, Charlotte, s.: Brooke, Stopford A., Frederick William Robertson.

Erinnerungen an Ernst Curtius. Von Charlotte Broicher. *Berlin: G. Stilke 1897.* (50 S.) 8°
Aus: Preuß. Jahrbücher. Bd 86. Dez. 1896. [97. 10651 8

— Die Ernst Curtius-Büste im Museum zu Olympia. 1895. 22 S., 1 Taf. u. Abb. 4°.

— Ernst Curtius 70. Geburtstag am 2. Sept. 1884. Bericht über die Feier. Gel. 1884. 14 S. u. 1 Phot. 4°. 1.—

Broicher, Charlotte, John Ruskin u. sein Werk. Puritaner, Künstler, Kritiker. 1. Reihe. Essays. 8. (XXXVI, 298 S. m. 1 Bildnis u. 2 Taf.) Leipzig 902. E. Diederichs. n. 5.—; geb. n. 6.—

Broicher, Charlotte, John Ruskin u. sein Werk. Kunstkritiker u. Reformer. 2. Reihe Essays. (VI, 299 S.) 8. Jena 907. E. Diederichs. n. 5.—; geb. n. 6.—

— John Ruskin u. sein Werk. Sozialreformer, Professor, Prophet. 3. Reihe. (Schluss.) Essays. (VIII, 327 S.) 8. Jena 907. E. Diederichs. 5.—; geb. 6.—

Broicher, E. J., das Kaiser-Wilhelm-Denkmal auf Hohensyburg. Festschrift aus Anlaß der Enthüllg. dieses Denkmals, hrsg. im Auftrag des engeren Ausschusses des Komitees f. Errichtg. e. Kaiser-Wilhelm-Denkmals auf Hohensyburg. gr. 8. (119 S. m. 1 Abbildg., 5 [1 farb.] Taf. u. 2 [1 farb.] Karten. Essen 901. G. D. Baedeker. Ausg. a auf feinem Pap. n. 3.—; Ausg. b auf feinst. Pap. n. 4.—; Luxusausg. c auf Kunstdr.-Pap., geb. in Saffian m. Goldschn. n. 20.—

Broicher, Ernestvs Iacobvs (geb. 1844 in Köln): De sociis Lacedaemoniorvm ... Bonnae, form. C. Georgi (1867). 2 Bl., 93 S., 1 Bl. 8.
Bonn, Phil. Fak., Diss. v. 17 Aug. 1867

Broicher, Josef, aus Urbach bei Köln a. Rh.: Ueber **Oxydationsprodukte** von Phenolen und Phenolbromiden. *Heidelberg 1900: J. Hörning.* (48 S.) 8°
Heidelberg, Naturw.-math. Diss. v. 1900

Broicher, Julius Guil. Wolfg. (geb. Cöln a. Rh. 9. 1. 1836): De aneurysmate. Berolini (1859). (39 S.) 8°
Berlin, Med. Diss. v. 8. Juli 1859

Broicher, P.: F r u c t . rei pign. Diss. Greifsw. 1866.

Broicher, Wilhelm, Referendar: § 607 Abs. 2 BGB. und seine Wirkungen. Bonn 1906: J. Trapp. (43 S.) 8°
Jena, Jur. Fak., Ref. Thon, Diss. v. 20. Juni 1906
[Geb. 31. Okt. 76 Cöln a. Rh.; Wohnort: Cöln; Staatsangeh.: Preußen; Vorbildung: Gymn. Cöln Reife O. 98; Studium: München 3, Berlin 1, Bonn 2 S.; Rig. 19. Juni 06.]

Broichmann, Jakob

Broichmann, J., Erdkarte in Mercator's Projektion. 8 Bl. Ausg. A, für niedere Schulen. Chromolithogr. Imp.-Fol. Metz 883, Lang. *
Auf Leinw. in Mappe * ℳ 16.; mit Stäben *

Broichmann, J., neuer **Hand-Atlas** zur Heimats- und Vaterlandskunde für die Volksschulen des Kreises Bergheim. 4 Karten in Farbendr. gr. 4. Köln 879, A. J. Tonger. **
— dass. — für die Volksschulen der Kreise Bonn und Rheinbach. 4 Karten in Farbendr. gr. 4. Ebendas. 879. **
— dass. — für die Volksschulen des Siegkreises. 4 Karten in Farbendruck. gr. 4. Ebendas. 879. **

— Schul-Wandkarte vom Reg.-Bez. Aachen. 1:80,000. 6 Bl. Chromolithogr. und color. Imp.-Fol. Ebendas. 878. *
Auf Leinw. in Mappe ** ℳ 10,50.; mit Stäben **

Broichmann, J. Schul-Wand-Karte vom Reg.-Bez. Aachen. 1:80,000. 6 Bl. Chromolithogr. u. color. gr. Fol. Köln 889, P. J. Tonger. * 6 —; auf Leinw. m. Stäben u. Rollvorrichtg. * 12 —

— Schul-Wandkarte vom Reg.-Bez. Düsseldorf. 1:80,000. 6 Bl. Chromolithogr. und color. Imp.-Fol. Ebendas. 878. *
Auf Leinw. in Mappe * ℳ 11,50.; mit Stäben *

Broichmann, J. Schul-Wandkarte vom Reg.-Bez. Düsseldorf. 1:80,000. 6 Bl. Farbendr. u. color. Imp.-Fol. Köln 890, P. J. Tonger. 6 —; auf Leinw. m. Stäben * 14 —

— Schul-Wandkarte vom Reg.-Bez. Coblenz. 1:80,000. 9 Bl. Chromolithogr. und color. Imp.-Fol. Ebendas. 879. *
Auf Leinw. in Mappe * ℳ 15.; mit Stäben *

— Schul-Wandkarte vom Reg.-Bez. Trier. 1:80,000. 8 Bl. Chromolithogr. und color. Imp.-Fol. Ebendas. 879. *
Auf Leinw. in Mappe * ℳ 13.; mit Stäben **

Broichmann, J. Schulwandkarte vom Reg.-Bezirk Trier. 1:80,000. 9 Bl. Chromolithogr. u. color. Imp.-Fol. Köln 889, P. J. Tonger. * 8 —; auf Leinw. m. Stäben * 16 —

— Schul-Wandkarte der Prov. Westfalen. 1:160,000. 6 Bl. Chromolithogr. und color. Imp.-Fol. Ebendas. 879.
Auf Leinw. in Mappe * ℳ 12,50.; mit Stäben *

Broichmann, J. Schulwandkarte der Prov. Westfalen. 1:160,000. 6 Blatt. Chromolithogr. u. color. gr. Fol. Köln 889, P. J. Tonger. * 7 50; auf Leinw. m. Stäben u. Rollvorrichtung * 15 —

— neuer Volksschul-Atlas über alle Theile der Erde. 23 Karten in Farbendr. gr. 4. Köln 880. Du Mont-Schauberg. n.n. 1.—

Broichmann, J., neuer Volksschul-Atlas üb. alle Theile der Erde. 23 Karten in Farbendr. Neue Bearbeitg. v. 1884. 4. Köln 884. Du Mont-Schauberg. n.n. 1.—

Neuer Volksschul-Atlas über alle Teile der Erde. 23 Karten in Farbendr. Hrsg. von J[akob] Broichmann, Rektor in Köln. 6. verb. Aufl. Köln: M. DuMont-Schauberg [1899]. (24 Bl.) 4° [00. 5771 B

Broichmann, J: Neuer Volksschul-Atlas üb. alle Tle d. Erde 23 Kart. in Farbdr. 7. Afl. (28) 4° Köln, M Du Mont-Sch. (02). nn 1—

Broichmann, J., systematisch geordnete Vorlegeblätter f. den ersten Zeichenunterricht m. Lineal, Maß u. Zirkel in den Volksschulen. Nach ministeriellen Bestimmgn. zusammengestellt. 1—15. Hft. qu. 8. (100 Steintaf.) Köln 874. 76. A. Tonger. 6. 30

Broichmann, J., systematisch-geordnete Vorlegeblätter für den ersten Zeichen-Unterricht mit Lineal, Maß und Zirkel in Volksschulen. Nach ministeriellen Bestimmungen zusammengestellt. 4.—15. (Schluß-)Heft. qu. 8. (à Heft 7 Stnt.) Köln 878, A. J. Tonger. à Heft 40 Pf.
Inhalt:
Heft 4—10. Geradlinige Figuren.
" 11—15. Krummlinige Figuren.
1.—3. Heft. Ebendas. 1874. à 40 Pf.

Broichmann, J: Wandkarte d. Reg.-Bez. Aachen, s.: Wandkarten, Schwann'sche.

Broichmann, J: Wandkte d. Reg.-Bez. Cöln, s: Wandkarten, Schwann'sche.

— Wandkarte vom Reg.-Bez. Köln. 1:81,000. 6 Bl. Chromolithogr. und color. Imp.-Fol. Ebendas. 878.
Auf Leinw. in Mappe ** ℳ 10.; mit Stäben **

Broichmann, J. Wandkarte vom Reg.-Bez. Köln. 1:81,000. 6 Bl. Farbendr. u. color. gr. Fol. Köln 890, P. J. Tonger. 7 —

Broichmann, J., Wandkarte von Palästina. Vier Blätter. Köln, Dumont-Schauberg. 7,50 Mk., aufgezogen mit Holzstäben 13,50 Mk.

Broichmann, J., Wand-Karte von Palästina. 4 Bl. 2. Aufl. Chromolithogr. gr. Fol. Köln 885, Du Mont-Schauberg'sche Buchh. *
Auf Leinw. mit Stäben *

— 60 große Wandtafeln. Auswahl der systematisch geordneten Vorlegeblätter für den Zeichen-Unterricht mit Lineal, Maß und Zirkel in Volksschulen. Nach ministeriellen Bestimmungen zusammengestellt. 1. Heft: Geradlinige Figuren. Fol. (12 Stnt.) Cöln 874, A. Tonger.

— 60 gr. Wandtafeln. Ausw. d. systemat. geordneten Vorlegeblätter f. den ersten Zeichen-Unterricht m. Lineal, Mass u. Zirkel in Volksschulen. 2—5. Hft. Fol. (à 12 L.) Ebd. 76. à n. 4.—

—— 60 große Wandtafeln. Auswahl der systematisch-geordneten Vorlegeblätter für den ersten Zeichen-Unterricht mit Lineal, Maß und Zirkel in Volksschulen. Nach ministeriellen Bestimmungen zusammengestellt. 3. Aufl. 2.—5. Heft. Fol. (à Heft 12 Stnt. in qu. gr. Fol.) Ebendas. 878. à Heft * ℳ 4. *
Auf Pappe gezogen à Heft * ℳ 7. *

Inhalt:
Heft 2—4. Geradlinige Figuren.
" 5. Krummlinige Figuren.
1. Heft. Ebendas. 874. * ℳ 4.

—— das Zeichnen mit Lineal, Maß und Zirkel in den deutschen Volksschulen. 8. (8 S.) Cöln 875, A. Tonger. *

Broichmann, P: Hilfsb. f. d. Unterr. in d. deut. Gesch., s: Eckertz, Gottfr.

Broichmann, Th., ein Kronenthaler f. e. Frau od. Eine Brautwerbung auf d. Lande. s.: Theater-Bibliothek.

Broichsitter, Gustav, aus Köln a. Rh.: Über die Einwirkung von Äther und Aluminiumchlorid auf Pseudocumidin sowie über einige neue Derivate des 3-5-Diaethylphenol-1. *Heidelberg 1901: Hörning & Berkenbusch.* (35 S.) 8°
Heidelberg, Naturw.-math. Diss. v. 1901

Broido, Joseph. Condensationen mittelst 3-5-Dinitro-2-Chlor-1-Benzophenon. Diss. Phil. [II.] Univ. Zürich. 56 S. 8. Borna-Leipzig, Robert Noske, 1906.

Broili, Ferdinand, aus Mühlbach: Ein Beitrag zur Kenntniss von Eryops megacephalus ⟨Cope⟩. (Mit Taf. VIII—X.) *Stuttgart: E. Schweizerbart 1899.* (S. 61—84.) 4° ¶(Aus: Palaeontographica, Bd 46. — Ohne die Taf.)
München, Phil. Diss. v. 1899

Beobachtungen an Cochleosaurus bohemicus Fritsch. Von Ferdinand Broili. Mit Taf. 1 u. 2. Stuttgart: E. Schweizerbart 1905. (16 S.) 4°
= **Palaeontographica**. Bd 52, Lfg. 1, [1.] [05. 6698

Broili, F(erdinand), Dr.: Die **Fauna** der Pachycardientuffe der Seiser Alp. ⟨Mit Ausschluß d. Gastropoden u. Cephalopoden.⟩ *Stuttgart: E. Schweizerbart 1903.* (S. 145—227.) 4° ¶(Aus: Palaeontographica, Bd 50.)
München, Phil. Hab.-Schr. v. 1903

Broili, F(erdinand), Die Fauna der Pachycardientuffe der Seiser Alp. ⟨Mit Ausschluß d. Gastropoden u. Cephalopoden.⟩ ⟨Taf. 17—27.⟩ Stuttgart: E. Schweizerbart 1903 [vielm. 1904]. (S. 145—227.) 4° [Umschlagt.]
— **Palaeontographica**. Bd 50, Lfg 4 u. 5. [07. 6273

— über die Fauna der Orbitolinen führenden Schichten der untersten Kreide in der Krim. s.: **Egger**, Jos. Geo., der Bau der Orbitolinen.

Broili, Ferd.: Grundz. d. Paläontol. (Paläozool.), s: Zittel, Karl A v.

Broili, Ferd.: Permische Stegocephalen und Reptilien. Hälfte 1. 2. ⟨Taf. 1—13.⟩ Stuttgart: E. Schweizerbart 1904. (120 S.) 4° [Umschlagt.]
= **Palaeontographica**. Bd 51, Lfg 1. 2. [07. 6274

Broili, Ferd., permische Stegocephalen u. Reptilien aus Texas. (121 S. m. 5 Fig, 13 Taf. u. 13 Bl. Erklärgn.) 4. Stuttgart 904. E. Schweizerbart. n. 30. —
Sonderabdruck aus: „Palaeontographica."

Broili, Jos., das Gerstenkorn im Bilde. Ein Beitrag zur Morphologie der Getreidearten, zugleich Anleitg. zur Kenntnis der Unterscheidungsmerkmale der Gerste f. Landwirte, Züchter, Brauer u. Getreidehändler. (56 S.) 8. Stuttgart 908. E. Ulmer. 1.50

Broili, Jos.: Hafer im Bilde, s: Arbeiten d. deut. Landwirtsch.-Gesellsch.

Broili, Josef, a. Mühlbach am Main: Über die Unterscheidung der zweizeiligen Gerste — Hordeum distichum — am Korne. Jena-Ziegenhain 1906: Thüringer Verlagsdruckerei. (60 S.) 8°
Jena, Phil. Fak., Ref. Edler, Diss. v. 31. Mai 1906
[Geb. 2. Juli 68 Mühlbach a. M.; Wohnort: Mühlbach; Staatsangeh.: Bayern; Vorbildung: Gymn. Würzburg Einj.-Freiw.-Zeugn. O. 84; Studium: Würzburg 6, Halle 1, Jena 6 S.; Rig. 17. Febr. 06.]

Broili, Otto: Die **Hauptquellen** von Longfellows Song of Hiawatha. *Würzburg 1898 [vielm. 1900/1901]: Fränkische Gesellschaftsdruckerei.* (VIII, 83 S.) 8°
Würzburg, Phil. Diss. v. 1898

Broise, René Marie de la, das Leben der hl. Jungfrau. Autoris. deutsche Ausg. v. Emil Prinz zu Oettingen-Spielberg. (330 S. m. 1 Farbdr.) 8. Regensburg (906). J. Habbel. n. 2. —; geb. in Leinw. n. 3. —

Broistedt: Die inn. Mission u. d. Wohlfahrtspflege auf d. Lande. Referat. [Aus: „Verhandlgn d. 36. Kongr. f. inn. Mission".] (24) gr8° Hambg ('12). (Braunschw., Grüneberg.) — 20 d

Broistedt, Albert, Referendar zu Straßburg: Die rechtliche Stellung der Abkömmlinge in der fortgesetzten Gütergemeinschaft. Borna-Leipzig 1907: R. Noske. (VI, 61 S.) 8°
Heidelberg, Jur. Fak., Ref. Schroeder, Diss. v. 21. Juni 1907
[Geb. 10. Nov. 84 Straßburg i. E.; Wohnort: Straßburg; Staatsangeh.: Elsaß-Lothringen; Vorbildung: Protest. Gymn. Straßburg Reife Juli 02; Studium: Straßburg 3, München 1, Straßburg 3 S.; Rig. 14. Mai 07.]

Broistedt, Wilh., wer bist du? Was willst du? Woher u. wohin?, s.: Lehr u. Wehr fürs deutsche Volk. 9. Hft.

Broix, Dr. (Domkapitular und Schul-Inspector), Trauerrede auf seine Heiligkeit den Papst Gregor XVI. gottsel. Andenkens am 3. Juli gehalten. gr. 8. Köln 846, Du Mont-Schauberg. n. 4 ngl

Broix, J. Gtffr., Erinnerungen an das alte berühmte Tolbiacum, die jetzige Stadt Zülpich, mit Berücksichtigung der Umgegend. Ein Beitrag zur vaterländischen Geschichte. Den Bürgern genannter Stadt, den Freunden der Alterthumskunde und Geschichte gewidmet. gr. 12. Neuß 842, Schwann. n. 2/3 ℛ

Broix, Jh. Jak., über d. Ursprung u. d. allmälige Entwickelung d. Messianismus. 8. Landsh. 822. Weber in Münch. 8 gl

Broix, Joh. Jul., über den Ursprung und die allmähliche Entwicklung des Messianismus. Landshut, Weber, 1822. 8°.

Broizem, H. v., e. Schlacht der Zukunft. gr. 8. (31 S.) Dresden 890. Baensch. — 75

Brokamp, H: Der Marian. Sodale. Regel-, Gebet- u. Gesangb. 3. u. 4. Afl. (300 m. Titelbild.) 16° Graz, U Moser '02. L. — 60 d

Brokamp, Heinr., S. J., der Marianische Sodale. Regel-, Gebet- u. Gesangbuch, zum Gebrauche der Kongregationen der seligsten Jungfrau Maria zusammengestellt. 3. u. 4. Aufl. (300 S. m. Titelbild.) 16. Graz 905. U. Moser. Geb. in Leinw. n. — 60

Brokamp, Heinr.: Der marian. Sodale. Regel-, Gebet- u. Gesangb., z. Gebr. d. Kongregationen d. seligsten Jungfrau Maria zusammengest. 6—8. Afl. (318 m. Titelbild.) 16° Graz, U Moser '13. L — 80 d

— die Marianische Sodalin. Regel-, Gebet- u. Gesangbuch, zum Gebrauche der Kongregationen der seligsten Jungfrau Maria zusammengestellt. 3.—5. Aufl. (300 S. m. Titelbild) 16. Ebd. 905. Geb. in Leinw. n. — 60

— Die Marianische Sodalin. Regel-, Gebet- u. Gesangbuch, zum Gebrauche der Kongregationen der sel. Jungfrau Maria zusammengestellt. 7. bis 11. Aufl. (318 S. m. Titelbild.) 16. Graz 909. U. Moser.
Geb. in Leinw. — 60

— Die marian. Sodalin. Regel-, Gebet- u. Gesangb. 12—16. Afl. (318 m. Titelbild.) 16° Ebd. '12. L — 60 d

Brokamp, Heinr., S. J., unter Jesu Fahne zum zeitlichen u. ewigen Glück. Lehr- u. Gebetbuch, nach alten deutschen Jesuiten-Missionären hrsg. (384 S. m. 1 Abbildg.) 16. Klagenfurt 908. Buch- u. Kunsth. d. St. Joseph-Vereines.
Geb. in Leinw. 1. —

Brokat, J., Ueber unlauteren Wettbewerb. gr. 8⁰. Zittau, Pahl, 1895.

Brokat, T., üb. „unlauteren Wettbewerb". gr. 8. (18 S.) Zittau 895. Pahl. n. — 40

Brokat, T., unlaut. Wettbewerb. Verleger zu ändern in: Backnang, J. Rath.

Brokate, H., De Theophilinae quae fertur Justiniani institutionum Graecae paraphraseos compositione. Diss. 1886. 60 S. 2.—

Broknaeus, Marian., De mente brutorum. Erf. 4°. 1722

Broke, Dem verehrten Jubelpaare Franz von, und seiner theuren Lebensgefährtin der Schwester Aug. Georgine v. Broke geb. Puruckherr am Tage ihrer silbernen Hochzeit den 27. Mai 1853 in herzlicher Liebe gewidmet ... Altenburg [1853]. V: *Höfler, Johann Gottfried.* (wolfstieg I, 726)

Zur Eröffnung der Festloge am Stiftungsfeste der Freimaurerloge Archimedes zu den 3 Reisbretern in Altenburg am 1. Febr 1852 gesprochen von Fr[iedr.] Franz v. **Broke.** Altenburg [1852]: Hofbuchdr. 8 S. 8⁰ [Umschlagtit.]
Abgedr. in: Brblr. 1852 S. 4–10; Dietrich, E. G.: Aus vergangenen Tagen. 1889 S. 183 bis 189.
Tt. 1073. Üb. das Verhalten der Loge gegen äussere Anfeindungen.

Eröffnungsrede zum Stiftungsfeste der Loge Archimedes zu den 3 Reissbretern [in Altenburg] den 31. Jan. 1849, von [Friedr. Franz] v. Broke. [Altenburg 1849: Hofbuchdr.] 16 S. 8⁰ [Kopftit.]
Üb. die Klagen der Unzeitgemässheit u. Geheimtuerei in der Frmrei. Betrachtung, ob die Frmrei in jetzigen Zeiten der Politik gänzlich fremd bleiben könne u. dürfe.

Broke, F. F. von, Uebersicht über die wichtigeren Ereignisse der Frmr. Loge Archimedes z. d. 3 Reissbretern in Altenburg in der Zeit vom 31. Januar 1850 bis 30. Jan. 1852. Altenburg. Hofbuchdruckerei. 1852. 8. 16 S.
Von v. Broke erschien auch eine Uebersicht über die Ereignisse 1852–1858. abgedr. Frmrztg. 1858. S. 273.

Broke, Friedrich Gottlieb von (Altenb. Misn.), Prudentiam pastoralem, in studio sanae doctrinae cum sanctioris vitae cultu semper conjungendo, ex I. Timoth. IIII, 16 descript. Präs. Salomon Deyling. Lpz. (Imm. Titius) 18. IX. 1725. 36 S. (4.50) 4155

Broke, Heinrich Christian von, s. Brocke, Heinrich Christian von

— **Heinrich Matthias von,** Spec. acad. super verba Paulina ad. Rom. c. IX. v. 5. Jena (Müller) 1713. 40 S. (3.—) 4156
Widm. v.: Jes. Friedr. Weissenborn.

Brökel, Geo., Diss. inaug. jur. de usuris pretii, an, et a quonam tempore mercator illas exigere possit. 4. Gütting. 770. Dieterich. 6 gGr.

Broekel, Georg (Hannover), De usuris pretii, an, et a quonam tempore mercator illas exigere possit. Diss. jur. Götting. (H. M. Grape) 15. IX. 1770. 95 S. (5.—) 4141
Gew.: Gerlach Adolph Frh. v. Münchhausen (Strausfurth).

Broekel, Johanna Antonie (wirkl. Name), s. Brook, Antonie (Pseud.)

Broekelmann, Hermann Heinrich (Hartnega-Westfalus)
Dissertatio inauguralis juridica de concursu plurium in feudis.
Giessae Juni 1709: J. R. Vulpius. 4⁰
pro licentia summos in utroque jure honores ... obtinendi

Bröker, Frdr., wie schätze ich mich ein? Die wichtigsten Bestimmgn. des neuen Einkommensteuergesetzes für Lippe v. 28. Aug. 1894 u. d. Ausführgs.-Anweisg. dazu v. 24. Oktbr. 1894. 8. (46 S.) Detmold 895. Hinrichs. n. — 50

Brocker, J. M., Rechenaufgaben zur Vorbereitung auf die Postgehilfen-Prüfung. 2., verm. Aufl. gr. 8. (IV, 83 S.) Kiel 893. Lipsius & Tischer. Geb. n. 1. 80; Resultate (16 S.) n.n. — 50

Bröker, J[oh. Pt. Chr.], Zwei Gelegenheitsreden: Rede bei der Confirmation der Kinder, gehalten am 22. Febr. d. J., Predigt zur Wahl eines Hauptpastors und Klosterpredigers in Uetersen, gehalten d. 1. März d. J. Itzehoe. 1835. P.

Bröker, J. P. C., der evangel.-christl. Gemeindegottesdienst a. d. Schrift entwickelt. gr. 8. (5¾ B.) Hamburg u. Gotha 843, Friedr. u. Andr. Perthes.

Zur Katechismusfrage, ein Beitrag v. Johann Peter Christian Bröker. Altona. 1861. 8⁰ (Hamb.: Haendcke)

Bröker, J. P. C., zur Katechismusfrage, ein Beitrag. Altona 861. Wendeborn. gr. 8. (29 S.). n. 6 ngr.

— s. Studien der Abfassung eines neuen Landeskatechismus.

von Broekere, Ant. Bronislaus [geb. Prittisch in Posen 12. 6. 1843]: Geschichte und Casuistik der Exstirpation des Schulterblattes. Berlin (1869). (34 S.) 8⁰
Berlin, Med. Diss. v. 16. März 1869

von Broekere, Boleslaus *Eduard Constantin* [pr. Arzt aus Posen]: Hautausschläge und psychische Störungen ... Greifswald, Druck v. J. Abel, 1892; 27 S. 8.
Greifswald, Med. Fak., Inaug.-Diss. v. 3. Dez. 1892

Brockere, Stanislaus v., ehem. Officier der franz.-polnischen Armee. Memoiren aus dem Feldzuge in Spanien (1808–1814). Herausgegeben von der Tochter des Verfassers Pauline v. Cybulská. (Mit 1 Vollbild im Text und 1 Tafel Facsimile.)
Posen: Heine 1883. (XVI, 277 S.)

Brokes.–

— — De praeclaris Henrici Brokes consulis in gymnasium Lubecense meritis diss. Lübeck (J. N. Green) 9. III. 1763. 24 S., z. Tl. mit dtsch. genealog. Text. (6.50) 4167
2 Bl. Anh.: Text zur Musik. Als d. . Herr Johann Daniel Overbeck . . am 10. III. 1763 als Rector eingef. ward. Nach d. Composition d. Herrn Kapellmeisters Telemann.

Brokes, Heinrich

— — De austraegis serenissimorum Hassiae landgraviorum. Comment. acad. Jena (Ritter) 1744. 24 S., z. Tl. dtsch. (4.20) 4161

Brokes, Heinr. [Präs.], s. Bachmann, Andreas Theophil

— collegium juris theticum Pandectar. 8. Vitteb. 733.

Brokes, Heinrich (Lübeck), De condictione indebiti iniqua judicis sententia absoluto et solventi haud competente. Diss. jur. Präs. Joh. Balth. Werner. Wittbg. (Joh. Lud. Fincel) Juni 1728. 48 S. (5.—) 4157

Brokes, Hnr., Dissertatio juridica de veterum Dingeswinde quam ... disquis. submittit Chr. E. Fickweillerus. Jenae 1753. 8.

Brokes, Heinrich: Dissertationes (10) juridicae selectas observationes forenses cont., quas in acad. Jen. submittunt. Jenae (1748–50).

Brokes, Henr.: Doctrina juris feudalis ex ipsis fontibus desumta. *Vitemb.* (734) Ed. IIIa. *Jena.* 745. 8. Croecker

— — De juramento perhorrescentiae ejusdemque usu practico. Diss. jur. Präs. August Leyser. Wittenberg (J. G. Schlomach) Febr. 1730. 48 S. (5.—) 4158

— — De jure pecuniae heredibus ultimi possessoris feudalis solvendae. Diss. jur. Jena (Ritter) April 1747. 48 S., z. gr. Tl. dtsch. (4.80) 4162
Betr. d. Güter Stahmeln u. Wahren (v. Stammer, v. Danckelmann).

— — De jure postliminii hostibus dedito atque in patriam redeunti non competente . . ad orat. inaug. de Lubecensium patria extra patriam in academiis quaesita. Jena (Horn) 1743. 16 Seiten. (3.80) 4160

Brokes, Heinrich: Notitia actorum commodam actorum lectionem, relationem sententiaeque conceptionem exhibens. Vitembergae (1736).

BROKES, HENRICUS, Selectæ observationes forenses ex omni parte collectæ atqve variis præjudiciis et responsis confirmatæ, quibus præter duplicem indicem appendix trium juris Lubecensis codicum una cum antiqvo jure Wisbyensi accessit. Lubecæ et Altonaviæ. 1765. Fol. Iversen

Brokes, Henr.: Selectae observationes forenses ex omni juris parte collectae atque variis praejudiciis et responsis confirmatae, quibus praeter duplicem indicem appendix trium j. Lubec. codicum una c. antiq. j. Wisbyensi accessit. *Lubecae*, (Brockhaus in *Lipz.*) 765. Fol. (5 Thl.)

Brockes, H.: D. de Pomponio historiae Rom. et literar. ignaro. *Vit.* 733. 36. 4.

— — Progr. de iis, quae raro fiunt, diss inaug. de dominio insularum a candid. Carl August Tittel (Placzka-Sax.). Jena (Schill) 1751. 8 S. Mit Biogr. (M.: E. H. Fiedler.) (3.—) 4165

— — Programma quo jus pupilli singulare, in lege 37. pr. ff. de neg. gest. deprehensum, pseudoprivilegium esse, contra Thomasium negat, diss. inaug. de tacita pupilli hypotheca per mutuum tutoris non exspirante a candidato Christian Jacob Veiel (Ulm). Jena (J. F. Schill) 29. I. 1750. 14 S., mit Biogr. (M.: A. C. Seutter v. Lezen.) (3.—) 4163

— — Programma quo partum adulterinum, per subsequens, matrimonium legitimatum succedere prop. diss. inaug. de monetariis principum et civitatum Germaniae Haussgenossen dictis a candidato Johann Gerhard Münch (Frankfurt/M.). Jena (J. F. Schill) 17. III 1751. 8 S., mit Biogr. (M.: A. S. v. den Bergen.) (3.—) 4164

— — De veterum Sachibaronibus diss. atque simul ad. aud. orat. sol. de syndicis ex academiis Lubecam vocatis. Jena (Schill) 25. IV. 1753. 32 S. (4.80) 4166
Joh. Rudel, Heinr. Michaelis, Gg. Radov, Joh. Carl Heinr. Dreyer.

— — De exiguo antiquarum legum Germanicarum usu. Wittenberg (E. G. Eichsfeld) Okt. 1740. 23 S. (4.50) 4159

BROKES, JOH., Disp. jur. inaug. selectas ex jure naturæ controversias breviter sistens. Kilonii. 1708. 4. [Præs. Sim. Henr. Musæus].

— **Johann Georg Arnold von** (Lübeck), De foro delicti commissi in possessoriis remediis unico competente. Diss. jur. Gött. (Heinr. Dieterich) 1805. 27 S. (4.50) 4169

Broekhuizen, H. D. van, Südafrikas Vertrauen. Ansprache, geh. in Amsterdam am 28. X. 1900. Aus dem Holl. übers. durch Dora Hagmann. 3. Aufl. gr. 8. (16 S.) Elberfeld 901. Buchh. der ev. Gesellschaft. —20

Südafrikas Vertrauen. Ansprache, geh. in Amsterdam am 28. Okt. 1900 von H. D. van **Broekhuizen**, Pfarrer in Pretoria. Aus d. Holl. übers. von Dora Hagmann. 6. Aufl. *Elberfeld: Ev. Gesellsch. 1901.* (16 S.) 8° [F.] [c. 7791 5

Bröking, Ernst, appr. Arzt a. Milspe in Westfalen: Aus der medizinischen Klinik der Universität Marburg a. L. ⟨Prof. Dr. L. Brauer.⟩ Ein Beitrag zur Functionsprüfung der Gefässe. Marburg 1907: L. Schumacher, Berlin. (23 S.) 8°
Marburg, Med. Fak., Ref. Brauer, Diss. v. 4. April 1907
[Geb. 7. Febr. 82 Werdohl in Westf.; Wohnort: Cassel; Staatsangeh.: Preußen; Vorbildung: Gymn. Barmen Reife O. 01; Studium: Marburg 4, Tübingen 1, München 1, Marburg 3 S.; Coll. 8. Dez. 07; Approb. 2. Febr. 06.]

Broeking, Hans [aus Bad Soden]: Aus d. Kinderambulanz d. Univ. zu Bonn. Ueber idiopathische chronische Peritonitis (Peritonitis serosa) im Kindesalter. . . . Bonn, Buch- u. Steindr. Joseph Bach Wwe.. 1890; 49 + 1 S. + 1 Bl. 8°
Bonn, Med. Fak., Inaug.-Diss. v. [21. Jul.] 1890

Brokk, Karte von Rügen. Revidirt v. Hammer 1861. Maasstab 1 : 140,000. Fol. Lith. Berlin 861, D. Reimer. n. 12 ngr.

Brokk. Karte der Insel Rügen. 1 : 140 000. Berlin 1879. 1 Bl. L. Ff.

Brokk, Karte der Umgegend von Dresden, Meissner Hochland und sächsische Schweiz. 1 : 134,000. Nach C. Naumann und B. v. Cotta geognostisch bearb. Mit Text von B. v. Cotta. Fol. (28 S. Text in 8.) Dresden 868, E. Arnold. In Carton *
aufgez. in Carton *
—— dass. — Revision und Nachträge von J. Brückner. Fol. Ebendas. 868.

Was der Patent-Inhaber wissen muss! Von Patentanw. Felix **Brokk**. Mit e. Anh.: Sammlung patentrechtl. Entscheidungen. Berlin: Internat. Patentmarkt 1907. (46 S.) 8° [F.]
— **Erfinder-Bibliothek.** Bd 1. [07. 8891

Brokschmidt, Otto, aus Detmold: Morphologische, anatomische und biologische Untersuchungen über Hottonia palustris. *Erlangen 1904: E. Th. Jacob.* (52 S.) 8°
Erlangen, Phil. Diss. v. 10. Dez. 1903

Broel-Plater, S. Graf, Die Arbeiterverhältnisse in den Eisen-Fabriken und Bergwerken des Königreichs Polen. Diss. Tharand, [1893.] 67 S. mit 1 Taf.

Broel Plater, Graf v., sind die Polen Staatsverräter? Offener Brief an Hrn. Dr. Otto Hötzsch, Professor an d. kgl. Akademie zu Posen. Dem deutschen Publikum gewidmet. 1.—3. Taus. (Je 31 S.) 8. Posen 908. W. Templowicz. —50

Graf v. **Broel Plater**. Sind die Polen Staatsverräther? Offener Brief an Herrn Dr. Otto Hötzsch, Prof. zu Posen. Dem deutschen Publikum gewidmet. 3. Taus. (auf d. Umschl.: 2. Aufl.). Posen: W. Templowicz 1908. (31 S.) 8° [08. 3024

Broelemann, Carolus Arminius: De rheumatismo articulorum acuto. Halis Saxonum (1864): Schmidt. 30 S. 8°
Halle-Wittenberg, Med. Diss. v. 16. Aug. 1864 [Im Diplom fälschlich 1854.]
Geb. Hacheney bei Dortmund 29. 3. 1839. V.

Brölemann, Emil, approb. Arzt aus Dortmund: **Beiträge zur** Würdigung der Nervendehnung. *Kiel 1902: P. Peters.* (19 S.) 8°
Kiel, Med. Diss. v. [29. März] 1902

Broelemann, Fridericus (geb. am 3 Okt. 1840 in Dortmund): De cholera Asiatica ... Bonnae, typ. Carthausianis (1867). 30 S., 1 Bl. 8.
Bonn, Med. Fak., Diss. v. 1 [nach d. Akten v. 8] Juni 1867

Broelemann, Max *Friedrich* [aus Hoerde '(Westf.)']: Beitrag zur Lehre des Pemphigus ... Berlin, Buchdr. v. G. Schade, *1895*; 27 S., 1 Bl. 8.
Berlin, Med. Fak., Inaug.-Diss. v. 28. Mai 1895

Brolen, C. A., de elocutione A. Cornelii Celsi. gr. 8. (46 S.) Upsala 872, Akademische Buchh.
Aus: Universitets Årsskrift, besonders abgedruckt.

BROLIH, Lucas: Die Bogomilen. — 1900. 32 S. Diss. Graz, Univ.

Broling, Bemerkungen auf einer Reise durch England. Aus dem Schwedischen von Blumhof. 2 Theile. Giefsen 1825. 8. Nebst Atlas in qu.-fol.

Broling, G., Bemerkk. auf einer Reise durch England. Aus d. Schwed., mit Anmerkk. v. J. G. L. Blumenhof. 2 Thle. 8. Gießen 825. (Ferber). (1826)

Broll, Hermann *(geb. Bruschek in Schles. (18. 10. 1841))*: Ueber die Behandlung der Unterschenkelbrüche mittelst der Pott'schen Seitenlage. Breslau (1867). (36 S.) 8°
Breslau, Med. Diss. v. 26. Okt. 1867

Broll, Rich. E. E., Beitr. z. Immunisierung gegen Schweineseuche, s. a. Arbeiten aus dem hygienischen Institut der kgl. tierärztlichen Hochschule zu Berlin. XIV.

Broll, Richard E(duard) E(ugen). Beiträge zur Immunisierung gegen Schweineseuche. Diss. Vet.-Med. Bern. *Kopftitel:* Arbeiten aus dem hygienischen Institut der Kgl. Tierärztlichen Hochschule zu Berlin. No. 14. 26 S. 8. Berlin, Richard Schoetz, 1908.

Bröll, Camill: Froy im Villnösstal. (7, 157 m. Abb. u. 1 farb. Plansk.) 8° Lana, K Riedmann '11. 1.80 d

— Ruhmesbll. a. d. Gesch. d. 3. Ordens d. hl. Franziskus. Mit Wegweiser in d. Dritt-Ordenslit. (12, 308) 8° Ebd. '11. L 3.40: HF n 4.50 d

Brölsch, W., grammaire allemande. Exercices de langage, d'écriture et de lecture. Deutsche Sprachlehre. 1. und 2. Tl. 8. Aachen, A. Jacobi und Comp. *
Inhalt:
Tl. 1. Sprech-, Schreib- und Leseübungen, gestützt auf die einfachsten grammat. Regeln. (IV, 29 S.) 887. * 60 Pf.
" 2. Der einfache Satz und seine Teile. (154 S.) 888. * ℳ 1.60.

Brom, das, ein neuentdeckter einfacher Stoff, nach sein. sämmtl. chem. Verhältnissen betrachtet. (Von Gust. Th. Fechner.) Besond. Abdr. a. d. 6. Bde. v. „Thénard's Lehrb. d. Chemie." gr. 8. (2 B.) Leipzig 828, Voß.

Brom, Gisb., der niederländische Anspruch auf die deutsche Nationalstiftung Santa Maria dell' Anima in Rom, nachgewiesen. (42 S.) gr. 8. Rom 909. Loescher & Co. nn 2. —

Brom, Gisb., s.: Bullarium Trajectense.

Brom, Joseph: Die Unfallversicherung in der elsaß-lothringischen Land- und Forstwirtschaft. Mülhausen i. E. 1910: Dr. d. Oberels. Verlagsanst. 120 S. 8°
Heidelberg, Phil. Diss. v. 23. Juli 1910, Ref. Gothein
[Geb. 10. Okt. 81 Blotzheim; Wohnort: Mülhausen; Staatsangeh.: Elsaß-Lothringen; Vorbildung: Gymn. Straßburg Reife M. 03; Studium: Straßburg 8 S.; Rig. 31. Juli 09.] [U 10. 2116

Brom, Dr. Louis, Dämon des Herzens. Criminal-Roman aus dem Waldviertel. Mit 5 Original-Illustrationen. (Criminal-Romanbibliothek, I. Bd.) 8. (145 S.) Wien: Dirnböck 1889

Brom, Louis. Dämone d. Herzens. Criminal-Roman aus dem Waldviertel. Mit 5 Illustr. 8. (145 S.) Wien 889, Dirnböck. * 1 —

— Jadwiga, die Rebellenbraut, od. die Geheimnisse des Schlosses Wernihora. Ein Liebes- u. Abenteuer-Roman aus der Zeit der letzten poln. Erhebg. Mit 6 Orig.-Illustr. 8. (192 S.) Ebd. 889. n. 1. —

Brom, Louis, Marie, die schöne Henkerstochter. Histor. Roman. 1.—15. Lfg. gr. 8. (S. 1—464 mit vielen Orig.-Illustr.) Wien 887, Anger. à Lfg. 25 Pf.

Brom, Louis, Marie, die schöne Henkerstochter. Historischer Roman. Mit vielen Orig.-Illustr. 16.—32. (Schluß-)Lfg. gr. 8. (S. 465—529.) Wien 887. J. Dirnböck. à — 25

Bröm, Emma, und Lydia **Bröm**, gründlicher Unterricht im Zuschneiden und Anfertigen der Damen- und Kindergarderobe. 3 Thle. Lex.-8. (60 S. mit 50 autogr. Taf.) Sigmaringen 877, (Tappen.) *

Bröm, Guido Franz Xaver

— s. 1) Kirchenregiment, vom. 2) Parallelen zw. d. Seelsorger.

Bröm, Guido Frz. X., interessante Pastoralfragen. Beantwortet. 2 Hefte. gr. 12. Gmünd 810. Ritter. 16 gr.

Bröm, Lydia, u. Emma Bröm, Anleitung zur Anfertigung von Weißwäsche aller Art. Bearb. f. Schule u. Haus. Lex.-8. (V, 120 S. mit 44 Steintaf.) Sigmaringen 882. Tappen in Comm. geb. n.n. 5. —

Bröm, Lydia, u. Emma **Bröm**, Anleitung zur Anfertigung v. Weißwäsche aller Art. Bearb. f. Schule u. Haus. 2. verb. Aufl. Mit 46 lith. Taf. Lex.-8. (VII, 120 S.) Stuttgart 883. Wittwer's Verl. geb. n. 6. —

Bröm, Lydia & Emma. Anleitung zur Anfertigung von Weißwäsche aller Art ... Dritte verbesserte Auflage ... Stuttgart, Verlag von Schickhardt & Ebner (Konrad Wittwer) 1888. Vortit., Tit., 2 Bl., 120 S.; 47 Taf. in Lithogr. 4°
1. Aufl. 1882.

Bröm, Lydia, u. Emma **Bröm**, Anleitung z. Anfertigg. v. Weißwäsche aller Art. Für Schule u. Haus. Neu bearb. v. Lina Pfeilsticker. 4. Aufl. gr. 8. (V, 116 S. m. 46 lith. Taf.) Stuttgart 896. Schickhardt & Ebner. Geb. in Halbleinw. n. 5. —

Bröm, Lydia u. Emma Bröm, Anleitung zur Anfertigg. v. Weißwäsche aller Art. Für Schule u. Haus. Neu bearb. v. Lina Pfeilsticker. 5., verm. u. verb. Aufl. gr. 8. (VIII, 117 S. m. 40 lith. Taf.) Stuttgart 903. Schickhardt & Ebner. Geb. in Leinw. n. 5. —

Bröm, Lydia, u. Emma **Bröm**, 12 Schnittmusterbogen in natürlicher Grösse (75×100 cm), als Ergänzung zu dem Werke: Anleitung zur Anfertigung v. Weißwäsche aller Art. Für Schule u. Haus. Neu bearb. v. Lina Pfeilsticker. 5., verm. u. verb. Aufl. Stuttgart (904). Schickhardt & Ebner. In Mappe n. 3. 60

Bröm, Lydia, u. Emma Bröm: Anleitg z. Anfertigg v. Weisswäsche aller Art. Für Schule u. Haus. Neu bearb. v. Lina Pfeilsticker. 6. Afl. (8, 117 m. 48 lith. Taf.) Lex8° Stuttg., Schickhardt & E. '12. L 6 — d

Broma, Ad. (Pseud.), s. Brockmann, (Friedrich) Adolf

Broman, Ivar, über die Entwickelung der Mesenterien, der Leberligamente u. der Leberform bei den Lungenfischen, s.: Denkschriften der medicinisch-naturwissenschaftlichen Gesellschaft zu Jena. IV. 5

Broman, Ivar: Normale u. abnorme Entwicklg d. Menschen. Hand- u. Lehrb. d. Ontogenie u. Teratol. (20, 808 m. z. Tl farb. Abb. u. 8 Taf.) Lex8° Wiesb., JF Bergmann '11. L 18.65

Die Entwickelungsgeschichte der Bursa omentalis und ähnlicher Rezeßbildungen bei den Wirbeltieren. Von Dr. Ivar Broman, Prof. Upsala. Mit 650 Fig. *Wiesbaden: J. F. Bergmann 1904.* (X, 611 S.) 4°(8°) = Monographieen. Entwickelungsgeschichtliche. 1.

Broman, Ivar, die Entwickelungsgeschichte der Gehörknöchelchen b. Menschen. gr. 8. (164 S. m. 14 Fig. u. 6 Taf.) Wiesbaden 899. J. F. Bergmann. n. 8.—

— entwickelungsgeschichtliche Monographien. I. Die Entwickelungsgeschichte der Bursa omentalis u. ähnl. Rezessbildgn. bei den Wirbeltieren. Mit 650 Fig. im Text u. auf 20 Taf. (X, 612 S. m. 14 Bl. Erklärgn.) Lex.-8. Wiesbaden 904. J. F. Bergmann. In Mappe n. 56.—

— Üb. geschlechtl. Sterilität u. ihre Ursachen nebst e. Anh. üb. künstl. Befruchtg bei Tieren u. b. Menschen. Vortr. (32) gr8° Ebd. '12. —60

Broman, Ivar, Untersuchungen üb. die Embryonal-Entwicklung der Pinnipedia, s.: Südpolar-Expedition, deutsche. XI, 3.

— u. Fritz Ask, Untersuchungen üb. die Embryonalentwicklung der Pinnipedia, s.: Südpolar-Expedition, deutsche, 1901—1903. XII, 2.

Brombach, Friedrich, aus Säckingen: **Beitrag zur Kenntnis** der Trias am südwestlichen Schwarzwald. Mit 5 Profilen. *Heidelberg: C. Winter 1903.* (50 S.) 8° ¶ (Aus: Mitteil. d. Grh. Bad. Geol. Landesanst., Bd 4, H. 4.)
Freiburg i. B., Phil. Diss. v. 1903

Brombacher, Eduard, Rechtspraktikant aus Pforzheim: **Die Begriffe 'Vorteil', 'Vermögensvorteil', 'gewinnsüchtige Absicht'** im deutschen Strafrechte. *Erlangen 1901: F. Junge.* (95 S.) 8° [F.]
Erlangen, Jur. Diss. v. 5. Dez. 1900

Der Bauernkrieg. Trauerspiel in 5 Aufz. von Friedrich Brombacher. *Leipzig: W. Friedrich [1893].* (91 S.) 8° [F.]

Keller's Bild. Schauspiel in 5 Aufz. von Friedrich Brombacher. *Leipzig: W. Friedrich [1893].* (117 S.) 8° [F.]

Brombacher, Friedr. Gedichte. 16. (94 S.) Karlsr. 890, Braun. * 1 50; geb. * 2 20

Brombacher, Frdr., Auf Irrwegen. Lustspiel i. 5 Aufzgn. 8. (87 S.) Berlin 898. E. Ebering. n. 2.—

Brombacher, Friedr., neuer Liederschatz für Confirmanden und Freunde religiöser Dichtung. Eine Weihnachtsgabe. 16. (VIII, 173 S.) Pforzheim 885, Riecker. geb. mit Goldschn. *

— Otto d. Große. Histor. Schausp. i. 5 Aufzügen. 1. Tl. 8. (III, 127 S.) Dresden 896. E. Pierson. n. 1. 60

Brombacher, der Tod der vierhundert Pforzheimer bei Wimpfen nicht e. Sage, sondern e. Thatsache. Genaue Untersuchg. der Streitfrage auf Grund d. ältesten hies. Taufbuches m. Benützg. der ältesten geschichtl. Quellen. gr. 8. (III, 166 S. m. 1 Tab.) Pforzheim 886. (Riecker.) n.n. 4.—

Brombacher, Jul., u. Ludw. Eyschen: Materialismus od. Spiritualismus? Worte f. denk. Menschen. (1. Schrift.) (14) 8° Schmiedebg, FE Baumann ('11). —15 d

— — Der Spiritualismus, d. neue Weltanschaug. Anh.: Armenelend u. Reichenpracht. Worte f. denk. Menschen. 2. Schrift. (15) 8° Ebd. ('11). —15 d

— — Das beste Wissen od. d. Lösg d. dringendsten Zeitfragen. 3. Schrift. (15) 8° Ebd. ('11). —15 d

v. **Brombachs, die.** Eine westfäl. Familiengesch. v. J. v. D . . . . . 8. (217) Barm. 73, Wiemann. n. 3. —

Brombachs, die von. Eine westfäl. Familiengeschichte von Julie v. D . . . . . 8. (217 S.) Barmen 874. Wiemann. n. 3. —

Bromberg (Schlagwort)

Bromberg, s.: Woerl's Reisehandbücher.

— s. a.: **Europa. Liebenow.**

— s. a.: Europa. **Uebersichtskarte.** — **Radfahrerkarten. Ravenstein.**

— s. a.: Forstkarten. — Preussen. Messtischblätter.

Bromberg, Kreis. Baron, Spezial-Karte der Kreise Bromberg. Stadt- und Landkreis. Neueste Ausg., rev. vom königl. Katasteramt in Bromberg. 1 : 150,000. 42×35,5 cm. Farbdr. Lissa (900). F. Ebbecke. n. — 50

Bromberg, Kreis. Baron, Paul, Spezial-Karte des Kreises Bromberg (Stadt u. Land). Neueste Ausg., rev. v. königl. Katasteramt in Bromberg. 1 : 150,000. 2. Aufl. 42×35,5 cm. Farbdr. Lissa (903). O. Eulitz. n. —50; auf Leinw. n. 1. —

Stadt u. Land-Kreis Bromberg. Neueste Ausg. rev. vom Kgl. Katasteramt in Bromberg. 2. Aufl. Maßst. 1:150,000. Bearb. im kart. Inst. v. P. Baron. *Lissa i/P.: F. Ebbecke [1903]; Lith. P. Baron in Liegnitz.* (1 Kartenbl. 31×38 cm.) 8° [kol.]
[Umschlagt.:] Spezial-Karte d. Kreises Bromberg ... in 5fachem Farbendr. 2. Aufl.

Bromberg, Kreis. Baron, Paul, Wandkarte d. Kreises Bromberg, entworfen nach den neuesten Hilfsquellen. Berichtigt v. kgl. Katasteramt Bromberg. 1 : 40,000. 6 Bl. à 50×63 cm. Farbdr. Bromberg (907). Mittler. nn 9.—; auf Leinw. m. Stäben nn 15. —

Bromberg-Danzig-Königsberg. Führer für Reisende auf den Eisenbahnen zwischen Bromberg, Danzig und Königsberg, s. Brockhaus' Reise-Atlas.

Bromberg. Hilscher, A., Wandkarte d. Stadt- u. Landkreises Bromberg, nach den neuesten Quellen entworfen u. gezeichnet. 1 : 50,000. 6 Blatt. Chromolith. gr. Fol. Ostrowo 888. Priebatsch. n. 9. —; auf Leinw. m. Stäben n. 12. 50

Bromberg, Reg.-Bez. Karte des Reg.-Bez. Bromberg (Prov. Posen) u. der angrenz. Gebiete. 1:300,000. 57,5×70,5 cm. Farbdr. Berlin (908). C. Flemming. 1. 50

Bromberg, Reg.-Bez. Liebenow, W., Specialkarte des Reg.-Bez. Bromberg, f. Reise, Bureau u. Verkehr. [Aus: „L, Karte v. Mittel-Europa".] 1:300,000. 53×62,5 cm. Farbdr. Frankfurt a/M. (903). L. Ravenstein. In Decke n. 2. 50; auf Leinw. in Decke n. 3. 50

— — dasselbe. 1 : 300,000. (Volksaus.) 52,5×61,5 cm. Farbdr. Ebd. (904). n. 1. —

Bromberg, Stadt. Pharus-Plan v. Bromberg (u. den Vorstädten). 1 : 10,000. 51,5×66,5 cm. Farbdr. Nebst Straßenverzeichnis usw. (4 S.) 8. Bromberg (908). F. Ebbecke. 1. —

Bromberg — Croquis der Umgegend von —. Aufgen. durch v. Schulz. 25,000. 1 Bl.

Bromberg, Kreis. Spezialkarte des Kreises Bromberg (Stadt- und Landkreis). Rev. v. d. zuständ. Behörden. 1 : 100,000. 59,5×49,5 cm. Farbdr. Lissa (909). O. Eulitz. —50; auf Leinw. in Etui 1. —

Bromberg. — S t r a ß e n p l a n d. Stadt Bromberg m. Strassenverzeichniss. Chromol. 4. Bromb. 84, Mittler.

Bromberg. Strassenplan der Stadt Bromberg. 4. Aufl. 33,5 × 35,5 cm. Farbdr. Mit Strassenverzeichniss. 12. (1 S.) Bromberg 897. Mittler. n. — 50

Bromberg (Verfasser)

Bromberg, Alexander, a. St. Petersburg: Aus d. Königl. Universitäts-Poliklinik f. Hautkrankheiten zu Königsberg i. Pr. ⟨Direktor: Prof. Dr. Scholtz⟩. Beiträge zur Pathologie und Therapie der Sklerodermie im Anschluss an 4 Fälle. Königsberg i. Pr. 1908: H. Jaeger. (40 S.) 8°
Königsberg, Med. Fak., Ref. Lexer, Diss. v. 7. Aug. 1908
[Geb. 19. Okt. 80 Petersburg (Rußland); Wohnort: Königsberg i. Pr.; Staatsangeh.: Rußland; Vorbildung: Gymn. d. Kais. Philantbrop. Ges. Petersburg Reife O. 00; Studium: Königsberg 12 S.; Rig. 27. Juli 08.]

Bromberg, Alex., († d. 7. Juni 1798.) Salomons Kunst, in wahrer Gottesfurcht sich auf d. Welt zu freuen. 8. Stade 771. u. 4. Hamb. 773. Brandt. 8 gl.

— s. Th. Sotefleisch, kl. Katechismus.

Bromberg, C., Tabellen zur Berechnung der Zinsen zu 1, 2, 3, 4, 4½, 5 u. 6% von 1 Mark bis zu 100,000 Mark. Handbuch zum prakt. Gebrauch f. Jedermann. 16. (31 lith. S.) Stralsund 874. (Meincke.) n. — 50

Bromberg, Curt, Referendar: Die Aufrechnungslage nach heutigem und römischem Recht. Borna-Leipzig 1909: Noske. IX, 45 S. 8°
Breslau, Jur. Diss. v. 5. Juli 1009, Ref. Fischer-Leonhard
[Geb. 14. Juni 86 Liegnitz; Wohnort: Liegnitz; Staatsangeh.: Preußen; Vorbildung: Städt. ev. Gymn. Liegnitz Reife O. 04; Studium: Freiburg i. B. 1, Berlin 3, Breslau 2 S.; Rig. 17. Juni 07.] [U 09. 403

Bromberg, Erwin, Referendar in Hamburg: Die Schriftform im Bürgerlichen Gesetzbuch. Borna-Leipzig 1906: R. Noske. (X, 129 S.) 8°
Rostock, Jur. Fak., Ref. Matthiaß, Diss. v. 29. Mai 1906
[Geb. 3. Nov. 78 Hamburg; Wohnort: Hamburg; Staatsangeh.: Hamburg; Vorbildung: Matthias-Claudius-Gymn. Wandsbek Reife O. 99; Studium: Göttingen 4, Berlin 2, Göttingen 1 S.; Rig. 16. Febr. 05.]

Bromberg, H. v. (Hrsg.), s. L i t t e r a t u r. — Die dt. Litt. d. 19. Jahrh.

Bromberg, Henry, Referendar: Der Fruchterwerb des Pächters nach gemeinem Recht und bürgerlichem Gesetzbuch. *Kirchhain N.-L. 1901: M. Schmersow.* (43 S.) 8°
Rostock, Jur. Diss. v. [20. Nov.] 1891

Bromberg, Henr.: Das R e c h t s m i t t e l w e s e n in England u. Schottland. Berlin 1908, s. B e i t r ä g e zur Reform des Strafprozesses. Bd. 2. H. 4.

Bromberg, Otto *Alduin* [aus Wandsbek]: Zur Kenntnis der Phtalazinderivate ... Berlin, C. Vogts Buchdr., *1895;* 39 S., 2 Bl. 8.
Berlin, Phil. Fak., Inaug.-Diss. v. 18. März 1895

Bromberg, Sigmund: Zur Kritik der Anwendung des Naturalismus im Drama: Das naturalistische Drama Hauptmanns. Eine Vorstudie. S. 3—45. 8.
Progr. K. k. zweites Obergymn. *Lemberg* 1905.

Bromberg-Bytkowski, Sigmund: Kontemplative und ekstatische Kunst. 39 S. 8. **Progr.** K. k. zweites Staats-Gymn. *Lemberg* 1910.

Bromberg-Bytkowski, Sigm., kontemplative n. extatische Kunst. (39 S.) Lex. 8. Lemberg 910. (Leipzig, Buchh. G. Fock.) 1. 20

Bromberger, Jos., Kunigunde Schmerzenreich od.: Kuriert, s.: Schul- u. Vereinsbühne, christliche, Nr. 44.

Bromberger, Otto, der kleine Dichter. Ein lust. Bilderbuch f. gescheite Kinder. Mit Versen v. Hans Probst. (27 S. m. farb. Abb.) gr. 8. München (909). Braun & Schneider. Kart. 2. —

Bromberger, Otto: Drehbilderb. m. Versen. (16 m. z. Tl farb. Abb.) 8° Ravensbg. (O Maier) ('11). Pappbd — 60; m. ganzfarb. Abb. 1 — d

— Mal- u. Dichtbilderb. Ein lust. Bilderb. z. Malen u. Dichten. (26 m. z. Tl farb. Abb.) Lex8° Ebd. ('11). Pappbd 2.50 d

Bromberger, O., quak quak! Ein lust. Bilderbuch. Text v. W. Herbert. gr. 4. (35 S. m. farb. Bildern.) München 891. Braun & Schneider. Kart. n. 5. —

— Lustige Verwandlgn. (16 S. farb. Abb.) Lex8° Ebd. ('11). Pappbd 2 —

Bromberger, Paul, aus Kublischken (Westpr.): Zur Kenntnis der α-β-ungesättigten Ketone. (Anhang:) Ueber ein festes Nebenprodukt bei der Zerlegung von Semicarbazonen nach der Phtalsäureanhydridmethode. *Berlin (1903): E. Ebering.* (34 S.) 8°
Berlin, Phil. Diss. v. 4. Aug. 1903

Bromberger, Theod. (geb. Lissa in Pos.): De aetheris sulphurici vaporibus. Berolini (1847). (26 S.) 4°
Berlin, Med. Diss. v. 21. Juni 1847

Brombin, Gius., d. beredte Franzose, s., Robert's, Otto, Sprachführer.

— Der beredte Italiener, s.: Robert's, Otto, Sprachführer.

Brombin, Giuseppe, französisches Konversations- u. Taschenwörterbuch, — italienisches Konversations- u. Taschenwörterbuch, } s.: Taschenwörterbücher u. Sprachführer, prakt.

Brombin, Giuseppe, französischer Sprachführer, s.: Sprachführer, kleine. I.

— italienischer Sprachführer, s.: Sprachführer, kleine. II.

v. **Brömbsen, Fr. Aug.,** († d. 27. April 1767.) Versuche pros. u. poet. Aufsätze. 8. Lübeck 794. Bohn. 14 gl.

Versuche prosaischer und poetischer Aufsätze. Lebensbeschreibung des Verf. nebst dessen von [Joh. Peter] Sievers entworfenen Vertheidigung in der unglücklichen Duellsache. Vervielfältigte Hs. Brüdern allein gewidmet von F[riedr.] A[ug. v.] Brömbsen. o. O. 1795. 196 S. 8°

Brömbsen, Friedr. Aug.: Wenige Worte herzlicher Rührung gesprochen zu seinen Brüdern in der St. Johannis □ zum Fruchthorn [in Lübeck] nach seiner Aufnahme von Br. v. B[römbsen]. Lübeck den 8. Febr. 1791. [Lübeck 1791]: Römhild. 15 S. 8°
Kl. 1101. Rückblick auf Verfs Leben.

Broembsen, Otto Heinrich von (Holstein), De studiis nimiae libertatis circa status imperii ruinam I. R. G. procurantibus. Präs. Gottlieb Sam. Treuer. Götting. (Abr. Vandenhoeck) 11. X. 1738. 72 S., tlws. dtsch. (5.50) 4145
Gew.: Joh. v. Thienen.

Brome, s.: Preussen, Messtischblätter.

Brome, Fr., kurzgefaßte Geschichte u. Beschreibung v. Australien. Zugleich ein Leitfaden f. Auswanderer, nebst Belehrungen wegen Ueberfahrt rc. 8. (31 S.) Bautzen 840. Reichel. n. ⅙ gl.

Brome, Richard, s. Faust, Eduard Karl Richard.

Bromeis, Carl.
Ueber die Entdeckung des Sauerstoffs. [Stuttgart, 1862.] 8vo.

— über die Entdeckung des Sauerstoffs, s.a. Vorträge, öffentliche.

Bromeis, Johann Conrad.
Die Chemie mit besonderer Rücksicht auf Technologie zum Gebrauche bei Vorträgen an Universitäten und höheren Lehranstalten beim Unterricht an Gymnasien, Real- und Gewerbeschulen sowie zum Selbstunterricht. Stuttgart, 1854. 8vo.

Bromeis, Carl, die Chemie mit besonderer Rücksicht auf Technologie zum Gebrauche bei Vorträgen an Universitäten und höheren Lehranstalten, beim Unterricht an Gymnasien, Real- und Gewerbe-Schulen, so wie zum Selbstunterricht. Mit 80 in den Text eingedr. Holzschn. Stuttgart 854. Franckh. Lex.-8. (X, 563 S.) 2 ℛ 24 ngl

Bromeis, C., die Chemie mit besond. Rücksicht auf Technologie zum Gebrauche bei Vorträgen an Universitäten und höheren Lehranstalten, sowie zum Selbstunterricht. 2., stark verm. Aufl. (In 8 Lfgn.) 1. Lfg. Lex.-8. (1. Bd. S. 1—288 mit vielen eingedr. Holzschn.) Stuttgart 861, Franckh'sche Verlagsh.

Bromeis, C., die Chemie mit besonderer Rücksicht auf Technologie zum Gebrauche bei Vorträgen an Universitäten und höheren Lehranstalten, sowie zum Selbstunterricht. 2., stark verm. Aufl. Nach dem Tode des Verf. hrsg. von Th. Bromeis. 2. Lfg. Lex.-8. (1. Bd. S. 289—576 mit eingedr. Holzschn.) Stuttgart 863, Franckh'sche Verlagsh.

—— die anorganische Chemie mit besonderer Rücksicht auf Technologie zum Gebrauche bei Vorträgen an Universitäten und höheren Lehranstalten sowie zum Selbstunterricht. 2., stark verm. Aufl. Nach dem Tode des Verf. hrsg. von Th. Bromeis. gr. 8. (XII und 791 S. mit 185 in den Text gedr. Holzschn.) Stuttgart 866, [Conradi.]

Bromeis, C., und Boeckelmann, J. F., Ruhmkorff's Inductions-Apparat und die damit anzustellenden Versuche. (Aus dem Französischen des Th. du Moncel bearbeitet.) Frankfurt a. M. 1857.

Bromeis, Thdr., die neuesten Methoden der Aufbereitung und Verdichtung des Torfs. Nach Reisenotizen und eigenen Erfahrungen bearb. Berlin 858. R. Kühn. gr. 8. (VI, 53 S.) 15 ngl

Bromeis, Thdr., die neuesten Methoden der Aufbereitung und Verdichtung des Torfs. Nach Reisenotizen und eigenen Erfahrungen bearb. gr. 8. (VI und 53 S.) Berlin 859, R. Kühn.

Brömek s. Böhmker, Rich.

Brömek, R, s: Bröhmek, R.

Brömel, Albert

Brömel, A., homiletische Charakterbilder. 1. Bd. 8. (VII, 196 S.) Berlin 869, Schlawitz. [Leipzig, Hinrichs' Verlag.] *

Brömel, A., homiletische Charakterbilder. 2. Bd. gr. 8. (VI, 332 S.) Leipzig 874. Hinrichs' Verl. n. 5. 50 (1. u. 2.: n. 8. 50)

Brömel, A., Homilet. Charakterbilder. (2. Bd.) Neue [Titel-]Ausg. gr. 8. (VII, 332 S.) Leipzig (874) 897 J. C. Hinrichs' Verl. n. 2. 50

Brömel, A., der Grund der Kirche, dargestellt in einer Reihe von Aufsätzen. gr. 8. (IV und 124 S.) Grimma 852, Gebhardt's Buchh.

—— Johann Georg Hamann. Ein Literaturbild des vorigen Jahrh. gr. 8. (52 S.) Berlin 870, Schlawitz. [Leipzig, Hinrichs' Verlag.] *
Aus: Lutherische Kirchenzeitung, besonders abgedruckt.

— Herr Prof. Dr. v. Hofmann und die Actenstücke, die Amts-Entlassung des Professors der Theologie Dr. Baumgarten in Rostock betreffend. Ein neues Votum. Berlin 858. Schlawitz. gr. 8. (1 Bl., 34 S.) n. 7½ ngl

Brömel, A, d. rechten Ehen werden im Himmel geschlossen. 8. (11) Ratzeb. 57. (Lüb., Grautoff.) n. — 2½

Brömel, A., die rechten Ehen werden im Himmel geschlossen. Eine Predigt, gehalten über das Evangelium des II. Sonntags post Epiph. Joh. 2. 1—11. Ratzeburg 857. Linsen. gr. 8. (11 S.) 2½ ngl

Brömel, A., Rede gehalten in der St. Petri-Kirche zu Ratzeburg am Tage der Erbhuldigung der Ritter- und Landschaft des Herzogth. Lauenburg, Dienstag den 26. Septbr. 1865. gr. 8. (15 S.) Ratzeburg 865. (Lübeck, Dittmer'sche Buchh.) *

— Was heißt katholisch? Eine nach den Bekenntnissen der lutherischen und katholischen Kirche abgefaßte Schutzschrift wider Roms alte und neue Angriffe. Grimma 853. Gebhardt. gr. 8. (XII, 276 S.) 1 ℛ 7½ ngl

— Was lehrt das Evangelium von der Erziehung der Kinder? Eine Predigt, gehalten am 1. Sonntage nach dem Feste der Erscheinung Christi über Luc. 2, 41—52. Ebend. 857. gr. 8. (14 S.) 2½ ngl

—— was lehrt d. Evangelium v. d. Erziehg d. Kinder? 8. (14) Ratzeb. 57. (Lüb., Grautoff.) n. — 2½

—— was lehrt Prof. Thomasius im 2. Thle. s. Dogmatik v. d. Person Jesu Christi im Stande d. Erniedrigg? 8. (47) Schwer. 57. (Halle, Schwabe.) n. — 10

— Was lehrt der Herr Prof. Dr. Thomasius in Erlangen im zweiten Theile seiner Dogmatik von der Person des Herrn Jesu Christi im Stande der Erniedrigung? Ein Sendschreiben. Schwerin 857. Stiller. gr. 8. (47 S.) n. 10 ngl

Brömel, A., wie kann Gott Gebete erhören, s.: Zeitfragen d. christlichen Volkslebens.

— Wir müssen Mission treiben. Predigt am Missionsfeste in Mölln, den 8. Juni 1853, gehalten. Grimma 853. Gebhardt. gr. 8. (15 S.) 3 ngl

[F. u. Ant.] **Brömel,** *Aug. Albert:* Der Gleichgewichtszustand einer Flüssigkeit in einer vertikalen kapillaren konischen Röhre. *Pirna, Druck v. F. J. Eberlein, 1896;* 1—22 S., 1 Taf. 4. Pirna, st. R, OP 1896 (587)

Brömel, Aug. Thdr., die freie Verfassung Norwegens in ihrer geschichtlichen Entstehung und weitern Entwicklung, ihrem Wesen und ihren Folgen. 1. Thl. — A. u. d. T.: Die freie Verfassung Norwegens in ihrer geschichtl. Entstehung, nebst einleit. Vorgeschichte. gr. 8. Bergen 843. (Hamburg, Hoffmann u. Campe.) n. 2 ℛ

Brömel, Christian Heinrich

— de cellis vett. Christianorum sacris. Longosal. 1710. 4.

BRÖMEL, M. Chrn. Hnr., Fest-Täntze der ersten Christen, und darauff erfolgte alte und neue Missbräuche bey den S. Johannis, Veits, Elisabeths etc. Täntzen, auch schändlichen Greuel derer heutigen Täntze auf die Sonn- und Fest-Täge. Jena, zu finden b. Joh. Bielcken im Jahre 1701.. 4°. 61 SS. Rar! (In Dresden: 4°. Dramat. 96, 6.)

Brömel, Frz., Gedichte. 16. (VIII u. 167 S.) Berlin 850, Mittler'sche Sort.-B. [A. Bath.] n. ⅔ ℛ

— die Lebenden an den Dichter (Freiligrath. — Gedicht.) 8. (3 S.) Berlin 849. (Hofmann & Co.) 1 ngl

—— die Lebenden an den Dichter (Freiligrath. — Gedicht.) 8. (3 S.) Berlin 849, Reichardt und Comp.

Brömel, Jh. Fr., († d. 6. Juni 1819.), s. Dialogen, e. Beitrag z. Bildung.

Brömel, Joh. Fr. (Hrsg.), s. Intelligenzblatt, Lobensteinisches gemeinnütziges.

NICHTS oder Etwas, nachdem es dem geneigten Leser beliebt, (von *Johann Friedr. Brömel*). Leipzig und Schleiz 1780. 8⁰. Rar!
Cat. Monath III. Nürnb. 1784. 8⁰. p. 238; Anon.-Lex. III. p. 210 (nach Kayser u. Meusel).
Dass. s.a.: N i c h t s oder Etwas.

Brömel, K., u. O. Keitel, deutsche Vorschule f. fremdsprachlichen Selbstunterricht. (38 S.) gr. 8. Rudolstadt 907. (K. Keil's Nachf.) 1. —

Broemel, Max

Broemel, M., s. Beiträge, kritische, zur herrschenden Wirthschaftspolitik.

Broemel, M., Bericht über die Verhandlungen des 19. Congresses Deutscher Volkswirthe in Berlin am 21—23. Oct. 1880. Berlin 1880. 8. . . . .

Broemel, M. Bericht über die Verhandlungen des 21. Kongresses deutscher Volkswirte in Königsberg 1883: Verstaatlichung des Versicherungswesens. Berlin 1883.

Broemel, Max: Italiens nationale Erhebg u. s. wirtschaftl. Entwicklg 1861—1911, s: Zeitfragen, Volkswirtschaftliche.

— die deutschen Holzzölle vor 1865, s. Blätter, freihändlerische.

BROEMEL, M.: Die deutschen Holzzölle vor 1865. Ein Beitrag zur Charakteristik der neuesten Wirthschaftspolitik und ihrer Vertreter. Berlin 1883. 42 S. - (Freihändlerische Bl. H. 11)

Broemel, M., die Capitalrentensteuer nach der Vorlage der Regierung und nach den Berathungen im Abgeordnetenhause, s. Zeitfragen, volkswirthschaftliche.

Broemel, M. Die Capitalrentensteuer nach der Vorlage der Regierung und nach den Berathungen im Abgeordnetenhause. Zeitfragen (Volkswirthschaftl.), Heft 46, 1884.

— gegen den Staatssocialismus, s.: Zeitfragen, volkswirthschaftliche.

Broemel, Max: Der projekt. Großschiffahrtsweg S t e t t i n – Charlottenburg – Berlin, s. B a u m e r t, Georg.

Geschichte des Englischen Handels von den Tagen der Phoenizier bis zur Gegenwart. Nach den verlässlichsten Quellen verf. Von Percy Rudolph **Broemel.** *London: Andrews Br. 1899.* (111 S.) 8° [J. u. Ant.]
[00. 35 5

Geschichte des englischen Handels von den Tagen der Phoenizier bis zur Gegenwart. Nach den verlässlichsten Quellen verfasst. Von Percy Rudolph Broemel. 2. Ausg. *London: Andrews Br. 1899.* (111 S.) 8°
[99. 7269 3

Brömel, Robert, approb. Arzt aus Cassel: Klinische **Erfahrungen** über den therapeutischen Wert des Jequiritols. *Cassel (1903): Gebr. Schneider.* (42 S.) 8°
Göttingen, Med. Diss. v. [2. Mai] 1903

Brömel, Rob., klinische Erfahrungen üb. den therapeutischen Wert des Jequiritols. Diss. (41 S.) gr. 8. Göttingen (903). (Vandenhoeck & Ruprecht.) n. 1. —

Brömel, W. H., Beytr. z. deutsch. Bühne. 8. Dessau, (Gräff, Lpz.) 794.

Brömel, Wlh. Hnr., s. 1) **Burney, Cecilie Bewerley.** 2) **d. Dechant v. Killerine.**

Bromell (M. v.), Mineralogia et Lithographia Suecana, das ist: Abhandlung derer im Königreiche Schweden befindlichen Mineralien und Steinen etc. Ins Teutsche übersetzt von Mikranderu. Stockholm und Leipzig 1740. 8.
(Gleditsch)

Bromer, Alois, s. B r o m m e r, Alois

Bromfield, William: Chirurgische Wahrnehmungen. (Chirurgical Observations... Dt.) Aus dem Englischen übersetzt und mit einigen Zusätzen vermehrt. 495 S., gbd., 6 Taf.

Leipzig: Weidmann & Reich 1774

Bromig, G., lateinische Formenlehre f. Sexta u. Quinta. gr. 8. (53 S.) Leipzig 887. Teubner. cart. — 75; Erläutergn. f. den Lehrer (10 S.) gratis

Bromig, Gustavus: * De insulae Astypalaeae natura et antiquitatibus atque de Onesicrito Astypalaeensi. 65 S. 4°
Halle-Wittenberg, Phil. Diss. v. 8. April 1843
Geb. Elberfeld 2. 2. 1821. V.

Bromig, Gust. **de asyndeti natura et apud Aeschylum usu. Dissertatio inauguralis. gr. 8. (41 S.) Monasterii 879. (Göttingen, Vandenhoeck & Ruprecht.) n. — 80**

Bromig, *Wolfgang Gottfried* Gustav: Wie kann das Gymnasium den Sinn für Kunst wecken? 4 (34 S.). Wilhelm-G. *Hamburg* 1896
Progr.

Bromig, Gust., wie kann d. Gymnasium d. Sinn f. Kunst wecken? Progr. gr. 4. (34 S.) Hamburg 896. (Herold's Verl.) n. 2. —

Bromig, J., Vergleichg. d. Komödien Aulularia des Plautus u. l'Avare des Molière. Pr. 1854. 35 S. 4°. 6.—
Progr. Burgsteinfurt

Bromley, Th., Anmerckungen zu denen Offenbahrungen. s. l. 714. 8.

Bromley, Thom., üb. d. göttl. Offenbar. a. d. Engl. 8. Strasb. Akademie. 784.

Bromley, Thom., über d. göttl. Offenbarung. Aus d. Engl. 8. Straßb. 785. Acad. B. 8 gr

Bromm, Ed. Die Stadt Rauschenberg in Oberhessen. Geschichte u. Beschreibg. Mit 2 Illustr. u. 1 Karte. 8. (118 S.) Marb. 889, Ehrhardt. * 1 50

Bromm, K., Gedichte. 8. Frankf. a/M. 846. (Keßler.) n. 1 ₰

Bromm, K., Gedichte. 8. (11¼ B.) Frankfurt a. M. 846, (Varrentrapp's Sortim.-Buchh.) *

Bromme, ... (Oberl.-Ger.-Justiz.-Comm.), s. **Florencourt, Frz. v., Vertheidigung.**

Bromme, Karl Rudolf, s. B r o m m y, Rudolf

Bromme, Mor. William Thdr., s.: Lebensgeschichte e. modernen Fabrikarbeiters.

Lebensgeschichte eines modernen Fabrikarbeiters. (Verf.: Moritz William Theodor **Bromme.**) Hrsg. u. eingel. von Paul Göhre. Jena & Leipzig: E. Diederichs 1905. (XII, 368 S.) 8° [J.] [05. 13366

Bromme, William, unter dem Tannenbaum, s. Lustspiele, turnerische, Nr. 15.

Bromme, Traugott, Atlas zu Alex. v. Humboldt's Kosmos in 42 color. Taf. m. erläut. Text. 1—4. Lfg. qu. Fol. (S. 1—48 u. 24 lith. zum Theil color. Taf.) Stuttgart 851. 52, Krais & Hoffmann. (à n. 1 ₰) n. 4 ₰

Bromme, Trg., Atlas zu Alex. v. Humboldt's Kosmos in 42 (in Kpfr. gest., lith. u. in Farben gedr.) Taf. mit erläuterndem Text. 5—8. (Schluss-) Liefg. Stuttgart (854). Krais u. Hoffmann. qu. Fol. (Text: 2 Bl., S. 49—136. u. 18 Kpfrtaf.) Jede Liefg. n. 1 ₰

Bromme, Traug., Atlas zu Alexander v. Humboldt's Kosmos. Volks-Ausg. in 42 ill. Taf. 8 Lfgn. qu. Fol. (39 Stnt., 3 Stahlst. und 28 S. Text.) Stuttgart 861, Krais und Hoffmann. à Lfg. 15 Ngr.

—— systematischer Atlas der Naturgeschichte für Schule und Haus in 1 schwarzen und 35 ill. Stnt., mit 700 Abbild. und erläut. Text. 6 Lfgn. gr. 4. (VIII und 76 S. mit 24 Stnt.) Stuttgart 860. 61, Engelhorn. à Lfg. 12 Ngr. cplt. geb.

Bromme, Traug., Atlas der Naturgeschichte in 1 schwarzen und 35 ill. Taf., mit 700 Abbild. und erläut. Text. Neue Ausg. 12 Lfgn. gr. 4. (VIII und 76 S.) Stuttgart 864, Engelhorn. à Lfg. 6 Ngr.

Bromme, Traug., Ueber Auswanderung und Armen-Colonien. Ein Wort der hohen Stände-Versammlung des Königr. Sachsen an das Herz gelegt. 8°. Leipzig, Hartmann, 1833.

—— die freie Auswanderung ꝛc., s. a. Auswanderung.

Die freie Auswanderung als Mittel zur Abhülfe der Noth im Vaterlande. Nebst Entwurf eines Planes zur Errichtung einer deutschen Kolonisations-Gesellschaft. Den Regierungen Deutschlands und zunächst seinen Mitbürgern an das Herz gelegt von einem Sachsen (d. i.: Traugott Bromme). Dresden. 1831. 8°

Bromme, Traug., Beiträge zur Topographie u. Statistik d. Vereinigten Staaten v. Nord-Amerika. 1. Bdchn. M. 1 Postkarte d. Verein. Staaten u. 18 Nebenkärtchen (auf 1 Bl. Roy.-Fol.) — A. u. d. T.: Taschenb. f. Reisende in d. Verein. Staaten v. Nord-Amerika. 12. (9½ B.) Baltimore 836. [Leipzig, Einhorn.]

— Beiträge z. Topographie u. Statistik d. Verein. Staaten von Nord-Amerika. 1s Bdchn. Mit 1 Postkarte der Verein. Staaten u. 18 Nebenkärtch. A. u. d. T.: Taschenbuch für Reisende in den Verein. Staaten von Nord-Amerika. 12. Baltim. 836. Scheld u. Comp. 1½ ℛ︀

Bromme, Traugott. Nordamerikas Bewohner, Schönheiten und Naturschätze im Allgemeinen und die brittischen Besitzungen insbesondere geschildert ... Stuttgart. J. Scheible's Buchhdlg. 1839.
796 S. m. 2 Stahlst.; 48 Taf. in Kupferst. 8°.

Bromme, Traugott. Deutschland und die angrenzenden Länder mit besonderer Berücksichtigung der Eisenbahnen. Verhältn. 1 : 2000000. Stuttgart, Krais & Hoffmann, 1866. gr. Fol. 4 Blatt. Chromolith. . . . .

—— Gemälde v. Nord-Amerika in allen Beziehungen, v. d. Entdeckung an bis auf d. neueste Zeit. Eine pittor. Geographie f. Alle, welche unterhalt. Belehr. suchen, u. e. umfass. Reise-Handb. f. Jene, welche in dies. Lande wandern wollen. 2 Bde. (16 Lfg.) gr. 8. (102¼ B. u. 75 Kpfrt.) Stuttgart 837—42. [Scheible, Rieger u. Sattler.]
Wurde auch u. d. T.: Des Universums neue Welt: Nord-Amerika in allen Beziehungen geschildert, ausgegeben.

—2r Abdr., zugleich Pendant zu Meyer's Universum. 1e—12e Lfrg. mit Stahlstichen u. Abbildd. Lex.-8. Stuttg. 838—40. Scheible's Buchh. (à n. ½ ℛ︀) 6 ℛ︀ —

— illustrirter Hand-Atlas der Geographie und Statistik in 48 (lith. u.) color. Karten mit 60 Bgn. Text, mehr als 100 Orig.-Holzschn. u. 12 Bl. in Farbendr., die Ansichten sämmtlicher Hauptstädte der Erde, die Wappen und Orden der 5 europäischen Grossmächte und die Flaggen aller Nationen darstellend. Zum allgemeinen Gebrauche herausg. (In 12 Liefgn.) 1—3. Liefg. Stuttgart 858. Krais u. Hoffmann. Fol. (17 Bl. u. 82 S. Text m. Holzschn. im Text.) Jede Liefg. 1 ℛ︀

—— illustrirter Hand-Atlas der Geographie und Statistik in 48 ill. Karten mit 112 Bog. erläut. Texte, 218 Holzschn., 6 Bl. in Farbendr.: Wappen und Orden der fünf europ. Grossmächte und der vier deutschen Königreiche, und 1 ill. Flaggen-Atlas in 7 Bl. die Flaggen aller Nationen der Erde darstellend. 13 Lfgn. Fol. (434 S. mit eingedr. Holzschn., 6 Chromolithogr., 7 ill. Stnt., 48 lithogr. und ill. Karten.) Stuttgart 859—62, Krais und Hoffmann. à Lfg. * 1 Thlr. * geb.

Bromme, Traug., wohlf. Hand-Bibliothek für Auswanderer nach den Verein. Staaten von Nord-Amerika u. Freunde der Kunde fremder Welttheile. 6 Bde. Mit 3 Karten. Leipzig u. Baltimore 838. Scheld u. Comp. (Leipzig, Einhorn.) In gr. 8.-Futteral 3 ℛ︀ (Altenburg, Helbig. 3 ℛ︀) Daraus einzeln:
Bd. 1. Taschenbuch f. Reisende in d. Vereinigten Staaten v. Nord-Amerika ꝛc. M. 1 Karte.
2. Missouri u. Illinois. Eine geograph.-statist.-topograph. Skizze ꝛc. M. 1 Karte.

Bromme, Traug., wohlf. Hand-Bibliothek f. Auswanderer ꝛc.
Bd. 3. Michigan. Eine geogr.-statist.-topogr. Skizze. M. 1 Karte. (Vgl. Heinsius, B.-L. 8. Bd.)
„ 4. Reise durch die Florida's ꝛc.
„ 5. Louisiana. Ein Taschenb. f. Auswanderer ꝛc.
„ 6. Mississippi u. Alabama. Ein Taschenb. f. Auswanderer.
Auch einzeln, vgl. die besondern Titel.

—— neuestes vollständigstes Hand- u. Reisebuch f. Auswanderer aller Klassen u. jed. Standes nach d. Verein. Staaten v. Nord-Amerika. Mit e. klein. engl. Grammatik, engl. Gesprächen u. Redensarten. 8. (24 B.) Bayreuth 840, Buchner'sche Buchh. Thlr. *

Bromme, Traug., neuestes vollständ. Hand- u. Reisebuch für Auswanderer aller Klassen und jeden Standes nach den Verein. St. von Nord-Amerika, Ober- und Unter-Canada, Neu-Braunschweig, Neu-Schottland und Texas. 2. verm. u. verb. Aufl. Mit 1 Karte. gr. 8. Bayreuth 843, Buchner. n. 1⅙ ℛ︀ — ohne Karte n. 1 ℛ︀ — 3. verm. u. verb. Aufl. Mit 1 Karte. gr. 8. Ebd. 845. n. 1⅙ ℛ︀ — ohne Karte 1 ℛ︀ — 4. mit der 3. gleichlaut. Aufl. gr. 8. Ebd. 847.
4. (28 B.) 846.

—— Hand- und Reisebuch für Auswanderer nach den vereinigten Staaten in Nord-Amerika, Texas und Californien, Ober- und Unter-Canada, Neu-Braunschweig, Neu-Schottland, Santo Thomas in Guatemala, der Mosquito-Küste und Brasilien. 5. Aufl. (XII und 555 S.) 848. und 6., verm. und verb. Aufl. gr. 8. (XVIII und 605 S. mit 1 lithogr. und ill. Karte.) Bayreuth 849, Buchner'sche Buchh.

— Hand- und Reisebuch für Auswanderer und Reisende nach Nord-, Mittel- und Süd-Amerika. (Den gesammten Vereinigten Staaten, Canada, Brasilien, Chile, Nicaragua, Venezuela, Mejiko ꝛc.) 7., sehr verm. u. verb. Aufl. von Büttner. Mit einem Rathgeber in Amerikanischen Rechtsangelegenheiten und 1 (in Stahl gest. color.) Karte der Vereinigten Staaten von Nord-Amerika (in Imp.-Fol.). Bamberg 853. Buchner. gr. 8. (XVI, 744 S.) (1852) 1 ℛ︀ 12 ngr

Bromme's, Traugott, Hand- u. Reisebuch für Auswanderer u. Reisende nach Nord-, Mittel- u. Süd-Amerika [den gesammten Vereinigten Staaten, Texas, Canada, Brasilien, Mejiko ꝛc.]. 8., sehr verm. u. verb. Aufl. von Gust. Struve. Mit e. Rathgeber in amerikan. Angelegenheiten u. 1 color. Spezial-Karte der Vereinigten Staaten von Nord-Amerika in Stahlst. (in Fol.) Bamberg 866. Buchner. gr. 8. (XII, 721 S.) 1 ℛ︀ 24 ngr.

Bromme, Traug., Hand- und Reisebuch für Auswanderer und Reisende nach den Vereinigten Staaten von Nord-Amerika. 9., sorgfältig verb. und sehr verm. Aufl. von Büttner. Mit einem Rathgeber in amerikan. Rechtsangelegenheiten und einer Specialkarte der Vereinigten Staaten von Nord-Amerika in Stahlst. 8. (713 S.) Bamberg 874, Buchner'sche Buchh. geb.

Bromme, T, neueste Karte d. Erde, s. a. Baur, CF.

Bromme, Tr., und C. F. Baur, neueste Karte der Erde in Mercators Projection. Mit Rücksicht auf das Bedürfniss d. Handelsstandes sowie für den Unterricht an Lehranstalten. 2.–4. umgearb. Aufl. In 4 Bl. Fol. Stuttgart 869—73, Maier. In Mappe * M. 6.; aufgez. *

— neueste Karte der Erde in Mercators Projection. Mit Rücksicht auf das Bedürfniss des Handelsstandes, sowie für den Unterricht an Lehr-Anstalten entworfen. Gezeichnet u. neu bearb. von C. F. Baur. 2. Abdr. der 2. Aufl. Stuttgart 870. Maier. (4 lith. Bll. in gr. Fol.) 2 ℛ︀; auf Leinwd. n. 2 ℛ︀ 20 ngr

Bromme, Fr., und C. F. Baur, neueste Karte der Erde (in Mercators Projection) mit Rücksicht auf das Bedürfniss des Handelsstandes, sowie für den Unterricht an Lehranstalten. 5. und 6. Aufl. 4 Bl. Chromolithogr. Imp.-Fol. Ebendas. 878,79. *

Bromme, Tr., und C. F. Baur, neueste Karte der Erde in Mercators Projection. Mit Rücksicht auf das Bedürfniss des Handelsstandes, sowie für den Unterricht an Lehranstalten. 4 Bl. in Farbendr. und Kolorit. Ausg. 1885 und 1886. qu. gr. Fol. Stuttgart, Maier, Sep.-Cto. In Mappe *
Auf Leinw. **

Bromme, Tr., u. C. F. Baur. Neueste Karte der Erde in Mercators Projektion. Vier Blätter in Farbendr. 1 : 18,000,000. (88× 117 cm.) Stuttg. 892, J. Maier, Sep.-Cto. In Mappe * 6 —
Auf Leinw. in Mappe * 9 —
Auf Leinw. m. Stäben u. lackiert * 11 —

—— und Büttner, Leitfaden für Auswanderer nach den Vereinigten Staaten von Nord-Amerika, Texas, Brasilien rc. Oder: Wer soll und darf auswandern, wer nicht? — Wie soll man auswandern? — nebst Vorschriften für Einwanderer und einem Rathgeber in amerikan. Rechtsangelegenheiten. (Abdr. der 2. Abthl. des Reisehandbuchs für Auswanderer. 7. Aufl.) 8. (232 S.) Bamberg 853, Buchner'sche Buchh.

(——) Louisiana. Ein Taschenb. f. Auswanderer u. Freunde d. Länder- u. Völkerkunde. 8. (4 B.) Baltimore 837. [Leipzig, Einhorn.]

—— Michigan. Eine geograph.-statist.-topograph. Skizze f. Einwanderer u. Freunde d. Länder- u. Völkerkunde. Nebst 1 Karte (in qu. Imp.-Fol.) 8. (5 B.) Baltimore Md. 834, Scheld u. Comp.; Dresden, Walther.

--Minnesota als eine Heimat für Auswanderer. Baltimore, 1840 (?).

— Albama u. Mississippi, eine geograph.-statist.-topograph. Skizze für Einwand. u. Freunde der Länder- u. Völkerkunde. Baltimore, Scheld u. Comp. (Leipzig, Einhorn.) 1/4 ₰ —

(——) Mississippi u. Alabama. Geograph.-statist.-topograph. Skizzen f. Einwanderer u. Freunde d. Länder- u. Völkerkunde. 2 Thle. 8. (4 B.) Baltimore 837. [Leipzig, Einhorn.]

(——) Missouri u. Illinois. Taschenb. f. Einwanderer u. Freunde d. Länder- u. Völkerkunde. Geograph.-statist.-topogr. Skizze. M. 1 Karte. gr. 8. (6½ B.) Baltimore 835. [Leipzig, Einhorn.]

— Illinois und Missouri, Taschenbuch für Einwanderer und Freunde der Länder- u. Völkerkunde. Mit 1 Karte. Ebd. 838. (Ebd.) 3/4 ₰

—— systematische Naturgeschichte aller drei Reiche für die Jugend. Nebst Gebrauchsanweisung und belehrenden Fragen für Eltern und Erzieher. 2. Aufl. Mit 500 ill. Abbild. in alphabet. Folge und ausführlicher Beschreibung in deutscher, französ. und engl. Sprache. Fol. (70 S. Text und 28 Steintaf. und 1 lithogr. Weltkarte.) Stuttgart 853, Chelius.

—— das Pflanzen- und Mineralreich, s. Gistel, (Johs.)

Bromme, Traug., Plan ein. in Nord-Amerika zu gründenden Deutschen Kolonie. 8. (1½ B.) Baltimore Md. 834, Scheld u. Comp.; Dresden, Walther. Thlr.

— Plan einer in Nord-Amerika zu gründ. deutschen Kolonie. 8. Baltim 834. Scheld u. Comp. (Leipz., Einhorn.) 1/12 ₰

— Post-, Kanal- u. Eisenbahnkarte der Verein. Staaten v. Nord-Amerika. Nach Smith, Tanner, Mitchell u. den Berichten des General-Postamts bearb. In Stahl gest. v. J. A. Bühler. Imp. Fol. Color. (Mit 24 S. Text in gr. 12.) Stuttgart 850, Hoffmann. 18 ngr

— neueste Post-, Kanal- und Eisenbahn-Karte der Vereinigten Staaten von Nord-Amerika. Nach Smith, Tanner, Mitchel und den Berichten des General-Postamts bearb. und nach dem jüngsten officiellen Material erneuert, in Stahl gest. von J. A. Bühler. Ill. Imp.-Fol. Nebst Beantwortung einiger Fragen, die jeder Auswanderungslustige vor seiner Abreise zu stellen pflegt. gr. 8. (16 S.) Stuttgart 853, Hoffmann'sche Vrlgsb.

Bromme, Traug., Rathgeber f. Auswanderungslustige. Wie u. wohin sollen wir auswandern: nach den verein. Staaten od. britisch Nord-Amerika — nach d. Land jenseits d. Felsengebirge od. d. Freistaat Texas — Santo Thomas oder d. Musquitoküste — Süd-Amerika od. Westindien u. s. w. od. ist es besser, unsere Kräfte d. weniger kultivirten Theilen d. deutschen Vaterlandes zu widmen? Eine umfassende Beleucht. d. bisherigen deutschen Auswanderung. gr. 8. (22 B., 17 Kart. u. Pläne.) Stuttgart 846, Hoffmann'sche Vrlsbuchh.

(——) Reise durch d. Florida's, v. St. Augustine durch d. Halbinsel nach Pensacola. 8. (5½ B.) Baltimore 837. [Leipzig, Einhorn.]

—— Reisen durch d. Vereinigten Staaten u. Ober-Canada. 3 Bde. gr. 8. Baltimore Md. 834, Scheld u. Comp.; Dresden, Walther. [1. (21½ B.) u. 2. (24½ B.) 2 Thlr. 12 Gr., 3. (30½ B. u. 1 Tab. in qu. Fol.) 1 Thlr. 18 Gr.]

— Reisen durch die Vereinigten Staaten von Ober-Canada. 3 Bde. gr. 8. Ebd. 834, 35. (Ebd.) 4¼ ₰ Daraus besonders abgedruckt: Louisiana. Ein Taschenbuch f. Auswanderer und Freunde der Länder- und Völkerkunde. 8. Ebd. 837. (Ebd.) 1/3 ₰

—— Taschenbuch f. Reisende in d. Verein. Staaten v. Nord-Amerika, s. oben dess., Beiträge 1. Bdchn.

—— die Verfassungen der vereinigten Staaten von Nord-Amerika rc., s. Verfassungen.

— Wegweiser für Einwanderer u. Reisende in den Verein. Staaten von Nord-Amerika u. den Canada's. Eine genaue Zusammenstellg. aller Eisenbahn-, Post- u. Dampfboot-Routen. Mit einer (lith. u. color.) Karte (der Verein. Staaten, entworfen v. J. E. Woerl. Fol.) 8. (VIII u. 155 S.) Bayreuth 848, Buchner. 2/3 ₰ Ohne Karte 1/2 ₰

—— neuester Wegweiser für Auswanderer nach Amerika. 8. (96 S. mit in Stahl gest. und ill. Eisenbahn-, Post- und Reise-Karte in Imp.-Fol.) Stuttgart 852, Hoffmann'sche Vrlgsb.

—— des Universums neue Welt: Nord-Amerika rc., s. oben dess., Gemälde v. Nord-Amerika.

— der Central-Verein f. deutsche Ansiedelung in überseeischen Ländern. Nebst Plan des ersten von ihm zu gründenden Süddeutschen Ansiedelungs- u. Asyl-Vereins. gr. 8. (32 S.) Stuttgart 848, Hoffmann. 1/8 ₰

Bromme, Traug., Zonengemälde. Naturgeschichte und Völkerkunde vollständig in Wort und Bild. Mit 40 color. Tafeln. qu. Fol. Stuttgart 846, Schmidt u. Spring. 6 ₰

Bromme, William, s. Bromme, Moritz William Theodor

Broemme, Christian [aus Wiesbaden]: Ein Beitrag zur Kenntniss der Nitrosonaphtole oder Naphtochinonoxime .... Marburg, Univ.-Buchdr. (R. Friedrich), 1887; 35 + 1 S. 8°
Marburg, Phil. Fak., Inaug.-Diss. v. [7. Dez.] 1887

Broemme, Christian, ein Beitrag zur Kenntniss der Nitrosonaphtole oder Naphtochinonoxime. Diss. Marburg 1887, N. G. Elwertsche Univ.-Buchh. 8°. 35 S.

BROEMME, EDUARD. Ueber Anhydrobutyryldiamidotoluol (Butenyltoluylendiamin) und sein Verhalten gegen Brom. Göttingen, 1884.
Diss.

Broemme, E., über Anhydrobutyryldiamidotoluol [Butenyltoluylendiamin] und sein Verhalten gegen Brom. Inaugural-Dissertation. gr. 8. (30 S.) Göttingen 884, (Vandenhoeck und Ruprecht's Verlag.) *

Brömme, Eduard [aus Wiesbaden]: Ueber Benzoylbrenztraubensäure und einige ihrer Derivate. ... München, akad. Buchdr. v. F. Straub, 1889; 45 S. 8°
München, Phil. Fak., Inaug.-Diss. v. 1889

BRÖMME, REINHOLD. Ueber m-Xylylamin und m-Xylylendiamin nebst einigen ihrer Derivate. Berlin, 1889. Diss. 41 S.

Broemme, Wilhelm [aus Moskau]: Ueber die Cyanbenzoësäuren.... Göttingen, Druck d. Dieterich'schen Univ.-Buchdr. (W. Fr. Kästner), 1887; 33 + 1 S. 8°.
Göttingen, Phil. Fak., Inaug.-Diss. v. 5. Mai 1887.

Broemme, Wilh., über die Cyanbenzoësäuren. Inaugural-Dissertation. gr. 8. (33 S.) Göttingen 887, (Vandenhoeck und Ruprecht.) *

Brömmel, B., Etienne Marcel und der Aufstand der Pariser 1358. Basel, Realgymn. 1874. **Progr.-Schr.**

Brömmel, B., Etienne Marcel und der Pariser Aufstand 1358. 4. Basel 874, Schneider.

[Brömmel, Berthold.] Tabellen für die Weltgeschichte und die Schweizergeschichte. Regenten-Tafeln. [6. Aufl. Neu bearbeitet von Dr. B' B'.] II + 96 S. 8. Basel, Emil Birkhäuser, 1905. [cart. fr. —.70]
Die Tabellen..., *ursprünglich bearb. von* Dr. Remigius Meyer, *ersch.* 1858—1894 *in 5 Auflagen.*

Broemmel, Fridericus: Dissertatio qua demonstratur, bella civilia Romanorum legibus Gracchorum agrariis falso imputari. Halae (1822): Grunert. 40 S. 8° (4°)
Halle-Wittenberg. Phil. Hab.-Schr. v. 31. Aug. 1822
Im Buchhandel Halle: Anton 1822.

Brömmel, Friedrich. Ueber die Helvetier und ihr Verhältniss zu einer älteren Bevölkerung der Schweiz, nebst einigen Worten über Völkerwanderungen und über die Sweven. Eine akademische Amtsrede. 8. Basel 1836.

Brömmel, Friedr., über d. Helvetier u. ihr Verhältniß zu ein. älteren Bevölkerung d. Schweiz, nebst einigen Worten üb. Völkerwanderungen u. üb. d. Swewen. Eine akadem. Amtsrede. gr. 8. (2¼ B.) Basel 837, Neukirch.

Broemmel, Der Kampf der Römer mit den Cimbern und Teutonen. Basel 1830.

Rede, gehalten in der ger.·. u.·. vollk.·. ☐ zur Freundschaft und Beständigkeit a.·. M.·. zu Basel am Feste Johannes des Evangelisten den 3. Febr. 5838 von Friedr. **Brömmel.** Zum Andenken an den Festabend. [Basel 1838]: Neukirch. 7 S. 8° [Umschlagtit.]
Üb. den Gottesglauben und die Gottesverehrung.

Brömmel, Friedr., genealog. Tabellen z. Gesch. d. Mittelalters bis z. J. 1273, mit sorgfält. Angabe d. Zeit u. d. Besitzes. qu. Fol. (31½ B.) Basel 840, Schweighauser'sche Buchh. *

Broemmel, Friedr., genealogische Tabellen zur Geschichte des Mittelalters bis zum J. 1273, mit sorgfält. Angabe der Zeit und des Besitzes. Wohlfeile (Titel-)Ausg. qu. Fol. (126 S.) Basel (846)76, Schweighauserische Buchh. *

Brömmel, Fr. Vertheidigungskampf der niederländ. Republik gegen England 1664—67 u. gegen Frankreich u. England 1672—74. 4. Basel 1848.

Brommer, Adolf, approb. Arzt aus Münnerstadt in Bayern: Ueber Poliomyelitis anterior acuta. *Freiburg i. B. 1898: E. Kuttruff.* (03 S.) 8°
Freiburg i. B., Med. Diss. v. 1898

Brommer, Alois

Bestimmung einiger Refractionsäquivalente von Alois Bromer. (Aus den Sitzungsberichten der kaiserl. Akademie der Wissenschaften in Wien. Mathem.-naturw. Classe. Bd. CX. Abth. IIa. Juni 1901.) Wien 1901. In Comm. Gerold's Sohn. Gr.-8°. 18 S. K —.40

Brommer, Alois: Luftelektr. Messgn währ. d. partiellen Sonnenfinsternis am 17. 4. '12, s Mitteilungen a. d. Instit. f. Radiumforschg.

Brommer, Alois, das atmosphärische Potentialgefälle in Triest nach den Beobachtungen von Novbr. 1902 bis März 1905, s. a. Beiträge zur Kenntnis der atmosphärischen Elektrizität. XXXII.

Brommer, A., Beiträge zur Kenntnis der atmosphärischen Elektrizität. XXXII. Das atmosphärische Potentialgefälle in Triest nach den Beobachtungen von November 1902 bis März 1905. [Aus: Sitzungsberichten der kaiserlichen Akademie der Wissensch. Math.-naturw. Klasse.] Gr.-8°. (ill. 73 S.) † K 2.15
Wien: Hölder 1909

Brommer, Ferdinand: Die Lehre vom sakramentalen Charakter in der Scholastik bis Thomas von Aquin inklusive. 1. Bis Wilhelm von Auxerre. Nach gedr. u. ungedr. Quellen dargest. Paderborn 1908: Schöningh. VIII, 48 S. 8° (Ersch. vollst. als: Forschungen z. christl. Liter.- u. Dogmengeschichte. Bd 8, H. 2.)
Freiburg i. B., Theol. Diss. v. 1909, Ref. Hoberg
[Geb. 2. Sept. 76 Neusatz; Wohnort: Kuppenheim; Staatsangeh.: Baden; Vorbildung: Gymn. Freiburg i. B.; Studium: Freiburg i. B. 8 S.; Rig. 4. Dez. 06.] [U 09. 884

Die Lehre vom sakramentalen Charakter in der Scholastik bis Thomas von Aquin inklusive. Nach gedr. u. ungedr. Quellen dargest. von Dr. Ferdinand **Brommer.** Paderborn: F. Schöningh 1908. (XV, 176 S.) 8° =**Forschungen** z. christl. Literatur- u. Dogmengeschichte. Bd 8, H. 2.

Brommer, Georg, a. Erlangen: Ein Fall von infantiler Pseudobulbärparalyse. Erlangen 1906: Junge & Sohn. (30 S.) 8°
Erlangen, Med. Fak., Ref. Voit, Diss. v. 7. Aug. 1906
[Geb. 22. Juni 82 Dillingen; Wohnort: Erlangen; Staatsangeh.: Bayern; Vorbildung: Gymn. Erlangen Reife 00; Studium: München 4, Erlangen 6 S.; Koll. 28. Juli 05; Approb. 21. Juni 05.]

Brommer, Ignaz

—: Die österreichische Donau und die österreichische Elbe als Wasserstraßen. I. Teil. S. 3—23. 8. II. Teil. Der Verkehr auf der österreichischen Donau und auf der österreichischen Elbe. (Umschlagtitel: ... Wasserstraßen. [II. Teil.]) S. 3—33. 4. **Progr.**
K. k. Staatsg. im XXI. Wiener Gemeindebezirke (*Floridsdorf*) 1905. 1906.

Brommer Ignaz: Versuch einer Morphometrie der pyrenaeischen Halbinsel. Diss. Wien, Univ.
1897 PN 1056

Brommer, Ignaz: Versuch einer Morphometrie der pyrenäischen Halbinsel. S. 3—48. 8. **Progr.** K. k. Staats-Gymn. *Cilli* 1902

Brommler, Adolph, gründl. Anweisung Holz auf die sicherste u. schnellste Art vollkommen zu trocknen, damit es zu keiner Zeit schwinde. 8. (1½ B. u. 2 Stnt.) Memmingen 845, Besemfelder.

Brommler, Adph., gründliche Anweisung, Holz auf die sicherste und schnellste Art vollkommen zu trocknen, damit es zu keiner Zeit schwinde. 2. Aufl. 8. (24 S. mit 2 Stnt. in 4. und qu. Fol.) Memmingen 856(57), Besemfelder'sche Buchh.

Brommy, Rudolf

Brommy, R., die Marine. Mit 12 Abbildgn. (auf 1 lith. Taf. in Fol. u. 6 lith. Taf. in gr. 8.), 1 (lith. u. col.) Flaggenkarte u. 9 Tab. gr. 8. (VIII u. 222 S.) Berlin 848, A. Duncker. 1 ₰ 24 ngr.

Brommy, die Marine. Unter Berücksichtigung der Fortschritte der Gegenwart und unter Hinzufügung der in Oesterreich gebräuchl. italien. Terminologie neu bearb. von Heinr. v. Littrow. gr. 8. (VI und 812 S. mit 1 chromolithogr. Flaggenkarte und 18 Stnt. Abbild. in gr. 8. und 4.) Berlin 865, A. Duncker. *

Brommy, d. Marine. Neu bearb. v. H v. Littrow. 8. (312 m. 14 L.) **Berl. 66, Paetel.** *n.* 2. —

Brommy, Rud., und Heinr. v. Littrow, die Marine. Eine gemeinfassl. Darstellung des gesammten Seewesens für die Gebildeten aller Stände. 3., unter Berücksicht. der Fortschritte der Gegenwart neu bearb. und verm. Aufl. von Ferd. v. Kronenfels. Mit 12 Schiffsportr. von H. Penner, 4 lithogr. Takelungstaf., 1 Flaggenkarte in Farbendr. und 156 in den Text gedr. (Holzschn.-)Abbild. 21 Lfgn. gr. 8. (XVI, 623 S.) Wien 877,78, Hartleben's Verlag. à Lfg. 60 Pf. * geb. *

Brommy, Rud., von Piraten gefangeen — u. andere Seeabenteuer, m. Einleitg. neu hrsg. v. J. W. Otto Richter (Otto v. Golmen). s.: Seebücherei, deutsche.

Bromowicz, Jos., Anregungen zu Selbstkostenberechnungen im Betriebe stehender Eisenbahnen u. Grundlage f. die Bildung der Eisenbahntarife nebst Kontrolle der Betriebsausgaben. (88 S.) 8. Wien 907. Spielhagen & Schurich. 3. —

Bromowicz, Jos., aktuelle Staatsbahn-Verwaltungsfragen, vom eisenbahnfachl., volkswirtschaftl., sozialen u. parteipolit. Standpunkte aus beleuchtet. (72 S.) gr. 8. Krakau 905. (Wien, Spielhagen & Schurich.) n. 1.20

Bromsdorf, Ditmar von, oder das Moosweibchen . . . Weimar 1834. V: *Gräbner*, *Carl.* (Mitth. A. Rosenbaum.)

Brömse, Fr., Lehrbuch der Thonwaaren-Industrie speziell der Ofenfabrikation zum Selbstunterricht u. f. den Gebrauch in Fachschulen. Mit 3 Zeichngn. zum Entwurf e. Ofenfabrik. (109 S.) kl. 8. Lauban (899). (Berlin, Tonindustrie-Zeitg.) 1. —

Brömse, Fr., die Ofen- u. Glasurfabrikation nach dem jetzigen Stande dieser Industrie. Mit besond. Berücksicht. der weissen u. farbigen Schmelzöfen u. der altdeutschen Majolika-Oefen, nebst den hierzu pass. Glasuren. Kurz u. leichtfasslich, nach vieljähr. Erfahrgn. dargestellt. 8. (IX, 106 S.) Weimar 884. B. F. Voigt. 2. —
(S.a.: Schauplatz, Neuer, der Künste u. Handwerke.)

Brömse, Fr., d. Ofen- u. Glasurfabrikation nach d. jetz. Stande dies. Industrie. M. bes. Berücksicht. d. weissen u. farb. Schmelzöfen u. d. altdeutschen Majolika-Oefen, nebst d. hierzu pass. Glasuren. F. Ofenfabrikanten, Töpfermeister u. der. Gehilfen. Kurz u. leichtfassl., n. vieljähr. Erfahrgn. dargest. 2., verb. Aufl. 8. (VII, 123 S. m. 7 Abb.) Weimar 896. Leipzig, B. F. Voigt. 2. —

[F.] **Brömse**, Friedrich [aus Rostock, app. Arzt]: Ueber die Zusammensetzung und Wirksamkeit einiger neuerer Desinficientien insbes. d. Trikresols u. d. Kresolum purum ... Rostock, C. Hinstorffs Buchdr., 1894; 25 S. 8.
Rostock, Med. Fak., Inaug.-Diss. v. [4. Apr.] 1894

Brömse, Heinr., Erlebnisse. Gedichte. (VII, 95 S.) 8. Breslau 903. Berlin, S. Schottlaender's schles. Verlagsanstalt. n. 1. —; geb. n. 2. —

Brömse, Heinrich [aus Rostock]: Das metaphysische Kausalproblem bei Leibniz ... Rostock, C. Boldt'sche Hof-Buchdr., 1897; 73 S., 1 Bl. 8.
Rostock, Phil. Fak., Inaug.-Diss. v. [15. Dez.] 1896

Brömsen, K. Mor., Rußland und das russische Reich, ein geographisches Handbuch. 2 Bde. 3. Berlin, Flittner. 818.

v. Brömsen, Karl Mor., (†...) Rußland u. d. russ. Reich, ein geograph. Handbuch. 2 Bde. 8. Berl. 819. (Sander). 2 ß

Brömser von Rüdesheim, oder die Todtenmahnung, Ritterroman von C. Hildebrandt. 3 Theile. 8. Quedlinburg, Basse. 820.

Broemser, Georg (geb. Rüdesheim 4. 3. 1846): Ueber einen Fall von secundärem Melanom der Chorioidea. Berlin (1870). (45 S.) 8°
Berlin, Med. Diss. v. 2. Apr. 1870

Broemser, Karl, cand. med. aus Rüdesheim am Rhein: **Aus d.** Universitätskinderklinik zu München. Zwei **Fälle** von congenitalem Defect im Septum ventriculorum des Herzens bei Geschwistern. *München 1898: Kastner & Lossen.* (32 S.) 8°
München, Med. Diss. v. 1898

Brömserin, s. Gisella Bremserin.

Bromsilber-Photographien nach Bildwerken der ersten Meister der Gegenwart. (15 Bl.) gr. 4. Berlin-Steglitz (903). Neue photograph. Gesellschaft. 15. —; Fol.-Ausg. in Umschlag 75. —

Bromwick, Brian Jans., geübter Bienenwärter; aus d. Engl. übers. v. Chr. Fr. Michaelis II. 8. Lpz. 785. Compt. f. Litt. 6 gl

Bron, Adalb., Fastenreden zur Ueberzeugung d. Freidenker u. Verbesserung d. Sünder. gr. 8. Würzb. 779. Stahel. 14 gl

— Lob- u. Sittenreden. 2 Thle. gr. 8. Würzb. 772, 73. Stahel. 16 gl

Bronchain, C., die tägliche Betrachtung, die Heiligung der Seele. Zusammengestellt aus den Werken des heil. Alphonsus Maria v. Liguori für alle nach Vollkommenheit strebenden Seelen. Mit Autoris. des Verf. aus dem Französ. von L. Rohlmanns. 12 Lfgn. oder 2 Bde. 12. (XIV, 438; VIII, 451 S.) Paderborn 882, Bonifacius-Druckerei. à Lfg. 50 Pf.

Bronchain, Ludw., Wunder des heiligen Rosenkranzes. Fromme Lesestücke nebst Beispielen besonders zur Heiligung des Monats Oktober mit einem Anhang von Gebeten. Autoris. Uebersetzung. 12. (VIII, 264 S.) Mainz 887, Kirchheim.

Bronchial-Katarrh, der, s.: Miniatur-Bibliothek.

Bronchorst, Everardus: De Regulis juris antiqui. 12. 1711.

Bröndsted, K. G., der Vorreturm. Erzählung. Autoris. Übersetzg. v. Pauline Klaiber. 8. (590 S.) Leipzig 899. F. W. Grunow. Geb. in Leinw. n. 7. —

Bröndsted, KG: Freiheit. Erzählg. Übers. v. P Klaiber. (514) 8° Lpzg, FW Grunow '01. L. 6 — d

— Niels Glambäk. Erzählung. Deutsche Orig.-Ausg. 8. (825 S.) Ebd. 902. n. 4. —; geb. in Leinw. n. 4. 50

Bröndsted, M. v., die russische Kirche in Livland unter Nikolaus I. Nach dem Werke J. Listowski's: „Philaret, Erzbischof von Tschernigow". Ein kulturhistor. Beitrag. gr. 8. (32 S.) Berlin 888, Nagel. *

Bröndsted, Pet. Oluf, über d. Aufsatz im Hermes u. d. T.: „Villoison u. Bröndsted.
Ein Beitr. z. Gesch. d. Pasquille. Als Beil. zu d. Keischen Untersuchn. gr. 8. (4¾ B.) Stuttgart 830, Cotta. Vgl. Hage.

Bröndsted, Pet. Oluf, die Bronzen v. Siris. Eine archäolog. Untersuch. M. 6 Kpfrt. u. 2 Vign. gr. 4. (14¾ B.) Kopenhagen 837, (Höst.)

Bröndsted, Peter Oluf, die Bronzen v. Siris. Eine archäolog. Untersuchung. Mit 6 Kpfrn. u. 2 Vign. gr. 4. Kopenhagen 837. (Speer) 4½ ß

Bröndsted, P. O., den Ficoroniske Cista. Beskreven og forklaret. Efter allerhöieste Befaling udgivet af N. V. Dorph. Imp. Fol. (IV u. 14 S. Text u. 7 Taf. in Kpfrst. m. 1 lithochrom. Titelvign.) Kiøbenhavn 847. (Reitzel.) n. 3 ß 14 gl

—— Denkwürdigkeiten aus Griechenland, s. Denkwürdigkeiten.

Bröndsted, P. O., Reisen u. Untersuchungen in Griechenland, nebst Darstell. u. Erklärung vieler neuentdeckter Denkmäler griech. Styls, u. e. krit. Uebersicht aller Unternehmungen dieser Art, von Pausanias bis auf unsere Zeiten. (In 8 Büchern.) 1s u. 2s Buch, nebst vielen Kpf., Steindr. u. Vign. kl. Fol. (Paris u. Stuttg. 826—30. v. Cotta). Subscr.-Pr. à B. 10 ß 16 gl Velinp. à 16 ß 8 gl

Brongniart, Adolph, chronologische Uebersicht der Vegetations-Perioden und der verschied. Floren, in ihrer Nacheinanderfolge auf der Erdoberfläche. Aus dem Franz. von Carl Müller. gr. 8. (IV und 90 S.) Halle 850, Graeger. Thlr. *

BRONGNIART (A.). Chronologische Uebersicht der Vegetations-Perioden und der verschiedenen Floren . . . Halle, 1850. 8°.
Transl. by K. Mueller, from the Ann. Sci. Nat. 3me. Ser. 1849.

Brongniart, Alexandre

- üb. d. Farben, die man aus Metallkalken erhält; aus d. Französ. übers. u. mit Anmerkk. begl. v. G. Frick. (Aus d. Magaz. d. Erfindd. H. 47.) 4. Leipz. 809. Baumgärtner. 6 ℊ

———— Die Gebirgs-Formationen der Erdrinde, oder Versuch über die Structur des uns bekannten Theils unsers Erdkörpers; aus dem Französischen von Kleinschrod. Paris und Leipzig 1830. 8.

Brongniart, Alex., die Gebirgsformationen d. Erdrinde, od. Versuch üb. d. Struktur d. bekannt. Theils uns. Erdkörpers. A. d. Franz. v. C. Th. Kleinschrod. gr. 8. (27½ B.) Straßburg 830, Levrault.

Brongniart, A., Handbuch d. Porzellan-Malerei. Enth.: Chemische u. mechan. Bereitung, theoret. u. prakt. Anwendung sämmtl. bis jetzt gebräuchl. Farben, Metalle, z. Malerei auf Porzellan etc. Nach d. franz. Werke: Traité des arts céramiques hrsg. v. Mor. Kypke. 8. (10½ B. u. 1 Taf. Abbild.) Berlin 846, Amelang'sche Sort.-Buchh. (Gärtner)

Brongniart, A., Handbuch der Porcellan-Malerei. Enthaltend: Chem. und mechan. Bereitung, theoret. und prakt. Anwendung sämmtl. bis jetzt gebräuchl. Farben und Metalle zur Malerei auf Porcellan, Steingut und Fayence etc. Nach dem französ. Werke (des Verf.): Traité des arts céramiques hrsg. von Mor. Kypke. 2. Aufl. gr. 8. (VIII und 253 S. mit 1 Stnt. Abbild. in qu. Fol.) Berlin 861, Th. Grieben.

Brongniart, A., das Coloriren und Decoriren des ächten Porcellans, s. Schauplatz, neuer, der Künste ꝛc. 146. Bd.

Brogniart, Chemische Zerlegung der köllnischen Umbraerde. 1803.

Broniatowski, Heinrich: Zur Kenntnis der Nitrierung des Acetylmetaamidoacetophenons. 1903. 54 S. 8°
Karlsruhe, Dr.-Ing.-Diss. v. 2. 2. 1903

Broniewski, Michael (geb. St. Petersburg 11. 10. 1858): Zur Erkenntniss der Pulsatilla. Berlin (1881). (41 S.) 8°
Berlin, Med. Diss. v. 27. Juli 1881

Bronikowski, A., trzy dni z życia kokietki. Powieść. 8. (62 S.) Breslau 852. [Berlin,] Schletter's Verlag.

Bronikowski, Alexander (August Ferdinand von Oppeln-)
s.a. Oppeln-Bronikowski, Alexander August Ferdinand

Bronikowski, Alexander (Hrsg.), s. Almanach der Novellen und Sagen.

— Beate. 3 Bde. Leipzig ... (Meissen, Gödsche.) 4½ ℛ

— Darstellungen aus vergangener Zeit. 3 Bde. (Samml. neuer Schriften. 1r — 3r Bd.) 8. Leipzig 829. (Meißen, Goedsche.) 4 ℛ

— **Er u. Sie. Ein Mährchen neuerer Zeit. 8. Leipzig 826, Brockhaus.**

v. Bronikowski, Alex., (A. Fd. v. Oppeln), Erzählungen. (Die drei Vettern. — Der verhängnißvolle Abend). 8. Leipz. 828. Brockhaus. 1 ℛ 16 ℊ

—der Fall d. Bourbons älterer Linie, dessen Ursachen u. Folgen. 1s Heft. gr. 8. Halberstadt 830. Brüggemann. 10 ℊ

Bronikowski, Alex. (Aug. Ferd. v.), der Fall d. Bourbons älterer Linie, deff. Ursachen u. Folgen. 1. Hft. gr. 8. (7½ B.) Halberstadt 830, [Leipzig, Schreck.] Thlr.

— die Frauen von Neidschütz. 2 Bde. 8. Leipzig ... (Meißen, Goedsche.) 3 ℛ

—— die Geschichte Polens, 4 Bdchn., s. a. Taschenbibliothek, allgem. histor., 33—36. Bdchn.

v. Bronikowski, (Alex.,) d. Geschichte Polens, von den ältesten Zeiten bis auf unsere Tage. 4 Bde. 8. Dresden 827, Hilscher. Rthlr.

— der Grimmenstein. Erzählung. 2 Thle. 8. Berl. 828. Boike. 2 ℛ 16 ℊ

—— der Grimmenstein. Erzähl. 2 Thle. 8. (29½ B.) Berlin 828, [Veit u. Comp.]

— Kazimierz der Große „Piast." Novelle. 2 Bdchn. 8. Dresd. 825, Hilscher. (Grimmer)

— Kazimierz der Große „Piast." Novelle. 2 Bdchen. 8. Dresd. 826. Hilscher. 2 ℛ

— s. Novellen-Almanach.

Bronikowski, Alex., Polen im 17. Jahrh. od. Johannes III., Sobieski u. sein Hof. 2. Ausg. 5 Thle. 8. (100 B.) Leipzig 844, O. Wigand.

—Schriften. 1r—4r Bd. A. u. d. T.: Hippolyt, Boratynski. 4 Thle. 8. Dresd. 825—26. Arnold. 6 ℛ 12 ℊ — 5r u. 6r Bd. A. u. d. T.: Der gallische Kerker. 8. Ebd. 827. 2 ℛ 16 ℊ — 7r Bd. A. u. d. T.: Das Schloß am Eberfluß. 8. Ebd. 827. 1 ℛ 6 ℊ — 8r Bd. A. u. d. T.: Der Mäusethurm am Goplo-See. 8. Ebd. 827. 1 ℛ 3 ℊ — 9r Bd. A. u. d. T.: Moina. 8. Ebd. 827. 1 ℛ 3 ℊ —

Bronikowski, Alex. (Aug. Ferd. v.), Schriften. 10—14. Bd. — A. u. d. T.: Olgierd u. Olga, od. Polen im 11. Jahrh. 1—3. Thl. 1. Aufl. 828, 29., 2., unveränd. Abdr. 832., u. 4. u. 5. Thl. 8. Dresden 832, Arnold. [1. u. 2. (32¼ B.) 2 Thlr. 18 Gr., 3. u. 4. (38¼ B.) 3 Thlr. 6 Gr., 5. (18 B.) 1 Thlr. 12 Gr.]

—— ders. 15—17. Bd. — A. u. d. T.: Die Frauen Koniecpolskie. 3 Thle. 8. (57½ B.) Ebds. 833.

Bronikowski's, Alex., Schriften. 18. Bd. — A. u. d. T.: Die Frauen Koniecpolskie. 4. Thl. 8. (18½ B.) Dresden u. Leipzig 835, Arnoldische Buchh.
21 Bde. vollst., hrbgs. Pr. 20 Thlr. 16 Gr.

—— ders. 19—21. Bd. — A. u. d. T.: Eugenia. 3 Thle. 8. (55 B.) Ebds. 833.
1—9. Bd. Ebendas. 1825—27. 12 Thlr. 16 Gr. — 18. Bd. ist noch nicht erschienen.

— Samml. neuer Schriften. 1r—3r Bd. A. u. d. T.: Darstell. vergang. Zeit. 3 Thle. 8. Leipz. 829. Brüggemann. 4 ℛ 16 ℊ — 4r—8r Bd. A. u. d. T.: Polen im 17n Jahrhund., od. Johanes III., Sobiesky u. sein Hof. 5 Bde. 830 u. 31. 8 ℛ — 9r u. 10r Bd. A. u. d. T.: Die Frauen v. Neidschütz. Novelle. 2 Bde. 832. 2 ℛ — 11r—13r Bd. A. u. d. T.: Beate; aus e. alten Chronik ohne Titelblatt. 3 Bde. 832. 4 ℛ 12 ℊ — 14r—16r Bd. A. u. d. T.: Veit; ein Beitr. zu d. Denkwürdigkk. peinl. Gerichtspflege. 3 Bde. 832. 2 ℛ 8. Leipz., Brüggeman. 24 ℛ 12 ℊ

—— neue Schriften. 1—3. Thl. — A. u. d. T.: Darstellungen aus vergangener Zeit. 1—3. Bd. 8. Halberstadt 829. [Leipzig, Goedsche's Verl.-Exped.; O. Wigand.]
Inh.: 1. Bd. Ehrenpunkt. Das Hospicium des Bernhardsberges. (19½ B.) 1 Thlr. 12 Gr. — 2. Pleurs. Die Prätendenten. (18 B.) 1 Thlr. 12 Gr. — 3. Der Wahltag. Die Grube zu Höckendorf. (20 B.) 1 Thlr. 16 Gr.

—— ders. 4—8. Bd. — A. u. d. T.: Polen im 17. Jahrh., od. Johannes d. Dritte, Sobieski, u. sein Hof. 5 Thle. 8. (100½ B.) Ebds. 829.

—— ders. 9. u. 10. Bd. — A. u. d. T.: Die Frauen v. Neidschütz. Novelle. 2 Bde. 8. (39½ B.) Ebds. 832.

—— ders. 11—13. Bd. — A. u. d. T.: Beate. A. e. alten Chronik ohne Titelblatt. 3 Bde. 8. (47½ B.) Ebds. 832.

—— ders. 14—16. Bd. — A. u. d. T.: Veit. Ein Beitr. zu d. Denkwürdigkeiten peinl. Gerichtspflege. 3 Bde. 8. (43½ B.) Ebds. 833.

—— ders. 17—20. Bd. — A. u. d. T.: Die Magyaren. 1. Abthl. Das Verlobungsfest zu Murany. 4 Thle. 8. (76¼ B.) Ebds. 833.

—— ders. 21—23. Bd. — A. u. d. T.: Die Magyaren. 2. Abthl. Balthasar u. Anna. 3 Thle. 8. (64¼ B.) Ebds. 834.

—— ders. 24—26. Bd. — A. u. d. T.: Novellen. 1. Bd., 12., 2. u. 3. Bd. 8. Ebds. 834.
Inh.: 1. Bd. Der Schreibfehler, eine mährchenhafte Historie. Monsieur le Marquis. (12¼ B.) 1 Thlr. 12 Gr. — 2. Der Kynast. (19¾ B.) 1 Thlr. 12 Gr. — 3. Die beiden Antonine. (13⅜ B.) 1 Thlr.

—— ders. 27. Bd. — A. u. d. T.: Die Briten in d. deutschen Hauptstadt. Erzähl. 8. (9½ B.) Ebds. 834.

—— ders. 28. Bd. — A. u. d. T.: Die Windsbraut. Letzte Novelle. 8. (17 B.) Ebds. 834.
Erst vom 17. Bde. an erscheint ein wirkl. Haupttit., die frühern Bde. besitzen ihn nur auf den Umschlägen.

—— 7 Sylvester-Abende, s. Almanach d. Nov., 2. Bdchn.

— sieben Sylvesterabende. Lebensgeschichte e. alten Mannes, in sieben Abschnitt. 12. Leipzig 831. (L. Schreck.) ⅔ Rthl.

—— der Ursprung d. Lotto, s. Almanach d. Nov., 1. Bdchn.

— der Ursprung des Lotto, genuesische Volkssage. 12. (Leipzig, Schreck.) ½ Rthl.

Bronikowski, Antonius (geb. Golejewko bei Rawitsch 29. 10. 1817): Animadversionum in Trachinias Sophocleam particulae duae. Vratislaviae (1842). (IV, 38 S.) 8°
Breslau, Phil. Diss. v. 29. Juli 1842

v. Bronikowski: Specimen versionis Polonae operum Platonis I. Spec. II. continens librum primum Reipublicae. 22 S. Spec. III. cont. libr. secundum Reipublicae 20 S. cf. Progr. 1866.
Progr. Ostvowo 1860/62/64.

Bronikowski, G. F., Franciska das Poln. Heldenmädchen. Ein histor. Roman a. d. neuesten Zeiten d. Revolution. 2 Thle. 8. (26½ B.) Celle 831, Schulze.

Bronikowski, W., Leo der blutende Kosak, od.: Constanze u. Cesara, die Liebenden auf d. Todtenbahre. Novelle a. d. letzt. poln. Aufstande im J. 1831. 8. (12 B.) Nordhausen 834, Fürst.
(Vgl. Bronikowsky, W.)

Bronikowski, Xav., meine Auswanderung v. Warschau bis Dresden. 8. (6¼ B.) Paris 832, Heideloff u. Campe.

Bronikowski, Xaw., Grammatyka języka polskiego podlug nowego ukladu. gr. 12. (250 S.) Paryż 818. * 1 Thlr. 10 Ngr. und neue Ausg. 8. (240 S.) Leipzig 850, Michelsen. *

Bronikowski, Xaw., Grammatyka języka Polskiego podlug nowego układu. (Neue Titel-Ausg.) 8. (240 S.) Leipzig (847) 851, Michelsen. n. 1 Rthl.

—— Poln. Miscellen. Nr. I. 8. (11 B.) Nürnberg 832, Campe.

Bronikowsky, W., der blutende Kosak, oder: Constanze u. Cesara, die Liebenden auf d. Todtenbahre. Novelle aus d. letzten poln. Aufstande im J. 1831. 8. Nordhaus. 834. Fürst. 1 Rthl.
(Vgl. Bronikowski, W.)

Bronis, P., die slavischen Familiennamen in der Niederlausitz. 8. (31 S.) Bautzen 867, Schmaler und Pech. *

Bronisch, Rettung aus Wassersnoth. Vier Rettungsseile für Ueberschwemmte. gr. 8. (24 S.) Schweidnitz 883, Heege. *

Der ganze Christus – ganze Christen! Predigt über Ev. Johannis 12, 20—26, geh. 1907 zu Dortmund von Pfarrer Dr. Gotthelf Bronisch. Cottbus: Carlson 1907. (16 S.) 8° [Umschlagt. F.] [07. 10733

Kassubische Dialectstudien. M. ... Subvention e. ... Prov.-Comm. z. Verwaltg d. westpreuss. Prov.-Museen unternommen u. hrsg. v. Gotthelf Bronisch. H. 1. 2. *Leipzig: O. Harrassowitz 1896—98.* 2 Bde 8.
1. Die Sprache der Bêlöcê. Nebst Anh.: Einige L-Dialecte. 1896. (SA. a. d. Archiv f. slav. Philologie. Bd XVIII, S. 321—408.) (VI, 88 S.)
2. Texte in d. Sprache d. Bêlöcê. Nebst Anh.: Proben aus einigen L-Dialecten. 1898. (VI, 73 S.) [98. 2594

Bronisch, u. F. Lubrich, Feierstunden auf Paul Gerhardts Zionsharfe. 1. Vorwort u. liturg. Entwurf zu Paul Gerhardt-Feiern im Jubiläumsj. (1907), v. B. — 2. Sechs Entwürfe zu musikalisch-kirchl. Paul Gerhardt-Feiern, v. L. (14 S.) Lex. 8. Leipzig (907). C. Glaser. — 40

Bronisch, Gotthelf, ist Jesus auferstanden?, s.: Lehr u. Wehr für's deutsche Volk. 16. Heft.

Bronisch, Gotthelf *Matthias:* Die oskischen i- und e-Vocale. E. statist.-descriptive u. sprachgeschichtlich-vergleichende Untersuchg ... (Gekr. Preisschr.) Leipzig, Druck v. W. Drugulin, *1892;* VI, 3—193 S., 1 Bl. 8.
Leipzig, Phil. Fak., Inaug.-Diss. v. [2. Sept.] 1892

Bronisch, Ghelf., die oskischen i- u. e-Vocale. Eine statistisch-descriptive u. sprachgeschichtlich-vergleich. Untersuchg. gr. 8. (195 S.) Leipzig 892. O. Harrassowitz. n. 6. —

— Reich u. Arm. Predigt üb. Luc. 14, 19 ff., am 1. Sonntag nach Trinitatis 1892 geh. in der Dreifaltigkeitskirche zu Neusalz a. O. gr. 8. (8 S.) Ebd. 893. n. — 30

Bronisch, P., Geschichte v. Neusalz a. d. Oder. Zur Feier des 150jähr. Stadtjubiläums am 20. Aug. des J. 1893 bearb. im Auftrage des Magistrats. gr. 8. (III, 140 S. m. 2 Fksms. u. 5 Taf.) Neusalz a/O. 893. (J. Pröbster.) Geb. in Leinw. n. n. 2. 50

Achtzig Konfirmanden-Stunden. Auf Veranl. d. Konvents d. Diöz. Freystadt i. Schl. bearb. v. Kgl. Superint. [P.] Bronisch, Oberpfarrer Beleites u. Pastor Lüttke. *Berlin: Christl. Zeitschriftenver. 1896.* (30 S.) 1 Bd 8. [96. 5114

Bronisch, P. Das neutrale Possessivpronomen bei Shakespeare. Diss. Greifswald 1878. 53 S.

Bronisch, Paul, Dr.: Die slavischen Ortsnamen in Holstein und im Fürstentume Lübeck. (1.) *Sonderburg 1901: C. F. la Motte.* (S. 3—14.) 4° [F.]
Sonderburg, k. R m. lat. Neben-Unt., OP 1901 (323)

Bronisch, Paul, Dr.: Die slavischen Ortsnamen in Holstein und im Fürstentum Lübeck. 2. *Sonderburg 1902: C. F. la Motte.* (10 S.) 4° [F.] ¶[Forts. d. P-Beil. 1901.]
Sonderburg, k. R m. lat. Neben-Unt., OP 1902 (330)

Bronisch, Paul, Prof. Dr.: Die slavischen Ortsnamen in Holstein und im Fürstentum Lübeck. 3. *Sonderburg 1903: Sonderburger Zeitung.* (17 S.) 4° [F.] ¶[Forts. u. Schluß d. P-Beil. 1901. 1902.]
Sonderburg, k. R m. lat. Neben-Unt., OP 1903 (345)

Bronk, Leo [pr. Arzt aus Westpreussen]: Über Prolapsoperationen m. bes. Berücks. d. Fritsch'schen Methode ... Greifswald, Druck v. J. Abel, 1893; 26 S. 8.
Greifswald, Med. Fak., Inaug.-Diss. v. 19. Mai 1893

Bronk, O. v., neue Erscheinungen auf d. Gebiete der Physik, s.: Clausen, Fr.

Bronn, Heinrich Georg

—— und J. J. Kaup, Abhandlungen üb. d. Gavial-artigen Reptilien d. Lias-Formation. M. IV lith. Taf. (9 Bl. Imp.-Fol.) u. 1 Vign. Roy.-Fol. (9½ B.) Stuttgart 841, Schweizerbart's Vrlsh. *

—— u. J. J. Kaupp, Abhandlungen üb. d. gavialartigen Reptilien der Lias-Formation. Nachtrag. Untersuchung zweier neuen Mystriosaurus-Skelette aus den württemberger Lias-Schiefern, v. H. G. Bronn. (1843.) Roy.-Fol. (3 B. u. 2. Stnt.) Stuttgart 844, Schweizerbart'sche Buchh. *
Das Hauptwerk Ebendas. 1842. * 3 Thlr. 5 Ngr.

Bronn, Heinr. Geo., gedrängte Anleitung z. Sammeln, Zubereiten u. Verpacken v. Thieren, Pflanzen u. Mineralien f. naturhistor. Museen, bearb. f. reisende u. fernländ. Sammler. 12. (4 B.) Heidelberg 838, Winter.

Bronn, H. G., **Beiträge** zur triasischen Fauna und Flora der bituminösen Schiefer von Raibl, nebst Anhang über die Kurr'sche Sippe Chiropteris aus dem Lettenkohlen-Sandsteine. Mit 10 (lith.) Taf. Abbildgn. (in 8., 4. u. Fol.) Stuttgart 858. Schweizerbart. gr. 8. (63 S.) n. 1 ℛ

— allgemeine Einleitung in die Naturgeschichte, s. a. Volks-Naturgeschichte der drei Reiche.

— allgemeine **Einleitung** in die Naturgeschichte. Mit 1 Lithogr. und 1 (lith. meteorologischen) Karte (in 4.). Stuttgart 853. J. B. Müller. (Leipzig, C. F. Winter.) 8. (1 Bl., IV, 140 S.) 15 Ngr

— — Die Entwickelung der organischen Schöpfung. Auszugsweise vorgetragen bei der 34. Versammlung der deutschen Naturforscher und Aerzte, im September 1858 zu Karlsruhe. Stuttgart. 1858. 8.

Bronn, Heinr. G., **Ergebnisse** meiner naturhistor.-ökonom. Reisen. 2. Thl. Skizzen u. Ausarbeitn. üb. Italien. Nach e. zweyten Besuche im J. 1827 entworfen. M. 4 Stnt. 8. (44 B. u. 3 B. Tab. in Fol.) Heidelberg 832, Groos.
1. Thl. a. u. d. T.: Briefe a. d. Schweiz, Italien u. Südfrankreich im Sommer 1824. M. 8 Stnt. Ebendas. 1826. 8 Thlr. 16 Gr.

— über d. **Fabrikation** d. Florentiner Strohhüte u. Vergleichung ders. mit d. Strohhut-Fabrikation im Auslande. gr. 8. (5 B. u. 1 Stnt.) Heidelberg 831, Groos.

Bronn, *Heinrich Georg*, Professor in Heidelberg, Ziegelhausen bei Heidelberg 3. März 1800, † Heidelberg 5. Juli 1862.
— De formis plantarum leguminosarum primitivis et derivatis. Heidelbergae, Groos. 1822. 8. 140 p., 1 tab. (2/3 *th.*)

— **Gaea** Heidelbergensis, od. mineralog. Beschreib. d. Gegend v. Heidelberg. M. 1 petrograph. Karte. gr. 12. (10½ B.) Heidelberg 830, Groos.

Bronn, H(einr.) G(eo.), **Geschichte** der Natur, s. Naturgeschichte der drei Reiche.

— Handbuch einer Geschichte der Natur. 1. Bd. Einleitung. — 1. Thl.: Kosmisches Leben. — 2. Thl.: Tellurisches Leben. Mit 6 Taf. u. 23 eingedr. Holzschn. — A. u. d. T.: Naturgeschichte d. drei Reiche 2c. 13. Bd. gr. 8. Ebd. 841, 42. 2 ℛ — 2. Bd, 3. Thl.: Organisches Leben. — Ergebnisse hauptsächlich aus der lebenden Welt über Entwickelung, Verbreitung und Untergang der früheren Bevölkerungen der Erde. A. u. d. T.: Naturgeschichte der drei Reiche 2c. 14. Bd. Mit 1 Tafel. gr. 8. Ebend. 843. 3 ℛ — Vergl. Naturgeschichte der drei Reiche.

Bronn, H.G. (Hrsg.), s. **Jahrbuch** für Mineralogie, Geognosie, Geologie und Petrefaktenkunde.

Bronn, Heinr. Georg, neues Jahrbuch f. Mineralogie, s. Jahrbuch.

— s. **Jahrbücher** f. Mineralogie.

Bronn, Heinr. Georg, Index palaeontologicus od. Übersicht der bis jetzt bekannten fossilen Organismen, unter Mitwirkg. der HH. H. R. **Göppert** u. **Herm. v. Meyer** bearb. 1. Abth. A. Nomenclator palaeontologicus, in alphabet. Ordnung. (Aus Bronn's Geschichte d. Natur abgedr.) gr. 8. (LXXXIV u. 1381 S.) Stuttgart 849, Schweizerbart. (In 2 Hlftn. 1: 3 ℛ 24 Ngr 2: 3 ℛ) 6 ℛ 24 Ngr — 2. Abth. B. Enumerator palaeontologicus: Systematische Zusammenstellung u. geolog. Entwickelungs-Gesetze der organ. Reiche. gr. 8. (980 S.) Ebd. 849. 5 ℛ 24 Ngr (cplt. 12 ℛ 18 Ngr)

— — Index palaeontologicus, oder Uebersicht der bis jetzt bekannten Organismen, bearbeitet unter Mitwirkung der Herren H. R. Göppert und Herm. von Meyer. A. Nomenclator palaeontologicus in alphabetischer Ordnung. 2 Vol. Stuttgart. 1848. 8. (Bilden die 1. und 2. Hälfte der 1. Abtheil. des 3. Vol. von Bronn's Handbuch der Geschichte der Natur.) B. Enumerator palaeontologicus. Systematische Zusammenstellung und geologische Entwicklungsgesetze der organischen Reiche. 1 Vol. Stuttgart. 1849. 8. (Bildet die 2. Abtheilung des 3. Vol. von Bronn's Handbuch der Geschichte der Natur.)

Bronn, H. G., die Klassen und Ordnungen des Thierreichs, wissenschaftlich dargestellt in Wort und Bild. Mit auf Stein gezeichn. Abbildgn. Leipzig 859 C. F. Winter. Lex.-8.
1. Bd. Die Klassen und Ordnungen der formlosen Thiere (Amorphozoa). In 4 Liefgn. (XVI, 149 S. u. 12 lith. Taf. mit 12 Bl. Erklärungen.) n. 2 ℛ

Bronn's, H. G., Klassen u. Ordnungen d. Thier-Reichs, wissenschaftlich dargestellt in Wort u. Bild. Mit auf Stein gezeichneten Abbildungen. 1. Bd. Protozoa. Neu bearb. v. O. **Bütschli**. 1—7. Lfg. gr. 8. (S. 1—224.) Leipzig 880. 81. C. F. Winter. à n. 1.50

Bronn's, H. G., Klassen u. Ordnungen d. Thierreichs, wissenschaftlich dargestellt in Wort u. Bild. Mit auf Stein gezeichneten Abbildgn. 1. Bd. Protozoa. Neu bearb. u. O. **Bütschli**. 8.—64. (Schluss-)Lfg. gr. 8. (XXV u. S. 225—2035.) Leipzig 882—889. C. F. Winter. à n. 1. 50 (3 Bde. cart.: n. 100. —)
Abth. I. Sarkodina u. Sporozoa. (XVIII u. S. 1—616 u. Taf. 1—38 m. Erklärgn.) cart. n. 30. —
II. Mastigophora. (VI, S. 617—1097 u. Taf. 39—55 m. Erklärgn.) cart. n. 25. —
III. Infusoria u. System der Radiolaria. (VII u. S. 1098—2035 u. Taf. 56—79 m. Erklärgn.) cart. n. 45. —

— — 2. Bd. Strahlenthiere: Actinozoa. In 13 Liefgn. (434 S. u. 49 lith. Taf. m. 49 Bl. Erklärungen.) 1860.

— — 2. Bd. Porifera. Neu bearb. v. G. C. J. **Vosmaer**. 1. Lfg. gr. 8. (328.) Ebend. 882. n. 1. 50

Bronn's, H. G., Klassen u. Ordnungen d. Thier-Reichs, wissenschaftlich dargestellt in Wort und Bild. 2. Bd. Porifera. Neu bearb. v. G. C. J. **Vosmaer**. Mit auf Stein gezeichneten Abbildgn. 2—11. Lfg. Lex.-8. (S. 33—368.) Leipzig 883—85. C. F. Winter. à n. 1. 50

— dasselbe. 2. Bd. [I.] Spongien [Porifera]. Neu bearb. v. G. C. J. **Vosmaer**. 12.—16. (Schluss-)Lfg. gr. 8. (XII u. S. 369—496 m. 9 Bl. Erklärgn.) Ebd. 887. à n. 1. 50 (cplt. cart.: n. 25. —)

— dasselbe. 2. Bd. 2. Abth. Coelenterata [Hohlthiere] Bearb. v. Carl **Chun**. 1. Lfg. gr. 8. (48 S.) Ebd. 889. n. 1. 50

Bronn's, H. G., Klassen u. Ordnungen d. Thier-Reichs, wissenschaftlich dargestellt in Wort u. Bild. Mit auf Stein gezeichneten Abbildgn. 2. Bd. 2. Abth. Coelenterata [Hohlthiere]. Bearb. v. Carl **Chun**. 2.—10. Lfg. gr. 8. (1. Abschnitt. Allgemeine Naturgeschichte. IV u. S. 49—246 m. 4 Bl. Erklärgn. u. Textabbildgn.) Leipzig 891—894. C. F. Winter. à n. 1. 50

Bronn's, H. G, Klassen u. Ordnungen d. **Thierreichs**, wissenschaftl. dargest. in Wort u. Bild. M. auf Stein gezeichn. Abb. 2. Bd 2. Abth. Coelenterata [Hohlthiere]. Bearb. v. Carl **Chun**. 11.—17. Lfg. gr. 8. (S. 247—326 m. Textabbildgn. u. 14 Bl. Erklärgn.) Leipzig 896. 897. C. F. Winter. à n. 1. 50

Bronn's, H. G., Klassen u. Ordnungen d. Thier-Reichs, wissenschaftlich dargestellt in Wort u. Bild. Mit auf Stein gezeichneten Abbildgn. II. Bd. 2. Abth. Coelenterata (Hohlthiere). Bearb. v. Carl **Chun** u. L. **Will**. 18—21. Lfg. gr. 8. (S. 327—370 m. 4 Bl. Erklärgn.) Leipzig 902. C. F. Winter. à n. 1. 50

Bronn's, H. G., Klassen u. Ordnungen des Tier-Reichs, wissenschaftlich dargestellt in Wort u. Bild. Mit auf Stein gezeichneten Abbildgn. II. Bd. 2. Abtlg. Coelenterata (Hohltiere). Anthozoa. Bearb. v. O. **Carlgren**. 1.—3. Lfg. (S. 1—112.) Lex.-8 Leipzig 903. 906. C. F. Winter. à n. 1. 50

Bronn's, H. G., Klassen u. Ordnungen des Tier-Reichs, wissenschaftlich dargestellt in Wort u. Bild. II. Bd. 2. Abtlg. Coelenterata (Hohltiere). Anthozoa. Bearb. v. O. Carlgren. 4—6. Lfg. (S. 113—176.) Lex. 8. Leipzig 908. C. F. Winter. à 1. 50

— dasselbe. 2. Bd. 3. Abth. Echinodermen [Stachelhäuter]. Bearb. v. H. Ludwig. 1.—9. Lfg. gr. 8. (S. 1—240 m. 12 Bl. Erklärgn.) Ebd. 889. 890. à n. 1. 50

— dasselbe. 2. Bd. 3. Abth. Echinodermen [Stachelhäuter]. Bearb. v. H. Ludwig. 10.—16. Lfg. gr. 8. (1. Buch. Die Seewalzen. VII, 460 S. m. 5 Bl. Erklärgn.) Ebd. 891. 892. à n. 1. 50
(1. Buch kplt. kart.: n. 25. —)

Bronn's, H. G., Klassen u. Ordnungen d. Thier-Reichs, wissenschaftlich dargestellt in Wort u. Bild. Mit auf Stein gezeichneten Abbildungen. 2. Bd. 3. Abth. Echinodermen (Stachelhäuter). Bearb. v. H. Ludwig. 17. u. 18. Lfg. gr. 8. (S. 461—540.) Leipzig 894. C. F. Winter. à n. 1. 50

— dasselbe. 2. Bd. 3. Abth. Echinodermen (Stachelhäuter). Bearb. v. H. Ludwig. 19.—21. Lfg. gr. 8. (S. 541—620 m. Abb. u. 4 Bl. Erklärgn.) Ebd. 895. 896. à n. 1. 50

— dasselbe. II. Bd. 3 Abth. Echinodermen (Stachelhäuter). Begonnen v. Hub. Ludwig. Fortgesetzt von Otto Hamann. Experimentelle Biologie v. Hans Przibram. 22.—61. Lfg. gr. 8. (S. 621—1302 m. 35 Bl. Erklärgn.) Ebd. 899—902. à n. 1. 50

— dasselbe. II. Bd. 3. Abtlg. Echinodermen (Stachelhäuter). Begonnen v. Hub. Ludwig. Fortgesetzt v. Otto Hamann. Mit Beiträgen v. Max. Meissner u. Hans Przibram. IV. Buch. Die Seeigel Mit 18 Taf. u. 15 Fig. im Text. 62.—73. Lfg. (IV u. S. 1303—1558 m. 4 Taf. u. 10 Bl. Erklärgn.) Lex.-8. Ebd. 903 bis 906. à n. 1. 50

Bronn's, H. G., Klassen u. Ordnungen des Tier-Reichs, wissenschaftlich dargestellt in Wort u. Bild. II. Bd. 3. Abtlg. Echinodermen (Stachelhäuter). Begonnen v. Hub. Ludwig. Fortgesetzt v. Otto Hamann. 74—77 Lfg. (IV u. S. 1559—1602 m. 5 Bl. Erklärgn.) Lex. 8. Leipzig 907. C. F. Winter à 1. 50

Bronn, H. G., die Klassen u. Ordnungen des Thier-Reichs wissenschaftlich dargestellt in Wort u. Bild. Fortgesetzt von Wilh. Keferstein. Mit auf Stein gez. Abbildgn. (u. Holzschn. im Text). 862–866.
3. Bd. Weichthiere: Malacozoa. 1—36. Liefg. (S. 1—1210 u. 100 lith. Taf. m. 100 Bl. Erklärungen.) n. 17 ₰ 24 ngr.
3. Bd.: Weichthiere: Malacozoa. 37—48. Liefg. (S. 1218—1500 u. 3 lith. Taff. mit 37 Bll. Erklärung.)

— dasselbe. 3. Bd. Mollusca (Weichthiere). Neu bearb. v. H. Simroth. 1.—14. Lfg. gr. 8. (S. 1—336 m. 14 Bl. Erklärgn.) Ebd. 892—894. à n. 1. 50

— dasselbe. 3. Bd. Molusca (Weichthiere). Neu bearb. v. H. Simroth. 15.—34. Lfg. gr. 8. (1. Abth. VIII u. S. 337—467 m. Abb. u. 8 Bl. Erklärgn. u. 2. Abth. 224 S. m. Abb. u. 9 Bl. Erklärgn.) Ebd. 894—898. à n. 1. 50

Bronn's, H. G., Klassen u. Ordnungen d. Thier-Reichs, wissenschaftlich dargestellt in Wort u. Bild. Mit auf Stein gezeichneten Abbildungen. III. Bd. Mollusca (Weichthiere). Neu bearb. v. H. Simroth. 35.—65. Lfg. gr. 8. (2. Abth. S. 225—600 m. 33 Bl. Erklärgn.) Leipzig 899—902. C. F. Winter. à n. 1. 50

— dasselbe. III. Bd. Mollusca (Weichtiere). Bearb. v. H. Simroth. 66.—89. Lfg. (S. 601—944 m. 20 Bl. Erklärgn.) Lex.-8. Ebd. 904—906. à n. 1. 50

— dasselbe. III. Bd. Mollusca (Weichtiere). Neu bearb. v. H. Simroth. 90.—112. Lfg. (2. Abtlg. VIII u. S. 945—1056 m. 1 Bl. Erklärgn. u. 3. Abtlg. S. 1—268 m. 15 Bl. Erklärgn.) Lex. 8. Ebd. 907—10. à 1. 50

— dasssetbe. III. Bd. 2. Abtlg. Fortgesetzt v. G. Neumann. 1—5. Lfg. (S. 1—80 m. Abbildgn., 8 Taf., 2 S. u. 5 Bl. Erklärgn.) Lex. 8. Ebd. 910. à 1. 50

Bronn's, HG, Klassen u. Ordngn d. Thier-Reichs, wissenschaftlich dargestellt in Wort u. Bild. 3. Bd. Suppl. Tunicata [Mantelthiere]. Bearb. v. O Seeliger. 1—5. Lfg. 8° (1—144 m. 6 L.) Lpzg 93—95, CF Winter. à 1.50

— dasselbe. 3. Bd. Suppl. Tunicata (Mantelthiere). Bearb. v. Osw. Seeliger. 4.—20. Lfg. gr. 8. (S. 97—320 m. Abb. u. 14 Bl. Erklärgn.) Ebd. 895—898. à n. 1. 50

— dasselbe. III. Bd. Suppl. Tunicata (Mantelthiere). Bearb. v. Osw. Seeliger. 21.—36. Lfg. gr. 8. (S. 321—560 m. 7 Bl. Erklärgn.) Ebd. 900—902. à n. 1. 50

— dasselbe. III. Bd. Suppl. Tunicata (Manteltiere). Bearb. v. Osw. Seeliger. 37.—67. Lfg. (S. 561—1040 m. 13 Bl. Erklärgn.) Lex.-8. Ebd. 903—905. à n. 1.50

— dasselbe. III. Bd. Suppl. Tunicata (Manteltiere). Begonnen v. Osw. Seeliger. Fortgesetzt v. R. Hartmeyer. 68—94. Lfg. (S. 1041—1680 m. 3 Bl. Erklärgn.) Ebd. 907—10. à 1. 50

Bronn's, HG, Klassen u. Ordngn d. Tier-Reichs, wissenschaftl. dargest. in Wort u. Bild. III. Bd, 109—138. Lfg; III. Bd, Suppl. 88—98. Lfg u. 2. Abtlg 4—9. Lfg; Lex8° Lpzg, CF Winter. die Lfg 1.50
III. Mollusca (Weichtiere). Bearb. v. H Simroth. 109—138. Lfg. (3. Abtlg: 241—640 m. Abb., 23 Taf. u. 20 Bl. Erklärgn.) '10—12.
Suppl. Tunicata (Manteltiere). Begonnen v. Osw. Seeliger, fortges. v. R Hartmeyer. 88—98. Lfg. (1489—1773) '10'11.
2. Abtlg. Fortgesetzt v. G Neumann. 4—9. Lfg. (49—112 m. Abb. u. 4 Taf.) '10'11.

—— dass. — 4. Bd.: Würmer: Vermes. Fortges. von A. Pagenstecher. 1.—6. Lfg. gr. 8. (S. 1—208 mit 5 Bl. Erklärungen.) Ebendas. 887,88. à Lfg. *ℳ 1.50. *

— dasselbe. 4. Bd. Würmer: Vermes. Fortgesetzt v. A. Pagenstecher u. M. Braun. 1.—14. Lfg. Lex.-8. (S. 1—448 m. 12 Bl. Erklärgn.) Ebd. 889—890. à n. 1. 50

— dasselbe. 4. Bd. Würmer: Vermes. Fortgesetzt v. M. Braun. 15.—37. Lfg. gr. 8. (V, III u. S. 449—1166 m. 22 Bl. Erklärgn.) Ebd. 890—894. à n. 1. 50

— dasselbe. 4. Bd. Würmer: Vermes. Fortgesetzt v. M. Braun. 38.—58. Lfg. gr. 8. (1. Abth. S. 1167—1614 m. 22 Bl. Erklärgn.) Ebd. 895—898. à n. 1. 50

— dasselbe. 4. Bd. Würmer: Vermes. Fortgesetzt v. M. Braun. 59—62. Lfg. gr. 8. (1. Abth. VII u. S. 1615—1731.) Ebd. 900. à n. 1. 50

— dasselbe. IV. Bd. Würmer (Vermes). Von M. Braun. Turbellaria. Bearb. v. L. v. Graff. 63.—74. Lfg. (1. Bd. S. 1733—1984 m. 5 Bl. Erklärgn.) Lex.-8. Ebd. 904. 905. à n. 1. 50

— dasselbe. IV. Bd. Vermes. Abth. I. c.: Turbellaria. Bearb. von L. v. Graff. Mit Beiträgen v. L. Böhmig u. Fr. v. Wagner. I. Abth. Acoela u. Rhabdocoelida. Mit Taf. I—XXX sowie 106 Textfig. 75—119. Lfg. (XXII u. S. 1985—2599 m. 25 Bl. Erklärgn.) Lex. 8. Ebd. 907. 912. à 1.50

— dasselbe. 4. Bd. Suppl. Nemertini (Schnurwürmer). Bearb. v. O. Bürger. 1.—13. Lfg gr. 8. (S. 1—240 m. Abb. u. 11 Bl. Erklärgn.) Ebd. 897. 898. à n. 1. 50

— dasselbe. 4. Bd. Suppl. Nemertini (Schnurwürmer). Bearb. v. O. Bürger. 14.—17. Lfg. gr. 8. (S. 241—288 m. Abbildgn. u. 4 Bl. Erklärgn.) Ebd. 899. à n. 1.50

— dasselbe IV. Bd. Suppl. Nemertini (Schnurwürmer). Bearb. v. Otto Bürger. 18.—26. Lfg. (S. 289—480 m. 6 Bl. Erklärgn.) Lex.-8. Ebd. 903—905. à n 1.50

— dasselbe. IV. Bd. Suppl. Nemertini (Schnurwürmer). Bearb. v. Otto Bürger. 27—29. (Schluss-)Lfg. (VIII u. S. 481—544 m. 1 Karte.) Lex. 8. Ebd. 907. à 1.50

Bronn, G. H., die Klassen und Ordnungen des Thier-Reichs wissenschaftlich dargestellt in Wort und Bild. Mit auf Stein gezeichn. Abbildungen. 5. Bd. Gliederfüssler: Arthropoda. Fortgesetzt von A. Gerstaecker. 1.—20. Lfg. Lex.-8. S. 1—992 mit eingedr. Holzschn., 22 Stnt. und 17 Bl. Erklärungen.) Leipzig 866—74, C. F. Winter'sche Verlagsh. à Lfg. * ℳ 1,50. *

Bronn's, H. G., Klassen und Ordnungen des Thier-Reichs, wissenschaftlich dargestellt in Wort und Bild. Mit auf Stein gezeichneten Abbild. 5. Bd.: Gliederfüssler: Arthropoda. Fortgesetzt von A. Gerstäcker. 21.—29. Lfg. Lex.-8. (S. 993—1320 mit 2 Stnt. und 10 Bl. Tafelerklär.) Leipzig 876—79, C. F. Winter'sche Verlagsh. à Lfg. * ℳ 1,50. *

—— dass. — 5. Bd. 2. Abthl.: Gliederfüssler: Arthropoda. Fortgesetzt von A. Gerstäcker. 1.—15. Lfg. gr. 8. (S. 1—416 mit 48 Stnt.) Ebendas. 881—84. à Lfg. * ℳ 1,50. *

— dasselbe. 5. Bd. 2. Abth. Gliederfüssler: Arthropoda. Fortgesetzt v. A. Gerstaecker. 11.—28. Lfg. gr. 8. (S. 305—800 m. 40 Bl. Erklärgn.) Ebd. 884—890. à n. 1.50

— dasselbe. 5. Bd. 2. Abth. Gliederfüssler: Arthropoda. Fortgesetzt v. A. Gerstaecker. 29.—40. Lfg. gr. 8. (S. 801—976 m. 28 Bl. Erklärgn.) Ebd. 891—894. à n. 1.50

— dasselbe. 5. Bd. 2. Abth. Gliederfüssler: Artropoda. Fortgesetzt v. A. E. Ortmann. 41.—52. Lfg. gr. 8. (S. 977—1168 m. 20 Bl Erklärgn.) Ebd. 895—898. à n. 1.50

— dasselbe. 5. Bd. 2. Abth. Gliederfüssler: Arthropoda. Fortgesetzt v. A. E. Ortmann. 53.—62. Lfg. gr. 8. (1169—1319 m. 12 Bl. Erklärgn.) Ebd. 899—901. à n. 1.50

— dasselbe. V. Bd. 2. Abth. Gliederfüssler: Arthropoda. Fortgesetzt v. C. Verhoeff. 63.—65. Lfg. gr. 8. (2. Abth. S. 1—42 m. 6 Bl. Erklärgn.) Ebd. 902. à n. 1.50

— dasselbe. V. Bd. 2. Abtlg. Gliederfüssler (Arthropoda). Fortgesetzt v. C. Verhoeff. 66.—77. Lfg. (2. Abtlg (S. 43—215 m. 11 Bl. Erklärgn.) Lex.-8. Ebd. 903 bis 906. à n. 1.50

— dasselbe. V. Bd. 2. Abtlg. Gliederfüssler: Arthropoda. Fortgesetzt v. K. Verhoeff. 78—82. Lfg. (2. Abtlg. S. 216—312 m. 3 Bl. Erklärgn.) Lex. 8. Ebd. 907. 08. à 1.50

Bronn's, H. G., Klassen u. Ordnungen d. Thier-Reichs, wissenschaftlich dargestellt in Wort u. Bild. 6. Bd. 1. Abth. Fische: Pisces. Fortgesetzt v. A. A. W. Hubrecht. 1. Lfg. gr. 8. (32 S. m. 3 Steintaf.) Leipzig 876. C. F. Winter. n. 1.50

Bronn's, H. G., Klassen u. Ordnungen d. Thier-Reichs, wissenschaftlich dargestellt in Wort u. Bild. Mit auf Stein gezeichneten Abbildungen. 6. Bd. 1. Abth. Fische: Pisces. Fortgesetzt v. A. A. W. Hubrecht. 2. u. 3. Lfg. gr. 8. (S. 33—88.) Leipzig 877. 78. C. F. Winter. à n. 1.50

—— dass. — 6. Bd. 1. Abthl.: Fische: Pisces. Fortges. von A. A. W. Hubrecht und M. Sagemehl. 4. Lfg. gr. 8. (S. 81—112 mit 2 Bl. Erklärungen.) Ebendas. 885. *

— dasselbe. VI. Bd. 1. Abth. Pisces (Fische). Bearb. v. Einar Lönnberg. 1.—8. Lfg. gr. 8. (S. 1—160 m. 6 Bl. Erklärgn.) Ebd. 901—902. à n. 1.50

— dasselbe. VI. Bd. 1. Abtlg. Pisces (Fische). Bearb. v. Einar Lönnberg. 9.—22. Lfg. (S. 161—836 m. 11 Bl. Erklärgn.) Lex.-8. Ebd. 903—906. à n. 1.50

— dasselbe. VI. Bd. 1. Abtlg. Pisces (Fische). Bearb. v. Gius. Favaro. 23—33. Lfg. (S. 337—518 m. 6 Bl. Erklärgn.) Lex. 8. Ebd. 908—10. à 1.50

—— dass. — 6. Bd. 2. Abthl.: Amphibien. Fortgesetzt von C. K. Hoffmann. 1.—7. Lfg. gr. 8. (S. 1—240 mit 13 Stnt.) Ebendas. 874. à Lfg. * ℳ 1,50. *

—— dass. — 6. Bd. 2. Abthl.: Amphibien. Fortgesetzt von C. K. Hoffmann. 8.—23. (Schluss-)Lfg. Lex.-8. (S. 241—724 mit 24 zum Theil farb. Stnt.) Ebendas. 875—78. à Lfg. * ℳ 1,50. *

—— dass. — 6. Bd. 3. Abthl.: Reptilien. Fortgesetzt von C. K. Hoffmann. 1.—4. Lfg. Lex.-8. (S. 1—112 mit 12 Bl. Tafelerklär.) Ebendas. 879. à Lfg. * ℳ 1,50. *

—— dass. — 6. Bd. 3. Abthl.: Reptilien. Fortgesetzt von C. K. Hoffmann. 5.—42. Lfg. gr. 8. (S. 113—1399 mit 95 Stnt.) Ebendas. 880—84. à Lfg. * ℳ 1,50. *

—— dass. — 6. Bd. 3. Abthl.: Reptilien. Fortges. von C. K. Hoffmann. 43.—62. Lfg. gr. 8. (S. 1400—1952 mit 37 Bl. Erklärungen.) Ebendas. 885—88. à Lfg. * ℳ 1.50. *

— dasselbe. 6. Bd. 3. Abth. Reptilien. Fortgesetzt v. C. K. Hoffmann. 56.—69. (Schluss-)Lfg. gr. 8. (S. 1777—2089 m. 30 Bl. Erklärgn.) Ebd. 887—890. à Lfg. n. 1.50 (In 3 Abtheilgn. cart.: n. 110.—)
Abth. I. Schildkröten. (S. 1—442 m. 1 Holzschn., Taf. 1—48 u. 48 Bl. Erklärgn.) n. 38.—
Abth. II. Eidechsen u. Wasserechsen. (S. 443—1399 m. 10 Holzschnitten, Taf. 49—107 u. 59 Bl. Erklärgn.) n. 40.—
„ III. Schlangen u. Entwicklungsgeschichte der Reptilien. (S. 1401—2089 m. 11 Holzschn., Taf. 108—152 u. 45 Bl. Erklärgn.) n. 42.—

—— dass. — 6. Bd. 4. Abthl. Vögel: Aves. Fortgesetzt von Emil Selenka. 1.—6. Lfg. gr. 8. (S. 1—144 mit 24 Stnt., theils color., in gr. 8. und qu. 4. mit 24 Bl. Erklärungen.) Ebendas. 869,70. à Lfg. * ℳ 1,50. *

—— dass. — 6. Bd. 4. Abthl.: Vögel: Aves. Fortgesetzt von Hans Gadow. 7.—9. Lfg. gr. 8. (S. 89—176 mit 5 Chromolithogr.) Ebendas. 884. à Lfg. * ℳ 1,50. *

—— dass. — 6. Bd. 4. Abthl.: Vögel: Aves. Fortges. von Hans Gadow. 10.—22. Lfg. gr. 8. (S. 177—512 mit 18 Bl. Erklärungen.) Ebendas. 885—88. à Lfg. * ℳ 1.50. *

Bronn's, H. G., Klassen u. Ordnungen d. Thierreichs, wissenschaftlich dargestellt in Wort u. Bild. Mit auf Stein gezeichneten Abbildgn. 6. Bd. 4. Abth. Vögel: Aves. Fortgesetzt von Hans Gadow. 16.—34. Lfg. gr. 8. (S. 321—832 m. 21 Bl. Erklärgn.) Leipzig 887—890. C. F. Winter. à n. 1.50

— dasselbe. 6. Bd. 4. Abth. Vögel: Aves. Fortgesetzt v. Hans Gadow u. Emil Selenka. 35.—49. Lfg. gr. 8. (1., anatom. Thl. III u. S. 833—1008 m. 7 Bl. Erklärgn. u. 2., systemat. Thl. VII u. S. 1—304.) Ebd. 890—893. à n. 1.50
(1., anatomischer Theil: n. 63.—)

—— dass. — 6. Bd. 5. Abthl. Säugethiere: Mammalia. Fortgesetzt von C. G. Giebel. 1.—8. Lfg. (S. 1—144 mit 29 Stnt.) Ebendas. 874. à Lfg. * ℳ 1,50. *
1.—3. Bd. und 5. Bd., 1.—5. Lfg. Ebendas. 1859—67. * ℳ 103,90.

—— dass. — 6. Bd. 5. Abthl.: Säugethiere: Mammalia. Fortgesetzt von C. G. Giebel. 9.—25. Lfg. Lex.-8. (S. 145—544 mit 15 Stnt. und 16 Bl. Tafelerklär.) Ebendas. 876—79. à Lfg. * ℳ 1,50. *
1.—3. Bd., 5. Bd. 1.—20. Lfg., 6. Bd. 2. Abthl. 1.—7. Lfg., 4. Abthl. 1.—6. Lfg. und 5. Abthl. 1.—8. Lfg. Ebendas. 1857—74. * ℳ 157,90.

—— dass. — 6. Bd. 5. Abthl.: Säugethiere: Mammalia. Fortgesetzt von C. G. Giebel. 26. und 27. Lfg. gr. 8. (S. 545—592 mit 6 Stnt.) Ebendas. 883,84. à Lfg. *ℳ 1,50. *

—— dass. — 6. Bd. 5. Abthl.: Säugethiere: Mammalia. Fortges. von W. Leche. 28.—31. Lfg. gr. 8. (S. 593—688 mit 5 Bl. Erklärungen.) Ebendas. 885—88. à Lfg. *ℳ 1.50. *

— dasselbe. 6. Bd. 5. Abth. Säugethiere: Mammalia. Fortgesetzt v. W. Leche. 29.—34. Lfg. Lex.-8. (S. 625—780 m. 7 Bl. Erklärgn.) Ebd. 887—889. à n. 1. 50

— dasselbe. 6. Bd. 5. Abth. Säugethiere: Mammalia. Fortgesetzt v. W. Leche. 35.—41. Lfg. gr. 8. (S. 721—864 m. 6 Bl. Erklärgn.) Ebd. 890—893. à n. 1. 50

— dasselbe. 6. Bd. 5. Abth. Säugethiere: Mammalia. Fortgesetzt v. W. Leche. 42.—53. Lfg. gr. 8. (S. 865—1072 m. Abb. u. 8 Bl. Erklärgn.) Ebd. 895—898. à n. 1. 50

— dasselbe. VI. Bd. 5. Abth. Säugethiere: Mammalia. Fortgesetzt v. W. Leche. 54.—64. Lfg. gr. 8. (S. 1073—1218 m. 10 Bl. Erklärgn.) Ebd. 899—902. à n. 1. 50

— dasselbe. VI. Bd. 5. Abtlg. Säugetiere (Mammalia). Bearb. v. W. Leche. Fortgesetzt v. E. Göppert. 65. bis 75. Lfg. (S. 1219—1380 m. 9 Bl. Erklärgn.) Lex.-8. Ebd. 905. 906. à n. 1. 50

Bronn, Heinr. Geo., paläontologische Collectaneen, hauptsächlich als beliebiges Ergänzungs-Heft zum neuen Jahrbuch f. Mineralogie, Geologie, Geognosie u. Petrefakten-Kunde, Jahrg. 1840—1843, dienend. gr. 8. (10 B.) Stuttgart 843, Schweizerbart'sche Buchh. *

—— Lethaea geognostica, od. Abbildn. u. Beschreibn. der f. d. Gebirgs-Formationen bezeichnendsten Versteinerungen. 2 Bde. (10 Lfg.) 1. u. 2. Aufl. gr. 8. (87¼ B. u. 47 Kpfrt., Imp. 4.) Stuttgart 834—38, Schweizerbart's Vrlsh. à *

Bronn, Hnr. Geo., Laethaea geognostica, oder Abbildung und Beschreibung der für die Gebirgs-Formationen bezeichneten Versteinerungen. 10 Lfrgg. (2 Bde.) Mit 47 Taf. u. 2 Tabellen. gr. 8. Stuttg. 834—38. 2e Aufl. 2 Bde. 836—39. Schweizerbarts Buchh. n. 14⅙ ℛ

—— Lethaea geognostica oder Abbildungen und Beschreibungen der für die Gebirgsformationen bezeichnendsten Versteinerungen. Stuttgart, Schweizerbart. 1835—38. 8. 2 Bände. — I: 1835—37. p. 1—768 — II: 1838. p. 769—1346, 48 tab. 4. (14⅓ th.) — * Dritte stark vermehrte Auflage, bearbeitet von H. G. Bronn und Ferdinand Roemer. 3 Bände. ib. 1851—56. 8. xii, 788, viii, 412, viii, 1130 p. und Atlas in 4. 63 tab. und Text. (43 th.)

—— Lethaea geognostica od. Abbild. u. Beschreibung der f. die Gebirgs-Formationen bezeichnendsten Versteinerungen. 3. Aufl. 1. u. 2. Lfg. Fol. (1 B. Text u. 20 Taf. Abbild.) Stuttgart 846, Schweizerbart'sche Buchh. à *

— dies. 3. stark verm. Aufl. bearb. v. H. G. Bronn u. F. Roemer. (Text.) 1—4. Lfg. gr. 8. (196 u. 571 S. 5. Bd. S. 1—412.) Ebd. 851. 52. 1: n. 1 ℛ 6 ngl 2: n. ⁵/₆ ℛ 3: n. 3 ℛ 4: n. 3 ℛ 3 ngl (Abbildgn. 1—4. m. Suppl. 1. Text 1—4.: n. 16 ℛ 23 ngl)

—— Lethaea geognostica oder Abbildung und Beschreibung der für die Gebirgs-Formationen bezeichnendsten Versteinerungen. 3., verm. Aufl. bearb. von H. G. Bronn und F. Roemer. (Text:) 4—12. Lfg. gr. 8. (1. Bd. S. 73—109. 2. Bd. XXXIV und S. 1—788. 5. Bd. S. 1—412 und 6. Bd. S. 1—1130 und Register S. 109—204.) Stuttgart 852—56, Schweizerbart'sche Vrlgsh. *

—— dass. — 3. Aufl. (Atlas:) 1—7. Suppl.-Lfg. Fol. (77 Stnt., wovon 1 ill. und 123 Bl. Erklärungen. Ebds. 852—56.
Der Preis der in 3. Aufl. erschienenen Lfgn.: Text 1—12. und Atlas 1—7. mit Supplem. 1—7. Lfg. (Compl.) ist * 43 Thlr. —

— zur angewandten Naturgeschichte u. Philosophie. Ein Leitfaden f. academ. Vorlesungen. gr. 8. Heidelb. 824. Groos. 20 gl

—— morphologische Studien über die Gestaltungs-Gesetze der Naturkörper überhaupt und der organischen insbesondere. Gebildeten Freunden allgemeiner Einblicke in die Schöpfungs-Pläne der Natur gewidmet. gr. 8. (IX und 481 S. mit 449 eingedr. Holzschn.) Leipzig 858, C. F. Winter'sche Verlagsh. *

— — Ueber den Stufengang des organischen Lebens von den Inselfelsen des Oceans an bis auf die Festländer. Rede zum Geburtsfeste des höchstseel. Grossh. Karl Friedrich von Baden. Heidelberg. 1859. 8.

—— über den Stufengang des organischen Lebens von den Insel-Felsen des Ozeans bis auf die Festländer. Eine Fest-Rede, mit erläuternden Beilagen. gr. 8. (31 S.) Stuttgart 860, Schweizerbart'sche Verlagsh. *

Bronn H. G.: System d. urweltlichen Konchylien durch Diagnose, Analyse u. Abbildung d. Geschlechter erläutert. Heidelb. 1824. 56 S. 7 Tvl. Fol. Mohr

— System d. urweltl. Pflanzenthiere, durch Diagnose, Analyse u. Abbild. d. Geschlechter erläutert. Mit 7 Steint. Fol. Heidelb. 825. Mohr. 1 ℛ 20 gl

Bronn, H. G. Testudo antiqua, eine im Südwasser-Gypse von Hohenhöwen untergegangene Art. (Aus d. Act. Ac. Nat. Cur.) Bonn. 1830. 4.

— Uebersicht d. fossilen Ueberreste in d. tertiären Subapenninischen Gebirgen, mit Bemerkk. üb. Italiens Tertiär-Gebilde aus deren organ. Einflüssen gefolgert. 4 Abhandll., mit 1 Steint. u. 6 Tabb. gr. 8. Heidelb. 831. Groos. 1 ℛ 8 gl
Besonderer Abdr. a. dess. „Ergebnisse mein. etc. Reisen, 2. Thl."

—— Untersuchungen über die Entwickelungs-Gesetze der organischen Welt während der Bildungs-Zeit unserer Erd-Oberfläche. Eine von der französ. Akademie im J. 1857 gekrönte Preisschrift, mit ihrer Erlaubniss deutsch hrsg. gr. 8. (X und 502 S.) Stuttgart 858, Schweizerbart'sche Verlagsh. *

— allgemeine Zoologie. [Aus der „Neuen Encyklopädie f. Wissenschaften u. Künste" Bd. III. abgedr.] Lex. 8. (VI u. 512 S.) Stuttgart 850, Franckh. 2 ℛ 6 ngl

Bronn, H. G.: „Ueber Zweck und Einrichtung landwirthschaftlicher Vereine überhaupt und mit besonderer Beziehung auf Baden", Heidelberg 1830 (Winter).

Bronn, J., verflüssigtes Ammoniak als Lösungsmittel. Materialien üb. die chem. Eigenschaften des verflüssigten Ammoniakgases. (XII, 252 S. m. Fig.) 8. Berlin 905. J. Springer. Geb. in Leinw. n. 6.—

Der elektrische Ofen im Dienste der keramischen Gewerbe und der Glas- und Quarzglaserzeugung unter Berücks. d. neueren wichtigeren Forschungen auf diesen Gebieten. Von J. Bronn. Mit 198 Abb. u. 2 Taf. Halle a. S.: Knapp 1910. XIII, 360 S. 8°
(Monographien über angewandte Elektrochemie. Bd 34.) [10. 6842

BRONN, Valentin: Bemerkungen eines Badischen Forstmannes über die Forstschule zu Karlsruhe. - Karlsruhe 1832. 23 S.

Bronn, V., über d. Nothwendigkeit d. wissenschaftl. Ausbildung d. Forstmannes. Rede, gehalt. bei d. Eröffn. d. Forstschule in Karlsruhe, am 5. Nov. 1832. gr. 8. (2 B.) Karlsruhe, Braun.

Bronn W. Ueber die Singularitäten der Lissajous'schen Stimmgabelkurven. 1875. 8. Math. Diss. Erlangen

W. Bronn (W. Frhr. v. Puteani) für Kalobiotik, Kunst, d. Leben zu verschönern, als neu ausgestecktes Feld menschl. Strebens; Winke z. Erhöh. u. Veredlung des Lebensgenusses. *Wien*, Gerold in C. 835. gr 12° 16 gl 2e Lief., v. d. 1n unabhäng. u. zugl. Fortsetz. d. früh. *Eb.* 838. 12 gl

Bronn, Wlh., Kalobiotik, oder die Kunst, schön zu leben. Wissenschaftlich aufgefaßt. 16. Leipzig 844, Binder. (Bamberg.) ¼ ℛ

Broun, Wilh., Kalobiotik, oder die Kunst schön zu leben. Wissenschaftlich aufgefaßt. [2. unveränd. Aufl.] 16. (XVI, 195 S.) Prag 872, Silber und Schenk. *

Bronne, Adolf: Aus d. Univ.-Frauenkl. zu Strassburg. Über Verletzungen des Fötus. Strassburg i. E. 1910: Müh. 14 S. 8°
Straßburg, Med. Diss. v. 16. Juni 1910, Ref. Fehling
[Geb. 21. Okt. 84 Luppy; Wohnort: Straßburg: Staatsangeh.: Elsaß-Lothringen; Vorbildung: Gymn. Montigny Reife M. 04; Studium: Straßburg 10 S.; Coll. 6. Mai 10; Approb. 30. Nov. 09.] [U 10. 4038

Broennenberg, Ad., vaterl. Archiv f. hannov.-braunschw. Geschichte,
—— vaterl. Archiv d. histor. Vereins f. Niedersachsen, } f. Archiv.

Broennenberg, Adolph (Hrsg.), s. Beiträge, Urkundliche, zur Staats-und Rechts-Geschichte der Stadt Hannover.

Broennenberg, Ad., urkundliche Beiträge zur Staats- und Rechtsgeschichte der Stadt Hannover. (Besonderer Abdruck aus dem Vaterländischen Archive.) gr. 12. Hannover 842, Hahn'sche Hofbuchh. n. 7/12 ℛ

Brönnenberg, ..., s. 1) Archiv, vaterl. 2) Fr. von der Decken, Feldzüge d. Herzogs Georg Wilhelm.

Broennenberg, Adph., Sammlung zur hannoverisch-braunschweigischen Landesgeschichte. 1. Beitrag. Verden 854. Tressan. gr. 8. (VII, 68 S.) n. 12½ ngr

Broennenberg, Adph., Sammlung zur hannoverisch-braunschweigischen Landesgeschichte. 2. Beitrag. Verden 863. Tressan. gr. 8. (2 Bl., 55 S.) n. 12 ngr.

Bronnenkant, J., d. Macht d. Liebe, s.: Nimm u. lies.

Bronnenmeyer, J: Deutsch u. doch nicht Deutsch. Wegweiser z. internat. Hilfssprache Esperanto f. d. sprachl. Nichtgebildeten. (24) kl8° Mindelheim ('12). (Wiesb., G Quiel.) — 20

Bronner, Benno, der Gast im Kyffhäuser. Ein Märchen in zwölf Abenteuern. 8. (XVI, 238 S.) Münster 876, Russell's Verlag. *

Bronner, Benno, der Gast im Kyffhäuser. Eine Erzählung. 2. Aufl. 8. (XVI, 238 S.) Münster 880. Russell. 1. 50

—— der Jesuit. Novelle aus der Gegenwart in photograph. Blättern. 8. (III, 183 S.) Regensburg 873, Pustet.

—— Memoiren eines Todtenkopfes. 2 Bde. 8. (X, 274; XIV, 283 S.) Mainz 875, Kirchheim.

—— So geht's, wenn man keine Villa hat, s. Familien-Bibliothek.

Bronner, Benno, Herr v. Syllabus. Criminal-Novelle aus dem 19. Jahrh. 8. (205 S.) Mainz 873, Kirchheim.

Bronner, C., Hülfs-Tabellen f. Multiplication u. Division bei den Rechnungen des Verkehrslebens, nebst Anwendungs-Erläuterungen. gr. 8. (IV, 21 S.) Zürich 878. Orell, Füssli & Co. Verl. cart. n. 1. —

Bronner, Carl. Der Durchzug der Kaiserlichen im Jahre 1791 und die Neutralität Basels während des ersten Koalitionskrieges 1792—1799 (*d. i.* 1797). 160 S. 8.
Ausg. A: Diss. Phil. Basel von Karl Bronner. Basel, Buchdr. M. Werner-Riehm, 1903.
Ausg. B: Von Karl Bronner. Basel, Komm. Helbing und Lichtenhahn, 1903. [fr. 3. —]

Bronner, Carl, Classification der Traubenvarietäten. Im Auftrag der internationalen ampelograph. Commission nach seinen Sortimenten zusammengestellt. gr. 8. (19 S.) Heidelberg 878. C. Winter. n. — 60

Bronner, Karl: Ravenna. Seine Kunstdenkmäler und deren Stellung in der deutschen Kunstgeschichte. M. 22 Abb. nach Zeichngn d. Vfs. Mainz, Ph. v. Zabern's Druckerei, 1897; 43 S. 8.
Mainz, grossh. RG u. R, OP 1897 (671)

Bronner, Carl: Die Traubenfäule und ihre Folgen mit bes. Berücks. ihres epidemischen Charakters in der Gegend von Bozen nebst einer Zusammenstellung aller gegen dieselbe angewendeten Mittel. Innsbruck, Bozen & Meran: Pfaundler 1858. 53 S.

Bronner, Carl: Verzeichniss der in der Rebschule von Carl Bronner in Wiesloch befindlichen Wein- und Tafeltrauben. Wiesloch 1875: Zillig. 21 S.

—— Verzeichniss der Wurzelreben von Wein- und Tafeltrauben aus den Rebschulen von Carl Bronner in Wiesloch. 1877—1879. Von der internationalen ampelograph. Commission geprüft und richtig befunden. gr. 8. (à 29 S.) Ebendas. 877—79. à Jahrg. *

Bronner, Carl, Verzeichniss der Wurzelreben von Wein- und Tafeltrauben aus den Rebschulen von C. B. in Wiesloch. 1880—1884. Von der internationalen ampelograph. Commission geprüft und richtig befunden. gr. 8. (à 29 S.) Heidelberg, C. Winter's Universitäts-Buchh. à *

Bronner, Carl, Verzeichniss der Wurzel- und Blindreben von Wein- und Tafeltrauben aus den Rebschulen von C. B. in Wiesloch. 1885—1887. Von der internationalen ampelograph. Commission geprüft und richtig befunden. gr. 8. (à Jahrg. 16 S.) Heidelberg, C. Winter's Universitäts-Buchh. à Jahrg. *

Bronner, E., Cantate domino, s.: Vogeleis, M.

Bronner, Ferd., s. a. Adamus, Frz.

Bronner Ferdinand: Goethes Römische Elegien und ihre Quellen.
II. 1891 PN 678 **Diss.** Wien, Univ.

Bronner Dr. Ferd.: Gedanken über den Lehrplan der österr. Gymnasien und Realschulen. 93. Jägerndorf R. 97. **Progr.**

Bronner, Ferd. (Frz. Adamus), Jahrhundertwende. Ein Dramencyklus. Familie Wawroch. Ein österreich. Drama in 4 Akten. Mit e. Geleitwort von Ernst Frhrn. v. Wolzogen. 1. u. 2. Aufl. 8. (XI, 178 S.) München 899. 900. A. Langen. n. 2. —; geb. n. 3. —

— Jahrhundertwende. Dramencyklus. 2. Tl. Neues Leben. (175) 8° Wien, CW Stern '02. 2.50 (1 u. 2.: 4.50) d
*Der 1. Tl erschien u. d. Namen: **Adamus, F.***

Bronner, Ferd., Vaterland. Drama aus Tirols Heldenzeit. (Das Titelbild wurde m. Genehmigg. des Malers Albin Egger-Lienz dessen „Totentanz Anno 9" entnommen.) (83 S.) 8. Wien 911. C. Fromme. 2. —

Bronner, Ferd., aus Zeit u. Ewigkeit. Ein Liederbuch. 8. (80 S.) Leipzig 893. C. G. Naumann. n. 2. —

Bronner, Franz Josef

Bronner's, Frz. Jos., Aufgaben zum Unterrichte in den Realien. Geographie, Geschichte und Naturgeschichte. 1. und 2. Heft. 8. München, Kellerer's Hof-Buchh.; [* *M* 1.—.] *
Inhalt:
Heft 1. Für die Mittelklasse der bayer. Volksschulen bearb. [nach Maßgabe der bayer. Lehrpläne]. (76 S.) 886. * 40 Pf.; 2. Aufl. (77 S.) 887. * 30 Pf.

Bronner's, Frz. Jos., Aufgaben zum Unterrichte in den Realien ꝛc.
Heft 2. Für die Oberklasse der bayer. Volksschulen bearb. [nach Methode der bayer. Lehrpläne]. (139 S.) 887. * 60 Pf.

Bronner's, F. J., Aufgaben zum Unterrichte in den Realien. [Geographie, Geschichte u. Naturgeschichte.] 1. u. 2. Hft. 8. München, Kellerer. n. — 90

1. Für die Mittelklasse der bayer. Volksschulen bearb. [nach Maßgabe d. bayer. Lehrpläne]. 2. Aufl. (77 S.) 887. n. — 30
2. Für die Oberklasse der bayer. Volksschulen bearb. [nach Maßgabe der bayer. Lehrpläne]. 2. Aufl. (140 S.) 889. n. — 60

Bronner's, Frz. Jos., Aufgaben zum Unterricht in den Realien. (Geographie, Geschichte u. Naturkunde.) 2. Hft. Für die Oberklasse der bayer. Volksschulen bearb. [nach Maßgabe der bayer. Lehrpläne]. 3., verb. Aufl. 8. (IV, 140 S.) München 892. M. Kellerer. n. — 60

Bronner's, FJ, Aufgaben z. Unterrichte in d. Realien. (Heimatkunde, Geographie, Geschichte u. Naturkunde.) I. Lehrplan. (Schule unter 1 Lehrkraft.) Für d. Mittelklasse d. bayer. Volksschulen bearb. (nach Massgabe d. bayer. Lehrpläne, insonderh. d. oberbayer. Lehrordng). 8° (88) Münch. 94, M Kellerer. Kart. — 45 ‖ 2. Hft. (Geographie, Geschichte, Naturgeschichte, Naturlehre, Obstbaumzucht.) Für d. Oberklassen d. bayer. Volksschulen bearb. (113) 95. Kart. — 50

— dass. (Heimatkunde, Geographie, Geschichte u. Naturkunde.) II. Lehrplan. (Schule m. 2 od. 3 Lehrkräften.) 1. Hft. Für d. Mittelklasse d. bayer. Volksschulen bearb. (nach Massgabe d. bayer. Lehrpläne, insonderh. d. oberbayer. Lehrordng). 8° (102) Ebd. 94. ‖ 2. Hft. (Geographie, Geschichte, Naturgeschichte, Naturlehre, Obstbaumzucht.) Für d. Oberklassen d. bayer. Volksschulen bearb. (116 m. 1 Kartenskizze im Text.) 96. Kart. à — 50

— dasselbe. (Geographie, Geschichte u. Naturkunde.) Bearb. nach Maßgabe des Lehrplanes III f. 4- bis 7teil. Volksschulen. 1. u. 2. Hft. 8. Ebd. 894. Kart. à n. — 45

1. Hft. 4. Schulj. Geographie v. Bayern. Geschichte Bayerns. Beschreibung mehrerer Naturkörper. 3., umgearb. Aufl. (98 S.)
2. Hft. 5. Schulj. Geographie v. Deutschland u. Überblick üb. die Erde. Bilder aus der deutschen u. bayer. Geschichte. Beschreibung mehrerer Naturkörper. 3., umgearb. Aufl. (82 S.)

Bronner, FJ: Neuere Bestrebgn auf d. Gebiete d. Realienunterr. Vaterländ. Gesch. auf heimatkundl. Grundl. Klar- u. Darleggn z. Methodik d. Heimatkde. 8° (72) Münch. 97, M Kellerer. Kart. 1.20

— d. Georgiritt in Traunstein. Das feine G'spiel. Der Fluch. D. Schneerösslein. Beim Katzenmutterl. — Nur e. Lautenmacher, s.: Hochlandgeschichten, bayerische.

— Frlewige G'schicht'n aus dem Gebirg. 8. (III, 181 S.) München 894. Münchner Handelsdruckerei u. Verlagsanstalt M. Poeßl. Kart. n. 2. —

— Bayerisch' Land u. Volk (diesseits d. Rheins) in Wort u. Bild. E Buch zur Unterhaltg. u. Belehrg. f. jedermann, insbes. z. Weckg. der Vaterlandsliebe f. die Jugend. M. zahlr. Autotypien u. photograph. Aufn. u. Bildern v. Achleitner, Forster, A Hoffmann, E. Kaiser, M. Kellerer. 2 Tle. gr. 8. München 898. M. Kellerer. n. 5. —; geb. in 1 Halbleinw.-Bd. n. 5.80; in Halbfrz. n. 6.60

I. Südbayern. (VIII, 296 S. m. 1 Karte.) n. 3. —
II. Nordbayern. (VIII u. S. 297—499.) n. 2. —

Bronner, F. J., bayerisch' Land u. Volk (diesseits des Rheins) in Wort u. Bild. Ein Buch zur Unterhaltg. u. Belehrg. f. jedermann, insbesondere zur Weckg. der Vaterlandsliebe f. die Jugend. Mit 225 Autotypien nach photograph. Aufnahmen u. Bildern v. Achleitner, A. Hoffmann, M. Kellerer, Meyer-Kassel u. a. 150 zumeist Orig.-Aufsätze. 2. umgearb. u. verm. Aufl. 4.—10. Taus. (XII, 655 S.) gr. 8. München (903). M. Kellerer. Geb. in Leinw. n. 4. 85

Bronner, F. J., bayerisch Land u. Volk (diesseits u. jenseits des Rheins) in Wort u. Bild. Ein Buch zur Unterhaltg. u. Belehrg. f. jung u. alt. Mit 333 Illustr. nach photograph. Aufnahmen u. Bildern v. Achleitner, A. Hoffmann, Meyer-Kassel, Harry Schultz u. a. 191 zumeist Orig.-Aufsätze. 3. umgearb. u. verm. Aufl. 11—16. Taus. (XII, 807 S.) gr. 8. München (910). M. Kellerer. Geb. in Leinw. 6. —

— nur e. Lautenmacher, s.: Hochlandgeschichten, bayer.

Bronner, FJ, Parallelismus d. Flusssysteme Europas, Asiens, Afrikas u. Amerikas. Vergleichggn d. wichtigsten Ströme dieser Erdteile. 8. (64) Münch. 85, Kellerer's Hofbh. n. 1. –

— vier Perlen d. bayerischen Hochlandes: Oberammergau, Partenkirchen-Garmisch, Mittenwald, Walchensee. Skizzierte Natur- u. Lebensbilder aus den Bergen zwischen Isar u. Ammer. Mit Angabe der Zugänge nach Oberammergau, e. Anh.: Leichte Ausflüge u. bequeme Touren in die Umgegend genannter Orte, 1 Spezial-Kärtchen, 1 Lichtdr. u. 8 Illustr. nach photograph. Aufnahmen. 12. (VI, 82 S.) Leipzig 890. Amthor. cart. n. 2. —

— Der Pilgrim od. Sylvester in der Gebirgshütte, s.: Dilettantenbühne, katholische.

— Bayerisches Schelmen-Büchl. Aus d. Munde d. Volkes gesammelt u. allen Freunden deut. Volkshumors gewidmet. (Quellenschriften z. bayer. Volkskde.) (Ausg. A.) 165 Schwänke u. Schnurren üb. bayer. Ortsneckereien. 2 scherzhafte Plaudereien üb. Taufnamen-, Handwerker-, Standes- u. Berufsneckereien. (264 u. 4) gr8° Diess., JC Huber '11. L 4 — d

— dass. (Ausg. B.) 150 Schwänke u. Schnurren üb. bayer. Ortsneckereien. 2 scherzhafte Plaudereien üb. Taufnamen-, Handwerker-, Standes- u. Berufsneckereien. (Nebst e. Sammlg Ortsnecknamen m. Erklärg u. Ortsneckreime.) Rev. Ausg. (244) gr8° Ebd. '11. L 3 — d

— dass. (Ausg. C.) 150 Schwänke u. Schnurren üb. bayer. Ortsneckereien. Rev. Ausg. (166 u. 4) 8° Ebd. '11. 2 — d

Von deutscher Sitt' und Art. Volkssitten u. Volksbräuche in Bayern u. d. angrenzenden Gebieten. ⟨Im Kreislauf d. Jahres dargest.⟩ Mit e. Anh. über Friedhöfe u. Freskomalerei. Von F[ranz] J[osef] **Bronner**. Buchschmuck von Fritz Quidenus u. 11 Autotyp. München: M. Kellerer 1908. (VIII, 360 S.) 8° [F.] [08. 2282

Bronner, Frz. Jos., was Ingolstadt im Laufe der Zeiten erlebt hat. Kurze geschichtl. Heimatkunde v. Ingolstadt in 7 kulturgeschichtl. Bildern. gr. 8. (17 S.) Ingolstadt 900. C. Schröder. n. — 20

Bronner, Frz Jos.: Was Ingolstadt im Laufe d. Zeiten erlebt hat. Kurze geschichtl. Heimatkde v. Ingolstadt in 7 kulturgeschichtl. Bildern. (Neudruck.) (17) 8° Ingolst., C Schröder '11. nn — 25 d

— alte Zeit — alte Leut'. Drei Erzählgn. aus der Vergangenheit Bayerns. Für das Volk. 8. (112 S. m. 1 Titelbild in Lichtdr.) Straubing 891. Volks- u. Jugendschriften-Verl. 1. —

Bronner, Franz Xaver. Der Kanton Aargau, historisch, geographisch, statistisch geschildert. Beschreibung aller in demselben befindlichen Berge, Seen, Flüsse, Heilquellen, Städte, Flecken, Dörfer und Weiler, so wie der Schlösser, Burgen und Klöster.... Ein Hand- und Hausbuch.... [Umschlag illustriert.] 2 Bände. 8. St. Gallen und Bern 1844.

S.a. Historisch-geographisch-statistisches Gemalde der Schweiz. Band 16. Theil 1—2: Der Canton A'. 2 Halften.

Bronner, Frz. Xav., Anleitung, Archive u. Registraturen nach leichtfaßl. Grundsätzen einzurichten u. zu besorgen. gr. 8. (7 B.) Aarau 832, [Sauerländer, Brlsbuchh.]

BRONNER, Franz Xav. (chemal. Mönch, geb. 1758, † 1850, im 93. Lebensjahre), Fischergedichte Und Erzählungen. (Mit Gessner's Vorrede.) Zürich, bey Orell, Gessner, Füssli u. Comp. MDCCLXXXVII. (1787.) 174 S. 8°. (Auch in Berlin, Magistratsbibl., u. in Zürich. Stadtbibl.) (3 Mk. 50 Pfg. Südd. Antiqu., München, 1905.)

— Fischergedichte u. Erzähll., mit e. Vorr. v. Sal. Geßner. 8. Zürich 787. Orell. 8 gl. N. A. s. unt. Schriften. 3s Bdchen. Neue Fischergedichte, s. unt. Schriften. 1s, 2s Bdchen.

Frühere und neue Fischergedichte und Erzählungen. – Zürich, 1794, 3 Bde.

Vignette de titre par S. Gessner.

Bronner, Frz. Xav., Fundamentalabgaben, Grundzinsen und Zehenten geprüft. 8°. Zürich 1798.

—— abenteuerl. Geschichte Herzog Werners v. Urslingen, Anführers e. großen Räuberheeres in Italien, um d. Mitte d. 14. Jahrh. Nebst e. Uebersicht d. Gesch. d. Herzoge v. Urslingen am Schwarzwalde. Nach gleichzeit. Schriftstellern getreu geschildert. gr. 8. (20 B.) Aarau 828, [Sauerländer, Brlsbuchh.]

BRONNER, Der erste Krieg. In 60 metrischen (stellenweise anstössigen u. lüsternen) Dichtungen. 2 Bde. Mit 2 TKpfrn. u. 2 TVign. von J. Scheurmann. Aarau, bey Heinr. Remigius Sauerländer 1810. Gr. 8°. (3 fl. 36 xr. Eisenstein & Co., Wien, 1887.)

1: 2 Bll., VIII—396 S. 2: 2 Bll., 432 S. Lat. Lett. — Besonders freien Inhalts ist ein großer Theil des 2ten Bandes, u. a.: Naëma u. Athar. — Enos' Erzählung. — Naëma u. Jared. — Die Hochzeitfeste der Natur. — Haggith. (Ueppig.) — Die Versuchung.

— — Leben, von ihm selbst beschrieben. 3 Thle. Zürich 1795/97 Neue wohlfeile Ausgabe. 8. Edd. 1810, Orell. 3 Thlr. — 4 fl. 30 kr.

Bronner, Franz Xaver

Lustfahrt ins Idyllenland. Gemüthliche Erzählungen und neue Fischergedichte. Bdchn 1.2.
Aarau: Sauerländer 1833. 8°

Bronner, Frz. Xav., Lustfahrten ins Idyllenland. Gemüthliche Erzählungen u. neue Fischergedichte. 2 Bdchn. gr. 12. Aarau 833. Sauerländer. 2½ ß

Bronner, Fr. X. (Hrsg.), s. Minerva, Schweizerische.

Bronner, Frz Xav.: Ein Mönchsleben a. d. empfindsamen Zeit, hrsg. u. eingel. v. Osk. Lang, s: Memoiren-Bibliothek.

—— ausführl. Rechenbuch, sowohl d. Grundlehren mit ihren Beweisen, als deren mannigf. Anwend. in d. Geschäften d. Lebens umfass., mit vielen ganz neu bearb. Beispn. u. mit vergleich. Tafeln einheim. u. fremder Maße, Gewichte u. Münzen. gr. 8. (28¼ B.) Aarau 829, [Sauerländer, Brlsbuchh.]
weiß Pap.

BRONNER, Schriften. 3 Bdchn. Zürich, bey Orell, Gessner. Füssli u. Co. MDCCXCIV. (1794.) 8°. (Auch in Berlin, Magistratsbibl., u. in Oettingen, Fürstl. Bibl.) (7 Mk. 50 Pfg. Adolf Weigel, 1904.)

248, 310 u. 271 SS. (incl. Vorst.). Mit TVignetten (nach Gessner). Th. 1 u. 2 auch m. d. Titel: Neue Fischergedichte u. Erzaehlungen. (Meist in poet. Prosa.) In Th. 1 findet sich eine erot. Idylle: Wollust u. Liebe, S. 185—197. Auch in Th. 2 einige lüsterne Stücke: Wunsch, das kranke Knie, das Bad, die Beobachtungen etc. — Th. 3 hat auch d. Titel: Frühere Fischergedichte u. Erzaehlungen. Mit neuen Gedichten vermehrte u. durchaus verbess. Ausgabe. (Es gibt Ausgaben der 3 Thle. ohne Titelvignetten.)

— — Dasselbe. Mit 3 TKpfrn. von J. Blaschke (die zu 2 u. 3 pikant). Wien 1812. Bey B. Ph. Bauer. 8°. (Antiqu.-Preis ca. 10—12 Mk.)

Nachdruck. Ausser Vorst. 203, 238 u. 209 SS. Wegen der Kupfer gesuchte Ausgabe.

[Bronner, Franz Xaver, und Wanger, Andreas.] Kurze Uebersicht der einfachen Mineralien des Kantons Aargau. Njbl. Ges. für vaterl. Kultur Aargau. 8. Aarau 1819.

Bronner, F. X., kurze Uebersicht der einfachen Mineralien d. Cantons Aargau. gr. 8. Aarau, Sauerländer. 819.

Bronner, Friedr., der Barbier von Sevilla. Für das Volk bearb. 8. (64 S.) Reutlingen 876, Fleischhauer und Spohn.

Die Hochzeit des Figaro. (Fig.: *Der Graf, der Gärtner und Figaro, der sich sein Bein festhält*, 95 × 85) Für das Volk bearbeitet von Friedrich Bronner. Reutlingen. Druck und Verlag von Fleischhauer und Spohn. 1876.
72 S., 183 × 120. Titel-Fig. auch U.-Fig. und S. 48.
LBS d. D. oct K 3432.
Eine Übersetzung von Beaumarchais' Lustspiel *La Mariage de Figaro* (um 1780) von F. Dingelstedt war 1860 in Leipzig erschienen. Vgl. Kindlers Literatur Lexikon, IV, 1968, Sp. 2064–2066.

Bronner, Frdr., die 12 schlafenden Jungfrauen. Eine Sage aus dem Schweizerlande. Für das Volk neu erzählt. 8. (79 S.) Reutlingen 877. Fleischhauer & Spohn. — 30

—— die Lebens- und Leidensgeschichte des Freiherrn Friedrich v. der Trenck, k. k. Majors der Kavallerie. Neu erzählt für das Volk. 8. (96 S.) Ebendas. 875.

—— Nasr-Eddin, der Schah von Persien. Zur Kurzweil für Jung und Alt. 8. (52 S.) Ebendas. 875.

—— der Student von Ulm. Für das Volk neu bearb. 8. (88 S.) Ebendas. 876.

—— die Walpurgisnacht oder der Hexentanz auf dem Blocksberg. Orig.-Erzählung. 8. (64 S.) Ebendas. 876.

Bronner, Georg: Das / Von E. Hoch-Edlen ... Raht der Stadt Hamburg privilegirt- und vollkommenes Musicalisch-Choral-Buch / Mit Fleiß eingerichtet. Nach dem Hamburgischen Kirchen-Gesang-Buch ... Von Georg Bronner, Organisten zum Heil. Geist. Hamburg (1715), F. C. Greflinger; (V:) G. Bronner – quer kl. 8° – (48) 406 (2) S.

Bronner. Hermann [approb. Arzt aus Bradford]: Ueber die diuretische Verwendung des Coffeins in der praktischen Medicin .... Strassburg. Univ.-Buchdr. v. J. H. Ed. Heitz (Heitz & Mündel), 1886; 44 S. u. 1 Taf. 8°.
Strassburg. Med. Fak., Inaug.-Diss. v. 1886.

Bronner, Hermann, über die diuretische Verwendung des Coffeins in der praktischen Medicin. Diss. Strassburg i. Els. 1886, Trübners Buchh. u. Antiqu. (E. d'Oleire). 8°. 44 S. mit einer Taf.

Bronner, J. F., De trismo ex vulnere. 20 pp. Gott. 4°. Neue Samml. d. auserl. u. neuen Abhdl. f. Wundärzte. Lpz. 1790, 266–88. A. L. Z. 85, II p. 60. *Blumenbuch*, Bibl. I, 717. *Schlegel*, X, 266. (Gute Beschreibung u. therap. Nachweis.) 1784

Bronner, Johann Philipp

Bronner, Joh. Phil., Anweisung zur nützlichsten Anpflanz. d. Tafeltrauben u. and. Traubensorten an sonst unbenutzten Plätzen in Höfen, Gärten, an Häusern u. Mauern rc. Mit Abbild. (auf 2 Stnt. Fol.) gr. 8. (4 B.) Heidelberg 835, C. F. Winter.

Bronner, J. Ph., die Bereitung der Rothweine und deren zweckmäßigste Behandlung. Nach eigenen, in sämmtlichen Wein-Gegenden Europas gewonnenen Beobachtungen, nebst einer Geschichte der schwarzen Burgundertraube. gr. 8. (XII und 344 S. mit 6 Stnt. in gr. 4. und Fol.) Frankfurt a. M. 856, Brönner. *

Bronner, Joh. Phil., Bericht üb. d. Ergebnisse ein. Reise ins Rheingau zur Zeit d. Spätlese. 8. (1 B.) Karlsruhe 835, (Braun.) Thlr.
Aus dem: Landwirthsch. Wochenblatte, abgedruckt.

Bronner, Joh. Phil., die teutschen Schaumweine. Für teutsche Weinzucht und teutsche Weintrinker. breit 8. (4½ B.) Heidelberg 842, C. F. Winter.

Bronner, die wilden Trauben des Rheinthales beschrieben. gr. 8. (III und 48 S. mit 1 Stnt.) Heidelberg 857, (Bangel und Schmitt.) *

Bronner, Oeconomierath in Wiesloch.
—— Die wilden Trauben des Rheinthals. Heidelberg, typ. Georg Mohr. 1857. 8. 48 p., 1 tab.

Bronner, Joh. Phil., die Verbesserung d. Weinbaues durch prakt. Anweis. d. Rießling ohne Pfähle u. Latten vermittelst d. Bockschnittes zu erziehen, um bess. u. wohlfeil. Wein gewinnen zu können. Nebst e. Beschreib. Rebenspaliere auf e. zierl. u. nützl. Art durch sogen. Winkelschnitt zu erziehen. Auf Erfahr. gegründet. M. 11 Abbild. gr. 8. (5¼ B.) Heidelberg 830, Winter.

—— der Weinbau in Frankreich u. d. franzöf. Schweiz, beschrieben. 1. Lfg. — A. u. d. T.: Der Weinbau u. d. Weinbereitung in d. Champagne. M. 1 lith. Taf. gr. 8. (8 B.) Heidelberg 840, C. F. Winter. *

—— der Weinbau am Rheine, vollständ. dargest. I. Das Haardtgebirge. II. Rheinhessen. III. Der Rheingau. (M. 10 Stnt.) gr. 8. Heidelberg 839, C. F. Winter. •
Als neue Ausg. v. dess., Weinbau in Süd-Deutschland, 1—3. Hft.

—— der Weinbau in Süd-Deutschland, vollständig dargest. 1. Hft. — A. u. d. T.: Der Weinbau am Haardtgebirge v. Landau b. Worms. M. 4 lith. Taf. (in gr. 4.) gr. 8. (11½ B.) Heidelberg 833, Winter. Thlr.

Bronner, Joh. Phil., der Weinbau in Süd-Deutschland, vollständig dargest. 2. Hft. — A. u. d. T.: Der Weinbau in der Provinz Rheinhessen v. Worms b. Bingen, im Nahethal u. Moselthal. M. 4 lith. Taf. (in kl. Fol.) gr. 8. (12 B.) Heidelberg 834, Winter.

—— der Weinbau in Süd-Deutschland, vollständ. dargest. 3—6. Hft. gr. 8. Heidelberg, C. F. Winter. •
A. u. d. Ttln.:
Hft. 3. Der Weinbau im Rheingaue, v. Hochheim bei Coblenz. (11¼ B. u. 2 Stnt.) 836. • 16 Gr.
" 4., 5. Der Weinbau im Königr. Würtemberg. 2 Abthln. [1. (13½ B. u. 5 Stnt.), 2. (13½ B. u. 1 Stnt.) 837. à • 16 Gr.] • 1 Thlr. 8 Gr.
" 6. Der Weinbau d. Main- u. Taubergrundes u. d. Würzburger Gegend in seinen Einzelheiten dargest. (11 B. u. 2 Stnt.) 839.

Bronner, Joh. Phil., der Weinbau in Süddeutschland, vollständig dargest. 7. Hft. A. u. d. T.: Der Weinbau u. die Weinbereitung an der Bergstraße, in Bruhrhein u. den weiteren Distrikten bis Durlach u. Pforzheim, beschrieben. gr. 8. (12 B. u. 4 Stnt.) Heidelberg 842, C. F. Winter. Thlr. *
16 - 36 Hft. dies. Werks sind jetzt auch unt. folg. Titel ausg.:
- der Weinbau am Rheine, vollständig dargestellt. I. Das Haardtgebirge. II. Rheinhessen. III. Der Rheingau. Mit 10 lithogr. Taf. gr. 8. Heidelb. 839. Winter. n. 2 ₰

Bronner, Karl, s. Bronner, Carl

Bronner, Paul Stöchiometrische Aufgaben. 8 S. Realanst. *Stuttgart* 1880. Progr.

Bronner, P., Lehrbuch der Essigfabrikation, s. a. Otto-Birnbaum, Lehrbuch der rationellen Praxis der landwirthschaftlichen Gewerbe.

Bronner, Paul.
Lehrbuch der Essigfabrikation mit Einschluss der Holzessigfabrikation und die Darstellung der essigsauren Salze (Acetate). (Zugleich als dritte Auflage von Fr. Jul. Otto's Lehrbuch der Essigfabrikation und als Lieferung 16 von Otto-Birnbaum's landwirthschaftlichem Gewerbe.) Braunschweig, 1876. 8vo.

Bronner, Wolf, aus Werchneudinsk (Sibirien): Die Augenheilkunde des Rhases. Nach dem 'Liber medicinalis Almansoris' (ed. 1497) Buch IX, zum erstenmal ins Deutsche übertragen. *Berlin (1900): G. Schade.* (35 S.) 8°
Berlin, Med. Diss. v. 23. März 1900

Brönner, die Blasensteinzerpulverung, eine krit. Beleuchtung d. hauptsächlichsten Todesursachen bei der jetzt gebräuchl. Operation der Zerbröcklung, belegt mit Krankengeschichten, Sectionsberichten u. Versuchen an Thieren, nebst einer histor. Zusammenstellung der zum Behufe der Zerpulverung angegeb. Instrumente. Mit 1 lith. Taf. gr. 8. (115 S.) Erlangen 848, Enke. n. 24 ngr

Brönner, Adf: Im Reich d. Sage. (159 m. Abb. u. 5 Farbdr.) 8° Lpzg (o. J.). Konst., O Hirsch. Geb. (1.50) 1 — d

BRÖNNER, Aloys (Lohr): Das krankhafte Zahnen der Kinder. Eine nosologische Skizze.- Würzburg: Thein 1843. 2 Bl., 19 S.
11.8.1841 - Urk (Über den Zahnungsprozess.); F 65
Diss. Ingolst.-Landsh.-Mchn.

Brönner, Aug., kurzgefaßte Anleitung zu einem verbesserten Branntweinbrennerei-Betrieb mit Kartoffeln. (Abdr. aus der „gemeinnützigen Wochenschrift.") Würzburg 862. (Kellner.) gr. 8. (21 S.) 3 ngr

Brönner, A., kurzgefaßte Anleitung zu einem verbesserten Branntweinbrennerei-Betrieb mit Kartoffeln u. Mais, dann zur Branntweinerzeugung aus Obst. 3. Aufl. 8. (61 S.) Wiesbaden 882. Kunze's Nachf. n. — 80

— die Milchwirtschaft im Bauernhofe. Mit einem Anh.: Ueber Einrichtung u. Betrieb v. Molkereigenossenschaften auf dem Lande, v. Feser. 8. (48 S.) Ebend. 882. n. — 60

Brönner, Aug., aus der landwirtschaftlichen Praxis. 8. (IV, 98 S.) Wiesbaden 892. C. G. Kunze's Nachf. Kart. n. 1. —

Brönner, Jul., das Gasbüchlein des Herrn C. F. A. Jahn, königl. sächs. Commissionsrath u. Gasdirector in Prag beleuchtet. Eine Warnung für Gas-Consumenten u. solche, die es werden wollen. Frankfurt a. M. 868. Winter. gr. 8. (31 S.) n. 2 ngr

Brönner, Wilhelm: Zur Theorie der kollektiv-psychischen Erscheinungen. Leipzig: J. A. Barth 1910. 40 S. 8° ¶ (Aus: Zeitschrift f. Philos. u. philos. Kritik. Bd 141, H. 1.)
Würzburg, Phil. Diss. v. 19. Okt. 1910, Ref. Marbe
[Geb. 5. April 76 Würzburg; Wohnort: Würzburg; Staatsangeh.: Bayern; Vorbildung: Neues Gymn. Würzburg Reife Juli 95; Studium: München 2, Berlin 3, Würzburg 1 S.; Rig. 16. Juli 10.] [U 11. 4614

Bronnert, *David* Emil [aus Strassburg]: Ueber die Condensation von Isovaleraldehyd mit Glutarsäure. E. Beitr. z. Condensation v. Aldehyden m. zweibasischen Säuren ... Strassburg, Elsäss. Druckerei u. Verl.-Anst., 1894; 71 S. 8.
Strassburg, Math.-naturw. Fak., Inaug.-Diss. v. 1894

Bronnikow, M: Das Erdbeben v. Andishan, s: Tschernyschow. Th.

Brönnimann, F., Ueber den Isochronismus des Pendels und der Unruhe. Frauenfeld 1875. Progr.-Sch-

Brönnimann, F[riedrich]. Die Kataster-Vermessung auf Grundlage der in den Schweiz. Konkordatskantonen und dem Eidg. Forstgebiet geltenden Vorschriften. ([Mit Figuren, 4 Tafeln, sowie Anhang:] Berichtigung und Nachtrag.) 8. Bern 1888.

Brönnimann, F., die Kataster-Vermessung auf Grundlage der in den schweizerischen Konkordatskantonen und dem eidgenöss. Forstgebiet geltenden Vorschriften. gr. 8. (XII, 231 S. mit eingedr. Fig. und Taf.) Bern 888, Nydegger und Baumgart. *

Brönnle, Paul, s.: Alfārābī, die Staatsleitung.

Brönnle, Paul, Contributions towards Arabic philology. Part I. The Kitāb al-Maksūr Wa'-Mamdūd by Ibn Wallād, being a treatise lexicographical and grammatical, from manuscripts in Berlin, London, Paris. Ed. with text-critical notes, indroduction, commentary and indices. Published with the aid of the „Kgl. preuss. Academie der Wissenschaften in Berlin" and of the „Deutsche morgenl. Gesellschaft". gr. 8. (VIII, 167 S.) Leiden 900. Buchh. u. Buchdr. vorm. E. J. Brill. n.n. 6. —

Brönnle, Paul [aus Markgröningen (Württemb.)]: Die Commentatoren des Ibn Isḥâḳ und ihre Scholien nebst dem Commentar des Abû Ḏarr und des Suheilî zu den Gedichten über die Schlacht bei Bedr (Ibn Hišâm ed. Wüstenfeld I, 516—539) nach d. Handschriften zu Berlin, Strassburg und Paris hrsg. u. textkrit. bearb. ... Halle a. S., Druck v. M. Schmersow, Kirchhain (Lausitz), 1895; 2 Bl., XXXII, 55 S., 1 Bl. 8.
Halle, Phil. Fak., Inaug.-Diss. v. 10. Aug. 1895

Brönnle, Paul, die Commentatoren d. Ibn Ishâk u. ihre Scholien. (Diss.) gr. 8. (XXXII, 56 S.) Leipzig 895. O. Harrassowitz. n.n. 4. —

Brons, A.: Ursprung, Entwicklung und Schicksale der Taufgesinnten oder Mennoniten in kurzen Zügen übersichtlich dargestellt. *Norden: Diedr. Soltau. 1884. XX, 447 S.; Zweite Auflage 1891. 447 S. Dritte Auflage 1912.*

Brons, A., Ursprung, Entwickelung u. Schicksale der altevangelischen Taufgesinnten od. Mennoniten, in kurzen Zügen übersichtlich dargestellt. 2. (Titel-)Aufl. gr. 8. (XX, 447 S.) Norden 891. Soltau. n. 4. —; geb. n. 5. 60

Brons, B.: Über die gemeinsame Erziehung beider Geschlechter an den höheren Schulen. Mit Rücks. auf tatsächl. Verhältnisse, hauptsächl. i. d. Vereinigten Staaten, Skandinavien u. Finnland. — Hamburg: Verl.anst. u. Dr. 1889. 48 S. 8° (Deutsche Zeit- u. Streit-Fragen. H. 45.)

Brons, B., der westfälische Kohlen-Bergbau u. die an ihm betheiligten, s. a. Zeit- u. Streitfragen, deutsche.

Brons, B., Der westphälische Kohlen-Bergbau und die an ihm Betheiligten. (Deutsche Zeit- u. Streitfragen, N. F. H. 103.) gr. 8°. Hamburg 1892.

Demoralisierend? Von Bernhard **Brons** jr., Emden. Emden (1910): Hahn. 24 S. 8°
(Ostfriesische Zeitung. 1910, Beil.) [11. 9235 7

Demoralisierend? Von Bernhard **Brons** jr. 2. Aufl. Emden (1910): Hahn. 38 S. 8° [Umschlagt.] [10. 5359 7

Brons, Bernhard, a. Hopsten i. W.: Geschichte der wirtschaftlichen Verfassung und Verwaltung des Stiftes Vreden im Mittelalter. Münster i. Westf. 1907: Westf. Vereinsdruckerei. (VIII, 78 S.) 8°
Münster, Phil. Fak., Ref. Meister, Diss. v. 9. März 1907
[Geb. 14. Okt. 80 Hopsten i. W.; Wohnort: Hopsten; Staatsangeh.: Preußen; Vorbildung: Gymn. Rheine Reife O. 02; Studium: Münster 2, Leipzig 2, Münster 5 S.; Rig. 5. Nov. 06.]

Geschichte der wirtschaftlichen Verfassung und Verwaltung des Stiftes Vreden im Mittelalter. Von Dr. Bernhard **Brons**. Münster (Westf.): F. Coppenrath 1907. (VI, 120 S.) 8°
[Ein T. erschien als Inaug.-Diss. Münster 1907.]
= **Beiträge**, Münstersche, z. Geschichtsforschung. N. F. 13. [08. 14869

Brons jr., Bernh., friesische Namen u. Mittheilungen darüber. gr. 8. (161 S.) Emden 877. Haynel. n. 3. —

Brons jr., Bernh., aus Ostfriesland. Gedichte u. Übersetzgn. fremdsprachl. Gedichte. (384 S.) 8. Emden (908). W. Haynel. — W. Schwalbe. Geb. in Leinw. 4. —

Brons, Bernhard, Konsul. Emdens Schnapsverbrauch. Emden 1894. 2 S.

Brons, C., s.: Ergebnisse der allgemeinen Pathologie u. pathologischen Anatomie des Menschen u. der Tiere.

Brons, Carl, aus Emden, Einj.-Freiw. Arzt bei d. 1. Abt. Ostfries. Feldart.-Reg. No 62, Oldenburg i. G.: Aus d. Universitäts-Frauenklinik zu Berlin. Schwere **Geburtsstörungen** nach Vaginofixatio uteri. *Berlin (1903): G. Schade.* (33 S.) 8°
Berlin, Med. Diss. v. 4. Aug. 1903

Brons, Friedrich, Referendar a. Emden: Beiträge zur Lehre von der Uebernahme von Hypothekenschulden durch den Erwerber eines Grundstücks, insbesondere: Wodurch und wann wird der Veräußerer des Grundstücks von seiner persönlichen Schuld dem Gläubiger gegenüber befreit? Göttingen 1904: Dieterich. (92 S.) 8°
Göttingen, Jur. Fak., Ref. Detmold, Diss. v. 9. Nov. 1904
[Geb. 18. Juli 80 Emden; Wohnort: Emden; Staatsangeh.: Preußen; Vorbildung: Gymn. Emden Reife O. 99; Studium: Tübingen 3, Berlin 1, Göttingen 2 S.; Rig. 2. Aug. 04.]

Brons, Johannes, a. Emden, Referendar am kgl. Oberlandesgericht zu Celle: § 119 des Bürgerlichen Gesetzbuchs. Rostock i. M. 1906: Adler's Erben. (X, 91 S.) 8°
Erlangen, Jur. Fak., Ref. Binder, Diss. v. 12. Nov. 1906
[Geb. 14. Sept. 79 Emden; Wohnort: Celle; Staatsangeh.: Preußen; Vorbildung: Gymn. Emden; Studium: Tübingen 3, Berlin 1, Göttingen 3 S.; Rig. 20. Dez. 05.]

Brons, Justus (geb. Neustadt-Gödens in Ostfriesland 5. 2. 1848): Ovarientumoren als Complication von Schwangerschaft, Geburt und Wochenbett. Berlin (1873). (31 S.) 8°
Berlin, Med. Diss. v. 23. Aug. 1873

Ueber die Handels-Zustände der Ems-Häfen Emden und Leer und über die Hannoversche West-Eisenbahn. (Von Y. Brons.) Als Manuscript gedruckt. Hannover. 1846. 8°.

Bronsart, B. v., für den Pilgerweg. 50 Spruchkarten, nach Originalen u. Auswahl von v. B. gr. 16. Schwerin (900). F. Bahn. n. 1. —

Sechs Monate beim Japanischen Feldheer. Von [Fritz] **Bronsart** v. Schellendorff, Major im Garde-Gren.-Regt Nr. 3. Mit 146 Abb. u. 2 Karten. Berlin: E. S. Mittler & Sohn 1906. (329 S.) 8° [F.] [06. 9695

Bronsart v. Schellendorff, Fritz: Novellen a. d. afrikan. Tierwelt. (118 m. 12 Taf.) gr8° Lpzg-R., E Haberland '12. 2 —; L 3 —

Bronsart, F. v., Roosevelt in Afrika. Nach Orig.-Mitteilgn. aus der zoolog. Farm „Löwenhöhe", B.-O.-A. (48 S. m. Abb.) 23×21 cm. Wien 909. Elbemühl. 1. —

Bronsart v. Schellendorff, Fritz, **Strausse, Zebras, u. Elephanten.** Die Bedeutg. eingeborener Thiere f. die wirthschaftl. Entwickelung Deutsch-Ostafrikas. gr. 8. (52 S. m. 2 eingedr. Skizzen.) Berlin 898. H. Walther. n. 1. —

Bronsart v. Schellendorff, Fritz, Thierbeobachtungen u. Jagdgeschichten aus Ostafrika, s. a. Aus dem Lande der Suaheli. II.

Thierbeobachtungen und Jagdgeschichten aus Ostafrika. Von Fritz **Bronsart** v. Schellendorff. (Vorr.: Gustav Meinecke.) *Berlin: Deutscher Kolonial-Verl. 1900.* (155 S.) 8° [F.]
= **Lande**, Aus dem, der Suaheli. 2. [00. 611

Bronsart von Schellendorff, Hans

Bronsart, Hans v., musikalische Pflichten. Leipzig 858. Matthes. gr. 8. (32 S.) 7½ ngr.

— — 2. unveränd. Aufl. Ebend. 858. 12. (46 S.) 7½ ngr.

Bronsart von Schellendorf, Ingeborg

Bronsart, Ingeborg v., zwölf Kinderreime aus Klaus Groth's Vaer de Goern, in Musik gesetzt. Op. 17. Mit 10 (eingedr.) Holzschn. nach Orig.-Zeichnungen von Ludw. Richter. [Englischer Text von M. v. Z.] hoch 4. (36 S.) Leipzig 882, G. Wigand. cart. *

Bronsart von Schellendorf, Paul

Bronsart v. Schellendorff I., Betrachtungen üb. e. zeitgemäße Fechtweise der Infanterie. gr. 8. (54 S.) Berlin 891. E. S. Mittler & Sohn. n. 1. —

Bronsart v. Schellendorff, Gen.-Maj., der Dienst des Generalstabes. 1. und 2. Thl. gr. 8. (VI, 257; VIII, 237 S. mit 1 Tab. in gr. 4.) Berlin 875,76, Mittler und Sohn. à Thl. * M. 4,60. *

Bronsart v. Schellendorff, Gen.-Maj., der Dienst des Generalstabes. 2. Aufl., neu bearb. von Maj. Meckel. gr. 8. (IX, 518 S. mit 1 Tab.) Berlin 884, Mittler und Sohn. *

— der Dienst des Generalstabes. 3. Aufl., neu bearb. v. Meckel. gr. 8. (X, 433 S. m. 1 Tab.) Ebd. 893. n. 8. 50; geb. n. n. 10. —

Der Dienst des Generalstabes. Von [Paul] Bronsart v. Schellendorff, weil. Gen. d. Inf. 4. Aufl. Bearb. von [Friedrich] Bronsart v. Schellendorff, Major. Berlin: E.S. Mittler & Sohn 1905. (VIII, 472 S.) 8° [F.]
= Handbibliothek d. Offiziers. Bd 4. [05. ...]

Bronsart v. Schellendorff, (P.) Die Gefechtsübungen der Infanterie auf dem Exerzirplatze. (Berlin 1882.) 8°.

Bronsart v. Schellendorff, ein Rückblick auf die „taktischen Rückblicke" und Entgegnung auf die Schrift „über die preußische Infanterie 1869". 1. und 2. Aufl. gr. 8. (III, 77 S.) Berlin 870, Mittler und Sohn. *

(Bronsart v. Schellendorf.) Taktische Rückblicke auf 1866. (67) 8. Berlin 1869. 1,00. — 4. Aufl. (59) 8. ib. 1873. 1,00.

Bronsky, Bogumil, der Czar oder das enthüllte Petersburg. Historischer Roman und Sittengemälde aus der neuesten Geschichte Rußlands. 13 Lfgn. gr. 8. (621 S.) Berlin 866,67, Humburg und Comp. à Lfg. 4 Ngr.

Bronsky, M., et A. Stebnitzky, les positions des étoiles de h et χ Persei et de leurs environs, déduites des mesures sur deux clichés photographiques. [Aus: „Mémoires de l'acad. imp. des sciences de St.-Pétersbourg".] gr. 4. (133 S.) St.-Pétersbourg (Leipzig 896, Voss' Sort.) n. 5. —

Bronson-Howard, George: Meeresgold, s: Engelhorn's allg. Roman-Bibliothek.

Bronson's, Lorenz, Sieg, s.: Sammlung v. Kinderschriften.

Bronstein, Abram, aus Tschita (Sibirien): Ueber puerperale Mastitis. *Berlin 1902: G. Pöllner.* (31 S.) 8°
Berlin, Med. Diss. v. 14. Juli 1902

Bronstein. Frada. aus Tschita (Sibirien): Taubstummenuntersuchungen in der Anstalt Münchenbuchsee. Bern 1909. 16 S. und eine Tabelle. 8° [7. VII. 09.]
Bern. Med. Diss. 1909/10.

Bronstein, Frada. Taubstummenuntersuchungen in der Anstalt Münchenbuchsee. Diss. Med. Bern. [Mit 1 Tabelle.] 16 S. 8. Bern, R. Suter & Cie., 1909.

Brontë, Charlotte, s. a. Bell, Currer.

Jane Eyre, die Waise von Lowood. Von Currer Bell (Charlotte Brontë). Durchges. Übers. von E[duard] v. Bauernfeld. Mit e. Vorbemerkung u. d. Bilde d. Verf. *Halle a. d. S.: O. Hendel [1904].* (184 S.) 8° [F.]
(Bibliothek d. Gesamtlitteratur d. In- u. Auslandes. No 1806–1808.) [04. ...]

Die Waise von Lowood [Jane Eyre] von Currer Bell [d. i. Charlotte Brontë]. Für d. junge Mädchenwelt nach d. Reklamschen Ausg. mit Berücks. d. neuen Rechtschreibung frei bearb. von Gertrud Reichard. Mit 6 schwarzen Textbild. sowie 5 farb. Bild. von Eugen Hanetzog. Berlin: Jugendhort [1905]. (230 S.) 8° [F.]. [06. ...]

Bronte, Gesualdo v., Leben des ehrwürdigen Dieners Gottes Felix v. Nicosia, Laienbruder des Kapuzinerordens. Autoris. Uebersetzung aus dem Italien. 8. (144 S. mit Bildniß.) Mainz 888, Kirchheim.

Die seltene Bronze. Der waschechte Othello. Krieg. Liegnitz: Verl. f. Nationalstenogr. 1903. (16 S.) 8° [Umschlagt.]
= Zehnpfennig-Unterhaltungshefte f. Nationalstenogr. No 8. [03. 66] 2

Bronze-Gefässe und -Geräthe, ostasiatische, in Umrissen. Ein Beitrag zur Gefässlehre. Zum Studium und zur Nachbildung für Kunstindustrie und gewerbl. Lehranstalten. Unter Leitung von H. Herdtle aufgenommen und autogr. von Schülern der Kunstgewerbeschule des k. k. österreich. Museums. gr. Fol. (28 Bl. mit 1 Bl. Text.) Wien 883, Hölder. *M 8.; in Mappe. *

Kgl. Museen zu Berlin. Die italienischen Bronzen. 81 Lichtdrucktaf. (Vorr.: [Wilhelm] Bode.) Berlin: G. Reimer 1904. (137 S.) 4°
= Beschreibung d. Bildwerke d. christl. Epochen. 2. Aufl. Bd 2. [05. ...]

Bronzetti, C. J., Erinnerung an Griechenland aus d. Jahren 1832—35. gr. 8. (16⅔ B. u. 1 Stahlst.) Würzburg 842. (Stahel'sche Buchh.) *

Bronzeur-, Galvaniseur- u. Gürtler-Kalender f. '09. Hrsg. v. Carl Pataky. 29. J. (15, 128 u. 176 m. Fig.) kl8° Berl., C Pataky. L. 2 —
Bis 08 u. d. T.: Gürtler-, Bronzearbeiter- u. Galvaniseur-Kalender.

Bronzeur-, Galvaniseur- u. Gürtler-Kalender f. 1910. Hrsg. v. Carl Pataky unter Mitwirkg. vieler Fachleute. 30. Jahrg. (XV, 128 u. 173 S. m. Fig.) kl. 8. Berlin, C. Pataky. Geb. in Leinw. 2. —
Erschien früher u. d. T.: Gürtler-, Bronzearbeiter- & Galvaniseur-Kalender.

Bronzeur-, Galvaniseur- u. Gürtler-Kalender f. '13. Hrsg. v. Carl Pataky. 33. J. (15, 128 u. 182 m. Fig.) kl8° Berl., C Pataky. L 2 —

Bronzin, Vinzenz, Lehrbuch der politischen Arithmetik zum Gebrauche an höh. Handelsschulen (Handelsakademien) sowie zum Selbstunterricht. (IV, 158 S.) gr. 8. Wien 906. F. Deuticke. Geb. in Leinw. n. 2.50

Bronzin, Vinzenz, Theorie der Prämiengeschäfte. (IV, 85 S. m. Fig.) gr. 8. Wien 908. F. Deuticke. 2.50

Bronzino (Pseud.) s. A l l o r i , Agnolo (wirkl. Name)

Broock, F. 1909. [Pseud.]
s.a. Winckelsett-Zumbroock, Lisbeth.

Broock, F: Frau Hartmann u. ihre Enkel, s: Jugendbibliothek, Laumann'sche.

Broock, F., sein Hof, s.: Erzähler, unsere, 18. Buch.

— Jogi. Der wilde Hans. Feuerreit, s.: Erzähler, unsere. 28. Buch.

— Das Kreuz vom Uhlenhof, s.: Erzähler, unsere, 4. Buch.

— Melchiors Schicksale. In grosser Gefahr. Erschrecke niemand, s: Jugendbibliothek, Laumann'sche.

Broockmann, Karl, über I. Methyl-Morphinhydroxyd. II. Oxydimorphin. Inaugural-Dissertation. 8. (32 S.) Göttingen 880. Vandenhoeck & Ruprecht. n. — 80

Broocks, Francis, s. B r o o k s, Francis

Broocks, Wilhelm [aus Heber]: Über tägliche und stündliche Assimilation einiger Kulturpflanzen ... Halle a. S., Druck v. E. Karras, 1892; 56 S., 1 Bl., 1 Taf. 8.
Halle, Phil. Fak., Inaug.-Diss. v. 30. Mai 1892

Brood-Sarajevo. 1878. (26 Taf. Photographien ohne Text.) Quer-Fol. Wien 1878.

Brook, Antonie (d. i. Johanna Antonie Broekel)

Brook, A., Blätter u. Blättchen gefunden in guten u. bösen Tagen. Berlin 867. Kortkampf. 16. (IV, 113 S.) n. 22½ ngr.; geb. n. 1 ℛ

— Paul von Kampman. Historischer Roman. Von Antonie Brook [d.i. Johanna Antonie Broekel]. Berlin 1879.
In: Roman-Zeitung, Deutsche. Bd 1.2.

Brook, A., Paul v. Kampman. Histor. Roman. 3 Bde. 8. (290.320 u. 260 S.) Berlin 879. Janke. 12. —

— Licht und Schatten. Roman. Von Antonie Brook [d.i. Johanna Antonie Broekel]. Berlin 1881.
In: Roman-Zeitung, Deutsche. Bd 1.

Brook, A., Licht und Schatten. Roman. 3 Bde. 8. 252; 232; 211 S.) Berlin 881, Janke. *

— Nanna. Ein Lebensbild. 2 Bde. 8. (375 S.) Berlin 868, Kortkampf. 2 Thlr.; geb. *

— nur eine Tochter. Familien-Roman. 2 Bde. 8. (219; 258 S.) Ebendas. 888.

— Auf dem Ocean des Lebens. Roman. Von Antonie Brook [d.i. Johanna Antonie Brökel]. Berlin 1874.
In: Roman-Zeitung, Deutsche. Bd 3.4.

Brook, A., Auf dem Ocean des Lebens. Roman, 3 Bde. 8. (271; 232; 304 S.) Berlin 874, Janke.

— Das Schloß in den Ardennen. Roman. Von Antonie Brook [d.i. Johanna Antonie Broekel]. Berlin 1869.
In: Roman-Zeitung, Deutsche. Bd 2.

— das Schloß in den Ardennen. Roman. 3 Bde. 8. (241; 231; 219 S.) Berlin 869, Janke.

Brook, A., Schutzlos, aber nicht hülflos. Novelle. 2 Thle. Dresden 863. Kuntze. 8. (561 S.) 3 ₰

Brook, A, schutzlos, aber nicht hülflos. 2 Thle. 8. (561) Dresd. 63. (Berl.. Kortkampf.) 2. —

— Schutzlos, aber nicht hülflos. 2. Aufl. 8. (312 S.) Berlin 874, Janke.

— schutzlos aber nicht hülflos. Roman. 3. (Titel=)Aufl. 8. (312 S.) Ebend. (1874) 878. n. 2. —

— **Vormund und Mündel. Roman. 4 Bde. 8. (236; 221; 204; 226 S.) Ebendas. 877.** *

— Vormund und Mündel. Roman. Von Antonie Brook [d.i. Johanna Antonie Broekel]. Berlin 1877.
In: Roman-Zeitung, Deutsche. Bd 1.

Brook, Jh., verm. Erfahrr. üb. d. Elektricität, Luftpumpe u. Barometer. Aus d. Engl. v. K. G. Kühn. Mit Kpf. gr. 8. Leipz. 790. Weygand. 14 gr

Brook, John, the first english-german Vocabulary, od. erster Schulbedarf z. Erlernung d. engl. Sprache. Enthalt. systematisch zum Auswendiglernen geordnet die am häufigsten vorkommenden Wörter aller Redetheile, ihre Deklination, Comparation u. Conjugation, so wie leichte Phrasen u. kleine engl. Erzählungen z. Uebersetzen. 8. (9½ B.) Berlin 845, Schroeder's Verl.

Brook, Leon, Cheap Jack Joe. A little drama for the use of schools in 3 acts. 12. (48 S.) Karlsruhe 887, Braun'sche Hofbuchh. *

— The martyr princes in 3 acts. A little drama for the use of schools. 12. (25 S.) Ebendas. 887. *

Brook, Lydia, English Rudiments. gr. 8. Dresden 839. (Leipzig, Hermann.) 1 ₰

Brook, Frau Marie, s.: Brigge-Brook, Marie.

Brook, Richard, s. Brookes, Richard

Brook, Stopford Augustus, s. Brooke, Stopford Augustus

Brooke, Beitrag zur Lehre über die Genese der Horngebilde, s. Mittheilungen aus dem embryologischen Institute der k. k. Universität in Wien.

— Julie Grenville, od. die Geschichte d. Herzens; aus d. Engl. v. Chr. Fel. Weiße. 3 Thle. 8. Leipz. 774. Schwickert. 1 ₰

Brooke, Mistreß, Lustreise; aus d. Engl. 2 Thle. 8. Lpz. 778. Weidmann. 20 gr

Brooke, Arthur [aus England]: Ueber Phenyl-Itaconsäure, -Citraconsäure, -Mesaconsäure und -Aticonsäure ... Strassburg, Elsäss. Druckerei u. Verl.-Anst., 1894; 49 S. 8.
Strassburg, Math.-naturw. Fak., Inaug.-Diss. v. 1894

Brooke, Arth. de Capell, ein Winter in Lappland, s. n. Bibl. d. Reisebeschreibb. 50r Bd.

Brooke, Arth. de Capell, ein Winter in Schweden, s. Bibliothek der wicht. Reisebeschreib., 50. Bd.

Brooke, Hub., M. A., ist die Bibel vom Hl. Geist eingegeben? Eine einfache Antwort f. einfache Leute. Mit Erlaubnis der Londoner Traktat-Gesellschaft übers. v. Emilie Idel. (16 S.) 8. Stuttgart 908. J. F. Steinkopf. — 25

— Ist die Bibel v. Gott eingegeben, s.: Für dich! Nr. 37.

Brooke, J. W., the order for morning and evening prayer. Canticles and responses with the litany and holy communion. Set to music by B. Lex.-8. (50 S.) Wien 894. A. Rosé. n. 3. —

Brooke, Stopford Augustus

Brooke, Stopford A., M. A., Geschichte der englischen Literatur. Übers. u. m. Anmerkgn. versehen v. A. Matthias. 2., verb. Aufl. Neu bearb. u. bis zur Gegenwart fortgeführt v. J. Bube. (III, 140 S.) Lex. 8. Berlin-Schöneberg 908. Langenscheidt's Verl. 2.—; geb. 2. 50

Brooke, Stopford A., Glaube u. Wissenschaft. Reden u. Aufsätze. In deutscher Übertragg. a. d. Engl. v. F. v. A. M. e. Einleitg. v. Charlotte Broicher. gr. 8. (III, 326 S) Göttingen 898. Vandenhoeck & Ruprecht. n. 4. 20: geb. n. 5. —

Brook, Stopford, die Kriegserklärung. Predigt 2c. Uebersetzung aus dem Engl. Güstrow 870. (Opitz & Co.) 8. (15 S.) 2½ ngr.

Brook, Stopford, die Kriegserklärung. Predigt gehalten am Sonntag, 17. Juli 1870, in der St. James-Kapelle in London. gr. 8. (16 S.) München 870, Th. Ackermann. *

Brooke, Stopford A., **kurzer Leitfaden der englischen Litteratur. Deutsch bearbeitet u. m. Anmerkgn. versehen v. A. Matthias. Autoris. deutsche Ausgabe. gr. 8. (VII, 108 S.) Berlin 882. Langenscheidt.** n.n. 1. 50

Brooke, Stopford A., Frederick William Robertson. Sein Lebensbild in Briefen. Nach B.'s Life and Letters of Fred. W. Robertson. Frei bearb. v. Charlotte Broicher. Mit e. Vorwort v. Emil Frommel. 2., gänzlich umgearb. Aufl. gr. 8. (XXVI, 520 S. m. Bildnis.) Gotha 894. F. A. Perthes. n. 7. —; geb. n. 8. —
Die 1. Aufl. erschien u. d. T.: Robertson, Friedrich Wilhelm. Sein Lebensbild in Briefen.

Brooke, Stopford Augustus

Broicher, Charlotte, Frederick William Robertson. Sein Lebensbild in Briefen. Nach Stopford A. Brookes Life and letters of Fred. W. Robertson. Frei bearb. Mit e. Vorwort v. Emil Frommel. 3., verm. Aufl. m. Robertsons Bildnis. (XXI, 490 S.) 8. Gotha 911. F. A. Perthes. 7.—: geb. 8. —

Brookes, Richard: Vollständiges Dispensatorium aus denen Londoner und Edinburgschen Pharmacopöen wie auch aus der königl. Hospital-Dispensatorio zu Edinburg zusammengetragen, wobey zugleich die Dosen, Eigenschaften u. der Gebrauch ... der ... Arzneyen gezeiget ... werden ... Nach der neuesten Ausg. aus d. Engl. übers. Berlin: Wever 1770. 832 S. 8°.

— allgem. engl. Dispensatorium. 8. Berl. 770. (Sander). 1 ₰ 4 gr

Brookes, Richard: (Introduction to physic and surgery. Deutsch:) Vollständiges Handbuch der gantzen praktischen Artzneygelahrtheit aus den Schriften der berühmtesten Aerzte ... zusammengetragen ... u. mit e. Einl. von den Unterscheidungskennzeichen der Krankheiten, der Diät, dem Puls ... versehen. Nach d. 4. ansehnlich verm. u. verb. . Ausg. aus d. Engl. übers. u. ... mit Zusätzen vollst. gemacht. Th. (1.) 2. Berlin: Wever 1765–66. 2 Bde. 8°.

Brook, R., vollständ. Handb. d. Arzneigelahrtheit. 3 Thle. 8. Berl. 773. (Sander). 3 ₰ 12 gr

Brookes, Sam., Anleit. zu d. Studium d. Conchylienlehre. Aus d. Engl. übers. u. mit 9 color. u. 3 schwarz. Kpf. erläutert. Bevorwortet u. mit 1 Taf. über d. Anatomie d. Flußmuschel verm. v. K. G. Carus. gr. 4. Leipz. 824. Barth. 16 ₰ mit schwarz. Kpf. 8 ₰

Brookes, (S.) Anleit. zu dem Studium der Conchylienlehre, aus dem Engl. übers. u. mit 9 color. u. 3 schwarzen Kupf. erläut. Bevorwortet u. mit 1 Taf. über d. Anatomie der Flußmuschel vermehrt von C. G. Carus. gr. 4. Leipz. 824, E. Fleischer.

Brooklyn Anzeiger : Mar 1874—1881?

Independent weekly. Circulation: 1878, 6418. Edited & published by Friedrich Keller, 1874; by Keller & Soschinsky, 1875–79; by H. Soschinsky, 1880–81. Literary, news, humor, no politics.
Brooklyn, NY

Brooklyn Courier : 1879?–1880?

Weekly. Edited & published by Albert Fries, Jr.
Brooklyn, NY

Brooklyn Revue : 1892?–1897?

Independent weekly. Circulation: 1897, 1250. Edited & published by Levi & Weil, 1892—94; by John A. Drischel, 1895—97.
Brooklyn, NY

Brooklyn Volksfreund : 1871?—1874?

Democratic weekly. Circulation: 1872, 1000 (est.). Edited & published by Gustav Erdmann, 1871–74.
Brooklyn, NY

Brooks, s.a. Tyrwhitt Brooks.

Brooks, E. W., s.: Chronica minora.

Brooks, EW, s: [Elias.] Eliae Metropolitae Nisibeni opus chronologicum.

Brooks, E. W., s.: Vitae virorum apud Monophysitas celeberrimorum.

Brooks, Elbridge S., A trip to Washington. (The story of the government.) Für den Schulgebrauch hrsg. v. A. W. Sturm. (IV, 106 S.) 8. Leipzig 904. G. Freytag. Geb. in Leinw. n. 1. 20; Wörterbuch. (31 S.) n. — 40

Brooks, F. T., and A. W. Bartlett, two diseases of gooseberry bushes. (S. 167—185 m. 1 farb. Taf.) gr. 8. Berlin 910. R. Friedlaender & Sohn. nn 2. —
Sonderabdruck aus „Annales mycol."

Brooks, Francis

BROOCKS, Frantz, eines Engelländers unglückliche Schiffahrt in die Barbarey, Unterschiedt. merckwürdige und seltsame Begebenheiten, wie derselbe auf dem Meer verrätherischer Weise gefangen und in die Sclaverei geführet worden; wie es ihm darinnen ergangen, und wie er endlich durch eine glückliche Flucht derselben entkommen. Aus dem Französischen übers. v. J. G. S. R. G. E. Stuttgardt 1748. 8°. (4 Mk. Friedr. Strobel, Jena, 1905.)
— — Dasselbe. Ebd. 1749. 8°. Beide Drucke rar! (3 Mk. Franz Teubner, Düsseldorf, c. 1898; im Preise steigend.)

Brooks, John Graham, soziales Wechselfieber. Studien üb. Arbeiterbewegg. u. Sozialismus. Autoris. deutsche Bearbeitg. v. Herm. Hasse. (98 S.) gr. 8. Dresden 905 O. V. Böhmert. n. 2. —

Brooks, Phillips. Ein Ruf in die Höhe. Religiöse Reden aus der neuen Welt von Ph' B', Bischof der Episcopal-Kirche in Massachusetts. Mit einer Einführung von Francis G[reenwood] Peabody, Professor... . Zum deutschen Druck befördert durch N(iklaus) Bolt (Pfarrer ... [in] Lugano). [Mit 1 Porträt-Tafel.] VI + XVI + 298 S. 8. Berlin, Martin Warneck, 1907. [M. 3.—, geb. 4.—]

Brooks, Phillips, Siegeskraft. Religiöse Reden. (Neue Folge.) Übers. v. Katharina Deggeller, m. e. Vorwort v. Karl Stockmeyer. (VIII, 271 S.) gr. 8. Basel 911. F. Reinhardt. 4.—; geb. 5. —

Brooks, Shirley, Ernst Adair, oder: Des Lebens Silberfaden. Aus dem Engl. von Marie Scott. Autoris. Ausg. (In 6 Bdn.) 1—3. Bd. Leipzig 862. Günther. 8. (607 S.) Jeder Bd. n. 20 ngr.

Brooks, Shirley, Ernst Adair, oder: des Lebens Silberfaden. Aus dem Engl. von Marie Scott. Autoris. Ausg. 4—6. (letzter) Bd. Leipzig 862. E. J. Günther. 8. (613 S.) Jeder Bd. n. 20 ngr.

Brooks, Shirley, anything for a change, s.: Theatre, English.

Brooks, Shirley, Aspen Court. Wer es verlor, und wer es erhielt. Eine Geschichte aus unserer Zeit. Aus dem Engl. übertr. von W. E. Drugulin. 4 Bde. 8. Leipzig 854, Kollmann. [Bd. 1. 2. (482 S.) 3. (272 S.) 4. (220 S.) à Bd. 20 Ngr.]
Vgl.: Süd-Rußland.

Brooks, Shirley, Aspen Court. Wer es verlor, und wer es erhielt. Eine Geschichte aus unserer Zeit. Aus dem Engl. übertragen von W. E. Drugulin. 5. (Schluß-)Bd. 8. (311 S.) Leipzig 857, Kollmann.
1—4. Bd. Ebendas. 1854. 2 Thlr. 20 Ngr.

—— the silver cord, s. Collection of British authors.

Brooks, S., Sooner or later, s. Collection of British Authors.

Brooks, Wilhelm P.: Das **Nährstoffbedürfnis verschiedener** in Fruchtfolge auf demselben Felde angebauter Pflanzen nach Versuchen in Massachusetts, Nordamerika. *Halle a. S. 1897: C. A. Kaemmerer & C.* (95 S. mit Taf.) 8°
Halle, Phil. Diss. v. [3. März] 1898

Brooksbank, James, die Einrichtung eines Parlamentes. Dargestellt m. Rücksicht auf die Pflichten u. Rechte d. Bürgers u. die allgem. Menschenrechte überhaupt. A. u. d. T.: The institution of parliament etc. br. 8. (33 S.) Tübingen 848. (Buchh. Zu-Guttenberg.) 1/4 ß

Broom, Sicherheit, Gewißheit und Freude der Erlösung. Wenn du ein Gläubiger bist, warum bist du nicht deiner Erlösung gewiß? Wenn du erlöst bist, warum bist du nicht glücklich? 2. Aufl. 8. (24 S.) Gernsbach 885, Christl. Kolportage-Verein. *

A historical and critical discussion of college admission requirements by Edwin Cornelius **Broome**. New York: The Macmillan Co.; Berlin: Mayer & Müller 1903. (157 S.) 8°
— **Columbia University contributions** to philosophy, psychology and education. Vol. 11, No 3, 4. (07. 11893)

Broome, Mary Anne [späterer Name], s.a. B a r k e r, Mary Anne [früherer Name]

Broome, Lady (Lady Barker), Colonial memories, s.: Collection of British authors.

Broquet, Charles [Médecin de Delémont]: Contribution à l'étude du cancer de l'estomac. Résultats des 52 opérations (pylorectomie) pour cancer de l'estomac faites par M. le Prof. Kocher. Delémont 1900. 16 S. 6 Tab. 8°.
Bern. Med. Diss. 1900/1901.

B r o q u e t, J[oseph]-A[ndré]. Monsieur (François) Fleury, ancien vicaire-général de Genève. E. 8. Fribourg 1885 (*Umschlag:* 1886).

Bror, Carl Frederik Axel, s. B l i x e n, Finecke

BROER, Adolph Leonhard (Keltsch): De scirrho et carcinomate mammarum.- Landishuti: Storno (1818). 52 S.
11.3.1818 - Pe 366; P 57 Diss. Ingolst.-Landsh.-Mchn.

Broer, **A. L., de scirrho et carcinomate mammarum. 4. Landsh. 819. Weber in Münch. 8 gr.**

Broer, Franz Josef, aus Gesecke i. W.: **Über Schnenplastik.** *Würzburg 1901: Memminger.* (27 S.) 8°
Würzburg, Med. Diss. v. 1901

Broer, *Franz Wilhelm* [aus Geseke in Westf.]: Über Fremdkörper in der Vagina m. bes. Berücks. e. in d. Greifswalder gynäkolog. Klinik beobacht. Falles ... Greifswald, Druck v. C. Sell. 1894; 28 S., 2 Bl. 8.
Greifswald. Med. Fak., Inaug.-Diss. v. 19. Febr. 1894

Broere, C., Hugo Grotius' Rückkehr zum katholischen Glauben. Aus dem Holländ. von Ludw. Clarus. Hrsg. von Frz. Xav. Schulte. gr. 8. (XV, 240 S.) Trier 871, Lintz' Verlag.

Broering, Julius [Oldenburgiensis]: Quaestiones Maximianeae ... Monasterii, ex typogr. Theissingiana, 1893; 43 S., 1 Bl. 8.
Münster, Phil. Fak., Inaug.-Diss. v. [18. Dez.] 1893

Bröring, Jul., Das Saterland, s.a. Schriften d. Oldenburger Landesvereins f. Altertumskunde u. Landesgeschichte.

Das Saterland. Eine Darstellung von Land, Leben, Leuten in Wort u. Bild von Dr. Julius **Bröring**. T. 1. Oldenburg 1897: G. Stalling. 8° [F.]
— **Schriften** d. Oldenburger Landesvereins f. Altertumskunde u. Landesgeschichte. 15. [07. 17336

Bröring, Julius: Das Saterland. Tl. 1., s.a. Schriften des Oldenburger Vereins für Altertumskunde...

Bröring, Julius: Das Saterland. Tl. 2., s.a. Schriften des Oldenburger Vereins für Altertumskunde...

Das Saterland. Eine Darstellung von Land, Leben, Leuten in Wort und Bild v. Julius **Bröring**. Tl. 1. Mit Titelbild und 12 Abb. Oldenburg. 1897; Tl. 2, ebd. 1901. 8⁰. = Bericht über die Thätigkeit des Oldenburger Landesvereins für Altertumskunde und Landesgeschichte, H. 9 u. 11 (Schriften des Oldenburger Landesvereins, Tl. 15 u. 21).

Broermann, Karl, Erz u. Metall. Bilder u. Gestalten aus dem vielverkannten Ruhrtale. (214 S.) gr. 8. Mülheim-Ruhr (907). J. Bagel. 1.80; geb. 2.50

Hubbelspöhn. En drollige Vertell öwer un in Möll'msch Platt van em Möll'msche Jung. (Verf.: **Karl Broermann**, Lehrer.) *Mülheim a. d. Ruhr: M. Hegner 1904.* (96 S.) 8° [F.] [04. 3097

Broermann, Karl, aus siebenjähriger Kriegsnot. 2 kulturgeschichtl. Erzählgn. (236 S. m. Abb.) kl. 8. Regensburg 910. J. Habbel. Geb. in Leinw. 2.—.

— Lebenswirren. Volksgeschichten. (208 m. Abb.) kl8° Ebd. ('11). L 2 — d

— Männer d. Tat. Vorbilder f. jung u. alt. (4, 304 m. 7 Vollbild.) gr8° Ebd. ('12). L 4 — d

Brors, A., C. Ss. R., der hl. Clemens Maria Hofbauer aus dem Redemptoristen-Orden. Kurzes Leben des Heiligen nebst e. Novene, Meßandacht u. Gebeten. 2—3. Aufl. (136 S. m. 10 Abbildgn. u. 1 Farbdr.) 16. M.Gladbach, 909. B. Kühlen. — 40; geb. — 60

Brors, A., C. SS. R., kleines illustr. Lebensbild des hl. Gerard Maria Majella, Laienbruders aus dem Redemptoristen-Orden. Mit e. Meßandacht u. Gebeten. Neu bearb. 7. Aufl. (112 S. m. farb Titelbild.) 16. M.-Gladbach 905. B. Kühlen. n. — 30; geb. in Leinw. n. — 50

— Kleines illustriertes Lebensbild des hl. Gerard Maria Majella, Laienbruders aus dem Redemptoristen-Orden. Mit e. Meßandacht u. Gebeten. Neu bearb. 8. verm. Aufl. (128 S. m. farb. Titelbild.) 16. Ebd. (905). — 30; geb. in Leinw. — 50

Unterbach. Eine ortsgeschichtl. Plauderei, zugl. e. Beitrag z. Geschichte d. Bergischen Landes von Franz Jos. **Brors**. Düsseldorf: Selbstverl. 1910 140 S. 8° [11. 16434 5

Brors, Franz Xaver

Brors, Fr. X., S. J., modernes ABC f. Katholiken aller Stände. Kurze Antworten auf die modernen Angriffe gegen die kathol. Kirche. gr. 16. (367 S.) Kevelaer (902). Butzon & Bercker. — 60

— dasselbe. 21.—30. Taus. Verb. u. verm. Aufl. gr. 16. (419 S.) Berlin (902). Verlag Leohospiz. — 60

Modernes A.B.C für Katholiken aller Stände. Kurze Antworten auf d. modernen Angriffe gegen d. kath. Kirche von Fr. X. **Brors**, S. J. 2. verb. u. verm. Aufl. *Kevelaer: Butzon & Bercker (1902).* (413 S.) 8° [F.] [02. 1684

— dasselbe. 3. verb. u. verm. Aufl. gr. 16. (419 S.) Kevelaer (902). Butzon & Bercker. — 60; in Leinw. 1. —

Modernes **ABC** für Katholiken aller Stände. Kurze Antworten auf d. modernen Angriffe gegen d. kath. Kirche. Von Franz X[aver] **Brors**, S. J. 91.–100. Taus., verb. u. verm. Aufl. *Berlin: Leohospiz [1903].* (209 Bl.) 8° [F.] [04. 3718

Modernes A. B. C. für Katholiken aller Stände. Kurze Antworten auf d. modernen Angriffe gegen d. Kath. Kirche von Fr[anz] X[aver] **Brors**, S. J. Verb. u. verm. Aufl. 111.–120. Taus. *Kevelaer: Butzon & Bercker [1903].* (413 S.) 8° [03. 9123

Brors, Fr. X., S. J., modernes A-B-C f. das katholische Volk. Kurze Antworten auf die zahlreichen Angriffe gegen die kathol. Kirche. Neueste u. vollst. umgearb. Aufl. 121—180. Taus. (640 S.) 16. Kevelaer (910). Butzon & Bercker. Geb. 1.50

Brors, Fr. X: Modernes A-B-C f. d. kathol. Volk. Kurze Antworten auf d. zahlreichen Angriffe gegen d. kathol. Kirche. 131—140. Taus. (636) 16° Kevel., Butzon & B. ('11). 1.20; kart. 1.50; geb. 2 — (Pp.) d

— Braut u. Bräutigam, s.a. Aufwärts.

Brors, Fr. X: Braut u. Bräutigam. (23) kl8° Ess., Fredebeul & K. '08. — 10 (Partiepreise) d

— Gottes Garten, s.: Aufwärts.

Gnaden-Novene zu Ehren der hl. Gottesmutter Maria, nebst e. Anh. d. gewöhnl. Gebete von Fr[anz] X[aver] **Brors** S. J. Essen-Ruhr: Fredebeul & Koenen 1904. (VIII, 111 S.) 8° [F.] [06. 5489

— Unser Gott, s.: Aufwärts.

— Der hl. Clemens Maria Hofbauer, s.: Aufwärts.

— Jesus v. Nazareth, s.: Aufwärts.

— Die Kinder des hl. Sakramentes, s.: Aufwärts.

— s: Kommunionkind werde heilig!

— Zum Licht, s.: Aufwärts.

— Meine Mutter, s.: Aufwärts.

— Persönlichkeit, s.: Aufwärts.

— Eine edle Phantasie, s.: Aufwärts.

— Die Vorbereitg auf d. hl. Firmg nebst Beicht- u. Kommuniongebeten f. d. Firmtag. (192) 16° Paderb., Bonifacius-Dr. '12. — 30 d

— die Wahrheit. Apologetische Gespräche f. Gebildete aller Stände. 2 Tle. 1.—4. Aufl. 8. Ebd. 900. 901. n. 1.75; in 1 Leinw.-Bd. 2.75
1. Der Kampf um die Wahrheit. (à 137 S.) — 75
2. Der Sieg der Wahrheit. (à 163 S.) 1. —

— die Wahrheit. Apologetische Gespräche für Gebildete aller Stände. 2 Tle. 8. Kevelaer, Butzon & Bercker. n. 1.75; in 1 Leinw.-Bd. n. 2.50
1. Der Kampf um die Wahrheit. 6. verb. u. verm. Aufl. (144 S.) 905. n. — 75
2. Der Sieg der Wahrheit. 5. u. 6. Aufl. (à 163 S.) (902. 905.) n. 1. —

— Die Wahrh. Apologet. Gespräche f. Gebildete aller Stände. 2 Tle. 8° Kevel., Butzon & B. 1.75; in 1 L.-Bd 2.50 d
1. Der Kampf um d. Wahrh. 7. Afl. (141) '05. — 75 ‖ 2. Der Sieg d. Wahrh. 5. Afl. (163) ('02.) 1 —

— Die Wahrheit. Apologetische Gespräche f. Gebilde aller Stände. (2 Tle.) 2. Tl. Der Sieg der Wahrheit. 7. Aufl. (168 S.) kl. 8. Kevelaer (910). Butzon & Bercker. 1 —

— Die Wahrh. Apologet. Gespräche f. Gebildete aller Stände. (2 Tle.) 2. Tl. Der Sieg d. Wahrh. 8. Afl. (163) kl8° Kevel., Butzon & B. ('10). 1 — d

— Was wird aus meinem Kinde werden, s.: Aufwärts.

— Ein Wunder, s.: Aufwärts.

Broers, Prof. J. C., Observationes anatomico pathologicae. Fol. maj. (Mit 4 Steintaf.) Lugduni Batav. 839. Luchtmans. (Lipsiae, T. O. Weigel.) n. 6 ₰

Brorson, A. W., Gesch. d. neuesten Weltbegebenheiten, v. 1806 bis zum Frieden in Amiens rc. gr. 8. Leipz. 806. W. Vogel. 2 ₰ (vergl. Millot, Universalhistorie, 13r Bd.)

— s. 1) Ovidii Metamorphos. 2) Plinii Panegyr. 3) Sallustii bellum Catilin. 4) Scriptores histor. latini.

Brorström, Th., akute Kinderlähmung u. Influenza u. deren Auftreten im Bez. Tingsryd in Schweden in den J. 1905, 1906, 1907 u. im Frühj. 1908. (XII, 294 S.) gr. 8. Leipzig 910. G. Thieme. 6. —

Broes, B., oratio de literarum sacrar. studio, praecipue Theologi munere. 4. Leyd. 784. Luchtmans.

Broes, Pieter. Der nachdenkende Christ, aus dem Holl. übers. Bremen 1783 —85. Ü: *Rochusen, Reinhard.* (ML)

Broes, Pt., der nachdenkende Christ; aus d. Holländ. v. R. Rahnsen. 2 Stcke. 8. Brem. 784. Müller. 18 ℊ

Broes, Pet., d. nachdenkende Christ, a. d. Holl. 3 Stck. 8. Bremen, Müller. 784.

Brosamen. Nr. 1—15. 16. Calw u. Stuttg., Vereinsbuchh. à Nr. * — 20

1. Monod, Thdr. Der Christ u. sein Kreuz. Nach dem Französ. 2. Aufl. (36 S.) 889.
2. —— Aufsehen auf Jesum. Nach dem Französ. 2. Aufl. (24 S.) 889.
3. Ich bin es! od. d. Herrn Stimme im Sturm. Nach dem Engl. d. Newman Hall. 3. Aufl. (52 S.) 889.
4. Seid ihr heilig? Nach dem Engl. v. J. C. Ryle. 2. Aufl. (43 S.) 889.
5. Monod, Adf. Könnt ihr ruhig sterben? 2. Aufl. (56 S.) 889.
6. Jessikas erstes Gebet. Eine Erzählg. f. Kinder. Nach dem Engl. v. H. Stretton. 3. Aufl. (64 S.) 889.
7. Der Arzt. Erzählung f. Leidende. 2. Aufl. (39 S.) 889.
8. Moser, Frhr. F. C. v. Doktor Leidemit. Fragmente aus seiner Reise durch die Welt. 2. Aufl. (68 S.) 889.
9. Bengel, Joh. Albr. Die rechte Weise, m. göttlichen Dingen umzugehen. 2. Aufl. (36 S.) 889.
10. Kleine Dinge. Nach dem Engl. (59 S.) 889.
11. Claus, Wilh. Kätherle Ruckwid v. Mägerkingen. (32 S.) 890.
12. —— Annagraitle. Züge aus dem Leben e. Stillen im Lande. (60 S.) 890.
13. Moser, Frhr. F. C. v. Gottes Führung im Alten Testament. [1723—98]. 2. Aufl. (92 S.) 890.
14. O selige Weihnachtszeit. Lieder u. Gedichte f. Kinder, nebst e. Liturgie zur Weihnachtsfeier. (39 S.) 890.
15. Gebete u. Lieder f. Kinder. (32 S.) 890.

Brosamen: 1910—1937?

Juvenile quarterly. Organ of Die Deutsche Evangelisch-Lutherische Synode von Missouri u. a. Staaten. English edition bears title, CRUMBS. Octavo, each issue 8 pages. Edited by the Rev. Adolf T. Hanser, & published by Lutheran Publishing Co.

Buffalo, NY

Brosamen aus den Allianz-Versammlungen in Basel vom 4. — 11. April 1875. 192 Stn. 12. Basel, C. F. Spittler.

Brosamen aus der Geschichte geistlicher Lieder und Liederdichter. Eine Schrift für Kirche, Schule und Haus . . . Landau 1858. V: *Culmann, Philipp Theodor.* (ADB 11, 22) (Zu)

Brosamen aus der Geschichte geistlicher Lieder und Liederdichter. Eine Schrift für Kirche, Schule und Haus, mit Berücksichtigung der evangelischen Gesangbücher des Elsasses u. der Pfalz. Landau 858. Kaußler. gr. 8. (4 Bl., 248 S.) n. 15 ngr

Brosamen, pädagog. Monatsblatt f. Mitteilgn u. Anzeigen a. d. Arbeit d. Schule, d. Schulaufsicht u. Lehrerbildg. Mit regelmäss. Beitr. v. F Polack. 1—3. Jahrg. 1898—1900 à 12 Nrn. 8° (1898, Nr. 1. 28) Wittnbg, R Herrosé. à Jahrg. 1.50

Brosamen, pädagogische. Monatsblatt f. Mitteilgn. u. Anzeigen aus der Arbeit der Schule, der Schulaufsicht u. Lehrerbildg. Mit regelmäß. Beiträgen v. Fr. Polack. Red.: H. Herrosé. 2.—5. Jahrg. 1899—1902. à 12 Nrn. gr. 8. (IV, 372; IV, 360; IV, 344 u. IV, 376 S.) Wittenberg, R. Herrosé. à Jahrg. 1. 50

Brosamen, pädagogische. Monatsblatt für Mitteilgn. u. Anzeigen aus der Arbeit der Schule, der Schulaufsicht u. Lehrerbildg. Hrsg. v. Fr. Polack. 6. Jahrg. 1903. 12 Nrn. (IV, 364 S.) gr. 8. Wittenberg, R. Herrosé. n. 1. 50; geb. n. 2. 20

— dasselbe. 7. u. 8. Jahrg. 1904 u. 1905 à 12 Nrn. (IV, 380 u. IV, 380 S.) gr. 8. Ebd. à Jhrg. n. 2. —; geb. n. 2. 70

Erscheint nicht mehr.

— a. d. Schatzkammer uns. hl. Religion f. d. Kleinen, od. kurzer u. prakt. Religionsunterricht f. d. Schüler d. Vorbereitungsklasse d. deut. Volksschule. Von e. prakt. Katecheten. 8° (62) Donauw. 91, L Auer. — 30

Brosamen a. der Schatzkammer uns. hl. Religion f. die Kleinen, od. kurzer u. prakt. Religionsunterricht f. die Schüler d. Vorbereitungsklasse d. deutschen Volksschule. V. e. prakt. Katecheten. gr. 8. (62 S.) Donauwörth 895. L. Auer. n. — 30

— 2. Aufl., s.: Sei getreu!

Brosamen, aus den Schriften d. Gesalbten. N. Aufl. 12. Nürnb. 819. Raw. 6 ℊ

Brosamen aus d. Schriften eines Gesalbten. Neue Aufl. 12. (5 B.) Nürnberg 841, Raw'sche Buchh.

Brosamen aus den Schriften eines Gesalbten. 4. Aufl. Nürnberg 1854. V: *Gossner, Johann Evangelist.* (Russell VIII, 1291)

Brosamen aus den Schriften eines Gesalbten. 4., unveränd. Aufl. 24. (110 S.) Nürnberg 854, Raw'sche Buchh.

(U.-Titel:) Sieben Brosamen ' für jede christliche Seele, welche Gott innig zu lieben, ihr Seelenheil eifrig | zu wirken und zur ewigen Seligkeit einzugehen | wahrhaft bestrebt ist. *(Text).*
Kol.: Gedruckt bei Friedrich Pustet in Regensburg.
o. J., 4 S. n. n., 162 × 100.
Diöz.-B. Rottenburg.
Autor: Jos. H.

Brosamen von des Herrn Tisch. Ein evangelisches Monatsblatt aus Biel. 4. Jahrg. 1891. (12 N°). Hrsg. von *F. Schlachter.* N° 1. In-8°. 24 S. Biel, Exped. der „Brosamen". Jährlich 1 — Für Deutschland Mk. 1 —

Brosamen aus Gottes Wort. 100 Ziehblätter. 64. Basel 874. Spittler. In Futteral. n. — 70

Brosamer's, Hans, Kunstbuechlein. Nach d. Exemplare d. Königl. Kupferstich-Cabinets im Lichtdruck nachgebildet v. A. Frisch. 4. (39 S.) Berlin 878. Wasmuth. cart. m. Goldschn. n. 10. —

Brosamer's, Hans, Kunstbuechlein. Nach dem Exemplare des königl. Kupferstich Cabinets im Lichtdr. nachgebildet von A. Frisch. 4. (39 S.) Berlin 879, Wasmuth. cart. mit Goldschn. *

Brösamlen, Richard: Beitrag zur Kenntnis der Gastropoden des schwäbischen Jura. Stuttgart: Schweizerbart 1909. S. 177—321. 4° ¶ (Aus: Palaeontographica. Bd 56.)
Tübingen, Naturwiss. Diss. v. 9. Nov. 1907, Ref. v. Koken
[Geb. 20. Juni 84 Göppingen; Wohnort: Tübingen; Staatsangeh.: Württemberg; Vorbildung: Gymn. Tübingen Reife M. 03; Studium: Tübingen 7, Berlin 1 S.; Coll. 9. Nov. 07.] [U 10. 4230

Brosböll, Carl, s.: Etlar, Carl.

Brosch, Ant.: Die Gesundheitskontrolle durch d. Organsinn. (8, 40) Lex8° Wien, F Deuticke '10. 1.25 ‖ 2. Afl. (9, 67) '12. 2 —

— Das subaquale Innenbad u. d. Kulturkrankh. (Enteromegalia supercana). Beitrag z. modernen Normo- u. Makrobiotik. (7, 100) Lex8° Ebd. '10. 3 — ‖ 2. Afl. (5, 114 m. Abb.) '12. 3 —

BROSCH ANTON, k. k. Regimentsarzt, Protektor, Privatdozent: Die Selbstmörder. Mit besonderer Berücksichtigung der militärischen Selbstmörder und ihrer Obduktionsbefunde: Leipzig und Wien, Franz Deuticke 1909, IX u. 192 S. Lex. 8°. — Rec.: Stier, Viertelj. f. gerichtl. Med., Bd. 40, 1910, pp. 100—101. — G. Ilberg, Monatsschrift f. Kriminalpsych., VI, 1910, S. 381.

Brosch, C. W., die epidem. Cholera ihrem Wesen nach betrachtet. Ein Beitr. z. Diagnostik ders. gr. 8. (1 B.) Prag 832, Borrosch u. André.

Brosch, F: Salzkammergut. Salzburg—St Wolfgang—Ischl. Hallstatt—Aussee—Solzthal. Ischl—Gmunden—Attnang, s: Hondschel's Luginsland.

Brosch Franz: The English tonic Accent. 20. Kremsier d. LR. 93. Progr.

Brosch, Franz (Red.), s. Volksbote, Der.

Brosch, Julius [app. Arzt aus Rastenburg]: Zwei Fälle von Sarkom, die von den Weichtheilen der Thoraxwand ausgehen.... Würzburg. A. Boegler'sche Buchdr., 1890: 25 S., 1 Tab., 1 Taf. 8°
Würzburg. Med. Fak., Inaug.-Diss. v. 1890

Brosch, L., Giacomo Favretto. (S. 37—52 m. Abb. u. 5 Taf.) 36×27 cm. München 901. F. Hanfstaengl. 4. —
Sonderabdruck aus „Die Kunst unserer Zeit".

— Führer durch Venedig. Praktisches Taschenbuch. (IV, 94 S. m. 1 Plan.) kl. 8. Innsbruck 907. Wien, A. Edlinger. — 80

— Cesare Laurenti. (S. 97—116 m. Abbildgn. u. 6 Taf.) 36×27 cm. München (902). F. Hanfstaengl. 4. —
Sonderabdruck aus „Die Kunst unserer Zeit".

Brosch, Mor., Lord Bolingbroke u. die Whigs u. Tories seiner Zeit. gr. 8. (X, 333 S.) Frankfurt a/M. 883. Literar. Anstalt, Rütten & Löning. n. 7. —

Brosch, Mor., Oliver Cromwell und die puritanische Revolution. gr. 8. (X, 526 S.) Frankfurt a. M. 886, Literar. Anstalt, Rütten und Loening. *

Brosch, M., Geschichte v. England. 6. Bd., s.: Geschichte der europäischen Staaten.
Bd. 1 u. 2 ist von J. M. Lappenberg u. Bd. 3—5 von R. Pauli bearb.

— dasselbe. Register. gr. 8. (158 S.) Gotha 898. F. A. Perthes. n. 4. —

Brosch, M., Geschichte des Kirchenstaates, s. a. Geschichte der europäischen Staaten.

Brosch, Moritz. Geschichte des Kirchenstaates. XVI. Jahrhundert bis 1870. Mit Register. (Aus: „Heeren und Ukert. Geschichte der europäischen Staaten".) (2 Bde.) 8. Gotha 1880—1882.

Brosch, Mor., Geschichten aus dem Leben dreier Großwesire. gr. 8. (VII, 191 S.) Gotha 899. F. A. Perthes. n. 3. 60

Brosch, Mor., Papst Julius II. und die Gründung des Kirchenstaates. gr. 8. (IX, 364 S.) Gotha 878, F. A. Perthes. *

BROSCH, Rudolf
Das Stossfechten italienischer Schule, von Rudolf Brosch. Wien. [1901.] Seidel & Sohn. Gr.-8°. 119 S. K 5.—

Broscha, Franz Vinzenz: Populäre Heilkunde, oder: Der Mensch nach seiner leiblichen und geistigen Natur, im gesunden wie im kranken Zustande. Ein Hilfsbuch zur Selbstkenntniß und Selbsterhaltung für alle Stände. 267 S., gbd.

Wien: Wallishausser 1845

Brosche, Johann (Nepomuk Joseph): Beiträge für eine allgemeine Naturlehre der Pflanzen, Thierkörper und des Menschen überhaupt, und unserer vorzüglichsten Haus-Säugethiere insbesondere.

Wien: typ. Grund 1817
Heft 1: Brosche, J. (N. J.): Eine nach einem und demselben urbildlichen Muster auf Einheitsgesetze entworfene Darstellung der eigentlichen Grundlagengebilde der Vögel, der Säugethiere und des Menschen. 1817

— — Beiträge für eine allgemeine Naturlehre der Pflanzen, Tierkörper und des Menschen überhaupt und unserer vorzüglichen Haussäugetiere insbesondere. 1. Heft, enth. eine Darst. der eigentl. Grundlagengebilde der Vögel, der Säugetiere und des Menschen. Mit 12 Tafeln u. 3 Kpf. gr. 8. Wien 17. (Dresden, Arnold.) M. 1.50

— — Beyträge für eine allgemeine Naturlehre der Pflanzen, Thierkörper und des Menschen überhaupt und unserer vorzüglichsten Haus-Säugethiere insbesondere. gr. 8. (16 Heft). Wien. (Leipzig, Hartmann.) 817.

Brosche, Johann (Nepomuk Joseph): Einige Bemerkungen über Thierarznei-Wissenschaft, als Programm...bei dem Antritte der Professur der praktischen Thierheilkunde und des Direktorats der Thierheilanstalt an der Königl. Sächs. chirurg.-medicinischen Akademie in Dresden. 15 S., gbd.

Dresden: typ. Gärtner 1817

— einige Bemerkk. über Thierarznei-Wissenschaft, als Programm. gr. 4. Dresd. 817. (Arnold). 4 gr.

Brosch., J., einige Bemerkungen über Thierarzney-Wissenschaft als Programm. gr. 4. Dresden. (Leipzig, Hartmann). 817.

— Beurtheilung u. Erkenntniß d. Beschaffenheit des äußern lebenden Pferdes od. d. sogenannte Exterieur desselben. 1r Bd. gr. 8. Wien 812. (Gerold). 1 Thlr 12 gr. (Haas). 16 gr.

— — Beurtheilung und Erkenntniß der Beschaffenheit des äußern lebenden Pferdes od. das sogenannte Exterieur desselben. 1r Band. gr. 8. Wien. (Leipzig, Hartmann.) 812.

Brosche, J. N., Beurteilung u. Erkenntnis der Beschaffenheit des äussern lebenden Pferdes. I. Bd. Wien 13. Gerolds S. M. 3.75

Brosche, Joh., Beurtheilung u. Erkenntniß d. Beschaffenheit d. äußern lebenden Pferdes. 1r Bd. gr. 8. Wien, Doll. 814.

Brosche, Johann (Nepomuk Joseph): Eine nach einem und demselben urbildlichen Muster auf Einheitsgesetze entworfene Darstellung der eigentlichen Grundlagengebilde der Vögel, der Säugethiere und des Menschen. 90 S., gbd., Abb., Tab.

Wien: typ. Grund 1817
(Brosche, J. (N. J.): Beiträge für eine allgemeine Naturlehre der Pflanzen, Thierkörper und des Menschen überhaupt, und unserer vorzüglichsten Haus-Säugethiere insbesondere. Heft 1)

Brosche, Johann Nep(omuk) Joseph: Ueber die Drehkrankheit der Schafe, als Beantwortung der für diese von der Hochansehnlichen k.k. Landwirthschafts-Gesellschaft in Wien am 31. Jänner 1824 ausgesetzten Preisfrage. 56 S., gbd.

Wien: Beck 1827

— über d. Drehkrankheit d. Schaafe, hinsichtl. d. dagegen angestellten Versuche d. Brennens mit d. rothglühenden Eisen. 8. Wien (824.) Gerold. 6 gr.

Brosche, Johann (Nepomuk Joseph): Handbuch der Hippotomie. Als Leitfaden zu Vorlesungen am kais. königl. Militär-Thierarzneyinstitute zu Wien. Bd 1, 258 S., gbd.

Wien: Wallishausser 1811

— Handbuch d. Zergliederungskunde des Pferdes, als Leitfaden zu Vorlesungen am k. k. Thierarzneiinstitute in Wien. 2 Thle. gr. 8. Wien 812, 13. (Gerold). 2 ℛ 12 ℊ (Haas). 1 ℛ 8 ℊ

Brosche, Johann (Nepomuk Joseph): Handbuch der Zergliederungskunde des Pferdes als Leitfaden zu Vorlesungen am kais. königl. Thierarznei-Institute in Wien. Bd 2: Besondere Muskellehre, für Thierärzte. 196 S., gbd., Abb., Tab.

Wien: typ. Grund 1813

— Handb. d. Zergliederungskunde d. Pferdes. 2 Bde. mit K. gr. 8. Wien. (Leipz. Weygand in Comm.) 814.

— d. Maul- u. Klauenseuche d. Rinder, Schaafe, Ziegen u. Schweine, ihre Erscheinungen, Ursachen, Natur u. Weiterverbreitung, die gegen dieselbe angewandte ärztl. Behandlung u. anderweitige Maßregeln, so wie deren Resultate. 8. Dresd. 820. Arnold. 6 ℊ

Brosche, Joh. Nep. Jos., Schädlichkeiten, welche insbesond. auf edle u. veredelte, zur Zucht bestimmte Schafheerden — Krankheiten u. Seuchen unt. dens. verursachend — einwirken, u. Gebr. d. Thermometers in Schafställen, um e. angemess. Temperatur in dens. f. Schafe zu unterhalten. gr. 8. (2 B.) Wien 838, (Mayer u. Comp.)

Brosche, Joh. Nep. Jos., I. Ueber die Trommelsucht d. Rind- u. Schafviehes, hinsichtl. d. dageg. angest. Versuche d. Entleerung d. Gasart durch Schlund u. Maul aus d. ersten u. zweyten Magen dies. Thiere, mittelst e. zu dies. Zwecke in England zuerst erschien., gegenwärtig in Deutschland noch wenig bekannten elast. Röhre; nebst Bekanntmachung e. verbess., leicht tragbaren Klystier-Apparats. gr. 12. (5 B. u. 3 Stnt.) Wien 828, Gerold.

Brosche (Hrsg.), s. Zeitschrift für Natur- und Heilkunde.

Broschinski, Friedrich

Broschinski, Fr., Beschreibungen nebst Zeichnungen v. Laufübungen, Turnspielen, Gesang-Reigen usw. [Aus: „Zur Theorie u. Praxis des Turnwesens u. der körperl. Erziehg."] (32 u. Abbildgn. 20 S.) gr. 8. Hilchenbach (892). (L. Wiegand). — 80

Broschinski, F., die Einübung e. Gesang-Reigens nach dem Liede: „Ich hab' mich ergeben m. Herz u. m. Hand". Beigabe zu: „Aus der Schule — f. die Schule", gr. 8. (16 S. m. Fig.) Hilchenbach 889. Wiegand. n. — 20

Broschinski, Fr., unsere Hohenzollern, Brandenburg-Preußen u. das Deutsche Reich. Beiträge zum unterrichtl. Verständnis der vaterländ. Geschichte. gr. 8. (64 S.) Soest 899. F. Kurtze's Wwe. n. — 80

Broschinski, Fr., der menschl. Körper, ein mechanischer, chemischer u. motorischer Apparat. Kurzgefaßtes Lernbuch f. den Unterricht in der Anatomie, Physiologie, Turn- u. Samariterkunde. (Der Anh. enthält die Grundzüge der Körper-Erziehungslehre.) (XIII, 105 u. 2 S.) 8. Arnsberg 904. F. Stahl. Geb. in Leinw. n. 2. —

— Spielkanon. Wertvolle Turnspiele u. volkstüml. Übgn. in ihrer natürl. Folge u. Regelnentwickelg. Für einfache Schul- u. Vereins-Einrichtgn. bearb. (XL, 176 S.) 8. Leipzig 909. Dürr'sche Buchh. 2.30; geb. 2.80

Broschinski, Fr., Spielkanon. Jetzt: Berlin, Union, Zweigniederlassg.

Broschinski, Friedrich, Zur Theorie und Praxis des Turnwesens und der körperlichen Erziehung, Als Jber. üb. d. Betrieb d. Schul- u. Vereinsturnens sow. d. Jugend- u. Volksspiele, Hilchenbach 1892 u. 93, 8°.
T. 1: Theoretische Grundlagen, XV u. 60 S.
T. 2: Aus der Praxis — für die Praxis, XVII u. 252 S.
Warum, was und wie turnen wir? Erläuterung z. „Schematischen Darstellung d. allgemeinen Turnkunde", Soest, 8°. 3 Bde.

Warum, was und wie turnen wir? Erläuterung zu d. beigefügten schemat. Darstellung d. allgem. Turnkunde von Fr. Broschinski. Soest: Selbstverl. [um 1892]. (8 Bl., 1 Tab.) 4° [F.] [05. 8505]

Broschmann, Martin: Lexikalische Beiträge zu Herodot. *Zwickau 1898: R. Zückler.* (52 S.) 4°
Zwickau, G, OP 1898 (572)

Broschmann, Martin, Dr.: Supplementum lexici Herodotei alterum. Accedit novum lexici Herodotei specimen. Leipzig 1904: B. G. Teubner. (24 S.) 4°
Zwickau, G OP 1904 (637)

Broschmann, Mart., de γαρ particulae usu Herodoteo. Dissertatio inauguralis. gr. 8. (VIII, 89 S.) Leipzig 882, (Fock.) **

Arkolay's Broschüre, besprochen von einem süddeutschen Offizier. Berlin 1869. 8°. — Beigedr.: Der Untergang Süddeutschlands, strategisch unwiderlegbar bewiesen von Arkolay. Besprochen von einem preuß. Offizier. (Verm. Jähns.)

Broschüre der Königin Isabella II. von Spanien gegen die Urheber der spanischen Revolution, sowie gegen ihren Schwager, den Herzog von Montpensier, und die Mitglieder der Familie Orleans. gr. 8. (52 S.) Berlin 868, Allgemeine deutsche Verlags-Anstalt.

Broschüre, Die, des französischen Staatsrathes Laguerronière: Der Papst und der Congress vor dem Tribunal des gesunden Hausverstandes. [Wien 1860.] V: *Jarisch, Ant.* (EB)

Pferdeschutz-Vereinigung über ganz Deutschland. (E. V.) Broschüre No 1. (Berlin 1907: A. W. Hayn's Erben.) 8° [F.] [07. 8151]

— Nr. 1 der Pferdeschutz-Vereinigung üb. ganz Deutschland (E. V.). kl. 8. Berlin, (A. W. Hayn's Erben). — 20
Ueber Pferdebehandlung. An alle Kutscher, Pferdeführer u. Leute, die sonst m. Pferden zu tun haben. Von Fr. Otto Schumacher. 3. Aufl. (10—15. Taus.) (16 S.) 908.

Broschüre Nr 1 d. Pferdeschutz-Vereinigg üb. ganz Deutschld. kl8° Berl., AW Hayn's Erben. d
Schumacher, Fr. Otto: Ueb. Pferdebehandlg. 5. Afl. (16) '11 [1] — 20

Reichsverband altkatholischer Jungmannschaften. Broschüre Nr. 1. München 1906: Bach. 8° [09. 10550]

Broschüre Nr. 1—7 des Reichsverbands altkatholischer Jungmannschaften. Hrsg. vom Verbandsvorstande. kl. 8. München. Kempten, Reichsverband altkathol. Jungmannschaften. — 65
1. Satzung d. Reichsverbandes altkatholischer Jungmannschaften. (13 S.) 908. — 05
2. Gründung, die, des Reichsverbandes altkatholischer Jungmannschaften. I. Bericht üb. die I. Generalversammlg. zu Mannheim am Ostersonntage, den 15. IV. 1906. II. Zwei Vorträge vom gleichen Tage: a) Zirngiebl, Eberh., das Laientum in der altkathol. Beweg. b) Kassebeer, Aug., Erfolge der Vereine junger Christkatholiken der Schweiz. (40 S.) 908. — 20
3. Liederbuch, unser. 190 Lieder, zusammengestellt u. hrsg. vom Verbandsvorstande. (XV, 128 S.) 907. — 80
4. Der Altkatholizismus. Eine kurze Antwort auf die Frage nach seiner Entstehg., seiner Absicht, seinen Erfolgen, seinem Schicksal, seiner Zukunft. Von E. K. Zelenka. (20 S.) 906. — 10
5. Satzung u. Geschäftsordnung der Jungmannschaften (15 S.) 907. — 10
6. Adressenverzeichnis der alt(christ)kathol. Jungmannschaften Deutschlands u. der Schweiz. (23 S.) 907. — 20
7. Altkatholisches Handbüchlein. Von E. K. Zelenka. 6. Ausg. nach dem Stande vom 1. VIII. 1907. (72 S.) 907. nn — 25
Fortsetzg., s.: Schriften.

Broschüren für Accidenzsetzer. 1. Heft. hoch 4. Frankfurt a/O. (903). (Leipzig, G. Hedeler.) n. 1. —
Neue Ornamentierungsformen. Ästetische Linienbestrebgn. im modernen Accidenzsatz. Beispiele aus der Praxis. Von Alfr. Wendler. (16 S. m. 8 Taf.)

Broschüren,

— Frankfurter zeitgemäße. Neue Folge, in Verbindung mit Joh. Janssen u. Fr. Hülskamp hrsg. v. Paul Haffner. 1. u. 2. Bd. à 10 Hfte. gr. 8. Frankfurt a/M. 879—82. Foesser. pro Bd. v. 10 Hftn. 2. —; Einzelpr. à n. — 40
I. 1. Goethe's Faust als Wahrzeichen moderner Cultur. Von Paul Haffner. (40 S.)
2. Der Darwinismus eine geistige Epidemie. Von G. Frhr. v. Hertling. (34 S.)
3. Die Nationalstiftungen des deutschen Volkes in Rom. Von A. de Waal. (32 S.)
4. Ueber Roman u. Romanlectüre. Von Heinr. Bone. (26 S.)

5. Gräfin Ida Hahn-Hahn. Eine psycholog. Studie von Paul Haffner. (34 S.) Feine Ausgabe mit lith. Portr. n. 1. —
6. Kaiser Friedrich II. Eine Lebens- u. Charakterskizze von Matthias Höhler. (36 S.)
7. Freimaurerei u. Bühne von Ph. Wasserburg. (26 S.)
8. Die Schul- u. Kinderfeste im Mittelalter von Frz. Falk. (20 S.)
9. Thomas von Aquin u. die europäische Civilisation. Von Fr. Hettinger. (33 S.)
10. Der Socialismus im Zeitalter der Reformation. Von Fr. Ibach. (32 S.)

—— dass. — 2. Bd. 10 Hefte. gr. 8. Frankfurt a. M. 881. Fösser Nachf. à Heft
Preis für den 2. Bd.

Inhalt:

Heft 1. Haffner, Paul, Goethe's Dichtungen auf sittlichen Gehalt geprüft. (32 S.)
" 2. Fischer, Engelbert Lor., über den Pessimismus. (38 S.)
" 3. Bone, Heinr., Das Te Doum. (40 S.)
" 4. Hardetti, Otto, Maryland, die Wiege des Katholizismus und der Freiheit Nord-Amerika's. (31 S.)
" 5. Lerique, Jos., Schule und Socialismus. Eine social-pädagog. Studie. (32 S.)
" 6. Bäumker, Wilh., der Todtentanz. Studie. (31 S. mit 1 Holzschntaf.) Sep.-Ausg. * 50 Pf.
" 7. Hauser, Notker, Toleranz und Intoleranz. (36 S.)
" 8. Hardy, Edm., Hamlet. Ein trag. Charakterbild. (35 S.)
" 9. Walter, Ant., die heilige Musik. (24 S.)
" 10. Schmitz, Herm. Jos., das Volksschulwesen im Mittelalter. (29 S.)

Broschüren, Frankfurter zeitgemäße. Neue Folge, in Verbindung mit Joh. Janssen u. Fr. Hülskamp hrsg. v. Paul Haffner. 3. Bd. 12 Hfte. gr. 8. Frankfurt a/M. 882. Foesser. pro Bd. von 12 Hftn. 2. —; Einzelpr. à n. — 40

1. Der Atheismus als europäische Großmacht. Von Paul Haffner. (33 S.)
2. Christenthum u. Kirche in den Werken Schillers. Von Johs. Moser. (30 S.)
3. Geschichte der Pocken, ein Culturkampf der Medicin. Von Oidtmann. (42 S.)
4. Johannes Tetzel, der päpstliche Ablaßprediger. Von Karl Wilh. Hermann. (46 S.)
5. Das Sechstagewerk. Von Const. Gutberlet. (36 S.)
6. Die Leichenverbrennung unter dem Gesichtspunkte der Volkswirthschaft u. öffentlichen Gesundheitspflege. Von L. Schütz. (20 S.)
7. War Maria Stuart Gattenmörderin? Von Ed. Marcour. (28 S.)
8. Die Elementarschulen im katholischen England. Von Alph. Bellesheim. (30 S.)
9. Das Judenthum in der deutschen Litteratur. Von Jos. Lerique. (34 S.)
10. Schliemann u. seine Entdeckungen auf der Baustelle des alten Troja. Von Edm. Hardy. (28 S.)
11. Reformation u. Revolution. Von Karl Zimmerle. (26 S.)
12. Bischof W. E. v. Ketteler u. die sociale Frage. Von Bernh. Liesen. (36 S.)

—— dass. — 4. Bd. 12 Hefte. gr. 8. Ebendas. 883. à Heft *
Preis für den 4. Bd. *

Inhalt:

Heft 1. Randzeichnungen zu Janssen's Geschichte des deutschen Volkes. (34 S.)
" 2. Reiners, Ad., die Pflanzenwelt in Poesie, Kunst und Cultus. (26 S.)
" 3. Adler, J. B., die Sünden Englands an dem irischen Volke. (28 S.)
" 4. Heinrich, J. B., Franz v. Assisi und seine culturhistorische Bedeutung. (26 S.)
" 5. Baumgarten, Paul M., die deutschen Hexenprozesse. (40 S.)
" 6. Haffner, Paul, das Ignoramus und Ignorabimus der neueren Naturforschung. (28 S.)
" 7. Störmann, B., die Mädchenerziehung in Pensionaten. (28 S.)
" 8. Schauerte, Frz., die Doppelehe eines Grafen von Gleichen. (32 S. mit 1 eingedr. Holzschn.)
" 9. Hettinger, Frz., Dante und Beatrice. (36 S.)
" 10. Schäfer, B., das Diluvium in der Geologie. (29 S.)
" 11. —— das Diluvium in der Tradition der Völker. (22 S.)
" 12. Topp, Frz., Madagaskar. (36 S.)

—— dass. — 5. Bd. 12 Hefte. gr. 8. Ebendas. 884. à Heft *
Preis für den 5. Bd. *

Inhalt:

Heft 1. Röttscher, Adf., die Segnungen der Reformation. (29 S.)
" 2. Schmitz, H. J., der Bettler von Assisi und das Ritterthum, die Poesie und Kunst seiner Zeit. (34 S.)
" 3. Schneider, Wilh., die australischen Eingebornen. (40 S.)
" 4. Cardauns, Herm., Friedrich Spee. (31 S.)
" 5. Aumiller, Geo., die Mysterien der Loge, nach den officiellen Catechismen und eigener Anschauung dargestellt. (33 S.)
" 6. Selbst, Fr. Jos., unsere musikalische Erziehung. (32 S.)
" 7. Haffner, Paul, Voltaire und seine Epigonen. Eine Studie über die Revolution. (40 S.)
" 8. Reiners, Adam, die Springprozession zu Echternach. (28 S.)

Broschüren, Frankfurter zeitgemäße rc.

Heft 9. Roderfeld, H., Galileo Galilei und die römischen Behörden. (28 S.)
" 10. Haffner, Paul, Schlafen und Träumen. (46 S.)
" 11. Röttscher, Adf., die Psalmen. (24 S.)
" 12. Rheinhardt, W., die moderne höhere Mädchenschule. (31 S.)

—— dass. — 6. Bd. 1.—3. Heft. gr. 8. Frankfurt a. M. 884, Fösser Nachf. à Heft *

Inhalt:

Heft 1. Hohenberg, Arth. v., die sociale Frage in dem katholischen Deutschland. (48 S.)
" 2. Kösterus, Friedr., die deutsche Sprache in der Kirche des Mittelalters. Eine culturhistor. Studie. (48 S.)
" 3. Keiter, Heinr., die katholische Poesie in Deutschland seit 1848. (44 S.)

Broschüren, Frankfurter zeitgemäße. Neue Folge, hrsg. von Paul Haffner. 6. Bd. 4.—12. Heft. gr. 8. Frankfurt a. M. 885, Foesser Nachf. à Heft *
Preis für den 6. Bd. *

Inhalt:

Heft 4. Schauerte, Frz., die Conversion der Prinzessin Elisabeth Christina von Braunschweig-Lüneburg-Wolfenbüttel. Eine histor. Studie. (36 S.)
" 5. Schneider, Wilh., die Culturfähigkeit des Negers. (44 S.)
" 6. Aumiller, Geo., die Loge und die Revolutionen Europas. (28 S.)
" 7. Marcour, Ed., Wer hat Magdeburg zerstört? (34 S.)
" 8. Haffner, Paul, J. J. Rousseau und das Evangelium der Revolution. (24 S.)
" 9. Nuber, Benedict, Papst Gregor VII. Seine Zeit, sein Leben und Wirken. (32 S.)
" 10. Walter, Ant., die Kunst im katholischen Gotteshause. (38 S.)
" 11. Weber, Johs., das Alter des Menschen und die Wissenschaft. (39 S.)
" 12. Foesser, Alb., Walther von der Vogelweide. (22 S. mit 1 Illustr.)

—— dass. — 7. Bd. 12 Hefte. gr. 8. Ebendas. 886. à Heft *
Preis für den 7. Bd. *

Inhalt:

Heft 1. Haffner, Paul, die Bacillen des socialen Körpers. Ein historisch-polit. Versuch. (30 S.)
" 2. Röttscher, Adf., Unionsversuche zwischen Katholiken und Protestanten Deutschlands. (40 S.)
" 3. Baumgarten, Paul Maria, zur Naturgeschichte der Presse. Eine culturhistor. Skizze. (32 S.)
" 4. Schauerte, Frz., Abraham a sancta Clara. Eine biograph. und literarhistor. Skizze. (40 S.)
" 5. Kuhn, Herm., das christliche Paris. (24 S.)
" 6. Fürich, W. v., das Duell. Kritisch beleuchtet. (40 S.)
" 7. Trippe, Friedr., die Missionsfrage. (32 S.)
" 8. 9. Röttscher, Adf., Melchior v. Diepenbrock. (60 S.)
" 10. Schmitt, L., das deutsche Volkslied. Eine Studie. (24 S.)
" 11. Pilgrim, Pius, Maria Kevelaer. (40 S.)
" 12. Janssen, Johs., aus dem deutschen Universitätsleben des 16. Jahrh. (31 S.)

—— dass. — Neue Folge, hrsg. von Joh. Mich. Raich. 8. Bd. 12 Hefte. gr. 8. Ebendas. 887. à Heft *
Preis für den 8. Bd. *

Inhalt:

Heft 1. Wassermann, Leonh., Wer soll unsere Kranken pflegen? (36 S.)
" 2. Braig, Carl, die Kunst des Gedankenlesens. Ein Gegenstück zum Spiritismus. (36 S.)
" 3. 4. Reichensperger, A., Erinnerungen an Eduard Ritter v. Steinle. (63 S.)

Broschüren, Frankfurter zeitgemäße rc.

Heft 5. Lesker, Bernh., die Rostocker Fraterherren im 15. und 16. Jahrh. (32 S.)
" 6. Brunner, Sebastian, Fra Giovanni Angelico Fiesole. Sein Leben und Wirken. Zur 5. Säcularfeier seines Geburtsjahres. (32 S.)
" 7. Grimme, Wilh. Friedr., Ludwig Uhland. Ein Gedenkblatt zu seinem 100jähr. Geburtstage. (34 S.)
" 8. Moser, Johs., das Lebensräthsel und der Materialismus. Eine naturphilosoph. Studie. (34 S.)
" 9. Gietmann, G., die Idee der Gralsage. (32 S.)
" 10. Röttscher, Adf., die Aufhebung der Sklaverei durch das Christenthum im ost- und weströmischen Reiche. (24 S.)
" 11. Cahensly, P., die deutschen Auswanderer und der St. Raphael-Verein. (26 S.)
" 12. Fehr, J., das religiöse Schauspiel des Mittelalters. Entstehung, Ausbildung, Blüte und Niedergang desselben. (40 S.)

—— dass. — 9. Bd. 12 Hefte. gr. 8. Frankfurt a. M. 888, Foesser Nachf. à Heft *
Preis für den 9. Bd. *

Inhalt:

Heft 1. Weber, Heinr., die „Sündenwage" zu Wilsnack. Eine historisch-krit. Studie. (32 S.)
» 2. Bäumker, Wilh., der hl. Camillus v. Lellis und sein Orden. (31 S.)
» 3. Samson, H., die Weihnachtszeit und ihre Feier im Christenvolk. (32 S.)
» 4. Pecz, M., Henriette Mendelssohn. (32 S.)
» 5. Walter, Ant., Christenthum und Cultur. (32 S.)
» 6. Schumm, Ant., Frankreichs Culturrückschritt durch die Revolution. (48 S.)
» 7. Schmelzeis, Joh. Phil., die heidnischen Classiker auf christlichen Gymnasien. (20 S.)
» 8. Brunner, Sebast., Joseph Ritter v. Führich. (31 S.)
» 9. 10. Niemöller, J., die Thaten Sickingens und die Pläne der Umsturzpartei seiner Zeit. Eine Denkschrift zu den diesjähr. Festlichkeiten auf der Ebernburg. (56 S.)
» 11. Muth, Frz. Alfr., die deutsche Sage. Eine literarhistor. Studie. (32 S.)
» 12. Keller, Jos. Ant., die Zwangsmischschule in ihrer Gemeingefährlichkeit. (36 S.)

—— dass. — 10. Bd. 1.—3. Heft. gr. 8. Ebendas. 888. à Heft *
Subscr.-Pr. für den 10. Bd. (12 Hefte) *M 3.—.; geb. *

Inhalt:

Heft 1. Kaiser, Ph., das Ceremonienwesen der katholischen Kirche. (36 S.)
» 2. Schauerte, Th., die Jungfrau von Orleans. (36 S.)
» 3. Kaufmann, N., Bedeutung der Philosophie in der Gegenwart. (26 S.)

Broschüren, Frankfurter zeitgemäße. Neue Folge, hrsg. v. Joh. Mich. Raich. 10. Bd. 4.—12. Heft. gr. 8. Frankf. a. M. 889, Foesser Nachf. à Heft * — 50; Preis f. den 10. Bd. * 3 —

4. Adler, J. B. Moderne Dichter u. Schriftsteller. (32 S.)
5. Raich, Mich. St. Augustinus u. der Mosaische Schöpfungsbericht. (34 S.)
6. 7. Bündgens, Chr. Jos. Was verdankt die Länder- u. Völkerkunde den mittelalterlichen Mönchen u. Missionären? (64 S.)
8. Glosner, Mich. Die moderne Philosophie. (39 S.)
9. 10. Holly, F. J. Bedeutung d. Rheines f. die mittelalterliche Poesie. (2 Thle.) (31, 28 S.)
11. Lerique, Jos. Lope de Vega. Ein span. Literaturbild. (31 S.)
12. Adler, J. B. Afrikas Leiden u. Zerfall durch den Islam. (28 S.)
10. Bd. 1.—3. Heft. Ebd. 1888. à Heft * — 50.

—— dass. — 11. Bd. 12 Hefte. gr. 8. Ebd. 890. à Heft * — 50; Preis f. den 11. Bd. * 3 —

1. Abt, Ludw. Lebensende d. Fürsten Talleyrand. Ein Mahnwort f. unsere Zeit. (S. 1—32.)
2. Keiter, Heinr. Annette v. Droste-Hülshoff, Deutschlands größte Dichterin. Ein Lebensbild. (S. 33—71.)
3. Schäfer, Bernh. Die Apostelgeschichte ist keine Geschichte der Apostel — sondern e. Apologie der Kirche. (S. 73—104.)
4. Ein Wort zum Frieden in dem confessionellen Kampf der Gegenwart. Von e. evangel. Theologen. (S. 105—152.)
5. Foesser, O. Johannes Theodor Laurent, Titularbischof v. Chersones, apostolischer Vikar v. Hamburg u. Luxemburg u. seine Verdienste um die katholische Kirche. (S. 153—184.)
6. 7. Fechenbach-Laudenbach, Reichsfrhr. v. Die kaiserl. Erlasse v. 4. Febr. 1890. Ihre Bedeutg. f. die Entwickelg. der staatl., wirthschaftl. u. gesellschaftl. Verhältnisse unter nachträgl. Berücksicht. der Entlassg. d. Fürsten Bismarck. 3. Aufl. (XII, 151 S.) * 1 80.
8. Altenrath, Siegm. Zur Beurtheilung u. Würdigung Martin Luthers. I. Luthers Selbstbekenntnisse üb. sich u. sein Werk. II. Protestantische Zeugnisse üb. Luthers Ansehen in Deutschland im 1. Halbjahrh. nach seinem Tode. 1. u. 2. Aufl. (24 S.) * — 50.
9. Stöckle, Jos. F. W. Webers Dreizehnlinden u. J. V. v. Scheffels Ekkehard. Eine Parallele. (40 S.) * — 50.
10. Kösterus, Friedr. Das Züchtigungsrecht d. Lehrers während d. Mittelalters. (24 S.) * — 50.
11. Meyer, Chrn. Das Aufkommen der deutschen Stadtfreiheit im Mittelalter. Studie zur Geschichte der modernen Gesellschaft. (32 S.) * — 50.
12. Heinrichs, R. Der niederrheinische Humanist u. Schulmann Mathias Bredenbach u. sein Urtheil üb. die Reformation. Beitrag zur Reformationsgeschichte. (30 S.) * — 50.

Broschüren, Frankfurter zeitgemäße. Neue Folge, hrsg. v. Joh. Mich. Raich. 12. Bd. 12 Hfte. gr. 8. Frankfurt a/M., A. Foesser Nachf. à Hft. n. — 50; f. den Bd. v. 12 Hftn. n. 3. —

1. Reichensperger — Janssen u. der Kunsthistoriker Wilhelm Lübke. Zur Kennzeichng. neuester Kunstschriftstellerei, namentlich in Sachen der im 16. Jahrh. in Deutschland eingeführten „antikisch-wälschen Kunstmanier", genannt „deutsche Renaissance". (36 S.) 891.
2. Die Trappisten-Mission in Süd-Afrika. Ein Beitrag zur Geschichte der Mönche u. ihrer Verdienste um die Civilisation. Von Heinr. Weber. (32 S.) 891.
3. Franz Grillparzer. Ein Gedenkblatt zum 15. Jan. 1891 v. Heinr. Keiter. (35 S.) 891.
4. E. F. A. Münzenberger. Eine Lebensskizze v. A. M. Benevolus. (35 S.) 891.
5. Das Volksschulwesen in Deutschland während der drei ersten Decennien d. 19. Jahrh. Von J. Stillbauer. (32 S.) 891.
6. Ludwig Windthorst. Ein Lebensbild v. Paul Majunke. (51 S.) 891.
7. Franz Hettinger. Erinnerungen e. dankbaren Schülers. Von Frz. Kaufmann. (32 S.) 891.
8. Der hl. Aloysius v. Gonzaga in seiner pädagogischen Bedeutung. Zum 3. Centenarium seines Todestages. Von Jos. Blasius Becker. (32 S.) 891.
9. 10. Die Heilsarmee. Ein neuer Auswuchs d. Protestantismus. Von J. Fehr. (80 S.) 891.
11. Der heilige Rock zu Trier. Von Jos. Bach. (27 S.) 891.
12. Erzabt Bonifaz Wimmer. Das Bild e. deutschen Mannes in Amerika. Von Bernh. Lesker. (III, 28 S.) 891.

— dasselbe. 13. Bd. 12 Hfte. gr. 8. Ebd. à Hft. n. — 50; für den Bd. v. 12 Hftn. n. 3. —

1. Die Angst der Protestanten vor den Jesuiten! Neue Worte e. Protestanten an Verständige. Von Max Oberbreyer. (36 S.) 891.
2. Die Kaiseridee d. Mittelalters. Eine historisch-krit. Studie v. Heinr. Weber. (28 S.) 891.
3. Die Fortschritte der Elektrotechnik u. die internationale elektrotechnische Ausstellung zu Frankfurt a/M. Mitte Mai bis Mitte Oktober 1891. Von Columban Brugger. (30 S.) 892.
4. Kardinal Manning. Eine Skizze v. Ath. Zimmermann. (38 S.) 892.
5. Religion od. Litteratur als Centrum d. Volksschulunterrichts? Beitrag zum gegenwärt. Schulkampf in Preußen v. Jos. Pötsch. (36 S.) 892.
6. Zum 4. Centenarium der Entdeckung Amerikas. Von Phpp. Wasserburg. (32 S.) 892.
7. 8. Erinnerungen an Johannes Janssen. Von e. alten Schüler. (60 S.) 892.
9. Die Tragik des Nibelungenliedes. Von G. Gietmann. (34 S.) 892.
10. Betrachtungen üb. das Verhältniß der menschlichen Seele zu der Thierseele. Von A. v. Biegeleben. (27 S.) 892.
11. Die Orden, die Blüthe der christlichen Religion. Von Karl Th. Eisenring. (32 S.) 892.
12. Das Jahrhundert der Heiligen. Ein Beitrag zur kathol. Reformation im 16. Jahrh. v. J. B. Adler. (34 S.) 892.

— dasselbe. 14. Bd. 12 Hfte. gr. 8. Ebd. à Hft. n. — 50; für den Band v. 12 Hftn. n. 3. —

1. Die Reichthümer der Enterbten. Von Phpp. Wasserburg (Laicus). (29 S.) 892.
2. Joseph II. als absoluter Beherrscher seiner Länder. Von Seb. Brunner. (32 S.) 893.
3. Der Peterspfennig. Eine histor.-polit. Betrachtg. u. Mahng. Von A. M. v. Steinle. Geschrieben im Auftrage d. deutschen Nationalcomités zur Vorbereitg. der Feier d. Bischofsjubiläums Papst Leo XIII. (22 S.) 893.
4. Besessenheit, Zauberei u. Hexenfabeln. Eine Studie, veranlaßt durch die Teufelaustreibg. in Wemding. Von Joh. Diefenbach. (56 S.) 893.
5. Wem gehört die Zukunft? Ein Literaturbild der Gegenwart. Von Carl Muth. (40 S.) 893.
6. Cardinal Lavigerie, Erzbischof v. Karthago, u. Albert v. Buxhöwden, Bischof v. Livland, od. die Kirche gestern (1201) u. heute (1892) eine u. dieselbe. Von W. v. Bock. (19 S.) 893.
7. Die Klöster in Frankreich vor der großen Revolution 1766—1789. Ein Stück französ. Culturkampfes aus dem vor. Jahrh. Von Athanasius Zimmermann. (32 S.) 893.
8. Joseph Klein, erster Generalvicar des Erzbisth. München-Freising, e. Bekenner aus dem Anfang unseres Jahrhunderts. Von Joh. B. Stillbauer. (24 S.) 893.
9. Hat das System Kneipp e. soziale Bedeutung? Ferienuntersuchung e. Augenzeugen m. e. Vorworte v. Sr. Hochwürden Hrn. Pfr. Seb. Kneipp. Von Paul Maria Baumgarten. (28 S.) 893.
10. 11. Bischof Wilhelm Emmanuel Frhr. v. Ketteler u. die deutsche Socialreform. Von F. Greissenrath. (80 S.) 893.
12. Joseph II. als Kirchenreformator. Von Seb. Brunner. (32 S.) 894.

— dasselbe. 15. Bd. 1.—10. Hft. gr. 8. Ebd. à Hft. n. — 50; für den Bd. v. 12 Hftn. n. 3. —

1. Sonntagsheiligung — Sonntagsruhe. Von Phpp. Laicus. (30 S.) 894.
2. Die lebendige Sprache der Kunst. Gedanken üb. die Zukunft der christl. Kunst v. e. Verehrer der Nazarener. (28 S.) 894.
3. Die Aposteltage u. ihre Feier im christlichen Volke. Von Heinr. Samson. (38 S.) 894.
4. Demetrius Augustin Gallitzin. Von Ernst Lingen. (32 S.) 894.
5. Bunte Bilder aus dem alten Zunftleben. Eine kultur-histor. Skizze. Von Heinr. Weber. (27 S.) 894.
6. Walther v. der Vogelweide. Deutschlands größter Lyriker im Mittelalter. Von Lud. Wattendorff. (32 S.) 894.
7. Das preußische Zwangserziehungs-Gesetz vom 13. März 1878 u. seine Reformbedürftigkeit. Von A. Franz. (28 S.) 894.
8. Die Leichenverbrennung. Prüfung der Gründe dafür u. dagegen. Von F. Greissenrath. (26 S.) 894.
9. 10. Die ältesten Spuren des Christentums in der mittleren Rhein- u. unteren Maingegend. Eine archäolog. Untersuchg. Von Herm. Bartol. (47 S. m. 71 Abbildgn.) 894.

Broschüren, Frankfurter zeitgemäße. N. F., hrsg. v. Joh. Mich. Raich. 15. Bd. 11. u. 12. Hft. gr. 8. Frankfurt a/M. 894. P. Kreuer. à n. — 50

11. Johann Tserklas Graf v. Tilly. (1559—1632.) Von J. Fehr. (40 S.)
12. Hans Sachs. Ein Gedenkblatt z. s. 400jähr. Geburtstage (5. Novbr. 1894). Von F. J. Holly. (III, 56 S.)

— dasselbe. 16. Bd. 12 Hfte. gr. 8. Ebd. 895. à n. — 50; f. d. Bd. v. 12 Hftn. n. 3. —

1. D. fünf Wunden Europas. Von Ph. Wasserburg. (31 S.)
2. D. vermeintl. Segnungen d. schottischen Reformation. Von A. Zimmermann, S. J. (30 S.)
3. D. Schule i. socialdemokrat. Zukunftsstaate. Nach socialdemokrat. Schriften dargest. v. Joh. Hart. (40 S.)
4. D. Niedergang d. roman. Völker. Von Ph. Wasserburg. (28 S.)
5. D. Klostersuppe. E. Beitrag z. Geschichte d. freiwill. Armenpflege. Von Heinr. Weber. (36 S.)

6. Maria i. d. deutschen Dichtg. d. Mittelalters. Literarhistor. Studie v. Frz. Alfr. Hoffstetten. (35 S.)
7. Preuß. Ministerialerlaß betr. d. Lebensversicherungsgesellschaften. Reflexionen v. Standpunkte d. Volkswirtschaft u. d. Moral. Von Ph. Huppert. (40 S.)
8. Zur Agrarfrage. In wie weit trägt d. deutsche Bauernstand selbst d. Schuld an s. Rückgang? Von Frhr. Dael v. Köth-Wanscheid. (30 S.)
9. Heinrich VIII. u. Thomas Morus. E. kirchen-polit. Skizze. Von Herm. Opitz. (39 S.)
10. D. Abtei Corvey, e. Cultur- u. Bildungsstätte d. Mittelalters. Von Geo. v. Detten. (23 S.)
11. 25 Jahre i. Rom v. 1870—1895. E. Bild d. kathol. Lebens i. d. Deutschen Colonie. Von A. de Waal. (31 S.)
12. Andreas Müller. E. Altmeister d. Düsseldorfer relig. Malerschule. Von Frz. Kaufmann. (32 S.)

— dasselbe. 17. Bd. 12 Hfte. gr. 8. Ebd. 896. à n. —50; f. d. Bd. v. 12 Hftn. n. 3.—
1. Adolf Kolping als Schriftsteller. Von J. Lautenbacher. (28 S.)
2. Zur Agrarfrage. Ueber d. v. uns. Bauernstand nicht verschuld. Gründe s. Rückganges. Von Frhr. Dael v. Köth-Wanscheid. (40 S.)
3. D. deutsch-franz. Krieg i. Lichte d. vaterländ Poesie. Festgabe z. Jubiläum d. Frankfurter Friedensschlusses a. 10. Mai 1896. Von F. J. Holly. (30 S.)
4. D. alte Testament i. Lichte d. neuesten assyr.-babylon. Entdeckgn. Von Alois Müller. (30 S.)
5. D. deutsche Volksschulwesen v. u. n. d. Reformation. Ein Beitrag z. deutschen Schulgeschichte. Von Eberhard Frank. (32 S.)
6. 7. D. Kulturperioden d. 19. Jahrh. Von Geo. Grupp. (50 S.)
8. D. Kreuzzüge 1096—1291. Ihre Ursache, ihr Verlauf, ihre Folgen. E. Gedenkblatt z. 800 jähr. Erinnerungsfeier d. ersten Kreuzzuges. Von Joh. Diefenbach. (32 S.)
9. Seeber's ewiger Jude. Studie über d. neueste Ahasver-Dichtg. Von Jos. Gaßner. (48 S.)
10. Üb. d. Stift- u. Klosterschulen Sachsens i. Mittelalter. Von Geo. v. Detten. (20 S.)
11. D. mod. Liberalismus u. dessen atheist. Charakter. Philosoph. Studie. Von Alb. Stöckl. (36 S.)
12. D. mod. Literatur u. ihre Gefahren. Von Raym. v. Fugger. (III, 35 S.)

Broschüren, Frankfurter, zeitgemäße. N. F., hrsg. v. Joh. Mich. Raich. 18. Bd. 12 Hfte. gr. 8. Frankfurt a/M. 897. P. Kreuer. à n. —50; f. d. Bd. v. 12 Hftn. n. 3.—
1. Oscar v. Redwitz' relig. Entwicklungsgang. Von Mich. Maria Rabenlechner. (31 S.)
2. Kulturfortschritt od Rückschritt? Antwort a. e. landläufige Frage. Von H. Rody. — Deutschlands größte Dichterin (Annette Freiin v. Droste-Hülshoff). E. Jubiläumsgedenkblatt. Von A. Zottmann. (32 S.)
3. E. Justizmord, an vier Dominikanern begangen. Aktenm. Revision d. Berner Jetzerprozesses v. J. 1509. Von N. Paulus. (42 S.)
4. Ehrenrettung d. ausgehend. Mittelalters durch nichtkathol. Autoren. Von Frz. Falk. (29 S.)
5. Katholizismus u. Wissenschaft. Von Ph. Kaiser. (24 S.)
6. Christl. Bauern-Vereine u. d. berufsgenossenschaftl. Organisation d. Bauernstandes. Von Frhr. Dael v. Köth-Wanscheid. (40 S.)
7. Studentenkorporationen, d. kathol. Bedeutg. u. Aufgaben ders. i. d. Gegenwart. Von e. deutschen Katholiken. (48 S.)
8. Evang. Zeugniß d. ehem. freien Reichsstadt Frankfurt a. M. z. Gunsten d. päpstl. Encyklika üb. d. Canisiusfeier. Von Joh. Diefenbach. (32 S.)
9. Die Domschule d. alten Bischofsstadt Münster in Westfalen. Von Geo. v. Detten. (20 S.)
10. Z. Andenken a. Alfred Stolberg, d. Grafen Friedrich Leopold zu Stolberg sel. Sohn. Von Melch. v. Diepenbrock. (32 S.)
11. Z. Geschichte u. Symbolik d. Glocken. Von Heinr. Samson. (30 S.)
12. Der Teufel in Goethe's Faust. Von Jos. Holl. (36 S.)

— dasselbe. 19. Bd. 1. u. 2. Hft. gr. 8. Ebd. 898. à n. —50; f. d. Bd. v. 12 Hftn. n. 3.—
1. D. Sorge f. d. verwahrl. Jugend. E. zeitgem. Mahnruf a. alle Eltern u. Erzieher. Von Mart. Weber. (32 S.)
2. Wider d. Krieg f. d. Frieden. Urtheile z. Widerlegg. v. Vorurtheilen. Von Herm. Opitz. (27 S.)

Broschüren, Frankfurter zeitgemäße. Neue Folge, hrsg. v. Joh. Mich. Raich. 19. Bd. 3.—12. Hft. gr. 8. Frankfurt a/M. [P. Kreuer.] Hamm, Breer & Thiemann. à n. —50
3. Der Freundschaftsbund zwischen Goethe u. Schiller. Ein Beitrag zur deutschen Literaturgeschichte. Von Jos. Sattel. (40 S.) 899.
4. Niedergang des norddeutschen Bauernstandes seit der Reformation. Von Geo. Grupp. (48 S.) 899.
5. 6. Das hl. Jahr in Rom. Geschichtliche Nachrichten üb. die Jubiläen, mit besond. Rücksicht auf deutsche Erinnergn. Unter Benutzg. ungedruckter Quellen. Von A. de Waal. (52 S.) 899.
7. Wem gehört die Volksschule? Zeitgemäße Beleuchtung einer brenn. Frage. Von Maurus v. Stolzenberg. (32 S.) 899.
8. 9. „Goethe u. Bismarck". Parallele od. Kontrast? Von Woldem. v. Bock. (58 S.) 899.
10. Gottes Allwalten in der Natur. Von Ph. Kaiser. (31 S.) 899.
11. Prinz Eugen, Feldherr u. Staatsmann, 1663—1736. Von J. Fehr. (40 S.) 899.
12. Armand le Bouthillier de Rancé, Abt u. Reformator v. la Trappe. Zur 2. Centenarfeier des Todes desselben. Von Bernh. Schmidt, O. S. B. (30 S.) 899.

— dasselbe. Gegründet v. Paul Haffner, Johs. Janssen u. E. Th. Thissen. Neue Folge, hrsg. v. Joh. Mich. Raich. 20. Bd. 12 Hfte. gr. 8. Hamm, Breer & Thiemann. à n. —50; f. den Bd. v. 12 Hftn. n. 3.—
1. Sant Elia. Ein deutsches Heiligtum auf klass. Boden. Erinnerungen an e. archäolog. Streife in Etrurien. Von Carl Maria Kaufmann. Mit 8 Abbildgn. (31 S.) 900.
2. Das 19. Jahrhundert. Ein Rückblick. Von Seidenberger. (27 S.) 900.
3. Ein englischer Conquistador des 18. Jahrh. Von Ludw. Wattendorf. (32 S.) 900.
4. Robert Hamerling. Ein Litteraturbild aus Oesterreich. Von Tezelin Halusa, O. Cist. (23 S.) 901.
5. Kirche, die, u. der liberale Katholizismus. Gemeinsames Hirtenschreiben des Kardinal-Erzbischofs u. der Bischöfe der Kirchenprov. Westminster. (80 S.) 901.
6. Leibniz. Sein Leben u. die Bedeutg. seiner Lehre. Von Carl Braig. (29 S.) 901.
7. Die dramatischen Schiller-Aufführungen. Ein Wort zur Verständigg. üb. die Frage: Lassen sich dramat. Schiller-Aufführgn. als Bildungsmittel empfehlen? Von N. Scheid, S. J. (27 S.) 901.
8. Herr Soltau u. der hl. Petrus. Eine Beleuchtg. Von C. A. Kneller, S. J. (20 S.) 901.
9. Der Evangeliums-Baumeister Harnack. Eine populäre Auseinandersetzg. üb. „Das Wesen des Christentums". Von Phyp. Kneib. (28 S.) 901.
10. Das neue Vereinsgesetz u. die religiösen Kongregationen in Frankreich. Von Athanas. Zimmermann, S. J. (29 S.) 901.
11. Ist Mars e. bewohnter Planet? Kosmologische Betrachtgn. Von Jos. Plaßmann. (32 S.) 901.
12. Die Jahrhundertfeier in Paris u. Rom während d. J. 1900. Von Al. Zottmann. (27 S.) 901.

— dasselbe. 21. Bd. 12 Hfte. gr. 8. Ebd. à n. —50; f. den Bd. v. 12 Hftn. n. 3.—
1. Gedanken üb. die „moderne" Litteraturströmung. Von Jos. Seeber. (32 S.) 901.
2. Der Toleranzantrag des Centrums. Von Herm. Roeren. (31 S.) 901.
3. Beiträge zur Antiduellbewegung. Von Krueckemeyer. (32 S.) 901.
4. Das Budgetrecht des deutschen Reichstags. Eine staatsrechtl. Studie. Von Adf. Ott. (32 S.) 902.
5. Ist die Religion lehrbar u. voraussetzungslos? Worte e. Laien an apostolisch gesinnte Laien. Von Ansgar Albing (Baron Paul de Mathies). (36 S.) 902.
6. Malaria, Parasit u. Stechmücke. Ein Abschnitt moderner biolog. Forschg. Von Jos. Rompel, S. J. (36 S.) 902.
7. Die katholische Mission i. Südschantung. Von Frdr. Schwager, S. V. D. (32 S.) 902.
8. Amerikanische Wohlthätigkeits-Anstalten. Von A. Zimmermann, S. J. (30 S.) 902.
9. Also sprach Zarathustra. Eine Nietzsche-Studie. Von Ernst Seydl. (31 S.) 902.
10. Die modernen Verkehrsmittel zu Wasser u. zu Land. (Seedampfer, Eisenbahn, Fahrrad u. Automobil.) Von Otto Feeg. (32 S.) 902.
11. Angelus Silesius u. die christliche Mystik. Von Rich. v. Kralik. (32 S.) 902.
12. Weckrufe zur katholischen Reformbewegung. Von F. Norikus. (36 S.) 902.

Broschüren, Frankfurter zeitgemäße. Gegründet v. Paul Haffner, Johs. Janssen u. E. Th. Thissen. Neue Folge, hrsg. v. Joh. Mich. Raich. 22. Bd. 1.—3. Hft. gr. 8. Hamm, Breer & Thiemann. à n. —50; f. den Bd. v. 12 Hftn. n. 3.—
1. 2. Zur Polenfrage. Von Herm. Roeren. (63 S.) 902.
3. Die Kunst im neuen Jahrhundert. Von Erich Frantz. (44 S.) 902.

Auch die früheren Bde. sind in oblg. Verlag übergegangen.

— Frankfurter zeitgemäße. Gegründet v. Paul Haffner, Johs. Janssen u. E. Th. Thissen. Neue Folge, hrsg. v. Joh. Mich. Raich. 22. Bd. 4.—12. Heft, 23.—25. Bd. à 12 Hefte u. 26. Bd. 1.—3. Heft. gr. 8. Hamm, Breer & Thiemann. à Hft. n. —50; für den Bd. v. 12 Heften n. 4.—

Baldus, Alois, der Koran. Seine Entstehg., Abfassg. u. religionsgeschichtl. Bedeutg. f. den Islam. (31 S.) 904. (Bd. 23, Hft. 12.)

Blndau, Aug., ein Ausflug nach Baalbek u. Damaskus. (32 S.) 904. (Bd. 23, Hft. 11.)

Brühl, H. Jos., die hl. Ursula in Geschichte, Legende u. Dichtung. (19 S.) 906. (Bd. 25, Hft. 6.)

Buschbell, Gottfr., das vatikanische Archiv u. die Bedeutung seiner Erschließung durch Papst Leo XIII. (24 S.) 903. (Bd. 22, Hft. 12.)

Classen, Jos., Obl. M. J., der letzte Condé (Ludwig Anton Heinrich Herzog v. Enghien [1772—1804]). Eine geschichtl. Skizze. (35 S.) 906. (Bd. 25, Hft. 10.)
Dressel, Ludw., S. J., die Vulkanausbrüche auf den Antillen (m. e. Blick auf die Vulkane in Südamerika u. die Vulkane überhaupt.) (35 S.) 903. (Bd 22, Hft. 6.)
Falls, J. C. Ewald, ein Besuch in den Natronklöstern der sketischen Wüste. Mit 9 Orig.-Aufnahmen der Kaufmann'schen Expedition in die libysche Wüste. (27 S.) 905. (Bd. 25, Hft. 3.)
Frankreich, das heutige. Von *** (28 S.) 903. (Bd. 23, Hft. 3.)
Gander, Mart., O. S. B., die Tierseele. (40 S.) 905. (Bd. 24, Hft. 4.)
Gerlach, Aug., der „deutsche Michel". (19 S.) 906. (Bd. 26, Hft. 8.)
Gnauck-Kühne, Elisab., warum organisieren wir die Arbeiterinnen? (21 S.) 905. (Bd. 25, Hft. 2.)
Heinrichs, Rich., die Lohengrin-Dichtung u. ihre Deutung. (56 S.) 905. (Bd. 24, Hft. 5. 6.)

Hülster, A., das französische Konkordat. Ein Rückblick u. e. Ausblick. (34 S.) 905. (Bd. 24, Hft. 7.)
Kaiser, Ph., Shakespeares Zeugnis wider die Unsittlichkeit. (39 S.) 906. (Bd. 25, Hft. 4.)
Kampf, der, in der Schule. Gedanken über die geistl. Schulaufsicht. Von e. kathol. Schulmanne. (28 S.) 904. (Bd. 23, Hft. 7.)
Kellen, T., die Firma Krupp u. ihre soziale Tätigkeit (36 S.) 903. (Bd. 22, Hft. 5.)
Kiesgen, Laurenz, Chateaubriand u. die Neuromantik. (36 S.) 904. (Bd. 24, Hft. 8.)
Kipper, Jos., die Windthorstbunde, ihre Entstehung, ihre Ziele u. ihre Tätigkeit. (22 S.) 906. (Bd. 25, Hft. 11.)
Kollbach, Karl, der Rhein als Handels- u. Verkehrsstraße. (25 S.) 905. (Bd. 24, Hft. 11.)
Kralik, Rich. v., das 19. Jahrh. als Vorbereitung u. Erneuerung e. religiösen u. nationalen Kultur. (35 S.) 905. (Bd. 24, Hft. 10.)

— unsere deutschen Klassiker u. der Katholizismus. (39 S.) 903. (Bd. 22, Hft. 7.)
— Philosophie u. Leben. Ein Versuch. (28 S.) 906. (Bd. 26, Hft. 1.)
Krueckemeyer, die Mischehe in Theorie u. Praxis speziell in Preußen. (63 S.) 904. (Bd. 23, Hft. 4.5.)
Meyer, Christian, die Gesellenfrage im Mittelalter. Zur Geschichte des deutschen Arbeiterstandes. (24 S.) 906. (Bd. 25, Hft. 12.)
Molitor, Raph., O. S. B., der gregorianische Choral als Liturgie u. Kunst. (24 S.) 904. (Bd. 23, Hft. 6.)
Nideck, A., im goldenen Licht. (Zur Erinnerg. an das 3. Centenarium der Geburt Rembrandts.) Eine Studie. (43 S.) 906. (Bd. 26, Hft. 2.)
Norikus, F., gegen den Strom! Moderner Parlamentarismus oder berufsständ. Vertretg.? Ein Wort zur polit. u. sozialen Misère. (40 S.) 904. (Bd. 24, Hft. 2.)
Plaßmann, J., Weltentod. Kosmologische Betrachtgn. (36 S.) 905. (Bd. 25, Hft. 1.)

Schanz, Paul, die moderne Apologetik. (32 S.) 903. (Bd. 22, Hft. 8.)
Scheid, Nik., S. J., Edmond Rostands Entwicklungsgang u. seine Beziehung zur deutschen Literatur. (31 S.) 903. (Bd. 22, Hft. 10.)
— Schillers Jungfrau v. Orleans. Hat sie der Dichter in seiner „romant. Tragödie" als Heilige dargestellt? (30 S.) 905. (Bd. 24, Hft. 9).
Scheuffgen, F. J., der vorgeschichtliche Mensch. (40 S.) 904. (Bd. 23, Hft. 9.)
Schmidlin, Jos., Papst Pius X. Sein Vorleben u. seine Erhebg. (72 S. m. 1 Bildnis.) 903. (Bd. 23, Hft. 1 u. 2.)
Schumm, Ant., Frankreichs letzter Ritter. Ein Lebensbild. (25 S.) 903. (Bd. 22, Hft. 9.)
Schwarz, Max, Karl v. Montalembert u. Ludwig Veuillot. Psychologische Studie. (41 S.) 906. (Bd. 25, Hft. 7.)
Seeber, Jos., zur deutschen Mythologie. (Skizze.) (31 S.) 906. (Bd. 25, Hft. 6.)

Seidenberger, J. B., die preußische Schulreform u. die Stellungnahme der Katholiken. (30 S.) 904. (Bd. 24, Hft. 1.)
Seydl, Ernst, Leo Nikolajewitsch Tolstois Leben u. Lehre. (32 S.) 904. (Bd. 23, Hft. 8.)
Steeger, A., pädagogische Charakterköpfe des 19. Jahrh. (35 S.) 905. (Bd. 24, Hft. 12.)
Ueberlegenheit, die, der protestantischen Völker. Von einem Verbannten. (32 S.) 903. (Bd. 22, Hft. 4.)
Wonschott, Rob., zur Reform des deutschen Strafprozesses. (34 S.) 905. (Bd. 24, Hft. 8.)
Weertz, Heinr., der Kölner Karneval des XX. Jahrh. Kritik u. Reformvorschläge. (28 S.) 906. (Bd. 26, Hft. 3.)
Zimmermann, Athanasius, S. J., England u. die soziale Reform. (30 S.) 904. (Bd. 23, Hft. 10.)
— Entwickelung der kirchenpolitischen Zustände auf der pyrenäischen Halbinsel. (23 S.) 906. (Bd. 25, Hft. 9.)
Zorell, Frz., S. J., zur Frage über „Babel u. Bibel". (36 S.) 903. (Bd. 22, Hft. 11.)

Broschüren, Frankfurter zeitgemäße. Gegründet v. Paul Haffner, Johs. Janssen u. E. Th. Thissen. 26. Bd. 4.—12. Heft, 27.—29. Bd. à 12 Hefte u. 30. Bd. 1.—3. Heft. gr. 8. Hamm, Breer & Thiemann. à Heft — 50; der Bd. v. 12 Heften 4. —

Aktionsprogramm, e., der deutschen Katholiken. Von Pankratiastes. (48 S.) 907. (26. Bd. 4. 5. Hft.)
Bergervoort, B. M., das Blut des hl. Januarius. Eine apologet. Reiseerinnerg. (30 S.) 910. (29. Bd. 12. Hft.)
Braig, Karl, was soll der Gebildete v. dem Modernismus wissen? Ein Vortrag. (27 S.) 908. (28. Bd. 1. Hft.)
Brandis, Ferd., der Volksschulunterricht der katholischen Kinder in den deutschen Bundesstaaten. Eine Studie. (28 S.) 910. (29. Bd. 7. Hft.)

Cardauns, Herm., die Entdeckung des Südpols. (III, 31 S. m. 1 Taf.) 909. (28. Bd. 12. Hft.)
Doering, O., Heimatschutz. (35 S.) 909. (28. Bd. 11. Hft.)
Eherechtsreform, die österreichische, im Lichte des kathol. Eherechts. Von e. österreich. Kanonisten. (34 S.) 907. (26. Bd. 7. Hft.)

Feeg, Otto, moderne Flugtechnik. (36 S.) 910. (30. Bd. 3. Hft.)
Gietmann, Gerh., S. J., Henrik Ibsen. (40 S.) 907. (26. Bd. 8. Hft.)
Gotzes, Heinr., die Tiersage in der Dichtung. Literarische Studie. (42 S.) 907. (26. Bd. 11. Hft.)
Herz, Herm., der Weg des Buches ins Volk. Eine tatsächl. u. prinzipielle Orientierg. (36 S.) 909. (28. Bd. 8. Hft.)
Hesse-Wartegg, Ernst v., Mazedonien, Serbien u. Montenegro. (S. 89—120.) 909. (29. Bd. 3. Hft.)
Kipper, H., Clemens August Freiherr Droste zu Vischering, Erzbischof v. Köln. Ein Lebensbild. (36 S.) 907. (27. Bd. 2. Hft.)

Klimke, Frdr., S. J., der deutsche Materialismusstreit im 19. Jahrh. u. seine Bedeutung f. die Philosophie der Gegenwart. (38 S.) 907. (26. Bd. 9. Hft.)
Kralik, Rich. v., das katholische Kulturprogramm. (31 S.) 908. (28. Bd. 2. Hft.)
— Die neue Weltperiode. Zeitgeschichtliche Betrachtgn. (23 S.) 908. (27. Bd. 5. Hft.)

Kreuser, M., Christus u. die Kirche in pädagog. Beleuchtung. (30 S.) 910. (29. Bd. 9. Hft.)
Krueckemeyer, Köln u. Koblenz. Eine Darstellg. der Osterdienstags-Konferenz u. ihrer Folgeerscheingn. (88 S.) 909. (29. Bd. 1. 2. Hft.)
— Ist das Zentrum e. konfessionelle Partei? (48 S.) 908. (27. Bd. 9. Hft.)
Meyer, Ch., Dorf u. Bauernhof in Deutschland. (38 S.) 910. (29. Bd. 10. Hft.)
Moeser, H., das kirchliche Fasten- u. Abstinenzgebot in gesundheitlicher Beleuchtung. (24 S.) 907. (26. Bd. 6. Hft.)
Nideck, A., Moritz v. Schwind. Studie. (48 S.) 907. (27. Bd. 3. 4. Hft.)

Norikus, F., der moderne Individualismus: das Wesen des Liberalismus u. die Gefahr des 20. Jahrh. (40 S.) 908. (27. Bd. 8. Hft.)
Pacca, Barthol., Denkwürdigkeiten üb. seinen Aufenthalt in Deutschland in den J. von 1786 bis 1794. Aus dem Ital. übers. u. m. Begleitnoten hrsg. v. Alb. Sleumer. 1. Tl. (40 S.) 908. (27. Bd. 7. Hft.)
— dasselbe. 2. Tl. (44 S.) 908. (28. Bd. 3. 4. Hft.)
Pfeneberger, Jos., Kralik od. Muth? Ein Wort zum kathol. Literaturstreit der Gegenwart. (56 S.) 910. (29. Bd. 5. 6. Hft.)
Plaßmann, Jos., Ostern u. die Reform des Kalenders. (28 S.) 909. (28. Bd. 5. Hft.)
Rießler, P., wo lag das Paradies? (III, 24 S.) 908. (27. Bd. 12. Hft.)
Schwager, Frdr., S. V. D., Arnold Janssen, Stifter u. 1. General d. Steyler Missionsgesellschaft. (52 S.) 910. (30. Bd. 1. 2. Hft.)

Sleumer, Alb., der Geisterkult in alter u. neuer Zeit. Eine historischkrit. Studie. (30 S.) 907. (26. Bd. 12. Hft.)
Steeger, A., zur Geschichte der Mädchen- u. Frauenbildung in der katholischen Kirche. (39 S.) 908. (27. Bd. 11. Hft.)
— Die vorchristl. Pädagogik bei den orientalischen Völkern. (32 S.) 910. (29. Bd. 11. Hft.)
Svensson, Jón, aus Islands alten Schätzen. Eine kultur u. literaturgeschichtl. Studie. Autoris. Uebersetzg. v. Johs. Mayrhofer. (40 S.) 909. (28. Bd. 10. Hft.)
— dasselbe. Autoris. Uebersetzg. v. Joh. Mayrhofer. 2. Tl. (37 S.) 910. (29. Bd. 8. Hft.)
Trimborn II, Max, das Scheckwesen, insbes. der neue Postscheckverkehr. (36 S. m. 4 Formularen.) 909. (28. Bd. 9. Hft.)
Weigl, Frz., die interkonfessionellen Männervereine zur Bekämpfung d. öffentl. Unsittlichkeit. (32 S.) 910. (29. Bd. 4. Hft.)
Wilhelm, Balth., S. J., an der Wiege der Luftschiffahrt. 1. Tl. Francesco Lana, S. J., der Erfinder des Luftschiffes. (28 S. m. 1 Taf.) 909. (28. Bd. 6. Hft.)

— dasselbe, 2. Tl. Bartholomeu Lourenço de Gusmao, der erste Luftschiffer. (34 S. m. 1 Taf.) 909. (28. Bd. 7. Hft.)
Wippermann, F., F. W. Grimme. Ein Gedenkblatt zu des Dichters 80. Geburtstage. (25. XII. 1907.) (32 S.) 908. (27. Bd. 6. Hft.)
Wunderheilung, e., der Neuzeit. Eine Herausforderg. an die moderne Wissenschaft. Von e. Freunde der Wahrheit. (44 S.) 907. (27. Bd. 1. Hft.)
Wurm, Alois, Shakespeare's Hamlet in seinen Beziehungen zur christlich mittelalterlichen u. neuzeitlichen Kultur. (34 S.) 908. (27. Bd. 10. Hft.)
Zurbonsen, Frdr., die hl. Elisabeth v. Thüringen in der neueren Forschung. Zum 7. Centenarium ihrer Geburt. 1907. (22 S.) 907. (26. Bd. 10. Hft.)

Broschüren, Frankfurter zeitgemässe. Gegr. v. Paul Haffner, Johs Janssen u. E Th. Thissen. 29. Bd, 4—12. Heft; 30. u 31. Bd je 12 Hefte u. 32. Bd, 1—4. Heft. gr8° Hamm, Breer & Th. je — 50; d. Bd v. 12 Heften 4 — d
Bergervoort, BM: Das Blut d. hl. Januarius. Apologet. Reiseerinnerg. (30) '10 [29,XII]
Bergmann, Wilh.: Hypnose u. Willensfreih. im Lichte d. neueren Forschg. (28) '12 [31,V]
Bonn, Pet.: Das Arbeitshaus ohne Zwang. Eine Lösg d. Frage d. Arbeitslosigk. (28) '11 [30,XI]
Brandis, Ferd.: Der Volkssch.-Unterr. d. kathol. Kinder in d. deut. Bundesstaaten. (28) '10 [29,VII]
Dörrer, Ant.: Karl Domanig. (45) '11 [30,VI]
Erzberger, Mathias: Der stille Kulturkampf. (56) '12 [32,I]
Feeg, Otto: Moderne Flugtechnik. (36) '10 [30,III]
Heimbucher, Max: Dr. Ernst Horneffer u. s. künft. „Religion". (51) '11 [31,I.II]
Hoermann, Frz: Kunst u. Volk u. d. Aufg. u. Hemmn. e. künstler. Volksbildg. (40) '11 [30,IV]
Kreuser, M: Christus u. d. Kirche in pädagog. Beleuchtg. (30) '10 [29,IX]
Kuckhoff, Jos.: Moderne Erziehgsaufg. höh. Lehranst. (56) '12 [31, VIII.IX]
Kujot, Stanisl.: Das Thorner Blutgericht. (20) '11 [30,V]
Mankowski, H: 25 Jahre deut. Ostmarkenpolitik. (36) '12 [31,VI]
Marsilius, H: Zentrums-Frauen-Organisationen? (16) '12 [31,XII]
Mayrhofer, Johs: Moderne Irrlichter. 1. Tl: Immanuel Kant. (55) '11 [30,VII.VIII] ‖ 2. Tl: Arthur Schopenhauer. (80) '12 [32,III.IV]
Meyer, Ch.: Dorf u. Bauernhof in Deutschld. (36) '10 [29,X]
Moeser, H: Der gesundheitl. Wert d. Sonntagsruhe. (28) '12 [31, XI]
Nikel, Johs: Das Alte Test. u. d. vergleich. Relig.-Gesch. (3, 23) '11 [30,XII]
Pfeneberger, Jos.: Kralik od. Muth? Ein Wort z. kathol. Lit.-Streit d. Gegenwart. (56) '10 [29,V.VI]
Rüther, J: Von moderner Bildg. (31) '11 [30,X]
Scheid, Nikol.: P. Alexander Baumgartner, S. J. (32) '11 [31,III]
Schmidkunz, Hans: Neuere christl. Kunst. (44) '12 [31,IV]
Schwager, Frdr.: Arnold Janssen, Stifter u. 1. General d. Steyler Missionsgesellsch. (52) '10 [30,I.II]
Steeger, Ant.: Die vorchristl. Pädagogik bei d. oriental. Völkern. (32) '10 [29,XI]
Sticker, Geo.: Die Pestgefahr. (25) '11 [30,IX]
Svensson, Jón: Aus Islands alten Schätzen. Kultur- u. lit.-geschichtl. Studie. Uebers. v. Joh. Mayrhofer. 2. Tl. (37) '10 [29,VIII]
Völler, Frz Jos.: Der Kampf ums Dasein in d. Natur in sr Bedeutg als Prinzip d. Fortschritts. (36) '12 [31,VII]
Waal, Ant. de: Die Verklärg auf Thabor in Liturgie u. Kunst, Gesch. u. Leben (36) '12 [31,X]
Weigl, Frz: Die interkonfessionellen Männerver. z. Bekämpfg d. öffentl. Unsittlichk. (32) '10 [29,IV]
— Die sozialist. Pädagogik u. d. auf ihr beruh. Schulreform. (32) '12 [32,II]

Broschüren des Frauenvereins zur Förderung d. Guten. Nr. 1. 8. Neuchâtel 892. Gebr. Attinger. n. — 10
Was e. Geranium ausrichtete v. T. Combe. Deutsche autoris. Übersetzg. v. E. Bagge. (16 S.)

— d. Frauenvereins z. Förderg. d. Guten. Nr. 1—3. 8. Neuchâtel. (Bonn 895, J. Schergens.) à n. — 10
1. Was ein Geranium ausrichtete. Von T. Combe. Deutsche autor. Uebersetzg. 4. Taus. (16 S.)
2. E. Tisch u. e. Lampe. Von T. Combe. Deutsche autor. Uebersetzg. 4. Taus. (16 S.)
3. D. letzte Wort. Von T. Combe. Deutsche autor. Uebersetzg. (14 S.)

Broschüren, die, gegen die Juden, oder die Rache. Lstspl. in 1 Akt, v C. N. A...f. 8. Bamb. 816. (Dresch.) 1/4 Schrbp. 1/3

—— Leipziger. Nr. 1: Die deutsche Invasion von General Boulanger. Aus dem Französ. übertr. und kritisch erläutert von G. Armand. gr. 8. (32 S.) Leipzig 888, Minde.

Broschüren, Münchner. Hrsg. v. Geo. Müller. 1.—4. Heft. 8. München. G. Müller. n. 3. —
1. Hans Pfitzner. Von Paul Nik. Cossmann. (83 S.) 904. n. 1. —
2. Carl Spitteler. Ein künstler. Erlebnis. Von Fel. Weingartner. (65 S.) 901. n. 1. —
3. Friedrich Klose u. seine symphonische Dichtung „Das Leben e. Traum". Von Rud. Louis. (35 S. m. 1 Bildnis.) 905. n. — 50
4. Max Reger's Sinfonietta. Von Eug. Schmitz. (32 S. m. 1 Bildnis.) 905. n. — 50

Broschüren, Münchener, hrsg. v. Geo. Müller. 5. Heft. 8. München, G. Müller. — 50
Josef Ruederer u. das Wolkenkuckucksheim. Eine Streitschrift. Von Frdr. Freksa. (30 S.) 908.

Broschüren, Neue Schweizer, s. Schweizer-Broschüren, Neue.

Broschüren, politische. Nr. 1—3. gr. 8. Würzburg 874, (Woerl.) *

Inhalt:

Nr. 1. Frantz, Const., die nationalliberale Reichseinheit und das Reichsgericht. (50 S.) * 50 Pf.
» 2. —— was soll aus Elsaß-Lothringen werden? (32 S.) * 40 Pf.
» 3. —— Bismarckianismus und Fridericianismus. (31 S.) * 40 Pf.

Vgl.: Blätter für deutsche Politik.

Broschüren, relig., f. Gebildete. 1—12. Hft. 8° Berl., Schriftenvertriebsanst. Erm. Pr. à — 25
Ährenlese a. Welt u. Zeit. (28) 97. [6.]
Besuch, e., auf d. Lande. Betrachtgn a. d. Sommerfrische. (55) 97. [2.]
Bring, JC: Unter d. Christbaum. Übers. v. F E. (23) 98. [11.]
Fischer, E: Der Sonntag. (24) 98. [8.]
Frauen, d., d. Bibel. (44) 97. [4.]
Gedanken a. u. nach d. Schrift. (48) 97. [5.]
Macht, d., e. geheil. Persönlichkeit. Mit e. Betrachtg üb. Gottesleugng. (24) 97. [3.]
Monod, A: Der Freund d. Geldes. Betrachtg üb. Luc. 12, V. 15. Frei übertr. v. S v. Pelet-Narbonne. (45) 1900. [12.]
Roos, M: Der Felsenmann. Betrachtgn üb. d. Sünde d. Frommen. (Aus d. Schwed. v. F E.) (25) 97. [1.]
— Die Heiligg. Aus d. Schwed. (19) 98. [10.]
— Die Töchter Zelophehads. Aus d. Schwed. (29) 98. [9.]
Torén, CA: Die Bibel. Betrachtgn üb. d. hohen Wert d. Bibelbuches. Aus d. Schwed. (26) 98. [7.]

— religiöse, f. Gebildete. 1.—9. Hft. 8. Berlin, Verlag d. christl. Zeitschriftenvereins. Kart. m. Goldschn. à — 50
1. D. Felsenmann. Betrachtungen üb. d. Sünde d. Frommen. Von Mathilde Roos. (Aus dem Schwed. übers. v. F. E.) (25 S.) 897.
2. Besuch, e., a. d. Lande. Betrachtgn. a. d. Sommerfrische. (55 S.) 897.
3. Macht, die, e. geheiligten Persönlichkeit. M. e. Betrachtg. üb. Gottesleugnng. (24 S.) 897.
4. Frauen, die, d. Bibel. (44 S.) 897.
5. Gedanken aus u. nach d. Schrift. (48 S.) 897.
6. Ährenlese a. Welt u. Zeit. (28 S.) 897.
7. D. Bibel. Betrachtgn. üb. d. hohen Wert d. Bibelbuches. Von C. A. Torén. Autor. Uebersetzg. aus dem Schwed. (26 S.) 898.
8. D. Sonntag. E. Wort an s. Freunde u. Verächter. Von Ernst Fischer. (24 S.) 898.
9. D. Töchter Zelophehads. E. Studie. Von Mathilde Roos. Autor. Übersetzg. a. d. Schwed. (29 S.) 898.

— religiöse, f. Gebildete. 10.—12. Hft. 8. Berlin [Verlag des Christl. Zeitschriftenvereins]. Schriftenvertriebsanstalt. Kart. m. Goldschn. n. 1. 25
10. Die Heiligung. Eine psycholog. Studie nach der Bibel. Von Mathilda Roos. Autoris. Übersetzg. aus dem Schwed. (19 S.) 898. n. — 50
11. Unter dem Christbaum. Weihnachts-Betrachtungen. Von J. C. Bring. Autoris. Übersetzg. v. F. E. (23 S.) 898. n. — 50
12. Der Freund des Geldes. Betrachtung üb. Luc. 12, V. 15. Von Adph. Monod. Frei ins Deutsche übertr. von St. v. Pelet-Narbonne. (45 S.) 900. — 25
Hft. 1—9 jetzt Ebd. 897. 898. à n. — 50.

— zur Schulpolitik, hrsg. v. Verein f. Schulpolitik zu Berlin. Nr. 1—4. 8. Leipzig, J. Klinkhardt. 2.25
Schulz, Walt., Subalternbeamten- u. Lehrer-Besoldung. Ein statist. Vergleich nebst Auszügen aus den Parlamentsstenogrammen. Im Auftrage der Vereinigg. f. Schulpolitik bearb. (31 S.) Berlin 907. (Nr. 3.) — 60
Tews, Joh., ein soziales Lehrerbesoldungssystem. Vortrag, geh. in der Vereinigg. f. Schulpolitik zu Berlin am 19. III. 1907. (27 S.) Berlin 907. (Nr. 2.) — 75
Zedlitz u. Neukirch, Frhr. v., die wichtigsten Aufgaben d. preuß. Schulpolitik. Vortrag, geh. in der Vereinigg. f. Schulpolitik in Berlin, nebst den Debattenreden der Herren A. Günther, Pautsch, Pretzel u. Rosin u. e. Vorwort v. L. Nadolle, Vors. d. Vereinigg. f. Schulpolitik. (28 S.) 908. (Nr. 4.) — 60
Zum Studium der Schulpolitik. Ein Literaturnachweis, zusammengestellt v. der „Vereinigg. f. Schulpolitik" zu Berlin. (20 S.) Berlin 907. (Nr. 1.) — 30

— des kathol. Schulvereins f. die Diözese Rottenburg. 1. Jahrg. Schule u. Kirche im deutschen Mittelalter. 1. bis 4. Heft. (38, 31, 40 u. 38 S.) 8. Ravensburg 903. 904. F. Alber. à Hft. n. — 30

— d. kathol. Schulver. f. d. Diöz. Rottenburg. I. Jahrg. Schule u. Kirche im deut. M.-A. 4 Hefte. 8° Ravnsbg, F Alber. Je — 30 d ö F
1. II. Afl. (38) '03. ‖ 2—4. (31, 40 u. 38) '03/04.

Broschüren, Schweizer, für Volk und Gelehrte, s. Schweizer-Broschüren...

— social-politische. 1—5. Hft. gr. 8. Ebend. 875. à — 40

Inhalt:

Heft 1. Friedlieb, L., die Lage des Handwerker- und Arbeiterstandes. (44 S.) 875.
» 2. Thihl, neuheidnische und christlich-sociale Grundsätze. (41 S.) 875.
» 3. 4. Felix, J., Recepte zur Rettung aus socialer Noth. Mit besond. Berücksicht. österreichischer Krankheitszustände verschrieben. (84 S.) 875.
» 5. Friedlieb, L., der Diebstahl in's Große und die Gesetzgebung. (58 S.) 876.

Broschüren, social-politische. 6—8. Hft. gr. 8. Würzburg 877. Woerl. à — 40
6. u. 7. Die sociale Bedeutung der Klöster in der Gegenwart. Von L. Friedlieb. (108 S.)
8. Die Selbstmordmanie in der Gegenwart. Von L. Friedlieb. (52 S.)

— social-politische. 9. und 10. Heft. gr. 8. Würzburg 877, Wörl. * 1 10

Inhalt:

Heft 9. Frei, Carl, ein Sozialdemokrat und sein Pfarrer. (44 S.) * 40 Pf.

" 10. Friedlieb, L., die Verfälschung der Lebensmittel. (51 S.) * 70 Pf.

Nicht weiter erschienen.

Broschüren, Wiener. 1. Heft. 8° Wien, („Austria" F Doll). — 08 d

Opitz, H: Die 7 Edelsteine im Brautgeschmeide d. wahren Kirche Jesu Christi. (32) (05.) [1.] — 08

— des Windthorst-Bundes, Elberfeld. Nr. 1. 8. Elberfeld 906. (Wuppertaler-Aktien-Druckerei.) — 40

Aus dem letzten Jahrzehnt des italien. Katholizismus. Von C. Sonnenschein. (31 S. m. 8 eingedr. Bildnissen.)

Broschüren, zeitgemäße. 3. Jahrg. 10 Nrn. gr. 8. Ebendas. 867,68. Subscr.-Pr. à Nr. * 1 Ngr. *

Einzeln à *

Inhalt:

Nr. 1. Heinrich, J. B., die Klöster und ihre Gegner in der Gegenwart. (28 S.)

" 2. Niedermayer, A., das Concilium in Baltimore (7. bis 21. Octbr. 1866) ein Bild kirchl. Lebens aus Amerika. (36 S.)

" 3. Vicari, Herm. v., das Papstthum in der Geschichte. Ausschreiben zur 18. Säcularfeier des Martyrfestes des heil. Petrus am 29. Juni 1867. (32 S.)

" 4. Holzammer, J. B., der biblische Schöpfungsbericht und die Ergebnisse der neueren Naturforschung. (32 S.)

" 5. Heinrich, J. B., Joseph v. Görres. Ein Lebensbild. (32 S.)

" 6. Scheeben, M., die Heiligkeit der Kirche im 19. Jahrh. (31 S.)

" 7. Colombel, H., die Verbindung Deutschlands mit Italien in der deutschen Kaiserzeit. Ein histor. Rückblick. (32 S.)

" 8. Janssen, Joh., Karl der Große. Ein Vortrag. (31 S.)

" 9. Niedermayer, A., die Streiter für den apostolischen Stuhl im J. 1867. (36 S.)

" 10. Holzammer, J. B., der Mensch und seine Stellung unter den organischen Wesen. (32 S.)

— zeitgemäße. 4. Jahrg. 1868. 9 Nrn. gr. 8. Frankfurt a. M., Hamacher. à Nr. * 10 Pf.; einzeln à Nr. *

Inhalt:

Nr. 1. Wedewer, H., die Literatur und die christliche Jugendbildung. (32 S.)

" 2. Hagelüken, Fr. Al., die weltliche Macht des Papstes. Historisch dargestellt und betrachtet. (22 S.)

" 3. Zell, Carl, die moderne deutsche Volksschule mit Rücksicht auf die neuesten Gesetzgebungen über das Volksschulwesen in Süddeutschland. (30 S.)

" 4. Werneke, Bernh., die Statistik freiwilliger Handlungen und die menschliche Willensfreiheit.

" 5. Kleutgen, Jos., die Ideale und ihre wahre Verwirklichung. Ein Wort zum Verständniß der deutschen Classiker. (28 S.)

" 6. 7. Hoffmann, C., das Weltsystem des Nicolaus Kopernikus. (35 S.)

" 8. Janssen, Joh., der Capuziner Franz Borgias. Ein Bild aus dem Klosterleben der Gegenwart. (20 S.)

" 9. Kraus, Frz. Xav., die Kunst bei den alten Christen. (24 S.)

— dass. — 5. Jahrg. 1869. 10 Nrn. gr. 8. Ebendas. Subscr.-Pr. à Nr. * 10 Pf.; einzeln à Nr. *

Inhalt:

Nr. 1. Ibach, J., das bevorstehende Concil. (23 S.)

" 2. Veit, Phil., über die christliche Kunst. (20 S.)

" 3. 4. Hahn, Heinr., die Hoffnungen der katholischen Kirche in China und im äußersten asiatischen Osten. (47 S.)

" 5. Hülskamp, Frz., die Generalversammlungen der katholischen Vereine Deutschlands. Eine kurze Schilderung ihres reichen Segens. (24 S.)

" 6. 7. Hägele, J. M., die Revolution und die moderne Gesellschaft mit besonderem Bezug auf Baden. (48 S.)

" 8. Schneider, Andr., der Klostersturm in Oesterreich unter Joseph II. Zur Characteristik des Josephinismus. (31 S.)

" 9. Hagelüken, Fr. Al., das Trienter und das gegenwärtige Concilium. Eine historische Betrachtung. (28 S.)

" 10. Scheeben, der Papst und seine neuesten Verläumder. (26 S.)

— — 6. Bd. oder Jahrg. 870. 10 Hefte (à 1½ Bgn.). Münster, (Russell) gr. 8. Subscr.-Pr. n. 10 ngr; einzelne Hefte à n. 3 ngr.

1. Ibach, Joh., die geistige u. materielle Unfruchtbarkeit des modernen Unglaubens.
2. Hergenröther, Ph., die Civilehe.
3. Holland, Hyac., das Ammergauer Passionsspiel im J. 1870.
4. Schmitt, Jak., der Priestercölibat.
5—7. Heinrich, J. B., das erste dogmatische Decret des Vaticanischen Concils. In deutscher Uebersetzung mitgetheilt, sodann erklärt. 2 Thle.
8. Hergenröther, Jos., die Marienverehrung in den zehn ersten Jahrh. der Kirche.
9. Wernecke, Bernh., Elsaß u. Lothringen. Ein Vortrag, gehalten im „Wissenschaftl. Verein" zu Paderborn am 30. Novbr. 1870.
10. Gutberlet, Const., die Pfahlbauten u. ihr Zusammenhang mit dem Alter der Menschheit.

— zeitgemäße. In Verbindg. m. E. Th. Thissen, Paul Haffner u. Joh. Janssen hrsg. v. Frz. Hülskamp. 7. u. 8. Bd. od. Jahrg. 1871 u. 1872. à 10 Hfte. (ca. 1½ B.) gr. 8. Münster 872. Russell. à Bd. n. 1. —

Broschüren,

— zwanglose. I. Ergänzungsheft zur Broschürensammlg. „Volksaufklärg." Hrsg.: K. Herdach. gr. 16. Warnsdorf, A. Opitz. n. — 18

Freimaurerei u. Umsturzbewegung. Zugleich e. wicht. Beitrag zur Zeitgeschichte u. zur röm. Frage. Von Herm. Gruber, S. J. (48 S.) (901.)

— zwanglose. II—V. Ergänzungsheft zur Broschürensammlg. ‚Volksaufklärg.' Hrsg.: K. Herdach. 16. Warnsdorf, A. Opitz. n. — 45

II. Cardinal Manning als Sozialpolitiker. (Ein Vortrag.) Von J. Beck. (32 S.) (904.) n. — 15

III. Die Orden u. Congregationen der kathol. Kirche in Österreich. Von Herm. Zschokke. — Die eigentlichen Ursachen der Ordensverfolgung. Von K. H. (32 S.) (904.) n. — 10

IV. Die katholische Universität in Salzburg, e. Sache des kathol. Volkes. Hrsg. auf Veranlassg. des akad. Univ.-Zw.-Ver. in Salzburg. Von A. Plattner. (40 S.) (904.) n. — 10

V. Die Tuberkulose u. ihre Bekämpfung. (Nach e. am 19. XII. 1903 im deutschen Vereinshause in Neutitschein geh. Vortrag. Von Jul. Perl. Autoris. Ausg. (32 S.) (904.) n. — 10

Broschüren, Zwanglose. Ergänzgsheft z. Broschürensammlg ‚Volksaufklärg'. 16° Warnsd., A Opitz.

Statistisches z. modernen Judenfrage. Von K H. 2. Afl. (73) ('12) — 40

Broschüren-Cyclus für das katholische Deutschland. Jg. [1]–35. Soest (9–20: Münster): Nasse; (21ff.: Münster & Paderborn: F. Schöningh) 1866–1900. 35 Bde 8° [J.]

[1.] 1866. 2. 3. 1868. 4–19. 1869–1884. [20. 1885.] 21–35. 1886–1900. 06. 3854

Broschüren-Cyclus für das katholische Deutschland. 1. Jahrg. (1866.) 12 Hefte. 12. (à Heft ca. 24 S.) Soest 866, Nasse'sche Verlagsh. Subscr.-Pr. à 1 Ngr.

Ladenpreis à *

Inhalt:

Heft 1. „Wir glauben alle an Einen Gott."

" 2. Warum verdammt der Papst die Freimaurerei?

" 3. Trau, schau, wem! oder: Was sind denn das eigentlich für Leute, welche die katholische Religion so heftig angreifen?

" 4. Wie viele sind Kirchen Christi?

" 5. Die Wallfahrten in der katholischen Kirche.

" 6. Wie hat sich die Religionserneuerung des 16. Jahrh. so rasch und so weit verbreiten können?

" 7. „Die gemischten Ehen."

" 8. Warum ist eine kirchliche Wiedervereinigung zu wünschen?

" 9. Kann die nothwendige Glaubenseinigkeit durch den Uebertritt zum Protestantismus erreicht werden?

" 10. Die Prozessionen in der katholischen Kirche.

" 11. Sind die Katholiken schlechte Patrioten?

" 12. „Was ich nicht seh', das glaub' ich nicht", oder: „Narrenweisheit im 19. Jahrh."

— dass. — Jahrg. 1867. 12 Hefte. 12. Ebendas. Subscr.-Pr. à 1 Ngr.

Ladenpreis à *

Inhalt:

Heft. 1. Wie macht man das Beten und Betrachten? (33 S.)

" 2. Warum will Pius IX. auf seine weltliche Herrschaft nicht verzichten? (31 S.)

" 3. Der Krieg gegen die katholische Kirche. (29 S.)

" 4. Wem gehört die Schule? (30 S.)

" 5. 10. Die Bibel. (51 S.)

" 6. Der katholische Spießbürger, des katholischen Philisters Bruder. (40 S.)

" 7. Das Kreuz in der katholischen Kirche. (22 S.)

" 8. Warum heirathen die katholischen Priester nicht? (24 S.)

" 9. Was ist denn gegen die katholische Heiligenverehrung eigentlich einzuwenden? (32 S.)

" 11. Des Christen Sonn- und Festtagsfeier. (24 S.)

" 12. Warum und mit welchem Rechte setzt unsere heilige katholische und apostolische Kirche gewisse Bücher auf den Index? (22 S.)

Broschüren-Cyclus für das katholische Deutschland. 3. Jahrg. 1868. 12 Hefte. 12. Soest [Münster], Nasse's Verlag.
Subscr.-Pr. à Nr. * 10 Pf. *
Einzeln à Heft *

Inhalt:
Heft 1. Haben die Jesuiten denn wirklich Bocksfüße? (24 S.)
„ 2. War denn das Mittelalter wirklich so finster? (23 S.)
„ 3. Viertes und fünftes Kirchengebot. (36 S.)
„ 4. Dreißig Silberlinge im Judassäckel oder: Was ist der Welt-Lohn für verrätherische Katholiken? (25 S.)
„ 5. Die Ceremonien der heil. Kirche. (36 S.)
„ 6. „Zwickzangen und Folterbänke der katholischen Kirche." (27 S.)
„ 7. Die Kapitalfrage! oder worum handelt es sich? (52 S.)
„ 8. Außer der Kirche ist kein Heil. (26 S.)
„ 9. Was that der heil. Bonifacius für unser liebes Vaterland? Was sollen wir thun? (20 S.)
„ 10. Ueber das Fegefeuer oder den Reinigungsort. Zum Troste der armen Seelen, insbesondere für Monat November. (26 S.)
„ 11. Die neumodige Aufklärung. (34 S.)
„ 12. Das falsche Rechenexempel oder: Warum es mit der neumodigen Volksbeglückung nicht glücken will. (27 S.)

—— dass. — 4. Jahrg. 1869. 12 Hefte. 12. Ebendas.
Subscr.-Pr. à Nr. 10 Pf.
Einzeln à Heft *

Inhalt:
Heft 1. Die wohlbestandene Feuer- und Wasserprobe des Schiffleins Petri. (32 S.)

Broschüren-Cyclus für das katholische Deutschland ꝛc.
Heft 2. Des Teufel's Küche oder: Wie die aufgeklärte Presse arbeitet. (42 S.)
„ 3. Das Glück der Gott-, Seele-, Gewissen- und Ewigkeitlosen, welches der Materialismus der staunenden Welt verheißt. (32 S.)
„ 4. Die heilige Messe ein wahres Opfer und das Herz des Christenthums. [Betrachtung für die österl. Zeit.] (34 S.)
„ 5. 7. Thatsache gegen Thatsache! Dann urtheile! 1. und 2. Artikel. (32; 28 S.)
„ 6. Pius IX. (52 S.)
„ 8. Hat es mit dem Ablaß wirklich seine Richtigkeit? Was ist Jubel-Ablaß? (24 S.)
„ 9. Die Beichtanstalt der katholischen Kirche ist der bündigste Beweis der wunderbaren Barmherzigkeit Gottes gegen das Menschengeschlecht. (23 S.)
10. Die Einigkeit der katholischen Kirche. (39 S.)
11. Ueber Bücher-Reklame oder: Was hat der Katholik von dem Anpreisen von Büchern zu Spottpreisen in öffentl. Blättern zu halten? (32 S.)
„ 12. Die Lektüre des Katholiken. (24 S.)

Broschüren-Cyclus für das katholische Deutschland. 5. Jahrg. 1870. 12 Hefte. 12. Soest [Münster], Nasse's Verlag.
Subscr.-Pr. à Heft 10 Pf.
Einzeln à Heft *

Inhalt:
Heft 1. Das bevorstehende allgemeine Concil. (27 S.)
„ 2. Die Ehekrüppel, die nicht eine Ehe in Christo und seiner heiligen Kirche, sondern vor dem Bürgermeister, das ist eine Civilehe eingehen wollen. (29 S.)
„ 3. Wozu nützen die Klöster? (27 S.)
„ 4. Die rothe Welt. (29 S.)
„ 5. 7. Das Lehramt der katholischen Kirche. 1. und 2. Artikel. (40; 33 S.)
„ 6. Wem gehören die Schulkinder? (42 S.)
„ 8. Die katholische Kirche ist die Mutter der Civilisation. (32 S.)
„ 9. Die ersten Entscheidungen des Concils vom Vatican. (43 S.)

Broschüren-Cyclus f. das katholische Deutschland. 5. Jahrg. 10--12., 6. Jahrg. 12 Hfte. u. Gratiszugabe f. die Abonnenten. 12. Soest 871. Nasse's Verl. Subscr.-Pr. à — 10; Laden-Pr. à n. — 20
V. 10. Die Macht d. Papstes ist groß, aber sie unterdrückt nicht, sondern sie unterstützt. [Worte Pius IX.] (32 S.) — Gratiszugabe: Der Stellvertreter Jesu Christi ist der unfehlbare Lehrer der Kirche. (26 S.)
11. Die katholische Welt. (30 S.)
12. Was ist der katholische Priester. (23 S.)

—— dass. — 6. Jahrg. 1871. 12 Hefte. 12. Ebendas.
Subscr.-Pr. à Heft 10. Pf.
Einzeln à Heft *

Inhalt:
Heft 1. Der Fels im Meere. (20 S.)
„ 2. Die unsichtbare Hand. (63 S.)
„ 3. Ueber die Gefahren der Unschuld in der Gegenwart. [Eine Christenlehre für gläub. Eltern.] (43 S.)
„ 4. Warum fasten wir? (22 S.)
„ 5. Wir sind, wir bleiben katholisch. (30 S.)
„ 6. Aber wer glaubt denn heutzutage noch an die Auferstehung Christi? (28 S.)
„ 7. 9. Die liebe Mutter Gottes im Himmel. 1. und 2. Thl. (40; 39 S.)
„ 8. 10. Schatten und Licht. 1. und 2. Thl. (23; 32 S.)
„ 11. Die wahre Freiheit. (24 S.)
„ 12. Die falsche Freiheit. (24 S.)
Gratiszugabe: Recept für ein glückseliges Jahr. Neujahrswunsch. (16 S.)

—— dass. — 7. Jahrg. 1872. 12 Hefte. 12. Münster, Nasse's Verlag.
Subscr.-Pr. à Heft 10 Pf.
Einzeln à Heft *

Inhalt:
Heft 1. Ein patriotisches Grundehrlich für moderne Kirchenbaumeister.
„ 2. Das „Nationalitätsprincip" im Lichte des Christenthums.
„ 3. Der verführerische Köder „Die Kirche muß der Staatsgewalt unterworfen sein" bei hellem Sonnenlichte betrachtet!!!
„ 4. Jesuitenfreund oder Jesuitenfeind? Ein Fingerzeig für den katholischen Bürgers- und Bauersmann, damit er weiß, wo er hält.
„ 5. Von Sankt Joseph, dem Schutzpatron aller rechtschaffenen Christen.
„ 6. Der Antichrist.
„ 7. 9. Was nützt das vaticanische Concil? 2 Thle.
„ 8. Ist der heil. Apostel Petrus wirklich in Rom gewesen?
„ 10. Der Unglaube in seinem Anfang, seinem Fortschritte und in seinem Endpunkt.
„ 11. Vom Gehorsam gegen die Kirche.
„ 12. Was lehrt das Christenthum über Patriotismus, und sind nach dieser Lehre die Katholiken „Vaterlandslose?"
Gratiszugabe: Die Intoleranz der Katholiken.

Broschüren-Cyclus für das katholische Deutschland. 8. Jahrg. 1873. 12 Hefte. 12. Münster, Nasse's Verlag.
Subscr.-Pr. à Heft 10 Pf.
Einzeln à Heft *

Inhalt:
Heft 1. Des Katholiken Halt in trüben Zeiten.
„ 2. Welche Fehler machen oft die Eltern bei der Erziehung ihrer Kinder?
„ 3. Kirchliche Fürsorge für die Auswanderer.
„ 4. Staatsgefährliche — aber keine Ultramontane. (1. Thl. — Protestantenverein.)
„ 5. Gedanken über das fünfte Gebot der Kirche.
„ 6. 8. Nochmals über die Klöster. 2 Thle.
„ 7. Staatsgefährliche — aber keine Ultramontane. (2. Thl. — Internationale.)
„ 9. dass. — (3. Thl. — Liberale und Freimaurer.)
„ 10. Das Rosenkranzgebet.
„ 11. Das alte und das moderne Heidenthum.
„ 12. Ein Heilmittel für die bürgerliche Gesellschaft.
Gratiszugabe: Die Andacht zum Herzen Jesu.

—— dass. — 9. Jahrg. 1874. 12 Hefte. 12. Ebendas.
Subscr.-Pr. à Heft 10 Pf.
Einzeln à Heft *

Inhalt:
Heft 1. Ein gutes Geschäftchen.
„ 2. Die Siebenzahl der Sakramente.
„ 3. Die heil. Taufe, das Bad der Wiedergeburt.
„ 4. Stationen aus der Leidensgeschichte der Päpste.
„ 5. Was sind die Jansenisten für Leute?
„ 6. 7. Gespräche über den Culturkampf. I. und II.
„ 8. Ein fester Damm gegen die heutige Zeitströmung.
„ 9. Die Wiedervereinigung aller christlichen Religionsparteien in Einer Kirche?
„ 10. Der Lügenprophet.
„ 11. Welchen Werth hat die Behauptung: „Eigenthum ist Diebstahl?"
„ 12. Wie bewähren sich der Katholicismus und der Protestantismus in ihren Versuchen, die Heiden zu bekehren.
Gratiszugabe: Louise Lateau, die Stigmatisirte von Bois d'Haine.

Broschüren-Cyclus für das katholische Deutschland. 10. Jahrg. 1875. 12 Hefte. 12. Münster, Nasse'sche Verlagsh.
Subscr.-Pr. à Heft 10 Pf.
Einzeln à Heft *

Inhalt:
Heft 1. Wie steht die Freimaurerei zu Altar und Thron? (32 S.)
„ 2. Die sechstägige Schöpfung. (24 S.)
„ 3. Wie hat der Katholik es anzufangen, damit er im traurigen Falle, daß er in der Sterbestunde den Beistand eines römisch-kathol. Priesters nicht haben kann, dennoch eines seligen Todes sterbe? 2. Aufl. (24 S.)
„ 4. Lourdes. 2. Aufl. (20 S.)
„ 5. 6. Eine Photographie aus der Hölle oder entlarvte Teufel. (40 S.)
„ 7. Die Vorbereitung der Revolution. (24 S.)
„ 8. Die katholische Kirche in ihrer werkthätigen Liebe zur Menschheit. (16 S.)
„ 9. 1) Was die Feinde des Papstthums aus dem Papste machen. 2) Was den Freunden des Papstthums der Papst im Lichte der Wahrheit ist. (24 S.)
„ 10. Eine Gaslaterne für's dunkle Mittelalter. (24 S.)
„ 11. Ist die Armuth verächtlich? Eine passende Lesung bei einer Nachricht von Börsenkrachen, Arbeitseinstellungen, Geschäftsstockungen, Zahlungseinstellungen und ähnlichen Unfällen. (16 S.)
„ 12. Laien-Gottesdienst, oder: Himmlischer Wegweiser für verwaiste Gemeinden. 1. Thl.: Theoretische Anweisung. (24 S.)
Gratis-Heft: —— dass. — 2. Thl.: Praktische Anweisung. (48 S.)

—— dass. — 11. Jahrg. 1876. 12 Hefte. 12. Ebendas.
Subscr.-Pr. à Heft 10 Pf.
Einzeln à Heft *

Inhalt:
Heft 1. Jüdisches. (24 S.)
„ 2. Ist denn der Glaube wirklich so nothwendig? (20 S.)
„ 3. Was lehrt der Talmud? (24 S.)
„ 4. Der heil. Petrus und sein Nachfolger in Rom. 2. Aufl. (28 S.)
„ 5. „Wir wollen Unterrichtsfreiheit". (24 S.)
„ 6. Polen und Rußland. (20 S.)
„ 7. Die Bekanntschaften. (26 S.)
„ 8. Die Civilehe und die kirchliche Ehe mit besond. Rücksicht auf ihre physischen, moralischen und socialen Folgen. (16 S.)
„ 9. Reich Gottes oder Reich Satans im Menschen? (22 S.)
„ 10. Vorzug der confessionellen Schulen vor den Communal- und Simultanschulen. (23 S.)
„ 11. Die Religion Jesu Christi ist göttlichen Ursprungs. (20 S.)
„ 12. Etwas für große und kleine Kinder. (24 S.)
Gratis-Heft: Die katholische Kirche liegt am Boden. (22 S.)

Broschüren-Cyclus für das katholische Deutschland. 12. Jahrg. 1877. 12 Hefte. 12. Münster, Nasse'sche Verlagsh.
Subscr.-Pr. à Heft 10 Pf.
Einzeln à Heft *

Inhalt:
Heft 1. Kern der sozialen Frage. (36 S.)
= 2. Durch Kampf zum Sieg. (16 S.)
= 3. Sicheres Heilmittel in schwerer Krankheit. (24 S.)
= 4. Das Sakrament der Liebe und der Menschheit. (24 S.)
= 5. Der Rosenkranz in den Augen des gläubigen Christen. (19 S.)
= 6. Marpingen. (96 S.)
= 7. Die Socialdemokratie, woher stammt sie? was will sie? wie wird sie bekämpft? (23 S.)
= 8. Ein Recept für unzufriedene Leute. (24 S.)
= 9. Der Culturkampf und seine Folgen. (22 S.)
= 10. Wie macht man's, um würdig das heil. Bußsakrament zu empfangen? (23 S.)
= 11. Die Jungfrau von Orleans. (24 S.)
= 12. Das Bild eines wahren Christen. (24 S.)
Gratis-Heft: Auf! Zum Herzen Jesu! (24 S.)

—— dass. — 13. Jahrg. 1878. 12 Hefte. 12. Ebendas.
Einzeln à Heft * 20 Pf.; Subscr.-Pr. à Heft 10 Pf.
Inhalt:
Heft 1. Die Arbeit. (S. 1—40.)
= 2. Non possumus! oder: Man muß Gott mehr gehorchen als den Menschen. (S. 41—64.)
= 3. Bange machen gilt nicht, oder Laß dich nicht verblüffen. (S. 65—80.)
= 4. Wilhelm Emmanuel, Freiherr v. Ketteler, der große Bischof von Mainz. (S. 81—96.)
= 5. Ursachen der zunehmenden Ausgelassenheit der der Schule entlassenen Jugend und Mittel dagegen. (S. 97—120.)
= 6. Einige wichtige Gründe für Katholiken, der römisch-kathol. Kirche treu zu bleiben und für Protestanten, in die von ihren Vätern verlassene römisch-kathol. Kirche zurückzukehren. (S. 121—144.)
= 7. Papst Leo XIII. Mit Portr. (S. 145—168.)
= 8. Wie die Verfolger der Kirche sterben. (S. 169—184.)
= 9. Ehre, wem Ehre gebühret! (S. 185—215.)
= 10. Schaden oder nützen die Klöster dem Staate? (S. 216—240.)
= 11. Die religionslose Schule und die Toleranz. (S. 241—264.)
= 12. Resurgam! Ich werde wieder erstehen. (S. 265—284.)
Gratis-Heft: Muth und Gottvertrauen. (S. 285—308.)

—— dass. — 14. Jahrg. 1879. 12 Hefte. 12. Ebendas.
Subscr.-Pr. à Heft 10 Pf.
Einzeln à Heft *

Inhalt:
Heft 1. Gedanken über den Kulturkampf. (S. 1—32.)
= 2. Des Kaisers Wort über die Erhaltung der Religion im Volke. (S. 33—56.)
= 3. Die Hexenprozesse. (S. 57—80.)
= 4. Der Peterspfennig. (S. 81—104.)
= 5. Und dann? (S. 105—124.)
= 6. Schlechte Blätter und Bücher. (S. 125—140.)
= 7. Der Coelibat. (S. 141—156.)
= 8. Das Apostolat des Gebetes. (S. 157—180.)
= 9. 10. Elisabeth von England. (S. 181—228.)
= 11. Worin besteht die Pflicht der Sonn- und Feiertagsheiligung? (S. 229—244.)
= 12. Du sollst kein falsches Zeugniß geben wider deinen Nächsten. (S. 245—266.)

Broschüren-Cyclus für das katholische Deutschland. 15. Jahrg. 1880. 12 Hefte. 12. [Münster, Nasse'sche Verlagsh.] Paderborn und Münster, Schöningh. Subscr.-Pr. à Heft 10 Pf.
Einzeln à Heft *

Inhalt:
Heft 1. Zu den Waffen. (S. 1—24.)
= 2. Nochmals: Du sollst kein falsches Zeugniß geben wider deinen Nächsten. (S. 25—48.)
= 3. Alle Wege führen nach Rom. (S. 49—72.)
= 4. Du sollst den Namen Gottes nicht eitel nennen. (S. 73—96.)
= 5. Früchte des Christenthums. (S. 97—120.)
= 6. Der apostolische Stuhl als Vertheidiger der christlichen Ehe. (S. 121—144.)
= 7. Du sollst an Einen Gott glauben. (S. 145—168.)
= 8. Gebetsverein für Deutschland. (S. 169—192.)
= 9. Karl der Große, der christliche Kaiser. (S. 193—216.)
= 10. Bete und arbeite! (S. 217—240.)
= 11. Der Canisius-Verein. (S. 241—264.)
= 12. Die bildliche Sprache der Katakomben. (S. 265—284.)

—— dass. — 16. Jahrg. 1881. 12 Hefte. 12. Ebendas.
Subscr.-Pr. à Heft 10 Pf.
Einzeln à Heft *

Inhalt:
Heft 1. Der Staat ohne Gott. (S. 1—32.)
= 2. Memento mori oder Denken an's Sterben. (S. 33—56.)
= 3. Fürchte Gottes Gericht! (S. 57—80.)
= 4. Der apostolische Stuhl als Vertheidiger der geistlichen Orden. (S. 81—104.)
= 5. Der Engel des Herrn. (S. 105—128.)
= 6. Der apostolische Stuhl als Förderer der Mission. (S. 129—152.)
= 7. Das außergewöhnliche Jubiläum. (S. 153—176.)
= 8. Job, seine Frau und seine Freunde. (S. 177—200.)
= 9. Unbeständigkeit in der Erziehung der Kinder, ein häufiger und schlimmer Fehler. (S. 201—216.)
= 10. Der heil. Bernard, ein Mann, wie er unserer Zeit noth thäte. (S. 217—240.)
= 11. Die Macht des katholischen Glaubens. (S. 241—264.)
= 12. Der selige Petrus Canisius, der zweite Apostel Deutschlands. (S. 265—284.)

—— dass. — 17. Jahrg. 1882. 12 Hefte. 12. Ebendas.
Subscr.-Pr. à Heft 10 Pf.
Einzeln à Heft *

Inhalt:
Heft 1. Ein Gnadenbild. (S. 1—32.)
= 2. Ich bitte dich, mein Kind, schaue den Himmel an. (S. 33—56.)
= 3. St. Joseph hilft. (S. 57—80.)
= 4. Fahrt nicht in die Hölle. (S. 81—104.)
= 5. Das Beispiel der Eltern in der Erziehung ihrer Kinder. (S. 105—128.)
= 6. Der Finger Gottes oder der alte Gott lebt noch. (S. 129—152.)
= 7. Der heil. Bonifacius und Gustav Adolph. (S. 153—168.)
= 8. Die Macht der katholischen Liebe. (S. 169—200.)
= 9. Gottes Wege sind wunderbar. (S. 201—224.)
= 10. Ueber die Kunst, reich zu werden. (S. 225—248.)
= 11. Nochmals: Der Finger Gottes. (S. 249—272.)
= 12. Was verdankt die Frau dem Christenthum? (S. 273—293.)

—— dass. — 18. Jahrg. 1883. 12 Hefte. 12. Ebendas.
Subscr.-Pr. à Heft 10 Pf.
Einzeln à Heft *

Inhalt:
Heft 1. Wer ist ein Katholik? (S. 1—32.)
= 2. Abraham a Sancta Clara. (S. 33—56.)

Broschüren-Cyclus für das katholische Deutschland ꝛc.
Heft 3. Des Christen Buch. (S. 57—80.)
= 4. Ist der Mensch nur ein Thier? (S. 81—96.)
= 5. Ueber das Lesen, namentlich Romanlesen. (S. 97—120.)
= 6. Der Zeitgeist der Gegenwart. (S. 121—136.)
= 7. Leben und Wirken des heil. Johannes Capistranus. (S. 137—152.)
= 8. Vergnügen und Vergnügungen. (S. 153—176.)
= 9. Die Schutzheiligen der Gewerbe zur Zeit Kaiser Maximilian's I. 1495. (S. 177—192.)
= 10. Thomas Morus und Bischof Fischer. (S. 193—216.)
= 11. Von der Standeswahl. (S. 217—232.)
= 12. Die Türken vor Wien. (S. 233—256.)

—— dass. — 19. Jahrg. 1884. 12 Hefte. 12. Paderborn und Münster, Schöningh. Subscr.-Pr. à Heft 10 Pf.
Einzeln à Heft *

Inhalt:
Heft 1. War es Zufall? (S. 1—24.)
= 2. Ueber die Sonntagsheiligung. (S. 25—40.)
= 3. Wer sind die Gegner der katholischen Kirche. (S. 41—56.)
= 4. Der heil. Kreuzweg. (S. 57—80.)
= 5. Die Früchte des Lutherfestes. (S. 81—96.)
= 6. Die Königin des Rosenkranzes. (S. 97—120.)
= 7. Papst Leo XIII. und die Freimaurer. (S. 121—152.)
= 8. Der Eid. (S. 153—168.)
= 9. Das Aufkommen und die schnelle Verbreitung des Christenthums ist das Werk Gottes. (S. 169—184.)
= 10. 11. Der heil. Karl Borromäus. (S. 185—224.)
= 12. Das ist der Finger Gottes. (S. 225—240.)

Broschüren-Cyclus für das katholische Deutschland. Redact.: J. H. Fiedeldey. 20. Jahrg. 1885. 12 Hefte. 12. Münster und Paderborn, Schöningh. Subscr.-Pr.
Einzelne Hefte à

Inhalt:
Heft 1. Wie wird sich der Katholik verhalten bei fortgesetztem Kulturkampf? (20 S.)
= 2. Nicht Zufall, sondern liebevolle Fügung Gottes. (24 S.)
= 3. Des Menschen Verhältniß zu den Gütern des Lebens. (24 S.)
= 4. Friedrich von Spee und die Hexenprocesse. (32 S.)
= 5. Gefahren und Rettung der von Christus gestifteten Kirche. (16 S.)
= 6. Das Verhältniß des Menschen zu den Uebeln des Lebens. (16 S.)
= 7. Der Selbstmord und das Duell. (16 S.)
= 8. Ist denn der Ordensberuf ein verfehlter Beruf? (24 S.)
= 9. Wann die Noth am größten, ist Gottes Hülf' am nächsten. (16 S.)
= 10. Ein bischöfliches Wort. (24 S.)
= 11. Unfehlbarkeit des Papstes. (16 S.)
= 12. Der Papst — der vorzüglichste Helfer in socialer Noth. (24 S.)

—— dass. — 21. Jahrg. 1886. 12 Hefte. 12. Ebendas.
Subscr.-Pr.
Einzelne Hefte à

Inhalt:
Heft 1. Ein feierliches Wort des Vaters der Christenheit. (24 S.)
= 2. Das außerordentliche Jubiläum. (24 S.)
= 3. Die Kreuzzüge. (24 S.)
= 4. Die Familie. (16 S.)
= 5. Gegrüßet seist du Maria! (24 S.)
= 6. Widukind. (16 S.)
= 7. Jugend-Vereine. (24 S.)
= 8. Papst Pius IX. und seine Gegner. (24 S.)

Broschüren-Cyclus für das katholische Deutschland. 2c.

Heft 9. Thorheiten und Widersprüche in der Beurtheilung einzelner religiöser Fragen. (16 S.)
" 10. Der Finger Gottes. (24 S.)
" 11. Zwei entgegengesetzte Bestrebungen, die Armuth und Noth aus der Welt zu schaffen. (24 S.)
" 12. Der St. Vincenz-Verein. (24 S.)

—— dass. — 22. Jahrg. 1887. 12 Hefte. 12. (à Heft 16—32 S.) Münster und Paderborn, Schöningh. Subscr.-Pr. *
Einzelne Hefte à

Inhalt:
Heft 1. Don Bosko.
" 2. Katholische Interessen.
" 3. Der Unglaube und die Religion.
" 4. Socialismus und Christenthum.
" 5. Der Marienmonat.
" 6. Das Uebel und seine Heilung.
" 7. Die göttliche Vorsehung.
" 8. Katholisch ist gut sterben.
" 9. Bedeutung und Forderung der katholischen Presse.
" 10. Erinnerungen an die Katholikenversammlung in Trier.
" 11. Sklaverei und Christenthum.
" 12. Leo XIII.

—— dass. — 23. Jahrg. 1888. 12 Hefte. 12. (à Heft 16—32 S.) Ebendas. Subscr.-Pr. *
Einzelne Hefte à

Inhalt:
Heft 1. Prediger Thümmel, das neue Licht von Remscheid.
" 2. Die Aufhebung der Gesellschaft Jesu und ihre Vorgeschichte.
" 3. Don Bosko. — Die Aufhebung der Gesellschaft Jesu und ihre Vorgeschichte. (Schluß.)
" 4. 5. Die „Diener am Wort" und die katholische Kirche. — Das ewige Gesetz und das Eigenthum.
" 6. Worauf gründet der Katholik seine Hoffnung, daß die katholische Kirche fortbestehen wird?
" 7. Vereinsmeierei und Festschwindel.
" 8. 9. Das Heinedenkmal, eine Schmach für Deutschland. — Das Buch der Bücher.
" 10. Cardinal Lavigerie über den Sklavenhandel.
" 11. Der Cölibat der Geistlichkeit.
" 12. Die Schundlitteratur. — Rückblick und Ausblick.

Broschüren-Cyklus f. das katholische Deutschland. 22. bis 25. Jahrg. 1887—1890. à 12 Hfte. (à $1^1/_2$—2 B.) 12. Münster u. Paderborn, F. Schöningh.
à Jahrg. n. 1. 20; einzelne Hfte. à — 20

Broschüren-Cyklus f. das katholische Deutschland. 26.—30. Jahrg. 1891—1895. (Oktbr. 1890 — Septbr. 1895.) à 12 Hfte. (à $1^1/_2$—2 Bog.) 12. Paderborn, F. Schöningh.
à Jahrg. 1. 20; einzelne Hfte. à — 20

Broschüren-Cyklus f. d. kathol. Deutschland. 31.—33. Jahrg. 1896—1898. (Oktbr. 1895—Septbr. 1898.) à 12 Hfte. (Bog.) 12. Paderborn, F. Schöningh.
à Jahrg. 1. 20; einz. Hfte. — 20

Broschüren-Cyklus f. das katholische Deutschland. Red.: E. Zimmermann. 34. u. 35. Jahrg. 1899 u. 1900. à 12 Hfte. 12. (192 u. 204 S.) Paderborn, F. Schöningh.
à Jahrg. 1. 20; einzelne Hfte. — 20
Der 34. Jahrg. ist v. H. Abels redigiert. — Erscheint nicht mehr.

Broschüren-Folge „Continent". Nr. 1—19. gr. 8. Berlin, Verlag Continent. n. 14. 20
Freiheit, akademische, u. die Zwangsjacke. Von Victor. (45 S.) (905.) (Nr. 14.) n. — 60
Fried, Alfr. H., das Abrüstungs-Problem. Eine Untersuchg. (48 S.) (901.) (Nr. 9.) n. — 60
— Deutschland u. Frankreich. Ein Wort üb. die Notwendigkeit u. Möglichkeit e. deutsch-französ. Verständigg. 2. Taus. (79 S.) (904.) (Nr. 4.) n. 1. —
— die moderne Schiedsgerichtsbewegung. (48 S.) (904.) (Nr. 8.) n. — 60
— weder Sedan noch Jena. 4. Aufl. (76 S.) (903.) (Nr. 1.) n. — 80
Erschien ohne Sammeltitel.
Friedheim, J., Wahlrechtsreform. (32 S.) (906.) (Nr. 18.) n. — 60
Friedmann, Frits, der Kampf gegen die Verteidigung. Eine Studie aus dem Strafgerichtssaal. (80 S.) (905.) (Nr. 16.) n. 1. —
Knaack, W., wider die Orthodoxie. (48 S.) (905.) (Nr. 12.) n. — 60
Kotze, Stef. v., Altjungfernkoller. Randbemerkungen zur Feministik. (55 S.) (904.) (Nr. 10.) n. — 80
— die gelbe Gefahr. (45 S.) (901.) (Nr. 3.) n. — 80
Landeck, A. v. der, Lebensdienst od. Todesdienst? Die Notwendigkeit e. Reformation in der Volkserziehg. (30 S.) (906.) (Nr. 19.) n. 1. —
Mars regiert die Stunde. Rede an den Reichstag v. Nebukadnezar. (72 S.) (901.) (Nr. 5.) n. — 80
Rudolf, K., Selbsterkenntnis u. Selbstzucht. Ein Weckruf an das deutsche Volk. (45 S.) (904.) (Nr. 7.) n. — 60
Schwimmer Rosika, Ehe-Ideale u. Ideal-Ehen. Aeusserungen moderner Frauen, auf Grund e. Rundfrage hrsg. (80 S.) (905.) (Nr. 17.) n. 1. —
Soldaten-Misshandlungen? Von Humanus. (63 S.) (906.) (Nr. 13.) n. — 80
Sollen wir Deutsch-Südwestafrika behalten? Ein offenes Wort an das reichsdeutsche Publikum v. e. südafrikan. Deutschen. (31 S.) (904.) (Nr. 2.) n. — 50
Suttner, Bertha v., der Krieg u. seine Bekämpfung. (32 S.) (904.) (Nr. 6.) n. — 60
Wahrheit üb. unser Heer u. seine Offiziere. Von Gottfried, e. alten preuss. Offizier. (80 S.) (905.) (Nr. 15.) n. 1. —
Wüstner, Anna, Frauen-Evangelium. (32 S.) (905.) (Nr. 11.) n. — 50

(**Broschüren-Sammlung** der «Schweizerischen Kirchenzeitung». Redaktion A[lbert] Meyenberg, Can. ... in Luzern. Nr. 1—3.) 8. Luzern, Räber & Cie.

(Nr. 1.) 1903. [fr. 1. —] s. Pontificatsbilder. — (Nr. 2.) 1903. [fr. —. 75] s. Kirsch, P[eter] A[nton]. — (Nr. 3.) [1. Aufl.] 1904 u. 3. Aufl. 1905. [fr. —. 95] s. Meyenberg, A[lbert].

Broschüren-Sammlung der „Schweizerischen Kirchenzeitg." Red.: A. Meyenberg. Nr. 1—3. gr. 8. Luzern, Räber & Co. n. 2. 25
1. Pontifikats-Bilder. Festgabe der „Schweizer. Kirchenzeitg." zum Pabstjubiläum Leos XIII. Ein Wort an gebildete Christen. (84 S. m. Abbildgn.) 903. n. — 90
2. Altkatholische Angriffe gegen das römisch-katholische Bußinstitut. Erwiderung an den christ.-kathol. Bischof Dr. Herzog. Von P. A. Kirsch. (47 S.) 903. n. — 60
3. Eine Welle des Nachdenkens üb. die Seele. Homiletisch-philosoph. Betrachtgn. f. gebildete Christen. Von A. Meyenberg. 3. Aufl. (55 S.) 905. n. — 75
2. Aufl. (in Frakturschrift). (52 S.) (905.) — 75.

Broschüren-Verein, katholischer. 1. Jahrg. Hrsg. von dem Comité E. Th. Thissen, Paul Haffner, Joh. Janssen. 10 Nrn. gr. 8. Frankfurt a. M. 864,65, Verlag für Kunst und Wissenschaft. Subscr.-Pr. à * 1 Ngr. *
Einzeln à *

Inhalt:
Nr. 1. Friedrich, Joh., Johann Huß. Ein Lebensbild. 1. Abthl.: Johann Huß, der Feind der Deutschen und des deutschen Wesens. (26 S.)

Broschüren-Verein, katholischer 2c.

Nr. 2. Friedrich, Joh., Johann Huß. Ein Lebensbild. 2. Abthl. Johann Huß als Reformator und seine Verurtheilung. (32 S.)
" 3. Hergenröther, die Französisch-Sardinische Uebereinkunft von 15. Septbr. 1864. (32 S.)
" 4. Janssen, Joh., Rußland und Polen vor hundert Jahren. (28 S.)
" 5. Bosen, Chr. Hm., Galileo Galilei und die römische Verurtheilung des kopernikanischen Systems. (32 S.)
" 6. Hägele, Jos. M., der moderne Fortschritt und die arbeitenden Klassen. (24 S.)
" 7. Reichensperger, Aug., die Kunst Jedermanns Sache. (31 S.)
" 8. Janssen, Joh., Gustav Adolf in Deutschland. (32 S.)
" 9. Haffner, der moderne Materialismus. (32 S.)
" 10. Roßbach, Joh. Jos., Industrie und Christenthum. (IV und 26 S.)

—— dass. — 2. Jahrg. 10 Nrn. gr. 8. Ebendas. 865,66. Subscr.-Pr. à * 1 Ngr. *
Einzeln à *

Inhalt:
Nr. 1. Montalembert, General La Moricière. (28 S.)
" 2. Heinrich, J. B., die Klöster in der Geschichte. (32 S.)
" 3. Ketteler, Wilh. Emm. Frhr. v., ist das Gesetz das öffentliche Gewissen? (20 S.)
" 4. Bosen, Chr. Hm., Kolping's Gesellenverein in seiner socialen Bedeutung. (32 S.)
" 5. Molitor, Wilh., das Theater in seiner Bedeutung, und in seiner gegenwärt. Stellung. (32 S.)
" 6. Windel, K., Graf Friedr. Leop. Stolberg. (39 S.)
" 7. Wolter, Maurus, die römischen Katakomben und ihre Bedeutung für die katholische Lehre von der Kirche. (36 S.)
" 8. Offenbeck, Heinr., der Streit Gregors VII. mit Heinrich IV. (32 S.)
" 9. 10. Wolter, Maurus, die römischen Katakomben und die Sakramente der kathol. Kirche. (IV und 44 S.)

Brose. Gebrauch der heutigen Miliz, nach Art der Roemer, zu Arbeiten in Friedenszeiten. 4. Hildesheim 1771.

Brose, ..., s. Geistesblüthen, christliche.

Brose, F. (Hrsg.): Chr. B. Wackenrode's Corpus Bonorum ..., s. Schriften d. Ver. f. d. Gesch. Berlins, H. 24.

Brose, H., zwölf Vorschriften zur Erlernung d. engl. Handschrift. 4. Leipz. 809. (Enobloch). 16 gr

Brose, Hans, Referendar in Wippra a. Harz: Die **Beendigung** des Mietverhältnisses nach dem Rechte des Deutschen Reiches. *Leipzig 1903: (C. A. Kämmerer & Co., Halle a. S.)* (x, 79 S.) 8°
Leipzig, Jur. Diss. v. 1903

Brose, Karl Gotthelf

— Ansichten über unsern gesellschaftl. Zustand in seinem ganzen Umfange. 8. Götting. 815. Brose. 1 Rth. Hbg. Pr. 16 ggr

Brose, K. G., die Aequitas des römischen Rechts und Recht und Billigkeit im Allgemeinen. 8 Göttingen, Brose. 818.

Brose, Karl Gtthlf., die Aequitas des röm. Rechts u. Recht u. Billigkeit im Allgemeinen. 8. Götting. 821. Brose. 4 ggr

K. Ghf. **Brose** üb. Recht u. Billigk. im Allgem.; als Einleit. zu d. gesammten Lehre v. d. Billigk. *Gött.*, Brose. 821. 8° 4 gl

— vom Wesen u. d. Darstell. d. deutschen Rechts. 8. Götting. 817. Brose. 2 ggr

Die Deutsche Koloniallitteratur von 1884—1895. Mit e. Anh.: Verzeichniss von Werken, die sich auf fremdländ. Kolonien beziehen u. in d. Bibliothek d. Deutschen Kolonialges. vorhanden sind. Hrsg. von d. Deutschen Kolonialges., bearb. von **Maximilian Brose**, Hauptm. a. D., Bibliothekar d. Dtsch. Kolonialges. *Berlin: Dr. v. O. Elsner 1897.* (1 Bl., VI, 158 S.) 1 Bd 8. [97. 4140

Die deutsche **Koloniallitteratur** im Jahre 1896 und 1897. Zusammengestellt von Maximilian Brose. ([S.-A.] Koloniales Jahrbuch. Jahrg. 10. 1897 u. 11. 1898.) Berlin 1897 u. 1898. 2 Bde. 27: 28 S. 8°.

Brose, Max., die deutsche Koloniallitteratur im J. 1898. Sonder-Heft der Beiträge zur Kolonialpolitik u. Kolonialwirtschaft. Hrsg. v. der deutschen Kolonialgesellschaft. Schriftleiter: A. Seidel. gr. 8. (38 S.) Berlin 900. W. Süsserott. n. — 80

— dasselbe f. d. J. 1899 u. 1900. gr. 8. (58 u. 63 S.) Ebd. 900. 901. à n. 1. —

Brose, Max, die deutsche Kolonialliteratur in den J. 1901—1904. Sonder-Hefte der Zeitschrift f. Kolonialpolitik, Kolonialrecht u. Kolonialwirtschaft. Hrsg. v. der deutschen Kolonialgesellschaft. gr. 8. Berlin, W. Süsserott. n. 6. 40
1901. (67 S.) 903. n. 1. 50. — 1902. (63 S.) 904. n. 1. 50.
1903. (74 S.) 904. n. 1. 60. — 1904. (78 S.) 905. n. 1. 80.

Brose, Max, die deutsche Kolonialliteratur in d. J. 1905 u. 1906. Sonder-Heft d. Zeitschr. f. Kolonialpolitik, Kolonialrecht u. Kolonialwirtschaft. Hrsg. v. d. deutschen Kolonialgesellschaft. (à 86 S.) Lex. 8. Berlin (907. 08). W. Süsserott. à 2. —
Fortsetzg., s.: Koloniallitteratur, die deutsche.

Brose, Maximilian: s. Repertorium der Deutschen kolonialen Literatur.

Brose, Max, Repertorium der deutsch-kolonialen Litteratur. 1884—1890. 8. (VIII, 118 S.) Berlin 891. G. Winckelmann. n. 2. —

Brose, Wilh. Dan., christl. Harfenklänge f. Herz u. Leben, u. Beiträge zu e. Charakteristik christl. Weisheit. Ein Andachtsb. f. d. Stunden d. Umgangs mit Gott u. edeln Freunden. M. 1 Bild. 8. (16 B.) Osterode u. Goslar 841, Sorge'sche Bh. *

Brose, Wlh. Dn., Liebe schafft uns den Himmel auf Erden. Eine Gastpredigt. 8. Götting. 815. Brose. 3 ggr

Brose, W. D., Luthers Perlen des Gebets, s. Luther.

Brose, Wilh. Dan., Plan zu e. zeitgem. Verbesserung d. protestant. Kirche d. 19. Jahrh., od. Versuch u. kurzer Entwurf e. neuen protestant. Kirchenverfassung. gr. 8. (4½ B.) Münden 832, (Kersting.)

Brose, W. D., Predigten, 1ste Samml. gr. 8. Ebend. 818.

Broese, A. (Red.), s. Barbier, Der, und Friseur.

Bröse, E., Plaudereien e. Altmodischen. (III, 167 S.) gr. 8. Leipzig 003. H. G. Wallmann. n. 2. 20

Bröse, Gustav: Eine der Quellen Lessings für Minna von Barnhelm. **Freundeschule.** ⟨L'école des amis.⟩ Lustspiel in 5 Aufz. von Nivelle de la Chaussée. Uebersetzt. *Naumburg a. S. 1902: H. Sieling.* (64 S.) 8° [F.]
Naumburg a. S., st. RG m. R u. VS ⟨Reform-A i. E.⟩, OP 1902 (299)

Bröse, Max (Hrsg.), s. Blätter, Allgemeine deutsche, für Kanarienzucht.

Bröse, Max (Red.), s. Geflügel-Zeitung, Allgemeine deutsche.

Bröse, Max, die Gestalt- u. Farben-Kanarien, s.: Universal-Bibliothek f. Thierfreunde.

— die Kanarienvogelzucht m. besonderer Rücksicht auf Harzer Gesangs-Kanarien u. Gestalt- u. Farben-Kanarien. 8. (VII, 108 S. m. Abbildgn. u. 2 farb. Taf.) Berlin 893. P. Parey. n. 1. 50

Bröse, M. (Red.), s. Kanarien-Zeitung, Deutsche.

Bröse, M. (Red.), s. Monatsschrift für Aquarienfreunde.

— die Tümmler- u. Hochflug-Tauben-Rassen, s.: Universal-Bibliothek f. Thierfreunde.

Bröse, M. (Hrsg.), s. Die Vogelwelt.

Broese, Otto, appr. Arzt, Unterarzt b. Inf.-Reg. Nr. 45: Untersuchungen über die Bildung flüchtiger organischer Fettsäuren auf zuckerfreiem Nährboden, nachgewiesen an einigen Spaltpilzen. Berlin 1910: Ebering. 25 S. 8°
Berlin, Med. Diss. v. 29. Juli 1910, Ref. Rubner
[Geb. 13. Nov. 84 Meiningen; Wohnort: Insterburg; Staatsangeh.: Preußen; Vorbildung: Gymn. Insterburg Reife O. 04; Studium: Berlin K. W. A. 10 S.; Coll. 27. Juli 10; Approb. 29. Juli 10.] [U 10. 23

Bröse, Paul

Bröse-Berlin, P., die galvanische Behandlung der Fibromyome d. Uterus. gr. 8. (72 S. m. 8 Fig.) Berlin 892. Fischer's medicin. Buchh. n. 2. —

Bröse, Paul, zur Lehre von den Echinococceen des weiblichen Beckens. Inaugural-Dissertation. gr. 8. (29 S.) Hannover 882. (Göttingen, Vandenhoeck und Ruprecht's Verlag. *

Die Erziehung am Denkmal Schillers. Eine pädagog. Schillerrede aus d. J. 1905 z. Schiller-Jahrhundertfeier geh. in e. Kreise deutscher Lehrer u. Pastoren von Wilhelm **Bröse**, Lehrer. Leipzig-Berlin: C. Wigand 1907. (43 S.) 8° [06. 5757

Brosel, J, u. A Vallet: RVO v. 19. 7. '11. Auf Grund d. Gesetzesmaterialien u. bisher. Rechtsprechg erläutert II. u. III. Bd. gr8° Ansb., M Prögel. L 4.50 d
Bd I ist noch nicht erschienen.
II. 3. Buch. Unfallversicherg. Bearb. v. V. (6, 212) '12. L 2 — ‖ III. 4. Buch. Invaliden- u. Hinterbliebenenversicherg. 5. Buch. Beziehgn d. Versichergsträger zu einand. u. zu and. Verpflichteten. 6. Buch. Verfahren. Bearb. v. B. (7, 280) '12. L 2.50

Brösel, Ernst. Kosmorama: Die Welt in Bildern gesammelt in drei Weltteilen u wisschl bearb f d Dtum in d VS. V1. Pittsb, 1904. (No more published.)

Brösel, Gust. Adf., Gedächtnißrede am Grabe der Ertrunkenen in der Lausitz, s. Reichelt, G. Th.

Brösel, Gust. Adf., das Recht d. Arbeiters auf den Sonntag. Mit besond. Berücksicht. der Gesundheitspflege populär beleuchtet. Von der Genfer Gesellschaft f. Sonntagsheiligg. gekrönte Preisschrift, hrsg. vom Hauptverein f. innere Mission der evang.-luth. Kirche im Königr. Sachsen. gr. 8. (50 S.) Leipzig 876. Buchh. d. Vereinsh. in Comm. n. — 40

Brösel, K(onstantin), aus Greiz: Die betonten **Vokale der** Sprache im Kanton Tessin südlich vom Monte Cenere. ⟨Mendrisio-Lugano.⟩ Mit einem Wörterbuch. *Halle a. S. 1901: (Löffler & Co., Greiz).* (VII, 26, 97 S.) 8° [F.]
Halle, Phil. Diss. v. 21. Juni 1901

Brösel, Max, u. Fritz Soldan, Quellentafeln moderner Ornamentik. Ein unerschöpfl. Motivenschatz f. individuelles Schaffen im Kunstgewerbe. 60 Taf. m. Erläutergn. hoch 4. (VIII S. illustr. Text.) Dresden (902). G. Kühtmann. In Mappe n. 28. —

Broesel, Wilh., der Charakter der Senta und seine ideale Darstellung. Ein Beitrag zum Verständnisse der Oper von Rich. Wagner „Der fliegende Holländer". gr. 8. (XVII, 65 S. mit 1 Lichtdr.-Portr.) Leipzig 885, C. W. Fritzsch. *

— Die Darstellung des Evchen in den Meistersingern .... mit Seitenblick auf Sachs und Beckmesser. Delitzsch 1908.

Broesel, Wilh., Kundry. Ein Beitrag zur Auffassg. der weibl. Gestalt in Richard Wagner's Parsifal. gr. 8. (26 S.) Leipzig 899. C. Wild. n. — 50

Broesel, Wilh., Evchen Pogner. (IV, 107 S.) 8. Berlin 906. Schuster & Loeffler. n. 1. 50

— Richard Wagner's Senta. Ein Beitrag zu deren Auffassg., als Ergänzg. der Schrift des Verf.: „Der Charakter der Senta u. seine ideale Darstellg." gr. 8. (25 S.) Leipzig (902). F. Reinboth. n. — 50

Brösel-Hotze, Aug.: Licht u. Dunkel. Novelletten. (99) kl8° Lpzg. Verl. f. Lit., Kunst u. Musik '11. — 75 d

BROSENBACH, Alberto de: Quomodo Ovidius res hominesque finxerit. — 1908. 71 Bl. Diss. Graz, Univ.

Brosenius, Friedr., 53 Anweisungen in d. Buchbinderkunst. (Ein Rathgeber f. Buchbinder-Gehülfen u. Lehrlinge. 12. (2 B.) Quedlinburg 841, Ernst'sche Buchh.

Brosenius, Friedr., 54 Anweisungen in d. Buchbinderkunst. 2., verm. Aufl. 16. (3 B.) Quedlinburg 842, Ernst'sche Buchh.

Brosenius, Friedr., 70 Anweisungen in der Buchbinderkunst. 3., verm. Aufl. 12. (VIII und 50 S.) Quedlinburg 847, Ernst'sche Buchh.

Brosenius, Heinrich

— Lehrbuch d. Technologie, od. Wegweiser durch d. Gebiet d. Künste u. Handwerke für Schulen. 8. Leipz. 819. Wienbrack. 18 gr (A. u. d. T.: Wegweiser durch d. Gebiet d. Künste u. Handwerke.)

Brosenius, H., Technologie f. Lehr. in Schulen etc. m. K. 2 Th. 8. Leipz. Gräff. 806. 807.

Brosenius, Hnr., († d. ... Febr. 1821.) Technologie f. Lehrer in Schulen u. zum Selbstunterricht. 2 Thle, mit 9 Kpft. 8. Leipz. 806, 7. (Wienbrack). 3 ℛ Wohlf. Ausg. 821. 2 ℛ

— Waarenkunde, f. Töchter, mit Beziehung auf d. Haushaltung 8. Leipz. 821. Wienbrack. 18 gr Schrbp. 1 ℛ

Brosenius, W., über Brache, Drillcultur, Fruchtwechsel, siehe: Mittheilungen, landwirthschaftliche, f. Cameralisten etc. 1. Heft.

Brosenius, W., über die Cultur der Blatt- u. Brachgewächse, f. Mittheilungen, landwirthschaftliche etc.

Brosenius, W. (Hrsg.), s. Mittheilungen, Landwirthschaftliche, für Cameralisten und Oekonomen.

Brosey, Führer für Tharand u. Umgegend. Karte mit Beschreibg. im Umkreis v. 1 Quadratmeile. 32. (III, 16 S.) Tharand 880. Akadem. Buchhandlg. n.n. — 50

Brosi, A.: Die Rechtsschriften d. Diöcesan-Confz. geg. Exbisch. Lachat betr. Legat Linder. Soloth. 1874.

(B[rosi], J[ohann] B[aptist].) Die Steinschrift „Cinnenius" in Olten. (Hiezu eine lithographirte Abbildung [Tafel] ...) 8. (Solothurn 1846.)

Brosi, J. B., die Kelten u. Althelvetier. Ein Beitrag zur ältesten Geschichte der Schweiz. gr. 8. (VIII u. 115 S. m. 1 lith. Taf. in Tondr.) Solothurn 851, Scherer. n. ⅔ ℛ

B[rosi]. J[ohann] B[aptist]. Ueber elfenbeinerne Kunstwerke überhaupt, namentlich über Statuetten und Kruzifixe in Solothurn. 8. Solothurn 1850.

Brosi, Urs. Eine Fahrt nach Norwegen und Spitzbergen auf dem Doppelschraubendampfer «Blücher» der Hamburg-Amerika-Linie 1904. Mit 45 Abbildungen nach photographischen Aufnahmen und einer Routenkarte. XII + 218 S. gr.-8. Zürich, Schulthess & Co., 1906. [geb. fr. 6.—]

Brosi, Walter. Einige statistische Auszüge aus dem freiwilligen Schiesswesen der Schweiz von W' B', ... Altdorf. 64 S. 8. Im Selbstverlage des Verfassers (Buchdr. Altdorf, 1905). (fr. —. 80, Ausland 1. —)

Brosi, Walter. Das Rütlischiessen von 1860 bis 1907. Nach chronischen Aufzeichnungen und Zeitungs-Berichten zusammengestellt von W' B', Kanzlist, Altdorf-Uri. [Illustriert.] II + 79 S. 8. Im Selbstverlag des Verfassers; Altdorf, Buchdr. Huber, 1908. [fr. 2.—]

Brösicke, Auswahl patriotischer Gedichte zum Vortrage in Schulen. 8. (79 S.) Grüneberg 876. Weiß' Nachf. n. — 40

Broesicke, Frid. Guil. (geb. Vehlefanz in d. Mark 3. 11. 1826): De aquis Lippspringensibus et Salisbronnensibus. Berolini (1852). (26 S.) 8°

Berlin, Med. Diss. v. 31. Juli 1852

Brösicke, F. W., die Heilung der Brustschwäche, Lungenschwindsucht, Bleichsucht, Hämorrhoiden und Rückgratsverkrümmungen ohne Medicin durch Gymnastik der Lungen. 1. und 2. Aufl. gr. 8. (47 S. mit eingedr. Holzschn.) Berlin 857 (59,) (Streerath und Comp.) *

Brösicke, F. W., die Heilung der Brustschwäche, Lungenschwindsucht, Bleichsucht, Hämorrhoiden und Rückgratsverkrümmungen ohne Medicin durch Gymnastik der Lungen. Berlin (858). Rahn. gr. 8. (47 S. mit Holzschn. im Text.) n. 10 ngl

Brosien, H., preußische Geschichte, } s. Wissen, das, der
—— Karl der Große, } Gegenwart.

Brosien, Herm., Lexikon der deutschen Geschichte. Die Völker, Länder, histor. Personen u. Stätten Deutschlands mit Einschluß der germ. Stämme Österreichs, Burgunds, der Niederlande u. der Schweiz bis zu ihrer Abtrennung. 8. (IV, 458 S.) Leipzig 881. Bibliograph. Institut. n. 4. 50; geb. n. 5. —

Brosien, H., Lexikon der deutschen Geschichte. 8. Leipzig 882, Fock. geb. [*ℳ 5.—] *

Brosien, Herm. Der Streit um Reichsflandern in der zweiten Hälfte des XIII. Jahrhunderts. 32 S. So. G. *Berlin* 1884.

—— der Streit um Reichsflandern in der zweiten Hälfte des 13. Jahrh. gr. 4. (32 S.) Berlin 884, Gaertner's Verlag. *

Brosien, Herm., kritische Untersuchungen zur Geschichte des fränkischen Königs Dagobert I. [622—638.] Göttingen 868. Rente. 8. (55 S.) n. 10 ngr

[F.] Bericht über meinen Ritt von Forbach i. Lothr. nach Glatz in Schles. Von **Brosig,** Lt. im Inf.-Regim. ... No 17. 2. Aufl. *Berlin: E. S. Mittler & Sohn 1897.* (44 S., 1 Kt.) 1 Bd 4.(8.) [97 4793

Brosig, A., Reinerzer Bade-Geschichten. Erzählungen nach dem Leben. 16. (110 S.) Breslau 866, (E. Trewendt.) *

Brosig, A., neuester u. zuverlässigster Führer durch die Grafschaft Glatz. Breslau 866. Trewendt, 8. (VIII, 47 S.) 7½ ngr

Brosig, M. Die Botanik des älteren Plinius (nat. hist. lib. XII—XXVII). 30 S. Progr. *Graudenz* 1883.

Brosig, Max *(geb. Bonn 30. 7. 1853)*: Die Lehre von der Wurzelkraft. Breslau (1876). (38 S.) 8°

Breslau, Phil. Diss. v. 20. März 1876

Brosig, Moritz

Brosig, M., siehe: Choralbuch für den katholischen Gottesdienst. — Gesangbuch für den katholischen Gottesdienst.

Brosig's, Mor., Gesangbuch für den katholischen Gottesdienst. 2. von dem Ausschuß für Dichtkunst des christlichen Kunstvereins der Breslauer Diöcese gänzlich umgearb. Aufl. Breslau 861. Leuckart. 8. (XVI, 219 S.) n. 6 ngr.; Melodien dazu. (31 S. in 4.) 22½ ngr.

Brosig's, M., Gesangbuch für den katholischen Gottesdienst. Anhang. Hersg. von Frz. Dirschke. Breslau 866. (Leipzig.) Leuckart. 8. (IV, 60 S.) n. 2½ ngr.

Brosig's, Mor., Gesangbuch f. den katholischen Gottesdienst. 3. Aufl. 8. (XIII, 202 S.) Leipzig 873. Leuckart. n. — 80

Brosig's, Mor., Gesangbuch für den katholischen Gottesdienst. 4. Aufl., mit einem Anhang. 8. (X, 197 S.) Leipzig 884, Leuckart. *
Ohne Anhang * 60 Pf.; Anhang allein *

Brosig, Mor., Gesangbuch für katholische Gymnasien. Breslau 854. Leuckart. gr. 16. (VIII, 55 S.) 6 ngr.

—— Gesangbuch f. kath. Gymnasien. 3. Afl. 12. (48) Ebd. 84. n. — 60

—— Handbuch für den Unterricht in der Harmonielehre zunächst für Musikinstitute, Lehrerseminare und Praeparandenanstalten. gr. 8. (VI, 174 S.) Leipzig 874, Leuckart. *

Brosig, Mor., Handbuch der Harmonielehre, zunächst für Musikinstitute, Lehrerseminare u. Präparandenanstalten. 2. verb. u. verm. Aufl. gr. 8. (VIII, 192 S.) Leipzig 877. Leuckart. n. 3. —

Brosig, M., Handbuch der Harmonielehre u. Modulation. Zunächst f. Musikschulen u. Lehrerbildungsanstalten. 4. Aufl., neu bearb. u. m. Beiträgen versehen v. Carl Thiel. Mit zahlr. Notenbeispielen u. Musikbeilagen. gr. 8. (VIII, 294 S.) Leipzig 899. F. E. C. Leuckart. n. 4. —; geb. in Halbfrz. n. 5. —

Brosig, Mor.: Handb. d. Harmonielehre u. Modulation. Zunächst f. Musiksch. u. Lehrerbildgsanst. 5. Afl. v. Carl Thiel. (8, 294) gr8° Lpzg. FEC Leuckart '09. 4 —; geb. 5 —

—— über die alten Kirchen-Compositionen des 16. und 17. Jahrh. und ihre Wiedereinführung beim katholischen Gottesdienste. 8. (27 S.) Ebendas. 880. *

— Modulationstheorie mit Beispielen, zunächst für angehende Organisten. Ebend. 865. 16. (IV, 52 S.) n. 10 ngr.

—— Modulationstheorie mit Beispielen, zunächst für angehende Organisten. br. 8. (IV und 52 S.) Breslau 866, Leuckart. *

—— 21 kurze Vorspiele zu Predigtliedern. qu. gr. 4. (24 S.) Breslau 861, Leuckart.

Brosig, P., Heimatkunde des Kreises Mogilno. gr. 8. (23 S.) Lissa 901. F. Ebbecke. n. — 20

Brosig, Paul Sigismund (Conradswalde/Grafschaft Glatz), De febris nervosae lentae pathologia. Diss. med. Halle (Tramp) 18. III. 1793. 28 S. (4.—) 4172

Broesike, Gust., die Anatomie, Physiologie u. Hygiene des menschlichen Körpers. Für den Schulgebrauch gemeinverständlich dargestellt. (IV, 127 S. m. 11 farb. Taf.) gr. 8. Leipzig 906. F. C. W. Vogel. Geb. n. 3 —

Broesike, Gust., anatomischer Atlas des gesammten menschlichen Körpers m. besond. Berücksicht. der Topographie, f. Studierende u. Aerzte bearb. Mit zahlreichen farb. Abbildgn. u. erläut. Text. 1. Bd. Knochen, Bänder u. Muskeln. Abth. I. Kopf, Hals u. Rumpf. Fig. 1 bis 146. gr. 8. (IX, 120 S.) Berlin 900. Fischer's medicin. Buchh. n. 8. —

— dasselbe. 2. Abth. Obere u. untere Extremität. Fig. 147—300. gr. 8. (121—267 S.) Ebd. 902. n. 10. —

Broesike, Gust., Anatomischer Atlas des gesammten menschlichen Körpers mit besond. Berücksicht. der Topographie, f. Studierende u. Aerzte bearb. II. Bd. Herz, Blutgefässe u. Nerven (topographisch für den Präparirsaal bearb.) 1. u. 2. Abth. gr. 8. Berlin, Fischer's medicin. Buchh. n. 12. —
1. Obere Rumpfhälfte. Fig. 301 bis 399. (S. 249—351.) 903. n. 7. —
2. Untere Rumpfhälfte. Fig. 400 bis 451. (S. 355—406.) 904. n. 5. —
I. Bd. 1. u. 2. Abt. Ebd. 900. 902. n. 18. —.

— Anatom. Atlas d. ges. menschl. Körpers m. bes. Berücks. d. Topogr. III. Bd. Die Eingeweidelehre. — Nerven u. Sinnesorgane. — Lymphgefässe. 1. Abth. Die Eingeweidelehre. Fig. 452—715. (407—606) Lex 8° Berl., Fischer's med. Bh. '08. 14 — || 2. Abth. Gehirn u. Rückenmark. Fig. 716—809. (607—684) '09. Für Abth. 2 u. 3: 10 — (Vollst.: 54 —)

— üb. intraabdominale [retroperitoneale] Hernien u. Bauchfelltaschen, nebst e. Darstellg. der Entwicklg. peritonealer Formationen. gr. 8. (III, 206 S.) Ebd. 891. n. 5. —

Broesike, Gust. (geb. Puppen in Ostpr. 7. 5. 1853): Zur Casuistik der Kystome. Berlin (1874). (43 S.) 8°
Berlin, Med. Diss. v. 8. Aug. 1874

Brösike, G, d. menschl. Körper, s. Bau, s. Verrichtgn u. s. Pflege, nebst e. Anh.: die erste Hülfe bei plötzl. Unfällen. Mit bes. Berücks. d. Turnens gemeinfasslich dargestellt. 8° (458 m. z. Tl farb. Abbildgn.) Berl. 94, Fischer's med. Bh. 8 —; geb. n.n. 9 —

— der menschliche Körper, sein Bau, seine Verrichtungen u. seine Pflege, nebst e. Anh.: Die erste Hülfe bei plötzl. Unfällen. Mit besond. Berücksicht. des Turnens gemeinfasslich dargestellt. Mit 116 z. Tl. farb. Abbildgn. im Texte. 2. Aufl. gr. 8. (XVI, 470 S.) Ebd. 899. n. 8. —; geb. n. 9. —

Der menschliche Körper, s. Bau, s. Verrichtungen u. s. Pflege, nebst e. Anh.: Die erste Hilfe bei plötzl. Unfällen. Mit besond. Berücks. d. Turnens, gemeinfaßl. dargest. von Dr. G(ustav) Broesike, Prosektor zu Berlin. 3. verb. u. verm. Aufl. Mit 120 Abb. u. 3 Taf. Berlin: Fischer 1905. (XVI, 492 S.) 8° [05. 7194]

Der menschliche Körper, sein Bau, seine Verrichtungen u. seine Pflege, nebst e. Anh.: Die erste Hilfe bei plötzl. Unfällen. Mit besond. Berücks. d. Turnens gemeinfassl. dargest. von Dr. med. G[ustav] Broesike. Mit 120 Abb., 9 Taf. u. Titelbild. 4. verb. u. verm. Aufl. Berlin: Fischer's Med. Buchh. 1910. XIX, 498 S. 8° [11. 14497]

Brösike, Gust., Cursus der normalen Anatomie des menschlichen Körpers. gr. 8. (VII, 598 S. mit Holzschn.) Berlin 887—89, Fischer's medicin. Buchh. *

— dasselbe. 2., vielfach verb. Aufl. Mit 35 Holzschn. gr. 8. (XII, 620 S.) Ebd. 890. n. 14. —; geb. n. 15. 50

Brösike, Gust., Cursus der normalen Anatomie d. menschlichen Körpers. 3., verm. Aufl. gr. 8. (XII, 759 S. m. 38 Holzschn. u. 2 Taf.) Berlin 892. Fischer's medicin. Buchh. n. 16. —

— Lehrbuch der normalen Anatomie d. menschlichen Körpers. 4., neu bearb. Aufl. gr. 8. (XII, 778 S. m. 60 Holzschn. u. 2 Taf.) Ebd. 894. n. 16. —; geb. n.n. 17. 50

Broesike, Gust., Lehrbuch d. normalen Anatomie d. menschl. Körpers. 5., m. Berücksicht. d. neuen Nomenclatur bearb. Aufl. M. 2 Taf. u. 50 Holzschn. i. Text. gr. 8. (X, 781 S.) Berlin 897. Fischer's med. Buchh. n. 16. —; geb. n.n. 17. 50

— Lehrbuch der normalen Anatomie des menschlichen Körpers. 6. m. Berücksicht. der neuen Nomenclatur neu bearb. Aufl. Mit 50 Abbildgn. im Text u. 2 Taf. gr. 8. (X, 784 S.) Ebd. 899. n. 16.—; geb. n. 18.—

— Lehrbuch der normalen Anatomie des menschl. Körpers. 7., m. Berücksicht. der neuen Nomenclatur neu bearb. Aufl. (XIV, 801 S. m. 50 Abbildgn. u. 2 Taf.) gr. 8. Ebd. 904. n. 16. —; geb. n. 18. —

— Lehrb. d. normalen Anatomie d. menschl. Körpers. 8. Afl. (16, 795 m. z. Tl farb. Abb. u. 2 farb. Taf.) gr8° Ebd. '08. 16 —; geb. 18 — ‖ 9. Afl. (16, 815 m. z. Tl farb. Abb. u. 8 [7 farb., 1 Doppel-]Taf.) '12. 17 —; geb. 19 —

Broesike, Gust., Lehrbuch der norm. Anat. d. menschl. Körpers. Ergänzungsbd.: Die Lageverhältnisse d. wichtigsten Körperregionen m. besond. Berücks. der prakt. Medicin. (X, 454 S.) gr. 8. Berlin 909. Fischer's medic. Buchh. 10. —
Hauptwerk. Ebd. 904. 16.—; geb. 18. —

Broesike, G., das anthropologische Material des anatomischen Museums der königl. Universität zu Berlin, s.: Sammlungen, die anthropologischen, Deutschlands.

— Anatom. Wandtafeln, s: Frohse.

Broesike, Johann Friedrich (Jeseritz/M.-Mark), De religione medici. Diss. med. Präs. Michael Alberti. Halle (Chn. Henckel) Nov. 1722. 48 S. (5.20) 4151

Vorläufige Ergebnisse der Volkszählung vom 1. Dezember 1905 im Königreiche Preußen sowie in den Fürstentümern Waldeck und Pyrmont. Im amtl. Auftr. bearb. von Dr. jur. Max **Broesike**. Berlin: Kgl. Statist. Landesamt 1906. XVIII, 71 S. 4° A 14. 12,07

Broesike, Max, Orts- u. Verkehrs-Lexikon des Deutschen Reichs, s.: Neumann.

Rückblick auf die Entwickelung der preußischen Bevölkerung von 1875 bis 1900. Mit 17 Taf. graph. Darstellungen. Im amtl. Auftr. bearb. von Dr. jur. **Max Broesike**, Mitgl. d. Preuß. Statist. Bureaus. *Berlin: Kgl. Statist. Bureau 1904.* (Getr. Pag.) 4°
= Statistik, Preußische. 188. ,04. 13.77

Broesike, Max, die deutsche Streikbewegung. Unt. Berücksicht. d. ausländ. Streikbewegg. dargest. gr. 8. (VI, 67 S.) Berlin 898. C. Heymann's Verl. n. 1. 20

Broesike, Dr. Max, Das Berliner Tapeziererergewerbe. (Schrift. d. Ver. f. Soz.-Pol., Bd. 62, 1895.)

Brosin, F., üb. die schwarze Haarzunge, s.: Monatshefte für praktische Dermatologie. — Studien, dermatologische.

Brosin, Fr., e. Ideal d. Frauenwelt. Beiträge z. Bekleidungsfrage. 2., verb. u. verm. Aufl. gr. 8. (87 S. m. Abb. u. 4 Taf.) Dresden 898. O. V. Böhmert. n. 1.—

Brosin, (Carl Gust.) Friedr. (geb. Wehdem in Westf. 6. 3. 1858): Ueber den Wundstarrkrampf. Berlin (1881). (39 S.) 8°
Berlin, Med. Diss. v. 9. März 1881

Brosin, Oskar

Brosin: Schiller's Braut v. Messina vor dem Richterstul der Kritik. I. Th. 32 S.
Progr. Liegnitz Ritt. Ak. 1872.

Brosin, (Alexand.) Osc. (geb. Quedlinburg 16. 3. 1839): De coenis Homericis. Berolini (1861). (70 S.) 8°
Berlin, Phil. Diss. v. 7. Febr. 1861

Brosin, Osc., de coenis Homericis. Dissert. inaug. Berlin 861. (Calvary & Co.) gr. 8. (2 Bl., 72 S.) n. 10 *ngr.*

Brosin, Osk. Parallelstellen aus modernen Dichtern zu Virgils Aeneis. V, 27 SS. 8. Progr. Ri. *Liegnitz* 1879.

Brosin, Osk., Schiller's Vater. Ein Lebensbild. 8. (IX, 213 S.) Leipzig 879. Schlicke. n. 3. —; geb. n. 4. —

Brosin, Osc., Schiller's Verhältniss zu dem Publikum seiner Zeit. gr. 8. (60 S.) Leipzig 875. Veit & Co. n. 1. 60

Brosinsky, Adolf [aus Jägersburg Prov. Brandenburg]: Über die Vergrösserung des Erdschattens bei Mondfinsternissen. . . . Berlin, Buchdr. v. Gustav Schade (Otto Francke) (1889); 36 S. 4°
Göttingen, Phil. Fak., Inaug.-Diss. v. 29. Jul. 1889

Brosinsky, A., üb. die Vergrösserung d. Erdschattens bei Mondfinsternissen. Inaug.-Diss. 4. (36 S.) Berlin 889. (Göttingen, Vandenhoeck & Ruprecht.) n. 2. —

Brosius, Caspar Max

Brosius, C. M., psychiatrische Abhandlungen für Aerzte und Studirende. 1. u. 2. Heft. Neuwied 862, 63. Heuser. gr. 8. (V, 120; 128 S.) Jedes Heft n. 20 *ngr.*

Brosius, C. M., psychiatrische Abhandlungen für Aerzte u. Studirende. 3. (letztes) Heft. Neuwied 865. Heuser. (IV, S. 129—231.) n. 20 *ngr.*

Brosius, C. M., Altes aus neuen Anstaltsberichten. Eine 8. Adresse an die pract. Aerzte. gr. 8. (54 S.) Neuwied 887, Heuser's Verlag. *

Brosius, C. M., Asyl für Gehirn- und Nervenkranke, nebst Bemerkungen über Curmittel bei Irren. 8. Berlin 868, Hirschwald. *

Brosius, C. M., die Asyle Bendorf und Sayn bei Coblenz und die damit verbundene Colonie für Gehirn- und Nervenkranke nebst Bemerkungen über Curmittel bei Irren. Mit 2 Vignetten (Holzschntaf.). gr. 8. (III, 29 S.) Berlin 875, Hirschwald. *

Brosius, CM, Heilanstalt f. Nervenkranke Bendorf a. Rh., Villa Sayn u. Waldesruhe. Nach 25jähr. Bestande. 8. (8 m. 4 Chromol.) Wiesbad. 88, Bergmann. *n.* 2. —

—— Bendorf-Sayn. Asyl für Gehirn- und Nervenkranke nebst Bemerkungen über Curmittel bei Irren. gr. 8. (V und 32 S. mit 2 Vignetten in Holzschn.) Berlin 867, A. Hirschwald. *

Brosius, C. M., die Elemente des Irrseins. Ein pract. Handbuch für Aerzte und Studirende. gr. 8. (VII und 231 S.) Neuwied 865, Heuser.

—— das Gehirn ist das Organ des Geistes, Geisteskrankheiten sind Gehirnkrankheiten. Die Thätigkeiten des Gehirns, Empfinden, Vorstellen, das Gemüth, der Wille. 2 psychiatrische Abhandlungen für Aerzte und Studirende. gr. 8. (III und 120 S.) Neuwied 863, Heuser. *

— das Gehirn ist das Organ des Geistes, Geisteskrankheiten sind Gehirnkrankheiten. Die Thätigkeiten des Gehirns, Empfinden, Vorstellen, das Gemüth, der Wille. Zwei psychiatrische Abhandlungen für Aerzte u. Studirende. Ebend. 864. gr. 8. (2 Bl., 120 S.) n. 20 *ngr.*

Brosius, Casparus Max. ⟨geb. am 12 Juni 1825 in Burgsteinfurt Westf.⟩: De hebetudine animi ... Bonnae, form. F. P. Lechneri 1847. 31 S. 8.
Bonn, Med. Fak., Diss. v. 18 Dez. 1847

Brosius, C. M., Über Irrenanstalten und deren Weiterentwickelung in Deutschland von Griesinger. Analyse. Heilbronn 1868. 8.
(Sep.-Abdr.)

Die Verkennung des Irreseins. Von Dr. [Kaspar Max] Brosius. *Leipzig: P. Friesenhahn 1894.* (100 S.) 8°
Aus: Der Irrenfreund. Jg. 1888–92. [51. 1018]

Brosius, C. M., die Verkennung d. Irroseins. 2. Aufl. gr. 8. (130 S.) Loipzig 894. P. Friosenhahn. n. 1.50

Brosius, C. M., aus meiner psychiatrischon Wirksamkeit. Eine Adresse an die pract. Aerzte. gr. 8. (41 S.) Berlin 878. Hirschwald. n. — 80

Brosius, C. M., aus meiner psychiatrischen Wirksamkeit. Eine zweite Adresse an die pract. Aerzte. gr. 8. (59 S.) Wiesbaden 881. Bergmann. *

Brosius, Ernst [aus Magdeburg]: Ueber die Methylketone des m-Chlortoluols und des m-Bromtoluols ... Freiburg i. B., Buchdr. v. Chr. Ströcker, 1891; 46 S., 1 Bl. 8.
Freiburg i. B., Phil. Fak., Inaug.-Diss. v. 1891

Brosius, F. X., Anfangsgründe d. Differential- u. Integral-Rechnung. 8. Aachen 823. 2e mit e. Nachtrag verm. A. gr. 8. Köln 825. 3e A. 830. Pappers. 20 ½ Der Nachtrag apart 6 ½

Brosius, (F., X.,) Anfangsgründe d. Differential- u. Integral-Rechnung. 2e m. e. Nachtr. verm. Aufl. gr. 8. Aachen 826, Mayer. 1 Rthlr. 12 gr. Der Nachtrag apart

Brosius, F. X., Anfangsgründe d. Differential- u. Integral-Rechnung. 3., verb. u. mit e. Nachtr. verm. Ausg. gr. 8. (23½ B.) Cölln 830, Pappers. (?)

Brosius, F.X.: Bestimmung der geographischen Breite und der wahren Zeit aus zwei Höhen der Sonne, oder eines Sterns, und der Zwischenzeit der Beobachtung. 20 S.
Progr. Düren 1829.

Brosius, F.X.: Ueber die kubischen Gleichungen. 14 S.
Progr. Düren 1832.

Brosius, Fr., s.: Irrenfreund, der.

Brosius, George, Die Turnschule des Turnvereins Milwaukee, 40 S., 4°.

Brosius, Hans, die Obsorge f. entlassene Strafgefangene im Königr. Bayern. (X, 193 S.) 8. München 907. C. H. Beck. 3. —

Brosius, Heinr., die Bilanz, s.: Ratgeber in Geld- u. Rechtsfragen.

Brosius, Hoinr., die doppelte amerikanische Buchführung. Anleitung zur raschen u. gründl. Erlerng. derselben durch Buchg. je e. monatl. Geschäftsganges in e. Bankhause u. e. Fabrikationsgeschäft. gr. 8. (86 S. m. Formularen.) Froiburg i/B. 898. (Leipzig, Dr. L. Huberti.) n. 2.75

— Buchhaltgs-Aufg. u. Lösgn z. Aneigng gedieg. Buchführgs- u. Bilanzkenntnisse. Aus d. Holl. (52) gr 8° Lpzg, GA Gloeckner 07. 2 —

Brosius, Heinr., Buchhaltungs-Aufgaben u. Lösungen zur Aneignung gediegener Buchführungs- u. Bilanzkenntnisse. Aus dem Holl. übers. (III, 52 S.) gr. 8. Leipzig 909. G. A. Gloeckner. 2. —

Brosius, Hoinr., die Geld-, Wechsel- u. Effekten-Arbitrage nach d. heute geltenden Usancen gemeinverständl. bearb. f. Schule, Kontor u. z. Selbstbelehrung. (Dr. Ludw. Huberti's moderne kaufmänn. Bibliothek.) gr. 8. (VIII, 87 S.) Leipzig (901). Dr. L. Huberti. Geb. in Leinw. n. 2.75

— moderne Kontokorrentlehre. In prakt. Beispielen dargestellt u. gemeinverständlich erläutert. (Dr. Ludw. Huberti's moderne kaufmänn. Bibliothek.) gr. 8. (VII, 140 S.) Ebd. 900. Geb. in Leinw. n. 2.75

— moderne Kontokorrentlehre. Der kaufmänn. Kontokorrent u. dessen verschiedene Methoden in prakt. Beispielen dargestellt u. gemeinverständlich erläutert. 2. verb. Aufl. (Dr. Ludw. Huberti's moderne kaufmänn. Bibliothek.) (VIII, 134 S.) gr. 8. Leipzig 904. [Dr. L. Huberti.] Verlag d. mod. kaufmännischen Bibliothek. Geb. in Leinw. n. 2.75

— Lehrbuch der Bankbuchhaltung, s.: Sammlung kaufmännischer Unterrichtswerke. 13. Bd.

— die Lehre der gewerblichen Kalkulation m. Übungsbeispielen u. Aufgaben f. verschiedene Betriebsarten. (Dr. Ludw. Huberti's prakt. gewerbl. Bibliothek.) gr. 8. (III, 60 S.) Leipzig 902. H. Klasing. Geb. in Leinw. n. 2.40

— die Sprachsünden im deutschen Handelsstande. Ein Mahnwort an alle jungen u. alten Kaufleute. (34 S.) 8. Leipzig 906. C. E. Poeschel. n. — 80

Brosius, J., u. R. Koch, der äußere Eisenbahn-Betrieb. Handbuch f. Eisenbahnbeamte u. Studirende techn. Anstalten. Zur Ergänzg. ihrer „Schule d. Locomotivführers". Gemeinfaßlich bearb. 4 Bde. 2., umgearb. u. verb. Aufl. 8. Wiesbaden 893. J. F. Bergmann. n. 21. —
1. Vorkenntnisse f. den äußeren Eisenbahnbetrieb. Zeichnenkunde, Arithmetik, Geometrie, Physik, Mechanik. Mechanische Hülfsmittel der Eisenbahnen. Neue (Titel-)Ausg. (XIV, 259 S. m. 278 Abbildgn.) n. 4.40
2. Die Eisenbahn-Betriebsmittel. Locomotiven u. ihre Leistungsfähigkeit. Verbrauch an Locomotivmaterialien, Entferng. der Kohlen- u. Wasserstationen. Selbstkosten der Züge. Die neueren Eisenbahn-Bremsarten. Personen-, Post-, Gepäck-, Vieh- u. Güterwagen. Draisinen. (XVI, 322 S. m. 265 Abbildgn. u. 6 Taf.) n. 5.60
3. Bau u. Unterhaltung der Eisenbahnen. Projectiren von Bahnen, Feldmeßkunst, Baumaterialien, Erdarbeiten, Fundirungen, Handwerkerarbeiten. Gebäude u. baul. Anlagen. Wasserstationen. Herstellung u. Unterhaltung des Ausbaues. Drehscheiben u. Schiebebühnen. Weichen- u. Signalstellwerke. (XVIII, 209 S. m. 370 Abbildgn.) n. 5.40
4. Der Eisenbahn-Zugförderungsdienst. Signaldienst, Stationsdienst, Wagendienst, Betriebs-Maschinendienst, Locomotiv-Fahrdienst, Fahrdienst, Streckendienst. (XXII, 411 S. m. 169 Abbildgn.) n. 5.60

Brosius, J., u. R. Koch, d. äußere Eisenbahn-Betrieb. Handbuch f. Eisenbahnbeamte u. Studir. techn. Anst. Z. Ergänzg. ihrer „Schule d. Locomotivführers". Gemeinfaßl. bearb. (4 Bde.) 1. Bd. 8. Wiesbaden 898. J. F. Bergmann. n. 4.40
Vorkenntnisse f. d. äußeren Eisenbahnbetrieb. Zeichnenkunde. Buchstabenrechng. Lehre v. d. Linien, Winkeln, Flächen u. Körpern. Mechanik. Mechan. Hülfsmittel d. Eisenbahnen. 3., verm. u. verb. Aufl. (XIII, 263 S. m. 274 Abb.)

—— und R. Koch, der Eisenbahnstations- und Zugförderungsdienst einschließlich Wagen- und Betriebsmaschinendienst und Signalwesen. Insbesondere für Bremser, Schaffner, Packmeister ꝛc. 8. (XIII, S. 803—1152 mit Illustr.) Ebendas. 889. *
Aus: Brosius, J., und R. Koch, die Schule für den äußeren Eisenbahn-Betrieb, besonders abgedruckt.

Brosius, J., Erinnerungen an die Eisenbahnen der Vereinigten Staaten von Nord-Amerika. 2. verm. Aufl. gr. 8. (IX, 157 S. mit 63 Holzschn. und 4 Taf.) Wiesbaden 885, Bergmann. *

Brosius, J., und R. Koch, das Locomotivführer-Examen. Ein Fragebuch aus der Verf. Handbuche: Die „Schule des Locomotivführers". Mit einem Vorwort über die „Ausbildung des Maschinenpersonals". 1. und 2. Aufl. 8. (48 S.) Wiesbaden 876.77, Kreidel's Verlag. cart. *

Brosius, J, u. R Koch, d. Locomotivführer-Examen. 3. Afl. 8. (46) Wiesb. 79, Bergmann. n. — 80

Brosius, J., u. R. Koch, das Locomotivführer-Examen, ein Fragebuch aus der Verf. Handbuche: Die „Schule des Locomotivführers". Mit einem Vorwort über die „Ausbildung des Maschinenpersonals". 4. verm. Aufl. 8. (45 S.) Wiesbaden 881. Bergmann. cart. n. — 80

Brosius, J., und R. Koch, das Locomotivführer-Examen, ein Fragebuch aus der Verf. Handbuche: Die „Schule des Locomotivführers". Mit einem Vorwort über die „Ausbildung des Maschinenpersonales". 5. verm. Aufl. 8. (49 S.) Wiesbaden 885, Bergmann. cart. *

— — das Locomotivführer-Examen, ein Fragebuch aus der Verff. Handbuche: Die „Schule des Locomotivführers". Mit e. Vorwort über die „Ausbildung des Maschinenpersonales". Preisgekr. v. d. Verein deutscher Eisenbahnverwaltgn. 6., verm. Aufl. 8. (50 S.) Ebd 888. cart. n. — 80

Brosius, J., u. R. Koch, d. Locomotivführer-Examen, e. Fragebuch a. d. Verff. Handbuche: „D. Schule d. Locomotivführers". M. e. Vorworte üb. d. „Ausbildung d. Locomotivbeamten". 8., verm. Aufl. 12. (52 S.) Wiesbaden 895. J. F. Bergmann. Kart. n. — 80

Brosius, J., u. R. Koch, das Locomotivführer-Examen, e. Fragebuch aus der Verff. Handbuche: Die Schule des Locomotivführers. Mit e. Vorworte üb. die „Ausbildung der Locomotivbeamten". Preisgekrönt v. dem Verein deutscher Eisenbahnverwaltgn. 9. verm. Aufl. 8. (25, 28 u. 29 S.) Wiesbaden 899. J. F. Bergmann. Kart. n. — 80

Brosius, J, u. R Koch: Das Lokomotivführer-Examen, e. Frageb. a. d. Verff. Hdb.: Die „Schule d. Lokomotivführers". Mit e. Vorworte üb. d. „Ausbildg d. Lokomotivbeamten". 10. Afl. (33, 36 u. 66) 8° Wiesb., JF Bergmann '02. Kart. 1 — d

Brosius, J., und R. Koch: Die Lokomotivführer-Prüfung, ein Fragebuch aus dem Handbuche »Die Schule des Lokomotivführers«. 11. Aufl. von M. Brosius. Wiesbaden 1906

Brosius, J., u. R. Koch, d. Lokomotivführer-Prüfung, e. Fragebuch aus dem Handbuche: Die „Schule des Lokomotivführers". Mit e. Vorworte üb. d. „Ausbildg. der Lokomotivbeamten". (Preisgekrönt v. dem Verein deutscher Eisenbahnverwaltgn.) 12. verm. Aufl., bearb. v. Max Brosius. (30, 36 u. 72 S.) kl. 8. Wiesbaden 909. J. F. Bergmann. Kart. nn 1. 30

— — die Schule für den äußeren Eisenbahn-Betrieb. Handbuch für Eisenbahnbeamte und Studirende techn. Anstalten. In Ergänzung ihrer „Schule des Locomotivführers" gemeinfaßlich bearb. Mit 1122 (eingedr.) Holzschn. und 4 lithogr. Taf. 3 Thle. 8. Ebendas. *ℳ 13,60; geb. *

Inhalt:

Thl. 1. Zeichnenkunde, Mathematik, Physik, Mechanik. Mechanische Hilfsmittel der Eisenbahnen. Locomotiven, Locomotivbetrieb, Locomotivmaterialien. (VIII, S. 1—368 mit 350 eingedr. Holzschn. und 2 lithogr. Taf.) 881. *ℳ 4.; geb. *ℳ 4,50.
2. Die Eisenbahnwagen. Bau und Unterhaltung der Eisenbahnen. (XII, S. 369—626 mit 330 eingedr. Holzschn.) 882. *ℳ 3,60.; geb. *ℳ 4.

Brosius, J., und R. Koch, die Schule für den äußeren Eisenbahn-Betrieb rc.

Thl. 3. Bahnoberbau. Signalwesen. [Mit farb. Fig.] Stationsdienst. Der Bahnhof. Der Wagen- und Rangierdienst. Die Eisenbahnzüge. Zugbeförderungsdienst. Der Betriebsmaschinen- und der Locomotivfahrdienst. Das Expediren der Reisenden. Der Dienst des Wagenmeisters, des Bremsers, des Packmeisters, des Schaffners und des Zugführers. (XVI, S. 627—1152 mit 342 Abbild., davon 25 kolor., im Text und 2 lithogr. Taf.) 883. *ℳ 6.; geb. *ℳ 6,50.

— — die Schule für den äußeren Eisenbahn-Betrieb. Handbuch für Eisenbahnbeamte und Studirende techn. Anstalten. In Ergänzung ihrer „Schule des Locomotivführers" gemeinfaßlich bearb. 1. Thl.: Zeichnenkunde, Mathematik, Physik, Mechanik. Mechanische Hilfsmittel der Eisenbahnen. Locomotiven, Locomotivbetrieb, Locomotivmaterialien. 2. verb. Aufl. 8. (XII, 368 S. mit 352 Holzschn. und 2 lithogr. Taf.) Ebendas. 885. *

2. und 3. Thl. Ebendas. 1882,83. *ℳ 9.60.

Brosius, J., und R. Koch, die Schule des Locomotivführers. Handbuch für Eisenbahnbeamte und Studirende techn. Anstalten. Mit einem Vorwort von Edm. Heusinger von Waldegg. 3 Abthlgn. Wiesbaden, Kreidel's Verlag. *

Inhalt:

Abthl. 1. Der Locomotivkessel und seine Armatur. 1. Aufl. (IV, S. 1—151.) 1873, und 2. Aufl. (S. 1—157 mit 150 eingedr. Holzschn. und 2 lithogr. Taf. in qu. 4.) 874. *ℳ 2.
» 2. Die Maschine und der Wagen. 1. Aufl. (VI, S. 153—432.) 1874, und 2. Aufl. (VI, S. 161—442 mit 364 eingedr. Holzschn., 1 lithogr. Taf. und 1 Tab. in Fol.) 875. *ℳ 3,60.
» 3. Der Fahrdienst. (VI, S. 433—730 mit 128 eingedr. Holzschn. und 1 chromolithogr. Eisenbahnkarte in qu. Fol.) 875. *ℳ 3,60.

— — die Schule des Locomotivführers. Handbuch für Eisenbahnbeamte und Studirende techn. Anstalten. Gemeinfaßlich bearb. Mit einem Vorwort von Edm. Heusinger v. Waldegg. 3 Abthlgn. Wiesbaden, [Kreidel's Verlag.] Bergmann. *

Inhalt:

Abthl. 1. Der Locomotivkessel und seine Armatur. 3. und 4. verm. und verb. Aufl. (IV, S. 1—172 mit 163 Holzschn. und 2 lithogr. Taf.) 876,79. *ℳ 2.
» 2. Die Maschine und der Wagen. 3. Aufl. (S. 173—456 mit 364 eingedr. Holzschn., 1 lithogr. Taf. und 1 Tab.) 877. *ℳ 3,60.
» 3. Der Fahrdienst. 2. Aufl. (VI, S. 443—740 mit 128 eingedr. Holzschn. und 1 chromolithogr. Eisenbahnkarte [2 Bl. in qu. Fol.]) 875; 3. Aufl. (VI, S. 457—754 mit 128 eingedr. Holzschn.) 879. *ℳ 3,60.

— — die Schule des Locomotivführers. Handbuch für Eisenbahnbeamte und Studirende techn. Anstalten. Gemeinfaßlich bearb. Mit einem Vorwort von Edm. Heusinger v. Waldegg. Mit 677 Holzschn. und 3 lithogr. Taf. 3 Abthlgn. 8. Wiesbaden, Bergmann. *

Inhalt:

Abthl. 1. Der Locomotivkessel und seine Armatur. 5. verb. und verm. Aufl. (IV, S. 1—170 mit 160 eingedr. Holzschn. und 2 lithogr. Taf.) 884. *ℳ 2.
» 2. Die Maschine und der Wagen. 4. verb. und verm. Aufl. (S. 171—486 mit 387 eingedr. Holzschn. und 1 lithogr. Taf.) 880. *ℳ 3,60.
» 3. Der Fahrdienst. 4. Aufl. (VI, S. 487—774 mit 130 eingedr. Holzschn.) 881. *ℳ 3,60.

— — d. Schule d. Locomotivführers. 2. u. 3. Abth. 8. Ebd. à n. 3. 60
2. Die Maschine u. d. Wagen. 5. Afl. 8. (171—520 m. H. u. L.) 85.
3. Der Fahrdienst. 4. Afl. 8. (487—774 m. H.) 81.

Brosius, J., und R. Koch: Die Schule des Locomotivführers. 5. Aufl. Wiesbaden (Abth. 1—3 in einem Bde)
Abth. 1. Der Locomotivkessel und seine Armatur. 1884
Abth. 2. Die Maschine und der Wagen. 1885
Abth. 3. Der Fahrdienst. 1886

— — die Schule des Locomotivführers. Handbuch für Eisenbahnbeamte u. Studirende techn. Anstalten. Gemeinfaßl. bearb. Mit e. Vorw. v. Edm. Heusinger v. Waldegg Preisgekr. v. dem Verein deutscher Eisenbahnverwaltgn 1.—3. Abthlg. 8. Ebd. n. 9. 20
1. Der Locomotivkessel u. seine Armatur. Mit 167 Holzschn. u 2 lith. Taf. 6., verm. Aufl. (VI, 171 S.) 887. n. 2. —
2. Die Maschine u. der Wagen. Mit 419 Holzschn. u. 1 lith. Taf 6., verm. Aufl. (VII u. S. 171—515.) 889. n. 3. 60
3. Der Fahrdienst. 6., verm. Aufl. 8. (VII u. S. 516—819 m 142 Holzschn.) 890. n. 3. 60; geb. n. 4.

Brosius, J. u. R. Koch. Die Schule d. Locomotivführers. Handbuch f. Eisenbahnbeamte u. Studirende techn. Lehranstalten. Mit e. Vorwort von Edm. Heusinger v. Waldegg, 1.—3. Abthl. 8. Wiesb., Bergmann. * 9 20
1. Der Locomotivkessel u. seine Armatur. Mit 181 Holzschn. u. 2 lithogr. Taf. 7. verm. u. verb. Aufl. (VI, 185 S.) 891. * 2 —.
2. Die Maschine u. der Wagen. Mit 441 Holzschn. u. 1 lithogr. Taf. 7. verm. u. verb. Aufl. (VII, S. 193—592.) 892. * 3 60.
3. Der Fahrdienst. 6. verm. u. verb. Aufl. (VII, S. 516—819 m. 142 Holzschnitten.) 891. * 3 60; geb. * 4 —

— — die Schule des Locomotivführers. Handbuch f. Eisenbahnbeamte u. Studirende techn. Anstalten. Gemeinfaßlich bearb. Mit e. Vorwort v. Edm. Heusinger v. Waldegg. 1.—3. Abth. 8. Ebd. n. 9. 20
1. **Der Locomotivkessel u. seine Armatur. 8., verm. Aufl. (IX, 208 S. m. 184 Holzschn. u. 2 lith. Taf.) 894. n. 2. —**
2. Die Maschine u. der Wagen. 7., verm. Aufl. (VII, 400 S. m. 441 Holzschn. u. 1 lith. Taf.) 892. n. 3. 60
3. Der Fahrdienst. 7., verm. Aufl. (XI, 390 S. m. 224 Holzschn.) 891. n. 3. 60; geb. n. 4. —

— — d. Schule d. Locomotivführers. 1—3. Abth. 8° Ebd. 10.20
1. Der Locomotivkessel u. s. Armatur. 8. Afl. (208 m. H. u. 2 L.) 94. 2 —
2. Die Maschine u. d. Wagen. 7. Afl. (198—592 m. H. u. 1 L.) 92. 3.60 ‖ 8. Afl. (482 m. H. u. 5 L.) 95. 4.60
3. Der Fahrdienst. 7. Afl. (386 m. H.) 94. 3.60; geb. 4 —

— — d. Schule d. Locomotivführers. Handbuch f. Eisenbahnbeamte u. Studir. techn. Anst. Gemeinfaßl. bearb. M. e. Vorwort von Edm. Heusinger v. Waldegg. 1. Abth.: Der Locomotivkessel u. s. Armatur. M. 192 Holzschn. u. 2 lith. Taf. 8., verm. u. verb. Aufl. Neudr. 8. (IX, 218 S.) Ebd. 897. n. 2. —; kart. n. 2. 40

— — dasselbe. 2. Abth.: Die Maschine u. der Wagen. M. 447 Holzschn. u. 10 Taf. 8., verb. Aufl. Neuer, verm. Abdr. 8. (XVI, 516 S. m. 1 Tab.) Ebd. 898. n. 4. 60

— — die Schule des Locomotivführers. Gemeinfaßlich bearb. Mit e. Vorwort von Edm. Heusinger v. Waldegg. 3 Abthgn. gr. 8. Ebd. n. 14. 60; geb. in Leinw. n. 16. 40
1. Der Lokomotivkessel u. seine Armatur. Mit 248 Holzschn. u. 1 lith. Taf. 10. verm. Aufl. (XIV, 281 S.) 902. n. 2. 80; geb. n. 3. 40
9. Aufl. (XIV, 240 S. m. 242 Abb. u. 1 Taf.) Ebd. 899. n. 2. —; kart. n. 2. 40.
2. Die Maschine u. der Wagen, sowie die neuesten Brems-Vorrichtungen: Bremse v. Heberlein, Vakuumbremsen v. Hardy u. Körting, Luftdruckbremsen v. Westinghouse u. Schleifer. Mit 564 Holzschn., 10 Taf. u. 1 Abbildg. d. Westinghouse-Bremsventils m. drehbarem Schieber. 10. verm. Aufl. (XVI, 627 S.) 902. n. 6. 40; geb. n. 7. —
9. Aufl. (XVI, 511 S. m. 496 Abb. u. 11 Taf.) Ebd. 899. n. 4. 60; kart. n. 5. —.
3. Der Fahrdienst. Mit 271 Holzschn. 10. verm. Aufl. (XV, 574 S.) 902. n. 5. 40; geb. n. 6. —
9. Aufl. (XV, 488 S. m. 267 Abb.) Ebd. 899. n. 4. 60; kart. n. 5. —.

Brosius, J., u. R. Koch, die Schule des Lokomotivführers. 11. verm. Aufl., bearb. v. Max Brosius. (Preisgekrönt von dem Verein deutscher Eisenbahnverwaltgn.) 1. u. 2. Abtlg. 8. Wiesbaden, J. F. Bergmann. n. 9. 40; geb. n. 10. 60
1. Der Lokomotivkessel u. seine Armatur. (XIV, 278 S. m. 267 Abbildgn. u. 1 lith. Taf.) 905. n. 8. —; geb. 8. 60
2. Die Maschine u. der Wagen, sowie die neuesten Brems-Vorrichtungen: Bremse v. Heberlein, Vakuumbremsen von Hardy u. Körting, Luftdruckbremsen von Westinghouse u. Schleifer. Mit 567 Holzschn., 10 Taf. u. 1 Abbildg. des Westinghouse-Bremsventils m. drehbarem Schieber. (XVI, 619 S.) 906. 6. 40; geb. 7. —

— — Die Schule des Lokomotivführers. 11. verm. Aufl., bearb. v. Max Brosius. (Preisgekrönt v. dem Vereine deutscher Eisenbahnverwaltgn.) 3. Abtlg. Der Fahrdienst. (XV, 569 S. m. 274 Abb.) 8. Ebd. 907. 5.60; geb. 6.20 (Kplt. 15.—; geb. 16. 80)

— — dasselbe. 12. verm. Aufl., bearb. v. Max Brosius. (Preisgekrönt v. dem Verein deutscher Eisenbahnverw.) 3 Abtlgn. 8. Ebd. 16.—; geb. 17. 80
1. Der Lokomotivkessel u. seine Armatur. Mit 290 Holzschn. u. 1 lith. Taf. (XVI, 357 S.) 908. Geb. in Leinw. 4. 60
2. Die Maschine u. der Wagen, sowie die neuesten Brems-Vorrichtungen: Bremse v. Heberlein, Vakuumbremsen v. Hardy u. Körting. Luftdruckbremsen v. Westinghouse, Knorr u. Schleifer. Mit 588 Holzschn., 11 Taf. u. 1 Abb. d. Westinghouse-Bremsventils m. drehbarem Schieber. (XVI, 579 S.) 909. 6. 40; geb. in Leinw. 7. —
3. Der Fahrdienst. Mit 255 Holzschn. (XIII, 541 S.) 909. 5.60: geb. 6. 20

Brosius, J., Wörterbuch d. Eisenbahn-Materialien f. Oberbau, Werkstätten, Betrieb u. Telegraphie, deren Vorkommen, Gewinng., Eigenschaften, Fehler u. Fälschgn., Prüfung u. Abnahme, Lagerg., Verwendg., Gewichte, Preise. Handbuch f. Eisenbahnbeamte, Studirende techn. Lehranstalten u. Lieferanten v. Eisenbahnbedarf. Unter Mitwirkg. von Fachgenossen gemeinfaßl. bearb. Mit 223 Holzschn. gr. 8. (VIII, 303 S.) Wiesbaden 887. Bergmann. n. 7. —; geb. n. 8. —

Brosius, Jo. Thom.: Juliae, Montiumque comitum, marchionum, et ducum annalium tomus 1–3. Quos Adam. Mich. Mappius in ordinem digessit, supplevit, et luci dedit. Coloniae Agipp.: Fabricius 1731.

Brosius, Kaspar Max, s. Brosius, Caspar Max

Brosius, Th. M.: Cutis tensa chronica, morbus infantum non adhuc descriptus. Wirceburgi 1818: Nitribitt. 42 S. 8°. Würzburg, Med. Diss. v. 1818.

Brosius, Walter, ehem. Assistenzarzt d. Klinik, aus Sayn b. Coblenz: Aus d. psychiatr. Klinik (Prof. Dr. Fürstner) d. Kaiser-Wilhelms-Universität Strassburg. Zur Diagnostik und chirurgischen Behandlung cerebraler Neubildungen. *Strassburg i. E. 1900: C. & J. Goeller.* (62 S.) 8°
Strassburg, Med. Diss. v. 1900

Brosow, August Über Baumverehrung, Wald- und Feldkulte bei der littauischen Völkergruppe. 4 (35 S.).
Progr. Altstädt. G. *Königsberg i. Pr.* 1887

Brosow, Aug., quomodo sit Apollonius sophista ex etymologico magno explendus atque emendatus. Dissertatio inauguralis. 8. (51 S.) Königsberg 884, (Beyer's Buchh.) *

Bross, Hermann: Der Dossenheimer Quarzporphyr. Ein Beitr. z. Kenntnis d. Umwandlungserscheinungen saurer Gesteinsgläser. Stuttgart 1910: (Grüninger). S. 64—114. 8°
¶ (Aus: Jahreshefte d. Ver. f. vaterl. Naturk. in Württemberg. Jg. 66.)
Tübingen, Naturwiss. Diss. v. 1. Febr. 1908, Ref. v. Koken
[Geb. 30. März 82 Stuttgart; Wohnort: Tübingen; Staatsangeh.: Württemberg; Vorbildung: Realsch. Stuttgart Reife M. 03; Studium: Stuttgart Techn. Hochsch. 6, Tübingen 1 S.; Coll. 1. Febr. 08.] [U 10. 4237

Brossard, D[agobert]. Un épisode de la bataille de Sadowa. Actualité. 8. Fribourg 1867.

Brossard, D[agobert]. Un souvenir de Rheinfelden, Canton d'Argovie. Histoire,–Climat, température et géologie,–Environs,–Les bains salins,–Guérisons,–Epilogue. 8. Berne 1868.

Brossard, Eug., l'Art d'apprendre tous les verbes de la langue française. Recueil contenant toutes les règles grammaticales concernant les verbes de la langue française. Avec leurs modèles de conjugaisons, l'emploi des temps et des modes, leur définition etc., ainsi que la liste alphabétique de tous les verbes irréguliers. Ouvrage absolument nécessaire à toutes les personnes qui veulent apprendre vite et d'une manière exacte la langue française. (Umschlag: Das französ. Zeitwort. Die einfachste Methode, um rasch u. gründlich alle regelmäss. u. unregelmäss. Zeitwörter d. französ. Sprache, sowie ihre Anwendg. in allen Formen u. Zeiten zu erlernen.) (VII, 155 S.) 8. Wien (904). Th. Daberkow. n. 1. 75.

Brosse, A., Heimatbuch f. die baltische Jugend, s.: Goertz, L.

Brosse, Charles de, s. Brosses, Charles de

Brosse, Fr. Cph., s. C. Bonsens.

— s. 1) Anacreon.

Brosse, Fr. Christoph (Hrsg.), s. Ruthenia.

Brosse, Fr. Cph., († d. 7. Oct. 1827.) die heil. Schrift, e. Lesebuch f. Jedermann. 8. Riga 817.

***Brosse*, Pt. Gli.**, Diss. inaug. de haemorrhagia pulmonum. Dorpat 814.

Brosse, P(eter) G(ottlieb) v(on) (Übers.):

s.: Orfila, P.M(athéo José Bonaventura): Rettungsverfahren bei Vergiftungen und im Scheintode... (Secours à donner aux personnes empoisonnées ou asphyxiées... Dt.) Berlin: 1819

BROSSEK, JOSEPH: Marianische Ehren-Pforten ... über den gnadenreichen Namen Maria. Gehalten von Joseph Brossek in Obergalla dermaligen Pfarrern in Szäar. Ofen (1771): Druck. Landerer. (8 f.)

Brosselt, Fr. G., Erhebungen d. Herzens üb. Welt u. Tod. Allen Gefühlvollen dargebr. 12. (7 B.) Bunzlau 828, Appun.

Brosses, Charles de. Geschichte der Schifffahrten nach den Südländern. Aus dem Französischen. Halle 1767. Ü: *Adelung, Johann Christoph.* (Ky) de Brosse, ..., Gesch. d. Schifffahrten nach den Südländern. Aus d. Französ. (v. Jh. Chr. Adelung). Mit Kpf. gr. 4. Halle 767. Gebauer. 3 ℛ 8 gl

— über Sprache u. Schrift. Aus d. Französ. v. M. Hißmann. 2 Thle, mit Kpf. 8. Leipz. 777. Weygand. 2 ℛ

Brosset, Marie Félicité

Brosset, M., Analyse critique de la Всеобщая исторія de Vardan, s. Mémoires de l'académie imp. des sciences de St.-Pétersbourg. 7. Série. Tome IV, Nr. 9.

Brosset, Catalogue de la Bibliothèque d'Edchmiadzin. (Russisch u. Französ.) gr. in-8. (8 B.) St.-Pétersbourg 840. (Leipzig, Voss.) •

Brosset jeune, Eléments de la langue georgienne. Ouvrage publié aux frais de la Société Asiatique. gr. in-8. (26¾ B. u. 2 Tab.) Paris 837. (Leipzig, Voss.) •

—— Études de chronologie technique, s. Mémoires de l'académie imp. des sciences de St.-Pétersbourg. 7. Série. Tome XI, Nr. 13 et 18.

Brosset, M., études de chronologie technique. Première partie. 1. et 2. [Mémoires de l'Acad. Imp. des Sciences de St. Pétersbourg, Série VII, Tome XI. Nr. 13 et 18.] St. Pétersbourg 868. — Leipzig, Voss. gr. 4. n. 2 ℛ 2 ngr.
I. 1. (LI, S. 1—88.) n. 1 ℛ 7 ngr. — I. 2. (S. 89—178.) n. 25 ngr.

Brosset, Histoire de la Géorgie, s. Histoire.

— Histoire de la Géorgie depuis l'antiquité jusqu'au XIX. siècle, publiée en Géorgien. I. partie. Histoire ancienne, jusqu'en 1469 de J.-C. 2 livraisons. Imp. 4. (484 S.) St. Pétersbourg 849. 50. Leipzig, Voss. (1 : n. n. 3½ ℛ 2 : n. n. 2 ℛ 23 ngr) n. n. 6 ℛ 3 ngr

Brosset, M., Histoire de la Géorgie etc. Traduite du Géorgien par Brosset. 1. partie. Histoire ancienne, jusqu'en 1469 de J.-C. 2 livraisons. Imp. 4. (694 S.) Leipzig 849, Voss. 50. (1 : n. n. 5 ℛ 16 ngr 2 : n. n. 3 ℛ 27 ngr) n. n. 9 ℛ 13 ngr

— Additions et éclaircissements à l'histoire de la Géorgie depuis l'antiquité jusqu'en 1469 de J.-C. Imp. 4. (VI u. 494 S.) Ebd. 851. n. n. 5 ℛ 17 ngr

—— Inscriptions géorgiennes et autres, s. Mémoires de l'académie imp. des sciences de St.-Pétersbourg. 7. Série. Tome VIII, Nr. 10.

—— inscript. géorgiennes et autres, rec. par le Père Nersès Sargisian. 4. (24 m. 4 L.) Ebd. 64. n. — 23

Brosset, s. Mkhithar d'Airivank.

—— Monographie des monnaies Arméniennes. (Avec 2 plchs.) gr. in-4. (5⅓ B.) St. Pétersbourg 839. (Leipzig, Voss.) •

— Monographie des monnaies Arméniennes. (Avec deux planches) gr. in-4. St. Petersb 840. (Leipz, Voss.) n. 7 gl

Brosset, M., Rapport sur l'ouvrage intitulé: Нумизматическіе факты грузинскагоцарства; et revue de numismatique Géorgienne. gr. 8. (88 S. u. 1 lith. Taf. in 4.) St. Pétersbourg 847. Leipzig, Voss. n. ⅓ ℛ

Brosset, Rapports sur un voyage archéologique dans la Géorgie et dans l'Arménie, exécuté en 1847—1848. (3 livr.) Avec un atlas. Lex.-8. (XII und 819 S. mit 45 Stnt. in Imp.-4.) (St.-Pétersbourg 849—51. Leipzic, Voss.) [Livr. 1 und 2. à ** 3 Thlr. 10 Ngr., 3. ** 2 Thlr. 7 Ngr.] Thlr. **

Brosset, les ruines d'Ani, capitale de l'Arménie, sous les rois Bagratides, aux X. et XI. s., histoire et description. 1. Partie. Description, avec un atlas de 24 planches lith. (in Fol.) St.-Pétersbourg 860. — Leipzig, Voss. gr. 4. (VI, 91 S.) nn. 3 ℛ 10 ngr.

— — 2. Partie. Histoire avec un atlas de 21 planches lith. (in Fol.) Ebend. 861. gr. 4. (XVI, S. 92—176.) nn. 3 ℛ 5 ngr.

Brosset, M., s. Wakhoucht, T., Déscription géographique de la Géorgie.

Brossi, A.: Karte d. Fundorte v. Rohprodukten in d. Schweiz, s. Weber, J.

Broeßken, Conr., Betr. üb. d. Sonn- u. Festt.-Evangel. 4. 716.

— Schlüssel z. Offenbar. Johannis. 4. 703.

Leutnantsgedanken über den Infanterie-Angriff und unsere Friedensausbildung. Von **Brößler**, Lt. im bayr. 15. Inf.-Reg. *(Berlin: A. Bath 1903.)* (S. 41–61.) 8°
Aus: Jahrbücher f. d. deutsche Armee u. Marine.
= Zeitfragen, Militärische. H. 6, 3. [04. 1300

Brössling, Fritz: Die Lage der landwirtschaftlichen Arbeiter in Schlesien am Ende des 19. Jahrhunderts vom Standpunkte des Landwirtes aus. *Merseburg 1900: F. Stollberg.* (58 S.) 8°
Breslau, Phil. Diss. v. 22. Dez. 1900

Brossmann, Hofmann v. Hofmannswaldau. Eine Studie üb. die schwülst. Schreibart. Wissenschaftliche Abhandlg. Progr. gr. 4. (XXIV S.) Liegnitz 900. (Leipzig, Buchh. G. Fock.) n. 1.20

Brossmann, Giambatista Marini und sein Hauptwerk „Adone". E. litterar.-biograph. Studie. Progr. 4. (42 S.) Liegnitz 898. (Leipzig, Buchh. G. Fock.) n. 1.50

Broßmann, Edmund, prakt. Arzt: Die Resektion des Nervus buccinatorius bei Trigeminusneuralgie. Greifswald 1909: Adler. 25 S. 8°
Greifswald, Med. Diss. v. 10. Mai 1909, Ref. Payr
[Geb. 23. Okt. 74 Schömberg, Schlesien; Wohnort: Lorsch; Staatsangeh.: Preußen; Vorbildung: Gymn. Guben Reife O. 97; Studium: Breslau 2, Greifswald 11 S.; Coll. 15. Dez. 08; Approb. 16. Aug. 05.] [U 09. 1483

Karte vom Oberlande der Fürstentümer Reuß und einem Teile der Pflege Reichenfels mit Berücks. d. angrenzenden Landesteile. Nach amtl. Unterlagen bearb. von Eduard **Brossmann**-Schleiz. Längen-Maßst. 1: 50,000. (3. Aufl. der Oberländer'schen Spezialkarte [vom Oberlande d. Fürstenth. Reuß j. L.].) *Lobenstein: F. Krüger [1904]; (Stich E. Günther, Gera).* (1 Kartenbl. 99×71 cm.) 8° [kol.] [04. 13789

Brossmann, E: Umgebgs-Kte f. Lobenstein-Ebersdorf-Wurzbach (Saalburg, Harra, Blankenberg u. Lichtenberg). 36×49 cm. Farbdr. Lobenst., F Krüger ('11). — 40

— Wanderkte f. d. ob. Saaltal u. d. Frankenwald. Ergänzgn v. J Bühring. 2. Afl. 1:50,000. 71×60,5 cm. Farbdr. (Mit Text auf d. Rückseite u. 19 S. Text.) Ebd. ('12). 1 —

Broßmann, G.

—— Lebensbeschreibung. 12. (60 S.) Biala 860, Feitzinger.

Broßmann, G., geistliche Lieder für die katholische Stadtgemeinde zu Biala. 9. Aufl. 8. (180 S.) Biala 860, Feitzinger. geb. Thlr.

Broßmann, H., Aufgaben, Entwürfe u. Gedanken zu deutschen Arbeiten. Nebst korrigirten Ausführungen aus der Feder der Schüler. Für höhere Schulen zusammengestellt. 867. (172 S.) — 2. Aufl. Langensalza 869. Greßler. gr. 8. (VIII, 176 S.) 15 ngr.

Broßmann, H., Aufgaben, Entwürfe und Gedanken zu deutschen Arbeiten. Nebst korrig. Ausführungen aus der Feder der Schüler. Für höhere Schulen, insbesondere für Seminare und Präparandenanstalten zusammengestellt. 2.—4. Aufl. gr. 8. (VIII, 176 S.) Langensalza 869,72,73, Schulbuchh. von Greßler.

Broßmann, H., Aufgaben, Entwürfe und Gedanken zu deutschen Arbeiten. Nebst korrigirten Ausführungen aus der Feder der Schüler. Für höhere Schulen, insbesondere für Seminare und Präparandenanstalten. 5. Aufl. (VIII, 176 S.) 1876; 6. Aufl. gr. 8. (VIII, 184 S.) Langensalza 879, Schulbuchh. von Greßler.

Broßmann, H., Aufgaben, Entwürfe u. Gedanken zu deutschen Arbeiten. Nebst korrigierten Ausführungen aus der Feder der Schüler. Für höhere Schulen, insbesondere für Seminare u. Präparandenanstalten zusammengestellt. 7. Aufl. gr. 8. (VIII, 184 S.) Langensalza 883. Schulbuchhandlung. 1. 50

Brossmann, Karl, Dr.: Bild und Periphrase in der Divina Commedia. Görlitz 1907: Hoffmann & Reiber. (39 S.) 4°
Görlitz, st. R OP 1907 (281)

Brossmann, K., über die Quellen der mittelenglischen Chronik des Robert v. Gloucester. Inaug.-Diss. gr. 8 (49 S.) Breslau 887. (Köhler.) n. 1. —

Brossmann, Karl: Ueber die Quellen der mittelenglischen Chronik des Robert von Gloucester .... Striegau, Druck v. Ph. Tschörner (1887); 2 Bl. + 51 S. 8°.
Breslau, Phil. Fak., Inaug.-Diss. v. 6. Jun. 1887.

Brossmer, Alfr., s.: **Aigar et Maurin.**

Brossmer, Alfred, aus Ettenheim: Aigar et Maurin. Bruchstücke einer Chanson de geste nach d. einzigen Handschrift in Gent neu hrsg. *Erlangen 1901: F. Junge.* (102 S.) 8°
Freiburg i. B., Phil. Diss. v. 1901

Broßmer, Karl, Jugendbewegung und Jugendpflege, Leipzig, 13 S., 8°.

Brossok, Georg, Medizinalprakt. am Krankenhaus d. Elisabetinerinnen zu Breslau: Aus d. Königl. Frauenklinik d. Univ. zu Breslau. Direktor Prof. Dr. Küstner. Beitrag zur Lehre von der Hebosteotomie. 1908 o. O. (35 S.) 8°
Breslau, Med. Fak., Ref. Küstner, Diss. v. 26. Juni 1908
[Geb. 7. Nov. 80 Breslau; Wohnort: Breslau; Staatsangeh.: Preußen; Vorbildung: Matthias-Gymn. Breslau Reife O. 02; Studium: Breslau 10 S.; Coll. 27. März 08; Approb. 24. Juni 08.]

Zum 100. Geburtstage Laubes am 18. Sept. 1906. F[erdinand] **Brosswitz**. Heinrich Laube als Dramatiker. Mit e. Bildnis d. Dichters. Breslau: H. Fleischmann 1906. (VIII, 220 S.) 8° [07. 643

Brosswitz, Ferdinand: Heinrich Laube als Dramatiker. Breslau 1908: Fleischmann. 37 S. 8° ¶ (Ersch. vollst. z. 100. Geburtst. Laubes ebd. 1906.)
Gießen, Phil. Diss. v. 29. Aug. 1908, Ref. Behaghel
[Geb. 9. Okt. 74 Breslau; Wohnort: Breslau; Staatsangeh.: Preußen; Vorbildung: Johannes-Gymn. Breslau Reife M. 01; Studium: Breslau 9 S.; Rig. 31. Juli 08.] [U 09. 1196

Brosteanu, Peter (Hrsg.), s. Jahrbücher, Romänische.

Brosy, Ludw., preußisches Bürgerbuch. Ein prakt., allgemein verständl. Rathgeber für Personen aller Stände, welcher die im täglichen Verkehr zur Anwendung kommenden Vorschriften erläutert u. zur Anwendung bringt. Für das Geltungsgebiet des allgemeinen Landrechts hrsg. Mit vielen Formularen. 8. (XV, 880 S.) Berlin 880. 81. Hempel. n. 9. —

— dasselbe. 2. Aufl. 8. (XV, 880 S.) Ebend. 881. 82. n. 9 —

— dasselbe. 3. Aufl. 8. (XV, 880 S.) Ebend. 882. n. 6. —

— übersichtliche Darstellung des deutschen Reichscivilproceßrechts. Mit besonderer Berücksichtigung der Motive bearb. 8. (VI, 276 S.) Leipzig 878. Roßberg. n. 3. —

Brosy, Ludw. Handelsrecht m. Einschluß d. Seerechts u. Wechselrechts. (Vorbereitungsbücher f. die 1. jurist. Prüfg., II.) 3. unter Berücksicht. d. Gesetzes vom 1. Mai 1889, betr. die Erwerbs- u. Wirthschaftsgenossenschaften, verb. Aufl. 16. (IX, 263 S.) Berl. 890, C. Heymann. cart. * 3 —

—— Kirchenrecht. (Vorbereitungsbücher f. die 1. jurist. Prüfg., V.) 3. unter Berücksicht. der neuesten preuß. Kirchengesetzgebg. verm. Aufl. 16. (VII, 169 S.) Ebd. 890. cart. * 2 —

Brosy, L., deutsches Privatrecht u. Rechtsgeschichte. (Vorbereitungsbücher für die 1. jurist. Prüfg., I.) 2., verm. Aufl. 12. (VII, 202 S.) Berlin 890. C. Heymann's Verl. cart. n. 2. —

Brosy, Ludw., Repetitorium d. historischen Entwickelung d. römischen Civilprocesses. Zum Gebrauche für Studirende u. Prüfungs-Kandidaten nach den angeführten Lehrbüchern bearb. 8. (VIII, 67 S.) Leipzig 879. Roßberg. cart. n. 1. —

— Repetitorium des deutschen Konkursprocesses. Mit besonderer Berücksicht. der Motive. Zum Gebrauche für Studirende u. Prüfungs-Candidaten bearb. 8. (IV, 94 S.) Ebend. 879. cart. n. 1. —

—— Repetitorium des preußischen Privatrechts mit besond. Berücksicht. der neueren deutschen Reichsgesetzgebung. Zum Gebrauche für Studirende und Prüfungs-Candidaten nach den angeführten Lehrbüchern bearb. I—III. Ebendas. 879. cart. à * ℳ 1,50. *

Inhalt:
I. Allgemeiner Theil. (VI, 110 S.) 878.
II. Familienrecht und Erbrecht. (VI, 111 S.) 879.
III. Sachenrecht und Obligationenrecht. (VIII, 162 S.) 879.

— Repetitorium der äußeren römischen Rechtsgeschichte u. der Rechtsquellen. Zum Gebrauche für Studirende u. Prüfungs-Kandidaten nach den angeführten Lehrbüchern bearb. 8. (VIII, 91 S.) Ebend. 879. cart. n. 1. —

— Repetitorium des deutschen Reichscivilproceßrechts. Mit besonderer Berücksicht. der Motive. I. u. II. 8. Ebend. 878. cart. à n. 1. 50
I. Allgemeine Civilproceßlehre. (VI, 125 S.)
II. Das specielle Proceßrecht. (VI, 150 S.)

— Repetitorium des deutschen Strafprocesses. 8. (99 S.) Ebend. 878. cart. n. 1. 50

— Repetitorium des deutschen Verfassungsrechts. Zum Gebrauche für Studirende u. Prüfungs-Candidaten nach den angeführten Lehrbüchern bearb. 8. (IV, 88 S.) Ebend. 878. cart. n. 1. —

Brosy, Ludw., Repetitorium des gemeinen Civilprocesses. Zum Gebrauche für Studirende und Prüfungs-Candidaten nach den angeführten Lehrbüchern bearb. 8. (VI, 91 S.) Leipzig 878, Roßberg'sche Buchh. *

Brosy, R[udolf]. Der Postlehrling. Wegweiser zur Beamtenlaufbahn im schweizerischen Postdienst. Anhang: Verordnung über Heranbildung, Prüfung und Verwendung von Postaspiranten, mit den Vollziehungsbestimmungen. 42 S. 8. [Aarau,] H. R. Sauerländer & Co., [1909]. [fr. 1. 60]

Brosy, R: Der Postaspirant. Wegweiser z. Beamtenlaufbahn im schweiz. Postdienst. (2. Ausg. v. „Der Postlehrling".) (72) 8° Aar., (HR Sauerländer & Co.) ('11). 1.60

Broszat, Willy, a. Stolp i. P.: Über Scharen von ∞^4 Flächen im R_3, die durch Berührungstransformation in Scharen von ∞^4 Kurven überführbar sind. Berlin-Wilmersdorf: C. Arnold (1907). (53 S.) 8°
Greifswald, Phil. Fak., Ref. Engel, Diss. v. 13. Mai 1907
[Geb. 18. März 85 Stolp; Wohnort: Greifswald; Staatsangeh.: Preußen; Vorbildung: Realgymn. Stettin Reife O. 03; Studium: Greifswald 8 S.; Rig. 14. März 07.]

Broszell, Frau Else, die Nähmamsell. Tragödie in 5 Akten. (71 S.) 8. Weißenfels (907). (M. Lehmstedt.) 2. —

Die Nähmamsell. Tragödie in 5 Akten. Von Frau Else **Broszell**. Weißenfels: M. Lehmstedt in Komm. [1908]. (71 S.) 8° [F.] [08. 9116

Broszus, J. E., die Theorie der Sonnenflecken. Nach den neuesten wissenschaftl. Forschungen dargestellt. gr. 8. (VIII, 104 S.) Berlin 884. Springer. *

Brot (Sachl. Ordnungswort)

Brot s. a.: Brod.

Brot. Oder: die neuesten Vorfälle in Lyon, aus e. allgem. Gesichtspunkte betrachtet. gr. 8. (3¼ B) Hamburg 832, Hoffmann u. Campe.

Brot, d. Engel. Andachtsbuch insbes. f. fromme Verehrer d. allerheiligsten Altarssacraments. 16° (528 m. farb. Titel u. 1 St.) Kevelaer 94, J Thum. Geb. in Ldr — 90

[F.] Brot der Engel. Vollständ. Gebet- & Andachtsb. f. Katholiken. *Kevelaer: J. Thum [1894].* (528 S., 1 Taf.) 1 Bd 8.

Brot der Engel. Vollst. Gebetbuch bes. z. Verehrung d. allerheil. Altarssakramentes u. d. bitteren Leidens Jesu Christi. Nach d. Schriften d. heil. Väter u. erleuchteter Geisteslehrer. *Münster i. W.: Alphonsus-Buchh.* (1899). (XVI, 496 S.) 8° [F.]

Brod der Engel. Vollständiges Gebetbuch, besonders zur Verehrg. des allerheiligsten Altarssakramentes u. des bitteren Leidens Jesu Christi. Nach den Schriften der hl. Väter u. erleuchteter Geisteslehrer. 16. (XVI, 496 S. m. 1 Farbdr.) Münster 900. Alphonsus-Buchh. Geb. von 1. 30 bis n. 5. —

— oder Geld? s: Hephaestos.

Brot, Das mühsam gesuchte, des Jahres 1771. Frauenfeld 1861. H: *Pupikofer, Joh. Adam.* (Cat. d. Stadtbibl. Zürich. Zürich 1864—97.)

Brot, hausbacken. 100 Predigtentwürfe üb. freie Texte nebst e. Anh. f. Kasualien. 1. u. 2. Bd. gr. 8. Kassel, J. G. Oncken Nachf. Geb. in Leinw. 8. —
1. (283 S.) 909. 3.50; geb. 4. —
2. In Verbindg. m. vielen Mitarbeitern hrsg. v. A. Hoefs. (308 S.) 910. Geb. 4. —

— Hausbacken. 100 Predigtentwürfe üb. freie Texte nebst e. Anh. f. Kasualien. 3. Bd. Hrsg. v. A Hoefs. (366) gr8° Kass., J G Oncken Nf. '11. L (je) 4 — d

Brot vom Himmel. Ein vollständiges Kommunion-, Gebet- und Erbauungsbuch. Nach P. Friderico a Jesu, weiland Präpositus der bayerischen Barfüsser-Karmeliter-Ordensprovinz, «Heiliges Kommunionbuch» neu bearb. von einem Ordensmitgliede [der Ursulinerinnen, Schwester M Caecilia. Mit Vignetten und 2 Tafeln]. 656 S. 8. Einsiedeln etc., Benziger & Co. A. G., 1906. [geb. fr. 2.25 u. 3. —]

—— (Brot,) himml., f. d. Kleinen. In fünf Stücklein gebrochen, (Meß-, Beicht- u. Communion-Gebethe, Litaneyen, verschied. Gebethe) u. z. Kinder-Seelen-Speisung mitgetheilt v. e. Seelsorger auf d. Lande. 32. (96 Seit. u. 6 Bild.) Grätz 835, Ferstl'sche Buchh.

Brot, Das kleine, d. Engel f. Kinder. Schlichte Gebete f. Kinder v. 7—12 Jahren, nebst e. Kommunionandacht f. diejen. Kinder, welche früh d. hl. Kommunion empfangen dürfen. (189 m. Abb.) 16° Kevel., J Thum ('11). L — 60 d

— des Lebens. Ein Buch für Christenleute. Mit über 100 bibl. Bildern nach alten Kupferstichen. Zusammen m. namhaften Mitarbeitern verfaßt v. G. Clodius. 2 Tle. 4. Crivitz 904. (Schwerin, F. Mecklenburg.) n. 8. 10
I. Das Alte Testament. (VI, 208 S.)
II. Das Neue Testament. (IV, 207 S.)
Erschien auch in 14. Lieferungen.

Brot, d. lebendige. D. Denkenden beschrieben, d. Widerstrebenden angepriesen, d. Hungrigen gereicht, allen zugängl. gemacht v. W. B(ecker). 2. Aufl. 12. (12 S.) Berlin 896. Deutsche evang. Buch- u. Tractat-Gesellschaft. — 03

Brot und Marzipan. Erfurt, Bartholomäus. 4. (39 S. lith. mit u. color. Bildern im Text.) 15 ngl

—— und Marzipan. 4. (39 S. mit eingedr. ill. Lithogr.) Erfurt 856, Bartholomäus.

Brot, Das, im Spiegel schweizerdeutscher Volkssprache und Sitte ... Leipz. 1868. V: *Staub, Friedrich.* (Ba) (Mz) (UBTüb C, S. 298) (Cat. d. Stadtbibl. Zürich. Zürich 1864—97.)

Brot, das, im Spiegel schweizerdeutscher Volkssprache u. Sitte. Lese schweizerischer Gebäckenamen. Aus den Papieren des schweizerischen Idiotikons. Leipzig 868. Hirzel. gr. 8. (XII, 186 S.) n. 1 ₰

Brot, täglich, in Bibelsprüchen und Liederversen. Nebst einem Anhang für die Fasten- und Osterzeit. 16. (160 S.) Hamburg 888, Agentur des Rauhen Hauses. geb. *
Ausg. auf Schreibpap., durchsch., geb. mit Goldschn. *

Brot, täglich, in Bibelsprüchen u. Liederversen. Nebst e. Anh. f. die Fasten- u. Osterzeit. 32. (319 S.) Hamburg 893. Agentur d. Rauhen Hauses. Geb. in Leinw. m. Goldschn. n. 1. —

— täglich. Ein Vergissmeinnicht in Bibelsprüchen u. Liederversen. Nebst e. Anh. f. d. Fasten- u. Osterzeit. (Mit Pap. durchsch.) 32° (320) Ebd. 95. Geb. in Lnw. — 50; eleg. geb. m. G. 1 —

Brot, täglich. Ein Vergißmeinnicht in Bibelsprüchen u. Liederversen. Nebst e. Anh. f. die Fasten- u. Osterzeit. 5. Aufl. 24. (320 S.) Hamburg (901). Agentur des Rauhen Hauses. Geb. in Leinw. u. durchsch. n. — 50; eleg. geb. m. Goldschn. n. 1. —

— Täglich. Vergissmeinnicht in Bibelsprüchen u. Liederversen. Nebst Anh. f. d. Fasten- u. Osterzeit. 13. Afl. (320) 16° Hambg., Ev. Buchh. ('12). HL — 60 (Pp.); L 1 — d

Brot, das tägliche. Unterhaltungen aus dem practischen Leben aller Stände. Unter Mitwirkung von bewährten Fachmännern herausg. von Bernh. Friedmann. Wien 856. Expedition. gr. 16.
1 Bd. 1. Heft: Die Gewerbefreiheit, ihr Nutzen u. ihre Folgen. In 10 Kapiteln besprochen von Bernh. Friedmann. 1—4. Aufl. (80 S.) 5 ngl
1. Bd. 2. Heft: Wie und wo erhält man Kredit? Mit besonderer Rücksicht auf Banken, Kreditanstalten, Sparkassen etc. (62 S.) 5 ngl

—— das tägliche, des Christen. Ein christl. Vergißmeinnicht. Ausgewählte Stellen aus der H. Schrift auf jeden Tag des Jahres. 24. (191 S.) Basel 881, Spittler. cart. ** — 65
geb. und durchsch. ** 1 10

Brot, das tägliche, d. Christen. Ein christl. Vergißmeinnicht. Ausgewählte Stellen aus der H. Schrift auf jeden Tag d. Jahres. 2. Aufl. 32. (IV, 189 S) Basel 883. Spittler. geb. n. 1. 10; m. Goldschn. n. 1. 20

Brot, das tägliche, d. Christen. Ein christl. Vergißmeinnicht. Ausgewählte Stellen aus der Heil. Schrift auf jeden Tag d. Jahres. 20. Tausend. 32. (379 S.) Basel 891, [Spittler.] Jaeger u. Kober. * — 65; geb. * 1 10; m. Goldschn. * 1 20

— unser täglich. 12. (8 S.) Basel 893. Jaeger & Kober. Für 10 Stück n. — 40

„— unser täglich". Bibl. Betrachtungen auf alle Tage i. Jahre. F. hungr. Seelen ges. u. darger. v. e. Diener a. Wort. gr. 8. (456 S.) Cleveland (894). (Philadelphia, Schaefer & Koradi.) Geb. in Leinw. 4. —; m. Goldschn. 5. 50

Brot (Verfasser)

Brot, A., étude sur les coquilles de la famille des Nayades qui habitent le bassin du Léman. Basel 867. Georg. gr. 8. (56 S. u. 9 lith. Taff.) n. 2 ₰ 20 ngr

Brot, A., die Klöster, s. L. Lurine.

Brot. Dr. A., matériaux pour servir à l'étude de la famille des Mélaniens. III. Notice sur les Mélanies de Lamarck conservées dans le Musée Delessert et sur quelques espèces nouvelles ou peu connues. 55 pp. avec 4 planches in-gr. 8. Genève et Bâle, H. Georg. 1872 5.
, La 1re partie. 1862. Fr. 3. —. la 2de partie 1868. Fr. 6. —

Brot, A., Melania u. Melanopsis, — Paludomus, } s.: Martini u. Chemnitz, systemat. Conchylien-Cabinet.

Brot, A., die Melaniaceen (Melanidae). — Die Gattung Paludomus auct. (Tanalia, Stomatodon, Philopotamis, Paludomus), s.: Martini u. Chemnitz, systematisches Conchylien-Cabinet. I, 24 u. 25.

Brot, A., Mollusken, s.: Studer, Th.

Brot, Augustus Ludov. (geb. Genf 1822): De anaesthesia nervi quinti. Accedit casus singularis. Berolini (1844). (30 S.) 8°
Berlin, Med. Diss. v. 5. Sept. 1844

Brotanek, Rudolf

Brotanek, R., s.: Daines', Simon, Orthoepia anglicana.
— s.: Gooseoappe, Sir Gyles.

Brotanek, Rud., s.: King and Queenes, the, entertaintment at Richmond.

Brotanek, Rud., die englischen Maskenspiele, s.a. Beiträge, Wiener, zur englischen Philologie. XV.

BROTANEK, Rudolf
Die englischen Maskenspiele. Von Rudolf Brotanek. Wien und Leipzig. 1902. Braumüller. Gr.-8°. XIV, 371 S.
Wiener Beiträge zur englischen Philologie. Unter Mitwirkung von Dr. K. Luick, Dr. R. Fischer, Dr. A. Pogatscher. Herausgegeben von Dr. J. Schipper. XV. Bd.

Brotanek, Rudolf (Hrsg.), s. Mason, G.: Grammaire angloise.

Brotanek, R, s: Neudrucke frühneuengl. Grammatiken.

Brotanek, Rudolf: Simon Daines' Orthoëpia Anglicana, s. Rösler, M.

Brotanek Rudolf: Untersuchungen zu den Gedichten Alexander Montgomeries. Diss. Wien, Univ.
D: Wiener Beiträge, III. Bd. 1896.
1893 PN 801

Untersuchungen über das Leben und die Dichtungen Alexander Montgomeries v. Rudolf **Brotanek**, Dr. phil. '(Wien)'. *Wien & Leipzig: W. Braumüller 1896.* (VI S., 1 Bl., 160 S., 1 Bl.) 1 Bd 8.
= Beiträge, Wiener, z. englischen Philologie. Bd III. [96. 8314

Brot- und Kornärndte, Die gedoppelte, im Auszuge ... Leipz. 1772.
V: *Keyher, Benj. Gottfr.* (WÖ)

Brotbeck, A. Th. (Resp.): Ulterior novae methodi Kaempfianae curandi..., s. Faber, G. B. (Praes.)

Brotbeck-Guehm, B.-M., s.: Dorieux, B.

Brotbek, Chr. Fr., geograph. Post-Lexicon von d. kgl. baier. Rheinpfalz nach alphabet. Ordnung. gr. 8. (4 B.) Tübingen 841. (Nördlingen, Beck'sche Buchh.)

Brotbek, Georg Friedrich (Stuttgart), De febribus neuricis. Dissertat. med. Präs. Wilh. Gottfried Ploucquet. Tübingen (Reiss) Sept. 1788. 32 S. (4.80) 4174

Brote, Eug., die rumänische Frage i. Siebenbürgen u. Ungarn. E. polit. Denkschrift. Mit 51 Beilagen u. 1 Karte. gr. 8. (XII, 432 S.) Berlin 895 Puttkammer & Mühlbrecht. n. 6. —

Broter, A. F., Phytographia Lusitaniae selectior, seu novar. rarior. et aliar. minus cognit. stirpium, quae in Lusitania sponte veniunt Tom. I. Fol. Olissipone 820. Typograph. regia (Hamb. A. Campe). 18 ₰

Broternte. — s. Brotärndte.

Brotherhood, J. Das Brotherhood Technikon, und dessen Gebrauch. Der einzige bekannte Apparat, die Hand für das Klavierspiel sicherer und schneller vorzubereiten, als dies am Piano selbst möglich ist. [Angebunden:] Die Entwicklung der Hand für das Pionospiel (!) durch ... das Technikon. (Stratfort 1886.)

Brothers, the Spanish, s.: Collection of British authors.

Brothers, A., d. Behandlg. d. Extrauterin-Schwangerschaft mittelst Electricität. Uebers. v. Stille. [Aus: „Frauenarzt".] gr. 8. (15 S.) Neuwied 889. Heuser's Verl. — 60

Brotherus, K.R.: Immanuel Kants Philosophie der Geschichte. Viii + 136 pg. 8
Diss. Hels. 1905.

Die Laubmoose der ersten Regnellschen Expedition v. V. F. **Brotherus.** *Stockholm 1900: P. A. Norstedt & söner.* (65 S.) 8°
— **Handlingar,** K. Svenska Vetenskaps-Akademiens. Bihang. Bd 26, Afd. 3, No 7. [03. 1185

Die Laubmoose der deutschen Südpolar-Expedition 1901–1903 von Dr. V. F. **Brotherus** ⟨Helsingfors⟩. Mit Taf. 7 u. 8. (Berlin: G. Reimer 1906.) (S. 83–96.) 4°
— **Südpolar-Expedition,** Deutsche, 1901–1903. Bd 8, H. 1, 4. [07. 1977

Brotherus, VF: Die Moose d. arct. Küstengebietes v. Sibirien, n. d. Sammlg d. russ. Nordpolar-Exped. 1900—03. (Aus: „Mémoires de l'acad. imp. des sciences de St-Pétersbourg".) (3, 15) 33,5×25 cm. St-Pétersbourg '10. (Lpzg, Voss' Sort.) — 55

Brotherus, V. F., Musci Voeltzkowiani, s.: Reise in Ostafrika. III, 1.

Brothier, S. J., s.: Jesuiten, die, u. deren Geheimnisse.

Brotier, G., supplementa libror. 7—10. annal. Taciti. 8maj. Prag 775. Gerle. 12 gr.

Brotkorb. — s. Brodkorb.

Brotkörbe, die sieben. Ein Wort der Ermahng. u. des Trostes in Sorgen der Nahrg. 13. Aufl. 8. (16 S.) Stuttgart 887. Buchhandlg. der Evangel. Gesellschaft. n. — 4

Brotkorbgesetz, das, u. die Pflicht der Katholiken. gr. 16. (14 S.) Breslau 875. Görlich. n. — 10

Brotoffer, Ratich, Elucidarius major, od. Erleucht. üb. d. Reformat. d. ganzen Welt. 8. Wien. 750.

Aut hîc aut nusquam. Elucidarius major. Oder ERleuchterunge uber die Reformation der gantzen weiten Welt, F. C. R. auss ihrer Chymischen Hochzeit, und sonst mit viel andern testimoniis Philosophorum, sonderlich in appendice, dermassen verbessert, dass beydes materia & praeparatio lapidis aurei, deutlich genug darinn angezeigt werden. Durch Radtichs **Brotofferr.** Lůneburg: Sternen Buchh. [H. & H. Stern] 1617. 234 S. 8⁰
[Dasselbe.] Wienn: Krauss 1751. 240 S. 8⁰
Auszug in: Hermetisches A. B. C. derer ächten Weisen. 1 (1778) S. 176—195; A. B. C. vom Stein d. Weisen. 1 (1782) S. 176—195.
Kl. 2487. Selten. Der Katalog der Loge 473 gibt eine Ausg. von 1752 an.

Theophrastus non Theophrastus. Oder Deutliche Entdeckung was von Theophrasto Paracelso zu halten sey, ob er seine hohe Weissheit und Kunst von GOtt oder dem Teufel gehabt, aus seinen eigenen Schrifften mit etlichen Testimoniis und Exempeln angezogen, und menniglich zu guter nachrichtung fürgestellet unnd mitgetheilet, Durch den Autorem Elucidarii &c. R[atichs] B[rotoffer]. Am ende ist ein App. hinzu gethan, von der Alchimia, darmit den filiis doctrinae noch ein sonderlich Liecht angezündet wird, sampt erörterung einer Frage von der Fraternitet C. R. &c. Gosslar: Vogt; Lüneburg: Stern 1617. 47 Bl. 8⁰

[Dasselbe.] Wien 1751.
in: Brotoffer, R.: Elucidarius major. 1751 S. 189—240.
[Gardner, F. L.: A Catalogue of works on occult sciences. 1 (1903) Nr 77.]
Kl. 2488. Selten.

Brotproduktion (Die genossenschaftliche). Zusammengestellt nach Umfragen unter den Arbeitern der Konsum- und Genossenschaftsbäckereien. 8⁰. Hamburg-Eilbeck, O. Allmann, 1903.

Brotrinden u. Butterwecken, s.: Schillingsbücher.

Brot-Tarif. – s. Brod-Tarif.

Brotterode ⟨Thüringen⟩. Höhenkurort. Hrsg. von d. Kurverwaltung. *(Schmalkalden) 1902: (F. Wilisch).* (24 S.) 8° [Umschlagt.] [03. 1804

Brotterode, Thüringen, Höhenkurort. Hrsg. von d. Kurverwaltung. *(Schmalkalden) 1901: (F. Wilisch).* (23 S.) 8° [Umschlagt. ...u. Ant.] [04. ...4

[F.] **Brotwucher** und seine Bekämpfung. E. Beitr. z. Klärg u. Lösg d. landwirtsch. Frage ... *Berlin: H. Oberwinder 1895.* (72 S.) 1 Bd 8. [97. 398

Brotwucher und seine Bekämpfung. Ein Beitrag zur Klärung und Lösung der landwirthschaftlichen Frage. gr. 8⁰. Berlin, Vaterländ. Verl.-Inst., 1895. 72 S.

Brotwucherer, die. Verslein v. Pip, Bildlein v. Pop. 12. (27 S.) Berlin (901). Verl. der socialist. Monatshefte. — 10

Brotz, Ant., die Witterung und Fruchtbarkeit der einzelnen Jahre im allgemeinen und im besondern oder die erste theoretisch-prakt. Meteorologie. Gemeinfaßl. bearb. unter Berücksicht. der Ergebnisse der neuesten Meteorologie. gr. 8. (IV, 72 S.) Gornhofen i. W. 887. (Leipzig, Gracklauer.) cart. **

Brotz, A, d. Witterg u. Fruchtbarkeit d. einzelnen Jahre im allg. u. im bes. od. d. erste theoret.-prakt. Meteorologie. 8. (72) Gornhof. i/Württ. 87. (Horb, Christian.) *n.* 2. —; cart. *n.n.* 2. 40

Brotz, Johannes, Einleitung in die Geschichte der Naturwissenschaft. gr. 8. (5 B.) Heidelberg 842, Groos.

Brötz, Wilhelm, appr. Arzt: Die von Kupfferschen Sternzellen und ihr Verhalten gegenüber kolloidalen Metallen. Wiesbaden: Bergmann 1909. 18 S. 8° ¶ (Aus: Frankfurter Zeitschrift f. Pathol. Bd 3. H. 4.)
Marburg, Med. Diss. v. 11. Okt. 1909. Ref. Beneke
[Geb. 9. Febr. 81 Frankfurt a. M.; Wohnort: Freiburg i. B.; Staatsangeh.: Preußen; Vorbildung: Lyz. II Hannover Reife M. 00; Studium: Marburg 5, Straßburg 2. Marburg 8 S.; Coll. 31. Juli 09; Approb. 11. Mai 09.] [U 10. 3318

Brotze, Carl Gottlob (Bautzen), **Animadversionum** ex jure universo depromtarum spic. I. Präs. Carl Heinrich Geisler. Wittbg. (Duerr) 30. V. 1787. 30 S., tlws. dtsch. (4.50) 4176

— — **De poena eius, qui ex mandato aut jussu deliquit.** Diss. jur. Präs. Christian Gottlieb Hommel. Wittbg. (A. Ch. Charisius) 5. IX. 1796. 34 Seiten. (4.50) 4177

Brotze, Jh. Cph., (†d. 4. Aug. 1823.), s. 1) Abhandl. von d. Tugenden. 2) S. Engel, Nachrr.

— Progr. Rückblick in d. Vergangenheit. 8 Stcke. 4. Riga 805—14.

Brotzen, Georg: Aus der chirurgischen Universitäts-Klinik zu Greifswald. Zur Beurteilung des Calot'schen Verfahrens. *Greifswald 1898: C. Sell.* (47 S.) 8°
Greifswald, Med. Diss. v. 5. Apr. 1898

Brouckère, Louis de: Die Arbeiterbewegg in Belgien, s: Zeit, Die neue. Man.

Brough, Will., Apartments, s. Schüler-Bibliothek, englische.

Brough, W., Apartements, s.: Theatre, the modern English comic. Serie IV. Vol. 3.

Brough, W., Number one, round the corner, s.: Theatre, modern english comic.

Brougham, Lord, Albert Lunel, s. Asher's Collection of English Authors.

Brougham, Henry, Lord

— über d. Aristokratie in England, s. Isaak Tomkins, Gedankk.

Brougham, H., Praktische Bemerkungen über die Ausbildung der gewerbetreibenden Klassen. Aus dem Engl. mit Anmerkungen von K. F. Klöden. gr. 8⁰. Berlin, Duncker u. H., 1827.

H. **Brougham**: Gott u. Unsterblichk., aus d. Standp. d. natürl. Theol. u. ihrer Beweiskraft; a. d. Engl. v. J. **Sporschil.** *Lpz.*, O. Wigand. 835. gr 8⁰ 1 ꝑ 12 *gl*

Brougham, H., Inaugural-Rede, als er zum Rector d. Universität Glasgow eingesetzt wurde, am 6. April 1825. Aus d. Engl. v. L. Snell. gr. 8. Jena 826. Cröker. 5 *gl*

— s. Paley's natürliche Theologie.

—— Rede üb. d. Parlamentsreform, gehalten im brit. Oberhause am 7. Oct. 1831. gr. 8. (2¼ B.) Wiesbaden 832, Ritter.

(——) die Resultate d. Maschinenwesens, s. Resultate.

—— die Staatsmänner während d. Regierungs-Epoche Georgs III. Mit Bemerkn. üb. Parteikämpfe u. ein. histor. Anh. A. d. Engl. 2 Bde. Jeder m. 12 Bildn. (Stahlst.) Lex.-8. (25 u. 21 B.) Pforzheim 839, 40, Dennig, Finck u. Comp. à 4 Thlr.

Brougham, Lord John Russel, Polen. 2. Aufl. verm. mit Polens Wiederaufleben (v. 1796 bis auf uns. Tage) v. Leonard Chodzko, nebst e. Anh., enthalt. d. Ereigne. v. 1831 u. d. Proclamation d. russ. Kaisers. 8. (18¼ B.) Brüssel 831. (Leipzig, Allgem. Niederl. Buchh.)
Forts. hiervon, vgl. „Ueber den politischen Zustand etc."

Broughton, Rhoda, Alas,
— a beginner,
— Mrs. Bligh,
— and Elizabeth **Bisland,**
a widower indeed,
} s.: Collection of British authors.

A Beginner. By Rhoda **Broughton**. Copyright ed. Leipzig: Tauchnitz 1894. 279 S. 8°
(Collection of Britisch authors. Tauchnitz Ed. Vol. 2991.) [11. 8012

Broughton, Rhoda, Belinda, s. Collection of British Authors.

Mrs. Bligh. A novel. By Rhoda **Broughton**. Copyright ed. Leipzig: Tauchnitz 1892. 270 S. 8°
(Collection of British authors. Tauchnitz Ed. Vol. 2873.) [11. 7928

Broughton, R., Doctor Cupid, s. Collection of British Authors.

The Devil and the deepsea. By Rhoda **Broughton**. Copyright ed. Leipzig: Tauchnitz 1910. 287 S. 8°
(Collection of Brit. Authors. Tauchnitz Ed. Vol. 4220.) [10. 15361

Broughton, Miß Rhoda, Esther. [Red as a rose is she.] Roman. Aus dem Engl. von Julie Dohmke. 3 Bde. 8. (249; 205; 191 S.) [Leipzig 875, E. J. Günther.] Berlin, Nicolai'sche Buchh. *

Dear Faustina. By Rhoda **Broughton**. Copyright ed. Leipzig: Tauchnitz 1897. 278 S. 8°
(Collection of British authors. Tauchnitz Ed. Vol. 3223.) [11. 8178

Foes in law. By Rhoda **Broughton**. Copyright ed. Leipzig: Tauchnitz 1901. 318 S. 8°
(Collection of British authors. Tauchnitz Ed. Vol. 3475.) [11. 8360

The Game and the candle. By Rhoda **Brougthon**. Copyright ed. Leipzig: Tauchnitz 1899. 287 S. 8°
(Collection of British authors. Tauchnitz Ed. Vol. 3361.) [11. 8277

— „good-bye, sweetheart!" s.: **Asher's** collection of English authors.

—— **Joan, s. Collection of British Authors.**

Lavinia. By Rhoda **Broughton**. Copyright ed. Leipzig: Tauchnitz 1903. 288 S. 8°
(Collection of British authors. Tauchnitz Ed. Vol. 3626.) [11. 8475

Mamma. By Rhoda **Broughton**. Copyright ed. Leipzig: Tauchnitz 1909. 294 S. 8°
(Collection of British authors. Tauchnitz Ed. Vol. 4094.) [11. 8881

Broughton, R., Good-bye Sweetheart,
—— Nancy, } **s. Asher's Collection of English Authors.**

Scylla or Charybdis? By Rhoda **Broughton**. Copyright ed. Leipzig: Tauchnitz 1895. 288 S. 8°
(Collection of British authors. Tauchnitz Ed. Vol. 3082.) [11. 8063

Broughton, Rhoda: The devil and the deep sea. — Between two stools, s: Collection of Brit. auth. 4220. 1315.

—— **Tales for Christmas eve, s. Collection of British Authors.**

—— second **Thoughts, s. Collection of British Authors.**

—— and Elizabeth **Bisland**, a widower indeed, s. Collection of British authors.

—— wie eine Blume erblüht. [Cometh up as a flower.] Roman. Aus dem Engl. von Julie Dohmke. 3 Bde. 8. (190; 191; 184 S.) [Leipzig 877, E. J. Günther.] Berlin, Nicolai'sche Buchh. *

Broughton, Thom., histor. Lexikon aller Religionen seit d. Schöpfung d. Welt bis auf gegenwärt. Zeit. Aus d. Engl. 2 Thle. 8. Dresd. 756. Walther. 3 ℔ 8 ℊ

Broughton, Thomas Duer: Neuestes G e m ä l d e der Mahrattenstaaten. 12⁰. Mit Kpf. Pest 1819.

— Wanderungen unt. d. Maratten, s. Reisen, neue, d. Engländer.

Broughton, Wanderungen unt. den Maratten im Jahe 1809. Aus dem Engl. gr. 8. Leipz. Expedition d. Minerva. 814.

Broughton, William Robert: Entdeckungsreise in das Stille Meer, und vorzüglich nach der Nordostküste von Asien, gethan in den Jahren 1795, 1796, 1797 und 1798. Aus dem Englischen. Mit einigen Anmerkungen abgekürzt herausgegeben von Theophil Friedrich E h r m a n n. Mit einer Charte und einem Kupfer. (Bibliothek der neuesten Reisebeschreibungen. Bd. 19.) Weimar 1805. VI, 352 S. 8⁰.

Broughthon, W. R., Entdeckungsreise in d. nördl. stille Meer. 795—98. a. d. Engl. m. K. u. Chart. gr. 8. Weim. Ind. Compt. (a. d. Biblioth. d. Reisen, 19r Bd.)

Brougier, Adf., die Bedeutung des Fremdenverkehrs f. Bayern. Vortrag. 'Geh. im Münchener kaufmänn. Verein (v. 1873) am 27. II. 1902. gr. 8. (37 S.) München 902. (R. Oldenbourg.) — 30
Sonderabdruck aus: „Das Bayerland".

Brougier, A., der Kaffee. Dessen Kultur u. Handel. Vortrag, geh. am 26. Oktbr. 1886 im kaufm. Verein München. Mit e. Anhang üb. den Terminhandel im Kaffeegeschäft. 8. (II, 72 S. m. Abbildgn.) München 890. (Oldenbourg.) n. 1. —

Brouilhet, Charles, Etudes sur les populations rurales de l'Allemagne, s.: Blondel, Geo.

Brouillaut, Jaumart de, die Kaninchen-Zucht in Belgien. Autoris. deutsche Uebersetzg. v. J. Lehmann. [Aus: „Neue Blätter f. Kaninchen- u. Geflügelzucht".] gr. 8. (28 S. m. 2 Abbildgn.) Wildpark 894. Expedition der „Neuen Blätter f. Kaninchen- u. Geflügelzucht". n. 1.—

Broum, Karl H: Die Autotypie u. d. Dreifarbendruck. Die Anwendg d. Rasters z. Herstellg v. Klischees f. d. ein- u. mehrfarb. Buchdruck, nebst Anh.: Rastertiefdruck. (6,192 m. Abb. u. 4 [1 farb.] Taf.) gr8° Halle, W Knapp '12. 7.60; L n 8.35

Brounow, P., Ueber die anomalen Temperatur-Verhältnisse in Russland im Jahre 1878. (Beilage zum „Meteorol. Bulletin des Physikal. Central-Observatoriums zu St. Petersburg" vom 18./30. August 1879.) Autographirt. [St. Petersburg 1879.] Fol.

B r o u n s w i k e t L ü n e b o u r g — Les Etats septentrionaux de la Maison électorale et ducale de — Par F. L. G ü s s e f e l d. Nüremberg chez les Hérit. de Homann l'an 1786. 1 : 400,000. 1 Bl.

Brous, C., üb. die Definition d. Stahls auf Grundlage d. elektrischen Verhaltens d. Eisens beim wachsenden Kohlenstoffgehalt, s.: **Strouhal, V.**

Brousil, Ant., s.: **Chimani's, Leop.,** ausgew. Jugendschriften.

Brousil, A. (Red.), s. Der V o l k s b i b l i o t h e k a r.

Broussais, Casimir, moral. Gesundheitslehre, od. Anwend. d. Physiologie auf Moral u. Erziehung. Deutsch bearb. v. Siegm. Frankenberg. gr. 12. (11½ B.) Braunschweig 838, G. C. E. Meyer sen.

Broussais, François Joseph Victor: (Sur les Phlegmasies gastriques, Deutsch:) L e h r s t u n d e n über die gastrischen Entzündungen, anhaltende wesentliche Fieber genannt u. über die acuten Hautenzündungen. Aus d. Franz. frey übers. von Franz Kuenlin, rev. u. hrsg. von Joseph Gendre. Bern: Jenny (1820). VII, 304 S. 8⁰.

Broussais, ..., Lehrstunden über d. gastrischen Entzündungen, anhaltende wesentl. Fieber genannt. Aus d. Französ. v. Fr. Kuenlin, revidirt u. herausg. v. J. Gendre. gr. 8. Bern 820. Jenny. (Erlang., Palm u. Enke). 1 ℔ 8 ℊ

Broussais, Vorlesungen üb. d. gastrischen Entzündn. N. d. 2., verb. Orig.-Ausg. a. d. Franz. übers. u. mit e. Vorr. begl. v. J. Chr. Fleck. gr. 8. (17 B.) Rudolstadt 829, Hof-Buchh.

Brousson, Claud., Erklär. d. hoh. Liedes Salomonis. 8. Danz. 737.

***Broussonet*, J. L.,** Thesaurus academ. medicorum, exhibens dissertationes rariores et selectiores, praesertim Montpellienses. 8. Montpellier (Strassb.) 802. Levrault. 1 ℔ 15 ℊ

Broussonet, L. P. V., Tableau élém. de la séméiotique ou de la connoissance des signes de la maladie. gr. 8. Strasb. König. 798.

Broussonet, Pierre Marie Auguste: . . . I c h t h y o l o g i a sistens piscium descriptiones et icones. Londini: Elmsly; Viennae et Lipsiae: Graeffer (usw.) (1782) IV S., 31 Bl. 2°

Broussonet, A., Ichthyologia, sist. piscium descr. et icon. Fol. Lond. 782. (Leipz., W. Vogel). 3 ℛ 12 𝔤𝔤 id. lib. 4maj. Wien 785. Gräffer. 3 ℛ 8 𝔤𝔤

Brouwer, Adriaen. Ein Bild seines Lebens und Schaffens, s. Bode, Wilh.

Brouwer, Beitrag zur Anatomie der kongenitalen Taubstummheit, s.: Quix.

Brouwer, de jure connubior. libri II. 4. Delphis.

Brouwer, van, die Schlacht im Teutoburger Walde, s.: Becker, B. E.

Brouwer, G., Armenrecht. Diss. Leid. 1885.

Brouwer, J., von dem Berufe zum Ordensstande, nach der Lehre des heil. Thomas v. Aquin und des heil. Alphonsus Maria v. Liguori. Aus dem Holländ. von einem deutschen Redemptoristen. 16. (70 S.) Gülpen 882. (Aachen, Jacobi und Comp.) **

Brouwer, Petro van Limburg, Apologia Socratis contra Meliti rediv. Calumniam, sive judicium de Pet. Gul. Forchhammeri, libro, inscripto: Die Athener u. Sokrates, die Gesetzlichen u. der Revolutinär. 8maj. (6 B.) Groningae 838. van Boekeren. Thlr. *

Brouwer, Petri van Limburg, Comment. de ratione, qua Sophocles vett. de administratione et justitia divina notionibus usus est, ad voluptatem tragicam augendam. 8maj. Leyd. 820. (Leipz., Weigel). 1 ℛ 20 𝔤𝔤

Brouwer, (P. van Limburg,) Disputatio an philosophiante Socratem Divinae existentis Naturae notionem in commemorandis principiis moralibus adhibuerint. gr. 4. Leyden 824. (Weidmann in Leipz.)

— vergl. *Limburg.*

Brouwer, Seepii, Responsio ad quaest. astronom. Quibus formulis construuntur horologia solaria supra plana tetraëdri, hexaëdri vel cubi et dodecaëdri? etc. praemio ornata. 4maj. Leyd. 818. (Leipz., Weigel). 16 𝔤𝔤

Brouwer's, Adriaen, Biographie u. Charakteristik, s.: Wessoly, J. E.

Brouzet, ..., v. d. medicin. Erziehung d. Kinder. Aus d. Französ. (v. J. S. F. Biesten). 8. Altenb. 764. (Hennings in Neisse). 16 𝔤𝔤

Brouzet, v. d. medicin. Erzieh. d. Kinder, a. d. Franz. 8. Altenb. (Academ. Buchhandl. in Jena.) 767.

Brovot, Alb., und J. P. Valerius, Freihandzeichnen-Hefte. Nr. 1—5. Münster, Aschendorff'sche Buchh. [1. Heft. 1.—3. Aufl. qu. 4. (14 Bl.) 886,87. ** 20 Pf.; 2. Heft. 1. und 2. Aufl. qu. 4. (14 Bl.) 886,87. ** 20 Pf.; 3. Heft. qu. 4. (14 Bl.) 886. ** 20 Pf.; 4. Heft. qu. gr. 4. (12 Bl.) 886. ** 30 Pf.; 5. Heft. qu. gr. 4. (12 Bl.) 886. ** 30 Pf.] **

Brovot, Alb., das Kaliberieren der Walzen. Eine vollständ. Sammlg. v. Kalibrierungs-Beispielen, systematisch geordnet u. erläutert. Als Lehrgang f. den angeh., sowie als Nachschlagebuch f. den ausüb. Kaliberierer hrsg. 1. u. 2. Lfg. (à 40 Taf.) gr. Fol. Nebst Text. gr. 4. (S. 1—64.) Leipzig 902. A. Felix. Kart. à n. 14. —

Brovot, Alb., das Kaliberieren der Walzen. Eine vollständ. Sammlg. v. Kalibrierungs-Beispielen, systematisch geordnet u. erläutert. Als Lehrgang f. den angeh., sowie als Nachschlagebuch für den ausüb. Kaliberierer hrsg. 3. u. 4. (Schluss-)Lfg. (à 40 Taf.) gr. 4. Nebst Text. (IV u. S. 65—106 m. Abbildgn.) gr. 4. Leipzig 903. A. Felix. Kart. à n. 14. —

— Leitfaden zur Eisenhüttenkunde, s.: Beckert, Th.

Brovot, Alb., u. J.P. Valerius

—— —— Linearzeichnen-Hefte. Nr. 1—3. qu. gr. 4. (11; 11; 12 Bl.) Ebendas. 886. à Nr. **

—— —— das Zeichnen in der Volksschule. Method. Anleitung zur Erteilung des Freihand- und Linearzeichenunterrichts unter Anwendung der von den Verf. hrsg. Zeichen-Hefte für die Hand des Lehrers und zum Selbstunterricht. gr. 8. (61 S. mit 35 Stnt.) Ebendas. 886. *

Hieraus einzeln:

—— —— das Freihandzeichnen für Mädchenklassen. gr. 8. (40 S. mit 1 Stnt.) Ebendas. 887. *

Browallius, D. Johann, ehemaliger Bischof und Procancellario zu Abo, wie auch Mitglied der königl. Akademie der Wissenschaften zu Stockholm. Historische und physikalische Untersuchung der vorgegebenen V e r m i n d e r u n g d e s W a s s e r s u n d V e r g r ö ß e r u n g d e r E r d e, bey welcher sowohl der Ursprung und Fortgang dieses Lehrsatzes, inner- und ausserhalb Schweden, als auch dessen eigentliche Beschaffenheit umständlich und reiflich geprüfet worden. Aus dem Schwedischen übersetzt, und mit einigen Erläuterungen vermehret von Karl Ernst Klein, königl. schwedischen Legationsprediger und Ehrenmitgliede der Gesellschaft der freyen Künste zu Leipzig. (Mit 1 Tafel.) 8. Stockholm 1756.

Browall, Jh., histor. u. phys. Untersuchung d. Verminder. des Wassers u. d. Vergrößerung d. Erde; aus d. Schwed. 8. Stockh. 756. (Brockhaus in Leipz.) 8 𝔤𝔤

Browall, Joh., hist. u. phys. Unters. d. Verminder. des Wassers u. d. Vergrößer. d. Erde, a. d. Schwed. 8. Stockh. (Gleditsch in Leipz.) 756.

Brower, (Chr.), et (Jac.) Masen, Metropolis ecclesiae Trevericae, quae metropolitanae ecclesiae originem, jura, decus, officia; tum subjectorum illi episcopatuum, regionum, urbium, ecclesiarum, abbatiarum et monasteriorum ortus progressusque per archidioecesin Treverensem complectitur. Emendavit, auxit, ed. Chrn. de Stramberg. Tom. I. et II. 8maj. Confluentibus, Hergt. [I. (XXIV und 620 S.) 855., II. (654 S.) 856. à Tom. 2 Thlr. 15 Ngr.]

Brown et Martin, dictionnaire de poche anglais et français, contenant tous les mots d'un usage général, les expressions écossaises et les termes techniques usités, l'accentuation et la prononciation adaptée à l'idiome anglais et français. Édition stéréot. A. u. d. T.: Pocket-Dictionary of the French and English languages etc. Brunswic 854. Westermann. 16. (4 Bl., 276; 1 Bl., 355 S.) 26 𝔫𝔤𝔯

Brown et Martin, nouveau dictionnaire de poche anglais et français, cont. tous le mots d'un usage général, les expressions écossaises et les termes techniques usités, l'accentuation et la prononciation adaptée à l'idiome anglais et français. 5. Édition stéréot. A. s. le t.: Nugent's improved pocket-dictionary of the french and english languages. By Brown and Martin. 5. Ster. edition. 16. (X und 631 S.) Brunswick 854(56,) Westermann.

Brown et Martin, Dictionnaire de poche anglais et français contenant tous les mots d'un usage général, les expressions écossaises et les termes techniques usités, l'accentuation et la prononciation adaptée à l'idiome anglais et français. — Nugent's improved Pocket Dictionary of the French and English languages, containing all the words in general use, the Scotch expressions and the usual technical terms, the accentuation and pronunciation adapted to the French and English idiom by Brown and Martin. 28th edit. 2 vols. 16. (276; 355 S.) Braunschweig 876, Westermann.

Brown, Fort mit allen Hämorrhoiden! Belehrungen u. Erfahrungen über den wahren Grund der Hämorrhoidalkrankheit, sowie deren Heilung im Allgemeinen; nebst Angabe des einzigen Mittels, durch welches den Leidenden auf die sicherste u. schnellste Weise geholfen wird. Nach dem Engl. 1. u. 2. verb. Aufl. Breslau 860. Fürst. 12. (24 S.) 6 ngr.

— Der engl. Korrespondent, s: Violet's Globus-Bücherei.

Brown, Macht der Hypnose. Lehrbuch des Magnetismus, Hypnotismus u. der Suggestion ꝛc. nach amerikan. Methode. (2. vollständig neue u. erweit. Aufl.) (78 S.) 8. Leipzig 905. R. Nitzschke. n. 1. 60

Brown, Macht der Hypnose. Ein Lehrbuch des persönl. Magnetismus, Hypnotismus u. d. Suggestion nach amerik. Methode. (72 S. m. Abb.) 8. Leipzig (910). M. Wendel. 1. 60

Brown, Vorsichtsmaßregeln gegen die Cholera, s. Vorsichtsmaßregeln.

Treu bis zum Tode. Aus dem Englischen des **Allan Brown**. Autoris. Uebers. von Alice Salzbrunn. *Hamm i. W.: Breer & Thiemann [1900].* (75 S.) 8° [F.]
= Bibliothek, Kleine. No 50. [ov. 1183]

Brown, C., der Gläubiger und sein Schuldner im amtsgerichtlichen Prozeß, im Mahnverfahren und bei der Zwangsvollstreckung unter Berücksicht. der Schiedsmannsordnung, des Gerichtskostengesetzes, sowie der Gebühren-Ordnungen für die Rechtsanwälte und Gerichtsvollzieher. Nebst zahlreichen Formularen. 8. (116 S.) [Neuwied 880, Heuser's Verlag.] Leipzig, G. Weigel.

Brown, C., das allgemeine deutsche Handelsgesetzbuch in seiner durch das Gesetz vom 18. Juli 1884 betr. die Kommanditgesellschaften auf Aktien und die Aktiengesellschaften veränderten Gestalt. Mit vielen erläut. Anmerkungen nach den Entscheidungen des Reichsoberhandelsgerichts und des Reichsgerichts, sowie unter Benutzung der hervorragendsten Kommentatoren bearb. 12. (VII, 215 S.) [Neuwied 885, Heuser's Verlag.] Berlin, Siemenroth und Worms. cart.

Brown, C., der Rechtsbeistand vor den deutschen Amtsgerichten. Eine gemeinfaßl. Anleitung für Jedermann, in Rechtsangelegenheiten aller Art sich selbst zu vertreten und durch viele Beispiele erläutert, wie alle hierzu erforderl. Schriftstücke rechtsgültig ohne jede Hülfe abzufassen sind. Auf Grund der neuen Justizgesetze für das deutsche Reich bearb. und hrsg. 6 Lfgn. 6.—12. Aufl. (386 S.); 13.—16. Aufl. gr. 8. (376 S.) Neuwied 879, Heuser'sche Buchh. à Lfg. 50 Pfg. geb.

1. Aufl. u. d. T.: Gatt, A., der sachkundige Prozeßführer.

2.—5. Aufl. Vgl. Rechtsbeistand, der, für den preußischen Staatsbürger.

Brown, C., der Rechtsbeistand vor den deutschen Amtsgerichten. Eine gemeinfaßl. Anleitung für jedermann, in Rechtsangelegenheiten aller Art sich selbst zu vertreten und durch viele Beispiele erläutert, wie alle hierzu erforderl. Schriftstücke rechtsgültig ohne jede Hülfe abzufassen sind. Auf Grund der neuen Justizgesetze für das deutsche Reich bearb. und hrsg. 17. Aufl. 12 Lfgn. gr. 8. (374 S.) Ebendas. 880. à Lfg. * 25 Pfg.

Brown's Rechtsbeistand vor den deutschen Amtsgerichten. Auf Grund der neuen deutschen Justizgesetze. Eine gemeinfaßl. Anleitg. f. Jedermann, in Rechtsangelegenheiten aller Art sich selbst zu vertreten u. durch viele Beispiele erläutert, wie alle hierzu erforderl. Schriftstücke rechtsgültig ohne jede Hülfe abzufassen sind. Anh.: Alphabetisches Verzeichnis sämtl. Amtsgerichte im deutschen Reiche. 17. Aufl. gr. 8. (374 u. Anh. 21 S.) Leipzig 885. G. Weigel. n. 3. —; geb. n. 3. 75

Brown, C. Der Rechtsbeistand vor den deutschen Amtsgerichten. Eine gemeinfaßl. Anleitg. f. Jedermann, in Rechtsangelegenheiten aller Art sich selbst zu vertreten ꝛc. 18. verb. u. verm. Aufl. gr. 8. (V, 389 S.) Lpz. 890, G. Weigel. * 4 —; geb. * 5 —

Brown, C., der Rechtsbeistand v. d. deutschen Amtsgerichten. E. gemeinfaßl. Anleitg. f. jedermann, i. Rechtsangelegenheiten aller Art sich selbst zu vertreten, durch viele Beispiele, wie alle hierzu erforderl. Schriftstücke rechtsgült. ohne jede Hülfe abzufassen sind. A. Gr. d. neuen Justizgesetze f. d. deutsche Reich bearb. u. hrsg. 19., unveränd. [Titel-]Aufl. Nebst e. Anh.: Alphabet. Verzeichn. d. sämtl. Amtsgerichte d. Deutschen Reiches m. Ang. ihrer Land- u. Oberlandesgerichtsbezirke. gr. 8. (IV, 389 u. 21 S.) Leipzig (890) 896. G. Weigel. n. 4. —; geb. 5. —

— dasselbe. A. Gr. d. bürgerl. Gesetzbuchs u. s. Nebengesetze bearb. u. hrsg. 20., vollst. umgearb. Aufl. (In 10 Lfgn.) 1. Lfg. gr. 8. (S. 1-64.) Ebd. 898. — 50

Brown, C., der Rechtsbeistand vor den deutschen Amtsgerichten. Rechtshandbuch f. Familie, Haus u. Geschäft. Leichtfaßliche Anleitg. f. jedermann, sich Rechtskunde zu verschaffen u. seine Angelegenheiten vor Gericht selbst zu vertreten, samt vielen Erläutergn. u. Beispielen zur sachgemäßen Abfassg. aller dazu erforderl. Schriftstücke. Auf Grund des bürgerl. Gesetzbuchs u. seiner Nebengesetze bearb. u. hrsg. 20. vollständig umgearb. Aufl. 2.—10. Lfg. gr. 8. (IV u. S. 65—538.) Leipzig 899. G. Weigel. à — 50; (kplt.: n. 5. —; geb. n. 6. —)

Brown, C., wie treibt man am leichtesten seine Außenstände ein? Ein aus d. Praxis hervorgegangener Leitfaden f. Jedermann, sich selbst beim Amtsgerichte zu vertreten. 2., verb. Aufl. 8. (IV, 128 S.) Leipzig 889. G. Weigel. n. 1. 50

Brown, C., wie treibt man am leichtesten seine Außenstände ein? Ein aus der Praxis hervorgegangener Leitfaden f. jedermann, sich selbst beim Amtsgerichte zu vertreten. 3. Aufl. 8. (IV, 128 S.) Leipzig 893. G. Weigel. n. 1. 50; kart. n. 1. 80

— wie treibt man am leichtesten seine Außenstände ein? Ein aus der Praxis hervorgegangener Leitfaden f. jedermann, sich selbst beim Amtsgerichte zu vertreten. Enth.: den amtsgerichtl. Prozeß, das Mahnverfahren, Urkunden- u. Wechselprozeß, die Klageverjährg., den gerichtl. u. schiedsmänn. Sühneversuch, sowie das Zwangsvollstreckungsverfahren, Gerichtskosten u. Gebühren der Gerichtsvollzieher. Nebst zahlr. Formularen. 4. unter Berücksicht. des bürgerl. Gesetzbuches u. der neuen Zivilprozeßordng. verb. u. verm. Aufl. 8. (VII, 152 S.) Ebd. 902. n. 1. 50; geb. n. 1. 80

Brown, C. E., Charles George Gordon, s.: Barnes, R. H.

Brown, C.E.: Charles Georg Gordon, s. Gordon

Brown, Campbell: Über das Genus **Hybodus** und seine systematische Stellung. (Mit Taf. XV, XVI.) *Stuttgart: E. Schweizerbart 1900.* (S. 149—174.) 4° ¶(Aus: Palaeontographica, Bd 46. — Ohne die Taf.)
München, Phil. Diss. v. 1900

Brown, Carl, s.: Erzählungen f. die Jugend.

Brown, Ch. Br., Arthur Mervyn, } s. Bibliothek, amerikanische.
— Edgar Huntley, }

Brown, Curtis, Mutterchens Nerven, s.: Bloch's, Eduard, Theater-Korrespondenz.

Brown, Edgar, auf der Prairie, } s. Volks-Bibliothek, neue.
—— die Skalpjäger von Südamerika, }

Brown, Edward

Brown, Edw. Auf genehmgehaltenes Gutachten und Veranlassung der k. Engl. Medic. Gesellschaft in London durch Niederland, Teutschland, Hungarn, Servien, Bulgarien, Macedonien, Thessalien, Oesterreich, Steiermark, Kärnthen, Carniolen, Friaul gethane gantz sonderbare Reisen. Nürnberg. 1711. 4.

— Reisen durch Niederland, Teutschland, Hungarn, Servien ... Aus dem Engl. in's Holländ. und aus diesem in's Hochdeutsche übersetzt. (Mit Ill.) Nürnberg 1711. 4.

Brown, Ed., merkw. Reisen d. d. Niederlande, Deutschl. Ungarn ꝛc. 4. Nürnb. Raspe. 750.

Brown, Edward Miles [aus Schoolcraft '(U. S. A.)', ord. Prof. a. d. Univ. Cincinnati]: Die Sprache der Rushworth Glossen zum Evangelium Matthäus und der mercische Dialekt. '(I. Vokale)' ... Göttingen, Druck d. Dieterich'schen Univ.-Buchdr., 1891; 83 S., 1 Bl. 8.
Göttingen, Phil. Fak., Inaug.-Diss. v. [30. Juli] 1890

Brown, Edward Miles, die Sprache der Rushworth Glossen z. Evangelium Matthäus u. der mercische Dialekt. [I. Vokale.] Diss. gr. 8. (83 S.) Göttingen 891. (Vandenhoeck & Ruprecht.) n. 1. 60

— the language of the Rushworth gloss to the gospel of Matthew and the Mercian dialect. Part II. The vowels of other syllables than stem-syllables; consonants; inflection. gr. 8. (93 S.) Göttingen 892. (Deuerlich.) n. 1. 80

Brown, Elmer E. [aus Kiantone (Nordamer.)]: Die Stellung des Staates zur Kirche in Bezug auf den Religionsunterricht in der Schule in Preussen, England und den Vereinigten Staaten von Nordamerika.... Halle, Druck v. E. Karras, 1890; 59 S. 8°
Halle, Phil. Fak., Inaug.-Diss. v. [10. Dez.] 1890

Brown, Friedrich August (Brandenburg), De mitigatione poenae in crimine sodomiae. Von Milderung der Strafe beym Laster der Sodomiterey. Diss. jur. Präs. Christian Friedrich Graeve. 2. XI. 1739. Frankf./O. (Hubner) 1750. 32 S., z. gr. Tl. dtsch. (5.—) 4178

Brown, H. St., die Evangelisation der Welt, eine Möglichkeit. Eine Predigt. Aus dem Engl. von L. Rehfuesz. 8. (18 S.) Gütersloh 884, Bertelsmann.

BROWN, HENRY C. The action of salicylic aldehyde on sodium pyrotartrate in presence of acetic anhydride. (Bern) King's Lynn, 1889. Diss.

Brown, Henry T., 507 Bewegungsmechanismen, enthaltend die wichtigsten in der Dynamik, Hydraulik, Hydrostatik, Pneumatik, Dampfmaschinenlehre, dem Mühlenbau, den Pressen, der Uhrmacherkunst und verschiedenen anderen Maschinen vorkommenden Mechanismen. Übers. aus dem Engl. und Französ. mit Erlaubnis des Verf. durch Otto v. Pelser-Berensberg. 8. (183 S. mit 507 eingedr. Fig.) Stuttgart 886, Cotta'sche Buchh. geb. *

Brown, J., Horae subsecivae, s. Collection of British authors.

Brown, J., Signor Masoni and other papers. Edited by Alex. W. Thayer. Berlin 862. F. Schneider. (Stilke & van Muyden.) 8. (V, 282 S.) 25 ngr.

— Signor Masoni and other papers. Edited by Alex. W. Thayer. 8. (V und 282 S.) Berlin 862, [Weber und Comp.]

Brown, J. Newton, das Leben und Zeitalter Menno's, des berühmten holländ. Reformators. Aus dem Engl. übers. 12. (72 S. mit 1 Portr. in Stahlst.) Philadelphia 854(57), (Schäfer und Koradi.) geb.

Brown, James, Vademecum für Gasconsumenten. Anweisung an Leuchtgas möglichst zu sparen. Belehrung über Einrichtung und Behandlung der Gasuhr (des Compteurs, Gasmessers) und Beschreibung der Fabrikation und der Eigenschaften des Steinkohlengases. Nach der 5. Aufl. des engl. Originals. Mit erläuternden Abbildgn. (Holzschn. im Text.) Stuttgart 854. Neff. 8. (VIII, 72 S.) 10 ngr

Brown, James, Vademecum für Gasconsumenten. Anweisung, Leuchtgas möglichst zu sparen. Belehrung über Einrichtung u. Behandlung der Gasleitung u. der Gasuhr [des Compteurs, Gasmessers] u. Beschreibung der Fabrikation u. der Eigenschaften des Steinkohlengases. Nach der 5. Aufl. des engl. Originals. 2. Aufl. Stuttgart 863. Neff. 8. (VIII, 76 S. m. Holzschn. im Text.) 9 ngr.

Brown's Vademecum f. Gas-Consumenten. Belehrung üb. die Eigenschaften d. Steinkohlengases, sowie üb. dessen Anwendg. zur Beleuchtg., zum Kochen, Heizen u. zum Betrieb der Gasmotoren. 3. verm. u. verb. Aufl., bearb. v. Geo. Fr. Schaar. 12. (VII, 105 S. m. eingedr. Abbildgn.) Stuttg. 890, Neff. * 1 —

Brown, John: Betrachtungen über die Poesie und Musik, nach ihrem Ursprunge, ihrer Vereinigung, Gewalt, Wachsthum, Trennung und Verderbniss. Aus dem Englischen übersetzt, mit Anmerkungen und zween Anhängen begleitet, von Johann Joachim Eschenburg. – Leipzig, Weidmanns Erben und Reich, 1769. 8°. 494 S.

— s. Collection of treaties moral, political and literary on different subjects.

Brown, John: Elementa medicinae. 228 S., gbd.

Hildburghusae: Hanisch 1794

Brown, John: Elementa medicinae. Editio in Germania secunda. 224 S., gbd.

Hildburghusae: Hanisch (1794?)

— elementa medicinae, ed. Moscati. 8 maj. Hildburgh. 805. Hanisch. 14 gr

— engl. and french Grammar. gr. 8. Hamb. 792. Gundermann. 16 gr

Brown, John, new english Grammar containing the nine parts of Speech with a compleat Vocabulary etc. gr. 8. Götting. 803. Vandenhöck u. R. 16 gr

Brown, John: Grundsätze der Arzeneylehre. (Elementa medicinae. Dt.) Übers. von M(elchior) A(dam) Weikard. 363 S., gbd.

Frankfurt am Main: Andreä 1795

Brown, John: Grundsätze der Arzeneylehre. (Elementa medicinae. Dt.) Übers. von M(elchior) A(dam) Weikard. 2. verbess. Aufl. 306 S., gbd.

Frankfurt am Main: Andreä 1798

— Grundsätze d. Kenntniß d. Krankheiten im Allgem. u. Besond Aus d. Latein. 1e Abtheil. 8. Bresl. 800. J. F. Korn. 10 gr

Brown, John: Lehrbegriff der Brownischen Arzneylehre. (Elementa medicinae. Dt.) Aus dem Engl. übers. Mit einigen Anmerkungen v. Joseph Frank und Rasori aus dem Italiänischen. Von Joseph Eyerel. 254 S., gbd.

Wien: Camesina 1796

— the looking-glass, or the compendium of entertaining knowledge, containing the most curious etc. 8. Altona 794. Hammerich. 20 gr

Brown, John, Rab und seine Freunde. Aus dem Engl. übers. von Mrs. Montague. London 861. Williams & Norgate. 8. (31 S.) 6 ngr.

Brown, John: System der Heilkunde. (Elementa medicinae. Dt.) Nach der letzteren, vom Verfasser sehr vermehrten und mit Anmerkungen bereicherten Englischen Ausgabe übers., und mit einer kritischen Abhandlung über die Brownischen Grundsätze begleitet von C(histoph) H(einrich) Pfaff. Nebst einer tabellarischen Uebersicht des Brownischen Systems von Samuel Lynch. Hrsg. von P(aul) Scheel. 72 S., 410 S., gbd., 1 Tab.

Wien: v. Schmidbauer (1796)

Brown, John: (Elementa medicinae. Deutsch:) System der Heilkunde. Nach der letztern vom Verf. sehr verm. u. m. Anm. bereicherten engl. Ausg. . . . übers. u. mit e. Kritischen Abhandlung über die Brownischen Grundsätze (Abhandlung über Brown's System der Arzneywissenschaft) begleitet von C(hristian) H(einrich) Pfaff. Nebst e. Tabellarischen Uebersicht des Brownischen Systems von Samuel Lynch. 2., . . . verb. u. verm. Aufl. Kopenhagen: Proft & Storch 1798. CLII, 444 S. 8°.

— System d. Heilkunde, a. d. Engl. d. Elements of medicine, übers. v. Pfaff. gr. 8. Copenh. Proft. 803.

Brown, John: System der Heilkunde. (Elementa medicinae. Dt.) Nach der letzten vom Verfasser sehr vermehrten und mit Anmerkungen bereicherten englischen Ausg....übers.(und) begleitet von einer neuen kritischen Abhandlung über die Brownischen Grundsätze von C(hristoph) H(einrich) Pfaff. Nebst einer tabellarischen Uebersicht des Brownischen Systems von Samuel Lynch. 3.von neuem durchgesehene Ausg., hrsg. von P(aul) Scheel. 589 S., 144 S., gbd., 1 Tab.

Kopenhagen: Proft 1804

— System d. Heilkunde; aus d. Engl. d. elements of medicine übers. v. Chr. H. Pfaff. gr. 8. Kopenh. 796. 2e A. 803. N. A. 817. (Brummer; a. Bonnier). 2 ₰ 12 gr Anh. dazu, od. dessen Biographie v. Beddoes. 8. Ebd. 797. 8 gr

— System d. Heilkunde im gedrängten Auszuge v. F. A. Gaheis. 8. Wien 797.

— the smal Talker, for the improvement of those who learn english. gr. 8. Altona 797. Hammerich. 1 ₰

Brown, John: Sämmtl. W e r k e . (Hrsg. u. Übers.: Andreas Röschlaub.) Bd. 1–3. Frankfurt a. M.: Andreae 1806–07.
Bd. 1.2.: Anfangsgründe der Medizin. 1806.
Bd. 3: Bemerkungen über die ältern Systeme der Medizin und Umriss der neuen Lehre. 1807.

Brown, John T. T., the author of Ratis Raving, s.: Beiträge, Bonner, zur Anglistik.

The Wallace and The Bruce Restudied. [By] J[ohn] T. T. Brown. *Bonn: P. Hanstein 1900.* (VIII, 174 S.) 8°
= Beiträge, Bonner, z. Anglistik. H. 6.

Brown, John Wesley, aus Ryr: Kinetische Studien über katalytische Beschleunigungen bei der Oxydation von Naphtalin und Anilinsulfat durch heiße Schwefelsäure. *Heidelberg 1903: K. Rößler.* (85 S.) 8°
Heidelberg, Naturw.-math. Diss. v. 1903

Brown, Joseph Peter

Brown, J. P., Catalogue des plantes, qui croissent naturellement dans les environs de Thoune et dans la partie de l'Oberland Bernois, qui est le plus souvent visitée par les voyageurs. 12. (6½ B.) Thoune 843, Christen.

Brown, J. P. Catalogue des plantes qui croissent naturellement dans les environs de Thoune ... Thoune et Aarau 1843. H: *Trog, J. G.* (BrMm)

Brown, Isaac

Brown, Jos., die neuesten Erfindungen u. Verbessern. in d. Uhrmacherkunst. Ein nützl. Handbuch f. Groß- u. Kleinuhrmacher, Mechaniker ꝛc. A. d. Engl. übers. u. mit Zusn. begl. M. 138 Abbild. (auf 4 lith. Taf. in Fol.) 8. (9 B.) Quedlinburg 831, Basse.

Brown, Is., die neuen und neuesten Erfindungen und Verbesserungen in der Uhrmacherkunst. Enthaltend: Gründliche Belehrungen über die Construction und Anfertigung aller neuen Arten Taschen-, Pendel- und Kirchthurm-Uhren, großer Chronometer, Compensations-Pendel, Seeuhren, Zählmaschinen ꝛc. Nebst speciellen Nachrichten über den gegenwärtigen Betrieb der Uhrenfabrikation in der Schweiz, in Frankreich u. England. Für Uhrmacher und Mechaniker. 2. verm. u. verb. Aufl. Mit 36 (lith.) Taf. Abbildgn. (in 4.). Quedlinburg 854. Basse. Lex.-8. (VII, 352 S.) 1 ₰ 20 ngr

Brown, Isaac Hawkins, s. B r o w n e , Isaac Hawkins

Brown, Mrs Kenneth, s: Vaka, Demetra.

Brown, L. D., A study of the case construction of words of time. Diss. 1904. 141 S.

Brown, Martha, the heiress, s. C o l l e c t i o n of British Authors.

Brown, Paul, die Glanzpunkte des Rheines in Wort u. Bild. Eine Erinnerung an die interessantesten Orte von Deutschlands schönstem Strom zwischen Niederwald u. Drachenfels. Mit (4) Bildern von A. Scheuren in Farbendr. u. mehreren (4) Holzschn.(-Taf.). 12. (100 S.) Neuwied 881. Heuser's Verl. geb. m. Goldschnitt. 2. 25

Brown, Pauline, geb. Förster, Beschäftigungen des Geistes in einsamen Stunden. Hinterlassene Gedichte. Hrsg. von ihrem Sohne Paul Brown. 8. (XIV, 208 S.) Neuwied 872, Heuser's Verlag. geb. mit Goldschn.

Brown, R., Asclepiadeae recensitae. Ex idiomate anglico transtulit C. B. Presl. Ed. Ksp. Comes Sternberg. 8. Prag 819. Calve. 12 gr

B r o w n , Rob., mikroskop. Beobachtungen, welche in d. Monaten Juni—August 1827 gemacht worden, üb. d. Theilchen, welche im Pollen d. Pflanzen enthalt. sind, u. d. allgem. Existenz selbstständig bewegl. Moleküle in organ. u. unorgan. Körpern. A. d. engl. nicht in d. Buchhandel gekomm. Urschrift dat. v. 30. Juli 1828. in's Deutsche übertr. v. C. T. Beilschmied. 8. (1¾ B.) Nürnberg 829, Riegel u. Wiessner.

— — Prodomus florae Novae-Hollandiae et insulae Van-Diemen; exhibens characteres plantarum quas annis 1802 — 1805 per oras utriusque insulae collegit et descripsit R. Brown; insertis passim aliis speciebus auctori hucusque cognitis, seu evulgatis, seu ineditis, praesertim Banksianis, in primo itinere navarchi Cook delectis. Vol. I. Londini. 4maj. (Jenae, Schmidt.)

—— Prodromus Florae Novae Hollandiae et insulae Van-Diemen. Vol. I. Londini, Johnson. 1810. 8. VIII, 592 p. — * Ed. nova (male impressa) curis redactionis Isidis. (1821.) 4. 184 p. (2 *th.*) — * Ed. III: curis *Chr. Godofredi Nees ab Esenbeck*. Norimbergae 1827. 8. XIV, 460 p. (2½ *th.*)

—— Vermischte botanische Schriften. In Verbindung mit einigen Freunden ins Deutsche übersetzt und mit Anmerkungen versehen von *Christian Gottfried Nees von Esenbeck*. Nürnberg, Schrag. 1825—34. 5 Bände. 8. — I: 1825. XVIII, 704 p., 4 tab. — II: 1826. VIII, 794 p. — III: 1827. XIV, 460 p. — IV: 1830. VIII, 548 p., 5 tab. — V: 1834. X, 477 p., 4 tab. (12⅓ *th.*, jetzt 2½ *th.*)

B r o w n , (R.,) vermischte botanische Schriften. In Verbindung mit einigen Freunden ins Deutsche übersetzt u. mit Anmerkk. versehen von C. G. Nees von Esenbeck. 1r Bd. mit 1 Steintaf. gr. 8 Schmalkalden 825, Varnhagen. (Fr. Fleischer in Leipz.)

— dess. 2r Bd. gr. 8. Leipz. 826, Fr. Fleischer.

— dess. 3r Bd. 1e Abthl. A. u. d. T.: Prodromus florae novae Hollandiae et insulae Van-Diemen, exh. characteres plantarum, quas annis 1802—805. ed. II. c. C. G. Nees v. Esenbeck. Vol. I. gr. 8. Nürnb. 827, Schrag.

—— vermischte botan. Schriften. In Verbind. mit einigen Freunden in's Deutsche übers. u. mit Anmerkn. vers. v. C. G. Nees v. Esenbeck. 4. u. 5. Bd. gr. 8. Nürnberg, Schrag. [4. (35 B. u. 5 Stnt. gr. 4.) 830. 3 Thlr. 8 Gr., 5. (30½ B. u. 4 Stnt., incl. 2 in gr. 4.) 834. 3 Thlr.]
1–3. Bd. 1. Abthl. Ebendas. hrbges. Pr. 6 Thlr. — 1–3. Bd. 1. Abthl. u. 4. Bd. zusam. genom. 6 Thlr. 8 Gr. — 3. Bd. 2. Abthl. ist noch nicht erschienen.

Brown, Robert Christopher Lundin

B r o w n , R. C. Lundin, the Dead in Christ, a word of consolation for mourners. gr. 8. (IV, 36 S.) Wiesbaden 868, (Feller und Gecks.) *

B r o w n , Roderich, Josephus redivivus oder der wiedererstandene Joseph, der Aelteste aller Propheten und untrüglichste Ober-Hof-Traumdeuter Pharaonis von Egyptenland; erweckt, wieder hergestellt, modernisirt und mit einigen geringen satirisch-humorist. Zutaten versehen. 12. (147 S.) Freyburg a. U. 886. [Kellner.] Kirchner. *

Brown, R., Josephus Redivivus. Humor. Traumdeuteleien. 2. Aufl. 12. (147 S.) Freyburg a/U. 887. Kirchner. n. — 75; in Leinw. cart. n. 1. —

B r o w n , Th., biograph. Skizzen u. authent. Anecdoten v. Pferden u. d. übrigen Thieren ders. Gattung. A. d. Engl. M. 9 Taf. Abbild. gr. 8. (35½ B.) Weimar 831, Landes-Industrie-Compt.

Brown, Thomas: Untersuchung über den gegenwärtigen ungenügenden Zustand der Vaccination und die Mittel, deren Mängel zu beseitigen. (An Investigation of the present unsatisfactory and defective state of vaccination; and the several expedients proposed for removing the now acknowledged defects of the Jennerian practice... Dt.) Deutsch bearb.von Karl Schreiber. 77 S., gbd.

Halle: Graeger 1846

Brown, William Cullen. John Brown's Leben beschrieben; aus dem Englischen übersetzt von K. F. W. Breyer. Frankfurt 1807. H: *Röschlaub, Andreas.* (BB) (Ky) »1806« (EngM)

— Leben, beschrieben von dess. Sohne, Will. Cullen Brown. Aus d. Engl. übers. v. K. W. F. v. Breyer (u. herausg. v. A. Röschlaub). gr. 8. Frankf. a. M. 806. Andreä. 14 gr

Brown, William George, s. Browne, William George

Brown, Wlh. Lor., Versuch über d. natürl. Gleichheit d. Menschen. Preisschr., aus d. Engl. v. G. M. Weber. 8. Frankf. u. Leipz. 797. (Eichhorn in Nürnb.; a. Lauffer in Leipz.) 20 gr

Brown, W. L., Vers. üb. d. natürl. Gleichheit d. Menschen. Preisschr. a. d. Engl. 8. Frankf. u. Leipz. Grattenauer. 797.

Aktiengesellschaft Brown, Boveri & Co., Baden. [Illustrierte Beschreibung.] Separatabdruck aus: «Die Industrielle und Kommerzielle Schweiz», [Heft 8, 9 und 10]. Verlag: Polygraphisches Institut A. G. Zürich. II + 20 S. 4. [1903.]

Brown, Boveri & Cie. A.-G: Dampfturbine System Brown, Boveri-Parsons. 2. Ausg. Baden . . . 1903

Brown, Boveri & Cie. A.-G: Die Dampfturbine System Brown, Boveri-Parsons. 4. Ausg. Baden . . . 1906

Brown, Boveri-Parsons Dampfturbine, Die. Aktiengesellsch. Brown, Boveri & Cie. (37 m. Fig. u. 3 Taf.) Lex8° Baden (Schweiz) ('12). (Berl., J Springer.) 4 —

Brown, Boveri & Cie., A.-G: Fortschritte im Bau der Brown, Boveri-Parsons-Dampfturbine. Baden . . . 1909

Aktien-Gesellschaft Brown, Boveri & Cie in Baden. 1. u. 2. u. 3. Geschäftsbericht. 1900/1901 (April 1) u. 1901/1902 (April 1) u. 1902/1903 (April 1). 12 u. 19 u. 16 S. 4. Zürich, Berichthaus, 1901 u. 1902 u. 1903.

Brown, Boveri & Cie.: Induktions-Regulatoren für Ein- und Mehrphasen-Hochspannungs-Anlagen. Baden . . . (1907?)

Brown, Boveri & Cie.: Die Ringspinnmaschine. Elektrisch betrieben mit periodisch veränderlicher Tourenzahl. Baden . . . 1908

Brown & Polson's Recepte f. Mondamin. (Warme u. kalte Speisen.) 12. (16 S.) Berlin 899. (Berolina-Versand-Buchh.) — 05

de Browne, le comte. Réflexions politiques et militaires. 8. Prague et Vienne 1785.

Browne, **..., reflexions politiques et militaires. 8. Wien 795. Sammer. 3 gr**

Browne, Anne, Wishing-Well. Poems. (98 S. m. Bildn. u. Vollbildern.) kl. 8. Dresden (910). E. Pierson. 1.50; geb. n 2.50

Browne jr., Charles Albert, aus North Adams, Mass., U. S. Am.: Ueber die Bestandtheile des Mais-Marks und des Hollunder-Marks und das gleichzeitige Vorkommen von Araban und Xylan in den Pflanzen. *Göttingen 1901: Dieterich.* (VIII, 51 S.) 8°
Göttingen, Phil. Diss. v. [14. Jan.] 1902

Browne jr., Charles Alb., über die Bestandtheile des Mais-Marks u. des Hollunder-Marks u. das gleichzeitige Vorkommen v. Araban u. Xylan in den Pflanzen. Diss. gr. 8. (VIII, 51 S.) Göttingen 901. (Vandenhoeck & Ruprecht.) n. 1.20

Browne, G. L., Leben d. Ritt. Franz Drake. 8. Leipzig. 726.

Browne, G. L., oratio de religionis et philos. societate etc. 4maj. Trajecti 789. Weidmann. 12 gr

Browne, Hablot Knight [Ill.]
s. Dickens, Charles: Barnaby Rudge. 1841.

Browne, Hablot Knight [Ill.]
s. Dickens, Charles: Master Humphrey's Wanduhr. 1840.

Browne, Hablot Knight [Ill.]
s. Dickens, Ch.: Master Humphrey's Wanduhr. 1842.

Browne, Hablot Knight [Ill.]
s. Dickens, Ch.: Boz' Sämmtliche Werke. 1847 - 1849.

Browne, Hablot Knight [Ill.]
s. Dickens, Ch.: Sämmtliche Werke. 1856 - 1857.

Browne, John: Verteutschte neue Beschreibung derer in dem menschlichen Cörper befindlichen Musculen... (Myographia nova, or a graphical description of all the muscles in the humane body as they arise in dissection. Dt.) Vermehret von Christian Maximilian Spener. 98 S. 8 S., gbd., 40 Taf.

Berlin: Rüdiger 1704

Browne, J., neue Beschr. der im menschl. Körper sich bef. Muskeln, m. K. Fol. 715.

Browne, John Ross

Browne, J. Roß, Reisen u. Abenteuer im Apachenlande. s. Bibliothek geograph. Reisen u. Entdeckungen.

Browne, J. Ross: Reisen und Abenteuer im Apachenlande. Aus dem Englischen in deutscher Bearbeitung von H. Hertz. Mit 155 Illustrationen in Holzschnitt. Jena 1871. X, 486 S., 7 Tf. 8°.

Browne, J. Roß, Reisen u. Abenteuer im Apachenlande. Aus dem Engl. in deutscher Bearbeitung von H. Hertz. 2. Aufl. Mit 155 (eingedr.) Illustr. in Holzschn. gr. 8. (VIII, 474 S.) Gera 877. Griesbach. n. 4. —

Browne, Isaac Hawkins

Browne, Is. H., von d. Unsterblichkeit d. Seele; aus d. Latein. (?) gr. 8. Bresl. 780. J. F. Korn. 3 gr

— Dass. aus d. Engl. v. A. Wittenberg. gr. 8. Hamb. 805. (A. Campe). 8 gr

Browne, L., Abhandl. üb. d. Fieber, a. d. Engl. 8. Berl. Petit. 790.

Browne, L., Abhandl. über d. Fieber; aus d. Engl. 8. Berl. 790. (Schöne). 1 rß 6 gr

Browne, Lennox, Koch's Heilmittel in besond. Beziehung zur Kohlkopf-Schwindsucht. Autoris. Uebersetzg. v. M. Lavos. gr. 8. (IX, 105 S. m. 50 Abbildgn.) Berlin 891. S. Karger. n. 3. —

Browne, Sir Thomas, religio medici. With the „Observations" of Sir Kenelm Digby. gr. 16. (192 S.) Leipzig 887, Gressner und Schramm. *

Browne, Thom., Religion e. Arztes, a. d. Engl. neu übers. m. Anm. u. Zus. v. Wentzky. 8. Prenzlau, Ragoczky. 746.

Browne, T., christl. Sittenlehre. a. d. Engl. 8. Nördl. Beck. 787.

Browne, William George

Browne, W. G., Reisen in Afrika, Aegypten u. Syrien 1792—98. Aus d. Engl. (v. J. A. Bergk). Mit Kart. gr. 8. Gera 799. Heinsius. 2 ₰ 12 gr (Bildet auch: Reisen, ausgewählte, 3r u. 4r Bd.)

Browne, William George. Reisen in Afrika, Aegypten und Syrien in den Jahren 1792 bis 1798. Aus dem Engl. ... Leipz. u. Gera 1800. Ü: *Bergk, Johann Adam.* (Ky) (MGT) (NN)

Brown, W. G.: Reisen in Afrika. Egypten und Syrien. Aus dem Englischen übersetzt und mit Anmerkungen versehen von M. C. Sprengel. Weimar 1800. XVI, 540 S., 1 Krt.
= Bibliothek der neuesten und wichtigsten Reisebeschreibungen. Bd. 1. 8°.

Browne, W. G. Reisen in Afrika, Aegypten und Syrien, in den Jahren 1792—1798. Aus dem Englischen übersetzt von M. E. Sprengel. Mit 1 Karte und 2 Kupfern. 8. Berlin 1801.

Brownianer, Der junge, am Krankenbette. Mannheim 1801. V: *May, Franz Anton.* (Ky)

Browning, Elizabeth Barrett

— Briefe, s.: Browning, Rob.

— Aurora Leigh. Aus dem Engl. frei übertr. von Anna Freifr. v. Zedlitz u. Neukirch, geb. v. Bonin. (XI, 488 S.) 8. Dresden (907). E. Pierson. 5.—; geb. n 6.—

Browning, E. B., Aurora Leigh, poetry, s.: Collection of brit. authors.

Browning, Elizab. Barrett, the romance of the swan's nest and the cry of the children, hrsg. v. Heinr. Saure, s.: Authors, modern English. IV.

Browning, Elizab. Barrett, Sonette nach dem Portugiesischen (Aus dem Engl. übers. v. Marie Gothein. Mit Buchschmuck von Fritz Hellmut Ehmcke.) (XI, XLIV S.) 4. Leipzig 903. Jena E. Diederichs. n. 5.—; geb. n. 7. 50

— Portugiesische Sonette. (Aus d. Engl. übertr.) (VI, 44 S.) 8. Dresden (907). E. Pierson. 1.—; geb. n 2.—

— Sonette nach dem Portugiesischen. Übertr. durch Rainer Maria Rilke. (XLIV S.) kl. 8. Leipzig 908. Insel-Verlag. 3.—; geb. in Halbperg. 4.—

Barrett-Browning, Elizab.: Sonette a. d. Portugiesischen. Übertr. durch Rainer Maria Rilke. 2. Afl. (44) 8° Lpzg, Insel-Verl. '11. 3 —; HPerg. 4 —

— Portugies. Sonette. In deut. Blankverse übertr. v. Hans Böhm. (8, 46) 8° Münch., GDW Callwey '11. 2.50; geb. 4 —

— Die Sonette a. d. Portugiesischen u. and. Gedichte. Deutsch v. Helene Scheu-Riesz. (91 m. Bildn.) 8° Berl.-Ch., A Juncker V. ('11). 2 —; geb. n 3 — d

Browning, Robert

Browning, Rob., auf e. Balkon. In e. Gondel. (Deutsche Übertragg. v. F. C. Gerden. Zeichnungen des Titelrahmens u. Einbandes v. Walt. Tiemann) (68 S.) 8. Leipzig 903. Insel-Verlag. n. 3.—; geb. n.n. 4. 50

Briefe von Robert **Browning** und Elizabeth Barrett Barrett [Mrs. Elizabeth Barrett Browning]. Ins Deutsche übertr. von Felix Paul Greve. Berlin: S. Fischer 1905. (495 S.) 8° [06. 6969

Briefe von Robert **Browning** und Elizabeth Barrett Barrett [Mrs. Elizabeth Barrett Browning]. Mit 2 Portr. Wohlf. Ausg. (Übertr. von Felix Paul Greve.) Berlin: S. Fischer 1907. (495 S.) 8° [07. 11224

Browning, Rob., u. Elizab. Barrett-Barrett: Briefe. Wohlfeile Ausg. 4—5. Taus. (Übertr. v. Fel. Paul Greve.) (474 m. 2 Bildn.) 8° Berl., S Fischer '12. 4 —

Browning, Rob., das Fremdenbuch. Aus dem Engl. von E. Leo. Autoris. Uebersetzung. 8. (176 S.) Hamburg 877. Mauke Söhne. n. 2. 50

Browning, Rob., ausgewählte Gedichte. Uebers. v. Edm. Ruete. 8. (XVI, 185 S.) Bremen 894. M. Heinsius Nachf. n. 3.—; geb. n. 4.—

Browning, Rob., d. Handschuh u. and. Gedichte. Uebers. v. Edm. Ruete. 12. (VIII, 67 S.) Leipzig 897. M. Heinsius Nachf. n. 1. 50; geb. n. 2. 50

Browning, Rob.: Die Heimkehr d. Drusen. Tragödie. Deutsch v. Edm. Ruete. (95) 8° Brem., G Winter V. '12. 1.50 d

Browning, Rob., Luria. Eine Tragödie aus der Zeit der italien. Renaissance. Deutsch v. Edm. Ruete. (87 S.) 8. Bremen 910. W. Winter Verl. 1. 50

Browning, Robert. [Theophrastus] Paracelsus. Dramatische Dichtung. Deutsche Übertragung von F P Greve. IV + 260 S. 8. Leipzig, Insel-Verlag, 1904. [M. 4. —, geb. 5. —]

Browning, Rob., the pied piper of Hamelin, hrsg. v. Heinr. Saure, s.: Authors, modern English. V.

— Pippa geht vorüber. (Deutsche Übertragg. von H. Heiseler. Zeichnungen des Titelrahmens u. Einbandes v. Walt. Tiemann.) (102 S.) 8. Ebd. 903. n. 3.—; geb. n.n. 4. 50

Browning, R., a Selection from his works, s. Collection of British and American Authors.

— die Tragödie e. Seele. (Deutsche Übertragg. v. F. C. Gerden. Zeichnungen des Titelrahmens u. Einbandes v. Walt. Tiemann. (67 S.) 8. Ebd. 903. n. 3.—; geb. n.n. 4. 50

Browning, R., poetical Works, s. Collection of British Authors.

Browning, W. S., Geschichte der Hugenotten, s. Bibliothek, ausgewählte historische, 27e Lfrg.

Browning, W. S., Geschichte d. Hugenotten. Uebers. v. K. Herzog, 2 Bde., s. Bibliothek d. wicht. neu. Geschichtswerke d. Auslandes, 14. u. 15. Bd.

Browning, W. S. Geschichte der Hugenotten des sechszehnten Jhrh. Aus d. Engl. übs. durch Dr. K. Herzog. Bd 1. 2. Leipzig 1830.

Brownrigg (W.), Kunst, Küchensalz zuzubereiten, wie es heut zu Tage in den meisten Ländern gewöhnlich ist, nebst verschiedenen vorgeschlagenen Verbesserungen durch Heun. Leipzig 1776. 8. —

Brownrigg, Will., Kunst, Küchensalz zuzubereiten; aus d. Engl. v. Fr. W. Heun. 8. Leipz. 776. (Brockhaus). 18 gr

Brownrigg, W. K., Küchensalz zuzubereiten, a. d. Engl. 8. Leipz. Gleditsch. 776.

Brown's, Tom, school days, s.: Collect. of brit. auth.

— dasselbe, hrsg. v. Curt Reichel, s.: Perthes' Schulausgaben englischer u. französischer Schriftsteller. No. 47.

Brown's, Tom, school days, s.: Rauch's English readings.

Brown's, Tom, school days. By an old boy. Copyright edition. Mit Einleitung u. Glossar von A. Riedl. Leipzig 863. B. Tauchnitz. 16. (LVII, 320 S.) 18 ngr.

Brown's, Tom, school days by an old boy. Hrsg. u. erläutert von P. Pfeffer. gr. 8. (XIX, 280 S.) Berlin 878. Weidmann. 2. 70

Brown's, Tom, school days by an old boy (Thom Hughes.) In gekürzter Fassg. f. den Schulgebrauch hrsg. von Hans Heim. (XXIV, 164 S m. 13 Abbildgn. u. Plänen.) 8. Leipzig 904. G. Freytag. — Wien, F. Tempsky. Geb. in Leinw. n. 1. 80; Wörterbuch (49 S.) n. — 60

Brownsdon, Henry W(inder), B. Sc. aus Liverpool i. Engl.: 1. Ueber Alkoholbasen aus Aethylendiamin und über das Aethylenbismorpholin. 2. Ueber die Einwirkung von Aethylenoxyd auf Hydrazinhydrat und über das Morpholylhydrazin. *Jena 1902: A. Kämpfe.* (29 S.) 8°
Jena, Phil. Diss. v. (9. Mai) 1902

Brownson, O. A., Erinnerungsblätter eines Convertiten, s.a. Sammlung von klass. Werken der neuern kathol. Literatur Englands.

Brownson, O. A., Erinnerungsblätter eines Konvertiten. Mit Genehmigung des Verf. übers. von Gerhard Schündelen. Köln, Bachem, 1858, 8°, XV, 305 S., 2,20 Mk. (Bdchen 15 aus: Sammlung von klass. Werken der neuern kath. Litt.)

— Onkel Jack und sein Neffe, s. Sammlung von klass. Werken der neuern kathol. Literatur Englands.

Browski, Louis Egmont, e. Ausflug m. der „anatolischen Eisenbahn" von Konstantinopel bis Biledjik u. Nicäa u. e. genauen Uebersichtskarte der Bahn bis Angora. gr. 8. (56 S.) Konstantinopel 892. O. Keil. n. — 75

Brox, Carl Franz (Leipzig), De cancro aquatico. Diss. med. Lpz. (Fischer) 26. V. 1846. 24 S. (3.50) 4179
Gew.: Phil. Wilh. Rousset, Carl Edm. Wagner (Schneeberg), Carl Theophil Wagner.

Brox, Car. Theophil. Aug., de renuntiatione remedii ex lege 2. Cod. de rescindenda venditione. Dissert. inaug. Et: Car. Klien, Comment.: Qua, nonnullis de ratione studior. nostror. expositis, principia de condictione sine causa exemplo singulari illustrantur. 4maj. (6¼ B.) Lipsiae 837, (libr. Hinrichs.) *

— Carl Theophil (Zuckelhausen/Leipzig), De renuntiatione remedii ex lege 2. cod. de rescindenda venditione. Diss. jur. Lpz. (Staritz) 11. IV. 1837. 27 S. (4.20) 4180
Gew.: Friedr. Wilh. Stockmann.

Brox, M., s. Kolonialliteratur.

Broxner, Ursprung der Feudal-Lasten. Ein Wort d. Friedens an d. liebe Landvolk. 8. (20 S.) Dillingen 848. (Aulinger.) 2 ngl

Broxner, F., Kochbuch f. Zuckerkranke u. Fettleibige, s.: Winckler, F. v.

— 365 Speisezettel f. Zuckerkranke u. Fettleibige, s.: Winckler, F. v.

Broxner, Jh. Mich., s. Th. Cava, Jesus Puer. —

Broxner, Johann Michael: Geschichte der Edeln von Benzenau auf Kemnat bei Kaufbeuern. Ein Beitrag zur vaterländischen Geschichte. S. 4-15.
Progr. Kempten 1850.

Broxner, J. M., s. Th. Niesenböck's Grundlage der allgem. Geographie.

Broxner, Otto [Kand. d. Med. aus München]: Beitrag zur Casuistik der perniciösen Anämie ... München, Buchdr. Kastner & Lossen, 1896; 42 S. 8.
München, Med. Fak., Inaug.-Diss. v. 1896

Broxtermann, Theobald Wilhelm

— Benno, Bischof v. Osnabrück; e. Ballade. 8. Münster 789. Theissing. 3 gl

Broxtermann, Theob. Wlh., († d. 14. Sept. 1800.) Blüthen d. Auslandes. 1r Thl. (Aus Pope's Versuch üb. d. Menschen.) 8. Osnabr. 798. Blothe. 1 ₰ 4 gl

Broxtermann, T. W., Blüthen des Auslandes. 1r Thl. (a. Popens Vers. üb. d. Mensch.) 8. Osnabrück, Blothe. 799.

— Gedichte. 8. Münst. 794. Coppenrath. 18 gl Dass. mit n. T.: poet. Erzähll. 8. Leipz. 808. (W. Nauck). 18 gl

— Gedichte. 8. Münster, Coppenrath, (Sommer in Leipz.) 808.

Broxtermann, Theob. Wilh., sämmtl. Werke, gesammelt u. hrsg. v. Ed. Wedekind. gr. 8. (39 B.) Osnabrück 841, Rackhorst'sche Buchh.

Broye, C. Transformisme biologique des microbes sur leur influence réciproque. In-8°. 22 p. Berne. Thèse. 1895

Broz: Abhandlung über kubische Gleichungen. Beweis von der Realität der sogenannten imaginären Grössen, ducht die Zurückführung derselben auf wirkliche Positive und negative Grössen.
Progr. Lemberg ak. G. 1854.

Brož, Ferd., praktische Erfahrungen über die Anwendung der doppelten Buchführung in der Land- und Forstwirthschaft und deren Industrie. (III, 111 S.) 1882; 2. Aufl. 8. (V, 111 S.) Prag 884, Calve'sche Hof- und Universitäts-Buchh.

Brož, Ferd., praktische Erfahrungen üb. die Anwendung der doppelten Buchführung in der Land- u. Forstwirthschaft u. deren Industrie. 2. Aufl. gr. 8. (V, 111 S.) Wien 884. Perles. n. 2. —

Brož, Ferd., D. landwirthschaftl. Spiritusbrennereien. gr. 8. (32 S.) Wien 898. W. Frick. n. — 80

Brož, Jos., neuester und vollständigster Situations-Plan der königl. Hauptstadt Prag, Karolinenthal, Smichow, Wyschehrad, Žižkov, königl. Weinberge und der nächsten Umgebung. 1 : 20,000. Chromolithogr. qu. gr. 4. Mit französ. und deutschem Text. 16. (8 S.) Prag 881, Felkl. *

Neuester und vollständigster Situations-Plan der königlichen Hauptstadt Prag, Karolinenthal, Smichov, Žižkov, königl. Weinberge, u. der nächsten Vorstädte. Zsgest. u. gezeichnet von Josef Brož. 2. erg. u. verm. Aufl. Maßst. = 1 : 12.000. Prag: A. Storch-Sohn [1905]; Lit. V. Neubert, Prag-Smichov. (1 Kartenbl. 50 × 54 cm.) 8° [kol.]
[Umschlagt.:] Neuester u. vollständ. Plan d. kgl. Hauptstadt Prag mit allen Vorstädten gez. von Brož. [05. 1863]

Brož, J: Situationsplan v. Prag, Karolinenthal, Smichov, Žižkov, kgl. Weinberge, u. d. nächsten Vorstädte. 1 : 12,000. 54,5×50,5 cm. Farbdr. Prag 99, A Storch Sohn. — 60

Brož, J: Situationsplan v. Prag, Karolinenthal, Smichov, Žižkov, kgl. Weinberge u. d. nächsten Vorstädte. 1 : 12,000. 2. Afl. 54×50,5 cm. Farbdr. (Mit Text auf d. Rücks. u. d. Umschl.) Prag, A Storch Sohn (04). — 60

Brozeit, Wilh., Bestimmung der absoluten Blutmenge im Thierkörper. Inaugural-Dissertation. gr. 8. (26 S.) Königsberg 871. (Leipzig, Kessler.) *

Brožek, Art., über die Variabilität u. Localformen bei Palaemonetes varians Leach aus 4 verschiedenen Localitäten. (Eine statistisch-vergleich. Studie.) (27 S. m. 8 Fig. u. 1 Taf.) gr. 8. Prag 907. (F. Řivnáč.) — 50

Brožek, Art.: Üb. d. Variabilität bei Palaemonetes varians Leach aus Kopenhagen. (Eine statistisch-vergleich. Studie.) [Aus: „Sitzgsber. d. böhm. Gesellsch. d. Wiss."] (20 m. Fig. u. 1 Taf.) Lex8° Prag, F Řivnáč '12. — 60

— Ueber die Variabilität bei Palaemonetes varians Leach aus Monfalcone bei Triest. (11 S. m. 1 Taf.) Lex. 8. Ebd. 909. — 40
2 Sonderabdr. a. „Sitzungsber. d. böhm. Gesellsch. d. Wiss."

Brozík, Vácsl. Album. Mit Text. 1. Heft. (4 Fol.-Holzschnitte und im Text eingedruckte Illustr.) Prag, Al. Wiesner. 80 kr. 1885.

Brozler, A., der Obstbau. Kurzgefaßte Darlegung der wichtigsten Regeln für die landwirtschaftl. Obstkultur auf dem Felde und an Straßen und für die Obstzucht im Garten. Hierzu als Beilage: Verzeichniß der zu empfehlenden Obstsorten für Feld, Straße und Garten, zusammengestellt unter Mitwirkung von J. J. Wagner und J. Beck. gr. 8. (II, 58 S. mit eingedr. Fig. und 2 Tab.) Straßburg 885, (Schmidt's Universitäts-Buchh.) *

Brozler, A., der Obstbau. Kurzgefaßte Darlegg. der wichtigsten Regeln f. die landwirthschaftl. Obstkultur auf dem Felde u. an Straßen u. f. die Obstzucht im Garten. 2. [Titel-]Ausg., m. 87 Holzschn. im Text, e. Sorten-Verzeichniß f. Hochstämme u. e. Sorten-Verzeichniß f. die Formbäume des Obstgartens in Tabellenform. gr. 8. (II, 68 S.) Straßburg 895. F. Bull. n. 1. 80

Brozler, A., Tafeln für den Obstbau in 2 Abtheilungen: I. Die landwirthschaftliche Obstkultur auf dem Felde; II. Der Obstbau im Garten mit besond. Rücksicht auf den kleinen Eigenthümer, nebst einleitenden Bemerkungen über Bau und Wachsthum der Bäume und über Boden und Dünger. gr. Fol. (15 Tab. mit eingedr. Fig.) Straßburg 884, Schultz und Comp. *

Brožowsky, Wenzel

Brožowsky, W, Grundr. d. Handelsgeographie. 8. (430) Wien 52, Gerold's S. **2. —**

Brozowsky, W., Grundriß der Handelsgeographie mit vorzügl. Berücksicht. des österreich. Kaiserstaates. Ein Handbuch für Handels-, Gewerbe- und Realschulen, Kaufleute und Fabrikanten, sowie zum Selbstunterrichte. gr. 8. (VI und 430 S.) Wien 851(52,) Tendler und Comp.

— die Lehre v. den Wechseln u. dem Wechselgeschäfte theoretisch u. praktisch nach der neuen österreich. Wechselordnung bearb. m. den nöthigsten Formularien f. Kaufleute, Schüler an Handelsschulen rc., so wie für Jeden zum Selbstunterrichte. gr. 8. (VIII u. 114 S.) Wien 852, Seidel. n. 16 ngr

Brozowski, W., die Lehre von den Wechseln und dem Wechselgeschäfte theoretisch und praktisch nach der neuen österreich. Wechselordnung bearb. mit den nöthigsten Formularien für Kaufleute, Schüler an Handelsschulen rc., so wie für Jeden zum Selbstunterrichte. I. Aufl. (VIII und 114 S.) 1852. und 2. Aufl. gr. 8. (X und 144 S.) Wien 856, Seidel. *

Brozowsky, W. J., die Lehre von den Wechseln u. dem Wechselgeschäfte, theoretisch und praktisch nach der neuen österreich. Wechselordnung bearb. mit den nöthigsten Formularien für Kaufleute, Schüler an Handels-, Real- und Gewerbschulen, so wie für Jeden zum Selbstunterrichte. 2. Aufl. Wien 857. Seidel. gr. 8. (X, 144 S.) n. 16 ngr

Brožowsky (W.). Waarenkunde in systematischer Darstellung . . . Vol. i. Pflanzenreich. Wien, 1858. 8°.

Brožowsky, Wenzel, Waarenkunde in systematischer Darstellung der wichtigsten Natur- und Kunstproducte des Handels, mit Berücksicht. der Chemie, Technologie, Naturgeschichte, Geographie und Statistik, zum Gebrauche für Handels- und Gewerbeschulen, sowie zur Selbstbelehrung für Kaufleute, Fabrikanten, Kameralisten, Oekonomen etc. Lex.-8. (XII und 432 S.) Wien 859, Gerold's Sohn.

Brožowsky, Wenzel, Waarenkunde in systematischer Darstellung der wichtigsten Natur- und Kunstproducte des Handels, mit Berücksicht. der Chemie, Technologie, Naturgeschichte etc. zum Gebrauche für Handels- und Gewerbeschulen, sowie zur Selbstbelehrung für Kaufleute, Fabrikanten, Cameralisten etc. 2 Bde. gr. 8. Wien (859)69, Gerold's Sohn. *

Inhalt:
Bd. 1. Pflanzenreich. 2. (Titel-)Aufl. (432 S.) *M. 5.
» 2. Thier- und Mineralreich. (490 S.) *M. 6.

Brzezny, N. Die Entwickelung der russischen Staatsschuld. Finanzarchiv, VI, 1889.

Brtnicky, L., Palatin pojednáni topografické. 2 Teile. Pr. 1894 u. 1895. 84 u. 87 S. à 1.—

BRTSCHÖPTZ (ps.), Der lahme Teufel, oder Querzüge durch des Anselmus Rabiosus Kreutzzüge (!) durch Leipzig. 1797. Aeusserst selten!
So in Weller's Lex. Pseud. p. 87.

Bru, ..., neue Methode, den vener. Patienten mit stärkenden Quecksilberkuchen zu kuriren; aus d. Französ. 2 Thle. gr. 8. Leipz. 792, 93. Schwickert. 1 rh 12 gr

Bruat, [Joseph]. B'. payeur de la République française en Suisse. Aux Officiers. Sous-Officiers & Soldats Suisses, ci-devant au service de France. (Baden. le 24 Messidor. l'an 2 de la République Française ....) = B'. Zahlmeister der französischen Republik in der Schweiz. An die Schweizer, Ober- und Unteroffiziere, wie auch Soldaten. so ehemals in französischen Diensten gestanden haben. (Baden. am 24ten Messidor. im 2ten Jahre der ... französischen Republik <12 Juli 1794 alten Styls>.) 4. *o. O.*

Brubacher, Heinrich [app. **Arzt aus Harxheim]: Ueber den Gehalt an anorganischen Stoffen, besonders an Kalk in den Knochen und Organen normaler und rhachitischer Kinder. . . . München,** Druck v. **R.** Oldenbourg, **1891; 35 S. 8°**
München, Med. Fak., Inaug.-Diss. v. 1891

BRUBACHER, ROBERT. Untersuchungen über Oxyazokörper. (Basel) Zürich, 1893. **Diss.**

Bruberger, M. (Red.), s. Zeitschrift, Deutsche militärärztliche.

Bruberger, Max Edm. Rud. (geb. Neisse 15. 4. 1844): Studien über Cholera-Ausscheidungen. Berlin (1867). (31 S.) 8°
Berlin, Med. Diss. v. 26. Juli 1867

Bruberger, Wilhelm Jos. (Duderstadt), Quaedam de ebrietate ejusque causis. Diss. med. Bln. (A. Petsch) 30. X. 1827. 24 S. Mit Biogr. (M.: M. Singer.) (4.—) 4181
Oppon.: F. G. Wette, P. Hilsenberg, A. Mueller. — Gew.: Joh. Gg. Lingemann.

Bruberger, Wilh. Jos., Spätherbst-Blüthen. Dichtungen. Breslau (853). Gosohorsky in Comm. 16. (VIII, 359 S.) n. 1 rh

Brucalassi, Luigi, Metodo per imparar la lingua italiana, per mezzo d'un trattato di pronunzia e d'un dizion. di tutto le desinenze della dette lingua, accomp. da regole gramm. fondate sulle scoperte dell' origini de' monosillabi inventati dai primi abitatori d'Italia. gr. 8. (32 B. u. 1 Tab. in Roy.-Fol.) Stuttgart 829, Metzler. Thlr.

Brucauff, Otto, prakt. Arzt zu Breslau: **<Aus d. Kgl. Pathol.** Institut zu Breslau. Preisgekr. Schrift.> **Ueber die Heilungs-Vorgänge bei disseminirten infektiösen Nephritiden, insbesondere bei der Pyelonephritis ascendens.** *Berlin 1902: G. Reimer.* (S. 317—364.) 8° ¶ (Aus: Virchow's Archiv f. pathol. Anat. u. Physiol., Bd 166, 1901.)
Breslau, Med. Diss. v. 15. Febr. 1902

Brucauff, T: Lehrb. d. engl. Sprache, s.: Thiergen, Osc.

Bruce, Ch., the story of John Heywood, s.: Library, English.

Bruce, Charles, die Geschichte von Nala. Versuch einer Herstellung des Textes. St. Petersburg 862. — Leipzig, Voss. gr. 8. (XIV, 47 S.) nn. 8 ngr

Bruce, H., die britt. Helden. gr. 8. Brem. 810. (Heyse). 20 gr Hbg. Pr. 5 gr

Bruce, J Douglas, s: Mort Artu.

Bruce, Jam., Beschreib. v. Abyssinien u. seinen heutigen Bewohnern, v. T. F. Ehrmann, s. Bibl. d. n. Reisebeschreibb. 18r Bd.

Bruce, Jam., Beschr. v. Abyssinien, a. d. Engl. gr. 8. Nürnb. Schneider u. W. 793.

Bruce, Jam., kurze Beschr. v. Abyssin. rc. Ausz. a. dess. Reis. nach d. Nilquellen v. T. F. Ehrmann. gr. 8. Ebend. 792. Rthlr.

Bruce, James. Kurze Beschreibung von Abyssinien und seinen heutigen Bewohnern . . . Leipz. 1792. Ü: *Ehrmann, Theophil Fr.* (AarK)

Bruce, James: Über Cyclobuten, Cyclobutan und einige Derivate. München 1908: Höfling. 90 S. 8°
München, Phil. Diss. v. 6. Juli 1908, Ref. v. Baeyer
[Geb. 17. Febr. 71 Glasgow; Wohnort: Huddersfield; Staatsangeh.: Großbritannien; Vorbildung: Royal Coll. of Science London Associate 93, Univ. London B. Sc. 95; Studium: Greifswald 1/2, Zürich Polytechn. 2 S.; Rig. 6. Juli 08.] [U 09. 3448

Bruce, James. Narratio de primarum aetatum commerciis et navigationibus in Indiam, proposita et excussa. Gottingae 1790. V: *Heyne, Chn Glob.* (MGT)

— Reis. n. Abyssin., d. Quell. d. Nils z. entdecken, e. Ausz. v. Shah, a. d. Engl. 2 Bdch. 8. Erl. Breuning. 792.

— Reise nach Abyssinien, d. Quellen d. Nils zu entdecken, ein Ausz. v. S. Shah. (Aus d. Engl. v. J. G. Chr. Fick.) 2 Bdchen. 8. Erlang. 792. (Heyder). 1 ℛ 8 gGr

— Reisen zur Entdeckung d. Quellen d. Nils, in d. J. 1768—73. Aus d. Engl. v. J. J. Volckmann, mit Zusätzen v. J. F. Blumenbach u. T. C. Tychsen. 5 Bde, mit Kpf. u. Kart. gr. 8. Leipz. 790, 91. Weidmann. 12 ℛ Schrbp. 16 ℛ

— Reisen zur Entdeckung d. Quellen d. Nils, aus d. Engl. im Ausz. übers. v. E. W. Cuhn, herausg. v. J. M. Hassenkamp; mit Anmerkk. v. J. Fr. Gmelin u. e. Glossar. v. S. F. G. Wahl. 2 Bde, Mit 1 Kart. 8. Rinteln 791. (Barth in Leipz.) 2 ℛ

Bruce, J., Reisen in das Innere von Afrika, nach Abyssinien an die Quellen des Nils rc. Aus dem Engl. von E. W. Cuhn, mit Anmerk. von J. F. Gmelin. 2 Thle mit Anh. 8. Leipzig, Barth (in Comm.) 791. Rthlr

— voyage en Nubie et Abyssinie (Afrique). 14 Vols. 8. Bern 790. Typogr. Soc. 16 ℛ Av. fig. et cart. 30 ℛ

Bruce, John, erste Grundsätze d. Philosophie, mit Anwend. auf Geschmack rc. Aus d. Engl. (v. K. G. Schreiter). 8. Züllichau 788. Frommann in Jena. 12 gGr

Bruce, John Wyndham, s. v. **Schiller, Fr., Don Carlos.**

Bruce, Lowe C., Das Züchten von Rennpferden nach dem Zahlen-System. Herausgegeben von William Allison. In's Deutsche übertragen von Kirschy, Hauptmann a. D. Mit zehn Illustrationen berühmter Pferde. Lex.-8. (XIV, 217 S.) Lnwdbd. In Comm. 21.—
Berlin: „Union" 1897.

BRUCE, Peter Henry 1692 - 1757
Des Herrn Peter Heinrich Bruce ... Nachrichten von seinen Reisen in Deutschland, Rußland, die Tartarey, Türkey, Westindien u. s. f. nebst geheimen Nachrichten von Peter dem Ersten Czar von Rußland. Aus dem Englischen übersetzt ...
Leipzig: Johann Friedrich Junius. 1784 [4,] 524, [8] S. 8°.
Landesbibliothek Oldenburg
Übers. v. Memoirs of Peter Henry Bruce ... Containing an Account of His Travels ..., London 1782
Sabin 8727.

Bruce, Pet. Hnr., Nachrr. von seinen Reisen in Deutschland, Rußland, d. Tartarei, Westindien rc. Nebst geheimen Nachrichten v. Peter I Aus d. Engl. gr. 8. Leipz. 784. (Brockhaus). 1 ℛ 6 gGr

Bruce, Pet. Heinr., Nachr. v. s. Reis. in Deutschl., Rußl. rc. a. d. Engl. gr. 8. Leipz. Gleditsch. 784.

Bruce-Whyte, A., Histoire des langues romanes et de leur littérature depuis leur origine jusqu'au XIVe. siècle. III Tomes. Lex.-8. Paris et Strasbourg 841, Treuttel et Würz; Renouard. n. 10 ℛ

Bruch, Der, mit den Prinzipien des Landrechts und das Endziel der von dem Prof. Stahl verkündeten sittlichen und religiösen Reaktion in der Ehescheidungsfrage. Breslau 1855. V: *Plathner, Otto.* (KGBerlin I, 1540)

Bruch, der, mit den Prinzipien des Landrechts und das Endziel der von dem Geh. Justiz- und Ober-Consistorialrath Prof. Dr. Stahl verkündeten sittlichen u. religiösen Reaktion in der Ehescheidungsfrage. Zur Ehrenrettung des Landrechts dargelegt aus den Verhandlungen der I. Kammer. Breslau 855. Kern. gr. 8. (23 S.) 4 Sgr

Bruch, der, des Rechts in Kurhessen. Ein Beitrag zur Information der hohen deutschen Bundesversammlung. Berlin 859. G. Reimer. gr. 8. (76 S.) 10 ngr.

Bruch mit der Revolution und Ritterschaft. Berlin 1852. V: *Huber, Victor Aimé.* (WA) (Ky)

Bruch mit der Revolution u. Ritterschaft (von V. A. Huber.) gr. 8. (XII u. 56 S.) Berlin 852, Hertz. n. 1/3 ℛ

Bruch, Dr., s. Confession, die Augsburgische.

Jesus als Erzieher. Konferenz-Vortrag v. Kreisschulinsp. Pfarrer **Bruch** in Methler. Bielefeld: A. Helmich [1902]. (11 S.) 8° [F.]
= **Abhandlungen,** Pädagogische. N. F. Bd 8, H. 7. [03 13303

Der Lehrer als Seelsorger. (Vortrag, geh. 1903 in Kamen.) Von Kreisschulinsp. Pfarrer Bruch zu Methler. *Bielefeld: A. Helmich [1903].* (14 S.) 8° [F.]
= Abhandlungen, Pädagogische. N. F. Bd 9, H. 8. [04. 7914

Bruch, A., d. Battak, wie er leibt u. lebt. — E. Besuch auf Samosir, s.: Missions-Traktate, rheinische.

Bruch, C. (Hrsg.), s. Garten, Der zoologische.

Bruch, Carl [aus Mainz]: **Ein Fall von schwerer Neurasthenie geheilt durch das Weir Mitchell-Playfair'sche Behandlungsverfahren ....**
Berlin, Buchdr. v. Gustav Schade (Otto Francke) (1887); 31 + 1 S. 8°.
Berlin, Med. Fak., Inaug.-Diss. v. 23. Jul. 1887.

Bruch, Carl, ein Fall von schwerer Neurasthenie geheilt durch das Weir Mitchell-Playfair'sche Behandlungsverfahren. Diss. Berlin 1887, Mayer & Müller. 8°. 31 S.

Bruch, Carl, Hellas. Lyrische Dichtungen aus dem hellen. Alterthum. In neuen metr. Uebersetzungen. 8. (XIII, 232 S.) Breslau 879. Morgenstern. n. 3. —; feine Ausg. auf Chamois-Pap. m. rother Randeinfassung gedr. geb. m. Goldschn. 6. —

Bruch, Karl, Lebensweisheit der Alten in Sentenzen aus Aeschylos, Sophokles, Euripides. 8. (IV, 178 S.) Minden 885. Bruns. n. 3. —; geb. n. 4. 25

Bruch, Carl, Roma. Lyrische Dichtungen aus dem röm. Alterthum. In neuen metr. Uebersetzungen. 8. (VI, 260 S.) Minden 883, Bruns. M 4.; geb. 6. —

Bruch, Carl Wilhelm Ludwig

Bruch, C., über die Befruchtung des thierischen Eies und über die histologische Deutung desselben. Mainz 855. v. Zabern. gr. 8. (20 S.) 5 ngr.

Bruch, Carl, die Diagnose der bösartigen Geschwülste. Nach eigenen Untersuchungen m. 5 lith. Taf. (in gr. 4.) gr. 8. (XVI u. 567 S.) Mainz 847, v. Zabern. 2 1/2 ℛ

Bruch, Carl W. L., vergleichende Osteologie des Rheinlachses [Salmo salar L.] mit besonderer Berücksichtigung der Myologie nebst einleitenden Bemerkungen über die skelettbildenden Gewebe der Wirbelthiere. Zum Gebrauche bei Demonstrationen u. zum Selbstudium beschrieben u. abgebildet. Mit 7 (color.) vom Verf. lith. Taf. u. 2 Holzschn. Mainz 861. v. Zabern. gr. Fol. (IV, 22 S.) n. 12 ℛ

Bruch, Carl, vergleichende Osteologie des Rheinlachses [Salmo salar L.] mit besond. Berücksicht. der Myologie nebst einleitenden Bemerkungen über die skelettbildenden Gewebe der Wirbelthiere. Zum Gebrauche bei Demonstrationen und zum Selbststudium. 2., durch eine Nachschrift verm. Ausg. gr. Fol. (IV, 25 S. mit 7 vom Verf. lithogr., zum Theil farb. Taf. und 2 eingedr. Holzschn.) Mainz 875, v. Zabern. In Mappe *

—— s. Physiol. d. Sprache. 4. (40) Bas. 54. Bahnmaier. n. — 15

Bruch, Carl, Zur Physiologie der Sprache. Academische Einladungsschrift. gr. 4. (40 S.) Basel 854, (Schweighauser's Sortimentsh.) *

— Untersuchungen über die Entwickelung der Gewebe bei den warmblütigen Thieren. 1. Liefg. Mit 6 (lith.) Taf. u. 28 eingedr. Holzschn. (Abdr. aus d. Abhdlgn. d. Senckenb. Gesellsch. Bd. IV.) Frankfurt a. M. 863. Brönner. gr. 4. (200 S.) n. 3 ß 18 ngr.

Bruch, Carl W. L., Untersuchungen über die Entwickelung der Gewebe bei den warmblütigen Thieren. 2. Liefg. Mit 6 (lith.) Taff. u. 14 eingedr. Holzschn. [Aus den Abhandl. d. Senckenberg. Ges. Bd. VI.] Frankfurt a. M. 867. Winter. gr. 4. (2 Bll. S. 107—333.) 2 ß 20 ngr.

Bruch, Carl, Untersuchungen z. Kenntniss d. körnigen Pigments der Wirbelthiere in physiolog. u. patholog. Hinsicht. gr. 4. (9 B. u. 2 Stnt.) Zürich 844, Meyer u. Zeller.

— die Wirbeltheorie des Schädels, am Skelette des Lachses geprüft. Mit 10 nach den Vorzeichnungen des Verf. von A. Stix u. F. Querbach ausgeführten Holzschn. (im Text.) (Aus d. Abhdlgn. d. Senckenberg. naturforsch. Gesellsch.) Ebend. 862. gr. 4. (58 S.) n. 1 ß

Bruch, Chr. G., s. 1) Beaufort, Vorschlag. 2) W. J. Dewora, wird es nützlich sein. 3) Krafft, Predigten. 4) Luthers kl. Katechismus.

Bruch, Dr. C. G. und Krafft, J. G. Bericht über die freie evangelische Armenschule in Köln, bei ihrer ersten Jahresfeier. *Köln.* 1825

Bruch und Krafft. Zweiter Bericht über die freie evangelische Armenschule in Köln, bei ihrer Jahresfeier am 3. August 1826. *Köln.*

Bruch, Edmond, de la maladie de la pierre à Alger et dans les environs. Étude statistique des cas observés à la Clinique chirurgicale de l'École de Médecine d'Alger pendant les années 1866 à 1876. Avec 2 planches (lith.). [Aus: „l'Alger médical".] gr. 8. (47 S.) Alger 877. (Strassburg, Treuttel & Würtz.) n. 2. 70

Bruch, Emil aus dem, appr. Arzt: Über die Stauungscirrhose der Leber. ⟨Cirrhose cardiaque.⟩ Halle a. S. 1910: Kaemmerer. 23 S. 8°
Halle, Med. Diss. v. 31. Jan. 1910, Ref. Eberth
[Geb. 15. Sept. 83 Borbeck; Wohnort: Magdeburg; Staatsangeh.: Preußen; Vorbildung: Realgymn. Essen Reife M. 03; Studium: Bonn 2, Halle 4, Berlin 1, Halle 3 S.; Coll. 23. Juni 09; Approb. 4. Jan. 10.] [U 10. 1679

Bruch, Ernst

Bruch, E., Beiträge zur Geschichte und Statistik des preuss. Armenwesens. 8°. Berlin 1869.

Bruch, E, Breslauer Bürgerbuch. 1. Jahrg. Sammlg v. Verordngn., Ortsstatuten u. Regulativen f. d. Stadt Breslau. 16. (292) Bresl. 78, Morgenstern. n. — 50
cf.: Bürgerbuch, Breslauer.

Bruch, Ernst, Breslauer Bürgerbuch. 1. und 2. Jahrg. Sammlung von Verordnungen, Ortsstatuten und Regulativen für die Stadt Breslau. 16. (à Jahrg. VIII, 292 S.) Breslau 878,79. Morgenstern. cart. à Jahrg. **

Bruch, E., die Errichtung und Einrichtung des städtischen statistischen Bureaus, s. Statistik, Breslauer.

—— die Finanzen der Stadt Berlin und die neue Gemeinde-einkommensteuer. Mit dem vollständig commentirten Regulativ, Tarifberechnungen und einer Statistik der Einschätzungs-Bezirke. gr. 8. (III, 40 S.) Berlin 869, Loewenstein. [Staude.] *

Bruch, Dr. Ernst. Gemeindebeiträge und Gemeindesteuern unter besonderer Berücksichtigung grossstädtischer Verhältnisse. Schrift. d. Ver. f. Soz.-Pol., Bd. 12, Leipzig 1877.

—— Gesetz und Praxis der Gemeindewahlen, besonders in Berlin. gr. 8. (VII, 128 S.) Berlin 869, Guttentag. *

Bruch, E. D. Straßenverkehr i. Berlin. M. 1 Karte. Berlin 1868.

Bruch, Ernst, Berlins bauliche Zukunft und der Bebauungsplan. gr. 8. (IV, 116 S. mit 1 chromolithogr. Plan von Berlin und Charlottenburg in qu. Fol.) Berlin 870, Beelitz. *
Aus: Deutsche Bauzeitung, besonders abgedruckt.

Bruch, Friedrich, approb. Arzt aus Kreuznach: Zur **Diagnostik** und operativen Therapie der Anuria calculosa. *Strassburg i. E. 1901: C. & J. Goeller.* (47 S.) 8°
Strassburg, Med. Diss. v. 1901

Bruch, Friedrich Christian: Beobachtungen über die vortheilhafte Anwendung der kalten Aufschläge bey entstehenden Gebährmutterblutstürzen mit sizzengebliebener Nachgeburt. Marburg: Neue akadem. Buchh.: (Krieger) 1793. 44 S. 8°.

Bruch, Friedr. Christian (Pirmasens) (Sulzio-Alsata)
Specimen inaugurale de malo hypochondriaco agens.
Giessae Sept. [14. Oct.] 1782: Joh. Jac. Braun. 28 S. 4°
pro gradu doctoris et privilegiis in scientia asclepiadea rite obtinendis.

Bruch, Friedr. Christian (Resp.): De protocolli in sectionibus medico legalibus. s. Baumer, Joh. Wilh.

Bruch, Fr. Chr., Unterr. f. Hebammen. 8. Frankf. a. M. 792. Andreä. 5 K

Bruch, Johann Friedrich

Bruch, J. Fr., Betrachtungen über Christenthum u. christl. Glauben. In Briefen. 2 Thle. gr. 8. Straßburg, Treuttel u. Würtz. [1. (21 B.) 845, 2. (25⅝ B.) 46. à * 1 Thlr. 15 Ngr.] *

Bruch, F., Études philosoph. sur le christianisme. Tom. I. Partie 1. gr. in-8. Paris et Strasb. 839. Levrault. n. 1⅙ ß

Bruch, J. Fr., die protestantische Freiheit. Ein Dialog. Straßburg 857. Treuttel u. Würtz. gr. 12. (IV, 79 S.) n. 12 ngr.

— das Gebet des Herrn, erklärt und entwickelt in neun Predigten. Straßburg 852. Treuttel u. Würtz. gr. 12. (IV, 144 S.) n. 18 ngr.

Bruch, Joh. Friedr., das Gebet des Herrn, erklärt und entwickelt in neun Predigten. gr. 12. (IV und 144 S.) Straßburg 853, Treuttel und Würtz. *

Bruch, JF, Kindheit- u. Jugenderinnergn. Aus s. schriftl. Aufzeichngn mitgetheilt v. T G. 8. (112 m. 8 Radirgn.) Stassb. 89, Heitz. || (II.) Seine Wirksamkeit in Schule u. Kirche 1821—1872. 8. (103) 90. à n. 2. 50

Bruch, J. Fr., Lehrbuch d. christl. Sittenlehre, z. Gebr. bei seinen akadem. Vortrn. entworfen. 1. Abthl. Allgem. Sittenlehre. gr. 8. (18½ B.) Straßburg 829, Levrault.

—— Lehrbuch d. christl. Sittenlehre, z. Gebr. bei seinen akademischen Vorträgen entworfen. 2. Abthl. Besondere Sittenlehre. gr. 8. (18¼ B.) Straßburg 832, Levrault'sche Buchh.
1. Abthl. Ebendas. 1829. 1 Thlr. 10 Ngr.

—— die Lehre v. den göttlichen Eigenschaften. gr. 8. (20⅛ B.) Hamburg 842, Fr. Perthes.

Bruch, J. Fr., die Lehre von der Präexistenz der menschlichen Seelen historisch kritisch dargestellt. Straßburg 859. Treuttel & Würtz. gr. 8. (VII, 211 S.) n. 24 ngr.

Bruch, Joh. Frdr., Predigt am 2. Advent 1851, zu Straßburg, bei Gelegenheit der hundertjähr. Gedächtniß-Feier des Hrn. Dr. Haffner, ehemal. Prof. d. Theol. rc. gehalten. gr. 8. (16 S.) Straßburg 851, Treuttel & Würtz. n. 4 ngr

— philosoph. Studien üb. d. Christenthum. Aus d. Franz. übers. v. Fr. Th. Frantz. br. 8. (XII u. 231 S.) Mannheim 847, Hoff. — Neue Ausg. br. 8. Frankfurt a. M. 850, Hermann. 24 ngr

Bruch, J. Fr., Theorie des Bewußtseins. Ein psycholog. Versuch. gr. 8. (VIII und 387 S.) Straßburg 864, Treuttel und Würtz. *

Bruch, J. F., christl. Vorträge. gr. 8. (20⅛ B.) Straßburg 838. (Frankfurt a. M., Schmerber'sche Buchh.) *

Bruch, J. Fr., christl. Vorträge. 2 Bde. gr. 8. Straßburg, Treuttel u. Würtz. [1. (20¼ B.) 838, 2. (19¾ B.) 42.] Thlr. *

— Weisheits-Lehre der Hebräer. Ein Beitrag zur Geschichte der Philosophie. gr. 8. (XVIII u. 390 S.) Straßburg 851, Treuttel & Würtz. n. 2 ß

Bruch, Joh. Heinr., das Christenthum als organ. Prinzip aller Menschenbildung, in seiner Anwend. auf d. Volksschule u. Kindererzieh., insbesond. aber auf d. Einrichtung d. Schullehrerseminarien. 8. (7¾ B.) Zürich 840, Höhr.

Bruch, Johannes Paulus (Resp.), De absorbentium utilitate... s.a. A l b e r t i, Michael (Praes.)

Bruch, Johann Paul (Zweibrücken), De absorbentium utilitate et damnis in praxi medica. Diss. med. Präs. Michael Alberti. Halle (J. Chn. Hendel) April 1722. 42 S. (5.—) 4182
Widm. v.: Johann u. Joh. Eberhard Juncker. Andr. Wachsmann (Siebenbürgen), Joh. Friedr. Klein, Carl Friedr. Gervinus (Meisenheim/Zweibrücken), J. T. Maul.

[F.] Luschdiges aus Zweebrikke. Gedichte un Geschichte vun Karel Bruch ... *Zweibrücken: F. Lehmann [1895].* (116 S.) 1 Bd 8. [96. 43]

Bruch, Karl, s. B r u c h, Carl

Bruch, Margar.: Balladen. (6, 88) 8° Dresd., C Reissner '12. 2.50; geb. n 3.50 d

Bruch, Margar., es klingt die Welt. Gedichte. (VIII, 187 S.) 8. Dresden 910. C. Reißner. 3. —

Damajanti. Scenen aus d. indischen Dichtung Nala u. Damajanti. Für Sopran-Solo, Chor u. Orchester komp. von Max **Bruch**. Op. 78. [Textbuch.] Berlin: Simrock 1903. 12 S. 8° [11. 6037

Gustav Adolf. Für Chor, Solostimmen, Orchester u. Orgel von Max **Bruch**. Op. 73. Dichtung von A[lbert] Hackenberg. [Textbuch.] Berlin: Simrock [um 1898]. 27 S. 8° [10. 9717

Moses. E. bibl. Oratorium v. Ludwig Spitta f. Chor, Solostimmen, Orchester u. Harfe v. **Max Bruch.** Op. 67. Engl. vers. by Paul England. Clavierausz. *Berlin: N. Simrock 1895.* (170 S.) 1 Bd 4.(8.) [96.4139

Moses. Ein biblisches Oratorium von Ludwig Spitta. Für Solostimmen, Chor, Orchester u. Orgel von Max **Bruch**. [Textbuch.] Berlin: Simrock 1895. 19 S. 8° A 12.1311

Odysseus. Szenen aus d. Odyssee. Dichtung von Wilhelm Paul Graff. Für Chor, Solostimmen u. Orchester komp. von Max **Bruch**. (Vorr.: Karl Hopfe.) [Textbuch.] (Leipzig 1906: Breitkopf & Härtel.) 25 S. 8°
(Barmen, Allg. Konzertverein-Volkschor, 9. Konzertjahr. 1905/1906.) A 18.1314

Bruch, Max. Wie reist man billig? Ein praktischer Führer für alle, die mit geringen Ausgaben eine genussreiche Reise, selbst in die berühmtesten Gegenden, machen wollen. 3. Tausend. II + 176 S. 8. Leipzig, Walther Fiedler, [1907]. (M. 2. —)

Bruch, Max, wie reist man billig? Ein prakt. Führer f. alle, die m. geringen Ausgaben eine genußreiche Reise, selbst in die berühmtesten Gegenden, machen wollen. (Neue [Titel-]Ausg.) (174 S.) kl. 8. Dresden [907] (908). F. Casper & Co. 2.50

— Max. Julius Friedrich (Köln), De morbis glandulae prostatae. Diss. chir.-med. Bln. (Nietack) 21. II. 1835. 39 S., mit Biograph. (M.: C. Umbscheid.) (4.20) 4183
Oppon.: F. Richarz, G. Sterneberg, Herrm. Urner. — Gew.: Aug. Ernsts.

Bruch, Paul. Zur physiologischen Bedeutung des Calciums in der Pflanze. Diss. Phil. Basel. [Mit 1 Tafel.] IV + 18 S. 8. Merseburg, Friedrich Stollberg, 1901.

Bruch, Philipp

Bruch, Bericht üb. d. Versamml. d. deutschen Naturforscher, s. Bericht.

Bruch u. W. P. Schimper, Bryologia Europaea seu genera Muscorum Europaeorum monographice illustrata. Fasc. I. Cum tabulis XI. Phascaceae. Buxbaumiaceae. 4maj. Stuttgartiae 837. Schweizerbart's Buchh. n. 2½ ß — Fasc. II. et III. Cum tabulis XX. Orthotrichaceae. Orthotrichum. Coscinodum. Ptychomitrium. Glyphomitrium. 4maj (Mit 1 Tab.) Ibid. 837. n. 5 ß — Fasc. IV. et V. Cum tabulis XXIII. Zygodonteae. Zygodon. Encalypteae. Encalypta. — Bryaceae. Mnyum. 4maj. Ibid. 838. n. 5 ß — Fasc. VI. — IX. Cum tabulis XLI. Bryaceae (Bryum). 4maj. Ibid. 839. n. 10 ß

Bruch, ..., W. P. Schimper et Th. Gümbel, Bryologia Europaea seu genera Muscorum Europaeorum monographice illustrata. Fasc. X. Cum tabulis XII. Bryaceae. Timmia. Aulacomnion. Meesiaceae. Paludella. Meesia. Amblyodon. Roy.-4. Stuttgartiae 841, libr. Schweizerbart. n. 2½ ß — Fasc. XI. Cum tabulis IX. Funariaceae. Physcomitrium. Entosthodon. Funaria. Roy.-4. ibid. 841. n. 2½ ß — Fasc. XII. Cum tabulis XIII. Bartramieae. Bartramia. Oreadae. Oreas. Catoscopium. Roy.-4. ibid. 842. n. 2½ ß — Fasc. XIII—XV. Cum tabulis XXX. Trichostomeae. Barbulae. Roy.-4. ibid. 842. n. 7½ ß — Fasc. XVI et XVII. Cum tabulis XX. Hypneae. Fontinaleae. Riparlaceae. Fissidonteae. Schistostegeae. Tetraphideae. Roy.-4. ibid. 843. à n. 2½ ß — Fasc. XVIII—XX. Cum tab. XXXII. Trichostomeae. Trichostomum. Desmatodon. — Pottiaceae Pottia. Anacalypta. Roy.-4. ibid. 843. à n. 2½ ß — Fasc. XXI et XXII. Cum tab. XVIII. Polytricheae. — Atrichum. Oligotrichum. Pogonatum. Polytrichum. Roy.-4. ibid. 844. à n. 2½ ß — Fasc. XXIII et XXIV. Cum tabulis XX. Splachnaceae. — Oedipodium. Tayloria. Dissodon. Tetraplodon. Splachnum. — Bryaceae. — Orthodontiun. — Mielichhoferieae. — Mielichhoferia. Roy.-4. Stuttgartiae 844, libr. Schweizerbart. à n. 2½ ß — Fasc. XXV—XXVIII. Cum tab. XL. Grimmiaceae. — Schistidum. Grimmia. Racomitrium. Roy.-4. ibid. 845. à n. 2½ ß — XXIX—XXXI. Cum tab. XXI. Bartramiaceae. — Hedwigiaceae. — Anoectangiaceae. — Trichostomaceae. — Discheliaceae. — Dicranaceae. Roy.-4. ibid. 846. à n. 2½ ß

Bruch, ..., W. P. Schimper et Th. Gümbel, Bryologia Europaea seu genera Muscorum Europaeorum monographice illustrata. Fasc. XXXI. Suppl. I. continens: Mnium. — Desmodoton. — Bartramia. — Barbula. — Fontinalis. — Dichelyma. Roy.-4. Stuttgartiae 846, libr. Schweizerbart. n. 2½ ß — Fasc. XXXII—XL. Cum tab. lith.
XXXII—XXXVI. Bryum. Campylostellaceae. Weisiaceae. Angstroemiaceae. Seligeriaceae. Dicranaceae. etc. (45 Stat. u. 11 B.) 846.
XXXVII—XL. Dicranaceae. Dicranum. (40 Stat. u. 5¼ B.) 847.

Bruch, (Ph.), († d. 11. Febr. 1847), **W. P. Schimper** & Th. **Gümpel,** Bryologia Europaea s. genera muscorum Europaeor. monographice illustr. Fasc. XLI. Cum tabb. VIII. (lith.) Dicranaceae. Dicranodontium. Campylopus. Leucophaneae. Oncophorus. Imp. 4. (18 S.) Stuttgartiae 847, Schweizerbart. — Fasc. XLII. Cum tabb. XI (lith.) Phascaceae. Acaulon. Physcomitrella. Ephemerum. Distichiaceae. Eustichium. Pottiaceae. Pottia. Sppl. I. Orthotrichiaceae. Orthotrichium. Sppl. I. Fissidonteae. Fissidens. Suppl. I. Grimmiaceae. Grimmia. Suppl. I. Weissiaceae. Hymenostomum. Suppl. I. Imp. 4. (28 S.) Ebd. 849. — Fasc. XLIII. Cum tabulis XIV. Phascaceae. Phascum. Voitia. Bruchia. Archidiaceae. Archidium. Pleuridium. Weisiaceae. Astomum. Dicranaceae. Ceratodon. Suppl. I. Dicranum. Suppl. I. — Trichostomeae. Barbula. Suppl. II. Orthotrichaceae. Orthotrichum. Suppl. II. Imp. 4. (38 S.) Ebd. 850. — Fasc. XLIV. et XLV. Cum tabulis XXI. (lith.) Cryphaeaceae. Cryphea. Leptodonteae. Leptodon. Neckeraceae. Neckera. Omalia. Fabroniaceae. Fabronia. Anacamptodon. Daltoniaceae. Daltonia. Leskeaceae. Leskea. Anomodon. Leucodonteae. Leucodon. Antitrichia. Imp. 4. (58 S.) Ebd. 850. — Fasc. XLVI. et XLVII.

Cum tabulis XVIII (lith.) **Leucodontaceae.** Pterogonium. **Hypnaceae.** Pterygynandrum. Lescuraea. Platygyrium. Pylaisaea. Homalothecium. Orthothecium. Isothecium. Cylindrothecium. **Hookeriaceae.** Hookeria. Pterygophyllum. **Fissidenteae.** Fissidens. (Suppl.) **Trichostomaceae.** Barbula. (Suppl.) Imp. 4. (XX u. 58 S.) Ebd. 851. — Fasc. XLVIII. Cum tabulis XV. (lith.) **Hypnaceae.** Plagiothecium. Orthothecium. Imp. 4. (23 S.) Ebd. 852. Fasc. XLIX—LI. Cum tabl. lith. XXX. **Hypnaceae.** Thedenia. Anisodon. Pseudoleskea. Heterocladium. Thuidium. Hylocomium. Thamnium. Rhynchostegium. Imp. 4. (55 S.) Ebd. 852. à n. 2 1/3 ℛ (1—LI: n. 127 1/2 ℛ)

Bruch, W. P. Schimper, et Th. Gümbel, Bryologia Europaea seu genera muscorum europaeorum monographice illustrata. Fasc. LII—LXV. Stuttgartiae 853—55. Schweizerbart. gr. 4. (339 S. u. 126 lith. Taf.) Jedes Heft n. 2 ℛ 15 ngr

— s. Naturgeschichte, allgem., des Thier-, Pflanzen- und Mineralreichs.

Bruch, Reinhard: Versuche, Schmiedeeisen mit Leuchtgas, Petroleumdampf, Acetylen und Kohlenoxydgas zu kohlen. 1904. 37 S., 3 Taf. 4°
Aachen, Dr.-Ing.-Diss. v. 18. 4. 1904

Bruch, Wilh., das biologische Verfahren zur Reinigung von Abwässern. gr. 8. (180 S.) Berlin (SW. 46, Dessauerstr. 30) 899. Naturwissenschaftl. Verlagsanstalt.) (Nur direkt.) n. 7. 50

Zur Sprache der Rede vom Glauben des Armen Hartmann. Lautlehre, Formenlehre u. Wortschatz nach d. Reimen. Mit e. Anh.: Zur Sprache d. Schreibers. Von Josef **Brüch.** Prag: Bellmann 1910. 203 S. 8°
(Prager Deutsche Studien. H. 17.) [11. 2713]

Brüch, Josef: Über die Sprache v. Hartmanns Rede u. Glauben. Phil. Diss. Prag 1908/09.

Brucharzt, neuester unentbehrl., e. ausgewählte u. zweckmäß. Samml. d. vorzügl. ält. u. neuern Mittel, d. Anlage u. Entstehung d. Brüche aller Arten v. Kindheit an entgegen zu wirken, so wie wirklich entstand. Brüche zu erkennen u. zu unterscheiden, u. d. Heilung ders. auf d. einfachste u. sicherste Weise zu bewirken. gr. 12. (3 1/4 B.) Hanau 829, Edler.

Brucharzt, neuester u. unentbehrl., e. ausgewählte u. zweckmäß. Samml. d. vorzügl. ältern u. neuern Mittel, d. Anlage u. Entstehung d. Brüche aller Arten von Kindheit an entgegen zu wirken, so wie wirklich entstand. Brüche zu erkennen u. zu unterscheiden, u. d. Heilung derselben auf d. einfachste u. sicherste Weise zu bewirken. gr. 12. Hanau 830. Edler. 6 gr

Brucharzt, Der practische und wohlerfahrne. Quedlinb. 1828. V: *Stahmann, Joh. Frdr. Hnr.* (call)

—— der prakt. u. wohlerfahrne, e. Noth- u. Hülfsbüchlein f. Nichtärzte. 8. (3 1/2 B.) Quedlinburg 828, Ernst.

Bruchau, Fel. v., e. dummer Streich, s.: Aldurad, B.

Bruchausen, Anton, s. Bruchhausen, Anton

Brüche, über die, Preisabhandl. des v. Jh. Monnikoff gestifteten Legats. Aus d. Holländ. (v. K. G. Kühn). 2 Bde. gr. 8. Leipz. 805, 6. (W. Vogel). 2 ℛ 4 gr

Brücher, Ferdinand (geb. am 7 Jan. 1846 in Trier): Lithotomie...
Bonn, Druck v. J. Trapp 1872. 1 Bl., 5—25 S., 1 Bl. 8.
Bonn, Med. Fak., Diss. v. 8 Aug. 1872

Brücher, Karl: Anschaug in d. Arithmetik. (7, 41 m. farb. Fig.) 8° Bambg, CC Buchner's V. '11. 1.60 d

— Biologisches a. Neapel. [Aus: „Jahrbb. d. nass. Ver. f. Naturkde in Wiesb."] (97—124 m. Abb.) gr8° Wiesb., JF Bergmann '12. — 80

Ich befehle! Gesetz v. 15. Mai bis 1. Juli 1910. Von Martin **Brücher.** Berlin: Verl. d. Verf. (1910). 202 S. 8°
[Mathemat.-metaphys. Schrift.] [11. 7828]

Brücher, Max, aus Siegen: Der Schichtenaufbau des Müsener Bergbaudistriktes; die daselbst auftretenden Gänge und die Beziehungen derselben zu den wichtigsten Gesteinen und Schichtenstörungen. *München 1901: C. Wolf & Sohn.* (41 S.) 8°
Erlangen, Phil. Diss. v. 8. Febr. 1901

Brücher, P. R., Grundzüge der Mechanik des Hufes und einer darauf gestützten naturgemässen Diätetik desselben. gr. 8. (34 S.) Hannover 876, Schmorl und v. Seefeld. *

Brücher, P. R., die subcutane Myotomie des Schweifes bei Pferden. Für die thierärztl. Praxis erläutert. gr. 8. (32 S. m. 10 Fig.) Berlin 894. R. Schoetz. n. 1. —

Brücher, Paul, Referendar in Düsseldorf: Begriff und Rechtsfolgen der Gutgläubigkeit und der Bösgläubigkeit bei Empfang einer ungerechtfertigten Bereicherung. Borna-Leipzig 1904: R. Noske. (VIII, 46 S.) 8°
Leipzig, Jur. Fak., Diss. v. 2. Jan. 1905
[Geb. 18. Febr. 83 Sulzbach; Wohnort: Düsseldorf; Staatsangeh.: Preußen; Vorbildung: Städt. Gymn. Düsseldorf Reife O. 01; Studium: Lausanne 1, München 1, Kiel 1, Berlin 1, Bonn 2 S.; Rig. 9. Juni 04.]

Brücher, Paul, approb. Arzt aus Hannover: Über Lähmungen an den Extremitäten bei Tabes. *Leipzig: G. Fock 1899.* (44 S.) 8°
Leipzig. Med. Diss. v. 22. Mai 1899

Bruchez, Aug., C. Ss. R., la Azucena de Quito ó la beata Mariana de Jesús Paredes y Flores. (XI, 320 S. m. 1 Bildn.) kl. 8. Freiburg i/B. (908). Herder. 2.10; geb. in Leinw. 2. 80

Bruchhaus, F. W., Gebete. Zunächst f. gehobene Schulen. 1. Bdchn. gr. 16. (71 S.) Kreuznach 851, Voigtländer. n. 1/6 ℛ

Bruchhausen, Anton

— faßl. Anweis. zum Anbau u. zur Benutzung d. unächten Acacie. 8. Münster 796.

— Anweis. zur Physik; aus d. Latein. v. Jos. Bergmann. 3 Thle, mit 5 Kpf. gr. 8. Mainz 790. (Andreä in Frankf. a. M.) 2 ℛ

Bruchhausen, Anton: (Institutiones physicae, deutsch:) Anweisung zur Physik. Aus dem Lat. mit Zusätzen u. Anm. von Joseph Bergmann. Th. 1-3. Mainz: Universitätsbuchh. 1790. 8°

Bruchausen, Ant., († d. 13. Sept. 1815.) Anweis. zur Verbesser. d. Ackerbaues u. d. Landwirthschaft d. Münsterlandes. 2 Thle. 8. Münst. 790. Theissing. 16 gr

— institutionum physicarum III Ptes. 8. Münst. 775—785. Aschendorff. 2 ℛ

— institutiones physicae. c. fg. 8. Münst. Coppenrath. 775.

— institut. physicae. III Part. 8. Münst. Aschendorf. 782.

— institut. physicae. II Tom. C. fig. 8 maj. Münch. 787. Lentner. 2 ℛ

— institut. physicae. II Tmi. c. figur. 8. maj. Augsb. Doll. 790.

Bruchhausen, Bernh., über die Entstehung, Verhütung und Heilung der Diphtheritis, der Masern und des Scharlach, sowie über die Entstehung des Bandwurm und der Trichinen. gr. 8. (14 S.) [Berlin 881, Münchhoff.] Leipzig, Hucke. * — 25

Bruchhausen, Frz. v., Beleuchtung der, von einem evangel. Geistlichen im Königr. Hannover hrsg. Beleuchtung meiner im Febr. d. J. gehalt. Predigt. 8. (1 B.) Osnabrück 843. (Rackhorst'sche Buchh.) *

Bruchhausen, Karl von

Bruchhausen, d. Italiener in Afrika, s.: Beiheft z. Militär-Wochenblatt.

Bruchhausen, v.: Der erythräisch-abessin. Krieg 1895/96, s.: Beiheft z. Militär-Wochenbl.

Der kommende Krieg. Eine Studie über d. militär. Lage Deutschlands. Von Karl v. **Bruchhausen,** Major a. D. 2. Taus. Berlin: Pan-Verl. (1906). (55 S.) 8° [F.]
— **Zeitfragen,** Moderne. No 15. [07. 6920 2]

Der kommende Krieg. Eine Studie über d. militär. Lage Deutschlands. Von Karl v. **Bruchhausen**, Major a. D. 3. Taus. Berlin: Pan-Verl. (1906). (55 S.) 8° [F.]
= **Zeitfragen**, Moderne. No 15. [06. 11037

Der Werdegang des italienischen Heeres. Von Karl v. **Bruchhausen**, Major a. D. Berlin: R. Schröder 1906. (39 S.) 8° [F.]
= **Sammlung** militärwissenschaftl. Einzelschriften. No 17. [07. 1360

Bruchhausen, W. von

Brockhusen, W. v. Dr. phil. und Lieutenant. An sämmtliche Berliner! (Aufruf sich mit dem Militär auszusöhnen.) — Geschrieben in der Nacht vom 23. zum 24. März 1848. Druck von E. Krause. 1 Bl. 4.
Flugblatt. Berlin, 24. März 1848.

Bruchhausen, W v., d. Dreieinheit e. leicht begreifl. Naturgesetz. 8. (216) Zür. 54, Herzog. — 21

Bruchhausen, W. v., die Dreieinheit ein leicht begreifliches, überall gültiges Naturgesetz; der Schlüssel zur Einsicht in die Natur der Dinge. Auch etwas Geschichtliches, dessen innere Quelle und allgemeiner Verlauf. 8. (XX und 216 S.) Zürich 854, Kiesling's Verlag.

v. Bruchhausen, W., die periodisch wiederkehrenden Eiszeiten und Sindfluthen und die wichtigsten Folgerungen aus diesen wechselnden Ueberschwemmungen der südl. u. der nördlichen Continente. gr. 8. Trier 845. (Troschel.) n. 1 ₰

Bruchhausen, W: Fremdwörter u. Abkürzgn in d. Amtssprache d. Behörden. (45) kl8° Berl., Liebel '11. — 50 d

— Der richt. Gebr. d. Zeitwörter. Nachschlageb. f. ihre Fallforderg u. ihre Biegg (Konjugation) unter Hinweis auf zu vermeid. Modewörter. (4, 81) 8° Halle, Buchh. d. Waisenh. '12. 1 — d

v. Brockhusen, W., gen. **v. Bruchhausen**, die Gleichungen der Flugbahn rotirender Geschosse. Abdr. aus der Zeitschr. f. Kunst, Wissenschaft ꝛc. des Krieges. Mit einem Vorw. Mit 1 Taf. in Steindr. 8. (39 S.) Berlin 847, Mittler & Sohn. 1/4 ₰

Bruchhausen, W., Schreibschule f. Unteroffiziere. (35 S.) 17×22 cm. Oldenburg (910). G. Stalling's Verl. — 90

— Die Silbentrenng in d. deut. Rechtschreibg. 3. u. 4. Afl. (54) kl8° Berl., Liebel '11. — 40 d

Bruchhausen, Wilh., Karo od. das Denkmal der Einfältigkeit, s.: **Allotriabühne.**

— Kuriert od. Vom Pantoffelhelden zum Menschenfresser, s.: **Allotria-Bühne.**

— Die Bremer Stadtmusikanten, s.: **Allotria-Bühne.**

— Das Wunderkabinett od. Die Welt will betrogen sein, s.: **Allotria-Bühne.**

Bruchhäuser, Jacob Friedrich [app. Arzt aus Giessen]: Über Pneumonie im Puerperium ... Giessen, grossh. Hof- u. Univ.-Dr. C. v. Münchow, 1894; 23 S. 8.
Giessen, Med. Fak., Inaug.-Diss. v. 1894

Bruchholtz, Jo. Gottlob (Meissen), De his, quae ex officio seu gratis expedienda sunt ab actuario. Präs. Ferd. Aug. Hommel. Lpz. (Breitkopf) 3. V. 1727. 40 S. (5.—) 4184

[F.] Barbaren der Wildnis. Erzählg a. d. schwersten Tagen d. indian. Rasse v. Otto **Brüchig** '(New York)'. *Berlin: C. Georgi [1897]*. (120 S.) 1 Bd 8.
= **Collection Wild-West.** Bd 16. [97. 1401

Brüchig, Otto, Barbaren der Wildnis. Erzählg. a. d. schwersten Tagen d. indian. Rasse. 8. (120 S.) [Berlin 897. C. Georgi] Erfurt, Fr. Bartholomäus. — 60

[F.] Der Fluch des Goldes. Nach d. Mitteilgn zweier dtsch. Goldsucher erz. v. Otto **Brüchig** '(New York)'. *Berlin: C. Georgi [1897]*. (117 S.) 1 Bd 8.
= **Collection Wild-West.** Bd 15. [97. 1409

[F.] Das Geheimnis des Trappers. Erzählg v. Otto **Brüchig-Sternenfels.** *Berlin: C. Georgi [1895]*. (128 S.) 1 Bd 8.
= **Collection Wild-West.** Bd 10. [96. 2604

[F.] Die weisse Indianerbraut. Erzählg a. d. amerikan. Wald- u. Prairieleben v. Otto **Brüchig** '(New-York)'. *Berlin: C. Georgi [1896]*. (126 S., 1 Bl.) 1 Bd 8.
= **Collection Wild-West.** Bd 13. [96. 3322

Bruching, Vict., warum verarmen wir u. wie ist dem abzuhelfen? Ein Weck- u. Mahnruf. gr. 8. (19 S.) Berlin 893. R. Wilhelmi. n. — 60

Bruchlos, Hans Friedrich, pr. Zahnarzt: Beiträge zur Stoloentwickelung der Salpen. Mit 22 Fig. im Text. Leipzig 1910: Hoffmann. 42 S. 8°
Leipzig, Phil. Diss. v. 13. Mai 1910, Ref. Chun, Pfeffer
[Geb. 18. Jan. 85 Apolda; Wohnort: Leipzig; Staatsangeh.: Sachsen-Weimar; Vorbildung: Realgymn. Weimar Reife O. 04; Studium: Leipzig 10 S.; Rig. 15. Febr. 10.] [U 10. 3106

Bruchmann, Edler v. (P. Rektor der Redemptoristen zu Altötting), Reden: I. bei der 1100jährigen Bisthumsjubelfeier von Eichstädt. — in **Jubiläum** ꝛc. (Vrechter in Rég.); II. Missionsreden ꝛc. in der „**Neuen Sion**" 1846; III. in Missionssache der Jesuiten in der Schweiz" (Fischer in B.) 20 Ngr. — 1 fl.

Bruchmann, C. F. H., s. Bruchmann, Karl (Friedr. Heinr.)

BRUCHMANN, Hellmut: Über Anlage und Wachsthum der Wurzeln von Lycopodium und Isoëtes. - Jena 1874. 57 S., 3 Taf.

[F.] **Bruchmann**, *Hellmuth (Carl Gustav)* [Prof. Dr.]: Die elektrische Beleuchtungsanlage des städtischen Schlachthofs zu Gotha. Gotha, Druck d. Engelhard-Reyherschen Hofbuchdr., 1893; 3—28 S. 4.
Gotha, st. R, OP 1893 (701)

Über die Prothallien und die Keimpflanzen mehrerer europäischer Lycopodien, und zwar über die Lycopodium clavatum, L. annotinum, L. complanatum und L. Selago. Von Prof. Dr. H. **Bruchmann** in Gotha. M. 7 lith. Taf. *Gotha: F. A. Perthes 1898*. (2 Bl., 119 S., 7 Taf.) 1 Bd 4.(8.) [98. 11503

Untersuchungen über Selaginella spinulosa A. Br. v. Prof. Dr. H[ellmuth] **Bruchmann** in Gotha. M. 3 lithogr. Taf. *Gotha: F. A. Perthes 1897*. (2 Bl., 64 S., 3 Taf.) 1 Bd 4.(8.) [98. 271

Bruchmann, K., über die Darstellung der Frauen in der griechischen Tragödie, s. a. **Sammlung** gemeinverständlicher wissenschaftlicher Vorträge.

Bruchmann, K., Ueb. die Darstellung der Frauen in der griech. Tragödie. 1882. 82 S.

Bruchmann, K., kurze lateinische **Formenlehre.** gr. 8. (24 S.) Dresden 893. L. Ehlermann. Kart. n. — 30; m. dem Lesebuch in 1 Bd. geb. n. 1. 80

Bruchmann, K., Wilhelm v. Humboldt, s.: **Sammlung** gemeinverständl. wissenschaftl. Vorträge.

Bruchmann, K., Adalbert Kuhn. S.-A. 1881. 16 S.

Bruchmann, K. Lateinisches Lesebuch f. die Sexta u. Quinta v. Gymnasien u. Realgymnasien. gr. 8. (VI, 155 S.) Dresd. 892, Ehlermann. * 1 20; geb. * 1 50

— lateinisches **Lesebuch** f. die Sexta u. Quinta v. Gymnasien u. Realgymnasien. 2., verb. Aufl. gr. 8. (III, 184 S.) Ebd. 894. n. 1. 20; kart. n. 1. 50;
m. Vokabular (III, 216 S.) n. 1. 40; kart. n. 1. 60

Bruchmann, Carolus (Fridericus Henricus) *(geb. Breslau 21. 10. 1863)*: De Apolline et Graeca Minerva deis medicis. Vratislaviae (1885). (79 S.) 8° *[Im Buchhandel 1885 bei Köhler in Breslau.]*
Breslau, Phil. Diss. v. 14. März 1885

Bruchmann, Karl: Archivalia inedita zur Geschichte des Winterkönigs. Breslau (1909): Gutsmann. 16 S. 4°
Breslau, k. König-Wilhelms-G P 1909 (255) [S 09. 48

Bruchmann, *Carl* F. H.: Beiträge zur Ephoros-Kritik. I. Breslau, Druck v. O. Gutsmann (1890); S. 3—17; 4°
Breslau, k. König-Wilhelms-G, P 1890 (172)

Bruchmann, *Carl (Friedrich Heinrich)* [Dr.]: Beiträge zur Ephoros-Kritik. II. (Forts. d. P-Beil. 1890.) Breslau, Druck v. O. Gutsmann, *1893*; 3—25 S. 4.
Breslau, k. König-Wilhelms-G, P 1893 (180)

Bruchmann, C. F. H., epithota deorum, quae apud poetas graecos loguntur, s.: **Lexikon**, ausführliches, der griechischen u. römischen Mythologie.

Bruchmann, Karl, Dr.: Die auf den ersten Aufenthalt des Winterkönigs in Breslau bezüglichen Flugschriften der Breslauer Stadtbibliothek. Breslau 1905: (S. 1—36.) 4°
Breslau, k. König-Wilhelms-G P 1905 (215)

Bruchmann, Karl, die Huldigungsfahrt König Friedrichs I. v. Böhmen (des „Winterkönigs") nach Mähren u. Schlesien, s.a. Darstellungen u. Quellen zur schlesischen Geschichte. 9. Bd.

Bruchmann, Karl: Die Huldigungsfahrt König *Friedrichs* I. von Böhmen ‹des 'Winterkönigs'› nach Mähren u. Schlesien. Breslau '09. 106 S. (Darstellgn u. Quellen z. schles. Gesch. 9.)

Bruchmann, Karl: 16 histor. Konzerte d. Bohn'schen Gesangver. in Breslau. Nachtr. zu: Emil Bohn: 100 histor. Concerte in Breslau. (40) gr8° Bresl., J Hainauer '10. 1 — s.a. *Bohn, Emil, 100 histor. Concerte.*

Bruchmann, Carl: Lehrb. d. Gesch. f. höh. Lehranst., s: Pfeifer, Wilh.

Bruchmann, Kurt, Poetik. Naturlehre der Dichtg. gr. 8. (V, 406 S.) Berlin 898. Besser. n. 6. —; geb. n. 7. —

! Bruchmann, K: Poetik. Jetzt: Stuttg., Union.

!Bruchmann, K: Poetik. Jetzt: Stuttg., JG Cotta Nf.

—— psychologische Studien zur Sprachgeschichte, s. Einzelbeiträge zur allgemeinen und vergleichenden Sprachwissenschaft.

Bruchmann, Curtius (Guido) (geb. Wollstein in Posen 30. 3. 1851): Symbolae ad idearum innatarum doctrinam historicae et criticae. (Pars I.) Graetzii (1873). (32 S.) 8° ¶ Fortsetzung bis 1899 nicht erschienen.
Berlin, Phil. Diss. v. 30. Juli 1873

Hand-Katalog für die Besucher des Kreis-Museums in Neustadt in Holstein von E[rnst] **Brüchmann,** prakt. Arzt. Neustadt i. Holst. 1909: Griesbacher. 13 S. 8° [10. 632

Beiträge zur Geschichte der Universitäten Leipzig und Wittenberg. Nebst e. Anh. Von Dr. W[ilhelm] **Bruchmüller.** *Leipzig: Dieterich 1898.* (VI, 60 S.) 1 Bd 8. [98. 9731

Bruchmüller, W., Erinnerungen an Rügen u. die Ostsee. 8. (VIII, 108 S.) Greifswald 899. J. Abel. n. 1. 50; geb. n. 2. —

— d. Folgen d. Reformation u. d. 30jähr. Krieges f. d. ländl. Verfassung u. d. Lage d. Bauernstandes i. östl. Deutschland, bes. i. Brandenburg u. Pommern. gr. 8. (IV, 37 S.) Crossen a/O. 897. R. Zeidler. 1. —

— Gedichte. 8. (VIII, 80 S.) Ebd. 898. 1. 50

Bruchmüller, Wilh.: Von Gestern u. Heute. Ein märk. Geschichten- u. Skizzenb. (5, 170) 8° Halle, R Mühlmann's V. '13. 2 —; geb. 3 — d

Bruchmüller, *Ernst Wilhelm Joachim:* Der Kobaltbergbau und die Blaufarbenwerke in Sachsen bis zum Jahre 1653 ... Crossen a. O., R. Zeidler, 1897; VIII, 78 S., 1 Bl. 8.
Leipzig, Phil. Fak., Inaug.-Diss. v. [9. Aug.] 1897

Bruchmüller, Wilh.: Der Leipz. Student 1409—1909, s.: Aus Natur u. Geisteswelt 273.

Bruchmüller W., zwischen Sumpf u. Sand. Skizzen aus dem märk. Landleben vergangener Zeiten. (287 S.) 8. Berlin (904). Deutscher Verlag. n. 3. 50; geb. in Leinw. n. 4. 50

— Zw. Sumpf u. Sand. Jetzt: Dresd.-Blasew., E Leonhardi. 01/05

Bruchrechnungstabellen, Pestalozzische, I—IV. (4farb. Taf.) 86.5×58.5 cm. Gebweiler (906). J. Boltze. n. 4 —

Bruchsal, s.: Geologische Karten. Spezialkarte (Baden).

Bruchsal, s.: Woerl's Reisehandbücher.

— s. a.: Deutschland, Kürschner-Pelp.

Bruchsal. Karte über die Amtsbezz. Bruchsal und Wiesloch. 1 : 100,000. 34×39 cm. Photolith u. Farbdr. Bruchsal (901). O. Katz. — 40; auf Leinw. — 60

Bruchsal, das Zellengefängniss, s. Zellengefängniss, das.

Bruchsaler, Jos., hebräische u. hebräisch-deutsche Lese-Fibel, nach method. Grundsätzen bearb. 8. (26 S.) Rödelheim 899. S. Lehrberger & Co. Geb. — 55

Bruchsaler, Jos., hebräische u. hebräisch-deutsche Lesefibel nach method. Grundsätzen bearb. 6., m. neuen Typen gedr. Aufl. (32 S.) 8. Rödelheim 908. S. Lehrberger & Co. Kart. — 50

Bruchsaler, Jos.: Hebr. u. hebr.-deut. Lese-Fibel, n. method. Grundsätzen bearb. 8. Afl. (32) 8° Rödelh. '11. Frankf.M., M Lehrberger & Co. geb. — 50 d

Alchymistisches **Bruchstück** aus der Verlassenschaft eines verstorbenen Mitgliedes des Ordens der Rosen- und Golden-Creutzer. Leipzig: Beygang 1788. VI, 7—93 S. 8°
Kl. 2673.

— d. targowitzer Bibel. Hamb., (Herold jun.) 2 ℛ

— e. Briefwechsels zwischen e. mediatisirten Fürsten u. seinem geh. Rathe. gr. 8. Münch. 814. J. Lindauer. 3 ℛ

— des Campagne-Lebens. s.a. Küster.

Bruchstück aus dem Campagne-Leben eines Preussischen Feldpredigers ... 14. Oktober 1758 bis Weyhnachten desselben Jahres. Berlin 1790. V: *Küster, Carl Daniel.* H: *Sack, Samuel Friedrich Gottfried.* (Ky) (MGT) (Adel)

— aus d. Campagne-Leben e. preuß. Feldpredigers (K. D. Küster). Mit e. Vorr. v. S. F. G. Sack. 8. Berl. 790. 2e Aufl. 791. Nauck. 12 ℛ

— aus d. griech. Geschichte. s. Polybius.

Bruchstück e. Gesprächs üb. d. Priesterehe, hrsg. v. e. Freunde d. Geistlichen u. d. Frauen. gr. 8. (2 B.) Hadamar 831. [Weilburg, Lanz.]

Bruchstück üb. d. Kreuzzug Friedrichs I., s. a. Bibliothek d. litterar. Vereins in Stuttgart. 9.

Bruchstück über den Kreuzzug Friedrichs I. Hrsg. von Fr. v. Reiſſenberg. Stuttgart 1844. V: *Vinisauf, Gfr.* (Hauptkat. d. Univ.-Bibl. Tübingen. F. S. 56.)

Bruchstück aus d. Papieren e. Schneidergesell., s. W. R. Heller.

Bruchstück aus einem Reise-Tagebuch ... O. O. 1797. [Weimar 1804.] V: *Tobler, Johann.* (MGT)

Bruchstück aus dem Thema vom Anschluss des Königreichs Hannover an den Zollverein. Bremen 1843. V: *Zimermann, Gust.* (Löwe, Bibliogr. d. Hann. u. Braunschw. Gesch. Hann. 1908. S. 209.)

Bruchstück aus dem Thema vom Anschluß d. Königreich Hannovers an d. Zollverein (von Dr. Zimmermann.) gr. 8. (4 B.) Bremen 843, Heyse.

Bruchstück einer Untersuchung über die Herkunft der Familie Parey und über die Bedeutung dieses Namens. O. O. u. J. 8.

Bruchstücke ins Archiv der Menschheit. O. O. 1793. V: *Kapf, Carl Gottlieb Heinrich.* (GGr) (Ky) (MGT)

Bruchstücke mancherley Art. Cöln [Breslau] 1779. V: *Carosi, Johann Ph. von.* (BrMm) (Ky) (Wr)

Bruchstücke, (v. Joh. Ph. v. Carosi). 8. Köln 779. (Bresl.) W. G. Korn. 6 gl.

Bruchstücke aus den Begebenheiten eines unbekannten Beherrschers der verborgenen Obern der höhern Illuminaten und höhern Propaganda. Bdch. 1 bis 3. Halle: Hendel 1793—1794. 8°
1. 1793. 192 S.; 2. 1793. 192 S.; 3. 1794. 160 S. Kl. 3971, TB. 100. Selten.

— üb. d. neuest. Begebenheiten in Bezug auf Frankr., Span., Engl. ꝛc. gr. 8. Berl. Maurer. 809.

Bruchstücke aus den Betrachtungen über Religion u. Kirche. Nach dem Französ. von Fenelon u. Bossuet. 8. Luzern 1836, Räber. ⅓ Thlr. — 48 kr.

Bruchstücke, Biographische, oder treue Gemälde der Vorzeit von X.Y.Z. Hirschb. 1797. V: *Kühne, Christian Friedrich Gottlob.* (GGr) (Ky)

— biograph., od. Gemälde d. Vorzeit, v. X. Y. Z. (C. F. G. Kühne). 1s Bdchn. 8. Hirschb. 797. Pittschiller. 18 gl.

— — od. getreue Gemälde d. Vorzeit, f. gebildete Romanleser, v. X. Y. Z. 8. Leipz., Joachim. 1 ₰

Bruchstücke, Bonner, von Ottfried, s. Hoffmann, H.

— oder d. verlorene Brieftasche e. reisenden Schriftstellers. 3 Bde. 8. Weißenf. 802, 3. Böse. (Weygand in Leipz.) 1 ₰ 12 gl.

Bruchstücke eines versiegelten Buches. Des Herrn v. Humboldts Wahrnehmung phönizischer Gestirnbenennungen in Südamerika . . . Bremen 1809. V: *Velthusen, Johann Caspar.* (Ky) (MGT)

— über d. Buchstaben: was Sie wollen! kein ABC, weder für Kleine, noch f. große Kinder, keine Wochenschrift, u. nicht ganz Satyre, kein Libell. 2 Thle. 8. Leipz. 787. Barth. 2 ₰

Bruchstücke des 1. Clemensbriefes. Nach den achmimischen Papyrus der Strassburger Universitäts- u. Landesbibliothek m. bibl. Texten derselben Handschrift hrsg. u. übers. v. Frdr. Rösch. (Gedruckt m. Unterstützg. der Cunitz-Stiftg.) (XXVIII, 184 S. m. 1 Lichtdr.-Taf.) 33×25,5cm. Strassburg 910. [Schlesier & Schweikhardt]. Leipzig, J. C. Hinrichs' Verl. 20.—

— aus Napoleons Denkschrift, zur Vertheidigung seiner Regierungskunst. 8. Königsb. 815. Nicolovius. 2 gl.

Bruchstücke aus einem noch ungedruckten kleinen Drama. [Dresd. 1817.] V: *Zeschau, Heinrich Siegmund.* (MGT)

Bruchstücke aus d. Erdenwallen e. Dämons. Fragment aus d. Papieren eines Blasé. (Von Gust. Bacherer.) gr. 12. (10 B.) Grimma 840, Verlags-Comptoir.

Bruchstücke aus den Erfahrungen seines Lebens. München 1828. V: *Hoheneichen, Franz von Paula Ludw.* (Sch)

Bruchstücke, Exegetische, zweyter Prodromus einer Darstellung des Christenthums . . . Rostock 1812. V: *Uhlig, Johann August.* (Ky) (MGT)

— exegetische, 2r Prodromus einer Darstellung d. Christenthums nach Vernunft u. Bibel. gr. 8. Rostock 812. Stiller. 18 gl.

Bruchstücke des in- und ausländischen Flössholzhandels in dem Herzogthum Würtemberg. O. O. 1785. V: *König, Fr. Wilh.* (EngOec)

Bruchstücke von Gedanken und Geschichte. Winterthur [Hamb.] 1781. V: *Geret, Samuel Luther von.* (MGT) (ML) (Wr)

BRUCHSTÜCKE von Gedanken und Geschichte. Erste Fracht. Winterthur u. Hamburg. b. J. G. Virchaux. 8°. M. M. V. 1781. S. 176.

— d. altsächs. Genesis, hrsg. v. Wilhelm, s: Texte, Münchener.

— geograph. polit., gesammelt auf e. Reise durch verschied. Gegenden d. oberrhein. Kreises, (v. K. W. L. F. v. Drais). gr. 8. o. O. (Frankf. a. M.) 795. Diez. 16 gl.

— zur Geschichte d. deutschen Freimaurerei, s. Gr. Servati.

Bruchstücke zur Geschichte ausländischer Universitäten. [Zürich 1794.] V: *Reuss, Jeremias David.* (MGT)

— betreffend d. Stadt Goslar. 8. Hamb. 795. (Herold u. W. in Lüneb.) 1 ₰ 8 gl.

Bruchstücke betreffend die Reichsstadt Goslar und besonders die gegenwärtige Verbesserung ihres Städtewesens. Goslar 1794. V: *Siemens, Joh. Gg.* (Ky 1/364; 5/247) (BiblPort)

— über das Thema: Hannover und der Zollverein. Von einem Preußen. 1. Heft gr 8. Braunschweig 844, Vieweg und Sohn. $^1/_{12}$ ₰

Bruchstücke eines rabbinischen Hiob-Commentars. Bonn 1874. H: *Gildemeister, Joh.* (Hauptkat. d. Univ.-Bibl. Tübingen. G, Nachtr. 15.) (KatDMG)

Bruchstücke, Historische, zur Aufklärung der Geschichte des Oldesloer Salzwerks. O. O. 1787. V: *Dernath, Graf von.* (MGT)

Bruchstücke, Historisch-romantische, treu nach der Geschichte bearbeitet . . . Hirschberg 1801. V: *Kühne, Christian Friedrich Gottlob.* (MGT)

Bruchstücke aus des Höllen-Advokaten Hof-Theater-Prolog. 8. (8 S.) Berlin 850, Schartmann. $1^1/_2$ ngl

Bruchstücke, im Jahr d. Befreiung Deutschlands. 8. Leipz. Joachim. 814.

— einige literar., philosoph. u. andern Inhalts. 8. Leipz. 783. (W. Vogel). 5 gl.

Bruchstücke moralischen und satyrischen Inhalts. Frankfurt und Leipzig 1783—84. V: *Seyfried, Hnr. Wilh.* (Ky) (ML)

— moral. und satyr. Inhalts. 8. Frankf. Hermann. 784.

— moral. u. satyr. Inhalts, (v. H. W. Seyfried). 8. Frankf. a. M. 784. (Leipz., Wienbrack). 8 gl.

Bruchstücke von der Jubiläums-Feier des evangel. Jünglings-Vereins in Basel. Zum Andenken für die Mitglieder zusammengestellt von J. L. J. 46 S. 8. Basel, C. F. Spittler. 1876 —. 30

Bruchstücke aus der Kaiserchronik und dem jüngeren Titurel, zum ersten Male herausgeg. und erläutert von Karl Roth. Nebst e. Verzeichn. neuaufgefundener altdeutscher Bruchstücke u. e. Anhange. 8. Landshut, 843, Thomann. n. 1/2 Thlr

Bruchstücke zur Kenntnis der Lübecker Erstdrucke von 1464 bis 1524. Lübeck 1903. V: *Gläser, W.* (Berl)

Bruchstücke zur Kenntnis der Lübecker Erstdrucke von 1464 bis 1524 nebst Rückblicken in die spätere Zeit. — Ghotan, Domvikar u. Diplomat, Schriftgiesser u. Buchdrucker, Urheber des Mohnsignet von 1474 bis 1494, in Magdeburg u. Lübeck, in Stockholm u. Moskau. Nebst Abdr. des Mohnsignet von 1490. — Anh.: Bartholomäus Ghotan in Stockholm u. Moskau. Nebst e. Abhandlg. üb. die Anfänge der Buchdruckerei in Deutschland u. Russland. (XXXVII, 224, 8, 49 u. 18 S.) 8. Lübeck (Augustenstr. 9) 903. W. Gläser. n. 4.—

— zur Kenntniß v. Pferden, vorzügl. d. Krankheiten dieser Thiere betreff. (v. S. v. Tennecker). 2 Hefte. 8. Frberg 794. verb. A. 797. Craz u. G. 12 gr

Bruchstücke zur Kenntniss von Pferden. . . . Freiberg 1794. Neue Aufl. 1798. V: *Tennecker, Christian Ehrenfried Seyfert von.* (BV) (Ky) »über Kenntnisse« (Ludwig)

Bruchstücke, Kleine, zum Versuch einer Gelehrtengeschichte von gebohrnen Marienbergern . . . Freyb. 1806. V: *Schmid, Christian Wilh. Friedrich.* (MGT)

Bruchstücke über Kurland . . . Warschau 1792. V: *Heyking, Heinrich Carl Hermann Benjamin von.* (R-N)

— aus d. Leben d. Hessen-Casselschen Landgräfin Amalie Elisabeth; als 10e Fortsetz. d. Nachrr. v. evangel.-luther. Waisenhause, (v. K. W. Justi.) 4. Marb. 799. (Krieger).

Bruchstücke aus dem Leben des Charles, Schulmeister von Meinau. 12. Leipzig, Baumgärtner. 816.

Bruchstücke aus dem Leben des Chevalier von Faublas. Aus dem Franz. Strassburg [Zürich] 1798. V: *Louvet, Jean Baptiste.* (Wr)

— aus d. Leben d. Chevaliers v. Faublas. 8. Straßb. 798. (Ziegler in Zürich). 10 gr

Bruchstücke aus dem Leben u. d. Schriften Eduard Irving's m. einem die Gegenwart berücksicht. Vorworte v. Mich. Hohl. 2. wohlf. Ausg. Mit Irving's Bildniß u. seiner Handschrift in Stahl gest. gr. 8. (XIV u. 268 S.) St. Gallen 850, Scheitlin u. Zollikoffer. n. 24 ngr

Bruchstücke aus dem Leben des als Opfer seiner Wissenschaft gefallenen Dr. A. F. Schweigger . . . Halle 1830. V: *Schweigger, Joh. Sal. Ephraim.* (BrMm) *Schweigger, Joh. Sal. Chph.* (Choulant)

— aus dem Leben des als Opfer seiner Wissenschaft gefallenen Dr. Schweigger, vormal. Profess. d. Medicin u. Botanik zu Königsberg rc. Nebst e. Anh. über den an s. Grabe gestift. Verein zur Ausführung e. Leibnitz'schen Missionsplanes. gr. 8. Halle 830. Anton. 6 gr (Aus d. Zeitgenossen abgedr.)

Bruchstücke aus dem Leben eines süddeutschen Theologen . . . Bielefeld u. Leipzig 1872—75. V: *Harless, Glob Chph Adolph v.* (Ky) (Klüpfel) (Erman & Horn, Bibliogr. d. dtsch. Universitäten. 1. Leipz. u. Berl. 1904.)

Bruchstücke aus dem Leben e. süddeutschen Theologen. In zwei Abtheilgn. (Von A. v. Harleß.) 8. (VIII, 200 S.) Bielefeld 872. Velhagen & Klasing. n. 3. —

— dasselbe. Neue Folge. 8. (168 S.) Ebend. 875. n. 2. 50

— aus d. Lebensphilosophie, für jedes Alter brauchbar, von R*. gr. 8. Halberst. 821. Brüggemann. 18 gr

— aus der Lebensphilosophie für jedes Alter brauchbar, von R. gr. 8. Halberstadt, Vogler. 821.

Bruchstücke aus der Lebensphilosophie für jedes Alter brauchbar von R***. Halberstadt 1821—26. V: *Rose, K.* (MGT) V: *Rose, Dietrich Anton Carl.* (Ky)

— aus d. Lebensphilosophie rc. ist (v. K. A. Rose). gr. 8. 821 u. 26. (Leipzig, Schreck.) und der Preis 3/4 Thlr

Bruchstücke a. d. Lebensphilos., für jedes Alter brauchbar, v. R.* N. wohlf. Ausg. *Halberst.*, Brüggemann. 826. 8° 8 gr

—— aus d. Memoiren e. Berliner Droschken-Fuhrmann. Hrsg. v. Schneckchen, sein. treuen Ross. 16. (4 1/2 B.) Leipzig 829, Michelsen.

— vom Menschen v. W(ieting). 8. Kleinmayer. 790.

— vom Menschen, v. J. F. W(ieting). 8. Berl. 790. (Leipz., Wienbrack). 12 gr

Bruchstücke vom Menschen . . . Berlin [Wien] 1790. V: *Wieting, J. F.* (Ky) (Wr)

Bruchstücke zur Menschen- und Erziehungskunde religiösen Inhalts. Frankfurt a. M. 1809—17. V: *Willemer, Johann Jacob.* (MGT)

Bruchstücke zur Menschen- u. Erziehungskunde, religiösen Inhalts. 12 Hefte. 8. Frankf. a. M. 810—17. Andreä. 7 Thlr 8 gr (6s—10s Hft. A. u. d. T.: Bruchstücke zur Erziehungskunde, des theoret. Theils 1r—5r u. letzter Abschn. 8. 815. 2 Thlr 16 gr 11s Hft. A. u. d. T.: zwei Bruchstücke pädagogischen Inhalts. In Form zweier Reden. 8. Ebd. 816. 14 gr)

— aus d. Moral, Natur, Geschichte rc. 8. Leipz. 792. Compt. f. Litt. 10 gr

— moralische, f. Jünglinge edler Herkunft. 8. Frankf. a. M. 795. Gebhard u. K. 14 gr

— über d. Natur d. Erde, Sonnen- u. Planetenwelt in Bezug auf verschied. Wissenschaften, v. S. P. T. 4. Düsseld. 798. Dänzer. 12 gr

— des Nibelungen Liedes rc. s. Niebelungen.

BRUCHSTÜCKE aus den Papieren eines Augenzeugen und unparteiischen Beobachters der Französischen Revolution. (Motto.) O. O. (Altona, Hammerich.) 1794. Gr. 8.

X (Tit., 2 Bll. Vorber., 2 Bll. Inh.), 310 S. — Sehr selten! Giebt Aufschlüsse über die intimsten Verhältnisse, wobei Manches zur Skandalchronik.

Bruchstücke aus den Papieren eines Augenzeugen und unparteiischen Beobachters der französischen Revolution. [Frankfurt a. M.] 1794. V: *Ölsner, Conrad Engelbert.* (Zeitschr. f. Büch. 1923, S. 81.)

— aus den Papieren eines Gefangenen, s. Fr. Seybold.

— aus d. Papieren d. Türken Hassan, (v. Ign. v. Brenner). 3 Thle. 8. Berl. 808, 9. (Reimer). 2 ℛ 6 ℊ

BRUCHSTÜCKE aus den Papieren des Türken Hassan (Reise-Memoiren von *Ignaz v. Brenner*). 3 Bde. Berlin, bei Johann Friedrich Unger, 1808—9. 8⁰. (In Hamburg, Stadtbibl.) (7 Mk. 50 Pfg. Südd. Antiqu. München, 1907.)
Cultur- u. sittengeschichtl. interessantes Werk, welches sich mehrfach eingehend mit Hamburg beschäftigt. 222, 149 (u. 1 Bl. Druckf. zu 1), 218 (1 Bl. Druckf. zu 2) S., nebst 2 Bll. Verlag d. Firma. Cplt. rar! — Anon.-Lex. I. p. 279 (nach Kayser u. Meusel).

Bruchstücke aus den hinterlassenen Papieren des Königl. Preussischen General-Feldmarschalls C. Fr. v. d. Knesebeck. Zusammengestellt von A. v. K. 8. Magdeburg 1850.

—— aus d. nachgelass. Papieren e. Verstorbenen, nebst einigen poet. Versuchen u. Uebersetzungen d. Hrsg. 8. (7¼ B.) Emmerich 835, Romen. (Leipzig, Hermann.)

— philosophische, vom Fürsten Alex. W. Aus d. Franz. gr. 8. (92 S.) Leipzig 847, Rein in Comm. ⅔ ℛ

Bruchstücke von Plaudereyen und Träumen auf einem Spatziergange. [Weimar 1797.] V: *Krause, Chn Siegm.* (MGT)

Bruchstücke, Poetische. 1833. O. O. [1833]. V: *Wessenberg, Ignaz Heinrich von.* (Cat. der Stadtbibl. Zürich. Zürich 1864—97.)

Bruchstücke über das Recht eines Staats, die, gegen ihn im Auslande von einem Ausländer begangenen, Verbrechen zu bestrafen. Berlin 1824.
(S.-A. a.: Jahrbücher f. d. Preuß. Gesetzgebung. H. 47.)

—— aus Reden des Hypereides, s. Böckh.

Bruchstücke einer Reise durch das Bisthum Basel und die Gebirge von Neufchatel im August 1793. [St. Gallen 1796.] V: *Bonstetten, Carl Vict. von.* (MS)

— e. Reise d. das südl. Frankr. ꝛc. s. a. Jariges, C. v.

Bruchstücke einer Reise durch das südliche Frankreich, Spanien und Portugal. Lpz. 1810. V: *Jariges, Carl Friedr. v.* (Hitzig) (EngG)

Bruchstücke aus dem Reisejournal eines Livländers. [Mitau 1808]. V: *Blankenhagen, Christoph von.* (R-N)

—— aus einigen Reisen nach d. südl. Rußland, s. Schlatter, Dan.

Bruchstücke über Religion. ... Nur Manuscript für Freymaurer. Mainz 1817. V: *Wedekind, Georg Christian Gottlieb Freih. von.* (MGT) »Darmstadt« (Ky)

Bruchstücke aus einem noch ungedruckten Roman. [Weimar 1796]. V: *Krause, Christian Siegmund* oder *Piper, Johann Christian Friedrich?* (MGT)

Bruchstücke aus den Ruinen meines Lebens. Aarau 1820 s. H[eigel, Cäsar Max].

— aus d. Ruinen d. Menschheit, e. Darstell. d. Begebenheiten seit 1789. 8. Kopenh. 797. (Andrä in Leipz.) 1 ℛ 8 ℊ

— a. den Ruinen der Menschheit, e. Darstell. d. Begebenheiten seit 1789. 8. Kopenh. (Kleefeld, Leipz.) 797.

Bruchstücke über den Saflor, dessen Bau und den daraus hervorgehenden Nutzen. Speier 1817.

Bruchstücke von der Schiefertafel des heil. Dionysius. O. O. [ca. 1790]. V: *Schrader, von.* (MGT)

—— aus den Schriften e. Gefangenen, s. Seybold, Friedr.

— zur Staats-, Natur- u. Völkerkunde. Aus d. Engl. 8. Zittau 786. Schöps. 20 ℊ

Bruchstücke aus Karl Bertholds Tagebuch. ... Berl. 1826. V: *Hudtwalcker, Martin Hieronymus.* (ML) (schr)

Bruchstücke aus Karl Berthols Tagebuch. Herausgg. v. Oswald. 8. Berl. 826. Duncker u. H. 1 ℛ 20 ℊ Fein Pap. 2 ℛ

Bruchstücke aus meinem Tagebuche auf Holsteinischen Wanderungen. [Altona 1791.] V: *Niemann, August Christian Heinrich.* (MGT)

Bruchstücke der oberaegyptischen Uebersetzung des alten Testamentes. Hrsg. von Adf. Ermann. [Aus: „Nachrichten v. d. k. Gesellsch. d. Wiss. zu Göttingen".] 8. (40 S.) Göttingen 880. Dieterich's Verl. n. 1. 50

Bruchstücke. Ungedruckte B' des habsburgisch-österreichischen Urbars. Aarau s. [Aebi, Joseph Ludwig].

Bruchstücke über Verbrechen und Strafen ... Frankfurt u. Leipzig 1803. V: *Arnim, Albr. Hnr. v.* (BrMm) (EngJ) (Ky)

Bruchstücke über Verbrechen und Strafen, oder Gedanken über die in den Preuſs. Staaten bemerkte Vermehrung der Verbrecher gegen die Sicherheit des Eigenthums; nebst Vorschlägen, wie derselben durch zweckmäſsige Einrichtung der Gefangenanstalten zu steuern seyn dürfte. Zum Gebrauch der höhern Behörden. gr. 8. *Frankfurt und Leipzig. (Reimer in Berlin).* **1803**

—— über Gutsherrl. Verhältniß, Patrimonial-Gerichtsbarkeit u. Polizeigewalt in d. Preuß. Staaten. (Abgedr. a. „Kamptz Jahrbüchern" 68 Stck.) gr. 8. ... Berlin 830, (Dümmler.)

— aus d. Verlassenschaft meines sel. Oheims. 8. Byzanz 1999. (Gräffer in Wien). 781. 6 ℊ

—— aus d. Wanderleben e. Perrückenmacher-Gesellen. Von ihm selbst geschrieben. 2 Bdchn. gr. 12. (9⅔ B. u. Titlbild.) Quedlinburg 830, Basse.

Bruchstücke aus Jansen des Eninkel's gereimter Weltchronik, hrsg., ergänzt und erläutert von Carl Roth. Nebst einem Anhang, die Sprüche der Väter enthaltend. 8. (48 S.) München 854, Finsterlin. *

Einige Bruchstücke und Zusätze über den kleinen Krieg. Trier 1826. 104 S.

— u. Züge, einige, über d. kleinen Krieg, gewidmet seinen jüngern Kriegskameraden von e. deutschen Offizier (Leop. v. Petery). 12. Trier 826. Gall. 12 ℊ

Brüchting, Dietrich August jur.-adopt. **Schmidt** dictus (Zeitz), De judicio inter parentes et liberos summario secundum jus naturae civile et Germanicum diss. Präs. Traugott Thomasius. Lpz. (Langenheim) 2. V. 1741. 24 S. (4.80)

Brüchting, D. A.: „Kurtzer und deutlicher Unterricht des Wechsel-Rechts", Leipzig 1747. — Vorh.: Com. Bibl. Hamburg.

Brüchting, Dietr. Aug., Unterr. z. gründl. Verst. d. Wechselrechts. 4. Leipz. 747.

Bruck (Sachliches Ordnungswort)

Finanzminister Carl Freiherr von Bruck. Von Dr. C. A. S. 8°. Wien, Fr. Förster u. Brüder, 1861.

Bruck (Schlagwort)

Bruck, s.: **Fürstenfeld-Bruck.**

Bruck. Basswald, J., Karte des Bez. Bruck an der Leitha. (Neudr.) 1:150,000. 31×,541 cm. Farbdr. Wien (909). G. Freytag & Berndt. nn — 20

Bruck a. d. Leitha, das Lager bei, im Jahre 1863. Situationsplan, gezeichnet und herausgegeben von der lithogr. Anstalt der Brüder Bohm. kl. Quer-Folio. Wien, Jos. Bermann in Comm. 30 kr.

Bruck. Rothaug, G. u. Jos. Basswald, Brucker Heimats-Atlas. Stufengang des 1. geogr. Unterrichts an den Volksschulen des Bez. Bruck a. d. Leitha. Fol. (10 farb. Karten.) Wien 895. G. Freytag u. Berndt. Kart. n.n. 1. —

Bruck a. d. Leitha — Umgebung von —. 28,800. 9 Bl.

Bruck a. L. – Umgebungs-Karte v. Bruck a. d. Leitha. Hrsg. v. k. k. militär.-geograg. Institute in Wien. 1:25,000. Blatt A. 1–5. B. 1–5. C. 1–5. D. 1–5. Kpfrst. Fol. Wien: Lechner 1881.

Bruck a/M.-Klagenfurt, s.: Radfahrorkarten, Grumm.

Bruck (Verfasser)

Bruck, s. a.: Moeller van den Bruck.

(**Bruck,** vom,) die Schwärmerzunft, s. Schwärmerzunft.

Bruck, Adalb., die Beweislast hinsichtlich der Beschaffenheit des Kaufgegenstandes. Nach dem gemeinen und preuss. Civilrechte. gr. 8. (114 S.) Berlin 874, C. Heymann's Verlag. *

Bruck, Adolph, Gedichte, s. Beisert, Fr.

Bruck, Adolph. (geb. Oppeln 16. 2. 1815): De veterum arthritide nonnulla. Berolini (1840). (31 S.) 8°
Berlin, Med. Diss. v. 17. Juli 1840

Bruck, Arph., die Todten an die Lebenden. Eine Märzgabe. (Gedicht.) 4. (4 S.) Leobschütz 849, Dülfer. 1½ ngl.

Bruck, Alfred [aus Berlin]: Über die mechanisch-diätetische Behandlung des Hydrops. . . . Berlin, Buchdr. v. G. Schade, *1890*; 30 S., 1 Bl. 8°
Berlin, Med. Fak., Inaug.-Diss. v. 30. Aug. 1890

Gesundheitspflege des Ohres. Von Dr. Alfred **Bruck**-Berlin. *Berlin: Vogel & Kreienbrink 1902.* (16 S.) 8° [F.]
= **Volksschriften,** Hygienische. No 10. [04. 3223

Die Krankheiten der Nase und Mundhöhle sowie des Rachens und des Kehlkopfes. Ein Lehrbuch f. prakt. Ärzte u. Studierende von Dr. Alfred **Bruck**, Berlin. Mit 217 Abb. Berlin, Wien: Urban & Schwarzenberg 1907. (XII, 467 S.) 8° [07. 17070

Bruck, Alfr.: Die Krankheiten d. Nase u. Mundhöhle sowie d. Rachens u. d. Kehlkopfes. Lehrb. f. Ärzte u. Studierende. 2. Afl. (15, 472 m. z. Tl farb. Abb. u. 2 Taf.) Lex8° Wien, Urban & Schw. '12. 14 —; geb. n 16 —

— arzneilose Kuren, s. a. Ullstein's Sammlung praktischer Hausbücher. Bd. 26.

Arzneilose Kuren. Von Dr. Alfred **Bruck**. Berlin: Ullstein & Co. [1906] (128 S.) 8° [F.]
= **Sammlung,** Ullstein's, prakt. Hausbücher. Bd 26. [06. 5656

Bruck, Alfr., uns. Volks- u. Hausmittel. Prakt. Winke f. d. häusl. Gesundheitspflege. 8. (VIII, 95 S.) Berlin 896. Ullstein & Co. n. — 70

Bruck, Alfred Willy, approb. Arzt aus Berlin: **Beitrag zur** Epidemiologie und Statistik der Pertussis. ⟨Nach d. Material d. Kgl. Universitäts-Kinderpoliklinik d. Universität München 1893—1902.⟩ *München 1903: Kastner & Callwey.* (34 S.) 8°
München, Med. Diss. v. 1903

Bruck, Anna, Hygiene in der Küche od. Was die Hausfrau wissen muß. (84 S.) kl. 8. Berlin (904). G. Schuhr. n. 1. 20

Bruck, Aug., code de l'instruction supérieure et moyenne dans le grand-duché de Luxembourg. 8. (XI, 205 S.) Luxemburg 882. Brück. n. 1. 60

Bruck, Aug., Fondations de bourses d'études instituées en faveur des Luxembourgeois. gr. 8. (XX, 1016 S.) Luxemburg 882. (Brück.) n. 12. —

Bruck, Carl

Bruck, die Aufgaben Oesterreichs, s. **Aufgaben, die.**

BRUCK, Carl (Glatz): Ueber den Einfluss kalter hydriatischer Proceduren auf den Blutdruck. Messungen mit einem modificierten Riva-Rocci'schen Sphygmomanometer.- München: Wolf 1902. 39 S. 13.2.1902 - Chr 1901/02,25; Jv 1901/02,268
Diss. Ingolst.-Landsh.-Mchn.

Bruck, Carl [aus Oberglogau i. Schles.]: Ueber den **Einfluss des** Sublimats auf den Stoffwechsel .... Berlin, Buchdr. v. **Gustav** Schade (Otto **Francke**) (1887); 36 S. 8°.
Berlin, Med. Fak., Inaug.-Diss. v. 9. Apr. 1887.

Bruck, Carl, über den Einfluss des Sublimets auf den Stoffwechsel. Diss. Berlin 1887, Mayer & Müller. 8°. 36 S.

v. Bruck, Carl Freiherr, s.: Männer, die, der Gegenwart.

Bruck, Baron, Memoiren aus der Zeit des Krimkriegs. Hrsg. von dessen Privatsecr. Isidor Heller. gr. 8. (IV, 155 S.) Wien 877. Hartleben. 2. 70

Bruck, Carl, Dr. med., Oberarzt d. kgl. Klinik u. Poliklinik f. Hautkrankh. u. Syphilis: Die Serodiagnose der Syphilis. ⟨Nach den während der Java-Expedition des Herrn Geheimrat Neisser und an der Breslauer serodiagnostischen Abteilung gemachten experimentellen Untersuchungen und praktischen Erfahrungen.⟩ Breslau 1909: Grass, Barth & Co. 149 S. 8° ¶ (Ersch. in erweiterter Form in: Arbeiten aus d. Kais. Gesundheitsamt als Teil d. offiziellen Berichtes über d. Ergebnisse der vom Deutschen Reiche subventionierten Java-Expedition des Geh.-R. Neisser.)
Breslau, Med. Hab.-Schr. v. 2. Aug. 1909 [U 09. 644

Bruck, Carl, die Serodiagnose der Syphilis. (VIII, 166 S.) gr. 8. Berlin 909. J. Springer. 4. 80

Wesen, Bedeutung und experimentelle Stützen der Ehrlichschen Seitenkettentheorie. Von Dr. Carl **Bruck**, Assist., Berlin. Berlin: L. Simion Nf. 1906. (43 S.) 8°
= **Bibliothek,** Moderne ärztliche. H. 25. [06. 2791

Bruck, Eberh. Frdr., zur Geschichte der Verfügungen v. Todeswegen im altgriechischen Recht. (V, 42 S.) gr. 8. Breslau 909. M. & H. Marcus. 1. 80

Bruck, EF, s: Hilfsbüchlein f. d. röm. Zivilprozess.

Bruck, Eberhard Friedrich, Referendar zu Breslau: Zur **Lehre** von den Rechtsgeschäften, bei denen Bedingung u. Zeitbestimmung unzulässig sind ⟨Römisches und gemeines Recht⟩. *Breslau: M. & H. Markus 1904.* (VIII, 61 S.) 8° ¶ (Erscheint vollst. u. d. T.: 'Bedingungsfeindliche Rechtsgeschäfte' als: Studien zur Erläut. d. Bürgerl. Rechts, H. 13.)
Breslau, Jur. Diss. v. 5. März 1904

Bedingungsfeindliche Rechtsgeschäfte. Ein Beitrag z. Lehre von d. Unzulässigkeit von Bedingung u. Zeitbestimmung von Eberhard Friedrich Bruck. *Breslau: M. & H. Marcus 1904.* (XII, 182 S.) 8°
— Studien z. Erläuterung d. bürgerl. Rechts. H. 13. [04. 15:8) 6

Bruck, Eberhard Friedrich, Dr., Gerichtsass. in Breslau: Die Schenkung auf den Todesfall im griechischen Recht bis zum Beginn der hellenistischen Epoche, zugleich ein Beitrag zur Geschichte des Testaments. Breslau: Marcus 1909. XII, 152 S. 8° ¶(Ersch. vollst. u. d. T.: Die Schenkung auf d. Todesf. im griech. u. röm. Recht in: Studien z. Erläuterung d. Bürgerl. Rechts.).
Breslau, Jur. Hab.-Schr. v. [22. Apr.] 1909 [U 09. 642

Bruck, Eberh. Friedr.: Die Schenkung auf den Todesfall im griechischen und römischen Recht, zugleich e. Beitr. zur Geschichte des Testaments. Breslau.
Th. 1. Das griech. Recht bis zum Beginn der hellenist. Epoche. 1909. Studien zur Erl. des bürgerl. Rechts hrsg. von Leonhard. H. 31.

Bruck, Eberhard Friedrich: Die Schenkung..., s. a. Studien z. Erl. d. bürgerl. Rechts. 31.

vom Bruck, Engelb., (†...), s. 1) Anmerkk. z. Schleuder e. Hirtenknaben. 2) Etwas v. Werth d. Symbole.

Bruck, Erich: Aus d. Kgl. med. Universitäts-Poliklinik in Breslau. ⟨Direktor: Prof. Dr. Stern.⟩ Experimentelle Untersuchungen über die Wirkung des Urotropins und 'Neu-Urotropins'. *Breslau 1903: Bresl. Genoss.-Buchdr.* (38 S.) 8°
Breslau, Med. Diss. v. 28. Okt. 1903

Die Eigentümerhypothek. Von Ernst **Bruck**, Dr. jur. *Jena: G. Fischer 1903.* (XXI, 263 S.) 8° [F.]
= Abhandlungen z. Privatrecht u. Zivilprozeß d. Dt. R. Bd 10, H. 2. [03. 9910

Bruck, Ernst, Referendar: Die Einigung im Sachenrecht des Bürgerlichen Gesetzbuches. *Berlin: O. Liebmann 1900.* (75 S.) 8°
Strassburg, Rechts- u. staatswiss. Diss. v. 1900

— die Gemeindeordnung f. Elsaß-Lothringen vom 6. VI. 1895. 2. auf Grund des Halleyschen Kommentars neu bearb. Aufl. (X, 444 S.) 8. Straßburg 905. K. J. Trübner. n. 5. —; geb. n. 5. 50

Bruck, Ernst: Die Jagd- u. Vogelschutz-Gesetzgebg in Elsass-L. (9, 216) 8° Strassbg, KJ Trübner '07. Kart. 3.50 || 2. Ausg. m. Berücks. d. Novelle z. Vogelschutzges. v. 30. V. '08. (223) 10. Kart. 3.50 d

Bruck, Ernst: Reichsgesetz üb. d. Versichergsvertrag, s: Hager, P.

— Das Verfassgs- u. Verwaltgsrecht v. Elsass-L. I. Bd. (10, 396) gr8° Ebd. '08. 11 —; L. 12 — || II. Bd. (287) '09. 8—; L. 9 — || III. Bd, 1. Lfg. (162) '09. 4.50 d

— Das Verfassgs- u. Verwaltgsrecht v. Elsass-L. 3. Bd. (7, 316) gr8° Strassbg, KJ Trübner '09'10. 9 —; L 10 —; (vollst.: 28 —; geb. 31 —) d

— Versichergsgesetz f. Angestellte, s: Sammlung deut. Gesetze.

Bruck, F. (Red.), s. Laboratorium et Museum.

Bruck, Felix: Zur Lehre von den Verbrechen gegen die Willensfreiheit. Breslau 1875. (75 S.) 8° *(Darin ein Buchtitel: „Zur Lehre ... von Felix Bruck. Berlin: P. Anders 1875".) [Die meisten Tauschexemplare haben überhaupt nur diesen Buchtitel.]*
Breslau, Jur. Fak., Hab.-Schr. v. 19. März 1875

Bruck, Felix, zur Lehre von den Verbrechen gegen die Willensfreiheit. Habilitationsschrift. gr. 8. (V, 75 S.) Berlin 875, [Anders.] Anders und Bufleb.

Bruck, Felix, zur Lehre von der criminalistischen Zurechnungsfähigkeit. gr. 8. (V, 159 S.) Breslau 878. Koebner. n. 4. —

Bruck, Fel., über Spiel und Wette. Inaugural-Dissertation. gr. 8. (79 S.) Greifswald 868. Breslau, Mälzer. [Gera, Griesbach's Verlag.] *

— die Wirkung d. rechtskräftigen Erkenntnisses auf den vom Richter im Erkenntniss übergangenen Zinsenpunkt. Nach gemeinem u. preuss. Recht dargestellt. gr. 8. (47 S.) Breslau 873. Gosohorsky. n. 1. 60

über die präjudicielle Wirkung d. rechtskräftigen Criminalurtheils auf die connexe Civilsache. Historisch-dogmatisch dargestellt u. vom legislator. Standpunkte betrachtet. gr. 8. (V, 112 S.) Berlin 875. Anders. 2. 25

Die gesetzliche Einführung der Deportation im Deutschen Reich von Dr. jur. Felix Friedrich **Bruck**, Prof. (1. Taus.) Breslau: M. & H. Marcus 1897. (V, 55 S.) 8° [F.] [05. 975a 2

[F.] Die gesetzliche Einführung der Deportation im Deutschen Reich v. Dr. jur. Felix Friedrich **Bruck**, Prof. ... a. d. Univ. Breslau. (2. Taus.) *Breslau: M. & H. Marcus 1897.* (V, 55 S.) 1 Bd 8. [97. 7715

Bruck, Fel. Frdr., „fort m. den Zuchthäusern!" gr. 8. (V, 67 S.) Breslau 894. W. Koebner. n. 1. 50

Bruck, Fel. Frdr., die Gegner der Deportation. gr. 8. (IV, 121 S.) Breslau 901. M. & H. Marcus. n. 2. 50

Bruck, Felix Friedrich: Im Gurken-Sanatorium. Eine Komödie in 5 Akten. Breslau 1904: (Favorke). 81 S. 8°.

Bruck, Fel. Fr., zur Lehre v. der Fahrlässigkeit im heutigen deutschen Strafrecht. gr. 8. (VII, 117 S.) Breslau 885. Koebner. n. 2. 40

[F. u. Ant.] Neu-Deutschland und seine Pioniere. E. Beitr. z. Lösg d. sozialen Frage v. Dr. jur. Felix Friedrich Bruck, Prof. ... an d. Univ. Breslau. *Breslau: W. Koebner 1896.* (IV, 60 S.) 1 Bd 8. [96. 2313

Noch einmal die Deportation und Deutsch-Südwestafrika von Dr. Felix Friedrich **Bruck**, Prof. Breslau: M. & H. Marcus 1906. (25 S.) 8° [F.] [06. 10337

Der steinerne Vogel. Ein Lustspiel in 3 Akten von Felix Friedrich Bruck. Neue Ausg. *Breslau: S. Schottlaender 1894.* (70 S.) 8° [F.] [04. 3645 2

— s.: Zur Frage d. Deportation n. d. deutschen Kolonien.

Bruck, Frz: Aphorismen f. d. hals-, nasen- u. ohrenärztl. Praxis. (39) 8° Berl., A Hirschwald '11. 1 —

Bruck, Franz (Ratibor), Ein Fall von Ichthyosis congenita. Diss. med. chir. Bln. (G. Schade [O. Francke]) 21. III. 1888. 32 S. Mit Lit. u. Biogr. (3.20) 4185
Oppon.: Isaac, Moll, Fraenkel.

Bruck, Franz [aus Breslau]: Über Riesenzellen bei **Lues** Würzburg, F. Scheiner's Buchdr., 1895; 22 S. 8.
Würzburg, Med. Fak., Inaug.-Diss. v. 1895

Bruck, Georg J. (Hrsg.), s. Zeitschrift für Kunst- und Antiquitäten-Sammler.

Bruck, H. W. B., Hamburgs Klima u. Witterung. Beitrr. zur medicin. Topographie u. z. Klimatologie v. Deutschland. gr. 8. Hamb. 826. Campe. 18 gr

Bruck, Jak., d. Kurort Mattoni's Elisabeth-Salzbad i. Budapest u. dessen Bitterquellen, s.: Bibliothek, balneologische.

Bruck, Jac., Ignaz Philipp Semmelweis. Eine geschichtlich-medicin. Studie. gr. 8. (VI, 121 S.) Teschen 887, Prochaska. *

Bruck, Jonas

Bruck, J., Diätetik der Zähne. Leipzig 861. Förstner. (Felix.) gr. 8. (112 S.) n. 16 ngr.

Bruck, J., Lehrbuch der Zahn-Heilkunde. gr. 8. (VIII und 376 S. mit 8 Stnt.) Berlin 856. [Leipzig, Förstner'sche Buchh.] *

—— Lehrbuch der Zahn-Heilkunde. Neue verb. und verm. Ausg. gr. 8. (XII und 420 S. mit 5 Stnt. und eingedr. Holzschn.) Leipzig 861, Förstner'sche Buchh. *

Bruck, J., die Ursachen d. Zahnverderbniss m. Berücksichtigung der endemischen Einflüsse Breslau's. gr. 8. (48 S.) Breslau 852. Hainauer. n. 12 ngr

—— d. scrof. Zahnaffection. 8. (77) Lpzg 57. Felix. n. — 16

—— die scrofulöse Zahnaffection. gr. 8. (77 S.) Leipzig 857, Förstner'sche Buchh. *

—— operative Zahn-Heilkunde. gr. 8. (VII und 71 S. mit eingedr. Holzschn.) Leipzig 861, Förstner'sche Buchh. *
Aus: Lehrbuch der Zahnheilkunde, besonders abgedruckt.

Bruck, über Zahnkrankheiten u. das zahnärztl. Verfahren. 8. (1¾ B.) Liegnitz 840, Kuhlmey.

Bruck, Jul., Ahasver. Alter Sage neue Deutg. Zur 100. Jahresfeier der Unabhängigkeits-Erklärg. gr. 16. (134 S.) New-York 876. (Leipzig, Brockhaus' Sort.) 3.

Bruck, Jul., Ahasver. Alter Sage neue Deutung. Zur 100. Jahresfeier der Unabhängigkeits-Erklärung. gr. 16. (134 S.) New-York 876, International News Comp.

Bruck, Julius. Ahasver, alter Sage neue Dichtung. New York: Willmer & Rogers, 1876. GSP, UC

Bruck, Julius: Beiträge zur Histologie und Pathologie der Zahnpulpa. Breslau 1871. (28 S., 2 Taf.) 8° *[Im Buchhandel 1871 bei Kern in Breslau.]*
Breslau, Med. Fak., Hab.-Schr. v. 14. Juli 1871

Bruck jun., Jul., Beiträge zur Histologie und Pathologie der Zahnpulpa. Eine zahnärztl. Abhandlung. gr. 8. (30 S. mit 2 Stnt.) Breslau 871, (Maruschke und Berendt.) *

Bruck, Jul., bunte Blüthen. Scherz und Ernst in Versen. 2. Aufl. 12. (108 S.) New-York 880, Zickel. geb. mit Goldschn. * 2 —

Bruck jun., Jul., die angeborenen u. erworbenen Defekte des Gesichtes, der Kiefer, des harten u. weichen Gaumens auf künstlich plastischem Wege geschlossen u. für Aerzte, Chirurgen u. Zahn-Aerzte dargestellt. Mit 12 Taff. photolith. Abbildgn. Breslau 870. Kern. gr. 4. (2 Bll., 31 S.) n. 3 ₰

Bruck, Jul., die Galvanokaustik in der zahnärztlichen Praxis. gr. 8. (VI und 38 S. mit eingedr. Holzschn.) Leipzig 864, Felix. *

Bruck, Jul., von Hüben und Drüben. Scherz und Ernst in Versen. 3. verm. Aufl. von „Bunte Blüthen". 8. (VIII, 140 S.) Leipzig 886, Reißner. *
cart. *

Bruck, Julius *(geb. Brieg 14. 10. 1833)*: Nonnulla de illa vi, quam uroscopia ad diagnosin morborum habet. Vratislaviae (1859). (31 S.) 8°
Breslau, Med. Diss. v. 15. März 1859

—— zur Reformfrage des zahnärztlichen Standes. Eine mit Rücksicht auf das von einem königl. preuß. Ministerio der geistl., Unterrichts- und Medizinal-Angelegenheiten geforderte Gutachten, verfaßte Denkschrift. gr. 8. (40 S.) Leipzig 865, Felix. *

Bruck, Julius [pseud.]. Adolf Sonnenthal; Schilderung in Wort und Bild. Ed: H. Bartsch. NY, 1885.

—— das Urethroscop zur Durchleuchtung der Blase und ihrer Nachbartheile und das Stomatoscop zur Durchleuchtung der Zähne und ihrer Nachbartheile durch galvanisches Glühlicht. gr. 8. (22 S. mit eingedr. Holzschn.) Breslau 867, Maruschke und Berendt. *

—— l'Uréthroscope et le stomatoscope pour éclairer et rendre diaphanes l'uréthre et ses parties avoisinantes — les dents et leurs parties avoisinantes, au moyen de la lumière électrogalvanique. gr. 8. (24 S. mit eingedr. Holzschn.) Breslau 868, Maruschke und Berendt. *

Bruck, Leop., die nächtliche Enurese u. deren Behandlung. gr. 8. (4 S.) Leipzig (900). B. Konegen. n. 1.—

— zur Diagnose der Rubeolae. gr. 8. (4 S.) Ebd. 899. n. 1.—
2 Sonderabdrucke aus: „Kinder-Arzt".

Bruck, Ludwig *(geb. Reichenbach in Schles. [5. 1. 1848])*: Ein Fall von Serratus-Lähmung nach akuter Krankheit. Breslau 1873. (30 S.) 8°
Breslau, Med. Diss. v. 31. Juli 1873

Bruck, M. R., Geschichte d. poln. Revolution, s. Volks-Bibliothek, allgem., 6. Bdchn.

Bruck, M. R., Geschichte der polnischen Revolution in den J. 1830 und 1831. — Leben Friedrich Wilhelms III., s. Volks-Bibliothek, wohlfeilste.

Bruck, M. R., chronologische Tabelle der deutschen Literatur. Amsterdam 855. (Leipzig, T. O. Weigel.) gr. 4. (29 Bl.) n. 18 ngr

Bruck, Marcus Maur. (geb. Ratibor 24. 12. 1800): De myrmeciasi. Berolini (1824). (VIII, 61 S.) 8°
Berlin, Med. Diss. v. 29. Apr. 1824

Bruck, (M. M.,) de myrmeciasi. 8 maj. Berolini 824, Maurersche Buchh. Rthlr.

Die Bedeutung der Anfechtbarkeit für Dritte. Ein Beitrag z. Lehre vom Rechtsgeschäft von Dr. Martin Bruck. *Breslau: M. & H. Marcus 1900.* (97 S.) 8°
= Studien z. Erläuterung d. bürgerl. Rechts. H. 2. [oo. 9155

Bruck, Martin [aus Berlin]: Ein Fall von myopathischer Humerusluxation .... Würzburg, Druck d. Ferdinand Röhrl'schen Buchdr., 1888; 60 + IV S. 8°
Würzburg, Med. Fak., Inaug.-Diss. v. 1888

Bruck, Martin, ein Fall von myopathischer Humerusluxation. Diss. Würzburg 1888, Stahelsche Univ.-Buchh. 8°. 60 S.

Bruck, Mart., die Nervenkranken u. ihre Behandlung in den Bädern. Praktische Winke. 8. (39 S.) Wiesbaden 893. J. F. Bergmann. n. — 80

— Tafeln zum Recht der Schuldverhältnisse (allgemeiner Tl.) gr. 8. (24 S.) Breslau 900. M. & H. Marcus. n. — 80

Bruck, Mart., was leistet Bad-Nauheim b. d. Erkrankgn. d. peripheren u. centralen Nervensystems, spez. bei Tabes dorsualis? gr. 8. (IV, 53 S.) Friedberg 896. C. Bindernagel. n. 1. 20

Bruck, Martin, Gerichtsref.: Das Wesen der Anfechtbarkeit. *Löwen i. Schl. 1900: (H. Fleischmann, Breslau).* (43 S.) 8°
Breslau, Jur. Diss. v. Apr. 1900

Bruck, Moritz

Bruck, M., rationelle Behandlung d. Cholera u. Widerleg. d. herrsch. geword. falschen Ansichten üb. d. Natur u. Heilung ders., nebst e. Anh. üb. d. Character, mit welchem sie in Berlin auftritt. gr. 8. (3 B.) Berlin 831, Mittler.

Bruck, Mor., das Wesen u. d. Behandl. d. asiat. Cholera, od. wissenschaftl. Lösung d. Cholerafragen, besond. der v. d. kgl. Sanitäts-Commission zu Berlin aufgestellten. Orig.-Abhandl. gr. 8. (18⅛ B.) Berlin 841, A. Hirschwald. *

Bruck, O., d. Katechismus-Unterricht i. d. Oberklasse d. Volks- u. Mittelschule N. d. formalen Stufen behand. f. Seminaristen u. Lehrer. gr. 8. (IV, 176 S.) Langensalza 897. Schulbuchh. 1. 50

Bruck, O., der Katechismus-Unterricht in der Oberklasse der Volks- u. Mittelschule. Nach den formalen Stufen f. Seminaristen u. Lehrer behandelt. 2. verb. Aufl. gr. 8. (IV, 175 S.) Langensalza 899. Schulbuchh. 1. 50

Bruck, Paul [aus Berlin]: Ueber die Jodadditionsprodukte der Acetylendicarbonsäure, Tetrolsäure und Propiolsäure ... Berlin, Druck v. J. L. Fernbach, 1893; 30 S., 1 Bl. 8.
Berlin, Phil. Fak., Inaug.-Diss. v. 29. März 1893

Bruckii, Ph. Dav., Gnomon Psalmorum, in quo ex nativa verbor. vi simplicitas, profunditas etc. II. Tmi. 4. Stuttg. Metzler. 760. (à 2 Rthlr.)

— von d. Rechtfertigung u. der Versicher. im Herzen rc. 7 Thle. 8. Ebend. 763. 64.

Bruck, Reinhard, a. Prag: Heinrich Steffens. Ein Beitrag zur Philosophie der Romantik. Borna-Leipzig 1906: R. Noske. (50 S.) 8° [F.]
Erlangen, Phil. Fak., Ref. Falckenberg, Diss. v. 11. Sept. 1906
[Geb. 28. Juni 85 Prag; Wohnort: Frankfurt a. M.; Staatsangeh.: Österreich; Vorbildung: Wöhler-Realgymn. Frankfurt a. M. Reife O. 03; Studium: Heidelberg 3. Berlin 1. Heidelberg 1. Erlangen 1 S.; Rig. 27. Juni 06.]

Bruck, Rich., die Praxis der Locomotivheizung. 8. (VI, 80 S. m. 20 Abbildgn.) Wien 902. Spielhagen & Schurich. n. 1. 20

Bruck, Rich.: Die österr. automat. Vakuum-Güterzugsbremse in ihrem wahren Lichte. Luftsauge- od. Druckluftbremsen? (79 m. Abb.) gr8° Wien, (Wiener Volksbh.) '12. 1.50 d

Bruck, Rob., Altes in neuem Gewande. 10 Tiermärchen. Mit Buchschmuck v. E. Pelikan. (107 S.) Lex-8. Dresden (900). C. C. Meinhold & Söhne. Geb. n. 3. —

Bruck, Rob., die Denkmalpflege im Königr. Sachsen. (115 S.) Lex. 8. Dresden 910. G. Kühtmann. 4. —

— s.: Dürer, Albr., Skizzenbuch.

Bruck, Robert, Dr.: Friedrich der Weise als Förderer der Kunst. 1903. 241 S. 8° ¶ Erw. u. mit Abb. als: Studien zur deutschen Kunstgeschichte. H. 45.
Dresden Te. H., Hab.-Schr. v. S.-S. 1903

Friedrich der Weise als Förderer der Kunst von Dr. Robert **Bruck**. Privatd. zu Dresden. Mit 41 Lichtdrucktaf. u. 5 Textabb. *Strassburg: J. H. E. Heitz 1903.* (VIII, 336 S.) 8°
= Studien z. deutschen Kunstgeschichte. H. 45.

Bruck, Robert: Die Elsässische Glasmalerei. *Strassburg 1901: M. DuMont-Schauberg.* (50 S.) 4° (8°) ¶ (Erscheint vollst. u. mit Taf. bei W. Heinrich in Strassburg.)
Heidelberg, Phil. Diss. v. 1901

Bruck, Rob., die elsässische Glasmalerei. — La peinture sur verre en Alsace. Die elsäss. Glasmalerei vom Beginn des XII. bis zum Ende des XVII. Jahrh. 10 Lfgn. (81 Lichtdr.-Taf.) gr. Fol. Strassburg 901. 902. W. Heinrich. à n. 5. —; nebst Text. gr. 4. (VIII, 164 S. m. Abbildgn. u. 6 Taf.) n. 6. —; geb. n. 7. 50

Die Malereien in den Handschriften des Königreichs Sachsen. Hrsg. von Robert **Bruck**. Dresden: C. C. Meinhold & Söhne 1906. (XV, 409 S.) 4°
= Schriften d. K. Sächs. Kommission f. Geschichte. 11.

Dresdens alte Rathäuser. Von Prof. Dr. Robert **Bruck**. Festschrift d. Vereins f. Geschichte Dresdens z. Einweihung d. neuen Rathauses 1910. Dresden 1910: Wilhelm u. Bertha v. Baensch-Stiftung. 44 S. 4°

Arwed Roßbach und seine Bauten. Text von Dr. Robert **Bruck**, Priv.Doz. in Dresden. Berlin: E. Wasmuth 1904. (77 S., 11 Taf.) 4°(8°)

— Die Sophienkirche in Dresden, ihre Gesch. u. ihre Kunstschätze. (7, 102 m. 64 Lichtdr.-Taf.) Lex8° Dresd., Hv. Keller '12. 12 —; L 14 —

Bruck, Rud. v., Wahlrecht ist Volksrecht! Ein Begleitwort zur Denkschrift der königl. sächs. Regierg. vom 31. XII. 1903 üb. das Wahlrecht zur 2. Kammer der Ständeversammlg. im Königr. Sachsen. (16 S.) gr. 8. Dresden 904. (E. Stoll.) n. — 50

Bruck, S. (Hrsg.), s. Nord und Süd.

Bruck, Sarah, von Tschernigow (Russland): Über den Zusammenhang zwischen Diurese und Organtätigkeit. Bern 1904. 36 S. 8°. [20. VII. 04.]
Bern. Med. Diss. 1904/1905.

Bruck, Sarah. Über den Zusammenhang zwischen Diurese und Organtätigkeit. Diss. Med. Bern. 36 S. 8. Bern, W. Wälchli, 1904.

Bruck, Siegfr., der Menschenfresser, s.: Vereinstheater.

Bruck, Siegfr.: Poussierstengel, s: Vereinstheater.

— Sergeant Striegel in der Wellenbadschaukel, s.: Danner's, G., Herrenbühne.

Bruck, Sylvius (*geb. Breslau 20. 7. 1861*): Quae veteres de Pelasgis tradiderint. Vratislaviae 1884. (60 S.) 8° [*Im Buchhandel 1884 bei Koebner in Breslau.*]
Breslau, Phil. Diss. v. 28. Mai 1884

Bruck Th. M.: Beiträge zur Morphologie einiger Knollen- u. Zwiebelgewächse. 22. Czernowitz R. 82. Progr.

Beitr. z. Morph. unterirdischer Sprossformen. 12 m. 5 Taf. ibd. 85. Progr.

Bruck, W. van den, Bumm! Ein Buch f. vergnügte Kinder. Mit droll. Bildern v. W. van d. Br. u. lust. Versen v. Frz. Mahler. (8 farb. Bl.) Lex. 8. Wesel (910). W. Düms. Geb. 1.—; auf Pappe (8 farb. S.) geb. 1. 20

— Eia Popeia. Alte Reime m. neuen z. Tl farb. Bildern. (20) Lex8° Ebd. ('12). HL 1 — d

— u. Wilh. Schäfer: Uns. Soldaten, s: Düms' neue künstler. Volks-Bilderbb.

— Viel Vergnügen. Lust. Bilderb. f. fröhl. Kinder. Mit droll. Bildern v. W van d. Br. u. lust. Versen v. Frz Mahler. (8 farb. Bl.) Lex8° Ebd. ('11). geb. 1 —; auf Pappe (8 farb. S.) geb. 1.50 d

Bruck, Walter, a. Berlin: Studien über 2,4-Dinitro-α-naphtol und Styphninsäure. (Berlin 1908: E. Ebering.) (57 S.) 8°
Berlin, Phil. Fak., Ref. Gabriel, Diss. v. 4. Juli 1908
[Geb. 28. Aug. 84 Berlin; Wohnort: Berlin; Staatsangeh.: Preußen; Vorbildung: Kaiser-Wilhelms-Realgymn. Berlin Reife O. 03; Studium: Berlin Techn. Hochsch. 6, Univ. 3 S.; Rig. 18. Juni 08.]

Bruck, Walth. Wolfg., die Einführung der Zahnpflege in Heer u. Marine. gr. 8. (64 S.) Breslau 901. Schles. Buchdruckerei etc. n. 1. 50; geb. n. 2. 50

— das Füllen der Zähne m. Porzellan. (System Jenkins.) Ein Lehrbuch f. Zahnärzte u. Studierende. gr. 8. (140 S. m. 116 Abbildgn.) Ebd. 902. n. 4. —; geb. n. 5. —

Bruck, Werner Friedrich, Dr., a. Breslau: Beiträge zur Physiologie der Mycetozoen. T. 1: Verschmelzungsvorgänge. Entwicklungsänderungen. Jena: G. Fischer 1907. (60 S.) 8° ¶ (Aus: Zeitschrift f. allg. Physiologie Bd 7.)
Gießen, Phil. Fak., Hab.-Schr. v. 1907

Bruck, Werner Frdr., Biologie, praktische Bedeutung u. Bekämpfung der Mistel, s.: Flugblätter des kaiserl. Gesundheitsamtes. Nr. 32.

Biologie, praktische Bedeutung und Bekämpfung der Mistel. Von Dr. Werner Friedrich **Bruck**. 2. Abdr. (Berlin: P. Parey) 1905. (4 S.) 8° [Kopft. F.]
= Kais. Biolog. Anstalt f. Land- u. Forstwirtschaft. Flugblatt. No 32.

Bruck, Wern. Frdr.: Pflanzenkrankh., s.: Sammlung Göschen 310

Bruck, Werner Friedrich, aus Breslau: Untersuchungen über den Einfluß von Außenbedingungen auf die Orientierung der Seitenwurzeln. *Jena: G. Fischer 1904.* (33 S.) 8°
Leipzig, Phil. Diss. v. 1904

Bruck, Wern. Frdr., wie studiert man Biologie? Eine Einführg. in d. Wissenschaft f. angeh. Studierende d. Botanik u. Zoologie u. deren Ergänzungswissensch., m. Ratschlägen zur zweckmäss. Anordng. des Studienganges. (Violets Studienführer.) (IV, 152 S.) gr. 8. 910. W. Violet. 2. 50

Bruck, Wilhelm (Red.), s. Presse, Dresdner landwirthschaftliche.

Bruck, Wilhelm [Kammerger.-Ref.]: Die Verteilung des periculum bei partiellem Untergang einer Quantität, von der ein nach Maass, Zahl oder Gewicht bestimmter Teil verkauft, aber noch nicht ausgeschieden war ... Berlin, Buchdr. G. Schenck, Kgl. Hofbuchh., 1895; VIII, 61 S. 8.
Erlangen, Jur. Fak., Inaug.-Diss. v. 1895

Bruck, Wilh., das Nordseebad Westerland-Sylt an der nordschleswigschen Westküste. gr. 8. (20 S. m. 2 Holzschntaf.) Dresden 877. (Weiske.) n. — 50

Bruck-Auffenberg, Natalie, Dalmatien u. seine Volkskunst. Muster u. Kunsttechniken aus altem Volks- u. Kirchengebrauch. Spitzen, Stickarbeit, Teppichweberei, Schmuck, Trachten u. Gebrauchsgegenstände der Dalmatiner. (In 5 Heften.) 1. Heft. (10 z. Tl. farb. Taf. m. 8 S. illustr. Text.) 36×29 cm. Wien (910). A. Schroll & Co. 6. —

Bruck-Auffenberg, Nathalie: Dalmatien u. s. Volkskunst. Muster u. Kunsttechniken a. altem Volks- u. Kirchengebr. Spitzen, Stickarbeit, Teppichweberei, Schmuck, Trachten u. Gebrauchsgegenstände d. Dalmatiner. (68 z. Tl farb. Taf. m. illustr. Text 72 S.) 36,5×30 cm. Wien, A Schroll & Co. ('10'11). in HL-M 50 —

Bruck-Auffenberg, Natalie, die Frau comme il faut. (D. vollkommene Frau.) M. Beiträgen d. Briefkastenmannes d. „Wiener Mode". 8. (VIII, 480 u. XV S. m. Zierleisten.) Wien 896. Gesellsch. f. graph. Industrie. Geb. in Leinw. n. 5. —

Bruck-Auffenberg, Natalie, Die Frau comme il faut. IV. Tausend. 8. (480 u. Register XV S.) In eleg. Lnwdbd. Ebda. 1897 3.—

— Die Frau comme il faut. Die vollkommene Frau. 4. Afl. (447) 8° Berl., J Gnadenfeld & Co. ('11). kart., L 5 —; Prachtausg. Ldr 7.50 d

Brück, Dr. **Heinrich**, Bischof v. Mainz. Festschrift z. Feier d. Consecration u. Inthronisation. 8° (45 m. Abb.) Mainz 1900, F Kirchheim. nn — 25

Brück, Dr. Heinrich, Bischof v. Mainz (1831—1903). Eine Gedenkschrift. (42 S. mit Abbildgn.) 8. Mainz 903. Kirchheim & Co. n. — 20

Brück, s.: Deutschland. Kürschner-Pelp. — Preussen. Messtischblätter.

Brück, s.: Geologische Karten. Karte (Preussen).

Brück: Die Ausbildg v. Reiter u. Pferd bei d. Feldartill. [S.-A.] (29) 8° Berl., Vossische Bh. '05. — 60 d

Brück: Leitf. f. d. Kanoniere u. Fahrer d. Feldartill., s: Batsch.

— Was fordert die Instruktion zum Reitunterricht der Kavallerie? (1. Tl.) Für Lehrer u. zum Selbststudium. Mit Anh. üb. die Ausbildg. v. Reiter u. Pferd bei der Feldartillerie. (64 u. 29 S.) 8. Ebd. 905. n. 1. 50

Brück, Ant. Theob., balneologische Aphorismen mit besonderer Berücksichtigung Driburg's. Osnabrück 863. Rackhorst in Comm. 8. (134 S.) n. 12 ngr.

— s. Frz. Baco, neues Organon.

Brück, Ant. Th., Beitrr. zur Erkenntniß u. Heilung d. Lebensstörungen mit vorherrschend physischen Krankheitserscheinungen. Herausg. v. J. D. Brandes. 16 Bdchen. gr. 8. Hamb. 827. Nestler. 16 ℳ

Brück, Anton Theob., das Bad Driburg, in seinen Heilwirkungen dargestellt, für pract. Aerzte. Nebst zwei neuen chem. Analysen. gr. 8. (9½ B.) Osnabrück 844. (Rackhorst'sche Buchh.) *

Brück, Ant. Theob., Taschenbuch f. gebild. Curgäste, od. Anleit. z. zweckmäßigern äuß. u. inneren Gebr. d. Mineralwasser u. d. dabei zu beobacht. Brunnendiät. gr. 16. (9 B.) Berlin 833, Reimer.

BRÜCK, August (Wiesbaden): Zur Aetiologie und Therapie der Netzhautablösung.- München: Ernst 1889. 36 S.
31.7.1889 - Chr 1889/90,27; Jv 1889/90,220

Diss. Ingolst.-Landsh.-Mchn.

Brück, Carl, Apotheker aus Wiesbaden: **Hydrolyse** von **Ammoniumsalzen in siedender wäßriger Lösung.** *Gießen 1903: Heppeler & Meyer.* (43 S.) 8°
Gießen, Phil. Diss. v. 1903

Brück, **Carl**: De Ovidio scholasticarum declamationum imitatore. Giessen 1909: v. Münchow. 102 S. 8°
Gießen, Phil. Diss. v. 8. Juli 1909, Ref. Wünsch
[Geb. 23. Nov. 82 Nieder-Ingelheim; Wohnort: Gießen; Staatsangeh.: Hessen; Vorbildung: Oster-Gymn. Mainz Reife O. 01; Studium: Gießen 2, Bonn 2, Gießen 5 S.; Rig. 11. März 07.] [U 09. 1197

Das bergische Geschlecht Brugge. Von F. u. H. **Brück**. Düsseldorf 1908: Schwann. 79 S. 8° [U. 387 B

Brück, Ferdinand [aus Kalk]: Die Consonantendoppelung in den mittelenglischen Comparativen und Superlativen .... Bonn. Univ.-Buchdr. v. C. Georgi. 1886: 52 S. 8°.
Bonn. Phil. Fak. Inaug. Diss. v. 6. Apr. 1886.

Brück, Ferd., die Consonantendoppelung in den mittelenglischen Comparativen und Superlativen. gr. 8. (49 S.) Leipzig 886, Fock. *

Brück, Gottlob Friedrich von

v. Brück, Glo. F., († Jan. 1785.) coup d'oeil militaire, oder d. Augenmaß im Kriege, f. Offiziere. Mit Kpf. gr. 8. Dresd. 773. 2e A. Ebd. 777. Hilscher. 1 ℛ 16 ℊ

Brück, Gottlob Friedrich v. Coup d'oeil militaire, oder das Augenmerk im Kriege, nebst denen vorhergehenden dazu nöthigen Wissenschaften I. Abhandlung: Das Zeichnen und Aufnehmen etc. II. Abhandlung: Die Fortification à la campagne. III. Abhandlung: Der Coup d'oeil militaire, oder das Augenmerk im Kriege. Zweite Auflage. Mit 22 Plänen. 8. Dresden und Leipzig 1777.

v. **Brück**, Gottl. Fr. Coup d'oeil militaire, oder das Augenmerk im Kriege, nebst denen vorhergehenden dazu nöthigen Wissenschaften. 8. M. Plän. Dresden und Leipzig 1778. — 2. Aufl. 8. M. 22 Plän. ib. 1779.

Brück, Gottlob Friedrich von, Premier-Lieut. bey der Churf. Sächs. Armee. Vortheile eine Situation zum militärischen Gebrauch aufzunehmen und zu zeichnen, wie auch die nützlichsten Feld-Schanzen zu traciren und zu bauen, zum dienlichen Gebrauch dererjenigen, welche keine Kenntniss der Geometrie haben, in diese kurze Anweisung und sieben Tabellen abgefasset. (Donation Liechtenstein.) 8. Dresden 1767.

— Vortheile, e. Situation zu militär. Gebrauch aufzunehmen ꝛc., mit ill. Pl. 8. Dresd. 767. Walther. 10 ℊ

Brück, Gregor

Brück, des Canzlers D., Geschichte d. Religionshandln. auf d. Reichstage zu Augsburg im J. 1530, s. Archiv f. d. Gesch. d. Reformation. I, 1.

Brück, Gust., zur Umgestaltung des Religions-Unterrichts in der Volksschule. Eine Stimme aus e. großen Elternkreis. (31 S.) 8. Chemnitz (909). Buchh. des Gemeinschaftvereins. — 20

Brück, H., u. E **Triebel**: Erziehe z. Frieden, s: Schriften d. Frankfurter Friedensvereins.

Brück, Heinrich

Brück, H., die rationalistischen Bestrebungen im katholischen Deutschland, besonders in den drei rheinischen Erzbisthümern in der 2. Hälfte des 18. Jahrh. Mit Benützung der Protocolle des ehemal. erzbischöfl. Generalvicariats von Mainz. Ein Beitrag zur Kirchengeschichte. Mainz 865. Kirchheim. gr. 8. (IV, 140 S.) 15 ngr.

Brück, Heinr., die Erzbischofswahl in Freiburg und die badische Regierung. gr. 8. (42 S.) Mainz 868, Kirchheim.

Brück, H., die Erzbischofswahl in Freiburg u. die badische Regierung. Mainz 869. Kirchheim. gr. 8. (42 S.) 7½ ngr.

Brück, Heinr., Geschichte der katholischen Kirche im 19. Jahrh. (In 3—4 Bdn.) 1. Bd. A. u. d. T.: Geschichte der kathol. Kirche in Deutschland. 1. Bd.: Vom Beginne des 19. Jahrh. bis zu den Concordatsverhandlungen. gr. 8. (XIII, 478 S.) Mainz 887, Kirchheim. *

Brück, Heinr. Geschichte der katholischen Kirche im 19. Jahrh. 2. Bd.: Geschichte der kathol. Kirche in Deutschland. II. Vom Abschlusse der Concordate bis zur Bischofsversammlung in Würzburg im März 1848. gr. 8. (XVII, 592 S.) Mainz 889, Kirchheim. 7 60
1. Ebd. 1887. * 6 —.

Brück, Heinr., Geschichte d. katholischen Kirche i. 19. Jahrh. 3. Bd. Geschichte d. kathol. Kirche in Deutschland. III. B. d. Bischofsversammlg. i. Würzburg 1848 b. z. Anfang d. s. g. Culturkampfes 1870. gr. 8. (XIII, 574 S.) Mainz 896. F. Kirchheim. n. 8. — (1—3: n. 21. 60)

— Geschichte der katholischen Kirche im 19. Jahrh. 1. u. 4. Bd. gr. 8. Ebd. 901. 902. n. 12. 80
1. Geschichte der kathol. Kirche in Deutschland. I. Vom Beginne des 19. Jahrh. bis zu den Concordatsverhandlungen. 2. verm. u. verb. Aufl. (XV, 602 S.) 901. 902. n. 6. —
Erschien auch in 6 Lfgn. à n. 1. —.
IV. Dasselbe. 4. Bd. Vom vatican. Concil 1870 bis zur Gegenwart. 1. Abth. Das vatican. Concil u. der sog. Culturkampf in Preußen bis zur Anknüpfg. v. Verhandlgn. m. Rom. (XIV, 603 S.) 901. n. 6. 80; geb. in Halbsaffian n. 8. 80

— Geschichte der katholischen Kirche im 19. Jahrh. 2. u. 3. Bd. u. 4. Bd. 2. Abth., 1. Hft. gr. 8. Ebd. n. 19. 60

2. Geschichte der kathol. Kirche in Deutschland. II. Vom Abschlusse der Concordate bis zur Bischofsversammlg. in Würzburg im März 1848. 2. Aufl. (XVI, 608 S.) 903. n. 7. 60

3. Dasselbe. III. Von der Bischofsversammlung in Würzburg 1848 bis zum Anfang des s. g. Culturkampfes 1870. 2., durchges. Aufl., besorgt durch J. B. Kißling. (XIII, 603 S.) 905. n. 8. —

4. II. 1. Heft. Geschichte der kathol. Kirche in Deutschland seit 1870 (Fortsetzg.) Hrsg. u. fortgesetzt von J. B. Kißling. (320 S.) 905. n. 4. —

Brück, Heinrich, Geschichte der kathol. Kirche im 19. Jahrh. IV. Vom vatikan. Konzil 1870 bis zur Gegenwart. 1. u. 2. Abtlg. gr. 8. Münster, Aschendorff. 10.10 (kplt. 42. 50)

1. Das vatikan. Konzil u. der sog. Kulturkampf in Preußen bis zur Anknüpfg. v. Verhandlgn. m. Rom. 2., verm. Aufl., hrsg. v. J. B. Kißling. (XIV, 580 S.) 907. 7. 50

2. Ende des Culturkampfs in Preußen. Die Culturkampfbewegg. in den anderen deutschen Staaten. Die innerkirchl. Entwickelg. in Deutschland seit 1870. Hrsg. u. fortgesetzt v. J. B. Kißling. (XV u. S. 321—511.) 908. 2. 60

Die geheimen Gesellschaften in Spanien und ihre Stellung zur Kirche und Staat von ihrem Eindringen in das Königreich bis zum Tode Ferdinand's VII. von Heinr. Brück. Mainz: Kirchheim 1881. XII, 328 S. 8°

Recens: Histor.-polit. Blätter f. d. kathol. Deutschland. 87 (1881) S. 783—796; Dublin Review. Ser. 3 Vol. 6 (1881) S. 298—299 (Bellesheim).

—— die oberrheinische Kirchenprovinz von ihrer Gründung bis zur Gegenwart, mit besond. Berücksicht. des Verhältnisses der Kirche zur Staatsgewalt. gr. 8. (XVI, 567 S.) Mainz 868, Kirchheim. *

Brück, Heinr., die Culturkampfbewegung in Deutschland (1871—1900). Historisch dargestellt. (In ca. 10 Lfgn.) 1.—6. Lfg. gr. 8. (III u. S. 1—447.) Mainz 901. [F. Kirchheim.] Münster, Aschendorff. à n. 1. —

Sonderabdruck aus: „Gesch. der kathol Kirche im 19. Jahrh."

Brück, Heinr., die Culturkampfbewegung in Deutschland (seit 1871). Historisch dargestellt. II. (Schluß-)Bd. Hrsg. u. fortgesetzt v. J. B. Kißling. (I. Bd. XI S. u. II Bd. XII, 343 S.) 8. Münster 905. Aschendorff n. 4, 50; kplt. n. 10. 60

Sonderabdruck aus: „Gesch. d. kathol. Kirche im 19. Jahrh."

—— Lehrbuch der Kirchengeschichte für academische Vorlesungen und zum Selbststudium. 3 Lfgn. gr. 8. Mainz, Kirchheim. [1. Lfg. (IV, S. 1—256.) 872. ℳ 2,80.; 2. Lfg. (S. 257—544.) 873. ℳ 3.; 3. Lfg. (XIV, S. 545—847.) 874. * ℳ 3,20.] *

Brück, Heinr., Lehrbuch der Kirchengeschichte für academische Vorlesungen und zum Selbststudium. 2. verm. und verb. Aufl. Lex.-8. (XV, 894 S.) Mainz 877, Kirchheim. *

Brück, Heinr., Lehrbuch der Kirchengeschichte f. academische Vorlesungen u. zum Selbststudium. 3., verm. u. verb. Aufl. gr. 8. (XV, 924 S.) Mainz 884. Kirchheim. n. 10. 80

—— Lehrbuch der Kirchengeschichte für academische Vorlesungen und zum Selbststudium. 4. verm. und verb. Aufl. gr. 8. (XVI, 939 S.) Ebendas. 888. *

Brück, Heinr., Lehrbuch der Kirchengeschichte f. academische Vorlesungen u. zum Selbststudium. 5. u. 6., verb. Aufl. gr. 8. (XVI, 945 S.) Mainz 890. 893. F. Kirchheim. n. 11. —

Brück, Heinr., Lehrbuch d. Kirchengeschichte f. academ. Vorlesgn. u. z. Selbststud. 7., verm. u. verb. Aufl. gr. 8. (XV, 958 S.) Mainz 898. F. Kirchheim n. 11. —

— Lehrbuch der Kirchengeschichte f. akademische Vorlesungen u. zum Selbststudium. 8. verb. Aufl. gr. 8. (XV, 961 S.) Münster 902. Aschendorff. n. 11. —

—— Adam Franz Lennig, Generalvicar und Domdecan von Mainz in seinem Leben und Wirken. gr. 8. (VII, 315 S.) Mainz 870, Kirchheim. *

Brück: Die Marienkirche zu Stargard in Pommern. Zur Feier ihrer Neueinweihg. (32 m. Abb. u. 16 Taf.) gr8° Starg., (M Mallin) '11. 1.20 d

— die systematische Verunglimpfung der Sittenlehre des hl. Alphons v. Liguori u. des Bußsakramentes der kathol. Kirche. Ein Mahn- u. Hirtenwort. gr. 8. (11 S.) Mainz 901. F. Kirchheim. n.n. — 06

— das irische Veto. gr. 8. (79 S.) Ebend. 879. 1. 20

Brück, H[ermann]: Die Lehrerinnenfrage. Zugleich eine Widerlegung d. Broschüre „Frauenarbeit in d. Schule" [v. W. Cremer]. — Dortmund: Crüwell 1884. 31 S. 8°

Der Deutsche Lehrerverein und seine Vorgänger im Lichte der Wahrheit. Bearb. von H[ermann] Brück. Bochum: Westfäl. Verl.- u. Lehrmittel-Anst. in Komm. [1910]. 32 S. 8° [Umschlagt.] [11. 4256

[F.] Das Lesebuch im Dienste der Erziehung. E. Beitr. z. Förderg d. sittlich-religiösen Erziehg durch d. Leseunterr. ... Von H[ermann] Brück, Rektor in Bochum. *Arnsberg: J. Stahl 1896.* (VIII, 56 S.) 1 Bd 8. [97. 6821

Brück, Herm., Rechenbuch f. Volksschulen, s.: Engelhardt, F.

— u. H. Keudel, das erste Schuljahr. Eine method. Behandlg. sämtl. Unterrichtsfächer der Elementarklasse. Für kathol. Lehrer u. Lehrerinnen bearb. gr. 8. (IV, 199 S.) Gera 892. Th. Hofmann. n. 2. —

Brück, Herm. Sprachliche Übungen f. die Oberstufe der Volksschule. Im Anschlusse an das Crüwellsche Lesebuch f. Oberklassen. Lehrerheft. 8. (112 S.) Dortmund 888, Crüwell's Verlag. cart. * — 80

— sprachl. Ubgn f. d. Oberstufe d. Volksschule. Im Anschlusse an d. „2. Asg." d. Crüwellschen Lesebuchs f. Oberklassen. Lehrerheft. 8° (112) Dortm. 93, W Crüwell. Kart. — 80

— dass. — Schülerheft. 2. u. 3. unveränd. Aufl. 8. (62 S.) Ebd. 889,90. * — 30

— sprachliche Ubungen f. die Oberstufe der Volksschule. Im Anschlusse an das Crüwellsche Lesebuch f. Oberklassen. Schülerheft. 4. Aufl. 8. (62 S.) Dortmund 893. W. Crüwell. n. — 30

Sprachliche Übungen für die Oberstufe der Volksschule. Im Anschluß an d. Crüwellsche Lesebuch f. Oberklassen u. unter Berücks. d. am meisten verbreiteten Lehrpläne verf. von Hermann Brück. Lehrerheft mit angefügtem Schülerhefte. Nach d. neuen Rechtschreibung ... umgearb. u. durch e. Anh. ... erweitert. Dortmund: W. Crüwell (1903). (80, 56 S.) 8° [F.]

Lehrerheft. (1903.) Schülerheft. 7. Aufl. 1903. [04. 6736

Brück, Herm., sprachliche Uebungen für die Unter- und Mittelstufe der Volksschule. Im Anschlusse an die Lehrbücher für die Unter- und Mittelklassen der Prov. Westfalen. Lehrerheft. 8. (66 S.) Dortmund 888, Crüwell. cart. *

—— dass. — Schülerheft. 8. (36 S.) Ebendas. 888. *

Brück, Herm., sprachliche Übungen f. die Unter- u. Mittelstufe der Volksschule. Im Anschlusse an die Crüwell'schen Lesebücher f. die Unter- u. Mittelklassen. Lehrerheft. 2., unveränd. Aufl. 8. (66 S.) Dortmund 890. Crüwell's Verl. cart. n. — 50

— dasselbe. Schülerheft. 4., unveränd. Aufl. 8. (36 S.) Ebd. 890. n. — 20

Brück, Herm., sprachliche Übungen f. die Volksschule. Im Anschluß an die Crüwellschen Lesebücher u. unter Berücksicht. der am meisten verbreiteten Lehrpläne. Lehrerheft f. die Unter- u. Mittelstufe. Mit angefügtem Schülerhefte. Neue, verb. u. erweit. Aufl. 8. (72 u. 36 S.) Dortmund (900). W. Crüwell. Kart. n. 1. —

Sprachliche Ubungen für die Unter- und Mittelstufe der Volksschule. Im Anschluß an d. Crüwellschen Lesebücher u. unter Berücks. der am meisten verbreiteten Lehrpläne verf. von Hermann **Brück**. Lehrerheft mit angefügtem Schülerhefte. Nach d. neuen Rechtschreibung ... umgearb. Im Anh. 53 Diktate ... Dortmund: W. Crüwell 1903. (72, 36 S.) 8° [F.]
Lehrerheft. (1903.) Schülerheft. 11. Aufl. 1903. [06. 6737

Brück, Herm., sprachliche Übungen f. die Unter- u. Mittelstufe der Volksschule. Im Anschluß an das Crüwellsche Lesebuch f. Oberklassen u. unter Berücksicht. der am meisten verbreiteten Lehrpläne verf. Lehrerheft m. angefügt. Schülerhefte. Nach der neuen Rechtschreibg. u. der neuesten Ausg. des Lesebuches umgearb. u. durch e. Anh. üb. die Arten der zusammengesetzten Sätze, üb. die Wortbildungslehre, die gebräuchl. Fremdwörter u. Abkürzgn., sowie 54 Diktate, die meistens Sprachganze bilden, erweitert. (80 u. 56 S.) 8. Dortmund (903). W. Crüwell. Kart. n. 1. 20

Sprachliche Übungen für die Unter- und Mittelstufe der Volksschule. Im Anschl. an d. Crüwellschen Lesebücher f. d. Unter- u. Mittelklassen. Verf. von **Hermann Brück**. Schülerheft. 12. Aufl. ⟨Nach d. neuen Rechtschreib. u. d. neuen Ausg. d. Lesebücher umgearb.⟩ *Dortmund: W. Crüwell 1904.* (36 S.) 8° [F.] [04. 1674 6

Lehrbuch der deutschen Stenographie nach dem System Duployé. Von Hubert **Brück**. [Nebst] Schlüssel. Paris: Nathan (Schlüssel: Luxemburg: Soupert) 1910. 8° [10. 6348

Brück, Hub.: Lehrb. d. deut. Stenogr. n. d. System Duployé. (1.) u. 2. Tl. 8° Paris, Luxembg, L Schamburger's Nf. je nn 1.60; Schlüssel z. 1. Tl. (24) Luxembg '10. nn — 50 (1.) (86) '10. ‖ 2. Kürzgs-System (Metagraphie). (119) '12.

— Deut. stenograph. Leseübgn n. d. System Duployé-Brück. (4 u. 80 autogr. S.) 8° Luxembg, L Schamburger's Nf. '11. nn 1 —; Schlüssel. (54) nn — 40

Brück, J. A. F., der vollkommene Pferdekenner. 8. Hannov. 787. Hahn. 6 gr

Brück, Johannes, Referendar aus Bonn: Die **Grundzüge** des in der Stadt Köln bis zur Einführung des französischen Rechts geltenden Ehelichen Güterrechts. *Bonn 1900: K. Drobnig.* (88 S.) 8° ¶ (Gekr. Preisschrift.)
Bonn, Jur. Diss. v. 22. Febr. 1900

Brück, Karl: Die Reitkunst nebst Anhängen üb. d. Beurteilg u. d. Kauf d. Pferdes. 5. Afl. (11, 304 m. Abb.) kl8° Lpzg, J J Weber '13. L 6 — d

Brück, Moses, das mosaische Judenthum. (Oder die Rückkehr zu demselben, nebst Darstellung der noch zu beobacht. rein mosaischen Gesetze u. deren Erläuterung.) In e. Andachtsstunde als Predigt vorgetr., am Wochenfeste 5597, u. durch Anmerkk. erläut. gr. 8. Frankfurt 837. Hermann'sche Buchh. n. 1/3 ß

Brück, Moses, pharisäische Volkssitten und Ritualien in ihrer Entstehung und geschichtlichen Entwicklung. gr. 8. Frankfurt a/M. 840, Hermann'sche Buchh. Suchsland. n. 3/4 ß

Brück, Moses, rabinische Ceremonialgebräuche in ihrer Entsteh. u. geschichtl. Entwickl. dargest. gr. 8. (7½ B.) Breslau 837, Schulz u. Comp.

[Brück, O. v.] Erinnerungen an Schleswig. Skizzen aus dem Album eines sächsischen Offiziers . . . Dresden, Lithographie, Druck u. Verlag von Adler und Dietze 1850. [Umschlagtit.]
12 Taf. in Lithogr. 4°
Zeigt Soldaten der Truppenkontingente des Deutschen Bundes.

Brück, Oswald: Ueber die Konstitution der Dibromphtalsäure. Ueber einige Derivate der 4.5. Dibromphtalsäure. 1904. 68 S. 8°
Berlin, Dr.-Ing.-Diss. v. 13. 3. 1903

Brück, Quirin, Wiesbaden und seine Umgebung. Mit Stadtplan. 8. (44 S.) Wiesbaden 884, Moritz und Münzel.

Bruckauf, Fritz: Die moderne Schreibmaschinenschule. Ratschläge f. d. Einrichtg u. Leitg e. Fachsch. f. Maschinenschreiben. (47) 8° Lpzg, CE Poeschel '11. — 90

Bruckauf, Julius, a. Dresden: Vom Fahnlehn und von der Fahnenbelehnung im alten deutschen Reiche. **Leipzig:** Quelle & Meyer 1906. (IV, 113 S.) 8° ¶ (= Leipziger historische Abhandlungen H. 3.)
Leipzig, Phil. Fak., Ref. Seeliger-Brandenburg, Diss. v. 13. Febr. 1907
[Geb. 1. Febr. 80 Dresden; Wohnort: Leipzig; Staatsangeh.: Sachsen; Vorbildung: Seminar Dresden Wahlfähigkeitszeugnis Nov. 02; Studium: Leipzig 7 S.; Rig. 3. Aug. 06.]

Fahnlehn und Fahnenbelehnung im alten deutschen Reiche von Julius **Bruckauf**, Dr. phil. Leipzig: Quelle & Meyer 1907. (VI, 113 S.) 8°
— **Abhandlungen**, Leipziger historische. H. 3. [07. 6921

Bruckbach, G., Bildergespräche. Julius Schnorr v. Carolsfeld's Bibel in Bildern erklärt. Leipzig 863. G. Wigand. gr. 8. (IV, 360 S.) 1 ß 10 ngr.

Bruckbach, G., Wegweiser durch die Geschichte der Pädagogik. Leipzig 869. Matthes. 16. (VII. 149 S.) 15 ngr.

Bruckbräu, Friedr. Wilh., Agnes Bernauer, der Engel von Augsburg. Historisch-romantisches Zeit- u. Sittengemälde aus dem fünfzehnten Jahrhunderte. Ein deutsches Volksbuch. 2 Thle. in 1 Bde. Mit dem (lith.) Bildnisse der Agnes Bernauer. München 854. Fleischmann in Comm. gr. 12. (6 Bl., 611 S.) n. 1 ß 15 ngr.

Bruckbräu, Friedr. Wilhelm, s. Bray: histor. Romane.

— s. v. Bussy-Rabutin, Liebschaften von Pariser Hofdamen.

Bruckbräu, Frdr. Wilh., Charakterzüge u. Anekdoten, als Bilder der Güte u. Wohlthätigkeit, aus dem Leben Maximilian Joseph I., Königs v. Bayern. Ein bayer. Volksbuch. 2. Aufl., durchgesehen, vermehrt u. mit e. geschichtl. Schilderung: „Das beste Herz", eingeleitet von —. Mit 1 TKpf. München, E. A. Fleischmann, 1856. 8°. Eleg. blauer Hsrsb.
X—290 S. — Zuerst gedr. 1827.

Bruckbräu, Fr. Wlh., Christoph der Kämpfer, Herzog v. Bayern, oder d. Löwenbund. Ein histor. Roman. Mit 1 Kpfr. 8. Augsburg 840. v. Jenisch u. Stage'sche Buchh. 1½ ß

Bruckbräu, Friedr. Wilh., Christoph der Kämpfer, Herzog von Bayern, od.: der Löwenbund. Histor. Erzähl. 8. (20⅓ B. u. 1 Stahlst.) Augsburg 844, v. Jenisch u. Stage'sche Buchh.-

Bruckbräu, Friedr. Wilhelm, s. v. Cochem, M.: Die vier letzten Dinge.

Bruckbräu, Friedr. Wilhelm, s. Courier, Der.

— zwei Dorfgeschichten. I. Der Dukatenbauer. II. Der Schullehrer von Teufelsheim. Ebend. 853. 8. (1 Bl., 91 S.) 6 ngr.

Bruckbräu, Friedr. Wilh., zwei Dorfgeschichten. 1. Der Dukatenbauer. 2. Aufl. 2. Der Schullehrer von Teufelsheim. 8. (91 S.) München 854, Fleischmann.

Bruckbräu, Fr. W., der Dukatenbauer. Eine altbayerische Dorfgeschichte. 8. (45 S.) München 849, Fleischmann. 4 ngr.

Bruckbräu, Friedr. Wilhelm, s. A. Dumas: Die beiden Musketiere. – Memoiren eines Arztes. – Der Graf v. Monte-Christo.

Bruckbraeu, Friedrich Wilhelm [Übers.]
s. Dumas, Alexandre: Ausgewählte Romane. 1847.

Bruckbräu, Friedr. Wilh., Jean Dupuis, Athlet u. Ringer, d. vergleichene Unvergleichliche. Ein kom. Heldengedicht in Blumauer's Manier. 2. Aufl. 8. (2 B.) Passau 841, Pustet'sche Bh.

Bruckbräu, Frdr. Wilh., Ehren-Spiegel des glorreichen Hauses Wittelsbach. Ein bayerisches Geschichts- u. Volksbuch für alle Stände. (In 6 Liefgn.) 1. Liefg. München 867. Fleischmann. 8. (S. 1—48.) 5 ngr.

Bruckbräu, Friedr. Wilh., Eichenkronen, s. Eichenkronen.

Bruckbrau, Fr. Wlh., Eichenkronen. Taschenbuch f. 1832 u. 33. 1r, 2r Jahrg. 12. Münch. 831, 32. (Jaquet). (1r J. 1 ß 12 gr 2r J. 1 ß 8 gr) 2 ß 20 gr

Bruckbräu, F. W., der Engel v. Nantes. — Der Wasserthurm bei Lissabon, s.: Kochler's Bibliothek f. Alle.

— Erzählungen, Novellen und Sardellen. 2e Ausg. (von „Eichenkronen, Taschenbuch für 1833.") 16. München 838. Jaquet. n 3/4 ß

Bruckbräu, Friedr. Wilh., das belletrist. Europa, s. Europa.

BRUCKBRAU, Rosa's Gardinenseufzer. Nachgehaucht von —. (Forts. der „Mittheilungen . . . . einer deutschen Sängerin.") 2 Bde. Mit 1 TKpf. (Portr. Rosa's, üppig dekolletirt.) Stuttgart, Brodhag, 1832. 8°. (4½ Mk. Koebner, Leihbiblex.; 8 Mk. Lehmann u. Lutz.)
234 u. 217 SS. Saubere Expl. mit dem Portr. sind selten.

— der Geist d. heil. Paulus, s. a. Geist.

Bruckbräu, Friedr., Der Geist des hl. Paulus; Gedanken dieses Apostels über das christliche Leben. Ein Andachtsbuch für alle Christen auf die Monatstage. Sulzbach, von Seidel, 1825, 12°, 96 S., 50 Pf.
Recens. Felder, Litt.-Ztg. 1825, Bd. 4, S. 142—143.

— **Geschichte der Mariensäule in München. 1638—1855. Mit der Abbildung der Mariensäule (in Holzschn.). München 855. (Finsterlin.) 8. (128 S.) n. 7 1/2 ngr**

Bruckbräu, Fr. Wilh., Geschichte d. Mariensäule in München 1638—1855. Mit (Hlzsch.-)Abbild. (nach e. Kpfst. v. 1638). München, J. G. Weiss, 1855. Kl. 8°. Eleg. blau Srsb. m. Goldtit. auf Deckel.
1 Bl., 128 S. — Stifter der Säule war bekanntlich Kurfürst Maximilian I. Hans Krumper — der Peter Vischer Münchens — modellirte u. goss die Statue, welche 1638 errichtet wurde.

Bruckbräu, Fr. Wilh.: Handb. f. die mittelb. u. unmittelb. Staatsdiener in Baiern, in Bezug auf ihre persönl. Verhältnisse, sowie f. Alle, welche sich dem mittelbaren od. unmittelb. Dienste des Staats widmen wollen. Mit e. Vorw. üb. d. Geist des staatsdienerschaftl. Standes in Baiern. *Sulzbach*, v. Seidel. 826. gr. 8. (1 Thl. 20 Gr.)

— Handbuch für d. unmittelbar. u. mittelbar. Staatsdiener in Bayern, in Bezug auf ihre persönl. Verhältnisse, so wie für Alle, welche sich d. unmittelb. oder mittelb. Dienste des Staates widmen wollen, mit e. Vorw.: Ueber den Geist des staatsdienerschaftl. Standes in Bayern. 2e Aufl., mit e. vollständ. Nachtrage von 1827 bis Ende 1837. gr. 8. Sulzbach 838. v. Seidel'sche Buchh. 2 2/3 rf

Bruckbräu, Friedr. Wilh., vollständ. Handbuch z. Vollzuge aller Verordnn. d. großen deutschen Zoll-Vereins, mit besond. Rücksicht auf Bayern, welches in e. äußerst umfass. alphabet. Ordn. d. genaueste Hinweis. auf d. ausführl. Wortlaut d. einzeln. Grundbestimmungen, dann d. Inhaltes zahlr. Regulative u. nachträgl. erläut. Ausschreibn. enth., u. jede Frage, jeden Zweifel d. Zollbeamten, als auch d. Zollpflichtigen ꝛc. augenblickl. löset; mit d. Vereins-Zoll-Tarife. Nach amtl. Quellen bearb. 1. Aufl. 835. 1 2/3 Thlr., 2. Ausg. gr. 8. (à 26 B.) Augsburg, v. Jenisch u. Stage'sche Buchh. 838. 1 rf

Bruckbräu, Frdr. Wilh. (1792—1874), alte Hexen und die Bäckergesellen von München. Eine vaterländische, histor.-romant. Erzählung (aus der Zeit Ludwig's des Bayern). O. O. u. J. (c. 1840?). 4°. 12 Bll. à 2 Col. (Ausschnitt.) Cart.

—— der bayersche Hiesel, als Wildschütze, Räuberhauptmann, u. landesverruf. Erzbösewicht. M. 25 Holzschn. gr. 12. (11 B.) München 834, Jaquet. 12 Gr., weiß Pap.

—— der bayerische Hiesel als Wildschütze, Räuberhauptmann u. landesverrufener Erzbösewicht. Mit 25 Holzschn. 2. Aufl. 12. (11 B.) München 843. [Augsburg, Jaquet's Vrlsbuchh.]

BRUCKBRÄU, Fr. Wilh. Der bayeriſche Hieſel (Mathias Kloſtermayer), als Wildſchütze, Räuberhauptmann und landesverruſener Erzböſewicht. Mit 25 Holzſchnitten. 3. Ausgabe. Augsburg 1856. 12°. 2 Bl., 228 S.
Sehr ſelten. Packende Darſtellung, nach Art der alten Volksbücher mit zahlr. derben Holzſchnitten verſehen.

—— allgem. Hülfsbuch f. alle Stände, in öffentl. u. häusl. Schreib- u. Rechnungsgeschäften. Zugleich e. unentbehrl. Anh. zu allen bereits erschienenen Briefstellern. gr. 8. (11 1/4 B.) Augsburg 829, v. Jenisch u. Stage'sche Vrlsbuchh.

—— allgem. Hülfsbuch f. alle Stände, in öffentl. u. häusl. Schreib- u. Rechnungsgeschäften. (2. Ausg.) gr. 8. (11 1/4 B.) Augsburg 838, v. Jenisch u. Stage'sche Buchh.

—— Jesus u. d. Jungfrau. Ein röm.-kathol. Gebet- u. Andachtsbuch f. d. Jungfrauen aus allen Ständen, besond. aus d. Bürger- u. Bauernstande; mit Morgen-, Abend-, Beicht-, Communion- u. Meß-Gebeten, Betrachtn., Unterweisn. ꝛc., größtenth. in Gesprächen zwischen Jesus u. e. Jungfrau. 8. (23 1/2 B.) Sulzbach 829, v. Seidel.

Bruckbräu, Fr. Wilh., Katechismus über das Gewerbegesetz und die Grundbestimmungen für das Gewerbewesen in den sieben älteren Kreisen des Königreiches Baiern. 8°. Sulzbach, v. Seidel, 1826.

—— Königsblumen. Eine Auswahl von Festgedichten zur Verherrlichung der allerhöchsten königl. Familie von Bayern. 8. (8 B. u. B's. Portr.) Passau 844, (Pustet'sche Buchh.)

(**BRUCKBRÄU**, Friedr. Wilh.) — Leben, Wanderungen, Kreuz- u. Querzüge und wunderſame Abenteuer zu Land u. Meer. v. M. Kreutzhuber, Pilger z. hlg. Grabe, Bürger u. Töpfermeiſter zu Burghauſen in Oberbayern. N. mündl. Mitteilungen herausgegeben v. Fr.W. Bruckbräu. M.d. wohlgetroffenen Bildniſſe d. frommen Pilgers. Burghauſen 1840. Kl. 8°.

—— der Leibpage, s. Leibpage.

Bruckbräu, Frdr. Wilh., Maria von Brabant. Ein histor.-romant. Trauerspiel in 5 Aufz. (in Versen). (Motto aus Shakespeare.) Dresden, Arnoldi, 1824. 8°. Mit eigenhänd. Widmung d. Vf. an Ministerial-Rath u. Kabinets-Prediger Dr. v. *Schmidt*. Ppb., schönes Expl.
VIII—189 S.

BRUCKBRAU, Das Militär- oder Zweierleituch-Fieber des weiblichen Geschlechts (und besonders der Dienstmägde). Ein philos.-psychol.-therapeut.-humorist. Capriccio. Passau 1844. 8°. Selten!
— — Dasselbe. O. O. 1844. 8°, (12 xr. Scheible, vor 1870; jetzt viel theurer!)
Längst vergriffen und sehr selten!

—— das Militair od. zweierleituch-Fieber d. weibl. Geschlechts. Ein philosoph.-, psycholog.-, patholog.-therapeutisch, humorist. Cappriccio. 12. (1 1/2 B.) Passau 844. (Pustet'sche Buchh.)

Bruckbräu, Friedr. Wilhelm, s. J. Milton: Verlornes Paradies.

—— Mittheilungen aus d. geheim. Memoiren e. deutschen Sängerin. Ein Spiegel wunderſ. Liebesabenteuer d. denkwürd. Personen uns. Zeit, in Wien, Mailand, Rom, Neapel, Madrid, Lissabon, Paris, London, Petersburg u. Berlin. Zum Ergötzen aller Freunde reizender Theaterdamen aufgest. 2 Thle. 8. (43 1/2 B.) Stuttgart 829, [Brodhag.]

BRUCKBRAU, Mittheilungen aus den geheimen Memoiren einer deutschen Sängerin. Ein Spiegel wundersamer Liebesabenteuer der denkwürdigsten Personen unserer Zeit in Wien, Mailand, Rom, Neapel, Madrid, Lissabon, Paris, London, Petersburg u. Berlin. Zum Ergötzen aller Freunde reizender Theaterdamen aufgestellt. 2 Thle. Stuttgart, Gebr. Franckh, 1829. 8°. (In Stuttgart.) (12 Mk. Adolf Weigel, 1904.)
311 u. 384 SS. Angeblich apokryphe Memoiren der Henriette Sontag.
— — Dasselbe. Stuttgart, Gebr. Franckh, 1829. (Neuer Druck, c. 1865.) 8°. 224 u. 272 SS. (4 Mk. Scheible; 6 Mk. Bielefeld.)

— — Mittheilungen aus den geheimen Memoiren einer deutſchen Sängerin. Autoriſierte neue Auflage. 2 Bde. Leipzig o. J. 8°. Titel, 165 + 222 S.
[E. I, 477.]
Angeblich apokryphe Memoiren der Henriette Sontag.

Bruckbräu, Friedr. Wilhelm, s. J. Morier: Sämmtl. Werke.

—— München, wie es trinkt u. ißt, wie es lacht u. küßt. 2. Hft.: „Der Edle v. Bock," Erzphilister v. München M. 1 col. Ttlbild. Nebst e. Handwörterbuche d. Münchener-Bocks-Mundart, als Schlüssel z. Verstehen d. Gespräche. 8. (2 1/2 B.) München 836, Franz.
1. Hft., s. Schaden, Ad. v.

Bruckbräu, Friedr. Wilhelm: Das Orakel, s. Roger.

Bruckbräu, Friedr. Wilh., das Orakel d. Liebe, s. Bussy Rabutin, Rogger Graf v.

Bruckbrau, Fr. Wlh., das Orakel d. Liebe, e. Toilettengeschenk f. Liebende. 8. Augsb. 829. v. Jenisch u. St. 12 gl.

Bruckbräu, Frdr. Wilh., Der Papst im Unterrock. Ein historischer Roman. 2 Thle. Stuttgart, Brodhag, 1832. 8°. 251 + 279 S.
Geschichte der Päpstin Johanna. Nebst diplomat. Quellen. — Vergriffen! (6 Mk. Kühl; 7 Mk. 50 Pfg. M. Edelmann, 1904; 15 Mk. Max Harrwitz, 1908.)

Bruckbräu, Friedr. Wilhelm, s. Petrarka.

Bruckbräu, Friedr. Wilh. (Hrsg), s. v.d. Pfordten, Ludw.: Reden u. Proklamationen.

— üb. d. staatsbürgerl. Rechte d. Juden in Baiern. 8. Sulzb. 824. v. Seidel. 3 gl.

—— Rede z. Gedächtniß d. ewigen Heimkehr d. Prinzen Eugen, Herzogs v. Leuchtenberg. gr. 8. (1 B.) München 824, Fleischmann.

Bruckbräu, Friedr. Wilhelm (Hrsg.), s. Rudhart, Ignaz: Polit. Glaubensbekenntnis.

BRUCKBRÄU, Friedr. Wilh. Sammlung ſeiner Schriften. 10 Theile in 6 Bdn. 8°. Stuttgart 1828—35.

1. Buſſy-Rabutin, Geheime Liebſchaften von Pariſer Hofdamen. Aus dem Franzöſiſchen überſetzt v. Fr. W. B. — 2. Die Verſchwörung in München. Eine Galerie der intereſſanteſten Liebſchaften galanter Herren und lüſterner Damen. 2 Teile. — 3. Mittheilungen aus den geheimen Memoiren einer deutſchen Sängerin. Ein Spiegel wunderſamer Liebesabenteuer uſw. 2 Teile. — 4. Roſas Gardinenſeufzer. Nachgchaucht von Fr. W. Br. 2 Teile. — 5. Der Papſt im Unterrocke. Ein hiſtoriſcher Roman. 2 Thale. — 6. Schürzenräthſel.

Bruckbräu, Friedr. Wilhelm, s. Sand, George: Johanna. –

BRUCKBRAU, Schürzen-Rätsel. (25 Erzählungen u. Skizzen.) Stuttgart, Fr. Brodhag'sche Buchhlg., 1835. 8°. 10 Mk. Adolf Weigel, 1908.)

Tit. u. 425 SS. Der Roman selbst schließt mit S. 392 ab. Es folgen auf S. 393—425 „Variationen über Alles, eine humoristische Vorlesung für Liebende und Musterkarte der Schürzen-Räthsel". Darin u. a.: Pignatelli, od. Damen-Eifersucht am alten Madrider Hofe. — Der Mädchenstecher. E. Novelle aus d. jüngsten Zeit. — Rebekka. E. Novelle aus d. Münchner Chronik v. J. 1589. — Paganini, od. d. Dämon d. Violine. — Damen-Köder. Guter Rath f. Liebhaber. — Die 4 Temperamente auf d. Kirchhofe etc.

—— und L. von Schwanthaler, Burg Schwaneck und Meiſter Schwanthaler, ſ. Schwanthaler.

Bruckbräu, Friedr. Wilhelm, s. Simonde de Sismonde: Geschichte der italien. Freistaaten.

Bruckbräu, Friedr. Wilhelm, s. E. Sue: Der ewige Jude. – Ausgewählte Romane. – Martin d. Findling.

—— neueſtes Taſchenbuch d. Haupt- u. Reſidenzſt. München u. d. Umgebungen, f. Einheimiſche u. Fremde. M. 14 Anſichten u. 1 Plan. gr. 12. (8 B.) München 828, [Jaquet.]

— neueſtes Taſchenbuch d. Haupt- u. Reſidenzſtadt München u. der Umgebungen, für Einheimiſche u. Fremde. Mit 14 Anſichten u. 1 Plan. gr. 12. Münch. 828. J. Lindauer. 1 ℛ 3 𝒦

Bruckbräu, Frdr. Wilh., das nützlichſte u. wohlfeilſte Taſchenbuch für Reiſende auf der München-Roſenheim-Salzburger-, u. München-Augsburg-Lindauer-Eiſenbahn u. deren Umgebungen; dann auf Reiſen u. Ausflügen in die Hochalpen Bayerns; vom Bodenſee durch Vorarlberg u. das nördl. Tirol nach Berchtesgaden u. Salzburg; in das öſterreich. Salzkammergut; nach Wildbad Gaſtein u. über Heiligenblut bis auf die Spitze des Großglockners. Jede Reiſekarte entbehrlich! 16. (242 S.) Augsburg 851, Jaquet. 1/2 ℛ

Bruckbräu, Friedr. Wilhelm, s. Thomson: Jahreszeiten.

Bruckbräu, Friedr. Wilhelm, s. H. T. Velten: 100jähr. Scharfrichter-Kuren an Pferden.

—— die Verſchwörung in München. Eine Gallerie d. intereſſant. Liebſchaften galanter Herren u. lüſterner Damen, d. Liebenden aus allen Ständen geöffnet. 2 Thle. 8. (49½ B.) Stuttgart 829, [Brodhag.]

BRUCKBRAU, Frdr. Wilh., Die Verschwörung in München. Eine Gallerie der interessantesten (ziemlich zahmer) Liebschaften galanter Herren u. lüsterner Damen, den Liebenden aus allen Ständen geöffnet. 2 Thle. Stuttgart, Gebr. Franckh, 1829. 8°. (6 Mk., eleg. Lwdbd., Max Harrwitz, Berlin, v. 1888; 12 Kr. Gilhofer & Ranschburg, Wien, 1909.)

— — Dasselbe. Autorisirte neue Aufl.: Leipzig, Carl Minde (1874). 8°. (4 Mk. Scheible etc.)

— Verſuch e. Prologs zur Feier des Namensfeſtes Sr. Maj. des Königs. 8. Münch. 812.

Bruckbräu, Friedr. Wilh., Der Wanderer durch Deutschland. Ein getreuer Rathgeber für alle Reisende zu Lande u. zu Wasser, in allen erdenklichen Fällen. Mit 415 ganz vollständigen Reiserouten, nebst den Sehenswürdigkeiten der vorzüglichsten Städte. München 1827. gr. 12.

— d. Wanderer durch Deutſchland. Ein Rathgeber f. alle Reiſende zu Waſſer u. zu Lande ꝛc. gr. 12. Münch. 827. 2e A. mit 415 Reiſerouten. 829. 3e A. 831. J. Lindauer. 16 𝒦

—— der Wanderer durch Deutſchland. Ein getreuer Rathgeber f. alle Reiſende zu Lande u. zu Waſſer, in allen erdenkl. Fällen. M. 415 ganz vollſtänd. Reiſerouten, nebſt d. Sehenswürdigkeiten d. vorzügl. Städte. 1. Aufl. 829., Neue Ausg. (Tit.) (à 9⅔ B.) gr. 12. München 831, [Jaquet.] à

Hieraus iſt beſonders abgedruckt:

— Wegweiſer durch Deutſchland u. d. benachbarten Staaten. 12. Münch. 827. N. A. 829. J. Lindauer. 5 𝒦

Bruckbräu, Friedr. Wilh.: D. Wasserthurm bei Lissabon, s. Koehler's Bibliothek für Alle.

(——) der Wegweiſer durch Deutſchland u. die angrenz. Länder, enthalt. 415 ganz vollſtänd. Reiſerouten in allen Richtn. Nebſt e. auf 100jähr. Erfahrn. gegründ. Witterungskunde, u. e. Erklär. d. verſchied. Münzen, Maße u. Gewichte ꝛc. N. Ausg. (Tit.) gr. 12. (4 B.) München 831, [Jaquet.]

—— die goldene Wünſchelruthe f. alle Stände. Ein reicher Schatz d. längſtvergeſſ. od. f. gänzl. verloren erachꝛt. wunderbar. Geheimniſſe, d. auffallend. Kunſtſtücke u. unbegreiflichſten Vortheile, ꝛc. Von e. aufricht. Freunde d. Volkes, d. mit 25 Gulden anfing u. mit 100,000 Gulden aufhörte. gr. 8. (14 B.) Augsburg 830, v. Jeniſch u. Stage'ſche Brlsbuchh.

Bruckbräu, Friedr. Wilhelm, s. Ed. Young: Der Halbmensch.

— Baierns vollſt. Zoll-Tarif v. 28. Dec. 1826, mit beigefügter Waaren-Erklärung ꝛc. gr. 8. Münch. 827. J. Lindauer. 16 𝒦

Bruckbräu's, Thereſe, Münchener Kochbuch für den guten bürgerl. u. feineren Tiſch. Mit beſond. Berückſicht. der Münchener Spezialitäten. Nebſt Anh. 8. (IV, 778, 79, 16 u. 122 S. m. Abbildgn.) Regensburg 883. Verlagsbureau. Geb. in Leinw. n. 4. —

Bruckbräu's, Ther., Münchener Kochbuch. 883. Jetzt: Gotha, P. Hartung.

Bruckbräu's, T, Münchener Kochbuch f. d. guten bürgerl. u. feineren Tisch. Nebst Anh.: I. Das Servieren, Tischdecken, Serviettenbrechen u. Tranchieren etc. II. Das vollständigste Schriftchen üb. d. Einkochen d. Früchte, Bereitg d. Fruchtsäfte, Hausschnäpse, Crême, Compôte, Sulzen, d. Gefrorenen, d. verschiedenen kalten u. warmen Getränke, wie d. eingemachten Früchte u. Gemüse etc. 8° (995 m. Abbildgn.) Rgnsbg 93, Verlagsbureau. Geb. in Lnw. 4 —

Brucke, Max [aus Potsdam]: Über idiopathische gangränöse Stomatitis. . . . Berlin. Buchdr. v. Gustav Schade (Otto Francke) (1889): 31 + 1 S. 8°

Berlin. Med. Fak.. Inaug.-Diss. v. 25. Jul. 1889

Brücke, Die. Monatsschr. f. Zeitinterpretation. Hrsg. u. verantw.: Karl Röttger. 1. u. 2. J. Okt. '11—Sept. '13 je 12 Hefte. (Jo 384) 8° Berl.-Lichterf.-W., Brückenverl. halbj. 2 —; einz. Hefte — 40

Brücke, Ernst. Zu dessen siebzigstem Geburtstage. Wien [1889]. V: *Exner, Sigmund.* (EB)

Brücke zur Heimat. Illustrierte Monatsschrift aus allen Gebieten des Lebens f. die Deutschen im Auslande. Hrsg.: G. A. v. Halem. Red.: Funke. Fachred.: W. Ludw. Klitzsch. Jahrg. 1905 u. 1906. à 12 Hefte. (à ca. 60 S.) Lex.-8. Leipzig, J. J. Weber. à Jhrg. n. 12. –; einzelne Hefte 1. 20

Die Hefte 1—5 des Jahrg. 1905 sind vergriffen.

--dass. Monatlich 2 Ausg.: 1. Monatsheft. Illustr. Weltrundschau f. d. Auslandsdeutschtum polit. u. belletrist. Inhalts. 2. Monatsheft. Deut. Export. Industrie-Rundschau volkswirtschaftl. u. industriellen Inhalts. Hrsg.: GA v. Halem. Red. i. V.: Herm. Albrecht. Fachred.: WLudw. Klitzsch. Jan.—Septbr '07. 18 Hefte. (1. u. 2. Heft. 48 u. 40) Lex 8° Ebd. Viertelj. 2.50; einz. Hefte — 50

Fortsetzg s. u. d. T.: Export, deut.

Brücke, die, bey Piemont. Originalſchauſpiel mit Geſang in 3 Aufz. von Ehrimfeld. 8. Wien, Wallisbauſer. 808.

Brücke, Die projektirte, über die Elbe zwischen Loschwitz und Blasewitz. Dresden 1883. V: *Strauss, Mor.* (Kat. d. stat. Bureaus. Dresden 1890.)

Brücke, die ſteinerne zu Regensburg; od. ſo bekehrt man die Schwelger. 8. Regensbg. Montag u. W. 802.

Brücke, Die steinerne, zu Regensburg. 2. Auflage. Regensburg 1836. V: *Bössner, Heinr. Joh. Th.* (EngG)

Brücke, die steinerne, zu Regensburg. 2. Aufl. gr. Fol. (1 B. Text u. 2 B. Abbildn.) Regensburg 836, Manz. *

Brücke, die, od. d. Tunnel unter d. Themse in London. Mit 2 Abbildd. gr. 8. Leipz. 827. Industrie-Compt. 12 gl.

Brücke, Ernst v., Pflanzenphysiolog. Abhandlgn. (Bluten d. Rebstockes. Bewegggn. d. Mimosa pudica. Elementarorganismen. Brennhaare v. Urtica), s. a. Ostwald's, W., Klassiker der exakten Wissenschaften.

Pflanzenphysiologische Abhandlungen. I. Bluten des Rebstockes. II. Beweggn d. Mimosa pudica. III. Elementarorganismen. IV. Brennhaare v. Urtica. Von Ernst v. Brücke. 1844—1862. Hrsg. v. A[lfr.] Fischer '(Leipzig).' M. 9 Textfig. *Leipzig: W. Engelmann 1898.* (86 S.) 1 Bd 8.
— Klassiker, Ostwald's, d. exakten Wissenschaften. No 95. [98. 6390 B.

Brücke, Ernst, über das Absorptionsspectrum des übermangansauren Kali u. seine Benützung bei chemisch-analyt. Arbeiten. [Aus: „Sitzungsber. d. k. Akad. d. Wiss."] Lex.-8. (8 S.) Wien 876. (Gerold's Sohn.) n. — 20

Brücke, Ernst, über das Alkophyr und über die wahre und die sogenannte Biuretreaction. Lex.-8. (20 S.) Wien 883, (Gerold's Sohn.)

— Über das Alkophyr und über die wahre und die sogenannte Biuretreaktion. S. 87. III. 141 . . . . . —.36
Separatabdruck

— Die Arbeitstiere. F. S. 1854 . . . . . vgr.
Separatabdruck

Brücke, Ernst, üb. e. neue Art, die Böttger'sche Zuckerprobe anzustellen. [Aus: „Sitzungsber. d. k. Akad. d. Wiss."] Lex.-8. (4 S.) Wien 875. (Gerold's Sohn.) — 15

— Über die Aufsaugung des Chylus aus der Darmhöhle (Auszug). S. 9. 100 . . . . —.10
Separatabdruck

Brücke, Ernst, über das Aufsuchen von Ammoniak in thierischen Flüssigkeiten u. über das Verhalten desselben in einigen seiner Verbindungen. Wien 868. (Gerold's Sohn.) gr. 8. (9 S.) 1½ ngr.

Brücke, Ernst v., s.: Augenleuchten, das u. die Erfindung des Augenspiegels.

Brücke, Ernst, über die Aussprache der Aspiraten im Hindustani. (Aus den Sitzungsber. 1859 d. k. Akad. d. Wiss.) Wien 859. Gerold in Comm. gr. 8. (8 S.) n. 2 ngr.

— Über den Bau und die physiologische Bedeutung der Peyerischen Drüsen (mit 1 Taf.). D 2. 1. 21 . . . . . vgr.
Separatabdruck

Brücke, Ernst, über den Bau der rothen Blutkörperchen. Lex.-8. (13 S.) Wien 867, (Gerold's Sohn.) *

— Über den Bau der Muskelfasern. Resultate von Untersuchungen mit Hilfe des polarisierten Lichtes (Auszug). S. 25. 579 . . . . —.10
Separatabdruck

— Ueber die physiologische Bedeutung der stabförmigen Körper und der Zwillingszapfen in den Augen der Wirbelthiere. (Aus „Müllers Archiv" 1844.)

— über die physiologische Bedeutung der theilweisen Zerlegung der Fette im Dünndarme. Lex.-8. (5 S.) Wien 870, (Gerold's Sohn.)

Brücke, Ernst, Beiträge zur vergleichenden Anatomie und Physiologie des Gefäss-Systemes. (Aus d. Denkschr. d. k. Akad. d. W.) Wien 852. (Gerold.) Imp.-4. (1 Bl., 35 S. u. 8 lith. Taf.) n. 2 ℔ 4 ngr.

— Beiträge zur Lautlehre der arabischen Sprache. (Aus den Sitzungsber. 1860 d. k. Akad. d. Wiss.) Ebend. gr. 8. (52 S.) n. 6 ngr.

— Beiträge zur Lehre von der Verdauung. 1. u. 2. Abth. (Aus den Sitzungsber. 1859 u. 61. d. k. Akad. d. Wiss.) Ebend. gr. 8. (25 S.) 1.: n. 8 ngr.; 2.: n. 4 ngr.

— Beiträge zur chemischen Statik. [Aus: „Sitzungsber. d. k. Akad. d. Wiss."] Lex.-8. (16 S.) Ebend. 877. n. n. — 30

Brücke, Ernst, Bemerkungen über das Congoroth als Index insonderheit in Rücksicht auf den Harn. Lex.-8. (6 S.) Wien 888, (Tempsky.) *

— Bemerkungen über das Congorot als Index, insonderheit in Rücksicht auf den Harn. S. 96. III. 130 . . . . . —.20
Separatabdruck

— Bemerkungen über die Mechanik des Entzündungsprozesses. S. 3. 130 . . . . vgr.
Separatabdruck

— physiologische Bemerkungen über die Arteriae coronariae cordis. (Aus d. Sitzungsberichten d. k. Akad. d. W.) Ebend. 854. gr. 8. (10 S.) n. 2 ngr.

— physiologische Bemerkungen über die Arteriae coronariae cordis. Lex.-8. (10 S.) Wien 855, (Gerold's Sohn.) *

Brücke, Ernst, vergleichende Bemerkungen über Farben u. Farbenwechsel bei den Cephalopoden u. bei den Chamäleonen. [Aus den Sitzungsberichten 1852 der k. Akad. d. Wiss. abgedr.] gr. 8. (7 S.) Wien 852. (Braumüller.) n. 2 ngr.

— vergleichende Bemerkungen über Farben und Farbenwechsel bei den Cephalopoden und bei den Chamäleonen. gr. 8. (7 S.) Wien 852, (Gerold's Sohn.) *

— Über eine Beobachtung des Herrn Molin von Verzweigungen der Primitivnervenröhren. S. 3. 183 . . . . vgr.
Separatabdruck

— Bericht über die Abhandlung der Herren R. Lichtenfels und R. Fröblich: „Über die Gesetze des Ganges der Pulsfrequenz und der Körperwärme in den normalen Zuständen und unter dem Einflusse bestimmter Ursachen". S. 5. 141 . . . . vgr.
Separatabdruck

Brücke, Ernst, anatomische Beschreibung des menschl. Augapfels. gr. 4. (72 S. mit eingedr. Holzschn. und 1 ill. Kpfrt.) Berlin 847, G. Reimer.

— über willkürliche u. krampfhafte Bewegungen. [Mit 4 (lith.) Taf. u. 1 (eingedr.) Holzschn.] [Aus: „Sitzungsber. d. k. Akad. d. Wiss."] Lex.-8. (43 S.) Ebend. 877. n. 1. 80

Brücke, E., Van Deen's Blutprobe und Vitali's Eiterprobe. (Aus den Sitzungsber. d. k. Akad. d. Wissensch.) Gr.-8. (15 S.) In Comm. —.20
Wien: Tempsky 1889

— Bruchstücke aus der Theorie der bildenden Künste, s.: Bibliothek, internationale wissenschaftliche.

— Über die Chylusgefäße und die Fortbewegung des Chylus (Auszug). S. 10. 420 . . —.20
Separatabdruck

— über die Chylusgefässe und die Resorption des Chylus. Mit 2 (lith.) Taf. (Aus den Denkschriften d. k. Akad. d. W.) Ebend. 853. gr. 4. (40 S.) n. 1 ℔ 10 ngr.

— darf man Urin, in welchem der Zucker quantitativ bestimmt werden soll, vorher mit Bleiessig ausfällen? Lex.-8. (9 S.) Wien 860, (Gerold's Sohn.) *

— Darf man Urin, in welchem der Zucker quantitativ bestimmt werden soll, vorher mit Bleiessig ausfällen? S. 39. 10 . . . . . —.20
Separatabdruck

— Ueber den Dichroismus des Blutfarbestoffes. (Aus dem Decemberhefte des Jahrganges 1853 der Sitzungsberichte der mathem.-naturw. Klasse der Kais. Akad. der Wissensch., Bd. XI, besonders abgedruckt.)

Bruecke, Ern. (Guil.) (geb. Berlin 6. 6. 1819): De diffusione humorum per septa mortua et viva. Berolini (1842). (59 S.) 8°
Berlin, Med. Diss. v. 10. Nov. 1842

Bruecke, Ern., de diffusione humorum per septa mortua et viva. Acced. tab. in lapis incisa. 8-maj. Berolini 842 Schroeder. n. ⅓ ℔

— Ueber die unechte innere Dispersion der dichroitischen Hämatin-Lösungen. (Aus dem Julihefte des Jahrganges 1854 der Sitzungsber. der mathem.-naturw. Klasse der Kais. Akad. der Wissensch., Bd. XIII, besonders abgedruckt.)

Brücke, Ernst von, s. Eckiw, Geo., Prüfungsklänge.

— über die optischen Eigenschaften d. Tabaschir. [Mit 1 Holzschn.] [Aus: „Sitzungsber. d. k. Akad. d. Wiss."] Lex.-8. (14 S.) Ebd. 888. n. — 30

Brücke, Ernst, über die reducirenden Eigenschaften des Harns gesunder Menschen. Lex-8. (9 S.) Wien 858, (Gerold's Sohn.) Thlr. *

— Über die reduzierenden Eigenschaften des Harns gesunder Menschen. S. 28. 368 . —.24
Separatabdruck

Brücke, Ernst, Ueber den Einfluss der Stromesdauer auf die elektrische Erregung der Muskeln. (Aus den Sitzungsberichten der kaiserl. Akademie der Wissenschaften.) Lex. 8⁰. *9 S.* Wien. Gerold's Sohn. 1868. fl. —.12

—— die Elementarorganismen. Lex.-8. (26 S.) Wien 861, (Gerold's Sohn.) *

— Die Elementarorganismen. S. 44. II. 281 . . . . vgr.
Separatabdruck

— Über die mikroskopischen Elemente, welche den Schirmmuskel der *Medusa aurita* bilden. S. 48. I. 156 . . . . vgr.
Separatabdruck

—— über einige Empfindungen im Gebiete der Sehnerven. Lex.-8. (33 S. mit 1 eingedr. Holzschn.) (Ebendas.) 878. **
Vorstehende zwei Schriften sind aus: Sitzungsberichte der k. Akademie der Wissenschaften, besonders abgedruckt.

—— über Ergänzungsfarben und Contrastfarben. Lex.-8. (41 S. mit 4 Stnt. und 1 Holzschn. im Text.) Wien 865, (Gerold's Sohn.) *

— Über Ergänzungsfarben und Kontrastfarben (mit 4 Taf. und 1 Holzschnitt). S. 51. II. 461 . . . . 1.60
Separatabdruck

Brücke, Ernst, Ueber die stereoskopischen Erscheinungen und Wheatstones Angriff auf die Lehre von den identischen Stellen der Netzhäute. (Aus „Mullers Archiv" 1844.)

— über die Farben, welche trübe Medien im auffallenden und durchfallenden Lichte zeigen. (Aus den Sitzungsberichten d. k. Akad. d. W.) Ebend. 853. gr. 8. (22 S.) n. 4 ngr.

—— über die Farben, welche trübe Medien im auffallenden und durchfallenden Lichte zeigen. Lex.-8. (22 S.) Wien 854, (Gerold's Sohn.) *

— Über den Farbenwechsel der Chamäleonen (Auszug). S. 7. 802 . . . . vgr.
Separatabdruck

— Über Gallenfarbstoffe und ihre Auffindung. S. 35. 13 . . . . —.10
Separatabdruck

— über Gravitation u. Erhaltung der Kraft. (Aus d. Sitzungsberichten d. k. Akad. d. W.) Ebend. 857. gr. 8. (14 S.) n. 4 ngr.

—— die physiologischen Grundlagen der neuhochdeutschen Verskunst. gr. 8. (VII, 86 S.) Wien 871, Gerold's Sohn. *

Brücke, Dr. Ernst — Grundzüge der Physiologie und Systematik der Sprachlaute für Linguisten und Taubstummenlehrer, bearbeitet von — —. (Mit einer Tafel in Steindruck, ausgeführt von Dr. Elfinger.) Wien, 1856. Druck und Verlag von Karl Gerolds Sohn. (134 S. 8.)

—— Grundzüge der Physiologie und Systematik der Sprachlaute für Linguisten und Taubstummenlehrer. 2. Aufl. gr. 8. (V, 172 S. mit 2 Taf. in Steindr.) Wien 876, (Gerold's Sohn.) *

— Über einen eigentümlichen Inhalt der Darmblutgefäße. S. 12. 882 . . . . vgr.
Separatabdruck

— die Intercellularräume des Gelenkwulstes der Mimosa pudica. (Abdr. aus den Sitzungsber. d. k. Akad. d. Wiss.) Ebend. 864. gr. 8. (4 S.) 1½ ngr.

— ist im Harn des Menschen freie Säure enthalten? [Aus: „Sitzungsber. d. k. Akad. d. Wiss."] Lex.-8. (6 S.) Ebd. 887. n. — 20

—— über einige Consequenzen der Young-Helmholz'schen Theorie. 2. Abhandlung. Lex.-8. (34 S. mit 2 eingedr. Holzschn.) (Ebendas.) 881.
1. Abhandlung. Ebendas. 1879. * 80 Pf.

— Über einige Konsequenzen der Young-Helmholtzschen Theorie. 1. Abhandlung (mit 1 Holzschnitt). S. 80. III. 18 . . . . —.80
Separatabdruck

— Über einige Konsequenzen der Young-Helmholtzschen Theorie. 2. Abhandlung (mit 2 Holzschnitten). S. 84. III. 425 . . . . —.50
Separatabdruck

— Über die Kontraktilität der Gallenblase. S. 6. 421 . . . . —.10
Separatabdruck

— Über die Mechanik des Kreislaufes des Blutes bei den Fröschen. S. 6. 114 . . vgr.
Separatabdruck

— Über die Mechanik des Kreislaufes bei den Eidechsen und Schlangen. S. 7. 246 . —.10
Separatabdruck

— Über die Mechanik des Kreislaufes bei den Schildkröten. S. 5. 415 . . . . . . vgr.
Separatabdruck

—— — Ueber den Metallglanz. (Aus dem XLIII. Bande des Jahrganges 1861 der Sitzungsberichte der mathem.-naturw. Classe der kais. Akademie der Wissenschaften besonders abgedruckt.) gr. 8. (18 S.) Ebds. in Comm. 15 kr.

— über e. neue Methode Dextrin u. Glycogen aus thierischen Flüssigkeiten u. Geweben abzuscheiden u. üb. einige damit erlangte Resultate. [Aus d. Sitzungsber. d. k. Akad. d. Wiss.] Lex.-8. (0 S.) Wien 871. (Gerold's Sohn.) n. — 20

— über eine neue Methode der phonetischen Transscription Mit 1 lith. Beilage. (Aus den Sitzungsber. 1863 d. k. Akad. d. Wiss.) Ebend. 863. gr. 8. (65 S.) n. 12 ngr.

— Über die sogenannte Molekularbewegung in tierischen Zellen, insonderheit in den Speichelkörperchen. S. 45. II. 629 . . . . vgr.
Separatabdruck

— Ueber den Musculus Cramptonianus und den Spannmuskel der Choroiden. (Aus „Müllers Archiv" 1846.)

— Über ein in der Darmschleimhaut aufgefundenes Muskelsystem. S. 6. 214 . . . vgr.
Separatabdruck

— Nachschrift zu Prof. Jos. Kudelka's Abhandlung, betitelt: „Ueber Herrn Dr. Brücke's Lautsystem," nebst einigen Beobachtungen über die Sprache bei Mangel des Gaumensegels. (Aus den Sitzungsberichten d. k. Akad. d. W.) Ebend. 858. gr. 8. (32 S.) n. 5 ngr.

— Nachweis von Chylus im Innern der Peyerschen Drüsen. S. 15. 207 . . . . . . vgr.
Separatabdruck

— Über die Nachweisung von Harnstoff mittelst Oxalsäure. S. 85. III. 290 . . . . vgr.
Separatabdruck

—— über die Nothwendigkeit der Gymnasialbildung für die Aerzte. Inaugurations-Rede, gehalten am 11. October 1879. gr. 8. (19 S.) Wien 879, (Braumüller.) *

— über den Nutzeffect intermittirender Netzhautreizungen. (Abdr. aus den Sitzungsber. d. k. Akad. d. Wiss.) Ebend. 864. gr. 8. (26 S. u. 3 lith. Taf.) n. 10 ngr.

— Objektträger aus Canarienglas. S. 21. 430 . . . . vgr.
Separatabdruck

—— über die Peptontheorien und die Aufsaugung der eiweissartigen Substanzen. Lex.-8. (24 S.) Wien 869, (Gerold's Sohn.) *

— Über die Peptontheorien und die Aufsaugung der eiweißartigen Substanzen. S. 59. II. 612 . . . . —.40
Separatabdruck

— die Physiologie der Farben für die Zwecke der Kunstgewerbe auf Anregung d. Direction d. k. österreich. Museums f. Kunst u. Industrie bearb. Mit 30 in den Text gedr. Holzschn. Leipzig 866. Hirzel. gr. 8. (VI, 298 S.) n. 2 ℛ

— die Physiologie der Farben f. die Zwecke d. Kunstgewerbe, auf Anregg. der Direction d. kaiserl. österreich. Museums f. Kunst u. Industrie bearb. 2., verb. Aufl. [Mit 31 in den Text gedr. Holzschn.] gr. 8. (VI, 309 S.) Leipzig 887. Hirzel. n. 6. —

— Über die Reaktion, welche Guanin mit Salpetersäure und Kali gibt. S. 94. III. 277 . . . . vgr.
Separatabdruck

—— über die Reizung der Bewegungsnerven durch elektrische Ströme. gr. 8. (16 S.) Wien 869, (Gerold's Sohn.)

Brücke Ernst Ritter von. Dr.: Über die Reizung der Bewegungsnerven durch elektrische Ströme (mit 1 Holzschnitt). S. 58. II. 451 . . . . K —.24
Separatabdruck

Brücke, Ernst, über eine durch Kaliumhypermanganat aus Hühnereiweiss erhaltene stickstoff- u. schwefelhaltige unkrystallisirbare Säure. [Aus: „Sitzungsber. d. k. Akad. d. Wiss."] Lex-8. (6 S.) Wien 881. (Gerold's Sohn.) n. — 20

Brücke, Ernst, Nachtrag z. d. am 7. Jänner gemachten Mittheilung über eine durch Oxydation von Eiweiss erhaltene unkrystallisirbare Säure. (Sitzb. d. k. Akad. d. Wissensch. 83. Bd. III. Abth. 1881. Febr.) gr. 8. (4 S.) geh. In Comm. 5 kr.
Wien: Gerold's S. 1881.

— Schönheit u. Fehler der menschlichen Gestalt. Mit 29 Holzschn. v. Herm. Paar. 1. u. 2., unveränd. Aufl. gr. 8. (V, 151 S. m. Bildnis in Heliograv.) Ebd. 891. 893. n. 5. —

Brücke, Ernst, Schönheit und Fehler der menschlichen Gestalt. Mit 29 Holzschnitten von Hermann Paar. 2. unveränderte Auflage. Mit dem Bildnisse des Verfassers. Gr.-8. (151 S.) Wien: Braumüller 1893

Brücke, Ernst, Schönheit u. Fehler der menschlichen Gestalt. Mit 29 Holzschn. v. Herm. Paar. 3. unveränd. Aufl. (III, 156 S.) gr. 8. Wien 905. W. Braumüller. n. 2. —; geb. in Leinw. n. 3. —

—— über asymmetrische Strahlenbrechung im menschlichen Auge. Lex.-8. (8 S. mit 1 chromolithogr. Taf. Wien 869, (Gerold's Sohn.) *

Brücke, Ernst, Studien üb. die Kohlehydrate u. üb. die Art, wie sie verdaut u. aufgesaugt werden. [Aus: „Sitzungsber. d. k. Akad. d. Wiss."] Lex.-8. (36 S.) Ebend. 872. n. — 50

— Studien über die Kohlehydrate und über die Art, wie sie verdaut und aufgesaugt werden. I. Stärke, Dextrin und Glykogen. II. Die Verdauung der gekochten Stärke. S. 65. III. 126 . . . . —.50
Separatabdruck

— Über ein im Peritonäum von Psammosaurus griseus von ihm aufgefundenes System von glatten Muskelfasern. S. 7. 248 . . . . vgr.
Separatabdruck

— Anatomische Untersuchungen über die sogenannten leuchtenden Augen bei den Wirbelthieren. (Aus „Müllers Archiv" 1845.)

— Untersuchungen über den Bau der Muskelfasern mit Hülfe des polarisirten Lichtes. Mit 2 (lith.) Taf. (Aus den Denkschriften d. k. Akad. d. W.) Ebend. 858. gr. 4. (1 Bl., 16 S.) n. 20 ngl

— Untersuchungen über subjective Farben. [Aus den Denkschriften der math.-naturw. Cl. der K. Akad. d. Wiss. abgedr.] Fol. (14 S.) Wien 851. (Braumüller.) n. 1/3 ß

— Untersuchungen üb. d. Farbenwechsel d. afrikanischen Chamäleons, s. a. Ostwald's, W., Klassiker der exakten Wissenschaften.

— Untersuchungen über den Farbenwechsel des afrikanischen Chamäleons. Mit 1 (lith.) Taf. [Aus der Denkschr. der k. Akad. d. Wiss. abgedr.] Fol. (34 S.) Ebd. 852. n. 28 ngl

—— Untersuchungen über den Farbenwechsel des afrikanischen Chamäleons. Fol. (34 S. mit 1 Stnt.) Wien 852, (Gerold's Sohn.) *

Brücke Ernst Ritter von, Dr.: Untersuchungen über die Lautbildung und das natürliche System der Sprachlaute. S. 2. 180 . . . . vgr.
Separatabdruck

— Über den Ursprung und Verlauf der Chylusgefäße in der Darmwand (Auszug). S. 10. 27 . —.20
Separatabdruck

— über das Verhalten d. Congorothes gegen einige Säuren u. Salze. [Aus: „Sitzungsber. d. k. Akad. d. Wiss."] Lex.-8. (11 S.) Wien 888. (Tempsky.) n. — 30

—— über das Verhalten einiger Eiweisskörper gegen Borsäure. Lex.-8. (24 S.) Wien 867, (Gerold's Sohn.) *

— Über das Verhalten einiger Eiweißkörper gegen Borsäure. S. 55. II. 881 . . . . . . —.40
Separatabdruck

— Ueber das Verhalten der optischen Medien des Auges gegen Licht- und Wärmestrahlen. (Aus „Müllers Archiv" 1845.)

Brücke, Ernst, Ueber das Verhalten der optischen Medien des Auges gegen die Sonnenstrahlen. (Aus „Müllers Archiv" 1846.)

Brücke, Ernst, über das Verhalten der entnervten Muskeln gegen den constanten Strom. Lex.-8. (7 S.) Wien 874, (Gerold's Sohn.) *

— über das Verhalten der entnervten Muskeln gegen den constanten Strom. [Aus: „Sitzungsber. d. k. Akad. d. Wiss."] Lex.-8. (7 S.) Ebend. 875. n. — 20

—— über das Verhalten entnervter Muskeln gegen discontinuirliche elektrische Ströme. Lex.-8. (4 S. mit 1 eingedr. Holzschn.) Wien 869, (Gerold's Sohn.)
aus: Sitzungsberichte der k. Akademie der Wissenschaften, besonders abgedruckt.

—— über das Verhalten lebender Muskeln gegen Borsäurelösungen. Lex.-8. (3 S.) Wien 867, (Gerold's Sohn.)

— Über das Verhalten lebender Muskeln gegen Borsäurelösungen. S. 55. II. 622 . vgr.
Separatabdruck

— Das Verhalten der sogenannten Protoplasmaströme in den Brennhaaren von *Urtica urens* gegen die Schläge des Magnetelektromotors. S. 46. II. 35 . . . . vgr.
Separatabdruck

—— über den Verlauf der feinsten Gallengänge. Lex.-8. (2 S.) Wien 864, (Gerold's Sohn.)

— Über den Verlauf der feinsten Gallengänge. S. 50. II. 50 . . . . vgr.
Separatabdruck

Brücke, Ernst —. Der Verschluß der Kranzschlagadern durch die Aortenklappen Eine Entgegnung auf den vom Herrn Prof. J Hyrtl am 7. December 1854 in der Sitzung der mathematisch-naturwissenschaftlichen Klasse der kaiserlichen Akademie der Wissenschaften gehaltenen Vortrag von — —. Wien. 1855. Druck und Verlag von Karl Gerold und Sohn. (24 S. 8.) geh.

—— einige Versuche über sogenannte Peptone. Lex.-8. (7 S.) Wien 870, (Gerold's Sohn.) *
aus: Sitzungsberichte der k. Akademie der Wissenschaften, besonders abgedruckt.

— über das Vorkommen von Zucker im Urin gesunder Menschen. (Aus den Sitzungsberichten d. k. Akad. d. W.) Ebend. 858. gr. 8. (7 S.) n. 2 ngl

—— Vorlesungen über Physiologie. Unter dessen Aufsicht nach stenograph. Aufzeichnungen hrsg. 2 Bde. gr. 8. Wien, Braumüller. *

Inhalt:

Bd. 1. Physiologie des Kreislaufes, der Ernährung, der Absonderung, der Respiration und der Bewegungserscheinungen. Mit 80 (eingedr.) Holzschn. 1. Aufl. (VI, 511 S.) 1874, und 2. verm. und verb. Aufl. (VI, 528 S.) 875. *M 15.
» 2. Physiologie der Nerven und der Sinnesorgane und Entwickelungs-Geschichte. (IV, 321 S. mit eingedr. Holzschn.) 873. *M 10.

—— Vorlesungen über Physiologie. Unter dessen Aufsicht nach stenograph. Aufzeichnungen hrsg. 2. (Schluss-)Bd.: Physiologie der Nerven und der Sinnesorgane und Entwickelungsgeschichte. 2. verm. und verb. Aufl. gr. 8. (IV, 337 S. mit 99 eingedr. Holzschn.) Wien 876, Braumüller. *
1. Bd. Ebendas. 1875. *M 15.

—— Vorlesungen über Physiologie. Unter dessen Aufsicht nach stenograph. Aufzeichnungen hrsg. 1. und 2. Bd. 3. verm. und verb. Aufl. gr. 8. Wien, Braumüller. * 25 —

Inhalt:

Bd. 1. Physiologie des Kreislaufs, der Ernährung, der Absonderung, der Respiration und der Bewegungserscheinungen. (VI, 546 S. mit 81 eingedr. Holzschn.) 881. *M 15.
» 2. Physiologie der Nerven und der Sinnesorgane und Entwickelungsgeschichte. (IV, 355 S. mit 103 Holzschn.) 884. *M 10.

—— Vorlesungen über Physiologie. Unter dessen Aufsicht nach stenograph. Aufzeichnungen hrsg. 2 Bde. 4. verm. und verb. Aufl. gr. 8. Wien, Braumüller. *

Inhalt:

Bd. 1. Wintersemester 1884—1885. Physiologie des Kreislaufs, der Ernährung, der Absonderung, der Respiration und der Bewegungserscheinungen. (VI, 359 S. mit 89 Holzschn.) 885. *M 15.—.
» 2. Sommersemester 1886. Physiologie der Nerven- und der Sinnesorgane und Entwickelungsgeschichte. (IV, 359 S. mit 104 Holzschn.) 887. *M 10.—.

— Vortrag aus der Abhandlung über die Mechanik des Kreislaufes des Blutes bei den Amphibien (der Krokodilier). S. 6. 61 . . . . vgr.
Separatabdruck

—— über die Wahrnehmung der Geräusche. Lex.-8. (32 S. mit 2 eingedr. Holzschn.) Wien 884, (Gerold's Sohn.)
Aus: Sitzungsberichte der k. Akademie der Wissenschaften, besonders abgedruckt.

— wie behütet man Leben u. Gesundheit seiner Kinder? 1.—4., unveränd. Aufl. gr. 8. (VII, 232 S.) Wien 892. W. Braumüller. n. 5. —; geb. in Leinw. n.n. 6. 50

— Über die Wirkung komplementär gefärbter Gläser beim binokulären Sehen. S. 11. 263 . —.20
Separatabdruck

— über die Wirkungen d. Muskelstroms auf e. secundären Stromkreis u. üb. e. Eigenthümlichkeit v. Inductionsströmen, die durch e. sehr schwachen primären Strom inducirt worden sind. [Aus: „Sitzungsber. d. k. Akad. d. Wiss."] Lex.-8. (14 S. m. 3 eingedr. Holzschn.) Wien 875. (Gerold's Sohn. n.n. — 30

— über die Zunge der Chamäleonen. Mit 1 (lith.) Taf. [Aus den Sitzungsberichten 1852 der k. Akad. d. Wiss. abgedr.] gr. 8. (8 S.) Ebd. 852. n. 4 ngr.

— über den Zusammenhang zwischen der freiwilligen Emulgirung der Oele u. dem Entstehen sogenannter Myelinformen. [Aus: „Sitzungsber. d. k. Akad. d. Wiss."] Lex.-8. (10 S.) Wien 879. Gerold's Sohn. n.n. — 25

Brücke, Ernst Th[eodor] von, Dr. med.: Über die Beziehungen zwischen Aktionsstrom und Zuckungen des Muskels im Verlaufe der Ermüdung. (Bonn: M. Hager) 1908. (S. 215 bis 245 mit Taf.) 8° ¶ (Aus: Archiv f. d. ges. Physiologie Bd 124.) [Umschlagt.]
Leipzig, Med. Fak., Hab.-Schr. von 1908

Brücke, E. Th. v., u. S. Garten, zur vergleichenden Physiologie der Netzhautströme. (S. 290—348 m. 24 Fig. u. 8 Taf.) gr. 8. Bonn 907. M. Hager. 2.40
Sonderabdruck aus „Arch. f. d. ges. Physiol."

Brücke, Hermannus Godofredus (Hamburgensis)
Dissertatio inauguralis medica de Haemorrhoidibus.
Giessae: Schröder 1824. 16 S.
Diss. med. 19.5.1824.

Brücke, Norbert, Katalog der Lehrerbibliothek, 97 S.
Progr. Mähr. Ostrau LOR, 1809.

Brücke, Norb., deutsche Meßgesänge f. gemischt. Chor, s.: Mirus, Eduard.

Brücke Norbert: Die Stellung des Körpers zum Geräth beim Turnen. (3). Mähr. Ostrau R. 94. Progr.

Brückel, Eugen, appr. Arzt: Ueber idiopathische Herzhypertrophie und Myodegeneratio cordis. München 1900: Kastner & Callwey. 22 S. 8° ¶ (Aus: Annalen d. städt. allg. Krankenhäuser zu München. Bd 13.)
München, Med. Diss. v. 24. Dez. 1907, Ref. v. Bauer
[Geb. 11. Febr. 79 Weilburg; Wohnort: Weilburg; Staatsangeh.: Preußen; Vorbildung: Gymn. Weilburg Reife O. 99; Studium: München 2, Heidelberg 2, Gießen 1, Heidelberg 4, München 7 S.; Coll. 24. Dez. 07; Approb. 2. April 07.] [U 09. 3294

Brückel, Philipp [aus Offenbach a. M.]: Untersuchungen über die reciproke Verwandtschaft in der Ebene . . . . Giessen, Druck v. Wilhelm Keller, 1888: 19 + 1 S. 4°
Giessen, Phil. Fak., Inaug.-Diss. v. 1888

Brückelt, Const., hoher Besuch, s.: Festspiele, turnerische. Nr. 2.

Brückelt, Const.: Lustige Clowns auf d. Turnerfeste, s: Festspiele, Turnerische.

— Eisenstab-Reigen, s.: Reigensammlung. I. 7.

— Fahnen-Reigen, s.: Reigensammlung. II. 3.

— **das Geräte-Turnen in den Frauen- u. Mädchenabteilungen der deutschen Turnvereine. Handbuch f. Vorturner u. Vorturnerinnen. Übungsgruppen an den gebräuchl. Turngeräten. I. Stufe. Aus der Praxis f. die Praxis zusammengestellt u. in 4 aufsteig. Stufen bearb.** (VII, 126 S. m. Abbildgn.) kl. 8. Wien 908. A. Pichler's Wwe. & Sohn. n. 1.20

— **Der Kampf ums Deutschtum. Ein Sang aus Deutschböhmens Gauen.** (36 S.) 8. Teichstatt (907). (Leipzig, P. Eberhardt.) — 50

Brückelt, Constantin, Lampionreigen für 16 Turner und 16 Turnerinnen, Anh.: Musterriegen d. Alten T. V. Breslau z. 10. Dtsch. Turnf. in Nürnberg 1903, 14 S., 8°.

— Langstab-Reigen f. 12 Turner od. Zöglinge, s.: Reigensammlg.

— Fräulein Leutnant od. Strafe muß sein, s.: Lustspiele. Nr. 12.

— Tanz-Reigen, s.: Reigensammlung II. Serie, Nr. 4.

Brückelt, Konstantin, Ein deutscher Turner, Schausp. in 5 Akt., Ansbach, 52 S., 8°.

Brückelt, Konstantin, Turnerin u. Sängerin, Aufführ. f. 2 Damen. Prolog zu einem Damen-Schauturnen. Langstabreigen f. 9 Turner oder Turnerinnen. 16 S., 16°.

— Zigeuner-Quadrille, s.: Kostüm-Reigen Nr. 2.

Brucken (Brücken) gnt. von Fock und von Fock aus dem Hause Brügge. Mit Facsimiles u. color. Wappentfln. 1865. fol.

Brucken, H. v., genannt Fock, über die Bildung der ersten preußischen Kammer nach den gegenwärtig geltenden Bestimmungen und den von der Regierung gemachten Abänderungsvorschlägen. Berlin 853. Th. Enslin. gr. 8. (52 S.) n. 10 ngr.

v. Brucken, [gen. Fock], H., über den norddeutschen Bund. Berlin 867. Stilke & van Muyden. gr. 8. (52 S.) n. 7½ ngr.

v. Brucken, H., genannt Fock, über die deutsche Verfassungs-Angelegenheit. gr. 8. (63 S.) Berlin 850, Mai. n. 8 ngr.

Brucken, H. v., genannt Fock, das Wesen Gottes und der Welt ihre Begründung und die geschichtl. Entwickelung der Idee über beide. 2 Bde. gr. 8. (VII, 342; VIII, 327 S.) Berlin 871, Henschel. [München, Th. Ackermann.] *

Brucken, H. v., das Wesen Gottes und der Welt, ihre Begründung und die geschichtl. Entwickelung der Idee über beide. 2 Bde. gr. 8. Berlin 871. Leipzig, Zander.

Brücken, Die im Bau begriffenen, über die Weichsel bei Dirschau, und über die Nogat bei Marienburg. Berlin 1855. V: *Lentze.* (Kat. d. Bibl. d. techn. Hochsch. Hannover. Hann. 1893.)

Brücken, die eisernen, über 15 Meter Spannweite auf den Bahnen des Vereins deutscher Eisenbahn-Verwaltungen, s. Organ für die Fortschritte d. Eisenbahnwesens.

Brücken der Elbe, Die, für Schifffahrttreibende mit Angabe der Brücken-Unterkanten, der Spannweiten der Schifffahrtsöffnungen, des höchsten und niedrigsten schiffbaren Wasserstandes nach den betreffenden Nullpunkten in Metern. Magdeburg o. J. [1889]. qu.-12. . . . .

Brücken, die, der Elbe f. Schiffahrttreibende, m. Angabe der Spannweiten der Schiffahrtsöffngn., des höchsten schiffbaren u. mittleren niedrigen Wasserstandes nach den betr. Nullpunkten u. der Brückenunterkanten-Konstruktionen. (18 Bl.) qu. schmal Fol. Magdeburg 904. A. Rathke. n. 2.—

Brücken in Stein, Eisen und Holz . . . Berlin 1878. V: *Dietrich, E.* (Kat. d. Bibl. d. Techn. Hochsch. Berlin 1900.)

Brückenau, s. a.: Bayern. Karte.

Brückenau. Vom K. St.-Kataster. 2,500. Ausg. 1849. 1 Bl.

Brückenau. Umgebungskarte v. Bad u. Stadt Brückenau. Beilage zu: Bad Brückenau. Seine Kurmittel u. seine Umgebg. Neuer Führer f. Kranke u. Gesunde v. Fel. Schlagintweit u. Osk. Schlagintweit. 1 : 25,000. 36×46,5 cm. Farbdr. Würzburg (910). C. Kabitzsch. — 40

Brückenau. Wehner, A., Terrain-Karte von Bad Brückenau nach Oertel's System. 1 : 25,000. 31×30 cm. Farbdr. Würzburg (901). Stahel's Verl. n. — 20

Brückenbau, der. Hrsg. v. Th. Landsberg, in 1. u. 2. Aufl. v. Th. Schäffer u. Ed. Sonne, s.: Handbuch der Ingenieurwissenschaften.

Brückenbau, Der. Red. v. J Frdr. Meissner. 1. J. Apr. '12 —März '13. 24 Hefte. (1. Heft: 26 m. Abb.) Lex8° Karlsr., Verl.: Fachpresse. viertelj. 4 —

Brückenberg, s.: Krummhübel.

Brückenbrand, Geo. Winkler v., s. Winkler v. Brückenbrand.

Brücken-, Straßen- u. Ueberfahrtsmauten. (Redaction. Beilage d. Kärnt. Gemeindeblattes 1897.) gr. 8. (17 S.) Klagenfurt 897. (F. v. Kleinmayr.) n. —36

Brücken- und Hafenordnung nebst Taxe für die Stadt Eckernförde. d. d. Kopenhagen, den 27. Febr. 1841. Schleswig. 1841. 1½ k.

Baron Bruckenthal'sche Gemäldegalerie. Eine Auslese von 40 Gemälden in Heliogravüre-Imitation. In Umschlag geb. K 9.— Hermannstadt: Krafft 1903.

Brucker, Urkunden über die Verhältnisse des Buchhandels und der Presse in Straßburg im 18. Jahrh., s. Publikationen des Börsen-Vereins der deutschen Buchhändler.

Brucker, Christoph Heinrich (Augsburg), De tutoribus et curatoribus ex more Augustano. Diss. jur. Präs. Andreas Elias Rossmann. Erlangen (W. Walther) Dez. 1765. 44 S. (5.—) 4186
Widm. v. Präs., Gottfr. Ludw. Kraus, Marcus von Scheidlin (Augsburg), Hieron. Andr. Mertens.

Brucker, E., Neger und Weiße. Eine Erzählung aus der Antillenwelt. 8. (64 S.) Hamburg 884, Kramer.

Brucker, Jakob, 1696–1770, Philosoph, s. Brucker, Johann Jakob

Brucker, Jak., bete u. vertraue. Andachtsbuch f. Katholiken. Nach dem sel. Canisius bearb. 24. (336 S. m. 1 Stahlst.) Einsiedeln 893. Benziger & Co. Geb. in Leder m. Goldschn. 3. 40

Brucker, Jak. Der vollkommene Christ in seinen Gebeten u. geistlichen Uebungen nach der Lehre d. hl. Frz. v. Sales. 16. (IV, 448 S.) Augsb. 892, Literar. Institut v. Dr. M. Huttler. n. 2 —; geb. in Leinw. n. 3 —

Brucker, Jakob: Die geistlichen Exercitien des heil. Ignatius, s. a. Bibliothek, Ascetische.

Brucker, J., die geistlichen Exercitien des heil. Ignatius für Gläubige jedes Standes. 8. (XVI, 264 S.) Freiburg i. Br. 874, Herder'sche Verlagsh.

Brucker, Jak., die geistlichen Exercitien des heil. Ignatius, für Gläubige jeden Standes dargestellt. 2., verb. u. verm. Aufl. 8. (XXI, 395 S.) Freiburg i/Br. 879. Herder. 1. 80

Brucker, J., die geistlichen Exercitien d. heil. Ignatius, f. Gläubige jeden Standes dargestellt. 3. Aufl. 8. (XIX, 366 S.) Freiburg i/Br. 890. Herder. n. 1. 80; geb. n. 2. 70

Brucker, J., die geistlichen Exercitien des hl. Ignatius, f. Gläubige jeden Standes dargestellt. (Ascetische Bibliothek.) 4. Aufl. 12. (XIX, 366 S.) Freiburg i/B. 899. Herder. n. 2. —; geb. in Leinw. n. 2. 60

Brucker, Jak., S. J., die geistlichen Exerzitien des hl. Ignatius, f. Gläubige jeden Standes dargestellt. (Ascetische Bibliothek.) 5. Aufl. (XIX, 344 S.) kl. 8. Freiburg i/B. 907. Herder. 2.40; geb. in Kunstldr. 3. —

Brucker, P. Jak., S. J. Des sel. Petrus Canisius, S. J. Gebetbuch. Aus dem Lateinischen übersetzt u. bearbeitet. Feine Ausgabe in zweifarbig. Druck. Mit 4 Druckphotographien. In-24°, 336 S. Einsiedeln, Gebr. K. & N. Benziger. 1886

Brucker, Jak., der Geist des heil. Franz v. Sales. Für Gläubige jedes Standes bearb. Mit einem Anhang der gewöhnlichsten Andachten, aus den Schriften der heil. Mechtildis und der heil. Gertrud zusammengetragen. 16. (VIII, 532 S.) Paderborn 884, Bonifacius-Druckerei.

Brucker, Jakob: Die Kunst mit Gott zu verkehren, s. a. Bibliothek, Ascetische.

— die Kunst m. Gott zu verkehren. gr. 16. (X, 285 S.) Ebend. 875. 1. 50

— die Kunst, m. Gott zu verkehren. Nach den Schriften d. Rogacci u. d. Boutault dargestellt. 2., verb. Aufl. 12. (VIII, 298 S.) Ebd. 889. 1. 50

Brucker, Jak., S. J., die Kunst m. Gott zu verkehren. Nach den Schriften des Rogacci u. des Boutault S. J. dargestellt. (Ascetische Bibliothek.) 3. Aufl. (X, 298 S.) 12. Freiburg i/B. 903. Herder. n. 1. 60; geb. in Leinw. n. 2. 20

— das gottselige Leben. Nach den vier Büchern der Nachfolge Christi m. Beibehaltg. aller Worte d. Verf. systematisch dargestellt v. G. Heser u. neu bearb. v. J. B. Nebst den gewöhnl. Andachtsübgn. 12. (XII, 508 S. m. 1 Bild.) Augsburg 889. Literar. Institut v. Dr. M. Huttler. n. 3. —; geb. in Ldr. n. 5. —

Brucker, Jakob: Die Lehre des heil. Franz von Sales von der wahren Frömmigkeit, s. a. Bibliothek, Ascetische.

— die Lehre d. heiligen Franz v. Sales v. der wahren Frömmigkeit. 8. (XVII, 448 S.) Ebend. 875. 2. 25

— die Lehre des heil. Franz v. Sales von der wahren Frömmigkeit. 2., unveränd. Aufl. gr. 16. (XIX, 448 S.) Ebend. 879. 2. 25

— die Lehre d. hl. Franz v. Sales v. der wahren Frömmigkeit. 3. Aufl. 12. (XX, 481 S.) Freiburg i/B. 893. Herder. n. 2. 25; geb. in Leinw. n. 3. —

— die Lehre des hl. Franz v. Sales v. der wahren Frömmigkeit. (Aszetische Bibliothek.) 4. Aufl. (XX, 470 S.) kl. 8. Ebd. 904. n. 2. 25; geb. in Leinw. n. 3. —

— die Pflichten d. christlichen Lebens, aus den Schriften d. heiligen Kirchenlehrers Franz v. Sales gezogen. 12. (VI, 346 S.) Ebd. 890. n. 1. 70; geb. n. 2. 40

— das innere Seelen-Leben. **Nach den Schriften Fenelon's, Erzbischofs v. Cambray, dargestellt u. bearb. Nebst** den gewöhnlichen Andachtsübungen. 12. (640 S. m. 2 Stahlst.) Einsiedeln 882. Benziger. 2. 30

Das Innere Seelen-Leben. Nach den Schriften [Auszüge] [François de] Fenelon's, Erzbischofs von Cambray. Dargest. u. bearb. von P. Jakob Brucker, S. J. Nebst d. gewöhnl. Andachtsübungen. 6. Aufl. *Einsiedeln, Köln: Benziger & Co. [um 1902].* (640 S.) 8° [F.] [o. 1860]

Brucker, P. Jakob. Worte des Lebens. Gebet- und Betrachtungsbuch aus den Schriften Fenelon's nebst einem Anhang der gewöhnlichsten Andachten. Mit Approbation. Mit Stahlstich. Gr. in-24°, 320 S. Einsiedeln, Gebr. Benziger.
1882 von — 65 — 1 85

Brucker, Jean Charles

Brucker, J. C., les archives de la ville de Strasbourg, antérieures à 1790. Aperçu sommaire. gr. 8. (168 S.) Strassburg 873, (Trübner.) *

Brucker, J., s.: Inventaire sommaire des archives communales de la ville de Strasbourg.

— Strassburger Zunft- u. Polizei-Verordnungen d. 14. u. 15. Jahrh. Aus den Originalen d. Stadtarchivs ausgewählt u. zusammengestellt. Nebst e. Glossar zur Erläuterg. sprachl. Eigenthümlichkeiten v. J. Brucker u. G. Wethly. gr. 8. (XII, 625 S.) Strassburg 889. Trübner's Verl. n.n. 12. —

Brucker, Johann Jakob

— Erste Anfangsgründe der philos. Geschichte. Ein Auszug aus dem grössern Werke. Ulm 736. 12. Ebend. 751. 8. 10 gr.

Brucker, Jak., († d. 26. Nov. 1770.) erste Anfangsgr. d. philosoph. Geschichte, als e. Ausz. ss. grössern Werks. 8. Ulm 751. Bartholomäi. 10 Ngr.

Brucker, Jacob & Johann Jacob Haid. Bilder-sal heutiges Tages lebender, und durch Gelahrtheit berühmter Schrifft-steller; in welchem derselbigen nach wahren Original-mahlereyen entworfene Bildnisse in schwarzer Kunst, in natürlicher Aehnlichkeit vorgestellet, und ihre Lebens-umstände, Verdienste um die Wissenschafften / und Schrifften aus glaubwürdigen Nachrichten erzählet werden / ... Augspurg, bey Jo. Jacob Haid / 1741—1766.
11 Teile. 2°.

I Erstes Zehend. 1741: Tit., 1 Taf., 25 Bl. m. 1 Vign. in Schabkunst; 10 Taf.
II Zweytes Zehend. 1742: Tit., 28 Bl.; 10 Taf.
III Drittes Zehend. 1744: Tit., 23 Bl.; 10 Taf.
IV Viertes Zehend. 1745: Tit., 30 Bl.; 10 Taf.
V Fünftes Zehend. 1746: Tit., 26 Bl.; 10 Taf.
VI Sechstes Zehend. 1747: Tit., 26 Bl.; 10 Taf.
VII Siebendes Zehend. 1748: Tit., 24 Bl.; 10 Taf.
VIII Achtes Zehend. 1750: Tit., 25 Bl.; 10 Taf.
IX Neuntes Zehend. 1752: Tit., 25 Bl.; 10 Taf.
X Zehentes und letztes Zehend. 1755: Tit., 27 Bl.; 10 Taf.
XI Anhang. 1766: Tit., 2 Bl., 4 S., 1 Taf.; 50 S., 10 Taf.

Gleichzeitig erschienen lateinische Ausgabe: „Pinacotheca scriptorum nostra aetate litteris illustrium" ohne Anhang.
Graesse I, 550.

Brucker, Jac., De vita et scriptis E. Ehinger commentatio. C. frontisp. (J. A. Fridrich fec.). Augustae Vindelicor. 1724. 8⁰. 12 ff., 196 pp. (3 Mk. J. Rosenthal, c. 1903.)

— Ehrentempel d. deutschen Gelehrsamkeit, in welchem die Bildnisse gelehrter Männer unter d. Deutschen aus d. XV., XVI. u. XVII. Jahrh. aufgestellt etc. sind. Mit 47 Portr. v. J. J. Haid. gr. 4. Augsb., Kranzfelder. 2 Thlr.

Brucker, Jacob & Johann Jacob Haid. Ehren-tempel der Deutschen Gelehrsamkeit, in welchem die Bildnisse gelehrter, und um die schönen und philologischen Wissenschafften verdienter Männer unter den Deutschen aus dem XV. XVI. und XVII. Jahrhunderte aufgestellet, und ihre Geschichte, Verdienste und Merckwürdigkeiten entworfen sind von Jacob Brucker ... in Kupfer gebracht von Johann Jacob Haid ... Augspurg, bey Johann Jacob Haid 1747.
Tit., 3 Bl. Vorrede, 210 S., 2 Bl.; 50 Taf. in Kupferst. 4°.
Graesse I, 550.

Brucker, Johann Jakob

— Entwurf e. urkundmäß. Geschichte der evangel. Pfarrkirche z. heil. Creutz in Augsburg. 8. Augsb. 753. Merz. 12 Ngr.

— Entw. e. urkundmäß. Geschichte der evang. Pfarrkirche z. heil. Creuz in Augsb. 8. Augsb. Merz. 754.

Brucker, Jakob, Jacob Bruckers /// Kurtze // Fragen // Aus der // Philosophischen // Historie /// Von // Anfang der Welt /// Biß auf die // Geburt Christi /// Mit // Ausführlichen Anmerckungen // erläutert. // Erster Theil. // ULM / 1731. bey Daniel Bartholomäi und Sohn. - 27 Blatt (nicht paginiert) Titelkupfer, Titelblatt, Widmung, Vorrede und Kurtzer Entwurf der Fragen. - 112o S. und noch 24 Blatt (nicht paginiert) Register.

Jacob Bruckers /// Kurtze // Fragen // Aus der // Philosophischen // Historie /// Von // Anfang der Welt /// Biß auf die // Geburt Christi /// Mit // Ausführlichen Anmerckunge // erläutert. // Zweyter Theil. // ULM / 1731. // bey Daniel Bartholomäi und Sohn. - 11 Blatt (nicht paginiert) Titelblatt, Widmung, Vorrede und Kurtzer Entwurf der Fragen. - 1o86 Seiten und noch 28 Blatt (nicht paginier Register.

Jacob Bruckers // Kurtze // Fragen // Aus der // Philosophischen // Historie /// Von der // Geburt Christi // Bis auf // Unsere Zeiten /// Mit // Ausführlichen Anmerckungen // erläutert. // Dritter Theil. // ULM / 1732. // bey Daniel Bartholomäi und Sohn. - 18 Blatt (nicht paginiert) Titelblatt, Widmung, Vorrede und Kurtzer Entwurf der Fragen. - 1344 S. und noch 26 Blatt (nicht paginiert) Register.

Jacob Bruckers /// Kurtze // Fragen // Aus der // Philosophischen // Historie /// Von der // Geburt Christi // Biß auf // Unsere Zeiten /// Mit // Ausführlichen Anmerckungen // erläutert. // Vierter Theil. // ULM / 1733. // Bey Daniel Bartholomäi und Sohn. - 24 Blatt (nicht paginiert) Titelkupfer, Titelblatt, Widmung, Vorrede und Entwurf der Fragen. - 145o S. und noch 3[illegible] Blatt (nicht paginiert) Register.

Jacob Bruckers // Kurtze // Fragen // Aus der // Philosophischen // Historie /// Von Christi Geburt // Biß auf // Unsere Zeiten /// Mit // Ausführlichen Anmerckungen // erläutert. // Fünfter Theil. ULM / 1734. // Bey Daniel Bartholomäi und Sohn. - [illegible] Blatt (nicht paginiert) Titelblatt, Widmung, Vorrede und Kurtzer Entwurf der Fragen. - 1517 S. und noch [illegible] Blatt (nicht paginiert) Register.

Jacob Bruckers // Kurtze // Fragen // Aus der // Philosophischen // Historie /// Von Christi Geburt // Biß auf // Unsere Zeiten /// Mit // Ausführlichen Anmerckungen // erläutert. // Sechster Theil. // ULM / 1735. // Bey Daniel Bartholomäi und Sohn. - 16 Blatt (nicht paginiert) Titelblatt, Widmung, Vorrede und Kurtzer Entwurf der Fragen. - 1326 Seiten und noch 27 Blatt (nicht paginiert) Register und Druckfehler.

Jacob Bruckers // Kurtze // Fragen // Aus der // Philosophischen // Historie /// Von // Christi Geburt // Biß auf // Unsere Zeiten /// Mit // Ausführlichen Anmerckungen // erläutert. // Siebender und letzter Theil. // ULM / 1736. / Bey Daniel Bartholomäi und Sohn. - 19 Blatt (nicht paginiert) Titelblatt, Widmung, Vorrede und Kurtzer Entwurf der Fragen. - 121o S. und noch 24 Blatt (nicht paginiert) Register und Druckfehler. -

— historia critica philosophiae a mundi incunabulis ad nostram usque aetatem deducta. V Tom. 4. Leipz. 742—44. N. A. Cum appendice, als 6r Thl. 4. Ibid. 767. Weidmann. 25 Thlr. ch. script. 30 Thlr. ejusd. Vol. VI. appendix separat. 5 Thlr.

— Historia philosophica de Ideis, qua tum veterum tum recentior. philosophor. placita enarrantur. Aug. V. 723. 8. 16 gr.

— institut. hist. philosophiae, usui acad. juventutis adornatae. 8 maj. Leipz. 747. Editio Nova. 756. Denuo perlustravit ad nostra tempora contin. Fr. Glo. Born. 8 maj. Ibid. 790. Breitkopf et H. 1 Thlr. 12 Ngr.

— miscellanea hist. philos. literar. crit. 8. maj. Augsb. Lotter. 748.

— Otium Vindelicum sive Meletematum historiae philos. triga. Aug. Vind. 729. 8. 8 gr. jetzt zu 16 gr.

— u. Jh. Jak. Haid, Pinacotheca scriptorum nostra aetate literis illustrium. Auch deutsch u. d. T.: Bildersaal heutiges Tags lebender etc. berühmt. Schriftsteller, in welchem derselbigen etc. entworfene Bildnisse in schwarzer Kunst etc. vorgestellet u. ihre Lebensumstände etc. erzählet werden. 10e Aufl. Mit 111 Portr. Fol. Augsb. 741—55. Kranzfelder. 9 Thlr.

Brucker, J. J., Von den Verdiensten des gräflich Fuggerschen Hauses um die Gelehrsamkeit. Kaufbeuren 1732. 4. — Augsburg 1744.

Brucker, Jos., Johannistrieb. gr. 8. (66 S.) Leipzig 897. W. Friedrich. n. 1. —

Brucker, Josef, Referendar: Der Schleppschiffahrtsvertrag nach deutschem See- und Binnenschiffahrtsrecht. Bonn 1908: Bach. 105 S. 8°
Leipzig, Jur. Diss. v. 28. Dez. 1908
[Geb. 1. Nov. 81 Wallhalben; Wohnort: Bonn; Staatsangeh.: Preußen; Vorbildung: Gymn. Koblenz Reife O. 01; Studium: Bonn 5, Berlin 1 S.; Rig. 2. Aug. 04.] [U 09. 2463

--Vorträge über d Entws-gesch des Volkes d VS. 2v. Milw, 1898.

Brucker, Karl Friedrich (Hrsg.), s. Aquilianus, Scipio: De Placitis philosophorum ...

Brucker, Karl Heinrich, s. Abbildung, Wahre, ... der besten antiken Malereyen.

Brucker, Karl Heinrich, s. Balbeck.

Brucker, Karl Heinrich, s. Denkmäler d. alten Roms.

Brucker, Karl Heinrich, s. Leclerc: Abhandlung.

Brucker, Karl Heinrich, s. Sayer: Ruinen.

Brucker, Pierre-Paul. L'Alsace et l'église au temps du pape Saint Léon IX. (Bruno d'Egisheim) 1002—1054. Tome I et II. Lex.-8. (XXXVI, 402 S. m. 1 Taf.; XI, 447 S. m. 1 Portr.) Strassb. 889,90, Le Roux u. Comp. à Tome * 3 60: * 7 20

Brucker, Theodor, approb. Arzt aus Endingen a. K.: Vier Fälle von Tuberkulose des Myocards. *Freiburg i. B. 1903: Henn.* (46 S.) 8°
Freiburg i. B., Med. Diss. v. 1903

Wilh. Brucker's Beschreibung einer neuen optischen Maschine, welche 3 Hauptinstrumente etc. enthält, mit Kupf. Nürnberg, bey Winterschmidt. gr. 4. 1776

Brücker's, Chrn. Herm., neue Methode der doppelten Buchführung. Theoretisch u. praktisch an e. 3monatl. Geschäftsbetriebe dargestellt. Lex.-8. (III, 126 S.) Friedenau-Berlin, H. Brücker. 1901 n. 3. —

Brücker, Friedrich (wirkl. Name), s. a. Torriedt, Paul (Pseud.)

Brücker, Frdr., das Aufsatzschreiben in der Volksschule. I. Tl.: Mittelstufe. Anregungen u. Entwürfe auf Grundlage des Crüwell'schen Lesebuches. (40 S.) gr. 8. Crefeld 904. W. Greven. n. — 60

Brücker, Frdr., das Aufsatzschreiben in der Volksschule. II. Tl.: Oberstufe, Anregungen u. Entwürfe auf Grundlage des Crüwell'schen Lesebuches, nebst e. Anh. freier Arbeiten. (52 S.) gr. 8. Crefeld 907. W. Greven — 75

Brücker, Fr., s.: Hoffmann, E. T. A., Meister Martin, der Küfner u. seine Gesellen.

Brücker, Fr., s: Niederrhein, Der deut., v. Erftgebiet bis z. Landesgrenze.

Bruckhaus, August, aus der chirurg. Klinik zu Bonn. Ueber Carcinoma penis und dessen operative Behandlung. Diss. Bonn 1887, Emil Strauss. 8°. 30 S.

Bruckhaus, August: Aus der chirurg. Klinik zu Bonn. Ueber Carcinoma penis und dessen operative Behandlung .... Lechenich, Buchdr. v. Philipp Schäfer, 1887; 30 S. + 1 Bl. 8°.
Bonn, Med. Fak., Inaug.-Diss. v. 23. Jul. 1887.

Bruckisch, Rob., Turner-List. Dramatischer Scherz in 2 Aufzügen. 1. Aufl. (16 S.) 1880. * 75 Pf.; 2. und 3. Aufl. gr. 8. (15 S.) Brieg 881, (Bänder.)

Bruckisch, Rob., Turner-List. Dramatischer Scherz in 2 Aufzügen. 4. Aufl. Zum Fastnachtsscherz f. den Brieger Turn-Verein. gr. 8. (15 S.) Brieg 891. (A. Bänder.) n. 1. —

Bruckisch, Wilhelm

Bruckisch, W., humoristisch-kritisch-politischer Bericht über die Welt-Ereignisse am Jahresschlusse 1843, mit einer prophetischen Enthüllung der Zukunft. 8. Breslau 844, Freund. 1/4 Thlr

Bruckisch, W., humoristisch-kritisch-polit. Bericht über d. Welt-Ereignisse am Jahresschlusse 1843, mit ein. prophetischen Enthüllung d. Zukunft. 8. (4 B.) Breslau 844. [Trewendt.]

Bruckisch, neue verbesserte Bienen-Zucht des Pfarrers Dzierzon. Hrsg. u. erläutert. 3. verb. Aufl. 8. (304 S. m. 5 lith. Taf. in qu. 4.) Wartenberg 852. (Neisse, Hennings.) n. 1 Thlr

Bruckisch, neue verbesserte Bienen-Zucht des Pfarrers Dzierzon zu Carlsmarkt in Schlesien. Herausg. u. erläut. 4. verb. Aufl. Brieg 855. Schwartz. gr. 8. (304 S. u. 5 lith. Taf.) n. 1 Thlr

Bruckisch, (Wilh.), neue verbesserte Bienen-Zucht des Pfarrers Dzierzon zu Carlsmarkt in Schlesien. Hrsg. und erläutert. 5. (Titel-)Aufl. (1855)57. und 6., unveränd. Aufl. in 8 Lfgn. gr. 8. (VIII und 288 S. mit 5 Stnt. in qu. 4.) Quedlinburg 861, Ernst'sche Buchh. à Lfg. 10 Ngr.

Brückl, Anna, s: Prückl, Anna.

Brückl, Geo., Antonius v. Thoma, Erzbischof v. München u. Freising. E. Abr. s. Lebens u. Wirkens. gr. 8. (23 S. m. 1 Bildn.) München 898. J. J. Lentner. n. — 30

Brückl, Jakob [aus Neu-Ulm]: Beitrag zur Casuistik der traumatischen subcutanen Verletzungen der Arteria Poplitea ... München, Buchdr. Gebr. Haertl, 1891; 51 S. 8.
München, Med. Fak., Inaug.-Diss. v. [17. Juli] 1891

Hodoeporicon S. Wilibaldi, oder S. Wilibalds Pilgerreise geschrieben von der Heidenheimer Nonne. Übersetzt und erläutert. — Von Jacob Brückl, Stdl. — 1881, Eichstätt, ibid. — S. III—XVI, 1—78

Brückl, Jak., Hodoeporicon S. Willibaldi, oder S. Willibald's Pilgerreise, geschrieben von der Heidenheimer Nonne. Uebers. u. erläutert. gr. 8. (XVI, 78 S.) Eichstätt 882. (Stillkrauth.) n. 2. —

Brucklacher, G, Wetterprognose f. jeden Tag d. Monats Dezember 1885, nach Berechngn an Hand neuentdeckter meteorolog. Grundgesetze, deren Wert durch überwältig. Zuverlässigkeit begründet ist. Für Deutschland, f. d. südwestl. Frankreich, d. grössten Teil d. Schweiz; was Stürme u. Orkane betrifft, d. nordwestl. engl. u. französ. Küsten, d. Kanal m. d. Küsten v. Nordamerika. 16. (12) Freudenst. 86, Selbstverl. n. 1. —

Brucklacher, Gust., Wetterprognose für jeden Tag des Monats Dezember 1885, nach Berechnungen an Hand neuentdeckter meteorolog. Grundgesetze, deren Wert durch überwältigende Zuverlässigkeit begründet ist. Für Deutschland, für das südwestl. Frankreich, den größten Teil der Schweiz; was Stürme und Orkane betrifft, die nordwestl. engl. und französ. Küsten, den Kanal mit den Küsten von Nordamerika. gr. 16. (12 S.) Stuttgart 886, Kohlhammer. *
—— dass. — Januar 1886. gr. 16. (12 S.) Ebendas. 886. *
Nicht weiter erschienen.

Brückler, C(arolus) A(rth[urus]): De chronologia belli quod dicitur Corinthiaci. Halis Saxonum 1881: (Sandmeyer in Schwerin). 50 S. 8°
Halle-Wittenberg, Phil. Diss. v. [21. Apr.] 1881
Geb. Oschatz (Sachsen) 8. 8. 1855. V.

BRUECKLER, Georg: Der biblische Schöpfungsbericht in Beziehung auf die Naturwissenschaften. — 1908. 75 S. Diss. Graz, Univ.

Brückler, Otto, med. pract. a. Hagenow i. M.: Zwei Ziegenfütterungsversuche mit roher und gekochter Kuhmilch. Ein Beitrag z. Frage d. Überlegenheit d. rohen oder d. gekochten Milch. Berlin: S. Karger 1907. (29 S.) 8° (Aus: Jahrbuch f. Kinderheilkunde Bd 66.)
Rostock, Med. Fak., Ref. Brüning-Martius, Diss. v. 12. März 1908
[Geb. 27. Dez. 82 Hagenow; Wohnort: Hamburg; Staatsangeh.: Mecklenburg-Schwerin; Vorbildung: Gymn. Güstrow Reife O. 01; Studium: Heidelberg 5, Rostock 2, München 1, Berlin 1 S.; Coll. 24. Jan. 07; Approb. 29. Febr. 08.]

Brücklmayer, Franz, Tierarzt a. München: Aus d. Pathol. Inst. d. Tierärztl. Hochsch. zu Dresden. Untersuchungen über Nierenzysten beim Schwein. Mit 3 Taf. Dresden 1910: Franke. 70 S. 8°
Leipzig, Veterinär-Med. Diss. v. 13. Jan. 1010, Ref. Joest
[Geb. 24. Juli 83 Passau; Wohnort: Zörbig; Staatsangeh.: Bayern; Vorbildung: Theresien-Gymn. München Reife 03; Studium: München Tierärztl. Hochsch. 8 S.; Coll. 25. Febr. 10; Approb. 8. Juli 03.] [U 10. 2948

Bruckmann, Carl, oder William Sterne, Findling des Harzgebirges. Zittau 1791—1801. V: *Engelhardt, Carl August.* (GGr) (Ky) (NN)

Bruckmann, Karl, oder William Sterne, Findling des Harzgebirges und Bewohner einer einsamen Insel der Südsee. Frankfurt und Leipzig 1798—1801. Titelaufl. Zittau und Leipzig 1811. II: *Engelhardt, Carl Aug.* (Ulbrich, H., Robinson und Robinsonaden. Weimar 1898.)

Bruckmann, Karl, od. William Sterne, (v. K. A. Engelhardt). 5 Thle. 8. Zittau 811. Schöps. 2 ₰ 14 ℊ

Bruckmann's Almanach f. '12. (140 m. Abb. u. Taf.) kl8°
Münch., F Bruckmann. — 50

Bruckmann's Blitz-Verkehrsbuch. Ausg.: München, Sommer 1902. Sehenswürdigkeit., Trambahnen, Droschken etc., Dienstmänner, Gepäckträger, Posttarif, Telegraph u. Telephon, Eisenbahnfahrpreise, Eisenbahnfahrpläne, Dampfschiffahrten, Monumentalplan m. Verzeichnis der Strassen, Plätze, öffentl. Gebäude etc. 8. (38 S.) München, A. Bruckmann. n. — 50

Bruckmann. Flora Oeningensis fossilis. Die Oeninger Steinbrüche, das Sammeln in denselben und die bis jetzt dort gefundenen Pflanzenreste. (Aus Würtemb. Jahrb.) Stuttgart. 1850. 8.

Bruckmann: Ueber die vorchristlichen Opfer. 26 S.
Progr. Bedburg 1860.

[Umschlagt.:] [F.] Bruckmanns Pigmentdrucke der Kgl. Alten Pinakothek in München. *(München: F. Bruckmann 1897.)* (45 S.) 1 Bd 8. [98. 3201

Bruckmann's illustr. Reiseführer. Nr. 1, 1a, 2—6, 7, 7a, 8—52, 50a. b, 51a. b, 52a. b, 54—68, 65a. b, 66a. b, 67a. b, 68a. b, 75, 75a, 76—81, 77a. b, 78a. b. 79a. b, 80a. b, 81a. b. 8° Münch., A Bruckmann. 50.65

Badenweiler im bad. Schwarzwald. Hrsg. v. Neumann u. Thomas. (28) 93. [Nr. 16.] — 50
Bayer. Hochland m. Salzburg u. angrenz. Tirol. Von Gsell Fels. (236 m. Pl. u. Karte.) 95. [Nr. 65—68.] Geb. 2.50; in engl. Sprache, übers. v. JA Swallow. (265 m. Pl. u. Karte.) 95. [Nr. 77—81.] Geb. 2.50
Berner Oberland, d., v. G Strasser. (96 m. 1 Karte.) 92. [Nr. 13—15.] 1.50
Bodensee, der. Von T Gsell Fels. (115) 93. [Nr. 85. 86.] 1 —
Bordighera. Von A Christeller. (36 m. 1 Karte.) 93. [Nr. 6.] — 50
Auch in engl., französ. u. italien. Sprache.
Bozen-Gries u. Umgebg v. JC Platter. 2. Afl. (63 m. 3 Kart.) 92. [Nr. 1. 1a.] — 75
Brienz-Rothhorn-Bahn. Von Thiessing. (48) 93. [Nr. 41.] — 50
Chicago. Reiseführer nach u. durch Chicago m. Berücks. d. Columb. Weltausstellg. 2. Afl. (89) 93. [Nr. 33. 34.] 1 —
Como u. d. Comersee m. Umgebg v. F Girard. (63 m. 1 Karte.) 93. [Nr. 7. 7a.] — 75
Auch in engl. Sprache.
Dresden u. Umgebg, nebst Hauptwandergn in d. sächs. Schweiz v. T Gsell Fels. Kleine Asg. (62) 93. [Nr. 31. 32.] 1 — ‖ Grosse Asg. m. d. Katalogen d. Gemäldegalerie, d. Grünen Gewölbes etc. (241) 93. [Nr. 37—40.] 2 —
Gardone Riviera am Gardasee in Italien. (27) 95. [Nr. 64.] — 50
Gènes et ses environs par F Girard. (48 m. Abbildgn u. Pl.) 93. [Nr. 18.] — 50
Göttingen v. F Kalkner. (47 m. Pl. u. Karte.) 92. [Nr. 8.] — 50
Graz u. s. Umgebg. Von Gsell Fels. 2. Afl. (40) 95. [Nr. 43.] — 50
Hohenschwangau, Füssen, Reutte etc., Ammersee. Von Gsell Fels. (24) 94. [Nr. 52a.] — 50; m. 1 Karte. 95. [Nr. 67a. b.] 1 —; in engl. Sprache (27 m. 1 Karte.) 95. [Nr. 78a. b.] 1 —
Levico u. d. Valsuganathal. (Vetriolo, Caldonazzo, Pergine, Borgo, Lavarone etc.) Von O Brentari. (64) 93. [Nr. 63.] — 50

Bruckmann's illustr. Reiseführer. Fortsetzung.
München v. Gsell Fels. (80 m. kl. Pl.) 95. [Nr. 76.] — 50; m. Pl. u. Karte. (84) 95. [Nr. 75. 75a.] — 75; in engl. Sprache. (80 m. Pl. u. Karte.) 95. [Nr. 77a. b.] 1 —; in französ. Sprache. (96 m. 1 Pl.) 95. [Nr. 28. 29.] 1 —
— Dass. Mit d. Katalogen d. k. älteren Pinakothek, d. Neuen Pinakothek, d. Gallerie Schack, d. Glyptothek, d. Nationalmuseums, d. Freiherrl. v. Lotzbeck'schen Sammlg etc. (218 m. kl. Pl. u. Karte.) 95. [Nr. 10. 11.] 1 —; m. grossem Pl. u. Karte. 95. [Nr. 60—62.] 1.50
— 100 Ausflüge. Von Gsell Fels. (210) 95. [Nr. 50—52.] 1.50
— Stadtplan. 1:16,000. 27×30 cm. Farbendr. Mit Strassenverzeichniss. (24) 94. [Nr. 50a.] — 40
Nervi u. s. Umgebg v. F Girard. (32 m. 1 Karte.) 93. [Nr. 19.] — 50
Auch in französ. Sprache.
Nürnberg. (52) 93. [Nr. 26. 27.] 1 —
Auch in engl. Sprache.
Nymphenburg, Dachau, Schleissheim (m. Katalog d. Gemäldegalerie). Von Gsell Fels. (30) 94. [Nr. 50b.] — 50
Pegli et ses environs par F Girard. (24 m. Abbildgn u. 1 Karte.) 93. [Nr. 30.] — 50
Pisa v. I Welle. (55) 94. [Nr. 49.] — 50
Auch in engl. u. französ. Sprache.
Plauen i/V. u. d. vogtländ. Schweiz v. O Metzner. (55 m. Pl. u. Karte.) 93. [Nr. 9.] — 50
Rapallo et ses environs par F Girard. (24 m. 1 Karte.) 93. [Nr. 21.] — 50
Reichenhall, Berchtesgaden, Traunstein, Rosenheim etc., Chiemsee u. Königssee. Von Gsell Fels. (62) 95. [Nr. 52b.] — 50
Rivière, la. Gênes, ses environs et les deux Rivières (Ponente et Levante) par F Girard. (184 m. Pl. u. Karte.) 93. [Nr. 22—25.] 2 —
Salzburg, Reichenhall, Berchtesgaden, Traunstein, Rosenheim etc., Chiemsee u. Königssee. Von Gsell Fels. (68 m. 1 Karte.) 95. [Nr. 68a. b.] 1 —; in engl. Sprache. (66 m. 1 Karte.) 95. [Nr. 81a. b.] 1 —
San Remo u. s. Umgebgn v. F Girard. (40 m. Pl. u. 2 Kart.) 92. [Nr. 20.] — 50
Auch in engl. u. französ. Sprache.
Schweiz. Rundreisen in d. Schweiz einschliessl. d. oberitalien. Seen u. Mailand v. M Koch v. Berneck. 9. Afl. (384) 94. [Nr. 54—59.] Geb. n.n. 3.50
Starnbergersee, Garmisch, Partenkirchen, Oberammergau etc., Kochel- u. Walchensee. Von Gsell Fels. (40) 94. [Nr. 51a.] — 50; m. 1 Karte. 95. [Nr. 65a. b.] 1 —; in engl. Sprache. (40 m. 1 Karte.) 95. [Nr. 79a. b.] 1 —
Steiermark, d., v. Gsell Fels. (288 m. Pl. u. Karte.) 94. [Nr. 44—48.] 2.50; geb. 3 —
Tegernsee, Tölz, Achensee, Innsbruck, Schliersee etc., Isarthalbahn. Von Gsell Fels. (39) 94. [Nr. 51b.] — 50; m. 1 Karte. 95. [Nr. 66a. b.] 1 —; in engl. Sprache. (40 m. 1 Karte.) 95. [Nr. 80a. b.] 1 —
Toblach u. d. Ampezzothal. Von JA Rohracher. (48) 93. [Nr. 42.] — 50
Trient v. K Jülg. (64 m. Pl. u. Karte.) 92. [Nr. 12.] — 50
Auch in engl. u. italien. Sprache.
Varese u. s. nächste Umgebg v. J Fischer. (32) 92. [Nr. 17.] — 50
Auch in engl. Sprache.
Venedig v. Gsell Fels. 2. Afl. Mit Führer v. J Fischer. (108 m. 1 Pl.) 92. [Nr. 2—5.] 2 —
Auch in engl. Sprache.
Nr. 53 u. 53a s. u. d. T.: Touristenkarte d. bayer. Alpen. Erschienen z. Tl u. folg. Titeln: Bruckmann's illustr. guides. — Städtebilder u. Landschaften a. aller Welt. — Towns and landscapes, illustr., of the whole world. — Villes et payages du monde entier. Jetzt alle vereinigt unter ob. Titel.

Bruckmann's illustr. Reiseführer. Nr. 2—5, 10, 11, 26—29, 31/32, 37—40, 41—52, 50 b, 51 a u. b, 52 a u. b, 60—62, 64—68, 65 a u. b, 66 a u. b, 67 a u. b, 68 a u. b, 69 a u. b, 70—73 a, 71—75 a, 76—81, 77 a u. b, 78 a u. b, 79 a u. b, 80 a u. b, 81 a u. b, 92—94 96 a u. b, 97—100. München, A. Bruckmann. n. 41.70

Inhaltsübersicht in alphabet. Ordnung:

Baden-Baden u. Umgeb. Von Rich. Pohl. 2. Aufl. M. 30 Ill. n. Orig.-Aufn. u. prakt. Notizen f. d. Fremden v. Frdr. Spies. 8. (XVI, 89 S. m. 1 Plan.) 896. (Nr. 96 a, b.) n. 1. —
(Auch in französ. Sprache zu gleichem Preise.)
Bavaria, The highlands of, with Salzburg and the adjacent parts of the Tyrol by Gsell Fels. Translated by J. Alb. Swallow. With views, 1 map of the environs, 1 plan of the city and 1 large tourists map. 12. (XI, XVI, 238 S.) 895. (Nr. 77—81.) n. 2. 50
Bayerisches Hochland m. Salzburg u. angrenz. Tirol. Von Gsell Fels. M. viel. Ill., Touristen-Karte u. grossem Stadtpl. v. München. 12. (16, XVI, 194 u. IV S.) 895. (Nr. 65—68.) Geb. in Leinw. n. 2. 50
Dresden u. Umgeb. nebst Hauptwandergn. i. d. Sächs. Schweiz v. Th. Gsell Fels. Kl. Ausg. m. 26 Ansichten u. 1 Stadtplan. Ausg. 1896. 8. (IV, XII, 82 S.) (Nr. 31—32.) n. 1. —
— dasselbe. Gr. Ausg. m. 80 Ansichten, Stadtplan, e. ausführl. Katalog d. Dresdener Gemäldegalerie u. d. Katalogen d. Grünen Gewölbes, d. kgl. histor. Museums, d. kgl. Porzellansammlg. etc. Ausg. 1896. 8. (X, XII, 221 S.) (Nr. 37—40.) n. 2. —
Gardone Riviera a. Gardasee in Italien. M. 14 Ill. u. 1 Routenkarte. (27 S.) 895. 8. (Nr. 64.) n. — 50
Graz u. s. Umgeb. Von Gsell Fels. M. 14 Ill. u. 1 Stadtplan. 2., verb. Aufl. [Aus: „G. F., Steiermark".] 8. (40 S.) 895. (Nr. 43.) n. — 50
Hohenschwangau, Füssen, Reutte etc., Ammersee. Von Gsell Fels. 8. (VIII u. S. 103—126 m. 2 Bild.) 894. (Nr. 52 a.) n. — 50
— dasselbe m. Ill. u. grosser Touristenkarte. [Aus: „Bayer. Hochland".] 12. (S. 103—126.) 895. (Nr. 67 a. b.) n. 1. —
— dasselbe (englisch). [Aus: „The highlands of Bavaria".] 12. (S. 145—171 m. Ill. u. 1 Karte.) 895. (Nr. 78 a. b.) n. 1. —
München. Von Gsell Fels. Kl. Ausg. M. viel. Ill., e. Stadtplan u. e. Umgebungskarte. 12. (IV, XVI, 64 S.) 895. (Nr. 75—75 a.) n. — 75
— dasselbe m. kl. Plan. 12. (IV, XVI, 64 S.) 895. (Nr. 76.) n. — 50
— dasselbe. Gr. Ausg. M. 36 Ansichten, e. Umgebungskarte u. e. (kleinen) Stadtplan, d. Katalogen d. k. ält. Pinakothek, d. Galerie Schack, d. Glyptothek, d. Nationalmuseums, d. Freiherrl. v. Lotzbeck'schen Sammlg. etc. nach d. neuesten Aufnahme. 8. (XXII, 196 S.) 895. (Nr. 10—11.) n. 1. —
— dasselbe m. (grossem) Stadtplan. 8. (XXII, 196 S.) 895. (Nr. 60—62.) n. 1. 50
— Historischer Führer v. Jos. Weiss. Seine geschichtl., örtl. u. monumentale Entwickl. unt. d. Wittelsbachern, nebst e. Führer durch d. Stadt. M. 50 Ill. u. 1 Stadtplan. (XVI, 153 S.) 896. (Nr. 92—94.) n. 1. 50
— 100 Ausflüge v. München von Gsell Fels. (Neue Ausg.) M. 21 Ill. u. grosser Touristenkarte d. bayer. Alpen u. Nordtirols. 12. (XVI, 194 S.) 896. Kart. n. 1. 50
Munich by Gsell Fels. With views, 1 map of the environs and 1 plan of the city. [Aus: „The highlands of Bavaria.] 12. (III, XVI, 64 S). 895. (Nr. 77 a. b.) n. 1. —
— dasselbe. With 14 illustrations, a new map of the city and complete catalogues of the old and new Pinakothek, the Glyptothek and the Schack-Gallerie. 22. ed., revised and enlarged. 12. (VII, 171 S.) 896. (Nr. 97—100.) Geb. n. 2. —
— ses environs et les châteaux royaux par Gsell Fels. Avec 11 ill. et 1 grand plan de la ville. 12. (XII, 80 u. IV S.) 895. (Nr. 28—29.) n. 1. —
Nürnberg. M. 24 Ill. von Wilh. Ritter u. grossem Stadtplan. Ausg. 1896. (VIII, 52 S.) (Nr. 26—27.) n. 1. —
(Auch in englischer Sprache zu gleichem Preise.)
Nymphenburg, Dachau, Schleissheim (m. Katalog d. Gemäldegalerie). Von Gsell Fels. 8. (VIII, 22 S. m. 1 Bildn.) 894. (Nr. 50 b.) n. — 50

Pisa, von Jens. Weile. (Deutsch, engl. u. franz.) M. 24 Ill. u. 1 Stadtplan. 8. (55, 55 u. 52 S.) 894. (Nr. 49.) à n. — 50

Reichenhall, Berchtesgaden, Traunstein, Rosenheim etc., Chiemsee u. Königssee. Von Gsell Fels. 8. (S. 127—188 m. 6 Bild.) 895. (Nr. 52 b.) n. — 50

Salzburg, Reichenhall, Berchtesgaden, Traunstein, Rosenheim etc., Chiemsee u. Königssee. Von Gsell Fels. [Aus: „Bayer. Hochland".] 12. (S. 127—194 m. Ill. u. 1 Karte.) 895. (Nr. 68 a. b.) n. 1. —

— dasselbe. Englisch. [Aus: „The highlands of Bavaria".] 12. (S. 173—238 m. Ill. u. 1 Karte.) 895. (Nr. 81 a. b.) n. 1. —

Starnbergersee, Garmisch, Partenkirchen, Oberammergau etc., Kochel- u. Walchensee. Von Gsell Fels. 8. (VIII u. S. 23—62 m. 3 Bild.) 894. (Nr. 51 a.) n. — 50

— dasselbe. M. Ill. u. grosser Touristenkarte. [Aus: „Bayer. Hochland".] 12. (S. 23—62 m. Ill. u. 1 Karte.) 895. (Nr. 65 a. b.) n. 1. —

— dasselbe. Englisch. [Aus: „The highland of Bavaria".] 12. (S. 65—104 m. Ill. u. 1 Karte.) 895. (Nr. 79 a. b.) n. 1. —

Steiermark, die, von Gsell Fels. M. 70 Ill., d. Plan v. Graz u. 1 Touristenkarte v. Steiermark. 1898. (XIV, 288 S.) (Nr. 44—48.) n. 2. 50; geb. n. 3. —

Tegernsee, Tölz, Achsensee, Innsbruck, Schliersee etc., Isarthalbahn. Von Gsell Fels. 8. (VIII u. S. 63—101 m. 4. Bild.) 894. (Nr. 51 b.) n. — 50

— dasselbe m. Ill. u. grosser Touristenkarte. [Aus: Bayer. Hochland".] 12. (S. 63—101 m. Ill. u. 1 Karte.) 895. (Nr. 66 a. b.) n. 1. —

— dasselbe. Englisch. [Aus: „The highlands of Bavaria".] 12. (S. 105—144 m. Ill. u. 1 Karte.) 895. (Nr. 80 a. b.) n. 1. —

Nord-Tirol von Gsell Fels. M. Ill. u. e. grossen Touristenkarte von Tirol. 12. (16 S., S. 301—475 u. VIII S.) 897. (Nr. 70—73 a.) n. 2. —

Tirol. Südwestl. Theil. Von Gsell Fels. (Bozen, Meran, Ulten, Passeier, Martell-, Schnalser- u. Suldenthal, Ortler Alpen, Untervintschgau, Trient, Campiglio, Sarca- und Brentathal, Rovereto, Arco, Gardasee etc. etc. M. Ill. u. 1 grossen Touristenkarte v. Tirol. 12. (16 S., S. 121—299 u. VII.) 897. (Nr. 71—74.) n. 2. —

Venice by Gsell Fels. Translated by J. Alb. Swallow. With 38 ill. and a map of the town. 8. (XIV, 132 u. IV S.) 895. (Nr. 2—5.) n. 2. —

Vorarlberg u. Algäu. Von Gsell Fels. M. Ill. u. 1 grossen Touristenkarte v. Tirol. 12. (120 S.) 896. (Nr. 69 a. b.) n. 1. 20

— illustr. Reiseführer. Nr. 1. 1a. 2—6. 10—16. 18. 21. 26—29. 35. 36. 42. 43. 50—52. 51a. 51b. 52a. 52b. 54—68. 65ab. 66ab. 67ab. 68ab. 69ab. 69—74. 70—73a. 71—74. 72ab. 75—75a. 76. 77ab. 77—81. 95. 97—100. 103—110. 112. Ebd. n. 53. 40

Inhaltsübersicht in alphabetischer Ordnung:

Algäu, s.: Tirol—Vorarlberg.

Ammersee, s.: Bayerisches Hochland—Hohenschwangau.

Ampezzothal, s.: Toblach.

Badenweiler, d. Kurort, im badischen Schwarzwald. Hrsg. unter Mitwirkg. des Badekomités Badenweiler; Text von Neumann u. Thomas. Mit 22 Illustr. u. 1 Karte. 8. (82 S.) (893.) (Nr. 16.) n. — 50

Bayerisches Hochland m. Salzburg u. angrenz. Tirol. Von Gsell Fels. Neu bearb. u. mit Unterstützg. der Verschönerungs-Vereine vollständig rev. Mit 42 Illustr., Touristen-Karte u. grossem Stadtplan v. München. 12. (IX, XVI, 283 S.) 902. (Nr. 65—68.) Geb. in Leinw. n. 2. 50

— Dasselbe. Oestlicher Tl.: Chiemsee, Salzburg, Reichenhall, Königssee etc. m. grosser Touristen-Karte. Von Gsell Fels. (Sonderabdr.) 12. (II u. S. 215—283.) (902.) (Nr. 68 a b.) n. 1. —

Bayerisches Hochland. Südöstlicher Tl. Mit grosser Touristen-Karte. (Sonderabdr.) 12. (II u. S. 147—182.) (902.) (Nr. 66 a b.) n. 1. —

— Dasselbe. Südwestlicher Tl.: Starnbergersee, Garmisch, Walchensee etc. etc. m. grosser Touristen-Karte. Von Gsell Fels. (Sonderabdr.) 12. (II u. S. 99—143.) (902.) (Nr. 65 a b.) n. 1, —

— Dasselbe. Westlicher Tl.: Hohenschwangau, Ammersee, Reutte etc. etc. m. grosser Touristen-Karte. Von Gsell Fels. (Sonderabdr.) 12. (II u. S. 187—211. (902.) (Nr. 67 a b.) n. 1. —

— Dasselbe. The Highlands of Bavaria with Salzburg and the adjacent parts of the Tyrol. By Gsell Fels. Translated by J. Alb. Swallow, M. A. With views, a plan of the city and a large tourists map. Ausg. 1900. 12. (XI, XVI, 238 S.) (Nr. 77—81.) In Leinw. kart. n. 2. 50

Berchtesgaden, s.: Reichenhall.

Berner Oberland, das. Von Gfr. Strasser. Mit 40 Ill., 1 Panorama u. 1 Karte des Berner Oberlandes. Ausg. 1900. 8. (78 u. III S.) (Nr. 13—15.) n. 1. 50

Bodensee, der. Von Gsell Fels. 2. Aufl. Rev. von K. v. Arx. Mit 32 Illustr., 1 Panorama u. 1 Karte. 8. (142 S.) (899.) (Nr. 35. 36.) n. 1. —

Bordighera. Von A. Christeller. (In deutscher, engl., französ. u. italien. Ausg.) Mit 14 Illustr. u. 1 Karte. 8. (à ca. 36 S.) 893. (Nr. 6.) à n. — 50

Bozen—Gries u. Umgebung. Von J. C. Platter. 5. Aufl. Mit 20 Illustr., 2 Plänen u. Orientierungstabelle. 8. (IX, 102 S.) (900.) (Nr. 1. 1a.) n. — 75

Chiemsee, s.: Bayerisches Hochland.

Füssen, s.: Hohenschwangau.

Gardone Riviera am Gardasee in Italien. Mit 14 Illustr. u. 1 Routenkarte. Ausg. 1899. 8. (27 S.) (Nr. 64.) n. — 50; französ. Ausg. n. — 50

Garmisch, s.: Bayerisches Hochland — Starnbergersee.

Gênes et ses environs. Par Franc. Girard. Avec 18 vues et 1 plan de la ville. 2me éd. 8. (60 S.) (897.) (Nr. 18.) n. — 50

Graz u. seine Umgebung. Von Gsell Fels. Mit 18 Illustr. u. 1 Stadtplan. 3. Aufl. [Aus: „Steiermark".] 8. (S. 171—210.) 898. (Nr. 43.) n. — 50

Hohenschwangau, Reutte, Ammersee, Neuschwanstein, Füssen etc. Von Gsell Fels. (Bayerisches Hochland. Westlicher Tl.) [Aus: „100 Ausflüge von München".] 12. (II u. S. 187—211.) (902.) (Nr. 52a.) n. — 50

— s.: Bayerisches Hochland.

Kochelsee u. Umgebung. Hrsg. v. Verschönerungsverein Kochel. Mit 10 Illustr. u. e. Umgebungskarte. (72 S.) 8. 902. (Nr. 112.) n. — 50

— s.: Starnbergersee.

Königssee, s.: Bayerisch. Hochland.

Levico u. das Valsuganathal. (Vetriolo, Caldonazzo, Pergine, Borgo, Lavarone etc.) Von O. Brentari. Mit Illustr. u. 1 Karte. 8. (64 S.) (893.) (Nr. 63.) n. — 50

München. Von Gsell Fels. Mit 54 Ansichten, kleiner Umgebungskarte u. grossem Stadtplan, den Katalogen der alten u. neuen Pinakothek, der Galerie Schack, der Glyptothek, der freiherrl. v. Lotzbeck'schen Sammlg. etc. Ausgabe 1900. 8. (IV, XVI, 240 u. 24 S.) (Nr. 10. 11.) n. 1. —

— Dasselbe. Mit 54 Ansichten, grosser Umgebungskarte u. grossem Stadtplan, den Katalogen der alten u. neuen Pinakothek, der Galerie Schack, der Glyptothek, der freiherrl. v. Lotzbeck'schen Sammlg. etc. Ausg. 1900. 8. (IV, 240 u. 24 S.) (Nr. 60—62.) n. 1. 50

— Dasselbe. Mit vielen Illustr. u. 1 (farb.) Stadtplan. Ausg. 1900. 12. (IV, XVI, 64 S.) (Nr. 75. 75a.) In Leinw. kart. — 75

— Dasselbe. Mit vielen Illustr. u. 1 (schwarzen) Stadtplan. Ausg. 1900. 12. (IV, XVI, 64 S.) (Nr. 76.) In Leinw. kart. n. — 50

— 100 Ausflüge v. München. Neu bearb. u. m. Unterstützg. der Verschönerungs-Vereine vollständig rev. Mit 27 Illustr. u. Touristenkarte der bayer. Alpen u. Nordtirols. 12. (IX, 283 S.) 902. (Nr. 50—52.) n. 1. 50

— Munich by Gsell Fels. (With the royal castles and excursions in the surrounding country.) — With views and a map of the city. Ausg. 1900. 12. (III, XVI, 64 S.) (Nr. 77a b.) In Leinw. kart. n. 1. —

— Führer durch Münchens Galerien u. Museen. Von Gsell Fels. 12. (III, 156 u. 24 S.) (900.) (Nr. 95.) In Leinw. kart. n. — 75

— Catalogues, complete, of the old and new Pinakothek, Schack-Gallery and Glyptothek. 12. (II, 62 S. u. S. 35a—46a.) (900.) (Nr. 106.) In Leinw. kart. n. — 75

— Munich ses environs et les châteaux royaux. Par Gsell Fels. Avec 14 illustr. et 1 grand plan de la ville. Ausg. 1900. 12. (XIII, 80 u. IV S.) (Nr. 28. 29.) In Leinw. kart. n. 1. —

— Guide to Munich and its environs. With 14 illustr., a new map of the city and an appendix, containing: The complete catalogues of the old and new Pinakothek and the Schack-Gallery. 26. ed. 12. (III, XVIII, 64, II, 62 S. u. S. 35a—46a.) 900. (Nr. 97—100.) Geb. n. 2. —

— 100 Excursions from Munich by Gsell Fels. Translated by J. Alb. Swallow, M. A. With views and a large tourists map. [Aus: „The Highlands of Bavaria."] 12. (VIII u. S. 65—238.) 897. (Nr. 103—105.) In Leinw. kart. n. 1. 50

— Münchener Vororte, Umgebung u. Isarthalbahn. 12. (S. 65—96.) (902.) (Nr. 110.) n. — 50

Neuschwanstein, s.: Hohenschwangau.

Nord Tirol. Von Gsell Fels. Mit Illustr. u. 1 grossen Touristenkarte v. Tirol. Ausg. 1898. [Aus: „Tirol".] 12. (S. 301—475, VIII u. 16 S.) (Nr. 70—73a.) In Leinw. kart. n. 2. —

Nürnberg. Mit 24 Illustr. von Wilh. Ritter u. grossem Stadtplan. Ausg. 1899. 8. (XII, 52 S.) (Nr. 26. 27.) n. 1. —

Oberammergau. Wege nach Oberammergau. München. München—Starnberg—Murnau—Oberammergau. Das Passionsspiel 1900. Die Königsschlösser. Reutte. Füssen. Garmisch—Partenkirchen etc. Von Benno Rauchenegger. Mit 14 Illustr., e. Umgebungskarte v. München—Oberammergau u. e. Theaterplan. 8. (XXIV, 76 S.) (Nr. 108.) 900. n. 1. —

— Dasselbe. Routes to Oberammergau. Munich. Munich—Starnberg—Murnau—Oberammergau. The passion play 1900. The royal palaces. Reutte. Garmisch—Partenkirchen etc. With 14 views, a map of the environs (Munich—Oberammergau) and a plan of the theatre. 8. (XXIV, 72 S.) (Nr. 109.) 900. n. 1. —

— s.: Starnbergersee.

Pallanza, der klimatische Kurort Pallanza u. seine Umgebung. Im Auftrage des Verkehrsvereins „Pro Pallanza" von Bernh. Ummen. 8. (56 S.) (900.) (Nr. 107.) n. — 50

Partenkirchen, s.: Starnbergersee.

Rapallo et ses environs par François Girard. Avec 12 vues et une carte de la „Riviera". 8. (24 S.) 893. (Nr. 21.) n. — 50

Reichenhall, Berchtesgaden, Salzburg etc. (Bayerisches Hochland. Östlicher Tl.) [Aus: „Gsell Fels, 100 Ausflüge v. München".] 12. (II u. S. 215—283.) (902.) (Nr. 52b.) n. — 50

— s.: Bayerisches Hochland.

Reutte, siehe: Bayerisches Hochland — Hohenschwangau.

Salzburg, s.: Bayerisch. Hochland — Reichenhall.

Schliersee, s.: Tegernsee.

Schweiz. Rundreisen in der Schweiz einschliesslich der oberitalienischen Seen u. Mailand. Von M. v. Koch v. Berneck. 15. Aufl. Mit vielen Illustr., Stadtplänen, e. Karte der Schweiz etc. 12. (16, 416 S.) 901. (Nr. 54—59.) Geb. in Leinw. n. 3. 50

Starnbergersee, Garmisch, Partenkirchen, Kochelsee, Walchensee, Oberammergau etc. Von Gsell Fels. (Bayer. Hochland. Südwestlicher Tl.) [Aus: „100 Ausflüge von München".] 12. (II u. S. 99—143.) (902.) (Nr. 51a.) n. — 50

— s.: Bayerisches Hochland.

Tegernsee, Bad Tölz, Schliersee etc. (Bayerisches Hochland. Südöstlicher Tl.) [Aus: „Gsell Fels, 100 Ausflüge v. München".] 12. (II u. S. 147—182.) (902.) (Nr. 51b.) n. — 50

Tirol. Südöstlicher Tl. Brennerbahn, Grödnerthal, Dolomiten, Rosengartengruppe, Fleimser-, Fassa- u. Primserothal, Valsuganabahn, Puster-, Sexten-, Defereggor-, Tauern-, Virgen- u. Ampezzothal etc. Von Gsell Fels. Mit Ill. Ausg. 1899. [Aus: „Tirol".] 12. (VI u. S. 477—632 m. 1 Karte.) (Nr. 72ab.) In Leinw. kart. n. 1. 20

— Südwestlicher Tl. Bozen, Meran, Ulten-, Passeier-, Martell-, Schnalser- u. Suldenthal, Ortler Alpen, Untervintschgau, Trient, Campiglio, Sarca- u. Brentathal, Rovereto, Arco, Gardasee etc. Von Gsell Fels. Mit Illustr. u. 1 Karte v. Tirol. Ausg. 1900. [Aus: „Tirol".] 12. (S. 121—299 u. VII S.) (Nr. 71—74.) In Leinw. kart. n. 2.—

— Vorarlberg, Algäu u. angrenzende Gebiete: Gardasee etc. Von Gsell Fels. Mit vielen Illustr. u. grosser Touristenkarte. Ausg. 1900. 12. (15, 632 u. 23 S.) (Nr. 69—74.) Geb. in Leinw. n. 6.—

Toblach u. das Ampezzothal. Von Jos. A. Rohracher. Mit 17 Illustr. 8. (48 S.) (893.) (Nr. 42.) n. — 50

Tölz, Bad, s.: Tegernsee.

Trient u. seine Umgebung. Von Karl Jülg. 2., bedeutend erweit. Aufl. Mit 1 Panorama, 19 Ansichten, 1 Stadtplan u. 1 Karte der Umgebg. 8. (85 S.) (898.) (Nr. 12.) n. — 50

Valsuganathal, s.: Levico.

Venedig, e. Städtebild. Von Gsell Fels. 5. Aufl. Mit 35 Ansichten u. e. Stadtplan v. Venedig. 8. (VIII, 132 u. IV S.) 901. (Nr. 2—5.) n. 2.—

Vorarlberg u. Algäu. Von Gsell Fels. Mit Illustr. u. 1 grossen Touristenkarte v. Tirol. Ausg. 1898. 12. (16, 120 u. IV S.) (Nr. 69ab.) In Leinw. kart. n. 1. 20

— s.: Tirol.

Walchensee, s.: Bayerisches Hochland — Starnbergersee.

Bruckmann's illustrierte Reiseführer. Nr. 35, 36, 113—129, 130a, b, 131 u. 132. 8. München, A. Bruckmann. n. 11. 25

35. 36. Der Bodensee. Von Gsell Fels. 4. vollständig rev. Aufl. Mit 37 Illustr., 1 Panorama u. 1 Karte. (130 S.) 906. n. 1.—

113. Kiefersfelden, der bayerische Grenzort bei Kufstein. Von J. v. G. Gierl. Mit 12 Illustr. Hrsg. vom Verschönerungsverein Kiefersfelden. (50 S.) 903. n. — 50

114—121. Tirol u. angrenzende Gebiete: Vorarlberg, Gardasee etc. Von Gsell Fels. Neu bearb. v. A. Schupp. Mit vielen Illustr. u. grosser Reise- u. Touristenkarte. (IV, 414 S.) 904. Geb. in Leinw. n. 4.—

122—124. Nord-Tirol. Von Gsell Fels. Neu bearb. v. A. Schupp. Mit Illustr. u. e. grossen Reise- u. Touristenkarte v. Tirol. (IV, 138 S. u. S. 391—414.) 904. n. 1.50

125—129. Süd-Tirol. Von Gsell Fels. Neu bearb. v. A. Schupp. Mit Illustr. u. e. grossen Reise- u. Touristenkarte v. Tirol. (IV u. S. 141—414.) 904. n. 2.50

130a u. b. Kreuzschulspiele, die, in Oberammergau, sowie Ausflüge u. Touren in die nähere u. weitere Umgebung. („Bayer. Hochland südwestl. Tl.", Sonderabdr. aus „100 Ausflüge v. München".) (X u. S. 99—148 m. 8 Taf. u. 1 Karte.) 905. n. — 75

131. 132. Hohen- u. Nieder-Aschau. Ein Führer f. Fremde u. Einheimische. 4. Aufl. Mit Reliefkarte, Situationsplan, Umgebungskarte, mehreren Kunstblättern u. vielen Bildern im Text. Hrsg. vom Verschönerungsverein Aschau. (104 S.) 906. n. 1 —

Bruckmann's illustrierte Reiseführer. Nr. 2—5, 7, 7a, 10, 11, 28, 29, 35, 36, 50—52, 51a. b, 52a. b, 54—62, 65 bis 68, 65a. b, 66a. b, 67a. b, 68a, b, 75, 75a, 76, 77a. b, 82, 83, 87—91, 97—100, 108—110, 114—129, 133 u. 134. 8. München, A. Bruckmann. 40. 50

Bayerisches Hochland m. Salzburg u. angrenz. Tirol. Von Gsell Fels. 15. Aufl. Unter besond. Berücksicht. des alpinen u. Winter-Sports neu bearb. Mit 50 Illustr., (farb.) Touristen-Karte und grossem (farb.) Stadtplan von München. (XVI, 288 S.) 910. (Nr. 65—68.) Geb. in Leinw. 2. 50

— dasselbe, östlicher Tl. Mit grosser (farb.) Touristenkarte. [Aus „Bayer. Hochland m. Salzburg und angrenz. Tirol".] (S. 173—240 m. 7 Taf.) 910. (Nr. 68a. b.) 1. —

Bayerisches Hochland, südöstlicher Tl. Mit grosser (farb.) Touristenkarte. [Aus „Bayer. Hochland m. Salzburg u. angrenz. Tirol".] (S. 241—288 m. 4 Taf.) (910.) (Nr. 66a. b.) 1. —

— dasselbe, südwestl. Tl. Mit grosser (farb.) Touristenkarte. [Aus „Bayer. Hochland m. Salzburg u. angrenz. Tirol".] (S. 97—144 m. 6 Taf.) (910.) (Nr. 65a. b.) 1. —

— dasselbe, westlicher Tl. Mit grosser (farb.) Touristenkarte. [Aus „Bayer. Hochland m. Salzburg u. angrenz. Tirol".] (S. 145—172 m. 2 Taf.) (910.) (Nr. 67a. b.) 1. —

— dasselbe, Reise- u. Touristenkarte vom bayerischen Hochland u. angrenz. Gebieten. 1:500000. (Neue Ausg.) 29×60 cm. Farbdr. (907.) (Nr. 87. 88.) 1. —

Bodensee, der. Von Gsell Fels. 5. vollst. rev. Aufl. Mit 36 Illustr., 1 Karte des Bodenseegebietes, sowie Stadtplan von Konstanz. (131 S.) (909.) (Nr. 35. 36.) 1. —

Como u. der Comersee m. Umgebung. Von Frz. Girard. 5. Aufl. (70 S. m. 21 Abb. u. 2 Taf.) (910.) (Nr. 7. 7a.) — 75

Dolomiten-Strassen, 15, v. Toblach aus. Toblach-Cortina-Bozen u. 14 andere Dolomiten-Touren u. Rundfahrten in den Dolomiten von Toblach aus. Von Jos. A. Rohracher, Mit 6 Illustr. (24 S.) (908.) (Nr. 133.) — 50

Hohenschwangau u. Ammersee, Reutte Füssen etc. [Aus „300 Ausflüge von München u. Bergtouren".] (S. 145—172 m. 2 Taf.) (910.) (Nr. 52a.) — 50

München u. Umgebung. Von Gsell Fels. 18. Aufl. (XVI, 80 u. 79 S. m. 15 Taf. u. 1 Plane.) 910. (Nr. 10. 11.) 1. —

— dasselbe, 18. Aufl. (XVI, 80 u. 79 S. m. 15 Taf., 1 Karte u. 1 farb. Plane.) 910. (Nr. 60—62.) 1. 50

— dasselbe, 18. Aufl. (XVI, 80 S. m. 15 Taf. u. 1 farb. Plane.) 910. (Nr. 75. 75a.) — 75

— dasselbe, (XVI, 80 S. m. 15 Taf. u. 1 Plan.) 910. (Nr. 76.) — 50

— Munich. By Gsell Fels. (Umschlag: Munich and its environs.) 16. ed. (XVI, 80 S. m. 15 Taf. u. 1 farb. Plan.) 910. (Nr. 77a. b.) 1. —

— Munich et ses environs. Par Gsell Fels. 9. éd. (XV, 80 S. m. 15 Taf. u. 1 farb. Karte.) 910. (Nr. 28. 29.) 1. —

— 300 Ausflüge v. München u. Bergtouren. Von Gsell Fels. 17. erweit. Aufl. Unter besond. Berücksicht. des alpinen u. Winter-Sports neu bearb. Mit 21 Illustr. u. (farb.) Touristenkarte der bayer. Alpen u. Nordtirols. (XVI u. S. 65—288.) 910. (Nr. 50—52.) 1. 50

— Guide to Munich and its environs. With 30 Illustr., a new map of the city and an appendix containing: The complete catalogues of the old and new pinakothek and the Schack gallerie. 30. ed. (XVI, 80 u. 56 S.) 910. (Nr. 97—100.) Geb. in Leinw. 2. —

— Münchener Vororte, Umgebung u. Isartalbahn. [Aus „300 Ausflüge v. München u. Bergtouren".] (S. 65—96 m. 1 Taf. u. 1 Karte.) (910.) (Nr. 110.) — 50

Oberammergau u. sein Passionsspiel 1910. München. Wege nach Oberammergau. Oberammergau u. Umgebg. Die Königsschlösser. Garmisch—Partenkirchen etc. etc. Von A. Schupp. Mit 16 Illustr., 1 Umgebungskarte v. München—Oberammergau u. 1 Theaterplan. (100 S.) 910. (Nr. 108.) 1. —

— and its passion play 1910. Munich. Routes to Oberammergau. Oberammergau and its environs. The royal castles. Garmisch—Partenkirchen etc. With 16 views, 1 map of the environs (Munich—Oberammergau) and 1 plan of the theatre. (96 S.) 910. (Nr. 109.) 1 —

— et son jeu de la passion 1910. Munich. Routes pour Oberammergau. Oberammergau et ses environs. Garmisch—Partenkirchen etc. etc. Les châteaux royaux. Avec 16 illustr., 1 carte des environs de Munich—Oberammergau et 1 plan du théâtre. (84 S.) 910. (Nr. 134.) 1. —

Reichenhall, Berchtesgaden, Salzburg etc. [Aus „300 Ausflüge v. München u. Bergtouren".] (S. 173—240 m. 8 Taf.) (910.) (Nr. 52b.) — 50

Schweiz. Reise- u. Touristenkarte der Schweiz u. angrenzender Gebiete. 1:500,000. (Neue Ausg.) 50,5×75 cm. Farbdr. (907.) (Nr. 89—91.) 1. 50

— Rundreisen in der Schweiz einschliesslich d. Bodensees, der oberitalienischen Seen u. Mailand. 24. Aufl. Mit vielen Illustr., Stadtplänen, 1 (farb.) Karte etc. etc. (384 S.) 910. Nr. 54—59.) Geb. in Leinw. 4. —

Starnbergersee, Murnau am Staffelsee, Garmisch-Partenkirchen, Kochel- u. Walchensee etc. [Aus „300 Ausflüge v. München u. Bergtouren".] (S. 97—144 m. 6 Taf.) (910.) (Nr. 51a.) — 50

Tegernsee, Bad Tölz, Schliersee etc. [Aus „300 Ausflüge v. München u. Bergtouren".] (S. 241—288 m. 5 Taf.) (910.) (Nr. 51b.) — 50

Tirol u. angrenz. Gebiete: Voralberg, Gardasee etc. Von Gsell Fels. 7. Aufl. Mit vielen Illustr. u. grosser (farb.) Reise- u. Touristenkarte. 414 S.) 910. (Nr. 114 bis 121.) Geb. in Lw. 4. —

— Nordtirol. Von Gsell Fels. 3. Aufl. Neu bearb. v. A. Schupp. Mit Illustr. u. e. grossen Reise- u. Touristenkarte v. Tirol. (138 S. u. S. 391—414.) 910. (Nr. 122—124.) 1. 50

— Süd-Tirol. Von Gsell Fels. 3. Aufl. Neu bearb. v. A. Schupp. Mit Illustr. u. e. grossen Reise- u. Touristenkarte v. Tirol. (S. 141—414.) 907. (Nr. 125—129.) 2.50

— Reise- u. Touristenkarte v. Tirol, Voralberg, Algäu und angrenzenden Gebieten. 1:500,000. (Neue Ausg. 50×60,5 cm. Farbdr. (907.) (Nr. 82. 83.) 1. —

Venedig, e. Städtebild. Von Gsell Fels. 7. Aufl. Mit 41 Ansichten u. e. Stadtplan v. Venedig. (144 S.) 907. (Nr. 2—5.) 1. 50

Bruckmann's illustr. Reiseführer. Nr 134, 135 u. NAfl 1. 1a, 7. 7a, 10. 11, 28. 29, 35. 36, 42. 42a, 50—52, 51a, 51b, 52a, 52b, 54—59, 60—62, 65a. b, 66a. b, 67a. b, 68a. b, 65—68, 75. 75a., 76, 77a. b, 97—100, 108, 109, 110, 114—21, 122—24, 125—29. kl8° Münch., A Bruckmann.

Bayr. Hochland. Östl. Tl. [Aus: „Bayer. Hochld m. Salzbg u. angrenz. Tirol".] (173—240 m. 7 Taf. u. 1 Kte.) ('10) [68a.b] 1 — ‖ Dass. Westl. Tl. [Aus: „Bayer. Hochld m. Salzbg u. angrenz. Tirol".] (145—172 m. 2 Taf. u. 1 Kte.) ('10) [67a.b] 1 — ‖ Dass. Südöstl. Tl. [Aus: „Bayer. Hochld m. Salzbg u. angrenz. Tirol".] (241—288 m. 4 Taf. u. 1 Kte.) ('10) [66a.b] 1 — ‖ Dass. Südöstl. Tl. [Aus: „Bayer. Hochld m. Salzbg u. angrenz. Tirol".] (97—144 m. 6 Taf. u. 1 farb. Kte.) ('10) [65a.b] 1 — ‖ Bayerisches Hochld m. Salzburg u. angrenz. Tirol v. Gsell Fels. 16. Afl. (16, 288 m. Abb., 1 farb Kte u. 1 farb. Pl.) '11 [65—68] L 2.50

Bodensee, Der. 6. Afl. (131 u. S. 1a, 3a u. 4a m. 1 farb. Kte u. 1 Pl.) '12 [35.36] 1 —

Bozen-Gries u. Umgebg, Überetscher, Ritten u. Mendelbahn. Von JC Platter. 10. Afl. (73 m. 1 farb. Kte.) '11 [1.1a] — 75

Como and the lake of Como. By Fr. Girard. 5. ed. (78) '11. — 75; französ. Ausg. (76 m. Abb.) '11 [7.7a] — 75

Hohenschwangau, Ammersee, Reute, Füssen etc. [Aus: „300 Ausfl. v. München u. Bergtouren".] (145—172 m. 2 Taf.) ('10) [52a] — 50

München, 300 Ausflüge u. Bergtouren v. Gsell Fels. 18. Afl. (16 u. 65—288 m. 1 farb. Kte.) '11 [50—52] 1.50

— u. Umgebg v. Gsell Fels. 19. Afl. (16, 80 m. 15 Taf. u. 1 farb. Pl.) '11 [75.75a] — 75 ‖ Dass. (16, 80 m. 15 Taf. u. 1 Pl.) '11 [76] — 50 ‖ Dass. 19. Afl. (16, 80 u. 79 m. 15 Taf. u. 1 Pl.) '11 [10.11] 1 — ‖ Dass. 19. Afl. (16, 80 u. 79 m. 15 Taf., 1 Kte u. 1 farb. Pl.) '11 [60—62] 1.50

Münchener Vororte, Umgebg u. Isartalbahn. [Aus: „300 Ausfl. v. München u. Bergtouren".] (65—96 m. 1 Taf. u. 1 Kte.) ('10) [110] — 50

Munich. Von Gsell Fels. (Umschl.: Munich and its environs.) 17. ed. (16, 80 m. 15 Taf. u. 1 farb. Pl.) '11 [77a.b] 1 —

— and its environs. 37. ed. (16, 80 u. 56 m. 1 Kte.) '11 [97—100] L 2 —

— et ses environs de Gsell Fels. 10. éd. (16, 80 m. 15 Taf. u. 1 farb. Pl.) '11 [28. 29] 1 —

Nord-Tirol v. Gsell Fels. 8. Afl. (138 u. 391—414 m. Abb. u. 1 farb. Kte.) '11 [122—24] 1.50

Oberammergau u. s. Passionsspiel '10. München. Wege n. Oberammergau. Oberammergau u. Umgebg. Die Königsschlösser. Garmisch—Partenkirchen etc. etc. Von A Schupp. (106 m. Abb., 1 Kte u. 1 Pl.) '10 [108] 1 —

— and its passion play '10. Munich. Routes to Oberammergau. Oberammergau and its environs. The royal castles. Garmisch—Partenkirchen etc. etc. (96 m. Abb., 1 Kte u. 1 Pl.) '10 [109] 1 —

— et son jeu de la passion '10. Munich. Routes pour Oberammergau. Oberammergau et ses environs. Garmisch—Partenkirchen etc. etc. Les châteaux royaux. (84 m. Abb, 1 Kte u. 1 Pl.) '10 [134] 1 —

Reichenhall, Berchtesgaden, Salzburg etc. [Aus: „300 Ausfl. v. München u. Bergtouren".] (173—240 m 8 Taf.) ('10) [52b] — 50

Schweiz. Rundreisen einschliessl. d. Bodensees, d. oberitalien. Seen u. Mailand. 25. Afl. (384 m. Abb., Plänen u. 1 farb. Kte.) '11 [54—59] L 4 —

Starnbergersee, Murnau am Staffelsee, Garmisch—Partenkirchen. Kochel- u. Walchensee etc. [Aus: „300 Ausfl. v. München u. Bergtouren".] (97—144 m. 6 Taf.) ('10) [51a] — 50

Süd-Tirol v. Gsell Fels. 8. Afl. (141—414 m. Abb. u. 1 farb. Kte.) '11 [125—29] 2.50

Tegernsee, Bad Tölz, Schliersee etc. [Aus: „300 Ausfl. v. München u. Bergtouren".] (241—288 m. 5 Taf.) ('10) [51b] — 50

Tirol u. angrenz. Gebiete: Vorarlberg, Gardasee etc. v. Gsell Fels. 8. Afl. (414 m. Abb. u. 1 farb. Kte.) '10 [114—21] L 4 —

Toblach u. d. Ampezzotal. (Toblach u. Umgebg, Höllenstein—Landro, Schluderbach, Misurina, Tre Croci, Cortina.) Von Jos. A Rohracher. 3. Afl. (60 m. Abb. u. 1 Kte.) '12 [42.42a] — 75

Würmtal, Das. Von Frdr. Kroff. (42 m. Abb.) '11 [135] — 60 d

Bruckmann's illustrirte Reiseführer. Nr. 16, 26, 27, 31—41, 44—48, 54—59. 8. München, A. Bruckmann. n. 13. —

16. Der Kurort Badenweiler im badischen Schwarzwald. Hrsg. unter Mitwirkg. d. Badekomite's Badenweiler; Text v. Neumann u. Thomas. Mit 22 Illustr. u. 1 Karte. (IV, 28 S.) 893. n. — 60
26. 27. Nürnberg. Mit 24 Illustr. v. Wilh. Ritter u. 1 Stadtplan. (XII, 52 S.) 893. n. 1. —
31. 32. Dresden u. Umgebung, nebst Hauptwanderg n. in der sächs. Schweiz v. Th. Gsell Fels. Kleine Ausg., m. 26 Ansichten u. 1 Stadtplan. (XIV, 82 S.) 893. n. 1. —
33. 34. Chicago. Reiseführer nach u. durch Chicago m. Berücksicht. der Columbischen Weltausstellung. Nach offiziellen Quellen bearb. 1. u. 2., verm. u. verb. Aufl. (89 S. m. 36 Illustr., 1 Schiffsplan u. 2 Karten.) 893. n. 1. —
35. 36. Der Bodensee. Von Th. Gsell Fels. Mit 32 Illustr., e. Panorama u. e. Karte. (115 S.) 893. n. 1. —
37—40. Dresden u. Umgebung, nebst Hauptwandergn. in der sächs. Schweiz v. Th. Gsell Fels. Grosse Ausg., m. 30 Ansichten, Stadtplan, e. ausführl. Katalog der Dresdener Gemäldegalerie u. den Katalogen d. Grünen Gewölbes, d. königl. histor. Museums, der königl. Porzellansammlg. etc. (XX, 221 S.) 893. n. 2. —
41. Brienz Rothhorn-Bahn. Von Thiessing. Mit 19 Ansichten, e. Panorama u. e. Karte. (48 S.) 893. n. — 50
44—48. Die Steiermark v. Gsell Fels. Mit 70 Illustr., dem Plan v. Graz u. 1 Touristenkarte v. Steiermark. (XIV, 288 S.) 894. n. 2. 50; geb. n.n. 3. —
54—59 Rundreisen in der Schweiz einschliesslich der oberitalienischen Seen u. Mailand von M. Koch v. Berneck. 9. Aufl. 1894. Mit Stadtplänen, 1 Karte der Schweiz etc. (XXII, 362 S.) 894. Geb. n.n. 3. 50

Frühere Bändchen, s.: Städte-Bilder u. Landschaften aus aller Welt.

Bruckmann's illustr. Reiseführer. Nr. 1, 1a, 2—5, 10—15, 18, 26—29, 31, 32, 35—40, 43—48, 50—52, 50a, c, 52b, 53, 53a, 54—62, 64—68, 68a u. b, 69—74, 69a u. b, 70—73a, 71—74, 72a u. b, 75—75a, 76—81, 77a u. b, 82—95, 96a. b, 97—100 u. 102—109. Münch., A Bruckmann.

1. 1a. Platter, JC: Bozen — Gries u. Umgebg. 5. Afl. 8° (102 m. 2 Pl. u. 1 Karte.) 1900. — 75
2—5. Gsell Fels: Venedig, e. Städtebild. 5. Afl. 8° (132 u. 4 m. 1 Pl.) 01. 2 —
10. 11. Gsell Fels: München. Mit d. Katalogen d. alten u. neuen Pinakothek, d. Galerie Schack, d. Glyptothek, d. freiherrl. v. Lotzbeck'schen Sammlg etc. Asg. 1900. 8° (240 u. 24 m. 1 Karte u. 1 Pl.) 1 —
12. Jülg, K: Trient u. Umgebg. 2. Afl. 8° (85 m. 1 Panorama, 1 Pl. u. 1 Karte.) 98. — 50
13—15. Strasser, G: Das Berner Oberland. Asg. 1900. 8° (78 u. 3 m. 1 Panorama u. 1 Karte.) 1.50
18. Girard, F: Gênes et ses environs. 2. éd. 8° (60 m. 1 Pl.) 97. — 50
26. 27. Nürnberg. Asg. 1899. 8° (52 m. 1 Pl.) 1 —; engl. Asg. 1 —
28. 29. Gsell Fels: Munich, ses environs et les châteaux royaux. Asg. 1900 12° (80 u. 4 m. 1 Pl.) Kart. 1 —
31. 32. Gsell Fels: Dresden u. Umgebg, nebst Hauptwandergn in d. Sächs. Schweiz. Kleine Asg. Asg. 1896. 8° (82 m. 1 Pl.) 1 —
35. 36. Gsell Fels: Der Bodensee. 2. Afl. v. K v. Arx. 8° (142 m. 1 Panorama u. 1 Karte.) 99. 1 —
37—40. Gsell Fels: Dresden u. Umgebg nebst Hauptwandergn in d

Bruckmann's illustr. Reiseführer. Fortsetzung.

Sächs. Schweiz. Grosse Asg. m. ausführl. Katalog d. Dresdener Gemäldegalerie u. d. Katalogen d. Grünen Gewölbes, d. kgl. histor. Museums, d. kgl. Porzellansammlg etc. (Asg. 1896.) 8° (221 m. 1 Pl.) 2 —
43. Gsell Fels: Graz u. Umgebg. 3. Afl. 8° (40 m. 1 Pl.) 98. — 50
44—48: Gsell Fels: Die Steiermark. 8° (288) 98. 2.50; geb. 3 —
50—52. Gsell Fels: 100 Ausflüge v. München. Asg. 1900. 12° (17, 190 u. 8 m. 1 Karte.) Kart. 1.50
50a. Plan v. München. 1 : 10000. 28×30 cm. Farbdr. Übersichtspl. v. München u. Umgebg. 37,5×46,5 cm. Autogr. Mit Verzeichnis d. Strassen etc. (an d. Seite). Prakt. Notizen. (Asg. 1899.) 12° (16) — 40
50c. Map of Munich. 27×30 cm. Farbdr. Mit Strassenverzeichn. etc. an d. Rändern. Nebst Plan v. München u. Umgebg. 36,5×46,5 cm. With a list of the sights 12° (16) 97. — 40
52b. Gsell Fels: Reichenhall, Salzburg, Aibling, Traunstein etc., Chiemsee u. Königssee. 12° (64) 1900. Kart. — 50
53. 53a. Touristenkarte d. bayer. Alpen m. Nordtyrol u. Salzburg. 1 : 400,000. Asg. 1896. 36,5×61,5 cm. Farbdr. — 80
54—59. Koch v. Berneck, M: Rundreisen in d. Schweiz einschliessl. d. oberitalien. Seen u. Mailand. 14. Afl. 12° (15, 416 m. Pl. u. 1 Karte.) 1900. Geb. 3.50
60—62. Gsell Fels: München. Mit d. Katalogen d. alten u. neuen Pinakothek, d. Galerie Schack, d. Glyptothek, d. freiherrl. v. Lotzbeck'schen Sammlg etc. Asg. 1900. 8°. (240 u. 24 m. 1 Pl. u. 1 Karte.) 1.50
64. Gardone Riviera am Gardasee in Italien. Asg. 1899. 8° (27 m. 1 Karte.) — 50; französ. Asg. — 50
65—68. Gsell Fels: Bayer. Hochland m. Salzburg u. angrenz. Tirol. Asg. 1900. 8° (15, 16, 64, 190, 8 u. 4 m. 1 Plan u. 1 Karte.) Geb. 2.50
68ab. Gsell Fels: Bayer. Hochland. Oestl. Tl: Chiemsee, Salzburg, Reichenhall, Königsee etc. Asg. 1899. 12° (64 m. 1 Karte.) Kart. 1
69—74. Gsell Fels: Tirol, Vorarlberg, Algäu u. angrenz. Gebiete: Gardasee etc. Asg. 1900. 12° (15, 632 u. 23 m. 1 Karte.) Geb. 6 —
69ab. Gsell Fels: Vorarlberg u. Algäu. Asg. 1898. 12° (16, 120 u. 4 m. 1 Karte.) Kart. 1.20
70—73a. Gsell Fels: Nord-Tirol. Asg. 1898. 12° (75, 8 u. 16 m. 1 Karte. Kart. 2 —
71—74. Gsell Fels: Tirol. Südwestl. Tl. Bozen, Meran, Ulten-, Passeier-, Martell-, Schnalser- u. Suldenthal, Ortler Alpen, Untervintschgau, Trient, Campiglio, Sarca- u. Brentathal, Rovereto, Arco, Gardasee etc. Asg. 1900. 12° (79 u. 7 m. 1 Karte.) Kart. 2 —
72ab. Gsell Fels: Tirol. Südöstl. Tl. Brennerbahn, Grödnerthal, Dolomiten, Rosengartengruppe, Fleimser-, Fassa- u. Primserothal, Valsuganabahn, Puster-, Sexten-, Defregger-, Tauern-, Virgen- u. Ampezzothal etc. Asg. 1899. 12° (56 m. 1 Karte.) Kart. 1.20
75—75a. Gsell Fels: München. Asg. 1900. 12° (64 m. 1 farb. Pl. Kart. — 75
76. Gsell Fels: München. Asg. 1900. 12° (64 m. 1 Pl. Kart. — 50
77—81. Gsell Fels: The Highlands of Bavaria with Salzburg and the adjacent parts of the Tyrol. Translated by JA Swallow. Asg. 1900. 12° (238 m. 1 Pl. u. 1 Karte.) Kart. 2.50
77ab. Gsell Fels: Munich. (With the royal castles and excursions in the surrounding country.) Asg. 1900. 12° (64 m. 1 Pl.) Kart. 1 —
82. 83. Reise- u. Touristenkarte v. Tirol, Vorarlberg, Algäu u. angrenz. Gebieten. 1 : 150,000. 50×60 cm. Farbdr. 96. 1 —
84—86. Reise- u. Touristenkarte Tirol, bayer. Hochland, Vorarlberg, Algäu u. angrenz. Gebiete. 1 : 150,000. 60×60 cm. Farbdr. 96. 1.50
87. 88. Reise- u. Touristenkarte bayer. Hochland u. angrenz. Gebiete. 1 : 150,000. 28,5×60 cm. Farbdr. 96. 1 —
89—91. Reise- u. Touristenkarte d. Schweiz u. angrenz. Gebiete. 1 : 500,000. 50×73,5 cm. Farbdr. 97. 1.50
92—94. Weiss, J: Histor. Führer v. München. Seine geschichtl., örtl. u. monumentale Entwicklg unter d. Wittelsbachern, nebst e. Führer durch d. Stadt. (153 m. 1 Pl.) 96. 1.50
95. Gsell Fels: Führer durch Münchens Galerien u. Museen. 12° (156 u. 24) 1900. Kart. — 75
96ab. Pohl, R: Baden-Baden u. Umgebg. 2. Afl. 8° (89 m. 1 Pl.) 96. 1 —; in französ. Sprache 1
97—100. Guide to Munich and its environs. With complete catalogues of the old and new Pinakothek and the Schack-Gallery. 26. ed. 12° (18, 64, 62 u. 12 m. 1 Karte.) 1900. Geb. 2 —
102. Karte d. Berner Oberland. 1 : 200,000. 59×75,5 cm. Farbdr. 96.
103—105. Gsell Fels: 100 Excursions from Munich. Translated by JA Swallow. 12° (174 m. 1 Karte.) 97. Kart. 1.50
106. Catalogues, complete, of the old and new Pinakothek, Schack-Gallery and Gyptothek. 12° (62 u. 12) 1900. Kart. — 75
107. Ummen, B: Der klimat. Kurort Pallanza u. Umgebg 8° (56) 1900. — 50
108. Rauchenegger, B: Oberammergau. Wege nach Oberammergau. München. Das Passionsspiel 1900. Die Königsschlösser. Reutte. Füssen. Garmisch—Partenkirchen etc. 8° (24, 76 m. 1 Karte u. 1 Pl.) 1900. 1 —
109. Dass. Engl. Asg. 8° (24, 72 m. 1 Karte u. 1 Pl.) 1900. 1

— illustr. Reiseführer. Nr. 50—52, 51a u. b, 52a u. b, 54—59, 65—68, 65a u. b, 67a u. b, 68a u. b, 110, 112—129 u. 130a u. b. 8° Ebd. 24.25

50—52. Gsell Fels: 100 Ausflüge v. München. (283 m. 1 Karte.)'05. 1.50
51a. Gsell Fels: Starnbergersee, Garmisch, Partenkirchen, Kochelsee, Walchensee, Oberammergau etc. (Bayer. Hochl. Südwestl. Tl.) [S.-A.] (99—143) ('04.) — 50
51b. Tegernsee, Bad Tölz, Schliersee etc. (Bayer. Hochl. Südöstl. Tl.) [S.-A.] (147—182) ('04.) — 50
52a. Gsell Fels: Hohenschwangau, Reutte, Ammersee, Neuschwanstein, Füssen etc. (Bayer. Hochl. Westl. Tl.) [S.-A.] (187—211) ('04.) — 50
52b. Reichenhall, Berchtesgaden, Salzburg etc. (Bayer. Hochl. Östl. Tl.) [S.-A.] (215—283) ('05.) — 50
54—59. Koch v. Berneck, M v.: Rundreisen in d. Schweiz einschliessl. d. oberitalien. Seen u. Mailand. 19. Afl. (16, 416 m. Pl. u. 1 Karte.) '05. Geb. 4 —
65—68. Gsell Fels: Bayer. Hochl. m. Salzburg u. angrenz. Tirol. (283 m. 1 Karte u. 1 Pl.)'04. Geb. 2.50
65a u. b. Gsell Fels: Bayer. Hochl. Südwestl. Tl: Starnbergersee, Garmisch. Walchensee etc. [S.-A.] (99—143 m. 1 Karte.) ('04.) 1 —
66a u. b. Bayer. Hochl. Südöstl. Tl. [S.-A.] (147—182 m. 1 Karte.) ('04.) 1 —
67a u. b. Gsell Fels: Bayer. Hochl. Westl. Tl.: Hochenschwangau, Ammersee, Reutte etc. [S.-A.] (187—211 m. 1 Karte.) ('04.) 1 —
68a u. b. Gsell Fels: Bayer. Hochl. Oestl. Tl.: Chiemsee, Salzburg, Reichenhall, Königssee etc. [S.-A.] (215—283 m. 1 Karte.) ('05.) 1 —
110. Münch. Vororte, Umgebg u. Isarthalbahn. (65—96) ('04.) — 50
111 s.: Bruckmann's Blitz-Verkehrsb.
112. Kochelsee u. Umgebg. Hrsg. v. Verschönergsver. Kochel. (72 m. 1 Karte.)'04. — 50
113. Glerl, J v. G: Kiefersfelden, d. bayer. Grenzort bei Kufstein. (50) '03. — 50
114—121. Gsell Fels: Tirol u. angrenz. Gebiete: Vorarlberg, Gardasee etc. Neu bearb. v. A Schupp. (414 m. 1 Karte.)'04. Geb. 4 —
122—124. Gsell Fels: Nord-Tirol. Neu bearb. v. A Schupp. (188 u. 391—414 m. 1 Karte.)'04. 1.50
125—129. Gsell Fels: Süd-Tirol. Neu bearb. v. A Schupp. (141—414 m. 1 Karte.)'04. 2.50
130a u. b. Kreuzschulspiele, d., in Oberammergau, sowie Ausflüge u. Touren in d. näh. u. weit. Umgebung. („Bayer. Hochl. südwestl. Tl.") [S.-A.] (99—143 m. 8 Taf. u. 1 Karte.)'05. — 75

Bruckmann's illustr. Reiseführer. Nr 1, 1a, 2—5, 10, 11, 35, 36, 42, 42a, 50—52, 54—62, 75, 75a, 77—83, 87—91, 114—129 u. 131—133. kl8° Münch., A Bruckmann. 28.25

1.1a. Platter's, JC, Bozen-Gries u. Umgebg. Überetscher-, Rittner- u. Mendelbahn. 9. Afl. (174 m. 2 Kart.) 8° 09. — 75
2—5. Gsell Fels: Venedig, e. Städtebild. 7. Afl. (144 m. 1 Pl.)'07. 1.50
10.11. Gsell Fels: München u. Umgebg. 15. Afl. (80 u. 86 m. 1 Pl.)'07. 1 —
35.36. Gsell Fels: Der Bodensee. 5. Afl. (131 m. 1 Pl. u. 1 Karte.)'09. 1 —
42.42a. Rohracher, Jos. A: Toblach u. d. Ampezzotal. 2. Afl. (60 m. 1 Karte.) 8° ('04.) — 75
50—52. Gsell Fels: 300 Ausflüge v. München u. Bergtouren. 14. Afl. Unter bes. Berücks. d. Wintersports neu bearb. (65, 288 m. 1 Karte.)'07. 1.50
54—59. Rundreisen in d. Schweiz einschl. d. Bodensees, d. oberitalien. Seen u. Mailand. 21. Afl. (16, 384 m. Plänen u. 1 Karte.)'07. Geb. 4 —
60—62. Gsell Fels: München u. Umgebg. 15. Afl. (16, 80 u. 86 m. 1 Pl.)'07. 1.50
75.75a. Gsell Fels: München u. Umgebg. 15. Afl. (80 m. 1 Pl.)'07. — 75
77—81. Gsell Fels: The highlands of Bavaria with Salzburg and the adjacents parts of the Tyrol. (16, 238 m. 1 Pl. u. 1 Karte.)'09. 2.50
82.83. Reise- u. Touristenkarte v. Tirol, Vorarlberg, Algäu u. angrenz. Geb. 1 : 500,000. (Neue Ausg.) 50×60,5 cm. Farbdr. ('07.) 1 —
87.88. Reise- u. Touristenkarte v. bayer. Hochland u. angrenz. Geb. 1:500,000. (Neue Ausg.) 29×60 cm. Farbdr. ('07.) 1 —
89—91. Reise- u. Touristenkarte d. Schweiz u. angrenz. Geb. 1 : 500,000. (Neue Ausg.) 50,5×75 cm. Farbdr. ('07.) 1.50
114—121. Gsell Fels: Tirol u. angrenz. Geb.: Vorarlberg, Gardasee etc. 4. Afl. v. A Schupp. (414 m. 1 Karte.)'07. Geb. 4 —
122—124. Gsell Fels: Nord-Tirol. 6. Afl. [SA] (188 u. 391—414 m. 1 Karte.) '09. 1.50
125—129. Gsell Fels: Süd-Tirol. 6. Afl. [SA] (141—414 m. 1 Karte.)'09. 2.50
131.132. Hohen- u. Nieder-Aschau. 4. Afl. Hrsg. v. Verschönergsver. Aschau. (104 m. Taf., 2 Kart. u. 1 Pl.)'08. 1 —
133. Rohracher, Jos. A: 15 Dolomiten-Strassen v. Toblach aus. Toblach—Cortina—Bozen u. 14 and. Dolomiten-Touren u. Rundfahrten in d. Dolomiten v. Toblach aus. 1. u. 2. Afl. (24) ('08/09). — 50

– Specialk. Umgebg v. München m. d. Voralpen. 1 : 150,000. 49,5×60,5 cm. Farbdr. Münch. 98, A Bruckmann. — 75

— Wandbilder alter Plastik. Erläuternde Texte von Fr. W Frhrn v. Bissing, E Buschor u. HH Josten. (67) 8° Ebd. ('12). — 50; f. Abnehmer d. Wandbilder kostenlos.

Bruckmann A, über die bedeutende Verunreinigung der städtischen Kohlenstadelquelle zu Ulm und die Entfernung des Übelstandes. Stuttgart 1862

Bruckmann, *Albert* [app. Arzt aus Kettwig]: Ueber Mittelohrentzündungen infolge Behandlung von Nasenaffectionen ... Göttingen. Druck d. Dieterich'schen Univ.-Buchdr., 1892; 38 S. 8.
Göttingen, Med. Fak., Inaug.-Diss. v. [20. Juli] 1892

Bruckmann, A., üb. Mittelohrentzündungen infolge Behandlung v. Nasenaffektionen. Diss. gr. 8. (38 S.) Göttingen 892. (Vandenhoeck & Ruprecht.) n. — 80

Bruckmann, August Eduard

— Anleitung zur Anlage artesischer Brunnen, s. J. A. v. Brukmann.

Bruckmann, Aug. Ed., prakt. Anweisung zum Löthen d. unedlen Metalle u. zur Bereitung d. Lothe. Zum Gebr. f. angeh. Mechaniker, Spritzen- u. Röhrenmeister, Gelbgießer, Zeugschmiede &c. Nach eigener Erfahr. dargest. M. 1 Stnt. 8. (2¾ B.) Heilbronn 834, Drechsler.

—— die denkw. artesischen Brunnen zu Ober-Dischingen in Würtemberg, in geognost.-hydrograph. u. construct. Beziehung. M. 1 Stnt. gr. 8. (4¼ B.) Heilbronn 830, Claßische Buchh. *

Bruckmann, A. E., über negativ-artesische Brunnen oder absorbirende Bohrbrunnen zur Entwässerung und Trockenlegung von Kellern, versumpften Grundstücken, See'n etc. und Ableitung übelriechender etc. Flüssigkeiten in unterirdischen Wasserströmungen, nebst Schilderung zweier neuen Ausführungen. gr. 8. (59 S. mit 1 Holzschnt. und 2 Stnt. in gr. 8. und Fol.) Stuttgart 853, Ebner und Seubert. *

Bruckmann, AE, üb. negativ-artes. Brunnen od. absorb. Bohrbrunnen. 8. (59) Stuttg. 53, Schickhardt u. E. *n.* — 12

Bruckmann, A. E., die neuesten artesischen Brunnen in der Gust. Schäuffelen'schen Papierfabrik zu Heilbronn, die alten Bohrbrunnen u. der Kirchbrunnen dieser Stadt; die neue Brunnenstube zu Bönnigheim, u. ein Beitrag zur Kenntniß der Lettenkohlen-Formation des Württembergischen Unterlandes, nebst Schilderung des wieder erloschenen Murenbrunnens über dem Hauensteintunnel. Mit 1 lith. Taf. Stuttgart 861. Schweizerbart. gr. 8. (VIII, 83 S.) n. 18 ngr.

Bruckmann, A. E., der wasserreiche artesische Brunnen im alpinischen Diluvium d. oberschwäb. Hochlandes zu Isny, in geognostisch-hydrograph. u. constructiver Hinsicht. Nebst einem Beitrage zur Kenntniß der Diluvialgerölle d. Bodenseegegend. Mit 1 lith. Gebirgsdurchschnitts-Zeichnung. gr. 8. (110 S.) Stuttgart 851, Schweizerbart. ¾ ℔

Bruckmann, A. E., s. Viollet, J. B., Theorie der artes. Brunnen.

— Wegweiser durch den Berg- u. Brunnenbohrwald, oder chronolog. Zusammenstellung der über Bergbohrkunde, Anlegung artesischer u. gewöhnl. Brunnen, wie auch Quellenbildung, erschienenen älteren u. neueren Literatur in selbstständ. Werken u. zerstreuten Aufsätzen nebst manchen krit. Bemerkungen u. Erläuterungen über dieselben. Ein Handbuch für Alle, die sich mit Berg- u. Brunnenbohrungen etc. beschäftigen etc. br. 8. (156 S.) Darmstadt 852, Jonghaus. 1 ℔

Bruckmann, C. v., Beitrag zu d. Luftheizung, od. durch Erfahrung erprobte vortheilhafteste Einricht. solcher Heizungen, angewendet u. in ihr. Effekt beobacht. in d. Gymnasium-Gebäude zu Heilbronn. M. 7 lith. Bl. gr. 4. (3 B.) Mergentheim 829. (Heilbronn, Claß.)

Bruckmann, C. von: „Beitrag zu der Luftheizung; oder durch Erfahrung geprüfte vortheilhafte Einrichtung solcher Heizungen; angewendet und in ihrem Effect betrachtet in den Gymnasiums-Gebäuden zu Heilbronn", auf Kosten des Verfassers, Mergentheim 1829 (Thon).

Bruckmann, C. v., Beitrag zu d. Luftheizung od. durch Erfahrung erprobte, vortheilhafteste Einrichtung solcher Heizungen in dem Gymnasiums-Gebäude zu Heilbronn. gr. 4. (3 B. u. 7 Stnt.) Heilbronn 845, Landherr

Bruckmann, Ernst Ludwig (Wolfenbüttel), Noxios ex cibis oriundos effectus. Diss. med. Präs. Philipp Conrad Fabricius. Helmstedt (P. D. Schnorr) 28. X. 1751. 34 S. (5.—) 4187

Bücher-Katalog der Verlagsanstalt F. Bruckmann A.-G. *München: Bruckmann 1903.* (31 S.) 8° [F.] [03. 19635 S

Bruckmann, F.: Verzeichnis der Bibliothek- und Sammelwerke erschienen bei F. Bruckmann A.-G. München. 1858–1908. (Leipzig 1908: Poeschel & Trepte.) 24 S. 4°.

Bruckmann, Frdr., s.: Denkmäler der Renaissance-Sculptur Toscanas.

Bruckmann, Frdr., s.: Denkmäler griech. u. röm. Sculptur.

— s.: Porträts, griechische u. römische.

Bruckmann, Hugo (Hrsg.), s. Kunst, Dekorative.

Bruckmann, J. A. v., u. Sohn, A. E. Bruckmann, vollständ. Anleitung zur Anlage, Fertigung u. neueren Nutzanwendung d. gebohrten od. sogen. artes. Brunnen. Größtenth. auf eig. Erfahr. gegründet u. f. d. prakt. Ausführ. bearb. M. 9 Stnt. (in qu. gr. Fol.) gr. 8. (25 B.) Heilbronn 833, Claß.

Bruckmann, J. A. v., u. A. E. Bruckmann, vollständ. Anleitung zur Anlage, Fertigung u. neueren Nutzanwendung d. gebohrten oder sogen. artesischen Brunnen. 2. Ausg. M 9 Stnt. gr. 8. (24³/₄ B.) Heilbronn 838, Claßische Buchh.

Joh. Jac. Bruckmanns und *Joh. Heinr. Weber's* Elementar-Maschine oder Universal-Mittel bey allen Wasser-Hebungen. 4. Act. Erud. Lips. 1721. S. 181.
Kassel: Cramer 1720

Bruckmann, P., Abbildungen von geprägten Ornamenten, s. Abbildungen.

Bruckmann, W: Präparation zu Caesars bellum gallicum, s: Bräuhäuser, G.

Brückmann, Alexander: Erwärmung von Motoren bei aussetzendem Betrieb. Berlin: Dietze 1908. 74 S., 1 Taf. 8⁰
¶ Aus: Dinglers Polytechn. Journal. Jg. 89. Bd 323.
Hannover, Dr.-Ing.-Diss. v. 23. 12. 1907

Brückmann, Arthur (Hrsg.), s. Calé, W.: Nachgelassene Schrift

Brückmann, A, s: Jahrbuch d. deut. Rechtes.

Die Rechte des Geschäftsführers ohne Auftrag, zugl. e. Beitrag z. Lehre vom Begriff d. auftraglosen Geschäftsbesorgung. Von Dr. Arthur Brückmann. *Jena: G. Fischer 1903.* (XVI; 230 S.) 8° [F.]
— Abhandlungen z. Privatrecht u. Zivilprozeß d. Dt. R. Bd 9, H. 1.
[03. 2389

Brückmann, Arthur, aus Berlin: Die gültige Uebernahme bei der auftraglosen Geschäftsbesorgung. *Jena: G. Fischer 1903.* (66 S.) 8° ¶ [Erschien vollst. u. d. T.: 'Die Rechte des Geschäftsführers ohne Auftrag, zugleich ein Beitrag zur Lehre vom Begriff d. auftraglosen Geschäftsbesorgung' als: Abhandl. zum Privatrecht u. Civilprozeß d. Deutschen Reiches, Bd 6, H. 1.]
Berlin, Jur. Diss. v. 5. Febr. 1903

Brückmann, Bruno, Leitfaden zum Studium der Musikgeschichte f. den Gebrauch beim Unterricht. gr. 8. (VIII, 148 S.) Leipzig 891. Gebr. Hug. n. 1. 50

Brückmann, C. A. J., s. Mercier, Naturmensch.

Brückmann, C. H., Mutter Job, s. Erzählungen und Novellen, neue.

Brückmann, C. H., die katholische Publizistik. Westphälische Aphorismen zur Ergänzung u. Berichtigung der anonymen Broschüre: „die katholische Presse Deutschlands." Coesfeld 861. Wittneven Sohn. gr. 8. (IV, 64 S.) 6 ngr.

Brückmann, C. H., die nassauische Staatsbahn in ihrer ganzen Ausdehnung von Wiesbaden bis Wetzlar. Eine Skizze. Mit einem Anh.: Die directen Verbindungen der Bahn und das nassauische Telegraphenwesen. gr. 16. (IV und 84 S.) Wiesbaden 866, Capito und Comp. *

Brueckmann, CH, d. nassauische Staatsbahn. 16. (84) Wiesb. 67. (Andern., Brueckmann & Co.) n. — 10

Brückmann, C.R. (Hrsg.), s. Der Ingenieur.

Brückmann, E., s.: Eisenbahn-Technik, die, der Gegenwart.

Brückmann, Erwin, appr. Arzt: Aus d. pathol.-anatom. Univ.-Inst. in Freiburg. Über Tracheopathia osteoplastica ⟨multiple Osteome in der Schleimhaut der Trachea⟩. Berlin 1910: G. Reimer. 24 S. 8° ¶ (Aus: Virchows Archiv f. pathol. Anat. u. Physiol. Bd 200.)
Freiburg i. B., Med. Diss. v. 1910, Ref. Aschoff
[Geb. 2. Mai 84 Berlin; Wohnort: Emmendingen; Staatsangeh.: Preußen; Vorbildung: Königstädt. Gymn. Berlin Reife O. 03; Studium: Heidelberg 1, Berlin 9 S.; Coll. 30. Juli 09.] [U 10. 956

Brückmann, Fr. Hnr., († d. 8. Nov. 1785.) Bemerkk. auf e. Reise nach d. Karlsbade. 8. Braunschw. 785. Schulbuchh. 6 K

Brückmann, Franz Ernst: Arbor limbowe drewo, eiusque oleum limbowi oley. Brunsvigae. Schroeder 1727. 20 S. 8⁰ (= Brueckmann: Specimen botanico-medicum. Spec. 2.)

Brückmann, Franz Ernst: Ausführl. Beschreibung einer seltsahmen Wunder-Geburt, welche eines abgedanckten Soldaten-Frau . . . in Wolfenbüttel zur Welt gebracht. Wolfenbüttel: Meißner (1732). 24 S. 8⁰.

Brückmann, Franz Ernst: Kurtze Beschreibung und genaue Untersuchung des fürtrefflichen Weitzen-Biers, Duckstein genannt, welches zu Königs-Lutter . . . gebrauet . . . Braunschweig 1723. 43 S. 8⁰.

Brückmann F. E.: Bibliotheca animalis od. Verzeichniss d. meisten Schriften, so v. Thieren u. deren Theilen handeln . . . Wolffenb. 1743. 277 S.
— — Continuatio. Sst. 1747. 178 S.
(Indb. m. foreg.).

Brückmann, F. Ern., Bibliotheca animalis. 2 part. 8. Wolfenb. Meisner. 743—47.

— Bibliotheca numismat. c. 2 supplem. 8. ibid. 728 et 741.

Brückmann, F. E., Bibliotheca numismatica, oder Verzeichniß der Schriften vom Münzwesen. Wolfenb. 729. 8. Supplem. I. II. Ebend. 732. 41. 2 Thle. 8. 6 gr.

BRÜCKMANN, FRANZ ERNEST.
Catalogus exhibens appellationes et denominationes omnium potus generum, quæ olim in usu fuerunt et adhuc sunt per totum terrarum orbem quotquot adhuc reperire potuit. Helmstadi, 1722. 4to.

Brückmann, Franz Ernst: De fabulosissimae Originis lapide, arachneolitho dicto epistola ad Albertum Ritterum. Wolffenbüttelae: Meisner 1722. 16 S. 8⁰.

Brückmann, F. E. Epistola itineraria III. de Bellariis lapideis Liptoviensibus Hungaricis. Wolfenbüttelae. 1728. 4.

Brückmann, F. E. Epistola itineraria IV., de IV. figuratis curiosis rupibus ad fauces Hercyniae Sylvae prope Ilfeldam. Wolfenbüttelae. 1729. 4. cum. fig. aen.

Brückmanni, F. E. Epistola itineraria VII., de figuratis et aliis quibusdam curiosis Lapidibus in Electoratu Hannoverano obviis. Wolfenbüttelae, cum II tab. aen. 1729. 4.

Brückmanni. F. E. Epistola itineraria XI. de quibusdam figuratis Hungariae Lapidibus. Wolfenbüttelae. 1729. 8.

Brückmanni, F. E. Epistola itineraria XII. de Gigantum dentibus, cum fig. aen. (Rhinoceronten-Zähne.) Wolfenbüttelae. 1729. 4.

BRUCKMANNUS, Epistola itineraria XLIX. de signis urbium mnemonicis. C. II tabb. aeneis (quarum altera obscoenitate curiosissima). Wolfenb. 1735 4⁰. 24 pp.
Dieses einzeln im Handel überaus seltene Heft bringt Abbildgn. von 3 Wahrzeichen aus Merseburg, 1 aus Magdeburg, 1 aus Scheningen im Braunschweigischen, u. 1 (Tafel 2 in qu.-Folio) aus Salzdalum bei Wolfenb.

Bruckmanni, F(ranc.) E(rnesti), D(octoris) (1697 bis 1753), epistola itineraria LXXXVI., sistens corollarium ad relationem historico-curiosam de iterato itinere in Hercyniae montem famosissimum Bructerum, ad . . . . Albertum Ritter (Collegii Monastico-Ilfeldensis Regii prorectorem et seniorem). („Bructerus [Brocken] Hercyniae montes supereminet omnes".) C. figuris aeneis (10 tabb. curiosissimis). Wolfenb. MDCCXL. (1740.) 4⁰. Einzeln sehr selten vorkommendes Stück dieser Serie.
16 S. Text und 10 sehr merkwürdige Kupfertafeln, deren 6 letzte figurenreiche, stellenw. derb-cynische Darstellungen des Hexen- u. Teufelstreibens in der Walpurgisnacht auf dem Blocksberg bringen.

Brückmann, **Frz. Er., († d. 21. März 1753.) Epistolarum itinerariarum Centuriae I—III. C. supplem. et indice. 4. Wolfenb. 742—50. (Schröder in Braunschw.) 14 ₰**

BRÜCKMANNUS, Centuriae III epistolarum itinerariarum. 4 voll. c. permult. tabb. aen. Wolfenbüttel 1742—1756. 4⁰.
Karajan's Bibl. I. Lpz. 1875. No. 92. Von der 3. Centurie erschienen nur 75 Briefe. — In dieser Vollständigkeit ist das überaus reichhaltige Werk eine Rarität ersten Ranges. — Eine frühere Ausgabe der ersten Centurie, ebd. 1727—37, 4⁰, war für 20 Mk. in Scheible's Cat. 229 (1892), no. 177. angeboten. —

Franc. E. Brückmann epistolae de sanctis medicis. Wolfenbütt. 1730. 4. (De iis Sanctis, qui singulis morbis medendis in auxilium vocabantur, ut Apollonia, Agatha, Bartholomaeus, Vitus etc.

FLOH-FALLE, Die Neu-erfundene Curieuse, zu gäntzlicher Ausrottung der Flöhe, wird allen so mit solchem Ungeziefer beladen, communiciret von Einem Anonymo (i. e. *Franz Ernst Brückmann*). O. O. 1727. 8⁰. (Auch in Carlsruhe: Zb 112.)
Pikante Satyre, zum Theil in Versen. — TKpf. u. 43 SS.
— — Dasselbe. 2. Aufl. O. O. 1727. 8⁰. (5 Mk. Osw. Weigel, 1904.)
TKpf. u. 46 S. (Bibl. Hintz II. p. 300.)
— — Dasselbe. 3. u. viel verm. Aufl. O. O. 1729. 8⁰.
(²/₃ Rthl. Schmidt, Halle, vor 1870.) TKpf. u. 78 SS.
— — Dasselbe. 4. . . . . Aufl. O. O. 1739. 8⁰. 94 S. (4 Mk. 50 Pfg. Rich. Bertling, 1907.)
— — Dasselbe . . . ., bei dieser neuen Aufl. mit vielen neuen Curiositäten vermehrt . . . . Franckfurt (Wolfenb., Meissner) 1778. 8⁰.

Brückmann, Franz Ernst: F r u t e x koszodreqina, eiusque balsanum koszodrewinowy oley. Brunsvigae: Schroeder 1727. 28 S. 8⁰. (= Brueckmann: Specimen botanico medicum, Spec. 1.)

Brückmann, Franz Ernst: H i s t o r i a naturalis curiosa lapidis τοῦ ἀσβέστου eiusque praeparatorum, chartae rempe, lini, lintei et ellychniorum incombustibilium. Brunsvigae 1727. 48 S. 8⁰ (Auf Asbestpapier gedr.).

— Franz Ernst (Braunschweig), Perillustri viro Lucas Schroeck . . de lapide violaceo sylvae Hercyniae. Wolfenbüttel (J. Ch. Meisner) 1725. 15 Seiten. (4.50) 4188

Brückmann, F. Ern.: „Magnalia Dei in locis subterraneis, oder Beschreibung aller mehr als 3200 Bergwerke durch die vier Theile der Welt", 2 Theile, Braunschweig 1727—1732.

Brückmann F. E.: Magnalia Dei in locis subterraneis od. unterirdische Schatz-Cammer aller Königreiche u. Länder, in ausführlicher Beschreibung aller, mehr als 1600 Bergwercke durch alle vier Welt-Theile . . . Th. (1)-2 (1 Vol.). [1] Braunschw. [2] Wolffenb. 1727-30. Fol.
(1: 368 S. 13 Tvl. Forf.• Portr. — 2: 1136 S. 37 Tvl.; Tvl. 11 mgl.).
— — Supplement 1, die schwedischen weltberühmten Bergwercke betreffend. Wolffenb. 1734. 64 S. 3 Tvl. Fol.
(Indb. med foreg.).

Franc. Ern. Brückmann de medicis Viennensibus anno 1723—1725, eorumque scriptis medicis. Wolffenbütt. 1737. 4. — *Redit in* Ejusd. Epp. itiner.

Brueckmann (F. E.). De Ocymastro flore viridi pleno obs. botanica. Wolffenbuettelae, 1732. fol.

Brückmann, F. E., de pane dactylorum S. Marci. Lycop. 1738. 4.

Brückmann, Franz Ernst: P r o d r o m u s bibliothecae metallicae . . ., s. L e u p o l d , Jac.

Brückmann, Franz Ernst: R e l a t i o brevis historico-botanico-medica de Avellana mexicana vulgo Cacao dicta. D. praeside J. C. Spies. Helmstadii, typ. Hamm. 1721. 4. 48 p., 2 tab. – Ed. II, auctior. Brunsvigae, Schroeder. 1728. 4. 32 p. 2 tab. (Lpz.: Sommer)

BRUCKMANNUS, Fr. Ernest. („Med. Doct. et Pract. Brunsvic., 1697—1753.) Relatio brevis physica de curiosissimis duabus conchis marinis, quarum una vulva marina et altera concha venerea (beide einer Jungfern-Schaam gleichend) nominatur, in chartam coniecta et cum orbe erudito communicata . . . . C. (2) figg. aeneis (in 1 tab.). Brunsvigae MDCCXXII. (1722.) 4⁰.
24 pp. (incl. Tit. u. 3 Bll. Zuschr. an die Mitglieder „Sac. Rom. Imp. Academiae Naturae Curiosorum").
Große Seltenheit! (1 Expl. in München, Hof- u. Staatsbibl. ex. Bibl. erot. Krenneriana.) Vgl. Hayn, Bibl. erot. Monacensis. Berlin 1888. No. 111, u. Modeer, A., Bibl. Helminth†olog. Erlang. 1786. p. 34.

Brückmann, Franz Ernst: S e n d s c h r e i b e n an J. H. Kniphof, die Art, die Kräuter nach dem Leben abzudrucken und also sehr compendiöse Herbaria picta zu machen, vorstellend. Wolfenbüttel 1733. 4⁰. 8 p.

Brückmann, Franz Ernst: S p e c i m e n . . . botanico-medicum Spec. 1.2. Brunsvigae: Schroeder 1727. 1 Bd. 8⁰.
Spec. 1: Frutex koszodrewina, eiusque balsamum koszodrewinosy oley. 1727.
Spec. 2: Arbor limbowe drewo eiusque oleum limbowi oley. 1727.

Brückmann, *Franz Ernst*, Arzt zu Wolfenbüttel * im Marienthal bei Heimstedt 27. Sept. 1697, † Wolfe 21. März 1753.
— Specimen botanicum exhibens fungos subterr. vulgo tubera terrae dictos. Helmstadiae, typ. Schnorr. 4. 25 (3) p, 1 tab. 1720

Brückmann, Franz Ernst: S p e c i m e n physicum sistens Historiam naturalem lapides nummalis Transylvaniae. Wolfenbuttelae 1727. 15 S. 8⁰

— Thesaur. subterran. ducat. Brunsv. deutsch. m. K. 4. Wolfenb. Meisner. 728.

Brückmann, Franz Ernst: T h e s e s physicae ex historia naturali curiosa lapidis τοῦ ἀσβέστου ejusque praeparatorum chartae nempe, lini lintei et allychniorum incombustibilium. Brunsvigae 1727. 4 Bl. 8⁰

Brückmann, Franz Hieron. (Braunschweig), De morbis nervorum observat. quasd. Diss. med. Göttingen (J. Ch. Dieterich) 19. II. 1780. 40 S. (5.—) 4240
Gew.: Urban Friedrich Benedict Brückmann (Vater).

Brückmann, Friedrich, Gerichtsassessor: Welche prozessualen Rechte hat ein nicht rechtsfähiger Verein als Beklagter im Zivilprozesse? Köln (1905): F. Elsner. (47 S.) 8°
Heidelberg, Jur. Fak., Ref. Endemann, Diss. v. 24. Febr. 1905
[Geb. 13. Juli 71 Cöln-Deutz; Wohnort: Cöln; Staatsangeh.: Preußen; Vorbildung: Marzellengymn. Cöln Reife O. 96; Studium: Greifswald. Berlin; Rig. 27. Juli 04.]

Brückmann, Georg Jo. (Präs.), s. B l u m , Franz Joseph: De filio familias in genere paciscente, in specie mutuum contrahente, et muliere intercedente.

Brückmann, H. W., Lehrkursus der Damen-Garderobe. Ein sicherer und prakt. Führer für Solche, die diese Kunst für ihre Familie oder geschäftlich ausüben wollen, wie auch zum bessern Verständniss der bei den Modezeitungen beigegebenen Modelle. Zunächst für seine geehrten Schülerinnen hrsg. 2. Aufl. gr. 8. (60 S. mit vielen lithogr. Zeichnungen in qu. Fol.) Köln 878, (J. und W. Boisserée.) *
1. Aufl. war nicht im Handel.

Brückmann, Joh., Methodik des Geschichtsunterrichtes in der Volksschule zum Gebrauche bei der Vorbereitung auf die 1. u. 2. Lehrerprüfung. (VII, 116 S.) 8. Paderborn 906. F. Schöningh. n. 1. -

Brückmann, J., die einklassige Volksschule, s.: Heinemann, R.

Brückmann, Jo. Georg [Präs.], s. B o c k l e t h , Jacob Franz: De fideicommisso ejusque legitima probatione.

— Johann Georg u. (Respondent) Christoph Ignaz Ludwig v. Bellmont, De eo, quod justum circa abrogationem tam expressam quam tacitam concordatorum Germaniae. Diss. publ.-can.-jur. Erfurt (Hering) 27. X. 1745. 46 S. (1.—) 4241

Brückmann, Joh. Georg (Präs.): De E o , quod justum est in usucapione circa titulum pro herede et access. possessionis, s. B r ü c k n e r , Hieronymus.

Brückmann, Joh. Georg (Präs.): De diversis traditionum M o d i s . . ., s. B e s s e r , Friedrich Adolf.

Brueckmann, Julius Andreas (Dresden), De physiologico et chemico phlogoseos nec non antiphlogoseos processu. Diss. med. Lpz. (Staritz) 16. IX. 1844. 36 S. (4.—) 4242

Brückmann, Karl, a. Sulzbach i. Obpf.: Über drei Fälle von doppelter Perforation der Bulbuswandungen durch Eisensplitter. Sulzbach 1909: v. Seidel. 20 S. 8°
Erlangen, Med. Diss. v. 1. April 1910, Ref. Oeller
[Geb. 1. Juli 82 Eupel; Wohnort: Amberg; Staatsangeh.: Bayern; Vorbildung: Stephan-Gymn. Regensburg Reife Juli 02; Studium: Gießen 1, Würzburg 1, Erlangen 8 S.; Coll. 24. Juli 08; Approb. 31. März 10.][U 10.791

Brückmann, Karl Ph., neue verb. u. vollst. Beschreib. d. Brunnen u. Bäder zu Ems. M. Kpf. 8. Frankf. 772. Fleischer; (auch Hermann). 12 gr

Brueckmann, Car. Ph., Enarratio choreae St. Viti et epilepsiae, quae per fontes medicatos et thermas Embsenses curatae sunt. 40 pp. Frcf. ad M. 8°. A. D. B., LXXIII, 407. J. de méd. LXXIV, 136. (Epilepsia a sordibus putridis cum humeri luxatione periodica.)
1786

— enarratio choreae S. Viti et epilepsiae. 8. Frankt. 786. Kessler. 3 gr

— von dem Gebrauche des Emser Krängen=Wassers. 8. „ 764.

Brückmann, O. H., Altes und Neues aus dem Münsterland und seinen Grenzbezirken. Ein Beitrag zur Kunde Westfalens. Paderborn 863. Schöningh. 8. (XII, 242 S.) 21 ngr

Brückmann, O. H., Altes und Neues aus dem Münsterland und seinen Grenzbezirken. Ein Beitrag zur Kunde Westfalens. 8. (XII und 242 S.) Paderborn 865, Schöningh.

Brückmann, Otto, approb. Arzt aus Schladen a. Harz: Aus d. Kgl. chirurg. Klinik zu Kiel. Zur **Casuistik** der Stichverletzungen der Arteria subclavia in der Mohrenheimschen Grube. *Kiel 1900: H. Fiencke.* (32 S.) 8°
Kiel. Med. Diss. v. [27. März] 1900

Brückmann, Paul, approb. Arzt aus Dresden: **Ein Fall von Lymphdrüsen- und Bauchfellstuberkulose** combinirt mit **myelo-lieno-lymphatischer Leukämie.** *Rudolstadt [1898]: F. Mitzlaff.* (12 S.) 8°
Tübingen. Med. Diss. v. 1899

Brückmann (us), Philipp Ludw. (Braubach)
Dissertatio inauguralis medica de hydrope pectoris a renum calculo oriundo.
Giessae [22.] Dez. 1724: vidua Vulpii. 26 S. 4°
pro licentia summos in arte medica honores ... rite consequendi

Brückmann, R. A., s. Kartoffel, die, und ihre Kultur

Brückmann, Rudolf

— **u. E Ewers: Beobachtgn üb. Strandverschiebgn an d. Küste d. Samlands. I. („Schriften d. physik.-ökonom. Gesellsch. zu Königsberg".) (12 m. 1 Ktnsk. u. 10 [2 farb.] Taf.) Lex8° Lpzg, BG Teubner '11.** 2 —
II s: Brückmann, Rud.: Beobachtungen usw.

Brückmann, Rud.: Beobachtgn üb. Strandverschiebgn an d. Küste d. Samlands. II. Brüsterort. („Schriften d. physik.-ökonom. Gesellsch. zu Königsberg".) (15 m. Skizzen u. 3 [1 farb.] Taf.) Lex8° Lpzg, BG Teubner '12. 1.20 (I u. II: 3.20)
I s: Brückmann, Rud., u. E Ewers: Beobachtungen usw.

— **Bilder a. d. Heimatkde Ostpreussens f. d. Mittelst., s: Heimatkunden, Deutsche.**

— **s: Erläuterungen zu sämtl. Lesestücken in F Hirt's deut. Leseb.**

Brückmann, R., die Foraminiferen des litauisch-kurischen Jura. (36 S. m. 4 Taf. u. 4 Bl. Erklärgn.) Lex.-8. Königsberg 904. (W. Koch.) n. 3. —
Sonderabdruck aus: „Schriften d. phys.-ökon. Gesellsch. zu Königsberg".

Brückmann, Rudolf. Die Foraminiferen des litauisch-kurischen Jura. Diss. Phil. [II.] Univ. Zürich. ([Mit 4 Tafeln, nebst Tafel-Erklärungen. Sep.-Abdr. aus:] Schriften d. Phys[ikalisch-]Ök[onomischen] Ges[ellschaft] zu Königsberg i/Pr. Bd. 45.) II + 36 S. 4. Königsberg in Pr., R. Leupold, 1904.

— **Formenkde. Anleitg f. d. Werkunterr. in d. Unterkl. aller Knaben- u. Mädchensch. 2. Afl. (4, 26 m. 14 Taf.) kl8° Lpzg, BG Teubner '12** 1.40 d

Brückmann, Rud., Formenkunde in der Volksschule. Ein Versuch, den Knaben-Handarbeitsunterricht m. dem Raumlehre- u. Zeichenunterricht zu vereinigen. gr. 8. (62 S. m. 11 lith. Taf.) Leipzig 899. Frankenstein & Wagner. n. 1. 50

Brückmann, R., die Formenkunde in der Volksschule. Ein Versuch, den Knaben-Handarbeitsunterricht m. dem Anschauungs-, Raumlehre- u. Zeichenunterricht zu vereinigen. II. Tl. (20 S. m. 10 Taf.) gr. 8. Leipzig 905. Frankenstein & Wagner. n. 1. —

Brückmann, d. Lehrerbildungsfrage a. d. Breslauer Lehrertage. Pfingsten 1898. E. off. Wort a. meine Freunde u. Gegner. gr. 8. (43 S.) Königsberg 898. F. Beyer. n. — 60

[F.] Die Lehrerbildungsfrage auf dem Breslauer Lehrertage. Pfingsten 1898. E. offenes Wort an meine Freunde u. Gegner v. Rektor R[udolf] Brückmann, Königsberg i. P. ... *Königsberg i. Pr.: Thomas & Oppermann 1898.* (43 S.) 1 Bd 8. [98. 9003 Kö

— **u. F Hoffmann: Raumlehre f. Mittelschulen. Nach d. Best. f. d. Mittelschulwesen in Preussen v. 3. 2. '10 bearb., nebst e. Anh. als Sonderheft, enth. e. Lehrpl. f. d. Knabenhandarbeit in d. Mittel- u. Oberkl. d. Mittelsch. (8, 197 u. 8 m. Fig. u. 5 [2 farb.] Taf.) gr8° Lpzg, Dürr'sche Bh. '10. geb. u. geh. 3.50; Anh. allein (8 m. 5 [2 farb.] Taf.) — 75 ||**
2. Afl. (8, 207 m. Fig.) '12. HL 2.75 d

Brückmann, R: Die Raumlehre in d. Volkssch., s.: Helwig, A.

— **Deut. Sprachlehre f. Mittelsch., s: Buldmann, H.**

— **Übgsb. f. d. Rechenunterr., s: Fenkner, H.**

[F.] Vorschläge zur Reform des Volksschulunterrichts m. bes. Berücks. des Arbeitsunterr. v. Rudolf Brückmann, Rektor ... *Königsberg: Gräfe & Unzer 1896.* (68 S., 1 Bl.) 1 Bd 8. [97. 2158

Brückmann, Urban Friedrich Benedikt

Brückmann, Urb. Fr. Benedikt., (†d. 20. Juni 1812.) Abhandl. v. Edelsteinen; nebst e. Beschreib. d. Salzthal. Steins. gr. 8. Braunschw. 757. 2e Aufl. 773. Schulbuchh. 20 gr

Brückmann, U. F. B., Abhandlung über die Edelgesteine. Braunschw. 757. 8. Eb. 773. 8. 20 gr. Nachtrag, Eb. 778. 783. 2 Thle. 8. 1 rthl.

— **gesamm. u. eigene Beitrr. zur Abhandl. v. Edelsteinen, mit Forts. 2 Thle. gr. 8. Braunschw. 778 — 83. Schulbuchh. (à 12 gr) 1 ℔**

—— Kurze Abhandlung vom Sego. Braunschweig 1751. 4.

— **Abhandl. vom Sego. 8. Braunschw. 757.**

— **Abhandl. v. dem Weltauge, oder lapide mutabili. 4. Braunschw. 777. Schulbuchh. 2 gr**

Brückmann, *Urban Friedrich Benedict*, Sohn von [illegible]
[illegible] 1812.
[illegible]
—— De nuce Been. D. Helmstadiae 1750. 4. 28 p.

Brückmann, Urb. Fr. Benedikt., üb. den Sarder, Onix u. Sarbonix. gr. 8. Braunschw. 801. Schulbuchh. 12 gr Nachtrag dazu. gr. 8. Ebd. 804. 10 gr

Brückmann, Urban Friedr. Benedikt: U n t e r s u c h u n g der Uhrsachen woher die beständige Bewegung der untern Kinnlade bey einigen alten Leuten rühre. Nebst der Einladung an seine Zuhörer ... Braunschweig 1752: Keitel. 15 S. 8°.

Brückmann, Urban Friedr. Ben.: U n t e r s u c h u n g der Ursachen, woher die Bewegung d. untern Kinnlade bei einigen alten Leuten herrühre. Braunschweig 1782. 8°.

Brückmann, W: Ergebnisse d. magnet. Beobachtgn in Potsdam, s: Veröffentlichungen d. kgl. preuss. meteorolog. Instit.

Brückmann, Walter, a. Stuttgart: Über Temperaturinversion in sommerlichen Antizyklonen. (Potsdam 1904: E. Stein.) (20 S.) 8°
Berlin. Phil. Fak., Ref. v. Bezold, Planck, Diss. v. 18. Aug. 1905
[Geb. 18. Juli 78 Stuttgart; Heimatsort: Berlin; Staatsangeh.: Preußen; Vorbildung: Gymn. Zürich Reife M. 97; Studium: Berlin 9 S.; Rig. 29. Febr. 04.]

Brückmann, Boyson & Weber, moderne Schriften f. die Praxis. qu. gr. 8. (10 Taf.) Elberfeld (901). (Leipzig, Jüstel & Göttel). n. 1. 50

Bruckmayer, J. M., üb. d. eigentl. Geist d. Wissenschaftslehre. 8. Landsh. Kopp. 803.

Bruckmayer, J. M., üb. d. eigentl. Geist d. Wissenschaftslehre. 8. Landsh. 803. (Storno). 1 ℔ 4 gr

Bruckmayer, Joseph [aus München]: Ueber das Loretin und seine Anwendung spec. bei chronischer, eitriger, perforativer Mittelohrentzündg ... München, Buchdr. Kastner & Lossen, 1895; 38 S., 1 Bl. 8.
München, Med. Fak., Inaug.-Diss. v. 1890

Bruckmayer, M., zur Dienstbotenfrage, s.: Stumpf, A.

Bruckmeyer, Friedrich [app. Arzt aus Bremen]: Ueber multiple Fettgewebsnekrose im Pankreas und in der Nachbarschaft desselben ... Freiburg i. Br., Universitätsbuchdr. v. Ch. Lehmann, 1896; 56 S., 1 Bl. 8.
Freiburg i. B., Med. Fak., Inaug.-Diss. v. 1896

BRUCKMILLER, L. Matthias (Neunburg vorm Wald): Über die Harnverhaltung.- Landshut: Hagen (1808).
112 S., 4 Bl.
21.6.1808 - Kal 1809 Diss. Ingolst.-Lan...-Mchn.

Bruckmooser, Sebast., Lehr- und Schreibstoff für den Anschauungsunterricht in den ersten zwei Schuljahren als Grundlage für Wortkenntniß, Rechtschreibung und Aufsatz. 1.—3. verb. Aufl. 8. (48 S.) Straubing 876—78, Mauter's Buchh. **

Bruckmooser, Seb., Lehr- u. Schreibstoff für den Anschauungs-Unterricht in den ersten zwei Schuljahren als Grundlage für Wortkenntnis, Rechtschreibung u. Aufsatz. 4., nach der neuen Rechtschreibung umgeänderte Aufl. gr. 8. (48 S.) Straubing 880. Mauter. n.n. — 25

Bruckmooser, Seb., Lehr- und Schreibstoff für den Anschauungs-Unterricht in den ersten zwei Schuljahren als Grundlage für Wortkenntnis, Rechtschreibung und Aufsatz. 5. verb. mit Winken für den Lehrer versehene Aufl. 8. (51 S.) Straubing 885, Volks- und Jugendschriften-Verlag.
—— dass. — 6. verb. Aufl. 8. (46 S.) München 887, Oldenbourg, Abtl. für Schulbücher.

Bruckmooser, Seb., Lehr- u. Schreibstoff f. den Anschauungs-Unterricht in den ersten zwei Schuljahren als Grundlage f. Wortkenntnis, Rechtschreibung u. Aufsatz. 8., verb. Aufl. 8. (47 S.) München 894. R. Oldenbourg, Abteilg. f. Schulbücher. n.n. — 20

Bruckmooser, Seb., Lehr- u. Schreibstoff f. d. Anschauungs-Unterricht i. d. ersten 2 Schuljahren als Grundlage f. Wortkenntnis, Rechtschreibg. u. Aufsatz. 9., verb. Aufl. 8. (47 S.) München 896. R. Oldenbourg, Abteilg. f. Schulbücher. n.n. — 20

Bruckmooser, Seb., Lehr- u. Schreibstoff f. d. Anschauungs-Unterricht in den ersten 2 Schuljahren als Grundlage f. Wortkenntnis, Rechtschreibung u. Aufsatz. 10. verb. Aufl. 8. (48 S.) München (901). R. Oldenbourg. n.n. — 20

Bruckmoser, Jos., Harmotom u. Titanit, s. a. Mitteilung, 7., üb. die Darstellung der Kieselsäuren.

Bruckmoser Josef: Harmotom und Titanit. (7. Mitteilung über die Darstellung der Kieselsäuren) (mit 1 Textfigur). S. 116. I. 1853 . . . . vgr.
Separatabdruck

Bruckmoser (Jos.), Die geologischen Verhältnisse von Berndorf und Umgebung. Berndorf a. d. Tr. 1910. 15 S.
Aus: 2. Jahresber. von Krupps Privat-Realgymn. in Berndorf.

Bruckmüller, Arthur

Bruckmüller, A., Anfangsgründe der Chemie für Thierärzte. Wien 854. Braumüller. gr. 8. (VI, 115 S.) n. 20 ngr

— — 2. Sammlung. Ebend. 857. 8. (VI, 241 S.) n. 1 ℛ

Bruckmüller, A., Grundzüge der allgemeinen u. speciellen Botanik für Thierärzte. gr. 8. (VI u. 97 S.) Wien 851, Braumüller. 1/2 ℛ

Bruckmüller, A., Lehrbuch der Physiologie für Thierärzte, hrsg. von St. Polansky. gr. 8. (XII, 499 S.) Wien 885, Braumüller.

Bruckmüller, A., Lehrbuch der pathologischen Zootomie der Hausthiere. Wien 870. Braumüller. gr. 8. (IV, 900 S.) n. 4 ℛ

Bruckmüller, Prof. Dr. Die Versuche mit der Fütterung des Maises bei den Pferden des k. k. Heeres. (Aus: „Vierteljahresschrift für Veterinärkunde". XLIX. Bd., 1. Hft.) 8. (Wien 1877.)

Bruckmüller, A., die Vorbereitungs-Wissenschaften für das thierärztliche Studium. 4 Abthlgn. Wien 861. Braumüller. gr 8. n. 4 ℛ 20 ngr
1. Abth.: Lehrbuch der Physik. (XVI, 280 S. m. Holzschn.) n. 1 ℛ 10 ngr
2. Abth.: Lehrbuch der Chemie. (XIII, 283 S.) n. 1 ℛ 10 ngr
3. Abth.: Lehrbuch der Botanik. (IX, 198 S.) n. 1 ℛ
4. Abth.: Lehrbuch des landwirthschaftlichen Pflanzenbaues. (VIII. 174 S.) n. 1 ℛ

Bruckmüller, A., Die Vorbereitungswissenschaft für das tierärztl. Studium. (In 4 Abteilungen.) I. Lehrbuch der Physik. M. 4.—. II. Lehrbuch der Chemie. (II.) 82. M. 4.—. III. Lehrbuch der Botanik. M. 3.—. IV. Lehrbuch des landwirtsch. Pflanzenbaues. M. 3.— Wien 61—85. Braumüller. M. 14.—

Bruckmüller, A., die Vorbereitungs- Wissenschaften für das thierärztliche Studium. [In 4 Abthlgn.] 2. Abthlg. A. u. d. T.: Lehrbuch der Chemie für das thierärztliche Studium. 2. Aufl. gr. 8. (XIII, 283 S.) Wien 882. Braumüller. n. 4. —

Bruckmüller (Hrsg.), s. Zeitschrift, Deutsche, für Tiermedizin und vergleichende Pathologie.

Bruckmüller, Christoph Carl (Regensburg), De muliere cambiante. Dissertat. jur. Präs. Jacob Friedrich Ludwig. Halle (Chn. Henckel) Nov. 1710. 36 S., tlws. dtsch. (5.—) 4189
— — Dasselbe. 1724. (5.—) 4190
— — Dasselbe. 1734. (5.—) 4191
— — Dasselbe. Halle (J. Ch. Grunert) 1748. 40 S. (4.80) 4192

Bruckmüller, Franz [Priester]: Untersuchungen über Sigers von Brabant) Anima intellectiva. München 1908: G. J. Manz. (170 S.) 8°
München, Phil. Fak., Ref. Frh. v. Hertling, Diss. v. 9. März 1908
[Geb. 13. Sept. 74 Amberg; Wohnort: Amberg; Staatsangeh.: Bayern; Vorbildung: Neues Gymn. Regensburg Reife Juli 04; Studium: Lyzeum Regensburg 2, Univ. München 4 S.; Rig. 9. März 08.]

Bruckmüller, Vict., s.: Berg.

Bruckner: Zur Methode des Unterrichts in der deutschen Sprache. 22 S. 8°.
Progr. Ofen OR. 1860.

Bruckner, A: Patent-Wände und Decken. Aachen (1903?)

BRUCKNER, Adolf: Das Pronomen „giè" in den Werken Kristians von Troyes. — 1908. 84 S. Diss. Graz, Univ.

Bruckner, Albert. Die vier Bücher Julians von Aeclanum an Turbantius. Ein Beitrag zur Charakteristik Julians und Augustins. VIII + 120 S. 8. Berlin, Trowitzsch & Sohn, 1910. [M. 3.80]
Neue Studien zur Geschichte der Theologie und der Kirche, hrg. von N[athanael] Bonwetsch ... und R[einhold] Seeberg.... 8. Stück.

Bruckner, A[lbert]. Erweckungsbewegungen. Ihre Geschichte und ihre Frucht für die christliche Kirche, dargestellt von Lic. A. B' (Bremgarten). VIII + 191 S. 8. Hamburg, Agentur des Rauhen Hauses, (1909). [M. 2. —, geb. 2. 80]

Bruckner, Albert. Faustus von Mileve. Ein Beitrag zur Geschichte des abendländischen Manichäismus. VIII + 82 S. 8. Basel, Friedrich Reinhardt, 1901. [fr. 3. —]

Bruckner, Albert. Die 10 Gebote im Lichte der Moraltheologie des Heiligen Alphons von Liguori. Von Lic. Albert Bruckner, Pfarrer (Wohlen). IV + 178 S. 8. Schkeuditz, W. Schäfer, 1904. [M. 2.20]

Die Irrlehrer im Neuen Testament. Von Lic. A[lbert] **Bruckner,** Privatd. Tübingen & Leipzig: J. C. B. Mohr 1902. (40 S.) 8°
= **Sammlung** gemeinverständl. Vorträge u. Schriften aus d. Geb. d. Theol. u. Religionsgeschichte. 26. [06. 9393

Iulian von Eclanum. Sein Leben und seine Lehre. Ein Beitrag zur Geschichte des Pelagianismus von Lic. Albert Bruckner, Pfarrer in Klein-Heiningen bei Basel. *Leipzig: J. C. Hinrichs 1897.* (1 Bl., x, 180 S.) 8.
= **Texte** u. Untersuchgn z. Geschichte d. altchristl. Literatur. Bd XV. H. 3, [1]. [97. 3755

Bruckner, A, s.: Quellen z. Gesch. d. Pelagian. Streites.

Bruckner, A[lbert]. Quellen zur Geschichte des Pelagianischen Streites. Hrg. von Lic. A. B', Pfarrer in Bremgarten bei Zürich. VIII + 103 S. 8. Tübingen, J. C. B. Mohr, 1906. (M. 1. 80, geb. 2. 30)
Sammlung ausgewählter kirchen- und dogmengeschichtlicher Quellenschriften.... Zweite Reihe. Heft 7.

Bruckner, Albert. Der alte Weg zum alten Gott. Gedanken und Betrachtungen über wichtige Fragen des christlichen Glaubens. Von Lic. Albert Bruckner, Pfarrer in Basel. Mit Vorwort von Dr. O[tto] Kirn, Professor.... VIII + 112 S. 8. Schkeuditz-Leipzig, W. Schäfer, 1903. [M. 1. 20]

Bruckner, A[lbert]. Woran mahnt dich das scheidende Jahr? Predigt gehalten an der Sylvesterfeier 1904 in der reformierten Kirche zu Bremgarten. 7 S. 8. Bremgarten, Frauenfelder & Giger, 1905. fr. —. 20

Bruckner, Alfred: Rechtsstellung einer selbständig ein Erwerbsgeschäft betreibenden Ehefrau nach modernem Reichsrecht. — Aachen 1903: La Ruelle. 105 S. 8° Freiburg, Jur. Diss. v. 1903.

Bruckner, Ant., Ebbe u. Flut. Gedichte. 12. (196 S.) Stuttgart 901. [J. Roth.] München, Allg. Verlags-Gesellschaft. n. 2. 20; geb. n. 3. —

Bruckner, Ant.: Früchte a. d. Wachau. Gedichte. (70) 8° Lpzg, Mod. Verl.-Bureau '12. 2 —

— Auf dá Sunnseitn. Gedichte in n.-ö. Mundart. (98) kl8° St Pölten, Pressvereinsdr. '10. (Nur dir.) 1 — d

Verzeichniß sämtlicher im Druck erschienenen Werke von Anton Bruckner. *Wien: L. Doblinger [1903].* (14 S.) 8° [Umschlagt.] [04.1047]

Bruckner, Carl, s. B r u c k n e r , Karl

Bruckner, Daniel: De b e n e f i c i o competentiae. 28 S.– Basel, Jur. Diss.v.31.Aug..1728.

Bruckner, Daniel: T h e s e s juridicae. 6 S.– Basel, Jur.Diss.v. 13. April 1731.

Bruckner (Daniel). — Versuch einer Beschreibung historischer und natürlicher Merkwürdigkeiten der Landschaft Basel. — *Basel, bey Em. Turneysen,* 1748-1753, XXIII Teile. In-8°.

Ouvrage continué par *V. Lutz* M. : Mahlerische Wanderungen. 53 pl. de vues, dessinées par *Em. Büchel*, gravées (sur acier) par *J. A. Chovin* et d'autres; 6 cartes de districts; 23 pl. d'histoire naturelle; 26 pl. d'antiquités et de nombreux têtes de chapitre, culs-de-lampe, armoiries, gravés sur bois.

(B r u c k n e r . Daniel.) Versuch einer Beschreibung historischer und natürlicher Merkwürdigkeiten der Landschaft Basel. [Mit zahlreichen Textabbildungen, sowie vielen Tafeln, Karten und Plänen in Kupferstich.] 23 Stücke [in 7 Bänden]. 8. Basel.

Stück 1. Von dem Author zum zweyten mahl aufgelegt. 1764. — Stück 2–3. [2. Ausg.] 1770–1771. — Stück 4–18: 1749–1758. — Stück 19–23: 176?–1763.

Bruckner, Dn., Versuch e. Beschreib. histor. u. natürl. Merkwürdigkeiten d. Landschaft Basel 2c. 23 Thle. 8. Basel 763 — 71. Thurneysen. 16 ℛ

Bruckner, Emanuel: De quibusdam philosophiae moralis c a p i t i b u s , s. R a i l l a r d , Lukas (Praes.)

Bruckner, Emanuel: De c o n j u g i o , s. F a t i o , Joh.Rudolf (Praes.)

Bruckner, Franz Xaver: Die custodia nebst ihrer Beziehung zur vis maior nach römischem Recht. Gekrönte Preisschrift der Universität München. . . . München, Theodor Ackermann, k. Hof-Buchh., 1889; 2 Bl. + 300 S. 8°

München, Jur. Fak., Inaug.-Diss. v. 1889

Bruckner, Franz Xaver [Dr. jur.]: Zur Geschichte des Fideicommisses. Zugl. e. Beitr. z. Lehre v. d. sog. extraordinaria cognitio. Rechtshistor. Studie ... München, Th. Ackermann, kgl. Hof-Buchh., 1893; 82 S. 8.

München, Jur. Fak., Hab.-Schr. v. 1893

B r u c k n e r , F(riedr.) K(onrad), das Haardtgebirge und seine Umgebungen. Ein Führer für Fremde und Einheimische. Mit einem Panorama des Haardtgebirges (Stahlst. von 65" Breite und 9" Höhe) einer lith. und ill. Reisekarte von Ed. Wagner. (in gr. Fol.) gr. 8. (178 S. und 2 Stahlst.) Neustadt a. d. H. 847, Gottschick. *

ohne Panorama und Karte *

das Panorama einzeln auf chines. Pap. *

die Karte einzeln *

Bruckner, Fr. Konr., östliche und westliche Halbkugel. à 4 lith. u. illum. Blätter in Imp.-Fol. Neustadt an der Haardt 842, Gottschick. à n. 1⅓ ℛ — Mit 1 Handkarte in gr. 4. à n. $^{15}/_{12}$ ℛ

Bruckner, Friedr. Konr., Jugendbibliothek deutscher Classiker, s. J u g e n d b i b l i o t h e k.

— s. 1) W a n d - K a r t e v. Deutschland. 2) W a n d - K a r t e v. Europa.

Bruckner, F. K.) Wand-Karte von Deutschland für Schulen. Neustadt a. der Haardt, Gottschick, 1840. 4 lith. u. kolor. Bll. in Roy.-Fol. (1⅙ ℳ.)

— 2. verb. Aufl. Ebda 1845. Roy-Fol. 4 Bll. lith. u. kolor.

Handkarte hierzu (für Schüler). 2. verb. Aufl. Neustadt an der Haardt (1840) 1845, Gottschick. Lith. u. kolor. Fol. ($^1/_{12}$ ℳ.)

— Wand-Karte v. Europa für Schulen. 2. verb. Aufl. gr. Fol. (4 lith. u. illum. Bl.) Ebend. 845. n. 1½ ℛ

Bruckner, Fr. Konr., Wandkarte der Pfalz. 4. Bl. Fol. Neustadt a/H. 846, Gottschick. n. 1⅔ ℛ

— Handkarte dazu. Ebend. n. 2 ngl

B r u c k n e r , Gerhard. Die Agglutination der Tetanusbacillen. Diss. Phil. «Bern». 40 S. 8. Grüningen, J. Wirz, 1901.

Bruckner, Hieronymus, s. B r ü c k n e r , Hieronymus

Bruckner J, einiges üb. d. Gespinstpflanze Ramie (Boehmeria tenacissima). (Prag) 1870

***Bruckner*, Is.,** († d. 8. April 1762.) Carte générale du globe terrestre, examinée et approuvée p. M. Dan. Bernoulli. Nebst einer französ. u. deutschen Anweisung z. Gebrauch dieser Karte. Fol. Basel 755.

— Carte géographique p. le nouveau Testament. 8. Basel 759.

Bruckner's, K., Zeichentafeln n. d. Holzmodellen. I.—III. Serie à 4 Taf. à 80 × 40 cm. Farbendr. Leipzig 896. Th. Thomas. à n. — 40; a. dopp. Pap. m. Leinw.-Rand u. Oesen à n. — 60

B r u c k n e r , Carl. Jugend- und Volkslektüre, mit spezieller Berücksichtigung des Kantons Glarus. Referat für die Kantonale Herbstkonferenz 1910 (des glarnerischen Kantonallehrervereins). 71 S. 8. Glarus, D. Hefti & O. Bartel, 1910. [fr. 1. —]

Bruckner, Carl, flüchtige Lieder. 16. (82 S.) Leipzig 878. Louckart. n. 1. —

B r u c k n e r , Carl. Studien zur Geschichte der sächs. Kaiser. Diss. gr. 8. (78 S.) Basel 889. (Lpz., Fock.) * 1 60

(Bruckner, C[arl].) Christian Wanner-Burckhardt. (Nekrolog.) Separatabdruck aus dem 32. Jahresheft des Vereins schweiz. Gymnasiallehrer. 3 S. 8. [Aarau, H. R. Sauerländer & Co., 1902.]

Bruckner, Karl Friedr. Charles Dibdin, the Ocean Bard. 18 S. Progr. *Glauchau* 1883.

Bruckner, M., der Couplet-Sänger. Eine Sammlung sehr beliebter Couplets, Duetts und humorist. Orig.-Vorträge. 2. und 3. Bdchn. 8. (à Bdchn. 59 S.) Hamburg 880, Kramer. à Bdchn. * 50 Pf. *

Das 1. Bdchn. bildet: Fröhlich, Karl, der Couplet-Sänger.

Bruckner, Paul Wilhelm, s. B r ü c k n e r , Paul Wilhelm

Bruckner, Phillip (Hrsg.), s. B r e m s e n , Die.

Bruckner, Reinhard: De notariorum o r i g i n e , habilitate et constitutione. 31 S.– Basel, Jur.Diss.v. 17.Okt.1747.

Bruckner, Sigmund: Über Methoxy- und Aethoxyderivate des Indigos und Thioindigos. 34 S. Diss. TH Wien 1909.

Bruckner, Theophil

Bruckner, Th., kurze Anleitung zum richtigen Gebrauch der wichtigsten homöopathischen Arzneimittel in den alltäglichen leichteren Erkrankungsfällen, s. a. Haus-Bibliothek, homöopathische.

Bruckner, Th., kurze Anleitung zum richtigen Gebrauch der wichtigsten homöopathischen Arzneimittel in den alltäglich leichtern Erkrankungsfällen. 2., verm. u. verb. Aufl. Leipzig 864. (C. H. Reclam sen.) 8. (52 S.) n. 8 ngr.

Bruckner, T, kurze Anl. z. richt. Gebr. d. wichtigst. homöop. Arzneimittel. 2. Afl. 8. (52) Lpzg 64, (Schwabe.) n. — 8

Bruckner, T, kurze Anleitg z. richt. Gebrauch d. wichtigsten homöopath. Arzneimittel in d. alltägl. leichteren Erkrankgsfällen. 7. Afl. 16. (47) Lpzg 72, Schwabe. n. — 50

Bruckner, Th., kurze Anleitung zum richtigen Gebrauch der wichtigsten homöopathischen Arzneimittel in den alltägl. leichteren Erkrankungsfällen. 6. Aufl. 1872, und 7. autoris. Aufl. 16. (47 S.) Leipzig 874, Dr. Schwabe. *

Bruckner, Th., kurze Anleitung zum richtigen Gebrauch der wichtigsten homöopathischen Arzneimittel in den alltäglichen leichteren Erkrankungsfällen. 8. autoris. Aufl. 8. (40 S.) Leipzig 877, Dr. Schwabe's Homöopath. Buchh. *

Bruckner, Th., kurze Anleitung zum richtigen Gebrauch der wichtigsten homöopathischen Arzneimittel in den alltäglichen leichteren Erkrankungsfällen,
— die Anwendung der Vorbeugungs-Mittel in der Homöopathie,
} s. Haus-Bibliothek, homöopathische.

Bruckner, Th., d. homöopath. Behandlg. d. Augenkrankheiten, sow. d. Ohrenkrankheiten n. d. Erfahrungen d. homöopath. Specialisten Vilas, Norton u. Houghton z. Gebr. f. prakt. homöopath. Aerzte. gr. 8. (VIII, 95 u. V, 36 S.) Leipzig (894). A. Marggraf. n. 2. 50; geb. in Leinw. n. 3. —

Bruckner, Theoph., Beiträge zur wissenschaftlichen Begründung der Homöopathie. Eine kurze Darstellung des Wesens und der Resultate der neuen Heilmethode. Basel 858. (Leipzig, Volckmar.) 8. (63 S.) n. 8 ngl

— pequeño Guia homeopático conteniendo las indicaciones necesarias para el uso de los principales remedios homeopáticos en las enfermedades mas comunes. gr. 16. (52 S.) Leipzig 868, Dr. Schwabe. *

— pequeño guia homeopático conteniendo las indicaciones necesarias para el uso de los principales remedios homeopáticos en las enfermedades mas comunes. Con un apéndice sobre el Cólera, el Vómito negro, la Sífilis, y la Inflamacion de la Uretra, curacion pronta y segura por medio de la Homeopatía por Wilmar Schwabe. Traducido y aumentado por Carlos Terrats. 2. Ed. mejorada y muy aumentada. gr. 16. (56 S.) Ebend. 871. n. — 80

— pequeño Guia homeopático para el tratamiento de las enfermedades mas comunes. Obra extractada de la „Medicina homeopática domestica" escrita en aleman, trad. al español, corregida y notablemente aumentada por Paz Alvarez, por un médico homeópata español. 3a edic. (XII, 84 S.) Ebendas. 875. *

— petit guide homéopathique contenant les indications nécessaires pour l'emploi des principaux remèdes homéopathiques dans les maladies les plus ordinaires. D'après la 2. édit. allemande par E. S. 8. (56 S.) Leipzig 864, (C. H. Reclam sen.) *

— pet. guide homéop. cont. l. indicat. p. l'emploi d. princip. remèdes homéop. 8. (56) Lpzg 64, (Schwabe.) n. — 8

— petit guide homoeopathique contenant les indications nécessaires pour l'emploi des principaux remèdes homoeopathiques dans les maladies les plus ordinaires. D'après le guide allemand par E. Schaedler. 3e édit. autorisée. 16. (62 S.) Leipzig 872, Dr. Schwabe. *

— homöopathischer Hausarzt. Anleitung zur Selbstbehandlung nach den Grundsätzen der Lehre Hahnemann's mit besond. Berücksicht. der neuesten homöopath. Literatur Nordamerika's. 1. Aufl. (VIII, 244 S. mit eingedr. Holzschn.) 1870. * *M.* 1,50.; 2. Aufl. (VIII, 276 S.) 1872, und 3. verm. und wesentl. verb. Aufl. 8. (VIII, 237 S.) Leipzig 873, Dr. Schwabe. *

— homöopathischer Hausarzt. Anleitung zur Selbstbehandlung nach den Grundsätzen der Lehre Hahnemann's mit besond. Berücksicht. der neuesten homöopath. Literatur Nordamerika's. 4. verm. und wesentlich verb. Aufl. 8. (VIII, 314 S.) Ebendas. 876. geb. *

— homöopathischer Hausarzt. Anleitung zur Selbstbehandlung nach den Grundsätzen der Lehre Hahnemann's. Mit besond. Berücksicht. der neuesten homöopath. Literatur Nordamerika's. 5. verm. und wesentlich verb. Aufl. 8. (VIII, 265 und Anhang III, 72 S.) Leipzig 881, Schwabe's homöopath. Buchh. geb. *

Bruckner, Th., homöopathischer Hausarzt. Anleitung zur Selbstbehandlung nach den Grundsätzen der Lehre Hahnemann's. Mit besond. Berücksicht. der neuesten homöopath. Literatur Nordamerikas. 6. verm. und wesentlich verb. Aufl. 8. (VIII, 346 S.) Leipzig 885, Dr. W. Schwabe. * geb. *

— homöopathischer Hausarzt. Anleitung zur Selbstbehandlg. nach den Grundsätzen der Lehre Hahnemann's. Mit besond. Berücksicht. d. neuesten homöopath. Literatur Nordamerikas. 7., verm. u. wesentlich verb. Aufl. gr. 8. (XI, 356 S.) Leipzig 891. Dr. W Schwabe. n. 2. 40; geb. n. 3. —

— homöopath. Hausarzt. Anleitg. z. Selbstbehandlg. n. d. Grundsätzen d. Lehre Hahnemann's. M. bes. Berücksicht. d. neuesten homöopath. Literatur Nordamerikas. 8., verm. u. wesentl. verb. Aufl. 8. (XI, 350 S.) Leipzig 896. Dr. W. Schwabe. n. 2. 40; geb. in Leinw. n.n. 3. —

Bruckner, Th[eophil]. Homöopathischer Hausarzt. Anleitung zur Selbstbehandlung nach den Grundsätzen der Lehre Hahnemann's. Mit besonderer Berücksichtigung der neuesten homöopathischen Literatur Nordamerikas. Von Dr. Th. B' ... in Basel. 9. Aufl. XII + 360 S. 8. Leipzig, Dr. Willmar Schwabe, 1903. [M. 2. 40,] geb. 3. —

Bruckner, Th.: Homöopath. Hausarzt. 10. Afl. (13, 371) 8° Lpzg. Dr. W Schwabe '12. 3.25; geb. 4 —

Bruckner, Dr. Th. Die Heilung der Trunksucht. Basel 1889. 2 S. Fol.

— die Heilung der Zahnschmerzen durch homöopathische Arzneien als Prüfstein der Wahrheit der Homöopathie, s.: Haus-Bibliothek, homöopathische.

— der Kulturkampf gegen den Impfzwang oder die Zwangs-Impfg. u. Zwangs-Revaccination im Widerspruche m. der Verfassg., m. der Erfahrg. u. m. dem gesunden Menschenverstande. 8. (24 S.) Zürich 876. Verlags-Magazin in Comm. n. 10

Bruckner, Th., Médecine homoeopathique domestique. Traduction autorisée par l'auteur. Avec une préface du Dr. E. Schaedler. 8. (VIII, 237 S.) Leipzig 873, Dr. Schwabe. geb. *

— Medicina homeopática doméstica. Trad. al frances con autoriz. del autor, con un prólogo del Dr. E. Schaedler. Trad. al español, correg. y notablemente aumentada, por el Dr. Paz Alvarez. 8. (XII, 356 S.) Leipzig 874, Dr. Schwabe. geb.

Bruckner, Th., medicina homeopática domestica. Con un prólogo del Dr. E. Schaedler. Trad. al español, corregida y notablemente aumentada, por Paz Alvarez. 2. ed. española, revisada y aumentada. 8. (XVI, 398 S.) Leipzig 881. Schwabe geb. n. 4. —

Bruckner, Th., medicina homeopática doméstica. Trad. al español, corregida y aumentada, por Paz Alvarez. 3. ed. española, revisada y muy aumentada. 8. (XVI, 786 S.) Leipzig 888. Dr. W. Schwabe. geb. n. 6. 40

— medicina homeopática doméstica. Traducida al Español, corregida y aumentada por el Paz Alvarez. 4. ed. española, revisada, muy aumentada, y con 105 grabados intercalados en el texto. 8. (XIX, 1055 S.) Ebd. 896. Geb. in Leinw. n. 10. —

Bruckner, Th., Medicina homeopática doméstica. Traducida al español, corregida y aumentada por el Paz Alvarez. 5. ed. española, revisada, y con 104 grabados intercalados en el texto. (XXIV, 1032 S.) 8. Leipzig 906. Dr. W. Schwabe. Geb. in Leinw. n. 10. —

— O medico homeopatha da familia. Versão portugueza da 3. ed. hespanhola da obra „Medicina homeopatica domestica“ por Francisco José da Costa. 3. ed. portugueza consideravelmente ampliada, correcta e melhorada no texto e com maior numero de gravuras intercaladas. (XVI, 854 S.) 8. Ebd. 907. Geb. in Leinw. 8. —

— O medico homeopatha da familia. Versão portugueza da 3.ed. hespanhola da obra „Medicina homeopatica domestica“ por Francisco José da Costa. 4. ed. portugueza. (19, 674 m. Fig.) 8° Ebd. '12. L 8 —

—— Hale's New Remedies oder die neueren vegetabilischen Arzneimittel Nordamerika's und deren Anwendung in der Praxis nach den Erfahrungen allopath., electr. und homoeopath. Aerzte der Vereinigten Staaten im Auszuge deutsch bearb. gr. 8. (VII, 104 S.) Leipzig 869, Dr. Schwabe. *

— Repertorium der Krankheits-Ursachen u. der hauptsächlichsten Momente der Verschlimmerung u. Besserung der Beschwerden. 8. (III, 72 S.) Ebend. 881. cart. n. — 80

Bruckner, Th.: Die Weine der Bibel und des klassischen Altertums. Ein Beitrag zur Temperenzfrage. 4°. 2 S. Leipzig. 1890.

Bruckner, Wilh.: Kurzer Abriss d. deut. Sprachlehre, s: Heussler, Abr.

Bruckner, Wilhelm. Über den Barditus. Aus der Festschrift zur 49. Versammlung Deutscher Philologen und Schulmänner. Basel 1907. II S. + S. 65—77. 8. [Basel, Buchdr. Emil Birkhäuser;] — *Auf-druck:* Leipzig, Carl Beck, Verlag —, [1907]. [M. —.60]

Bruckner, Wilhelm: Beleuchtung d. d. hohen Abgeordnetenhause in Pest überreichten Denk-Schrift d. angeblich zum Königs-Boden gehörigen Gemeinden d. sog. Filialstühle Szelistye u. Talmatsch wegen Regelung ihrer staatsrechtlichen Verhältnisse. Hermannstadt: Filtsch's Buchdr. (W. Krafft) 1869. 123 S. 8°.

Bruckner, Wilhelm: Charakteristik der Germanischen Elemente im Italienischen. 4 (33 S., 1 S. unp.). **Progr.** G. *Basel* 1899.

Bruckner, Wilh., Charakteristik d. germanischen Elemente im Italienischen. Progr. gr. 4. (34 S.) Basel 899. (Leipzig, Buchh. G. Fock). n. 2. —

Bruckner, W: Gesch. d. ahd. u. and. Lit., s.: Koegel, R.

Bruckner, Wilh[elm]. Der Helianddichter ein Laie. Wissenschaftliche Beilage zum Bericht über das Gymnasium in Basel, Schuljahr 1903/04. 36 S. 4. Basel, Friedrich Reinhardt, Univ.-Buchdr., 1904.

Ausg. A.
Ausg. B: Komm. Karl J. Trübner, Strassburg. [M. 2. —]

Bruckner, Wilh.: Hermannstadt in Siebenbürgen, s.a.Stätten d. Kultur

Bruckner, Wilhelm: Hermannstadt in Siebenbürgen. Leipzig: Klinkhardt & Biermann (1909). 107 S. 8°. Mit 25 Ill. nach Original-Aufnahmen d. Senators Gustav Theis.

— s.: Heußler, Abr., kurzer Abriß der deutschen Sprachlehre.

Bruckner, W., die Reformen Kaiser Josef II. in Siebenbürgen. Jena 30 /.
Schul-/Univ.-Schrift 1897

Bruckner, W, Reiseerinnergn. 8° (267) Hermannst. 93, W Krafft. Geb. 3 —

Bruckner, Wilh., Reiseerinnerungen. 2., verm. Aufl. gr. 8. (III, 372 S.) Hermannstadt 897. W. Krafft. n. 3. —; geb. n.n. 4. —

Bruckner, Wilh., die Sprache d. Langobarden, s.: Quellen u. Forschgn. z. Sprach- u. Culturgeschichte d. german. Völker.

Bruckner, W. Studien zur Geschichte der Langobardischen Sprache. In-8°. 34 S. Basel (Georg & Co.). These. 1895

Bruckner, Wilhelm Hieronymus, s. Brückner, Wilhelm Hieronymus

Brückner, dem Andenken Sr. Maj. des Königs Maximilian II. von Bayern gewidmet. Trauerrede, gehalten am 21. März in der königl. Schloßkirche in Wilhermsdorf. gr. 8. (8 S.) Bamberg 864, Buchner'sche Buchh. *

Brückner, Description et usage d'un cadran solaire etc, 4. Petersb. (Hartknoch, Lpz.) 735.

Brückner, s.: Gesetzbuch, das bürgerliche, m. besond. Berücksicht. der Rechtsprechung des Reichsgerichts.

Brückner's Harz-Bibliothek. Goslar 864. Brückner. 16.
Nr. 1.: Der Brocken. Von G. A. Leibrock. (VIII, 88 S., 1 Stahlst. u. 1 lith. Karte in Fol.) n. 10 *ngr.*

Brückner (Resp.): De visu, s. Eberhard, Jo.Pet. (Praes.)

Brückner, Wandtafeln z. d. drei Artikeln f. d. Katechismusunterricht. 3 Taf. à 2 Blatt. à Bl. 82×58 cm. Mühlhausen i/Th. (901). C. Albrecht. à Taf. n. — 80; auf Pappe à n.n. 2. 50

Brückner, A., historia reipublicae Massiliensium. Commentatio praemio ornata. 4 maj. Götting. 826. Vandenhöck et R. 16 *gl*.

Brückner, A: Nase u. Auge in ihren wechselseit. patholog. Beziehgn, s: Abhandlungen, Würzburger, aus usw. prakt. Medizin.

Brückner, A., s. Phylarch, historiarum reliquiae.

Brückner, A., Rede bei der Enthüllungsfeier d. Fritz Reuter-Denkmals zu Neubrandenburg am 29. Mai 1893. gr. 8. (16 S. m. Bildnis.) Neubrandenburg. 893. C. Brünslow. — 30

— Schlußpredigt üb. Ev. Luc. 22, 31 u. 32 bei der XI. allgem. ev.-lutherischen Konferenz zu Rostock am 29. IX. 1904 in der Marienkirche geh. (20 S.) 8. Rostock 905. H. Warkentien. n. — 40

Brückner, A, Schutzmassreg. wid. d. Cholera. 8. (16) Schwer. 59. (Halle. Schwabe.) *n.n.* — $2^1/_2$

Brückner, A., Schutzmaßregeln wider die Cholera für Familienväter und Beamte. Eine kurze Zusammenstellung der medicinal-polizeilichen Maßregeln gegen die Cholera nach dem neuesten Standpuncte der Wissenschaft. Schwerin 859. Stiller. gr. 8. (16 S.) n. $2^1/_2$ *ngr.*

Brückner, A., warum sind wir Lutheraner? Vortrag, auf der kirchl. Landeskonferenz zu Rostock am 13. X. 1903 geh. (39 S.) gr. 8. Schwerin 903. F. Bahn. n. — 60

Brückner, A. E., resp. J. J. Frauenknecht, De genuinis viribus tabaci ex principiis ejus constitutivis demonstr. Hal. 4°.
1746

Brückner, Adolf Friedrich: Florae Neobrandenburgensis Prodromus ... Jenae (1803): Etzdorf. 88 S. 8°. Jena, Med. Diss. v. 18. Mai 1803.

Brückner, Alexander

Brückner, Alex., der Zarewitsch Alexei. [1690—1718.] Mit 1 (Lichtdr.-)Portr. Alexei's nach Dinglinger. gr. 8. (244 S.) Heidelberg 880, C. Winter's Universitäts-Buchh.

Die slavischen Ansiedlungen in der Altmark und im Magdeburgischen v. Alexander **Brückner.** Leipzig. 1879. 4°. = Preisschriften gekrönt v. der Fürstl. Jablonowskischen Gesellschaft zu Leipzig. 22.

Brückner, Alex., die Aerzte in Russland bis zum J. 1800. Ein Beitrag zur Geschichte der Europäisirung Russlands. gr. 8. (80 S.) St. Petersburg 887, Schmitzdorff. *

—— Bilder aus Russlands Vergangenheit. 1. Bd. A. u. d. T.: Beiträge zur Kulturgeschichte Russlands im XVII. Jahrh. gr. 8. (VII, 451 S.) Leipzig 887, Elischer Nachf. * geb. *

—— die Familie Braunschweig in Russland im 18. Jahrh. gr. 8. (148 S.) St. Petersburg 876, Röttger. *
Aus: Russische Revue, besonders abgedruckt.

Brückner, Alex.: Eintritt d. Slaven in d. Weltgesch., s.: Weltgeschichte.

Kaiser Pauls I. Ende. 1801. Von R. R. [Verf.: Alexander Brückner.] Stuttgart: J. G. Cotta Nachf. 1897. (188 S.) 8° [F.] [06. 13465]

Brückner, Alex., Russlands geistige Entwicklung im Spiegel seiner schönen Literatur. (IV, 148 S.) 8. Tübingen 908. J. C. B. Mohr. 2. 50

—— die Europäisierung Rußlands. Land und Volk. gr. 8. (VIII, 598 S.) Gotha 888, F. A. Perthes. *

Brückner, A. Zur Finanzgeschichte der Neuzeit. 8°. Riga 1864.

Brückner Alexander: Die slawischen Fremdwörter im Litauischen.
1876 PN 48 Diss.Wien, Univ.

Geschichte der polnischen Litteratur. Von Dr. A[lex.] **Brückner**, Prof. in Berlin. *Leipzig: C. F. Amelang 1901.* (VI, 628 S.) 8°
— Litteraturen d. Ostens in Einzeldarstellungen. Bd 1. [01. 10836]

Geschichte der russischen Litteratur. Von Dr. A[lexander] **Brückner**, Prof. Leipzig: C. F. Amelang 1905. (508 S.) 8°
= Litteraturen, Die, d. Ostens, in Einzeldarstellungen. Bd 2. [05. 11597]

Brückner, A. Die Geschichte des russischen Papiergeldes und die Einlösung desselben auf Grund des Erlasses vom 25. April 1862. Jahrb. f. Nat.-Oek. u. Stat., Bd. 1, 1863.

Brückner, Alex., zur Geschichte des Reichstages zu Worms 1521. Die Verhandlungen über das Regiment. Inauguraldissertation. Heidelberg 860. (Bangel & Schmitt.) gr. 8. (62 S.) n. 15 ngr.

Brückner, A: Gesch. Russlds bis z. Ende d. 18. Jahrh., s.a. Staatengeschichte, Allgemeine.

[F.] Geschichte Russlands bis zum Ende des 18. Jahrhunderts. Von A[lexander] **Brückner**. Bd 1. *Gotha: F. A. Perthes 1896.* 8.
= Geschichte d. europäischen Staaten. Lfg 57. Abt. 2. [96. 5115]

A Literary History of Russia [Geschichte d. russ. Literatur]. By A[lexander] **Brückner**, Prof., Berlin. Ed. by Ellis H. Minns; Transl. by H. Havelock. London & Leipzic: T. F. Unwin 1908. (XIX, 558 S.) 8°
— Library, The, of literary history. 9. [08. 16086]

Brückner, A, Katharina d. Zweite, s. a. Geschichte, allg., in Einzeldarstellgn.

Brückner, Dr. Alex., Katharina die Zweite. (Allg. Geschichte in Einzeldarstellgn., hrsg. von Oncken.) Mit Portraits u. Illustrationen. Berlin 1883. 8°. (Mk. 13—.) (9 Mk. 75 Pfg. S. Calvary & Co., c. 1900; 9 Mk. E. Frensdorff, 1905; 12 Kr. Gilhofer & Ranschburg, Wien, 1910.)

Brückner, A., das Kupfergeld 1656—63 in Rußland. Ein Beitrag zur Geschichte der Finanzkrisen. (Abdr. aus der Baltischen Monatsschrift.) Riga 863. Kymmel. gr. 8. (77 S.) n. 14 ngr.

— s.: Literaturen u. Sprachen, d. osteurop. slawischen.

— Peter der Große, s.: Geschichte, allgemeine, in Einzeldarstellungen.

— Iwan Possoschkow. Ideen u. Zustände in Russland zur Zeit Peters des Grossen. gr. 8. (X, 353 S.) Leipzig 878. Duncker & Humblot. n. 8. —

Brückner, A., finanzgeschichtliche Studien. Kupfergeldkrisen. St. Petersburg 867. Röttger. Lex.-8. (VIII, 268 S.) n. 1 ℳ 15 ngr.

— culturhistorische Studien. 1. Die Russen im Auslande im 17. Jahrh. 2. Die Ausländer in Russland im 17. Jahrh. gr. 8. (104 u. 95 S.) Riga 878. Deubner. 3. —

—— litu-slavische Studien. 1. Thl.: Die slavischen Fremdwörter im Litauischen. gr. 8. (XV, 207 S.) Weimar 877, Böhlau. *

Brückner, Alexis, Beiträge zur Kenntniss der Nitroderivate der aromatischen Sulfoharnstoffe. Inaugural-Dissertation. 8. (32 S.) Berlin 874. (Göttingen, Vandenhoeck und Ruprecht.) *

Anakalypteria. Von Alfred **Brueckner**. Mit 2 Taf. u. 8 Textabb. Berlin: G. Reimer 1904. (22 S.) 4°
= Programm z. Winckelmannsfeste d. archaeol. Gesellschaft zu Berlin. 64. [05. 44]

Brueckner, Alfr., der Friedhof am Eridanos bei der Hagia Triada zu Athen. Unter Mitwirkg. v. A. Struck untersucht. Mit Unterstützg. aus d. Eduard Gerhard-Stiftg. der königl. preuss. Akademie der Wissenschaften. (V, 121 S. m. 78 Abb. u. 1 Plan.) 34,5×26,5 cm. Berlin 909. G. Reimer. Geb. 30. —

Brueckner, Alfr., von den griechischen Grabreliefs. Gearb. auf Grund des akadem. Apparates der Sammlung der Grabreliefs. Lex.-8. (38 S. mit 1 Doppeltaf. in Lichtdr. und 5 Textabbild.) Wien 888, (Tempsky.) *
Aus: Sitzungsberichte der k. Akademie der Wissenschaften, besonders abgedruckt.

Lebensregeln auf athenischen Hochzeitsgeschenken. Von Alfred **Brueckner**. Mit 2 Taf. u. 6 Textabb. Berlin: G. Reimer 1907. (18 S.) 4°
— Programm z. Winckelmannsfeste d. archäol. Gesellschaft zu Berlin. 62. [07. 11185]

Brueckner, Alfred [aus Magdeburg]: Ornament und Form der attischen Grabstelen.... Weimar. Druck d. Hof-Buchdr., 1886: 8 + 93 S. u. 2 Taf. 8°.
Strassburg. Phil. Fak., Inaug.-Diss. v. 1886.

—— Ornament und Form der attischen Grabstelen. gr. 8. (93 S. mit 2 Taf. in Lichtdr.) Strassburg 886, Trübner. *

Brueckner, Alfr., Troja 1893, s.: Dörpfeld, Wilh.

Brückner, Anna, life in an English boardingschool. In 3 parts. Appendix: Letters. (In 1 Bde.) Hilfsb. z. Erlerng. d. engl. Sprache. gr. 8. (VII, 178 S.) Bielefeld 895. Velhagen & Klasing. Geb. in Halbleinw. n. 2. —

Brückner, Anna, life in an English boarding-school. In 3 parts. Appendix: Letters. Hilfsbuch zur Erlerng. der engl. Sprache. 2. verm. u. verb. Aufl. Mit 3 Abb. gr. 8. (IX, 184 S.) Bielefeld 901. Velhagen & Klasing. Kart. n. 2. —

— Talks about English literature from the earliest times to the present day. Appendix: Three little plays. A sequel to Life in an English boarding-school. gr. 8. (VII, 134 S.) Ebd. 898. Kart. n. 1. 60

Brückner, Arthur. Dr.: Aus der Universitätsaugenklinik zu Würzburg. Ueber Persistenz von Resten der Tunica vasculosa lentis. Wiesbaden: J. F. Bergmann 1906. (14 S.) 8°
Würzburg, Med. Fak., Hab.-Schr. v. 1906

Brückner, Arthur, aus Dorpat: Die Raumschwelle bei Simultanreizung. *Naumburg a. S.: Lippert & Co. 1901.* (30 S.) 8°
Würzburg, Med. Diss. v. 1901

Brueckner, Arthur (*geb. Schweidnitz 7. 9. 1826*): De relationibus et analogia formam inter et vires plantarum medicas. Vratislaviae (1850). (40 S.) 8° [*Verf. erlebte die Diplomerneuerung 1900 als Direktor der Prov.-Irrenanstalt zu Kreuzburg in Oberschles.*]
Breslau, Med. Diss. v. 28. Sept. [vielmehr 7. Okt.] 1850

[Brückner, August Gotthelf]

Reise eines jungen Deutschen in Frankreich und England im Jahre 1815. Nach Originalberichten hrsg. von Georg **Brand**. [Nebst] Neue Folge: Briefe. Leipzig: Wigand 1909. 8° [09. 13816]

Brückner, Aurel., erster Unterricht im freien Handzeichnen. 16—86 Hft. 4. Gotha 831. Hellfarth. 1 ℳ

Brückner, Aurelio, erster Unterricht im freien Handzeichnen, in Umrissen. 2e verb. Aufl. 16—86 Hft.: 72 Bl. (in Steindr.). Gotha 836—38. Müller'sche Buchh. 2 ℳ — 16 u. 26 Hft. 3e verb. Aufl. 24 Bl. 4. Ebd. 839. 1/4 ℳ

Brückner, Aurelio, erster Unterricht im freien Handzeichnen, in Umrissen. II., u. III., verb. Aufl. I—VIII. Hft.: 96 Blätter (Stnt.) 4. (1/4 B. Text.) Gotha 836—41, Müller. à H. 3 Gr.

Brückner, Aurelio, erster Unterricht im freien Handzeichnen, in Umrissen. 3. verb. Aufl. V. u. VI. Heft: 24 Blätter. Lithogr. 4. Gotha 841, Müller. 4. verb. Aufl. 846. 1/4 ℳ — VII. u. VIII. Heft. 3. verb. Aufl. 24 Bl. Lithogr. 4. Ebend. 843. 1/4 ℳ — dass. 1.—4. Heft. (24 Bl.) 4. verb. Auflage. 844, 45. 1/4 ℳ — 1.—8. 1 ℳ

Brückner, Aurel., erster Unterricht im freien Handzeichnen, in Umrissen. 4., verb. Aufl. 8 Hfte. (à 12 Bl.) 4. Gotha 844, 46, Müller. à Hft. 1 Thlr.

— Vorübungen im freien Handzeichnen f. erste Anfänger. 1. u. 2. Hftchn. qu. 8. (24 Bl. u. ¼ B. Text.) Gotha 840, Müller.
Hft. 1. 12 Blatt in geraden Strichen.
" 2. 12 — in gebogenen Strichen.

Brückner, Balthasar Christian (Henneberg); Adversaria de methodo medendi recentiorum. Präs. Joh. Gottlob Haase. Lpz. (Langenheim) 4. III. 1774. 36 S. (5.—) 4243
Gew.: Georg Gottfried Gallisch.

Brückner, Benno Bruno, Ansprache an geistliche Freunde auf Grund von Apostelgeschichte Cap. 20. Vs. 17—38 in Meißen gehalten Leipzig 860. Hinrichs. gr. 8. (44 S.) 7½ ngr.

— Sachsens Beruf in der kirchlichen Krisis unserer Zeit. Vortrag. Leipzig 863. Dörffling & Franke. 8. (22 S.) 3½ ngr.

Brückner, Benno Bruno, Betrachtungen über die Agende der evangelisch-lutherischen Kirche im Königr. Sachsen. I. Die Liturgie des Hauptgottesdienstes. Lex.-8. (49 S.) Leipzig 865, Dürr'sche Buchh.

Brückner, Benno Bruno, Epistola ad Philippenses Paulo auctori vindicata contra Baurium. Commentatio a summe venerab. theologor. Lipsiensium ordine in certamine academ. praemio regio ornata. gr. 8. (VIII u. 93 S.) Lipsiae 848, B. Tauchnitz. ⅓ ℛ

— Festpredigten, s. Festpredigten.

Brückner, Benno Bruno, Gehet aus dem Bräutigam entgegen! Ansprache über Ev. Matth. Cap. 25. V. 1—13. zur Eröffnung einer Conferenz sächs. Geistlichen am 15. Octbr. in Zwickau gehalten. gr. 8. (24 S.) Leipzig 861, Hinrichs'sche Verlagsh. Thlr. *

Brückner, Benno Bruno, die Gemeinschaft der evangelischen Landeskirchen im deutschen Reich. Vortrag auf der October-Versammlg. zu Berlin geh. Mit e. Beilage. gr. 8. (32 S.) Berlin 872. Wiegandt & Grieben. n. — 50

Brückner, Bruno, Gott hat uns nicht gegeben den Geist der Furcht, sondern der Kraft und der Liebe und der Zucht. Predigt bei dem Eröffnungs-Gottesdienst der außerordentl. Generalsynode am 25. Novbr. 1875 im Dom zu Berlin gehalten. gr. 8. (13 S.) [Berlin 875, Rauh.] Halle, Strien's Verlag. *

— der Herr hat Alles wohl gemacht. Dankespredigt nach dem Siege bei Sedan in der königl. Garnisonskirche zu Berlin am 4. Septbr. 1870 gehalten. 8. (16 S.) Berlin 870, Th. C. F. Enslin. *

Brückner [B. B.], der Herr hat ihn erwählet! Predigt nach dem Tode Sr. Maj. des Kaisers und Königs Wilhelm, am Sonntag Lätare, dem 11. März 1888 zu St. Nicolai gehalten. gr. 8. (16 S.) Berlin 888, Hauptverein für christl. Erbauungsschriften.

— Herr lehre uns beten! Ansprache über Ev. Luc. Cap. 11. V. 1—4. zur Eröffnung einer Conferenz sächs. Geistlichen am 8. Mai in Meißen gehalten. gr. 8. (20 S.) Leipzig 860, Hinrichs'sche Verlagsh.

— die Kirche nach ihrem Ursprung, ihrer Geschichte, ihrer Gegenwart, s. Luthardt, C. E.

— Kirche u. Wissenschaft. Rede bei dem Antritt d. Rectorats der Universität Leipzig am 31. Octbr. 1868 gehalten. Leipzig 868. Hinrichs. gr. 8. (24 S.) n. 5 ngr.

— Kirche und Wissenschaft. Rede bei dem Antritt des Rectorats der Universität Leipzig am 31. Octbr. 1868 gehalten. gr. 8. (24 S.) Leipzig 869, Hinrichs' Verlag.

— drei Conferenz-Ansprachen vor sächs. Geistlichen in Meißen gehalten. gr. 8. (84 S.) Leipzig 861, Hinrichs'sche Verlagsh.

— Lazarus, unser Freund, schläft; aber ich gehe hin, daß ich ihn aufwecke. Predigt bei der Jahresfeier des leipziger Hauptvereins zur Gustav-Adolph-Stiftung am 7. Septbr. 1859 in Zschopau gehalten. gr. 8. (18 S.) Leipzig 859, (Hinrichs'sche Sortimentsh.) **

Brückner, B. B., De notione vocis ζωή, quae in N. T. libris legitur, commentatio. Pr. 1858. 87 S. 4°. 1.20

Brückner, Benno Bruno: Predigt zur Feier des 150. Jubiläums der Lausitzer Predigergesellschaft am 23. Juli 1867 gehalten. Als Manuscript gedruckt. Leipzig 1868. Druck der Rolfsberg'schen Buchdruckerei. 8°.

— Predigt gehalten in Hannover, s. Ehrenfeuchter.

Brückner, Bruno, Predigten, in der St. Nikolai-Kirche zu Berlin geh. gr. 8. (III, 212 S.) Berlin 894. (F. Rühe.) Geb. in Leinw. n.n. 4. 60

[F. u. Ant.] Predigten in der St. Nikolai-Kirche zu Berlin geh. v. Dr. theol. jur. et phil. Bruno Brückner, Propst zu St. Nikolai ... *Berlin: A. Seyffaerth 1894.* (2 Bl., 212 S.) 1 Bd 8. [96. 975

Brückner, Benno Bruno, Predigten gehalten in der Universitätskirche zu Leipzig. 1. Sammlung. 855. (VIII, 244 S.) — 2. Aufl. Leipzig 858. Hinrichs. 8. (VI, 242 S.) n. 1 ℛ

— dass. — 2. Sammlung. gr. 8. (VI und 241 S.) Ebds. 856(57.) *

— Predigten gehalten in der Universitätskirche zu Leipzig. 1—3. Sammlung. 2. Aufl. gr. 8. (VI und 242 S; VI und 241 S., VI und 249 S.) Leipzig 858 und 61, Hinrichs'sche Verlagsh. à Samml. * 1 Thlr. *
geb. à Samml. * 1 Thlr. 10 Ngr. *

— Predigten gehalten in der Universitätskirche zu Leipzig. Leipzig, Hinrichs. gr. 8. Jede Sammlung n. 1 ℛ
2. Samml. 2. Aufl. 861. (VI, 241 S.)
3. „ 859. — 2. Aufl. 862. (VI, 249 S.)
4. „ 861. (VI, 277 S.)

— Predigten gehalten in der Universitätskirche zu Leipzig in den J. 1853 bis 1860. Nach dem Kirchenjahr geordnet. 3., verm. Aufl. gr. 8. (VIII und 857 S.) Leipzig 865, Hinrichs' Verlag.

Brückner, B. B., Predigten gehalten in der Universitätskirche zu Leipzig. 1853—1860. 4. Aufl. gr. 8. (VIII, 857 S.) Leipzig 881, Hinrichs'sche Buchh. ℳ 9.; geb. *

— Predigten, gehalten in der Universitätskirche zu Leipzig 1853—1860. 5. Aufl. gr. 8. (VIII, 857 S.) Leipzig 886, Hinrichs'sche Buchh. geb. *

— dass. — Neue Folge. 1. Sammlung. A. u. d. T.: Predigten gehalten in der Universitätskirche zu Leipzig in den J. 1861—1863. gr. 8. (VIII und 320 S.) Ebendas. 863. *
geb. *

— dass. — Neue Folge. 2. Sammlung. A. u. d. T.: Predigten gehalten in der Universitätskirche zu Leipzig in den J. 1863 bis 1864. gr. 8. (VIII und 248 S.) Ebendas. 865. *
geb. *

— dass. — Neue Folge. 3. Sammlung. A. u. d. T.: Predigten gehalten in der Universitätskirche zu Leipzig in den J. 1864—1866. gr. 8. (VIII und 259 S.) Ebendas. 867. *
geb. *

— Predigten gehalten in der Universitätskirche zu Leipzig. Neue Folge. 1—3. Sammlung. 1861—1866. 2. Aufl. gr. 8. (IV, 260; IV, 243; IV, 239 S.) Leipzig 871, Hinrichs' Verlag.
à Sammlung * ℳ 3. *
geb. à Sammlung * ℳ 4. *
1. Folge. 1853—1860. 3. Aufl. Ebendas. 1865. (ℳ 8,40.) ℳ 9.; geb. ℳ 10,20.

— dass. — 3. nach dem Kirchenjahr geordnete Aufl. gr. 8. (IV, 771 S.) Ebendas. 874. ℳ 9.; geb.
Beide Folgen in 2. Aufl. in 7 einzelnen Bdn. à * ℳ 3.; geb. à * ℳ 4.

— dasselbe. Neue Folge. 1861—1866. 4. Aufl. gr. 8. (IV, 771 S.) Ebend. 881. 9. —; geb. n. 10. 20

— dass. — Neue Folge. 1861—1866. 5. Aufl. gr. 8. (IV, 771 S.) Ebendas. 886. geb. *

— und Baur, zwei Predigten bei der 29. Hauptversammlung des Evangelischen Vereins der Gustav-Adolf-Stiftung in Potsdam am 24. und 25. Aug. 1875 in der königl. Hof- und Garnisonkirche gehalten. gr. 8. (25 S.) Leipzig 875, (Hinrichs'sche Buchh.) **

— zwölf Predigten während der beiden letzten Jahre in der Universitätskirche zu Leipzig gehalten. gr. 8. (VI, 160 S.) Leipzig 869, Hinrichs' Verlag. *
geb. *

— zwölf Predigten, während der J. 1868 und 1869 in der Universitätskirche zu Leipzig gehalten. 2. Aufl. gr. 8. (IV, 160 S.) Leipzig 878, Hinrichs' Verlag. *
geb. *

— des Herrn Testament. Antrittspredigt in der Universitätskirche zu Leipzig am 25. S. p. Trin. gehalten. Leipzig 853. Hirzel. gr. 8. (16 S.) 3 ngr.

— die Weisung des Herrn der Kirche an die erwählten Mitarbeiter für die Zwecke der Kirche. Predigt am 25. Sonntag nach Trinit. 1869 gehalten. gr. 8. (19 S.) Berlin 870, Wiegandt und Grieben.

— Wer nicht wider uns ist, der ist für uns. Ansprache über Ev. Marc. Cap. 9, V. 38—41 zur Eröffnung einer Conferenz sächsischer Geistlichen am 9. Octbr. 1860 in Meißen gehalten. Leipzig 861. Hinrichs. gr. 8. (20 S.) 4 ngr.

— s. Wette, W. M. L. de, kurgefasstes exegetisches Handbuch zum Neuen Testament.

— Wie dünket euch um Christus? Predigt am 18. Sonntage nach Trinitatis 1873 über Evang. Matthäi 22, 35—46, zu St. Nicolai gehalten. gr. 8. (16 S.) Berlin 874, Hauptverein für christliche Erbauungsschriften. *

Brückner, B. Br., mein letztes Wort an meine Gemeinde. Abschiedspredigt am 16. S. nach Trin. 1869 gehalten in der Universitätskirche zu Leipzig. 1. u. 2. Abdr. Leipzig 869. Hinrichs. gr. 8. (18 S.) n. 3 ngr.

Brückner, C.A.F.: Cicero num Catilinam repetundarum reum defenderit? 11 S.
Progr. Schweidnitz 1844.

Brückner, C. A. F., Disputatio qua Cicero in libris de oratore scribendis quid ex Isocrate et Aristotele mutuatus sit, ad expl. epist. ad fam. I. 9, 23 examinatur. Pr. 1849. 14 S. 4°.

Brückner, C. A. F., Leben des M. Tullius Cicero. 1. Thl.: Das bürgerl. u. Privatleben des Cicero. gr. 8. (XVI u. 855 S.) Göttingen 852, Vandenhoeck & Ruprecht. n. 4 ₰

Brückner, C. A. F.; Lehrbuch d. allgem. Geschichte f. d. gelehrten Schulunterricht. 3 Abthln. gr. 8. (40¼ B.) Göttingen 838, Vandenhoeck u. Ruprecht.
Abthl. 1. Alte Geschichte. 16 Gr.
" 2. Gesch. d. Mittelalters. 12 Gr.
" 3. Neuere Geschichte. 12 Gr.

Brückner, C.A.F.: De locis in Isocratis ad Nicomachum oratione propter ea, quae in oratione de antidosi ex illa referuntur, falso suspectis. 15 S.
Progr. Schweidnitz 1852.

Brückner, C.A.F.: De notationibus annor, in hist. graeca Xenophontis suspectis. 14 S.
Progr. Schweidnitz 1838.

— König Philipp, Sohn d. Amyntas v. Makedonien, u. d. hellen. Staaten. gr. 8. (27 B.) Göttingen 837, Vandenhoeck u. Ruprecht.

Brückner, C.A.F.: De tempore et ord. orat. Olynth. Demostenis. 10 S.
Progr. Schweidnitz 1833.

Brückner, C. G., Denkschrift für Darlegung der Rechtsansprüche der Erben der Frau J. E. von Maxen, geb. von Werthern. Dresden 1861.

Brückner, Carl, s. Brückner, Karl

Brückner, Christian August

Brückner, C. A., d. Arzt f. alle Stände, od. Anweis. wie man die gewöhnl. Krankheiten heilen kann. 8. Leipz. Bruder u. Hofm. 813.

Brückner, Chr. Aug., d. Arzt f. alle Stände, od. Anweis., wie man die gewöhnl. Krankheiten heilen kann. 8. Leipz. 813. (Schönian in Elferf.)

Brückner, Christian August: Über Errichtung und Verpflegung stehender Feldspitäler nebst e. Abhandlung über die bey den Soldaten gewöhnlichsten Augenkrankheiten. Leipzig: Köhler.
Th. 1: Enthaltend die Errichtung der Feldspitäler, und die in denselben nötigen Utensilien nebst der ersten Abtheilung des Felddispensatoriums. 1815. 8°.

— medicin.-pharmaceut. Rezeptirkunst, od. Anleit., Arzneivorschriften chemisch richtig abzufassen, nebst einer Samml. ausgewählter Arzneiformeln f. angeh. Aerzte u. Wundärzte. 8. Lpz. 810. 2 ₰ 12 ₰ 2e A. 827. Köhler. Hbg. Pr. 1 ₰ 12 ₰

— medicin.-pharmaceut. Rezeptirkunst, od. Anleitung, Arzneivorschriften chemisch richtig abzufassen, nebst einer Samml. ausgewählter Arzneiformeln f. angeh. Aerzte u. Wundärzte. 8. Ebend. 811.

Brückner, Christian Daniel: Historische Nachricht von denen Orgeln der S. S. Petri- und Pauli-Kirche in der Chursfürstl. Sächsischen Sechsstadt Görlitz ... – Görlitz: Fickelscherer 1766. 12 S. 8°.

Brückner, Christoph

— — De autoritate historiae in probandis quaestionibus juris et facti. Diss. philos. Präs. Carl Otto Rechenberg. Lpz. (Imm. Titius) 8. V. 1709. 24 S. (5.—) 4245

— Christoph (Streckewald/Misn.), De *ΕΠΙΧΑΙΡΕΚΑΚΙΑ*. Dissertat. moral. Präs. Christian Friedrich Schindler (Schneeberg). Lpz. (Brandenburger) 4. II. 1708. 24 S. (5.—) 4244

Brückner, Curt. Die Kopfarterien des Hundes unter spezieller Berücksichtigung derer des Bulbus und der Schädelhöhle. Diss. Vet.-Med. Univ. Zürich. Mit 8 Abbildungen [auf 4 Tafeln]. *Kopftitel:* Aus dem anatomischen Institut der Veterinär-medizinischen Fakultät der Universität Zürich.... 50 S. 8. Dresden, Otto Franke, 1909.

Brückner, E. W., s. Brückner, Hier., Bemerkungen über ꝛc. Rechte in der Provinz Ostfriesland.

Brückner, Ed., Sigelschatz. Alfabetisches Verzeichniss sämtl. Wort- und Silbenkürzungen aus W. Velten's deutscher Schulstenografie, nebst einigen Tausend Beispielen über die Anwendung der Sigel. 8. (24 autogr. S.) Essen 883, Silbermann. *

Brückner, Edm., der Differenzhandel an der Börse. (Die sogenannten Differenzgeschäfte.) Technisch, juristisch u. volkswirtschaftlich betrachtet. gr. 8. (86 S.) Berlin 894. Haude & Spener. n. 1. 20

Brückner, Edmund Otto Joh.

Brückner, die Feldartillerie im Begegnungskampf, dargest. an dem Beispiel des Gefechts v. Nachod am 27. VI. 1866 (V. preuß. gegen VI. österr. Armeekorps). (III, 92 S. m. 6 eingedr. Skizzen u. 2 Karten.) 8. Berlin 909. E. S. Mittler & Sohn. 2.—; geb. 3.—

Brückner, Eduard, die Alpen im Eiszeitalter, s.: Penck, Albr.

Brückner, Eduard. Bericht über das Projekt einer Erdkarte im Masstab 1 : 1000000. Im Auftrage des Präsidiums der internationalen Kartenkommission erstattet von Prof. Dr. E. B.... SA. 8. Bern 1893.

Brückner, Eduard, s: Dalmatien u. d. österr. Küstenld.

— Das Eis d. Antarktis, s: Vorträge d. Vereines z. Verbreitg naturwissenschaftl. Kenntn. in Wien.

Brückner, Eduard: Eiszeit-Studien in den südöstlichen Alpen. Vortrag in der Monatsversammlung vom 11. Dezember 1890. ([S.-A.] 10. Jahresbericht der Geographischen Gesellschaft von Bern.) Bern 1891. 9 S. 8°.

Brückner, Eduard, Ueber Eiterbildung im hyalinen Knorpel. Diss. Dorpat. 8°. 32 pp. mit einer lithographirten Tafel. 1873.

— **allgemeine Erdkunde, s.: Hann, J.**

Die feste Erdrinde und ihre Formen. E. Abriss d. allg. Geologie u. d. Morphologie d. Erdoberfläche. Von Eduard **Brückner**. M. 182 Abb. im Text. *Prag & Wien: P. Tempsky; Leipzig: G. Freytag 1897.* (XII, 368 S.) 1 Bd 4.(8.)
= Hann, Jul. . . . : Allgemeine Erdkunde. 5. Aufl. Abth. II. [97. 6349

— **s.: Jahresbericht d. geograph. Gesellschaft v. Bern.**

Brückner, Ed[uard]. Über Karten der Volksdichte. (Vortrag, gehalten ... am 24. September 1901.) Mit einer Karte der Volksdichte des bündnerischen Rheingebietes, von Dr. H[einrich] Zivier. Separatabdruck aus der «Zeitschrift für schweizerische Statistik», Jahrg. 1903 [*d. i.* 40, 1904]. 6 S. 4. [Bern, Stämpfli & Cie., 1903.]

Brückner, Eduard: Das Klima der Eiszeit. Vortrag. ([S.-A.] Verhandlungen der 73. Jahresversammlung der Schweizerischen Naturforschenden Gesellschaft in Davos 1890.) (Davos 1891.) 16 S. 8°.

Brückner, Eduard: Klimaschwankungen seit 1700 nebst Bemerkungen über die Klimaschwankungen der Diluvialzeit. Mit einer Tafel, 13 Figuren im Texte und zahlreichen Tabellen. Wien und Olmütz 1890. VIII, 324 S.
= Geographische Abhandlungen. Bd. 4. Heft 2. 8°.

— Klimaschwankgn u. Völkerwandergn. Vortr. (25 m. Fig.) 8° Wien. A Hölder '12. — 68

Brückner, Prof. Dr. **Eduard**: Die Schweizerische Landschaft einst und jetzt. Rektoratsrede gehalten am 18. November 1899. Bern 1900. 32 S. 8°.
Keine offizielle Publikation.

— Die schweiz. Landschaft einst u. jetzt. Rektoratsrede. 8° (32) Bern 1900, Schmid & Fr. — 80

Brückner, Eduard: Ueber Schwankungen der Seen und Meere. Ein Vortrag, gehalten auf dem IX. Deutschen Geographentage in Wien im Jahre 1891. ([S.-A.] Verhandlungen des IX. Deutschen Geographentages in Wien. 1891. S. 209—222.) Berlin 1891. 14 S. 8°.

Brückner, Eduard: Die Schwankungen des Wasserstandes im Kaspischen Meer, dem Schwarzen Meer und der Ostsee in ihrer Beziehung zur Witterung. Vortrag, gehalten vor der allgemeinen Versammlung der Deutschen Meteorologischen Gesellschaft in Karlsruhe. ([S.-A.] Annalen der Hydrographie. Jahrg. 16. 1888. Heft 2.) Berlin 1888. 13 S. 8°.

Brückner, E., Die Hohen Tauern und ihre Eisbedeckung. [o. O. u. J.]

Brückner, Eduard. Untersuchungen über die tägliche Periode der Wasserführung und die Bewegung von Hochfluten in der obern Rhone. Auf Grund der Beobachtungen des Eidgen. Hydrometrischen Bureaus angestellt von E. B.... SA. 4. (Gotha [1895].)

Brückner, Eduard: Die letzte Vergletscherung des Salzachgebietes. (Abdruck aus d. geogr. Abh. hrsg. v. Albr. Penck Bd. I. Heft I.) . . . Wien, Eduard Hölzel. 1886; 51 S. u. 1 Taf. 8°.
München. Phil. Fak., Inaug.-Diss. v. 1886.

Brückner, E. Die Vergletscherung des Salzachgebietes, nebst Beobachtungen über die Eiszeit in der Schweiz. Gr. in-8°, X u. 183 S., mit 3 Tfln. u. 3 Karten. Wien, Ed. Hölzels Verlag. 4 —
*** „Geogr. Abhandlungen", herausgeg. von E. Penck. I. Bd., 1. Heft.
1886

— **s.: Zeitschrift f. Gletscherkunde.**

Brückner, Cr. Thdr. Jh., († d. 29. Mai 1805.) zwei Amtsreden bei verschied. Gelegenheiten. 8. Neustrel. 790. Maurers B. in Berl. 4 gr

— zwei Gedächtnißreden. 8. Neubrandenb. 782.

— Gedichte. 8. Neustrel. 803. Albanus. 1 rf 12 gr

— Predigten üb. d. gewöhnl. Evangelien d. Sonn- u. Festtage des ganzen Jahres. 2 Bde. gr. 8. Leipz. 786. N. Aufl. 789. 3e A. 795. Graffé. 3 rf

— Predigten üb. d. Sonn- u. Festtags-Episteln. 4 Thle. 8. Schwerin 792—94. Bödner. 2 rf 8 gr Wohlf. Ausg. 4 Thle. gr. 8. Neustrel. 815. Albanus. 1 rf 8 gr

— Predigten f. Ungelehrte. 2 Thle. 8. Neubrandenb. 778. N. Aufl. Ebd. 783. N. A. 2 Thle. Flensb. u. Leipz. 797. (Hammerich in Altona). 2 rf

— Predigten f. Ungelehrte 2 Thle. 8. Flensb. (Christiani, Schlesw.) 797.

Brückner, Ernst u. Emil Spillner, Eisbehälter u. Kühlanlagen m. künstlicher Kälteerzeugung, s.: Handbuch der Architektur.

Brückner E, die Kühlanlage der Brauerei von R Leicht in Vaihingen a. F. (14 S 2 T) 4° München 1899

Brückner, Ernst [aus Schloen '(Mecklenb.)']: Über den Tod durch Ertrinken ... Berlin, Buchdr. v. G. Schade, *1895;* 28 S., 2 Bl. 8.
Berlin, Med. Fak., Inaug.-Diss. v. 28. März 1895

— Ernst Friedrich (Mecklenburg), Comment. ad art. XII. instrum. pacis Osnabrugensis de compensatione ducibus Megapolitanis facta. Götting. (Barmeier) 30. III. 1793. 92 S. (5.—) 4246

***Brückner*, E. F. Cph., Commentatio in Art. XII. pacis Osnabrugens. 8. Götting. 793. Vandenhöck et R. 4 gr**

— Ernst Liebegott (Groß-Hennersdorf / Lausitz), Quaestio juris controv. an legatum translatum ex testamento in codicillos invalidos involuat legati. Präs. Chn. Heinr. Breuning. Leipzig (Langenheim) 24. III. 1775. 8 S. (3.—) 4247

Brückner, Ernst Ludwig, approb. Arzt aus Rostock: Zur **Pseudologia** phantastica. *Rostock 1903: C. Hinstorff.* (41 S.) 8°
Rostock, Med. Diss. v. [25. Aug.] 1903

Brückner, Franz, Rechtsprakt. am Kgl. Amtsgericht München I: Der ausgezeichnete Diebstahl. Historische, dogmatische und rechtsvergleichende Darstellung. Borna-Leipzig 1905: R. Noske. (VII, 132 S.) 8°
Erlangen, Jur. Fak., Ref. Allfeld. Diss. v. 21. Aug. 1905
[Geb. 25. Juli 81 München; Wohnort: München; Staatsangeh.: Bayern; Vorbildung: Gymn. München Reife Juli 00; Studium: München 8 S.; Rig. 28. Juli 05.]

Brückner, Frz., der ausgezeichnete Diebstahl. Historische, dogmat. u. rechtsvergleich. Darstellg. (VII, 182 S.) gr. 8. München 905. J. Schweitzer Verl. n. 3.60

Brückner, Frz., Geschichte des königl. ungarischen Staats-Gestütes zu Kisbér. gr. 8. (V, 78 S. mit 1 Tab. und 1 Plan.) Wien 883, (F. Beck.) *

— Friedrich Gustav (Neubrandenburg/Meckl.), De debitis vasalli Meclenburgici hereditariis quae vulgo vocantur anererbte Schulden a successore feudali non indistincte solvendis. Dissert. jur. Göttingen (C. E. Rosenbusch) 1822. 44 Seiten. (4.20) 4248
Gew.: Ernst Friedr. Christoph Brückner (Vater).

Brückner, (F. G.,) de debitis vasalli Meclenburgici, hereditariis, quae vulgo vocantur: anererbte Schulden, a successione feudali non indistincte solvendis. 8 maj. Neubrandenb. 823, Dümmler.

Brueckner, Friedrich Johannes De tetralogiis Antiphonti Rhamnusio adscriptis. 4 (28 S.). Progr. G. *Bautzen* 1887

Brueckner, Fridericus Joannes, de tetralogiis Antiphonti Rhamnusis adscriptis. Diss. Leipzig 1887, Gustav Fock. 4°. 28 S.

Brueckner, Fr(idericus) Guil(ielmus) Lud(ovicus): De venaesectione in gravidis instituenda. Halis Saxonum [1839]: Grunert. 29 S. 8°
Halle-Wittenberg, Med. Diss., nachgeliefert von dem am [5. Sept. 1839] auf Thesen promovierten Verf.
Geb. Neubrandenburg (Meckl.-Strelitz) [22. 2.] 1814. V.
Verf. erlebte die Diplomerneuerung 1889 als Mecklenb. Rat und prakt. Arzt in Neubrandenburg (Meckl.)

Brückner, Fritz, (Leipzig): Georg **Benda** und das deutsche Singspiel. *Leipzig 1904: Breitkopf & Härtel.* (58 S.) 8°
Rostock, Phil. Diss. v. [27. Dez.] 1902

Brückner, G. (I.), Amerika's wichtigste Charakteristik nach Land und Leuten. 12 Hefte. Lex.-8. (IV und 208 S. mit zahlreichen eingedr. Holzschn., 36 Stahlst. und 2 chromolithogr. Karten in Fol.) St. Louis, Mo., 858. 59, Witter. à Heft * 10 Ngr. *

Brückner, G, Amerikas wicht. Charakteristik nach Land u. Leuten. 8. (203 m. 26 K.) St. Louis 59. (Neust., Gottschick-W.) n. 4. —; Volksausg. n. — 25

— — Mit zahlreichen Holzschn. im Text, 2 (lith.) Karten (in Fol.) u. 36 Stahlst. Congreß-Ausgabe. Ebend. 858. gr. 8. (2 Bl., 203 S.) n. 4 ℳ

— dass. — Volks-Ausg. gr. 8. (IV und 201 S. mit zahlreichen eingedr. Holzschn. und 8 Stahlst.) Ebendas. 858. *

Brückner, G. (Red.), s. Nachrichten, Amerikanische.

— biblische Studien. I. Die Verklärung Jesu Christi. gr. 8. (24 S.) Leipzig 864. (Berlin, Wiegandt und Grieben.) *

— dass. — II. Die Erfindung der Schrift. gr. 8. (20 S.) Ebendas. 865. *

— dass. — III. Die Weisen aus dem Morgenlande. gr. 8. (14 S.) Ebendas. 867.

— dass. — IV. Die Hochzeit zu Kana. gr. 8. (14 S.) Ebendas. 867.

Brückner, G. (II.), die Versuchungsgeschichte unseres Herrn Jesu Christi. Ein exeget.-psycholog. Versuch in vier Betrachtungen. gr. 8. (46 S.) Leipzig 857, Vogel.

Brückner, G. H., de Domaniis regni german. 12. Lips. Eurich. 743.

Brückner, G. L., Handb. zur Selbstbelehr. üb. d. Militär-Kassen-Verwaltung u. Buchführung bei d. königl. Preuß. Armee. gr. 8. Berl. 819. (Mittler). 1 ℳ 9 ℊ

Brückner, Georg, Assistenzarzt im 1. Bad. Leib-Dragoner-Reg. Nr. 20: Aus der Universitäts-Kinderklinik der Großh. Bad. Ruprecht-Karls-Universität zu Heidelberg. (Direktor: Geh. Hofrat Prof. Dr. O. Vierordt.) Die operative Behandlung der Bronchiektasie. Heidelberg 1905: J. Hörning. (29 S.) 8°

Heidelberg, Med. Fak., Ref. Vierordt, Diss. v. 1905

[Geb. 13. Juni 78 Friedersdorf, Kr. Görlitz; Wohnort: Karlsruhe; Staatsangeh.: Preußen; Vorbildung: Sophien-Gymn. Berlin Reife M. 98; Studium: Kaiser Wilh.-Akad. Berlin 9 S.; Coll. 18. Juli 05; Approb. 8. Aug. 04.]

Brückner, Georg (Hrsg.), s. Beiträge, Neue, zur Geschichte deutschen Alterthums.

Brückner, G. (Hrsg.), s. Denkwürdigkeiten aus Frankens und Thüringens Geschichte und Statistik.

Brückner, Geo., Entwurf einer Pflanzengeographie Mecklenburgs, s. Langmann, J. F., Flora v. Mecklenburg. — Taschenbuch, histor.-statist., v. Thüringen.

Brückner, G., (I.) Geschichte d. Erfindung d. Buchdruckerkunst. Zur 400jähr. Gutenbergsfeier od. zum Culturfest d. Menschheit im J. 1840. 8. (3½ B.) Schleusingen 840, Glaser.

Brückner, G., Das Geschlecht der Herrn von Marschalk in geneal. Hinsicht. Histor.-statist. Taschenbuch für Thüringen u. Franken. Meiningen 1845. 8.

Brückner, G., Landeskunde des Herzogth. Meiningen. 1. Thl. (Die allgemeinen Verhältnisse des Landes.) Lex.-8. (VII und 487 S.) Meiningen 851, Brückner und Renner.

Brückner, G., Landeskunde des Herzogth. Meiningen. 1. Thl.: [Die allgemeinen Verhältnisse des Landes.] Lex. 8. (VIII u. 487 S.) Meiningen 852, Brückner & Renner. 1⅓ ℳ

Brückner, G., Landeskunde des Herzogthums Meiningen. 2. Thl. (Die Topographie d. Landes.) Meiningen 853. Brückner u. Renner. Lex.-8. (2 Bl., 828 S.) 2 ℳ

Brückner, G., Landes- u. Volkskunde des Fürstenthums Reuß j. L. Im Auftrage des regierenden Landesfürsten. 2 Bde. Gera 870. Kanitz' Sortbhdlg. gr. 8. (XVI, 840 S.) n. 2 ℳ 20 ngr; Velinp. n. 3 ℳ 20 ngr

— Lese- u. Sprachschule. Ein method. geordnetes Lesebuch f. Volksschulen. gr. 8. (12 B.) Hildburghausen 830, Kesselring'sche Hofbuchh.

Brückner, G., Die popponische Linie der Grafen von Henneberg. Meiningen 1854. 4. Programm.

Brückner, G., Pfarrbuch der Diöcesen Meiningen, Wasungen u. Salzungen, s.: Beiträge, neue, zur Geschichte deutschen Alterthums.

— Schiller in Bauerbach. 8. (...) Meiningen 850, Brückner und Renner. *

Brückner, G., historische Skizze v. Burg u. Bad Liebenstein. 8. (41 S.) Meiningen 872. Brückner & Renner. — 60

Brückner, Georg (Hrsg.), s. Taschenbuch, Historisch-statistisches, für Thüringen u. Franken.

(—) kurze Uebersicht der Geschichte des Herzogth. Meiningen. Lex.-8. (112 S.) Meiningen 851, Brückner und Renner. *
Aus des Verf. Landeskunde des Herzogth. Meiningen, besonders abgedruckt.

Brückner, Geo., s. Urkundenbuch, hennebergisches.

— Henneberg. Urkundenbuch. 3. Thl.: 1356—85. 4. (149) Ebd. 57. ‖ 4. Thl.: 1385—1412. (194) 61. à n. 1. 10 (1—4.: n. 5. 20)

Brückner, Georg, Referendar: Das Zurückbehaltungsrecht des Schuldners auf Grund einer verjährten Forderung. Breslau 1910: Breslauer Genossensch.-Buchdr. VIII, 41 S. 8°

Breslau, Jur. Diss. v. 23. Juli 1910, Ref. Fischer, Schott

[Geb. 22. Jan. 87 Breslau; Wohnort: Breslau; Staatsangeh.: Preußen; Vorbildung: Johannes-Gymn. Breslau Reife O. 06; Studium: Heidelberg 1, Breslau 5 S.; Rig. 15. Juli 09.] [U 10. 473

Brückner, Geo. Frz., die Gottes- u. Christusleugnung im Lichte der Vernunft u. Offenbarung. Drei Vorträge, gehalten bei der von dem hochw. bayer. Episcopate angeordneten Noveno zum „Heiligsten Herzen Jesu" vom 3. bis 11. Septbr. 1864, u. für das christliche Volk hrsg. Bamberg 864. Buchner in Comm. gr. 8. (24 S.) n. 4 ngr

Brückner, Georg Wilhelm Karl: Über die Unterbringung und Verpflegung der gemüthskranken Personen in den herzogl. gothaischen Landen, besonders über die Einrichtung einer neuen Irren-Anstalt in der Stadt Gotha. Gotha & Erfurt: Henning 1824. 98 S. 8°.

Brückner, George G.

Brueckner, Gg. G., Amerika. Führer für Auswanderer. Nach eigenen langjähr. Erfahrungen und Berichten hervorragender Deutscher dargestellt. gr. 8. (VIII, 172 S. mit in den Text gedr. Abbild.) Berlin 885, Selbstverlag des Verf.

Brueckner, GG, Amerika. Führer f. Auswanderer. 8. (172 m. H.) Berl. 85, (Lpzg, R Schmidt.) 1. —

Brückner, George G. (Hrsg.), s. Jahrbuch der deutschen Kolonialpolitik.

Brneckner, Georg G. (Red.), s. Tourist, Der.

Brückner, G. G. (Red.), s. Weltpost, Deutsche.

Brückner, Gottfr.: Aus d. Entdeckgsgesch. d. lebend. Substanz, s: Voigtländer's Quellenbb.

Brückner, Gottfried: Die ästhetische Grundlage von Jean Pauls Pädagogik. Borna-Leipzig 1910: Noske. 73 S. 8°

Erlangen, Phil. Diss. v. 16. März 1910, Ref. Hensel

[Geb. 10. Aug. 83 Leipzig; Wohnort: Zittau i. S.; Staatsangeh.: Sachsen; Vorbildung: Petrischule Leipzig Reife O. 03; Studium: Leipzig 9 S.; Rig. 17. Jan. 10.] [U 10. 841

Brückner, Gustavus: De Jobi libri aetate. XXXV S. 4° (2°)

Halle-Wittenberg, Phil. Diss. v. 6. März 1841

Geb. [Wethau b. Naumburg a. d. S. 5. 2. 1815]

Brückner, Gustav (Hrsg.), s. Gewerbevereins-Zeitung, Sächsische.

Brückner, Gust., prakt. Hülfsbuch z. methodischen Einübung der hebräischen Grammatik. gr. 8. (13⅛ B.) Leipzig 842. [Renger'sche Buchh.]

Brückner, Gust., prakt. Hülfsbuch zur methodischen Einübung der hebräisch. Grammatik. gr. 8. Leipzig 842, Volckmar. ⅔ ℳ

— neues hebräisches Lesebuch f. Anfänger u. Geübtere mit Anmerkgn. u. ein. Glossarium. gr. 8. (12½ B.) Leipzig 844, Vogel.

Brückner, G., hebräisches Lesebuch für Anfänger und Geübtere. Wichtige Kapitel des A. T. m. e. grammat. Cursus u. Glossarium. 2. sehr verm. u. verb. Aufl. Leipzig 855. Vogel. gr. 8. (VI, 210 S.) 18¾ ngr

Brückner, G., hebräisches Lesebuch für Anfänger und Geübtere. Mit einem grammatischen Cursus u. Glossarium. 3. verm. u. theilweise umgearb. Aufl. Leipzig 863. Vogel. gr. 8. (VI, 225 S.) 22½ ngr.

Brückner, Gust., stenograph. Lesebuch (System Stolze-Schrey). 8. (IV, 48 S.) Dresden 898. (G. A. Kaufmann.) Kart. n. — 75

Brückner, Gustav, a. Schloen: Das Verhältnis des französischen Rolandsliedes zur Turpinschen Chronik und zum Carmen de prodicione Guenonis. Preisschrift. Rostock 1905: Adlers Erben. (337 S.) 8°
Rostock, Phil. Fak., Ref. Zenker, Diss. v. 20. Juni 1905
[Geb. 13. Sept. 77 Schloen, Mecklenburg-Schwerin; Wohnort: Rostock; Staatsangeh.: Mecklenburg-Schw.; Vorbildung: Gymn. Waren Reife O. 97; Studium: Rostock 2, Freiburg i. B. 3, Paris 3, Rostock 4 S.; Rig. 12. Juni 03.

Brückner, Gust., das Verhältnis des französischen Rolandsliedes zur Turpinschen Chronik u. zum Carmen de prodicione Guenonis. Diss. Von der hohen philosoph. Fakultät der Universität Rostock gekrönte Preisschrift. (V, 384 S.) 8. Rostock 905. (G. B. Leopold.) n. 4. —

Brückner, Gustav Adolph (Dresden), Über Behandlung der Scabies. Diss. med.-chir.-obst. Leipzig (A. Edelmann) 25. VI. 1870. 20 S., mit Biogr. (M.: W. Kretzschmar.) (4.—) 4250
Oppon.: Strenger, Seifert, Stephan.

Brückner, Gust. Ad., Bemerkk. über das Wasserbrechen. 8. Neubrandenb. 820.

Brückner, G. A., s. E. Boll, Geognosie der deutschen Ostseeländer.

— wie ist der Grund u. Boden Mecklenburgs geschichtet u. entstanden. Ein geognost.-geschichtl. Fragment. 8. Neubrandenb. 825. Dümmler. 18 gℓ

Brückner, H., kurze Gebete aus der Bibel und dem Gesangbuche, nach den Hauptstücken des Lutherischen Katechismus geordnet. Ein Hilfsbüchlein für Lehrer u. Schüler, bei u. neben dem Gebrauche des Katechismus, zugleich auch ein Erbauungsbuch für alle Freunde des göttlichen Wortes. Langensalza 860. Verlags-Comptoir. 8. (IV, 84 S.) n. 8 ngr.

Brückner, Hans, a. Eisenach: Zur Kenntnis α-β-alkylierter (sekundärer) Hydroxylamine und des Verhaltens ihrer Nitrosokörper bei der Reduktion. Kiel 1906: Lüdtke & Martens. (45 S.) 8°
Kiel, Phil. Fak., Ref. Harries, Diss. v. 28. Mai 1906
[Geb. 12. Aug. 79 Eisenach; Wohnort: Leipzig; Staatsangeh.: Sachsen; Vorbildung: Realgymn. Leipzig Reife O. 00; Studium: Heidelberg 1, Leipzig 7, Kiel 3 S.; Rig. 12. Mai 06.]

— **Heinr. Jac. Christ.** (Erfurt), De successione exspectativariorum in feudum apertum. Diss. jur. Präs. Daniel Nettelbladt. Halle (Joh. Chn. Hilliger) 21. X. 1752. 51 S. (5.—) 4251
Gew.: Dorothea Friederike Eleonora v. Kleist, Joh. Friedr. v. Patow (Malenichen..). — Widm. v.: Ernst Friedr. Knorre, Heinr. Wilh. Christinnecke (Halle).

— — Dasselbe. Halle (Hendel). 48 S., o. Widm. (4.80) 4252

Brückner, Hermann

Brückner, Herm., die (privatrechtliche) Haftung f. das rechtswidrige Verhalten anderer, insbesondere d. Vertreter u. Gehilfen nach dem bürgerl. Gesetzbuch u. nach sonstigen Reichsgesetzen. gr. 8. (84 S.) Hannover 901. Helwing. n. 1. —
Sonderabdruck aus: „Das Recht".

Brückner, H., die vermögensrechtliche Haftung der Gemeinden aus den Handlungen ihrer Vorstände und Beamten nach gemeinem Recht und nach der Gesetzgebung der zur Thüringischen Gerichtsgemeinschaft zusammengetretenen Staaten. gr. 8. (IV, 62 S.) Jena 885, Pohle. *
Aus: Blätter für Rechtspflege rc., besonders abgedruckt.

— die **Miete** v. Wohnungen u. anderen Räumen nach dem bürgerl. Gesetzbuch f. das Deutsche Reich unt. Berücksicht. der Ausführungsgesetze der deutschen Bundesstaaten. Für den prakt. Gebrauch bearb. 8. (XII, 180 S.) Leipzig 900. Veit & Co. n. 2. 60; n. 3. 20

— dasselbe. Unter Berücksicht. der Ausführungsgesetze f. Richter u. Rechtsanwälte bearb. 2. umgearb. Aufl. gr. 8. (X, 218 S.) Ebd. 902. n. 4. —; geb. in Leinw. n. 5. —

Brückner, Hermann, Referendar: Die rechtliche Natur der Enteignung. Glauchau 1908: Pickenhahn. VII, 31 S. 8°
Leipzig, Jur. Diss. v. 2. Nov. 1908
Geb. 3. Jan. 84 Glauchau; Wohnort: Glauchau; Staatsangeh.: Sachsen; Vorbildung: Gymn. Zwickau Reife O. 03; Studium: Genf 1, Berlin 2, Leipzig 4 S.; Rig. 10. Juli 06.] [U 09. 2464

Die rechtliche Stellung und Haftverbindlichkeit der kaufmännischen Auskunftsbureaus (Auskunfteien). Von H[ermann] Brückner, Reichsger.R. *Hannover: Helwing 1903.* (29 S.) 8°
Aus: Das Recht. Jg. 7. 1903. [03. 9951 7

Brückner, H., die Wohnungsmiethe nach gemeinem Recht, m. vergleich. Berücksicht. der königl. preuß., der königl. sächs. u. der herzogl. S. Gothaischen Gesetzgebung. Für den prakt. Gebrauch bearb. gr. 8. (XVI, 104 S.) Weimar 877. Böhlau. n. 2. —

Brückner, Hieronymus, einige Bemerkungen üb. die seit 1794 geltend gewesenen u. noch geltenden Rechte in der Prov. Ostfriesland. Hrsg. v. E. W. Brückner. gr. 8. (3½ B.) Aurich 843. [Emden, Rakebrand.] *

Brückner, Hier.: Decisiones juris matrimonialis controversi. *Goth.* (692.) Ed. III. 724. 4.

Brückner, **Hieron., decisiones juris matrimon. controv. 4. Götting.... Ed. III. 794. Dieterich.** 1 ₰ 4 gℓ

— — **De eo, quod justum est in usucapione circa titulum pro herede et accessionem possessionis.** Diss. jur. theor.-pract. Präs. Jo. Georg Brückmann. Erfurt (Hering) 20. VI. 1753. 40 S. (4.—) 4254

Brückner, Hieron., (†1806.) ob Adam wirklich über 900 Jahre alt geworden? 8. Aurich 799.

— **Hieronymus Friedrich** (Erfurt), De legum cognitione oeconomo utili et necessaria. Präs. Ernst Tenzel. Erfurt (J. H. Grosch) 13. V. 1717. 20 S. (4.80) 4255
Gew.: Ernst Tenzel.

Brückner, Hugo [aus Goerschen bei Naumburg a. S.]: Über innere Reibung von Salzlösungen.... Halle a. S., Hofbuchdr. v. C. A. Kaemmerer & Co., 1890; 41 S., 1 Bl., 2 Taf. 8°
Halle, Phil. Fak., Inaug.-Diss. v. 3. Sept.; 1890

Brückner, J. G., Rede bey der Einführung der Jugend in die neue Bürgerschule zu Löbau. gr. 8. Löbau, Schöps in Zittau. 818.

Brückner, J. H. Gli., Kunst, die Seifen, besonders die Talgseifen mit Kostenersparniß zu bereiten rc. Mit Kpf. 8. Görl. 802. (Bresl., W. G. Korn. Schöps in Zittau). 2 ₰

Brückner, J. H. B., Kunst, die Seifen besond. d. Talgseifen mit beträchtl. Kostenersparniß zu bereiten. m. K. 8. Bresl. W. G. Korn. 811.

— **Jacob Ernst** (Erfurt), De obligatione alternativa. Diss. jur. Rector Jo. Joachim Hahn. Erfurt (Grosch) 3. II. 1722. 32 S. (2.—) 4256

Brückner, Iac. Ernst, Praeiudicia s. Consilia iuris secund. mater. institut. 4. Frft.. et Lips. Decr. 747.

— **Jo. Friedrich** (Nordhausen), De praescriptione. Diss. moralis. Präs. Jo. Friedrich Hohmann (Leipzig). Lpz. (Imm. Titius) 22. IV. 1719. 40 S. (5.—) 4257
Gew. v. Präs.: Pet. Hohmann (Vater).

Brückner, Joh., die Gegend: Dresden-Freiberg-Meissen. Topographische Höhenschichtenkarte. 1 : 100,000. Fol. Dresden 869, Meinhold und Söhne. In Carton *

Brückner, Johannes, z. Zt. Referendar in Leipzig: Der § 46 der Konkursordnung. *Borna-Leipzig 1904: R. Noske.* (VI, 42 S.) 8° [F.]
Leipzig, Jur. Diss. v. 1904

Brückner, Joh. August

Brückner, Jh. Aug. l., Abhandl. üb. Einricht. e. Brand-Assecurationscasse in Bern. 8, Zürich 790. Orell. 8 gr

Brückner, Joh. Aug., allgemeinverständl. Astronomie f. gebild., wenn gleich nicht wissenschaftl. unterricht. Leser. 2 Thle. M. 21 lith. Taf. (in gr. 4.) gr. 8. (43¼ B.) Leipzig 828, Reclam.

J. A. Brückner's Blicke in d. Natur d. prakt. Vernunft; e. Abhandlung z. Berichtigung einiger Begriffe a. d. Gebiete d. prakt. Philosophie überh. u. z. Begründung d. philosoph. Rechtslehre insbes. *Lpz.*, Kummer. 813. 8° 16 gl

— Blicke in d. Natur d. prakt. Vernunft. Eine Abhandl. z. Berichtigung einiger Begriffe aus d. Gebiete d. prakt. Philosophie überhaupt, u. zur Begründ. d. philosoph. Rechtslehre insbesondere. gr. 8. Leipz. 814. Kummer. 16 gr

Brückner, Essai sur la nature et l'origine des droits. 8. Lpz. Grieshammer.

— Essai sur la Nature et l'origine des Droits ou Déduction des principes de la science philosophique du Droit. gr. 8. Leipz. 810. Ed. II. 818. (Lehnhold). 2 rß 16 gr

Brückner, J. A., Essai sur la Nature et l'origine des Droits ou Déduction des principes de la science philosophique du Droit. II. Edition en tout conforme à la première. gr. 8. Leipzig, Hartmann. 818.

— für künftige Hauslehrer, in Briefen an Studirende. 8. Leipz. 788. Weidmann. 8 gr

Brückner, mémoire sur les caisses d'incendie. 8. Bern, Typogr. 789.

Brückner, Joh. Friedr., prakt Ausführung aus d. Lehre von d. Sonderung des Lehens vom Erbe, mit besond. Hinblicke auf d. Sonderungsfall in d. Lehensherrschaft R. im Königr. Sachsen, nach dem im J. 1825 ohne lehensfähige Descendenz erfolgten Ableben ihres letzten Besitzers. gr. 8. (3 B.) Altenburg 814, Helbig.

Brückner, (Joh. Fr.,) Verordnung d. Landesregierung, den Gerichtsstand in Criminalsachen betreffend, v. 7. Febr. 1820. Mit e. prakt. Commentar u. Zusätzen herausgegeben. 8. Leipz. 825, Hartmann.

BRÜCKNER, J. Fr.: Verordnung der Landesregierung, den Gerichtsstand in Criminalsachen betreffend, v. 7. Febr. 1820. Mit ein. prakt. Commentar u Zusätzen herausgeg. *Leipzig*, (Lehnhold.) 825. 8. (9 Gr.)

Brückner, Joh. Friedr., das k. sächs. Wahlgesetz v. 24. Sept. 1831, u. die Verordn., die Ausführ. dess. betreff. v. 30. Mai 1836, mit Noten u. Zusätzen. gr. 8. (7½ B.) Grimma 837, Verlags-Comptoir.
Vgl. Taschenbibliothek, constitut., f. sächs. Staatsbürger, 2. Bd

Brückner, Joh. Georg

Brueckner, J.G. (Hrsg.), s. Sammlung verschiedener Nachrichten zu einer Beschreibung des Kirchen- und Schulenstaats im Herzogthum Gotha.

— Joh. Gottlob (Görlitz), Electa processus summarii ejusdem naturam & differentias ab ordinario, ex usu fori Saxonici electoralis. Präs. Imman. Weber. Giessen (Ww. J. R. Vulpius) Febr. 1722. 72 S. (5.—) 4258

Brückner, Joh. Jakob, s. Angelika, Tochter des großen Banditen.

Angelika, Tochter des grossen Banditen Odoardo, Prinzen von Peschia aus dem Hause Zannetti, Seitenstück zu Schillers Geisterseher. [Von Joh. Jak. Brückner.] Mit Kpfrn. Leipzig: Hinrichs 1801. 8°
cf. °Neue allgem. deutsche Bibliothek 71 S. 80. TB. 150.

Brückner, Joh. Jakob, s. Aymes Deportationsreise.

Brückner, Joh. Jakob, s. Bärbchen.

BÄRBCHEN, das Hirtenmädchen (von *Joh. Jac. Brückner*). Pendant zum Jägermädchen von C. G. Cramer. 2. Aufl. Leipzig, Joachim. o. J. (c. 1802). 8°.
150 S. (incl. gestoch. Tit.) Liederlich. — Zuerst gedr. ebd. 1799. (Anon.-Lex. I. p. 133, nach Kayser, Meusel u. Goedeke.)

Brückner, Joh. Jakob, s. Bastard, Der, od. Schicksale ...

BASTARD, Der, oder Schicksale, Abenteuer, Wanderungen und Liebschaften eines Fürstensohnes (von *Joh. Jac. Brückner*, 1762—1811). 2 Thle. Fürth 1799. 8°.

Brückner, Joh. Jakob, s. Bertha v. Dornenstein.

DORNENSTEIN, Bertha von, oder die Plagegeister auf Waldeck. Vom Verf. der Angelika, Kaspars des Wildschützen etc. *(Joh. Jac. Brückner)*. 2 Thle. Leipzig, 803. 8°. (1½ Rthl.)
Gmähle's (früher Wildmoser's) Leihbibl. in München. Nr. 8674—75.

Brückner, Joh. Jakob, s. Er. Bornschein: D. Pfarrers Tochter v. Taubenhain.

Brückner, Joh. Jakob, s. Büßende, Die, e. Mährchen.

Brückner, Joh. Jakob, s. Gräfin Dianora.

DIANORA, Gräfin v. Martagno, Rinaldo Rinaldini's Geliebte (von *Joh. Jac. Brückner*). 2 Theile. Leipzig, Joachim, 1799. 8°.
— — Dasselbe. Ebd. 1801. 8°. (1⅓ Rthl.)

Brückner, Joh. Jakob, s. Elsbeth, Gräfin v. Sassenburg.

ELSBETH, Gräfin von Sassenburg, oder die Räuber von Kingrätz, eine Geistergeschichte (von *Joh. Jac. Brückner*). 2 Thle. Mit 1 Titelkpf. Leipzig, Joachim, 1801. 8°. (1⅓ Rthl.)
Goedeke V, 533, 76, 11 (mit d. unrichtigen Jahrz. „1800"). Kayser hat „1802". (?)

Brückner, Joh. Jakob, s. Junker Rudolph v. Falkenstein.

FALKENSTEIN, Der Junker Rudolph v., Gegenstück zu der Pfarrers-Tochter von Taubenhain (üppiger Roman von *Joh. Jak. Brückner*, Advokat in Leipzig, geb. 20. Septbr. 1762 das., † ebd. 22. Jan. 1811). Leipzig, 1799. 8°.
Erste seltene Ausgabe. Ebeling, kom. Litt. III. S. 627: „Brückner wird hie und da als Vf. des Romans „Des Pfarrers Tochter von Taubenhain" angegeben, das Richtige aber ist, dass Brückner ein Gegenstück zu der Bürger'schen Romanze, den „Junker von Falkenstein" (Lpz. 1799) sudelte, wodurch Bornschein (s. d.) auf den Gedanken kam, jene Ballade selbst in einen Roman zu verwandeln". — Das Anon.-Lex. II. p. 86 hat: „Fürth 1799" (nach Meusel.)
— — Dasselbe. Neu bearbeitet. Neuburg u. Arnheim, im Reichscommissions- u. Industrie-Büreau, o. J. (ebd., c. 1810). 8°.
Tit. u. 238 SS.
— — Dasselbe. 3. Aufl. Ebd. 1830. 8°.

Brückner, Joh. Jakob, s. Friedrich v. Lichtenstein.

BRÜCKNER, J(oh). J(ac). [1762—1811], Gedichte. Leipzig, auf Kosten des Verfassers und in Kommission bei Joh. Glo. Heinr Richter. 1805. Kl. 8°.
5 Bll., 246 S. Liebes- und Trink-Lieder, Romanzen, vermischte lyr. Sachen. — Die Romanzen sind überschrieben: Das Mädchen von Pirna, oder die Keuschheitsprobe. — Das Liedchen vom Schäferknecht. Ein Mährchen. — Regner Lodbrock.

Brückner, Jh. Jak., († d. 22. Jan. 1811.) Gedichte. 3 Bde. 8. Leipz. 805—10. J. G. H. Richter. 3 rß

Brückner, Joh. Jakob, s. Glück d. Menschheit.

Brückner, J., das Glück der Menschh., ein Schritt z. Hellcon. 8. Leipz. Hinrichs. 795.

Brückner, Joh. Jakob, s. Graf Robert.

Brückner, Joh. Jakob, s. Höhle, Die, v. Strozzi.

Brückner, Joh. Jakob, s. Kabalen d. Schicksals.

KABALEN des Schicksals. (Romane u. Erzählungen von *Johann Jac. Brückner*). 6 Bdchn. Mit 1 Titelkpf. Leipzig, in der von Kleefeldschen Buchh. 1798—1804. 8⁰. (10 Mk. H. Lesser, Breslau, 1875; 1—5: 8 Mk. 50 Pfg. Friedr. Klüber, München, 1901; 10 Kr. Halm & Goldmann, Wien, 1904.)

Der Inhalt der fünf letzten Theile ist oft frivol und anstössig.

I: Titkpf., Tit., 1 Bl. Dedic. („An meinen Freund G. E. Vollsack, unterz.: *B*ck*r.*), 1 Bl. Inh., 206 S.

Enth. 1. Herrmann u. Mariane. E. wahre Gesch. 2. Die misslungene Heirath. 3. Hännschen Pips; kleine Biogr. 4. Die beleidigten Rechte der Blutsfreundschaft. 5. Folgen des Luxus u. der Verschwendung. 6. Gutfeld u. Bertha, od. Glück u. Unglück in Einem Tage. 7. Röschen Schwalbe, od. die Glasenappschen Dragoner; e. Scene a. d. 7 jähr. Kriege. 8. Fritz Wahrmann. 9. Das Räubermädchen. 10. Kunz, mit dem Beynamen der Reiche, od. der neue Gutsherr.

II: 152 S. (incl. Tit.) u. 1 Bl. Inh.

Enth. 1. Herrmann u. Mariane. Forts. 2. Die Familie von Asterström. 3. Fritz Steelmann. (Pikant!) 4. Kunz, m. d. Beynamen der Reiche. Forts.

III: Tit., 1 Bl. Inh., 233 S.

Enth. 1. Die Familie von Asterström. Forts. 2. Adelheit, Gräfin von Steifenburg. Eine (sehr freie) Geschichte a. d. 16. Jh. 3. Verbrechen aus Leidenschaft. (Anstössig.) 4. Fritz Steelmann. Forts. 5. Maria, od. das Mädchen von Beçont. 6. Jakobine Prichards, e. englische (2. Theil erotische) Geschichte.

IV: Tit., 1 Bl. Inh., 216 S.

Enth. 1. Adelheit, Gräfin v. Steifenburg. Forts. 2. Henriette Stern. (Freie Erzähl.) 3. Jakobine Prichards. Forts. (Erot.) 4. Laurenzo u. Laurette. (Pikant.) 5. Die Emigranten. (Anstössig.)

V: Tit., 1 Bl. Inh., 191 S.

Enth. 1. Die Emigranten. Forts. 2. Die ungleichen Schwestern, oder: Verstellung u. Unschuld. (Liederlich.) 3. Folgen zweckwidriger Erziehung. (Freien Inhalts.) 4. Palatin und Wilfilde. E. Szene a. d. Zeiten der grauen Vorwelt. 5. Emilie, od. Verführung u. Leichtsinn. (Liederlich.)

VI: Tit., 1 Bl. Inh., 168 S.

Enth. 1. Klara v. Schönfels. (Frivol.) 2. Altenhof, der erste u. letzte im Kreise seines Völkchens. (Ziemlich frei.) 3. Folge wucherischer Bedrückung. 4. Emilie, od. Verführung u. Leichtsinn. Forts. 5. Rudolph, m. d. Beinamen: der Gefürchtete. E. Geschichte a. d. Ritterzeiten. 6. Er war doch kein Schurke!

Brückner, Joh. Jakob, s. Kasper, d. Wildschützenhauptmann.

Kaspar, der Wildschützen-Hauptmann, oder Die Brüder des grauen Ordens. Vom Verf. der Angelika [d. i. Joh. Jak. **Brückner.**] Bd 1. 2. Mit Kupfern. Leipzig: Hinrichs 1802. 8⁰
1. 208 S.; 2. 190 S.
cf. ᵒN. allgem. deutsche Bibliothek 84 S. 89. TB. 162.

LICHTENSTEIN, Friedrich v., der Unerschütterliche. Eine romantische Geschichte (von *Joh. Jac. Brückner*). Mit Kupfern. Bremen, Carl Seyffert, 1802. 8⁰.

Tit. gestoch. u. 184 S. Ein Vortit. lautet: Friedrich v. Lichtenstein, od. der Patriot, wie er seyn muß. — Das vorliegende Expl. hat nur Titelkpf.

LIEBESABENTEUER in Althings Manier (5 sehr liederliche Geschichten von *Joh. Jac. Brückner*). Giesen (sic!), o. J. (1817). 8⁰. 180 SS. (4 Mk., Leihbiblexpl., W. H. Kühl, Berlin, c. 1883; jetzt theurer!)

— — Dasselbe (1. Ausgabe), s. sub Glückskinder .... 1808.

Brückner, Joh. J., s. Mädchen, das, im Walde.

Brückner, Joh. Jakob, s. Reise, Meine, durch die Paläste.

— pittoreske Reisen durch Sachsen, oder Naturschönheiten Sächs. Gegenden ꝛc., s. Chr. A. Günther.

Brückner u. Günther pittoreskische Reisen durch Sachsen, od. Naturschönh. Sächs. Gegenden, auf e. gesellschaftl. Reise gesammlet, m. 48 K. 4 Hfte. 8. Leipz. Hinrichs. 800—806. (à 1 Rthlr. 12 gr.)

— s. Thalheim, der Menschen- und Vaterlandsfreund.

Brückner, Joh. Jakob, s. Wilhelm v. Abessinien.

Brückner, Joh. Max

Brückner, M., über die Ableitung der allgemeinen Polytope u. die nach Isomorphismus verschiedenen Typen der allgemeinen Achtzelle (Oktatope). (Verhandelingen der koninkl. akademie van wetenschappen te Amsterdam. [1. sectie.] Deel X Nr. 1.) (27 S. m. 2 Taf.) Lex. 8. Amsterdam 909. J. Müller. 1.60

Brückner, Joh. Max. [aus Harthau b. Zittau]: Ueber e. besondere Art d. konformen Abbildung einer Ebene auf eine andere .... Dresden, Druck v. B. G. Teubner, 1886: 47 + 1 S. u. 1 Taf. 8⁰.

Leipzig, Phil. Fak., Inaug.-Diss. v. 21. März 1886.

Brückner, Johannes Max [Dr.]: Geschichtliche Bemerkungen zur Aufzählung der Vielflache (m. 4 Taf.). Zwickau, Druck v. R. Zückler, 1897; 19 S., 4 Bl. Taf. 4.

Zwickau, RG, OP 1897 (578)

Brückner, Johs. Max, die Elemente der vierdimensionalen Geometrie m. besond. Berücksicht. der Polytope. [Aus: „Jahresber. d. Ver. f. Naturkde. in Zwickau".] gr. 8. (61 S. m. 3 Taf.) Zwickau 894. (Gebr. Thost.) n. 2. —

Über die gleicheckig gleichflächigen, diskontinuierlichen und nichtkonvexen Polyeder. Von Prof. Dr. Max **Brückner**, Oberl. Mit 29 Taf. Halle; Leipzig: W. Engelmann in Komm. 1906. (348 S.) 4⁰
= **Acta**, Nova, physico-med. Academiae Caes. Leopoldino-Carolinae. T. 86, No 1. [07. 1667 3

Brückner, Johannes Max [Oberl. Dr.]: Das Ottajanosche Problem. (E. mathem.-histor. Studie.) Zwickau, Druck v. R. Zückler, 1892; 1 Bl., 25 S., 2 Taf. 4.

Zwickau, RG, OP 1892 (555)

— das Ottajanosche Problem. Eine math.-histor. Studie. Progr. gr. 4. (25 S. m. 2 Taf.) Leipzig 892. G. Fock. n. 1. —

Vielecke und Vielflache. Theorie u. Gesch. von Dr. Max **Brückner**, Oberl. zu Bautzen. Mit 7 lith. u. 5 Lichtdr.-Doppeltaf. sowie vielen Fig. im Text. *Leipzig: B. G. Teubner 1900.* (VIII, 227 S.) 4⁰ [00. 4993

Brückner, Jul., Schulvorschriften, geschrieben u. unter Mitwirkung der städt. Schullehrer Magdeburgs hrsg. Deutsche Handschrift. 1 — 6. Hft. qu. gr. 8. (à 12 lith. Bl.) Magdeburg 847. 48, Fabricius. (à n. 1/3 ℛ) n. 2 ℛ

— dies. Englische Handschrift. Deutscher Text. 1—6. Hft. qu. gr. 8. (à 12 lith. Bl.) Ebd. 847. 48. (à n. 1/3 ℛ) n. 2 ℛ

Brückner, Jul., Schulvorschriften geschrieben und unter Mitwirkung der städtischen Schreiblehrer Magdeburgs herausgegeben. Deutsche Handschrift. 1 — 6. Heft. 2. Aufl. (854.) — 3. Aufl. (858.) — 7. u. 8. Heft. (854.) — 2. Aufl. 858. — Englische Handschrift. Deutscher Text 1—6. Heft. 2. Aufl. (854.) — 3. Aufl. 858. Magdeburg, Fabricius. qu. 4. Jedes Heft von 12 lith. Bl. n. 10 ngr

Brückner, Jul., griechische Schulvorschriften zum Gebrauche für Gymnasien und Realschulen geschrieben und unter Mitwirkung der städt. und Gymnasial-Schreiblehrer Magdeburg's hrsg. qu. 8. (12 lith. Bl.) Magdeburg 850, Fabricius. *-

—— lateinische Schulvorschriften zum Gebrauche für Gymnasien und Realschulen geschrieben und unter Mitwirkung der städt. und Gymnasial-Schreiblehrer Magdeburg's hrsg. 1—3. Heft. qu. 4. (à 12 lith. Bl.) Magdeburg 850, Fabricius. à Heft. *-

— Vorlegeblätter der höheren Calligraphie zum Gebrauche für die ersten Schreibeklassen in Schulen, für Calligraphen, Firma-Schreiber etc. hrsg. im Vereine mit den städt. Schreiblehrern Magdeburg's. 1. Hft. Fol. (12 lith. Bl.) Ebd. 850. n. 3 ℛ

Brückner, J., 12 Vorlegebl. Deutsche u. engl. Currentschrift. schmal qu. 4. (13 lith. Bl.) Magdeburg 833, Rubach.

Brückner, Kamillo

— Die Einwirkung von Jod auf Quecksilberoxydul und Quecksilberoxydsulfat. S. 115. IIb. 167 .... vgr.
Separatabdruck

— Notiz über ein Quecksilbertripelsalz. S. 116. IIb. 865 . . . . vgr.
Separatabdruck

Brückner Kamillo: Über die Reduktion von Sulfaten (mit 1 Textfigur). S. 114. IIb. 243 vgr.
Separatabdruck

— Das System Schwefel, schwefelsaure Salze. S. 114. IIb. 1157 . . . . vgr.
Separatabdruck

— Über das Verhalten des Schwefels zu Kaliumchromat und zu Kaliumbichromat. S. 115. IIb. 21 . . . . vgr.
Separatabdruck

Brückner, Carl. Neue u. naturgemässe Darlegung d. Physiologie u. Pathologie d. menschl. Magens. gr. 8. (44 S.) Ludwigslust 889, Hinstorff. ¾ 1

Brückner, Carl: Über die Einwirkung von Dichloräther auf die Kresole. . . . Leipzig, Druck v. Grimme & Trömel (1888): 1 Bl. + 30 S. + 1 Bl. 8°
Leipzig, Phil. Fak., Inaug.-Diss. v. 22. Okt. 1888

BRÜCKNER, KARL. Ueber die Einwirkung von Dichloräther auf die Kreosole. Leipzig, 1889. **Diss.**

Brückner, Karl, Führer durch die fränkische u. Hersbrucker Schweiz, m. den Anhängen: Rad-Touren u. Geologie der fränk. Schweiz (von W. v. Knebel). Mit 1 Spezialkarte, 8 Kunstdr.-Illustr. nach photograph. Aufnahmen des Verf., 6 Plänen u. 1 Routenkärtchen. (XIII, 103 S.) kl. 8. Wunsiedel 904. G. Kohler. n. 1. 80

Brückner, Karl, Führer durch die fränkische u. Hersbrucker Schweiz, m. den Anhängen Rad-Touren u. Geologie der fränk. Schweiz (v. E. Enslin). Mit 1 Spezialkarte, 28 ganzs. Illustr., 6 Ortsumgebungsplänen, 1 Fossilientaf., 1 Aussichts- u. 1 Routenkärtchen. 2. Aufl. (X, 296 S.) kl. 8. Wunsiedel 907. G. Kohler. Geb. in Leinw. 2. —

Brückner, Karl: Gesch. d. Burg, Wallfahrt, Pfarrei u. Marktgemeinde Gössenweinstein. (80) 8° Ebermannst. '06. Nürnbg, R Henkelmann. 1 — d

Brückner, Carl: Heimatkundliches a. Wiesenfeld b. Coburg. (122 m. 2 Ktn u. 3 Taf.) gr8° Cobg A Seitz '12. nn 2.40 d

Brückner, Karl: Die fränk. Schweiz u. ihr Vorland. Anhänge: Hersbrucker Schweiz. Radtouren. Geol. d. fränk. Schweiz. 3. Afl. (6, 254 m. Abb., 1 Kte, 1 Taf. u. 6 Pl.) kl8° Wunsiedel, G Kohler '12—14. L 2 — d
2. Afl. u. d. T.:

Brückner, Karl August Friedrich: Über die N a t u r, Ursachen und Behandlung der einwärts gekrümmten Füße oder der sogenannten Klumpfüße. Gotha: Perthes 1796. VIII, 143 S. 8°.

Brückner, Karl August Friedr.: P r o d r o m u s experimentorum circa trepanationem in vivis animalibus institutorum. Jenae (1790:) Goepferdt. 20 S. 8°. Jena, Med. Diss. v. 22. Febr. 1790.

Brückner, Carl Ghold., Darlegung der Nothwendigkeit baldigster Revision der königl. sächs. Grundsteuer, mit Trennung der Gebäude-Steuer u. neuer Abschätzung aller ländlichen Grundstücken — als eine Forderung der Gerechtigkeit, insonderheit den Städten u. Fabrik-Dörfern gegenüber. Dresden 863. Brückner's Selbstverlag. gr. 8. (VIII, 62 S.) n. 12 ngr.

Brückner, Karl Thdr., Genossenschaftsgesetz, Bundesgesetz, betr. die privatrechtliche Stellung der Erwerbs- u. Wirthschaftgenossenschaften vom 4. Juli 1868 u. das königl. sächs. Gesetz, die jurist. Personen betr., vom 15. Juni 1868, nebst der königl. sächs. Ausführungsverordnung zu beiden Gesetzen vom 23. Juli 1868. Mit erläuternden Bemerkungen hersg. mit e. Sachregister. Leipzig 869. Roßberg. 8. (VIII, 153 S.) n. 15 ngr.

Brückner, Karl Thdr., Concursnovelle: Gesetz, einige Bestimmungen über den Concurs der Gläubiger betr., vom 8. Juli 1868, nebst Ausführungsverordnung von demselben Tage und Gesetz, eine Beschränkung der Wirksamkeit der von Ehegatten vorgenommenen Veräußerungen, das Verfahren auf Einsprüche Dritter bei der Hülfsvollstreckung und einige Bestimmungen über die Zwangsversteigerungen betr., vom 30. Juni 1868. Mit erläut. Bemerkungen hrsg. Nebst einem Anh., enth.: Das geschärfte Banqueroutier-Mandat vom 20. Decbr. 1766, das Mandat vom 4. Juni 1829 und die Gesetze vom 25. Jan. 1836, 25. Juni 1840 und 4. Novbr. 1843. Mit einem Sachregister. 8. (VIII, 142 S.) Leipzig 869, Roßberg'sche Buchh. K

Brückner, L., über d. homöopath. System in Bezieh. auf d. Heilung d. Pferde, od.: Beweis, daß d. geschickt. u. erfahrensten Pferdeärzte, ohne daß sie es wissen u. es wollen, ihre Kranken doch homöopath. behandeln. Allen Anhängern u. Widersachern d. Homöopathie gewid. gr. 8. (1 B.) Dresden 829, (Walther.)

Brückner, Martin, Dr., Pfarrer am Kadettenhause zu Karlsruhe: Die Entstehung der Paulinischen Christologie. *Straßburg 1903: J. H. E. Heitz.* (40 S.) 8° [Erschien vollst. 1903 im gleichen Verlage.]
Straßburg, Evangel.-theol. Diss. v. 1903

Die Entstehung der Paulinischen Christologie. Von Dr. Martin Brückner, Lic., Pfarrer zu Karlsruhe. *Straßburg: J. H. E. Heitz 1903.* (237 S.) 8° [03. 14418

Brückner, Mart., das 5. Evangelium, s. **Volksbücher,** religionsgeschichtliche. I, 21.

— Der sterbende u. auferstehende Gottheiland in d. orientalischen Religionen u. ihr Verhältnis zum Christentum, s. **Volksbücher,** religionsgeschichtliche, I, 16.

Brückner, Martin [Pastor]: Die Komposition des Buches Jes. c. 28—33 ... [o. O.], *1897;* 2 Bl., 84 S., 1 Bl. 8.
Leipzig, Phil. Fak., Inaug.-Diss. v. [5. Mai] 1897

Brückner, Mart., d. Komposition d. Buches Jes. c. 28—33. E. Rekonstructionsversuch. Diss. gr. 8. (III, 84 S.) Halle 897. J. Krause. n. 1. 50

Brückner, Max., Ansichten von Coburg. Coburg (857). E. Riemann jun. qu. 4. (16 lith. Bl.) n. 1 ⁄⁄ß

Brückner, Max, Ansichten von Coburg. qu. 4. (16 Stnt. in Tondr.) Coburg 858, Riemann jun. *

Brückner, Max: Zur Beurteilung des Geschichtschreibers Prokopius von Caesarea. Ansbach, Druck v. C. Brügel & Sohn, 1896; 1 Bl., 63 S. 8.
Ansbach, k. humanist. G, P 1896*

Brückner, Max u. Gotthold. Bayreuther Bühnenbilder ⟨Richard Wagners Werke im Bild⟩ . . . Entwürfe . . . Max und Gotthold Brückner. Greiz, G. Henning [um 1890].
7 Serien. 8°.
1. Tannhäuser. 5 farb. Taf
2. Lohengrin. 3 farb. Taf.
3. Der fliegende Holländer. 3 farb. Taf.
4. Tristan u. Isolde. 3 farb. Taf.
5. Die Meistersinger. 4 farb. Taf.
6. Der Ring des Nibelungen. 13 farb. Taf.
7. Parsifal 8 farb Taf.

Brückner, Max, Grundr. d. Krankheiten d. Kindesalters, s.: **Lange, Jérôme.**

Brückner, Max, d. Ring des Nibelungen v. Richard Wagner. Dekorationsentwürfe. Z. Aufführg. in Bayreuth i. J. 1896. qu. 8. (12 Lichtdr.-Taf. m. 1 Bl. Text.) Bayreuth (896). H. Heuschmann. In Mappe n. 9. —

— Moritz (Saxo-Gothano), Comment. de juris protimiseos et juris retractus diversa natura, diversis causis et effectibus. Jena (Bran) 4. IX. 1824. 30 S. (4.—) 4259
Gew.: Heinrich Ludw. Carl Brückner (Vater).

Brückner, Mor., Handbuch d. Hrzgl. Sachsen-Gothaischen Privatrechts. Mit e. diplomat. genauen Abdr. d. Statuten d. Städte Gotha u. Ohrdruf u. d. Amts Wachsenburg. gr. 8. (22 B.) Gotha 830, Becker.

Brückner, M., Handbuch der deutschen Reichsgesetze 1867—1876. 4. (520 S.) Gotha 876, Thienemann. *

Brückner, M., Handbuch der deutschen Reichsgesetze 1867—1883. 3 Hefte. gr. 8. (VIII, 468 S.) Erlangen 883, Palm und Enke. à Heft * ℳ 1,60. *

Brückner, M., die Landesgesetze des Herzogthums Sachsen-Gotha in der Folgeordnung eines Wörterbuches zusammengestellt. Gotha 862. Thienemann. 4. (553 S.) n. 5 ⁄⁄ß

Brückner, Nathanael

Brückner, N. (Hrsg.), s. B l ä t t e r für soziale Praxis in Gemeinde, Vereinen und Privatleben.

Brückner, Nathanael [aus Karlsruhe]: Die Entwicklung der grossstädtischen Bevölkerung im Gebiete des Deutschen Reiches . . . Tübingen, H. Laupp'sche Buchh., 1890: 1 Bl. + 50 S. 8°
Strassburg, Rechts- u. Staatsw. Fak., Inaug.-Diss. v. 1890

Brückner, R., Erziehung u. Unterricht v. Standpunkt der Sozialpolitik. gr. 8. (VIII, 159 S.) Berlin 895. Siemenroth & Troschel. n. 2.—

Brückner, N., die öffentliche u. private Fürsorge. Gemeinnützige Thätigkeit u. Armenwesen m. besond. Beziehg. auf Frankfurt a/M. Im Auftrage d. Instituts f. Gemeinwohl zu Frankfurt a/M. bearb. I. u. II. Hft. gr. 8. Frankfurt a/M. 893. C. Jügel's Verl. à n. 2.—
I. Erziehung u. Unterricht. (XVII, 95 u. 100 S.)
II. Fürsorge f. selbständige Erwachsene. (VIII u. S. 97—212 u. 101—138.)

Brückner, C., Die Stellung der Turner zu dem Verein für vaterländische Festspiele in Dresden (Vortr., S. Abdr. a. d. „Turner in Sachsen"). (angeb.) Hie Nationalfest — hie Turnerschaft! Gustav Möckel (Abdr. a. d. „Dtschn. Turnerztg."), Dresden, 16 S., 8°.

Brückner, Oscar *(geb. Leubus in Schles. 18. 5. 1857)*: Ueber multiple, tuberöse Sklerose der Hirnrinde. Ein Beitrag zur pathologischen Anatomie der Idiotie. (Aus der Kranken-Abtheilung des Breslauer städtischen Armenhauses.) Breslau 1881. (31 S.) 8° *[Im Buchhandel 1881 bei Köhler in Breslau.]*
Breslau, Med. Diss. v. 14. Mai 1881

Brückner, Paul: Anl. z. Selbstanfertigen photogr. Apparate u. zwar Stativapparate m. kon. Konstruktion, Hand-, Klapp- u. Vergrössergsapparate a. Zigarrenkistenholz. (88 m. Abb.) 8° Lpzg-R., A Michaelis'08. 1 — d

Brückner, Paul: Aufgabenb. f. sprachl. Arbeiten in Schule u. Haus. 1. Heft. (46) 8° Lpzg-R., A Michaelis ('12). nn — 25; Lehrerheft. (79) — 50 d

— Merkbüchl. f. Naturlehre. 2 Hefte. (32 u. 48 m. Fig.) kl8° Ebd. ('12). je — 25 d

— Die Spitzenklöppelei des Erzgebirges. Eine Anl. zum Erlernen des Spitzenklöppelns, sowie Geschichtl. u. Volkskundliches aus diesem Gebiete. Mit 42 Orig.-Bildern vom Verf. (87 S.) gr. 8. Ebd. 909. 2.—

— Wie baue ich mir billig Brutapparate u. Fallennester? Nebst Anl. z. künstl. Brüten u. z. Aufzucht d. Kücken, sowie populärer Darstellg d. Entwicklg d. Hühnchens im Ei. (112 m. Abb.) 8° Lpzg-R., A Michaelis '05. 1 — d

— Wie baue ich mir billig Brutapparate, Kückenheime u. Fallennester? Nebst Anl. z. künstl. Brüten u. z. Aufzucht d. Kücken, sowie populärer Darstellg d. Entwicklg d. Hühnchens im Ei. 2. Afl. (147 m. Abb.) 8° Ebd. '06. 1.20

Brückner, Paul, wie baue ich mir billig Brutapparate, Kückenheime u. Fallennester? Nebst Anleitg. z. künstl. Brüten u. zur Aufzucht der Kücken, sowie populäre Darstellg. d. Entwicklg. des Hühnchens im Ei. 3. erw. Aufl. (156 S. m. 51 Abb.) 8. Leipzig 908. A. Michaelis. 1.50

Brückner, P: Wie baue ich mir e. photograph. Apparat a. Zigarrenkistenholz? Nebst e. Anl. z. Photographieren. (62 m. Abb.) 8° Lpzg, O Bauge ('03). — 80

— wie erhalte ich Stellung?, s.: Wissen, eigenes. 18. Bd.

Brückner, Paul Wilhelm (Jena), De vi pactorum nudorum hodierna ejusque vero fundamento. Wie weit heutiges Tages ein bloses Versprechen gelte / und woher solches eigentlich rühre / ubi simul agitur de praeparatoriis contractuum. Diss. jur. Präs. Wilh. Hieron. Brückner. Jena (Müller) 19. VII. 1721. 30 S. (4.80) 4193

Brückner, Peter [app. Arzt aus Gross-Steinheim]: Aus d. Univ.-Augenklinik zu Giessen. Ein Fall von doppelseitiger homonymer Hemianopsie mit Erhaltung eines kleinen Gesichtsfeldes nach complicirter Schädelfractur in der Gegend des Hinterhauptbeines ... M. e. Taf. Giessen, grossh. Hof- u. Univ.-Dr. C. v. Münchow, 1806; 44 S., 1 Taf. 8.
Giessen, Med. Fak., Inaug.-Diss. v. 1806

Brückner, Rich., Im Krug z. grünen Kranze. Geschichte e. Postfahrt. 8. (46 S.) Dresden 897. E. Pierson. n. — 75

Brückner, Rich., Werner und Pauline. Ein Waldgruß aus Paulinzelle. 12. (80 S.) Jena 887, Pohle. *
geb. **ℳ 1.50.; mit Goldschn. **

Brückner, Rudolf, appr. Arzt: Über die Beteiligung der sichtbaren Schleimhäute beim polymorphen Erythem. Leipzig 1910: Bibliogr. Inst. 61 S. 8°
Leipzig, Med. Diss. v. 28. April 1910, Ref. Hoffmann
[Geb. 19. Jan. 83 Leipzig; Wohnort: Leipzig; Staatsangeh.: Sachsen; Vorbildung: Thomassch. Leipzig Reife M. 02; Studium: Leipzig 8, München 1, Leipzig 3 S.; Coll. 13. Mai 10; Approb. 14. Dez. 08.] [U 10. 2949

Brückner, Rud., über das gemeinsame Indigenat im Gebiete des norddeutschen Bundes. Gotha 867. Thienemann. gr. 8. (26 S.) n. 5 ngr.

Brückner, Traugott

Brückner: Die Bedeutung der aristotelischen Philosophie für eine Erziehung zur Freiheit und Sittlichkeit. Rede. 20 S. Progr. Brandenburg Gym. 1872.

Brueckner, Traugott (geb. Gross-Läswitz in Schles. 20. 9. 1835): De tribus ethices locis quibus differt Kantius ab Aristotele. Berolini (1866). (40 S.) 8°
Berlin, Phil. Diss. v. 15. Febr. 1866

Brueckner, Traug., de tribus ethices locis quibus differt Kantius ab Aristotele. Dissert. inaug. Berlin 866. Calvary & Co. gr. 8. (40 S.) n. 10 ngr.

Brückner, Traug., die wissenschaftliche Vertiefung der Unterrichtsmethode auf dem Gymnasium. Nach dem Tode des Verf. hrsg. für seine Freunde. gr. 8. (III, 116 S.) Fürstenwalde 885. Geelhaar. *

Brückner, Walther, appr. Arzt: Aus d. pathol. Inst. d. Univ. Leipzig. Anatomische Untersuchung eines Falles von Sirenenbildung. Mit 1 Taf. Leipzig 1910: Lehmann. 42 S. 8°
Leipzig, Med. Diss. v. 28. April 1910, Ref. Marchand
[Geb. 6. Juli 83 Oschatz; Wohnort: Leipzig; Staatsangeh.: Sachsen; Vorbildung: Fürstensch. Grimma Reife O. 03; Studium: Greifswald 1, Leipzig 4, Freiburg i. B. 1, Leipzig 5 S.; Coll. 29. Juni 10; Approb. 26. Juli 09.] [U 10. 2950

Brückner, Wilh., Abschieds-Predigt, geh. Sonntag, den 30. IX. 1906 in der Johanneskirche zu Karlsruhe. (16 S. m. Bildnis.) 8. Karlsruhe i/B. (Schützenstr. 63) (906). Frdr. Lang'sche Buchdr. n. — 50

Brückner, Wilh., Christentum u. moderne Weltanschauung. Ein Vortrag. gr. 8. (40 S.) Wiesbaden 902. E. Behrend. n. — 60

Brückner, W., die Entstehung der christlichen Kirche in der Zeit der Apostel, s. Bilder aus der Geschichte des Christenthums.

Brückner, W., die vier Evangelien nach dem gegenwärtigen Stande der Evangelienkritik, s.: Zeit- u. Streit-Fragen, deutsche.

— Fest-Predigt, zur Einweihg. der Südstadt-Kirche am 11. April 1889. geh. 8. (14 S.) Karlsruhe 889. Braun. n. — 20

— zwei Festpredigten f. unsere Gegenwart. (44 S.) gr. 8. Wiesbaden 903. E. Behrend. n. 1.—

Brückner, Wilh., das apostolische Glaubensbekenntnis. Ein Vortrag. 1. u. 2. Aufl. gr. 8. (36 S.) Karlsruhe 892. G. Braun. n. — 40

Das sogenannte apostolische Glaubensbekenntnis in seinem Verhältnis zum Neuen Testament u. z. Protestantismus von Dr. Wilhelm **Brückner**, Stadtpfarrer. Halle: Gebauer-Schwetschke 1906. (67 S.) 8° [F.]
— **Kampf** u. Arbeit d. freien Christentums in Deutschland. H. 4. [06. 14381 8

Brückner, Wilh.: Jatho u. d. Irrlehregesetz. Vortr. (32) kl8° Berl.-Schönebg, Protestant. Schriftenvertrieb '12. — 50 d

Brückner, Wilh. Die chronolog. Reihenfolge, in welcher d. Briefe d. Neuen Testaments verfasst sind, insofern diese abzuleiten ist sowohl aus ihrer gegenseitig. Uebereinstimmung u. gegenseit. Verschiedenheit, als aus dem in den späteren Briefen gemachten Gebrauch v. Worten u. Citaten, die in den früheren vorkommen. Von der Teyler'schen theolog. Gesellschaft gekrönte Preisschrift. gr. 8. (XVII, 306 S.) Haarlem 890. (Lpz., Harrassowitz.) 6

Brückner, W., Staats- u. Verwaltungsrecht der freien u. Hansestadt Lübeck, s. Bibliothek des öffentl. Rechts, Bd. 6.

Brückner, W., d. Stellg d. gegenwärt. Glaubensbewusstseins zu d. bibl. Wundern, s.: Zeit- u. Streit-Fragen, deut.

Brückner, Wilhelm, Referendar aus Schloen i. Mekl.-Schw.: Vermächtniserwerb nach gemeinem Rechte und nach dem Bürgerlichen Gesetzbuche. *Berlin 1901: W. Pilz.* (VIII, 85 S.) 8°
Rostock, Jur. Diss. v. [20. Juli] 1901

Brückner, Wilh., Vermächtniserwerb nach gemeinem Rechte u. nach dem bürgerl. Gesetzbuche. gr. 8. (VII, 86 S.) Berlin 901. Struppe & Winckler. n. 2. 40

Brückner, Wilh., D. ewige Wahrheit d. Religion Jesu. gr. 8. (III, 104 S.) Karlsruhe 897. G. Braun. n. 1. 80

Brückner, Wilhelm: Was ist die Rechtfertigung aus dem Glauben? Vortrag gehalten auf der Versammlung des badischen Predigervereins zu Karlsruhe am 2. Juli 1872. Heidelberg. 1872. Druck von Georg Mohr. 8°.

Brückner, Wilh., Wie ist die Sammlung der heiligen Schrift entstanden?, s. Schriften des protestantischen liberalen Vereins in Elsaß-Lothringen.

Brückner, Wilhelm Hieronymus

— — De abusibus appellationum tollendis, et hac ratione litibus citius terminandis; candidatus Christoph Friedr. Kesler (Zittau). Jena (Müller) 14. VIII. 1702. 8 Bl., mit Biograph. (M.: A. M. Loesner.) (3.20) 4197

— — An homicidium absque animo necandi sit capitale? et unde probetur is animus? a candidato Lor. Andreas Hamberger (Ansbach). Jena (Müller) 8. VIII. 1712. 7 Bl., mit Biogr. (M.: (M. S. Huswedel.) (3.20) 4212

— — Quaestionem: an Justinianus imp. fuerit uxorius? — Candidatus Joh. Adolph Fürstenau (Herford/West.) lectione cursoria. Jena (Müller) 23. II. 1705. 7 Bl., mit Biogr. (M.: M. E. Barckhausen.) (3.20) 4201

— — Lect. inaug. a candidato Friedrich Heinrich Graff (Leipzig). — An Justinian. imper. recte usurpaverit titulos Germanici et Allemannici, ubi simul nova derivatio vocis Germanorum proponitur et deducitur. Jena (J. A. Müller) 20. XI. 1709. 8 Bl., mit Biogr. (M.: R. Widemann.) (3.20) 4207

— — Ad lect. sol. candidato Jacob Christoph Gerhard (Nürnberg). — Christianis non esse licitum jurare, nisi in casu necessitatis. Jena (Müller) 7. VIII. 1719. 8 Bl., mit Biogr. (M.: S. Müller.) (3.20) 4220

— — Comment. duae, altera de confiscatione bonorum in delictis, Germ.: Ob u. in was Fällen eines z. Tode verurtheilten Missethäters Güter wegzunehmen sind. Altera: an homicidium absque animo necandi sit capitale? et unde probetur is animus?: Ob ein ohnvorsetzlicher Todschlag d. Todes-Straffe verdienet? U. wodurch, dass d. Todschlag nicht m. Fleiss geschehen, zu erweisen sey? Jena (J. B. Heller) 1755. 32 S. (4.50) 4232
Tl. 2 enth. Biogr. v. Lor. Andr. Hamberger (Ansbach, M.: M. S. Huswedel). Einzeltl. 2.50

— — De concilio Erfurtensi .. a candidato Johann Gottlieb Goesing (Görlitz). Jena (Müller) 11. IV. 1707. 8 Bl., mit Biogr. (M.: A. M. Förster.) (4.—) 4203

— — De salvo conductu. Oder: Vom sichern Geleit. Comment. jur. Ed. II. Frkft.-Lpz. 1755. 32 S. (4.20) 4234

— — De confiscatione bonorum in delictis. Quam candidatus Johann Scheidlin (Augsburg) lect. curs. Jena 2. VIII. 1707. Neudr. 1735. 8 Bl., mit Biograph. (M.: A. B. Koch v. Gailenbach.) (3.20) 4204

— — De litis contestatione actoris, candidatus Pet. Duvernoy (Mömpelgard). Jena (Müller) 26. III. 1714. 4 Bl., m. Biogr. (M.: E. Mermet.) (3.—) 4214

— — De discriminibus, quibus moderni a veteribus Romanis in causis ad matrimonium spectantibus. Jena (Werther) 11. VI. 1702. 15 S., mit Biogr. v. Joh. Jacob Römer. (Strassburg. M.: M. Schollin.) (3.—) 4195

— — Favorabilia et odiosa juris, quam candidatus Joh. Philipp Matthias (Schmalkalden) lect. curs. Jena (J. A. Müller) 28. II. 1707. 7 Bl., mit Biogr. (M.: A. M. Ulrich.) (3.—) 4202

— — Programma de jure feudali Longobardico, quatenus hodie valet ut jus scriptum. Occas. disp. de remissione feloniae tacita, ejusque modis et effectibus a candidato Georg Philipp Stenger (Leipzig). Jena (Müller) 4. IV. 1730. 4 Bl., mit Biogr. (M.: A. Ch. Müller.) (3.—) 4230

— — De jure primi licitatoris, quatenus illud recte se habet, et quatenus etiam perperam extenditur. Jena (Müller) 10. III. 1724. 4 Bl., mit Biogr. von Joh. Gottfr. Beyer. (M.: S. D. Busse.) (3.—) 4223

— — De jure primi licitatoris ulterio expositio. Jena (Müller) 29. XI. 1726. 4 Bl., mit Biogr. von Heinrich Block. (Esens, M.: F. Eyben.) (3.—) 4225

— — De jure reali ejusque actionibus et speciebus. Occas. disp. de consensu feudali candidato Johann David Spalding (Güstrow). Jena (Fickelscherr) 3. VII. 1728. 4 Bl., mit Biogr. (M.: M. Karnaz.) (3.—) 4227

— — Ad lect. sol. candidatus Jo. Adolph Seelig (Frankfurt/M.). — L. 20 C. de jure dot. illustr., ubi adjectae sunt quaedam observat. ad hanc legem. Jena (Müller) 17. VIII. 1721. 4 Bl., mit Biogr. (M.: A. C. Grubmüller.) (3.—) 4221

— — Ad lect. a candidato Georg Heinrich Zahn Neustadt/Orla). — De latinitate corporis juris civilis, an pura satisque probata sit. Jena (Müller) 31. VII. 1719. 8 S., mit Biogr. (M.: M. Hildemann.) (3.20) 4219

— — De libertate testandi. Quam candidatus Joh. Pet. Matthias (Schmalkalden) lect. curs. Jena (Müller) 31. VII. 1702. 13 S., mit Biogr. (M.: A. M. Ulrich.) (3.40) 4196

— — De libertate testandi. Germ.: Wem u. in welchen Fällen ein Testament zu machen nur erlaubet ist. Comment. hist. jur. Jena (Heller) 1755. 18 S. (4.—) 4233

— — De modis et titulis acquirendi dominium et speciatim de traditione, et emtione venditione, candidatus Joh. Christian Hildebrand (Liegnitz). Jena (Werther) 10. XI. 1704. 6 Bl. Mit Biogr. (M.: A. E. Kesler.) (2.—) 4198

— — Ad lect. sol. a candidato Friedrich Amandus Trautmann. — De necessitate legum et advocatorum nonnulla diss. Jena (Müller) 22. V. 1719. 4 Bl., m. Biogr. (M.: C. E. Grunreuter.) (3.—) 4218

— — Ad lect. sol. candidatus Jo. Jacob Zwirlein (Worms). — Nonnulla de obligatione sponsaliorum, ac matrimonio rite ineundo in medium adfert. Jena (Müller) 24. VIII. 1721. 4 Bl., mit Biogr. (M.: A. M. Schef.) (3.20) 4222

— — Programma inaugurale quaest. exh. num quis esse queat celebris ictus simul in theoria et praxi juris? Jena (Marggraf) 10. X. 1732. 4 Bl., mit Biogr. von Adolph Friedrich Kuhle. (Sycke/Westf., M.: A. M. Waehneer.) (3.50) 4231

— — De obligatione pactorum nudorum juxta jus civile. — Quam candidatus Joh. Wilhelm Thilo (Hildburghausen) lect. curs. Jena (Müller) 8. VIII. 1704. 4 Bl., mit Biogr. (M.: M. E. Thym.) (3.20) 4205

Brückner, W. H., de magicis personis et artibus disserit et eas omnino dari ostendit, von zauberischen Leuten und Künsten, daß solche wahrhafftig anzutreffen und nicht in der bloßen Einbildung bestehen. Occas. L. 6. C. de malef. et math. o. n. biogr. J. Wegelin. Jen. 712. 723. 725. 4.

— — De magicis personis et artibus. — Ad candidato Jo. Reinhard Wegelin (Lindau) sol. lectione. **Jena (Müller) 9. V. 1712. 8 Bl., mit Biogr. (M.: F. Caspart.) (3.80)** 4208

— — Dasselbe. Von zauberischen Leuten und Künsten / dass solche warhafftig anzutreffen / und nicht in einer blossen Einbildung bestehen. (4.—) 4209

... Guil. Hieronymus Brucknerus ... De Magicis Personis Et Atribus disserit Et Eas Omnio Dari Ostendit. Von zauberischen Leuten und Künsten, dasz solche wahlhafftig anzutreffen, und nicht in einer blossen Einbildung bestehen, occasione Legis 6. C. de Malef. & Mathem. A Nobilissimo Jurium Candidato Jo. Reinhardo Wegelino Lindavia Acroniano Solemni lectione, quam cursoriam vocant, explicandae Die IX. Maji 1712 ... Rec. 1723.

— — Dasselbe. Accedit disp. jur. de probatione criminis magiae. Präs. Johann Schack 19. VI. 1706. Greifswald defendet Martin von Normann (Rügen). Jena (Heller) 1750. 56 S. (5.20) 4211

— — De tacito pignore locatoris in rebus conductoris illatis; quam candidat. Joh. Matthias Stock (Hanau/Wetterau) lect. curs. Jena (Müller) 22. XII. 1704. 6 Bl., mit Biogr. (M.: J. du Four.) (3.20) 4199

— — Ad sol. lect. candidato Joh. Caspar Bocrisius (Everbaco-Franco). — Da plagio literario in studio juris. Jena (Müller) 11. I. 1717. 6 Bl., mit Biogr. (M.: J. D. Schöner.) (3.—) 4216

— — Ad lect. sol. candidato Carl Heinrich Reibetopf (Eibenstock/Schneeberg). — De praescriptione ejusque temporibus. Jena (Müller) 1. V. 1719. 4 Bl., mit Biograph. (M.: M. S. Weber. (2.50) 4217

— — Programma inaugurale. Jena (Müller) 4. X. 1729. 4 Bl., mit Biogr. von Christian August Heinrich Heydenreich. (Wolfenbüttel. M.: R. E. Meurer.) (3.50) 4229

— — Programma candidati Valentin Kesler (Arnsbach/Hessen). Jena (P. Fickelscherr) 7. VI. 1727. 4 Bl., mit Biogr. (M.: C. E. Knippel.) (3.—) 4226

— — Ad disputat. candidato Ludwig Christian Schmid (Ottweiler/Nassau). Quid in usu fori obtineat, quando casus inter privatos occurrit, nec communi nec singulari jure decisus? Jena (Fickelscherr) 24. VII. 1728. 4 Bl., mit Biogr. (M.: M. C. Orth.) (3.—) 4228

— — De genuina et adaequata ratione prohibitorum conjugiorum Levit. XIIX candidatus Gottfried Leonhard Baudis (Liegnitz). Jena (J. A. Müller) 18. XI. 1709. 7 Bl., mit Biogr. (M.: A. U. Thilo.) (3.—) 4206

— — Programma de ratione et methodo studiorum juris hisque subjungit vitam candidati Christian Gottlieb Buder, biblioth. duc. Saxon. in acad. Jenensi ad sol. ejus diss. de juramentis episcoporum Germaniae in futurum hab. inv. Jena (P. Fickelscherr) 30. VII. 1724. 4 Bl., mit Biogr. (M.: J. Hofmann.) (3.—) 4224

Brückner, Wilhelm Hieronymus: De Sepultura gratis concedenda. Jena 1708. 4°.

— — De variis ultimarum voluntatum speciebus, peculiariter de nova per Justinianum imp. introducta, quam candidatus Johannes Rodde (Lübeck) lect. sol. Jena (Müller) 12. III. 1714. 6 Bl., mit Biogr. (M.: A. M. Siric.) (3.20) 4213

— — De tribus temporibus *ΝΟΜΟΘΕΣΙΑΣ* Romanae civilis, candid. Nicol. Wilh. Dressel (Hildburghausen). Jena (Müller) 16. IV. 1714. 4 Bl., mit Biogr. (M.: M. Seber.) (3.—) 4215

— Wilhelm Hieronymus, De invalido testimonio mulierum oder: Von der Ungültigkeit des Zeugnisses der Weibespersonen. Jena 1693 defendit Paul Hippius (Leipzig). Jena (Schill) 1754. 56 S. (4.80) 4194
Widm. a. Hippius v.: Pet. Müller, Präs., C. F. Dedekind.

— — De usu et aestimatione scripturae s. apud pontificios, et speciatim in jure canonico. In was für einem Werth d. heilige Schrift bey denen Päbstlern ist. Comm. jur. can. Jena 15. II. 1705. Frkft.-Lpz. 1753. 16 S., mit Biograph. v. Chph. Ferdin. Kamper (Breslau. M.: A. H. Koeppel.) (3.20) 4200

Brückner, Wilh. Hieron. (Präs.): De Vi pactorum nudorum hodierna . . ., s. Brückner, Paul Wilhelm.

Brückner-Brix, drei Einakter. (79 S.) 8. Dresden (906). E. Pierson. n. 1.50

Brückner, Lampe & Co.: Die neueren Arzneimittel, ihre chemische Zusammensetzung und Verwendung. Berlin 1903

Brückner, Lampe & Co.: Die neueren Arzneimittel, ihre chemische Zusammensetzung und Verwendung. Berlin 1905

Brückner, Lampe & Co.: Die neueren Arzneimittel, ihre chemische Zusammensetzung und Verwendung. Berlin 1906

Die neueren Arzneimittel, ihre Zusammensetzung, Eigenschaften u. Verwendung. Zsgest. nach Fach-Zeitschriften, Literatur-Berichten u. Angaben d. Hersteller von **Brückner,** Lampe & Co., Berlin. 8. Ausg. Berlin-Schöneberg [1908]: M. Kettembeil. (61 S.) 8° 108. 7604

Brückner, Lampe & Co., Leipzig, Berlin, Hamburg. — (Berlin 1900: v. Holten.) 14 S. 8° [Kopft.]

Bruckner's Symphonien, erläutert m. Notenbeispielen v. Karl Grunsky, Kähler, Walth. Niemann, Siegfr. Ochs u. Ad. Pochhammer, s.: Meisterführer Nr. 4.

Brucks, Friedrich, approb. Arzt aus Grünberg i. Schl.: Über einen Fall von acuter Pseudoleukaemie. *Halle a. S. 1904: C. A. Kaemmerer & Co.* (19 S.) 8°
Halle, Med. Diss. v. 6. Aug. 1904

Brucksch, Paul, s: Chronik d. Stadt Polkwitz.

Bruckwald, Turnhallen und Spielplätze der 7. Bürger- u. 7. Bezirksschule zu Leipzig.
Situationsplan beider Schulen.
Grundriß d. Bürgerschule, 3 Bl.

Brückwald, Otto, s.: Beschreibung des Festspielhauses.

Stunden der Einkehr. In- und Umschau, allen nach Wahrheit strebenden, für das Beste der Menschheit wahrhaft beseelten Brüder Freimaurern und allen von gleicher Gesinnung erfüllten denkenden Christen gewidmet von W. **Bructerer.** Quedlinburg: Franke 1862. VII, 41 S. 8°

Recens: Bh. 5 (1862) S. 213—214 (J. G. Findel); L. 22 (1863) S. 63—64.

Tt. 1482. Will den Zusammenhang der echten Mrei mit dem rein evang. Christentume nachweisen.

FSC
www.fsc.org
MIX
Papier | Fördert gute Waldnutzung
FSC® C083411

Kolibri 360 GmbH
Ferdinand-Jühlke-Straße 7
99095 Erfurt, Deutschland
produktsicherheit@kolibri360.de